PHYSIK

MARCELO ALONSO
Department of Pyhsics, Georgetown University, Washington, D.C.
Department of Scientific Affairs, Organization of American States

EDWARD J. FINN
Department of Physics, Georgetown University, Washington, D.C.

Deutsche Übersetzung von Dr. Anneliese Schimpl

Herausgegeben von Prof. Dr. Wolfgang Muschik
Institut für Theoretische Physik, Technische Universität Berlin

2. überarbeitete Auflage

ADDISON-WESLEY PUBLISHING COMPANY

Bonn · München · Reading, Massachusetts · Menlo Park, California
New York · Don Mills, Ontario · Wokingham, England · Amsterdam · Sydney
Singapore · Tokyo · Madrid · San Juan

Die englische Originalausgabe ist erschienen unter dem Titel:
Physics, Marcelo Alonso/ Edward J. Finn

CIP-Titelaufnahme der Deutschen Bibliothek

Alonso, Marcelo:
Physik. (Übers.: Anneliese Schimpl) - Bonn; München; Reading, Mass.; Menlo Park, Calif.; New York; Don Mills, Ontario; Wokingham, England; Amsterdam; Sydney; Singapore; Tokyo; Madrid; San Juan: Addison-Wesley, 1988
NE: Finn, Edward J.
ISBN: 3-89319-112-7
Einheitssacht.: Physics <dt.>

unveränderter Nachdruck 1990

Übersetzung: Anneliese Schimpl
Druck und Bindearbeiten: Bercker Graph. Betrieb, Kevelaer
Umschlaggestaltung: Ulrich Carthaus, Alfter b. Bonn,

ISBN 3-89319-112-7

VORWORT ZUR DEUTSCHEN AUSGABE

Bis vor kurzer Zeit unterlag die Grundausbildung in Physik an den meisten deutschen Hochschulen der traditionellen Trennung in Experimentalphysik und Theoretische Physik. So wird bis heute in der Regel Experimentalphysik und Theoretische Physik nicht nur getrennt gelehrt und geprüft, sondern darüberhinaus unterscheiden sich bis zum Vordiplom auch die physikalischen Inhalte der Vorlesungen in offenkundiger Weise: Während in Experimentalphysik wegen der fehlenden Mathematik mit oftmals unzulänglichen formalen Mitteln ein Gesamtüberblick gegeben wird, beschränkt sich die Theoretische Physik auf die Theoretische Mechanik, die aber in ihrer traditionellen Darstellung gerade denkbar ungeeignet dafür ist, dem Studenten den Zusammenhang zwischen experimenteller Naturerkenntnis und ihrer formalen Beschreibung zu erläutern. Will man dieses Mißverhältnis beseitigen, so gibt es nur einen Ausweg: Man muß eine integrierte Lehrveranstaltung anbieten, die aus physikalischen Experimenten, ihrer theoretischen Beschreibung und Deutung sowie den dazu nötigen mathematischen Grundlagen besteht.

Als im Wintersemester 1972/73 an der TU Berlin eine solche integrierte Lehrveranstaltung eingerichtet wurde, stellte sich die Frage nach geeigneter Literatur für die Studierenden. Da deutschsprachige Literatur für diese Zwecke nicht zur Verfügung stand, wurde für die neue Lehrveranstaltung «*Physik I und II*» (2-semestrig, je 4 Stunden experimenteller und 4 Stunden theoretischer Teil, 2-stündige Tutorien) die amerikanische Ausgabe des einbändigen Alonso-Finn *Physics* als Leitfaden gewählt. Dieses Buch zeichnet sich durch zwei wesentliche Punkte gegenüber vielen anderen einschlägigen Büchern aus: Die didaktische Darstellung geht von den wenigen, verschiedenartigen Wechselwirkungen zwischen den Elementarteilchen aus und sieht diese konsequent als Ursache für die Vorgänge in allen Teilbereichen der Physik an. Zum zweiten ist die Darstellung im Alonso-Finn zwischen Experiment und Theorie angenähert so ausgewogen, wie die integrierte Lehrveranstaltung geplant worden war.

Im Verlaufe der ersten beiden Jahre zeigte es sich, daß die Sprachbarriere für die Studenten höher war als die Veranstalter der integrierten Lehrveranstaltung vermutet hatten. Da außerdem inzwischen auch an anderen deutschen Hochschulen Grundkurse in Physik eingerichtet worden waren, die didaktisch ähnlich vorgingen wie mein Kollege (Prof. Dr. H. Niedrig, Opt. Inst. TU Berlin) und ich in der integrierten Lehrveranstaltung *Physik I und II*, entschloß sich die Addison-Wesley Publishing Group, eine deutschsprachige Ausgabe des einbändigen Alonso-Finn herauszubringen. Diese Ausgabe liegt nun vor. Die Übersetzung besorgte Fräulein Dr. A. Schimpl, Würzburg. Möge die Übersetzung das Standardwerk von M. Alonso and E. J. Finn den deutschsprachigen Studenten leichter zugänglich machen.

W. Muschik

Institut für Theoretische Physik
der Technischen Universität Berlin

VORWORT

Die Physik ist eine grundlegende Wissenschaft, die einen tiefgreifenden Einfluß auf alle anderen Wissenschaften hat. Deshalb müssen nicht nur Hauptfachkandidaten der Physik und Technikstudenten über ein sorgfältiges Verständnis der Physik und ihrer grundlegenden Vorstellungen verfügen, sondern jeder, der seine Zukunft in den Naturwissenschaften sieht, einschließlich der Studenten der Biologie, der Chemie und der Mathematik.

Die Hauptaufgabe der allgemeinen Physikvorlesungen für Naturwissenschaftler und Ingenieurstudenten (und vielleicht der einzige Grund für ihre Anwesenheit in den Lehrplänen) ist die, dem Studenten einen einheitlichen Überblick über die Physik zu geben. Das sollte dadurch geschehen, daß ihre Grundprinzipien und deren Folgerungen und Grenzen analysiert werden. Dieses Buch, das für eine zweisemestrige allgemeine Physikvorlesung gedacht ist, bringt das, was wir als grundlegend und zentral für die heutige Physik erachten.

Bis vor kurzem wurde Physik so unterrichtet, als ob sie ein Konglomerat aus mehreren Wissenschaften wäre, mehr oder weniger unzusammenhängend und ohne wirklichen einheitlichen Standpunkt. Die traditionelle Aufteilung in Mechanik, Wärme, Schall, Optik, Elektromagnetismus und moderne Physik ist nicht mehr berechtigt. Wir sind von diesem traditionellen Vorgehen abgewichen. Stattdessen folgen wir einer mehr logischen und einheitlicheren Darstellung, wobei wir die Erhaltungssätze, die Begriffe von Feldern und Wellen und die Atomtheorie der Materie betonen. Die spezielle Relativitätstheorie wird in ihren grundlegenden Aspekten während des ganzen Buches als Leitprinzip verwendet, das von jeder physikalischen Theorie erfüllt werden muß.

Das dargestellte Gebiet wurde in drei Teile eingeteilt: (1) Teilchen, (2) Wechselwirkungen und Felder, (3) Wellen. In Teil 1 beginnen wir mit der Mechanik, um die Grundprinzipien festzulegen, die wir für die Beschreibung der Bewegungen brauchen, die wir um uns herum beobachten. In diesem Teil wird die Thermodynamik vom Standpunkt der statistischen Mechanik aus diskutiert. Wir glauben, daß dies der einfachere und vernünftigere Ansatz ist. Da alle Phänomene in der Natur das Ergebnis von Wechselwirkungen sind und diese Wechselwirkungen durch Felder beschrieben werden, betrachten wir dann im Teil 2 die verschiedenen Wechselwirkungen, die man heute kennt und ihre zugehörigen Felder. Gravitations- und elektromagnetische Wechselwirkungen, die für die meisten makroskopisch beobachteten Phänomene verantwortlich sind, werden ziemlich genau analysiert, während die starken und schwachen Wechselwirkungen, welche mit Kernphänomenen und Vorgängen zusammenhängen, an denen Elementarteilchen beteiligt sind, nur kurz abgehandelt werden. Im Teil 3 erörtern wir Wellenphänomene als Konsequenz des Feldbegriffs. In diesem Teil bringen wir auch einen Großteil des Materials, das normalerweise unter Akustik und Optik geboten wird. Die Betonung liegt jedoch auf den elektromagnetischen Wellen. Das abschließende Kapitel stellt eine kurze Einführung in die Quantenmechanik dar. Während des gesamten Buches betrachten wir wiederholt die Struktur der

Materie, d.h., die Atome, Moleküle, Kerne und Elementarteilchen.

Das Buch ist nicht nur in seinem Aufbau neu, sondern auch in seinem Inhalt, da wir einige grundlegende Themen eingeschlossen haben, die in den meisten Physikbüchern nicht enthalten sind, wogegen andere traditionelle Themen weggelassen wurden. Die Mathematik, die verwendet wird, ist auf die grundlegenden Kenntnisse der Infinitesimalrechnung beschränkt. Viele Anwendungen fundamentaler Prinzipien sowie einige Spezialthemen erscheinen in den ausgearbeiteten Beispielen. Diese können je nach Belieben des Lehrers diskutiert werden oder auf einer Auswahlsbasis angeboten werden, wodurch eine größere Flexibilität im Aufbau der Vorlesung ermöglicht wird.

Beweise und mathematische Ableitungen mit begrenztem physikalischen Gehalt wurden vom Hauptteil des Texts (auf schattiertem Hintergrund) abgegrenzt, so daß der Student beim Lesen eines Abschnitts nicht den Faden in einer physikalischen Überlegung verliert. Auf diese Weise hat der Lehrer auch mehr Spielraum, bestimmte Beweise auszulassen, wenn er das wünscht.

Wir haben uns an die Empfehlungen der Kommission für Symbole, Einheiten und Nomenklatur der IUPAP gehalten. Es wurden durchwegs SI-Einheiten verwendet und Meter, Kilogramm, Sekunde und Coulomb (MKSC-System) als fundamentale Einheiten genommen. Wir haben jedoch auch einige Einheiten des cgs-Systems eingeführt.

Alle physikalischen Konstanten sind bis zu vier Dezimalen ausgedrückt, und zwar nach dem Stand des Jahres 1964. Nach Drucklegung des Buches wurden revidierte Konstanten veröffentlicht (B. N. Taylor, W. H. Parker und D. N. Langenberg, *Rev. Mod. Phys.* **41**, 375, 1969), wovon einige der im Text eingeführten Werte betroffen sind.

Die Lehrpläne für alle Naturwissenschaftler stehen unter großem Druck, um neue, wichtig gewordene Gegenstände aufzunehmen. Wir hoffen, daß dieses einleitende Physikbuch diesen Druck erleichtern wird, indem es ohne übermäßigen Aufwand das Verständnisniveau des Studenten für physikalische Konzepte und seine Fähigkeit erhöht, sie zu einem frühen Zeitpunkt seines Studiums zu handhaben.

Wir wollen allen jenen Dank sagen, die durch ihre Hilfe und Ermunterung die Vollendung dieses Buches ermöglichten. Wir wollen besonders unserem geschätzten Kollegen Professor D. Lazarus, dem beratenden Herausgeber dieses Buches danken, dessen Kritik und Kommentare dazu beitrugen, viele Teile des Buches zu korrigieren oder zu verbessern. Wir sind auch dem Addison-Wesley-Stab für seine Fähigkeit und Hingabe dankbar. Zu guter Letzt wollen wir auch unseren Frauen danken, die uns so geduldig geholfen haben.

Washington, D.C.

M. A.
E. J. F.

INHALT

EINLEITUNG

Das Studium der Physik ist ein aufregendes Abenteuer, das immer neue Anforderungen stellt. Physiker zu sein bedeutet ein Leben voller Anregungen zu führen. Nach Ansicht der Autoren gehört diese Art der Beschäftigung zu den angenehmsten Betätigungen des menschlichen Geistes, da nichts den Verstand stärker anspricht als die Welt, in der wir leben, zu begreifen und die Geheimnisse der Natur zu enträtseln.

Es mag hier überflüssig erscheinen, dem Studenten auseinanderzusetzen, was man unter Physik versteht, warum sie so anregend und interessant ist oder welcher Methoden sie sich bedient, da der Leser mit dem Gebiet wahrscheinlich schon zu einem gewissen Grad vertraut ist. Gerade wegen dieser Vertrautheit mit vielen Aspekten der Physik ist es jedoch wünschenswert, ihre Ziele und Methoden zu analysieren, bevor man sich einem genaueren Studium zuwendet.

WAS IST PHYSIK?

Das Wort Physik ist vom griechischen Ausdruck für Natur abgeleitet. Die Physik sollte daher eine Wissenschaft sein, die alle natürlichen Phänomene untersucht. Bis zum Beginn des 19.Jhdts. wurde die Physik auch wirklich in diesem allgemeinen Sinn verstanden; man sprach von «Naturphilosophie». Während des 19.Jhdts. und bis vor kurzem wurde das Studium der Physik jedoch dann auf eine kleine Gruppe von Phänomenen beschränkt, die etwas allgemein als Vorgänge definiert waren, während derer sich die Natur der beteiligten Substanzen nicht ändert. Diese Definition der Physik wurde jedoch nach und nach aufgegeben; heute sind wir wieder zu dem allgemeineren und grundlegenderen Konzept früherer Zeiten zurückgekehrt. Wir können daher sagen:

Die Physik stellt sich die Aufgabe, die Bestandteile der Materie und ihre Wechselwirkungen miteinander zu untersuchen. Wissenschaftlich werden die Eigenschaften der Stoffe und andere natürliche Phänomene mittels dieser Wechselwirkungen erklärt.

Beim Lesen dieses Lehrbuchs wird der Student sehen, wie das vorliegende Programm aus grundlegenden und allgemeinen Prinzipien entwickelt wurde und auf das Verständnis einer Vielzahl von Phänomenen angewendet wird, die anscheinend ohne Zusammenhang sind, aber den gleichen grundlegenden Gesetzen gehorchen.

DIE KLASSISCHEN ZWEIGE DER PHYSIK

Da der Mensch grundlegend neugierig ist, wollte er schon immer verstehen, nach welchen Gesetzen die Natur abläuft. Ursprünglich waren die Sinnesorgane seine einzigen Informationsquellen. Die Phänomene, die er wahrnahm, wurden daher nach der Art der Sinnesempfindung klassifiziert. *Licht* wurde mit dem Sehvorgang in Beziehung gebracht, und die *Optik* entwickelte sich als eine mehr oder weniger unabhängige Wissenschaft, die mit diesem Vorgang in Verbindung stand. Der *Schall* wurde mit dem Hörvorgang assoziiert; als zugehörige Wissenschaft entwickelte sich die *Akustik*. *Wärme* wurde mit anderen Sinnesempfindungen in Beziehung gesetzt, und viele Jahre hindurch stellt die Wärmelehre (*Thermodynamik*) einen weiteren unabhängigen Zweig der Physik dar. Die *Bewegung* ist das am weitesten verbreitete, unmittelbar beobachtbare Phänomen; die Bewegungslehre, die *Mechanik*, entwickelte sich daher früher als alle anderen Zweige der Physik. Die Bewegung der Planeten, die durch ihre Gravitationswechselwirkungen verursacht wird, und der freie Fall von Körpern ließen sich sehr gut durch die Gesetze der Mechanik erklären. Die *Gravitation* wurde deshalb traditionellerweise als Kapitel der Mechanik abgehandelt. Der *Elektromagnetismus*, der nicht unmittelbar mit einer Sinnesempfindung in Beziehung zu bringen ist, trat erst im 19.Jhdt. als umschriebener Zweig der Physik auf.

Im 19.Jhdt. schien daher die Physik in einige wenige (sogenannte «klassische») Wissenschaften oder Zweige unterteilt zu sein: Mechanik, Wärmelehre, Akustik, Optik und Elektromagnetismus; die Mechanik stellte ganz richtig das Leitprinzip für alle anderen Zweige dar.

Seit Ende des 19.Jhdts. fand jedoch eine tiefgreifende Revolution in der Physik statt, die unsere Haltung gegenüber der Physik und unser Vorgehen beim Lösen physikalischer Probleme grundlegend verändert hat. Deshalb wurden die klassischen Zweige der Physik durch einen neuen, die sogenannte «moderne» Physik ergänzt.

Die klassischen Zweige der Physik sind und bleiben sehr wichtige Spezial- und Forschungsgebiete; es ist jedoch nicht mehr sinnvoll, die Grundlagen der Physik auf eine so isolierte Art und Weise zu betrachten. Die Phänomene, die unter dem Begriff des Elektromagnetismus und der modernen Physik abgehandelt werden, haben zu einer neuen Betrachtungsweise geführt, die physikalische Phänomene von einem einheitlichen und logischeren Gesichtspunkt aus sieht. Dies stellt eine der größten Errungenschaften des 20.Jhdts. dar. Diese einheitliche Darstellung der Physik verlangt nach einer neuen Betrachtung der klassischen Physik von einem «modernen» Standpunkt aus, und nicht nach einer Unterteilung der Physik in «klassisch» und «modern». In dem Sinn, daß es immer eine zeitgenössische Physik geben wird, wird es auch immer eine «moderne» Physik geben. Diese moderne Physik wird zu jedem Zeitpunkt eine Revision und Neueinstufung vorhergehender Ideen und Prinzipien notwendig machen. Die Physik wird jedoch jederzeit ein Ganzes sein, das konsequent und logisch betrachtet werden muß. Es ist unser Ziel, die Physik im vorliegenden Buch auf diese Weise darzustellen.

BEZIEHUNG ZWISCHEN PHYSIK UND ANDEREN NATURWISSENSCHAFTEN

Wir haben bereits angedeutet, daß die Aufgabe der Physik darin besteht, die Grundkomponenten der Materie und ihre Wechselwirkungen zu verstehen und daraus natürliche Phänomene zu erklären, einschließlich der Eigenschaften der stofflichen Materie. Aus dieser Aussage entnehmen wir, daß die Physik die grundlegendste aller Naturwissenschaften ist. Die Chemie beschäftigt sich im wesentlichen mit einem besonderen Aspekt dieser umfassenden Aufgabe, und zwar mit der Anwendung physikalischer Gesetze auf die Bildung von Molekülen und die verschiedenen praktisch durchführbaren Möglichkeiten, bestimmte Moleküle in andere umzuwandeln. Die Biologie stützt sich auf die Physik und die Chemie, und erklärt mit ihrer Hilfe die Vorgänge, die in lebenden Organismen ablaufen. Die Anwendung der Grundlagen der Physik und der Chemie auf praktische Probleme, sowohl in der Wissenschaft als auch in der Praxis, hat zu den verschiedenen Zweigen der Technik geführt. Die moderne Technik und Wissenschaft wären ohne solides Verständnis der grundlegenden naturwissenschaftlichen Ideen undenkbar.

Die Physik ist jedoch nicht nur deshalb wichtig, weil sie die grundlegenden begrifflichen und theoretischen Fundamente liefert, auf denen die anderen Naturwissenschaften aufbauen. Sie ist auch deshalb bedeutend, weil ihre Methoden auf fast jedem Gebiet der reinen und angewandten Forschung verwendet werden. Astronomen bedienen sich der Methoden der Optik, Spektroskopie und Radiotechnik. Geologen verwenden die Methoden der Gravimetrie, Akustik, der Kernphysik und der Mechanik. Das gleiche gilt für Ozeanographen, Meteorologen, Seismologen u.s.w. Ein modernes Spital ist mit Laboratorien ausgerüstet, in denen die raffiniertesten physikalischen Methoden angewendet werden. Zusammenfassend: es gibt kaum eine Forschungsrichtung, einschließlich der Archäologie, Paläontologie, Geschichte und Kunst, die ohne moderne physikalische Methoden auskommen könnte. Das gibt dem Physiker das befriedigende Gefühl, daß er nicht nur unsere Kenntnisse der Natur erweitert, sondern auch zum sozialen Fortschritt der Menschheit beiträgt.

DIE EXPERIMENTELLE METHODE

Wie alle reinen und angewandten Wissenschaften muß sich auch die Physik, um ihre Ziele zu erreichen, auf *Beobachtungen* und *Versuche* stützen. Beobachtungen bestehen in der sorgfältigen und kritischen Untersuchung eines Phänomens, indem man die verschiedenen Faktoren und Umstände, die es beeinflussen, festhält und analysiert. Leider können die Bedingungen, unter denen die Phänomene natürlich auftreten, nicht immer ausreichend variabel und flexibel gestaltet werden. In einigen Fällen treten die Phänomene so selten auf, daß ihre Analyse ein schwieriger und langwieriger Prozeß ist. Deshalb müssen Versuche durchgeführt werden. Ein Versuch besteht darin, ein Phänomen zu beobachten, das unter vorher festgelegten und sorgfältig kontrollierten Bedingungen abläuft. Der Wissenschaftler kann also die Bedingungen willkürlich verändern, wodurch es leichter wird, ihren Einfluß auf die Vorgänge zu erkennen. Ohne Versuche hätten die modernen Naturwissenschaften nie ihren heutigen

1 Der Forschungsreaktor des Oak Ridge National Laboratory, der für viele Zweige der Grundlagenforschung eingesetzt wird. (Aufnahme mit freundlicher Genehmigung des ORNL).

fortgeschrittenen Stand erreicht. Deshalb sind Laboratorien für den Wissenschaftler so unentbehrlich.

Um diesen Punkt zu illustrieren, zeigt Abb. 1 einen Forschungsreaktor am Oak Ridge National Laboratory. Beachten Sie, daß der Raum um den Reaktor voll mit Versuchsgeräten ist. Einige dieser Geräte verwenden die Physiker, um neue Erkenntnisse über die Eigenschaften der Atomkerne zu gewinnen oder um Strukturanalysen durchzuführen. Andere Geräte dienen dazu, radioaktives Material für die Anwendung in Chemie, Medizin, Landwirtschaft oder Technik aufzuarbeiten. Eine Gruppe von Biophysikern benützt die gezeigten Geräte dazu, die Auswirkung von Strahlen auf biologisches Material zu untersuchen, während ein anderes Wissenschaftlerteam die selben Geräte zur Untersuchung von Strahleneffekten auf verschiedene Werkstoffe benützt. Wir schlagen vor, daß die Studenten ein modernes Forschungslaboratorium besuchen, um eine persönlichere Beziehung zur Rolle des Experiments in der Wissenschaft zu bekommen.

Die Durchführung von Versuchen ist natürlich nicht die einzige Erkenntnismöglichkeit eines Physikers. Wissenschaftler leiten auch auf theoretischem Weg neue Erkenntnisse aus bekannten Tatsachen ab. Unter theoretisch verstehen wir hier, daß der Physiker ein *Modell* für die von ihm untersuchte physikalische Situation vorschlägt. Unter Verwendung bereits früher abgeleiteter Beziehungen stellt er logische, deduktive Überlegungen am Modell an. Normalerweise entwickelt er seine Überlegungen mit Hilfe mathematischer Beziehungen. Dadurch kann er z.B. ein noch nicht beobachtetes Phänomen voraussagen oder die Beziehung zwischen verschiedenen Vorgängen beweisen. Die Erkenntnisse, die ein Physiker auf theoretischem Weg erlangt, werden von anderen zur Durchführung neuer Versuche verwendet, die das Modell überprüfen sollen oder die Grenzen seiner Gültigkeit oder sein Versagen bestimmen. Der Theoretiker revidiert daraufhin sein Modell und ändert es so ab, daß es mit der neuen Information im Einklang steht. Diese Vernetzung zwischen Versuchsdurchführung und Theorie gestattet einen stetigen, wohl fundierten Fortschritt.

Kapitel 1

STRUKTUR DER MATERIE

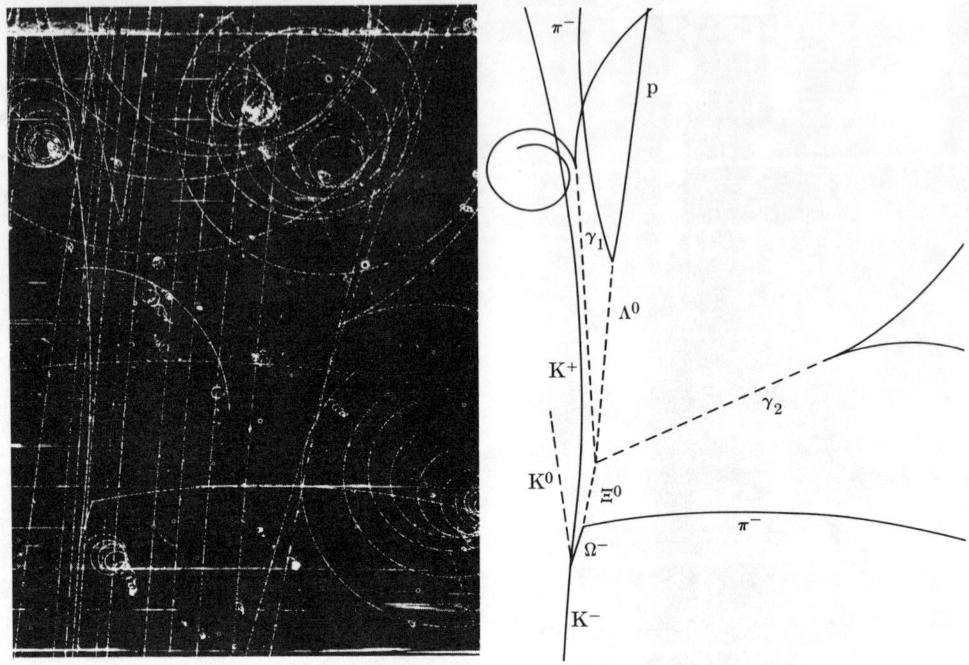

(a) (b)

1.1 (a) Bahnspuren von Elementarteilchen in einer 2 m-Blasenkammer mit flüssigem Wasserstoff in einem starken Magnetfeld, welches die geladenen Teilchen in eine gekrümmte Bahn zwingt. Diese Spuren werden analysiert, und aus den Untersuchungen werden die Eigenschaften der verschiedenen Teilchen abgeleitet. Diese Aufnahme, die 1964 gemacht wurde, hat historische Bedeutung. Sie lieferte den ersten sichtbaren Beweis für die Existenz des Omega minus (Ω^-) Teilchens, das aus theoretischen Erwägungen vorhergesagt worden war. (b) Das Liniendiagramm zeigt die wichtigeren Ereignisse, die durch die Aufnahme registriert wurden. Die Bahn des (Ω^-)-Teilchens ist die kurze Linie in der Nähe des unteren Bildrandes. Die den anderen Spuren entsprechenden Teilchen wurden ebenfalls alle identifiziert. (Aufnahme mit freundlicher Genehmigung des Brookhaven National Laboratory.)

1.1 EINLEITUNG

Wir haben einleitend gesagt, daß *die Physik eine Wissenschaft ist, deren Ziel es ist, die Bestandteile der Materie und deren Wechselwirkungen zu untersuchen*. Es mag daher ziemlich naheliegend erscheinen, daß ein Studium der Physik mit der Überprüfung unserer gegenwärtigen Vorstellungen über die Materie beginnt. Das ist jedoch keine leichte Aufgabe, da wir erst gewisse Konzeptionen und Techniken entwickeln müssen bevor wir ernsthaft versuchen können, die Bestandteile der Materie zu analysieren. Wir werden uns deshalb vorläufig auf eine Beschreibung gewisser grundsätzlicher Vorstellungen über die Struktur der Materie beschränken; im weiteren Verlauf dieser Einführung werden wir bei vielen Gelegenheiten die dort betrachteten Themen erneut im Detail aufnehmen.

Die Frage nach der Struktur der Materie hat die Philosophen und Wissenschaftler seit dem Beginn der Zivilisation beschäftigt, und die Entwicklung unserer Vorstellungen über die Materie ist eine aufregende Geschichte, auf die wir hier jedoch nicht eingehen können. Es ist eine der großen Errungenschaften der modernen Physik, daß wir in der Lage waren, ein ziemlich zusammenhängendes, wenn auch noch unvollständiges Bild vom Aufbau der Körper, die wir sehen und berühren können, zu entwerfen.

1.2 TEILCHEN

Obwohl die Materie nach den Wahrnehmungen unserer Sinnesorgane eine kontinuierliche Struktur zu haben scheint, setzt sie sich de facto aus von einander verschiedenen Einheiten zusammen, welche sich zu regel-

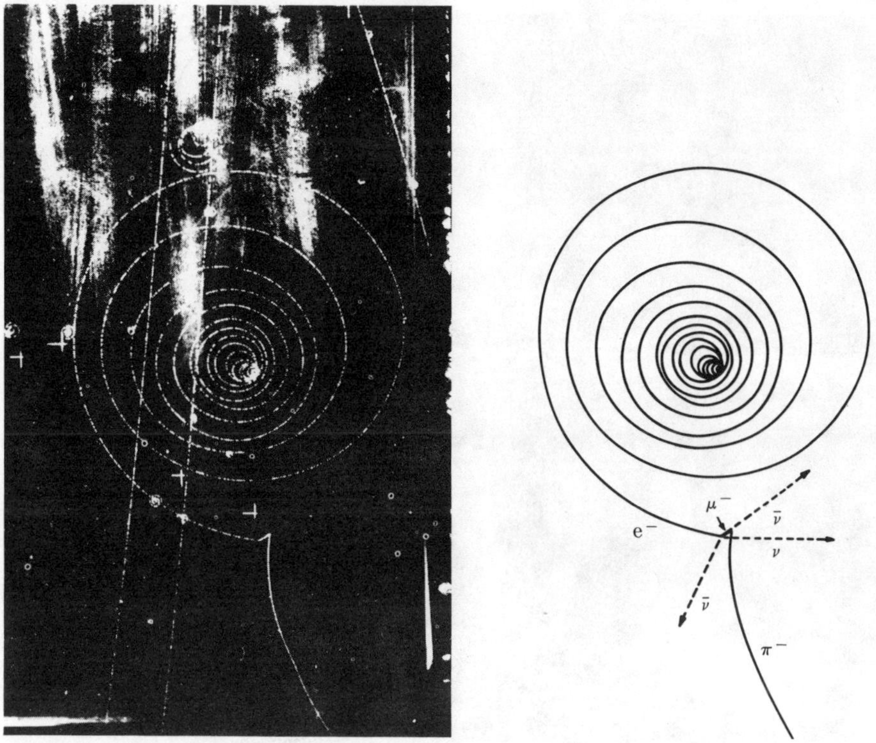

1.2 Zerfall eines π^--Mesons, gefolgt vom Zerfall des Myons. (Aufnahme mit freundlicher Genehmigung des Brookhaven National Laboratory.)

mäßigen Anordnungen gruppieren, wie die Ziegel in einer Mauer. Diese fundamentalen Grundbausteine bezeichnet man als *Teilchen oder Partikel.* Man nimmt heute an, daß die Materie aus einer Handvoll fundamentaler Bausteine (Elementarteilchen) besteht und daß alle Körper, lebend wie tot, aus verschiedenen Gruppierungen oder Anordnungen solcher Teilchen aufgebaut sind. Drei dieser Elementarteilchen sind besonders wichtig: *Elektronen, Protonen* und *Neutronen.* Die meisten Phänomene, die wir in der Natur beobachten und die wir in diesem Text betrachten werden, können als Wechselwirkungen zwischen diesen drei Teilchen beschrieben werden. Es gibt noch etliche andere Elementarteilchen. Einige davon sind in Tab. 1.1 angeführt. Die Existenz dieser Teilchen läßt sich nur unter Verwendung ziemlich aufwendiger Beobachtungsmethoden feststellen.

Die Teilchen werden durch ihre physikalischen Eigenschaften, wie Masse und elektrische Ladung, unterschieden. Elektronen sind negativ geladen, Protonen positiv und Neutronen sind ungeladene, also neutrale Teilchen. Protonen und Neutronen haben ungefähr die gleiche Masse, die etwa 1840-mal größer ist als die Masse des Elektrons.

Zwei interessante Eigentümlichkeiten sind folgende: Viele Teilchen haben nur eine begrenzte Lebensdauer und zerfallen in sehr kurzer Zeit in andere Teilchen; weiter können zwei Teilchen, die zusammenstoßen, zerstört werden, wobei neue Teilchen entstehen können. Einige dieser Prozesse sind in Abb. 1.1, 1.2 und 1.3

Tabelle 1.1

EINIGE ELEMENTARTEILCHEN

Teilchen	Masse*	Ladung
Neutrino (ν)	$\sim$0	0
Elektron (e^-)	1	$-e$
Positron (e^+)	1	$+e$
Myon (μ)	$\sim$207	$+e$, $-e$
Pion (π)	$\sim$270	$+e$, $-e$, 0
Proton (p)	1836,2	$+e$
Neutron (n)	1838,7	0

* Die Masse ist relativ zur Elektronenmasse angegeben.

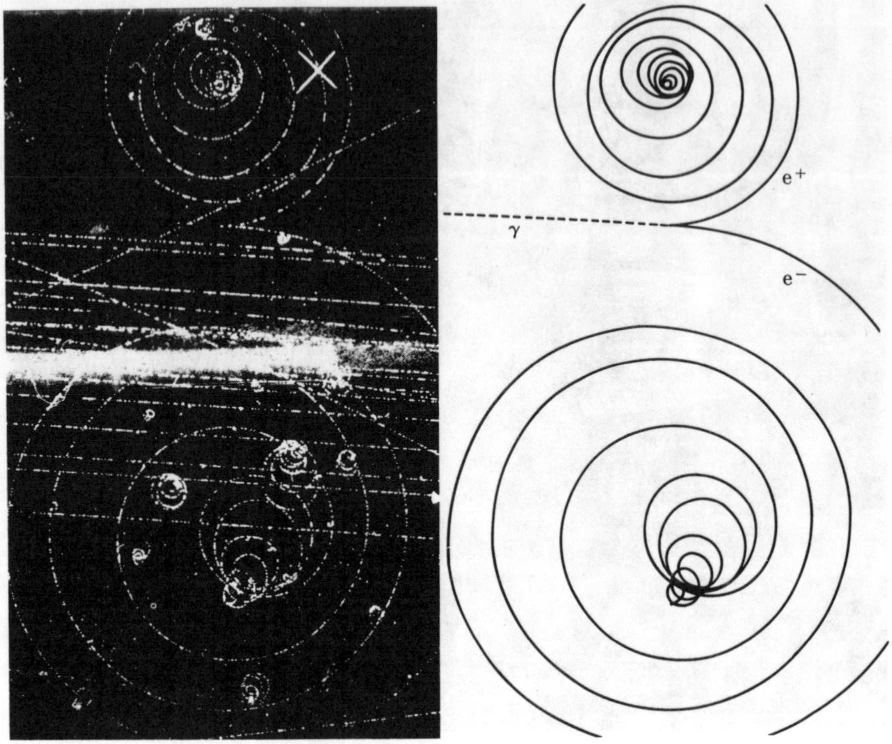

1.3 Bildung eines Elektron-Positron-Paares. (Aufnahme mit freudlicher Genehmigung des Brookhaven National Laboratory.)

gezeigt. Große Maschinen, die sogenannten *Teilchenbeschleuniger* (Abb. 1.4) wurden gebaut, um Teilchen mit höherer Energie zu versehen und Zusammenstöße hervorzurufen, die in den vorhergehenden Abbildungen gezeigt wurden. Durch Analyse dieser Prozesse gewinnen wir Aufschluß über das Verhalten dieser Teilchen.

Die Rolle, welche viele dieser Teilchen in der Natur spielen, wird noch nicht völlig verstanden. Es sind intensive Untersuchungen im Gange, um zu einem besseren Verständnis der Gründe für die Vielfalt der Teilchen und ihrer Beziehungen zu einander zu kommen.

1.3 ATOME

Stark vereinfachend können wir sagen, daß drei Arten von Teilchen, nämlich Elektronen, Protonen und Neutronen in wohl definierten Gruppierungen auftreten, die man *Atome* nennt, wobei die Protonen und Neutronen in einem sehr kleinen zentralen Bereich zusammengeballt sind, der Kern genannt wird und dessen Ausdehnung bei etwa 10^{-15} m liegt. Die Elektronen bewegen sich um den Kern in einem Bereich von der Größenordnung 10^{-10} m (Abb. 1.5), also etwa 10^5 Größenordnungen größer als die Kernausdehnung. Wir können sagen, daß der Kern ein winziges Stäubchen im Zentrum des Atoms ist. Die einfachsten aller Atome sind die des Wasserstoffs, der aus einem Proton und einem darum kreisenden Elektron besteht. Die elektromagnetische Wechselwirkung zwischen den entgegengesetzt geladenen Elektronen und den Protonen im Kern halten ein Atom zusammen.

Da Protonen und Neutronen eine Masse besitzen, die ungefähr 1840-mal größer ist als die Masse eines Elektrons, entspricht die Masse eines Atoms annähernd der Masse seines Kerns. Atome haben die gleiche Zahl von Protonen wie von Elektronen; sie wird die *Ordnungszahl* genannt und mit Z bezeichnet. Der Kern ist mit der Ladung $+Ze$ positiv geladen. Die Gesamtladung der Elektronen beträgt $-Ze$, die Gesamtladung der Atome is daher null, d.h., sie sind elektrisch neutral.

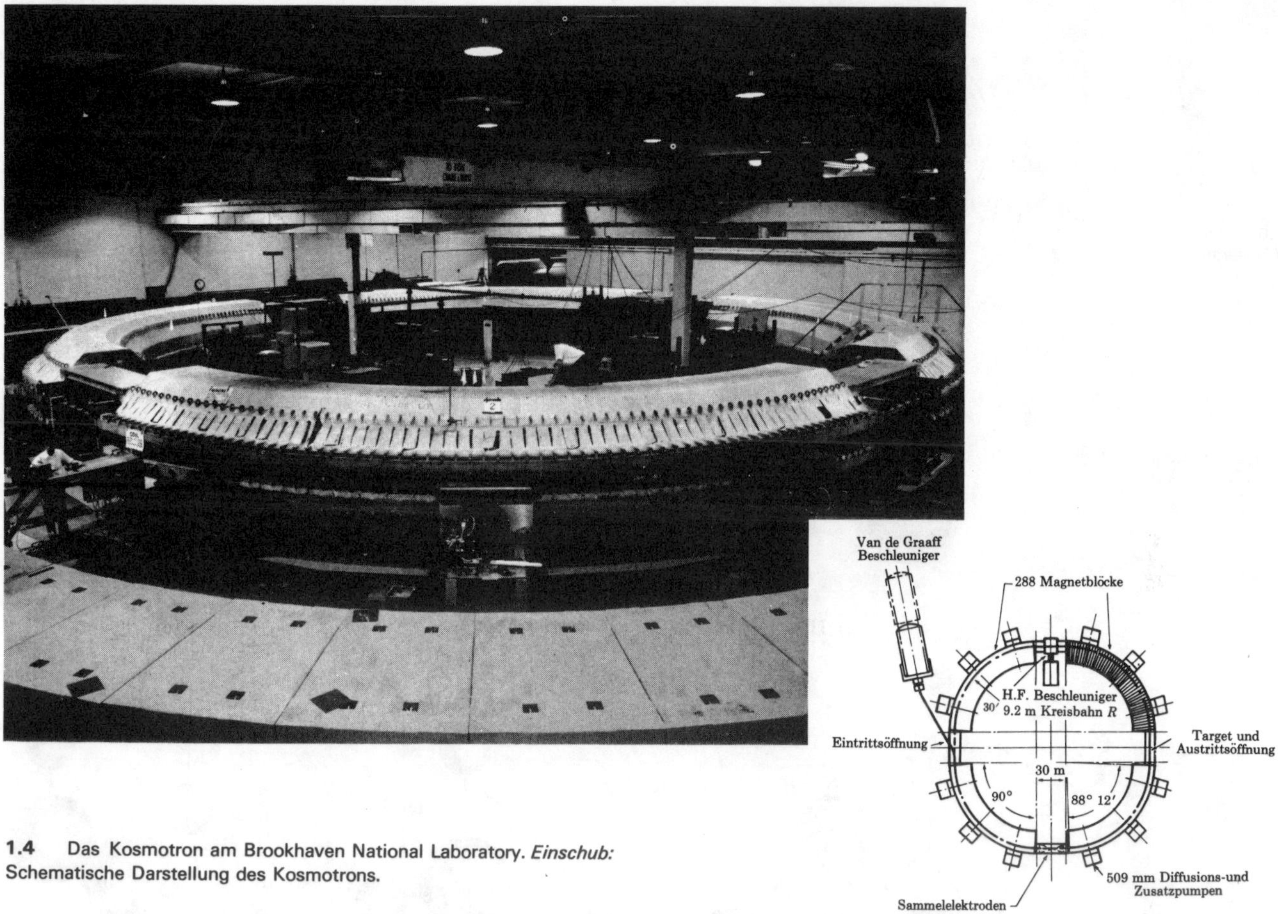

1.4 Das Kosmotron am Brookhaven National Laboratory. *Einschub:* Schematische Darstellung des Kosmotrons.

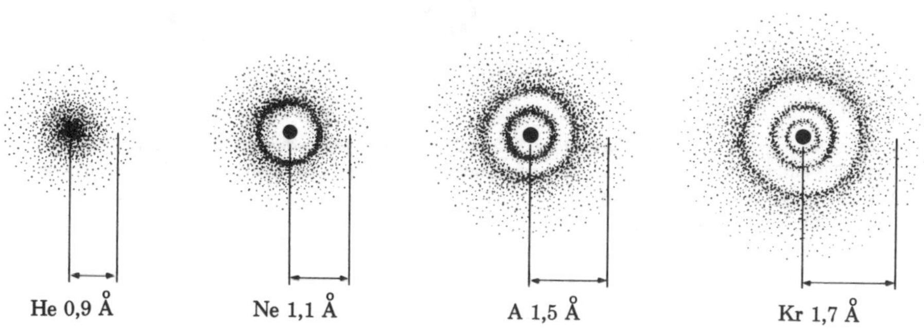

1.5 Anordnung der Elektronen um den Kern in einigen einfachen Atomen (Helium, He; Neon, Ne; Argon, Ar; Krypton, Kr;). Da die Elektronen nicht wohldefinierten Bahnen folgen, zeigen die dunklen Bereiche diejenigen Zonen an, die mit größerer Wahrscheinlichkeit mit Elektronen besetzt sind (1 Å = 1 Ångström = 10^{-10} m).

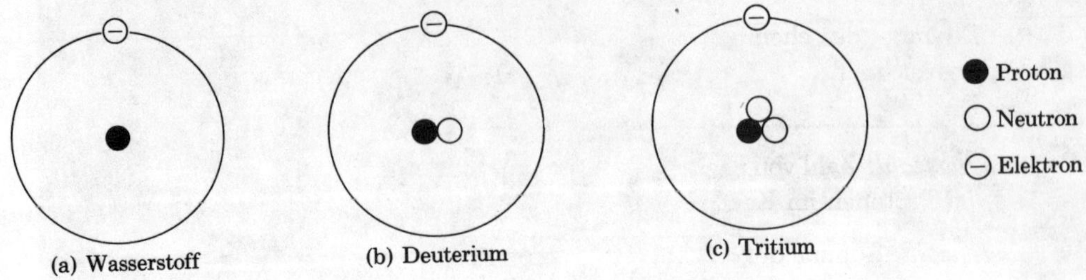

1.6 Isotope des Wasserstoffs

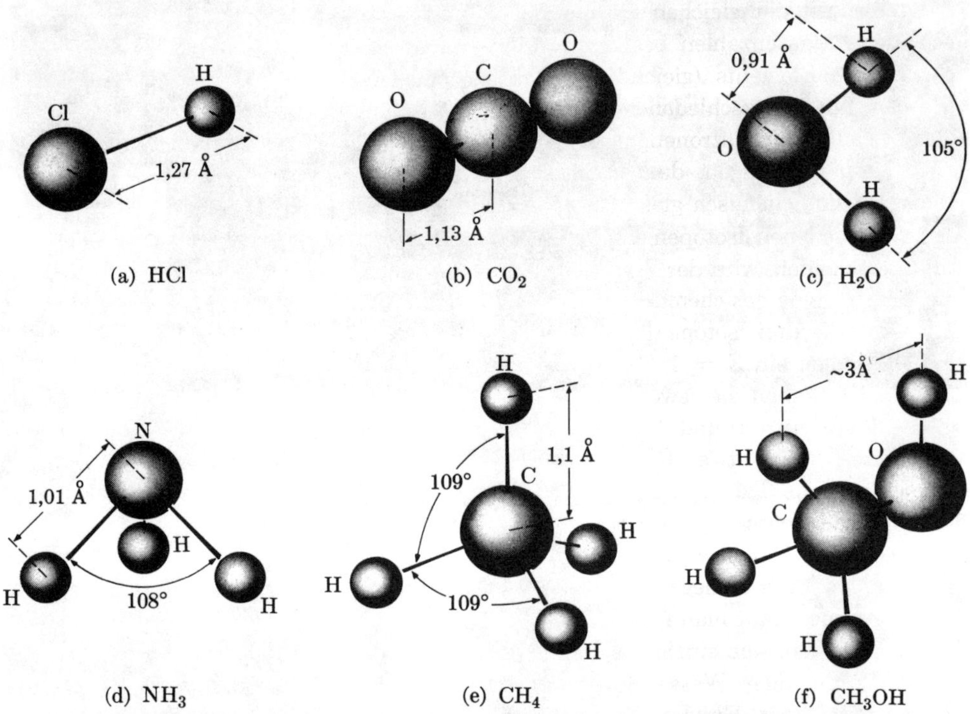

1.7 Einige relativ einfache Moleküle: (a) Salzsäure, (b) Kohlendioxyd, (c) Wasser, (d) Ammoniak, (e) Methan, (f) Methanol. Die Atome in einem Molekül sind in wohldefinierten geometrischen Mustern angeordnet. Die inneren Elektronen bleiben an die zugehörigen Atome gebunden, während die äußeren sich entweder im Raum zwischen zwei Atomen oder mehr oder weniger frei über das gesamte Molekül hinweg bewegen.

Die Gesamtzahl der Protonen und Neutronen in einem Atom nennt man die *Massenzahl*, die mit A bezeichnet wird. Die Zahl der Neutronen in einem Kern ist daher $A - Z$. Alle Atome mit der gleichen Ordnungszahl (gleiche Zahl von Protonen) gehören zur gleichen atomaren Spezies, oder wie man üblicherweise sagt, zum gleichen *chemischen Element*. Das heißt, alle Atome mit $Z = 1$ sind Wasserstoffatome, Atome mit $Z = 6$ sind Kohlenstoffatome und alle Uran-Atome haben $Z = 92$. Alle Atome mit dem gleichen Z werden mit dem Symbol des chemischen Elements, zu dem sie gehören, bezeichnet.

Ordnungszahl: Zahl von Elektronen in einem Atom und von Protonen im Kern

Massenzahl: Summe der Anzahl von Protonen und Neutronen im Kern

---

Atome mit der gleichen Ordnungszahl können verschiedene Massenzahlen besitzen. Atome des gleichen chemischen Elements (gleiches Z), aber verschiedener Massenzahlen (verschiedenes A), d.h. einer verschiedenen Zahl von Neutronen, nennt man *Isotope*. Praktisch kann man sagen, daß Isotope eines bestimmten Elements sich chemisch gleich verhalten. Um zwischen den verschiedenen Isotopen eines chemischen Elements zu unterscheiden, wird der Wert von A links oben neben die Bezeichnung des chemischen Elements geschrieben. Z.B. sind die drei Isotope des Wasserstoffs ^1H, ^2H und ^3H; alle haben ein $Z = 1$ (1 Proton), aber wie in Abb. 1.6 gezeigt, haben sie jeweils $A = 1$ (kein Neutron), $A = 2$ (ein Neutron) und $A = 3$ (zwei Neutronen). Zur Zeit kennt man etwa 104 verschiedene chemische Elemente (siehe Tab. A.1), aber es gibt mehr als 1300 verschiedene Isotope.

Ein Atom kann bisweilen Elektronen anlagern oder abgeben, wodurch es negativ oder positiv geladen wird. Solche Atome nennt man *Ionen*. Zum Beispiel kann ein Wasserstoffatom sein einziges Elektron abgeben und zu einem Proton oder Wasserstoff*ion* werden, das man als H^+ bezeichnet. Ein Ion wird durch das Symbol des chemischen Elements dargestellt, wobei man rechts oben die Gesamtladung des Ions angibt. Zum Beispiel beschreibt Cu^{+2} ein Kupferatom, welches 2 Elektronen abgegeben hat, während P^{-3} ein Phosphoratom darstellt, das drei Elektronen angelagert hat.

1.4 MOLEKÜLE

Man findet sehr selten isolierte Atome. Atome bilden eher Aggregate, sogenannte Moleküle, von denen man mehrere tausend verschiedene Arten kennt. Einige Moleküle enthalten nur wenige Atome (wie z.B. Salzsäure, deren Moleküle aus einem Atom Wasserstoff und einem Atom Chlor bestehen (Abb. 1.7)); andere Moleküle können hingegen bis zu mehreren hundert Atomen enthalten, wie Proteine, Enzyme und Nukleinsäuren (DNA und RNA (Abb. 1.8)) oder einige organische Polymere wie Polyäthylen oder Polyvinylchlorid (PVC).

Wenn sich ein Molekül bildet, verlieren die Atome (bis zu einem gewissen Grad) ihre Identität. Wir könnten statt dessen sagen, daß ein Molekül ein System darstellt, bestehend aus mehreren Kernen und einer Gruppe von Elektronen, die sich in solcher Weise um die Kerne bewegen, daß eine stabile Anordnung entsteht. Die Kräfte, die ein Molekül zusammenhalten, sind elektromagnetischen Ursprungs. Das einfachste aller Moleküle ist das ionisierte Wasserstoffmolekül, $H_2{}^+$, das aus zwei Protonen und einem Elektron besteht (Abb. 1.9). Chemiker schreiben die Bildung dieses Moleküls als

$$H + H^+ \longrightarrow H_2^+,$$

wobei H^+ eben nur ein Proton ist. In anderen Worten, das H_2^+-Molekül wird gebildet, wenn ein Wasserstoffatom ein Proton einfängt. Sobald jedoch das H_2^+-Molekül gebildet ist, kann man nicht mehr sagen, welches das Wasserstoffatom und welches das Proton ist.

Das sinngemäß nächstfolgende Molekül steigender Komplexität ist das Wasserstoffmolekül H_2, das aus zwei Wasserstoffatomen besteht, oder aus zwei Protonen und zwei Elektronen (Abb. 1.10). Wenn zwei Atome, die komplexer als Wasserstoff sind, sich zu einem Molekül vereinigen, werden die fester gebundenen inneren Elektronen kaum beeinflußt; sie bleiben an ihren ursprünglichen Kern gebunden. Nur die äußeren Elektronen (die man auch Valenzelektronen nennt) werden betroffen und bewegen sich unter den resultierenden Kräften der Ionen, zusammengesetzt aus den Kernen und den inneren Elektronen, sowie deren wechselseitiger Abstoßung. Diese Valenzelektronen sind für die chemische Bindung und die meisten physikalischen Eigenschaften der Moleküle verantwortlich.

Atome (oder Kerne) sind in Molekülen in regelmäßigen Mustern angeordnet, die für jedes Molekül charakteristisch sind, wie in Abb. 1.7 gezeigt. Zum Beispiel

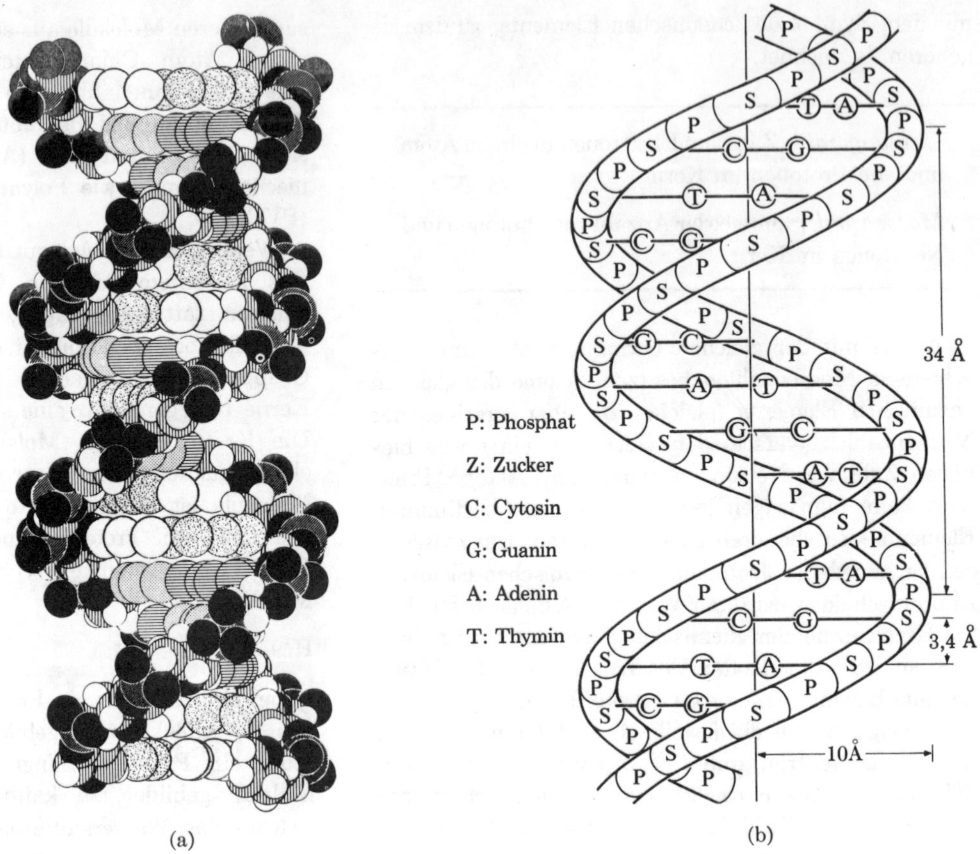

1.8 Crick–Watson–Modell der Desoxyribonukleinsäure (DNS oder DNA). Die Nukleinsäure, die am Aufbau eines Chromosoms beteiligt ist, die DNA, enthält genetische Information; sie gehört zu den am besten untersuchten Makromolekülen. Die Röntgenbeugungsanalyse hat gezeigt, daß sie aus zwei antiparallelen Wendeln besteht, die aus einer Reihe von Zucker- (Z) und Phosphatgruppen (P) aufgebaut sind. Der Zuckerbestandteil, die Desoxyribose, enthält fünf Kohlenstoffstome. Die beiden Helices werden durch Wasserstoffbrücken-gebundene Basenpaare zusammengehalten. Ein Basenpaar wird von den beiden Substanzen Adenin und Thymin (A-T) gebildet, das andere durch Cytosin und Guanin (C-G). Der genetische Code des DNA-Moleküls hängt von der Sequenz oder Anordnung der Basenpaare ab. Diese Basenpaare sind mit den Windungen einer helikalen Leiter zu vergleichen, wobei jede Windung etwa 11 Ångström lang ist. Die Identitätsperiode jeder Helix beträgt etwa 34 Ångström, ihr Gesamtdurchmesser ist ca. 18 Ångström (1 Ångström = 10^{-10} m).

sind im Kohlendioxyd-Molekül, CO_2, die drei Kerne auf einer Geraden angeordnet, mit dem Kohlenstoffkern in der Mitte; im Wassermolekül, H_2O, liegen die drei Kerne an den Eckpunkten eines Dreiecks; das Ammoniakmolekül, NH_3, ist eine Pyramide mit dem Stickstoffkern an der Spitze, das Methanmolekül, CH_4, ein Tetraeder mit dem Kohlenstoffkern im Zentrum und den Wasserstoffatomen an den Eckpunkten. Moderne experimentelle Techniken (Röntgen- und Elektronenstrahlen) haben wertvolle Informationen über die Struktur von Molekülen geliefert.

1.5 DIE MAKROSKOPISCHEN EIGENSCHAFTEN DER MATERIE

Materie in stofflicher Form, in der Weise wie sie sich unseren Sinnen darstellt, ist ein Aggregat aus einer sehr großen Zahl von Atomen oder Molekülen. Grob ge-

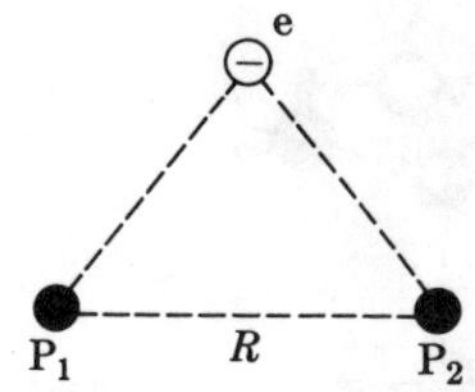

1.9 Das Ion des Wasserstoffmoleküls

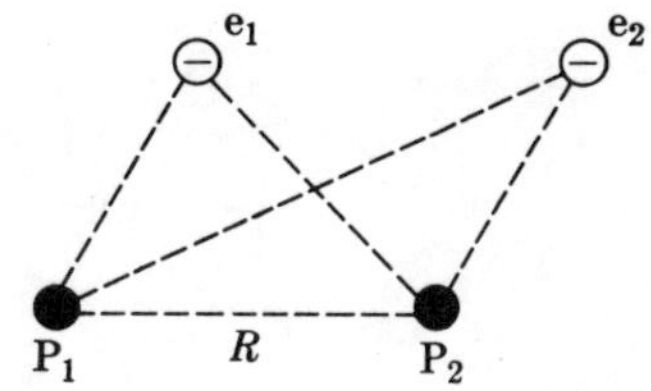

1.10 Das Wasserstoffmolekül.

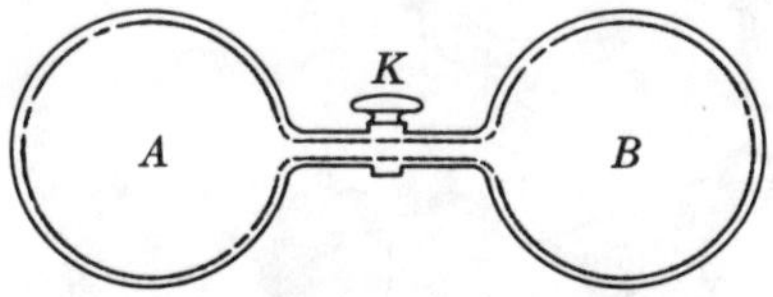

1.11 Die Gase in *A* und *B* diffundieren durch *K* ineinander.

sprochen, erscheinen diese Aggregate in drei physikalischen Zuständen oder Phasen, die man als Gase, Flüssigkeiten und Festkörper bezeichnet.

In Gasen ist die durchschnittliche Entfernung zwischen Molekülen viel größer als die Größenausdehnung der Moleküle; bei normalen Bedingungen von Druck und Temperatur ist diese Entfernung in der Größenordnung von 3×10^{-9} m, oder 10-mal die Moleküldimension. Als Folge davon sind die zwischenmolekularen Kräfte viel schwächer als die Kräfte, welche die Atome in Moleküle zusammenhalten. In Gasen behalten die Moleküle daher ihre Individualität. Es ist auch relativ leicht, das Volumen, welches ein Gas einnimmt, zu verändern. Die Moleküle in einem Gas bewegen sich ständig durch den gesamten Raum, den das Gas einnimmt. Das erklärt, warum Gase so leicht diffundieren. Wenn wir z.B. zwei Gefäße haben, die zwei verschiedene Gase *A* und *B* enthalten (Abb. 1.11) und den Stopfen *K* öffnen, werden in relativ kurzer Zeit beide Gase in beiden Gefäßen gründlich durchmischt sein.

In einem festen Stoff sind jedoch die Atome (oder Moleküle) dicht gepackt; sie werden durch Kräfte elektromagnetischen Ursprungs in mehr oder weniger festen Positionen gehalten; diese Kräfte sind von etwa der gleichen Größenordnung wie die, welche an molekularen Bindungen beteiligt sind. Die Gestalt und das Volumen eines Feststoffs bleiben daher praktisch konstant solange die physikalischen Bedingungen wie Druck und Temperatur keine nennenswerten Veränderungen erfahren. Der durchschnittliche interatomare (oder intermolekulare) Abstand in einem Festkörper ist von der Größenordnung 10^{-10} m, was mit Moleküldimensionen vergleichbar ist.

In den meisten Festkörpern liegen die Atome (oder Moleküle) nicht als isolierte Individuen vor; ihre Eigenschaften werden vielmehr durch benachbarte Atome beeinflußt. Die regelmäßige Anordnung der Atome oder Gruppen von Atomen ist eine der wichtigsten Eigenarten von Feststoffen; das heißt, die Struktur von Festkörpern weist eine Regelmäßigkeit oder Periodizität auf, welche das konstituiert, was man als Kristallgitter bezeichnet. In bestimmten Festkörpern sind die Grundeinheiten, die das Kristallgitter aufbauen, die Moleküle selbst. Das ist z.B. beim Eis der Fall; seine Struktur ist in Abb. 1.12 gezeigt. In anderen Fällen ist das Gitter aus Ionen aufgebaut, wie z.B. die NaCl- und CsCl-Gitter, die in Abb. 1.13 gezeigt sind. In Festkörpern, die aus einer einzigen Art von Atomen bestehen, sind die Atome selbst die Bausteine des Gitters. In Abb. 1.14 und 1.15 sind die Graphit- und Diamantgitter gezeigt. Die Gitterbausteine sind in beiden Fällen Kohlenstoffatome.

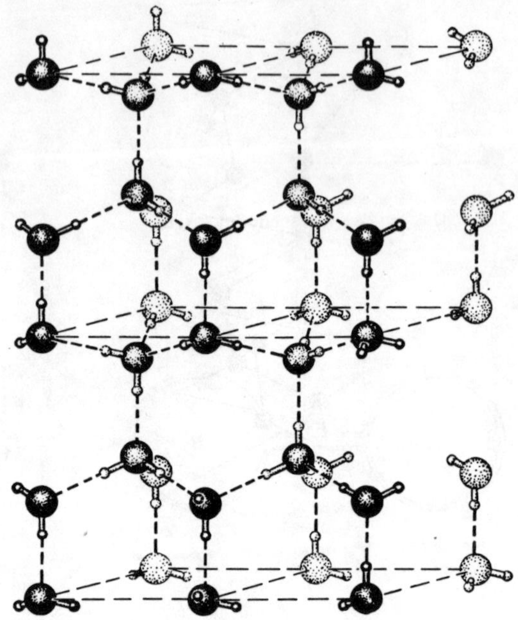

1.12 Anordnung der Wassermoleküle im Eis. (Aus L. Pauling, *The Nature of the Chemical Bond,* Ithaca, N.Y.: Cornell University Press, 1960; mit Erlaubnis des Herausgebers.)

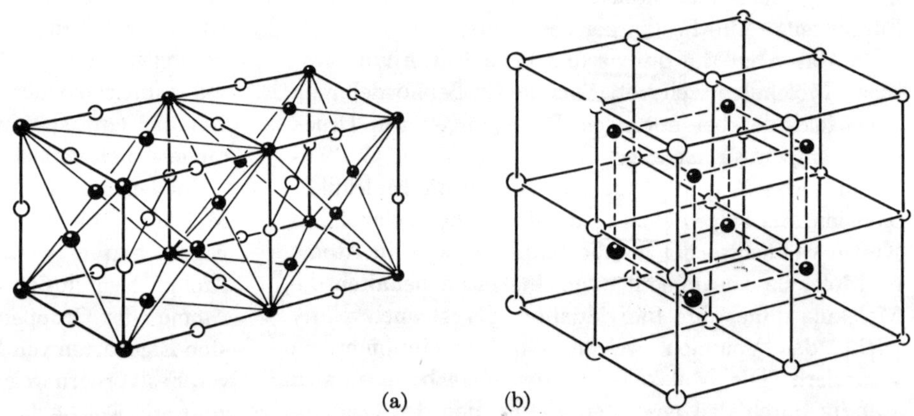

1.13 (a) NaCl Gitter; (b) CsCl Gitter.

Die physikalischen Eigenschaften von Festkörpern sind direkt mit der Natur und der geometrischen Anordnung der Gitterbausteine verknüpft.

Einige Substanzen, die unseren Sinnen als Festkörper erscheinen, zeigen keine solche regelmäßige Anordnung der Atome oder Moleküle. Das ist z.B. bei Glas der Fall. Diese Feststoffe nennt man *amorph*, ihre physikalischen Eigenschaften sind sehr verschieden von jenen der Festkörper mit Kristallgitter.

Die Eigenschaften der Flüssigkeiten fallen zwischen die der Gase und der Festkörper. Moleküle in Flüssigkeiten sind durch Abstände in der Größenordnung der Moleküldimensionen voneinander getrennt und sie werden durch relativ starke Kräfte zusammengehalten. Demzufolge haben Flüssigkeiten ein festes Volumen und eine geringe Kompressibilität. Flüssigkeitsmoleküle weisen jedoch eine große Beweglichkeit auf und können sich unabhängig voneinander bewegen. Eine der Folgen

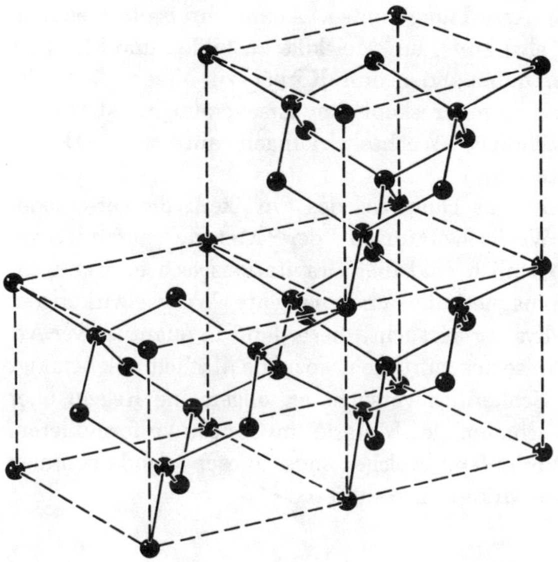

1.14 Diamantgitter.

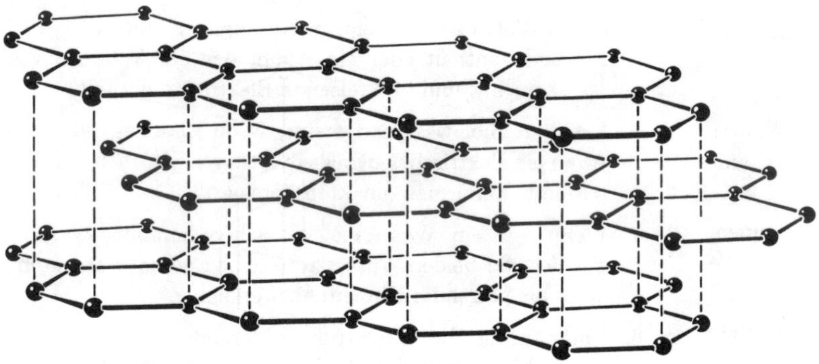

1.15 Graphitgitter.

ist, daß Flüssigkeiten keine eigene Gestalt haben, sondern sich an die Form des Behälters anpassen; sie geben bereits kleinen Scherspannungen nach, eine Eigenschaft, die *Fluidität* genannt wird. Eine andere Folge ist die, daß die Moleküle in einer Flüssigkeit nicht die regelmäßige Anordnung aufweisen, die man in Festkörper-Gittern findet. Man hat jedoch gefunden, daß sich Flüssigkeitsmoleküle in geregelter Weise zu kleinen Gruppen (Clusters) von der Größenordnung mehrerer zwischenmolekularer Abstände anordnen. Jeder Cluster besteht nur für kurze Zeit, wobei die Moleküle immer wieder getrennt werden und sich zu neuen Clustern gruppieren.

Die Physiker kennen noch einen anderen Zustand der Materie, den man als *Plasma* bezeichnet und der aus einer gasförmigen Mischung positiver und negativer Ionen (oder geladener Teilchen) besteht. Wenn ein Gas auf sehr hohe Temperatur gebracht wird, wird es ein Plasma. Ein Großteil der Materie im Universum, besonders in heißen Sternen, liegt in der Form von Plasma vor. Auf der Erde kann Plasma jedoch nur im Laboratorium erzeugt werden.

1.6 WECHSELWIRKUNGEN

Es drängen sich uns einige naheliegende Fragen auf. Warum und wie werden Elektronen, Protonen und Neutronen miteinander verbunden, um Atome zu bilden? Warum und wie werden Atome miteinander verbunden, um Moleküle zu bilden? Warum und wie werden Moleküle aneinander gebunden, um Körper zu bilden? Wie kommt es, daß Materie selbst sich zu Gebilden vereinigt, von der Größenordnung eines winzigen Staubteilchens bis zur Ausdehnung eines gewaltigen Planeten, vom Bakterium bis zu jenem wunderbaren Geschöpf, genannt Mensch? Wir können diese grundlegende Frage im Prinzip dadurch beantworten, daß wir den Begriff der *Wechselwirkung* einführen. Wir sagen, daß die Teilchen in einem Atom auf solche Weise miteinander in Wechselwirkung treten, daß sie eine stabile Anordnung bilden. Atome ihrerseits treten in Wechselwirkung, um Moleküle zu bilden und Moleküle wirken aufeinander, um Körper zu bilden. Auch die Materie in makroskopischer Erscheinung weist gewisse offensichtliche Wechselwirkungen auf, wie z.B. die Gravitation.

Es ist das Hauptziel des Physikers, die verschiedenen Wechselwirkungen der Materie aufzudecken; hauptsächlich sind dies Gravitationswechselwirkungen, elektromagnetische und nukleare Wechselwirkungen. Der Physiker versucht, diese dann in quantitativer Art und Weise auszudrücken, wozu die Mathematik benötigt wird. Schließlich versucht er, allgemeine Regeln über das Verhalten der Materie im Ganzen zu formulieren, ein Verhalten, welches aus diesen fundamentalen Wechselwirkungen resultiert.

FRAGEN

1. Wie kann man die größere Kompressibilität eines Gases im Vergleich zu der eines Festkörpers erklären?
2. Wenn ein Plasma ein sehr heißes Gas ist, bestehend aus positiven und negativen Ionen, warum bricht es dann unter ihren gegenseitigen elektrischen Anziehungen nicht zusammen?
3. Welche Wechselwirkungen halten die Elektronen in einem Atom zusammen? Welche Wechselwirkungen halten die Protonen in einem Kern zusammen?
4. Ist das Bild eines Atoms als Billardkugel eine geeignete Darstellung? Erklären Sie Ihre Antwort im Detail.
5. Was ist Ihrer Meinung nach "leerer", eine Schachtel mit einem Volumen von einem Kubikmeter, die 4×10^{26} Moleküle enthält oder ein Atom, das ein Volumen von 10^{-30} m^3 hat und 25 kreisende Elektronen enthält?
6. Erklären Sie, was man meint, wenn man sagt, daß ein Atom ein elektrisch neutrales System von Teilchen ist. Was passiert, wenn man ein Atom ionisiert?
7. Wenn wir ein Wassermolekül sehen könnten, wäre es möglich die beiden Wasserstoffatome und das Sauerstoffatom als getrennte Einheiten zu erkennen?
8. Untersuchen Sie die Struktur der folgenden Moleküle: (a) Kohlenmonoxyd CO; (b) Schwefelwasserstoff H_2S; (c) Phosphin PH_3; (d) Cloroform $ClCH_3$; (e) Äthan C_2H_6.

Kapitel 2

MESSUNG UND MASSEINHEIT

2.1 EINLEITUNG

Die Beobachtung eines Phänomens ist im allgemeinen unvollständig, solange sie nicht zu einer *quantitativen* Information führt. Um diese Information zu erhalten, muß man eine physikalische Eigenschaft *messen*. Die Messung stellt daher einen beträchtlichen Teil der täglichen Routine eines Experimentalphysikers dar. Lord Kelvin sagte, daß unser Wissen erst zufriedenstellend ist, wenn wir es in Form von Zahlen ausdrücken können. Obwohl diese Behauptung übertrieben sein mag, drückt sie doch eine Geisteshaltung aus, die ein Physiker jederzeit bei seiner Forschung im Sinn haben muß. Um eine physikalische Eigenschaft durch Zahlen zu beschreiben, ist es erforderlich, die Mathematik nicht nur anzuwenden, um die Beziehungen zwischen den verschiedenen «Größen» zu zeigen, man muß mit diesen Beziehungen auch umgehen können. Deshalb ist die Mathematik die Sprache der Physik. Ohne Mathematik ist es sehr schwer, physikalische Phänomene zu analysieren, sowohl vom theoretischen wie vom experimentellen Standpunkt aus. Die Mathematik ist das Werkzeug des Physikers; sie muß mit Geschick und Sorgfalt gehandhabt werden, so daß ihre Anwendung seine Arbeit fördert und nicht behindert.

2.2 MESSUNG

Unter Messung verstehen wir eine Technik, mit deren Hilfe wir einer physikalischen Eigenschaft eine Zahl zuordnen können, als Ergebnis eines Vergleichs mit einer ähnlichen, standardisierten Größe, die als *Einheit* angenommen wurde. Die meisten Messungen, die im Labor durchgeführt werden, lassen sich letztlich auf eine Längenmessung reduzieren. Durch Benutzung dieser Messung (und verschiedener Konventionen, die durch Formeln ausgedrückt werden) erhalten wir die gewünschte Größe.

Wenn ein Physiker etwas mißt, muß er große Vorsicht walten lassen, um die geringst mögliche Störung des unter Beobachtung stehenden Systems zu verursachen. Wenn wir z.B. die Temperatur eines Körpers messen, bringen wir ihn mit dem Thermometer in Kontakt. Wenn wir jedoch die beiden zusammenbringen, wird Energie oder «Wärme» zwischen dem Körper und dem Thermometer ausgetauscht, was zur leichten Änderung in der Temperatur des Körpers führt und daher genau diejenige Größe verändert, die wir messen wollten. Dazu kommt noch, daß alle Messungen zu einem gewissen Grad mit einem *Meßfehler* behaftet sind, und zwar sowohl wegen der unvermeidlichen Unvollkommenheit des Meßgerätes als auch der Grenzen, die unseren Sinnen (Sehen und Hören), welche die Information aufnehmen müssen, gesetzt sind.

Ein Physiker wählt daher die Meßtechnik so, daß die Störung der gemessenen Größe kleiner ist als sein Meßfehler. Im allgemeinen wird das immer möglich sein, wenn Größen im makroskopischen Bereich gemessen werden (d.h. in Körpern, die aus einer großen Zahl von Molekülen bestehen); in diesem Fall muß man nämlich nichts anderes tun als ein Meßsystem zu verwenden, das eine Störung hervorruft, die um mehrere Größenordnungen kleiner ist als die Meßgröße selbst. In anderen Fällen kann das Ausmaß der Störung abgeschätzt und der Meßwert korrigiert werden.

Die Situation ist jedoch ganz anders, wenn wir atomare Eigenschaften messen, wie z.B. die Bewegung eines Elektrons. Wir haben nun nicht mehr die Möglichkeit, ein Meßsystem zu verwenden, das eine geringere Wechselwirkung hervorruft als die zu messende Größe, da wir kein so kleines Meßsystem haben. Die Störung, die verursacht wird, ist von gleicher Größenordnung wie die zu messende Größe; bisweilen ist es nicht einmal möglich, die Störung abzuschätzen oder sie zu korrigieren. Man muß daher zwischen Messungen makroskopischer und atomarer Größen wohl unterscheiden. Wenn wir es mit atomaren Größen zu tun haben, werden wir eine ganz spezielle theoretische Struktur brauchen. Man bezeichnet diese Technik als *Quantenmechanik*; sie wird im letzten Kapitel des Buches behandelt werden.

Ein weiteres wichtiges Erfordernis ist das, daß die Definitionen physikalischer Größen *operationell* sein müssen und zwar in dem Sinn, daß sie explizit oder implizit andeuten, wie die Größe, die definiert wird, zu messen ist (sogenannte Realdefinitionen). Zum Beispiel ist es keine Realdefinition der Geschwindigkeit, wenn man sagt, daß die Geschwindigkeit ein Ausdruck dafür ist, in welchem Maß sich ein Körper bewegt; wenn man jedoch sagt, daß die *Geschwindigkeit die zurückgelegte Entfernung, dividiert durch die Zeit* ist, hat man eine Realdefinition der Geschwindigkeit.

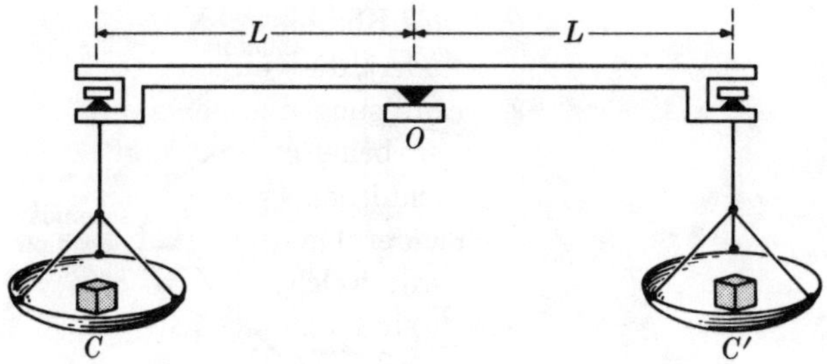

2.1 Gleicharmige Waage für den Vergleich der Massen zweier Körper.

2.3 FUNDAMENTALE GRÖSSEN

Bevor wir etwas messen, müssen wir zuerst für jede Größe, die gemessen werden soll, eine Einheit wählen. Für Meßzwecke gibt es fundamentale und abgeleitete Größen und Einheiten. Der Physiker kennt vier fundamentale, unabhängige Größen: *Länge*, *Masse*, *Zeit* und *Ladung*.

Länge ist ein primäres Konzept, und wir alle haben ganz natürliche Kenntnis davon; der Versuch, eine Definition dafür zu geben, ist unnütz. Das gleiche gilt für die Zeit. Masse und Ladung sind jedoch nicht ebenso intuitiv verständlich. Die Konzeption der Masse wird im Detail in Kapitel 7 untersucht. Wir wollen hier nur sagen, daß die Masse ein für jedes Teilchen charakteristischer Koeffizient ist, der sowohl das Verhalten eines Teilchens, wenn es mit anderen Teilchen in Wechselwirkung tritt als auch die Stärke seiner Gravitationswechselwirkungen bestimmt.

Ebenso ist die Ladung, die im Detail erst in Kapitel 16 diskutiert wird, ein für jedes Teilchen charakteristischer Koeffizient, der die Stärke seiner elektromagnetischen Wechselwirkungen mit anderen Teilchen bestimmt. Es gibt vielleicht noch andere Koeffizienten, die für andere Wechselwirkungen zwischen Teilchen charakteristisch sind, aber bis jetzt wurden sie noch nicht identifiziert.

Wir können nun eine Realdefinition der Masse geben, wobei wir das Prinzip der gleicharmigen Waage anwenden (Abb. 2.1), das heißt, einer symmetrischen Waage, die in ihrem Zentrum O unterstützt wird. Man sagt von zwei Körpern, C und C', daß sie die gleiche (schwere) Masse besitzen, wenn die Waage im Gleichgewicht bleibt, wenn man jeweils eine der Massen auf jede der beiden Waagschalen gibt. Es ist experimentell bestätigt, daß eine Waage, die an einem Ort der Erde im Gleichgewicht ist, auch an einem anderen Ort im Gleichgewicht bleibt. Die Gleichheit der Masse ist daher eine Eigenschaft der Körper, die unabhängig vom Ort ist, an dem sie verglichen werden. Wenn C' aus Standardeinheiten zusammengesetzt ist, kann man die Masse von C als Vielfaches der Standardmasse erhalten. Die Masse, die man auf diese Weise erhält, ist die schwere Masse (Kapitel 15); wir werden aber in Kapitel 7 sehen, wie wir Massen auch dynamisch vergleichen können. Die Masse, die man auf dynamischem Wege erhält, wird träge Masse genannt. Es wurde kein Unterschied zwischen den Ergebnissen gefunden, die man mittels dieser beiden verschiedenen Methoden zur Massenbestimmung erhält.

2.4 FUNDAMENTALE EINHEITEN

Mit wenigen Ausnahmen können alle Größen, die in der Physik verwendet werden, über ihre Definitionen zu den vier Größen Länge, Masse, Zeit und Ladung in Beziehung gesetzt werden, indem man sie durch mathematische Verknüpfungen dieser vier Grundgrößen ausdrückt. Die Einheiten aller abgeleiteten Größen werden ihrerseits unter Verwendung der Einheiten der vier fundamentalen Größen ausgedrückt, indem man sich ihrer definierenden Beziehungen bedient. Man muß sich daher nur über die Einheiten für die vier fundamentalen Größen einigen, um ein geschlossenes System von Einheiten zu haben. Die Physiker einigten sich darauf (auf der elften General Conference on Weights and Measures, die 1960 in Paris abgehalten wurde), das MKSC System von Einheiten zu verwenden und wir werden uns in diesem Buch an diese Abmachung halten. Die Initialen stehen für Meter, Kilogramm, Sekunden und Coulomb. Ihre Definitionen sind die folgenden:

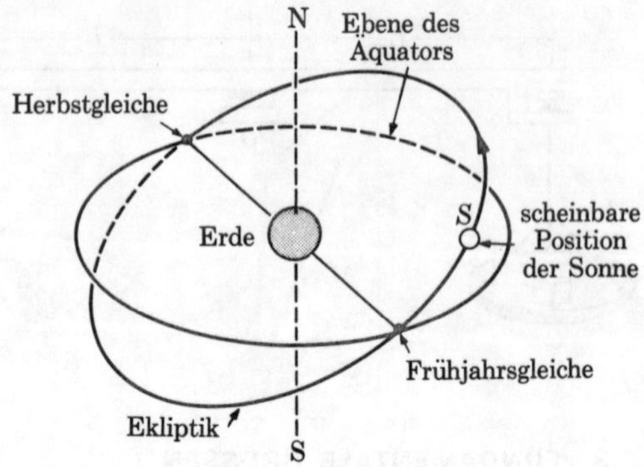

2.2 Definition des tropischen Jahres

Das **Meter**, abgekürzt m, ist die Einheit der Länge. Es entspricht 1.650.736,73 Wellenlängen der elektromagnetischen Strahlung (Licht), die im Vakuum vom Isotop ^{86}Kr bei seinem Übergang zwischen den Zuständen $2p_{10}$ und $5d_5$ bei $-210°$ C (Tripelpunkt von Stickstoff) ausgesandt wird. Die beiden Symbole beziehen sich auf spezielle physikalische Zustände des Kryptonatoms. Die emittierte Strahlung kann leicht identifiziert werden, da sie in einem Spektroskop als rote Linie erscheint.

Das **Kilogramm**, abgekürzt kg, ist die Einheit der Masse. Es ist definiert als die Masse eines Prototyps, des Kilogramms Nr. 1, des sogenannten *internationalen Kilogramms*, einem Platinblock, der beim Internationalen Bureau für Gewichte und Maße in Sèvres bei Paris aufbewahrt wird. Es ist praktisch gleich der Masse von 10^{-3} m^3 destillierten Wassers bei 4° C. Die Masse von 1 m^3 Wasser ist daher 10^3 kg. Ein Volumen von 10^{-3} m^3 wird ein Liter genannt.

In Analogie zum Vorgehen bei der Definition des Meters könnten wir das Kilogramm mit einer atomaren Eigenschaft verknüpfen und sagen, daß es gleich der Masse einer bestimmten Zahl von Atomen ist. Zum Beispiel haben die Atome des Isotops ^{12}C eine Masse von $1{,}9925 \cdot 10^{-26}$ kg. Wir könnten also statt dessen sagen, daß das Kilogramm gleich ist der Masse von

$$1/(1{,}9925 \times 10^{-26}) \text{ oder } 5{,}0188 \times 10^{25} \text{ Atome } ^{12}\text{C}.$$

Das ist auch in der Tat das Kriterium, das bei der Definition der internationalen Skala der *Atommassen* verwendet wird. Es ist die Atommasseneinheit (m_μ oder μ) definiert als

$$1\ m_\mu = \tfrac{1}{12} \text{ der Masse eines } ^{12}\text{C Atoms.}$$

Diese Einheit wird allgemein verwendet, wenn man es mit Atom- und Kernprozessen zu tun hat. Die Einheit der Atomgewichte, ausgedrückt in kg, ist also

$$1\ m_\mu = \tfrac{1}{12} \times 1{,}9925 \times 10^{-26}\ \text{kg}$$
$$= 1{,}6604 \times 10^{-27}\ \text{kg.}$$

Die Atommassen in Tab. A.1 sind in m_μ ausgedrückt.

Die **Sekunde**, abgekürzt s, ist die Einheit der Zeit. Sie ist nach der International Astronomical Union als 1/31.556.925,975 der Dauer des «tropischen Jahres» 1900 definiert. Das «Tropische Jahr» ist definiert als die Zeitspanne zwischen zwei aufeinanderfolgenden Durchgängen der Erde durch die Frühjahrsgleiche, die jedes Jahr ungefähr auf den 21. März fällt (Abb. 2.2). Die Sekunde kann man auch als 1/86.400 des mittleren Sonnentages definieren, welcher die Zeitspanne zwischen zwei aufeinanderfolgenden Durchgängen eines Punktes auf der Erde an der Sonne (Kulmination) ist, gemittelt über ein Jahr. Diese Definition hat jedoch den Nachteil, daß wegen der Wirkung der Gezeiten die Erdumdrehung nach und nach abnimmt; diese Einheit würde sich also auch schrittweise verändern. Aus diesem Grund wurde willkürlich ein bestimmtes Jahr, 1900, ausgewählt.

Die Einheit der Zeit könnte ebenfalls auf eine atomare Eigenschaft bezogen werden. Zum Beispiel hat das Ammoniakmolekül (NH_3) eine pyramidale Struktur, mit den drei H-Atomen an der Basis und dem N-Atom an der Spitze (Abb. 2.3). Es gibt eine symmetrische Position, N′, für das Stickstoffatom im gleichen Abstand

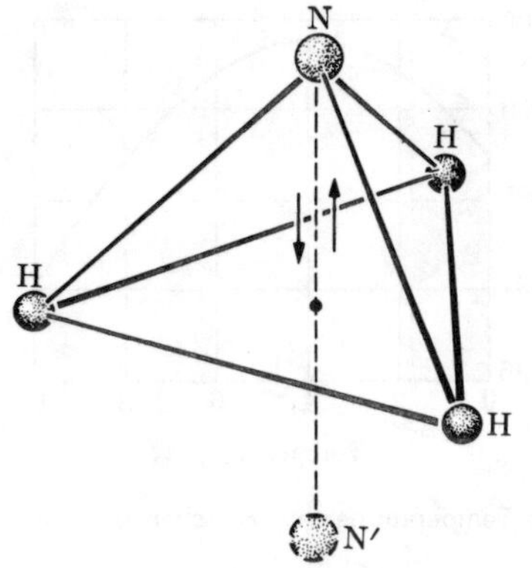

2.3 Oszillation des Stickstoffatoms zwischen zwei symmetrischen Positionen im Ammoniakmolekül.

von der H-H-H-Ebene, aber auf der gegenüberliegenden Seite. Das N-Atom kann mit einer festen Schwingungsperiode zwischen diesen beiden Gleichgewichtspositionen oszillieren. Die Sekunde kann somit als die Zeit definiert werden, die ein N-Atom braucht, $2{,}387013 \cdot 10^{10}$ solcher Oszillationen durchzuführen. Die erste Atomuhr, die auf diesem Prinzip beruhte, wurde 1948 im National Bureau of Standards gebaut. Seitdem wurden auch andere Substanzen für Atomuhren ausprobiert.*

Das **Coulomb**, abgekürzt C, ist die Einheit der elektrischen Ladung. Seine genaue und offizielle Definition wird in Kapitel 16 gegeben; zu diesem Zeitpunkt können wir jedoch sagen, daß sein absoluter Wert gleich der negativen Ladung ist, die in $6{,}2418 \times 10^{18}$ Elektronen enthalten ist, oder gleich der positiven Ladung einer gleichen Zahl von Protonen. Der Absolutwert der Elektronen-oder Protonenladung wird die Elementarladung genannt und mit e bezeichnet.

Offensichtlich ist also

$$e = \frac{1}{6{,}2418 \times 10^{18}} \mathrm{C} = 1{,}6021 \times 10^{-19}\,\mathrm{C}.$$

*Am 13. Oktober 1967 bezog das International Committee on Weights and Measures vorübergehend das internationale Zeitintervall auf einen bestimmten Atomübergang des ^{133}Cs Atoms. Die Sekunde ist daher *einstweilig* als die Zeit definiert, welche der Oszillator (der das Caesiumatom zwingt, den bestimmten Übergang auszuführen) braucht, um 9.192.631.770 Mal zu oszillieren.

Aus praktischen Erwägungen wurden die Vielfachen und Bruchteile der fundamentalen und abgeleiteten Einheiten als Potenzen der Zahl zehn eingeführt. Sie werden nach dem Schema der Tab. 2.1 mit einem Präfix gekennzeichnet.

Anmerkung: Genau genommen war die vierte Einheit, die zusätzlich zu Meter, Kilogramm und Sekunde auf der 11. Konferenz angenommen wurde, nicht das Coulomb als Einheit der Ladung sondern das *Ampère* als Einheit des elektrischen Stroms. Das Coulomb ist daher als diejenige Menge an elektrischer Ladung definiert, die während einer Sekunde durch den Querschnitt eines Leiters fließt, wenn der Strom 1 Ampère beträgt. Der Grund für die Wahl des Ampères ist

Tabelle 2.1

VORSILBEN FÜR POTENZEN DER ZAHL ZEHN

Größe	Vorsilbe	Symbol
10^{-18}	atto-	a
10^{-15}	femto-	f
10^{-12}	pico-	p
10^{-9}	nano-	n
10^{-6}	mikro-	μ
10^{-3}	milli-	m
10^{-2}	centi-	c
10^{-1}	dezi-	d
$10^{0} = 1$	Fundamentale Einheit	
10	deka-	D
10^{2}	hekto-	H
10^{3}	kilo-	k (oder K)
10^{6}	mega-	M
10^{9}	giga-	G
10^{12}	tera-	T

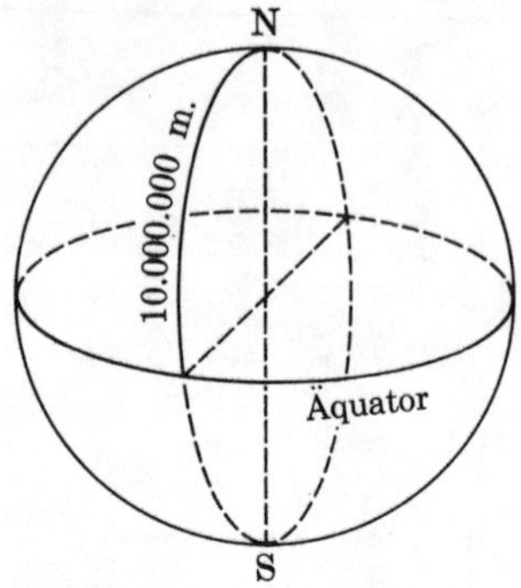

2.4 Historische Definition des Meters.

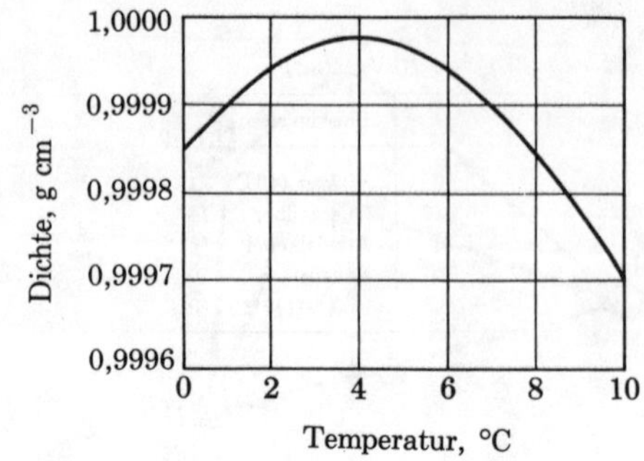

2.5 Dichte des Wassers im Temperaturbereich zwischen o° C und 10° C.

der, daß ein Strom als Standard leichter realisiert werden kann. Unser Entschluß, das Coulomb zu verwenden, beruht hauptsächlich auf unserem Wunsch, den grundlegenden Charakter der elektrischen Ladung auszudrücken, ohne im Wesentlichen von den Empfehlungen der 11. Konferenz abzuweichen. Das MKSA ist das Internationale Maßsystem, das mit dem Symbol SI bezeichnet wird.

Meter und Kilogramm sind Einheiten, die ursprünglich während der Französischen Revolution eingeführt wurden, als die französische Regierung beschloß, ein vernünftiges System von Einheiten festzulegen, welches seither als *metrisches System* bekannt ist und die choatischen und mannigfaltigen damals üblichen Einheiten ersetzen sollte. Das Meter wurde zuerst als «ein zehnmillionstel (10^{-7}) Teil eines Quadranten des Erdmeridians» definiert (Abb. 2.4). Zu diesem Zweck wurde ein Teil der Bogenlänge eines Meridians durch Barcelona und Dünkirchen sorgfältig vermessen, was mehrere Jahre in Anspruch nahm. Ein Standard-Platinstab von einem Meter Länge wurde hergestellt und unter kontrollierten Bedingungen bei 0° C beim Internationalen Bureau der Gewichte und Maße in Sèvres aufbewahrt. Spätere Messungen zeigten, daß das Urmeter um $1{,}8 \times 10^{-4}$ m kürzer war als der zehnmillionste Teil des Quadranten eines Meridians und man beschloß, die Länge des Stabes als Standardmeter festzulegen, ohne sich weiter auf den Erdmeridian zu beziehen. In vielen Ländern gibt es Duplikate des Urmeters. Es wurde jedoch der Vorteil erkannt, einen Standard von dauerhafterem Charakter zu haben, der in jedem Labor leicht realisierbar ist. Aus diesem Grund wurde die rote Linie von ^{86}Kr gewählt.

Die Einheit, welche die Franzosen für die Masse wählten, war das Gramm, abgekürzt g, das als die Masse eines Kubikzentimeters (1 cm = 10^{-2} m = 0,3937 inch und 1 cm^3 = 10^{-6} m^3) destillierten Wassers bei 4° C definiert ist. Diese Temperatur wurde deshalb gewählt, weil bei dieser Temperatur die Dichte des Wassers maximal ist. Ein Kilogramm ist dann gleich 10^3 Gramm. Ein Platinblock mit der Masse ein Kilogramm wurde hergestellt. Später beschloß man, diesen Block ohne weiteren Bezug auf Wasser als Standardkilogramm anzunehmen.

Ein anderes, bei wissenschaftlichen Arbeiten sehr populäres System, ist das *cgs-System*, in welchem die Einheit der Länge das Zentimeter, die Einheit der Masse das Gramm und die Einheit der Zeit die Sekunde ist. Zwei Einheiten der Ladung wurden diesem System zugewiesen: das Statcoulomb und das Abcoulomb, die jeweils $\frac{1}{3} \times 10^{-9}$C und 10 C entsprechen. Das cgs-System wird in wissenschaftlichen und praktischen Arbeiten zunehmend durch das MKSC-System ersetzt.

In vielen Englisch sprechenden Ländern wird häufig ein anderes Maßsystem für praktische und technische Anwendungen benützt. Die Einheit der Länge ist das *Fuß*, abgekürzt ft, die Einheit der Masse das *Pfund*, abgekürzt lb, die Einheit der Zeit ist wieder die *Sekunde*. Die entsprechenden metrischen Einheiten sind:

1 Fuß = 0,3048 m	1 m = 3,281 ft
1 Pfund = 0,4536 kg	1 kg = 2,305 lb.

Es wird erwartet, daß schließlich auf der ganzen Welt für wissenschaftliche, technische und alltägliche Messungen nur das MKSC-System verwendet werden wird.

2.5 DICHTE

Die Dichte eines Körpers ist definiert als seine Masse pro Volumeneinheit. Ein Körper mit einer Masse m und einem Volumen V hat daher eine Dichte

$$\rho = \frac{m}{V}. \tag{2.1}$$

Tabelle 2.2

Dichten (Relativ zu Wasser)

Feststoffe		Flüssigkeiten		Gase	
Eisen	7,86	Wasser (4° C)	1,000	Luft	$1{,}2922.10^{-3}$
Eis	0,917	Quecksilber	13,59	Wasserstoff	$8{,}988.10^{-5}$
Magnesium	1,74	Äthylalkohol	0,791	Sauerstoff	$1{,}42904.10^{-3}$
Aluminium	2,70	Benzin	0,67	Stickstoff	$1{,}25055.10^{-3}$
Uran	18,7	Luft (−147°C)	0,92	Helium	$1{,}7847.10^{-4}$

Die Dichte wird in kgm^{-3} ausgedrückt. Für die meisten praktischen Zwecke ist die Dichte des Wassers

$$\rho = 10^3 \text{ kg m}^{-3} \qquad (\text{oder } 1 \text{ g cm}^{-3}). \tag{2.2}$$

Dichte, wie in Gleichung (2.1) definiert, ist nur auf homogene Körper anwendbar; d.h. Körper, die über ihr gesamtes Volumen die gleiche Zusammensetzung oder Struktur besitzen. Anderenfalls gibt sie die *mittlere* Dichte des Körpers an. In einem heterogenen Körper variiert die Dichte von einer Stelle zur anderen. Um die Dichte an einem bestimmten Punkt zu ermitteln, wird die Masse in einem kleinen Volumen um den Punkt herum gemessen und dann Gleichung (2.1) angewendet. Die Dichte einer Substanz ist abhängig von ihrer Temperatur und dem äußeren Druck. Das kann man besonders gut bei Gasen sehen. Abbildung 2.5 zeigt die Veränderung der Dichte von Wasser als Funktion der Temperatur zwischen 0° C und 10° C.

Wenn ρ_1 und ρ_2 die Dichten zweier verschiedener Substanzen sind, ist ihre *relative Dichte* das Verhältnis

$$\rho_{21} = \frac{\rho_2}{\rho_1}. \tag{2.3}$$

Sie wird nicht in irgendeiner Einheit ausgedrückt, da sie eine relative Größe ist, d.h. der Quotient zweier Größen gleicher Art. Es ist üblich die relativen Dichten bezogen auf Wasser als Referenz anzugeben. In Tab. 2.2 geben wir die Dichten verschiedener Substanzen relativ zu Wasser an. Die numerischen Werte gelten für Standard-Temperatur und -Druck (STD: 0° C und 1 atm), wenn nicht anders angegeben.

2.6 EBENE WINKEL

Es gibt zwei Maßeinheiten, um ebene Winkel zu messen: *Gradmaß* und *Bogenmaß*. Der Umfang eines Kreises

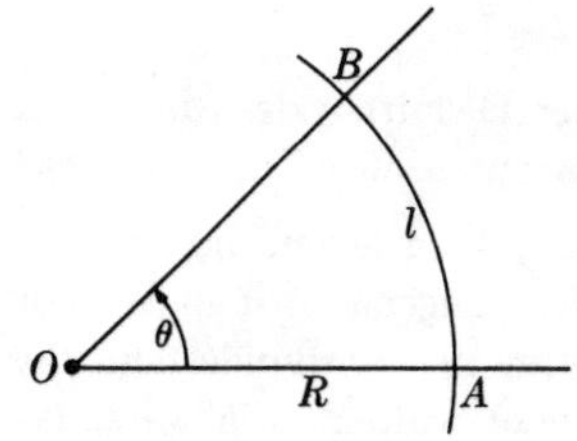

2.6

wird willkürlich in 360 Grad (°) eingeteilt. Ein rechter Winkel entspricht z.B. 90°. Jedes Grad wird in 60 Minuten (′) eingeteilt, jede Minute in 60 Sekunden (″). Das Maß eines Winkels wird in Graden, Minuten und Sekunden angegeben, wie z.B. 23° 42′ 34″.

Um einen ebenen Winkel in Bogenmaß auszudrücken, zeichnet man mit einem willkürlich gewählten Radius R (Abb. 2.6) den Bogen AB mit dem Mittelpunkt an der Spitze O des Winkels. Das Maß für θ in Bogenmaß (Radiant, abgekürzt rad) ist dann

$$\theta \text{ (rad)} = \frac{l}{R}, \tag{2.4}$$

wobei l die Länge des Bogens AB ist. Diese Methode beruht auf der Tatsache, daß für einen gegebenen Winkel das Verhältnis l/R konstant und unabhängig vom Radius ist und daher für die Winkelmessung herangezogen werden kann. Aus Gleichung (2.4) folgt

$$l = R\theta. \tag{2.5}$$

Da der Umfang eines Kreises $2R\pi$ ist, sehen wir, daß ein vollständiger ebener Winkel um einen Punkt, in Radiant gemessen, $2R\pi/R = 2\pi$ rad ist. 2π rad ist daher äquivalent 360° und

$$1° = \frac{\pi}{180} \text{ rad} = 0{,}017453 \text{ rad},$$

$$1 \text{ rad} = \frac{180°}{\pi} = 57°17'44{,}9''.$$

$$\text{Winkel in Radiant} = \frac{\text{Bogenlänge}}{\text{Radius}}$$

$$\text{Bogenlänge} = \text{Radius} \cdot \text{Winkel in Radiant}$$

FRAGEN

1. Welches sind die Nachteile der Definition des Meters als ein Zehnmillionstel eines Quadranten eines Erdmeridians?
2. Wenn Menschen, die auf dem Mond leben, die gleichen Kriterien für die Definition der Längeneinheit angewandt hätten, wie sie auf der Erde im 19. Jahrhundert für die Definition des Meters verwendet wurden, wie wäre das Verhältnis zwischen einem «Erdmeter» und einem «Mondmeter»?
3. Welches sind die Nachteile der Definition der Sekunde als 86.400 ten Teil des mittleren Sonnentages?
4. Ist die relative Dichte unabhängig von den Einheiten, die für die Messung der beiden Dichten, welche verglichen werden, gewählt wurden?
5. Können Sie sich vorstellen, warum es in der Physik praktischer ist, Winkel in Radiant und nicht in Graden zu messen?
6. Ein zur Winkelmessung mögliches System wäre es, einen rechten Winkel gleich 100 «Grad» zu setzen. Schreiben Sie die Gleichung für die Äquivalenz zwischen Radiant und diesem neuen «Grad» an.

AUFGABEN

2.1 Da ein m_μ gleich $1{,}6604 \cdot 10^{-27}$ kg ist, drücken Sie die Massen eines Atoms von (a) Wasserstoff und (b) Sauerstoff in Kilogramm aus.

2.2 Wie viele Wassermoleküle, jedes bestehend aus einem Atom Sauerstoff und zwei Atomen Wasserstoff, liegen in einem Gramm vor? In 18 Gramm? In einem Kubikzentimeter?

2.3 Betrachten Sie die Moleküle von Wasserstoff, Sauerstoff und Stickstoff, die jeweils aus zwei identischen Atomen bestehen. Berechnen Sie die Zahl der Moleküle jedes dieser Gase (bei STD) in einem m^3. Verwenden Sie die relativen Dichten, die in Tab. 2.2 angegeben sind. Dehnen Sie Ihre Berechnungen auf andere Gase aus. Welche allgemeinen Folgerungen können Sie aus diesen Ergebnissen ziehen?

2.4 (a) Unter der Annahme, daß Luft aus 20% Sauerstoff und 80% Stickstoff besteht und daß diese Gase aus Molekülen bestehen, die jeweils 2 Atome enthalten, berechnen Sie die «effektive» molekulare Masse von Luft. (b) Schätzen Sie die Zahl von Molekülen in einem Kubikzentimeter Luft bei STD ab. Wie viele davon sind Sauerstoffmoleküle, wie viele Stickstoffmoleküle?

2.5 Die Dichte des interstellaren Gases in unserem Milchstraßensystem wird auf ca. 10^{-27} kg cm^{-3} geschätzt. Unter der Annahme, daß das Gas hauptsächlich aus Wasserstoff besteht, schätzen Sie die Zahl der Wasserstoffatome pro Kubikzentimeter ab. Vergleichen Sie das Ergebnis mit Luft bei STD (Aufgabe 2.4).

2.6 Ein Glas, das Wasser enthält, hat einen Radius von 2 cm. In 2 Stunden fällt das Wasserniveau um 1 mm. Schätzen Sie ab (in Gramm pro Stunde), mit welcher Geschwindigkeit das Wasser verdampft. Wie viele Wassermoleküle verdampfen pro Sekunde von jedem Quadratzentimeter der Wasseroberfläche? (Wir schlagen vor, daß jeder Student diesen Versuch selbst durchführt und seine eigenen Ergebnisse erhält. Warum bekommt man an verschiedenen Tagen verschiedene Ergebnisse?)

2.7 Ein *Mol* einer Substanz ist definiert als jene Menge, in *Gramm*, die numerisch gleich ihrer molekularen Masse in m_μ ist. (Wenn wir uns auf ein chemisches Element und nicht auf eine Verbindung beziehen, verwenden wir Atommassen). Weisen Sie nach, daß die Zahl der Moleküle (oder Atome) in einem Mol irgendeiner Substanz die gleiche, nämlich $6{,}0225 \cdot 10^{23}$ ist. Diese Zahl, die *Avogadrosche* Zahl oder *Loschmidtsche Zahl* genannt und mit N_A bezeichnet wird, ist eine sehr wichtige physikalische Konstante.

2.8 Unter Verwendung der Daten in Tab. 2.2 und 1.1 schätzen Sie den durchschnittlichen Abstand zwischen Molekülen in Wasserstoff bei STD (Gas), in Wasser (Flüssigkeit) und in Eisen (Feststoff) ab. [*Hinweis*: Sobald Sie den Wert für m^3 Molekül^{-1} gefunden haben, nehmen Sie an, daß das Volumen ein Würfel (eine Kugel) ist und berechnen Sie die Kantenlänge (Radius).]

2.9 Die Masse eines Atoms sitzt praktisch ausschließlich im Kern. Der Radius des Urankerns ist $8{,}68 \cdot 10^{-15}$ m. Unter Verwendung der Atommasse von Uran, die in Tab. 1.1 angegeben ist, berechnen Sie die Dichte des «Kernmaterials». Dieser Kern enthält 238 Nukleonen. Schätzen Sie den durchschnittlichen Abstand der Nukleonen voneinander ab. Würden Sie von Ihrem Ergebnis und dem der Aufgabe 2.8 schließen, daß es vernünftig ist, Kernmaterie in gleicher Weise zu behandeln wie Festkörper (d.h. Aggregate von Atomen und Molekülen)?

2.10 Berechnen Sie die mittlere Dichte der Erde und der Sonne. Wenn Sie diese beiden Werte mit den Daten in Tab. 2.2 vergleichen, welche Schlüsse ziehen Sie bezüglich der

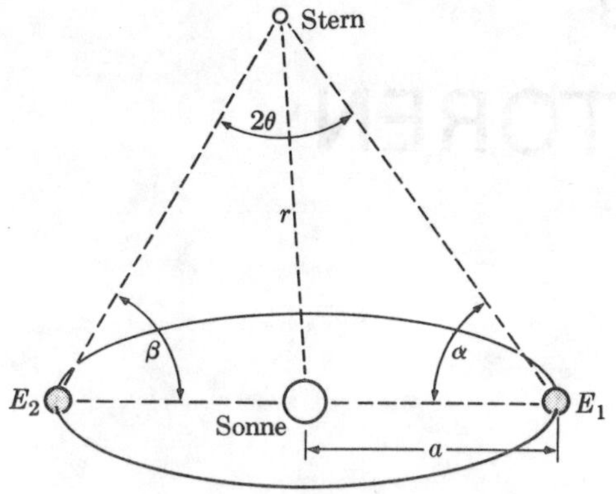

2.7

Struktur dieser beiden Körper? [*Bemerkung*: Die Massen der Erde und der Sonne sind $5{,}98 \cdot 10^{24}$ kg bzw. $1{,}98 \cdot 10^{30}$ kg, ihre Radien betragen $6{,}37 \cdot 10^{6}$ m bzw. $6{,}99 \cdot 10^{8}$ m.]

2.11 Die Lichtgeschwindigkeit im Vakuum beträgt $2{,}9979 \cdot 10^{8}$ m s^{-1}. Wie oft könnte ein Lichtstrahl in einer Sekunde um die Erde reisen? (Die Daten über die Erde finden Sie im vorherigen Problem.) Welche Entfernung würde er in einem Jahr zurücklegen? Diese Entfernung wird ein *Lichtjahr* genannt.

2.12 Der Radius der Kreisbahn der Erde um die Sonne ist $1{,}49 \cdot 10^{11}$ m. Diese Länge nennt man eine *astronomische Einheit*. Drücken Sie das Lichtjahr in astronomischen Einheiten aus (siehe Aufgabe 2.11).

2.13 *Parallaxe* ist der scheinbare Unterschied der Richtung eines Objektes, verursacht durch einen Wechsel der Position des Beobachters. (Halten Sie einen Bleistift vor sich hin und schließen Sie zuerst das rechte und dann das linke Auge. Sie werden bemerken, daß in jedem Fall der Bleistift gegen einen verschiedenen Hintergrund erscheint.) Die *Sternparallaxe* ist die Änderung in der scheinbaren Position eines Sterns infolge der Bewegung der Erde um die Sonne. Man drückt sie quantitativ durch die Hälfte desjenigen Winkels aus, der dem Erdbahndurchmesser E_1E_2, welcher senkrecht zur Verbindungslinie Stern-Sonne steht (siehe Abb. 2.7), gegenüberliegt. Sie ist durch $\theta = \frac{1}{2}(180° - \alpha - \beta)$ gegeben, wobei die Winkel α und β an den beiden Positionen E_1 und E_2 gemessen werden, die durch 6 Monate voneinander getrennt sind. Der Abstand r des Sterns von der Sonne kann aus $a = r\theta$ erhalten werden, wobei a der Radius der Erdumlaufbahn ist und θ in Radiant ausgedrückt wird. Der Stern mit der größten Parallaxe von 0,76″ (d.h. der nächste Stern) ist α-Centauri. Berechnen Sie seine Entfernung von der Sonne, ausgedrückt in Metern, Lichtjahren und in astronomischen Einheiten.

2.14 Ein *Parsec* ist gleich der Entfernung der Sonne von einem Stern, dessen Parallaxe 1″ beträgt. Drücken Sie das Parsec in Metern, Lichtjahren und astronomischen Einheiten aus. Drücken Sie die Entfernung in Parsecs als Parallaxe in Bogensekunden aus.

2.15 Die Entfernung zwischen San Francisco und New York, gemessen auf dem Großkreis, der durch diese beiden Städte geht, beträgt 4113 km. Berechnen Sie den Winkel zwischen den Vertikalen an diesen zwei Städten. (Siehe Aufgabe 2.10 für den Erdradius.)

2.16 Stellen Sie unter Verwendung der Tabelle trigonometrischer Funktionen im Anhang die Winkel fest, bei welchen $\sin\theta$ kleiner ist als $\tan\theta$ um (a) 10%, (b) 1%, (c) 0,1%. Machen Sie das gleiche für $\sin\theta$ und θ und für θ und $\tan\theta$, wobei θ in Radiant ausgedrückt ist. Welche Schlüsse können Sie aus Ihren Ergebnissen ziehen?

2.17 Ein Auto beschreibt eine kreisförmige Kurve mit einem Radius von 100 m. Die Länge der Kurve beträgt 60 m. Welchen Winkel hat das Automobil beschrieben?

2.18 Die Entfernung vom Mond zur Erde ist $3{,}84 \cdot 10^{8}$ m. Welche Entfernung hat der Mond zurückgelegt, wenn sich seine Position relativ zur Erde um 30° verändert hat?

2.19 Bestimmen Sie die Distanz, die ein Punkt am Erdäquator in einer Stunde infolge der Rotation der Erde zurücklegt?

Kapitel 3

VEKTOREN

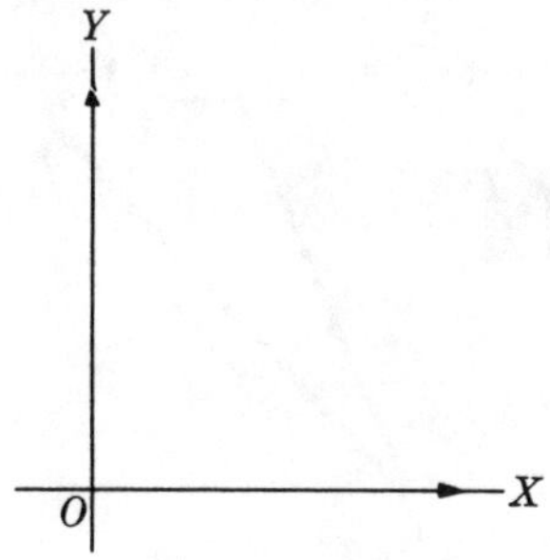

3.1 Orientierte Koordinatenachsen.

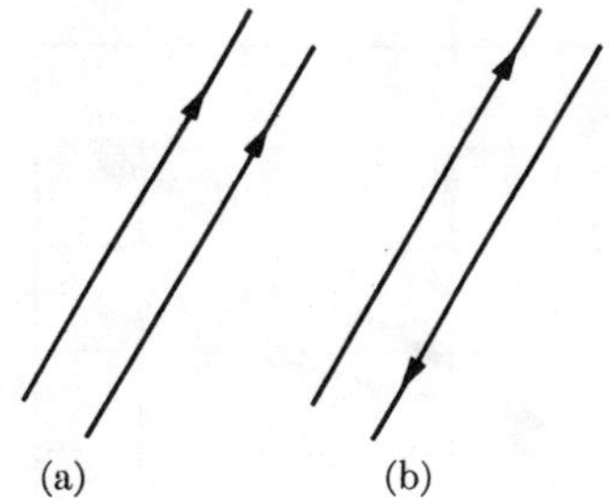

3.2 Parallele und antiparallele Richtungen.

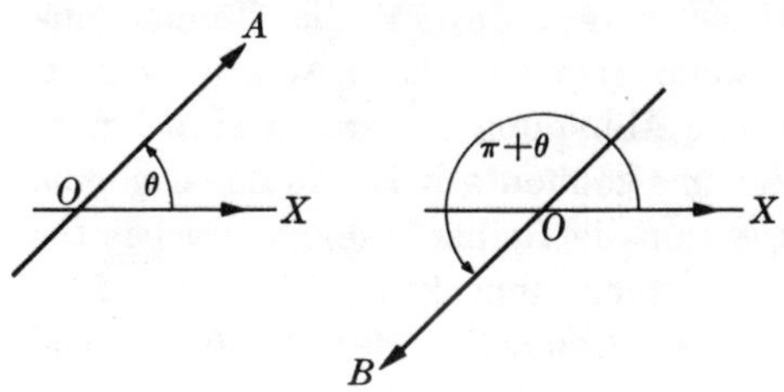

3.3 In einer Ebene werden entgegengesetzte Richtungen durch die Winkel θ und $(\pi + \theta)$ definiert.

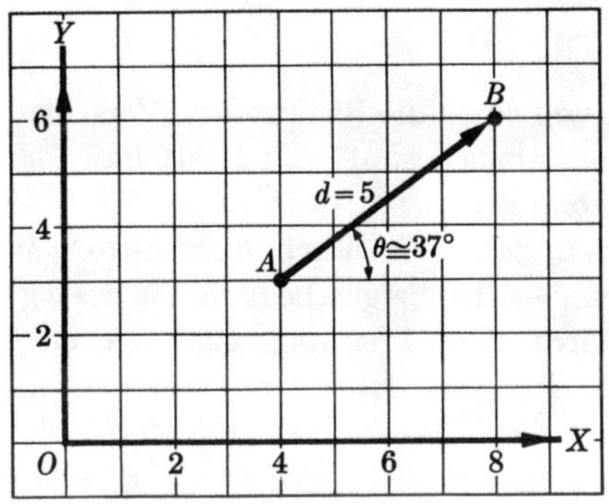

3.4 Die Verschiebung ist eine Vektorgröße.

3.1 DAS KONZEPT DER RICHTUNG

Auf einer gegebenen Geraden kann man sich in zwei entgegengesetzten Richtungen bewegen; diese Richtungen werden dadurch unterschieden, daß man jeder ein Vorzeichen zuordnet, plus oder minus. Sobald die positive Richtung bestimmt ist, sagen wir, daß die Linie orientiert ist und bezeichnen sie als *Achse*. Die Koordinatenachsen X und Y sind orientierte Linien, bei welchen die positive Richtung so wie in Abb. 3.1 angegeben wird. Die positive Richtung wird meist durch einen Pfeil angedeutet. Eine orientierte Linie oder Achse definiert eine *Richtung*. Parallele Linien, die gleich orientiert sind, definieren die gleiche Richtung (Abb. 3.2a), wenn sie jedoch entgegengesetzt orientiert sind, definieren sie entgegengesetzte Richtungen (Abb. 3.2b).

Richtungen in einer Ebene werden durch einen Winkel bestimmt, und zwar dem Winkel zwischen einer *Bezugs*richtung oder Achse und der Richtung, die wir anzeigen wollen, gegen den Uhrzeigersinn gemessen (Abb. 3.3). Entgegengesetzte Richtungen werden durch die Winkel θ und $\pi + \theta$ (oder $180° + \theta$) bestimmt.

3.2 SKALARE UND VEKTOREN

Viele physikalische Größen, ausgedrückt in einer beliebigen geeigneten Einheit, werden vollständig durch ihren Betrag bestimmt. Solche Größen nennt man *Skalare*. Um das Volumen eines Körpers anzugeben, muß man z.B. nur sagen, wie viele Kubikmeter er einnimmt. Um eine Temperatur festzustellen, braucht man nur ein Thermometer am geeigneten Ort abzulesen. Zeit, Masse, Ladung und Energie sind ebenfalls skalare Werte.

Andere physikalische Größen benötigen jedoch zu ihrer vollständigen Bestimmung die Angabe einer Richtung zusätzlich zu ihrem Betrage. Solche Größen nennen wir *Vektoren*. Im Falle der *Verschiebung* z.B. ist dies ganz offensichtlich. Die Verschiebung eines Körpers wird bestimmt durch die effektive *Entfernung*, welche er zurückgelegt hat und die *Richtung*, in die er sich bewegt hat. Wenn ein Teilchen z.B. von A nach B verschoben wird (Abb. 3.4), ist die Verschiebung durch die Entfernung $d = 5$ und den Winkel $\theta \cong 37°$ bestimmt. Die Geschwindigkeit ist ebenfalls eine Vektorgröße, da die Bewegung durch das Ausmaß

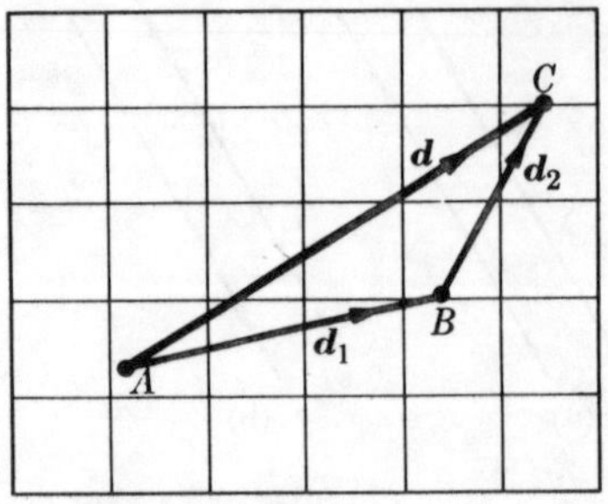

3.5 Vektoraddition zweier Verschiebungen.

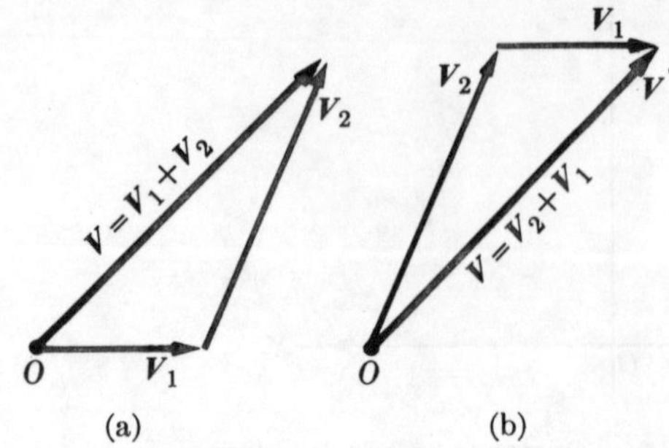

3.6 Die Vektoraddition ist kommutativ.

der Verschiebung *und* durch die Richtung der Verschiebung bestimmt ist. Ähnlich sind auch Kraft und Beschleunigung Vektorgrößen.

Vektoren werden graphisch durch Abschnitte von Geraden dargestellt, welche die gleiche Richtung wie der Vektor haben (durch einen Pfeil angezeigt) und eine Länge aufweisen, die dem Betrage proportional ist. Geschrieben deutet ein fettgedruckter Buchstabe, wie z.B. $\boldsymbol{V}$, oder ein mit einem Pfeil versehener Buchstabe wie $\vec{V}$, einen Vektor an (d.h. Größe plus Richtung), wogegen V sich nur auf den Betrag bezieht (manchmal wird jedoch der Betrag auch als $|\boldsymbol{V}|$ geschrieben). Ein *Einheitsvektor* ist ein Vektor, dessen Betrag «eins» ist. Ein Vektor $\boldsymbol{V}$ parallel zum Einheitsvektor $\boldsymbol{u}$ kann in der Form

$$\boldsymbol{V} = \boldsymbol{u}V. \tag{3.1}$$

ausgedrückt werden. Das Negative eins Vektors ist wieder ein Vektor gleichen Betrages, aber entgegengesetzter Richtung.

3.3 VEKTORADDITION

Um die Regeln für die Vektoraddition zu verstehen, werden wir zuerst den Fall der Verschiebungen betrachten. Wenn ein Teilchen von A nach B verschoben wird (Abb. 3.5), dargestellt durch den Vektor $\boldsymbol{d}_1$, und dann von B nach C, oder $\boldsymbol{d}_2$, entspricht das Ereignis einer einzigen Verschiebung von A nach C, oder $\boldsymbol{d}$, was symbolisch als $\boldsymbol{d} = \boldsymbol{d}_1 + \boldsymbol{d}_2$ geschrieben wird. Dieser Ausdruck darf nicht mit $d = d_1 + d_2$ verwechselt werden, welcher sich nur auf die Beträge bezieht und hier keine Gültigkeit hat. Der Vorgang kann so verallgemeinert werden, daß er auf alle Arten von Vektoren zutrifft. Wir sagen daher, daß $\boldsymbol{V}$ die Summe aus $\boldsymbol{V}_1$ und $\boldsymbol{V}_2$ ist, wenn man sie wie in Abb. 3.6 erhält. Man kann aus der Abbildung außerdem entnehmen, daß die Vektorsumme kommutativ ist, da das Ergebnis das gleiche ist, wenn die Reihenfolge, in welcher die Vektoren addiert werden, umgekehrt wird; das folgt unmittelbar aus der Geometrie der Methode. Die geometrische Beziehung in Abb. 3.6. wird algebraisch durch

$$\boldsymbol{V} = \boldsymbol{V}_1 + \boldsymbol{V}_2 \tag{3.2}$$

dargestellt. Um den Betrag von $\boldsymbol{V}$ zu berechnen, verwenden wir die Formel (siehe Abb. 3.7)

$$V = \sqrt{V_1^2 + V_2^2 + 2V_1V_2\cos\theta} \tag{3.3}$$

wo θ der durch die Vektoren $\boldsymbol{V}_1$ und $\boldsymbol{V}_2$ erzeugte Winkel ist. Um die Richtungen von $\boldsymbol{V}$ zu bestimmen, müssen wir den Winkel α (oder β) kennen. Diese Winkel erhält man unter Verwendung der Beziehung

$$\frac{V}{\sin\theta} = \frac{V_1}{\sin\beta} = \frac{V_2}{\sin\alpha}. \tag{3.4}$$

Im speziellen Fall, für den $\boldsymbol{V}_1$ und $\boldsymbol{V}_2$ zueinander senkrecht sind (Abb. 3.8), ist $\theta = \frac{1}{2}\pi$ und es gilt die folgende Beziehung:

$$V = \sqrt{V_1^2 + V_2^2}; \qquad \tan\alpha = \frac{V_2}{V_1}; \tag{3.5}$$

Die *Differenz* zweier Vektoren erhält man, indem man das Negative des zweiten Vektors zum ersten Vektor addiert (Abb. 3.9); das ist

$$\boldsymbol{D} = \boldsymbol{V}_1 - \boldsymbol{V}_2 = \boldsymbol{V}_1 + (-\boldsymbol{V}_2)$$

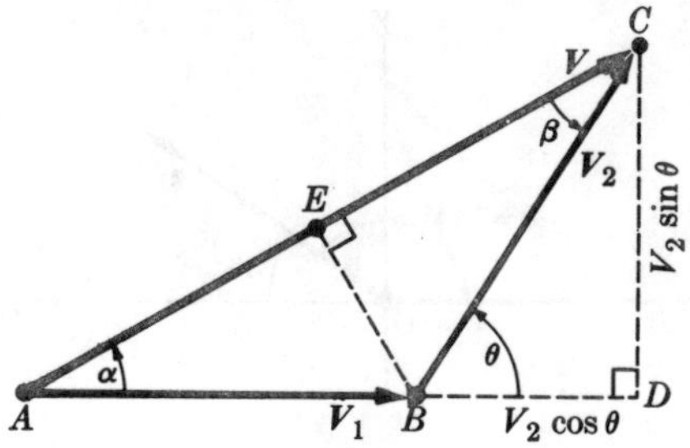

3.7

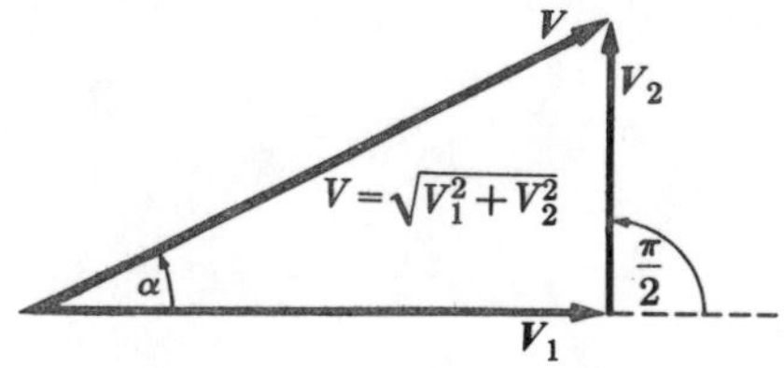

3.8 Addition aufeinander senkrechter Vektoren.

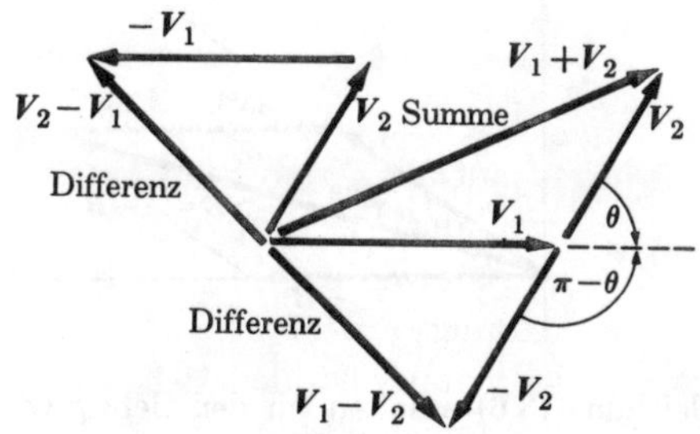

3.9 Die Differenz von Vektoren ist antikommutativ.

Man beachte, daß $\boldsymbol{V}_2 - \boldsymbol{V}_1 = -\boldsymbol{D}$ ist; das heißt, wenn die Vektoren in umgekehrter Reihenfolge subtrahiert werden, erhält man den entgegengesetzt gerichteten Vektor, d.h. die Differenzbildung von Vektoren ist antikommutativ. Der Betrag der Differenz ist

$$D = \sqrt{V_1^2 + V_2^2 + 2V_1V_2\cos(\pi - \theta)}$$

oder, da $\cos(\pi - \theta) = -\cos\theta$ ist,

$$D = \sqrt{V_1^2 + V_2^2 - 2V_1V_2\cos\theta. \tag{3.6}$$

Ableitung der Beziehungen (3.3) und (3.4) Aus Abb. 3.7 sehen wir, daß

$$(AC)^2 = (AD)^2 + (DC)^2.$$

Es gilt jedoch

$$AD = AB + BD = V_1 + V_2\cos\theta$$

und

$$DC = V_2\sin\theta.$$

Daher ist

$$V^2 = (V_1 + V_2\cos\theta)^2 + (V_2\sin\theta)^2$$
$$= V_1^2 + V_2^2 + 2V_1V_2\cos\theta \qquad \text{oder}$$

$$V = \sqrt{V_1^2 + V_2^2 + 2V_1V_2\cos\theta}$$

Aus der gleichen Abbildung entnehmen wir, daß in dem Dreieck ACD,

$$CD = AC\sin\alpha$$

und im Dreieck BDC

$$CD = BC\sin\theta.$$

Daher ist $V\sin\alpha = V_2\sin\theta$, oder

$$\frac{V}{\sin\theta} = \frac{V_2}{\sin\alpha}.$$

Ähnlich ist $BE = V_1\sin\alpha = V_2\sin\beta$, oder

$$\frac{V_2}{\sin\alpha} = \frac{V_1}{\sin\beta}.$$

Wenn man beide Ergebnisse kombiniert, erhalten wir die symmetrische Beziehung

$$\frac{V}{\sin\theta} = \frac{V_1}{\sin\beta} = \frac{V_2}{\sin\alpha}.$$

Diese beiden fundamentalen trigonometrischen Ausdrücke bezeichnet man als den Cosinus-bzw. den Sinussatz.

Beispiel 3.1 Es seien zwei Vektoren gegeben: $\boldsymbol{A}$ ist 6 Einheiten lang und bildet mit der positiven X-Achse einen

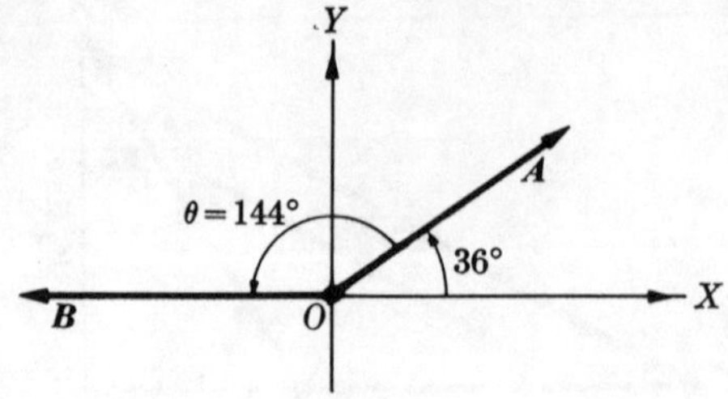

3.10

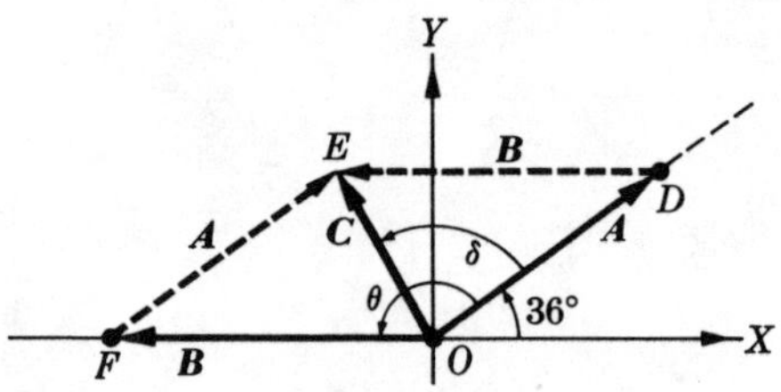

3.11

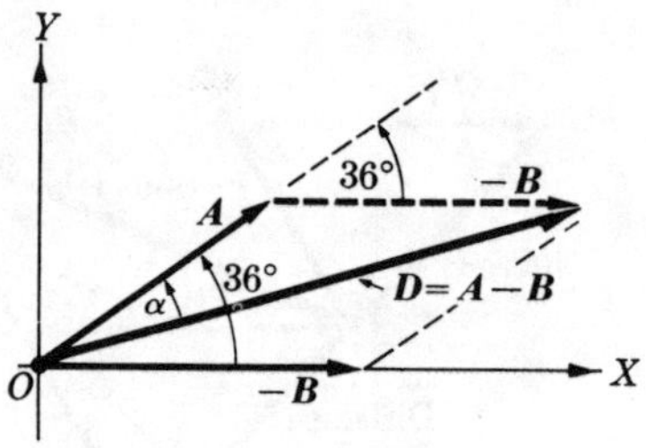

3.12

Winkel von $+36°$; $\boldsymbol{B}$ ist 7 Einheiten lang und in der Richtung der negativen X-Achse. Bestimmen Sie (a) die Summe $\boldsymbol{A} + \boldsymbol{B}$ der beiden Vektoren; (b) die Differenz $\boldsymbol{A} - \boldsymbol{B}$ zwischen den beiden Vektoren.

Lösung: Bevor wir die obigen Gleichungen anwenden, zeichnen wir die Vektoren in ein Koordinatensystem ein (Abb. 3.10). Um die beiden Vektoren zu addieren muß einer der Vektoren mit einem Ende an die Spitze des anderen gesetzt werden. Das kann durch Bewegung jedes einzelnen der beiden Vektoren erzielt werden (Abb. 3.11). In jedem Fall ergibt sich der Vektor $C = OE$

a) Um den Betrag von $\boldsymbol{C}$ unter Anwendung der Gleichung (3.3) zu bestimmen, müssen wir zuerst erkennen, daß wir $\boldsymbol{A}$ mit $\boldsymbol{V}_1$, $\boldsymbol{B}$ mit $\boldsymbol{V}_2$ und $\boldsymbol{C}$ mit $\boldsymbol{V}$ gleichsetzen können, und den Winkel $180 - 36° = 144°$ mit dem Winkel θ. Das führt zu

$$C = \sqrt{36 + 49 + 2(6)(7) \cos 144°} = 4{,}128 \text{ Einheiten.}$$

Um den Winkel zwischen $\boldsymbol{C}$ und $\boldsymbol{A}$ zu bestimmen, wenden wir Gleichung (3.4) an, welche in diesem Fall

$$\frac{C}{\sin \theta} = \frac{B}{\sin \delta}$$

lautet, so daß

$$\sin \delta = \frac{B \sin 144°}{C} = 0{,}996 \text{ und } \delta \cong 85°.$$

$\boldsymbol{C}$ ist daher 4,128 Einheiten lang und seine Richtung bildet mit der positiven X-Achse einen Winkel von $36° + 85° = +121°$.

b) Unter Verwendung der Äquivalenzbeziehungen aus Teil (a) oben und von Gleichung (3.6) erhalten wir den Betrag von $\boldsymbol{D} = \boldsymbol{A} - \boldsymbol{B}$ zu

$$D = \sqrt{36 + 49 - 2(6)(7) \cos 144°} = 12{,}31 \text{ Einheiten.}$$

Um die Richtung von $\boldsymbol{D}$ zu bestimmen, verwenden wir Gleichung (3.4):

$$\frac{D}{\sin 36°} = \frac{B}{\sin \alpha}$$

so daß

$$\sin \alpha = \frac{B \sin 36°}{D} = 0{,}334 \qquad \text{oder} \qquad \alpha = 19{,}5°;$$

$\boldsymbol{D}$ ist daher 12,31 Einheiten lang und bildet mit der positiven X-Achse einen Winkel von $36° - 19{,}5° = 16{,}5°$ (Abb. 3.12).

3.4 KOMPONENTEN EINES VEKTORS

Jeder beliebige Vektor $\boldsymbol{V}$ kann immer als Summe zweier (oder mehrerer) Vektoren betrachtet werden, wobei die Zahl der Möglichkeiten unendlich ist. Jeder Satz von Vektoren, welcher als Summe $\boldsymbol{V}$ ergibt, wird als die *Komponenten* von $\boldsymbol{V}$ bezeichnet.

Am häufigsten verwendet werden die *rechtwinkligen Komponenten*; d.h., der Vektor wird als Summe zweier zueinander im rechten Winkel stehender Vektoren ausgedrückt (Abb. 3.13). Wie wir aus der Abbildung sehen, ist dann $\boldsymbol{V} = \boldsymbol{V}_x + \boldsymbol{V}_y$, wobei

$$V_x = V \cos \alpha \qquad \text{und} \qquad V_y = V \sin \alpha \tag{3.7}$$

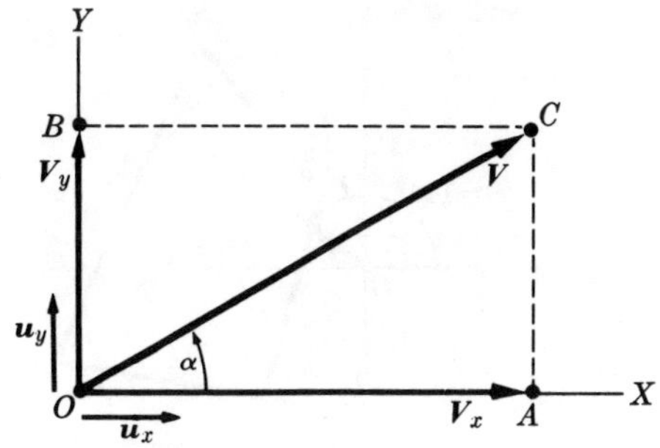

3.13 Rechtwinklige Komponenten eines Vektors in einer Ebene.

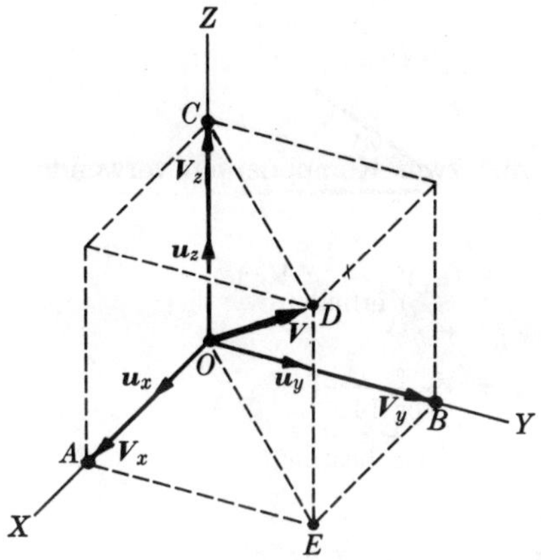

3.14 Rechtwinklige Komponenten eines Vektors in drei Dimensionen.

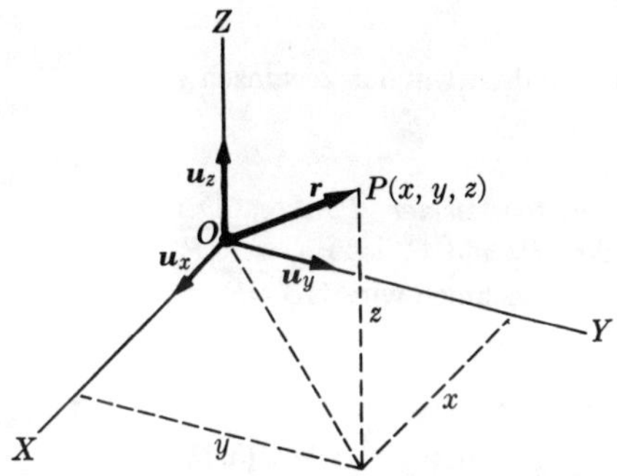

3.15 Der Ortsvektor.

ist. Wenn wir die Einheitsvektoren $\boldsymbol{u}_x$ und $\boldsymbol{u}_y$ in der Richtung der X- und Y-Achsen definieren, stellen wir fest, daß

$$\boldsymbol{V}_x = \boldsymbol{u}_x V_x, \; \boldsymbol{V}_y = \boldsymbol{u}_y V_y.$$

Daher erhalten wir:

$$\boldsymbol{V} = \boldsymbol{u}_x V_x + \boldsymbol{u}_x V_y. \tag{3.8}$$

Diese Gleichung drückt einen Vektor in Form seiner rechtwinkligen Komponenten in zwei Dimensionen aus. Aus Gleichung (3.7) erhalten wir, daß die Komponenten eines Einheitsvektors ($V = 1$) cos α und sin α sind. Ein Einheitsvektor in der XY-Ebene kann daher

$$\boldsymbol{u} = \boldsymbol{u}_x \cos\alpha + \boldsymbol{u}_y \sin\alpha \tag{3.9}$$

geschrieben werden.

Es gibt drei rechtwinklige Komponenten im Raum, V_x, V_y, V_z (Abb. 3.14), welche zu den drei Koordinatenachsen parallel sind. Indem wir drei Einheitsvektoren $\boldsymbol{u}_x$, $\boldsymbol{u}_y$, $\boldsymbol{u}_z$ jeweils parallel zu den X, Y und Z-Achsen definieren, erhalten wir

$$\boldsymbol{V} = \boldsymbol{u}_x V_x + \boldsymbol{u}_y V_y + \boldsymbol{u}_z V_z. \tag{3.10}$$

Der Betrag des Vektors ist durch

$$V^2 = V_x^2 + V_y^2 + V_z^2. \tag{3.11}$$

gegeben.

Ein wichtiger Vektor ist der *Ortsvektor* $\boldsymbol{r} = \overrightarrow{OP}$ eines Punktes mit den Koordinaten (x, y, z). Aus Abb. 3.15 sehen wir, daß

$$\boldsymbol{r} = \overrightarrow{OP} = \boldsymbol{u}_x x + \boldsymbol{u}_y y + \boldsymbol{u}_z z. \tag{3.12}$$

Beweis für Gleichung (3.11) Aus Abb. 3.14 folgt, daß

$$V^2 = OD^2 = OE^2 + ED^2 = OE^2 + V_z^2.$$

Es ist aber

$$OE^2 = OA^2 + AE^2 = V_x^2 + V_y^2.$$

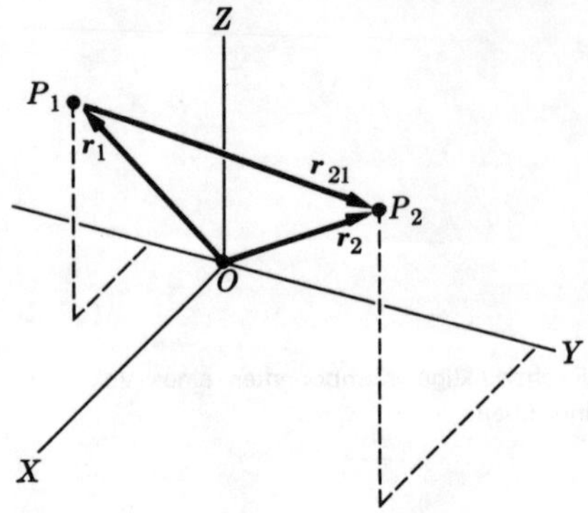

3.16

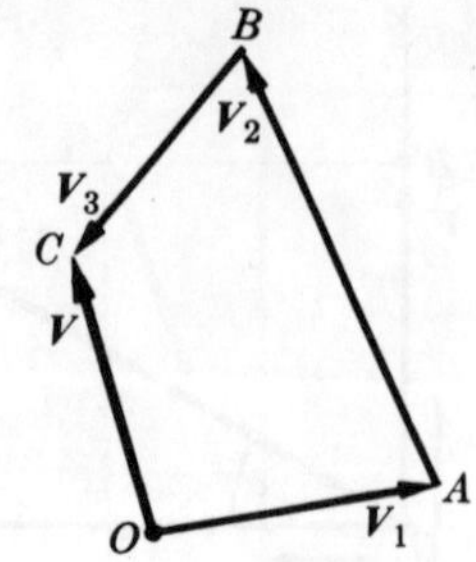

3.17 Addition mehrerer Vektoren.

Indem wir für OE^2 einsetzen, erhalten wir das gewünschte Ergebnis.

Beispiel 3.2 *Relativer Ortsvektor zweier Punkte.* Der relative Ortsvektor zweier Punkte P_1 and P_2 ist $\boldsymbol{r}_{21} = \overrightarrow{P_1P_2}$ (Abb. 3.16). Aus der Abbildung entnehmen wir, daß $\overrightarrow{OP_2} = \overrightarrow{OP_1} + \overrightarrow{P_1P_2}$, so daß

$$\begin{aligned} \boldsymbol{r}_{21} &= \overrightarrow{P_1P_2} = \overrightarrow{OP_2} - \overrightarrow{OP_1} = \boldsymbol{r}_2 - \boldsymbol{r}_1 \\ &= \boldsymbol{u}_x(x_2 - x_1) + \boldsymbol{u}_y(y_2 - y_1) + \boldsymbol{u}_z(z_2 - z_1) \end{aligned} \tag{3.13}$$

Merke, daß $\overrightarrow{P_2P_1} = -\overrightarrow{P_1P_2}$ ist. Es sollte beachtet werden, daß die Anwendung der Gleichung (3.11) auf (3.13) den Ausdruck für die Entfernung zweier Punkte liefert:

$$r_{21} = \sqrt{(x_2 - x_1)^2 + (y_2 - y_1)^2 + (z_2 - z_1)^2}. \tag{3.14}$$

3.5 ADDITION MEHRERER VEKTOREN

Um mehrere Vektoren $\boldsymbol{V}_1$, $\boldsymbol{V}_2$, $\boldsymbol{V}_3$ zu addieren, erweitern wir die Prozedur, die in Abb. 3.6 für den Fall zweier Vektoren angegeben ist. Die Methode für drei Vektoren ist in Abb. 3.17 gezeigt. Das heißt, wir zeichnen einen Vektor nach dem anderen, wobei die Vektorsumme durch die Gerade gegeben ist, die vom Ursprung des ersten Vektors zum Ende des letzten gezogen wird. Dann ist

$$\boldsymbol{V} = \boldsymbol{V}_1 + \boldsymbol{V}_2 + \boldsymbol{V}_3 + \cdots \tag{3.15}$$

Es gibt keine einfache Formel, um $\boldsymbol{V}$ durch $\boldsymbol{V}_1$, $\boldsymbol{V}_2$, $\boldsymbol{V}_3$ auszudrücken und es ist daher besser, die Komponentenmethode anzuwenden. Betrachten wir einfachheitshalber einen Fall, in dem alle Vektoren in einer Ebene liegen, so daß wir nur zwei Komponenten verwenden müssen. Dann ist

$$\begin{aligned} \boldsymbol{V} &= (\boldsymbol{u}_x V_{1x} + \boldsymbol{u}_y V_{1y}) + (\boldsymbol{u}_x V_{2x} + \boldsymbol{u}_y V_{2y}) \\ &\quad + (\boldsymbol{u}_x V_{3x} + \boldsymbol{u}_y V_{3y}) + \cdots \\ &= \boldsymbol{u}_x(V_{1x} + V_{2x} + V_{3x} + \cdots) \\ &\quad + \boldsymbol{u}_y(V_{1y} + V_{2y} + V_{3y} + \cdots). \end{aligned}$$

Daraus folgt, daß

$$\begin{aligned} V_x &= V_{1x} + V_{2x} + V_{3x} + \cdots = \textstyle\sum_i V_{ix}, \\ V_y &= V_{1y} + V_{2y} + V_{3y} + \cdots = \textstyle\sum_i V_{iy}. \end{aligned} \tag{3.16}$$

Sobald wir V_x und V_y kennen, können wir unter Verwendung von Gleichung (3.5) $\boldsymbol{V}$ berechnen.

Beispiel 3.3 Bestimmen Sie die Resultierende der Summe der folgenden fünf Vektoren.

$$\begin{aligned} \boldsymbol{V}_1 &= \boldsymbol{u}_x(4) + \boldsymbol{u}_y(-3) \\ \boldsymbol{V}_2 &= \boldsymbol{u}_x(-3) + \boldsymbol{u}_y(2) \\ \boldsymbol{V}_3 &= \boldsymbol{u}_x(2) + \boldsymbol{u}_y(-6) \\ \boldsymbol{V}_4 &= \boldsymbol{u}_x(7) + \boldsymbol{u}_y(-8) \\ \boldsymbol{V}_5 &= \boldsymbol{u}_x(9) + \boldsymbol{u}_y(1). \end{aligned}$$

Lösung: Unter Anwendung von Gleichung (3.16) erhalten wir

$$\begin{aligned} V_x &= 4 - 3 + 2 + 7 + 9 = 19, \\ V_y &= -3 + 2 - 6 - 8 + 1 = -14, \end{aligned}$$

oder

$V = \boldsymbol{u}_x(19) - \boldsymbol{u}_y(14)$. Der Betrag von $\boldsymbol{V}$ ist

$$V = \sqrt{(19)^2 + (-14)^2} = 23{,}55$$

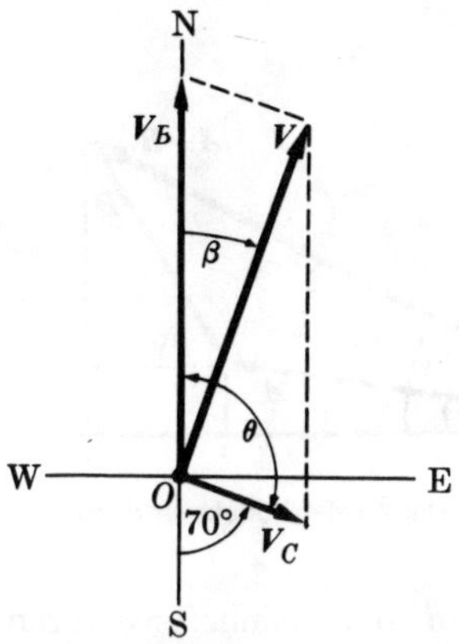

3.18

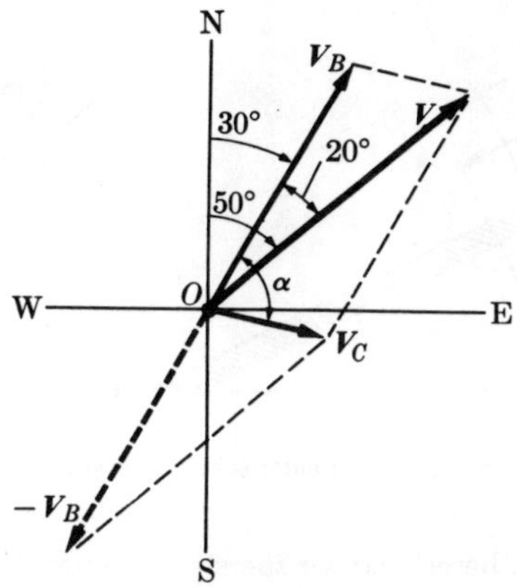

3.19

Seine Richtung findet man aus

$$\tan\alpha = V_y/V_z = -0{,}738 \qquad \text{oder} \qquad \alpha = -36{,}4°,$$

welches der Winkel ist, den $\boldsymbol{V}$ mit der X-Achse bildet.

3.6 ANWENDUNG AUF KINEMATISCHE PROBLEME

Als Beispiel, wie man Vektoren in einigen einfachen physikalischen Situationen handhaben kann, werden wir nun einige wenige kinematische Probleme betrachten. Die einzige physikalische Annahme, die wir machen müssen, ist die, daß wir Geschwindigkeit und Beschleunigung als Vektorgrößen anerkennen.

Nehmen Sie z.B. an, daß sich ein Boot mit einer Geschwindigkeit $\boldsymbol{V}_B$ relativ zum Wasser bewegt. Wenn das Wasser still steht, ist $\boldsymbol{V}_B$ daher die Geschwindigkeit des Bootes, wie sie von einem Beobachter am Ufer gemessen wird. Wenn das Wasser jedoch mit einer bestimmten Geschwindigkeit fließt, verursacht dies eine Abdrift, welche die Geschwindigkeit des Bootes beeinflußt. Daher ist die resultierende Geschwindigkeit des Bootes, wie sie vom Beobachter am Ufer gemessen wird, die Vektorsumme aus der Geschwindigkeit des Bootes $\boldsymbol{V}_B$ relativ zum Wasser und der Driftgeschwindigkeit $\boldsymbol{V}_C$, verursacht durch die Strömung des Wassers. Das heißt, $\boldsymbol{V} = \boldsymbol{V}_B + \boldsymbol{V}_C$. Ähnliche Überlegungen gelten auch für Objekte, die sich durch die Luft bewegen, wie z.B. Flugzeuge.

Beispiel 3.4 Ein Motorboot fährt mit 15 km h^{-1} genau nach Norden, an einer Stelle, an der die Strömung 5 km h^{-1} in Richtung S 70° O beträgt. Berechnen Sie die resultierende Geschwindigkeit des Bootes.

Lösung: Dieses Problem ist graphisch in Abb. 3.18 gelöst, wobei $\boldsymbol{V}_B$ die Geschwindigkeit des Bootes relativ zum Wasser ist, $\boldsymbol{V}_C$ die Strömungs- oder Driftgeschwindigkeit, und $\boldsymbol{V}$ die resultierende Geschwindigkeit relativ zum Ufer, die man aus

$$\boldsymbol{V} = \boldsymbol{V}_B + \boldsymbol{V}_C$$

erhält. Rechnerisch erhalten wir, da $\theta = 180° - 70° = 110°$,

$$V = \sqrt{15^2 + 5^2 + 2(15)\,(5)\,\cos 11°} = 14{,}1 \text{ km h}^{-1}$$

für den Betrag der resultierenden Geschwindigkeit. Um die Richtung zu erhalten, wenden wir Gleichung (3.4) an

$$\frac{V}{\sin\theta} = \frac{V_C}{\sin\beta} \qquad \text{oder} \qquad \sin\beta = \frac{V_C \sin\theta}{V} = 0{,}332,$$

was $\beta = 19{,}4°$ ergibt. Die Richtung der resultierenden Bewegung ist daher N 19,4° O.

Beispiel 3.5 Ein Rennboot steuert mit 25 km h^{-1} in Richtung N 30° O, an einer Stelle mit solcher Strömung, daß die resultierende Bewegung 30 km h^{-1} in Richtung N 50°O ist. Bestimmen Sie die Strömungsgeschwindigkeit.

Lösung: Wenn man die Geschwindigkeit des Bootes wieder mit $\boldsymbol{V}_B$ bezeichnet, die Geschwindigkeit der Strömung mit $\boldsymbol{V}_C$ und die resultierende Geschwindigkeit mit $\boldsymbol{V}$, erhalten wir $\boldsymbol{V} = \boldsymbol{V}_B + \boldsymbol{V}_C$, so daß $\boldsymbol{V}_C = \boldsymbol{V} - \boldsymbol{V}_B$. Die Vektoren $\boldsymbol{V}$ und $\boldsymbol{V}_B$ wurden in Abb. 3.19 aufgetragen, ebenso ihre Differenz, welche $\boldsymbol{V}_C$ ist. Um $\boldsymbol{V}_C$ zu berechnen, beachten wir, daß der Winkel zwischen $\boldsymbol{V}$ und $\boldsymbol{V}_B$ 20° beträgt. Unter Verwendung von Gleichung (3.6) ist daher

$$V_C = \sqrt{30^2 + 25^2 - 2(30)\,(25)\,\cos 20°} = 10{,}74 \text{ km h}^{-1}.$$

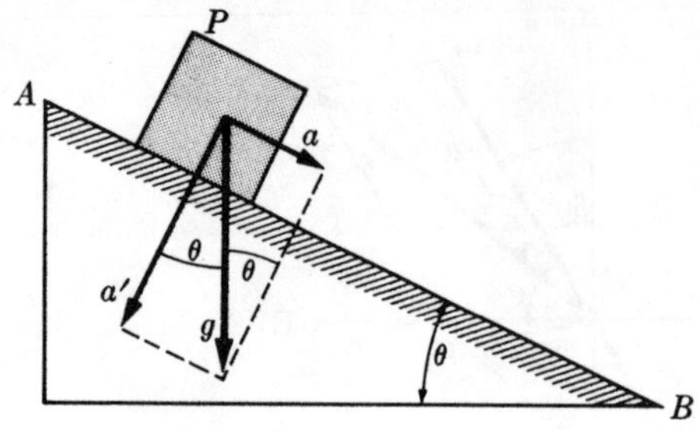

3.20 Beschleunigung entlang einer schiefen Ebene.

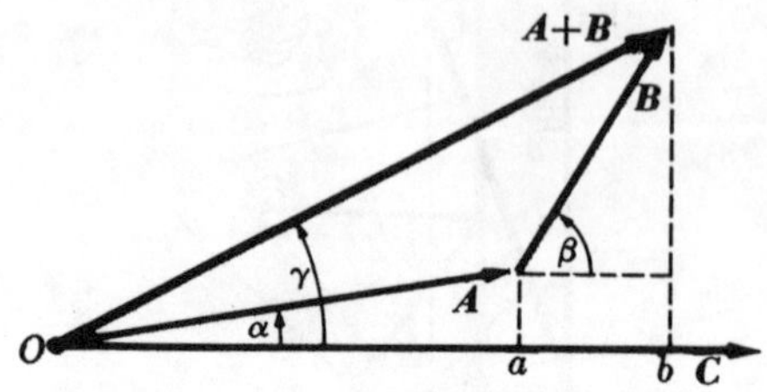

3.21 Das Skalarprodukt ist distributiv.

Um die Richtung von $\boldsymbol{V}_C$ zu bestimmen, berechnen wir zuerst den Winkel zwischen $\boldsymbol{V}_C$ und $\boldsymbol{V}_B$ unter Verwendung der Gleichung (3.4)

$$\frac{V}{\sin\alpha} = \frac{V_C}{\sin 20°} \quad \text{oder} \quad \sin\alpha = \frac{V \sin 20°}{V_C} = 0{,}955,$$

und $\alpha = 72°45'$. Der Winkel mit der NS-Achse ist daher $72°45' + 30° = 102°45'$ und die Richtung von $\boldsymbol{V}_C$ S 77°15′O.

Beispiel 3.6 *Beschleunigung eines Körpers, der auf einer schiefen Ebene gleitet.* P (Abb. 3.20) sei ein Körper, der ohne Reibung eine Ebene AB abwärts gleitet. Die Ebene AB ist um den Winkel θ geneigt. Wenn die Ebene nicht vorhanden wäre, würde der Körper mit einer Beschleunigung durch die Schwerkraft von $g = 9{,}8 \text{ m s}^{-2}$ vertikal frei fallen. Die Komponenten von g, parallel und senkrecht zur Ebene sind $a = g \sin\theta$ und $a' = g\cos\theta$. Die Komponente a gibt die Beschleunigung des Körpers entlang der Ebene.

3.7 SKALARPRODUKT

Das *Skalarprodukt* zweier Vektoren $\boldsymbol{A}$ und $\boldsymbol{B}$, welches durch das Symbol $\boldsymbol{A}\cdot\boldsymbol{B}$ (man lese «$\boldsymbol{A}$ Punkt $\boldsymbol{B}$») dargestellt wird, ist definiert als jene *skalare Größe*, welche man erhält, wenn man die Beträge von $\boldsymbol{A}$ und $\boldsymbol{B}$ und den Kosinus (des Winkels kleiner gleich 180°) zwischen den beiden Vektoren multipliziert.

$$\boldsymbol{A}\cdot\boldsymbol{B} = AB\cos\theta. \tag{3.17}$$

Offensichtlich ist $\boldsymbol{A}\cdot\boldsymbol{A} = A^2$, da in diesem Fall der Winkel null ist. Wenn die beiden Vektoren senkrecht zueinander stehen ($\theta = \pi/2$), ist das Skalarprodukt null. Die Bedingung, daß zwei von Null verschiedene Vektoren aufeinander senkrecht stehen, wird daher ausgedrückt als

$$\boldsymbol{A}\cdot\boldsymbol{B} = 0 \quad (\boldsymbol{A} \text{ ist senkrecht zu } \boldsymbol{B}).$$

Die Skalarprodukte zwischen den Einheitsvektoren $\boldsymbol{u}_x$ und $\boldsymbol{u}_y$ sind

$$\boldsymbol{u}_x\cdot\boldsymbol{u}_x = \boldsymbol{u}_y\cdot\boldsymbol{u}_y = 1, \qquad \boldsymbol{u}_x\cdot\boldsymbol{u}_y = 0 \tag{3.18}$$

Auf Grund seiner Definition ist das Skalarprodukt kommutativ, das heißt, es gilt

$$\boldsymbol{A}\cdot\boldsymbol{B} = \boldsymbol{B}\cdot\boldsymbol{A},$$

da $\cos\theta$ in beiden Fällen gleich ist. Bezüglich der Summe ist das Skalarprodukt distributiv, d.h. es gilt

$$\boldsymbol{C}\cdot(\boldsymbol{A}+\boldsymbol{B}) = \boldsymbol{C}\cdot\boldsymbol{A} + \boldsymbol{C}\cdot\boldsymbol{B} \tag{3.19}.$$

Beweis für Gleichung (3.19) Um die Distributivität des Skalarprodukts zu beweisen, entnehmen wir aus Abb. 3.21, daß

$$\boldsymbol{C}\cdot(\boldsymbol{A}+\boldsymbol{B}) = |\boldsymbol{C}|\,|\boldsymbol{A}+\boldsymbol{B}|\cos\gamma = |\boldsymbol{C}|(Ob),$$

da $|\boldsymbol{A}+\boldsymbol{B}|\cos\gamma = Ob$ ist. Entsprechend ist

$$\boldsymbol{C}\cdot\boldsymbol{A} = |\boldsymbol{C}|\,|\boldsymbol{A}|\cos\alpha = |\boldsymbol{C}|\,(Oa)$$

und

$$\boldsymbol{C}\cdot\boldsymbol{B} = |\boldsymbol{C}|\,|\boldsymbol{B}|\cos\beta = |\boldsymbol{C}|\,(ab).$$

Durch Addition erhalten wir

$$\boldsymbol{C}\cdot\boldsymbol{A} + \boldsymbol{C}\cdot\boldsymbol{B} = |\boldsymbol{C}|(Oa+ab) = |\boldsymbol{C}|\,Ob = \boldsymbol{C}\cdot(\boldsymbol{A}+\boldsymbol{B}).$$

Wir können die Eigenschaften des Skalarprodukts anwenden, um auf einfachem Weg die Formel (3.3) für den Betrag der Summe zweier Vektoren abzuleiten. Aus $\boldsymbol{V} = \boldsymbol{V}_1 + \boldsymbol{V}_2$ erhalten wir

$$\begin{aligned} V^2 &= (\boldsymbol{V}_1+\boldsymbol{V}_2)\cdot(\boldsymbol{V}_1+\boldsymbol{V}_2) = \boldsymbol{V}_1^2 + \boldsymbol{V}_2^2 + 2\boldsymbol{V}_1\cdot\boldsymbol{V}_2 \\ &= V_1^2 + V_2^2 + 2V_1V_2\cos\theta. \end{aligned}$$

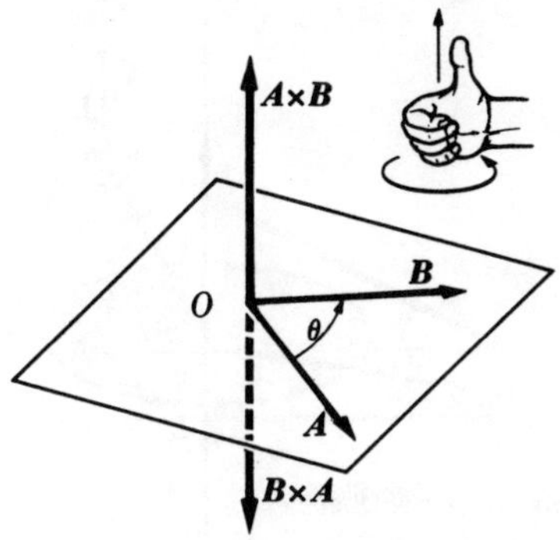

3.22 Beziehungen der Vektoren untereinander beim Vektorprodukt.

Beispiel 3.7 *Das Skalarprodukt, ausgedrückt in Form der rechtwinkligen Komponenten der Vektoren.* Wir wollen die X- und Y-Achse in die Ebene legen, welche durch die beiden Vektoren bestimmt wird. Wenn wir $\boldsymbol{A}$ und $\boldsymbol{B}$ in Übereinstimmung mit Gleichung (3.10) in Form ihrer rechtwinkligen Komponenten anschreiben und das Distributivgesetz (3.19) anwenden, erhalten wir

$$\begin{aligned}\boldsymbol{A}\cdot\boldsymbol{B} &= (\boldsymbol{u}_x A_x + \boldsymbol{u}_y A_y)\cdot(\boldsymbol{u}_x B_x + \boldsymbol{u}_y B_y)\\ &= (\boldsymbol{u}_x\cdot\boldsymbol{u}_x)A_xB_x + (\boldsymbol{u}_x\cdot\boldsymbol{u}_y)A_xB_y\\ &\quad + (\boldsymbol{u}_y\cdot\boldsymbol{u}_x)A_yB_x + (\boldsymbol{u}_y\cdot\boldsymbol{u}_y)A_yB_y.\end{aligned}$$

Unter Anwendung von Gleichung (3.18) erhalten wir schließlich

$$\boldsymbol{A}\cdot\boldsymbol{B} = A_xB_x + A_yB_y \qquad (3.20)$$

In Übereinstimmung mit Gleichung (3.5) ergibt sich daraus

$$A^2 = \boldsymbol{A}\cdot\boldsymbol{A} = A_x^2 + A_y^2$$

Beispiel 3.8 Bestimmen Sie den Winkel zwischen den Vektoren

$$\boldsymbol{A} = 2\boldsymbol{u}_x + 3\boldsymbol{u}_y \text{ und } \boldsymbol{B} = -\boldsymbol{u}_x + \boldsymbol{u}_y.$$

Lösung Wir berechnen zuerst mit (3.20) Skalarprodukt:

$$\boldsymbol{A}\cdot\boldsymbol{B} = 2(-1) + 3(1) = +1.$$

Ebenso ist

$$A = \sqrt{4+9} = \sqrt{13} = 3{,}605$$

$$B = \sqrt{1+1} = \sqrt{2} = 1{,}414.$$

Aus Gleichung (3.17) folgt daher

$$\cos\theta = \frac{\boldsymbol{A}\cdot\boldsymbol{B}}{AB} = \frac{1}{5{,}10} = 0{,}196,$$

was $\theta = 79°$ entspricht.

3.8 VEKTORPRODUKT

Das Vektorprodukt zweier Vektoren $\boldsymbol{A}$ und $\boldsymbol{B}$, das durch das Symbol $\boldsymbol{A}\times\boldsymbol{B}$ (man lese «A kreuz B») dargestellt wird, ist als der *Vektor* definiert. dessen *Betrag* durch

$$|\boldsymbol{A}\times\boldsymbol{B}| = AB\sin\theta \qquad (3.21)$$

gegeben ist, wobei θ der Winkel zwischen $\boldsymbol{A}$ und $\boldsymbol{B}$ ist (kleiner gleich 180°). Die Richtung von $\boldsymbol{A}\times\boldsymbol{B}$ ist senkrecht zu der Ebene, die durch $\boldsymbol{A}$ und $\boldsymbol{B}$ bestimmt wird und in der Richtung des gestreckten Daumens, wenn die rechte Hand wie in Abb. 3.22 gehalten wird, wobei die Finger in die Drehrichtung von $\boldsymbol{A}$ nach $\boldsymbol{B}$ zeigen.

Aus der Definition des Vektorprodukts schließen wir, daß

$$\boldsymbol{A}\times\boldsymbol{B} = -\boldsymbol{B}\times\boldsymbol{A}$$

gilt: das Vektorprodukt ist antikommutativ. Wenn zwei Vektoren parallel zueinander sind, ist $\theta = 0°$, $\sin\theta = 0$ und auch das Vektorprodukt null. Die Bedingung der Parallelität wird daher durch

$$\boldsymbol{A}\times\boldsymbol{B} = \boldsymbol{0}$$

ausgedrückt ($\boldsymbol{A}$ parallel zu $\boldsymbol{B}$). Es ist offensichtlich, daß $\boldsymbol{A}\times\boldsymbol{A} = \boldsymbol{0}$,

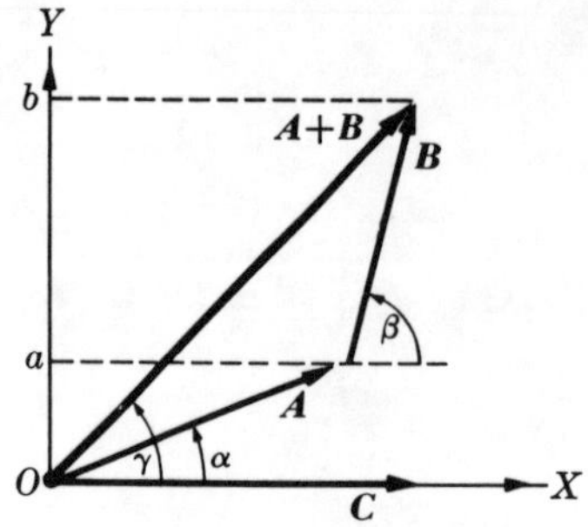

3.23 Das Vektorprodukt ist distributiv.

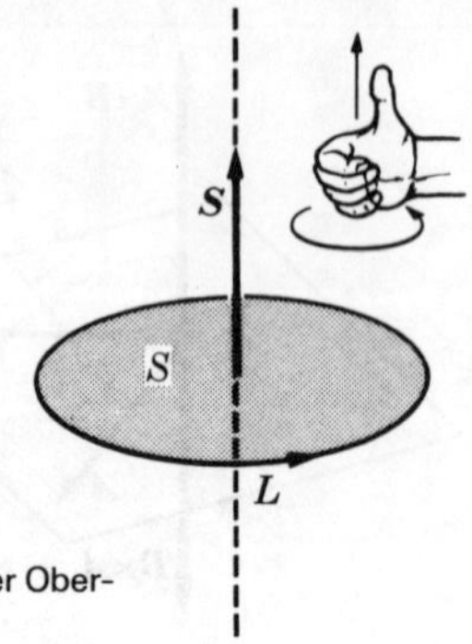

3.24 Vektordarstellung einer Oberfläche.

Die Vektorprodukte zwischen den Einheitsvektoren $\boldsymbol{u}_x$, $\boldsymbol{u}_y$ und $\boldsymbol{u}_z$ sind

$$\begin{aligned} \boldsymbol{u}_x \times \boldsymbol{u}_y &= -\boldsymbol{u}_y \times \boldsymbol{u}_z = \boldsymbol{u}_z, \\ \boldsymbol{u}_x \times \boldsymbol{u}_x &= \boldsymbol{u}_y \times \boldsymbol{u}_y = \boldsymbol{0}. \end{aligned} \tag{3.22}$$

Das Vektorprodukt ist bezüglich der Summe distributiv, das heißt, es gilt

$$\boldsymbol{C} \times (\boldsymbol{A} + \boldsymbol{B}) = \boldsymbol{C} \times \boldsymbol{A} + \boldsymbol{C} \times \boldsymbol{B}. \tag{3.23}$$

Beweis der Gleichung (3.23) Die Beweisführung ist sehr einfach, wenn die drei Vektoren in einer Ebene liegen. In diesem Fall (Abb. 3.23) sind die drei Vektorprodukte, die in Gleichung (3.23) erscheinen, senkrecht zur Buchseite und man muß nur nachprüfen, daß Gleichung (3.23) für die Beträge zutrifft. Da aber

$$\begin{aligned} |\boldsymbol{C} \times (\boldsymbol{A} + \boldsymbol{B})| &= |\boldsymbol{C}||\boldsymbol{A} + \boldsymbol{B}| \sin \gamma \\ &= |\boldsymbol{C}| Ob. \end{aligned}$$

In ähnlicher Weise gilt

$$\begin{aligned} |\boldsymbol{C} \times \boldsymbol{A}| &= |\boldsymbol{C}||\boldsymbol{A}| \sin \alpha = |\boldsymbol{C}|; \\ |\boldsymbol{C} \times \boldsymbol{B}| &= |\boldsymbol{C}||\boldsymbol{B}| \sin \beta = |\boldsymbol{C}| ab. \end{aligned}$$

Durch Addition erhalten wir

$$\begin{aligned} |\boldsymbol{C} \times \boldsymbol{A}| + |\boldsymbol{C} \times \boldsymbol{B}| &= |\boldsymbol{C}|(Oa + ab) \\ &= |\boldsymbol{C}| Ob \\ &= |\boldsymbol{C} \times (\boldsymbol{A} + \boldsymbol{B})|. \end{aligned}$$

Beispiel 3.9 *Vektorprodukt ausgedrückt in rechtwinkligen Komponenten der Vektoren.* Wir wollen die X-und Y-Achse in die Ebene legen, die durch die beiden Vektoren $\boldsymbol{A}$ und $\boldsymbol{B}$ bestimmt wird. Wenn wir $\boldsymbol{A}$ und $\boldsymbol{B}$ entsprechend Gleichung (3.12) in Form ihrer rechtwinkligen Komponenten schreiben und das Distributivgesetz (3.23) anwenden, erhalten wir

$$\begin{aligned} \boldsymbol{A} \times \boldsymbol{B} &= (\boldsymbol{u}_x A_x + \boldsymbol{u}_y A_y) \times (\boldsymbol{u}_x B_x + \boldsymbol{u}_y B_y) \\ &= (\boldsymbol{u}_x \times \boldsymbol{u}_x) A_x B_x + (\boldsymbol{u}_x \times \boldsymbol{u}_y) A_x B_y \\ &\quad + (\boldsymbol{u}_y \times \boldsymbol{u}_x) A_y B_x + (\boldsymbol{u}_y \times \boldsymbol{u}_y) A_y B_y. \end{aligned} \tag{3.24}$$

Mit (3.22) erhalten wir

$$\boldsymbol{A} \times \boldsymbol{B} = \boldsymbol{u}_z (A_x B_y - A_y B_x), \tag{3.25}$$

einen Ausdruck, den man sich leicht merken kann.

Beispiel 3.10 Bestimmen Sie das Vektorprodukt der Vektoren

$$\boldsymbol{A} = 2\boldsymbol{u}_x + 3\boldsymbol{u}_y \qquad \text{und} \qquad \boldsymbol{B} = -\boldsymbol{u}_x + \boldsymbol{u}_y.$$

Lösung: Aus (3.25) erhalten wir

$$\boldsymbol{A} \times \boldsymbol{B} = \boldsymbol{u}_z \left[(2 \cdot 1) - (3 \cdot (-1))\right] = 5\boldsymbol{u}_z.$$

Der Betrag von $\boldsymbol{A} \times \boldsymbol{B}$ ist $|\boldsymbol{A} \times \boldsymbol{B}| = 5$. Wir können den Winkel zwischen den beiden Vektoren bestimmen, wenn wir (3.21) benutzen:

$$\sin \theta = \frac{|\boldsymbol{A} \times \boldsymbol{B}|}{AB}$$

$$\frac{5}{\sqrt{13} \times \sqrt{2}} = 0{,}982,$$

was in Übereinstimmung mit Aufgabe 3.8 für $\theta = 79°$ ergibt.

3.9 VEKTORDARSTELLUNG VON OBERFLÄCHEN

Wir wollen eine *ebene* Oberfläche S (Abb. 3.24) betrachten, deren Begrenzung L in Pfeilrichtung orientiert sei. Wir werden die Konvention übernehmen, sie durch

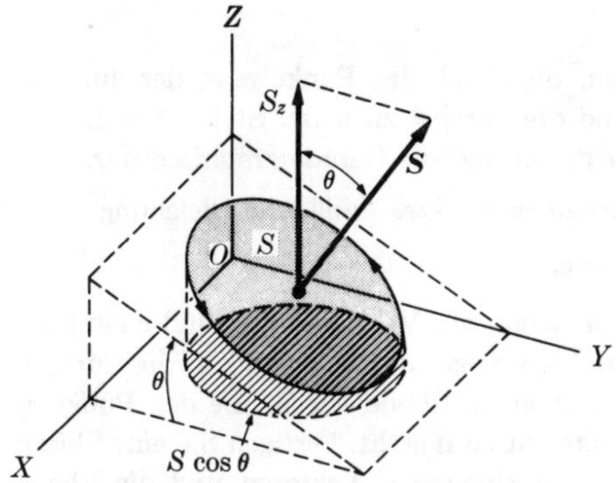

3.25 Projektion einer Oberfläche auf eine Ebene.

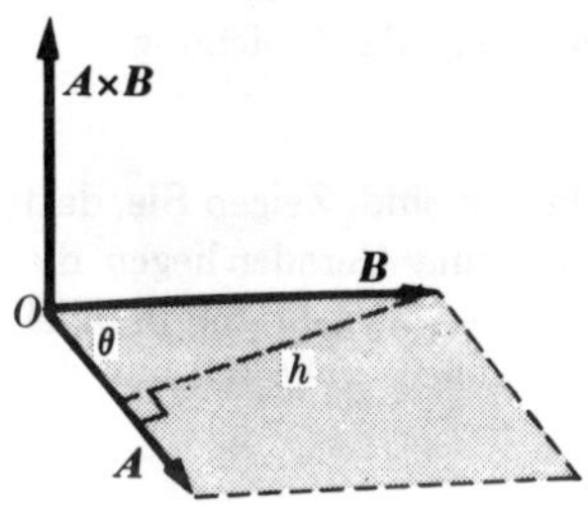

3.26 Der Betrag des Vektorproduktes ist gleich der Fläche des Parallelogramms, das durch die beiden Vektoren aufgespannt wird.

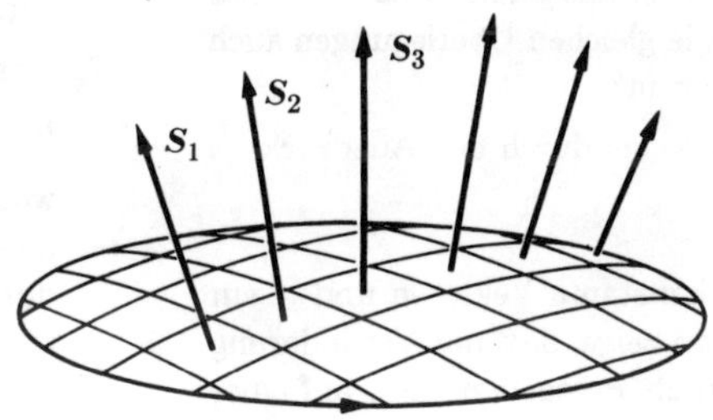

3.27 Vektordarstellung gekrümmter Oberflächen.

den Vektor S darzustellen, dessen Betrag gleich dem Flächeninhalt und dessen Richtung senkrecht zur Oberfläche ist. Der Vektor zeigt in die gleiche Richtung wie der Daumen der rechten Hand, wenn die Finger in die Richtung der orientierten Begrenzung L weisen.

Die Komponenten von S haben eine einfache geometrische Bedeutung. Nehmen Sie an, daß die ebene Oberfläche S mit der XY-Ebene einen Winkel θ bildet (Abb. 3.25). Die Projektion von S auf die XY-Ebene ist $S \cos \theta$, was aus der elementaren Geometrie wohlbekannt ist. Die Normale zur Ebene der Oberfläche bildet jedoch auch mit der Z-Achse einen Winkel θ. Die Z-Komponente des Vektors S beträgt daher $S_z = S \cos \theta$. Wir können daher schließen, daß die Komponenten von $\boldsymbol{S}$ entlang der Koordinatenachsen gleich den Projektionen der Oberfläche auf die Koordinatenebenen sind.

Es ist bemerkenswert, daß das Vektorprodukt gleich der Fläche des Parallelogramms ist, das durch die zwei Vektoren gebildet wird, oder gleich der doppelten Fläche des Dreiecks, welches sie mit ihren Resultierenden bilden. Man kann das wie folgt ableiten (Abb. 3.26). Der Betrag von $\boldsymbol{A} \times \boldsymbol{B}$ ist $AB \sin \theta$. Es ist aber $B \sin \theta = h$, wobei h die Höhe des Parallelogramms, gebildet mit den Seiten $\boldsymbol{A}$ und $\boldsymbol{B}$ ist. Daher ist

$$|\boldsymbol{A} \times \boldsymbol{B}| = Ah = \text{Fläche des Parallelogramms.}$$

Außerdem ist die Richtung von $\boldsymbol{A} \times \boldsymbol{B}$ senkrecht zur Ebene des Parallelogramms.

Wenn die Oberfläche *nicht* eben ist, kann man sie immer in eine große Zahl sehr kleiner Flächen (Abb. 3.27) unterteilen, von denen jede *praktisch* eben ist und durch einen Vektor $\boldsymbol{S}_i$ dargestellt wird. Der Vektor, der die gekrümmte Oberfläche darstellt, ist daher

$$\boldsymbol{S} = \boldsymbol{S}_1 + \boldsymbol{S}_2 + \boldsymbol{S}_3 + \cdots = \textstyle\sum_i \boldsymbol{S}_i.$$

In diesem Falle ist der Betrag von $\boldsymbol{S}$ nicht gleich dem Flächeninhalt der gekrümmten Oberfläche, die ja durch $\sum_i \boldsymbol{S}_i$ dargestellt ist; die Beträge der drei Komponenten sind jedoch gleich den Flächeninhalten der Projektionen der Oberfläche auf die drei Koordinatenebenen.

FRAGEN

1. Kann die Differenz zweier Vektoren einen größeren Betrag haben als die Summe derselben Vektoren? Illustrieren Sie Ihre Anwort.
2. Betrachten Sie eine gekrümmte Oberfläche. Ist die Größe des Vektors $\boldsymbol{S}$, der die Oberfläche darstellt, größer, gleich oder kleiner als der Flächeninhalt der Oberfläche?
3. Die Anwendung der Rechten-Hand-Regel entspricht einer reinen Konvention. Untersuchen Sie die Veränderungen, die man in die Vektoralgebra einführen würde, wenn statt dessen die linke Hand verwendet würde.
4. Unter welchen Bedingungen ist das Skalarprodukt zweier Vektoren negativ? Gelten die gleichen Überlegungen auch für das Vektorprodukt? Warum?
5. Der Ortsvektor eines Punktes sei durch den Ausdruck

   $$\boldsymbol{r} = \boldsymbol{r}_0 + \lambda \boldsymbol{u},$$

   gegeben, wobei $\boldsymbol{r}_0$ und $\boldsymbol{u}$ konstante Vektoren und λ ein variabler Parameter ist. Man zeige, daß mit Veränderung von λ alle Punkte, die durch $\boldsymbol{r}$ gegeben sind, auf einer Geraden liegen, die durch den Punkt geht, der durch $\boldsymbol{r}_0$ gegeben ist und die parallel zu $\boldsymbol{u}$ ist. Stellen Sie die verschiedenen Vektoren und die Gerade graphisch dar.
6. Der Ortsvektor eines Punktes erfülle die Gleichung

   $$(\boldsymbol{r} - \boldsymbol{r}_0) \cdot \boldsymbol{u} = c,$$

   wobei $\boldsymbol{r}_0$ und $\boldsymbol{u}$ konstante Vektoren sind und c ein konstanter Skalar. Man zeige, daß alle Punkte, die durch $\boldsymbol{r}$ gegeben sind, auf einer Ebene licgen, die den Punkt $\boldsymbol{r}_0$ enthält und senkrecht zu $\boldsymbol{u}$ steht. Fertigen Sie eine Skizze an, welche die verschiedenen Vektoren und die Ebene veranschaulicht.
7. Der Ortsvektor eines Punktes genüge der Gleichung

   $$(\boldsymbol{r} - \boldsymbol{r}_0) \times \boldsymbol{u} = \boldsymbol{0},$$

   wobei $\boldsymbol{r}_0$ und $\boldsymbol{u}$ konstante Vektoren sind. Zeigen Sie, daß alle durch $\boldsymbol{r}$ gegebenen Punkte auf einer Geraden liegen, die durch den Punkt mit dem Ortsvektov $\boldsymbol{r}_0$ geht und parallel zu $\boldsymbol{u}$ ist. Stellen Sie die verschiedenen Vektoren und die Gerade graphisch dar.

AUFGABEN

3.1 Zwei Vektoren, 6 und 9 Einheiten lang, bilden einen Winkel von (a) 0°, (b) 60°, (c) 90°, (d) 150° und (e) 180°. Bestimmen Sie den Betrag ihrer Resultierenden und deren Richtung bezüglich des kürzeren Vektors.

3.2 Bestimmen Sie den Winkel zwischen zwei Vektoren, 10 und 15 Einheiten lang, wenn ihre Resultierende (a) 20 Einheiten und (b) 12 Einheiten lang ist. Zeichnen Sie die entsprechende Figur.

3.3 Zwei Vektoren bilden einen Winkel von 110°. Einer der Vektoren ist 20 Einheiten lang und bildet einen Winkel von 40° mit der Vektorsumme der beiden. Bestimmen Sie den Betrag des zweiten Vektors und der Vektorsumme.

3.4 Der resultierende Vektor zweier anderer Vektoren ist 10 Einheiten lang und bildet einen Winkel von 35° mit dem einen der beiden Vektoren, welcher 12 Einheiten lang ist. Bestimmen Sie den Betrag des anderen Vektors und den Winkel zwischen den beiden Vektoren.

3.5 Bestimmen Sie den Winkel zwischen zwei Vektoren, die 8 und 10 Einheiten lang sind, wenn der resultierende Vektor einen Winkel von 50° mit dem größeren Vektor bildet. Berechnen Sie auch den Betrag der Resultierenden.

3.6 Die Resultierende zweier Vektoren ist 30 Einheiten lang und bildet einen Winkel von 25° bzw. 50° mit ihnen. Bestimmen Sie den Betrag der beiden Vektoren.

3.7 Zwei Vektoren, 10 und 8 Einheiten lang, bilden einen Winkel von (a) 60°, (b) 90° und (c) 120°. Bestimmen Sie den Betrag der *Differenz* und ihren Winkel mit dem größeren der Vektoren.

3.8 Bestimmen Sie die rechtwinkligen Komponenten eines Vektors, der 15 Einheiten lang ist, wenn er mit der positiven X-Achse einen Winkel von (a) 50°, (b) 130°, (c) 230° und (d) 310° bildet.

3.9 Drei Vektoren in einer Ebene sind 6, 5 und 4 Einheiten lang. Der erste und zweite Vektor bilden einen Winkel von 50°, der zweite und dritte Vektor einen Winkel von 75°. Bestimmen Sie den Betrag der Resultierenden und ihre Richtung in Bezug auf den größeren Vektor.

3.10 Gegeben seien vier komplanare Vektoren, 8, 12, 10 und 6 Einheiten lang, die letzten drei bilden mit dem ersten einen Winkel von jeweils 70°, 150° und 200°. Bestimmen Sie Beträge und Richtung des resultierenden Vektors.

3.11 Beweisen Sie, daß zwei Vektoren senkrecht zueinander sind, wenn die Beträge ihrer Summe und Differenz gleich sind.

3.12 Beweisen Sie, daß, wenn Summe und Differenz zweier

Vektoren zueinander senkrecht stehen, diese beiden Vektoren gleichen Betrag besitzen.

3.13 Es seien folgende Vektoren gegeben:

$$\boldsymbol{A} = \boldsymbol{u}_x(3) + \boldsymbol{u}_y(4), \qquad \text{und}$$
$$\boldsymbol{B} = \boldsymbol{u}_x(-1) + \boldsymbol{u}_y(1).$$

Bestimmen Sie (a) Betrag und Richtung ihrer Resultierenden, (b) dasselbe für ihre Differenz $\boldsymbol{A} - \boldsymbol{B}$ und (c) den Winkel zwischen $\boldsymbol{A}$ und $\boldsymbol{B}$.

3.14 Bestimmen Sie die Resultierende der Summe der folgenden Vektoren:

$$\boldsymbol{V}_1 = \boldsymbol{u}_x(5) + \boldsymbol{u}_y(-2) + \boldsymbol{u}_z,$$
$$\boldsymbol{V}_2 = \boldsymbol{u}_x(-3) + \boldsymbol{u}_y(1) + \boldsymbol{u}_z(-7),$$
$$\boldsymbol{V}_3 = \boldsymbol{u}_x(4) + \boldsymbol{u}_y(7) + \boldsymbol{u}_z(6).$$

Berechnen Sie den Betrag der Resultierenden und ihren Winkel mit der X-, Y- und Z-Achse.

3.15 Es seien folgende 3 Vektoren gegeben:

$$\boldsymbol{V}_1 = \boldsymbol{u}_x(-1) + \boldsymbol{u}_y(3),$$
$$\boldsymbol{V}_2 = \boldsymbol{u}_x(3) + \boldsymbol{u}_y(-2),$$
$$\boldsymbol{V}_3 = \boldsymbol{u}_x(4) + \boldsymbol{u}_y(4).$$

a) Bestimmen Sie die Produkte $\boldsymbol{V}_1 \times (\boldsymbol{V}_2 + \boldsymbol{V}_3)$ und $(\boldsymbol{V}_1 + \boldsymbol{V}_2) \times \boldsymbol{V}_3$ (b) Bestimmen Sie $\boldsymbol{V}_1 \cdot (\boldsymbol{V}_2 \times \boldsymbol{V}_3)$ und $(\boldsymbol{V}_1 \times \boldsymbol{V}_2) \cdot \boldsymbol{V}_3$.

3.16 Berechnen Sie die Entfernung zwischen zwei Punkten, $P_1(4, 5)$, $P_2(-3, 6)$. Schreiben Sie außerdem den Ortsvektor von P_2 relativ zu P_1 und von P_1 relativ zu P_2 an.

3.17 Berechnen Sie die Entfernung des Punktes $P(4, 5)$ von der Geraden, die durch den Punkt $Q(-3, 6)$ geht und parallel zum Vektor $\boldsymbol{V} = \boldsymbol{u}_x(4) - \boldsymbol{u}_y(1)$ ist.

3.18 Beweisen Sie, daß $\boldsymbol{V}_1 \times \boldsymbol{V}_3 = \boldsymbol{V}_3 \times \boldsymbol{V}_2 = \boldsymbol{V}_2 \times \boldsymbol{V}_1$ wenn $\boldsymbol{V}_1$, $\boldsymbol{V}_2$ und $\boldsymbol{V}_3$ als Summe den Nullvektor ergeben. Leiten Sie aus dieser Beziehung ab, daß

$$\frac{V_1}{\sin\theta_{32}} = \frac{V_2}{\sin\theta_{31}} = \frac{V_3}{\sin\theta_{12}},$$

gilt, wobei θ_{ij} den Winkel zwischen den Vektoren $\boldsymbol{V}_i$ und $\boldsymbol{V}_j$ bedeutet.

3.19 Beweisen Sie, daß zwei Vektoren gleicher Länge V, die miteinander den Winkel θ bilden, eine Summe mit Betrag $S = 2V\cos\frac{1}{2}\theta$ und eine Differenz mit Betrag $D = 2V\sin\frac{1}{2}\theta$ haben.

3.20 Bestimmen Sie unter Verwendung des Vektorprodukts die Fläche des Dreiecks, das durch die Punkte $A(4, 0)$, $B(0, 3)$ und $C(0, 0)$ gegeben ist.

3.21 Zeigen Sie, daß ein Einheitsvektor in drei Dimensionen als

$$\boldsymbol{u} = \boldsymbol{u}_x\cos\alpha + \boldsymbol{u}_y\cos\beta + \boldsymbol{u}_z\cos\theta$$

ausgedrückt werden kann, wobei α, β und θ die Winkel zwischen Einheitsvektor und X-Achse, Y-Achse und Z-Achse [*Hinweis:* Siehe Abb. 3.14] sind.

3.22 Es sei ein Würfel der Kantenlänge a gegeben, mit den Kanten parallel zu den XYZ-Achsen. Schreiben Sie die Vektoren an, die jede der sechs Würfelflächen darstellen. Zeigen Sie, daß der Vektor, der die gesamte (geschlossene) Oberfläche repräsentiert, gleich Null ist. Dieses Ergebnis ist allgemein für alle geschlossenen Oberflächen gültig.

3.23 Bestimmen Sie mit Hilfe der Vektorrechnung (a) die Länge der Diagonalen eines Würfels und (b) ihre Winkel mit den anliegenden Seiten.

Kapitel 4

KRÄFTE

Moment mehrerer Kräfte, die an einem Punkt angreifen

Addition von Kräften, die auf einen starren Körper wirken
Addition paralleler Kräfte
Schwerpunkt
Statik. Gleichgewicht eines Teilchens
Statik. Gleichgewicht eines starren Körpers

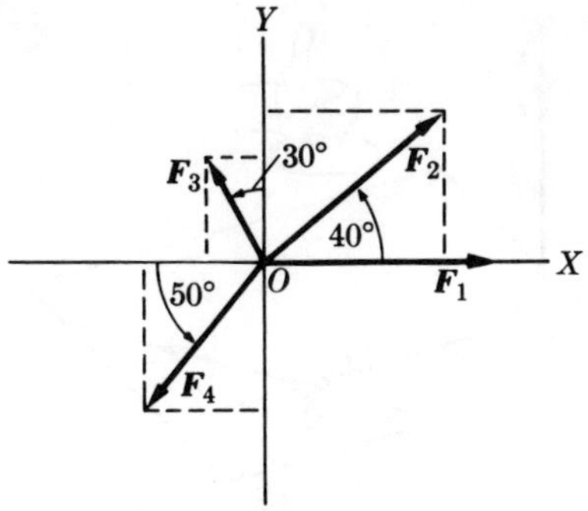

4.1

4.1 EINLEITUNG

Eine wichtige Anwendung der Vektoralgebra ist die Zusammensetzung von Kräften. Die genaue Definition der Kraft wird in Kapitel 7 gegeben werden, in dem wir die Dynamik der Bewegung diskutieren werden. Um jedoch mehr Übung bei der Anwendung von Vektoren zu bekommen, werden wir nun die Zusammensetzung von Kräften diskutieren und insbesondere den Fall des Kräftegleichgewichtes, ein Problem, welches in der Technik weite Anwendung findet.

Wir wollen zunächst eine intuitive Vorstellung von der Kraft voraussetzen, die sich aus unserer täglichen Erfahrung ableitet, wie z.B. die Kraft, die nötig ist, um ein bestimmtes Gewicht zu schieben oder zu ziehen, oder die Kraft, die von bestimmten Werkzeugen ausgeübt wird u.s.w. ... Diese intuitive Vorstellung legt nahe, daß Kraft eine Vektorgröße ist, die einen Betrag und eine Richtung besitzt. Die Erfahrung bestätigt, daß Kräfte nach den Regeln der Vektoralgebra zusammengesetzt werden. In diesem Kapitel werden wir ausschließlich Kräfte betrachten, die auf Massenpunkte oder Teilchen und starre Körper wirken.

Die MKS-Einheit der Kraft ist das *Newton* (abgekürzt N), das in Abschnitt 7.8 definiert werden wird. In diesem Kapitel werden wir Kraft jedoch auch in einer anderen Einheit ausdrücken: *Kilopond* (kp). Es gilt.

$$1 \text{ kp} = 9{,}80665 \text{ N}.$$

Außerdem wird die Einheit *dyn* verwendet:

$$1 \text{ dyn} = 10^{-5} \text{ N}.$$

4.2 ADDITION DER AN EINEM PUNKT ANGREIFENDEN KRÄFTE

Wenn die Kräfte alle am gleichen Punkt angreifen, so ist ihre Resultierende gleich ihrer Vektorsumme, die man nach der im Abschnitt 3.5 erklärten Methode erhält. Die Resultierende $\boldsymbol{R}$ verschiedener solcher Kräfte $\boldsymbol{F}_1$, $\boldsymbol{F}_2$, $\boldsymbol{F}_3$, ... ist daher

$$\boldsymbol{R} = \boldsymbol{F}_1 + \boldsymbol{F}_2 + \boldsymbol{F}_3 + \cdots = \sum \boldsymbol{F}_i. \tag{4.1}$$

Wenn die Kräfte alle in einer Ebene liegen, z.B. in der XY-Ebene, erhalten wir

$$\boldsymbol{R} = \boldsymbol{u}_x R_x + \boldsymbol{u}_y R_y,$$

wobei

$$R_x = F_{1x} + F_{2x} + F_{3x} + \cdots = \sum F_{ix} \tag{4.2}$$
$$R_y = F_{1y} + F_{2y} + F_{3y} + \cdots = \sum F_{iy}$$

ist;

Der Betrag von $\boldsymbol{R}$ ist $R = \sqrt{R_x^2 + R_y^2}$, die Richtung ist durch den Winkel α gegeben, und zwar ist

$$\tan \alpha = R_y/R_x$$

Beispiel 4.1 Bestimmen Sie die Resultierende der folgenden Kräfte, die auf einen Körper in O angreifen (Abb. 4.1). Kraft $\boldsymbol{F}_1$ ist gleich 1200 N, Kraft $\boldsymbol{F}_2$ ist gleich 900 N, Kraft $\boldsymbol{F}_3$ ist 300 N und Kraft $\boldsymbol{F}_4$ ist 800 N. Die Richtungen sind in der Abbildung angegeben.

Lösung: Zuerst drücken wir jede Kraft durch ihre X- und Y-Komponenten aus, wobei wir in jedem Fall den Winkel zwischen der positiven X-Achse und der Kraft

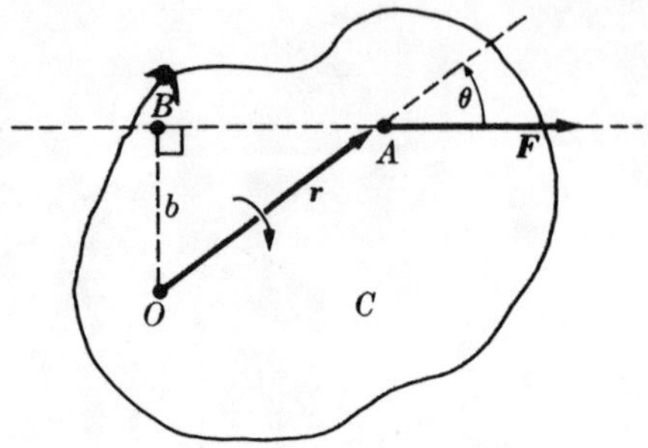

4.2 Moment einer Kraft (Drehmoment).

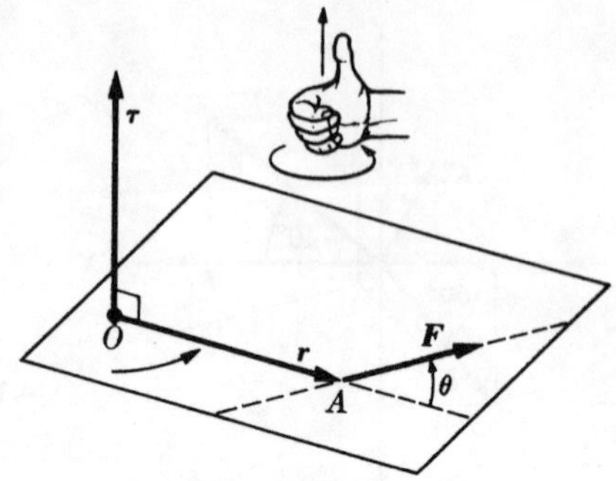

4.3 Vektorbeziehung zwischen Drehmoment, Kraft und Ortsvektor.

verwenden. Daraus folgt

$$\boldsymbol{F}_1 = \boldsymbol{u}_x(1200)\ \mathrm{N},$$

$$\boldsymbol{F}_2 = \boldsymbol{u}_x(F_2 \cos 40°) + \boldsymbol{u}_y(F_2 \sin 40°) = \boldsymbol{u}_x(689{,}4) + \boldsymbol{u}_y(578{,}5)\ \mathrm{N},$$

$$\boldsymbol{F}_3 = \boldsymbol{u}_x(F_3 \cos 120°) + \boldsymbol{u}_y(F_3 \sin 120°) = \boldsymbol{u}_x(-150) + \boldsymbol{u}_y(259{,}8)\ \mathrm{N},$$

$$\boldsymbol{F}_4 = \boldsymbol{u}_x(F_4 \cos 230°) + \boldsymbol{u}_y(F_4 \sin 230°) = \boldsymbol{u}_x(-514{,}2) + \boldsymbol{u}_y(-612{,}8)\ \mathrm{N}.$$

Da $\boldsymbol{R} = \boldsymbol{F}_1 + \boldsymbol{F}_2 + \boldsymbol{F}_3 + \boldsymbol{F}_4$ ist, erhalten wir

$$R_x = 1200 + 689{,}4 - 150 - 514{,}2 = 1225{,}2\ \mathrm{N},$$
$$R_y = 0 + 578{,}5 + 259{,}8 - 613{,}8 = 225{,}5\ \mathrm{N},$$

Oder $\boldsymbol{R} = \boldsymbol{u}_x(1225{,}2) + \boldsymbol{u}_y(225{,}5)$ N, woraus wir den Betrag und die Richtung der resultierenden Kraft bestimmen können:

$$R = 1245{,}4\ \mathrm{N} \quad \text{und} \quad \alpha = 10{,}4°.$$

4.3 MOMENT EINER KRAFT

Wenn eine Kraft auf einen ausgedehnten Körper wirkt, bewegt sich der Körper nicht nur in Richtung der Kraft, sondern ändert meist auch noch seine Orientierung durch eine Drehung.

Betrachten Sie eine Kraft $\boldsymbol{F}$, die auf einen Körper C wirkt (Abb. 4.2). Nehmen Sie an, daß der Körper durch diese Kraft um O rotiert. Unsere tägliche Erfahrung zeigt uns, daß $\boldsymbol{F}$ eine umso stärkere Drehung bewirkt, je größer der senkrechte Abstand (der sogenannte *Hebelarm*) $b = OB$ zwischen O und der Wirkungslinie der Kraft ist. Wenn wir z.B. eine Tür öffnen, drücken oder ziehen wir immer möglichst weit von den Angeln entfernt und bemühen uns, die Richtung des Drückens oder Ziehens senkrecht zur Tür zu halten. Aus dieser Erfahrung schließen wir also, daß es sinnvoll ist, eine physikalische Größe τ zu definieren, die wir als *Drehmoment* bezeichnen wollen:

$$\tau = Fb, \quad \text{oder} \quad \text{Drehmoment} = \text{Kraft} \cdot \text{Hebelarm}.$$

Man bemerke, daß eine Kraft entlang ihrer Wirkungslinie verschoben werden kann, ohne daß sich ihr Moment ändert, da der Abstand b gleich bleibt.

Das Drehmoment muß als Produkt einer *Kraft* und einer *Längeneinheit* ausgedrückt werden. Im MKS-System wird das Drehmoment daher in Newtonmeter oder Nm ausgedrückt.

Wir entnehmen aus der Abbildung, daß $b = r \sin \theta$ ist und können daher auch schreiben

$$\tau = Fr \sin \theta \tag{4.4}$$

Wenn man diese Gleichung mit (3.21) vergleicht, so sieht man, daß das Drehmoment als Vektorgröße angesetzt werden kann, welche durch das Vektorprodukt

$$\boldsymbol{\tau} = \boldsymbol{r} \times \boldsymbol{F} \tag{4.5}$$

gegeben ist, wobei $\boldsymbol{r}$ der auf O bezogene Ortsvektor des Punktes A ist, an welchem die Kraft angreift. Gemäß den Eigenschaften des Vektorprodukts wird das Drehmoment durch einen Vektor gegeben, der sowohl zu $\boldsymbol{r}$ wie zu $\boldsymbol{F}$ senkrecht steht, d.h., er steht senkrecht zur Ebene, die durch $\boldsymbol{r}$ und $\boldsymbol{F}$ aufgespannt wird. Seine

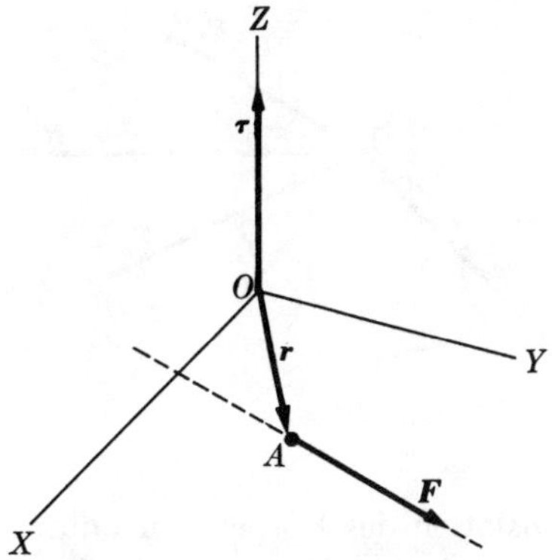

4.4

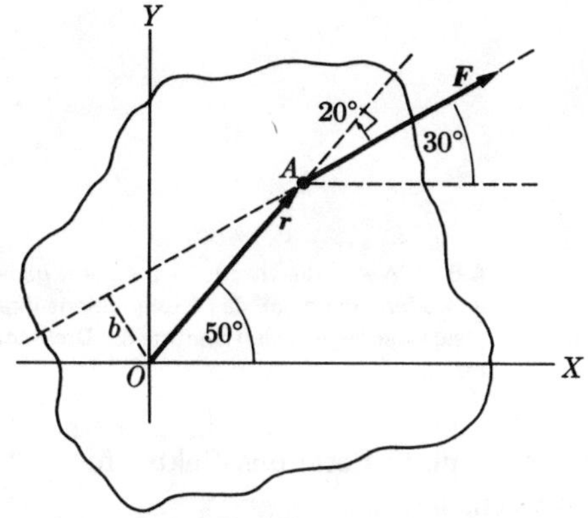

4.5

Richtung ist durch die Rechte-Hand-Regel gegeben, die in Abb. 4.3 gezeigt wird.

Es ist sinnvoll, Gleichung (4.5) durch die Komponenten von $\boldsymbol{r}$ und $\boldsymbol{F}$ auszudrücken. Wenn wir die X- und Y-Achsen in die Ebene legen, die durch $\boldsymbol{r}$ und $\boldsymbol{F}$ gegeben ist (Abb. 4.4), erhalten wir

$$\boldsymbol{r} = \boldsymbol{u}_x x + \boldsymbol{u}_y y \quad \text{und} \quad \boldsymbol{F} = \boldsymbol{u}_x F_x + \boldsymbol{u}_y F_y.$$

Mit (3.25) erhalten wir daher:

$$\boldsymbol{\tau} = \boldsymbol{u}_z (xF_y - yF_x), \tag{4.6}$$

also einen Vektor parallel zur Z-Achse, wie in Abb. 4.4. dargestellt. Für seinen Betrag erhalten wir

$$\tau = xF_y - yF_x. \tag{4.7}$$

Beispiel 4.2 *Das Drehmoment am Körper in Abb. 4.5.* $\boldsymbol{F}$ ist hier 6 N und bildet mit der X-Achse einen Winkel von 30° r ist 45 cm lang und bildet mit der $+X$-Achse einen Winkel von 50°. Wir können auf zwei verschiedenen Wegen vorgehen. Erstens sehen wir aus der Abbildung, daß der Hebelarm von F (da r = 45 cm = 0,45 m) gleich ist

$$b = r \sin 20° = (0{,}45 \text{ m})\,(0{,}342) = 0{,}154 \text{ m}.$$

Das Drehmoment um O ist daher

$$\tau = Fb = (6 \text{ N})\,(0{,}154 \text{ m}) = 0{,}924 \text{ N m}.$$

Streng genommen müssen wir $-0{,}924$ N m schreiben, da die Drehung um O im Uhrzeigersinn erfolgt.

Als zweiten Weg können wir Gleichung (4.7) benutzen, da das Problem zweidimensional ist. Da

$$x = r \cos 50° = 0{,}289 \text{ m}, \; y = r \sin 50° = 0{,}345 \text{ m},$$

$$F_x = F \cos 30° = 5{,}196 \text{ N}, \; F_y = F \sin 30° = 3{,}000 \text{ N}.$$

gilt, folgt, daß

$$\tau = xF_y - yF_x = 0{,}867 - 1{,}793 = -0{,}924 \text{ N m},$$

was mit dem obigen Ergebnis übereinstimmt.

4.4 DREHMOMENT MEHRERER KRÄFTE, DIE AN EINEM PUNKT ANGREIFEN

Betrachten Sie nun den Fall mehrerer Kräfte $\boldsymbol{F}_1$, $\boldsymbol{F}_2$, $\boldsymbol{F}_3$ ... die am selben Punkt A angreifen (Abb. 4.6). Das Moment jeder Kraft $\boldsymbol{F}_i$ in Bezug auf O ist $\boldsymbol{\tau}_i = \boldsymbol{r} \times \boldsymbol{F}_i$; man beachte, daß wir $\boldsymbol{r}$ und nicht $\boldsymbol{r}_i$ schreiben, da alle Kräfte am selben Punkt wirken. Das Moment der Resultierenden $\boldsymbol{R}$ ist $\boldsymbol{\tau} = \boldsymbol{r} \times \boldsymbol{R}$, wobei

$$\boldsymbol{R} = \boldsymbol{F}_1 + \boldsymbol{F}_2 + \boldsymbol{F}_3 + \cdots \tag{4.8}$$

und $\boldsymbol{r}$ wieder der gemeinsame Ortsvektor ist. Wegen der distributiven Eigenschaft des Vektorprodukts erhält man

$$\begin{aligned} \boldsymbol{r} \times \boldsymbol{R} &= \boldsymbol{r} \times (\boldsymbol{F}_1 + \boldsymbol{F}_2 + \boldsymbol{F}_3 + \cdots) \\ &= \boldsymbol{r} \times \boldsymbol{F}_1 + \boldsymbol{r} \times \boldsymbol{F}_2 + \boldsymbol{r} \times \boldsymbol{F}_3 + \cdots \end{aligned}$$

Daher ist

$$\boldsymbol{\tau} = \boldsymbol{\tau}_1 + \boldsymbol{\tau}_2 + \boldsymbol{\tau}_3 + \cdots = \sum \boldsymbol{\tau}_i. \tag{4.9}$$

In Worten ausgedrückt: das Moment der Resultierenden ist gleich der Vektorsumme der Momente der Einzelkräfte, wenn diese alle am selben Punkt angreifen.

Gleichung (4.9) zeigt, daß *ein System von an einem Punkt angreifenden Kräften durch eine einzige Kraft ersetzt werden kann*, ihrer Resultierenden, welche in

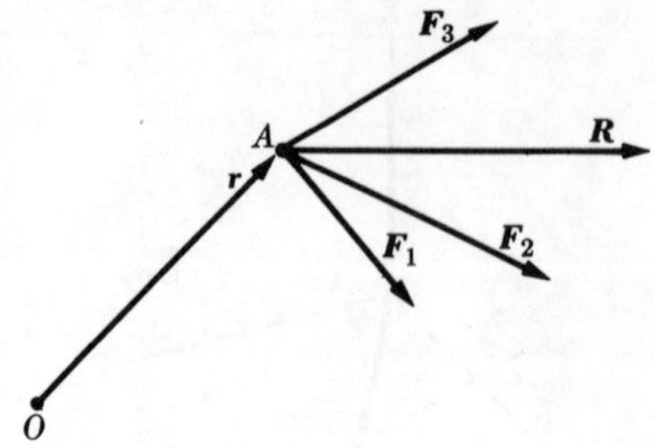

4.6 Wenn die Kräfte an einem gemeinsamen Punkt angreifen, dann ist das Drehmoment ihrer Resultierenden gleich der vektoriellen Summe der Drehmomente der Einzelkräfte.

Bezug auf Translations- und Rotationseffekte für das System völlig äquivalent ist.

Beispiel 4.3 Betrachten Sie zwei Kräfte, die am Punkt A der Abb. 4.7 angreifen, wobei $r = 1{,}5$ m und

$$\boldsymbol{F}_1 = \boldsymbol{u}_x(6) + \boldsymbol{u}_y(0),$$
$$\boldsymbol{F}_2 = \boldsymbol{u}_x(6) - \boldsymbol{u}_y(7)$$

ist. Bestimmen Sie unter Verwendung von O als Bezugspunkt das resultierende Moment dieser Kräfte.

Lösung: Wenn wir die Beziehung $\boldsymbol{\tau} = \boldsymbol{r} \times \boldsymbol{R}$ verwenden, wobei $\boldsymbol{R} = \sum \boldsymbol{F}_i$ ist, erhalten wir zuerst

$$\boldsymbol{R} = \boldsymbol{u}_x(6 + 6) + \boldsymbol{u}_y(0 - 7)\text{ N}$$
$$= \boldsymbol{u}_x(12) - \boldsymbol{u}_y(7)\text{ N}.$$

Wenn wir diesen Wert und $\boldsymbol{r} = \boldsymbol{u}_x(1{,}06) + \boldsymbol{u}_y(1{,}06)$ m verwenden, können wir das resultierende Moment nach Gleichung (4.6) als

$$\boldsymbol{\tau} = \boldsymbol{r} \times \boldsymbol{R} = -\boldsymbol{u}_z(20{,}14)\text{ N m}.$$

schreiben. Das resultierende Moment kann auch mit Gleichung (4.8) zu $\boldsymbol{\tau} = \boldsymbol{\tau}_1 + \boldsymbol{\tau}_2$ bestimmt werden. Wenn man nun wieder Gleichung (4.6) auf jede der einzelnen Kräfte anwendet, erhält man

$$\boldsymbol{\tau}_1 = \boldsymbol{\tau} \times \boldsymbol{F}_1 = -\boldsymbol{u}_z(6{,}36)\text{ N m}$$
$$\boldsymbol{\tau}_2 = \boldsymbol{\tau} \times \boldsymbol{F}_2 = -\boldsymbol{u}_z(13{,}78)\text{ N m}.$$

Wenn man diese beiden Momente addiert, erhält man für $\boldsymbol{\tau}$ das gleiche Resultat wie oben.

4.5 ADDITION VON KRÄFTEN, DIE AUF EINEN STARREN KÖRPER WIRKEN

Wie schon oben erklärt, muß man zwischen zwei Bewegungen unterscheiden, wenn Kräfte auf einen starren Körper einwirken: zwischen der Translation und der Rotation. Die Translation des Körpers wird durch die Vektorsumme der Kräfte bestimmt, das heißt es gilt

$$\boldsymbol{R} = \boldsymbol{F}_1 + \boldsymbol{F}_2 + \boldsymbol{F}_3 + \boldsymbol{F}_4 + \ldots = \sum \boldsymbol{F}_i. \tag{4.10}$$

In diesem Fall ist der Angriffspunkt von $\boldsymbol{R}$ noch unbestimmt. Der Rotationseffekt auf den Körper wird durch die Vektorsumme der Momente dieser Kräfte bestimmt, welche alle auf denselben Bezugspunkt wirken

$$\boldsymbol{\tau} = \boldsymbol{\tau} + \boldsymbol{\tau}_2 + \boldsymbol{\tau}_3 + \cdots = \sum \boldsymbol{\tau}_i. \tag{4.11}$$

Auf den ersten Blick erscheint es also logisch, sich vorzustellen, daß die Kraft $\boldsymbol{R}$ an einem Punkt angreifen sollte, der so gewählt ist, daß das Moment von $\boldsymbol{R}$ gleich τ ist (was im Falle von nur an einem Punkt angreifenden Kräften immer zutrifft). Wenn das möglich ist, ist die auf solche Weise angreifende Kraft $\boldsymbol{R}$ äquivalent dem ursprünglichen System von Kräften, sowohl in Hinsicht auf die Translation als auch auf die Rotation.

Im allgemeinen ist das jedoch nicht möglich, da das Moment von $\boldsymbol{R}$ ein Vektor ist, der zu $\boldsymbol{R}$ senkrecht steht und in vielen Fällen $\boldsymbol{R}$ und $\boldsymbol{\tau}$, gegeben durch die Gleichungen (4.10) und (4.11), nicht senkrecht zueinander stehen. Daher kann allgemein ein Kräftesystem, das auf einen starren Körper wirkt, nicht durch eine einzelne Kraft oder die Resultierende der Vektorsumme dieser Kräfte ersetzt werden.

Als einfaches Beispiel wollen wir ein Kräftepaar betrachten, welches als System zweier Kräfte gleicher Größe, aber entgegengesetzter Richtung definiert ist, die entlang paralleler Linien wirken (Abb. 4.8). Die Resultierende oder Vektorsumme der beiden Kräfte ist offensichtlich gleich null,

$$\boldsymbol{R} = \boldsymbol{F}_1 + \boldsymbol{F}_2 = \boldsymbol{0}$$

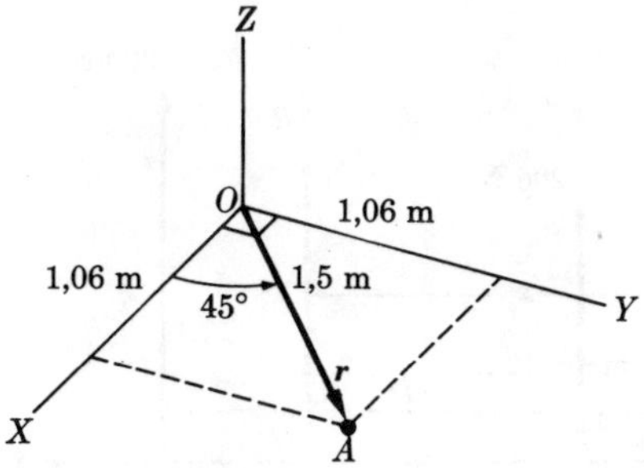

4.7

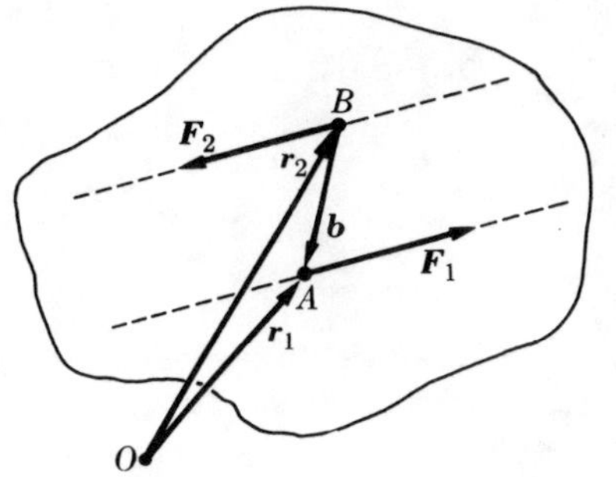

4.8 Kräftepaar.

was darauf hinweist, daß das Paar keinen Translationseffekt erzeugt. Andererseits ist die Vektorsumme der Momente, da $\boldsymbol{F}_2 = -\boldsymbol{F}_1$ ist, gleich

$$\begin{aligned}\boldsymbol{\tau} = \boldsymbol{\tau}_1 + \boldsymbol{\tau}_2 &= \boldsymbol{r}_1 \times \boldsymbol{F}_1 + \boldsymbol{r}_2 \times \boldsymbol{F}_2 \\ &= \boldsymbol{r}_1 \times \boldsymbol{F}_1 - \boldsymbol{r}_2 \times \boldsymbol{F}_1 \\ &= (\boldsymbol{r}_1 - \boldsymbol{r}_2) \times \boldsymbol{F}_1 = \boldsymbol{b} \times \boldsymbol{F}_1,\end{aligned} \tag{4.12}$$

wobei $\boldsymbol{b} = \boldsymbol{r}_1 - \boldsymbol{r}_2$ als Hebelarm des Paares bezeichnet wird. Daher ist $\boldsymbol{\tau} \neq \boldsymbol{0}$ und das Paar bewirkt einen Rotationseffekt. Man beachte, daß $\boldsymbol{b}$ unabhängig von der Lage von O ist; daher ist das Moment eines Paares unabhängig vom Ursprung bezüglich dessen es berechnet wird. Es ist offensichtlich unmöglich, eine einzige Kraft zu finden, die alle diese Bedingungen erfüllt.

Wenn wir zum allgemeinen Fall zurückkehren, sehen wir, daß ein Kräftesystem, das auf einen starren Körper wirkt, immer auf eine Kraft *und* ein Kräftepaar reduziert werden kann. Die Kraft wird so gewählt, daß sie gleich $\boldsymbol{R}$ ist, um gleiche Translation zu erhalten und wird an dem Punkt angesetzt, auf den bezogen die Drehkräfte berechnet wurden, so daß ihr Moment gleich null ist. Das Kräftepaar mit einem Moment gleich $\boldsymbol{\tau}$ wird sodann so gewählt, daß ein äquivalenter Rotationseffekt entsteht.

4.6 ZUSAMMENSETZUNG PARALLELER KRÄFTE

Wir wollen nun ein System von Kräften parallel zum Einheitsvektor $\boldsymbol{u}$ betrachten. Dabei ist $\boldsymbol{F}_i = \boldsymbol{u}F_i$, wobei F_i positiv oder negativ sein kann, je nachdem ob die Richtung von $\boldsymbol{F}_i$ die gleiche ist wie die von $\boldsymbol{u}$ oder entgegengesetzt. Die resultierende Kraft ist

$$\boldsymbol{R} = \textstyle\sum_i \boldsymbol{F}_i = \sum_i \boldsymbol{u}F_i = \boldsymbol{u}(\sum_i F_i), \tag{4.13}$$

und daher auch parallel zu $\boldsymbol{u}$. Der Betrag der Resultierenden ist also

$$R = \textstyle\sum_i F_i. \tag{4.14}$$

Man kann die resultierende Kraft als an einem Punkt angesetzt betrachten, dem sogenannten *Mittelpunkt paralleler Kräfte*, der durch den Ortsvektor

$$\boldsymbol{r}_c = \frac{\sum_i \boldsymbol{r}_i F_i}{\sum_i F_i} = \frac{\boldsymbol{r}_1 F_1 + \boldsymbol{r}_2 F_2 + \cdots}{F_1 + F_2 + \cdots} \tag{4.15}$$

definiert ist. Wir schließen daraus, daß ein System paralleler Kräfte auf eine einzige Kraft reduziert werden kann, die durch Gleichung (4.13) gegeben ist und an jenem Punkt angreift, der durch Gleichung (4.15) gegeben ist.

Die Vektorgleichung (4.15) kann in drei Komponenten-Gleichungen zerlegt werden

$$x_c = \frac{\sum_i x_i F_i}{\sum_i F_i}, \quad y_c = \frac{\sum_i y_i F_i}{\sum_i F_i}, \quad z_c = \frac{\sum_i z_i F_i}{\sum_i F_i}, \tag{4.16}$$

wobei mit x_c, y_c, und z_c die Koordinaten des Punktes bezeichnet werden, der durch $\boldsymbol{r}_c$ bestimmt ist.

Beweis für Gleichung (4.15) Die Vektorsumme der Drehmomente der Kräfte $\boldsymbol{F}_i$ ist

$$\begin{aligned}\boldsymbol{\tau} &= \textstyle\sum_i \boldsymbol{r}_i \times \boldsymbol{F}_i = \sum_i \boldsymbol{r}_i \times \boldsymbol{u}F_i \\ &= (\textstyle\sum_i \boldsymbol{r}_i F_i) \times \boldsymbol{u},\end{aligned}$$

sie ist senkrecht zu $\boldsymbol{u}$ und daher auch senkrecht zu $\boldsymbol{R}$. Entsprechend kann man ihr Moment gleich $\boldsymbol{\tau}$ setzen, indem man $\boldsymbol{R}$ an geeigneter Stelle $\boldsymbol{r}_c$ angreifen läßt, d.h. $\boldsymbol{r}_c \times \boldsymbol{R} = \boldsymbol{\tau}$. Wenn wir die Ausdrücke für $\boldsymbol{R}$ gemäß Gleichung (4.13) und für $\boldsymbol{\tau}$ wie oben gegeben einsetzen, so können wir schreiben

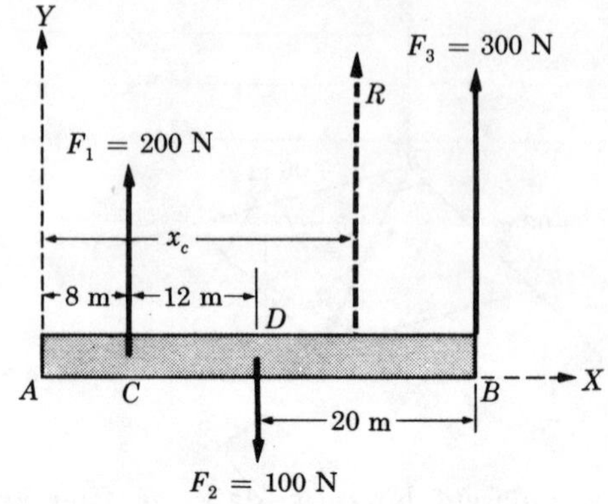

4.9

$$\boldsymbol{r}_c \times \boldsymbol{u}(\textstyle\sum_i F_i) = (\sum_i \boldsymbol{r}_i F_i) \times \boldsymbol{u}, \qquad \text{oder}$$

$$[\boldsymbol{r}_c (\textstyle\sum_i F_i)] \times \boldsymbol{u} = (\sum_i \boldsymbol{r}_i F_i) \times \boldsymbol{u}.$$

Diese Gleichung ist erfüllt, wenn

$$\boldsymbol{r}_c (\textstyle\sum_i F_i) = \sum_i \boldsymbol{r}_i F_i \qquad \text{oder} \qquad \boldsymbol{r}_c = \sum_i \boldsymbol{r}_i F_i / \sum_i F_i.$$

Beispiel 4.4 *Resultierende der Kräfte, die auf den Balken aus Abb. 4.9 wirken.* Wenn wir die Richtung nach oben als positiv annehmen und Gleichung (4.14) anwenden, erhalten wir als Resultierende

$$R = \textstyle\sum_i F_i = F_1 - F_2 + F_3 = 400 \text{ N}.$$

Um den Angriffspunkt zu bestimmen, wenden wir Gleichung (4.16) an. Wir brauchen dafür nur die erste Gleichung, da alle Kräfte auf Punkte wirken, die auf einer Geraden liegen. Wenn wir Punkt A als Ursprung annehmen, erhalten wir

$$x_c = \frac{\sum_i F_i x_i}{\sum_i F_i}$$

$$= \frac{(200 \text{ N})(8 \text{ m}) + (-100 \text{ N})(20 \text{ m}) + (300 \text{ N})(40 \text{ m})}{400 \text{ N}}$$

$$= 29 \text{ m}.$$

4.7 SCHWERPUNKT

Jedes Teilchen im Schwerefeld der Erde unterliegt der Wirkung einer Kraft $\boldsymbol{W}$, die als sein Gewicht bezeichnet wird. Die Richtung dieser Kraft geht in der Verlängerung durch den Erdmittelpunkt. In Abschnitt 7.6 werden wir sehen, daß das Gewicht eines Teilchens der Masse m gleich

$$\boldsymbol{W} = m\boldsymbol{g} \tag{4.17}$$

ist, wobei $\boldsymbol{g}$ die Beschleunigung infolge der Schwerkraft ist. Obwohl sich die Gewichtskräfte aller Teilchen im Mittelpunkt der Erde schneiden, kann man sie als parallel betrachten, wenn sie auf Teilchen wirken, die zu einem Körper relativ geringer Ausdehnung gehören. Das resultierende Gewicht eines Körpers ist daher durch $\boldsymbol{W} = \sum_i m_i \boldsymbol{g}$ gegeben, wobei die Summe sich über alle Teilchen erstreckt, die den Körper bilden; W greift an einem Punkt an, der in Übereinstimmung mit Gleichung (4.15) durch

$$\boldsymbol{r}_c = \frac{\sum_i \boldsymbol{r}_i m_i g}{\sum_i m_i g} = \frac{\sum_i m_i \boldsymbol{r}_i}{\sum_i m_i} = \frac{m_1 \boldsymbol{r}_1 + m_2 \boldsymbol{r}_2 + \cdots}{m_1 + m_2 + \cdots} \tag{4.18}$$

gegeben ist. Unter Verwendung von (4.16) können wir die Komponenten der Gleichung (4.18) auch wie folgt schreiben:

$$x_c = \frac{\sum_i m_i x_i}{\sum_i m_i}, \quad y_c = \frac{\sum_i m_i y_i}{\sum_i m_i}, \quad z_c = \frac{\sum_i m_i z_i}{\sum_i m_i}, \tag{4.19}$$

Ein Punkt, der durch (4.18) oder (4.19) definiert ist, wird als *Schwerpunkt* oder Massenmittelpunkt des Teilchensystems bezeichnet und mit SP abgekürzt. Das Konzept des Schwerpunktes ist nicht nur in Bezug auf die Zusammensetzung paralleler Kräfte wichtig, sondern spielt auch bei der Untersuchung der Bewegung eines Teilchensystems, insbesondere eines starren Körpers eine wesentliche Rolle, wie wir in den Kapiteln 10 und 11 noch sehen werden.

Wenn der Körper eine gewisse Symmetrie aufweist, wird die Berechnung der Lage des Schwerpunkts erleich-

Tabelle 4.1
SCHWERPUNKTE

Figur	Lage des Schwerpunkts
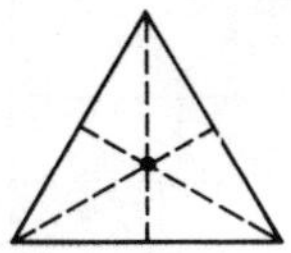	*Dreieckige Platte* Schnittpunkt der drei Schwerelinien
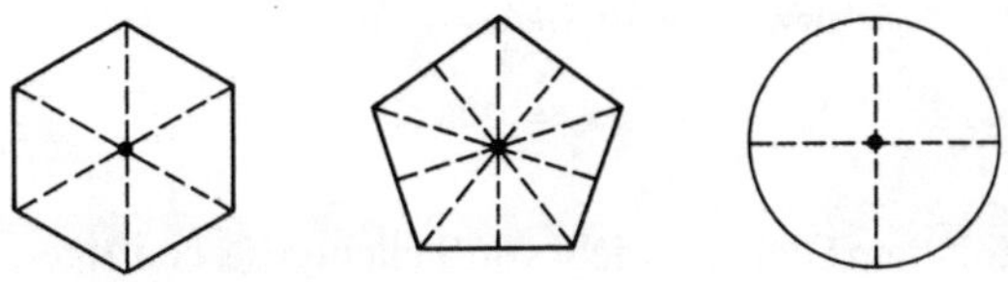	*Regelmäßiges Vieleck und kreisförmige Platte* Im geometrischen Zentrum der Figur
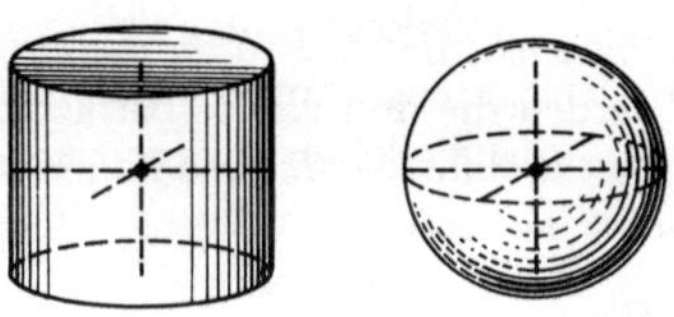	*Zylinder und Kugel* Im geometrischen Zentrum der Figur
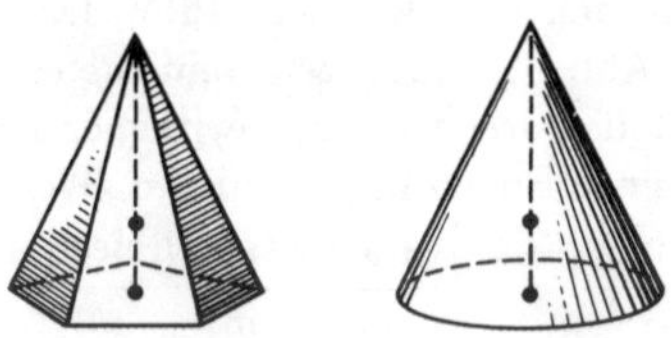	*Pyramide und Kegel* Auf der Linie, die die Spitze mit dem Mittelpunkt der Basis verbindet und zwar auf einem Viertel der Entfernung von der Basis
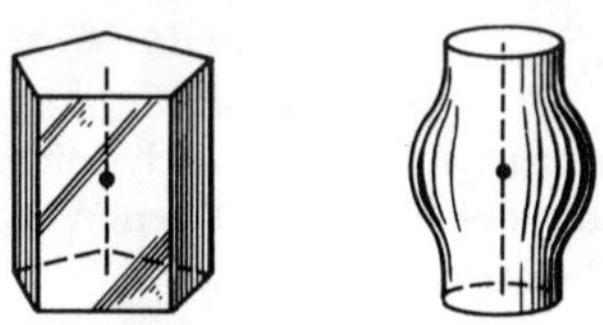	*Figur mit axialer Symmetrie* Ein Punkt auf der Symmetrieachse
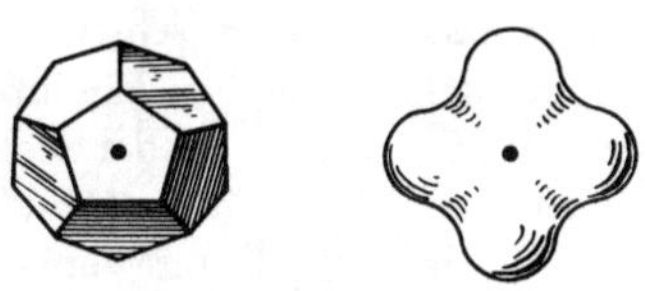	*Figur mit Symmetriezentrum* Im Symmetriezentrum

tert, da der Schwerpunkt auf dem Symmetrieelement liegen muß. Wenn ein Körper ein **Symmetrie***zentrum* enthält, wie z.B. eine Kugel, ein Parallelepiped u.s.w., dann muß der Schwerpunkt mit diesem zusammenfallen. Wenn der Körper eine **Symmetrie***achse* aufweist, wie z.B. ein Kegel, muß der Schwerpunkt auf dieser Achse liegen (siehe Tab. 4.1).

Beispiel 4.5 *Massenmittelpunkt der Teilchen, die wie in Abb. 4.10 gezeigt angeordnet sind.* Die Werte für die Massen

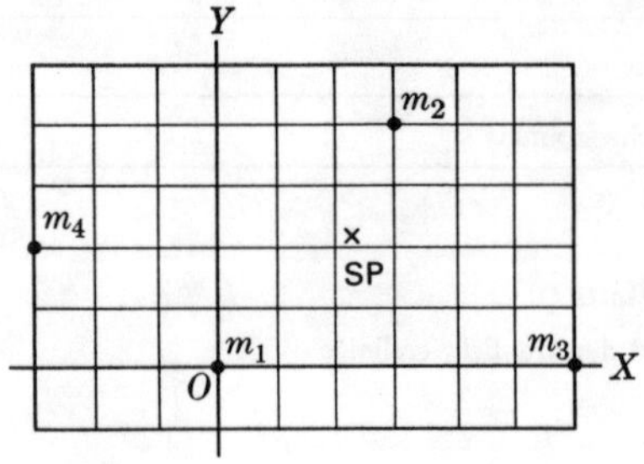

4.10

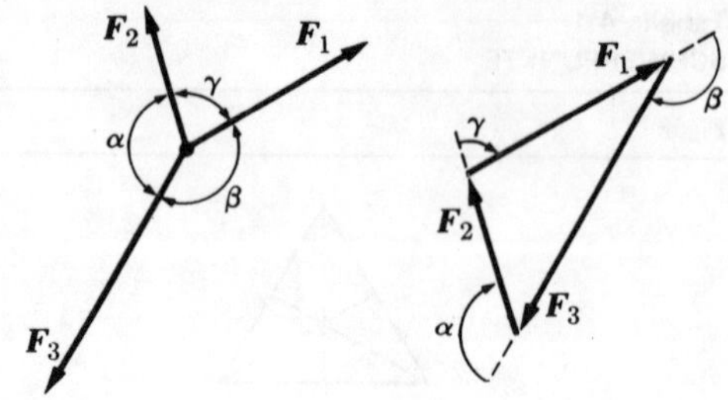

4.11 Gleichgewicht dreier Kräfte

sind $m_1 = 5$ kg, $m_2 = 30$ kg, $m_3 = 20$ kg, $m_4 = 15$ kg.. Die Seite jedes Raster-Quadrates ist 5 cm.

Lösung: Wir müssen zuerst die Gesamtmasse m bestimmen

$$m = \sum_i m_i = 5 \text{ kg} + 30 \text{ kg} + 20 \text{ kg} + 15 \text{ kg} = 70 \text{ kg}.$$

Sodann wenden wir die erste und zweite Gleichung aus (4.19) an. Die Einheiten werden zur Vereinfachung weggelassen. Als Ergebnis erhalten wir

$$x_c = \frac{(5)(0) + (30)(15) + (20)(30) + (15)(-15)}{70}$$

$$= 11{,}8 \text{ cm},$$

$$y_c = \frac{(5)(0) + (30)(20) + (20)(0) + (15)(10)}{70}$$

$$= 10{,}7 \text{ cm}.$$

Der Schwerpunkt liegt daher an dem Punkt, der in Abb. 4.10 mit SP bezeichnet ist.

4.8 STATIK. GLEICHGEWICHT EINES TEILCHENS

Als Statik bezeichnet man den Teil der Mechanik, der sich mit dem Gleichgewicht von Körpern beschäftigt. Ein Teilchen ist dann im Gleichgewicht, wenn die Summe aller angreifenden Kräfte null ist; das heißt

$$\sum_i \boldsymbol{F}_i = \boldsymbol{O}. \tag{4.20}$$

Wenn alle Kräfte in einer Ebene liegen, ist obige Gleichung auch äquivalent den folgenden:

$$\sum_i F_{ix} = 0; \qquad \sum_i F_{iy} = 0. \tag{4.21}$$

Wir werden nun zeigen, wie einige einfache Aufgaben, die sich mit dem Gleichgewicht von Teilchen beschäftigen, zu lösen sind.

Beispiel 4.6 *Gleichgewicht dreier Kräfte, die auf ein Teilchen wirken.* Wir werden die drei Kräfte betrachten, die in Abb. 4.11 (a) dargestellt sind. Wenn diese Kräfte im Gleichgewicht sind, bedeutet das, daß

$$\boldsymbol{F}_1 + \boldsymbol{F}_2 + \boldsymbol{F}_3 = \boldsymbol{0}$$

Wenn wir also aus den drei Kräften ein Vieleck zeichnen, müssen wir, wie in Abb. 4.11 (b) gezeigt, ein Dreieck erhalten. Das zeigt an, daß die drei zusammenwirkenden Kräfte im Gleichgewicht in einer Ebene liegen müssen. Wenn wir den Sinussatz [Gleichung (3.4)] auf dieses Dreieck anwenden, erhalten wir

$$\frac{F_1}{\sin \alpha} = \frac{F_2}{\sin \beta} = \frac{F_3}{\sin \gamma}. \tag{4.22}$$

Das ist eine sehr nützliche Formel, welche eine Beziehung zwischen den Beträgen der Kräfte und den Winkeln, die sie miteinander bilden, herstellt.

Beispiel 4.7 *Gleichgewicht eines Teilchens auf einer schiefen Ebene.* Das Teilchen O, das auf einer schiefen Ebene AB (Abb. 4.12) in Ruhe ist, steht unter dem Einfluß folgender Kräfte: seinem Gewicht $\boldsymbol{W}$, dem Zug $\boldsymbol{F}$ und der Reaktion $\boldsymbol{N}$ zur Normalkraft auf die Ebene. Wir möchten $\boldsymbol{F}$ und $\boldsymbol{N}$ in den Größen $\boldsymbol{W}$, α und θ ausdrücken. Unter Verwendung des Sinussatzes [Gleichung (4.22)] und unter Berücksichtigung der Geometrie in Abb. 4.12, erhalten wir

$$\frac{F}{\sin(180° - \alpha)} = \frac{N}{\sin(90° + \alpha + \theta)} = \frac{W}{\sin(90° - \theta)}$$

oder $$\frac{F}{\sin \alpha} = \frac{N}{\cos(\alpha + \theta)} = \frac{W}{\cos \theta},$$

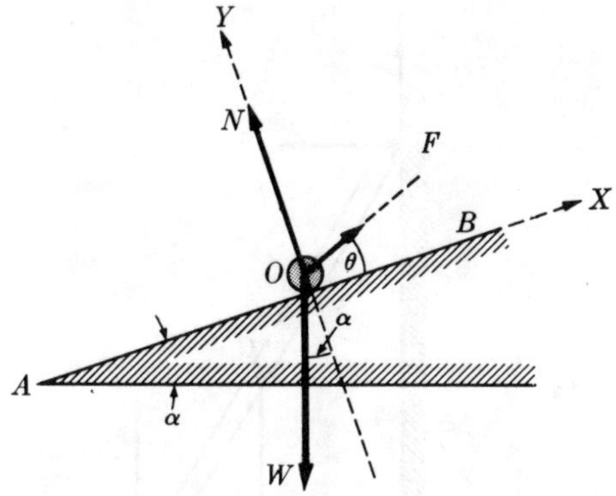

4.12 Gleichgewicht auf einer schiefen Ebene

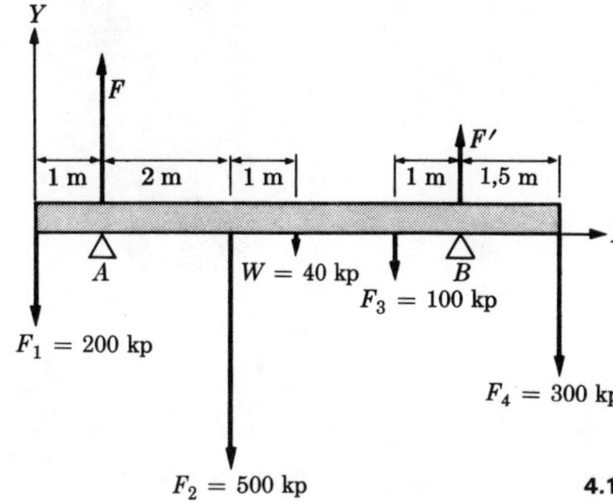

4.13

was für F und N

$$F = \frac{W \sin \alpha}{\cos \theta}, \qquad N = \frac{W \cos (\alpha + \theta)}{\cos \theta}$$

ergibt.

4.9 STATIK. GLEICHGEWICHT EINES STARREN KÖRPERS

Wenn Kräfte auf einen starren Körper wirken, muß man das Gleichgewicht sowohl bezüglich der Translation als auch der Rotation betrachten. Deshalb müssen die folgenden zwei Bedingungen erfüllt sein:

I. Die Summe aller Kräfte muß *null* sein (Translationsgleichgewicht):

$$\sum_i F_i = 0. \tag{4.23}$$

II. Die Summe aller *Momente* muß auf jeden beliebigen Punkt bezogen null sein (Rotationsgleichgewicht):

$$\sum_i \boldsymbol{\tau}_i = \mathbf{0}. \tag{4.24}$$

Liegen die Kräfte alle in einer Ebene, so reduzieren sich die obigen Bedingungen auf die folgenden drei algebraischen Gleichungen:

$$\sum_i F_{ix} = 0, \qquad \sum_i F_{iy} = 0, \qquad \sum_i \tau_i = 0. \tag{4.25}$$

Da dies drei simultane Gleichungen sind, sind Probleme der ebenen Statik nur dann bestimmt, wenn es drei unbekannte Größen gibt. Wir werden nun zeigen, wie man einige einfache Probleme der Statik in der Ebene löst.

Beispiel 4.8 Der Balken in Abb. 4.13 ruht auf den Punkten A und B im Gleichgewicht und unterliegt dabei den angezeigten Kräften. Bestimmen Sie die Kräfte, die an den Punkten A und B auf den Stab wirken. Der Stab wiegt 40 kp und ist 8 m lang.

Lösung: Wenn wir zuerst die Bedingungen für das Translationsgleichgewicht [Gleichung (4.23)] anwenden, erhalten wir

$$\sum F_i = F + F' - 200 - 500 - 40 - 100 - 300 = 0, \tag{4.26}$$

oder $F + F' = 1140$ kp.

Sodann wenden wir Bedingung (4.24) für das Rotationsgleichgewicht an. Es ist bequemer, die Momente in Bezug auf Punkt A zu berechnen, da in diesem Fall das Moment der unbekannten Kraft F gleich Null ist. Daher folgt

$$\sum_i \tau_i = (-200)(-1) + F(0) + (-500)(2) + (-40)(3) + (-100)(4{,}5) + F'(5{,}5) + (-300)(7) = 0$$

oder $F' = 630{,}9$ kp. Wenn wir dieses Ergebnis mit (4.26) kombinieren, erhalten wir für $F = 509{,}1$ kp als Lösung der Aufgabe.

Beispiel 4.9 Eine Leiter AB, die 40 kp wiegt, lehnt gegen eine senkrechte Wand, wobei sie mit dem Boden einen Winkel von 60° bildet. Bestimmen Sie die Kräfte, die an den Punkten A und B *auf die Leiter* wirken. Die Leiter ist am Punkt A mit Rollen versehen, so daß die Reibung mit der senkrechten Wand vernachlässigt werden kann.

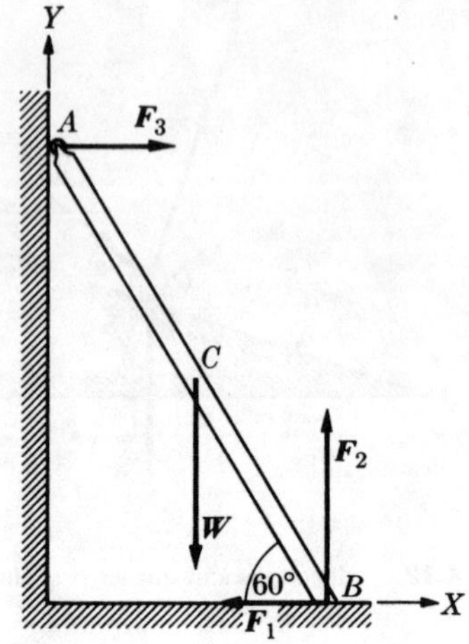

4.14

Lösung: Die Kräfte, die auf die Leiter wirken, sind in Abb. 4.14 dargestellt. Das Gewicht $\boldsymbol{W}$ greift im Mittelpunkt C der Leiter an. Die Kraft $\boldsymbol{F}_1$ wird benötigt, um die Leiter daran zu hindern, wegzurutschen und ergibt sich aus der Reibung mit dem Boden. Die Kräfte $\boldsymbol{F}_2$ und $\boldsymbol{F}_3$ sind die Reaktionskräfte der Normalkräfte zu Boden und senkrechter Wand. Wenn wir die drei Bedingungen für das Gleichgewicht anwenden, wie sie in (4.25) angegeben sind, so erhalten wir

$$\begin{aligned} \sum F_{ix} &= -F_1 + F_3 = 0, \\ \sum F_{iy} &= -W + F_2 = 0. \end{aligned} \qquad (4.27)$$

Wenn wir die Länge der Leiter mit L bezeichnen und die Momente um B bestimmen, so daß die Momente der unbekannten Kräfte $\boldsymbol{F}_1$ und $\boldsymbol{F}_2$ gleich null sind, erhalten wir als dritte Gleichung für Gleichgewicht

$$\sum \tau_i = W(\tfrac{1}{2}L \cos 60°) - F_3(L \sin 60°) = 0, \qquad \text{oder}$$

$$F_3 = \frac{W \cos 60°}{2 \sin 60°} = 11{,}52 \text{ kp}.$$

Die Gleichungen (4.27) geben dann

$F_1 = F_3 = 11{,}52$ kp, und

$F_2 = W = 40$ kp.

Man beachte, daß, wenn die Leiter in A keine Rollen hat, auch in A eine Reibungskraft parallel zur senkrechten Wand vorhanden ist. Wir haben dann vier unbekannte Kräfte und man muß eine zusätzliche Annahme machen, um das Problem zu lösen.

FRAGEN

1. Drücken Sie Ihr kp-Gewicht in Newton aus.
2. Was ist die physikalische Bedeutung der Kraft? Was ist die physikalische Bedeutung des Moments einer Kraft? Das heißt, beschreiben Sie, was eine Kraft oder ein Moment bewirkt.
3. Zählen Sie einige Einheiten für das Drehmoment auf.
4. Aus. (4.7) kann man erkennen, daß bei bekanntem τ, F_x und F_y die Gleichung eine Gerade darstellt. Diskutieren Sie die Bedeutung dieses Ergebnisses.
5. Was ist ein Kräftepaar? Welche Wirkung erzeugt es an einem Körper?
6. Entnehmen Sie aus (4.9), daß alle Drehmomente die gleiche Richtung haben, wenn alle Kräfte komplanar sind und O ebenfalls in der gleichen Ebene liegt.
7. Ein Körper unterliegt mehreren Kräften, die an verschiedenen Punkten des Körpers angreifen. Kann das System immer auf eine einzige Kraft reduziert werden? Erläutern Sie Ihre Antwort.
8. Ein Körper unterliegt mehreren Kräften, die an verschiedenen Punkten des Körpers wirken. Ist der Angriffs-

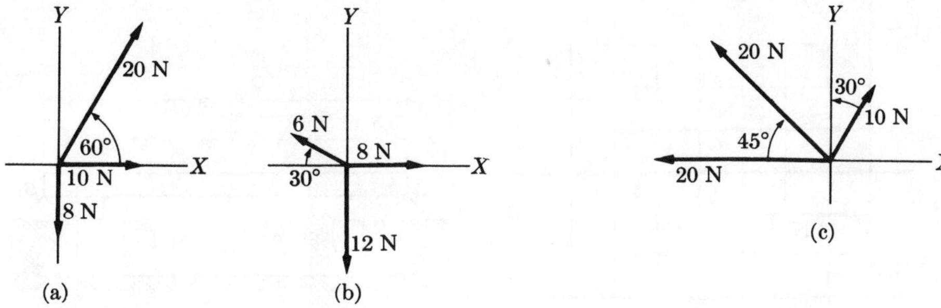

4.15

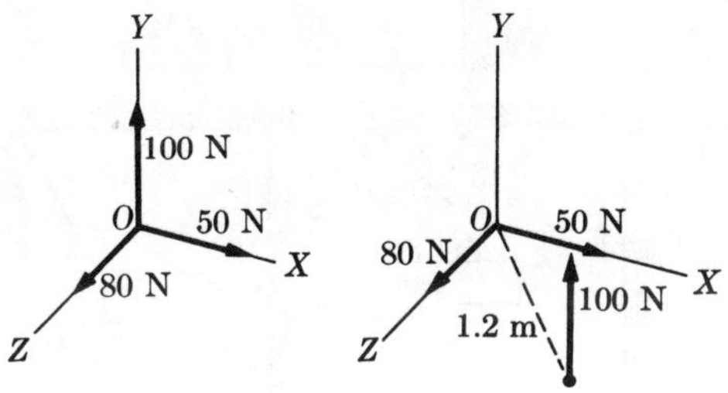

4.16

punkt der Resultierenden eindeutig definiert? Erläutern Sie Ihre Antwort.

9. Ist ein starrer Körper im Gleichgewicht, wenn die Summe der Kräfte, die auf ihn wirken, gleich null ist, oder müssen noch andere Bedingungen erfüllt sein? Erläutern Sie Ihre Antwort.

10. Diskutieren Sie, wie Sie experimentell die Lage des Schwerpunktes einer Platte bestimmen würden.

11. Ein Körper besteht aus einem Draht, der zu einem Dreieck gebogen ist. Wo ist der Schwerpunkt? Welche Bedeutung können Sie der Tatsache zuschreiben, daß der Schwerpunkt in keinem der Teile des Körpers liegt?

AUFGABEN

4.1 Ein Telegraphenmast wird durch ein Kabel in senkrechter Lage gehalten, welches in 10 m Höhe am Mast befestigt und 7 m von der Basis des Mastes entfernt im Boden verankert ist. Wenn die Spannung des Kabels 500 kp beträgt, welche horizontalen und vertikalen Kräfte übt dann das Kabel auf den Mast aus?

4.2 Ein Block, der 6 kp wiegt, liegt auf einer glatten horizontalen Oberfläche. Er wird durch einen Stab mit einer Kraft von 6 kp verschoben, wobei der Stab einen Winkel von 30° mit der Horizontalen bildet. (a) Welche Kraft wirkt senkrecht auf die Oberfläche? (b) Wie groß ist die Kraft parallel zur Oberfläche?

4.3 Eine schiefe Ebene ist 2 m hoch und 5 m lang. Auf der Ebene liegt ein Steinblock (10 kp Gewicht), der durch ein festes Hindernis festgehalten wird. Bestimmen Sie die Kraft, die der Block (a) auf die Ebene und (b) auf das Hindernis ausübt.

4.4 Bestimmen Sie die Größe und Richtung der Resultierenden des Kräftesystems, das in Abb. 4.15 dargestellt ist.

4.5 Es seien drei Kräfte gegeben: $\boldsymbol{F}_1 = \boldsymbol{u}_x\,(500)$ N; $\boldsymbol{F}_2 = \boldsymbol{u}_y\,(-200)$ N; $\boldsymbol{F}_3 = \boldsymbol{u}_x\,(-100) + \boldsymbol{u}_y\,(50)$ N. Bestimmen Sie die Größe und Richtung der resultierenden Kraft.

4.6 Bestimmen Sie das Drehmoment der Resultierenden der Kräfte aus Aufgabe 4.5 in Bezug auf den Ursprung O, wenn alle Kräfte am Punkt $(4, -3)$ m ansetzen.

4.7 Bestimmen Sie das Drehmoment jeder der Kräfte aus Aufgabe 4.5 in Bezug auf den Ursprung O, wenn jede am Punkt $(4, -3)$ m angreift.

4.8 Bestimmen Sie das resultierende Drehmoment der

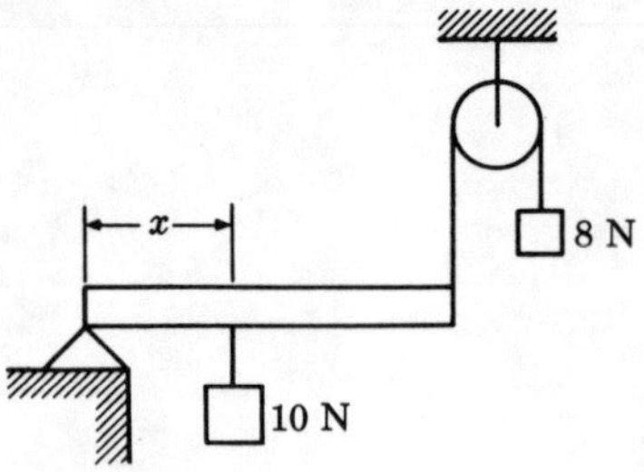

4.17

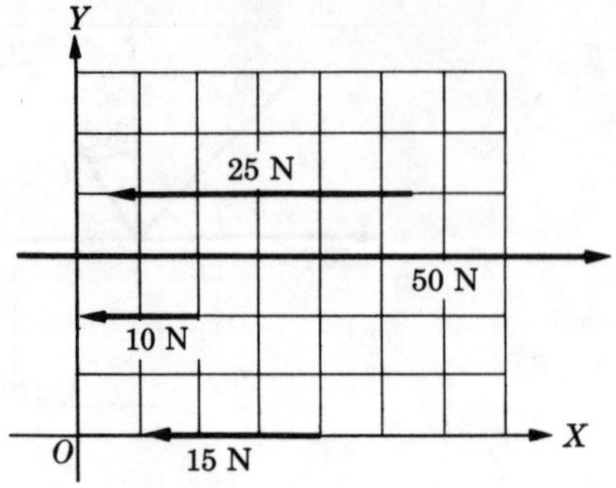

4.18

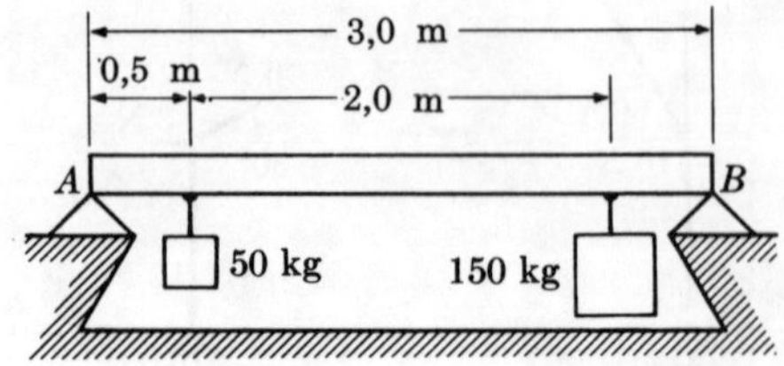

4.19

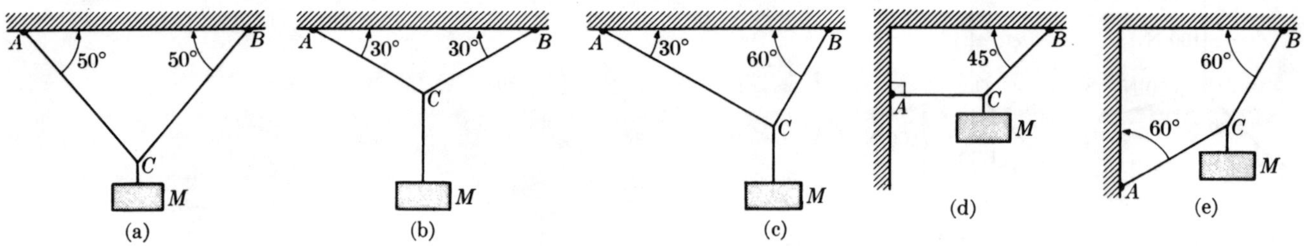

4.20

Kräfte aus Aufgabe 4.5 in Bezug auf den Ursprung O, wenn die Kräfte an verschiedenen Punkten ansetzen: $\boldsymbol{F}_1$ bei (3, 8) m; $\boldsymbol{F}_2$ bei (−2, 0) m; $\boldsymbol{F}_3$ bei (4, −25) m. Geben Sie die Gleichung der Wirkungslinie ihrer Resultierenden an.

4.9 Bestimmen Sie (Abb. 4.16) die resultierende Kraft und das resultierende Drehmoment um O der drei Kräfte, 50 N, 80 N und 100 N, die alle senkrecht zueinander stehen (a) wenn sie an einem Punkte angreifen; (b) wenn die Wirkungslinie der 100 N-Kraft 1,2 m vom gemeinsamen Angriffspunkt der beiden anderen entfernt ist.

4.10 Zwei parallele Kräfte in gleicher Richtung sind 0,2 m voneinander entfernt. Wenn eine der Kräfte 13 N ist und die Wirkungslinie der Resultierenden 0,08m von der zweiten Kraft entfernt ist, bestimmen Sie (a) die Größe der Resultierenden und (b) die Größe der zweiten Kraft.

4.11 Zwei parallele Kräfte, die in der gleichen Richtung wirken, haben Beträge von 20 N und 30 N. Der Abstand von der Wirkungslinie der Resultierenden zur größeren der beiden Kräfte ist 0,8 m. Bestimmen Sie den Abstand zwischen den Kräften.

4.12 Lösen Sie die beiden vorhergehenden Probleme unter der Annahme, daß die Kräfte in entgegengesetzten Richtungen wirken.

4.13 Wo muß ein Block, der 10 kp wiegt, an einem homogenen Balken hängen, der 2 m lang ist und 3 kp wiegt, wenn das eine Ende des Balkens durch einen Lagerbock unterstützt wird und am anderen Ende eine Last von 8 kp über eine Rollenanordnung, wie in Abb. 4.17 gezeigt, angreift? Welche Kraft wird auf das Auflager ausgeübt?

4.14 Reduzieren Sie das Kräftesystem, das in Abb. 4.18 dargestellt ist. Die Quadrate haben 1 cm Seitenlänge.

4.15 Ein Stock ist 2 m lang und wiegt 4900 dyn. Kräfte von 3000, 2000 und 1500 dyn wirken nach unten, jeweils 0, 50 und 200 cm von einem Ende entfernt, und Kräfte von 5000 und 13.000 dyn wirken jeweils 20 und 100 cm von demselben Ende entfernt nach oben. Bestimmen Sie die Größe und die Wirkungslinie der Resultierenden.

4.16 Der Balken AB ist homogen und hat eine Masse von 100 kg. Er liegt an den Enden A und B auf und trägt die Massen, die in Abb. 4.19 gezeigt sind. Berechnen Sie die Reaktionskräfte an den Unterstützungspunkten.

4.17 Bestimmen Sie die Spannungen in den Seilen AC und BC (Abb. 4.20), wenn M 40 N wiegt.

4.18 Der Körper, der in Abb. 4.21 dargestellt ist, wiegt 40 kp. Er wird mit Hilfe des Seiles AB und unter der Wirkung der horizontalen Kraft $\boldsymbol{F}$ im Gleichgewicht gehalten. Gegeben

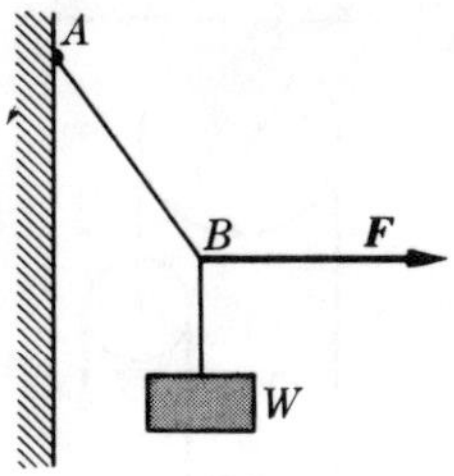

4.21

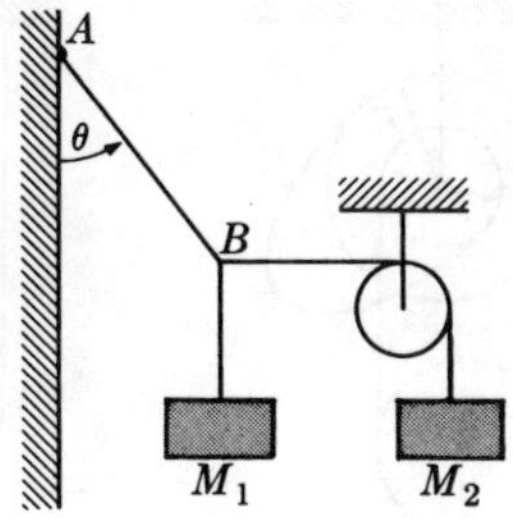

4.22

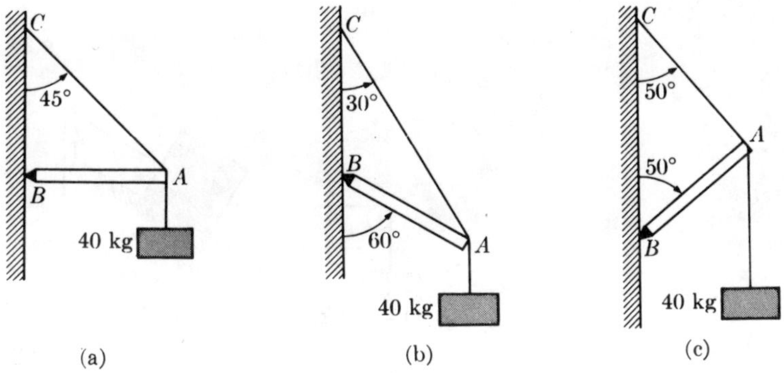

4.23

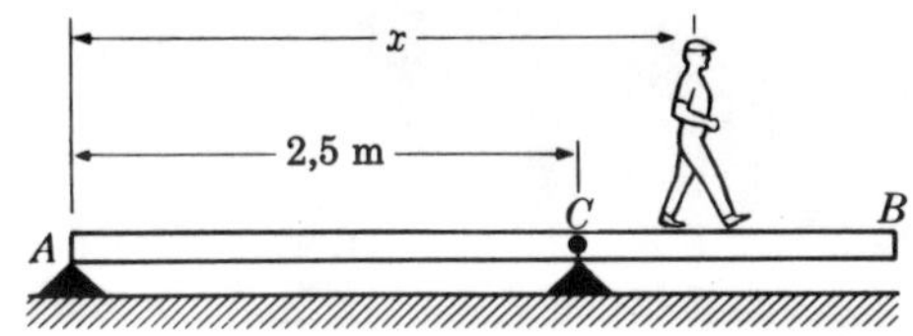

4.24

sei die Länge AB = 150 cm und der Abstand zwischen der Wand und dem Körper zu 90 cm; berechnen Sie den Wert für die Kraft $\boldsymbol{F}$ und die Spannung im Seil.

4.19 Berechnen Sie den Winkel θ und die Spannung im Seil AB in Abb. 4.22, wenn $M_1 = 300$ N und $M_2 = 400$ N ist.

4.20 Ein Junge, der 30 kp wiegt, hält sich an einem Reck fest. Welche Kraft übt jeder seiner Arme auf die Reckstange aus, wenn (a) seine Arme parallel zueinander sind und (b) jeder der Arme einen Winkel von 30° mit der Senkrechten bildet. Tragen Sie die Kraft als Funktion des Winkels auf. Was für Schlüsse ziehen Sie aus der Darstellung?

4.21 Ein Seil $ABCD$ hängt an den festen Punkten A und D. An B hängt ein Gewicht von 12 kp, an C ein unbekanntes Gewicht W. Berechnen Sie den Wert, den W haben müßte, um das System im Gleichgewicht zu halten, wenn der Winkel zwischen AB und der Horizontalen 60° beträgt, BC horizontal ist und CD einen Winkel von 30° mit der Horizontalen bildet.

4.22 Beweisen Sie, daß drei Kräfte, die miteinander im Gleichgewicht sind, zusammenlaufend sein müssen, d.h., ihre Wirkungslinien müssen sich in der Verlängerung im selben Punkt treffen.

4.23 Eine Kugel mit einem Gewicht von 50 kp lehnt an zwei glatten Ebenen, die jeweils einen Winkel von 30° und 45° mit der Horizontalen einschließen. Berechnen Sie die Reaktionskräfte der beiden Ebenen auf die Kugel.

4.24 Bestimmen Sie die Kräfte (Abb. 4.23 (a), (b), und (c)), die die Masse M und das Kabel AC auf den Balken BA ausüben, wenn Sie annehmen, daß M 40 kp wiegt und das Gewicht des Kabels und des Balkens vernachlässigt werden können.

4.25 Bestimmen Sie die horizontalen und vertikalen Kraftkomponenten (Abb. 4.23 (a), (b) und (c)) im Punkt B und die Spannung im Kabel AC, wenn Sie annehmen, daß der Balken eine Masse von 20 kg hat.

4.26 Der homogene Balken AB in Abb. 4.24 ist 4,0 m lang und wiegt 50 kp. Es gibt einen festen Punkt C, um den der Balken sich drehen kann. Der Balken ruht auf dem Punkt A. Ein Mann, der 75 kp wiegt, geht, von A ausgehend, den Balken entlang. Berechnen Sie die maximale Entfernung, die der Mann von A aus unter Erhaltung des Gleichgewichtes zurücklegen kann. Tragen Sie die Reaktionskräfte an A und C als Funktion der Entfernung x auf.

4.27 Eine Brücke die 100 m lang ist und 10.000 kp wiegt, wird an ihren Enden durch zwei Säulen getragen. Wie groß sind die Reaktionskräfte auf die Säulen, wenn sich drei Autos auf der Brücke befinden, im Abstand von 30 m, 60 m und 80 m

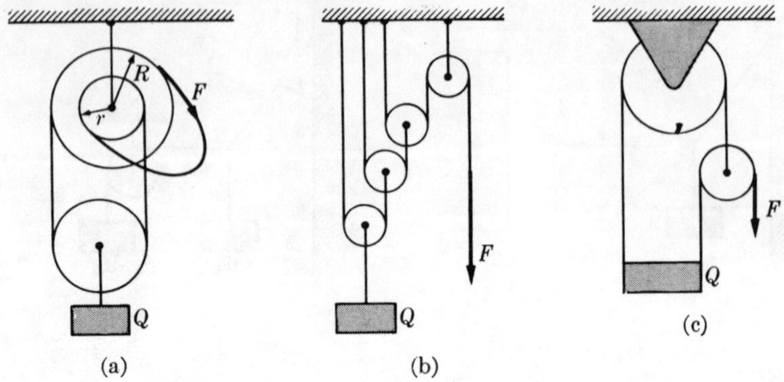

4.25

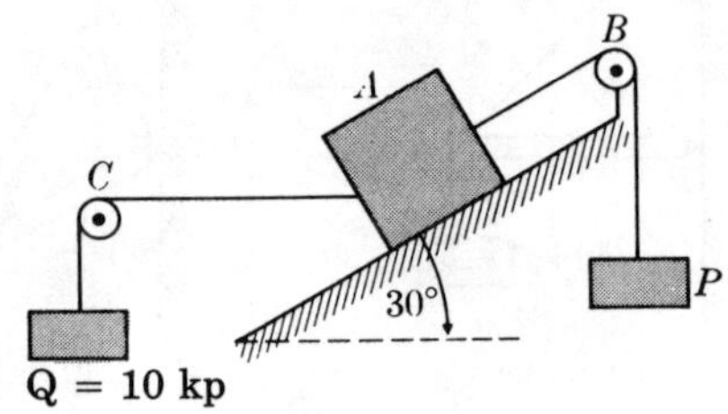

4.26

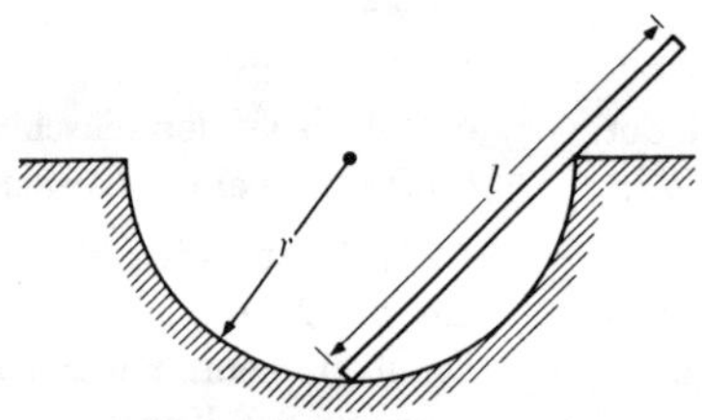

4.27

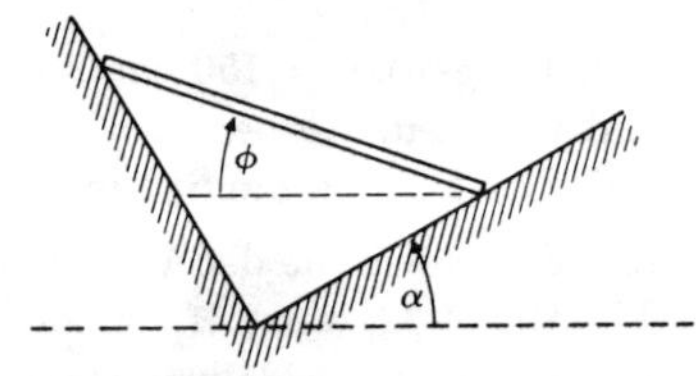

4.28

von einem Ende entfernt, die jeweils 1500 kp, 1000 kp und 1200 kp wiegen?

4.28 Nehmen Sie an, daß die drei Autos aus Aufgabe 4.27 sich alle mit der gleichen Geschwindigkeit von $10\ \mathrm{m\,s^{-1}}$ und in gleicher Richtung bewegen. Tragen Sie die Reaktionen der Säulen als Funktion der Zeit auf, wobei für $t = 0$ die Positionen gelten, die in Aufgabe 4.27 angegeben sind. Vervollständigen Sie Ihre Auftragung bis zu der Zeit, zu der alle Autos die Brücke verlassen haben.

4.29 Eine 20 kg Planke, die 8,0 m lang ist, liegt auf den Ufern eines schmalen Baches. Ein 100 kg-Mann schreitet über die Planke. Tragen Sie die Reaktionskräfte an *jedem* Ende der Planke als Funktion der Entfernung des Mannes vom Ende auf.

4.30 Bestimmen Sie für jeden der in Abb. 4.25 gezeigten Fälle die für die Erhaltung des Gleichgewichts nötige Kraft F, ausgedrückt in Q.

4.31 Berechnen Sie das Gewicht P, das notwendig ist, um in dem in Abb 4.26 gezeigten System das Gleichgewicht zu erhalten, wobei A 100 kp und Q 10 kp sind. Die Ebene und die Rollen sind alle glatt. Das Seil AC ist horizontal und das Seil AB parallel zur Ebene.

4.32 . Ein Stock der Masse m und Länge l (Abb. 4.27) wird

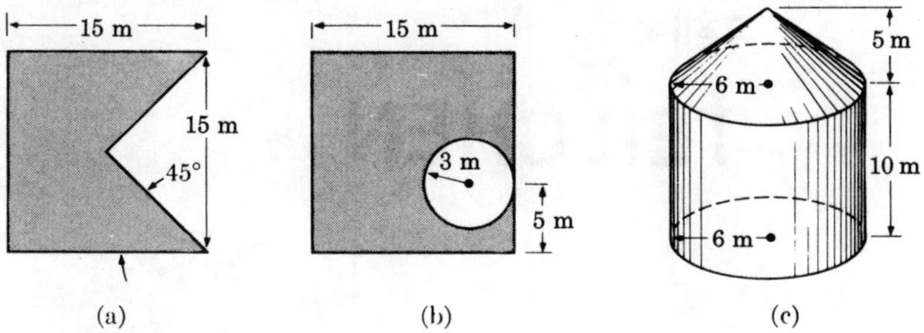

4.29

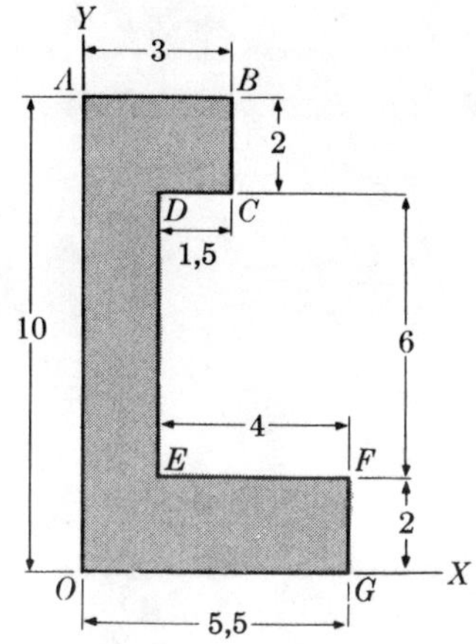

4.30

in eine völlig glatte Halbkugel von Radius r gelegt. Bestimmen Sie die Gleichgewichtslage des Stockes. Berechnen Sie die Reaktionskräfte der Halbkugel auf den Stock. Diskutieren Sie die Lösungen für $l > 2r$ und $l < 2r$.

4.33 Ein Stock der Masse 6 kg und Länge 0,8 m wird in den glatten rechten Winkel gelegt, der in Abb. 4.28 gezeigt ist. Bestimmen Sie die Gleichgewichtslage und die Reaktionskräfte als Funktion des Winkels α.

4.34 Wiederholen Sie Beispiel 4.9 aus dem Text mit einer (senkrechten) Reibungskraft, die immer genau $0{,}3F_3$ beträgt. Alle anderen Angaben bleiben gleich.

4.35 Bestimmen Sie den Schwerpunkt der homogenen Körper, die in Abb. 4.29 gezeigt sind. [*Hinweis:* Ein Loch wirkt so, als ob es ein negatives Gewicht hätte oder eine Auftriebskraft wäre.]

4.36 Bestimmen Sie den Schwerpunkt (a) des Systems Erde—Mond und (b) des Systems Sonne—Erde. Verwenden Sie die Daten, die in Tab. 1.5 gegeben sind.

4.37 Bestimmen Sie die Koordinaten des Schwerpunkts des homogenen Körpers, der in Abb. 4.30 dargestellt ist. $AB = 3$ cm, $BC = 2$ cm, $CD = 1{,}5$ cm, $DE = 6$ cm, $EF = 4$ cm, $FG = 2$ cm.

4.38 Bestimmen Sie die Lage des Schwerpunkts folgender Moleküle: (a) CO, wobei der Abstand zwischen C und O-Atomen $1{,}13 \cdot 10^{-10}$ m beträgt. (b) CO_2; dies ist ein lineares Molekül, mit dem C Atom in der Mitte und gleich weit entfernt von den beiden O Atomen. (c) H_2O; dieses Molekül ist gebogen, wobei das O-Atom an der Spitze liegt, der O—H Abstand $0{,}91 \cdot 10^{-10}$ m beträgt, und der Winkel zwischen den beiden O—H—Bindungen 105° ist. (d) NH_3; dies ist ein pyramidenförmiges Molekül mit dem N Atom an der Spitze; der N—H Abstand ist $1{,}01 \cdot 10^{-10}$ m, der Winkel zwischen zwei N—H Bindungen beträgt 108°.

Teil 1

TEILCHEN

Das grundlegendste und augenscheinlichste Phänomen, das wir um uns herum beobachten, ist die *Bewegung*. Luftströme, Wellen in Meer, fliegende Vögel, laufende Tiere, fallende Blätter — dies alles sind Bewegungsphänomene. Praktisch alle Vorgänge, die man sich überhaupt vorstellen kann, können auf die Bewegung bestimmter Teilchen oder Objekte zurückgeführt werden. Die Erde und die Planeten bewegen sich um die Sonne; Elektronen bewegen sich im Inneren der Atome und bewirken dadurch Absorption und Emission von Licht, oder sie bewegen sich in einem Metall und erzeugen einen elektrischen Strom; Gasmoleküle bewegen sich und erzeugen Druck. Unsere tägliche Erfahrung sagt uns, daß die Bewegung eines Körpers durch Körper, die ihn umgeben, beeinflußt wird, d.h., durch seine *Wechselwirkungen* mit ihnen. Was Physiker und Ingenieure tun, ist letztlich nur, Dinge so zu arrangieren, daß unter der gegenseitigen Wechselwirkung der Teilchen eine bestimmte Bewegung hervorgerufen wird. In der Bildröhre eines Fernsehapparates muß der Elektronenstrahl sich auf bestimmte Weise bewegen, um auf dem Bildschirm ein Muster zu erzeugen. In einer Wärmekraftmaschine müssen sich die Moleküle des verbrannten Treibstoffs so bewegen, daß sich ein Kolben oder eine Turbine in einer bestimmten Richtung bewegt. Eine chemische Reaktion ist die Folge bestimmter atomarer Bewegungen, die zu einer neuen Anordnung führen, wodurch sich neue Klassen von Molekülen bilden. Die Aufgabe des Physikers ist es, die Ursache für alle diese Bewegungen zu entdecken, und die Aufgabe des Ingenieurs, Dinge so anzuordnen, daß sinnvolle Bewegungen ablaufen, Bewegungen, die uns das Leben leichter machen werden.

Es gibt einige allgemeine Regeln oder Prinzipien, die sich auf alle Arten von Bewegungen anwenden lassen, gleichgültig welcher Natur die Wechselwirkungen sind. Diese Prinzipien und die zugrunde liegende Theorie werden als *Mechanik* bezeichnet.

Um die Natur der Teilchenbewegung, die durch die verschiedenen Arten von Wechselwirkungen hervorgerufen wird, zu analysieren und voraussagen zu können, wurden einige wichtige Begriffe eingeführt, wie *Impuls*, *Kraft* und *Energie*. Wenn man Impuls, Kraft und/oder die Energie im Anfangszustand kennt, kann man Regeln aufstellen, mit deren Hilfe die resultierende Bewegung vorausgesagt werden kann. Impuls, Kraft und Energie sind so wichtig, daß wir nur selten einen Vorgang beschreiben können, ohne ihn in diesen Größen auszudrücken.

Die Mechanik, die Lehre von der Bewegung, ist daher auch die Lehre von Impuls, Kraft und Energie. Sie ist eines der grundlegenden Gebiete der Physik und man muß sie gründlich verstehen, bevor man spezielle Wechselwirkungen untersuchen kann. Galilei erkannte diese grundlegende Natur der Mechanik als er sagte: «*Ignoratu motu, ignoratur natura.*»

Die Lehre von der Mechanik, wie wir sie heute verstehen, ist zum Großteil das Ergebnis des Genies Sir Isaac Newtons, der im 17. Jahrhundert die große Synthese vollzog, die heute als «Newtonsche Prinzipien» bekannt sind. Viele andere Wissenschaftler haben jedoch zu ihrem Fortschritt beigetragen. Zu den berühmteren unter ihnen gehören Archimedes, Kepler, Descartes, Huygens, Lagrange, Hamilton, Mach und Einstein.

Kapitel 5

KINEMATIK

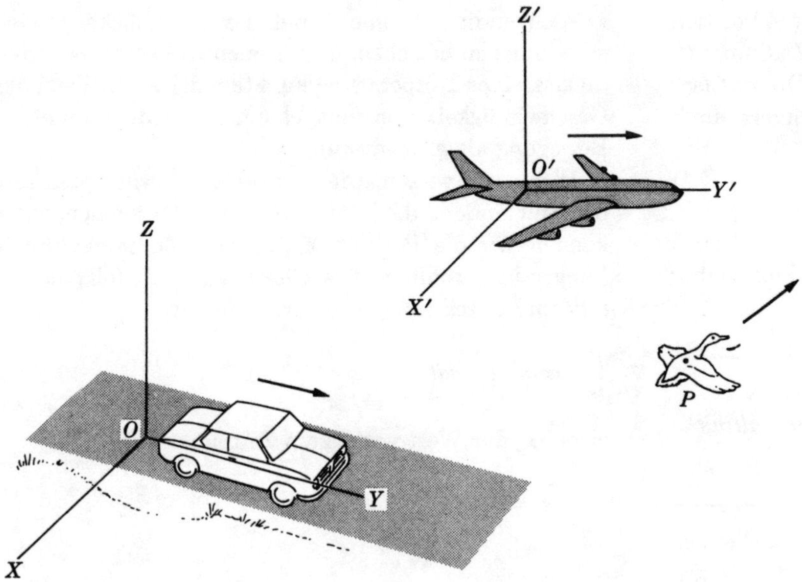

5.1 Die Bewegung ist relativ.

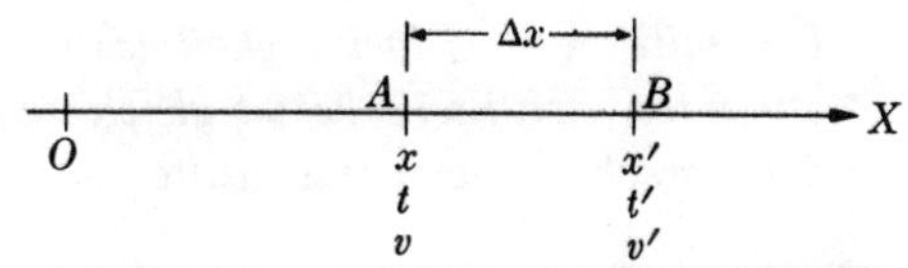

5.2 Geradlinige Bewegung.

5.1 EINLEITUNG

Ein Körper ist relativ zu einem anderen in Bewegung, wenn sich seine Lage, gemessen relativ zu der des zweiten Körpers, mit der Zeit verändert. Andererseits sagt man, daß ein Gegenstand sich relativ in Ruhe befindet, wenn sich diese seine relative Lage mit der Zeit nicht verändert. Sowohl Ruhe wie Bewegung sind relative Begriffe; d.h., sie hängen vom Zustand des Gegenstandes relativ zu dem Körper ab, der als Bezug dient. Ein Baum und ein Haus sind relativ zur Erde in Ruhe, aber sie sind relativ zur Sonne in Bewegung. Wenn ein Zug durch eine Station fährt, sagen wir, daß sich der Zug relativ zur Station in Bewegung befindet. Ein Passagier des Zuges könnte aber genausogut sagen, daß sich die Station relativ zum Zug in Bewegung findet, und zwar in entgegengesetzter Richtung.

Um Bewegung zu beschreiben, muß der Beobachter daher ein *Bezugssystem* definieren, relativ zu welchem die Bewegung beschrieben wird. In Abb. 5.1 haben wir zwei Beobachter eingezeichnet, O und O', und ein Teilchen P. Diese Beobachter verwenden jeweils als Bezugssysteme XYZ und $X'Y'Z'$. Wenn O und O' sich relativ zueinander in Ruhe befinden, werden sie die gleiche Bewegung von P beobachten. Wenn sich jedoch O und O' relativ zueinander in Bewegung befinden, werden ihre Beobachtungen bezüglich der Bewegung von P unterschiedlich sein.

In Kapitel 6 werden wir detaillierter das wichtige Problem diskutieren, wie Daten zu vergleichen sind, die durch Beobachter in relativer Bewegung zueinander gewonnen wurden. Im Augenblick wollen wir annehmen, daß wir ein wohl definiertes Bezugssystem haben.

Das Studium der Bewegung wird auch *Kinematik* genannt. Dieses Wort leitet sich vom griechischen Wort *kinema* ab, welches «Bewegung» bedeutet.

5.2 GERADLINIGE BEWEGUNG: GESCHWINDIGKEIT

Die Bewegung eines Körpers heißt geradlinig, wenn seine Bahn eine gerade Linie ist. Betrachten wir in Abb. 5.2 die OX-Achse, welche mit der Bahnkurve zusammenfällt. Die Lage des Gegenstandes ist durch seine Verschiebung x vom willkürlich gewählten Punkt O, dem Ursprung, definiert. Prinzipiell kann die Verschiebung mit der Zeit durch eine funktionale Beziehung in Zusammenhang gebracht werden: $x = f(t)$. Offensichtlich kann x positiv oder negativ sein. Nehmen

Sie an, daß der Gegenstand zum Zeitpunkt t in Position A ist, wobei $OA = x$. Zu einem späteren Zeitpunkt t', befindet er sich in B, wobei $OB = x'$. Die *mittlere Geschwindigkeit* zwischen A und B ist definiert durch

$$v_m = \frac{x' - x}{t' - t} = \frac{\Delta x}{\Delta t}, \tag{5.1}$$

wobei $\Delta x = x' - x$ die Verschiebung des Teilchens darstellt und $\Delta t = t' - t$ die verstrichene Zeit. Daher gilt

---

Die mittlere Geschwindigkeit während eines bestimmten Zeitintervalls ist gleich dem Verhältnis der Verschiebung zum Zeitintervall.

Um die augenblickliche Geschwindigkeit an einem Punkt, z.B. A, zu bestimmen, müssen wir das Zeitintervall Δt so klein wie möglich machen. In der Sprache der Mathematik bedeutet das, daß wir den Grenzwert des Quotienten berechnen, der in Gleichung (5.1) auftritt, wenn der Nenner Δt gegen null geht. Das wird in der Form

$$v = \lim_{\Delta t \to 0} v_m = \lim_{\Delta t \to 0} \frac{\Delta x}{\Delta t}$$

geschrieben; dies ist aber die Definition der Ableitung von x nach der Zeit, d.h.,

$$v = \frac{dx}{dt} \tag{5.2}$$

so daß

Die augenblickliche Geschwindigkeit gleich der zeitlichen Ableitung der Verschiebung ist.

Im praktischen Vorgehen wird die augenblickliche Geschwindigkeit bestimmt, indem man den bewegten Körper an zwei sehr nahe benachbarten Punkten beobachtet, die durch die kleine Entfernung dx voneinander getrennt sind, und das kleine Zeitintervall dt mißt, das benötigt wird, um von der einen Position in die andere zu gelangen. Im folgenden wird sich der Ausdruck «Geschwindigkeit» immer auf die augenblickliche Geschwindigkeit beziehen. Im allgemeinen ist die Geschwindigkeit eines Körpers eine Funktion der Zeit. Wenn die Geschwindigkeit konstant bleibt, bezeichnet man die Bewegung als *gleichförmig*.

Wenn wir wissen, wie sich die Geschwindigkeit mit der Zeit ändert, d.h. wenn wir $v = f(t)$ kennen, dann können wir die Position x zu jedem Zeitpunkt durch Integration erhalten. Aus Gleichung (5.2) folgt $dx = v\,dt$ und durch Integration erhalten wir

$$\int_{x_0}^{x} dx = \int_{t_0}^{t} v dt,$$

wobei x_0 der Wert von x zum Zeitpunkt t_0 ist. Da

$$\int_{x_0}^{x} dx = x - x_0,$$

gilt

$$x = x_0 + \int_{t_0}^{t} v\, dt. \tag{5.3}$$

Um die physikalische Bedeutung von Gleichung (5.3) zu verstehen, sollte sich der Student vergegenwärtigen, daß vdt die Verschiebung des Körpers innerhalb des kleinen Zeitintervalls dt darstellt. Wenn man daher das Zeitintervall $t - t_0$ in aufeinanderfolgende kleine Intervalle dt_1, dt_2, dt_3, . . ., unterteilt, findet man, daß die entsprechenden Verschiebungen $v_1 dt_1, v_2 dt_2, v_3 dt_3, \ldots$ sind und die gesamte Verschiebung zwischen t_0 und t die Summe dieser kleinen Verschiebungen ist. Man beachte, daß v_1, v_2, v_3, . . . die Werte für die Geschwindigkeit in jedem Zeitintervall sind. Entsprechend der Bedeutung eines bestimmten Integrals ist daher

$$\text{Verschiebung} = x - x_0 = v_1 dt_1 + v_2 dt_2 + v_3 dt_3 + \cdots$$
$$= \sum_i v_i\, dt_i = \int_{t_0}^{t} v\, dt.$$

Man muß beachten, daß die Verschiebung Δx (oder dx) positiv oder negativ sein kann, je nachdem ob sich das Teilchen nach rechts oder nach links bewegt, woraus sich ein positives oder negatives Vorzeichen für die Geschwindigkeit ergibt.

Das Vorzeichen der Geschwindigkeit bei der geradlinigen Bewegung zeigt also die Richtung der Bewegung an. Die Richtung ist entlang der $+OX$-Achse, wenn die Geschwindigkeit positiv ist und entlang der $-OX$-Achse, wenn sie negativ ist.

Manchmal verwendet man den Begriff der *Schnelligkeit*, definiert als Entfernung/Zeit. Sie ist immer positiv und zahlenmäßig gleich Betrag der Geschwindigkeit, d.h.

$$\text{Schnelligkeit} = |v| = \text{Entfernung/Zeit}$$

Im allgemeinen hat jedoch die durchschnittliche Schnelligkeit nicht den gleichen Wert wie die durchschnittliche Geschwindigkeit. Man darf auch die «Verschiebung» $x - x_0$ in der Zeit $t - t_0$ nicht mit der «Entfernung» verwechseln, die im gleichen Zeitraum zurückgelegt wird. Wenn man z.B. von der Stadt A in die Stadt B fährt, die 100 km östlich von A liegt, mag ein Fahrer zuerst in die Stadt C fahren, die 50 km westlich von A liegt und erst dann zurück nach B fahren. Die zurückgelegte Entfernung ist 200 km, aber die Verschiebung beträgt nur 100 km. Wenn die Bewegung 4 Stunden beansprucht, ist die durchschnittliche Schnelligkeit 200 km/4 h = 50 km h^{-1}, die durchschnittliche Geschwindigkeit ist jedoch 100 km/4 h = 25 km h^{-1}, in Richtung von A nach B.

Einheiten der Geschwindigkeit Im MKSC-System wird die Geschwindigkeit in Metern pro Stunde (m h^{-1}) oder m s^{-1} ausgedrückt; d.i. die Geschwindigkeit eines Körpers, der sich gleichförmig in einer Sekunde einen Meter weit bewegt. Die Geschwindigkeit kann natürlich auch durch eine beliebige Kombination von Einheiten des Raumes und der Zeit ausgedrückt werden, wie z.B. km pro Stunde, cm pro Minute etc.

Beispiel 5.1 Ein Teilchen bewegt sich auf solche Weise entlang der X-Achse, daß seine Position zu jedem Zeitpunkt durch $x = 5t^2 + 1$ gegeben ist, wobei x in Metern und t in Sekunden angegeben ist. Berechnen Sie seine mittlere Geschwindigkeit im Zeitintervall zwischen (a) 2 s und 3 s, (b) 2 s und 2,1 s (c) 2 s und 2,001 s, (d) 2 s und 2,00001 s. (e) Berechnen Sie auch die augenblickliche Geschwindigkeit bei 2 s.

Lösung: Wir nennen $t_0 = 2$ s. Wenn wir in $x = 5t^2 + 1$ einsetzen, erhalten wir $x_0 = 5(2)^2 + 1 = 21$ m. Für jede Frage ist daher

$$\Delta x = x - x_0 = x - 21 \text{ und } \Delta t = t - t_0 = t - 2.$$

a) Für $t = 3$ s erhalten wir $\Delta t = 1$ s, $x = 5(3)^2 + 1 = 46$ m und $\Delta x = 46 \text{ m} - 21 \text{ m} = 25$ m.
Daher ist

$$v_m = \frac{\Delta x}{\Delta t} = \frac{25 \text{ m}}{1 \text{ s}} = 25 \text{ m s}^{-1}.$$

b) Für $t = 2{,}1$ s erhalten wir $\Delta t = 0{,}1$ s

$$x = 5(2.1)^2 + 1 = 23{,}05 \text{ m}, \quad \text{und} \quad \Delta x = 2{,}05 \text{ m}.$$

Daher ist

$$v_m = \frac{\Delta x}{\Delta t} = \frac{2{,}05 \text{ m}}{0{,}1 \text{ s}} = 20{,}5 \text{ m s}^{-1}.$$

c) Für $t = 2{,}001$ s erhalten wir $\Delta t = 0{,}001$ s,

$$x = 5(2{,}001)^2 + 1 = 21{,}020005 \text{ m}, \quad \text{und}$$

$$\Delta x = 0{,}020005 \text{ m}.$$

Daher ist

$$v_m = \frac{\Delta x}{\Delta t} = \frac{0{,}020005 \text{ m}}{0{,}001 \text{ s}} = 20{,}005 \text{ m s}^{-1}.$$

d) Der Student soll für sich selbst überprüfen, daß für
$t = 2{,}00001$ s
$v_m = 20{,}00005$ m s^{-1}.
e) Wir stellen fest, daß die Geschwindigkeit sich immer mehr dem Wert 20 m s^{-1} nähert, je kleiner Δt wird. Wir dürfen daher annehmen, daß dies der Wert für die augenblickliche Geschwindigkeit bei $t = 2$ s ist. Tatsächlich ist

$$v = \frac{dx}{dt} = \frac{d}{dt}(5t^2 + 1) = 10 \text{ t}$$

Wenn wir für $t = 2$ s setzen, erhalten wir $v = 20$ m s^{-1}.

5.3 GERADLINIGE BEWEGUNG: BESCHLEUNIGUNG

Nehmen wir, wieder bezogen auf Abb. 5.2 an, daß zum Zeitpunkt t der Gegenstand mit der Geschwindigkeit v bei A ist und zum Zeitpunkt t' mit der Geschwindigkeit v' bei B. Die *mittlere Beschleunigung* zwischen A und B ist definiert zu

$$a_m = \frac{v' - v}{t' - t} = \frac{\Delta v}{\Delta t}, \tag{5.4}$$

wobei $\Delta v = v' - v$ die Änderung der Geschwindigkeit bedeutet und, wie zuerst, $\Delta t = t' - t$ die verstrichene Zeit ist. Daraus folgt:

Die mittlere Beschleunigung während eines bestimmten Zeitintervalls ist gleich dem Verhältnis der Änderung der Geschwindigkeit zur Länge des Zeitintervalls.

Die *augenblickliche Beschleunigung* ist der Grenzwert der mittleren Geschwindigkeit, wenn das Zeitintervall Δt sehr klein wird. Das heißt

$$a = \lim_{\Delta t \to 0} a_m = \lim_{\Delta t \to 0} \frac{\Delta v}{\Delta t},$$

was zu

$$a = \frac{dv}{dt} \tag{5.5}$$

führt, so daß gilt

Die momentane Beschleunigung ist gleich der zeitlichen Ableitung der Geschwindigkeit.

Praktisch wird die augenblickliche Beschleunigung bestimmt, indem man die kleine Änderung der Geschwindigkeit dv mißt, die in einem sehr kleinen Zeitintervall dt stattfindet. Im folgenden werden wir immer, wenn wir von «Beschleunigung» sprechen, die augenblickliche Beschleunigung meinen.

Im allgemeinen verändert sich die Beschleunigung während der Bewegung. Wenn eine geradlinige Bewegung eine konstante Beschleunigung besitzt, bezeichnet man sie als *gleichförmig beschleunigt*.

Wenn der Absolutwert der Geschwindigkeit mit der Zeit zunimmt, spricht man von «beschleunigter» Bewegung, wenn der Absolutwert der Geschwindigkeit mit der Zeit abnimmt, wird die Bewegung als verlangsamt oder «verzögert» bezeichnet.

Wenn wir die Beschleunigung kennen, können wir die Geschwindigkeit durch Integration von (5.5) berechnen. Aus (5.5) wissen wir, daß $dv = a\,dt$ ist, und durch Integration erhalten wir

$$\int_{v_0}^{v} dv = \int_{t_0}^{t} a\,dt,$$

wobei v_0 die Geschwindigkeit zur Zeit t_0 ist. Da $\int_{v_0}^{v} dv = v - v_0$ ist, erhalten wir daraus

$$v = v_0 + \int_{t_0}^{t} a\,dt. \tag{5.6}$$

Wie im Fall der Verschiebung kann man die physikalische Bedeutung von (5.6) unmittelbar verstehen. Wir wissen, daß $a\,dt$ die Änderung der Geschwindigkeit in einem kurzen Zeitintervall dt gibt. Wenn wir daher wieder das Zeitintervall $t - t_0$ in aufeinanderfolgende kleine Zeitintervalle dt_1, dt_2, dt_3, ... unterteilen, finden wir, daß die entsprechenden Geschwindigkeitsveränderungen $a_1\,dt_1$, $a_2\,dt_2$, $a_3\,dt_3$, ... sind, wobei a_1, a_2, a_3, ... die Werte für die Beschleunigung in jedem Zeitintervall darstellen; die Summe dieser kleinen Änderungen ist die gesamte Änderung der Geschwindigkeit $v - v_0$ in der Zeit zwischen t_0 und t. Das heißt

$$\begin{aligned}\text{Änderung der Geschwindigkeit} &= v - v_0\\ &= a_1\,dt_1 + a_2\,dt_2 + a_3\,dt_3 + \cdots\\ &= \sum_i a_i\,dt_i = \int_{t_0}^{t} a\,dt.\end{aligned}$$

Einheiten der Beschleunigung Im MKSC-System wird die Beschleunigung als Meter pro Sekunde pro Sekunde ausgedrückt, oder $(\mathrm{m/s})/\mathrm{s} = \mathrm{m\,s^{-2}}$. Das ist die Beschleunigung eines Körpers, dessen Geschwindigkeit pro Sekunde um einen Meter pro Sekunde bei konstanter Beschleunigung zunimmt. Die Beschleunigung kann jedoch auch in anderen Einheiten ausgedrückt werden, z.B. $\mathrm{km\,h^{-1}\,s^{-1}}$.

Beispiel 5.2 Ein Körper bewegt sich entlang der X-Achse gemäß dem Bewegungsgesetz

$$X = 2t^3 + 5t^2 + 5$$

wobei x in Metern und t in Sekunden gegeben sei. Bestimmen Sie (a) die Geschwindigkeit und die Beschleunigung zu jedem beliebigen Zeitpunkt, (b) die Position, Geschwindigkeit und Beschleunigung zu $t = 2$ s und 3 s und (c) die mittlere Geschwindigkeit und Beschleunigung zwischen $t = 2$ s und $t = 3$ s.

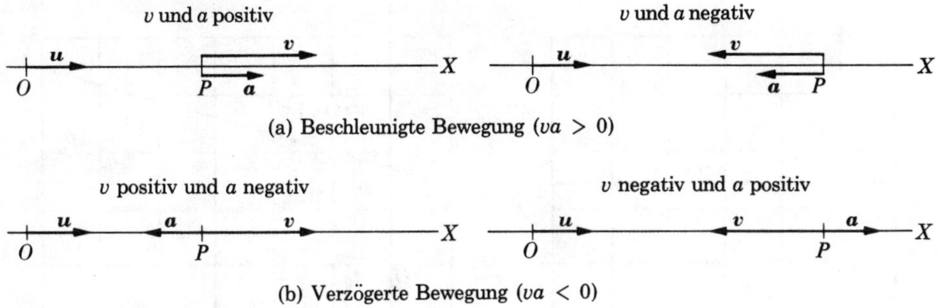

5.3 Vektorbeziehung zwischen Geschwindigkeit und Beschleunigung bei der geradlinigen Bewegung.

Lösung: a) Unter Verwendung von (5.2) und (5.5) können wir schreiben

$$v = \frac{dx}{dt} = \frac{d}{dt}(2t^3 + 5t^2 + 5) = (6t^2 + 10t) \text{ ms}^{-1},$$

$$a = \frac{dv}{dt} = \frac{d}{dt}(6t^2 + 10t) = (12t + 10) \text{ m s}^{-2}.$$

b) Zu $t = 2$ s erhalten wir unter Verwendung der entsprechenden Ausdrücke

$$x = 41 \text{ m}, \quad v = 44 \text{ m s}^{-1}, \quad a = 34 \text{ m s}^{-2}.$$

Entsprechend kann der Student nachprüfen, daß für $t = 3$ s

$$x = 104 \text{ m}, \quad v = 84 \text{ m s}^{-1}, \quad a = 46 \text{ m s}^{-2}.$$

c) Um die mittlere Geschwindigkeit und Beschleunigung zwischen $t = 2$ s und $t = 3$ s zu bestimmen, bezeichnen wir $\Delta t = 1$ s, und aus (b) erhalten wir $\Delta x = 63$ m, $\Delta v = 40 \text{ m s}^{-1}$. Daher ist

$$v_m = \frac{\Delta x}{\Delta t} = \frac{63 \text{ m}}{1 \text{ s}} = 63 \text{ m s}^{-1},$$

$$a_m = \frac{\Delta v}{\Delta t} = \frac{40 \text{ m s}^{-1}}{1 \text{ s}} = 40 \text{ m s}^{-2}.$$

5.4 VEKTORDARSTELLUNG DER GESCHWINDIGKEIT UND BESCHLEUNIGUNG BEI GERADLINIGER BEWEGUNG

Die Geschwindigkeit wird bei der geradlinigen Bewegung durch einen Vektor dargestellt, dessen Länge durch (5.2) gegeben ist und dessen Richtung mit derjenigen der Bewegung zusammenfällt (Abb. 5.3). Die Beschleunigung wird ebenfalls durch einen Vektor dargestellt, dessen Betrag durch (5.5) gegeben ist und der in Richtung OX oder entgegengesetzt ist, je nachdem ob sie positiv oder negativ ist. Wenn $\boldsymbol{u}$ ein Einheitsvektor in der positiven Richtung der X-Achse ist, können wir in Vektorform schreiben

$$\boldsymbol{v} = \boldsymbol{u}v = \boldsymbol{u}\frac{dx}{dt} \quad \text{und} \quad \boldsymbol{a} = \boldsymbol{u}a = \boldsymbol{u}\frac{dv}{dt}. \tag{5.7}$$

Die Vektoren $\boldsymbol{v}$ und $\boldsymbol{a}$ zeigen entweder in Richtung $\boldsymbol{u}$ oder in die entgegengesetzte Richtung, entsprechend den Vorzeichen von dx/dt und dv/dt. Die Bewegung ist beschleunigt oder verzögert, je nachdem ob $\boldsymbol{v}$ und $\boldsymbol{a}$ in die gleichen oder in die entgegengesetzten Richtungen zeigen (Abb. 5.3). Folgende einfache Regel gilt: Wenn v und a das gleiche Vorzeichen haben, ist die Bewegung beschleunigt; wenn die Vorzeichen entgegengesetzt sind, ist die Bewegung verzögert.

5.5 EINIGE SPEZIELLE BEWEGUNGSVORGÄNGE

Wir werden nun zwei wichtige Bewegungen betrachten. Die Beziehungen, die in diesem Abschnitt abgeleitet werden, werden immer wieder benötigt werden.

a) **Gleichförmige geradlinige Bewegung** Wenn sich ein Körper in gleichförmiger, geradliniger Bewegung befindet, ist seine Geschwindigkeit v konstant. Daher ist

$$a = \frac{dv}{dt} = 0;$$

das heißt, es gibt keine Beschleunigung. Aus (5.3) folgt für konstantes v, daß

$$x = x_0 + \int_{t_0}^{t} v\, dt = x_0 + v\int_{t_0}^{t} dt, \quad \text{oder}$$

$$x = x_0 + v(t - t_0). \tag{5.8}$$

In Abb. 5.4(a) tragen wir v als Funktion von t auf; in Abb. 5.4(b) ist x als Funktion von t für eine gleichförmige geradlinige Bewegung aufgetragen.

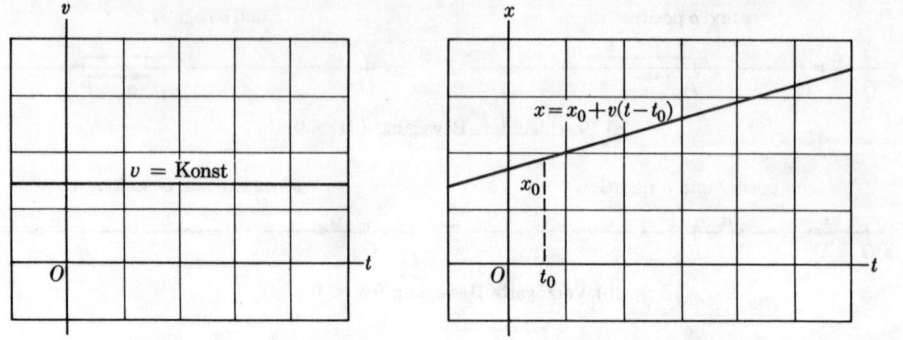

(a) Graphische Darstellung der Geschwindigkeit

(b) Graphische Darstellung der Verschiebung

5.4 Graphische Darstellung von Geschwindigkeit und Verschiebung bei der gleichförmigen Bewegung.

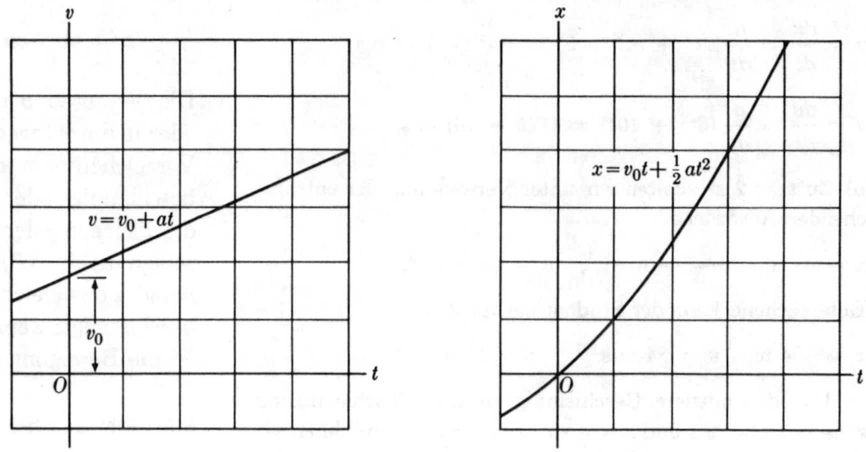

(a) Graphische Darstellung der Geschwindigkeit

(b) Graphische Darstellung der Verschiebung

5.5 Graphische Darstellung der Geschwindigkeit und der Verschiebung für die gleichförmig beschleunigte Bewegung.

b) **Gleichförmig beschleunigte geradlinige Bewegung** Wenn sich ein Körper in gleichförmig beschleunigter geradliniger Bewegung befindet, ist seine Beschleunigung a konstant. Aus Gleichung (5.6) folgt daher

$$v = v_0 + \int_{t_0}^{t} a\,dt = v_0 + a\int_{t_0}^{t} dt, \qquad \text{oder}$$

$$v = v_0 + a\,(t - t_0), \tag{5.9}$$

und aus Gleichung (5.3) erhalten wir

$$x = x_0 + \int_{t_0}^{t} [v_0 + a(t - t_0)]\,dt$$

$$= x_0 + v_0\int_{t_0}^{t} dt + a\int_{t_0}^{t} (t - t_0)\,dt, \qquad \text{oder}$$

$$x = x_0 + v_0(t - t_0) + \tfrac{1}{2}a\,(t - t_0)^2. \tag{5.10}$$

Wenn wir weiterhin $t - t_0$ aus (5.9) und (5.10) eliminieren, erhalten wir die folgende nützliche Beziehung:

$$v^2 = v_0^2 + 2a(x - x_0). \tag{5.11}$$

Wenn wir $x_0 = 0$, $v_0 = 0$ und $t_0 = 0$ setzen, wird aus (5.10)

$$x = \tfrac{1}{2}at^2. \tag{5.12}$$

Dies zeigt, daß die Verschiebung eines gleichförmig beschleunigten Körpers mit dem Quadrat der Zeit variiert. Diese interessante Eigenschaft dient dazu, gleichförmig beschleunigte Bewegungen zu identifizieren.

Wir können sowohl v wie x gegen die Zeit auftragen. Wenn wir einfachheitshalber $t_0 = 0$ und $x_0 = 0$ setzen, wird aus (5.9) $v = v_0 + at$ und aus (5.10) wird $x = v_0t + \frac{1}{2}at^2$. Beide Gleichungen wurden in Abb. 5.5 aufgetragen.

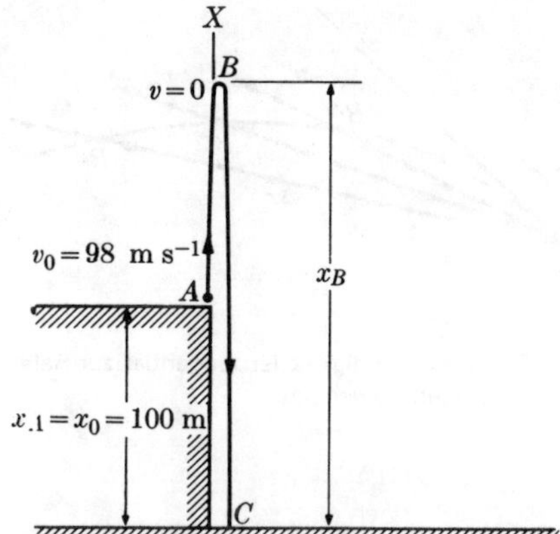

5.6

c) **Freie senkrechte Bewegung unter dem Einfluß der Schwerkraft (freier Fall)** Dies ist der wichtigste Fall einer gleichförmig beschleunigten Bewegung. In diesem Fall definieren wir $a = -g$, wobei wir die Richtung nach oben als positiv bezeichnen; das Minuszeichen ist darauf zurückzuführen, daß die Gravitationsbeschleunigung nach unten gerichtet ist. Der Wert für g variiert von einem Ort auf der Erdoberfläche zum anderen, ist jedoch überall sehr nahe an $g = 9{,}8\ \mathrm{m\,s^{-2}}$. Dieser Wert ist für alle Körper gleich; er kann als unabhängig von der Höhe betrachtet werden, so lange wir uns nicht sehr weit von der Erdoberfläche entfernen, da die Gravitationsbeschleunigung mit der Entfernung über oder unter der Erdoberfläche jeweils zu- oder abnimmt (Kapitel 15.)

Tabelle 5.1

ZUSAMMENFASSUNG DER BEZIEHUNGEN FÜR GERADLINIGE BEWEGUNGEN

Gleichförmige geradlinige Bewegung	$a = 0$, $v = \text{const}$, $x = x_0 + v(t - t_0)$.
Gleichförmige beschleunigte Bewegung	$a = \text{const}$, $v = v_0 + a(t - t_0)$, $x = x_0 + v_0(t - t_0) + \frac{1}{2}a\,(t - t_0)^2$.
Freie senkrechte Bewegung (freier Fall)	$a = -g = -9{,}8\ \mathrm{m\,s^{-2}}$, $v = v_0 - g(t - t_0)$, $y = y_0 + v_0(t - t_0) - \frac{1}{2}g(t - t_0)^2$.

Beispiel 5.3 Ein Geschoß wird mit einer Geschwindigkeit von $98\ \mathrm{m\,s^{-1}}$ von der Spitze eines 100 m hohen Gebäudes geradeaus nach oben abgefeuert. Bestimmen Sie (a) seine maximale Höhe über dem Erdboden, (b) die Zeit, die es braucht, um sie zu erreichen, (c) die Geschwindigkeit, die es besitzt, wenn es den Boden erreicht und (d) die gesamte Zeit, die verstreicht, ehe das Geschoß den Boden wieder erreicht.

Lösung: Unter Bezug auf Abb. 5.6 und unter Verwendung von (5.9) und (5.10), mit $t_0 = 0$, $v_0 = 98\ \mathrm{m\,s^{-1}}$, $x_0 = x_1 = 100$ m (der Koordinatenursprung C wurde auf die Straße verlegt) und $a = -g = -9{,}8\ \mathrm{m\,s^{-2}}$, erhalten wir für jeden Zeitpunkt t

$$v = 98 - 9{,}8t,$$
$$x = 100 + 98t - 4{,}9t^2.$$

a) Am Punkt größter Höhe ist $v = 0$. Daher gilt

$$98 - 9{,}8t = 0 \qquad \text{oder} \qquad t = 10\ \mathrm{s}.$$

b) Indem wir diesen Wert in den Ausdruck für x einsetzen, erhalten wir

$$x_B = 100 + 98(10) - 4{,}9(10)^2 = 590\ \mathrm{m}.$$

c) Um die Zeit zu erhalten, die erforderlich ist, um den Boden (das heißt, Punkt C) zu erreichen, setzen wir $x_C = 0$, da C unser Koordinatenursprung ist. Dann ist

$$0 = 100 + 98t - 4{,}9t^2.$$

Das ist eine quadratische Gleichung für t, deren Wurzeln

$$t = -0{,}96\ \mathrm{s} \qquad \text{und} \qquad t = 20{,}96\ \mathrm{s}.$$

sind. Das negative Ergebnis bezieht sich auf eine Zeit vor dem Abfeuern der Kugel ($t = 0$) und muß verworfen werden, da es im Zusammenhang mit diesem Problem keine physikalische Bedeutung hat (das mag für andere Probleme anders sein). Um die Geschwindigkeit bei C zu erhalten, setzen wir den Wert $t = 20{,}96$ s in den Ausdruck für v_C ein und erhalten

$$v_C = 98 - 9{,}8(20{,}96) = -107{,}41\ \mathrm{m\,s^{-1}}.$$

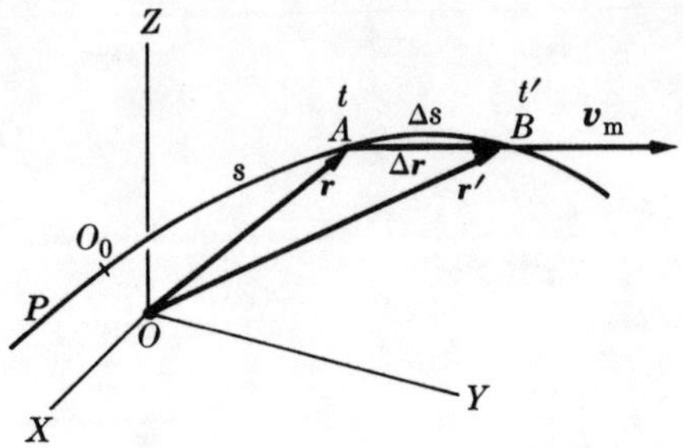

5.7 Verschiebung und mittlere Geschwindigkeit bei der krummlinigen Bewegung.

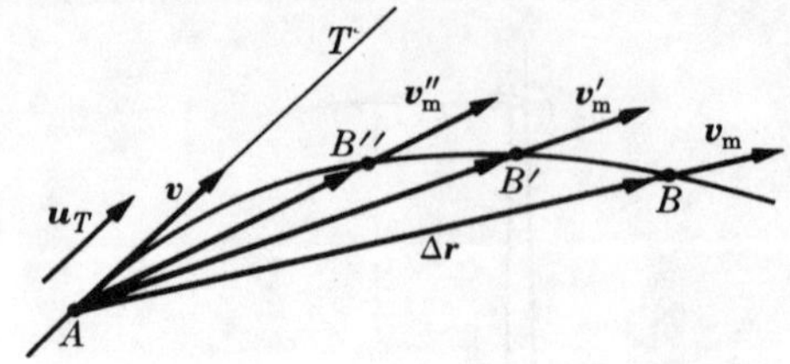

5.8 Die Geschwindigkeit ist tangential zur Bahn der krummlinigen Bewegung.

Das negative Vorzeichen bedeutet, daß sich die Kugel abwärts bewegt. Wir schlagen vor, daß der Student die Resultate für x_B und v_c überprüft, wobei er (5.11) verwenden soll, die für den vorliegenden Fall

$$v^2 = 9604 - 19{,}6(x - 100).$$

lautet. Der Student sollte die Aufgabe auch für den Fall lösen, daß der Koordinatenursprung in A liegt. Dann ist

$$x_0 = x_A = 0 \qquad \text{und} \qquad x_C = -100 \text{ m}.$$

5.6 NICHTGERADLINIGE BEWEGUNG: GESCHWINDIGKEIT

Wir wollen nun ein Teilchen betrachten, daß eine gekrümmte Bahn P beschreibt, wie es in Abb. 5.7 dargestellt ist. Zur Zeit t ist das Teilchen am Punkt A, der durch den Vektor $\boldsymbol{r} = \overrightarrow{OA}$ gegeben ist. Zu einer späteren Zeit t' wird das Teilchen sich in B befinden, mit $\boldsymbol{r}' = \overrightarrow{OB}$. Obwohl das Teilchen sich längs des Bogens $AB = \Delta s$ bewegt hat, ist die *Verrückung* gleich dem Vektor $\overrightarrow{AB} = \Delta\boldsymbol{r}$. Man erkennt aus der Abbildung, daß

$$\boldsymbol{r}' = \boldsymbol{r} + \Delta\boldsymbol{r}$$

gilt, und daher ist die Verschiebung innerhalb des Zeitintervalls $\Delta t = t' - t$

$$\overrightarrow{AB} = \Delta\boldsymbol{r} = \boldsymbol{r}' - \boldsymbol{r}.$$

Die mittlere Geschwindigkeit, ebenfalls ein Vektor, ist definiert als

$$\boldsymbol{v}_m = \frac{\Delta\boldsymbol{r}}{\Delta t}. \tag{5.13}$$

Die mittlere Geschwindigkeit wird durch einen Vektor dargestellt, der parallel zur Verrückung $\Delta\boldsymbol{r}$ ist. Um die augenblickliche Geschwindigkeit zu berechnen, müssen wir wie in früheren Fällen Δt sehr klein werden lassen. Das heißt

$$\boldsymbol{v} = \lim_{\Delta t\to 0} \boldsymbol{v}_m = \lim_{\Delta t\to 0} \frac{\Delta\boldsymbol{r}}{\Delta t}. \tag{5.14}$$

Wenn Δt gegen null geht, nähert sich der Punkt B dem Punkt A, wie durch die Punkte B', B'', ... in Abb. 5.8 angedeutet. Während dieses Vorgangs ändert sich der Vektor $\overrightarrow{AB} = \Delta\boldsymbol{r}$ kontinuierlich in seinem Betrag *und* seiner Richtung; das gleiche gilt für die mittlere Geschwindigkeit. Im Grenzfall, wenn B sehr nahe an A ist, fällt der Vektor $\overrightarrow{AB} = \Delta\boldsymbol{r}$ in die Richtung der Tangente AT. Bei der krummlinigen Bewegung ist die momentane Geschwindigkeit daher ein Vektor *tangential* zur Bahn, der durch

$$\boldsymbol{v} = \frac{d\boldsymbol{r}}{dt}, \tag{5.15}$$

gegeben ist. Das heißt, die *Geschwindigkeit eines Teilchens bei der krummlinigen Bewegung ist gleich der zeitlichen Veränderung des Ortsvektors des Teilchens.*

Da

$$\boldsymbol{r} = \boldsymbol{u}_x x + \boldsymbol{u}_y y + \boldsymbol{u}_z z,$$

ist, wobei x, y und z die Koordinaten des beweglichen Teilchens sind, sind die Komponenten der Geschwindigkeit entlang der X-, Y-, und Z-Achse gleich

$$v_x = \frac{dx}{dt}, \quad v_y = \frac{dy}{dt}, \quad v_z = \frac{dz}{dt}. \tag{5.16}$$

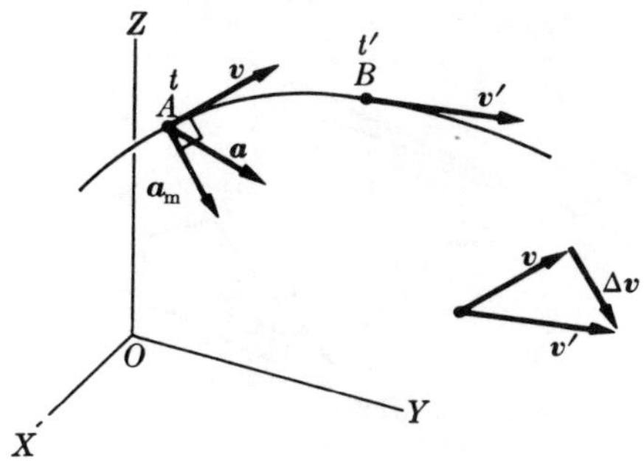

5.9 Beschleunigung bei der krummlinigen Bewegung.

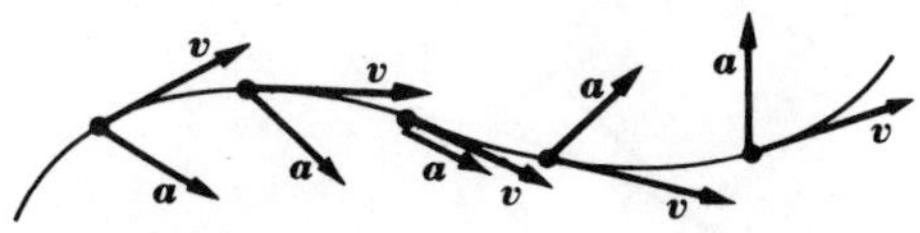

5.10 Vektorbeziehung zwischen Geschwindigkeit und Beschleunigung bei der krummlinigen Bewegung.

Nehmen wir O_0 (Abb. 5.7) als willkürlichen Bezugspunkt auf der Bahn an. Dann gibt $s = O_0A$ die Lage des Teilchens an, gemessen durch die Verschiebung *entlang der gekrümmten Bahn.* Wie im Fall der geradlinigen Bewegung kann s positiv oder negativ sein, je nachdem, auf welcher Seite von O_0 sich das Teilchen befindet. Wenn sich das Teilchen von A nach B bewegt, wird die Verschiebung Δs entlang der Bahn durch die Länge des Bogens AB gegeben. Dann ist

$$v = \lim_{\Delta t \to 0} \frac{\Delta s}{\Delta t} = \frac{ds}{dt} \tag{5.17}$$

der Betrag der Geschwindigkeit, in Übereinstimmung mit unserer früheren Definition der Geschwindigkeit aus (5.2), da ds die Verschiebung entlang der gekrümmten Bahn in der Zeit dt darstellt. Also spielt ds bei der krummlinigen Bewegung die gleiche Rolle wie dx bei der geradlinigen Bewegung.

Wenn wir den Einheitsvektor $\boldsymbol{u}_T$ einführen, der tangential zur Bahn verläuft, können wir $\boldsymbol{v}$ in der Form

$$\boldsymbol{v} = \boldsymbol{u}_T \frac{ds}{dt}. \tag{5.18}$$

schreiben. Dieser für die krummlinige Bewegung gültige Ausdruck ist äquivalent (5.7), der für die geradlinige Bewegung gilt.

5.7 NICHTGERADLINIGE BEWEGUNG: BESCHLEUNIGUNG

Bei der krummlinigen Bewegung ändert sich im allgemeinen sowohl der Betrag als auch die Richtung der Geschwindigkeit. Der Betrag der Geschwindigkeit ändert sich, weil das Teilchen schneller oder langsamer werden kann. Die Richtung der Geschwindigkeit ändert sich, weil die Geschwindigkeit tangential zur Bahn ist und die Bahn i.a. krummlinig ist. Abb. 5.9 zeigt die Geschwindigkeit zu den Zeiten t und t', wenn sich das Teilchen in A bzw. B befindet. Die Vektoränderung der Geschwindigkeit auf dem Weg von A nach B ist durch $\Delta \boldsymbol{v}$ im Vektordreieck angezeigt. Die mittlere Beschleunigung im Zeitintervall Δt ist definiert zu

$$\boldsymbol{a}_m = \frac{\Delta \boldsymbol{v}}{\Delta t}, \tag{5.19}$$

und ist somit ein Vektor, der parallel zu $\Delta \boldsymbol{v}$ ist.

Die augenblickliche Beschleunigung wird definiert zu

$$\boldsymbol{a} = \lim_{\Delta t \to 0} \boldsymbol{a}_m = \lim_{\Delta t \to 0} \frac{\Delta \boldsymbol{v}}{\Delta t}, \qquad \text{oder}$$

$$\boldsymbol{a} = \frac{d\boldsymbol{v}}{dt}. \tag{5.20}$$

Da $\boldsymbol{v} = \boldsymbol{u}_x v_x + \boldsymbol{u}_y v_y + \boldsymbol{u}_z v_z$ gilt, sind die Komponenten der Beschleunigung entlang der X-, Y-, und Z-Achse:

$$a_x = \frac{dv_x}{dt}, \quad a_y = \frac{dv_y}{dt}, \quad a_z = \frac{dv_z}{dt}. \tag{5.21}$$

Die Beschleunigung ist ein Vektor, der die gleiche Richtung hat wie die momentane Änderung in der Geschwindigkeit. Da sich die Geschwindigkeit in Richtung der Krümmung der Kurve ändert, zeigt die Beschleunigung immer zur konkaven Seite der Kurve und ist im allgemeinen weder tangential noch senkrecht zur Bahn, wie in Abb. 5.10 gezeigt.

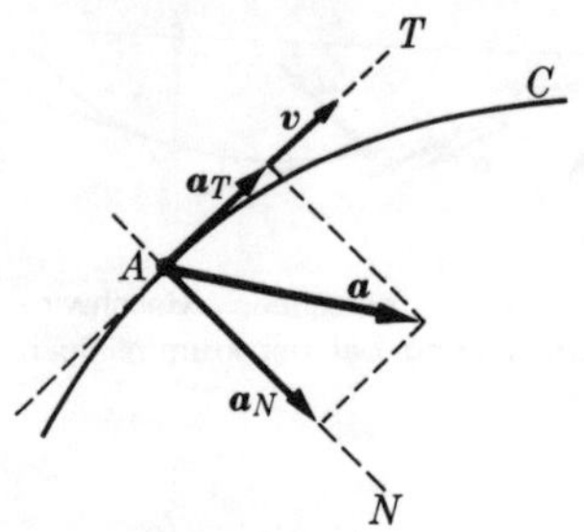

5.11 Tangential- und Normalbeschleunigung bei der krummlinigen Bewegung.

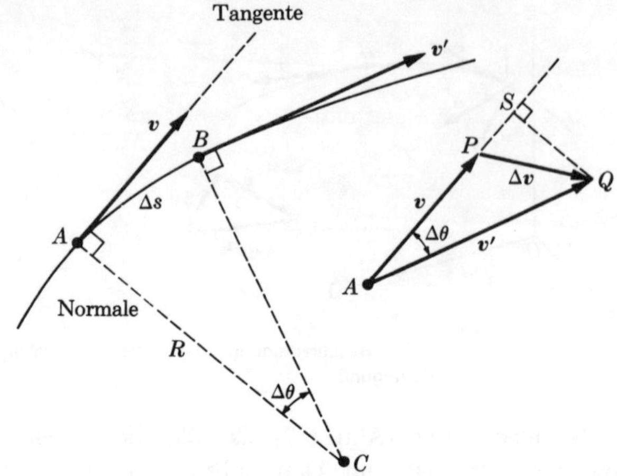

5.12

Wir können die Beschleunigung in eine tangentiale Komponent $\boldsymbol{a}_T$, die parallel zur Tangente AT (Abb. 5.11) ist, die *Tangentialbeschleunigung*, und eine normale Komponente $\boldsymbol{a}_N$ zerlegen, die parallel zur Normalen AN verläuft und *Normalbeschleunigung* oder *Zentripetalbeschleunigung* genannt wird. Das heißt,

$$\boldsymbol{a} = \boldsymbol{a}_T + \boldsymbol{a}_N.$$

Jede dieser Komponenten der Beschleunigung hat eine wohl definierte Bedeutung. Wenn sich das Teilchen bewegt, kann sich der *Betrag* der Geschwindigkeit verändern, wobei diese Änderung in Beziehung zur Tangentialbeschleunigung steht. Die *Richtung* der Geschwindigkeit ändert sich ebenfalls, und diese Änderung steht in Beziehung zur Normalbeschleunigung. Das heißt,

---

Änderung im Betrag der Geschwindigkeit: Tangentialbeschleunigung, Änderung in der Richtung der Geschwindigkeit: Normalbeschleunigung

---

Der Betrag der Tangentialbeschleunigung ist

$$a_T = \frac{dv}{dt}, \tag{5.22}$$

und der Betrag der Normal- oder Zentripetalbeschleunigung ist

$$a_N = \frac{v^2}{R}, \tag{5.23}$$

wobei R der Radius der Bahnkrümmung ist.

Wenn die Bewegung gleichförmig ist (d.h., wenn der *Betrag* der Geschwindigkeit konstant bleibt) ist

$$v = \text{konst} \qquad \text{und} \qquad a_T = 0,$$

so daß es keine Tangentialbeschleunigung gibt. Wenn die Bewegung andererseits geradling ist (d.h., die *Richtung* der Geschwindigkeit ändert sich nicht), ist der Radius der Bahnkrümmung unendlich ($R = \infty$), so daß $a_N = 0$. Es gibt dann keine Normalbeschleunigung.

Ableitung des Ausdrucks für die Tangential- und Normalkomponenten der Beschleunigung Betrachten wir ein Teilchen, das sich entlang einer gekrümmtem Bahn bewegt. Zur Zeit t ist das Teilchen bei A (Abb. 5.12) und hat die Geschwindigkeit $\boldsymbol{v}$, zur Zeit $t + \Delta t$ befindet es sich an B, mit der Geschwindigkeit $\boldsymbol{v}'$. Die Änderung der Geschwindigkeit ist

$$\Delta \boldsymbol{v} = \boldsymbol{v}' - \boldsymbol{v}$$

Sie ist durch den Vektor PQ gegeben. Wir bezeichnen den Winkel zwischen $\boldsymbol{v}$ und $\boldsymbol{v}'$ mit $\Delta\theta$. Wir haben dann:

Tangentiale Komponente von $\Delta \boldsymbol{v}$: $PS = v' \cos \Delta\theta - v$;

Normale Komponente von $\Delta \boldsymbol{v}$: $SQ = v' \sin \Delta\theta$.

Die Komponenten der mittleren Beschleunigung im Zeitintervall Δt sind also:

Tangentialkomponente der mittleren Beschleunigung $\Big\} = \dfrac{v' \cos \Delta\theta - v}{\Delta t}$,

Normalkomponente der mittleren Beschleunigung $\Big\} = \dfrac{v' \sin \Delta\theta}{\Delta t}$.

Wir schließen daraus, daß die Komponenten der Beschleunigung am Punkt A die folgenden sind:

$$a_T = \lim_{\Delta t \to 0} \frac{v' \cos \Delta\theta - v}{\Delta t} \qquad \text{und} \qquad a_N = \lim_{\Delta t \to 0} \frac{v' \sin \Delta\theta}{\Delta t}.$$

Wenn nun $\Delta t \to 0$, $\Delta\theta \to 0$, ist

$$\lim_{\Delta t \to 0} \cos \Delta\theta = 1.$$

$\Delta v = v' - v$ ist die Änderung im Betrag der Geschwindigkeit, die nicht mit dem Vektor $\Delta \boldsymbol{v}$ verwechselt werden darf. Daher gilt

$$a_T = \lim_{\Delta t \to 0} \frac{v' - v}{\Delta t} = \lim_{\Delta t \to 0} \frac{\Delta v}{\Delta t} = \frac{dv}{dt},$$

was Gleichung (5.22) entspricht.

Wenn $\Delta t \to 0$ können wir $\sin \Delta\theta$ durch $\Delta\theta$ ersetzen und erhalten

$$\lim_{\Delta t \to 0} v' = v.$$

Daher ist

$$a_N = v \lim_{\Delta t \to 0} \frac{\Delta\theta}{\Delta t}.$$

Wenn wir den Radius der Bahnkrümmung bei A mit R bezeichnen und für $\Delta s = \text{arc}\, AB$ setzen, entnehmen wir aus der Abbildung, daß

$$\Delta\theta = \frac{\Delta s}{R},$$

[siehe (2.4)]. Daher ist

$$a_N = v \lim_{\Delta t \to 0} \frac{1}{R} \frac{\Delta s}{\Delta t} = v \left(\frac{1}{R} \frac{ds}{dt}\right) = v \left(\frac{v}{R}\right) = \frac{v^2}{R},$$

was mit Gleichung (5.23) identisch ist.

5.8 BEWEGUNG MIT KONSTANTER BESCHLEUNIGUNG

Für den Fall einer krummlinigen Bewegung, bei der die Beschleunigung in Betrag und Richtung konstant ist, erhalten wir durch Integration von (5.20)

$$\int_{\boldsymbol{v}_0}^{\boldsymbol{v}} d\boldsymbol{v} = \int_{t_0}^{t} \boldsymbol{a}\, dt = \boldsymbol{a} \int_{t_0}^{t} dt,$$

wobei $\boldsymbol{v}_0$ die Geschwindigkweit zum Zeitpunkt t_0 ist. Dann gibt

$$\boldsymbol{v} - \boldsymbol{v}_0 = \boldsymbol{a}(t - t_0), \qquad \text{und}$$
$$\boldsymbol{v} = \boldsymbol{v}_0 + \boldsymbol{a}(t - t_0) \qquad (5.24)$$

die Geschwindigkeit zu jedem beliebigen Zeitpunkt. Wenn wir dieses Ergebnis in (5.15) einsetzen und integrieren, erhalten wir

$$\int_{\boldsymbol{r}_0}^{\boldsymbol{r}} d\boldsymbol{r} = \int_{t_0}^{t} [\boldsymbol{v}_0 + \boldsymbol{a}(t - t_0)]\, dt$$
$$= \boldsymbol{v}_0 \int_{t_0}^{t} dt + \boldsymbol{a} \int_{t_0}^{t} (t - t_0)\, dt,$$

wobei $\boldsymbol{r}_0$ die Position zur Zeit t_0 angibt. Daher ist

$$\boldsymbol{r} = \boldsymbol{r}_0 + \boldsymbol{v}_0(t - t_0) + \tfrac{1}{2}\boldsymbol{a}\,(t - t_0)^2, \qquad (5.25)$$

was uns die Position des Teilchens zu jedem beliebigen Zeitpunkt liefert. Die Ergebnisse müssen mit (5.9) und (5.10) verglichen werden, die für die geradlinige Bewegung bei konstanter Beschleunigung abgeleitet wurden. Bei der geradlinigen Bewegung haben die Geschwindigkeit und die Beschleunigung dieselbe (oder entgegengesetzte) Richtung. In dem allgemeinen Fall, den wir nun diskutieren, können jedoch $\boldsymbol{v}_0$ und $\boldsymbol{a}$ unterschiedliche Richtungen haben. Deshalb ist $\boldsymbol{v}$ in (5.24) nicht parallel zu $\boldsymbol{a}$, liegt aber immer in der Ebene, die durch $\boldsymbol{v}_0$ und $\boldsymbol{a}$ definiert ist. Aus (5.25) sehen wir auch, daß der Endpunkt des Vektors $\boldsymbol{r}$ immer in der Ebene parallel zu $\boldsymbol{v}_0$ und $\boldsymbol{a}$ liegt, die durch den Punkt geht, der durch $\boldsymbol{r}_0$ definiert ist. Wir schließen daraus, daß Bewegung bei konstanter Beschleunigung immer in einer Ebene abläuft. Die Bahn der Bewegung, die durch durch (5.25) gegeben ist, ist eine Parabel.

Bewegung eines Geschosses Eines der interessantesten Beispiele für eine Bewegung bei konstanter Beschleunigung ist die Bewegung eines Geschosses. In diesem Fall ist $\boldsymbol{a} = \boldsymbol{g}$ = Gravitationsbeschleunigung. Wir wollen die XY-Ebene mit jener Ebene zusammenfallen lassen, welche durch $\boldsymbol{v}_0$ und $\boldsymbol{a} = \boldsymbol{g}$ definiert ist, wobei die X-Achse horizontal und die Y-Achse nach oben gerichtet sei, so daß $\boldsymbol{g}$ in die $-Y$-Richtung weist. Das heißt, $\boldsymbol{g} = \boldsymbol{u}_y g$ und der Ursprung O fällt

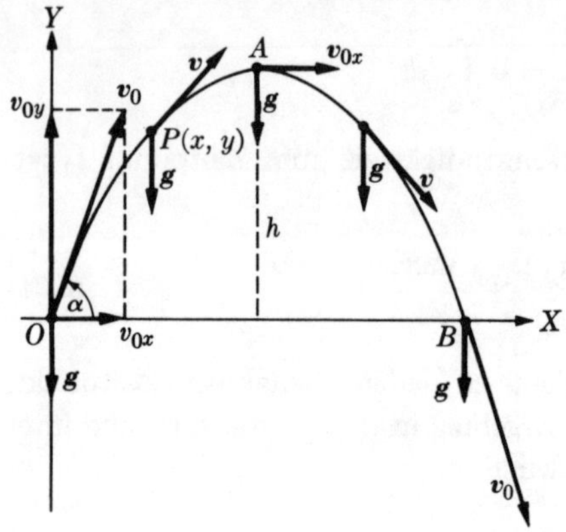

5.13 Wenn die Beschleunigung konstant ist, ist die Bahn eine Parabel.

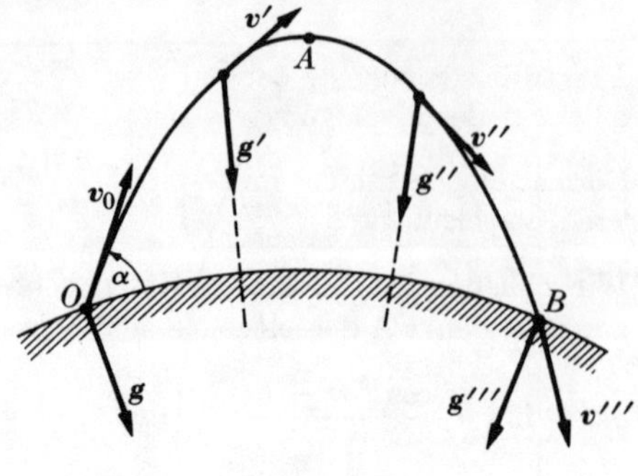

5.14 Die Bahn eines Ferngeschosses ist keine Parabel sondern ein Ellipsenbogen.

mit $\boldsymbol{r}_0$ zusammen (Abb. 5.13). Wenn α der Winkel zwischen $\boldsymbol{v}_0$ und der Horizontalen ist, folgt daraus, daß

$$v_{0_x} = v_0 \cos \alpha, \qquad v_{0_y} = v_0 \sin \alpha. \tag{5.26}$$

Gleichung (5.24) kann in Komponenten aufgetrennt werden (wobei $t_0 = 0$ gesetzt wird), indem man schreibt:

$$v_x = v_{0_x}, \qquad v_y = v_{0_y} - gt, \tag{5.27}$$

was anzeigt, daß die X-Komponente von $\boldsymbol{v}$ konstant bleibt, wie es auch sein soll, da es in dieser Richtung keine Beschleunigung gibt.

Der Betrag der Geschwindigkeit zu jedem Zeitpunkt ist

$$v = \sqrt{v_x^2 + v_y^2}.$$

Ganz ähnlich wird aus (5.25), mit $\boldsymbol{r}_0 = \boldsymbol{0}$ und $t_0 = 0$, wenn in Komponenten zerlegt wird

$$x = v_{0_x} t, \qquad y = v_{0_y} t - \tfrac{1}{2} g t^2, \tag{5.28}$$

was uns die Koordinaten des Teilchens als Funktion der Zeit liefert. Die Zeit, die das Geschoß benötigt, um den höchsten Punkt A zu erreichen, erhält man, indem man in (5.27) $v_y = 0$ setzt, da an diesem Punkt die Geschwindigkeit des Geschosses horizontal gerichtet ist. Dann ist

$$t = \frac{v_{0_y}}{g} \qquad \text{oder} \qquad t = \frac{v_0 \sin \alpha}{g}. \tag{5.29}$$

Die maximale Höhe h erhält man, indem man diesen Wert für t in die zweite Gleichung von (5.28) einsetzt, wodurch man

$$h = \frac{v_0^2 \sin^2 \alpha}{2g}. \tag{5.30}$$

erhält. Die Zeit, die das Geschoß braucht, um am Punkt B wieder den Boden zu erreichen, die sogenannte *Flugzeit*, kann dadurch berechnet werden, daß man in (5.28) $y = 0$ setzt. Die Zeit ist offensichtlich doppelt so groß wie der Wert, der durch (5.29) gegeben ist, bzw. $2v_0 \sin \alpha / g$. Die *Reichweite* $R = OB$ ist die gesamte zurückgelegte horizontale Entfernung. Man erhält sie, indem man den Wert für die Flugzeit in die erste Gleichung von (5.28) einsetzt, was zu

$$R = v_{0_x}\left(\frac{2v_0 \sin \alpha}{g}\right) = \frac{2v_0^2 \sin \alpha \cos \alpha}{g},$$

führt, oder, wenn wir die Beziehung $\sin 2\alpha = 2 \sin \alpha \cos \alpha$ verwenden, zu

$$R = \frac{v_0^2 \sin 2\alpha}{g}. \tag{5.31}$$

Die erhaltenen Ergebnisse sind dann gültig, wenn

1) Die Reichweite klein genug ist, so daß die Krümmung der Erdoberfläche vernachlässigt werden kann.

2) Die Höhe gering genug ist, so daß die Variation der Schwerkraft mit der Höhe vernachlässigt werden kann.

3) Die Anfangsgeschwindigkeit klein genug ist, so daß der Luftwiderstand vernachlässigt werden kann.

Für ein weitreichendes Geschoß ist die Situation in Abb. 5.14 dargestellt, wobei alle g-Vektoren zum Zentrum der Erde hin gerichtet sind und mit der Höhe variieren. In diesem Fall ist die Flugbahn der Bogen einer Ellipse, wie wir in Kapitel 15 noch diskutieren werden. Wenn wir den Luftwiderstand in Rechnung stellen, weicht die Flugbahn von einer Parabel ab und die Reichweite ist vermindert, wie in Abb. 5.15 gezeigt.

Beispiel 5.4 Ein Gewehr feuert eine Kugel ab, mit einer Geschwindigkeit von 200 ms^{-1} und in einem Winkel von 40° mit dem Boden. Bestimmen Sie die Geschwindigkeit und die

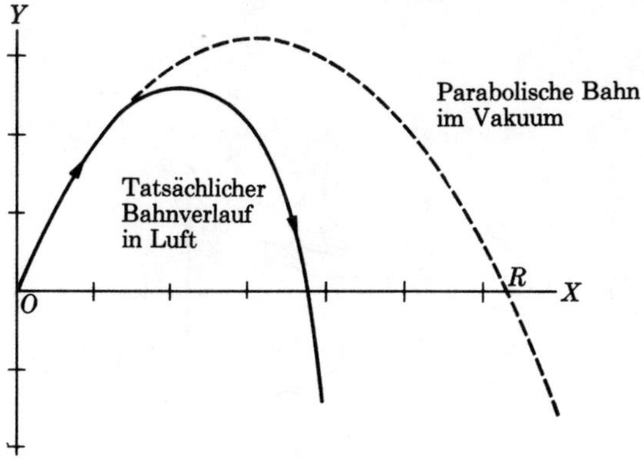

5.15 Einfluß des Luftwiderstandes auf die Bewegung eines Geschosses.

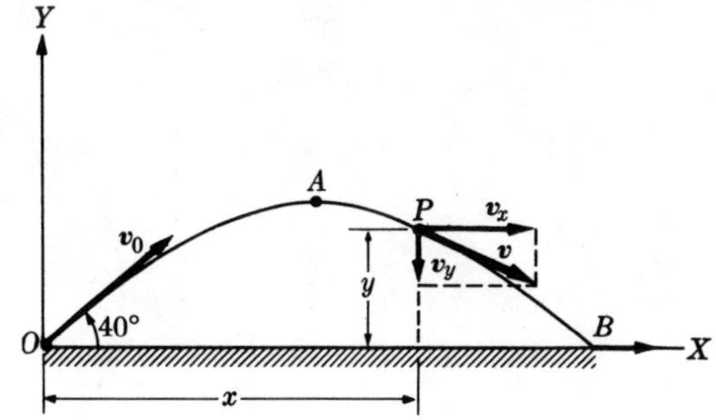

5.16 Geschwindigkeit bei der Geschoßbewegung.

Position der Kugel nach 20 s. Bestimmen Sie außerdem die Reichweite und die Zeit, die erforderlich ist, bis die Kugel wieder den Boden erreicht.

Lösung: Aus Abb. 5.16 erhalten wir bei $v_0 = 200 \text{ m s}^{-1}$ und $\alpha = 40°$

$$v_{0_x} = v_0 \cos \alpha = 153{,}2 \text{ m s}^{-1}, \qquad \text{und}$$

$$v_{0_y} = v_0 \sin \alpha = 128{,}6 \text{ m s}^{-1}.$$

Die Komponenten der Geschwindigkeit zu jedem Zeitpunkt sind also gemäß (5.24) durch

$$v_x = 153{,}2 \text{ m s}^{-1} \qquad \text{und} \qquad v_y = 128{,}6 - 9{,}8t \text{ m s}^{-1}$$

gegeben, und die Koordinaten der Kugel sind gemäß (5.25)

$$x = 153{,}2t \text{ m}, \qquad y = 128{,}6t - 4{,}9t^2 \text{ m}.$$

Für $t = 20$ s erhalten wir

$$v_x = 153{,}2 \text{ m s}^{-1} \qquad \text{und} \qquad v_y = -67{,}4 \text{ m s}^{-1},$$

Die Tatsache, daß v_y negativ ist, bedeutet, daß die Kugel herunterfällt. Der Betrag der Geschwindigkeit ist

$$v = \sqrt{v_x^2 + v_y^2} = 167{,}4 \text{ m s}^{-1}.$$

Ähnlich ist die Position von P durch $x = 3064$ m und $y = 612$ m gegeben. Der Student sollte überprüfen, daß die Höhe von A 843,7 m ist, die Reichweite $R = OB$ 4021 m und daß die Zeit, die notwendig ist, um von O nach B zu gelangen, 26,24 s beträgt.

5.9 KREISFÖRMIGE BEWEGUNG: WINKELGESCHWINDIGKEIT

Wir wollen nun eine krummlinige Bewegung betrachten, bei der die durchlaufene Bahn ein Kreis ist, d.h., eine *kreisförmige Bewegung*. Die Geschwindigkeit $\boldsymbol{v}$ ist, da sie tangential zum Kreis ist, senkrecht zum Radius $R = CA$ (Abb. 5.17). Wenn wir auf dem Kreisumfang von Punkt O aus Entfernungen messen, finden wir, daß $s = R\theta$, entsprechend (2.5). Wir erhalten daher mit (5.18), unter Berücksichtigung des konstanten Wertes für R

$$v = \frac{ds}{dt} = R\frac{d\theta}{dt}.$$

Die Größe

$$\omega = \frac{d\theta}{dt} \tag{5.32}$$

wird *Winkelgeschwindigkeit* genannt. Sie ist gleich der zeitlichen Änderungsrate des Winkels, der durch den Radius überstrichen wird. Die Winkelgeschwindigkeit wird in Radiant pro Sekunde, rad s^{-1} ausgedrückt. Dann ist

$$v = \omega R. \tag{5.33}$$

Die Winkelgeschwindigkeit kann als Vektorgröße

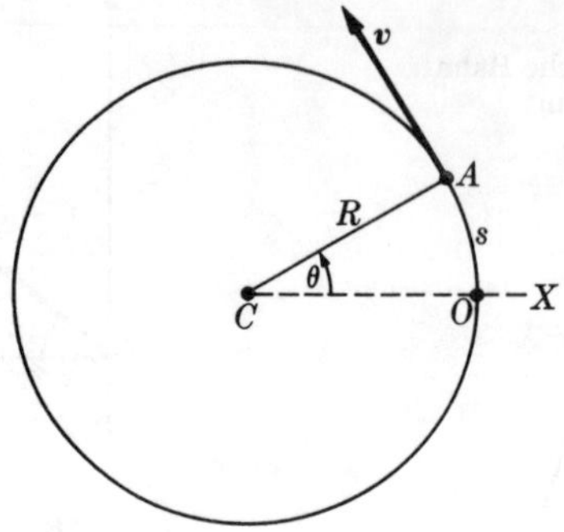

5.17 Kreisförmige Bewegung.

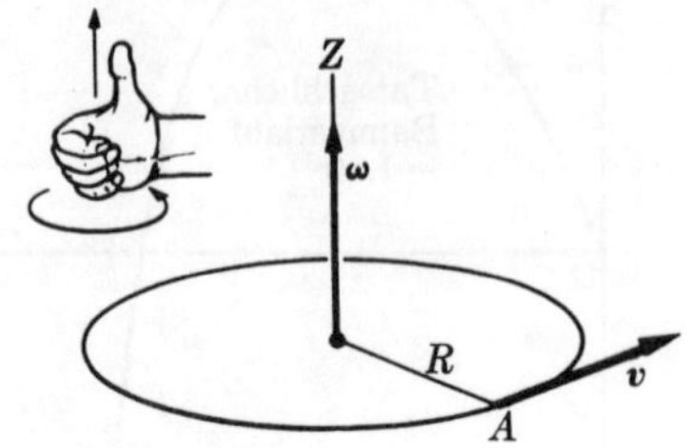

5.18 Vektorbeziehung zwischen Winkelgeschwindigkeit, linearer Geschwindigkeit und Ortsvektor bei der kreisförmigen Bewegung.

definiert werden, deren Richtung senkrecht zur Ebene der Bewegung ist, und zwar in der Bewegungsrichtung, die durch die Rechte-Hand-Regel gegeben ist (Abb. 5.18).

Der Fall der *gleichförmigen Kreisbewegung* ist von besonderem Interesse, d.h., einer Bewegung mit konstanter Winkelgeschwindigkeit (ω = Konst.). In diesem Fall ist die Bewegung periodisch und das Teilchen durchläuft alle Punkte des Kreises in regelmäßigen Zeitintervallen. Die *Periode P* ist die Zeit, die für einen gesamten Umlauf erforderlich ist (Umlaufzeit), die *Frequenz* ν ist die Zahl von Umläufen pro Zeiteinheit. Wenn das Teilchen in der Zeit tn Umläufe macht, ist die Periode $P = t/n$ und die Frequenz $\nu = n/t$. Beide Werte sind durch folgenden Ausdruck, den wir noch häufig verwenden werden, miteinander verknüpft

$$\nu = \frac{1}{P}. \tag{5.34}$$

Wenn die Periode in Sekunden angegeben wird, muß die Frequenz in s^{-1} ausgedrückt werden. Man bezeichnet diese Einheit als ein Hertz, abgekürzt Hz, nach dem deutschen Physiker H. Hertz (1857–1894), der als erster experimentell das Vorhandensein elektromagnetischer Wellen nachwies. Der allgemein üblichere Ausdruck ist Umdrehungen pro Sekunde (Ups) statt s^{-1} oder Hz. Manchmal wird die Frequenz einer Bewegung als Umdrehungen pro Minute (Upm) ausgedrückt, was gleichbedeutend mit min^{-1} ist. Offensichtlich ist $1\ min^{-1} = \frac{1}{60}$ Hz.

Die Begriffe von Periode und Frequenz lassen sich auf alle periodischen Vorgänge anwenden, die in zyklischer Form ablaufen, d.h., alle Vorgänge, die sich nach Vollendung jedes Zyklus wiederholen. Zum Beispiel ist die Bewegung der Erde um die Sonne weder kreisförmig noch gleichförmig, aber periodisch. Es handelt sich um eine Bewegung, die sich jedes Mal wiederholt, wenn die Erde eine Umlaufbahn vollendet hat. Die *Periode* ist die Zeit, die notwendig ist, um einen Zyklus zu vollenden, die *Frequenz* ist die Zahl der Zyklen pro Sekunde, wobei ein Hertz einem Zyklus pro Sekunde entspricht.

Wenn ω konstant ist, erhalten wir durch Integration der Gleichung (5.32)

$$\int_{\theta_0}^{\theta} d\theta = \int_{t_0}^{t} \omega dt = \omega \int_{t_0}^{t} dt \qquad \text{oder}$$

$$\theta = \theta_0 + \omega(t - t_0).$$

Der Student sollte die Beziehung, die für eine gleichförmige Kreisbewegung gilt, mit dem entsprechenden Ausdruck (5.8) für die gleichförmige geradlinige Bewegung vergleichen. Im allgemeinen setzt man $\theta_0 = 0$ und $t_0 = 0$, und erhält

$$\theta = \omega t \qquad \text{oder} \qquad \omega = \frac{\theta}{t}. \tag{5.35}$$

Für eine vollständige Umdrehung ist $t = P$ und $\theta = 2\pi$,

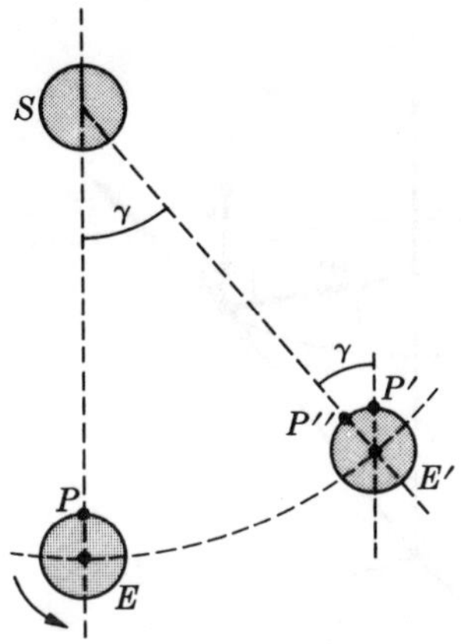

5.19 Sterntag.

was zu

$$\omega = \frac{2\pi}{P} = 2\pi\nu, \tag{5.36}$$

führt, ein Ausdruck, der häufig verwendet wird.

Beispiel 5.5 *Winkelgeschwindigkeit der Erde um ihre Achse.* Der erste Impuls des Studenten wäre ganz natürlich, (5.36) zu verwenden, mit $\omega = 2\pi/P$, und für die Periode den Wert $P = 8{,}640 \cdot 10^4$ s einzusetzen, entsprechend einem mittleren Sonnentag. Das Ergebnis einer solchen Rechnung wäre jedoch nicht korrekt. Wir wollen uns auf Abb. 5.19 (nicht maßstabsgetreu) beziehen und einen Punkt P betrachten. Wenn die Erde eine Umdrehung um ihre Polarachse durchgeführt hat, was man als einen *Sterntag* bezeichnet, wird sie sich aufgrund ihrer Translationsbewegung an E' befinden, und der Punkt wird bei P' sein. Um einen Tag zu vollenden, muß sich die Erde jedoch noch um einen Winkel γ drehen bis der Punkt bei P'' und wieder zur Sonne hin gerichtet ist. Die Periode der Erdumdrehung (Sterntag) ist daher etwas weniger als $8{,}640 \cdot 10^4$ s. Der gemessenen Wert ist

$$P = 8{,}616 \cdot 10^4 \text{ s}$$

oder um ungefähr 240 s kürzer als der mittlere Sonnentag. Die Winkelgeschwindigkeit der Erde ist dann

$$\omega = \frac{2\pi}{P} = 7{,}292 \cdot 10^{-5} \text{ rad s}^{-1}.$$

Es ist relativ einfach, diesen Unterschied von 240 s abzuschätzen. Die Erde führt ihren gesamten Umlauf um die Sonne in 365 Tagen durch, was bedeutet, daß der Winkel γ, der einem Tag entspricht, etwas weniger als 1° oder 0,01745 Radiant ausmacht. Die Zeit, die erforderlich ist, um mit der oben gegebenen Winkelgeschwindigkeit diesen Winkel zu überstreichen, ist laut (5.35)

$$t = \frac{\theta}{\omega} = \frac{1{,}745 \cdot 10^{-2} \text{ rad}}{7{,}292 \cdot 10^{-5} \text{ rad s}^{-1}} = 239 \text{ s},$$

was mit dem obigen Ergebnis ausgezeichnet übereinstimmt.

5.10 KREISFÖRMIGE BEWEGUNG: WINKELBESCHLEUNIGUNG

Wenn sich die Winkelgeschwindigkeit eines Teilchens in kreisförmiger Bewegung mit der Zeit ändert, ist die *Winkelbeschleunigung* durch

$$\alpha = \frac{d\omega}{dt} = \frac{d^2\theta}{dt^2} \tag{5.37}$$

definiert. Die Winkelbeschleunigung wird in rad s^{-2} oder einfach als s^{-2} ausgedrückt. Wenn die Winkelbeschleunigung konstant ist (d.h., wenn die kreisförmige Bewegung gleichförmig beschleunigt ist) erhalten wir durch Integration von (5.37)

$$\int_{\omega_0}^{\omega} d\omega = \int_{t_0}^{t} \alpha\, dt = \alpha \int_{t_0}^{t} dt, \qquad \text{oder} \tag{5.38}$$

$$\omega = \omega_0 + \alpha(t - t_0),$$

wobei ω_0 der Wert von ω zur Zeit t_0 ist. Wenn wir (5.38) in

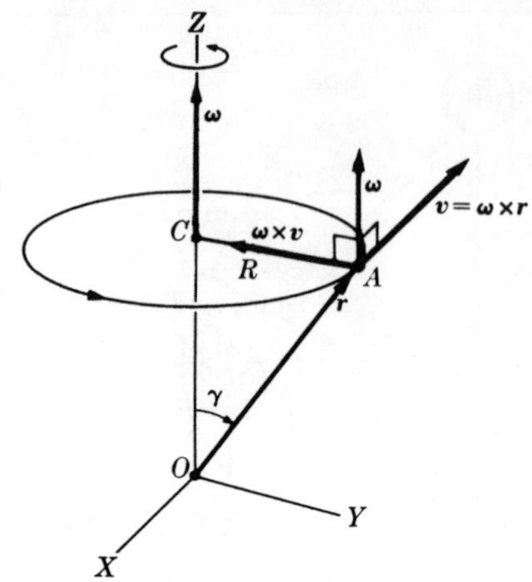

5.20

(5.32) einsetzen, erhalten wir

$$d\theta/dt = \omega_0 + \alpha(t - t_0),$$

und durch weitere Integration

$$\int_{\theta_0}^{\theta} d\theta = \int_{t_0}^{t} \omega_0\, dt + \alpha \int_{t_0}^{t} (t - t_0)\, dt,$$

so daß

$$\theta = \theta_0 + \omega_0(t - t_0) + \tfrac{1}{2}\alpha(t - t_0)^2. \qquad (5.39)$$

Das gibt uns die Winkelposition zu jedem beliebigen Zeitpunkt. Wenn $t_0 = 0$ und $\theta_0 = 0$, erhalten wir $\theta = \omega_0 t + \frac{1}{2}\alpha t^2$.

5.11 GESCHWINDIGKEIT UND BESCHLEUNIGUNG BEI DER KREISFÖRMIGEN BEWEGUNG

Wir wollen ein Teilchen betrachten, das sich gleichförmig bewegt. Aus Abb. 5.20 sehen wir, daß $R = r \sin \gamma$, und wir können daher $v = \omega R$ in der Form $v = \omega r \sin \gamma$ schreiben, was andeutet, daß die folgende Vektorbeziehung sowohl für den Betrag als auch für die Richtung zutrifft

$$\boldsymbol{v} = \boldsymbol{\omega} \times \boldsymbol{r}. \qquad (5.40)$$

Wir berechnen die Beschleunigung, indem wir $\boldsymbol{a} = d\boldsymbol{v}/dt$ benützen. Wenn die Kreisbewegung gleichförmig ist, so daß die Winkelgeschwindigkeit ω konstant ist, ist die Beschleunigung

$$\boldsymbol{a} = \frac{d\boldsymbol{v}}{dt} = \boldsymbol{\omega} \times \frac{d\boldsymbol{r}}{dt} = \boldsymbol{\omega} \times \boldsymbol{v}, \qquad (5.41)$$

da $d\boldsymbol{r}/dt = \boldsymbol{v}$. Gemäß (5.40) können wir die Beschleunigung außerdem noch als

$$\mathbf{a} = \boldsymbol{\omega} \times (\boldsymbol{\omega} \times \boldsymbol{r})$$

schreiben. Aus Abb. 5.20 sehen wir, daß der Vektor $\boldsymbol{\omega} \times \boldsymbol{v}$ auf den Mittelpunkt C des Kreises hinweist. Daher gilt:

Bei der gleichförmigen Kreisbewegung ist die Beschleunigung senkrecht zur Geschwindigkeit und zeigt radial nach innen.

Die Beschleunigung, die durch (5.41) gegeben ist, ist daher die Normal- oder Zentripetalbeschleunigung $\boldsymbol{a}_N$, die wir in Abschnitt 5.7 besprochen haben.

Da $\boldsymbol{\omega}$ senkrecht zu $\boldsymbol{v}$ ist, erhalten wir ωv für den Betrag von $\omega \times v$. Mit (5.33), $v = R\omega$, können wir die Zentripetalbeschleunigung auf eine der beiden folgenden Arten ausdrücken

$$a_N = \omega^2 R \qquad \text{oder} \qquad a_N = \frac{v^2}{R}. \qquad (5.43)$$

Der letztere Ausdruck wurde in (5.23) angegeben.

Man sollte festhalten, daß bei der gleichförmigen Kreisbewegung der Betrag der Geschwindigkeit kon-

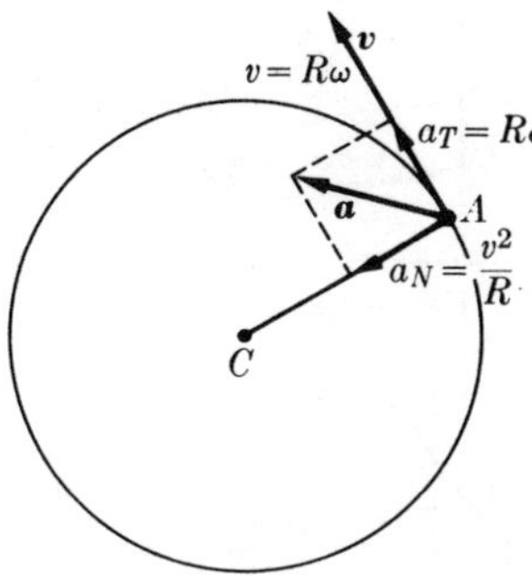

5.21 Tangential- und Normalbeschleunigung bei der kreisförmigen Bewegung.

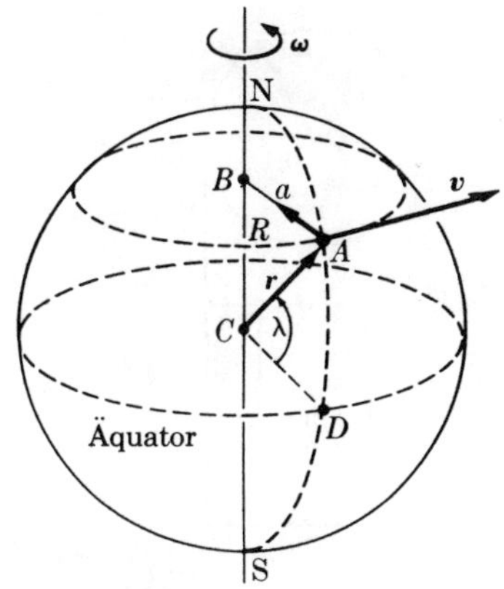

5.22 Geschwindigkeit und Beschleunigung eines Punktes auf der Erde.

stant bleibt. Die Beschleunigung ist daher auf die Änderung der Bewegung zurückzuführen.

Im allgemeinen Fall der nichtgleichförmigen Kreisbewegung ändern sich sowohl Betrag als auch Richtung der Geschwindigkeit. Die Änderung des Betrages der Geschwindigkeit führt zu einer *tangentialen Beschleunigung* a_T.

Tabelle 5.2

ZUSAMMENFASSUNG DER BEZIEHUNGEN FÜR DIE KREISBEWEGUNG

Gleichförmige Kreisbewegung	$\alpha = 0$, $\omega = \text{Konst}$, $\theta = \theta_0 + \omega(t - t_0)$.
Gleichförmig beschleunigte Kreisbewegung	$\alpha = \text{Konst}$, $\omega = \omega_0 + \alpha(t - t_0)$, $\theta = \theta_0 + \omega_0(t - t_0) + \frac{1}{2}\alpha(t - t_0)^2$.
Allgemeine Kreisbewegung	$v = \omega R$, $a_N = \omega^2 R$, $a_T = \alpha R$.

Wenn wir uns (5.22) ins Gedächtnis rufen, $a_T = dv/dt$, wobei wir wissen, daß $v = \omega R$, erhalten wir für die Kreisbewegung

$$a_T = R\frac{d\omega}{dt} = R\alpha. \tag{5.44}$$

Die gesamte Beschleunigung des Teilchens, $\boldsymbol{a} = \boldsymbol{a}_N + \boldsymbol{a}_T$, wurde in Abb. 5.21 gezeigt.

Beispiel 5.6 *Geschwindigkeit und Beschleunigung an einem Punkt auf der Erdoberfläche.* Infolge der Rotationsbewegung der Erde bewegen sich alle Punkte auf ihrer Oberfläche in gleichförmiger Kreisbewegung mit einer Winkelgeschwindigkeit $\omega = 7{,}292 \cdot 10^{-5}\ \text{s}^{-1}$. Der Breitengrad des Punktes A (Abb. 5.22) ist definiert durch den Winkel λ, den der Radius $r = CA$ mit dem Radius CD bildet, der auf dem Äquator liegt. Wenn sich die Erde um NS dreht, beschreibt ein Punkt wie A einen Kreis mit dem Mittelpunkt B und dem Radius $R = AB$, wobei

$$R = r \cos \lambda.$$

ist. Der Winkel λ wird als *geographische Breite* von A bezeichnet.

Die Geschwindigkeit eines Punktes auf der Erdoberfläche ist tangential zum Kleinkreis und daher parallel zur Äquatorebene. Ihr Betrag ist gemäß (5.33)

$$v = \omega R = \omega r \cos\lambda.$$

Die Beschleunigung a ist zentripetal, da die Bewegung gleichförmig ist. Sie ist daher auf B zu gerichtet. Ihr Betrag ist gemäß (5.43).

$$a = \omega^2 R = \omega^2 r \cos\lambda.$$

Wenn wir den Wert für die Winkelgeschwindigkeit der Erde

$$\omega = 7{,}292 \cdot 10^{-5}\text{s}^{-1}$$

und den Radius $r = 6{,}35 \cdot 10^6$m einführen, erhalten wir

$$v = 459 \cos \lambda\, \text{m}\, \text{s}^{-1},$$

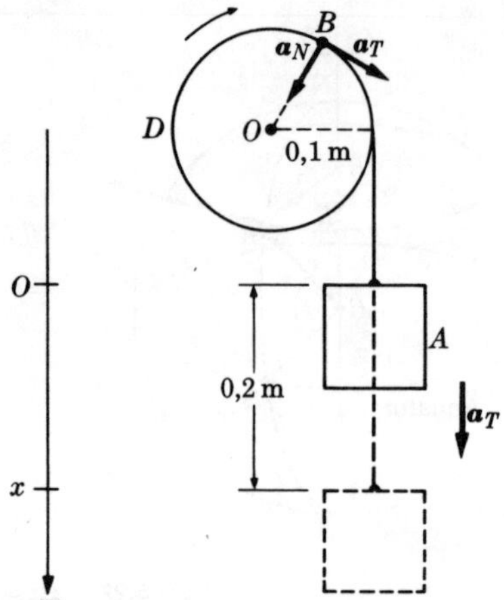

5.23

und die Beschleunigung des Punktes A ist

$$a = 3{,}34 \cdot 10^{-2} \cos \lambda \text{ m s}^{-2} . \quad (5.46)$$

Der maximale Wert von v wird am Äquator erreicht, wo $v =$ 459 ms^{-1} oder 1652 km h^{-1} beträgt! Wir spüren die Auswirkungen einer so großen Geschwindigkeit nicht, da wir uns immer mit dieser Geschwindigkeit bewegen und unsere Körper und Sinne daran gewöhnt sind. Wir würden jedoch eine Änderung sofort bemerken. Ähnlich ist der Maximalwert für die Beschleunigung $3{,}34 \cdot 10^{-2}$ m s^{-2}, was etwa 0,3% der Erdbeschleunigung infolge der Gravitation ist.

Beispiel 5.7 Eine Scheibe D (Abb. 5.23) rotiert frei um ihre horizontale Achse. Eine Schnur ist um den äußeren Umfang der Scheibe gewickelt und ein Körper A, der an dieser Schnur befestigt ist, unterliegt dem Einfluß der Schwerkraft. Die Bewegung von A ist gleichförmig beschleunigt, aber ihre Beschleunigung ist geringer als die durch die Erdbeschleunigung hervorgerufene, wie wir in Kapitel 11 sehen werden. Zur Zeit $t = 0$ ist die Geschwindigkeit des Körpers A 0,04 m s^{-1}, 2 s später hat A 0,2 m zusätzlich durchfallen. Bestimmen Sie die tangentialen und normalen Beschleunigungen zu jedem Zeitpunkt für jeden Punkt am Rand der Scheibe.

Lösung: Unter der Annahme, daß der Ursprung der Koordinaten die Position für $t = 0$ ist, lautet die Gleichung für die gleichförmig beschleunigte Bewegung von A

$$x = v_0 t + \tfrac{1}{2}at^2.$$

Wir wissen jedoch, daß

$$v_0 = 0{,}04 \text{ m s}^{-1}.$$

Daher gilt

$$x = 0{,}04t + \tfrac{1}{2}at^2 \text{ m}.$$

Wenn wir $t = 2$ s setzen, müssen wir für $x = 0{,}2$ m erhalten. Daher ist $a = 0{,}06 \text{ m s}^{-2}$. Das heißt

$$x = 0{,}04t + 0{,}03t^2 \text{ m}.$$

Daher ist die Geschwindigkeit von A

$$v = \frac{dx}{dt} = 0{,}04 + 0{,}06t \text{ m s}^{-1}.$$

Diese Gleichung gibt auch die Geschwindigkeit für jeden beliebigen Punkt B am Rand der Scheibe. Die Tangentialbeschleunigung ist daher die gleiche wie die Beschleunigung von A

$$a_T = \frac{dv}{dt} = 0{,}06 \text{ m s}^{-2},$$

wahrend die Normalbeschleunigung von B, da $R = 0{,}1$ m, gleich ist

$$a_N = \frac{v^2}{R} = \frac{(0{,}04 + 0{,}06t)^2}{0.1}$$

$$= 0{,}016 + 0{,}048t + 0{,}036t^2 \text{ m s}^{-2}.$$

FRAGEN

1. Führen Sie die Unterschiede zwischen Geschwindigkeit und Schnelligkeit auf.
2. Wie kann die Geschwindigkeit die Richtung ändern bei (a) der gleichförmigen geradlinigen Bewegung, (b) der gleichförmig beschleunigten geradlinigen Bewegung, (c) der allgemeinen geradlinigen Bewegung? Erklären Sie jeden Fall.
3. Kann die Beschleunigung die Richtung ändern bei der (a) gleichförmig beschleunigten Bewegung, (b) allgemeinen geradlinigen Bewegung? Geben Sie eine sorgfältige Erklärung.
4. Zeichnen Sie die Vektoren, die die Geschwindigkeit und die Beschleunigung darstellen bei (a) einem frei fallenden Körper, (b) einem freien Körper, der sich senkrecht nach oben bewegt.
5. Welcher Anteil der Geschwindigkeit bleibt bei der gleichförmigen krummlinigen Bewegung konstant, welcher verändert sich?
6. Warum muß die Beschleunigung immer der konkaven Seite der Bahn zugewandt sein?
7. Führen Sie einige Einheiten der Geschwindigkeit und der Beschleunigung auf.
8. Was versteht man unter einem periodischen Vorgang?
9. Warum bezeichnet man die Beschleunigung bei der gleichförmigen Kreisbewegung als «zentripetal»? (Schlagen Sie das Wort in einem Wörterbuch nach.)

AUFGABEN

5.1 Ein Körper bewegt sich mit einer Anfangsgeschwindigkeit von 3 m s^{-1} und hat in Richtung der Geschwindigkeit eine konstante Beschleunigung von 4 m s^{-2}. Mit welcher Geschwindigkeit bewegt sich der Körper nach 7 s und welche Strecke hat er nach dieser Zeit zurückgelegt? Lösen Sie das Problem auch für einen Körper, dessen Beschleunigung entgegengesetzt zur Geschwindigkeit gerichtet ist. Schreiben Sie den Ausdruck für die Verrückung als Funktion der Zeit an.

5.2 Ein Flugzeug legt beim Abheben 600 m in 15 s zurück. Berechnen Sie die Geschwindigkeit beim Abheben unter der Annahme einer konstanten Beschleunigung. Berechnen Sie auch die Beschleunigung in m s^{-2}.

5.3 Ein Auto erreicht aus dem Stand in 15 s 60 km h^{-1}. (a) Berechnen Sie die mittlere Beschleunigung in m min^{-2} und die zurückgelegte Strecke. (b) Wie viele Sekunden wird es zusätzlich brauchen, bis das Auto 80 km h^{-1} erreicht, wenn Sie annehmen, daß die Beschleunigung konstant ist. Welche Gesamtstrecke wird zurückgelegt?

5.4 Ein Auto startet vom Stand weg und bewegt sich eine Sekunde lang mit einer Beschleunigung von 1 m s^{-2}. Der Motor wird dann gestoppt und man läßt das Auto infolge der Reibung langsamer werden, und zwar 10 s lang mit 5 cm s^{-2}. Dann wird gebremst und das Auto in weiteren 5 s zum Stillstand gebracht. Berechnen Sie die gesamte Strecke, die das Auto zurückgelegt hat. Tragen Sie in einer Zeichnung x, v und a gegen t auf.

5.5 Ein Auto startet vom Stand weg für 4 s mit einer Beschleunigung von 4 m s^{-2}. Während der nächsten 10 s bewegt es sich in gleichförmiger Bewegung. Hierauf wird gebremst und das Auto verlangsamt sich mit 8 m s^{-2} bis es zum Stillstand kommt. Tragen Sie die Geschwindigkeit gegen die Zeit auf und beweisen Sie, daß die Fläche, die von der Kurve und der Zeitachse umschrieben wird, ein Maß für die Gesamtstrecke ist.

5.6 Ein Auto bewegt sich mit einer Geschwindigkeit von 45 km h^{-1}, als auf einer Kreuzung das rote Licht aufblinkt. Wie weit fährt das Auto noch zwischen dem Zeitpunkt, zu dem der Fahrer das rote Licht bemerkt und dem völligen Stillstand des Wagens, wenn die Reaktionszeit des Fahrers 0,7 s beträgt und das Auto mit 2 m s^{-2} verzögert wird, sobald der Fahrer die Bremse betätigt?

5.7 Zwei Autos, A und B, fahren mit den Geschwindigkeiten v_A und v_B in die gleiche Richtung. A bremst in einem Abstand d hinter B, was eine Verzögerung a bewirkt. Beweisen Sie, daß $v_A - v_B < \sqrt{2ad}$ sein muß, um einen Zusammmenstoß zwischen A und B zu verhindern.

5.8 Zwei Autos, A und B, bewegen sich in der gleichen Richtung. Zum Zeitpunkt $t = 0$ sind ihre jeweiligen Geschwindigkeiten 1 m s^{-1} und 3 m s^{-1} und ihre Beschleunigungen sind 2 m s^{-2} und 1 m s^{-2}. Berechnen Sie, wann sich die beiden Autos auf gleicher Höhe befinden werden, wenn das Auto A für $t = 0$ 1,5 m vor B ist.

5.9 Ein Körper bewegt sich gemäß dem Gesetz $x = 16t - 6t^2$ entlang einer Geraden, wobei x in Metern und t in Sekunden gemessen wird. (a) Bestimmen Sie die Position des Körpers bei $t = 1$ s. (b) Zu welchem Zeitpunkt passiert der Körper den Ursprung? (c) Berechnen Sie die mittlere Geschwindigkeit für das Zeitintervall $0 < t < 2$ s. (d) Finden

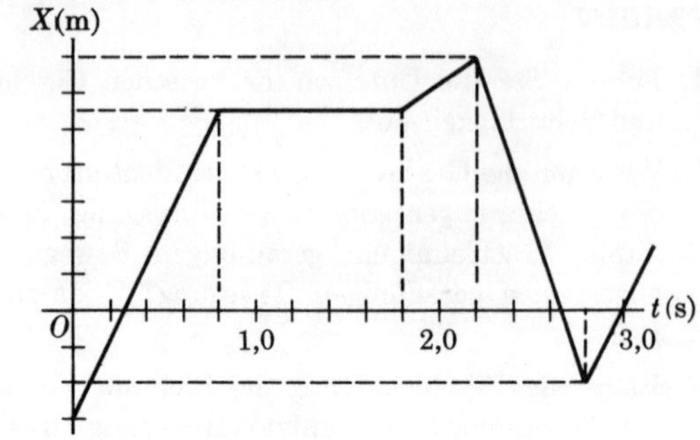

5.24

Sie den allgemeinen Ausdruck für die mittlere Geschwindigkeit im Intervall $t_0 < t < (t_0 + \Delta t)$. (e) Berechnen Sie die augenblickliche Geschwindigkeit für jeden beliebigen Zeitpunkt. (f) Berechnen Sie die augenblickliche Geschwindigkeit für $t = 0$. (g) Zu welchen Zeiten und in welchen Positionen verschwindet die Geschwindigkeit? (h) Finden Sie den allgemeinen Ausdruck für die mittlere Beschleunigung während des Zeitintervalls $t_0 < t < (t_0 + \Delta t)$. (i) Finden Sie den allgemeinen Ausdruck für die augenblickliche Beschleunigung zu jedem beliebigen Zeitpunkt. (j) Zu welchem Zeitpunkt ist die augenblickliche Beschleunigung null? (k) Tragen Sie in einem gemeinsamen Koordinatensystem x gegen t, v gegen t und a gegen t auf. (l) Zu welchem(n) Zeitpunkt(en) ist die Bewegung beschleunigt und zu welchem(n) Zeitpunkt(en) ist sie verzögert?

5.10 Die Beschleunigung eines Körpers, der sich längs einer Geraden bewegt, ist durch

$$a = 4 - t^2$$

ausgedrückt, wobei a in m s^{-2} und t in Sekunden gegeben ist. Finden Sie den Ausdruck für die Geschwindigkeit und die Verschiebung als Funktion der Zeit, wenn zum Zeitpunkt $t = 3$ s, $v = 2$ m s^{-1} und $x = 9$ m ist.

5.11 Bestimmen Sie v als Funktion von t, x als Funktion von t und x als Funktion von v für einen Körper in geradliniger Bewegung, dessen Beschleunigung durch

$$a = 32 - 4v$$

gegeben ist (Anfangsbeschleunigung: $x = 0$ und $v = 4$ zu $t = 0$).

5.12 Die Position eines bewegten Körpers als Funktion der Zeit ist in Abb. 5.24 gegeben. Zeigen Sie (a) wo die Bewegung in Richtung der positiven, wo in Richtung der negativen X-Achse verläuft, (b) wann die Bewegung beschleunigt, wann verzögert ist, (c) wann der Körper sich durch den Ursprung bewegt und (d) wann die Geschwindigkeit null ist. Tragen Sie außerdem die Geschwindigkeit als Funktion der Zeit auf. Schätzen Sie aus der Darstellung die mittlere Geschwindigkeit zwischen (e) $t = 1$ s und $t = 3$ s, (f) $t = 1$ s und $t = 2{,}2$ s und (g) $t = 1$ s und $t = 1{,}8$ s ab.

5.13 Ein Stein fällt aus einem Ballon, der mit gleichförmiger Verzögerung von 12 m s^{-2} absteigt. (a) Berechnen Sie die Geschwindigkeit und die durch den Stein zurückgelegte Strecke nach 10 s. (b) Lösen Sie das Problem für einen Ballon, der mit der gleichen Geschwindigkeit aufsteigt.

5.14 Ein Stein wird mit einer anfänglichen Geschwindigkeit von 240 m s^{-1} aus einem Brunnen geworfen, der 88 m tief ist. Berechnen Sie die Zeit, die der Stein braucht, um den Brunnenrand zu erreichen und seine Geschwindigkeit. Diskutieren Sie die möglichen Antworten.

5.15 Ein Mann, der auf der Spitze eines Gebäudes steht, wirft einen Ball mit einer Geschwindigkeit von 13 m s^{-1} nach oben. Der Ball erreicht 4,25 s später den Boden. (a) Welche maximale Höhe erreicht der Ball? (b) Wie hoch ist das Gebäude? (c) Mit welcher Geschwindigkeit kommt der Ball am Boden an?

5.16 Ein fallender Körper legt in der letzten Sekunde seiner Bewegung 75 m zurück. Bestimmen Sie unter der Annahme, daß der Körper aus der Ruhelage startet, die Höhe, aus der er fiel und wie lange er brauchte, um den Boden zu erreichen.

5.17 Ein Körper fällt frei herunter, während gleichzeitig ein anderer Körper mit einer Anfangsgeschwindigkeit von 1 m s^{-1} heruntergeworfen wird. Wann wird der Abstand zwischen den beiden 18 m betragen?

5.18 Zwei Körper werden senkrecht nach oben geworfen, und zwar in Abstand von 4 s mit der gleichen Anfangsgeschwindigkeit von 98 m s^{-1}. Wie lange nachdem der erste geworfen wurde, werden sie sich treffen?

5.19 Ein Stein wird von der Spitze eines Gebäudes heruntergeworfen. 6,5 s später hört man das Aufschlagen des Steines. Berechnen Sie die Höhe des Gebäudes, wenn die Schallgeschwindigkeit 345 m s^{-1} beträgt.

5.20 (a) Berechnen Sie die Winkelgeschwindigkeit einer Scheibe, die mit gleichförmiger Bewegung von 13,2 rad je 6 s rotiert. (b) Berechnen Sie die Periode und die Frequenz der Rotation. Wie lange braucht die Scheibe, (c) um sich durch einen Winkel von 780° zu bewegen und (d) um 12 Umdrehungen zu machen?

5.21 Berechnen Sie die Winkelgeschwindigkeit jedes der drei Zeiger einer Uhr.

5.22 Berechnen Sie die Winkelgeschwindigkeit, die lineare Geschwindigkeit und die Zentripetalbeschleunigung des Mondes, wobei Sie Ihre Antwort aus den Tatsachen ableiten sollen, daß der Mond alle 28 Tage eine volle Umdrehung durchmacht und daß der mittlere Abstand von der Erde zum Mond $3{,}84 \cdot 10^8$ m beträgt.

5.23 Finden Sie (a) den Betrag der Geschwindigkeit und (b) der Zentripetalbeschleunigung der Erde in ihrer Bewegung um die Sonne. Der Radius der Erdbahn ist $1{,}49 \cdot 10^{11}$m und die Periode des Umlaufs $3{,}16 \cdot 10^7$ s.

5.24 Bestimmen Sie den Betrag der Geschwindigkeit und der Zentripetalbeschleunigung der Sonne und ihrer Bewegung durch die Milchstraße. Der Radius der Sonnenbahn ist $2{,}4 \cdot 10^{20}$ m und die Periode ihres Umlaufs $6{,}3 \cdot 10^{15}$s.

5.25 Bestimmen Sie die Geschwindigkeit und Zentripetalbeschleunigung des Elektrons im Wasserstoffatom, wenn Sie annehmen, daß seine Bahn einen Kreis mit dem Radius $5 \cdot 10^{-11}$ m darstellt und die Periode eines Umlaufs $1{,}5 \cdot 10^{-16}$s beträgt.

5.26 Ein Schwungrad mit einem Durchmesser von 3 m rotiert mit 120 Upm. Berechnen Sie (a) seine Frequenz, (b) die Periode, (c) die Winkelgeschwindigkeit und (d) die lineare Geschwindigkeit eines Punktes am Rand der Scheibe.

5.27 Die Winkelgeschwindigkeit eines Schwungrades nimmt in 5 s gleichförmig von 20 rad s^{-1} auf 30 rad s^{-1} zu. Berechnen Sie die Winkelbeschleunigung und den gesamten Winkel, um welchen es rotierte.

5.28 Ein Körper, der ursprünglich in Ruhe ist ($\theta = 0$ und $\omega = 0$ für $t = 0$), wird auf einer kreisförmigen Bahn vom Radius 1,3 m nach der Gleichung

$$\alpha = 120t^2 - 48t + 16.$$

beschleunigt. Bestimmen Sie die Winkelposition und die Winkelgeschwindigkeit des Körpers als Funktion der Zeit und die Tangential- und Zentripetalkomponenten seiner Beschleunigung.

5.29 Ein Teilchen bewegt sich auf einem Kreis nach dem Gesetz

$$\theta = 3t^2 + 2t,$$

wobei θ in Radiant und t in Sekunden gemessen werden. Berechnen Sie die Winkelgeschwindigkeit und die Winkelbeschleunigung nach 4 s.

5.30 Ein Rad kommt aus der Ruhelage und beschleunigt sich so, daß sich die Winkelgeschwindigkeit in 6 s gleichförmig auf 200 Upm erhöht. Nachdem es einige Zeit mit dieser Geschwindigkeit rotiert, werden die Bremsen eingesetzt und das Rad bleibt nach 5 Minuten stehen. Berechnen Sie die Gesamtzeit der Rotation, wenn die Gesamtzahl der Umdrehungen 3100 ist.

5.31 Ein Schwungrad mit einem Radius von 4 m rotiert um eine horizontale Achse, aufgrund eines Seiles, das um seinen Rand geschlungen ist und an seinem Ende ein Gewicht trägt. Wenn die vertikale Entfernung, die das Gewicht zurücklegt, durch die Gleichung $x = 10t^2$ gegeben ist, wobei x in Metern und t in Sekunden gemessen werden, berechnen Sie die Winkelgeschwindigkeit und Winkelbeschleunigung des Schwungrades zu jedem beliebigen Zeitpunkt.

5.32 Ein Ball bewegt sich mit 3,00 m s^{-1} direkt nach Norden. Für 40 s wird eine Kraft auf ihn ausgeübt, wodurch eine Beschleunigung von 0,10 m s^{-2} genau nach Osten bewirkt wird, wo nach die Kraft wieder entfernt wird. Bestimmen Sie (a) Betrag und Richtung der endgültigen Geschwindigkeit des Balles, (b) die Gleichung seiner Bahn und (c) seine Verschiebung vom Ausgangspunkt.

5.33 Ein Körper beschreibt eine ebene Kurve so, daß seine rechtwinkligen Koordinaten als Funktion der Zeit durch

$$x = 2t^3 - 3t^2, \qquad y = t^2 - 2t + 1.$$

gegeben sind. Wenn t in Sekunden und die Koordinaten in Metern gegeben sind, berechnen Sie (a) die Position des Körpers zu $t = 1$ s, (b) die rechtwinkligen Komponenten der Geschwindigkeit zu jedem beliebigen Zeitpunkt, (c) die rechtwinkligen Komponenten der Geschwindigkeit für $t = 1$ s, (d) den Betrag der Geschwindigkeit zu jedem Zeitpunkt, (e) den Betrag der Geschwindigkeit für $t = 0$ s, (f) die Zeit (en), zu der (denen) der Betrag der Geschwindigkeit null ist, (g) die rechtwinkligen Komponenten der Beschleunigung zu jedem beliebigen Zeitpunkt, (h) die rechtwinkligen Komponenten der Beschleunigung für $t = 1$ s, (i) den Betrag der Beschleunigung zu jedem beliebigen Zeitpunkt (j) den Betrag

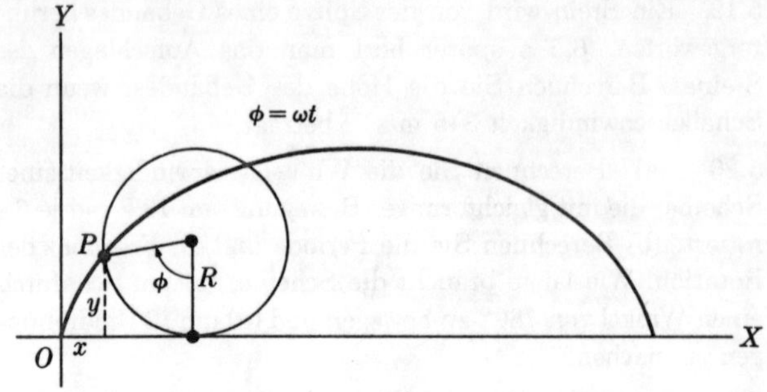

5.25

der Beschleunigung für $t = 0$ s, (k) die Zeit (en), zu welcher (welchen) die Richtung der Beschleunigung parallel zur Y-Achse ist.

5.34 Die Koordinaten eines bewegten Teilchen sind durch

$$x = t^2, \qquad y = (t - 1)^2$$

gegeben. (a) Bestimmen Sie die mittlere Geschwindigkeit und Beschleunigung im Zeitintervall zwischen t und $t + \Delta t$. (b) Wenden Sie das Ergebnis auf den Fall an, daß $t = 2$ s und $\Delta t = 1$ s, und vergleichen Sie mit den Werten der Geschwindigkeit und Beschleunigung zu $t = 2$ s.

5.35 Ein Projektil wird mit einer Geschwindigkeit von 100 m s^{-1} in einem Winkel zur Horizontalen von 60° abgeschossen. Berechnen Sie (a) die horizontale Reichweite, (b) die maximale Höhe, (c) die Geschwindigkeit und Höhe nach 10 s.

5.36 Ein Rettungsflugzeug fliegt horizontal in einer Höhe von 1,2 km mit einer Geschwindigkeit von 180 km h^{-1}. (a) Wie lange bevor das Flugzeug über seinem Ziel ist, sollte es einen Ring abwerfen? (b) Welche Geschwindigkeit hat der Ring, wenn er den Boden erreicht? (c) Welche horizontale Entfernung wird vom Ring zurückgelegt?

5.37 Ein Projektil wird in einem Winkel von 35° abgeschossen. Es schlägt in einer horizontalen Entfernung von 4 km vom Abschußort auf. Berechnen Sie (a) die Anfangsgeschwindigkeit, (b) die Flugzeit, (c) die maximale Höhe, (d) die Geschwindigkeit am Punkt der größten Höhe.

5.38 Ein Ball wird vom Fuß eines Hügels unter dem Winkel α gegen die Horizontale mit der Anfangsgeschwindigkeit v_0 geworfen. Der Abhang des Hügels bildet mit der Horizontalen den Winkel ϕ. Bestimmen Sie die Entfernung, *längs des Hügels* gemessen, in der der Ball aufschlagen wird.

5.39 Ein Flugzeug fliegt horizontal in einer Höhe von 1 km, mit einer Geschwindigkeit von 200 km h^{-1}. Es wirft eine Last ab, die ein Schiff erreichen soll, das sich mit einer Geschwindigkeit von 20 km h^{-1} in der gleichen Richtung bewegt. Beweisen Sie, daß die Last abgeworfen werden sollte, wenn die horizontale Entfernung zwischen dem Flugzeug und dem Schiff 715 m beträgt.

5.40 Ein Baseballspieler schlägt den Ball so, daß er eine Geschwindigkeit von 16 m s^{-1} erhält und einen Winkel von 30° über der Horizontalen bildet. Ein zweiter Spieler, der 33 m vom Abschläger entfernt in der Ebene der Flugbahn steht, beginnt im Augenblick des Ballabstoßes zu laufen. (a) Berechnen Sie seine Mindestgeschwindigkeit, wenn er 2,7 m über den Boden reichen kann und der Ball beim Abschlag 1 m hoch ist. (b) Wie weit muß der zweite Spieler laufen?

5.41 Ein Rad mit dem Radius R rollt mit konstanter Geschwindigkeit v_0 entlang einer horizontalen Ebene (Abb. 5.25). Beweisen Sie, daß die Position irgendeines Punktes auf seinem Rand durch die Gleichungen

$$x = R(\omega t - \sin \omega t) \quad \text{und} \quad y = R(1 - \cos \omega t)$$

gegeben ist, wobei $\omega = v_0/R$ die Winkelgeschwindigkeit des Rades ist und t von dem Zeitpunkt an gemessen wird, zu dem der Punkt ursprünglich im Kontakt mit der Ebene ist. Bestimmen Sie auch die Komponenten der Geschwindigkeit und der Beschleunigung des Punktes.

Kapitel 6

RELATIV-BEWEGUNG

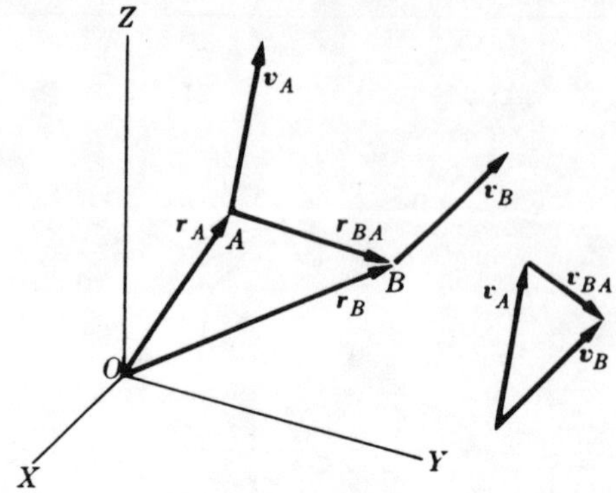

6.1 Definition der Relativgeschwindigkeit.

6.1 EINLEITUNG

Bewegung ist ein relativer Begriff, insofern, als sie immer auf ein bestimmtes Bezugssystem bezogen werden muß, das vom Beobachter gewählt wurde. Da verschiedene Beobachter verschiedene Bezugssysteme verwenden können, ist es wichtig zu wissen, wie Beobachtungen, die von verschiedenen Beobachtern gemacht werden, miteinander in Beziehung stehen. So stehen z.B. die meisten Beobachtungen, die auf der Erde gemacht werden in Beziehung zu einem System, das mit ihr verhaftet ist und sich daher mit der Erde bewegt. Die Astronomen ziehen es immer noch vor, die Bewegung eines Himmelskörpers auf die sogenannten *Fixsterne* zu beziehen. In der Atomphysik wird die Bewegung eines Elektrons relativ zum Kern bestimmt. Ein Experimentator wählt im allgemeinen ein Bezugssystem, in welchem das Sammeln von Daten und ihre Analyse am leichtesten durchgeführt werden kann.

Da sich zwei Beobachter auch selbst in relativer Bewegung zueinander befinden können, muß man wissen, wie sie ihre Messergebnisse ineinander umrechnen können. Dies ist der Zweck dieses Kapitels.

6.2 RELATIVGESCHWINDIGKEIT

Wir wollen zwei Objekte A und B und einen Beobachter O betrachten, wobei wir die Achsen XYZ als Bezugssystem verwenden (Abb. 6.1). Die Geschwindigkeiten von A und B relativ zu O sind:

$$\boldsymbol{V}_A = \frac{d\boldsymbol{r}_A}{dt}, \qquad \boldsymbol{V}_B = \frac{d\boldsymbol{r}_B}{dt}. \tag{6.1}$$

Die Geschwindigkeiten von B relativ zu A und von A relativ zu B sind definiert durch

$$\boldsymbol{V}_{BA} = \frac{d\boldsymbol{r}_{BA}}{dt}, \qquad \boldsymbol{V}_{AB} = \frac{d\boldsymbol{r}_{AB}}{dt}, \tag{6.2}$$

wobei

$$\begin{aligned} \boldsymbol{r}_{BA} &= \overrightarrow{AB} = \boldsymbol{r}_B - \boldsymbol{r}_A, \\ \boldsymbol{r}_{AB} &= \overrightarrow{BA} = \boldsymbol{r}_A - \boldsymbol{r}_B. \end{aligned} \tag{6.3}$$

Beachten Sie auch, daß

$$\boldsymbol{V}_{BA} = -\boldsymbol{V}_{AB}, \tag{6.4}$$

da $\boldsymbol{r}_{AB} = -\boldsymbol{r}_{BA}$. In anderen Worten, die Geschwindigkeit von B relativ zu A ist gleich und entgegengesetzt der Geschwindigkeit von A relativ zu B. Wenn wir die Ableitung von Gleichung (6.3) nach der Zeit nehmen, erhalten wir

$$\frac{d\boldsymbol{r}_{BA}}{dt} = \frac{d\boldsymbol{r}_B}{dt} - \frac{d\boldsymbol{r}_A}{dt}, \qquad \frac{d\boldsymbol{r}_{AB}}{dt} = \frac{d\boldsymbol{r}_A}{dt} - \frac{d\boldsymbol{r}_B}{dt},$$

oder, mit Gl. (6.1) und (6.2)

$$\boldsymbol{V}_{BA} = \boldsymbol{V}_B - \boldsymbol{V}_A, \qquad \boldsymbol{V}_{AB} = \boldsymbol{V}_A - \boldsymbol{V}_B. \tag{6.5}$$

Um daher die Relativgeschwindigkeit zweier Körper gegeneinander zu erhalten, zieht man ihre Geschwindigkeiten relativ zu einem Beobachter voneinander ab. Wieder unter Bildung der Ableitung von Gleichung (6.5) finden wir, daß folgende Beziehung gilt:

$$\frac{d\boldsymbol{V}_{BA}}{dt} = \frac{d\boldsymbol{V}_B}{dt} - \frac{d\boldsymbol{V}_A}{dt}, \qquad \frac{d\boldsymbol{V}_{AB}}{dt} = \frac{d\boldsymbol{V}_A}{dt} - \frac{d\boldsymbol{V}_B}{dt}.$$

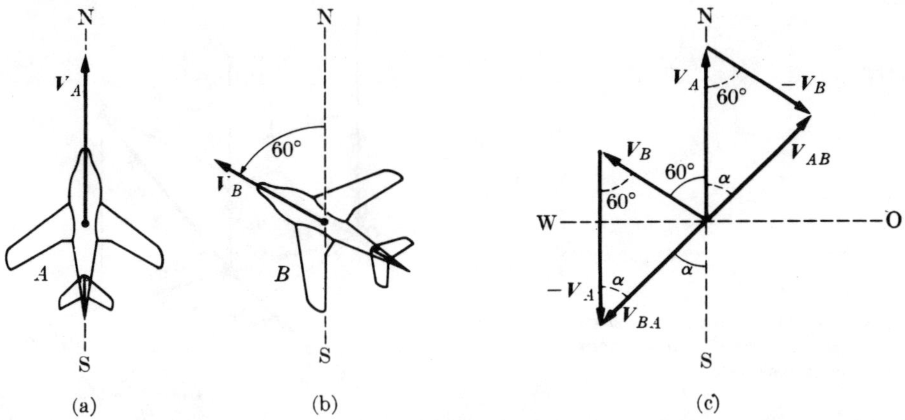

6.2

Die Größe dV_{BA}/dt nennt man die Beschleunigung von B relativ zu A, sie wird als $\boldsymbol{a}_{BA}$ bezeichnet. Die Größen dV_B/dt und dV_A/dt sind jeweils die Beschleunigungen von B und A relativ zu O. Daher ist

$$\boldsymbol{a}_{BA} = \boldsymbol{a}_B - \boldsymbol{a}_A \qquad \text{und} \qquad \boldsymbol{a}_{AB} = \boldsymbol{a}_A - \boldsymbol{a}_B. \tag{6.6}$$

In anderen Worten, um die relativen Beschleunigungen zweier Körper zu erhalten, subtrahiert man ihre Beschleunigungen relativ zum Beobachter.

Beispiel 6.1 Ein Flugzeug A (Abb. 6.2) fliegt mit 300 km h^{-1} relativ zum Boden nach N. Zur gleichen Zeit fliegt ein anderes Flugzeug B in Richtung N 60° W, mit 200 km h^{-1} relativ zum Boden. Bestimmen Sie die Geschwindigkeit von A relativ zu B und von B relativ zu A.

Lösung: In Abb. 6.2 sind die Geschwindigkeiten der Flugzeuge A und B relativ zum Boden links dargestellt. Rechts haben wir die Geschwindigkeiten von A relativ zu B, d.h., $\boldsymbol{V}_{AB} = \boldsymbol{V}_A - \boldsymbol{V}_B$, und von B relativ zu A, also $\boldsymbol{V}_{BA} = \boldsymbol{V}_B - \boldsymbol{V}_A$. Man beachte, daß $\boldsymbol{V}_{AB} = -\boldsymbol{V}_{BA}$, wie es laut Gleichung (6.4) sein sollte.

Um $\boldsymbol{V}_{AB}$ zu berechnen, wird (3.6) benutzt, wobei wir beachten, daß der Winkel θ zwischen $\boldsymbol{V}_A$ und $\boldsymbol{V}_B$ 60° beträgt. Daher ist

$$V_{AB} = \sqrt{300^2 + 200^2 - 2 \times 300 \times 200 \times \cos 60°} = 264{,}6 \text{ km h}^{-1}$$

Um die Richtung von $\boldsymbol{V}_{AB}$ zu erhalten, benutzen wir den Sinussatz (3.4),

$$\frac{V_B}{\sin\alpha} = \frac{V_{AB}}{\sin 60°} \qquad \text{oder} \qquad \sin\alpha = \frac{V_B \sin 60°}{V_{AB}} = 0{,}654,$$

was für $\alpha = 40{,}7°$ ergibt. Einem Passagier im Flugzeug B scheint daher Flugzeug A mit 264,6 km h^{-1} in Richtung N 40,7° O zu fliegen. Die relative Geschwindigkeit $\boldsymbol{V}_{BA}$ hat die gleiche Größe, 264,6 km h^{-1}, aber entgegengesetzter Richtung, S 40,7° W.

6.3 GLEICHFÖRMIGE RELATIVE TRANSLATIONSBEWEGUNG. DIE GALILEISCHE TRANSFORMATION

Wir wollen zwei Beobachter O und O' betrachten, die sich relativ zueinander in gleichförmiger Translationsbewegung befinden. Das heißt, die Beobachter führen relativ zueinander keine Rotationsbewegung aus. Beobachter O sieht daher den Beobachter O' in Bewegung, mit der Geschwindigkeit $\boldsymbol{v}$, während O' sieht, daß sich O mit der Geschwindigkeit $-\boldsymbol{v}$ bewegt. Wir wollen ihre Beschreibungen der Bewegung eines Objektes vergleichen. Zum Beispiel befinde sich ein Beobachter am Bahnsteig einer Eisenbahnstation und der andere in einem vorbeifahrenden Zug, der sich auf einer Geraden bewegt, wobei beide Beobachter ein über ihnen dahin fliegendes Flugzeug beobachten.

Aus Gründen der Einfachheit wählen wir die X- und die X'-Achsen entlang der Linie der relativen Bewegung (Abb. 6.3) und die YZ- und $Y'Z'$-Achsen parallel zueinander. Die Koordinatenachsen werden immer parallel bleiben, da keine relative Rotation

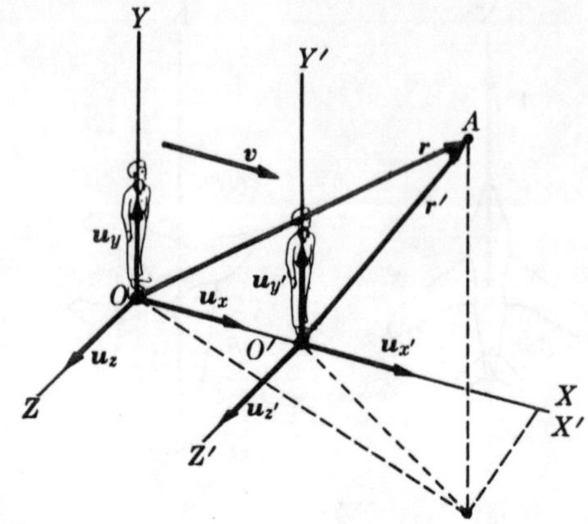

6.3 Bezugssysteme in gleichförmiger relativer Translationsbewegung zueinander.

stattfindet. Dann ist $\boldsymbol{v}$ parallel zur X-Achse. Wir wollen annehmen, daß für $t = 0$ O und O' zusammenfallen, so daß wir -mit $\boldsymbol{v}$ als ihrer konstanten Relativgeschwindigkeit- schreiben können

$$\overrightarrow{OO'} = \boldsymbol{v}t$$

a) **Galileische Transformation für Koordinaten** Wir wollen nun ein Teilchen am Punkt A betrachten. Aus Abb. 6.3 sehen wir, daß $\overrightarrow{OA} = \overrightarrow{OO'} + \overrightarrow{O'A}$ und da $\overrightarrow{OA} = \boldsymbol{r}$ und $\overrightarrow{O'A} = \boldsymbol{r}'$, sind die Ortsvektoren von A, die von O und O' gemessen werden, miteinander durch

$$\boldsymbol{r}' = \boldsymbol{r} - \boldsymbol{v}t \tag{6.7}$$

verknüpft. Diese Vektorgleichung kann in ihre Komponenten zerlegt werden, wobei man die Tatsache in Betracht zieht, daß $\boldsymbol{v}$ parallel zu OX ist. Daher ist

$$x' = x - vt,$$
$$y' = y,$$
$$z' = z,$$
$$t' = t. \tag{6.8}$$

Wir haben den drei räumlichen Gleichungen $t = t'$ zugefügt, um zu betonen, daß die beiden Beobachter die gleiche Zeit verwenden, d.h., wir nehmen an, daß die Zeitmessungen unabhängig von der Bewegung des Beobachters sind. Das scheint eine vernünftige Annahme, aber immerhin doch nur eine Annahme, die durch einen Versuch widerlegt werden könnte. Der Satz von Gleichungen (6.8) oder die einzelne Vektorgleichung (6.7), in der Kombination mit $t = t'$, wird *Galilei-Transformation* genannt.

b) **Galilei-Transformation für die Geschwindigkeit** Die Geschwindigkeiten von A relativ zu O und O' sind jeweils

$$\boldsymbol{V} = \frac{d\boldsymbol{r}}{dt} \quad \text{und} \quad \boldsymbol{V}' = \frac{d\boldsymbol{r}'}{dt}, \tag{6.9}$$

Beachten Sie, daß wir nicht $d\boldsymbol{r}'/dt'$ schreiben, da wir angenommen haben, daß $t = t'$, weswegen $d\boldsymbol{r}'/dt'$ gleich $d\boldsymbol{r}'/dt$ ist. Wenn wir die Ableitung von (6.7) nach der Zeit bilden und beachten, daß $\boldsymbol{v}$ konstant ist, erhalten wir

$$\boldsymbol{V}' = \boldsymbol{V} - \boldsymbol{v}. \tag{6.10}$$

Wir können (6.10) in die drei Geschwindigkeitskomponenten zerlegen:

$$V'_{x'} = V_x - v, \qquad V'_{y'} = V_y, \qquad V'_{z'} = V_z. \tag{6.11}$$

Gleichungen (6.10) und (6.11) geben die Galilei-Transformation für die Geschwindigkeiten eines Körpers, gemessen durch zwei Beobachter in relativer Translationsbewegung zueinander. Wenn sich z.B. A parallel zur OX-Achse bewegt, erhalten wir einfach

$$V' = V - v \tag{6.12}$$

da die anderen Komponenten null sind.

c) **Galilei-Transformation für die Beschleunigung** Die Beschleunigungen von A relativ zu O und O' sind jeweils

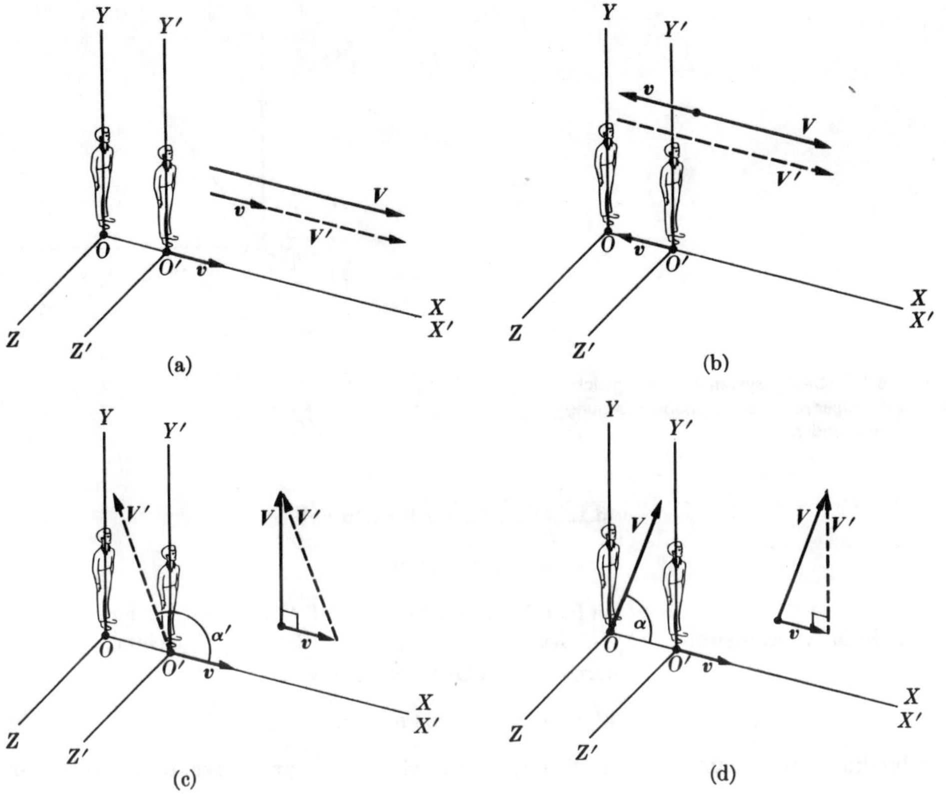

6.4

$$\boldsymbol{a} = \frac{d\boldsymbol{V}}{dt} \qquad \text{und} \qquad \boldsymbol{a}' = \frac{d\boldsymbol{V}'}{dt},$$

Man beachte wieder, daß wir dasselbe t für beide Fälle verwenden. Weil v konstant ist, gilt $dv/dt = O$, und aus (6.10) ergibt sich

$$\frac{dV}{dt} = \frac{dV'}{dt} \qquad \text{oder} \qquad a' = a, \tag{6.13}$$

so daß beide Beobachter dieselbe Beschleunigung messen.

Das heißt

Nach der Galilei-Transformation ist die Beschleunigung eines Teilchens für alle Beobachter in gleichförmiger relativer Translationsbewegung zueinander die gleiche.

Dieses Ergebnis liefert uns ein Beispiel einer physikalischen Größe — der Beschleunigung eines Teilchens — die unabhängig von der Bewegung des Beobachters zu sein scheint. In anderen Worten: wir haben gefunden, daß *die Beschleunigung invariant bleibt, wenn wir von einem Bezugssystem auf ein anderes wechseln, welches sich zum ersten in gleichförmiger relativer Translationsbewegung befindet*. Dies ist das erste Beispiel einer physikalischen Größe, die nach einer Transformation invariant bleibt. Wir werden später noch andere physikalische Größen kennenlernen, die sich ebenso verhalten. Wie wir noch sehen werden, hat dieses Ergebnis einen tiefgreifenden Einfluß auf die Formulierung von physikalischen Gesetzen.

Wenn sich andererseits der Beobachter O' relativ zu O in beschleunigter Bewegung befindet, ist die relative Geschwindigkeit $\boldsymbol{v}$ nicht konstant und wir erhalten

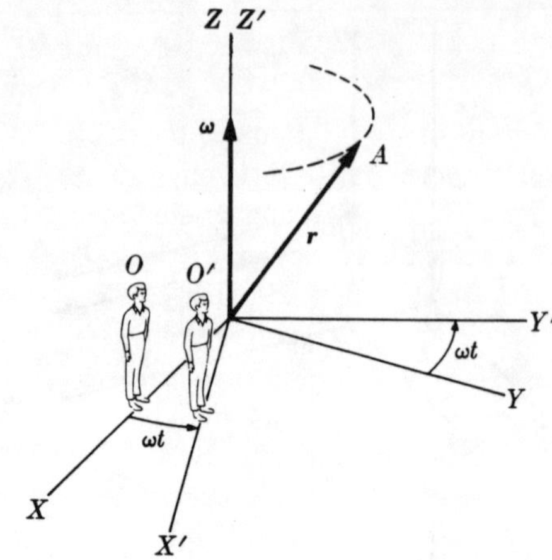

6.5 Bezugssysteme in gleichförmiger relativer Rotationsbewegung zueinander.

aus Gleichung (6.10)

$$\frac{d\boldsymbol{V}'}{dt} = \frac{d\boldsymbol{V}}{dt} - \frac{d\boldsymbol{v}}{dt}.$$

Die Größe $\boldsymbol{a}_r = d\boldsymbol{v}/dt$ nennt man Relativbeschleunigung. Daher ist

$$\boldsymbol{a}' = \boldsymbol{a} - \boldsymbol{a}_r,$$

und die Beobachter messen unterschiedliche Beschleunigungen.

Beispiel 6.2 Die Schallgeschwindigkeit in stehender Luft beträgt bei 25° C 358 m s^{-1}. Bestimmen Sie die Geschwindigkeit, die von einem Beobachter gemessen wird, der sich mit einer Geschwindigkeit von 90 km h^{-1} (a) von der Schallquelle entfernt, (b) sich der Schallquelle nähert, (c) sich senkrecht zur Richtung der Schallausbreitung in Luft bewegt und (d) in einer solchen Richtung bewegt, daß der Schall sich kreuzweise relativ zum bewegten Beobachter auszubreiten scheint. Nehmen Sie an, daß die Schallquelle relativ zum Boden in Ruhe ist.

Lösung: Wir wollen ein Bezugssystem XYZ wählen (Abb. 6.4), das am Boden fixiert ist und daher relativ zur Luft ruht, und ein System $X'Y'Z'$, das sich mit dem Beobachter bewegt, wobei die Geschwindigkeit des Beobachters in der X-Y-Ebene liegen soll, wie in Abb. 6.4 gezeigt. Relativ zu XYZ ist die Schallquelle in O, die Geschwindigkeit des Beobachters O' ist $v = 90$ km h^{-1} = 25 m s^{-1}, und die Schallgeschwindigkeit ist V = 358 m s^{-1}. Die Schallgeschwindigkeit relativ zu $X'Y'Z'$, wie sie der bewegte Beobachter O' mißt, ist V'. Mit (6.12) erhalten wir für den Fall (a)

$$V' = V - v = 333 \text{ m s}^{-1}.$$

Im Fall (b) stellen wir fest, daß O' sich entlang der negativen X-Achse bewegt. Wenn wir daher in Gleichung (6.12) v durch $-v$ ersetzen, erhalten wir

$$V' = V + v = 383 \text{ m s}^{-1}.$$

Im Fall (c) sehen wir, daß V und v senkrecht zueinander stehen, so daß

$$V' = \sqrt{V^2 + v^2} = 358{,}9 \text{ m s}^{-1}.$$

Dem in Bewegung befindlichen Beobachter scheint sich der Schall in einer Richtung auszubreiten, die einen Winkel α' mit der X'-Achse bildet, so daß

$$\tan \alpha' = \frac{V'_{y'}}{V'_{x'}} = \frac{V}{-v} = -15{,}32 \qquad \text{oder} \qquad \alpha' = 93{,}7°.$$

Schließlich ist im Fall (d) die Richtung der Schallausbreitung in Luft so, daß er sich für O' in Richtung Y' zu bewegen scheint. $\boldsymbol{V}'$ ist daher senkrecht zu $\mathbf{v}$. Daher ist

$$V^2 = v^2 + V'^2, \text{ oder}$$

$$V' = \sqrt{V^2 - v^2} = 357{,}1 \text{ m s}^{-1}.$$

In diesem Fall breitet sich der Schall durch die Luft in einer Richtung aus, die einen Winkel α mit der X-Achse bildet, so daß

$$\tan \alpha = \frac{V_y}{V_x} = \frac{V'}{v} = 14{,}385 \qquad \text{oder} \qquad \alpha = 86{,}0°.$$

6.4 GLEICHFÖRMIGE RELATIVE ROTATIONSBEWEGUNG

Wir wollen zwei Beobachter O und O' betrachten, die relativ zueinander rotieren, sich aber nicht in relativer Translationsbewegung zueinander befinden. Der Einfachheit halber wollen wir annehmen, daß O und O' sich im gleichen Bereich des Raumes befinden und daß jeder ein Bezugssystem verwendet, das an ihn gebunden ist, aber einen gemeinsamen Ursprung mit dem anderen Bezugssystem hat. Zum Beispiel sieht der Beobachter O, der das Bezugssystem XYZ (Abb. 6.5) verwendet, daß das Bezugssystem $X'Y'Z'$, das an O' gebunden ist, mit einer Winkelgeschwindigkeit $\boldsymbol{\omega}$ rotiert. Für O' ist die Situation genau umgekehrt. O' beobachtet, daß das Bezugssystem XYZ mit der Winkelgeschwindigkeit $-\boldsymbol{\omega}$ rotiert.

Aus praktischen Erwägungen werden wir die Achsen so zeichnen, wie in Abb. 6.5 gezeigt, wobei die Z- und Z'-Achsen zusammenfallen und parallel zu $\boldsymbol{\omega}$ sind. Nehmen Sie an, daß ein Teilchen A mit dem Ortsvektor $\boldsymbol{r}$ sich relativ zu O' in Ruhe befindet. A scheint sich daher relativ zum Beobachter O in gleichförmiger Kreisbewegung mit einer Winkelgeschwindigkeit $\boldsymbol{\omega}$ zu bewegen. Die Geschwindigkeit von A relativ zum Beobachter O muß daher nach (5.40) $\boldsymbol{\omega} \times \boldsymbol{r}$ sein. Wenn sich statt dessen das Teilchen A relativ zu O' mit einer Geschwindigkeit V' bewegt, muß die Geschwindigkeit von A relativ zu O $\boldsymbol{V} = \boldsymbol{V}' + \boldsymbol{\omega} \times \boldsymbol{r}$ sein, so daß

$$\boldsymbol{V}' = \boldsymbol{V} - \boldsymbol{\omega} \times \boldsymbol{r}. \tag{6.14}$$

Dieser Ausdruck gibt die Beziehung zwischen den Geschwindigkeiten $\boldsymbol{V}$ und $\boldsymbol{V}'$ von A, wie sie die Beobachter O und O' messen, die sich zueinander in relativer Rotationsbewegung mit einer Winkelgeschwindigkeit $\boldsymbol{\omega}$ befinden. Gleichung (6.14) entspricht (6.10). Während nämlich (6.10) die Umrechnung der Geschwindigkeiten für gegeneinander translatorisch gleichförmig bewegte Systeme darstellt, ist (6.14) die analoge Umrechnung für gegeneinander gleichförmig rotatorisch bewegte Systeme.

Die Beziehung zwischen der Beschleunigung, die von O gemessen wird und der, die O' mißt, ist etwas komplizierter. Wenn das Teilchen A relativ zu O' fixiert ist, so daß A sich mit gleichförmiger Kreisbewegung relativ zu O bewegt, sollte die Beschleunigung von A relativ zu O die Zentripetalbeschleunigung $\boldsymbol{\omega} \times (\boldsymbol{\omega} \times \boldsymbol{r})$ sein, die durch (5.42) gegeben ist. Wenn das Teilchen A sich relativ zu O' in Bewegung befindet, mit einer Geschwindigkeit $\boldsymbol{V}'$ und einer Beschleunigung $\boldsymbol{a}'$, ist man versucht zu sagen, daß die Beschleunigung relativ zu O $\boldsymbol{a} = \boldsymbol{a}' + \boldsymbol{\omega} \times (\boldsymbol{\omega} \times \boldsymbol{r})$ ist. Das gilt jedoch nicht allgemein. Wir wollen keine Ableitung des allgemeinen Ausdrucks geben, der die Beschleunigungen $\boldsymbol{a}$ und $\boldsymbol{a}'$ von A, wie sie die Beobachter O und O' in gleichförmiger relativer Rotationsbewegung registrieren, in Beziehung setzt; statt dessen wollen wir nur das Ergebnis angeben. Es lautet:

$$\boldsymbol{a} = \boldsymbol{a}' + \boldsymbol{\omega} \times (\boldsymbol{\omega} \times \boldsymbol{r}) + 2\boldsymbol{\omega} \times \boldsymbol{V}', \qquad \text{oder}$$
$$\boldsymbol{a}' = \boldsymbol{a} - \boldsymbol{\omega} \times (\boldsymbol{\omega} \times \boldsymbol{r}) - 2\boldsymbol{\omega} \times \boldsymbol{V}'. \tag{6.15}$$

Den Term $-2\boldsymbol{\omega} \times \boldsymbol{V}'$ nennt man die *Coriolisbeschleunigung* und der Term $-\boldsymbol{\omega} \times (\boldsymbol{\omega} \times \boldsymbol{r})$ entspricht wegen seines Vorzeichens der *Zentrifugalbeschleunigung* (erinnern Sie sich, daß $\boldsymbol{\omega} \times (\boldsymbol{\omega} \times \boldsymbol{r})$ eine Zentripetalbeschleunigung ist). Sowohl die Coriolis- als auch die Zentrifugalbeschleunigung sind das Ergebnis der relativen Rotationsbewegung der Beobachter zueinander und nicht von Beschleunigungen, die auf spezifische Einwirkungen auf das Teilchen zurückzuführen sind.

Kinematische Beziehungen der Galilei-Transformation

I. *Gleichförmige relative Translationsbewegung:*

$$\boldsymbol{V}' = \boldsymbol{V} - \boldsymbol{v},$$
$$\boldsymbol{a}' = \boldsymbol{a}.$$

II. *Gleichförmige relative Rotationsbewegung:*

$$\boldsymbol{V}' = \boldsymbol{V} - \boldsymbol{\omega} \times \boldsymbol{r},$$
$$\boldsymbol{a}' = \boldsymbol{a} - \boldsymbol{\omega} \times (\boldsymbol{\omega} \times \boldsymbol{r}) - 2\boldsymbol{\omega} \times \boldsymbol{V}'.$$

6.5 BEWEGUNG RELATIV ZUR ERDE

Eine der interessantesten Anwendungen von (6.15) ist die Untersuchung der Bewegung eines Körpers relativ zur Erde. Wie in Beispiel 5.5 angegeben, ist die Winkelgeschwindigkeit der Erde

$$\omega = 7{,}292 \times 10^{-5}\ \text{rad s}^{-1}.$$

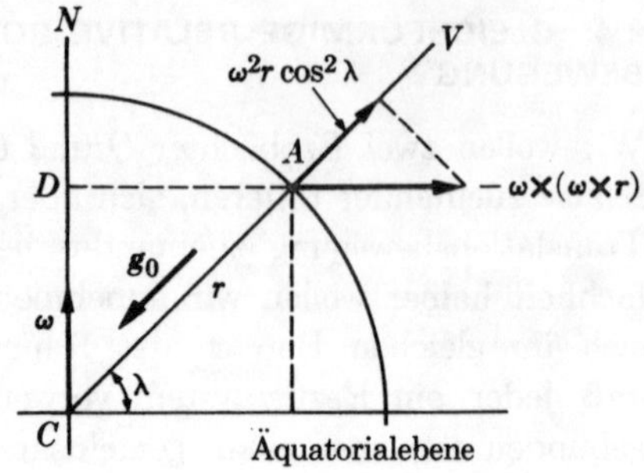

6.6 Zentrifugalbeschleunigung infolge der Rotation der Erde.

Ihre Richtung ist die der Rotationsachse der Erde. Betrachten Sie einen Punkt A auf der Erdoberfläche. Wir wollen $\boldsymbol{g}_0$ die Gravitationsbeschleunigung nennen, wie sie von einem nichtrotierenden Beobachter gemessen wird. Dann entspricht $\boldsymbol{g}_0$ dem $\boldsymbol{a}$ in (6.15). Die Beschleunigung, gemessen von einem Beobachter, der mit der Erde rotiert, ist dann

$$\boldsymbol{a}' = \boldsymbol{g}_0 - \boldsymbol{\omega} \times (\boldsymbol{\omega} \times \boldsymbol{r}) - 2\boldsymbol{\omega} \times \boldsymbol{V}', \tag{6.16}$$

was zeigt, daß die Beschleunigung eines Körpers relativ zur Erde von der Geschwindigkeit $\boldsymbol{V}'$ relativ zur Erde und der Position $\boldsymbol{r}$ des Körpers abhängt. Wir wollen nun getrennt die Auswirkungen der Zentrifugal- und der Coriolisbeschleunigung betrachten.

a) **Zentrifugalbeschleunigung** Betrachten Sie einen Körper, der anfänglich in Ruhe ist oder sich sehr langsam bewegt, so daß der Coriolisterm $-2\boldsymbol{\omega} \times \boldsymbol{V}'$ null oder vernachlässigbar ist, wenn man ihn mit dem Zentrifugalterm $-\boldsymbol{\omega} \times (\boldsymbol{\omega} \times \boldsymbol{r})$ vergleicht. Die Beschleunigung $\boldsymbol{a}'$, die in diesem Fall gemessen wird, nennt man die *effektive Gravitationsbeschleunigung*. Sie wird mit $\boldsymbol{g}$ bezeichnet. Daher ist

$$\boldsymbol{g} = \boldsymbol{g}_0 - \boldsymbol{\omega} \times (\boldsymbol{\omega} \times \boldsymbol{r}). \tag{6.17}$$

Die Zentrifugalbeschleunigung $-\boldsymbol{\omega} \times (\boldsymbol{\omega} \times \boldsymbol{r})$ ist in Richtung DA nach außen gerichtet, wie in Abb. 6.6 gezeigt.

Unter der Annahme, daß die Erde kugelförmig ist (obwohl sie tatsächlich etwas von dieser Gestalt abweicht) und daß es keine lokalen Abweichungen gibt, können wir annehmen, daß $\boldsymbol{g}_0$ radial in Richtung zum Erdmittelpunkt weist. Infolge des zweiten Terms in (6.17) weicht die Richtung von $\boldsymbol{g}$ (die man die *Vertikale* nennt) leicht von der radialen Richtung ab. Sie wird durch ein Lot bestimmt; Flüssigkeiten bleiben mit ihrer Oberfläche immer senkrecht zu $\boldsymbol{g}$ im Gleichgewicht. Für praktische Überlegungen und in Abwesenheit lokaler Störungen kann man jedoch annehmen, daß die vertikale mit der radialen Richtung zusammenfällt. Die Größe von $\boldsymbol{g}$ ist etwas geringer als die von $\boldsymbol{g}_0$ und kann ungefähr als

$$g = g_0 - \omega^2 r \cos^2 \lambda. \tag{6.18}$$

ausgedrückt werden. Obwohl das letzte Glied sehr klein ist, bedingt es die meisten der beobachteten Veränderungen im Wert der Gravitationsbeschleunigung in Abhängigkeit vom Breitengrad, wie sich in Tab. 6.1. zeigt.

Beweis für Gleichung (6.18) Aus Abb. 6.6 sehen wir, daß der Vektor $-\boldsymbol{\omega} \times (\boldsymbol{\omega} \times \boldsymbol{r})$ parallel zur Äquatorialebene ist, während der Vektor $\boldsymbol{g}_0$ auf den Mittelpunkt der Erde zu gerichtet ist. Ber Betrag dieses Vektors ist, wie wir aus (5.45) wissen,

$$|\boldsymbol{\omega} \times (\boldsymbol{\omega} \times \boldsymbol{r})| = \omega^2 r \cos\lambda = 3{,}34 \times 10^{-2} \cos\lambda \text{ m s}^{-2},$$

was sehr klein ist im Verhältnis zu $\boldsymbol{g}_0 \approx 9{,}8 \text{ m s}^{-2}$. Bei der Berechnung der Größe von

$$\boldsymbol{g} = \boldsymbol{g}_0 - \boldsymbol{\omega} \times (\boldsymbol{\omega} \times \boldsymbol{r})$$

dürfen wir daher annehmen, daß $\boldsymbol{g}$ so wenig von der vertikalen Richtung AV abweicht, daß es reicht, die Komponente $-\boldsymbol{\omega} \times (\boldsymbol{\omega} \times \boldsymbol{r})$ entlang AV(von $\boldsymbol{g}_0$) abzuziehen. Die Größe dieser Komponente ist

$$|\boldsymbol{\omega} \times (\boldsymbol{\omega} \times \boldsymbol{r})|\cos \lambda = \omega^2 r \cos^2 \lambda.$$

Daher ist

$$g = g_0 - \omega^2 r \cos^2 \lambda.$$

Tabelle 6.1

WERTE FÜR DIE GRAVITATIONSBESCHLEUNIGUNG, AUSGEDRÜCKT IN m s^{-2}.

Ort	Breitengrad	Gravitations-beschleunigung
Nordpol	90°0′	9,8321
Anchorage	61°10′	9,8218
Greenwich	51°29′	9,8119
Paris	48°50′	9,8094
Washington	38°53′	9,8011
Key West	24°34′	9,7897
Panama	8°55′	9,7822
Äquator	0°0′	9,7799

b) **Corioliseffekt** Die Coriolisbeschleunigung $-2\boldsymbol{\omega} \times \boldsymbol{V}'$ steht senkrecht zur Geschwindigkeit $\boldsymbol{V}'$ und wirkt sich daher so aus, daß das Teilchen in senkrechter Richtung zur Geschwindigkeit abgelenkt wird. Zum Beispiel kann man aus Abb. 6.7 entnehmen, daß der Corioliseffekt auf einen frei fallenden Körper dazu führt, daß seine Bahn etwas von der Geraden abweicht und der Körper auf einem Punkt auffallen wird, der etwas östlich von demjenigen direkt unter dem Ausgangspunkt liegt.

Wenn sich ein Teilchen in einer horizontalen Ebene bewegt, führt die Coriolisbeschleunigung zu einer leichten Rechtsabweichung der Bahn auf der nördlichen Hemisphäre (und zu einer Linksabweichung auf der südlichen), wie man aus Abb. 6.8 entnehmen kann, wo $\boldsymbol{a}_H$ die horizontale Komponente von $-2\boldsymbol{\omega} \times \boldsymbol{V}'$ ist.

Den Corioliseffekt kann man an zwei bekannten Phänomenen beobachten. Eines ist die Wirbelbildung in einem Hurrikan. Wenn sich in der Atmosphäre ein Tiefdruckzentrum entwickelt, wird der Wind radial zum Zentrum fließen (Abb. 6.9). Die Coriolisbeschleunigung lenkt jedoch in nördlichen Breitengraden die Moleküle der Luft nach rechts von ihrer Bahn ab, was zu einer Bewegung gegen den Uhrzeigersinn führt. Auf der südlichen Halbkugel erfolgt die Bewegung im Uhrzeigersinn.

Als zweites Beispiel für den Corioliseffekt wollen wir die Schwingung eines Pendels betrachten. Wenn die Schwingungsamplitude gering ist, können wir annehmen, daß die Bewegung des Pendelkörpers eine horizontale Bahn beschreibt. Wenn das Pendel ursprünglich bestimmt wäre, in ost-westlicher Richtung zu schwingen, und am Punkt A (siehe Abb. 6.10) losgelassen würde, so würde es weiterhin zwischen A und B schwingen, wenn sich die Erde nicht drehen würde. Wegen der Coriolisbeschleunigung infolge der Erdrotation wird die Bahn des Pendels jedoch auf der nördlichen Halbkugel ständig nach rechts, auf der südlichen nach links abgelenkt. Deshalb erreicht es am Ende der ersten Schwingung B' statt B. Auf dem Rückweg geht es nach A' und nicht nach A. In aufeinanderfolgenden vollständigen Schwingungen erreicht es daher A'', A''' etc. In anderen Worten: die Schwingungsebene des Pendels rotiert auf der nördlichen Hemisphäre im Uhrzeigersinn, auf der südlichen gegen den Uhrzeigersinn. Der Corioliseffekt auf ein Pendel ist an den Polen maximal und am Äquator null.

Dieser Effekt wurde von dem französischen Physiker Jean Léon Foucault spektakulär demonstriert, als er 1851 in die Kuppel des Invalidendoms in Paris ein 67 m langes Pendel hängte. Während jeder Schwingung rieselte Sand aus dem Pendelkörper in einen Kreis, wodurch experimentell bewiesen wurde, daß seine Schwingungsebene pro Stunde um 11°15′ rotierte. Foucaults Versuch ist ein deutlicher Beweis für die Drehung der Erde. Sogar wenn die Erde immer mit Wolken bedeckt wäre, hätte dieser Versuch den Wissenschaftlern gezeigt, daß die Erde rotiert und hätte es ihnen ermöglicht, die Periode der Rotation zu bestimmen.

6.6 DIE LORENTZ-TRANSFORMATION

Am Ende des 19. Jahrhunderts, als man noch annahm, daß der Raum, frei von Materie, mit «Äther» erfüllt wäre, wurde viel diskutiert, wie sich die Körper durch den Äther bewegten und wie diese Bewegung die Lichtgeschwindigkeit, gemessen auf der Erde, beeinflussen könnte. Die Physiker früherer Tage hatten angenommen, daß die Schwingungen dieses hypothetischen Äthers mit dem Licht auf ähnliche Weise in Beziehung stünden wie die Schwingungen in Luft mit dem Schall. Wenn man den Äther als ruhend annimmt, findet man, daß das Licht sich relativ zum Äther mit einer Geschwindigkeit von $c = 2{,}9979 \cdot 10^8$ m s^{-1} bewegt. Wenn sich die Erde durch den Äther bewegt ohne diesen zu stören, dann sollte die Lichtgeschwindigkeit relativ zur Erde von der Ausbreitungs-

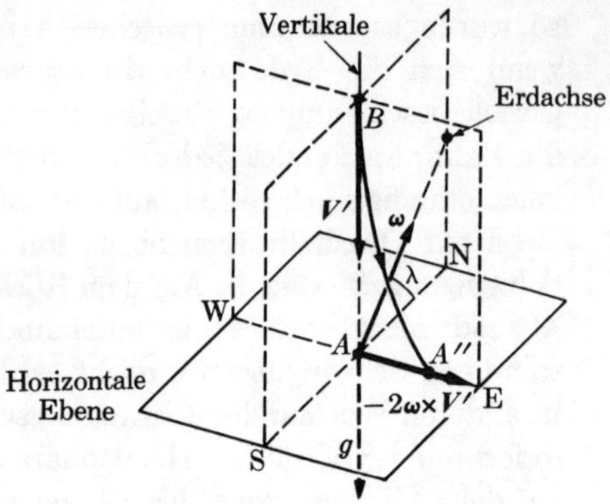

6.7 Abweichung eines fallenden Körpers nach Osten infolge der Coriolisbeschleunigung.

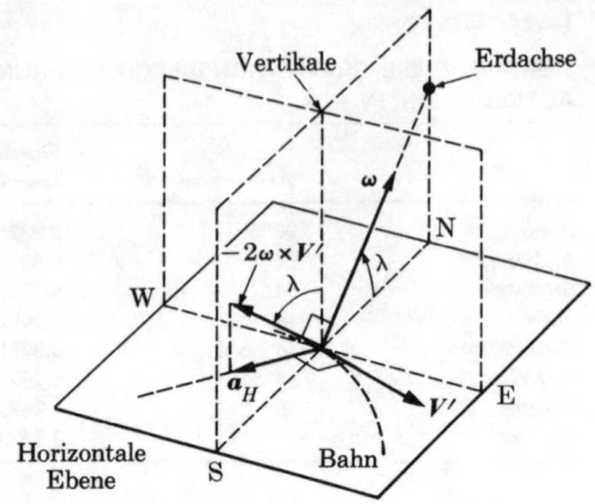

6.8 Rechtsabweichung eines Körpers, der sich auf der nördlichen Halbkugel horizontal bewegt.

richtung des Lichtes abhängen. Sie sollte z.B. für einen Lichtstrahl, der sich in Richtung der Erde fortpflanzt, $c - v$ betragen, und $c + v$ für die entgegengesetzte Richtung. Wenn der Weg des Lichtstrahls, von der Erde beobachtet, senkrecht zur Erdbewegung verläuft, wäre die Lichtgeschwindigkeit relativ zur Erde $\sqrt{c^2 - v^2}$. (Erinnern Sie Sich an Beispiel 6.2 für einen ähnlichen Fall, der den Schall betraf.)

1881 begannen die amerikanischen Physiker Michelson und Morley eine denkwürdige Versuchserie zur Messung der Lichtgeschwindigkeit in verschiedenen Richtungen relativ zur Erde. Zu ihrer großen Überraschung stellten sie fest, daß die Lichtgeschwindigkeit in allen Richtungen gleich war. Die Galileische Transformation zeigt jedoch, daß kein Körper relativ zu zwei Beobachtern in gleichförmiger relativer Bewegung die gleiche Geschwindigkeit haben darf, und daß die relative Geschwindigkeit von der Bewegungsrichtung des Beobachters abhängt. Das wird vor allem durch (6.10) deutlich gemacht. Eine mögliche Alternative wäre die, daß die Erde den Äther mit sich zieht und daß sich deshalb nahe der Erdoberfläche der Äther relativ zur Erde in Ruhe befindet. Das ist eine recht unwahrscheinliche Erklärung, da sich das Mitziehen des Äthers in anderen Phänomenen im Zusammenhang mit der Fortpflanzung des Lichtes manifestieren sollte. Solche Phänomene wurden jedoch nie beobachtet! Aus den oben genannten Gründen wurde die Vorstellung von der Existenz des Äthers von den Physikern verworfen.

Das Rätsel um die Michelson–Morley-Versuche wurde 1905 geklärt, als Einstein das Prinzip der Relativität formulierte, das unter 12.3 diskutiert werden wird. Wir wollen in der Zwischenzeit als Konsequenz der Michelson–Morley-Versuche akzeptieren, daß

Die Lichtgeschwindigkeit eine physikalische Konstante ist, die für alle Beobachter in gleichförmiger relativer Bewegung den gleichen Wert hat.

Unter dieser Annahme kann die Galilei-Transformation nicht richtig sein. Im Speziellen kann die vierte Gleichung in (6.8), $t' = t$, nicht mehr stimmen. Da die Geschwindigkeit gleich der Entfernung dividiert durch die Zeit ist, müssen wir wohl die Zeit ebenso wie die Entfernung entsprechend anpassen, wenn die Lichtgeschwindigkeit für Beobachter in relativer Bewegung zueinander gleich bleiben soll. In anderen Worten, das Zeitintervall zwischen Ereignissen braucht für zwei Beobachter in relativer Bewegung zueinander nicht unbedingt gleich zu sein. Wir müssen daher die Galilei-Transformation durch eine andere ersetzen, so daß die Lichtgeschwindigkeit konstant bleibt.

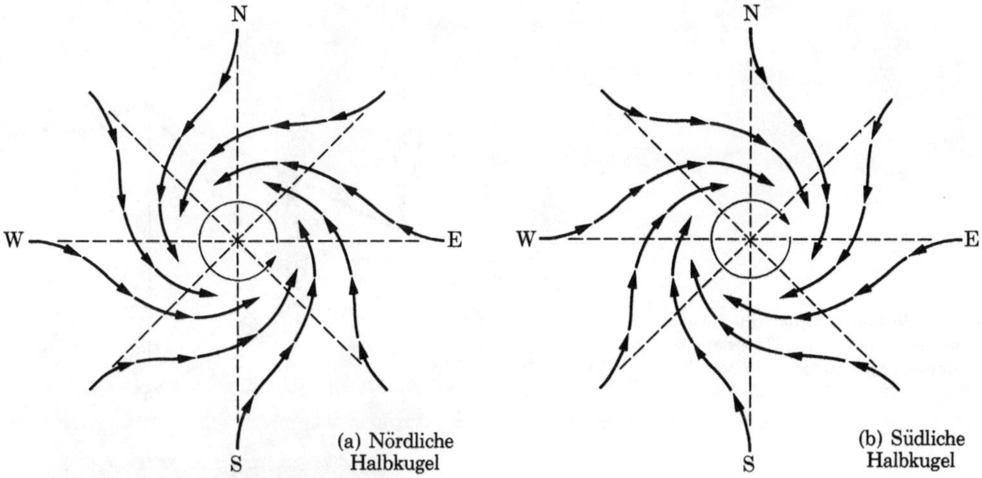

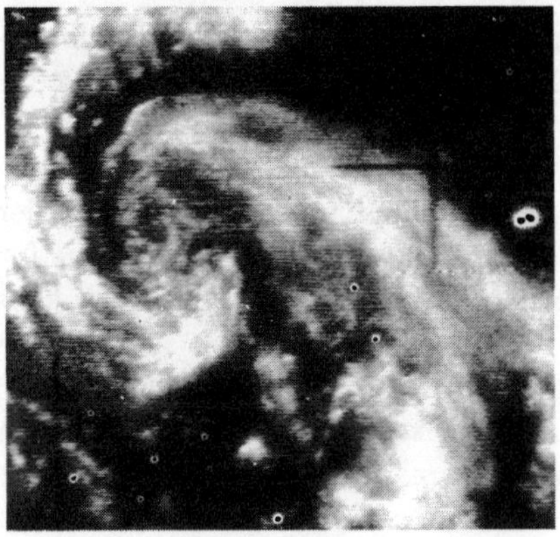

(c)

6.9 Wirbel des Windes gegen den Uhrzeigersinn (und in Richtung des Uhrzeigers) auf der nördlichen (südlichen) Halbkugel als Folge eines Tiefdruckzentrums in Verbindung mit der Coriolisbeschleunigung. Teil (c) zeigt eine Tiefdruckstörung, die von einem Tiros-Satelliten aufgenommen wurde [Aufnahme mit Genehmigung der NASA (Goddard Space Center).]

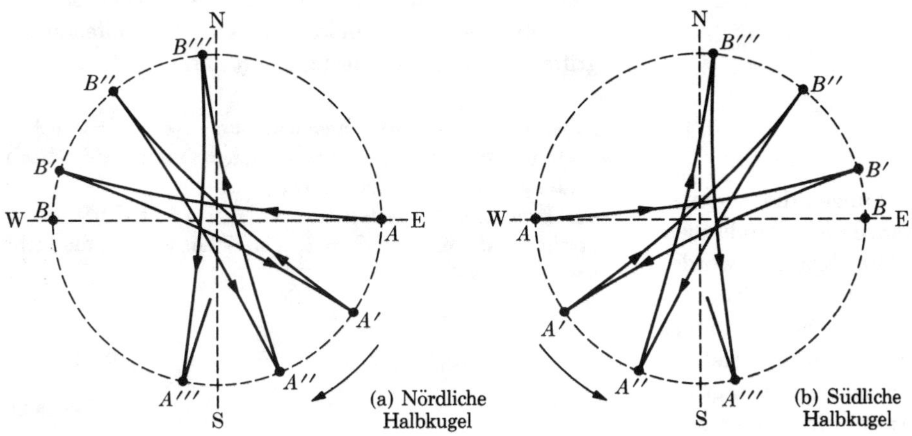

6.10 Rotation der Schwingungsebene eines Pendels infolge der Coriolisbeschleunigung. (Die Rotation auf der südlichen Halbkugel ist der auf der nördlichen entgegengesetzt gerichtet).

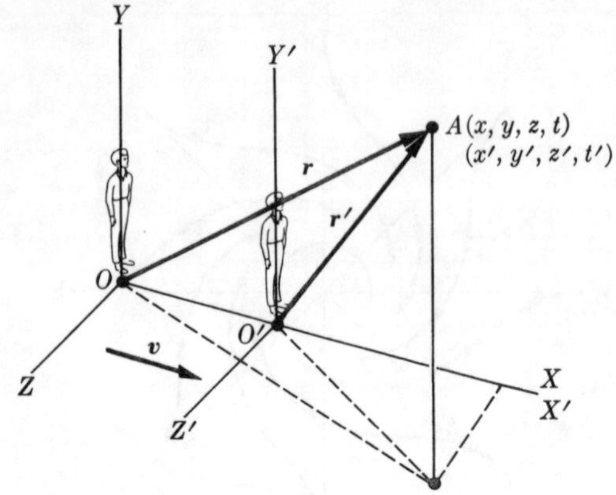

6.11 Bezugssysteme in gleichförmiger relativer Translationsbewegung zueinander.

Wie im Fall der Galileischen Transformation wollen wir annehmen, daß die Beobachter O und O' sich mit der relativen Geschwindigkeit $\boldsymbol{v}$ bewegen und daß die X- und X'-Achsen in Richtung ihrer relativen Bewegung zeigen, wobei die YZ und $Y'Z'$-Achsen parallel sind (Abb. 6.11). Wir können auch annehmen, daß beide Beobachter ihre Uhren so stellen, daß

$$t = t' = 0$$

wenn O und O' zusammenfallen.

Unter diesen Bedingungen ist, wie unten gezeigt, die neue Transformation, die mit der Konstanz der Lichtgeschwindigkeit vereinbar ist

$$x' = \frac{x - vt}{\sqrt{1 - v^2/c^2}},$$

$$y' = y,$$

$$z' = z,$$

$$t' = \frac{t - vx/c^2}{\sqrt{1 - v^2/c^2}}. \qquad (6.19)$$

Man nennt diesen Satz von Beziehungen die *Lorentz-Transformation*, da er zuerst von dem holländischen Physiker Hendrik Lorentz um 1890 abgeleitet wurde, und zwar im Zusammenhang mit dem Problem des elektromagnetischen Feldes einer bewegten Ladung.

Verglichen mit dem Großteil der Geschwindigkeiten, welchen wir auf der Erde begegnen, ist c eine sehr große Geschwindigkeit. Das Verhältnis v/c ist daher sehr klein und die Ausdrücke v^2/c^2 und vx/c^2 können im allgemeinen vernachlässigt werden. Dann wird $k = 1/\sqrt{1 - v^2/c^2}$ praktisch gleich eins (siehe Abb. 6.12). Vom praktischen Standpunkt besteht daher kein Unterschied zwischen der Lorentz-Transformation und der Galilei-Transformation und wir können die letztere für die meisten Probleme verwenden, mit denen wir konfrontiert werden. Wenn wir es jedoch mit sehr raschen Teilchen zu tun haben, wie z.B. den Elektronen in Atomen oder Teilchen in kosmischen Strahlen, müssen wir die Lorentz — oder relativistische Transformation verwenden.

Obwohl sich in den meisten Fällen die numerischen Ergebnisse der Lorentz-Transformation nicht stark von denen der Galilei-Transformation unterscheiden, bedeutet die Lorentz-Transformation vom theoretischen Standpunkt eine sehr tiefgreifende Begriffsveränderung in Bezug auf Raum und Zeit.

Ableitung der Lorentz-Transformation Nehmen Sie in Abb. 6.11 an, daß zu $t = 0$ am gemeinsamen Ort der beiden Beobachter ein Lichtblitz abgegeben wird. Nach der Zeit t wird der Beobachter O feststellen, daß das Licht den Punkt A erreicht hat und wird $r = ct$ schreiben, wobei c die Lichtgeschwindigkeit ist. Da

$$x^2 + y^2 + z^2 = r^2,$$

können wir auch schreiben:

$$x^2 + y^2 + z^2 = c^2t^2. \qquad (6.20)$$

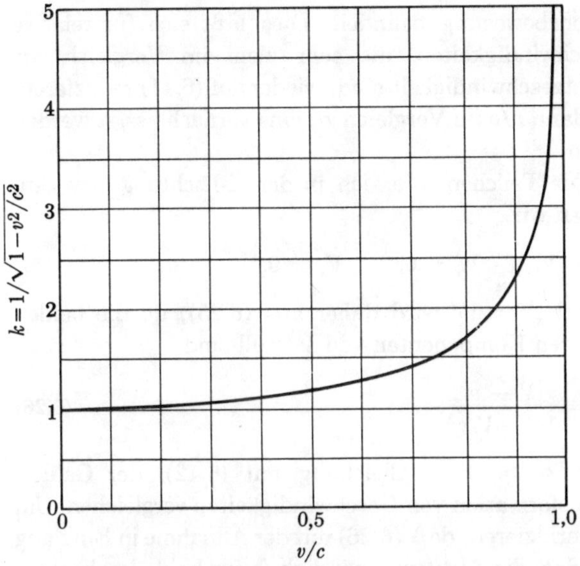

6.12 Änderung von $k = 1/\sqrt{1 - v^2/c^2}$ mit v/c.

Ähnlich wird Beobachter O', dessen Position nun nicht mehr mit der von O zusammenfällt, feststellen, daß das Licht am gleichen Punkt A zur Zeit t' eintrifft, ebenfalls mit der Geschwindigkeit c. Er schreibt daher $r' = ct'$, oder

$$x'^2 + y'^2 + z'^2 = c^2t'^2. \tag{6.21}$$

Unsere nächste Aufgabe ist es, eine Transformation zu erhalten, die (6.20) und (6.21) miteinander verbindet. Die Symmetrie der Aufgabe läßt vermuten, daß $y' = y$ und $z' = z$. Da außerdem für den Beobachter O gilt $OO' = vt$, muß $x = vt$ für $x' = 0$ (Punkt O') gelten. Es ist daher naheliegend, $x' = k(x - vt)$ zu setzen, wobei k eine Konstante darstellt, die noch bestimmt werden muß. Da t' von t verschieden ist, können wir auch annehmen, daß $t' = a(t - bx)$, wobei a und b Konstanten sind, die noch bestimmt werden müssen. (Für die Galilei-Transformation ist $k = a = 1$ und $b = 0$). Wenn wir das in (6.21) einsetzen, erhalten wir

$$k^2(x^2 - 2vxt + v^2t^2) + y^2 + z^2 = c^2a^2(t^2 - 2bxt + b^2x^2), \quad \text{oder}$$

$$(k^2 - b^2a^2c^2)x^2 - 2(k^2v - ba^2c^2)xt + y^2 + z^2 = (a^2 - k^2v^2/c^2)\,c^2t^2.$$

Dieses Ergebnis muß mit (6.20) identisch sein. Daher ist

$$k^2 - b^2a^2c^2 = 1,$$
$$k^2v - ba^2c^2 = 0,$$
$$a^2 - k^2v^2/c^2 = 1.$$

Wenn wir diesen Satz von Gleichungen nach k, a und b auflösen, erhalten wir

$$k = a = \frac{1}{\sqrt{1 - v^2/c^2}} \quad \text{und} \quad b = v/c^2.$$

Setzen wir die Werte für k, a und b in $x' = k(x - vt)$ und $t' = a(t - bx)$ ein, so erhalten wir die Lorentz-Transformation (6.19).

Beispiel 6.3 *Die inverse Lorentz-Transformation, welche die Koordinaten x, y, z und die Zeit t, gemessen durch O, in Form der Koordinaten x', y', z' und die Zeit t', gemessen durch O', ausdrückt.* Es sollte offensichtlich sein, daß die zweite und dritte Beziehung in (6.19) keinerlei Schwierigkeiten bieten. Ein direkter Weg, um mit der ersten und vierten Gleichung fertig zu werden, ist der, sie als einen Satz zweier simultaner Gleichungen zu betrachten, und sie algebraisch nach x und t als Funktion von x' und t' aufzulösen. Wir werden diese Vorgangsweise dem Studenten zur Übung überlassen und für den Augenblick einer mehr physikalischen Überlegungsrichtung folgen. Vom Standpunkt des Beobachters O' aus entfernt sich der Beobachter O entlang der $-X'$-Achse mit einer Geschwindigkeit $-v$. Daher darf O' die gleiche Lorentz-Transformation verwenden, um die Werte x und t, gemessen von O, in Form der Werte x' und t' zu erhalten, die O' mißt. Dazu muß der Beobachter O' nur v durch $-v$ in (6.19) ersetzen, und x, t durch x', t' austauschen. Daher ist

$$x = \frac{x' + vt'}{\sqrt{1 - v^2/c^2}}, \tag{6.22}$$

$$y = y',$$

$$z = z',$$

$$t = \frac{t' + vx'/c^2}{\sqrt{1 - v^2/c^2}},$$

was die *inverse Lorentz-Transformation* ergibt.

6.7 LORENTZ-TRANSFORMATION VON GESCHWINDIGKEITEN UND BESCHLEUNIGUNGEN

Wir wollen ein Teilchen A (Abb. 6.11) betrachten, das sich relativ zu den Beobachtern O und O' in Bewegung befindet. Die Geschwindigkeit $\boldsymbol{V}$ von A, gemessen von O, hat die Komponenten

$$V_x = \frac{dx}{dt}, \quad V_y = \frac{dy}{dt}, \quad V_z = \frac{dz}{dt}. \tag{6.23}$$

Entsprechend sind die Komponenten der Geschwindigkeit $\boldsymbol{V}'$ von A, gemessen durch O',

$$V' = \frac{dx'}{dt'}, \quad V'_{y'} = \frac{dy'}{dt'}, \quad V'_{z'} = \frac{dz'}{dt'}. \tag{6.24}$$

Beachten Sie, daß wir nun dt' und nicht dt verwenden, da t und t' nicht mehr gleich sind. Wie unten gezeigt, stehen die Geschwindigkeiten $\boldsymbol{V}$ und $\boldsymbol{V}'$ durch die Ausdrücke

$$V'_{x'} = \frac{V_x - v}{1 - vV_x/c^2},$$

$$V'_{y'} = \frac{V_y\sqrt{1 - v^2/c^2}}{1 - vV_x/c^2},$$

$$V'_{z'} = \frac{V_z\sqrt{1 - v^2/c^2}}{1 - vV_x/c^2} \tag{6.25}$$

zueinander in Beziehung. Dieser Gleichungssatz gibt das Gesetz für die Lorentz-Transformation von Geschwindigkeiten, d.h., die Regel für den Vergleich der Geschwindigkeiten eines Körpers, gemessen von zwei Beobachtern, die sich in gleichförmiger relativer Translationsbewegung befinden. Dies läßt sich für relative Geschwindigkeiten, die sehr klein im Vergleich zur Lichtgeschwindigkeit sind, wieder auf (6.11) reduzieren, da dann v/c im Vergleich zu eins vernachlässigt werden kann.

Für Teilchen, die sich in der X-Richtung bewegen, haben wir

$$V_x = V, \qquad V_y = 0, \qquad V_z = 0.$$

Mit $V'_{x'} = V'$ wird daher aus (6.25), da die beiden anderen Komponenten von V' null sind,

$$V' = \frac{V - v}{1 - vV/c^2}. \tag{6.26}$$

Man sollte diese Gleichung mit (6.12), der Galilei-Transformation von Geschwindigkeiten vergleichen. Um zu verifizieren, daß (6.26) mit der Annahme in Einklang ist, daß die Lichtgeschwindigkeit für beide Beobachter gleich ist, wollen wir den Fall eines Lichtsignals betrachten, das sich längs der X-Achse fortpflanzt. Dann ist in (6.26) $V = c$ und

$$V' = \frac{c - v}{1 - vc/c^2} = c.$$

Daher mißt der Beobachter O' ebenfalls eine Geschwindigkeit c.

Man muß festhalten, daß (6.26) die Geschwindigkeiten des*selben* Körpers, gemessen von zwei Beobachtern in relativer Bewegung zueinander, in Beziehung bringt. *Verschiedene* Geschwindigkeiten in seinem eigenen Bezugssystem kombiniert ein bestimmter Beobachter nach den Vektorregeln, die in Kapitel 3 dargelegt wurden.

Die Beziehungen zwischen den Beschleunigungen eines Teilchens, gemessen von zwei Beobachtern in gleichförmiger relativer Bewegung zueinander, ist etwas komplizierter. Wenn z.B. ein Teilchen, das sich mit der Geschwindigkeit $\boldsymbol{V}$ relativ zu O bewegt, in der X-Richtung beschleunigt wird, stehen die Beschleunigungen, die O und O' messen, durch folgenden Ausdruck miteinander in Beziehung:

$$a' = a\,\frac{(1 - v^2/c^2)^{3/2}}{(1 - vV_x/c^2)^3}. \tag{6.27}$$

Die beiden Beobachter messen daher verschiedene

Beschleunigungen. Dieses Ergebnis unterscheidet sich von (6.13) für die Galilei-Transformation, die voraussagt, daß die Beschleunigung für die Beobachter in gleichförmiger relativer Bewegung zueinander gleich ist. In anderen Worten, die Forderung, daß die Lichtgeschwindigkeit in allen Bezugssystemen, die sich zueinander in gleichförmiger relativer Bewegung befinden, konstant bleiben muß, zerstört die Invarianz der Beschleunigung.

Ableitung des Gesetzes zur Transformation von Geschwindigkeiten Wenn wir (6.19) differenzieren, erhalten wir

$$dx' = \frac{dx - v\,dt}{\sqrt{1 - v^2/c^2}} = \frac{V_x - v}{\sqrt{1 - v^2/c^2}}\,dt,$$

$$dy' = dy,$$

$$dz' = dz, \tag{6.28}$$

$$dt' = \frac{dt - v\,dx/c^2}{\sqrt{1 - v^2/c^2}} = \frac{1 - vV_x/c^2}{\sqrt{1 - v^2/c^2}}\,dt.$$

In der ersten und letzten Gleichung wurde nach (6.23) dx durch $V_x\,dt$ ersetzt. Wenn man die erste dieser Gleichungen durch die vierte dividiert und (6.23) und (6.24) beachtet, so erhält man

$$V'_{x'} = \frac{dx'}{dt'} = \frac{V_x - v}{1 - vV_x/c^2},$$

welches die erste Gleichung von (6.25) darstellt. Die anderen beiden Beziehungen (6.25) findet man auf die gleiche Weise.

6.8 FOLGEN DER LORENTZ-TRANSFORMATION

Der Proportionalitätsfaktor $k = 1/\sqrt{1 - v^2/c^2}$, der in (6.19) erscheint, läßt vermuten, daß die Längen von Körpern und die Zeitintervalle zwischen Ereignissen nicht gleich sein könnten, wenn sie durch Beobachter in relativer Bewegung zueinander gemessen werden. Wir wollen nun diesen wichtigen Punkt besprechen.

1. **Längenkontraktion** Die Länge eines Objekts kann als Abstand zwischen seinen beiden Enden definiert werden. Wenn der Gegenstand jedoch relativ zu dem Beobachter, der seine Länge messen will, in Bewegung ist, muß die Position der beiden Endpunkte *gleichzeitig* festgestellt werden. Wir wollen einen Stab, parallel zur $O'X'$-Achse, betrachten, der sich relativ zu O' in Ruhe befindet. Wenn wir seine beiden Enden mit a und b bezeichnen, ist seine Länge, gemessen durch O', $L' = x'_b - x'_a$. Gleichzeitigkeit ist für den Beobachter O' nicht wesentlich, da er den Stab in Ruhelage sieht. Der Beobachter O hingegen, der den Stab in Bewegung sieht, muß die Koordinaten x_a und x_b der Endpunkte zur *selben* Zeit t messen, wodurch er $L = x_b - x_a$ erhält. Wenn wir die erste Beziehung (6.19) anwenden, finden wir, daß

$$x'_a = \frac{x_a - vt}{\sqrt{1 - v^2/c^2}} \quad \text{und} \quad x'_b = \frac{x_b - vt}{\sqrt{1 - v^2/c^2}}.$$

Beachten Sie, daß wir in beiden Ausdrücken die gleiche Zeit t verwenden. Wenn wir nun subtrahieren, erhalten wir

$$x'_b - x'_a = \frac{x_b - x_a}{\sqrt{1 - v^2/c^2}}$$

oder, da $x_b - x_a = L$ und $x'_b - x'_a = L'$,

$$L = \sqrt{1 - v^2/c^2}\,L'. \tag{6.29}$$

Da der Faktor $\sqrt{1 - v^2/c^2}$ kleiner als eins ist, haben wir einen Fall, in dem L kleiner als L' ist, d.h., der Beobachter O, der den Gegenstand in Bewegung sieht, mißt eine geringere Länge als der Beobachter O', der den Gegenstand in Ruhelage sieht. Daher gilt

Die Länge eines Körpers erscheint geringer, wenn sich der Gegenstand relativ zum Beobachter in Bewegung befindet als wenn der Körper relativ zum Beobachter ruht, d.h.
$L_{\text{Beweg}} < L_{\text{Ruhe}}$.

Die Länge eines Körpers in Ruhelage relativ zu einem Beobachter nennt man die *Eigenlänge* des Körpers.

2. **Zeitdilatation** Ein Zeitintervall kann man als die Zeit definieren, die zwischen zwei Ereignissen verstreicht, wie sie von einem Beobachter gemessen wird. Ein *Ereignis* ist eine spezifische Erscheinung, die an einem bestimmten Punkt im Raum und zu einem bestimmten Zeitpunkt stattfindet. Im Rahmen dieser

Definition ist es daher ein Ereignis, wenn das Pendelgewicht während einer Schwingung seinen höchsten Punkt erreicht. Nach einer bestimmten Zeitspanne wird es in die gleiche Lage zurückkommen, was ein zweites Ereignis darstellt. Die Zeit, die zwischen diesen beiden Ereignissen abläuft, ist ein Zeitintervall. Ein Zeitintervall ist daher die Zeit, die es braucht, um etwas zu tun: für ein Pendel zu schwingen, für ein Elektron, um den Kern zu rotieren, für ein instabiles Teilchen zu zerfallen, für ein Herz zu schlagen, u.s.w.

Wir wollen zwei Ereignisse betrachten, die zu den Zeiten t'_a und t'_b stattfinden, und zwar am *selben* Ort x' relativ zu einem Beobachter O', der relativ zu O in Bewegung ist. Relativ zu O finden die Ereignisse an zwei verschiedenen Orten und zu den Zeiten t_a und t_b statt.

Wenn man die letzte Beziehung der inversen Lorentz-Transformation, die im Beispiel 6.3 gegeben ist, auf die beiden Ereignisse anwendet, erhält man

$$t_a = \frac{t'_a + vx'/c^2}{\sqrt{1 - v^2/c^2}}, \qquad t_b = \frac{t'_b + vx'/c^2}{\sqrt{1 - v^2/c^2}}.$$

Subtraktion dieser beiden Zeiten ergibt

$$t_b - t_a = \frac{t'_b - t'_a}{\sqrt{1 - v^2/c^2}}, \tag{6.30}$$

oder, wenn wir für $T = t_b - t_a$ und für $T' = t'_b - t'_a$ setzen,

$$T = \frac{T'}{\sqrt{1 - v^2/c^2}}. \tag{6.31}$$

T' ist nun das Zeitintervall zwischen zwei Ereignissen, welches von einem Beobachter O' gemessen wird, der relativ zu dem Ort, an dem das Ereignis stattfindet, ruht. T ist das Zeitintervall, das von einem Beobachter O gemessen wird, relativ zu dem sich der Punkt, an dem das Ereignis stattfindet, bewegt. Da der Faktor $1/\sqrt{1 - v^2/c^2}$ größer als eins ist, zeigt (6.31), daß T größer ist als T'. Daher gilt:

Ereignisse scheinen länger zu dauern, wenn sie in einem Körper ablaufen, der sich relativ zum Beobachter bewegt als wenn sich der Körper relativ zum Beobachter in Ruhelage befindet, d.h., $T_{\text{Beweg}} > T_{\text{Ruhe}}$.

Das Zeitintervall zwischen zwei Ereignissen, die an Punkten ablaufen, die sich relativ zu einem Beobachter in Ruhe befinden, nennt man das *Eigenzeitintervall.*

Beispiel 6.4 Zeitdilatation und Myonenzerfall. Die Vorstellung der Längenkontraktion und der Zeitdilatation sind so verschieden von unseren intuitiven Vorstellungen von Länge und Zeit, daß es wichtig ist, einige experimentelle Bestätigungen dieser relativistischen Effekte zu sehen. Es gibt vielfältige experimentelle Bestätigungen für die Voraussagen der Lorentz-Transformation. Wir wollen hier ein besonders interessantes Beispiel betrachten.

Das Myon ist ein instabiles Teilchen, dessen Masse etwa 207 mal größer ist als die des Elektrons. Diese Teilchen zerfallen mit einer bestimmten Rate in andere Teilchen. Die Zerfallsgeschwindigkeit wird durch die *Halbwertszeit* ausgedrückt, welche die Zeit ist, innerhalb derer die Hälfte aller ursprünglich vorhandenen Teilchen zerfällt. Wenn wir eine Zahl N von Myonen im Laboratorium in Ruhelage haben, sind zu einer Zeit τ, die der Halbwertszeit entspricht, nur mehr die Hälfte, oder $N/2$ der Myonen übrig. Nach der Zeit 2τ (oder zwei Halbwertszeiten) bleiben $N/4$ oder $N/2^2$ Myonen übrig, u.s.w. Es ist klar, daß nach einer Zeit, die n Halbwertszeiten entspricht, nur $(\frac{1}{2})^n$ der ursprünglichen Teilchen vorhanden sind. Die Halbwertszeit eines Myons in Ruhelage im Laboratorium beträgt etwa $1{,}5 \cdot 10^{-6}$s.

Als Folge der Zusammenstöße kosmischer Strahlen mit den Atomen der Atmosphäre werden in einer Höhe von etwa 60 km der Atmosphäre Myonen produziert. Diese Myonen haben eine Geschwindigkeit, die nahe der Lichtgeschwindigkeit ist. Nehmen Sie an, daß

$$v = 0{,}999\,c = 2{,}9949 \times 10^8 \text{ m s}^{-1}.$$

Bei dieser Geschwindigkeit brauchen die Myonen eine Zeit

$$t = \frac{6 \times 10^4}{2{,}9949 \times 10^8}\text{s} \cong 2 \times 10^{-4} \text{ s},$$

um die Erdoberfläche zu erreichen. Diese Zeit entspricht ca. 133 Halbwertszeiten. Wenn die Zeit, die der Beobachter auf der Erde mißt, identisch wäre mit der Zeit, die in einem Bezugssystem, das relativ zu einem Myon ruht, gemessen wird, so würde nur ein kleiner Bruchteil, $(\frac{1}{2})^{133}$ oder 10^{-40} der ursprünglichen Myonen die Erdoberfläche erreichen. Man findet jedoch experimentell, daß die Zahl von Myonen auf Seehöhe viel größer ist. Die Erklärung dieses Phänomens ist die, daß infolge der Zeitdilatation die Zeit t, die das Myon braucht, um die Atmosphöre zu durchqueren, gemessen von einem Beobachter auf der Erde, viel größer ist als die Zeit t', die von einem Beobachter gemessen wird, der sich relativ zum

Myon in Ruhe befindet. Da in diesem Fall $v/c = 0{,}999$, erhalten wir für

$$\sqrt{1 - v^2/c^2} = 4{,}5 \times 10^{-2}.$$

Unter Verwendung von (6.31) finden wir, daß die Zeit t', im Bezugssystem des Myons gemessen (d.h., die Eigenzeit des Myons), die es braucht, um die Erdoberfläche zu erreichen, gleich ist

$$t' = t\sqrt{1 - v^2/c^2} \approx 9 \times 10^{-6}\,\text{s},$$

was ungefähr sechs Halbwertszweiten entspricht. In dieser Zeit ist die Zahl der Myonen, die noch übrig sind, wenn sie auf die Erdoberfläche auftreffen, etwa $(\frac{1}{2})^6$ oder $\frac{1}{64}$ der ursprünglichen Zahl. Dieses Ergebnis stimmt mit den experimentellen Befunden überein.

Ähnliche Ergebnisse erzielte man mit Teilchen, die unter Verwendung von Geräten wie Synchrotrons und Betatrons im Laboratorium erzeugt wurden. In diesem Fall beobachtete man, wie die Zahl dieser Teilchen längs des Strahles abnimmt.

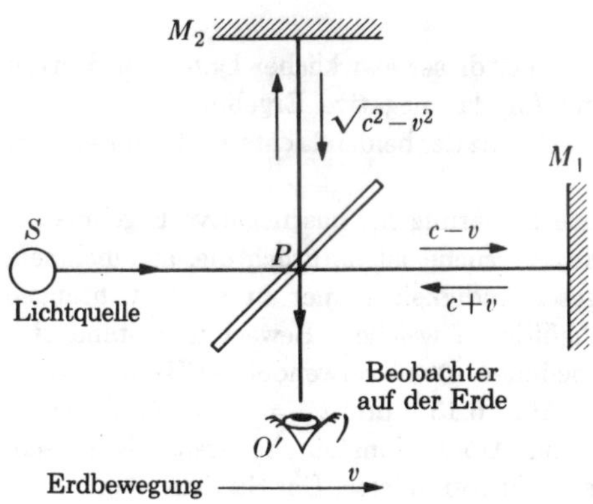

6.13 Grundlegender Aufbau des Michelson–Morley-Versuchs.

Beispiel 6.5 *Analyse des Michelson—Morley-Versuchs.* Am Beginn des Abschnitts 6.6 erwähnten wir den Michelson—Morley-Versuch. Die Versuchsanordnung ist schematisch in Abb. 6.13 dargestellt, wobei S eine monochromatische Lichtquelle ist und M_1 und M_2 zwei Spiegel sind, die in gleicher Entfernung L', gemessen vom Beobachter auf der Erde, von der Glasplatte P aufgestellt sind. Licht, das von S kommt, wird an P teilweise nach M_1 durchgelassen und teilweise nach M_2 reflektiert. Strahlen, die bei M_1 und M_2 reflektiert werden, kehren auf ihrem Weg zurück und erreichen schließlich am Punkt O' den Beobachter. Man beachte, daß der Lichtweg, der in Abb. 6.13 dargestellt ist, relativ zu einem Bezugssystem $X'Y'Z'$ ist, welches sich mit der Erde bewegt und relativ zu welchem das Instrument, ein sogenanntes *Interferometer*, ruht. (Als Übung für den Studenten wird vorgeschlagen, den Lichtweg zu zeichnen, wie ihn ein Beobachter sieht, relativ zu dem die Erde sich mit der Geschwindigkeit v bewegt). Die tatsächliche Versuchsanordnung, die von Michelson und Morley verwendet wurde, ist in Abb. 6.14 dargestellt.

Die Lichtgeschwindigkeit, gemessen von einem Beobachter, der relativ zum Äther ruht, sei c. Wir wollen die Geschwindigkeit der Erde relativ zum Äther mit v bezeichnen und das Interferometer so ausrichten, daß die Linie PM_1 parallel zur Bewegung der Erde ist.

Wenn wir die Galilei-Transformation verwenden, finden wir nach den Ergebnissen von Beispiel 6.2, daß die Lichtgeschwindigkeit zwischen P und M_1 relativ zur Erde $c - v$ ist, die von M_1 nach P ist $c + v$, und von P nach M_2 oder M_2 nach P ist sie $\sqrt{c^2 - v^2}$. Die Zeit, die das Licht braucht, um von P nach M_1 und zurück nach P zu gehen, ist also, gemessen vom Beobachter auf der Erde O',

$$t'_{\parallel} = \frac{L'}{c - v} + \frac{L'}{c + v} = \frac{2L'c}{c^2 - v^2} = \frac{2L'/c}{1 - v^2/c^2},$$

während die Zeit, die notwendig ist, um von P nach M_2 und zurück zu P zu gehen, gemessen von O', gleich ist

$$t'_{\perp} = \frac{2L'}{\sqrt{c^2 - v^2}} = \frac{2L'/c}{\sqrt{1 - v^2/c^2}}.$$

Wir stellen fest, daß $t'_{\parallel}$ und $t'_{\perp}$ verschieden sind und daß daher die Strahlen, die den Beobachter O' erreichen, einen gewissen Wegunterschied haben und (entsprechend der Theorie, die in Kapitel 28 dargestellt werden wird) zu einem bestimmten Interferenzmuster führen sollten. Überraschenderweise kann *kein* solches Interferenzmuster beobachtet werden, wie schon in Abschnitt 6.6.* gesagt. Das läßt vermuten, daß $t'_{\parallel} = t'_{\perp}$. Um dieses Rätsel zu lösen, schlugen Lorentz und unabhängig von ihm Fitzgerald vor, daß alle Objekte, die durch den Äther wandern, eine «wirkliche»

* In den tatsächlichen Versuchen, die von Michelson durchgeführt wurden, waren die beiden Arme des Interferometers, oder genauer, die optischen Längen der beiden Lichtwege etwas unterschiedlich, was zu einem Interferenzmuster führte. Michelson drehte daher das Instrument, um diesen Unterschied auszugleichen und um die tatsächliche Genauigkeit der Messung zu erhöhen (Abb. 6.14). Obwohl die Theorie, die auf der Galilei-Transformation beruhte, eine Änderung im Interferenzmuster als Folge der Drehung voraussagte, konnte diese Veränderung nicht beobachtet werden.

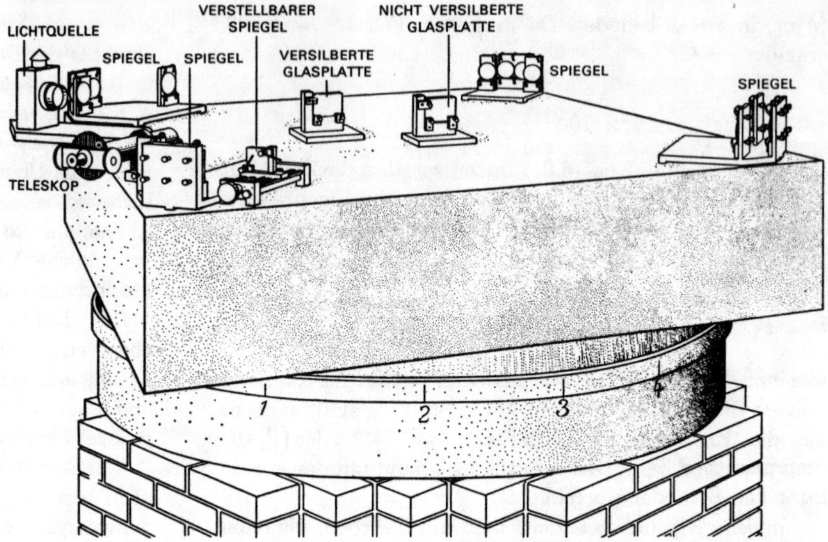

6.14 Interferometer, das von Michelson und Morley in ihren Versuchen zur Messung der Lichtgeschwindigkeit verwendet wurde. Ein Sandsteintisch, der die Spiegel trägt, ist auf einem Holzring befestigt, der auf Quecksilber schwimmt. Die Serie von Spiegeln dient zur Verlängerung des Lichtweges. Die nichtversilberte Platte steht in einem Lichtweg, um den Umstand zu kompensieren, daß der andere Lichtweg durch das Spiegelglas gehen muß. Das Teleskop wird verwendet, um die Interferenzstreifen zu beobachten (Zeichnung mit freundlicher Genehmigumg des *Scientific American.*)

Kontraktion in der Bewegungsrichtung erfahren und daß diese Kontraktion gerade ausreicht, um $t'_\parallel = t'_\perp$ zu machen. Das bedeutet, daß die Länge, die in $t'_\parallel$ erscheint, nicht die gleiche sein darf wie die Länge in $t'_\perp$, da die erstere in Richtung der Erdbewegung und die zweite senkrecht zu ihr ist. Wenn man in dem Ausdruck für $t'_\parallel$ L statt L' einsetzt, müssen wir

$$t'_\parallel = \frac{2L/c}{1 - v^2/c^2}$$

erhalten. Durch Gleichsetzen von $t'_\parallel$ und $t'_\perp$ erhalten wir nach Vereinfachung

$$L = \sqrt{1 - v^2/c^2}L'. \tag{6.32}$$

Dieser Ausdruck setzt die Längen PM_1 und PM_2, gemessen von einem Beobachter O, der relativ zum Äther ruht, miteinander in Beziehung. Der Beobachter O' sollte diese Verkürzung nicht bemerken, da der Maßstab, den er zur Messung von PM_1 verwendet im gleichen Maß wie PM_1 kontrahiert ist, wenn er in Richtung der Erdbewegung gebracht wird. Für ihn sind daher die Längen PM_1 und PM_2 gleich. Beobachter O merkt jedoch, daß O' in Bewegung ist und nach der Lorentz—Fitzgerald Hypothese sind alle Gegenstände, die er trägt, in der Bewegungsrichtung verkürzt. O schließt daher, daß die «wirkliche» Länge von PM_1 L ist und die von PM_2 L', wobei dieser «wirkliche» Unterschied in der Länge der Grund für das negative Ergebnis ist, das man erhielt, als die Interferenz der beiden Lichtstrahlen untersucht wurde.

Eine alternative Erklärung für das negative Ergebnis der Michelson—Morley-Versuche ist natürlich die, anzunehmen, daß die Lichtgeschwindigkeit immer in allen Richtungen gleich ist, gleichgültig in welchem Bewegungszustand sich der Beobachter befindet. Dann verwendet der Beobachter O' für alle Wege in Abb. 6.13 c und $t'_\parallel = t'_\perp = 2L'/c$. Diese Position wurde von Albert Einstein bezogen, als er sein Prinzip der Relativität formulierte. Der Student mag nun an diesem Punkt die Ansicht vertreten, daß die «wirkliche» Kontraktion, die Lorentz annahm, um das negative Ergebnis des Michelson—Morley-Versuches zu erklären, genau das gleiche ist wie die Kontraktion, die wir in (6.29) unter Verwendung der Lorentz-Transformation und des Prinzips der Invarianz der Lichtgeschwindigkeit fanden. Es besteht jedoch ein grundlegender Unterschied zwischen den beiden zugrunde liegenden Hypothesen, die verwendet wurden, um die folgenden beiden, nur scheinbar identischen Ergebnisse zu erhalten:

1. Die Kontraktion (6.32), die man mit Hilfe der Galilei-Transformation erhält, wird als *echte* Kontraktion betrachtet, die alle Körper erleiden, welche sich durch den Äther bewegen.

Das v, das in den Formeln erscheint, ist die Geschwindigkeit des Gegenstandes relativ zum Äther.

2. Die Kontraktion (6.29) bezieht sich nur auf den gemessenen Wert für die Länge des Gegenstandes, der sich relativ zum Beobachter bewegt, und ist eine Konsequenz der Invarianz der Lichtgeschwindigkeit. Das v, das in den Formeln erscheint, ist die Geschwindigkeit des Gegenstandes relativ zum Beobachter und die Kontraktion ist daher für verschiedene Beobachter verschieden.

Es war die geniale Idee Einsteins, daß der Begriff des Äthers künstlich und überflüssig sei und daß die zweite Erklärung die logische ist. Das war das grundlegende Postulat, des Einstein für die Formulierung des Relativitätsprinzips verwendete.

FRAGEN

1. Erklären Sie, warum die Geschwindigkeiten von A relativ zu B und von B relativ zu A gleichen Betrag, aber entgegengesetzte Richtungen haben.
2. Ein Vogel fliegt horizontal in gerader Linie mit konstanter Geschwindigkeit relativ zum Boden. Unter welchen Bedingungen würde der Vogel in Bezug auf einen Beobachter, der im Wagen die Straße entlang fährt, ruhend erscheinen? Unter welchen Bedingungen hätte man den Eindruck, daß der Vogel rückwärts fliegt?
3. Welches physikalische Ergebnis meint man mit der Aussage, daß die Beschleunigung eines Körpers unter der Galilei-Transformation invariant bleibt?
4. Erklären Sie, warum die effektive Erdbeschleunigung mit steigendem Breitengrad ansteigt.
5. Überprüfen Sie, daß für einen fallenden Körper auf der nördlichen Halbkugel die Coriolisbeschleunigung nach Osten weist und einen Betrag von $2\omega V' \cos\lambda$ hat, wobei λ der Breitengrad ist. Ist es offensichtlich, daß die Coriolisbeschleunigung nach Westen weist und den gleichen Betrag wie oben angegeben hat, wenn sich der Körper senkrecht nach oben bewegt? Erläutern Sie Ihre Antwort.
6. Überprüfen Sie, daß für einen Körper, der sich auf der nördlichen Halbkugel nach Norden bewegt, die Coriolisbeschleunigung nach Osten weist und einen Betrag von $2\omega V' \sin\lambda$ hat. Zeigen Sie, daß die Coriolisbeschleunigung nach Westen weist und den gleichen Betrag wie oben angegeben hat, wenn sich der Körper nach Süden bewegt.
7. Diskutieren Sie die Wirkung der Coriolisbeschleunigung auf einen Körper, der sich auf der südlichen Halbkugel in einer horizontalen Ebene bewegt.
8. Diskutieren Sie die Wirkung der Coriolisbeschleunigung auf einen fallenden Körper auf der südlichen Halbkugel.
9. Welche Größe bleibt unter der Lorentz-Transformation invariant?
10. Erklären Sie, warum die Beschleunigung unter Lorentz-Transformation nicht invariant bleibt.
11. Diskutieren Sie den Unterschied zwischen der Einsteinschen Interpretation des Michelson–Morley-Versuchs und der Lorentz–Fitzgerald Interpretation.
12. Erklären Sie, was unter *Eigenlänge* und *Eigenzeit* gemeint ist.
13. Ist es sinnvoll, über die «absolute» Länge eines Körpers oder das «absolute» Zeitintervall zwischen zwei Ereignissen zu sprechen?

AUFGABEN

6.1 Zwei Züge A und B fahren auf parallelen Geleisen mit 70 bzw. 90 km h^{-1}. Berechnen Sie die relative Geschwindigkeit von B in Bezug auf A, wenn sie sich (a) in gleicher Richtung, (b) in entgegengesetzter Richtung bewegen.

6.2 Lösen Sie das obige Problem für den Fall, daß die beiden Geleise in einem Winkel von 60° zueinander verlaufen.

6.3 Ein Zug fährt um 12°° Mittag aus einer Stadt A in Richtung Stadt B ab, die 400 km entfernt ist, und hält eine gleichmäßige Geschwindigkeit von 100 km h^{-1}. Ein anderer Zug verläßt die Stadt B um 2°° nachmittags und hält eine gleichmäßige Geschwindigkeit von 70 km h^{-1} ein. Bestimmen Sie die Zeit, zu der sich die beiden Züge treffen und die Entfernung des Treffpunkts von der Stadt A, wenn der zweite

Zug (a) in Richtung der Stadt A fährt, (b) in der entgegengesetzten Richtung fährt.

6.4 Ein Mann, der mit 80 km h^{-1} durch einen Regensturm fährt, beobachtet, daß die Regentropfen an seinem Seitenfenster Spuren machen, die einen Winkel von 80° mit der Vertikalen bilden. Als er sein Auto anhält, beobachtet er, daß der Regen tatsächlich senkrecht fällt. Berechnen Sie die relative Geschwindigkeit des Regens in Bezug auf das Auto, wenn es (a) still steht, (b) 80 km h^{-1} fährt.

6.5 Zwei Autos fahren auf zueinander senkrechten Straßen nach Norden, bzw. Osten. (a) Berechnen Sie ihre relative Geschwindigkeit, wenn ihre Geschwindigkeiten, bezogen auf den Boden, 60 km h^{-1} und 80 km h^{-1} betragen. Hängt die relative Geschwindigkeit von ihrer Position auf den jeweiligen Straßen ab? (b) Wiederholen Sie die Aufgabe unter der Annahme, daß das zweite Auto nach Westen fährt.

6.6 Ein Boot fährt mit einer Geschwindigkeit von 4,0 km h^{-1} in Richtung N 60° W. Die Strömung ist so gerichtet, daß die resultierende Bewegung relativ zur Erde mit 5,0 km h^{-1} genau nach Westen gerichtet ist. Berechnen Sie die Geschwindigkeit und Richtung der Strömung, bezogen auf die Erde.

6.7 Die Geschwindigkeit eines Schnellboots in ruhendem Wasser ist 55 km h^{-1}. Der Lenker möchte einen Punkt erreichen, der 80 km entfernt ist und in Richtung S 20° O liegt. Die Strömung ist mit 20 km h^{-1} in Richtung S 70° W sehr stark. (a) Berechnen Sie, in welcher Richtung das Schnellboot fahren sollte, damit es auf einer Geraden fährt. (b) Bestimmen Sie die Zeit, die die Fahrt in Anspruch nimmt.

6.8 Ein Fluß fließt mit einer Geschwindigkeit von 3 km h^{-1} direkt nach Norden. Ein Boot fährt mit einer relativen Geschwindigkeit von 4 km h^{-1}, bezogen auf das Wassser, nach Osten. (a) Berechnen Sie die Geschwindigkeit des Bootes relativ zur Erde. (b) Berechnen Sie die Zeit, die für die Überquerung notwendig ist, wenn der Fluß 1 km breit ist. (c) Welche nördliche Abweichung hat das Boot, wenn es am anderen Flußufer ankommt?

6.9 Zwei Orte A und B sind 1 km entfernt und liegen am Ufer eines völlig geraden Flusses. Ein Mann fährt in einem Boot, das mit 4 km h^{-1} relativ zum Fluß gerudert wird, von A nach B und zurück nach A. Ein anderer Mann geht am Ufer mit einer Geschwindigkeit von 4 km h^{-1} von A nach B und zurück. Berechnen Sie die Zeit, die jeder für den Hin- und Rückweg braucht, wenn der Fluß mit 2 km h^{-1} fließt.

6.10 Bestimmen Sie unter Verwendung der Angaben der vorhergehenden Aufgabe die Strömungsgeschwindigkeit des Flusses, bei der die Zeitdifferenz zwischen den beiden Hin- und Rückwegen 6 Minuten beträgt.

6.11 Ein Fluß ist 1 km breit. Die Strömung beträgt 2 km h^{-1}. Bestimmen Sie die Zeit, die ein Mann brauchen würde, um ein Boot gerade über den Fluß und wieder zurück zu rudern. Vergleichen Sie diese Zeit mit der Zeit, die ein Mann brauchen würde, um 1 km flußaufwärts und wieder zurück zu rudern. Das Ruderboot bewegt sich mit einer Geschwindigkeit von 4 km h^{-1}, bezogen auf das Wasser.

6.12 Bestimmen Sie unter Verwendung der Angaben der vorigen Aufgabe die Strömungsgeschwindigkeit, bei welcher der Zeitunterschied zwischen den beiden Hin- und Rückwegen 10 Minuten beträgt.

6.13 Es sei ein Koordinatensystem gegeben, das in Bezug auf die Erde fixiert ist (nehmen Sie die Erde als flach und «bewegungslos» an). Nehmen Sie an, daß eine Kugel mit der Abschußgeschwindigkeit von 270 m s^{-1} von einem Flugzeuge aus nach hinten abgeschossen wird, das sich mit einer Geschwindigkeit von 230 m s^{-1} bewegt. Beschreiben Sie die Bewegung der Kugel (a) im Koordinatensystem der Erde, (b) im Koordinatensystem, das mit dem Flugzeug verbunden ist. (c) Berechnen Sie den Winkel, unter dem die Kugel abgeschossen werden muß, damit sie in Koordinatensystem der Erde keine horizontale Geschwindigkeitskomponente hat.

6.14 Die Position eines Teilchens Q in einem Koordinatensystem O wird zu

$$\boldsymbol{r} = \boldsymbol{u}_x(6t^2 - 4t) + \boldsymbol{u}_y(-3t^3) + \boldsymbol{u}_z\, 3\ \text{m}$$

gemessen. (a) Berechnen Sie die konstante relative Geschwindigkeit des Systems O' relativ zu O, wenn die Position von Q mit

$$\boldsymbol{r}' = \boldsymbol{u}_x(6t^2 + 3t) + \boldsymbol{u}_y(-3t^3) + \boldsymbol{u}_z 3\ \text{m}$$

gemessen wird. (b) Zeigen Sie, daß die Beschleunigung des Teilchens in beiden Systemen gleich ist.

6.15 Ein Zug fährt mit 30 m s^{-1} durch eine Station. Ein Ball rollt mit einer Geschwindigkeit von 15 m s^{-1} entlang des Bodens des Zuges, wobei er (a) in Bewegungsrichtung des Zuges rollt. (b) in entgegengesetzter Richtung rollt, (c) senkrecht zur Bewegungsrichtung rollt. Berechnen Sie für jeden Fall die Geschwindigkeit des Balles relativ zu einem Beobachter, der auf dem Bahnsteig steht.

6.16 Ein Teilchen mit einer Geschwindigkeit von 500 m s^{-1} relativ zur Erde bewegt sich auf einem Breitengrad von 45° N direkt nach Süden. (a) Berechnen Sie die Zentrifugalbeschleunigung des Teilchens. (b) Berechnen Sie die Coriolisbeschleunigung des Teilchens. (c) Wiederholen Sie die Aufgabe für eine Position auf dem Breitengrad 45° S.

6.17 Ein Fluß fließt auf 45° nördlicher Breite mit einer Geschwindigkeit von 9 km h^{-1} nach Süden. Bestimmen Sie die Coriolisbeschleunigung. Zeigen Sie, daß das Wasser gegen das rechte Ufer gedrängt wird, was zu einer etwas stärkeren Erosion am rechten Ufer führt.

6.18 Sie fliegen in einem Düsenflugzeug mit 450 m s^{-1} längs des Äquators direkt nach Osten. Wie groß ist die Coriolisbeschleunigung?

6.19 Vergleichen Sie die Werte für die Erdbeschleunigung, die in Tab. 6.1 gegeben sind, mit den theoretischen Werten, die durch (6.18) vorausgesagt werden.

6.20 Beobachter O und O' befinden sich mit $v = 0{,}6c$ in relativer Translationsbewegung zueinander: (a) Beobachter O sieht, daß ein Stab, der parallel zur Bewegung ausgerichtet ist, sich ihm gegenüber in Ruhe befindet und 2,0 m lang ist. Wie lang ist der Stab für O'? (b) Wie lang ist der Stab für O und O', wenn derselbe Stab relativ zu O' ruht und parallel zur relativen Bewegung ausgerichtet ist?

6.21 Bestimmen Sie die relative Geschwindigkeit eines Stabes, dessen gemessene Länge gleich der halben Ruhelänge ist.

6.22 Ein Raketenschiff zum Mond fliegt mit einer relativen Geschwindigkeit von $0{,}8c$ an der Erde vorbei. (a) Wie lange dauert die Reise von der Erde zum Mond für einen Beobachter auf der Erde? (b) Wie groß ist die Entfernung Erde–Mond für einen Passagier der Rakete? (c) Wie lange dauert die Reise für einen Passagier?

6.23 Die durchschnittliche Lebensdauer eines Neutrons als freies ruhendes Teilchen beträgt 15 Minuten. Es zerfällt spontan zu einem Elektron, einem Proton und einem Neutrino. Mit welcher mittleren Mindestgeschwindigkeit muß ein Proton die Sonne verlassen, um die Erde vor seinem Zerfall zu erreichen?

6.24 Ein radioaktiver Kern bewegt sich mit einer Geschwindigkeit von $0{,}1c$ relativ zu einem Laboratorium und sendet ein Elektron mit einer Geschwindigkeit von $0{,}8c$ relativ zum Kern aus. Welche Geschwindigkeit und Richtung relativ zum Laboratorium hat das Elektron, wenn es relativ zum Bezugssystem, das an den zerfallenden Kern fixiert ist, (a) in Bewegungsrichtung, (b) in entgegengesetzter Richtung, (c) senkrecht dazu ausgesandt wird.

6.25 Zwei Beobachter O und O' befinden sich mit $v = 0{,}6c$ in relativer Translationsbewegung zueinander: Sie treffen zu $t = t' = 0$ zusammen. (a) Wie lange braucht ein Lichtsignal von O bis O', wenn laut O fünf Jahre vergangen sind? (b) Wieviel Zeit verstreicht entsprechend dieser Information, die sowohl O als O' bekannt ist, laut O', seit O und O' aufeinander trafen? (c) Am Ort O wird für ein Jahr ein Licht angeschaltet. Wie lange brennt dieses Licht laut O'?

6.26 Beantworten Sie die vorhergehende Frage für den Fall, daß die relative Translationsbewegung $0{,}9c$ ist.

6.27 Ein Astronaut möchte zu einem Stern fliegen, der fünf Lichtjahre entfernt ist. (a) Berechnen Sie die Geschwindigkeit seiner Rakete relativ zur Erde, so daß die Zeit, die der Astronaut auf seiner Uhr mißt, 1 Jahr beträgt. (b) Wie lange dauert die Reise für einen Beobachter auf der Erde?

6.28 Ein Student nimmt an einer Prüfung teil, die, gemessen an der Uhr des Professors, eine Stunde dauern soll. Der Professor bewegt sich mit einer Geschwindigkeit von $0{,}97c$ relativ zum Studenten und sendet nach Ablauf einer Stunde auf seiner Uhr ein Lichtsignal zurück. Der Student hört zu schreiben auf, wenn ihn das Lichtsignal erreicht. Wie lange hatte der Student für seine Prüfung Zeit?

6.29 Ein Wissenschaftler möchte die Michelson-Morley-Anordnung zur Messung der Windgeschwindigkeit verwenden, indem er Schallsignale längs zweier zueinander senkrechter Wege aussendet. Er nimmt die Schallgeschwindigkeit mit 300 m s^{-1} und die Wegstrecke mit 100 m an. Welche minimale Windgeschwindigkeit kann er entdecken, wenn er einen Zeitunterschied von $\Delta t \geqq 0{,}001$ s messen kann?

6.30 Beweisen Sie, daß

$$k \approx 1/\sqrt{2(1 - v/c)},$$

wenn v fast gleich c ist, und daß

$$k \approx 1 + v^2/2c^2,$$

wenn v sehr klein im Vergleich zu c ist.

6.31 Ein würfelförmiger Kasten von der Seitenlänge L_0, gemessen von einem Beobachter O', der relativ zu ihm ruht, bewegt sich mit einer Geschwindigkeit v parallel zu einer Seite relativ zu einem anderen Beobachter O. Beweisen Sie, daß das Volumen, das O mißt, gleich $L_0^3 \sqrt{1 - v^2/c^2}$ ist.

6.32 Ein Meterstab wird in einem Winkel von 45° relativ zur Bewegungsrichtung in einem bewegten Koordinatensystem gehalten. Wie groß ist seine Länge und Richtung, gemessen am System des Laboratoriums, wenn das bewegte System eine Geschwindigkeit von $0{,}8c$ hat?

6.33 Diskussion der *Gleichzeitigkeit*. (a) Beweisen Sie, daß

$$T' = k(T - vL/c^2),$$

wenn zwei Ereignisse relativ zu Beobachter O zu den Zeiten t_1 und t_2 an den Orten x_1 und x_2 stattfinden und wenn

$$T = t_2 - t_1, \qquad L = x_2 - x_1$$

ist und wenn weiter die Ereignisse dem Beobachter O' (der sich relativ zu O mit der Geschwindigkeit v entlang der X-Achse bewegt) zu den Zeiten t'_1 und t'_2 erscheinen, so daß $T' = t'_2 - t'_1$.

(b) Gilt allgemein, daß Ereignisse, die O gleichzeitig erscheinen, auch für O' gleichzeitig erscheinen? Unter welchen Bedingungen erscheinen Ereignisse, die für O gleichzeitig abzulaufen scheinen, auch allen anderen Beobachtern in gleichförmiger relativer Bewegung gleichzeitig? (c) Leiten Sie die Beziehung zwischen L und T ab, so daß die Reihenfolge, in der zwei Ereignisse für O' ablaufen, für O umgekehrt ist. (d) Nehmen Sie an, daß die Ereignisse (x_1, t_1) und (x_2, t_2), die O beobachtet, ursächlich verknüpft sind [das heißt, (x_2, t_2) ist die Folge eines Signals, das von (x_1, t_1) mit der Geschwindigkeit $V = L/T$ übertragen wird]. Kann die Reihenfolge der Ereignisse O' umgekehrt erscheinen? [*Hinweis*: Man beachte, daß im Fall einer positiven Antwort, die Theorie $V > c$ verlangt.]

Kapitel 7

KRAFT UND IMPULS

7.1 EINLEITUNG

Im Kapitel 5 haben wir die verschiedenen Faktoren diskutiert, die in die «Beschreibung» der Bewegung eines Teilchens eingehen. Wir wollen nun untersuchen, *warum* Teilchen sich gerade so bewegen, wie sie es tun. Warum fällt ein Körper nahe der Erdoberfläche mit konstanter Beschleunigung? Warum bewegt sich die Erde in einer elliptischen Bahn um die Sonne? Warum verbinden sich Atome zu Molekülen? Warum schwingt eine Feder, wenn sie gedehnt wird? Wir wollen diese und viele andere Bewegungen, die wir ständig in unserer Umgebung beobachten, verstehen. Dies ist nicht nur für unser grundlegendes Verständnis der Natur wichtig, sondern auch für technische und praktische Anwendungen. Sobald wir wissen, wie Bewegungen im allgemeinen zustande kommen, können wir Maschinen und andere praktische Einrichtungen entwerfen, die sich so bewegen, wie wir es wünschen. Das Studium der Beziehungen zwischen der Bewegung eines Körpers und den Ursachen für diese Bewegung nennt man *Dynamik*.

Wir wissen aus unserer täglichen Erfahrung, daß *die Bewegung eines Körpers die unmittelbare Folge seiner Wechselwirkung mit anderen Körpern in seiner Umgebung ist*.

Wenn ein Ballspieler einen Ball schlägt, tritt er mit ihm in Wechselwirkung und modifiziert seine Bewegung. Die Bahn eines Geschosses ist nichts anderes als das Ergebnis seiner Wechselwirkung mit der Erde. Die Bewegung eines Elektrons um einen Kern ist das Ergebnis seiner Wechselwirkung mit dem Kern und vielleicht auch noch der mit anderen Elektronen.

Wechselwirkungen drückt man quantitativ am besten durch einen Begriff aus, den man *Kraft* nennt. Wie wir zu Beginn von Kapitel 4 erwähnten, haben wir eine intuitive Kenntnis der Kraft und ihrer Stärke als Abstoßung oder Anziehung, oder des Gewichts eines Körpers (von dem wir oft sagen, daß es das Ergebnis der Gravitationsanziehung der Erde auf den Körper ist) und anderer ähnlicher Situationen, wie z.B. der Anziehung eines Magneten für Eisenspäne, der Anziehung eines geriebenen Glasstabes für kleine Papierstückchen usw. Damit der Begriff der Kraft jedoch für den Physiker nutzbar ist, müssen wir imstande sein, die Kraft auf genaue und quantitative Weise auszudrücken. Genauer, wir müssen in der Lage sein, eine Kraft durch die Parameter auszudrücken, die das physikalische System beschreiben, auf welche sie wirkt, z.B., den Abstand zwischen den wechselwirkenden Teilchen, ihre Masse, ihre Ladung etc. Dieser wichtige Aspekt wird im Teil 2 dieses Buches entwickelt, wo wir die verschiedenen Wechselwirkungen in der Natur genau analysieren. In der Zwischenzeit wollen wir annehmen, daß wir die experimentellen Möglichkeiten zur Messung von Kräften haben und bestimmen können, wie sie von der relativen Position der Teilchen abhängen. Wenn man z.B. mehrere Massen an eine Feder hängt, findet man, daß die Kräfte, die man zur Dehnung der Feder braucht, dem Ausmaß der Dehnung proportional sind.

Dieses Kapitel behandelt die Methoden zur Bestimmung der Bewegung eines Körpers, wenn die auf ihn wirkenden Kräfte bekannt sind, und umgekehrt, zur Bestimmung der auf einen Körper wirkenden Kräfte, wenn die Bewegung bekannt ist. Das Studium der Dynamik ist im Grunde die Analyse der Beziehungen zwischen der Kraft und der Bewegung eines Körpers.

Die Bewegungsgesetze, die wir im folgenden besprechen wollen, sind Verallgemeinerungen, die aus einer sorgfältigen Analyse der Bewegungen in unserer Umgebung abgeleitet sind, und die Extrapolation unserer Beobachtungen auf bestimmte idealisierte oder vereinfachte Versuche. Diese Gesetze wurden zum ersten Mal von Sir Isaac Newton (1642–1727) formuliert.

7.2 DAS TRÄGHEITSGESETZ

Ein *freies Teilchen* ist ein Teilchen, das keinerlei Wechselwirkungen unterliegt. Streng genommen gibt es so etwas gar nicht, da jedes Teilchen der Wechselwirkung mit anderen Teilchen auf der Welt unterliegt. Praktisch gibt es jedoch einige Teilchen, die man als frei betrachten kann, entweder weil sie weit genug von anderen entfernt sind, so daß ihre Wechselwirkung vernachlässigt werden kann, oder weil sich die Wechselwirkungen mit anderen Teilchen gegenseitig aufheben, was zu einer verschwindenden Gesamtwechselwirkung führt.

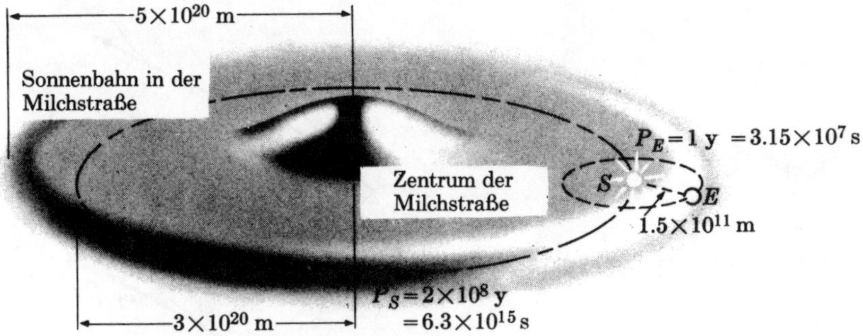

7.1 Ein Koordinatensystem, das mit der Erde verbunden ist, ist wegen seiner täglichen Rotation um die Sonne kein Inertialsystem. Auch die Sonne ist wegen ihrer Bewegung um den Mittelpunkt der Milchstraße kein Inertialsystem. Für praktische Zwecke kann jedoch jeder dieser Körper für die Definition eines Inertialsystems herangezogen werden.

Das *Trägheitsgesetz* besagt:

---

ein freies Teilchen bewegt sich immer mit konstanter Geschwindigkeit oder ohne Beschleunigung (was auf das gleiche herauskommt).

Das heißt, ein freies Teilchen bewegt sich entweder mit konstanter Geschwindigkeit auf einer Geraden oder es ruht (Geschwindigkeit null). Diese Aussage bezeichnet man auch als *erstes Newtonsches Gesetz.*

Wir erinnern uns daran, daß die Geschwindigkeit etwas Relatives ist. Wenn wir das Trägheitsgesetz formulieren, müssen wir daher andeuten, worauf die Bewegung des freien Teilchens bezogen wird. Wir nehmen an, daß die Bewegung eines Teilchens relativ zu einem Beobachter abläuft, der selbst ein freies Teilchen oder freies System ist, d.h., der nicht der Wechselwirkung mit dem Rest der Welt unterliegt. Einen solchen Beobachter nennen wir einen Inertial-Beobachter, das Bezugssystem, welches er verwendet, nennen wir ein *Inertialsystem.* Wir nehmen an, daß Inertialsysteme nicht rotieren, da eine vorhandene Rotation Beschleunigung bedeuten würde (oder Geschwindigkeitsveränderungen aufgrund von Richtungsänderungen), was unserer Definition eines Inertial-Beobachters als «freies» oder unbeschleunigtes Teilchen widersprechen würde. Verschiedene Inertial-Beobachter können sich relativ zueinander mit konstanter Geschwindigkeit bewegen. Ihre Beobachtungen sind daher über die Galilei'sche oder die Lorentz-Transformation korreliert, je nach der Größe ihrer relativen Geschwindigkeiten zueinander.

Wegen ihrer täglichen Rotation und der elliptischen Umlaufbahn ist die Erde kein Inertialsystem. In vielen Fällen kann der Effekt der Erdbewegung jedoch vernachlässigt werden, und das Bezugssystem, das mit unseren irdischen Laboratorien verbunden ist, kann ohne großen Fehler als inert angenommen werden. Auch die Sonne ist kein Inertialsystem. Sie beschreibt wegen ihrer Wechselwirkung mit den anderen Körpern der Milchstraße eine gekrümmte Bahn um das Zentrum der Milchstraße (Abb. 7.1). Da jedoch die Bewegung der Sonne einer geradlinigen und gleichförmigen Bewegung näher kommt als die der Erde (die Bahnbeschleunigung der Erde ist 150 Millionen mal größer als die der Sonne), ähnelt die Sonne viel eher einem Inertialsystem.

Wir wollen nun einige Versuche besprechen, die in unseren irdischen Laboratorien durchgeführt wurden und das Trägheitsgesetz belegen. Ein kugelförmiger Ball, der auf einer glatten horizontalen Oberfläche ruht, bleibt ohne äußere Einwirkung in Ruhe. Das heißt, die Geschwindigkeit bleibt konstant, ihr Wert ist gleich null. Wir nehmen an, daß die Oberfläche, auf welcher der Ball ruht, die Wechselwirkung zwischen Ball und Erde ausgleicht und daß der Ball daher praktisch frei von Wechselwirkungen ist. Wenn der Ball, wie z.B. beim Billiardspiel, angestoßen wird, unterliegt er plötzlich einer Wechselwirkung und gewinnt an Geschwindigkeit. Anschließend wird er jedoch wieder zu

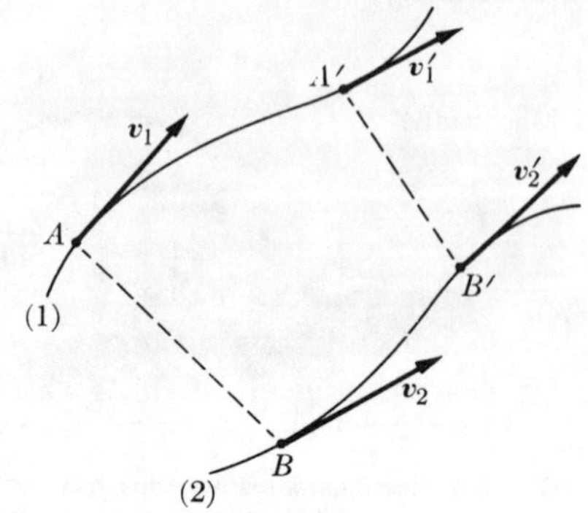

7.2 Wechselwirkung zwischen zwei Teilchen.

einem freien Teilchen, das sich mit der Geschwindigkeit, die es beim Anstoß erhielt, auf einer Geraden bewegt. Wenn der Ball starr und eine ideale Kugel und die Oberfläche völlig gerade und glatt wäre, könnten wir annehmen, daß der Ball unendlich lange auf dieser Bahn bliebe. Das ist jedoch praktisch nicht der Fall, da der Ball langsamer wird und schließlich zum Stillstand kommt. Wir sprechen von einer zusätzlichen Wechselwirkung zwischen Ball und Oberfläche. Diese Wechselwirkung, die *Reibung* genannt wird, wird in Abschnitt 7.9. besprochen.

7.3 IMPULS

Im Abschnitt 2.3 gaben wir eine operationelle Definition der Masse, indem wir sagten, daß dies eine Zahl ist, die wir jedem Teilchen oder Körper zuschreiben. Die Zahl erhält man dadurch, daß man den Körper mit Hilfe des Prinzips der gleicharmigen Waage mit einem Standardkörper vergleicht. Die Masse ist daher ein Koeffizient, der ein Teilchen von einem anderen unterscheidet. Unsere operationelle Definition der Masse gibt uns ihren Wert unter der Annahme, daß das Teilchen ruht. Wir wissen jedoch aus dieser Definition nicht, ob die Masse die gleiche sein wird, wenn sich das Teilchen bewegt. Um genauer zu sein, sollten wir daher den Ausdruck *Ruhemasse* verwenden. Lassen Sie uns jedoch für den Augenblick annehmen, daß die Masse unabhängig vom Bewegungszustand ist und sie einfach Masse nennen. Wir werden später im Kapitel 12 eine genaue Analyse dieser wichtigen Frage durchführen und zeigen, daß unsere Annahme so lange eine gute Näherung ist, so lang die Geschwindigkeit des Teilchens sehr klein ist im Vergleich zur Lichtgeschwindigkeit.

Der *Impuls* (auch Bewegungsgröße genannt) eines Teilchens ist definiert als das Produkt aus seiner Masse und seiner Geschwindigkeit. Wenn wir ihn mit $\boldsymbol{p}$ bezeichen, können wir schreiben

$$\boldsymbol{p} = m\boldsymbol{v}. \tag{7.1}$$

Der Impuls ist ein Vektor, er hat die gleiche Richtung wie die Geschwindigkeit. Im MKSC-System wird der Impuls in m kg s^{-1} ausgedrückt (seine Einheit hat keinen besonderen Namen).

Wir können das Trägheitsgesetz nun neu formulieren, indem wir sagen

---

Ein freies Teilchen bewegt sich relativ zu einem Inertial-Beobachter mit konstantem Impuls.

7.4 PRINZIP DER ERHALTUNG DES IMPULSES

Aus dem Trägheitsgesetz folgt unmittelbar, daß ein Inertial-Beobachter erkennt, daß ein Teilchen nicht frei ist, d.h., mit anderen Teilchen wechselwirkt, wenn er beobachtet, daß die Geschwindigkeit oder der Impuls des Teilchens nicht konstant bleiben; in anderen Worten, wenn das Teilchen eine Beschleunigung erfährt.

Wir wollen nun eine idealisierte Situation betrachten. Nehmen Sie an, daß wir, anstatt ein isoliertes Teilchen im Universum zu betrachten, wie im Trägheitsgesetz angenommen, zwei Teilchen beobachten, die nur ihrer gegenseitigen Wechselwirkung unterliegen und sonst vom Rest der Welt isoliert sind. Als Ergebnis ihrer Wechselwirkung bleiben ihre jeweiligen Geschwindigkeiten nicht konstant, sondern ändern sich mit der Zeit, und ihre Bahnen sind im allgemeinen gekrümmt, wie in Abb. 7.2 durch die Kurven (1) und (2) angedeutet. Zu einer bestimmten Zeit t befindet sich das Teilchen 1 mit der Geschwindigkeit $\boldsymbol{v}_1$ am Ort A und Teilchen 2 mit der Geschwindigkeit $\boldsymbol{v}_2$ in B. Zu einer späteren Zeit t' sind die Teilchen mit den entsprechenden Geschwindigkeiten $\boldsymbol{v}_1'$ und $\boldsymbol{v}_2'$ in A' bzw. B'. Wenn wir die Massen der Teilchen mit m_1 und m_2 bezeichen, können wir sagen, daß der Gesamtimpuls des Systems zur Zeit t mit

$$\boldsymbol{P} = \boldsymbol{p}_1 + \boldsymbol{p}_2 = m_1\boldsymbol{v}_1 + m_2\boldsymbol{v}_2 \tag{7.2}$$

gegeben ist. Zu einer späteren Zeit t' ist der Gesamtimpuls des Systems

$$\boldsymbol{P}' = \boldsymbol{p}_1' + \boldsymbol{p}_2' = m_1\boldsymbol{v}_1' + m_2\boldsymbol{v}_2'. \qquad (7.3)^*$$

Das wichtige Ergebnis unseres Versuchs ist, daß wir, gleichgültig zu welchen Zeitpunkt t und t' liegen, finden, daß $\boldsymbol{P} = \boldsymbol{P}'$ oder

$$\boldsymbol{p}_1 + \boldsymbol{p}_2 = \boldsymbol{p}_1' + \boldsymbol{p}_2' \tag{7.4}$$

gilt. Da die Zeiten t und t' willkürlich gewählt sind, schließen wir, daß

$$\boldsymbol{P}_1 + \boldsymbol{P}_2 = \text{Konst.} \tag{7.5}$$

Das heißt,

Der Gesamtimpuls eines Systems aus zwei Teilchen, die nur ihrer gegenseitigen Wechselwirkung unterliegen, ist konstant.

Dieses Ergebnis stellt das *Prinzip der Erhaltung des Impulses* dar, eines der grundlegenden und allgemein gültigen Prinzipien der Physik. Betrachten Sie z.B. ein Wasserstoffatom, das aus einem um ein Proton kreisenden Elektron besteht, und lassen Sie uns annehmen, daß dieses System isoliert ist, so daß nur die Wechselwirkung zwischen dem Elektron und dem Proton in Betracht gezogen werden muß. Dann ist die Summe der Impulse des Elektrons und des Protons relativ zu einem Inertialsystem konstant. Wir wollen analog das System bestehend aus Erde und Mond betrachten. Wenn es möglich wäre, die Wechselwirkungen mit der Sonne und den anderen Körpern des Planetensystems zu vernachlässigen, wäre die Summe der Impulse von Erde und Mond relativ zu einem Inertial-Beobachter konstant.

Aus (7.4) folgt

$$\boldsymbol{p}_1' - \boldsymbol{p}_1 = \boldsymbol{p}_2 - \boldsymbol{p}_2' = -(\boldsymbol{p}_2' - \boldsymbol{p}_2). \tag{7.6}$$

Wenn wir $\boldsymbol{p}' - \boldsymbol{p} = \Delta\boldsymbol{p}$ die Änderung der Impulse zwischen den Zeiten t und t' nennen, können wir auch schreiben

$$\Delta\boldsymbol{p}_1 = -\Delta\boldsymbol{p}_2. \tag{7.7}$$

Dieses Ergebnis zeigt, daß für zwei wechselwirkende Teilchen die Änderung des Impulses eines Teilchens in einem bestimmten Zeitintervall gleich und entgegengesetzt der Änderung des Impulses des anderen Teilchen im selben Zeitintervall ist (Abb. 7.3). Das oben angeführte Ergebnis kann also auch durch die Aussage ausgedrückt werden, daß der Impuls, den eines der wechselwirkenden Teilchen «verliert», gleich dem Impuls ist, welchen das andere Teilchen «gewinnt».

Das Prinzip der Erhaltung des Impulses gilt auch für jede beliebige Zahl von Teilchen, die ein isoliertes System bilden, z.B. Teilchen, die nur ihrer eigenen gegenseitigen Wechselwirkung unterliegen und nicht der mit anderen Teilchen auf der Welt. Das Prinzip der Impulserhaltung besagt in seiner allgemeinen Form:

Der Gesamtimpuls eines isolierten Teilchensystems ist konstant.

Das kann als

$$\boldsymbol{P} = \boldsymbol{p}_1 + \boldsymbol{p}_2 + \boldsymbol{p}_3 + \ldots = \sum \boldsymbol{p}_i = \text{Konst} \tag{7.8}$$

geschrieben werden. Betrachten Sie z.B. ein Wasserstoffmolekül, das aus zwei Wasserstoffatomen aufgebaut ist, also aus zwei Elektronen und zwei Protonen.

---

*Beim Anschreiben dieser Gleichung ist unsere Annahme eingegangen, daß die Masse eines Teilchens unabhängig von seinem Bewegungszustand ist. Wir haben daher die selben Massen verwendet wie in (7.2). Sonst müßten wir schreiben:

$$\boldsymbol{P}' = m_1'\boldsymbol{v}_1' + m_2'\boldsymbol{v}_2'.$$

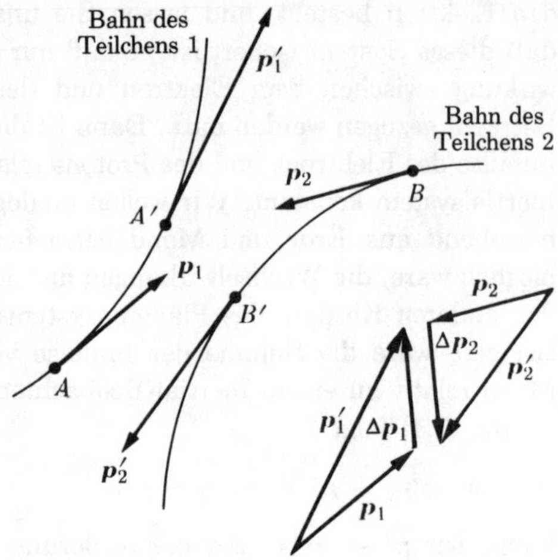

7.3 Impulsaustausch als Folge der Wechselwirkung zwischen zwei Teilchen.

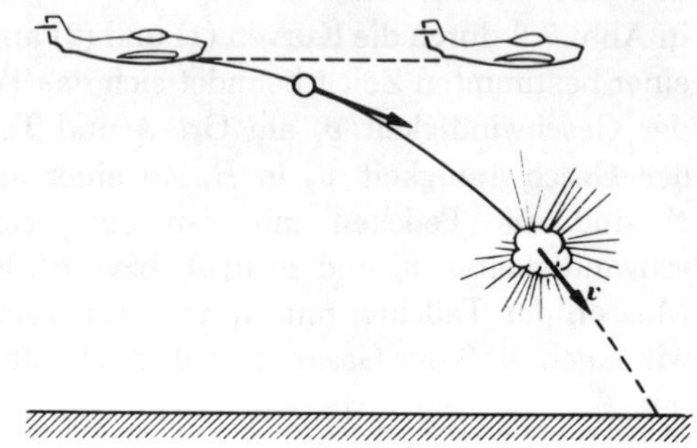

7.4 Bei der Explosion einer Testladung bleibt der Gesamtimpuls erhalten.

Wenn das Molekül isoliert ist, so daß nur die Wechselwirkungen zwischen diesen vier Teilchen in Betracht gezogen werden müssen, ist die Summe ihrer Impulse relativ zu einem ruhenden Bezugssystem konstant. Wir wollen analog unser Planetensystem betrachten, das aus der Sonne, den Planeten und ihren Satelliten besteht. Wenn wir die Wechselwirkungen mit allen anderen Himmelskörpern vernachlässigen könnten, wäre der Gesamtimpuls des Planetensystems relativ zu einem Inertial-Bezugssystem konstant.

Es gibt keine bekannten Ausnahmen von diesem allgemeinen Prinzip der Impulserhaltung. Tatsächlich ist es so, daß wann immer dieses Prinzip durch ein experimentelles Ergebnis verletzt scheint, der Physiker sofort nach einem unbekannten oder versteckten Teilchen sucht, welches er nicht bemerkt hat und das für die anscheinende Ungültigkeit der Impulserhaltung verantwortlich sein könnte. Genau diese Suche hat die Physiker zur Identifikation des Neutrons, des Neutrinos, des Photons und vieler anderer Elementarteilchen geführt.

Die Impulserhaltung beinhaltet, daß in einem isolierten System die Änderung des Impulses eines Teilchens innerhalb einer Zeitspanne gleich und entgegengesetzt der Änderung des Impulses des restlichen Systems in der selben Zeitspanne ist. So ist z.B. im Fall eines isolierten Wasserstoffmoleküls die Impulsänderung eines Elektrons gleich und entgegengesetzt der Summe der Impulsänderungen des anderen Elektrons und der beiden Protonen.

Das Trägheitsgesetz in seiner Formulierung im Abschnitt 7.2 ist ein besonderer Fall des Prinzips der Impulserhaltung, da im Fall eines isolierten Teilchens (7.8) nur ein Glied anstelle von mehreren enthält und zu $\boldsymbol{p}$ = Konst. wird oder zu dem äquivalenten Ausdruck $\boldsymbol{v}$ = Konst., was das Trägheitsgesetz darstellt. Wir wollen nun einige Beispiele für das Prinzip der Impulserhaltung angeben.

Ein Beispiel ist der Rückstoß einer Feuerwaffe. Ursprünglich ist das System Gewehr–Kugel in Ruhe und der Gesamtimpuls ist null. Wenn das Gewehr abgefeuert wird, stößt es zurück, um den nach vorn gerichteten Impuls der Kugel aufzuheben. Wenn ein Kern zerfällt, z.B. durch Aussendung eines Elektrons und eines Neutrinos, muß der Gesamtimpuls des Elektrons, des Neutrinos und des resultierenden Kernes null ergeben, wenn sich der Kern ursprünglich in Bezug auf ein mit dem Laboratorium verbundenen Inertialsystem in Ruhe befand. Ganz ähnlich muß bei der Explosion einer Bombe oder Granate im Flug die Summe der Impulse aller Bruchstücke unmittelbar nach der Explosion den Wert des Impulses der Bombe unmittelbar vor der Explosion ergeben (Abb. 7.4).

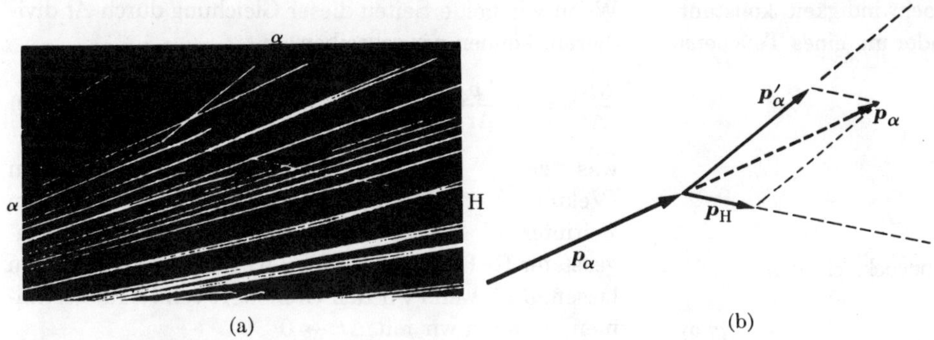

7.5 Impulserhaltung beim Zusammenstoß eines α-Teilchens (Heliumkern) und eines Protons (Wasserstoffkern).

Die Form, in welcher (7.5) geschrieben ist, setzt voraus, daß die Wechselwirkung zwischen zwei Teilchen in einem bestimmten Abstand voneinander momentan eintritt. Wechselwirkungen pflanzen sich jedoch mit einer endlichen Geschwindigkeit fort, wahrscheinlich mit Lichtgeschwindigkeit. Um der Verzögerung der Wechselwirkung infolge der endlichen Fortpflanzungsgeschwindigkeit Rechnung zu tragen, muß ein zusätzliches Glied in (7.5) einbezogen werden. Solange sich jedoch die Teilchen sehr langsam im Vergleich zur Lichtgeschwindigkeit bewegen, oder nur schwach wechselwirken, gilt die Beziehung

$$\boldsymbol{p}_1 + \boldsymbol{p}_2 = \text{Konst}$$

und die Theorie, die wir daraus entwickeln werden, stellt eine ausgezeichnete Näherung zur Beschreibung der physikalischen Situation dar.

Beispiel 7.1 Ein Gewehr der Masse 0,80 kg feuert eine Kugel der Masse von 0,016 kg mit einer Geschwindigkeit von 700 m s^{-1} ab. Berechnen Sie die Rückstoßgeschwindigkeit des Gewehrs.

Lösung: Ursprünglich befinden sich Gewehr und Kugel in Ruhe und ihr Gesamtimpuls ist null. Nach der Explosion bewegt sich die Kugel mit einem Impuls von

$$p_1 = m_1 v_1 = (0{,}016 \text{ kg}) \cdot (700 \text{ m s}^{-1})$$
$$= 11{,}20 \text{ m kg s}^{-1}$$

vorwärts. Das Gewehr muß also mit einem gleichen, aber entgegengesetzt gerichteten Impuls, oder $\boldsymbol{p}_2 = -\boldsymbol{p}_1$ zurückstoßen. Daher muß auch $p_2 = p_1$ gelten, so daß

$$p_2 = 11{,}20 \text{ m kg s}^{-1} = m_2 v_2$$

oder, da $m_2 = 0{,}80$ kg

$$v_2 = \frac{11{,}20 \text{ m kg s}^{-1}}{0{,}80 \text{ kg}} = 14{,}0 \text{ m s}^{-1}.$$

Beispiel 7.2 Analyse der Impulserhaltung bei der Wechselwirkung zwischen atomaren Teilchen. Die Nebelkammeraufnahme Abb. 7.5(a) zeigt ein eintretendes alpha-Teilchen (oder Heliumkern), welches mit einem Wasserstoffatom zusammenstößt, das sich ursprünglich in Ruhe befand und welches Teil des Gases in der Nebelkammer ist. Das alpha-Teilchen wird aus seiner ursprünglichen Richtung abgelenkt und das Wasserstoffatom wird in Bewegung versetzt. Wenn wir die entsprechenden Massen kennen, die sich in diesem Fall wie 4:1 verhalten, und ihre Geschwindigkeiten (mit Hilfe spezieller Methoden, die für die Analyse von Nebelkammeraufnahmen entwickelt wurden) analysieren, können wir das Impulsdiagramm der Abb. 7.5(b) zeichnen. Wenn die beiden Impulse nach dem Zusammenstoß addiert werden, ist das Ergebnis gleich dem Impuls des eintretenden alpha-Teilchens, d.h.

$$\boldsymbol{p}_\alpha = \boldsymbol{p}'_\alpha + \boldsymbol{p}_H.$$

Bisher wurde beobachet, daß sich die Impulserhaltung bei allen Atom- und Kernwechselwirkungen bestätigt.

7.5 NEUE DEFINITION DER MASSE

Unter Verwendung der Definition (7.1) des Impulses und unter der Annahme, daß die Masse eines Teilchens bei einer Veränderung der Geschwindigkeit konstant bleibt, können wir die Impulsänderung eines Teilchens in einer Zeit Δt als

$$\Delta \boldsymbol{p} = \Delta (m\boldsymbol{v}) = m\Delta \boldsymbol{v}$$

ausdrücken. (7.7) lautet daher

$$m_1 \Delta \boldsymbol{v}_1 = -m_2 \Delta \boldsymbol{v}_2$$

oder, wenn wir nur die Beträge berücksichtigen,

$$\frac{m_2}{m_1} = \frac{|\Delta \boldsymbol{v}_1|}{|\Delta \boldsymbol{v}_2|}. \tag{7.9}$$

Dies bedeutet, daß das Verhältnis der Massen der Teilchen umgekehrt proportional ist zu den Beträgen der Geschwindigkeiten. Dieses Ergebnis erlaubt uns, die Masse dynamisch zu definieren. Wenn Teilchen 1 unser «Standardteilchen» ist, kann seine Masses m_1 als Einheit definiert werden. Wenn wir ein anderes Teilchen, das wir 2 nennen, mit dem Standardteilchen in Wechselwirkung treten lassen, und (7.9) anwenden, können wir seine Masse m_2 erhalten. Dieses Ergebnis zeigt an, daß unsere frühere operationelle Definition der Masse im Abschnitt 2.3 durch diese neue operationelle Definition ersetzt werden kann, die sich aus dem Prinzip der Impulserhaltung und der Annahme ableitet, daß sich die Masse nicht mit der Geschwindigkeit ändert. Es wurde beobachtet, daß (7.9) so lange gilt, so lange die betreffenden Geschwindigkeiten sehr klein sind im Vergleich zur Lichtgeschwindigkeit.

7.6 DAS ZWEITE UND DRITTE NEWTONSCHE GESETZ

In vielen Fällen beobachten wir nur die Bewegung eines einzigen Teilchens, entweder weil wir keine Möglichkeit haben, andere Teilchen, mit denen es wechselwirkt, zu verfolgen, oder weil wir diese absichtlich ignorieren. In einer solchen Situation ist es ziemlich schwierig, das Prinzip der Impulserhaltung anzuwenden. Es gibt jedoch, wie wir nun sehen werden, einen praktischen Weg, diese Schwierigkeit zu umgehen. Die zugehörige Theorie nennt man *Dynamik eines Teilchens*.

Gleichung (7.7), $\Delta \boldsymbol{p}_1 = -\Delta \boldsymbol{p}_2$, bringt die Veränderung des Impulses der Teilchen 1 und 2 während des Zeitintervalls $\Delta t = t' - t$ miteinander in Beziehung. Wenn wir beide Seiten dieser Gleichung durch Δt dividieren, können wir schreiben

$$\frac{\Delta \boldsymbol{p}_1}{\Delta t} = -\frac{\Delta \boldsymbol{p}_2}{\Delta t}, \tag{7.10}$$

was zeigt, daß die durchschnittlichen zeitlichen (Vektor-) Veränderungen des Impulses der Teilchen im Zeitintervall Δt von gleicher Größe und entgegengesetzter Richtung sind. Wenn wir Δt sehr klein werden lassen, d.h., wenn wir den Grenzwert von (7.10) bestimmen, erhalten wir mit $\Delta t \to 0$

$$\frac{d\boldsymbol{p}_1}{dt} = -\frac{d\boldsymbol{p}_2}{dt}, \tag{7.11}$$

so daß die momentanen zeitlichen (Vektor-) Veränderungen der Impulse zweier wechselwirkender Teilchen zu jedem beliebigen Zeitpunkt t gleich und entgegengesetzt gerichtet sind. Wenn wir unser früheres Beispiel betrachten, können wir also sehen, daß die zeitliche Veränderung des Impulses des Elektrons in einem isolierten Wasserstoffatom gleich und entgegengesetzt der zeitlichen Impulsänderung des Protons ist. Oder, wenn wir wieder Erde und Mond als isoliertes System betrachten wollen: Die zeitliche Impulsänderung der Erde ist gleich und entgegengesetzt der zeitlichen Änderung des Impulses des Mondes relativ zu einem Inertialsystem.

Da die Veränderung des Impulses eines Teilchens auf seine Wechselwirkung mit anderen Teilchen zurückzuführen ist, und wir die Wechselwirkungen durch Kräfte ausdrücken, sind beide Größen nahe verwandt. Ihre Beziehung wird durch das *zweite Newtonsche Bewegungsgesetz* gegeben:

Die zeitliche Impulsänderung eines Teilchens ist gleich der Kraft, welche auf das Teilchen wirkt.

Das heißt,

$$\boldsymbol{F} = \frac{d\boldsymbol{p}}{dt}. \tag{7.12}$$

Wenn das Teilchen frei ist,

$$\boldsymbol{p} = \text{Konst} \qquad \text{und} \qquad \boldsymbol{F} = d\boldsymbol{p}/dt = \boldsymbol{0}.$$

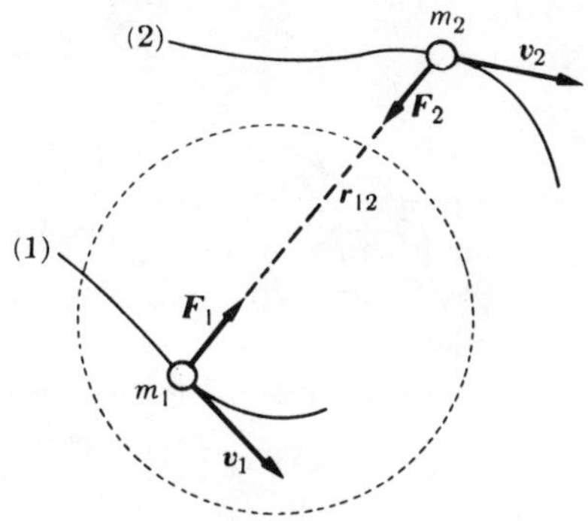

7.6 Als Folge der Impulserhaltung sind Kraft und Gegenkraft gleich groß und entgegengesetzt gerichtet.

Wir können also sagen, daß auf ein freies Teilchen keine Kraft wirkt.

Unter Verwendung des Konzepts der Kraft können wir (7.11) in der Form

$$\boldsymbol{F}_1 = -\boldsymbol{F}_2, \tag{7.13}$$

schreiben, wobei $\boldsymbol{F}_1 = d\boldsymbol{p}_1/dt$ die Kraft auf das Teilchen 1 infolge der Wechselwirkung mit dem Teilchen 2 ist, und $\boldsymbol{F}_2 = d\boldsymbol{p}_2/dt$ die Kraft auf 2 infolge der Wechselwirkung mit 1. Wir schließen daraus:

Bei der Wechselwirkung zweier Teilchen ist die Kraft, die auf ein Teilchen wirkt, gleich und entgegengesetzt der Kraft, die auf das andere Teilchen wirkt.

Das ist das *dritte Newtonsche Bewegungsgesetz*, eine Folge des zweiten Bewegungsgesetzes und des Prinzips der Impulserhaltung. Man nennt es auch das *Gesetz von Actio und Reactio* (Abb. 7.6).

In vielen Aufgaben kann $\boldsymbol{F}_1$ (und natürlich auch $\boldsymbol{F}_2$) als Funktion des relativen Ortsvektors der beiden Teilchen, $\boldsymbol{r}_{12}$, und möglicherweise auch als Funktion ihrer relativen Geschwindigkeiten ausgedrückt werden. Die Bestimmung von $\boldsymbol{F}(\boldsymbol{r}_{12})$ für die vielen Wechselwirkungen in der Natur ist eines der vordringlichsten Probleme der Physik. Eben weil der Physiker in der Lage war, spezifische funktionale Formen von $\boldsymbol{F}(\boldsymbol{r}_{12})$ mit spezifischen Wechselwirkungen in der Natur zu assoziieren, war der Begriff der Kraft so nützlich für ihn.

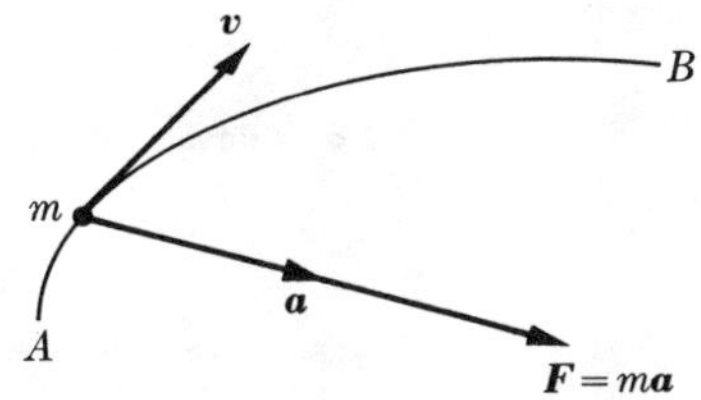

7.7 Wenn die Masse konstant bleibt, hat die Kraft die gleiche Richtung wie die Beschleunigung.

Zum Beispiel bewegen sich Erde und Mond unter ihrer Gravitationswechselwirkung, oder ein Elektron bewegt sich relativ zu einem Atomkern unter ihrer elektrischen Wechselwirkung. Die Kräfte sind in beiden Fällen umgekehrt proportional zum Quadrat des Abstandes zwischen den beiden wechselwirkenden Körpern, d.h.

$$F = \frac{k}{r_{12}^2},$$

wobei die Konstante k von Fall zu Fall verschieden ist.

Beziehung zwischen Kraft und Beschleunigung Wenn wir uns an die Definition (7.1) des Impulses erinnern, können wir (7.12) $\boldsymbol{F} = d\boldsymbol{p}/dt$ in der Form

$$\boldsymbol{F} = \frac{d(m\boldsymbol{v})}{dt}, \tag{7.14}$$

schreiben, und wenn m konstant ist, erhält man

$$\boldsymbol{F} = m\frac{d\boldsymbol{v}}{dt} \quad \text{oder} \quad \boldsymbol{F} = m\boldsymbol{a}. \tag{7.15}$$

Wir können (7.15) in Worten ausdrücken:

Die Kraft ist gleich der Masse mal der Beschleunigung, wenn die Masse konstant ist.

Beachten Sie, daß in diesem Fall die Kraft die gleiche Richtung hat wie die Beschleunigung (Abb. 7.7).

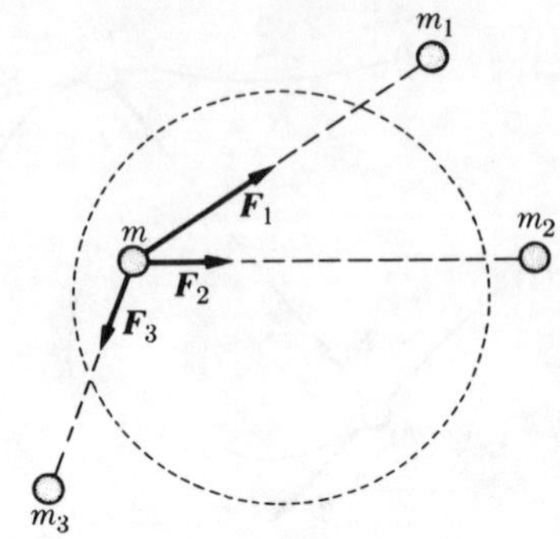

7.8 Resultierende Kraft auf ein Teilchen.

Aus (7.15) sehen wir, daß bei konstanter Kraft die Beschleunigung $\boldsymbol{a} = \boldsymbol{F}/m$ ebenfalls konstant ist und daß der Körper gleichförmig beschleunigt wird. Das trifft auf Körper zu, die nahe der Erdoberfläche fallen: Alle Körper nahe der Erdoberfläche fallen mit der gleichen Beschleunigung auf die Erdoberfläche zu. Die Kraft der Gravitationsanziehung der Erde, die man Gewicht nennt, ist daher

$$\boldsymbol{G} = m\boldsymbol{g}. \tag{7.16}$$

Resultierende Kraft Indem wir (7.12), $\boldsymbol{F} = d\boldsymbol{p}/dt$, schreiben, machen wir die stillschweigende Annahme, daß das Teilchen nur mit einem einzigen anderen Teilchen wechselwirkt. Wenn jedoch Teilchen m mit den Teilchen $m_1, m_2, m_3, \ldots$ (Abb. 7.8) in Wechselwirkung tritt, führt jedes zu einer Änderung der Bewegungsgröße (des Impulses) von m, die laut (7.12) durch die entsprechenden Kräfte $\boldsymbol{F}_1, \boldsymbol{F}_2, \boldsymbol{F}_3, \ldots$ charakterisiert ist. Die *gesamte* zeitliche Änderung des Impulses eines Teilchens m ist dann

$$\frac{d\boldsymbol{p}}{dt} = \boldsymbol{F}_1 + \boldsymbol{F}_2 + \boldsymbol{F}_3 + \cdots = \boldsymbol{F}.$$

Die Vektorsumme auf der rechten Seite nennt man die *resultierende* Kraft $\boldsymbol{F}$, die auf m wirkt. Diese Regel zur Berechnung der resultierenden Kraft wurde bereits im Kapitel 4 betrachtet. In Abb. 7.8 haben wir die möglichen Wechselwirkungen zwischen m_1 und m_2, m_1 und m_3, m_2 und m_3 u.s.w. nicht angezeigt, da für unseren gegenwärtigen Zweck diese Wechselwirkungen irrelevant sind. Wir haben auch die stillschweigende Annahme gemacht, daß z.B. die Wechselwirkung zwischen m und m_1 durch die Anwesenheit von $m_2, m_3, \ldots$ nicht verändert wird. In anderen Worten, wir haben angenommen, daß es keine Interferenzwirkung gibt.

Wenn z.B. ein Körper der Masse m und des Gewichts $G = mg$ (nach unten) einer senkrecht nach oben gerichteten Kraft unterliegt, hat die resultierende Kraft einen Betrag $F - G$ oder $F - mg$. Den Betrag der Beschleunigung des Körpers entnimmt man aus der Bewegungsgleichung

$$F - mg = ma.$$

Wenn die Kraft größer, gleich groß oder kleiner als das Gewicht ist, dann ist die vertikale Bewegung nach oben beschleunigt, nicht beschleunigt (d.h., gleichförmig) oder nach unten beschleunigt.

7.8 EINHEITEN DER KRAFT

Aus (7.12) und (7.15) sehen wir, daß die Einheit der Kraft durch die Einheiten der Masse und der Beschleunigung ausgedrückt werden muß. Im MKSC-System wird die Kraft daher in m kg s^{-2} gemessen, eine Einheit, die ein *Newton* genannt und mit N abgekürzt wird, d.h. N = m kg s^{-2}. Entsprechend definieren wir das Newton als die Kraft, die auf einen Körper wirkt, dessen Masse 1 kg beträgt und die eine Beschleunigung von einem m s^{-2} verursacht.

Die cgs- Einheit der Kraft wird immer noch häufig verwendet. Sie wird *dyn* genannt und ist als die Kraft definiert, die auf einen Körper der Masse von 1 Gramm so wirkt, daß es zu einer Beschleunigung von 1 cm s^{-2} kommt, d.h., dyn = cm g s^{-2}. Da ein kg 10^3 g und ein

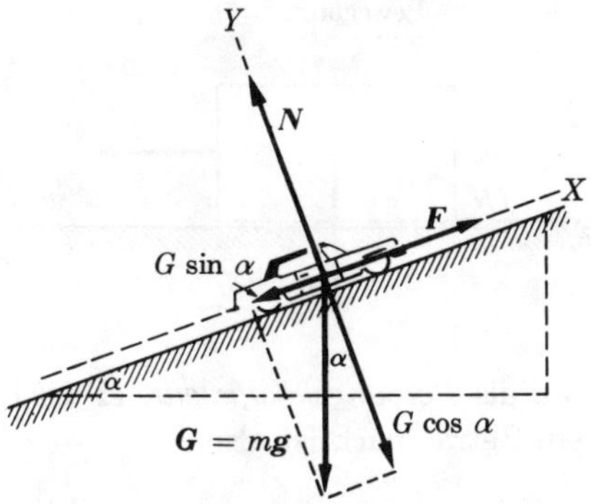

7.9

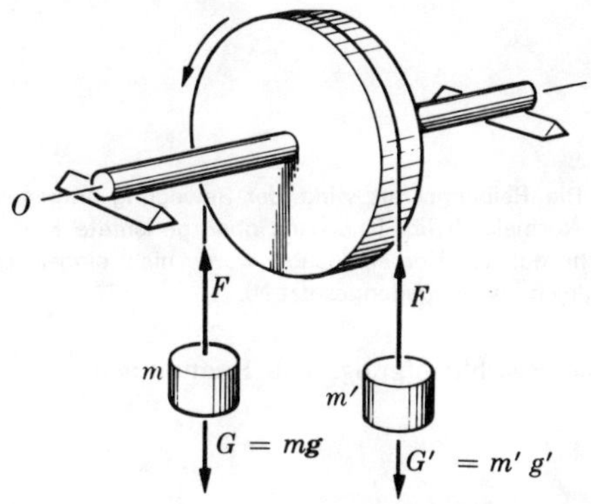

7.10

m 10^2 cm sind, sehen wir, daß N = m kg s^{-2} = (10^2 cm) (10^3 g) s^{-2} = 10^5 dyn.

Eine weitere Einheit wird häufig in der Technik verwendet. Sie beruht auf (7.16), der Gewichtsdefinition. Als ein *Kilopond* wird die Kraft definiert, die gleich dem Gewicht einer Masse von einem Kilogramm ist. Wenn man daher m = 1 kg in (7.16) einsetzt, erhält man

$$1 \text{ kp} = g \text{ N} \approx 9{,}807 \text{ N}.$$

Beispiel 7.3 Ein Auto mit einer Masse von 1000 kg fährt auf einer Straße mit einer Steigung von 20° aufwärts. Bestimmen Sie die Kraft, die der Motor erzeugen muß, wenn das Auto (a) mit gleichförmiger Bewegung, (b) mit einer Beschleunigung von 0,2 m s^{-2} fahren soll. Bestimmen Sie außerdem für jeden Fall die Kraft, die von der Straße auf das Auto ausgeübt wird.

Lösung: Wir bezeichnen die Masse des Autos mit m. Die Kräfte, die auf es wirken, sind in Abb. 7.9 dargestellt. Sie setzen sich aus seinem Gewicht, $\boldsymbol{G} = m\boldsymbol{g}$, das nach unten weist, der Kraft $\boldsymbol{F}$ des Motors, die bergauf gerichtet ist, und der Kraft $\boldsymbol{N}$, bedingt durch die Straße und senkrecht zu ihr, zusammen. Wenn man einen Satz von Achsen verwendet, wie in der Abbildung gezeigt, und (7.15) anwendet, findet man, daß die Bewegung längs der X-Achse die Gleichung

$$F - mg \sin \alpha = ma \qquad \text{oder} \qquad F = m(a + g \sin \alpha).$$

erfüllt. Das Auto bewegt sich nicht entlang der Y-Achse, daher ist

$$N - mg \cos \alpha = 0 \qquad \text{oder} \qquad N = mg \cos \alpha.$$

Wir sehen, daß die durch die Straße bedingte Kraft unabhängig von der Beschleunigung des Autos ist, und, um nun Zahlenwerte einzusetzen, 9210 N beträgt. Die vom Motor herrührende Kraft F hängt jedoch von der Beschleunigung des Autos ab. Wenn das Auto mit gleichförmiger Bewegung fährt, ist

$$a = 0 \qquad \text{und} \qquad F = mg \sin \alpha;$$

In unserem Beispiel ist das 3350 N. Wenn es sich mit einer Beschleunigung von 0,2 m s^{-2} bewegt, ist F = 3550 N.

Wir schlagen vor, daß der Student diese Aufgabe noch einmal für ein bergab fahrendes Auto löst.

Beispiel 7.4 Beschleunigung der Massen m und m' aus Abb. 7.10. Nehmen Sie an, daß das Rad frei um O rotieren kann und vernachlässigen Sie alle möglichen Effekte, die die Masse des Rades haben könnte. (Diese Effekte werden später in Kapitel 11 berücksichtigt werden.)

Lösung: Nehmen Sie an, daß die Bewegung in Pfeilrichtung abläuft, so daß m fällt und m' steigt. Beide Massen bewegen sich mit der gleichen Beschleunigung a. Die Massen wirken über die Schnur aufeinander ein, wobei die gleichen und entgegengerichteten Kräfte, die sie aufeinander ausüben, mit F bezeichnet sind. Dann ist die Abwärtsbewegung von m mit der Beschleunigung a durch

$$mg - F = ma$$

gegeben und die Aufwärtsbewegung von m' mit der gleichen Beschleunigung ist

$$F - m'g = m'a.$$

Indem wir die beiden Gleichungen addieren, eliminieren wir F und erhalten

$$a = \frac{m - m'}{m + m'} g$$

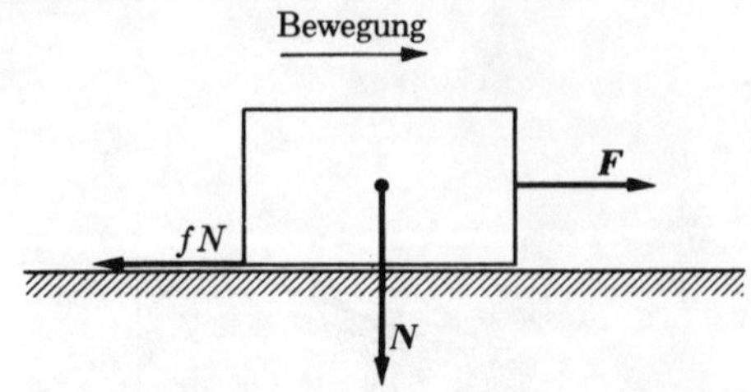

7.11 Die Reibungskraft wirkt der Bewegung entgegen und hängt von der Normalkraft ab. (Die nach oben gerichtete Kraft, welche die Oberfläche auf den Körper ausübt, wurde nicht eingezeichnet. Sie ist betragsgleich und entgegengesetzt N).

für die gemeinsame Beschleunigung. Die Spannung in der Schnur ist

$$F = \frac{2mm'}{m + m'}g.$$

Eine Maschine ähnlich der Anordnung von Abb. 7.10, die als Atwoodsche Maschine bezeichnet wird, wird für die Untersuchung der Gesetze der gleichförmig beschleunigten Bewegung verwendet. Ein Vorteil dieser Anordnung ist, daß man durch Annäherung von m an m' die Beschleunigung a sehr klein werden lassen kann, was die Beobachtung und Datennahme vereinfacht.

7.9 REIBUNGSKRÄFTE

Wann immer zwei Körper in Kontakt kommen, wie im Fall eines Buches, das auf einem Tisch liegt, gibt es einen Widerstand, welcher der relativen Bewegung der zwei Körper entgegenwirkt. Nehmen Sie z.B. an, daß wir das Buch über den Tisch schieben und ihm so eine gewisse Geschwindigkeit verleihen. Nachdem wir es loslassen, wird es langsamer und bleibt schließlich liegen. Der Impulsverlust zeigt an, daß eine Kraft der Bewegung entgegenwirkt. Diese Kraft wird als *Gleitreibung* bezeichnet. Sie ist auf die Wechselwirkung zwischen den Molekülen der beiden Körper zurückzuführen, die man manchmal als Kohäsion oder Adhäsion bezeichnet, je nachdem, ob die beiden Körper aus dem gleichen oder aus verschiedenem Material sind. Das Phänomen ist ziemlich kompliziert und hängt von vielen Faktoren ab, wie z.B. dem Zustand und der Natur der Oberfläche, der relativen Geschwindigkeit etc. Wir können experimentell zeigen, daß die Reibungskraft $\boldsymbol{F}_f$ eine Größe hat, die für die meisten praktischen Überlegungen als proportional zur senkrechten Kraft $\boldsymbol{N}$ angesehen werden kann, die einen Körper gegen den anderen preßt (Abb. 7.11). Die Proportionalitätskonstante bezeichnet man als *Reibungskoeffizient*, er wird mit f bezeichnet. Dem Betrag nach ist also

$$\text{Kraft der Gleitreibung} = fN. \tag{7.17}$$

Die Kraft der Gleitreibung ist immer der Bewegung des Körpers entgegengerichtet und hat daher eine der Geschwindigkeit entgegengesetzte Richtung.

Wenn z.B. eine Kraft F auf den Körper in Abb. 7.11 ausgeübt wird, so daß er sich nach rechts bewegt, ist die resultierende Kraft auf den Körper $F - fN$. Wenn m die Masse des Körpers und a seine Beschleunigung ist, lautet die Bewegungsgleichung des Körpers

$$F - fN = ma.$$

In dem Fall, in dem die senkrechte Kraft N das Gewicht des Körpers ist, können wir $N = G = mg$ schreiben und die Bewegungsgleichung lautet dann

$$F - fmg = ma \qquad \text{oder} \qquad F = m(a + fg),$$

was die Kraft angibt, die erforderlich ist, um einen Körper mit einer bestimmten Beschleunigung entlang einer horizontalen Ebene zu schieben. Wenn die Bewegung gleichförmig ist, ist $a = 0$ und die Kraft $F = fN$, d.h., die ausgeübte Kraft ist gleich der Reibungskraft.

Im allgemeinen gibt es zwei Arten von Reibungskoeffizienten. Wenn man den *statischen* Reibungskoeffizienten f_s mit der senkrechten Kraft multipliziert, erhält man die minimale Kraft, die notwendig ist, um zwei ruhende Körper, die sich ursprünglich in Kontakt befinden, in relative Bewegung zueinander zu versetzen. Wenn man den *kinetischen* Reibungskoeffizienten f_k mit der senkrechten Kraft multipliziert, erhält man die Kraft, welche notwendig ist, um zwei Körper in gleichförmiger relativer Bewegung zu halten. Man fand, daß für alle bisher getesteten Materialien f_s größer ist als f_k. Tabelle 7.1 gibt typische Werte für f_s und f_k für verschiedene Materialien.

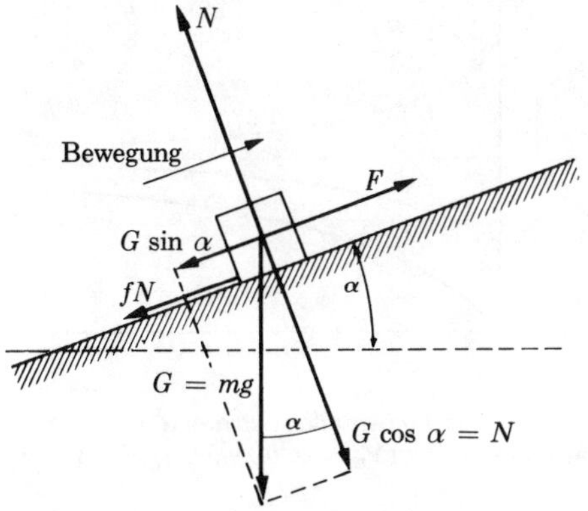

(a) Körper, der sich aufwärts bewegt

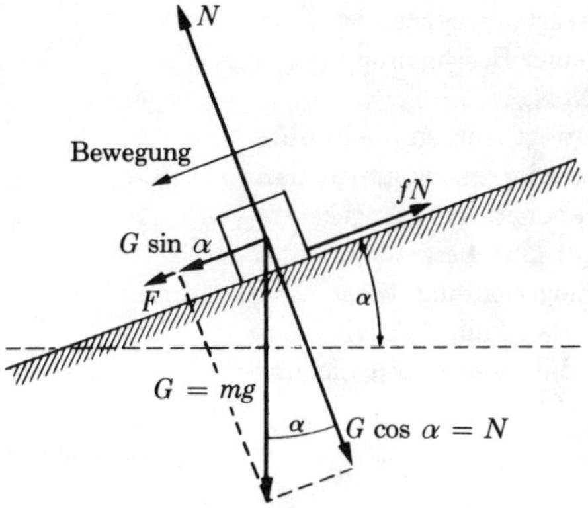

(b) Körper, der sich abwärts bewegt

7.12

Tabelle 7.1
REIBUNGSKOEFFIZIENTEN (AN TROCKENEN OBERFLÄCHEN BESTIMMT)*

Material	f_s	f_k
Stahl auf Stahl (hart)	0,78	0,42
Stahl auf Stahl (weich)	0,74	0,57
Blei auf Stahl (weich)	0,95	0,95
Kupfer auf Stahl (weich)	0,53	0,36
Nickel auf Nickel	1,10	0,53
Gußeisen auf Gußeisen	1,10	0,15
Teflon auf Teflon (oder auf Stahl)	0,04	0,04

*Diese Werte dürfen nur als Mittelwerte betrachtet werden, da die Reibungskoeffizienten makroskopische Größen sind, die von den mikroskopischen Eigenschaften beider Materialien abhängen und starken Schwankungen unterliegen.

Die Reibungskraft fN ist ein statistischer Begriff, da er die Summe einer sehr großen Zahl von Wechselwirkungen zwischen den Molekülen zweier sich berührender Körper enthält. Es ist natürlich unmöglich, die individuellen molekularen Wechselwirkungen zu berücksichtigen. Sie werden daher durch eine beliebige experimentelle Methode als Gesamtes bestimmt und annähernd durch den Reibungskoeffizienten ausgedrückt.

Beispiel 7.5 Ein Körper mit der Masse von 0,8 kg befindet sich auf einer um 30° geneigten Ebene. Welche Kraft muß auf den Körper ausgeübt werden, damit er (a) nach oben gleitet, (b) nach unten gleitet? Nehmen Sie in beiden Fällen an, daß der Körper sich mit gleichförmiger Bewegung und mit einer Beschleunigung von 0,10 m s^{-2} bewegt. Der Koeffizient der Gleitreibung mit der Ebene ist 0,30.

Lösung: (a) Wir wollen zuerst den Körper betrachten, wenn er sich bergauf bewegt. Die Kräfte, die auf den Körper wirken, sind in Abb. 7.12 angezeigt. Dazu gehören das Gewicht $G = mg$, das nach unten weist, die ausgeübte Kraft F (die wir als bergauf gerichtet annehmen), die Reibungskraft fN, die immer gegen die Bewegung und daher in diesem Fall bergab gerichtet ist, und die Kraft N, die von der Ebene auf den Körper ausgeübt wird. Wenn wir das Gewicht in seine Komponenten längs der Ebene und senkrecht zu ihr zerlegen, lautet die Bewegung des Körpers längs der Ebene gemäß (7.15).

$$F - G \sin \alpha - fN = ma.$$

Wir entnehmen aber aus der Abb. 7.12 (a), daß die senkrechte Kraft, die den Körper gegen die Ebene preßt, $N = G \cos \alpha$ ist. Die Bewegungsgleichung ist daher

$$F - G(\sin \alpha + f \cos \alpha) = ma.$$

Diese Gleichung dient zwei Aufgaben. Wenn wir die Beschleunigung a kennen, können wir die ausgeübte Kraft F berechnen. Umgekehrt können wir die Beschleunigung berechnen, wenn wir die Kraft F kennen. Im ersten Fall erhalten wir durch Einsetzen von mg anstelle von G.

$$F = m[a + g(\sin \alpha + f \cos \alpha)].$$

Wenn die Bewegung z.B. gleichförmig ist, $a = 0$, und wir

den entsprechenden numerischen Wert einsetzen, ist $F = 5{,}95$ N. Wenn der Körper sich mit einer Beschleunigung von 0,10 m s^{-2} bewegt, erhalten wir 6,03 N.

b) Wenn sich der Körper bergab bewegt, wirken die in Abb. 7.12(b) gezeigten Kräfte. Wir haben hier angenommen, daß F abwärts gerichtet ist, wir könnten aber auch die umgekehrte Annahme machen. Die Reibungskraft muß bergauf gerichtet sein, da sie ja gegen die Bewegungsrichtung weist. Der Student kann überprüfen, daß für den Fall, daß wir bergab als positive Richtung nehmen, die Bewegungsgleichung

$$F + G \sin \alpha - fN = ma$$

lautet, oder, da $N = G \cos \alpha$

$$F + G(\sin \alpha - f \cos \alpha) = ma,$$

oder indem wir G durch mg ersetzen:

$$F = m[a - g(\sin \alpha - f \cos \alpha)].$$

Wenn die Bewegung gleichförmig ist ($a = 0$), erhalten wir nach Einsetzen numerischer Werte

$$F = -1{,}88 \text{ N}$$

während wir für den Fall, daß der Körper mit einer Beschleunigung von 0,10 m s^{-2} bergab gleitet,

$$F = -1{,}80 \text{ N}$$

erhalten. Das negative Vorzeichen bedeutet in jedem Fall, daß die Kraft F bergauf gerichtet ist, und nicht bergab, wie wir annahmen.

Wir schlagen vor, daß der Student die Bewegung des Körpers bestimmt, wenn keine Kraft ausgeübt wird und daß er angesichts des Ergebnisses das negative Vorzeichen von F begründet.

7.10 REIBUNGSKRÄFTE IN FLUIDEN MEDIEN

Wenn ein Körper sich mit relativ geringer Geschwindigkeit durch ein fluides Medium bewegt (wie z.B. ein Gas oder eine Flüssigkeit), kann die Reibungskraft annähernd bestimmt werden, indem man annimmt, daß sie proportional der Geschwindigkeit und ihr entgegengerichtet ist. Wir schreiben deshalb

$$\text{Kraft der flüssigen Reibung} = -K\eta \boldsymbol{v}. \tag{7.18}$$

Der Koeffizient hängt von der Gestalt des Körpers ab. Zum Beispiel zeigen aufwendige Rechnungen, daß

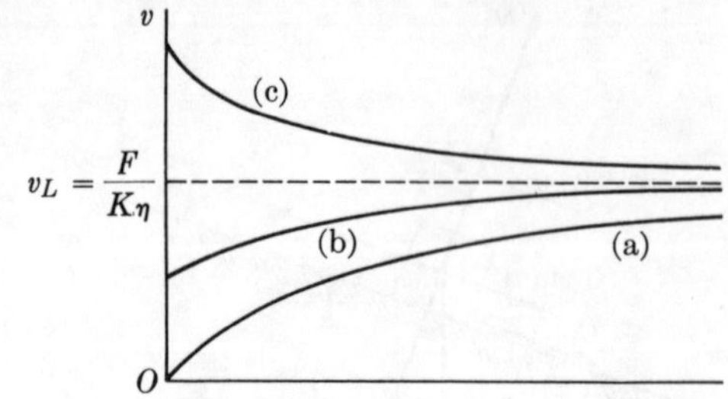

7.13 Geschwindigkeit eines Körpers, der durch eine viskose Flüssigkeit fällt, als Funktion der Zeit (a) $V_0 = 0$, (b) $v_0 < v_L$, (c) $v_0 > v_L$.

für den Fall einer Kugel vom Radius R

$$K = 6\pi R. \tag{7.19}$$

Diese Beziehung ist als *Stokessches Gesetz* bekannt. Der Koeffizient η in (7.18) hängt von der inneren Reibung des flüssigen Mediums ab (d.h., den Reibungskräften zwischen verschiedenen Schichten der Flüssigkeit, die sich mit unterschiedlicher Geschwindigkeit bewegen.) Diese innere Reibung nennt man auch *Viskosität*, und man bezeichnet η als den Viskositätskoeffizienten.

Wenn ein Körper sich unter der Wirkung der Kraft $\boldsymbol{F}$ durch eine viskose Flüssigkeit bewegt, ist die resultierende Kraft gleich $\boldsymbol{F} - K\eta\boldsymbol{v}$, und die Bewegungsgleichung lautet

$$m\boldsymbol{a} = \boldsymbol{F} - K\eta\boldsymbol{v}. \tag{7.20}$$

Nimmt man die Kraft $\boldsymbol{F}$ als konstant an, so führt die Beschleunigung $\boldsymbol{a}$ zu einer ständigen Steigerung von $\boldsymbol{v}$ und einer entsprechenden Zunahme in der flüssigen Reibung, die ihrerseits zu einer Abnahme der Beschleunigung führt. Schließlich wird die rechte Seite der Gleichung null. In diesem Augenblick ist auch die Beschleunigung null, es kommt zu keiner weiteren Zunahme der Geschwindigkeit und die flüssige Reibung wird durch die ausgeübte Kraft ausgeglichen. Das Teilchen bewegt sich mit konstanter Geschwindigkeit in Kraftrichtung weiter. Diese Geschwindigkeit nennt man *Grenzgeschwindigkeit*, man erhält sie, wenn man in (7.20) $\boldsymbol{a} = \boldsymbol{0}$ setzt. Dann ist

$$\boldsymbol{v}_L = \frac{\boldsymbol{F}}{K\eta}. \tag{7.21}$$

Tabelle 7.2

VISKOSITÄTSKOEFFIZIENTEN IN Pa · s*

Flüssigkeiten	η	Gase	η
Wasser (0° C)	$1{,}792 \cdot 10^{-3}$	Luft (0° C)	$1{,}71 \cdot 10^{-5}$
Wasser	$1{,}005 \cdot 10^{-3}$	Luft	$1{,}81 \cdot 10^{-5}$
Wasser (40° C)	$0{,}656 \cdot 10^{-3}$	Luft (40° C)	$1{,}90 \cdot 10^{-5}$
Alkohol	$0{,}367 \cdot 10^{-3}$	Wasserstoff	$0{,}89 \cdot 10^{-5}$
Glycerin	$8{,}33 \cdot 10^{-1}$	Ammoniak	$0{,}97 \cdot 10^{-5}$
Rizinusöl	$9{,}86 \cdot 10^{-3}$	Kohlendioxyd	$1{,}46 \cdot 10^{-5}$

* Alle Angaben gelten, wenn nicht anders angegeben, für 20° C.

Die Grenzgeschwindigkeit hängt also von η und K ab (d.h., von der Viskosität der Flüssigkeit und der Gestalt des Körpers), ist aber unabhängig von der Anfangsgeschwindigkeit. Die Änderung der Geschwindigkeit mit der Zeit ist in Abb. 7.13 für verschiedene Anfangsgeschwindigkeiten gezeigt.

Beim freien Fall unter dem Einfluß der Schwerkraft ist $\boldsymbol{F} = m\boldsymbol{g}$ und (7.21) lautet

$$\boldsymbol{v}_L = \frac{m\boldsymbol{g}}{K\eta}. \tag{7.22}$$

Gleichung (7.22) muß für den Auftrieb korrigiert werden, den die Flüssigkeit ausübt. Er ist nach dem Archimedes-schen Gesetz gleich dem Gewicht der Flüssigkeit, die durch den Körper verdrängt wird. Der Auftrieb wird dadurch berücksichtigt, daß man die Masse m' der durch den Körper verdrängten Flüssigkeit von m abzieht. (7.22) muß also ersetzt werden durch

$$\boldsymbol{v}_L = \frac{(m - m')\boldsymbol{g}}{K\eta}. \tag{7.23}$$

Wenn die Dichte eines Körpers viel größer ist als die Dichte der Flüssigkeit, kann diese Korrektur vernachlässigt werden.

Einheiten der Viskosität Der Viskositätskoeffizient wird im MKSC-System durch N s m^{-2} ausgedrückt. Das ergibt sich aus folgendem:

Aus dem Stokesschen Gesetz (7.19) entnehmen wir, daß K in Meter ausgedrückt wird (das gilt auch für Körper anderer Gestalt). Nach (7.18) muß daher η in N/m · $(m/s)^{-1}$ ausgedrückt werden, was der oben gegebenen Einheit entspricht. Wenn wir uns daran erinnern, daß N = m kg s^{-2}, können wir die Viskosität auch in m^{-1} kg s^{-1} ausdrücken. Diese Einheit nennt man *Pascalsekunde*, abgekürzt Pa · s.

$$1 \text{ Pa} \cdot \text{s} = 1 \text{ m}^{-1} \text{ kg s}^{-1} = (10^2 \text{ cm})^{-1} (10^3 \text{ g}) \text{ s}^{-1}$$
$$= 10 \text{ cm}^{-1} \text{ g s}^{-1} = 10 \text{ P(oise)}$$

Der Viskositätskoeffizient von Flüssigkeiten nimmt mit steigender Temperatur ab, während der von Gasen mit steigender Temperatur zunimmt. Tabelle 7.2 gibt die Viskositätskoeffizienten verschiedener Flüssigkeiten.

Beispiel 7.6 Grenzgeschwindigkeit einer Stahlkugel mit einem Radius von 2 mm, die durch Glycerin fällt.

Lösung: Da die Dichte von Stahl $7{,}9 \cdot 10^3$ kg m^{-3} und die von Glycerin $1{,}3 \cdot 10^3$ kg m^{-3} beträgt, dürfen wir den Effekt des Auftriebs nicht vernachlässigen. Die Masse der Kugel ist

$$m = \rho V = \tfrac{4}{3}\pi r^3 \rho,$$

wobei ρ ihre Dichte ist. Die Flüssigkeitsmasse, die durch die Kugel verdrängt wird, ist

$$m' = \tfrac{4}{3}\pi r^3 \rho',$$

wobei ρ' die Dichte von Glycerin ist. Nach (7.19) ist $K = 6\pi r$, und unter Anwendung von (7.23) finden wir, daß die Grenzgeschwindigkeit durch

$$v_L = \frac{2(\rho - \rho')r^2 g}{9\eta}$$

gegeben ist. Durch Einsetzen der Zahlenwerte finden wir

$$v_L = 6{,}9 \text{ cm s}^{-1}.$$

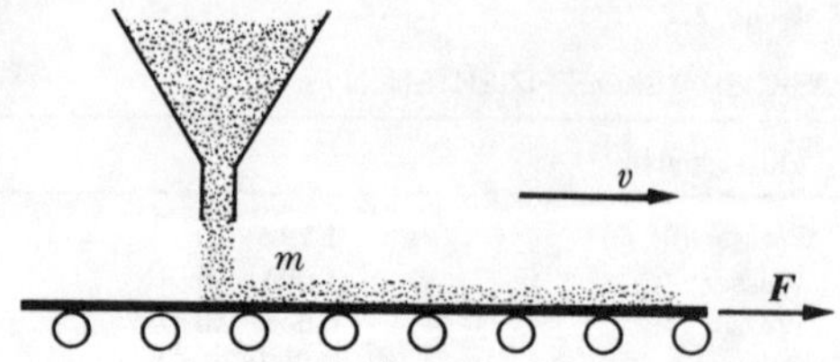

7.14

7.11 SYSTEME MIT VERÄNDERLICHER MASSE

Von einem Großteil der Systeme, denen wir in der Physik begegnen, kann man annehmen, daß ihre Masse konstant ist. In manchen Fällen ist die Masse jedoch veränderlich. Der einfachste Fall ist der eines Regentropfens. Während er fällt, kann Feuchtigkeit an seiner Oberfläche kondensieren, oder das Waser kann verdampfen, was zu einer Veränderung der Masse führt. Wir nehmen an, daß die Masse des Tropfens m ist, wenn er sich mit der Geschwindigkeit $\boldsymbol{v}$ bewegt, und daß Feuchtigkeit, deren Geschwindigkeit $\boldsymbol{v}_0$ ist, mit einer Rate von dm/dt am Tropfen kondensiert. Die gesamte zeitliche Veränderung des Impulses ist die Summe von $m\, d\boldsymbol{v}/dt$ infolge der Beschleunigung des Tropfens und $(dm/dt)\,(\boldsymbol{v} - \boldsymbol{v}_0)$, entsprechend dem zeitlichen Impulszuwachs des Tropfens infolge der Massenzunahme durch Kondensation. Die Bewegungsgleichung des Tropfens lautet also nach (7.14)

$$\boldsymbol{F} = m\frac{d\boldsymbol{v}}{dt} + \frac{dm}{dt}(\boldsymbol{v} - \boldsymbol{v}_0).$$

Um diese Gleichung lösen zu können, muß man gewisse Annahmen darüber machen, wie sich die Masse mit der Zeit ändert.

Ein Fließband, auf welches an einem Ende Material aufgebracht wird (Abb. 7.14) und von dessen anderem Ende es entfernt wird, ist ein weiteres Beispiel für ein System veränderlicher Masse. Wir wollen annehmen, daß das Material auf das Band kontinuierlich mit einer zeitlichen Veränderung von dm/dt kg s^{-1} aufgebracht wird. Das Fließband bewegt sich mit konstanter Geschwindigkeit v, wobei eine Kraft F angewendet wird, um es zu bewegen. Wenn M die Masse des Fließbandes und m die des Material ist, das zur Zeit t bereits aufgebracht wurde, ist der Gesamtimpuls des Systems zu diesem Zeitpunkt $P = (m + M)v$. Die Kraft, die auf das Fließband ausgeübt wird, ist daher

$$F = \frac{dP}{dt} = v\frac{dm}{dt}.$$

Man beachte, daß die Kraft in diesem Fall notwendigerweise auf die Veränderung in der Masse und nicht auf eine Änderung der Geschwindigkeit zurückzuführen ist.

Das interessanteste Beispiel ist vielleicht das einer Rakete, deren Masse abnimmt, weil sie den Treibstoff, den sie trägt, verbraucht. Im folgenden Beispiel wollen wir die Dynamik einer Rakete analysieren.

Beispiel 7.7 *Bewegung einer Rakete.* Eine Rakete ist ein Geschoß, welches anstatt einen ursprünglichen Impuls durch die Ausdehnung der Gase in einem Kanonenrohr zu erfahren, eine vom Ausstoß in der Verbrennungskammer der Rakete selbst stammende kontinuierliche Kraft erfährt (Abb. 7.15). Beim Start trägt die Rakete eine bestimmte Treibstoffmenge, die nach und nach aufgebraucht wird, wodurch die Masse der Rakete abnimmt.

$\boldsymbol{v}$ sei die Geschwindigkeit der Rakete relativ zu einem Inertialsystem, als welches wir die Erde annehmen wollen, und $\boldsymbol{v}'$ die Ausstoßgeschwindigkeit der Gase, ebenfalls relativ zur Erde. Dann ist die Ausstoßgeschwindigkeit der Gase relativ zur Rakete

$$\boldsymbol{v}_e = \boldsymbol{v}' - \boldsymbol{v}.$$

Diese Geschwindigkeit ist $\boldsymbol{v}$ entgegengesetzt. Wir wollen m die Masse der Rakete, inklusive des Treibstoffs, zu jedem Zeitpunkt nennen. Während einer sehr kleinen Zeitspanne dt erfährt die Masse des Systems eine sehr kleine Veränderung dm, die negativ ist, da die Masse abnimmt. Im gleichen Zeitraum verändert sich die Geschwindigkeit der Rakete um $d\boldsymbol{v}$. Der Impuls des Systems zur Zeit t ist $\boldsymbol{p} = m\boldsymbol{v}$. Da $-dm$ der positive Wert der Masse der ausgestoßenen Gase ist, ist der

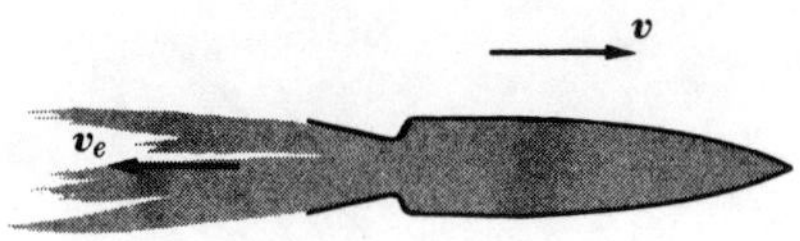

7.15

Impuls zur Zeit $t + dt$ gleich

$$\boldsymbol{p}' = \underbrace{(m + dm)(\boldsymbol{v} + d\boldsymbol{v})}_{\text{Rakete}} + \underbrace{(-dm)\boldsymbol{v}'}_{\text{Gase}}$$

$$= m\boldsymbol{v} + m\,d\boldsymbol{v} - (\boldsymbol{v}' - \boldsymbol{v})\,dm, \qquad \text{oder}$$

$$\boldsymbol{p}' = m\boldsymbol{v} + m\,d\boldsymbol{v} - \boldsymbol{v}_e\,dm,$$

wobei wir den Ausdruck zweiter Ordnung $dm\,d\boldsymbol{v}$ vernachlässigt haben. Die Impulsänderung in der Zeit dt beträgt

$$d\boldsymbol{p} = \boldsymbol{p}' - \boldsymbol{p} = m\,d\boldsymbol{v} - \boldsymbol{v}_e\,dm,$$

und die Änderung des Impulses des Systems pro Zeiteinheit lautet

$$\frac{d\boldsymbol{p}}{dt} = m\frac{d\boldsymbol{v}}{dt} - \boldsymbol{v}_e\frac{dm}{dt}.$$

Wenn $\boldsymbol{F}$ die äußere Kraft darstellt, die auf die Rakete wirkt, dann lautet die Bewegungsgleichung nach (7.12)

$$\boldsymbol{F} = \frac{d\boldsymbol{p}}{dt}.$$

Das kann umgeformt werden zu

$$m\frac{d\boldsymbol{v}}{dt} - \boldsymbol{v}_e\frac{dm}{dt} = \boldsymbol{F} \qquad \text{oder} \qquad m\frac{d\boldsymbol{v}}{dt} = \boldsymbol{F} + \boldsymbol{v}_e\frac{dm}{dt}. \tag{7.24}$$

Der Ausdruck $\boldsymbol{v}_e(dm/dt)$ wird oft als *Schub* einer Rakete bezeichnet, da er gleich der «Kraft» des entweichenden Ausstoßes ist, wie man aus dem zweiten Ausdruck entnehmen kann. Um die Gleichung aufzulösen, müssen wir einige Annahmen über $\boldsymbol{v}_e$ machen. Im allgemeinen nimmt man an, daß $\boldsymbol{v}_e$ konstant ist. Wenn wir den Luftwiderstand und die Änderung der Schwerkraft mit der Höhe vernachlässigen, können wir auch $\boldsymbol{F} = m\boldsymbol{g}$ schreiben, so daß (7.24) zu

$$\frac{d\boldsymbol{v}}{dt} = \boldsymbol{g} + \frac{\boldsymbol{v}_e}{m}\frac{dm}{dt} \tag{7.25}$$

wird. Als Vereinfachung wollen wir annehmen, daß die Bewegung senkrecht verläuft. Dann ist $\boldsymbol{v}$ nach oben gerichtet und $\boldsymbol{v}_e$ und $\boldsymbol{g}$ nach unten, und (7.25) wird zu

$$\frac{dv}{dt} = -g - \frac{v_e}{m}\frac{dm}{dt}.$$

Wenn wir mit dt multiplizieren und vom Beginn der Bewegung ($t = 0$), wenn die Geschwindigkeit v_0 und die Masse m_0 ist, bis zu einer beliebig gewählten Zeit t integrieren, erhalten wir

$$\int_{v_0}^{v} dv = -g\int_0^t dt - v_e\int_{m_0}^{m}\frac{dm}{m}.$$

Dann ist

$$v - v_0 = -gt - v_e \ln\frac{m}{m_0}, \qquad \text{oder}$$

$$v = v_0 - gt + v_e \ln\left(\frac{m_0}{m}\right). \tag{7.26}$$

Wenn t die Zeit ist, die benötigt wird, um den gesamten Treibstoff zu verbrennen, dann ist in (7.26) m die Endmasse und v die maximale Geschwindigkeit, welche die Rakete erreicht. Im allgemeinen ist $v_0 = 0$ und das Glied gt ist (in vielen Fällen) vernachlässigbar. Zum Beispiel: eine Rakete habe eine Anfangsmasse von 3000 t, eine Endmasse von 2780 t, nachdem der Treibstoff verbrannt ist, und die Gase werden mit einer Massenänderung von 1290 kg s^{-1} ausgestoßen. Dann ist $t = 155$ s. Wenn wir eine Ausstoßgeschwindigkeit von 55.000 m s^{-1} und $v_0 = 0$ annehmen, ist die maximale Geschwindigkeit der Rakete

$$v = 55.000 \ln\frac{3000}{2780}\,\text{m s}^{-1} - (9{,}8\ \text{m s}^{-2})(155\ \text{s})$$

$$= (55.000 \ln 1{,}08 - 1520)\ \text{m s}^{-1} = 2710\ \text{m s}^{-1}.$$

Dieser Wert bezieht sich auf die Centaur-Rakete, die 5 Düsen hat, von welchen jede beim Abschuß einen Schub von 0,68 Millionen kp entwickelt.

7.12 KRUMMLINIGE BEWEGUNG

Wenn die Kraft, die auf ein Teilchen wirkt, die gleiche Richtung wie die Geschwindigkeit hat, verläuft die Bewegung auf einer Geraden. Um eine krummlinige Bewegung hervorzurufen, muß die resultierende Kraft einen Winkel mit der Geschwindigkeit bilden, so daß die Beschleunigung eine senkrechte Komponente zur Geschwindigkeit aufweist, die zur Änderung in der

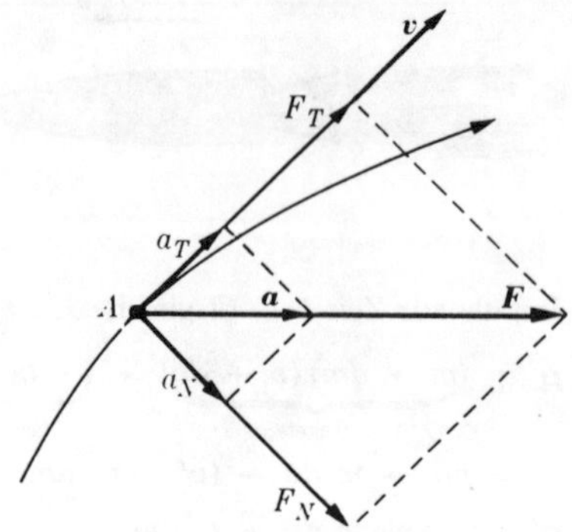

7.16 Beziehung zwischen der Tangential- und Normalkomponente der Kraft und der Beschleunigung bei der krummlinigen Bewegung.

Bewegungsrichtung führt. Andererseits erinnern wir uns, daß die Kraft parallel zur Beschleunigung ist. Die Beziehung zwischen diesen Vektoren bei der krummlinigen Bewegung ist in Abb. 7.16 dargestellt.

Aus der Beziehung $\boldsymbol{F} = m\boldsymbol{a}$ und (5.22) schließen wir, daß die zur Bahn tangentiale Komponente der Kraft, die *Tangentialkraft*

$$F_T = ma_T \qquad \text{oder} \qquad F_T = m\frac{dv}{dt} \tag{7.27}$$

ist. Die Komponente der Kraft, die senkrecht zur Bahn ist, die *Normal-* oder *Zentripetalkraft*, lautet gemäß (5.23)

$$F_N = ma_N \qquad \text{oder} \qquad F_N = \frac{mv^2}{R}, \tag{7.28}$$

wobei R der Krümmungsradius der Bahn ist. Die Zentripetalkraft ist immer auf den Mittelpunkt der Bahnkrümmung zu gerichtet. Die Tangentialkomponente ist für die Änderung des Betrages der Geschwindigkeit verantwortlich, die Zentripetalkraft für die Richtungsänderung der Geschwindigkeit. Wenn die Tangentialkraft null ist, gibt es keine Tangentialbeschleunigung. Wenn die Zentripetalkraft null ist, gibt es keine Normalbeschleunigung, und die Bewegung ist geradlinig.

Im speziellen Fall der Kreisbewegung ist $v = \omega R$, so daß die Zentripetalkraft ebenfalls

$$F_N = m\omega^2 R \tag{7.29}$$

lautet. Bei der gleichförmigen Kreisbewegung ist die einzige Kraft F_N.

Beispiel 7.8 *Überhöhung von Kurven.* Eisenbahnschienen und Autostraßen haben überhöhte Kurven, um die Zentripetalkraft zu erzeugen, die ein Fahrzeug beim Durchfahren einer Kurve benötig. Wenn die Kurven nicht überhöht wären, müßte die Zentripetalkraft durch eine seitliche Kraft der Bahn oder durch die Räder beigesteuert werden, was zu großer Reibung und daher größerer Abnützung führen würde. Abbildung 7.17 zeigt die Überhöhung, wobei die Winkel übertrieben gezeichnet sind. Die Kräfte, die auf den Waggon wirken, sind sein Gewicht $G = mg$ und die Normalkraft N infolge der Schienen. Ihre Resultierende F_N muß groß genug sein, um die Zentripetalkraft, die durch (7.28) gegeben ist, zu erzeugen. Daher ist $F_N = mv^2/R$, wobei R der Radius der Kurve ist. Aus der Abbildung entnehmen wir dann, daß

$$\tan\alpha = \frac{F_N}{G} = \frac{v^2}{Rg}.$$

Das Ergebnis ist unabhängig von der Masse des Körpers. Da α festgelegt ist, sobald die Schienen verlegt sind, gibt die Formel die richtige Geschwindigkeit, mit der man die Kurve durchfahren muß, ohne daß seitliche Kräfte auf das Fahrzeug wirken. Bei kleineren oder geringfügig höheren Geschwindigkeiten wird man mit der Kurve keine Schwierigkeiten haben, da die Schienen die nötige ausgleichende seitliche Kraft zur Verfügung stellen. Bei wesentlich höheren Geschwindigkeiten wird der Wagen jedoch zur Entgleisung neigen.

Beispiel 7.9 Eine Masse m, die an einer Schnur der Länge L von einem festen Punkt herunterhängt, wird um die Senkrechte mit einer Winkelgeschwindigkeit ω in Rotation versetzt. Bestimmen Sie den Winkel der Schnur mit der Vertikalen. Man spricht von einem *konischen* Pendel.

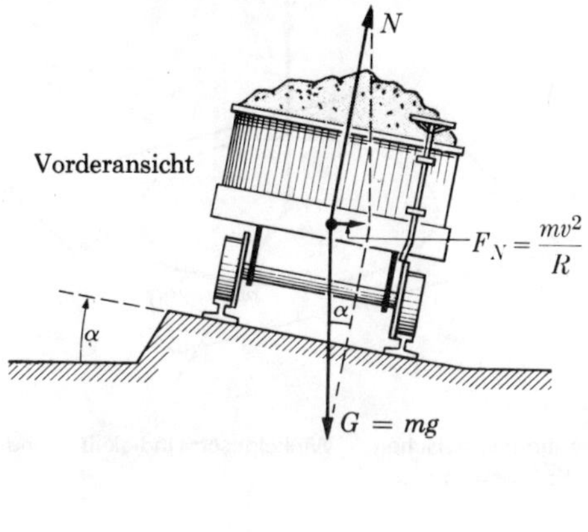

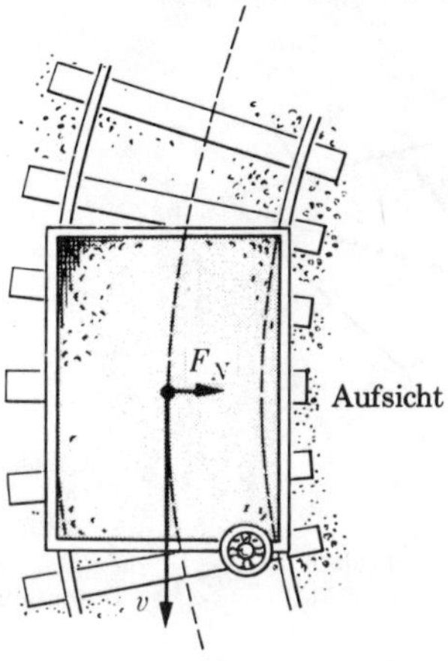

7.17 Überhöhung von Kurven zur Erzeugung einer Zentripetalkraft.

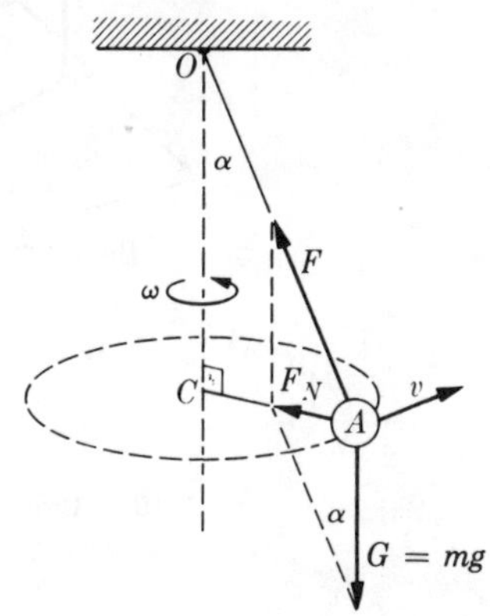

7.18 Konisches Pendel.

Lösung: Das System ist in Abb. 7.18 dargestellt. Der Körper A bewegt sich um die Senkrechte OC, wobei er einen Kreis vom Radius $R = CA = OA \sin\alpha = L \sin\alpha$ beschreibt. Die Kräfte, die auf A wirken, setzen sich aus seinem Gewicht $G = mg$ und der Spannung F der Schnur zusammen. Ihre Resultierende F_N muß genau der Zentripetalkraft entsprechen, die zur Beschreibung eines Kreises notwendig ist. Unter Verwendung von (7.29) erhalten wir also

$$F_N = m\omega^2 R = m\omega^2 L \sin\alpha.$$

Aus der Abbildung entnehmen wir, daß

$$\tan\alpha = \frac{F_N}{G} = \frac{\omega^2 L \sin\alpha}{g}$$

oder, da $\tan\alpha = \sin\alpha/\cos\alpha$,

$$\cos\alpha = g/(\omega^2 L).$$

Daher ist der Winkel α umso größer, je größer die Winkelgeschwindigkeit ω. Aus diesem Grund wurde das konische Pendel lange Zeit als Geschwindigkeitsregler für Dampfmaschinen verwendet. Es verschließt das Dampfeinstromventil, wenn die Geschwindigkeit eine bestimmte vorher festgesetzte Grenze überschreitet und öffnet es, wenn die Geschwindigkeit unter diesen Wert absinkt.

7.13 DREHIMPULS

Der Drehimpuls um Punkt O eines Teilchens der Masse m (Abb. 7.19), das sich mit der Geschwindigkeit $\boldsymbol{v}$ bewegt (und daher den Impuls $\boldsymbol{p} = m\boldsymbol{v}$ hat) ist durch das Vektorprodukt

$$\boldsymbol{L} = \boldsymbol{r} \times \boldsymbol{p}$$

oder (7.30)

$$\boldsymbol{L} = m\boldsymbol{r} \times \boldsymbol{v},$$

definiert, wobei $\boldsymbol{r}$ der Ortsvektor des Teilchens relativ zu O ist. Der Drehimpuls ist daher ein Vektor senkrecht zur Ebene, die durch $\boldsymbol{r}$ und $\boldsymbol{v}$ definiert ist. Der Drehimpuls eines Teilchens verändert sich im allgemeinen in Größe und Richtung, während sich das Teilchen bewegt. Wenn sich das Teilchen jedoch in einer Ebene bewegt und der Punkt O in der selben Ebene liegt, bleibt die Richtung des Drehimpulses gleich, das heißt, senkrecht zur Ebene, da sowohl $\boldsymbol{r}$ als $\boldsymbol{v}$ in der Ebene liegen. Im Fall der Kreisbewegung (Abb. 7.20), wobei O den Mittelpunkt des Kreises darstellt, sind die Vektoren $\boldsymbol{r}$ und $\boldsymbol{v}$ senkrecht zueinander, und $v = \omega r$, so daß

$$L = mrv = mr^2\omega. \qquad (7.31)$$

Die Richtung von $\boldsymbol{L}$ ist die gleiche wie die von $\boldsymbol{\omega}$, so daß (7.31) vektoriell als

$$\boldsymbol{L} = mr^2\boldsymbol{\omega} \qquad (7.32)$$

geschrieben werden kann.

Zwischen dem Bahndrehimpuls und dem Moment der Kräfte, welche auf ein Teilchen wirken, besteht eine sehr wichtige Beziehung, wobei beide in Bezug auf den selben

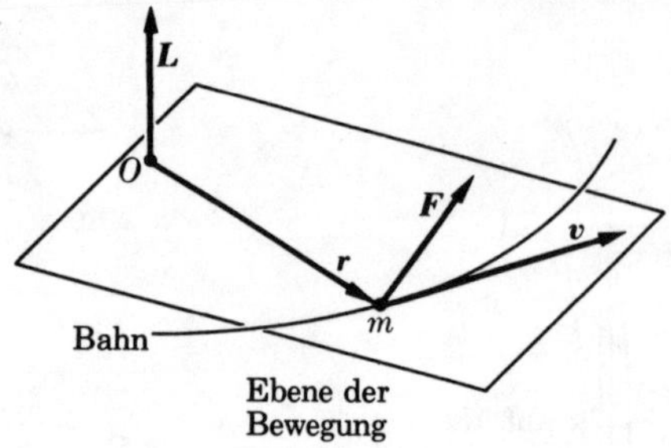

7.19 Drehimpuls eines Teilchens relativ zu O.

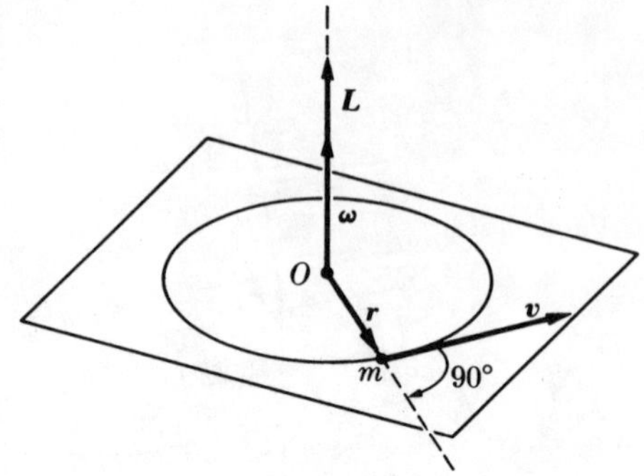

7.20 Vektorbeziehung zwischen Winkelgeschwindigkeit und Drehimpuls bei der Kreisbewegung.

Punkt betrachtet werden. Wie unten gezeigt ist gilt

Die zeitliche Veränderung des Drehimpulses eines Teilchens ist gleich dem Moment der Kraft, die auf das Teilchen wirkt.

Das heißt

$$\frac{d\boldsymbol{L}}{dt} = \boldsymbol{\tau}. \tag{7.33}$$

Diese Gleichung gilt nur, wenn $\boldsymbol{L}$ und $\boldsymbol{\tau}$ relativ zum selben Punkt gemessen werden.

Gleichung (7.33) hat große Ähnlichkeit mit (7.12), wobei der Impuls $\boldsymbol{p}$ durch den Drehimpuls $\boldsymbol{L}$ und die Kraft $\boldsymbol{F}$ durch das Drehmoment $\boldsymbol{\tau}$ ersetzt sind. Sie ist für die Diskussion der Drehbewegung von fundamentaler Bedeutung.

Beweis für Beziehung (7.33) Die zeitliche Ableitung von (7.30) ergibt

$$\frac{d\boldsymbol{L}}{dt} = \frac{d\boldsymbol{r}}{dt} \times \boldsymbol{p} + \boldsymbol{r} \times \frac{d\boldsymbol{p}}{dt}. \tag{7.34}$$

Da aber $d\boldsymbol{r}/dt = \boldsymbol{v}$ und $\boldsymbol{p} = m\boldsymbol{v}$ gilt, ist $\boldsymbol{p}$ immer parallel zu $\boldsymbol{v}$, so daß

$$\frac{d\boldsymbol{r}}{dt} \times \boldsymbol{p} = \boldsymbol{v} \times \boldsymbol{p} = m\boldsymbol{v} \times \boldsymbol{v} = \boldsymbol{0}.$$

Andererseits ist gemäß (7.12) $d\boldsymbol{p}/dt = \boldsymbol{F}$. Gleichung (7.34) wird daher zu

$$\frac{d\boldsymbol{L}}{dt} = \boldsymbol{r} \times \boldsymbol{F}.$$

Wenn wir uns daran erinnern, daß nach der Definition (4.5) das Drehmoment $\boldsymbol{F}$ um O gleich

$$\boldsymbol{\tau} = \boldsymbol{r} \times \boldsymbol{F}$$

ist, erhalten wir schließlich (7.33), d.h.,

$$d\boldsymbol{L}/dt = \boldsymbol{\tau}.$$

7.14 ZENTRALKRÄFTE

Wenn das Drehmoment auf ein Teilchen null ist ($\boldsymbol{\tau} = \boldsymbol{r} \times \boldsymbol{F} = \boldsymbol{0}$) dann müssen wir nach (7.33)

$$\frac{d\boldsymbol{L}}{dt} = \boldsymbol{0} \qquad \text{oder} \qquad \boldsymbol{L} = \text{konstanter Vektor}$$

erhalten. Der Drehimpuls eines Teilchens relativ zu einem Punkt ist daher konstant, wenn das Drehmoment relativ zum selben Punkt null ist. Diese Bedingung ist erfüllt, wenn $\boldsymbol{F} = \boldsymbol{0}$, d.h., das Teilchen ist frei. Wir können dies auf direkterem Wege sehen. Aus Abb. 7.21 entnehmen wir, daß

$$L = mvr \sin\theta = mvd,$$

wobei $d = r \sin\theta$. Die Größe mvd bleibt konstant, da alle beteiligten Faktoren ebenfalls konstant sind, der

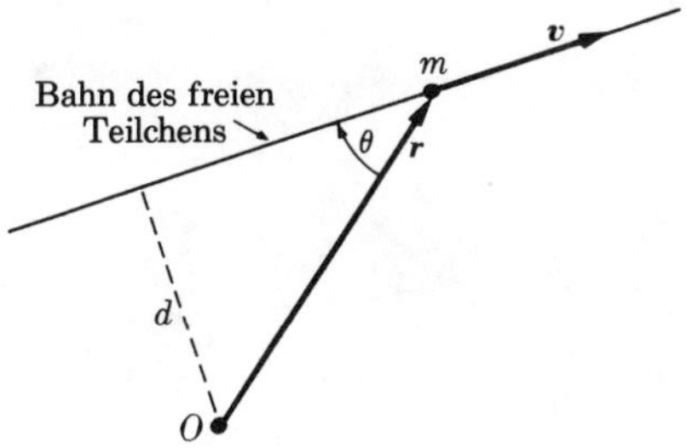

7.21 Für ein freies Teilchen ist der Drehimpuls konstant.

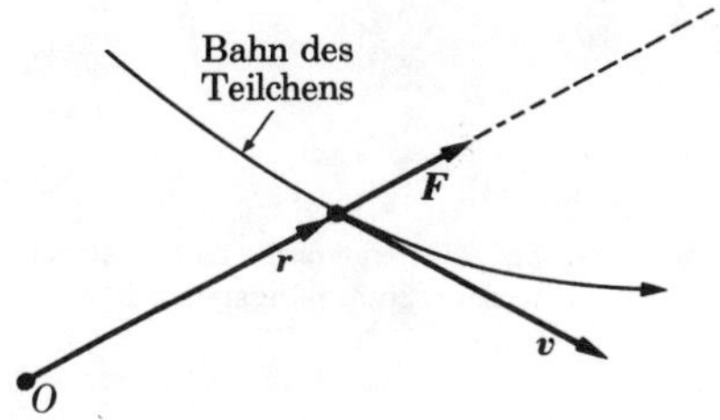

7.22 Für die Bewegung unter einer Zentralkraft ist der Drehimpuls konstant.

Weg des freien Teilchens auf einer Geraden verläuft, und die Geschwindigkeit sich nicht ändert.

Die Bedingung $\boldsymbol{\tau} = \boldsymbol{r} \times \boldsymbol{F} = \mathbf{0}$ ist auch erfüllt, wenn $\boldsymbol{F}$ parallel zu $\boldsymbol{r}$ ist, in anderen Worten, wenn die Richtung von $\boldsymbol{F}$ durch den Punkt O geht. Eine Kraft, deren Richtung immer durch einen festen Punkt geht, nennt man eine *Zentralkraft* (Abb. 7.22). Den festen Punkt bezeichnet man als Kraftzentrum. Daher gilt:

Wenn ein Körper sich unter der Wirkung einer Zentralkraft bewegt, ist der Drehimpuls relativ zum Zentrum der Kraft eine Konstante der Bewegung und umgekehrt.

Dieses Ergebnis ist sehr wichtig, da viele Kräfte in der Natur Zentralkräfte sind. Zum Beispiel bewegt sich die Erde unter dem Einfluß einer Zentralkraft um die Sonne, deren Richtung immer durch den Mittelpunkt der Sonne geht. Der Drehimpuls der Erde relativ zur Sonne ist daher konstant. Das Elektron in einem Wasserstoffatom bewegt sich praktisch unter der Zentralkraft, die auf die elektrische Wechselwirkung mit dem Kern zurückzuführen ist, wobei die Kraft immer auf den Kern weist. Der Drehimpuls des Elektrons relativ zum Kern ist daher konstant.

In Atomen, welche viele Elektronen enthalten, ist die Kraft auf jedes Elektron nicht streng zentral, da es zusätzlich zur zentralen Wechselwirkung mit dem Kern auch Wechselwirkungen mit den anderen Elektronen gibt. Im allgemeinen kann jedoch die mittlere Kraft auf das Elektron als zentral betrachtet werden. In bestimmten Kernen können wir ebenfalls in erster Näherung annehmen, daß ihre Komponenten (Protonen und Neutronen) sich unter dem Einfluß mittlerer Zentralkräfte bewegen.

Beispiel 7.10 *Drehmoment der Erde um die Sonne und eines Elektrons um den Kern im Wasserstoffatom.* In beiden Fällen nehmen wir der Einfachkeit halber an, daß die Bahn kreisförmig sei, so daß die Beziehung aus Abb. 7.20 gilt.

Lösung: Die Masse der Erde ist $5{,}98 \cdot 10^{24}$ kg und ihr mittlerer Abstand von der Sonne beträgt $1{,}49 \cdot 10^{11}$ m. Außerdem schließen wir aus der Definition der Sekunde, die in Abschnitt 2.4 gegeben wurde, daß die Periode der Erdumdrehung um die Sonne $3{,}16 \cdot 10^{7}$ s beträgt. Die mittlere Winkelgeschwindigkeit der Erde um die Sonne ist daher

$$\omega = \frac{2\pi}{P} = \frac{2\pi}{3{,}16 \cdot 10^{7}\,\mathrm{s}} = 1{,}98 \cdot 10^{-7}\,\mathrm{s}^{-1}.$$

Daher ist nach (7.31) der Drehimpuls der Erde relativ zur Sonne

$$\begin{aligned} L &= mr^2\omega \\ &= (5{,}98 \cdot 10^{24}\,\mathrm{kg})\,(1{,}49 \cdot 10^{11}\,\mathrm{m})^2 \cdot (1{,}98 \cdot 10^{-7}\,\mathrm{s}^{-1}) \\ &= 2{,}67 \cdot 10^{40}\,\mathrm{m}^2\,\mathrm{kg}\,\mathrm{s}^{-1}. \end{aligned}$$

Andererseits hat ein Elektron in einem Wasserstoffatom eine Masse von $9{,}11 \cdot 10^{-31}$ kg, sein mittlerer Abstand vom Kern beträgt $5{,}29 \cdot 10^{-11}$ m und seine Winkelgeschwindigkeit ist $4{,}13 \cdot 10^{16}\,\mathrm{s}^{-1}$. Nach (7.31) können wir wieder den Drehimpuls des Elektrons um den Kern bestimmen:

$$\begin{aligned} L &= mr^2\omega \\ &= (9{,}11 \cdot 10^{-31}\,\mathrm{kg})\,(5{,}29 \cdot 10^{-11}\,\mathrm{m})^2 \cdot (4{,}13 \cdot 10^{16}\,\mathrm{s}^{-1}) \\ &= 1{,}05 \cdot 10^{-34}\,\mathrm{m}^2\,\mathrm{kg}\,\mathrm{s}^{-1}. \end{aligned}$$

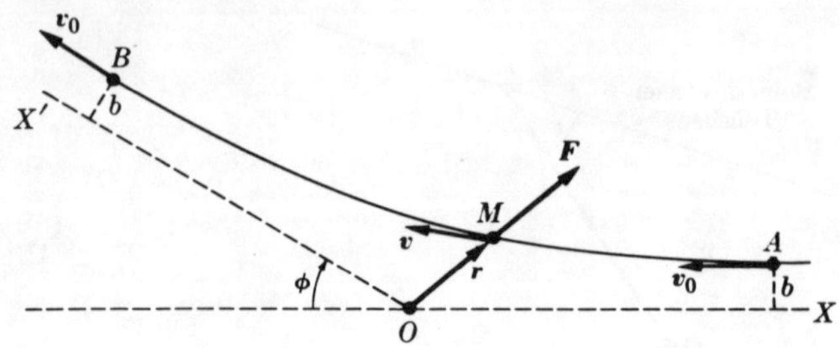

7.23 Streuung eines Teilchens unter einer Zentralkraft, die sich nach dem Entfernungsquadratgesetz verhält.

Dieser numerische Wert stellt eine der interessantesten Konstanten in der Physik dar und wird mit h-Strich ($\hbar$) bezeichnet. Der Drehimpuls atomarer und fundamentaler Teilchen wird im allgemeinen in Einheiten von $\hbar$ ausgedrückt. Die Größe $h = 2\pi\hbar$ bezeichnet man als Plancksches Wirkungsquantum. Wir werden später noch sehen, daß der Drehimpuls eines Elektrons im Atom nicht einen beliebigen Wert annehmen kann, sondern immer ein Vielfaches der Konstante $\hbar$ sein muß.

Der Student sollte sich die ungeheuren Größenunterschiede der Werte der physikalischen Konstanten vor Augen halten, die in den beiden angegebenen Fällen vorkommen, einerseits der Erde, die sich um die Sonne bewegt, und andererseits des Elektrons, das um ein Proton kreist, und er mag sich fragen, ob in beiden Fällen die gleichen Gesetze gelten. Die Antwort ist, daß der Drehimpuls in beiden Fällen konstant ist, da die Kräfte zentral sind. Wenn es sich jedoch um das Elektron, ein atomares Teilchen handelt, ist, wie wir noch sehen werden, eine gewisse Revision unserer Methode notwendig. Die neue Methodik wird Quantenmechanik genannt, ein Gegenstand, den wir zum jetzigen Zeitpunkt noch nicht aufgreifen wollen.

Beispiel 7.11 *Streuung oder Ablenkung eines Teilchens durch eine zentrale Abstoßungskraft.* Dieses Problem ist wegen seiner Anwendung in der Atom- und Kernphysik von besonderer Bedeutung. Wenn z.B. ein Proton, das von einem Cyclotron beschleunigt wird, in der Nähe des Kerns einer Zielplatte (target) vorbeifliegt, wird es durch die Wirkung der elektrostatischen Abstoßung des Kerns abgelenkt oder gestreut.

O sei das Zentrum der Kraft und A ein Teilchen, das aus großer Entfernung mit der Geschwindigkeit $\boldsymbol{v}_0$ gegen O geschleudert wird (Abb. 7.23). Der Abstand b, genannt der *Stoßparameter*, ist der senkrechte Abstand zwischen A und einer Linie, die parallel zu $\boldsymbol{v}_0$ und O gezogen wird. Wenn man annimmt, daß die Kraft zwischen A und O abstoßend und zentral ist, wird das Teilchen der Bahn AMB folgen. Die Form der Kurve hängt davon ab, wie sich die Kraft mit dem Abstand verändert. Wenn ein Teilchen sich an A befindet, ist sein Drehimpuls relativ zu O

$$L = mv_0 b.$$

In jeder Position, wie z.B. M, ist sein Drehimpuls immer noch der gleiche.

Wenn das Teilchen sich von O entfernt, nimmt die Kraft ab. An Punkt B, also sehr weit von O, ist die Geschwindigkeit wieder v_0, da aus Symmetriegründen die Geschwindigkeit, die bei der Annäherung des Teilchens an O verloren geht, wieder gewonnen wird, wenn sich das Teilchen von O entfernt. (Das Prinzip der Erhaltung der Energie, das im nächsten Kapitel behandelt wird, beweist ebenfalls die Richtigkeit dieser Aussage.) Die Geschwindigkeit an B hat jedoch eine andere Richtung als die ursprüngliche Geschwindigkeit. Der Streuwinkel ist ϕ. Die Erhaltung des Drehimpulses erfordert, daß der Abstand von B nach OX' ebenfalls b sein muß. Wenn die Kraft umgekehrt proportional zum Quadrat der Entfernung ist, d.h.,

$$F = k/r^2,$$

kann gezeigt werden, daß der Streuwinkel durch

$$\cot \tfrac{1}{2}\phi = \frac{mv_0^2 b}{k} \tag{7.35}$$

gegeben ist.

Wenn die Kraft in anderer Weise von der Entfernung abhängt, ist der Streuwinkel durch einen anderen Ausdruck gegeben. Streuversuche sind deshalb sehr nützlich, wenn wir die Kraftgesetze bei der Wechselwirkung zwischen Teilchen bestimmen wollen.

In kernphysikalischen Laboratorien werden Streuversuche durch Beschleunigung von Elektronen, Protonen oder anderen geladenen Teilchen mit Hilfe eines Cyclotrons, eines Van de Graaf-Beschleunigers oder ähnlicher Geräte durchgeführt, wobei die Winkelverteilung der gestreuten Teilchen beobachtet wird.

FRAGEN

1. Was ist ein «freies» Teilchen? Wie erkennt man (experimentell), daß ein Teilchen «frei» ist?
2. Diskutieren Sie den Begriff eines Inertial-Beobachters.
3. Formulieren Sie das Prinzip der Impulserhaltung in seiner Anwendung auf ein isoliertes Wasserstoffmolekül.
4. Formulieren Sie das Gesetz von Actio und Reactio in seiner Anwendung auf (a) das System Erde-Mond, (b) das System Elektron-Proton eines Wasserstoffatoms.
5. Diskutieren Sie die Beziehung zwischen den Begriffen «Wechselwirkung» und «Kraft».
6. Ein Körper hängt an einer Schnur. Jemand zieht ihn am anderen Ende der Schnur hoch. Ist die Zugkraft größer, gleich groß oder kleiner als das Gewicht des Körpers, wenn die Aufwärtsbewegung (a) gleichförmig, (b) beschleunigt, (c) verzögert ist?
7. Erklären Sie, was mit der Aussage, daß Reibungskräfte statistischer Natur sind, gemeint ist.
8. Gibt es eine bestimmte Beziehung zwischen der Richtung der Reibungskraft und der Richtung der Geschwindigkeit eines Körpers? Steht die Richtung der Reibungskraft eines Körpers in Beziehung zur Beschleunigung?
9. Ein Körper bewegt sich längs einer horizontalen Ebene. Welche Art der Bewegung resultiert, wenn die ausgeübte Kraft (a) größer, (b) gleich groß, (c) kleiner als die Reibungskraft ist?
10. Erklären Sie, weshalb ein Körper, der durch eine viskose Flüssigkeit fällt, eine konstante oder Grenzgeschwindigkeit erreicht. Welche Beziehung besteht zwischen dem Gewicht des Körpers und der flüssigen Reibung, wenn der Körper die Grenzgeschwindigkeit erreicht hat?
11. Zeigen Sie, daß beim Fall einer Kugel der Dichte ρ und des Radius r durch eine viskose Flüssigkeit der Dichte ρ', (7.23) sich auf

$$v_L = \frac{2(\rho - \rho')r^2 g}{9\eta}$$

reduziert.
12. Führen Sie zusätzlich zu den im Text genannten noch einige Beispiele für Systeme veränderlicher Masse an.
13. Besteht eine spezifische Beziehung zwischen der Richtung der resultierenden Kraft auf ein Teilchen und der Beschleunigungsrichtung eines Teilchens, bzw. seiner Geschwindigkeit?
14. Ein Körper bewegt sich auf einer krummlinigen Bahn. Ist die Kraft tangential zur Bahn oder in Richtung der konkaven oder der konvexen Seite?
15. Wenn der Betrag der Geschwindigkeit bei der kreisförmigen Kreisbewegung konstant bleibt, warum ist dann eine Zentripetalkraft notwendig?
16. Welche Beziehung besteht zwischen der Richtung des Drehimpulses eines Körpers und der Richtung seiner Geschwindigkeit? seiner Beschleunigung?
17. Definieren Sie den Begriff des Stoßparameters.
18. Diskutieren Sie die Bedeutung von Streuversuchen zur Bestimmung der Kraftgesetze zwischen Teilchen.
19. Überprüfen Sie, daß das Plancksche Wirkungsquantum $h = 2\pi\hbar$ gleich $6{,}6256 \cdot 10^{-34}$ J s ist.

AUFGABEN

7.1 Ein Teilchen der Masse 3,2 kg bewegt sich mit einer Geschwindigkeit von 6,0 m s^{-1} genau nach Westen. Ein anderes Teilchen der Masse 1,6 kg bewegt sich mit einer Geschwindigkeit von 5,0 m s^{-1} genau nach Norden. Die beiden Teilchen stehen miteinander in Wechselwirkung. Nach 2 s bewegt sich das erste Teilchen mit einer Geschwindigkeit von 3,0 m s^{-1} in Richtung N 30° O. Bestimmen Sie (a) den Betrag und die Richtung der Geschwindigkeit des anderen Teilchens, (b) den Gesamtimpuls der beiden Teilchen, sowohl zu Beginn als auch nach Ablauf der 2 s, (c) die Änderung des Impulses beider Teilchen, (d) die Änderung in der Geschwindigkeit jedes Teilchens und (e) den Betrag der Geschwindigkeitsveränderungen.

7.2 Ein Baumstamm der Masse von 45 kg schwimmt mit einer konstanten Geschwindigkeit von 8 k mh^{-1} stromabwärts. Ein 10 kg schwerer Schwan versucht, auf dem Baumstamm zu landen, während er mit einer Geschwindigkeit von 8 km h^{-1} stromaufwärts fliegt. Der Schwan rutscht den Baumstamm entlang und fällt am anderen Ende mit einer Geschwindigkeit von 2 km h^{-1} herunter. Berechnen Sie die Geschwindigkeit des Baumstamms. Vernachlässigen Sie die Reibung des Wassers. Ist es notwendig, die Geschwindigkeit in m s^{-1} umzuwandeln?

7.3 In der chemischen Reaktion

$$H + Cl \rightarrow HCl$$

bewegt sich das H-Atom ursprünglich mit einer Geschwindigkeit von $1{,}57 \cdot 10^5$ m s^{-1} in Richtung der positiven X-Achse, während das Chloratom sich mit einer Geschwindigkeit von $3{,}4 \cdot 10^4$ m s^{-1} entlang der positiven Y-Achse bewegt. Bestimmen Sie den Betrag und die Richtung der Geschwindigkeit des gebildeten HCl-Moleküls relativ zur ursprünglichen Bewegung des H-Atoms. Verwenden Sie die Atommassen aus Tab. 1.1.

7.4 Schreiben Sie eine Gleichung an, die die Impulserhaltung bei der chemischen Reaktion

$$A + BC \rightarrow AB + C$$

ausdrückt.

7.5 Ein Teilchen der Masse 0,2 kg bewegt sich mit einer Geschwindigkeit von 0,4 m s^{-1} längs der X-Achse, als es mit einem anderen Teilchen der Masse 0,3 kg zusammenstößt, das sich in Ruhe befindet. Nach dem Zusammenstoß bewegt sich das erste Teilchen mit 0,2 m s^{-1} in einer Richtung, die einen Winkel von 40° mit der X-Achse bildet. Bestimmen Sie (a) den Betrag und die Richtung der Geschwindigkeit des zweiten Teilchens nach dem Zusammenstoß und (b) die Änderung der Geschwindigkeit und des Impulses jedes Teilchens.

7.6 (a) Bestimmen Sie den Impuls, den eine Masse von 1 g, 1 kg und 10^6 kg erwirbt, wenn sie jeweils 100 m weit fällt. (b) Da der Impuls, den die Erde dazugewinnt, gleich und entgegengesetzt ist, bestimmen Sie die (Aufwärts-) Geschwindigkeit, die die Erde gewinnt. Die Masse der Erde ist $5{,}98 \cdot 10^{24}$ kg.

7.24

7.7 Zwei Karren A und B werden aufeinander zu geschoben (Abb. 7.24). Ursprünglich befindet sich B in Ruhe, während A sich mit 0,5 m s^{-1} nach rechts bewegt. Nachdem sie zusammenstoßen, stößt A mit 0,1 m s^{-1} zurück, während B sich mit 0,3 m s^{-1} nach rechts bewegt. In einem zweiten Versuch ist A mit einer Masse von 1 kg beladen und wird mit einer Geschwindigkeit von 0,5 m s^{-1} gegen B verschoben. Nach dem Zusammenstoß bleibt A in Ruhe, während B sich mit 0,5 m s^{-1} nach rechts bewegt. Bestimmen Sie die Massen der beiden Karren.

7.8 In 28 Tagen bewegt sich der Mond, dessen Masse $7{,}43 \cdot 10^{22}$ kg beträgt, auf einem Kreis mit dem Radius $3{,}84 \cdot 10^8$ m um die Erde. (a) Welche Impulsveränderung erfährt der Mond in 14 Tagen? (b) Welche Impulsveränderung muß die Erde in 14 Tagen erfahren? (c) Ist die Erde im Erde-Mond-System stationär? (d) Die Masse der Erde ist 80 mal so groß wie die des Mondes. Wie groß ist die Geschwindigkeitsänderung der Erde in 14 Tagen?

7.9 Zwei Gegenstände A und B, die sich ohne Reibung auf einer horizontalen Linie bewegen, sind miteinander in Wechselwirkung. Der Impuls von A nach der Zeit t ist

$$p_A = p_0 - bt,$$

wobei p_0 und b Konstanten sind. Bestimmen Sie den Impuls von B als Funktion der Zeit, wenn (a) B ursprünglich ruht und (b) der ursprüngliche Impuls von B gleich $-p_0$ war.

7.10 Ein Feuerwerkskörper, der sich horizontal mit 8 km s^{-1} relativ zur Erde bewegt, explodiert zu drei gleichen Bruchstücken. Eines bewegt sich weiter horizontal mit 16 km s^{-1}, ein anderes bewegt sich in einem Winkel von 45° nach oben und das dritte bewegt sich in einem Winkel von 45° mit der Horizontalen nach unten. Bestimmen Sie die Beträge der Geschwindigkeiten des zweiten und dritten Bruchstücks.

7.11 Ein leerer Eisenbahnwaggon mit einer Masse von 10^5 kg fährt mit einer Geschwindigkeit von 0,5 m s^{-1} unter einem stationären Kohleförderturm durch. Wenn während der Vorbeifahrt unter dem Förderturm $2 \cdot 10^5$ kg Kohle in die Waggons geladen werden, (a) wie groß ist dann die Endgeschwindigkeit des Waggons? (b) Wie groß ist die Geschwindigkeit des Waggons, wenn die Kohle durch einen Bodenauslaß den Waggon wieder verlassen kann, und die Kohle relativ zum Waggon senkrecht nach unten fällt? (c) Nehmen Sie an, daß es möglich ist, die gesamte Kohle auf einmal hinten auf den Waggon zu laden, so daß die Kohle sich relativ zur Erde in Ruhe befände. Berechnen Sie unter diesen Umständen die resultierende Geschwindigkeit des Waggons.

7.12 Ein Karren mit einer Masse von 1,5 kg bewegt sich mit 0,20 m s^{-1} auf seinen Schienen, bis er am Ende der Schienen auf fixierte Stoßdämpfer stößt. Wie groß ist die Impulsänderung und die mittlere Kraft, die auf den Karren ausgeübt wird, wenn er in 0,1 s (a) zum Stillstand gebracht wird, (b) mit einer Geschwindigkeit von 0,1 m s^{-1} zurückstößt? (c) Diskutieren Sie die Impulserhaltung beim Zusammenstoß.

7.13 Ein Auto hat eine Masse von 1500 kg und eine Anfangsgeschwindigkeit von 60 km h^{-1}. Wenn die Bremse angewendet wird, um eine konstante Verzögerung zu bewirken, bleibt das Auto in 1,2 Minuten stehen. Bestimmen Sie die auf das Auto wirkende Kraft.

7.14 Berechnen Sie die Zeit, welche eine konstante Kraft von 80 N braucht, um auf einen Körper von 12,5 kg so zu wirken, daß er aus der Ruhelage eine Geschwindigkeit von 72 km h^{-1} erreicht. (b) Wie lange und in welcher Richtung muß die gleiche Kraft wirken, um den Körper wieder in Ruhelage zu versetzen?

7.15 Ein Körper einer Masse von 10 g fällt aus einer Höhe von 3 m auf einen Sandhaufen. Der Körper dringt 3 cm tief in den Sand ein, bevor er zur Ruhe kommt. Welche Kraft übte der Sand auf den Körper aus?

7.16 Ein Mann steht auf der Ladefläche eines Lastwagens, der 36 km h^{-1} fährt. In welchem Winkel und in welcher Richtung muß sich der Mann bewegen, um nicht zu fallen, wenn sich die Geschwindigkeit des Lastwagens in 2 s auf (a) 45 km h^{-1} und (b) 9 km h^{-1} verändert?

7.17 Ein Aufzug, dessen Masse 250 kg beträgt, trägt drei Personen mit den Massen von 60 kg, 80 kg und 100 kg. Die Kraft, die der Motor ausübt, ist 5000 N. (a) Mit welcher Beschleunigung fährt der Aufzug nach oben? (b) Wie hoch wird er vom Start weg in 5 s kommen?

7.18 Ein Knabe, dessen Masse 60 kg beträgt, steht auf einer Waage. Was zeigt die Waage an, wenn er sich plötzlich mit einer Beschleunigung von 245 cm s^{-2} abstemmt? Diskutieren Sie im Zusammenhang mit dieser Aufgabe den Effekt in Anwendung auf ein Gerät, das die Beschleunigung des Körpers durch die Messung der ausgeübten Kraft bestimmt. (Ein solches Gerät, ein *Beschleunigungsmesser*, ist ein äußerst brauchbares Instrument in der Industrie und in Forschungslaboratorien.)

7.19 Ein Mann, dessen Masse 90 kg beträgt, befindet sich in einem Aufzug. Bestimmen Sie die Kraft, die der Boden auf ihn ausübt, wenn (a) der Aufzug mit gleichförmiger Geschwindigkeit nach oben fährt, (b) der Aufzug mit gleichförmiger Geschwindigkeit nach unten fährt, (c) der Aufzug mit 3 m s^{-2} nach oben beschleunigt, (d) mit 3 m s^{-2} nach unten beschleunigt wird und (e) wenn das Kabel reißt und der Aufzug im freien Fall abstürzt.

7.20 Ein Körper mit einer Masse von 2 kg bewegt sich unter der Wirkung einer horizontalen Kraft

$$F = 55 + t^2$$

auf einer glatten horizontalen Oberfläche, wobei F in Newton und t in Sekunden gemessen wird. Berechnen Sie die Geschwindigkeit der Masse zu $t = 5$ s (zu $t = 0$ befand sich der Körper in Ruhe).

7.21 Die resultierende Kraft auf einen Gegenstand der Masse m ist

$$F = F_0 - kt$$

wobei F_0 und k Konstanten sind und t die Zeit ist. Bestimmen Sie die Beschleunigung. Bestimmen Sie durch Integration die Geschwindigkeit und die Position zu jedem Zeitpunkt.

7.22 Auf ein Teilchen der Masse m, das sich ursprünglich in Ruhe befindet, wirkt eine Kraft

$$F = F_0[1 - (2t - T)^2/T^2]$$

während des Zeitintervalls $0 \leqq t \leqq T$. Beweisen Sie, daß die Geschwindigkeit des Teilchens am Ende des Zeitintervalls $2F_0T/3m$ beträgt. Man beachte, daß sie nur vom Produkt F_0T abhängt, und man bei kleinerem T die gleiche Geschwindigkeit erreichen kann, indem man F_0 im gleichen Maß größer werden läßt. Tragen Sie F und v gegen t auf. Können Sie sich eine physikalische Situation vorstellen, für welche diese Aufgabe eine geeignete Beschreibung darstellt?

7.23 Ein Körper mit der Masse von 1,0 kg befindet sich auf einer glatten Ebene, die im Winkel von 30° mit der Horizontalen geneigt ist. Mit welcher Beschleunigung wird sich der Körper bewegen, wenn eine Kraft von 8,0 N parallel zur Ebene ausgeübt wird, die (a) aufwärts, (b) nach unten gerichtet ist?

7.24 Die Körper A, B und C in Abb. 7.25 haben Massen von 10 kg, 15 kg und 20 kg. Eine Kraft F von 50 N wird auf C ausgeübt. (a) Bestimmen Sie die Beschleunigung des Systems, wenn Sie annehmen, daß es keine Reibung gibt und finden Sie die Spannung im Seil. (b) Diskutieren Sie das selbe Problem, wenn das System sich vertikal und nicht horizontal bewegt.

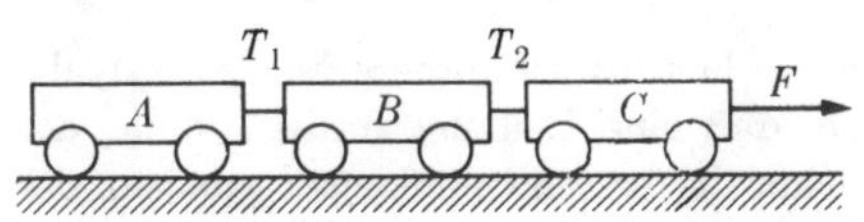

7.25

7.25 Berechnen Sie die Beschleunigung des Körpers in Abb. 7.26 und die Spannung in der Schnur. Lösen Sie die Aufgabe zuerst algebraisch und wenden Sie sie dann auf den Fall

$m_1 = 50$ g, $\quad m_2 = 80$ g, $\quad$ und $\quad F = 10^5$ dyn.

an.

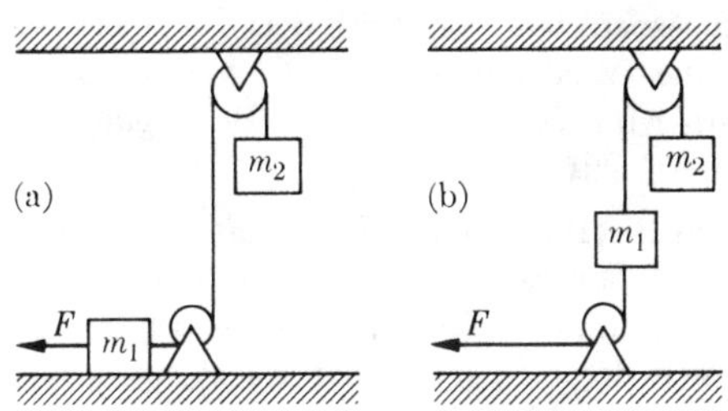

7.26

7.27

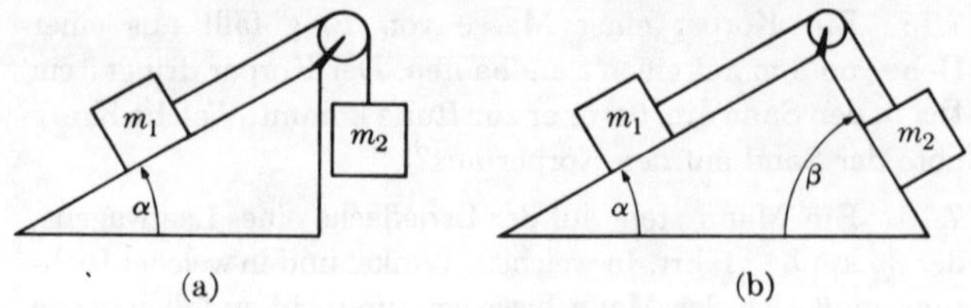

7.28

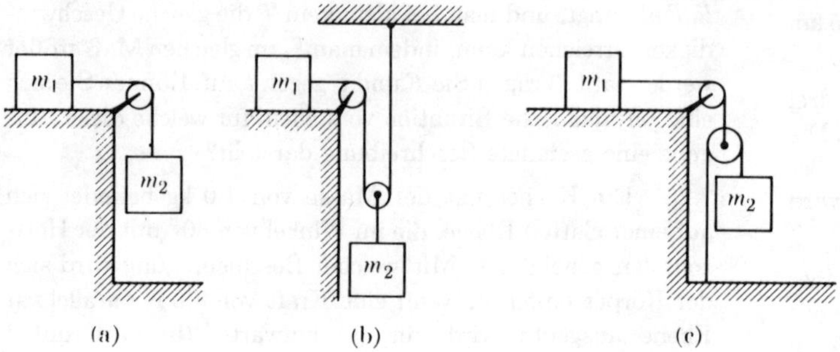

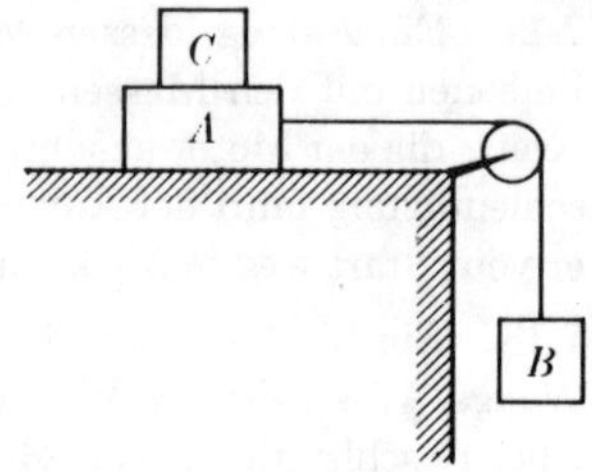

7.29

7.26 Bestimmen Sie die Beschleunigung, mit welcher sich die Körper in Abb. 7.27 (a) und (b) bewegen, und die Spannung in der Schnur. Nehmen Sie an, daß die Körper ohne Reibung gleiten. Lösen Sie die Aufgabe zuerst algebraisch und wenden Sie sie dann auf den Fall, an, daß

$m_1 = 200$ g, $\quad m_2 = 180$ g, $\quad \alpha = 30°, \quad \beta = 60°$.

7.27 Wiederholen Sie Fall (b) der vorhergehenden Aufgabe unter der Annahme, daß eine Reibung vorliegt, wobei der Reibungskoeffizient auf der ersten Oberfläche f_1, der auf der zweiten f_2 ist. Diskutieren Sie alle möglichen Bewegungen.

7.28 Berechnen Sie die Beschleunigung der Körper m_1 und m_2 und die Spannung in den Seilen (Abb. 7.28). Alle Flaschenzüge seien gewichts- und reibungslos und die Körper gleiten ohne Reibung. Finden Sie zuerst die algebraische Lösung und wenden Sie sie dann auf den Fall an, daß

$m_1 = 4$ kg, $\quad m_2 = 6$ kg.

7.29 Die Massen von A und B in Abb. 7.29 sind 10 kg und 5 kg. Der Reibungskoeffizient von A mit dem Tisch ist 0,20. Bestimmen Sie die Mindestmasse von C, die A an der Bewegung hindern wird. Berechnen Sie die Beschleunigung des Systems, wenn C entfernt wird.

7.30 Wiederholen Sie Beispiel 7.5 für den Fall, daß keine Kraft wirkt. Die Anfangsgeschwindigkeit des Körpers ist 2 m s^{-1}, wobei er sich längs der Ebene nach oben bewegt. Wie weit wird sich der Körper auf der Ebene nach oben bewegen, bevor er stehen bleibt? Wie groß ist der *geringste* Wert für den statischen Reibungskoeffizienten, so daß der Körper, wenn er einmal zur Ruhe gekommen ist, sich nicht wieder nach unten bewegt?

7.31 Ein Block der Masse von 0,2 kg bewegt sich mit einer Geschwindigkeit von 12 m s^{-1} entlang einer Ebene aufwärts, welche mit der Horizontalen einen Winkel von 30° bildet. Bestimmen Sie, wie weit der Block sich aufwärts bewegt, wenn der Koeffizient der Gleitreibung 0,16 ist. Wie groß ist die Geschwindigkeit des Blockes, wenn (falls) er an den Anfang der Ebene zurückkehrt?

7.32 Bestimmen Sie die Reibungskraft, die von Luft auf einen Körper der Masse von 0,4 kg ausgeübt wird, wenn er mit einer Beschleunigung von 9,0 m s^{-2} fällt.

7.33 Zeigen Sie, indem Sie (7.20), mit $F = mg$, integrieren, daß die Geschwindigkeit eines Körpers, der aus der Ruhelage frei durch ein viskoses Medium fällt, durch

$$v = v_L(1 - e^{-Pt})$$

gegeben ist, wobei $P = K\eta/m$. Die Gleichung wurde in Abb. 7.13 aufgetragen. Vergleichen Sie die Geschwindigkeit des Körpers zur Zeit $1/P = m/\eta K$ aus der obigen Gleichung mit der eines Körpers, der mit konstanter Beschleunigung g fällt.

7.34 Ein Stein mit der Masse von 0,4 kg ist am Ende eines 0,8 m langen Seiles befestigt. Wie groß ist die Kraft, welche das Seil auf den Stein ausübt, wenn der Stein mit 80 Umdrehungen/Minute im Kreis bewegt wird? Welche ist die größtmögliche Winkelgeschwindigkeit des Steines, wenn das Seil reißt, sobald die Spannung größer als 50 kp wird?

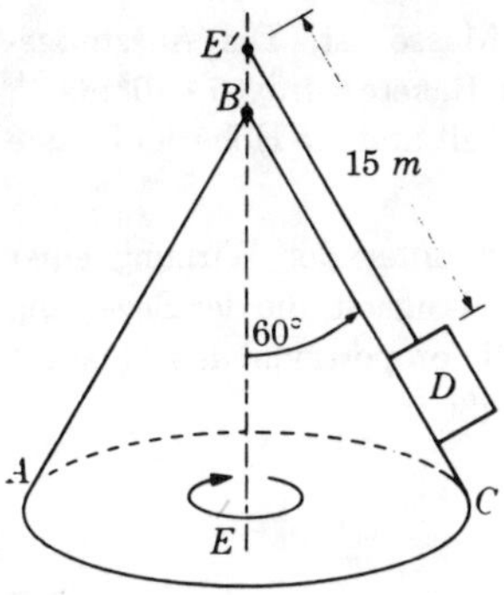

7.30

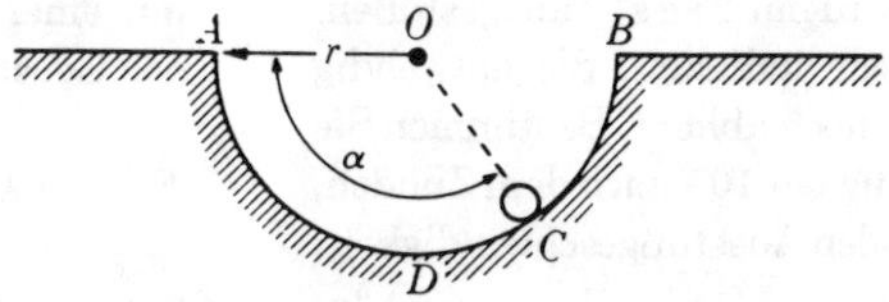

7.31

7.35 Ein kleiner Block mit der Masse von 1 kg ist an einem 0,6 m langen Seil befestigt und dreht sich mit 60 Upm in einem vertikalen Kreis. Berechnen Sie die Spannung im Seil, wenn sich der Block (a) am höchsten Punkt des Kreises, (b) am niedrigsten Punkt des Kreises befindet, (c) das Seil horizontal ist. (d) Berechnen Sie die lineare Geschwindigkeit, die der Block am höchsten Punkt haben muß, damit die Spannung im Seil null ist.

7.36 Das Elektron in einem Wasserstoffatom kreist um das Proton, wobei es eine fast kreisförmige Bahn vom Radius

$$R = 0{,}5 \cdot 10^{-10}\,\text{m}$$

beschreibt und eine geschätzte Geschwindigkeit von etwa $2{,}2 \cdot 10^6$ m s^{-1} hat. Schätzen Sie den Betrag der Kraft zwischen Elektron und Proton ab.

7.37 Ein Zug fährt mit 63 km h^{-1} durch eine überhöhte Kurve. Der Radius der Kurve ist 300 m. Berechnen Sie (a) den Grad der Überhöhung, den die Kurve haben muß, damit der Zug keine seitlichen Kräfte erfährt, (b) den Winkel, welchen eine Kette, die von der Decke eines Waggons hängt, mit der Vertikalen bildet.

7.38 Eine Autostraße ist 7 m breit. Berechnen Sie den Niveauunterschied zwischen dem äußeren und dem inneren Rand der Straße, damit ein Auto mit 50 km h^{-1} durch eine Kurve mit dem Radius von 700 m fahren kann, ohne seitliche Kräfte zu erfahren.

7.39 Eine Straßenkurve, deren Radius 300 m beträgt, ist nicht überhöht. Nehmen Sie an, daß der Reibungskoeffizient zwischen Gummi und trockenem Asphalt 0,75 ist, zwischen Gummi und nassem Asphalt 0,50 und zwischen Gummi und Eis 0,25. Bestimmen Sie die maximale sichere Geschwindigkeit beim Durchfahren der Kurve an (a) trockenen Tagen, (b) regnerischen Tagen, (c) eisigen Tagen. Warum sind diese Werte unabhängig von der Masse des Autos?

7.40 Ein Körper D mit einer Masse von 12 kg (Abb. 7.30) hängt von Punkt E' herab, ruht auf einer glatten konischen Oberfläche ABC und kreist um die Achse EE', mit einer Winkelgeschwindigkeit von 10 Upm. Berechnen Sie (a) die lineare Geschwindigkeit des Körpers, (b) die Wirkung der Oberfläche auf den Körper, (c) die Spannung im Faden, und (d) die Winkelgeschwindigkeit, die notwendig ist, um die Reaktion der Ebene auf null zu reduzieren.

7.41 Ein kleiner Ball der Masse m, der sich ursprünglich an A in Ruhe befindet, gleitet auf der glatten, kreisförmigen Oberfläche ADB (Abb. 7.31). Zeigen Sie, daß die Winkelgeschwindigkeit und die auf die Oberfläche ausgeübte Kraft

$$\omega = \sqrt{2g \sin \alpha / r}, \qquad F = 2mg \sin \alpha$$

sind, wenn der Ball an Punkt C ist.

7.42 Der Ortsvektor eines Körpers der Masse von 6,0 kg ist gegeben zu

$$\boldsymbol{r} = \boldsymbol{u}_x(3t^2 - 6t) + \boldsymbol{u}_y(-4t^3)\,\text{m}.$$

Bestimmen Sie (a) die Kraft, die auf den Körper wirkt, (b) das Drehmoment, bezogen auf den Ursprung, das auf den Körper wirkt und (c) Impuls und Drehimpuls des Körpers relativ zum Ursprung.

7.43 Zu $t = 0$ s befindet sich eine 3 kg schwere Masse an $\boldsymbol{r} = \boldsymbol{u}_x\, 5$ m. Sie hat eine Geschwindigkeit von $\boldsymbol{u}_y\, 10$ m s^{-1}. Auf die Masse wirken keine Kräfte. Bestimmen Sie den Drehimpuls der Masse in bezug auf den Ursprung zu (a) $t = 0$ und (b) $t = 12$ s.

7.44 Wenn die Erde sich am 21. Juni am Aphel (der am weitesten von der Sonne entfernten Position) befindet, ist der Abstand von der Sonne $1{,}52 \cdot 10^{11}$ m und die Bahngeschwindigkeit beträgt $2{,}93 \cdot 10^4$ m s^{-1}. Bestimmen Sie die Bahngeschwindigkeit im Perihel (der der Sonne am nächsten gelegenen Position) etwa 6 Monate später, wenn der Abstand von der Sonne $1{,}47 \cdot 10^{11}$ m beträgt. Bestimmen Sie außerdem in beiden Fällen die Winkelgeschwindigkeit der Erde um die Sonne. [*Hinweis*: Sowohl am Aphel als am Perihel ist die Geschwindigkeit senkrecht zum Radiusvektor.]

7.45 Eine 10^3 kg schwere Rakete steht senkrecht in ihrer Abschußrampe. Der Treibstoff wird mit 2 kg s^{-1} ausgestoßen. Bestimmen Sie die Mindestgeschwindigkeit, die notwendig ist, damit die Rakete sich gerade noch abhebt. Bestimmen Sie außerdem die Raketengeschwindigkeit 10 s nach dem Zünden, unter der Annahme einer minimalen Ausstoßgeschwindigkeit.

7.46 Eine Rakete, die senkrecht abgeschossen wurde, stößt mit einer konstanten Rate von $5 \cdot 10^{-2}\, m_0$ kg s^{-1} Masse aus, wobei m_0 die ursprüngliche Masse ist. Die Ausstoßgeschwindigkeit der Gase relativ zur Rakete beträgt $5 \cdot 10^3\,\mathrm{m\,s^{-1}}$. Bestimmen Sie die Geschwindigkeit und die Höhe der Rakete nach 10 s.

7.47 Ein Körper bewegt sich unter der Wirkung einer konstanten Kraft F durch eine Flüssigkeit, die der Bewegung mit einer Kraft entgegenwirkt, die proportional dem Quadrat der Geschwindigkeit ist. Das heißt:

$$F_f = -kv^2.$$

Zeigen Sie, daß die Grenzgeschwindigkeit $v_L = \sqrt{F/k}$ beträgt.

Kapitel 8

ARBEIT UND ENERGIE

8.1 EINLEITUNG

In diesem Kapitel werden wir noch einige weitere Aspekte der Dynamik eines Teilchens besprechen. Dazu werden wir nur ein einziges Teilchen betrachten und seine Wechselwirkung mit dem Rest des Universums auf einen einzigen Ausdruck reduzieren, den wir *Kraft* genannt haben. Wenn wir die fundamentale Gleichung der Dynamik eines Teilchens (d.i. $\boldsymbol{F} = d\boldsymbol{p}/dt$) lösen, können wir immer dann eine erste Integration durchführen, wenn wir die Kraft als Funktion der Zeit kennen, da wir aus dieser Gleichung durch Integration

$$\int_{\boldsymbol{p}_0}^{\boldsymbol{p}} d\boldsymbol{p} = \int_{t_0}^{t} \boldsymbol{F}\, dt \qquad \text{oder} \qquad \boldsymbol{p} - \boldsymbol{p}_0 = \int_{t_0}^{t} \boldsymbol{F}\, dt \tag{8.1}$$

erhalten. Die Größe

$$\boldsymbol{I} = \int_{t_0}^{t} \boldsymbol{F}\, dt,$$

die auf der rechten Seite erscheint, nennt man den Kraftstoß, so daß wir schreiben können:

$$\boldsymbol{p} - \boldsymbol{p}_0 = \boldsymbol{I}.$$

Das zeigt uns:

Die Impulsänderung eines Teilchens ist gleich dem Kraftstoß.

Wenn die Kraft konstant ist, ist der Kraftstoß

$$\boldsymbol{I} = \boldsymbol{F} \int_{t_0}^{t} dt \qquad \text{oder} \qquad \boldsymbol{I} = \boldsymbol{F}(t - t_0),$$

so daß der Kraftstoß = Kraft × Zeitintervall. Entsprechend ist seine Einheit N s oder m kg s^{-1}.

Da der Kraftstoß praktisch gleich *Kraft multipliziert mit der Zeit* ist, kann eine starke Kraft, die kurz wirkt, die selbe Impulsveränderung hervorrufen wie eine schwächere Kraft, die länger wirkt. Wenn z.B. ein Ballspieler einen Ball schlägt, erzeugt er in sehr kurzer Zeit eine sehr große Kraft, die zu einer beachtlichen Veränderung im Impuls des Balles führt. Die Schwerkraft müßte sehr viel länger einwirken, um die gleiche Impulsveränderung zu geben.

Wenn man $\boldsymbol{p}$ durch sein Äquivalent $m\boldsymbol{v}$ ersetzt, kann man nochmals integrieren und man erhält dann die Position des Teilchens als Funktion der Zeit. Das heißt, aus (8.1) folgt durch Einsetzen von $m\boldsymbol{v}$ statt $\boldsymbol{p}$

$$m\boldsymbol{v} - m\boldsymbol{v}_0 = \boldsymbol{I} \qquad \text{oder} \qquad \boldsymbol{v} = \boldsymbol{v}_0 + \frac{1}{m}\boldsymbol{I}.$$

Wenn wir uns erinnern, daß $\boldsymbol{v} = d\boldsymbol{r}/dt$, können wir schreiben

$$\int_{\boldsymbol{r}_0}^{\boldsymbol{r}} d\boldsymbol{r} = \int_{t_0}^{t} \left(\boldsymbol{v}_0 + \frac{1}{m}\boldsymbol{I}\right) dt, \qquad \text{oder}$$

$$\boldsymbol{r} = \boldsymbol{r}_0 + \boldsymbol{v}_0(t - t_0) + \frac{1}{m}\int_{t_0}^{t} \boldsymbol{I}\, dt,$$

wobei $\boldsymbol{r}$ durch t ausgedrückt wird, was daher formal die dynamische Aufgabe löst.

Bei den wichtigeren Aufgaben der Physik ist die Kraft, die auf ein Teilchen wirkt, jedoch nicht als Funktion der Zeit gegeben, sondern als Funktion des Ortes $\boldsymbol{r}$, d.h., $\boldsymbol{F}(\boldsymbol{r})$. Wir können daher das Integral aus (8.1) erst auswerten, wenn wir $\boldsymbol{r}$ als Funktion der Zeit kennen, d.h., wenn wir das Problem gelöst haben, das wir ja mit Hilfe von (8.1) erst lösen wollen! Um diesem anscheinenden Teufelskreis zu entkommen, greifen wir zu anderen Methoden, die zur Definition zweier neuer Begriffe führen: *Arbeit* und *Energie*. Diese bedeutsamen Methoden erlauben uns, Probleme sogar in jenen Fällen zu lösen, in welchen wir die Kraft zwar nicht kennen, in welchen wir aber vernünftige Annahmen über ihre Eigenschaften machen können.

Beispiel 8.1 Man läßt einen Ball der Masse von 0,1 kg aus einer Höhe von 2,0 m fallen. Nachdem er den Boden erreicht hat, springt er bis zu einer Höhe von 1,8 m zurück. Bestimmen Sie den Kraftstoß, den er durch die Schwerkraft erfährt, während er fällt, und den Kraftstoß, den er erfährt, wenn er auf dem Boden auftrifft.

Lösung: Wir verwenden zuerst (5.11), wobei $v_0 = x_0 = 0$, $a = g$, und $x = h_1$, um die Geschwindigkeit des Teilchens zu bestimmen, wenn es am Boden auftrifft, d.h.,

$$v_1 = \sqrt{2gh_1},$$

wobei $h_1 = 2$ m. Daher ist $v_1 = 6{,}26$ m s^{-1}. Da die Ge-

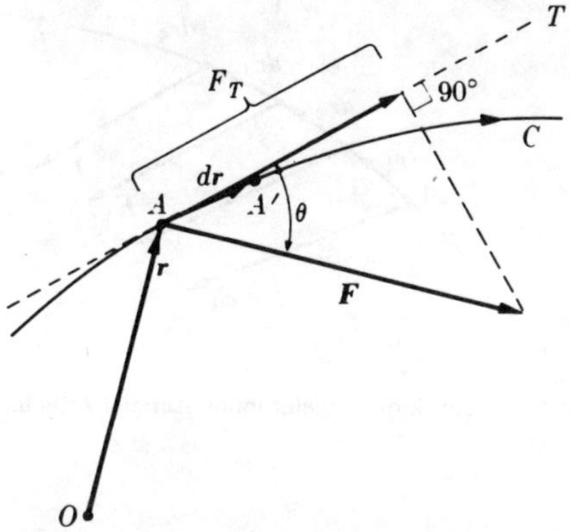

8.1 Die Arbeit ist gleich der Verschiebung multipliziert mit der Komponente der Kraft längs der Verschiebung.

schwindigkeit nach unten gerichtet ist, müssen wir schreiben:

$\boldsymbol{v}_1 = -\boldsymbol{u}_y\,(6{,}26 \text{ m s}^{-1}).$

Der Anfangsimpuls ist null, daher ist die Gesamtveränderung des Impulses während des Falls

$\boldsymbol{p}_1 - \boldsymbol{p}_0 = m\boldsymbol{v}_1 - \boldsymbol{0} = -\boldsymbol{u}_y\,(0{,}626 \text{ kg m s}^{-1}).$

Dies ist gemäß (8.1) der Kraftstoß infolge der Schwerkraft. Wir können ihn auch direkt aus der Definition

$$\boldsymbol{I} = \int_{t_0}^{t} \boldsymbol{F}\,dt = \boldsymbol{F}(t - t_0)$$

berechnen. In diesem Fall ist

$t_0 = 0$ und $t = \sqrt{2h_1/g} = 0{,}639$ s.

Außerdem ist

$\boldsymbol{F} = m\boldsymbol{g} = -\boldsymbol{u}_y mg = -\boldsymbol{u}_y\,(0{,}98 \text{ N}).$

Die direkte Rechnung ergibt daher ebenfalls

$$\boldsymbol{I} = \boldsymbol{F}(t - t_0) = -\boldsymbol{u}_y(0{,}98 \text{ N}) \cdot (0{,}639 \text{ s}) = -\boldsymbol{u}_y(0{,}626 \text{ kg m s}^{-1})$$

für den Kraftstoß infolge der Schwerkraft während des Falls.

Wenn der Ball jedoch den Boden berührt, wirkt während einer sehr kurzen Zeit eine neue Kraft. Wir kennen die Kraft nicht, aber wir können den Kraftstoß erhalten, indem wir den Impuls des Balles beim Zurückspringen berechnen. Da er bis zu einer Höhe von $h_2 = 1{,}8$ m zurückspringt, ist die Geschwindigkeit des Zurückspringens

$v_2 = \sqrt{2gh_2} = 5{,}94 \text{ m s}^{-1},$

oder in Vektorform

$\boldsymbol{v}_2 = \boldsymbol{u}_y\,(5{,}94 \text{ m s}^{-1}),$

da sich der Körper nach oben bewegt. Die Änderung des Impulses wird daher durch

$\boldsymbol{p}_2 - \boldsymbol{p}_1 = m\boldsymbol{v}_2 - m\boldsymbol{v}_1 = \boldsymbol{u}_y\,(1{,}221 \text{ kg m s}^{-1})$

ausgedrückt, was gleichzeitig den Kraftstoß ergibt. Wenn wir dieses Ergebnis mit dem des freien Falls vergleichen und beachten, daß der Zusammenstoß mit dem Boden in einem sehr kurzen Zeitintervall abläuft, so sehen wir, daß die Kraft, die im zweiten Fall wirkt, viel größer ist.

8.2 ARBEIT

Betrachten Sie ein Teilchen A, das sich unter der Wirkung der Kraft $\boldsymbol{F}$ (Abb. 8.1) längs der Kurve C bewegt. In einer sehr kurzen Zeit dt bewegt sich das Teilchen von A nach A', wobei die Verschiebung gleich

$\overrightarrow{AA'} = d\boldsymbol{r}.$

ist. Die *Arbeit*, die durch die Kraft $\boldsymbol{F}$ während der Verschiebung geleistet wird, ist durch das skalare Produkt

$$dW = \boldsymbol{F} \cdot d\boldsymbol{r}. \tag{8.2}$$

definiert. Wenn wir den Betrag von $d\boldsymbol{r}$ (d.h., die zurückgelegte Entfernung) mit ds bezeichnen, können wir (8.2) in der Form

$$dW = F\,ds \cos\theta, \tag{8.3}$$

schreiben, wobei θ den Winkel zwischen der Richtung der Kraft $\boldsymbol{F}$ und der Verschiebung $d\boldsymbol{r}$ darstellt, Nun ist

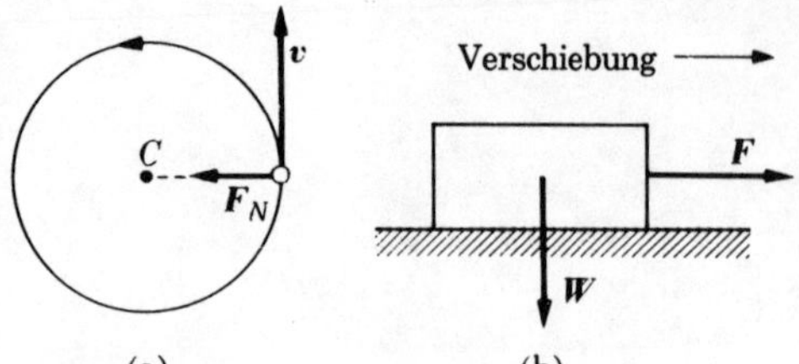

8.2 Kräfte, die keine Arbeit leisten: a) $\boldsymbol{F}_N$, b) $\boldsymbol{W}$.

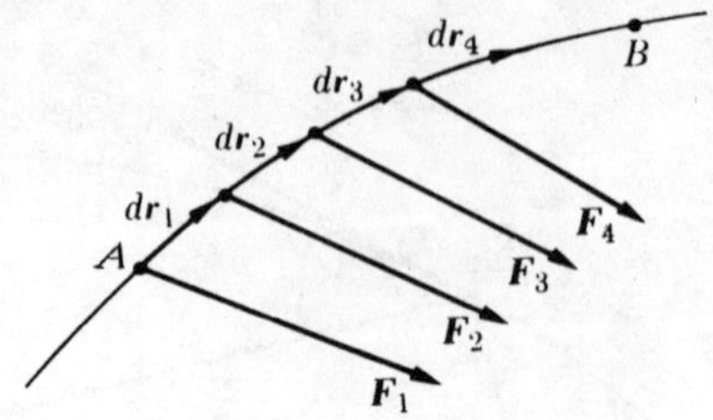

8.3 Die Gesamtarbeit ist die Summe vieler infinitesimaler Arbeiten.

$F \cos \theta$ die Komponente F_T der Kraft längs der Tangente zur beschriebenen Bahn, so daß

$$dW = F_T\, ds. \tag{8.4}$$

Man kann das in Worten ausdrücken:

Die Arbeit ist gleich der Verschiebung mal der Komponente der Kraft längs der Verschiebung.

Man sollte beachten, daß im Fall einer Kraft, die senkrecht zur Verschiebung ist ($\theta = 90°$), diese Kraft keine Arbeit leistet. Dies gilt z.B. für die Zentripetalkraft $\boldsymbol{F}_N$ bei der Kreisbewegung (Abb. 8.2a) oder für die Schwerkraft $m\boldsymbol{g}$, wenn ein Körper längs einer horizontalen Ebene bewegt wird (Abb. 8.2b).

Gleichung (8.2) gibt die Arbeit für eine infinitesimale Verschiebung. Die gesamte Arbeit, die an dem Teilchen geleistet wird, wenn es sich von A nach B bewegt (Abb. 8.3), ist die Summe aller Arbeiten, die während aufeinanderfolgender infinitesimaler Verschiebungen geleistet werden. Das heißt

$$W = \boldsymbol{F}_1 \cdot d\boldsymbol{r}_1 + \boldsymbol{F}_2 \cdot d\boldsymbol{r}_2 + \boldsymbol{F}_3 \cdot d\boldsymbol{r}_3 + \cdots, \quad \text{oder}$$

$$W = \int_A^B \boldsymbol{F} \cdot d\boldsymbol{r} = \int_A^B F_T\, ds. \tag{8.5}^*$$

Bevor wir das Integral, das in (8.5) auftritt, ausrechnen können, müssen wir $\boldsymbol{F}$ als Funktion von $\boldsymbol{r}$ kennen. Wir müssen im allgemeinen auch die Gleichung der Bahn kennen, längs derer sich das Teilchen bewegt. Andererseits können wir auch $\boldsymbol{F}$ und $\boldsymbol{r}$ als Funktion der Zeit oder einer anderen Variablen kennen und anwenden.

Während sich der Körper bewegt, ändert sich im allgemeinen die Komponente F_T. In Abb. 8.4 haben wir F_T als Funktion der Entfernung s längs der Bahn aufgetragen. Die Arbeit $dW = F_T\, ds$, die während einer kleinen Verschiebung ds geleistet wird, entspricht der Fläche eines schmalen Rechtecks. Wir können aber die Gesamtarbeit, die an dem Teilchen aus Abb. 8.3 bei der Verschiebung von A nach B geleistet wird, auch dadurch bestimmen, daß wir zuerst die gesamte schraffierte Fläche in Abb. 8.4 in schmale Rechtecke unterteilen und dann die Flächen addieren. Das heißt, die geleistete Arbeit ist durch die gesamte schraffierte Fläche in Abb. 8.4 gegeben.

Ein interessanter Spezialfall ist der, in welchem die Kraft konstanten Betrag und Richtung hat und der Körper sich in Kraftrichtung auf einer Geraden bewegt (Abb. 8.5). Dann ist $F_T = F$ und (8.5) wird zu

$$W = \int_A^B F\, ds = F \int_A^B ds = Fs, \tag{8.6}$$

oder Arbeit = Kraft × Weg; Diesen Ausdruck findet man im allgemeinen in einführenden Lehrbüchern.

8.3 LEISTUNG

Für die praktische Anwendung muß man wissen, in welcher Zeit Arbeit geleistet wird. Die *augenblickliche Leistung* ist definiert als die Arbeit, die pro Zeiteinheit

---

*Für einen Vektor $\boldsymbol{V}$, der eine Funktion des Ortes ist, wird ein Integral der Form $\int_A^B \boldsymbol{V}\, d\boldsymbol{r}$ längs einer Bahn, die die Punkte A und B verbindet, als *Linienintegral* von $\boldsymbol{V}$ bezeichnet.

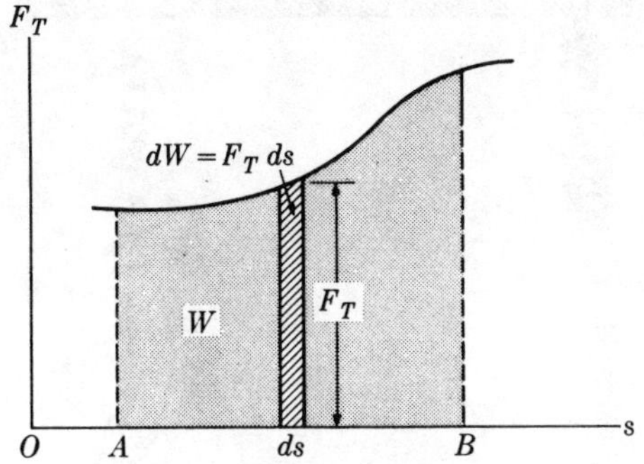

8.4 Die Gesamtarbeit, die geleistet wird, wenn man von A nach B geht, ist gleich der Fläche unter der Kurve.

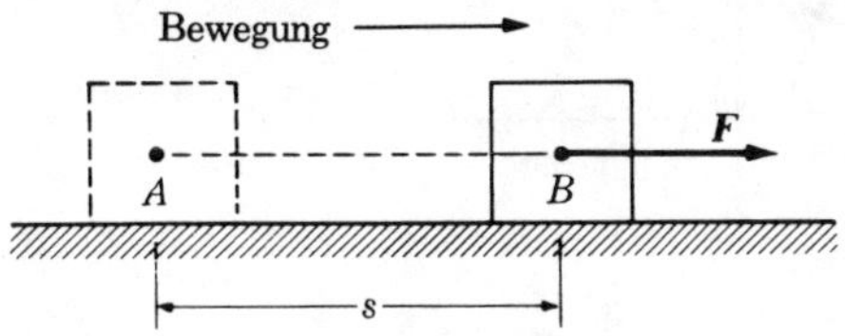

8.5 Arbeit einer Kraft, die konstanten Betrag und konstante Richtung hat.

während eines sehr kleinen Zeitintervalls dt geleistet wird. Das heißt

$$P = \frac{dW}{dt}. \tag{8.7}$$

Mit (8.2) und in Erinnerung daran, daß $\boldsymbol{v} = d\boldsymbol{r}/dt$, können wir auch schreiben

$$P = \boldsymbol{F} \cdot \frac{d\boldsymbol{r}}{dt} = \boldsymbol{F} \cdot \boldsymbol{v}. \tag{8.8}$$

Die Leistung kann also auch das Skalarprodukt von Kraft und Geschwindigkeit bezeichnet werden. Die *mittlere Leistung* während eines Zeitintervalls t erhält man, indem man die gesamte Arbeit W, gegeben durch (8.5), durch die Zeit t dividiert, wobei man

$$P_{\text{mit}} = \frac{W}{t}.$$

erhält.

Von einem technischen Standpunkt ist der Begriff der Leistung sehr wichtig, da es für einen Maschinenbauingenieur von größerer Bedeutung ist, *in welcher Zeit* eine Maschine eine Arbeit leisten kann, also welche Gesamtarbeit die Maschine umsetzt.

8.4 EINHEITEN VON ARBEIT UND LEISTUNG

Aus (8.2) und (8.6) sehen wir, daß die Arbeit als das Produkt einer Krafteinheit und einer Entfernungseinheit ausgedrückt werden muß. Im MKSC-System wird die Arbeit in *Newton-Meter* ausgedrückt, einer Einheit, die als *Joule*, abgekürzt J, bezeichnet wird. Ein Joule ist die Arbeit, die von einer Kraft von ein Newton geleistet wird, wenn sie ein Teilchen in Richtung der Kraft einen Meter weit bewegt. Da N = m kg s^{-2}, erhalten wir

$$\text{J} = \text{N m} = \text{m}^2\,\text{kg s}^{-2}.$$

Der Name Joule wurde gewählt, um James Joule (1816—1869), einen britischen Wissenschaftler, zu ehren, der für seine Forschung über die Begriffe von Wärme und Energie bekannt ist.

Im cgs-System wird die Arbeit in dyn-Zentimeter ausgedrückt, einer Einheit, die als erg bezeichnet wird. Daher ist

$$\text{erg} = \text{dyn cm}.$$

Da 1 N = 10^5 dyn und 1 m = 10^2 cm, ist 1 J = (10^5 dyn) (10^2 cm) = 10^7 erg.

Nach der Definition (8.7) muß die Leistung als Verhältnis zwischen einer Arbeitseinheit und einer Zeiteinheit ausgedrückt werden. Im MKSC-System wird die Leistung in *Joule pro Sekunde*, einem sogenannten *Watt*, abgekürzt W, ausgedrückt. Ein Watt ist die Leistung einer Maschine, die pro Sekunde die Arbeit von ein Joule leistet. Da J = m^2kg s^{-2}, erhalten wir

$$\text{W} = \text{J s}^{-1} = \text{m}^2\,\text{kg s}^{-3}.$$

Der Name Watt wurde zu Ehren des britischen Ingenieurs James Watt (1736—1819) gewählt, der durch seine Erfindungen die Dampfmaschine verbesserte. Zwei

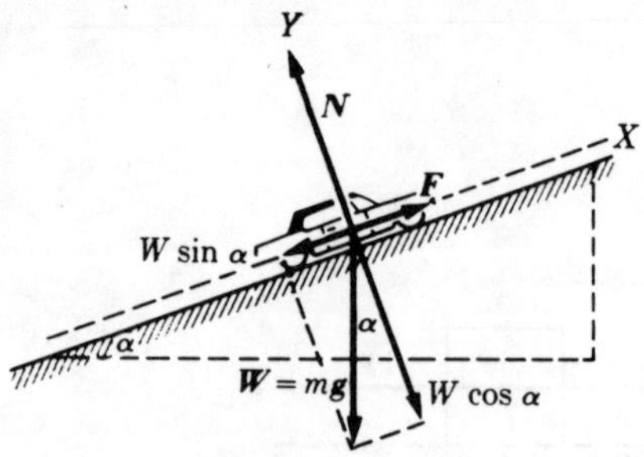

8.6

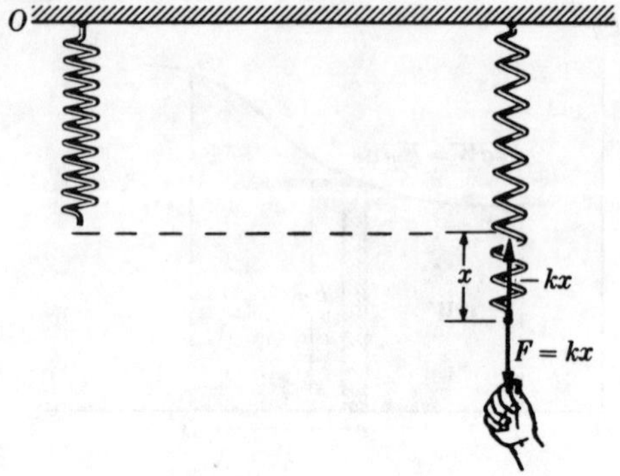

8.7 Arbeit, die beim Dehnen einer Feder geleistet wird.

Vielfache des Watts, die allgemein verwendet werden, sind das *Kilowatt* (kW) und das *Megawatt* (MW), die als

$$1\ \text{kW} = 10^3\ \text{W} \qquad \text{und} \qquad 1\ \text{MW} = 10^6\ \text{W}$$

definiert sind.

Eine Leistungseinheit, die von Technikern häufig verwendet wird, ist die *Pferdestärke*, abgekürzt PS, welche als 75 Kilopond-Meter pro Sekunde oder 735,49875 W definiert ist.

Eine andere Einheit, um die Arbeit auszudrücken, ist die *Kilowattstunde* (kWh). Die Kilowattstunde ist gleich der Arbeit, die in einer Stunde von einer Maschine mit der Leistung von ein Kilowatt verrichtet wird. Daher ist

$$1\ \text{Kilowattstunde} = (10^3\ \text{W})\,(3{,}6 \cdot 10^3\ \text{s}) = 3{,}6 \cdot 10^6\ \text{J}.$$

Beispiel 8.2 Ein Auto der Masse von 1200 kg bewegt sich auf einem langen Berg, der eine Steigung von 5° aufweist, mit einer konstanten Geschwindigkeit von 36 km h^{-1} bergauf. Berechnen Sie die Arbeit, die der Motor in 5 Minuten verrichtet und die Leistung, die er dabei entwickelt. Vernachlässigen Sie alle Reibungseffekte.

Lösung: Die Bewegung des Autos längs des Berges ist auf die Kraft F, die vom Motor ausgeübt wird, und die Kraft $W \sin \alpha$ infolge des Gewichts des Autos (Abb. 8.6) zurückzuführen. Da $W = mg$, müssen wir schreiben

$$F - mg \sin \alpha = \text{ma}.$$

Da die Bewegung gleichförmig ist, ist $a = 0$ und

$$F = mg \sin \alpha = 1{,}023 \cdot 10^3\ \text{N}.$$

Die Geschwindigkeit des Autos ist

$$v = 36\ \text{km h}^{-1} = 36(10^3\ \text{m})\,(3{,}6 \cdot 10^3\ \text{s})^{-1} = 10\ \text{m s}^{-1},$$

und es bewegt sich in 5 Minuten (oder 300 s) über die Entfernung

$$s = vt = (10\ \text{m s}^{-1})\,(300\ \text{s}) = 3 \cdot 10^3\ \text{m}.$$

Daher ist die Arbeit, die der Motor leistet, nach (8.6)

$$W = Fs = (1{,}023 \cdot 10^3\ \text{N})\,(3 \cdot 10^3\ \text{m}) = 3{,}069 \cdot 10^6\ \text{J}.$$

Die mittlere Leistung kann auf zwei Arten berechnet werden. Erstens können wir sagen, daß

$$P = \frac{W}{t} = \frac{3{,}069 \cdot 10^6\ \text{J}}{3 \cdot 10^2\ \text{s}} = 1{,}023 \cdot 10^4\ \text{W} = 10{,}2\ \text{kW}.$$

Die andere Möglichkeit ist, zu sagen, daß

$$P = Fv = (1{,}023 \cdot 10^3\ \text{N})\,(10\ \text{m s}^{-1}) = 1{,}023 \cdot 10^4\ \text{W}.$$

Beispiel 8.3 *Arbeit, die erforderlich ist, um eine Feder ohne Beschleunigung um eine Strecke x zu dehnen.* Man hat experimentell festgestellt, daß eine Feder, die eine kleine Strecke x gedehnt wird (Abb. 8.7), eine Kraft ausübt, die proportional und entgegengesetzt der Verschiebung ist, d.h. $-kx$. Wenn die Feder ohne Beschleunigung gedehnt wird, muß man eine gleich große und entgegengesetzte Kraft $F = kx$ ausüben.

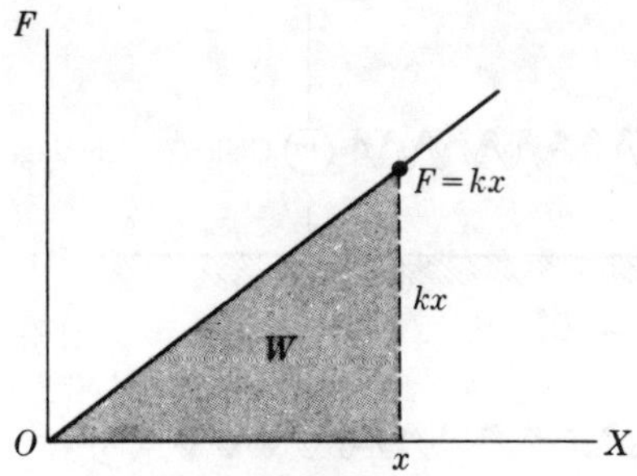

8.8 Arbeit, die von einer Kraft geleistet wird, die proportional der Verschiebung ist.

Die Änderung der Kraft mit der Verschiebung ist in Abb. 8.8 gezeigt.

Um die Arbeit zu berechnen, die geleistet werden muß, um die Feder ohne Beschleunigung um die Strecke x zu dehnen, müssen wir (8.5) anwenden, welche

$$W = \int_0^x F\,dx = \int_0^x kx\,dx = \tfrac{1}{2}kx^2. \tag{8.9}$$

liefert. Das ist die Arbeit, die für jede beliebige Verschiebung x geleistet werden muß. Dieses Ergebnis kann man auch durch Berechnung des schattierten Dreiecks in Abb. 8.8 erhalten; d.h.,

$$W = \frac{1}{2}\ \text{Grundlinie} \times \text{Höhe} = \frac{1}{2}(x)\,(kx) = \frac{1}{2}kx^2.$$

Wenn ein Körper an einer Feder hängt, wodurch er die Kraft seines Gewichts ausübt, d.h., $F = mg$, dehnt sich die Feder um die Strecke x aus, so daß

$$mg = kx.$$

Wenn wir daher k kennen und x messen, können wir das Gewicht des Körpers bestimmen. Das ist das Prinzip der *Federwaage* (oder *Dynamometer*), die man allgemein zur Messung von Kräften verwendet.

Nehmen Sie z.B. an, wir finden, daß

$$x = 1{,}50\ \text{cm} = 1{,}50 \cdot 10^{-2}\ \text{m}, \qquad \text{wenn} \qquad m = 4\ \text{kg}.$$

Dann ist

$$k = \frac{mg}{x} = \frac{39{,}2\ \text{N}}{1{,}50 \cdot 10^{-2}\ \text{m}} = 2{,}61 \cdot 10^3\ \text{N m}^{-1}.$$

Wenn man diesen Zahlenwert für k in (8.9) einsetzt, findet man, daß die Arbeit, die notwendig ist, um die Feder um die Strecke $x = 2$ cm zu dehnen, gleich

$$W = \tfrac{1}{2}(2{,}61 \cdot 10^3\ \text{N m}^{-1}) \cdot (0{,}02\ \text{m})^2 = 0{,}522\ \text{J}.$$

ist.

8.5 KINETISCHE ENERGIE

Aus (7.27) entnehmen wir, daß die Tangentialkraft gleich $F_T = m\,dv/dt$ ist. Daher ist

$$dW = F_T\,ds = m\frac{dv}{dt}ds = m\frac{ds}{dt}dv = mv\,dv, \tag{8.10}$$

da nach (5.17) $v = ds/dt$. Das Integral, das in (8.5) für die gesamte Arbeit erscheint, lautet daher

$$W = \int_A^B F_T\,ds = \int_A^B mv\,dv = \tfrac{1}{2}mv_B^2 - \tfrac{1}{2}mv_A^2, \tag{8.11}$$

wobei v_B die Geschwindigkeit des Teilchens in B und v_A die in A ist. Das Ergebnis (8.11) zeigt, daß die Arbeit W, die an dem Teilchen geleistet wird, gleich der Differenz der Größe $\frac{1}{2}mv^2$ ist, gemessen am Anfang und am Ende des Weges. Diese wichtige Größe bezeichnet man als kinetische Energie. Daher ist

$$E_k = \tfrac{1}{2}mv^2 \qquad \text{oder} \qquad E_k = \frac{p^2}{2m}, \tag{8.12}$$

da $\boldsymbol{p} = m\boldsymbol{v}$. Gleichung (8.11) kann dann in der Form

$$W = E_{k,B} - E_{k,A}, \tag{8.13}$$

ausgedrückt werden. In Worten heißt das:

Die Arbeit, die an einem Teilchen geleistet wird, ist gleich der Änderung seiner kinetischen Energie.

Dieses Ergebnis ist, unabhängig von der Natur der Kraft, allgemein gültig.

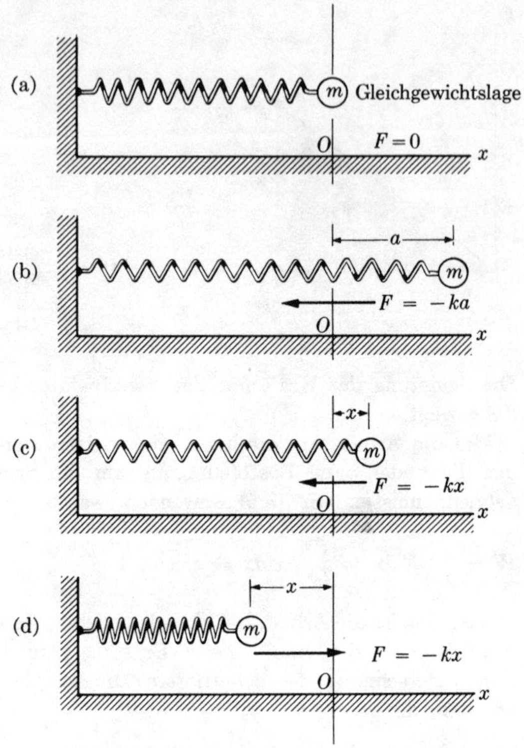

8.9 Bewegung eines an einer Feder befestigten Körpers.

Ergebnis (8.13), das die Änderung der kinetischen Energie E_k eines Teilchens mit der Arbeit W, die die Kraft leistet, verbindet, hat große Ähnlichkeit mit (8.1), welche die Änderung im Impuls $\boldsymbol{p}$ eines Teilchens zum Kraftstoß $\boldsymbol{I}$ in Beziehung setzt. Der Unterschied ist, daß der Kraftstoß, da er ein *Zeit*integral ist, dann nützlich ist, wenn wir die Kraft als Funktion der Zeit kennen, während die Arbeit, die ein *Raum*integral ist, leicht berechnet werden kann, wenn man die Kraft als Funktion des *Ortes* kennt. Im allgemeinen kennen wir die Kraft als Funktion des Ortes und aus diesem Grund spielen die Begriffe der Arbeit und Energie eine so wichtige Rolle in der Physik.

Beispiel 8.4 Die Feder aus Beispiel 8.3 wird in horizontale Lage gebracht, wie in Abb. 8.9 gezeigt. Die Masse m wird um die Entfernung a nach rechts bewegt und dann losgelassen. Berechnen Sie die kinetische Energie, wenn die Masse sich in der Entfernung x von der Gleichgewichtslage befindet.

Lösung: Nach unserer Erklärung in Beispiel 8.3 wird die Feder eine Kraft

$$F = -kx$$

auf die Masse ausüben, wenn sie sich in einer Entfernung x von der ungedehnten Lage befindet. (Das Minuszeichen deutet an, daß die durch die Feder ausgeübte Kraft nach links gerichtet ist, wenn der Körper nach rechts verschoben wird.) In der Gleichgewichtslage ist

$$x = 0 \qquad \text{und daher} \qquad F = 0.$$

In Position (b), wenn die Masse gerade losgelassen werden soll, ist

$$x = a \qquad \text{und daher} \qquad F = -ka$$

und die Geschwindigkeit ist null ($v_0 = 0$), und somit auch die anfängliche kinetische Energie. v sei die Geschwindigkeit in der mittleren Position x. Dann finden wir mit (8.11), daß

$$\tfrac{1}{2}mv^2 = \int_a^x F\,dx = \int_a^x (-kx)\,dx = \tfrac{1}{2}k(a^2 - x^2),$$

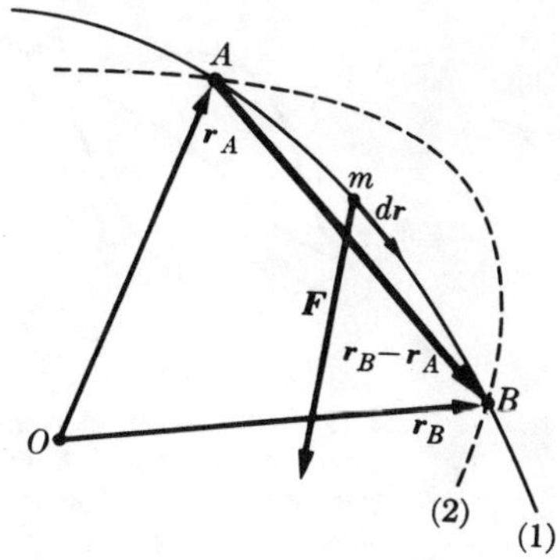

8.10. Die Arbeit, die von einer konstanten Kraft verrichtet wird, ist unabhängig vom Weg.

oder

$$v = \pm\sqrt{(k/m)(a^2 - x^2)},$$

was anzeigt, daß die Geschwindigkeit für den gleichen positiven oder negativen Wert von x den selben Wert hat. Das heißt, die Bewegung ist symmetrisch in Bezug auf O. Das doppelte Vorzeichen deutet auch an, daß die Geschwindigkeit an x die gleiche ist, gleichgültig, ob sich das Teilchen nach rechts oder nach links bewegt. Schließlich zeigt die Wurzel $\sqrt{a^2 - x^2}$, daß die Bewegung des Teilchens auf den Bereich zwischen $x = -a$ und $x = +a$ beschränkt ist.

8.6 EINHEITEN DER ENERGIE

Wir sehen an (8.13), daß die kinetische Energie offensichtlich in den gleichen Einheiten wie die Arbeit gemessen wird, d.h., im MKSC-System in Joule und im cgs-System in erg. Das kann auch daran überprüft werden, daß E_k nach (8.12) im MKSC-System in $m^2\,kg\,s^{-2}$ ausgedrückt werden muß, was die Dimension des Joules in fundamentalen Einheiten ist.

Wir wollen bei dieser Gelegenheit erwähnen, daß eine andere Energieeinheit, die besonders von Physikern bei der Beschreibung von chemischen Prozessen und Kernvorgängen gebraucht wird, das *Elektronenvolt*, abgekürzt eV, ist, dessen genaue Definition in Kapitel 16 gegeben wird. Sein Äquivalent ist

$$1\ \text{eV} = 1{,}60210 \cdot 10^{-19}\ \text{J}.$$

Ein nützliches Vielfaches des Elektronenvolt ist das MeV,

$$1\ \text{MeV} = 10^6\text{eV} \qquad \text{oder} \qquad 1{,}60210 \cdot 10^{-13}\ \text{J}.$$

Beispiel 8.5 Ein Elektron, das in einer TV-Röhre beschleunigt wird, erreicht den Schirm mit einer kinetischen Energie von 18.000 eV. Bestimmen Sie die Geschwindigkeit des Elektrons.

Lösung: Wir müssen die kinetische Energie des Elektrons in J ausdrücken. Dann ist

$$E_k = 18.000\ \text{eV} = (1{,}8 \cdot 10^4)\,(1{,}602 \cdot 10^{-19})\ \text{J} = 2{,}884 \cdot 10^{-15}\ \text{J}.$$

Aus $E_k = \frac{1}{2}mv^2$ erhalten wir $v = \sqrt{2\,E_k/m}$. Wenn wir den obigen Wert für E_k und für m die Masse des Elektrons, $9{,}109 \cdot 10^{-31}$ kg einsetzen, erhalten wir

$$v = 7{,}956 \cdot 10^7\ \text{m s}^{-1}.$$

8.7 ARBEIT EINER KONSTANTEN KRAFT

Betrachten Sie ein Teilchen m, das sich unter der Wirkung einer Kraft $\boldsymbol{F}$ bewegt, die konstanten Betrag und Richtung hat (Abb. 8.10). Es mögen noch andere Kräfte auf das Teilchen wirken, die konstant oder nicht konstant sein können, aber wir wollen uns im Augenblick nicht mit ihnen beschäftigen. Wenn sich das Teilchen längs der Bahn (1) von A nach B bewegt, ist die Kraft $\boldsymbol{F}$

$$W = \int_A^B \boldsymbol{F} \cdot d\boldsymbol{r} = \boldsymbol{F} \cdot \int_A^B d\boldsymbol{r} = \boldsymbol{F} \cdot (\boldsymbol{r}_B - \boldsymbol{r}_A). \tag{8.14}$$

Ein wichtiger Schluß, den man aus (8.14) ziehen kann, ist der, daß die Arbeit in diesem Fall unabhängig vom Weg ist, der die Punkte A und B verbindet. Wenn sich das Teilchen z.B., statt sich entlang der Bahn (1) zu bewegen, entlang Bahn (2) bewegt, die A und B ebenfalls verbindet, wird die Arbeit die gleiche sein, da die

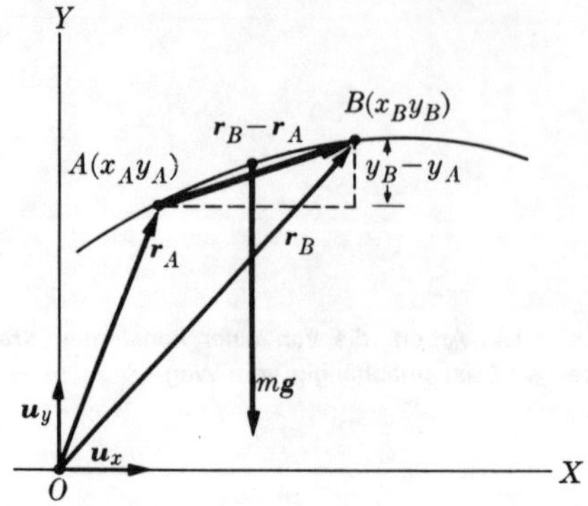

8.11 Die Arbeit, die von der Schwerkraft verrichtet wird, hängt von der Höhe ab, die der Körper überwindet.

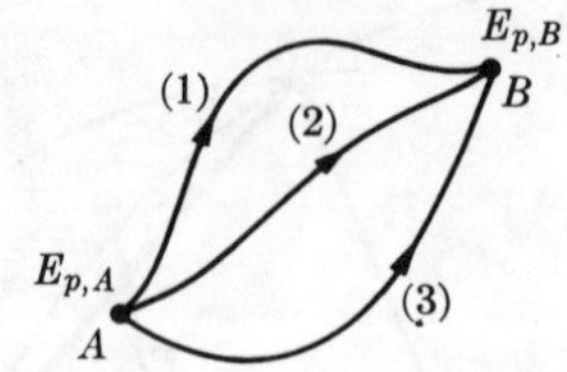

8.12 Die Arbeit, die von einer konservativen Kraft verrichtet wird, ist unabhängig vom Weg.

Vektordifferenz $\boldsymbol{r}_B - \boldsymbol{r}_A = \overrightarrow{AB}$ die gleiche ist. Man beachte, daß (8.14) auch in der Form

$$W = \boldsymbol{F} \cdot \boldsymbol{r}_B - \boldsymbol{F} \cdot \boldsymbol{r}_A \tag{8.15}$$

geschrieben werden kann, und daher gleich dem Unterschied zwischen den Größen $\boldsymbol{F} \cdot \boldsymbol{r}$ an den beiden Enden des Weges ist.

Eine wichtige Anwendung von (8.14) findet sich in der Arbeit, die von der Schwerkraft geleistet wird (Abb. 8.11). In diesem Fall ist

$$\boldsymbol{F} = m\boldsymbol{g} = -\boldsymbol{u}_y mg \qquad \text{und} \qquad \boldsymbol{r} = \boldsymbol{u}_x x + \boldsymbol{u}_y y.$$

Daher ist, $\boldsymbol{F} \cdot \boldsymbol{r} = -mgy$. Wenn wir dies in (8.15) einsetzen, erhalten wir

$$W = -mg(y_B - y_A) = mgy_A - mgy_B. \tag{8.16}$$

Gleichung (8.16) enthält offensichtlich nichts, was mit dem Weg zu tun hat, und die Arbeit hängt nur vom Unterschied $y_B - y_A$ zwischen den Höhen der beiden Endpunkte ab.

Beispiel 8.6 *Änderung in der kinetischen Energie eines frei fallenden Körpers.* Ein frei fallender Körper mit einer Geschwindigkeit v_A in einer Höhe y_A wird in der Höhe y_B eine Geschwindigkeit v_B besitzen. Wenn wir (8.13) und (8.16) kombinieren, finden wir, daß die Änderung der kinetischen Energie $\frac{1}{2}mv_B^2 - \frac{1}{2}mv_A^2 = -mg(y_B - y_A)$ beträgt. Diese Gleichung ist gültig, unabhängig davon, ob sich das Teilchen senkrecht oder längs einer gekrümmten Bahn bewegt. Die obige Gleichung kann in der Form

$$v_B^2 = v_A^2 - 2g(y_B - y_A),$$

geschrieben werden, was mit (5.11) identisch ist.

8.8 POTENTIELLE ENERGIE

Die Situation, die im vorhergehenden Abschnitt dargestellt wurde, ist nur ein Beispiel für eine große und wichtige Klasse von Kräften, die man *konservative Kräfte* nennt. Die Gründe dafür werden wir in einem späteren Abschnitt dieses Kapitels erklären.

Eine Kraft ist konservativ, wenn sie vom Ortsvektor $\boldsymbol{r}$ des Teilchens so abhängt, daß die Arbeit W als Differenz zwischen einer Größe $E_p(\boldsymbol{r})$, gemessen am Anfangs- und am Endpunkt, ausgedrückt werden kann (Abb. 8.12). Die Größe $E_p(\boldsymbol{r})$ nennt man *potentielle Energie*. Sie ist eine Funktion des Ortes des Teilchens. Dann ist

$$W = \int_A^B \boldsymbol{F} \cdot d\boldsymbol{r} = E_{p,A} - E_{p,B}, \tag{8.17}$$

wenn $\boldsymbol{F}$ eine konservative Kraft ist. Man beachte, daß wir $E_{p,A} - E_{p,B}$ schreiben und nicht $E_{p,B} - E_{p,A}$. Das heißt, die geleistete Arbeit ist gleich E_p am Anfangspunkt minus E_p am Endpunkt. In anderen Worten:

Die potentielle Energie, die zu einer konservativen Kraft gehört, ist eine Ortsfunktion, und zwar so, daß die Differenz zwischen ihren Werten am Anfangs- und am Endpunkt gleich der Arbeit ist, die von der Kraft geleistet wird, wenn sie das Teilchen von der Anfangsposition in die Endposition bewegt, unabhängig vom beschrittenen Weg.

Beim Vergleich von (8.17) mit der Beziehung für die kinetische Energie (8.12) sollte sich der Student klar

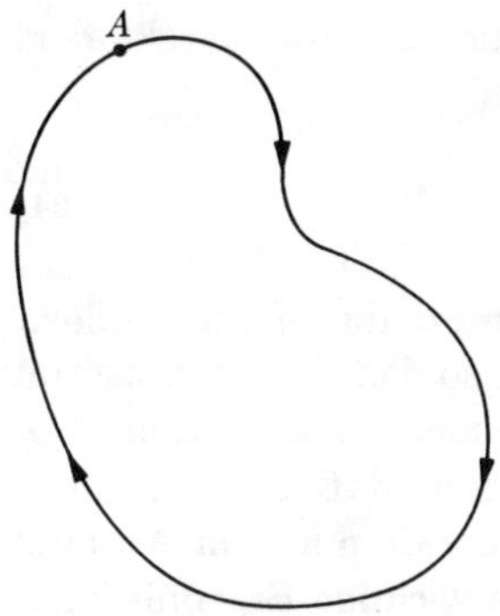

8.13 Die Arbeit, die von einer konservativen Kraft längs einer geschlossenen Bahn verrichtet wird, ist null.

machen, daß (8.12) gilt, gleichgültig, welcher Art die Kraft $\boldsymbol{F}$ ist. Es gilt stets für die kinetische Energie

$$E_k = \tfrac{1}{2}mv^2,$$

während die Form der Funktion $E_p(\boldsymbol{r})$ von der Natur der Kraft $\boldsymbol{F}$ abhängt, wobei nicht alle Kräfte die Bedingungen (8.17) erfüllen. Nur jene, die sie erfüllen, bezeichnet man als *konservativ*. Wenn man z.B. (8.17) mit (8.15) vergleicht, sieht man, daß die potentielle Energie, die einer konstanten Kraft entspricht, gleich

$$E_p = \boldsymbol{F} \cdot \boldsymbol{r} \tag{8.18}$$

ist. Entsprechend entnehmen wir aus (8.16), daß die Schwerkraft konservativ ist, und daß die potentielle Energie infolge der Schwerkraft durch

$$E_p = mgy \tag{8.19}$$

gegeben ist.

Die potentielle Energie wird immer mit einer willkürlichen Konstanten definiert, da (8.16) gleich bleibt, wenn wir $mgy + C$ statt (8.19) schreiben, da die Konstante C, die in beiden Ausdrücken erscheint, sich herauskürzt. Wegen dieser Willkürlichkeit können wir den Nullpunkt (oder die *Referenzhöhe*) der potentiellen Energie dort wählen, wo es uns am besten paßt. Zum Beispiel ist die Erdoberfläche für Probleme fallender Körper der bequemste Bezugspunkt, und man nimmt daher die potentielle Energie infolge der Schwerkraft auf der Erdoberfläche mit null an. Für einen natürlichen oder künstlichen Satelliten wird der Nullpunkt der potentiellen Energie meist in unendlicher Entfernung von der Erde definiert.

Man muß betonen, daß die Arbeit, die von einer konservativen Kraft geleistet wird, unabhängig vom Weg ist, der A und B verbindet. Die Differenz $E_{p,A} - E_{p,B}$ ist die gleiche, da sie nur von den Koordinaten von A und B abhängt. Wenn der Weg geschlossen ist (Abb. 8.13), so daß End- und Anfangspunkt zusammenfallen, (d.h., A und B sind ein und derselbe Punkt), gilt im Speziellen

$$E_{p,A} = E_{p,B}$$

und die Arbeit ist 0 ($W = 0$). Das bedeutet, daß die Arbeit auf einem Teil des Weges positiv and auf dem anderen Teil um den gleichen Wert negativ ist, was insgesamt null ergibt. Wenn der Weg geschlossen ist, wird das Integral in (8.17) $\oint$ geschrieben. (Der Kreis im Integralzeichen bedeutet, daß der Weg geschlossen ist*.) Für konservative Kräfte ist daher

$$W_{\text{geschlossene Bahn}} = \oint \boldsymbol{F} \cdot d\boldsymbol{r} = 0, \tag{8.20}$$

was bedeutet:

Die Arbeit einer konservativen Kraft längs eines beliebigen geschlossenen Weges ist null.

Umgekehrt kann man beweisen, daß die Bedingung, die durch (8.20) ausgedrückt ist, als Definition der konservativen Kraft verwendet werden kann. In anderen Worten, wenn eine Kraft $\boldsymbol{F}$ für einen willkürlich gewählten geschlossenen Weg (8.20) erfüllt, kann bewiesen werden, daß (8.17) gilt.

*Für einen beliebigen Vektor $\boldsymbol{V}$, der eine Ortsfunktion ist, wird ein Integral der Form $\oint \boldsymbol{V} \cdot d\boldsymbol{r}$ längs einer geschlossenen Bahn als *Kreisintegral* von $\boldsymbol{V}$ bezeichnet.

8.9 BEZIEHUNG ZWISCHEN KRAFT UND POTENTIELLER ENERGIE

Um (8.17) zu erfüllen, ist

$$\boldsymbol{F} \cdot d\boldsymbol{r} = -dE_p \tag{8.21}$$

hinreichend, da in diesem Fall

$$W = \int_A^B \boldsymbol{F} \cdot d\boldsymbol{r} = -\int_A^B dE_p$$
$$= -(E_{p,B} - E_{p,A}) = E_{p,A} - E_{p,B},$$

in Übereinstimmung mit (8.17) gilt. Man beachte, daß das negative Vorzeichen, das in (8.21) erscheint, notwendig ist, wenn wir

$E_{p,A} - E_{p,B}$

erhalten wollen, anstelle von

$E_{p,B} - E_{p,A}$.

Da $\boldsymbol{F} \cdot d\boldsymbol{r} = F_s\, ds$, wobei F_s die Komponente von $\boldsymbol{F}$ in Richtung der Verschiebung $d\boldsymbol{r}$ und ds der Betrag der Verschiebung $d\boldsymbol{r}$ ist, können wir statt (8.21)

$$F_s = -\frac{dE_p}{ds} \tag{8.22}$$

schreiben. Wenn wir daher $E_p(\boldsymbol{r})$ kennen, erhalten wir die Komponente von $\boldsymbol{F}$ in jeder Richtung, indem wir die Größe $-dE_p/ds$ berechnen, welches der negative Wert der räumlichen Veränderung von E_p in dieser Richtung ist. Die Größe dE_p/ds bezeichnet man als *Richtungsableitung* von E_p. Wenn ein Vektor so geartet ist, daß seine Komponenten in jeder Richtung gleich der Richtungsableitung einer Funktion in dieser Richtung sind, nennt man den Vektor den *Gradienten* der Funktion. Wir sagen daher, daß $\boldsymbol{F}$ der negative Wert des Gradienten von E_p ist und schreiben (8.22) in der allgemeinen Form

$$\boldsymbol{F} = -\text{grad } E_p, \tag{8.23}$$

wobei «grad» für Gradient steht.

Ein wichtiger Fall ist der, in welchem die potentielle Energie E_p nur von der Entfernung r von einem festen Punkt O abhängt, nicht aber von der Richtung von $\boldsymbol{r}$, d.h., wir haben $E_p(r)$. Dann zeigt nach (8.22) die einzige Komponente der Kraft in die Richtung, in der r zu- oder abnimmt; das heißt in Richtung des Radiusvektors $\boldsymbol{r}$. Der Betrag der Kraft ist durch

$$F = -\frac{dE_p}{dr} \tag{8.24}$$

gegeben. Die Kraft hat also keine transversale, sondern nur eine radiale Komponente, so daß die Kraft zentral ist. Ihre Wirkungslinie geht immer durch den Punkt O. Umgekehrt kann gezeigt werden, daß die potentielle Energie im Fall einer Zentralkraft nur vom Abstand vom Zentrum abhängt. Dieses wichtige Ergebnis kann durch die Aussage formuliert werden:

Die potentielle Energie, die mit einer Zentralkraft verbunden ist, hängt nur vom Abstand vom Zentrum der Kraft ab und umgekehrt.

Beispiel 8.7 Potentielle Energie, die mit folgenden Zentralkräften verbunden ist: (a) $F = kr$, (b) $F = k/r^2$. In beiden Fällen ist die Kraft eine Anziehungskraft, wenn k negativ ist und eine Abstoßungskraft, wenn k positiv ist.

Lösung: Durch Anwendung von (8.24) auf Fall (a) erhalten wir

$$F = -dE_p/dr = kr \qquad \text{oder} \qquad dE_p = -kr\,dr.$$

Integration ergibt

$$E_p = \int -kr\,dr = -\tfrac{1}{2}kr^2 + C. \tag{8.25}$$

Die Integrationskonstante wird dadurch bestimmt, daß man einem bestimmten Ort einen Wert von E_p zuweist. In diesem Fall ist es üblich, an $r = 0$ auch $E_p = 0$ zu setzen, so daß $C = 0$ und

$$E_p = -\tfrac{1}{2}kr^2.$$

Dieser Ausdruck ist bei der Diskussion der Schwingungsbewegung äußerst nützlich.

Für den Fall (b) haben wir

$$F = -dE_p/dr = k/r^2 \qquad \text{oder} \qquad dE_p = -k(dr/r^2).$$

Integration ergibt

$$E_p = \int -k\frac{dr}{r^2} = \frac{k}{r} + C. \tag{8.26}$$

Für reziproke-r-Kräfte ist es üblich, C dadurch zu bestimmen, daß man für $r = \infty$ wieder $E_p = 0$ setzt, so daß $C = 0$ und

$$E_p = k/r.$$

Dieser Ausdruck wird bei der Untersuchung der Planetenbewegung verwendet.

8.10 ERHALTUNG DER ENERGIE EINES TEILCHENS

Wenn die Kraft, die auf ein Teilchen wirkt, konservativ ist, können wir (8.17), $W = E_{p,A} - E_{p,B}$ mit der allgemeinen Beziehung (8.13), $W = E_{k,B} - E_{k,A}$ verbinden, was

$$E_{k,B} - E_{k,A} = E_{p,A} - E_{p,B} \qquad \text{oder}$$

$$(E_k + E_p)_B = (E_k + E_p)_A \tag{8.27}$$

ergibt. Die Größe $E_k + E_p$ nennt man die *Gesamtenergie* des Teilchens. Sie wird mit E bezeichnet, d.h., die Gesamtenergie eines Teilchens ist gleich der Summe aus seiner kinetischen und seiner potentiellen Energie, oder

$$E = E_k + E_p = \tfrac{1}{2}mv^2 + E_p. \tag{8.28}$$

Gleichung (8.27) zeigt:

Die Gesamtenergie eines Teilchens bleibt konstant, wenn die Kräfte konservativ sind,

---

da die Zustände, die mit A und B bezeichnet werden, willkürlich gewählt sind. Wir können daher für jede beliebige Position des Teilchens

$$E = E_k + E_p = \text{Konst.} \tag{8.29}$$

schreiben. In anderen Worten: *die Gesamtenergie des Teilchens bleibt unter dem Einfluß konservativer Kräfte erhalten.* Deshalb sagen wir, daß die Kräfte konservativ sind, wenn es eine potentielle Energie gibt. Wir haben z.B. für den Fall eines fallenden Körpers gesehen, daß $E_p = mgy$ gilt. Die Erhaltung der Energie ergibt

$$E = \tfrac{1}{2}mv^2 + mgy = \text{Konst.} \tag{8.30}$$

Wenn sich das Teilchen ursprünglich in der Höhe y_0 befindet und seine Geschwindigkeit null ist, ist die Gesamtenergie mgy_0 und wir erhalten

$$\tfrac{1}{2}mv^2 + mgy = mgy_0, \qquad \text{oder}$$

$$v^2 = 2g(y_0 - y) = 2gh,$$

wobei $h = y_0 - y$ die Höhe ist, die der Körper im Fall überwindet. Dieses Ergebnis ist die bekannte Formel für die Geschwindigkeit, die man im freien Fall aus einer Höhe h erwirbt. Wir müssen jedoch betonen, daß (8.30) nicht auf die senkrechte Bewegung beschränkt ist. Sie gilt genauso für die Bewegung jedes Projektils, das sich in einem Winkel zur Horizontalen bewegt.

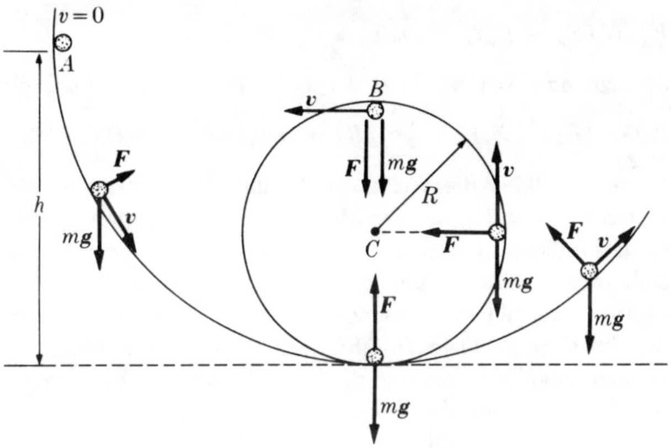

8.14

Beispiel 8.8 *Mindesthöhe, von der ein Ball starten sollte, um die in Abb. 8.14 gezeigte Schleife erfolgreich zu beenden.* Nehmen Sie an, daß der Ball ohne zu rollen und ohne Reibung gleitet. Nehmen Sie außerdem an, daß der Ball am Punkt A in einer Höhe h über der Basis des Kreises in Abb. 8.14 losgelassen wird. Der Ball gewinnt an Geschwindigkeit, während er sich abwärts bewegt, und verliert Geschwindigkeit, wenn er sich im Kreis aufwärts bewegt. An jedem Punkt der Bahn setzen sich die Kräfte, die auf den Ball wirken, aus seinem Gewicht mg und der Kraft F infolge der Bahn zusammen. (Die Kraft F wirkt in Richtung auf den Mittelpunkt der Schleife, da die Bahn den Ball «schiebt» und nicht «zieht».) Am höchsten Punkt der Schleife weisen sowohl mg als auch F auf den Mittelpunkt C hin, und gemäß (7.28) müssen wir

$$F + mg = \frac{mv^2}{R}$$

erhalten, wobei R der Bahnradius ist. Da F nicht negativ sein kann, muß die Mindestgeschwindigkeit des Balles, wenn er einen Kreis beschreiben soll

$F = 0$ oder $mg = mv^2/R$,

entsprechen, was

$v^2 = gR$ oder $v = \sqrt{gR}$

ergibt. Wenn die Geschwindigkeit geringer als $\sqrt{gR}$ ist, ist der Zug des Gewichts nach unten größer als die erforderliche Zentripetalkraft, und der Ball wird sich, bevor er Punkt B erreicht, vom Kreis trennen.

Um die entsprechende Höhe h zu erhalten, beachten wir, daß im Punkt A die Gesamtenergie

$$E_A = (E_k + E_p)_A = mgh$$

beträgt, da $v = 0$ ist. In B, wo $y = 2R$ und $v^2 = gR$ ist, gilt

$$E_B = (E_k + E_p)_B = \tfrac{1}{2}m(gR) + mg(2R) = \tfrac{5}{2}mgR.$$

Wenn wir daher die Werte von E_A und E_B gleichsetzen, erhalten wir $h = \frac{5}{2}R$, was die Mindesthöhe des Ausgangspunktes des Balles gibt, wenn er erfolgreich einen Kreis beschreiben soll. Dieses Ergebnis gilt so lange, solange wir die Reibungskräfte vernachlässigen können. Wenn der Ball rollt, müssen die in Kapitel 11 einzuführenden Methoden angewendet werden. Man beachte, daß die Kraft $\boldsymbol{F}$ nicht zur Energie des Teilchens beiträgt, da sie keine Arbeit leistet.

8.11 BESPRECHUNG SPEZIELLER POTENTIALE

Die Kurven, die $E_p(\boldsymbol{r})$ gegen $\boldsymbol{r}$ darstellen, sind für das Verständnis der Bewegung eines Teilchens sehr nützlich, auch ohne daß man die Bewegungsgleichung löst. Der Einfachkeit halber werden wir nur den Fall der geradlinigen oder eindimensionalen Bewegung betrachten, so daß die potentielle Energie nur von der Variablen x abhängt, d.h., $E_p(x)$. In Abb. 8.15 haben wir eine mögliche Kurve für die potentielle Energie einer eindimensionalen Bewegung dargestellt. Nach (8.22) ist die Kraft auf ein Teilchen für jeden beliebigen Wert von x durch

$$F = -dE_p/dx.$$

gegeben. dE_p/dx ist der Anstieg der Kurve $E_p(x)$. Die Kraft F, d.h., der negative Anstieg, ist negativ oder nach links gerichtet, wann immer die potentielle Energie zunimmt und positiv, oder nach rechts gerichtet, wann immer die potentielle Energie abnimmt. Diese Tatsache ist in Abb. 8.15 durch horizontale Pfeile angedeutet, und die verschiedenen Bereiche sind unterhalb der Kurve markiert.

In den Punkten, in welchen die potentielle Energie ihren minimalen oder maximalen Wert erreicht, wie z.B. M_1, M_2 und M_3, gilt

$$dE_p/dx = 0,$$

und daher ist $F = 0$. Jene Positionen, an welchen $E_p(x)$ ein *Minimum* ist, befinden sich im *stabilen* Gleichgewicht, da auf ein Teilchen, das geringfügig aus der Ruhelage verschoben wird, eine Kraft wirkt, die es wieder in diese Lage zurückversetzt. Wo $E_p(x)$ ein *Maximum* hat, ist das Gleichgewicht *instabil*, da eine geringe Verschiebung aus der Gleichgewichtslage dazu führt, daß eine Kraft auf das Teilchen wirkt, die es noch weiter aus der Gleichgewichtslage entfernt.

Betrachten Sie nun ein Teilchen, das eine Gesamtenergie E besitzt, wie durch die horizontale Linie in Abb. 8.15 angezeigt. In jeder Position x ist die potentielle Energie E_p durch die Ordinate der Kurve gegeben, die kinetische Energie

$$E_k = E - E_p$$

ist durch den Abstand zwischen der Kurve $E_p(x)$ und der E-Linie festgelegt. Die Linie E schneidet die Kurve $E_p(x)$ in den Punkten A und B. Links von A und rechts von B ist die Energie E geringer als die Energie $E_p(x)$, daher wäre in diesem Bereich die kinetische Energie

$$E_k = E - E_p$$

negativ. Das ist jedoch unmöglich, da

$$E_k = \tfrac{1}{2}mv^2$$

nur positiv sein kann. Die Bewegung des Teilchens ist daher auf den Bereich AB beschränkt, und das Teilchen schwingt zwischen $x = A'$ und $x = B'$. An diesen Punkten wird die Geschwindigkeit null und das Teilchen kehrt seine Bewegung um. Diese Punkte bezeichnet man als *Umkehrpunkte*.

Wenn das Teilchen eine höhere Energie besitzt, z.B. entsprechend der Linie (2), kann es sich in zwei Bereichen bewegen. Einerseits kann es zwischen C und

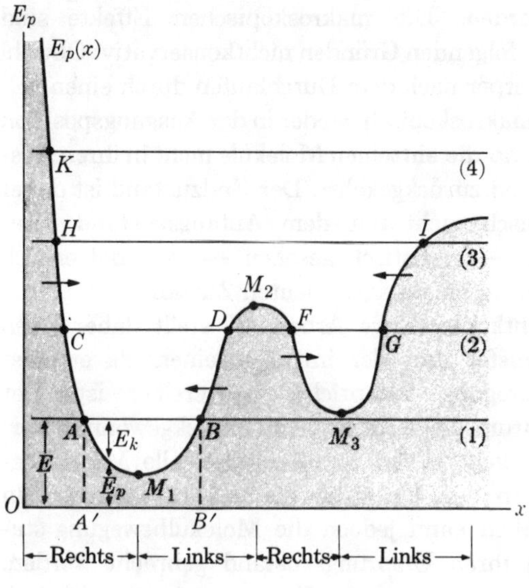

8.15 Beziehung zwischen der Bewegung auf einer Geraden und der potentiellen Energie.

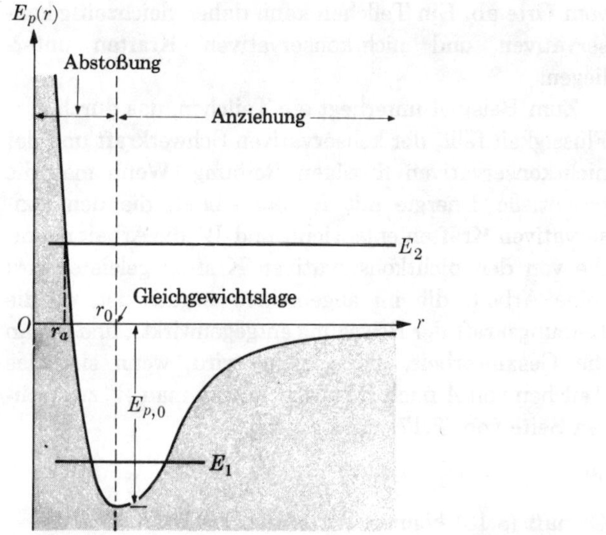

8.16 Zwischenmolekulare potentielle Energie.

D oszillieren, andererseits zwischen *F* und *G*. Wenn das Teilchen sich jedoch in einer Region befindet, kann es niemals in die andere übergehen, da es dabei durch die Region *DF* treten müßte, in der die kinetische Energie negativ wäre und die daher verboten ist. Wir sagen, daß die beiden Bereiche, in denen die Bewegung erlaubt ist, durch einen *Potentialwall* getrennt sind. Im Energieniveau (3) oszilliert die Bewegung zwischen *H* und *I*. Am Energieniveau (4) gibt es keine Oszillationsbewegung mehr, sondern das Teilchen bewegt sich zwischen *K* und dem Unendlichen. Wenn sich das Teilchen z.B. ursprünglich nach links bewegt, «springt» es an *K* zurück, entfernt sich nach rechts und kehrt nie mehr zurück. Wenn wir die Bewegung atomarer Teilchen betrachten, für die die Quantenmechanik gilt, müssen wir die soeben gegebene Beschreibung etwas modifizieren.

Beispiel 8.9 *Potentielle Energie der Wechselwirkung zwischen zwei Atomen in einem zweiatomigen Molekül.* Die potentielle Energie kann durch die Kurve in Abb. 8.16 dargestellt werden, wobei r den Abstand zwischen den beiden Atomen angibt. Der Gleichgewichtsabstand ist r_0 und die potentielle Energie des Teilchens im Gleichgewicht ist durch $-E_{p,0}$ gegeben. Für Abstände, die geringer als r_0 sind, ist die zwischenatomare Wechselwirkungskraft eine Abstoßungskraft ($E_p(r)$ ist eine abnehmende Funktion), für Abstände größer als r_0 ist sie eine Anziehungskraft ($E_p(r)$ ist eine ansteigende Funktion).

Wenn die Gesamtenergie der beiden Atome negativ ist, wie z.B. E_1, schwankt der zwischenatomare Abstand zwischen dem Minimal- und dem Maximalwert, wobei sich ein gebundenes System oder ein Molekül bildet. Wenn die Energie positiv ist, wie z.B. E_2, nähern sich die Atome einander, bis der Abstand einen Minimalwert erreicht und sie sich wieder trennen, was zu einem nicht-gebundenen System führt. Wenn sich das Molekül im Gleichgewicht befindet, muß man ihm mindestens die Energie $E_{p,0}$ zuführen, um die beiden Atome zu trennen. Aus diesem Grund wird $E_{p,0}$ die *Bindungsenergie* des Moleküls genannt.

8.12 NICHTKONSERVATIVE KRÄFTE

Auf den ersten Blick finden wir in der Natur einige Kräfte, die nicht konservativ sind. Ein Beispiel ist die Reibung. Die Gleitreibung wirkt immer der Verschiebung entgegen. Ihre Arbeit hängt vom beschriebenen Weg ab, und obwohl der Weg geschlossen sein mag, ist die Arbeit nicht null, so daß (8.20) nicht gilt. Ganz ähnlich wirkt die flüssige Reibung der Geschwindigkeit entgegen und hängt von der Geschwindigkeit und nicht vom Orte ab. Ein Teilchen kann daher gleichzeitig konservativen und nichtkonservativen Kräften unterliegen.

Zum Beispiel unterliegt ein Teilchen, das durch eine Flüssigkeit fällt, der konservativen Schwerkraft und der nichtkonservativen flüssigen Reibung. Wenn man die potentielle Energie mit E_p bezeichnet, die den konservativen Kräften entspricht, und W' die Arbeit nennt, die von den nichtkonservativen Kräften geleistet wird (eine Arbeit, die im allgemeinen negativ ist, da die Reibungskraft der Bewegung entgegenwirkt), findet man die Gesamtarbeit, die geleistet wird, wenn sich das Teilchen von A nach B bewegt, indem man W' zur rechten Seite von (8.17) addiert; d.h.,

$$W = E_{p,A} - E_{p,B} + W'.$$

Gemäß (8.13) können wir dann schreiben

$$E_{k,B} - E_{k,A} = E_{p,A} - E_{p,B} + W', \qquad \text{oder}$$

$$(E_k + E_p)_B - (E_k + E_p)_A = W'. \tag{8.31}$$

In diesem Fall bleibt die Größe $E_k + E_p$ nicht konstant, sondern sie nimmt ab (zu), wenn W' negativ (positiv) ist. Andererseits können wir $E_k + E_p$ *nicht* als Gesamtenergie des Teilchens bezeichnen, da dieser Begriff in diesem Fall nicht anwendbar ist, da er nicht alle wirkenden Kräfte einschließt. Der Begriff der Gesamtenergie eines Teilchens ist nur dann sinnvoll, wenn *alle* Kräfte konservativ sind. Gleichung (8.31) ist jedoch nützlich, wenn wir den Fall, in dem nur konservative Kräfte wirken (so daß $E_k + E_p$ die Gesamtenergie darstellt) mit einem Fall vergleichen wollen, in dem zusätzlich nichtkonservative Kräfte zum Tragen kommen.

Man sollte das Vorhandensein nichtkonservativer Kräfte nicht notwendigerweise als einen Hinweis dafür betrachten, daß es auch zwischen Elementarteilchen nichtkonservative Wechselwirkungen gibt. Wir sollten uns daran erinnern, daß die Reibungskräfte nicht der Wechselwirkung zwischen zwei Teilchen entsprechen, sondern eigentlich statistische Begriffe sind (Vergleichen Sie die Diskussion in Abschnitt 7.9). Die Gleitreibung ist z.B. das Ergebnis vieler individueller Wechselwirkungen zwischen den Molekülen der beiden Körper, die miteinander in Kontakt sind. *Jede einzelne* dieser Wechselwirkungen kann als konservative Kraft ausgedrückt werden. Die makroskopischen Effekte sind jedoch aus folgenden Gründen nichtkonservativ: Obwohl sich der Körper nach dem Durchlaufen durch einen vollen Kreis makroskopisch wieder in der Ausgangsposition befindet, sind die einzelnen Moleküle nicht in ihren Ausgangszustand zurückgekehrt. Der Endzustand ist daher mikroskopisch nicht mit dem Anfangszustand identisch, und — statistisch gesehen — befindet er sich nich einmal in einem äquivalenten Zustand.

Die nichtkonservative Arbeit W' stellt daher einen Energietransfer dar, der im allgemeinen, da er einer Molekülbewegung entspricht, irreversibel ist. Der Grund, warum diese Arbeit nicht zurückgewonnen werden kann, liegt in der Schwierigkeit, alle Molekülbewegungen in den Ursprungszustand zu versetzen. In einigen Fällen kann jedoch die Molekülbewegung statistisch in ihren Ursprungszustand gebracht werden. Das heißt, sogar wenn der Endzustand mikroskopisch nicht mit dem Ausgangszustand identisch ist, sind die beiden statistisch gleichwertig. Das ist z.B. der Fall, wenn sich ein Gas, während es Arbeit leistet, sehr langsam ausdehnt. Wenn das Gas nach der Ausdehnung sehr langsam komprimiert wird und so seinen ursprünglichen Zustand wieder erreicht, ist der Endzustand dem Anfangszustand statistisch gleichwertig. Die Arbeit, die während der Kompression geleistet wird, ist gleich dem negativen Wert der Expansionarbeit, die insgesamt geleistete Arbeit ist null.

Beispiel 8.10 Ein Körper fällt aus seiner Ruhelage der Höhe y_0 durch eine viskose Flüssigkeit. Berechnen Sie die Dissipation seiner kinetischen und potentiellen Energie, wenn die Grenzgeschwindigkeit erreicht ist.

Lösung: Wenn der Körper aus der Höhe y mit der Geschwindigkeit v herabfällt, ist seine Gesamtenergie durch $\frac{1}{2}mv^2 + mgy$ gegeben. Der Energieverlust pro Zeiteinheit infolge der Wirkung der nichtkonservativen Kräfte der flüssigen Reibung ist daher

$$\frac{d}{dt}(E_k + E_p) = \frac{d}{dt}(\tfrac{1}{2}mv^2 + mgy).$$

Nach (8.31) können wir, wenn die Punkte A und B sehr nahe benachbart sind,

$$d(E_k + E_p) = dW' = F'\,dx$$

schreiben, wobei F' die nichtkonservative Kraft ist. In unserem Beispiel ist F' auf die flüssige Reibung zurückzuführen und hat daher die Form

$$F' = -K\eta v,$$

die in (7.18) gegeben ist. Daher ist

$$\frac{d}{dt}(E_k + E_p) = F'\frac{dx}{dt} = (-K\eta v)v = -K\eta v^2.$$

Wir entnehmen aus (7.22), daß die Geschwindigkeit nach längerer Zeit konstant und gleich $mg/K\eta$ wird. Wenn wir daher diesen Ausdruck in die obige Gleichung einsetzen, erhalten wir den zeitlichen Verlust der Energie zu

$$\frac{d}{dt}(E_k + E_p) = -\frac{m^2g^2}{K\eta}.$$

Das negative Vorzeichen zeigt, daß das Teilchen Energie verliert. Da alle Größen, die in der Gleichung auftauchen, konstant sind, nimmt die Energie mit einer konstanten Rate ab. Die Energie geht jedoch nicht wirklich «verloren», sondern wird auf die Moleküle der Flüssigkeit derart übertragen, daß man sie praktisch nicht wiedergewinnen kann.

In der Tat ist es jedoch so, daß die potentielle Energie infolge der Schwerkraft dem Körper verloren geht und in Molekülbewegung der Flüssigkeit übersetzt wird, da die kinetische Energie des Teilchens konstant bleibt, sobald die Grenzgeschwindigkeit erreicht ist. Das ist nur ein anderer Ausdruck dafür, daß die nach unten gerichtete Schwerkraft durch die entgegengesetzten Kräfte infolge der Viskosität der Flüssigkeit ausgeglichen wird.

8.13 WIEDERHOLUNG

Wir haben in diesem Kapitel gesehen, wie wir den Begriff der Energie auf sehr effektive Weise für die Lösung gewisser Probleme der Dynamik eines Teilchens verwenden können, besonders, wenn wir die Kräfte als Funktion des Ortes kennen. Das ist einer der wichtigsten Gründe für die Einführung des Begriffs der Energie in die Physik.

Unsere unmittelbare Erfahrung führt uns zur Erkenntnis, daß sich die Körper in unserer Umgebung in Bewegung befinden. Wir führen diese Bewegung auf die Wechselwirkungen zwischen den Körpern zurück und beschreiben sie mit Hilfe der Begriffe Kraft und Energie. Diese Begriffe haben nur eine Aufgabe: uns brauchbare Methoden zur Analyse und Voraussage der Bewegungen zu liefern, die wir beobachten. Die große Bedeutung des Begriffs der potentiellen Energie liegt wie beim Begriff der Kraft darin, daß er uns die Möglichkeit gab, spezielle Formen der potentiellen Energie mit speziellen Wechselwirkungen in der Natur in Zusammenhang zu bringen. Das Ergebnis ist nicht überraschend, da die Kraft $\boldsymbol{F}$ nach (8.23) in Beziehung zur potentiellen Energie E_p steht. Es ist gerade diese Beziehung zwischen potentieller Energie und der Wechselwirkung, die der Idee der potentiellen Energie eine physikalische Bedeutung verleiht.

Die Wechselwirkung zwischen zwei Körpern kann als Austausch von Energie oder als Austausch von Impuls beschrieben werden. Beide Beschreibungen liefern uns eine praktische und brauchbare Darstellung von Wechselwirkungen. Der Student sollte sich vor Augen halten, daß wir in der Folge dieses Buches die Vorgänge, die wir in der Natur beobachten, fast ausschließlich mittels der Begriffe von Impuls und Energie beschreiben werden.

FRAGEN

1. Welche der folgenden Größen sind Vektoren, welche Skalare: Kraftstoß, Arbeit, Energie, Leistung?

2. Die Kraft ist abhängig von der Zeit. Tragen Sie ein Koordinatensystem auf, in dem die Zeit die Abszisse und die Kraft die Ordinate darstellt. Zeigen Sie, daß die Fläche unter der Kurve von t_0 bis t gleich dem Kraftstoß ist.

3. Führen Sie die Bedingungen an, unter welchen die von einer Kraft geleistete Arbeit (a) null, (b) positiv, (c) negativ ist.

4. Wie messen Sie die mittlere Leistung einer Maschine während eines Zeitintervalls?

5. Zeigen Sie in Bezug auf Abb. 8.6 unter der Annahme, daß das Auto bergauf fährt, welche Kräfte positive, welche negative und welche keine Arbeit leisten.

6. Ein Körper der Masse m fällt aus einer Höhe h senkrecht nach unten. Schreiben Sie eine Gleichung an, welche die Änderung der kinetischen Energie des Körpers mit der Arbeit in Beziehung bringt, die das Gewicht des Körpers leistet.

7. Welche physikalische Bedeutung hat die Abhängigkeit der Geschwindigkeit vom Quadrat von x für das Beispiel 8.4? Mit welcher Geschwindigkeit erreicht das Teilchen die Position $x = 0$? Gibt es eine Beschränkung dafür, welcher Wert von x möglich ist? Kann der Student eine graphische Darstellung der Bewegung anfertigen?

8. Ein Teilchen der Masse m ist an einer Feder der elastischen Konstanten k befestigt. Die Feder wird um die Strecke a ausgedehnt und losgelassen. Bringen Sie die potentielle Energie am Punkt $x = a$ mit der kinetischen Energie am Punkt $x = 0$ in Beziehung. Welche Geschwindigkeit hat die Masse am Punkt $x = 0$?

9. Diskutieren Sie den Begriff des Gradienten einer Funktion.

10. Diskutieren Sie den Begriff einer konservativen Kraft. Was wird durch eine konservative Kraft «konserviert»? Erläutern Sie Ihre Antwort.

11. Warum können wir in Beispiel 8.8 die Kraft $\boldsymbol{F}$ außer acht lassen, wenn wir die Erhaltung der Energie anschreiben?

12. Erklären Sie, wie man aus dem Anstieg der Kurve $E_p(r)$ feststellen kann, ob eine Zentralkraft eine Anziehungs- oder eine Abstoßungskraft ist. Tragen Sie eine Kurve von $E_p(r)$ auf, die einer Zentralkraft entspricht, die auf kurze Entfernung abstößt und auf große Entfernung anzieht. Wiederholen Sie die Aufgabe für eine Zentralkraft, die auf kurze Distanz anziehend und auf große Distanz abstoßend wirkt.

13. Was wird von nichtkonservativen Kräften nicht konserviert? Erläutern Sie Ihre Antwort.

14. Ein Teilchen bewegt sich unter dem Einfluß einer Kraft, deren potentielle Energie als Potentialgraben der Tiefe E_0 und der Breite b beschrieben werden kann. Wie ist die Bewegung gebunden? ungebunden? Erläutern Sie Ihre Antwort.

AUFGABEN

8.1 Eine Kraft F, die 20 s dauert, wirkt auf einen Körper der Masse von 500 kg. Der Körper, der ursprünglich ruht, erhält als Folge dieser Kraft eine seitliche Geschwindigkeit von 0.5 m s^{-1}. Wenn die Kraft 15 s lang linear mit der Zeit von null ansteigt und dann für 5 s linear abnimmt, bestimmen Sie (a) den Kraftstoß auf den Körper, der durch die Kraft verursacht wird, (b) die maximale Kraft, die auf den Körper ausgeübt wird, und tragen sie (c) F gegen t auf und bestimmen Sie die Fläche unterhalb der Kurve. Stimmt die Fläche mit dem Ergebnis von (a) überein? Nehmen Sie an, daß F die einzige Kraft ist, die auf den Körper wirkt.

8.2 Berechnen Sie die Arbeit einer konstanten Kraft von 12 N, wenn ihr Angriffspunkt sich um 7 m verschiebt im Fall, daß der Winkel zwischen der Richtung der Kraft und der Verschiebung (a) 0°, (b) 60°, (c) 90°, (d) 145°, (e) 180° beträgt.

8.3 Berechnen Sie die Arbeit, die von einem Mann geleistet wird, der einen 65 kg schweren Mehlsack 10 m weit mit einer Kraft von 25 kp über den Boden schleppt und ihn dann auf einen Lastwagen hebt, dessen Bühne 75 cm hoch ist. Wie groß ist die mittlere Leistung, die entwickelt wird, wenn der ganze Vorgang 40 s in Anspruch nimmt?

8.4 Ein Auto mit 100 PS fährt eine Stunde lang mit Höchstleistung und legt dabei eine Strecke von 150 km zurück. Bei einem mittleren Benzinverbrauch von einem Liter auf 10 km vergleiche man die entstehenden Kosten mit dem Strompreis für dieselbe Arbeit (1 l Benzin kostet 1 DM, 1 kWh kostet 0,2 DM).

8.5 Ein Körper mit der Masse von 4 kg bewegt sich auf einer Ebene aufwärts, die um 20° gegen die Horizontale geneigt ist Die folgenden Kräfte wirken auf den Körper: eine horizontale Kraft von 80 N, eine Kraft von 100 N, parallel zur Ebene, die die Bewegung fördert, und eine konstante Reibungskraft von 10 N, die der Bewegung entgegenwirkt. Der Körper gleitet 20 m auf der Ebene. Berechnen Sie die gesamte Arbeit, die das Kräftesystem leistet, das auf den Körper wirkt, und die jede der Kräfte leistet (Abb. 8.17).

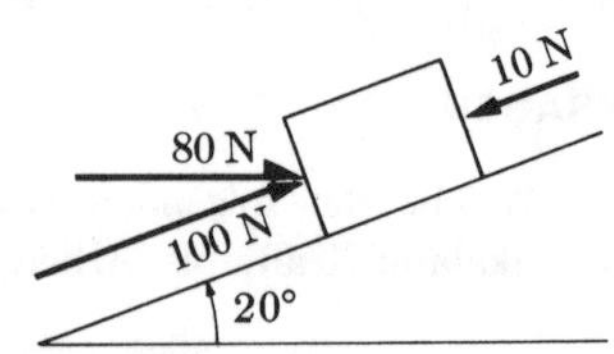

8.17

8.6 Ein Körper der Masse von 0,10 kg fällt 3 m tief auf einem Sandhaufen. Welche konstanten Kräfte übt der Sand auf den Körper aus, wenn der Körper, bevor er stecken bleibt, 3 cm tief in den Sand eindringt?

8.7 Ein Mann mit einer Masse von 80 kg geht mit einer Geschwindigkeit von 6 km h^{-1} auf einer schiefen Ebene bergauf, die einen Winkel von 10° mit der Horizontalen bildet. Berechnen Sie die Leistung, die er entwickelt.

8.8 Ein Auto fährt mit einer konstanten Geschwindigkeit von 45 km h^{-1} eine Straße bergauf, die um 3° geneigt ist. Die Masse des Autos beträgt 1600 kg. Welche Leistung entwickelt der Motor? Vernachlässigen Sie die Reibungskräfte.

8.9 Ein Auto, das 1000 kp wiegt und sich auf einem horizontalen Weg bewegt, erreicht eine maximale Geschwindigkeit von 30 m s^{-1}, wenn der Motor seine maximale Leistung von 50 PS entwickelt. Berechnen Sie die maximale Geschwindigkeit des Autos, wenn es einen Berg hoch fährt, dessen Neigung 5% ist. Nehmen Sie den Widerstand der Luft als null an.

8.10 (a) Welche konstante Kraft muß der Motor eines Autos ausüben, dessen Masse 1500 kg ist, um die Geschwindigkeit des Autos in 8 s von 4,0 km h^{-1} auf 40 km $^{-1}$ zu erhöhen? (b) Bestimmen Sie die Änderung des Impulses und der kinetischen Energie. (c) Bestimmen Sie den empfangenen Kraftstoß und die Arbeit, die von der Kraft geleistet wird. (d) Berechnen Sie die durchschnittliche Leistung des Motors.

8.11 Ein kleiner Stahlball mit einer Masse von 1 kg ist am Ende eines 1 m langen Drahtes befestigt, der in einem senkrechten Kreis mit einer konstanten Winkelgeschwindigkeit von 120 rad s^{-1} um das andere Ende kreist. Berechnen Sie die kinetische Energie. Wie groß ist die Änderung der kinetischen Energie und der Winkelgeschwindigkeit zwischen dem höchsten und dem niedrigsten Punkt des Kreises, wenn statt der Winkelgeschwindigkeit des Balles die Gesamtenergie konstant bleibt? Nehmen Sie den für die Winkelgeschwindigkeit gegebenen Wert für den höchsten Punkt des Kreises an.

8.12 Ein Körper der Masse m bewegt sich mit der Geschwindigkeit $\boldsymbol{V}$ relativ zu einem Beobachter O, und mit der Geschwindigkeit $\boldsymbol{V}'$ relativ zu O'. Die relative Geschwindigkeit von O und O' ist $\boldsymbol{v}$. Finden Sie die Beziehung zwischen den kinetischen Energien E_k und E_k' des Teilchens, die von O und O' gemessen werden.

8.13 Drücken Sie die kinetische Energie eines Elektrons (Masse = $9{,}109 \cdot 10^{-31}$ kg), das sich mit einer Geschwindigkeit von 10^6 m s^{-1} bewegt, in eV aus. Wiederholen sie die Aufgabe für ein Proton (Masse $= 1{,}675 \cdot 10^{-27}$ kg) der gleichen Geschwindigkeit.

8.14 Bestimmen Sie die Geschwindigkeit (a) eines Elektrons in einer Fernsehröhre, welches mit einer Energie von $4{,}5 \cdot 10^4$ eV auf den Schirm auftrifft und (b) eines Protons, welches mit einer Energie von $3 \cdot 10^5$ eV aus einem Teilchenbeschleuniger austritt.

8.15 Die Kraft, die auf einen Körper der Masse von 10 kg wirkt, ist

$$\boldsymbol{F} = \boldsymbol{u}_x (10 + 2t) \text{ N},$$

wobei t in Sekunden gegeben ist. (a) Bestimmen Sie sowohl die Änderung in seinem Impuls und in der Geschwindigkeit des Körpers nach 4 s als auch den Kraftstoß, den der Körper erfährt. (b) Wie lange sollte die Kraft auf den Körper wirken, damit ihr Kraftstoß 200 N s beträgt? Beantworten Sie beide Fragen für einen Körper, der ursprünglich ruht und für einen Körper, dessen Anfangsgeschwindigkeit $-\boldsymbol{u}_y$ (6) m s^{-1} beträgt.

8.16 Eine Masse von 20 kg bewegt sich unter dem Einfluß der Kraft

$$\boldsymbol{F} = \boldsymbol{u}_x (100t) \text{ N},$$

wobei t in Sekunden gemessen wird. Wenn zu $t = 2$

$$\boldsymbol{v} = \boldsymbol{u}_x (3) \text{ m s}^{-1}$$

gilt, bestimmen Sie (a) den Kraftstoß, den das Teilchen während des Zeitintervalls 2 s $< t <$ 10 s erfährt und (b) den Impuls der Masse zu $t = 10$ s. (c) Beweisen Sie, daß der Kraftstoß gleich der Änderung des Impulses der Masse in einem bestimmten Zeitintervall ist. (d) Bestimmen Sie die Arbeit, die an dem Teilchen geleistet wird und (e) seine kinetische Energie zur Zeit $t = 10$ s. (f) Beweisen Sie, daß die Änderung in der kinetischen Energie gleich der geleisteten Arbeit ist.

8.17 Gegeben sei $\boldsymbol{F} = [\boldsymbol{u}_x(7) - \boldsymbol{u}_y(6)]$ N. (a) Berechnen Sie die geleistete Arbeit, wenn sich das Teilchen vom Ursprung bis

$$\boldsymbol{r} = \boldsymbol{u}_x(-3) + \boldsymbol{u}_y(4) \text{ m}$$

bewegt. Muß der Weg, den das Teilchen beschreibt, spezifiziert werden? (b) Berechnen Sie die mittlere Leistung, wenn es 0,6 s braucht, um von einem Punkt zum anderen zu kommen. Drücken Sie Ihre Antwort in Watt und in Pferdestärken aus. (c) Berechnen Sie die Änderung der kinetischen Energie, wenn die Masse des Teilchens 1,0 kg beträgt.

8.18 Im vorhergehenden Beispiel ist die Kraft konservativ, da sie konstant ist. Berechnen Sie den Unterschied in der kinetischen Energie zwischen dem Ursprung und Punkt (−3, 4). Bestimmen Sie die potentielle Energie am Punkt

$$\boldsymbol{r} = \boldsymbol{u}_x(7) + \boldsymbol{u}_y(16).$$

8.19 Ein Teilchen bewegt sich unter dem Einfluß einer Anziehungskraft, die reziprok dem Quadrat des Abstands ist, $F = -k/r^2$. Seine Bahn beschreibt einen Kreis mit dem

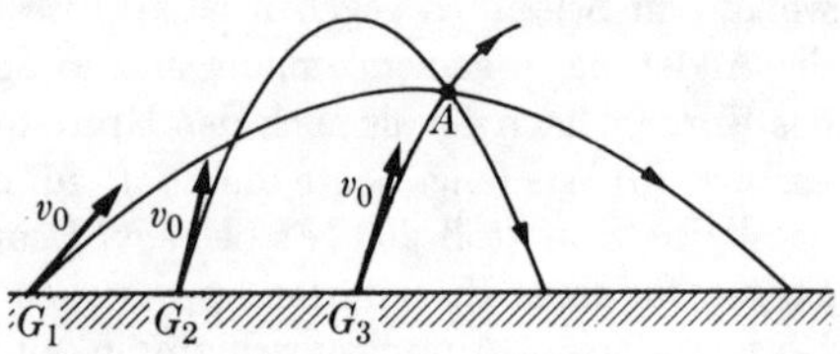

8.18

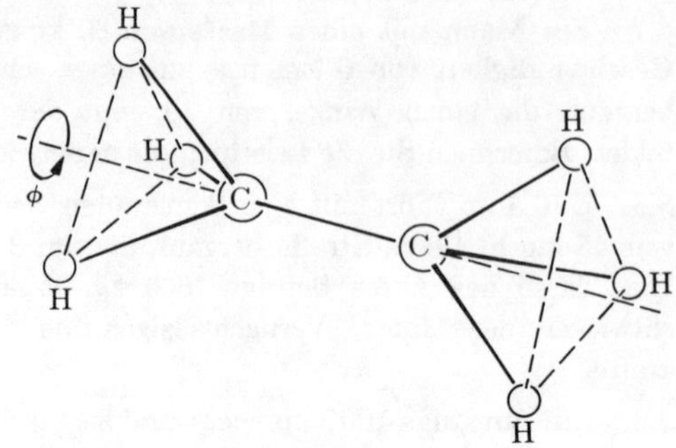

8.19

Radius r. Zeigen Sie, daß die Gesamtenergie

$$E = -k/2r,$$

ist, die Geschwindigkeit

$$v = (k/mr)^{1/2},$$

und der Drehimpuls

$$L = (mkr)^{1/2}.$$

8.20 Tragen Sie die kinetische und die potentielle Energie als Funktion (a) der Zeit und (b) der Höhe auf, wenn ein Körper aus der Ruhelage in Höhe h fällt. Beweisen Sie, daß die Werte in jedem Fall eine konstante Summe haben.

8.21 Ein Körper der Masse von 20 kg wird mit einer Anfangsgeschwindigkeit von 50 m s^{-1} senkrecht nach oben geworfen. Berechnen Sie (a) die anfänglichen E_k, E_p und E, (b) E_k und E_p nach 3 s, (c) E_k und E_p in 100 m Höhe und (d) die Höhe des Körpers, wenn E_k nur mehr 80% des Anfangswertes beträgt.

8.22 Lösen Sie Aufgabe 8.20 für den Fall, daß der Körper in einer Richtung geworfen wird, die einen Winkel von 70° mit der Horizontalen bildet.

8.23 Ein 0,40 kg schwerer Ball wird horizontal mit einer Geschwindigkeit von 6 m s^{-1} von der Spitze eines Hügels von 120m Höhe geworfen. Berechnen Sie (a) die ursprüngliche kinetische Energie des Balles, (b) seine ursprüngliche potentielle Energie, (c) seine kinetische Energie, wenn er auf dem Boden auftrifft und (d) seine Geschwindigkeit, wenn er auf dem Boden auftrifft.

8.24 Drei Gewehre feuern Kugeln mit der selben Anfangsgeschwindigkeit (Abb. 8.18) so ab, daß die Kugeln alle durch denselben Punkt A gehen (nicht notwendigerweise gleichzeitig). Zeichnen Sie die drei Geschwindigkeitsvektoren an A ein. Bestimmen Sie die Beziehung zwischen den Beträgen der Geschwindigkeiten der Kugeln an A, indem Sie Ihre Berechnungen auf Energieüberlegungen aufbauen. Schließen Sie aus Ihrer Antwort, daß Sie nur unter Verwendung der Energieerhaltung die Bewegungsrichtung bestimmen können? Warum?

8.25 Ein Körper der Masse von 0,5 kg wird aus einer Höhe von 1 m auf eine kleine senkrechte Feder fallengelassen, welche sich auf dem Boden in aufrechter Position befindet, und an die sich der Körper anheftet. Die Konstante der Feder ist $k = 2000$ N m^{-1}. Berechnen Sie die maximale Verformung der Feder.

8.26 Ein Körper mit einer Masse von 5 kg hängt an einer Feder mit der elastischen Konstanten von $2 \cdot 10^3$ N m^{-1}. Wie weit wird der Körper fallen, wenn man sich die Feder sehr langsam ausdehnen läßt? Der Körper wird losgelassen, so daß er frei fallen kann. Bestimmen Sie (a) seine Anfangsbeschleunigung und (b) seine Beschleunigung und Geschwindigkeit, wenn er eine Strecke von 0,010 m, 0,0245 m, und 0,030 m gefallen ist? Wie weit wird der Körper in diesem Fall gelangen? Verwenden Sie Energieüberlegungen, wenn möglich.

8.27 Im NH_3-Molekül sitzt das N-Atom an der Spitze eines Tetraeders, und die drei H-Atome an seiner Grundfläche (Abb. 2.3). Es ist klar, daß das Stickstoffatom zwei symmetrische stabile Gleichgewichtspositionen einnehmen kann. Zeichnen Sie schematisch eine Kurve für die potentielle Energie des N-Atoms als Funktion seines Abstands von der Grundfläche des Tetraeders und diskutieren Sie seine möglichen Bewegungen anhand seiner Gesamtenergie.

8.28 Im Äthanmolekül (C_2H_6) bilden die beiden CH_3-Gruppen Tetraeder, mit dem C-Atom an der Spitze (Abb. 8.19). Die beiden CH_3-Gruppen können relativ zueinander um die Gerade rotieren, welche die beiden C-Atome verbindet. Symmetrieüberlegungen lassen vermuten, daß es für diese Bewegung zwei Sätze von Gleichgewichtspositionen gibt. Ein Satz besteht aus stabilen Positionen, der andere aus instabilen. Bestimmen Sie die Positionen und tragen Sie die potentielle Energie als Funktion des Winkels ϕ zwischen 0 und 2π schematisch auf. Diskutieren Sie die mögliche Rotationsbewegung für verschiedene Werte der Gesamtenergie.

8.29 Ein Schlitten der Masse von 20 kg gleitet auf einem Hügel, wobei er auf einer Höhe von 20 m beginnt. Der Schlitten startet aus der Ruhelage und hat eine Geschwindigkeit von 16 m s^{-1}, wenn er das Ende des Abhangs erreicht. Berechnen Sie die Energieverluste infolge der Reibung.

8.30 Ein Ball mit der Masse von 0,5 kg, welcher mit einer Anfangsgeschwindigkeit von 20 m s^{-1} senkrecht nach oben geworfen wird, erreicht eine Höhe von 15 m. Berechnen Sie den Energieverlust infolge des Luftwiderstandes.

8.31 Ein Auto, das aus der Ruhelage startet, fährt 300 m auf einem um 1% geneigten Hang bergauf. Mit dem so erworbenen Schwung fährt es einen um 2% geneigten Hang bergauf und kommt zum Stehen. Berechnen Sie die konstante Widerstandskraft auf die Bewegung des Autos. (Wenn man annimmt, daß α und β die Anstiege der beiden Ebenen sind, ist $\tan \alpha = 0{,}01$ und $\tan \beta = 0{,}02$.)

8.32 Ein Körper der Masse m gleitet entlang einer um den Winkel α geneigten Ebene abwärts. Der Reibungskoeffizient ist f. Bestimmen Sie die zeitliche Abnahme der kinetischen und der potentiellen Energie.

8.33 Ein Körper der Masse von 8 kg ruht so auf einer horizontalen Ebene, daß er mit dem Ende einer horizontalen Feder in Berührung ist, die eine elastische Konstante von 10^3 N m^{-1} hat. Das andere Ende der Feder ist an einer vertikalen Wand befestigt. Wenn der Körper gegen die Wand verschoben wird, wird die Feder um 15 cm komprimiert. Wenn der Körper losgelassen wird, wird er durch die Wirkung der Feder horizontal weggeschoben. Die Reibungskraft zwischen dem Körper und der Ebene ist konstant und hat einen Wert von 5 N. Berechnen Sie (a) die Geschwindigkeit des Körpers zu dem Zeitpunkt, zu dem die Feder in ihre ursprüngliche Lage zurückkehrt, (b) die Strecke, die der Körper zurücklegt, bevor er zur Ruhe kommt, wenn Sie annehmen, daß die Wirkung der Feder auf den Körper aufhört, sobald er zu seiner normalen Lage zurückkehrt. Diskutieren Sie die Änderung der kinetischen Energie und der potentiellen Energie des Systems Körper—Feder während des gesamten Vorgangs.

8.34 Ein Teilchen bewegt sich unter dem Einfluß einer Kraft, die durch die folgende Potentialfunktionen beschrieben wird:

(a) $E_p(x) = ax^n$, oder (b) $E_p(y) = by^n$.

Drücken Sie für jeden Fall die Kraft in Vektorform aus.

8.35 Ein Teilchen unterliegt einer Kraft, die mit der potentiellen Energie

$$E_p(x) = 3x^2 - x^3$$

assoziiert ist. (a) Tragen Sie $E_p(x)$ auf. (b) Bestimmen Sie die Richtung der Kraft in jedem geeigneten Bereich der Variablen x. (c) Diskutieren Sie die möglichen Bewegungen des Teilchens für verschiedene Werte der Gesamtenergie. Bestimmen Sie seine Gleichgewichtslagen (stabile und instabile).

8.36 Die Wechselwirkung zwischen zwei Nukleonen kann mit einem gewissen Grad von Genauigkeit durch das *Yukawa-Potential* dargestellt werden

$$E_p(r) = -V_0(r_0/r)e^{-r/r_0},$$

wobei V_0 ungefähr 50 MeV und r_0 ungefähr $1{,}5 \cdot 10^{-15}$ m beträgt. Bestimmen Sie die Kraft zwischen den beiden Nukleonen als Funktion ihres Abstands. Bestimmen Sie den Wert für die Kraft an $r = r_0$. Schätzen Sie den Wert von r ab, an welchem die Kraft 1% ihres Wertes an $r = r_0$ beträgt.

8.37 Betrachten Sie statt der Yukawa-Wechselwirkung eine Wechselwirkung der Form

$$E_p(r) = -V_0(r_0/r),$$

und wiederholen Sie die gleichen Berechnungen wie oben. Was schließen Sie bezüglich des Effekts des Faktors e^{-r/r_0} auf die Änderung der Kraft mit dem Abstand?

Kapitel 9

SCHWINGUNGEN

9.1 EINLEITUNG

Wir werden nun zeigen, wie die Methoden, die in den vorhergehenden Kapiteln zur Analyse der Bewegung eines Teilchens entwickelt wurden, auf eine der bedeutendsten Bewegungen in der Natur angewendet werden können: die Schwingungs-(Oszillations- oder Vibrations-) bewegung. Ein Teilchen schwingt, wenn es sich periodisch um eine Gleichgewichtslage bewegt. Die Pendelbewegung ist eine Schwingungsbewegung. Ein Gewicht an einer gestreckten Feder beginnt zu schwingen, wenn es losgelassen wird. Die Atome in einem Festkörper führen eine Schwingungsbewegung aus. Ähnlich schwingen auch die Atome in einem Molekül relativ zueinander. Die Elektronen in einer Sende- oder Empfängerantenne befinden sich in rascher Schwingung. Ein Verständnis der Schwingungsbewegung ist auch für die Diskussion der Phänomene der Wellenbewegung wesentlich, die wir in Teil 3 dieses Buches behandeln werden.

Die wichtigste Schwingungsbewegung ist die *einfache harmonische Bewegung* (EHB); zusätzlich dazu, daß sie die einfachste Bewegung ist, die man mathematisch beschreiben kann, stellt sie auch eine ziemlich genaue Beschreibung vieler Schwingungsbewegungen in der Natur dar. Ein Großteil dieses Kapitels wird diese Art der Bewegung behandeln.

9.2 KINEMATIK DER EINFACHEN HARMONISCHEN BEWEGUNG

Wir sagen definitionsgemäß, daß ein Teilchen eine einfache harmonische Bewegung ausführt, wenn seine Verschiebung x relativ zum Ursprung des Koordinatensystems als Funktion der Zeit durch die Beziehung

$$x = A \sin(\omega t + \alpha) \tag{9.1}$$

gegeben ist. Die Größe $\omega t + \alpha$ nennt man die *Phase*, α ist die ursprüngliche Phase zu $t = 0$. Obwohl wir die einfache harmonische Bewegung durch eine Sinusfunktion definiert haben, kann sie ebenso gut durch eine Cosinusfunktion ausgedrückt werden, wobei der einzige Unterschied ein anfänglicher Phasenunterschied von $\pi/2$ ist. Da die Sinus- (oder Cosinus-) funktion zwischen einem Wert von -1 und $+1$ variieren kann, variiert die Verschiebung des Teilchens zwischen $x = -A$ und $x = +A$. Die maximale Entfernung vom Ursprung, A, nennt man die *Amplitude* der einfachen harmonischen Bewegung. Die Sinusfunktion wiederholt sich wenn der Winkel ωt um 2π zunimmt. Die Verschiebung des Teilchens wiederholt sich daher nach einem Zeitintervall von $2\pi/\omega$. Die einfache harmonische Bewegung ist daher periodisch, ihre Periode ist

$$P = \frac{2\pi}{\omega}.$$

Die Frequenz ν einer einfachen harmonischen Bewegung ist gleich der Zahl kompletter Schwingungen pro Zeiteinheit. Daher ist

$$\nu = \frac{1}{P}.$$

Die Größe ω, die man als Kreisfrequenz des schwingenden Teilchens bezeichnet, ist mit der Frequenz über eine Beziehung verknüpft, die ähnlich (5.36) für die Kreisbewegung ist, nämlich

$$\omega = \frac{2\pi}{P} = 2\pi\nu. \tag{9.2}$$

Die Geschwindigkeit des Teilchens ist

$$v = \frac{dx}{dt} = \omega A \cos(\omega t + \alpha). \tag{9.3}$$

Ähnlich ist die Beschleunigung durch

$$a = \frac{dv}{dt} = -\omega^2 A \sin(\omega t + \alpha) = -\omega^2 x \tag{9.4}$$

gegeben, d.h.,

---

bei der einfachen harmonischen Bewegung ist die Beschleunigung proportional und entgegengesetzt zur Verschiebung.

In Abb. 9.1 haben wir x, v und a als Funktion der Zeit aufgetragen.

Rotierende Vektoren Die Verschiebung eines Teilchens, das sich in einer EHB bewegt, kann auch als die X-Komponente des Vektors $\overrightarrow{OP'}$ betrachtet werden, mit $OP' = A$, der mit der Winkelgeschwindigkeit ω gegen

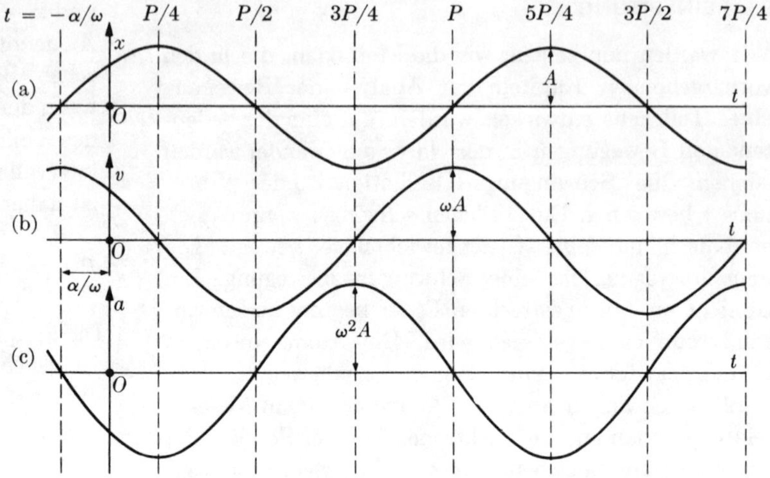

9.1 Graphische Darstellung der Verschiebung, Geschwindigkeit und Beschleunigung gegen die Zeit bei der EHB.

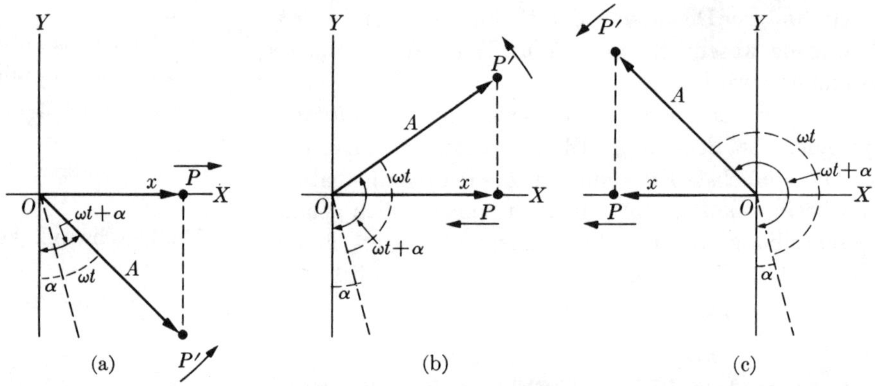

9.2 Rotierender Vektor für die Verschiebung bei der EHB.

den Uhrzeigersinn um O rotiert und (in jedem Augenblick) mit der negativen Y-Achse einen Winkel $\omega t + \alpha$ bildet. In Abb. 9.2 haben wir den Vektor $\overrightarrow{OP'}$ in verschiedenen Positionen dargestellt. Der Student sollte überprüfen, daß zu jedem beliebigen Zeitpunkt die X-Komponente von $\overrightarrow{OP'}$ durch $x = OP = OP' \sin(\omega t + \alpha)$ gegeben ist.

Die Geschwindigkeit und die Beschleunigung des Teilchens können auch durch die rotierenden Vektoren $\overrightarrow{OV'}$ und $\overrightarrow{OA'}$ dargestellt werden, welche die entsprechenden Längen ωA und $\omega^2 A$ und Komponenten entlang der X-Achse haben, die die Geschwindigkeit v und die Beschleunigung a des Teilchens geben, das sich in EHB befindet. Die relative Orientierung dieser rotierenden Vektoren ist in Abb. 9.3 dargestellt. Man sieht, daß OV' um $\pi/2$ und OA' um π relativ zum rotierenden Vektor $\overrightarrow{OP'}$ vorverlegt sind. Der Grund für dieses Vorweglaufen ist, daß (9.3) und (9.4) auch in der Form

$$v = \omega A \sin\left(\omega t + \alpha + \frac{\pi}{2}\right), a = \omega^2 A \sin(\omega t + \alpha + \pi)$$

geschrieben werden kann, was zeigt, daß v und a sich in ihrer Phase von x durch die Größen $\pi/2$ und π unterscheiden.

Beispiel 9.1 *Beziehung zwischen der einfachen harmonischen Bewegung und der gleichförmigen Kreisbewegung.* Wir wollen ein Teilchen Q betrachten (Abb. 9.4), das sich mit konstanter Winkelgeschwindigkeit auf einem Kreis vom Radius A bewegt. Die Projektion von Q auf den Durchmesser BC ist P. Aus der Abbildung wird klar, daß sich die Projek-

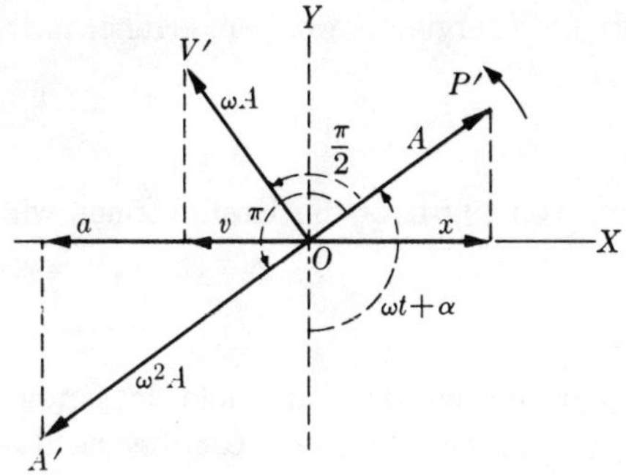

9.3 Rotierender Vektor für Verschiebung, Geschwindigkeit und Beschleunigung bei der EHB.

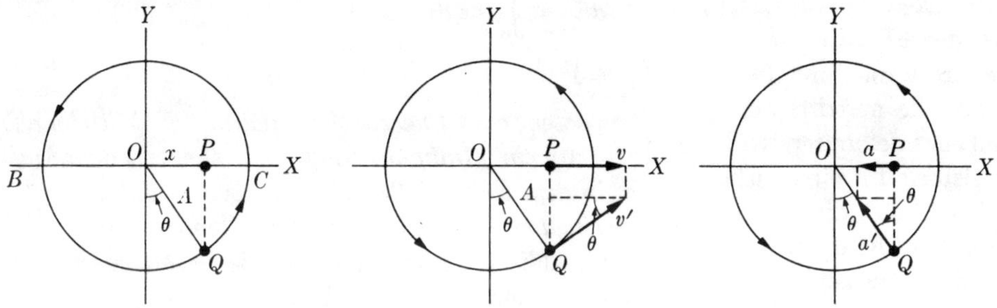

9.4 Beziehung zwischen EHB und gleichförmiger Kreisbewegung.

tion P in dem Maß, in dem Q sich um den Kreis bewegt, zwischen B und C nach vorwärts und rückwärts bewegt (oszilliert). Wenn der Winkel, den der Radius OQ mit der $-Y$-Achse bildet $\theta = \omega t$ ist, erhalten wir

$$OP = OQ \sin \theta \qquad \text{oder} \qquad x = A \sin \omega t.$$

Das zeigt, daß P sich in EHB befindet (wir haben eine ursprüngliche Phase von null gewählt). Das heißt, *wenn ein Teilchen sich in gleichförmiger Kreisbewegung befindet, bewegt sich die Projektion auf den Durchmesser in EHB.* Diese kinematische Bewegung ist für den Entwurf bestimmter Mechanismen sehr nützlich.

Die Geschwindigkeit von Q ist senkrecht zu OQ und hat daher nach (5.33) den Betrag $v' = \omega A$. Die Komponente von v' längs der X-Achse ist

$$v = v' \cos \theta \qquad \text{oder} \qquad v = \omega A \cos \omega t,$$

was auch die Geschwindigkeit von P ist. Die Beschleunigung von Q ist zentripetal und hat nach (5.43) den Betrag $a' = \omega^2 A$. Die Komponente von a' längs der X-Achse ist

$$a = -a' \sin \theta \qquad \text{oder} \qquad a = -\omega^2 A \sin \omega t,$$

was wieder gleich der Beschleunigung von P ist. Die Geschwindigkeit und die Beschleunigung der Projektion P sind daher gleich den Komponenten der Geschwindigkeit und der Beschleunigung von Q längs des Durchmessers BC.

Die Ergebnisse, die wir in diesem Beispiel erhielten, bleiben auch dann gültig, wenn die ursprüngliche Phase nicht null ist.

9.3 KRAFT UND ENERGIE BEI DER EINFACHEN HARMONISCHEN BEWEGUNG

Wenn wir die Bewegungsgleichung $F = ma$ anwenden und (9.4) einsetzen, erhalten wir

$$a = -\omega^2 x,$$

was die Beschleunigung gibt. Wir können nun die Kraft berechnen, die auf ein Teilchen der Masse m wirken muß, damit es in einfacher harmonischer Bewegung schwingt. Das ergibt

$$F = -m\omega^2 x = -kx, \tag{9.5}$$

wobei wir

$$k = m\omega^2 \qquad \text{oder} \qquad \omega = \sqrt{k/m} \tag{9.6}$$

gesetzt haben. Das zeigt:

bei der einfachen harmonischen Bewegung ist die Kraft proportional und entgegengesetzt der Verschiebung.

Das heißt, wenn die Verschiebung nach rechts erfolgt, weist die Kraft nach links, und wenn die Verschiebung nach links erfolgt, weist die Kraft nach rechts. Die Kraft weist daher immer auf den Ursprung O hin. Dies ist der Gleichgewichtspunkt, da am Ursprung, wegen $x = 0$, $F = 0$ gilt. Wir können auch sagen, daß die Kraft F eine Anziehung ausübt, wobei der Mittelpunkt der Anziehung der Punkt O ist. Die Kraft, die durch (9.5) gegeben ist, ist die Art der Kraft, die auftritt, wenn ein elastischer Körper, z.B. eine Feder deformiert wird. In Kapitel 8 haben wir einige Beispiele für eine solche Kraft gegeben. Die Konstante $k = m\omega^2$, die manchmal als *elastische* Konstante bezeichnet wird, stellt die Kraft dar, die notwendig ist, um das Teilchen um eine Längeneinheit zu verschieben. Kombinieren wir (9.2) mit (9.6), so können wir schreiben:

$$P = 2\pi\sqrt{\frac{m}{k}}, \qquad \nu = \frac{1}{2\pi}\sqrt{\frac{k}{m}}, \tag{9.7}$$

was die Periode und die Frequenz einer einfachen harmonischen Bewegung durch die Masse des Teilchens und die elastische Konstante der ausgübten Kraft ausdrückt. Die kinetische Energie des Teilchens ist

$$E_k = \tfrac{1}{2}mv^2 = \tfrac{1}{2}m\omega^2 A^2 \cos^2(\omega t + \alpha), \tag{9.8}$$

oder, da

$$\cos^2\theta = 1 - \sin^2\theta,$$

und unter Verwendung von (9.1) für die Verschiebung

$$x = A \sin(\omega t + \alpha),$$

können wir die kinetische Energie auch durch

$$E_k = \tfrac{1}{2}m\omega^2 A^2[1 - \sin^2(\omega t + \alpha)] \qquad \text{oder}$$

$$E_k = \tfrac{1}{2}m\omega^2(A^2 - x^2) \tag{9.9}$$

ausdrücken. Wir sehen, daß die *kinetische Energie im Mittelpunkt* ($x = 0$) *ein Maximum hat und an den äußersten Punkten der Schwingung null ist* ($x = \pm A$).

Um die potentielle Energie zu erhalten, erinnern wir uns an (8.22)

$$F = -dE_p/dx.$$

Unter Verwendung von (9.5) für die Kraft können wir schreiben

$$dE_p/dx = kx.$$

Durch Integration (wobei wir den Nullpunkt der potentiellen Energie in den Ursprung oder die Gleichgewichtslage verlegen) erhalten wir

$$\int_0^{E_p} dE_p = \int_0^x kx\,dx \qquad \text{oder}$$

$$E_p = \tfrac{1}{2}kx^2 = \tfrac{1}{2}m\omega^2x^2. \tag{9.10}$$

Die *potentielle Energie hat daher im Mittelpunkt* ($x = 0$) *ein Minimum (null) und steigt in dem Maß an, in dem sich das Teilchen den beiden Extremen der Schwingung* ($x = \pm A$) *nähert*. Wenn wir (9.9) und (9.10) addieren, erhalten wir für die Gesamtenergie der einfachen harmonischen Schwingung

$$E = E_k + E_p = \tfrac{1}{2}m\omega^2A^2 = \tfrac{1}{2}k\,A^2, \tag{9.11}$$

was eine konstante Größe ist. Das war zu erwarten, da die Kraft konservativ ist. Wir können daher sagen, daß während einer Schwingung ein ständiger Austausch von kinetischer und potentieller Energie stattfindet. Bei der Entfernung aus der Gleichgewichtslage nimmt die potentielle Energie auf Kosten der kinetischen Energie zu. Das Gegenteil tritt ein, wenn das Teilchen sich auf die Gleichgewichtslage zu bewegt.

Abbildung 9.5 zeigt die potentielle Energie

$$E_p = \tfrac{1}{2}kx^2,$$

dargestellt durch eine Parabel. Für eine bestimmte Gesamtenergie E, die durch die horizontale Linie dargestellt ist, sind die Grenzen der Schwingung durch die Schnittpunkte dieser Linie mit der Kurve für die potentielle Energie gegeben, wie in Abschnitt 8.10 erklärt. Da die Parabel E_p symmetrisch ist, befinden sich die Grenzen der Schwingung im gleichen Abstand $\pm A$ von O. An jedem beliebigen Punkt x ist die kinetische Energie E_k durch den Abstand zwischen der Kurve $E_p(x)$ und der Linie E gegeben.

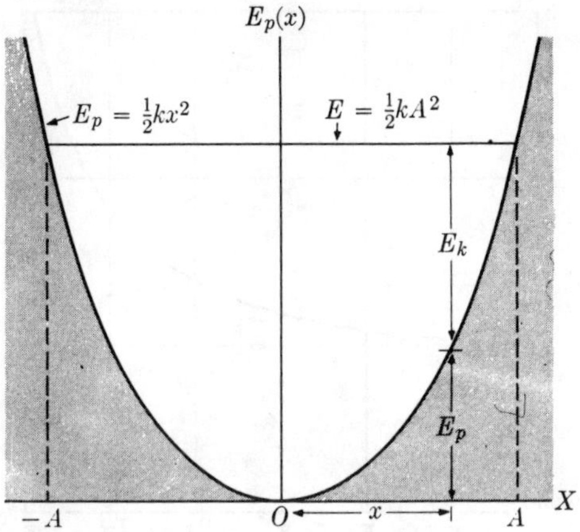

9.5 Energiebeziehungen bei der EHB.

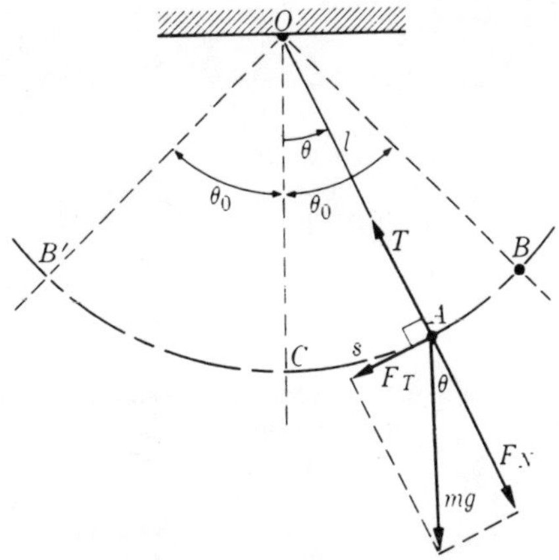

9.6 Schwingungsbewegung eines Pendels.

9.4 GRUNDGLEICHUNG DER EINFACHEN HARMONISCHEN BEWEGUNG

In Abschnitt 9.2 haben wir die einfache harmonische Bewegung mittels ihrer kinematischen Eigenschaften definiert, wie in (9.1) dargestellt. Wir werden später die Art der Kraft diskutieren, die notwendig ist, um eine solche Bewegung hervorzurufen.
Das heißt, wenn eine der Verschiebung proportionale Anziehungskraft gegeben ist,

$$F = -kx,$$

resultiert eine einfache harmonische Bewegung.

Aus der Bewegungsgleichung $F = ma$, wobei $F = -kx$, können wir in Erinnerung daran, daß bei der geradlinigen Bewegung $a = d^2x/dt^2$ gilt, die Gleichung

$$m\frac{d^2x}{dt^2} = -kx \qquad \text{oder} \qquad m\frac{d^2x}{dt^2} + kx = 0$$

schreiben. Wenn wir $\omega^2 = k/m$ setzen, erhalten wir

$$\frac{d^2x}{dt^2} + \omega^2 x = 0 \qquad \text{(Grundgleichung der EHB)} \qquad (9.12)$$

Von dieser Art von Gleichung weiß man, daß ihre Lösungen Sinus- oder Consinusfunktionen von ωt sind. Wenn wir den Wert $x = A \sin(\omega t + \alpha)$ einsetzen, können wir unmittelbar beweisen, daß dieser Ausdruck für x, der der einfachen harmonischen Bewegung entspricht, (9.12) erfüllt. Wir können daher sagen, daß

$$x = A \sin(\omega t + \alpha)$$

die allgemeine Lösung von (9.12) ist, da sie zwei willkürliche Konstanten enthält, die Amplitude A und die ursprüngliche Phase α. Wir sagen daher, daß (9.12) die Grundgleichung der einfachen harmonischen Bewegung ist.

Wir betonen hier, daß (9.12) in vielen verschiedenen physikalischen Situationen auftaucht. Wenn man dieser Gleichung begegnet, zeigt sie an, daß das zugehörige Phänomen entsprechend dem Gesetz

$$x = A \sin(\omega t + \alpha)$$

oszilliert, ob nun x eine lineare oder eine Winkelverschiebung eines Teilchens darstellt, einen Strom in einem elektrischen Stromkreis, die Ionenkonzentration in einem Plasma, die Temperatur eines Körpers oder irgendeine andere physikalische Größe.

9.5 DAS MATHEMATISCHE PENDEL

Ein Beispiel für eine einfache harmonische Bewegung ist die Pendelbewegung. Ein einfaches (mathematisches) Pendel ist als Teilchen der Masse m definiert, das in einem Punkt O an einem Faden der Länge l aufgehängt ist, dessen Masse vernachlässigbar ist (Abb. 9.6). Wenn das Teilchen in eine Position B verschoben wird, so daß der Faden mit der Senkrechten OC einen

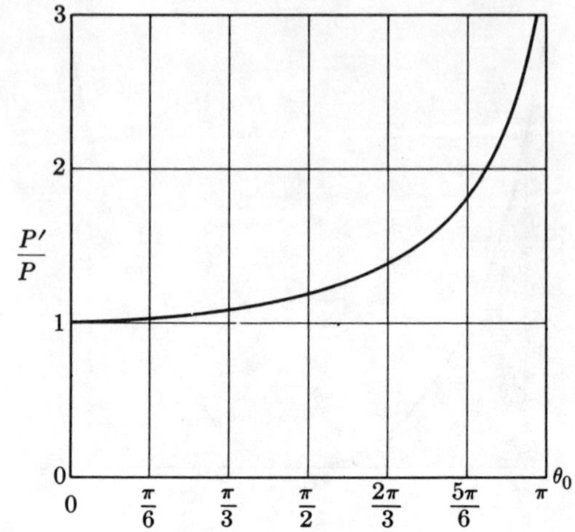

9.7 Änderung der Periode eines Pendels mit der Amplitude.

Winkel bildet, und dann losgelassen wird, wird das Pendel zwischen B und der symmetrischen Position B' hin und her schwingen. Obwohl die Bewegung eine Schwingung mit der Amplitude θ_0 darstellt, ist sie keine EHB, außer die Schwingungsamplitude sei sehr klein. In diesem Fall ist die Schwingungsperiode durch

$$P = 2\pi\sqrt{\frac{l}{g}} \tag{9.13}$$

gegeben.

Man beachte, daß die Periode unabhängig von der Masse des Pendels ist. Für größere Amplituden hängt die Periode von der Amplitude θ_0 ab.

Die Änderung der Periode P′ mit der Amplitude θ_0, ausgedrückt durch die Periode $P = 2\pi\sqrt{l/g}$, entsprechend sehr kleinen Amplituden, ist in Abb. 9.7 dargestellt. Man sieht, daß sich die Periode P' wirklich nur für sehr große Amplituden nennenswert von P unterscheidet. Für genügend kleine Amplituden genügt es, den Ausdruck

$$P' = 2\pi\sqrt{\frac{l}{g}}(1 + \tfrac{1}{16}\theta_0^2) \tag{9.14}$$

zu verwenden, wobei die Amplitude θ_0 in Radiant ausgedrückt werden muß. Der Ausdruck ist eine hinreichende Näherung für die meisten praktischen Situationen. In der Tat beträgt der Korrekturfaktor $\theta_0^2/16$ für Amplituden, die kleiner als 23° sind, weniger als 1%,

Es gibt eine besondere Anordnung, bei der die Periode eines Pendels unabhängig von der Amplitude ist. Man nennt sie ein *Zykloidenpendel*. Eine Zykloide ist eine Kurve, die durch den Punkt am Rand einer Scheibe, welche in einer Ebene rollt, beschrieben wird (siehe Abb. 9.8). Wenn wir in einer vertikalen Ebene einen Weg von der Gestalt einer Zykloide bauen und eine Masse m unter der Einwirkung der Schwerkraft in dieser Ebene hin-und zurückgleiten lassen, wird die Amplitude der Bewegung von dem Punkt abhängig sein, an dem das Teilchen losgelassen wird. Die Periode wird jedoch immer

$$P = 4\pi\sqrt{a/g}$$

sein, wobei a der Radius des Kreises ist, der die Zykloide hervorruft.

Eine praktische Methode zur Konstruktion eines Zykloidenpendels ist in Abb. 9.9 dargestellt, wo C_1 und C_2 zwei zykloidale Wangen sind. Anhand geometrischer Überlegungen kann man beweisen, daß das Gewicht eines Pendels, das zwischen den beiden Wangen aufgehängt ist, ebenfalls eine Zykloide beschreibt und daß daher die Schwingungsperiode ebenfalls unabhängig von der Amplitude ist.

Beweis von (9.13) Um die Natur der Schwingung eines Pendels zu bestimmen, müssen wir die Bewegungsgleichung des Teilchens anschreiben. Das Teilchen bewegt sich auf einem Kreisbogen vom Radius $l = OA$ (siehe Abb. 9.6). Die auf das Teilchen wirkenden Kräfte sind sein Gewicht mg und

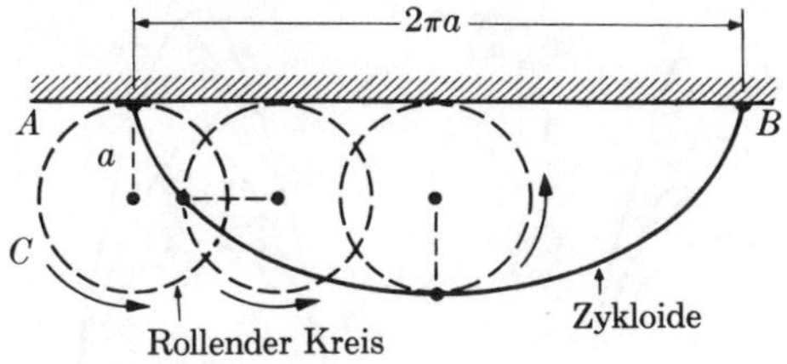

9.8 Definition der Zykloide.

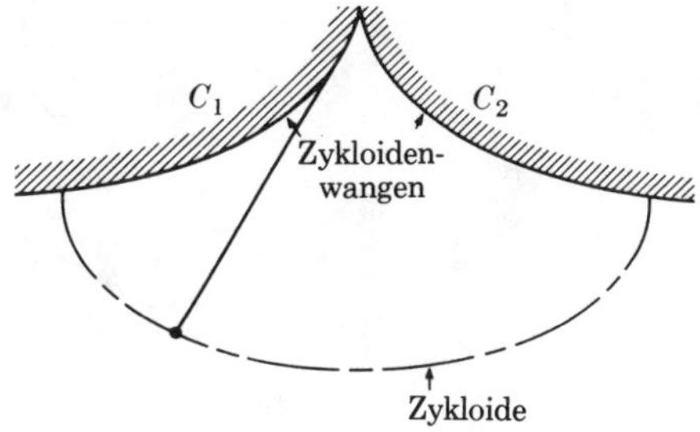

9.9 Zykloidenpendel

die Spannung T im Faden. Aus der Abbildung entnehmen wir, daß die Tangentialkomponente der resultierenden Kraft

$$F_T = -mg \sin \theta$$

ist, wobei das Minuszeichen deshalb erscheint, weil die Kraft entgegengesetzt der Verschiebung $s = CA$ ist. Die Gleichung für die Tangentialbewegung lautet

$$F_T = ma_T.$$

Da sich das Teilchen längs eines Kreises vom Radius l bewegt, können wir (5.44) anwenden, $a_T = R\alpha = R\, d^2\theta/dt^2$, wobei R durch l ersetzt ist, um die Tangentialbeschleunigung auszudrücken. Das heißt

$$a_T = l\,\frac{d^2\theta}{dt^2}\,. \tag{9.15}$$

Die Gleichung für die Tangentialbewegung ist daher

$$ml\,\frac{d^2\theta}{dt^2} = -mg \sin \theta \qquad \text{oder}$$

$$\frac{d^2\theta}{dt^2} + \frac{g}{t} \sin \theta = 0.$$

Diese Gleichung ist wegen $\sin \theta$ anstelle von θ nicht vom gleichen Typ wie (9.12). Wenn der Winkel θ jedoch klein ist, was für kleine Schwingungsamplituden zutrifft, können wir in (9.15) für die Pendelbewegung $\sin \theta \sim \theta$ schreiben, wodurch sie zu

$$\frac{d^2\theta}{dt^2} + \frac{g}{l}\theta = 0 \tag{9.16}$$

wird. Diese Gleichung ist identisch mit (9.12), außer daß x durch θ ersetzt ist, da es sich um eine Kreisbewegung handelt. Wir können daher schließen, daß die Kreisbewegung innerhalb unserer Näherung eine einfache harmonische Bewegung mit $\omega^2 = g/l$ ist. Der Winkel θ kann daher in der Form

$$\theta = \theta_0 \sin(\omega t + \alpha)$$

ausgedrückt werden. Mit (9.2) können wir dann die Schwingungsperiode durch

$$P = 2\pi \sqrt{\frac{l}{g}}$$

ausdrücken, was (9.13) ergibt. Für große Amplituden gilt die Näherung $\sin \theta \sim \theta$ nicht mehr und die Berechnung der Periode ist komplizierter, was zu (9.14) führt.

9.6 ÜBERLAGERUNG ZWEIER EHB: GLEICHE RICHTUNG, GLEICHE FREQUENZ.

Wir werden nun die Überlagerung oder *Interferenz* zweier einfacher harmonischer Bewegungen betrachten, die zu einer Verschiebung eines Teilchens längs der selben Linie führt. Wir wollen zuerst den Fall besprechen, in dem beide die gleiche Frequenz haben. Die Verschiebung des Teilchens, die durch jede der einfachen harmonischen Bewegungen hervorgerufen wird, ist durch

$$x_1 = OP_1 = A_1 \sin \omega t,$$
$$x_2 = OP_2 = A_2 \sin(\omega t + \delta)$$

gegeben. Beim Anschreiben dieser Gleichung haben wir angenommen, daß die ursprüngliche Phase von x_1 null ist, und die von x_2 gleich δ. Das kann durch geeignete Wahl des Zeitnullpunktes immer erreicht werden. Die Größe δ nennt man den *Phasenunterschied*.

Die resultierende Verschiebung des Teilchens ist durch

$$x = OP = x_1 + x_2 = A_1 \sin \omega t + A_2 \sin(\omega t + \delta)$$

gegeben.

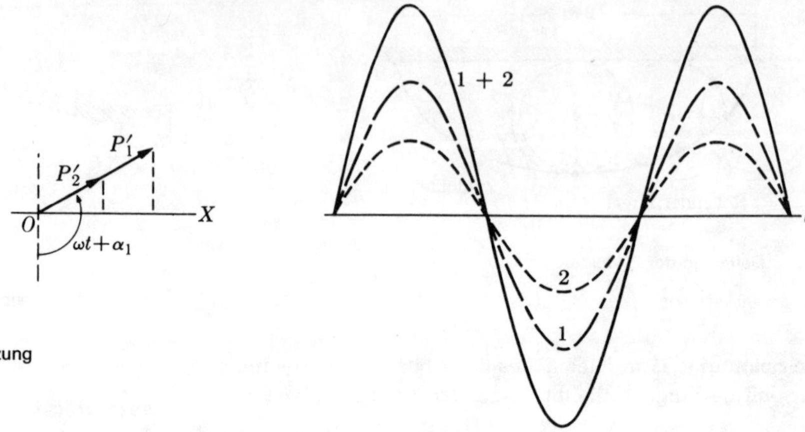

9.10 Zusammensetzung zweier EHB in Phase.

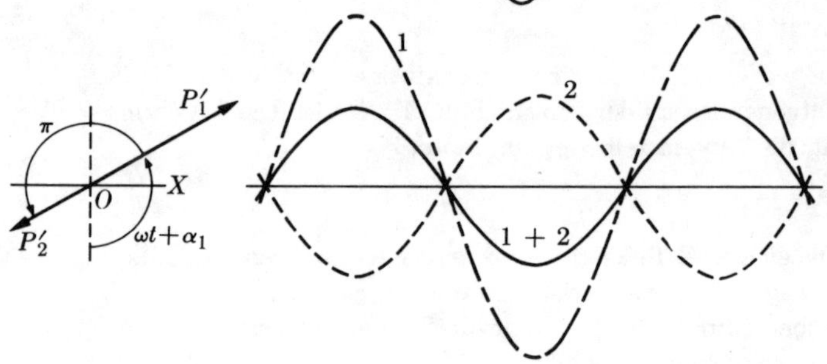

9.11 Zusammensetzung zweier entgegengesetzter EHB.

Wir wollen zuerst zwei wichtige Spezialfälle betrachten. Wenn $\delta = 0$, sagen wir, daß die beiden Bewegungen in *Phase* sind. Die resultierende Bewegung ist dann

$$x = A_1 \sin \omega t + A_2 \sin \omega t = (A_1 + A_2) \sin \omega t, \qquad (9.17)$$

was zeigt, daß die resultierende Bewegung ebenfalls eine EHB mit der gleichen Kreisfrequenz und einer Amplitude ist, die gleich der *Summe* der Amplituden der beiden Bewegungen ist, d.h.,

$$A = A_1 + A_2.$$

Die graphische Darstellung der beiden Bewegungen und ihrer Resultierenden wurde in Abb. 9.10 gezeigt. Auf der linken Seite der Abbildung erscheinen die beiden rotierenden Vektoren OP'_1 und OP'_2, die den beiden Bewegungen entsprechen. Offensichtlich ist der rotierende Vektor, der der resultierenden Bewegung entspricht, die Summe aus OP'_1 und OP'_2. Das heißt,

$$OP' = OP'_1 + OP'_2.$$

Wenn $\delta = \pi$, erhalten wir

$$x_2 = A_2 \sin(\omega t + \pi) = -A_2 \sin \omega t.$$

Die resultierende Bewegung ist dann

$$x = A_1 \sin \omega t - A_2 \sin \omega t = (A_1 - A_2) \sin \omega t, \qquad (9.18)$$

was zeigt, daß die resultiende Bewegung eine EHB mit der gleichen Kreisfrequenz und einer Amplitude ist, die der *Differenz* der beiden Bewegungen entspricht. Es gilt also

$$A = A_1 - A_2.$$

Wir sagen daher, daß die beiden Bewegungen entgegengesetzt zueinander sind. In Abb. 9.11 zeigen wir die verschiedenen soeben betrachteten Bewegungen und ihre rotierenden Vektoren für $\delta = \pi$.

Im allgemeinen Fall, in dem der Phasenunterschied willkürlich gewählt ist, ist die resultierende Bewegung ebenfalls eine EHB mit der Kreisfrequenz ω und einer Amplitude, die durch

$$A = \sqrt{A_1^2 + A_2^2 + 2A_1A_2 \cos \delta}. \qquad (9.19)$$

gegeben ist.
Das kann man leicht verstehen, wenn man Abb. 9.12 betrachtet, wo die rotierenden Vektoren OP'_1 und

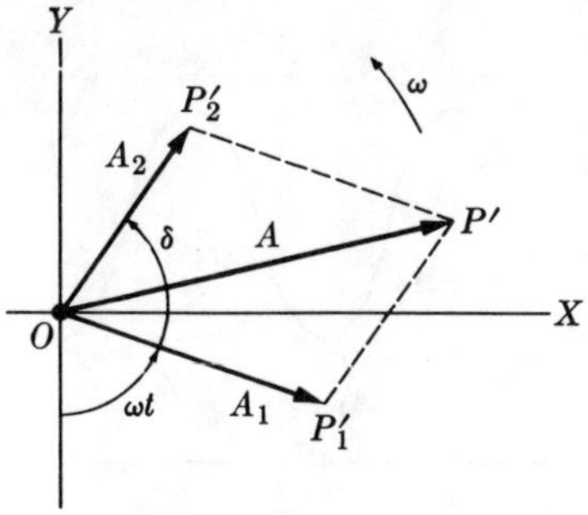

9.12 Zusammensetzung zweier EHB, die die gleiche Frequenz und einen Phasenunterschied von δ haben.

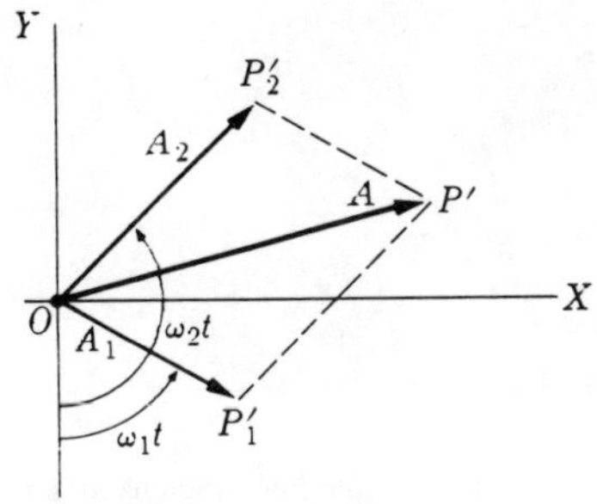

9.13 Zusammensetzung zweier EHB verschiedener Frequenz.

OP_2', entsprechend x_1 und x_2, eingezeichnet sind. Man kann sehen, daß OP_1' und OP_2' einen festen Winkel δ bilden. Ihre Resultierende OP' ist der rotierende Vektor, der x entspricht. Der Betrag von OP' ist festgelegt und durch (9.19) gegeben. Man beachte, daß wir die obigen Ergebnisse erhalten, wenn wir in (9.19)

$\delta = 0$ oder $\delta = \pi$ setzen.

Beispiel 9.2 Ein Teilchen unterliegt gleichzeitig zwei einfachen harmonischen Bewegungen der gleichen Frequenz und Richtung. Ihre Gleichungen sind

$$x_1 = 10 \sin 2t \qquad \text{und} \qquad x_2 = 6 \sin (2t + 5\pi/12).$$

Bestimmen Sie die resultierende Bewegung.

Lösung: Der Phasenunterschied ist $\delta = 5\pi/12$. Da die Amplituden

$$A_1 = 10 \qquad \text{und} \qquad A_2 = 6$$

sind, ist die resultierende Amplitude

$$A = \sqrt{10^2 + 6^2 + 2(10)(6)\cos(5\pi/12)} = 12{,}92.$$

Die Gleichung, die die resultierende Bewegung ausdrückt, ist dann

$$x = 12{,}92 \sin (2t + \alpha),$$

wobei α der Phasenunterschied zwischen x und x_1 darstellt. Um α zu bestimmen, sehen wir, daß zu $t = 0$

$$x_{t=0} = 12{,}92 \sin \alpha$$

ist. Außerdem ist

$$x_{t=0} = (x_1 + x_2)_{t=0} = 0 + 6 \sin (5\pi/12) = 5{,}796.$$

Daher ist

$$\sin \alpha = \frac{5{,}796}{12{,}92} = 0{,}4486 \qquad \text{oder} \qquad \alpha = 26{,}5° =$$

$1{,}47\,\pi$ rad.

Daraus folgt:

$$x = 12{,}92 \sin (2t + 1{,}47\pi).$$

9.7 ÜBERLAGERUNG ZWEIER EHB: GLEICHE RICHTUNG, VERSCHIEDENE FREQUENZ

Der Fall, in dem zwei interferierende einfache harmonische Bewegungen in gleicher Richtung verschiedene Frequenzen haben, ist ebenfalls von Bedeutung. Betrachten Sie z.B. der Einfachheit halber den Fall, in dem die Bewegungen durch die Gleichungen

$$x_1 = A_1 \sin \omega_1 t \qquad \text{und} \qquad x_2 = A_2 \sin \omega_2 t$$

beschrieben werden.

Der Winkel zwischen den rotierenden Vektoren OP_2' und OP_1' ist nach Abb. 9.13 nun

$$\omega_1 t - \omega_2 t = (\omega_1 - \omega_2)t,$$

und ist nicht konstant. Der resultierende Vektor OP' hat daher keine konstante Länge und rotiert nicht mit konstanter Winkelgeschwindigkeit. Als Folge davon ist die resultierende Bewegung,

$$x = x_1 + x_2,$$

keine einfache harmonische Bewegung. Wie wir jedoch aus Abb. 9.13 entnehmen, ist die Amplitude der Bewe-

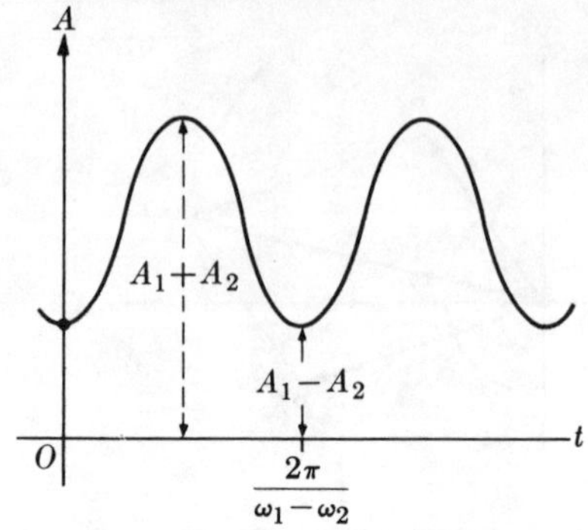

9.14 Amplitudenschwankungen oder Schwebungen.

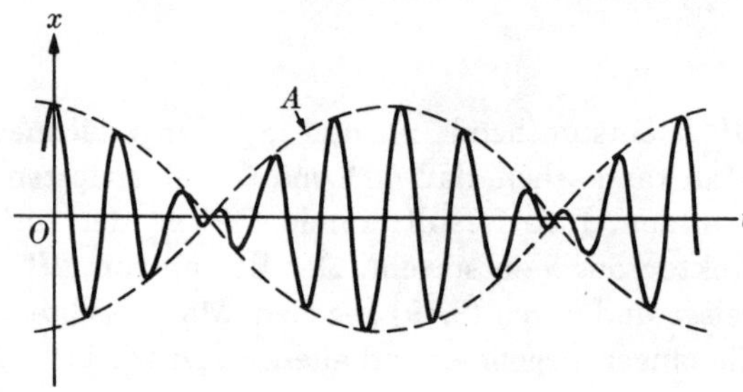

9.15 Schwebungen, wenn die beiden Amplituden gleich sind.

gung

$$A = \sqrt{A_1^2 + A_2^2 + 2A_1A_2 \cos(\omega_1 - \omega_2)t}, \tag{9.20}$$

und «oszilliert» zwischen den Werten

$$A = A_1 + A_2, \qquad \text{wenn } (\omega_1 - \omega_2)t = 2n\pi,$$

$$\text{und } A = |A_1 - A_2|, \qquad \text{wenn } (\omega_1 - \omega_2)t = 2n\pi + \pi.$$

Man sagt dann, daß die Amplitude *moduliert* ist. Die Frequenz der Amplitudenschwingung wird durch

$$\nu = (\omega_1 - \omega_2)/2\pi = \nu_1 - \nu_2 \tag{9.21}$$

ausgedrückt und ist daher gleich der Differenz zwischen den Frequenzen der beiden interferierenden Bewegungen. Abbildung 9.14 zeigt die Änderung von A mit t.

Die beschriebene Situation tritt z.B. dann ein, wenn zwei Stimmgabeln ähnlicher, aber unterschiedlicher Frequenz in räumlicher Nähe schwingen. Ein Zuhörer beobachtet eine Schwankung der Tonintensität, die man als *Schwebung* bezeichnet, und die auf die Änderung in der Amplitude zurückzuführen ist.

Eine interessante Situation tritt dann ein, wenn $A_1 = A_2$, d.h., wenn die beiden Amplituden gleich sind. Dann ergibt (9.20)

$$A = A_1\sqrt{2[1 + \cos(\omega_1 - \omega_2)t]}.$$

Wenn wir uns daran erinnern, daß $1 + \cos\theta = 2\cos^2 \frac{1}{2}\theta$ erhalten wir eine Amplitude von

$$A = 2A_1 \cos \tfrac{1}{2}(\omega_1 - \omega_2)t, \tag{9.22}$$

welche zwischen null und $2A_1$ oszilliert. Die Kurve von x gegen t ist in Abb. 9.15 dargestellt, in der die gestrichelten Linien die Modulation der Amplitude anzeigen.

9.8 ÜBERLAGERUNG ZWEIER EBH: SENKRECHTE RICHTUNGEN

Wir wollen nun den Fall betrachten, in dem ein Teilchen sich so in einer Ebene bewegt, daß seine Koordinaten x und y in einfacher harmonischer Bewegung oszillieren. Wir untersuchen zuerst den Fall, in dem die beiden Bewegungen die gleiche Frequenz haben. Die Bewegung längs der X-Achse ist durch die Gleichung

$$x = A \sin \omega t, \tag{9.23}$$

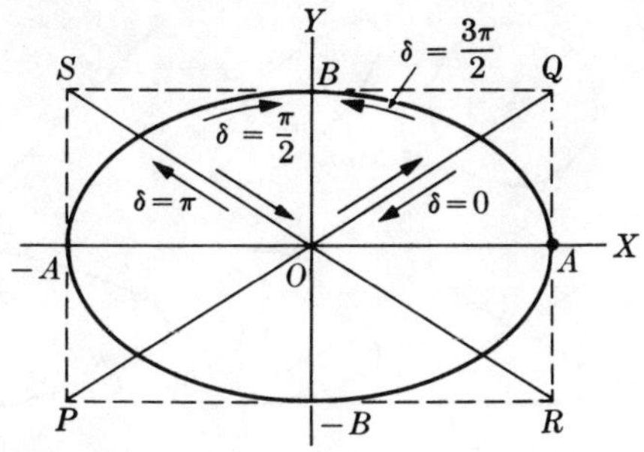

9.16 Zusammensetzung zweier EHB gleicher Frequenz, die senkrecht zueinander gerichtet sind. Die Bahn hängt vom Phasenunterschied ab.

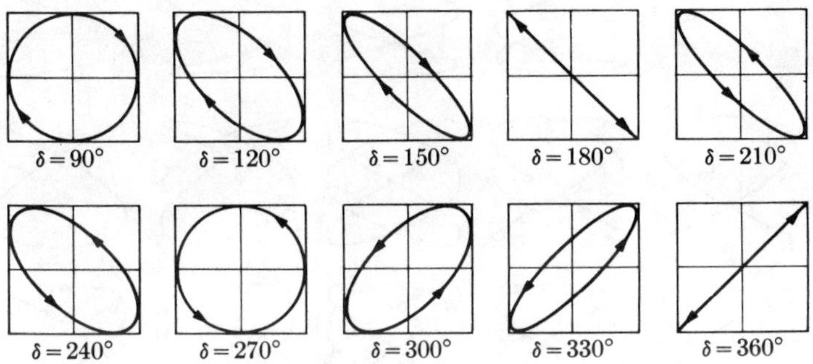

9.17 Bahnen für ausgewählte Phasenunterschiede.

gegeben, die Bewegung entlang der Y-Achse durch

$$y = B \sin(\omega t + \delta), \tag{9.24}$$

wobei δ der Phasenunterschied zwischen der x- und der y-Schwingung ist. Wir haben zusätzlich angenommen, daß die Amplituden A und B verschieden sind. Der Weg des Teilchens wird offensichtlich durch die Linien

$$x = \pm A \qquad \text{und} \qquad y = \pm B$$

begrenzt.

Wir werden nun einige spezielle Fälle betrachten. Wenn die beiden Bewegungen in Phase sind, gilt

$$\delta = 0 \qquad \text{und} \qquad y = B \sin \omega t,$$

was mit (9.23) zu

$$y = \frac{B}{A} x$$

kombiniert werden kann.

Das ist die Gleichung der Geraden PQ in Abb. 9.16, und die resultierende Bewegung ist eine einfache harmonische Bewegung mit der Amplitude $\sqrt{A^2 + B^2}$, da die Verschiebung längs der Linie PQ

$$r = \sqrt{x^2 + y^2} = \sqrt{A^2 + B^2} \sin \omega t \tag{9.25}$$

ist. Wenn die beiden Bewegungen entgegengesetzt sind, gilt

$$\delta = \pi \qquad \text{und} \qquad y = -B \sin \omega t.$$

Zusammen mit (9.23) gibt das

$$y = -\frac{B}{A} x,$$

was die Gleichung für die Gerade RS ist. Die Bewegung ist wieder eine einfache harmonische mit einer Amplitude von $\sqrt{A^2 + B^2}$. Wir sagen daher, daß die Überlagerung zweier senkrechter einfacher harmonischer Bewegungen der gleichen Frequenz zu einer *geradlinigen harmonischen Bewegung* führt, wenn $\delta = 0$ oder π ist.

Wenn $\delta = \pi/2$, sagt man, daß die Bewegungen entlang der X- und Y-Achse sich in *Quadratur* befinden und daß

$$y = B \sin(\omega t + \pi/2) = B \cos \omega t.$$

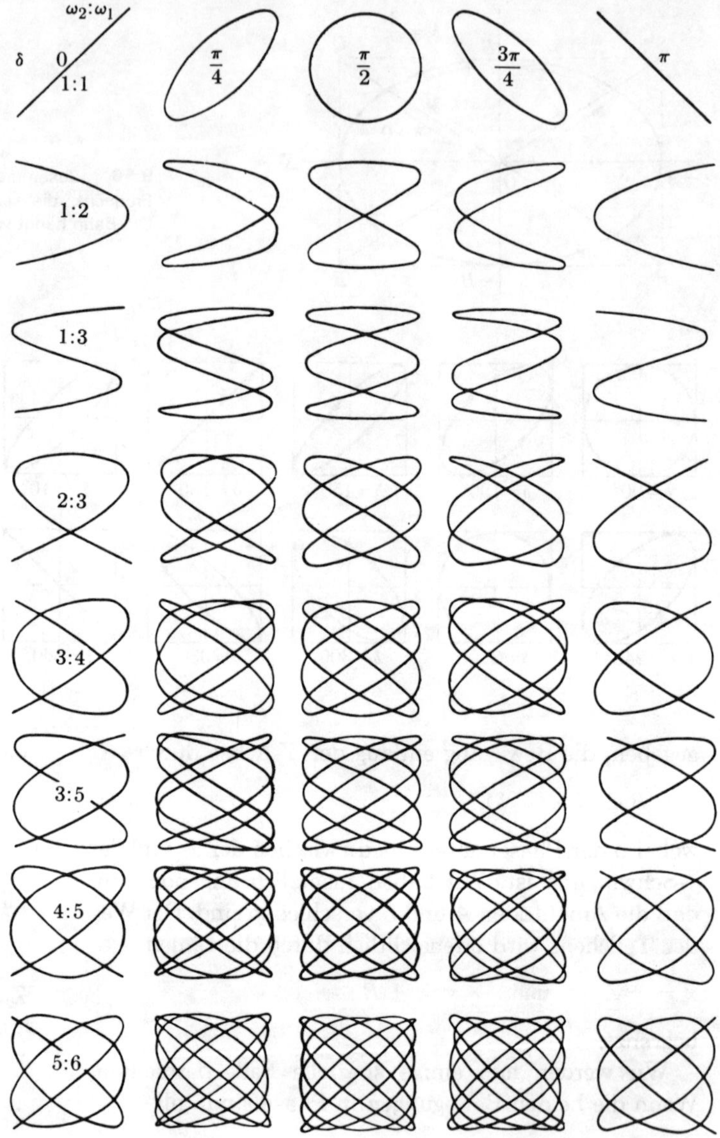

9.18 Lissajoussche Figuren. Sie hängen vom Verhältnis $\omega_2 : \omega_1$ und vom Phasenunterschied der Bewegung längs der *X*- und *Y*- Achse ab.

Zusammen mit (9.23) ergibt das

$$\frac{x^2}{A^2} + \frac{y^2}{B^2} = 1,$$

was die Gleichung einer Ellipse darstellt, wie in Abb. 9.16 gezeigt. Die Ellipse wird im Uhrzeigersinn beschrieben. Man kann das dadurch beweisen, daß man die Geschwindigkeit des Teilchens am Punkt $x = +A$ bestimmt, an dem die Geschwindigkeit parallel zur *Y*-Achse ist. An diesem Punkt muß nach (9.23) $\sin \omega t = 1$ gelten. Die *Y*-Komponente der Geschwindigkeit ist

$$v_y = dy/dt = -\omega B \sin \omega t = -\omega B.$$

Da sie negativ ist, geht der Punkt bei der Abwärts-

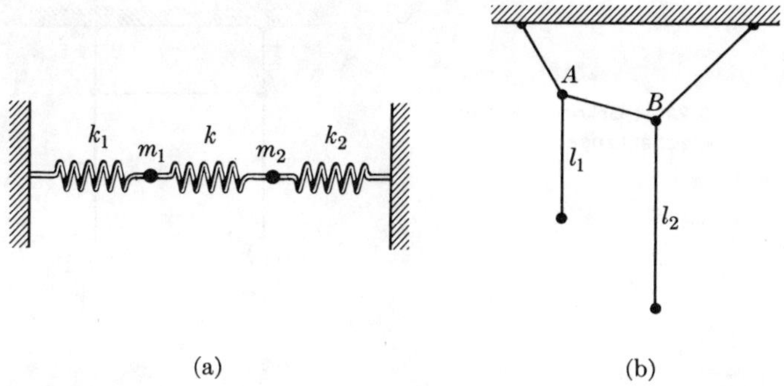

9.19 Beispiele für gekoppelte Oszillatoren.

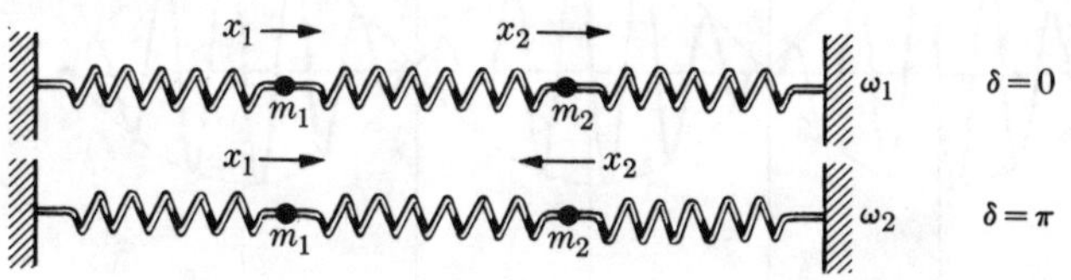

9.20 Normalschwingungen zweier gekoppelter Oszillatoren.

bewegung durch A, was einer Drehrichtung im Uhrzeigersinnn entspricht. Die gleiche Ellipse erhält man, wenn $\delta = 3\pi/2$ oder $-\pi/2$, in diesem Fall ist die Bewegung jedoch entgegen dem Uhrzeigersinn. Wir können daher sagen, daß die Überlagerung zweier einfacher harmonischer Bewegungen der gleichen Frequenz bei einem Phasenunterschied von $\delta = \pm\pi/2$ zu einer *elliptischen Bewegung* führt, wobei die Achsen der Ellipse parallel zu den beiden Bewegungsrichtungen sind. Wenn $A = B$, geht die Ellipse in einen Kreis über und wir erhalten eine *Kreisbewegung*. Für einen beliebigen Wert des Phasenunterschieds δ bleibt die Bahn eine Ellipse, aber die Achsen sind relativ zu den Koordinatenachsen verdreht. Die Bahnen für einige ausgewählte Phasenunterschiede sind in Abb. 9.17 gezeigt.

Ein weiteres interessantes Beispiel ist die Überlagerung zweier senkrechter Schwingungsbewegungen verschiedener Frequenz. Das heißt:

$$x = A_1 \sin \omega_1 t, \quad y = A_2 \sin(\omega_2 t + \delta). \tag{9.26}$$

Die resultierende Bahn hängt vom Verhältnis $\omega_2 : \omega_1$ und dem Phasenunterschied δ ab. Diese Bahnen werden als *Lissajoussche Figuren* bezeichnet und sind in Abb. 9.18 für verschiedene Werte des Verhältnisses $\omega_2 : \omega_1$ und in jedem Fall für verschiedene Phasenunterschiede aufgetragen.

9.9 GEKOPPELTE OSZILLATOREN

Eine Situation, die man häufig antrifft, ist die *gekoppelter* Oszillatoren. Zwei Möglichkeiten sind in Abb. 9.19 dargestellt. In (a) haben wir zwei Massen m_1 und m_2, die an zwei Federn k_1 und k_2 befestigt sind und durch eine Feder k verbunden sind, so daß die Bewegungen von m_1 und m_2 nicht unabhängig voneinander sind. In (b) haben wir zwei Pendel, die durch einen Faden AB verbunden sind. Wir werden in Kapitel 21 auf einen ähnlichen Fall stoßen, wenn wir die gekoppelte Schwingung elektrischer Stromkreise besprechen. Der Gesamteffekt der Kopplung zweier Oszillatoren kann als Energieaustausch zwischen ihnen beschrieben werden.

Man kann beweisen, daß die allgemeine Bewegung zweier gekoppelter Oszillatoren als Überlagerung zweier *Normalschwingungen* angesehen werden kann. Jede Schwingung hat ihre eigene Frequenz. In einer der Normalschwingungen bewegen sich die beiden Oszillatoren in Phase ($\delta = 0$). In der zweiten bewegen sich die beiden Oszillatoren in Opposition ($\delta = \pi$). Diese beiden Normalschwingungen sind in Abb. 9.20 schematisch dargestellt. Die Normalschwingungen entsprechen einer Situation, in der die beiden Massen sich mit einem konstanten Phasenunterschied bewegen, der in der ersten Schwingungsform null ist und der zweiten π. Die beiden

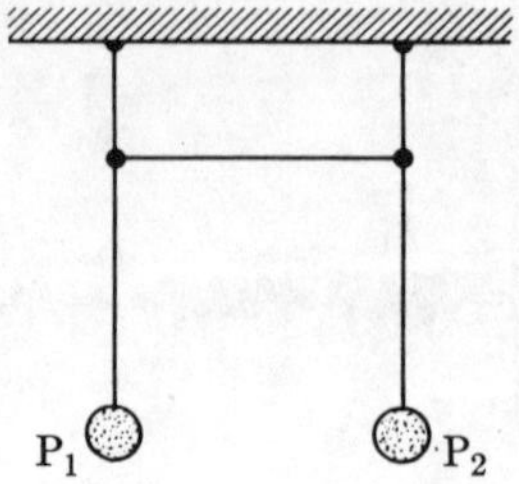

9.21 Gekoppelte Pendel gleicher Länge.

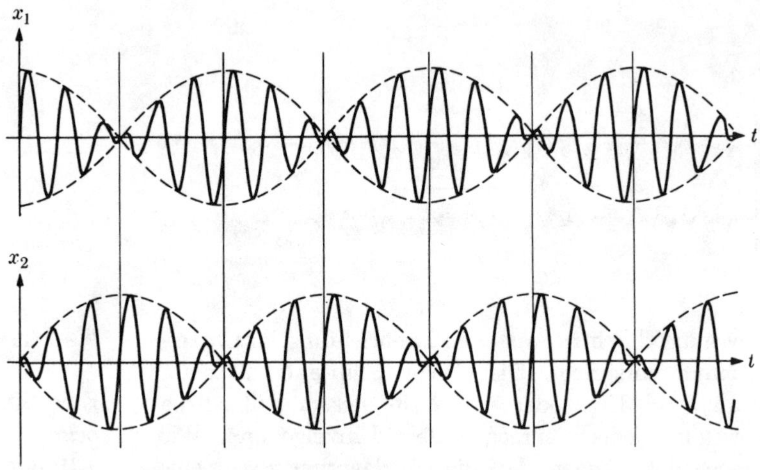

9.22 Auftragung der Verschiebung gegen die Zeit für jeden von zwei identischen gekoppelten Oszillatoren mit gleichen Amplituden.

Massen gehen gleichzeitig durch ihre Gleichgewichtslagen und erreichen gleichzeitig ihre maximale Auslenkung.

Wenn die Bewegung der gekoppelten Oszillatoren nur durch eine der Normalschwingungen beschrieben werden kann, bleibt ihre Amplitude und damit auch ihre Energie konstant. Im allgemeinen Fall jedoch, wenn die Bewegung die Überlagerung zweier Normalschwingungen darstellt, bleibt die Amplitude jedes einzelnen Oszillators nicht konstant, da die Normalschwingungen verschiedene Frequenzen haben (siehe Abschnitt 9.7). Im allgemeinen nimmt die Amplitude eines Oszillators zu, wenn die des anderen abnimmt, wonach sich die Situation umkehrt. Wenn man z.B. die beiden gekoppelten Pendel aus Abb. 9.21 betrachtet, sieht man folgendes: wenn wir nur P_2 auslenken und es loslassen, beginnt seine Amplitude abzunehmen, während P_1 mit steigender Amplitude zu schwingen beginnt. Wenn P_2 anhält, erreicht P_1 seine maximale Amplitude. Dann kehrt sich die Tendenz um und die Amplitude von P_1 nimmt ab, während die von P_2 zunimmt. Die Auslenkung der gekoppelten Oszillatoren, die der soeben besprochenen Situation entspricht, ist in Abb. 9.22 dargestellt. Diese periodische Veränderung der Amplitude mit einem Phasenunterschied zeigt, daß zwischen den beiden Oszillatoren ein Energieaustausch stattfindet. Während des Intervalls, in dem die Amplitude des Oszillators 1 abnimmt und die des Oszillators 2 zunimmt, findet ein Energietransfer von Oszillator 1 auf Oszillator 2 statt. Während des darauffolgenden Intervalls kehrt sich die Situation um, und die Energie fließt in umgekehrter Richtung. Der Vorgang wiederholt sich immer wieder aufs Neue.

Ein wichtiges Beispiel für gekoppelte Oszillatoren ist die Schwingung der Atome in einem Molekül. Ein Molekül ist keine starre Struktur, sondern die Atome schwingen um ihre Gleichgewichtslage. Die Schwingung jedes Atoms beeinflußt jedoch seine Wechselwirkung mit den anderen Atomen, wodurch sie ein System gekoppelter Oszillatoren darstellen.

Lassen Sie uns z.B. den Fall eines linearen drei-

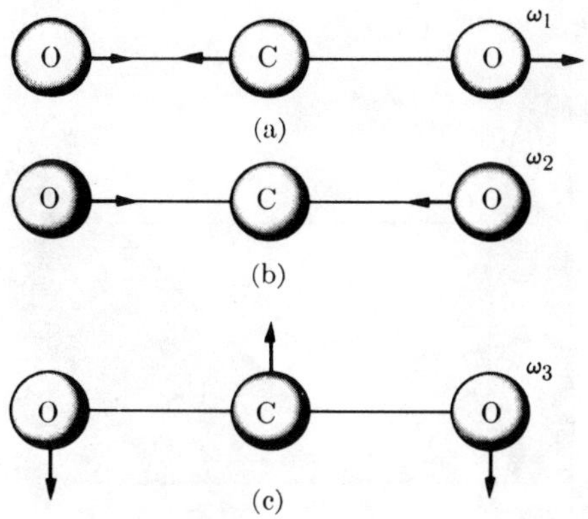

9.23 Normalschwingungen des CO_2-Moleküls.

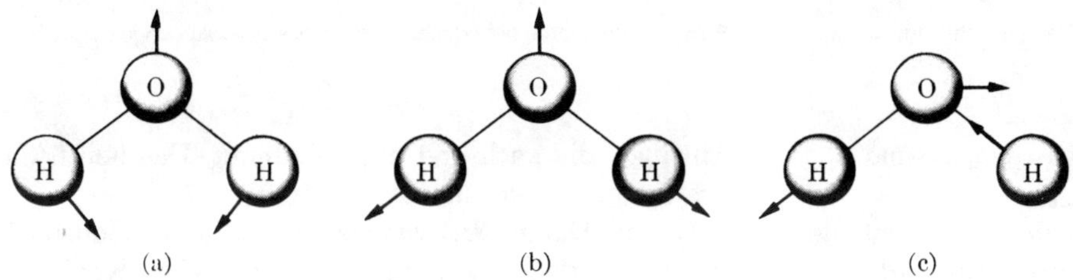

9.24 Normalschwingungen des H_2O-Moleküls.

atomigen Moleküls, z.B. CO_2, betrachten. Geometrisch hat das Molekül die Anordnung O= C= O, wie in Abb. 9.23 gezeigt, und ist daher ähnlich den Oszillatoren in Abb. 9.19. Die relative Bewegung der drei Atome kann durch die Normalschwingungen beschrieben werden. In Abb. 9.23 (a) schwingen die Sauerstoffatome in Phase, während sich das Kohlenstoffatom in die entgegengesetzte Richtung bewegt, um den Schwerpunkt zu erhalten. Diese Schwingungsform entspricht der Schwingung ω_1 der Abb. 9.20. In Abb. 9.23 (b) bewegen sich die beiden Sauerstoffatome in entgegengesetzter Richtung relativ zum Kohlenstoffatom, welches im Schwerpunkt fixiert bleibt. Diese Schwingungsform entspricht der Schwingung ω_2 in Abb. 9.20. Die Situation in Abb. 9.23 (c) entspricht einer Bewegung senkrecht zur Verbindungslinie der Atome mit einer Winkelfrequenz ω_3, die zur Verformung des Moleküls führt. Für das CO_2-Molekül sind die Werte der drei Kreisfrequenzen

$$\omega_1 = 4{,}443 \cdot 10^{14}\,\mathrm{s}^{-1}, \quad \omega_2 = 2{,}529 \cdot 10^{14}\,\mathrm{s}^{-1},$$
$$\omega_3 = 1{,}261 \cdot 10^{14}\,\mathrm{s}^{-1}.$$

Wenn das Molekül nicht linear ist oder mehr als drei Atome enthält, wird die Analyse der Normalschwingungen schwerer, bleibt im Grund genommen jedoch gleich. Für das Wassermolekül, H_2O, in welchem sich das Sauerstoffatom an der Spitze eines Winkels von 105° und die beiden Wasserstoffatome an den beiden Seiten befinden, sind z.B. die Normalschwingungen in Abb. 9.24 dargestellt. Ihre Frequenzen sind

$$\omega_1 = 3{,}017 \cdot 10^{14}\,\mathrm{s}^{-1}, \quad \omega_2 = 6{,}908 \cdot 10^{14}\,\mathrm{s}^{-1},$$
$$\omega_3 = 7{,}104 \cdot 10^{14}\,\mathrm{s}^{-1}$$

9.10 ANHARMONISCHE SCHWINGUNGEN

Die einfache harmonische Schwingung wird durch eine Kraft $F = -kx$ hervorgerufen, die einer potentiellen Energie $E_p = \frac{1}{2}kx^2$ entspricht, wenn x von der Gleichgewichtslage O aus gemessen wird. Wenn die Gleichgewichtslage statt im Ursprung an x_0 ist, wie in Abb. 9.25, müssen wir schreiben:

$$E_p = \tfrac{1}{2}k(x - x_0)^2.$$

Die Kurve für E_p ist eine Parabel mit einem Scheitelpunkt an x_0. Wenn die Gesamtenergie E ist, welche E_p an A und B schneidet, schwingt das Teilchen in ein-

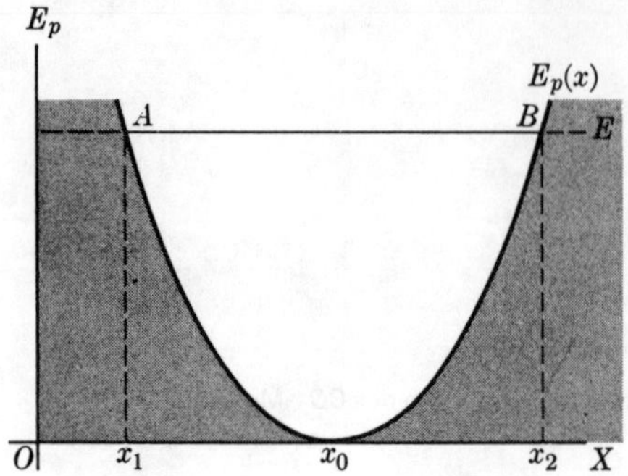

9.25 Harmonischer Oszillator mit der Gleichgewichtslage bei x_0.

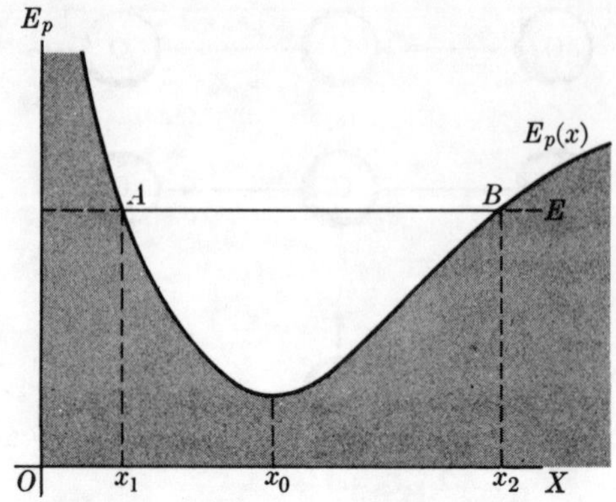

9.26 Anharmonischer Oszillator mit der Gleichgewichtslage bei x_0.

facher harmonischer Bewegung zwischen x_1 und x_2, welche symmetrisch zu x_0 liegen.

Betrachten Sie nun einem Fall, in dem die potentielle Energie nicht durch eine Parabel dargestellt wird, sondern an der Gleichgewichtslage x_0 ein genau definiertes Minimum hat (Abb. 9.26). Diese Situation trifft man in physikalischen Systemen häufiger an, und sie führt zur *anharmonischen Schwingungsbewegung*. Wenn die Gesamtenergie E ist, schwingt das Teilchen zwischen den Positionen x_1 und x_2, die im allgemeinen in Bezug auf die Gleichgewichtslage x_0 asymmetrisch sind. Die Frequenz der Schwingung hängt nun von der Energie ab.

Wie wir in Beispiel 8.9 gezeigt haben, ähnelt z.B. die potentielle Energie der Wechselwirkung zweier Atome in einem Molekül sehr der in Abb. 9.26 gezeigten. Die beiden Atome befinden sich daher in relativer Schwingungsbewegung, die nur bei sehr geringer Energie als EHB betrachtet werden kann. Wenn die Schwingungsenergie der Moleküle zunimmt, wird die Schwingung deutlicher anharmonisch und die Schwingungsfrequenz ändert sich.

9.11 GEDÄMPFTE SCHWINGUNGEN

Die Diskussion einfacher harmonischer Bewegungen in den vorhergehenden Abschnitten zeigt, daß die Schwingungen konstante Amplituden haben. Wir wissen jedoch aus der Erfahrung, daß ein schwingender Körper, wie z.B. eine Feder oder ein Pendel, mit einer Amplitude schwingt, die nach und nach abnimmt. Das heißt, die Schwingungsbewegung ist gedämpft.

Um die Dämpfung dynamisch zu erklären, können wir annehmen, daß es zusätzlich zur elastischen Kraft

$$F = -kx,$$

eine andere Kraft gibt, die der Geschwindigkeit entgegengesetzt ist. In Abschnitt 7.10 haben wir eine Kraft dieser Art betrachtet, die auf die Viskosität des Mediums zurückzuführen ist, in dem die Bewegung abläuft. Wenn wir den Überlegungen von Abschnitt 7.10 folgen, können wir diese Kraft als

$$F' = -\lambda v$$

anschreiben, wobei λ eine Konstante und v die Geschwindigkeit ist. Das negative Vorzeichen ist auf die Tatsache zurückzuführen, daß F' entgegengesetzt zu v ist. Man beachte, daß andere Arten von Dämpfungskräften, die proportional höheren Potenzen der Geschwindigkeit sind oder eine andere physikalische Beziehung haben, in einer tatsächlichen physikalischen Situation ebenfalls eine Rolle spielen können. Die resultierende Kraft auf den Körper ist $F + F' = -kx - \lambda v$, und die Bewegungsgleichung lautet

$$ma = -kx - \lambda v,$$

was auch als

$$ma + \lambda v + kx = 0 \qquad (9.27)$$

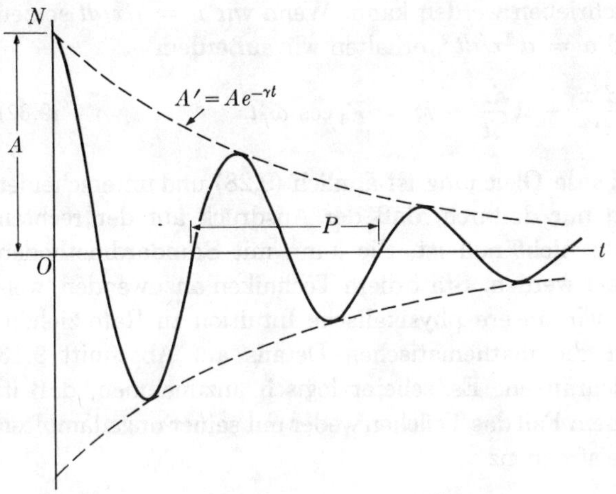

9.27 Auftragung der Verschiebung gegen die Zeit für gedämpfte Oszillatoren.

geschrieben werden kann. Wenn wir uns daran erinnern, daß $v = dx/dt$ und $a = d^2x/dt^2$, können wir auch schreiben:

$$m \frac{d^2x}{dt^2} + \lambda \frac{dx}{dt} + kx = 0. \qquad (9.28)$$

Diese Gleichung unterscheidet sich von (9.12) für die einfache harmonische Bewegung dadurch, daß sie einen zusätzlichen Ausdruck enthält, der proportional zu dx/dt ist. Die Lösung von (9.28) können wir erhalten, indem wir die Methoden der Infinitesimalrechnung anwenden. Statt zu versuchen, die Lösung formal zu finden, wollen wir sie nur für den Fall einer kleinen Dämpfung anschreiben. Die Lösung ist dann

$$x = Ae^{-\gamma t} \sin (\omega t + \alpha), \qquad (9.29)$$

wobei A und α willkürliche Konstanten sind, die durch die Anfangsbedingungen bestimmt werden; γ und ω sind festgesetzte Konstanten, die durch

$$\gamma = \lambda/2m \qquad \text{und} \qquad \omega = \sqrt{k/m - \gamma^2} \qquad (9.30)$$

gegeben sind. Man beachte, daß

$$\omega_0 = \sqrt{\frac{k}{m}}$$

die natürliche Frequenz des Oszillators ohne Dämpfung ist, so daß ω kleiner ist als ω_0.

Ein Effekt der Dämpfung ist die Frequenzabnahme des Oszillators. Der andere Effekt ist der, daß die Amplitude des Oszillators nicht konstant, sondern durch

$$A' = Ae^{-\gamma t}$$

gegeben ist. Wegen des negativen Exponenten nimmt die Amplitude mit der Zeit ab. Abbildung 9.27 zeigt, wie x sich mit der Zeit verändert.

Da die Amplitude eines gedämpften Oszillators mit der Zeit abnimmt, nimmt auch die Energie des Teilchens ab. Die Energie, die dem Teilchen bei der gedämpften Schwingung verlorengeht, wird vom umgebenden Medium absorbiert.

Beispiel 9.3 Ein Pendel besteht aus einer Aluminiumkugel, die an einem 1 m langen Faden hängt. Man beobachtet, daß die Amplitude in 27 Minuten von 6,00° auf 5,40° abnimmt. Bestimmen Sie den Koeffizienten γ und diskutieren Sie, wie die Viskosität der Luft die Periode des Pendels beeinflußt.

Lösung: Wir haben gesehen, daß die Amplitude einer gedämpften Schwingung durch

$$A' = Ae^{-\gamma t}$$

gegeben ist. Um γ zu finden, nehmen wir den Logarithmus

$$\ln A' = \ln A - \gamma t \qquad \text{oder} \qquad \gamma = \frac{1}{t} \ln \frac{A}{A'}.$$

Wenn man die numerischen Werte $t = 27\ \text{Min} = 1{,}62 \cdot 10^3\,\text{s}$, $A = 6{,}00°$ und $A' = 5{,}40°$ einsetzt, erhält man

$$\gamma = 6{,}56 \cdot 10^{-4}\ \text{s}^{-1}.$$

Im Falle eines Pendels müssen wir in (9.30) k/m durch g/l ersetzen und können dann für die Kreisfrequenz des Pendels

$$\omega = \sqrt{g/l - \gamma^2}$$

schreiben, so daß die Periode

$$P = \frac{2\pi}{\omega} = \frac{2\pi}{\sqrt{g/l - \gamma^2}}$$

ist. In unserem Beispiel ist

$$g/l = 9{,}80\ \mathrm{s}^{-2}$$

während

$$\gamma^2 = 4 \cdot 10^{-7}\ \mathrm{s}^{-2},$$

was im Vergleich zu g/l vernachlässigt werden kann. Wir können daher mit hinreichender Genauigkeit schreiben:

$$P = 2\pi\sqrt{l/g} = 2{,}01\ \mathrm{s}.$$

Wir schließen also, daß die Viskosität der Luft die Periode des Pendels, welche wir in diesem Beispiel betrachten, nicht beeinflußt, wohl aber die Amplitude.

9.12 ERZWUNGENE SCHWINGUNGEN

Ein Problem von größter praktischer Bedeutung ist das der erzwungenen Schwingung eines Oszillators, d.h., der Schwingungen, die sich ergeben, wenn wir auf ein Teilchen, das einer elastischen Kraft unterliegt, eine äußere Schwingungsbewegung ausüben. Das ist z.B. der Fall, wenn wir eine Stimmgabel in einen Resonanzkasten einführen und die Wände des Kastens (und die Luft im Inneren) zwingen zu schwingen, oder wenn elektromagnetische Wellen, die von einer Antenne absorbiert werden, auf den Stromkreis unseres Radios oder Fernsehers einwirken, wodurch erzwungene elektrische Schwingungen hervorgerufen werden.

$F = F_0 \cos \omega_f t$ sei die einwirkende Schwingungskraft, ihre Kreisfrequenz sei durch ω_f gegeben. Wenn wir annehmen, daß das Teilchen auch einer elastischen Kraft $-kx$ und einer dämpfenden Kraft $-\lambda v$ unterliegt, ist seine Bewegungsgleichung

$$ma = -kx - \lambda v + F_0 \cos \omega_f t,$$

was auch als

$$ma + \lambda v + kx = F_0 \cos \omega_f t \tag{9.31}$$

geschrieben werden kann. Wenn wir $v = dx/dt$ setzen und $a = d^2x/dt^2$, erhalten wir außerdem

$$m\frac{d^2x}{dt^2} + \lambda\frac{dx}{dt} + kx = F_0 \cos \omega_f t. \tag{9.32}$$

Diese Gleichung ist ähnlich (9.28) und unterscheidet sich nur dadurch, daß der Ausdruck auf der rechten Seite nicht null ist. Sie kann mit Standardmethoden gelöst werden. Statt diese Techniken anzuwenden, wollen wir unsere physikalische Intuition zu Rate ziehen, und die mathematischen Details auf Abschnitt 9.13 beschränken. Es scheint logisch anzunehmen, daß in diesem Fall das Teilchen weder mit seiner ungedämpften Kreisfrequenz

$$\omega_0 = \sqrt{k/m}$$

noch mit der gedämpften Kreisfrequenz

$$\omega = \sqrt{k/m - \gamma^2}$$

schwingen wird. Statt dessen wird das Teilchen gezwungen, mit der Kreisfrequenz ω_f der ausgeübten Kraft zu schwingen. Die Lösung von (9.32) ist daher

$$x = A \sin(\omega_f t - \alpha), \tag{9.33}$$

wobei A die Amplitude der erzwungenen Schwingungen ist. Aus Gründen, die wir erst später erläutern werden, erhielt die ursprüngliche Phase α ein negatives Vorzeichen. Sowohl die Amplitude A als auch die ursprüngliche Phase α sind nun nicht mehr willkürliche, sondern festgelegte Größen, die von der Frequenz ω_f der ausgeübten Kraft abhängen, wie wir in Abschnitt 9.13 erklären werden.

Gleichung (9.33) zeigt an, daß die erzwungenen Schwingungen nicht gedämpft sind, sondern eine konstante Amplitude haben. Das bedeutet, daß die ausgeübte Kraft die Dämpfungskräfte überwindet und daher die Energie zur Verfügung stellt, die zur Aufrechterhaltung der Schwingung notwendig ist.

Die Geschwindigkeit der erzwungenen Schwingung ist

$$v = \frac{dx}{dt} = \omega_f A \cos(\omega_f t - \alpha), \tag{9.34}$$

was zeigt, daß die Geschwindigkeitsamplitude

$$v_0 = \omega_f A$$

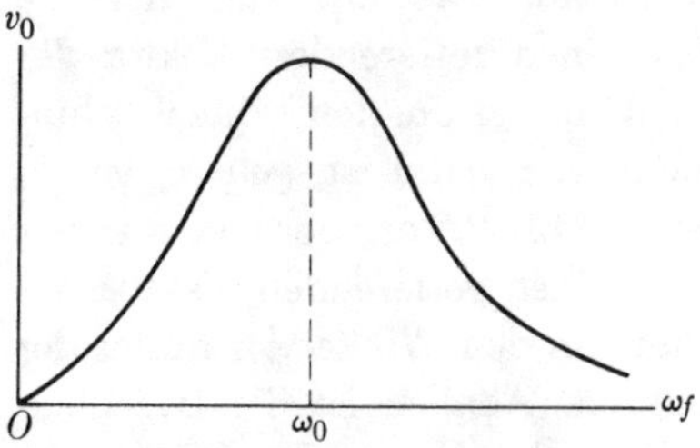

9.28 Änderung der Geschwindigkeitsamplitude erzwungener Schwingungen mit der Frequenz der ausgeübten Kraft.

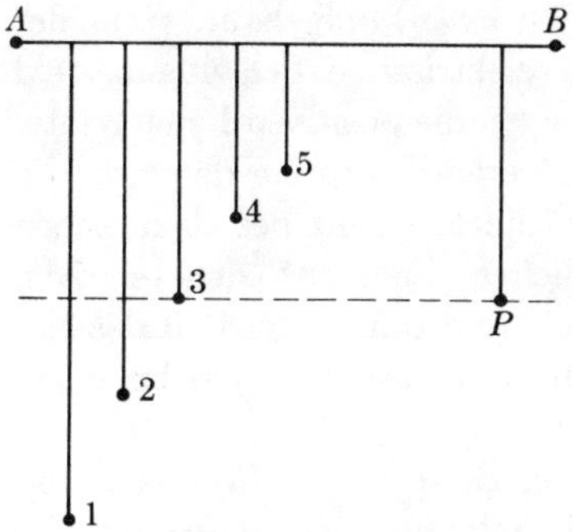

9.29 Resonanz bei der Pendelbewegung.

ist. Offensichtlich hängt die Geschwindigkeit der erzwungenen Schwingung von der Frequenz der ausgeübten Kraft ab. Die Änderung der Geschwindigkeitsamplitude v_0 mit der Frequenz ω_f wurde in Abb. 9.28 dargestellt. Man kann zeigen, daß die Geschwindigkeitsamplitude und die kinetische Energie ein Maximum erreichen, wenn die Frequenz der treibenden Kraft gleich der natürlichen Frequenz ist, d.h., wenn

$$\omega_f = \omega_0 = \sqrt{k/m}, \tag{9.35}$$

Man spricht von einer *Energieresonanz*. Daher gilt:

Wenn die Frequenz der wirkenden Kraft gleich der natürlichen Frequenz des Oszillators ohne Dämpfung ist, kommt es zur Energieresonanz.

Wie in Abschnitt 9.13 gezeigt, ist die Geschwindigkeit bei der Resonanz mit der ausgeübten Kraft in Phase ($\alpha = 0$). Dies sind die günstigsten Bedingungen für einen Energietransfer auf den Oszillator, da die Rate der Arbeit, die von der angewandten Kraft am Oszillator geleistet wird, Fv ist, und diese Größe immer positiv ist, wenn F und v in Phase sind. Daher kann man sagen:

Bei der Energieresonanz sind die wirkende Kraft und die Geschwindigkeit in Phase und der zeitliche Energietransfer von der wirkenden Kraft auf den erzwungenen Oszillator ist ein Maximum.

Man kann die Resonanz mit Hilfe eines sehr einfachen Versuchs nachweisen. Wenn wir mehrere Pendel an der selben Schnur aufhängen, wie in Abb. 9.29 gezeigt, und das Pendel P in Bewegung versetzen, beginnen die anderen wegen der Kopplung ebenfalls zu schwingen. Von den fünf Pendeln, die zur Schwingung gezwungen werden, schwingt jedoch Nummer 3, das die gleiche Länge wie P und daher die gleiche natürliche Frequenz hat, mit der größten Amplitude.

Resonanz tritt in fast allen Zweigen der Physik auf. Man findet sie immer, wenn ein System einer anderen Wirkung unterliegt, die sich periodisch mit der Zeit verändert. Wenn man z.B. ein Gas an einen Ort bringt, an welchem ein elektrisches Schwingungsfeld herrscht (wie z.B. in einer elektromagnetischen Welle), wird in den Atomen, aus welchen die Gasmoleküle bestehen, eine erzwungene Schwingung induziert. Da die Moleküle, wie wir am Ende von Abschnitt 9.9 erklärten, genau definierte natürliche Schwingungsfrequenzen aufweisen, wird die Energieabsorption dann maximal sein, wenn die Frequenz des angelegten elektrischen Feldes mit einer der natürlichen Frequenzen der Moleküle übereinstimmt. Mit Hilfe dieses Prinzips können wir die *Schwingungsspektren* der Moleküle bestimmen. Ähnlich können wir die Elektronen in einem Atom als Oszillatoren mit bestimmten natürlichen Frequenzen betrachten. Die Energie, welche ein Atom aus einem elektrischen Schwingungsfeld absorbiert, ist maximal, wenn die Frequenz des Feldes mit einer der natürlichen Frequenzen des Atoms übereinstimmt. Einige Kristalle, wie z.B. Natriumchlorid, sind aus positiven und negativon Teilchen (sogenannten *Ionen*) aufgebaut. Wenn der Kristall einem äußeren elektrischen Schwingungsfeld unterworfen wird, schwingen die positiven Ionen relativ zu den negativen. Die Energieabsorption des Kristalls ist dann maximal, wenn die Frequenz des elektrischen Feldes mit der natürlichen Frequenz der relativen Schwingung der Ionen übereinstimmt. Im Fall des Natriumchlorids findet man, daß diese Frequenz bei ungefähr $5 \cdot 10^{12}$ Hz liegt.

Eines der vertrautesten Beispiele für Resonanz stellen die Vorgänge dar, die ablaufen, wenn man ein Radio auf eine bestimmte Sendestation einstellt. Alle Sendestationen rufen ständig erzwungene Schwingungen im Stromkreis des Empfängers hervor. Jeder Einstellung auf der Skala entspricht jedoch eine natürliche Schwingungsfrequenz des Stromkreises des Empfängers. Wenn diese Frequenz mit der der Sendestation übereinstimmt, ist die Energieabsorption maximal, und wir hören daher nur diese Station. Wenn zwei Stationen sehr ähnliche Frequenzen aufweisen, hören wir manchmal beide gleichzeitig; die Überlappung der Frequenzen führt zu einem Interferenzeffekt.

Wir können den Begriff der Resonanz auf viele Vorgänge ausdehnen, bei denen günstige Voraussetzungen für den Energietransfer von einem System auf das andere bestehen, und zwar selbst dann, wenn wir den Vorgang nicht in Form erzwungener Schwingungen beschreiben können. In diesem Sinn kann man von Resonanzen bei Kernreaktionen und bei Wechselwirkungen zwischen Elementarteilchen sprechen. In diesem erweiterten Sinn spielt der Begriff der Energieresonanz eine bedeutende Rolle bei der Beschreibung vieler Phänomene.

9.13 IMPEDANZ EINES OSZILLATORS

Die Methode rotierender Vektoren ist sehr brauchbar für die Analyse erzwungener Schwingungen eines gedämpften Oszillators und bei der Ableitung einiger Ergebnisse, die in den vorhergehenden Abschnitten mehr oder weniger intuitiv dargestellt wurden.

Aus (9.31), d.h.,

$$ma + \lambda v + kx = F_0 \cos \omega_f t, \tag{9.36}$$

entnehmen wir die folgenden Größen, die durch rotierende Vektoren dargestellt werden können. Wir können die Kraft durch einen rotierenden Vektor der Länge F_0 darstellen, der mit der X-Achse einen Winkel $\omega_f t$ bildet (Abb. 9.30). Dann wird aus Tab. 9.1 klar, daß die Geschwindigkeit durch einen rotierenden Vektor der Länge $\omega_f A$ dargestellt wird, der um den Winkel α hinter F_0 nachhinkt. (Wenn α negativ ist, geht v_0 vor F_0 einher.) Wenn wir uns an Abb. 9.3 erinnern, können wir die Verschiebung durch einen rotierenden Vektor der Länge A darstellen, der um den Winkel $\frac{1}{2}\pi$ hinter der Geschwindigkeit nachhinkt. Ähnlich ist die Beschleunigung durch einen rotierenden Vektor der Länge $\omega_f^2 A$ dargestellt, welcher der Geschwindigkeit um den Winkel $\frac{1}{2}\pi$ vorgelagert ist. Diese Vektoren sind in Abb. 9.30 dargestellt.

Tabelle 9.1

Größe	Ausdruck	Amplitude	Phase relativ zu F_o
Kraft	$F = F_0 \cos \omega_f t$	F_0	0
Verschiebung	$x = A \sin (\omega_f t - \alpha)$	A	$-\frac{1}{2}\pi - \alpha$
Geschwindigkeit	$v = \omega_f A \cos (\omega_f t - \alpha)$	$\omega_f A$	$-\alpha$
Beschleunigung	$a = -\omega_f^2 A \sin (\omega_f t - \alpha)$	$\omega_f^2 A$	$+\frac{1}{2}\pi - \alpha$

Gleichung (9.36) impliziert, daß die Summe der drei rotierenden Vektoren, die den Größen auf der linken Seite der Gleichung entsprechen (d.h., ma, λv und kx), gleich dem Vektor sein muß, der auf der rechten Seite der Gleichung steht. Alle diese Vektoren sind in Abb. 9.31 dargestellt. Es sind die gleichen Vektoren wie die, welche in Abb. 9.30 gezeigt werden, außer daß sie entsprechend (9.36) mit den geeigneten Konstanten multipliziert wurden.

Die Vektoren 1 und 2 haben entgegengesetzte Richtung und sind senkrecht zu Vektor 3. Die Resultierende der Vektoren 1 und 2 ist

$$m\omega_f^2 A - kA.$$

Kombiniert mit Vektor 3 der Länge $\lambda \omega_f A$ gibt dieses Resultat

$$F_0 = \sqrt{(m\omega_f^2 A - kA)^2 + (\lambda\omega_f A)^2},$$

was auch in der alternativen Form

$$F_0 = \omega_f A \sqrt{(m\omega_f - k/\omega_f)^2 + \lambda^2}$$

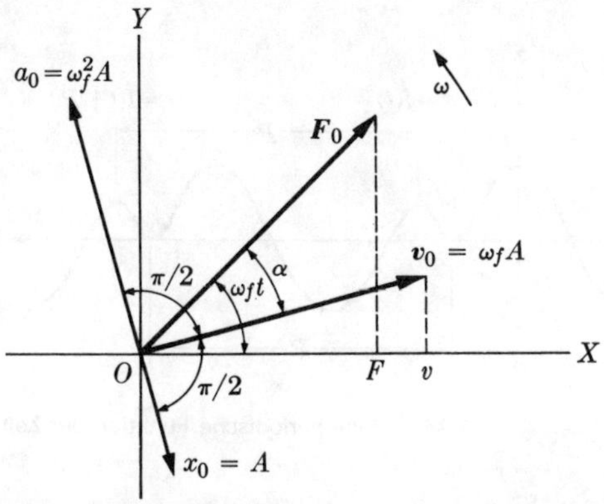

9.30 Beziehung zwischen der Kraft und den rotierenden Vektoren der Verschiebung, der Geschwindigkeit und der Beschleunigung bei der erzwungenen Schwingung.

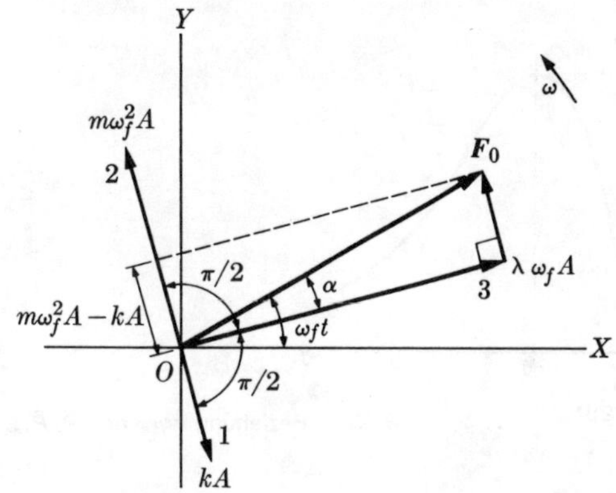

9.31 Zusammensetzung der in (9.36) erscheinenden rotierenden Vektoren.

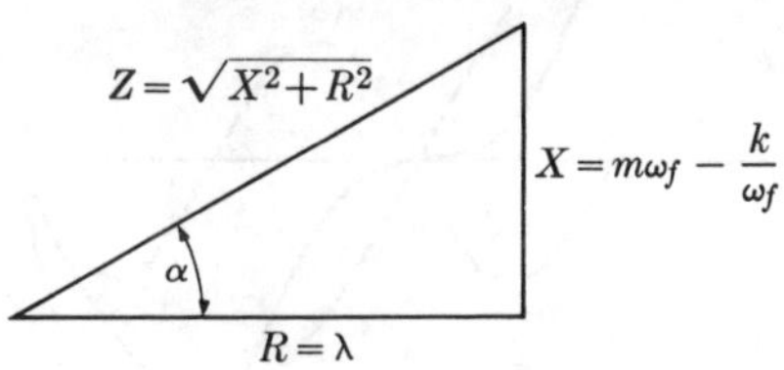

9.32 Beziehung zwischen Impedanz, Widerstand und Reaktanz bei der erzwungenen Schwingung.

geschrieben werden kann. Die Amplitude der Geschwindigkeit ist dann

$$v_0 = \omega_f A = \frac{F_0}{\sqrt{(m\omega_f - k/\omega_f)^2 + \lambda^2}}. \tag{9.37}$$

Die Größe, die im Nenner (9.37) erscheint, nennt man die *Impedanz* (Scheinwiderstand) des Oszillators; sie wird mit Z bezeichnet. Dann ist

$$Z = \sqrt{(m\omega_f - k/\omega_f)^2 + \lambda^2}. \tag{9.38}$$

Wir können daher schreiben:

$$v_0 = F_0/Z \qquad \text{oder} \qquad Z = F_0/v_0.$$

Die Impedanz eines Oszillators ist daher das Verhältnis zwischen der Amplitude der treibenden Kraft und der Geschwindigkeit. Ähnlich sind die *Reaktanz* X und der *Widerstand* R des Oszillators durch

$$X = m\omega_f - k/\omega_f \qquad \text{und} \qquad R = \lambda \tag{9.39}$$

definiert. Daher ist

$$Z = \sqrt{X^2 + R^2}. \tag{9.40}$$

Die Beziehung zwischen Z, X und R ist in Abb. 9.32 gezeigt, die es einem erleichtern soll, sich die obige Formel zu merken.

Aus Abb. 9.32 sehen wir, daß

$$\tan\alpha = \frac{m\omega_f - k/\omega_f}{\lambda} = \frac{X}{R}. \tag{9.41}$$

Wir entnehmen der Abbildung, daß v_0 und damit die kinetische Energie des Oszillators ein Maximum erreichen, wenn Z ein Minimum hat. Da λ konstant ist, tritt das Minimum von Z auf, wenn

$$X = m\omega_f - k/\omega_f = 0 \qquad \text{oder} \qquad \omega_f = \sqrt{k/m} = \omega_0,$$

was die Bedingung darstellt, die in (9.35) für Energieresonanz gegeben wurde. Wenn diese Bedingung erfüllt ist, ist auch

$$\tan\alpha = 0 \qquad \text{oder} \qquad \alpha = 0,$$

so daß die Kraft und die Geschwindigkeit bei der Ener-

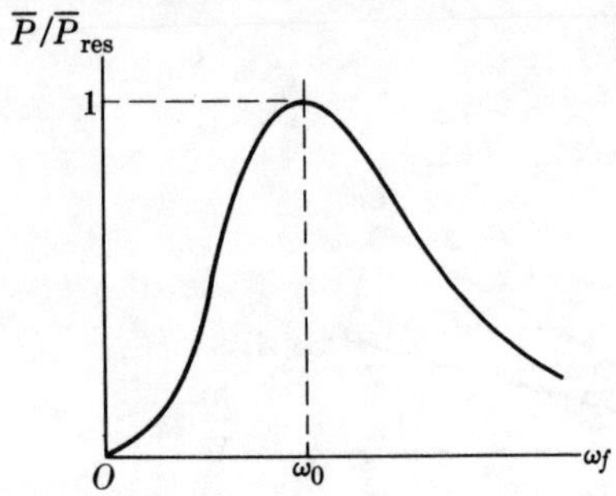

9.33 Beziehung zwischen $\overline{P}/\overline{P}_{res}$.

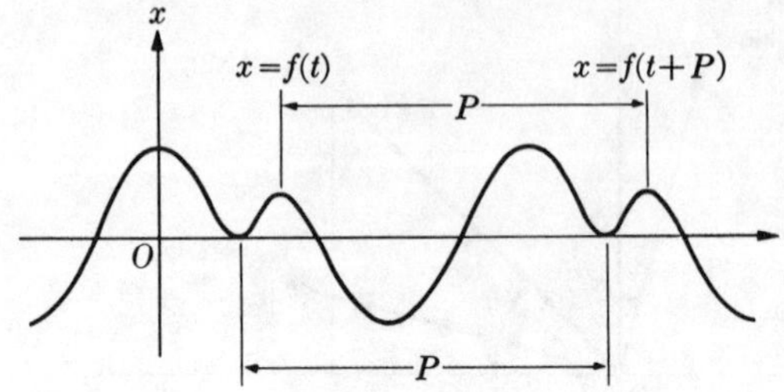

9.34 Eine periodische Funktion der Zeit.

9.35 Überlagerung zweier EHB mit den Frequenzen ω und 2ω.

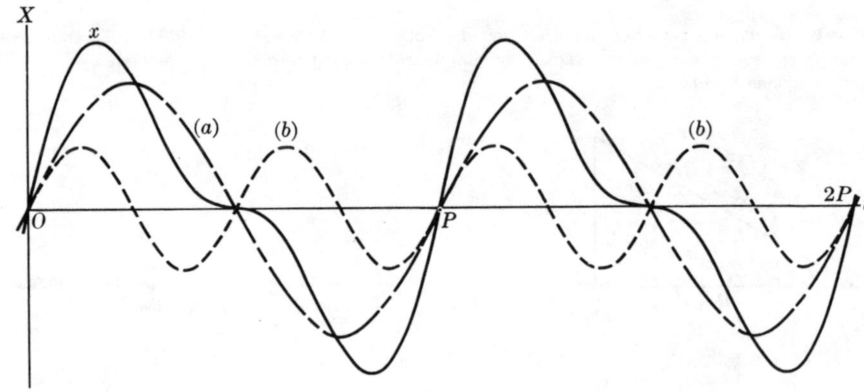

gieresonanz in Phase sind, wie schon früher gesagt. Gleichung (9.37) ist in Abb. 9.28 aufgetragen.

Die Leistung, die durch die Kraft auf den Oszillator übertragen wird, ist

$$P = Fv = \frac{F_0^2}{Z} \cos \omega_f t \cos (\omega_f t - \alpha).$$

Wenn wir den zweiten Kosinus in eine Reihe entwickeln und mit dem ersten multiplizieren, erhalten wir

$$P = \frac{F_0^2}{Z} (\cos^2 \omega_f t \cos \alpha - \cos \omega_f t \sin \omega_f t \sin \alpha).$$

Wir sind besonders an der mittleren Leistung, $\overline{P}$ interessiert, da sie für die Berechnung der Energie, die der Oszillator in einer bestimmten Zeit absorbiert, entscheidend ist. Nun sind

$$\overline{\cos^2 \omega_f t} = \tfrac{1}{2} \quad \text{und} \quad \overline{\cos \omega_f t \sin \omega_f t} = 0,$$

was zu

$$\overline{P} = \frac{F_0^2}{2Z} \cos \alpha = \tfrac{1}{2} F_0 v_0 \cos \alpha = \frac{F_0^2 R}{2Z^2} = \tfrac{1}{2} R v_0^2 \tag{9.42}$$

führt. Dieser Ausdruck bestätigt, daß der maximale Energietransfer erfolgt, wenn v_0 ein Maximum hat, da R festgelegt ist. Bei der Energieresonanz sind $\alpha = 0$ und $Z = R$. Das führt zu

$$\overline{P}_{res} = \frac{F_0^2}{2R}.$$

Das Verhältnis zwischen $\overline{P}$ und $\overline{P}_{res}$ ist in Abb. 9.33 gezeigt.

Die Theorien für gedämpfte und erzwungene Schwingungen, die wir in den letzten drei Abschnitten formuliert haben, gelten für jede beliebige physikalische Situation, die durch eine Gleichung wie (9.36) beschrieben wird. Wie wir in Kapitel 21 sehen werden, treffen sie auch für den Fall elektrischer Stromkreise zu.

9.14 Fourier-Analyse der periodischen Bewegung

Zu Beginn dieses Kapitels haben wir erklärt, daß die einfache harmonische Bewegung nur ein Spezialfall der periodischen oder Schwingungsbewegung ist. Eine allgemeine periodische Bewegung der Periode P wird durch die Funktion $x = f(t)$ beschrieben, die ebenfalls periodisch ist, d.h., die die Eigenschaft hat, daß

$$f(t) = f(t + P), \tag{9.43}$$

wie in Abb. 9.34 gezeigt. Die Darstellung von $f(t)$ wiederholt sich daher in Abständen von P.

Wir wollen als Beispiel die Bewegung betrachten, deren Verschiebung durch

$$x = A \sin \omega t + B \sin 2\omega t \tag{9.44}$$

gegeben ist. Dies stellt die Überlagerung zweier einfacher harmonischer Bewegungen der Kreisfrequenzen ω und 2ω und der Perioden P und $\frac{1}{2}P$ dar. Offensichtlich ist x ebenfalls periodisch, seine Periode wird P sein. Das ist aus der Kurve in Abb. 9.35 zu entnehmen, in welcher (a) $\sin \omega t$ entspricht und (b) $\sin 2\omega t$. Obwohl x periodisch ist, ist es nicht einfach harmonisch.

Wenn wir in (9.44) Glieder der Form $\sin 3\omega t$, $\sin 4\omega t$, $\ldots$, $\sin n\omega t$, der Kreisfrequenzen

$$3\omega, 4\omega, \ldots, n\omega, \ldots$$

und Perioden

$$P/3, P/4, \ldots, P/n, \ldots$$

anfügen, oder wenn wir Kosinusfunktionen der selben Frequenzen einführen, erhalten wir immer noch eine Verschiebung x, die mit der Periode P periodisch ist. Ihre genaue Form hängt von der Zahl der Sinus- und Kosinusfunktionen ab, die wir einführen und von ihren relativen Amplituden.

Wir sehen daher, daß wir durch Addition einfacher harmonischer Bewegungen, deren Frequenzen Vielfache einer Grundfrequenz sind und deren Amplituden sorgfältig gewählt werden, beinahe jede beliebige periodische Funktion erhalten können. Das Gegenteil ist ebenso richtig und stellt das *Fourier-Prinzip* dar, dessen Beweis man in Mathematiklehrbüchern findet. Das Fourier-Prinzip besagt, daß eine periodische Funktion $f(t)$ der Periode $P = 2\pi/\omega$ als Überlagerung ein-

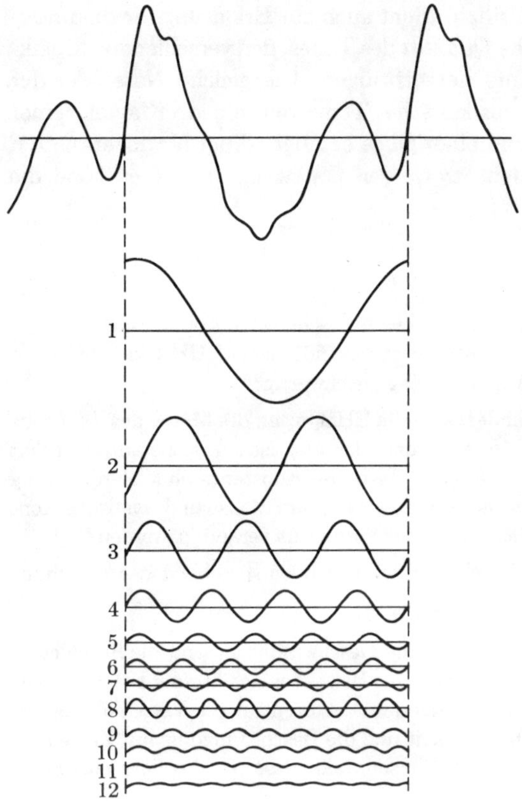

9.36 Fourier-Analyse einer periodischen Funktion.

facher harmonischer Glieder ausgedrückt werden kann:

$$\begin{aligned} f(t) = {} & a_0 \\ & + a_1 \cos \omega t + a_2 \cos 2\omega t + \cdots + a_n \cos n\omega t + \cdots \\ & + b_1 \sin \omega t + b_2 \sin 2\omega t + \cdots + b_n \sin n\omega t + \cdots . \end{aligned} \tag{9.45}$$

Dieser Ausdruck wird *Fourier-Reihe* genannt. Die Frequenz ω bezeichnet man als *Grundfrequenz*, die Frequenzen 2ω, 3ω, $\ldots$, $n\omega$, $\ldots$ sind die *Harmonischen* oder *Oberschwingungen*.

Wenn man das Fourier-Prinzip anwendet, kann man jede periodische Bewegung als Überlagerung einfacher harmonischer Bewegungen betrachten. In Abb. 9.36 ist die periodische Bewegung, die der ersten Kurve entspricht, in ihre Fourierkomponenten zerlegt. Es sind die ersten zwölf Oberschwingungen gezeigt. Das

Fourier-Prinzip dient auch zur Erklärung für die unterschiedliche *Qualität* des Tones, den verschiedene Musikinstrumente hervorbringen. Die gleiche Note oder der gleiche musikalische Ton, von einem Klavier, einer Gitarre und einer Oboe erzeugt, klingt für unsere Ohren verschieden, trotz der Tatsache, daß die Töne die gleichen Grundfrequenzen haben. Die Unterschiede sind auf die Oberschwingungen mit unterschiedlichen relativen Amplituden zurückzuführen. In anderen Worten, die Fourier-Analyse des Tones ist für jedes Instrument verschieden.

Fragen

1. Geben Sie eine kinematische Definition der EHB. Geben Sie eine dynamische Definition der EHB. Sind die beiden Definitionen völlig gleichwertig?
2. Wie ändert sich die EHB, wenn die Masse des Teilchens ohne Veränderung der elastischen Konstanten erhöht wird? wenn die elastische Konstante ohne Veränderung der Masse erhöht wird? wenn Masse und elastische Konstante im gleichen Verhältnis verändert werden?
3. Ein Teilchen bewegt sich entsprechend der Gleichung

   $x = A \cos(\omega t + \alpha)$.

   Berechnen Sie die Geschwindigkeit und die Beschleunigung des Teilchens. Bewegt es sich in einer EHB? Tragen Sie die rotierenden Vektoren für die Verschiebung, die Geschwindigkeit und die Beschleunigung auf. Zeigen Sie an, wie der Phasenwinkel $(\omega t + \alpha)$ gemessen werden sollte.
4. Drücken Sie die Erhaltung der Energie bei der EHB durch x und v aus. Drücken Sie mit Hilfe dieses Ausdrucks v durch x aus und vergleichen Sie Ihr Ergebnis mit dem von Beispiel 8.4.
5. Unter welchen Bedingungen bewegt sich ein Pendel in einer EHB?
6. Die Länge des Pendels einer Uhr wird so eingestellt, daß es die richtige Zeit gibt, wenn die Schwingungsamplitude sehr gering ist. Geht die Uhr zu schnell oder zu langsam, wenn das Pendel unabsichtlich in eine Schwingung mit großer Amplitude versetzt wird?
7. Zwei EHB der gleichen Frequenz und Richtung werden überlagert. Welche Eigenschaften der resultierenden Schwingung hängen vom Phasenunterschied ab, welche sind unabhängig davon?
8. Diskutieren Sie den Begriff der Schwebung.
9. Zwei einfache harmonische Bewegungen der gleichen Frequenz und senkrechter Richtung werden überlagert. Unter welchen Bedingungen ist die resultierende Bewegung (a) eine EHB, (b) eine Kreisbewegung? Ist die resultierende Bewegung immer harmonisch?
10. Diskutieren Sie den Begriff der Normalschwingungen gekoppelter Oszillatoren.
11. Wann ist die Schwingungsbewegung anharmonisch?
12. Diskutieren Sie im Rahmen physikalischer Begriffe, warum die Addition einer Kraft $-\lambda v$ zu einer elastischen Kraft $-kx$ zu einer gedämpften Schwingungsbewegung führt.
13. Bleibt die Energie bei der gedämpften Schwingungsbewegung erhalten? Erläutern Sie Ihre Antwort.
14. Diskutieren Sie im Rahmen physikalischer Begriffe, warum die erzwungenen Schwingungen eines gedämpften Oszillators nicht gedämpft sind?
15. Erklären Sie, warum die Kraft und die Geschwindigkeit bei der Energieresonanz in Phase sein müssen.
16. Analysieren Sie die physikalische Bedeutung des Fourier-Prinzips. Erklären Sie im Rahmen dieses Prinzips die Unterschiede in der Qualität der gleichen Musiknote, wenn sie von verschiedenen Instrumenten hervorgebracht wird.

AUFGABEN

9.1 Ein Rad mit einem Radius von 30 cm wird an seinem Rand mit einem Griff versehen. Das Rad dreht sich mit 0,5 Umdrehungen s^{-1}, wobei seine Achse eine horizontale Lage einnimmt. Unter der Annahme, daß die Sonnenstrahlen senkrecht auf die Erde fallen, wird der Schatten des Griffes eine einfache harmonische Bewegung beschreiben. Bestimmen Sie (a) die Periode der Bewegung des Schattens, (b) ihre Frequenz und (c) ihre Amplitude. Schreiben Sie die Gleichung an, welche die Verschiebung als Funktion der Zeit ausdrückt. Nehmen Sie eine Anfangsphase von null an.

9.2 Ein Teilchen bewegt sich in einfacher harmonischer Bewegung mit einer Amplitude von 0,10 m und einer Periode von 2 s. Schreiben Sie eine Tabelle für die Werte der Elongation, Geschwindigkeit und Beschleunigung zu den folgenden Zeitpunkten:

$$t = 0, P/8, 3P/8, P/2, 5P/8, 3P/4, 7P/8, \text{und } P.$$

Tragen Sie die Kurven für die Auslenkung, Geschwindigkeit und Beschleunigung als Funktion der Zeit auf.

9.3 Ein einfacher harmonischer Oszillator erfüllt die Gleichung

$$x = 0{,}4 \sin(0{,}1t + 0{,}5),$$

wobei alle Größen im MKSC-System ausgedrückt sind. Bestimmen Sie (a) die Amplitude, Periode, Frequenz und ursprüngliche Phase der Bewegung, (b) die Geschwindigkeit und Beschleunigung, (c) die Anfangsbedingungen, (d) die Position, Geschwindigkeit und Beschleunigung für $t = 5$ s. Stellen Sie die Position, Geschwindigkeit und Beschleunigung graphisch dar.

9.4 Ein Teilchen an einem Ende einer Stimmgabel geht mit einer Geschwindigkeit von 2 m s^{-1} durch seine Gleichgewichtslage. Wie groß sind die Frequenz und die Periode der Stimmgabel? Schreiben Sie eine Gleichung an, die die Verschiebung als Funktion der Zeit ausdrückt.

9.5 Ein Teilchen der Masse 1 g schwingt in einfacher harmonischer Bewegung mit einer Amplitude von 2 mm. Seine Beschleunigung am Ende der Bahn beträgt $8{,}0 \cdot 10^3$ m s^{-2}. Berechnen Sie die Frequenz der Bewegung und die Geschwindigkeit des Teilchens, wenn es durch die Gleichgewichtslage geht und wenn die Auslenkung 1,2 mm beträgt. Schreiben Sie die Gleichung an, die die auf das Teilchen wirkende Kraft als Funktion der Position und als Funktion der Zeit beschreibt.

9.6 Ein Teilchen schwingt mit einer Frequenz von 100 Hz und einer Amplitude von 3 mm. Berechnen Sie seine Geschwindigkeit und Beschleunigung in der Mitte seiner Bahn und an den beiden Enden. Schreiben Sie die Gleichung an, die die Elongation als Funktion der Zeit darstellt. Nehmen Sie eine Anfangsphase von null an.

9.7 Ein Teilchen bewegt sich in einfacher harmonischer Bewegung mit 1,5 m Amplitude. Es schwingt 100 mal pro Sekunde. Wie groß ist die Kreisfrequenz? Berechnen Sie (a) seine Geschwindigkeit, (b) seine Beschleunigung, und (c) seine Phase, wenn seine Verschiebung 0,75 m beträgt.

9.8 Die Bewegung der Nadel einer Nähmaschine ist praktisch einfach harmonisch. Wie groß ist die Elongation, Geschwindigkeit und Beschleunigung zur Zeit $t = \frac{1}{30}$s, nachdem die Nadel durch den Mittelpunkt ihrer Bahn gegangen ist, in (a) positiver Richtung (nach oben), (b) negativer Richtung (nach unten)? Die Amplitude der Nadel ist 0,3 cm, die Frequenz 600 Schwingungen $\min^{-1}$.

9.9 Eine bestimmte einfache harmonische Bewegung hat eine Amplitude von 8 cm und eine Periode von 4 s. Berechnen Sie die Geschwindigkeit und die Beschleunigung 0,5 s, nachdem das Teilchen durch die extremen Punkte seiner Bahn gegangen ist.

9.10 Berechnen Sie in Aufgabe 9.2 die kinetische, potentielle und Gesamtenergie für jeden Zeitpunkt unter der Annahme, daß das Teilchen eine Masse von 0,5 kg besitzt. Beachten Sie, daß die Gesamtenergie konstant bleibt. Tragen Sie die kinetische und potentielle Energie (a) als Funktion der Zeit, (b) als Funktion der Position auf. Was schließen Sie daraus?

9.11 Ein Teilchen, dessen Masse 0,50 kg beträgt, bewegt sich in einfacher harmonischer Bewegung. Seine Periode ist 0,1 s, seine Amplitude 10 cm. Berechnen Sie die Beschleunigung, die Kraft, die potentielle Energie und die kinetische Energie, wenn das Teilchen 5 cm von der Gleichgewichtslage entfernt ist.

9.12 Ein Teilchen der Masse von 4 kg bewegt sich längs der X-Achse unter der Wirkung der Kraft

$$F = -\left(\frac{\pi^2}{16}\right) x \text{ N}.$$

Zu $t = 2$ s geht das Teilchen durch den Ursprung, zu $t = 4$ s beträgt seine Geschwindigkeit 4 m s^{-1}. Finden Sie die Gleichung für die Elongation und zeigen Sie, daß die Amplitude der Bewegung $32\sqrt{2}/\pi$ m beträgt.

9.13 Wenn ein Mann der Masse von 60 kg in ein Auto einsteigt, sinkt der Schwerpunkt des Autos um 0,3 cm. Wie groß ist die elastische Konstante der Federung des Autos? Welche Schwingungsperiode hat das Auto, wenn es leer ist und wenn der Mann im Auto sitzt, wenn die Masse des Autos 500 kg beträgt.

9.14 Ein Holzblock, dessen Dichte relativ zu Wasser ρ ist, hat die Abmessungen a, b und c. Während er mit der Seite a in der Vertikalen auf dem Wasser schwimmt, wird er untergetaucht und wieder losgelassen. Berechnen Sie die Periode der resultierenden Schwingung.

9.15 Ein Teilchen bewegt sich so, daß seine Koordinaten als Funktion der Zeit durch

$$x = v_0 t, \qquad y = y_0 \sin \omega t$$

gegeben sind. (a) Tragen Sie x und y als Funktion von t auf. (b) Tragen Sie den Weg des Teilchens auf. (c) Welche Kraft ist erforderlich, um diese Bewegung hervorzurufen? (d) Bestimmen Sie die Beträge seiner Geschwindigkeit und Beschleunigung als Funktion der Zeit.

9.16 Bestimmen Sie für die einfache harmonische Bewegung die Werte $\overline{x}$ und $\overline{x^2}$, wobei der Mittelwert sich auf die Zeit bezieht.

9.17 Bestimmen Sie die mittleren Werte der kinetischen und der potentiellen Energie bei der harmonischen Bewegung relativ zu (a) Zeit und (b) Lage.

9.18 Die Periode eines Pendels ist 3 s. Wie groß wird seine Periode sein, wenn seine Länge um 60% (a) vergrößert, (b) verkleinert wird?

9.19 Wie groß sollte die prozentuale Veränderung der Länge eines Pendels sein, damit eine Uhr, die von einem Platz mit $g = 9{,}80\ \mathrm{m\,s^{-2}}$ auf einen Platz mit $g = 9{,}81\ \mathrm{m\,s^{-2}}$ verschoben wird, die gleiche Periode hat?

9.20 Ein mathematisches Pendel, dessen Länge 2 m beträgt, befindet sich an einem Ort mit $g = 9{,}80\ \mathrm{m\,s^{-2}}$. Das Pendel schwingt mit einer Amplitude von 2°. Drücken Sie (a) seine Winkelverschiebung (Auslenkung), (b) seine Winkelgeschwindigkeit, (c) seine Winkelbeschleunigung, (d) seine lineare Geschwindigkeit, (e) seine Zentripetalbeschleunigung und (f) die Spannung in der Schnur als Funktion der Zeit aus, wenn die Masse des Pendelgewichts 1 kg beträgt.

9.21 Ein Pendel von 1,00 m Länge, dessen Gewicht eine Masse von 0,60 kg hat, wird in einem Bogen hochgezogen, so daß es sich 4 cm über seiner Gleichgewichtshöhe befindet. Drücken Sie als Funktion der Pendelhöhe die Kraft tangential zu seinem Weg, seine Tangentialbeschleunigung, seine Geschwindigkeit und seine Winkelverschiebung aus, wenn man das Pendel schwingen läßt. Bestimmen Sie die Zahlenwerte am Punkt der größten Amplitude und am niedrigsten Punkt der Pendelbahn. Bestimmen Sie seine Winkelamplitude.

9.22 Schätzen Sie die relative Größenordnung des Korrekturausdrucks in (9.14) für die Periode des mathematischen Pendels ab, wenn die Amplitude (a) 10°, (b) 30° ist.

9.23 Finden Sie die Gleichung für die Bewegung, die resultiert, wenn man zwei parallele einfache harmonische Bewegungen überlagert, deren Gleichungen

$$x_1 = 6 \sin 2t \qquad \text{und} \qquad x_2 = 8 \sin (2t + \alpha)$$

sind, wenn $\alpha = 0$, $\pi/2$, und π ist. Stellen Sie die resultierende Bewegung in jedem Fall graphisch dar.

9.24 Finden Sie die Gleichung der Bewegung, die aus der Überlagerung zweier einfacher harmonischer Bewegungen resultiert, deren Gleichungen

$$x_1 = 2 \sin (\omega t + \pi/3) \qquad \text{und} \qquad x_2 = 3 \sin (\omega t + \pi/2)$$

lauten. Stellen Sie die resultierende Bewegung graphisch dar.

9.25 Finden Sie die Bahngleichung für die resultierende Bewegung zweier senkrechter einfacher harmonischer Bewegungen, deren Gleichungen

$$x = 4 \sin \omega t \qquad \text{und} \qquad y = 3 \sin (\omega t + \alpha)$$

lauten, wenn $\alpha = 0$, $\pi/2$ und π. Stellen Sie für jeden Fall die Bahn des Teilchens graphisch dar und zeigen Sie, in welcher Richtung das Teilchen sie durchläuft.

9.26 Finden Sie die Bahngleichung eines Teilchens, die aus der Anwendung zweier zueinander senkrechter einfacher harmonischer Bewegungen entsteht, wenn

$$\omega_1/\omega_2 = \tfrac{1}{2}$$

und $\alpha = 0$, $\pi/3$ und $\pi/2$. Tragen Sie für jeden Fall die Bahn auf und zeigen Sie die Richtung an, in welcher sie durchlaufen wird.

9.27 Ein mathematisches Pendel hat eine Periode von 2 s und eine Amplitude von 2°. Nach 10 vollständigen Schwingungen ist seine Amplitude auf 1,5° reduziert. Berechnen Sie die Dämpfungskonstante γ.

9.28 Bei einem gedämpften Oszillator bezeichnet man die Größe $\tau = 1/2\gamma$ als *Relaxationszeit*. (a) Beweisen Sie, daß sie in Zeiteinheiten ausgedrückt wird. (b) Wie stark hat sich die Amplitude des Oszillators nach dieses Zeit verändert? (c) Drücken Sie die Zeit, die verstreicht, bis die Amplitude die Hälfte ihres ursprünglichen Wertes erreicht, als Funktion von τ aus. (d) Welche Werte nimmt die Amplitude nach einer Zeit an, die ein Zweifaches, Dreifaches etc., der Relaxationszeit ist?

9.29 Schreiben Sie den Ausdruck für die Geschwindigkeit und die Beschleunigung eines gedämpften Oszillators an, dessen Verschiebung durch (9.29) gegeben ist. Bestimmen Sie die Grenzwerte, wenn γ viel kleiner als ω_0 ist.

9.30 Nehmen Sie an, daß für einen gedämpften Oszillator γ viel kleiner ist als ω_0, so daß die Amplitude während einer Schwingung praktisch konstant bleibt. Beweisen Sie, daß die kinetische Energie des gedämpften Oszillators in der Form

$$E_k = \tfrac{1}{2} m \omega_0^2 A^2 e^{-2\gamma t} \cos^2 (\omega_0 t + \alpha)$$

geschrieben werden kann, und daß die Gesamtenergie

$$E = \tfrac{1}{2} m \omega_0^2 A^2 e^{-2\gamma t}$$

ist. [*Hinweis*: Erinnern Sie Sich an Aufgabe 9.29.]

9.31 Bestimmen Sie die Grenzwerte der Amplitude und der Phase eines gedämpften Oszillators, wenn (a) ω_f viel kleiner als ω_0 und (b) ω_f viel größer als ω_0 ist. Bestimmen Sie für jeden Fall die dominierenden Faktoren.

9.32 Beweisen Sie, daß bei der erzwungenen Schwingung eines gedämpften Oszillators die mittlere Leistung der ausgeübten Kraft gleich der mittleren Leistung ist, die durch die dämpfende Kraft zerstreut wird.

9.33 Schreiben Sie die Bewegungsgleichung einer einfachen harmonischen ungedämpften Schwingung an, auf die eine Kraft

$$F = F_0 \cos \omega_f t$$

ausgeübt wird. Überprüfen Sie, daß die Lösung

$$x = \frac{F_0}{m(\omega_0^2 - \omega_f^2)} \cos \omega_f t.$$

ist. Diskutieren Sie die Rolle der Resonanz in diesem Fall.

9.34 Ein Teilchen gleitet auf zwei geneigten Ebenen reibungslos hin und her (Abb. 9.37). (a) Bestimmen Sie die Periode der Bewegung, wenn h die anfängliche Höhe ist. (b) Ist die Bewegung eine Schwingungsbewegung? Ist sie einfach harmonisch?

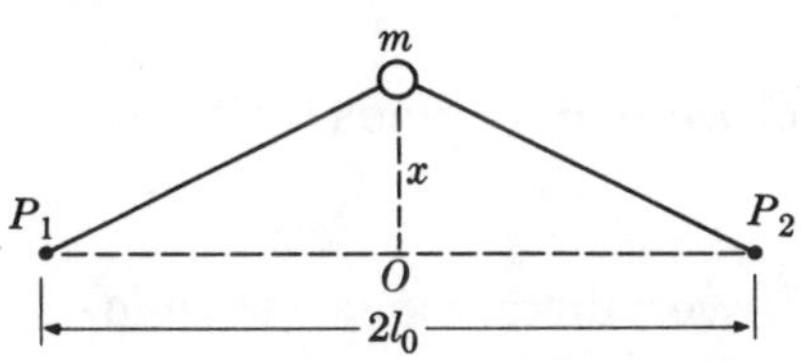

9.37

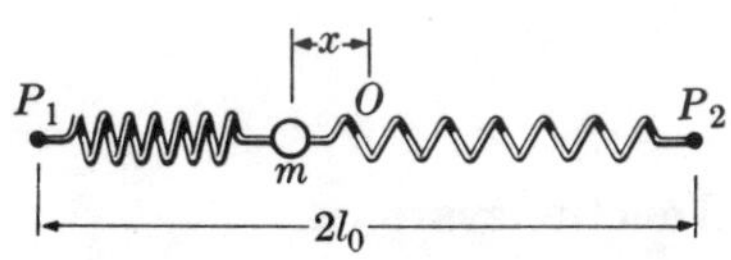

9.38

9.35 Ein Teilchen der Masse m, das sich auf einem horizontalen reibungslosen Tisch befindet (Abb. 9.38), wird durch zwei identische Federn gehalten, die im ungestreckten Zustand die Länge l_0 haben. Die anderen Enden der Federn sind im Abstand $2l_0$ an den Punkten P_1 und P_2 befestigt. Bestimmen Sie die anschließende Bewegung der Federn, wenn das Teilchen seitlich um x_0 verschoben wird (x ist im Verhältnis zur Länge der Feder klein). Bestimmen Sie die Schwingungsfrequenz und schreiben Sie die Bewegungsgleichung an.

9.36 Ein Teilchen der Masse m unterliegt der Kraft, die in Abb. 9.39 gezeigt ist, einer sogenannten *quadratischen Welle*, d.h., die Kraft hat einen konstanten Betrag, wechselt jedoch in regelmäßigen Abständen π/ω ihre Richtung. Die Kraft kann durch die Fourier-Reihe

$$F = F_0(4/\pi)(\sin \omega t + \tfrac{1}{3} \sin 3\omega t + \tfrac{1}{5} \sin 5\omega t + \cdots)$$

dargestellt werden. (a) Schreiben Sie die Bewegungsgleichung des Teilchens an, (b) beweisen Sie durch direktes Einsetzen in die Gleichung, daß ihre Lösung

$$x = a + bt + A \sin \omega t + B \sin 3\omega t + C \sin 5\omega t + \cdots$$

geschrieben werden kann, wobei a und b willkürliche Konstanten sind. Bestimmen Sie die Werte der Koeffizienten $A, B, C, \ldots$, für die die Bewegungsgleichung erfüllt ist.

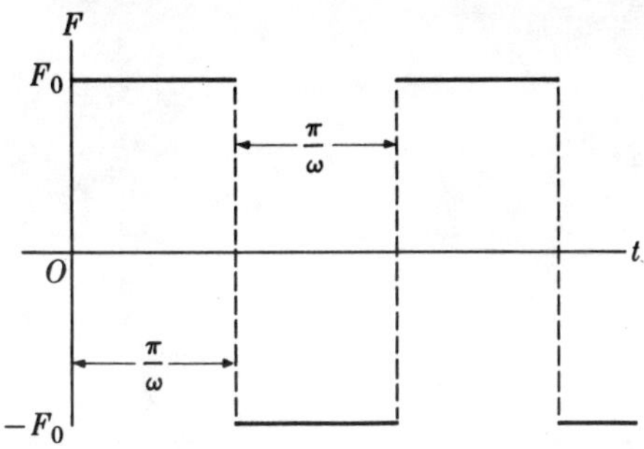

9.39

9.37 Betrachten Sie ein Teilchen, das unter dem Einfluß des anharmonischen Potentials

$$E_p(x) = \tfrac{1}{2}kx^2 - \tfrac{1}{3}ax^3$$

schwingt, wobei a positiv und viel kleiner als k ist. (a) Stellen Sie $E_p(x)$ schematisch dar. Ist die Kurve um den Wert $x = 0$ symmetrisch? In welcher Richtung erfolgt unserem früheren Ergebnis nach die Verschiebung des Mittelpunkts der Schwingung, wenn die Energie zunimmt? Erwarten sie, daß $\overline{x}$ null ist? (b) Drücken Sie die Kraft als Funktion von x aus und fertigen Sie ein Diagramm an. Welchen Einfluß hat der anharmonische Ausdruck auf die Kraft?

9.38 Wiederholen Sie Aufgabe 9.37 unter der Annahme, daß die potentielle Energie

$$E_p(x) = \tfrac{1}{2}kx^2 - \tfrac{1}{4}ax^4$$

ist. a ist wieder viel kleiner als k.

Kapitel 10

TEILCHEN-SYSTEME

Einleitung

Bewegung des Schwerpunkts eines isolierten Teilchensystems

Bewegung des Schwerpunkts eines Teilchen-systems, das äußeren Kräften unterliegt

Reduzierte Masse

Drehimpuls eines Teilchensystems

Innerer Drehimpuls und Bahndrehimpuls

Kinetische Energie eines Teilchensystems

Erhaltung der Energie eines Teilchensystems

Gesamtenergie eines Teilchensystems, das äußeren Kräften unterliegt

Innere Energie eines Teilchensystems

Bindungsenergie eines Teilchensystems

Stöße

Flüssigkeitsbewegung

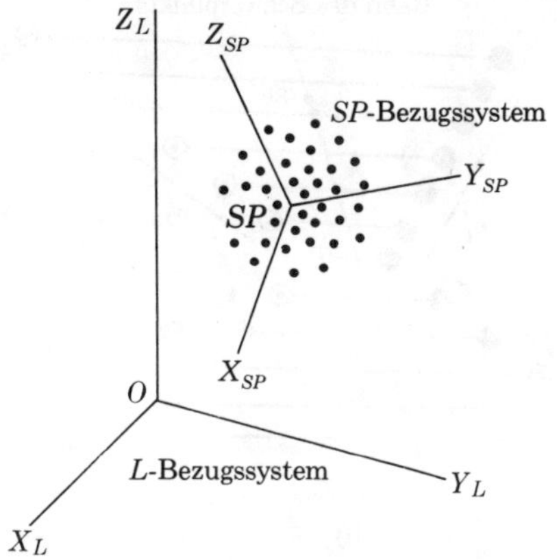

10.1 Das *SP*-Bezugssystem fällt mit dem Schwerpunkt des Teilchensystems zusammen. Das *L*-Bezugssystem ist relativ zum Beobachter fixiert.

10.1 EINLEITUNG

In den vorhergehenden Kapiteln haben wir die Dynamik eines Teilchens besprochen. Dabei haben wir den Rest der Welt, je nach den Koordinaten des Teilchens, durch eine *Kraft* oder eine *potentielle Energie* dargestellt. Wir wollen nun das wichtigere und der Wirklichkeit näher kommende Problem mehrerer Teilchen betrachten. In der Tat haben wir unsere Diskussion der Dynamik mit einem Teilchensystem begonnen, als wir in Kapitel 7 das Prinzip der Impulserhaltung formulierten. In dem vorliegenden Kapitel werden hauptsächlich drei Befunde besprochen: die Bewegung des Schwerpunkts, die Erhaltung des Drehimpulses und die Erhaltung der Energie. Wir werden das ganze Kapitel hindurch von der Annahme ausgehen, daß die Massen der Teilchen konstant sind.

10.2 BEWEGUNG DES SCHWERPUNKTS EINES ISOLIERTEN TEILCHENSYSTEMS

Wir wollen ein System betrachten, das aus Teilchen der Masse $m_1, m_2, \ldots$ besteht, die die Ortsvektoren $\boldsymbol{r}_1$, $\boldsymbol{r}_2, \ldots$ relativ zu einem Inertialsystem haben. In Abschnitt 4.7 wurde der Schwerpunkt eines Systems als der Punkt definiert, der durch den Ortsvektor

$$\boldsymbol{r}_{\text{SP}} = \frac{m_1\boldsymbol{r}_1 + m_2\boldsymbol{r}_2 + \cdots}{m_1 + m_2 + \cdots} = \frac{\sum_i m_i\boldsymbol{r}_i}{M},$$

gegeben ist, wobei $M = \sum_i m_i$ die Gesamtmasse des Systems darstellt. Wenn man die zeitliche Ableitung dieser Gleichung nimmt, und die Masse der Teilchen als unabhängig von der Geschwindigkeit betrachtet, erhält man die Geschwindigkeit des Schwerpunkts zu

$$\boldsymbol{v}_{\text{SP}} = \frac{d\boldsymbol{r}_{\text{SP}}}{dt} = \frac{1}{M}\sum_i m_i \frac{d\boldsymbol{r}_i}{dt} = \frac{\sum_i m_i\boldsymbol{v}_i}{M}. \tag{10.1}$$

Da $\boldsymbol{p}_i = m_i\boldsymbol{v}_i$, können wir (10.1) auch schreiben:

$$\boldsymbol{v}_{\text{SP}} = \frac{1}{M}\sum_i \boldsymbol{p}_i = \frac{\boldsymbol{P}}{M} \qquad \text{oder} \qquad \boldsymbol{P} = M\boldsymbol{v}_{\text{SP}}, \tag{10.2}$$

wobei $\boldsymbol{P} = \sum_i \boldsymbol{p}_i$ gleich dem Gesamtimpuls des Systems ist. Daraus kann man schließen, daß der Gesamtimpuls eines Systems so darstellbar ist, als ob die Masse im Schwerpunkt konzentriert wäre, der sich mit einer Geschwindigkeit $\boldsymbol{v}_{\text{SP}}$ bewegt. Deshalb wird $\boldsymbol{v}_{\text{SP}}$ oft als *Systemgeschwindigkeit* bezeichnet. Wenn wir daher von der Geschwindigkeit eines beweglichen Körpers sprechen, der aus vielen Teilchen besteht, wie z.B. ein Flugzeug oder ein Auto, die Erde oder der Mond oder sogar ein Molekül oder Kern, beziehen wir uns eigentlich auf die Geschwindigkeit seines Schwerpunkts, $\boldsymbol{v}_{\text{SP}}$.

Wir können den Schwerpunkt eines Systems mit einem Bezugssystem verknüpfen, das wir mit $X_{\text{SP}}\,Y_{\text{SP}}\,Z_{\text{SP}}$ bezeichnen (Abb. 10.1); relativ zu diesem Bezugssystem befindet sich der Schwerpunkt in Ruhe ($\boldsymbol{v}_{\text{SP}} = \boldsymbol{0}$). Man spricht dann vom *Schwerpunktsbezugssystem oder SP-System.* Nach (10.2) ist der Gesamtimpuls eines Teilchensystems, bezogen auf das *SP*-Bezugssystem immer

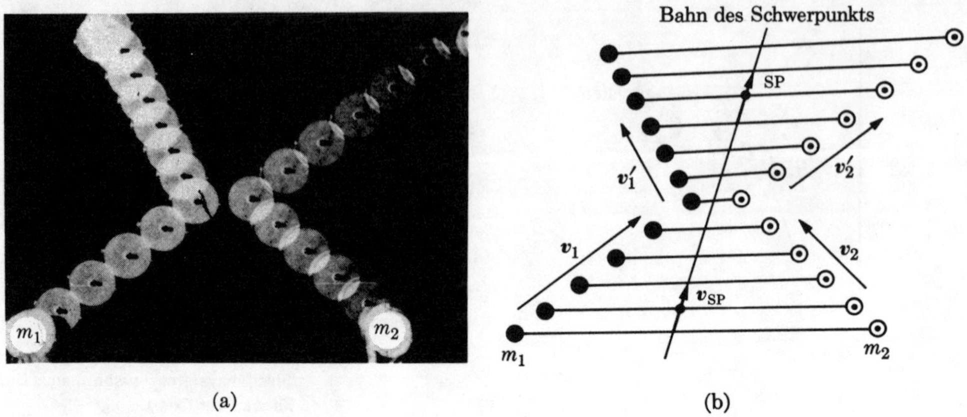

10.2 Stoß zwischen zwei Körpern. Die Wechselwirkung besteht nur, wenn die beiden Körper sehr nahe sind, (a) Multiblitzlichtaufnahme eines Stoßes. (b) Die graphische Analyse der Aufnahme zeigt, daß der Schwerpunkt sich mit konstanter Geschwindigkeit relativ zum Labor auf einer Geraden bewegt.

null,

$$\boldsymbol{P}_{SP} = \sum_i \boldsymbol{p}_i = \mathbf{0} \qquad \text{(im } SP\text{-Bezugssystem).} \tag{10.3}$$

Deshalb wird das *SP*-Bezugssystem manchmal auch als das *Nullimpuls-Bezugssystem* bezeichnet. Das *SP*-System ist deshalb wichtig, weil viele Versuche, die wir in unserem Laboratorium oder *L*-Bezugssystem (angedeutet durch $X_L Y_L Z_L$ in Abb. 10.1) durchführen, im *SP*-Bezugssystem leichter untersucht werden können. Das *SP*-Bezugssystem bewegt sich offensichtlich mit der Geschwindigkeit $\boldsymbol{v}_{SP}$ relativ zum *L*-Bezugssystem.

Wenn das System isoliert ist, wissen wir aus dem Prinzip der Impulserhaltung, daß $\boldsymbol{P}$ konstant ist. Daher gilt:

Der Schwerpunkt eines isolierten Systems bewegt sich mit konstanter Geschwindigkeit relativ zu einem Inertialsystem (wenn man annimmt, daß die Massen der Teilchen von der Geschwindigkeit unabhängig sind).

Man sieht das eindeutig am Zusammenstoß zweier gleitender Scheiben, der in Abb. 10.2 (a) in einer Multiblitzlichtaufnahme gezeigt ist. Die beiden Scheiben bilden ein isoliertes System und wir sehen aus der graphischen Analyse in Abb. 10.2(b), daß der Schwerpunkt des Systems sich mit konstanter Geschwindigkeit auf einer Geraden bewegt.

10.3 BEWEGUNG DES SCHWERPUNKTS EINES TEILCHENSYSTEMS, DAS ÄUSSEREN KRÄFTEN UNTERLIEGT

Als nächstes wollen wir betrachten, was passiert, wenn ein Teilchensystem nicht isoliert ist, in anderen Worten, wenn die Teilchen des Systems mit anderen Teilchen in der Welt, die nicht zum System gehören, in Wechselwirkung sind. Wir wollen annehmen, daß unser System, mit S bezeichnet, aus den Teilchen besteht, die sich in Abb. 10.3 innerhalb der gestrichelten Linie befinden, und daß die Teilchen in S mit denen außerhalb der gestrichelten Linie, die ein anderes System S' darstellen, in Wechselwirkung sind. Wir wollen außerdem annehmen, daß S und S' gemeinsam ein isoliertes System darstellen. Als konkretes Beispiel soll S unser Milchstraßensystem sein und S' der Rest des Universums. Oder S könnte das Sonnensystem sein und S' der Rest des Universums. Wir können sogar ein Molekül oder eine Gruppe von Atomen betrachten und sie in zwei Systeme S uns S' unterteilen.

Wir wollen die Kräfte, die zwischen den Teilchen des Systems S wirken, als *innere Kräfte* bezeichnen, wäh-

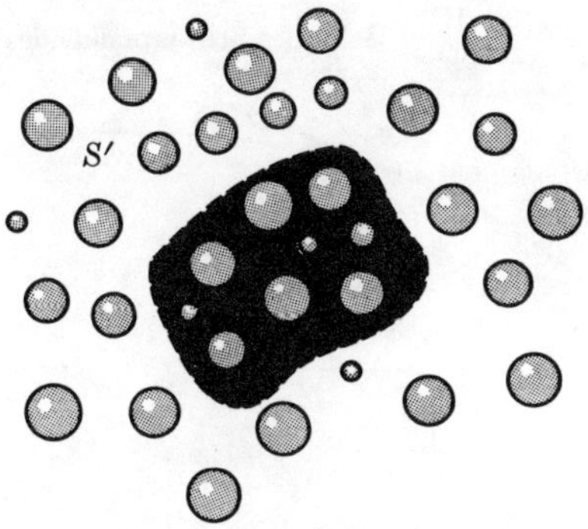

10.3 Wechselwirkung zwischen einem System S und seiner Umgebung, dem System S'.

rend die *äußeren Kräfte* jene sind, die von der Umgebung, also von System S', auf die Teilchen des Systems ausgeübt werden. Wir sagen dann, daß *die äußeren Kräfte auf ein Teilchensystem die Summe der Kräfte auf jedes einzelne Teilchen darstellen*. Das heißt

$$\boldsymbol{F}_{\text{aus}} = \textstyle\sum_i \boldsymbol{F}_i,$$

wobei $\boldsymbol{F}_i$ die äußere Kraft auf das Teilchen i ist.

Das Prinzip der Impulserhaltung für das gesamte isolierte System $S + S'$ besagt,

$$\boldsymbol{P} = \underbrace{\textstyle\sum_i \boldsymbol{p}_i}_{\text{System } S} + \underbrace{\textstyle\sum_j \boldsymbol{p}_j}_{\text{System } S'} = \text{Konst.}$$

oder

$$\boldsymbol{P} = \boldsymbol{P}_S + \boldsymbol{P}_{S'} = \text{Konst.} \tag{10.4}$$

Jede Änderung im Impuls von S muß daher von einer gleich großen und entgegengesetzten Änderung im Impuls von S' begleitet sein. Das heißt

$$\Delta \boldsymbol{P}_S = -\Delta \boldsymbol{P}_{S'} \tag{10.5}$$

Die Wechselwirkung zwischen System S und S' kann daher als Austausch von Impulsen beschrieben werden. Der Student sollte (10.4) und (10.5) mit (7.5) und (7.7) für den speziellen Fall zweier Teilchen vergleichen. Man beachte die Ähnlichkeit!

Wenn man die zeitliche Ableitung von (10.5) nimmt, erhält man

$$\frac{d\boldsymbol{P}_S}{dt} = -\frac{d\boldsymbol{P}_{S'}}{dt}. \tag{10.6}$$

Wie unten gezeigt, gilt also:

Die zeitliche Änderung des Gesamtimpulses eines Teilchensystems ist gleich der äußeren Kraft, die am System angreift.

Das heißt

$$\frac{d\boldsymbol{P}_S}{dt} = \boldsymbol{F}_{\text{aus}} \qquad \text{oder} \quad \frac{d}{dt}\left(\sum_i \boldsymbol{p}_i\right) = \boldsymbol{F}_{\text{aus}}. \tag{10.7}$$

Man beachte, daß die zeitliche Veränderung des Impulses von S nur auf die *äußeren Kräfte* zurückzuführen ist, die durch ihre Wechselwirkungen mit S' zustande kommen. Die *inneren Kräfte*, die in S aufgrund der Wechselwirkungen zwischen seinen Teilchen herrschen, führen zu keiner Änderung des Gesamtimpulses, entsprechend dem Prinzip der Impulserhaltung.

Wenn $\boldsymbol{F}'_{\text{aus}}$ die äußeren Kräfte auf System S' darstellt, erfordert (10.6), daß

$$\boldsymbol{F}_{\text{aus}} = -\boldsymbol{F}'_{\text{aus}},$$

was das Gesetz von Aktion und Reaktion für die Wechselwirkung zwischen den Systemen S und S' ist.

Da nach (10.2) die Geschwindigkeit des Schwerpunkts von S durch

$$\boldsymbol{v}_{\text{SP}} = \boldsymbol{P}_s/M$$

gegeben ist, erhalten wir aus (10.7)

$$\boldsymbol{F}_{\text{aus}} = M\frac{d\boldsymbol{v}_{\text{SP}}}{dt} = M\boldsymbol{a}_{\text{SP}}, \tag{10.8}$$

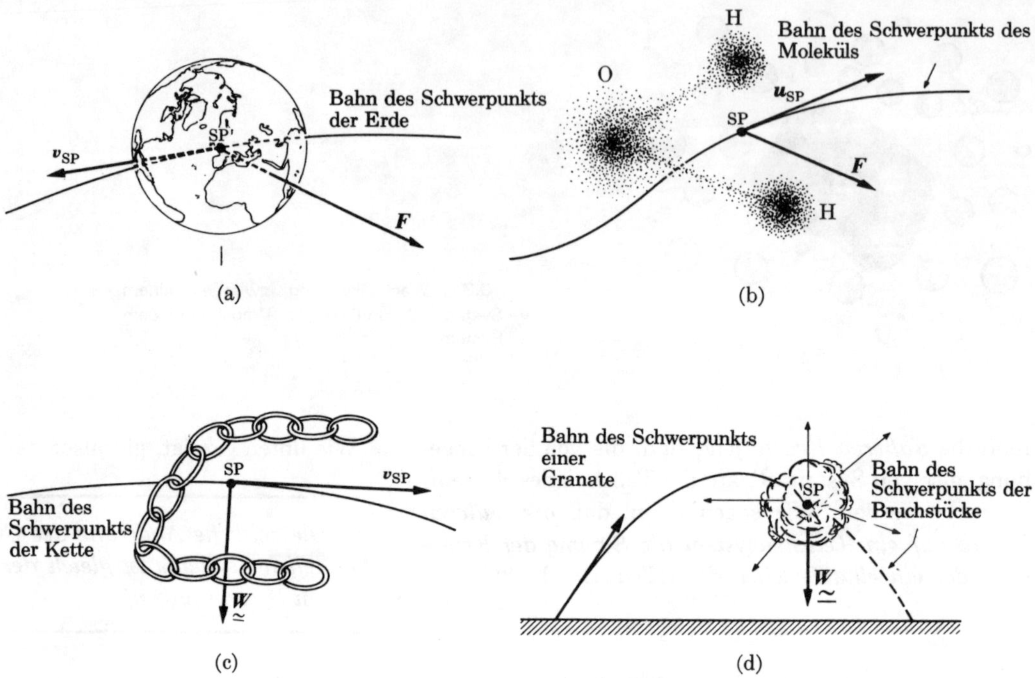

10.4 Der Schwerpunkt eines Teilchensystems folgt einer Bahn, die den äußeren am System angreifenden Kräften unterliegt.

wobei $\boldsymbol{a}_{SP}$ die Beschleunigung des Schwerpunkts von S ist. Wenn wir das Ergebnis mit (7.15) vergleichen, sehen wir Folgendes:

Der Schwerpunkt eines Teilchensystems bewegt sich so, als ob er ein Teilchen mit einer Masse wäre, die gleich der Gesamtmasse des Systems ist, und den äußeren Kräften unterläge, die auf das System wirken.

Das obige Ergebnis zeigt eindeutig, daß die Wechselwirkung zwischen zwei Teilchensystemen durch die gleichen Begriffe beschrieben werden kann, die in Kapitel 7 für zwei einzelne Teilchen eingeführt wurden. Das rechtfertigt im Nachhinein die lockere Art, in der wir in Kapitel 7 die Anwendung der Prinzipien der Dynamik darstellten, als wir die Fälle der Wechselwirkung zwischen Erde und Mond, zwischen zwei Molekülen oder für die Bewegung einer Rakete oder eines Autos besprachen, wobei in diesen Fällen Körper und nicht Teilchen beteiligt waren.

Wir wollen nun einige Beispiele betrachten. Abbildung 10.4 (a) zeigt die Erde in ihrer Bewegung um die Sonne. Der Schwerpunkt der Erde bewegt sich entsprechend einem Teilchen mit der Masse der Erde, das einer Kraft unterliegt, die gleich der Summe der Kräfte der Sonne (und der anderen Himmelskörper) auf alle Teilchen ist, aus denen die Erde besteht. Abb. 10.4(b) stellt ein Wassermolekül dar. Nehmen Sie z.B. an, daß dieses Molekül äußeren elektrischen Kräften unterliegt. Dann bewegt sich der Schwerpunkt, als ob er ein Teilchen der Masse des Moleküls wäre und einer Kraft unterläge, die gleich der Summe der Kräfte ist, die auf alle geladenen Teilchen wirken, aus denen das Molekül besteht. Abbildung 10.4 (c) stellt die Bewegung einer Kette dar, die in die Höhe geworfen wird. Der Schwerpunkt der Kette bewegt sich, als ob er ein Teilchen der

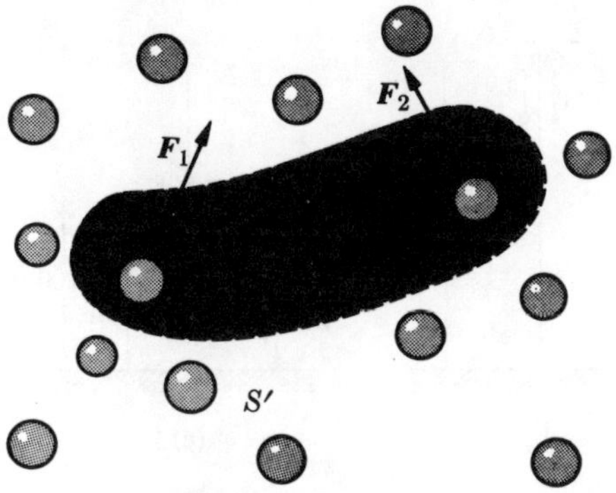

10.5 Äußere und innere Kräfte auf ein System S.

Masse der Kette wäre und einer Kraft unterläge, die gleich dem Gewicht der Kette ist. Der Schwerpunkt beschreibt deshalb eine Parabel. Schließlich sehen wir in Abb. 10.4(d) den Fall einer Granate, die im Flug explodiert. Der Schwerpunkt der Bruchstücke fährt fort, sich auf der ursprünglichen Parabel zu bewegen, da er sich wie ein Teilchen der Masse der Granate bewegt, die dem Gesamtgewicht aller Bruchteile unterliegt. Das Gewicht der Bruchstücke ändert sich bei der Explosion nicht, da die Schwerkraft an Orten nahe der Erdoberfläche praktisch unabhängig vom Ort ist. Wir müssen jedoch beachten, daß im Fall, daß das Gewicht ortsabhängig und nicht konstant wäre, die bei der Explosion entstehenden Bruchstücke äußeren Kräften unterliegen würden, die von jenen längs der unsprünglichen Bahn verschieden wären. Die Bahn des Schwerpunkts wäre dann nicht mehr die gleiche wie vor der Explosion, da die Summe der äußeren Kräfte verschieden wäre. Wenn z.B. ein Planet des Sonnensystems infolge einer kosmischen Katastrophe in Bruchstücke zerfiele, würde der Schwerpunkt der Bruchstücke nicht der ursprünglichen elliptischen Bahn der Planeten folgen, da die Kräfte auf die Bruchstücke verschieden wären.

Beweis von (10.7) Der Einfachkeit halber wollen wir annehmen, daß unser System S aus zwei Teilchen besteht. (Abb. 10.5). Wir wollen $\boldsymbol{F}_{12}$ die *inneren* Kräfte auf das Teilchen m_1 infolge seiner Wechselwirkung mit m_2 nennen, und $\boldsymbol{F}_{21}$ die *inneren* Kräfte auf m_2 infolge der Wechselwirkung mit m_1. Das Gesetz von Aktion und Reaktion erfordert, daß

$$\boldsymbol{F}_{12} = -\boldsymbol{F}_{21}, \qquad \text{oder} \qquad \boldsymbol{F}_{12} + \boldsymbol{F}_{21} = 0. \tag{10.9}$$

$\boldsymbol{F}_1$ sei die resultierende *äußere* Kraft auf m_1 infolge seiner Wechselwirkung mit anderen Teilchen, und $\boldsymbol{F}_2$ die *äußere* Kraft auf m_2. Um die Bewegungsgleichung jedes Teilchens unter der Wirkung *aller* Kräfte zu erhalten, die auf das Teilchen wirken, benutzen wir (7.12):

$$\frac{d\boldsymbol{p}_1}{dt} = \boldsymbol{F}_1 + \boldsymbol{F}_{12}, \qquad \frac{d\boldsymbol{p}_2}{dt} = \boldsymbol{F}_2 + \boldsymbol{F}_{21}.$$

Wenn wir die beiden Gleichungen addieren und $\boldsymbol{F}_{12} + \boldsymbol{F}_{21} =$ O beachten, finden wir

$$\frac{d\boldsymbol{P}}{dt} = \frac{d}{dt}(\boldsymbol{p}_1 + \boldsymbol{p}_2) = \boldsymbol{F}_1 + \boldsymbol{F}_2. \tag{10.10}$$

Die gesamte zeitliche Veränderung des Impulses des Systems, bestehend aus m_1 und m_2, ist daher gleich der Summe der *äußeren* Kräfte, die an m_1 und m_2 angreifen. Für ein System, das aus einer beliebigen Zahl von Teilchen besteht, gilt allgemein

$$\frac{d\boldsymbol{P}}{dt} = \frac{d}{dt}\left(\sum_i \boldsymbol{p}_i\right) = \sum_i \boldsymbol{F}_i, \tag{10.11}$$

wobei $\boldsymbol{F}_i$ die *äußere* Kraft darstellt, die auf das Teilchen m_i wirkt. Ein Vergleich mit (10.7) zeigt, daß $\boldsymbol{F}_{\text{aus}} = \sum_i \boldsymbol{F}_i$, entsprechend unserer früheren Definition.

Beispiel 10.1 Eine Granate, die senkrecht fällt, explodiert in einer Höhe von 2000 m und bei einer nach unten gerichteten Geschwindigkeit von 60 m s^{-1} in zwei gleiche Bruchstücke. Unmittelbar nach der Explosion fällt ein Bruchstück mit 80 m s^{-1} nach unten. Bestimmen Sie die Lage des Schwerpunkts des Systems 10 s nach der Explosion.

Lösung: Wir können zwei verschiedene Methoden anwenden

10.6

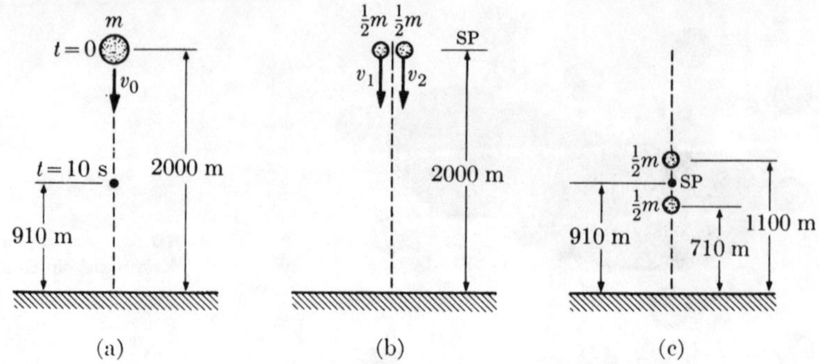

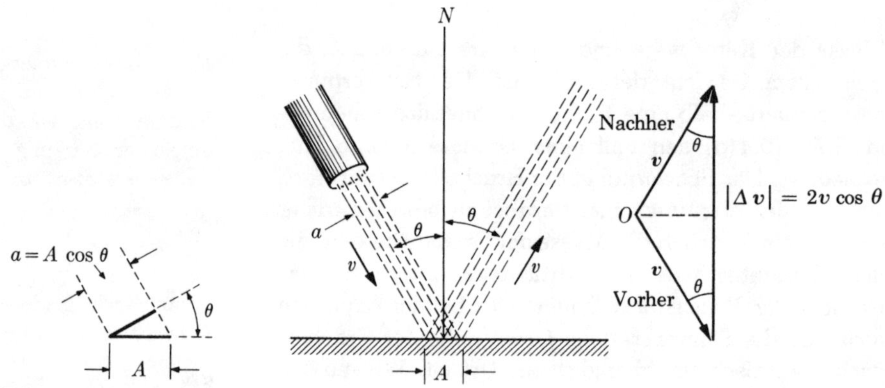

10.7 Änderung des Impulses eines Gasstroms, der auf eine Wand auftrifft.

(siehe Abb. 10.6). Da wir wissen, daß die äußeren Kräfte sich bei der Explosion nicht ändern, können wir annehmen, daß der Schwerpunkt sich weiter so bewegt, als ob keine Explosion stattgefunden hätte. Nach der Explosion wird sich daher der Schwerpunkt in einer Höhe befinden, die durch

$$y = y_0 + v_0 t + \tfrac{1}{2} g t^2$$

gegeben ist, wobei $y_0 = 2000$ m, $v_0 = -60$ m s^{-1} und $g = -9{,}8$ m s^{-2}. Zu $t = 10$ s ist daher

$$y = 910 \text{ m}.$$

Bei der anderen Methode berechnen wir die Position des Schwerpunkts aus der Position der Bruchstücke 10 s nach der Explosion. Da der Impuls bei der Explosion erhalten bleibt, gilt

$$m v_0 = m_1 v_1 + m_2 v_2.$$

Da aber $m_1 = m_2 = \tfrac{1}{2} m$, ist

$$2 v_0 = v_1 + v_2.$$

Es ist aber $v_0 = -60$ m s^{-1} und $v_1 = -80$ m s^{-1}. Daher ist

$$v_2 = -40 \text{ m s}^{-1},$$

und das zweite Bruchstück bewegt sich ebenfalls nach unten. Nach 10 s ist die Position des ersten Bruchstücks

$$y_1 = y_0 + v_1 t + \tfrac{1}{2} g t^2 = 710 \text{ m}$$

und das zweite Bruchstück nimmt die Position

$$y_2 = y_0 + v_2 t + \tfrac{1}{2} g t^2 = 1110 \text{ m}$$

ein. Die Position des Schwerpunkts ist daher

$$y_{SP} = \frac{(\tfrac{1}{2} m) y_1 + (\tfrac{1}{2} m) y_2}{m} = \tfrac{1}{2}(y_1 + y_2) = 910 \text{ m},$$

was mit unserem früheren Ergebnis übereinstimmt.

Beispiel 10.2 Eine Düse mit einem Querschnitt a wirft einen Gassstrom mit einer Geschwindigkeit $\boldsymbol{v}$ gegen eine

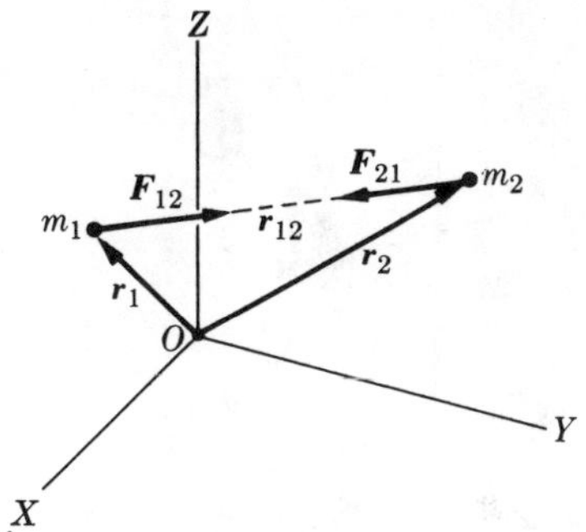

10.8 Relative Bewegung zweier Teilchen.

Wand. Die Geschwindigkeit ist viel größer als die thermische Bewegung der Moleküle. Die Wand reflektiert die Moleküle, ohne den Betrag ihrer Geschwindigkeit zu verändern. Berechnen Sie die auf die Wand ausgeübte Kraft.

Lösung: Wenn sich die Moleküle auf die Wand zu bewegen (Abb. 10.7), ist die Geschwindigkeit nach unten gerichtet. Nachdem sie die Wand getroffen haben, bewegen sie sich aufwärts. In beiden Fällen bewegen sie sich in einem Winkel θ zur Senkrechten N. Jedes Molekül erleidet als Ergebnis des Zusammenpralls mit der Wand eine Geschwindigkeitsänderung $\Delta \boldsymbol{v}$, die parallel zur Senkrechten N ist, da dies die Richtung der Kraft ist, die von der Wand ausgeübt wird. Der Betrag der Veränderung ist

$$|\Delta \boldsymbol{v}| = 2v \cos \theta.$$

Die Impulsänderung eines Moleküls ist

$$|\Delta \boldsymbol{p}| = m|\Delta \boldsymbol{v}| = 2mv \cos \theta$$

in Richtung der Senkrechten N. Wir wollen die Zahl von Molekülen pro Volumeneinheit n nennen. Die Zahl der Moleküle, die pro Zeiteinheit auf die Wand auftreffen, ist gleich der Zahl, die in einem Volumen mit der Länge der Geschwindigkeit v und dem Querschnitt a enthalten ist. Die Zahl ist daher $n(av)$. Jedes Molekül erfährt eine Impulsänderung von $2mv \cos \theta$. Die Impulsänderung des Gassstroms pro Zeiteinheit ist daher

$$F = (nav)(2mv \cos \theta) = 2anmv^2 \cos \theta.$$

A sei die Wandfläche, auf die der Gasstrom aufprallt. Aus der Abbildung entnehmen wir, daß

$$a = A \cos \theta.$$

Unser früheres Ergebnis wird daher zu

$$F = 2Anmv^2 \cos^2 \theta.$$

Nach (10.7) ist das die Kraft, die von der Wand auf den Gasstrom ausgeübt wird, und nach dem Gesetz von Actio und Reactio erzeugt der Gasstrom eine gleich große und entgegengesetzte Kraft auf die Fläche A der Wand. (Diese Gleichung gibt die Kraft des Windes auf ein Segel. Sie gibt auch die Kraft, die der Wind bei einem Sturm auf eine Mauer ausübt.)

Da die Gesamtkraft nicht auf ein einzelnes Teilchen der Wand, sondern auf eine Gesamtfläche ausgeübt wird, können wir den praktischen Begriff des *Druckes* einführen. Wenn eine Kraft auf einen ausgedehnten Bereich der Oberfläche eines Körpers einwirkt, und zwar senkrecht zur Oberfläche, ist der Druck auf die Oberfläche des Köpers als Normalkraft pro Oberflächeneinheit definiert. Daher gilt

$$\text{Druck} = \frac{\text{Normalkraft}}{\text{Fläche}} \qquad \text{oder} \qquad p = \frac{F}{A}. \tag{10.12}$$

Im Spezialfall dieses Beispiels übt das Gas auf die Wand einen Druck von

$$p = 2nmv^2 \cos^2 \theta \tag{10.13}$$

aus.

10.4 REDUZIERTE MASSE

Betrachten Sie zwei Teilchen, die nur ihrer gegenseitigen Wechselwirkung unterliegen, d.h., es wirken keine äußeren Kräfte auf sie (Abb. 10.8). Die beiden Teilchen könnten z.B. ein Elektron und ein Proton in einem isolierten Wasserstoffatom sein. Die entsprechenden inneren Kräfte $\boldsymbol{F}_{12}$ und $\boldsymbol{F}_{21}$ erfüllen die Beziehung

$$\boldsymbol{F}_{12} = -\boldsymbol{F}_{21}.$$

Wir haben diese Kräfte längs der Linie $\boldsymbol{r}_{12}$ eingezeichnet. Wir wollen die *relative* Bewegung der beiden Teilchen besprechen.

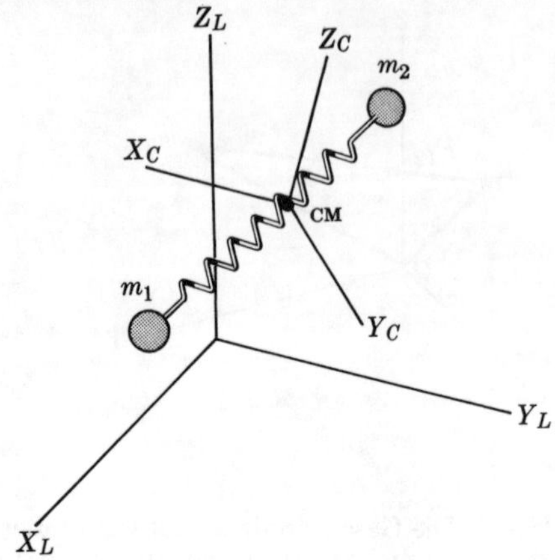

10.9 Relative Bewegung zweier Teilchen, die durch eine Feder verbunden sind.

Wir wollen zuerst die Größe einführen, die als *reduzierte Masse* des Systems bezeichnet und durch μ abgekürzt wird. Sie ist definiert als

$$\frac{1}{\mu} = \frac{1}{m_1} + \frac{1}{m_2} = \frac{m_1 + m_2}{m_1 m_2},$$

so daß

$$\mu = \frac{m_1 m_2}{m_1 + m_2} = \frac{m_1}{1 + m_1/m_2}. \tag{10.14}$$

Man kann beweisen (siehe unten), daß folgende Beziehung gilt:

$$\boldsymbol{F}_{12} = \mu \boldsymbol{a}_{12} \tag{10.15}$$

wobei $\boldsymbol{a}_{12}$ die relative Beschleunigung der Teilchen zueinander ist. Dieses wichtige Ergebnis drückt folgende Tatsache aus:

Die relative Bewegung zweier Teilchen, die nur ihrer gegenseitigen Wechselwirkung unterliegen, ist der Bewegung eines Teilchens äquivalent, dessen Masse gleich der reduzierten Masse ist und das einer Kraft unterliegt, die gleich ihrer gegenseitigen Wechselwirkung ist.

Wir können z.B. die Bewegung des Mondes relativ zur Erde auf ein Ein-Teilchen-Problem reduzieren, wenn wir die reduzierte Masse des Erde–Mond-Systems einführen und eine Kraft, die gleich der Anziehung der Erde auf den Mond ist. Wenn wir von der Bewegung eines Elektrons um einen Kern sprechen, können wir entsprechend das System auf ein Teilchen einer Masse reduzieren, die gleich der reduzierten Masse des Elektron–Kern-Systems ist und annehmen, daß es sich unter der Kraft zwischen Elektron und Kern bewegt. Als weiteres Beispiel wollen wir die beiden Massen m_1 und m_2 betrachten, die durch eine Feder mit der elastischen Konstanten k verbunden sind (Abb. 10.9). Wenn die Feder gedehnt wird, werden die Teilchen in relative Schwingungsbewegung versetzt. Die innere Kraft ist

$$F_{12} = -kx,$$

wobei x die Dehnung der Feder ist. Gleichung (10.15) ergibt

$$\mu a_{12} = -kx.$$

Indem wir mit (9.4) vergleichen, können wir schließen, daß die Kreisfrequenz der Schwingung

$$\omega = \sqrt{k/\mu}$$

ist.

Zusammenfassend: bei der Beschreibung der Bewegung zweier Teilchen unter ihrer gegenseitigen Wechselwirkung können wir die Bewegung des Systems auftrennen in die Bewegung des Schwerpunkts, dessen Geschwindigkeit konstant ist, und die relative Bewegung der beiden Teilchen zueinander, die durch (10.15) gegeben ist und die sich auf ein Bezugssystem bezieht, das mit dem Schwerpunkt verknüpft ist.

Man beachte: wenn eines der Teilchen, z.B. m_2, eine viel größere Masse als das andere hat, so zeigt (10.14), daß

$$\mu \approx m_1 \qquad \text{(gilt für } m_1 \ll m_2\text{)}$$

gilt, da dann m_1/m_2 im Vergleich zu eins vernachlässigt werden kann. Das heißt, die reduzierte Masse ist ungefähr gleich der Masse des leichteren Teilchens. Wenn wir z.B. die Bewegung eines künstlichen Satelliten um die Erde besprechen, können wir in guter Näherung die Masse des Satelliten anstatt der Masse des Erde–Satelliten-Systems verwenden. Wenn andererseits zwei Teilchen die gleiche Masse haben ($m_1 = m_2$), erhalten wir

$$\mu = \tfrac{1}{2}m_1. \qquad \text{(gilt für } m_1 = m_2\text{)}$$

Das ist z.B. bei der Wechselwirkung zweier Protonen der Fall. In guter Näherung gilt das auch für ein System, das aus einem Neutron und einem Proton besteht, wie z.B. das Deuteron.

Beweis der Beziehung (10.15) Die Bewegungsgleichung für jedes Teilchen relativ zu einem Inertialbeobachter O (Abb. 10.8) ist

$$m_1 \frac{d\boldsymbol{v}_1}{dt} = \boldsymbol{F}_{12} \quad \text{und} \quad m_2 \frac{d\boldsymbol{v}_2}{dt} = \boldsymbol{F}_{21}, \quad \text{oder}$$

$$\frac{d\boldsymbol{v}_1}{dt} = \frac{\boldsymbol{F}_{12}}{m_1}, \qquad \frac{d\boldsymbol{v}_2}{dt} = \frac{\boldsymbol{F}_{21}}{m_2}.$$

Wenn wir diese Gleichungen voneinander abziehen, erhalten wir

$$\frac{d\boldsymbol{v}_1}{dt} - \frac{d\boldsymbol{v}_2}{dt} = \frac{\boldsymbol{F}_{12}}{m_1} - \frac{\boldsymbol{F}_{21}}{m_2}.$$

Mit (10.9) gilt

$$\boldsymbol{F}_{12} = -\boldsymbol{F}_{21},$$

und wir schreiben das vorhergehende Ergebnis als

$$\frac{d}{dt}(\boldsymbol{v}_1 - \boldsymbol{v}_2) = \left(\frac{1}{m_1} + \frac{1}{m_2}\right)\boldsymbol{F}_{12}.$$

Wir sehen, daß $\boldsymbol{v}_1 - \boldsymbol{v}_2 = \boldsymbol{v}_{12}$ die Geschwindigkeit von m_1 *relativ* zu m_2 ist. Daher ist

$$\frac{d\boldsymbol{v}_{12}}{dt} = \frac{1}{\mu}\boldsymbol{F}_{12}, \qquad (10.16)$$

oder, da $d\boldsymbol{v}_{12}/dt = \boldsymbol{a}_{12}$, die Beschleunigung von m_1 relativ zu m_2 ist:

$$\boldsymbol{F}_{12} = \mu\boldsymbol{a}_{12}.$$

Beispiel 10.3 Die reduzierten Massen der folgenden Systeme: (a) Elektron–Proton in einem Wasserstoffatom, (b) Proton–Neutron in einem Deuteronkern. Vergleichen Sie in jedem Fall das Ergebnis mit der Masse des leichteren Teilchens.

Lösung: (a) Für ein Elektron–Proton-System, das ein Wasserstoffatom darstellt, ist

$$m_E = 9{,}1091 \cdot 10^{-31}\,\text{kg}$$

und

$$m_P = 1{,}6725 \cdot 10^{-27}\,\text{kg},$$

so daß $m_E/m_P \approx 1/1850$. Daher ist

$$\mu_{EP} = \frac{m_E m_P}{m_E + m_P} = \frac{m_E}{1 + m_E/m_P} = \frac{m_E}{1 + 1/1850}$$
$$= 9{,}1031 \cdot 10^{-31}\,\text{kg}.$$

μ unterscheidet sich daher von m_E um etwa 0,07%. Obwohl dieser Unterschied so gering ist, führt er bei vielen atomaren Vorgängen zu nachweisbaren Effekten.
b) Beim Neutron–Proton-System im Deuteron ist

$$m_P = 1{,}6748 \cdot 10^{-27}\,\text{kg},$$

was fast identisch mit $m_P = 1{,}6725 \cdot 10^{-27}$ kg ist. Dann ist

$$\mu_{NP} = \frac{m_P m_N}{m_P + m_N} = 0{,}8368 \cdot 10^{-27}\,\text{kg},$$

was etwa der Hälfte eines der beiden Teilchen entspricht.

Beispiel 10.4 Die Geschwindigkeiten zweier Teilchen der Massen m_1 und m_2 relativ zu einem Inertialbeobachter sind $\boldsymbol{v}_1$ und $\boldsymbol{v}_2$. Bestimmen Sie die Geschwindigkeit des Schwerpunkts relativ zum Beobachter und die Geschwindigkeit jedes Teilchens relativ zum Schwerpunkt.

Lösung: Aus (10.1) erhalten wir für die Geschwindigkeit des Schwerpunkts relativ zum Beobachter

$$\boldsymbol{v}_{SP} = \frac{m_1\boldsymbol{v}_1 + m_2\boldsymbol{v}_2}{m_1 + m_2}.$$

Die Geschwindigkeit jedes Teilchens relativ zum Schwerpunkt

ist unter Anwendung der Galilei-Transformation für die Geschwindigkeiten

$$\boldsymbol{v}_1' = \boldsymbol{v}_1 - \boldsymbol{v}_{SP} = \boldsymbol{v}_1 - \frac{m_1\boldsymbol{v}_1 + m_2\boldsymbol{v}_2}{m_1 + m_2}$$

$$= \frac{m_2(\boldsymbol{v}_1 - \boldsymbol{v}_2)}{m_1 + m_2} = \frac{m_2\boldsymbol{v}_{12}}{m_1 + m_2};$$

$$\boldsymbol{v}_2' = \boldsymbol{v}_2 - \boldsymbol{v}_{SP} = \frac{m_1(\boldsymbol{v}_2 - \boldsymbol{v}_1)}{m_1 + m_2} = -\frac{m_1\boldsymbol{v}_{12}}{m_1 + m_2},$$

wobei $\boldsymbol{v}_{12} = \boldsymbol{v}_1 - \boldsymbol{v}_2$ die relative Geschwindigkeit der beiden Teilchen ist. Im *SP*-Bezugssystem scheinen sich daher die beiden Teilchen in entgegengesetzter Richtung zu bewegen.

Die Beziehungen, die wir in diesem Beispiel abgeleitet haben, sind bei Streuversuchen in der Kernphysik sehr wichtig. In diesen Versuchen werden die Geschwindigkeiten der Teilchen relativ zum *L*-Bezugssytem gemessen, das mit dem Laboratorium verbunden ist. Die theoretischen Ausdrücke für die Streuung sind jedoch viel einfacher, wenn sie sich auf das *SP*-Bezugssystem beziehen. Wir müssen daher die Formeln verwenden, die wir eben abgeleitet haben, um die Beziehung zwischen den beiden Datengruppen zu erhalten.

10.5 DREHIMPULS EINES TEILCHENSYSTEMS

In (7.30) haben wir den Drehimpuls eines Teilchens relativ zu einem bestimmten Punkt als Vektorgröße

$$\boldsymbol{L} = \boldsymbol{r} \times \boldsymbol{p} = m(\boldsymbol{r} \times \boldsymbol{v}), \tag{10.17}$$

definiert. In (7.33) haben wir eine Beziehung zwischen $\boldsymbol{L}$ und dem Drehmoment $\boldsymbol{\tau} = \boldsymbol{r} \times \boldsymbol{F}$ der angreifenden Kraft erhalten:

$$\frac{d\boldsymbol{L}}{dt} = \boldsymbol{\tau}. \tag{10.18}$$

Wenn wir ein Teilchensystem haben, definieren wir den gesamten Drehimpuls des Systems als

$$\boldsymbol{L} = \sum_i \boldsymbol{L}_i = \boldsymbol{L}_1 + \boldsymbol{L}_2 + \boldsymbol{L}_3 + \cdots$$

Wir bezeichen $\boldsymbol{\tau}_{aus}$ als Gesamtdrehmoment, das von den *äußeren* Kräften ausgeübt wird, die auf das Teilchen wirken. Das heißt

$$\boldsymbol{\tau}_{aus} = \boldsymbol{\tau}_{1,aus} + \boldsymbol{\tau}_{2,aus} + \boldsymbol{\tau}_{3,aus} + \cdots$$

Dann gilt (wie wir unten zeigen werden) folgende Beziehung:

$$\frac{d\boldsymbol{L}}{dt} = \boldsymbol{\tau}_{aus}, \tag{10.19}$$

Sie besagt:

Die zeitliche Veränderung des Gesamtdrehimpulses eines Teilchensystems relativ zu einem willkürlich gewählten Bezugspunkt ist gleich der Summe der auf den gleichen Punkt bezogenen Drehmomente der äußeren Kräfte, die auf das Teilchensystem wirken.

Diese Aussage kann man als das Grundgesetz der Dynamik der Drehbewegung betrachten.

Es ist nicht überraschend, daß das Drehmoment der inneren Kräfte in (10.19) nicht erscheint. Aus Abb. 10.10 sehen wir, daß die Drehmomente um einen beliebigen Punkt null ergeben müssen, wenn die inneren Kräfte zwischen Teilchenpaaren gleich groß und genau entgegengesetzt sind.

Wenn es keine äußeren Kräfte gibt, oder wenn die Summe ihrer Drehmomente null ist, $\boldsymbol{\tau}_{aus} = \boldsymbol{0}$, dann gilt

$$\frac{d\boldsymbol{L}}{dt} = \frac{d}{dt}\left(\sum_i \boldsymbol{L}_i\right) = \boldsymbol{0}, \text{ woraus}$$

$$\boldsymbol{L} = \sum_i \boldsymbol{L}_i = \boldsymbol{L}_1 + \boldsymbol{L}_2 + \boldsymbol{L}_3 + \cdots = \text{Konst} \tag{10.20}$$

folgt. Gleichung (10.20) stellt das *Gesetz von der Erhaltung des Drehimpulses* dar. In Worten ausgedrückt:

Der Gesamtdrehimpuls eines isolierten Teilchensystems oder eines Systems mit einem verschwindenden äußeren Drehmoment ist konstant in Betrag und Richtung.

Das Gesetz von der Erhaltung des Drehimpulses scheint allgemein gültig zu sein und läßt sich auf alle bisher beobachteten Vorgänge anwenden. Der Drehimpuls eines Elektrons in einem Atom ist z.B. konstant, wenn man nur die inneren Kräfte infolge der elektrischen

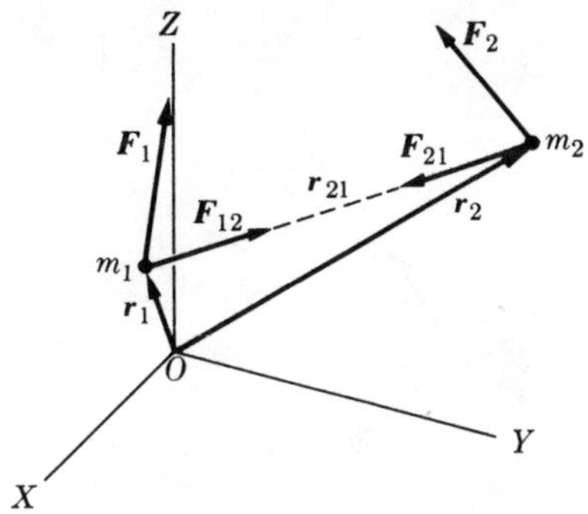

10.10 Das Drehmoment infolge innerer Kräfte ist null.

Abstoßung der Elektronen und der elektrischen Anziehung durch den Kern betrachtet. Ebenso bleibt der Gesamtdrehimpuls aller Planeten relativ zum Schwerpunkt des Sonnensystems konstant, wenn wir das Sonnensystem als isoliert annehmen und die Krafteinwirkung durch die übrige Milchstraße vernachlässigen. Das trifft mit großer Genauigkeit zu. Auch liegt der Grund dafür, daß die Erde sich mit praktisch konstantem Drehimpuls um ihren Schwerpunkt dreht, darin, daß die äußeren Kräfte infolge der Sonne und der anderen Planeten nahe dem Mittelpunkt der Erde angreifen und daher ein Drehmoment um den Schwerpunkt von etwa null aufweisen.

Das Gesetz von der Erhaltung des Drehimpulses beinhaltet, daß in einem isolierten System, in dem sich der Drehimpuls eines Teiles des Systems aufgrund innerer Wechselwirkungen verändert, das restliche System eine gleiche (aber entgegengesetzte) Veränderung des Drehimpulses durchmachen muß, so daß der Gesamtdrehimpuls erhalten bleibt.

Zum Beispiel besitzen in einem zerfallenden Kern die ausgesandten Teilchen, häufig ein Elektron und ein Neutrino, einen gewissen Drehimpuls. Da beim Zerfallsprozeß nur innere Kräfte wirken, muß sich der Drehimpuls des Kernes so verändern, daß die von den ausgesandten Teilchen mitgenommenen Drehimpulse genau kompensiert werden. Auch wenn ein Atom, Molekül oder Kern elektromagnetische Strahlen aussendet, muß sich sein Drehimpuls so verändern, daß der von der Strahlung mitgenommene Drehimpuls ausgewogen wird. In manchen Fällen sind Vorgänge, die an sich in der Natur ablaufen könnten, nicht möglich, weil es aufgrund eines besonderen Charakteristikums des Vorgangs nicht möglich ist, das Gesetz von der Erhaltung des Drehimpulses zu erfüllen.

Beweis der Beziehung 10.19 Der Einfachkeit halber wollen wir zuerst nur den Fall zweier Teilchen betrachten. Wenn man (10.18) auf Teilchen 1 und 2 anwendet, wird sie zu

$$\frac{d\boldsymbol{L}_1}{dt} = \boldsymbol{\tau}_1 \quad \text{und} \quad \frac{d\boldsymbol{L}_2}{dt} = \boldsymbol{\tau}_2.$$

Durch Addition der beiden Gleichungen erhalten wir

$$\frac{d}{dt}(\boldsymbol{L}_1 + \boldsymbol{L}_2) = \boldsymbol{\tau}_1 + \boldsymbol{\tau}_2. \tag{10.21}$$

Wir wollen annehmen, daß an jedem Teilchen zusätzlich zur gegenseitigen Wechselwirkung noch eine äußere Kraft angreift (Abb. 10.10). Die Kraft auf Teilchen 1 ist $\boldsymbol{F}_1 + \boldsymbol{F}_{12}$, die auf Teilchen 2 ist $\boldsymbol{F}_2 + \boldsymbol{F}_{21}$. Dann gilt

$$\boldsymbol{\tau}_1 = \boldsymbol{r}_1 \times (\boldsymbol{F}_1 + \boldsymbol{F}_{12}) = \boldsymbol{r}_1 \times \boldsymbol{F}_1 + \boldsymbol{r}_1 \times \boldsymbol{F}_{12},$$
$$\boldsymbol{\tau}_2 = \boldsymbol{r}_2 \times (\boldsymbol{F}_2 + \boldsymbol{F}_{21}) = \boldsymbol{r}_2 \times \boldsymbol{F}_2 + \boldsymbol{r}_2 \times \boldsymbol{F}_{21}.$$

Da $\boldsymbol{F}_{12} = -\boldsymbol{F}_{21}$, ist das gesamte Drehmoment auf das Teilchen

$$\boldsymbol{\tau}_1 + \boldsymbol{\tau}_2 = \boldsymbol{r}_1 \times \boldsymbol{F}_1 + \boldsymbol{r}_2 \times \boldsymbol{F}_2 + (\boldsymbol{r}_2 - \boldsymbol{r}_1) \times \boldsymbol{F}_{21}.$$

Nun hat aber der Vektor $\boldsymbol{r}_2 - \boldsymbol{r}_1 = \boldsymbol{r}_{21}$ die Richtung der Verbindungslinie zwischen den beiden Teilchen. Wenn wir die *spezielle Annahme* machen, daß die inneren Kräfte $\boldsymbol{F}_{12}$ und $\boldsymbol{F}_{21}$ längs der Linie $\boldsymbol{r}_{21}$ wirken, die die beiden Teilchen verbindet, sind die Vektoren

$$\boldsymbol{r}_2 - \boldsymbol{r}_1 = \boldsymbol{r}_{21} \quad \text{und} \quad \boldsymbol{F}_{21}$$

parallel, und es ist daher

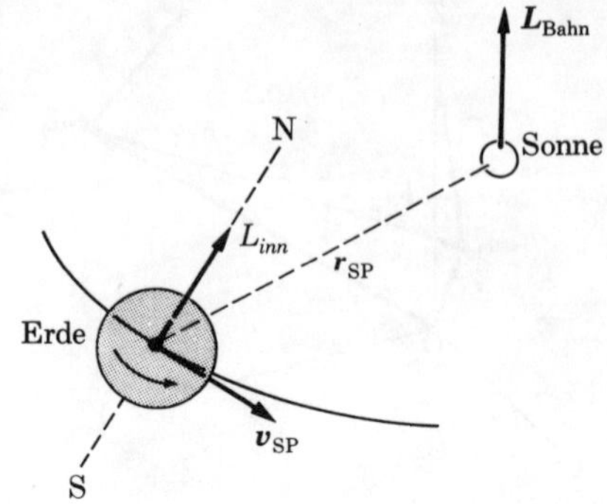

10.11 Innerer und Bahndrehimpuls der Erde.

$$(r_2 - r_1) \times F_{21} = 0.$$

Das letzte Glied in der obigen Gleichung verschwindet daher und es bleiben nur die Drehmomente infolge äußerer Kräfte zurück. Gleichung (10.21) wird daher zu

$$\frac{d}{dt}(L_1 + L_2) = r_1 \times F_1 + r_2 \times F_2 = \tau_{1,\,\text{aus}} + \tau_{2,\,\text{aus}}$$

Wenn wir dieses Ergebnis für eine beliebige Zahl von Teilchen verallgemeinern, erhalten wir (10.19).

10.6 INNERER DREHIMPULS UND BAHNDREHIMPULS

Der Drehimpuls eines Teilchensystems hängt von dem Punkt ab, relativ zu welchem er berechnet wird. Wir definieren den *inneren Drehimpuls* L_{inn} eines Vielteilchensystems als den Gesamtdrehimpuls, der relativ zum Schwerpunkt als Ursprung des *SP*-Bezugssystems berechnet wird. Der innere Drehimpuls ist daher eine Eigenschaft des Systems selbst und ist unabhängig vom Beobachter. Im Fall eines starren Körpers oder eines Elementarteilchens nennt man den inneren Drehimpuls auch den *Spin*. Der *Bahndrehimpuls* des Systems relativ zum Ursprung des L-Bezugssystems ist durch den Ausdruck

$$L_{Bahn} = r_{SP} \times P = r_{SP} \times (Mv_{SP}),$$

definiert, wobei P der Gesamtimpuls des Systems ist. Es ist offensichtlich, daß L_{Bahn} der Drehimpuls eines Teilchens der Masse $M = \sum_i m_i$ ist, das sich im Schwerpunkt des Systems befindet. Man kann zeigen, daß

Der Drehimpuls eines Teilchensystems durch die Summe aus innerem Drehimpuls und Bahndrehimpuls des Systems ausgedrückt werden kann.

Das heißt

$$L = L_{inn} + L_{Bahn} \qquad (10.22)$$

Das erste Glied auf der rechten Seite gibt den inneren Drehimpuls relativ zum *SP*-Bezugssystem des Systems, das zweite Glied den Bahndrehimpuls relativ zum *L*-Bezugssystem, wenn die Gesamtmasse des Systems im Schwerpunkt konzentriert gedacht wird. Wenn z.B. ein Baseballpitcher einen gedrehten Ball wirft, ist der Drehimpuls infolge der Spinbewegung durch L_{inn} gegeben, während der Drehimpuls infolge der Translationsbewegung des Balles durch L_{Bahn} gegeben ist. Wenn sich die Erde um die Sonne und gleichzeitig um die NS-Achse bewegt, hat sie einen Bahndrehimpuls und einen inneren Drehimpuls oder Spin, wie in Abb. 10.11 gezeigt. Eine ähnliche Situation liegt bei einem sich drehenden Elektron vor, das sich um einen Atomkern bewegt.

Eine zweite wichtige Beziehung ist

$$\frac{dL_{inn}}{dt} = \tau_{SP}, \qquad (10.23)$$

wobei τ_{SP} das Drehmoment der äußeren Kräfte relativ zum Schwerpunkt darstellt. Das heißt:

Die zeitliche Veränderung des inneren Drehimpulses ist gleich dem äußeren Drehmoment relativ zum Schwerpunkt des Systems.

Diese Beziehung ist formal identisch mit (10.19), $d\mathbf{L}/dt = \boldsymbol{\tau}_{aus}$, aber es gibt einige grundlegende Unterschiede. Gleichung (10.10) gilt nur, wenn Drehimpuls und Drehmoment relativ zu einem Punkt bestimmt werden, der in einem Inertialsystem fixiert ist, im allgemeinen im Koordinatenursprung. Andererseits gilt (10.23) sogar dann für den Schwerpunkt, wenn er sich relativ zu einem Inertialsystem bewegt.

10.7 KINETISCHE ENERGIE EINES TEILCHENSYSTEMS

In Abschnitt 8.5 haben wir die kinetische Energie eines Teilchens zu $E_k = \frac{1}{2}mv^2$ definiert, und gezeigt, daß die Änderung der kinetischen Energie gleich der Arbeit ist, die an einem Teilchen geleistet wird, d.h., $E_k - E_{k,0} = W$. Das gleiche Ergebnis muß auch für ein Teilchensystem gelten. Wir wollen die kinetische Energie des Teilchensystems zu

$$E_k = \sum_i \tfrac{1}{2}m_i v_i^2 = \tfrac{1}{2}m_1v_1^2 + \tfrac{1}{2}m_2v_2^2 + \tfrac{1}{2}m_3v_3^2 + \ldots \qquad (10.24)$$

definieren. Wir beachten, daß sowohl innere als auch äußere Kräfte auf das Teilchen wirken. W sei die Gesamtarbeit, die von den inneren und äußeren Kräften an den Teilchen geleistet wird. Wir können W in die Arbeiten W_{aus} und W_{inn}, die von den äußeren bzw. den inneren Kräften geleistet werden, unterteilen, so daß

$$W = W_{\text{aus}} + W_{\text{inn}}.$$

Wir erhalten daher

$$E_k - E_{k,0} = W_{\text{aus}} + W_{\text{inn}}, \qquad (10.25)$$

Man kann das in Worten wie folgt ausdrücken:

Die Änderung der kinetischen Energie ist gleich der Arbeit, die am System von äußeren und inneren Kräften geleistet wird.

10.8 ERHALTUNG DER ENERGIE EINES TEILCHENSYSTEMS

Wir wollen nun annehmen, daß die inneren Kräfte konservativ sind. Es gibt daher eine Funktion $E_{p,\text{inn}}$, die von den Koordinaten der Teilchen des Systems abhängt, und zwar so, daß die Arbeit, die von den inneren Kräften des Systems geleistet wird mit $E_{p,\text{inn}}$ durch

$$W_{\text{inn}} = E_{p,\,\text{inn},\,0} - E_{p,\,\text{inn}} \qquad (10.26)$$

in Beziehung steht, wenn sich das System von t_0 nach t entwickelt. $E_{p,\,\text{inn}}$ ist der Wert zur Zeit t, $E_{p,\,\text{inn},\,0}$ der zur Zeit t_0. Wir wollen $E_{p,\,\text{inn}}$ die *innere potentielle Energie* des Systems nennen. Wenn die inneren Kräfte längs der Verbindungslinie zwischen den beiden Teilchen wirken, kann man zeigen, daß die innere potentielle Energie nur vom Abstand r_{ij} zwischen jeweils einem Teilchenpaar abhängt, und zwar aus dem gleichen Grund, aus dem die potentielle Energie infolge einer Zentralkraft nur vom Abstand r vom Mittelpunkt der Kraft abhängt (Abschnitt 8.7). In diesem Fall ist die innere potentielle Energie unabhängig vom Bezugssystem, da sie nur den Abstand zwischen den beiden Teilchen enthält. Diese Situation ist recht typisch für die meisten Wechselwirkungen, die man in der Natur beobachtet. Wenn wir (10.26) in (10.25) einsetzen, erhalten wir

$$E_k - E_{k,0} = E_{p,\text{inn},0} - E_{p,\text{inn}} + W_{\text{aus}},$$

was auch als

$$(E_k + E_{p,\text{inn}}) - (E_k + E_{p,\text{inn}})_0 = W_{\text{aus}} \qquad (10.27)$$

geschrieben werden kann. Die Größe

$$U = E_k + E_{p,\text{inn}} \qquad (10.28)$$

werden wir von nun an als *Eigenenergie* des Systems bezeichnen. Die Eigenenergie ist gleich der Summe der kinetischen Energien der Teilchen relativ zu einem Inertialbeobachter und ihrer inneren potentiellen Energie, welche, wie oben gezeigt, unserer Annahme nach unabhängig vom Bezugssystem ist. Wir müssen beachten, daß in (10.28) die kinetische Energie durch

$$E_k = \sum_{\substack{\text{Alle}\\ \text{Teilchen}}} \tfrac{1}{2}m_i v_i^2 = \tfrac{1}{2}m_1v_1^2 + \tfrac{1}{2}m_2v_2^2 + \tfrac{1}{2}m_3v_3^3 + \cdots$$

gegeben ist, während die innere potentielle Energie in

der Form

$$E_{p,\text{inn}} = \sum_{\substack{\text{Alle}\\\text{Paare}}} E_{p,ij}$$

$$= E_{p,12} + E_{p,13} + \cdots + E_{p,23} + \cdots$$

ausgedrückt werden kann. Die Summe, die der kinetischen Energie entspricht, enthält ein Glied für *jedes* Teilchen, während die der inneren potentiellen Energie einen Ausdruck für *jedes Teilchenpaar* enthält, da sie sich nur auf Wechselwirkungen zwischen zwei Teilchen bezieht. Wenn keine inneren Kräfte vorliegen, ist die Eigenenergie kinetische Energie.

Wenn wir die Definition (10.28) der Eigenenergie in (10.27) einsetzen, erhalten wir

$$U - U_0 = W_{\text{aus}}, \qquad (10.29)$$

das heißt:

Die Änderung der Eigenenergie eines Teilchensystems ist gleich der Arbeit, die von äußeren Kräften am System geleistet wird.

Gleichung (10.7) drückt die Wechselwirkung eines Systems mit der Umwelt durch die Änderung des Impulses aus, (10.29) drückt die selbe Wechselwirkung durch die Änderung der Energie des Systems aus.

Wir wollen nun ein isoliertes System betrachten, für das $W_{\text{aus}} = 0$, da keine äußeren Kräfte herrschen. Dann ist

$$U - U_0 = 0 \qquad \text{oder} \qquad U = U_0.$$

Wir können in eindeutigerer Form schreiben:

$$E_k + E_{p,inn} = \text{Konst.}$$

Das heißt,

Die Summe aus der kinetischen Energie und der inneren potentiellen Energie (oder die Eigenenergie) eines isolierten Teilchensystems bleibt konstant.

Diese wichtige Aussage wird als *Gesetz von der Erhaltung der Energie* bezeichnet. Bisher erschien sie als Folge der Annahme, daß die inneren Kräfte konservativ sind. Das Gesetz gilt augenscheinlich jedoch allgemein für alle Vorgänge, die wir in unserem Universum beobachten, und scheint daher von allgemeiner Gültigkeit zu sein und nicht nur unter den besonderen Annahmen zuzutreffen, unter welchen wir es formulierten. Wenn die kinetische Energie eines isolierten Systems zunimmt, muß seine innere potentielle Energie um den gleichen Wert abnehmen, so daß die Summe konstant bleibt. Zum Beispiel bleibt in einem isolierten Wasserstoffmolekül die Summe der kinetischen Energie relativ zu einem Inertialsystem und der inneren potentiellen Energie der beiden Protonen und der beiden Elektronen konstant.

Die Prinzipien der Erhaltung des Impulses, der Energie und des Drehimpulses sind fundamentale Regeln, die alle Vorgänge zu beherrschen scheinen, die je in der Natur ablaufen können. Sie sind zweifellos die drei wichtigsten Prinzipien der Physik.

10.9 GESAMTENERGIE EINES TEILCHENSYSTEMS, DAS ÄUSSEREN KRÄFTEN UNTERLIEGT

Es kann vorkommen, daß die äußeren Kräfte, die an einem System angreifen, ebenfalls konservativ sind, so daß W_{aus} als

$$W_{aus} = E_{p,aus,0} - E_{p,aus}$$

geschrieben werden kann, wobei $E_{p,\text{aus},0}$ und $E_{p,\text{aus}}$ die Werte für die potentielle Energie darstellen, die zu den Zeiten t_0 und t mit den äußeren Kräften verbunden sind. Gleichung (10.29) wird dann zu

$$U - U_0 = E_{p,\text{aus},0} - E_{p,\text{aus}},$$

was auch als

$$U + E_{p,\text{aus}} = (U + E_{p,\text{aus}})_0$$

geschrieben werden kann. Die Größe

$$E = U + E_{p,\text{aus}} = E_k + E_{p,\text{inn}} + E_{p,\text{aus}} \qquad (10.30)$$

bezeichnet man als *Gesamtenergie* des Systems. Sie bleibt während der Bewegung des Systems unter inneren und äußeren konservativen Kräften konstant. Dieses Ergebnis ist ähnlich (8.29) für ein einzelnen Teilchen.

Ein Wasserstoffatom, das aus einem Elektron und einem Proton besteht, hat z.B. eine Eigenenergie, die gleich der kinetischen Energie des Elektrons und des Protons und der inneren potentiellen Energie infolge der elektrischen Wechselwirkung ist. Wenn das Atom isoliert ist, ist die Summe der beiden Energien konstant. Wenn man dasselbe Atom jedoch in ein äußeres Feld einbringt, muß seine Gesamtenergie zusätzlich die potentielle Energie infolge des äußeren Feldes enthalten.

Als weiteres Beispiel wollen wir zwei Massen m_1 und m_2 betrachten, die durch eine Feder mit der elastischen Konstanten k verbunden sind. Wenn das System in die Höhe geworfen wird, ist seine kinetische Energie

$$E_k = \tfrac{1}{2}m_1v_1^2 + \tfrac{1}{2}m_2v_2^2,$$

die innere potentielle Energie ist auf die Ausdehnung oder Kompression der Feder zurückzuführen und ist gleich

$$E_{p,\text{inn}} = \tfrac{1}{2}kx^2,$$

wobei x die Verformung der Feder ist; die äußere potentielle Energie (infolge der Erdanziehung) ist

$$E_{p,\text{aus}} = m_1gy_1 + m_2gy_2,$$

wobei y_1 und y_2 die Höhen der Teilchen über der Erdoberfläche sind. Die Eigenenergie des Systems ist dann

$$U = \tfrac{1}{2}m_1v_1^2 + \tfrac{1}{2}m_2v_2^2 + \tfrac{1}{2}kx^2.$$

Wenn keine anderen Kräfte auf das System wirken, ist seine Gesamtenergie

$$E = \tfrac{1}{2}m_1v_1^2 + \tfrac{1}{2}m_2v_1^2 + \tfrac{1}{2}kx^2 + m_1gy_1 + m_2gy_2.$$

Diese Energie muß während der Bewegung konstant bleiben.

10.10 INNERE ENERGIE EINES TEILCHENSYSTEMS

Da die kinetische Energie von der Geschwindigkeit abhängt, hängt der Wert der kinetischen Energie vom Bezugssystem ab, das für die Definition der Bewegung des Systems verwendet wurde. Wir werden die kinetische Energie, die sich auf das SP-Bezugssystem bezieht, als *innere kinetische Energie* $E_{k,\text{inn}}$ bezeichnen. Die innere potentielle Energie, die nur vom Abstand zwischen den Teilchen abhängt, hat in allen Bezugssystemen den gleichen Wert (wie oben erklärt). Wir werden daher die *innere Energie* eines Systems als die Summe seiner inneren kinetischen und seiner inneren potentiellen Energie definieren. Das heißt

$$U_{\text{inn}} = E_{k,\text{inn}} + E_{p,\text{inn}} = (E_k + E_p)_{\text{inn}}. \qquad (10.31)$$

Wenn wir uns künftig mit einem Teilchensystem beschäftigen, werden wir uns im allgemeinen nur auf die innere Energie beziehen, selbst wenn wir den Index «inn» nicht schreiben.

Die kinetische Energie relativ zu einem beliebig gewählten Bezugssystem steht über den Ausdruck

$$E_k = E_{k,\text{inn}} + \tfrac{1}{2}Mv_{\text{SP}}^2. \qquad (10.32)$$

mit der inneren kinetischen Energie in Beziehung. Das Glied $E_{k,\text{inn}}$ ist die *innere kinetische Energie*. Das Glied

$$E_{k,\text{Bahn}} = \tfrac{1}{2}Mv_{\text{SP}}^2, \qquad (10.33)$$

das man als *kinetische Energie der Translations- oder Bahnbewegung des Systems* bezeichnet, ist die kinetische Energie eines Teilchens der Masse $M = \Sigma\, m_i$, das sich mit der Geschwindigkeit des Schwerpunkts des Systems bewegt. Daher gilt:

Die kinetische Energie eines Systems kann als Summe der inneren und der orbitalen kinetischen Energie ausgedrückt werden.

Wir sehen wieder, daß wir die Bewegung des Teilchens in zwei Teile auftrennen können, jeden mit einer genau definierten kinetischen Energie. Ein Teil stellt die Translationsbewegung mit der Geschwindigkeit des Schwerpunkts dar, der andere die innere Bewegung relativ zum Schwerpunkt.

Wir wollen nun wieder den Fall eines Baseballpitchers betrachten, der einen sich drehenden Ball wirft. Die gesamte kinetische Energie des Balles relativ zum Boden stellt die Summe aus seiner inneren kinetischen Energie relativ zum Schwerpunkt, entsprechend der kinetischen Energie der Drehbewegung, und seiner kinetischen Energie der Translation relativ zum Boden dar, die der Bahnbewegung entspricht. Eine ähnliche Situation findet man im Fall eines Moleküls. Im allgemeinen sind wir an der inneren

Bewegung interessiert, und deshalb wird das SP-Bezugssystem für die Beschreibung vieler Vorgänge vorgezogen.

Tabelle 10.1 führt die wichtigeren Beziehungen auf, die bisher in diesem Kapitel besprochen wurden.

Tabelle 10.1

ZUSAMMENFASSUNG WICHTIGER BEZIEHUNGEN UND DER NUMMERN, UNTER DENEN IHRE GLEICHUNGEN ZU FINDEN SIND.

Beziehung		Gleichungsnummer
Kinematische Beziehungen		
$\boldsymbol{P} = M\boldsymbol{v}_{SP}$	$(\boldsymbol{P}_{SP} = \boldsymbol{0})$	(10.2)
$\boldsymbol{L} = \boldsymbol{L}_{inn} + \boldsymbol{L}_{Bahn}$		(10.22)
$E_k = E_{k,inn} + \frac{1}{2}Mv_{SP}^2$		(10.32)
Dynamische Beziehungen		
$d\boldsymbol{P}/dt = \boldsymbol{F}_{aus}$		(10.7)
oder $M\boldsymbol{a}_{SP} = \boldsymbol{F}_{aus}$		(10.8)
$d\boldsymbol{L}/dt = \boldsymbol{\tau}_{aus}$		(10.19)
oder $d\boldsymbol{L}_{inn}/dt = \boldsymbol{\tau}_{SP}$		(10.23)
$E_k - E_{k,0} = W_{aus} + W_{inn}$		(10.25)
$U - U_0 = W_{aus}$		(10.29)
Energiedefinitionen		
Eigenenergie, $U = E_k + E_{p,inn}$		(10.28)
Innere Energie, $U_{inn} = E_{k,inn} + E_{p,inn}$		(10.31)
Gesamtenergie, $E = E_k + E_{p,inn} + E_{p,aus}$		(10.30)

Zusammenfassung der fundamentalen Bewegungsgesetze für ein Teilchensystem

Die äußere Kraft auf ein Teilchensystem ist gleich der zeitlichen Veränderung des Gesamtimpulses.

Das äußere Drehmoment auf ein Teilchensystem ist gleich der zeitlichen Änderung des gesamten Drehimpulses.

Die äußere Arbeit, die an einem Teilchensystem geleistet wird, ist gleich der Änderung der Eigenenergie des Systems.

10.11 BINDUNGSENERGIE EINES TEILCHENSYSTEMS

Betrachten Sie eine Gruppe von Teilchen der Massen $m_1, m_2, m_3, \ldots$. Aus praktischen Erwägungen werden wir den Zustand, in dem sich die Teilchen in großem Abstand voneinander und in relativer Ruhe befinden, als Nullpunkt der Energie annehmen. Wenn die Teilchen aufgrund eines beliebigen Mechanismus einander angenähert werden, so daß ein System entsteht, ist die innere Energie des Systems durch

$$U_{inn} = (E_k + E_p)_{inn}$$

gegeben. E_k ist natürlich immer positiv, E_p kann jedoch positiv oder negativ sein. U_{inn} kann daher eine positive oder eine negative innere Energie sein (Abb. 10.12). Wenn U_{inn} positiv ist, muß man den Teilchen Energie zuführen, damit man aus ihnen ein System bilden kann. Das heißt, ohne eine äußere, auf das System wirkende Kraft ist es unmöglich, ein System anzuordnen. Die Teilchen trennen sich, indem sie die Energie U_{inn} abgeben, und das System ist daher instabil oder ungebunden.

Wenn U_{inn} andererseits negativ ist, hat das System eine niedrigere Energie als die getrennten Teilchen. Wir können sagen, daß bei der Bildung des Systems eine $-U_{inn}$ entsprechende Energiemenge freigesetzt wird. Um die Teilchen zu trennen, muß man dem System die gleiche Energiemenge (d.h., $-U_{inn}$) von einer äußeren Quelle zuführen. Ein System mit einer negativen inneren Energie ist daher stabil oder gebunden. Ein solches System kann sich nicht in seine Einzelteilchen auftrennen, wenn es nicht (infolge einer äußeren Arbeit, die am System geleistet wird) eine Energie aufnimmt, die gleich oder größer als $-U_{inn}$ ist.

Wir werden die *Bindungsenergie* eines Teilchensystems mit

$$E_b = -U_{inn} \tag{10.34}$$

bezeichnen. Die Bindungenergie ist daher die Energie, die bei der Bildung des Systems freigesetzt wird, oder die Energie, die vom System aufgenommen werden muß, um die Teilchen zu trennen.

Die Materie besteht aus Teilchensystemen, im wesentlichen Elektronen, Protonen und Neutronen, die in stabilen Konfigurationen angeordnet sind, welche wir als Atome, Moleküle, Kerne und Körper (wie z.B. Fest-

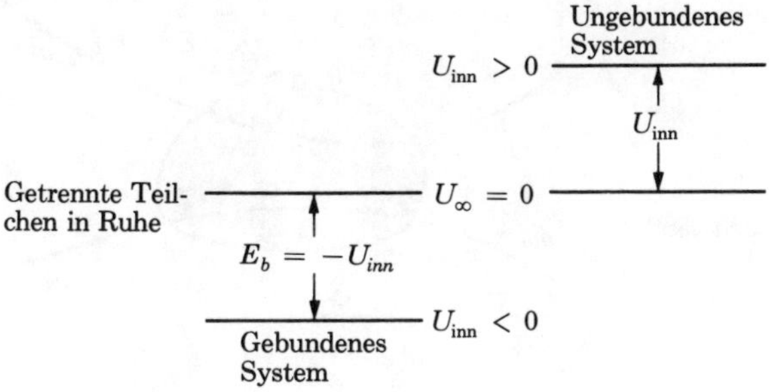

10.12 Bindungsenergie eines Teilchensystems.

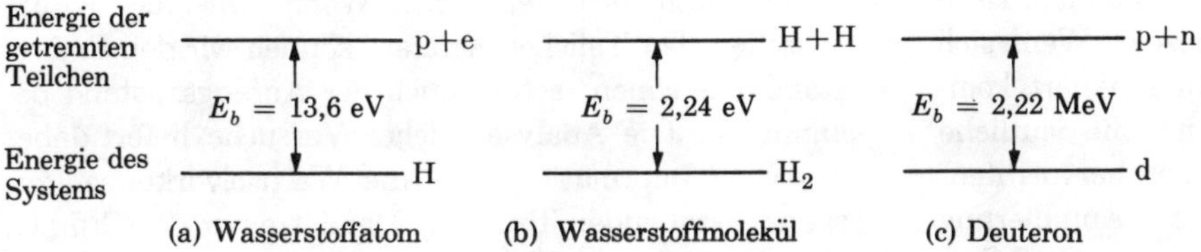

10.13 Bindungsenergie einiger einfacher Systeme.

körper und Flüssigkeiten) bezeichnen. Die Kenntnis der Bindungsenergien solcher Systeme ist von größtem Interesse. Die Bindungsenergie eines Wasserstoffatoms, das aus einem Proton und einem Elektron besteht, ist z.B.

$2{,}33 \cdot 10^{-18}$ J oder 18,6 eV

(Abb. 10.13a). Das ist die Energie, die zur Verfügung gestellt werden muß, um die beiden Teilchen zu trennen, oder die Energie, die freigesetzt wird, wenn ein Elektron in die stabilste Bahn um das Proton eingefangen wird. Ähnlich ist die Bindungsenergie eines Wasserstoffmoleküls, das aus zwei Wasserstoffatomen besteht,

$3{,}59 \cdot 10^{-19}$ J oder 2,24 eV

(Abb. 10.13b). Das ist die Energie, die einem Wasserstoffmolekül zur Verfügung gestellt werden muß, um es in zwei Wasserstoffatome (nicht in zwei Protonen und zwei Elektronen) zu trennen, oder die Energie, die frei wird, wenn sich zwei Wasserstoffatome vereinigen. Die Bindungsenergie von Atomen und Molekülen liegt in der Größenordnung von wenigen eV. Die Bindungsenergie eines Kernes liegt jedoch in der Größenordnung von mehreren MeV, oder eine Million mal höher. Das Deuteron besteht z.B. aus einem Proton und einem Neutron, seine Bindungsenergie ist

$3{,}56 \cdot 10^{-13}$ J oder 2,22 MeV

(Abb. 10.13c). Dieser große Unterschied in den Bindungsenergien läßt vermuten, daß die Kräfte, die die Protonen und Neutronen im Kern zusammenhalten, viel stärker sind (ungefähr 10^6 mal stärker) und anderer Natur sind als die, welche Elektronen und Kerne in Atomen und Molekülen zusammenhalten. Elektronen und Kerne in Atomen und Molekülen werden durch *elektromagnetische* Kräfte zusammengehalten, während Protonen und Neutronen im Kern durch *Kernkräfte* oder *starke Wechselwirkungen* zusammengehalten werden. Die Stärke der Kernkraft ist daher eine Million mal größer als die Stärke der elektromagnetischen Kraft.

10.12 STÖSSE

Wenn zwei Teilchen sich einander nähern, verändern ihre gegenseitigen Wechselwirkungen ihre Bewegung, wodurch ein Veränderung des Impulses und der Energie hervorgerufen wird (wir können das gleiche sagen, wenn wir statt zweier Teilchen zwei Systeme haben). Das bedeutet nicht unbedingt, daß die beiden Teilchen (oder Systeme) in einem mikroskopischen Sinn physikalisch in Kontakt kommen, wie das z.B. beim makroskopischen Stoß zwischen zwei Billiardkugeln oder zwei Autos der Fall ist. Es bedeutet im allgemeinen, daß eine Wechselwirkung stattfand, als die beiden Teilchen einander nahe waren, was in relativ kurzer Zeit zu einer meßbaren Veränderung ihrer Bewegung führte. Der

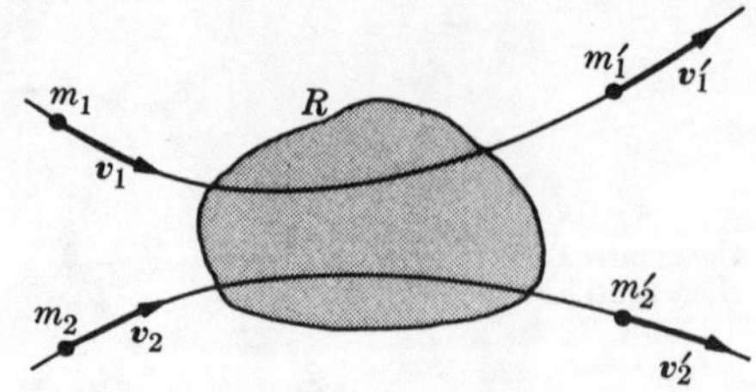

10.14 Erhaltung der Energie und des Impulses beim Stoß.

Bereich, in dem sich die Teilchen nahe kommen, ist in Abb. 10.14 durch die Schattierung angezeigt. Wenn sich z.B. ein Elektron oder Proton einem Atom nähert, kommen elektrische Kräfte zum Wirken, die eine deutliche Störung in den Bewegungen der Teilchen hervorrufen. Die Ablenkung der Kometenbahn bei der Annäherung an das Sonnensystem stellt ebenfalls einen Stoß dar. Manchmal verwendet man den Ausdruck *Streuung*, wenn man von Stößen spricht, bei welchen die Teilchen (oder Systeme) nach dem Stoß die gleichen sind wie vorher.

Bei einigen Stößen sind jedoch die Teilchen (oder Systeme) nach dem Stoß nicht notwendigerweise identisch mit den ursprünglichen. So kann z.B. das Endprodukt beim Stoß zwischen einem Elektron und einem Proton ein Wasserstoffatom sein, bei einem Stoß zwischen Atom A und Molekül BC können die Endprodukte Molekül AB und Atom C sein. Tatsächlich laufen viele chemische Reaktionen so ab. Ähnlich ist ein Deuteron ein Kern, der aus einem Neutron und einem Proton besteht; wenn es in die Nähe eines anderen Kernes kommt, kann das Neutron vom zweiten Kern eingefangen werden, so daß das Proton sich getrennt weiterbewegt und die endgültigen Teilchen (Systeme) das Proton und ein Kern mit einem zusätzlichen Neutron sind. Wir schließen daher, daß die Massen der Teilchen (oder Systeme) vor und nach dem Stoß nicht gleich zu sein brauchen.

Bei einem Stoßversuch kennen wir im allgemeinen die Bewegung der Teilchen vor dem Stoß genau, da diese Bewegung davon abhängt, wie wir den Versuch vorbereitet haben. Ein Teilchen kann z.B. ein Proton oder ein Elektron sein, die in einem elektrostatischen Beschleuniger beschleunigt wurden, und das andere Teilchen kann ein Atom sein, das sich im Laboratorium praktisch in Ruhe befindet. Dann beobachtet man den Endzustand, d.h., die Bewegung der zwei Teilchen, weit vom Stoßbereich entfernt. Wenn wir die Kräfte zwischen den Teilchen kennen, können wir den Endzustand berechnen, sofern auch der Anfangszustand bekannt ist. Die Analyse solcher Versuche liefert daher wertvolle Information über die Wechselwirkungen zusammenstoßender Teilchen. Das ist einer der Gründe, warum Stoßversuche für den Physiker so interessant sind.

Da beim Stoß nur innere Kräfte ins Spiel kommen, bleiben sowohl der Impuls als auch die Gesamtenergie erhalten. $\boldsymbol{p}_1$ und $\boldsymbol{p}_2$ seien die Impulse der Teilchen vor dem Stoß und $\boldsymbol{p}_1'$ und $\boldsymbol{p}_2'$ die Impulse nach dem Stoß. Die Erhaltung des Impulses erfordert

$$\underbrace{\boldsymbol{p}_1' + \boldsymbol{p}_2'}_{\text{nachher}} = \underbrace{\boldsymbol{p}_1 + \boldsymbol{p}_2}_{\text{vorher}}. \tag{10.35}$$

Die kinetische Energie der Teilchen vor und nach dem Stoß ist durch

$$E_k = \frac{1}{2}m_1 v_1^2 + \frac{1}{2}m_2 v_2^2 = \frac{p_1^2}{2m_1} + \frac{p_2^2}{2m_2} \qquad \text{(vorher)}$$

und (10.36)

$$E_k' = \frac{1}{2}m_1' v_1'^2 + \frac{1}{2}m_2' v_2'^2 = \frac{p_1'^2}{2m_1'} + \frac{p_2'^2}{2m_2'} \qquad \text{(nachher)}$$

gegeben. Die innere Energie der Teilchen vor dem Stoß ist U_{inn}. Nach dem Stoß kann die innere Energie wegen der Möglichkeit innerer Umordnungen verschieden sein, z.B. U_{inn}'. Die Erhaltung der Energie erfordert, daß

$$\underbrace{E_k' + U_{\text{inn}}'}_{\text{nachher}} = \underbrace{E_k + U_{\text{inn}}}_{\text{vorher}}$$

gilt. Wenn sich die innere Energie beim Stoß ändert, ändert sich auch die kinetische Energie. Wir wollen die Größe Q einführen, die man im allgemeinen das *Q der Reaktion oder des Stoßes* nennt, und die als

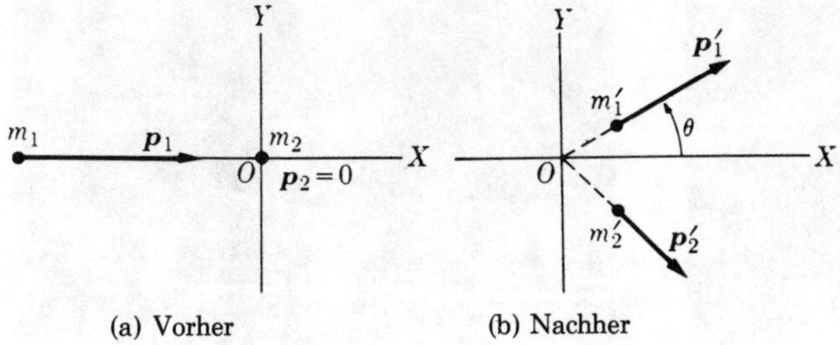

10.15 Beziehung zwischen den Impulsen relativ zum L-Bezugssystem vor und nach einem Stoß.

$$Q = E_k' - E_k. \tag{10.37}$$

definiert ist. Q ist dann gleich dem Unterschied zwischen den kinetischen Energien am Ende und am Anfang. Wenn $Q = 0$, liegt keine Veränderung vor, und der Stoß wird als *elastischer Stoß* bezeichnet. Sonst spricht man von einem *inelastischen Stoß*. Wenn $Q < 0$, nimmt die kinetische Energie bei einer entsprechenden Zunahme der inneren Energie der Teilchen ab, und wir sprechen vom einem *unelastischen Stoß erster Ordnung* (oder *endoenergetisch*) Wenn $Q > 0$, nimmt die kinetische Energie auf Kosten der inneren Energie des Teilchens zu, wobei die innere Energie um den gleichen Betrag abnehmen muß. Wir sprechen von einem *unelastischen Stoß zweiter Ordnung* (oder *exoenergetisch*).

Wenn wir (10.36) und (10.37) kombinieren, können wir schreiben

$$\underbrace{\left(\frac{p_1'^2}{2m_1'} + \frac{p_2'^2}{2m_2'}\right)}_{\text{nachher}} - \underbrace{\left(\frac{p_1^2}{2m_1} + \frac{p_2^2}{2m_2}\right)}_{\text{vorher}} = Q. \tag{10.38}$$

Gleichungen (10.35) und (10.38) reichen aus, um das Stoßproblem vollständig zu lösen.

Obwohl wir nur die Erhaltung der Energie und des Impulses beim Stoß erwähnten, sollte man sich daran erinnern, daß beim Stoß auch der Drehimpuls erhalten bleiben muß.

Beispiel 10.5 *Berechnung von Q mit Hilfe der kinetischen Energie der Teilchen vor und nach dem Stoß.* Nehmen Sie an, daß m_1 ursprünglich einen Impuls $\boldsymbol{p}_1$ besitzt und m_2 ruht ($\boldsymbol{p}_2 = \mathbf{0}$) (siehe Abb. 10.15). Die Massen der Teilchen nach dem Stoß sind m_1' und m_2'.

Die Erhaltung des Impulses ergibt

$$\boldsymbol{p}_1' + \boldsymbol{p}_2' = \boldsymbol{p}_1 \qquad \text{oder}$$

$$\boldsymbol{p}_2' = \boldsymbol{p}_1 - \boldsymbol{p}_1'.$$

Daher ist

$$\begin{aligned} p_2'^2 &= (\boldsymbol{p}_1 - \boldsymbol{p}_1')^2 \\ &= p_1^2 + p_1'^2 - 2\boldsymbol{p}_1 \cdot \boldsymbol{p}_1' \\ &= p_1^2 + p_1'^2 - 2p_1 p_1' \cos\theta. \end{aligned}$$

Wenn wir die Definition (10.38) für Q verwenden, erhalten wir

$$\begin{aligned} Q &= \frac{p_1'^2}{2m_1'} + \frac{p_2'^2}{2m_2'} - \frac{p_1^2}{2m_1} \\ &= \frac{p_1'^2}{2m_1'} - \frac{p_1^2}{2m_1} + \frac{1}{2m_2'}(p_1^2 + p_1'^2 - 2p_1 p_1' \cos\theta) \qquad \text{oder} \end{aligned}$$

$$Q = \frac{1}{2}\left(\frac{1}{m_1'} + \frac{1}{m_2'}\right)p_1'^2 + \frac{1}{2}\left(\frac{1}{m_2'} - \frac{1}{m_1}\right)p_1^2 - \frac{p_1 p_1'}{m_2'}\cos\theta.$$

Da $E_k = p^2/2m$, können wir das obige Ergebnis durch

$$Q = E_{k,1}'\left(1 + \frac{m_1'}{m_2'}\right) - E_{k,1}\left(1 - \frac{m_1}{m_2'}\right) - \frac{2\sqrt{m_1 m_1' E_{k,1} E_{k,1}'}}{m_2'}\cos\theta \tag{10.39}$$

ausdrücken. Dieses Ergebnis, das man die *Q-Gleichung* nennt, wird in der Kernphysik häufig angewendet.

Beispiel 10.6 *Elastischer Stoß zwischen zwei identischen Teilchen.* Nehmen Sie an, daß sich ein Teilchen ursprünglich in Ruhe befindet. Wenn der Stoß elastisch ist ($Q = 0$) und die Teilchen identisch sind, so daß

$$m_1 = m_1' = m_2 = m_2',$$

gibt uns die Erhaltung der Energie (10.38), wenn Teilchen 2 ursprünglich ruht,

$$p_1'^2 + p_2'^2 = p_1^2.$$

Quadrieren der Gleichung $\boldsymbol{p}_1' + \boldsymbol{p}_2' = \boldsymbol{p}_1$ für die Impulser-

(a) (b)

10.16 (a) Stoß zwischen zwei identischen gleitenden Scheiben. (b) Stoß zwischen α-Teilchen (He-Kernen). In beiden Fällen befand sich eines der Teilchen ursprünglich im L-Bezugssystem in Ruhe und ihre Impulse bilden nach dem Stoß einen Winkel von 90° im L-Bezugssystem. [Teil (a) mit freundlicher Genehmigung des Educational Service, Inc.]

haltung ergibt

$$p_1'^2 + p_2'^2 + 2\boldsymbol{p}_1' \cdot \boldsymbol{p}_2' = p_1^2.$$

Wenn wir diese beiden Ergebnisse vereinigen, finden wir, daß

$$\boldsymbol{p}_1' \cdot \boldsymbol{p}_2' = 0$$

oder daß $\boldsymbol{p}_1'$ senkrecht zu $\boldsymbol{p}_2'$ ist. Im L-Bezugssystem bewegen sich daher die Teilchen nach dem Stoß im rechten Winkel zueinander. Man kann das in der Aufnahme aus Abb. 10.16(a) sehen, welche den Stoß zwischen zwei identischen gleitenden Scheiben zeigt, von denen eine sich ursprünglich in Ruhe befindet. Abb. 10.16(b) zeigt den Stoß zwischen zwei He-Kernen in einer Nebelkammer. Der eintretende He-Kern ist ein α-Teilchen aus einer radioaktiven Verbindung, der Heliumzielkern ist Bestandteil des Gases in der Kammer. In beiden Fällen bewegen sich die beiden Teilchen nach dem Stoß senkrecht zueinander.

Beispiel 10.7 *Energie eines Bruchstücks einer Granate, die sich im L-Bezugssystem ursprünglich in Ruhe befindet und in zwei Bruchstücke zerfällt.* Da die Granate ursprünglich ruht, ist der Gesamtimpuls null. Nach der Explosion trennen sich die beiden Bruchstücke und entfernen sich mit den Impulsen

$$\boldsymbol{p}_1' \quad \text{und} \quad \boldsymbol{p}_2'$$

in entgegengesetzter Richtung, so daß

$$\boldsymbol{p}_1' + \boldsymbol{p}_2' = \boldsymbol{0},$$

oder, als Betrag geschrieben, $p_1' = p_2'$. Dann erhalten wir aus (10.37), mit

$$E_k' = p_1'^2/2m_1 + p_2'^2/2m_2 \quad \text{und} \quad E_k = 0,$$

daß

$$\frac{1}{2}\left(\frac{1}{m_1} + \frac{1}{m_2}\right) p_1'^2 = Q,$$

was man anders als

$$p_1' = \left(\frac{2m_1 m_2}{m_1 + m_2} Q\right)^{1/2}$$

schreiben kann. Die kinetischen Energien der Bruchstücke sind

$$E_{k,1}' = \frac{p_1'^2}{2m_1} = \frac{m_2 Q}{m_1 + m_2},$$

$$E_{k,2}' = \frac{p_2'^2}{2m_2} = \frac{m_1 Q}{m_1 + m_2}. \qquad (10.40)$$

Sie sind umgekehrt proportional zu ihren Massen. Diese Analyse gilt genauso für den Rückstoß einer Feuerwaffe (erinneren Sie Sich an Beispiel 7.1), für die Spaltung eines Kernes in zwei Bruchstücke, die in Abb. 10.17 gezeigt ist, und für die Dissoziation eines zweiatomigen Moleküls.

Wenn statt zweier Teilchen drei Fragmente entstehen, sind mehrere Lösungen möglich, da drei Impulse beteiligt sind, aber nur zwei physikalische Bedingungen: Erhaltung der Energie und des Impulses. Wenn z.B. bei einer Reaktion nur zwei Teilchen beobachtet werden, deren Energie und Impulse nicht erhalten bleiben, nimmt der Physiker die Anwesenheit eines dritten Teilchen an, das nicht beob-

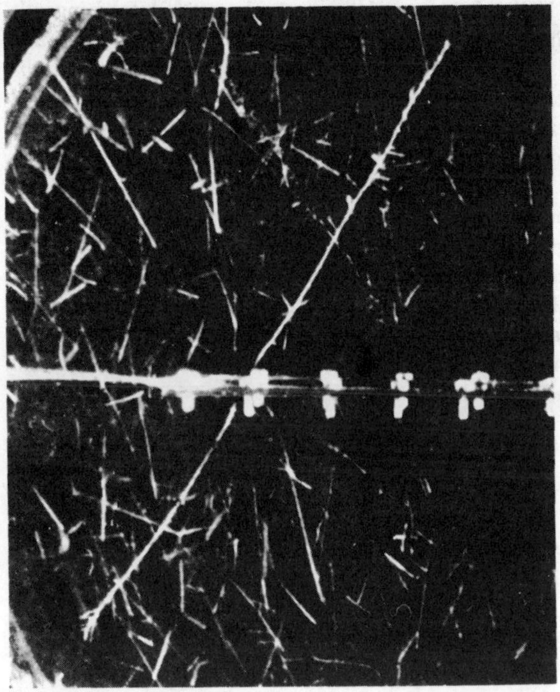

10.17 Nebelkammeraufnahme der Spuren zweier Bruchstücke, die durch die Spaltung eines U-Kernes entstehen [Bøggild, Brostrøm and Lauritzen, *Phys. Rev.* **59**, 275 (1941).]. Ursprünglich befand sich der U-Kern in der dünnen horizontalen Metallplatte in der Mitte des Photos in Ruhe. Die beiden Bruchstücke bewegen sich in entgegengesetzter Richtung. Aus der Analyse der Bahnen können wir die Energien der Bruchstücke abschätzen, was uns dann (unter Verwendung der Beziehung, die in Beispiel 10.7 abgeleitet wurde) erlaubt, das Verhältnis ihrer Massen zu berechnen. Der Effekt der freigesetzten Neutronen wird vernachlässigt.

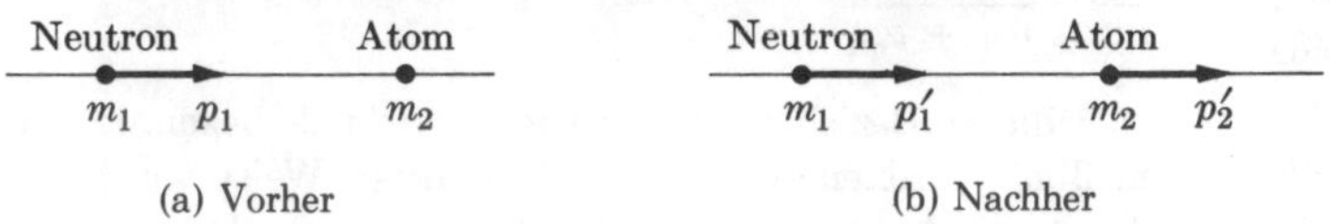

10.18

achtet wird (weil es keine Ladung trägt oder aus sonst einem Grund). Er schreibt dann diesem hypothetischen Teilchen einen bestimmten Impuls und eine bestimmte Energie zu, in der Bemühung, die Gesamtenergie und den Gesamtimpuls den Erhaltungssätzen anzupassen. Diese Art von Versuch führte z.B. zur Entdeckung des Neutrons (siehe Beispiel 10.9). Dieses Vorgehen führte bisher immer zu Ergebnissen, die sowohl mit der Theorie als auch den experimentellen Ergebnissen in Einklang waren.

Beispiel 10.8 *Energieverlust eines Teilchens der Masse m_1, wenn es elastisch mit einem Teilchen der Masse m_2 zusammenstößt, das im L-Bezugssystem ruht.* Diese Aufgabe ist für die Analyse der Abbremsung (oder *Moderation*) von Neutronen wichtig. Der maximale Energieverlust findet bei einem geraden zentrischen Stoß statt, und dies ist der einzige Fall, den wir betrachten wollen. Die Erhaltung des Impulses erfordert, daß

$$p_1' + p_2' = p_1 \qquad (10.41).$$

(siehe Abb. 10.18). Die Erhaltung der Energie (10.38), mit $Q = 0$, kann in der Form

$$\frac{1}{2m_1}p_1'^2 + \frac{1}{2m_2}p_2'^2 = \frac{1}{2m_1}p_1^2$$

geschrieben werden. Diese beiden Beziehungen können nun als

$$p_1 - p_1' = p_2',$$

$$\frac{1}{2m_1}(p_1^2 - p_1'^2) = \frac{1}{2m_2}p_2'^2$$

geschrieben werden, woraus wir

$$p_2' = \left(\frac{m_2}{m_1}\right)(p_1 + p_1')$$

erhalten. Wenn wir diese Beziehungen mit (10.41) verbinden,

erhalten wir

$$p_1' = \frac{m_1 - m_2}{m_1 + m_2} p_1, \qquad p_2' = \frac{2m_2}{m_1 + m_2} p_1. \tag{10.42}$$

Die kinetische Energie des Neutrons nach dem Stoß ist

$$E_k' = \frac{1}{2m_1} p_1'^2 = \left(\frac{m_1 - m_2}{m_1 + m_2} \right)^2 E_k, \tag{10.43}$$

wobei $E_k = p_1^2/2m_1$ die kinetische Energie des Neutrons vor dem Stoß ist.

Die kinetische Energie E_k' ist umso kleiner, je näher das Verhältnis $m_2/m_1 \simeq 1$. Dieses Ergebnis ist für die Wahl einer Bremssubstanz wichtig, mit deren Hilfe man die Neutronen rasch moderieren kann, wie das in Kernreaktoren geschehen muß. Die Atome mit den kleinsten Werten von m_2/m_1 relativ zu den Neutronen sind die des Wasserstoffs ($m_2/m_1 \cong 1$). Man würde daher annehmen, daß reiner Wasserstoff der beste Moderator wäre. Reiner Wasserstoff ist jedoch sogar bei Zimmertemperatur ein Gas, so daß die Zahl von Wasserstoffatomen pro Volumeneinheit relativ klein ist. Man verwendet deshalb Wasser. Wasser hat nicht nur den Vorteil, in großer Menge vorhanden und billig zu sein, es enthält auch 10^3 Mal mehr Wasserstoff pro Volumeneinheit als Wasserstoffgas. Leider neigen Wasserstoffatome dazu, Neutronen einzufangen und Deuterium zu bilden. Da Deuteriumatome andererseits eine geringe Tendenz aufweisen, Neutronen einzufangen, verwenden einige Kernreaktoren *schweres Wasser*, dessen Moleküle aus Deuterium (statt Wasserstoff) und Sauerstoff aufgebaut sind. (In diesem Fall ist $m_2/m_1 = 2$.) Ein anderer gängiger Moderator ist Kohlenstoff ($m_2/m_1 = 12$), der in Form von Graphit verwendet wird.

Ein interessanter Fall tritt dann ein, wenn $m_1 = m_2$. Dann ergibt (10.42)

$$p_1' = 0 \qquad \text{oder} \qquad v_1' = 0$$

und

$$p_2' = \left(\frac{m_2}{m_1} \right) p_1 \qquad \text{oder} \qquad v_2' = v_1,$$

was bedeutet, daß das Projektil im L-Bezugssystem abgebremst wird, während das Ziel mit der Geschwindigkeit (und Energie) des Projektil in Bewegung versetzt wird. Dieser Fall kann bei Billiardkugeln leicht beobachtet werden.

Beispiel 10.9 *Die Entdeckung des Neutrons*. Der Fall, der in Beispiel 10.8 betrachtet wurde, ist im Zusammenhang mit der Entdeckung des Neutrons von großer historischer Bedeutung. 1930 beobachteten W. Bothe und H. Becker, daß beim Beschuß von Bor und Beryllium mit α-Teilchen (oder Heliumkernen, ${}^4_2He$) eine hochgradig durchdringende Strahlung erzeugt wurde. Diese Strahlung wurde durch elektrische und magnetische Felder nicht beeinflußt, und die Teilchen, aus der die Strahlung bestand, konnten daher nicht geladen sein. Aus diesem Grund nannte man sie später Neutronen. Zwei Jahre später (1932) beobachteten I. Curie und F. Joliot, daß beim Durchgang dieser Strahlen durch ein wasserstoffhaltiges Material Protonen mit einer maximalen Energie von etwa 7,5 MeV erzeugt wurden. Im selben Jahr maß J. Chadwick die Energie des Stickstoffatoms, das beim Durchgang der Strahlung durch eine stickstoffhaltige Substanz herausgestoßen wurde. Wenn wir die zweite Beziehung aus (10.42) auf Wasserstoff und Stickstoff anwenden, so daß

$$p_1 = m_1 v_1, \qquad p_H' = m_H v_H \qquad \text{und} \qquad p_N' = m_N v_N,$$

erhalten wir

$$v_H' = \frac{2m_1}{m_1 + m_H} v_1, \qquad v_N' = \frac{2m_1}{m_1 + m_N} v_1,$$

wobei v_1 in beiden Fällen gleich ist, da es die Geschwindigkeit des ankommenden Teilchens ist. Aus diesen beiden Gleichungen erhalten wir

$$\frac{v_H'}{v_N'} = \frac{m_1 + m_N}{m_1 + m_H}.$$

Aus dieser Beziehung können wir m_1 durch bekannte und meßbare Größen ausdrücken. Auf diese Weise wurde die Masse des Neutrons zum ersten Mal berechnet. Die neuesten Messungen ergaben

$$m_N = 1{,}00865\ \mathrm{m_u}.$$

Der Prozeß, den Bothe und Becker beobachteten, kann folgendermaßen angeschrieben werden:

$${}^9_4Be + {}^4_2He \rightarrow {}^{12}_6C + {}^1_0n,$$

wobei ${}^{12}_6C$ der übrig bleibende Kern ist, der bei dem Vorgang entsteht.

10.13 FLÜSSIGKEITSBEWEGUNG

Die allgemeinen Prinzipien, die wir in diesem Kapitel für Mehrteilchensysteme besprochen haben, können auch auf die Untersuchung von Flüssigkeitsbewegungen (d.h., die von Flüssigkeiten oder eines Gases) angewendet werden. Wir wollen ein kleines Volumen einer Flüssigkeit betrachten, das wir als *Volumenelement* bezeichnen wollen. Die Geschwindigkeit des Schwer-

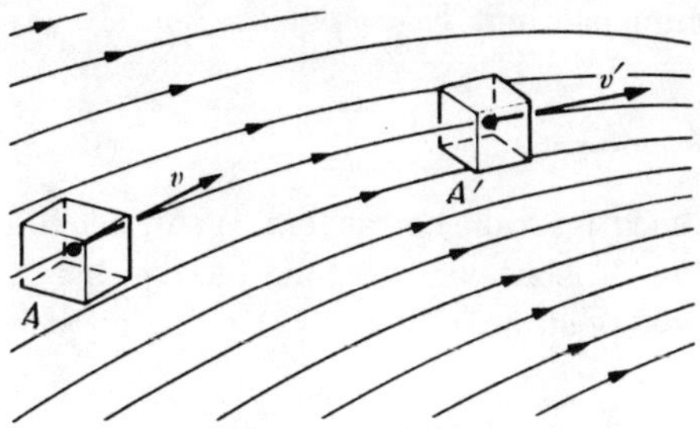

10.19 Stationärer Fluß. Die gezeigten Linien bezeichnet man als *Stromlinien*.

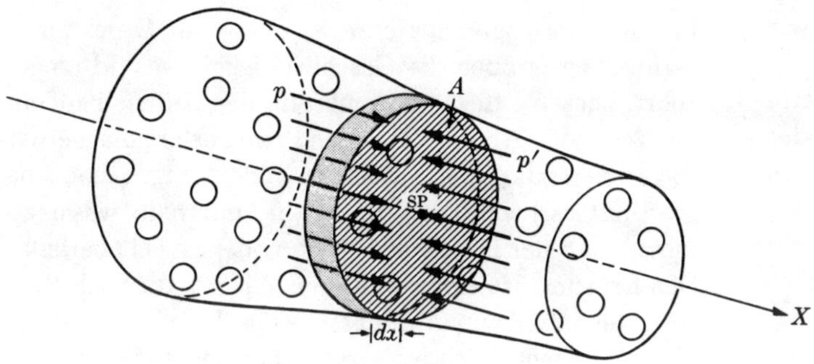

10.20 Kräfte, die an einem Flüssigkeitselement angreifen.

punkts des Volumenelements nennt man die *Flüssigkeitsgeschwindigkeit* an dem Ort, den das Element einnimmt.

Die Bewegung der Flüssigkeit wird als *stationär* bezeichnet, wenn sich das Bewegungsmuster nicht mit der Zeit ändert. Das bedeutet, daß die Geschwindigkeit der Flüssigkeit an jedem Punkt im Raum gleich bleibt, obwohl sich die Geschwindigkeit eines Flüssigkeitselements ändern kann, wenn es seine Position ändert. Genauer gesagt, wenn wir einem bestimmten Flüssigkeitselement längs seiner Bewegungsbahn folgen (Abb. 10.19), können wir finden, daß seine Geschwindigkeit v ist, wenn es sich an Punkt A befindet, und v', wenn es sich an A' befindet. Wenn die Bewegung jedoch stationär ist, haben *alle* Flüssigkeitselemente die Geschwindigkeit v, wenn sie an A vorbeigehen, und die Geschwindigkeit v', wenn sie A' passieren. Die Geschwindigkeit der Flüssigkeit kann daher als Funktion des Ortes und nicht als Funktion der Zeit betrachtet werden. Wenn die Bewegung nicht stationär ist, kann sich die Geschwindigkeit an jedem Ort in Abhängigkeit von der Zeit ändern.

Wir müssen nun die resultierende äußere Kraft auf das Flüssigkeitsvolumen infolge des Druckes bestimmen. Wir wollen der Einfachkeit halber eine Flüssigkeit betrachten, die sich entlang einer zylinderförmigen Röhre von unterschiedlichem Querschnitt bewegt (Abb. 10.20). Die X-Achse verlegt man in die Achse der Röhre. Wir wollen uns auf ein Volumenelement der Dicke dx und dem Volumen $A\,dx$ konzentrieren.

p und p' seien die Werte für den Druck auf der linken und rechten Seite des Volumenelements. Die Flüssigkeit zur Linken übt eine Kraft

$$F = pA$$

auf das Volumenelement aus, die nach rechts gerichtet ist, die Flüssigkeit zur Rechten übt eine Kraft

$$F' = p'A,$$

aus, die nach links gerichtet ist. Die X-Komponente der resultierenden Kraft auf das Volumenelement infolge des Druckes ist daher

$$dF_x = F - F' = pA - p'A = -(p' - p)A.$$

$p' - p$ ist aber der Druckunterschied zwischen zwei Punkten in der Entfernung dx voneinander. Daher ist

$$p' - p = dp.$$

Daraus folgt:

$$dF_x = -(dp)A = -\frac{dp}{dx}(A\,dx).$$

Da $A\,dx$ das Volumen ist, schließen wir, daß die *Kraft pro Volumeneinheit* längs der X-Achse infolge des Druckes

$$f_p = -\frac{dp}{dx}$$

ist. Wenn wir dieses Ergebnis mit (8.22) vergleichen, sehen wir, daß *wir den Druck als potentielle Energie pro Volumeneinheit betrachten können.* Wir können überprüfen, daß das von der Dimension her richtig ist, da p in $\mathrm{N\ m^{-2}}$ ausgedrückt wird, was das gleiche ist, wie $\mathrm{(N\ m)\ m^{-3}}$ oder $\mathrm{J\ m^{-3}}$.

Zusätzlich zum Druck können andere äußere Kräfte (wie die Schwerkraft oder ein äußeres elektrisches oder magnetisches Feld) auf die Flüssigkeit innerhalb des Volumenelements wirken. Es sei E_p die zugehörige Dichte der potentiellen Energie. Dann ist die gesamte potentielle Energie pro Volumeinheit infolge des Druckes und der äußeren Kräfte $p + E_p$. Wir nehmen an, daß die Flüssigkeit nicht komprimierbar ist (d.h., daß die Dichte der Flüssigkeit konstant ist). Die innere potentielle Energie der Flüssigkeit ist daher konstant und kann außer acht gelassen werden, wenn wir die Erhaltung der Energie der Flüssigkeit anschreiben. Die kinetische Energie der Translation der Flüssigkeit pro Volumeneinheit ist $\frac{1}{2}\rho v^2$, wobei ρ die Massendichte der Flüssigkeit ist.

Die Erhaltung der Energie besagt für eine Flüssigkeit, daß die *Gesamtenergie pro Volumeneinheit konstant bleibt, wenn alle Kräfte, die auf die Flüssigkeit wirken, konservativ sind, und wir die Bewegung eines kleinen Volumens verfolgen.* Wir können daher schreiben:

$$\tfrac{1}{2}\rho v^2 + p + E_p = \text{Konst.} \tag{10.44}$$

Dieses Ergebnis, das als *Bernoullisches Gesetz* bekannt ist, drückt die Erhaltung der Energie in einer Flüssigkeit aus. Das erste Glied ist die kinetische Energie pro Volumeneinheit, das zweite wird als ihre potentielle Energie pro Volumeneinheit interpretiert, die mit dem Druck assoziiert ist, und das dritte Glied ist die potentielle Energie pro Volumeneinheit infolge aller äußeren Kräfte.

In dem speziellen Fall, in dem die äußere Kraft, die an der Flüssigkeit angreift, die Schwerkraft ist, entnehmen wir aus (8.19), $E_p = mgy$, daß die potentielle Energie pro Volumeneinheit $E_p = \rho g y$ ist, und (10.44) wird zu

$$\tfrac{1}{2}\rho v^2 + p + \rho g y = \text{Konst.} \tag{10.45}$$

Wir wollen zwei wichtige Fälle betrachten. Wenn sich die Flüssigkeit nur in horizontaler Richtung bewegt, bleibt der Ausdruck $\rho g y$ konstant, und (10.45) reduziert sich auf

$$\tfrac{1}{2}\rho v^2 + p = \text{Konst.} \tag{10.46}$$

In einer horizontalen Röhre ist daher der Druck umso geringer, je größer die Geschwindigkeit ist und umgekehrt. Diesen Effekt nützt man für den Auftrieb auf ein Flugzeug aus (Abb. 10.21). Das Profil der Tragflächen ist so gestaltet, daß die Luft oberhalb der Tragflächen eine größere Geschwindigkeit besitzt als unterhalb, was dazu führt, daß der Druck unterhalb höher ist als oberhalb. Das Ergebnis ist eine resultierende Kraft, die nach oben gerichtet ist. Wenn A die Fläche des Tragflügels ist, ist die nach oben gerichtete Kraft, oder der *Auftrieb*,

$$F = A\,(p_1 - p_2) = \tfrac{1}{2}A\rho(v_2^2 - v_1^2),$$

wobei die Indices 1 und 2 sich jeweils auf die Bedingungen unterhalb und oberhalb der Tragflächen beziehen.

Als zweites Beispiel wollen wir eine Flüssigkeit betrachten, die in einer Röhre ruht oder sich mit konstanter Geschwindigkeit bewegt. Unter diesen Umständen kann das Glied $\frac{1}{2}\rho v^2$ aus (10.45) weggelassen werden:

$$p + \rho g y = \text{Konst.}$$

Wenn wir die Konstante mit p_0 bezeichnen, sehen wir, daß der Druck in einer nicht komprimierbaren Flüssigkeit durch

$$p = p_0 - \rho g y \tag{10.47}$$

gegeben ist. Wir sehen daher, daß p_0 der Wert für den Druck an $y = 0$ ist.

Ein letztes Prinzip, das für die Besprechung der Strömungsbewegung sehr wichtig ist, ist die *Kontinuitätsgleichung*, die die Erhaltung der Masse der Flüssigkeit ausdrückt. Wir wollen eine Flüssigkeit betrachten, die unter stationären Bedingungen innerhalb der Röhre fließt, die in Abb. 10.22 gezeigt ist, so daß an keinem Punkt Masse zugefügt oder entfernt wird. A_1 und A_2 seien zwei Querschnitte der Röhre. Das Flüssigkeits-

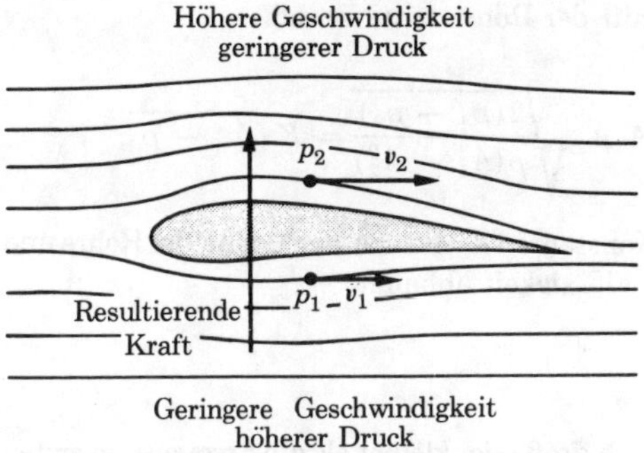

10.21 Luftauftrieb auf eine Flugzeugtragfläche

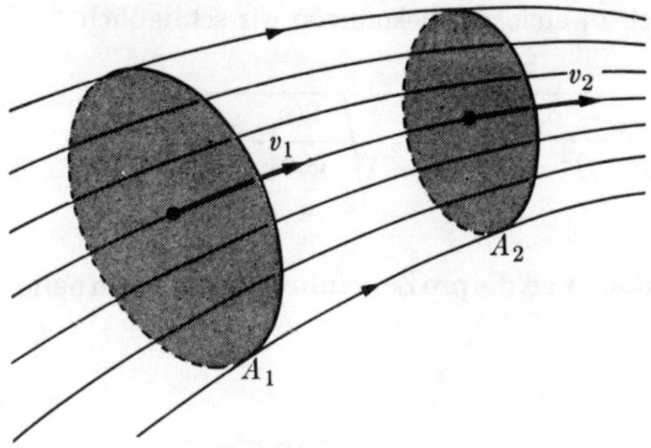

10.22

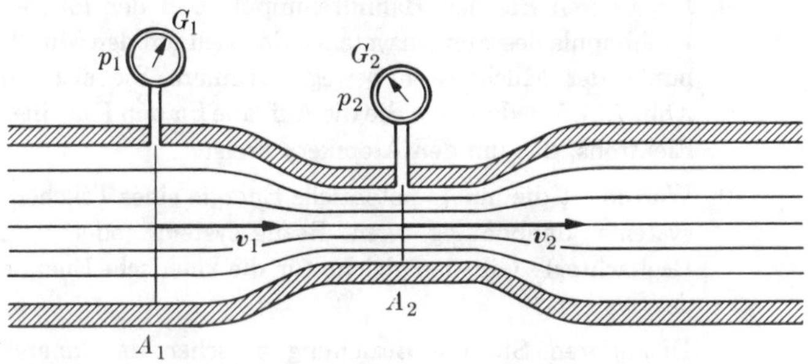

10.23 Venturimeter, das zur Bestimmung der Geschwindigkeit einer Flüssigkeit verwendet wird.

volumen, das pro Zeiteinheit durch A_1 tritt, entspricht einem Zylinder der Basis A_1 und der Länge v_1, der ein Volumen $A_1 v_1$ hat. Die Masse der Flüssigkeit, die in der Zeiteinheit durch A_1 gegangen ist, ist daher $\rho_1 A_1 v_1$. Ähnlich erhalten wir $\rho_2 A_2 v_2$ für die Menge an Flüssigkeit, die pro Zeiteinheit durch A_2 tritt. Die Erhaltung der Masse, für diese Bedingungen formuliert, erfordert, daß die beiden Massen gleich sind, oder

$$\rho_1 A_1 v_1 = \rho_2 A_2 v_2, \tag{10.48}$$

was die Kontinuitätsgleichung darstellt. Wenn die Flüssigkeit nicht komprimierbar ist, bleibt die Dichte gleich und (10.48) reduziert sich auf

$$A_1 v_1 = A_2 v_2. \tag{10.49}$$

Dies zeigt, daß die Geschwindigkeit der Flüssigkeit umgekehrt proportional zum Querschnitt der Röhre ist.

Beispiel 10.10 *Methode zur Bestimmung der Geschwindigkeit einer Flüssigkeit in einer Röhre: das Venturimeter*, dargestellt in Abb. 10.23. Zwei Manometer G_1 und G_2 messen den Druck in der Röhre und an einer eingebauten Verengung. Die Geschwindigkeit v_1 kann durch den Druckunterschied $p_1 - p_2$ ausgedrückt werden. Um den Ausdruck für die Geschwindigkeit zu erhalten, beachten wir, daß die Kontinuitätsgleichung (10.49) besagt:

$$A_1 v_1 = A_2 v_2 \qquad \text{oder}$$
$$v_2 = (A_1/A_2)\, v_1,$$

wenn v_1 und v_2 die Geschwindigkeiten an den beiden Querschnitten A_1 und A_2 sind. Wenn die Röhre horizontal ist, ergibt das Bernoullische Gesetz (10.46)

$$\tfrac{1}{2}\rho v_1^2 + p_1 = \tfrac{1}{2}\rho v_2^2 + p_2.$$

Wenn wir den Wert für v_2 einsetzen, den wir oben erhalten haben und nach v_1 auflösen, bekommen wir schließlich

$$v_1 = \sqrt{\frac{2(p_1 - p_2)}{\rho[(A_1/A_2)^2 - 1]}} = A_2\sqrt{\frac{2(p_1 - p_2)}{\rho(A_1^2 - A_2^2)}}.$$

Die Flüssigkeitsmenge, die pro Zeiteinheit durch einen beliebigen Querschnitt der Röhre tritt, ist daher

$$V = A_1 v_1 = A_1 A_2 \sqrt{\frac{2(p_1 - p_2)}{\rho(A_1^2 - A_2^2)}} = K\sqrt{p_1 - p_2},$$

wobei K eine Konstante ist, die von der Größe der Röhre und der Dichte der Flüssigkeit abhängt.

FRAGEN

1. Führen Sie die Eigenschaften des *SP*-Bezugssystems an. Unter welchen Bedingungen ist das *SP*-Bezugssystem ein Inertialsystem?
2. Welchen Weg beschreibt der Schwerpunkt eines Körpers, der keinen äußeren Kräften unterliegt? nur seinem eigenen Gewicht unterliegt, wenn er nahe der Oberfläche der Erde geworfen wird?
3. Formulieren Sie den Newtonschen Satz von Actio und Reactio für zwei wechselwirkende Teilchensysteme. Wenden Sie ihn auf zwei Atome und auf zwei Milchstraßensysteme an, die miteinander in Wechselwirkung sind.
4. Ist der Druck ein statistischer Begriff? Erläutern Sie Ihre Antwort.
5. Welchen praktischen Wert hat der Begriff der reduzierten Masse?
6. Ist die reduzierte Masse zweier Teilchen der Massen m_1 und m_2 größer, gleich groß oder kleiner als die Masse jedes einzelnen der beiden Teilchen?
7. Betrachten Sie eine Feder der elastischen Konstanten k. Wenn ein Ende fixiert und ein Körper der Masse m am anderen Ende befestigt ist, schwingt der Körper mit einer bestimmten Frequenz. Sodann wird an der selben Feder zusätzlich zur Masse m an einem Ende eine andere Masse M am anderen Ende befestigt. Ist die Frequenz größer, gleich groß oder kleiner als die Frequenz im ersten Fall, wenn die Feder nun gespannt und wieder losgelassen wird?
8. Illustrieren Sie an Hand einiger Beispiele die Prinzipien der Erhaltung des Drehmoments und der Energie eines Teilchensystems.
9. Diskutieren Sie den Bahndrehimpuls und den inneren Drehimpuls des Sonnensystems, das sich um den Mittelpunkt der Milchstraße bewegt (erinnern Sie sich an Abb. 7.1). Wiederholen Sie die Aufgabe für den Fall eines Elektrons, das um den Atomkern kreist.
10. Warum ist die innere potentielle Energie eines Teilchensystems unabhängig vom Bezugssystem (oder vom Beobachter)? Gilt das gleiche für die kinetische Energie des Systems?
11. Diskutieren Sie die Beziehung zwischen der inneren Energie und der Bindungsenergie eines Teilchensystems.
12. Welche Größen bleiben beim elastischen Stoß erhalten? beim unelastischen Stoß?
13. Diskutieren Sie die Erhaltung der Energie pro Volumeneinheit für den Fall der stationären Bewegung einer inkompressiblen Flüssigkeit.
14. Welcher Erhaltungssatz wird durch die Kontinuitätsgleichung ausgedrückt?

AUFGABEN

10.1 Ein System besteht aus drei Teilchen mit den Massen 3 kg, 2 kg und 5 kg. Das erste Teilchen hat eine Geschwindigkeit $\boldsymbol{u}_y(6)$ m s^{-1}. Das zweite bewegt sich mit einer Geschwindigkeit von 8 m s^{-1} in einer Richtung, die einen Winkel von $-30°$ mit der X-Achse bildet. Bestimmen Sie die Geschwindigkeit des dritten Teilchens, so daß der Schwerpunkt relativ zum Beobachter in Ruhe erscheint.

10.2 In einem bestimmten Augenblick bewegen sich drei Teilchen so wie in Abb. 10.24 gezeigt. Sie unterliegen nur ihrer gegenseitigen Wechselwirkung, es wirken also keine

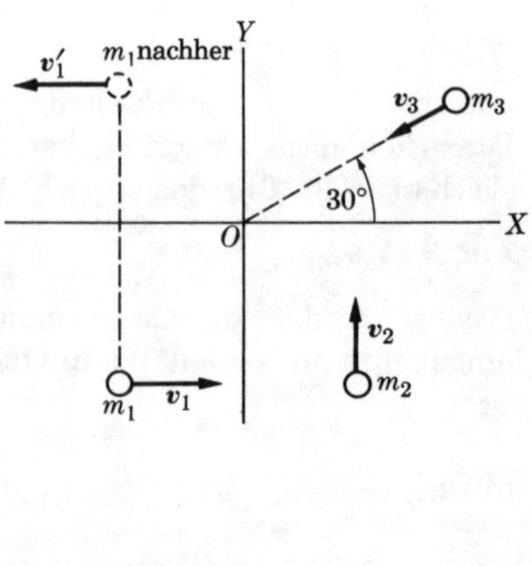

10.24

äußeren Kräfte. Nach einer bestimmten Zeit werden sie wieder beobachtet und man findet, daß m_1 sich wie gezeigt bewegt, wogegen m_2 ruht. Finden Sie die Geschwindigkeit von m_3. Nehmen Sie an, daß

$$m_1 = 2 \text{ kg}, \quad m_2 = 0{,}5 \text{ kg}, \quad m_3 = 1 \text{ kg},$$
$$v_1 = 1 \text{ m s}^{-1}, \quad v_2 = 2 \text{ m s}^{-1}, \quad v_3 = 4 \text{ m s}^{-1}$$

und $v_1' = 3 \text{ m s}^{-1}$. Bestimmen Sie die Geschwindigkeit des Schwerpunkts des Systems zu den beiden in der Aufgabe erwähnten Zeiten. Zu einem bestimmten Zeitpunkt sind die Positionen der Massen

$$m_1(-0{,}8 \text{ m}, -1{,}1 \text{ m}), \qquad m_2(0{,}8 \text{ m}, -1{,}1 \text{ m}),$$
$$m_3(1{,}4 \text{ m}, 0{,}8 \text{ m}).$$

Zeichnen Sie eine Linie, die den Weg des Schwerpunkts des Systems zeigt.

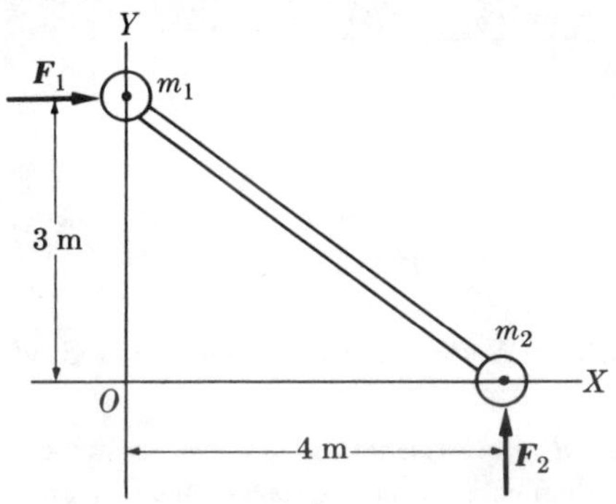

10.25

10.3 Die Massen $m_1 = 10$ kg und $m_2 = 6$ kg sind durch eine starre Stange vernachlässigbarer Masse verbunden (Abb. 10.25). Ursprünglich in Ruhe, werden sie, wie gezeigt, den Kräften

$$\boldsymbol{F}_1 = \boldsymbol{u}_x \text{ (8) N} \qquad \text{und} \qquad \boldsymbol{F}_2 = \boldsymbol{u}_y \text{ (6) N}$$

unterworfen. (a) Bestimmen Sie die Koordinaten ihres Schwerpunkts als Funktion der Zeit. (b) Drücken Sie den Gesamtimpuls als Funktion der Zeit aus.

10.4 Die beiden Massen in Abb. 10.26 befinden sich ursprünglich in Ruhe. Nehmen Sie an, daß $m_1 > m_2$ und bestimmen Sie die Geschwindigkeit und die Beschleunigung ihrer Schwerpunkte zur Zeit t.

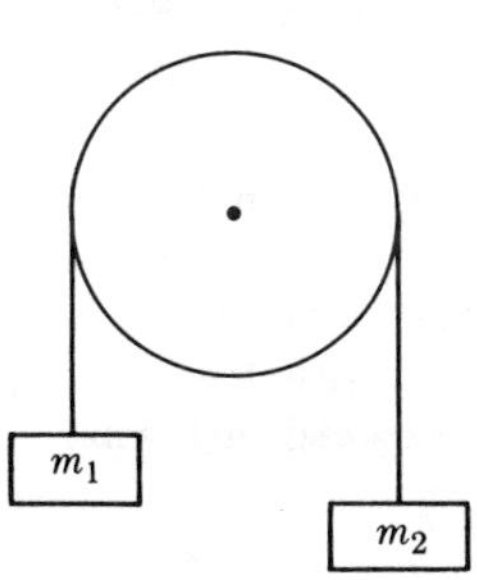

10.26

10.5 Ein ruhender ^{236}Urankern spaltet sich in zwei Bruchstücke mit den Massen 140 m_u und 90 m_u. Das Q der Reaktion ist 190 MeV. Bestimmen Sie die Energie und die Geschwindigkeit der beiden Bruchstücke.

10.6 Ein ruhender ^{238}Urankern zerfällt unter Abgabe eines alpha-Teilchens ($m = 4$ m_u) zu einem Kern von ^{234}Th ($M \approx 234$ m_u). Die zur Verfügung stehende Gesamtenergie ist 4,18 MeV. Bestimmen Sie (a) die kinetische Energie des alpha-Teilchens und des zurückbleibenden Kernes, (b) ihre Impulse und (c) ihre Geschwindigkeiten.

10.7 Ein Kern, der ursprünglich in Ruhe ist, zerfällt radioaktiv unter Abgabe eines Elektrons mit dem Impuls von

$$9{,}22 \cdot 10^{-21} \text{ m kg s}^{-1},$$

und eines Neutrinos mit dem Impuls von

$$5{,}33 \cdot 10^{-21} \text{ m kg s}^{-1},$$

das im rechten Winkel zum Elektron abgegeben wird.
(a) In welcher Richtung stößt der restliche Kern zurück?
(b) Wie groß ist sein Impuls? Wie groß sind die Geschwindigkeit und die kinetische Energie des zurückgebliebenen Kernes, wenn seine Masse $3{,}90 \cdot 10^{-25}$ kg beträgt?

10.8 Ein Geschoß wird in einem Winkel von 60° mit der Horizontalen und einer Abschußgeschwindigkeit von 400 m s^{-1} abgefeuert. Am höchsten Punkt seiner Bahn explodiert es zu zwei Bruchstücken gleicher Masse, von denen eines senkrecht nach unten fällt. (a) Wie weit vom Abschußpunkt entfernt erreicht das andere Bruchstück den Boden, wenn das Terrain eben ist? (b) Welche Energie wird bei der Explosion freigesetzt?

10.9 Ein Ball der Masse von 4 kg und einer Geschwindigkeit von 1,2 m s^{-1} stößt in einem geraden zentrischen Stoß mit einem anderen Ball der Masse von 5 kg zusammen, der sich mit 0,6 m s^{-1} in der gleichen Richtung bewegt. Bestimmen Sie (a) die Geschwindigkeit der Bälle nach dem Stoß (von dem Sie annehmen, daß er elastisch ist), (b) die Impulsänderung jedes Balles.

10.10 Ein Teilchen mit einer Masse von 0,2 kg stößt, während es sich mit 0,40 m s^{-1} bewegt, mit einem anderen Teilchen zusammen, das eine Masse von 0,3 kg hat und ruht. Nach dem Stoß bewegt sich das erste Teilchen mit 0,20 m s^{-1} in einer Richtung, die einen Winkel von 40° mit der ursprünglichen Richtung bildet. Bestimmen Sie die Geschwindigkeit des zweiten Teilchens und das Q des Vorgangs.

10.11 Die Anordnung in Abb. 10.27 bezeichnet man als *ballistisches Pendel*. Man verwendet es zur Bestimmung der

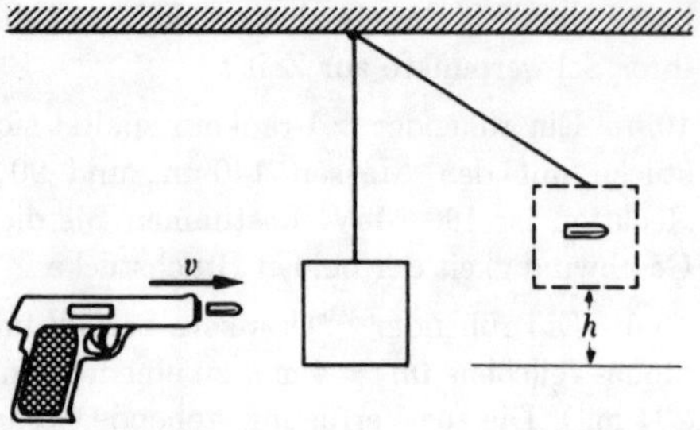

10.27

Geschwindigkeit einer Kugel, indem man die Höhe h mißt, um die der Block ansteigt, nachdem die Kugel in ihm steckenbleibt. Beweisen Sie, daß die Geschwindigkeit der Kugel durch

$$v = \sqrt{2gh}\,(m_1 + m_2)/m_1$$

gegeben ist, wobei m_1 die Masse der Kugel und m_2 die des Blockes ist.

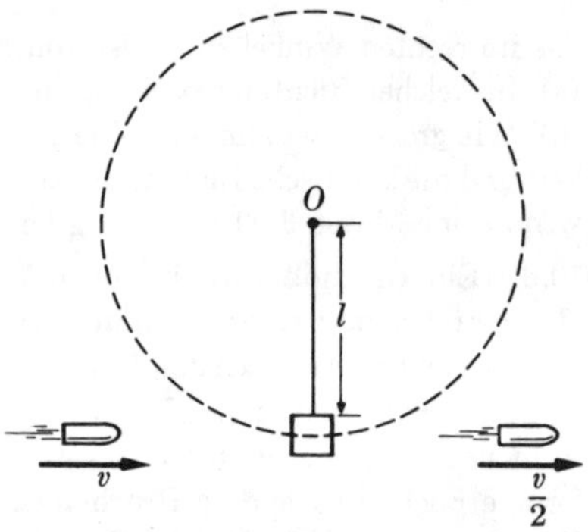

10.28

10.12 Eine Kugel der Masse m und der Geschwindigkeit v tritt durch ein Pendelgewicht der Masse M durch und kommt auf der anderen Seite mit einer Geschwindigkeit von $v/2$ heraus (Abb. 10.28). Das Pendelgewicht befindet sich am Ende eines Fadens der Länge l. Welchen Wert muß v minimal haben, damit das Pendelgewicht durch einen vollen Kreis schwingt?

10.13 Ein Teilchen mit der Masse von 5 kg bewegt sich mit 2 m s^{-1} und stößt mit einem Teilchen der Masse von 8 kg zusammen, das ursprünglich ruht. Bestimmen Sie unter der Annahme eines elastischen Stoßes die Geschwindigkeit jedes Teilchens nach dem Stoß, (a) wenn es ein gerader zentrischer Stoß ist, (b) wenn das erste Teilchen um 50° aus seiner ursprünglichen Bewegungsrichtung abgelenkt wird. Drücken Sie alle Richtungen relativ zur Richtung des einfallenden Teilchens aus.

10.14 Man findet experimentell, daß beim geraden zentrischen Stoß zwischen zwei Vollkugeln, wie z.B. Billiardkugeln, die Geschwindigkeit nach dem Stoß zu jener vor dem Stoß über den Ausdruck

$$v_1' - v_2' = -e(v_1 - v_2)$$

in Beziehung steht, wobei e zwischen null und eins liegt und als *Restitutionskoeffizient* bezeichnet wird. Dieses Ergebnis wurde von Newton erhalten und hat nur annähernd Gültigkeit. Außerdem bleibt beim Stoß der Impuls erhalten. Beweisen Sie Folgendes: (a) Die Geschwindigkeiten nach dem Stoß sind durch

$$v_1' = \frac{v_1(m_1 - m_2 e) + v_2 m_2(1 + e)}{m_1 + m_2}$$

und

$$v_2' = \frac{v_1 m_1(1 + e) + v_2(m_2 - m_1 e)}{m_1 + m_2}$$

gegeben.
(b) Das Q des Stoßes ist

$$-\tfrac{1}{2}(1 - e^2)\,\frac{m_1 m_2}{m_1 + m_2}\,(v_1 - v_2)^2.$$

(c) Wie groß sollte der Wert von e sein, damit der Stoß elastisch ist?

10.15 Bei einem *total unelastischen* Stoß bewegen sich die beiden Körper nach dem Stoß wie ein einziger. (a) Wie groß ist der Restitutionskoeffizient e? (b) Berechnen Sie das Q der Reaktion einmal direkt und dann unter Verwendung des Ergebnisses der Aufgabe 10.14 mit dem geeigneten Wert von e.

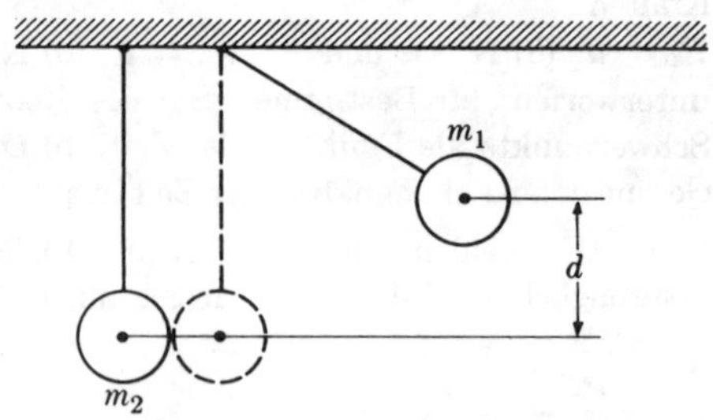

10.29

10.16 Wenn die Massen der Bälle m_1 und m_2 in Abb. 10.29 0,1 kg und 0,2 kg sind, und wenn m_1 bei $d = 0{,}2$ m losgelassen wird, berechnen Sie die Höhen, zu welchen sie nach dem Stoß zurückkehren werden, wenn der Stoß (a) elastisch ist ($e = 1$), (b) unelastisch, mit einem Restitutionskoeffizienten von 0,9, (c) total unelastisch ($e = 0$).

10.17 Diskutieren Sie die physikalischen Ergebnisse eines Stoßes, bei dem der Wert von e (a) negativ, (b) größer als eins ist. Schließen Sie daraus, daß diese Werte für einen Stoß zwischen Vollkugeln erlaubt sind?

10.18 Nehmen Sie an, daß sich der zweite Körper in Aufgabe 10.14 in Ruhe befindet und daß seine Masse sehr groß ist im Vergleich zu der des ersten Körpers. Bestimmen Sie die Geschwindigkeit jedes Körpers nach dem Stoß. Bestimmen Sie außerdem den Wert von Q. Wenden Sie dieses Ergebnis an, um zu bestimmen, wie hoch ein Körper, der aus der Höhe h fällt, nach dem Auftreffen auf dem Boden zurückspringt. Wiederholen Sie den Versuch selbst mit einer Glaskugel und schätzen Sie daraus den entsprechenden Wert von e ab.

10.19 Beweisen Sie direkt, daß

$$\boldsymbol{u} \cdot (\boldsymbol{v}_1' - \boldsymbol{v}_2') = -\boldsymbol{u} \cdot (\boldsymbol{v}_1 - \boldsymbol{v}_2)$$

ist, wenn die Energie und der Impuls beim elastischen Stoß erhalten bleiben, wobei $\boldsymbol{u}$ der Einheitsvektor in der Richtung ist, in welcher sich der Impuls eines der beiden Teilchen ändert. Dieses Ergebnis bedeutet, daß beim Stoß die Komponente der Relativgeschwindigkeit längs der Richtung des Impulsaustausches umgekehrt wird. Wenden Sie das Ergebnis auf den Fall eines geraden zentrischen Stoßes an. Vergleichen Sie mit den Ergebnissen der Aufgabe 10.14 für e. [*Hinweis*: Schreiben Sie die beiden Erhaltungssätze an, mit allen Ausdrücken für jedes Teilchen auf jeder Seite jeder Gleichung.]

10.20 Beweisen Sie, daß, wenn die innere Energie eines Zweiteilchensystems $E_{k,\text{inn}}$ ist, die Beträge der Geschwindigkeiten der Teilchen relativ zum Schwerpunkt

$$v_1 = \left[\frac{2m_2E_{k,\text{inn}}}{m_1(m_1 + m_2)}\right]^{1/2}$$

und

$$v_2 = \left[\frac{2m_1E_{k,\text{inn}}}{m_2(m_1 + m_2)}\right]^{1/2}$$

sind.

10.21 Wir wissen von den beiden Teilchen in Abb. 10.30, daß

$$m_1 = 4\ \text{kg}, \qquad m_2 = 6\ \text{kg},$$
$$\boldsymbol{v}_1 = \boldsymbol{u}_x(2)\ \text{m s}^{-1} \quad \text{und} \quad \boldsymbol{v}_2 = \boldsymbol{u}_y(3)\ \text{m s}^{-1}.$$

(a) Bestimmen Sie den gesamten Drehimpuls des Systems relativ zu O und relativ zum Schwerpunkt, und überprüfen Sie die Beziehung zwischen den beiden. (b) Bestimmen Sie die gesamte kinetische Energie relativ zu O und relativ zum Schwerpunkt und überprüfen Sie die Beziehung zwischen den beiden.

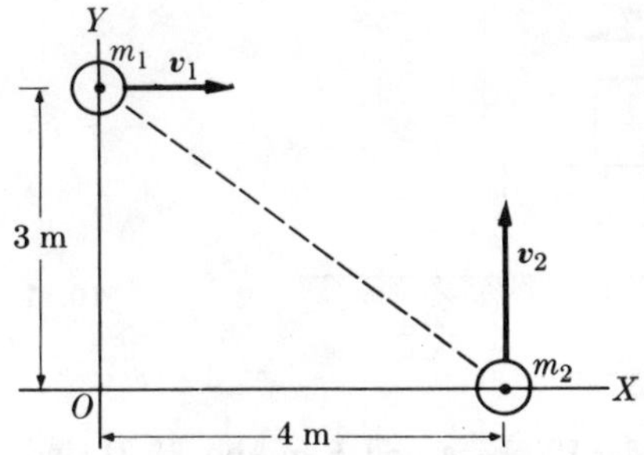

10.30

10.22 Nehmen Sie an, daß die beiden Teilchen der vorhergehenden Aufgabe durch eine elastische Feder der Konstanten

$$2 \cdot 10^{-3}\ \text{N m}^{-1},$$

verbunden sind. Die Feder ist ursprünglich nicht gespannt. (a) Wie wird die Bewegung des Schwerpunkts dadurch beeinflußt? (b) Wie groß ist die gesamte innere Energie des Systems? Wird sie konstant bleiben? (c) Nach einer bestimmten Zeit wird die Feder um 4 cm zusammengedrückt. Bestimmen Sie die innere kinetische und potentielle Energie der Teilchen. (d) Bestimmen Sie die Beträge der Geschwindigkeiten relativ zum Schwerpunkt. (Können Sie auch ihre Richtungen bestimmen?) Bestimmen Sie außerdem (e) den Betrag ihrer Relativgeschwindigkeit und (f) den Drehimpuls des Systems relativ zu O und zum Schwerpunkt.

10.23 Die potentielle Energie infolge der Wechselwirkung zwischen einem Proton und einem Deuteriumatom ist

$$E_{p,\,\text{inn}} = \frac{2{,}3 \cdot 10^{-28}}{r}\,\text{J},$$

wobei r der Abstand zwischen den beiden in Metern ist. Zu einem bestimmten Zeitpunkt befindet sich ein Proton der Energie von 0,5 MeV in einem Abstand von $2 \cdot 10^{-12}$ m vom Deuteriumatom in Ruhe, und zwar relativ zum L-Bezugssystem. (a) Bestimmen Sie die kinetische Energie des Systems im L- und im SP-Bezugssystem und ihre innere potentielle Energie, wobei Sie die Werte

$$m_{\text{Proton}} = 1{,}0078\ \text{m}_\mu \qquad m_{\text{Deuteron}} = 2{,}0141\ \text{m}_\mu$$

verwenden. (b) Nach einer bestimmten Zeit ist das Proton 10^{-13} m vom Deuteriumatom entfernt. Bestimmen Sie die kinetische Energie des Systems im L- und im SP-Bezugssystem und ihre potentielle Energie. (c) Bestimmen Sie den Betrag der Geschwindigkeit des Schwerpunkts in beiden Fällen.

10.24 Bezeichnen Sie die Erde, den Mond und die Sonne mit den Indizes E, M und S und schreiben Sie (10.28) für Systeme, die aus (a) Erde und Mond und (b) Erde, Mond und Sonne bestehen, vollständig an.

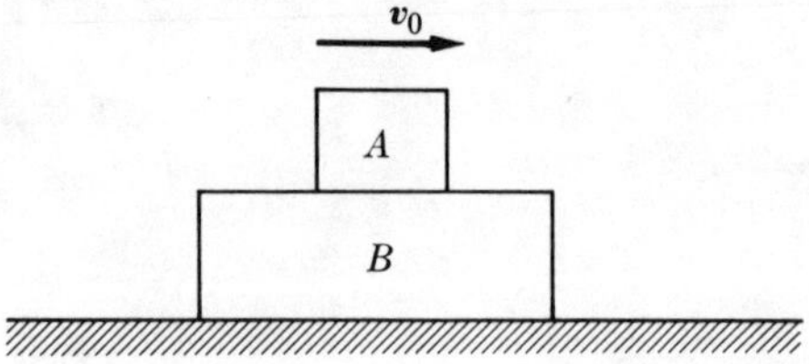

10.31

10.25 Die Massen der Blöcke A und B in Abb. 10.31 sind m_1 und m_2. Zwischen A und B besteht eine Reibungskraft vom Betrag F, wogegen B reibungslos über die horizontale Ebene gleiten kann. Ursprünglich bewegt sich A mit der Geschwindigkeit v_0, während B ruht. Wenn keine Kräfte auf das System wirken, wird sich A verlangsamen und B beschleunigen bis die beiden Körper sich mit der gleichen Geschwindigkeit v bewegen. (a) Welche Entfernung, gemessen an der horizontalen Oberfläche, haben A und B zurückgelegt bis dieser Fall eintritt? (b) Wie groß ist die Änderung der kinetischen Energie des Systems, ausgedrückt durch die Entfernung, die A relativ zu B zurückgelegt hat? (c) Was passiert mit dem Gesamtimpuls?

10.26 Ein horizontales Rohr hat in einem Teil einen Querschnitt von 10 cm^2, in einem anderen Teil einen von 5 cm^2. Die Wassergeschwindigkeit am ersten Querschnitt ist 5 $m\ s^{-1}$, der Druck im zweiten

$$2 \cdot 10^5\ N\ m^{-2}.$$

Bestimmen Sie (a) die Geschwindigkeit des Wassers im zweiten Bereich und den Druck des Wassers im ersten, (b) die Menge an Wasser, die den Querschnitt in einer Minute passiert und (c) die Gesamtenergie pro Kilogramm Wasser.

10.27 Wiederholen Sie die vorhergehende Aufgabe für einen Fall, in dem das Rohr geneigt ist und der zweite Bereich um 2 m höher liegt als der erste.

10.28 Zeigen Sie: Wenn eine Gefäßwand eine Öffnung hat und der Flüssigkeitsspiegel sich in der Höhe h über dieser Öffnung befindet, ist die Geschwindigkeit der Flüssigkeit, die durch das Loch strömt

$$v = \sqrt{2gh}.$$

Betrachten Sie ein zylindrisches Gefäß mit einem Durchmesser von 0,10 m und einer Höhe von 0,20 m. An der Basis hat es eine Öffnung mit einem Querschnitt von 1 cm^2. Wasser fließt mit der Geschwindigkeit von

$$1{,}4 \cdot 10^{-4}\ m^3\ s^{-1}$$

in das Gefäß. (a) Bestimmen Sie, wie hoch der Wasserspiegel in dem Gefäß steigen wird. (b) Nachdem diese Höhe erreicht ist, wird der Wasserzufluß unterbrochen. Berechnen Sie die Zeit, die für die Entleerung des Gefäßes benötigt wird.

10.29 Ein Zylinder der Höhe h und des Querschnitts A steht senkrecht in einer Flüssigkeit der Dichte ρ_f. Der Flüssigkeitsdruck ist gemäß (10.47) zu

$$p = p_0 - \rho_f g y$$

gegeben. Beweisen Sie, daß die gesamte aufwärts gerichtete Kraft auf den Zylinder als Folge des Flüssigkeitsdrucks

$$B = V\rho_f g$$

beträgt, wobei V das Volumen des Zylinders ist. Dehnen Sie das Ergebnis auf einen Körper willkürlicher Gestalt aus, indem Sie ihn in schmale senkrechte Zylinder unterteilen. (Das Ergebnis stellt das *Archimedessche Prinzip* dar. Die Kraft bezeichnet man als *Auftrieb*.)

Kapitel 11

DYNAMIK DES STARREN KÖRPERS

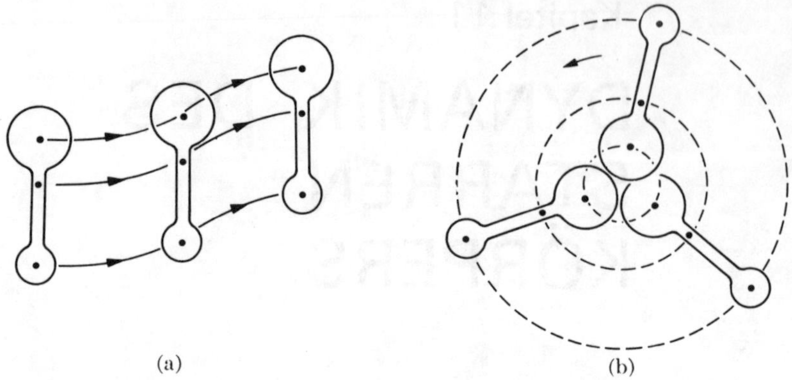

11.1 (a) Translationsbewegung eines starren Körpers. (b) Rotationsbewegung eines starren Körpers.

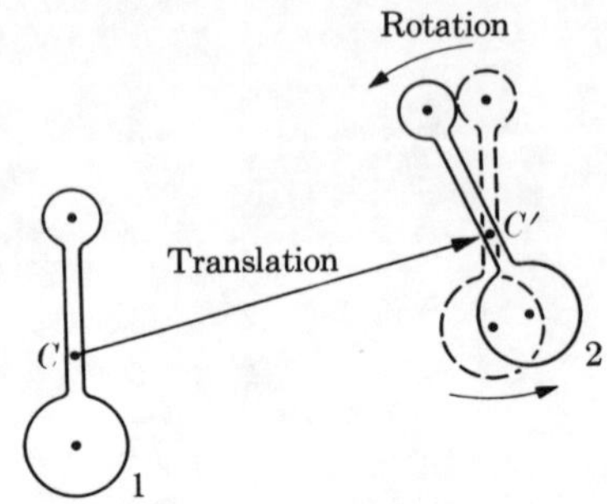

11.2 Allgemeine Bewegung eines starren Körpers.

11.1 EINLEITUNG

Einen speziellen und wichtigen Fall eines Vielteilchensystems stellt ein *starrer Körper* dar; d.h., ein Körper, in dem die Abstände zwischen allen seinen Bestandteilen bei Anwendung einer Kraft oder eines Drehmoments konstant bleiben. Ein starrer Körper behält deshalb seine Gestalt, wenn er sich bewegt.

Wir können zwischen zwei Arten von Bewegungen eines starren Körpers unterscheiden. Die Bewegung ist eine *Translationsbewegung*, wenn alle Teilchen parallele Bahnen beschreiben, so daß die Linien, die zwei beliebige Punkte des Körpers verbinden, immer parallel zu ihrer Anfangsposition sind (Abb. 11.1a). Die Bewegung ist eine *Drehbewegung* (*Rotation*) um eine Achse, wenn alle Teilchen kreisförmige Bahnen um eine Gerade beschreiben, die man als Rotationsachse bezeichnet (Abb. 11.1b). Die Achse kann fixiert sein oder ihre Richtung während der Bewegung relativ zum Körper verändern.

Die allgemeine Bewegung eines starren Körpers kann man immer als Kombination einer Rotations- und einer Translationsbewegung betrachten. Zum Beispiel kann die Bewegung des Körpers in Abb. 11.2, die von Position 1 nach Position 2 verläuft, als Translation betrachtet werden, dargestellt durch die Verschiebung CC', und als Rotation um die Achse durch den Schwerpunkt C'.

Nach (10.8),

$$M\frac{d\boldsymbol{v}_{\mathrm{SP}}}{dt} = \boldsymbol{F}_{\mathrm{aus}},$$

ist die Bewegung des Schwerpunkts identisch mit der Bewegung eines einzelnen Teilchens, dessen Masse gleich der Masse des Körpers ist und auf das eine Kraft wirkt, die gleich der Summe aller äußeren Kräfte ist, die auf den Körper wirken (Abb. 11.3). Diese Bewegung kann nach den in Kapitel 7 beschriebenen Methoden untersucht werden und erfordert deshalb keine zusätzlichen Techniken. In diesem Kapitel wollen wir die Rotationsbewegung eines starren Körpers um eine Achse untersuchen, die entweder durch einen in einem Inertialsystem fixierten Punkt oder durch den Schwerpunkt des Körpers geht.

11.2 TRÄGHEITSMOMENT EINES STARREN KÖRPERS

Wir wollen einen starren Körper betrachten, der sich mit der Winkelgeschwindigkeit ω um die Achse Z dreht (Abb. 11.4). Jedes seiner Teilchen beschreibt eine Kreisbahn, deren Mittelpunkt auf der Z-Achse liegt. Zum Beispiel beschreibt Teilchen A_i einen Kreis mit dem Radius $R_i = A_i B_i$, mit einer Geschwindigkeit

$$\boldsymbol{v}_1 = \boldsymbol{\omega} \times \mathbf{r}_i,$$

wobei $\boldsymbol{r}_i$ die Position des Vektors relativ zum Ursprung O ist (dieser wird als Punkt, der in einem Inertialsystem fixiert ist, gewählt oder als Schwerpunkt des Körpers). Der Betrag der Geschwindigkeit ist

$$v_i = \omega R_i.$$

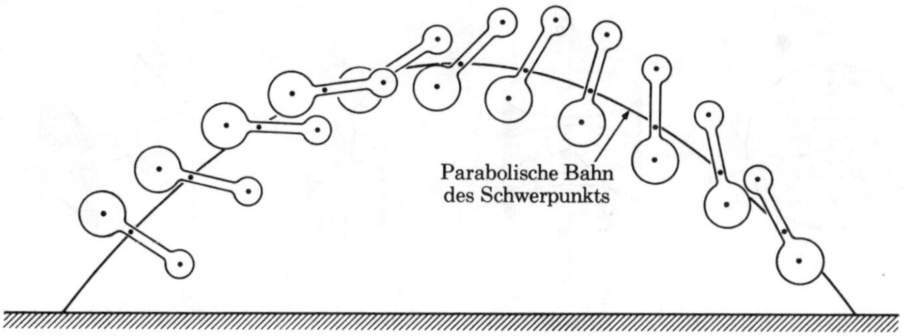

11.3 Bewegung eines starren Körpers unter der Wirkung der Schwerkraft. Der Schwerpunkt beschreibt die parabolische Bahn, die einem Teilchen der Masse M entspricht, auf das die Kraft Mg wirkt, während der Körper um den Schwerpunkt rotiert.

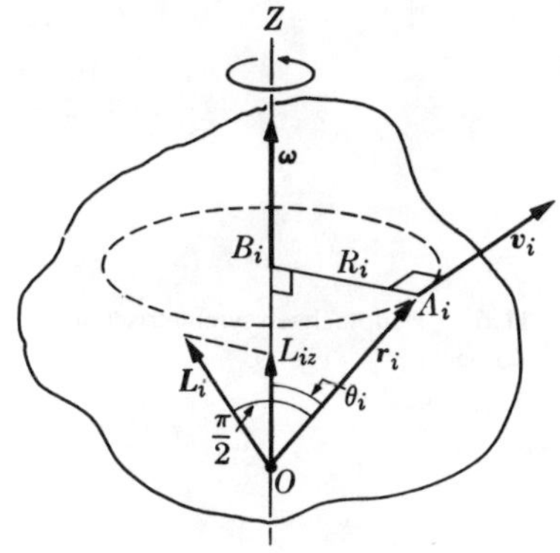

11.4 Drehimpuls eines rotierenden starren Körpers.

Beachten Sie, daß wir ω und nicht ω_i schreiben, da die Winkelgeschwindigkeit für alle Teilchen eines starren Körpers gleich ist. Der Drehimpuls des Teilchens A_i relativ zum Ursprung O ist

$$\boldsymbol{L}_i = m_i \boldsymbol{r}_i \times \boldsymbol{v}_i. \qquad (11.1)$$

Er ist senkrecht zur Ebene gerichtet, die durch die Vektoren $\boldsymbol{r}_i$ und $\boldsymbol{v}_i$ aufgespannt wird, und liegt in der Ebene, die durch $\boldsymbol{r}_i$ und die Z-Achse festgelegt ist. Der Gesamtdrehimpuls des Körpers ist

$$\boldsymbol{L} = \boldsymbol{L}_1 + \boldsymbol{L}_2 + \boldsymbol{L}_3 + \cdots = \sum_i \boldsymbol{L}_i.$$

Er ist im allgemeinen *nicht* parallel zur Rotationsachse, da die einzelnen Drehimpulse $\boldsymbol{L}_i$, die in der Summe erscheinen, nicht parallel zur Drehachse sind, wie in Abb. 11.4 gezeigt.

Wir wollen nun eine Größe

$$I = m_1 R_1^2 + m_2 R_2^2 + m_3 R_3^2 + \cdots = \sum_i m_i R_i^2 \qquad (11.2)$$

definieren, die man als *Trägheitsmoment* eines Körpers relativ zur Rotationsachse Z bezeichnet. Man erhält sie, indem man das Produkt aus der Masse und dem Quadrat des Abstands von der Achse für jedes Teilchen addiert. Das Trägheitsmoment ist eine sehr wichtige Größe, die in vielen Ausdrücken erscheint, welche mit der Rotation eines starren Körpers zu tun haben. Es muß als Produkt einer Masseneinheit und dem Quadrat einer Entfernungseinheit ausgedrückt werden. Im MKSC-System wird das Trägheitsmoment deshalb in m^2 kg ausgedrückt.

Wie wir unten zeigen werden, ist die Komponente des Gesamtdrehimpulses längs der Rotationsachse Z durch

$$L_z = I\omega \qquad (11.3)$$

gegeben. Dieser Ausdruck gilt unabhängig davon, ob das Teilchensystem ein starrer Körper ist oder nicht. Wenn das System jedoch kein starrer Körper ist, ist das Trägheitsmoment I keine konstante Größe und verliert daher viel von seiner Nützlichkeit.

Beweis der Beziehung (11.3) Aus Abb. 11.4 entnehmen wir, daß der Drehimpuls $\boldsymbol{L}_i$ des Teilchens A_i einen Winkel $\pi/2 - \theta$ mit der Rotationsachse Z einschließt. Der Betrag von $\boldsymbol{L}_i$ ist nach (11.1) $m_i r_i v_i$; wenn wir

$$R_i = r_i \sin\theta_i \qquad \text{und} \qquad v_i = \omega R_i$$

benutzen, ist die Komponente von $\boldsymbol{L}_i$ parallel zur Z-Achse

$$\begin{aligned} L_{iz} &= (m_i r_i v_i) \cos(\pi/2 - \theta_i) \\ &= m_i (r_i \sin\theta_i)(\omega R_i) = m_i R_i^2 \omega. \end{aligned}$$

Die Komponente des Gesamtdrehimpulses des rotierenden Körpers längs der Rotationsachse ist daher

$$\begin{aligned} L_z &= L_{1z} + L_{2z} + L_{3z} + \ldots \\ &= (m_1 R_1^2 + m_2 R_2^2 + m_3 R_3^2 + \ldots)\omega \\ &= \left(\sum_i m_i R_i^2\right)\omega = I\omega. \end{aligned}$$

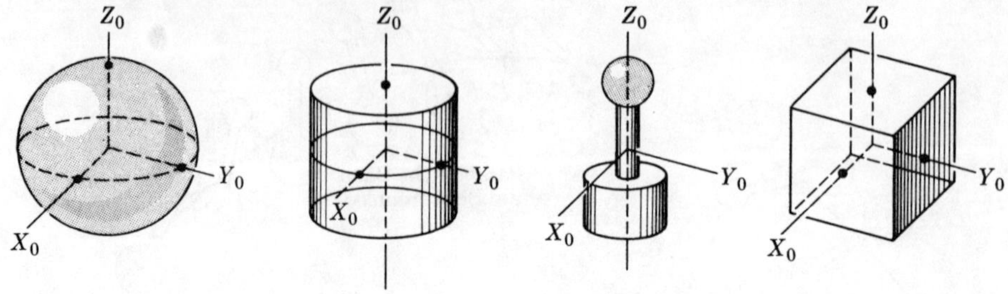

11.5 Hauptachsen symmetrischer Körper.

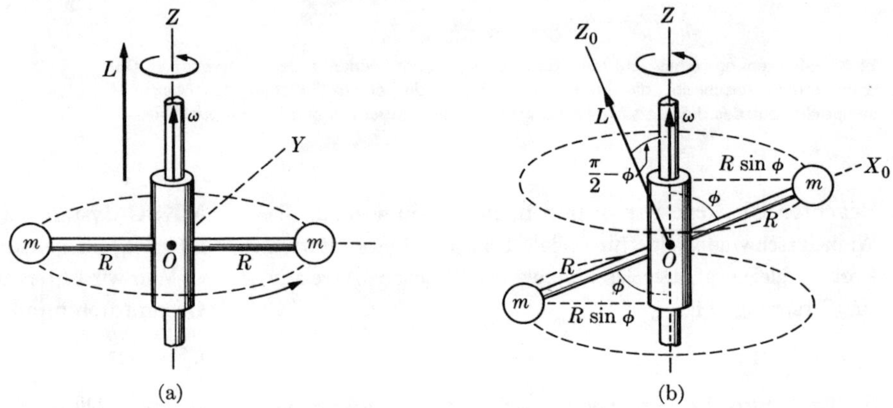

11.6

Hauptachsen Man kann beweisen, daß es für jeden Körper, gleich welcher Gestalt (mindestens) drei zueinander senkrechte Richtungen gibt, für die der Drehimpuls parallel zur Rotationsachse ist. Man nennt diese die *Hauptträgheitsachsen*, die entsprechenden Trägheitsmomente bezeichnet man als *Hauptträgheitsmomente*, die durch I_1, I_2 und I_3 dargestellt werden. Wir wollen die Hauptachsen mit $X_0\ Y_0\ Z_0$ bezeichnen. Sie stellen ein Bezugssystem dar, das mit dem Körper verbunden ist und daher im allgemeinen relativ zum Beobachter rotiert. Wenn der Körper eine Symmetrie aufweist, fallen die Hauptachsen mit den Symmetrieachsen zusammen. Zum Beispiel ist bei einer Kugel jede Achse, die durch den Mittelpunkt geht, eine Hauptachse. Bei einem Zylinder oder ganz allgemein, bei jedem Körper mit zylindrischer Symmetrie sind die Symmetrieachse und jede Achse senkrecht dazu Hauptachsen. Bei einem rechteckigen Block liegen die drei Hauptachsen senkrecht zu den Oberflächen und gehen durch den Mittelpunkt des Blockes. Diese Achsen sind in Abb. 11.5 dargestellt.

Wenn der Körper um eine Hauptträgheitsachse rotiert, ist der Gesamtdrehimpuls $\boldsymbol{L}$ parallel zur Winkelgeschwindigkeit $\boldsymbol{\omega}$, die immer längs der Rotationsachse ist. Statt der skalaren Gleichung (11.3), die für die Z-Komponente entlang der Rotationsachse immer gilt, können wir die Vektorbeziehung

$$\boldsymbol{L} = I\boldsymbol{\omega} \qquad \text{(nur für Hauptachsen)} \qquad (11.4)$$

schreiben, wobei I das entsprechende Hauptträgheitsmoment ist. Wir müssen betonen, daß diese Vektorbeziehung nur für die Rotation um eine Hauptträgheitsachse gilt.

Beispiel 11.1 Drehimpuls des in Abb. 11.6 dargestellten Systems, welches aus zwei gleichen Kugeln der Masse m besteht. Die Massen sind an Armen befestigt, die durch ein Lager verbunden sind und um die Z-Achse rotieren. Vernachlässigen Sie die Masse der Arme.

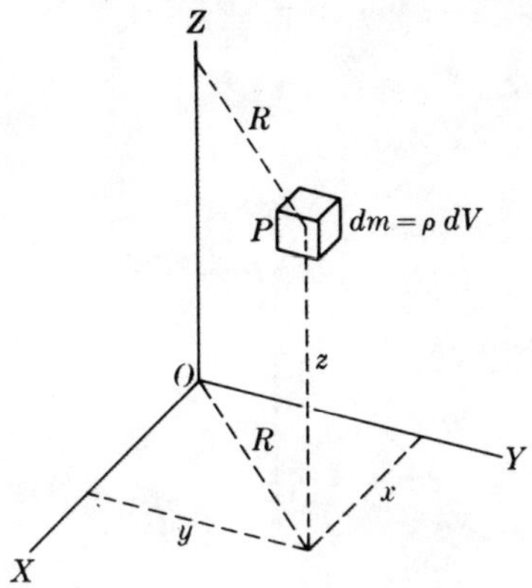

11.7

Lösung: In Abb. 11.6 (a) sind die beiden Arme senkrecht zur Rotationsachse Z. Jede Kugel beschreibt einen Kreis mit dem Radius R mit einer Geschwindigkeit $v = \omega R$. Der Drehimpuls jeder Kugel relativ zu O ist dann

$$mRv = mR^2\omega.$$

Er ist parallel zur Z-Achse gerichtet. Der Gesamtdrehimpuls des Systems ist

$$L = 2mR^2\omega$$

parallel zur Z-Achse, was anzeigt, daß das System um eine Hauptachse rotiert. Beachten Sie, daß $I = 2mR^2$ das Trägheitsmoment um die Z-Achse ist.

In Abb. 11.6(b) bilden die beiden Arme einen Winkel ϕ mit der Rotationsachse Z, so daß $\boldsymbol{\omega}$ nicht parallel zu einer Hauptachse ist. Der Radius des Kreises, den jede Kugel beschreibt, ist R sin ϕ, so daß ihre Geschwindigkeiten dem Betrag nach $(R \sin \phi)\omega$ sind. Der Drehimpuls jeder Kugel relativ zu O ist dann

$$mRv = mR(R\omega \sin \phi).$$

Er ist parallel zur Z_0-Achse gerichtet, senkrecht zur Verbindungslinie der beiden Kugeln und in einer Ebene, die durch die Z- und die X_0-Achse festgelegt ist. Der Gesamtdrehimpuls des Systems ist

$$L = (2mR^2 \sin \phi)\,\omega.$$

Er bildet einen Winkel $\pi/2 - \phi$ mit der Rotationsachse. In diesem Fall dreht sich das System daher nicht um eine Hauptachse, wie wir auch aus der Geometrie des Systems entnehmen können. Man beachte, daß der Vektor $\boldsymbol{L}$ mit der gleichen Geschwindigkeit wie das System um die Achse rotiert (oder, wie man auch manchmal sagt, *präzediert*).

Die Komponente von $\boldsymbol{L}$ längs der Rotationsachse ist

$$L_z = L \cos(\pi/2 - \phi) = (2mR^2 \sin^2\phi)\,\omega = I\omega,$$

in Übereinstimmung mit (11.3), da

$$I = 2m(R \sin \phi)^2$$

das Trägheitsmoment relativ zur Z-Achse ist.

11.3 BERECHNUNG DES TRÄGHEITSMOMENTS

Ein starrer Körper besteht aus einer sehr großen Zahl dicht gepackter Teilchen, so daß die Summe in (11.2) durch ein Integral

$$I = \sum_i m_i R_i^2 = \int R^2\, dm$$

ersetzt werden kann. Wenn ρ die Dichte des Körpers ist, gilt

$$dm = \rho\, dV$$

und

$$I = \int \rho R^2\, dV. \qquad (11.5)$$

Wenn der Körper homogen ist, ist seine Dichte konstant, und wir können statt (11.5)

$$I = \rho \int R^2\, dV$$

schreiben. Das Integral reduziert sich somit auf einen geometrischen Faktor, der für alle Körper der gleichen Gestalt und Größe gleich ist. Wir entnehmen aus Abb. 11.7, daß

$$R^2 = x^2 + y^2,$$

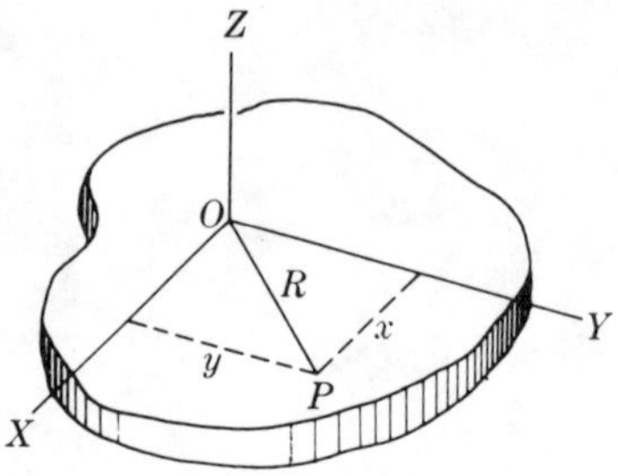

11.8

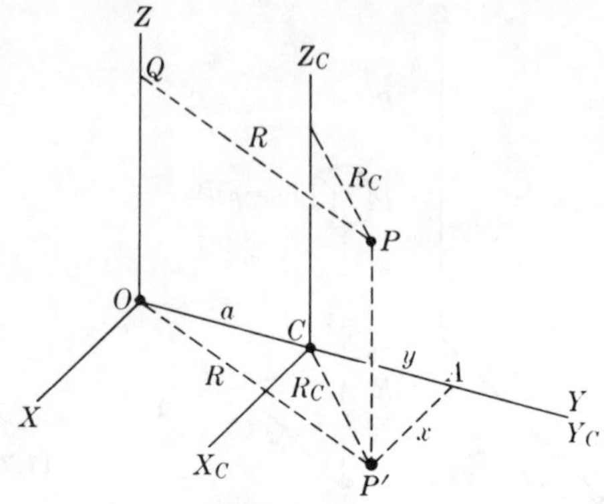

11.9

und das Trägheitsmoment um die Z-Achse ist daher

$$I_z = \int \rho(x^2 + y^2)\, dV, \tag{11.6}$$

wobei ähnliche Beziehungen für I_x und I_y gelten.

Wenn der Körper eine dünne Platte ist, wie in Abb. 11.8 gezeigt, sehen wir, daß die Trägheitsmomente relativ zu den X- und Y-Achsen

$$I_x = \int \rho y^2\, dV \qquad \text{und} \qquad I_y = \int \rho x^2\, dV$$

sind, da die Z-Koordinate praktisch null ist. Vergleich mit (11.6) zeigt, daß in disem Fall

$$I_z = I_x + I_y.$$

Dieses Ergebnis gilt nur für dünne Platten.

Die Trägheitsmomente zu parallelen Achsen sind über eine einfache Formel miteinander verbunden. Z sei eine willkürliche Achse und Z_C eine parallele Achse dazu, die durch den Schwerpunkt des Körpers geht (Abb. 11.9). Wenn a der Abstand zwischen den beiden Achsen ist, gilt die folgende Beziehung, die als *Steinerscher Satz* bezeichnet wird:

$$I = I_C + Ma^2, \tag{11.7}$$

wobei I und I_C die Trägheitsmomente des Körpers relativ zu Z und Z_C sind und M die Masse des Körpers darstellt.

Beweis der Beziehung (11.7) Wir wollen die Achsen $X_CY_CZ_C$ so wählen, daß ihr Ursprung sich im Schwerpunkt C befindet und die Y_C-Achse in der Ebene liegt, die durch Z und Z_C bestimmt wird.

Die Achsen XYZ werden so gewählt, daß Y und Y_C zusammenfallen. Der Punkt P ist ein beliebiger Punkt im Körper M. Wenn wir aus Abb. 11.9 entnehmen, daß $P'A$ senkrecht zu Y_C ist und daß

$$P'A = x, \qquad CA = y, \qquad \text{und} \qquad OC = a,$$

erhalten wir $R_C^2 = x^2 + y^2$. Daher ist

$$R^2 = x^2 + (y + a)^2 = x^2 + y^2 + 2ya + a^2$$
$$= R_C^2 + 2ya + a^2.$$

Das Trägheitsmoment relativ zur Z-Achse ist dann

$$I = \sum mR^2 = \sum m(R_C^2 + 2ya + a^2)$$
$$= \sum mR_C^2 + 2a(\sum my) + a^2(\sum m).$$

Der erste Ausdruck ist nichts anderes als das Trägheitsmoment I_C relativ zur Z_C-Achse und im letzten Glied ist

$$\sum m = M$$

die Gesamtmasse des Körpers. Daher ist

$$I = I_C + 2a \sum my + Ma^2. \tag{11.8}$$

Um das mittlere Glied zu ermitteln, erinnern wir uns daran, daß gemäß (4.19) die Schwerpunktslage durch

$$y_{SP} = \frac{\sum my}{\sum m}$$

gegeben ist. In unserum Fall ist jedoch $y_{SP} = 0$, da der Schwerpunkt mit dem Ursprung C des Bezugssystems $X_CY_CZ_C$ zusammenfällt. Dann ist

$$\sum my = 0,$$

und (11.8) reduziert sich zu (11.7), welche damit bewiesen ist.

Tabelle 11.1

TRÄGHEITSRADIEN EINIGER EINFACHER KÖRPER

K^2	Achse	K^2	Achse
	Zylinder		Dünner Stab
$\frac{R^2}{2}$	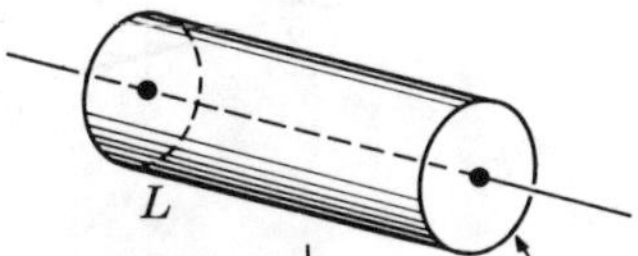	$\frac{L^2}{12}$	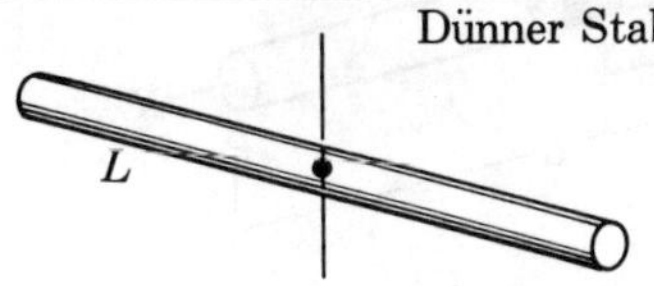
$\frac{R^2}{4} + \frac{L^2}{12}$	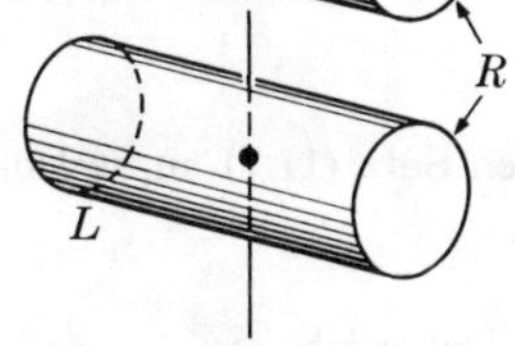		Scheibe
	Parallelepiped	$\frac{R^2}{2}$	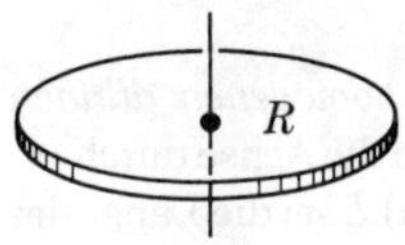
$\frac{a^2+b^2}{12}$	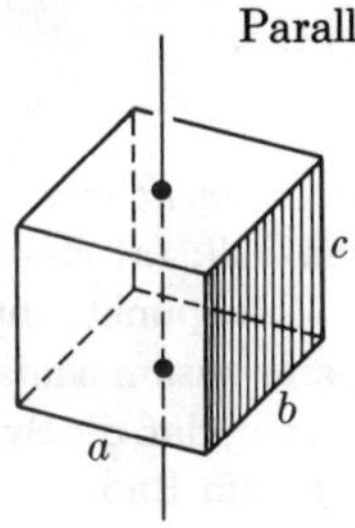	$\frac{R^2}{4}$	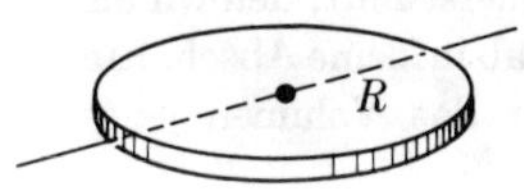
			Ring
		R^2	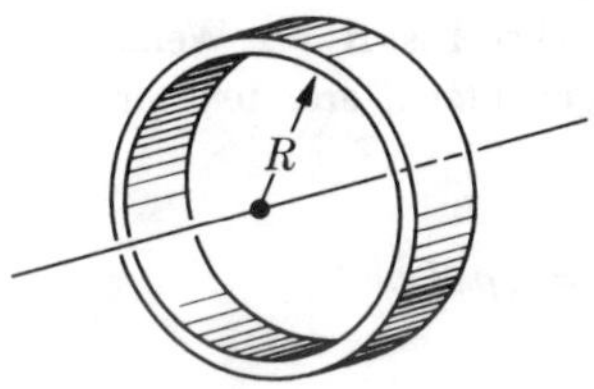
	Rechteckige Platte		Kugel
$\frac{a^2+b^2}{12}$	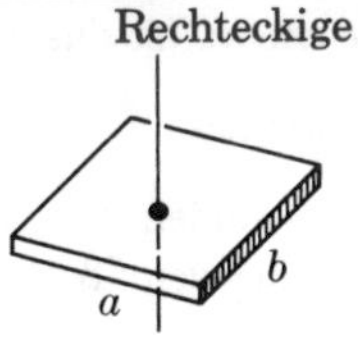	$\frac{2R^2}{5}$	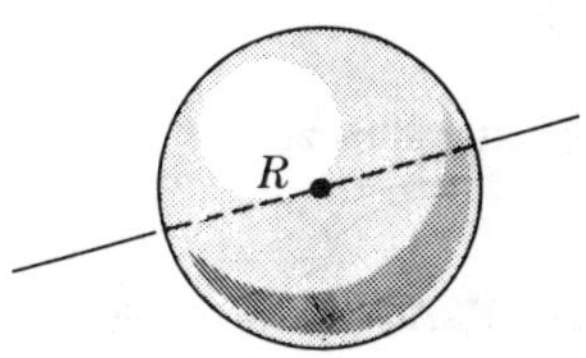
$\frac{b^2}{12}$	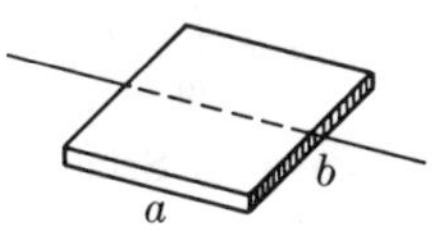		

Der *Trägheitsradius* eines Körpers ist eine Größe K, die durch

$$K = \sqrt{I/M} \qquad \text{oder} \qquad I = MK^2 \tag{11.9}$$

definiert ist, wobei I das Trägheitsmoment und M die Masse des Körpers ist. K stellt daher den Abstand von der Achse dar, in dem alle Massen konzentriert sein könnten, ohne daß das Trägheitsmoment sich ändert. K ist eine sehr nützliche Größe, da sie für homogene Körper ausschließlich aus ihrer Geometrie abgeleitet werden kann. Man kann sie tabellieren und für die Berechnung der Trägheitsmomente verwenden.

Tabelle 11.1 gibt die Quadrate der Trägheitsradien für einige geometrische Körper.

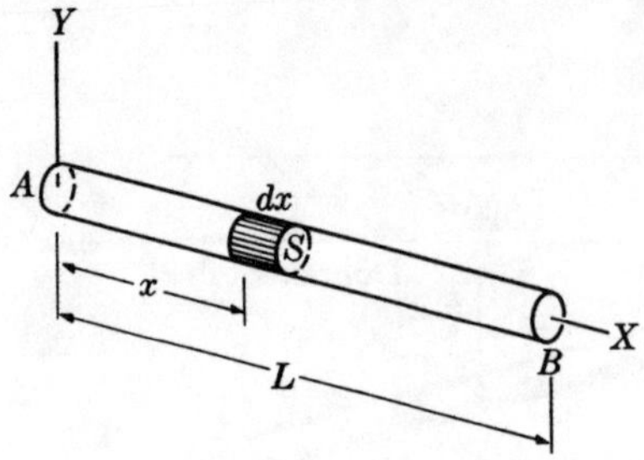

11.10

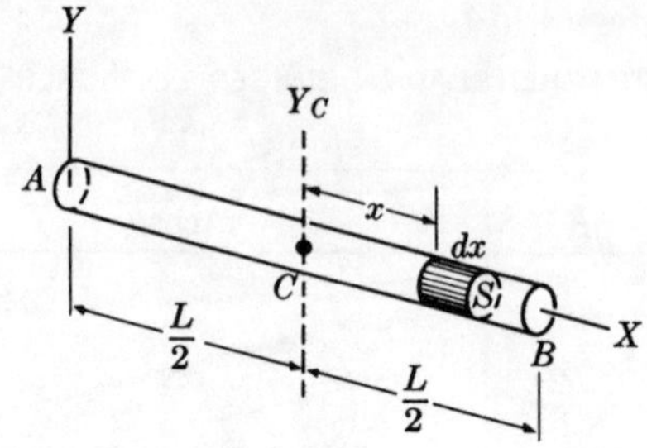

11.11

Beispiel 11.2 *Trägheitsmoment eines homogenen dünnen Stabes.* Betrachten Sie die Fälle, in denen die Achse durch (a) ein Ende, und (b) den Mittelpunkt geht. a) L sei die Länge des Stabes AB (Abb. 11.10) und S sein Querschnitt, den wir als sehr klein annehmen. Wenn wir den Stab in kleine Abschnitte der Länge dx unterteilen, finden wir das Volumen jedes Abschnitts zu

$$dV = S\,dx.$$

Der Abstand jedes Elements von der Achse Y ist $R = x$. Wenn wir (11.5) für konstante Dichte ρ benutzen, erhalten wir daher

$$I_A = \int_0^L \rho x^2 (S\,dx) = \rho S \int_0^L x^2\,dx = \tfrac{1}{3}\rho S L^3.$$

SL ist aber das Volumen des Stabes und ρSL die Masse. Daher ist

$$I_A = \tfrac{1}{3}ML^2.$$

Vergleich mit (11.9) ergibt den Trägheitsradius zu

$$K^2 = \tfrac{1}{3}L^2.$$

b) Um das Trägheitsmoment relativ zur Y_C-Achse, die durch den Schwerpunkt geht (Abb. 11.11) zu berechnen, können wir verschiedene Methoden anwenden. Ein einfacher Weg ist der, den Stab in zwei Teile geteilt anzunehmen, wobei jeder Teil die Masse $\frac{1}{2}M$ und die Länge $\frac{1}{2}L$ hat, und die Enden sich in C berühren. Wir wenden dann das Ergebnis von (a) für jeden Teil des Stabes an. Dann ist

$$I_C = 2(\tfrac{1}{3})(\tfrac{1}{2}M)(\tfrac{1}{2}L)^2 = \tfrac{1}{12}ML^2.$$

Bei der anderen Methode können wir wie früher beim Ende A vorgehen und von $-\frac{1}{2}L$ bis $+\frac{1}{2}L$ integrieren, da der Ursprung nun der Mittelpunkt des Stabes ist. Wir wollen diese Methode dem Studenten überlassen. Bei einer dritten Methode wenden wir den Steinerschen Satz (11.7) an, welcher in diesem Fall

$$I_A = I_C + M(\tfrac{1}{2}L)^2$$

lautet, da $a = \frac{1}{2}L$. Daher ist

$$I_C = I_A - \tfrac{1}{4}ML^2 = \tfrac{1}{12}ML^2.$$

Beispiel 11.3 *Trägheitsmoment einer homogenen Scheibe.* Betrachten Sie folgenden Fall: (a) eine Achse, die senkrecht zur Scheibe durch ihren Mittelpunkt geht, und (b) eine Achse, die mit einem Durchmesser zusammenfällt.

a) Aus Abb. 11.12 sehen wir, daß die Symmetrie der Aufgabe uns nahelegt, einen Ring vom Radius r und der Dicke dr als Volumenelement zu verwenden. Wenn wir daher die Dicke der Scheibe mit h bezeichnen, ist das Volumen des Ringes

$$dV = (2\pi r)(dr)h = 2\pi hr\,dr.$$

Alle Punkte des Ringes befinden sich im Abstand r von der Achse Z. Wir erhalten daher gemäß (11.5)

$$I = \int_0^R \rho r^2 (2\pi hr\,dr) = 2\pi\rho h \int_0^R r^3\,dr = \tfrac{1}{2}\pi\rho h R^4.$$

$\pi R^2 h$ ist aber das Volumen der Scheibe und $M = \rho(\pi R^2 h)$ ist ihre Gesamtmasse. Daher ist

$$I = \tfrac{1}{2}MR^2,$$

so daß der Trägheitsradius gleich

$$K^2 = \tfrac{1}{2}R^2$$

ist.

b) Um das Trägheitsmoment in Bezug auf die X- und die Y-Achse zu erhalten, können wir über eine direkte Integration vorgehen. (Wir schlagen vor, daß parallele oder senkrechte Streifen zur entsprechenden Achse als Volumenelemente verwendet werden.)

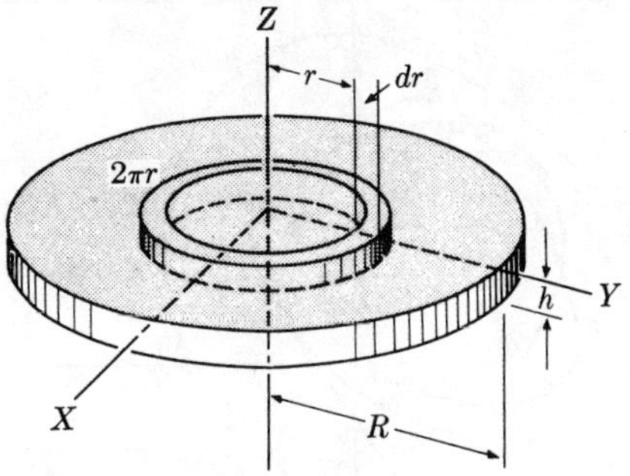

11.12

Die Symmetrie der Aufgabe erlaubt jedoch einen einfacheren Vorgang. Offensichtlich ist in diesem Fall

$$I_x = I_y,$$

und aus der Formel für eine dünne Scheibe erhalten wir daher

$$I_z = I_x + I_y = 2I_x \qquad \text{und} \qquad I_x = \tfrac{1}{2}I_z = \tfrac{1}{4}MR^2.$$

11.4 BEWEGUNGSGLEICHUNG FÜR DIE DREHBEWEGUNG EINES STARREN KÖRPERS

In Kapitel 10 haben wir gezeigt, daß der Gesamtdrehimpuls

$$\boldsymbol{L} = \sum \boldsymbol{L}_i$$

eines Teilchensystems und das gesamte Drehmoment

$$\boldsymbol{\tau} = \sum \boldsymbol{\tau}_i$$

der äußeren Kräfte, die auf das Teilchen wirken, durch den Ausdruck

$$\frac{d\boldsymbol{L}}{dt} = \boldsymbol{\tau} \qquad (11.10)$$

verknüpft sind, wenn sowohl Drehmoment als auch Drehimpuls sich auf einen in einem Inertialsystem ruhenden Punkt oder auf den Schwerpunkt beziehen.

Diese Gleichung gilt auch für einen starren Körper, der einen Spezialfall eines Teilchensystems darstellt. Gleichung (11.10) ist die Grundgleichung für die Drehbewegung (Rotation) eines starren Körpers. Wenn z.B. die einzige äußere Kraft auf einen Körper sein Gewicht ist, das am Schwerpunkt angreift, gilt

$$\boldsymbol{\tau} = \boldsymbol{0} \qquad \text{und daher} \qquad \boldsymbol{L} = \text{Konst},$$

wenn sowohl $\boldsymbol{\tau}$ als auch $\boldsymbol{L}$ auf den Schwerpunkt bezogen werden. Das heißt, ein Körper, der nur seinem eigenen Gewicht unterliegt, wie z.B. der in Abb. 11.3 gezeigte Körper, und in die Luft geworfen wird, rotiert mit einem konstanten Drehimpuls relativ zu seinem Schwerpunkt. Wir wollen nun (11.10) auf einen starren Körper anwenden, der sich um eine Hauptachse dreht. Dann ist nach (11.4) $\boldsymbol{L} = I\boldsymbol{\omega}$, und (11.10) wird daher zu

$$\frac{d(I\boldsymbol{\omega})}{dt} = \boldsymbol{\tau}. \qquad (11.11)$$

Wenn die Achse relativ zum starren Körper fixiert bleibt, ist das Trägheitsmoment konstant. Dann gilt

$$I\frac{d\boldsymbol{\omega}}{dt} = \boldsymbol{\tau} \qquad \text{oder} \qquad I\boldsymbol{\alpha} = \boldsymbol{\tau}, \qquad \text{(gilt nur für Hauptachsen)} \quad (11.12)$$

wobei $\boldsymbol{\alpha} = d\boldsymbol{\omega}/dt$ die Winkelbeschleunigung des starren Körpers ist.

Wenn $\boldsymbol{\tau} = \boldsymbol{0}$, zeigt (11.11), daß

$$I\boldsymbol{\omega} = \text{Konst},$$

und wenn das Trägheitsmoment konstant ist, ist auch $\boldsymbol{\omega}$ konstant. Das heißt:

Ein starrer Körper, der sich um eine Hauptachse dreht, bewegt sich in Abwesenheit äußerer Drehmomente mit konstanter Winkelgeschwindigkeit.

Man könnte diese Aussage als das Trägheitsgesetz für die Rotationsbewegung betrachten. (Wenn das Trägheitsmoment veränderlich ist, was für einen nicht-starren

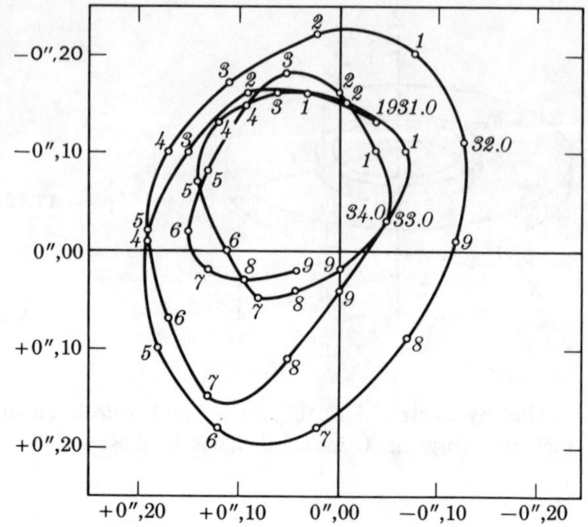

11.13 Bahn der Rotationsachse der Erde in der Zeit zwischen 1931–1935. Die Bahn ist der Schnittpunkt von ω mit einer zu L senkrechten Ebene.

Körper zutreffen kann, erfordert die Bedingung

$$I\omega = \text{Konst}$$

daß ω abnimmmt (zunimmt), wenn I zunimmt (abnimmt). Diese Tatsache findet verschiedene Anwendung.

Bei einem Körper, der *nicht* um eine Hauptachse rotiert, ist $dL_z/dt = \tau_z$, und nach (11.3)

$$\frac{d}{dt}(I\omega) = \tau_z$$

oder, wenn die Richtung der Drehachse relativ zum Körper fixiert ist, so daß I konstant ist,

$$I\frac{d\omega}{dt} = \tau_z. \tag{11.13}$$

Dieses Ergebnis unterscheidet sich von (11.12) dadurch, daß τ_z sich auf die Komponente des äußeren Drehmoments um die Rotationsachse und nicht auf das Gesamtdrehmoment bezieht.

Wenn der Körper sich nicht um eine Hauptachse dreht, das Drehmoment jedoch null ist, so daß $\boldsymbol{L}$ = Konst, folgt nicht, daß ω = Konst, da die Beziehung

$$\boldsymbol{L} = I\omega$$

in diesem Fall nicht gilt. Zum Beispiel wirken die Kräfte, die von der Sonne, dem Mond und den Planeten auf die Erde ausgeübt werden, praktisch am Schwerpunkt und das Drehmoment um den Schwerpunkt der Erde ist daher praktisch null (in Wirklichkeit liegt ein kleines Drehmoment vor; siehe Beispiel 11.9). Die Erde ist keine perfekte Kugel, sondern leicht birnenförmig, und sie bewegt sich gegenwärtig nicht um eine Hauptachse. Die Rotationsachse der Erde ist daher relativ zur Erde nicht fixiert.

Abbildung 11.13 zeigt die Bahn, *Polhodie* genannt, die der nördliche Schnittpunkt der Rotationsachse der Erde während der Zeit zwischen 1931 und 1935 beschrieb. Da noch andere Faktoren beteiligt waren, ist die Gestalt der Kurve etwas unregelmäßig, aber der Durchmesser überschreitet nie 15 m und die Umdrehungszeit der Achse beträgt etwa 427 Tage.

Das Wobbeln eines Fußballs nach dem Schuß ist ein weiteres Beispiel für eine Änderung der Rotationsachse eines drehmoment-freien Körpers, da in den meisten Fällen der mitgegebene Drehimpuls nicht entlang einer seiner Hauptachsen verläuft.

Beispiel 11.4 Eine Scheibe vom Radius 0,5 m und der Masse von 20 kg kann frei um eine fixierte horizontale Achse rotieren, die durch ihren Mittelpunkt geht. Ein Seil, das um den Rand der Scheibe gewunden ist, wird mit einer Kraft von 9,8 N gezogen. Bestimmen Sie die Winkelbeschleunigung der Scheibe und ihre Winkelgeschwindigkeit nach 2 s.

Lösung: Aus Abb. 11.14 sehen wir, daß die einzigen äußeren Kräfte auf die Scheibe ihr Gewicht Mg, der Zug F

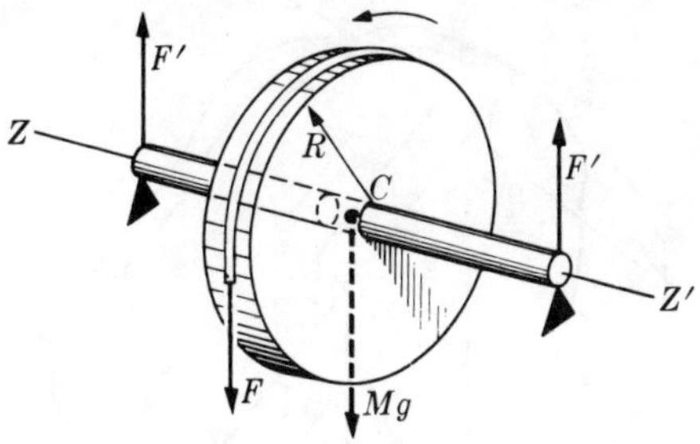

11.14

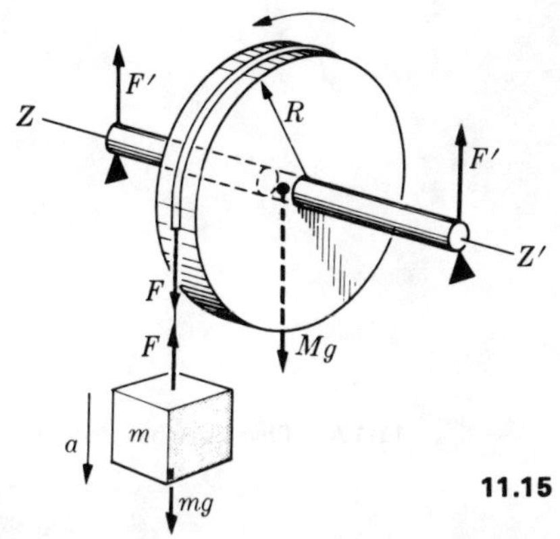

11.15

nach unten und die Kräfte F' an dem Zapfen sind. Die Achse ZZ' ist eine Hauptachse. Wenn wir das Drehmoment bezüglich des Schwerpunkts C nehmen, finden wir, daß das Drehmoment des Gewichts null ist. Das kombinierte Drehmoment der F'-Kräfte ist ebenfalls null. Daher ist

$$\tau = FR.$$

Mit (11.12), $I\alpha = \tau$, erhalten wir bei einem $I = \frac{1}{2}MR^2$,

$$FR = (\tfrac{1}{2}MR^2)\,\alpha \qquad \text{oder} \qquad F = \tfrac{1}{2}MR\alpha,$$

was uns eine Winkelbeschleunigung von

$$\alpha = \frac{2F}{MR} = \frac{2(9{,}8\ \mathrm{N})}{(20\ \mathrm{kg})\,(0{,}5\ \mathrm{m})} = 1{,}96\ \mathrm{rad\ s^{-2}}$$

ergibt. Nach (5.39) ist die Winkelgeschwindigkeit nach 2 s, wenn die Scheibe aus der Ruhelage gestartet ist,

$$\omega = \alpha t = (1{,}96\ \mathrm{rad\ s^{-2}})\,(2\ \mathrm{s}) = 3{,}92\ \mathrm{rad\ s^{-1}}.$$

Da der Schwerpunkt C fixiert ist, ist seine Beschleunigung null, und wir müssen

$$2F' - Mg - F = 0 \qquad \text{oder} \qquad F' = 102{,}9\ \mathrm{N}$$

erhalten.

Beispiel 11.5 Bestimmen Sie die Winkelbeschleunigung des in Abb. 11.15 dargestellten Systems. Der Körper hat eine Masse von 1 kg, die Daten für die Scheibe sind die gleichen wie in Beispiel 11.4. Die ZZ'-Achse ist fixiert und ist eine Hauptachse.

Lösung: Da die Masse des Körpers 1 kg ist, ist sein Gewicht

$$mg = 9{,}8\ \mathrm{N}.$$

Es hat den gleichen Wert wie die Kraft F in Abb. 11.14. Man könnte daher versucht sein, diesen Fall als identisch mit dem vorhergehenden zu betrachten und anzunehmen, daß das Ergebnis das gleiche wäre. Das ist jedoch nicht der Fall. Die Masse m übt beim Fallen einen abwärts gerichteten Zug F auf die Scheibe aus. Nach dem Gesetz von Aktion und Reaktion übt die Scheibe einen gleich großen, aber aufwärts gerichteten Zug F auf die Masse m aus. Da die Masse mit in einer beschleunigten Bewegung fällt, kann die resultierende Kraft nicht null sein. F ist also nicht gleich mg, sondern kleiner. Die Scheibe unterliegt daher ebenfalls einem kleineren Drehmoment.

Die Bewegungsgleichung für die Masse m ist

$$mg - F = ma \qquad \text{oder} \qquad mg - F = mR\alpha,$$

wobei die Beziehung $a = R\alpha$ verwendet wurde. Die Bewegungsgleichung der Scheibe ist $I\alpha = \tau$ und, mit $\tau = FR$

$$I\alpha = FR$$

oder, da $I = \frac{1}{2}MR^2$,

$$F = \tfrac{1}{2}MR\alpha.$$

Wenn wir F aus diesen beiden Gleichungen eliminieren, finden wir die Winkelbeschleunigung zu

$$\alpha = \frac{mg}{(m + \frac{1}{2}M)R} = 1{,}80\ \mathrm{rad\ s^{-2}},$$

was kleiner ist als unser voriges Ergebnis. Die Abwärtsbeschleunigung von m ist

$$a = R\alpha = \frac{mg}{m + \frac{1}{2}M} = 0{,}90\ \mathrm{m\ s^{-2}},$$

was wesentlich geringer ist als $g = 9{,}8\ \mathrm{m\ s^{-2}}$, der Wert für den freien Fall. Die Kraft F' am Zapfen kann auf die gleiche Weise wie im vorhergehenden Beispiel bestimmt werden.

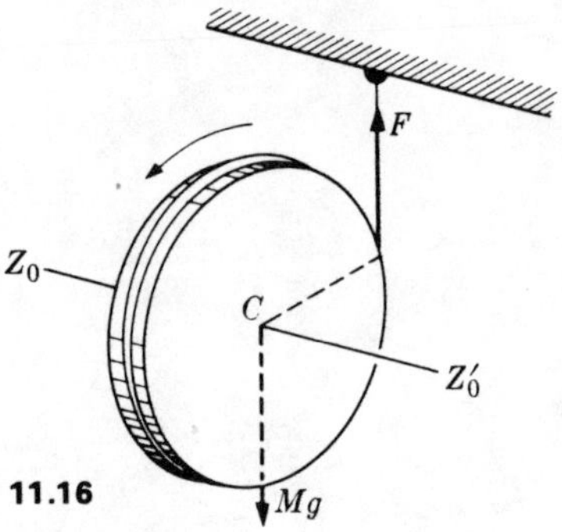

11.16

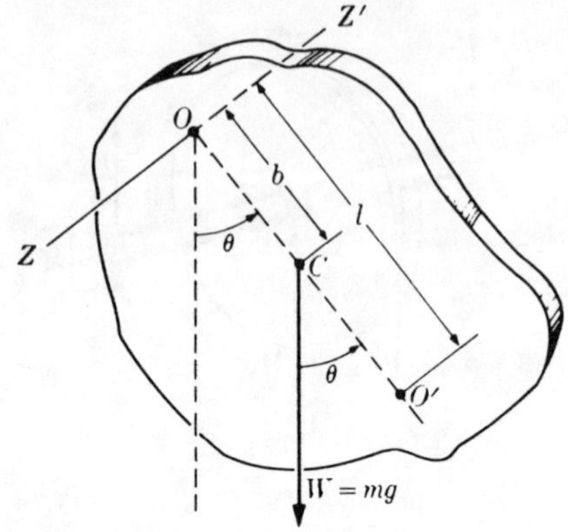

11.17 Physikalisches Pendel.

Beispiel 11.6 Bestimmen Sie die Winkelbeschleunigung der Scheibe in Abb. 11.16 und die Abwärtsbeschleunigung ihres Schwerpunkts. Verwenden Sie die gleichen Daten wie für die Scheibe in Beispiel 11.4.

Lösung: Die Hauptachse Z_0Z_0' ist die Rotationsachse. Die Aufgabe unterscheidet sich jedoch vom vorigen Beispiel dadurch, daß der Schwerpunkt der Scheibe nicht fixiert ist, da die Bewegung der Scheibe ähnlich der eines *Yo-Yos* ist. Die Drehung der Scheibe um die Achse Z_0Z_0' ist durch die Gleichung $I\alpha = \tau$ oder

$$I\alpha = FR$$

gegeben, da das Drehmoment des Gewichts Mg relativ zu C null ist. Mit $I = \frac{1}{2}MR^2$ können wir daher (nach Kürzen des gemeinsamen Faktors R) schreiben:

$$F = \tfrac{1}{2}MR\alpha.$$

Die Abwärtsbewegung des Schwerpunkts hat die Beschleunigung $a = R\alpha$, und wenn wir die Tatsache einbeziehen, daß die resultierende äußere Kraft $Mg - F$ ist, erhalten wir unter Verwendung von (10.8)

$$Mg - F = Ma = MR\alpha.$$

Wenn wir die Kraft F aus dieser und der vorigen Gleichung eliminieren, erhalten wir, da die Masse M sich herauskürzt, aus der resultierenden Gleichung

$$\alpha = 2g/3R = 13{,}16 \text{ rad s}^{-2}.$$

Die Abwärtsbeschleunigung des Schwerpunkts ist

$$a = R\alpha = \tfrac{2}{3}g = 6{,}53 \text{m s}^{-2},$$

was viel kleiner ist als die Beschleunigung beim freien Fall und unabhängig ist von der Größe und Masse der Scheibe.

11.5 PHYSIKALISCHES PENDEL

Ein wichtiges Beispiel für die Bewegung eines starren Körpers ist das physikalische Pendel. Man versteht darunter jeden starren Körper, der unter der Wirkung der Schwerkraft frei um eine horizontale Achse schwingen kann. ZZ' sei die horizontale Achse (Abb. 11.17) und C der Schwerpunkt des Körpers. Wenn b der Abstand des Schwerpunkts von der Schwingungsachse und K der Trägheitsradius des Körpers relativ zu ZZ'-Achse ist, ist die Schwingungsperiode bei kleiner Amplitude, wie unten gezeigt

$$P = 2\pi\sqrt{\frac{K^2}{gb}}. \tag{11.14}$$

Die Größe $l = K^2/b$ nennt man die Länge des entsprechenden mathematischen Pendels (reduzierte Pendellänge), da ein mathematisches Pendel dieser Länge die gleiche Periode hat. Wir sehen, daß die Periode des physikalischen Pendels sowohl unabhängig von seiner Masse als auch von seiner geometrischen Gestalt ist, solange der Trägheitsradius K und die Schwerpunktslage, gegeben durch b, gleich bleiben.

Beweis der Beziehung (11.14) Aus Abb. 11.17 entnehmen wir, daß die Z-Komponente des Trägheitsmoments, das auf den Körper wirkt,

$$\tau_z = -mgb \sin\theta$$

ist, wenn die Gerade OC einen Winkel θ mit der Senkrechten bildet. Wenn I das Trägheitsmoment des Körpers um die Z-Achse und $\alpha = d^2\theta/dt^2$ die Winkelbeschleunigung ist, ergibt

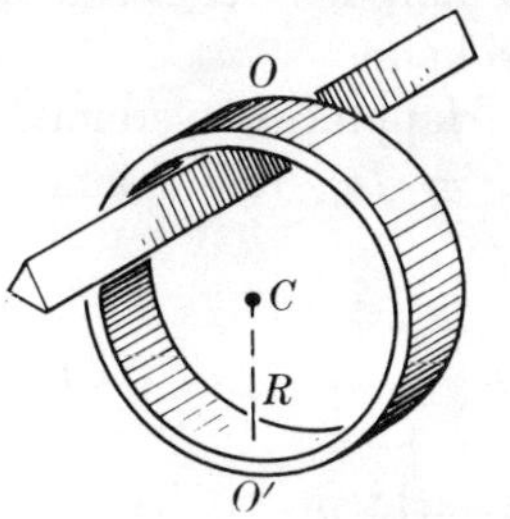

11.18

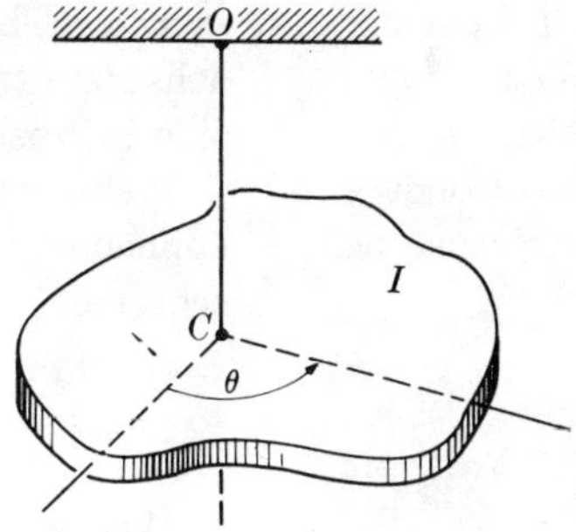

11.19 Torsionspendel, Der Schwerpunkt ist in C.

(11.13), $I\alpha = \tau_z$,

$$I\frac{d^2\theta}{dt^2} = -mgb \sin\theta.$$

Wenn wir annehmen, daß die Schwingungen eine kleine Amplitude haben, kömnen wir $\sin\theta \sim \theta$ setzten, so daß die Bewegungsgleichung

$$\frac{d^2\theta}{dt^2} = -\frac{mgb}{I}\theta \quad \text{oder} \quad \frac{d^2\theta}{dt^2} + \frac{gb}{K^2}\theta = 0$$

lautet. Wir haben hier $I = mK^2$ verwendet. Wir können diese Bewegungsgleichung mit (9.12) vergleichen, die zeigt, daß die Schwingungsdrehbewegung einfach harmonisch ist, mit $\omega^2 = gb/K^2$. Die Schwingungsperiode ist daher

$$P = 2\pi\sqrt{K^2/gb}.$$

Beispiel 11.7 Ein Ring vom Radius 0,10 m hängt an einem Kantholz, wie in Abb. 11.18 gezeigt. Bestimmen Sie seine Schwingungsbewegung.

Lösung: Wir bezeichnen den Radius des Ringes mit R. Sein Trägheitsmoment bezüglich einer Achse durch seinen Schwerpunkt C ist $I_C = mR^2$ (siehe Tab. 11.1). Wenn wir den Steinerschen Satz (11.7) mit $a = R$ anwenden, ist das Trägheitsmoment relativ zu einer Achse durch den Aufhängungspunkt O

$$I = I_C + mR^2 = mR^2 + mR^2 = 2mR^2,$$

was einen Trägheitsradius von

$$K^2 = 2R^2$$

ergibt. In unserem Fall ist außerdem $b = R$. Mit (11.14) erhalten wir daher

$$P = 2\pi\sqrt{\frac{2R^2}{gb}} = 2\pi\sqrt{\frac{2R}{g}}\ .$$

Das zeigt, daß die Länge des gleichwertigen mathematischen Pendels $OO' = 2R$ ist, also gleich dem Durchmesser des Ringes. Wenn wir die Werte $R = 0{,}10$ m und $g = 9{,}8$ m s^{-2} einsetzen, erhalten wir

$$P = 0{,}88 \text{ s}.$$

11.6 TORSIONSPENDEL

Das Torsionspendel besteht aus einem Körper, der an einem Punkt oder Faden (Abb. 11.19) so aufgehängt ist, daß die Gerade OC durch den Schwerpunkt des Körpers geht. Wenn der Körper um den Winkel θ aus seiner Gleichgewichtslage verdreht wird, wird der Draht verdrillt, wodurch er auf den Körper ein Drehmoment um C ausübt, das der Verschiebung θ entgegengesetzt ist und dessen Betrag proportional zu θ ist, d.h.,

$$\tau = -\kappa\theta,$$

wobei κ der Torsionskoeffizient des Drahtes ist. Der Torsionskoeffizient kann aus den physikalischen und geometrischen Eigenschaften des Drahtes bestimmt werden. Wenn der Körper losgelassen wird, führt das Drehmoment τ zur Schwingung um die Gerade OC in EHB. Wenn wir das Trägheitsmoment des Körpers um die Achse OC mit I bezeichnen, finden wir die Schwingungsperiode des Körpers zu

$$P = 2\pi\sqrt{\frac{I}{\kappa}}. \qquad (11.15)$$

Dieses Ergebnis ist deshalb interessant, weil wir es zur experimentellen Bestimmung des Trägheitsmoments eines Körpers verwenden können, indem wir ihn an einem Draht aufhängen, dessen Torsionskoeffizient κ bekannt ist, und dann die Periode P der Schwingung messen.

Beweis der Beziehung (11.15) Die Bewegungsgleichung des Körpers ist gemäß (11.13), mit $\alpha = d^2\theta/dt^2$ und $\tau = -\kappa\theta$,

$$I\frac{d^2\theta}{dt^2} = -\kappa\theta \qquad \text{oder} \qquad \frac{d^2\theta}{dt^2} + \frac{\kappa}{I}\theta = 0.$$

Wir finden wieder die Differentialgleichung (9.12), so daß die Kreisbewegung einfach harmonisch ist, mit

$$\omega^2 = \kappa/I,$$

woraus wir

$$P = 2\pi/\omega = 2\pi\sqrt{I/\kappa} \quad \text{erhalten}$$

11.7 ROTATIONSENERGIE

In Abschnitt 10.6 haben wir die kinetische Energie eines Teilchensystems als

$$E_k = \sum_i \tfrac{1}{2}m_i v_i^2$$

definiert. In Abschnitt 11.2 haben wir gesehen, daß im Fall eines starren Körpers, der sich mit der Winkelgeschwindigkeit ω um eine Achse dreht, die Geschwindigkeit jedes Teilchens

$$v_i = \omega R_i$$

ist, wobei R_i der Abstand des Teilchens von der Drehachse ist. Dann gilt

$$E_k = \sum_i \tfrac{1}{2}m_i v_i^2 = \sum_i \tfrac{1}{2}m_i R_i^2\omega^2 = \tfrac{1}{2}\left(\sum_i m_i R_i^2\right)\omega^2$$

oder, gemäß (10.2), der Definition für das Trägheitsmoment,

$$E_k = \tfrac{1}{2}I\omega^2. \tag{11.16}$$

Gleichung (11.16) gilt für jede beliebige Achse, auch wenn sie keine Hauptachse ist, da der Betrag der Geschwindigkeit jedes Teilchens des Körpers immer $v_i = \omega R_i$ beträgt, ob nun die Rotation um eine Hauptachse stattfindet oder nicht, wie man aus der Diskussion in Abschnitt 11.2 entnehmen kann.

Wenn die Rotation um eine Hauptachse verläuft, können wir (11.4) benutzen, $L = I\omega$, und können schreiben:

$$E_k = \frac{L^2}{2I} \qquad \text{(nur für Hauptachsen).} \tag{11.17}$$

Wie wollen nun den Fall betrachten, in dem ein starrer Körper um eine Hauptachse durch den Schwerpunkt rotiert und gleichzeitig eine Translationsbewegung relativ zum Beobachter durchmacht. Wie wir in Abschnitt 10.10 festgestellt haben, ist die kinetische Energie eines Körpers in einem Inertialsystem

$$E_k = \tfrac{1}{2}Mv_{SP}^2 + E_{k,\text{inn}}$$

wobei M die Gesamtmasse, $\boldsymbol{v}_{SP}$ die Geschwindigkeit des Schwerpunkts und $E_{k,\text{inn}}$ die innere kinetische Energie relativ zum Schwerpunkt darstellt. Im Fall eines starren Körpers ist $\frac{1}{2}Mv_{SP}^2$ einfach die Translationsenergie und $E_{k,\text{inn}}$ muß deshalb die kinetische Energie der Rotation relativ zum Schwerpunkt sein, die mit Hilfe von (11.16) berechnet wird. Das ist deshalb richtig, weil bei einem starren Körper der Schwerpunkt relativ zum Körper fixiert ist und die einzige Bewegung des Körpers relativ zum Schwerpunkt die Rotation ist. Wir können daher schreiben

$$E_k = \tfrac{1}{2}Mv_{SP}^2 + \tfrac{1}{2}I_c\omega^2, \tag{11.18}$$

wobei I_c das Trägheitsmoment relativ zur Drehachse ist, die durch den Schwerpunkt geht.

Da der Abstand zwischen den Teilchen in einem starren Körper sich während der Bewegung nicht ändert, können wir annehmen, daß seine innere potentielle Energie $E_{p,\text{inn}}$ konstant bleibt. Wir brauchen sie daher nicht in Betracht zu ziehen, wenn wir den Energieaustausch des Körpers mit seiner Umgebung diskutieren. Daher reduziert sich der Energieerhaltungssatz für ein Teilchensystem, ausgedrückt durch (10.30), im Fall eines starren Körpers einfach auf

$$E_k + E_p = (E_k + E_p)_0, \tag{11.19}$$

wobei E_p die potentielle Energie darstellt, die auf die äußeren Kräfte zurückzuführen ist (wir lassen den

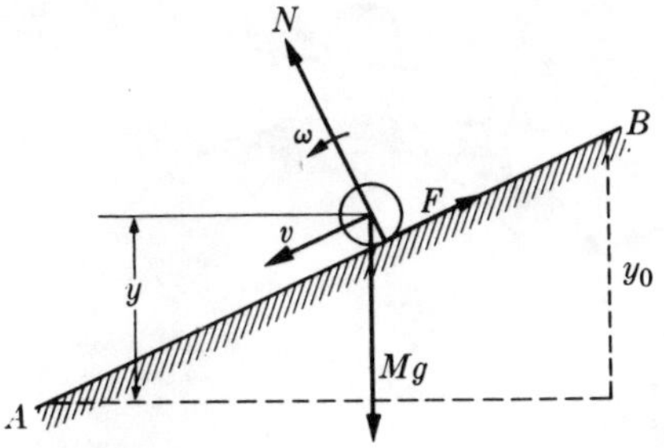

11.20 Rollen eines Körpers auf einer schiefen Ebene.

Index «aus» für die potentielle Energie weg). Das Ergebnis ist ähnlich dem für ein Teilchen, ausgedrückt durch (8.29). Wir bezeichnen

$$E = E_k + E_p$$

als Gesamtenergie eines starren Körpers. Wenn wir (11.18) für E_k und (11.19) für die Gesamtenergie des Körpers benutzen, erhalten wir

$$E = \tfrac{1}{2}Mv_{\mathrm{SP}}^2 + \tfrac{1}{2}I_c\omega^2 + E_p = \text{Konst.} \qquad (11.20)$$

Wenn der Körper z.B. unter den Einfluß der Schwerkraft fällt, ist

$$E_p = Mgy,$$

wobei y sich auf die Höhe des Schwerpunkts des Körpers relativ zu einer horizontalen Bezugslinie bezieht und die Gesamtenergie durch

$$E = \tfrac{1}{2}Mv_{\mathrm{SP}}^2 + \tfrac{1}{2}I_c\omega^2 + Mgy = \text{Konst} \qquad (11.21)$$

gegeben ist.

Beispiel 11.8 Eine Kugel, ein Zylinder und ein Ring, die alle den gleichen Radius haben, rollen auf einer schiefen Ebene abwärts, wobei sie in der Höhe y_0 beginnen. Bestimmen Sie die Geschwindigkeit der drei Körper, wenn sie am unteren Ende ankommen.

Lösung: Abbildung 11.20 zeigt die Kräfte, die auf den rollenden Körper wirken. Es sind das Gewicht Mg, die Gegenkraft N der Ebene und die Reibungskraft F am Berührungspunkt mit der Ebene. Wir könnten die gleichen Methoden wie in Beispiel 11.5 anwenden (und wir empfehlen dem Studenten, sie auszuprobieren). Statt dessen werden wir die Lösung durch Anwendung des Energieerhaltungssatzes, durch (11.21) ausgedrückt, vorführen.

Am Anfangspunkt B ist die Gesamtenergie des ruhenden Körpers in Höhe y_0

$$E = Mgy_0.$$

An allen Punkten zwischen Anfang und Ende bewegt sich der Schwerpunkt mit einer Translationsgeschwindigkeit v, und der Körper dreht sich mit der Winkelgeschwindigkeit ω um den Schwerpunkt. Die beiden Geschwindigkeiten stehen in diesem Fall miteinander über

$$v = \omega R \qquad \text{oder} \qquad \omega = v/R$$

in Beziehung. Die Gesamtenergie ist daher

$$E = \tfrac{1}{2}Mv^2 + \tfrac{1}{2}I_c\omega^2 + Mgy = \tfrac{1}{2}Mv^2 + \tfrac{1}{2}I_c\left(\frac{v^2}{R^2}\right) + Mgy.$$

Wenn wir das Trägheitsmoment als $I_c = MK^2$ schreiben, wobei K nach Definition (11.9) der Trägheitsradius ist, können wir die Gesamtenergie als

$$E = \tfrac{1}{2}M\left(1 + \frac{K^2}{R^2}\right)v^2 + Mgy$$

ausdrücken. Wenn wir diesen Ausdruck für die Energie mit der Anfangsenergie

$$E = Mgy_0$$

gleichsetzen und nach v^2 auflösen, erhalten wir

$$v^2 = \frac{2g(y_0 - y)}{1 + (K^2/R^2)}. \qquad (11.22)$$

Wenn wir statt eines rollenden starren Körpers einen Körper hätten, der die Ebene hinabglitte, hätten wir keine Rotationsenergie, und das Ergebnis wäre

$$v^2 = 2g(y_0 - y),$$

also gleich mit dem eines fallenden Teilchens. Wir sehen daher, daß die Rotationsbewegung zu einer Verzögerung der Translationsbewegung führt. Wir können das verstehen,

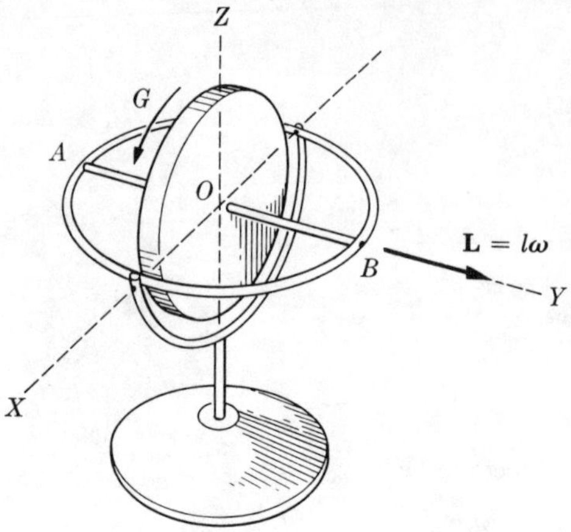

11.21 Kreisel. Die Drehachse ist *AB*.

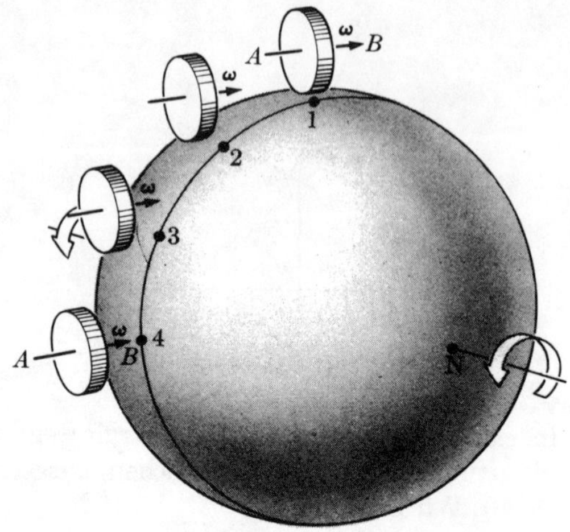

11.22 Die Rotationsachse eines Kreisels, der keinem Drehmoment unterliegt, bleibt im Raum fixiert und rotiert deshalb relativ zur Erde.

wenn wir uns vor Augen halten, daß bei einem rollenden Körper die ursprüngliche potentielle Energie zur Erzeugung der Rotations- und der Translationsbewegung verwendet werden muß.

Aus Tabelle 11.1 sehen wir, daß K^2/R^2 für eine Kugel $\frac{2}{5}$, für eine Scheibe $\frac{1}{2}$ und für einen Ring 1 ist. Wir erhalten daher für v^2 $\frac{10}{7}g\,(y - y_0)$ für die Kugel, $\frac{4}{3}g(y - y_0)$ für den Zylinder und $g\,(y - y_0)$ für den Ring. In anderen Worten, die Translationsbewegung der Kugel ist am schnellsten, gefolgt vom Zylinder und zuletzt vom Ring.

Als interessantes Ergebnis erhält man aus (11.22) für v^2, daß die Geschwindigkeit eines homogenen Körpers, der einen Hang hinabrollt, weder von der Masse noch von den Abmessungen, sondern nur von seiner *Gestalt* abhängt.

11.8 KREISELBEWEGUNG

Die Gleichung $d\boldsymbol{L}/dt = \boldsymbol{\tau}$ impliziert, daß der Drehimpuls $\boldsymbol{L}$ eines Körpers in Abwesenheit eines äußeren Drehmoments $\boldsymbol{\tau}$ konstant bleibt. Wenn der Körper um eine Hauptachse rotiert, so daß $\boldsymbol{L} = l\omega$, dreht er sich immer weiter mit konstanter Winkelgeschwindigkeit um diese Achse.

Diese Tatsache wird am besten durch den *Kreisel* illustriert (Abb. 11.21), der dazu verwendet wird, ein sich drehendes Rad so zu montieren, daß die Achse ihre Richtung unbehindert ändern kann. Das Rad *G* dreht sich rasch um die Achse *AB* und ist so befestigt, daß das gesamte Drehmoment um *O* null ist. Die Drehachse *AB* kann sich frei um die horizontale *X*-Achse und die vertikale *Z*-Achse bewegen. Daher ist der Drehimpuls des Systems parallel zur Achse *AB*. Wenn wir den Kreisel durch den Raum bewegen, beobachten wir, daß *AB* immer in die gleiche Richtung weist. Wenn wir die Kreiselachse so plazieren, daß *AB* horizontal in OW-Richtung ist (Position 1 in Abb. 11.22, wobei N den Nordpol der Erde darstellt und die Pfeile die Winkelgeschwindigkeiten des Rades anzeigen) beobachten wir, daß *AB* sich nach und nach neigt, bis es nach sechs Stunden eine vertikale Lage einnimmt (Position 4 in Abb. 11.22). Diese anscheinende Rotation von *AB* ist in Wirklichkeit auf die Erdumdrehung zurückzuführen. Während unser Laboratorium sich von 1 nach 4 bewegt, bleibt die Orientierung von *AB* im Raum fest.

Wenn das Drehmoment auf den Kreisel nicht verschwindet, erfährt der Drehimpuls in der Zeit dt eine Veränderung, die durch

$$d\boldsymbol{L} = \boldsymbol{\tau}\, dt \qquad (11.23)$$

gegeben ist. In anderen Worten, die Änderung des Drehimpulses ist immer in Richtung des Drehmoments (genauso wie die Impulsveränderung eines Teilchens immer in Richtung der Kraft ist).

Wenn das Drehmoment $\boldsymbol{\tau}$ *senkrecht* zum Drehimpuls $\boldsymbol{L}$ ist, ist die Änderung $d\boldsymbol{L}$ ebenfalls senkrecht zu $\boldsymbol{L}$, und der Drehimpuls ändert seine Richtung, nicht aber seinen Betrag. Das heißt, die Rotationsachse verändert ihre

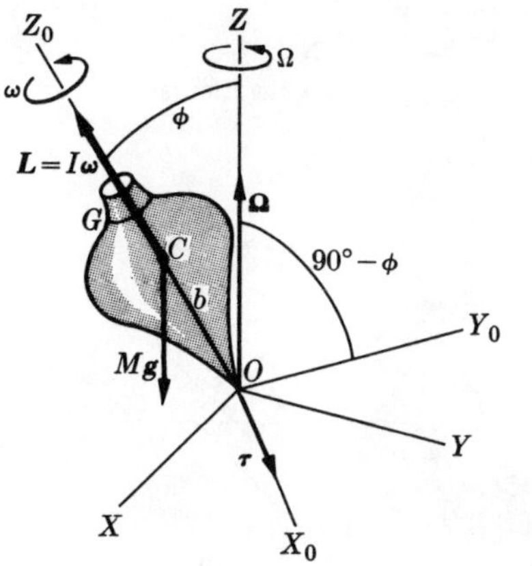

11.23 Kreisel, der einem äußeren Drehmoment unterliegt.

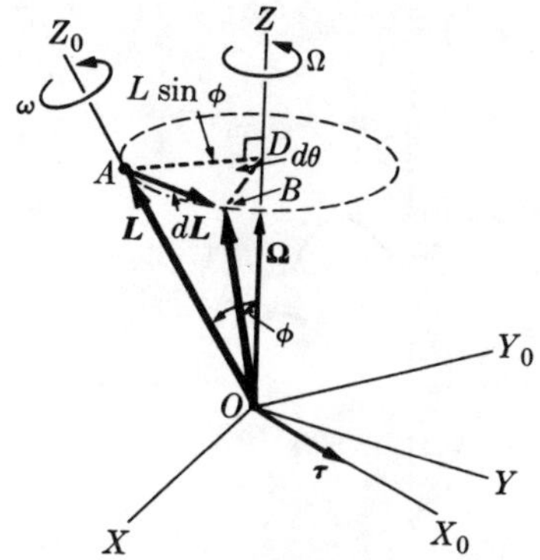

11.24 Präzession der Kreiselachse.

Richtung, aber der Betrag des Drehimpulses bleibt konstant. Dies ist ein ähnlicher Fall wie die Drehbewegung unter einer Zentripetalkraft, bei welcher die Kraft senkrecht zur Geschwindigkeit ist und die Geschwindigkeit ihre Richtung, nicht aber ihren Betrag ändert. Die Bewegung der Rotationsachse um eine feste Achse als Folge eines äußeren Drehmoments bezeichnet man als *Präzession*. Man beobachtet das z.B. beim Spielzeugkreisel, einer Abart des Kreisels (Abb. 11.23), der sich um die Hauptachse Z_0 dreht. Man beachte, daß die Achse X_0 so gewählt wurde, daß sie in der XY-Ebene liegt; daher liegt Y_0 in der Ebene, die durch Z und Z_0 gegeben ist. Sowohl $\boldsymbol{L}$ als $\boldsymbol{\tau}$ müssen relativ zum festen Punkt O berechnet werden. Wenn die Spitze mit der Winkelgeschwindigkeit $\boldsymbol{\omega}$ um die Symmetrieachse OZ_0 rotiert, ist der Drehimpuls $\boldsymbol{L}$ ebenfalls parallel zu OZ_0. Das äußere Drehmoment $\boldsymbol{\tau}$ ist auf das Gewicht $\boldsymbol{Mg}$ zurückzuführen, das auf den Schwerpunkt C wirkt, und ist gleich dem Vektorprodukt $(OC) \times (MG)$. Das Drehmoment $\boldsymbol{\tau}$ ist daher senkrecht zu den Achsen Z_0 und Z, und daher auch senkrecht zu $\boldsymbol{L}$. Die Richtung von $\boldsymbol{\tau}$ ist längs der X_0-Achse, sein Betrag ist

$$\tau = Mgb \sin \phi, \tag{11.24}$$

wobei ϕ den Winkel zwischen der Symmetrieachse Z_0 und der vertikalen Achse Z darstellt, und

$$b = OC$$

die Lage des Schwerpunkts gibt. Unter der Wirkung des Drehmoments $\boldsymbol{\tau}$ präzediert die Achse Z_0 mit einer Winkelgeschwindigkeit

$$\Omega = \frac{Mgb}{I\omega} \tag{11.25}$$

um die Z-Achse.

Beweis der Beziehung (11.25) Wie in Abb. 11.24 gezeigt, verlagert sich der Vektor $\boldsymbol{L}$ in der kurzen Zeit von der Position OA nach OB, wobei die Veränderung gleich

$$\overrightarrow{AB} = d\boldsymbol{L}$$

und parallel zu τ ist. Die Spitze des Vektors $\boldsymbol{L}$ beschreibt einen Kreis des Radius

$$AD = OA \sin \phi = L \sin \phi$$

um Z, in der Zeit dt bewegt sich der Radius AD um den Winkel $d\theta$ in die Lage BD. Die Winkelgeschwindigkeit der Präzession ist definiert als die Winkeländerung pro Zeit mit der die Achse OZ_0 des Körpers um die OZ-Achse rotiert, die im Laboratorium fixiert ist, d.h.,

$$\Omega = \frac{d\theta}{dt}. \tag{11.26}$$

Sie wird durch einen Vektor parallel zu OZ dargestellt. Der Betrag von $d\boldsymbol{L}$ ist

$$|d\boldsymbol{L}|\ (AD)\ d\theta = (L \sin \phi)\ (\Omega\ dt).$$

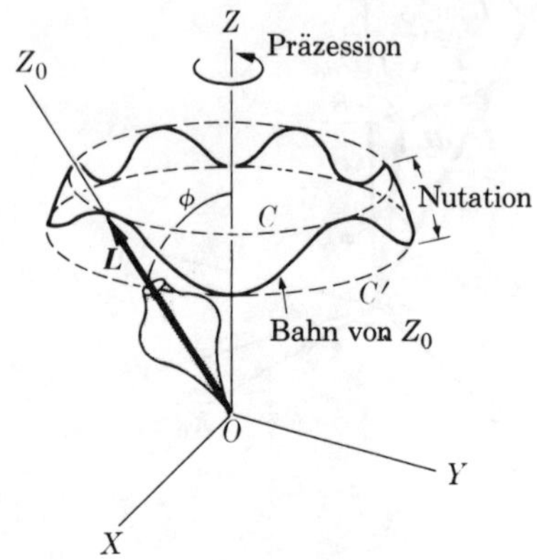

11.25 Präzessions- und Nutationsbewegung einer Kreiselachse.

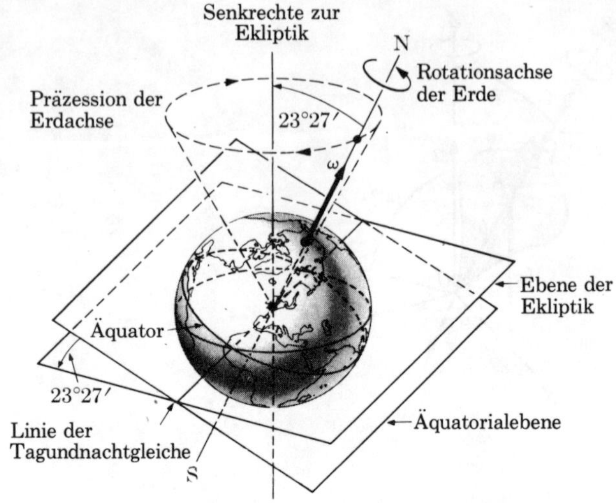

11.26 Präzessionsbewegung der Rotationsachse der Erde.

Aus (11.23) wissen wir aber, daß

$$|d\boldsymbol{L}| = \tau\, dt.$$

Wenn wir die beiden Ergebnisse gleichsetzen, können wir

$$\Omega L \sin\phi = \tau \tag{11.27}$$

schreiben. Mit (11.24) für das Drehmoment und durch Einsetzen von

$$L = I\omega$$

erhalten wir (11.25)

$$\Omega = Mgb/I\omega.$$

Diese Ergebnis gilt nur, wenn die Rotationswinkelgeschwindigkeit ω sehr groß ist im Vergleich zur Präzessionswinkelgeschwindigkeit Ω. Der Grund dafür liegt darin, daß der Körper bei der Präzession um OZ auch einen Drehimpuls um diese Achse besitzt. Daher ist sein Gesamtdrehimpuls nicht $I\omega$, wie wir angenommen haben, da die resultierende Winkelgeschwindigkeit $\omega + \Omega$ ist. Wenn die Präzession jedoch sehr gering ist (d.h., wenn Ω sehr klein ist im Vergleich zu ω), kann der Drehimpuls um OZ vernachlässigt werden.

Eine genauere Betrachtung zeigt, daß der Winkel ϕ im allgemeinen nicht konstant bleibt, sondern zwischen zwei festen Werten schwingt, so daß die Spitze von $\boldsymbol{L}$ gleichzeitig mit der Präzession um Z zwischen den beiden Kreisen C und C' oszilliert (Abb. 11.25), wobei sie den angegebenen Weg beschreibt. Diese Oszillationsbewegung der Z'-Achse nennt man *Nutation*.

Kreiselphänomene haben ein weites Anwendungsgebiet. Die Neigung eines Kreisels, seine Rotationsachse im Raum fixiert zu erhalten, ist ein Prinzip, das für Stabilisatoren auf Schiffen und für den automatischen Piloten in Flugzeugen verwendet wird. Ein anderes interessantes Beispiel für die Kreiselbewegung ist die *Präzession der Tagundnachtgleichen*. Die Ebene des Äquators bildet mit der Ebene der Erdbahn, oder *Ekliptik*, einen Winkel von 23°27′. Die Schnittlinie zwischen den beiden Ebenen ist die *Linie der Tagundnachtgleiche*. Die Erde ist ein riesiger Kreisel, dessen Rotationsachse die Verbindungslinie zwischen Nord- und Südpol ist. Die Achse präzediert mit einer Periode von 27725 Jahren oder mit einer Präzessionsgeschwindigkeit von 50,27″ Bogensekunden pro Jahr, oder $7{,}19 \cdot 10^{-11}$ rad s^{-1} um die Senkrechte zur Ebene der Ekliptik in der Ost-West-Richtung, wie in Abb. 11.26 gezeigt. Die Präzession der Erdachse führt zu einer gleich großen Veränderung der Richtung der Linie der Tagundnachtgleiche. Dieser Effekt wurde bereits 135 v.Chr. von Hipparchus entdeckt. Die Präzession der Erdachse ist auf das Drehmoment zurückzuführen, das Sonne und Mond auf die Erde ausüben. Die Erdachse macht auch eine Nutation durch, mit einer Amplitude von 9,2″ und einer Schwingungsperiode von 19 Jahren.

Eine andere Anwendung der Kreiselbewegung ist der *Kreiselkompass*. Nehmen Sie an, daß sich in Position G der Abb. 11.27 ein Kreisel befindet, wobei der Pfeil 1

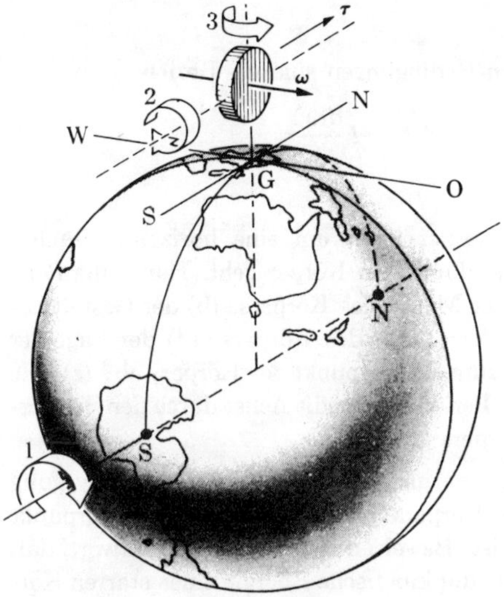

11.27 Kreiselkompass. Als Folge der Erdumdrehung, die durch Pfeil 1 angezeigt ist, rotiert die Rotationsachse des Kreisels (präzediert) bis sie nach Norden weist, wie durch Pfeil 3 angezeigt.

den Umdrehungssinn der Erde anzeigt. Der Kreisel ist so angeordnet, daß seine Achse in einer horizontalen Ebene gehalten werden muß. Das kann z.B. dadurch geschehen, daß man den Kreisel in einer Flüssigkeit schwimmen läßt. Wir wollen annehmen, daß die Kreiselachse ursprüglich in W—O-Richtung weist. Wenn die Erde sich dreht, rotieren die horizontale Ebene und die W—O-Richtung im gleichen Sinn. Wenn daher die Kreiselachse in der W—O-Richtung gehalten werden soll, muß sie sich in der durch Pfeil 2 angedeuteten Richtung drehen. Das entspricht jedoch dem Angreifen einer Kraft in S—N-Richtung. Die Kreiselachse wird sich daher unter der Wirkung dieses Drehmoments um die Senkrechte drehen bis sie nach Norden zeigt, wie durch Pfeil 3 angedeutet. Der Kreiselkompass hat den besonderen Vorteil, genau nach Norden zu zeigen, da er keinen lokalen magnetischen Anomalien unterliegt.

Beispiel 11.9 Betrag des Drehmoments, das auf die Erde ausgeübt werden muß, um die beobachtete Winkelgeschwindigkeit der Präzession der Äquinoktien zu erzeugen.

Lösung: Gemäß (11.27) erhalten wir

$$\tau = \Omega L \sin\phi,$$

wobei

$$\phi = 23°27' \qquad \text{und} \qquad \Omega = 7{,}19 \cdot 10^{-11}\ \text{rad s}^{-1}$$

die Präzessionsgeschwindigkeit der Erde ist. Wir müssen daher zuerst den Drehimpuls der Erde berechnen. Da die Rotationsachse der Erde nur geringfügig von einer Hauptachse abweicht, können wir die Beziehung

$$L = I\omega$$

anwenden. Der Wert von ω wurde in Beispiel 5.5 zu

$$7{,}29 \cdot 10^{-5}\ \text{rad s}^{-1}$$

angegeben. Unter der Annahme, daß die Erde kugelförmig ist, ist das Trägheitsmoment der Erde nach Tab. 11.1

$$I = \tfrac{2}{5}MR^2 = \tfrac{2}{5}(5{,}98 \cdot 10^{24}\ \text{kg})(6{,}38 \cdot 10^6\ \text{m})^2$$
$$= 9{,}72 \cdot 10^{37}\ \text{m}^2\ \text{kg}.$$

Daher ist $\tau = 2{,}76 \cdot 10^{27}$ N m.

Tabelle 11.2

VERGLEICH ZWISCHEN DER DYNAMIK DER ROTATION UND DER DER TRANSLATION

Translation		Rotation	
Linearer Impuls	$\boldsymbol{p} = m\boldsymbol{v}$	Drehimpuls	$\boldsymbol{L} = I\boldsymbol{\omega}$*
Kraft	$\boldsymbol{F} = d\boldsymbol{p}/dt$	Drehmoment	$\boldsymbol{\tau} = d\boldsymbol{L}/dt$
Körper konstanter Masse	$\boldsymbol{F} = m\boldsymbol{a}$	Körper konstanten Trägheitsmoments	$\boldsymbol{\tau} = I\boldsymbol{\alpha}$*
Kinetische Energie	$E_k = \frac{1}{2}mv^2$	Kinetische Energie	$E_k = \frac{1}{2}I\omega^2$
Leistung	$P = \boldsymbol{F} \cdot \boldsymbol{v}$	Leistung	$P = \boldsymbol{\tau} \cdot \boldsymbol{\omega}$

*Die mit einem Stern versehenen Formeln gelten nur für die Rotation um eine Hauptachse.

FRAGEN

1. Definieren Sie einen «starren» Körper. Erwarten Sie, daß es in der Natur echte starre Körper gibt, oder handelt es sich nur um eine brauchbare Näherung, die unter bestimmten Bedingungen gilt?
2. Ist der Drehimpuls immer parallel zur Winkelgeschwindigkeit eines starren Körpers? Erläutern Sie Ihre Antwort physikalisch.
3. Diskutieren Sie den Begriff der «Hauptachse» eines starren Körpers. Rechtfertigen Sie anschaulich, warum eine Symmetrieachse eine Hauptachse sein sollte.
4. Unter welchen Bedingungen gelten die Beziehungen

$$L_z = I\omega \qquad \text{und} \qquad \boldsymbol{L} = I\boldsymbol{\omega}$$

5. Beweisen Sie mit Hilfe des Steinerschen Satzes, daß das Trägheitsmoment eines starren Körpers relativ zu einer Achse, die durch den Schwerpunkt geht, immer kleiner ist als das Trägheitsmoment relativ zu jeder beliebigen dazu parallelen Achse.
6. Relativ zu welchem Punkt sollte der Drehimpuls und das Drehmoment berechnet werden, damit

$$\frac{d\boldsymbol{L}}{dt} = \boldsymbol{\tau}$$

gilt? Erläutern Sie Ihre Antwort.

7. Unter welchen Bedingungen sind die Beziehungen

$$I\frac{d\omega}{dt} = \tau_z \qquad \text{und} \qquad I\frac{d\boldsymbol{\omega}}{dt} = \boldsymbol{\tau}$$

identisch?

8. Ein starrer Körper kann um eine horizontale Achse schwingen, die durch den Körper geht. Hängt die Periode von (a) der Masse des Körpers, (b) der Gestalt des Körpers, (c) der Größe des Körpers, (d) der Lage der Achse relativ zum Schwerpunkt des Körpers ab? (e) Wie groß wäre die Periode, wenn die Achse durch den Schwerpunkt des Körpers ginge?
9. Erklären Sie, warum die einzig mögliche Bewegung eines starren Körpers relativ zu seinem Schwerpunkt die Rotation ist. Beweisen Sie durch Ihre Antwort, daß es möglich ist, die kinetische Energie eines starren Körpers in zwei Glieder aufzutrennen.
10. Sind die Ausdrücke

$$E_r = \tfrac{1}{2}I\omega^2 \qquad \text{und} \qquad E_r = \frac{L^2}{2I}$$

für die Rotationsenergie eines starren Körpers äquivalent? Erläutern Sie Ihre Antwort.

11. Erklären Sie den Begriff der «Präzessionsbewegung» und nennen Sie ihre Ursache.

Aufgaben

11.1 Ein dünner, 1 m langer Stab besitze eine vernachlässigbare Masse. An ihm sind fünf Körper mit je der Masse von 1 kg so befestigt, daß sie 0 cm, 25 cm, 50 cm, 75 cm und 100 cm von einem Ende entfernt sind. Berechnen Sie das Trägheitsmoment des Gesamtsystems bezüglich einer Achse, die senkrecht zum Stab ist und durch (a) ein Ende (b) die zweite Masse, und (c) den Schwerpunkt geht. Berechnen Sie für jeden Fall den Trägheitsradius.

11.2 Lösen Sie die vorherige Aufgabe für einen Stab der Masse von 0,20 kg.

11.3 Drei Massen von je 2 kg sind an den Ecken eines gleichseitigen Dreiecks angeordnet, dessen Seitenlänge 10 cm beträgt. Berechnen Sie das Trägheitsmoment des Systems und seinen Trägheitsradius im Bezug auf eine Achse, die senkrecht zur Ebene des Dreiecks durch (a) eine Ecke, (b) den Mittelpunkt einer Seite und (c) den Schwerpunkt geht.

11.4 Beweisen Sie, daß das Trägheitsmoment eines Systems, bestehend aus zwei Massen m_1 und m_2 im Abstand r voneinander, bezüglich einer Achse durch den Schwerpunkt und senkrecht zur Verbindungslinie der Massen, μr^2 ist, wobei μ die reduzierte Masse des Systems ist. Wenden Sie diese Aufgabe auf das CO-Molekül an, wobei $r = 1{,}13 \cdot 10^{-10}$ m ist, und auf das HCl-Molekül ($r = 1{,}27 \cdot 10^{-10}$ m).

11.5 Bestimmen Sie das Trägheitsmoment des CO_2-Moleküls relativ zu einer Achse, die durch den Schwerpunkt geht und senkrecht zur Achse des Moleküls steht. Das Molekül ist linear, mit dem C-Atom im Mittelpunkt. Der C—O-Abstand beträgt $1{,}13 \cdot 10^{-10}$ m.

11.6 Im H_2O-Molekül ist der Abstand zwischen H und O gleich $0{,}91 \cdot 10^{-10}$ m, und der Winkel zwischen den beiden H—O-Bindungen ist 105°. Bestimmen Sie das Trägheitsmoment des Moleküls relativ zu den drei Hauptachsen, die in Abb. 11.28 dargestellt sind und durch den Schwerpunkt gehen.

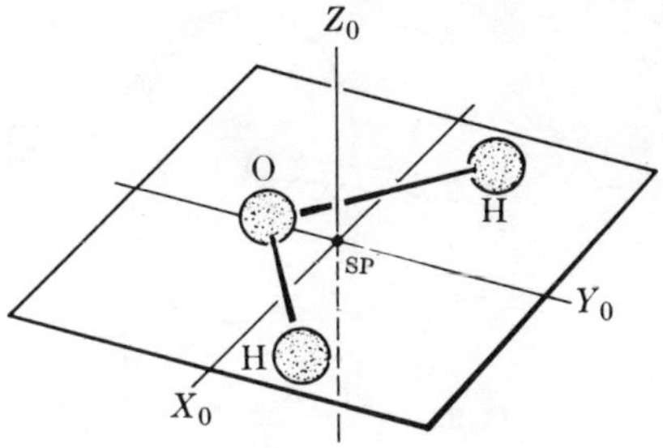

11.28

11.7 Zwei Knaben, jeder mit der Masse von 25 kg, sitzen an den entgegengesetzten Enden eines Holzbalkens, der 2,6 m lang ist und eine Masse von 10 kg hat. Der Balken rotiert mit 5 UpM reibungsfrei um eine senkrechte Achse durch seinen Mittelpunkt. (a) Wie groß ist die Winkelgeschwindigkeit, wenn jeder der Knaben sich 60 cm auf den Mittelpunkt des Balkens zu bewegt, ohne den Boden zu berühren? (b) Wie groß ist die Änderung der Rotationsenergie des Gesamtsystems?

11.8 Das Trägheitsmoment eines Rades ist 1000 kg m^2. Zu einem bestimmten Zeitpunkt ist seine Winkelgeschwindigkeit 10 rad s^{-1}. Nachdem es sich um einen Winkel von 100 Radiant bewegt hat, ist seine Winkelgeschwindigkeit 100 rad s^{-1}. Berechnen Sie das Drehmoment, das am Rad angreift, und die Zunahme an kinetischer Energie.

11.9 Ein rotierendes Rad unterliegt infolge der Reibung an der Achse einem Drehmoment von 10 N m. Der Radius des Rades ist 0,6 m, seine Masse 100 kg. Es rotiert mit 175 rad s^{-1}. Wie lange braucht das Rad, um stehen zu bleiben? Wie viele Umdrehungen führt es durch, bis es stehen bleibt?

11.10 Die Geschwindigkeit eines Autos nimmt in 8 s von 5 km h^{-1} auf 50 km h^{-1} zu. Der Radius der Räder ist 45 cm. Wie groß ist ihre Winkelbeschleunigung? Die Masse jedes Rades ist 30 kg, sein Trägheitsradius 0,3 m. Wie groß sind der anfängliche und endgültige Drehimpuls jedes Rades?

11.11 Das Schwungrad einer Dampfmaschine hat eine Masse von 200 kg und einen Trägheitsradius von 2 m. Wenn es sich mit 120 UpM dreht, wird das Dampfzustromventil geschlossen. Wie groß ist das Drehmoment infolge der Reibung an der Achse des Schwungrades, wenn Sie annehmen, daß es in 5 Min stehenbleibt? Wie groß ist die Arbeit, die in dieser Zeit vom Drehmoment geleistet wird?

11.12 Ein Karren mit einer Masse von 2000 g hat vier Räder von je 6 cm Radius und 150 g Masse. Berechnen Sie die lineare Beschleunigung des Karrens, wenn eine Kraft von 0,6 N auf ihn wirkt.

11.13 Die rotierenden Teile einer Maschine haben eine Masse von 15 kg und einen Trägheitsradius von 15 cm. Berechnen Sie den Drehimpuls und die kinetische Energie, wenn sie sich mit 1800 UpM bewegen. Welches Drehmoment und welche Leistung sind nötig, um die Winkelgeschwindigkeit in 5 s zu erreichen?

11.14 Der Radius eines 5 Cent Stückes ist 1 cm, seine Masse 5 g. Es rollt mit 6 Ups über eine schiefe Ebene. Bestimmen Sie, (a) seine kinetische Energie der Rotation, (b) seine kinetische Energie der Translation, (c) seine gesamte kinetische Energie. Wie groß ist die senkrechte Distanz, die es fallen müßte, um diese Menge an kinetischer Energie zu erreichen?

11.15 Wiederholen Sie Beispiel 8.8 unter der Annahme, daß der Ball einen Radius r hat und daß er die Bahn entlang rollt statt zu gleiten.

11.16 Ein Eisenring, dessen Radien 0,60 m und 0,50 m sind, hat eine Masse von 18 kg. Er rollt über eine schiefe Ebene und erreicht das untere Ende mit einer Geschwindigkeit von 3,6 m s^{-1}. Berechnen Sie die gesamte kinetische Energie und die vertikale Höhe, die er zurücklegt.

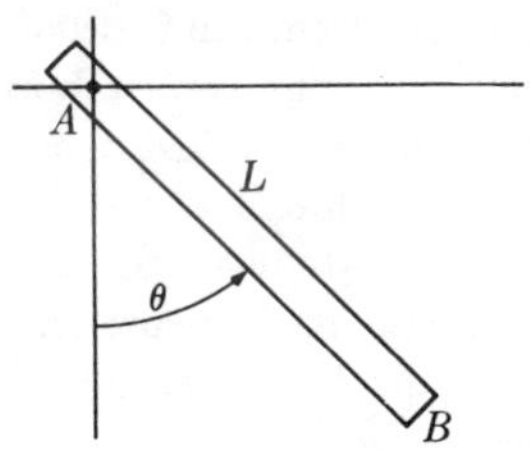

11.29

11.17 Der Stab in Abb. 11.29 mit einer Länge L und einer Masse m kann sich in einer senkrechten Ebene um seine Achse A frei drehen. Er wird ursprünglich in einer horizontalen Lage gehalten und dann freigelassen. Berechnen Sie für den Zeitpunkt, zu dem er einen Winkel θ mit der Senkrechten bildet, (a) seine Winkelbeschleunigung, (b) seine Winkelgeschwindigkeit, (c) die Kraft am Zapfen und (d) seine Schwingungsperiode.

11.18 Ein einheitlicher Stab mit einer Länge von 1,0 m und einer Masse von 2,5 kg, der senkrecht herunterhängt, ist um sein oberes Ende drehbar. Sein unteres Ende wird von einer horizontalen Kraft von 100 N getroffen, die $\frac{1}{50}$ s dauert. (a) Bestimmen Sie den Drehimpuls, den der Stab erhält. (b) Wird der Stab eine senkrechte Position oberhalb seines Aufhängungspunktes erreichen?

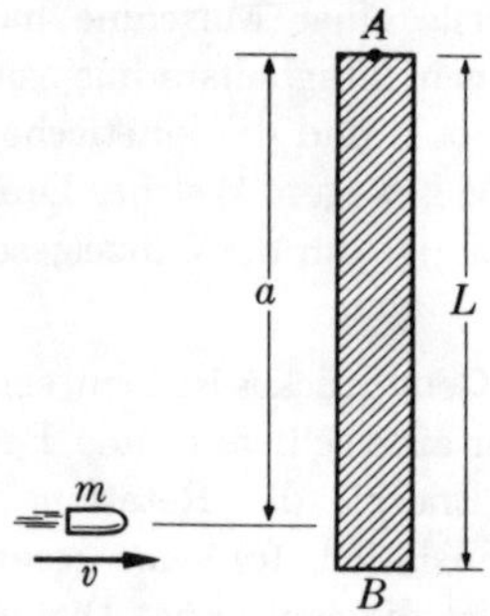

11.30

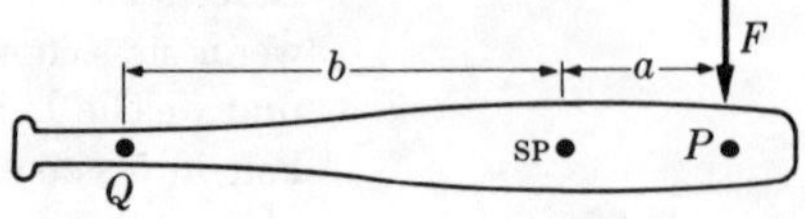

11.31

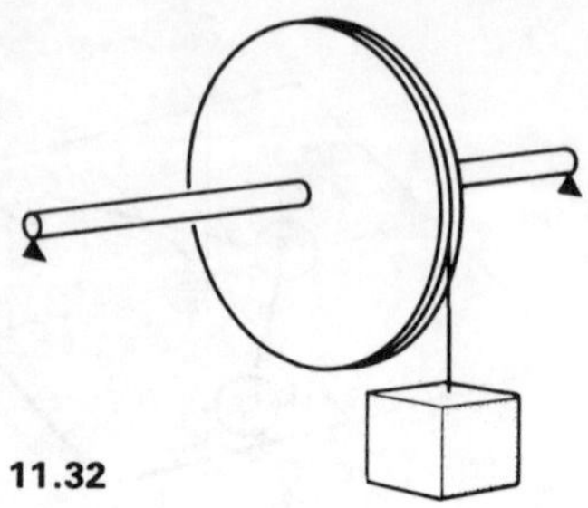
11.32

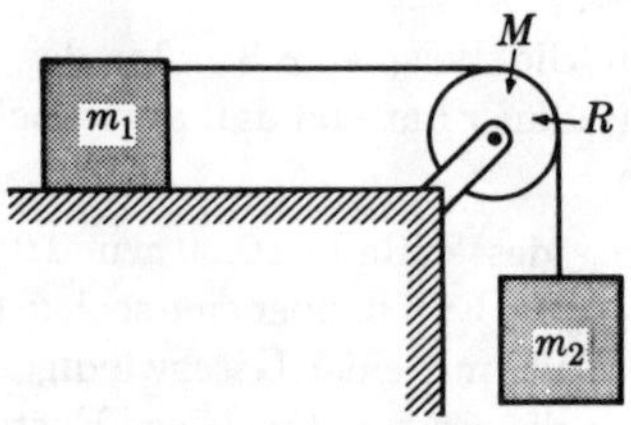

11.33

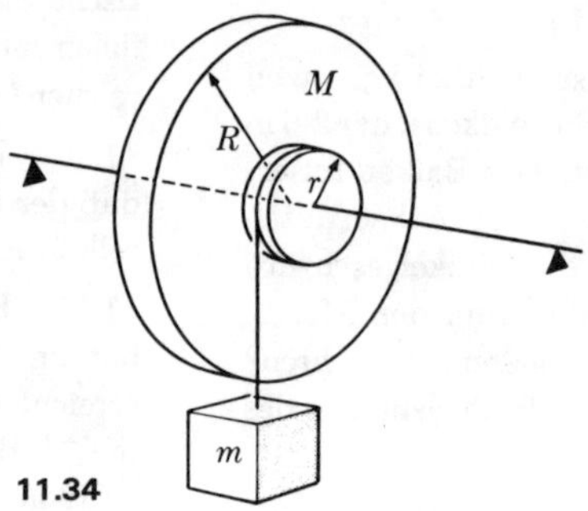

11.34

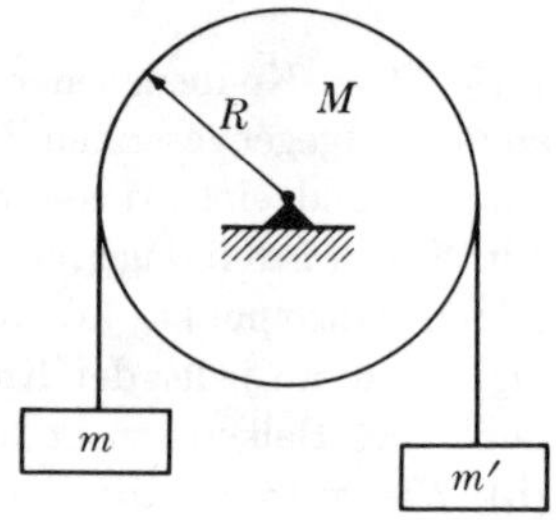

11.35

11.19 Ein Stab der Länge L und der Masse M (Abb. 11.30) kann sich frei um einen Zapfen in A bewegen. Ein Geschoß der Masse m und der Geschwindigkeit v trifft den Stab in einer Entfernung a von A und dringt in ihn ein. (a) Bestimmen Sie den Drehimpuls des Systems um A unmittelbar vor dem Einschlag der Kugel und danach. (b) Bestimmen Sie den Impuls des Systems unmittelbar vor und nach dem Stoß. (c) Unter welchen Bedingungen bleibt der Impuls erhalten? (d) Wie groß ist das Q des Stoßes?

11.20 Ein Baseballstock der Länge L und der Masse m liegt auf einer reibungslosen Ebene (Abb. 11.31). Während eines sehr kurzen Zeitintervalls Δt wird er von einer Kraft F getroffen, die einen Kraftstoß I hervorruft. Die Kraft greift am Punkt P an, der sich im Abstand a vom Schwerpunkt befindet. Bestimmen Sie (a) die Geschwindigkeit des Schwerpunkts, (b) die Winkelgeschwindigkeit um den Schwerpunkt. (c) Bestimmen Sie den Punkt R, der ursprünglich im L-Bezugssystem ruht, und zeigen Sie, daß

$$b = K^2/a,$$

wobei K der Trägheitsradius um den Schwerpunkt ist. Der Punkt R wird als *Stoßmittelpunkt* bezeichnet. (Zum Beispiel muß ein Baseballspieler den Stock im Stoßmittelpunkt festhalten, um das stechende Gefühl beim Schlagen des Balles zu vermeiden.) Beweisen Sie auch, daß der Stoßmittelpunkt in P sein wird, wenn die Kraft an R angreift.

11.21 Das Rad aus Abb. 11.32, das einen Radius von 0,5 m und ein Masse von 25 kg hat, kann sich um seine horizontale Achse drehen. Ein Seil, das um das Rad geschlungen ist, trägt einen Körper mit einer Masse von 10 kg, der an seinem freien Ende herunterhängt. Berechnen Sie (a) die Winkelgeschwindigkeit des Rades, (b) die lineare Beschleunigung des Körpers und (c) die Spannung im Seil.

11.22 Berechnen Sie die Beschleunigung des Systems in Abb. 11.33, wenn der Radius der festen Rolle R ist, ihre Masse M und sie sich infolge der Reibung am Seil bewegt. In diesem Fall ist $m_1 = 50$ kg, $m_2 = 200$ kg, $M = 15$ kg und $R = 10$ cm.

11.23 Berechnen Sie die Beschleunigung von m und die Spannung im Seil für das System, das in Abb. 11.34 dargestellt ist, wenn Sie annehmen, daß das Trägheitsmoment der kleinen Scheibe vom Radius r vernachlässigt werden kann. In diesem Fall ist

$$r = 4 \text{ cm}, R = 12 \text{ cm}, M = 4 \text{ kg und } m = 2 \text{ kg}.$$

11.24 In Abb. 11.35 ist $M = 6$ kg, $m = 4$ kg, $m' = 3$ kg und $R = 0{,}40$ m. Berechnen Sie (a) die gesamte kinetische Energie, die das System nach 5 s gewonnen hat, und (b) die Spannung in der Schnur.

11.25 Ein 1 m langer Stab hängt so an seinem einen Ende, daß er ein zusammengesetztes Pendel darstellt. Bestimmen

Sie die Periode und die Länge des entsprechenden einfachen (mathematischen) Pendels. Bestimmen Sie die Schwingungsperiode, wenn der Stab an einer Achse hängt, die sich in einer Entfernung von seinem einen Ende befindet, die gleich der Länge des entsprechenden, zuerst bestimmten Pendels ist.

11.26 Eine solide Scheibe vom Radius R kann an einer horizontalen Achse im Abstand h von ihrem Mittelpunkt aufgehängt werden. (a) Bestimmen Sie die Länge des entsprechenden mathematischen Pendels. (b) Bestimmen Sie die Lage der Achse, für die die Periode ein Minimum hat. (c) Tragen Sie die Periode als Funktion von h auf.

11.27 Ein Torsionspendel besteht aus einem rechteckigen Holzblock (8 cm × 12 cm × 3 cm) der Masse 0,3 kg, der an einem Draht aufgehängt ist, welcher so durch den Mittelpunkt geht, daß die kürzeste Seite senkrecht steht. Die Periode der Torsionsbewegung ist 2,4 s. Wie groß ist die Torsionskonstante κ des Drahtes?

11.28 Beweisen Sie unter Zuhilfenahme von Abb. 11.17, daß K_C der Trägheitsradius relativ zu einer parallelen Achse durch den Schwerpunkt eines zusammengesetzten Pendels ist, wobei die Länge des entsprechenden mathematischen Pendels

$$l = (K_C^2/b) + b$$

ist. [*Hinweis:* Wenden Sie den Steinerschen Satz an, um den Trägheitsradius mit dem Schwerpunkt in Verbindung zu bringen.]

11.29 Beweisen Sie unter Verwendung des vorhergehenden Ergebnisses, daß die Länge des mathematischen Pendels, das einem zusammengesetzten Pendel entspricht, gleich groß ist wie der Abstand zwischen dem Stoßmittelpunkt (Aufgabe 11.20) und dem Aufhängungspunkt, wenn der Schlag an C angreift.

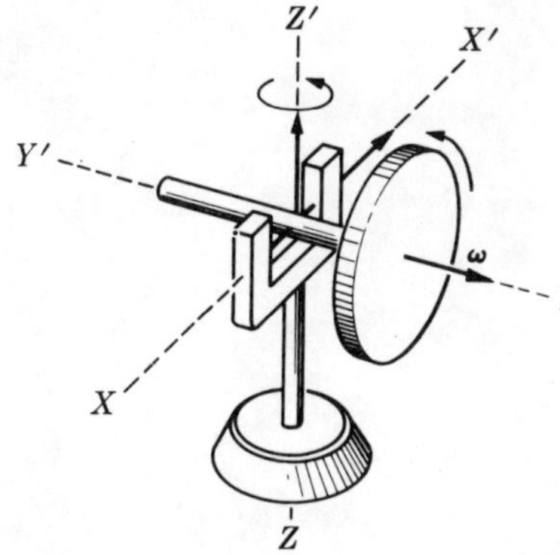

11.36

11.30 Die Masse des Kreisels in Abb. 11.36 ist 0,10 kg. Die Scheibe, die 10 cm von der ZZ'-Achse entfernt ist, hat einen Radius von 5 cm. Die Scheibe dreht sich mit einer Winkelgeschwindigkeit von 100 rad s^{-1} um die YY'-Achse. Wie groß ist die Winkelgeschwindigkeit der Präzession?

11.31 Ein Demonstrationskreisel besteht aus einem Metallring vom Radius 0,35 m und hat eine Masse von 5 kg, die über Speichen an einer Achse befestigt ist, die an jeder Seite 20 cm vorsteht. Der Demonstrator hält die Achse in horizontaler Position, während sich der Ring mit 300 UpM dreht. Bestimmen Sie den Betrag und die Richtung der Kraft, die durch jede Hand des Demonstrators in den folgenden Fällen auf die Achse ausgeübt wird: (a) die Achse wird parallel zu sich bewegt, (b) die Achse rotiert mit 2 UpM in einer horizontalen Ebene um ihren Mittelpunkt, (c) die Achse rotiert mit 2 UpM in einer vertikalen Ebene um ihren Mittelpunkt. Berechnen Sie, wie groß die Winkelgeschwindigkeit des Ringes sein müßte, damit die Achse in horizontaler Lage bliebe, wenn der Kreisel nur durch eine Hand unterstützt würde.

Kapitel 12

HOCHENERGIE-DYNAMIK

12.1 EINLEITUNG

In den vorhergehenden Kapiteln haben wir eine dynamische Theorie entwickelt — die man auch als klassische oder Newtonsche Mechanik bezeichnet — um die Bewegung der Körper zu beschreiben. Wir haben z.B. gesehen, daß der Impuls durch

$$\boldsymbol{p} = m\boldsymbol{v}$$

ausgedrückt werden kann, wobei die Masse m ein Koeffizient ist, der für das Teilchen oder das System charakteristisch ist; wir haben diese Masse m durchwegs als einen für jedes Teilchen oder System konstanten Koeffizienten betrachtet. Solange der Bereich der Geschwindigkeiten, die wir beobachten, nicht besonders groß ist, scheint diese Annahme über die Masse gültig und mit unserer Erfahrung vereinbar zu sein. Es besteht jedoch die Möglichkeit, daß diese Annahme nicht mehr stimmt, wenn wir mit sehr großen Geschwindigkeiten experimentieren. Man findet tatsächlich Abweichungen, wenn man die Bewegung sehr energiereicher Teilchen untersucht, wie z.B. der inneren Elektronen in Atomen oder der Teilchen in der kosmischen Strahlung und jenen, die in Hochenergiebeschleunigern erzeugt werden. Die Aufgabe dieses Kapitels ist es, eine allgemeine Theorie der Bewegung zu entwickeln, die sowohl für energiearme wie energiereiche Teilchen gilt. Wir werden die Entwicklung dieser Theorie auf der Lorentztransformation aufbauen, die bereits in Abschnitt 6.6 besprochen wurde, und auf der *Relativitätstheorie.* Aus diesem Grund wird die neue Theorie auch *relativistische Mechanik* genannt.

12.2 KLASSISCHES RELATIVITÄTSPRINZIP

In Kapitel 6 haben wir den relativen Charakter der Bewegung besprochen und haben Ausdrücke für die Geschwindigkeiten und Beschleunigungen entwickelt, wie sie von zwei Beobachtern in unterschiedlicher relativer Bewegung zueinander gemessen werden. In Abschnitt 6.3 haben wir speziell die Galilei-Transformation für zwei Beobachter abgeleitet, die sich in gleichförmiger Translationsbewegung zueinander befinden.

In Kapitel 7 haben wir die Tatsache betont, daß die Bewegungsgesetze als relativ zu einem Inertialbeobachter betrachtet werden müssen. Wir nehmen nun an, daß zwei verschiedene Inertialbeobachter, die sich mit einer konstanten relativen Geschwindigkeit $\boldsymbol{v}$ gegeneinander bewegen, ihre entsprechenden Beobachtungen des gleichen Phänomens über die Galilei-Transformation

$$\boldsymbol{r}' = \boldsymbol{r} - \boldsymbol{v}t, \qquad t' = t$$

korrelieren werden. Wir müssen diese Tatsache nun kritischer betrachten und überprüfen, ob die Gesetze der Dynamik für alle Inertialbeobachter gelten, sobald sie für einen Beobachter gelten. Man braucht diese Aussage nur für das Prinzip der Impulserhaltung und das Bewegungsgesetz zu beweisen, da alle anderen dynamischen Gesetze von diesen beiden abgeleitet sind. Die Hypothese

---

Alle Gesetze der Dynamik müssen für alle Inertialbeobachter, die sich mit konstanter Geschwindigkeit zueinander bewegen, gleich sein

---

stellt das *klassische Relativitätsprinzip* dar.

Wir wollen zwei Teilchen der Massen m_1 und m_2 betrachten und $\boldsymbol{v}_1$ und $\boldsymbol{v}_2$ ihre Geschwindigkeiten nennen, die ein Inertialbeobachter O mißt. Wenn keine äußeren Kräfte auf die Teilchen wirken, erfordert das Prinzip der Impulserhaltung, daß

$$m_1\boldsymbol{v}_1 + m_2\boldsymbol{v}_2 = \text{Konst.} \tag{12.1}$$

Für einen anderen Inertialbeobachter O', der sich relativ zu O mit der konstanten Geschwindigkeit $\boldsymbol{v}$ bewegt, sind die Geschwindigkeiten von m_1 und m_2 nach der Galilei-Transformation

$$\boldsymbol{v}_1' = \boldsymbol{v}_1 - \boldsymbol{v} \qquad \text{und} \qquad \boldsymbol{v}_2' = \boldsymbol{v}_2 - \boldsymbol{v}\,.$$

Wenn wir diese Ausdrücke in (12.1) einsetzen, erhalten wir

$$m_1(\boldsymbol{v}_1' + \boldsymbol{v}) + m_2(\boldsymbol{v}_2' + \boldsymbol{v}) = \text{Konst,} \qquad \text{oder}$$

$$m_1\boldsymbol{v}_1' + m_2\boldsymbol{v}_2' = \text{Konst} - (m_1 + m_2)\boldsymbol{v} = \text{Konst.} \tag{12.2}$$

Man beachte, daß das neue Ergebnis nur dann konstant ist, wenn auch $\boldsymbol{v}$ konstant ist, d.h. wenn O' ein anderer Inertialbeobachter ist. Gleichung (12.2) ist (12.1) völlig gleich und daher *erkennen beide Inertialbeobachter das Gesetz von der Impulserhaltung als richtig an.* Wir nehmen an, daß beide Beobachter dieselbe Masse messen, eine Annahme, die durch das Experiment bestätigt wird, zumindest solange die relative Geschwindigkeit v klein ist im Vergleich zur Lichtgeschwindigkeit.

Wir wollen als nächtes die Beziehung zwischen der Kraft, gemessen von zwei Inertialbeobachtern O und O' betrachten, die sich mit einer konstanten relativen Geschwindigkeit $\boldsymbol{v}$ bewegen. Wenn $\boldsymbol{V}$ und $\boldsymbol{V}'$ die entsprechenden Werte der Teilchengeschwindigkeit relativ zu den beiden Beobachtern sind, stehen sie über (6.10)

$$\boldsymbol{V} = \boldsymbol{V}' + \boldsymbol{v}$$

miteinander in Beziehung. Da $\boldsymbol{v}$ konstant ist, ist $d\boldsymbol{v}/dt = \mathbf{0}$, und wir erhalten

$$\frac{d\boldsymbol{V}}{dt} = \frac{d\boldsymbol{V}'}{dt} \qquad \text{oder} \qquad \boldsymbol{a} = \boldsymbol{a}'. \tag{12.3}$$

Das heißt, beide Beobachter messen die gleiche Beschleunigung des Teilchens. Nach dem Newtonschen Bewegungsgesetz ist die Kraft, gemessen von Beobachter O

$$\boldsymbol{F} = \frac{d\boldsymbol{p}}{dt} = m\frac{d\boldsymbol{V}}{dt} = m\boldsymbol{a},$$

und die gemessen von Beobachter O' ist

$$\boldsymbol{F}' = \frac{d\boldsymbol{p}'}{dt} = m\frac{d\boldsymbol{V}'}{dt} = m\boldsymbol{a}'.$$

Angesichts der Tatsache, daß $\boldsymbol{a} = \boldsymbol{a}'$, schließen wir, daß

$$\boldsymbol{F} = \boldsymbol{F}'. \tag{12.4}$$

Dabei *messen beide Inertialbeobachter die gleiche wirkende Kraft*, wenn sie ihre Messungen mit Hilfe der Galilei-Transformation vergleichen und die Masse des Teilchens als konstant angenommen wird.

Wir überlassen es dem Studenten, zu bestätigen, daß bei Erhaltung der Energie im System O,

$$E = \tfrac{1}{2}m_1v_1^2 + \tfrac{1}{2}m_2v_2^2 + E_{p,12} = \text{Konst},$$

die Energie auch im System O' erhalten bleibt:

$$E' = \tfrac{1}{2}m_1v_1'^2 + \tfrac{1}{2}m_2v_2'^2 + E'_{p,12} = \text{Konst},$$

wobei $E'_{p,12} = E_{p,12}$ gilt, wenn die potentielle Energie nur vom Abstand zwischen den Teilchen abhängt. (Bezüglich der Beziehung zwischen E' und E siehe Aufgabe 12.1.) Was die fundamentalen Gesetze der Dynamik betrifft, ist daher die Beschreibung der Bewegung für beide Inertialbeobachter gleich.

Beispiel 12.1 *Bewegungsgleichung in Bezug auf ein Nichtinertialsystem.* Wenn ein Beobachter O' sich nicht in einem Inertialsystem befindet, bedeutet das, daß seine Geschwindigkeit $\boldsymbol{v}$ relativ zu einem Inertialbeobachter O zeitlich nicht konstant bleibt. Daher ist

$$\frac{d\boldsymbol{v}}{dt} \neq \mathbf{0}.$$

Da $\boldsymbol{V} = \boldsymbol{V}' + \boldsymbol{v}$, erhalten wir

$$\frac{d\boldsymbol{V}}{dt} = \frac{d\boldsymbol{V}'}{dt} + \frac{d\boldsymbol{v}}{dt} \qquad \text{oder} \qquad \boldsymbol{a} = \boldsymbol{a}' + \frac{d\boldsymbol{v}}{dt} = \boldsymbol{a}' + \boldsymbol{a}_r,$$

wobei $\boldsymbol{a}_r = d\boldsymbol{v}/dt$ die Beschleunigung von O' relativ zu O ist. Die Kraft, die vom Inertialbeobachter O gemessen wird, ist

$$\boldsymbol{F} = m\boldsymbol{a}.$$

Dann schreibt O', wenn er die gleiche Definition der Kraft verwendet,

$$\boldsymbol{F}' = m\boldsymbol{a}'.$$

Angesichts der Beziehung zwischen $\boldsymbol{a}$ und $\boldsymbol{a}'$ ist daher

$$\boldsymbol{F}' = \boldsymbol{F} - m\boldsymbol{a}_r. \tag{12.5}$$

Der Beobachter in O' mißt daher eine andere Kraft als der Inertialbeobachter. In anderen Worten, der Beobachter, der sich nicht im Inertialsystem befindet, nimmt an, daß es zusätzlich zur Kraft $\boldsymbol{F}$, gemessen vom Inertialbeobachter, (die alle Wechselwirkungen einschließt, denen das Teilchen unterliegt) eine andere Kraft $\boldsymbol{F}''$ gibt, die auf das Teilchen wirkt und die durch

$$\boldsymbol{F}'' = -m\boldsymbol{a}_r \tag{12.6}$$

gegeben ist. Die resultierende Kraft auf das Teilchen, gemessen von O', beträgt also

$$\boldsymbol{F} + \boldsymbol{F}''.$$

Diese Kraft wird *Trägheitskraft* genannt.

Wenn wir die Bewegung eines Teilchens relativ zu einem rotierenden Bezugssystem beschreiben wollen (welches kein Inertialsystem ist), wenden wir manchmal diese Art der Logik an. In diesem Fall ist $\boldsymbol{a}_r$ die Summe aus der Zentripetalbeschleunigung $\boldsymbol{\omega} \times (\boldsymbol{\omega} \times \boldsymbol{r})$ und der Coriolisbeschleunigung $2\boldsymbol{\omega} \times \boldsymbol{V}'$. Die Trägheitskraft ist daher

$$\boldsymbol{F}'' = -m\boldsymbol{\omega} \times (\boldsymbol{\omega} \times \boldsymbol{r}) - 2m\boldsymbol{\omega} \times \boldsymbol{V}',$$

was einer Zentrifugal- und einer Corioliskraft entspricht, die zusätzlich zu $\boldsymbol{F}$ auf das Teilchen wirken.

12.3 SPEZIELLE RELATIVITÄTSTHEORIE

1905 ging der deutsche Physiker A. Einstein (1879–1955) einen Schritt weiter und schlug eine *spezielle Relativitätstheorie* vor, indem er sagte

---

Alle Gesetze der Natur (nicht nur die der Dynamik) müssen für alle Inertialbeobachter gleich sein, die sich mit konstanter Geschwindigkeit relativ zueinander bewegen.

Diese neue oder spezielle Relativitätstheorie hat große Bedeutung, da wir, wenn wir sie akzeptieren, alle physikalischen Gesetze in einer Form ausdrücken müssen, die sich nicht ändert, wenn wir von einem Inertialbeobachter zum anderen transformieren. Diese Tatsache haben wir eben für die Gesetze der Dynamik unter Verwendung der Galilei-Transformation bewiesen. Ein Ergebnis dieser Forderung ist, daß sie die mathematischen Ausdrücke der physikalischen Gesetze beschränkt. Zu den Gesetzen, die für alle Inertialbeobachter invariant bleiben müssen, gehören jene, die elektromagnetische Phänomene beschreiben; wir werden sie in späteren Kapiteln besprechen.

Wir können jedoch vorwegnehmen, daß diese Gesetze, wenn sie relativ zu einem Inertialbeobachter angeschrieben werden, eine Geschwindigkeit c einschließen, d.h. die Lichtgeschwindigkeit. Die spezielle Relativitätstheorie erfordert daher in der Formulierung von Einstein, daß die *Lichtgeschwindigkeit für alle Inertialbeobachter gleich ist*, d.h. die Lichtgeschwindigkeit muß unabhängig von der Bewegung des Beobachters sein.

Die Einsteinschen Annahmen werden durch die bemerkenswerte Versuchsserie unterstützt, die von Michelson und Morley um 1880 begonnen wurde; sie maßen die Lichtgeschwindigkeit in verschiedenen Richtungen, da sie sehen wollten, wie die Erdbewegung die Lichtgeschwindigkeit beeinflußt, und erhielten ein negatives Ergebnis. Wir haben ihren Versuch in Kapitel 6 (insbesondere in Beispiel 6.4) besprochen.

Nun sind aber die Geschwindigkeiten eines Körpers nie für zwei Beobachter in relativer Bewegung zueinander die gleichen, wenn ihre Beobachtungen über die Galileische Transformation in Beziehung gebracht werden. Andererseits ist die Lichtgeschwindigkeit für alle Inertialbeobachter gleich, wenn ihre Beobachtungen über die Lorentztransformation korreliert werden. Es scheint daher offensichtlich zu sein, daß wir statt der Galileischen Transformation die Lorentz-Transformation verwenden müssen, um die Relativitätstheorie zu erfüllen. Wir werden daher die Relativitätstheorie in folgender Weise neu formulieren.

Inertialbeobachter müssen ihre Beobachtungen mittels der Lorentz-Transformation korrelieren, und alle physikalischen Größen müssen sich so von einem Inertialsystem in das andere transformieren, daß die Form der physikalischen Gesetze für alle Inertialbeobachter gleich ist.

Im Rest dieses Kapitels besprechen wir nun, auf welche Weise diese neue Formulierung der Relativitätstheorie die früher definierten dynamischen Größen betrifft. Vom praktischen Standpunkt ist die Theorie nur für Geschwindigkeiten wichtig, die nahe der Lichtgeschwindigkeit sind, und sie muß daher auf Teilchen angewendet werden, die eine sehr hohe Energie besitzen. Für Teilchen mit niedrigen Geschwindigkeiten ist die Galilei-Transformation immer noch eine sehr gute Näherung für den Vergleich physikalischer Größen in zwei Inertialsystemen, und die Newtonsche Mechanik liefert einen befriedigenden Formalismus zur Beschreibung dieser Phänomene. Die Theorie, die nun entwickelt werden wird, heißt *spezielle* Relativitätstheorie, da sie nur für Inertialbeobachter gilt. Wenn die Beobachter nicht in einem Inertialsystem ruhen, müssen wir die *allgemeine* Relativitätstheorie anwenden, die wir kurz am Ende von Kapitel 15 diskutieren wollen.

Obgleich wir vom praktischen Standpunkt aus die spezielle Relativitätstheorie in vielen Fällen vernachlässigen können, hat sie von einem konzeptionellen Stand-

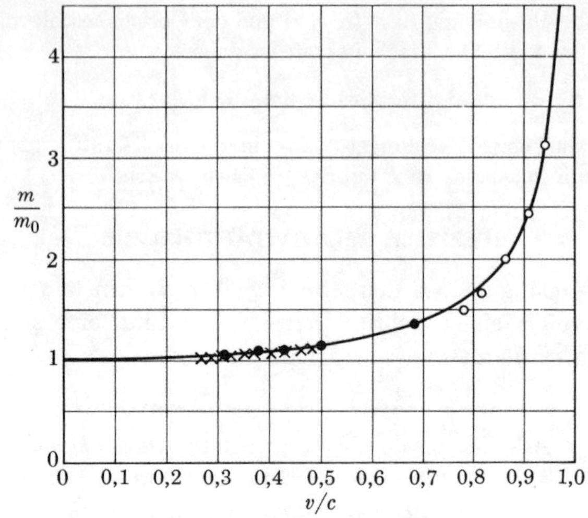

12.1 Experimentelle Bestätigung der Veränderung der Masse mit der Geschwindigkeit. Die ausgezogene Kurve ist eine graphische Darstellung, die auf (12.8) beruht. Die experimentellen Werte von W. Kaufmann (1901) sind als offene Kreise eingetragen, die von A. Bucherer (1909) als geschlossene Kreise und die von C. Guye und C. Lavanchy (1915) als Kreuze.

punkt aus eine tiefgreifende Veränderung in unserem theoretischen Vorgehen bei der Untersuchung physikalischer Phänomene hervorgerufen.

12.4 IMPULS

In Kapitel 7 haben wir den Impuls eines Teilchens als

$$\boldsymbol{p} = m\boldsymbol{v}$$

definiert und angenommen, daß die Masse m unabhängig von der Geschwindigkeit ist. Als Ergebnis vieler Versuche mit energiereichen Teilchen, wie z.B. schnellen Elektronen und Protonen, die in modernen Beschleunigern erzeugt oder in der kosmischen Strahlung gefunden werden, ergab sich jedoch, daß diese Annahme nicht mehr gilt. Wir wollen uns daran erinnern, daß die Kraft, die auf ein Teilchen ausgeübt wird, mit dem Impuls über

$$\boldsymbol{F} = \frac{d\boldsymbol{p}}{dt}$$

in Beziehung steht; wenn wir bekannte Kräfte auf schnelle Teilchen ausüben, können wir daher experimentell den entsprechenden Wert von $\boldsymbol{p}$ bestimmen. Wir können z.B. die Bewegung von Elektronen (oder anderen geladenen Teilchen) verschiedener Energien in bekannten elektrischen und magnetischen Feldern beobachten. Das Ergebnis dieser Versuche war, daß der Impuls eines Teilchens, das sich mit der Geschwindigkeit $\boldsymbol{v}$ relativ zu einem Beobachter bewegt, als

$$\boldsymbol{p} = \frac{m_0\boldsymbol{v}}{\sqrt{1 - v^2/c^2}} = km_0\boldsymbol{v} \qquad (12.7)$$

ausgedrückt werden muß.

Hier ist

$$k = \frac{1}{\sqrt{1 - v^2/c^2}}$$

wie in Abschnitt 6.6 definiert, und m_0 ist eine Konstante, die für jedes Teilchen charakteristisch ist. Sie wird Ruhemasse genannt. Für geringe Geschwindigkeiten ($v \ll c$) kann k gleich eins gesetzt werden, und dieser neue Ausdruck für $\boldsymbol{p}$ wird mit dem identisch, den wir in früheren Kapiteln verwendet haben. Ein Vergleich dieses Ausdrucks mit der Definition des Impulses, $\boldsymbol{p} = m\boldsymbol{v}$, läßt vermuten, daß die Masse eines Teilchens, das sich mit einer Geschwindigkeit $\boldsymbol{v}$ relativ zum Beobachter bewegt, durch

$$m = \frac{m_0}{\sqrt{1 - v^2/c^2}} = km_0 \qquad (12.8)$$

gegeben zu sein scheint. Der Ausdruck Ruhemasse für m_0 ist einleuchtend, da er der Wert von m ist, wenn $\boldsymbol{v} = 0$; d.h. wenn das Teilchen relativ zum Beobachter in Ruhe ist.

Die Veränderung der Masse mit der Geschwindigkeit, nach (12.8), ist in Abb. 12.1. dargestellt. Diese Abbil-

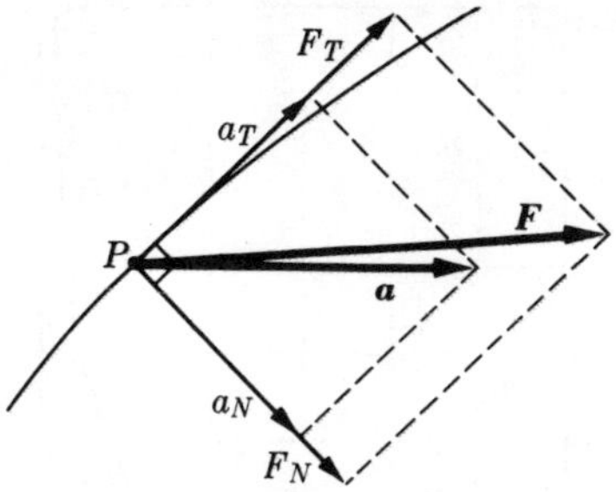

12.2 Bei hohen Geschwindigkeiten ist die Kraft nicht parallel zur Beschleunigung.

dung ist im wesentlichen identisch mit Abb. 6.12, da beide k durch v/c ausdrücken. Man kann sehen, daß es nur bei sehr großen Geschwindigkeiten eine merkliche Zunahme der Masse des Teilchens gibt. So ist z.B. sogar bei $v = 0{,}5c$, $m/m_0 = 1{,}15$, was einer Zunahme der Masse von nur 15% entspricht.

12.5 KRAFT

In Kapitel 7 haben wir gefunden, daß die Kraft auf ein Teilchen durch (7.12), $\boldsymbol{F} = d\boldsymbol{p}/dt$, gegeben ist, was aus dem Impulserhaltungssatz abgeleitet wurde. Diese Beziehung gilt auch in der relativistischen Mechanik. Wir formulieren also die Kraft neu als

$$\boldsymbol{F} = \frac{d\boldsymbol{p}}{dt} = \frac{d}{dt}(m\boldsymbol{v}) = \frac{d}{dt}\left(\frac{m_0\boldsymbol{v}}{\sqrt{1 - v^2/c^2}}\right). \tag{12.9}$$

Wenn wir es mit einer *geradlinigen Bewegung* zu tun haben und nur die Beträge berücksichtigen, können wir schreiben

$$F = \frac{d}{dt}(mv) = \frac{d}{dt}\left[\frac{m_0 v}{(1 - v^2/c^2)^{1/2}}\right] \quad \text{oder}$$

$$F = \frac{m_0}{(1 - v^2/c^2)^{3/2}}\frac{dv}{dt}. \tag{12.10}$$

Da dv/dt die Beschleunigung ist, schließen wir, daß für ein energiereiches Teilchen die Gleichung

$$F = ma$$

bei der geradlinigen Bewegung nicht gilt. Andererseits bleibt im Fall der gleichförmigen Kreisbewegung die Geschwindigkeit in ihrem Betrag, nicht aber in ihrer Richtung konstant und (12.9) wird zu

$$\boldsymbol{F} = \frac{m_0}{(1 - v^2/c^2)^{1/2}}\frac{d\boldsymbol{v}}{dt}.$$

$d\boldsymbol{v}/dt$ ist dann aber die Normal- oder Zentripetalbeschleunigung, deren Betrag entsprechend (5.23) v^2/R ist, wobei R der Radius des Kreises ist. Der Betrag der Normal- oder Zentripetalkraft wird daher zu

$$F_N = \frac{m_0}{(1 - v^2/c^2)^{1/2}}\frac{v^2}{R}. \tag{12.11}$$

Für den allgemeinen Fall der *krummlinigen Bewegung*, in dem dv/dt die Tangentialbeschleunigung a_T und v^2/R die *Normalbeschleunigung* a_N ist, schließen wir aus (12.10) und (12.11), daß die Kraftkomponenten entlang der Tangente und normal zur Bahn

$$F_T = \frac{m_0}{(1 - v^2/c^2)^{3/2}}a_T,$$
$$F_N = \frac{m_0}{(1 - v^2/c^2)^{1/2}}a_N \tag{12.12}$$

sind. Daraus folgt unmittelbar, daß die Kraft nicht parallel zur Beschleunigung (Abb. 12.2) ist, da die Koeffizienten, mit denen a_T und a_N multipliziert werden, verschieden sind. Eine Vektorbeziehung vom Typ $\boldsymbol{F} = m\boldsymbol{a}$ gilt daher nicht für Teilchen hoher Energie. Die grundlegendere Beziehung $\boldsymbol{F} = d\boldsymbol{p}/dt$ bleibt jedoch gültig.

12.6 ENERGIE

In Kapitel 8 wurde die kinetische Energie eines Teilchens als

$$E_k = \tfrac{1}{2}mv^2$$

definiert. Wenn wir jedoch den neuen Ausdruck für den Impuls, (12.7), verwenden, wird unten gezeigt, daß die kinetische Energie eines Teilchens, welches sich mit der Geschwindigkeit v relativ zum Beobachter bewegt, durch

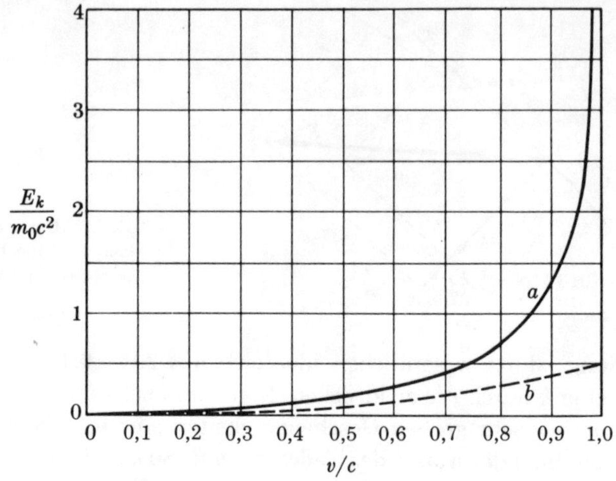

12.3 Änderung der kinetischen Energie mit der Geschwindigkeit: a) relativistisch, b) newtonsch.

den Ausdruck

$$E_k = \frac{m_0 c^2}{\sqrt{1 - v^2/c^2}} - m_0 c^2 \tag{12.13}$$

gegeben ist.

Beweis der Beziehung (12.13) Um die kinetische Energie eines Teilchens unter Verwendung der neuen Definition des Impulses zu berechnen, folgen wir der gleichen Methode wie in Abschnitt 8.5 angegeben. Das heißt, da

$$v = ds/dt$$

ist, erhalten wir

$$E_k = \int_0^v F_T \, ds = \int_0^v \frac{d}{dt}(mv) \, ds = \int_0^v v \, d(mv).$$

Durch partielle Integration und unter Verwendung des relativistischen Ausdrucks (12.8) für die Masse erhalten wir

$$E_k = mv^2 - \int_0^v mv \, dv$$

$$= \frac{m_0 v^2}{\sqrt{1 - v^2/c^2}} - \int_0^v \frac{m_0 v \, dv}{\sqrt{1 - v^2/c^2}}$$

$$= \frac{m_0 v^2}{\sqrt{1 - v^2/c^2}} + m_0 c^2 \sqrt{1 - v^2/c^2} - m_0 c^2.$$

Wenn wir die beiden ersten Glieder der rechten Seite vereinigen, gelangen wir schließlich zu Ausdruck (12.13) für die kinetische Energie eines Teilchens, das sich mit der Geschwindigkeit v relativ zum Beobachter bewegt.

Wenn v klein ist relativ zu c, können wir den Nenner in (12.13) nach dem Binominalsatz in eine Reihe entwickeln:

$$\left(1 - \frac{v^2}{c^2}\right)^{-1/2} = 1 + \left(\frac{1}{2}\frac{v^2}{c^2} + \frac{3}{8}\frac{v^4}{c^4} + \cdots\right).$$

Durch Einsetzen in (12.13) finden wir, daß

$$E_k = \tfrac{1}{2} m_0 v^2 + \tfrac{3}{8} m_0 \frac{v^4}{c^2} + \ldots.$$

Das erste Glied ist der bekannte Ausdruck für die kinetische Energie aus der Newtonschen Mechanik. Das zweite und die folgenden Glieder können vernachlässigt werden, wenn $v \ll c$. Auf diese Weise beweisen wir noch einmal, daß die Newtonsche Mechanik nur eine Näherung der relativistischen Mechanik ist, die für kleine Geschwindigkeiten und Energien gilt, wenn wir den Ruhewert der Masse verwenden.

In Abb. 12.3 wurde die Veränderung der kinetischen Energie E_k, gegeben durch (12.13), durch die Kurve a angezeigt und die Newtonsche kinetische Energie

$$E_k = \tfrac{1}{2} m_0 v^2$$

durch Kurve b. Die Abbildung zeigt eindeutig, daß bei gleichen Geschwindigkeiten die relativistische Energie größer als die Newtonsche ist.

Wir sollten beachten, daß das Verhältnis $E_k/m_0 c^2$ für alle Teilchen mit gleicher Geschwindigkeit gleich ist.

Da die Masse des Protons ungefähr 1850 Mal größer ist als die Masse des Elektrons, werden die relativistischen Effekte in der Bewegung des Protons erst bei 1850 Mal höheren Energien merklich. Aus diesem Grund kann die Bewegung des Protons und des Neutrons in Atomkernen in vielen Fällen nichtrelativistisch betrachtet werden, während die Bewegung der Elektronen in Atomen in vielen Fällen eine relativistische Betrachtung erfordert.

Die Größe

$$E = E_k + m_0c^2 = \frac{m_0c^2}{\sqrt{1 - v^2/c^2}} = mc^2 \tag{12.14}$$

nennt man die *Gesamtenergie* des Teilchens, die Größe m_0c^2 wird als *Ruheenergie* bezeichnet, da sie den Wert E bei $v = 0$ darstellt. Die Gesamtenergie des Teilchens schließt in der vorliegenden Definition kinetische und Ruheenergie ein, nicht aber potentielle Energie. Ausdruck (12.14) ist deshalb interessant, weil man daraus folgern kann, daß man jeder Masse m eine Energie

$$E = mc^2$$

zuschreiben kann, und daß wir umgekehrt einer Energie E eine Masse m zuschreiben können:

$$m = E/c^2$$

Nach (12.8),

$$m = \frac{m_0}{\sqrt{1 - v^2/c^2}},$$

können wir (12.13) in der Form

$$E_k = (m - m_0)c^2 \tag{12.15}$$

schreiben. Dieses Ergebnis läßt sehr tiefgreifende Schlüsse zu. Es zeigt, daß die Zunahme an kinetischer Energie als Massenzuwachs infolge der Abhängigkeit der Masse von der Geschwindigkeit (nach 12.8) betrachtet werden kann. Diese Interpretation kann so erweitert werden, daß man jede Änderung in der Energie ΔE mit einer Änderung der Masse Δm assoziiert. Die beiden Änderungen sind über den Ausdruck

$$\Delta E = (\Delta m)c^2 \tag{12.16}$$

verbunden. Dieser Ausdruck ist von größter Bedeutung, und wir werden immer wieder Gelegenheit haben, uns auf ihn zu beziehen.

Wenn wir (12.7) mit (12.14) vereinigen, sehen wir, daß

$$v = \frac{c^2p}{E}.$$

Dies drückt die Geschwindigkeit durch den Impuls und die Energie aus. Da $\boldsymbol{v}$ und $\boldsymbol{p}$ die gleiche Richtung haben, gilt der Ausdruck auch für die Vektoren selbst und wir können schreiben

$$\boldsymbol{v} = \frac{c^2\boldsymbol{p}}{E}. \tag{12.17}$$

Gleichung (12.14) entspricht

$$E = c\sqrt{m_0^2c^2 + p^2}, \tag{12.18}$$

wie wir sehen, wenn wir $\boldsymbol{p}$ durch den Ausdruck (12.7) ersetzen und überprüfen, daß (12.18) zu (12.14) wird. Die Beziehung, die (12.18) beinhaltet, kann man sich leicht merken, wenn man sich auf Abb. 12.4 bezieht.

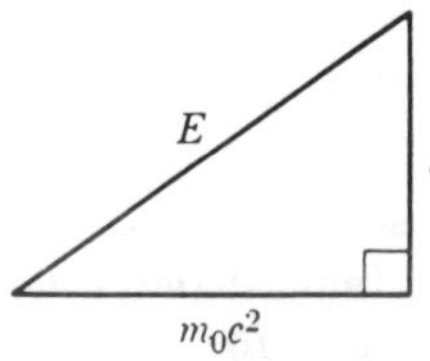

12.4 Graphische Beziehung zwischen Energie, Impuls und Masse.

Bei sehr hohen Geschwindigkeiten können wir in (12.17) v durch c ersetzen oder m_0c im Vergleich zu p in (12.18) vernachlässigen, so daß

$$E \approx cp. \tag{12.19}$$

Diese Beziehung gilt nur bei sehr hohen Energien. Wenn das Teilchen jedoch eine Ruhemasse von null hat ($m_0 = 0$), vereinfacht sich (12.18) zu $E = cp$ für alle Energien. Aus (12.17) sehen wir dann, daß die Geschwindigkeit eines Teilchens mit verschwindender Ruhemasse $v = c$ ist. Daher kann sich ein Teilchen mit der Ruhemasse null nur mit Lichtgeschwindigkeit bewegen und sich nie in einem Inertialsystem in Ruhe befinden. Das ist für das Photon der Fall, dem Teilchen, das mit der elektromagnetischen Strahlung assoziiert ist, und scheint auch für das Neutrino zu gelten.

Beispiel 12.2 Energieäquivalenz eines m_u. Wir erinnern uns aus Abschnitt 2.4, daß $1\ m_u = 1{,}6604 \cdot 10^{-27}$ kg ist. Unter Verwendung der Beziehung $E = mc^2$ erhalten wir

$$1\ m_u = 1{,}492 \cdot 10^{-10}\ \mathrm{J},$$

und da $1\ \mathrm{J} = 6{,}242 \cdot 10^{12}$ MeV, finden wir, daß

$$1\ m_u = 931{,}478\ \mathrm{MeV}.$$

Wenn die Masse m eines Teilchens in m_u ausgedrückt wird, ist daher die Ruheenergie des Teilchens in MeV

$$E = 931{,}478m\ \mathrm{MeV}. \tag{12.20}$$

Die Werte für das Elektron, Proton und Neutron sind in Tab. 12.1 gegeben.

Tabelle 12.1

Teilchen	Ruhemasse (m_u)	Ruheenergie (MeV)
Elektron	0,000549	0,511
Proton	1,007825	938,3
Neutron	1,008665	939,6

12.7 TEILCHENSYSTEME

Wir wollen Teilchen der Ruhemassen m_{01}, m_{02},... betrachten. Nehmen Sie an, daß die Impulse der Teilchen relativ zu einem Inertialbeobachter O$\boldsymbol{p}_1$, $\boldsymbol{p}_2$ sind und die Energien E_1, E_2, ... Der Gesamtimpuls und die Gesamtenergie des Systems relativ zu O sind

$$\boldsymbol{P} = \sum_i \boldsymbol{p}_i, \qquad E = \sum_i E_i. \tag{12.21}$$

Relativ zu einem anderen Beobachter O', der sich relativ zu O in Bewegung befindet, sind der Gesamtimpuls und die Energie des Systems $\boldsymbol{P}'$ und E'. Der Impuls und die Energie des Systems relativ zu den Beobachtern O und O' stehen miteinander über den Ausdruck

$$E^2 - c^2p^2 = E'^2 - c^2p'^2 \tag{12.22}$$

in Beziehung.

Beweis der Beziehung (12.22) Beziehung (12.22) kann auf folgende Weise gerechtfertigt werden. Die Energie—Impuls-Beziehung für ein einzelnes Teilchen

$$E = c\sqrt{m_0^2c^2 + p^2}$$

kann auch als

$$E^2 - c^2p^2 = m_0^2c^4$$

geschrieben werden. Um mit der Annahme der Relativitätstheorie übereinzustimmen, muß dieser Ausdruck für alle Inertialbeobachter gleich sein. Das heißt, Energie und Impuls müssen sich unter der Lorentztransformation so transformieren, daß wir in einem anderen Bezugssystem, das sich mit der Geschwindigkeit v relativ zum ursprünglichen Bezugssystem bewegt,

$$E'^2 - c^2p'^2 = m_0^2c^4$$

erhalten, wobei m_0 gleich bleibt, da es der invarianten Ruhemasse entspricht. In anderen Worten

$$E^2 - c^2p^2 = E'^2 - c^2p'^2$$

muß gelten. Wir können sagen, daß der Ausdruck $E^2 - c^2p^2$ eine Lorentzinvariante ist. Da wir nun gezeigt haben, daß (12.22) für ein einzelnes Teilchen gilt, muß die gleiche Beziehung auch für Energie und den Impuls eines Teilchensystems gelten.

In Analogie mit dem *L*- und *SP*-Bezugssystem, das in Kapitel 10 eingeführt wurde, definieren wir das *SP*-Bezugssystem in der relativistischen Mechanik als das Bezugssystem, in welchem der Gesamtimpuls des Systems null ist. Indem wir in (12.22) für $P' = 0$ setzen, erhalten wir die Gesamtenergie E' im *SP*-System zu

$$E^2 - c^2p^2 = E'^2, \tag{12.23}$$

woraus wir entnehmen, daß im *SP*-Bezugssystem die Energie des Systems den kleinsten Wert hat. Wir können diese Ergebnisse dahingehend interpretieren, daß E' die innere Energie des Systems ist, die von nun an als E_{inn} bezeichnet wird, während E innere Energie plus Translationsenergie darstellt. In diesem Sinn entspricht (12.23) der (10.32) in der nichtrelativistischen Mechanik.

Wenn alle Teilchen sich im *SP*-Bezugssystem in Ruhe befinden und nicht in Wechselwirkung miteinander sind, ist die innere Energie des Systems

$$E_{\mathrm{inn}} = \sum_i m_{0i}c^2. \tag{12.24}$$

Wenn sich die Teilchen jedoch bewegen und wechsel-

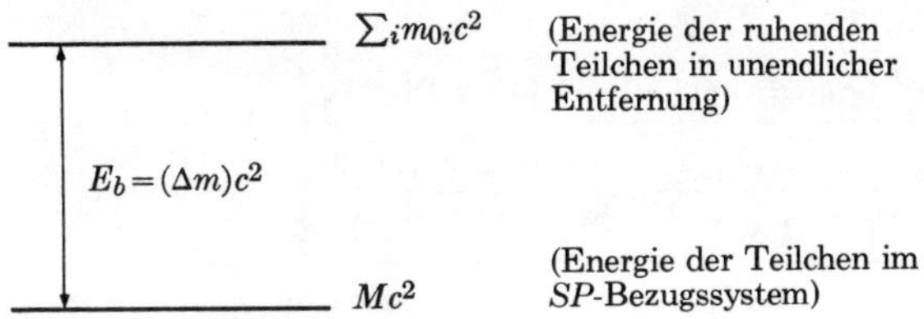

12.5 Bindungsenergie eines Teilchensystems.

wirken, müssen wir statt dessen in Übereinstimmung mit (10.31) schreiben

$$E_{\text{inn}} = \sum_i m_{0i}c^2 + (E_k + E_p)_{\text{inn}}.$$

Da die Bindungsenergie des Systems in (10.34) zu

$$E_b = -(E_k + E_p)_{\text{inn}}$$

definiert wurde, können wir schreiben

$$E_{\text{inn}} = \sum_i m_{0i}c^2 - E_b. \tag{12.25}$$

Im Zusammenhang mit (12.14), $E = mc^2$, haben wir jedoch angedeutet, daß wir jeder Energiemenge eine Masse zuschreiben können und umgekehrt. Wir werden daher die Masse des Systems durch die Beziehung $E_{\text{inn}} = Mc^2$ definieren. Gleichung (12.25) wird dann zu

$$Mc^2 = \sum_i m_{0i}c^2 - E_b, \qquad \text{oder}$$

$$M = \sum_i m_{0i} - \frac{E_b}{c^2}. \tag{12.26}$$

Diese Beziehung zeigt, daß die Masse M des Systems sich um den Betrag E_b/c^2 von der Summe $\Sigma_i m_{0i}$ der Ruhemassen der Teilchen unterscheidet. Wenn E_b positiv ist, dann ist M kleiner als $\Sigma_i m_{0i}$, und wir können, bildlich gesprochen, sagen, daß beim Zusammenbau des Systems Masse «verlorengeht» (siehe Abb. 12.5).

Gleichung (12.26) kann auch in der Form

$$E_b = \left[\sum_i m_{0i} - M\right]c^2 \tag{12.27}$$

geschrieben werden. Wenn wir

$$\Delta m = \sum_i m_{0i} - M$$

mit der Veränderung der Masse bei der Bildung des Systems gleichsetzen, können wir (12.27) als

$$E_b = (\Delta m)c^2$$

schreiben, oder gemäß (12.20)

$$E_b = 931{,}48\,\Delta m\,\text{MeV},$$

wobei E_b in MeV und Δm in m_u ausgedrückt wird.

Es gibt eine Vielzahl von Beweisen für eine Massenänderung, wenn eine Gruppe von Teilchen zu einem stabilen System zusammengebaut wird. Zum Beispiel sind die Massen aller Kerne geringer als die Summe der Massen der Protonen und der Neutronen, aus welchen sie aufgebaut sind. Wir wollen als Beispiel das Deuteron betrachten, das einen Kern darstellt, der aus einem Proton und einem Neutron besteht. Die Masse des Deuterons beträgt

$$m_\text{d} = 2{,}014102\ \text{m}_\text{u}.$$

Die Summe der Massen des Protons und des Neutrons ist jedoch

$$\begin{aligned} m_\text{p} &= 1{,}007825\ \text{m}_\text{u} \\ m_\text{n} &= 1{,}008665\ \text{m}_\text{u} \\ \hline m_\text{p} + m_\text{n} &= 2{,}016490\ \text{m}_\text{u} \end{aligned}$$

Bei der Bildung des Deuterons ist die Massenveränderung daher

$$\Delta m = 0{,}002388\ \text{m}_\text{u},$$

was einer Bindungsenergie von

$$E_b = 931{,}48\,\Delta m\,\text{MeV} = 2{,}224\,\text{MeV}$$

entspricht. Dieses Ergebnis stimmt mit dem Wert von E_b völlig überein, den man direkt durch die Berechnung der Energie bestimmt, die als Gammastrahlung freigesetzt wird, wenn ein Proton ein Neutron einfängt. In den meisten Kernen ist die Bindungsenergie in der Größenordnung von 6–8 MeV pro Nukleon, was einer Massenänderung von ca. $7 \times 10^{-3}\ \text{m}_\text{u}$ pro Nukleon entspricht; man kann diese Größe experimentell leicht bestimmen. Die Masse eines Kerns ist daher deutlich geringer als die Massen seiner Protonen und Neutronen.

Tabelle 12.2

BINDUNGSENERGIE DER TEILCHEN IN ^{238}U

Teilchen	$m_X (m_u)$	Tochter	$m_Y (m_u)$	E_b(MeV)
n	1,0087	^{231}U	231,0363	7,26
p (^1H)	1,0078	^{231}Pa	231,0359	6,05
d (^2H)	2,0141	^{230}Pa	230,0344	10,5
t (^3H)	3,0160	^{229}Pa	229,0320	10,0
α (^4He)	4,0026	^{228}Th	228,0287	−5,50

In Falle von Atomen und Molekülen liegt die Bindungsenergie in der Größenordnung weniger eV, was einer Massenänderung in der Größenordnung von 10^{-9} m_u entspricht. Das ist eine sehr kleine Massenänderung, die mit vorhandenen Methoden nicht nachgewiesen werden kann. Deshalb haben die Chemiker immer angenommen, daß sich die Masse bei chemischen Reaktionen nicht verändert; vom praktischen Standpunkt ist diese Annahme richtig.

Beispiel 12.3 *Bindungsenergie eines Teilchens im Uran.* Es gibt verschiedene Isotope des Urans. Zwei davon sind im Zusammenhang mit der sogenannten Kernspaltung besonders wichtig, ^{235}U und ^{238}U. Wir wollen hier jedoch das seltenere Isotop ^{232}U betrachten. Wir möchten feststellen, ob die spontane Emission von Teilchen, wie z.B. Neutronen, Protonen, Deuteronen, Tritonen und α-Teilchen aus einem solchen Kern energetisch möglich ist. Wir wollen X das ausgesandte Teilchen und Y den resultierenden oder Tochterkern nennen. Die Bindungsenergie von ^{232}U relativ zum System $X + Y$ ist nach (12.27)

$$E_b = [m_X + m_Y - m(^{232}U)]c^2$$
$$= 931{,}48\,[m_X + m_Y - m(^{232}U)]\ \text{MeV}.$$

Die Werte für m_X, m_Y und E_b für den angeführten Prozess sind in Tab. 12.2 gegeben, die Ruhemasse von ^{232}U ist 232,0372 m_u.

Alle Bindungsenergien sind positiv, mit Ausnahme der des α-Teilchens, die negativ ist. Wir schließen daher, daß der ^{232}U-Kern spontan α-Teilchen aussendet, aber in Bezug auf die Emission aller anderen Teilchen, die in Tabelle 12.2 in Betracht gezogen wurden, stabil ist. Man hat tatsächlich gefunden, daß ^{232}U ein α-Strahler ist.

12.8 HOCHENERGETISCHE VORGÄNGE.

Die Sätze von der Erhaltung der Energie und des Impulses müssen bei jedem Vorgang, der in der Natur abläuft, erfüllt werden, unabhängig von der Energie der beteiligten Teilchen. In Kapitel 10 haben wir einige Vorgänge betrachtet, wie z.B Stöße, an denen Teilchen niedriger Energie beteiligt sind. Wir wollen nun andere Vorgänge betrachten, die Elementarteilchen betreffen und bei hohen Energien ablaufen und auf welche die Begriffe und Methoden angewendet werden müssen, die in diesem Kapitel entwickelt wurden. Wir wollen zwei grundlegende Vorgänge diskutieren: Stöße und Teilchenzerfälle.

a) **Stöße** Wir wollen zwei Teilchen betrachten, deren Ruhemassen m_1 und m_2 sind, die sich vor dem Stoß bei vernachlässigbarer Wechselwirkung mit den Impulsen $\boldsymbol{p}_1$ und $\boldsymbol{p}_2$ relativ zu einem Inertialsystem bewegen. Die Wechselwirkung zwischen den Teilchen ist nur während der kurzen Zeitspanne, in der die Teilchen sich sehr nahe sind, von nennenswerter Größe. Nehmen Sie an, daß nach dem Stoß, wenn die Wechselwirkung wieder vernachlässigbar ist, die resultierenden Teilchen die Ruhemassen m_1' und m_2' haben und sich mit den Impulsen $\boldsymbol{p}_1'$ und $\boldsymbol{p}_2'$ relativ zum gleichen Inertialsystem bewegen (Abb. 12.6). Die Erhaltung des Impulses und die Erhaltung der Energie werden durch

$$\boldsymbol{p}_1 + \boldsymbol{p}_2 = \boldsymbol{p}_1' + \boldsymbol{p}_2' \quad \text{und} \quad E_1 + E_2 = E_1' + E_2' \tag{12.28}$$

ausgedrückt. Der Stoß, der durch die Gleichungen

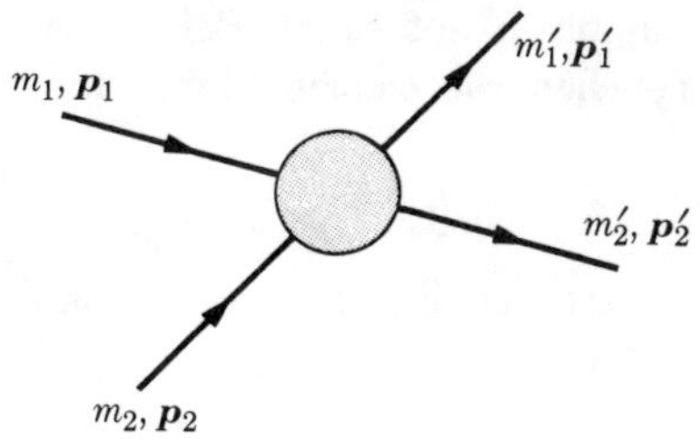

12.6 Energie und Impuls bleiben beim Stoß erhalten.

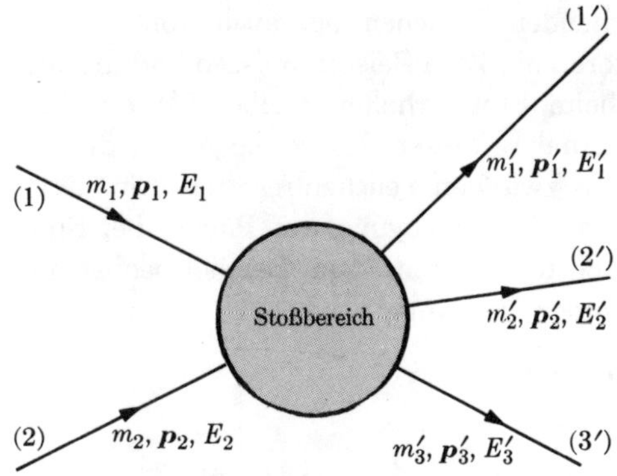

12.7 Stoß, bei dem neue Teilchen entstehen.

(12.28) beschrieben wird, kann schematisch wie folgt angegeben werden:

$$1 + 2 \rightarrow 1' + 2'.$$

Bei Anwendung von (12.28) finden wir die endgültigen Impulse der Teilchen, ausgedrückt durch ihre Anfangsimpulse. Die notwendige Algebra ist jedoch im allgemeinen recht kompliziert.

In Erinnerung daran, daß

$$E = E_k + m_0 c^2$$

ist, wobei E_k die kinetische Energie darstellt, können wir die Energieerhaltung als

$$E_{k1} + m_1 c^2 + E_{k2} + m_2 c^2 = E'_{k1} + m'_1 c^2 + E'_{k2} + m'_2 c^2$$

schreiben. In Abschnitt 10.12 haben wir eine Größe Q eingeführt, die als *Veränderung der kinetischen Energie* während des Stoßes definiert ist; wir erhalten daher, daß

$$Q = (E'_{k1} + E'_{k2}) - (E_{k1} + E_{k2}) = (m_1 + m_2 - m'_1 - m'_2)c^2 = -(\Delta m)c^2. \qquad (12.29)$$

Q ist daher proportional zur Massenveränderung während des Stoßes. Wenn $Q = 0$, kommt es während des Stoßes zu *keiner* Massenveränderung. Wenn $Q < 0$, *nimmt* die Masse *zu* ($\Delta m > 0$), während die Masse *abnimmt* ($\Delta m < 0$), wenn $Q > 0$.

In vielen Fällen entstehen bei einem Stoß mehr als zwei Teilchen (Abb. 12.7), und die obige Definition wird zu

$$Q = (\textstyle\sum E_k)_{\text{Ende}} - (E_{k_1} + E_{k_2}) = [m_1 + m_2 - (\textstyle\sum m'_1)_{\text{Ende}}]c^2. \qquad (12.30)$$

Wenn $Q < 0$, ist ein minimaler Schwellenwert der kinetischen Energie der ankommenden Teilchen nötig, um die Reaktion «auszulösen». Der Schwellenwert der kinetischen Energie, und die Ruheenergie der Fall entspricht, in dem die resultierenden Teilchen im *SP*-Bezugssystem ruhen) ist, wie unten gezeigt,

$$E_k = -\frac{QM}{2m_2} \quad \text{(Schwellenwert der kinetischen Energie)}, \qquad (12.31)$$

wobei M die Masse aller am Stoß beteiligten Teilchen ist (und sich Teilchen 2 ursprünglich im L-System in Ruhe befindet); d.h.

$$M = m_1 + m_2 + (\textstyle\sum m')_{\text{Ende}}.$$

Wenn Q jedoch positiv ist, gibt es keinen Schwellenwert der kinetischen Energie, und die Ruheenergie der ursprünglichen Teilchen reicht aus, um die endgültigen Teilchen zu erzeugen.

Wir wollen nun die Anwendung von (12.31) auf einige konkrete Beispiele vorführen. Wenn zwei energiereiche Teilchen zusammenstoßen (wie z.B. zwei Protonen oder ein Proton und ein Pion), können neue Teilchen entstehen. Die Natur und die Zahl der erzeugten Teilchen hängt sowohl von der Energie und der Natur der zusammenstoßenden Teilchen als auch von einigen anderen Faktoren ab. Zum Beispiel müssen Ladung und Drehimpuls beim Stoß erhalten bleiben. Wir wollen nicht auf die Analyse dieser Gesetze eingehen, die die Zusammenstöße zwischen Teilchen regieren. Ein häufiger Vorgang ist die Erzeugung von Pionen bei Stoß zwischen Proton und Proton. Zum Beispiel beobachtet man die folgenden Vorgänge:

$$p^+ + p^+ \to p^+ + p^+ + \pi^0,$$

$$p^+ + p^+ \to p^+ + n + \pi^-.$$

Bei sehr hohen Energien können mehrere Pionen erzeugt werden. Dieser Vorgang läuft sehr häufig im Labor ab, wenn ein Strahl energiereicher Protonen auf ein geeignetes Ziel trifft. Wir wollen nun den Schwellenwert der kinetischen Energie für den ersten Vorgang berechnen, wobei wir annehmen, daß das Zielproton im L-System in Ruhe ist. In diesem Fall haben wir

$$Q = -m_\pi c^2, \qquad M = 4m_p + m_\pi \qquad \text{und} \qquad m_2 = m_p,$$

was zu

$$E_k = \frac{m_\pi c^2(4m_p + m_\pi)}{2m_p} = \left(2 + \frac{m_\pi}{2m_p}\right) m_\pi c^2 \approx 280 \text{ MeV}$$

führt, wobei die Masse des Pions 0,149 m_u ($m_\pi c^2 =$ 140 MeV) beträgt. Für ein geladenes Pion erhält man ein ähnliches Ergebnis.

Ein zweiter interessanter Anwendungsfall von (12.31) ist die Entstehung eines *Antiprotons* bei einem Proton—Proton-Stoß. Ein Antiproton ist ein Teilchen, dessen Masse gleich der des Protons ist und dessen elektrische Ladung den gleichen Absolutwert hat, wie die eines Protons, aber ein negatives Vorzeichen. Wir bezeichnen das Proton mit p^+ und das Antiproton mit $\bar{p}^-$, und schreiben den Prozess als

$$p^+ + p^+ \to p^+ + p^+ + p^+ + \bar{p}^-.$$

Beachten Sie, daß ein *Paar* p^+, $\bar{p}^-$ entsteht und nicht ein einzelnes $\bar{p}^-$. Das fordert das Gesetz der Erhaltung der Ladung, welches wir im Kapitel 16 besprechen werden. Durch diesen Prozeß wurden 1955 an der University of California zum ersten Mal Antiprotonen im Laboratorium erzeugt.

Ursprünglich befindet sich eines der Protonen im L-Bezugssystem in Ruhe (Impuls null) und das andere bewegt sich mit dem Impuls $\boldsymbol{p}$ auf es zu. Bei diesem Vorgang haben alle Teilchen die gleiche Masse, m_p. Dann ist

$$m_2 = m_p, \qquad Q = -2m_p c^2 \qquad \text{und} \qquad M = 6m_p,$$

was für den Schwellenwert der Energie des ankommenden Protons

$$E_k = \frac{(2m_p c^2)(6m_p)}{2m_p} = 6m_p c^2 = 5{,}64 \cdot 10^3 \text{ MeV}$$

ergibt. Damit diese Reaktion also im Laboratorium ablaufen kann, muß das einfallende Proton beschleunigt werden, bis seine kinetische Energie im L-Bezugssystem $6m_p c^2$ beträgt.

Eine der hauptsächlichen Anwendungen von Hochenergiebeschleunigern ist die Erzeugung schneller Teilchen, die eine Energie größer als der Schwellenwert im L-System aufweisen, so daß Wissenschaftler im Laboratorium unter kontrollierten Bedingungen Vorgänge ablaufen lassen können, die sie in kosmischen Strahlen beobachtet haben.

Beweis der Beziehung (12.31) Wir wollen das Geschoß und das Ziel mit P_1 und P_2 bezeichnen und die entstehenden Teilchen mit P_i'. Wir können schreiben

$$P_1 + P_2 \to \sum_i P_i'.$$

Wenn der Impuls von P_1 im L-System $\boldsymbol{p}$ ist, ist seine Gesamtenergie $c\sqrt{m_1^2c^2 + p^2}$, und wenn P_2 im L-System ruht, ist seine Gesamtenergie m_2c^2. Die Gesamtenergie im L-Bezugssystem ist daher

$$E = c\sqrt{m_1^2c^2 + p^2} + m_2c^2,$$

und der Gesamtimpuls ist $\boldsymbol{p}$.

Wenn wir (12.23) benutzen, erhalten wir

$$E^2 - c^2p^2 = E'^2,$$

wobei E' die Gesamtenergie vor dem Stoß im SP-Bezugssystem ist.

Die Gesetze von der Erhaltung der Energie und des Impulses erfordern, daß nach Beendigung des Vorgangs die Gesamtenergie der Produkte im SP-Bezugssystem immer noch E' und der Gesamtimpuls null ist. Die minimale Energie, die für den Vorgang notwendig ist, entspricht offensichtlich dem Fall, in dem alle resultierenden Teilchen im SP-System ruhen, so daß die Gesamtenergie in solch einem

Rahmen

$$E' = \sum_i m_i' c^2$$

ist. Wenn wir die Werte für E und E' in die vorige Gleichung einsetzen, erhalten wir

$$m_1^2 c^4 + m_2^2 c^4 + 2m_2 c^3 \sqrt{m_1^2 c^2 + p^2} = \left(\sum_i m_i'\right)^2 c^4.$$

Wenn aber E_k die kinetische Energie des Geschoßes im L-Bezugssystem ist, dann ist

$$c\sqrt{m_1^2 c^2 + p^2} = E_k + m_1 c^2.$$

Durch Einsetzen in die vorige Gleichung und Kürzen des gemeinsamen Faktors c^2, erhalten wir

$$(m_1 + m_2)^2 c^2 + 2m_2 E_k = \left(\sum_i m_i'\right)^2 c^2,$$

woraus sich ergibt, daß

$$\begin{aligned} 2m_2 E_k &= -\left[(m_1 + m_2)^2 - \left(\sum_i m_i'\right)^2\right] c^2 \\ &= -\left(m_1 + m_2 - \sum_i m_i'\right)\left(m_1 + m_2 + \sum_i m_i'\right) c^2. \end{aligned}$$

Wir erhalten daher (12.31) als $E_k = -QM/2m_2$, wobei

$$Q = (m_1 + m_2 - \sum m_i')c^2 \qquad \text{und}$$

$$M = m_1 + m_2 + \sum m_i'.$$

b) Teilchenzerfall Eine wichtige Tatsache in der Natur ist die, daß einige Elementarteilchen instabil sind, das heißt, sie neigen dazu, sich spontan in andere Teilchen umzuwandeln. Eine notwendige Bedingung für den spontanen Zerfall — die durch die Erhaltung der Energie auferlegt wird — ist die, daß die Ruhemasse des Elternteilchens größer sein muß als die Summe der Ruhemassen der Tochterteilchen. Zusätzlich müssen Energie, Impuls, Drehimpuls und Ladung erhalten bleiben; andere Größen, die wir hier nicht betrachten wollen, bleiben wahrscheinlich ebenfalls erhalten.

Wir wollen den Zerfall eines Neutrons betrachten

$$\mathrm{n}^0 \to \mathrm{p}^+ + \mathrm{e}^- + \bar{\nu}. \tag{12.32}$$

$\bar{\nu}$ bedeutet hier ein Antineutrino, ein Teilchen mit verschwindender Ruhemasse. Die freigesetzte Energie ist

$$Q = [m_\mathrm{n} - (m_\mathrm{p} + m_\mathrm{e} + m_\nu)]c^2 = 0{,}7834\ \mathrm{MeV}.$$

Der positive Wert von Q zeigt an, daß ein freies Neutron relativ zum Vorgang (12.32) instabil ist, was experimentell bestätigt wird. Beachten Sie, daß Ladungserhaltung durch

$$\mathrm{n}^0 \to p^+ + e^-$$

erfüllt wäre; wäre dies jedoch der tatsächliche Vorgang, so würde sich die zur Verfügung stehende Energie in einem festgelegten Verhältnis zwischen dem Proton und dem Elektron verteilen und alle ausgesandten Elektronen hätten die gleiche Energie (erinnern Sie sich an Beispiel 10.6). Man beobachtet jedoch experimentell, daß die Elektronen in einem breiten Energiespektrum ausgesandt werden; diese Tatsache läßt vermuten, daß ein drittes Teilchen, ein Neutrino, erzeugt wird, welches den Rest der Energie mit sich forträgt. Sorgfältige Energiebestimmungen weisen darauf hin, daß die Masse des Neutrinos sehr nahe bei null liegt oder tatsächlich null ist.

Ein freies Proton kann nicht nach dem Schema

$$\mathrm{p}^+ \to \mathrm{n}^0 + \mathrm{e}^+ + \nu, \qquad Q = -1{,}81\ \mathrm{MeV} \tag{12.33}$$

spontan zerfallen, da das Q der Reaktion negativ ist. Freie Protonen sind daher gegen einen Zerfall in Neutronen stabil. Übrigens ist auch der Vorgang

$$\mathrm{p}^+ + \mathrm{e}^- \to \mathrm{n}^0 + \nu, \qquad Q = -0{,}58\ \mathrm{MeV}, \tag{12.34}$$

den man Elektroneneinfang nennt, energetisch für ein freies Proton nicht möglich. (Das erklärt, wieso es den Wasserstoff gibt und wieso er stabil ist; wenn der Elektroneneinfang möglich wäre, würde das Proton das kreisende Elektron einfangen.) Die beiden zuletzt genannten Vorgänge können jedoch mit Protonen ablaufen, die im Kern gebunden sind, wenn die zusätzliche erforderliche Energie durch die Bindungsenergie des Kerns zur Verfügung gestellt wird, wie wir in Kapitel 22 besprechen werden.

Ein anderes Beispiel für einen Teilchenzerfall ist der des Pions. Wenn wir das positive Pion betrachten, können wir schreiben

$$\pi^+ \to \mu^+ + \nu, \qquad Q = 33{,}3\ \mathrm{MeV}.$$

Alle Myonen werden mit der gleichen Energie von ca. 4,1 MeV ausgesandt, was anzeigt, daß es sich hier um einen Zweikörperprozeß handelt.

Als letztes Beispiel für einen Teilchenzerfall be-

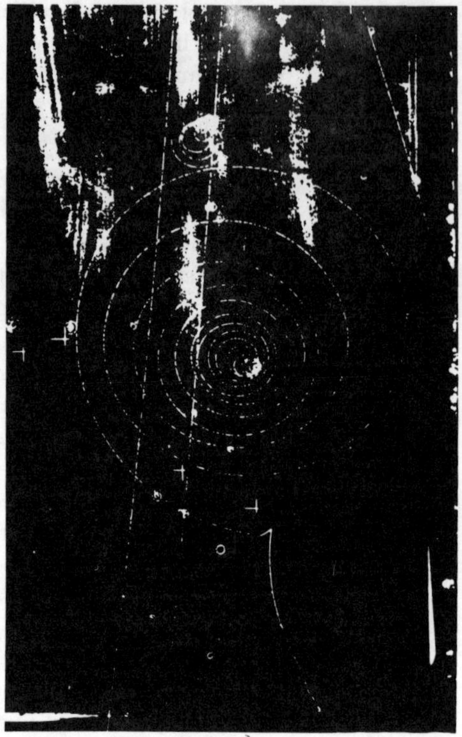

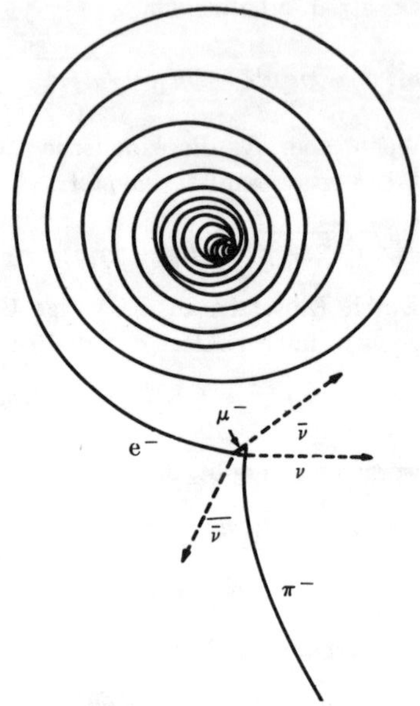

12.8 Zerfall eines π^--Mesons, gefolgt vom Zerfall des Myons [Aufnahme mit liebenswürdiger Genehmigung des Brookhaven National Laboratory.]

trachten wir den Zerfall des Myons (Abb. 12.8)

$$\mu^+ \rightarrow e^+ + \nu + \bar{\nu}, \qquad Q = 106 \text{ MeV}.$$

Man beobachtet, daß die Positronen ein weites Energiespektrum aufweisen, wie es einem Dreikörperprozeß entspricht.

Beispiel 12.5 Energieerzeugung in Sternen. Kernreaktionen sind die Energiequelle der Sonne und der anderen Sterne. Einer der wichtigsten Vorgänge entspricht der Verschmelzung von vier Protonen zu einem Heliumkern. Das heißt

$$4\,{}^1_1\text{H} \rightarrow {}^4_2\text{He} + 2e^+ + 2\nu. \qquad (12.35)$$

Die Gesamtänderung der Masse beträgt bei diesem Vorgang

$$\Delta m = 0{,}0283 \text{ m}_\mu$$

so daß die gesamte freigesetzte Energie $Q = 26{,}7$ MeV ist, oder ca. $6{,}6 \cdot 10^{14}$ J pro kg verbrauchten ${}^1_1$H. Es gibt verschiedene Wege, über die der Vorgang (12.35) ablaufen kann, die wir hier jedoch nicht diskutieren wollen.

Man schätzt, daß der Vorgang (12.35) auf der Sonne mit einer Geschwindigkeit der Verschmelzung von $5{,}64 \cdot 10^{11}$ kg Wasserstoff zu Helium pro Sekunde abläuft, wobei $3{,}7 \cdot 10^{25}$ W freigesetzt werden. Nur etwa $1{,}8 \cdot 10^{14}$ W fallen auf die Erde, meist in Form elektromagnetischer Strahlung; das ist jedoch noch immer 10^5 Mal mehr als die Industrieleistung, die auf der Erde hervorgebracht wird.

FRAGEN

1. Stellen Sie eine Liste der Prinzipien und mechanischen Größen auf, die nach der klassischen Relativitätslehre für alle Inertialbeobachter gleich sind.
2. Diskutieren Sie den Ursprung der «Trägheitskräfte» und führen Sie einige Beispiele an.
3. Geben Sie eine klare Darstellung der Ähnlichkeiten und Unterschiede zwischen der klassischen Relativitätstheorie und der Einsteinschen speziellen Relativitätstheorie.
4. Diskutieren Sie die physikalische Bedeutung der

Aussage, daß sich entsprechend der speziellen Relativitätstheorie «die Masse mit der Geschwindigkeit verändert».

5. Sind die Beziehungen

$$\boldsymbol{F} = \frac{d\boldsymbol{p}}{dt} \quad \text{und} \quad \boldsymbol{F} = m\boldsymbol{a}$$

sowohl in der klassischen wie in der Einsteinschen Relativitätstheorie gültig? Geben Sie eine sorgfältige Analyse.

6. Stellen Sie

$$E_k = c\sqrt{m_0^2c^2 + p^2} - m_0c^2$$

graphisch als E gegen p dar und vergleichen Sie mit der nicht relativistischen Darstellung von $E_k = p^2/2m_0$.

7. Unter welchen Bedingungen gilt die Beziehung $E = cp$?

8. Kann man ein Teilchen mit der Ruhemasse null beschleunigen oder verzögern?

9. Tragen Sie

$$E = \frac{m_0c^2}{\sqrt{1 - v^2/c^2}}$$

auf und beweisen Sie, daß, wenn v sehr nahe an c ist, eine kleine Veränderung von v zu einer relativ großen Änderung von E führt. Diskutieren Sie die Bedeutung dieses Ergebnisses für den Fall, daß wir versuchen, die Energie eines schnellen Teilchens zu erhöhen.

AUFGABEN

12.1 Nehmen Sie E und E' als die Werte für die Gesamtenergie eines Systems zweier wechselwirkender Teilchen an, die zwei Inertialbeobachter O and O' messen, wenn sie sich mit der relativen Geschwindigkeit $\boldsymbol{v}$ bewegen. Beweisen Sie, daß

$$E = E' + (m_1 + m_2)(\boldsymbol{v}'_{SP} \cdot \boldsymbol{v} + \tfrac{1}{2}v^2).$$

Vergleichen Sie mit den Ergebnissen, die in Kapitel 8 angegeben sind. Nehmen Sie an, daß die Energien gering genug sind, so daß man die Newtonsche Mechanik anwenden kann.

12.2 Bei welchen Geschwindigkeiten ist der Impuls eines Teilchens gleich m_0c? Wie groß sind in diesem Fall die Gesamtenergie und die kinetische Energie?

12.3 Die Ruhemasse eines Elektrons ist $9{,}109 \cdot 10^{-31}$ kg und die des Protons ist $1{,}675 \cdot 10^{-27}$ kg. Berechnen Sie die Ruheenergien der beiden zuerst in Joule und dann in MeV.

12.4 Bestimmen Sie den Austrittsimpuls und die Geschwindigkeit eines Protons im Brookhaven-Beschleuniger, wenn die kinetische Energie des Protons mit $3 \cdot 10^{10}$ eV gegeben ist.

12.5 Ein Elektron hat eine Geschwindigkeit von $0{,}8c$. Bestimmen Sie die Geschwindigkeit eines Protons, das (a) den gleichen Impuls, (b) die gleiche kinetische Energie wie das Elektron hat.

12.6 Schätzen Sie den Wert des Korrekturglieds

$$\tfrac{3}{8}m_0v^4/c^2$$

relativ zum klassischen Ausdruck $\frac{1}{2}m_0v^2$ ab für (a) ein Elektron in einem Wasserstoffatom, dessen Geschwindigkeit $2{,}2 \cdot 10^6$ m s^{-1} ist, (b) ein Proton, das mit der kinetischen Energie von 30 MeV aus einem Zyklotron kommt und (c) Protonen, die mit einer kinetischen Energie von $3 \cdot 10^{10}$ eV aus dem Brookhaven-Beschleuniger kommen.

12.7 Ein Beschleuniger erzeugt in Schüben, die je 10^{-5} s dauern, Protonen mit einer Geschwindigkeit von $0{,}9c$ mit einer Rate von $3 \cdot 10^{18}$ Teilchen pro Sekunde. Bestimmen Sie die Gesamtenergie, die notwendig ist, um alle Teilchen eines Schubs zu beschleunigen. Bestimmen Sie die Leistung, die für die Beschleunigung der Teilchen notwendig ist, wenn es pro Sekunde 100 Schübe gibt.

12.8 Berechnen Sie die Energie in eV, die notwendig ist, um ein Elektron und ein Proton von

a) Ruhe bis zu $0{,}500c$ b) $0{,}500c$ bis $0{,}900c$
c) $0{,}900c$ bis $0{,}950c$ d) $0{,}950c$ bis $0{,}990c$

zu beschleunigen. Zu welchem allgemeinen Schluß kommen Sie?

12.9 Für welche Werte der kinetischen Energie kann die Gesamtenergie eines bestimmten Teilchens als pc geschrieben werden, ohne daß der Fehler in der Gesamtenergie mehr als 1% beträgt?

12.10 Welche Maximalgeschwindigkeit darf ein Teilchen haben, wenn seine kinetische Energie als $\frac{1}{2}m_0v^2$ geschrieben werden kann, ohne daß der Fehler mehr als 1% beträgt?

12.11 Zeigen Sie, daß

$$v/c = [1 - (m_0c^2/E)^2]^{1/2}$$

ist. Bestimmen Sie mit Hilfe dieser Beziehung die Geschwindigkeit eines Teilchens, wenn E (a) gleich der Ruheenergie, (b) zweimal so groß wie die Ruheenergie, (c) zehnmal so groß wie die Ruheenergie und (d) ein tausendfaches der Ruheenergie ist. Berechnen Sie die entsprechenden Energien in eV für ein Elektron und ein Proton. Tragen Sie v/c gegen E/c und gegen E/m_0c^2 auf.

12.12 Beweisen Sie, daß der Impuls eines Teilchens als

$$p = (E_k^2 + 2m_0c^2E_k)^{1/2}/c$$

geschrieben werden kann. Tragen Sie p/m_0c als Funktion von E_k/m_0c^2 auf.

12.13 Elektronen werden bis zu einer kinetischen Energie von 10^9 eV beschleunigt. Bestimmen Sie (a) das Verhältnis ihrer Masse zu ihrer Ruhemasse, (b) das Verhältnis ihrer Geschwindigkeit zur Lichtgeschwindigkeit, (c) das Verhältnis ihrer Gesamtenergie zu ihrer Ruhemassenenergie. Wiederholen Sie die gleiche Aufgabe für Protonen der gleichen Energie.

12.14 Da Energie/Geschwindigkeit die gleiche Dimension hat wie der Impuls, wurde die Einheit MeV/c als bequeme Einheit für die Messung von Impulsen elementarer Teilchen eingeführt. Drücken Sie den Wert dieser Einheit in m kg s^{-1} aus. Drücken Sie den Impuls eines Elektrons mit der Gesamtenergie von 5,0 MeV durch diese Einheit aus. Wiederholen Sie die Aufgabe für ein Proton, das eine Gesamtenergie von $2 \cdot 10^3$ MeV hat.

12.15 Bestimmen Sie die Gesamtenergie und die Geschwindigkeit eines Elektrons, das einen Impuls von 0,60 MeV/c hat. Wiederholen Sie die Aufgabe für ein Proton.

12.16 Berechnen Sie den Impuls, die Gesamtenergie und die kinetische Energie eines Protons, das sich mit einer Geschwindigkeit

$$v = 0{,}99c$$

relativ zum Laboratorium bewegt, für die folgenden Fälle: (a) das L-Bezugssystem, (b) das Bezugssystem, das durch das Proton definiert ist, (c) das SP-System, das durch das Proton und ein Heliumatom, das im Laboratorium ruht, definiert ist.

12.17 Ein Proton mit einer kinetischen Energie von 10^{10} eV stößt mit einem ruhenden Proton zusammen. Bestimmen Sie (a) den Gesamtimpuls und die Gesamtenergie des Systems im L-Bezugssystem, (b) die kinetische Energie der beiden Teilchen im SP-Bezugssystem.

12.18 Ein Elektron mit einer Gesamtenergie E_e trifft in einem geraden zentrischen Stoß auf ein ruhendes Proton. Wenn die Energie des Elektrons im Vergleich zu seiner Ruheenergie sehr groß ist, muß das Elektron relativistisch betrachtet werden, wenn sie aber klein ist im Vergleich zur Ruheenergie des Protons, kann das Proton nichtrelativistisch behandelt werden. Beweisen Sie daraus, daß (a) das Proton mit einer Geschwindigkeit annähernd gleich $(2E_e/m_0c^2)c$ zurückstößt, (b) die Energie, die vom Elektron auf das Proton übertragen wird, durch

$$2E_e{}^2/m_0c$$

gegeben ist. Wenden Sie das Beispiel auf den Fall an, in dem die Elektronen eine kinetische Energie von 100 MeV haben. [*Hinweis*: Für das Elektron ist $E = cp$, während für das Proton $E_k = p^2/2m$. Beachten Sie auch, daß das Elektron zurückstößt, wenn das Proton sich vorwärts bewegt, so daß die Richtung des Impulses gekehrt wird.]

12.19 Eine Methode, um die für eine Kernreaktion nötige Energie zu erhalten, ist die, zwei Teilchen zusammenstoßen zu lassen. Wenn die Teilchen identisch sind und ihre Energien gleich groß ist, fällt das SP-Bezugssystem mit dem Laboratoriumsbezugssystem zusammen. Diese Methode wird bei CERN verwendet, wo Protonen, die zu einer Energie von 28 GeV beschleunigt werden, in zwei «Speicherringen» in entgegengesetzter Richtung kreisen; zu einem geeigneten Zeitpunkt läßt man die beiden Strahlenbündel zusammenstoßen. (a) Wie groß ist die Gesamtenergie, die für eine Reaktion zur Verfügung steht? (b) Welche kinetische Energie hat eines der Protonen in einem Bezugssystem, in dem sich das andere in Ruhe befindet? Dies ist die Energie, auf die das Proton beschleunigt werden müßte, um die gleiche Reaktion zu erzeugen, wenn es mit dem im Laboratorium ruhenden Ziel zusammenstieße. Sehen Sie in der Idee von «Speicherringen» einen Vorteil?

12.20 Ein Teilchen der Ruhemasse m_1 und mit dem Impuls $\boldsymbol{p}_1$ stößt mit einem Teilchen der Masse m_2 zusammen, das sich im Laboratorium in Ruhe befindet. Die beiden Teilchen kleben aneinander, was zu einem Teilchen der Ruhemasse m_3 führt. Bestimmen Sie (a) die Geschwindigkeit des resultierenden Teilchens relativ zum L-Bezugssystem, (b) das Q des Stoßes.

12.21 Ein Teilchen der Ruhemasse m_1 und mit dem Moment $\boldsymbol{p}_1$ stößt mit einem Teilchen der Ruhemasse m_2 zusammen, das sich im Laboratorium in Ruhe befindet. Die Endprodukte sind ein Teilchen der Ruhemasse m_3 und ein Teilchen der Ruhemasse null. Bestimmen Sie die Energie des letzteren Teilchens (a) im SP-Bezugssystem, (b) im L-Bezugssystem.

12.22 Ein Teilchen der Ruhemasse m_0 zerfällt in zwei Teilchen der Ruhemassen m_1 und m_2. Beweisen Sie, daß im SP-Bezugssystem die Energien der resultierenden Teilchen

$$E_1' = (m_0^2 + m_1^2 - m_2^2)c^2/2m_0$$

und

$$E_2 = (m_0^2 + m_2^2 - m_1^2)c^2/2m_0$$

sind. Bestimmen Sie auch die Impulse.

12.23 Lösen Sie Aufgabe 12.22 für Teilchen im L-Bezugssystem, wenn der Impuls des Teilchens m_0 in diesem Bezugssystem $\boldsymbol{p}$ ist. Beweisen Sie auch, daß

$$m_0^2c^4 = (m_1 + m_2)^2c^4 + 2E_1E_2 \\ -2m_1m_2c^4 - 2p_1p_2c^2 \cos\theta,$$

wenn p_1 und p_2 die Impulse der resultierenden Teilchen sind und θ der Winkel zwischen ihnen.

12.24 In einem Stoß zwischen Teilchen m_1 und m_2 bewegt sich m_1 mit dem Impuls p_1 und m_2 ruht im L-Bezugssystem. Nach dem Stoß treten zusätzlich zu den Teilchen m_1 und m_2 die Teilchen $m_3, m_4, \ldots$ auf. Beweisen Sie, daß der Schwellenwert der kinetischen Energie für diesen Vorgang im L-Bezugssystem

$$E_{kl} = (\Delta m)c^2[1 + m_1/m_2 + \Delta m/2m_2]$$

ist, wobei $\Delta m = m_3 + m_4 + \ldots$. Wenden Sie diese Gleichung auf die Erzeugung eines Proton—Antiproton-Paares an, wie sie im Abschnitt 12.8 diskutiert wurde.

12.25 Ein Teilchen der Ruhemasse m_1 bewegt sich mit einer extrem hohen Gesamtenergie E_1, so daß seine Geschwindigkeit annähernd der Lichtgeschwindigkeit ist, und stößt mit einem Teilchen der Ruhemasse m_2 zusammen, das sich in Ruhe befindet. Zeigen Sie, daß die Energie, die im SP-System zur Verfügung steht, gleich $(2E_1m_2c^2)^{1/2}$ ist.

12.26 Betrachten Sie eine Reaktion, bei der ein Teilchen der Ruhemasse null und der Energie E_1 mit einem Teilchen der Ruhemasse m_2 zusammenstößt, das sich im Laboratorium in Ruhe befindet. Die Endprodukte der Reaktion sind zwei Teilchen: eines mit der Ruhemasse m_2 und ein anderes mit der Ruhemasse m_3. Zeigen Sie, daß der Schwellenwert der Energie für die Reaktion, E_1, gegeben ist durch

$$E_1 = m_3(1 + m_3/2m_2)c^2.$$

12.27 Bestimmen Sie die Q-Werte und die Schwellenwerte der kinetischen Energie im L-Bezugssystem für das einfallende (das π^-) Teilchen für die beiden folgenden Reaktionen:

a) $\pi^- + p^+ \rightarrow n + \pi^0$;

b) $\pi^- + p^+ \rightarrow \Sigma^- + K^+$.

Die Ruhemassen der Teilchen sind:

Teilchen	Ruhemasse (kg)
π^-	$0{,}2489 \cdot 10^{-27}$
π^0	$0{,}2407 \cdot 10^{-27}$
p^+	$1{,}6752 \cdot 10^{-27}$
n	$1{,}6748 \cdot 10^{-27}$
Σ^-	$1{,}9702 \cdot 10^{-27}$
K^+	$0{,}8805 \cdot 10^{-27}$

12.28 Ein Elementarteilchen der Ruhemasse m_0 zerfällt in zwei andere Elementarteilchen. Das Q des Prozesses ist ungleich null. (a) Beweisen Sie, daß, wenn das Teilchen in zwei gleiche Teile zerfällt, diese sich im SP-Bezugssystem mit einem Impuls von $\frac{1}{2}(2m_0Q - Q^2/c^2)^{1/2}$ bewegen. (b) Beweisen Sie, daß der Impuls jedes Teilchens gleich $\frac{1}{3}(2m_0Q - Q^2/c^2)^{1/2}$ ist, wenn das Teilchen in drei gleiche Bruchstücke zerfällt, die im SP-Bezugssystem symetrisch ausgesandt werden.

12.29 Wenden Sie das Ergebnis von Teil (b) der Aufgabe 12.28 auf das Elementarteilchen an das man als *Tau-Meson* bezeichnet; es hat eine Masse von

$$m_\tau = 8{,}8 \cdot 10^{-28}\ \text{kg}$$

und zerfällt in drei Bruchstücke, die man als *Pi-Mesonen* bezeichnet,

$$m_\pi = 2{,}5 \cdot 10^{-28}\ \text{kg}.$$

Berechnen Sie das Q der Reaktion und bestimmen Sie die Beträge der Geschwindigkeiten der Bruchstücke im SP-Bezugssystem.

Kapitel 13

STATISTISCHE MECHANIK

13.1 EINLEITUNG

Wenn man die Methoden, die in Kapitel 10 entwickelt wurden, auf ein System anwendet, das aus einer kleinen Zahl von Teilchen besteht, wie z.B. unser Planetensystem oder ein Atom mit wenigen Elektronen, können sie relativ leicht gehandhabt werden. Wenn die Zahl der Teilchen jedoch sehr groß wird, wie im Fall eines Atoms mit vielen Elektronen oder eines Gases, das aus Milliarden von Molekülen besteht (in einem Kubikmeter Gas befinden sich bei STB $3 \cdot 10^{19}$ Moleküle) ist das Problem mathematisch nicht mehr zu bewältigen. Wir müssen dann bestimmte statistische Methoden zur Berechnung der mittleren Werte der dynamischen Größen verwenden, statt genaue Einzelwerte für jedes Teilchen des Systems. Zusätzlich sind wir in solchen komplexen Systemen nicht so sehr am Verhalten jeder einzelnen Komponente interessiert (da dieses Verhalten im allgmeinen gar nicht beobachtet werden kann), sondern am Verhalten des Systems als Ganzem. Die mathematischen Methoden zur Behandlung dieser Systeme stellen die sogenannte *statistische Mechanik* dar. Im vorliegenden Kapitel werden wir uns auf eine Übertragung der Methoden aus Kapitel 10 auf Vielteilchensysteme beschränken, ohne auf eine vollständige Beschreibung der Methoden der statistischen Mechanik einzugehen. Wenn nicht anders gesagt, werden wir also alle dynamischen Größen relativ zum SP-Bezugssystem des Systems betrachten.

13.2 TEMPERATUR

Betrachten Sie ein System von Teilchen der Massen $m_1, m_2, m_3, \ldots$ und der Geschwindigkeiten $\boldsymbol{v}_1, \boldsymbol{v}_2, \boldsymbol{v}_3, \ldots$ im SP-Bezugssystem. Die *mittlere* kinetische Energie eines Teilchens im SP-Bezugssystem ist

$$E_{k,\text{mit}} = \frac{1}{N}\left(\sum_i \tfrac{1}{2} m_i v_i^2\right), \tag{13.1}$$

wenn N die Gesamtzahl der Teilchen ist. Wenn alle Teilchen die gleiche Masse haben, dann ist

$$E_{k,\text{mit}} = \frac{1}{N}\left(\sum_i \tfrac{1}{2} m v_i^2\right) = \tfrac{1}{2} m \left(\frac{1}{N}\sum_i v_i^2\right), \qquad \text{oder}$$

$$E_{k,\text{mit}} = \tfrac{1}{2} m v_{\text{rms}}^2 \tag{13.2}$$

wobei man v_{rms} die "Wurzel aus dem mittleren Geschwindigkeitsquadrat des Teilchens" nennt, die als

$$v_{\text{rms}}^2 = \frac{1}{N}(v_1^2 + v_2^2 + v_3^2 + \cdots) = \frac{1}{N}\left(\sum_i v_i^2\right) \tag{13.3}$$

definiert ist.

Wir definieren die *Temperatur T* des Teilchensystems als eine Größe, die mit der *mittleren* kinetischen Energie des Teilchens im SP-Bezugssystem zusammenhängt. Die Temperatur ist also unabhängig von der Bewegung des Systems relativ zu einem Beobachter definiert. Es ist hier nicht notwendig, die genaue Beziehung zwischen der Temperatur und der mittleren kinetischen Energie zu geben; sie ist für jedes physikalische System verschieden. Im Augenblick genügt es, anzunehmen, daß wir bei bekannter mittlerer kinetischer Energie eines Teilchensystems die Temperatur des Systems berechnen können und umgekehrt. In diesem Sinn können wir von der Temperatur eines Festkörpers, eines Gases und sogar eines komplexen Kernes sprechen.

Es ist wichtig, daß wir die Bewegungen auf den Schwerpunkt beziehen, um die Temperatur zu definieren. Nehmen wir an, wir hätten eine «heiße» Metallkugel, die in unserem Labor ruht und eine «kalte» Metallkugel, die sich sehr rasch relativ zu unserem Laboratorium bewegt. Die «heiße» Kugel hat eine hohe Temperatur, was eine hohe mittlere kinetische Energie ihrer Teilchen relativ zu ihrem Schwerpunkt bedeutet, der in diesem Fall in unserem Laboratorium ruht. Andererseits hat die «kalte» Kugel eine niedrige Temperatur, was wieder eine geringe kinetische Energie ihrer Teilchen relativ zum Schwerpunkt bedeutet, der sich in unserem Fall relativ zum Beobachter bewegt. Die schnelle «kalte» Kugel kann eine größere gesamte kinetische Energie relativ zum Laboratorium aufweisen als die langsame «heiße» Kugel, aber ein Großteil davon ist kinetische Energie der Translation und diese trägt nicht zu ihrer Temperatur bei.

Ein System, das über seine ganze Ausdehnung die gleiche Temperatur hat, so daß die mittlere kinetische Energie der Moleküle in jedem beliebigen Bereich des Systems gleich ist, befindet sich im *thermischen Gleichgewicht*.

In einem isolierten System, dessen gesamte innere Energie konstant ist, kann sich die Temperatur verändern, wenn sich die innere kinetische Energie aufgrund einer Veränderung der inneren potentiellen Energie ändert. Zum Beispiel kann eine Gasmasse im interstellaren Raum sich wegen der starken Anziehungskräfte verdichten, was zu einer Abnahme der inneren potentiellen Energie und einer entsprechenden Zunahme an kinetischer Energie führt. Als Folge davon sollte die Temperatur ansteigen. Wenn sich das System andererseits ausdehnt, nimmt seine innere potentielle Energie zu (wenn es sich um Anziehungskräfte handelt), was zu einer Abnahme der kinetischen Energie und daher zu einer Abnahme der Temperatur führt. Wenn jedoch die innere potentielle Energie eines isolierten Systems konstant bleibt, was bei einem Gas in einem starren Behälter der Fall ist, dann wird auch die mittlere kinetische Energie konstant bleiben. Wenn das System nicht isoliert ist, kann es natürlich mit dem Rest des Universums Energie austauschen, was zu einer Änderung seiner inneren kinetischen Energie und damit seiner Temperatur führen kann. Wenn ein System eine Umwandlung durchmacht, bei welcher sich die Temperatur des Systems nicht verändert, nennt man die Umwandlung *isotherm*.

Temperatur eines idealen Gases Im Fall eines Gases ist die Beziehung zwischen mittlerer Energie der Moleküle und Temperatur ziemlich einfach.

Wir definieren ein *ideales Gas* als ein Gas, in welchem die zwischenmolekularen Kräfte vernachlässigbar sind und die Moleküle als Punktmassen betrachtet werden können. Die innere Energie eines idealen Gases ist daher ausschließlich translationskinetisch. Dieses Modell beschreibt reale Gase mit hinreichender Genauigkeit innerhalb eines weiten Bereiches physikalischer Bedingungen. Besonders wenn die Dichte des Gases sehr gering ist, so daß der mittlere Abstand zwischen den Molekülen groß und die mittlere molekulare Wechselwirkung klein ist, ist die Näherung des idealen Gases ausgezeichnet.

Wir definieren die *absolute Temperatur T eines idealen Gases* als direkt proportional zu der mittleren kinetischen Energie eines Moleküls, und drücken sie durch die Beziehung

$$E_{k,\,\text{mit}} = \tfrac{3}{2}kT \qquad \text{oder} \qquad kT = \tfrac{1}{3}mv^2_{\text{mit}} \tag{13.4}$$

aus. Der Proportionalitätsfaktor wurde mit $\frac{3}{2}k$ gewählt, wobei k eine universelle Konstante, die sogenannte *Boltzmannkonstante* ist. In (13.4) haben wir offensichtlich zwei neue Größen, k und T, eingeführt; eine von ihnen kann willkürlich gewählt werden. Die Temperatur ist jedoch eine Größe, die lange bevor man die Beziehung zwischen Temperatur und mittlerer kinetischer Energie der Moleküle erkannte, in die Physik eingeführt wurde. Es besteht daher eine tief verwurzelte Gewohnheit, die Temperatur, für die die Einheit Joule/Teilchen wäre, in anderen Einheiten auszudrücken. In der absoluten Temperaturskala wird die Einheit ein *Kelvin* genannt (zu Ehren von W. Thompson Lord Kelvin) und mit K bezeichnet. In dieser Skala ist die Schmelztemperatur von Eis bei normalem Atmosphärendruck 273,15 K und die Siedetemperatur von Wasser bei normalem Atmosphärendruck 373,15 K. Der Unterschied zwischen den beiden Temperaturen ist daher 100 K. Die Celsius-Temperatur ist entsprechend zu

$$\theta_c = T - 273{,}15\ \text{K}$$

definiert und die Einheit wird als «Grad Celsius», Symbol °C, bezeichnet. Ein Kelvin Temperaturdifferenz entspricht also 1°C.

Wenn die Energie $E_{k,\text{mit}}$ in Joule und die Temperatur in Kelvin ausgedrückt wird, ist der Wert der Boltzmannkonstante

$$k = 1{,}3805 \cdot 10^{-23}\ \text{J K}^{-1} = 8{,}6178 \cdot 10^{-5}\ \text{eV K}^{-1}.$$

Ein Kelvin entspricht daher ungefähr

$$2 \cdot 10^{-23}\ \text{J} \qquad \text{oder} \qquad 1{,}3 \cdot 10^{-4}\ \text{eV} \qquad \text{(pro Teilchen).}$$

Die gesamte innere Energie eines idealen Gases mit N Teilchen ist

$$U = NE_{k,\,\text{mit}} = \tfrac{3}{2}kNT \tag{13.5}$$

und hängt daher nur von der Temperatur des Gases ab, wie oben angedeutet. Das gilt nicht für reale Gase, da die potentielle Energie vom intermolekularen Abstand abhängt, d.h., vom Volumen oder der Dichte des Gases.

13.3 STATISTISCHES GLEICHGEWICHT: DIE MAXWELL–BOLTZMANNSCHE VERTEILUNG

Nehmen Sie an, wir hätten ein System, das aus einer sehr großen Zahl N von Teilchen besteht. Je nach der

Natur des Systems kann jedes Teilchen sich in einem von mehreren möglichen Energiezuständen E_1, E_2, E_3, ... befinden. Natur und Zahl dieser Zustände, die jedem Teilchen zugänglich sind, hängen vom speziellen System ab, das man gerade betrachtet, und sind für unsere augenblickliche Diskussionen unwichtig; nur als Beispiel jedoch können die Zustände im Fall eines Gases den möglichen Translations-, Rotations- und Vibrationsbewegungen der Moleküle entsprechen. Zu einem bestimmten Zeitpunkt sind die Teilchen so auf die verschiedenen Zustände verteilt, daß n_1 Teilchen die Energie E_1, n_2 die Energie E_2 u.s.w. besitzen. Wir sagen, daß die Zahlen n_1, n_2, n_3, ... eine *Verteilung* darstellen. Die Gesamtzahl der Teilchen ist

$$N = n_1 + n_2 + n_3 + \cdots = \sum_i n_i,$$

und wir nehmen an, daß sie für alle Vorgänge, die in dem System ablaufen, konstant ist. Die Gesamtenergie des Systems ist

$$U = n_1 E_1 + n_2 E_2 + n_3 E_3 + \cdots = \sum_i n_i E_i.$$

Wenn das System isoliert ist, muß die Gesamtenergie U konstant sein. Als Ergebnis ihrer gegenseitigen Wechselwirkungen und Stöße kann sich jedoch die Verteilung der Teilchen auf die verschiedenen zur Verfügung stehenden Energiezustände ändern. Zum Beispiel kann in einem Gas ein rasches Teilchen mit einem langsamen zusammenstoßen; nach dem Stoß könnte sich das rasche Teilchen verzögert und das langsame beschleunigt haben. Oder ein angeregtes Atom kann in einem elastischen Stoß auf ein anderes Atom treffen, wobei es zu einer Umwandlung seiner Anregungsenergie in kinetische Energie beider Atome kommen kann. In beiden Fällen befinden sich daher die Teilchen nach dem Stoß in anderen Zuständen. In anderen Worten, die Zahlen n_1, n_2, n_3, ..., welche die Verteilung der N Teilchen auf die verschiedenen verfügbaren Energiezustände angeben, können sich verändern.

Man kann vernünftigerweise annehmen, daß es für jeden makroskopischen Zustand eines Teilchensystems eine Verteilung gibt, die gegenüber den anderen bevorzugt ist. In anderen Worten, wir können sagen, *unter bestimmten physikalischen Bedingungen* (d.h., bei einer bestimmten Zahl, Gesamtenergie und Struktur der Teilchen) *gibt es für ein Teilchensystem eine wahrscheinlichste Verteilung*. Wenn diese Verteilung erreicht ist, befindet sich das System im sogenannten *statistischen Gleichgewicht*.

Ein System im statistischen Gleichgewicht wird von der wahrscheinlichsten Verteilung (abgesehen von statistischen Schwankungen) nicht abweichen, wenn es nicht durch äußere Einwirkung gestört wird. Damit meinen wir, daß die Verteilungszahlen n_1, n_2, n_3, ... um die Werte, die der wahrscheinlichsten Verteilung entsprechen, ohne merkliche (oder beobachtbare) makroskopische Auswirkungen schwanken. Nehmen Sie z.B. an, daß wir ein Gas im statistischen Gleichgewicht haben, in dem ein Molekül der Energie E_i mit einem Molekül der Energie E_j zusammenstößt; nach dem Stoß sind die entsprechenden Energien E_r und E_s. Wir können annehmen, daß innerhalb einer kurzen Zeit ein anderes Molekülpaar aus den Energiezuständen E_r und E_s entfernt wird und das gleiche oder ein anderes Molekülpaar auf die Energiezustände E_i und E_j gebracht wird, so daß sich, statistisch gesehen, die Verteilung nicht geändert hat.

Die mittlere Energie der Teilchen in einem System, das sich im statistischen Gleichgewicht befindet, hat einen genau definierten Wert, der durch

$$E_{\text{mit}} = \frac{U}{N} = \frac{n_1 E_1 + n_2 E_2 + n_3 E_3 + \cdots}{n_1 + n_2 + n_3 + \cdots}$$

gegeben ist. Ein System, das sich im statistischen Gleichgewicht befindet, weist daher auch eine genau definierte Temperatur auf und befindet sich gleichzeitig im thermischen Gleichgewicht. In anderen Worten, die Ausdrücke statistisches Gleichgewicht und thermisches Gleichgewicht können gleichwertig verwendet werden.

Die Hauptaufgabe der statistischen Mechanik ist es, die wahrscheinlichste Verteilung (oder das Verteilungsgesetz) eines isolierten Systems zu finden, wenn seine Zusammensetzung gegeben ist. Sobald die wahrscheinlichste Verteilung bekannt ist, ist die nächste Aufgabe, die Methoden zu finden, mit deren Hilfe man aus dieser Verteilung die makroskopischen oder beobachteten Eigenschaften des Systems ableiten kann. Um das Verteilungsgesetz für ein System zu finden, kann man verschiedene vernünftige Annahmen machen bis man ein Verteilungsgesetz erhält, das Ergebnisse in

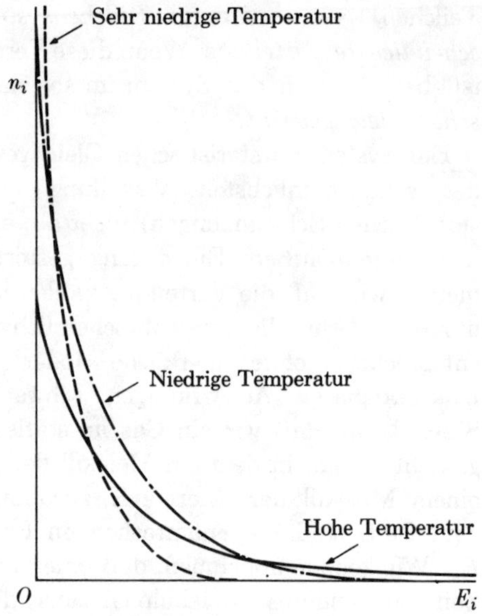

13.1 Maxwell–Bolzmann-Verteilung bei verschiedenen Temperaturen.

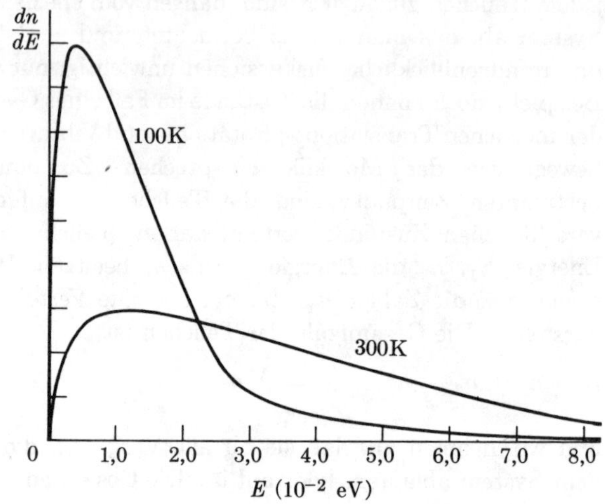

13.2 Verteilung der Molekülenergien bei zwei Temperaturen (100 K und 300 K). Beachten Sie, daß nach (13.8) die Energieverteilung unabhängig von der Molekülmasse ist.

Übereinstimmung mit den beobachteten Eigenschaften ergibt. Ein Verteilungssatz, der häufig angewendet wird, ist die *Maxwell–Boltzmannsche Verteilung*, die der *klassischen Statistik* zugrunde liegt; wir werden diese Verteilung als einzige in diesem Buch betrachten.

Die klassische statistische Mechanik wurde zu Ende des 19. Jahrhunderts und zu Beginn des 20. Jahrhunderts als Ergebnis der Arbeiten von Ludwig Boltzmann (1844–1906), James C. Maxwell (1831–1879) und Josiah W. Gibbs (1839–1905) entwickelt. Die klassische statistische Mechanik ist sehr vielfältig anwendbar, besonders für die Diskussion vieler Eigenschaften von Gasen und chemischer Prozesse.

Wir wollen nicht versuchen, die Maxwell–Boltzmannsche Verteilung abzuleiten. Wir wollen uns statt dessen darauf beschränken, die wichtigsten Ergebnisse aufzuführen. Nach der Maxwell–Boltzmann Statistik ist die Zahl der Teilchen, die bei der Temperatur T der Energie E_i entsprechen, bei der wahrscheinlichsten Verteilung (oder der statistischen Gleichgewichtsverteilung) durch

$$n_i = Ae^{-E_i/kT} \text{ (Maxwell-Boltzmannsche Verteilung)} \qquad (13.6)$$

gegeben, wobei k die Boltzmannkonstante ist, die im vorherigen Abschnitt eingeführt wurde, und A eine Konstante, die von der Temperatur, der Gesamtzahl der Teilchen und anderen Eigenschaften des Systems abhängt. Die Größe A wird durch die Forderung bestimmt, daß die Gesamtzahl der Teilchen N sein muß.

Da der exponentielle Ausdruck $e^{-E_i/kT}$ in (13.6) eine abnehmende Funktion von E_i/kT ist, ist der Wert der Besetzungszahl n_i umso kleiner, je größer das Verhältnis E_i/kT. Je größer daher bei einer bestimmten Temperatur die Energie E_i ist, desto kleiner ist der Wert von n_i. In anderen Worten, je größer die Energie eines Zustands, desto kleiner ist die Zahl der Teilchen in diesem Zustand. Bei sehr geringen Temperaturen sind nur die niedrigsten Energiezustände besetzt, wie in Abb. 13.1 gezeigt; bei höheren Temperaturen (entsprechend kleineren Werten von E_i/kT für eine bestimmte Energie) nimmt die relative Besetzung der höheren Energieniveaus (wie ebenfalls in Abb. 13.1 gezeigt) durch Transfer von Teilchen von niedrigeren auf höhere Energieniveaus zu. Am absoluten Nullpunkt ist nur der Grundzustand, oder das niedrigste Energieniveau besetzt. Beachten Sie, daß die Beziehung der

Besetzungszahlen zwischen zwei Energieniveaus E_i und E_j

$$\frac{n_j}{n_i} = \frac{Ae^{-E_j/kT}}{Ae^{-E_i/kT}} = e^{-(E_j-E_i)/kT} = e^{-\Delta E/kT} \tag{13.7}$$

ist, wobei $\Delta E = E_j - E_i$ der Energieunterschied zwischen den beiden Niveaus ist. n_i und n_j sind daher nur vergleichbar besetzt, wenn ΔE viel kleiner als kT ist.

Beispiel 13.1 Gegeben seien Temperaturen von 100 K, 300 K (Zimmertemperatur) und 1000 K; bestimmen Sie für jede Temperatur das Verhältnis zwischen den Besetzungszahlen für zwei Niveaus, mit folgenden ΔE: (a) 10^{-4} eV; dieser Wert entspricht bei vielen Molekülen den Abständen zwischen Rotationsniveaus, (b) $5 \cdot 10^{-2}$ eV, was den Schwingungsniveaus von Molekülen entspricht, und (c) 3,00 eV, was der Größenordnung der Elektronenanregung von Atomen und Molekülen entspricht.

Lösung: Aus dem Wert von k folgt

$$kT = 8{,}6178 \cdot 10^{-5}\, T \text{ eV}.$$

Dann ist

$$\frac{\Delta E}{kT} = 1{,}1603 \cdot 10^4 \frac{\Delta E}{T},$$

wobei ΔE in Elektronenvolt ausgedrückt wird. Für die angegebenen Werte von ΔE gelten daher für n_j/n_i bei den drei Temperaturen die in Tabelle 13.1 angegebenen Werte.

Tabelle 13.1

ΔE (eV)	100 K	300 K	1000 K
10^{-4}	0,9885	0,9962	0,9988
$5 \cdot 10^{-2}$	$3 \cdot 10^{-3}$	$1{,}45 \cdot 10^{-1}$	$5{,}60 \cdot 10^{-1}$
3,00	$3 \cdot 10^{-164}$	$8 \cdot 10^{-49}$	$8 \cdot 10^{-16}$

Aus Tabelle 13.1 entnehmen wird, daß für $\Delta E = 10^{-4}$ eV die zwei Niveaus praktisch bei allen betrachteten Temperaturen gleich stark besetzt sind; das bedeutet, daß bei Zimmertemperatur die Moleküle ungefähr gleich auf die Rotationsniveaus verteilt sind. Bei $\Delta E = 5 \cdot 10^{-2}$ eV ist die Besetzung des obersten Niveaus bei Zimmertemperatur schon recht beachtlich, was bedeutet, daß sich bei Zimmertemperatur viele Moleküle in einem angeregten Schwingungszustand befinden. Für $\Delta E = 3$ eV ist jedoch das Verhältnis n_j/n_i so klein, daß das obere Niveau vernünftigerweise bei allen betrachteten Temperaturen als praktisch leer bezeichnet werden kann. Die meisten Atome und Moleküle befinden sich daher (bei Zimmertemperatur) in ihrem elektronischen Grundzustand. Nur bei extrem hohen Temperaturen, wie sie in sehr heißen Sternen vorkommen, befinden sich nennenswerte Zahlen von Atomen und Molekülen in angeregten Elektronenzuständen. Im Laboratorium erzeugt man Elektronenanregungen durch inelastische Stöße mit schnellen Elektronen in einer elektrischen Entladung.

13.4 ENERGIE- UND GESCHWINDIGKEITSVERTEILUNG DER MOLEKÜLE IN EINEM GAS

Eine der interesantesten und wichtigsten Anwendungen des Maxwell–Boltzmannschen Verteilungssatzes ist die Bestimmung der Energien und Geschwindigkeiten von Molekülen eines Gases. Wir können uns ein Gas als ein System von Molekülen vorstellen, die sich mit verschiedener Geschwindigkeit in alle Richtungen bewegen. Man kann die Moleküle, außer wenn sie miteinander oder mit der Wand des Behälters zusammenstoßen, als frei betrachten. Bei jedem Stoß findet ein Austausch von Energie und Impuls statt. Wenn das Gleichgewicht erreicht ist, liegt eine genau definierte Verteilung der Molekülenergien und -geschwindigkeiten vor.

In einem Gas können die Moleküle alle Energien (und Geschwindigkeiten) annehmen; statt davon zu sprechen, wieviele Moleküle eine bestimmte Energie haben, ist man mehr an der Zahl dn von Molekülen in einem kleinen Energiebereich zwischen den Energien E und $E + dE$ interessiert. Mit Hilfe der Maxwell–Boltzmannschen Verteilung kann man zeigen, daß die Zahl der Moleküle pro Einheitsenergieabstand (d.h., dn/dE) durch den Ausdruck

$$\frac{dn}{dE} = \frac{2\pi N}{(\pi kT)^{3/2}} E^{1/2} e^{-E/kT} \tag{13.8}$$

gegeben ist. Diese Formel für die Energieverteilung der Moleküle in einem idealen Gas wurde ursprünglich von James C. Maxwell um 1857 abgeleitet. Eine graphische Darstellung von (13.8) für zwei verschiedene Temperaturen ist in Abb. 13.2 gegeben.

Manchmal sind wir mehr an der Geschwindigkeitsverteilung als an der Energieverteilung interessiert. Da $E = \frac{1}{2}mv^2$

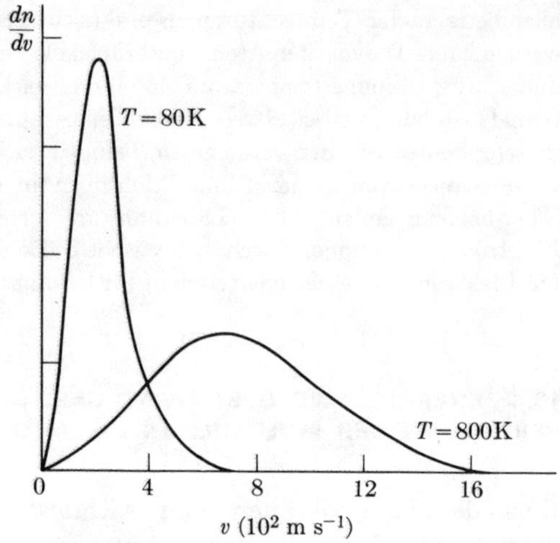

13.3 Geschwindigkeitsverteilung der Moleküle von Sauerstoff bei zwei verschiedenen Temperaturen (80 K und 800 K): Beachten Sie, daß nach (13.9) die Geschwindigkeitsverteilung von der Molekülmasse abhängt.

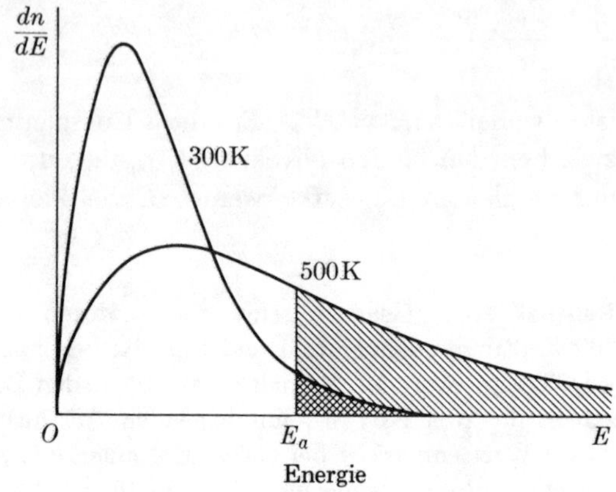

13.4 Zahl der Moleküle, deren Energie größer als E_a ist, bei zwei verschiedenen Temperaturen. Die Zahl ist in jedem Fall durch die schattierte Fläche dargestellt.

und daher

$$\frac{dE}{dv} = mv,$$

erhalten wir,

$$\frac{dn}{dv} = \frac{dn}{dE}\frac{dE}{dv} = mv\frac{dn}{dE}.$$

Wenn wir $E = \frac{1}{2}mv^2$ in (13.8) einsetzen, erhalten wir

$$\frac{dn}{dv} = 4\pi N\left(\frac{m}{2\pi kT}\right)^{3/2} v^2 e^{-mv^2/2kT}, \tag{13.9}$$

was die Maxwellsche Formel für die Geschwindigkeitsverteilung von Molekülen in einem idealen Gas darstellt. Sie gibt die Zahl dn von Molekülen, die sich mit einer Geschwindigkeit zwischen v und $v + dv$ bewegen, unabhängig von der Richtung der Bewegung. Die Geschwindigkeitsverteilung für Sauerstoff bei zwei verschiedenen Temperaturen ist in Abb. 13.3 dargestellt.

Während der Energieverteilungssatz (13.8) für alle Gase bei der gleichen Temperatur gleich ist, ist die Geschwindigkeitsverteilung für jedes Gas verschieden, da die Molekülmasse m in (13.9) auftritt.

Experimentelle Begründung der Maxwell–Boltzmannschen Verteilung Es ist für die Anwendbarkeit der Maxwell–Boltzmann Statistik auf ideale Gase wesentlich zu überprüfen, ob die Energie- und Geschwindigkeitsverteilungen, die in Abb. 13.2 und 13.3 dargestellt sind, wirklich auftreten. Ein indirekter Weg dazu ist der, die Abhängigkeit der Geschwindigkeit chemischer Reaktionen von der Temperatur zu analysieren. Nehmen Sie an, daß eine bestimmte Reaktion nur stattfindet, wenn die zusammenstoßenden Moleküle eine bestimmte Energie besitzen, die gleich oder größer als E_a ist. Diese Zahlen sind in Abb. 13.4 für zwei verschiedene Temperaturen durch die schattierten Flächen unter den Kurven für die niedrige und hohe Temperatur gegeben. Wir sehen, daß es bei hohen Temperaturen mehr Moleküle dieser Energien gibt als bei niedrigen. Durch geeignete Berechnungen können wir den Effekt dieser zusätzlichen Moleküle auf die Reaktionsgeschwindigkeit voraussagen, und die theoretischen Voraussagen können mit den experimentellen Daten verglichen werden. Die experimentellen Ergebnisse stimmen ausgezeichnet mit (13.8) überein; das bestätigt die Anwendbarkeit der Maxwell–Boltzmann Statistik auf ideale Gase.

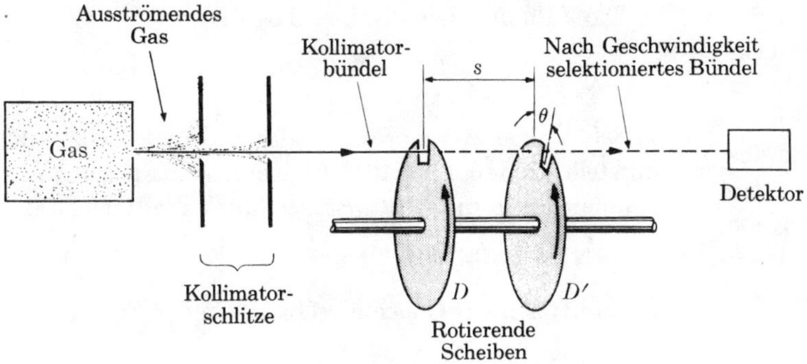

13.5 Molekülgeschwindigkeits-Selektor.

Ein direkter Beweis bestünde in einer tatsächlichen «Abzählung» der Zahl von Molekülen in jedem Energie- oder Geschwindigkeitsbereich. Zu diesem Zweck wurden verschiedene experimentelle Ansätze herangezogen. Eine Methode, die einen Geschwindigkeitsselektor oder "Zerhacker" verwendet, ist in Abb. 13.5 dargestellt. Die zwei geschlitzten Scheiben, D und D', rotieren mit einer Winkelgeschwindigkeit ω, ihre Schlitze sind um dem Winkel θ zueinander verschoben. Wenn Gasmoleküle mit einer bestimmten Temperatur aus einem Heizgerät entweichen (einen Vorgang, den man *Effusion* (Ausströmen) nennt), passieren sie nur dann beide Schlitze und werden am Detektor registriert, wenn ihre Geschwindigkeit

$$v = s\omega/\theta$$

beträgt. Wenn entweder ω oder θ verändert werden, werden Teilchen verschiedener Geschwindigkeit am Detektor registriert. Wenn für verschiedene Geschwindigkeiten v verschiedene Beobachtungen durchgeführt werden, erhält man die Geschwindigkeits-und Energieverteilung. Die experimentellen Ergebnisse bestätigen die Voraussagen der Maxwell—Boltzmann Statistik (13.8) und (13.9).

13.5 ZUSTANDSGLEICHUNG EINES GASES

Es können verschiedene Parameter verwendet werden, um den Zustand eines Gases im thermischen Gleichgewicht zu beschreiben. Einer ist das Volumen des Behälters V, ein anderer die Zahl der Moleküle N; ein dritter Parameter ist die Temperatur T des Gases und ein vierter der Druck p des Gases.

Wir haben uns ein Gas als ein System vorgestellt, das aus einer großen Zahl von Molekülen besteht, die sich mit verschiedenen Geschwindigkeiten frei in alle Richtungen bewegen. Gelegentlich stößt ein Molekül mit einem anderen Gasmolekül oder mit den Wänden des Behälters zusammen, wobei ein Impuls- oder Energieaustausch stattfindet.

Wenn ein Gasmolekül mit einem Molekül der Wand zusammenstößt, findet ein Impulsaustausch zwischen den beiden Molekülen statt. Der Impulsaustausch wird durch eine Kraft repräsentiert, die durch das Molekül auf den Ort des Zusammenstoßes mit der Wand ausgeübt wird. Die individuellen Kräfte, die jedes einzelne Molekül ausübt, schwanken von Punkt zu Punkt, da aber an einer großen Fläche viele Zusammenstöße stattfinden, kann der Gesamteffekt des Gases durch eine durchschnittliche Kraft F dargestellt werden, die auf die Gesamtfläche der Wand wirkt. Wenn A die Fläche ist, und wir uns daran erinnern, daß der Druck p des Gases als durchschnittliche Kraft pro Flächeneinheit definiert ist, haben wir

$$p = \frac{F}{A} \qquad \text{oder} \qquad F = pA. \tag{13.10}$$

Wir erinnern daran, daß der Druck ein statistischer Begriff ist, der nur gültig ist, wenn eine große Zahl von Molekülen beteiligt ist.

Wir wollen nun einige der häufiger verwendeten Einheiten anführen, in denen der Druck ausgedrückt wird.

Beachten Sie zuerst, daß der Druck als Einheit der Kraft, dividiert durch eine Flächeneinheit, ausgedrückt werden muß. Im MKSC-System wird der Druck daher in Newton pro Quadratmeter, oder N m^{-2} ausgedrückt. Eine andere Einheit, die häufig verwendet wird, ist das Dyn pro Quadratzentimeter oder dyn cm^{-2}. Eine weitere brauchbare Einheit, die hauptsächlich für die Angabe von Gasdrucken benutzt wird, ist die Atmosphäre, abgekürzt atm, die wie folgt definiert ist:

$$1 \text{ atm} = 1{,}013 \cdot 10^5 \text{ N m}^{-2}.$$

Eine Atmosphäre ist ungefähr der normale Druck, den die Erdatmosphäre auf Körper in Seehöhe ausübt. In vielen Fällen wird der Druck durch die Länge einer Quecksilbersäule ausgedrückt, die den entsprechenden Druck an ihrer Basis ausübt. In diesem Sinn spricht man von einem Druck von soundso vielen cm Quecksilbersäule.

Die vier Größen, die wir oben erwähnten, d.h. Druck (p), Volumen (V), Zahl an Molekülen (N) und Temperatur (T) hängen, wenn sich das Gasgemisch im thermischen Gleichgewicht befindet, über einen Ausdruck zusammen, den man *Zustandsgleichung des Gases* nennt. Im Fall des idealen Gases ist die Zustandsgleichung, wie unten gezeigt

$$p = \frac{kNT}{V} \qquad \text{oder} \qquad pV = kNT, \tag{13.11}$$

wobei k die Boltzmannkonstante ist. Diese Gleichung wird in erstaunlich guter Näherung von vielen Gasen erfüllt, besonders wenn die Temperatur hoch ist oder die Gase eine sehr niedrige Konzentration aufweisen (N/V klein).

Gleichung (13.11) zeigt, daß der Druck eines Gases mit der Temperatur zunimmt (wenn die anderen Faktoren gleich bleiben), wie man das erwarten würde, da ja die Energien und Geschwindigkeiten der Moleküle umso größer sind, je höher die Temperatur ist; daher ist auch die Änderung des Molekülimpulses größer, wenn es mit der Wand zusammenstößt. Entsprechend ist der Druck proportional der Zahl der Moleküle pro Volumeneinheit N/V; dieses Ergebnis ist verständlich, da ja die Zahl der Moleküle, die pro Zeiteinheit auf die Wand treffen, umso größer ist, je größer N/V.

Die Zahl an Molen* eines Gases ist

$$\mathrm{N} = \frac{N}{N_A}, \qquad \text{so daß} \qquad N = \mathrm{N} N_A,$$

wobei N_A die Avogadrosche oder Loschmidtsche Zahl darstellt und $6{,}02 \cdot 10^{23}$ Molekülen entspricht. Wir definieren nun die *Gaskonstante* durch die Beziehung

$$R = kN_A = 8{,}3143 \text{ J K}^{-1} \text{ mol}^{-1}. \tag{13.12}$$

Dann können wir Gleichung (13.11) in der Form

$$p = \frac{\mathrm{N}RT}{V} \qquad \text{oder} \qquad pV = \mathrm{N}RT \tag{13.13}$$

schreiben.

Wenn ein Gas eine *isotherme Umwandlung* durchmacht, so daß seine Temperatur konstant bleibt, schließen wir entweder aus (13.11) oder aus (13.13), daß die Beziehung

$$pV = \text{Konst}$$

gilt. Diese Beziehung nennt man das *Boyle—Mariottesche Gesetz*.

Ableitung der Beziehung (13.11) Der Student erinnert sich vielleicht daran, daß der Druck, den der Gasstrom in Beispiel 10.2 auf die Fläche A der Wand ausübt, durch (10.13) gegeben ist, d.h.

$$p = 2nmv^2 \cos\theta = 2nmv_x^2,$$

wobei $v_x = v \cos\theta$ die Komponente der Molekülgeschwindigkeit längs der Senkrechten zur Wand ist. Dieser Ausdruck gibt den Druck, der auf die Moleküle zurückzuführen ist, die sich mit der Geschwindigkeit v in einer Richtung bewegen, die mit der Senkrechten zur Wand einen Winkel θ bildet. n ist daher in diesem Fall nicht die Gesamtzahl der Moleküle pro Volumeneinheit, sondern nur die Zahl der Moleküle, die sich mit einer bestimmten Geschwindigkeit in einer bestimmten Richtung bewegen. Wir sollten daher zuerst feststellen, welcher Bruchteil von Molekülen sich in einem Winkel θ zur Normalen bewegt und ihren Beitrag über alle Richtungen summieren. Wir werden statt dessen auf einfachere und eher intuitive Weise vorgehen, die praktisch das gleiche Ergebnis liefert.

* Der Begriff des Mols wurde in Aufgabe 2.7 eingeführt.

Wir können mit gutem Grund annehmen, daß statistisch zu jedem beliebigen Zeitpunkt die Hälfte der Moleküle eine Geschwindigkeitskomponente aufweist, die auf die Wand zu gerichtet ist und die andere Hälfte eine, die davon weg gerichtet ist. Wir können daher n durch $\frac{1}{2}n$ ersetzen, da nur $\frac{1}{2}n$ die Wand treffen werden. Wenn wir in dem oberen Ausdruck für p diese Veränderung anbringen, erhalten wir

$$p = 2(\tfrac{1}{2}n)mv_x^2.$$

Die Moleküle bewegen sich jedoch mit verschiedenen Geschwindigkeiten und wir müssen daher v_x^2 durch $(v_x^2)_{\text{mit}}$ ersetzen, was das gleiche ist wie $v_{x,\,\text{rms}}^2$. Daher ist

$$p = nmv_{x,\,\text{rms}}^2. \tag{13.14}$$

Das Betragsquadrat der Geschwindigkeit ist

$$v^2 = v_x^2 + v_y^2 + v_z^2.$$

Wir können annehmen, daß in einem homogenen Gas die Richtungen der Molekülgeschwindigkeiten isotrop verteilt sind, so daß

$$v_{x,\,\text{rms}}^2 = v_{y,\,\text{rms}}^2 = v_{z,\,\text{rms}}^2,$$

und daher ist

$$v_{x,\,\text{rms}}^2 = \tfrac{1}{3}v_{\text{rms}}^2.$$

Wenn wir das in (13.14) einsetzen, erhalten wir

$$p = nm(\tfrac{1}{3}v_{\text{rms}}^2) = \tfrac{1}{3}nmv_{\text{rms}}^2 \qquad \text{oder} \qquad p = \frac{1}{3}\frac{N}{V}mv_{\text{rms}}^2,$$

da $n = N/V$, (wobei N die Gesamtzahl von Molekülen ist und V das Volumen, welches das Gas einnimmt). Da

$$kT = \tfrac{1}{3}mv_{\text{rms}}^2,$$

erhalten wir (13.11),

$$p = \frac{kNT}{V}.$$

Reale Gase Die Zustandsgleichung, der reale Gase (d.h. die man in der Natur findet) folgen, ist komplizierter als (13.13)

$$p = \frac{\text{N}RT}{V},$$

und kann nicht durch eine geschlossene mathematische Beziehung ausgedrückt werden. Im allgemeinen wird sie so geschrieben, daß man an (13.13) verschiedene Korrekturglieder der Form

$$p = \frac{\text{N}RT}{V} + \frac{\text{N}^2A(T)}{V^2} + \frac{\text{N}^3B(T)}{V^3} + \cdots \tag{13.15}$$

anfügt. Die Größen $A(T)$, $B(T)$, ... nennt man *Virialkoeffizienten.* Sie hängen nur von der Temperatur ab und sind für jedes Gas charakteristisch. Eine wichtige physikalische Aufgabe ist die theoretische Berechnung der Virialkoeffizienten anhand der zwischenmolekularen Kräfte in Gasen. Man beachte, daß (13.15) einer Reihenentwicklung des Drucks in Potenzen der Größe N/V entspricht. Für Gase niedriger Dichte sind daher alle Glieder in (13.15) außer dem ersten vernachlässigbar, und wir erhalten wieder, wie erwartet, das ideale Gasgesetz.

Hinweis über Temperaturmessungen In Abschnitt 13.2 haben wir die Temperatur eines Teilchensystems mit der mittleren kinetischen Energie eines Teilchens im *SP*-Bezugssystem in Beziehung gebracht. In (13.4)

$$E_{k,\,\text{mit}} = \tfrac{3}{2}kT,$$

haben wir die Beziehung zwischen der Temperatur eines Gases und der mittleren kinetischen Energie der Gasmoleküle spezifiziert. Es müssen jetzt jedoch zwei wichtige Aspekte in Betracht gezogen werden. Erstens haben wir bei der Definition von (13.2) zwei neue Größen eingeführt, T (die absolute Temperatur) und k (die Boltzmannkonstante), und wir müssen entscheiden, wie man die beiden unabhängig voneinander messen kann. Zweitens hat der Student eine intuitive Vorstellung von der Temperatur, die auf Sinneswahrnehmungen beruht, wie sie sich durch das Gefühl von warm und kalt darstellen. Er ist daran gewöhnt, die Temperatur mit Hilfe einer Zahl anzugeben, die durch ein *Thermometer* gemessen wird. Es ist daher notwendig, unsere Definition der Temperatur mit der intuitiven Erkenntnis zu korrelieren.

Wir wollen eine Masse M eines Gases betrachten, die N Moleküle enthält. Wenn wir den Effekt der zwischenmolekularen Kräfte vernachlässigen, ist die Zustandsgleichung durch (13.11)

$$pV = kNT$$

gegeben. Nehmen Sie an, daß wir das Gas in thermisches Gleichgewicht mit einem anderen physikalischen System bringen, von dem wir annehmen, daß es auf einer festgesetzten Temperatur gehalten wird. Dieses System kann eine Gleichgewichtsmischung von Wasser und Eis beim Standarddruck von 1 bar sein. Man nennt die Temperatur dieses Systems den *Gefrierpunkt* von Wasser. Wir messen den Druck und das Volumen des Gases bei dieser festgesetzten Temperatur und erhalten dabei die entsprechenden Werte p_0 und V_0. Dann beschließen wir der festgesetzten Temperatur einen praktischen (aber willkürlichen) Wert T_0 zuzuteilen, welcher auch die Temperatur des Gases ist. Wir können dann schreiben

$$p_0 V_0 = kNT_0.$$

Das legt den Wert der Boltzmannkonstanten automatisch fest,

$$k = \frac{p_0 V_0}{NT_0}.$$

Um die Temperatur des Gases zu bestimmen, wenn sein Druck p und sein Volumen V ist, eliminieren wir einfach den Faktor kN aus $pV = kNT$ und erhalten unter Verwendung der Standardwerte

$$T = T_0 \left(\frac{pV}{p_0 V_0}\right),$$

wodurch T durch die Standardbezugstemperatur T_0 und andere meßbare Größen gegeben ist. Auf diese Weise wurde unsere Gasmasse zu einem *Gasthermometer.* Statt eines Gases können wir auch andere Substanzen als Thermometer verwenden, wie z.B. eine Flüssigkeit, oder einen Metallstab, dessen Dimensionen (Volumen oder Länge) sich mit der Temperatur verändern. Da die Zustandsgleichungen dieser Substanzen komplizierter sind, kalibrieren wir diese Thermometer in der Praxis mit Gasthermometern. In diesem Fall stimmt das Thermometer nur an den Kalibrierungspunkten mit dem Gasthermometer überein; da die gewählte Eigenschaft sich nicht notwendigerweise linear mit der Temperatur verändert, kann es bei dazwischen liegenden Temperaturen leichte Abweichungen geben.

Den Wert von T_0 können wir verschieden wählen. Wir können z.B. einen anderen Vorgang wählen, der auch bei einer bestimmten festgelegten Temperatur abläuft, wie z.B. den Vorgang des Kochens von Wasser bei Standarddruck von 1 bar. Dann können wir festlegen, daß die Temperatur dieses zweiten Bezugspunktes 100 Einheiten über T_0 liegt. Wenn p_1 und V_1 der gleiche Druck und das gleiche Volumen des Gases bei dieser neuen Temperatur sind, erhalten wir

$$p_1 V_1 = kN(T_0 + 100).$$

Wenn wir die Gleichung

$$p_0 V_0 = kNT_0$$

nach kN auflösen und diesen Wert in die obige Gleichung einsetzen, finden wir, daß

$$T_0 = \frac{100 p_0 V_0}{p_1 V_1 - p_0 V_0}$$

gilt, woraus wir den numerischen Wert für T_0 erhalten. Der Wert, den wir für T_0 als Resultat diese Art von Versuchen (und vieler anderer Versuche unter Verwendung verschiedener Methoden) erhalten, ist

$$T_0 = 273{,}15.$$

Jede dieser Einheiten wird ein *Kelvin* genannt und mit K bezeichnet.

Man ist heute übereingekommen, T_0 dadurch zu definieren, daß man der Temperatur des Tripelpunkts von Wasser den Wert 273,16 K zuschreibt. Der Tripelpunkt ist der Zustand, in dem Wasser im Gleichgewicht als Festkörper, Flüssigkeit und Gas vorliegen kann. Der Tripelpunkt liegt offensichtlich 0,01 K über dem normalen Gefrierpunkt.

Man muß sich vor Augen halten, daß unsere Methode zur Messung von Temperaturen auf der Näherung idealer Gase beruht. Wenn wir verschiedene Gase verwenden, sind die Ergebnisse verschieden, da die Effekte der zwischenmolekularen Kräfte für jedes Gas verschieden sind. Im allgemeinen werden Wasserstoff oder Helium verwendet. Es ist äußerst wünschenswert, eine Temperaturskala zu haben, die von der Substanz, die als Meßmedium verwendet wird, unabhängig ist, aber auf dieses Thema wollen wir hier nicht weiter eingehen.

13.6 VIELTEILCHENSYSTEME: ARBEIT

Der Energieaustausch eines Systems mit der Umgebung wird durch die äußere Arbeit W_{aus} in (10.29) dargestellt. Das heißt,

$$U - U_0 = W_{aus}. \tag{13.16}$$

Wenn Arbeit *am* System geleistet wird (W_{aus} positiv), nimmt seine innere Energie zu, wenn jedoch Arbeit *vom* System geleistet wird (W_{aus} negativ), nimmt seine innere Energie ab. Diese äußere Arbeit ist die Summe der einzelnen äußeren Arbeiten, die an jedem Teilchen des Systems geleistet werden.

Es ist sehr häufig vorzuziehen, besonders wenn wir es mit Wärmemaschinen zu tun haben, die äußere Arbeit, die *vom* System geleistet wird, die man als W_{syst} bezeich-

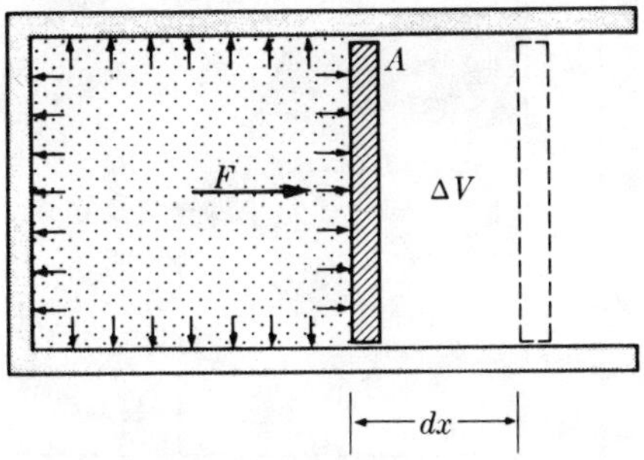

13.6 Arbeit, die bei der Ausdehnung eines Gases geleistet wird.

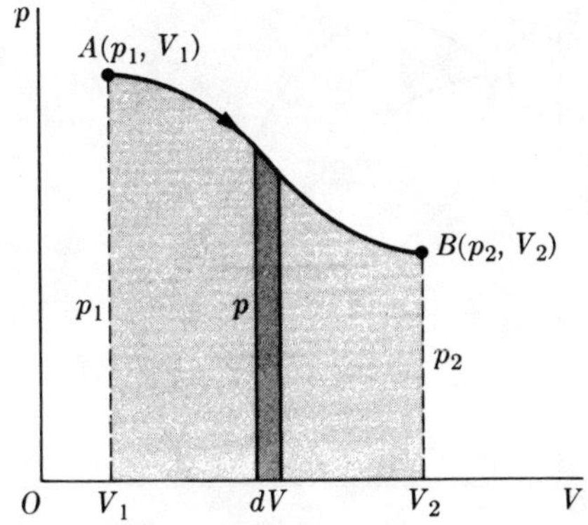

13.7 Zustandsdiagramm in der p—V-Ebene. Die Arbeit, die vom System geleistet wird, ist durch die schattierte Fläche angezeigt.

net zu berechnen, anstatt der Arbeit, die *am* System geleistet wird, W_{aus}. Da beide Arbeiten den gleichen Verschiebungen entsprechen, aber gleichen und entgegengesetzten Kräften, haben sie gleiche Absolutwerte, aber entgegengesetzte Vorzeichen, das heißt,

$$W_{\text{syst}} = -W_{\text{aus}}.$$

Wir werden von nun an W statt W_{syst} für die Arbeit schreiben, die das System leistet.

Wenn die Zahl der Teilchen sehr groß ist, bereitet die Berechnung der äußeren Arbeit als Summe einzelner Arbeiten an jedem Teilchen ernsthafte Schwierigkeiten; manchmal kann jedoch die äußere Arbeit leicht auf statistischer Basis berechnet werden. Betrachten Sie z.B. ein Gas im Inneren eines Zylinders, dessen eine Wand ein beweglicher Stempel ist (Abb. 13.6). Das Gas kann durch Stöße und Wechselwirkung seiner Moleküle mit der Wand Energie und Impuls mit der Umgebung austauschen. Wenn eine Wand des Behälters beweglich ist, kann die Kraft, die das Gas ausübt, eine Verschiebung dx der Wand verursachen. Der Energieaustausch des Systems mit der Umgebung kann dann als Arbeit, die die Kraft bei der Verschiebung leistet, ausgedrückt werden. Die Arbeit, die vom Gas geleistet wird, ist daher

$$dW = F\,dx = pA\,dx \quad \text{oder} \quad dW = p\,dV, \tag{13.17}$$

wobei $dV = A\,dx$ die Volumenveränderung des Gases ist. Wenn sich das Volumen von V_0 auf V verändert, dann ist die Arbeit, die das Gas geleistet hat

$$W = \int_{V_0}^{V} p\,dV. \tag{13.18}$$

Um das Integral in (13.18) zu berechnen, müssen wir die Beziehung zwischen p und V kennen (das heißt, die Zustandsgleichung des Gases). Unter der Annahme, daß diese Beziehung bekannt ist, können wir aufeinanderfolgende Werte von p und V in einem Diagramm darstellen, in welchem die Abszisse dem Volumen und die Ordinate dem Druck entspricht. Man nennt das ein p—V-Diagramm. Diese p—V-Diagramme sind sehr nützlich, da sie in enger Beziehung zur Arbeit stehen, die ein Gas leistet.

In Abb. 13.7 haben wir einen Prozeß dargestellt, bei dem ein System aus dem Zustand A in den Zustand B übergeht, wobei es durch eine Reihe von Zuständen geht, die durch die Verbindungslinie zwischen den beiden Punkten angezeigt sind. Wir stellen fest, daß $p\,dV$ die Fläche eines Streifens mit der Breite dV und der Höhe p ist; daher ist die Arbeit, die vom System bei dem Prozeß auf dem Weg von A nach B geleistet wird, durch

$$W_{A\to B} = \int_{V_1}^{V_2} p\,dV = \text{Fläche unter } AB$$

gegeben ist, was gleich der Fläche unter der Kurve AB in Abb. 13.7 ist. Dieses Ergebnis zeigt, daß *die Arbeit vom Prozeß abhängt.*

Abbildung 13.8 zeigt verschiedene Prozesse, die den

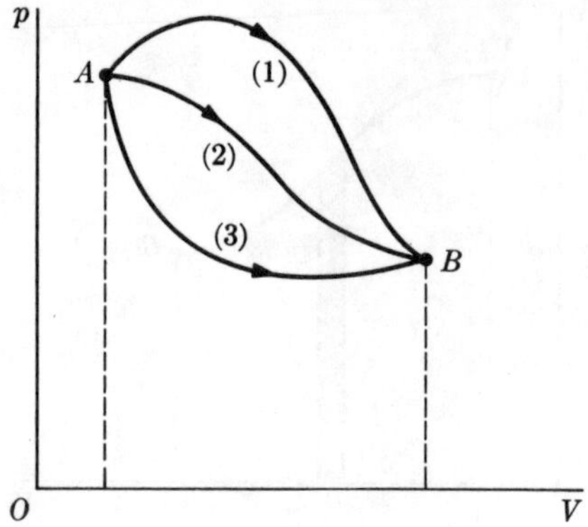

13.8 Die Arbeit, die geleistet wird, wenn man von Zustand A in Zustand B übergeht, hängt vom Prozeß ab, den das System durchläuft.

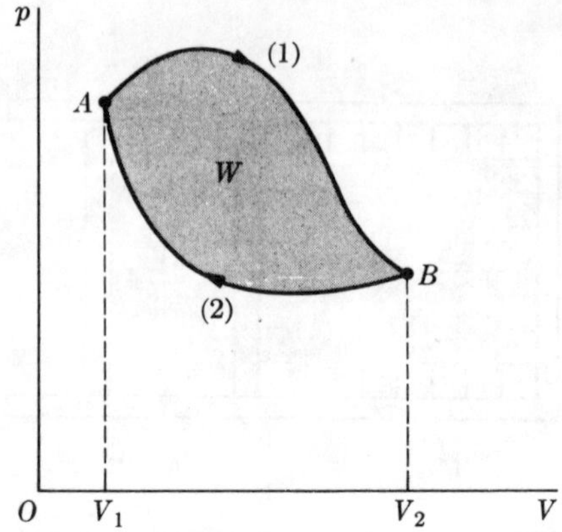

13.9 Kreisprozeß. Die Arbeit, die das System leistet, indem es den Kreisprozeß im Uhrzeigersinn beschreibt, ist gleich der Fläche, die der Kreisprozeß in einem p—V-Diagramm einschließt.

Kurven (1), (2) und (3) entsprechen und die alle das System vom Zustand A in dem Zustand B bringen. Da die Fläche unter jeder Kurve verschieden ist, ist auch die Arbeit, die in jedem Prozeß geleistet wird, verschieden.

Ein interessanter Prozeß ist der *Kreisprozeß*. Dies ist ein Prozeß, bei dem das System am Ende des Prozesses wieder in den Ursprungszustand zurückkehrt. In einem p—V-Diagramm wird der Kreisprozeß daher durch eine geschlossene Linie dargestellt. Ein wichtiges Beispiel für einen Kreisprozeß ist die Wärmemaschine.

Wir wollen einen Kreisprozeß betrachten, in welchem das System längs eines Prozesses (1) von A nach B (Abb. 13.9) geht und längs des Prozesses (2) von B nach A zurückkehrt. Wenn es von A nach B geht, leistet das System eine Arbeit, die gleich der Fläche unter der Kurve (1) ist. Bei der Rückkehr von B nach A leistet es Arbeit, die gleich der *negativen* Fläche unter der Kurve (2) ist, da nun Arbeit an dem System geleistet wird. Die Nettoarbeit W, die das System während des Kreisprozesses leistet, entspricht daher der schattierten Fläche, die von der Kurve eingeschlossen wird, die den Kreisprozeß darstellt, das heißt

$$W_{\text{Kreis}} = \oint p\,dV = \text{Fläche unter (1)} - \text{Fläche unter (2)}$$
$$= \text{Fläche innerhalb } A\,(1)\,B\,(2)\,A.$$

Die Arbeit, die eine Wärmemaschine pro Zyklus leistet, kann daher berechnet werden, wenn wir das p—V-Diagramm des Kreisprozesses kennen; wenn wir außerdem wissen, wie viele Zyklen die Maschine pro Zeiteinheit durchmacht, können wir die *Leistung* der Maschine erhalten.

Beispiel 13.2 Ein Gas nimmt ein Volumen von 0,30 m^3 ein und übt einen Druck $p = 2 \cdot 10^5\ Nm^{-2}$ aus. Das Volumen dehnt sich bei konstantem Druck auf 0,45 m^3 aus. Berechnen Sie die Arbeit, die das Gas geleistet hat. Wenn ein Prozeß bei konstantem Druck abläuft, nennt man ihn *isobar* (Der Prozeß ist in Abb. 13.10 dargestellt).

Lösung: Wenn der Druck p konstant bleibt, ist die Arbeit, die vom System geleistet wird

$$W = \int_{V_1}^{V_2} p\,dV = p\int_{V_1}^{V_2} dV = p(V_2 - V_1). \qquad (13.19)$$

Das ist ein allgemeines Ergebnis, das für jedes System gilt, dessen Volumenveränderung bei konstantem Druck abläuft. Wenn wir die Zahlenwerte einsetzen, erhalten wir

$W = 3 \cdot 10^4$ J.

Nach (13.11) können wir auch schreiben

$$W = kN(T_2 - T_1) \qquad \text{oder} \qquad W = \text{N}R(T_2 - T_1), \qquad (13.20)$$

was nur für ideale Gase gilt.

Beispiel 13.3 Ein Gas dehnt sich so aus, daß die Temperatur des Gases konstant bleibt. Bestimmen Sie die Arbeit, die

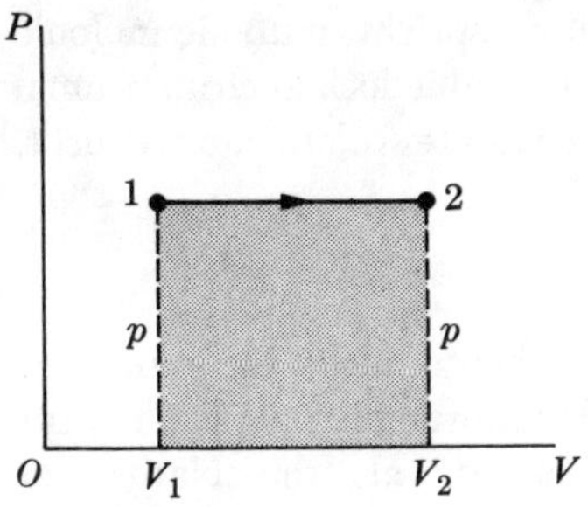

13.10 Isobare Expansion.

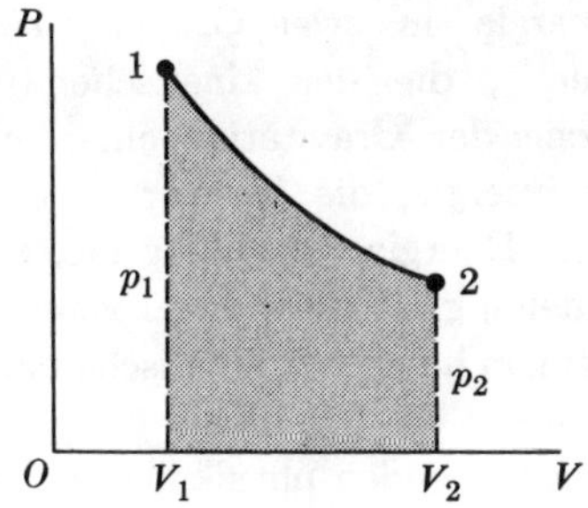

13.11 Isotherme Expansion.

geleistet wird, wenn sich das Volumen von V_1 auf V_2 ausdehnt. (Der Prozeß ist in Abb. 13.11 dargestellt).

Lösung: Unter Verwendung von (13.11) und bei konstantem T erhalten wir

$$W = \int_{V_1}^{V_2} p\,dV = kNT \int_{V_1}^{V_2} \frac{dV}{V} = kNT \ln \frac{V_2}{V_1}. \qquad (13.21)$$

Die geleistete Arbeit hängt daher von der Temperatur und vom Verhältnis V_2/V_1 zwischen den beiden Volumen (dem sogenannten *Expansionsverhältnis*) ab. Bei Verbrennungsmotoren ist das Kompressions- (oder Expansions-) Verhältnis einer der Faktoren, die die Leistung der Maschine bestimmen.

13.7 VIELTEILCHENSYSTEME: WÄRME

Man muß sich vor Augen halten, daß (13.18)

$$W = \int p dV,$$

einen *makroskopischen Mittelwert* darstellt, der eine Summe aller individueller Energieübergänge zwischen den Gasmolekülen und den Molekülen des Stempels ist. Wie berechnet man aber den Enegieaustausch, der infolge der Wechselwirkung der Gasmoleküle mit den festen Wänden stattfindet? In diesem Fall kann man die Methode, die zur Berechnung von W auf den Stempel angewandt wurde, nicht verwenden, da wir keine mittlere Verschiebung der Wand definieren können, obwohl wir immer noch eine mittlere Kraft auf die Wand definieren können. Bei jeder einzelnen Wechselwirkung zwischen den Gasmolekülen und der Wand wird eine kleine Kraft ausgeübt, die zu einer kleinen Verschiebung der Moleküle der Wand führt. Wenn wir jede einzelne dieser infinitesimalen Arbeitsmengen berechnen und addieren könnten, würden wir die entsprechende äußere Arbeit erhalten, die vom System geleistet wird. Diese Methode ist jedoch wegen der großen Zahl beteiligter Faktoren praktisch unmöglich. Wir werden daher eine neue makroskopische oder statistische Größe definieren, die man *Wärme* nennt.

Der mittlere Wert der äußeren Arbeit oder Energie, die zwischen einem System und seiner Umgebung infolge der einzelnen Energieübergänge bei Stößen zwischen den Molekülen des Systems und denen der Umgebung ausgetauscht wird, nennt man *Wärme*, Q; man verwendet sie immer dann, wenn Energie nicht makroskopisch als Kraft mal Verschiebung ausgedrückt werden kann. Q besteht daher aus der Summe einer sehr großen Zahl einzelner äußerer Arbeiten, die so geartet sind, daß sie nicht zusammen als mittlere Kraft pro mittlere Verschiebung ausgedrückt werden können.

Die Wärme Q wird positiv genommen, wenn sie einer äußeren Arbeit entspricht, die an dem System geleistet wird; sie ist negativ, wenn sie netto eine äußere Arbeit darstellt, die *von* dem System geleistet wird. Im ersten Fall sagen wir, daß die Wärme vom System *aufgenommen* wird, im zweiten Fall sagen wir, daß das System Wärme *abgibt*. Wenn ein System eine Umwandlung durchmacht, bei welcher Wärme weder aufgenommen noch abgegeben wird, nennt man die Umwandlung *adiabatisch*.

Wir müssen den Studenten hier davor warnen, Wärme als neue oder anders geartete Energieform zu betrachten. Es ist nur ein Name, der eine besondere Art der Arbeits- oder Energieübertragung bezeichnet, an der eine sehr große Zahl von Teilchen beteiligt sind. Bevor man die Begriffe der Wechselwirkungen und der Atomstruktur der Materie genau verstand, hatten die

Physiker die Energie in zwei Gruppen eingeteilt: *mechanische* Energie, die der kinetischen und der potentiellen Energie der Gravitation entspricht, und *nichtmechanische* Energie, die in Wärme, chemische Energie, elektrische Energie, Strahlung etc. unterteilt wurde. Diese Einteilung ist nicht mehr gerechtfertigt. Die Physiker erkennen heute nur kinetische und potentielle Energie an, wobei die potentielle Energie je nach der Natur der entsprechenden physikalischen Wechselwirkung mit einem anderen Ausdruck bezeichnet wird, und Wärme und Strahlung Ausdrücke für zwei Mechanismen der Energieübertragung sind. « Chemische Energie » ist nur ein makroskopischer Ausdruck, der zur Beschreibung der Energie verwendet wird, die mit elektrischen Wechselwirkungen in Atomen und Molekülen assoziiert ist, also der Energie, die sich in chemischen Reaktionen manifestiert; d.h. in einer atomaren Umordnung in Molekülen.

Wenn zwischen zwei Gleichgewichtssystemen kein Energieaustausch in Form von Wärme stattfindet, sagen wir, daß sich die Systeme im *thermischen Gleichgewicht* befinden. Das ist ein statistischer Begriff, da einzelne Moleküle noch Energie austauschen, wobei aber im Durchschnitt die gleichen Mengen an Energie in beiden Richtungen ausgetauscht werden. Damit zwischen zwei Systemen ein thermisches Gleichgewicht herrschen kann, muß die mittlere kinetische Energie der Moleküle in den zwei wechselwirkenden Systemen gleich sein, so daß bei Stößen zwischen Molekülen kein Nettoaustausch von kinetischer Energie stattfinden kann. Angesichts unserer Definition der Temperatur in Abschnitt 13.2 können wir daher sagen

Zwei Gleichgewichtssysteme, die sich im thermischen Gleichgewicht befinden (d.h. zwischen den Systemen findet kein Wärmeaustausch statt) müssen die gleiche Temperatur haben.

Man nennt dieses Gesetz manchmal den *nullten Hauptsatz der Thermodynamik*. Wir können außerdem schließen, daß Energie nur dann als Wärme ausgetauscht wird, wenn die Temperatur der beiden Systeme verschieden ist.

Da Wärme einer Arbeit entspricht, muß sie in Joule ausgedrückt werden. Wärme wird jedoch auch manchmal durch eine Einheit, die sogenannte *Kalorie* ausgedrückt, deren Definition 1948 mit

$$1 \text{ Kalorie} = 4{,}1840 \text{ J}$$

festgelegt wurde. Sie darf heute nicht mehr benutzt werden. Die Kalorie wurde ursprünglich als Einheit für die Wärmemessung eingeführt, als die Natur der Wärme noch unbekannt war. Die Kalorie ist jedoch nur eine andere Einheit zur Messung von Arbeit und Energie und nicht nur zur Messung der Wärme. Die Herkunft der Kalorie wird im Abschnitt 13.9 besprochen.

13.8 NEUFORMULIERUNG DES ENERGIEERHALTUNGSSATZES FÜR VIELTEILCHENSYSTEME: DER ERSTE HAUPTSATZ DER THERMODYNAMIK

In den letzten zwei Abschnitten haben wir gesehen, daß wir bei Systemen, die aus einer großen Zahl von Teilchen bestehen, die *gesamte äußere Arbeit* als Summe zweier Ausdrücke angeben können

$$\text{Gesamtarbeit} = Q + W_{\text{aus}}.$$

W_{aus} drückt hier die äußere Arbeit aus, die als mittlere Kraft mal einem Abstand berechnet werden kann, wie in Abschnitt 13.6 dargestellt; Q drückt die äußere Arbeit aus, die nach Abschnitt 13.7 als Wärme angegeben werden muß. Gleichung (13.16) für das Gesetz von der Erhaltung der Energie

$$U - U_0 = W_{\text{aus}}$$

muß dann in der äquivalenten Form

$$U - U_0 = Q + W_{\text{aus}} \qquad (13.22)$$

geschrieben werden, in der eine klare Unterscheidung zwischen den beiden Arten der Arbeit getroffen wird. Man kann diese Gleichung in Worten ausdrücken:

Die Änderung der inneren Energie eines Systems ist gleich der aufgenommenen Wärme plus der äußeren Arbeit, die an dem System geleistet wird.

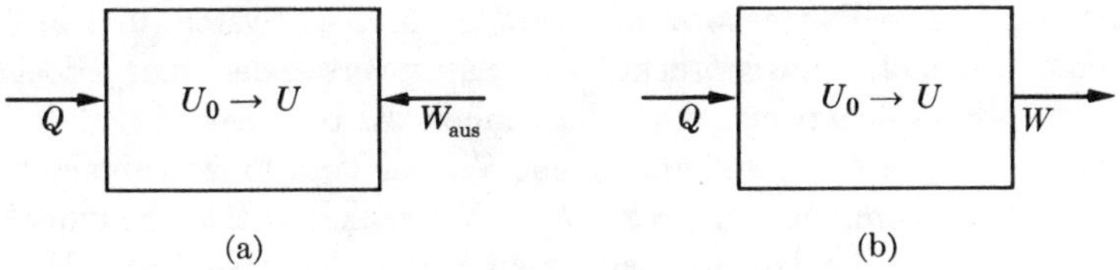

13.12 Beziehung zwischen Wärme, Arbeit und innerer Energie.

Gleichung (13.22) wurde bildlich in Abb. 13.12(a) dargestellt: Die Wärme Q wird vom System aufgenommen und die Arbeit W_{aus} wird an dem System geleistet. Ihre Summe $Q + W_{aus}$ wird als innere Energie $U - U_0$ des Systems gespeichert. Manchmal, insbesondere bei technischen Anwendungen, schreibt man statt der äußeren Arbeit W_{aus}, die an dem System geleistet wird, die äußere Arbeit W, die das System leistet und welche, wie oben erklärt, der negative Wert der Arbeit ist, die am System geleistet wird. Indem wir $W_{aus} = -W$ setzen, erhalten wir anstelle von (13.22)

$$U - U_0 = Q - W. \tag{13.23}$$

Die Gleichung sagt:

Die Änderung der inneren Energie eines Systems ist gleich der aufgenommenen Wärme weniger der äußeren Arbeit, die das System leistet.

Gleichung (13.23) ist in Abb. 13.12(b) dargestellt: die Wärme Q wird vom System *aufgenommen*, die Arbeit W wird *vom* System geleistet, und die Differenz $Q - W$ wird als innere Energie $U - U_0$ des Systems *gespeichert*.

Die Aussagen, die an Hand von (13.22) und (13.23) gemacht wurden, stellen den *ersten Hauptsatz der Thermodynamik* dar; er entspricht praktisch dem Gesetz von der Erhaltung der Energie, angewendet auf Systeme, die sehr viele Teilchen enthalten, wobei die äußere Arbeit in zwei statistische Ausdrücke aufgespalten wird, einen, den man als Arbeit bezeichnet und einen zweiten, den man Wärme nennt.

Man muß sich darüber klar werden, daß die innere Energie eines Systems nur vom Zustand des Systems abhängt, da sie durch die Energieverteilung der Moleküle im betrachteten Zustand bestimmt wird. Wenn daher ein System von einem Zustand, in dem die innere Energie U_0 ist, in einen Zustand übergeht, in dem die innere Energie U ist, ist die Veränderung der inneren Energie immer gleich, unabhängig vom Prozeß, den das System vom ersten in den zweiten Zustand durchläuft. Aus Abb. 13.8. sehen wir z.B., daß die Änderung der inneren Energie des Systems beim Übergang vom Zustand A zum Zustand B für alle in der Abbildung gezeigten Wege gleich ist. Wie oben erklärt, hängt jedoch die Arbeit, die das System leistet, vom Weg ab.

Wenn wir (13.23) in der Form

$$Q = U - U_0 + W \tag{13.24}$$

schreiben, sehen wir, daß die Wärme Q ebenfalls vom Weg abhängen muß, da W vom Wege abhängt, obwohl $U - U_0$ unabhängig vom Wege ist. Die Wärme, die längs der drei in Abb. 13.8 angezeigten Wege aufgenommen wird, ist daher für jeden Fall verschieden.

Wenn ein System einen Kreisprozeß beschreibt und zu seinem ursprünglichen Zustand zurückkehrt, ist die Änderung der inneren Energie null, das heißt

$$U = U_0 \qquad \text{oder} \qquad \Delta U_{\text{Kreis}} = 0.$$

Dann vereinfacht sich (13.23) zu

$$Q = W \qquad \text{(für einen Kreisprozeß)}, \tag{13.25}$$

was das gleiche bedeutet wie

In einem Kreisprozeß ist die Arbeit, die das System leistet, gleich der Wärme, die das System aufnimmt, und die Änderung der inneren Energie ist null.

Nach diesem Prinzip arbeiten Wärmemaschinen; der Maschine wird Wärme zugeführt, die ihrerseits Arbeit an der Umgebung leistet.

Aus Abb. 13.9 entnehmen wir, daß die Fläche innerhalb der geschlossenen Linie, die den Kreisprozeß beschreibt, sowohl die Arbeit angibt, die vom System geleistet wird als auch die aufgenommene Wärme.

Wenn die Zustandsänderung adiabatisch ist ($Q = 0$), wird (13.23) zu

$$U - U_0 = -W \qquad \text{(adiabatische Zustandsänderung)}, \tag{13.26}$$

was zeigt:

Bei einer adiabatischen Zustandsänderung nimmt die innere Energie des Systems um einen Betrag ab, der gleich der vom System geleisteten Arbeit ist.

Im Fall eines idealen Gases hängt die innere Energie nur von der Temperatur ab. Die Temperatur des Gases nimmt dabei bei einer adiabatischen Expansion ab (W positiv) und bei der adiabatischen Kompression zu (W negativ).

Wenn das System keine Arbeit leistet ($W = 0$), gibt (13.23)

$$U - U_0 = Q \qquad \text{(isochore Zustandsänderung)} \tag{13.27}$$

und es gilt

Wenn keine Arbeit geleistet wird, ist die Änderung der inneren Energie des Systems gleich der aufgenommenen Wärme.

Dieses Ergebnis gilt z.B. für einen Vorgang bei konstantem Volumen, den man auch als *isochore Zustandsänderung bezeichnet*.

13.9 WÄRMEKAPAZITÄT

Die Wärmekapazität einer Substanz ist als die Wärme definiert, die ein Mol der Substanz bei Änderung der Temperatur aufnimmt. Wenn daher N Mole eine Wärme dQ aufnehmen, wenn die Temperatur um dT zunimmt, ist die Wärmekapazität

$$C = \frac{1}{\mathrm{N}} \frac{dQ}{dT}. \tag{13.28}$$

Die Wärmekapazität wird im MKSC-System in J K^{-1} mol^{-1} ausgedrückt. Alternativ verwendet man jedoch üblicherweise auch die Einheit cal K^{-1} mol^{-1}.

Da die aufgenommene Wärme vom Prozeß abhängt, ist mit jedem Prozeß eine Wärmekapazität verbunden. Die beiden am häufigsten verwendeten sind die *Wärmekapazität bei konstantem Druck* (C_p) *und die Wärmekapazität bei konstantem Volumen* (C_V), die als

$$C_p = \frac{1}{\mathrm{N}} \left(\frac{dQ}{dT}\right)_{p=\mathrm{Konst}}, \qquad C_V = \frac{1}{\mathrm{N}} \left(\frac{dQ}{dT}\right)_{V=\mathrm{Konst}} \tag{13.29}$$

definiert sind.

Die mittlere Wärmekapazität des Wassers bei konstantem Atmosphärendruck ist 18,00 cal K^{-1} mol^{-1}. Historisch wurde die Kalorie zum ersten Mal als die Wärme definiert, die notwendig ist, um die Temperatur von einem Gramm Wasser (oder $\frac{1}{18}$ mol) bei konstantem Druck um 1 K zu erhöhen.

Tabelle 13.2

WÄRMEKAPAZITÄTEN FÜR VERSCHIEDENE FLÜSSIGKEITEN UND FESTKÖRPER (cal K^{-1} mol^{-1})

Flüssigkeiten		Festkörper	
		Metalle	
Wasser, H_2O	18,00		
		Aluminium	5,664
Quecksilber	6,660	Kupfer	5,784
Methylalkohol, CH_3OH	17,45	Gold	5,916
Äthyläther, $(C_2H_5)_2O$	39,21	Silber	6,009
Toluol, C_6H_8	29,13	*Nichtmetalle*	
Tetrachlorkohlenstoff, CCl_4	30,92	Eis (−20°C)	8,370
		Zinksulfid, ZnS	11,20
		Quarz, SiO_2	10,45

Tabelle 13.2 gibt die Wärmekapazität verschiedener Festkörper und Flüssigkeiten bei konstantem Druck. Tabelle 13.3 gibt die Wärmekapazität mehrerer Gase bei konstantem Druck und bei konstantem Volumen. Man beachte, daß in allen Fällen C_p größer als C_V ist. Das ist deshalb so, weil bei konstantem Volumen die gesamte Wärme, die aufgenommen wird, als innere Energie gespeichert wird, während wir bei konstantem Druck eine zusätzliche Wärmemenge zur Verfügung stellen müssen, um für die geleistete Arbeit aufzukommen. Die Größe

$$\gamma = \frac{C_p}{C_V} \tag{13.30}$$

Tabelle 13.3

WÄRMEKAPAZITÄTEN EINIGER GASE BEI KONSTANTEM DRUCK UND BEI KONSTANTEM VOLUMEN

Gas	C_p (cal K^{-1} mol^{-1})	C_V (cal K^{-1} mol^{-1})	γ
Einatomig			
He	5,004	3,014	1,660
Ar	4,990	2,993	1,667
Ne	4,996	3,024	1,642
Hg	4,983	2,991	1,666
Zweiatomig			
H_2	6,887	4,891	1,408
N_2	6,899	4,924	1,401
O_2	7,079	5,056	1,400
CO	6,919	5,335	1,297
NO	6,962	4,944	1,394
Dreiatomig			
CO_2	9,333	7,179	1,300
H_2O	7,946	5,956	1,334
N_2O	9,379	7,084	1,324
CS_2	12,19	9,838	1,239
Vielatomig			
Methylalkohol, CH_3OH	13,30	10,59	1,256
Athyläther, $(C_2H_5)_2O$	31,72	30,98	1,024
Chloroform, $CHCl_3$	17,20	15,49	1,110

wird ebenfalls in Tab. 13.3 gegeben; dieses Verhältnis kommt in vielen Berechnungen vor. Man kann z.B. zeigen, daß bei der adiabatischen Zustandsänderung eines Gases Druck und Volumen über die Gleichung

$$pV^{\gamma} = \text{Konst} \tag{13.31}$$

zusammenhängen.

Wenn man die Wärmekapazität über einen weiten Temperaturbereich als konstant betrachtet, ist die aufgenommene oder abgegebene Wärme, wenn sich die Temperatur von T_1 nach T_2 verändert, nach der Definition (13.28)

$$Q = \text{N}C(T_2 - T_1). \tag{13.32}$$

WÄRMEKAPAZITÄTEN EINES IDEALEN EINATOMIGEN GASES Die innere Energie eines idealen einatomigen Gases wurde in (13.5) mit $U = \frac{3}{2}kNT$ angegeben; da $R = kN_A$, können wir statt dessen $U = \frac{3}{2}\text{N}RT$ schreiben. Wenn sich die Temperatur von T nach $T + dT$ ändert, ist die Änderung der inneren Energie

$$dU = \tfrac{3}{2}\text{N}R\, dT.$$

Wenn der Prozeß bei konstantem Volumen abläuft, so daß keine Arbeit geleistet wird, zeigt (13.27), daß die aufgenommene Wärme

$$(dQ)_{V=\text{Konst}} = dU = \tfrac{3}{2}\text{N}R\, dT$$

ist. Daher gilt (13.29)

$$C_V = \tfrac{3}{2}R = 2{,}9807 \text{ cal K}^{-1}\text{ mol}^{-1},$$

so daß wir $U = \text{N}C_VT$ schreiben können.

Wenn die Temperaturänderung bei konstantem Druck erfolgt, ist die Arbeit, die das Gas leistet, durch (13.20) gegeben

$$dW = \text{N}R\, dT.$$

Gemäß (13.24) ist die aufgenommene Wärme

$$(dQ)_{p=\text{Konst}} = dU + dW = \tfrac{5}{2}\text{N}R\, dT.$$

Unter Verwendung von (13.29) erhalten wir

$$C_p = \tfrac{5}{2}R = 4{,}9678 \text{ cal K}^{-1}\text{ mol}^{-1}.$$

Aus den beiden obigen Ergebnissen folgt

$$\gamma = \frac{C_p}{C_V} = \frac{5}{3} = 1{,}67 \qquad \text{und} \qquad C_p - C_V = R.$$

Wenn wir mit den Werten, die in Tabelle 13.3 für γ angegeben sind, vergleichen, sehen wir, daß bei einatomigen Gasen eine vernünftige Übereinstimmung herrscht. Die Berechnungen gelten jedoch nicht für vielatomige Gase, da die Rotations-

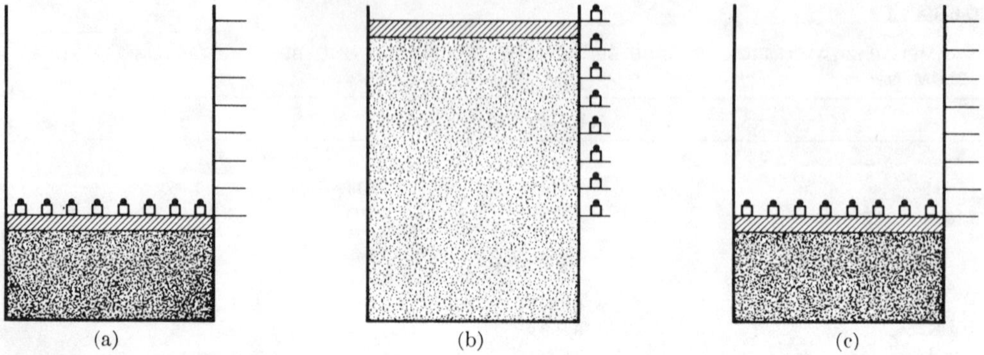

13.13 Reversible Expansion und Kompression eines Gases.

und Schwingungsenergien der Moleküle in Betracht gezogen werden müssen, um die innere Energie mehratomiger Gase zu erhalten. In realen Gasen muß man außerdem die innere potentielle Energie berücksichtigen.

Adiabatische Zustandsänderung eines idealen Gases (13.31) Wenn ein System eine adiabatische Zustandsänderung durchmacht, gilt (13.26); d.h., $U - U_0 = -W$. Wenn die Zustandsänderung infinitesimal ist, müssen wir schreiben

$$dU = -dW.$$

Wenn die Arbeit auf einer Volumenveränderung beruht, ist $dW = p\, dV$ und daher $dU = -p\, dV$. Im Fall eines idealen Gases ist $p \cdot V = \frac{3}{2}\text{N}RT = \text{N}C_V T$. Daher ist $dU = \text{N}C_V dT$ und die vorige Gleichung wird zu

$$\text{N}C_V\, dT + p\, dV = 0.$$

Aus der Zustandsgleichung eines idealen Gases, $pV = \text{N}RT$, erhalten wir

$$p\, dV + V\, dp = \text{N}R\, dT.$$

Wenn wir die beiden letzten Gleichungen vereinigen, um dT zu eliminieren, können wir schreiben

$$C_V V\, dp + (C_V + R) p\, dV = 0,$$

oder, da $C_p - C_V = R$,

$$C_V V\, dp + C_p p\, dV = 0,$$

und unter Verwendung der Definition

$$\gamma = C_p/C_V,$$

erhalten wir den Ausdruck

$$\frac{dp}{p} + \gamma \frac{dV}{V} = 0.$$

Integration ergibt

$$\int \frac{dp}{p} + \gamma \int \frac{dV}{V} = \text{Konst} \quad \text{oder} \quad \ln p + \gamma \ln V = \text{Konst},$$

was $pV^\gamma = \text{Konst}$ entspricht. Das ist Ausdruck (13.31), der die Beziehung zwischen Druck und Volumen bei der adiabatischen Zustandsänderung eines Gases gibt.

Beispiel 13.4 *Arbeit, die während einer adiabatischen Zustandsänderung von einem idealen Gas geleistet wird.* Nach (13.31) haben wir $p = cV^{-\gamma}$ und

$$W = \int_{V_1}^{V_2} p\, dV = c \int_{V_1}^{V_2} V^{-\gamma}\, dV = \frac{cV_2^{1-\gamma} - cV_1^{1-\gamma}}{1-\gamma}$$

oder, da $p_2 = cV_2^{-\gamma}$ und $p_1 = cV_1^{-\gamma}$,

$$W = \frac{p_1 V_1 - p_2 V_2}{\gamma - 1} = \frac{\text{N}R(T_1 - T_2)}{\gamma - 1}. \tag{13.33}$$

13.10 REVERSIBLE UND IRREVERSIBLE PROZESSE

Es ist sowohl vom praktischen als auch vom theoretischen Standpunkt sehr wichtig, zwischen zwei Arten von Prozessen zu unterscheiden, die in Vielteilchensystemen stattfinden können. Wenn ein Prozeß oder eine Zustandsänderung sehr langsam abläuft (wobei zu jeder Zeit jede schrittweise Änderung unendlich klein ist, so daß in jedem Schritt das System nur ganz leicht aus seinem Gleichgewichtszustand gebracht wird), können wir vernünftigerweise annehmen, daß das System sich zu jedem Zeitpunkt im statistischen Gleichgewicht befindet. Einen Prozeß dieser Art nennt man *reversibel.*

Wir wollen einen reversiblen Prozeß anhand der Ausdehnung eines Gases darstellen. Nehmen Sie an, daß

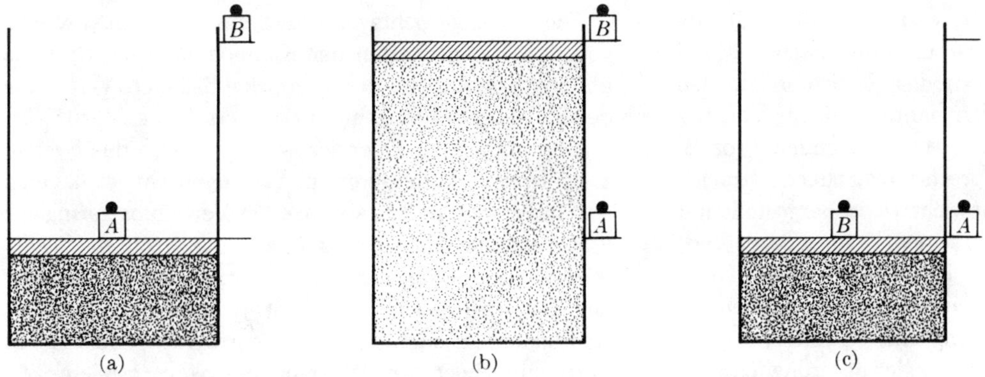

13.14 Irreversible Expansion und Kompression eines Gases.

der Stempel in Abb. 13.13 durch viele kleine Gewichte in seiner Lage gehalten wird, wie in Abb. 13.13(a) angezeigt. Im Gleichgewicht ist der Druck des komprimierten Gases gleich dem Druck der Gewichte plus dem Atmosphärendruck. Wenn wir eines der Gewichte entfernen, indem wir es seitlich auf eine Plattform verschieben, nimmt der äußere Druck um einen kleinen Betrag ab, und das Gleichgewicht des Gases wird ganz geringfügig gestört. Das Gas dehnt sich dann etwas aus, bis das Gleichgewicht (rasch) wieder hergestellt ist. Wenn dieser Vorgang mehrmals wiederholt wird, dehnt sich das Gas schließlich auf das in (b) gezeigte Volumen aus, und die Gewichte, die ursprünglich auf dem Stempel lagen, sind seitlich aufbewahrt, wie gezeigt. Da der Prozeß sehr langsam abgelaufen ist, können wir annehmen, daß das Gas ständig im statistischen Gleichgewicht verblieben ist und daß die Ausdehnung reversibel war. Um das Gas wieder in seinen ursprünglichen Zustand zu versetzen, müssen wir nur in umgekehrter Reihenfolge die gleichen Gewichte, die wir entfernten, auf den Stempel setzen. Am Schluß ist das Gas wieder in seinem Anfangszustand, nachdem es einen Kreisprozeß durchgemacht hat, ohne daß die Umgebung eine Veränderung erlitten hat.*

**Anmerkung des Herausgebers*: Um das Gas in seinen ursprünglichen Zustand zurückzuführen, wird ein zusätzliches Gewicht benötigt; denn nachdem das letzte Gewicht vom Stempel geschoben wird, hebt sich dieser um einen geringen Betrag. Daher muß in der Abb. 13.13 (c) ein Gewicht mehr auf dem Stempel stehen als in Abb. 13.13 (a). Die Expansion und Kompression des Gases ist daher nur in der Grenze verschwindender Gewichte und beliebig kleiner Hubhöhen ein reversibler Prozeß. Dieses Beispiel zeigt gut, daß reversible Prozesse idealisierte Grenzprozesse sind.

In anderen Worten

Bei einem Kreisprozeß, der nur aus reversiblen Umwandlungen besteht, kommt es weder am System noch an der Umgebung zu einer beobachtbaren Veränderung.

Irreversible Prozesse laufen dagegen ab, wenn das System sich stark aus seiner Gleichgewichtslage entfernt. Während des Vorgangs sind die statistischen Größen, wie Druck und Temperatur, nicht definiert. Am Ende des Prozesses kehrt das System schließlich in einem neuen Zustand, der durch einen bestimmten Druck und eine bestimmte Temperatur charakterisiert ist, in das Gleichgewicht zurück.

Im allgemeinen laufen irreversible Prozesse mit großer Geschwindigkeit ab. Wir wollen wieder die Ausdehnung eines Gases benutzen, um den irreversiblen Prozeß zu illustrieren. Das Gas in Abb. 13.14(a) ist im gleichen Zustand wie in Abb. 13.13(a), nur daß alle Gewichte in einem Gewicht konzentriert sind, das als A bezeichnet wird. Beachten Sie, daß sich auf der oberen Plattform auch ein Gewicht B befindet. Wenn Gewicht A *plötzlich* entfernt wird, fällt der äußere Druck plötzlich ab, und das Gas dehnt sich rasch unter starker Turbulenz in der Molekülbewegung aus, d.h. der Prozeß ist irreversibel. Während des Prozesses gehorchen die Molekülgeschwindigkeiten nicht der Maxwell–Boltzmannschen Verteilung. Der Stempel kommt schließlich in einer bestimmten Position zur Ruhe, und das Gleichgewicht wird bei genau definiertem Druck und

Temperatur wiederhergestellt, wie in Abb. 13.14 (b) dargestellt. Um das Gas in seinen ursprünglichen Zustand zurückzuversetzen, können wir das Gewicht B auf den Stempel setzen, welches sich dann in einem Vorgang nach unten bewegt, der dem vorhergehenden Prozeß, rückwärts durchlaufen, entsprechen mag oder auch nicht. Schließlich wird das Gleichgewicht wieder hergestellt und das Gas befindet sich wieder in seinem Ursprungszustand, wie in Abb. 13.14 (c) gezeigt. Das Gas hat einen Kreisprozeß beschrieben. Es hat nun aber eine eindeutige Veränderung in der Umgebung stattgefunden, da wir sehen, daß das Gewicht B, welches sich ursprünglich oben befunden hat, nun unten ist.

In einem Kreisprozeß, der teilweise oder zur Gänze aus irreversiblen Zustandsänderungen besteht, kehrt das System in seinen Ursprungszustand zurück, wobei jedoch eine dauernde Veränderung in der Umgebung stattgefunden hat.

Offensichtlich kann eine reversible Zustandsänderung durch eine Linie im $p-V$-Diagramm dargestellt werden, welche die Anfangs- und Endzustände S und S' verbindet; ein irreversibler Prozeß kann jedoch nicht so dargestellt werden.

Ein interessanter Aspekt, den man aus den obigen Überlegungen leicht erkennen kann, ergibt sich daraus, daß ein Prozeß mehr Arbeit leisten kann, wenn er reversibel ist als wenn er irreversibel ist. Deshalb entwerfen Techniker Wärmemaschinen so, daß der Kreisprozeß, den sie durchlaufen, so reversibel wie möglich durchlaufen wird.

13.11 ENTROPIE

In Abschnitt 13.3 haben wir angedeutet, daß wir in einem System, das aus sehr vielen Teilchen besteht, jeder Verteilung $n_1, n_2, n_3, \ldots$ der Teilchen auf die möglichen Energiezustände eine gewisse Wahrscheinlichkeit P zuschreiben können. Die Aufgabe, die Wahrscheinlichkeit P zu berechnen, geht über den Rahmen dieses Buches hinaus. (Außerdem ist der genaue Wert von P für den momentanen Zweck unwesentlich.)

Die Gleichgewichtsverteilung eines Systems, welche von den Eigenschaften der Komponenten des Systems abhängt, entspricht der wahrscheinlichsten Verteilung der Moleküle des Systems auf die verschiedenen zur Verfügung stehenden Energiezustände. Wenn das System zwar isoliert, nicht aber im Gleichgewicht ist, können wir annehmen, daß es sich in einer Verteilung geringerer Wahrscheinlichkeit befindet als der größten Wahrscheinlichkeit oder dem Gleichgewicht entspricht. Mit der Zeit wird es sich unter der Wechselwirkung seiner Komponenten oder Moleküle entwickeln, bis es die Verteilung höchster Wahrscheinlichkeit erreicht. Zu diesem Zeitpunkt erreicht das System das statistische Gleichgewicht, und es ist keine weitere Steigerung von P zu erwarten, außer das System wird durch eine äußeren Eingriff gestört.

Um diese natürliche Tendenz in Richtung des statistischen Gleichgewichts durch Entwicklung zur Verteilung größter Wahrscheinlichkeit zu beschreiben, wurde der wichtige Begriff der *Entropie* S eingeführt. Die Entropie ist als

$$S = k \ln P \qquad (13.34)$$

definiert, wobei die Boltzmannkonstante k eingeführt wurde, um einige Gleichungen, die wir hier nicht betrachten wollen, einfacher schreiben zu können. Daher gilt

---

Die Entropie eines Systems ist eine Größe, die dem Logarithmus der Wahrscheinlichkeit der Verteilung proportional ist, die dem Zustand des Systems entspricht.

Diese Definition der Entropie gilt für alle beliebigen Verteilungen und Zustände, ob sie sich nun im Gleichgewicht befinden oder nicht. Die Definition bedeutet außerdem, daß die Entropie eines Systems eine Eigenschaft des Zustands des Systems ist; es gilt daher

---

Die Änderung der Entropie eines Systems, das von einem Zustand in einen anderen übergeht, ist unabhängig vom beschriebenen Weg,

---

da sie nur von den Wahrscheinlichkeiten des Anfangs- und Endzustandes abhängt. Zum Beispiel hat in Abb.

13.8 die Entropie, wenn sich das System in Zustand A befindet, einen genau definierten Wert S_A und einen entsprechenden Wert S_B in B. Die Änderung in der Entropie des Systems auf dem Weg vom Zustand A in den Zustand B ist unabhängig vom Prozeß, den das System durchmacht. Daher:

Wenn ein System einen Kreisprozeß durchmacht, ist die Änderung der Entropie null, da Anfangs- und Endzustand identisch sind.

Bei Gleichgewichtszuständen kann die Entropie als Funktion der makroskopischen Variablen ausgedrückt werden, die den Zustand beschreiben. So kann man z.B. zeigen, daß die Entropie eines idealen Gases im Gleichgewicht beim Druck p und der Temperatur T durch

$$S = kN \ln \frac{T^{5/2}}{p} + S_0, \qquad (13.35)$$

gegeben ist, wobei S_0 eine Konstante ist.

Eine Zustandsänderung eines Systems, isoliert oder nicht, bei welcher die Entropie des Systems sich nicht ändert, nennt man eine *isentropische* Zustandsänderung.

13.12 BEZIEHUNG ZWISCHEN ENTROPIE UND WÄRME

Obwohl die Definition der Entropie in (13.34)

$$S = k \ln P$$

nicht unmittelbar auf einen Zusammenhang mit anderen Größen, wie Arbeit, Wärme und Energie hinweist, besteht ein solcher Zusammenhang in der Tat. Man kann zeigen, daß während eines reversiblen Prozesses die Änderung der Entropie, die aufgenommene Wärme und die absolute Temperatur des Systems über den Ausdruck

$$dS = \frac{dQ}{T} \quad \text{(nur für reversible Prozesse)} \qquad (13.36)$$

zusammenhängen. Diese Beziehung ist sehr wichtig, und historisch wurde die Entropie durch diese Beziehung zum ersten Mal definiert. Beziehung (13.36) zeigt an, daß die Entropie in J K^{-1} oder in cal K^{-1} ausgedrückt wird, was auch schon in unserer Definition (13.34) angesichts der Einheiten von k implizit gegeben war.

Wenn ein System in einer reversiblen Zustandsänderung aus dem Zustand 1 in den Zustand 2 übergeht, ist die Änderung in der Entropie

$$S_2 - S_1 = \int_1^2 \frac{dQ}{T}. \qquad (13.37)$$

Da die Änderung $S_2 - S_1$ nur vom Anfangs- und Endzustand, nicht aber vom Weg abhängt, ist das Integral auf der rechten Seite der Gleichung unabhängig von der reversiblen Zustandsänderung, die das System durchmacht, wenn es vom Zustand 1 in den Zustand 2 übergeht. Die Änderung $S_2 - S_1$ ist, je nachdem ob Wärme aufgenommen oder abgegeben wird, positiv oder negativ, da T positiv ist. Für eine adiabatische reversible Zustandsänderung, $dQ_a = O$, ergibt (13.37)

$$S_2 - S_1 = 0 \qquad \text{oder} \qquad S = \text{Konst.} \qquad (13.38)$$

Adiabatische reversible Zustandsänderungen verlaufen daher bei konstanter Entropie und sind daher auch isentropisch. Man beachte jedoch, daß eine adiabatische irreversible Zustandsänderung nicht notwendigerweise isentropisch verläuft.

Aus (13.36) gehen wir über zu

$$Q = \int_1^2 T\,dS = \text{Fläche unter } A_1A_2, \qquad (13.39)$$

um die Wärme zu finden, die absorbiert wird, wenn man über eine reversible Zustandsänderung von Zustand 1 in den Zustand 2 übergeht. In der Tat kann man die reversible Zustandsänderung in einem Diagramm, in dem die Ordinate der Temperatur T und die Abszisse der Entropie S entspricht, durch eine Linie darstellen, wie in Abb. 13.15. Dann ist Q die Fläche unter der Kurve von S_1 nach S_2. Wenn die Zustandsänderung ein Kreisprozeß ist, wie z.B. A (1) B (2) A (Abb. 13.16), ist die Änderung der Entropie null,

$$\Delta S_{\text{Zyklus}} = 0, \qquad (13.40)$$

da wir in den Ursprungszustand zurückkehren, während die Wärme, die insgesamt während des Kreisprozesses vom System aufgenommen wird, durch (13.39) gegeben ist.

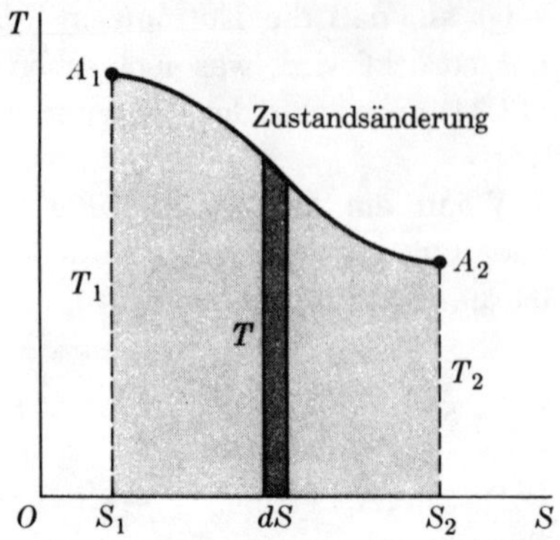

13.15 Diagramm eines reversiblen Prozesses in der T—S-Ebene. Die Wärme, die während des Prozesses aufgenommen wird, ist durch die schattierte Fläche gegeben.

$$Q = \oint T\, dS$$
$= $ Fläche innerhalb des Kreises im (T, S)-Koordinatensystem
$= $ Arbeit, die vom System während des Kreisprozesses geleistet wird. (13.41)

Diese Beziehung ist bei thermodynamischen Berechnungen von großer Bedeutung. Der Student sollte sich darüber im Klaren sein, daß die Entropie eine Variable ist, die in gleicher Weise wie Druck, Volumen oder Temperatur zur Beschreibung eines Prozesses herangezogen werden kann.

Beispiel 13.5 *Änderung der Entropie während eines isothermen reversiblen Prozesses.* Im Fall einer isothermen reversiblen Zustandsänderung ist T konstant und (13.37) wird zu

$$S_2 - S_1 = \frac{1}{T}\int_1^2 dQ = \frac{Q}{T}, \quad \text{oder} \qquad (13.42)$$

$$Q = T(S_2 - S_1) \quad \text{(nur für isotherme Zustandsänderungen).}$$

Zum Beispiel schmilzt Eis bei STD (0° C oder 273,1 K). Während des Schmelzvorgangs absobiert Eis 1435 cal mol^{-1}. Die Änderung der Entropie eines Mols Wasser beim Schmelzen ist daher

$$S_2 - S_1 = \frac{1435 \text{ cal mol}^{-1}}{273{,}1 \text{ K}} = 5{,}26 \text{ cal K}^{-1}\text{ mol}^{-1}.$$

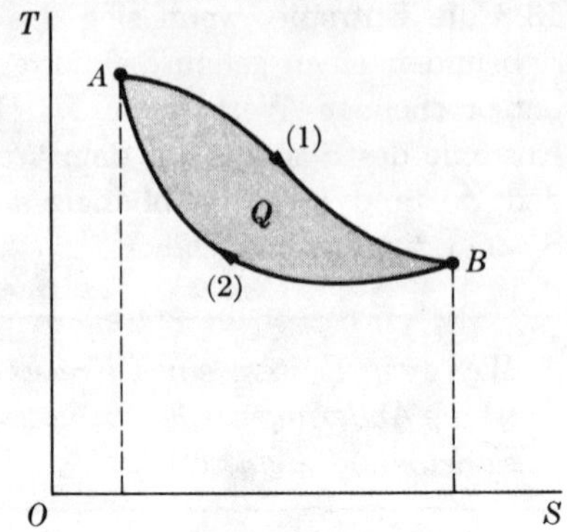

13.16 Kreisprozeß. Die Wärme, die von dem System aufgenommen wird, während es den Kreisprozeß im Uhrzeigersinn beschreibt, ist gleich der Fläche, die vom Kreisprozeß in einem T—S-Diagramm umschrieben wird.

Beispiel 13.6 *Wärmeausbeute einer Maschine, die nach dem Carnotschen Kreisprozeß arbeitet.* Ein *Carnotscher Kreisprozeß* ist ein Prozeß, der aus zwei isothermen und zwei adiabatischen reversiblen Zustandsänderungen besteht. Gleichgültig mit welcher Substanz man arbeitet, wird er durch das Rechteck $ABCD$ in Abb. 13.17 dargestellt, wobei AB und CD die isothermen Zustandsänderungen und BC und DA die adiabatischen oder isentropischen Zustandsänderungen darstellen. Der Kreisprozeß wird im Uhrzeigersinn beschrieben, wie durch die Pfeile angezeigt. Wir wollen die Temperaturen der beiden isothermen Prozesse mit T_1 und T_2 bezeichnen, wobei T_1 größer ist als T_2. Während des isothermen Prozesses AB bei der höheren Temperatur T_1 nimmt die Entropie zu, und das System nimmt eine Wärmemenge Q_1 auf; während des isothermen Prozesses CD bei der niedrigeren Temperatur T_2 nimmt die Entropie ab, und eine Wärmemenge Q_2 wird abgegeben. Während der beiden adiabatischen Zustandsänderungen bleibt die Entropie konstant, und es findet kein Wärmeaustausch mit der Umgebung statt. Die Änderung der Entropie während jeder Zustandsänderung ist nach (13.42) und (13.38)

ΔS_{AB} Q_1/T_1, isotherm, Wärme wird aufgenommen,
$\Delta S_{BC} = 0$, adiabatisch,
$\Delta S_{CD} = -Q_2/T_2$, isotherm, Wärme wird abgegeben,
$\Delta S_{DA} = 0$, adiabatisch.

Die gesamte Änderung der Entropie beim Kreisprozeß ist null, und

$$\Delta S_{\text{Kreis}} = \frac{Q_1}{T_1} - \frac{Q_2}{T_2} = 0, \quad \text{oder} \quad \frac{Q_1}{T_1} = \frac{Q_2}{T_2}. \qquad (13.43)$$

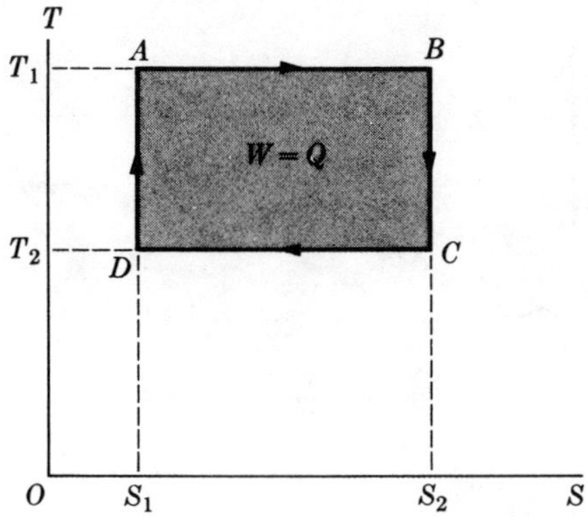

13.17 Carnotscher Kreisprozeß in einem T–S-Diagramm. AB und CD sind Isothermen, BC und DA Adiabaten.

Das gibt die Beziehung zwischen der aufgenommenen und abgegebenen Wärme und den entsprechenden Temperaturen. Gleichung (13.43) gilt für jede Substanz, die einen Carnotschen Kreisprozeß durchmacht, ob die Substanz ein ideales Gas ist oder nicht, da wir keinerlei spezielle Annahmen über die innere Struktur der Substanz gemacht haben. Im Fall eines Gases läuft der Kreisprozeß über eine Reihe von Expansionen und Kompressionen ab.

Die gesamte Wärme, die während des Kreisprozesses vom System aufgenommen wird, ist

$$Q = Q_1 - Q_2.$$

Das ist gleich der Arbeit W, die während des Kreisprozesses vom System geleistet wird. Nach (13.41) können wir schreiben

$$W = Q = \text{Fläche des Rechtecks } ABCD.$$

Andererseits ist nach (13.42)

$$Q_1 = T_1 \Delta S_{AB} = T_1(S_2 - S_1).$$

Der Wirkungsgrad einer Wärmemaschine, die nach dem Carnotschen Kreisprozeß arbeitet (welcher als Verhältnis aus der geleisteten Arbeit zu der bei der höchsten Temperatur aufgenommenen Wärme definiert ist) ist daher

$$E = \frac{W}{Q_1} = \frac{(T_1 - T_2)(S_2 - S_1)}{T_1(S_2 - S_1)} = \frac{T_1 - T_2}{T_1}. \qquad (13.44)$$

Wir sehen also:

Der Wirkungsgrad einer Wärmemaschine, die nach einem reversiblen Carnotschen Kreisprozeß arbeitet, ist unabhängig von der verwendeten Substanz und hängt nur von den beiden Arbeitstemperaturen ab.

Dieses Ergebnis ist allgemein als der *Carnotsche Satz* bekannt. Zusätzlich zu seiner Bedeutung für den Entwurf von Wärmemaschinen zeigt der Carnotsche Satz, daß eine reversible Wärmemaschine als Thermometer verwendet werden kann. Zu diesem Zweck muß die Maschine zwischen einer Standardtemperatur und der zu bestimmenden Temperatur arbeiten. Die unbekannte Temperatur findet man, indem man den Wirkungsgrad der Maschine bestimmt und (13.44) anwendet.

13.13 DER ÜBERGANG INS GLEICHGEWICHT: DER ZWEITE HAUPTSATZ DER THERMODYNAMIK.

Wenn wir uns die Definition von S vor Augen halten und uns daran erinnern, daß der Zustand des statistischen Gleichgewichts der wahrscheinlichsten Verteilung entspricht, können wir schließen, daß die Entropie eines isolierten Systems im statistischen Gleichgewicht den maximalen Wert hat, der mit dem Zustand des Systems vereinbar ist. Die einzigen Prozesse, die in einem isolierten System nach Erreichen des statistischen Gleichgewichts ablaufen können, sind daher jene, bei denen sich die Entropie nicht ändert. Wenn sich andererseits ein isoliertes System nicht im Gleichgewicht befindet, wird es sich natürlicherweise in Richtung einer Entropiezunahme entwickeln, da durch solche Prozesse das System in Richtung des Zustands maximaler Wahrscheinlichkeit oder des statistischen Gleichgewichts getrieben wird. Daher sind die Prozesse, die in einem isolierten System mit größerer Wahrscheinlichkeit ablaufen jene, für die

$$\Delta S \geqq 0 \qquad (13.45)$$

13.18 Änderung der Entropie eines isolierten Systems beim Übergang ins Gleichgewicht.

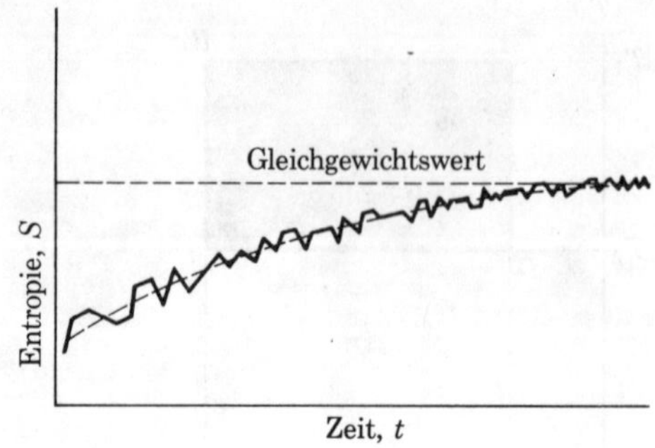

13.19 Irreversible Diffusion von Tinte in Wasser.

ist; die Ungleichheitsbeziehung gilt dann, wenn sich das System ursprünglich nicht im Gleichgewicht befindet. Wir können daher den *zweiten Hauptsatz der Thermodynamik* wie folgt formulieren:

Die wahrscheinlichsten Vorgänge, die in einem isolierten System ablaufen, sind jene, bei welchen die Entropie entweder zunimmt oder konstant bleibt.

Diese Aussage muß in einem statistischen Sinn interpretiert werden, da zu einem gegebenen Augenblick wegen der Schwankungen in der molekularen Verteilung die Entropie eines isolierten Systems auch abnehmen kann; nur wird dieser Vorgang mit umso geringerer Wahrscheinlichkeit eintreten, je größer die Abnahme der Entropie ist. Die Änderung der Entropie während der Entwicklung des Systems in Richtung auf das Gleichgewicht muß daher durch die unregelmäßige Linie in Abb. 13.18. dargestellt werden.

Der zweite Hauptsatz der Thermodynamik drückt die wohlbekannte Tatsache aus, daß in einem isolierten System eine genau definierte Tendenz oder Richtung für den Ablauf von Vorgängen herrscht, wobei die Tendenz durch die Richtung bestimmt wird, in der die Entropie zunimmt.

Transportphänomene, wie z.B. die Moleküldiffusion und Wärmeleitung, die im nächsten Kapitel besprochen werden, sind gute Beispiele für Vorgänge, die immer in einer Richtung ablaufen. Die Diffusion findet in der Richtung statt, in der die Konzentration ausgeglichen wird und man kann beweisen, daß die Entropie des Systems zunimmt. Der umgekehrte Vorgang, die spontane Umwandlung eines homogenen Systems in ein inhomogenes System, was einer Abnahme der Entropie entspricht, wird nie beobachtet. Wenn z.B. ein Tropfen Tinte am Punkt A innerhalb eines mit Wasser gefüllten Gefäßes freigesetzt wird (Abb. 13.19a) breiten sich die Tintemoleküle rasch durch das Wasser aus, und nach einiger Zeit ist das Wasser einheitlich gefärbt (Abb. 13.19c). Bei diesem Vorgang hat die Entropie des Systems zugenommen. Wenn jedoch zu einem bestimmten Zeitpunkt die Geschwindigkeiten aller Moleküle genau umgekehrt werden, würde sich die Tinte schließlich wieder in A sammeln, was zu einer Abnahme der Entropie führen würde. Das ist jedoch offensichtlich ein äußerst unwahrscheinliches Ereignis, das bisher nie beobachtet wurde. Andererseits kann es zu geringfügigen Schwankungen in der Konzentration der Tintemoleküle an verschiedenen Stellen kommen, sogar nachdem das Gleichgewicht erreicht wurde; diese Schwankungen sind jedoch in den meisten Fällen unmerklich.

Wärmeleitung ist der Vorgang, bei dem zwei Systeme (oder zwei Teile eines Systems) mit verschiedenen Temperaturen (unterschiedliche mittlere Molekülenergien) Energie austauschen. Im Mittel wird die Energie vom System höherer Energie auf das System niedrigerer Energie übertragen, niemals jedoch in umgekehrter Richtung. Der Vorgang läuft solange ab, bis beide Systeme die gleiche Temperatur erreichen. Der umgekehrte Vorgang, das heißt, die Übertragung von Wärme von einem kalten auf einen warmen Körper, wird in isolierten Systemen jedoch niemals beobachtet. Damit dieser Vorgang abläuft (wie z.B. in einem Kühlschrank) muß man am System äußere Arbeit leisten.

Wenn ein System nicht isoliert ist, kann seine Entropie infolge der Wechselwirkung mit anderen Systemen abnehmen, deren Entropie sich dann ebenfalls verändern muß. Die gesamten Änderungen aller Entropien der am Prozeß beteiligten Systeme müssen jedoch mit (13.45) übereinstimmen, wobei $\Delta S = 0$ für reversible und $\Delta S > 0$ für irreversible Prozesse gilt.

Wenn z.B. zwei kombinierte Systeme isoliert sind und die Gesamtentropie $S = S_1 + S_2$ ist, müssen die Prozesse, die im kombinierten System ablaufen, die Gleichung

$$\Delta S = \Delta S_1 + \Delta S_2 \geqq 0$$

erfüllen. Die Entropie einer der Komponenten kann während eines Prozesses abnehmen, aber die Nettoänderung der Entropie für das Gesamtsystem muß positiv oder null sein.

Die große Bedeutung des zweiten Hauptsatzes der Thermodynamik, wie es (13.45) ausdrückt, liegt darin, daß er anzeigt, welche Vorgänge im gesamten Universum mit größerer Wahrscheinlichkeit ablaufen. Es gibt viele Vorgänge, die ablaufen *könnten*, da sie mit anderen Gesetzen, wie z.B. dem der Erhaltung der Energie, übereinstimmen. Es ist jedoch sehr unwahrscheinlich, daß sie ablaufen, wenn sie den zweiten Hauptsatz oder Bedingung (13.45) verletzen.

Das Prinzip der Zunahme der Entropie stellt zusammen mit den Erhaltungssätzen (der Energie, des Impulses und Drehimpulses) die grundlegende Regel dar, der alle Vorgänge im Universum gehorchen müssen.

Beispiel 13.7 *Änderung der Entropie bei der Wärmeleitung*. Nehmen Sie zwei Körper bei den Temperaturen T_1 und T_2, wobei $T_1 > T_2$. Wenn die beiden Körper miteinander in Kontakt gebracht werden, wird eine Menge an Energie in Form von Wärme vom heißeren auf den kälteren Körper übertragen; das Gegenteil tritt jedoch nie ein. Der Prozeß ist irreversibel. Wenn Q die übertragene Wärme ist, ist die Entropie jedes Körpers

$$\Delta S_1 = -\frac{Q}{T_1}, \qquad \Delta S_2 = +\frac{Q}{T_2},$$

da der Körper bei der Temperatur T_1 die Wärme Q abgibt und der Körper bei Temperatur T_2 sie aufnimmt. Die Änderung in der Entropie des Systems ist

$$\Delta S = \Delta S_1 + \Delta S_2 = -\frac{Q}{T_1} + \frac{Q}{T_2} = Q\left(\frac{T_1 - T_2}{T_2 T_1}\right).$$

Eindeutig ist $\Delta S > 0$, was einem irreversiblen Prozeß entspricht. Man beachte, daß die Entropie abnehmen würde, wenn nur Energie vom kälteren auf den wärmeren Körper übertragen würde, was in der Natur nie beobachtet wird.

FRAGEN

1. Erklären Sie, warum wir sagen, daß die Temperatur ein statistischer Begriff ist.
2. Können wir von der Temperatur eines Gasmoleküls sprechen oder müssen wir uns auf die Temperatur des ganzen Gases beziehen?
3. Das Deuteron ist ein Kern, der aus zwei Teilchen besteht (einem Proton und einem Neutron), während der Urankern 238 Teilchen enthält (92 Protonen und 146 Neutronen). Auf welchen dieser Kerne läßt sich der Begriff der «Kerntemperatur» besser anwenden?
4. Mit welchen physikalischen Eigenschaften eines Systems steht die Temperatur im Zusammenhang? Gilt die Beziehung für alle Substanzen?
5. Führen Sie die Unterschiede zwischen einem realen und einem idealen Gas an.
6. Geben Sie eine klare Definition dessen, was man unter einer «Verteilung» in einem Teilchensystem versteht.

7. Erklären Sie mit Hilfe des Temperaturbegriffs, warum die Besetzung der Zustände höherer Energie mit steigender Temperatur zunimmt.
8. Erklären Sie, warum ein reales Gas bei geringer Dichte sich sehr ähnlich wie ein ideales Gas verhält.
9. Diskutieren Sie die Beziehung zwischen der äußeren Arbeit, die an einem System geleistet wird, und der äußeren Arbeit, die ein System leistet.
10. Ist es sinnvoll, den Ausdruck «Wärmeenergie» zu verwenden? Begründen Sie Ihre Antwort.
11. Erklären Sie, warum die Temperatur eines idealen Gases während einer adiabatischen Expansion abnehmen muß. Unter welchen Bedingungen gilt das auch für ein reales Gas?
12. Führen Sie einige Beispiele für reversible und irreversible Prozesse an, die nicht im Text enthalten waren.
13. Diskutieren Sie, wie eine Wärmemaschine, die nach dem reversiblen Carnotschen Kreisprozeß arbeitet, als absolutes Thermometer verwendet werden kann.
14. Erklären Sie, warum es eher unwahrscheinlich ist, daß die Entropie eines isolierten Systems abnimmt.
15. Analysieren Sie die möglichen Entropieänderungen eines isolierten Systems, welches (a) *nicht* im Gleichgewicht, (b) im Gleichgewicht ist.
16. Welche der Größen, die unten angeführt sind, hängen vom *Zustand* des Systems und welche vom Weg der Zustandsänderung ab: innere Energie, Temperatur, Wärme, Arbeit, Entropie, Wärmekapazität, Druck?

AUFGABEN

13.1 Wie groß ist die mittlere kinetische Energie eines Gasmoleküls bei einer Temperatur von 25° C. Drücken Sie sie in Joule und in eV aus. Wie groß ist die entsprechende rms-Geschwindigkeit, wenn das Gas (a) Wasserstoff, (b) Sauerstoff, (c) Stickstoff, (d) Helium (einatomig) und (e) Kohlendioxyd ist. [Beachten Sie, daß die ersten drei Moleküle zweiatomig sind.].

13.2 Bestimmen Sie die innere Energie eines Mols eines idealen Gases bei 0° C (273 K). Hängt sie von der Natur des Gases ab? Warum?

13.3 Bestimmen Sie die Änderung der inneren Energie eines Mols eines idealen Gases, wenn sich seine Temperatur von 0° C auf 100° C verändert. Müssen wir dazu sagen, wie sich der Druck und das Volumen verändern?

13.4 Bestimmen Sie das Volumen eines Mols eines idealen Gases bei STD; d.h., bei einer Temperatur von 0° C und einem Druck von 1 Atmosphäre. Zeigen Sie außerdem, daß die Zahl von Molekülen jedes Gases pro Kubikzentimeter bei STD $2{,}687 \cdot 10^{19}$ beträgt. Man nennt sie die *Loschmidtsche Zahl*.

13.5 Berechnen Sie die rms-Geschwindigkeit (a) eines Heliumatoms bei 2 K, (b) eines Stickstoffmoleküls bei 27° C und (c) eines Quecksilberatoms bei 100° C.

13.6 Bei welcher Temperatur ist die Zahl von Molekülen eines idealen Gases pro Einheitsenergiebereich bei $2 \cdot 10^{-2}$ eV ein Viertel der Zahl, die $1 \cdot 10^{-2}$ eV entspricht?

13.7 Berechnen Sie eine ausreichende Zahl von Punkten für eine graphische Darstellung der Verteilungsfunktion der Molekülenergien in einem idealen Gas für ein Kilomol bei 200 K und 600 K.

13.8 Bestimmen Sie aus (13.9) den Bruchteil von Molekülen eines idealen Gases, der Geschwindigkeiten zwischen v_{mit} und $1{,}2 v_{mit}$ hat, wobei sie

a) $v = v_{mit}$ und $dv = 0{,}2\ v_{mit}$;
b) $v = 1{,}1 v_{mit}$ und $dv = 0{,}2\ v_{mit}$

setzen.

13.9 Der Prozeß, der in Aufgabe 13.3 erwähnt wurde, läuft bei konstantem Volumen ab. (a) Welche Arbeit hat das Gas geleistet? (b) Wieviel Wärme hat es aufgenommen?

13.10 Wiederholen Sie die vorherige Aufgabe für den Fall, daß der in Aufgabe 13.3 erwähnte Prozeß bei konstantem Druck abläuft.

13.11 Ein Gas wird bei einem konstanten Druck von 20 atm gehalten, während es sich von einem Volumen von $5 \cdot 10^{-3}$ m^3 auf eines von $9 \cdot 10^{-3}$ m^3 ausdehnt. Welche Menge an Energie muß dem Gas als Wärme zur Verfügung gestellt werden, um (a) seine innere Energie auf einem konstanten Wert zu erhalten, (b) seine innere Energie um den gleichen Betrag zu erhöhen wie die äußere geleistete Arbeit? Drücken Sie Ihr Ergebnis in Kalorien und Joule aus.

13.12 Ein Gas, das ursprünglich einen Druck von 4 atm und ein Volumen von $4 \cdot 10^{-2}$ m^3 hat, dehnt sich so aus, daß die Beziehung $pV =$ Konst gilt. Unter diesen Bedingungen bleibt die Temperatur und damit die innere Energie konstant. Berechnen Sie die geleistete Arbeit und die aufgenommene Wärme, wenn sich das Volumen verdoppelt.

13.13 Wenn ein System entlang des Weges ACB (siehe Abb. 13.20) aus dem Zustand A in den Zustand B überführt wird, nimmt es 80 J Wärme auf und leistet 30 J Arbeit. (a) Wenn die zugeführte Arbeit 10 J ist, wieviel Wärme wird vom

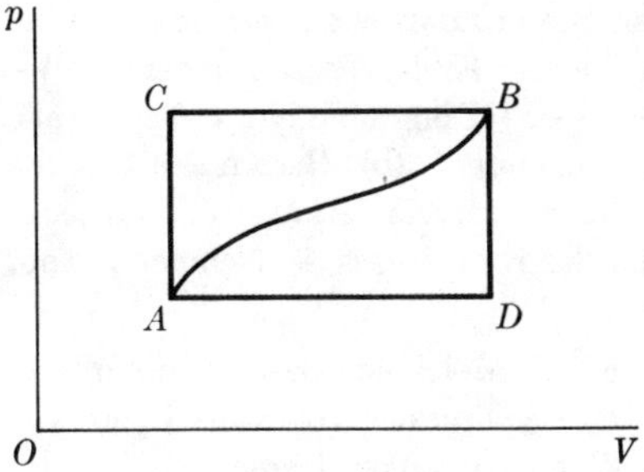

13.20

System längs des Weges ADB aufgenommen? (b) Das System kehrt längs des gekrümmten Weges von B nach A zurück. Die Arbeit, die am System geleistet wird, ist 20 J. Nimmt das System Wärme auf oder setzt es sie frei, und wie viel? (c) Es sei $U_A = 0$ und $U_D = 40$; bestimmen Sie die Wärme, die in den Prozessen AD und DB aufgenommen wird.

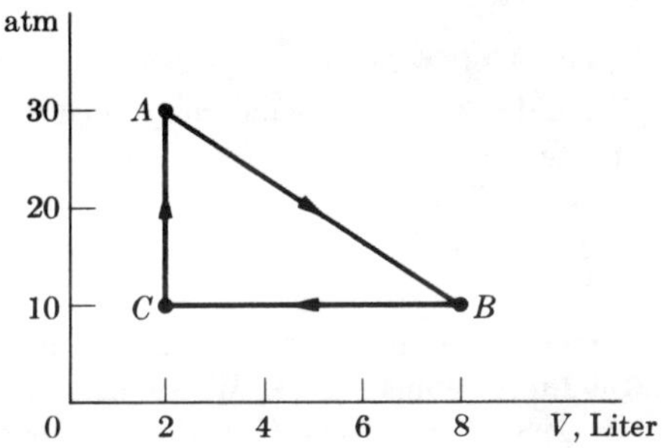

13.21

13.14 Ein Gas führt den Kreisprozeß aus, der in Abb. 13.21 gezeigt ist. Der Prozeß wird 100 Mal pro Minute wiederholt. Bestimmen Sie die produzierte Leistung. Folgende Daten gelten: bei A ist der Druck 30 atm und das Volumen $V = 2$ Liter; bei B ist der Druck 10 atm und das Volumen 8 Liter.

13.15 Tragen Sie die Linien für die isochore Zustandsänderungen eines idealen Gases für drei verschiedene Volumina in die gleiche Abbildung ein. Wiederholen Sie den Vorgang für isobare Zustandsänderungen für drei verschiedene Drucke und für isotherme Zustandsänderungen für drei verschiedene Temperaturen.

13.16 Zeigen Sie, daß die Arbeit, die ein ideales Gas während einer isothermen Expansion leistet

$$W_T = \mathrm{N}RT \ln \left(\frac{V_2}{V_1}\right) = \mathrm{N}RT \ln \left(\frac{p_1}{p_2}\right)$$

ist. Welche Wärmemenge wird während des Vorgangs absorbiert?

13.17 Die Wärmekapazität der meisten Substanzen (außer bei sehr niedrigen Temperaturen) kann durch die empirische Formel

$$C_p = a + 2bT - cT^{-2}$$

mit hinreichender Genauigkeit ausgedrückt werden, wobei a, b und c Konstanten sind und T die absolute Temperatur. (a) Drücken Sie die Wärme, die erforderlich ist, um die Temperatur eines Mols einer Substanz bei konstantem Druck von T_1 auf T_2 zu erhöhen, durch a, b und c aus. (b) Bestimmen Sie die mittlere Wärmekapazität zwischen den Temperaturen T_1 und T_2.

13.18 Wenn die Formel der Aufgabe 13.17 auf Magnesium angewendet wird, sind die Zahlenwerte der Konstanten $a = 25{,}7 \cdot 10^3$, $b = 3{,}13$ und $c = 3{,}27 \cdot 10^8$, wenn C_p in J K^{-1} mol^{-1}gegeben ist. Berechnen Sie die Wärmekapazität von Magnesium bei 300 K und die mittlere Wärmekapazität zwischen 200 K und 400 K.

13.19 Zeigen Sie anhand von (13.11), daß

$$pV = \text{Konst} \qquad \text{oder} \qquad p_1V_1 = p_2V_2,$$

wenn die Temperatur eines idealen Gases konstant ist; das Ergebnis ist als *Boyle—Mariottsches Gesetz* bekannt. Zeigen sie auch, daß bei konstantem Druck

$$V/T = \text{Konst} \qquad \text{oder} \qquad V_1/T_1 = V_2/T_2;$$

dieses Ergebnis stellt das *Charlessche Gesetz* dar. Zeigen Sie schließlich, daß bei konstantem Volumen

$$p/T = \text{Konst} \qquad \text{oder} \qquad p_1/T_1 = p_2/T_2;$$

dieses Ergebnis stellt das *Gay-Lussacsche Gesetz* dar. Diese Gesetze waren lange bevor sie in (13.11) zusammengefaßt wurden, experimentell bekannt.

13.20 Berechnen Sie unter Verwendung der ersten zwei Glieder der Virialentwicklung für die Zustandsgleichung eines Gases aus (13.15) die Arbeit, die ein Gas leistet, wenn es sich isotherm von einem Volumen V_1 auf ein Volumen V_2 ausdehnt. Vergleichen Sie mit dem Wert, den Sie unter Verwendung des Ausdrucks für ideale Gase erhalten.

13.21 Eine empirische Gleichung zur Beschreibung eines realen Gases wurde von van der Waals vorgeschlagen

$$\left(p + \frac{\mathrm{N}^2 a}{V^2}\right)(V - \mathrm{N}b) = \mathrm{N}RT.$$

Schreiben Sie die Gleichung in Virialform und vergleichen Sie sie mit (13.15)

13.22 Eine empirische Zustandsgleichung für reale Gase wurde von Dieterici vorgeschlagen

$$p\,(V - \mathrm{N}b)\, e^{\mathrm{N}a/VRT} = \mathrm{N}RT.$$

Schreiben Sie die Gleichung in Virialform und vergleichen Sie sie mit (13.15). [*Hinweis*: Erinnern Sie sich an die Reihenentwicklung

$$e^{-x} = 1 - x + \tfrac{1}{2}x^2 \ldots \qquad]$$

13.23 Drücken Sie die Gleichung für einen adiabatischen Prozeß eines idealen Gases durch (a) Druck und Temperatur, (b) Volumen und Temperatur aus.

13.24 Vergleichen Sie die Anstiege einer adiabatischen und einer isothermen Zustandsänderung eines idealen Gases im gleichen Punkt in einem p-V–Diagramm. Schließen Sie aus dem Vergleich, daß bei der adiabatischen Ausdehnung eines idealen Gases die Temperatur sinkt. Erklären Sie, warum das so ist.

13.25 Tragen Sie den Carnotschen Kreisprozeß in einem $p-V$–Diagramm auf, wenn die verwendete Substanz ein ideales Gas ist. Zeigen Sie, daß, wenn V_1, V_2, V_3 und V_4 die Volumina der Gase am Ende jeder Zustandsänderung sind,

$$V_2/V_1 = V_3/V_4$$

ist.

13.26 Berechnen Sie die Arbeit, die ein Gas während jeder der Zustandsänderungen leistet, aus denen ein Carnotscher Kreisprozeß besteht, und zeigen Sie, daß die Gesamtarbeit, die geleistet wird, gegeben ist durch

$$W = \text{N} R(T_2 - T_1) \ln V_2/V_1.$$

13.27 Ein ideales Gas bei 300 K nimmt ein Volumen von 0,5 m^3 bei einem Druck von 2 atm ein. Das Gas dehnt sich adiabatisch aus, bis sein Volumen 1,2 m^3 ist. Darauf wird das Gas isobar bis auf sein ursprüngliches Volumen komprimiert. Schließlich wird der Druck isochor erhöht bis das Gas in seinen Ursprungszustand zurückgekehrt ist. (a) Tragen Sie den Prozeß in einem $p-V$–Diagramm auf. (b) Berechnen Sie die Temperatur nach Beendigung jeder Zustandsänderung. (c) Bestimmen Sie die Arbeit, die während des Kreisprozesses geleistet wird. Nehmen Sie an, daß $\gamma = 1{,}4$ ist.

13.28 Ein ideales Gas bei 300 K nimmt ein Volumen von 0,5 m^3 bei einem Druck von 2 atm ein. Das Gas dehnt sich adiabatisch aus, bis sein Volumen 1,2 m^3 ist. Darauf wird das Gas isotherm komprimiert, bis sein Volumen das Ausgangsvolumen erreicht hat. Schließlich wird der Druck isochor erhöht bis das Gas in den Ursprungszustand zurückgekehrt ist. (a) Tragen Sie den Prozeß in einem $p-V$–Diagramm auf. (b) Berechnen Sie die Temperatur nach Beendigung der adiabatischen Expansion. (c) Bestimmen Sie die Arbeit, die während des Kreisprozesses geleistet wird. Nehmen Sie an, daß $\gamma = 1{,}4$ ist.

13.29 Ein ideales Gas befindet sich ursprünglich bei $T_1 =$ 300 K, $p_1 = 3$ atm und $V_1 = 4$ m^3. Das Gas dehnt sich isotherm auf ein Volumen von 16 m^3 aus. Darauf folgt ein isochorer Prozeß bis zu einem solchen Druck, daß eine adiabatische Kompression das Gas in seinen Ursprungszustand zurückversetzt. Nehmen Sie an, daß alle Prozesse reversibel sind und (a) zeichnen Sie den Kreisprozeß in einem $p-V$–Diagramm und in einem $T-S$–Diagramm ein, wobei Sie alle Endpunkte sorgfältig markieren. (b) Berechnen Sie die geleistete Arbeit und die Entropieänderung während jedes einzelnen Prozesses und des Kreisprozesses. Nehmen Sie an, daß $\gamma = 1{,}4$.

13.30 Ein Gas, das aus N Molekülen besteht, nimmt bei einer Temperatur T einen Behälter des Volumens V_1 ein, der durch eine bewegliche Wand von einem leeren Behälter des Volumens V_2 getrennt ist. Wenn die Trennwand entfernt wird, nimmt das Gas das gesamte Volumen $V_1 + V_2$ ein. Zeigen Sie daß (a) die Temperatur des Gases gleich bleibt und (b) die Entropieänderung gegeben ist durch

$$\Delta S = kN \ln \left(1 + \frac{V_2}{V_1}\right).$$

(c) Beweisen Sie, daß ΔS positiv ist.

13.31 Zeigen Sie, daß die Entropieänderung einer Substanz, die bei konstantem Druck reversibel erwärmt wird

$$\Delta S = \text{N} C_p \ln \left(\frac{T_2}{T_1}\right)$$

ist, (wenn man annimmt, daß die Wärmekapazität konstant bleibt). Wenden Sie Ihr Ergebnis auf 1 kg Wasser an, das von Zimmertemperatur (298 K) auf seinen normalen Siedepunkt (373 K) erwärmt wird.

13.32 Wenn eine Substanz einen Phasenübergang durchmacht (Schmelzen, Verdampfen, Sublimieren u.s.w. oder das Gegenteil), wird Wärme bei konstanter Temperatur aufgenommen (oder freigesetzt). Die Schmelzwärme von Wasser ist 1435 cal mol^{-1} und die Verdampfungswärme ist 9720 cal mol^{-1}. Berechnen Sie die Entropieänderung von einem Mol Wasser, das reversibel bei konstantem Druck von $-20°$ C auf 150° C erwärmt wird. Die Wärmekapazität von Eis ist 9.0 cal K^{-1} mol^{-1}, die Wärmekapazität von Dampf bei konstantem Druck ist 8,6 cal K^{-1} mol^{-1}.

13.33(a) Ein Kilogramm Wasser bei 0° C wird mit einem großen Körper bei 100° C in Berührung gebracht. Wie groß ist die Entropieänderung des Wassers? des Körpers? des Universums?, wenn das Wasser 100° C erreicht hat. (b) Wenn das Wasser von 0° C auf 100° C erwärmt worden wäre, indem man es zuerst mit einem großen Körper bei 50° C und dann mit einem großen Körper bei 100° C in Kontakt gebracht hätte, wie groß wäre die Entropieänderung des Wassers und des Universums? (c) Erklären Sie, wie Wasser ohne Entropieänderung des Universums von 0° auf 100° C erwärmt werden könnte.

Kapitel 14

TRANSPORT-PHÄNOMENE

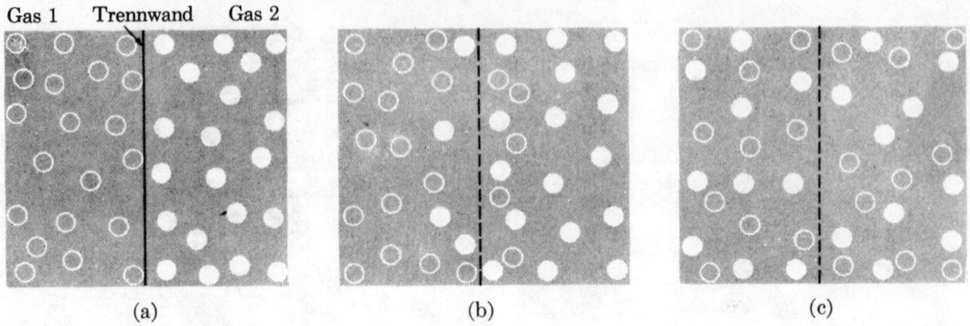

14.1 Gasdiffusion (a) Die beiden Gase werden durch eine Trennwand in verschiedenen Bereichen gehalten. (b) Kurze Zeit nachdem die Trennwand entfernt wurde, findet man einige wenige Moleküle auf der anderen Seite. (c) Nach einer gewissen Zeit ist die Mischung der beiden Gase homogen, und es findet keine weitere Diffusion mehr statt.

14.1 EINLEITUNG

Die Tatsache, daß sich Moleküle in Gasen und Flüssigkeiten (und zu einem geringeren Grad in Festkörpern) in ständiger Bewegung befinden, führt zu einer Reihe wichtiger physikalischer Vorgänge statistischer Natur, die alle gewisse gemeinsame Züge aufweisen und zusammenfassend als Transportphänomene bezeichnet werden. Transportphänomene sind jene Prozesse, bei welchen eine Nettoübertragung (oder Nettotransport) von Materie oder Energie oder Impuls in makroskopischer Menge stattfindet. In diesem Kapitel wollen wir kurz drei Arten von Transportphänomenen diskutieren: (a) Molekulardiffusion, (b) Wärmeleitung und (c) Viskosität.

14.2 MOLEKULARDIFFUSION: DAS FICKSCHE GESETZ

Wir wissen, daß wir beim Öffnen einer Parfümflasche oder einer anderen Flasche mit einer deutlich riechenden Flüssigkeit, wie z.B. Ammoniak, den Geruch sehr rasch in entfernten Bereichen eines geschlossenen Raumes wahrnehmen können. Wir sagen, daß die Flüssigkeitsmoleküle nach dem Verdampfen durch die Luft diffundieren und sich über den gesamten umgebenden Raum ausbreiten. Das gleiche passiert, wenn wir ein Stück Zucker in ein Glas Wasser geben. Der Zucker löst sich nach und nach auf, aber gleichzeitig diffundieren die Moleküle des gelösten Zuckers durch das Wasser und sind schließlich auf das ganze Wasser verteilt. Als letztes Beispiel wollen wir zwei Gase in einem mit einer Trennwand versehenen Gefäß betrachten, wie in Abb. 14.1 dargestellt. Wenn wir die Trennwand entfernen, diffundieren die Gase ineinander, bis wir nach kurzer Zeit eine homogene Mischung haben. Diese und viele andere Beispiele, die dem Studenten vertraut sind, zeigen eine fundamentale Eigenschaft des Diffusionsvorgangs auf:

Eine Diffusion findet immer dann statt, wenn die räumliche Verteilung der Moleküle der Substanz von Ort zu Ort verschieden ist.

---

n sei die Zahl von Molekülen der diffundierenden Substanz pro Volumeneinheit (wir wollen das die *Konzentration* der Substanz nennen). Nach der obigen Aussage muß diese Zahl von Ort zu Ort verschieden sein, damit es zur Diffusion kommt. Eine zweite Eigenschaft ist also folgende:

Die Diffusion (Molekültransport) läuft in der Richtung ab, in der die Konzentration abnimmt;

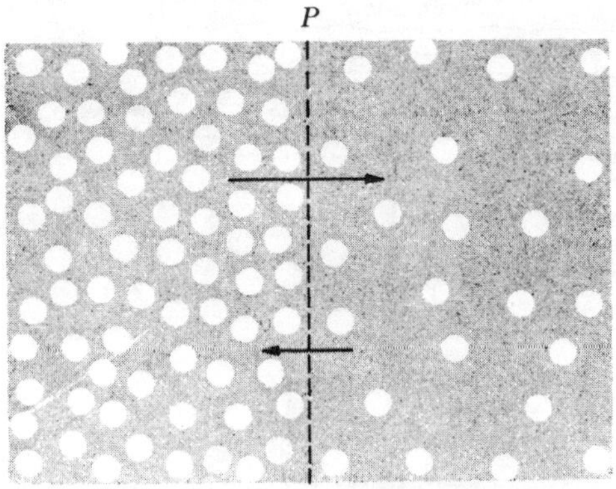

14.2 Der Diffusionsstrom ist in den beiden Richtungen unterschiedlich.

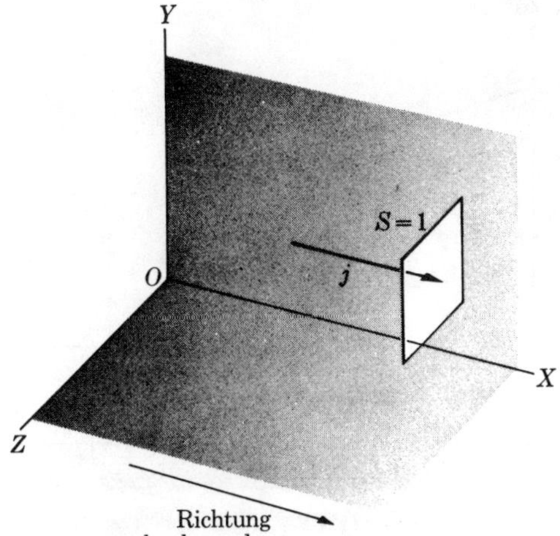

14.3

sie neigt daher dazu, die Verteilung der Moleküle der diffundierenden Substanz im Raum auszugleichen. Es besteht daher eine genau definierte Tendenz dazu, wie die Diffusion stattfindet. Diese Tendenz muß jedoch sowohl auf statistische als auch auf makroskopische Weise betrachtet werden, da es während kurzer Perioden zu lokalen Schwankungen kommen kann, die an bestimmten Orten eine Umkehrung des Molekülflusses bewirken.

Die Diffusion ist im allgemeinen das Ergebnis der Tatsache, daß die Molekülbewegung zu häufigen Stößen zwischen den Molekülen führt, die als Folge davon gestreut werden. Nehmen Sie an, daß wir ein Gas haben, das einen Bereich einnimmt, der durch eine Trennwand in zwei Abschnitte geteilt ist (Abb. 14.2), so daß die Dichte auf den beiden Seiten verschieden, die Temperaturen und damit auch die Molekülgeschwindigkeiten jedoch auf beiden Seiten gleich sind. Wenn wir die Trennwand entfernen, haben wir an der Grenzfläche zwei Molekülströme, die durch die horizontalen Pfeile angezeigt sind, und welche durch die Stöße und Streuungen zustande kommen, die an beiden Seiten von P erfolgen. Der Strom von links nach rechts ist jedoch größer, da die Stoßfrequenz links, wo die Konzentration höher ist, größer ist. Es resultiert daher insgesamt eine Strömung nach rechts, die zu einer Diffusion von links nach rechts führt, oder vom Bereich höherer Konzentration zu dem geringerer Konzentration.

Im folgenden werden wir nur die Diffusion einer Substanz in sich selbst oder durch ein anderes Medium (ein Gas, eine Flüssigkeit oder einen Festkörper) betrachten, der homogen ist und dessen Moleküle praktisch fixiert sind. Wir werden den Fall zweier Substanzen, die ineinander diffundieren, nicht betrachten, da er eine etwas andere Behandlung erfordert. Wir wollen außerdem den Effekt zwischenmolekularer Kräfte vernachlässigen.

Nehmen Sie an, daß die Konzentration der Substanz in einer bestimmten Richtung variiert, welche wir als X-Achse bezeichnen wollen (Abb. 14.3), daß aber sonst die Konzentration in allen Ebenen senkrecht zu dieser Richtung gleich ist. Dann ist die Zahl der Atome oder Moleküle pro Volumeneinheit (oder die Konzentration) nur eine Funktion der x-Koordinate; d.h., $n(x)$. Sie wird in m^{-3} ausgedrückt. Die Diffusion findet dann in Richtung der X-Achse statt.

Wir wollen j die *Teilchenstromdichte* nennen; d.h. die Nettozahl von Teilchen, die pro Zeiteinheit durch eine Einheitsfläche treten, die senkrecht zur Diffusionsrichtung ist. Die Teilchenstromdichte wird in $m^{-2}\, s^{-1}$ ausgedrückt. Wenn die Substanz homogen ist, (d.h. wenn n konstant ist) ist die Teilchenstromdichte j null, da die gleiche Zahl von Teilchen in einer Richtung wie in der umgekehrten Richtung durchtritt, es gibt also im Mittel keinen Massentransport. Wenn die Substanz jedoch inhomogen ist und n von Punkt zu Punkt variiert,

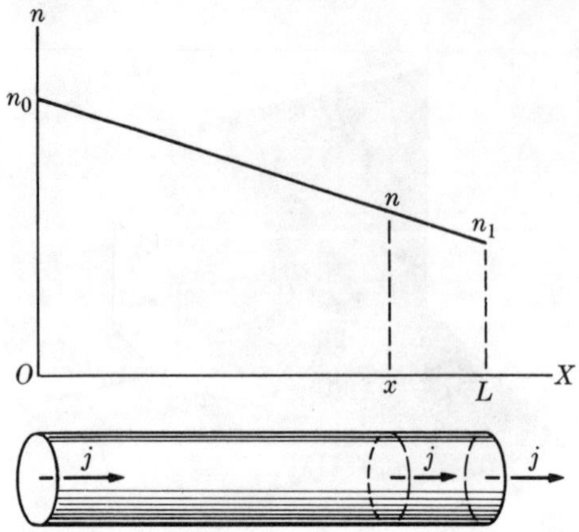

14.4 Änderung der Konzentration infolge einer stationären Diffusion entlang eines Rohres.

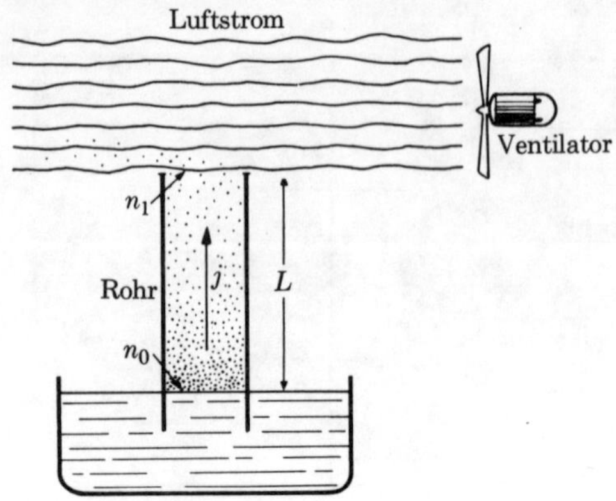

14.5 Diffusion von Wasserdampf längs einer Säule.

ist das Ergebnis eine Nettoströmung oder ein Massentransport. Unser physikalisches Gefühl, das durch Versuche bestätigt wird, sagt uns, daß die Stromdichte umso größer ist, je größer die Änderung der Konzentration $n(x)$ pro Längeneinheit oder je größer der Konzentrationsgradient (d.h. umso größer dn/dx) ist. Versuche zeigen auch, daß zwischen der Stromdichte j und der Änderung der Konzentration pro Längeneinheit dn/dx eine proportionale Beziehung besteht; d.h.

$$j = -D\frac{dn}{dx}, \qquad \text{(Ficksches Gesetz)} \tag{14.1}$$

wobei die Proportionalitätskonstante D ein Koeffizient ist, der von der Substanz abhängt und als *Diffusionskoeffizient* bezeichnet wird. Das negative Vorzeichen zeigt, daß der Nettofluß in der Richtung abläuft, in der n abnimmt. Gleichung (14.1) wird als *Ficksches Gesetz* bezeichnet. Der Diffusionskoeffizient D wird in $m^2\,s^{-1}$ ausgedrückt, so daß die Einheiten mit Gleichung (14.1) im Einklang sind.

Die meisten Diffusionsprozesse erfüllen (14.1) recht gut, es sei denn die Konzentration n ist extrem niedrig oder sehr hoch oder ändert sich plötzlich über kurze Strecken; in diesen Fällen treffen statistische Überlegungen nicht länger zu.

Wir wollen nun den speziellen Fall betrachten, in dem die Teilchenstromdichte in jedem Querschnitt gleich ist. Dann ist j unabhängig von x, oder j = Konst. Eine konstante Stromdichte bedeutet, daß in jedem Volumenelement die Zahl der diffundierenden Teilchen, die pro Zeiteinheit durch ein Ende eintreten, gleich der Zahl von Teilchen ist, die pro Zeiteinheit am anderen Ende austreten. Das heißt, es findet in keinem Bereich des Mediums eine Anhäufung oder Konzentrationsveränderung statt. Wir sagen dann, daß der Zustand stationär ist. Nach (14.1) gilt

$$\frac{dn}{dx} = \frac{-j}{D}.$$

Nach Integration können wir schreiben

$$\int_{n_0}^{n} dn = \int_0^x -\frac{j}{D}dx,$$

wobei n_0 die Konzentration der Teilchen bei $x = 0$ ist. Dann erhalten wir, da j/D in diesem Fall konstant ist:

$$n = -\frac{j}{D}x + n_0. \tag{14.2}$$

Dieses Ergebnis zeigt, daß die Konzentration der Teilchen linear mit dem Abstand längs der Diffusionsrichtung abnimmt, wie in Abb. 14.4 gezeigt. Gleichung (14.2) kann auch in der Form

$$j = D\frac{n_0 - n}{x}$$

geschrieben werden. Dieser Ausdruck ist dem Fickschen

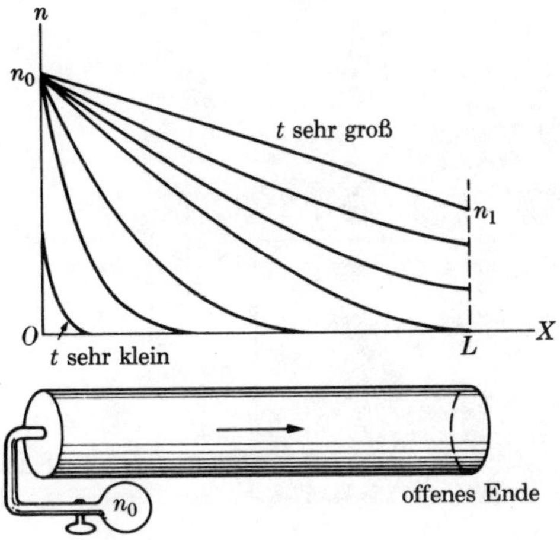

14.6 Zeitliche Änderung der Konzentration für die Diffusion längs einer Röhre mit einem offenen Ende. Die Konzentration an jedem Punkt ändert sich so lange bis ein stationärer Zustand erreicht ist.

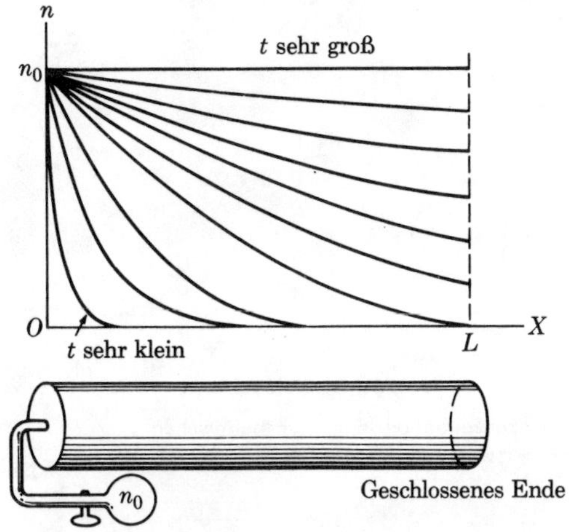

14.7 Zeitliche Änderung der Konzentration für die Diffusion längs einer Röhre mit einem geschlossenen Ende. Der stationäre Zustand wird erreicht, wenn die Konzentration gleichförmig ist.

Gesetz gemäß (14.1) gleichwertig, gilt aber nur für konstante Ströme. Ansonsten gibt die obige Gleichung den mittleren Strom zwischen zwei Punkten im Abstand x wieder.

Man beachte, daß man unter stationären Bedingungen die Teilchen mit einer konstanten Geschwindigkeit einströmen lassen und sie mit gleicher Geschwindigkeit am anderen Ende entfernen muß. Das bedeutet, daß wenn die Konzentration an beiden Enden der Röhre von der Länge L, die in Abb. 14.4 unten gezeigt wird, konstant gehalten wird, die gleiche Zahl von Teilchen, die pro Zeiteinheit bei $x = 0$ eintreten, pro Zeiteinheit bei $x = L$ entfernt werden muß. Wenn die Konzentration bei $x = L$ n_1 ist, gibt die obige Gleichung

$$j = D\frac{n_0 - n_1}{L}. \tag{14.3}$$

Nehmen Sie z.B. an, daß wir ein senkrechtes Rohr haben, das an beiden Enden offen ist. Ein Ende des Rohres taucht in eine Flüssigkeit, die verdampft, so daß die Flüssigkeitsmoleküle durch die Luft im Rohr diffundieren (Abb. 14.5). Ein Luftstrom am anderen Ende entfernt die Moleküle, die dort ankommen, was zu stationären Bedingungen führt: Die Zahl der Teilchen, die unten infolge der Verdampfung eintreten ist gleich der Zahl der Moleküle, die oben durch den Luftstrom entfernt werden. Das ist eine der Methoden zur Messung des Diffusionskoeffizienten D. Wir können die Größe j dadurch messen, daß wir die Flüssigkeitsmenge bestimmen, die in einem bestimmten Zeitintervall verdampft. Die Konzentrationen n_0 am Boden und n_1 am oberen Ende können wir experimentell bestimmen. Dann wenden wir Gleichung (14.3) an, um D zu berechnen.

Im Fall, den wir soeben betrachtet haben, nehmen wir an, daß immer ein stationärer Zustand erreicht wurde. Ein weiteres wichtiges Problem ist es zu bestimmen, wie dieser stationäre Zustand erreicht wird. Wir wollen wieder das Rohr in Abb. 14.4 betrachten. Nehmen Sie an, daß ursprünglich keine Moleküle des diffundierenden Gases im Rohr sind. Zu einer bestimmten Zeit $t = 0$ wird ein Ende mit einer Gasquelle der konstanten Konzentration n_0 verbunden. Wenn wir die Konzentration der Moleküle längs des Rohres zu verschiedenen Zeiten, nachdem die Verbindung hergestellt wurde, messen, erhalten wir die verschiedenen Kurven, die in Abb. 14.6 gezeigt sind. Erst nach relativ langer Zeit wird der stationäre Zustand erreicht, in dem die Moleküle bei $x = L$ mit der gleichen Geschwindigkeit entfernt werden, mit der sie bei $x = 0$ eingefüttert werden, und die Konzentration längs der Röhre durch (14.2) gegeben ist. Wenn das andere Ende des Rohres verschlossen ist, wird sich die Konzentration wie in Abb. 14.7 gezeigt ändern, wobei der stationäre Zustand einer einheitlichen Konzentration in der gesamten Röhre entspricht.

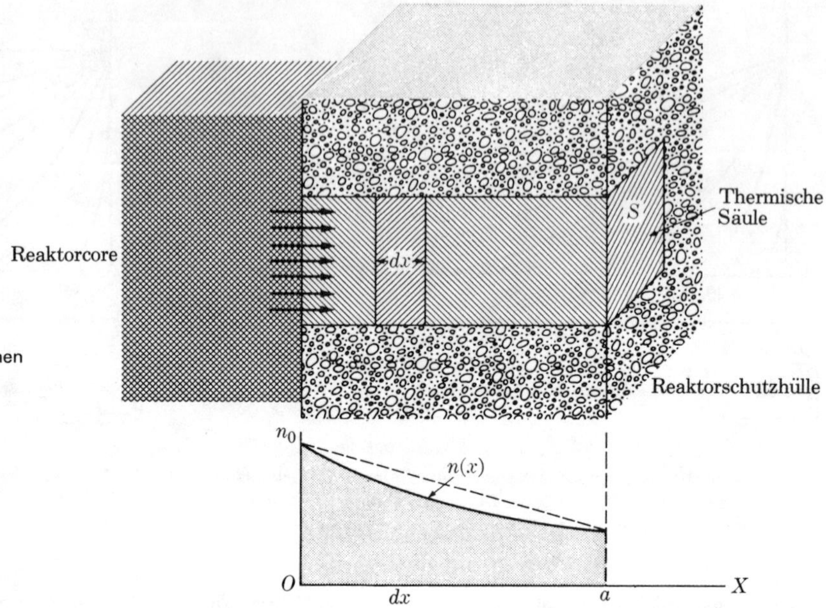

14.8 Neutronenkonzentration längs der thermischen Säule eines Kernreaktors.

Beispiel 14.1 Wenn Wasserdampf durch Luft diffundiert, ist der Diffusionskoeffizient bei Standarddruck und einer Temperatur von 20°C $2{,}19 \cdot 10^{-5}\,\mathrm{m^2\,s^{-1}}$. In einem Versuch, wie dem in Abb. 14.5 gezeigten, ist die Röhre 1 m lang und hat einen Querschnitt von 20 cm^2. Bestimmen Sie die Wassermenge, die pro Sekunde durch das Rohr verdampft.

Lösung: Wir müssen zuerst die Stromdichte nach Gleichung (14.3) bestimmen. Wenn wir annehmen, daß der Vorgang langsam genug ist, so daß der Bereich am unteren Ende des Rohres zu allen Zeiten als gesättigt betrachtet werden kann, finden wir, daß die Dichte des Wasserdampfes bei 20° C $1{,}73 \cdot 10^{-2}\,\mathrm{kg\,m^{-3}}$ ist, und die Zahl der Moleküle am unteren Ende des Rohres pro Volumeneinheit bei einer Masse m der Moleküle durch

$$n_0 = \left(\frac{1{,}73 \cdot 10^{-2}}{m}\right)\mathrm{m}^{-3}$$

gegeben ist. Wir können außerdem annehmen, daß die Konzentration am oberen Ende so gering ist, daß wir $n_1 = 0$ setzen können. Dann ist

$$j = Dn_0/L.$$

Daher ist

$$j = \frac{(2{,}19 \cdot 10^{-5})\,(1{,}73 \cdot 10^{-2}/m)}{1{,}0} = \frac{3{,}78 \cdot 10^{-7}}{m}\,\mathrm{m^{-2}\,s^{-1}}.$$

Die Masse, die pro Sekunde durch das Rohr verdampft, ist

$$M = jSm = (3{,}78 \cdot 10^{-7})\,(2 \cdot 10^{-3})$$
$$7{,}56 \cdot 10^{-10}\,\mathrm{kg\,s^{-1}}.$$

In einer Stunde verdampft eine Masse von $2{,}73 \cdot 10^{-6}$ kg oder etwa 2,73 mg. Da die Masse eines Wassermoleküls $2{,}98 \cdot 10^{-26}$ kg beträgt, ist die Zahl der Moleküle, die pro Sekunde verdampft, $2{,}54 \cdot 10^{16}$.

Beispiel 14.2 *Neutronendiffusion in einem nicht multiplikativen Medium*, d.h. in einem Medium wie Wasser oder Graphit, in welchem Neutronen absorbiert, nicht aber produziert werden. Das ist z.B. in der thermischen Säule eines Kernreaktors der Fall. (Kernreaktoren sind infolge der Uranspaltung sehr leistungsfähige Neutronenquellen. Siehe Kapitel 22). Die thermische Säule besteht aus einer Wasser- oder Graphitmasse, die einer der Seiten des Reaktors benachbart ist. Die Neutronen, die im Inneren des Reaktors erzeugt werden, können längs der thermischen Säule diffundieren und können zu einer Reihe von Versuchen herangezogen werden. Die Säule heißt deshalb «thermisch», weil die Neutronen, die aus ihr austreten, im thermischen Gleichgewicht mit den Atomen sind, aus denen die Säule besteht.

Die physikalische Anordnung ist in Abb. 14.8 dargestellt. Neutronen aus dem Reaktorcore dringen von links in die thermische Säule ein, diffundieren entlang der Säule und entweichen durch S. Während des Diffusionsvorgangs stoßen

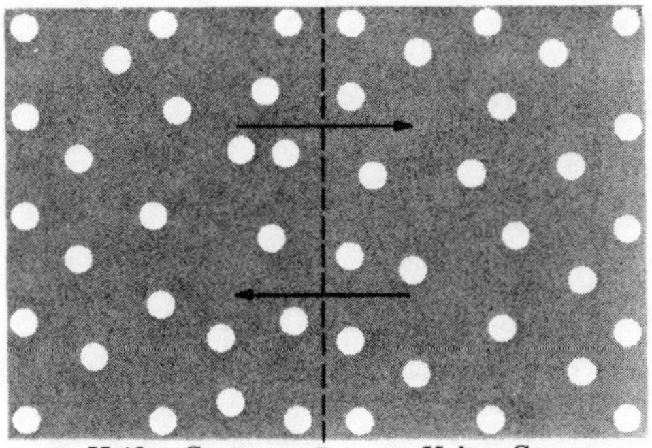

14.9 Wärmeleitung in einem fluiden Medium.

die Neutronen mit den Atomen des Säulenmaterials zusammen. In einigen Fällen führt der Stoß zum Einfang eines Neutrons durch die Atome des Materials. Wenn keine Neutronen vom Material der thermischen Säule eingefangen würden, würde die Neutronenkonzentration nach Erreichen des stationären Zustands linear abfallen, wie im Fall des Stabes, der in Abb. 14.5 dargestellt ist. Dieser Fall wurde durch die gestrichelte Linie in Abb. 14.8 angezeigt. Die Neigung der Linie hängt von der Geschwindigkeit ab, mit der Neutronen aus dem Reaktor eintreten und durch S entfernt werden. Infolge des Neutroneneinfangs variiert die Konzentration jedoch, wie durch die ausgezogene Linie angedeutet wird. Die Konzentration fällt an dem dem Reaktor benachbarten Ende stärker ab, da die Rate des Neutroneneinfangs umso größer ist, je größer die Neutronenkonzentration.

14.3 WÄRMELEITUNG: DAS FOURIERSCHE GESETZ

Die Wärmeleitung ist ein weiteres Transportphänomen, bei dem die Energie infolge der Molekülbewegung von einem Ort an einen anderen transportiert wird, was mit einer entsprechenden Änderung der Temperatur verbunden ist.

Wärmeleitung tritt immer dann ein, wenn die Temperatur der Substanz von Ort zu Ort verschieden ist;

---

d.h. wenn die mittlere Energie der Moleküle in verschiedenen Bereichen der Substanz verschieden ist. Dieser Temperaturunterschied führt zu einem Nettofluß der Energie, und wir können daher die Wärmeleitung als Energietransfer infolge von Temperaturunterschieden definieren.

Wärmeleitung verläuft von Bereichen, in welchen die mittlere Energie der Moleküle groß ist, nach Bereichen, wo sie klein ist; das heißt

---

Wärmeleitung (Energietransport) verläuft in Richtung abnehmender Temperatur.

Der Mechanismus der Wärmeleitung ist in Festkörpern, Flüssigkeiten und Gasen verschieden, da die Molekülbeweglichkeit in diesen drei Zuständen verschieden ist. Bei Gasen, und zu einem gewissen Grad bei Flüssigkeiten, können wir sagen, daß die Wärmeleitung das Ergebnis von Stößen zwischen schnellen und langsamen Molekülen ist; diese Stöße führen zu einer Übertragung kinetischer Energie von den schnellen auf die langsamen Moleküle. In Festkörpern ist der Mechanismus der Wärmeleitung komplizierter.

Wir wollen eine Kammer betrachten, die mit einem Gas gefüllt ist, das über sein gesamtes Volumen einen Temperaturgradienten aufweist. An Stellen, wo die Temperatur höher ist, haben die Moleküle im Mittel höhere Geschwindigkeiten als an Stellen, wo die Temperatur niedriger ist. Nehmen Sie z.B. in Abb. 14.9 an, daß das Gas links heißer ist als das Gas rechts. Wegen der Stöße zwischen den Molekülen an der Grenzfläche und Diffusion der «heißen» Moleküle von links nach rechts und der «kalten» Moleküle von rechts nach links, gibt es eine Nettoenergieübertragung von links nach rechts, eine Energieübertragung, die wir Wärme genannt haben.

In Festkörpern gibt es keine solche Energieübertragung durch Molekülbewegung, da die einzige Bewegung der Moleküle in einem Festkörper die Schwingung um

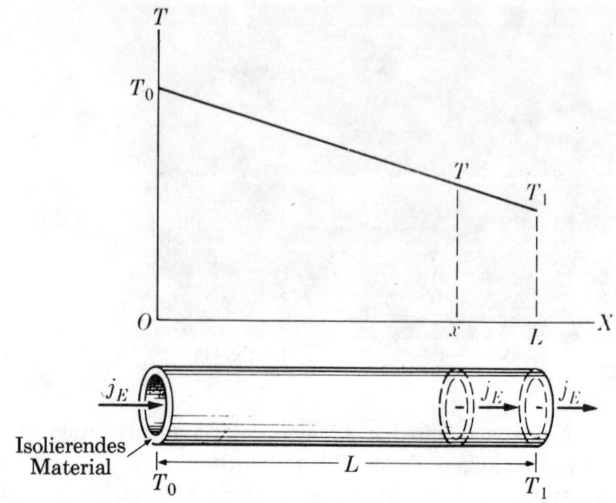

14.10 Stationäre Temperaturverteilung längs eines thermisch isolierten Stabes, dessen Enden auf festen Temperaturen gehalten werden.

die Gleichgewichtsposition ist; der Prozeß, der an der Wärmeleitung beteiligt ist, ist daher eher ein Transport dieser Schwingungsenergie über das Kristallgitter des Festkörpers hinweg. Im Metallen gibt es jedoch noch einen zusätzlichen Effekt, da es hier viele Elektronen gibt, sogenannte *Leitungselektronen*, die sich frei durch das Volumen des Kristalls bewegen können und im thermischen Gleichgewicht mit den positiven Ionen des Metalls sind. Die Leitungselektronen verhalten sich ähnlich wie die Moleküle in einem Gas und neigen dazu, durch das Metall aus den warmen in die kalten Bereiche zu diffundieren, wobei sie Energie durch Stöße mit anderen Elektronen und mit den Gitterionen in den kälteren Bereichen übertragen.

In Gasen oder Flüssigkeiten kann es auch zu einem makroskopischen Materialtransport infolge der Dichteunterschiede kommen, die aus den Temperaturunterschieden entstehen. Dieser Vorgang, den man *Konvektion* nennt, gehört nicht in die gleiche Gruppe wie die anderen, welche wir hier besprechen, da er im Grunde nicht auf Molekülbewegungen zurückzuführen ist, sondern auf makroskopische Bedingungen der Instabilität.

Wir wollen j_E die *Energie-Stromdichte* infolge eines Temperaturunterschiedes nennen, d.h. die Energie, die pro Zeiteinheit durch eine Flächeneinheit tritt, welche senkrecht zur Richtung des Energieflusses liegt. Wir wollen annehmen, daß diese Richtung die X-Achse ist. Dieser Energiefluß findet in einer genau definierten Richtung statt, und zwar in der Richtung, in der die Temperatur abnimmt. Wir bezeichnen die Temperatur mit T. Die Änderung der Temperatur pro Längeneinheit (oder der *Temperaturgradient*) des Materials ist dT/dx. Man hat experimentell festgestellt, daß wenn die Temperatur sich nicht sehr rasch über eine kurze Distanz ändert, j_E proportional zu dT/dx ist; d.h.

$$j_E = -K\frac{dT}{dx}, \qquad \text{(Fouriersches Gesetz)} \qquad (14.4)$$

wobei K ein Koeffizient ist, der für jedes Material charakteristisch ist und *Wärmeleitfähigkeit* genannt wird. Das negative Vorzeichen zeigt an, daß die Energie in Richtung der abnehmenden Temperatur fließt. Gleichung (14.4) ist als *Fouriersches Gesetz* bekannt. Dieses Gesetz gilt nur, wenn sich die Temperatur langsam mit der Entfernung ändert.

Man beachte, daß j_E in $\mathrm{J\,m^{-2}\,s^{-1}}$ und dT/dx in $\mathrm{K\,m^{-1}}$ ausgedrückt wird. Daher wird K als $\mathrm{J\,m^{-1}\,s^{-1}\,K^{-1}}$ oder $\mathrm{m\,kg\,s^{-3}\,K^{-1}}$ ausgedrückt. Manchmal wird K auch in $\mathrm{cal\,m^{-1}\,s^{-1}\,K^{-1}}$ ausgedrückt.

Das Fouriersche Gesetz für die Wärmeleitfähigkeit ist dem Fickschen Gesetz für die Diffusion sehr ähnlich: Es besteht auch wirklich ein Zusammenhang zwischen der Wärmeleitfähigkeit K und dem Diffusionskoeffizienten D: wir werden darüber in Abschnitt 14.6 sprechen. Obwohl der Mechanismus der Wärmeleitung in Gasen, Flüssigkeiten und Festkörpern verschieden ist, gilt das Fouriersche Gesetz für alle drei Zustände der Materie.

Wir wollen den speziellen Fall betrachten, in dem die

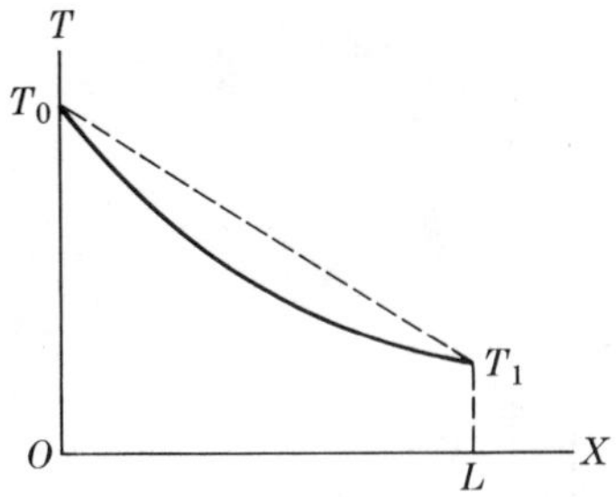

14.11

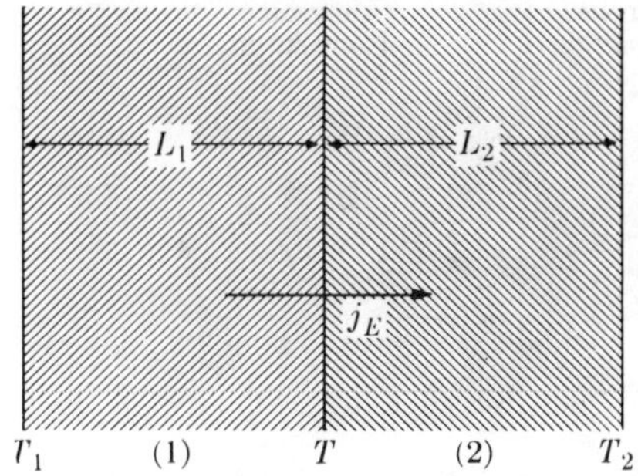

14.12 Wärmefluß durch zwei Blöcke verschiedenen Materials, die sich in Kontakt befinden.

Energiestromdichte durch jeden Querschnitt der Substanz konstant ist, d.h.

$$j_E = \text{Konst.}$$

Unter diesen Bedingungen kommt es in keinem Volumen der Substanz zu einer Energieanhäufung. Wir sagen wieder, daß ein stationärer Zustand vorliegt. Nehmen Sie z.B. an, daß wir einen Stab haben, der von einem isolierenden Material umgeben ist, so daß keine Energie durch die seitlichen Oberflächen verloren geht (Abb. 14.10). Der stationäre Zustand erfordert, daß bei einer bestimmten Energiemenge, die pro Zeiteinheit durch das Ende mit der höheren Temperatur tritt, eine gleich große Energiemenge pro Zeiteinheit vom Ende mit der niedrigeren Temperatur entfernt werden muß, so daß keine Energie im Stab gespeichert wird. Wenn $j_E =$ Konst, finden wir durch Integration von (14.4), daß

$$\int_{T_0}^{T} dT = -\frac{j_E}{K}\int_0^x dx, \qquad \text{oder}$$

$$T = -\frac{j_E}{K}x + T_0, \tag{14.5}$$

wobei T_0 die Temperatur bei $x = 0$ ist. Die Darstellung von T gegen x, gegeben durch (14.5), ist im oberen Teil der Abb. 14.10 gegeben. Gleichung (14.5) kann auch in der Form

$$j_E = K\frac{T_0 - T}{x} \tag{14.6}$$

geschrieben werden.

Man beachte, daß für $T = T_1$ bei $x = L$ nach (14.6)

$$j_E = K\frac{T_0 - T_1}{L} \tag{14.7}$$

gilt, was die Energiestromdichte längs des isolierten Stabes durch die Temperaturen an den beiden Enden ausdrückt.

Ein anderer Fall tritt ein, wenn die Oberfläche des Stabes nicht wärmeisoliert ist, so daß von seiner Oberfläche Energie in Form von Wärme oder Strahlung an das umgebende Medium verloren geht. In einem solchen Fall ist *die Verlustrate proportional der Oberfläche und dem Temperaturunterschied zwischen der Oberfläche des Stabes und der Umgebung, solange der Unterschied nicht sehr groß ist.* Diese Aussage bezeichnet man als *Newtonsches Abkühlungsgesetz.* Sogar wenn der Stab mit einem Isoliermaterial umgeben ist, geht etwas Wärme durch seine Oberfläche verloren, da keine Isolierung vollständig ist; die Energie, die pro Zeiteinheit verloren geht, ist proportional zum Temperaturunterschied zwischen der inneren und äußeren Oberfläche des Isolators. Als Folge dieses Energieverlustes an der Oberfläche nimmt die Temperatur im stationären Zustand längs des Rohres exponentiell, wie in Abb. 14.11 gezeigt, und nicht linear ab, wie im Fall eines vollständig isolierten Stabes.

Beispiel 14.3 Zwei Wände der Stärke L_1 und L_2 und der Wärmeleitfähigkeit K_1 und K_2 sind miteinander in Berührung (Abb. 14.12). Die Temperaturen an den äußeren Oberflächen sind T_1 und T_2. Berechnen Sie die Temperatur an der gemeinsamen Wand. Nehmen Sie stationäre Bedingungen an.

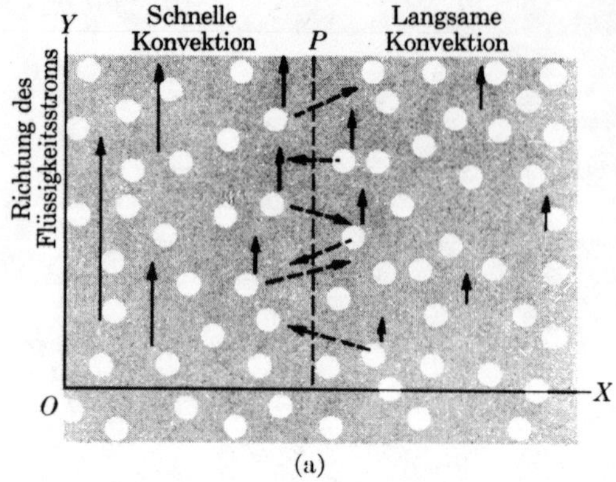

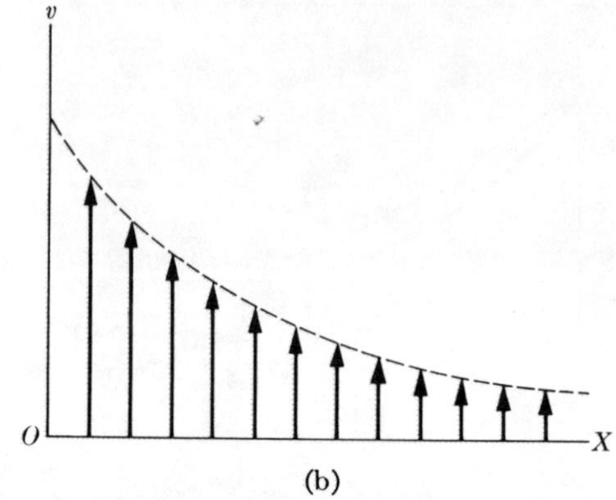

14.13 Flüssigkeit, in der sowohl ein Massentransport als auch eine thermische Bewegung der Moleküle abläuft.

Lösung: Da der Energiefluß für beide Wände gleich groß ist, ist nach (14.6)

$$j_E = \frac{K_1(T_1 - T)}{L_1} \qquad \text{und} \qquad j_E = \frac{K_2(T - T_2)}{L_2},$$

so daß

$$\frac{K_1(T_1 - T)}{L_1} = \frac{K_2(T - T_2)}{L_2}, \qquad \text{oder}$$

$$T = \frac{K_1T_1L_2 + K_2T_2L_1}{K_1L_2 + K_2L_1} \tag{14.8}$$

die Temperatur der gemeinsamen Wand ist.

14.4 VISKOSITÄT

Ein drittes Transportphänomen, das für Gase (und allgemein für fluide Medien) gilt und mit der Molekulardiffusion und Wärmeleitung verwandt ist, ist die *Viskosität oder innere Reibung*.

Wir wollen ein fluides Medium betrachten, in welchem zusätzlich zur thermischen Bewegung der Moleküle eine Massenbewegung oder ein Konvektionsstrom der gesamten Flüssigkeit abläuft. Beispiele dafür sind ein Luftstrom in einem Windkanal oder Wasser, das in einem Kanal oder in einer Röhre fließt.

Viskosität tritt auf, wenn der Konvektionsstrom einer fluiden Substanz von Ort zu Ort variiert.

Nehmen Sie an, daß die Flüssigkeit, wie in Abb. 14.13 gezeigt, sich abwärts bewegt, wobei die Konvektionsgeschwindigkeit v parallel zur Y-Achse ist, ihr Wert jedoch eine Funktion der Entfernung auf der X-Achse ist, wie rechts in Abb. 14.13 gezeigt. Betrachten Sie die Ebene P, die senkrecht zur X-Achse und daher parallel zur Konvektionsbewegung der Flüssigkeit liegt. Die Moleküle sind jedoch nicht auf Bewegungen parallel zur Y-Achse beschränkt, da sie selbst in thermischer Bewegung sind und miteinander zusammenstoßen. Daher treten Moleküle ständig durch die Ebene P hindurch, sowohl von links nach rechts wie von rechts nach links. Jedes Molekül hat einen Konvektionsimpuls (parallel zur Y-Achse). In dem Fall, der in Abb. 14.13 dargestellt ist, haben die Moleküle, die von links nach rechts durchtreten, einen größeren Konvektionsimpuls als die, welche von rechts nach links hindurchtreten. Daher gilt:

Der Impulstransport erfolgt in die Richtung, in der der Konvektionsstrom abnimmt.

Die *Impulsstromdichte* j_p ist die Menge an Konvektionsimpuls (parallel zur Y-Achse), die pro Zeiteinheit durch eine Flächeneinheit senkrecht zur Richtung übertragen wird, in welcher sich die Konvektionsgeschwindigkeit ändert; in unserem Fall ist das die Richtung, die durch die X-Achse definiert ist. Versuche zeigen, daß j_p proportional zur Änderung der Konvektionsgeschwindig-

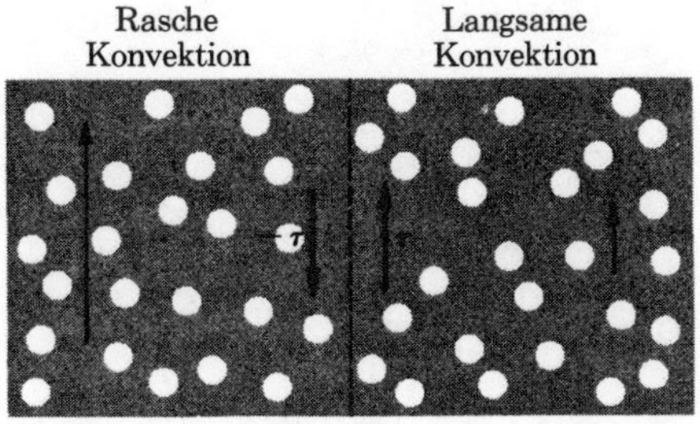

14.14 Scherspannung bei der Konvektionsbewegung.

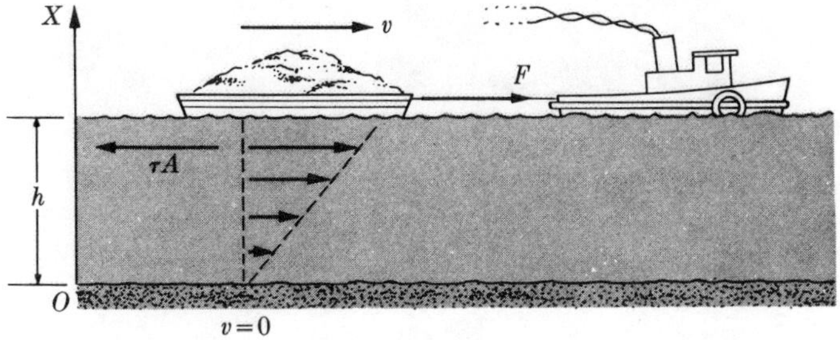

14.15

keit v pro Längeneinheit der X-Achse oder dem Konvektionsgeschwindigkeitgradienten (d.h. dv/dx) ist, so daß wir schreiben können

$$j_p = -\eta \frac{dv}{dx}, \qquad \text{(Viskositätsgesetz)} \qquad (14.10)$$

was dem Fickschen Gesetz der Molekulardiffusion und dem Fourierschen Gesetz der Wärmeleitung sehr ähnlich ist. Das negative Vorzeichen in (14.10) ist auf die Tatsache zurückzuführen, daß die Impulsübertragung in der Richtung erfolgt, in der die Konvektionsgeschwindigkeit abnimmt. Der Proportionalitätsfaktor η ist der *Viskositätskoeffizient* der Flüssigkeit.* Beachten Sie, daß j_p in (m kg s^{-1}) m^{-2} s^{-1} oder in m^{-1} kg s^{-2} ausgedrückt wird und dv/dx in s^{-1}. Der Viskositätskoeffizient wird daher in m^{-1} kg s^{-1} ausgedrückt. Diese Einheit heißt Pa·s (Pascalsekunde) (siehe Tabelle 7.2).

Gleichung (14.10) gilt nur, wenn die Konvektionsgeschwindigkeit nicht sehr groß ist und sich nicht sehr rasch mit der Entfernung ändert.

Wir können dieses Problem auch von einem anderen Standpunkt aus betrachten. Da in unserer Abbildung die Flüssigkeit rechts von der Ebene P Konvektionsimpuls (parallel zur Y-Achse) gewinnt und die Flüssigkeit links von P Konvektionsimpuls (parallel zur Y-Achse) verliert, können wir sagen, daß die Flüssigkeit rechts von P einer Kraft unterliegt, die parallel zur Stromrichtung ist, und daß die Flüssigkeit links von P einer gleich großen entgegengesetzten Kraft unterliegt. Diese Kraft nennt man *innere Reibung*. Den Wert dieser Kraft pro Flächeneinheit bezeichnet man als *innere Schubspannung* τ (Abb. 14.14). Wir können deshalb sagen:

Der Impulstransport führt zu einer inneren Schubspannung, die dazu neigt, den Konvektionsstrom auszugleichen.

Da die Kraft gleich der zeitlichen Veränderung des Impulses ist, gilt

$$\tau = j_p$$

Wir können sehen, daß die Einheiten dieser Beziehung übereinstimmen, da τ (das eine Kraft pro Flächeneinheit darstellt) in N m^{-2} oder m^{-1} kg s^{-2} ausgedrückt wird, also in den gleichen Einheiten, die oben für j_p gefunden wurden.

Beispiel 14.4 *Kraft und Leistung, die zur gleichförmigen Bewegung eines schwimmenden Schleppers in seichtem Wasser notwendig ist* (Abb. 14.15). F sei die Kraft, die das Zugboot auf den Schlepper ausübt, der sich mit der Geschwindigkeit v relativ zum Grund bewegt. Das Wasser, das mit dem Schlepper in Kontakt ist, bewegt sich ebenfalls mit einer Konvektionsgeschwindigkeit v. Andererseits bleibt das Wasser am Grund in Ruhe. Wenn wir uns daher vom Grund ($x = 0$) in Richtung zur Oberfläche ($x = h$) bewegen, verändert sich die Konvektionsgeschwindigkeit wie in der Abbildung gezeigt. Wir

*Der Koeffizient wurde in Abschnitt 7.10 eingeführt.

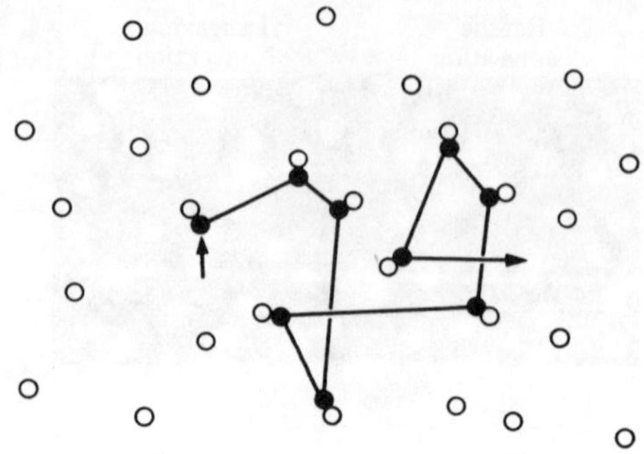

14.16 Freie Weglänge der Moleküle.

können daher schreiben

$$\frac{dv}{dx} = \frac{v}{h}$$

Durch Anwendung von (14.10) erhalten wir

$$j_p = -\eta \; \frac{v}{h} \; .$$

Das negative Vorzeichen bedeutet, daß der Impuls in der X-Richtung oder nach unten übertragen wird. Das Wasser erzeugt eine hindernde Schubspannung auf den Schlepper

$$\tau = j_p = -\frac{\eta v}{h}.$$

Wenn A die Bodenfläche des Schleppers ist, ist die gesamte Mitführungskraft $-\tau A$. Die Kraft F, die vom Zugboot ausgeübt werden muß, um den Schlepper mit gleichförmiger Bewegung zu bewegen, ist

$$F = -\tau A = \frac{\eta v A}{h}$$

und ist proportional der Geschwindigkeit. Die Leistung, die vom Zugboot gefordert wird, ist

$$P = Fv = \frac{\eta v^2 A}{h}$$

und nimmt daher mit dem Quadrat der Geschwindigkeit zu. Dieses Beispiel ist etwas unrealistisch, da ein Schlepper nicht über die Wasseroberfläche gleitet, sondern teilweise eintaucht. Es reicht jedoch aus, um die Grundprinzipien zu zeigen, die angewendet werden müssen, wenn man die Bewegung eines Körpers in Kontakt mit einer Flüssigkeit bespricht.

14.5 MITTLERE FREIE WEGLÄNGE, STOSSHÄUFIGKEIT UND STOSSQUERSCHNITT

Wir werden nun einige Begriffe besprechen, die für die Beschreibung von Transportphänomenen in Gasen vom molekularen Standpunkt aus notwendig sind. Da sich Gasmoleküle bewegen, stoßen sie häufig zusammen, und ihr Weg ist daher eine Zickzacklinie (Abb. 14.16). Um die Bewegung dieser Moleküle zu beschreiben, wurden drei nützliche Begriffe eingeführt: die *mittlere freie Weglänge*, die *Stoßhäufigkeit* und der *Stoßquerschnitt*.

Die *mittlere freie Weglänge*, mit l bezeichnet, ist die mittlere Entfernung, die ein Gasmolekül zwischen zwei Stößen zurücklegt. Sie kann bestimmt werden, indem man ein Molekül ausreichend lange verfolgt und das Mittel der Weglängen zwischen aufeinanderfolgenden Stößen bestimmt. Man kann sie auch dadurch berechnen, daß man zu einem bestimmten Zeitpunkt eine große Zahl von Molekülen betrachtet, die soeben einen Stoß durchgemacht haben, und die mittlere Entfernung bestimmt, die alle Moleküle bis zu ihrem nächsten Stoß zurücklegen. Die beiden Methoden sind statistisch gleichwertig.

Die *Stoßhäufigkeit*, bezeichnet mit Γ, ist die Anzahl der Stöße, die ein Molekül pro Zeiteinheit erleidet. Die mittlere freie Weglänge und die Stoßhäufigkeit stehen in enger Beziehung zueinander: Wenn v_{mit} die mittlere Geschwindigkeit eines Moleküls ist, so gilt für die durchschnittliche Zeit zwischen zwei Stößen

$$t = \frac{l}{v_{\text{mit}}};$$

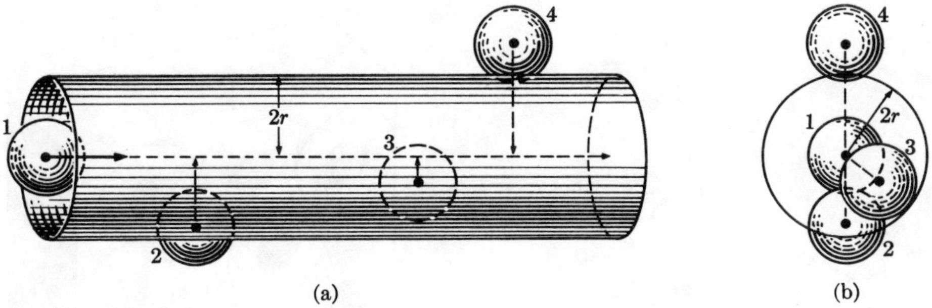

14.17 Zylinder, der von einem Molekül bei der Bewegung überstrichen wird. Die Moleküle, deren Mittelpunkte sich innerhalb des Zylinders befinden, würden mit dem Molekül 1 zusammenstoßen. (a) Seitenansicht, (b) Vorderansicht.

daher ist die Zahl von Stößen pro Zeiteinheit oder die Stoßhäufigkeit Γ

$$\Gamma = \frac{1}{t} = \frac{v_{\text{mit}}}{l}. \tag{14.11}$$

Die Stoßhäufigkeit Γ wird in s^{-1} ausgegeben. Ein weiterer nützlicher Begriff ist der *makroskopische Stoßquerschnitt* Σ, der als die Zahl von Stößen eines Moleküls pro Längeneinheit definiert ist und daher durch

$$\Sigma = \frac{1}{l} \tag{14.12}$$

gegeben ist. Er wird in m^{-1} angegeben.

Die mittlere freie Weglänge l hängt mit den Moleküldimensionen auf folgende Weise zusammen. n sei die Zahl der Moleküle pro Volumeneinheit und r der «Radius» jedes Moleküls. Wenn wir das Wort «Radius» verwenden, meinen wir nicht, daß die Moleküle kugelförmig sind. Wegen ihrer raschen Rotationsbewegung wirken sie jedoch wie Kugeln. Unter Vernachlässigung zwischenmolekularer Kräfte und unter der Annahme, daß sich Moleküle wie Billiardkugeln verhalten, finden wir, daß der Abstand zwischen den Molekülmittelpunkten auf eine Ebene senkrecht zur Richtung der relativen Bewegung projiziert, weniger als $2r$ betragen muß (Abb. 14.17), damit zwei Moleküle zusammenstoßen. Wenn wir annehmen, daß sich Molekül 1 nach rechts bewegt, ist dann der Bereich um 1, in dem sich der Mittelpunkt eines anderen Moleküls befinden muß, damit es zu einem Zusammenstoß kommt, ein Zylinder vom Radius $2r$. Wenn der Abstand zwischen den Mittelpunkten weniger als $2r$ ist, wie z.B. für die Moleküle 2 und 3, kommt es zu einem Zusammenstoß. Wenn er größer als $2r$ ist, wie für Molekül 4, kommt es zu keinem Stoß.

Wir wollen nun einen Block der Dicke dx und Fläche S betrachten (Abb. 14.18). Die Gesamtzahl der Gasmoleküle im Block ist $nS\,dx$. Jedes Molekül «überwacht» eine gewisse Fläche vom Radius $2r$, was den freien Durchtritt des Moleküls M durch diese Fläche verhindert. Diese Fläche ist

$$\sigma = \pi(2r)^2 = 4\pi r^2. \tag{14.13}$$

Man nennt dies den *mikroskopischen Stoßquerschnitt*. Die Gesamtfläche, die von allen Molekülen im Block überwacht wird (wenn wir annehmen, daß es keine Überlappungen gibt, was für geringe Molekülkonzentrationen und sehr kleine dx gilt), ist $(nS\,dx)\,\sigma$. Die Wahrscheinlichkeit dafür, daß M beim Durchtritt durch den Block einen Stoß erleidet, ist dann

$$\frac{(nS\,dx)\,\sigma}{S} = n\sigma\,dx.$$

Die Zahl der Stöße von M pro Längeneinheit ist daher $n\sigma$. Das entspricht dem, was wir oben als *makroskopischen Stoßquerschnitt* definiert haben. Daher ist

$$\Sigma = n\sigma, \tag{14.14}$$

und die mittlere freie Weglänge des Stoßes für das

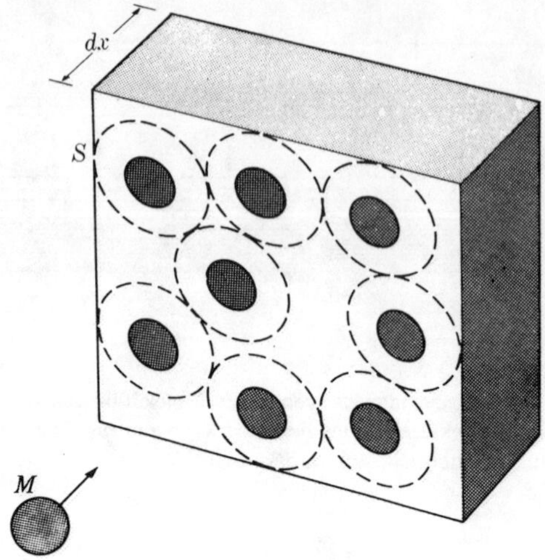

14.18 Jedes Molekül im Block schirmt eine Fläche mit dem Radius $2r$ **ab.**

Molekül ist

$$l = \frac{1}{\Sigma} = \frac{1}{n\sigma}. \tag{14.15}$$

Die Tatsache, daß die mittlere freie Weglänge l mit dem Molekülradius zusammenhängt, ermöglicht eine Abschätzung der Moleküldimensionen durch Messung von l.

Wenn wir die zwischenmolekularen Kräfte in Betracht ziehen, werden Moleküle gestreut oder «stoßen» unter Änderung in ihrer Bewegungsrichtung zusammen, selbst wenn ihr Abstand größer als ihre Durchmesser ist. Dies wurde im Beispiel 7.11 für die Streuung unter einer Kraft, die mit dem Quadrat der Entfernung abnimmt, diskutiert. In diesem allgemeineren Fall hängt σ immer noch mit Σ und l über die Gleichung (14.12) und (14.14) zusammen, die ja ihre Definitionen sind, aber Gleichung (14.15) gilt nicht mehr.

Man beachte, daß Gleichung (14.15) so lange gilt, solange wir die Moleküle in dem Block aus Abb. 14.18 als fixiert betrachten. Wenn sie sich jedoch bewegen, wie in einem Gas, kann die Wahrscheinlichkeit eines Zusammenstosses größer sein, und die mittlere freie Weglänge nimmt daher ab.

Der Begriff des Stoßquerschnitts und der mittleren freien Weglänge kann über den Stoß hinaus auch auf andere Vorgänge ausgedehnt werden, wie z.B. die Absorption oder den Einfang von Teilchen. Wenn z.B. ein Molekül, während es diffundiert, von einem anderen Molekül eingefangen werden kann, gibt die *mittlere freie Weglänge der Absorption*, l_a, die mittlere Entfernung, die ein Molekül zurücklegt, bevor es eingefangen (absorbiert) wird. Ähnlich ist der *makroskopische Absorptionsquerschnitt* Σ_a als

$$\Sigma_a = \frac{1}{l_a}$$

definiert und gibt die Wahrscheinlichkeit pro Längeneinheit dafür, daß das Molekül absorbiert wird.

14.6 MOLEKULARE THEORIE DER TRANSPORTPHÄNOMENE

Im ersten Teil dieses Kapitels haben wir Transportphänomene von einem allgemeinen oder makroskopischen Standpunkt aus besprochen, ohne auf das Molekülverhalten, das für diese Phänomene verantwortlich ist, näher einzugehen. Unsere Darstellung beruhte auf dem Fickschen Gesetz der Diffusion,

$$j = -D\frac{dn}{dx}, \tag{14.16}$$

dem Fourierschen Gesetz der Wärmeleitung

$$j_E = -K\frac{dT}{dx}, \tag{14.17}$$

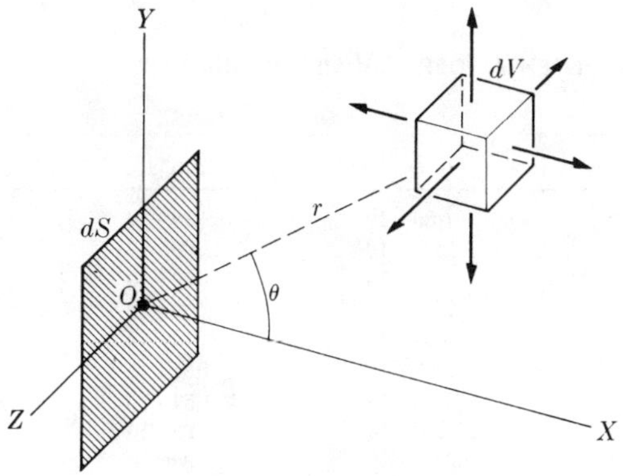

14.19 Nur ein Bruchteil der Moleküle, die zu einer bestimmten Zeit innerhalb des Volumens dV zusammenstoßen, treten durch die Fläche dS.

und dem Viskositätsgesetz

$$j_p = -\eta \frac{dv}{dx}. \tag{14.18}$$

Alle diese Gesetze haben eine experimentelle Grundlage und gelten innerhalb der Grenzen, die in jedem Fall angegeben wurden. Wir beabsichtigen nun, die Größen D, K und η mit den molekularen Eigenschaften zu korrelieren. Wir wollen uns dabei auf Gase beschränken.

Wie wir früher erwähnt haben, sind die drei besprochenen Transportphänomene auf Molekülbewegungen zurückzuführen. Die Molekulardiffusion ist die Folge des Transfers von *Molekülen* aus einem Bereich, in dem sie höher konzentriert sind, in einen Bereich geringerer Konzentration. Die Wärmeleitung ist die Folge der Übertragung von *Energie* aus einem Bereich, in dem die Moleküle sich schnell bewegen, und daher die Temperatur hoch ist, in einen anderen Bereich, in dem sie sich langsamer bewegen und die Temperatur daher niedriger ist. Ähnlich ist die Viskosität die Folge der Übertragung des *Impulses*, der die Konvektionsbewegung begleitet, von einem Ort, an dem die Konvektion rasch ist zu einem Ort, an dem sie langsamer ist.

Unser nächster Schritt sollte die Ableitung dieser Gesetze aus dem molekularen Modell sein. Die Ableitung ist als Beispiel physikalischer Denkvorgänge sehr lehrreich. Sie ist jedoch mathematisch schwierig, und wir werden daher nur eine Beschreibung des Vorgangs geben. Betrachten Sie zuerst die Diffusion. Aus Abb. 14.19 sehen wir, daß das Problem darin besteht, die Nettozahl von Molekülen zu bestimmen, die (pro Zeiteinheit) durch eine Fläche dS treten, die senkrecht zur Richtung liegt, in der die Diffusion stattfindet. Diese Richtung wurde zur X-Achse gewählt.

Wir betrachten dann ein Volumen dV im Abstand r von dS. Die Zahl der Moleküle in diesem Volumen ist $n\,dV$ und die Zahl der Stöße, die sie pro Zeiteinheit durchmachen, ist $\Gamma n\,dV$, wobei Γ die Stoßhäufigkeit ist, die in Gleichung (14.11) definiert wurde. Eine bestimmte Zahl dieser Moleküle weisen nach dem Stoß auf dS zu. Nicht alle von ihnen erreichen jedoch dS, da sie einen neuen Stoß erleiden können, der sie von ihrer Bahn abbringt. Daher müssen wir bestimmen, wieviele dieser Moleküle die Fläche dS in der Zeiteinheit erreichen, nachdem sie im Volumen dV einen Stoß erlitten haben. Wenn wir über den gesamten Raum integrieren, um alle Bereiche der Substanz zu erfassen, erhalten wir den Nettostrom bei dS. Damit ein Nettostrom fließt, muß offensichtlich n sich so mit x ändern, daß die Zahl der Teilchen, die von rechts nach links durch dS treten, verschieden ist von der, die von links kommen, sonst würden Symmetrieüberlegungen zeigen, daß der Nettostrom null sein muß. Wir vergleichen den Ausdruck, den wir für die Stromdichte bei dS erhalten, mit dem Fickschen Diffusionsgesetz, (14.16). Mit Hilfe dieses Ergebnisses erhalten wir dann den Wert des Diffusionskoeffizienten D, ausgedrückt durch molekulare Konstanten. Für die Wärmeleitung müssen wir die Energie betrachten, die von jedem Molekül, das durch dS tritt, mitgenommen wird. Für die Viskosität müssen wir den Konvektionsimpuls verfolgen, der vom Molekül getragen wird.

Tabelle 14.1

EXPERIMENTELLE WERTE DES DIFFUSIONSKOEFFIZIENTEN D, DER WÄRMELEITFÄHIGKEIT K UND DER VISKOSITÄT η, ALLE BEI STD GEMESSEN.

Substanz	D, $m^2 s^{-1}$	K, $m\ kg\ s^{-3}\ K^{-1}$	η, $m^{-1}\ kg\ s^{-1}$	r, m*
He		$14{,}3 \cdot 10^{-2}$	$1{,}86 \cdot 10^{-5}$	$0{,}90 \cdot 10^{-10}$
Ne	$4{,}52 \cdot 10^{-5}$	$4{,}60 \cdot 10^{-2}$	$2{,}97 \cdot 10^{-5}$	$1{,}06 \cdot 10^{-10}$
Ar	$1{,}57 \cdot 10^{-5}$	$1{,}63 \cdot 10^{-2}$	$2{,}10 \cdot 10^{-5}$	$1{,}50 \cdot 10^{-10}$
Xe	$0{,}58 \cdot 10^{-5}$	$0{,}52 \cdot 10^{-2}$	$2{,}10 \cdot 10^{-5}$	$2{,}02 \cdot 10^{-10}$
H_2	$12{,}8 \cdot 10^{-5}$	$16{,}8 \cdot 10^{-2}$	$0{,}84 \cdot 10^{-5}$	$1{,}12 \cdot 10^{-10}$
O_2	$1{,}81 \cdot 10^{-5}$	$2{,}42 \cdot 10^{-2}$	$1{,}89 \cdot 10^{-5}$	$1{,}51 \cdot 10^{-10}$
Na	$1{,}78 \cdot 10^{-5}$	$2{,}37 \cdot 10^{-2}$	$1{,}66 \cdot 10^{-5}$	$1{,}54 \cdot 10^{-10}$
CO_2	$0{,}97 \cdot 10^{-5}$	$1{,}49 \cdot 10^{-2}$	$1{,}39 \cdot 10^{-5}$	$1{,}89 \cdot 10^{-10}$
NH_3	$2{,}12 \cdot 10^{-5}$	$2{,}60 \cdot 10^{-2}$	$0{,}92 \cdot 10^{-5}$	$1{,}83 \cdot 10^{-10}$
CH_4	$2{,}06 \cdot 10^{-5}$	$3{,}04 \cdot 10^{-2}$	$1{,}03 \cdot 10^{-5}$	$1{,}70 \cdot 10^{-10}$

* Die Molekülradien wurden aus experimentellen Viskositätsdaten berechnet.

Als Ergebnis dieser Berechnungen finden wir, daß der Koeffizient der Molekulardiffusion über den Ausdruck

$$D = \tfrac{1}{3} v_{\text{mit}}\, l, \qquad (14.19)$$

mit der Dynamik des Moleküls zusammenhängt, wobei v_{mit} die mittlere Geschwindigkeit und l die mittlere freie Weglänge der Moleküle ist. Für den Koeffizienten der Wärmeleitung haben wir die Beziehung

$$K = D(\tfrac{3}{2}kn) = \tfrac{1}{2} nkv_{\text{mit}} l. \qquad (14.20)$$

Der Viskositätskoeffizient schließlich wird durch

$$\eta = D(nm) = \tfrac{1}{3} nmv_{\text{mit}} l \qquad (14.21)$$

ausgedrückt. Die Ausdrücke (14.19), (14.20) und (14.21) zeigen die enge Verwandtschaft zwischen den drei Transportphänomenen.

Wenn wir den Effekt der zwischenmolekularen Wechselwirkungen in Betracht ziehen, können wir mit gemessenen Werten von D, K und η die Parameter erhalten, welche das zwischenmolekulare Potential definieren. Als ein unmittelbares Ergebnis können wir die Moleküldimensionen abschätzen. Indem wir einen dieser Koeffizienten messen, können wir die mittlere freie Weglänge berechnen und daraus den Stoßquerschnitt σ und den Molekülradius. Wir müssen uns jedoch vor Augen halten, daß die berechneten Werte für die mittlere freie Weglänge und den Molekülradius nur die Größenordnung angeben. Tabelle 14.1 führt experimentelle Werte für einige einatomige, zweiatomige und vielatomige Gase auf; sie gibt außerdem ihre Molekülradien, die aus Viskositätsdaten berechnet wurden.

Beispiel 14.5 Schätzen Sie die Koeffizienten D und K für Wasserstoff bei STD ab. Vergleichen Sie mit dem Versuchsergebnis.

Lösung: Wir müssen die Größen v_{mit}, l, n und m für Wasserstoff unter diesen Bedingungen bestimmen. Die Masse eines Wasserstoffmoleküls ist $3{,}33 \cdot 10^{-27}$ kg. Die Zahl von Molekülen pro Volumeneinheit bei T = 273 K und p = $1{,}01 \cdot 10^5\ N\ m^{-2}$ ist nach dem idealen Gasgesetz $pV = NkT$ (Gleichung (13.11)).

$$\frac{N}{V} = \frac{p}{kT} = 2{,}68 \cdot 10^{25}\ m^{-3}.$$

Man kann zeigen, daß die mittlere Geschwindigkeit eines Gasmoleküls durch

$$v_{\text{mit}} = \sqrt{\frac{8kT}{\pi m}}$$

gegeben ist. In unserem Fall ist daher

$$v_{\text{mit}} = 1{,}69 \cdot 10^3\ m\ s^{-1}.$$

Wenn wir schließlich den Radius eines Wasserstoffmoleküls mit $r = 1{,}12 \cdot 10^{-10}$ m annehmen, erhalten wir für die mittlere freie Weglänge

$$l = 1/n\sigma = 2{,}37 \cdot 10^{-7}\ m.$$

Mit den obigen Werten finden wir unter Verwendung von (14.19) und (14.20), daß

$$D = 13{,}3 \cdot 10^{-5}\,\mathrm{m^2\,s^{-1}}, \quad K = 7{,}40 \cdot 10^{-2}\,\mathrm{m\,kg\,s^{-3}\,K^{-1}}.$$

Die entsprechenden experimentellen Werte sind

$$\mathrm{D} = 12{,}8 \cdot 10^{-5}\,\mathrm{m^2\,s^{-1}}, \quad \mathrm{K} = 16{,}8 \cdot 10^{-2}\,\mathrm{mkg\,s^{-3}\,K^{-1}}.$$

Man kann daher mit Hilfe unserer vereinfachten Theorie, der ein ideales einatomiges Gas zugrunde liegt, zumindest die richtige Größenordnung erhalten. Eine Erweiterung der Theorie, die die inneren Bewegungen wie Rotation und Vibration in Betracht zieht, erhöht die Übereinstimmung zwischen den theoretischen und den experimentellen Werten.

FRAGEN

1. Transportphänomene erfolgen immer in einer genau definierten Richtung. Bringen Sie diese Eigenschaft in Beziehung zum zweiten Hauptsatz der Thermodynamik.
2. Würden Sie sagen, daß Transportphänomene statistischer Natur sind? Erklären Sie Ihre Antwort.
3. Welches Phänomen, das auf Molekularbewegungen zurückzuführen ist, ist mit (a) Massentransport, (b) Energietransport, (c) Impulstransport verbunden.
4. Erwarten Sie, daß Transportphänomene auch in Festkörpern auftreten? Warum?
5. Im Text wurde angeführt, daß das Ficksche Gesetz nur unter bestimmten Bedingungen gilt. Rechtfertigen Sie diese Einschränkung physikalisch.
6. Ein Stab, dessen Oberfläche mit einer Isolierschicht bedeckt ist, hat in seinem Inneren eine kleine Heizspirale, während seine Enden bei Zimmertemperatur gehalten werden. Stellen Sie die Änderung der Temperatur längs des Stabes graphisch dar, in Abhängigkeit von der Zeit, die zwischen dem Anschalten der Heizspirale und dem Erreichen des stationären Zustandes verstreicht. Welche Beziehung besteht zwischen der Energie, die die Heizspirale liefert, und der Energie, die an den beiden Enden pro Zeiteinheit entfernt wird, wenn der stationäre Zustand erreicht ist.
7. Eine Flüssigkeit hat in Richtung der Y-Achse einen Konvektionsstrom. Die Geschwindigkeit des Konvektionsstroms variiert mit der X-Richtung. Welche Richtung hat (a) der Konvektionsimpuls, (b) der Transport des Konvektionsimpulses, (c) der transportierte Konvektionsimpuls, (d) der inner Schub auf die Flüssigkeitsschichten?
8. Im Text wurden zwei Definitionen für die mittlere freie Weglänge des Stoßes gegeben. Unter welchen Bedingungen sind die zwei Definitionen statistisch gleichwertig?
9. Wie verändert sich Ihrer Erwartung nach die mittlere freie Weglänge mit (a) der Konzentration, (b) der Temperatur einer Substanz. Wiederholen Sie die Aufgabe für die Stoßhäufigkeit.

AUFGABEN

14.1 Berechnen Sie unter der Annahme stationärer Bedingungen den Diffusionskoeffizienten von Kohlendioxyd in Luft, wenn die Teilchenstromdichte durch ein 25 cm langes Rohr $5{,}1 \cdot 10^{17}\ \mathrm{m^{-2}\ s^{-1}}$ beträgt. Die Co_2-Konzentration verändert sich von $1{,}41 \cdot 10^{22}\ \mathrm{m^{-3}}$ auf $8{,}6 \cdot 10^{2}\ \mathrm{m^{-3}}$. Berechnen Sie die Zahl der Moleküle, die pro Sekunde durch einen gegebenen Querschnitt des Rohres tritt, wenn das Rohr einen Querschnitt von 15 $\mathrm{cm^2}$ hat.

14.2 Die Konzentration eines diffundierenden Gases in einem 45 cm langen Rohr ändert sich linear und ist durch den Ausdruck

$$n = n_0 - 6{,}45 \cdot 10^{23}x$$

gegeben, wobei n in $\mathrm{m^{-3}}$ und x in m angegeben ist. Bestimmen Sie die Teilchenstromdichte und die Gasmasse, die pro Sekunde transferiert wird, wenn das Gas (a) Neon, (b) Argon, (c) Ammoniak ist. [*Hinweis*: Entnehmen Sie die Diffusionskoeffizienten der Gase aus Tab. 14.1.]

14.3 Der Temperaturgradient eines isolierten Kupferstabs ist $-2{,}5°\,\mathrm{C\ cm^{-1}}$. (a) Berechnen Sie den Temperaturunterschied zwischen zwei Punkten im Abstand von 5 cm. (b) Bestimmen Sie die Wärmemenge, die (pro Sekunde) durch eine Einheitsfläche tritt, die senkrecht zum Stab ist. Die Wärmeleitfähigkeit von Kupfer ist $3{,}84 \cdot 10^{2}\,\mathrm{m\,kg\,s^{-3}\,K^{-1}}$.

14.4 Ein Raum hat drei Fenster mit einer Gesamtfläche von 3 $\mathrm{m^2}$. Die Stärke des Glases ist 0,4 cm. An der inneren Seite hat es 20° C, an den äußeren Seiten 10° C. Berechnen Sie die

Wärmemenge, die pro Sekunde und pro Stunde durch die Fenster tritt. Die Wärmeleitfähigkeit von Glas ist $5{,}85 \cdot 10^{-1}$ $m\,kg\,s^{-3}\,K^{-1}$.

14.5 Zwei Stäbe, einer aus Kupfer, der andere aus Stahl, beide 1 m lang und 1 cm^2 im Querschnitt, sind an den Enden zusammengeschweißt. Das freie Ende des Kupferstabes wird bei 100° C gehalten, das freie Ende des Stahlstabes bei 0° C. Berechnen Sie (a) die Temperatur am gemeinsamen Ende, (b) den Temperaturgradienten im Kupfer- und im Stahlstab, (c) die Wärmemenge, die zu jedem Zeitpunkt durch einen beliebigen Querschnitt des Stabes tritt. (d) Stellen Sie die Temperatur längs des Stabes graphisch dar. Die Wärmeleitfähigkeiten von Kupfer bzw. Stahl sind $3{,}84 \cdot 10^2$ und $0{,}46 \cdot 10^2\,m\,kg\,s^{-3}\,K^{-1}$.

14.6 Das Newtonsche Abkühlungsgesetz (siehe Abschnitt 14.2) kann durch

$$j_E = h(T - T_m)$$

ausgedrückt werden, wobei T die Temperatur des Körpers ist, T_m die des umgebenden Mediums und h eine Konstante, die als *Koeffizient der Wärmeübertragung* bezeichnet wird; die Dimension von j_E ist $J\,m^{-2}\,s^{-1}$, die von h ist $J\,m^{-2}s^{-1}\,K^{-1}$. (a) Betrachten Sie einen kleinen Körper der Oberfläche S und der Wärmekapazität C, der sich ursprünglich auf der Temperatur T_0 befindet. Zeigen Sie, daß die Temperatur des Körpers als Funktion der Zeit durch

$$T = T_m + (T_0 - T_m)e^{-At}$$

gegeben ist, wobei $A = hS/C$ ist. (b) Tragen Sie T gegen t für T_0 größer, gleich und kleiner als T_m auf.

14.7 Berechnen Sie unter Verwendung der in der vorherigen Aufgabe entwickelten Formel die Zeit, die ein Körper braucht, um von 100° C auf 30° C abzukühlen, wenn die Umgebung auf 25° C gehalten wird. Der Wert von A kann als $10^{-3}\,s^{-1}$ angenommen werden. (b) Wielange braucht dieselbe Abkühlung, wenn die Oberfläche des Körpers verdoppelt wird?

14.8 Wenn sich eine Flüssigkeit der Viskosität η stetig durch eine horizontale Röhre des Radius R und der Länge L bewegt, ist das Flüssigkeitsvolumen, das pro Zeiteinheit jeden beliebigen Querschnitt der Röhre passiert durch

$$V = \left(\frac{\pi R^4}{8\eta}\right)\frac{p_1 - p_2}{L},$$

gegeben, wobei $p_1 - p_2$ der Druckunterschied zwischen den beiden Enden der Röhre ist. Das Ergebnis ist als *Hagen–Poiseuillisches Gesetz* bekannt. (a) Ein Wasserleitungsrohr zwischen zwei Reservoiren ist 1 km lang und hat einen Durchmesser von 2 m. Berechnen Sie den Druckunterschied, der notwendig ist, um 55 m^3 Wasser pro Sekunde durch das Rohr zu transportieren. (b) was passiert mit dem Druckunterschied, wenn die Wände der Röhre 15 cm dick mit Schlamm bedeckt sind? (c) Wie ändert sich der Volumentransfer, wenn der Druckunterschied aufrecht erhalten bleibt, aber der Radius der Röhre wie in (b) angegeben verringert wird?

14.9 (a) Der Viskositätskoeffizient von menschlichem Blut ist 0.047 Poise*. Wie groß ist der Druckunterschied pro Längeneinheit in a) Kapillargefäßen mit einem Flächenquerschnitt $2{,}1 \cdot 10^{-6}\,cm^2$; (b) Arterien mit einem Flächenquerschnitt von $3{,}0 \cdot 10^{-1}\,cm^2$, wenn der Blutstrom $4{,}2 \cdot 10^{-12}\,m^3\,s^{-1}$ bzw. $1{,}2 \cdot 10^{-5}\,m^3\,s^{-1}$ beträgt. *Hinweis*: Beziehen Sie sich auf das Hagen–Poiseuillische Gesetz in Aufgabe 14.8.]

14.10 Ein Ende eines Kapillarrohres von 10 m Länge und 1 mm Durchmesser ist mit einem Wasserbehälter des Drucks von 2 atm verbunden. Das andere Ende des Kapillarrohres steht unter einem Druck von 1 atm. Der Viskositätskoeffizient von Wasser ist 10^{-3} Pa.s. Wieviel Wasser spendet das Rohr in 1 Sekunde (1 atm $\approx 10^5 N m^{-2}$). [*Hinweis*: Verwenden Sie das Hagen–Poiseuillische Gesetz aus Aufgabe 14.8.]

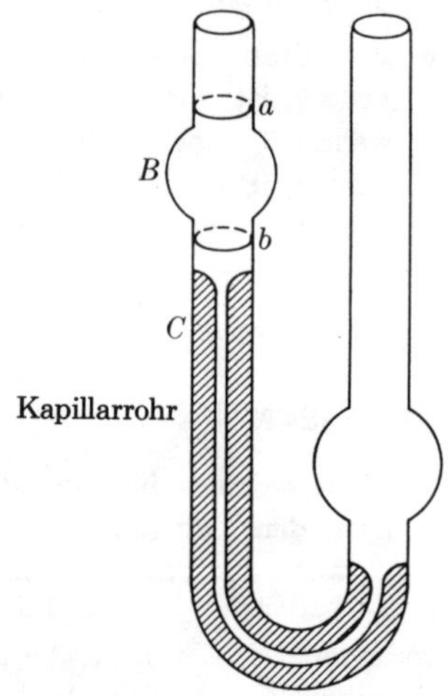

14.20

14.11 Ein typisches Viskosimeter ist in Abb. 14.20 dargestellt. Es besteht aus einem Kugelgefäß B, das mit einem Kapillarrohr C verbunden ist. Das Kugelgefäß ist mit Flüssigkeit gefüllt und man mißt die Zeit, die die Flüssigkeitsoberfläche braucht, um von a nach b abzusinken. Für Flüssigkeiten der Dichte ρ_1 und ρ_2 sind die Zeiten t_1 und t_2; zeigen Sie, daß

*1 P (Poise) = 0,1 Pa·s (Pascalsekunde)

das Verhältnis zwischen ihren Viskositätskoeffizienten

$$\frac{\eta_1}{\eta_2} = \frac{\rho_1 t_1}{\rho_2 t_2}$$

ist.

14.12 Die Dichten von Azeton und Wasser bei 20° C sind 0,792 bzw. 0,9982 g cm^{-3}. Die Viskosität des Wassers ist $1{,}0050 \cdot 10^{-3}$ Pa·s bei 20° C. Wie groß ist die Viskosität von Aceton, wenn Wasser 120,5 s benötigt, um zwischen den Marken eines Viskosimeters durchzulaufen und Aceton 49,5 s benötigt. [*Hinweis*: Siehe Aufgabe 14.11.]

14.13 Die Viskosität von Azeton bei bestimmten Temperaturen ist in der Tabelle angegeben.

Temp. (°C)	−60	−30	0	30
$\eta \times 10^3$, Pa·s	0,932	0,575	0,399	0,295

Zeigen Sie durch Auftragen von ln η gegen $1/T$, wobei T die absolute Temperatur von Aceton ist, daß

$$\ln \eta = a + b/T$$

die Änderung von η mit T darstellt. Bestimmen Sie die Konstanten a und b.

14.14 Bestimmen Sie aus Gleichung (14.17) die mittlere freie Weglänge der Moleküle eines idealen Gases als Funktion von Temperatur und Druck. Berechnen Sie die mittlere freie Weglänge des Wasserstoffmoleküls bei 100° C und 10^{-6} atm*. Wie groß ist der Wert für Sauerstoff? Wiederholen Sie die Aufgabe für beide Gase bei STD.

14.15 Berechnen Sie unter der Voraussetzung, daß der Moleküldurchmesser von H_2 $2{,}2 \cdot 10^{-10}$ m ist, die Zahl der Stöße, die ein Wasserstoffmolekül in 1 s durchmacht, wenn

a) $T = 300$ K und $p = 1$ atm.
b) $T = 500$ K und $p = 1$ atm.
c) $T = 300$ K und $p = 10^{-4}$ atm.

d) Berechnen Sie die Gesamtzahl der Stöße pro Sekunde, die in 1 cm^3 ablaufen, für jeden der Fälle a), b) und c).

14.16 Der Moleküldurchmesser von N_2 (Stickstoff) ist ca. $3{,}0 \cdot 10^{-10}$ m. (a) Berechnen Sie die mittlere freie Weglänge von N_2 bei 300 K und 1 atm und bei 0,01 atm. (b) Ein recht gutes Vakuumsystem erreicht einen Druck von etwa 10^{-9} atm. Wie groß ist die mittlere freie Weglänge von N_2 bei diesem Druck? (c) Wenn der Durchmesser der evakuierten Röhre, die sich auf einem Druck von 10^{-9} atm befindet, 5 cm beträgt, wie oft trifft ein N_2-Molekül zwischen zwei aufeinanderfolgenden Stößen mit anderen N_2 Molekülen die Wand?

*1 atm = 101.325 Pa = 101.325 N m^{-2}.

14.17 Man kann zeigen, daß von den N_0 Molekülen eines Gases, die zu einem bestimmten Zeitpunkt einen Stoß erleiden, nur die Zahl

$$N = N_0 e^{-x/l}$$

die Strecke x zurückgelegt haben, wird ohne einen weiteren Stoß durchzumachen (l ist die mittlere freie Weglänge). Bestimmen Sie den Prozentsatz der Moleküle, die bei $x = 0{,}5l$, l, $2l$ und $10l$ noch ihren zweiten Stoß durchzumachen haben. Bestimmen Sie, welchen Wert x haben muß, wenn N gleich 50% von N_0 ist.

14.18 Eine Gruppe von Sauerstoffmolekülen startet gleichzeitig bei einer Temperatur von 300 K und einem Druck, bei dem die mittlere freie Weglänge 2,0 cm ist. Nach einem bestimmten Zeitintervall hat die Hälfte der Moleküle einen zweiten Stoß durchgemacht, die andere Hälfte nicht. Bestimmen Sie das Zeitintervall. Nehmen Sie an, daß alle Moleküle sich mit der mittleren Geschwindigkeit v_{mit} bewegen (siehe Beispiel 14.6 für den Wert von v_{mit}).

14.19 Wie verändern sich die Koeffizienten D und K eines idealen Gases mit Temperatur und Druck?

14.20 Beweisen Sie durch Betrachtung von (14.21), daß der Viskositätskoeffizient eines idealen Gases nur von der Temperatur abhängt. Bestimmen Sie, wenn möglich, das Ausmaß und die Natur der Abhängigkeit.

14.21 Die Viskosität von Kohlendioxyd über einen weiten Temperaturbereich ist durch die untere Tabelle gegeben. Tragen Sie η gegen $\sqrt{T}$ auf, wobei T die absolute Temperatur ist. Berechnen Sie das Verhältnis $\eta\sqrt{T}$. Was schließen Sie angesichts der Aufgabe 14.20?

Temp., °C	−21	0	100	182	302
$\eta \times 10^7$, Pa·s	12,9	13,9	18,6	22,2	26,8

14.22 Berechnen Sie die Koeffizienten D, K und η für Helium und Sauerstoff bei STD und vergleichen Sie mit den experimentellen Ergebnissen.

14.23 Bestimmen Sie die theoretischen Werte K/D und η/D für ein ideales Gas. Vergleichen Sie diese Verhältniszahlen mit den experimentellen Ergebnissen für reale Gase, die in Tab. 14.1 gegeben sind.

14.24 Zwei parallele Platten im Abstand von 0,5 cm werden bei 298 K und 301 K gehalten. Der Raum zwischen den Platten ist mit Wasserstoff gefüllt. Berechnen Sie den Wärmefluß zwischen den zwei Platten in J m^{-2} s^{-1}.

14.25 Der Viskositätskoeffizient von Ammoniak bei 0° C ist $9{,}2 \cdot 10^{-6}$ Pa · s. Berechnen Sie die mittlere freie Weglänge und die Stoßhäufigkeit eines Ammoniakmoleküls bei STD. Schätzen Sie den Radius ab.

14.26 Der Viskositätskoeffizient von Methan bei 0° C ist $10{,}3 \cdot 10^{-6}$ Pa·s. Berechnen Sie den Moleküldurchmesser eines Methanmoleküls.

14.27 Bei 25° C hat Wasserstoff eine Viskosität von $8{,}2 \cdot 10^{-6}$ Pa · s. Wenn ein 1 m langes Rohr einen Fluß von 1 Liter/Min bei einem Druckunterschied von 0,3 atm gestattet, wie groß ist der Durchmesser des Rohrs? [*Hinweis:* Wenden Sie das Hagen–Poiseuillische Gesetz aus Aufgabe 14.8 an.]

14.28 Vergleichen Sie die Wärmeleitfähigkeit von O_2 und H_2; vernachlässigen Sie den Unterschied in den Moleküldurchmessern.

Teil 2

WECHSELWIRKUNGEN UND FELDER

«Haben nicht kleine Teilchen der Körper Mächte oder Kräfte, durch welche sie . . . aufeinander wirken und so einen großen Teil der Phänomene der Natur hervorrufen? Denn es ist wohl bekannt, daß Körper aufeinander über die Anziehung der Schwerkraft, des Magnetismus und der Elektrizität wirken . . . und ist es nicht unwahrscheinlich, daß es noch mehr anziehende Kräfte als diese geben könnte . . . Wie diese Kräfte ausgeübt werden, betrachte ich hier nicht. . . . Die Anziehungen der Schwerkraft, des Magnestismus und der Elektrizität reichen bis in merkliche Entfernungen . . . und es mag andere geben, die nur so kleine Entfernungen erreichen, daß sie bislang unserer Beobachtung entgingen . . .» (I. Newton, *Opticks*, Buch III, Frage 31.)

Sobald wir die allgemeinen Regeln erfaßt haben, nach welchen die Bewegung der Teilchen abläuft, müssen wir im nächsten Schritt die Wechselwirkungen, die für diese Bewegungen verantwortlich sind, untersuchen. Es gibt verschiedene Arten von Wechselwirkungen. Eine davon ist die *Gravitationswechselwirkung*, die sich in der Planetenbewegung und in der makroskopischen Bewegung der Materie ausdrückt. Obwohl sie eine der schwächsten der uns bekannten Wechselwirkungen ist, war sie die erste, die sorgfältig untersucht wurde, und zwar sowohl wegen des frühen Interesses der Menschen an der Astronomie als auch deshalb, weil die Schwerkraft für viele Phänomene, die unser Leben unmittelbar beeinflussen, verantwortlich ist. Eine andere Wechselwirkung ist die *elektromagnetische*, die am besten verstandene und vom Standpunkt des täglichen Lebens vielleicht wichtigste Wechselwirkung. Die meisten Phänomene, die wir in unserer Umgebung beobachten, sind das Ergebnis elektromagnetischer Wechselwirkungen zwischen Atomen und Molekülen. Eine dritte Art ist die *starke* oder *Kernwechselwirkung*, die für den Zusammenhalt von Protonen und Neutronen (genannt Nukleonen) im Atomkern und für verwandte Phänomene verantwortlich ist. Eine vierte Art ist die *schwache* Wechselwirkung, die vielen Vorgängen zwischen Elementarteilchen, wie z.B. dem ß-Zerfall zugrunde liegt. Trotz intensiver Forschungen sind unsere Kenntnisse dieser zwei Weschselwirkungen immer noch unvollständig. Die relative Stärke der genannten Wechselwirkungen ist folgende: stark, als 1 genommen; elektromagnetisch $\sim 10^{-2}$, schwach $\sim 10^{-13}$, Gravitationswechselwirkung $\sim 10^{-38}$. Eines der noch ungelösten Probleme der Physik ist die Frage, warum es nur vier Arten von Wechselwirkungen zu geben scheint und warum sie eine so unterschiedliche Stärke aufweisen.

Um diese Wechselwirkungen zu beschreiben, führen wir den Begriff des *Feldes* ein. Unter *Feld* verstehen wir eine physikalische Eigenschaft, die sich über einen Bereich im Raum erstreckt und die als Funktion von Ort und Zeit beschrieben wird. Für jede Wechselwirkung nehmen wir an, daß ein Teilchen um sich ein entsprechendes Feld erzeugt; dieses Feld wirkt seinerseits auf ein anderes Teilchen und ruft die betreffende Wechselwirkung hervor. Das zweite Teilchen erzeugt sein eigenes Feld, welches auf das erste Teilchen wirkt, was zu einer gegenseitigen Wechselwirkung führt.

Obwohl Wechselwirkungen durch Felder beschrieben werden können, entsprechen nicht alle Felder unbedingt Wechselwirkungen, was in der Definition eines Feldes enthalten ist. Zum Beispiel kann ein Meteorologe den Atmosphärendruck und die Temperatur als Funktion der Längen- und Breitengrade der Erdoberfläche und der Höhe ausdrücken. Wir haben dann zwei skalare Felder: das Druckfeld und das Temperaturfeld. In einer bewegten Flüssigkeit ist die Geschwindigkeit der Flüssigkeit ein Vektorfeld. Der Begriff des Feldes hat daher in der Physik eine weite und allgemeine Anwendbarkeit.

Kapitel 15

GRAVITATIONS-WECHSEL-WIRKUNG

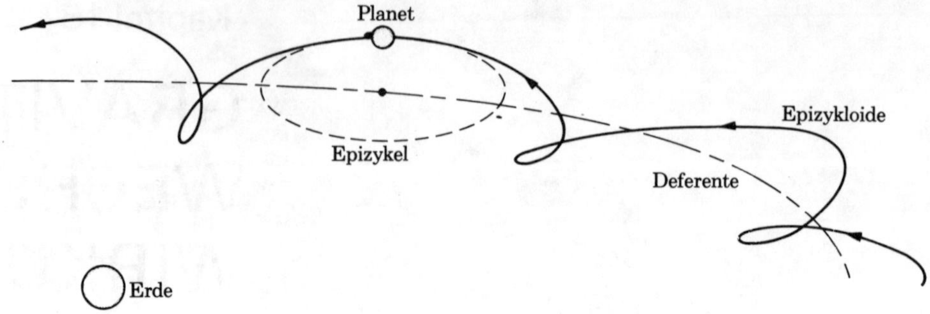

15.1 Epizyklenmodell für die Planetenbewegung mit der Erde als Bezugspunkt.

15.1 EINLEITUNG

Eines der grundlegendsten Probleme, das die Menschheit seit dem Anbrechen der Zivilisation beschäftigt hat, ist die Bewegung der Himmelskörper, d.h. die Planetenbewegung. Die Entwicklung unseres Verständnisses der Planetenbewegung ist vielleicht einer der interessantesten Vorgänge in der Geschichte der Wissenschaften.

Die Griechen, die den Menschen gerne als Mittelpunkt des Universums betrachteten, nahmen an, daß die Erde der geometrische Mittelpunkt des Universums sei und daß sich die Himmelskörper um die Erde bewegten. Jene Körper, die damals bekannt waren, wurden entsprechend ihrem mittleren Abstand von der Erde in der folgenden Reihe angeordnet: Mond, Merkur, Venus, Sonne, Mars, Jupiter und Saturn.

Die erste Hypothese über die Planetenbewegung war, daß die genannten Planeten konzentrische Kreise beschrieben, mit der Erde im gemeinsamen Mittelpunkt. Diese Annahme stimmte jedoch nicht mit der beobachteten Bewegung dieser Körper relativ zur Erde überein und die Geometrie der Planetenbewegung wurde immer komplexer. Im 2. Jahrhundert entwickelte der Astronom Ptolemäus von Alexandria seine Epizyklentheorie, um diese Bewegung zu erklären. Im einfachsten Fall nahm man an, daß der Planet in gleichförmiger Bewegung einen Kreis beschriebe, einen sogenannten *Epizyklus*. Dessen Zentrum würde sich seinerseits auf einem größeren Kreis bewegen, der konzentrisch zur Erde ist und als *Deferente* bezeichnet wird. Die resultierende Planetenbahn ist eine *Epizykloide* (Abb. 15.1). In einigen Fällen war eine komplizierte Anordnung erforderlich, um die Planetenbewegung zu beschreiben. In unserer Sprache würden wir sagen, daß die Griechen die Planetenbewegung relativ zu einem mit der Erde verbundenen Bezugssystem beschrieben.

Diese Beschreibung wurde als richtig angenommen, bis im 16. Jahrhundert der polnische Mönch Nikolaus Kopernikus (1473—1543) nach einer einfacheren Lösung suchte. Er schlug vor, die Bewegung aller Planeten, einschließlich der Erde, relativ zur Sonne als Mittelpunkt zu beschreiben. Die Idee war nicht neu; sie wurde zum ersten Mal von dem griechischen Astronomen Aristarch im 3. Jahrhundert v. Chr. vorgeschlagen. Nach Kopernikus waren die Planetenbahnen relativ zur Sonne in folgender Reihe angeordnet: Merkur, Venus, Erde, Mars, Jupiter und Saturn, wobei der Mond sich um die Erde drehte. Was Kopernikus im Prinzip vorschlug, war eine anderes Bezugssystem, das mit dem der Sonne verbunden war und in welchem die Planetenbewegungen sich einfacher beschreiben ließen.

Die Sonne, der größte Körper in unserem Planetensystem, fällt praktisch mit dem Schwerpunkt des Systems zusammen. Das rechtfertigt ihre Wahl als Bezugspunkt, da wir dann praktisch ein Inertialsystem vorzuliegen haben. Der Vorschlag von Kopernikus half dem Astronomen Johannes Kepler (1571—1630) die Gesetze der Planetenbewegung zu entdecken, was das Ergebnis seiner sorgfältigen Analysen der astronomischen Messungen Tycho de Brahes (1546—1601) war.

Tabelle 15.1

GRUNDLEGENDE DATEN ÜBER DAS SONNENSYSTEM*

Körper	Mittlerer Radius, m	Masse, kg	Umdrehungs-periode, s	Mittlerer Radius der Bahn, m	Periode der Bahnbewegung, s	Exzentrizität der Bahn
Sonne	$6{,}96 \cdot 10^8$	$1{,}99 \cdot 10^{30}$	$2{,}3 \cdot 10^6$	—	—	—
Merkur	$2{,}34 \cdot 10^6$	$3{,}28 \cdot 10^{23}$	$5{,}03 \cdot 10^6$	$5{,}79 \cdot 10^{10}$	$7{,}60 \cdot 10^6$	0,206
Venus	$6{,}08 \cdot 10^6$	$4{,}87 \cdot 10^{24}$	$(2 \cdot 10^7)$	$1{,}08 \cdot 10^{11}$	$1{,}94 \cdot 10^7$	0,007
Erde	$6{,}37 \cdot 10^6$	$5{,}98 \cdot 10^{24}$	$8{,}62 \cdot 10^4$	$1{,}49 \cdot 10^{11}$	$3{,}16 \cdot 10^7$	0,017
Mars	$3{,}36 \cdot 10^6$	$6{,}44 \cdot 10^{23}$	$8{,}86 \cdot 10^4$	$2{,}28 \cdot 10^{11}$	$5{,}94 \cdot 10^7$	0,093
Jupiter	$6{,}98 \cdot 10^7$	$1{,}90 \cdot 10^{27}$	$3{,}54 \cdot 10^4$	$7{,}78 \cdot 10^{11}$	$3{,}74 \cdot 10^8$	0,049
Saturn	$5{,}82 \cdot 10^7$	$5{,}68 \cdot 10^{26}$	$3{,}61 \cdot 10^4$	$1{,}43 \cdot 10^{12}$	$9{,}30 \cdot 10^8$	0,051
Uran	$2{,}37 \cdot 10^7$	$8{,}67 \cdot 10^{25}$	$3{,}85 \cdot 10^4$	$2{,}87 \cdot 10^{12}$	$2{,}66 \cdot 10^9$	0,046
Neptun	$2{,}50 \cdot 10^7$	$1{,}05 \cdot 10^{26}$	$5{,}69 \cdot 10^4$	$4.50 \cdot 10^{12}$	$5{,}20 \cdot 10^9$	0,004
Pluto	$(3{,}00 \cdot 10^6)$	$(1{,}00 \cdot 10^{24})$	(?)	$5{,}91 \cdot 10^{12}$	$7{,}82 \cdot 10^9$	0,250
Mond	$1{,}74 \cdot 10^6$	$7{,}34 \cdot 10^{22}$	$2{,}36 \cdot 10^6$	$3{,}84 \cdot 10^8$	$2{,}36 \cdot 10^6$	0,055

* Die Daten in Klammern sind nicht völlig gesichert. Die Bahndaten des Mondes beziehen sich auf die Erde.

Diese Gesetze, die die *Keplerschen Gesetze* genannt werden, sind kinematische Beschreibungen der Planetenbewegung und sind wie folgt formuliert:

I. *Die Planeten beschreiben elliptische Bahnen, mit der Sonne im Brennpunkt.*

II. *Der Ortsvektor jedes Planeten relativ zur Sonne überstreicht in gleichen Zeiten gleiche Flächen der Ellipse.* (Die Aussage wird als Flächengesetz bezeichnet.)

III. *Die Quadrate der Umdrehungsperioden sind der dritten Potenz des mittleren Abstands der Planeten von der Sonne proportional.* (Dieses Gesetz kann auch durch Gleichung $P^2 = kr^3_{\text{mit}}$ ausgedrückt werden, wobei k die Proportionalitätskonstante ist.)

Die wichtigeren Daten über das Sonnensystem wurden in Tab. 15.1. zusammengefaßt.

15.2 DAS GRAVITATIONSGESETZ

Neben der Formulierung seiner Bewegungsgesetze (Kapitel 7) war Newtons zweiter und vielleicht größter Beitrag zur Physik die Entdeckung des *allgemeinen Gravitationsgesetzes*; d.h. der Wechselwirkung zwischen zwei Körpern — Planeten oder kleinen Teilchen —, die eine Bewegung hervorruft, welche durch die Keplerschen Gesetze beschrieben werden kann. Das Gesetz wurde 1666 von Newton formuliert, aber erst 1687 als Kapitel seines Monumentalwerks *Philosophiae Naturalis Principia Mathematica* publiziert.

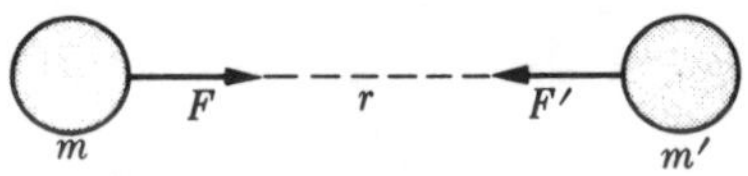

15.2 Gravitationswechselwirkung zwischen zwei Massen.

Das Flächengesetz (oder das zweite Keplersche Gesetz) besagt zuerst einmal, wie unten gezeigt, daß *die Kraft, die mit der Gravitationswechselwirkung assoziiert ist, eine Zentralkraft ist.* Das heißt, die Kraft wirkt längs einer Verbindungslinie zwischen den zwei wechselwirkenden Körpern (Abb. 15.2), in diesem Fall eines Planeten und der Sonne.

Flächengesetz, Drehmoment und Zentralkräfte Nehmen Sie an, daß ein Teilchen sich längs des Weges C (Abb. 15.3) bewegt. Zur Zeit t befindet sich das Teilchen in A, zur Zeit $t + dt$ in B. In der Zeit dt überstreicht der Radiusvektor $\boldsymbol{r} = \overrightarrow{OA}$ die schattierte Fläche OAB, die als Dreieck betrachtet werden kann, das durch den Ortsvektor $\boldsymbol{r}$ und die Verschiebung $d\boldsymbol{r} = \overrightarrow{AB}$ gebildet wird. Die Fläche OAB kann durch den

15.3

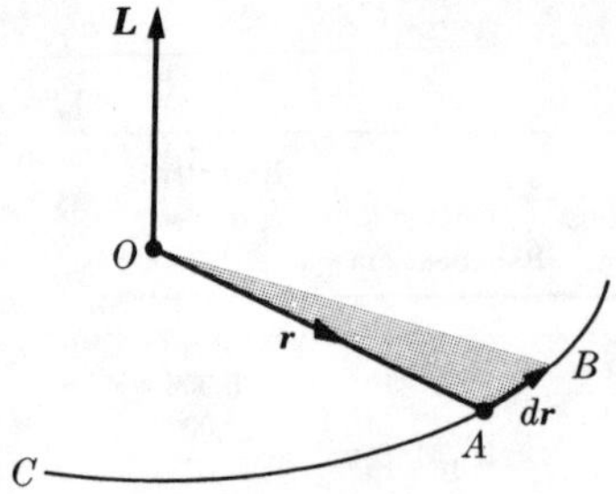

Vektor $\boldsymbol{dA}$ dargestellt werden, der durch das Vektorprodukt

$$\boldsymbol{dA} = \tfrac{1}{2}\boldsymbol{r} \times \boldsymbol{dr}$$

gegeben ist. Die Fläche, die pro Zeiteinheit von $\boldsymbol{r}$ überstrichen wird, ist daher

$$\frac{\boldsymbol{dA}}{dt} = \tfrac{1}{2}\boldsymbol{r} \times \frac{\boldsymbol{dr}}{dt} = \tfrac{1}{2}\boldsymbol{r} \times \boldsymbol{v},$$

wobei $\boldsymbol{v}$ die Geschwindigkeit des Teilchens ist. Wenn das Flächengesetz gilt (das heißt, wenn $\boldsymbol{r}$ in gleichen Zeiten gleiche Flächen überstreicht), muß

$$\frac{\boldsymbol{dA}}{dt} = \text{Konst}$$

sein, was bedeutet, daß

$$\boldsymbol{r} \times \boldsymbol{v} = \text{Konst.}$$

Der Drehimpuls des Teilchens ist daher

$$\boldsymbol{L} = \boldsymbol{r} \times \boldsymbol{p} = m(\boldsymbol{r} \times \boldsymbol{v}) = \text{Konst.}$$

Das Flächengesetz beinhaltet daher, daß der Drehimpuls des Teilchens konstant ist, was nach Abschnitt 7.14 bedeutet, daß die Kraft zentral ist.

Wenn wir annehmen, daß die Gravitationswechselwirkung eine *allgemeine* Eigenschaft der Materie ist, muß andererseits die Kraft F, die mit der Wechselwirkung assoziiert ist, proportional zur «Menge» an Materie in jedem Körper sein, d.h. proportional den entsprechenden Massen m und m'. Wir können daher schreiben

$$F = mm'f(r).$$

Es ist schwieriger, die Abhängigkeit der Kraft F von der Entfernung r, ausgedrückt als $f(r)$ zu bestimmen. Wir könnten diese Abhängigkeit experimentell bestimmen, indem wir die Kraft zwischen den Massen m und m' bei verschiedenen Entfernungen messen und aus unseren Beobachtungen die Beziehung zwischen F und r ableiten. Das wurde getan, erfordert jedoch sehr empfindliche Versuchsansätze, da die Gravitationswechselwirkung äußerst schwach ist und die Gravitationskraft sehr klein, wenn die beiden Massen nicht sehr groß sind (wie z.B. bei zwei Planeten) oder der Abstand r sehr klein ist. In sehr kurzen Entfernungen kommen jedoch andere Wechselwirkungen, die stärker als die Gravitationswechselwirkung sind, ins Spiel und verdecken die Gravitationseffekte. Die Ergebnisse dieser Versuche lassen jedoch den Schluß zu, daß *die Gravitationswechselwirkung eine Anziehungskraft ist, die dem Quadrat des Abstands zwischen den beiden Körpern umgekehrt proportional ist*. Das heißt, $f(r) \sim 1/r^2$. Wir drücken daher die Gravitationskraft durch

$$F = \gamma \frac{mm'}{r^2} \tag{15.1}$$

aus, wobei die Proportionalitätskonstante γ davon abhängt, welche Einheiten für die anderen Größen gewählt werden. γ muß daher experimentell bestimmt werden, indem man die Kraft F zwischen zwei bekannten Massen m und m' im bekannten Abstand r mißt (Abb. 15.4). Der Wert von γ in MKSC-Einheiten ist

$$\gamma = 6{,}67 \cdot 10^{-11}\,\mathrm{N\,m^2\,kg^{-2}} \qquad (\text{oder } \mathrm{m^3\,kg^{-1}\,s^{-2}}).$$

Wir können dann das allgemeine *Newtonsche Gravitationsgesetz* wie folgt definieren:

Die Gravitationswechselwirkung zwischen zwei Körpern kann durch eine zentrale Anziehungskraft ausgedrückt werden, die den Massen der Körper direkt proportional und dem Quadrat der Entfernung zwischen ihnen umgekehrt proportional ist.

Bei der Besprechung von (15.1) haben wir angedeutet, daß die Gravitationswechselwirkung zwischen zwei Massen experimentell bestimmt werden kann; das bedeutet jedoch nicht notwendigerweise, daß die Gravitationswechselwirkung die Kraft ist, die für die Plane-

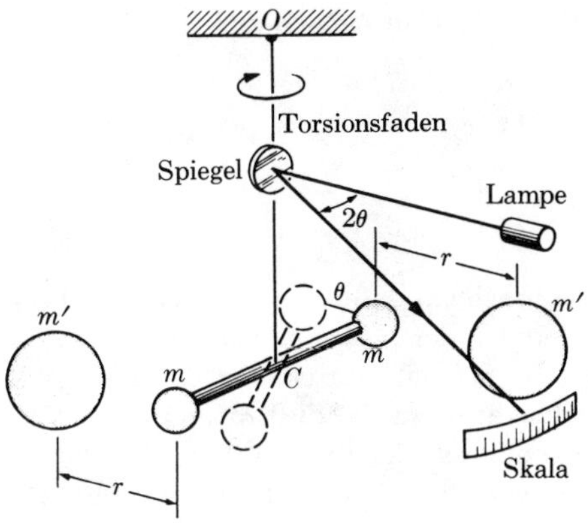

15.4 Cavendishsche Torsionswaage. Wenn die Masse m' in die Nähe der Masse m gebracht wird, führt ihre Gravitationsanziehung zu einem Drehmoment am horizontalen Stab, das zu einer Verdrehung des Fadens OC führt. Gleichgewicht herrscht, wenn das Gravitations- und das Torsionsmoment gleich sind. Das Torsionsmoment ist proportional dem Winkel θ, der durch die Ablenkung eines Strahles gemessen wird, der an einem an dem Faden befestigten Spiegel reflektiert wird. Indem man den Versuch in verschiedenen Abständen r und unter Verwendung verschiedener Massen m und m' wiederholt, kann man die Gültigkeit des Gesetzes (15.1) bestätigen.

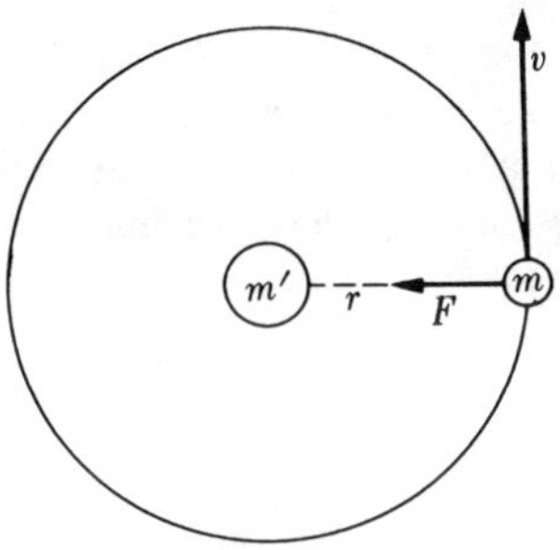

15.5 Bewegung eines Teilchens m unter seiner Gravitationswechselwirkung mit m'.

tenbewegung entsprechend den Keplerschen Gesetzen verantwortlich ist. Tatsächlich ging Newton nicht so vor, wie wir es gerade taten, sondern umgekehrt. Unter Verwendung der Keplerschen Gesetze leitete er (15.1) für die notwendige Kraft zwischen zwei Planeten ab und verallgemeinerte dann sein Ergebnis, so daß es auf jede beliebige Kombination zweier Massen anwendbar war.

Newtons Ableitung des Kraftgesetzes. Das erste Keplersche Gesetz besagt, daß die Bahn eines Planeten eine Ellipse ist. Ein Spezialfall einer Ellipse ist der Kreis, für den die beiden Brennpunkte in den Mittelpunkt fallen. In diesem Fall weist nach dem zweiten Gesetz die Kraft F auf den Mittelpunkt des Kreises zu. Wenn wir daher (7.28) für die Zentripetalkraft bei der Kreisbewegung anwenden und die Bewegung von m auf ein mit m' verbundenes Bezugssystem beziehen (Abb. 15.5), können wir die Kraft auf m als $F = mv^2/r$ ausdrücken.

Streng genommen sollten wir statt m die reduzierte Masse des Systems, das aus m und m' besteht, entsprechend (10.4) verwenden; unsere Vereinfachung beeinflußt jedoch das Ergebnis nicht. Da $v = 2\pi r/P$ ist, erhalten wir

$$F = \frac{4\pi^2 mr}{P^2}.$$

Das dritte Keplersche Gesetz wird jedoch in dem speziellen Fall einer kreisförmigen Bahn, wobei der mittlere Abstand zwischen m und m' der Radius des Kreises ist, zu $P^2 = kr^3$. Daher ist

$$F = \frac{4\pi^2 m}{kr^2} \sim \frac{1}{r^2},$$

was bedeutet, daß die Gravitationswechselwirkung, um die Keplerschen Gesetze zu befriedigen, zentral und umgekehrt proportional dem Quadrat des Abstandes sein muß.
Newton überprüfte die Richtigkeit seiner Annahme, indem er die Zentripetalbeschleunigung des Mondes mit der Gravitationsbeschleunigung $g = 9{,}80$ m s^{-2} verglich. Die Zentripetalbeschleunigung des Mondes ist

$$a = \frac{v^2}{r} = \frac{4\pi^2 r}{P^2}.$$

Mit $r = 3{,}84 \cdot 10^8$ m und $P = 2{,}36 \cdot 10^6$ s ist $a = 2{,}72 \cdot 10^{-3}$ m s^{-2}. Daher ist

$$\frac{g}{a} = 3602 \approx (60)^2.$$

Da jedoch der Radius der Erde, $R = 6{,}37 \cdot 10^6$ m ist, erhalten wir

$$\left(\frac{r}{R}\right)^2 = \left(\frac{384}{6{,}37}\right)^2 \approx (60)^2.$$

Daher ist $g/a = (r/R)^2$, und innerhalb der Genauigkeit unserer groben Berechnung sind die beiden Beschleunigungen umgekehrt proportional den Abständen der Punkte vom Erdmittelpunkt.

Beispiel 15.1 *Beziehung zwischen der Gravitationsbeschleunigung und der Masse der Erde. Berechnung der Masse der Erde.* Betrachten Sie ein Teilchen der Masse m auf der Erdoberfläche. Sein Abstand vom Mittelpunkt der Erde ist gleich dem Erdradius R. Wenn wir daher die Masse der Erde mit M bezeichnen, liefert (15.1) für die Kraft auf den Körper

$$F = \frac{\gamma m M}{R^2}.$$

Diese Kraft entspricht dem, was wir in (7.16) als *Gewicht* des Körpers definiert haben, und muß daher gleich mg sein, wobei g die Gravitationsbeschleunigung (Erdbeschleunigung) darstellt. Daher ist

$$mg = \frac{\gamma m M}{R^2}$$

oder, wenn wir m kürzen,

$$g = \frac{\gamma M}{R^2}.$$

Dieses Ergebnis drückt die Erdbeschleunigung durch die Masse und den Radius der Erde aus. Beachten Sie, daß die Masse des Körpers in diesem Ausdruck nicht erscheint und daher alle Körper (wenn wir den Luftwiderstand außer acht lassen) mit gleicher Beschleunigung fallen sollten, was mit den Beobachtungen übereinstimmt.

Wenn wir die Gleichung nach der Masse M der Erde auflösen, erhalten wir

$$M = \frac{gR^2}{\gamma}.$$

Durch Einsetzen der geeigneten Zahlenwerte

$$g = 9{,}80 \text{ m s}^{-2}, \qquad R = 6{,}37 \cdot 10^6 \text{ m},$$
$$\gamma = 6{,}67 \cdot 10^{-11} \text{ m}^3 \text{ kg}^{-1} \text{ s}^{-2},$$

erhalten wir

$$M = 5{,}98 \cdot 10^{24} \text{ kg}.$$

Der Student sollte beachten, daß wir bei der Lösung dieses Beispiels die Entfernung der Masse m vom Erdmittelpunkt verwendet haben. In anderen Worten, wir haben die stillschweigende Annahme gemacht, daß die Kraft auf m die gleiche ist, als ob die Gesamtmasse der Erde in ihrem Mittelpunkt konzentriert wäre, eine Annahme, die in Abschnitt 15.7 gerechtfertigt wird.

Beispiel 15.2 *Berechnung der Masse eines Planeten, der einen Satelliten hat.* Nehmen Sie an, daß ein Satellit der Masse m mit einer Periode P eine Kreisbahn vom Radius r um einen Planeten der Masse M beschreibt. Die Anziehungskraft zwischen dem Planeten und seinem Satelliten ist

$$F = \frac{\gamma m M}{r^2}.$$

Diese Kraft muß gleich m mal der Zentripetalbeschleunigung $v^2/r = 4\pi^2 r/P^2$ des Satelliten sein. Daher ist

$$\frac{4\pi^2 m r}{P^2} = \frac{\gamma m M}{r^2}.$$

Wenn wir m herauskürzen und nach M auflösen, erhalten wir

$$M = \frac{4\pi^2 r^3}{\gamma P^2}.$$

Wir schlagen vor, daß der Student diesen Ausdruck verwendet, um die Masse der Erde nochmals zu berechnen, indem er die Daten für den Mond, $r = 3{,}84 \cdot 10^8$ m und $P = 2{,}36 \cdot 10^6$ s einsetzt. Übereinstimmung mit dem Ergebnis von Beispiel 15.1 ist ein Beweis für die Geschlossenheit der Theorie. Diese Formel kann auch verwendet werden, um die Masse der Sonne zu berechnen, wenn man die Daten für die verschiedenen Planeten einsetzt.

15.3 TRÄGE UND SCHWERE MASSE

In Kapitel 7 haben wir den Begriff der *trägen Masse* in Beziehung zu den Bewegungsgesetzen eingeführt und sie einfach als *Masse* bezeichnet. Wir haben außerdem angenommen, daß die Bewegungsgesetze allgemein

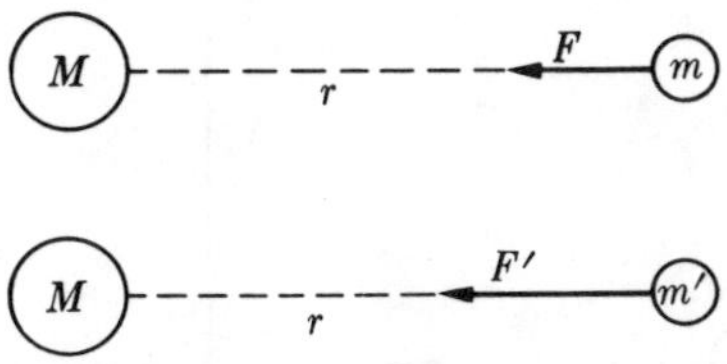

15.6 Methode zum Vergleich zweier Massen m und m' mit Hilfe ihrer Gravitationswechselwirkung mit einer dritten Masse M.

gelten und daher für alle Arten der Materie gleich sind, ob es sich nun um Elektronen, Protonen, Neutronen oder Gruppen dieser Teilchen handelt. Andererseits diskutieren wir in diesem Kapitel eine Wechselwirkung zwischen Teilchen, die man als Gravitation bezeichnet. Um ihre Stärke zu charakterisieren, hätten wir eigentlich jedem Teil der Materie eine *Gravitationsladung* oder *Gravitationsmasse* (*schwere Masse*) m_g zuschreiben sollen. Wir sollten dann (15.1) in der Form

$$F = \frac{\gamma m_g m'_g}{r^2}$$

schreiben. Wenn wir jedoch annehmen, daß die Gravitation eine allgemeine Eigenschaft aller Arten der Materie ist, können wir die schwere Masse als proportional zur trägen Masse betrachten, und das Verhältnis

$$K = \frac{\text{schwere Masse } m_g}{\text{träge Masse } m}$$

muß daher für alle Körper gleich sein. Durch eine geeignete Wahl der Einheiten für m_g können wir dieses Verhältnis eins werden lassen, und daher die gleiche Zahl für die schwere Masse verwenden wie für die träge Masse. Das wurde stillschweigend bei unserer Wahl der Werte für die Konstante γ gemacht. Die Konstanz von K, die der Konstanz von γ entspricht, wurde für eine Vielzahl von Körpern experimentell mit großer Sorgfalt gezeigt und kann als eine richtige Annahme betrachtet werden. Die wohl bewiesene Tatsache, daß alle Körper nahe der Erdoberfläche mit der gleichen Beschleunigung fallen, ist ein Hinweis dafür, daß träge und schwere Masse gleich sind, da unter dieser Annahme die Erdbeschleunigung

$$g = \frac{\gamma M}{R^2}$$

ist, wie in Beispiel 15.1 besprochen, und g unabhängig von der Masse des fallenden Körpers ist. Wenn m_g von m verschieden wäre, müßten wir statt dessen schreiben:

$$g = \left(\frac{m_g}{m}\right)\frac{\gamma M}{R^2}.$$

Wenn das Verhältnis m_g/m nicht für alle Körper gleich wäre, wäre auch die Beschleunigung g für jeden Körper verschieden, was der Erfahrung widerspricht. Wir werden daher im folgenden den Ausdruck «Masse» verwenden, um sowohl die träge wie die schwere Masse zu bezeichnen, da die beiden ununterscheidbar sind.

Eine Möglichkeit, die Massen zweier Körper zu messen oder zu vergleichen, ist die, einen dritten Körper als Referenz zu benutzen. Betrachten Sie zwei Massen m und m' im gleichen Abstand von einer dritten Bezugsmasse M (Abb. 15.6). Dann sind nach (15.1) die Kräfte auf m und m'

$$F = \frac{\gamma M m}{r^2}, \quad F' = \frac{\gamma M m'}{r^2}.$$

Das Verhältnis zwischen diesen beiden Kräften ist $F/F' = m/m'$. Wenn wir daher eine Möglichkeit haben, Kräfte zu vergleichen, ohne sie notwendigerweise einzeln zu messen, erlaubt uns die vorhergehende Gleichung, Massen zu vergleichen oder zu messen. Das Prinzip der Waage gestattet uns diese Methode anzuwenden, wenn der Referenzkörper M die Erde ist. Die Waage ist im Gleichgewicht, wenn die beiden Kräfte gleich sind, also wenn die beiden Massen gleich sind. Wir haben hiermit die Methode zur Messung von Massen mittels einer Waage, die in Abschnitt 2.3 angegeben wurde, gerechtfertigt.

15.4 POTENTIELLE ENERGIE DER GRAVITATION

Da die Gravitationswechselwirkung, gegeben durch (15.1), zentral ist und nur von der Entfernung abhängt, entspricht sie einer konservativen Kraft. Wir können

15.7 Der Gravitationsanziehung von m' wirkt der Einheitsvektor $\boldsymbol{u}_r$ entgegen, der von m' weg gerichtet ist.

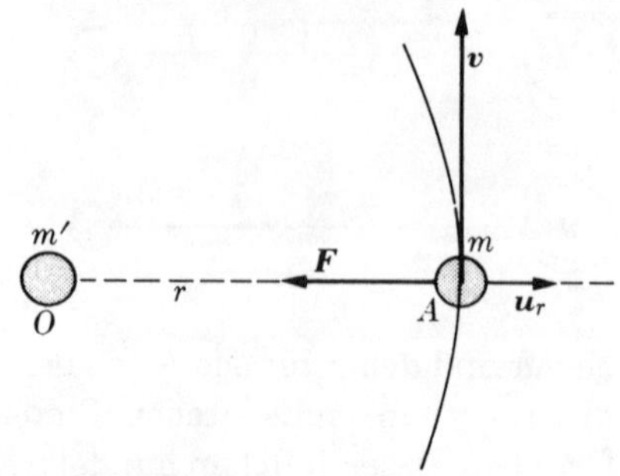

daher eine *potentielle Energie der Gravitation* mit ihr verbinden. Wenn wir den Koordinatenursprung in m' legen und nur die Kräfte auf m betrachten (Abb. 15.7), sehen wir, daß $\boldsymbol{F}$, da es sich um eine Anziehungskraft handelt, in umgekehrter Richtung zum Vektor

$$\boldsymbol{r} = \overrightarrow{AO} = r\boldsymbol{u}_r,$$

ist, wobei $\boldsymbol{u}_r$ der Einheitsvektor in Richtung $\overrightarrow{OA}$ ist. Wir müssen daher statt der skalaren (15.1) richtigerweise die Vektorgleichung

$$\boldsymbol{F} = -\frac{\gamma m m'}{r^2}\boldsymbol{u}_r \qquad \text{(Kraft auf } m) \qquad (15.2)$$

schreiben. Diese Kraft beinhaltet das Vorhandensein einer potentiellen Energie der Gravitation, die mit den Massen m und m' assoziiert ist. Wie unten gezeigt, ist die potentielle Energie der Gravitation eines Systems, das aus den Massen m und m' besteht

$$E_p = -\frac{\gamma m m'}{r}. \qquad \text{(potentielle Energie der Gravitation)} \qquad (15.3)$$

Die Gesamtenergie des Systems aus zwei Teilchen, die ihrer Gravitationswechselwirkung unterliegen, ist dann

$$E = E_k + E_p = \tfrac{1}{2}mv^2 + \tfrac{1}{2}m'v'^2 - \frac{\gamma m m'}{r} \qquad (15.4)$$

Für ein System aus mehr als zwei Teilchen, die ihren Gravitationswechselwirkungen unterliegen, ist die Gesamtenergie

$$E = \sum_{\substack{\text{Alle}\\ \text{Teilchen}}} \tfrac{1}{2}m_i v_i^2 - \sum_{\substack{\text{Alle}\\ \text{Paare}}} \frac{\gamma m_i m_j}{r_{ij}}.$$

Beweis für Gleichung (15.3) Die Gravitationskraft (15.2) ist gleich dem negativen Gradienten der potentiellen Energie, d.h.

$$\boldsymbol{F} = -\text{grad } E_p \text{ oder } \qquad F_s = -\frac{dE_p}{ds}.$$

Da in unserem Fall die Kraft zentral ist und längs des Radius wirkt, hängt die potentielle Energie nur von r ab und es gilt daher

$$F_r = -\frac{dE_p}{dr}.$$

Nach (15.2), $F_r = -\gamma m m'/r^2$ ergibt sich

$$\frac{dE_p}{dr} = \frac{\gamma m m'}{r^2}.$$

Wenn wir integrieren und der potentiellen Energie in sehr großer Entfernung ($r = \infty$) den Wert null zuweisen, erhalten wir

$$\int_0^{E_p} dE_p = \gamma m m' \int_\infty^r \frac{dr}{r^2} = \gamma m m' \left(-\frac{1}{r}\right)_\infty^r;$$

und die potentielle Energie der Gravitation des Systems, bestehend aus den Massen m und m', ist daher

$$E_p = -\frac{\gamma m m'}{r}.$$

15.5 BEZIEHUNG ZWISCHEN ENERGIE UND BAHNBEWEGUNG

Wir wollen zwei Teilchen der Massen m und m' betrachten. Für den Fall, daß Teilchen m' im Vergleich zu m eine sehr große Masse hat ($m' \gg m$), so daß m' praktisch mit dem Schwerpunkt des Systems zusammenfällt, können wir annehmen, daß sich m' im *SP*-

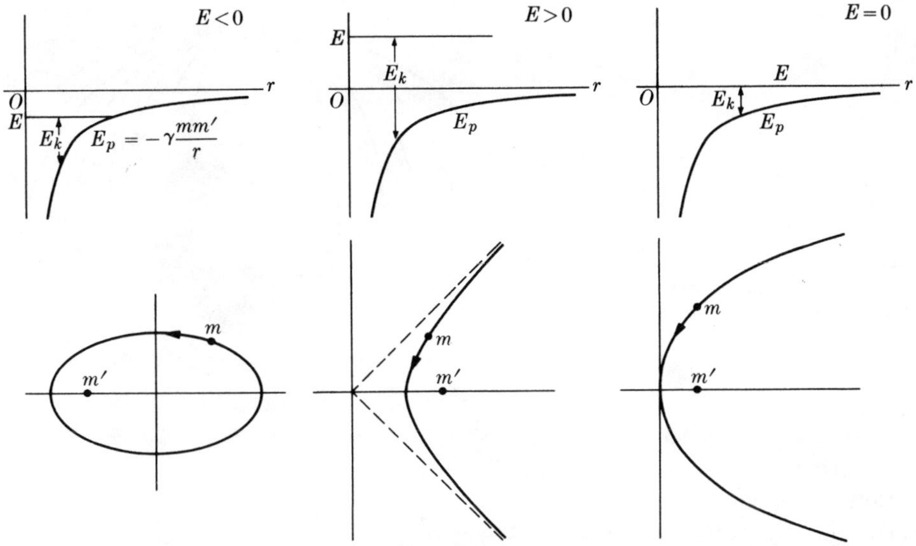

15.8 Beziehung zwischen Gesamtenergie und der Bahn für Bewegung, die einer Kraft gehorcht, die umgekehrt proportional dem Quadrat der Entfernung ist.

Bezugssystem in Ruhe befindet ($v' = 0$); wir können dann die Energie des Systems im *SP*-Bezugssystem als

$$E = \tfrac{1}{2}mv^2 - \frac{\gamma mm'}{r} \tag{15.5}$$

ausdrücken.

Wenn sich Teilchen m in einer Kreisbahn um m′ bewegt, ist die Kraft, die auf die Masse wirkt, durch (7.28) gegeben

$$F_N = \frac{mv^2}{r}$$

und indem wir F_N durch die Gravitationskraft aus (15.1) ersetzen, erhalten wir

$$\frac{mv^2}{r} = \frac{\gamma mm'}{r^2}.$$

Daher ist

$$\tfrac{1}{2}mv^2 = \frac{1}{2}\frac{\gamma mm'}{r},$$

und (15.5) vereinfacht sich zu

$$E = -\frac{\gamma mm'}{2r}, \tag{15.6}$$

was zeigt, daß die Gesamtenergie negativ ist. Dieses Ergebnis ist allgemeiner als unsere Beweisführung vermuten läßt; alle *elliptischen* (oder gebundenen) Bahnen haben eine negative Gesamtenergie ($E < 0$), wenn wir die potentielle Energie für unendliche Entfernung zu null definieren. Die gebundene Natur der Bahnen bedeutet, daß die kinetische Energie an irgendeinem Punkt der Bahn nicht ausreicht, um das Teilchen ins Unendliche zu tragen, wodurch seine kinetische Energie in potentielle umgewandelt und die Gravitationsanziehung überwunden würde. Man sieht das daran, daß in unendlicher Entfernung das zweite Glied aus (15.5) null wird und wir daher

$$E = \tfrac{1}{2}mv^2$$

erhalten; diese Gleichung kann nicht erfüllt werden, wenn E negativ ist.

Wenn die Energie jedoch positiv ist ($E > 0$), kann das Teilchen das Unendliche erreichen und noch etwas kinetische Energie übrigbehalten. Wenn wir $r = \infty$ setzen und die Geschwindigkeit in unendlicher Entfernung als v_∞ bezeichnen, ist nach (15.5) die Energie in unendlicher Entfernung

$$E = \tfrac{1}{2}mv_\infty^2 \qquad \text{oder} \qquad v_\infty = \sqrt{2E/m}. \tag{15.7}$$

Dieses Ergebnis kann auf folgende Weise interpretiert

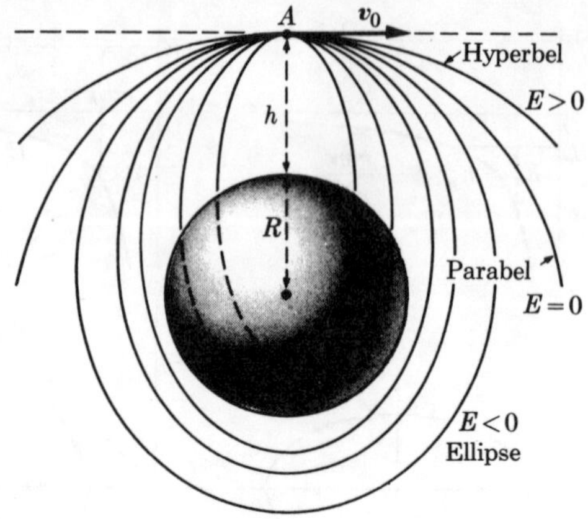

15.9 Bahn eines Teilchens, das in einer Höhe h über der Erdoberfläche mit einer Geschwindigkeit v_0 horizontal geworfen wird.

werden: Nehmen Sie an, daß sich das Teilchen m ursprünglich in einer sehr großen Entfernung von m' befindet und mit der Geschwindigkeit v_∞, der *Annäherungsgeschwindigkeit*, auf m' zugeworfen wird, so daß die Gesamtenergie durch (15.7) bestimmt ist. Während das Teilchen m sich m' nähert, nimmt seine potentielle Energie ab (wird negativer) und seine kinetische Energie nimmt zu, bis sie am Punkt größter Annäherung, der vom Drehimpuls des Teilchens abhängt, ihren höchsten Wert erreicht. Dann beginnt das Teilchen, sich zu entfernen; es verliert kinetische Energie und erreicht schließlich in großer Entfernung wieder seine Geschwindigkeit v_∞. Die Bahn ist eine offene Kurve; es kann gezeigt werden, daß sie eine *Hyperbel* darstellt.

Der spezielle Fall einer Gesamtenergie von null ($E = 0$) ist von Interesse, da dann das Teilchen nach (15.17) im Unendlichen ruht ($v_\infty = 0$). Die Bahn ist immer noch offen, aber statt einer Hyperbel beschreibt sie nun eine *Parabel*. Physikalisch entspricht das dem Fall, in dem ein Teilchen m in der Entfernung von m' mit einer Anfangsgeschwindigkeit losgelassen wird, die seine kinetische Energie gleich der potentiellen Energie sein läßt.

Abbildung 15.8 zeigt die drei möglichen Fälle, wobei in jedem Fall die Gesamtenergie, die potentielle Energie, die kinetische Energie und die Bahnform angezeigt sind.

Diese Ergebnisse sind sehr wichtig, wenn man einen künstlichen Satelliten in eine Umlaufbahn bringen will. Nehmen Sie an, daß ein Satellit von der Erde abgeschossen wird. Nachdem er seine maximale Höhe h erreicht, empfängt der Satellit einen endgültigen Schub am Punkt A, der eine horizontale Geschwindigkeit v_0 hervorruft (Abb. 15.9). Die Gesamtenergie des Satelliten in A ist daher

$$E = \tfrac{1}{2}mv_0^2 - \frac{\gamma mM}{R + h}.$$

Die Bahn wird eine Ellipse, Parabel oder Hyperbel darstellen, je nachdem ob E negativ, null oder positiv ist. In allen Fällen befindet sich der Mittelpunkt der Erde in einem der Brennpunkte der Bahn. Wenn die Energie zu gering ist, schneidet die elliptische Bahn die Erde und der Satellit stürzt ab. Ansonsten folgt er weiterhin einer geschlossenen Bahn oder er entflieht der Erde, je nach den Werten von v_0 und h.

Die gleichen Überlegungen gelten auch für einen natürlichen Satelliten wie den Mond. Für interplanetare Satelliten kann offensichtlich eine Bahn mit positiver Energie notwendig sein. Im allgemeinen braucht man eine Art von Lenkungsmechanismus, um die Bahn des Satelliten nach dem Abschuß zu korrigieren.

Man muß beachten, daß eine Hyperbel zwei Zweige hat. Bei einer Anziehungskraft, die unter das Entfernungsquadratgesetz fällt, wird nur ein Zweig um den Mittelpunkt der Anziehung beschrieben (rechter Zweig in Abb. 15.10). Wenn die Kraft eine Abstoßungskraft ist, d.h. wenn

$$F_r = + \frac{C}{r^2},$$

entspricht die Bahn dem linken Zweig in Abb. 15.10. In diesem Fall, d.h. für eine Abstoßungskraft, ist die potentielle Energie

$$E_p = + \frac{C}{r};$$

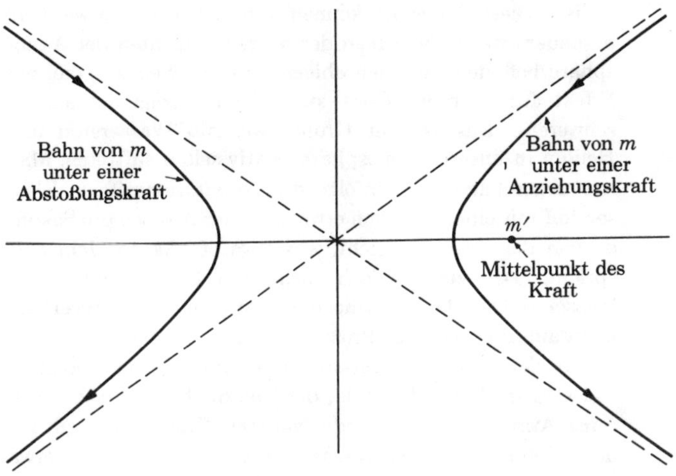

15.10 Hyperbolische Bahnen unter anziehenden und abstoßenden Kräften, die umgekehrt proportional dem Quadrat der Entfernung sind.

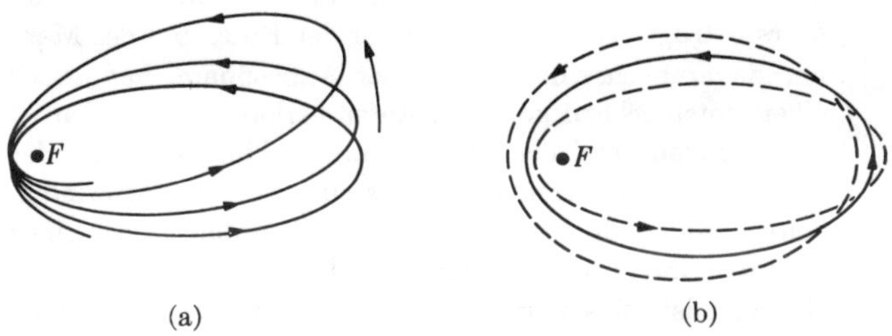

15.11 Störeffekte auf die Planetenbewegung. (a) Rotation der Ellipsenachse. (b) Schwingung in der Exzentrizität der Ellipse. Die beiden Effekte wurden stark übertrieben dargestellt.

sie ist positiv. Die Gesamtenergie

$$E = \tfrac{1}{2}mv^2 + \frac{C}{r}$$

ist daher immer positiv, und es gibt keine gebundenen Bahnen.

Störungen der Planetenbewegung Die vorhergehenden Betrachtungen würden für eine komplette Analyse der Planetenbewegung ausreichen, wenn wir annehmen könnten, daß die Bewegung der Planeten um die Sonne von anderen Planeten und Himmelskörpern nicht beeinflußt würden. In anderen Worten, die Bahnen der Erde oder anderer Planeten wären perfekte Ellipsen, wenn keine anderen Kräfte außer die der Sonne auf sie wirkten. Die Anwesenheit anderer Planeten führt jedoch zu Störungen in der Bahn eines Planeten. Diese Störungen kann man mit Hilfe spezieller Methoden, die die Wissenschaft der *Himmelsmechanik* darstellen, sehr genau berechnen. Sie können im Grunde genommen als zwei Effekte analysiert werden. Ein Effekt ist der, daß die elliptische Bahn eines Planeten nicht geschlossen ist, sondern daß die Hauptachse der Ellipse sich sehr langsam um den Brennpunkt, in dem sich die Sonne befindet, dreht, einen Effekt, den man die *Periheldrehung* nennt (Abb. 15.11a). Der andere Effekt ist eine periodische Schwankung der Exzentrizität der Ellipse um ihren mittleren Wert, wie in Abb. 15.11(b) dargestellt. Diese Schwankungen finden sehr langsam statt. Im Fall der Erde haben sie eine Periode von etwa 10^5 Jahren (ca. 21 Bogenminuten pro Jahrhundert in der Perihelbewegung). Trotzdem führen sie zu merklichen Effekten, besonders in den sich langsam ändernden Klimabedingungen der Erde. Diese Änderungen wurden von den Geophysikern nachgewiesen, die die verschiedenen Schichten der Erdkruste untersuchten.

Beispiel 15.3 Die *Fluchtgeschwindigkeit* ist die Mindestgeschwindigkeit, mit der ein Körper von der Erde abgeschossen werden muß, um das Unendliche zu erreichen. Berechnen Sie die Fluchtgeschwindigkeit eines Körpers von der Erde.

Lösung: Damit ein Teilchen ins Unendliche entweichen kann, muß die Gesamtenergie null oder positiv sein, die Mindestgeschwindigkeit wird offensichtlich einer Gesamtenergie von null entsprechen. Bei $E = 0$ und wenn M die Masse der Erde, R ihr Radius und v_e die Fluchtgeschwindigkeit des

Projektils ist, haben wir nach (15.5)

$$\tfrac{1}{2}mv_e^2 - \frac{\gamma mM}{R} = 0,$$

was die geeignete Beziehung zwischen v_e und R an der Abschußrampe gibt. Die Fluchtgeschwindigkeit von der Erde ist daher

$$v_e = \sqrt{2\gamma M/R} = 1{,}13 \cdot 10^4 \text{ m s}^{-1}.$$

Das ist gleich 40.700 km h^{-1}. Beachten Sie, daß die Fluchtgeschwindigkeit unabhängig von der Masse des Körpers ist. Der *Schub*, der erforderlich ist, um den Körper bis zur Fluchtgeschwindigkeit zu beschleunigen, hängt jedoch von der Masse des Körpers ab. Das ist der Grund, warum schwere Raketen und Satelliten leistungsfähigere Antriebe brauchen.

Ein Teilchen, das von der Erde mit der Geschwindigkeit v_e, die durch (15.8) gegeben ist, abgeschossen wird, hat bei Erreichen des Unendlichen eine Geschwindigkeit null. Wenn die Geschwindigkeit größer als v_e ist, wird das Teilchen das Unendliche mit einer gewissen Restgeschwindigkeit erreichen. Wenn die Abschußgeschwindigkeit kleiner als v_e ist, fällt das Teilchen auf die Erde zurück, wenn man es nicht durch eine aufeinanderfolgende Reihe von Antriebsraketen in eine gebundene Bahn versetzt und die Richtung der Geschwindigkeit verändert wird, wie es im Zusammenhang mit Abb. 15.9 erklärt ist.

Der Begriff der Fluchtgeschwindigkeit ist auch zur Bestimmung der Entweichung von Gasen aus der Erdatmosphäre wichtig. Wenn wir annehmen, daß die Gase, die die Erdatmosphäre darstellen, sich im thermischen Gleichgewicht befinden, ist die rms -Geschwindigkeit ihrer Moleküle durch (13.4) mit

$$v_{\text{rms}} = \sqrt{3kT/m} \qquad (15.9)$$

gegeben. Die *Effektivgeschwindigkeiten* der Gase, die man in der Erdatmosphäre findet, sind bei mittleren Temperaturen:

Wasserstoff, 1908 m s^{-1} Sauerstoff, 477 ms^{-1}
Helium, 1350 m s^{-1} Stickstoff, 510 ms^{-1}
Kohlendioxyd, 407 ms^{-1}.

In allen Fällen ist v_{rms} viel kleiner als v_e und wir könnten daher schließen, daß kein Gasmolekül die Gravitationsanziehung überwinden und von der Erde entweichen kann. Das wäre jedoch ein falscher Schluß.

Die Effektivgeschwindigkeit v_{rms} ist eine mittlere Geschwindigkeit, was bedeutet, daß sich Moleküle mit größeren oder kleineren Geschwindigkeiten als v_{rms} bewegen, wie in Abb. 13.3 angedeutet. Sogar wenn v_{rms} viel kleiner als v_e ist, wird eine bestimmte Zahl von Molekülen sich mit einer Geschwindigkeit bewegen, die gleich groß oder größer als v_e ist. Diese Moleküle können von der Erde entweichen, besonders wenn sie sich in der oberen Schichten der Atmosphäre befinden. Aus den obigen Zahlen sehen wir, daß der Effekt für leichtere Gase stärker ausgeprägt ist als für schwerere. Das ist der Grund, weshalb Wasserstoff und Helium in unserer Atmosphäre relativ selten auftreten. Man hat abgeschätzt, daß infolge des Gravitationseffekts Wasserstoff mit einer Rate von etwa $1{,}3 \cdot 10^{22}$ Atomen pro Sekunde von der Erde entweicht, was etwa 600 kg pro Jahr entspricht. Das stellt jedoch nicht den Gesamtverlust von Wasserstoff aus der Erdatmosphäre dar, und der Nettoverlust kann aufgrund anderer Prozesse verschieden sein.

Für den Planeten Merkur ist die Fluchtgeschwindigkeit viel kleiner als für die Erde; der Merkur hat wahrscheinlich seine Atmosphäre vollständig verloren. Das gleiche gilt für den Mond. Die Fluchtgeschwindigkeit der Venus ist etwa gleich groß wie die der Erde. Die Fluchtgeschwindigkeit des Mars beträgt etwa ein Sechsel der der Erde, und der Mars hat daher noch einen Teil seiner Atmosphäre, hat jedoch einen entsprechend größeren Anteil verloren. In der Tat ist der Atmosphärendruck auf dem Mars viel kleiner als der der Erde. Für die anderen Planeten sind die Fluchtgeschwindigkeiten größer als die der Erde, sie haben daher noch einen Großteil ihrer ursprünglichen Atmosphäre. Aus anderen Gründen ist jedoch die Zusammensetzung der Atmosphäre dieser Planeten von der der Erde verschieden.

Beispiel 15.4 *Geschwindigkeit eines Körpers, der im Abstand r vom Erdmittelpunkt losgelassen wird, wenn er auf der Erdoberfläche auftrifft.* Die Anfangsgeschwindigkeit des Körpers ist null und seine Gesamtenergie ist daher nach (15.5)

$$E = -\frac{\gamma mM}{r},$$

wobei m die Masse des Körpers und M die Masse der Erde ist. Wenn er die Erdoberfläche erreicht, ist seine Geschwindigkeit v und sein Abstand vom Mittelpunkt der Erde ist der Erdradius R. Daher ist

$$E = \tfrac{1}{2}mv^2 - \frac{\gamma mM}{R}.$$

Wenn wir die beiden Werte von E gleichsetzen, erhalten wir da die Energie konstant geblieben ist (wir vernachlässigen die Reibung der Luft),

$$\tfrac{1}{2}mv^2 - \frac{\gamma mM}{R} = -\frac{\gamma mM}{r}.$$

Wenn wir nach v^2 auflösen, bekommen wir

$$v^2 = 2\gamma M\left(\frac{1}{R} - \frac{1}{r}\right)$$

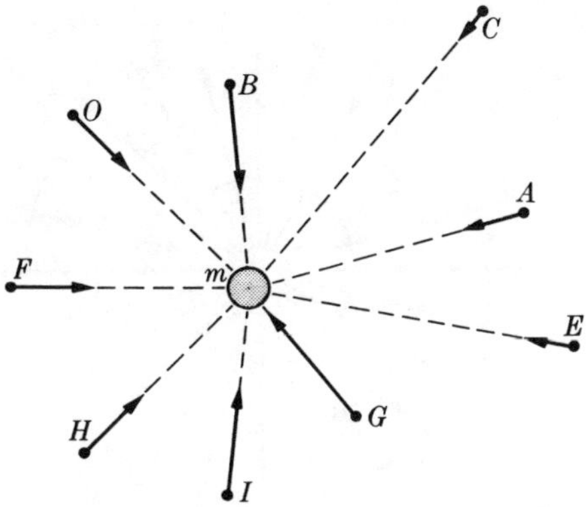

15.12 Gravitationsfeld, das von einer Punktmasse an verschiedenen Orten hervorgerufen wird.

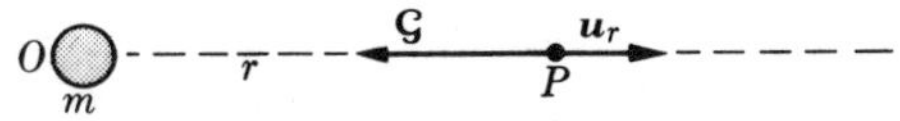

15.13 Das Gravitationsfeld in *P*, das von der Punktmasse erzeugt wird, ist dem Einheitsvektor $\boldsymbol{u}_r$ entgegengesetzt.

oder, da nach Beispiel 15.1

$$g = \frac{\gamma M}{R^2}$$

ist,

$$v^2 = 2R^2 g \left(\frac{1}{R} - \frac{1}{r}\right).$$

Dieser Ausdruck kann auch zur Bestimmung der Entfernung *r* verwendet werden, die ein Körper erreicht, wenn er mit der Geschwindigkeit v senkrecht von der Erdoberfläche in die Luft geworfen wird. Wenn der Körper in großer Entfernung losgelassen wird, so daß $1/r$ im Vergleich zu $1/R$ vernachlässigbar ist, erhalten wir

$$v_\infty = \sqrt{2Rg} = \sqrt{2\gamma M/R} = 1{,}13 \cdot 10^4\,\mathrm{m\,s^{-1}},$$

was mit dem Ergebnis (15.8) für die Fluchtgeschwindigkeit übereinstimmt. Das ist nicht überraschend, da die Aufgabe genau das Gegenteil von Beispiel 15.3 ist. Das obige Ergebnis gibt z.B. einen Schätzwert der Geschwindigkeit, mit der ein Meteor die Erdoberfläche trifft.

15.6 GRAVITATIONSFELDER

Nehmen Sie an, wir hätten eine Masse *m*, um die wir in verschiedenen Abständen eine andere Masse *m′* anordnen (Abb. 15.12). Aufgrund der Gravitationswechselwirkung mit m erfährt die Masse *m′* eine Kraft an jedem Punkt, die durch (15.2)

$$\boldsymbol{F} = -\frac{\gamma m m'}{r^2}\boldsymbol{u}_r$$

gegeben ist. Die Masse *m* erfährt natürlich in jeder Position von *m′* eine gleiche, entgegengesetzte Kraft. Im Augenblich interessieren wir uns jedoch nur dafür, was mit *m′* passiert.

Wir können dann sagen, daß die Masse *m* in ihrer Umgebung eine physikalische Situation schafft, die wir als *Schwerefeld* bezeichnen, das wir an der Kraft erkennen, die *m* auf eine andere Masse, wie z.B. *m′* ausübt, die in diesen Bereich eingebracht wird. Ob im freien Raum um *m* in Abwesenheit der Versuchsmasse *m′* als Feldsonde etwas existiert, ist eine Frage, über die wir nur spekulieren können. Zu einen gewissen Grad ist es auch eine irrelevante Frage, da wir das Gravitationsfeld nur merken, wenn wir eine zweite Masse einbringen.

Die *Stärke des Gravitationsfeldes* $\mathcal{G}$, das von der Masse *m* am Punkt *P* erzeugt wird, ist als die Kraft definiert, die auf die Masseneinheit in *P* ausgeübt wird. Dann ist

$$\mathcal{G} = \frac{\boldsymbol{F}}{m'} = -\frac{\gamma m}{r^2}\boldsymbol{u}_r\,. \quad \text{(Schwerefeld)} \qquad (15.10)$$

Das Schwerefeld $\mathcal{G}$ hat daher die Richtung umgekehrt zum Einheitsvektor $\boldsymbol{u}_r$, der von der Masse, die das Feld erzeugt, auf den Punkt hinweist, an dem das Feld erzeugt wird. In anderen Worten, das Gravitationsfeld weist immer auf die Masse zu, die es hervorruft.

Ausdruck (15.10) gibt das Schwerefeld im Abstand *r* von einem Teilchen der Masse *m* am Punkt *O*. Wir können dann an jedem Punkt des Raums um *m* (Abb. 15.13) einen Vektor $\mathcal{G}$ anbringen, der durch (15.10)

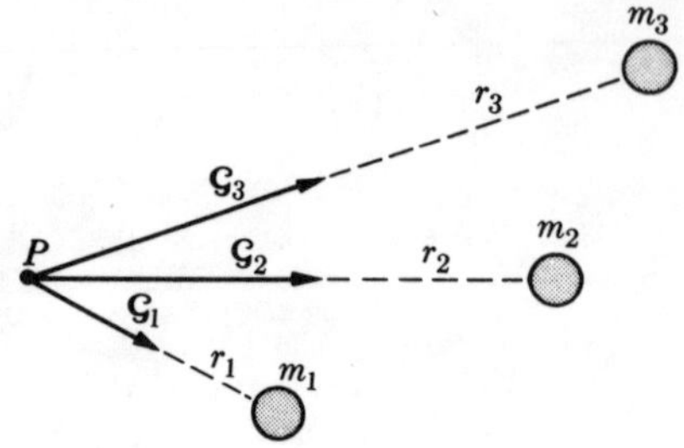

15.14 Resultierendes Gravitationsfeld mehrerer Massen.

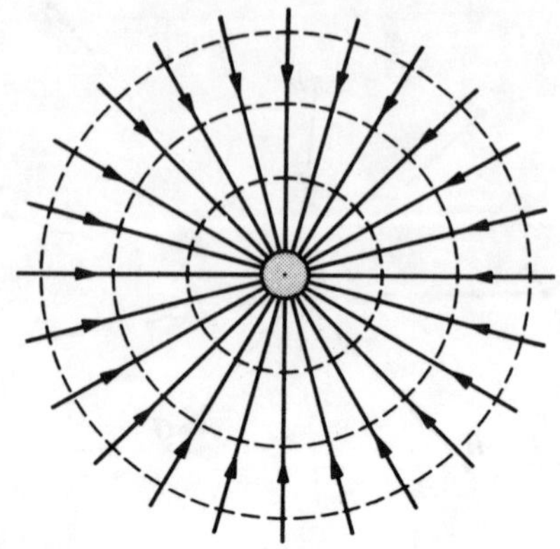

15.15 Kraftlinien und Äquipotentialoberflächen des Gravitationsfeldes einer Punktmasse.

gegeben ist, so daß die Gravitationskraft, die an jeder Masse in diesem Bereich angreift, durch Multiplikation der Masse mit dem entsprechenden $\mathcal{G}$ erhalten wird. Das heißt

$$\boldsymbol{F} = (\text{Masse des Teilchens}) \times \mathcal{G}$$

Aus der Definition sehen wir, daß die Stärke des Gravitationsfeldes in N kg^{-1} oder m s^{-2} gemessen wird; sie hat die gleiche Dimension wie die Beschleunigung. Durch Vergleich von (15.10) mit (7.16),

$$\boldsymbol{g} = \frac{\boldsymbol{W}}{m},$$

sehen wir, daß die Beschleunigung infolge der Schwerkraft als die Stärke des Gravitationsfeldes an der Oberfläche der Erde betrachtet werden kann.

Nehmen Sie nun an, daß wir mehrere Massen m_1, m_2, m_3, ... (Abb. 15.14) haben, von denen jede ein eigenes Schwerefeld erzeugt. Die Gesamtkraft auf ein Teilchen der Masse m in P ist offensichtlich

$$\begin{aligned}\boldsymbol{F} &= m\mathcal{G}_1 + m\mathcal{G}_2 + m\mathcal{G}_3 + \ldots \\ &= m(\mathcal{G}_1 + \mathcal{G}_2 + \mathcal{G}_3 + \ldots),\end{aligned} \tag{15.11}$$

wobei $\mathcal{G}_1$, $\mathcal{G}_2$, $\mathcal{G}_3$ die Schwerefelder — berechnet nach (15.10) — darstellen, die jede Masse am Punkt P erzeugt. Das resultierende Schwerefeld in P ist dann

$$\mathcal{G} = \mathcal{G}_1 + \mathcal{G}_2 + \mathcal{G}_3 + \cdots$$

Daher ist

$$\boldsymbol{F} = m\mathcal{G} \qquad \text{oder} \qquad \mathcal{G} = \frac{\boldsymbol{F}}{m}. \tag{15.12}$$

Ein Schwerefeld kann graphisch durch *Kraftlinien* dargestellt werden. Eine Kraftlinie wird so gezeichnet, daß in jedem Punkt die *Richtung* des Feldes tangential zur Linie ist, die durch diesen Punkt geht. Die Kraftlinien werden so gezeichnet, daß ihre Dichte der Stärke des Feldes proportional ist. Abbildung 15.15 zeigt das Feld um eine einzelne Masse an, die Kraftlinien verlaufen radial. Abbildung 15.16 zeigt die Felder um zwei ungleiche Massen, nämlich die Erde und den Mond. Hier sind die Linien nicht radial und am Punkt A ist die Feldstärke null.

15.7 GRAVITATIONSPOTENTIAL

Das Gravitationspotential an einem Punkt ist definiert als die potentielle Energie pro Masseneinheit an diesem Punkt des Gravitationsfeldes. Wenn daher an einem bestimmten Punkt im Gravitationsfeld eine Masse m die potentielle Energie E_p hat, ist das Gravitationspotential an diesem Punkt

$$V = \frac{E_p}{m} \qquad \text{oder} \qquad E_p = mV.$$

Das Gravitationspotential wird in den Einheiten J kg^{-1} oder m^2 s^{-2} ausgedrückt.

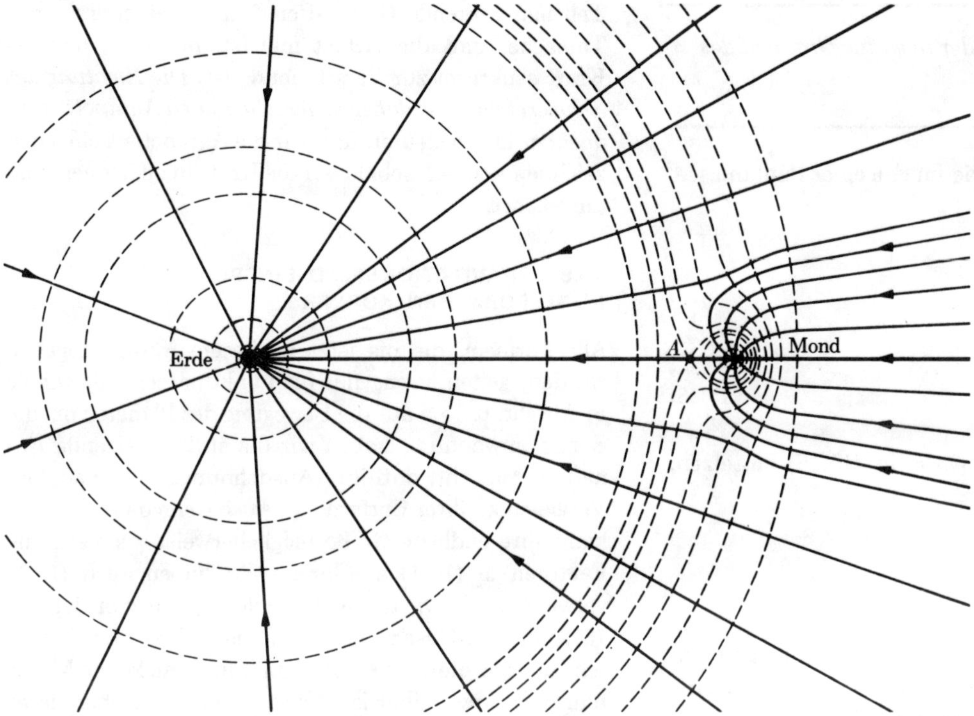

15.16 Kraftlinien und Äqipotentialoberflächen des resultierenden Gravitationsfeldes, das von Erde und Mond hervorgerufen wird. In A ist das resultierende Gravitationsfeld null. [Nach W. T. Scott. Am. J. Phys. **33**, 712 (1965).] Die Zeichnung enthält nur wenige Linien und Oberflächen. Die Abstände sind nicht so gewählt, daß sie gleiche Differenzen andeuten).

Aus (15.3) sehen wir, wenn wir durch m' dividieren, daß das Gravitationspotential im Abstand r von einer Masse m durch

$$V = -\frac{\gamma m}{r} \quad \text{(Gravitationspotential)} \tag{15.13}$$

gegeben ist. Wenn wir statt eines Teilchens mehrere Massen haben, wie in Abb. 15.14, ist das Gravitationspotential an P die Skalarsumme

$$V = V_1 + V_2 + V_3 + \cdots,$$

oder

$$V = -\gamma\left(\frac{m_1}{r_1} + \frac{m_2}{r_2} + \frac{m_3}{r_3} + \cdots\right) = -\gamma \sum_i \frac{m_i}{r_i}. \tag{15.14}$$

Wir erinnern uns daran, daß die Gravitationskraft $\boldsymbol{F}$ auf eine Masse m mit der potentiellen Energie E_p der Gravitation der Masse durch die Beziehung

$$\boldsymbol{F} = -\text{grad}\, E_p \qquad \text{oder} \qquad F_s = -\frac{dE_p}{ds}$$

zusammenhängt. Es gilt aber

$$\boldsymbol{F} = m\mathcal{G} \qquad \text{und} \qquad E_p = mV.$$

Wir können daher die folgende Beziehung zwischen dem Gravitationsfeld $\mathcal{G}$ und dem Gravitationspotential V schreiben:

$$\mathcal{G} = -\text{grad}\, V \qquad \text{oder} \qquad \mathcal{G}_s = -\frac{dV}{ds}, \tag{15.15}$$

wobei $\mathcal{G}_s$ die Komponente von $\mathcal{G}$ in Richtung der Verschiebung ds ist. Gleichung (15.15) zeigt,

Das Gravitationsfeld ist der negative Gradient des Gravitationspotentials.

Wenn das Feld radial ist, wie im Fall einer Punktmasse, hängt V nur von r ab und

$$\mathcal{G} = -\frac{dV}{dr}$$

oder in Vektorform

$$\mathcal{G} = -\boldsymbol{u}_r \frac{dV}{dr}. \tag{15.16}$$

Indem wir (15.13), $V = \gamma m/r$, in (15.16) einsetzen, erhalten wir (15.10),

$$\mathcal{G} = -\frac{\gamma m}{r^2}\boldsymbol{u}_r,$$

für das Gravitationsfeld der Punktmasse.

Wenn sich ein Teilchen der Masse m längs eines beliebigen Weges vom Punkt P_1 nach P_2 bewegt, ist die Arbeit, die das Schwerefeld leistet,

$$W = E_{p_1} - E_{p_2} = m(V_1 - V_2), \tag{15.17}$$

wobei $V_1 - V_2$ der Unterschied des Gravitationspotentials ist.

Indem wir die Punkte, an denen das Gravitationspotential den gleichen Wert hat, verbinden, erhalten wir eine Reihe von Oberflächen, die sogenannten *Äquipotentialflächen.* Im Fall eines einzelnen Teilchens, in dem das Potential durch (15.13) gegeben ist, entsprechen die Äquipotentialflächen den Kugeln mit r = Konst, die durch die gestrichelten Linien in Abb. 15.15 angedeutet sind. In Abb. 15.16 wurden die Äquipotentialflächen ebenfalls durch die gestrichelten Linien angedeutet. Beachten Sie, daß in jedem Fall die Äquipotentialflächen senkrecht zu den Kraftlinien verlaufen. Man kann das auf folgendem Weg beweisen:

Wir wollen zwei Punkte auf der selben Äquipotentialfläche nehmen, die sehr nahe benachbart sind. Wenn wir ein Teilchen von einem dieser Punkte an einen anderen Punkt bringen, verändert sich die potentielle Energie nicht, da die zwei Punkte das gleiche Gravitationspotential haben, und daher die Arbeit, die das auf das Teilchen wirkende Gravitationsfeld leistet, null ist. Die Tatsache, daß die Arbeit null ist, bedeutet, daß die Kraft senkrecht zur Verschiebung ist. *Die Richtung des Schwerefeldes ist daher senkrecht zu den Äquipotentialflächen.* Das bedeutet, daß wir die Äquipotentialflächen zeichnen können, sobald wir die Kraftlinien kennen, und umgekehrt.

15.8 GRAVITATIONSFELD EINES KUGELFÖRMIGEN KÖRPERS

Alle Formeln, die bis jetzt in diesem Kapitel gegeben wurden, gelten streng nur für Punktmassen. Als wir sie in Abschnitt 15.5 auf die Bewegung der Planeten um die Sonne anwandten, haben wir die stillschweigende Annahme gemacht, daß ihre Ausdehnungen klein sind im Vergleich zu ihrer Entfernung. Auch wenn das erfüllt ist, kann ihre endliche Größe möglicherweise geometrische Faktoren in (15.1) einführen. Wir haben auch (15.1) verwendet, als wir die Erdbeschleunigung g in Beispiel 15.1 mit der Masse und dem Radius in Beziehung brachten, obwohl die obige Überlegung für eine kleine Masse hier nicht anwendbar ist. Newton selbst war über dieses geometrische Problem beunruhigt und verzögerte die Veröffentlichung seines Gravitationsgesetzes um 20 Jahre, bis er eine richtige Erklärung gefunden hatte. Wir wollen nun die Frage in größerem Detail untersuchen.

Wir wollen zuerst eine Masse betrachten, die gleichmäßig über die Oberfläche einer Hohlkugel verteilt ist. Es wird unten gezeigt, daß das Schwerefeld und das Potential an Punkten *außerhalb* einer Masse, die gleichmäßig über eine Hohlkugel verteilt ist, mit dem Schwerefeld und dem Potential eines Teilchens der gleichen Masse, die im Schwerpunkt der Kugel konzentriert ist, identisch ist. An allen Punkten *innerhalb* der Kugelschale ist das Feld null und das Potential konstant. Das heißt, wenn a der Radius der Hohlkugel und m die Masse ist, sind das Schwerefeld und das im Abstand r vom Mittelpunkt der Kugel erzeugte Potential

$$\mathcal{G} = -\frac{\gamma m}{r^2}\boldsymbol{u}_r, \qquad V = -\frac{\gamma m}{r}, \qquad r > a \tag{15.18}$$

$$\mathcal{G} = \mathbf{0}, \qquad V = -\frac{\gamma m}{a}, \qquad r < a. \tag{15.19}$$

Abbildung 15.17 zeigt die Veränderung von $\mathcal{G}$ und V

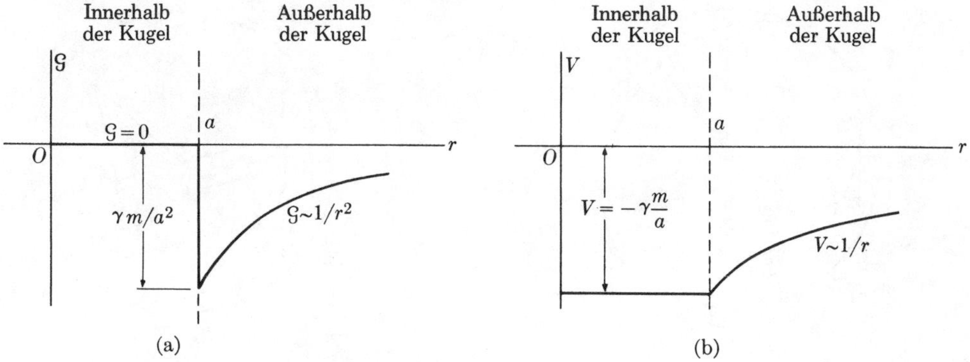

15.17 Änderung von $\mathcal{G}$ und V als Funktion des Abstands vom Mittelpunkt für eine Masse, die gleichförmig über eine Kugelschale verteilt ist.

mit dem Abstand vom Mittelpunkt der Hohlkugel. Man kann sehen, daß sich das Potential, wenn wir uns vom Mittelpunkt nach außen bewegen, beim Erreichen der Kugelschale in seinem Wert nicht ändert, während das Feld eine abrupte Änderung von $-\gamma m/a^2$ erfährt. Beachten Sie auch, daß das Gravitationspotential innerhalb der Hohlkugel konstant und gleich dem Wert auf der Oberfläche ist.

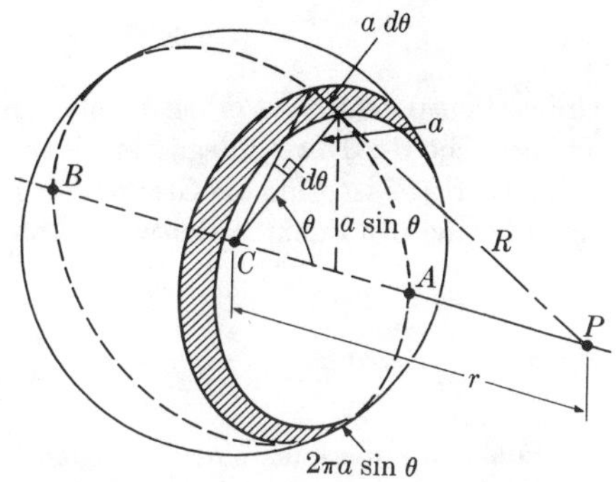

15.18 Berechnung des Gravitationsfeldes an Punkten außerhalb einer Masse, die gleichförmig über eine Kugelschale verteilt ist.

Beweis für die Beziehungen (15.18) und (15.19) Wir wollen a den Radius der Hohlkugel und r den Abstand eines willkürlich gewählten Punktes P vom Mittelpunkt der Hohlkugel nennen. Wir möchten die Stärke des Gravitationsfeldes in P bestimmen. Betrachten Sie zuerst den Fall, daß P außerhalb der Hohlkugel liegt (Abb. 15.18). Wir können die Oberfläche der Hohlkugel in schmale kreisförmige Streifen einteilen, deren Mittelpunkte alle auf der Linie AB liegen. Der Radius jedes Streifens ist $a\sin\theta$ und die Breite $ad\theta$. Die Fläche des Streifens ist daher

$$\begin{aligned}\text{Fläche} &= \text{Länge} \times \text{Breite}\\ &= (2\pi a \sin\theta)(a\, d\theta)\\ &= 2\pi a^2 \sin\theta\, d\theta.\end{aligned}$$

Wenn m die Gesamtmasse darstellt, die gleichmäßig über die Kugeloberfläche verteilt ist, ist die Masse pro Flächeneinheit $m/4\pi a^2$, und die Masse des kreisförmigen Streifens

$$\frac{m}{4\pi a^2}\,(2\pi a^2 \sin\theta\, d\theta) = \tfrac{1}{2} m \sin\theta\, d\theta.$$

Alle Punkte auf dem Streifen befinden sich im gleichen Abstand R von P. Wenn wir (15.13) anwenden, finden wir daher, daß das Potential, welches der Streifen an P erzeugt,

$$dV = -\frac{\gamma\,(\tfrac{1}{2} m \sin\theta\, d\theta)}{R} = -\frac{\gamma m}{2R}\sin\theta\, d\theta$$

ist.

Aus Abb. 15.18 entnehmen wir unter Verwendung des Cosinussatzes (M.16), daß

$$R^2 = a^2 + r^2 - 2ar\cos\theta.$$

Durch Differenzieren erhalten wir, da a und r konstant sind,

$$2R\, dR = 2ar \sin\theta\, d\theta \qquad \text{oder} \qquad \sin\theta\, d\theta = \frac{R\, dR}{ar}.$$

Einsetzen in dem Ausdruck für dV ergibt

$$dV = -\frac{\gamma m}{2ar}dR.$$

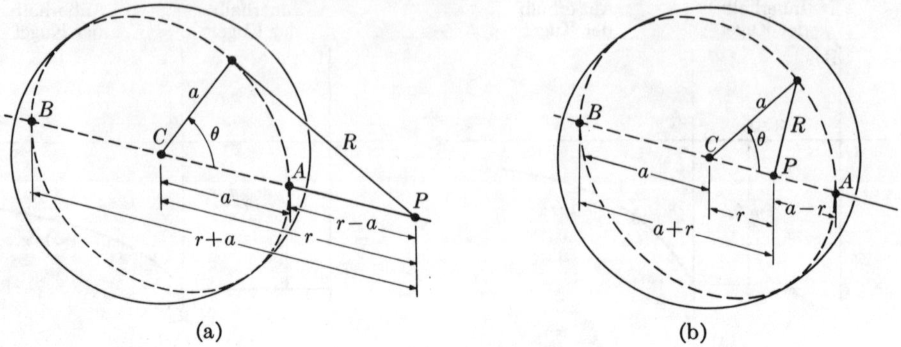

15.19 Berechnung des Gravitationsfeldes an einem Punkt P (a) außerhalb und (b) innerhalb einer Masse, die gleichförmig über eine Kugelschale verteilt ist.

Um das gesamte Gravitationspotential zu erhalten, müssen wir über die Gesamtoberfläche der Kugel integrieren. Wenn der Punkt P außerhalb der Kugel ist, sind die Grenzen für R $r + a$ und $r - a$, entsprechend den Punkten B bzw. A (Abb. 15.19a). Daher ist

$$V = -\frac{\gamma m}{2ar}\int_{r-a}^{r+a} dR = -\frac{\gamma m}{2ar}(2a) = -\frac{\gamma m}{r},\ r > a,$$

das Potential eines Punktes außerhalb einer homogenen Kugelschale. Wenn sich der Punkt P innerhalb der Kugel befindet (Abb. 15.19b), sind die Grenzen für R $a + r$ und $a - r$, was zu

$$V = -\frac{\gamma m}{2ar}\int_{a-r}^{a+r} dR = -\frac{\gamma m}{2ar}(2r) = -\frac{\gamma m}{a},\ r < a,$$

führt, und ein Gravitationspotential unabhängig von der Position P ergibt; das heißt, es ist konstant.

Unter Benutzung von (15.16) finden wir das Schwerefeld an Punkten außerhalb der homogenen Kugelschale zu

$$\mathcal{G} = -\boldsymbol{u}_r \frac{\gamma m}{r^2}, \qquad r > a,$$

das an Punkten innerhalb der Kugelschale zu

$$\mathcal{G} = \mathbf{0}, \qquad r < a.$$

Nehmen Sie nun an, daß die Masse gleichmäßig über das Volumen der Kugel verteilt ist, d.h. wir haben eine Vollkugel. Wir können uns dann die Kugel wie eine Zwiebel aufgebaut vorstellen, als Überlagerung dünner sphärischer Schichten oder Schalen. Jede Schale erzeugt ein Feld, das durch (15.18) und (15.19) gegeben ist. Für einen Punkt außerhalb der Kugel (Abb. 15.20) addieren sich die Massen, da der Abstand r vom Mittelpunkt bis zu P für alle Schichten gleich ist, und wir erhalten wieder das Ergebnis (15.18). Das heißt,

Eine homogene Vollkugel ruft an außerhalb gelegenen Punkten ein Schwerefeld und ein Potential hervor, das identisch mit dem eines Teilchens der gleichen Masse ist, das im Mittelpunkt der Kugel konzentriert ist.

Für Punkte innerhalb einer homogenen Vollkugel ist jedoch das Schwerefeld proportional zur Entfernung vom Mittelpunkt der Kugel.

Das Feld nimmt innerhalb der Kugel deshalb linear mit der Entfernung r zu, weil für einen innen gelegenen Punkt wie z.B. P (Abb. 15.21) nur die Masse innerhalb der Kugel des Radius $r = OP$ an P ein Feld erzeugt. Entsprechend wird in dem Maß, in dem sich der Punkt vom Mittelpunkt entfernt, die Abnahme infolge des Entfernungsquadratgesetzes durch eine Zunahme der Masse überkompensiert, die der 3. Potenz des Abstandes proportional ist. Wenn a der Radius der Vollkugel

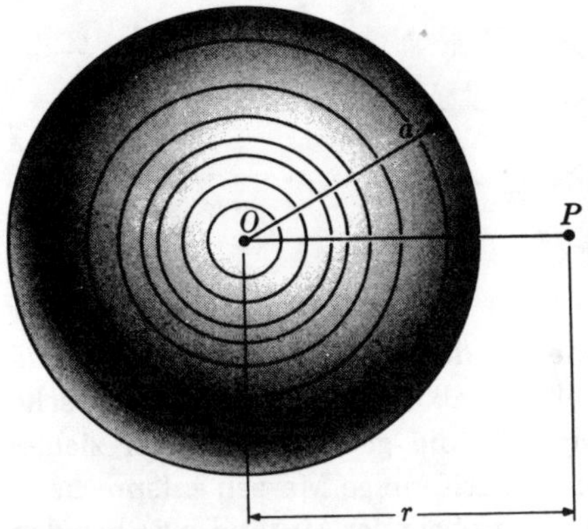

15.20 Berechnung des Gravitationsfeldes an einem Punkt außerhalb einer Vollkugel.

ist, erhalten wir daher

$$\mathcal{G} = -\frac{\gamma m}{r^2}\boldsymbol{u}_r, \qquad r > a, \qquad \text{(wie angezeigt)} \qquad (15.20)$$

$$\mathcal{G} = -\frac{\gamma m r}{a^3}\boldsymbol{u}_r, \qquad r < a. \qquad \text{(wie angezeigt)} \qquad (15.21)$$

Abbildung 15.22 zeigt die Änderung von $\mathcal{G}$ mit r für eine homogene Vollkugel. Diese Abbildung zeigt z.B. die Änderung im Gewicht eines Körpers, wenn es sich vom Mittelpunkt der Erde auf einen Punkt in großer Entfernung von ihr zu bewegt, wenn man die Erde als homogen annimmt.

Beweis der Beziehung (15.21) Um das Feld innerhalb einer homogenen Kugel zu erhalten, wollen wir einen Punkt P in einem Abstand r vom Mittelpunkt betrachten, wobei $r < a$. Wir zeichnen eine Kugel vom Radius r (Abb. 15.21) und beobachten, daß Schalen mit einem Radius größer als r nach (15.19) nicht zum Feld an P beitragen, da sich P innerhalb befindet; alle Schalen mit einem Radius kleiner als r erzeugen ein Feld gemäß (15.18). Wir wollen die Masse innerhalb der gestrichelten Kugel m' nennen. Nach (15.18) wird das Feld in P

$$\mathcal{G} = -\frac{\gamma m'}{r^2}\boldsymbol{u}_r \qquad (15.22)$$

sein. Das Volumen der gesamten Kugel ist $\frac{4}{3}\pi a^3$, und da die

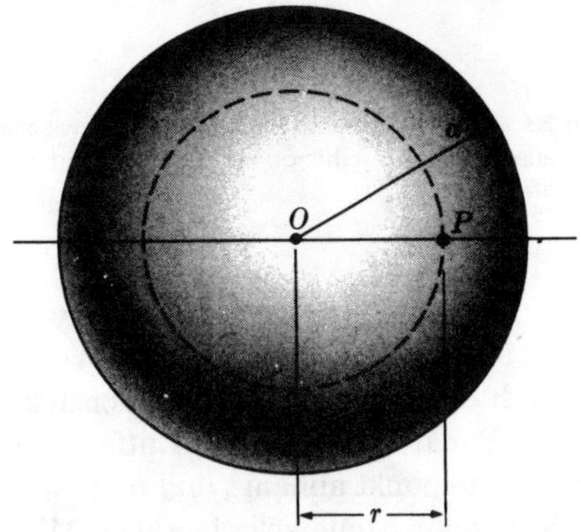

15.21 Berechnung des Gravitationsfeldes an einem Punkt innerhalb einer Vollkugel.

Kugel homogen ist, ist die Masse pro Volumeneinheit $m/\frac{4}{3}\pi a^3$. Die Masse m', die in der Kugel vom Radius r enthalten ist, ist dann

$$m' = \left(\frac{m}{\frac{4}{3}\pi a^3}\right)\left(\tfrac{4}{3}\pi r^3\right) = \frac{mr^3}{a^3}.$$

Wenn wir dieses Ergebnis in die vorhergehende Gleichung einsetzen, erhalten wir schließlich für das Feld an einem Punkt innerhalb der homogenen Kugel

$$\mathcal{G} = -\frac{\gamma m r}{a^3}\boldsymbol{u}_r.$$

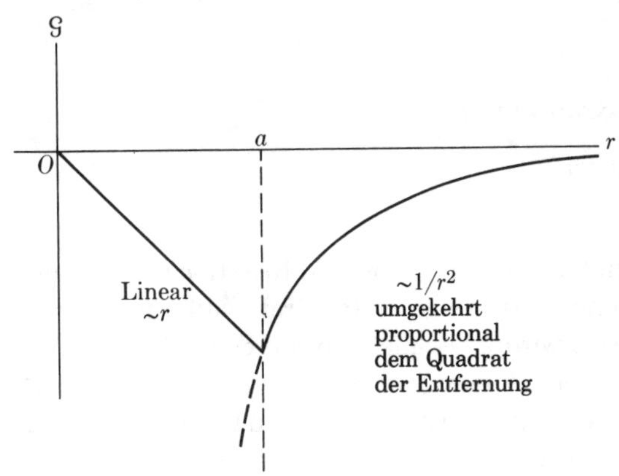

15.22 Änderung von $\mathcal{G}$ für eine homogene Vollkugel als Funktion des Abstandes vom Mittelpunkt.

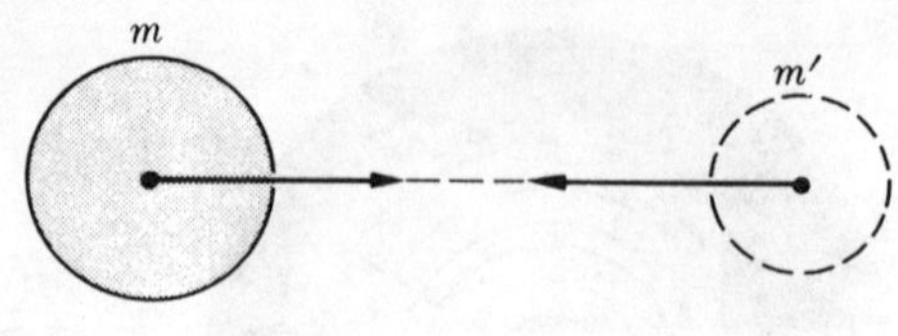

15.23 Die Gravitationswechselwirkung zwischen zwei homogenen sphärischen Körpern hängt nur vom Abstand zwischen ihren Mittelpunkten ab.

Man beachte, daß im Fall einer Kugel, den wir in diesem Abschnitt betrachtet haben, das Gravitationsfeld an jedem beliebigen Punkt nur von der Entfernung dieses Punktes vom Mittelpunkt abhängt und nicht von der Richtung der Verbindungslinie zwischen dem Mittelpunkt und dem Punkt. Dieses Ergebnis war aufgrund der Symmetrie der Aufgabe zu erwarten. Wenn wir statt einer homogenen Kugel einen Körper verschiedener Geometrie oder Symmetrie oder eine inhomogene Kugel betrachten wollten (wobei die Masse ohne Kugelsymmetrie verteilt wäre), sollten wir erwarten, daß die Winkel in der Formel erscheinen. Für Aufgaben mit sphärischer Symmetrie hängen die Eigenschaften jedoch nur vom Abstand des Punktes vom Mittelpunkt ab. Die Anwendung von Symmetrieüberlegungen vereinfacht die Lösung vieler physikalischer Probleme.

Wir sind nun in der Lage, (15.1) für die Gravitationsanziehung zwischen zwei Punktmassen auch für zwei homogene sphärische Körper zu beweisen. Nehmen wir an, daß wir eine Punktmasse m' in eine Entfernung r vom Mittelpunkt einer kugelförmigen Masse m bringen (Abb. 15.23). Sie unterliegt einem Feld

$$\mathcal{G} = \frac{\gamma m}{r^2},$$

und die Kraft auf m' ist

$$m'\mathcal{G} = \frac{\gamma m m'}{r^2}.$$

Nach dem Gesetz von Aktion und Reaktion muß m' eine gleiche und entgegengesetzte Kraft auf m ausüben. Diese Kraft wird ausschließlich auf das Feld zurückgeführt, das m' in dem von m eingenommenen Bereich ausübt. Wenn wir nun m' durch einen homogenen kugelförmigen Körper der gleichen Masse ersetzen, ändert sich das Feld um m nicht, wie wir gerade bewiesen haben, und die Kraft auf m bleibt daher gleich. Wie bedienen uns wieder des Gesetzes von Actio und Reactio und schließen, daß die Kraft auf die sphärische Masse m' immer noch die gleiche ist. Daher ziehen sich zwei homogene kugelförmige Massen entsprechend dem Gesetz (15.1) an, wobei r der Abstand zwischen den beiden Mittelpunkten ist. Wenn die Massen weder kugelförmig noch homogen sind, erscheinen geometrische Faktoren im Ausdruck für ihre Wechselwirkungen, einschließlich von Winkeln, die ihre relative Orientierung angeben.

Beispiel 15.4 *Änderung der Gravitationsbeschleunigung, wenn man sich eine kleine Distanz von der Erdoberfläche nach aufwärts oder abwärts bewegt.* Wir wollen die Höhe des Körpers über der Erdoberfläche h nennen. Sein Abstand vom Mittelpunkt ist

$$r = R + h.$$

Die Intensität des Schwerefeldes ist nach (15.19)

$$\mathcal{G} = \frac{\gamma M}{(R+h)^2} = \frac{\gamma M}{R^2(1+h/R)^2},$$

wobei die Masse m durch die Masse M der Erde ersetzt wurde. Wenn wir bedenken, daß h klein ist im Verhältnis zu R und die Binominalnäherung (M.28) und das Ergebnis 15.1 verwenden ($g = \gamma M/R^2$), erhalten wir

$$\mathcal{G} = g\left(1 + \frac{h}{R}\right)^{-2} \approx g\left(1 - \frac{2h}{R}\right).$$

Einsetzen der Werte für g und R liefert

$$\mathcal{G} = (9{,}81 - 3{,}06 \cdot 10^{-6}\, h)\ \mathrm{m\ s^{-2}}.$$

Dieser Ausdruck gibt annähernd die Änderung der Gravitationsbeschleunigung der Erde und des Gewichts eines Körpers, wenn man ihn um die kleine Entfernung h von der Erde nach oben bewegt.

Wenn wir uns statt dessen um die Entfernung h auf das Erdinnere zu bewegen, ist

$$r = R - h.$$

Unter Verwendung von (15.21), in der m durch M und a durch R ersetzt ist, erhalten wir

$$\mathcal{G} = \frac{\gamma M(R-h)}{R^3} = \frac{\gamma M}{R^2}\left(1 - \frac{h}{R}\right) = g\left(1 - \frac{h}{R}\right),$$

oder durch Einsetzen der geeigneten Werte

$$\mathcal{G} = (9{,}81 - 1{,}53 \cdot 10^{-6}\, h)\ \mathrm{m\ s^{-2}}\,.$$

Die Schwerkraft nimmt also in beiden Fällen ab, aber sie nimmt für Punkte oberhalb der Erdoberfläche rascher ab als für die unterhalb (Erinnern Sie sich an Abb. 15.20).

15.9 DAS PRINZIP DER ÄQUIVALENZ

Die Tatsache, daß die schweren und die trägen Massen für alle Körper jeweils identisch sind, führt zu einem wichtigen Ergebnis.

An einem Ort in einem Schwerefeld unterliegen alle Körper der gleichen Beschleunigung.

Ein Beispiel dafür ist die Entdeckung Galileis, daß alle Körper mit der gleichen Beschleunigung auf die Erde zu fallen. Diese Entdeckung ist ihrerseits, wie wir bereits erwähnten, ein indirekter Beweis für die Identität der trägen und schweren Masse.

Um die obige Aussage zu beweisen, beachten wir, daß an einem Punkt, an dem das Schwerefeld $\mathcal{G}$ ist, die Kraft auf einen Körper der Masse m $\boldsymbol{F} = m\mathcal{G}$ ist, und seine Beschleunigung

$$\boldsymbol{a} = \frac{\boldsymbol{F}}{m} = \mathcal{G}.$$

Sie ist unabhängig von der Masse m des Körpers, der der Wirkung des Schwerefeldes unterliegt. Beachten Sie, daß die Beschleunigung des Körpers gleich der Feldstärke ist, was mit unserem vorigen Ergebnis übereinstimmt, daß das Schwerefeld in m s^{-2} gemessen wird.

Wenn ein Versuchslabor in ein Schwerefeld eingebracht wird, wird man beobachten, daß alle Versuchsobjekte, die keiner anderen Kraft unterliegen, in gleicher Weise beschleunigt werden. Der Beobachter, der diese gleiche Beschleunigung registriert, kann daraus schließen, daß sich sein Laboratorium in einem Schwerefeld befindet.

Dieser Schluß ist jedoch nicht die *einzig* mögliche Erklärung für die Beobachtung einer gemeinsamen Beschleunigung. In Abschnitt 6.2 haben wir bei der Diskussion der relativen Bewegung auf Folgendes hingewiesen: Wenn ein Beobachter eine Beschleunigung $\boldsymbol{a}_0$ relativ zu einem Inertialbeobachter aufweist und $\boldsymbol{a}$ die Beschleunigung ist, die dieser mißt, wird die Beschleunigung, die der in Bewegung befindliche Beobachter mißt, durch

$$\boldsymbol{a}' = \boldsymbol{a} - \boldsymbol{a}_0$$

ausgedrückt. Wenn der Körper frei ist, verschwindet die Beschleunigung $\boldsymbol{a}$, die der Inertialbeobachter mißt. Die Beschleunigung, die der beschleunigte Beobachter mißt, ist daher

$$\boldsymbol{a}' = -\boldsymbol{a}_0.$$

Alle freien Gegenstände scheinen daher für einen beschleunigten Beobachter die gleiche Beschleunigung $-\boldsymbol{a}_0$ zu haben, was identisch mit dem Fall ist, der in einem Schwerefeld der Stärke

$$\mathcal{G} = -\boldsymbol{a}_0$$

vorliegt. Wir können daher schließen,

Ein Beobachter kann nicht entscheiden, ob sich sein Laboratorium in einem einheitlichen Schwerefeld oder in einem beschleunigten Bezugssystem befindet.

Diese Aussage bezeichnet man als das *Prinzip der Äquivalenz*, da sie eine Äquivalenz bezüglich der Beschreibung der Bewegung zeigt, und zwar zwischen einem Schwerefeld und einem beschleunigten Bezugssystem. Gravitation und Trägheit erscheinen daher nicht als zwei verschiedene Eigenschaften der Materie, sondern nur als zwei verschiedene Aspekte einer grundlegenden und allgemeineren Eigenschaft aller Materie.

Nehmen Sie z.B. an, daß ein Beobachter sein Laboratorium in einem Eisenbahnwaggon hat, der sich mit konstanter Geschwindigkeit entlang horizontaler

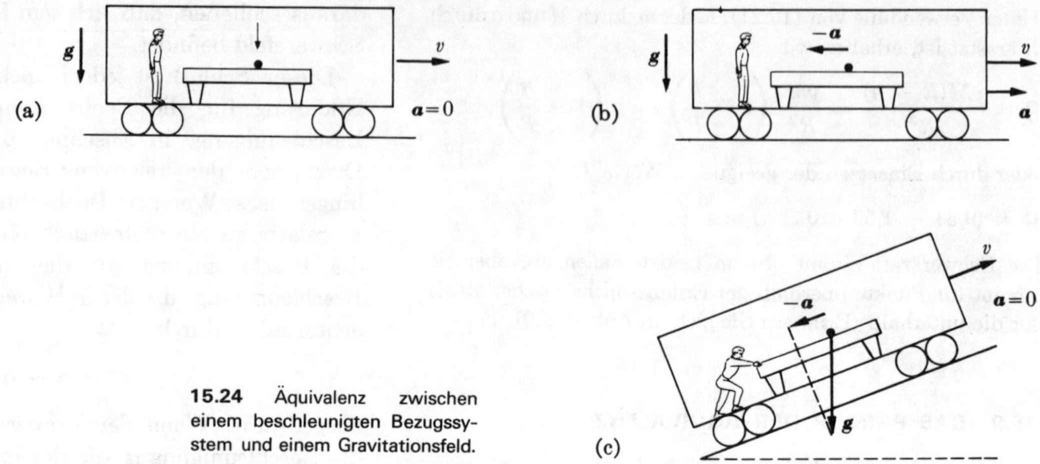

15.24 Äquivalenz zwischen einem beschleunigten Bezugssystem und einem Gravitationsfeld.

Schienen bewegt und daß die Fenster verdunkelt sind, so daß der Beobachter keinen Einblick in die Umwelt hat (Abb. 15.24). Er stellt Versuche mit Billiardkugeln an, indem er sie fallen läßt und feststellt, daß alle mit der gleichen Beschleunigung fallen. Er kann dann schließen, daß er von einem senkrechten nach unten gerichteten Schwerefeld umgeben ist, was die offensichtliche Interpretation ist. Er könnte aber genauso gut annehmen, daß sein Waggon mit einer senkrechten Beschleunigung angehoben wird, die gleich und entgegengerichtet der der Bälle ist, und daß die Bälle frei sind und nicht dem Schwerefeld unterliegen.

Nehmen Sie nun an, daß der Beobachter die Bälle auf einem Billardtisch im Waggon legt. Wenn der Beobachter sieht, daß die Bälle auf dem Tisch mit gleicher Beschleunigung auf das rückwärtige Ende des Waggons zurollen, kann er daraus schließen, daß ein neues horizontales Schwerefeld in Richtung des Zugendes auf sein Laboratorium wirkt, oder daß sein Laboratorium horizontal nach vorne beschleunigt wird. Die zweite Annahme ist die übliche, sie hängt mit dem Entschluß des Lokomotivführers zusammen, den Zug zu beschleunigen (Abb. 15.24b): Der Zug könnte jedoch statt dessen eine Steigung hinauffahren (Abb. 15.24c); das entspricht der Erzeugung eines Schwerefeldes parallel zum Boden des Waggons, und führt zum gleichen Ergebnis für die Bewegung der Billardbälle.

Da das Prinzip der Äquivalenz gilt:

Die Naturgesetze müssen so formuliert werden, daß es unmöglich ist, zwischen einem einheitlichen Schwerefeld und einem beschleunigten Bezugssystem zu unterscheiden.

Die Aussage stellt die Grundlage der allgemeinen Relativitätstheorie dar, die Einstein 1915 vorschlug. Das Prinzip erfordert, daß physikalische Gesetze in einer Form geschrieben werden, die unabhängig vom Bewegungszustand des Bezugssystems ist. Wie wir sehen, ist die Grundidee der allgemeinen Relativitätstheorie sehr einfach. Ihre mathematische Formulierung ist jedoch ziemlich schwierig und wird hier nicht diskutiert.

Wir wollen nun den Fall eines beschleunigten Beobachters in einem Schwerefeld $\mathcal{G}$ betrachten. Die Beschleunigung von Körpern, die nur dem Schwerefeld unterliegen, ist nach der Messung unseres Beobachters

$$\boldsymbol{a}' = \mathcal{G} - \boldsymbol{a}_0.$$

Als konkretes Beispiel wollen wir den Fall einer Rakete betrachten, die von der Erde nach oben beschleunigt wird. Dann ist

$$\mathcal{G} = \boldsymbol{g}.$$

Wir wollen $\boldsymbol{a}_0 = -n\boldsymbol{g}$ für die Beschleunigung der Rakete relativ zur Erde schreiben, wobei n den Wert von $\boldsymbol{a}_0$ relativ zu $\boldsymbol{g}$ gibt. (Das negative Vorzeichen ist darauf zurückzuführen, daß die Rakete in Richtung nach oben beschleunigt wird.) Dann ist

$$\boldsymbol{a}' = (n + 1)\boldsymbol{g}$$

die Beschleunigung eines freien Körpers innerhalb der Rakete relativ zur Rakete. Zum Beispiel ist im Innern einer Rakete, die mit einer vierfachen Erdbeschleunigung nach oben beschleunigt wird ($n = 4$), das Gewicht aller Körper fünfmal so groß wie ihr Normalgewicht. Diese scheinbare Zunahme im Gewicht ist besonders bei der Abschußphase wichtig, in der die Beschleunigung der Rakete am größten ist.

Betrachten Sie nun als anderes Beispiel einen Satelliten in der Umlaufbahn. Hier ist

$$\boldsymbol{a}_0 = \mathcal{G},$$

da der Satellit sich unter der Schwerkraft der Erde bewegt. In diesem Fall ist

$$\boldsymbol{a}' = \mathbf{0},$$

und alle Körper innerhalb des Satelliten erscheinen gewichtslos, da ihre Beschleunigung relativ zum Satelliten null ist. Es handelt sich hier jedoch nur um eine relative Schwerelosigkeit, da der Satellit und sein Inhalt sich im selben Schwerefeld bewegen und die gleiche Beschleunigung haben. Relativ zum Satelliten erscheinen die Körper im Innern als freie Körper, wenn nicht eine andere Kraft auf sie wirkt; relativ zu einem irdischen Beobachter sind sie jedoch beschleunigt und unterliegen dem Schwerefeld. Ein Mann in einem Aufzug, der (infolge eines gerissenen Kabels) mit der Erdbeschleunigung fällt, würde relativ zum Aufzug die gleiche Schwerelosigkeit empfinden. In diesem Fall ist, wie bei einem Satelliten,

$$\boldsymbol{a}_0 = \boldsymbol{g}, \qquad \text{und} \qquad \boldsymbol{a}' = \mathbf{0}.$$

Schwerelosigkeit bedeutet keineswegs, daß die Schwerkraft nicht mehr wirkt. Sie bedeutet, daß auf alle Körper, einschließlich jener, die als Bezugssystem dienen, ein und dasselbe Schwerefeld wirkt, welches eine gleiche Beschleunigung verursacht; es gibt daher keine relative Beschleunigung, wenn nicht andere Kräfte auf den Körper wirken. In anderen Worten, ein Schwerefeld $\mathcal{G}$ kann «aufgehoben» werden, wenn sich ein Beobachter mit einer Beschleunigung

$$\boldsymbol{a}_0 = \mathcal{G}$$

relativ zu einem Inertialsystem durch das Schwerefeld bewegt.

15.10 GRAVITATION UND ZWISCHENMOLEKULARE KRÄFTE

In den vorhergehenden Abschnitten dieses Kapitels haben wir gesehen, daß die Gravitationskräfte geeignet sind, die Planetenbewegung und die Bewegung von Körpern nahe der Erdoberfläche zu beschreiben. Es ist nun interessant zu sehen, ob die gleiche Art der Wechselwirkung auch für den Zusammenhalt von Molekülen in Materie oder den Zusammenhalt von Atomen in Molekülen verantwortlich sein könnte.

Wir wollen zuerst ein einfaches Molekül wie das Wasserstoffmolekül betrachten, das aus zwei Wasserstoffatomen im Abstand $r = 0{,}745 \cdot 10^{-10}$m zusammengesetzt ist. Die Masse eines jeden Wasserstoffatoms ist $m = 1{,}673 \cdot 10^{-27}$ kg. Die Gravitationswechselwirkung der beiden Atome entspricht einer potentiellen Energie

$$E_p = -\frac{\gamma m m'}{r}$$

$$= -2{,}22 \cdot 10^{-54}\ \mathrm{J} = -1{,}39 \cdot 10^{-35}\ \mathrm{eV}.$$

Der experimentelle Wert für die Dissoziationsenergie eines Wasserstoffmoleküls ist jedoch $7{,}18 \cdot 10^{-19}$ J (oder 4,48 eV), oder 10^{35} mal größer als die Gravitationsenergie. Wir schließen daraus, daß die Gravitationswechselwirkung für die Bildung eines Wasserstoffmoleküls *nicht* verantwortlich sein kann. Ähnliche Ergebnisse erhielt man auch für kompliziertere Moleküle.

Im Fall einer Flüssigkeit ist die Energie, die notwendig ist, um ein Mol Wasser (18 g oder $6{,}23 \cdot 10^{23}$ Moleküle) zu verdampfen, $4{,}60 \cdot 10^3$ J. Dies entspricht einer Trennungsenergie pro Molekül in der Größenordnung von $6 \cdot 10^{-21}$ J. Der mittlere Abstand zwischen den Wassermolekülen liegt in der Größenordnung von $3 \cdot 10^{-10}$ m und die Masse eines Moleküls ist $3 \cdot 10^{-26}$ kg, was einer potentiellen Energie der Gravitation von $2 \cdot 10^{-52}$ J entspricht, was wieder viel zu klein ist, um die Existenz des flüssigen Zustands von Wasser zu erklären.

Wir schließen daraus, daß die Kräfte, die zur Assoziation von Atomen zu Molekülen und von Molekülen zu makroskopischer Materie führen, nicht Gravitationskräfte sein können. In den folgenden Kapiteln werden wir andere Kräfte besprechen, die für diese Assoziationen verantwortlich zu sein scheinen: *elektromagnetische Wechselwirkungen*.

Gravitationswechselwirkungen, die einen Masseneffekt darstellen, sind jedoch in Gegenwart massenreicher, elektrisch neutraler Körper, wie Planeten, sehr wichtig, und deshalb ist die Schwerkraft die stärkste Kraft, die wir auf der Erdoberfläche fühlen, obwohl sie die schwächste aller in der Natur bekannten Kräfte ist. Sie ist für eine große Zahl weitverbreiteter Phänomene verantwortlich, die unser tägliches Leben beeinflussen. Die Gezeiten sind z.B. ausschließlich auf die Gravitationswechselwirkung des Mondes und der Sonne mit der Erde zurückzuführen.

Tabelle 15.2

ZUSAMMENFASSUNG DER GRUNDLEGENDEN BEZIEHUNGEN

Größe	Definition	Beziehung
Stärke und Potential des Gravitationsfeldes	$\mathcal{G} = \boldsymbol{F}/m$	$\mathcal{G} = -\text{grad } V$ oder
	$V = E_p/m$	$\mathcal{G}_s = -dV/ds$
Gravitationsfeld und Potential, das von einer Punktmasse m erzeugt wird	$\mathcal{G} = -\boldsymbol{u}_r \gamma \frac{m}{r^2}$	$\mathcal{G} = -\boldsymbol{u}_r dV/dr$ oder
	$V = -\gamma \frac{m}{r}$	$\mathcal{G} = -dV/dr$
Arbeit an einem Teilchen	$W = m(V_1 - V_2)$	
Gesamtenergie eines Teilchens	$E = \frac{1}{2}mv^2 + mV$	

FRAGEN

1. Welche Eigenschaft der Gravitationswechselwirkung leitet sich vom Keplerschen Flächengesetz ab?
2. Erklären Sie in einfachen Ausdrücken, wie Newton durch den Vergleich der Gravitationsbeschleunigung mit der Beschleunigung des Mondes schließen konnte, daß die Schwerkraft umgekehrt proportional dem Quadrat des Abstands ist?
3. Warum sagen wir, daß die Gravitation ein «allgemeines» Gesetz ist?
4. Entwerfen Sie eine experimentelle Methode zur Unterscheidung zwischen «schwerer» und «träger» Masse.
5. Erklären Sie, warum die Annäherungsgeschwindigkeit gleich der Fluchtgeschwindigkeit ist.
6. Erklären Sie, warum es keine gebundenen Bahnen geben kann, wenn die Kraft eine Abstoßungskraft ist.
7. Die Bahnbewegung unter dem Einfluß von Schwerkräften ist symmetrisch, wie in Abb. 15.8 gezeigt. Erklären Sie diese Symmetrie.
8. Verläuft die Planetenbewegung in einer Ebene? Erläutern Sie Ihre Antwort.
9. Welche Größen sind bei der Planetenbewegung konstant?
10. Ist das «Schwerefeld» eine physikalische Eigenschaft, die im Raum existiert oder ist sie nur eine brauchbare Erfindung für Rechenzwecke?
11. Wie können wir das Gravitationsfeld in einer bestimmten Richtung berechnen, wenn wir das Gravitationspotential als Funktion der Koordinaten kennen?
12. Tragen Sie die Kraftlinien der Gravitation und die Äquipotentialflächen auf, die zwei gleichen Massen in einem bestimmten Abstand entsprechen.
13. Betrachten Sie einen sehr langen, homogenen, zylindrischen Körper. Bestimmen Sie einzig aufgrund von Symmetrieüberlegungen (a) die Form der Kraftlinien der Gravitation und die Äquipotentialflächen, (b) die Variablen, die den Betrag des Gravitationsfeldes festlegen.
14. Wiederholen Sie die vorhergehende Frage für den Fall eines unendlich ausgedehnten, sehr dünnen ebenen Bleches eines beliebigen Materials.
15. Diskutieren Sie den Begriff der «Schwerelosigkeit» bei der Satellitenbewegung.
16. Sind unter der Annahme, daß die Gravitationskraft in allen Entfernungen anziehend wirkt, stabile Konfigurationen von Materie möglich, wenn es nur diese Kraft in der Natur gibt?

AUFGABEN

15.1 Berechnen Sie die Gravitationsanziehung zwischen der Erde und (a) dem Mond, (b) der Sonne. Berechnen Sie das Verhältnis zwischen diesen beiden Kräften.

15.2 Berechnen Sie die Gravitationsanziehung zwischen zwei Protonen in einem Wasserstoffmolekül. Ihr Abstand ist $0{,}74 \cdot 10^{-10}$ m.

15.3 Bestimmen Sie die Gravitationsanziehung zwischen dem Proton und dem Elektron in einem Wasserstoffatom, wenn Sie annehmen, daß das Elektron eine Kreisbahn mit einem Radius von $0{,}53 \cdot 10^{-10}$ m beschreibt.

15.4 Zwei Eisenkugeln, jede mit einer Masse von 10 kg, berühren einander. Bestimmen Sie ihre Gravitationsanziehung. Vergleichen Sie sie mit der Schwerkraft der Erde auf jede der Kugeln. Würden Sie die «Anziehung» zwischen ihnen fühlen, wenn Sie versuchten, die zwei Bälle zu trennen? [*Hinweis:* Sie müssen die Dichte des Eisens kennen. Sie ist in Tabelle 2.2 gegeben.]

15.5 Vergleichen Sie die Gravitationsanziehung, die ein Körper der Masse m auf der Erdoberfläche durch (a) den Mond und (b) die Sonne erfährt mit der Anziehung der Erde auf den selben Körper. Wie beurteilen Sie die Möglichkeit eines Beobachters, eine Änderung des Gewichts des Körpers im Lauf der täglichen Umdrehung der Erde festzustellen?

15.6 Eine Kugel der Masse 5,0 kg befindet sich in einer der beiden Schalen einer gleicharmigen Waage im Gleichgewicht. Eine größere Kugelmasse ($5{,}8 \cdot 10^3$ kg) wird dan genau unter die erste Masse gerollt, wobei der Abstand der Mittelpunkte 0,50 m beträgt. Welche Masse muß man in die andere Waagschale legen, um das Gleichgewicht des Systems herzustellen? Nehmen Sie an, daß $g = 9{,}80$ m s^{-2}. Diese Methode wurde von G. von Jolly im letzten Jhdt. zur Bestimmung des Werts von γ angewendet.

15.7 Ein Mann wiegt 70 kp. Wieviel würde der Mann wiegen, wenn der Radius der Erde verdoppelt würde und (a) die Masse der Erde konstant bliebe, (b) die mittlere Dichte der Erde konstant bliebe?

15.8 Berechnen Sie die Gravitationsbeschleunigung an der Oberfläche der Sonne. Ihr Radius ist 110 mal so groß wie der Radius der Erde und ihre Masse die 330.000 fache Erdmasse. Wiederholen Sie die Aufgabe für Venus, Jupiter und Mond.

15.9 Ein Mann wiegt 110 kp. Berechnen Sie, wie viel er auf der Oberfläche der Sonne und auf der Oberfläche des Mondes wiegen würde. Wie groß wäre seine Masse an beiden Orten?

15.10 In einem Cavendish-Versuch (Abb. 15.4) sind die beiden kleinen Massen gleich 10,0 g und der Stab (von vernachlässigbarer Masse) ist 0,50 m lang. Die Periode der Torsionsschwingung des Systems ist 770 s. Die zwei großen Massen sind je 10,0 kg und so angeordnet, daß die Entfernung der Mittelpunkte zwischen den großen und kleinen Kugeln 0,10 cm beträgt. Bestimmen Sie die Winkelablenkung des Stabes.

15.11 Wie weit muß man sich von der Erdoberfläche nach oben entfernen, damit die Erdbeschleunigung sich um 1% ändert? Wie tief muß man in das Erdinnere eindringen, um die gleiche Änderung zu beobachten?

15.12 Bestimmen Sie die Höhe und Geschwindigkeit eines Satelliten (in einer Kreisbahn in der Äquatorialebene), der ständig über dem gleichen Punkt der Erde bleibt.

15.13 Ein Erdsatellit bewegt sich in einer Kreisbahn in einer Höhe von 300 km über der Erdoberfläche. Bestimmen Sie (a) seine Geschwindigkeit, (b) seine Umdrehungsperiode, (c) seine Zentripetalbeschleunigung. (d) Vergleichen Sie das Ergebnis des Teils (c) mit dem Wert von g in dieser Höhe, der direkt nach Methode des Beispiels 15.4 berechnet wurde.

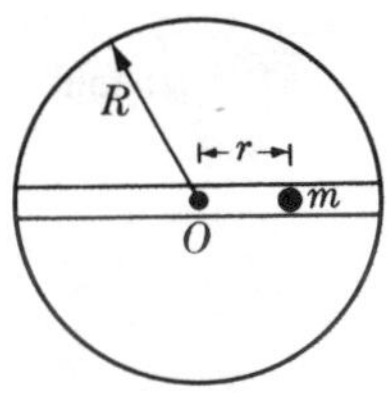

15.25

15.14 Nehmen Sie an, daß längs des Erddurchmessers ein Loch quer durch die Erde gebohrt würde (Abb. 15.25). (a) Zeigen Sie, daß die Kraft auf eine Masse m im Abstand r vom Mittelpunkt der Erde

$$F = -mgr/R$$

ist, wenn wir eine gleichförmige Dichte annehmen. (b) Zeigen Sie, daß die Bewegung von m einfach harmonisch, mit einer Periode von etwa 90 Min ist. (c) Schreiben Sie die Gleichungen für Position, Geschwindigkeit und Beschleunigung als Funktion der Zeit mit den Zahlenwerten der Konstanten.

15.15 Eine Masse m wird aus großer Höhe h über dem Loch durch die Erde fallengelassen, wie in Abb. 15.26 gezeigt. (a) Beschreiben Sie die resultierende Bewegung des Teilchens; (b) mit welcher Geschwindigkeit würde m den Mittelpunkt

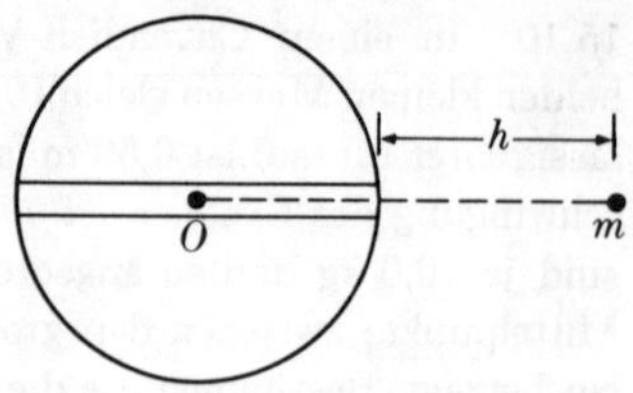

15.26

passieren? (c) Ist die Bewegung einfach harmonisch? (d) Ist die Bewegung periodisch? Führen Sie Gründe für Ihre Antwort an.

15.16 Schreiben Sie eine Gleichung, die die Gesamtenergie des Systems (a) Erde–Mond, (b) Sonne–Erde–Mond gibt.

15.17 Schätzen Sie die kinetische Energie, die potentielle Energie und die Gesamtenergie der Erde in ihrer Bewegung um die Sonne ab. (Berücksichtigen Sie nur die potentielle Energie der Gravitation mit der Sonne.)

15.18 Das Raumschiff Apollo VIII umkreiste den Mond in einer Kreisbahn 113 km über der Oberfläche. Berechnen Sie (a) die Periode der Bewegung, (b) die Geschwindigkeit und (c) die Winkelgeschwindigkeit des Raumschiffs.

15.19 Berechnen Sie die Fluchtgeschwindigkeit von Merkur, Venus, Mars und Jupiter. [*Hinweis:* Um die Berechnung zu vereinfachen, berechnen Sie zuerst den Faktor $\sqrt{2\gamma}$. Dann brauchen Sie für jedem Planeten nur mit $\sqrt{M/R}$ zu multiplizieren.]

15.27

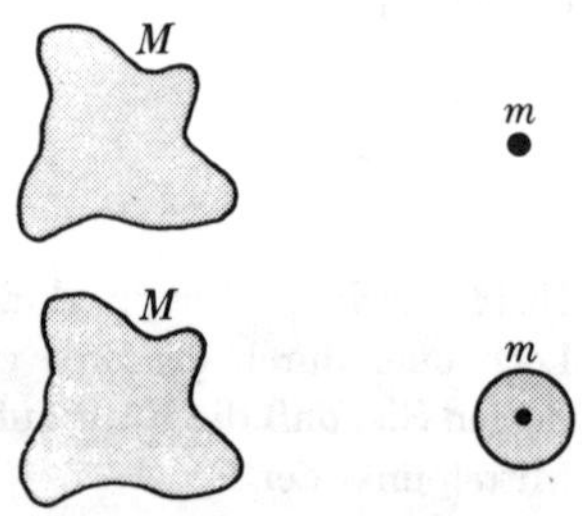

15.20 Beweisen Sie unter Verwendung von Abschnitt 15.8, daß die Gravitationswechselwirkung zwischen einer Masse M (Abb. 15.27) von willkürlicher Gestalt und einer Punktmasse, oder zwischen M und einem homogenen kugelförmigen Körper, der die gleiche Masse m hat, gleich ist, wenn der Schwerpunkt des sphärischen Körpers mit der Position der Punktmasse zusammenfällt.

15.21 (a) Beweisen Sie, daß die Energie, die erforderlich ist, um einen kugelförmigen Körper vom Radius R durch zwiebelartige Anlagerung aufeinanderfolgender Schichten von Materie aufzubauen, bis der endgültige Radius erreicht ist (wobei die Dichte konstant gehalten wird)

$$E_p = \frac{-3\gamma M^2}{5R}$$

ist, wobei M die Gesamtmasse ist. (b) Schätzen Sie die potentielle Energie der Gravitation der Sonne und der Erde ab.

15.22 Schätzen Sie unter Verwendung des Ergebnisses von Aufgabe 15.21 die potentielle Energie der Gravitation der Milchstraße ab. Nehmen Sie an, daß die Milchstraße eine einheitlich dichte Kugel vom Radius 10^{21} m ist, die 10^{11} Sterne enthält, von denen jeder die gleiche Masse wie unsere Sonne hat. (Die sichtbare Milchstraße erscheint scheibenförmig, mit einem Radius von 10^{21} m und einer Dicke von 10^{20} m.)

15.23 Ein Meteorit befindet sich ursprünglich in einem Abstand von der Erde, der den sechsfachen Erdradius beträgt, in Ruhe. Berechnen Sie, wie groß seine Geschwindigkeit wäre, wenn er die Erdoberfläche erreicht.

15.24 Eine Rakete wird senkrecht von der Erde auf den Mond geschossen, wobei der Brennstoff in relativ kurzer Zeit nach dem Abfeuern verbraucht ist. (a) An welchem Punkt auf seinem Weg zur Sonne ist seine Beschleunigung null? (b) Wie groß muß die Anfangsgeschwindigkeit der Rakete mindestens sein, damit sie diesen Punkt erreicht und unter der Wirkung der Mondanziehung auf den Mond fällt? (c) Wie groß wäre in diesem Fall die Geschwindigkeit der Rakete, wenn sie auf dem Mond aufschlägt?

15.25 Ein Satellit mit der Masse von 5000 kg beschreibt mit einem Radius von 8000 km eine Kreisbahn um die Erde. Bestimmen Sie seinen Drehimpuls und seine kinetische, potentielle und Gesamtenergie.

15.26 In einem Doppelstern hat einer der Sterne eine Masse von $3 \cdot 10^{33}$ kg, der andere eine Masse von $4 \cdot 10^{33}$ kg. Bestimmen Sie ihre Winkelgeschwindigkeiten um ihren Schwerpunkt, wenn der Abstand 10^{17} m beträgt. Bestimmen Sie auch ihren gesamten inneren Drehimpuls und die Energie.

15.27 Zwei Körper der Massen m und $3m$ befinden sich in einem Abstand a. Bestimmen Sie die Punkte, an denen (a) das resultierende Schwerefeld null ist, (b) die beiden Massen Schwerefelder erzeugen, die gleichen Betrag und Richtung aufweisen, (c) die beiden Massen identische Gravitationspotentiale erzeugen.

15.28 Zwei Körper der Massen m und $2m$ befinden sich an

den Ecken eines gleichseitigen Dreiecks mit der Seitenlänge a. Bestimmen Sie das Schwerefeld und das Potential an (a) dem Mittelpunkt zwischen ihnen, (b) der dritten Ecke des Dreiecks. (c) Berechnen Sie die Arbeit, die notwendig ist, um eine Masse m' vom Eckpunkt zum Mittelpunkt zu befördern.

15.29 Vergleichen Sie die Kräfte der Sonne und der Erde auf den Mond bei (a) Vollmond und (b) Neumond. (c) Beweisen Sie, daß die resultierende Kraft immer auf die Sonne zu gerichtet ist. (d) Zeigen Sie, daß die Bahn des Mondes relativ zur Sonne immer konkav ist. Tragen Sie die Bahn auf.

15.30 Drei gleiche Massen befinden sich an den Ecken eines gleichseitigen Dreiecks. Zeichnen Sie die Äquipotentialflächen (eigentlich ihre Schnittpunkte mit der Ebene des Dreiecks) und die Kraftlinien des Schwerefeldes. Gibt es einen Punkt, an dem das Schwerefeld null ist? Wie groß ist das Gravitationspotential an diesem Punkt?

Kapitel 16

ELEKTRISCHE WECHSEL-WIRKUNG

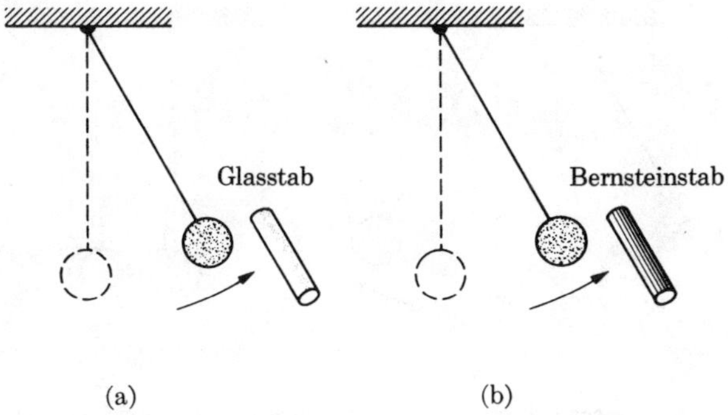

16.1 Versuche mit elektrisch geladenen Glas- und Bernsteinstäben.

16.1 EINLEITUNG

Wir wollen einen sehr einfachen Versuch betrachten. Nehmen Sie an, daß wir unsere Haare an einem sehr trockenen Tag kämmen und dann den Kamm in die Nähe kleiner Papierstückchen bringen. Wir sehen, daß diese rasch vom Kamm angezogen werden. Ähnliche Phänomene treten auf, wenn wir einen Glas-oder Bernsteinstab mit einem Tuch oder einem Fellstückchen reiben. Wir können schließen, daß das Material als Ergebnis dieser Reibung eine neue Eigenschaft erwirbt, die wir als *Elektrizität* bezeichnen (von dem griechischen Wort *elektron*, das Bernstein bedeutet), und daß diese elektrische Eigenschaft zu einer Wechselwirkung führt, die viel stärker als die Gravitation ist. Es gibt jedoch einige grundlegende Unterschiede zwischen elektrischen und Gravitationswechselwirkungen.

Erstens gibt es nur eine Art von Gravitationswechselwirkung, die zu einer allgemeinen Anziehung zwischen zwei beliebigen Massen führt. Es gibt jedoch zwei Arten von elektrischer Wechselwirkung. Nehmen Sie an, daß wir einen elektrisch geladenen Glasstab in die Nähe eines kleinen Korkballs bringen, der an einer Schnur hängt. Wir sehen, daß der Stab den Ball anzieht (Abb. 16.1). Wenn wir den Versuch mit einem elektrisch geladenen Bernsteinstab wiederholen, beobachten wir die gleiche Anziehung auf den Ball.

Nehmen Sie nun an, daß wir zwei Korkbälle mit einem elektrisch geladenen Glasstab berühren. Wir dürfen vermuten, daß die beiden Bälle elektrisch geladen werden. Wenn wir die Bälle zusammenbringen, sehen wir, daß sie einander abstoßen. Das gleiche Ergebnis tritt ein, wenn wir die Bälle mit einem elektrisch geladenen Bernsteinstab berühren, so daß sie die gleiche elektrische Ladung erwerben. Wenn wir jedoch einen Ball mit einem Glasstab und den anderen Ball mit dem Bernsteinstab berühren, so daß einer eine glasähnliche, der andere eine bernsteinähnliche Ladung erhält, beobachten wir, daß die beiden Bälle einander anziehen. Wir schließen daraus, daß es zwei Arten von elektrischen Zuständen gibt, einen glasähnlichen und einen bernsteinähnlichen. Wir können den ersten als *positiv* und den zweiten als *negativ* bezeichnen.

Zwei Körper mit der gleichen Art der elektrischen Ladung (entweder positiv oder negativ) stoßen einander ab; haben sie jedoch verschiedene Arten elektrischer Ladung (eine positiv, die andere negativ), ziehen sie einander an.

Diese Aussage ist schematisch in Abb. 16.2 dargestellt. Während die Gravitationswechselwirkung immer anziehend wirkt, kann die elektrische Wechselwirkung anziehend oder abstoßend sein.

Wenn die elektrische Wechselwirkung nur anziehend oder nur abstoßend gewesen wäre, hätten wir die Existenz der Gravitation wahrscheinlich nie bemerkt, da die elektrische Wechselwirkung viel stärker ist. Die meisten Körper scheinen jedoch gleiche Mengen positiver und negativer Elektrizität zu enthalten, so daß die elektrische Wechselwirkung zwischen zwei beliebigen makroskopischen Körpern insgesamt sehr klein oder null ist. Als Ergebnis des kumulativen Masseneffekts scheint

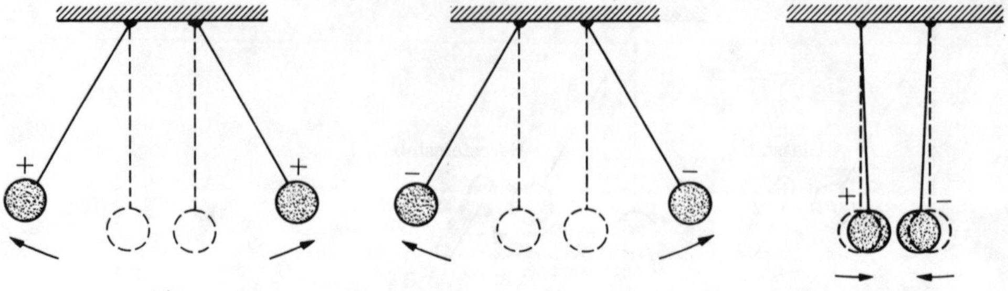

16.2 Elektrische Wechselwirkungen zwischen gleichen und ungleichen Ladungen.

16.3 Kräfte zwischen gleichen und ungleichen Ladungen.

daher die wesentlich schwächere Gravitationswechselwirkung als die dominierende makroskopische Wechselwirkung.

Wenn zwei elektrische Ladungen wechselwirken, üben sie eine gleiche und entgegengesetzte Kraft aufeinander aus; die Richtung der Kraft auf jede Ladung hängt von den Vorzeichen der Ladungen ab. Das ist in Abb. 16.3 gezeigt.

16.2 ELEKTRISCHE LADUNG

Genauso wie wir die Stärke der Gravitationswechselwirkung dadurch charakterisieren, daß wir einem Körper eine schwere Masse zuschreiben, charakterisieren wir den Zustand der elektrischen Aufladung eines Körpers durch eine *elektrische Masse*, die gewöhnlich als *elektrische Ladung* oder nur Ladung bezeichnet wird und durch das Symbol q dargestellt wird. Jedes Stück Materie oder jedes Teilchen ist daher durch zwei unabhängige, fundamentale Eigenschaften charakterisiert: Masse und Ladung.

Da es zwei Arten der elektrischen Aufladung gibt, gibt es auch zwei Arten elektrischer Ladung: positive und negative. Ein Körper, der eine positive Elektrisierung zeigt, trägt eine positive Ladung, einer mit einer negativen Elektrisierung eine negative Ladung. Die Gesamtladung eines Körpers ist die algebraische Summe aus seinen positiven und negativen Ladungen. Einen Körper, der die gleiche Zahl positiver und negativer Ladungen trägt (d.h. eine Gesamtladung von null besitzt) nennt man elektrisch *neutral*. Andererseits bezeichnet man ein Teilchen, das eine Ladung ungleich null trägt, häufig als Ion. Da die makroskopische Materie keine merklichen elektrischen Kräfte ausübt, dürfen wir annehmen, daß sie gleiche Mengen positiver und negativer Ladungen enthält.

Um die Ladung eines elektrisierten Körpers operationell zu definieren, gehen wir auf folgende Weise vor. Wir wählen einen beliebigen geladenen Körper Q (Abb. 16.4) und bringen die Ladung q in eine Entfernung d von ihm. Wir messen dann die Kraft, die auf q ausgeübt wird. Dann bringen wir eine andere Ladung q' in die gleiche Entfernung d von Q und messen F'. Wir definieren die Werte der Ladungen q und q' als proportional zu den Kräften F und F'. Das heißt

$$\frac{q}{q'} = \frac{F}{F'}. \tag{16.1}$$

Wenn wir der Ladung q' willkürlich einen Wert von eins zuschreiben, können wir den Wert von q erhalten. Diese Methode des Ladungsvergleichs ist sehr ähnlich der, die wir in Abschnitt 15.3 für den Vergleich der Massen zweier Körper verwendet haben. Diese Definition der Ladung setzt voraus, daß, bei gleichen Geometriefaktoren, die Kraft der elektrischen Wechselwirkung proportional der Ladungen der Teilchen ist.

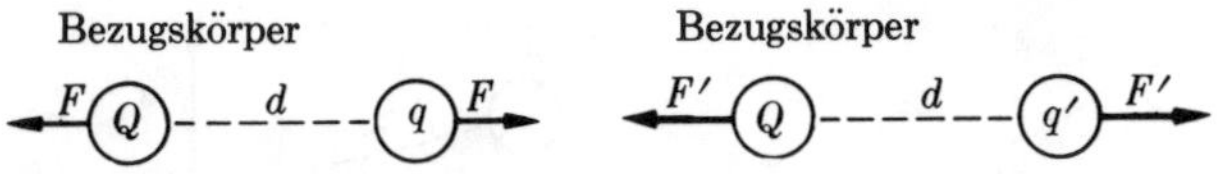

16.4 Vergleich der elektrischen Ladungen q und q', der ihre elektrische Wechselwirkung mit einer dritten Ladung Q zeigt.

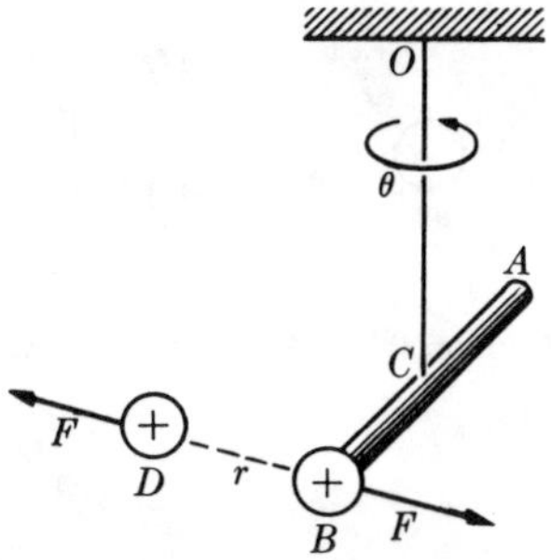

16.5 Cavendishsche Torsionswaage für den Beweis des Gesetzes der elektrischen Wechselwirkung zwischen zwei Ladungen.

16.3 COULOMBSCHES GESETZ

Betrachten Sie die elektrische Wechselwirkung zwischen zwei geladenen Teilchen, die sich im Inertialsystem des Beobachters *in Ruhe* befinden oder sich höchstens sehr langsam bewegen; das Ergebnis dieser Wechselwirkung begründet das, was wir *Elektrostatik* nennen. Die elektrostatische Wechselwirkung für zwei Teilchen ist durch das *Coulombsche Gesetz* gegeben, das nach dem französischen Ingenieur Charles de Coulomb (1736–1806) benannt ist und lautet:

Die elektrostatische Wechselwirkung zwischen zwei geladenen Teilchen ist proportional ihrer Ladung und umgekehrt proportional dem Quadrat des Abstandes zwischen den Ladungen; die Richtung der Wechselwirkung ist längs der Verbindungslinie zwischen den zwei Ladungen.

Man kann das mathematisch ausdrücken durch

$$F = K_e \frac{qq'}{r^2}, \tag{16.2}$$

wobei r der Abstand zwischen den beiden Ladungen q und q', F die Kraft auf jede der beiden Ladungen und K_e eine Konstante ist, die durch unsere Wahl der Einheiten bestimmt wird. Das Gesetz ist dem Gesetz für die Gravitationswechselwirkung sehr ähnlich

$$F = \frac{\gamma mm'}{r^2}.$$

Wir können daher viele Ergebnisse anwenden, die in Kapitel 15 bewiesen wurden, indem wir einfach $\gamma mm'$ durch $K_e qq'$ ersetzen.

Aus praktischen und rechnerischen Gründen ist es besser, K_e in der Form

$$K_e = \frac{1}{4\pi\epsilon_0} \tag{16.3}$$

auszudrücken, wobei die neue physikalische Konstante ϵ_0 *als dielektrische Konstante im Vakuum* bezeichnet wird. Entsprechend werden wir (16.2) normalerweise in der Form

$$F = \frac{qq'}{4\pi\epsilon_0 r^2} \qquad \text{(Coulombsches Gesetz)} \tag{16.4}$$

schreiben. Wenn wir (16.4) anwenden, müssen wir die Ladungen q und q' mit ihrem Vorzeichen versehen. Ein negativer Wert von F entspricht einer Anziehung, ein positiver Wert einer Abstoßung.

Wir können das Entfernungsquadratgesetz (16.2) experimentell überprüfen, indem wir die Kraft zwischen zwei bestimmten Ladungen in verschiedenen Abständen messen. Eine der möglichen Versuchsanordnungen ist in Abb. 16.5 gezeigt und ist ähnlich der Cavendishschen Torsionswaage aus Abb. 15.4. Die Kraft F zwischen der Ladung an B und der Ladung an D wird bestimmt, indem man den Winkel θ mißt, um den sich der Faden OC dreht, um das Gleichgewicht wieder herzustellen.

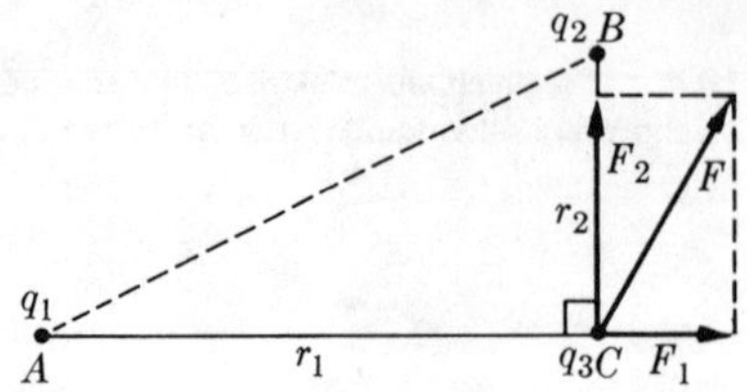

16.6 Resultierende elektrische Kraft auf q_3 infolge von q_1 und q_2.

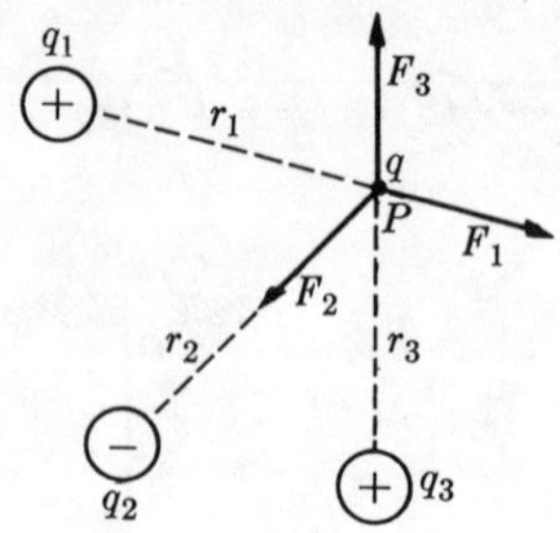

16.7 Resultierendes elektrisches Feld am Punkt P, das durch mehrere Ladungen hervorgerufen wird.

16.4 EINHEITEN DER LADUNG

Die Konstante K_e in (16.2)

$$F = \frac{K_e qq'}{r^2}$$

ist ähnlich der Konstanten γ in (15.1),

$$F = \frac{\gamma mm'}{r^2}.$$

In Kapitel 15 wurden jedoch die Einheiten der Masse, Entfernung und Kraft bereits definiert, und der Wert von γ wurde experimentell bestimmt. Im gegenwärtigen Fall ist jedoch die Einheit der Ladung noch nicht definiert, sondern nur die der Kraft und der Entfernung (die Definition der Ladung in Abschnitt 2.3 war eine vorläufige). Wenn wir eine endgültige Aussage über die Ladungseinheit machen wollen, müssen wir K_e experimentell bestimmen. Wir können dann in umgekehrter Reihenfolge vorgehen und K_e einen geeigneten Wert zuschreiben und auf diese Weise die Ladungseinheit festlegen. Wir wollen die zweite Methode anwenden und unter der Verwendung des MKSC-Systems

$$K_e = 10^{-7}c^2 = 8{,}9874 \cdot 10^9$$

setzen, wobei $c = 2{,}9979 \cdot 10^8 \mathrm{ms}^{-1}$ die Lichtgeschwindigkeit im Vakuum ist*. Für praktische Zwecke können wir

$$K_e = 9 \cdot 10^9$$

annehmen. Wenn dann der Abstand in Metern und die Kraft in Newton gemessen wird, wird (16.2) zu

$$F = (10^{-7}c^2)\frac{qq'}{r^2} \quad \text{oder} \quad F = 9 \cdot 10^9 \frac{qq'}{r^2}. \qquad (16.5)$$

Sobald wir uns für einen bestimmten Wert von K_e entschlossen haben, ist die Einheit der Ladung festgelegt. Diese Einheit nennt man ein *Coulomb*, man bezeichnet sie mit dem Symbol C. Aus (16.5) können wir die folgende Definition ableiten: *Das Coulomb ist die Ladung, welche eine gleiche Ladung in der Entfernung von 1 m im Vakuum mit einer Kraft von* $10^{-7}c^2$ *oder* $8{,}9874 \cdot 10^9$ N abstößt.

Beachten Sie, daß wir nach (16.2) K_e in N $\mathrm{m^2C^{-2}}$ oder $\mathrm{m^3kg\ s^{-2}\ C^{-2}}$ ausdrücken. Nach dem Wert, der K_e zugeschrieben wird, hat die dielektrische Konstante ϵ_0 im Vakuum den Wert

$$\epsilon_0 = \frac{10^7}{4\pi c^2} = 8{,}854 \cdot 10^{-12}\,\mathrm{N^{-1}\,m^{-2}\,C^2} \quad \text{oder} \quad \mathrm{m^{-3}\,kg^{-1}\,s^2\,C^2}. \qquad (16.6)$$

Beispiel 16.1 Bestimmen Sie für die Anordnung der Ladung in Abb. 16.6, wobei $q_1 = +1{,}5 \cdot 10^{-3}$C, $q_2 = -0{,}5 \cdot 10^{-3}$ C, $q_3 = 0{,}2 \cdot 10^{-3}$ C und $AC = 1{,}2$ m, $BC = 0{,}5$ m betragen, die resultierende Kraft auf Ladung q_3.

Lösung: Die Kraft F_1 zwischen q_1 und q_3 ist abstoßend, während die Kraft F_2 zwischen q_2 und q_3 anziehend ist. Ihre

*Die Wahl gerade dieses Wertes für K_e wird in Abschnitt 17.14 begründet.

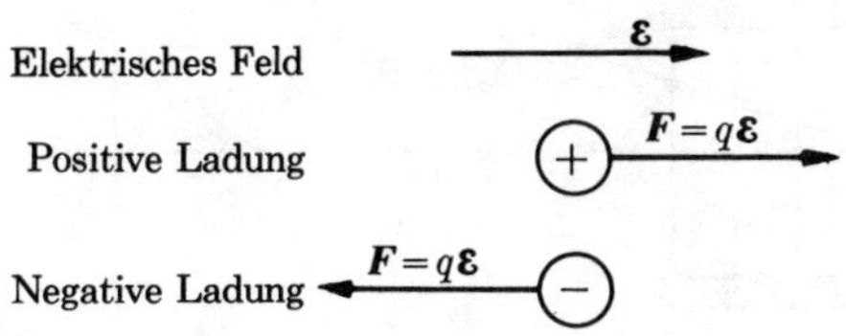

16.8. Richtung der Kraft, die von einem elektrischen Feld auf eine positive und eine negative Ladung ausgeübt wird.

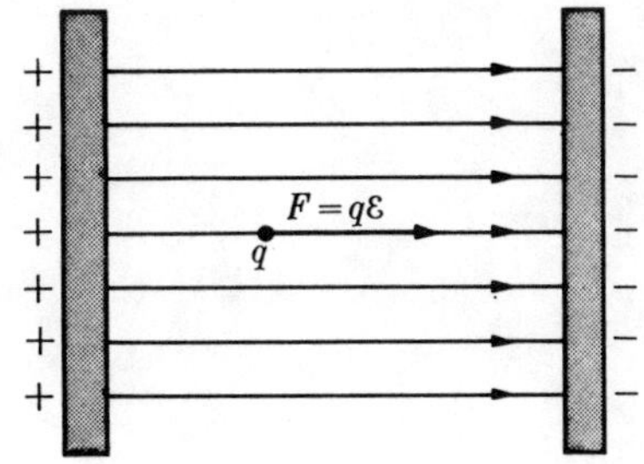

16.9 Gleichförmiges elektrisches Feld.

entsprechenden Werte sind unter Verwendung von (16.4)

$$F_1 = \frac{q_1 q_3}{4\pi\epsilon_0 r_1^2} = 1{,}9 \cdot 10^3\,\text{N},$$

$$F_2 = \frac{q_2 q_3}{4\pi\epsilon_0 r_2^2} = -3{,}6 \cdot 10^3\,\text{N}.$$

Die resultierende Kraft ist daher

$$F = \sqrt{F_1^2 + F_2^2} = 4{,}1 \cdot 10^3\,\text{N}.$$

16.5 ELEKTRISCHES FELD

In einem Bereich, in dem eine elektrische Ladung einer Kraft unterliegt, herrscht ein *elektrisches Feld.* Die Kraft ist auf die Anwesenheit anderer Ladungen in diesem Bereich zurückzuführen. Zum Beispiel erfährt eine Ladung q, die sich in einem Bereich befindet, in dem auch noch die Ladungen q_1, q_2, q_3 etc. vorliegen (Abb. 16.7) eine Kraft

$$\boldsymbol{F} = \boldsymbol{F}_1 + \boldsymbol{F}_2 + \boldsymbol{F}_3 + \cdots$$

Wir sagen, daß die Ladungen $q_1, q_2, q_3, \ldots$ ein elektrisches Feld erzeugen (Die Ladung q übt natürlich ebenfalls Kräfte auf $q_1, q_2, q_3, \ldots$ aus, mit welchen wir uns aber in Augenblick nicht beschäftigen.) Da die Kraft, die jede der Ladungen $q_1, q_2, q_3, \ldots$ auf die Ladung q erzeugt, proportional zu q ist, ist die resultierende Kraft $\boldsymbol{F}$ ebenfalls proportional zu q. Die Kraft auf ein Teilchen, das in ein elektrisches Feld gebracht wird, ist daher der Ladung des Teilchens proportional.

Die Stärke des elektrischen Feldes an einem Punkt ist gleich der Kraft pro Einheitsladung an diesem Punkt. Das Symbol ist $\boldsymbol{\mathcal{E}}$. Daher ist

$$\boldsymbol{\mathcal{E}} = \frac{\boldsymbol{F}}{q} \qquad \text{oder } \boldsymbol{F} = q\boldsymbol{\mathcal{E}}. \tag{16.7}$$

Die elektrische Feldstärke $\boldsymbol{\mathcal{E}}$ wird in Newton/Coulomb oder N C^{-1} oder, in fundamentalen Einheiten, in m kg s^{-2} C^{-1} ausgedrückt.

Beachten Sie, daß nach unserer Definition (16.7) die Kraft $\boldsymbol{F}$ auf die Ladung, wenn q positiv ist, die gleiche Richtung wie das Feld $\boldsymbol{\mathcal{E}}$ hat; wenn jedoch q negativ ist, hat die Kraft $\boldsymbol{F}$ eine $\boldsymbol{\mathcal{E}}$ entgegengesetzte Richtung (Abb. 16.8). Wenn wir daher ein elektrisches Feld an einen Bereich anlegen, in dem sich positive und negative Teilchen oder Ionen befinden, wird das Feld die positiven und die negativen Teilchen in entgegengesetzte Richtungen bewegen, was zu einer Ladungstrennung führt; diesen Effekt bezeichnet man manchmal als *Polarisation.*

Wie das Schwerefeld kann auch ein elektrisches Feld durch Kraftlinien dargestellt werden; das sind Linien, die an jedem Punkt tangential zur Richtung des elektrisches Feldes an diesem Punkt sind. Ein *gleichförmiges* (homogenes) elektrisches Feld hat überall die gleiche Stärke und Richtung. Ein gleichförmiges Feld wird offensichtlich durch parallele Kraftlinien dargestellt (Abb. 16.9). Die beste Art, ein gleichförmiges elektrisches Feld herzustellen ist die, zwei parallele Metallplatten mit gleichen, aber entgegengesetzten Ladungen aufzuladen. Symmetrieüberlegungen zeigen, daß das Feld gleichförmig ist, aber wir werden diese Behauptung später (Abschnitt 18.3) noch mathematisch beweisen.

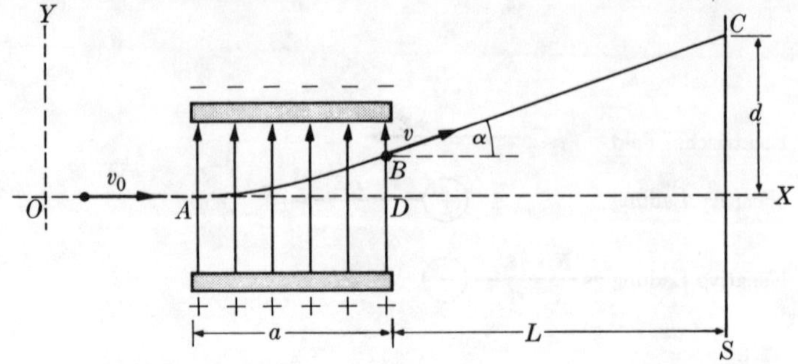

16.10 Ablenkung einer positiven Ladung durch ein gleichförmiges elektrisches Feld.

Beispiel 16.2 *Bewegung einer elektrischen Ladung in einem gleichförmigen elektrischen Feld.* Die Bewegungsgleichung einer elektrischen Ladung in einem elektrischen Feld ist durch Gleichung

$$m\boldsymbol{a} = q\boldsymbol{\mathcal{E}} \qquad \text{oder} \qquad \boldsymbol{a} = \frac{q}{m}\boldsymbol{\mathcal{E}}$$

gegeben. Die Beschleunigung eines Körpers in einem elektrischen Feld hängt daher vom Verhältnis q/m ab. Da dieses Verhältnis im allgemeinen für verschiedene geladene Teilchen oder Ionen verschieden ist, ist ihre Beschleunigung im elektrischen Feld ebenfalls verschieden. Es besteht daher ein eindeutiger Unterschied zwischen der Beschleunigung eines geladenen Körpers in einem elektrischen Feld und der Beschleunigung in einem Schwerefeld, die für alle Körper gleich ist. Wenn das Feld $\mathcal{E}$ gleichförmig ist, ist die Beschleunigung $\boldsymbol{a}$ konstant, und die Bahn der elektrischen Ladung ist eine Parabel, wie in Abschnitt 5.8 erklärt.

Ein interessanter Fall ist der eines geladenen Teilchens, das sich durch ein elektrisches Feld bewegt, das einen begrenzten Bereich im Raum einnimmt (Abb. 16.10). Der Einfachheit halber wollen wir annehmen, daß die Anfangsgeschwindigkeit v_0 des Teilchens, wenn es in das Feld eintritt, senkrecht zur Richtung des elektrischen Feldes ist. Die X-Achse wird parallel zur Anfangsgeschwindigkeit, die Y-Achse parallel zum Feld gelegt. Die Bahn AB, die das Teilchen bei der Bewegung durch das Feld beschreibt, ist eine Parabel. Nachdem es das Feld durchquert hat, nimmt das Teilchen wieder eine geradlinige Bewegung auf, in einer anderen Richtung und mit einer anderen Geschwindigkeit v. Wir sagen dann, daß das elektrische Feld zu einer Ablenkung geführt hat, die durch den Winkel α gemessen wird.

Unter Verwendung der Ergebnisse aus Abschnitt 5.8 finden wir, daß die Koordinaten des Teilchens, während es sich mit der Beschleunigung $a = (q/m)\mathcal{E}$ durch das Feld bewegt, durch

$$x = v_0 t, \qquad y = \tfrac{1}{2}(q/m)\mathcal{E}\, t^2$$

gegeben sind. Wenn wir t eliminieren, erhalten wir die Gleichung für die Bahn

$$y = \frac{1}{2}\left(\frac{q}{m}\right)\left(\frac{\mathcal{E}}{v_0^2}\right)x^2,$$

was bestätigt, daß es sich um eine Parabel handelt. Die Ablenkung α erhalten wir, indem wir die Steigung dy/dx der Bahn an $x = a$ berechnen. Das Ergebnis ist

$$\tan\alpha = \left(\frac{dy}{dx}\right)_{x=a} = \frac{q\mathcal{E}a}{mv_0^2}$$

Wenn wir im Abstand L einen Schirm S aufstellen, werden die Teilchen mit einem bestimmten q/m und der Geschwindigkeit v_0 den Schirm an einem Punkt C erreichen. Da $\tan\alpha$ annähernd gleich d/L ist, da bei großem L die vertikale Verschiebung BD klein ist im Vergleich zu d, erhalten wir

$$\frac{q\mathcal{E}a}{mv_0^2} = \frac{d}{L}. \qquad (16.8)$$

Durch Messung von d, L, a und $\mathcal{E}$ können wir die Geschwindigkeit v_0 (oder die kinetische Energie) erhalten, wenn wir das Verhältnis q/m kennen; umgekehrt können wir q/m erhalten, wenn wir v_0 kennen. Wenn daher ein Strom von Teilchen, die alle das gleiche q/m haben, durch ein elektrisches Feld wandert, werden die Teilchen entsprechend ihren Geschwindigkeiten oder Energien abgelenkt.

Eine Anordnung wie die in Abb. 16.10 dargestellte kann als *Energieanalysator* verwendet werden, der gleiche, ge-

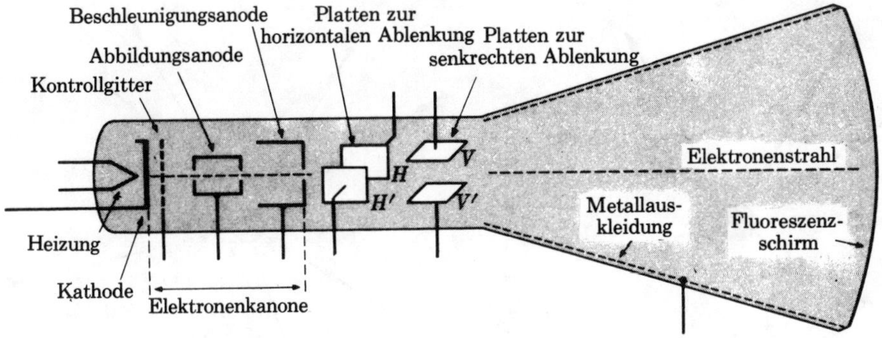

16.11 Bewegung einer Ladung infolge gekreuzter elektrischer Felder. Die Elektronen werden von der Kathode ausgesandt und durch ein starkes elektrisches Feld beschleunigt. Ein Loch in der Beschleunigungsanode gestattet den Elektronen, aus der Elektronenschleuder auszutreten und zwischen den beiden Sätzen von Ablenkungsplatten durchzutreten. Die Metallbeschichtung innerhalb der Röhre hält das rechte Ende frei von elektrischen Feldern, indem es äußere Kräfte abschirmt und die Elektronen ableitet, die auf dem Fluoreszenzschirm aufgetroffen sind.

ladene Teilchen trennt, die sich mit unterschiedlichen Energien bewegen. ß-Strahlen sind z.B. Elektronen, die von einigen radioaktiven Materialien ausgesandt werden; wenn wir einen ß-Strahler in O anbringen, werden sich alle Elektronen im gleichen Punkt auf dem Schirm ansammeln, wenn sie die gleiche Energie haben. Wenn sie jedoch mit verschiedenen Energien ausgesandt werden, werden sie über einen gewissen Bereich auf dem Schirm verteilt sein. Experimentell findet man den zweiten Fall, was für die Kernstruktur von großer Bedeutung ist. (Siehe Abschnitt 22.7.).

Wenn wir zwei Sätze paralleler geladener Platten verwenden, können wir zwei Felder erzeugen, die senkrecht zueinander sind, eines horizontal längs HH' und eines vertikal längs VV', wie in Abb. 16.11 gezeigt. Indem wir die relativen Feldstärken entsprechend einstellen, können wir eine willkürliche Ablenkung des Elektronenstrahls auf jeden beliebigen Punkt auf dem Schirm erreichen. Wenn die beiden Felder veränderlich sind, wird der Punkt auf dem Schirm eine bestimmte Kurve beschreiben. Eine praktische Anwendung findet dieser Effekt in Fernsehröhren und in Oszillographen. Im speziellen gilt, daß das beschriebene Muster eine Lissajousche Figur darstellt (Abschnitt 9.8), wenn die elektrischen Felder ihre Intensität mit einfacher harmonischer Bewegung ändern.

16.6 ELEKTRISCHES FELD EINER PUNKTLADUNG

Wir wollen (16.4) in der Form

$$F = q'\left(\frac{q}{4\pi\epsilon_0 r^2}\right)$$

schreiben. Das gibt die Kraft, die die Ladung q auf die Ladung q' im Abstand r von q ausübt. Wir können nach (16.7) auch sagen, daß das elektrische Feld $\mathcal{E}$ am Ort von q' so ist, daß

$$F = q'\mathcal{E}.$$

Wenn wir daher beide Ausdrücke für F vergleichen, können wir schließen, daß das elektrische Feld im Abstand r von einer Punktladung q gleich ist

$$\mathcal{E} = \frac{q}{4\pi\epsilon_0 r^2},$$

oder, in Vektorform,

$$\boldsymbol{\mathcal{E}} = \frac{q}{4\pi\epsilon_0 r^2}\boldsymbol{u}_r, \qquad (16.9)$$

wobei $\boldsymbol{u}_r$ den Einheitsvektor in radialer Richtung von der Ladung q weg darstellt, da $\boldsymbol{F}$ längs dieser Richtung wirkt. Ausdruck (16.9) gilt sowohl für positive wie für negative Ladungen, wobei die Richtung von $\boldsymbol{\mathcal{E}}$ relativ zu $\boldsymbol{u}_r$ durch das Vorzeichen von q gegeben ist. $\boldsymbol{\mathcal{E}}$ weist daher von einer positiven Ladung weg und auf eine negative Ladung zu.

Abbildung 16.12(a) zeigt das elektrische Feld an Punkten in der Nähe einer positiven Ladung. Abb. 16.12(b) zeigt das elektrische Feld in der Nähe einer negativen Ladung. Die Kraftlinien des elektrischen

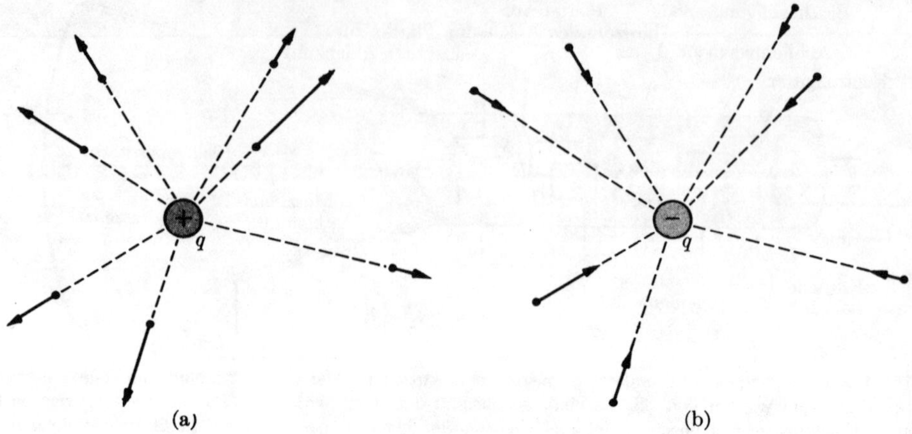

16.12 Elektrisches Feld, das von einer positiven und von einer negativen Ladung erzeugt wird.

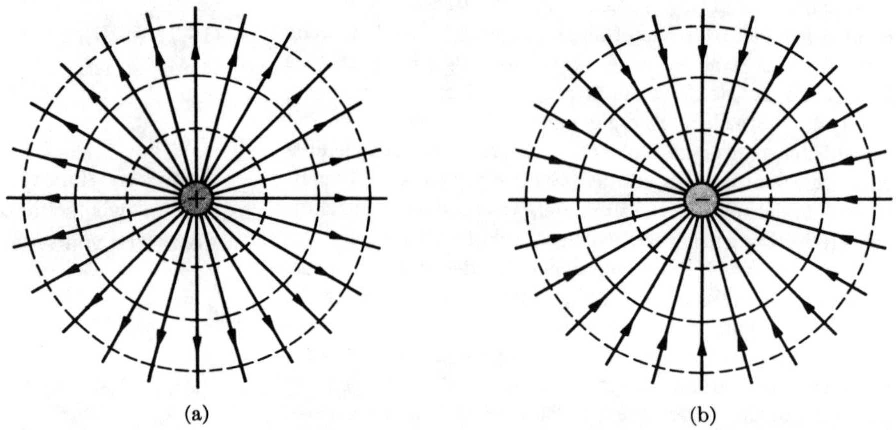

16.13 Kraftlinien und Äquipotentialflächen des elektrischen Feldes einer positiven und einer negativen Ladung.

Feldes einer positiven und einer negativen Ladung sind in Abb. 16.13 gezeigt. Sie stellen Gerade dar, die durch die Ladung gehen.

Wenn verschiedene Ladungen vorliegen, wie in Abb. 16.7, ist das resultierende Feld die Vektorsumme der elektrischen Felder der einzelnen Ladungen. Das heißt,

$$\boldsymbol{\mathcal{E}} = \boldsymbol{\mathcal{E}}_1 + \boldsymbol{\mathcal{E}}_2 + \boldsymbol{\mathcal{E}}_3 + \cdots.$$

Abbildung 16.14 zeigt, wie man das resultierende elektrische Feld an einem Punkt P im Fall einer positiven und einer negativen Ladung des gleichen Betrages erhält, wie z.B. eines Protons und eines Elektrons in einem Wasserstoffatom. Abbildung 16.15 zeigt die Kraftlinien für zwei gleiche positive Ladungen, wie z.B. die zwei Protonen im Wasserstoffmolekül. In beiden Abbildungen wurden auch die Kraftlinien des resultierenden elektrischen Feldes dargestellt, das durch die beiden Ladungen erzeugt wird.

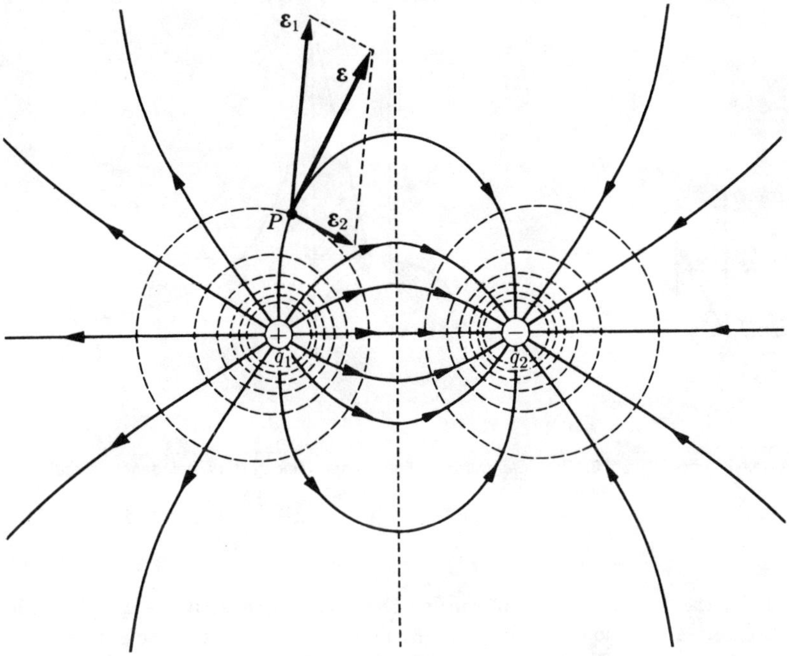

16.14 Kraftlinien und Äquipotentialflächen des elektrischen Feldes zweier gleicher, aber entgegengesetzter Ladungen.

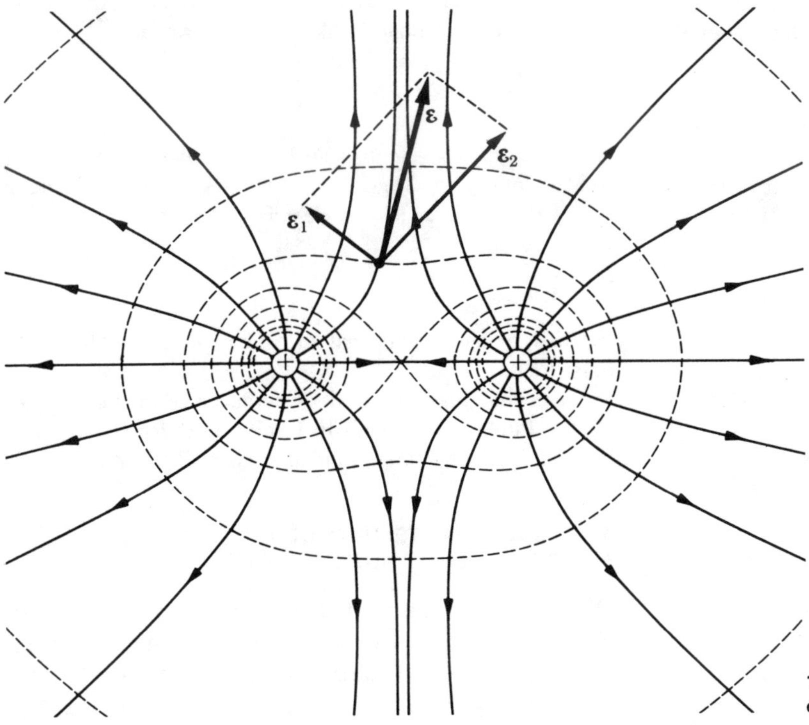

16.15 Kraftlinien und Äquipotentialflächen des elektrischen Feldes zweier identischer Ladungen.

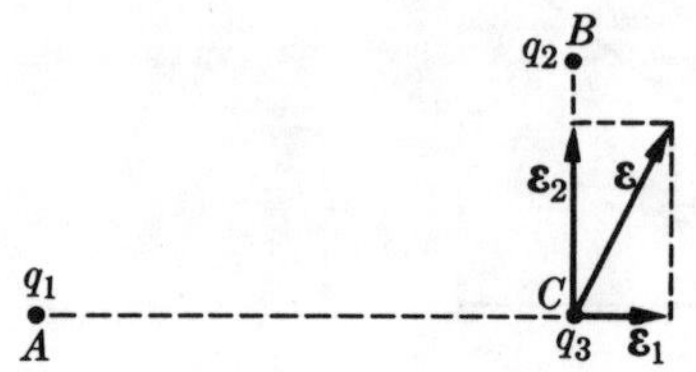

16.16 Resultierendes elektrisches Feld am Punkt C, das durch q_1 und q_2 erzeugt wird.

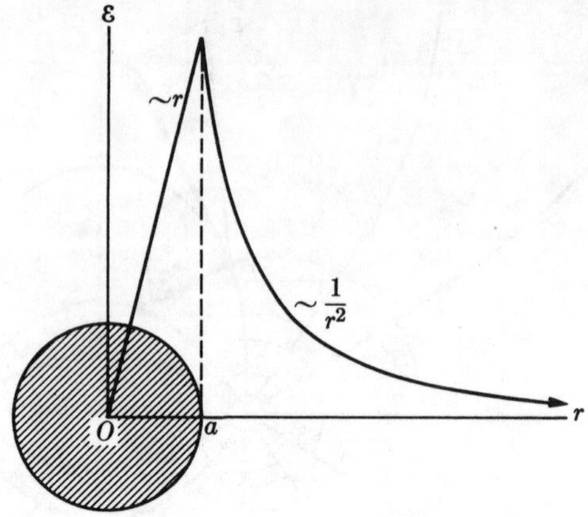

16.17 Elektrisches Feld einer gleichförmig geladenen Kugel vom Radius a.

Beispiel 16.3 Bestimmen Sie das elektrische Feld, das von den Ladungen q_1 und q_2 an C in Abb. 16.16 erzeugt wird; die Ladungen sind in Beispiel 16.1 definiert.

Lösung: Wir haben zwei alternative Lösungen. Da wir in Beispiel 16.1 die Kraft F auf die Ladung q_3 an C gefunden haben, erhalten wir nach (16.7):

$$\mathcal{E} = \frac{F}{3} = 2{,}0 \cdot 10^7 \text{ N C}^{-1}.$$

Ein anderer Weg ist der, zuerst mit (16.9) das elektrische Feld, das von jeder der beiden Ladungen an C erzeugt wird (Abb. 16.16), zu berechnen. Das gibt

$$\mathcal{E}_1 = \frac{q_1}{4\pi\epsilon_0 r_1^2} = 0{,}94 \cdot 10^7 \text{ N C}^{-1} \qquad \text{und}$$

$$\mathcal{E}_2 = \frac{q_2}{4\pi\epsilon_0 r_2^2} = 1{,}80 \cdot 10^7 \text{ N C}^{-1}.$$

Das resultierende Feld ist daher

$$\mathcal{E} = \sqrt{\mathcal{E}_1^2 + \mathcal{E}_2^2} = 2{,}03 \cdot 10^7 \text{ N C}^{-1}.$$

Die beiden Ergebnisse stehen offensichtlich in Einklang.

Beispiel 16.4 *Elektrisches Feld einer gleichförmig geladenen Kugel.* Im speziellen Fall einer geladenen Kugel kann das elektrische Feld mit Hilfe der gleichen Methode berechnet werden, die in Abschnitt 15.7 für den Fall der Gravitation beschrieben wurde. Die Ergebnisse sind die gleichen, da sowohl das Gravitations-wie das elektrische Feld einem $1/r^2$ Gesetz gehorchen. Man braucht nur γm durch $q/4\pi\epsilon_0$ ersetzen. Das Feld einer Kugel vom Radius a, deren Ladung Q gleichmäßig über das gesamte Volumen verteilt ist, wird daher an außerhalb liegenden Punkten ($r > a$) durch

$$\mathcal{E} = \frac{Q}{4\pi\epsilon_0 r^2}, \qquad r > a, \tag{16.10}$$

gegeben und ist gleich dem Feld, für das die gesamte Ladung in Mittelpunkt der Kugel konzentriert wäre. An allen Punkten im Inneren ($r < a$) ist das elektrische Feld durch

$$\mathcal{E} = \frac{Qr}{4\pi\epsilon_0 a^3}, \qquad r < a, \tag{16.11}$$

gegeben; es ist proportional zu r. Das Feld ist in Abb. 16.17 dargestellt.

Wenn die Kugel nur an der Oberfläche geladen ist, ist das Feld an Punkten außerhalb der Oberfläche durch (16.10) gegeben, das Feld an Punkten innerhalb der Kugel ist null.

16.7 DIE QUANTELUNG DER ELEKTRISCHEN LADUNG

Die elektrische Ladung tritt nicht in jedem willkürlichen Betrag auf, sondern als Vielfaches einer fundamentalen Einheit, oder eines Quantums, das als e bezeichnet wird. Der klassische Versuch unter den vielen, die zur Bestäti-

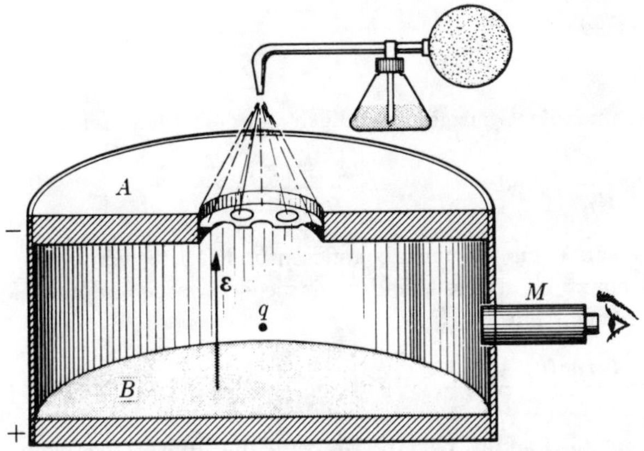

16.18 Millikanscher Öltröpfchenversuch. Die Bewegung des geladenen Öltröpfchens q wird durch das Mikroskop M beobachtet.

gung dieser Tatsache durchgeführt wurden, ist der des amerikanischen Physikers Robert A. Millikan (1869–1953), der viele Jahre hindurch im ersten Teil dieses Jahrhunderts den sogenannten *Öltröpfchen-Versuch* ausführte. Millikan erzeugte zwischen zwei parallelen horizontalen Platten A und B (Abb. 16.18) ein vertikales elektrisches Feld $\mathcal{E}$, das an- und abgeschaltet werden konnte. Die obere Platte hatte im Zentrum einige kleine Löcher, durch die durch einen Zerstäuber erzeugte Öltröpfchen durchtreten konnten. Die meisten der Öltröpfchen waren infolge der Reibung mit der Zerstäuberdüse geladen. Wenn zwischen A und B kein elektrisches Feld angelegt wird, fallen die Tröpfchen aufgrund der Schwerkraft. Die Bewegung ist im wesentlichen gleichförmig, da die Viskosität der Luft die Tröpfchen rasch auf ihre Grenzgeschwindigkeit bringt (siehe Abschnitt 7.10); die Fallgeschwindigkeit hängt von der Tröpfchengröße ab. Wir wollen einen positiv geladenen Tropfen betrachten. Wenn ein elektrisches Feld $\mathcal{E}$ in der Richtung nach oben angelegt wird, wird die Bewegung des Tropfens umgekehrt und er bewegt sich nach oben, und zwar wieder mit einer konstanten Geschwindigkeit, die von der Größe und der Ladung des Tropfens abhängt.

Offensichtlich wird sich die Aufwärtsgeschwindigkeit des Tropfens ändern, wenn sich die Ladung des Tropfens ändert, wogegen die Abwärtsgeschwindigkeit gleich bleibt. Diese Ladungsänderungen sind auf die gelegentliche Ionisierung der Luft durch kosmische Strahlen zurückzuführen. Bei seiner Bewegung durch die Luft nimmt das Tröpfchen bisweilen einige dieser Ionen auf. Ladungsänderungen können auch dadurch hervorgerufen werden, daß wir eine Röntgen- oder γ-Quelle, die die Luft ebenfalls ionisieren, in die Nähe der Kammer bringen.

Durch wiederholte Beobachtung des Steigens und Fallens der Tröpfchen und durch Messung der Änderung in der Aufwärtsgeschwindigkeit kann man die Änderung Δq in der Ladung des Tröpfchens berechnen. Manchmal ist Δq positiv und manchmal negativ, je nach der Natur der Ladungsänderung. Nach häufiger Wiederholung des Öltröpfchenversuchs mit verschiedenen Tröpfchen schlossen die Physiker, daß die Änderungen Δq immer ein Vielfaches einer fundamentalen Ladung e ist (d.h. $\Delta q = ne$). Der Wert von e ist

$$e = 1{,}6021 \cdot 10^{-19}\,\mathrm{C} \qquad (16.12)$$

Die Größe e nennt man die *Elementarladung*. Wir können daher sagen

Alle Ladungen, die man in der Natur beobachtet, sind gleiche oder Vielfache der Elementarladung.

Es scheint daher ein fundamentales Gesetz der Natur zu sein, daß die elektrische Ladung gequantelt ist. Bis heute konnte niemand diese Tatsache aufgrund fundamentaler Begriffe* erklären.

Ein weiterer wichtiger Aspekt der elektrischen Ladung ist der, daß die Elementarladung immer mit einer Masse assoziiert ist, was zu den sogenannten *Elementarteilchen* führt (erinnern Sie sich an Abschnitt 1.2). Die Ladung des Protons ist $+e$, die des Elektrons $-e$. Das Neutron ist ungeladen (Tab. 16.1).

Tabelle 16.1

Teilchen	Masse (m), kg	Ladung	q/m, C kg^{-1}
Elektron	$m_e = 9{,}1091 \cdot 10^{-31}$	$-e$	$1{,}7588 \cdot 10^{11}$
Proton	$m_p = 1{,}6725 \cdot 10^{-27}$	$+e$	$9{,}5792 \cdot 10^{7}$
Neutron	$m_n = 1{,}6748 \cdot 10^{-27}$	0	0

Wir wollen an diesem Punkt zu unserer vorläufigen Definition des Coulombs aus Abschnitt 2.3 zurückkehren und beweisen, daß die Zahl von Elektronen oder Protonen, die für die Existenz einer negativen oder positiven Ladung von ein Coulomb notwendig ist, $1/e$ oder

$$\frac{1}{1{,}6021 \cdot 10^{-19}} = 6{,}2418 \cdot 10^{18}$$

ist, also dem in diesem Abschnitt gegebenen Wert.

Analyse des Millikan-Versuchs Wir wollen nun den Öltröpfchenversuch in größerem Detail analysieren. Wir bezeichnen die Masse des Öltröpfchens mit m und seinen Radius mit r. Für diesen Tropfen ist die Grenzgeschwindigkeit v_1 für den freien Fall bei abgeschaltetem Feld $\mathcal{E}$ durch (7.21) gegeben,

$$v_1 = F/K\eta,$$

wobei $K = 6\pi r$, nach (7.19), und $F = mg$; d.h.

$$v_1 = \frac{mg}{6\pi\eta r}. \tag{16.13}$$

(Um exakt zu sein, müssen wir auch den Auftrieb der Luft in Betracht ziehen, indem wir $m - m_a$ statt m schreiben, wobei m_a die Luftmasse ist, die durch das Tröpfchen verdrängt wird.) Wenn wir annehmen, daß der Tropfen eine positive Ladung q trägt, wird die resultierende Kraft nach oben bei angeschaltetem Feld

$$F' = q\mathcal{E} - mg$$

sein und die Grenzgeschwindigkeit des Tropfens ist durch

$$v_2 = \frac{F'}{K\eta} \qquad \text{oder} \qquad v_2 = \frac{q\mathcal{E} - mg}{6\pi\eta r}$$

gegeben. Wenn wir nach q auflösen und (16.13) verwenden, um mg zu eliminieren, finden wir die elektrische Ladung des Tröpfchens mit

$$q = \frac{6\pi\eta r(v_1 + v_2)}{\mathcal{E}}. \tag{16.14}$$

Wenn die Ladung negativ ist, wird die Aufwärtsbewegung durch ein nach unten gerichtetes Feld hervorgerufen.

Nehmen Sie nun an, daß sich die Ladung des Tropfens verändert, begleitet von einer entsprechenden Änderung der Aufwärtsgeschwindigkeit. Nach (16.14) hängen die Änderungen Δq der Ladung und Δv_2 der Aufwärtsgeschwindigkeit über

$$\Delta q = \frac{6\pi\eta r}{\mathcal{E}} \Delta v_2$$

zusammen. Dieser Ausdruck erlaubt uns, die Änderung Δq durch meßbare Größen auszudrücken und zu berechnen. Insbesondere können wir den Radius des Tropfens betimmen, indem wir v_1 messen und (16.13) mit

$$m = (\tfrac{4}{3}\pi r^3)\,\rho$$

nach r auflösen, wobei ρ die Dichte des Öls ist.

16.8 PRINZIP DER ERHALTUNG DER LADUNG

Man hat gefunden, daß bei allen in der Natur beobachteten Vorgängen die Gesamtladung eines isolierten Systems konstant bleibt. In anderen Worten:

Bei einem Vorgang, der in einem isolierten System abläuft, ändert sich die Gesamtladung nicht.

Man hat bisher keine Ausnahme von dieser Regel gefunden, die als *Prinzip der Erhaltung der Ladung* bekannt ist. Wir werden Gelegenheit haben, es später bei der Besprechung der Vorgänge, an denen Elementarteilchen beteiligt sind, zu diskutieren. Der Student wird sich daran erinnern, daß wir dieses Prinzip bereits in Ab-

* Kürzlich wurde die Existenz von Teilchen, sogenannter Quarks postuliert, mit Ladungen von $\frac{2}{3}e$ und $\frac{1}{3}e$; diese Teilchen wurden jedoch bisher nicht beobachtet.

schnitt 12.8 gezeigt haben, als die Reaktion

$$p^+ + p^+ \rightarrow p^+ + p^+ + p^+ + p^-$$

besprochen wurde. Die Gesamtladung links ist das Zweifache der Protonenladung (d.h., $+2e$), die drei Protonen rechts tragen die dreifache Protonenladung bei, während das Antiproton eine negative Protonenladung beisteuert. Daraus ergibt sich eine Gesamtladung von $+3e - e = +2e$, was das Zweifache der Protonenladung ist.

In Kapitel 12 haben wir auch den Zerfall einiger Teilchen besprochen. Bei den Vorgängen, die beim β-Zerfall ablaufen, haben wir

$$n \rightarrow p^+ + e^- + \bar{\nu},$$

$$p^+ \rightarrow n + e^+ + \nu,$$

beim Myon-Zerfall

$$\mu^\pm \rightarrow e^\pm + \nu + \bar{\nu}$$

und beim Pion-Zerfall

$$\pi^\pm \rightarrow \mu^\pm + \nu.$$

Wir sehen, daß bei allen diesen Vorgängen die Ladung erhalten bleibt da das Neutrino ν und das Antineutrino $\bar{\nu}$ ungeladene Teilchen sind.

16.9 ELEKTRISCHES POTENTIAL

Ein geladenes Teilchen, das sich in einem elektrischen Feld befindet, besitzt wegen seiner Wechselwirkung mit dem Feld potentielle Energie. Das *elektrische Potential* an einem Punkt ist als die potentielle Energie pro Ladungseinheit an diesem Punkt definiert. Wenn wir das elektrische Potential mit V bezeichnen und die potentielle Energie einer Ladung q mit E_p, haben wir

$$V = \frac{E_p}{q} \qquad \text{oder} \qquad E_p = qV. \tag{16.15}$$

Das elektrische Potential wird in Joule/Coulomb oder J C^{-1} gemessen, eine Einheit, die man als *Volt* (abgekürzt V) bezeichnet, zu Ehren des italienischen Wissenschaftlers Alessandro Vólta (1745—1827). In fundamentalen Einheiten ist

$$V = m^2\,kg\,s^{-2}\,C^{-1}.$$

Wenn sich eine Ladung q längs eines Weges von einem Punkt P_1 an einen anderen Punkt P_2 bewegt, ist die Arbeit, die vom elektrischen Feld geleistet wird,

$$W = E_{p1} - E_{p2} = q(V_1 - V_2),$$

was für den Potentialunterschied zwischen den Punkten P_1 und P_2

$$V_1 - V_2 = \frac{W}{q} \tag{16.16}$$

ergibt. Wir können daher den *elektrischen Potentialunterschied* zwischen zwei Punkten als die Arbeit definieren, die ein elektrisches Feld leistet, wenn es eine Einheitsladung von einem Punkt an den anderen bewegt; z.B. besteht zwischen zwei Punkten ein Potentialunterschied von einem Volt, wenn das elektrische Feld bei der Bewegung einer Ladung von einem Coulomb von einem Punkt an den anderen eine Arbeit von ein Joule leistet.

Angesichts der Tatsache, daß die Elementarteilchen und Kerne eine Ladung tragen, die gleich der Einheitsladung e oder einem Vielfachen davon ist, legt (16.16) es nahe, eine neue Energieeinheit zu definieren, das sogenannte *Elektronenvolt*, abgekürzt eV, das schon in Abschnitt 8.6 eingeführt wurde. Ein Elektronenvolt ist gleich der Arbeit, die an einem Teilchen der Ladung e geleistet wird, wenn es sich durch einen Potentialunterschied von einem Volt bewegt. Unter Verwendung des Werts von e und (16.16) haben wir also

$$eV = (1{,}6021 \cdot 10^{-19}\,C)(1\,V) = 1{,}6021 \cdot 10^{-19}\,J,$$

was dem in Abschnitt 8.6 gegebenen Wert entspricht. Ein Teilchen der Ladung νe, das sich durch einen Potentialunterschied von ΔV bewegt, gewinnt eine Energie von $\nu\ \Delta V$ Elektronenvolt. Geeignete Vielfache des Elektronenvolts sind das *Kiloelektronenvolt* (keV) und das *Megaelektronenvolt* (MeV).

Es ist oft sehr brauchbar, die Ruhemassenenergie der Elementarteilchen in Elektronenvolt auszudrücken. Die Ergebnisse sind

$$E_e = m_e c^2 = 8{,}1867 \cdot 10^{-14}\,J = 0{,}5110\,MeV,$$

$$E_p = m_p c^2 = 1{,}5032 \cdot 10^{-10}\,J = 938{,}26\,MeV,$$

$$E_n = m_n c^2 = 1{,}5053 \cdot 10^{-10}\,J = 939{,}55\,MeV.$$

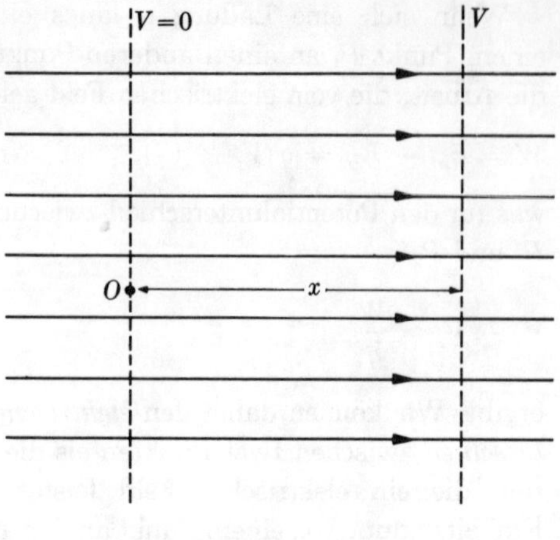

16.19 Gleichförmiges elektrisches Feld

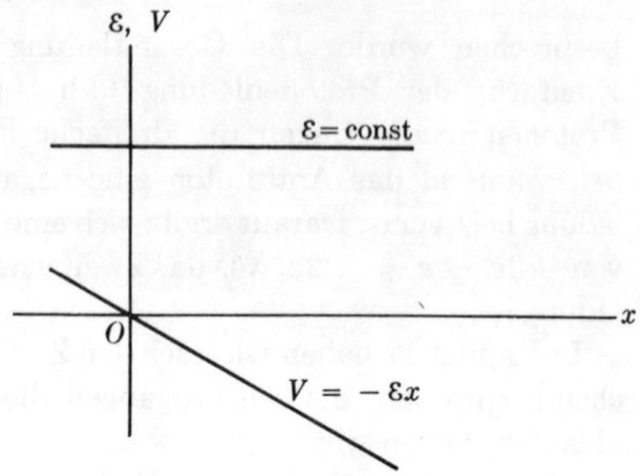

16.20 Änderung von $\mathcal{E}$ und V für ein gleichförmiges elektrisches Feld.

Wenn wir in Betracht ziehen, daß die Definitionen des elektrischen Feldes und des Potentials sehr ähnlich jenen des Gravitationsfeldes und Potentials sind, schließen wir, daß die Beziehung

$$\mathcal{G} = -\text{grad } V$$

auch für das elektrische Feld zutrifft. *Das elektrische Feld ist also der negative Gradient des elektrischen Potentials*; d.h.

$$\boldsymbol{\mathcal{E}} = -\text{grad } V.$$

Dementsprechend ist die Komponente $\mathcal{E}_s$ des elektrischen Feldes längs der Richtung, die einer Verschiebung ds entspricht, durch

$$\mathcal{E}_s = -\frac{dV}{ds} \tag{16.17}$$

gegeben. Das negative Vorzeichen zeigt, daß das elektrische Feld in die Richtung weist, in der das elektrische Potential abnimmt.

Gleichung (16.17) zeigt, daß das elektrische Feld auch in Volt/Meter angegeben werden kann; diese Einheit entspricht dem Newton/Coulomb, die wir oben gegeben haben. Man kann das auf folgende Weise sehen

$$\frac{\text{Volt}}{\text{Meter}} = \frac{\text{Joule}}{\text{Coulomb} \cdot \text{Meter}}$$

$$= \frac{\text{Newton} \cdot \text{Meter}}{\text{Coulomb} \cdot \text{Meter}} = \frac{\text{Newton}}{\text{Coulomb}}.$$

Im allgemeinen Gebrauch wird der Ausdruck Volt/Meter abgekürzt V m^{-1} dem N C^{-1} vorgezogen.

Gleichung (16.17) wird verwendet, um das elektrische Potential V zu bestimmen, wenn das Feld $\boldsymbol{\mathcal{E}}$ bekannt ist, und umgekehrt. Wir wollen die Methode in zwei einfachen Fällen vorführen.

a) Gleichförmiges Feld Wenn wir die X-Achse parallel zum gleichförmigen Feld legen (Abb. 16.19), können wir schreiben

$$\mathcal{E} = -\frac{dV}{dx}.$$

Da $\mathcal{E}$ konstant ist und wir $V = 0$ bei $x = 0$ annehmen, erhalten wir durch Integration

$$\int_0^V dV = -\int_0^x \mathcal{E}\, dx = -\mathcal{E} \int_0^x dx \qquad \text{oder} \qquad V = -\mathcal{E}x. \tag{16.18}$$

Das ist eine sehr nützliche Beziehung, die in Abb. 16.20 graphisch dargestellt wurde. Wir können sehen, daß wegen des negativen Vorzeichens in (16.18) das elektrische Feld in Richtung der Abnahme des elektrischen Potentials weist. Wenn wir zwei Punkte x_1 und x_2 betrachten, gibt (16.18)

$$V_1 = -\mathcal{E}x_1 \qquad \text{und} \qquad V_2 = -\mathcal{E}x_2.$$

Durch Subtraktion erhalten wir

$$V_2 - V_1 = -\mathcal{E}(x_2 - x_1);$$

oder, wenn wir $d = x_2 - x_1$ nennen,

$$\mathcal{E} = -\frac{V_2 - V_1}{d} \quad \text{oder} \quad \mathcal{E} = \frac{V_1 - V_2}{d}. \tag{16.19}$$

Obwohl diese Beziehung nur für gleichförmige elektrische Felder gilt, kann man sie verwenden, um das elektrische Feld zwischen zwei Punkten abzuschätzen, die durch eine Entfernung d getrennt sind, wenn der Potentialunterschied $V_1 - V_2$ zwischen ihnen bekannt ist. Wenn der Potentialunterschied $V_1 - V_2$ positiv ist, weist das Feld in Richtung von x_1 nach x_2, wenn er negativ ist, weist das Feld in die umgekehrte Richtung.

b) Elektrisches Potential einer Punktladung Um das elektrische Potential aufgrund einer Punktladung zu erhalten, wenden wir (16.17) an, wobei s durch den Abstand r ersetzt wird, da das erzeugte elektrische Feld längs des Radius ist, d.h.

$$\mathcal{E} = -\frac{dV}{dr}.$$

Nach (16.9),

$$\mathcal{E} = \frac{q}{4\pi\epsilon_0 r^2},$$

können wir schreiben

$$\frac{1}{4\pi\epsilon_0}\frac{q}{r^2} = -\frac{dV}{dr}.$$

Durch Integration und indem wir $V = 0$ für $r = \infty$ setzen, wie im Fall der Gravitation, erhalten wir*

$$\int_0^V dV = -\frac{q}{4\pi\epsilon_0}\int_\infty^r \frac{dr}{r^2}.$$

Das Ergebnis dieser Integration ist

$$V = \frac{q}{4\pi\epsilon_0 r}. \tag{16.20}$$

Das elektrische Potential V ist positiv oder negativ, je nach dem Vorzeichen der Ladung q.

*Man hätte diesen Ausdruck auch dadurch erhalten können, daß man $-\gamma m$ in (15.13) durch $q/4\pi\epsilon_0$ ersetzt hätte. In der entsprechenden Formel für das Gravitationsfeld wurde das negative Vorzeichen angeschrieben, da die Gravitationswechselwirkung immer anziehend ist.

Wenn wir mehrere Ladungen $q_1, q_2, q_3, \ldots$ haben, ist das elektrische Potential an einem Punkt P (Abb. 16.7) die Skalarsumme der einzelnen Potentiale. Das heißt:

$$V = \frac{q_1}{4\pi\epsilon_0 r_1} + \frac{q_2}{4\pi\epsilon_0 r_2} + \frac{q_3}{4\pi\epsilon_0 r_3} + \cdots = \frac{1}{4\pi\epsilon_0}\sum_i \frac{q_i}{r_i}.$$

Wenn wir eine Ladung q' in eine Entfernung r von einer Ladung q bringen, ist die potentielle Energie des Systems $E_p = q'V$ oder

$$E_p = \frac{qq'}{4\pi\epsilon_0 r}, \tag{16.21}$$

und die potentielle Energie eines Systems von Ladungen ist

$$E_p = \sum_{\substack{\text{Alle}\\\text{Paare}}} \frac{qq'}{4\pi\epsilon_0 r}.$$

Flächen, die an allen Punkten das gleiche elektrische Potential haben, d.h. $V =$ Konst, nennt man Äquipotentialflächen. An jedem Punkt der Äquipotentialfläche ist die Richtung des elektrischen Feldes senkrecht zur Oberfläche, d.h., die Kraftlinien sind orthogonal zu den Äquipotentialflächen. (Der Grund dafür wurde in Abschnitt 15.7 gegeben.) Für ein einheitliches Feld sehen wir aus (16.18), daß $V =$ Konst bedeutet, daß auch $x =$ Konst; daher sind die Äquipotentialflächen Ebenen, wie durch die gestrichelten Linien in Abb. 16.19 angezeigt. Für eine Punktladung zeigt (16.20), daß die Äquipotentialflächen Kugelschalen mit $r =$ Konst sind, die durch die gestrichelten Linien in Abb. 16.13(a) und (b) angedeutet sind. Für zwei Ladungen wurden die Äquipotentialflächen durch gestrichelte Linien in Abb. 16.14 und 16.15 angezeigt.

Beispiel 16.5 Elektrische potentielle Energie der Ladung q_3 in Beispiel 16.1.

Lösung: Wir wollen uns auf Abb. 16.6 beziehen und (16.20) anwenden. Die elektrischen Potentiale, die durch die Ladungen q_1 und q_2 in A und B an Punkt C erzeugt werden, sind jeweils

$$V_1 = \frac{q_1}{4\pi\epsilon_0 r_1} = 11{,}2 \cdot 10^6 \text{ V},$$

$$V_2 = \frac{q_2}{4\pi\epsilon_0 r_2} = -9{,}0 \cdot 10^6 \text{ V}.$$

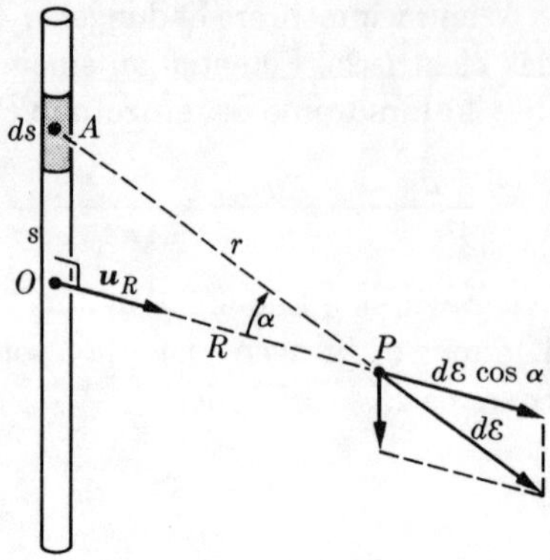

16.21 Elektrisches Feld eines geladenen Drahtes.

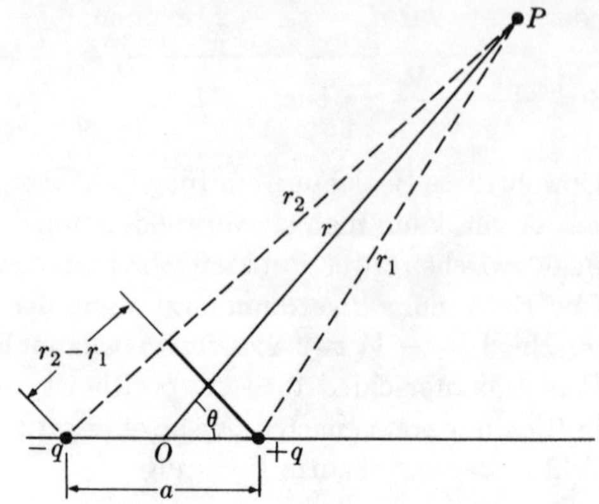

16.22 Elektrischer Dipol.

Das gesamte elektrische Potential an C ist daher

$$V = V_1 + V_2 = 2{,}2 \cdot 10^6 \text{ V}.$$

Die potentielle Energie der Ladung q_3 ist dann

$$E_p = q_3 V$$
$$= (0{,}2 \cdot 10^{-3}\text{ C})\,(2{,}2 \cdot 10^6\text{ V}) = 4{,}4 \cdot 10^2\text{ J}.$$

Wenn wir dieses Beispiel mit Beispiel 16.3 vergleichen, sehen wir den Unterschied in der Behandlung des elektrischen Feldes und des elektrischen Potentials.

Beispiel 16.6 *Elektrisches Feld und Potential, das durch einen sehr langen, geraden Draht erzeugt wird, der pro Längeneinheit eine Ladung λ trägt.* Wir wollen den Draht in kleine Abschnitte unterteilen, jeden von der Länge ds (Abb. 16.21) und daher von der Ladung

$$dq = \lambda\, ds.$$

Der Betrag des elektrisches Feldes, den das Element ds an P erzeugt, ist

$$d\mathcal{E} = \frac{\lambda\, ds}{4\pi\epsilon_0 r^2},$$

und ist längs der Linie AP gerichtet. Wegen der Symmetrie des Problems gibt es jedoch für jedes Element ds im Abstand s oberhalb O ein anderes Element im gleichen Abstand unterhalb O. Wenn wir daher die elektrischen Felder, die von allen Elementen erzeugt werden, addieren, geben ihre Komponenten parallel zum Draht einen Gesamtwert von null. Wir müssen daher nur die Komponenten parallel zu OP betrachten, die durch $d\mathcal{E}\cos\alpha$ gegeben sind, und das resultierende elektrische Feld ist längs OP. Daher ist

$$\mathcal{E} = \int d\mathcal{E}\cos\alpha = \frac{\lambda}{4\pi\epsilon_0}\int \frac{ds}{r^2}\cos\alpha.$$

Aus der Abbildung entnehmen wir, daß

$$r = R\sec\alpha \qquad \text{und} \qquad s = R\tan\alpha.$$

Aus der zweiten Beziehung erhalten wir

$$ds = R\sec^2\alpha\, d\alpha.$$

Indem wir einsetzen, von $\alpha = 0$ bis $\alpha = \pi/2$ integrieren und mit zwei multiplizieren (da die beiden Hälften des Drahtes den gleichen Beitrag leisten), erhalten wir

$$\mathcal{E} = \frac{2\lambda}{4\pi\epsilon_0 R}\int_0^{\pi/2}\cos\alpha\, d\alpha = \frac{\lambda}{2\pi\epsilon_0 R}.$$

Das elektrische Feld des Drahtes variiert daher mit R^{-1}. In Vektorform heißt das

$$\boldsymbol{\mathcal{E}} = \frac{\lambda}{2\pi\epsilon_0 R}\boldsymbol{u}_R.$$

Um das elektrische Potential zu erhalten, wenden wir die Beziehung

$$\mathcal{E} = -\frac{dV}{dR}$$

an, was

$$\frac{dV}{dR} = -\frac{\lambda}{2\pi\epsilon_0 R}$$

ergibt. Integration führt zu

$$\int dV = -\frac{\lambda}{2\pi\epsilon_0}\int\frac{dR}{R},$$

was das Ergebnis

$$V = -\frac{\lambda}{2\pi\epsilon_0}\ln R + C$$

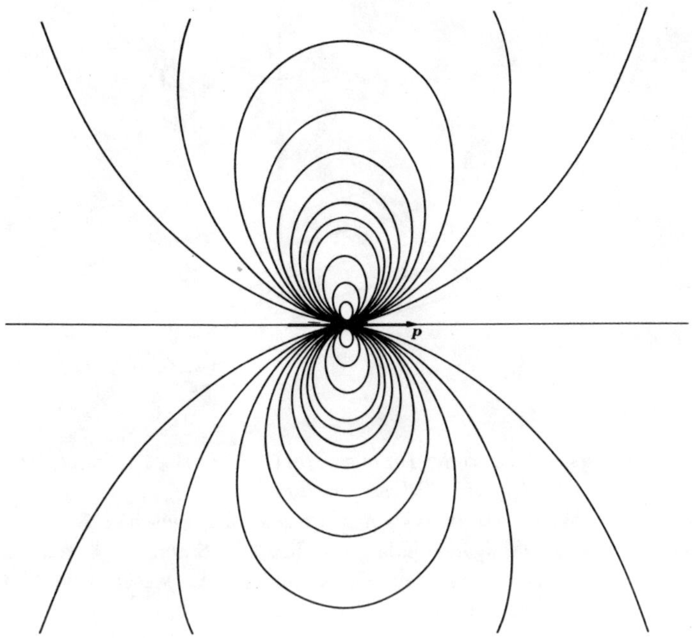

16.23 Kraftlinien des elektrischen Feldes eines elektrischen Dipols.

liefert. In diesem Fall ist es üblich, dem Punkt $R = 1$ das Potential null zuzuschreiben, was zu $C = 0$ führt. Wir finden daher das elektrische Potential zu

$$V = -\frac{\lambda}{2\pi\epsilon_0}\ln R.$$

Beispiel 16.7 *Der elektrische Dipol.* Ein elektrischer Dipol besteht aus zwei gleichen und entgegengesetzten Ladungen $+q$ und $-q$, die durch einen sehr kleinen Abstand a getrennt sind (Abb. 16.22). Obwohl in einem elektrischen Dipol die beiden Ladungen gleich und entgegengesetzt sind, was eine Gesamtladung von null ergibt, reicht die Tatsache, daß sie leicht verschoben sind, aus, um ein permanentes elektrisches Feld aufrecht zu erhalten.

Das elektrische Dipolmoment $\boldsymbol{p}$ ist definiert als

$$\boldsymbol{p} = q\boldsymbol{a}, \tag{16.22}$$

wobei $\boldsymbol{a}$ die Verschiebung von der negativen zur positiven Ladung darstellt. Das elektrische Potential an einem Punkt P infolge des elektrischen Dipols ist gemäß (16.21)

$$V = \frac{1}{4\pi\epsilon_0}\left(\frac{q}{r_1} - \frac{q}{r_2}\right) = \frac{1}{4\pi\epsilon_0}\frac{q(r_2 - r_1)}{r_1 r_2}.$$

Wenn der Abstand a sehr klein ist im Vergleich zu r, können wir

$$r_2 - r_1 = a\cos\theta \qquad \text{und} \qquad r_1 r_2 = r^2$$

setzen, was zu

$$V = \frac{qa\cos\theta}{4\pi\epsilon_0 r^2}$$

führt. Setzen wir $p = qa$, erhalten wir schließlich

$$V = \frac{p\cos\theta}{4\pi\epsilon_0 r^2}. \tag{16.23}$$

Das elektrische Potential eines Dipols ändert sich daher mit r^{-2} anstatt mit r^{-1} für eine Punktladung.

Wir wollen das elektrische Feld eines Dipols nicht berechnen; es genügt darauf hinzuweisen, daß wir unter Verwendung von (16.23) finden, daß das Feld sich mit r^{-3} ändert, anstatt mit r^{-2}, was einer Einzelladung entspricht.

Die Kraftlinien des Feldes, das von einem elektrischen Dipol erzeugt wird, sind in Abb. 16.23 gegeben.

Wenn sich ein elektrischer Dipol in einem elektrischen Feld befindet, wirkt auf jede Ladung des Dipols eine Kraft (Abb. 16.24). Die resultierende Kraft ist

$$\boldsymbol{F} = q\boldsymbol{\mathcal{E}} - q\boldsymbol{\mathcal{E}}' = q(\boldsymbol{\mathcal{E}} - \boldsymbol{\mathcal{E}}').$$

Beachten Sie, daß wir bei einem gleichförmigen Feld, in dem

$$\boldsymbol{\mathcal{E}} = \boldsymbol{\mathcal{E}}',$$

erhalten, daß

$$F = 0.$$

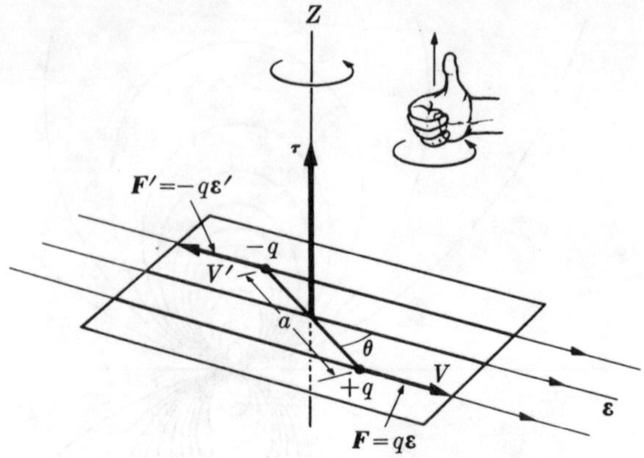

16.24 Elektrischer Dipol in einem äußeren Feld.

Die resultierende Kraft, die von einem einheitlichen Feld auf einen elektrischen Dipol erzeugt wird, ist daher null.

Betrachten Sie den speziellen Fall, in dem das elektrische Feld nicht gleichförmig und entlang der X-Achse gerichtet ist, und der Dipol parallel zum Feld ausgerichtet ist. Dann gilt

$$\mathcal{E} - \mathcal{E}' = \left(\frac{d\mathcal{E}}{dx}\right) a,$$

und daher ist

$$F = p\left(\frac{d\mathcal{E}}{dx}\right).$$

Dieses Ergebnis zeigt, daß *ein elektrischer Dipol, der parallel zu einem elektrischen Feld ausgerichtet ist, dazu neigt, sich in Richtung des zunehmenden Feldes zu bewegen.* Das Gegenteil gilt, wenn der Dipol antiparallel zum Feld ausgerichtet ist.

Die potentielle Energie eines Dipols, der sich in einem elektrischen Feld befindet, ist

$$E_p = qV - qV' = q(V - V') = -qa\left(-\frac{V - V'}{a}\right).$$

Durch Anwendung von (16.19) finden wir bei einem Winkel θ zwischen dem Dipol und dem elektrischen Feld, daß das letzte Glied bloß die Komponente $\mathcal{E}_a$ des Feldes $\boldsymbol{\mathcal{E}}$ parallel zu $\boldsymbol{a}$ ist. Daher gilt

$$E_p = -qa\mathcal{E}_a,$$

oder, da $\mathcal{E}_a = \mathcal{E}\cos\theta$,

$$E_p = -p\,\mathcal{E}\cos\theta = -\boldsymbol{p}\cdot\boldsymbol{\mathcal{E}}. \tag{16.24}$$

Die potentielle Energie erreicht ein Minimum, wenn $\theta = 0$, was zeigt, *daß der Dipol sich im Gleichgewicht befindet, wenn er parallel zum Feld ausgerichtet ist.*

Wenn wir den kleinen Unterschied zwischen $\boldsymbol{\mathcal{E}}$ und $\boldsymbol{\mathcal{E}}'$, vernachlässigen, bilden die Kräfte $q\boldsymbol{\mathcal{E}}$ und $-q\boldsymbol{\mathcal{E}}'$ auf die Ladungen, die den Dipol bilden, im wesentlichen ein Kraftepaar, dessen Moment nach (4.12)

$$\boldsymbol{\tau} = \boldsymbol{a} \times (q\boldsymbol{\mathcal{E}}) = (q\boldsymbol{a}) \times \boldsymbol{\mathcal{E}} = \boldsymbol{p} \times \boldsymbol{\mathcal{E}} \tag{16.25}$$

ist. Aus dem obigen Ausdruck und aus Abb. 16.24 sehen wir, *daß das Moment des elektrischen Feldes bestrebt ist, die Dipole parallel zum Feld auszurichten.* Der Betrag des Moments ist

$$\tau = p\mathcal{E}\sin\theta,$$

und seine Richtung ist in Abb. 16.24 gezeigt.

16.10 ENERGIEBEZIEHUNGEN IN EINEM ELEKTRISCHEN FELD

Die Gesamtenergie eines geladenen Teilchens oder Ions der Masse m und der Ladung q, das sich in einem elektrischen Feld bewegt, ist

$$E = E_k + E_p = \tfrac{1}{2}mv^2 + qV. \tag{16.26}$$

Wenn sich das Ion von Position P_1 (wo das elektrische Potential V_1 ist) in die Position P_2 (wo das elektrische Potential V_2 ist) bewegt, gibt (16.26) zusammen mit dem Prinzip der Erhaltung der Energie

$$\tfrac{1}{2}mv_1^2 + qV_1 = \tfrac{1}{2}mv_2^2 + qV_2,$$

was als

$$\tfrac{1}{2}mv_2^2 - \tfrac{1}{2}mv_1^2 = q(V_1 - V_2) \tag{16.27}$$

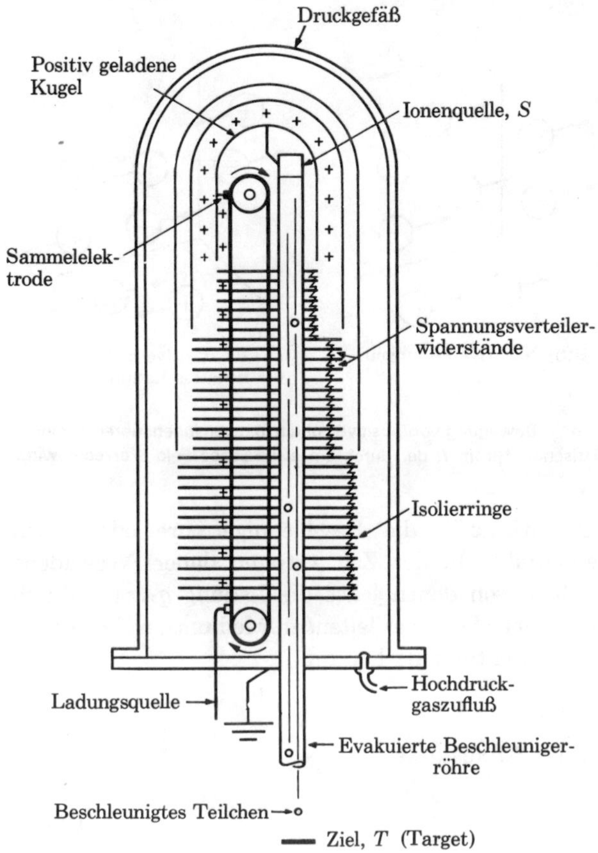

16.25 Vereinfachter Querschnitt durch einen VandeGraaf-Beschleuniger. Ein schneller Motor betreibt ein Band aus isolierendem Material über zwei Rollen. Elektrische Ladung von einer Spannungsquelle wird vom Band am unteren Ende aufgenommen und nach oben transportiert. Eine Sammelelektrode überträgt die Ladung auf die Metallkugel im oberen Teil, wodurch auf ihr ein hohes elektrisches Potential erzeugt wird. Positive Ionen werden an diesem Hochspannungsende erzeugt und durch den Potentialunterschied zwischen der geladenen Kugel und dem Grundpotential nach unten beschleunigt.

geschrieben werden kann. Aus (16.27) kann man entnehmen, daß ein positiv geladenes Teilchen ($q > 0$) kinetische Energie gewinnt, wenn es sich von einem höheren Potential auf ein niedrigeres zu bewegt ($V_1 > V_2$), wogegen ein negativ geladenes Teilchen ($q < 0$) sich von einem niedrigeren zu einem höheren Potential bewegen muß, ($V_1 < V_2$), um Energie zu gewinnen.

Wenn wir den Nullpunkt des elektrischen Potentials an $P_2 (V_2 = 0)$ wählen und unseren Versuch so anordnen, daß die Ionen in P_1 eine Geschwindigkeit von null aufweisen ($V_1 = 0$), wird aus (16.27) unter Weglassen der Indizes

$$\tfrac{1}{2}mv^2 = qV. \tag{16.28}$$

Dieser Ausdruck gibt die kinetische Energie, die ein geladenes Teilchen erwirbt, wenn es sich durch einen elektrischen Potentialunterschied V bewegt. Dieses Prinzip wird z.B. in *elektrostatischen Beschleunigern* angewendet.

Ein typischer Beschleuniger (Abb. 16.25) besteht aus einer evakuierten Röhre, an die ein elektrischer Potentialunterschied V angelegt wird. An einem Ende befindet sich eine Ionenquelle S, die geladene Teilchen in die Röhre emittiert. Die Teilchen kommen am anderen Ende mit einer Energie an, die durch (16.28) gegeben ist. Diese schnellen Ionen treffen auf ein Ziel (target) T auf, das aus einem Material besteht, das je nach der Natur des auszuführenden Versuchs gewählt wird. Das Ergebnis dieses Stoßes ist irgendeine Art von Kernreaktion. Die Energie des auftreffenden Ions wird auf das target übertragen, welches daher ständig gekühlt werden muß, da es sonst schmelzen oder verdampfen würde.

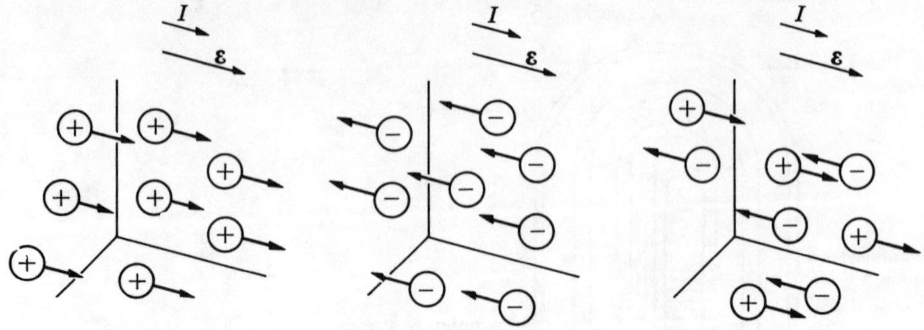

(a) Positive Ladungen (b) Negative Ladungen (c) Positive und negative Ladungen

16.26 Bewegung von positiven und negativen Ionen führen zu einem elektrischen Strom I, der durch ein elektrisches Feld $\mathcal{E}$ erzeugt wird.

Es gibt verschiedene Arten von elektrostatischen Beschleunigern (Cockroft-Walton, Van de Graaff, u.s.w.), die sich in der Art der Erzeugung des Potentialunterschieds V unterscheiden. Auf jeden Fall sind elektrostatische Beschleuniger in ihrer Energie durch den maximalen Spannungsunterschied begrenzt, der angelegt werden kann, ohne daß es zu einem elektrischen Zusammenbruch des verwendeten Materials kommt. Dieser Potentialunterschied kann wenige Millionen Volt nicht übersteigen.

16.11 ELEKTRISCHER STROM

Das Beispiel aus Abschnitt 16.10 eines elektrostatischen Beschleunigers mit einem Strom geladener Teilchen, die rasch längs seiner Röhre beschleunigt werden, führt uns dazu, nun den äußerst wichtigen Begriff des *elektrischen Stromes* einzuführen. Ein elektrischer Strom besteht aus einem Strom geladener Teilchen oder Ionen. Das gilt für die Ionen in jeder Art von Beschleunigern oder für jene in einer Elektrolytlösung, für Ionen in einem ionisierten Gas oder Plasma oder die Ionen in einem metallischen Leiter. Damit ein elektrischer Strom entsteht, muß ein elektrisches Feld angelegt werden, das die geladenen Teilchen in einer genau definierten Richtung bewegt.

Die *Stärke* eines elektrischen Stromes ist definiert als die elektrische Ladung, die pro Zeiteinheit durch einen Querschnitt des Bereichs tritt, in dem der Strom fließt, wie z.B. die Beschleunigerröhre oder einen Metalldraht. In der Zeit t treten daher N geladene Teilchen, von denen jedes die Ladung q trägt, durch einen Querschnitt des leitenden Mediums, wobei die gesamte durchtretende Ladung

$$Q = Nq,$$

und die Stromstärke

$$I = \frac{Q}{t} \tag{16.29}$$

ist. Die obige Gleichung gibt eigentlich den mittleren Strom in der Zeit t; der momentane Strom ist

$$I = \frac{dQ}{dt}. \tag{16.30}$$

Der elektrische Strom wird durch Coulomb/Sekunde oder C s^{-1} ausgedrückt, eine Einheit, die man zu Ehren des französischen Physikers André M. Ampère (1775–1836) Ampère (abgekürzt A) nennt. Ein Ampère ist die Stärke des elektrischen Stromes, der einer Ladung von ein Coulomb entspricht, welche pro Sekunde durch den Leiterquerschnitt tritt.

Als Richtung des elektrischen Stromes wird die Bewegungsrichtung der positiv geladenen Teilchen genommen. Es ist die gleiche Richtung wie die des angelegten elektrischen Feldes oder die des Potentialabfalls, der die Bewegung der geladenen Teilchen hervorruft (Abb. 16.26a). Wenn daher ein Strom auf die Bewegung negativ geladener Teilchen zurückzuführen ist, wie z.B. der von Elektronen, ist die Stromrichtung der Bewegung der Elektronen entgegengerichtet (Abb. 16.26b).

Die Aufrechterhaltung eines elektrischen Stromes erfordert Energie, da die bewegten Ionen durch das elektrische Feld beschleunigt werden. Nehmen Sie an, daß sich in der Zeit t N Ionen, jedes mit der Ladung q, durch einen Potentialunterschied V bewegen. Jedes Ion gewinnt eine Energie qV, der gesamte Energiegewinn ist

$$\text{Energiegewinn} = NqV = QV.$$

Die Energie pro Zeiteinheit, oder die Leistung, die erforderlich ist, um den Strom aufrecht zu erhalten, ist dann

$$P = \frac{QV}{t} = VI. \tag{16.31}$$

Das gibt z.B. die erforderliche Leistung, um den Beschleuniger zu betreiben, der im vorhergehenden Abschnitt besprochen wurde. Das ist auch die Leistung, die auf das target des Beschleunigers übertragen wird und die daher vom Kühlmittel entfernt werden muß. Ausdruck (16.31), der allgemeine Gültigkeit hat, gibt die Leistung, die erforderlich ist, um einen elektrischen Strom I durch einen Potentialunterschied V, der an zwei Punkten eines leitenden Mediums angelegt wird, aufrecht zu erhalten. Man entnimmt aus (16.31), daß

$$\text{Volt} \cdot \text{Ampère} = \frac{\text{Joule}}{\text{Coulomb}} \cdot \frac{\text{Coulomb}}{\text{Sekunde}} = \frac{\text{Joule}}{\text{Sekunde}} = \text{Watt},$$

so daß die Einheiten übereinstimmen.

Beispiel 16.8 Das Beschleunigungspotential in einem Van de Graaff Beschleuniger ist $4{,}0 \cdot 10^6$ V. Die Teilchen sind Protonen (oder Wasserstoffionen). Der Ionenstrom ist 10^{-4} A. Bestimmen Sie (a) die Geschwindigkeit der Protonen, wenn sie das target treffen, (b) die Geschwindigkeit, mit der Energie auf das Ziel übertragen wird.

Lösung: (a) Gleichung (16.28),

$$\tfrac{1}{2}mv^2 = qV,$$

gibt

$$v = \sqrt{2qV/m}$$

für die Geschwindigkeit der Protonen, wenn sie auf das Ziel auftreffen. Durch Einsetzen von $V = 4{,}0 \cdot 10^6$ V und des Wertes q/m für Protonen (siehe Tabelle 16.1) erhalten wir

$$v = 2{,}77 \cdot 10^7 \text{ m s}^{-1}.$$

Wir können entnehmen, daß die Protonen das Ziel mit einer kinetischen Energie von 4 MeV erreichen. (b) Die Leistung, die zum Betreiben des Beschleunigers notwendig ist, ist nach (16.31)

$$P = (4{,}0 \cdot 10^6 \text{ V})\,(10^{-4} \text{ A}) = 400 \text{ W}.$$

Das ist die Rate der Energieübertragung auf das Ziel. Übrigens muß für einen Ionenstrom von 10^{-4} A die Ionenquelle $6{,}24 \cdot 10^{14}$ Protonen pro Sekunde erzeugen. Das entspricht der Ionisierung von $1{,}03 \cdot 10^{-9}$ g atomaren Wasserstoffs pro Sekunde.

Tabelle 16.2

GRUNDGLEICHUNGEN FÜR DAS ELEKTRISCHE FELD UND POTENTIAL

Größe	Definition	Beziehung
Elektrische Feldstärke	$\boldsymbol{\mathcal{E}} = \boldsymbol{F}/q$	$\boldsymbol{\mathcal{E}} = -\text{grad } V$ oder
Elektrisches Potential	$V = E_p/q$	$\mathcal{E}_s = -dV/ds$
Elektrisches Feld einer Punktladung q	$\boldsymbol{\mathcal{E}} = \boldsymbol{u}_r \dfrac{q}{4\pi\epsilon_0 r^2}$ $V = \dfrac{q}{4\pi\epsilon_0 r}$	$\boldsymbol{\mathcal{E}} = -\boldsymbol{u}_r\, dV/dr$ oder $\mathcal{E} = -dV/dr$
Arbeit an einem geladenen Teilchen	$W = q(V_1 - V_2)$	
Gesamtenergie eines Teilchens	$E = \frac{1}{2}mv^2 + qV$	

FRAGEN

1. Führen Sie die hauptsächlichen Unterschiede und Ähnlichkeiten zwischen dem Gesetz der Gravitationswechselwirkung und dem Gesetz der elektrischen Wechselwirkung auf.
2. Betrachten Sie ein Elektron im Umlauf um das Proton eines Wasserstoffatoms. Ist die elektrische Kraft auf das Elektron zentral? Welche dynamischen Größen sind aufgrund dieser Antwort Bewegungskonstanten des Elektrons?
3. Wenn die Erde und die Sonne aus elektrisch geladenen Teilchen bestehen, warum ist dann die Bewegung der Erde um die Sonne ausschließlich durch Gravitationskräfte zu beschreiben?
4. Wenn sich eine elektrische Ladung längs einer Kraftlinie in Richtung des elektrischen Feldes bewegt, wie ändert sich die potentielle Energie der Ladung, wenn die Ladung a) positiv, b) negativ ist? Welches Vorzeichen hat in jedem Fall die Arbeit, die vom elektrischen Feld geleistet wird?
5. Stellen Sie die Änderung des elektrischen Feldes und des elektrischen Potentials infolge einer Punktladung als Funktion des Abstands von der Ladung graphisch dar.
6. Ein positiv geladenes Teilchen wird in den Bereich eines gleichförmigen elektrischen Feldes eingebracht. Beschreiben Sie die Bewegung des Teilchens, wenn seine Anfangsgeschwindigkeit (a) in Feldrichtung, (b) genau entgegengesetzt der Feldrichtung, (c) in einem Winkel zum Feld ist.
7. Was meint man mit der Aussage, daß die Ladung gequantelt ist? Können wir sagen, daß auch die Masse gequantelt ist?
8. Wie bewegt sich ein elektrischer Dipol in einem (a) gleichförmigen, (b) ungleichförmigen elektrischen Feld?
9. Erklären Sie, wieso das resultierende elektrische Feld eines elektrischen Dipols nicht null ist, obwohl es doch aus zwei gleichen, entgegengesetzten Ladungen besteht.
10. Wie bestimmen Sie die «Richtung» eines elektrischen Stromes? Fällt die Richtung eines elektrischen Stromes immer mit der Bewegungsrichtung der Ladungen zusammen?
11. Warum muß man eine Leistung aufbringen, um einen Strom über einen Potentialunterschied hinweg aufrechtzuerhalten?
12. Ein Protonenstrahl wird in einem Linearbeschleuniger beschleunigt. Die Ionenquelle befindet sich an einem Ende des Rohres, das Ziel am anderen Ende. Welches Ende befindet sich auf dem höheren Potential? Welche Richtung hat das elektrische Feld? Tragen Sie die kinetische Energie und die Geschwindigkeit der Protonen als Funktion der Entfernung längs der Röhre auf.

AUFGABEN

16.1 Bestimmen Sie die elektrische Abstoßungskraft zwischen zwei Protonen in einem Wasserstoffmolekül; der Abstand zwischen ihnen beträgt $0{,}74 \cdot 10^{-10}$ m. Vergleichen Sie das Ergebnis mit ihrer Gravitationsanziehung (Aufgabe 15.2).

16.2 Bestimmen Sie die elektrische Anziehungskraft zwischen dem Proton und dem Elektron in einem Wasserstoffatom, wenn Sie annehmen, daß das Elektron eine Kreisbahn vom Radius $0{,}53 \cdot 10^{-10}$ m beschreibt. Vergleichen Sie mit der Gravitationsanziehung (Aufgabe 15.3).

16.3 Zwei identische Kugeln der Masse m tragen die gleichen Ladungen q (Abb. 16.27). Sie sind an zwei Fäden der Länge e im gleichen Punkt aufgehängt. Bestimmen Sie den Winkel θ, den die Fäden mit der Senkrechten bilden, sobald das Gleichgewicht erreicht ist. Zeichnen Sie die Kräfte auf jede Kugel und ihre Resultierende an.

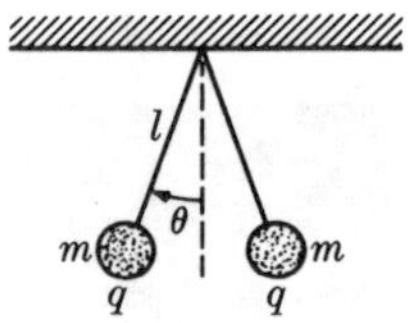

16.27

16.4 Das *Statcoulomb* (stC) ist eine Ladungseinheit, die als Ladungsmenge so definiert ist, daß, wenn sich die Ladung (im Vakuum) im Abstand von 1 cm von einer gleichen Ladung befindet, die Kraft zwischen den Ladungen 1 dyn beträgt. (a) Beweisen Sie, daß ein Statcoulomb $(1/10c)$ C ist (wobei c die Lichtgeschwindigkeit ist), oder ungefähr $\frac{1}{3} \cdot 10^{-9}$ C. (b) Drücken Sie die Elementarladung e in Statcoulomb aus. (c) Berechnen Sie den Wert der Konstanten K_e und ϵ_0, wenn die Ladung in Statcoulomb ausgedrückt wird, die Kraft in dyn und die Entfernung in cm. (d)

Finden Sie die Beziehung zwischen dyn/Statcoulomb und $N C^{-1}$ zur Messung des elektrischen Feldes.

16.5 Wie viele Elektronen entsprechen einen stC?

16.6 Das *Abcoulomb* ist eine Ladungseinheit, die als 10 C definiert ist. Bestimmen Sie den Wert der Konstanten K_e und ϵ_0, wenn die Ladung in Abcoulomb ausgedrückt wird, die Kraft in dyn und die Entfernung in cm. Welche Beziehung besteht zwischen dem Abcoulomb und dem stC?

16.7 Das elektrische Feld im Bereich zwischen den Ablenkungsplatten eines bestimmten Kathodenstrahlenoszilloskops beträgt 30.000 $N C^{-1}$. (a) Wie groß ist die Kraft auf ein Elektron in diesem Bereich? (b) Wie groß ist die Beschleunigung eines Elektrons, auf welches diese Kraft wirkt? Vergleichen Sie mit der Gravitationsbeschleunigung.

16.8 Eine Ladung von $2{,}5 \cdot 10^{-8}$ C wird in ein aufwärts gerichtetes elektrisches Feld eingebracht, dessen Stärke $5 \cdot 10^{-4}$ $N C^{-1}$ beträgt. Wie groß ist die Arbeit der elektrischen Kraft auf die Ladung, wenn sich die Ladung (a) 0,45 m nach rechts, (b) 0,80 m nach unten, (c) 2,60 m in einem Winkel von 45° mit der Horizontalen nach oben bewegt?

16.9 Zwischen zwei entgegengesetzt geladenen ebenen parallelen Platten besteht ein gleichförmiges elektrisches Feld. Ein Elektron bewegt sich von der Oberfläche der negativ geladenen Platte aus der Ruhelage und trifft nach einem Zeitintervall von $1{,}5 \cdot 10^{-8}$ s auf die entgegengesetzt geladene Platte im Abstand von 2 cm. (a) Berechnen Sie die Stärke des elektrischen Feldes. (b) Berechnen Sie die Geschwindigkeit, mit der das Elektron auf der zweiten Platte auftrifft.

16.10 Ein Elektron wird in ein gleichförmiges elektrisches Feld der Stärke 5000 $N C^{-1}$ eingebracht. Das Feld ist senkrecht nach oben gerichtet. Die Anfangsgeschwindigkeit des Elektrons ist 10^7 $m s^{-1}$, es bewegt sich in einem Winkel von 30° überhalb der Horizontalen. (a) Berechnen Sie die Zeit, die das Elektron braucht, um seine maximale Höhe zu erreichen. (b) Berechnen Sie die maximale Entfernung, um die das Elektron senkrecht über seiner ursprünglichen Höhe ansteigt. (c) Nach welcher horizontalen Entfernung kehrt das Elektron auf seine ursprüngliche Höhe zurück? Stellen Sie die Bahn des Elektrons dar.

16.11 Zwei Punktladungen, 5 μC und -10 μC, sind 1 m voneinander entfernt. (a) Bestimmen Sie den Betrag und die Richtung des elektrischen Feldes an einem Punkt, der 0,6 m von der ersten und 0,8 m von der zweiten Ladung entfernt ist. (b) Wo ist das elektrische Feld infolge dieser beiden Ladungen null? (c) An welchen Punkt auf der Verbindungslinie zwischen den beiden Ladungen sind die Felder der beiden Ladungen identisch in Betrag und Richtung?

16.12 Drei positive Ladungen von $2 \cdot 10^{-7}$ C, $1 \cdot 10^{-7}$ C und $3 \cdot 10^{-7}$ C liegen auf einer Geraden, wobei die zweite Ladung so im Mittelpunkt liegt, daß der Abstand zwischen zwei benachbarten Ladungen 0,10 m beträgt. Berechnen Sie (a) die resultierende Kraft auf jede Ladung infolge der anderen Ladungen, (b) die potentielle Energie jeder Ladung infolge der anderen, (c) die innere potentielle Energie des Systems. Vergleichen Sie (c) mit der Summe der Ergebnisse, die Sie unter (b) erhalten haben und begründen Sie Ihr Ergebnis.

16.13 In einem rechtwinkeligen Koordinatensystem befindet sich eine Ladung von $25 \cdot 10^{-9}$ C im Koordinatenursprung und eine Ladung von $-25 \cdot 10^{9}$ C an einem Punkt $x = 6$ m, $y = 0$. Wie groß ist das elektrische Feld an (a) $x = 3$ m, $x = 0$?, (b) $x = 3$ m, $y = 4$ m?

16.14 Ein Öltröpfchen mit der Masse $3 \cdot 10^{-14}$ kg und dem Radius $2 \cdot 10^{-6}$ m trägt 10 überschüssige Elektronen mit sich. Wie groß ist seine Grenzgeschwindigkeit, (a) wenn es in einem Bereich fällt, in dem kein elektrisches Feld vorliegt, (b) wenn es in einem elektrischen Feld fällt, das eine nach unten gerichtete Stärke von $3 \cdot 10^5$ $N C^{-1}$ hat? Die Viskosität der Luft ist $1{,}80 \cdot 10^{-5}$ $N s m^{-2}$. Vernachlässigen Sie den Auftrieb der Luft.

16.15 Man beobachtet, daß ein geladenes Öltröpfchen in einem Millikanschen Öltröpfchenapparat in Abwesenheit eines äußeren Feldes in 27,4 s eine Strecke von 1 mm fällt. Der selbe Tropfen kann in einem Feld von $2{,}37 \cdot 10^4$ $N C^{-1}$ stationär gehalten werden. Wie viele Überschußelektronen hat das Tröpfchen erworben? Die Viskosität der Luft ist $1{,}80 \cdot 10^{-5}$ $N s m^{-2}$.

16.16 Das *Statvolt* (stV) ist als der Potentialunterschied (Spannungsunterschied) zwischen zwei Punkten definiert, wenn eine Arbeit von ein erg geleistet wird, um eine Ladung von einem Statcoulomb von einem Punkt an einen anderen zu bewegen. (a) Beweisen Sie, daß ein Statvolt gleich $c/10^6$ V oder ungefähr 300 V ist. (b) Finden Sie die Beziehung zwischen stV cm^{-1} und dem V m^{-1} als Einheiten zur Messung des elektrischen Feldes. Vergleichen Sie mit Ergebnis (a) der Aufgabe 16.4.

16.17 Das Potential in einem bestimmten Abstand von einer Punktladung ist 600 V und das elektrische Feld 200 $N C^{-1}$. (a) Wie groß ist die Entfernung von der Punktladung? (b) Welchen Betrag hat die Ladung?

16.18 Die maximale Ladung, die eine der sphärischen

16.28

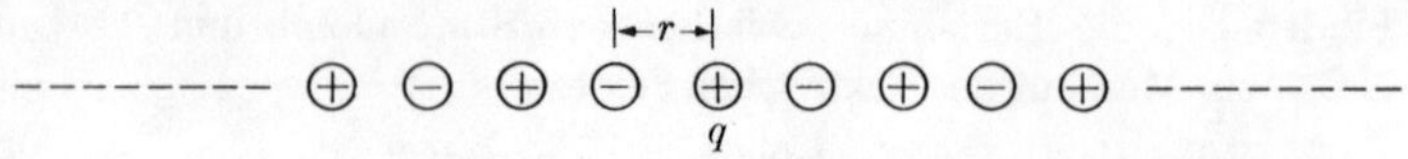

Kontaktklemmen eines großen Van de Graaff Generators halten kann, beträgt ca 10^{-3} C. Nehmen Sie an, daß eine positive Ladung dieses Betrags gleichförmig über die Oberfläche einer Kugel von 3 m Durchmesser verteilt ist, die sich in einem sonst leeren Raum befindet. (a) Berechnen Sie den Betrag der elektrischen Feldstärke an einem Punkt außerhalb der Kugel und 5 m von ihrem Mittelpunkt entfernt. (b) Wenn ein Elektron an diesem Punkt losgelassen wurde, wie groß wären der Betrag und die Richtung seiner Anfangsbeschleunigung? (c) Wie groß wäre die Geschwindigkeit, wenn es die Kugel erreicht?

16.19 Eine kleine Kugel der Masse von 0,2 g ist an einem Faden zwischen zwei parallelen senkrechten Platten im Abstand von 5 cm aufgehängt. Die Ladung auf der Kugel ist $6 \cdot 10^{-9}$ C. Wie groß ist der Potentialunterschied zwischen den Platten, wenn der Faden einen Winkel von 10° mit der Senkrechten einnimmt.

16.20 Zwei Punktladungen von $2 \cdot 10^{-7}$ C und $3 \cdot 10^{-7}$ C befinden sich im Abstand von 0,10 m voneinander. Berechnen Sie das resultierende elektrische Feld und das Potential (a) am Entfernungs-Mittelpunkt zwischen den beiden, (b) an einem Punkt auf der Verbindungslinie und 0,04 m von der ersten Ladung entfernt, (c) an einem Punkt 0,04 m von der ersten Ladung entfernt und auf der Verbindungslinie, aber außerhalb der Ladungen, (d) an einem Punkt 0,10 m von jeder Ladung entfernt. (e) Wo ist das elektrische Feld null?

16.21 Berechnen Sie für Aufgabe 16.20 die Arbeit, die geleistet werden muß, um eine Ladung von $4 \cdot 10^{-7}$ C vom Punkt in (c) zum Punkt in (d) zu verschieben. Muß man den Weg genau beschreiben?

16.22 Gleiche elektrische Ladungen von je 1 C befinden sich an den Ecken eines gleichseitigen Dreiecks, dessen Seiten 10 cm lang sind. Berechnen Sie (a) die Kraft und die potentielle Energie jeder Ladung als Folge der Wechselwirkungen mit den anderen, (b) das resultierende elektrische Feld und das Potential im Mittelpunkt des Dreiecks, (c) die innere potentielle Energie des Systems.

16.23 Beziehen Sie sich auf die vorhergehende Aufgabe und stellen Sie die Kraftlinien des elektrischen Feldes, das die drei Ladungen erzeugen, graphisch dar. Tragen Sie auch die Äquipotentialflächen auf (eigentlich ihre Schnittpunkte mit der Ebene des Dreiecks).

16.24 Längs einer Geraden liegt eine unendlich große Zahl von abwechselnd positiven und negativen Ladungen $\pm q$ vor, wobei alle benachbarten Ladungen den gleichen Abstand haben (Abb. 16.28). Zeigen Sie, daß die potentielle Energie einer Ladung

$$\left(\frac{-q^2}{2\pi\epsilon_0 r}\right) \ln 2$$

ist. [*Hinweis:* Vergleichen Sie mit (16.24).]

16.25 Ein Ring vom Radius a trägt eine Ladung q. Berechnen Sie das elektrische Potential und das Feld an den Punkten längs der senkrechten Achse durch seinen Mittelpunkt.

16.26 Bestimmen Sie das elektrische Potential und das Feld längs der Punkte auf der Achse einer Scheibe vom Radius R, die pro Flächeneinheit eine Ladung σ trägt. [*Hinweis:* Unterteilen Sie die Scheibe in Ringe und addieren Sie die Beiträge aller Ringe.]

16.27 Stellen Sie eine zahlenmäßige Beziehung auf, die die Geschwindigkeit (in m s^{-1}) eines Elektrons und eines Protons durch den Potentialunterschied (in Volt) gibt, durch den sie sich bewegt haben. Nehmen Sie an, daß sie sich ursprünglich in Ruhe befanden.

16.28 Zwischen zwei parallelen Platten im Abstand von 4 cm wird ein Potentialunterschied von 1600 V hergestellt. Von der negativen Platte wird ein Elektron zur gleichen Zeit losgelassen wie ein Proton von der positiven. (a) Wie weit sind die beiden von der positiven Platte entfernt, wenn sie sich begegnen. (b) Vergleichen Sie die Geschwindigkeiten, mit denen sie auf den entgegengesetzten Platten auftreffen. (c) Vergleichen Sie die Energien, wenn sie auf die entgegengesetzten Platten auftreffen.

16.29 Eine bestimmte Vakuumtriode besteht im wesentlichen aus folgenden Teilen: Eine ebene Oberfläche (die Kathode) sendet Elektronen mit vernachlässigbaren Anfangsgeschwindigkeiten aus. Parallel zur Kathode und in einer Entfernung von 3 mm befindet sich ein offenes Gitter aus dünnem Draht mit einem Potential, das um 18 V höher ist als das der Kathode. Die Struktur des Gitters ist hinreichend locker, so daß Elektronen frei hindurchtreten können. Eine zweite ebene Oberfläche (die Anode) liegt 12 mm hinter dem Gitter und befindet sich auf einem um 15 V höheren Potential als die Anode. Wir können annehmen, daß die elektrischen

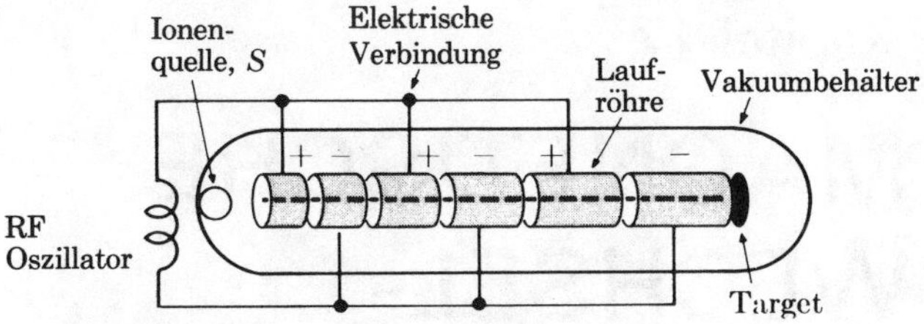

16.29

Felder zwischen der Kathode und dem Gitter, und zwischen dem Gitter und der Anode gleichförmig sind. (a) Zeichnen Sie ein Diagramm der Abhängigkeit des Potentials von der Entfernung längs einer Verbindungslinie zwischen Kathode und Anode. (b) Mit welcher Geschwindigkeit treten die Elektronen durch das Gitter? (c) Mit welcher Geschwindigkeit treffen die Elektronen auf die Anode? (d) Bestimmen Sie den Betrag und die Richtung des elektrischen Feldes zwischen der Kathode und dem Gitter und zwischen dem Gitter und der Anode. (e) Berechnen Sie den Betrag und die Richtung der Elektronenbeschleunigung in jedem Bereich.

16.30 Ein Elektron in einer bestimmten Röntgenröhre wird auf dem Weg von der Kathode zur Anode aus der Ruhelage durch einen Potentialunterschied von 180.000 V beschleunigt. Wie groß ist (a) die kinetische Energie in eV, (b) seine Masse m, (c) seine Geschwindigkeit, wenn es an der Anode ankommt.

16.31 In einem Linearbeschleuniger, wie dem in Abb. 16.29 dargestellten, sind wechselnde Abschnitte der Röhre verbunden und es wird ein oszillierender Potentialunterschied auf die beiden Sätze angelegt. (a) Zeigen Sie, daß die Länge aufeinanderfolgender Röhren $L_1\sqrt{n}$ sein muß, damit das Ion mit dem oszillierenden Potential in Phase ist, wenn es von einer Röhre in die andere übertritt (wobei die Energien nicht relativistisch sind); L_1 ist die Länge der ersten Röhre. (b) Bestimmen Sie L_1, wenn die Beschleunigungsspannung V_0 und ihre Frequenz ν ist. (c) Berechnen Sie die Energie des Ions, das aus der n-ten Röhre austritt.

16.32 Nehmen Sie an, daß der Potentialunterschied zwischen den sphärischen Kontaktklemmen eines Van de Graaff Generators und dem Punkt, an dem die Ladungen auf das aufwärts laufende Band gesprüht werden, $2 \cdot 10^6$ V beträgt. Wie viele Pferdestärken müssen geleistet werden, um das Band gegen die elektrischen Kräfte zu betreiben, wenn das Band negative Ladungen mit einer Rate von $2 \cdot 10^{-3}$ C s^{-1} auf die Kugel überträgt und positive mit der gleichen Geschwindigkeit entfernt.

16.33 Ein Linearbeschleuniger mit einem Spannungsunterschied von 800 kV erzeugt einen Protonenstrahl, der einen Strom von 1 mA hat. Berechnen Sie (a) die Zahl der Protonen, die pro Sekunde auf das Ziel treffen, (b) die Leistung, die zur Beschleunigung der Protonen erforderlich ist, (c) die Geschwindigkeit der Protonen, wenn sie auf das Ziel treffen. (d) Unter der Annahme, daß die Protonen 80% ihrer Energie im Zielmaterial verlieren, berechnen Sie die Rate, ausgedrückt in cal s^{-1}, mit der die Energie in Form von Wärme aus dem target entfernt werden muß.

16.34 Ein bestimmter Hochenergieapparat beschleunigt Elektronen durch einen Potentialunterschied von $6.5 \cdot 10^9$ V. (a) Wie ist das Verhältnis der Masse m eines Elektrons zu seiner Ruhemasse m_0, wenn es aus dem Beschleuniger austritt? (b) Wie ist das Verhältnis seiner Geschwindigkeit zur Lichtgeschwindigkeit? (c) Wie groß wäre die Geschwindigkeit, wenn man sie nach den Prinzipien der klassischen Mechanik berechnet?

16.35 Berechnen Sie das maximale Moment, das ein Wassermolekül erfährt, dessen elektrisches Dipolmoment $6{,}2 \cdot 10^{-30}$ C m ist, wenn man es in ein elektrisches Feld der Stärke 10^6 N C^{-1} einbringt. (b) Bestimmen Sie die Arbeit, die geleistet werden muß, um ein Wassermolekül, das in Richtung des obigen Feldes ausgerichtet ist, in antiparallele Richtung zum Feld zu bringen.

Kapitel 17

MAGNETISCHE WECHSEL-WIRKUNG

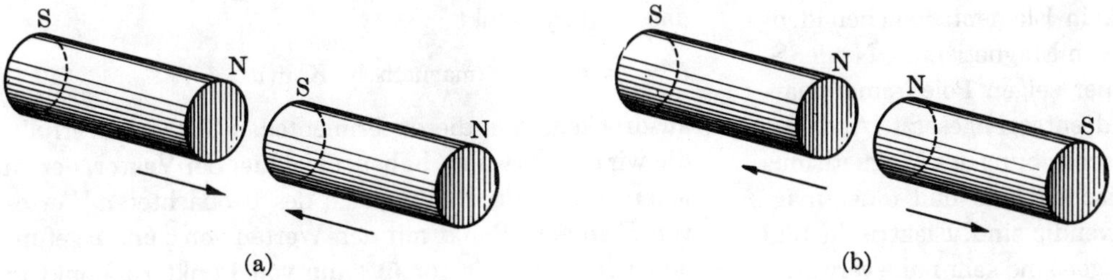

17.1 Wechselwirkung zwischen zwei magnetisierten Stäben. (a) Ungleiche Pole ziehen einander an. (b) Gleiche Pole stoßen einander ab.

17.1 EINLEITUNG

Jahrhunderte vor Christus beobachteten die Menschen, daß bestimmte Eisenerze, wie z.B. Magneteisenstein, die Eigenschaft besitzen, kleine Eisenstückchen anzuziehen. Diese Eigenschaft besitzen im natürlichen Zustand Eisen, Kobalt und Mangan und viele Verbindungen dieser Metalle. Sie hat nichts mit der Schwerkraft zu tun, da sie nicht *alle* Körper natürlicherweise besitzen und da sie außerdem an bestimmten Punkten eines Mineralerzes konzentriert zu sein scheint. Sie hat offensichtlich auch nichts mit der elektrischen Wechselwirkung zu tun, da weder Korkbälle noch Papierstückchen von diesem Metallen angezogen werden. Daher wurde dieser physikalischen Eigenschaft ein neuer Name, *Magnetismus*,* gegeben. Die Bereiche eines Körpers, in denen der Magnetismus konzentriert zu sein scheint, nennt man *magnetische Pole*. Ein magnetisierter Körper wird als *Magnet* bezeichnet.

Die Erde selbst ist ein riesiger Magnet. Wenn wir z.B. einen magnetisierten Stab an einem beliebigen Punkt der Erde aufhängen und ihn frei um die Senkrechte rotieren lassen, richtet sich der Stab so aus, daß immer das gleiche Ende in Richtung des geographischen Nordpols weist. Dieses Ergebnis zeigt, daß die Erde auf den magnetisierten Stab eine zusätzliche Kraft ausübt, die sie auf nichtmagnetisierte Stäbe nicht ausübt.

Dieses Ergebnis läßt außerdem vermuten, daß es zwei Arten von magnetischen Polen gibt, die wir mit den Vorzeichen + und − oder den Buchstaben N und S versehen können, was jeweils die den Norden-suchenden bzw. die den Süden-suchenden Pole bezeichnet. Wenn wir zwei Magnetstäbe nehmen und sie wie in Abb. 17.1 gezeigt ausrichten, stoßen die Stäbe einander entweder ab oder ziehen einander an, je nachdem ob wir gleiche oder ungleiche Pole gegenüberstellen. Wir schließen also aus unserem Versuch

---

Die Wechselwirkung zwischen gleichen Magnetpolen ist abstoßend, die Wechselwirkung zwischen ungleichen Polen ist anziehend.

Wir können als nächstes versuchen, die Stärke eines Magnetpols durch die Definition einer magnetischen Masse oder Ladung zu bestimmen und die Abhängigkeit der magnetischen Wechselwirkung von der Entfernung zwischen den Polen zu untersuchen. Bevor die Physiker die Natur des Magnetismus verstanden, war das in der Tat der Weg, den sie beschritten. Beim Versuch, diese Messungen durchzuführen, trat jedoch eine grundlegende Schwierigkeit auf. Obwohl wir in der Lage waren, positive und negative elektrische Ladungen zu isolieren und eine definierte Menge elektrischer Ladung mit den Elementarteilchen zu assoziieren, aus denen alle Materie besteht, konnten wir keinen Magnet-

---

* Der Name Magnetismus leitet sich von der antiken kleinasiatischen Stadt Magnesia ab, wo der Tradition zufolge das Phänomen zum ersten Mal erkannt wurde.

pol isolieren und konnten kein Elementarteilchen identifizieren, das nur eine Art von Magnetismus, N oder S, enthält. Magnetisierte Körper zeigen Pole immer paarweise, und zwar gleich und entgegengesetzt. Andererseits fand man, daß zur Beschreibung des Magnetismus die Begriffe eines magnetischen Pols und einer magnetischen Masse nicht notwendig sind. Elektrische und magnetische Wechselwirkungen sind sehr nahe verwandt und sind in der Tat nur zwei verschiedene Aspekte einer einzigen Eigenschaft der Materie, nämlich seiner elektrischen Ladung; *der Magnetismus ist der Ausdruck elektrischer Ladungen in Bewegung*. Elektrische und magnetische Wechselwirkungen müssen gemeinsam unter dem allgemeineren Namen der *elektromagnetischen Wechselwirkung* betrachtet werden.

17.2 MAGNETISCHE KRAFT AUF EINE BEWEGLICHE LADUNG

Da wir Wechselwirkungen zwischen magnetisierten Körpern beobachten, können wir in Analogie zum Fall der Gravitation und der Elektrizität sagen, daß ein magnetisierter Körper in seiner Umgebung ein *Magnetfeld* hervorruft. Wenn wir eine *ruhende* elektrische Ladung in ein Magnetfeld bringen, beobachten wir keine besondere Kraft auf die Ladung. Wenn sich jedoch eine elektrische Kraft in einem Bereich *bewegt*, in dem ein Magnetfeld herrscht, beobachtet man zusätzlich zu den Kräften der Gravitations- und elektrischen Wechselwirkung eine Kraft auf die Ladung.

Indem wir am gleichen Punkt in einem Magnetfeld die Kraft messen, die verschiedene Ladungen unterschiedlicher Bewegung erfahren, können wir eine Beziehung zwischen der Kraft, der Ladung und ihrer Geschwindigkeit erhalten. Wir können daher schließen

---

Die Kraft, die von einem Magnetfeld auf eine bewegliche Ladung ausgeübt wird, ist proportional der elektrischen Ladung und ihrer Geschwindigkeit; die Richtung der Kraft ist senkrecht zur Geschwindigkeit der Ladung und zum Magnetfeld.

Wir können die Kraft $\boldsymbol{F}$ auf eine Ladung q, die sich mit der Geschwindigkeit $\boldsymbol{v}$ in einem Magnetfeld bewegt, als das Vektorprodukt

$$\boldsymbol{F} = q\boldsymbol{v} \times \mathcal{B} \qquad \text{(magnetische Kraft)} \tag{17.1}$$

ausdrücken, was die experimentellen Tatsachen erfüllt, die wir oben erwähnt haben. $\boldsymbol{\mathcal{B}}$ ist hier der Vektor, der an jedem Punkt durch Vergleich des beobachteten Wertes von $\boldsymbol{F}$ an dem Punkt mit den Werten von q und $\boldsymbol{v}$ gefunden wird. Der Vektor $\boldsymbol{\mathcal{B}}$ kann von Punkt zu Punkt in einem Magnetfeld variieren; an jedem bestimmten Punkt ist er jedoch nach experimentellen Befunden für alle Ladungen und alle Geschwindigkeiten gleich. Nach der Definition (17.1) beschreibt $\boldsymbol{\mathcal{B}}$ daher eine Eigenschaft, die charakteristisch für das Magnetfeld ist, und wir wollen sie die *magnetische Feldstärke* nennen.

Wenn das Teilchen sich in einem Bereich bewegt, in dem ein elektrisches und ein Magnetfeld herrscht, ist die gesamte Kraft die Summe aus der elektrischen Kraft $q\boldsymbol{\mathcal{E}}$ und der magnetischen Kraft $q\boldsymbol{v} \times \boldsymbol{\mathcal{B}}$. Das heißt

$$\boldsymbol{F} = q(\boldsymbol{\mathcal{E}} + \boldsymbol{v} \times \boldsymbol{\mathcal{B}}). \tag{17.2}$$

Diesen Ausdruck bezeichnet man als *Lorentzkraft*.

Wegen der Eigenschaft des Vektorprodukts gibt (17.1) eine Kraft, die senkrecht zur Geschwindigkeit $\boldsymbol{v}$, wie oben angedeutet, aber auch senkrecht zum Magnetfeld $\boldsymbol{\mathcal{B}}$ ist. Gleichung (17.1) bedeutet auch, daß die Kraft $\boldsymbol{F}$ null ist, wenn $\boldsymbol{v}$ parallel zu $\boldsymbol{\mathcal{B}}$ ist. Man beobachtet auch wirklich, daß es an jedem Punkt in jedem Magnetfeld eine bestimmte Bewegungsrichtung gibt, in der auf die bewegliche Ladung keine Kraft ausgeübt wird. Diese Richtung ist als die Richtung des Magnetfeldes an diesem Punkt definiert. In Abb. 17.2 ist die Beziehung zwischen den drei Vektoren $\boldsymbol{v}$, $\boldsymbol{\mathcal{B}}$ und $\boldsymbol{F}$ sowohl für eine positive als für eine negative Ladung gezeigt. Die Abbildung zeigt die Rechte-Hand-Regel zur Bestimmung der Kraftrichtung.

Wenn α den Winkel zwischen $\boldsymbol{v}$ und $\boldsymbol{\mathcal{B}}$ darstellt, ist der Betrag von $\boldsymbol{F}$

$$F = qv\mathcal{B} \sin \alpha. \tag{17.3}$$

Die größte Kraft herrscht, wenn $\alpha = \pi/2$ oder $\boldsymbol{v}$ senkrecht zu $\boldsymbol{\mathcal{B}}$, was zu

$$F = qv\mathcal{B} \tag{17.4}$$

führt. Die Kraft ist null, wenn $\alpha = 0$ oder $\boldsymbol{v}$ parallel zu $\boldsymbol{\mathcal{B}}$ ist, wie früher erwähnt.

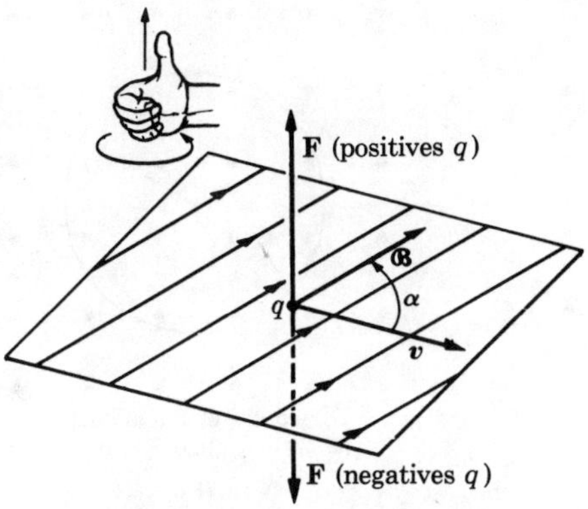

17.2 Vektorbeziehung zwischen Magnetkraft, Magnetfeld und Geschwindigkeit der Ladung. Die Kraft ist senkrecht zur Ebene, die $\mathcal{B}$ und v enthält.

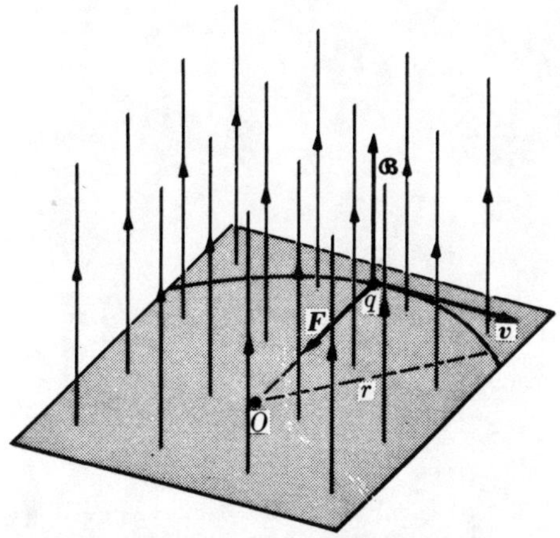

17.3 Eine Ladung, die sich senkrecht zu einem homogenen Magnetfeld bewegt, beschreibt eine Kreisbahn.

Aus (17.1) können wir die Einheit der magnetischen Feldstärke als N/C m s^{-1} oder kg s^{-1} C^{-1} definieren. Diese Einheit nennt man ein *Tesla*, abgekürzt T, zu Ehren des in Jugoslawien geborenen amerikanischen Ingenieurs Nicholas Tesla (1856–1943). Das heißt

$$T = kg\ s^{-1}\ C^{-1}.$$

Ein Tesla entspricht dem magnetischen Feld, das eine Kraft von ein Newton auf eine Ladung von ein Coulomb erzeugt, die sich mit einem Meter pro Sekunde senkrecht zum Feld bewegt.

Da die magnetische Kraft $\boldsymbol{F} = q\boldsymbol{v} \times \mathcal{B}$ senkrecht zur Geschwindigkeit ist, ist ihre Arbeit null. Sie ruft daher keine Veränderung der kinetischen Energie des Teilchens hervor.

Beispiel 17.1 *Kraft, die auf ein Proton der kosmischen Strahlung ausgeübt wird, wenn es in das Magnetfeld der Erde eintritt.* Nehmen Sie an, daß das Proton sich mit einer Geschwindigkeit von 10^7 m s^{-1} senkrecht zum Feld bewegt.

Die magnetische Feldstärke am Äquator in der Nähe der Erdoberfläche ist ca $\mathcal{B} = 1{,}3 \cdot 10^{-5}$ T. Die elektrische Ladung des Protons beträgt $q = +e = 1{,}6 \cdot 10^{-19}$ C. Die Kraft auf das Proton ist nach (17.4) durch

$$F = qv\mathcal{B} = 2{,}1 \cdot 10^{-17}\ \mathrm{N}$$

gegeben, was etwa 10^9 mal größer ist als die Kraft infolge der Erdbeschleunigung,

$$m_p g \approx 1{,}6 \cdot 10^{-26}\ \mathrm{N}.$$

Die Beschleunigung infolge der magnetischen Kraft ist

$$a = F/m_p = 1{,}2 \cdot 10^{10}\ \mathrm{m\ s^{-2}}.$$

Die magnetische Beschleunigung des Protons ist daher ebenfalls 10^9 mal größer als die Gravitationsbeschleunigung.

17.3 BEWEGUNG EINES GELADENEN TEILCHENS IN EINEM GLEICHFÖRMIGEN MAGNETFELD

Wir wollen die Bewegung eines geladenen Teilchens in einem gleichförmigen Magnetfeld betrachten; d.h. in einem Magnetfeld, das an allen Punkten die gleiche Stärke und Richtung hat. Der Einfachheit halber betrachten wir zuerst den Fall eines Teilchens, das sich in senkrechter Richtung zum Magnetfeld bewegt (Abb. 17.3). Die Kraft ist dann durch (17.4) gegeben. Da die Kraft senkrecht zur Geschwindigkeit ist, ändert sich die Richtung der Geschwindigkeit, nicht aber ihr Betrag, was zu einer gleichförmigen Kreisbewegung führt. Die Beschleunigung ist dann zentripetal, und unter Verwendung der Bewegungsgleichung (7.28) erhalten wir $F = mv^2/r$, wobei F durch (17.4) gegeben ist. Wir schreiben daher

$$\frac{mv^2}{r} = qv\mathcal{B},$$

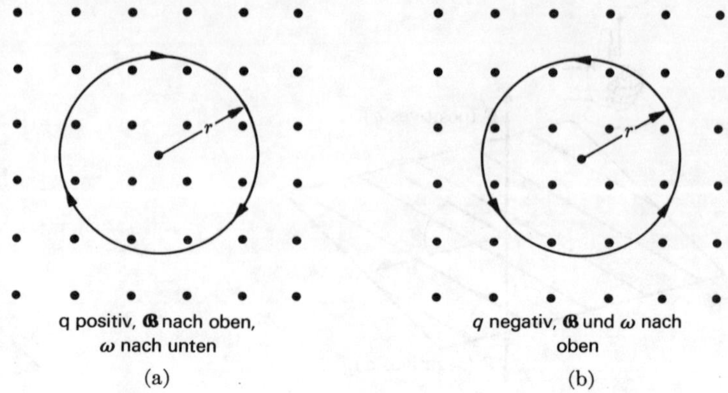

17.4 Kreisbahn positiver und negativer Ladungen in einem gleichförmigen Magnetfeld.

woraus wir

$$r = \frac{mv}{q\mathcal{B}} \tag{17.5}$$

erhalten, was den Radius des Kreises gibt, den das Teilchen beschreibt. Wenn wir die Daten aus dem Beispiel 17.1 verwenden, sehen wir, daß das Proton einen Kreis vom Radius $8 \cdot 10^3$ m beschreiben würde, wenn das Feld gleichförmig wäre.

Gleichung (17.5) zeigt uns auch, daß die Krümmung der Bahn eines geladenen Teilchens in einem Magnetfeld von der Energie des Teilchens abhängt. Je größer die Energie (oder der Impuls $p = mv$), umso größer ist der Radius der Bahn und desto kleiner ist die Krümmung.

Wenn wir in (17.5) $v = \omega r$ einsetzen, wobei ω die Winkelgeschwindigkeit des Teilchens ist, erhalten wir

$$\omega = \frac{q}{m}\mathcal{B}. \tag{17.6}$$

Die Winkelgeschwindigkeit ist daher unabhängig von der linearen Geschwindigkeit v und hängt nur vom Verhältnis q/m und dem Feld $\mathcal{B}$ ab. Ausdruck (17.6) gibt den Betrag von ω, nicht aber seine Richtung. Wir erinnern uns daran, daß die Beschleunigung bei der gleichförmigen Kreisbewegung in Vektorform als

$$\boldsymbol{a} = \boldsymbol{\omega} \times \boldsymbol{v}$$

geschrieben werden kann. Die Bewegungsgleichung $\boldsymbol{F} = m\boldsymbol{a}$ wird daher zu

$$m\boldsymbol{\omega} \times \boldsymbol{v} = q\boldsymbol{v} \times \boldsymbol{\mathcal{B}},$$

oder, wenn wir das Vektorprodukt auf der rechten Seite umdrehen und durch m dividieren,

$$\boldsymbol{\omega} \times \boldsymbol{v} = -(q/m)\boldsymbol{\mathcal{B}} \times \boldsymbol{v},$$

woraus wir entnehmen können, daß

$$\boldsymbol{\omega} = -(q/m)\boldsymbol{\mathcal{B}}, \tag{17.7}$$

was den Betrag und die Richtung von $\boldsymbol{\omega}$ gibt. Das negative Vorzeichen zeigt, daß $\boldsymbol{\omega}$ für eine positive Ladung eine $\boldsymbol{\mathcal{B}}$ entgegengesetzte Richtung hat. Für eine negative Ladung ist die Richtung gleich. Wir bezeichnen $\boldsymbol{\omega}$ als die *Zyklotronfrequenz*, aus Gründen, die in Abschnitt 17.5(c) erklärt werden.

Es ist üblich, ein Feld senkrecht zum Papier durch einen Punkt (·) darzustellen, wenn es auf den Leser zu gerichtet ist und durch ein Kreuz (×), wenn es in die Buchseite hinein gerichtet ist. Abbildung 17.4 stellt die Bahn einer positiven (a) und einer negativen (b) Ladung dar, die sich senkrecht zu einem gleichförmigen Magnetfeld bewegt, das seinerseits senkrecht zur Buchseite ist. In (a) ist $\boldsymbol{\omega}$ in Richtung der Buchseite und in (b) in Richtung auf den Leser zu.

Die Krümmung der Bahn eines Ions in einem Magnetfeld erlaubt daher zu bestimmen, ob seine Ladung positiv oder negativ ist, wenn wir seine Bewegungsrichtung kennen. Abbildung 17.5 zeigt die Bahnen mehrerer

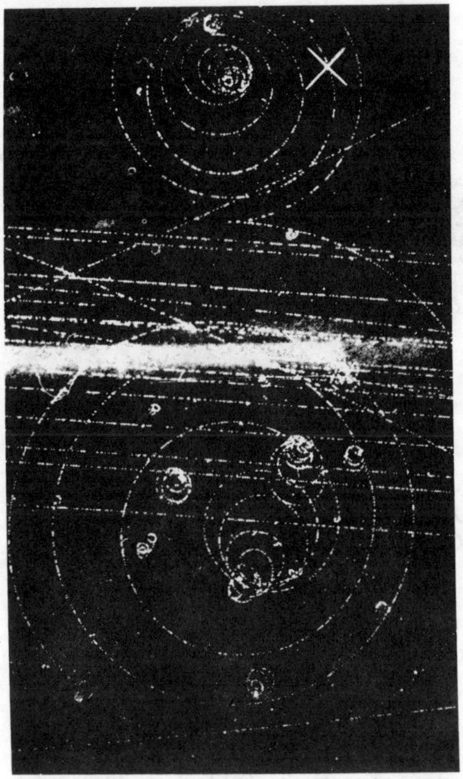

17.5 Nebelkammeraufnahmen der Bahnen geladener Teilchen in einem gleichförmigen Magnetfeld, das in die Buchseite hinein gerichtet ist. Kann der Student die positiven und die negativen Ladungen identifizieren?

geladener Teilchen, die in einer Nebelkammer* sichtbar gemacht wurden, die sich in einem starken Magnetfeld befand. Man beachte, daß die Bahnen in einer von zwei entgegengesetzten Richtungen gekrümmt sind, was zeigt, daß einige Teilchen positiv sind und andere negativ. Man sieht, daß einige Teilchen Spiralen mit abnehmendem Radius beschreiben. Das bedeutet, daß das Teilchen durch Stöße mit den Gasmolekülen abgebremst wird; das Ergebnis ist eine Abnahme des Bahnradius.

Die Anwendung der obigen Ergebnisse führte zur Entdeckung des *Positrons* in der kosmischen Strahlung. Das Positron ist ein Elementarteilchen, das die gleiche Masse m_e wie das Elektron, aber eine *positive* Ladung $+e$ hat. Seine Entdeckung gelang 1932 dem amerikanischen Physiker Carl D. Anderson (1905–),* der die Nebelkammeraufnahme aus Abb. 17.6 machte. Die horizontale Bande, die man in der Abbildung sieht, ist eine Bleiplatte, 0,6 cm dick, die in die Nebelkammer eingebracht wurde und die die Teilchen passiert haben. Der untere Teil der Teilchenbahn ist weniger stark gekrümmt als der obere Teil, was anzeigt, daß das Teilchen oberhalb der Bleiplatte eine geringere Geschwindigkeit und Energie hat als unterhalb. Das Teilchen bewegt sich daher nach oben, da es beim Durchtritt

* Eine Nebelkammer ist eine Vorrichtung, die eine Gas- und Dampfmischung enthält, in der die Bahn eines geladenen Teilchens dadurch sichtbar gemacht wird, daß der Dampf an Ionen des Gases kondensiert. Die Ionen werden durch Wechselwirkung der geladenen Teilchen mit den Gasmolekülen erzeugt. Die Bedingungen für Kondensation erhält man, indem man die Mischung durch eine rasche (adiabatische) Expansion abkühlt. Die Mischung kann z.B. Luft und Wasserdampf sein.

* Die Existenz dieses Teilchens wurde jedoch einige Jahre vor seiner Entdeckung von dem britischen Physiker Paul A. M. Dirac (1902–) vorhergesagt.

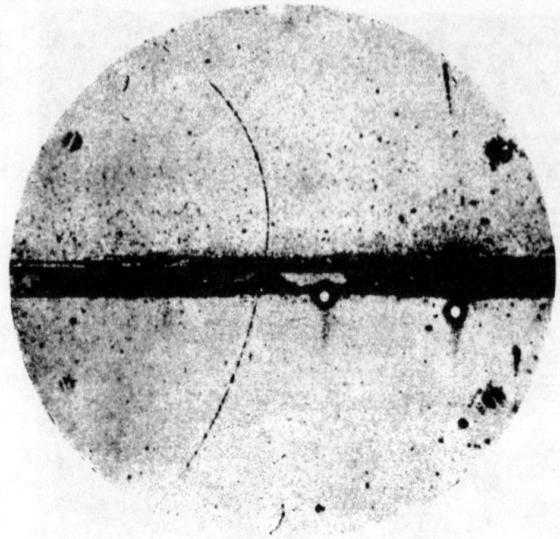

17.6 Andersonsche Nebelkammeraufnahme der Bahn eines Positrons (positiven Elektrons) in einem Magnetfeld, das in die Buchseite hinein gerichtet ist. Die Aufnahme stellte den ersten experimentellen Beweis für die Existenz von Positronen dar, die schon vorher von Dirac aufgrund theoretischer Erwägungen vorausgesagt worden war.

durch die Platte Energie verlieren muß. Die Krümmung der Bahn des Teilchens und der Bewegungssinn relativ zum magnetischen Feld zeigt an, daß das Teilchen positiv geladen ist. Die Bahn sieht sehr ähnlich aus wie die eines Elektrons, ist aber die eines positiven Elektrons. Nach (17.5) können wir schreiben, daß

$$p = mv = q\mathcal{B}r.$$

Wenn wir daher r in der Abbildung messen und $q = e$ annehmen, können wir p berechnen. Wir finden bei dieser Rechnung, daß p die Größenordnung hat, die einem Teilchen mit der Masse eines Elektrons entspricht. Eine detailliertere Analyse gestattet uns, die Geschwindigkeit des Teilchens zu bestimmen und daraus eine Masse m zu berechnen, wobei man völlige Übereinstimmung mit der Elektronenmasse erhält.

Wenn sich ein geladenes Teilchen ursprünglich in einer Richtung bewegt, die nicht senkrecht zu der des Magnetfeldes ist, können wir die Geschwindigkeit in ihre parallele und senkrechte Komponente relativ zum Magnetfeld zerlegen. Die parallele Komponente wird nicht betroffen, die senkrechte Komponente ändert ständig ihre Richtung, nicht aber ihren Betrag. Die Bewegung ist dann die Resultierende aus einer gleichförmigen Bewegung parallel zum Feld und einer Kreisbewegung um das Feld, wobei die Winkelgeschwindigkeit durch (17.6) gegeben ist. Die Bahn beschreibt eine Schraubenlinie, wie in Abb. 17.7 für ein positives Ion gezeigt.

17.4 BEWEGUNG EINES GELADENEN TEILCHENS IN EINEM UNGLEICHFÖRMIGEN MAGNETFELD

Wir wollen nun den Fall betrachten, in dem sich ein geladenes Teilchen in einem Magnetfeld bewegt, das nicht gleichförmig ist. Aus (17.5) entnehmen wir, daß

$$r = \frac{mv}{q\mathcal{B}},$$

d.h. je stärker das magnetische Feld, desto kleiner ist der Bahnradius des geladenen Teilchens. Wenn das Magnetfeld ungleichförmig ist, ist die Bahn daher keine Kreisbahn. Abbildung 17.8 zeigt ein magnetisches Feld, das von links nach rechts gerichtet ist und das in dieser Richtung stärker wird. Ein geladenes Teilchen, das auf der linken Seite des Feldes eingebracht wird, beschreibt daher eine Schraubenlinie mit ständig abnehmendem Radius. Eine detailliertere Analyse, die wir hier leider nicht bringen können, würde zeigen, daß die Komponente der Geschwindigkeit parallel zum Feld nicht konstant bleibt, sondern abnimmt (daher nimmt auch der *Gang* der Schraubenlinie ab), wenn sich das Teilchen in Richtung wachsender Feldstärke bewegt. In einem Magnetfeld, das lang genug ist, wird die parallele Geschwindigkeit schließlich null und das Teilchen wird dazu gezwungen, sich rückwärts oder antiparallel zum Feld zu bewegen. In dem Maß, in dem ein Magnetfeld an Stärke zunimmt, beginnt es daher als Reflektor geladener Teilchen, oder, wie man richtiger sagt, als

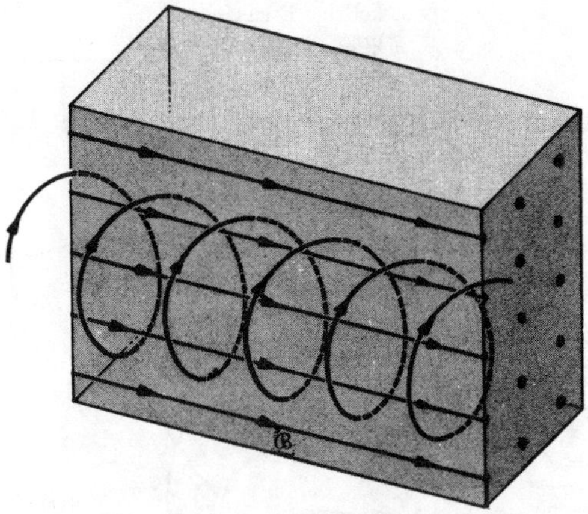

17.7 Schraubenbahn eines positiven Ions, das sich schräg zu einem gleichförmigen Magnetfeld bewegt.

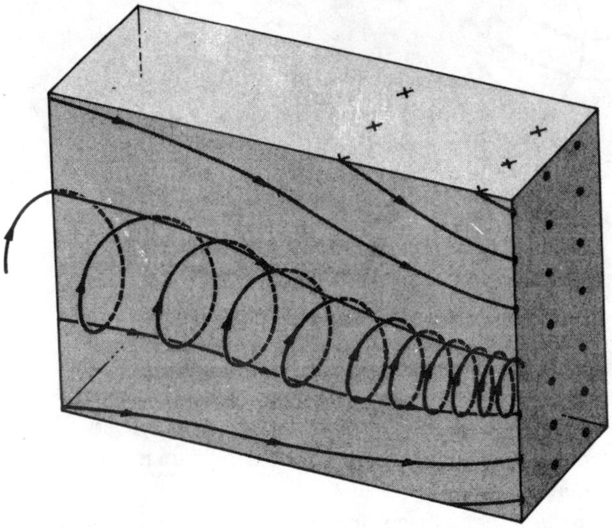

17.8 Bahn eines positiven Ions in einem ungleichförmigen Magnetfeld.

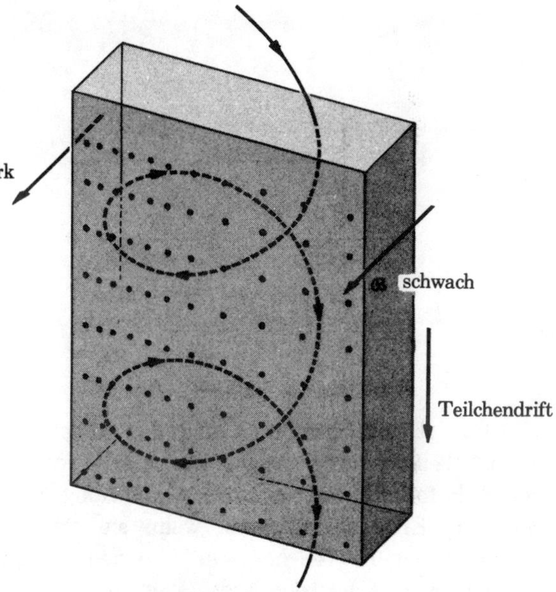

17.9 Ebene Bewegung eines Ions in einem ungleichförmigen Magnetfeld.

Magnetspiegel zu wirken. Dieser Effekt wird zum Einschließen ionisierter Gase oder Plasmen verwendet.

Eine andere Situation ist in Abb. 17.9 dargestellt, in der ein Magnetfeld senkrecht zur Buchseite von rechts nach links an Stärke zunimmt. Die Bahn eines positiven Ions, das senkrecht zum Magnetfeld eingebracht wird, ist ebenfalls angezeigt; sie ist links, wo das Feld stärker ist, mehr gekrümmt als rechts, wo es schwächer ist. Die Bahn ist nicht geschlossen, und das Teilchen driftet senkrecht zur Richtung, in der das Magnetfeld zunimmt, durch das Feld.

Ein interessantes Beispiel für die Bewegung eines Ions in einem ungleichförmigen Magnetfeld ist der Fall geladener Teilchen, die auf der Erdoberfläche aus dem kosmischen Raum auftreffen und einen Teil der sogenannten *kosmischen Strahlung* darstellen. Abbildung

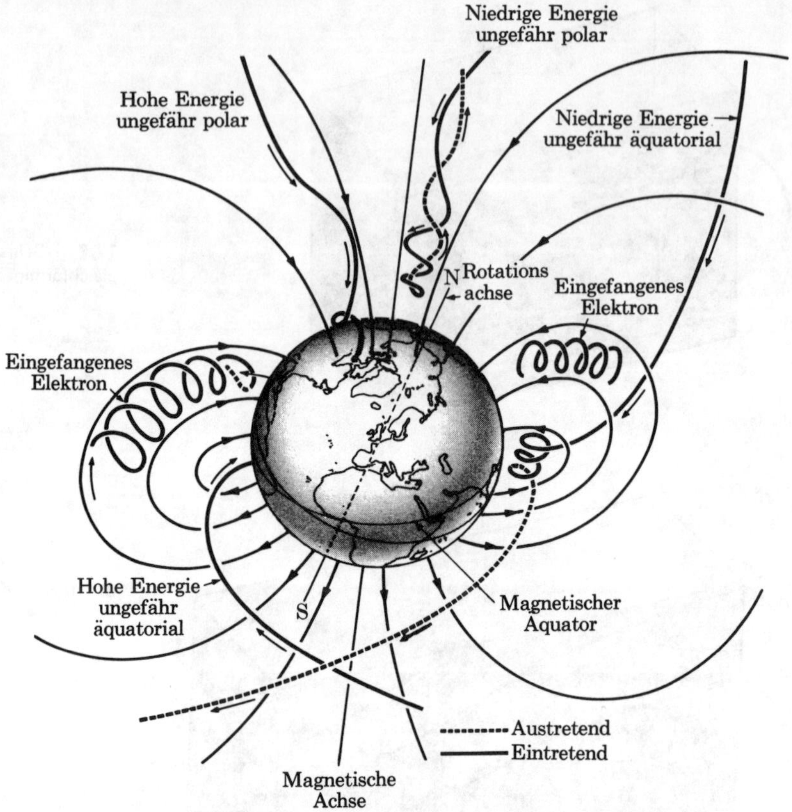

17.10 Bewegung geladener Teilchen in der kosmischen Strahlung unter dem Einfluß des Magnetfeldes der Erde.

17.10 zeigt die Kraftlinien und das Magnetfeld der Erde.* Teilchen, die entlang der magnetischen Achse der Erde fallen, erfahren keine Abweichung und erreichen die Erde selbst dann, wenn sie sehr geringe Energien haben. Teilchen, die in einem Winkel zur magnetischen Achse der Erde fallen, beschreiben eine schraubenförmige Bahn, wobei jene, die sich sehr langsam bewegen, so weit abgelenkt werden, daß sie die Erdoberfläche nicht erreichen. Die Teilchen, die am magnetischen Äquator ankommen, erleiden die größte Ablenkung, da sie sich in einer zum Magnetfeld senkrechten Ebene bewegen. Daher können nur die energiereichsten Teilchen am magnetischen Äquator die Erdoberfläche erreichen. In anderen Worten, die Mindestenergie, die ein geladenes kosmisches Teilchen haben muß, um die Erdoberfläche zu erreichen, nimmt von der magnetischen Achse der Erde zum magnetischen Äquator hin zu.

Eine andere Folge des Magnetfeld der Erde ist eine *Ost-West-Asymmetrie* der kosmischen Strahlung. Kosmische Teilchen entgegengesetzter Ladung werden durch das Magnetfeld der Erde in entgegengesetzte Richtungen abgelenkt. Wenn die Zahl der positiven Teilchen in der kosmischen Strahlung, die die Erde erreichen, verschieden ist von der Zahl negativ geladener Teilchen, sollte man beobachten, daß die kosmischen Strahlen, die an einem bestimmten Punkt auf der Erdoberfläche östlich vom Zenit auftreffen, eine andere Intensität aufweisen als die, welche westlich vom Zenit auftreffen. Die experimentellen Befunde weisen stark darauf hin, daß es einen Überschuß an positiv geladenen Teilchen gibt.

*In Wirklichkeit zeigt das Magnetfeld um die Erde eine Reihe lokaler Anomalien und eine Verzerrung in der von der Sonne abgewandten Richtung, die aus der schematischen Darstellung in Abb. 17.10 nicht zu entnehmen sind.

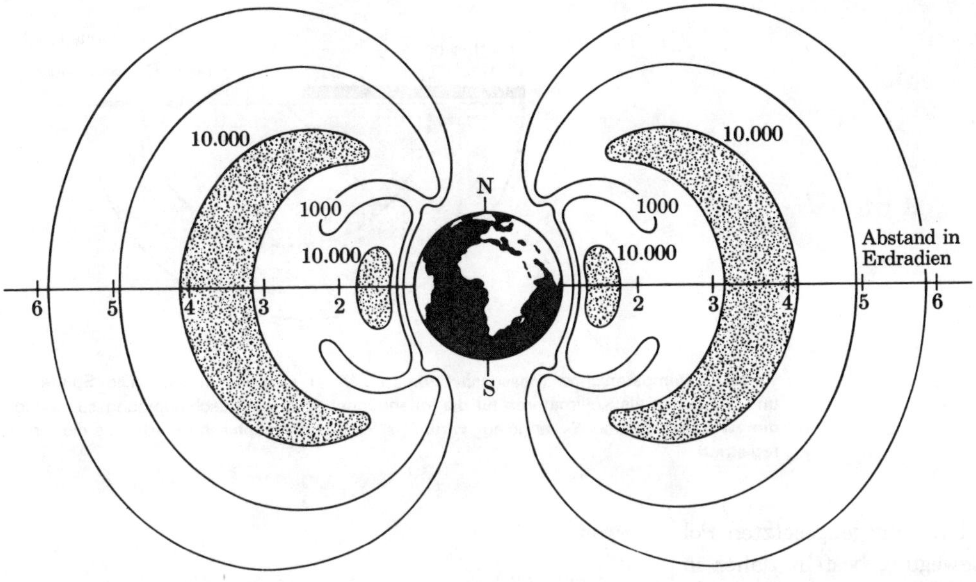

17.11 Die Konturlinien entsprechen gleicher Ionendichte. Die schattierten Bereiche stellen die Van Allen Gürtel dar und entsprechen den größten Ionendichten.

Die *Van Allen Strahlungsgürtel* sind ein weiteres Beispiel für die Wechselwirkung geladener Teilchen mit dem Magnetfeld der Erde (Abb. 17.11). Diese Gürtel bestehen aus geladenen Teilchen, hauptsächlich Elektronen und Protonen, in rascher Bewegung, die im Magnetfeld der Erde gefangen sind. Der innere Gürtel erstreckt sich von ca 800 km bis etwa 4000 km über der Erdoberfläche, während der äußere Gürtel bis zu ca 60.000 km über der Erde reicht.* Die Gürtel wurden 1958 von Apparaten an Bord der amerikanischen Explorer Satelliten entdeckt und von der Mondsonde Pioneer III untersucht. Zum besseren Verständnis des Einfangens geladener Teilchen im Van Allen Gürtel betrachten Sie z.B. ein freies Elektron, das bei einem Stoß zwischen einem Atom und einem kosmischen Strahl viele Kilometer über der Erdoberfläche erzeugt wird. Die Geschwindigkeitskomponente senkrecht zum Magnetfeld der Erde zwingt das Elektron zur Beschreibung einer gekrümmten Bahn. Die Feldstärke ist jedoch näher der Erdoberfläche größer. Die Folge davon ist eine Bewegung ähnlich der in Abb. 17.9 gezeigten, wobei das Elektron wegen seiner negativen Ladung nach Osten abtreibt (für positive Ladungen ist der Drift nach Westen). Ein zusätzlicher Effekt wird durch die Geschwindigkeitskomponente des Elektrons parallel zum Magnetfeld der Erde hervorgerufen, die zu einer Spiralbewegung in Richtung eines der Pole längs der magnetischen Kraftlinien führt, ähnlich wie die in Abb. 17.7 gezeigte. Wegen der Zunahme der elektrischen Feldstärke in Nord- oder Südrichtung wird die Kreiselbewegung dichter und dichter, während gleichzeitig die parallele Geschwindigkeitskomponente abnimmt, wie im Zusammenhang mit dem Magnetspiegeleffekt aus Abb. 17.8 diskutiert. Jedes Elektron erreicht einen bestimmten nördlichen oder südlichen Breitengrad, an dem die parallele Geschwindigkeit null wird; bei welchem Breitengrad das der Fall ist, hängt von der Anfangsgeschwindigkeit beim Eintritt in das Feld ab. Das Elektron zieht

*Es gibt gute Hinweise dafür, daß der innere Gürtel aus Protonen und Elektronen besteht, die beim Zerfall von Neutronen gebildet werden, die in der Erdatmosphäre durch Wechselwirkungen in der kosmischen Strahlung entstehen. Der äußere Gürtel besteht hauptsächlich aus geladenen Teilchen, die von der Sonne ausgestrahlt wurden. Eine Zunahme in der Zahl dieser Teilchen ist mit Sonnenaktivitäten assoziiert, und ihre Entfernung aus dem Strahlungsgürtel ist die Ursache für Nordlichtaktivität und Radiotransmissionsausfälle.

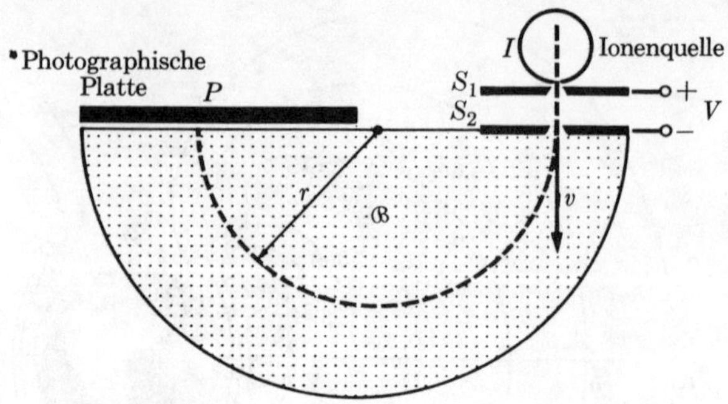

17.12 Dempstersches Massenspektrometer. I ist eine Ionenquelle. Die Spalte S_1 und S_2 dienen als Kollimatoren für die Ionenbündel. V ist die Beschleunigungsspannung, die zwischen S_1 und S_2 angelegt wird. P ist eine photographische Platte, die die Ionen registriert.

sich dann in Richtung auf den entgegengesetzten Pol zurück. Die resultierende Bewegung besteht daher in einer östlichen Veränderung des Längengrades und einer Nord-Süd Oszillation des Breitengrades. Die Bewegung wiederholt sich ständig, vielleicht einige Wochen lang, bis das Teilchen durch einen Stoß, der seinen gefangenen Zustand beendet, aus dem Van Allen Gürtel ausgestoßen wird. Eine ähnliche Situation tritt bei gefangenen Protonen ein.

17.5 BEISPIELE FÜR DIE BEWEGUNG GELADENER TEILCHEN IN EINEM MAGNETFELD

In diesem Abschnitt wollen wir einige konkrete Beispiele besprechen, in welchen sich Ionen in einem Magnetfeld bewegen.

a) **Massenspektrometer** Wir wollen die Anordnung, die in Abb. 17.12 dargestellt ist, betrachten. I ist hier eine Ionenquelle (für Elektronen kann das z.B. bloß ein geheizter Draht sein), S_1 und S_2 sind enge Spalte, durch die die Ionen passieren können, wobei sie durch den Potentialunterschied V, der zwischen den Spalten angelegt wird, beschleunigt werden. Die Austrittsgeschwindigkeit der Ionen kann man nach (16.28) berechnen

$$\tfrac{1}{2}mv^2 = qV$$

was

$$v^2 = 2\left(\frac{q}{m}\right)V \tag{17.8}$$

ergibt. Im Bereich unterhalb der Spalte herrscht ein gleichförmiges Magnetfeld, das aus der Buchseite heraus gerichtet ist. Das Ion wird dann eine Kreisbahn beschreiben, die in der einen oder anderen Richtung gekrümmt ist, je nach dem Vorzeichen der Ladung q. Nachdem das Ion einen Halbkreis beschrieben hat, trifft es auf eine photographische Platte P auf, auf der es eine Spur hinterläßt. Der Radius r der Bahn ist durch (17.5) zu

$$r = \frac{mv}{q\mathfrak{B}}$$

gegeben, woraus wir, wenn wir nach der Geschwindigkeit v auflösen,

$$v = \left(\frac{q}{m}\right)\mathfrak{B}r \tag{17.9}$$

erhalten. Wenn wir (17.8) und (17.9) vereinigen, um v zu entfernen, erhalten wir

$$\frac{q}{m} = \frac{2V}{\mathfrak{B}^2r^2}, \tag{17.10}$$

was das Verhältnis q/m durch die drei Größen (V, $\mathfrak{B}$ und r) ausdrückt, die leicht gemessen werden können. Wir können diese Methode auf Elektronen, Protonen und jedes beliebige andere Teilchen anwenden, z.B. Atome

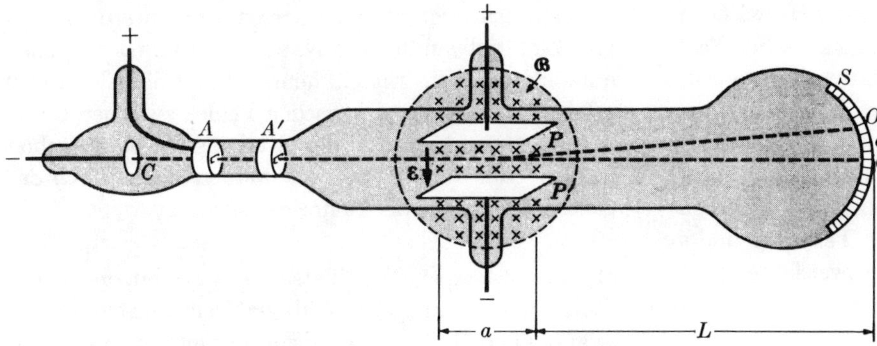

17.13 Versuch zur Messung von q/m, nach Thomson, Kathodenstrahlen (Elektronen, die an C ausgesandt und an A und A' gebündelt werden) treffen am Schirm S auf, nachdem sie durch eine Region getreten sind, an die ein elektrisches und ein magnetisches Feld angelegt wurde.

oder Moleküle. Wenn wir die Ladung q unabhängig bestimmen, können wir die Masse des Teilchens berechnen.

Die Anordnung in Abb. 17.12 stellt ein *Massenspektrometer* dar, weil sie Ionen mit der gleichen Ladung q, aber verschiedener Masse m trennt, da nach (17.10) der Bahnradius jedes Ions verschieden sein wird, wobei der Unterschied vom Wert q/m des Ions abhängt. Die im speziellen gezeigte Anordnung nennt man *Dempstersches Massenspektrometer*. Es wurde eine Reihe anderer Massenspektrometer entwickelt, die alle auf dem selben Prinzip beruhen. Wissenschaftler, die diese Methode anwandten, entdeckten in den zwanziger Jahren, daß Atome des selben chemischen Elements nicht notwendigerweise die gleiche Masse haben. Wie in Abschnitt 1.3 angedeutet, nennt man die verschiedenen Arten von Atomen desselben chemischen Elements, die sich durch ihre Masse unterscheiden, *Isotope*.

Die experimentelle Anordnung aus Abb. 17.12 kann auch dazu verwendet werden, um das Verhältnis q/m für ein Teilchen zu erhalten, das sich mit verschiedenen Geschwindigkeiten bewegt. Man hat festgestellt, daß q/m von v so abhängt, als ob q konstant bliebe und m sich mit der Geschwindigkeit wie in (12.8) angegeben ändert, d.h.

$$m = \frac{m_0}{\sqrt{1 - v^2/c^2}}.$$

Wir schließen daher:

Die elektrische Ladung ist invariant, d.h. sie ist für alle Beobachter in gleichförmiger relativer Bewegung zueinander gleich, während die Masse des Teilchens sich entsprechend den Voraussagen der Relativitätstheorie ändert.

---

b) **Thomsons Versuche** Gegen Ende des vorigen Jahrhunderts wurden viele Arbeiten über elektrische Entladungen durchgeführt. Diese Versuche bestanden darin, eine elektrische Entladung in einem Gas bei geringem Druck zu erzeugen, indem zwei Elektroden in das Gas eingebracht und ein großer Potentialunterschied zwischen ihnen angelegt wurde. Die negative Elektrode ist die Kathode, die positive Elektrode die Anode. Je nach dem Gasdruck in der Röhre wurden verschiedene Luminiszenzeffekte beobachtet. Wenn das Gas in der Röhre bei einem Druck unter einem Tausendstel einer Atmosphäre gehalten wurde, beobachtete man in der Röhre keine sichtbaren Effekte mehr; man beobachtete jedoch einen leuchtenden Fleck an der Wand der Röhre an Punkt O, genau gegenüber der Kathode C (Abb. 17.13). Man nahm daher an, daß von der Kathode eine Strahlung ausgesandt wurde, die sich geradlinig auf O zu bewegte. Diese Strahlung wurde dementsprechend *Kathodenstrahlung* genannt.

Wenn durch Anlegen einer Potentialdifferenz zwischen den parallelen Platten P und P' ein elektrisches Feld $\mathcal{E}$ erzeugt wurde, beobachtete man, daß sich der leuchtende Fleck von O nach O' bewegte; d.h. in der Richtung, die einer negativen elektrischen Ladung entspricht. Diese Tatsache ließ vermuten, daß Kathodenstrahlen einfach einen Strom negativ geladener Teilchen darstellen. Wenn q die Ladung jedes Teilchens und v die Geschwindigkeit ist, kann die Abweichung $d = OO'$ nach (16.8) berechnet werden:

$$\frac{q\mathcal{E}a}{mv^2} = \frac{d}{L}.$$

Wenn wir nach q/m auflösen, erhalten wir

$$\frac{q}{m} = \frac{v^2 d}{\mathcal{E}La}.$$

Die elektrische Kraft auf das Teilchen ist $q\mathcal{E}$; sie ist nach oben gerichtet. Nehmen Sie als nächstes an, daß wir im gleichen Bereich wie $\mathcal{E}$ ein magnetisches Feld anlegen, das in die Buchseite hinein gerichtet ist. Die magnetische Kraft ist nach (17.4) $qv\mathcal{B}$; sie ist nach unten gerichtet, da q eine negative Ladung ist. Indem wir $\mathcal{B}$ richtig einstellen, können wir die magnetische Kraft gleich der elektrischen Kraft machen. Das führt zu einer Nettokraft von null, und der Lichtfleck geht von O' nach O, d.h., es findet keine Ablenkung der Kathodenstrahlen statt. Dann ist $q\mathcal{E} = qv\mathcal{B}$ oder

$$v = \frac{\mathcal{E}}{\mathcal{B}}.$$

Damit kann man die Geschwindigkeit des geladenen Teilchens messen. Wenn wir diesen Wert für v in den obigen Ausdruck einsetzen, erhalten wir das Verhältnis q/m der Teilchen, aus denen die Kathodenstrahlung besteht,

$$\frac{q}{m} = \frac{\mathcal{E}d}{\mathcal{B}^2 La}.$$

Dieser Vorgang lieferte eine der ersten zuverlässigen Messungen von q/m und bewies indirekt, daß Kathodenstrahlen aus negativ geladenen Teilchen bestehen, die man nun *Elektronen* nennt.

Diese und ähnliche Versuche wurden 1897 von dem britischen Physiker Sir J. J. Thomson (1856–1940) veröffentlicht, der große Anstrengungen unternahm und viel Zeit aufwandte, die Natur der Kathodenstrahlen aufzuklären. Wir wissen heute, daß freie Elektronen infolge des starken elektrischen Feldes zwischen C und A aus dem Material der Kathode C herausgeholt werden oder verdampfen; sie werden dann durch das gleiche Feld längs der Röhre beschleunigt.

c) **Das Zyklotron** Die Tatsache, daß ein geladenes Teilchen in einem Magnetfeld eine Kreisbahn beschreibt, erlaubte den Bau von kreisförmigen Teilchenbeschleunigern. Eine Schwierigkeit der elektrostatischen Beschleuniger (in Abschnitt 16.10 beschrieben) ist die, daß die Beschleunigung vom gesamten Potentialunterschied V abhängt. Da das elektrische Feld im Beschleuniger $\mathcal{E} = V/d$ ist, muß bei sehr großem V die Länge d der Beschleunigerröhre ebenfalls sehr groß sein, um die Entwicklung sehr starker elektrischer Felder zu vermeiden, die zu einem elektrischen Zusammenbruch des Röhrenmaterials führen würden. Eine sehr lange Beschleunigerröhre führt jedoch zu einigen technischen Schwierigkeiten. In einem kreisförmigen Beschleuniger kann jedoch eine Ladung eine Reihe von Beschleunigungen erfahren, indem sie sich viele Male durch einen relativ geringen Potentialunterschied bewegt. Das erste Instrument, das nach diesem Prinzip arbeitete, war das *Zyklotron*, das von dem amerikanischen Physiker E. O. Lawrence (1901–1958) konzipiert wurde. Das erste Zyklotron begann 1932 zu arbeiten. Seither wurden auf der ganzen Welt viele Zyklotrone gebaut.

Ein Zyklotron (Abb. 17.14) besteht im wesentlichen aus einer zylindrischen Höhlung, die in zwei Hälften D_1 und D_2 unterteilt ist (wegen ihrer Gestalt wird jede als «De» bezeichnet) und parallel zur Achse in ein gleichförmiges Magnetfeld eingebracht wird. Die beiden Des sind voneinander elektrisch isoliert. Eine Ionenquelle S befindet sich im Mittelpunkt des Raumes zwischen den beiden Des. Zwischen den beiden Des wird eine Wechselspannung von 10^4 V angelegt. Wenn die Ionen positiv geladen sind, werden sie in Richtung des negativen Des beschleunigt. Sobald das Ion in das De eintritt, unterliegt es keiner elektrischen Kraft, da im Innern eines Leiters das elektrische Feld null ist (erinnern Sie sich an Beispiel 16.4 für den Fall einer Kugel-

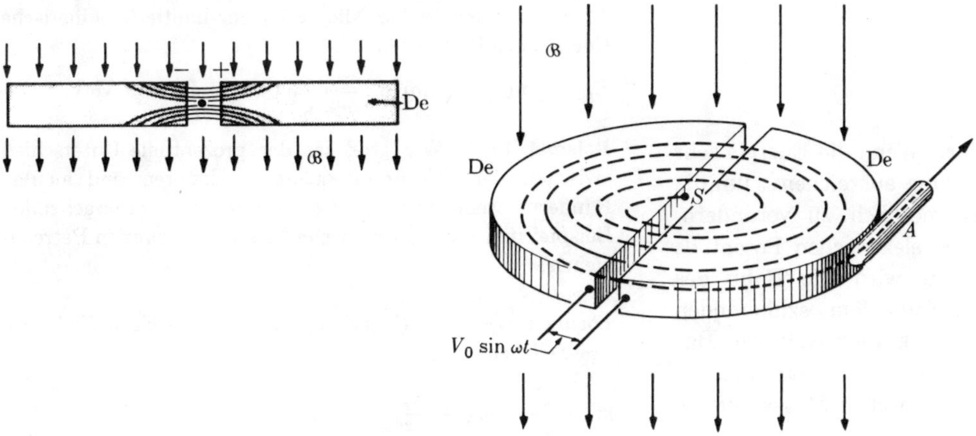

17.14 Grundbestandteile eines Zyklotrons. Die Ionenbahn ist durch die gebrochene Linie angedeutet.

Schale). Das Magnetfeld zwingt jedoch die Ionen, eine Kreisbahn zu beschreiben, deren Radius durch (17.5) gegeben ist:

$$r = \frac{mv}{q\mathcal{B}}.$$

Die Winkelgeschwindigkeit ist durch (17.6) gegeben

$$\omega = \frac{q\mathcal{B}}{m}.$$

Der Potentialunterschied zwischen den Des oszilliert mit einer Frequenz von $\omega/2\pi$. Auf diese Weise ist der Potentialunterschied in Resonanz mit der Kreisbewegung der Ionen.

Nachdem das Teilchen eine halbe Umdrehung gemacht hat, wird die Polarität der Des umgekehrt und das Ion erfährt neuerlich eine kleine Beschleunigung, wenn es durch die Lücke zwischen den beiden durchtritt. Der nächste Halbkreis, den das Ion beschreibt, hat dann einen größeren Radius, aber die gleiche Winkelgeschwindigkeit. Der Vorgang wiederholt sich mehrere Male bis der Radius einen Maximalwert R erreicht, der praktisch gleich dem Radius der Des ist. Das Magnetfeld am Rand der Des wird drastisch reduziert, und das Teilchen entkommt in tangentialer Bewegung durch eine geeignete Öffnung. Die Maximalgeschwindigkeit $v_{\max}$ steht mit dem Radius R über (17.5) in Beziehung, nämlich

$$R = \frac{mv_{\max}}{q\mathcal{B}} \qquad \text{oder} \qquad v_{\max} = \left(\frac{q}{m}\right)\mathcal{B}R.$$

Die kinetische Energie der Teilchen, die an A austreten, ist daher

$$E_k = \tfrac{1}{2}mv_{\max}^2 = \tfrac{1}{2}q\left(\frac{q}{m}\right)\mathcal{B}^2R^2. \tag{17.11}$$

Sie wird durch die Ladung und die Masse des Teilchens, die Stärke des Magnetfelds und den Radius des Zyklotrons bestimmt, ist jedoch unabhängig vom Beschleunigungspotential. Wenn der Potentialunterschied gering ist, muß das Teilchen viele Umkreisungen machen bis es seine endgültige Energie erreicht. Wenn der Potentialunterschied jedoch groß ist, braucht es nur wenige Umkreisungen, um die gleiche Energie zu erhalten.

Die Stärke des Magnetfelds wird durch technische Faktoren begrenzt, wie z.B. der Verfügbarkeit von Materialien der erforderlichen Eigenschaften. Wenn man jedoch Magneten mit ausreichend großen Radien herstellt, kann man das Teilchen im Prinzip bis auf jede beliebige Energie beschleunigen. Für die Energie in einem Zyklotron gibt es jedoch einen physikalischen begrenzenden Faktor. Wenn die Energie zunimmt, steigt auch die Geschwindigkeit des Ions an, was nach

(12.8),

$$m = \frac{m_0}{\sqrt{1 - v^2/c^2}},$$

zu einer Massenänderung führt. Wenn die Energie sehr groß ist, ist die Massenänderung ausreichend, um die Zyklotronfrequenz des Ions merklich zu verändern. Wenn daher die Frequenz des elektrischen Potentials nicht ebenfalls geändert wird, wird die Bahn des Teilchens nicht mehr in Phase mit dem oszillierenden Potential sein, und es wird zu keiner weiteren Beschleunigung mehr kommen. In einem Zyklotron ist die Energie daher durch relativistische Masseneffekte begrenzt.

Beispiel 17.2 Das Zyklotron der University of Michigan hat einen Austrittsradius von 0,92 m. Das maximale Magnetfeld ist 1,50 T und die maximal erreichbare Schwingungsfrequenz des beschleunigenden Feldes ist $15 \cdot 10^6$ Hz. Berechnen Sie die Energie der austretenden Protonen und alpha-Teilchen und ihre Zyklotronfrequenz.

Lösung: Unter Verwendung von (17.11) mit den entsprechenden Werten für die Ladung und Masse der Protonen und alpha-Teilchen finden wir, daß die kinetische Energie für beide durch

$$E_k = 1{,}46 \cdot 10^{-11}\,\mathrm{J} = 91\,\mathrm{MeV}$$

ausgedrückt werden kann. Die Zyklotronfrequenz für das alpha-Teilchen ist

$$\omega_\alpha = 7{,}2 \cdot 10^7\,\mathrm{s}^{-1},$$

oder eine Frequenz von

$$\nu_\alpha = \omega_\alpha/2\pi = 11{,}5 \cdot 10^6\,\mathrm{Hz},$$

was innerhalb der Grenzen der maximalen tolerierbaren Frequenz des Geräts ist. Für das Proton finden wir die doppelte Frequenz, oder

$$\nu_p = 23 \cdot 10^6\,\mathrm{Hz}.$$

Das ist die Frequenz, mit der das an die Des angelegte Potential sich ändern muß. Die maximal tolerierbare Frequenz des Geräts ist jedoch $15 \cdot 10^6$ Hz; die Maschine kann daher Protonen nicht auf den theoretischen Wert von 91 MeV beschleunigen. Unter der Annahme einer maximalen Schwingungsfrequenz erhalten wir ω_p zu $9{,}42 \cdot 10^7\,\mathrm{s}^{-1}$. Das entsprechende Magnetfeld für die Zyklotronresonanz ist 0,984 T, wir finden daher die Frequenz-limitierte kinetische Energie des Protons zu

$$E_k = \tfrac{1}{2}mv^2 = \tfrac{1}{2}m\omega^2R^2 = 0{,}63 \cdot 10^{-11}\,\mathrm{J} = 39\,\mathrm{MeV}.$$

Beispiel 17.3 Wie groß ist der prozentuale Unterschied zwischen der Zyklotronfrequenz im Inneren und an den Rändern, wenn wir die Daten aus dem vorhergehenden Beispiel und die relativistische Massenänderung in Betracht ziehen?

Lösung: Bei einer Energie von $E = m_0c^2 + E_k$ ist die Masse des Teilchens

$$m = \frac{E}{c^2} = m_0 + \frac{E_k}{c^2}.$$

E_k/c^2 gibt daher die Massenänderung. Aus (17.6) sehen wir, daß die Zyklotronfrequenz umgekehrt proportional zur Masse ist. Wenn ω und ω_0 die Frequenzen entsprechend den Massen m und m_0 desselben Teilchens sind, können wir daher schreiben

$$\frac{\omega}{\omega_0} = \frac{m_0}{m},$$

woraus wir erhalten

$$\frac{\omega - \omega_0}{\omega_0} = -\frac{m - m_0}{m} = -\frac{E_k/c^2}{m_0 + E_k/c^2} = -\frac{E_k}{m_0c^2 + E_k}$$

Die linke Seite der Gleichung gibt die prozentuelle Veränderung der Zyklotronfrequenz, die rechte Seite die prozentuelle Änderung der Masse. Für relativ niedrige Energien können wir das Glied für die kinetische Energie E_k im Nenner im Vergleich zu m_0c^2 vernachlässigen; mit

$$\Delta\omega = \omega - \omega_0,$$

erhalten wir

$$\frac{\Delta\omega}{\omega_0} = -\frac{E_k}{m_0c^2}.$$

Solange die kinetische Energie also klein ist im Vergleich zur Ruheenergie des Teilchens, ist die Änderung in der Frequenz sehr klein. In unserem Fall erhalten wir für die alpha-Teilchen

$$\frac{\Delta\omega}{\omega_0} = -0{,}024 \text{ oder } 2{,}4\%,$$

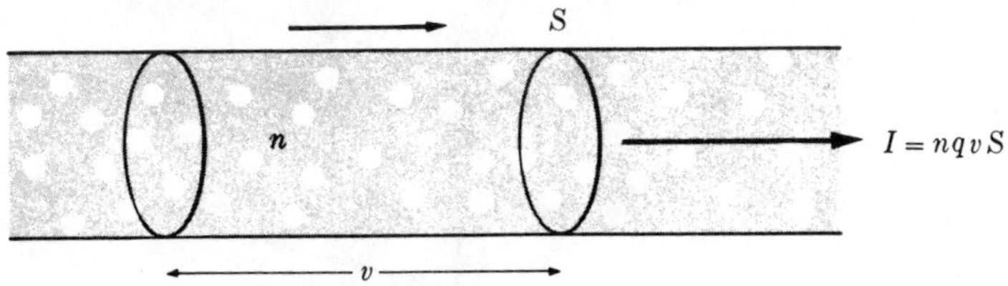

17.15 Elektrischer Strom in einem Leiter.

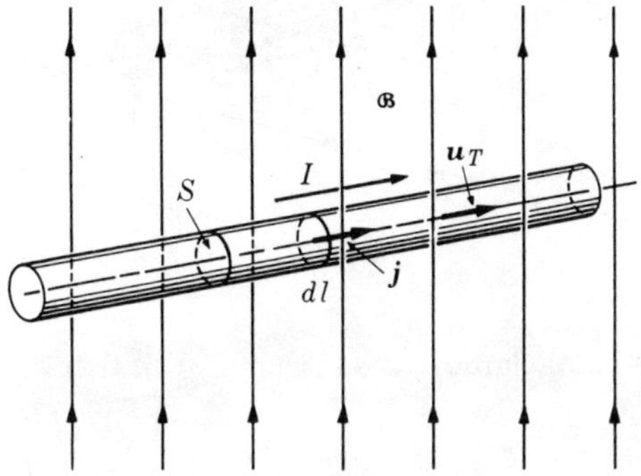

17.16 Stromtragender Leiter in einem Magnetfeld.

und für Protonen

$$\frac{\Delta\omega}{\omega_0} = -0{,}042 \text{ oder } 4{,}2\%.$$

Da ein Elektron eine Ruhemasse von etwa 1/1840 der des Protons hat, zeigen die Ergebnisse dieses Beispiels auch, daß die kinetische Energie, auf die Elektronen beschleunigt werden können (ohne merklich von ihrer Zyklotronfrequenz abzuweichen) etwa 1/1840 der von Protonen ist. Aus diesem Grund werden Zyklotrone nicht für die Beschleunigung von Elektronen verwendet.

Der relativistische Masseneffekt kann korrigiert werden, und zwar entweder dadurch, daß man das Magnetfeld so gestaltet, daß bei jedem Radius der Wert von ω trotz der Massenveränderung konstant bleibt, oder indem man die auf die Des angewandte Frequenz ändert und das Magnetfeld konstant hält, während das Teilchen seine Spiralbewegung ausführt, so daß zu jedem Zeitpunkt Resonanz zwischen der Teilchenbewegung und dem angewandten Potential besteht. Die erste Anordnung nennt man einen *Synchrotron*, die zweite einen *Synchrozyklotron*. Ein Synchrotron kann kontinuierlich betrieben werden, wogegen ein Synchrozyklotron wegen der Notwendigkeit, seine Frequenz anzugleichen, in Schüben arbeitet. Manchmal, wie z.B. in einem *Protonensynchrotron*, wird sowohl die Frequenz als auch das Magnetfeld modifiziert, um den Bahnradius konstant zu halten.

17.6 MAGNETISCHE KRAFT AUF EINEN ELEKTRISCHEN STROM

Wie in Abschnitt 16.11 erklärt wurde, ist ein elektrischer Strom ein Strahl von elektrischen Ladungen, die sich in einem Vakuum oder durch Materie bewegen. Die Stärke des elektrischen Stromes wurde als die Ladung definiert, die pro Zeiteinheit durch den Leiterquerschnitt tritt (Abb. 17.15). Wenn daher ein Leiter, der einen elektrischen Strom trägt, in ein Magnetfeld eingebracht wird, erfährt er eine Kraft, die die Resultierende der magnetischen Kräfte ist, die auf jede der beweglichen Ladungen ausgeübt wird. Wie unten gezeigt, ist daher die magnetische Kraft auf den Leiter (Abb. 17.16) durch

$$\boldsymbol{F} = I \int \boldsymbol{u}_T \times \mathfrak{B}\, dl \tag{17.12}$$

gegeben.

Im Fall eines geradlinigen Leiters in einem gleichförmigen Magnetfeld $\mathfrak{B}$ sind sowohl $\boldsymbol{u}_T$ als $\mathfrak{B}$ konstant und man kann schreiben

$$\boldsymbol{F} = I\boldsymbol{u}_T \times \mathfrak{B} \int dl.$$

Wenn $L = \int dl$ die Länge des geradlinigen Leiters ist,

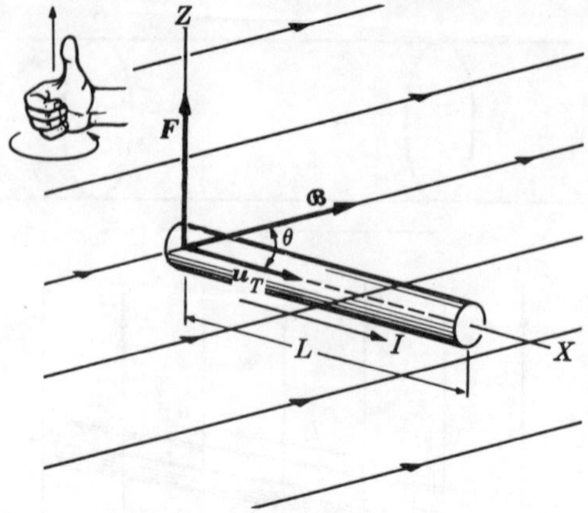

17.17 Vektorbeziehung zwischen der Magnetkraft auf einen stromführenden Leiter, dem Magnetfeld und dem Strom. Die Kraft ist senkrecht zur Ebene, die $\boldsymbol{u}_T$ und $\mathcal{B}$ enthält.

ist die Kraft

$$\boldsymbol{F} = IL\boldsymbol{u}_T \times \boldsymbol{\mathcal{B}}. \qquad (17.13)$$

Die Richtung der Kraft $\boldsymbol{F}$ ist senkrecht zu $\boldsymbol{u}_T$ und $\boldsymbol{\mathcal{B}}$. Daher gilt,

---

Ein Leiter, der einen Strom trägt und in ein magnetisches Feld eingebracht wird, unterliegt einer Kraft, die senkrecht zum Strom und senkrecht zum Magnetfeld gerichtet ist.

Das ist das Prinzip, nach dem Elektromotoren arbeiten. Wenn θ der Winkel zwischen dem Leiter und dem Magnetfeld ist, können wir für den Betrag der Kraft $\boldsymbol{F}$,

$$F = IL\mathcal{B} \sin \theta \qquad (17.14)$$

schreiben. Die Kraft ist null, wenn der Leiter parallel zum Feld ($\theta = 0$) ist, und maximal, wenn er senkrecht dazu ist ($\theta = \pi/2$). Die Richtung der Kraft findet man, indem man die Rechte-Hand-Regel anwendet, wie in Abb. 17.17 gezeigt.

Beweis von (17.12) Wir müssen hier einen Leiterquerschnitt betrachten, durch den sich Teilchen mit der Ladung q mit der Geschwindigkeit v bewegen. Wenn pro Volumeneinheit n Teilchen vorhanden sind, ist die Gesamtzahl der Teilchen, die pro Zeiteinheit durch die Einheitsfläche treten nv (siehe Abb. 17.15), und die *Stromdichte*, definiert als die Ladung, die pro Zeiteinheit durch die Flächeneinheit tritt, ist durch den Vektor

$$\boldsymbol{j} = nq\boldsymbol{v} \qquad (17.15)$$

gegeben. Wenn S der Flächenquerschnitt des Leiters senkrecht zu $\boldsymbol{j}$ ist, ist der Strom der Skalar

$$I = jS = nqvS.$$

Nehmen Sie nun an, daß sich der Leiter in einem Magnetfeld befindet. Die Kraft auf jede Ladung ist durch (17.1) gegeben und, da es n geladene Teilchen pro Volumeneinheit gibt, ist die *Kraft pro Volumeneinheit* $\boldsymbol{f}$

$$\boldsymbol{f} = nq\boldsymbol{v} \times \boldsymbol{\mathcal{B}} = \boldsymbol{j} \times \boldsymbol{\mathcal{B}}.$$

Die Gesamtkraft auf ein endliches Volumen, die man durch Integration dieses Ausdrucks über das Gesamtvolumen erhält, ist

$$\boldsymbol{F} = \int_{\text{Vol}} \boldsymbol{j} \times \boldsymbol{\mathcal{B}}\, dV.$$

Wir wollen nun den Fall betrachten, in dem der Strom längs eines geradlinigen Drahtes fließt. Ein Volumenelement dV ist durch $S\, dl$ (Abb. 17.16) gegeben; wir können daher schreiben

$$\boldsymbol{F} = \int_{\text{Draht}} \boldsymbol{j} \times \boldsymbol{\mathcal{B}} S\, dl.$$

Nun ist $\boldsymbol{j} = j\boldsymbol{u}_T$, wobei $\boldsymbol{u}_T$ ein Einheitsvektor längs der Achse des Drahtes ist. Dann ist

$$\boldsymbol{F} = \int (j\boldsymbol{u}_T) \times \boldsymbol{\mathcal{B}} S\, dl = \int (jS)\boldsymbol{u}_T \times \boldsymbol{\mathcal{B}}\, dl,$$

was als

$$\boldsymbol{F} = I \int \boldsymbol{u}_T \times \boldsymbol{\mathcal{B}}\, dl, = IL\, \boldsymbol{u}_T \times \boldsymbol{\mathcal{B}}$$

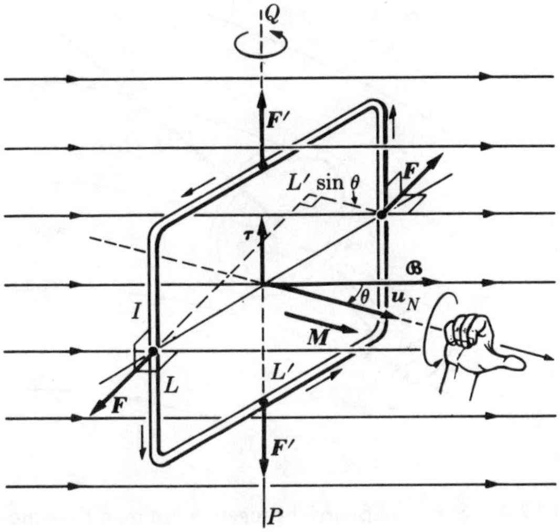

17.18 Magnetisches Moment auf einen rechtwinkligen elektrischen Stromkreis, der in ein Magnetfeld eingebracht wurde. Das Moment ist null, wenn die Ebene des Stromkreises senkrecht zum Magnetfeld ist.

geschrieben werden kann, wobei $jS = I$ die Stromstärke längs des Drahtes ist, welche für alle Querschnitte eines Leiters wegen des Gesetzes der Erhaltung der elektrischen Ladung gleich ist.

17.7 MAGNETISCHES MOMENT AUF EINEN ELEKTRISCHEN STROM

Wir wollen nun das Moment der Kraft berechnen, die von einem Magnetfeld auf einen elektrischen Stromkreis ausgeübt wird. Der Einfachheit halber betrachten wir zuerst einen rechteckigen Stromkreis, der einen Strom I trägt; der Stromkreis wird so angeordnet, daß die Normale $\boldsymbol{u}_N$ zu seiner Ebene (nach der Rechten-Hand-Regel angeordnet) einen Winkel θ mit dem Feld $\boldsymbol{\mathcal{B}}$ bildet; zwei Seiten des Stromkreises sind senkrecht zum Feld (Abb. 17.18). Die Kräfte $\boldsymbol{F}'$, die auf die Seiten L' wirken, haben den gleichen Betrag und entgegengesetzte Richtung. Sie neigen dazu, den Stromkreis zu deformieren, erzeugen aber kein Moment. Die Kräfte $\boldsymbol{F}$ auf die Seiten L haben den Betrag

$$F = I\mathcal{B}L$$

und stellen ein Kräftepaar dar, dessen Hebelarm $L' \sin\theta$ ist. Sie üben daher ein Moment auf den Stromkreis aus, welches bestrebt ist, den Stromkreis senkrecht zum magnetischen Feld auszurichten. Der Betrag des Moments ist

$$\tau = (I\mathcal{B}L)(L' \sin\theta).$$

$LL' = S$ ist aber die Fläche des Stromkreises. Daher ist

$$\tau = (IS)\mathcal{B} \sin\theta.$$

Die Richtung des Moments weist, da sie senkrecht zur Ebene des Paares ist, längs der Linie PQ.

Wenn wir einen Vektor

$$\boldsymbol{M} = IS\boldsymbol{u}_N \tag{17.16}$$

senkrecht zur Ebene des Stromkreises definieren, können wir das Moment $\boldsymbol{\tau}$ als

$$\tau = M\mathcal{B} \sin\theta \tag{17.17}$$

definieren, oder, in Vektorform,

$$\boldsymbol{\tau} = \boldsymbol{M} \times \boldsymbol{\mathcal{B}}. \tag{17.18}$$

Das Ergebnis (17.18) ist mathematisch (16.24) ähnlich, das das Moment auf einen elektrischen Dipol infolge eines äußeren elektrischen Feldes gibt. Die Größe $\boldsymbol{M}$, die in (17.16) definiert ist, nennt man das *magnetische Dipolmoment* des Stromes. Man beachte in (17.16), daß die Richtung von $\boldsymbol{M}$ durch die Rechte-Hand-Regel gegeben ist, wie in Abb. 17.18 gezeigt. Es gilt daher

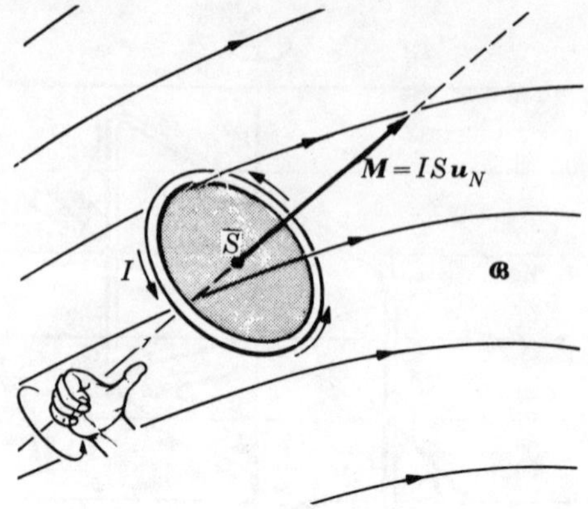

17.19 Beziehung zwischen dem magnetischen Dipolmoment eines elektrischen Stromes und der Stromrichtung nach der Rechten-Hand-Regel.

Ein Stromkreis, der sich in einem Magnetfeld befindet, unterliegt einem Moment, welches bestrebt ist, das magnetische Moment des Stromkreises parallel zum Feld auszurichten.

Um die Energie eines Stromes in einem Magnetfeld zu erhalten, wenden wir die umgekehrte Logik an, die wir in Beispiel 16.7 zur Verknüpfung von (16.24) und (16.25) verwendet haben; wir schließen daher, daß die potentielle Energie des Stromes in einem Magnetfeld $\mathcal{B}$

$$E_p = -M\mathcal{B}\cos\theta = -\boldsymbol{M}\cdot\boldsymbol{\mathcal{B}} \tag{17.19}$$

ist. Obwohl (17.18) und (17.19) für einen rechteckigen Strom mit einer besonderen Orientierung in einem gleichförmigen Magnetfeld abgeleitet wurden, zeigt eine aufwendigere mathematische Betrachtung, daß sie allgemein gültig sind. Nehmen Sie z.B. an, daß wir einen *kleinen* Stromkreis einer *beliebigen* Gestalt haben, dessen Fläche S ist (Abb. 17.19). Das magnetische Dipolmoment $\boldsymbol{M}$ des Stromes ist immer noch durch (17.16) gegeben, und das Moment und die potentielle Energie des Stromkreises in einem Magnetfeld sind immer noch durch (17.18) und (17.19) gegeben.

Die Einheit des magnetischen Dipolmoments wird nach (17.19) als Joule/Tesla oder $\mathrm{J\,T^{-1}}$ ausgedrückt. In fundamentalen Einheiten ist das $\mathrm{m^2\,s^{-1}\,C}$, in Übereinstimmung mit der Definition in (17.16).

Beispiel 17.4 Strommeßvorrichtungen nennt man *Galvanometer*. Ein einfaches Gerät ist in Abb. 17.20 dargestellt. Der Strom, den man messen will, tritt durch eine Spule, die zwischen den Polen eines Magneten aufgehängt ist. In einigen Fällen ist die Spule um einen Eisenzylinder C gewunden. Das magnetische Feld übt ein Moment auf die Spule aus, wodurch sie um einen bestimmten Winkel verdreht wird. Wir wollen nun eine Beziehung zwischen diesem Winkel und dem Strom, der durch die Spule fließt, herstellen.

S sei die Fläche der Spule. Das Moment, welches das Magnetfeld erzeugt und das durch (17.18) gegeben ist, ist bestrebt, die Spule senkrecht zum Feld auszurichten, was die Feder Q verbiegt. Die Spule nimmt eine Gleichgewichtslage ein die um einen Winkel α verdreht ist, wenn das magnetische Moment durch das elastische Moment $k\alpha$ der Feder ausgeglichen wird, wobei k die elastische Konstante der Feder ist. Der Winkel α wird durch einen Zeiger angezeigt, der mit einer Feder verbunden ist. Die Polflächen sind, wie in Abb. 17.20 gezeigt, so beschaffen, daß das Magnetfeld zwischen den Polflächen und dem Eisenzylinder C radial ist. In diesem Fall ist $\boldsymbol{\mathcal{B}}$ immer in der Ebene des Stromkreises, θ ist in (17.17) $\pi/2$, so daß $\sin\theta = 1$. Dann ist das Moment durch

$$\tau = IS\mathcal{B}$$

gegeben, da $M = IS$. Im Gleichgewicht, wenn das Moment infolge des Magnetfeldes durch das Moment infolge der Verdrehung der Felder ausgeglichen wird, gilt

$$IS\mathcal{B} = k\alpha,$$

und daher

$$I = k\alpha/S\mathcal{B}.$$

Wenn k, S und $\mathcal{B}$ bekannt sind, drückt diese Gleichung den

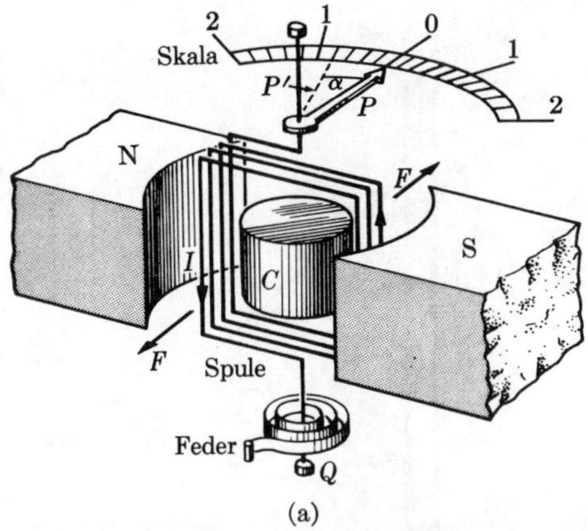

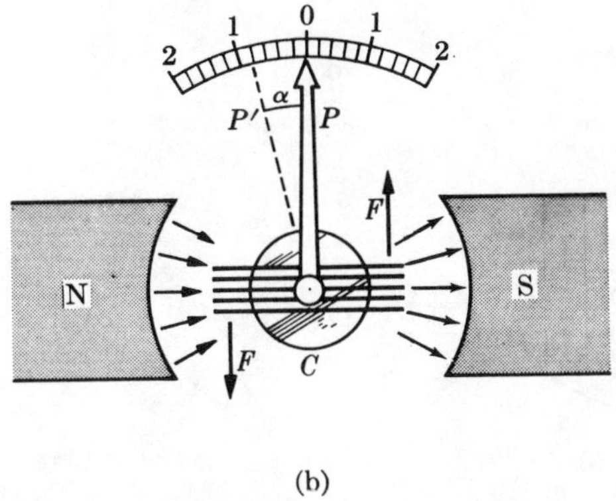

17.20 (a) Grundbestandteile eines Galvanometers mit beweglicher Spule. (b) Aufsicht auf das in (a) gezeigte Galvanometer.

Wert des Stromes I durch den Winkel α aus. Im allgemeinen ist die Skala so kalibriert, daß der Wert für I direkt in geeigneten Einheiten abgelesen werden kann.

17.8 MAGNETFELD, DAS VON EINEM GESCHLOSSENEN STROM ERZEUGT WIRD

Wir haben bisher gezeigt, daß wir die Anwesenheit eines Magnetfeldes an der Kraft erkennen, die es auf eine bewegliche Ladung ausübt. Wir haben einige Substanzen genannt, die in ihrem natürlichen Zustand ein Magnetfeld erzeugen. Wir wollen nun in größerem Detail betrachten, wie ein Magnetfeld erzeugt wird. 1820 beobachtete der dänische Physiker Hans C. Oersted (1777–1851) als erster die Ablenkung einer Kompaßnadel, die sich in der Nähe eines stromdurchflossenen Leiters befand, und erkannte damit, daß *ein elektrischer Strom ein Magnetfeld erzeugt*.

Nach vielen Versuchen, die durch Jahre hindurch von mehreren Physikern an Stromkreisem verschiedener Gestalt durchgeführt wurden, erhielt man einen allgemeinen Ausdruck zur Berechnung des Magnetfeldes, das von einem geschlossenen Strom beliebiger Gestalt erzeugt wird. Dieser Ausdruck, den man als *Ampère–Laplacesches Gesetz* bezeichnet, ist

$$\mathcal{B} = K_m I \oint \frac{\boldsymbol{u}_T \times \boldsymbol{u}_r}{r^2}\, dl; \tag{17.20}$$

wobei die Bedeutung aller Symbole in Abb. 17.21 angezeigt ist und das Integral sich über den gesamten geschlossenen Stromkreis erstreckt (deshalb wird das Symbol $\oint$ verwendet). K_m ist eine Konstante, die von den gewählten Einheiten abhängt. Im MKSC-System wurde sie mit

$$K_m = 10^{-7}\ \mathrm{T\ m/A} \qquad \text{oder} \qquad \mathrm{m\ kg\ C^{-2}}$$

festgelegt (siehe Bemerkung über Einheiten nach Abschnitt 17.13). [Wir müssen beachten, daß das Integral in (17.20) in m^{-1} ausgedrückt wird, wenn r und l in Metern gegeben sind.] Daher ist

$$\mathcal{B} = 10^{-7} I \oint \frac{\boldsymbol{u}_T \times \boldsymbol{u}_r}{r^2}\, dl. \tag{17.21}$$

Es ist heute üblich $K_m = \mu_0/4\pi$ zu schreiben, wobei μ_0 eine neue Konstante ist, die man als *magnetische Permeabilität des Vakuum* bezeichnet. (17.20) wird daher zu

$$\mathcal{B} = \frac{\mu_0}{4\pi} I \oint \frac{\boldsymbol{u}_T \times \boldsymbol{u}_r}{r^2}\, dl, \tag{17.22}$$

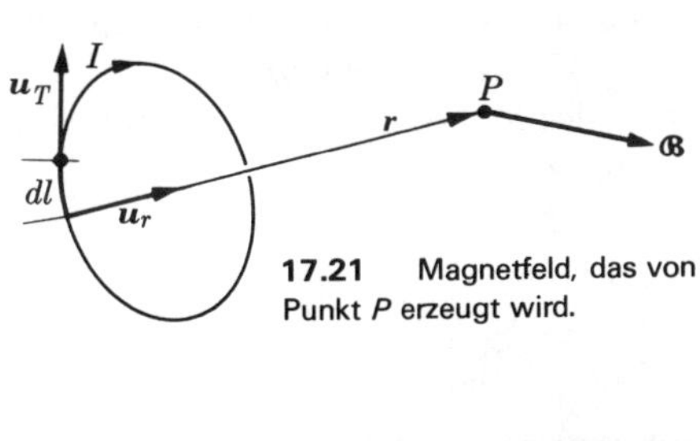

17.21 Magnetfeld, das von einem Kreisstrom am Punkt P erzeugt wird.

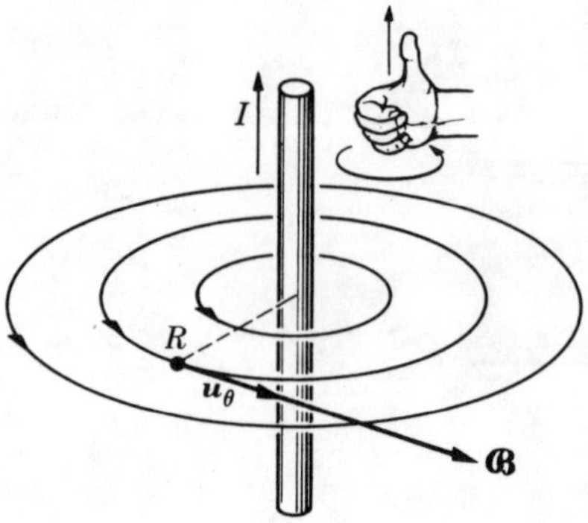

17.22 Magnetfeld um einen geradlinigen Strom.

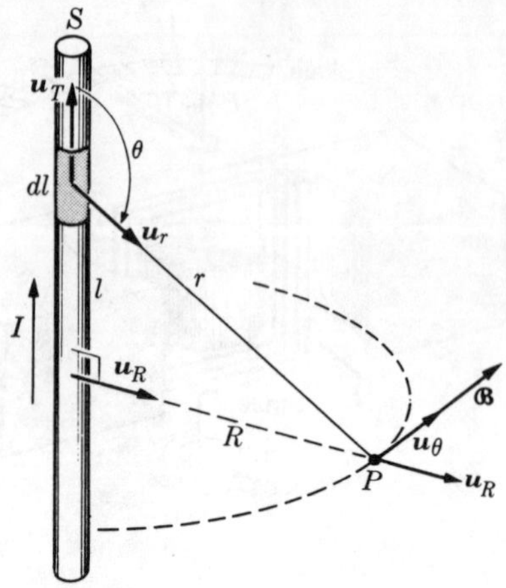

17.23 Magnetfeld, das von einem geradlinigen Strom am Punkt *P* erzeugt wird.

und in MKSC-Einheitensystem

$$\mu_0 = 4\pi \cdot 10^{-7}\,\text{m kg C}^{-2}$$
$$= 1{,}2566 \cdot 10^{-6}\,\text{m kg C}^{-2}. \qquad (17.23)$$

Da ein elektrischer Strom einfach einen Strom geladener Teilchen darstellt, die sich in der gleichen Richtung bewegen, kommen wir zu dem wichtigen Schluß

Das Magnetfeld, und damit auch die magnetische Wechselwirkung, wird von beweglichen elektrischen Ladungen erzeugt.

Um die Anwendung von (17.22) zu illustrieren, wollen wir sie in den nächsten drei Abschnitten zur Berechnung magnetischer Felder benutzen, die von Strömen einfacher Geometrie erzeugt werden.

17.9 MAGNETFELD EINES GERADLINIGEN STROMES

Betrachten Sie einen sehr langen und dünnen geradlinigen Strom (Abb. 17.22). Anwendung von (17.22) zeigt, daß der Betrag des Magnetfeldes an einem Punkt im Abstand R vom Strom

$$\mathcal{B} = \frac{\mu_0 I}{2\pi R} \qquad (17.24)$$

ist. Das Magnetfeld ist umgekehrt proportional zum Abstand R, die Kraftlinien sind konzentrische Kreise senkrecht zum Strom, wie in der Abbildung gezeigt. Die Rechte-Hand-Regel zur Bestimmung der Richtung des Magnetfeldes relativ zur Stromrichtung wird ebenfalls in der Abbildung gezeigt. Das Ergebnis nennt man die *Biot–Savart Regel*. Wir können (17.24) in Vektorform als

$$\mathcal{B} = \frac{\mu_0 I}{2\pi R}\, \boldsymbol{u}_\theta \qquad (17.25)$$

schreiben, wobei $\boldsymbol{u}_\theta$ ein Einheitsvektor tangential zur Kraftlinie ist.

In Kapitel 16 haben wir gesehen, daß die Kraftlinien eines elektrischen Feldes von den positiven zu den negativen Ladungen verlaufen oder in manchen Fällen aus dem Unendlichen kommen oder dorthin gehen. Aus Abb. 17.22 sehen wir jedoch, daß die Linien eines Magnetfeldes geschlossen und mit dem Strom verbunden sind. Der Grund dafür ist der, daß das Magnetfeld nicht an magnetischen Polen entspringt. Ein Feld dieser Art, das keine Punktquellen hat, bezeichnet man als *solenoid*.

Ableitung von (17.25) Wir wollen uns auf Abb. 17.23 beziehen. Für jeden Punkt P und jedes Element dl des Stromes ist der Vektor $\boldsymbol{u}_T \times \boldsymbol{u}_r$ senkrecht zur Ebene, die durch P und den Strom bestimmt wird, und seine Richtung ist daher die

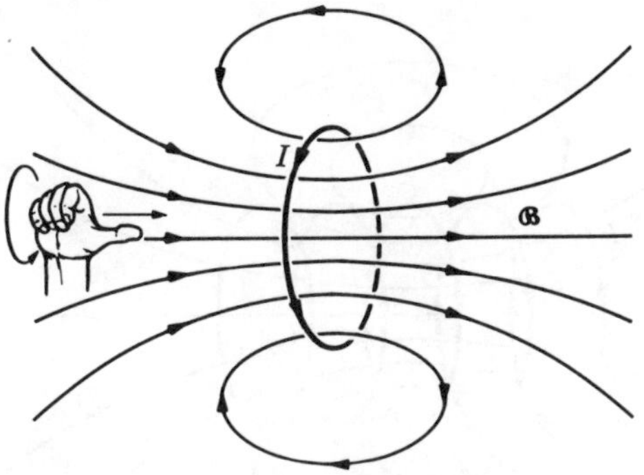

17.24 Magnetische Kraftlinien infolge eines Kreisstroms.

des Einheitsvektors $\boldsymbol{u}_\theta$. Das durch dl an P erzeugte Magnetfeld ist tangential zum Kreis vom Radius R, der durch P geht, und ist in einer Ebene senkrecht zum Strom um den Strom herum zentriert. Wenn wir daher (17.22) integrieren, haben die Beiträge von allen Gliedern des Integrals die gleiche Richtung $\boldsymbol{u}_\theta$ und das resultierende Magnetfeld $\mathcal{B}$ ist tangential zum Kreis. Man braucht daher nur den Betrag von $\mathcal{B}$ zu bestimmen. Der Betrag von $\boldsymbol{u}_T \times \boldsymbol{u}_r$ ist $\sin\theta$, da $\boldsymbol{u}_T$ und $\boldsymbol{u}_r$ Einheitsvektoren sind. Für eine geradlinige Bewegung können wir daher (17.22) dem Betrag nach als

$$\mathcal{B} = \frac{\mu_0}{4\pi} I \int_{-\infty}^{\infty} \frac{\sin\theta}{r^2} dl$$

schreiben. Aus der Abbildung entnehmen wir, daß $r = R \csc\theta$ und $l = -R \cot\theta$, so daß $dl = R \csc^2\theta\, d\theta$. Da

$l = -\infty \qquad \theta = 0 \qquad$ entspricht $\qquad$ und

$l = +\infty \qquad \theta = \pi \qquad$ entspricht,

erhalten wir durch Einsetzen in die obigen Gleichungen

$$\mathcal{B} = \frac{\mu_0}{4\pi} I \int_0^\pi \frac{\sin\theta}{R^2 \csc^2\theta} (R \csc^2\theta\, d\theta) = \frac{\mu_0 I}{4\pi R} \int_0^\pi \sin\theta\, d\theta.$$

Dann ist

$$\mathcal{B} = \frac{\mu_0 I}{4\pi R} (-\cos\theta)_0^\pi = \frac{\mu_0 I}{2\pi R}.$$

17.10 MAGNETFELD EINES KREISSTROMS

Das Magnetfeld eines Kreisstroms ist in Abb. 17.24 dargestellt. Die Kraftlinien sind mit dem Strom verbunden und weisen eine achsiale Symmetrie relativ zu der Linie auf, die durch den Mittelpunkt des Kreisstroms geht und senkrecht zur Ebene liegt. Die Orientierung der Kraftlinien erhält man mit Hilfe der Rechten-Hand-Regel, wie in der Abbildung gezeigt.

Die Berechnung des Magnetfeldes an einem willkürlich gewählten Punkt ist ein recht kompliziertes mathematisches Problem; für Punkte, die *auf der Achse des Stromes liegen*, ist sie jedoch relativ leicht durchzuführen. Wie unten gezeigt, ist das Magnetfeld an einem Punkt der Achse eines Kreisstroms vom Radius a im Abstand x vom Mittelpunkt

$$\mathcal{B} = \frac{\mu_0 I a^2}{2(a^2 + x^2)^{3/2}}. \tag{17.26}$$

Das magnetische Feld im Mittelpunkt ($x = 0$) ist

$$\mathcal{B} = \frac{\mu_0 I}{2a}. \tag{17.27}$$

Beweis von (17.26) Wir wollen nun das Magnetfeld eines Kreisstroms an Punkten längs der Achse berechnen. Wir sehen zuerst, daß (17.22) mathematisch so interpretiert werden kann, daß das resultierende durch den Strom erzeugte Magnetfeld $\mathcal{B}$ in P die Summe einer großen Zahl sehr kleiner oder elementarer Beiträge $d\mathcal{B}$ jedes der Segmente oder Längenelemente dl ist, aus denen der Strom besteht. Jeder elementare Beitrag ist

$$d\mathcal{B} = \frac{\mu_0}{4\pi} I \frac{\boldsymbol{u}_T \times \boldsymbol{u}_r}{r^2} dl.$$

Diese Gleichung darf jedoch nur im Zusammenhang mit (17.22) gesehen werden und nicht als unabhängige Aussage.

Im Fall eines Kreisstroms ist das Vektorprodukt

$\boldsymbol{u}_T \times \boldsymbol{u}_r$

der Abb. 17.25 senkrecht zur Ebene PAA'; sein Betrag ist

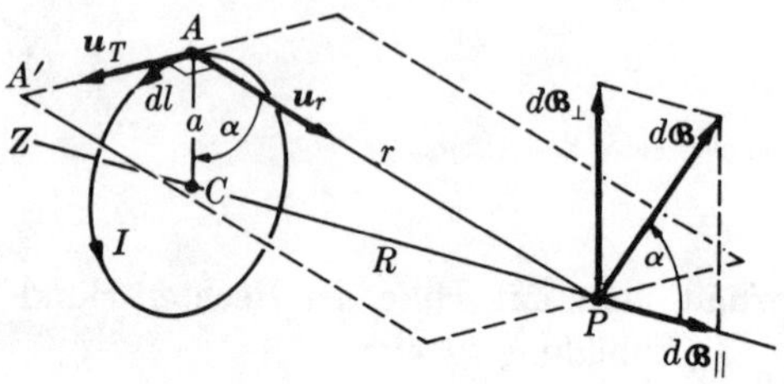

17.25 Bestimmung des Magnetfeldes längs der Achse eines Kreisstromes.

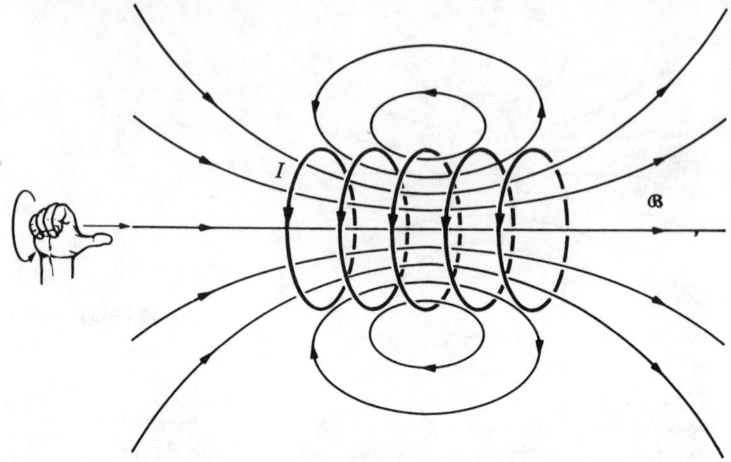

17.26 Magnetische Kraftlinien infolge eines Solenoidstromes.

eins, da diese zwei Einheitsvektoren senkrecht zueinander stehen. Das Feld $d\mathcal{B}$, das durch das Längenelement dl an P erzeugt wird, hat den Betrag

$$d\mathcal{B} = \frac{\mu_0}{4\pi} I \frac{dl}{r^2}$$

und ist senkrecht zur Ebene PAA', also schräg zur Z-Achse. Wenn wir $d\mathcal{B}$ in eine Komponente $d\mathcal{B}_\parallel$ zur Achse und eine Komponente $d\mathcal{B}_\perp$ dazu zerlegen, sehen wir, daß es, wenn wir längs des Kreises integrieren, für jedes $d\mathcal{B}_\perp$ ein anderes gibt, in entgegengesetzter Richtung des Längenelements und genau gegenüber von dl; daher ergibt die Summe aller $d\mathcal{B}_\perp$ null. Die Resultierende $\mathcal{B}$ ist also die Summe aller $d\mathcal{B}_\parallel$, und daher parallel zur Achse. Da $\cos\alpha = a/r$, ist

$$d\mathcal{B}_\parallel = (d\mathcal{B}) \cos\alpha = \frac{a}{r} d\mathcal{B} = \frac{\mu_0 I a}{4\pi r^3} dl.$$

Der Abstand r bleibt konstant, wenn wir über den gesamten Kreis integrieren. Da

$$\oint dl = 2\pi a,$$

können wir dann für den Betrag des resultierenden Magnetfeldes

$$\mathcal{B} = \oint d\mathcal{B}_\parallel = \frac{\mu_0 I a}{4\pi r^3} \oint dl = \frac{\mu_0 I a^2}{2r^3}.$$

schreiben. Da $r = (a^2 + R^2)^{1/2}$ können wir das Magnetfeld für Punkte auf der Achse eines Kreisstroms als

$$\mathcal{B} = \frac{\mu_0 I a^2}{2(a^2 + R^2)^{3/2}}.$$

schreiben.

Ein *Solenoidstrom*, oder einfach *Solenoid*, ist ein Strom, der aus verschiedenen koaxialen kreisförmigen Schlingen gleichen Radius besteht, die alle den gleichen Strom tragen (Abb. 17.26). Wir erhalten das Magnetfeld eines Solenoids, indem wir die Magnetfelder aller einzelnen Kreisströme addieren. Das Magnetfeld ist durch die Kraftlinien in der Abbildung dargestellt, wobei einige Schwankungen im Raum zwischen den Schlingen geglättet wurden. In Kapitel 19 werden wir zeigen, daß im Fall eines sehr langen Solenoids das Magnetfeld im Mittelpunkt durch

$$\mathcal{B} = \frac{\mu_0 I N}{L} \qquad \text{(im Mittelpunkt)}$$

gegeben ist, während der Wert an den Enden die Hälfte des Wertes im Mittelpunkt beträgt; das heißt

$$\mathcal{B} = \frac{\mu_0 I N}{2L} \qquad \text{(am Ende).}$$

Solenoide werden verwendet, um Felder zu erzeugen, die im Bereich um den Mittelpunkt ziemlich einheitlich sind.

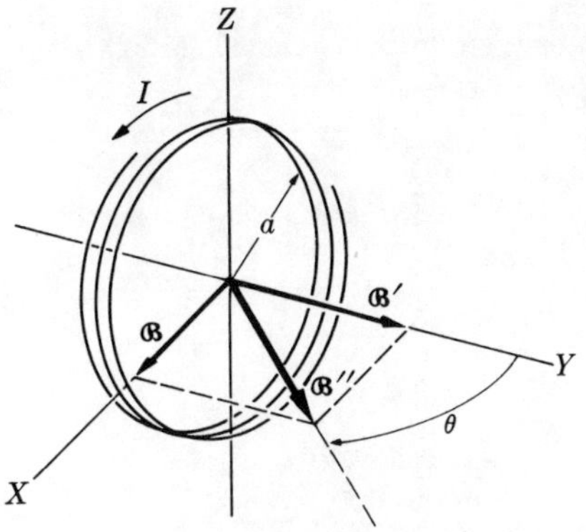

17.27 Tangentialgalvanometer

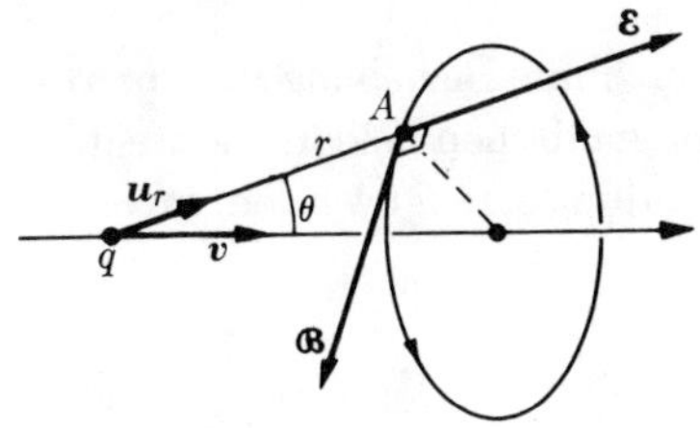

17.28 Elektrisches und magnetisches Feld, das von einer beweglichen Ladung erzeugt wird.

Beispiel 17.5 *Das Tangentialgalvanometer*. Ein Tangentialgalvanometer besteht aus einer kreisförmigen Spule (Abb. 17.27), die N Windungen enthält und den Strom I trägt. Es wird so in eine Region eingebracht, in dem ein Magnetfeld $\boldsymbol{\mathcal{B}}$ herrscht, daß ein Durchmesser der Spule parallel zu $\boldsymbol{\mathcal{B}}$ ist. Der Strom I erzeugt im Mittelpunkt der Spule ein Magnetfeld

$$\mathcal{B}' = I\mu_0/2a.$$

Da es N Windungen gibt, ist das gesamte Magnetfeld, das im Mittelpunkt erzeugt wird,

$$\mathcal{B}' = \mu_0 IN/2a.$$

Das resultierende Magnetfeld $\boldsymbol{\mathcal{B}}''$ im Mittelpunkt der Spule bildet daher einen Winkel θ mit der Spulenachse, der durch

$$\tan\theta = \frac{\mathcal{B}}{\mathcal{B}'} = \frac{2a\mathcal{B}}{\mu_0 IN}$$

gegeben ist. Wenn daher im Mittelpunkt der Spule eine kleine Magnetnadel angebracht wird, wird sie sich bewegen und in einem Winkel θ mit der Achse im Gleichgewicht verweilen. Das gestattet uns, das äußere Feld $\mathcal{B}$ zu messen, wenn wir den Strom I kennen, oder umgekehrt, den Strom I zu messen, wenn wir das Feld $\mathcal{B}$ kennen. $\mathcal{B}$ ist im allgemeinen das Magnetfeld der Erde. Für genaue Messungen muß die Formel korrigiert werden, um die endliche Länge der Nadel zu berücksichtigen, da das auf sie wirkende Feld nicht genau dem Feld im Mittelpunkt entspricht. Der Name «Tangentialgalvanometer» leitet sich von der trigonometrischen Funktion ab, die oben erscheint.

17.11 MAGNETFELD EINER BEWEGLICHEN LADUNG

Die Tatsache, daß ein elektrischer Strom (d.h. ein Strom geladener Teilchen) ein Magnetfeld erzeugt, läßt vermuten, daß auch eine einzelne bewegliche Ladung ein Magnetfeld erzeugt. Wie unten für eine Ladung gezeigt, die sich mit der Geschwindigkeit $\boldsymbol{v}$ bewegt, welche klein ist im Vergleich zur Lichtgeschwindigkeit, so daß die nichtrelativistische Näherung gilt, ist das Magnetfeld am Punkt A im Abstand r von der Ladung (Abb. 17.28) durch

$$\boldsymbol{\mathcal{B}} = \frac{\mu_0}{4\pi}\frac{q\boldsymbol{v} \times \boldsymbol{u}_r}{r^2} \qquad (17.28)$$

gegeben. Der Betrag von $\boldsymbol{\mathcal{B}}$ ist

$$\mathcal{B} = \frac{\mu_0}{4\pi}\frac{qv\sin\theta}{r^2}, \qquad (17.29)$$

seine Richtung ist senkrecht zu $\boldsymbol{r}$ und $\boldsymbol{v}$. Die magnetischen Kraftlinien stellen Kreise dar, wie in der Abbildung gezeigt. Beachten Sie, daß der Betrag des Magnetfeldes entlang der Bewegungslinie null ist und seinen Maximalwert in der Ebene erreicht, die senkrecht zur Bewegungslinie liegt und durch die Ladung geht.

Das elektrische Feld $\boldsymbol{\mathcal{E}}$, das durch die Ladung q am Punkt A erzeugt wird, ist

$$\boldsymbol{\mathcal{E}} = \frac{q\boldsymbol{u}_r}{4\pi\epsilon_0 r^2},$$

wenn man annimmt, daß es durch die Bewegung der Ladung nicht beeinflußt wird. Wir können daher (17.28) in der Form

$$\mathcal{B} = \mu_0 \epsilon_0 \boldsymbol{v} \times \mathcal{E} = \frac{1}{c^2} \boldsymbol{v} \times \mathcal{E} \qquad (17.30)$$

schreiben, was eine brauchbare Beziehung zwischen den elektrischen und den magnetischen Feldern herstellt, die von einer beweglichen Ladung erzeugt werden. Im obigen Ausdruck haben wir

$$c = \frac{1}{\sqrt{\epsilon_0 \mu_0}} = 2{,}9979 \cdot 10^8 \text{ m s}^{-1} \qquad (17.31)$$

gesetzt; wie schon früher erwähnt und wie wir später beweisen werden, ist c die Lichtgeschwindigkeit oder die Geschwindigkeit jedes elektromagnetischen Signals im Vakuum. Aufgerundet ist

$$c \approx 3{,}0 \cdot 10^8 \text{ m s}^{-1}.$$

Während eine Ladung in Ruhe nur ein elektrisches Feld erzeugt, ruft eine bewegliche Ladung sowohl ein elektrisches als ein magnetisches Feld hervor, die über (17.30) miteinander in Beziehung stehen. Elektrische und magnetische Felder sind daher nur zwei Aspekte einer fundamentalen Eigenschaft der Materie; es ist daher richtiger den Ausdruck *elektromagnetisches Feld* zur Beschreibung der physikalischen Situation zu benutzen, die durch bewegliche Ladungen entsteht.

Im Fall eines Stroms längs eines Drahtes beobachten wir ein magnetisches Feld $\mathcal{B}$, aber kein elektrisches Feld $\mathcal{E}$. Das ist deshalb so, weil zusätzlich zu den beweglichen Elektronen, die das magnetische Feld hervorrufen, fixierte positive Ionen des Metalls vorhanden sind, die keinen Beitrag zum Magnetfeld leisten, da sie relativ zum Beobachter ruhen, die aber eine elektrisches Feld hervorrufen, das gleich und entgegengesetzt dem der Elektronen ist. Das resultierende elektrische Feld ist daher null. Wenn sich jedoch Ionen längs der Achse eines Linearbeschleunigers bewegen, haben wir sowohl ein magnetisches als auch ein elektrisches Feld, die über (17.30) in Beziehung stehen.

Beweis von (17.28) Wir wollen das elektrische Feld einer beweglichen Ladung beschreiben, wobei wir von dem Ergebnis ausgehen, das wir für das magnetische Feld eines elektrischen Stromes erhalten haben. Das magnetische Feld, das durch einen Strom erzeugt wird, ist gemäß (17.22)

$$\mathcal{B} = \frac{\mu_0}{4\pi} I \oint \frac{\boldsymbol{u}_T \times \boldsymbol{u}_r}{r^2} dl = \frac{\mu_0}{4\pi} \oint \frac{(I\, dl\, \boldsymbol{u}_T) \times \boldsymbol{u}_r}{r^2}.$$

Wenn wir uns jedoch an (17.15) und an die Tatsache erinnern, daß $dV = S\, dl$ und

$$\boldsymbol{j} = j\boldsymbol{u}_T = nq\boldsymbol{v},$$

erhalten wir

$$I\, dl\, \boldsymbol{u}_T = (jS)\, dl\, \boldsymbol{u}_T = \boldsymbol{j}\, dV = nq\boldsymbol{v}\, dV.$$

Daher ist

$$\mathcal{B} = \frac{\mu_0}{4\pi} \oint \frac{q\boldsymbol{v} \times \boldsymbol{u}_r}{r^2} n\, dV.$$

Da $n\, dV$ die Zahl der Teilchen im Volumen dV ist, können wir das obige Ergebnis so *interpretieren*, daß wir sagen, daß jedes geladene Teilchen am Punkt A ein Magnetfeld erzeugt, das durch

$$\mathcal{B} = \frac{\mu_0}{4\pi} \frac{q\boldsymbol{v} \times \boldsymbol{u}_r}{r^2}$$

gegeben ist.

17.12 ELEKTROMAGNETISMUS UND RELATIVITÄTSTHEORIE

In Kapitel 12 haben wir die Prinzipien der Relativität betrachtet, die fordern, daß alle Naturgesetze für alle Inertialbeobachter gleich sein müssen. Wir müssen daher die Beziehung zwischen elektrischen und magnetischen Feldern, gemessen von zwei Beobachtern in gleichförmiger relativer Bewegung zueinander, überprüfen und sehen, ob die Prinzipien der Relativität gültig bleiben.

Betrachten Sie zwei Beobachter O und O' (Abb. 17.29) in gleichförmiger relativer Bewegung mit der Geschwindigkeit $\boldsymbol{v}$. Nehmen Sie an, daß sich relativ zu O' eine Ladung q in Ruhe befindet. Die Ladung bewegt sich dann relativ zu O mit einer Geschwindigkeit $\boldsymbol{v}$.

Relativ zum Beobachter O' erzeugt die Ladung q nur ein elektrisches Feld $\mathcal{E}'$. Da O andererseits die Ladung q in Bewegung sieht, beobachtet er, daß q ein elektrisches Feld $\mathcal{E}$ und ein Magnetfeld $\mathcal{B}$ erzeugt.

Im allgemeinen Fall, in dem sich die Ladung q relativ zu *beiden* Beobachtern bewegt, mißt der Beobachter O' ein elektrisches Feld $\mathcal{E}'$ und ein Magnetfeld $\mathcal{B}'$, während

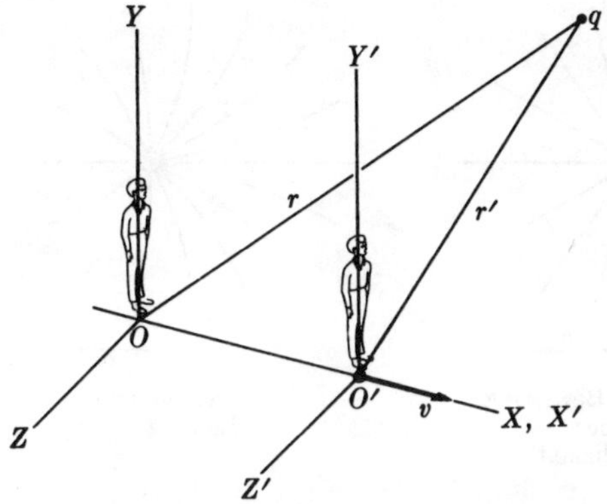

17.29 Vergleich elektromagnetischer Messungen zweier Beobachter in relativer Bewegung zueinander.

der Beobachter O an den selben Punkten ein elektrisches Feld $\boldsymbol{\mathcal{E}}$ und ein Magnetfeld $\boldsymbol{\mathcal{B}}$ mißt. Durch Anwendung der Lorentztransformation kann man zeigen, daß die elektrischen und magnetischen Felder, die die beiden Beobachter messen, über die Ausdrücke

$$\mathcal{E}_x = \mathcal{E}'_x, \qquad \mathcal{E}_y = \frac{\mathcal{E}'_y + v\mathcal{B}'_z}{\sqrt{1 - v^2/c^2}}, \qquad \mathcal{E}_z = \frac{\mathcal{E}'_z - v\mathcal{B}'_y}{\sqrt{1 - v^2/c^2}}, \tag{17.32}$$

und

$$\mathcal{B}_x = \mathcal{B}'_x, \qquad \mathcal{B}_y = \frac{\mathcal{B}'_y - v\mathcal{E}'_z/c^2}{\sqrt{1 - v^2/c^2}}, \qquad \mathcal{B}_z = \frac{\mathcal{B}'_z + v\mathcal{E}'_y/c^2}{\sqrt{1 - v^2/c^2}}. \tag{17.33}$$

verknüpft sind. Gleichungen (17.32) und (17.33) stellen die Lorentztransformation für das elektromagnetische Feld dar. Diese Gleichungen beweisen aufs Neue, daß die magnetischen und elektrischen Felder keine getrennten Wesenheiten sind, sondern daß sie eine einzige physikalische Einheit darstellen, die man als *elektromagnetisches Feld* bezeichnet. Die Zerlegung eines elektromagnetischen Feldes in seine elektrischen und magnetischen Komponenten ist kein absoluter Vorgang, sondern hängt von der Bewegung der Ladung relativ zum Beobachter ab. Wir wollen daher nochmals wiederholen, daß man die elektrischen und magnetischen Wechselwirkungen nicht als getrennte Vorgänge betrachten darf, sondern nur als zwei Aspekte der *elektromagnetischen Wechselwirkung*.

Beispiel 17.6 *Das elektromagnetische Feld einer beweglichen Ladung.* Wir wollen eine Ladung q betrachten, die relativ zum Bezugssystem $X'Y'Z'$ ruht, und sich relativ zu XYZ mit der Geschwindigkeit v parallel zur gemeinsamen X-Achse bewegt. Beobachter O' mißt kein magnetisches Feld, sondern nur ein elektrisches Feld, wie oben gezeigt. Daher ist

$$\mathcal{B}'_x = \mathcal{B}'_y = \mathcal{B}'_z = 0.$$

Dann geben die Transformationen für elektrische und magnetische Felder aus (17.32) und (17.33)

$$\mathcal{E}_x = \mathcal{E}'_x, \qquad \mathcal{E}_y = \frac{\mathcal{E}'_y}{\sqrt{1 - v^2/c^2}}, \qquad \mathcal{E}_z = \frac{\mathcal{E}'_z}{\sqrt{1 - v^2/c^2}}, \tag{17.34}$$

$$\mathcal{B}_x = 0, \qquad \mathcal{B}_y = -\frac{v\mathcal{E}'_z/c^2}{\sqrt{1 - v^2/c^2}}, \qquad \mathcal{B}_z = \frac{v\mathcal{E}'_y/c^2}{\sqrt{1 - v^2/c^2}}.$$

Gleichung (17.34) zeigt, daß Beobachter O, der die Ladung in Bewegung sieht, und O', der die Ladung in Ruhe sieht, beim Vergleich ihrer Messungen des elektrischen Feldes der Ladung die gleichen Feldkomponenten parallel zur Bewegungsrichtung erhalten; O beobachtet jedoch eine größere Komponente senkrecht zur Bewegungsrichtung.

Kombination der elektrischen und magnetischen Transformation ergibt

$$\mathcal{B}_x = 0, \qquad \mathcal{B}_y = -\frac{v\mathcal{E}_z}{c^2}, \qquad \mathcal{B}_z = \frac{v\mathcal{E}_y}{c^2}, \tag{17.35}$$

diese Ausdrücke entsprechen $\boldsymbol{\mathcal{B}} = \boldsymbol{v} \times \boldsymbol{\mathcal{E}}/c^2$. Das ist identisch mit (17.30), die, wie früher erwähnt, die Beziehung zwischen den elektrischen und magnetischen Feldern einer Ladung darstellt, die sich mit der konstanten Geschwindigkeit $\boldsymbol{v}$ bewegt; die Beziehung gilt für alle Geschwindigkeiten.

Beobachter O', der die Ladung in Ruhe sieht, mißt ein elektrisches Feld, das durch (16.9) gegeben ist

$$\boldsymbol{\mathcal{E}}' = \frac{q}{4\pi\epsilon_0 r'^2}\boldsymbol{u}_{r'}. \tag{17.36}$$

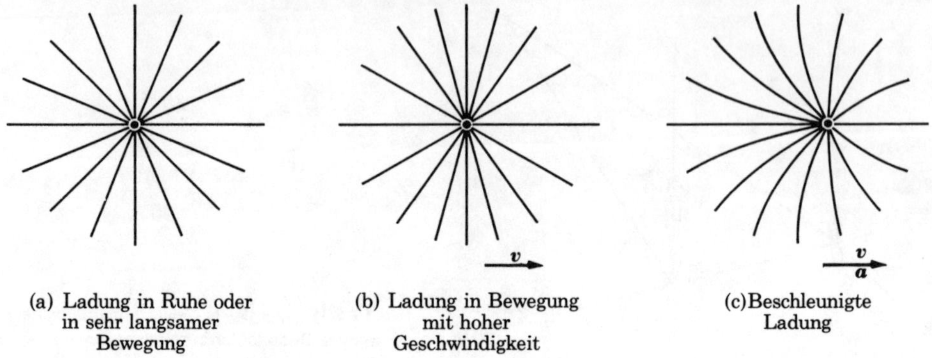

17.30 Elektrische Kraftlinien einer ruhenden und einer bewegten Ladung.

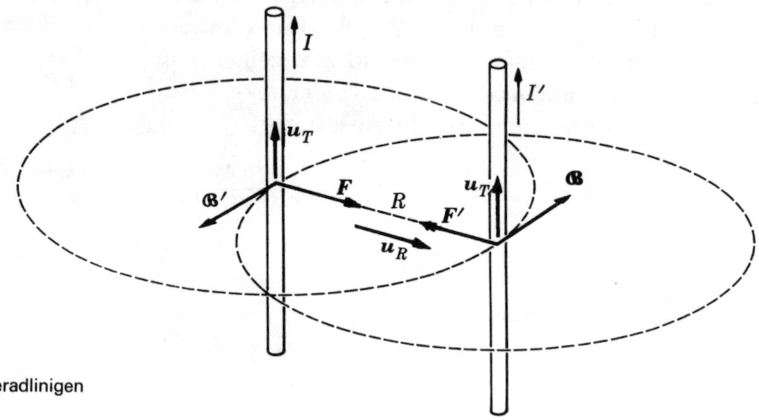

17.31 Magnetische Wechselwirkung zwischen zwei geradlinigen Strömen.

Das Feld hat radiale Richtung und sphärische Symmetrie (Abb. 17.30a). Andererseits kann durch Anwendung von (17.34) gezeigt werden, daß relativ zum Beobachter O, der die Ladung in Bewegung sieht, das elektrische Feld ebenfalls radiale Richtung, aber keine sphärische Symmetrie mehr hat. Statt dessen ist das elektrische Feld in der Ebene senkrecht zur Bewegungsrichtung stärker als längs der Bewegungsrichtung. Dieser Fall wurde in Abbildung 17.30(b) dargestellt, wobei die Abstände zwischen den Linien die Feldstärke anzeigen. Wenn die Ladung beschleunigt wird, ist ihr elektrisches Feld komplizierter und die Kraftlinien nehmen eine Gestalt an, die ähnlich der in Abb. 17.30(c) gezeigten ist.

17.13 KRÄFTE ZWISCHEN STRÖMEN

Wir wollen nun (17.25) zusammen mit (17.13) anwenden, um die magnetische Wechselwirkung zwischen zwei elektrischen Strömen zu erhalten. Der Einfachheit halber betrachten wir zuerst zwei parallele Ströme I und I' (Abb. 17.31) in der gleichen Richtung im Abstand R. Das Magnetfeld $\mathfrak{B}$ infolge von I an irgendeinem Punkt von I' ist durch (17.25) gegeben und hat die gezeigte Richtung. Die Kraft $\boldsymbol{F}'$ auf I' ist gemäß (17.13)

$$\boldsymbol{F}' = I' \int \boldsymbol{u}'_T \times \mathfrak{B}\, dl'. \tag{17.37}$$

Nun ist aber $\boldsymbol{u}'_T \times \mathfrak{B} = -\boldsymbol{u}_R \mathfrak{B}$, wobei $\boldsymbol{u}_R$ als der Einheitsvektor von I nach I' definiert ist. Unter Verwendung von (17.25) für $\mathfrak{B}$, erhalten wir daher

$$\boldsymbol{F}' = I' \int \left(-\boldsymbol{u}_R \frac{\mu_0 I}{2\pi R}\right) dl' = -\boldsymbol{u}_R \left(\frac{\mu_0 I I'}{2\pi R}\right) \int dl'.$$

Der Wert des Integrals ist L', so daß die Kraft auf I'

$$\boldsymbol{F}' = -\boldsymbol{u}_R \frac{\mu_0 I I'}{2\pi R} L' \tag{17.38}$$

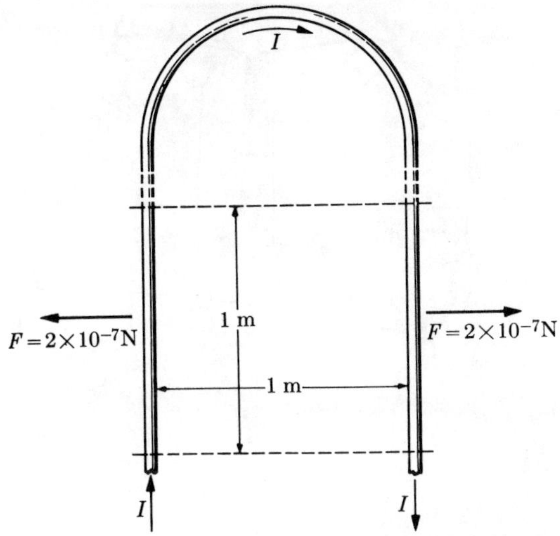

17.32 Gerät zur experimentellen Definition des Ampères.

ist. Dieses Ergebnis bedeutet, daß der Strom I den Strom I' *anzieht*. Eine ähnliche Rechnung für die Kraft auf I, die durch I' erzeugt wird, führt zum gleichen Ergebnis, jedoch mit *positivem* Vorzeichen, so daß sie die gleiche Richtung wie $\boldsymbol{u}_R$ hat und wieder eine Anziehungskraft darstellt. *Zwei parallele Ströme in gleicher Richtung ziehen einander* daher infolge ihrer magnetischen Wechselwirkung *mit gleicher Kraft an.* Wir überlassen es dem Studenten zu überprüfen, daß *zwei parallele Ströme in entgegengesetzter Richtung einander abstoßen.*

Diese Wechselwirkungen zwischen Strömen haben große praktische Bedeutung für Elektromotoren und andere technische Anwendungen.

Bemerkung über Einheiten Als wir in Abschnitt 2.4 die fundamentalen Einheiten besprachen, haben wir erwähnt, daß das international gebilligte Einheitssystem das MKSA-System und nicht das MKSC-System ist, obwohl in der Praxis zwischen den beiden kein Unterschied besteht. Wir können für die vierte Grundeinheit zusätzlich zu Länge, Masse und Zeit zwischen zwei Gesetzen wählen: einerseits dem Coulombschen Gesetz der elektrostatischen Wechselwirkung zwischen zwei Ladungen, das durch (16.2) gegeben ist,

$$F = K_e \frac{qq'}{r^2},$$

und dem Gesetz der Wechselwirkung zwischen zwei geradlinigen Strömen, das durch (17.38) gegeben ist, wobei $\mu_0/4\pi$ durch die magnetische Konstante K_m ersetzt ist

$$F' = K_m \frac{2II'}{R} L'.$$

Obwohl wir zwei Konstante, K_e und K_m haben, die den elektrischen und magnetischen Kräften entsprechen, gibt es nur einen Freiheitsgrad, da es nur eine neue physikalische Größe, die elektrische Ladung gibt, die mit dem Strom über die Gleichung

$$\text{Strom} = \frac{\text{Ladung}}{\text{Zeit}}$$

in Beziehung steht. Wir können daher nur einer der Konstanten einen willkürlichen Wert zuweisen. Die Elfte Konferenz über Gewichte und Maße beschloß 1960 den Wert

$$K_m = 10^{-7}$$

zu übernehmen und wählte das Ampère als fundamentale Einheit. Das Ampère ist dann als der Strom definiert, welcher, wenn er durch zwei parallele Leiter im Abstand von 1 m fließt, auf jeden der Leiter eine Kraft von $2 \cdot 10^{-7}$ N pro Meter Länge jedes Leiters ausübt (Abb. 17.32). Aus dieser Definition des Ampères folgt, daß das Coulomb die Ladungsgröße ist, die bei einem Strom von einem Ampère pro Sekunde durch den Leiterquerschnitt fließt.

Eine experimentelle Anordnung zur Messung der Kraft zwischen zwei parallelen Leitern ist in Abb. 17.33 gezeigt. Sie stellt eine *Stromwaage* dar. Die Waage wird zuerst ins

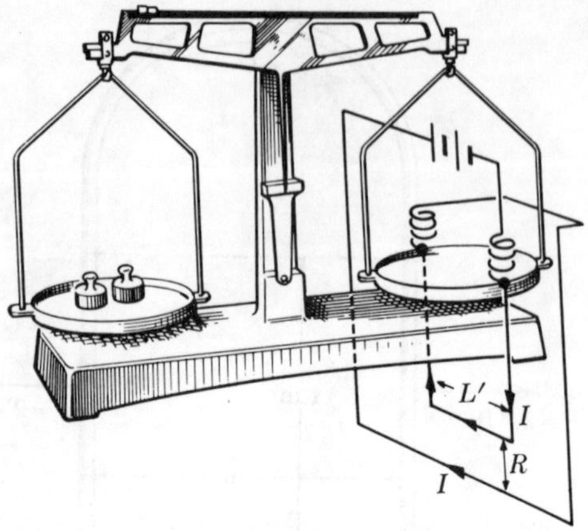

17.33 Stromwaage zur Messung eines Stroms anhand der magnetischen Kraft zwischen zwei parallelen Leitern.

Gleichgewicht gebracht, wobei kein Strom fließt. Wenn der gleiche Strom durch die beiden Leiter geschickt wird, üben sie aufeinander die Kraft

$$F = 2 \cdot 10^{-7} \frac{I^2 L'}{R}$$

aus, so daß man auf der linken Waagschale zusätzlich Gewichte braucht, um die Waage wieder ins Gleichgewicht zu bringen. Aus den bekannten Werten für F, L' und R können wir den Wert für I bestimmen. Praktisch verwendet man zwei parallele kreisförmige Spulen. Der Ausdruck für die Kraft zwischen den Spulen lautet anders. Da, ausgedrückt durch die Hilfskonstanten ϵ_0 und μ_0,

$$K_e = \frac{1}{4\pi\epsilon_0} \quad \text{und} \quad K_m = \frac{\mu_0}{4\pi}$$

sind, folgt, daß das Verhältnis dieser beiden Konstanten

$$\frac{K_e}{K_m} = \frac{1}{\epsilon_0 \mu_0} = c^2$$

ergibt, wobei $c = 1/\sqrt{\epsilon_0 \mu_0}$. Diese Konstante ist gleich der Lichtgeschwindigkeit (oder der Geschwindigkeit jedes beliebigen elektromagnetischen Signals) im Vakuum, wie wir in Kapitel 24 beweisen werden. Die Konstante c wurde experimentell mit großer Genauigkeit bestimmt. Durch sie ausgedrückt ist

$$K_e = K_m c^2 = 10^{-7} c^2,$$

was der Wert ist, den wir in Abschnitt 16.3 für K_e angegeben haben. Das erklärt unsere frühere Wahl von K_e, die zuerst etwas willkürlich erschienen sein mag.

Ein Grund, warum die Elfte Konferenz die Verwendung des Ampères als vierte fundamentale Einheit empfahl, ist der, daß es leichter ist, einen Standard für den Strom anzufertigen und die Kraft zwischen zwei Strömen zu messen, als einen Standard für die Ladung anzufertigen und die Kraft zwischen zwei Ladungen zu messen. Vom physikalischen Standpunkt ist jedoch der Begriff der Ladung grundlegender als der des Stromes. Vom praktischen und theoretischen Standpunkt sind außerdem das MKSC-und MKSA-System gleichwertig.

Beispiel 17.7 *Vergleich zwischen elektrischer und magnetischer Wechselwirkung zwischen zwei Ladungen.* Dar wir nur Größenordnungen wissen wollen, werden wir das Anschreiben der Formeln vereinfachen. Gegeben seien die Ladungen q und q'; wir können sagen, daß die elektrische Kraft, die q' auf q ausübt, $q\mathcal{E}$ ist. Das magnetische Feld, das q' auf q ausübt, ist nach (17.30) von der Größenordnung $v'\mathcal{E}/c^2$. Die magnetische Kraft auf die Ladung q ist nach (17.1) in der Größenordnung von

$$qv\mathcal{B} = qv\left(\frac{v'\mathcal{E}}{c^2}\right) = \left(\frac{vv'}{c^2}\right)q\mathcal{E}.$$

Daher ist die

$$\frac{\text{magnetische Kraft}}{\text{Elektrische Kraft}} \approx \frac{vv'}{c^2}.$$

Wenn daher die Geschwindigkeiten der Ladungen klein sind im Vergleich zur Lichtgeschwindigkeit c, ist die magnetische Kraft im Vergleich zur elektrischen Kraft vernachlässigbar und kann in vielen Fällen ignoriert werden. Wir können daher in gewissem Sinn sagen, daß der Magnetismus eine Folge der endlichen Fortpflanzungsgeschwindigkeit elektromagnetischer Wechselwirkungen ist. Wenn z.B. die Ladungen eine Geschwindigkeit von der Größenordnung von 10^6 m s^{-1} haben, was der Bahngeschwindigkeit von Elektronen in Atomen entspricht, erhalten wir

$$\frac{\text{Magnetische Kraft}}{\text{Elektrische Kraft}} \approx 10^{-4}.$$

Trotz ihres kleinen Wertes relativ zur elektrischen Kraft wird die magnetische Kraft aus folgenden Gründen in Elektromotoren und vielen anderen technischen Anlagen angewendet: Die Materie ist normalerweise elektrisch neutral, die gesamte elektrische Kraft zwischen zwei Körpern ist daher null. Wenn z.B. zwei Drähte nebeneinander angeordnet werden, ist die gesamte elektrische Kraft zwischen ihnen null. Wenn die Drähte als Ganzes bewegt werden, bewegen sich die positiven und negativen Ladungen in gleicher Richtung, und das Magnetfeld ist daher ebenfalls null. Das führt dazu, daß zwischen den beiden Drähten keine Kraft wirkt. Wenn jedoch ein Potentialunterschied an die Drähte angelegt wird, der zu einer Bewegung der negativen Ladungen relativ zu den positiven führt, wird in jedem Draht ein Nettostrom erzeugt, was zu einem Magnetfeld führt. Da die Zahl der freien Elektronen in einem Leiter sehr groß ist, erzeugt ihr kumulativer Effekt sogar bei sehr kleinen Geschwindigkeiten ein starkes Magnetfeld, das zu einer nennenswerten magnetischen Kraft zwischen den Drähten führt.

Obwohl die magnetische Kraft im Vergleich zur elektrischen Kraft gering ist, ist sie immer noch sehr viel größer als die Gravitationskraft.

FRAGEN

1. Woran erkennen Sie, daß sich ein geladenes Teilchen in einem Magnetfeld bewegt?
2. Ein geladenes Teilchen bewegt sich in einem gleichförmigen Magnetfeld. Wie verändert sich die Geschwindigkeit des Teilchens, wenn es sich bewegt? Wie ändert sich die Energie? Vergleichen Sie Ihre Antworten mit der Bewegung eines geladenen Teilchens in einem gleichförmigen elektrischen Feld.
3. Unter welchen Bedingungen ist die Bewegung eines geladenen Teilchens in einem gleichförmigen Magnetfeld eine Gerade? Wird das Teilchen beschleunigt? Beantworten Sie die gleiche Frage für den Fall eines gleichförmigen elektrischen Feldes.
4. Was meint man mit der Aussage, daß «die elektrische Ladung invariant» ist?
5. Was ist der hauptsächliche Unterschied zwischen einem Zyklotron und einem Linearbeschleuniger?
6. Welche Faktoren beschränken die maximale Energie, die man mit einem Zyklotron erreichen kann?
7. Ein Zyklotron wird verwendet, um Protonen, Deuteronen, Tritonen, Helium-3 und alpha-Teilchen zu beschleunigen. Wenn die Energie, die die Protonen nach der Beschleunigung erreichen E ist, wir groß ist dann die Energie der anderen Teilchen, nachdem sie beschleunigt werden?
8. Nennen Sie die Faktoren, die die magnetische Kraft auf einen elektrischen Strom bestimmen.
9. Ein kleiner elektrischer Stromkreis wird in ein gleichförmiges Magnetfeld gebracht. Welche Richtung hat das Moment, das auf den Strom wirkt? Wie versucht sich der Stromkreis relativ zum Magnetfeld auszurichten?
10. Betrachten Sie zwei parallele geradlinige Ströme entgegengesetzter Richtung. Zeigen Sie in einem Abb. 17.31 ähnlichen Diagramm, daß sie einander abstoßen.
11. Betrachten Sie mehrere identische Beobachter in gleichförmiger geradliniger Bewegung, alle mit unterschiedlichen Geschwindigkeiten relativ zu einem bestimmten geladenen Teilchen. Messen alle Beobachter die gleichen elektrischen und magnetischen Felder, hervorgerufen durch das Teilchen? Welche Beobachter messen nur ein elektrisches Feld? Gibt es einen Beobachter, der nur ein Magnetfeld mißt?
12. Eine positiv geladene homogene Kugel rotiert mit einer Winkelgeschwindigkeit ω um ihren Durchmesser. Erzeugt die Kugel ein Magnetfeld? Welche Richtung hat das magnetische Moment der Kugel relativ zur Rotationsachse? Welche Richtung hat der Drehimpuls der Kugel relativ zur Rotationsachse? Die Kugel wird nun in ein gleichförmiges Magnetfeld eingebracht. Diskutieren Sie die resultierende Bewegung der Rotationsachse. [*Hinweis:* Erinnern Sie sich an die Besprechung der Kreiselbewegung in Kapitel 11.]

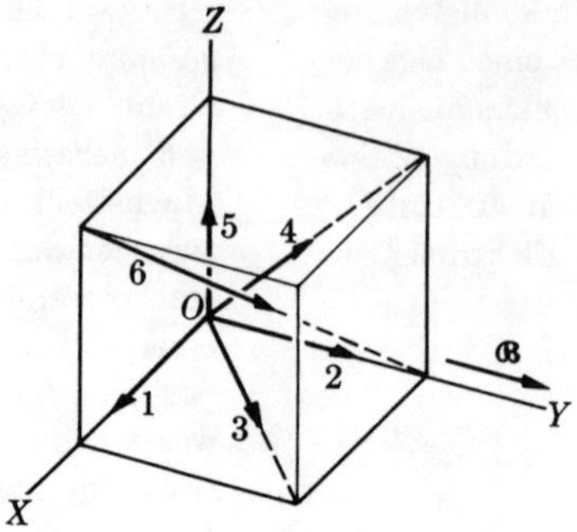

17.34

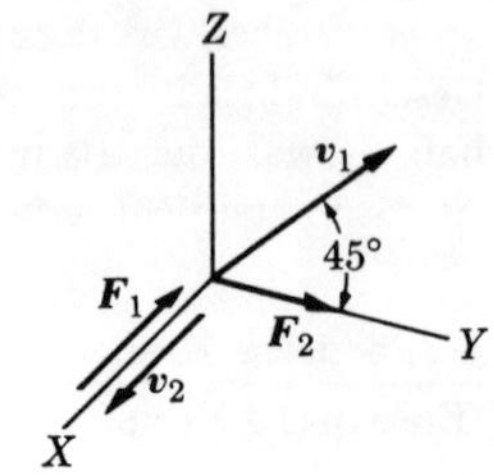

17.35

AUFGABEN

17.1 Elektronen mit einer Geschwindigkeit von 10^6 m s^{-1} treten in einen Bereich ein, in dem ein Magnetfeld herrscht. Bestimmen Sie die Stärke des Magnetfeldes, wenn das Elektron eine Bahn vom Radius 0, 10 m beschreibt. Bestimmen Sie auch die Winkelgeschwindigkeit des Elektrons.

17.2 Protonen werden aus der Ruhelage durch einen Potentialunterschied von 10^6 V beschleunigt. Sie werden dann in ein gelichförmiges Magnetfeld von 2,0 T injiziert, wobei die Bahn senkrecht zum Feld ist. Wie groß ist der Bahnradius und die Winkelgeschwindigkeit der Protonen?

17.3 Ein Proton bewegt sich in einem Magnetfeld in einem Winkel von 30° zum Feld. Die Geschwindigkeit ist 10^7 m s^{-1}, die Feldstärke 1,50 T. Berechnen Sie (a) den Radius der Schraubenlinie der Bewegung, (b) die Fortschreitungsgeschwindigkeit pro Umdrehung der Schraubenlinie und (c) die Rotationsfrequenz im Feld.

17.4 Ein Proton mit einer kinetischen Energie von (a) 30 MeV, (b) 30 GeV bewegt sich transversal zu einem Magnetfeld von 1,50 T. Bestimmen Sie für jeden Fall den Bahnradius und die Umdrehungsperiode. Beachten Sie, daß bei (a) das Proton nach klassischen, in (b) nach relativistischen Methoden behandelt werden muß.

17.5 Eine Maßeinheit für das magnetische Feld, die bis vor kurzem häufig verwendet wurde, ist das Gauss. Die Beziehung zwischen dem Gauss und dem Tesla ist

1 T = 10^4 Gauss.

Zeigen Sie, daß die magnetische Kraft durch

$$\boldsymbol{F} = \tfrac{1}{3} \times 10^{-10} q\boldsymbol{v} \times \boldsymbol{\mathfrak{B}}$$

gegeben ist, wenn die Kraft in dyn, die Ladung in stC, das Magnetfeld in Gauss und die Geschwindigkeit in c ms^{-1} gemessen wird.

17.6 Ein gleichförmiges Magnetfeld $\mathfrak{B}$ liegt in OY-Richtung, wie in Abb. 17.34 gezeigt. Bestimmen Sie den Betrag und die Richtung der Kraft auf eine positive Ladung q, deren momentane Geschwindigkeit in jeder der in der Abbildung gezeigten Richtungen v ist. (Die Abbildung stellt einen Würfel dar.)

17.7 Ein Teilchen trägt eine Ladung von $4{,}0 \cdot 10^{-9}$ C. Wenn es sich mit einer Geschwindigkeit $\boldsymbol{v}_1$ von $3{,}0 \cdot 10^4$ m s^{-1} im Winkel von 45° überhalb der Y-Achse in der XZ-Ebene bewegt, übt ein gleichförmiges Magnetfeld eine Kraft F_1 längs der X-Achse aus. Wenn das Teilchen sich mit einer Geschwindigkeit $\boldsymbol{v}_2$ von $2{,}0 \cdot 10^4$ m s^{-1} längs der X-Achse bewegt, wirkt eine Kraft $\boldsymbol{F}_2$ von $4{,}0 \cdot 10^{-5}$ N längs der Y-Achse. Wie groß ist der Betrag und die Richtung des Magnetfeldes? (Siehe Abb. 17.35.)

17.8 (a) Wie groß ist die Geschwindigkeit eines Elektronenstrahls, wenn der gleichzeitige Einfluß eines elektrischen Feldes der Stärke $3{,}4 \cdot 10^5$ V m^{-1} und eines Magnetfeldes von $2{,}0 \cdot 10^{-2}$ T keine Ablenkung der Elektronen bewirkt, wobei beide Felder senkrecht zum Elektronenstrahl und zueinander sind? (b) Stellen Sie in einem Diagramm die relative Orientierung der Vektoren $\boldsymbol{v}$, $\boldsymbol{\mathcal{E}}$ und $\boldsymbol{\mathfrak{B}}$ dar. (c) Wie groß ist der Radius der Elektronenbahn, wenn das elektrische Feld entfernt wird?

17.9 In einem Massenspektrometer wie dem in Abb. 17.12 gezeigten führt ein Potentialunterschied von 1000 V dazu, daß einfach geladene ^{24}Mg-Ionen eine Bahn vom Radius R beschreiben. (a) Wie groß wäre der Radius, den die ^{25}Mg-Ionen beschreiben, wenn sie durch den gleichen Potential-

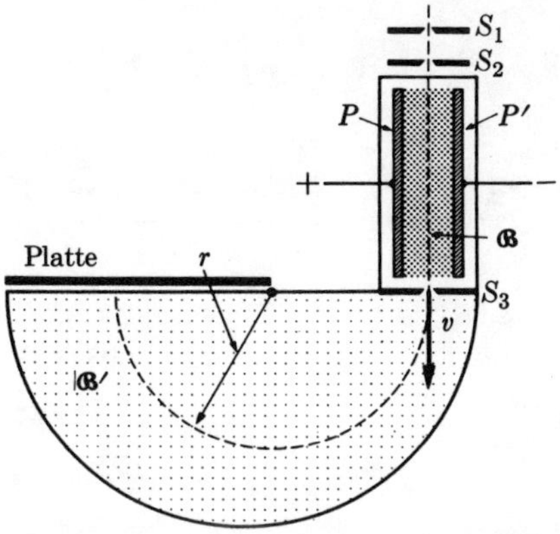

17.36

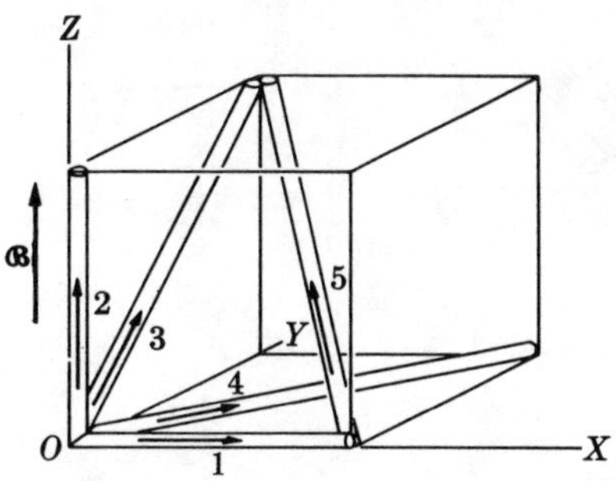

17.37

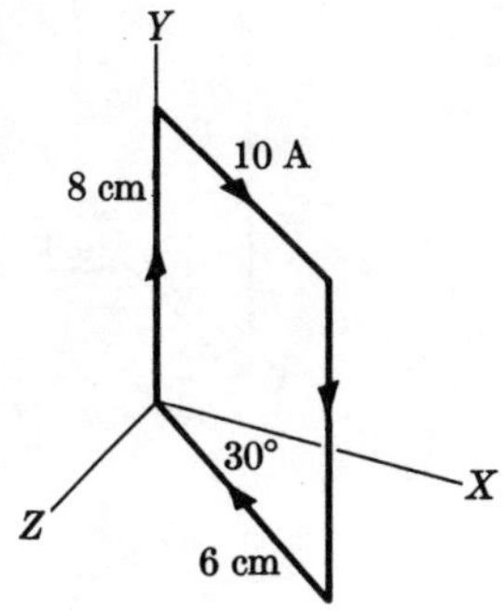

17.38

unterschied beschleunigt werden? (b) Welcher Potentialunterschied würde dazu führen, daß die ^{25}Mg-Ionen eine Bahn vom gleichen Radius R beshreiben? (Nehmen Sie an, daß die Massen, in m_u die gleichen sind wie die Massenzahlen in der Hochzahl links vom chemischen Symbol.)

17.10 Das Dempstersche Massenspektrometer, dargestellt in Abb. 17.12, wendet ein Magnetfeld an, um Ionen verschiedener Massen aber *gleicher Energie* zu trennen. Eine andere Anordnung ist das *Massenspektrometer nach Bainbridge* (Abb. 17.36), welches Ionen gleicher Geschwindigkeit trennt. Nachdem die Ionen Schlitze passiert haben, treten sie durch einen Geschwindigkeitsselektor, der aus einem durch die geladenen Platten P und P' erzeugten elektrischen Feld und einem Magnetfeld 𝔅 senkrecht zum elektrischen Feld besteht. Die Ionen, die die gekreuzten Felder ohne Ablenkung passieren, treten dann in den Bereich eines zweiten Magnetfelds 𝔅′ein und werden zu kreisförmigen Bahnen gezwungen. Eine Photoplatte registriert ihr Auftreffen. Zeigen Sie, daß

$$\frac{q}{m} = \frac{\mathcal{E}}{r\mathfrak{B}\mathfrak{B}'}.$$

17.11 Das elektrische Feld zwischen den Platten des Geschwindigkeitsselektors in einem Bainbridge Massenspektrometer ist $1{,}20 \cdot 10^5$ V m^{-1}, beide Magnetfelder sind 0,60 T. Ein Strahl einfach geladener Neonionen bewegt sich in dem Magnetfeld auf einer Kreisbahn von 7,28 cm Radius. Bestimmen Sie die Masse des Neonisotops.

17.12 Protonen in einem Zyklotron beschreiben kurz bevor sie austreten einen Kreis vom Radius 0,40 m. Die Frequenz des Wechselpotentials zwischen den Des ist 10^7 Hz. Berechnen Sie unter Vernachlässigung relativistischer Effekte (a) den Betrag des Feldes, (b) die Geschwindigkeit der Protonen, (c) die Energie der Protonen in J und in MeV, (d) die Mindestzahl vollständiger Umkreisungen des Protons, wenn der Spitzenwert des Potentials zwischen den Des 20.000 V beträgt.

17.13 Wiederholen Sie die vorhergehende Aufgabe für ein Deuteron und für ein alpha-Teilchen (Heliumkern). Ihre entsprechenden Massen sind 2,104 m_u und 4,003 m_u.

17.14 Das Magnetfeld in einem Zyklotron, der Protonen beschleunigt, ist 1,50 T. (a) Wie viele Male pro Sekunde sollte sich die Spannung zwischen den Des umkehren? (b) Der maximale Radius des Zyklotrons ist 0,35 m. Wie groß ist die maximale Geschwindigkeit des Protons? (c) Durch welchen Potentialunterschied müßte das Proton beschleunigt werden, um die maximale Zyklotrongeschwindigkeit zu erreichen?

17.15 Bestimmen Sie die Kraft auf jeden Abschnitt des Drahtes, der in Abb. 17.37 gezeigt ist, wenn das Feld, $\mathfrak{B} =$ 1,50 T, parallel zu OZ und $I = 2{,}0\,A$ ist. Die Seitenlänge des Würfels ist 0,10 m.

17.16 Die Ebene einer rechtwinkeligen Drahtschleife, 5 cm × 8 cm, ist parallel zu einem Magnetfeld von 0,15 T. (a) Welches Moment wirkt auf die Schleife, wenn sie einen Strom von 10 A trägt? (b) Wie groß ist das magnetische Moment auf die Schleife? (c) Wie groß ist das maximale Moment, das man mit der gleichen Gesamtlänge an Draht, die den gleichen Strom trägt, in diesem Magnetfeld erreichen kann?

17.17 Die rechtwinkelige Schleife in Abb. 17.38 wird um die Y-Achse geschwenkt und trägt einen Strom von 10 A in der angezeigten Richtung. (a) Wenn die Schleife sich in

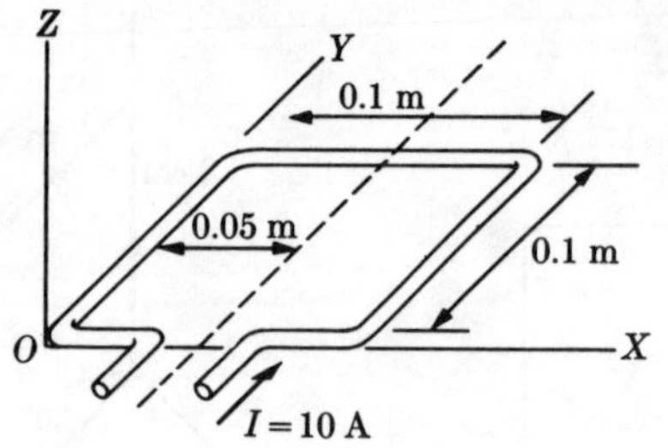

17.39

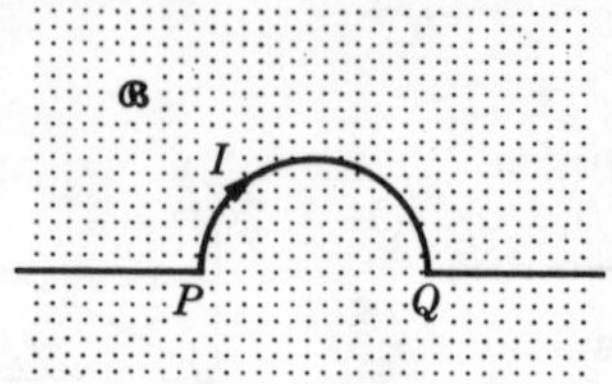

17.40

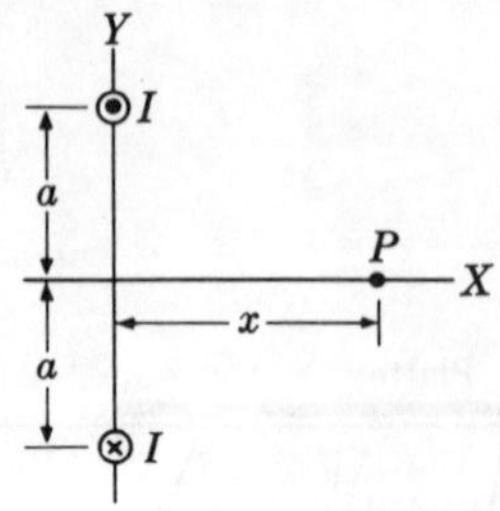

17.41

einem gleichförmigen Magnetfeld von 0,20 T parallel zur X-Achse befindet, berechnen Sie die Kraft in N auf jede Seite der Schleife und das Moment in N m, das notwendig ist, um die Schleife in der oben angezeigten Position zu halten. (b) Wiederholen Sie die Aufgabe (a) für den Fall, daß die Schleife sich in einem Feld parallel zur Z-Achse befindet. (c) Welches Moment wäre erforderlich, wenn die Schleife um eine Achse durch ihren Mittelpunkt parallel zur Y-Achse geschwenkt würde?

17.18 Bestimmen Sie die (als einheitlich angenommene) Stromdichte, die in einem horizontalen Aluminiumdraht erforderlich ist, um ihn im Magnetfeld der Erde am Äquator zum "Schweben" zu bringen. Die Dichte von Aluminium ist $2{,}7 \cdot 10^3$ kg m^{-3}. Nehmen Sie an, daß das Feld der Erde $7 \cdot 10^{-5}$ T beträgt und der Draht in ostwestlicher Richtung angeordnet ist.

17.19 Wie groß ist das maximale Moment auf eine Spule, 5 cm × 12 cm, die aus 600 Windungen besteht, wenn sie einen Strom von 10^{-5} A in einem gleichförmigen Feld von 0,10 T trägt?

17.20 Die Spule eines Drehspulengalvanometers hat 50 Windungen und umschließt eine Fläche von 6,0 cm^2. Das Magnetfeld im Bereich, in dem die Spule schwingt, beträgt 0,01 T und ist radial. Die Torsionskonstante der Haarfeder ist 10^{-6} N m Grad^{-1}. Bestimmen Sie die Winkelablenkung der Spule für einen Strom von 1 mA.

17.21 Eine Drahtschleife in Form eines Rechtecks von der Seitenlänge 0,1 m liegt in der XY-Ebene, wie in Abb. 17.39 gezeigt. In der Schleife fließt ein Strom von 10 A, wie angegeben. Parallel zur Z-Achse wird ein Magnetfeld angelegt, das eine Stärke von $\mathcal{B} = 0{,}10x$ T hat, wobei x in m gegeben ist. Berechnen Sie (a) die resultierende Kraft auf die Schleife, und (b) das resultierende Moment relativ zu O.

17.22 Berechnen Sie das magnetische Dipolmoment des Elektrons in einem Wasserstoffatom, das eine Kreisbahn im Abstand von $0{,}53 \cdot 10^{-10}$ m vom Proton beschreibt.

17.23 Bestimmen Sie die Kraft auf den kreisförmigen Leiterabschnitt in Abb. 17.40, wenn der Strom I und das Magnetfeld $\mathcal{B}$ nach oben gerichtet sind. Zeigen Sie, daß die Kraft die gleiche ist, wie wenn der Leiter zwischen P und Q gerade wäre.

17.24 Betrachten Sie eine rechteckige Drahtspule von 6,0 cm Seitenlänge, die einen konstanten Strom von 0,10 A trägt und sich in einem gleichförmigen Magnetfeld der Stärke 10^{-4} T befindet. (a) Liegt ein Moment auf die Spule vor, wenn die Ebene der Spule ursprünglich parallel zum Magnetfeld ist? (b) Beantworten Sie (a) für eine Spule, die ursprünglich senkrecht zum Magnetfeld ist. (c) Drücken Sie das Moment als Funktion des Winkels mit der Normalen aus, den die Spule mit dem Magnetfeld bildet. Tragen Sie das Moment in Abhängigkeit von der Änderung des Winkels von 0 nach 2π auf. (d) Was passiert, wenn die Spule an den Punkt, an dem kein Moment auf die Spule besteht, eine Winkelgeschwindigkeit aufweist?

17.25 Berechnen Sie die Stärke des Magnetfeldes in einer Entfernung von $0{,}53 \cdot 10^{-10}$ m und von 1 m, das von einem unendlich langen Draht erzeugt wird, welcher einen elektrischen Strom von 1 A trägt. Berechnen Sie auch das elektrische Feld an diesen Punkten.

17.26 Ein langer gerader Draht trägt einen Strom von 1,5 A. Ein Elektron bewegt sich mit einer Geschwindigkeit von $5{,}0 \cdot 10^4$ m s^{-1} parallel zum Draht, in einer Entfernung von 1,0 m von ihm und in gleicher Richtung. Welche Kraft übt das Magnetfeld des Stromes auf das bewegliche Elektron aus?

17.27 Zwei lange gerade parallele Drähte sind durch einen Abstand von $2a$ voneinander getrennt. Wenn die Drähte gleiche Ströme in entgegengesetzter Richtung tragen, wie groß ist dann das Magnetfeld in der Ebene des Drahtes

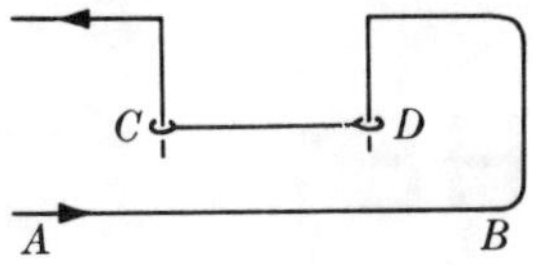

17.42

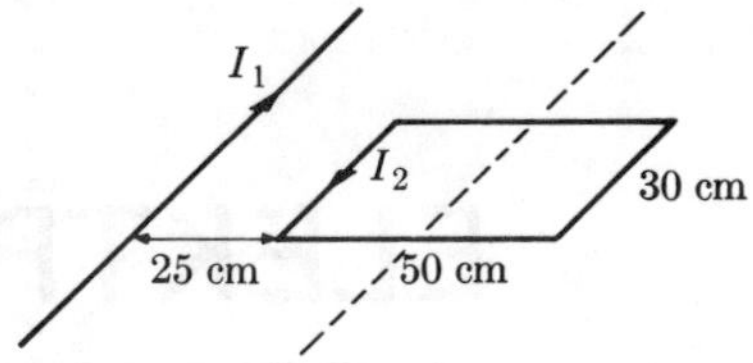

17.43

und an einem Punkt (a) in der Mitte zwischen den beiden Drähten und (b) in einem Abstand a von einem Draht und $3a$ vom anderen? (c) Beantworten Sie (a) und (b) für den Fall, in dem die Drähte gleiche Ströme in gleicher Richtung tragen.

17.28 Abb. 17.41 ist eine Endansicht zweier langer paralleler Drähte senkrecht zur XY-Ebene, die jeder einem Strom I in entgegengesezter Richtung tragen. (a) Geben Sie durch Vektoren das Magnetfeld jedes Drahtes und das resultierende Magnetfeld im Punkt P an. (b) Leiten Sie den Ausdruck für den Betrag von $\mathcal{B}$ an jedem beliebigen Punkt der X-Achse ab, gegeben durch die Koordinate x an diesem Punkt. (c) Fertigen Sie eine Darstellung des Betrags von $\mathcal{B}$ an jedem beliebigen Punkt der X-Achse an. (d) Bei welchem Wert von X ist $\mathcal{B}$ ein Maximum? Wiederholen Sie die Aufgabe für Punkte auf der Y-Achse.

17.29 Wiederholen Sie Aufgabe 17.28 für Ströme in gleicher Richtung.

17.30 Eine eng gewundene Spule hat einen Durchmesser von 0,40 m und trägt einen Strom von 2,50 A. Wie viele Windungen hat sie, wenn das Magnetfeld im Mittelpunkt der Spule $1{,}272 \cdot 10^{-4}$ T beträgt?

17.31 Ein Solenoid ist 0,30 m lang und mit zwei Schichten von Draht umwunden. Die innere Schicht besteht aus 300 Windungen, die äußere Schicht aus 250 Windungen. Der Strom ist 3,0 A und hat in beiden Schichten die gleiche Richtung. Wie groß ist das Magnetfeld an einem Punkt in der Nähe des Mittelpunkts des Solenoids?

17.32 Ein Beobachter O' bewegt sich relativ zum Beobachter O mit einer Geschwindigkeit V parallel zur gemeinsamen X-Achse. Zwei Ladungen q_1 und q_2 ruhen relativ zu O' und sind im Abstand r auf der X-Achse angeordnet, gemessen von O'. Bestimmen Sie die Kräfte auf jede Ladung, gemessen von O' und O. Wiederholen Sie die Aufgabe unter der Annahme, daß sich die Ladungen auf der Y'-Achse befinden.

17.33 Betrachten Sie zwei Elektronen, die sich auf geraden parallelen Bahnen im Abstand von 0,1 mm bewegen. (a) Wenn sie sich Seite an Seite mit der gleichen Geschwindigkeit $10^6\ \mathrm{s}^{-1}$ bewegen, bestimmen Sie die elektrischen und magnetischen Kräfte zwischen ihnen, wie sie der Laboratoriumsbeobachter sieht. (Nehmen Sie an, daß $10^6\ \mathrm{m\ s}^{-1}$ als nicht relativistische Beschleunigung betrachtet werden kann.) (b) Wie groß ist die Kraft, gemessen von einem Beobachter, der sich mit den Elektronen bewegt?

17.34 Ein langer horizontaler Draht AB (Abb. 17.42) ruht auf einer Tischoberfläche. Ein anderer Draht CD, senkrecht über dem ersten, ist 1,00 m lang und kann frei längs der beiden Metallhalter C und D gleiten. Die beiden Drähte sind durch die gleitenden Kontakte verbunden und tragen einen Strom von 50 A. Die Masse des Drahtes CD ist $5{,}0 \cdot 10^{-3}\ \mathrm{kg\ m}^{-1}$. Bis zu welcher Gleichgewichtshöhe wird der Draht CD steigen, wenn Sie annehmen, daß die magnetische Kraft auf ihn auf den Draht AB zurückzuführen ist?

17.35 Ein langer gerader Draht und ein rechtwinkliger Drahtrahmen liegen auf einer Tischfläche (Abb. 17.43). Die Seite des Rahmens parallel zum Draht ist 50 cm lang. Die Ströme sind $I_1 = 10$ A und $I_2 = 20$ A. (a) Wie groß ist die Kraft auf die Schleife? (b) Wie groß ist das Moment auf die Schleife mit dem geraden Draht als Achse? (c) Bestimmen Sie das Moment, nachdem die Spule 45° um die gestrichelte Achse verdreht wurde.

17.36 In Abb. 17.41 geht ein dritter langer gerader Draht parallel zu den beiden anderen durch den Punkt P. Jeder Draht trägt einen Strom von $I = 20$ A. Es sei $a = 0{,}30$ m und $x = 0{,}40$ m. Bestimmen Sie den Betrag und die Richtung der Kraft pro Längeneinheit auf den dritten Draht, (a) wenn der Strom in ihm von der Papierebene weg gerichtet ist, (b) wenn der Strom in Richtung der Ebene des Papiers weist.

Kapitel 18

ELEKTRISCHE STRUKTUR DER ATOME

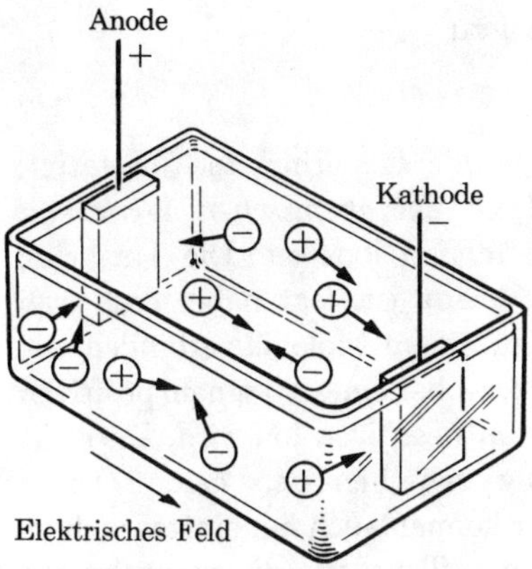

18.1 Elektrolyse. Ionen bewegen sich unter dem Einfluß des elektrischen Feldes, das durch die geladenen Elektroden erzeugt wird.

18.1 EINLEITUNG

Mit den Kenntnissen, die wir uns bereits in den vorhergehenden Kapiteln erworben haben, sind wir nun in der Lage die Struktur der Atome erneut zu betrachten. Wir haben sie schon kurz (und oberflächlich) im Kapitel 1 untersucht. Wir erinnern den Studenten daran, daß wir die Atome aus kleinen zentralen Regionen oder Kernen bestehend betrachten, von der Größenordnung von 10^{-14} m, die aus Protonen und Neutronen bestehen. Um den Kern kreisen die Elektronen in einem Bereich der Größenordnung von 10^{-10} m. Es ist unser Ziel, die experimentellen Grundlagen dieses Atommodells zu untersuchen und zu sehen, was wir über die Bewegung der Elektronen lernen können.

18.2 ELEKTROLYSE

Ein interessantes Phänomen ist das der *Elektrolyse*, nicht nur wegen seiner praktischen Anwendung, sondern auch weil es einen der ersten Hinweise auf die elektrische Struktur der Materie lieferte. Wir wollen annehmen, daß ein elektrisches Feld $\mathcal{E}$ an eine Salzschmelze (wie z.B. KHF_2) angelegt wird (Abb. 18.1), oder an eine Lösung, die eine Säure (wie z.B. HCl), eine Base (wie z.B. NaOH) oder ein Salz (wie z.B. NaCl) enthält. Wir erzeugen dieses Feld, indem wir zwei entgegengesetzt geladene Stäbe oder Platten, sogenannte *Elektroden*, in die Lösung eintauchen. Wir beobachten dann einen Fluß elektrischer Ladungen oder einen Strom und sehen, daß gewisse Arten geladener Atome sich auf die positive Elektrode oder *Anode* zu bewegen, wogegen andere auf die negative Elektrode oder *Kathode* zu wandern. Dieses Phänomen läßt vermuten, daß die Moleküle der gelösten Substanz sich in zwei verschiedene Arten geladener Teilchen oder Ionen getrennt (oder dissoziiert) haben. Einige sind positiv geladen und bewegen sich in Richtung des elektrischen Feldes; andere sind negativ geladen und bewegen sich entgegengesetzt zum elektrischen Feld. Im Fall des NaCl wandern z.B. Na-Teilchen auf die Kathode zu und sind daher positive Ionen, genannt *Kationen*, während die Cl-Teilchen zur Anode gehen und negative Ionen sind, genannt *Anionen*. Die Dissoziation kann in der Form

$$NaCl \rightarrow Na^+ + Cl^-$$

geschrieben werden. Da die NaCl-Moleküle selbst keine meßbare elektrische Ladung zeigen, können wir annehmen, daß sie aus gleichen Mengen positiver und negativer Ladungen bestehen. Wenn die NaCl-Moleküle dissoziieren, werden die Ladungen nicht gleichmäßig aufgeteilt. Ein Teil der Moleküle trägt einen Überschuß an negativer Elektrizität, der andere einen Überschuß an positiver Elektrizität. Jeder der zwei Teile ist daher ein Ion.

Wir haben angedeutet, daß alle Ladungen Vielfache einer elementaren Einleitsladung e sind. Wir wollen annehmen, daß die positiven Ionen eine Ladung $+ \nu e$ und die negativen Ionen eine Ladung $- \nu e$ tragen, wobei ν eine ganze Zahl ist, die später noch zu bestimmen sein wird. Wenn die Ionen an einer der Elektroden ankommen, werden sie durch Ladungsaustausch mit Ladung, die an der Elektrode zur Verfügung steht, neutralisiert. Im allgemeinen folgt eine Reihe chemischer Reaktionen, die uns hier nicht interessieren, die aber dazu dienen, die Natur des Ions zu identifizieren, das zu jeder der Elektroden wandert.

Nach einer bestimmten Zeit t ist eine Zahl N von Atomen jeder Art zu jeder der Elektroden gewandert. Die Gesamtladung Q, die an jeder Elektrode übertragen wurde, ist dann in Absolutwerten

$$Q = N\nu e.$$

Wenn wir annehmen, daß m die Masse jedes Moleküls ist, ist die Gesamtmasse M, die an jeder der beiden Elektroden niedergeschlagen wird

$$M = Nm.$$

Indem wir die erste Beziehung durch die zweite dividieren, erhalten wir

$$\frac{Q}{M} = \frac{\nu e}{m}. \tag{18.1}$$

Wenn N_A jedoch die *Loschmidtsche* oder *Avogadrosche Zahl* (die Zahl von Molekülen in einem Mol jeder beliebigen Substanz) ist, ist die Masse eines Mols der Substanz

$$M_A = N_A m.$$

Gleichung (18.1) kann daher in der Form

$$\frac{Q}{M} = \frac{\nu e}{m} = \frac{N_A \nu e}{N_A m} \quad \text{oder} \quad \frac{Q}{M} = \frac{F\nu}{M_A} \tag{18.2}$$

geschrieben werden, wobei die Größe, die wir als

$$F = N_A e \tag{18.3}$$

definiert haben, eine Universalkonstante, die sogenannte *Faradaykonstante* ist. Sie stellt die Ladung eines Mols von Ionen mit $\nu = 1$ dar. Ihr experimenteller Wert ist

$$F = 9{,}6487 \cdot 10^4 \text{ C mol}^{-1}. \tag{18.4}$$

Aus diesem Wert und dem, den wir schon früher für e gefunden hatten, erhalten wir die Loschmidtsche oder Avogadrosche Zahl zu

$$N_A = 6{,}0225 \cdot 10^{23} \text{ mol}^{-1} \tag{18.5}$$

Gleichung (18.2) wurde experimentell bestätigt; man fand, daß ν gleich der *chemischen Wertigkeit* oder *Valenz* des betreffenden Ions ist. Die Tatsache, daß ν die chemische Valenz ist, legt nahe, daß zwei Atome, wenn sie sich zu einem Molekül verbinden, die Ladung νe austauschen, wobei eines zu einem positiven und das andere zu einem negativen Ion wird. Die elektrische Wechselwirkung zwischen den beiden Ionen hält sie zusammen. Wir können auch mit einiger Sicherheit annehmen, daß die Teilchen, die ausgetauscht werden, Elektronen sind, da sie viel leichter und beweglicher als die Protonen sind. Wir dürfen dieses Bild der chemischen Bindung, die man als *ionische Bindung* bezeichnet, nur als vorläufige Diskussion betrachten, die weiterer Revision und Kritik bedarf.

In Abschnitt 15.10. haben wir angedeutet, daß die Gravitationskräfte nicht stark genug sind, um die Anziehung hervorzurufen, die notwendig ist, um zwei Atome zu einem Molekül zu verbinden, oder zwei Moleküle zu einem Stück Materie, und zwar sind sie um den Faktor 10^{35} zu schwach. Wir wollen nun die Größenordnung der elektrischen und der Gravitationskräfte vergleichen. Unter der Annahme gleicher Abstände wird die Stärke der elektrischen Wechselwirkung durch die Kopplungskonstante $q_1 q_2 / 4\pi\epsilon_0$ bestimmt und die der Gravitationswechselwirkung durch $\gamma m_1 m_2$. Daher ist

$$\frac{\text{elektrische Wechselwirkung}}{\text{Gravitationswechselwirkung}} = \frac{q_1 q_2}{4\pi\epsilon_0 \gamma m_1 m_2}.$$

Um die Größenordnung zu erhalten, setzen wir

$$q_1 = q_2 = e \quad \text{und} \quad m_1 = m_2 = m_p,$$

so daß für zwei Protonen oder zwei Wasserstoffionen gilt:

$$\frac{\text{elektrische Wechselwirkung}}{\text{Gravitationswechselwirkung}} = \frac{e^2}{4\pi\epsilon_0 \gamma m_p^2} = 1{,}5 \cdot 10^{36}.$$

Das ist etwa der gleiche Faktor, um den die Gravitationskräfte zu schwach sind, um die erforderliche Wechselwirkung herbeizuführen. Für die Wechselwirkung zwischen einem Proton und einem Elektron ist

$$m_1 = m_p, \qquad m_2 = m_e,$$

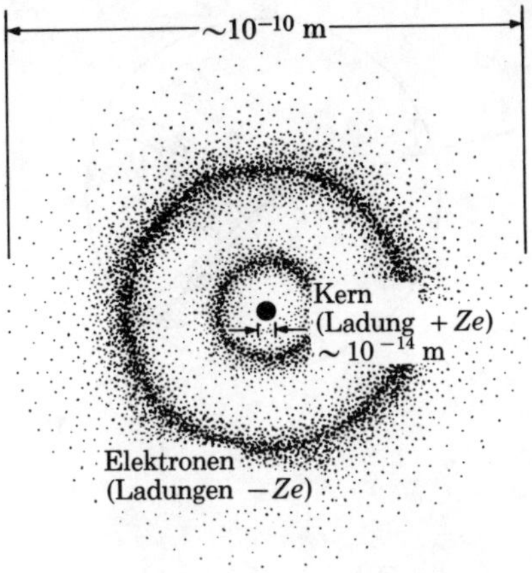

18.2 Elektronenverteilung in einem Atom.

und das obige Verhältnis daher sogar noch größer. Wir schließen daher:

Die elektrische Wechselwirkung ist von der Größenordnung, die notwendig ist, um die Bindung zwischen Atomen zu Molekülen oder die Bindung zwischen Elektronen und Kernen zu Atomen zu bewirken.

Der Schluß ist nun offensichtlich: chemische Prozesse (und allgemein das makroskopische Verhalten der Materie) sind auf elektrische Wechselwirkungen zwischen Atomen und Molekülen zurückzuführen. Ein gründliches Verständnis des elektrischen Aufbaus der Atome und Moleküle ist daher zur Erklärung chemischer Prozesse und ganz allgemein zur Erklärung aller Phänomene, die wir ständig um uns herum in der toten und lebendigen Materie beobachten, wesentlich.

18.3 DAS KERNMODELL DER ATOME

Wir wissen, daß Atome normalerweise elektrisch neutral sind, da die makroskopische Materie offensichtlich keine elektrischen Kräfte ausübt. Atome müssen daher gleiche Mengen an positiver und negativer Elektrizität enthalten; in anderen Worten, sie müssen gleiche Zahlen von Protonen und Elektronen enthalten. Die gleiche Zahl von Protonen und Elektronen nennt man die *Ordnungszahl*, sie wird mit Z bezeichnet. Atome enthalten daher eine positive Ladung $+Ze$ infolge der Protonen und eine gleich große negative Ladung infolge der Elektronen.

Ein mögliches Atommodell drängt sich auf: Wir können annehmen, daß Protonen, die mehr Masse enthalten als Elektronen, im Schwerpunkt des Atoms gesammelt sind, wo sie eine Art *Kern* bilden, und daß die Elektronen um sie kreisen, analog unserem Planetensystem (Abb. 18.2). Dieses Modell ist wegen unserer Vertrautheit mit dem Sonnensystem sehr attraktiv. Neben den anderen Schwierigkeiten, auf die wir bei diesem Modell stoßen, müssen wir aber auch erklären, wie die Protonen im Kern trotz der starken elektrischen Abstoßung zusammengehalten werden. Diese Tatsache erfordert zusätzlich zu den elektrischen Wechselwirkungen die Existenz anderer Wechselwirkungen.

Um die Verteilung der Elektronen und Protonen in einem Atom aufzuklären, müssen wir das Innere eines Atoms ausloten, indem wir einen Strom schneller geladener Teilchen, wie z.B. Wasserstoffionen (d.h. Protonen) oder Heliumionen (sogenannte *alpha-Teilchen*) gegen das Atom schicken und die sich ergebenden Wechselwirkungen beobachten. Das Experiment ist ein *Streuexperiment*; einige Aspekte davon wurden bereits in Beispiel 7.11. dargestellt.

Wir können Atome als kugelförmig betrachten, mit einem Radius von der Größenordnung von 10^{-10} m. Wir erinnern uns aus Abschnitt 16.6 daran, daß eine geladene Kugel vom Radius a, über deren gesamtes Volumen

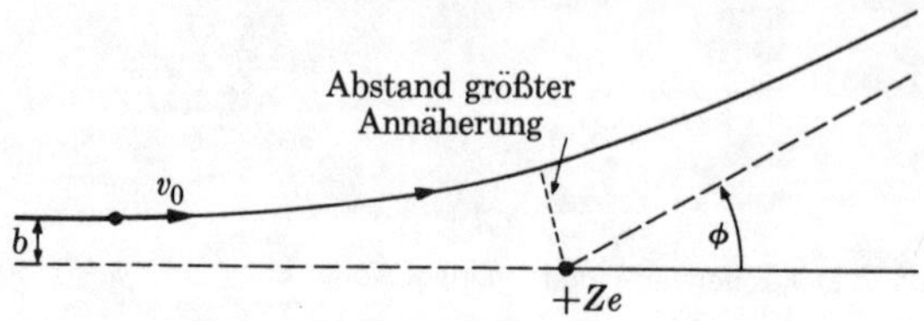

18.3 Ablenkung eines positiven Ions infolge der Coulombabstoßung durch den Kern.

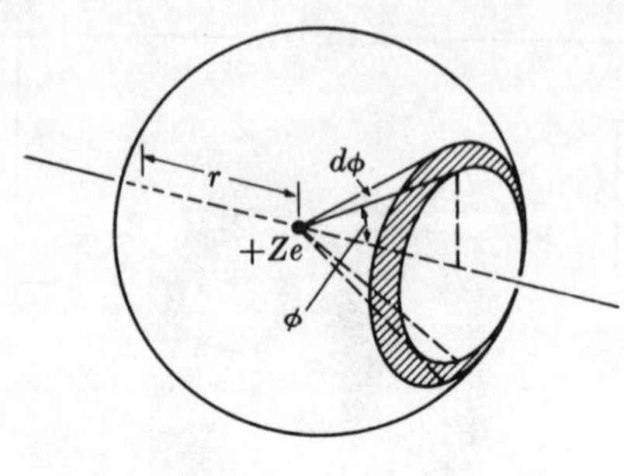

18.4

die Ladung Q gleichförmig verteilt ist, an allen äußeren Punkten ($r > a$) ein elektrisches Feld erzeugt, das durch

$$\mathcal{E} = \frac{Q}{4\pi\epsilon_0 r^2}, \; r > a, \qquad (18.6)$$

gegeben ist; das elektrische Feld an allen Punkten im Innern ($r < a$) ist durch

$$\mathcal{E} = \frac{Qr}{4\pi\epsilon_0 a^3}, \qquad r < a, \qquad (18.7)$$

gegeben.

Wenn ein Teilchen der Masse m und der Ladung q mit der Geschwindigkeit v_0 und einem Stoßparameter b (siehe Beispiel 7.11) gegen die geladene Kugel geschleudert wird, kann man zeigen, daß der Winkel ϕ, um den das Teilchen abgelenkt wird (Abb. 18.3), durch

$$\cot \tfrac{1}{2}\phi = \frac{4\pi\epsilon_0 m v_0^2 b}{Qq} \qquad (18.8)$$

gegeben ist, solange das Teilchen nicht in die Kugel eindringt (so daß es zu allen Zeitpunkten einer Entfernungsquadratkraft unterliegt). Beachten Sie, daß die Ablenkung umso größer ist, je kleiner der Stoßparameter b.

Im Kernmodell ist Q für das Nukleon gleich Ze; für das stoßende Teilchen ist q gleich ve ($v = 1$ für Protonen, $v = 2$ für α-Teilchen). In der Versuchsanordnung werden mehrere Teilchen gegen eine sehr dünne Folie geschickt und die abgelenkten Teilchen beobachtet. Da b nicht kontrolliert werden kann (da es unmöglich ist, auf ein bestimmtes Atom zu zielen), müssen wir eine statistische Analyse durchführen, um das Versuchsergebnis zu interpretieren.

Nehmen Sie an, daß die Folie die Dicke t hat und n Atome pro Volumeneinheit enthält. Wenn pro Flächeneinheit der Folie N Teilchen auftreffen, werden einige in die Nähe eines Atoms der Folie gelangen (kleiner Stoßparameter), und daher eine große Ablenkung erfahren. Einige werden in relativ grosser Entfernung von den Atomen der Folie auftreffen (großer Stoßparameter) und eine kleine Ablenkung erfahren. Das Ergebnis der statistischen Analyse zeigt, daß die Zahl der Teilchen dN, die innerhalb des festen Winkels $d\Omega$ abgelenkt werden (entsprechend dem Streuwinkel ϕ und $\phi + d\phi$ relativ zur Einfallsrichtung, in Abb. 18.4 als schattierter Ring gezeigt), durch

$$\frac{dN}{d\Omega} = \frac{Nnv^2Z^2e^4t}{4(4\pi\epsilon_0)^2 m^2 v_0^4} \csc^4 \tfrac{1}{2}\phi^* \qquad (18.9)$$

gegeben ist. Dies zeigt, daß die Teilchen, die pro festen Einheitswinkel gestreut werden, entsprechend einem $\csc^4 \frac{1}{2}\phi$ — Gesetz statistisch verteilt sein müssen. Der Beweis dieser Voraussage für alle Winkel ist daher gleichzeitig ein indirekter Beweis dafür, daß die gesamte positive Ladung nahe dem Zentrum des Kerns konzentriert ist. Der Beweis wurde zum ersten Mal durch Versuche erbracht, die H. Geiger und E. Marsden in der Zeit von 1911—1913 unter der Leitung des britischen Physikers Ernest Rutherford (1871—1937) durchführten. Diese Versuche waren die Grundlage für das Kernmodell der Atome, das seither als das richtige Modell akzeptiert wurde.

Für jeden Wert des Stoßparameters b gibt es einen Abstand größter Annäherung, in dem das stoßende

*Kosekans: $\csc \alpha \equiv 1/\sin \alpha$

Teilchen dem Zentrum am nächsten kommt. Der Mindestabstand liegt bei einem geraden zentrischen Stoß ($b = 0$) vor. Berechnung dieses Abstands für verschiedene Versuchsbedingungen zeigt, daß der Abstand für Protonen und alpha-Teilchen mit Energien von 10^{-13} J (oder 1 MeV) in der Größenordnung 10^{-14} m liegt. Dieser Abstand gibt eine obere Grenze für den Radius des Atomkerns. Wir schließen daraus, daß die Protonen in einem Bereich konzentriert sind, dessen Dimension in der Größenordnung von 10^{-14} m liegt. Wenn wir die Tatsache in Betracht ziehen, daß der Atomradius in der Größenordnung von 10^{-10} m liegt, sehen wir, daß der Großteil des Atomvolumens von beweglichen Elektronen eingenommen wird und praktisch leer ist.

Bei sehr kleinen Werten für den Stoßparameter und sehr hohen Energien, also wenn die ankommenden Teilchen dem Kern sehr nahe kommen, wird das $\csc^4 \frac{1}{2}\phi$-Gesetz nicht befolgt. Das zeigt das Vorhandensein anderer Wechselwirkungen, der *Kernkräfte* an. Wenn man die Abweichungen von der reinen Coulomb-Streuung, die durch (18.9) gegeben ist, analysiert, erhält man wichtige Informationen über die Kernkräfte.

Beispiel 18.1 *Abstand der größten Annäherung für einen geraden zentrischen Stoß eines geladenen Teilchen, der gegen einen Atomkern gerichtet ist.* Wenn die Ladung des Kerns Ze und die des anfliegenden Teilchens νe ist, ist die Gesamtenergie des Systems Geschoß-Kern, unter der Annahme, daß die Masse des Kerns viel größer ist als die Masse m des Geschoßes (oder daß der Kern in einem Kristall eingebettet ist) durch

$$E = \frac{1}{2}mv^2 + \frac{\nu Ze^2}{4\pi\epsilon_0 r}$$

gegeben, wobei $\frac{1}{2}mv^2$ die kinetische Energie des Geschoßes ist. Wenn das Teilchen sehr weit entfernt ist, besteht seine gesamte Energie aus kinetischer Energie und ist gleich $\frac{1}{2}mv_0^2$. Der Energieerhaltungssatz erfordert, daß

$$\frac{1}{2}mv^2 + \frac{\nu Ze^2}{4\pi\epsilon_0 r} = \frac{1}{2}mv_0^2.$$

Am Punkt der größten Annäherung R ist die Geschwindigkeit v null, wenn der Stoß gerade und zentrisch ist. Daher ist

$$\frac{\nu Ze^2}{4\pi\epsilon_0 R} = \frac{1}{2}mv_0^2 \qquad \text{oder} \qquad R = \frac{\nu Ze^2}{4\pi\epsilon_0(\frac{1}{2}mv_0^2)}. \qquad (18.10)$$

18.4 DIE BOHRSCHE ATOMTHEORIE

Die einfachsten und leichtesten aller Atome sind Wasserstoffatome, die aus einem Elektron bestehen, das um ein einzelnes Proton kreist. Dann ist $Z = 1$ und der Kern des Wasserstoffatoms besteht nur aus einem Proton.

Bei Atomen, die schwerer als Wasserstoff sind, ist die Masse größer als die Masse Z der Protonen, die sie enthalten. Der Unterschied ist auf die Anwesenheit von *Neutronen* im Kern zurückzuführen. Die Gesamtzahl der Teilchen in einem Kern nennt man die *Massenzahl*, sie wird mit A bezeichnet. Ein Atom hat daher Z Elektronen, Z Protonen und $A - Z$ Neutronen. Neutronen sind anscheinend notwendig, um den Kern zu stabilisieren. Wenn Protonen nur ihrer eigenen elektrischen Wechselwirkung unterlägen, würden sie einander abstoßen, da sie alle positiv geladen sind. Die Tatsache, daß sie in einem Kern zusammenbleiben, zeigt, daß es zusätzlich zur elektrischen Wechselwirkung andere sehr starke Wechselwirkungen gibt, die den sogenannten *Kernkräften* entsprechen und der elektrischen Abstoßung entgegenwirken. Die Neutronen tragen ohne zusätzliche elektrische Abstoßung zu den Kernkräften bei und haben daher einen stabilisierenden Einfluß.

Das chemische Verhalten eines Atoms wird, da es sich dabei um einen elektrischen Effekt handelt, durch die Ordnungszahl Z bestimmt. Jedes chemische Element besteht daher aus Atomen mit der gleichen Ordnungszahl Z. Für ein bestimmtes Z kann es jedoch verschiedene Werte der Massenzahl A geben. In anderen Worten, auf eine bestimmte Zahl von Protonen im Kern können verschiedene Zahlen von Neutronen kommen. Wir erinnern uns daran, daß Atome, die die gleiche Ordnungszahl, aber verschiedene Massenzahlen haben, *Isotope* genannt werden. Sie entsprechen alle dem gleichen chemischen Element. Verschiedene Isotope eines chemischen Elements werden mit dem Symbol des chemischen Elements bezeichnet (das auch die Ordnungszahl gibt) und einem Index links oben, der die Massenzahl angibt. Zum Beispiel hat Wasserstoff ($Z = 1$) drei Isotope: ^{1}H, ^{2}H oder Deuterium und ^{3}H oder Tritium. Entsprechend sind zwei der wichtigsten Isotope des Kohlenstoffs ($Z = 6$) ^{12}C und ^{14}C. Das Isotop ^{12}C wird für die Definition der Atommasseneinheit verwendet.

Da ein Elektron eines Atoms einer $1/r^2$-Anziehungskraft durch den Kern unterliegt, können wir erwarten, daß die Bahnen Ellipsen sein werden, in deren Brennpunkt der Kern ist (die Gründe sind die gleichen wie die, die in Kapitel 15 für die Planetenbewegung gegeben wurden). Wir wollen daher ein Atom mit einem einzigen Elektron betrachten, d.h. Wasserstoff (H, $Z = 1$), einfach ionisiertes Helium (He^+, $Z = 2$), zweifach ionisiertes Lithium (Li^{2+}, $Z = 3$) u.s.w. Wir wollen in erster Näherung annehmen, daß der Kern mit dem Schwerpunkt zusammenfällt und daher im *SP*-Bezugssystem ruht. Die potentielle Energie des Systems ist nach (16.21) $q = -e$ und $q' = +Ze$,

$$E_p = -\frac{Ze^2}{4\pi\epsilon_0 r}.$$

Die Gesamtenergie des Atoms ist daher

$$E = \tfrac{1}{2}m_e v^2 \quad \frac{Ze^2}{4\pi\epsilon_0 r}. \tag{18.11}$$

Im Rahmen der klassischen Mechanik sind den möglichen Werten für die Energie eines Elektrons in einem Atom keine Grenzen gesetzt. Es gibt jedoch zahlreiche experimentelle Hinweise, auf die wir später eingehen wollen, die vermuten lassen, daß

Die Elektronenenergie in einem Atom nur bestimmte Werte annehmen kann

$E_1, E_2, E_3, \ldots, E_n, \ldots$

Das heißt, die Energie der Elektronenbewegung im Atom ist gequantelt.

Die Zustände, die den erlaubten Energien entsprechen, nennt man *stationäre Zustände*. Der Zustand mit der niedrigsten möglichen Energie ist der *Grundzustand*.

Für den Fall eines wasserstoffähnliches Atoms hat man experimentell gefunden, daß die Energie des stationären Zustands einem Ausdruck der Form

$$E = -\frac{\text{Konst} \cdot Z^2}{n^2}$$

entspricht, wobei n eine ganze Zahl ($n = 1, 2, 3, \ldots$) ist. Die Konstante ist im wesentlichen für alle einelektronigen Atome gleich und hat den Wert $2{,}177 \cdot 10^{-8}$ J oder 13,598 eV. Daher ist

$$E = -\frac{2{,}177 \cdot 10^{-18} Z^2}{n^2}\,\text{J} = -\frac{13{,}598 Z^2}{n^2}\,\text{eV}. \tag{18.12}$$

Die Energieniveaus für H, He^+ und Li^{2+} sind in Abb. 18.5 dargestellt. Der Grundzustand entspricht $n = 1$, da dies die minimale mögliche Energie des Atoms ist. Der Wert von E_1 gibt auch die Mindestenergie, die notwendig ist, um ein Atom zu ionisieren, das sich im Grundzustand befindet.

Wie unten gezeigt, erfordert das Vorhandensein stationärer Zustände einelektroniger Atome, gegeben durch (18.12), daß der Drehimpuls des Elektrons

$$L = m_e v r$$

(siehe (7.31)) auf bestimmte Werte beschränkt sein muß, die der Konstanten

$$\hbar = 1{,}0545 \cdot 10^{-34}\ \text{J s}$$

proportional sind. Die Konstante wurde im Beispiel 7.10 eingeführt. Nach der Bohrschen Theorie sind die möglichen Werte des Drehimpulses durch

$$L = n\hbar \quad (n = 1, 2, 3, \ldots) \tag{18.13}$$

gegeben. Dieser Ausdruck wurde unter der Annahme abgeleitet, daß die Elektronen Kreisbahnen beschreiben. Diese Annahme ist aus Gründen, die unten angeführt werden, nicht völlig korrekt. Wir schließen daraus:

Der Drehimpuls eines Elektrons in einem Atom kann nur bestimmte Werte

$L_1, L_2, L_3, \ldots, L_n, \ldots$

annehmen. Das heißt, der Drehimpuls der Elektronenbewegung im Atom ist gequantelt.

Die Tatsache, daß Energie und Drehimpuls gequantelt sind, ist ein Beweis dafür, daß bei der Analyse der Elektronenbewegung bestimmte neue Prinzipien in Betracht gezogen werden müssen. Die zugehörige Theorie nennt man *Quantenmechanik*. Sie wird in Kapitel 30 besprochen werden. Einer der wesentlichen Punkte dieser Theorie ist der, daß Elektronenbahnen nicht so

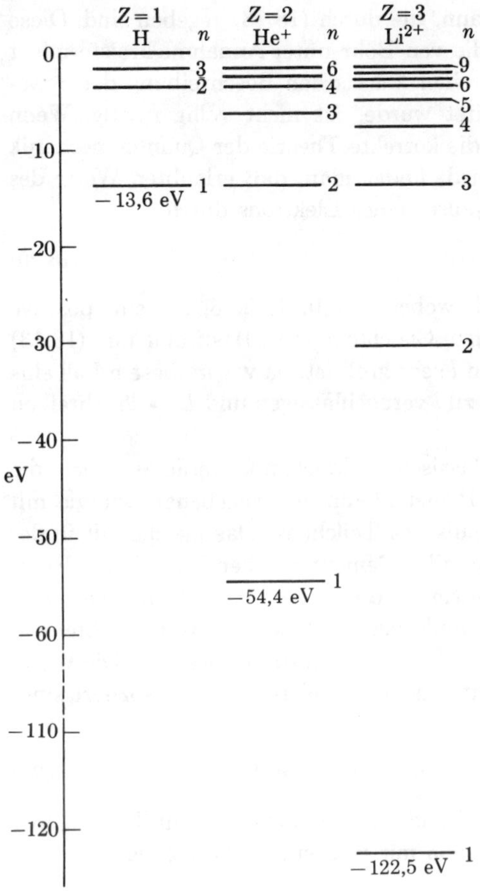

18.5 Einige Energieniveaus von H, He^+ und Li^{2+}.

genau definiert werden können wie wir z.B. Planetenbahnen definieren, sondern daß man nur von Bereichen sprechen kann, in denen man das Elektron mit größter Wahrscheinlichkeit finden wird.

Die dargestellte Theorie wurde 1913 von dem dänischen Physiker Niels Bohr (1885–1862) entwickelt, der zur Zeit, als die in Abschnitt 18.3 beschriebenen Streuversuche durchgeführt wurden, bei Rutherford arbeitete.

Details der Bohrschen Theorie Wir wollen der Einfachheit halber annehmen, daß sich die Elektronen in einer Kreisbahn um den Kern bewegen. Die Bewegungsgleichung des Elektrons ist nach (7.28)

$$\frac{m_e v^2}{r} = F,$$

wobei $F = Ze^2/4\pi\epsilon_0 r^2$ die Anziehungskraft ist, die vom Kern ausgeübt wird. Dann ist

$$\frac{m_e v^2}{r} = \frac{Ze^2}{4\pi\epsilon_0 r^2}, \qquad \text{oder} \qquad m_e v^2 = \frac{Ze^2}{4\pi\epsilon_0 r}.$$

Wenn dieser Ausdruck in (18.11) für die Energie eingesetzt wird, erhalten wir

$$E = \frac{1}{2}\,\frac{Ze^2}{4\pi\epsilon_0 r} - \frac{Ze^2}{4\pi\epsilon_0 r}, \qquad \text{oder} \qquad E = -\frac{Ze^2}{4\pi\epsilon_0 (2r)}. \tag{18.14}$$

(Dieser Ausdruck stimmt mit (15.6) für den Fall der Gravitation überein, wenn wir $\gamma m m'$ durch $Ze^2/4\pi\epsilon_0$ ersetzen).

Wir können (18.14) durch den Drehimpuls des Teilchens ausdrücken, der eine Bewegungskonstante ist, da es sich um eine Zentralkraft handelt. Wir erinnern uns daran, daß $L =$

$m_e vr$ und daß daher

$$L^2 = m_e(m_e v^2)r^2 = m_e Z e^2 r / 4\pi\epsilon_0. \quad (18.15)$$

Wir wenden diese Berechnung an, um r aus (18.14) zu eliminieren, wodurch wir

$$E = -\frac{m_e e^2 Z^2}{2(4\pi\epsilon_0)^2 L^2} \quad (18.16)$$

erhalten. Vergleich mit (18.12) zeigt, daß L^2 proportional zu n^2 sein muß; d.h.

$$L = \text{Konst} \cdot n.$$

Die Konstante wurde in (18.13) mit $\hbar$ bezeichnet. Wenn wir $L = n\hbar$ in (18.16) einsetzen, erhalten wir für die erlaubten Energieniveaus

$$E = -\frac{m_e e^4 Z^2}{2(4\pi\epsilon_0)^2 \hbar^2 n^2}. \quad (18.17)$$

Wenn wir (18.17) mit (18.12) vergleichen, erhalten wir den Wert von $\hbar$.

Indem wir in (18.15) $L = n\hbar$ setzen, finden wir den Radius der erlaubten Bahn zu

$$r = \frac{(4\pi\epsilon_0)\hbar^2}{Z e^2 m_e} n^2 = \frac{a_0}{Z} n^2, \quad (18.18)$$

wobei

$$a_0 = \frac{(4\pi\epsilon_0)\hbar^2}{e^2 m_e} = 5{,}292 \cdot 10^{-11}\,\text{m} \quad (18.19)$$

der *Bohrsche Radius* genannt wird. Er entspricht dem Radius der Wasserstoffatoms ($Z = 1$) in seinem Grundzustand ($n = 1$). Man muß jedoch betonen, daß der Wert von r, den man aus (18.18) erhält, nicht zu genau genommen werden darf. Man sollte ihn nur als einen Hinweis auf die Größenordnung des Bereichs werten, in welchem die Elektronen mit größter Wahrscheinlichkeit gefunden werden.

18.5 QUANTELUNG DES DREHIMPULSES

Im vorhergehenden Abschnitt haben wir gezeigt, daß man die beobachteten erlaubten Energieniveaus eines einelektronigen Atoms durch die Annahme begründen kann, daß der Drehimpuls des Elektrons gequantelt ist und nur die Werte

$$L = n\hbar$$

annehmen kann, die durch (18.13) gegeben sind. Diese Beziehung, die von Bohr unter Annahme kreisförmiger Bahnen und einer klassischen Beschreibung der Bewegung abgeleitet wurde, ist nicht völlig richtig. Wenn statt dessen die korrekte Theorie der Quantenmechanik verwendet wird, findet man, daß erlaubten Werte des Bahndrehimpulses eines Elektrons durch

$$L = \sqrt{l(l+1)}\,\hbar \quad (18.20)$$

gegeben sind, wobei $l = 0, 1, 2, 3, \ldots$ eine positive ganze Zahl ist. Gleichung (18.20) stimmt mit (18.13) überein, wenn l sehr groß ist, da wir in diesem Fall eins im Vergleich zu l vernachlässigen und $L \approx l\hbar$ schreiben können.

In der klassischen Mechanik verändert sich die Gestalt der Planetenbahn bei gegebener Energie mit dem Drehimpuls des Teilchens. Das gleiche gilt in der Quantenmechanik. Dementsprechend ist jedes Energieniveau, bestimmt durch den Wert n, mit verschiedenen Drehimpulszuständen des Elektrons verbunden, die durch den Wert von l bestimmt werden. Die Werte von l, die mit jedem der Werte von n assoziiert sind, sind

$$l = 0, 1, 2, \ldots, (n-1) \qquad (n \text{ Werte}) \quad (18.21)$$

Drehimpulszustände werden nach dem in Tabelle 18.1 gezeigten Schema mit Buchstaben bezeichnet.

Tabelle 18.1

DREHIMPULSZUSTÄNDE

l	0	1	2	3	4
Symbol	s	p	d	f	g
$g = 2l + 1$	1	3	5	7	9

Zusätzlich zur Quantisierung des Bahndrehimpulses gilt

Die Orientierung des Drehimpulses **L** *relativ zu einer gegebenen Achse ist auf bestimmte Richtungen beschränkt; dieses Ergebnis bezeichnet man als Richtungsquantelung.*

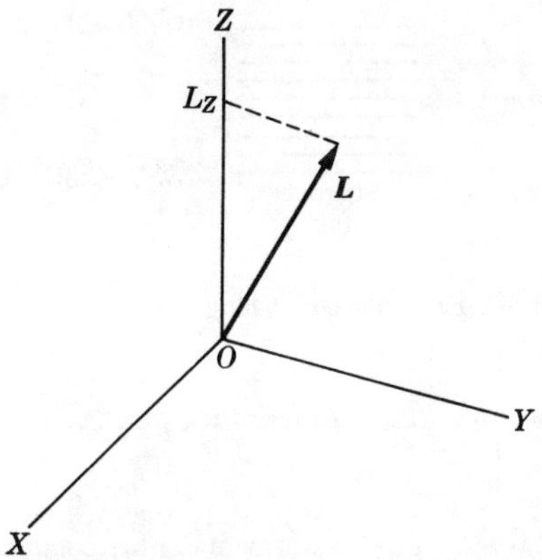

18.6 Bahndrehimpuls $\boldsymbol{L}$ und seine Komponente L_Z in Richtung der Z-Achse.

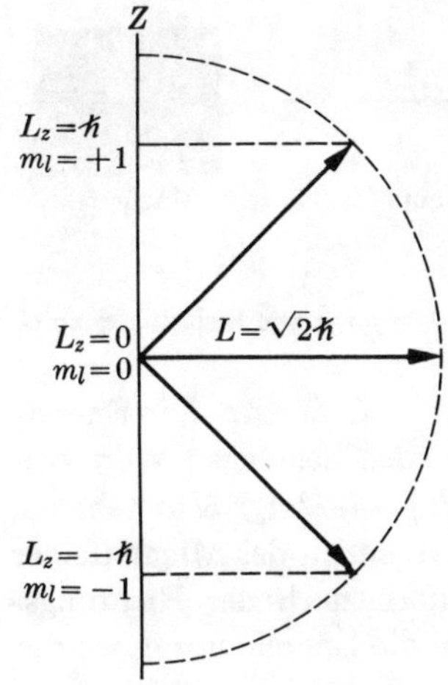

18.7 Mögliche Orientierung des Drehimpulses, entsprechend $l = 1$ und $L = \sqrt{2}\,\hbar$.

Indem wir die gegebene Achse als die Z-Achse bezeichnen (Abb. 18.6), erhalten wir die erlaubten Werte der Z-Komponente von $\boldsymbol{L}$ als

$$L_z = m_l \hbar, \tag{18.22}$$

wobei m_l eine positive oder negative ganze Zahl ist, die die Werte

$$m_l = 0, \pm 1, \pm 2, \ldots, \pm(l-1), \pm l \tag{18.23}$$

annehmen kann. Die obere Grenze des Wertes von m_l ist $\pm l$, da L_z notwendigerweise nicht größer als $|\boldsymbol{L}|$ werden kann. Für $l = 0$ (s-Zustände) ist nur $m_l = 0$ möglich. Für $l = 1$ (p-Zustände) kann $m_l = 0, \pm 1$ sein. Allgemein gibt es für jeden Zustand von l, $g = 2l + 1$ mögliche Werte für m_l; jeder Wert von m_l gibt eine mögliche Richtung von $\boldsymbol{L}$. Tabelle 18.1 führt die g-Werte für die verschiedenen Drehimpulszustände auf. In Abb. 18.7 zeigen wir die drei möglichen Anordnungen von $\boldsymbol{L}$ für $l = 1$.

Zeeman-Effekt Es gibt eine Vielzahl experimenteller Beweise für die Quantelung des Drehimpulses. Die vielleicht direktesten Versuche hängen mit der Wirkung eines Magnetfeldes auf die atomaren Energieniveaus zusammen, dem sogenannten *Zeeman-Effekt*.

Ein kreisendes Elektron entspricht einem kleinen Strom. Mit dem Strom ist ein magnetisches Dipolmoment verbunden, das, wie unten gezeigt, durch

$$\boldsymbol{M}_L = -\frac{e}{2m_e}\boldsymbol{L} \tag{18.24}$$

gegeben ist. Das negative Vorzeichen zeigt, daß $\boldsymbol{M}_L$ entgegengesetzt zu $\boldsymbol{L}$ ist.

Nehmen Sie an, daß ein Atom in ein äußeres Magnetfeld gebracht wird. Die magnetische Energie eines kreisenden Elektrons erhält man durch Kombination von (17.19) mit (18.24); d.h.

$$E_{\text{mag}} = -\boldsymbol{M}_L \cdot \boldsymbol{\mathcal{B}},$$

oder, wenn wir den Wert von $\boldsymbol{M}_L$ einführen, der durch (18.24) gegeben ist

$$E_{\text{mag}} = \frac{e}{2m_e}\boldsymbol{\mathcal{B}} \cdot \boldsymbol{L}. \tag{18.25}$$

Indem wir die Z-Achse in Richtung von $\boldsymbol{\mathcal{B}}$, verlegen, können wir (18.25) als

$$E_{\text{mag}} = \frac{e}{2m_e}\mathcal{B}L_z \tag{18.26}$$

schreiben. Wenn der Drehimpuls jede beliebige Richtung annehmen könnte, könnte sich der Wert von L_z konti-

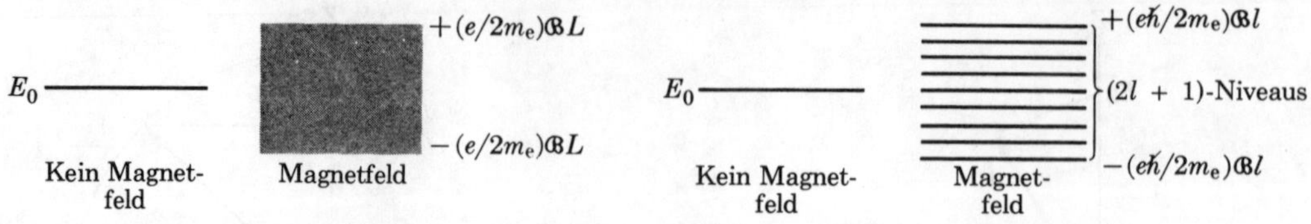

18.8 Aufspaltung eines Energieniveaus durch ein Magnetfeld (Zeeman-Effekt)

(a) keine Richtungsquantelung

(b) Mit Richtungsquantelung

nuierlich zwischen $+L$ und $-L$ ändern. Die Energie des Elektrons könnte dann jeden beliebigen Wert zwischen $E + (e/2m_e)\mathcal{B}L$ und $E_0 - (e/2m_e)\mathcal{B}l$ annehmen, wobei E_0 die Energie in Abwesenheit des Magnetfeldes ist (Abb. 18.8a). Wenn jedoch nach der Richtungsquantelung (18.22) gilt, kann die Energie nur einen der $2l + 1$ Werte annehmen,

$$E = E_0 + \frac{e\hbar}{2m_e}\mathcal{B}m_l, \tag{18.27}$$

wie in Abb. 18.8(b) gezeigt. Diesen zweiten Fall findet man experimentell, was einen Beweis für die Richtungsquantelung darstellt. Indem wir

$$\mu_B = \frac{e\hbar}{2m_e} = 9{,}2732 \cdot 10^{-24}\,\mathrm{J\,T^{-1}}$$
$$= 5{,}6564 \cdot 10^{-4}\,\mathrm{eV\,T^{-1}} \tag{18.28}$$

definieren, eine Größe, die man als *Bohrsches Magneton* bezeichnet, können wir sagen, daß die Energieniveaus eines einelektronigen Atoms durch ein Magnetfeld in $2l + 1$ Niveaus aufgespalten werden, die durch

$$E = E_0 + \mu_B \mathcal{B}m_l \tag{18.29}$$

gegeben sind. Die Niveaus sind im Abstand äquidistant.

Magnetisches Dipolmoment eines kreisenden geladenen Teilchens Wir wollen eine Ladung q betrachten, die eine geschlossene Bahn beschreibt. Der Einfachheit halber nehmen wir an, daß die Bahn kreisförmig sei. Wenn $\nu = \omega/2\pi$ die Frequenz der Bewegung ist, dann ist der Strom an jedem beliebigen Punkt der Bahn $I = q\nu$, da ν angibt, wie viele Male pro Sekunde die Ladung denselben Punkt der Bahn passiert; $q\nu$ gibt daher die Gesamtladung, die pro Zeiteinheit durch den Punkt geht. Der Strom hat daher dieselbe Richtung oder die umgekehrte Richtung wie die Geschwindigkeit, je nachdem ob q positiv oder negativ ist. Unter Anwendung von (17.16)

$$M_L = I\,S,$$

finden wir dann, daß das magnetische Moment der kreisenden Ladung

$$M_L = \text{Strom} \cdot \text{Fläche} = (q\nu)(\pi r^2) = \left(\frac{q\omega}{2\pi}\right)(\pi r^2)$$
$$= \tfrac{1}{2}q\omega r^2 \tag{18.30}$$

beträgt. Seine Richtung hängt vom Vorzeichen von q ab, wie in Abb. 18.9 gezeigt. Wenn m die Masse des Teilchens ist, ist andererseits sein Bahndrehimpuls L nach (7.33)

$$L = mvr = m\omega r^2. \tag{18.31}$$

Ein Vergleich von (18.30) mit (18.31) zeigt, daß

$$M_L = \frac{q}{2m}L, \tag{18.32}$$

oder, in Vektorform,

$$\boldsymbol{M}_L = \frac{q}{2m}\boldsymbol{L}. \tag{18.33}$$

$\boldsymbol{M}_L$ und $\boldsymbol{L}$ haben daher entweder die gleiche oder entgegengesetzte Richtung, je nachdem ob die Ladung q positiv oder negativ ist (Abb. 18.9). Für ein Elektron ist $q = -e$ und $m = m_e$, was

$$\boldsymbol{M}_L = -\frac{e}{2m_e}\boldsymbol{L}$$

ergibt.

18.6 ELEKTRONENSPIN

Wir wollen uns nun daran erinnern, daß die Erde zusätzlich zur ihrer Bahnbewegung um die Sonne eine Rotation oder Spinbewegung um ihre Achse ausführt.

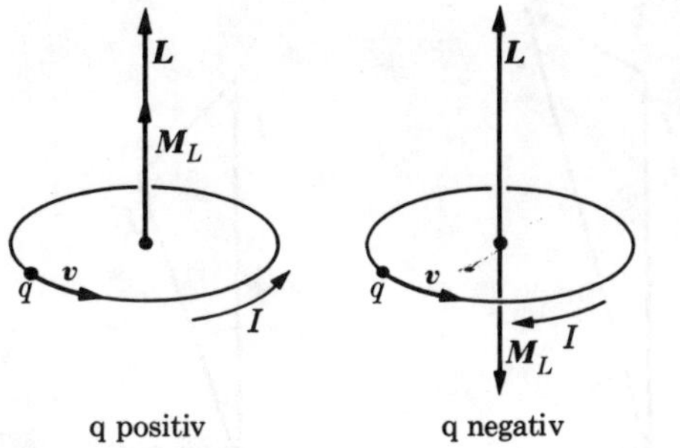

18.9 Vektorbeziehung zwischen dem magnetischen Dipolmoment und dem Drehimpuls einer kreisenden Ladung.

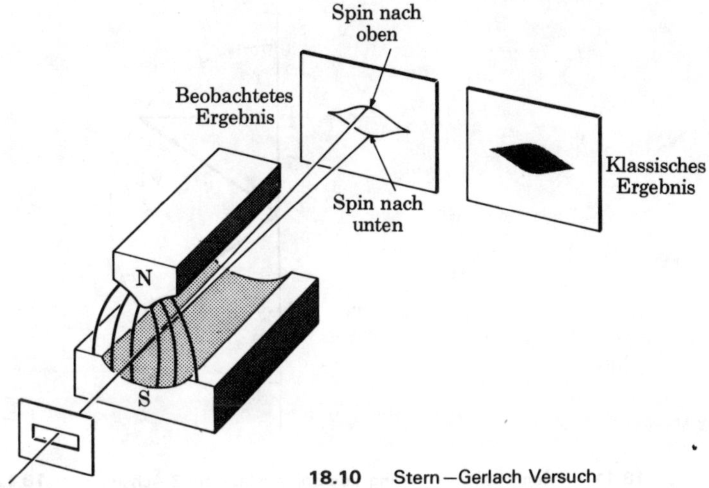

18.10 Stern–Gerlach Versuch

Der gesamte Drehimpuls der Erde ist daher die Vektorsumme ihres Bahndrehimpulses und ihres Spindrehimpulses (siehe Abschnitt 10.6). In Analogie können wir auch vermuten, daß ein gebundenes Elektron in einem Atom ebenfalls eine Spinbewegung ausführt. Wir können jedoch das Elektron nicht als kugelförmiges Teilchen mit Spinbewegung beschreiben, da wir seine innere Struktur nicht kennen. Wir können also den Spindrehimpuls des Elektrons nicht auf gleiche Weise wie den Spindrehimpuls der Erde aus dem Radius und der Winkelgeschwindigkeit berechnen.

Das Vorhandensein des Elektronenspins wird durch eine große Sammlung experimenteller Befunde unterstützt. Der Elektronenspin wird z.B. in direkter Weise im Stern–Gerlach-Versuch deutlich, der 1924 zum ersten Mal durchgeführt wurde. Da das Elektron ein geladenes Teilchen ist, sollte der Elektronenspin zu einem inneren oder magnetischen Spindipolmoment $\boldsymbol{M}_s$ des Elektrons führen. Wenn Elektronen als rotierende, starre, geladene Körper beschrieben werden könnten, wäre die Beziehung zwischen $\boldsymbol{M}_S$ und dem Spindrehimpuls $\boldsymbol{S}$ die gleiche wie die zwischen $\boldsymbol{M}_L$ und $\boldsymbol{L}$ aus (18.33). Das trifft jedoch nicht zu, und wir müssen daher schreiben

$$\boldsymbol{M}_S = -g_S \frac{e}{2m_e}\boldsymbol{S}, \qquad (18.34)$$

wobei g_S als das *gyromagnetische Verhältnis* des Elektrons bezeichnet wird. Der experimentelle Wert für g_S ist 2,0024. Für die meisten praktischen Zwecke kann $g_S = 2$ gesetzt werden.

Nehmen Sie nun an, daß ein Bündel wasserstoffähnlicher Atome durch ein inhomogenes Magnetfeld geschickt wird, wie in Abb. 18.10 gezeigt. Der Effekt eines solchen magnetischen Feldes auf einen magnetischen Dipol ist der, eine Kraft auszuüben, deren Richtung und Betrag von der relativen Orientierung des Magnetfeldes und des magnetischen Dipols zueinander abhängen. Wenn der magnetische Dipol z.B. parallel zum Magnetfeld angeordnet ist, neigt er dazu, sich in Richtung des steigenden Magnetfeldes zu bewegen, während er sich in Richtung des abnehmenden Feldes bewegt, wenn er antiparallel zum Magnetfeld ausgerichtet ist.

Im Stern–Gerlach-Versuch wird das inhomogene Magnetfeld durch die Gestaltung der Polschuhe erzeugt, wie in der Abbildung gezeigt. Das Magnetfeld nimmt in S–N-Richtung an Stärke zu. Wenn der Bahndrehimpuls des Elektrons null ist (s-Zustand oder $l = 0$), geht das gesamte magnetische Moment auf den Spin zurück. Das Atombündel wird daher, je nach der Richtung von $\boldsymbol{M}_S$, durch das Magnetfeld abgelenkt, oder, äquivalent, je nach der Richtung von $\boldsymbol{S}$. Das Ergebnis des Versuches ist, daß der Atomstrahl durch das inhomogene Magnet-

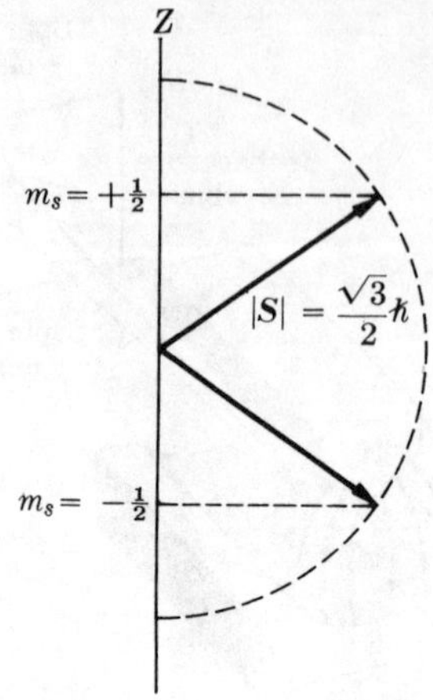

18.11 Mögliche Orientierung des Spins relativ zur *Z*-Achse.

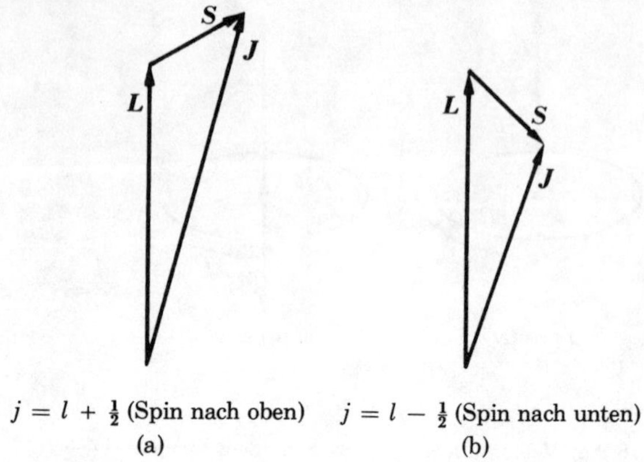

18.12 Mögliche relative Orientierung von L und S bei l = 2.

feld in zwei Strahlen aufgespalten wird. Das zeigt:

Der Elektronenspin kann relativ zu einer gegebenen Richtung nur zwei Orientierungen haben: entweder parallel oder antiparallel.

Da nach unserer Diskussion im Abschnitt 18.5 die Zahl der Orientierungen des Drehimpulsvektors relativ zu einer festgelegten *Z*-Achse

$$g = 2l + 1,$$

ist, erhalten wir für den Fall des Spins den Wert

$$g = 2 \qquad \text{oder} \qquad l = \tfrac{1}{2}.$$

Wenn wir die Spinquantenzahl statt mit l mit s und die Quantenzahl, die der Komponente S_z entspricht, mit m_s bezeichnen, erhalten wir

$$s = \tfrac{1}{2} \qquad \text{und} \qquad m_s = \pm\tfrac{1}{2}.$$

Dann ist

$$S = \sqrt{s(s+1)}\,\hbar = \sqrt{\tfrac{3}{4}}\,\hbar, \qquad s = \tfrac{1}{2},$$
$$S_z = m_s\hbar, \qquad m_s = \pm\tfrac{1}{2}. \tag{18.35}$$

Die einzigen erlaubten Werte für m_s (d.h. $+\frac{1}{2}$ und $-\frac{1}{2}$) entsprechen den beiden möglichen Orientierungen von $\boldsymbol{S}$, die in Abb 18.11 gezeigt sind. Sie werden im allgemeinen kurz als *Spin nach oben* (↑) und *Spin nach unten* (↓) bezeichnet, obwohl der Spin niemals wirklich längs der *Z*-Achse oder entgegensetzt zu ihr ist.

18.7 SPIN–BAHN-WECHSELWIRKUNG

Der gesamte Drehimpuls eines Elektrons ist

$$\boldsymbol{J} = \boldsymbol{L} + \boldsymbol{S},$$

wobei $\boldsymbol{L}$ der Bahndrehimpuls und $\boldsymbol{S}$ der Spindrehimpuls ist. Wir wollen die Quantenzahl, die mit $\boldsymbol{J}$ assoziiert ist, mit j bezeichnen, so daß

$$|\boldsymbol{J}| = \sqrt{j(j+1)}\,\hbar. \tag{18.36}$$

Da der Elektronenspin nur zwei mögliche Orientierungen relativ zum Bahndrehimpuls annehmen kann, schließen wir auf die möglichen Werte für j:

$j = l + \frac{1}{2}$, wenn $\boldsymbol{S}$ «parallel» zu $\boldsymbol{L}$ ist und

$j = l - \frac{1}{2}$, wenn $\boldsymbol{S}$ «antiparallel» zu $\boldsymbol{L}$ ist.

Diese beiden Situationen sind in Abb. 18.12 für $l = 2$, und daher für $j = \frac{5}{2}$ oder $\frac{3}{2}$ dargestellt. Wenn $l = 0$ (oder im s-Zustand), ist nur $j = \frac{1}{2}$ möglich. Wenn wir den Wert von j als Index geben, werden die möglichen Zustände eines Elektrons wie in Tab. 18.2 gezeigt, dargestellt.

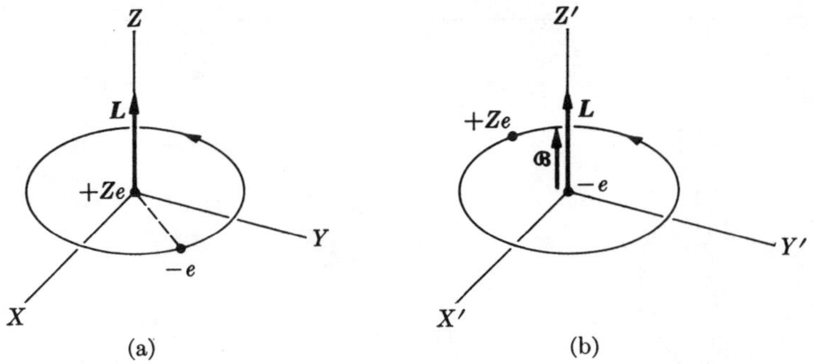

18.13 Ursache der Spin–Bahn-Wechselwirkung: (a) Bezugssystem, das mit dem Proton verbunden ist; (b) Bezugssystem, das mit dem Elektron verbunden ist.

Tabelle 18.2

BEZEICHNUNG DER ELEKTRONENZUSTÄNDE

l	0	1		2		3	
j	$\frac{1}{2}$	$\frac{1}{2}$	$\frac{3}{2}$	$\frac{3}{2}$	$\frac{5}{2}$	$\frac{5}{2}$	$\frac{7}{2}$
Symbol	$s_{1/2}$	$p_{1/2}$	$p_{3/2}$	$d_{3/2}$	$d_{5/2}$	$f_{5/2}$	$f_{7/2}$

Die doppelte Orientierung des Elektronenspins relativ zum Bahndrehimpuls führt zu einem wichtigen Effekt: der Aufspaltung der Energieniveaus (außer) dem s-Zustand) wasserstoffähnlicher Atome oder, allgemein, von Atomen mit einem Valenzelektron. Die Aufspaltung der Energieniveaus ist eine Folge der sogenannten *Spin—Bahn-Wechselwirkung*. Der Ursprung dieser Wechselwirkung ist folgender: in einem Bezugssystem XYZ, das mit dem Kern eines Atoms verbunden ist, scheint das Elektron um den Kern mit dem Drehimpuls $\boldsymbol{L}$ zu kreisen (Abb. 18.13a). In einem Bezugssystem $X'Y'Z'$, das mit dem Elektron verbunden ist, scheint jedoch der Kern um das Elektron zu kreisen. Da er eine positive Ladung trägt, erzeugt der Kern ein Magnetfeld $\boldsymbol{\mathcal{B}}$ im $X'Y'Z'$-Bezugssystem, welches parallel zum Drehimpuls $\boldsymbol{L}$ ist. Da das Elektron relativ zu $X'Y'Z'$ ruht, ist die einzige Wechselwirkung des kernmagnetischen Feldes die mit dem magnetischen Spinmoment $\boldsymbol{M}_S$ des Elektrons. Diese Wechselwirkung ist proportional zu $\boldsymbol{M}_S \cdot \boldsymbol{\mathcal{B}}$. Nun ist $\boldsymbol{M}_S$ aber parallel zu $\boldsymbol{S}$ und $\boldsymbol{\mathcal{B}}$ parallel zu $\boldsymbol{L}$. Die Wechselwirkung ist daher proportional zu $\boldsymbol{S} \cdot \boldsymbol{L}$. Deshalb nennt man den Effekt Spin—Bahn-Wechselwirkung. Wir können dann für die Energie des Elektrons infolge der Spin—Bahn-Wechselwirkung $S_{SL} = a\boldsymbol{S} \cdot \boldsymbol{L}$ schreiben, wobei a eine Größe ist, die von den verschiedenen Variablen abhängt, die die Bewegung des Elektrons beeinflussen und deren genaue Form wir zum gegenwärtigen Zeitpunkt nicht zu kennen brauchen. Wenn E_n unter der Annahme, daß nur eine zentrale Kraft herrscht, die Energie der Elektronenbewegung ist, ist die Gesamtenergie, wenn man die Spin—Bahn-Wechselwirkung dazurechnet

$$E = E_n + E_{SL} = E_n + a\boldsymbol{S} \cdot \boldsymbol{L}. \qquad (18.37)$$

Für gegebene Beträge von $\boldsymbol{L}$ und $\boldsymbol{S}$ hängt die Spin—Bahn-Wechselwirkung E_{SL} von der relativen Orientierung dieser beiden Vektoren zueinander ab. Da $\boldsymbol{S}$ jedoch nur zwei mögliche Orientierungen relativ zu $\boldsymbol{L}$ annehmen kann, schließen wir:

Die Spin—Bahn-Wechselwirkung spaltet jedes Energieniveau der Elektronen mit einem bestimmten Wert von l in zwei nahe benachbarte Niveaus auf.

Ein Niveau entspricht $\boldsymbol{L}$ und $\boldsymbol{S}$ parallel, oder Spin nach oben

$$j = l + \tfrac{1}{2},$$

das andere entspricht $\boldsymbol{L}$ und $\boldsymbol{S}$ antiparallel oder Spin

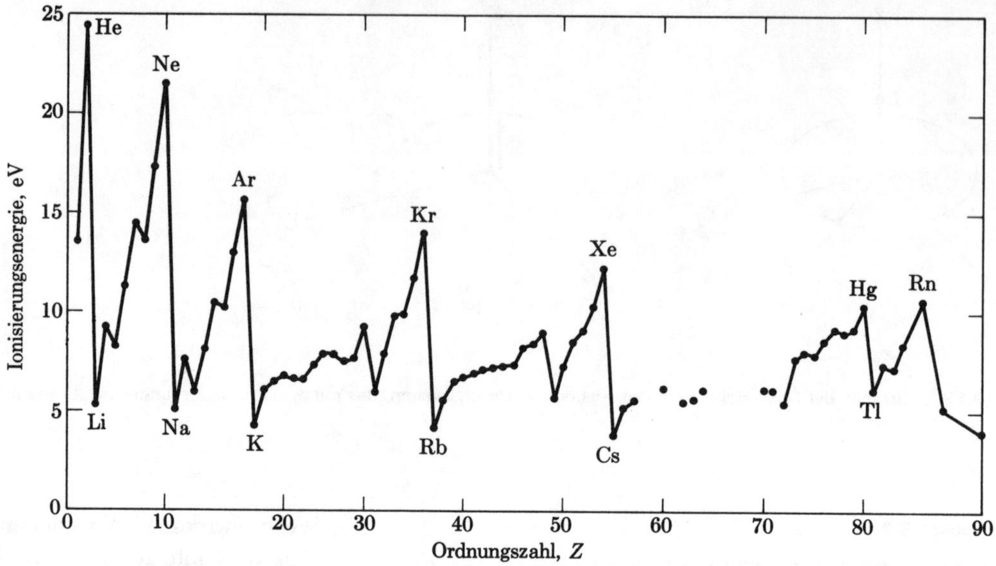

18.14 Ionisierungsenergie der Elemente als Funktion der Ordnungszahl.

nach unten,

$$j = l - \tfrac{1}{2}.$$

Offensichtlich werden s-Niveaus ($l = 0$) nicht aufgespalten. Gerade die experimentelle Beobachtung der Aufspaltung einelektronischer Energieniveaus führte O. Uhlenbeck und S. Goudsmit dazu, im Jahr 1926 den Begriff des Elektronenspins einzuführen.

18.8 ELEKTRONENSCHALEN IN ATOMEN

Aus dem im vorhergehenden Abschnitt Gesagten schließen wir, daß wir vier Quantenzahlen brauchen, um den Zustand eines Elektrons vollständig zu beschreiben: n, l, m_l und m_s. Die ersten drei Quantenzahlen geben die Energie und den Drehimpuls der Bahnbewegung, die vierte die Orientierung des Spins. Die Energie hängt nur von n und l ab, und jeder Elektronenzustand wird daher durch das Symbol nl identifiziert, das heißt 1s, 2s, 2p, 3s, 3p, 3d, ...

Um den Zustand eines Atoms aus mehreren Elektronen festzulegen, müssen wir den Zustand jedes Elektrons angeben. Alle Elektronen, die die gleiche Quantenzahl nl haben, werden als *äquivalent* bezeichnet. Der vollständige Zustand eines Atoms wird durch die Zahl äquivalenter Elektronen in jedem nl Zustand beschrieben. Man bezeichnet das als eine *Konfiguration*. Wenn sich x Elektronen im Zustand nl befinden, wird das durch nl^x angezeigt. Im Grundzustand von Helium befinden sich z.B. die beiden Elektronen in der K-Schale oder dem 1s-Zustand. Die Konfiguration ist daher $1s^2$. Wenn jedoch eines der Elektronen auf den 2s oder 2p Zustand angeregt wird, wird die Konfiguration als 1s2s oder 1s2p geschrieben.

Es ist offensichtlich wichtig, die Konfiguration jedes chemischen Elements in seinem Grundzustand und den angeregten Zuständen zu bestimmen. Es ist allgemein bekannt, daß chemische Elemente gewisse Regelmäßigkeiten in ihren physikalischen und chemischen Eigenschaften aufweisen. Diese Eigenschaften wiederholen sich bei verschiedenen Elementen in mehr oder weniger zyklischer Form, wobei aufeinanderfolgende Zyklen oder Perioden mit den Ordnungszahlen $Z = 2, 10, 18, 36, 54$ und 86 abgeschlossen sind, was den (sogenannten) Edelgasen Helium, Neon, Argon, Krypton, Xenon und Radon entspricht. Edelgase sind chemisch durch ihre sehr geringe oder fast fehlende Fähigkeit charakterisiert, Verbindungen mit anderen Elementen einzugehen. Die Periodizität in den Eigenschaften der Elemente wird drastisch durch ihre fast identischen Ionisierungsenergien verdeutlicht, wie in Abb. 18.14 gezeigt; wir sehen dort eine Periode, die sich mehr oder weniger nach jedem Edelgas wiederholt.

Chemiker im 19. Jahrhundert erkannten diese Periodizität; 1870 schlug der russische Wissenschaftler Dimitri Mendelejev das berühmte Periodensystem vor, das die Elemente in Zyklen oder Perioden klassifiziert, die aus je acht Elementen bestehen. Diese Klassifizierung war jedoch nicht völlig befriedigend, und einige Elemente, wie z.B. Übergangsmetalle und seltene Erden ließen sich nicht leicht in das Schema einordnen.

Die Regelmäßigkeiten in den Eigenschaften der Atome lassen gewisse Regelmäßigkeiten oder Periodizitäten in der Bewegung der Elektronen in einem Atom vermuten. Um diese Regelmäßigkeiten zu erklären, schlug der österreichische Physiker Wolfgang Pauli (1900–1958) um 1925 eine neue Regel vor, die seither als *Pauli-Prinzip* oder *Ausschließungsprinzip* bekannt ist. Dieses Prinzip erklärt nicht nur auf einfache und schöne Weise das periodische physikalische und chemische Verhalten der Elemente, es korreliert auch viele andere wichtige experimentelle Befunde über die Atomstruktur. Das Paulische Ausschließungsprinzip sagt,

Zwei Elektronen in einem Atom dürfen nicht die gleichen Quantenzahlen aufweisen.

Wir wollen nun betrachten, wie wir das Paulische Ausschließungsprinzip zur Bestimmung der Elektronenkonfiguration der Atome verwenden können. Wir wollen zuerst die Zahl an Kombinationen der Quantenzahlen m_l und m_s berechnen, die für jeden Wert des Drehimpulses l möglich sind. Das gibt uns die maximale Zahl von Elektronen, die in dem Zustand *nl* untergebracht sein können. Wir wissen, daß es für jeden Wert von l, $(2l + 1)$ Werte für m_l gibt und für jede (l, m_l)-Kombination können wir ein Elektron mit dem Spin nach oben oder nach unten ($m_s = \pm\frac{1}{2}$) haben. Die maximale Zahl an Elektronen, die in einem Zustand *nl* untergebracht werden kann, ohne das Ausschließungsprinzip zu verletzen, ist daher $2(2l + 1)$. Das ist im einzelnen in Tab. 18.3 ausgedrückt. Beim Aufbau der Atome von $Z = 1$ bis hinauf zu $Z = 92$ (und wieter), besetzen Elektronen das niedrigste zur Verfügung stehende Energieniveau, bis zu der maximalen Zahl, die das Ausschließungsprinzip erlaubt. Sobald ein *nl*-Zustand seine volle Anzahl an Elektronen erhalten hat, beginnt sich der nächste Zustand aufzufüllen.

Tabelle 18.3

Drehimpuls, l:	0	1	2	3	4
Symbol:	s	p	d	f	g
Besetzungszahl, $2(2l + 1)$:	2	6	10	14	18

Die Reihenfolge, in der die aufeinanderfolgenden Zustände sich auffüllen, ist in Abb. 18.15 angezeigt. Bei bestimmten Atomen kann es bisweilen zu leichten Abänderungen kommen, aber im allgemeinen wird die gezeigte Reihenfolge eingehalten. Wir beobachten zuerst gewisse «Energiesprünge», das heißt Bereiche, in denen der Energieunterschied zwischen zwei Zuständen oder Niveaus viel größer ist als zwischen den Niveaus, die

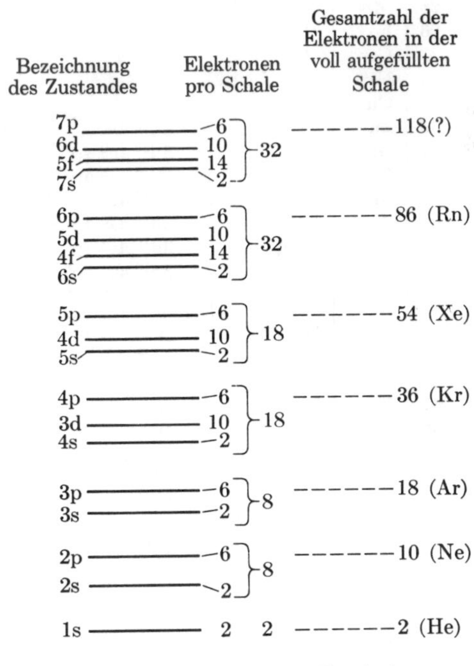

18.15 Schalenstruktur atomarer Energieniveaus.

Tablle 18.4 ELEKTRONENKONFIGURATION DER ATOME*

Z	Symbol	Grundzustand	Grundkonfiguration	Ionisierungsenergie, eV
1	H	^2S	$1s$	13,595
2	He	^1S	$1s^2$	24,581
3	Li	^2S	[He] $2s$	5,390
4	Be	^1S	$2s^2$	9,320
5	B	$^2P_{1/2}$	$2s^2\,2p$	8,296
6	C	$^3P_0$	$2s^2\,2p^2$	11,256
7	N	^4S	$2s^2\,2p^3$	14,545
8	O	$^3P_2$	$2s^2\,2p^4$	13,614
9	F	$^2P_{3/2}$	$2s^2\,2p^5$	17,418
10	Ne	^1S	$2s^2\,2p^6$	21,559
11	Na	^2S	[Ne] $3s$	5,138
12	Mg	^1S	$3s^2$	5,644
13	Al	$^2P_{1/2}$	$3s^2\,3p$	5,984
14	Si	$^3P_0$	$3s^2\,3p^2$	8.149
15	P	^4S	$3s^2\,3p^3$	10,484
16	S	$^3P_2$	$3s^2\,3p^4$	10,357
17	Cl	$^2P_{3/2}$	$3s^2\,3p^5$	13,01
18	Ar	^1S	$3s^2\,3p^6$	15,755
19	K	^2S	[Ar] $4s$	4,339
20	Ca	^1S	$4s^2$	6,111
21	Sc	$^2D_{3/2}$	$3d\,4s^2$	6,54
22	Ti	$^3F_2$	$3d^2\,4s^2$	6,83
23	V	$^4F_{3/2}$	$3d^3\,4s^2$	6,74
24	Cr	^7S	$3d^5\,4s$	6,764
25	Mn	^6S	$3d^5\,4s^2$	7,432
26	Fe	$^5D_4$	$3d^6\,4s^2$	7,87
27	Co	$^4F_{9/2}$	$3d^7\,4s^2$	7,86
28	Ni	$^3F_4$	$3d^8\,4s^2$	7,633
29	Cu	^2S	$3d^{10}\,4s$	7,724
30	Zn	^1S	$3d^{10}\,4s^2$	9,391
31	Ga	$^2P_{1/2}$	$3d^{10}\,4s^2\,4p$	6,00
32	Ge	$^3P_0$	$3d^{10}\,4s^2\,4p^2$	7,88
33	As	^4S	$3d^{10}\,4s^2\,4p^3$	9,81
34	Se	$^3P_2$	$3d^{10}\,4s^2\,4p^4$	9,75
35	Br	$^2P_{3/2}$	$3d^{10}\,4s^2\,4p^5$	11,84
36	Kr	^1S	$3d^{10}\,4s^2\,4p^6$	13,996
37	Rb	^2S	[Kr] $5s$	4,176
38	Sr	^1S	$5s^2$	5,692
39	Y	$^2D_{3/2}$	$4d\,5s^2$	6,377
40	Zr	$^3F_2$	$4d^2\,5s^2$	6,835
41	Nb	$^6D_{1/2}$	$4d^4\,5s$	6,881
42	Mo	^7S	$4d^5\,5s$	7,10
43	Tc	^6S	$4d^5\,5s^2$	7,228
44	Ru	$^5F_5$	$4d^7\,5s$	7,365
45	Rh	$^4F_{9/2}$	$4d^8\,5s$	7,461
46	Pd	^1S	$4d^{10}$	8,33
47	Ag	^2S	$4d^{10}\,5s$	7,574
48	Cd	^1S	$4d^{10}\,5s^2$	8,991
49	In	$^2P_{1/2}$	$4d^{10}\,5s^2\,5p$	5,785
50	Sn	$^3P_0$	$4d^{10}\,5s^2\,5p^2$	7,342
51	Sb	^4S	$4d^{10}\,5s^2\,5p^3$	8,639

Z	Symbol	Grundzustand	Grundkonfiguration	Ionisierungsenergie, eV
52	Te	$^3P_2$	$4d^{10}\,5s^2\,5p^4$	9,01
53	I	$^2P_{3/2}$	$4d^{10}\,5s^2\,5p^5$	10,454
54	Xe	^1S	$4d^{10}\,5s^2\,5p^6$	12,127
55	Cs	^2S	[Xe] $6s$	3,893
56	Ba	^1S	$6s^2$	5,210
57	La	$^2D_{3/2}$	$5d\,6s^2$	5,61
58	Ce	$^3H_5$	$4f\,5d\,6s^2$	6,54
59	Pr	$^4I_{9/2}$	$4f^3\,6s^2$	5,48
60	Nd	$^5I_4$	$4f^4\,6s^2$	5,51
61	Pm	$^6H_{5/2}$	$4f^5\,6s^2$	
62	Sm	$^7S_0$	$4f^6\,6s^2$	5,6
63	Eu	^8S	$4f^7\,6s^2$	5,67
64	Gd	$^9D_2$	$4f^7\,5d\,6s^2$	6,16
65	Tb	$^6H_{15/2}$	$4f^9\,6s^2$	6,74
66	Dy	$^5I_8$	$4f^{10}\,6s^2$	6,82
67	Ho	$^4I_{15/2}$	$4f^{11}\,6s^2$	
68	Er	$^3H_6$	$4f^{12}\,6s^2$	
69	Tm	$^2F_{7/2}$	$4f^{13}\,6s^2$	
70	Yb	^1S	$4f^{14}\,6s^2$	6,22
71	Lu	$^2D_{3/2}$	$4f^{14}\,5d\,6s^2$	6,15
72	Hf	$^3F_2$	$4f^{14}\,5d^2\,6s^2$	7,0
73	Ta	$^4F_{3/2}$	$4f^{14}\,5d^3\,6s^2$	7,88
74	W	$^5D_0$	$4f^{14}\,5d^4\,6s^2$	7,98
75	Re	^6S	$4f^{14}\,5d^5\,6s^2$	7,87
76	Os	$^5D_4$	$4f^{14}\,5d^6\,6s^2$	8,7
77	Ir	$^4F_{9/2}$	$4f^{14}\,5d^7\,6s^2$	9,2
78	Pt	$^3D_3$	$4f^{14}\,5d^8\,6s^2$	8,88
79	Au	^2S	[Xe, $4f^{14}\,5d^{10}$] $6s$	9,22
80	Hg	^1S	$6s^2$	10,434
81	Tl	$^2P_{1/2}$	$6s^2\,6p$	6,106
82	Pb	$^3P_0$	$6s^2\,6p^2$	7,415
83	Bi	^4S	$6s^2\,6p^3$	7,287
84	Po	$^3P_2$	$6s^2\,6p^4$	8,43
85	At	$^2P_{3/2}$	$6s^2\,6p^5$	
86	Rn	^1S	$6s^2\,6p^6$	10,745
87	Fr	^2S	[Rn] $7s$	
88	Ra	^1S	$7s^2$	5,277
89	Ac	$^2D_{3/2}$	$6d\,7s^2$	6,9
90	Th	$^3F_2$	$6d^2\,7s^2$	
91	Pa	$^4K_{11/2}$	$5f^2\,6d\,7s^2$	
92	U	$^5L_6$	$5f^3\,6d\,7s^2$	4,0
93	Np	$^6L_{11/2}$	$5f^4\,6d\,7s^2$	
94	Pu	$^7F_0$	$5f^6\,7s^2$	
95	Am	^8S	$5f^7\,7s^2$	
96	Cm	$^9D_2$	$5f^7\,6d\,7s^2$	
97	Bk		($5f^8\,6d\,7s^2$)	
98	Cf		($5f^9\,6d\,7s^2$)	
99	E		($5f^{10}\,6d\,7s^2$)	
100	Fm		($5f^{11}\,6d\,7s^2$)	
101	Mv			
102	No			
103	Lw			
104				

*Die chemischen Symbole in eckigen Klammern kennzeichnen die restlichen Elektronen in den gefüllten inneren Schalen. Eingeklammerte Konfigurationen sind ungewiß.

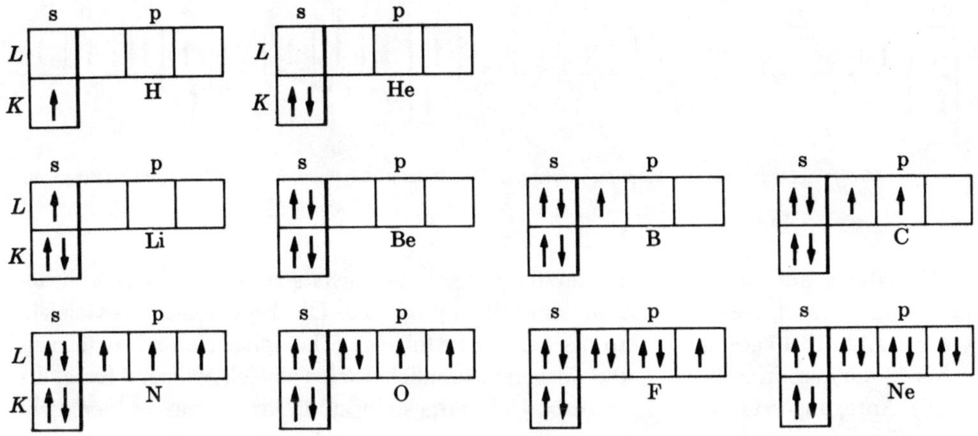

18.16 Elektronenkonfiguration der Grundzustände der Atome der ersten zehn Elemente.

unter dem unteren oder über dem oberen liegen. Die Energiesprünge treten zwischen 1s und 2s, zwischen 2p und 3s, 3p und 4s, 4p und 5s u.s.w. auf. Energieniveaus, die zwischen zwei Energiesprüngen gruppiert sind, stellen eine *Schale* dar. Jeder *nl*-Zustand, der einer Schale angehört, stellt eine *Zwischenschale* dar. Die maximale Zahl von Elektronen in aufeinanderfolgenden aufgefüllten Schalen tritt genau bei $Z = 2, 10, 18, 36, 54$ und 86 auf, also bei den Edelgasen, wie das Versuchsergebnis es fordert. Bei $Z = 118$ mag es ein weiteres Edelgas geben, aber ein Atom mit einer so hohen Zahl von Elektronen wurde bisher weder in der Natur gefunden noch künstlich hergestellt.

Die Elektronen, die die inneren abgeschlossenen Schalen füllen, stellen das sogenannte *Core* (Rumpf) oder die inneren Elektronen dar, die restlichen Elektronen in den äußeren ungefüllten Schalen nennt man *Valenzelektronen*. Die Bindungsenergie der inneren Elektronen ist viel höher als die der Valenzelektronen. Aus diesem Grund sind die inneren Elektronen relativ fest gebunden und bleiben bei den meisten Vorgängen, an denen das Atom teilnimmt, praktisch unbeeinflußt. Es sind hauptsächlich die Valenzelektronen, die für die chemischen Eigenschaften des Atoms verantwortlich sind; sie sind es, die an chemischen Reaktionen und der chemischen Bindung beteiligt sind.

Die Elektronenkonfiguration des Grundzustands der Atome der verschiedenen chemischen Elemente sind in Tab. 18.4 gegeben. Die Tabelle gibt auch den Bahn- und den gesamten Drehimpuls des Atoms im Grundzustand und die Ionisierungsenergie.

Es ist lehrreich, im Zusammenhang zu sehen, wie die ersten 10 Elemente aufgebaut sind. Das ist im Blockdiagramm der Abb. 18.16 gezeigt. Die S-Zwischenschalen haben einen Block, der zwei Elektronen mit entgegengesetztem Spin aufnimmt, die p-Zwischenschalen drei Blöcke ($m_l = +1, 0, -1$), die sechs Elektronen aufnehmen können.

Im Zusammenhang mit Abb. 18.16 gibt es einige erwähnenswerte und interessante Aspekte. Zum Beispiel enthält Wasserstoff ein einzelnes 1s-Elektron und Lithium ein einzelnes 2s-Elektron, aber im Lithiumatom stehen dem 2s-Elektron die relativ nahen 2p-Niveaus zur Verfügung und es weist eine geringere Ionisierungsenergie auf (5,5 eV verglichen mit 13,6 eV für Wasserstoff), da das 2s-Elektron im Lithium im Durchschnitt weiter vom Kern entfernt ist als das 1s-Elektron im Wasserstoff. Diese Unterschiede begründen das deutlich metallische Verhalten von Lithium, das der Wasserstoff nicht aufweist. Ganz ähnlich haben Helium und Beryllium komplette 1s- bzw. 2s-Niveaus. Helium ist jedoch ein Edelgas, wogegen Beryllium keines ist. Das ist deshalb so, weil eines der

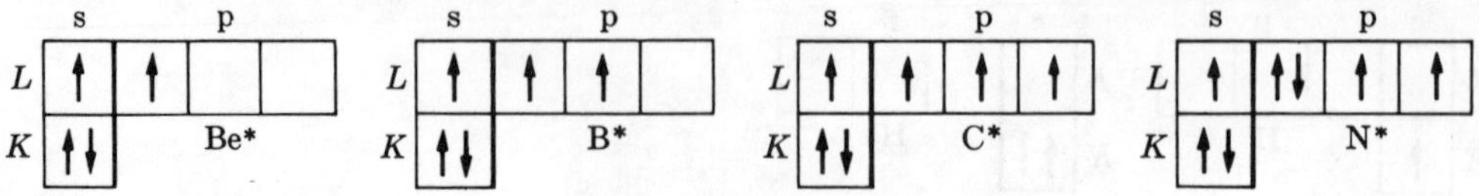

18.17 Elektronenkonfiguration angeregter Zustände in Beryllium, Bor, Kohlenstoff und Stickstoff.

beiden 2s-Elektronen des Berylliumatoms auf das benachbarte 2p-Niveau angehoben werden kann, was zu dem angeregten Zustand führt, der in Abb. 18.17 gezeigt ist; das entspricht der Valenz von 2, die man in Berylliumverbindungen beobachtet. Die Anregung erfordert eine Energie von etwa 2,7 eV, während im Fall von Helium die minimale Anregungsenergie etwa 20 eV beträgt. Ähnlich kann man im Fall von Bor den ersten Anregungszustand durch Anhebung eines 2s-Elektrons in einen 2p-Zustand erhalten, wie in Abb. 18.17 gezeigt, was eine Energie von 3,6 eV erfordert. Dieser Zustand erklärt die Dreiwertigkeit von Bor. Die Situation für Sauerstoff, Stickstoff und Bor ist komplizierter, da neue Anregungszustände durch Umorientierung des Spins und der Bahndrehimpulse der p-Elektronen erzeugt werden können. Ein besonders wichtiger Anregungszustand von Kohlenstoff, der die Vierwertigkeit des Kohlenstoffs in vielen seiner Verbindungen erklärt, ist in Abb. 18.17 dargestellt.

Die chemischen und physikalischen Eigenschaften eines chemischen Elements hängen sowohl von der Elektronenkonfiguration des Grundzustands wie von der benachbarter angeregter Niveaus ab. Ein Edelgas ist z.B. dadurch charakterisiert, daß es aus kompletten Schalen besteht und daß eine relativ hohe Energie erforderlich ist, um eines seiner Elektronen anzuregen. Der Grund dafür ist der, daß ein großer Energiesprung das letzte aufgefüllte Niveau vom ersten unaufgefüllten Niveau trennt. Andererseits erhalten Atome wie z.B. Lithium, Natrium, Kalium u.s.w. — mit $Z = 3, 11, 19, \ldots$—abgeschlossene Schalen, plus einem Elektron im ersten Niveau über einer abgeschlossenen Energieschale. Lithium hat z.B. eine aufgefüllte K-Schale und ein 2s-Elektron; Natrium hat komplette K- und L-Schalen und ein 3s-Elektron u.s.w. Das letzte Elektron ist locker gebunden und bestimmt das metallische Verhalten dieser Elemente. Wenn die Zahl der Elektronen oberhalb der letzten aufgefüllten Schale zunimmt, wird die Situation immer komplizierter. Die Energieniveaus vielelektronischer Atome folgen viel komplizierteren Mustern als die wasserstoffähnlicher oder einelektroniger Atome, die in Abb. 18.5 dargestellt sind; wir wollen sie hier nicht betrachten.

18.9 ELEKTRONEN IN MOLEKÜLEN

Ein Verständnis der Elektronenstruktur der Atome ist wichtig, da es uns hilft, die physikalischen und chemischen Eigenschaften vieler Substanzen zu erklären. Wir können sagen, daß ein Molekül eine Gruppe von Atomen darstellt, die durch ihre elektrischen Wechselwirkungen in einer stabilen Konfiguration gehalten werden. Wenn jedoch zwei Atome einander nahe kommen, (wie z.B. in einem Molekül), wird die Bewegung der äußeren, oder Valenzelektronen, gestört; die Bindung der Atome im Molekül hängt von der resultierenden Bewegung der Valenzelektronen ab. Eine Analyse der Elektronenbewegung in Molekülen ist komplizierter als bei Atomen, da es statt einem Mittelpunkt der Anziehung, oder Kern, mehrere Kerne gibt und die Kraft auf die Elektronen daher nicht zentral ist.

Das einfachste aller Moleküle ist das Ion des Wasserstoffmoleküls H_2^+, das aus zwei Protonen und einem Elektron besteht (Abb. 18. 18). Die beiden Protonen stoßen einander ab. während sie beide das Elektron anziehen. Die Bahn des Elektrons ist sehr kompliziert; wenn wir jedoch von dem Molekül eine Aufnahme mit langer Belichtung machen könnten, würden wir das in Abb. 18.19 gezeigte Ergebnis erhalten. Offensichtlich verbringen die beiden Elektronen einen Großteil der Zeit in dem Bereich zwischen den zwei Protonen und wirken als «Kitt», der die beiden Protonen zusammenhält.

Das nächste Molekül, der Komplexität nach, ist das Wasserstoffmolekül, H_2, das aus zwei Protonen und

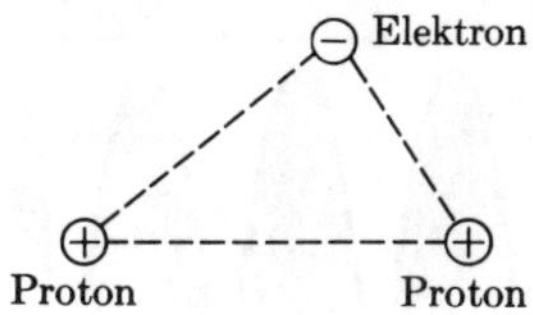

18.18 $H_2{}^+$-Molekül.

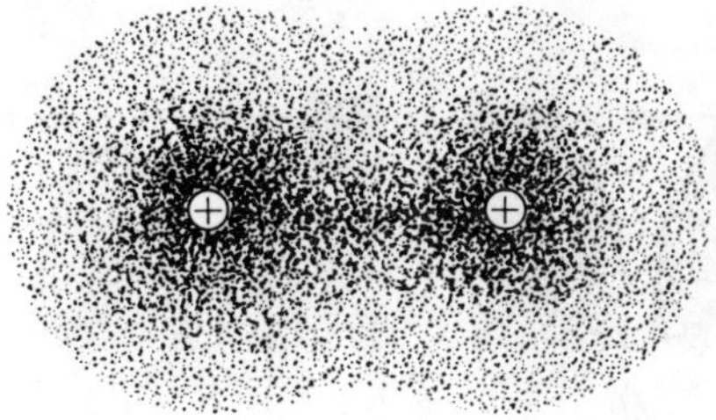

18.19 Elektronenverteilung im H_2^+-Molekül.

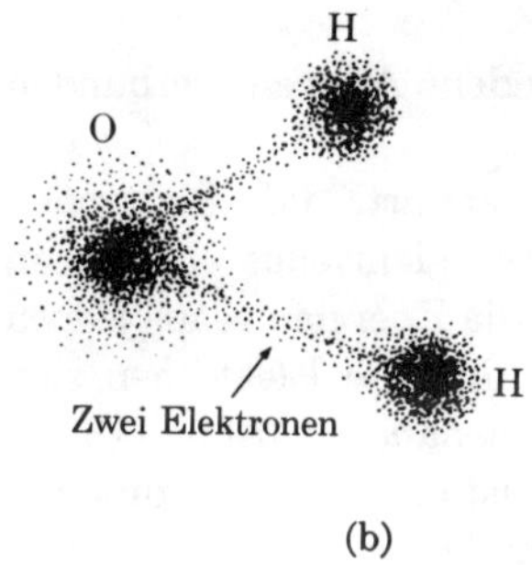

18.20 Wassermolekül.

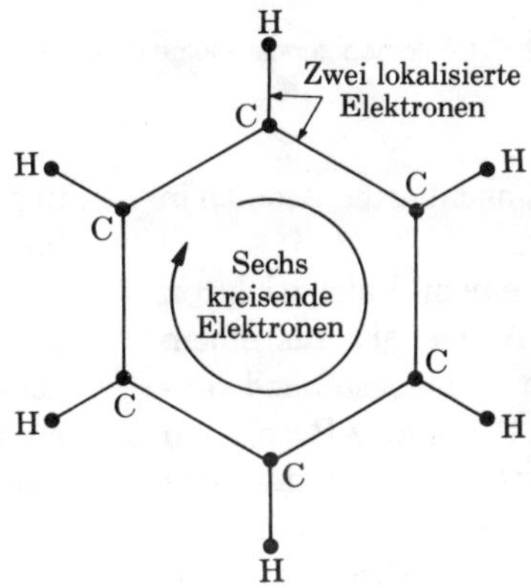

18.21 Benzolmolekül.

zwei Elektronen besteht. Obwohl die beiden Elektronen einander abstoßen, wirkt sich die Anziehung durch die beiden Protonen wieder so aus, daß sich die Elektronen, wie beim $H_2{}^+$, im Bereich zwischen den zwei Protonen konzentrieren, was zu einem stabilen System führt. Da die Bahnbewegung der beiden Elektronen die gleiche ist (beide haben die gleichen Bahnquantenzahlen), fordert das Paulische Ausschließungsprinzip, daß die Spins der Elektronen antiparallel sind.

Diese Diskussion kann auf beinahe jedes Molekül ausgedehnt werden. Im Wassermolekül, H_2O, stellt z.B. der Sauerstoff zwei Valenzelektronen für die Bindung mit den Wasserstoffatomen zur Verfügung. Diese beiden Elektronen konzentrieren sich zusammen mit den Elektronen der Wasserstoffatome in Paaren mit entgegengesetztem Spin. Der Bereich der Konzentration liegt zwischen dem Sauerstoffatom und jedem der Wasserstoffatome, wie in Abb. 18.20 bezeigt.

In einigen Fällen sind die bindenden Elektronen nicht längs der Verbindungslinie zwischen den beiden gebundenen Atomen konzentriert, sondern können sich frei über das gesamte Molekül bewegen. Das Benzolmolekül C_6H_6 hat z.B. die Gestalt eines Sechsecks, mit den Kohlenstoffatomen an den Ecken (Abb. 18.21). Jedes Kohlenstoffatom liefert vier Valenzelektronen und jedes Wasserstoffatom liefert ein Elektron; das gibt insgesamt 30 Elektronen, die an der Bindung des Moleküls beteiligt sind. Von dieser Zahl sind 24 Elektronen in Paaren längs der Verbindungslinien lokalisiert, die entweder die Kohlenstoffatome miteinander oder ein Kohlenstoffatom und ein Wasserstoffatom zusammenhalten; die restlichen sechs Elektronen können frei um das Sechseck kreisen und sind nicht mit einem bestimmten Atompaar verknüpft. Diese Anordnung führt zu den chemischen, magnetischen und optischen Eigenschaften, die für Benzol typisch sind.

18.10 ELEKTRONEN IN FESTKÖRPERN

Wenn Atome in Festkörpern dicht aneinander gepackt sind, wird die Bewegung ihrer äußeren, oder Valenzelektronen, tiefgreifend beeinflußt, und zwar infolge der

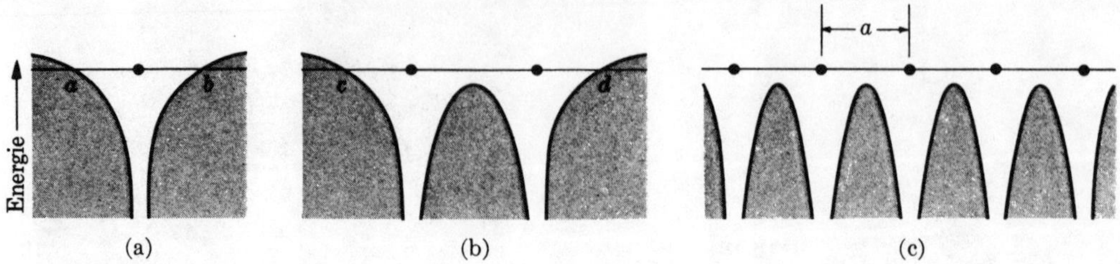

18.22 Coulombpotential infolge (a) eines einzelnen Ions, (b) zweier Ionen, (c) mehrerer Ionen in einer Reihe.

elektrischen Felder, die von den benachbarten Atomen in dem Festkörper erzeugt werden.

Wir wollen z.B. Atome mit einem Valenzelektron betrachten. Wir können diese Atome als aus einem Elektron plus einem positiven Ion bestehend ansehen. Das Na-Atom ($Z = 11$) kann z.B. als ein Elektron (das Valenzelektron) betrachtet werden, das sich im elektrischen Feld eines Na^+-Ions bewegt. Die potentielle Energie, die das Valenzelektron verspürt, wurde in Abb. 18.22 (a) illustriert. Wenn die Energie des Valenzelektrons durch eine horizontale Linie gegeben ist, kann sich das Elektron, nach klassischen Vorstellungen, zwischen a und b bewegen. Wenn wir zwei Na-Atome einander sehr nahe bringen, wird jedes der Valenzelektronen durch das Feld *beider* Na^+-Ionen beeinflußt; sie bewegen sich in einem Potential, das in Abb. 18.22 (b) gezeigt ist. Bei der gleichen Energie wie in Abb. 18.22 (a) können die Valenzelektronen sich zwischen c und d bewegen und sind daher nicht mit einem bestimmten Natriumion verbunden. Wenn wir nun ein Stück festen Natriums haben, das aus einer großen Zahl von Natriumatomen besteht, die regelmäßig in einem Gitter angeordnet sind, ist die resultierende potentielle Energie, die die Valenzelektronen spüren, die in Abb. 18.22 (c) gezeigte. Wir bemerken, daß die Valenzelektronen sich frei über das gesamte Gitter der Natriumionen bewegen können und daher nicht mit einem speziellen Atom verbunden sind. Wenn sich ein Elektron durch das Gitter der Natriumionen bewegt, ändert sich die potentielle Energie periodisch mit der Periode des Gitters. Man kann aus der Abbildung auch entnehmen, daß die inneren Elektronen, die eine viel höhere Bindungsenergie aufweisen, praktisch ungestört und mit ihren entsprechenden Atomen verbunden bleiben.

In Abschnitt 18.7 wurde erklärt, daß Elektronen in Atomen nur bestimmte Energieniveaus einnehmen können. In einem Gitter sind die Energieniveaus jedoch modifiziert, und wir finden, daß die Elektronen sich innerhalb bestimmter *Energiebänder* (Abb. 18.23) bewegen können. Jedes Band ist mit einem bestimmten atomaren Energieniveau assoziiert.

Genau wie das Paulische Ausschließungsprinzip die Zahl der Elektronen beschränkt, die ein bestimmtes nl-Energieniveau besetzen können, begrenzt es auch die maximale Zahl von Elektronen, die in einem Energieband eines Gitters untergebracht werden können. Wir wollen z.B. das Band betrachten, das dem 3s-Atomniveau in Natrium entspricht. Jedes s-Atomniveau kann bis zu zwei Elektronen aufnehmen. In einem Gitter von N Natriumatomen kann daher das 3s-Energieband $2N$ Elektronen aufnehmen. Natriumatome haben jedoch nur je ein 3s-Elektron. In einem Gitter von Natriumatomen befinden sich daher nur N Elektronen im 3s-Energieband, d.h., das Band ist nur zur Hälfte gefüllt.

Da alle Energieniveaus, die die inneren Elektronen in einem Atom aufnehmen, gefüllt sind, bis auf das oberste Niveau, das unvollständig besetzt sein kann, schließen wir, daß alle tiefer liegenden Energiebänder in Festkörpern ebenfalls gefüllt sind, während das oberste (oder Valenzband), das mit den Valenzelektronen besetzt ist, gefüllt sein kann oder nicht. Wie wir sehen werden, ist die Zahl der Elektronen im Valenzband zur Bestimmung der elektrischen Eigenschaften eines Festkörpers sehr wichtig.

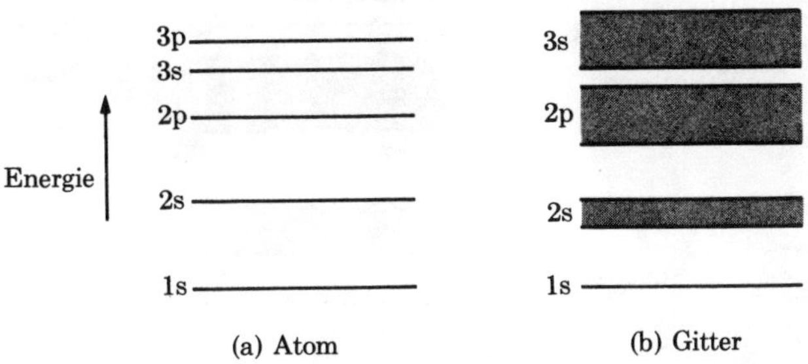

18.23 Vergleich der atomaren Energieniveaus mit Energiebändern in einem Gitter.

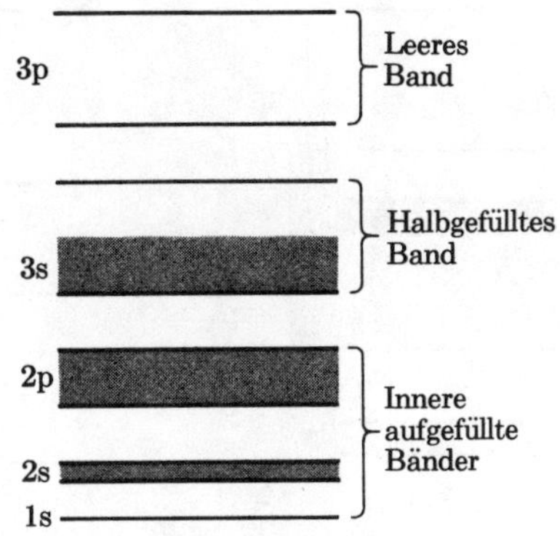

18.24 Energiebänder in einem Leiter.

18.11 LEITER, HALBLEITER UND ISOLATOREN

Eine interessante Eigenschaft der Festkörper ist ihre elektrische Leitfähigkeit. Einige Materiale, die man üblicherweise als *Isolatoren* bezeichnet, sind äußerst schlechte Elektrizitätsleiter (Beispiele dafür sind Diamant und Quarz). Andere Festkörper sind äußerst gute Elektrizitätsleiter; in diese Gruppe fallen die Metalle, wie z.B. Kupfer und Silber. (Um eine quantitative Vorstellung zu bekommen: die elektrische Leitfähigkeit von Kupfer bei Zimmertemperatur ist 10^{20} mal größer als die von Quarz.) Zwischen diesen beiden extremen Gruppen befindet sich eine dritte Klasse, die sogenannten *Halbleiter*. Obwohl Halbleiter viel schlechtere elektrische Leiter sind als die Metalle, steigt ihre Leitfähigkeit mit der Temperatur an, während die von Metallen mit der Temperatur abnimmt. Typische Halbleiter sind Germanium und Silizium.

Wir wollen nun ein Metall betrachten, das die in Abb. 18.24 gezeigte Bänderstruktur aufweist, die z.B. den Energieniveaus von Natrium ($Z = 11$) entsprechen könnte. Bänder, die den 1s, 2s und 2p Atomniveaus entsprechen, sind vollständig aufgefüllt, da die entsprechenden Atomschalen ebenfalls komplett sind. Das 3s-Band, das pro Atom bis zu zwei Elektronen aufnehmen kann, ist nur halb gefüllt, da das 3s-Niveau in jedem Natriumatom nur ein Elektron enthält. Unter der Wirkung eines äußeren elektrischen Feldes können die äußersten Elektronen in dem Valenzband, ohne das Ausschließungsprinzip zu verletzen, zusätzlich kleine Energiemengen aufnehmen und dadurch auf eines der vielen benachbarten leeren Zustände innerhalb des Bandes übergehen. In scharfem Kontrast zu der ungeordneten thermischen Anregung gewinnen die Elekronen, die durch das elektrische Feld angeregt werden, an Impuls in entgegengesetzter Richtung zum Feld; das führt zu einer kollektiven Bewegung durch den Kristall, die einen elektrischen Strom darstellt. Wir schließen daher, daß eine Substanz, die ein Bändermuster wie das in Abb. 18.24 gezeigte aufweist, ein guter Elektrizitätsleiter sein sollte; aus dem gleichen Grund sollte sie auch ein guter Wärmeleiter sein, wobei die Elektronen im obersten, teilweise besetzten Band für beide Vorgänge verantwortlich sind. In anderen Worten, *gute Elektrizitätsleiter* (*auch Metalle genannt*) *sind jene Festkörper, in denen das oberste besetzte Band nicht vollständig aufgefüllt ist.*

In Wirklichkeit ist die Situation etwas komplizierter, da eine Überlagerung der obersten Bänder möglich ist. Diese Überlagerung der obersten Bänder ist die Situation, die man bei den meisten Metallen oder Leitern antrifft. Betrachten Sie z.B. den Fall des Magnesiums ($Z = 12$). Das Magnesiumatom hat die Konfiguration $1s^2\ 2s^2\ 2p^6\ 3s^2$, und es sind daher alle Atomschalen aufgefüllt. Das erste angeregte Niveau, 3p, ist jedoch relativ nahe bei 3s. Die entsprechenden 3s und 3p

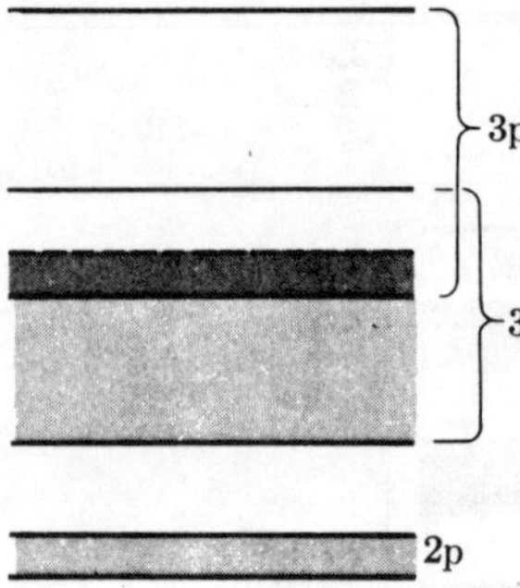

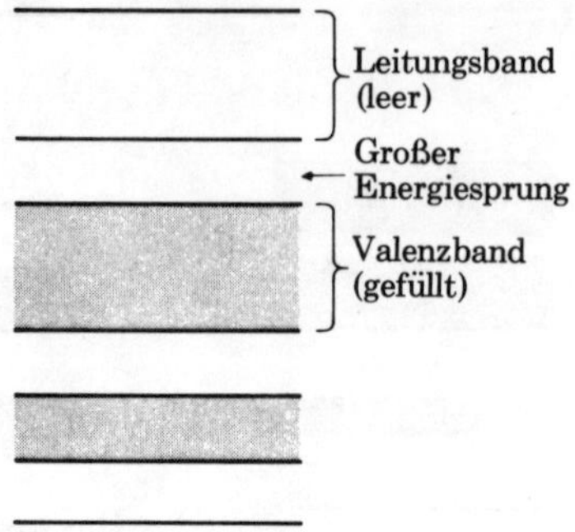

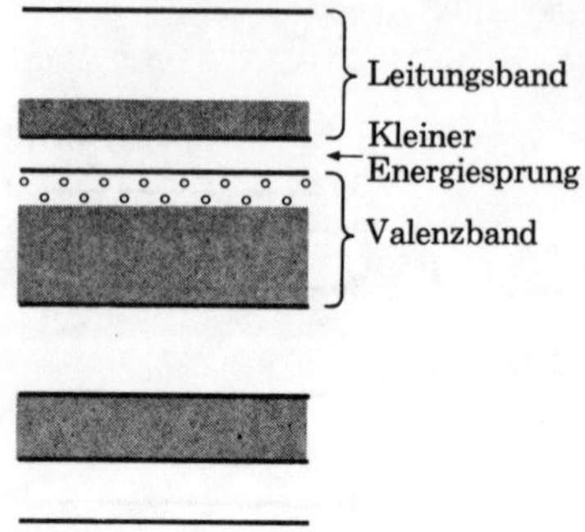

18.25 Überlappung von Energiebändern in einem Leiter.

18.26 Energiebänder eines Isolators.

18.27 Energiebänder und Elektronenverteilung in einem Halbleiter.

Bänder von festem Magnesium sind in Abb. 18.25 schematisch dargestellt. Ohne Überlappung sollte das 3s-Band gefüllt und das 3p-Band leer sein, und Magnesium sollte, wie unten erklärt, ein Isolator sein. Wegen der Überlappung stehen jedoch den obersten Elektronen des 3s-Bandes die niedrigsten Energiezustände des 3p-Bandes zur Verfügung. Einige 3s-Elektronen besetzen daher einige niedrige 3p-Niveaus, bis für beide Bänder ein Gleichgewichtszustand erreicht ist. Da die Gesamtzahl der Energieniveaus, die aus den 3s-und 3p-Bändern zur Verfügung steht, $2N + 6N = 8N$ ist, und wir nur $2N$ Elektronen haben, gibt es $6N$ zugängliche leere Zustände. Magnesium sollte daher ein guter Leiter sein; das stimmt mit den experimentellen Befunden überein. *Substanzen, deren Atome aufgefüllte Schalen haben, deren oberstes gefülltes Band jedoch im festen Zustand mit einem leeren Band überlappt, sind Leiter*. Man nennt sie auch *Halbmetalle*.

Wir wollen nun den Fall einer Substanz betrachten, in der das oberste oder Valenzband vollständig aufgefüllt ist und nicht mit dem nächsten, vollständig leeren Band überlappt (Abb. 18.26). Da alle Zustände des Valenzbandes besetzt sind, ist die Energie der Elektronen «eingefroren»; d.h., die Elektronen können ihren Zustand innerhalb des Bandes nicht verändern, ohne das Ausschließungsprinzip zu verletzen. Die einzige Möglichkeit, ein Elektron anzuregen ist die, es auf ein leeres Leitungsband zu heben; das kann jedoch eine Energie von einigen Elektronenvolt erfordern. Ein angelegtes elektrisches Feld kann daher die Elektronen im Valenzband nicht beschleunigen und kann daher insgesamt keinen elektrischen Strom hervorrufen. Diese Substanz wird daher als *Isolator* bezeichnet. (Bei ausreichend hohen Temperaturen oder unter sehr starken elektrischen Feldern können jedoch einige Elektronen auf das Leitungsband angehoben werden und ein elektrischer Strom kann fließen.) Zum Beispiel beträgt beim Gleichgewichtsabstand von ca. $1{,}5 \cdot 10^{-10}$m im Diamant der Sprung zwischen dem Valenzband und dem darüberliegenden leeren Band etwa 6eV. Das ist ein relativer großer Energieunterschied und erklärt, warum Diamant ein so guter Isolator ist. *Isolatoren sind daher Substanzen, deren oberstes Valenzband vollständig aufgefüllt und vom nächsten leeren Band durch einen Energiesprung von einigen eV getrennt ist.*

Das gleiche Bänderschema gilt auch für Silizium und Germanium. Der Abstand zwischen dem Valenzband und dem Leitungsband ist jedoch beim Gleichgewichtsabstand der Atome viel kleiner (1,1 eV für Silizium und 0,7 eV für Germanium) und es ist daher viel leichter, die obersten Elektronen im Valenzband auf das Leitungsband anzuregen. Die Situation ist in Abb. 18.27 dargestellt. Mit steigender Temperatur sind mehr Elektronen in der Lage, auf das nächste Band überzugehen. Das hat zwei Folgen: die wenigen Elektronen im oberen oder Leitungsband verhalten sich, als ob sie sich in einem Metall befänden und die leeren Zustände, oder *Löcher*, die in unteren oder Valenzband zurück-

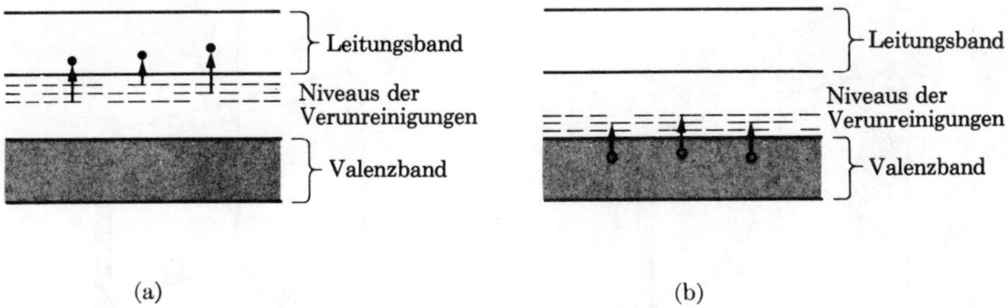

18.28 Verunreinigungen in einem Halbleiter: (a) Donator oder n-Typ, (b) Akzeptor oder p-Typ.

geblieben sind, verhalten sich auf ähnliche Weise, also so, als ob sie positive Elektronen wären. Wir haben daher eine elektrische Leitung durch die angeregten Elektronen im Leitungsband und durch die Löcher im Valenzband; die Leitfähigkeit steigt mit der Temperatur rasch an, da mehr Elektronen in das Leitungsband gehoben werden. Im Silizium steigt z.B. die Zahl der angeregten Elektronen um einen Faktor von 10^6, wenn die Temperatur von 250 K auf 450 K erhöht wird. *Halbleiter sind also Substanzen, in denen der Energiesprung zwischen dem vollständig aufgefüllten Valenzband und dem Leitungsband etwa 1 eV oder weniger beträgt, so daß es relativ leicht ist, Elektronen thermisch aus dem Valenzband in das Leitungsband zu heben.* Die Energiesprünge einiger Isolatoren und Halbleiter sind unten in Tab. 18.5 gegeben.

Die elektrische Leitung in Halbleitern, die wir soeben beschrieben haben, nennt man *Eigenleitfähigkeit*. Die Leitfähigkeit eines Halbleiters kann auch durch Zugabe bestimmter Verunreinigungen erhöht werden. Nehmen Sie an, daß wir einige der Atome des Halbleiters durch Atome einer anderen Substanz ersetzen (diese Atome stellen also die Verunreinigung dar), und nehmen Sie an, daß diese verunreinigenden Atome *mehr* Elektronen haben als die des Halbleiters. Wenn man z.B. zu Silizium oder Germanium, die pro Atom vier Elektronen zum Valenzband beitragen, einige Atome Phosphor oder Arsen zumischt, die pro Atom je fünf Elektronen zum Valenzband beitragen, haben wir pro verunreinigendes Atom ein zusätzliches Elektron. Diese zusätzlichen Elektronen (die im Valenzband des ursprünglichen Gitters nicht untergebracht werden können), besetzen einige diskrete Energierniveaus etwas unterhalb des Leitungsbandes, wie in Abb. 18.28(a) gezeigt; die Trennung beträgt oft nur einige Zehntel eV. Diese Überschußelektronen werden von den verunreinigenden Atomen leicht abgegeben und auf das Leitungsband angeregt. Die angeregten Elektronen tragen dann zur elektrischen Leitfähigkeit des Halbleiters bei. Solche verunreinigenden Atome nennt man *Donatoren*; der Halbleiter wird als n-Typ (oder negativer)-Halbleiter bezeichnet.

Umgekehrt kann die Verunreinigung aus Atomen bestehen, die *weniger* Elektronen besitzen als die des Halbleiters. In den Fällen, in welchen Silizium und Germanium die Wirtssubstanz darstellen, könnten die verunreinigenden Atome Bor oder Aluminium sein, die jeweils nur drei Elektronen beitragen. In diesen Situationen führt die Verunreinigung leere, diskrete Energieniveaus ein, die dem oberen Bereich des Valenzbandes nahe benachbart sind (Abb. 18.28b). Es ist daher leicht, einige der energiereicheren Elektronen im Valenzband auf das Niveau der Verunreinigung anzuheben. Dieser Vorgang führt zu leeren Zuständen, oder Löchern im Valenzband. Wie schon früher erklärt,

Tabelle 18.5

ENERGIELÜCKEN (eV)

Isolatoren	eV	Halbleiter	eV
Diamant	5,33	Silizium	1,14
Zinkoxid	3,2	Germanium	0,67
Silberchlorid	3,2	Tellur	0,33
Cadmiumsulfid	2,42	Indiumantimonid	0,23

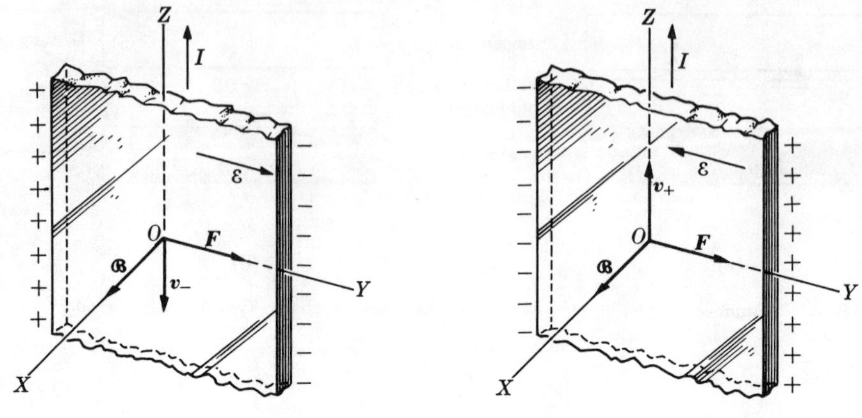

(a) Negative Ladungen
($q = -e$)

(b) Positive Ladungen
($q = +e$)

18.29 Der Hall-Effekt.

wirken diese Löcher als positive Elektronen. Solche verunreinigenden Atome nennt man *Akzeptoren*; die Halbleiter bezeichnet man als p-Typ (oder positive)-Halbleiter.

Um signifikante Veränderungen in der Leitfähigkeit eines Halbleiters hervorzurufen, reicht es, eine Konzentration von einem Atom der Verunreinigung pro Million Atomen des Halbleiters einzuführen. Halbleiter haben eine weite industrielle Anwendung als Gleichrichter, Modulatoren, Detektoren, Photozellen und Transistoren.

Beispiel 18.3 *Der Hall-Effekt.* 1879 entdeckte der amerikanische Physiker E. C. Hall (1855–1929) folgenden Effekt: Wenn man eine Metallplatte, längs derer ein elektrischer Strom fließt, in ein Magnetfeld senkrecht zur Platte einbringt, tritt ein Potentialunterschied zwischen gegen überliegenden Punkten am Rand der Platte auf. Der Hall-Effekt ist ein typisches Beispiel für die magnetische Kraft, die auf ein geladenes Teilchen wirkt, wie durch (17.1) ausgedrückt:

$$\boldsymbol{F} = q\boldsymbol{v} \times \mathfrak{B}.$$

Dieser Effekt ist auch bei der Bestimmung des Vorzeichens der Ladungen, aus denen ein elektrischer Strom besteht, sehr wichtig.

Nehmen Sie zuerst an, daß die Träger des elektrischen Stroms in der Metallplatte Elektronen sind und die negative Ladung $q = -e$ tragen. Bei Betrachtung von Abb. 18.29(a), in der die Z-Achse parallel zum Strom I eingezeichnet wurde, sehen wir, daß die eigentliche Bewegung mit der Geschwindigkeit $\boldsymbol{v}_-$ in Richtung von $-Z$ abläuft. Wenn das magnetische Feld $\mathfrak{B}$ senkrecht zur Platte angelegt wird, oder längs der X-Achse, unterliegen die Elektronen der Kraft

$$\boldsymbol{F} = (-e)\boldsymbol{v}_- \times \mathfrak{B}.$$

Das Vektorprodukt $\boldsymbol{v}_- \times \mathfrak{B}$ weist entlang der $-Y$-Achse; wenn es jedoch mit $-e$ multipliziert wird, erhält man einen Vektor $\boldsymbol{F}$ entlang der $+Y$-Achse. Die Elektronen treiben daher auf die rechte Seite der Platte zu, die daher negativ geladen wird. Die linke Seite, der die übliche Zahl an Elektronen fehlt, wird positiv geladen. Als Folge davon entsteht ein elektrisches Feld $\mathcal{E}$ parallel zur $+Y$-Achse. Wenn die Kraft $(-e)\,\mathcal{E}$ auf die Elektronen infolge des elektrischen Feldes, die nach links gerichtet ist, die Kraft nach rechts infolge des magnetischen Feldes $\mathcal{E}$ genau ausgleicht, herrscht ein Gleichgewicht. Das führt wiederum zu einem transversalen Spannungsunterschied zwischen entgegengesetzten Seiten des Leiters, wobei sich die linke Seite auf dem höheren Potential befindet; der Wert des Potentialunterschieds ist proportional zum Magnetfeld. Das stellt den normalen, oder «negativen» Hall-Effekt dar, den die meisten Metalle, wie z.B. Gold, Silber, Platin, Kupfer etc. zeigen. Bei einigen Metallen wie z.B. Kobalt, Zink und Eisen und anderen Materialien, wie z.B. den Halbleitern, wird jedoch ein entgegengesetzter, oder «positiver» Hall-Effekt erzeugt.

Um den positiven Hall-Effekt zu erklären, nehmen Sie an, daß anstelle von negativ geladenen Elektronen, positiv geladene Teilchen mit $q = +e$, die Träger des Stroms sind.

Diese müssen sich dann im gleichen Sinn wie der Strom bewegen, so daß ihre Geschwindigkeit $\boldsymbol{v}_+$ längs der $+Z$-Achse gerichtet ist, wie in Abb. 18.29 (b) gezeigt. Die magnetische Kraft auf die beweglichen Ladungen ist

$$\boldsymbol{F} = (+e)\boldsymbol{v}_+ \times \mathcal{B}$$

und ist auf die $+Y$-Achse zu gerichtet. Da die Ladungen jedoch positiv sind, wird die rechte Seite der Platte positiv und die linke Seite negativ geladen, was zu einem transversalen elektrischen Feld in $-Y$-Richtung führt. Der Potentialunterschied ist daher das Gegenteil dessen, der im Fall negativer Träger auftritt, was zu einem positiven Hall-Effekt führt.

Als die beiden Arten des Hall-Effekts entdeckt wurden, waren die Physiker ziemlich verwundert, da man zu dieser Zeit allgemein annahm, daß die einizigen Träger des elektrischen Stroms in einem festen Leiter die negativ geladenen Elektronen wären. Wie wir jedoch erklärt haben, können wir in den vielen Substanzen Elektronenlöcher als Träger des Stroms betrachten, die sich unter einem angelegten Magnetfeld in genau entgegengesetzter Richtung zu der der negativ geladenen Elektronen bewegen. Wir können sagen, daß Elektronenlöcher sich völlig ähnlich wie positive Teilchen verhalten. Der Hall-Effekt stellt daher eine sehr brauchbare Methode dar, um das Vorzeichen des Trägers des elektrischen Stroms in einem Leiter festzustellen.

FRAGEN

1. Worin besteht der Unterschied zwischen einem Kation und einem Anion? Schauen Sie in ein Chemiebuch und stellen Sie eine Liste von Kationen und Anionen auf.
2. Erklären Sie den Begriff der ionischen Bindung.
3. Warum unterstützt die Streuung von alpha-Teilchen durch relativ große Winkel, wenn sie eine dünne Folie passieren, das Kernmodel der Atome?
4. Erklären Sie was man unter (a) Energiequantelung, (b) Drehimpulsquantelung und (c) Richtungsquantelung versteht.
5. Diskutieren Sie die experimentellen Befunde, die zeigen, daß der Elektronenspin nur zwei Orientierungen relativ zu einer festgelegten Richtung annehmen kann.
6. Diskutieren Sie die Herkunft der Spin—Bahn-Wechselwirkung. Nehmen Sie an, daß ein Proton gegen ein anderes Proton geschleudert wird und durch die Coulomb-Wechselwirkung von seiner geradlinigen Bahn abgelenkt (gestreut) wird. Überprüfen Sie die möglichen Spin—Bahn-Effekte, die während der Wechselwirkung auftreten können.
7. Würden Sie einen Spin—Bahn-Effekt erwarten, wenn Elektronen einen Spin von null hätten? Wie würden die Energieniveaus der Elektronen durch die Spin—Bahn-Wechselwirkung beeinflußt werden, wenn Elektronen einen Spin von eins statt einen von $\frac{1}{2}$ hätten?
8. Führen Sie einige experimentelle Befunde an, die die Existenz von Elektronenschalen in Atomen unterstützen.
9. Erklären Sie, warum die bindenden Elektronen in einem Molekül sich bevorzugt im Bereich zwischen den gebundenen Atomen konzentrieren. Wieso führt das zur Bindung?
10. Was ist der hauptsächliche Unterschied zwischen (a) Metallen und Halbmetallen, (b) Halbleitern und Isolatoren und (c) n-Typ und p-Typ-Halbleitern?

AUFGABEN

18.1 Welche Masse an Cu (zweiwertig) wird an einer Elektrode durch einen Strom von 2,00 A während einer Stunde abgelagert? Wie viele Atome werden abgelagert?

18.2 Ein Mol Natrium wird an der Kathode einer Elektrolysezelle in einem Tag abgelagert. Welcher elektrische Strom und welche Ladung gehen durch die Zelle?

18.3 Ein Proton, das in einem 1-MeV van de Graaf-Beschleuniger erzeugt wird, wird gegen eine Goldfolie geschickt. Berechnen Sie den Abstand der größten Annäherung (a) Für den geraden zentrischen Stoß, (b) für Stöße mit einem Stoßparameter von 10^{-15} m und 10^{-14} m. Wie groß ist in jedem Fall die Ablenkung des Protons?

18.4 Die Geschwindigkeit eines alpha-Teilchens mit einer kinetischen Energie von 4,00 MeV ist genau auf den Kern eines Quecksilberatoms zu gerichtet. Die Ordnungszahl von Quecksilber ist 80 und der Quecksilberkern hat daher eine positive Ladung, die gleich 80 Elektronenladungen ist. (a) Bestimmen Sie den Abstand der größten Annäherung des alpha-Teilchens an den Kern. (b) Vergleichen Sie das Ergebnis mit dem Kernradius von $\sim 10^{-14}$ m.

18.5 Als Geiger und Marsden Kerne niedriger Ordnungszahl mit 4 MeV alpha-Teilchen untersuchten, beobachteten sie Abweichungen von der vorhergesagten Coulomb-Streuung. Unter der Annahme, daß Kerne einem Radius von ungefähr 10^{-14} m haben (unter «Radius» verstehen wir den Bereich, in dem die Kernwechselwirkungen sich auswirken), berechnen Sie die ungefähre Ordnungszahl, bei der beim geraden zentrischen Stoß Abweichungen von der Rutherford-Streuung auftreten.

18.6 Berechnen Sie die potentiellen und kinetischen Energien der Elektronen in einem Wasserstoffatom als Funktion der Quantenzahl n, wenn Sie annehmen, daß sich die Elektronen auf einer Kreisbahn bewegen. Bestimmen Sie die numerischen Koeffizienten. Tragen Sie ihre berechneten Werte als Funktion von n auf, um den Gang der Werte mit steigender Gesamtenergie der Elektronen zu bestimmen.

18.7 Wenn die mittlere Lebensdauer eines angeregten Zustands von Wasserstoff in der Größenordnung von 10^{-8} s liegt, schätzen Sie ab, wie viele Bahnumkreisungen ein Elektron durchführt, (a) wenn es sich im Zustand $n = 2$ und (b) wenn es sich im Zustand $n = 15$ befindet, bevor es in den Zustand $n = 1$ zurückkehrt. (c) Vergleichen Sie die Zahlen mit den Zahlen von Bahnumkreisungen, die die Erde in den $2 \cdot 10^9$ Jahren ihrer Existenz um die Sonne durchgeführt hat.

18.8 Erklären Sie durch Betrachtung von (18.17), warum bestimmte Energieniveaus von H, He^+ und Li^{2+} zusammenfallen (siehe Abb. 18.5). Sind die Radien der Elektronenbahnen die gleichen?

18.9 (a) Was ist der Betrag des Drehimpulses eines Elektrons, wenn $l = 2$? (b) Bestimmen Sie die Winkel relativ zu einem Magnetfeld $\mathcal{B}$ parallel zur X-Achse, den der Drehimpulsvektor annehmen kann, wenn $l = 2$.

18.10 In wie viele Niveaus spaltet ein Magnetfeld das ($n = 3$)-Energieniveau des Wasserstoffatoms auf? Wie groß ist der Unterschied in der magnetischen Energie zwischen diesen Niveaus, wenn das Feld 4 T beträgt?

18.11 Vergleichen Sie die Energie der magnetischen Aufspaltung des ($n = 3$)-Niveaus in atomaren Wasserstoff mit dem Energieunterschied zwischen den Elektronenenergien für $n = 2$ und $n = 3$, wenn die magnetische Aufspaltung auf ein 4 T Magnetfeld zurückzuführen ist.

18.12 Die Kraft, die von einem inhomogenen Magnetfeld $\mathcal{B}$ mit dem Gradienten $d\mathcal{B}/dZ$ auf einem magnetischen Dipol vom Moment m ausgeübt wird, ist

$$F = \pm m \left(\frac{d\mathcal{B}}{dZ}\right).$$

Berechnen Sie die Kraft, die auf ein Elektron infolge seines spinmagnetischen Dipolmoments ausgeübt wird, wenn der Gradient von $\mathcal{B}$ $1{,}5 \cdot 10^2\,\mathrm{Tm}^{-1}$ beträgt. Wenn sich ein Wasserstoffatom mit der Geschwindigkeit $10^5\,\mathrm{m\,s}^{-1}$ senkrecht zu den Feldlinien bewegt, berechnen Sie die transversale Verschiebung des Elektrons nach 1 m Weg, wenn der Elektronenspin entweder parallel oder antiparallel zum Magnetfeld ist.

18.13 Ein Bündel von Silberatomen mit einer mittleren Geschwindigkeit von $7 \cdot 10^2\,\mathrm{m\,s}^{-1}$ tritt durch ein inhomogenes Magnetfeld von 0,1 m Länge, das einen Gradienten von $3 \cdot 10^2\,\mathrm{T\,m}^{-1}$ in senkrechter Richtung zur Bewegung des Atoms aufweist. Bestimmen Sie die maximale Auftrennung der zwei Strahlen, die aus dem Bereich des Feldes austreten. Nehmen Sie an, daß das resultierende magnetische Moment jedes Atoms 1 Bohrsches Magneton beträgt.

18.14 Ein Elektron ändert seinen Wert von m_s von $+\frac{1}{2}$ auf $-\frac{1}{2}$. (a) Wie groß ist die Änderung des Drehimpulses des Elektrons? (b) Wenn dieser Vorgang in einem Magnetfeld von 2 T abläuft, wie groß ist dann die Änderung in der Energie des Elektrons?

18.15 Bestimmen Sie alle möglichen Werte für $\boldsymbol{J}$, wenn $l = 3$ und $s = +\frac{1}{2}$. Tragen Sie die möglichen $\boldsymbol{J}$-Vektoren auf.

18.16 Die Energieniveaus heliumähnlicher Atome, bei denen ein Elektron sich im Grundzustand ($n = 1$) und das andere in einem angeregten Zustand ($n > 1$) befindet, kann näherungsweise durch den Ausdruck

$$E = -\,13{,}6 \left[Z^2 + \left(\frac{Z-1}{n}\right)^2\right] \mathrm{eV} \qquad (n > 1)$$

beschrieben werden. Hierbei wird vorausgesetzt, daß das Elektron im Grundzustand eine Kernladung vollständig abschirmt und daß das Elektron im angeregten Zustand das Elektron im Grundzustand nicht beeinflußt. Diskutieren Sie die Plausibilität dieses Ausdrucks. (a) Berechnen Sie die Energieniveaus für Helium, wenn $n = 2$, 3 und 4 und vergleichen Sie die Ergebnisse mit den experimentellen Werten von $-58{,}08$, $-56{,}04$, $-55{,}37$ eV. (b) Warum nimmt die Genauigkeit des obigen Ausdrucks für E zu, wenn n zunimmt?

18.17 In Abb. 18.17 sind die Elektronenkonfiguration für die ersten zehn Atome des Periodensystems gegeben. Zeichnen Sie ähnliche Abbildungen für die nächsten zehn Elemente, wobei Sie Tab. 18.4 als Hilfsmittel benützen. Beachten Sie die große Ähnlichkeit in der Elektronenkonfiguration zwischen den beiden Reihen des Periodensystems, besonders, wie die Elektronen zuerst mit parallelem Spin eine Zwischenschale auffüllen.

18.18 Zeichnen Sie die Elektronenkonfiguration der angeregten Zustände für Silizium und Phosphor ($Z = 14$ bzw. 15). Vergleichen Sie die Konfigurationen mit den Konfigurationen der angeregten Zustände von Kohlenstoff und Stickstoff, die in Abb. 18.17 gezeigt sind. Diskutieren Sie die Arten von Verbindungen, die Silizium und Phosphor der Erwartung nach eingehen werden.

18.19 Zeigen Sie, daß für eine vollständig aufgefüllte *nl*-Schale notwendigerweise $L = S = 0$.

18.20 Ein Ausdruck, der gut auf die Energieniveaus der Valenzelektronen für Atome mit einem Valenzelektron paßt, ist

$$E_n = \frac{-Rhc\ (Z - \mathcal{S})^2}{(n - \delta)^2},$$

wobei $\mathcal{S}$ die Abschirmkonstante und δ der Quantendefekt genannt wird (welcher von den n- und l-Werten des speziellen Valenzelektrons abhängt). Die Werte für δ von Lithium und Natrium sind

	s	p	d
Li ($Z = 3$)	0,40	0,04	0,00
Na ($Z = 11$)	1,35	0,85	0,01

Für $\mathcal{S}$ wird ein Wert verwendet, der gleich der Zahl der inneren Elektronen ist. Bestimmen Sie die Energie des Grundzustandes und der ersten zwei angeregten Zustände der Valenzelektronen in Lithium und Natrium.

18.21 Durch einen Kupferdraht mit einem Querschnitt von 10^{-5} m^2 fließt ein elektrische Strom von 1,50 A. Bestimmen Sie die Driftgeschwindigkeit der Elektronen, wenn Sie annehmen, daß es $5{,}0 \cdot 10^{28}$ Leitungselektronen pro m^3 gibt.

18.22 Ein kubischer Kristall enthält eine Substitutionsverunreinigung in einer Konzentration von 0,1% (was für «chemisch reine» Materialien als normal gilt). Berechnen Sie den mittleren Abstand zwischen verunreinigenden Atomen, gemessen in Einheiten der interatomaren Abstände.

18.23 Sehr reines Germanium, das für die Herstellung von Halbleitergeräten verwendet wird, enthält nur 1 Fremdatom auf 10^9 Ge-Atome, das die elektrische Leitfähigkeit beeinflußt. Wie groß ist der mittlere Abstand zwischen den Verunreinigungen? [*Hinweis*: Schlagen Sie die Dichte des Germaniums nach.]

Kapitel 19

STATISCHES ELEKTROMAGNETISCHES FELD

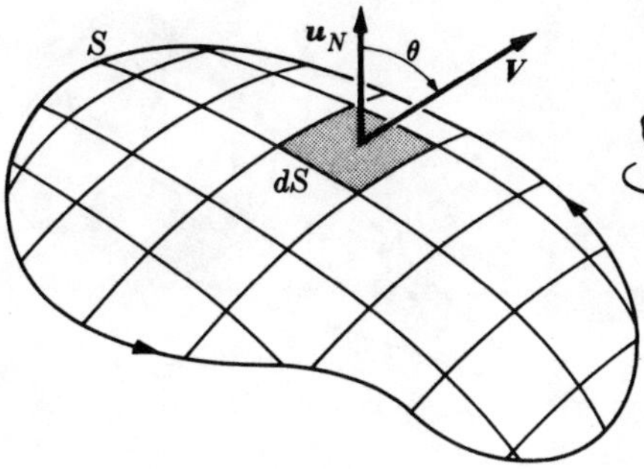

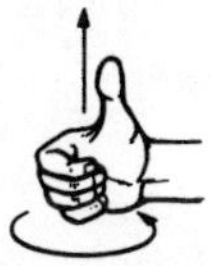

19.1 Fluß eines Vektorfeldes durch eine Oberfläche.

19.1 EINLEITUNG

In den vorhergehenden Kapiteln haben wir die elektromagnetischen Wechselwirkungen diskutiert und die Bewegung geladener Teilchen als Ergebnis dieser Wechselwirkungen betrachtet. Diese Analyse führte zum Begriff des elektromagnetischen Feldes. In diesem Kapitel wollen wir einige Eigenschaften des elektromagnetischen Feldes selbst betrachten, wobei wir das Feld als eine unabhängige Einheit ansehen. Wir wollen zuerst das statische oder zeitunabhängige elektromagnetische Feld betrachten. In Kapitel 20 wird das zeitabhängige elektromagnetische Feld besprochen. Bevor wir diese Felder diskutieren, müssen wir einige sehr wichtige Begriffe einführen.

19.2 FLUSS EINES VEKTORFELDES

Betrachten Sie eine Oberfläche S, die sich im Bereich eines Vektorfeldes $\boldsymbol{V}$ (Abb. 19.1) befindet. Wir unterteilen die Oberfläche in sehr kleine (oder infinitesimale) Oberflächen der Flächen dS_1, dS_2, dS_3, ... An jeder der Oberflächen können wir einen Einheitsvektor $\boldsymbol{u}_1$, $\boldsymbol{u}_2$, $\boldsymbol{u}_3$, . . . anheften, der senkrecht zur Oberfläche an diesem Punkt ist. Die Einheitsvektoren sind in Richtung des Daumens orientiert, wenn die Finger der rechten Hand im gewählten Drehsinn des Randes der Oberfläche zeigen, entsprechend der Konvention, die wir in Abschnitt 3.9 angeführt haben. Wenn die Oberfläche geschlossen ist, sind die Vektoren $\boldsymbol{u}_N$ nach außen gerichtet. θ_1, θ_2, θ_3, . . . seien die Winkel zwischen den Vektoren $\boldsymbol{u}_1$, $\boldsymbol{u}_2$, $\boldsymbol{u}_3$, . . . und den Feldvektoren $\boldsymbol{V}_1$, $\boldsymbol{V}_2$, $\boldsymbol{V}_3$, . . . an jedem Punkt der Oberfläche. Dann ist definitionsgemäß der *Fluß* des Vektorfeldes $\boldsymbol{V}$ durch die Oberfläche S

$$\begin{aligned}\text{Fluß von } \boldsymbol{V} &= V_1\, dS_1 \cos\theta_1 + V_2\, dS_2 \cos\theta_2 \\ &\quad + V_3\, dS_3 \cos\theta_3 + \cdots \\ &= \boldsymbol{V}_1 \cdot \boldsymbol{u}_1\, dS_1 + \boldsymbol{V}_2 \cdot \boldsymbol{u}_2\, dS_2 \\ &\quad + \boldsymbol{V}_3 \cdot \boldsymbol{u}_3\, dS_3 + \cdots,\end{aligned}$$

oder, wenn wir den Fluß mit Φ bezeichnen,

$$\Phi = \int_S V \cos\theta\, dS = \int_S \boldsymbol{V} \cdot \boldsymbol{u}_N\, dS, \tag{19.1}$$

wobei sich das Integral über die gesamte Oberfläche erstreckt, wie der Index S anzeigt. Aus diesem Grund bezeichnet man einen Ausdruck wie (19.1) als *Oberflächenintegral*. Wegen des Faktors $\cos\theta$ in (19.1) kann der Fluß durch das Oberflächenelement dS positiv oder negativ sein, je nachdem ob θ kleiner oder größer als $\pi/2$ ist. Wenn das Feld $\boldsymbol{V}$ tangential oder parallel zum Oberflächenelement dS ist, ist der Winkel θ gleich $\pi/2$ und $\cos\theta = 0$, was zu einem Fluß von null durch dS führt. Der Gesamtfluß Φ kann ebenfalls positiv, negativ oder null sein. Wenn der Fluß positiv ist, geht er nach «außen», wenn er negativ ist, «kommt er herein». Wenn die Oberfläche geschlossen ist (wie bei einer Kugel), schreibt man einen Kreis über das Integralzeichen, so daß (19.1) zu

$$\Phi = \oint_S V \cos\theta\, dS = \oint_S \boldsymbol{V} \cdot \boldsymbol{u}_N\, dS \tag{19.2}$$

wird.

19.2 Raumwinkel

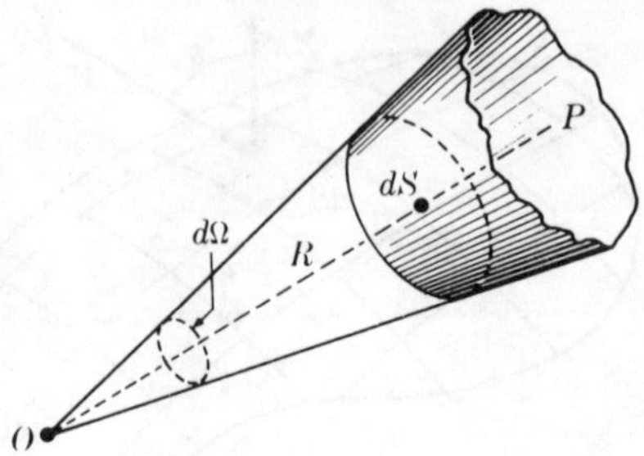

19.3

19.3 LINIENINTEGRAL UND ZIRKULATION EINES VEKTORFELDES

Nehmen Sie an, daß sich ein Teilchen unter dem Einfluß einer Kraft $\boldsymbol{F}$ längs einer Bahn L von A nach B bewegt. In Kapitel 8 haben wir erklärt, daß in diesem Fall die Arbeit, die von der Kraft geleistet wird, $W = \int_L \boldsymbol{F} \cdot d\boldsymbol{l}$ ist; der Index L bedeutet, daß das Integral längs einer solchen Bahn ausgeführt wird; $d\boldsymbol{l}$ ist ein Linienelement der Bahn. Wir haben außerdem bewiesen, daß im Fall einer konservativen Kraft (d.h., wenn die Kraft mit der potentiellen Energie über $\boldsymbol{F} = -\operatorname{grad} E_p$ in Beziehung steht) die Arbeit unabhängig vom Weg ist; wir können dann schreiben $\int \boldsymbol{F} \cdot d\boldsymbol{l} = E_{p,A} - E_{p,B}$.

Eine wichtige Folge (ebenfalls in Kapitel 8 angeführt) ist die, daß bei einer geschlossenen Bahn die Arbeit einer konservativen Kraft null ist, da Punkt B identisch mit Punkt A ist und $E_{p,A} = E_{p,B}$. Dann ist

$$\oint \boldsymbol{F} \cdot d\boldsymbol{l} = 0 \qquad \text{(konservative Kraft } \boldsymbol{F}\text{)}$$

Dieses Ergebnis kann auf jedes beliebige Vektorfeld ausgedehnt werden, wie z.B. elektrische oder magnetische Felder. Wir wollen das Vektorfeld mit $\boldsymbol{V}$ bezeichnen. Das *Linienintegral* des Vektorfeldes $\boldsymbol{V}$ von Punkt A bis Punkt B längs des Weges L ist definiert als

$$\text{Linienintegral von } \boldsymbol{V} = \int_L \boldsymbol{V} \cdot d\boldsymbol{l}. \tag{19.3}$$

Im allgemeinen hängt das Linienintegral vom Weg ab. Wenn die Bahn, längs derer das Linienintegral berechnet wird, eine *geschlossene* Bahn ist, bezeichnet man das Linienintegral als *Zirkulation* des Vektorfeldes. Es wird durch einen Kreis auf dem Integralzeichen angedeutet:

$$\text{Zirkulation von } \boldsymbol{V} = \oint \boldsymbol{V} \cdot d\boldsymbol{l}. \tag{19.4}$$

Ein wichtiger Fall ist der, in dem das Feld $\boldsymbol{V}$ als Gradient einer Funktion ausgedrückt werden kann. Das ist die gleiche Situation, wie man sie im Fall konservativer Kräfte findet; wir können daher sagen:

Wenn ein Vektorfeld als Gradient einer Funktion ausgedrückt werden kann, ist das Linienintegral des Feldes zwischen zwei Punkten unabhängig vom Weg, der die beiden Punkte verbindet, und die Zirkulation über jede beliebige geschlossene Bahn ist null.

Bei der weiteren Entwicklung dieses und des nächsten Kapitels wird der Student entdecken, daß die Begriffe des Flusses, des Linienintegrals und der Zirkulation eines Vektorfeldes bei der Formulierung der Gesetze des Elektromagnetismus äußerst nützlich sind.

Raumwinkel Ein *Raumwinkel* ist der Raum, der von einer konischen (oder pyramidenförmigen) Oberfläche eingeschlossen wird, wie z.B. in Abb. 19.2; seinen Wert, der in *Steradiant* (abgekürzt Sterad) ausgedrückt wird, erhält man, indem man eine sphärische Oberfläche mit einem willkürlichen Radius R und dem Mittelpunkt an der Spitze O zeichnet und die Beziehung

$$\Omega = \frac{S}{R^2}$$

anwendet, wobei S die Fläche der sphärischen Kappe ist, die

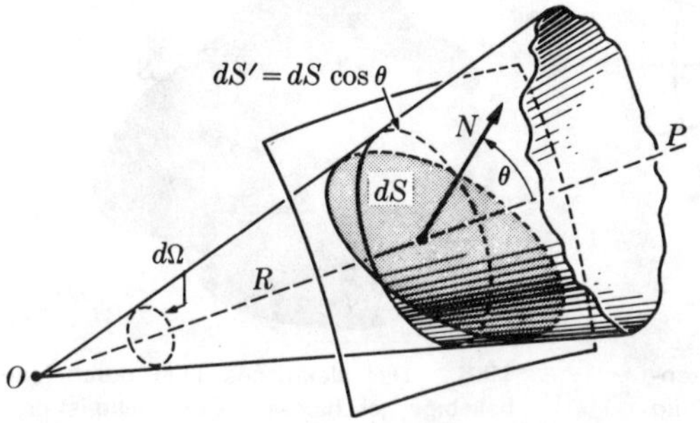

19.4

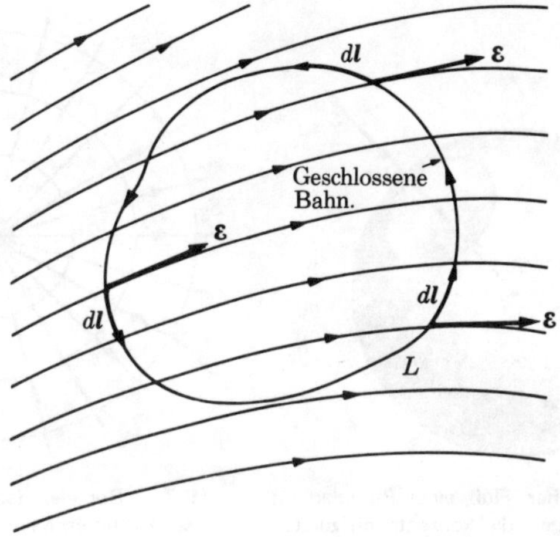

19.5

durch den festen Winkel geschnitten wird. Da die Oberfläche einer Kugel $4\pi R^2$ ist, schließen wir, daß der gesamte feste Winkel um einen Punkt 4π Sterad beträgt.

Wenn der Raumwinkel klein ist (Abb. 19.3), wird die Oberfläche S zu dS; sie ist nun nicht mehr notwendigerweise eine sphärische Kappe, sondern kann eine kleine ebene Oberfläche senkrecht zu OP sein, so daß

$$d\Omega = \frac{dS}{R^2}.$$

In einigen Fällen ist die Oberfläche dS nicht senkrecht zu OP, sondern ihre Senkrechte N bildet einen Winkel θ mit OP (Abb. 19.4). Man muß dann dS auf eine Ebene senkrecht zu OP projizieren, was uns die Fläche

$$dS' = dS \cos\theta$$

liefert. Daher ist

$$d\Omega = \frac{dS \cos\theta}{R^2}.$$

Dieser Ausdruck wird sich bei unseren weiteren Diskussionen als sehr nützlich erweisen.

I. DAS ELEKTRISCHE FELD

19.4 ELEKTROMOTORISCHE KRAFT

Da das elektrische Feld gleich der Kraft pro Einheitsladung ist, ist das Linienintegral des elektrischen Feldes gleich der Arbeit, die geleistet wird, wenn man eine Einheitsladung längs des Weges L bewegt. Das heißt

$$\left.\begin{array}{l}\text{Arbeit, die pro}\\ \text{Einheitsladung längs}\\ \text{des Weges } L\\ \text{geleistet wird}\end{array}\right\} = \int_L \boldsymbol{\mathcal{E}} \cdot d\boldsymbol{l}.$$

Wenn die Bahn geschlossen ist (Abb. 19.5), wird das Linienintegral zur Zirkulation des elektrischen Feldes. Man bezeichnet sie als *elektromotorische Kraft* (Emk) des geschlossenen Weges. Wenn wir die Emk mit $V_\mathcal{E}$ bezeichnen, ist

$$\text{Emk} = V_\mathcal{E} = \oint_L \boldsymbol{\mathcal{E}} \cdot d\boldsymbol{l}. \tag{19.5}$$

Daher ist die *elektromotorische Kraft längs einer geschlossenen Bahn gleich der Arbeit, die geleistet wird, wenn man eine Einheitsladung um die Bahn bewegt.* (Der Ausdruck «Kraft» ist irreführend, da wir uns auf eine «Energie» beziehen; er ist jedoch in allgemeinem Gebrauch). Die Emk wird natürlich in Volt ausgedrückt.

Wir wollen nun den speziellen Fall eines *statischen* (oder *zeitunabhängigen*) elektrischen Feldes betrachten. Da für ein statisches elektrisches Feld der Potentialunterschied zwischen zwei Punkten gleich der Arbeit ist, die das elektrische Feld leistet, wenn es eine Einheitsladung unabhängig vom Weg von einem Punkt an einen anderen bewegt, können wir schreiben

$$\int_L \boldsymbol{\mathcal{E}} \cdot d\boldsymbol{l} = V_A - V_B, \tag{19.6}$$

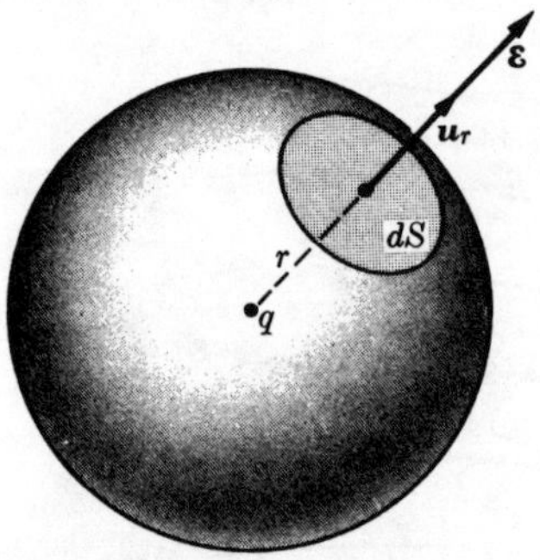

19.6 Elektrischer Fluß einer Punktladung durch eine Kugel, die konzentrisch zur Ladung ist.

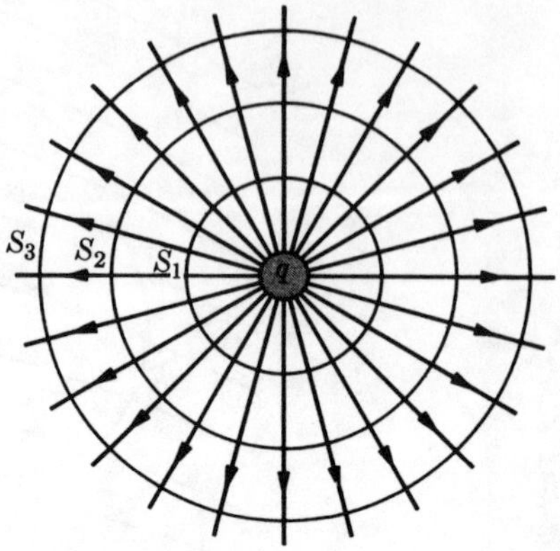

19.7 Der elektrische Fluß durch konzentrische Kugelschalen, die dieselbe Ladung umgeben, ist gleich.

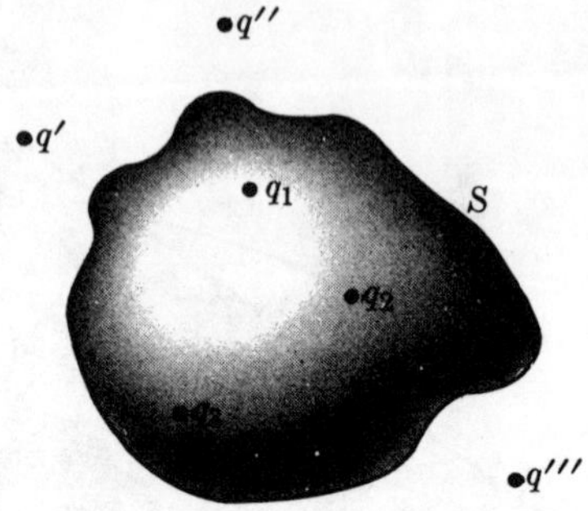

19.8 Der elektrische Fluß durch jede beliebige geschlossene Oberfläche ist proportional der innerhalb der Oberfläche enthaltenen Gesamtladung.

wobei A und B die beiden Punkte sind, die durch die Bahn L verbunden sind. Das Linienintegral eines statischen elektrischen Feldes zwischen zwei Punkten ist daher gleich dem Potentialunterschied zwischen den Punkten (Spannung). Der Weg, der gewählt wird, um von einem Punkt zum anderen zu gehen, ist willkürlich. Wenn die Bahn geschlossen ist, fallen die Punkte A und B zusammen, und (19.6) ergibt

$$V_{\mathcal{E}} = \oint \boldsymbol{\mathcal{E}} \cdot d\boldsymbol{l} = 0. \tag{19.7}$$

Wenn wir dieses Ergebnis in Worten ausdrücken, können wir Folgendes sagen:

Die Emk, oder die Zirkulation, eines statischen elektrischen Feldes längs eines willkürlich gewählten geschlossenen Weges ist null.

Diese Feststellung bedeutet, daß die Arbeit, die ein statisches elektrisches Feld leistet, wenn es eine Ladung um eine geschlossene Bahn bewegt, null ist.

19.5 GAUSSCHES GESETZ FÜR DAS ELEKTRISCHE FELD

Wir wollen eine Punktladung q (Abb. 19.6) betrachten und den Fluß ihres elektrischen Feldes $\boldsymbol{\mathcal{E}}$ durch eine sphärische Oberfläche berechnen, die konzentrisch zur Ladung ist. Wenn r der Radius der Kugel ist, ist das elektrische Feld, das von der Ladung an jedem Punkt der sphärischen Oberfläche erzeugt wird:

$$\boldsymbol{\mathcal{E}} = \frac{q}{4\pi\epsilon_0 r^2}\boldsymbol{u}_r.$$

Der zu einer Kugel senkrechte Einheitsvektor fällt mit dem Einheitsvektor $\boldsymbol{u}_r$ in der radialen Richtung zusammen. Daher ist der Winkel θ zwischen dem elektrischen Feld $\boldsymbol{\mathcal{E}}$ und dem senkrechten Einheitsvektor $\boldsymbol{u}_r$ null, und $\cos\theta = 1$.

Da das elektrische Feld an allen Punkten der sphärischen Oberfläche den gleichen Betrag hat, und die Fläche der Kugel $4\pi r^2$ ist, sehen wir, daß (19.2) den elektrischen Fluß $\Phi_{\mathcal{E}}$ zu

$$\Phi_{\mathcal{E}} = \oint_S \mathcal{E}\, dS = \mathcal{E}\oint_S dS = \mathcal{E}S = \frac{q}{4\pi\epsilon_0 r^2}(4\pi r^2) = \frac{q}{\epsilon_0}$$

ergibt. Der elektrische Fluß durch die Kugel ist daher proportional zur Ladung und unabhängig vom Radius der Oberfläche. Wenn wir daher um die Ladung q verschiedene sphärische Oberflächen S_1, S_2, S_3, ... zeichnen (Abb. 19.7), ist der Fluß durch alle gleich und gleich q/ϵ_0. Dieses Ergebnis ist auf die Abhängigkeit des Feldes von $1/r^2$ zurückzuführen.

Wie unten gezeigt ist das vorhergehende Ergebnis ziemlich allgemein und gilt für jede beliebige Ladung *q im Inneren einer geschlossenen Oberfläche.* Wenn sich die Ladung jedoch *außerhalb* der geschlossenen Oberfläche befindet, ist der elektrische Fluß durch die Oberfläche null.

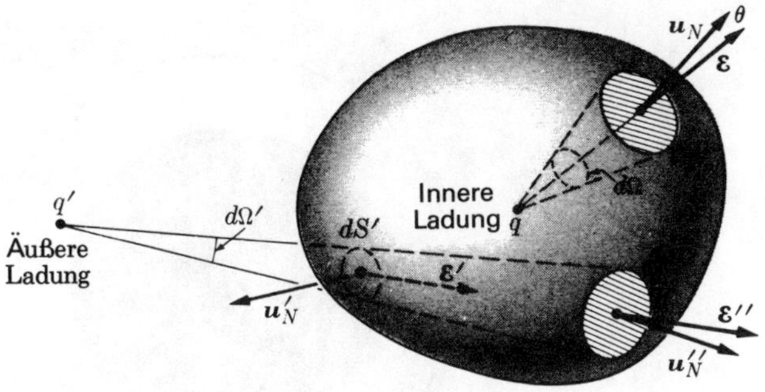

19.9 Der elekktrische Fluß durch eine geschlossene Oberfläche, die eine Ladung umgibt, ist unabhängig von der Gestalt der Oberfläche.

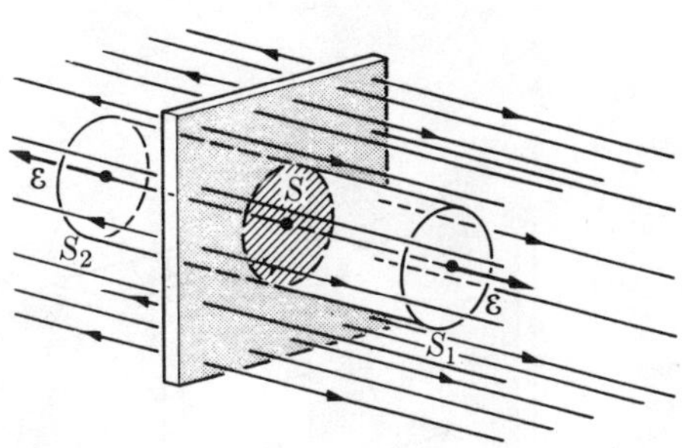

19.10 Elektrisches Feld einer gleichförmig geladenen, ebenen Oberfläche.

Wenn sich innerhalb der willkürlich gewählten Oberfläche S mehrere Ladungen q_1, q_2, q_3, . . . befinden (Abb. 19.8), wird der gesamte elektrische Fluß die Summe aus den Flüssen sein, die jede einzelne Ladung hervorruft. Wir können dann das *Gaußsche Gesetz für das elektrische Feld* wie folgt formulieren:

Der elektrische Fluß durch eine geschlossene Oberfläche, die die Ladungen $q_1, q_2, q_3, \ldots$ einschließt, ist

$$\Phi_{\mathcal{E}} = \oint_S \boldsymbol{\mathcal{E}} \cdot \boldsymbol{u}_N \, dS = \frac{q}{\epsilon_0}, \qquad (19.8)$$

wobei $q = q_1 + q_2 + q_3 + \cdots$ die Gesamtladung innerhalb der geschlossenen Oberfläche ist.

Die Ladungen *außerhalb* der geschlossenen Oberfläche (wie z.B. q', q'', . . . in Abb. 19.8) tragen nicht zum Gesamtfluß bei.

Beweis des Gaußschen Gesetzes Betrachten Sie eine Ladung q *innerhalb* einer willkürlich gewählten *geschlossenen* Oberfläche S (Abb. 19.9). Der Gesamtfluß des elektrischen Feldes durch S, das von q erzeugt wird, ist durch

$$\Phi_{\mathcal{E}} = \oint_S \mathcal{E} \cos \theta \, dS = \oint_S \frac{q}{4\pi\epsilon_0 r^2} \cos \theta \, dS = \frac{q}{4\pi\epsilon_0} \int_S \frac{dS \cos \theta}{r^2}$$

gegeben. $dS \cos \theta / r^2$ ist aber der Raumwinkel $d\Omega$, den das Oberflächenelement dS, von q aus gesehen, überstreicht. Da der gesamte Raumwinkel um einen Punkt 4π ist, sehen wir, daß

$$\Phi_{\mathcal{E}} = \frac{q}{4\pi\epsilon_0} \oint d\Omega = \frac{q}{4\pi\epsilon_0}(4\pi) = \frac{q}{\epsilon_0}.$$

Dieses Ergebnis gilt für jede beliebige geschlossene Oberfläche, unabhängig von der Position der Ladung innerhalb der Oberfläche. Wenn sich eine Ladung, wie z.B. q', *außerhalb* einer geschlossenen Oberfläche befindet, ist der elektrische Fluß null, da der hereinkommende Fluß gleich dem austretenden ist; es ergibt sich also netto ein Fluß von null. Der elektrische Fluß von q' durch dS' hat z.B. den gleichen Betrag, aber entgegengesetztes Vorzeichen wie der elektrische Fluß durch dS''; sie addieren sich daher zu null.

Das Gaußsche Gesetz ist besonders nützlich, wenn wir das elektrische Feld berechnen wollen, das von Ladungsverteilungen mit bestimmten geometrischen Symmetrien erzeugt wird, wie in den folgenden Beispielen gezeigt.

Beispiel 19.1 *Elektrisches Feld* (a) *einer Ladung, die gleichförmig über eine ebene Fläche verteilt ist,* (b) *zweier paralleler Ebenen mit gleichen, aber entgegengesetzten Ladungen.* (a) Wir wollen die Ebene aus Abb. 19.10 betrachten, die pro Flächeneinheit eine Ladung σ trägt. Die Symmetrie der Aufgabe zeigt an, daß die Kraftlinien senkrecht zur Ebene sind; wenn die Ladung positiv ist, sind die Linien wie in der Abbildung gezeigt orientiert. Wenn wir als geschlossene Oberfläche den in der Abbildung gezeigten Zylinder wählen, können wir den elektrischen Fluß $\Phi_{\mathcal{E}}$ in drei Glieder unterteilen: Der Fluß durch S_1, welcher $+\mathcal{E}S$ ist, wobei S die Grundfläche des Zylinders ist; der Fluß durch

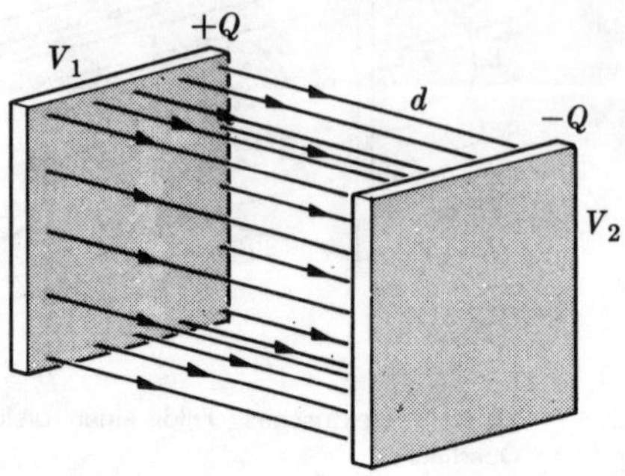

19.11 Elektrisches Feld zwischen einem Paar ebener paralleler Oberflächen, die gleiche, aber entgegengesetzte Ladungen tragen.

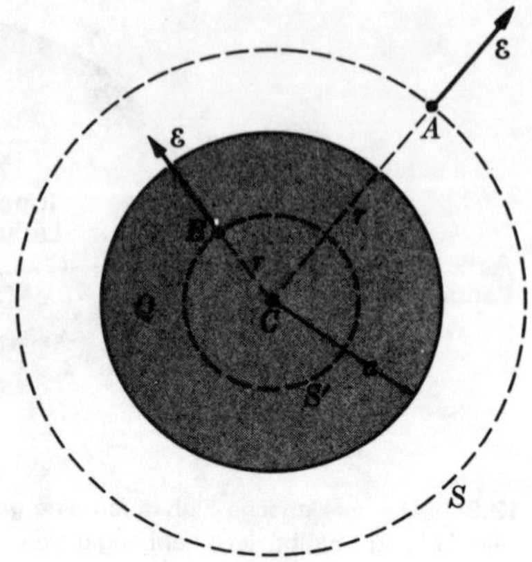

19.12 Elektrisches Feld einer geladenen Kugel.

S_2, welcher ebenfalls $+\mathcal{E}S$ ist, da das elektrische Feld aus Symmetriegründen an Punkten im gleichen Abstand zu beiden Seiten der Ebene gleichen Betrag, aber entgegengesetzte Richtung haben muß; und der Fluß durch die Seitenflächen des Zylinders, welcher null ist, da das elektrische Feld parallel zur Oberfläche ist. Wir haben daher

$$\Phi_\mathcal{E} = 2\mathcal{E}S.$$

Die Ladung innerhalb der geschlossenen Oberfläche ist die innerhalb des schattierten Bereichs und ist gleich

$$q = \sigma S.$$

Unter Anwendung des Gaußschen Gesetzes, (19.8) erhalten wir also

$$2\mathcal{E}S = \frac{\sigma S}{\epsilon_0}, \qquad \text{oder} \qquad \mathcal{E} = \frac{\sigma}{2\epsilon_0}.$$

Dieses Ergebnis zeigt, daß das elektrische Feld unabhängig von der Entfernung von der Ebene und damit gleichförmig ist. Mit der Beziehung

$$\mathcal{E} = -\frac{dV}{dx}$$

und unter der Annahme, daß das Potential der Ebene null ist, ergibt sich

$$\int_0^V dV = -\int_0^x \mathcal{E}dx = -\frac{\sigma}{2\epsilon_0}\int_0^x dx,$$

was das elektrische Potential im Abstand x von der Ebene zu

$$V = -\frac{\sigma}{2\epsilon_0}x$$

liefert.

(b) Abbildung 19.11. zeigt zwei parallele Ebenen mit gleichen, aber entgegengesetzten Ladungen. Wir beobachten, daß im Bereich außerhalb der beiden entgegengesetzten Ladungen zwei elektrische Felder herrschen, die gleichen Betrag, aber entgegengesetzte Richtung haben, was ein resultierendes Feld von null ergibt. Im Bereich zwischen den Platten haben die Felder jedoch die gleiche Richtung, und das resultierende Feld ist doppelt so groß wie das Feld einer einzigen Ebene, oder

$$\mathcal{E} = \frac{\sigma}{\epsilon_0}.$$

Die beiden parallelen und entgegengesetzt-geladenen Ebenen rufen daher ein gleichförmiges Feld hervor, das im Bereich zwischen den Ebenen enthalten ist. Wenn d der Abstand zwischen den beiden Ebenen ist, ist ihr Potentialunterschied

$$V_1 - V_2 = \mathcal{E}d = \frac{\sigma d}{\epsilon_0}.$$

Beispiel 19.2 *Elektrisches Feld einer sphärischen Ladungsverteilung.* Wir wollen eine Kugel vom Radius a und der Ladung Q betrachten (Abb. 19.12). Die Symmetrie der Aufgabe läßt vermuten, daß das Feld an jedem Punkt radial sein muß und nur vom Abstand r des Punktes vom Mittelpunkt der Kugel abhängt. Wenn wir daher eine sphärische Oberfläche mit dem Radius r zeichnen, die konzentrisch zur geladenen Kugel ist, finden wir den elektrischen Fluß durch sie zu

$$\Phi_\mathcal{E} = \oint_S \mathcal{E}\, dS = \mathcal{E}\oint_S dS = \mathcal{E}(4\pi r^2).$$

Wenn wir zuerst den Fall $r > a$ betrachten, finden wir, daß die Ladung innerhalb unserer Oberfläche S die Gesamtladung Q der Kugel ist. Mit dem Gaußschen Gesetz, (19.8), erhalten

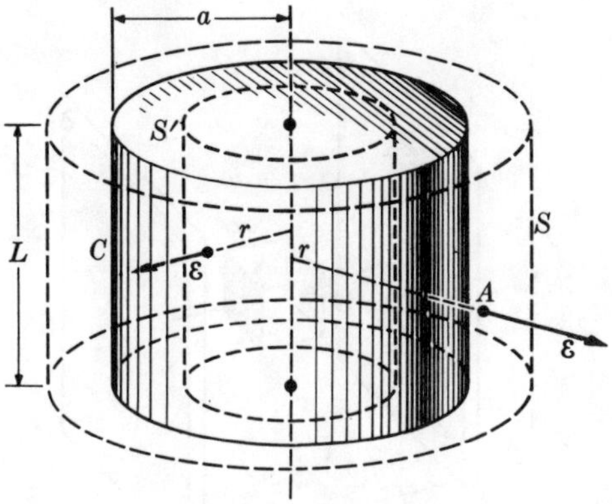

19.13 Elektrisches Feld eines geladenen Zylinders.

wir daher

$$\mathcal{E}(4\pi r^2) = Q/\epsilon_0,$$

was für das elektrische Feld

$$\mathcal{E} = \frac{Q}{4\pi\epsilon_0 r^2} \quad (r > a) \qquad (19.9)$$

ergibt. Das ist das gleiche Ergebnis wie für das Feld einer Punktladung. Daher ist *das elektrische Feld an Punkten außerhalb einer geladenen Kugel das gleiche, als würde die gesamte Ladung in ihrem Mittelpunkt konzentriert sein.*

Wenn wir als nächstes $r < a$ betrachten, haben wir zwei Möglichkeiten. Wenn sich die gesamte Ladung auf der Oberfläche der geladenen Kugel befindet, ist die Gesamtladung innerhalb der sphärischen Oberfläche S' null, und das Gaußsche Gesetz ergibt

$$\mathcal{E}(4\pi r^2) = 0 \qquad \text{oder} \qquad \mathcal{E} = 0 \qquad (r < a).$$

Daher ist das elektrische Feld an Punkten innerhalb einer Kugel, die nur an ihrer Oberfläche geladen ist, gleich null. Wenn die Kugel jedoch über ihr ganzes Volumen gleichförmig geladen ist, und Q' die Ladung innerhalb der Oberfläche S' ist, erhalter wir

$$Q' = \frac{Q}{4\pi a^3/3}(4\pi r^3/3) = \frac{Qr^3}{a^3}.$$

Das Gaußsche Gesetz liefert daher nun

$$\mathcal{E}\ (4\pi r^2) = \frac{Q'}{\epsilon_0} = \frac{Qr^3}{\epsilon_0 a^3},$$

was für das elektrische Feld

$$\mathcal{E} = \frac{Qr}{4\pi\epsilon_0 a^3} \qquad (r < a) \qquad (19.10)$$

ergibt; das zeigt, daß *das elektrische Feld an einem Punkt innerhalb einer gleichförmig geladenen Kugel direkt proportional zum Abstand des Punktes* vom Mittelpunkt der Kugel ist. Diese Ergebnisse wurden bereits in Beispiel 16.4 erwähnt.

Beispiel 19.3 *Elektrisches Feld einer zylindrischen Ladungsverteilung unendlicher Länge.* Wir wollen eine Länge L des Zylinders C betrachten, dessen Radius a ist (Abb. 19.13). Wenn λ die Ladung pro Längeneinheit ist, ist die Gesamtladung in diesem Abschnitt des Zylinders

$$q = \lambda L.$$

Die Symmetrie der Aufgabe zeigt, daß das elektrische Feld an einem Punkt nur vom Abstand des Punktes zur Zylinderachse abhängt und radial ist. Als geschlossene Oberfläche der Integration nehmen wir eine zylindrische Oberfläche vom Radius r, die koaxial mit der Ladungsverteilung ist. Dann hat der elektrische Fluß durch diese Oberfläche drei Glieder. Zwei Glieder stellen den Fluß durch jede der beiden Grundflächen dar; sie sind jedoch null, da das elektrische Feld tangential zu jeder der Grundflächen ist. Daher bleibt nur der Fluß durch die seitliche Oberfläche, d.h.,

$$\Phi_{\mathcal{E}} = \mathcal{E}S = \mathcal{E}(2\pi rL).$$

Für den Fall, daß $r > a$, ist die Gesamtladung innerhalb der zylindrischen Oberfläche S gleich $q = \lambda L$, und mit dem Gaußschen Gesetz, Gleichung (19.8), erhalten wir

$$2\pi rL\mathcal{E} = \lambda L/\epsilon_0,$$

was für das elektrische Feld

$$\mathcal{E} = \frac{\lambda}{2\pi\epsilon_0 r} \quad (r > a)$$

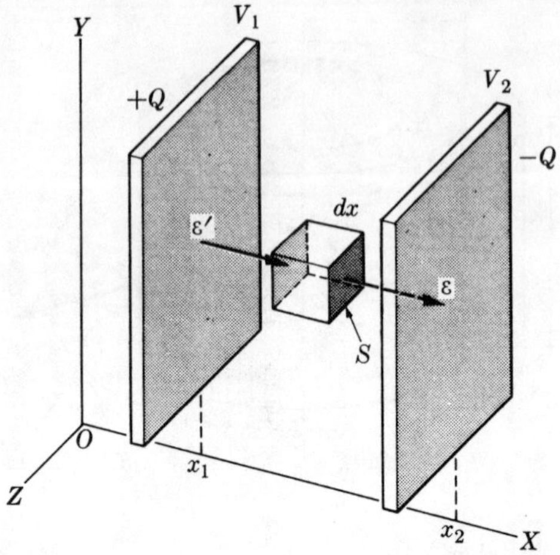

19.14 Parallele Platten mit den Potentialen V_1 und V_2, zwischen denen sich eine gleichförmige Ladungsverteilung befindet.

liefert. Wenn wir uns an Beispiel 16.6. erinnern, schließen wir, daß *das elektrische Feld an Punkten außerhalb einer zylindrischen Ladungsverteilung unendlicher Länge das gleiche ist, als würde die gesamte Ladung längs der Achse konzentriert sein.*

Für $r < a$ haben wir wieder zwei Möglichkeiten. Wenn die gesamte Ladung auf der Oberfläche des Zylinders ist, befindet sich innerhalb der Oberfläche S' keine Ladung, und das Gaußsche Gesetz ergibt

$$2\pi rL\mathcal{E} = 0 \qquad \text{oder} \qquad \mathcal{E} = 0 \qquad (r < a).$$

Daher ist *das elektrische Feld an Punkten innerhalb eines Zylinders, der nur an seiner Oberfläche geladen ist, gleich null.* Wenn die Ladung jedoch gleichförmig über das Volumen des Zylinders C verteilt ist, finden wir, daß die Ladung innerhalb der Oberfläche S' gleich

$$q' = \frac{\lambda L}{L\pi a^2}(L\pi r^2) = \frac{\lambda L r^2}{a^2}$$

ist, und das Gaußsche Gesetz ergibt

$$2\pi rL\mathcal{E} = \frac{q'}{\epsilon_0} = \frac{\lambda L r^2}{\epsilon_0 a^2},$$

was für das elektrische Feld

$$\mathcal{E} = \frac{\lambda r}{2\pi\epsilon_0 a^2} \qquad (r < a)$$

liefert. Daher ist *das elektrische Feld an einem Punkt innerhalb eines gleichförmig geladenen Zylinders unendlicher Länge proportional dem Abstand des Punktes von der Zylinderachse.*

Beispiel 19.4 *Elektrisches Potential und elektrisches Feld im Bereich zwischen zwei parallelen Ebenen mit den Potentialen* V_1 und V_2, *wenn die Ladungsverteilung zwischen den Ebenen gleichförmig ist* (Abb. 19.14). Dieser Fall kann z.B. zwischen den Platten einer Elektronenröhre eintreten. Wir wollen zuerst das kleine Volumen betrachten, das in Abb. 19.14 gezeigt ist und einen Querschnitt S und eine Länge dx hat; das Volumen ist daher $S\,dx$. Wir wollen das Gaußsche Gesetz auf dieses Volumen anwenden. Da das elektrische Feld parallel zur X-Achse ist, ist der elektrische Fluß durch alle Seiten des Volumens mit Ausnahme derer, die parallel zu den Platten sind, gleich null. Dann haben wir:

$$\text{Elektrischer Fluß} = \mathcal{E}S - \mathcal{E}'S = (\mathcal{E} - \mathcal{E}')S.$$

Es gilt jedoch $\mathcal{E} - \mathcal{E}' = d\mathcal{E}$, da die beiden Flächen ziemlich nahe beieinander sind. Daher gilt:

$$\text{Elektrischer Fluß} = S\,d\mathcal{E}.$$

Andererseits ist die Gesamtladung innerhalb des Volumens

$$\text{Ladung} = \rho(S\,dx),$$

wenn ρ die Ladungsdichte in dem Bereich ist, den das Volumen einnimmt. Mit dem Gaußschen Gesetz, elektrischer Fluß = Ladung/ϵ_0, ist

$$S\,d\mathcal{E} = \frac{1}{\epsilon_0}\rho\,S\,dx \qquad \text{oder} \qquad \frac{d\mathcal{E}}{dx} = \frac{1}{\epsilon_0}\rho,$$

was das Feld an jedem Punkt mit der Ladungsdichte am gleichen Punkt in Beziehung setzt. Durch Integration dieser Beziehung erhalten wir

$$\int_{\epsilon_1}^{\epsilon} d\mathcal{E} = \frac{1}{\epsilon_0}\int_{x_1}^{x} \rho\,dx.$$

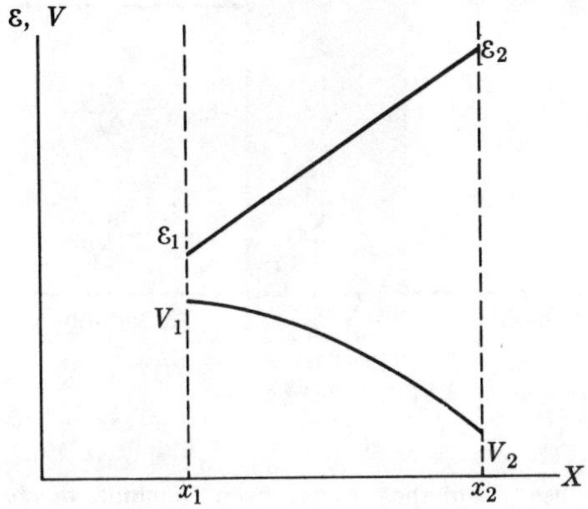

19.15 Elektrisches Feld und Potential im Bereich zwischen den in Abb. 19.14 dargestellten Platten.

Wenn die Ladungsdichte gleichförmig ist, ist ρ konstant und wir erhalten für das elektrische Feld zwischen den Ebenen, wenn $\mathcal{E}_1$ das elektrische Feld an $x = x_1$ ist

$$\mathcal{E} = \mathcal{E}_1 + \frac{\rho}{\epsilon_0}(x - x_1). \qquad (19.11)$$

Das zeigt, daß das elektrische Feld sich linear mit x verändert, wie in Abb. 19.15 gezeigt. Da

$$\mathcal{E} = -dV/dx,$$

können wir (19.11) zu

$$\frac{dV}{dx} = -\mathcal{E}_1 - \frac{\rho}{\epsilon_0}(x - x_1)$$

schreiben. Durch nochmalige Integration erhalten wir

$$\int_{V_1}^{V} dV = -\int_{x_1}^{x} \mathcal{E}_1\, dx - \frac{\rho}{\epsilon_0}\int_{x_1}^{x} (x - x_1)\, dx \qquad \text{oder}$$

$$V = V_1 - \mathcal{E}_1(x - x_1) - \frac{\rho}{2\epsilon_0}(x - x_1)^2, \qquad (19.12)$$

was das elektrische Potential als Funktion von x gibt. Das elektrische Potential ändert sich quadratisch mit x, wie ebenfalls in Abb. 19.15 gezeigt.

19.6 EIGENSCHAFTEN EINES LEITERS, DER IN EIN ELEKTRISCHES FELD EINGEBRACHT WIRD

In Abschnitt 18.10 haben wir gesehen, daß einige Materialien, wie z.B. die meisten Metalle, Elektrolytlösungen und ionisierte Gase geladene Teilchen

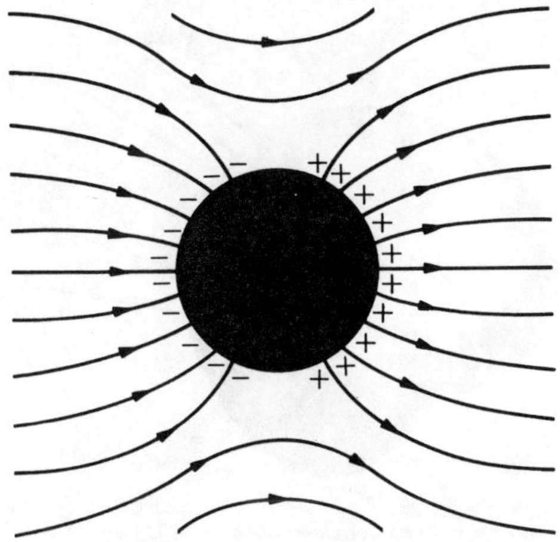

19.16 Das elektrische Feld innerhalb eines Leiters ist null.

enthalten, die sich mehr oder weniger frei durch das Medium bewegen können, und daß man diese Materialien *Leiter* nennt. In Anwesenheit eines elektrischen Feldes werden die freien geladenen Teilchen in Bewegung versetzt, wobei sich die positiv geladenen Teilchen in Richtung des elektrischen Feldes bewegen, während die negativ geladenen Teilchen sich in entgegengesetzter Richtung bewegen. Im Fall eines metallischen Leiters sind die einzigen beweglichen Teilchen die negativ geladenen freien Elektronen, wie in Abschnitt 18.9. erwähnt wurde. Wenn sie nicht entsprechend entfernt werden, häufen sich die beweglichen Ladungen an, bis das Feld, das sie hervorrufen, das von außen angelegte Feld im Leiter vollständig aufhebt, wobei sich ein Gleichgewicht einstellt (Abb. 19.16). Wir schließen also:

Innerhalb eines Leiters, der sich im elektrischen Gleichgewicht befindet, ist das elektrische Feld null.

Aus dem gleichen Grund gilt:

Das elektrische Feld an der Oberfläche eines Leiters im Gleichgewicht ist senkrecht zur Oberfläche gerichtet,

---

da sich die Ladungen längs der Oberfläche des Leiters

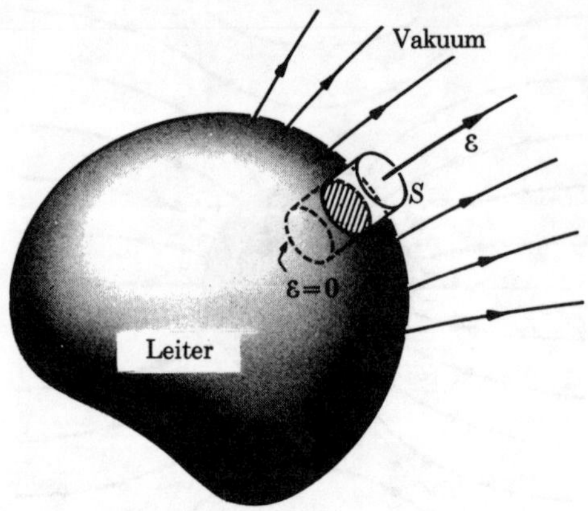

19.17 Das elektrische Feld an der Oberfläche eines Leiters ist senkrecht zur Oberfläche.

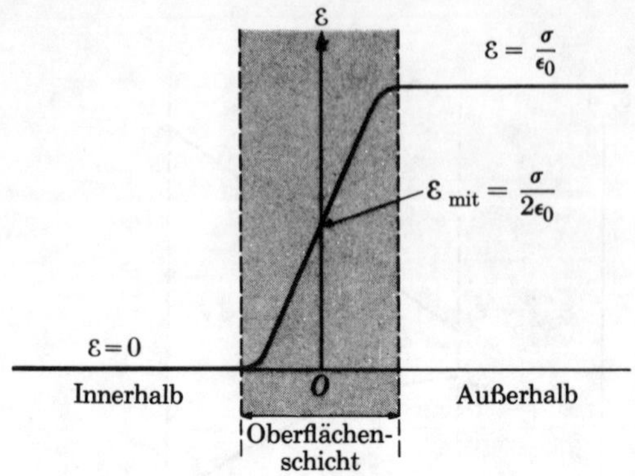

19.18 Änderung des elektrischen Feldes beim Durchtritt durch die Oberfläche eines Leiters.

bewegen würden, wenn eine parallele Komponente des Feldes vorläge. Außerdem gilt, da das Feld innerhalb des Leiters null ist:

Alle Punkte eines Leiters, der im Gleichgewicht ist, befinden sich auf dem gleichen Potential.

Wenn das elektrische Feld innerhalb des Leiters null ist, ist außerdem der Fluß von **ℰ** durch die Oberfläche jedes beliebigen kleinen Volumenelements innerhalb des Leiters null. Das Gaußsche Gesetz gibt daher $q = 0$, und die Gesamtladung an Punkten innerhalb des Leiters ist null. Das bedeutet:

Die gesamte elektrische Ladung eines Leiters im Gleichgewicht befindet sich auf seiner Oberfläche.

Mit dieser Aussage meinen wir eigentlich, daß die Gesamtladung über einen Bereich der Oberfläche verteilt ist, der eine Dicke von einigen Atomschichten hat, also keine Oberfläche im geometrischen Sinn ist.

Beispiel 19.5 *Elektrisches Feld an der Oberfläche eines metallischen Leiters.* Wir wollen einen Leiter einer willkürlichen Gestalt betrachten, wie in Abb. 19.17 gezeigt. Um das elektrische Feld an einem Punkt unmittelbar außerhalb der Oberfläche des Leiters zu bestimmen, konstruieren wir eine flache zylindrische Oberfläche, ähnlich einer Pillendose, wobei eine Grundfläche unmittelbar außerhalb der Leiteroberfläche ist und die andere Grundfläche in einer solchen Tiefe liegt, daß die gesamte Oberflächenladung innerhalb des Zylinders ist und wir daher sagen können, daß das elektrische Feld bereits null ist. Der elektrische Fluß durch diese Oberfläche besteht aus drei Gliedern. Der Fluß durch die innere Grundfläche ist null, da das Feld null ist. Der Fluß durch den Mantel ist null, da das Feld tangential zu dieser Oberfläche ist. Es bleibt also nur der Fluß durch die äußere Grundfläche. Wenn die Grundfläche mit S gegeben ist, haben wir

$$\Phi_{\mathcal{E}} = \mathcal{E}S.$$

Andererseits ist die Ladung innerhalb des Zylinders, wenn σ die Ladungsdichte an der Oberfläche des Leiters ist, gleich

$$q = \sigma S.$$

Unter Anwendung des Gaußschen Gesetzes ist $\mathcal{E}S = \sigma S/\epsilon_0$, oder

$$\mathcal{E} = \frac{\sigma}{\epsilon_0}. \tag{19.13}$$

Das gibt das elektrische Feld an einem Punkt unmittelbar außerhalb der Oberfläche eines geladenen Leiters, während das Feld im Inneren null ist. Beim Durchtritt durch die Oberfläche eines geladenen Leiters variiert daher das elektrische Feld wie in Abb. 19.18 gezeigt.

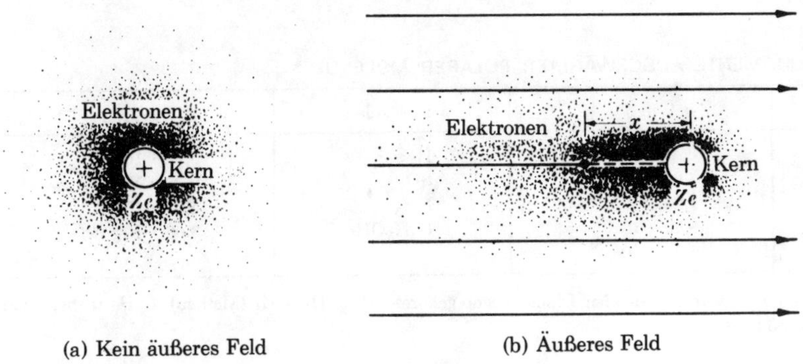

19.19 Polarisierung eines Atoms unter einem äußeren elektrischen Feld.

Beispiel 19.6 *Kraft pro Flächeneinheit auf die Ladungen auf der Oberfläche eines metallischen Leiters.* Die Ladungen auf der Oberfläche eines Leiters unterliegen infolge anderer Ladungen einer Abstoßungskraft. Die Kraft pro Flächeneinheit, oder die elektrische Belastung, kann berechnet werden, wenn man das mittlere elektrische Feld mit der Ladung pro Flächeneinheit multipliziert. Aus Abb. 19.18 ist das mittlere Feld

$$\mathcal{E}_{\text{mit}} = \sigma/2\,\epsilon_0.$$

Daher ist die elektrische Belastung

$$F_s = \sigma\mathcal{E}_{\text{mit}} = \sigma^2/2\,\epsilon_0.$$

Sie ist immer positiv, da sie von σ^2 abhängt, und entspricht daher einer Kraft, die die Ladungen vom Leiter wegzieht.

19.7 ELEKTRISCHE POLARISIERUNG DER MATERIE

In diesem Abschnitt wollen wir die Auswirkung eines elektrischen Feldes auf ein Materiestück diskutieren, das ein Isolator ist. Wir erinnern uns daran, daß in Atomen, wegen ihrer sphärischen Symmetrie, der Schwerpunkt der Elektronen mit dem Kern zusammenfällt (Abb. 19.19a). Atome haben daher im allgemeinen keine permanenten elektrischen Dipolmomente. Wenn Atome jedoch in ein elektrisches Feld eingebracht werden, werden sie polarisiert und erwerben ein *induziertes* elektrisches Dipolmoment in Feldrichtung. Dieses Dipolmoment ist auf die Störung der Elektronenbewegungen zurückzuführen, die durch das angelegte elektrische Feld hervorgerufen wird (Abb. 19.19b). Moleküle können außerdem ein induziertes elektrisches Dipolmoment in Richtung des äußeren Feldes besitzen. Wenn daher ein Isolator in ein elektrisches Feld eingebracht wird, werden seine Atome oder Moleküle zu elektrischen Dipolen, die in Richtung des angelegten Feldes orientiert sind.

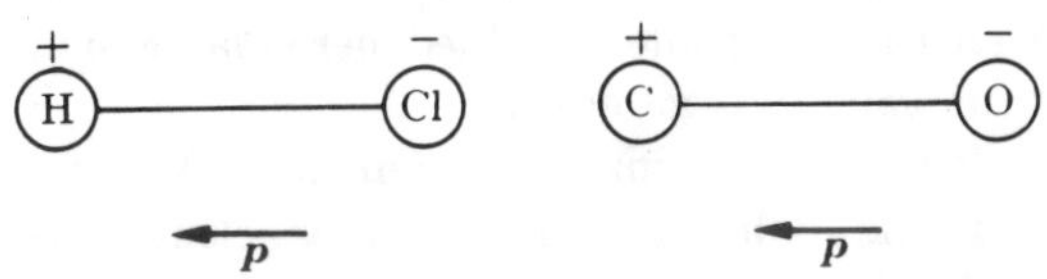

19.20 Polare zweiatomige Moleküle.

Viele Moleküle haben jedoch ein *permanentes* elektrisches Dipolmoment. Solche Moleküle werden als *polar* bezeichnet. Zum Beispiel benötigt im HCl-Molekül (Abb. 19.20) das Elektron des H-Atoms mehr Zeit, sich um das Cl-Atom zu bewegen als um das H-Atom. Daher fällt das Zentrum der negativen Ladungen nicht mit dem der positiven Ladungen zusammen und das Molekül hat ein Dipolmoment, das vom Cl-Atom weg auf das H-Atom zu gerichtet ist. Das heißt, wir können H^+Cl^- schreiben. Der elektrische Dipol des HCl-Moleküls ist $3{,}43 \cdot 10^{-30}$ Cm. Im CO-Molekül ist die Ladungsverteilung nur wenig asymmetrisch, und das elektrische Dipolmoment ist relativ klein, nur etwa $0{,}4 \cdot 10^{-30}$ C m, wobei das Kohlenstoffatom dem positiven und das Sauerstoffatom dem negativen Ende des Moleküls entspricht.

Tabelle 19.1

ELEKTRISCHE DIPOLMOMENTE AUSGEWÄHLTER POLARER MOLEKÜLE*

Moleküle	p, C m	Moleküle	p, C m
HCl	$3{,}43 \cdot 10^{-30}$	H_2S	$5{,}3 \cdot 10^{-30}$
HBr	$2{,}60 \cdot 10^{-30}$	SO_2	$5{,}3 \cdot 10^{-30}$
HI	$1{,}26 \cdot 10^{-30}$	NH_3	$5{,}0 \cdot 10^{-30}$
CO	$0{,}40 \cdot 10^{-30}$	C_2H_5OH	$3{,}66 \cdot 10^{-30}$
H_2O	$6{,}2 \cdot 10^{-30}$		

*Zu den Molekülen mit einem verschwindenden Dipolmoment gehören: CO_2, H_2, CH_4 (Methan), C_2H_6 (Äthan) und CCl_4 (Tetrachlorkohlenstoff).

In einem Molekül wie H_2O, in dem die beiden H— O-Bindungen einen etwas größeren Winkel als 90° einschließen (Abb. 19.21), versuchen die Elektronen, sich um das Sauerstoffatom zu drängen, das dadurch schwach negativ wird. Jede H— O-Bindung trägt daher zum elektrischen Dipolmoment bei, dessen Resultierende aus Symmetriegründen auf der Molekülachse liegt und einen Wert von $6{,}2 \cdot 10^{-30}$ C m hat. Im CO-Molekül liegen andererseits alle Moleküle auf einer Geraden (Abb. 19.22), und das resultierende elektrische Dipolmoment ist wegen der Symmetrie null. Die Werte für die elektrischen Dipolmomente verschiedener polarer Moleküle sind in Tab. 19.1. gegeben.

Wir wollen eine Substanz betrachten, deren Moleküle polar sind und daher ein permanentes elektrisches Dipolmoment haben. In Abwesenheit eines äußeren elektrischen Feldes sind diese Dipolmomente statistisch angeordnet und man beobachtet kein makroskopisches oder kollektives Dipolmoment (Abb. 19.23a). Wenn jedoch ein statisches elektrisches Feld angelegt wird, hat es die Tendenz, alle elektrischen Dipole in Feldrichtung zu orientieren. Wenn es keine molekularen Wechselwirkungen gäbe, wäre diese Ausrichtung vollständig (Abb. 19.23b); Stöße zwischen den Molekülen führen jedoch zu einer Unordnung der elektrischen Dipole. Diese Störung ist nicht vollständig, da das angelegte elektrische Feld die Orientierung längs der Feldes gegenüber einer Anordnung gegen das Feld begünstigt (Abb. 19.23c). Als Folge davon sind die Moleküle im Mittel in Richtung des elektrischen Feldes angeordnet.

Eine spezielle Substanzklasse, die man als *ferroelektrisch* bezeichnet, zeigt eine permanente Polarisierung, sogar in Abwesenheit eines äußeren elektrischen Feldes; das läßt auf eine natürliche Neigung der permanenten Dipole ihrer Moleküle, sich gemeinsam auszurichten, schließen. Die Ausrichtung geht wahrscheinlich auf die Wechselwirkung der Moleküle miteinander zurück, die zu starken lokalen Feldern führt, und dadurch die Ausrichtung begünstigt. Als Beispiel für diese Substanzen wollen wir $BaTiO_3$, $KNbO_3$ und $LiTaO_3$ erwähnen. Eine der am längsten bekannten ferroelektrischen Substanzen ist das Rochelle-Salz: $NaK(C_4H_4O_6) \cdot 4H_2O$.

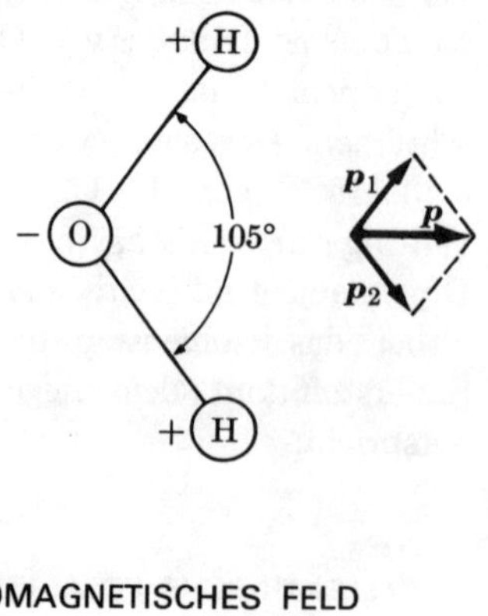

19.21 Elektrischer Dipol des H_2O-Moleküls.

19.8 DER POLARISATIONSVEKTOR

Wir haben im vorhergehenden Abschnitt gesehen, daß ein Stück Materie nach Einbringen in ein elektrisches Feld elektrisch polarisiert wird. Das heißt, seine Mole-

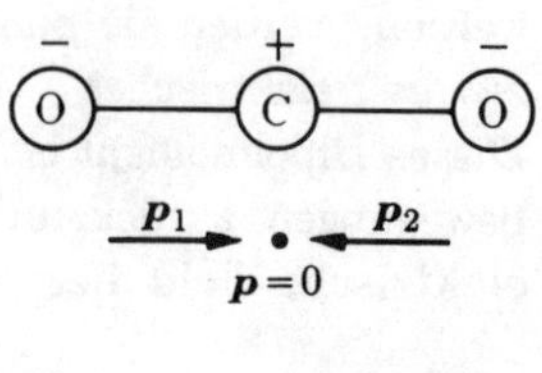

19.22 Das CO_2-Molekül hat keinen elektrischen Dipol.

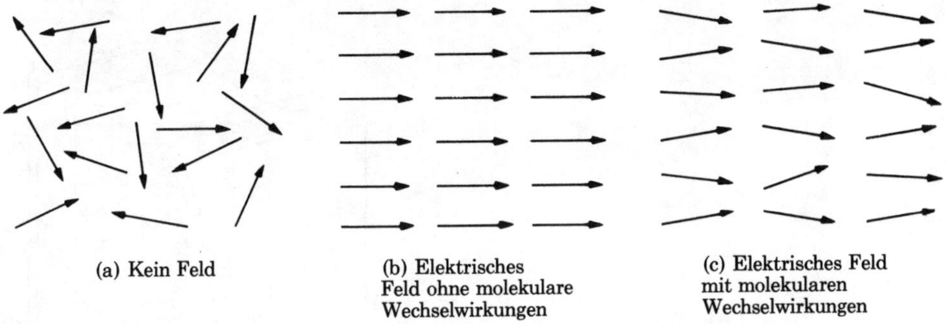

19.23 Orientierung elektrischer Dipole in einem elektrischen Feld.

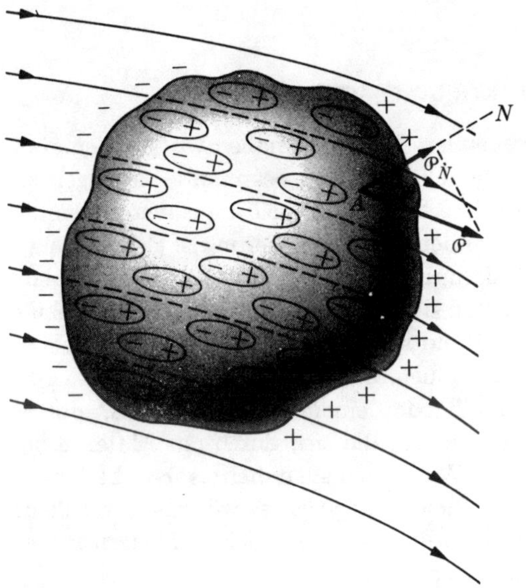

19.24 Polarisierung der Materie durch ein elektrisches Feld.

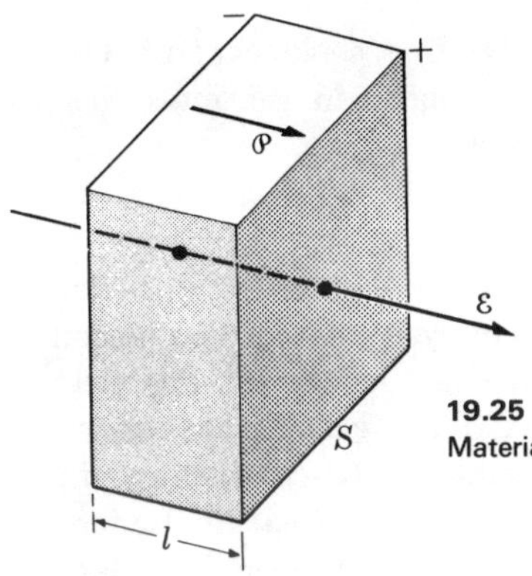

19.25 Block eines polarisierten Materials.

küle (oder Atome) werden zu elektrischen Dipolen, die in Richtung des lokalen elektrischen Feldes orientiert sind (Abb. 19.24), entweder wegen der Störung der Elektronenbewegung oder der Ausrichtung ihrer permanenten Dipole. Ein nichtleitendes Medium, das durch ein elektrisches Feld polarisiert werden kann, bezeichnet man als *Dielektrikum*. Die Polarisation führt zu einer positiven Gesamtladung auf einer Seite des Materiestückes und zu einer negativen Gesamtladung auf der entgegengesetzten Seite. Das Materiestück wird damit zu einem großen elektrischen Dipol, der dazu *neigt*, sich in Richtung des zunehmenden Feldes zu bewegen, wie in Beispiel 16.7 besprochen. Das erklärt das Phänomen aus Abschnitt 16.1, daß ein elektrifizierter Glasstab oder ein Kamm kleine Papierstückchen oder einen Korkball anzieht.

Die Polarisierung $\mathcal{P}$ eines Materials ist als das elektrische Dipolmoment des Mediums pro Volumeneinheit definiert. Wenn $\boldsymbol{p}$ daher das Dipolmoment ist, das in jedem Atom oder Molekül induziert wird, und n die Zahl von Atomen oder Molekülen pro Volumeneinheit, ist die Polarisierung

$$\boldsymbol{\mathcal{P}} = n\boldsymbol{p}.$$

Betrachten Sie nun einen Materieblock der Dicke l und der Oberfläche S, der senkrecht zu einem gleichförmigen Feld $\boldsymbol{\mathcal{E}}$ angeordnet ist (Abb. 19.25). Die Polari-

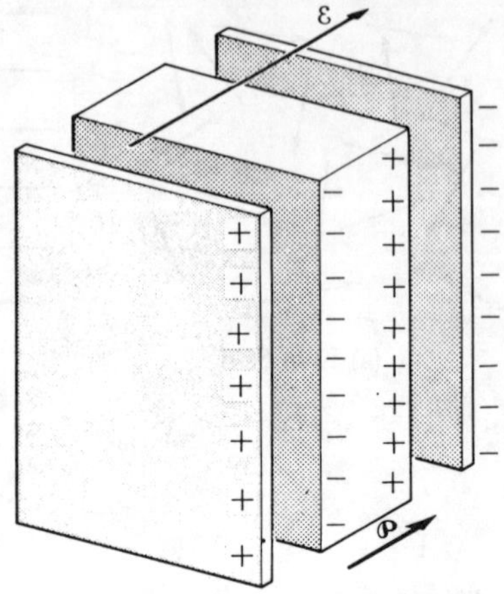

19.26 Dielektrikum, das zwischen zwei entgegengesetzt geladenen Platten eingebracht wurde. Die Ladungen auf den Platten sind frei, die Ladungen auf der dielektrischen Oberfläche sind Polarisationsladungen.

sierung $\mathcal{P}$ ist, da sie parallel zu $\mathcal{E}$ ist, senkrecht zu S. Das Volumen des Blocks ist lS und sein gesamtes elektrisches Dipolmoment ist daher

$$\mathcal{P}\,(lS) = (\mathcal{P}S)\,l.$$

l ist jedoch nichts anderes als der Abstand zwischen den positiven und negativen Ladungen, die auf den beiden Oberflächen auftreten. Da definitionsgemäß das elektrische Dipolmoment gleich Ladung mal Abstand ist, schließen wir, daß die gesamte elektrische Ladung, die auf jeder der Oberflächen auftritt, $\mathcal{P}\,S$ ist; die Ladung pro Flächeneinheit σ_{pol} an den Seitenflächen des polarisierten Blocks ist daher $\mathcal{P}$, oder

$$\sigma_{\text{pol}} = \mathcal{P}.$$

Obwohl dieses Ergebnis für eine spezielle geometrische Anordnung abgeleitet wurde, ist es allgemein gültig:

Die Ladung pro Flächeneinheit an der Oberfläche eines polarisierten Stückes Materie ist gleich der Komponente der Polarisation $\mathcal{P}$ in Richtung der Senkrechten auf die Oberfläche des Körpers.

In Abb. 19.24 ist z.B. die Ladungsdichte an *A durch*

$$\sigma_{\text{pol}} = \mathcal{P}_N = \mathcal{P}\cos\theta$$

gegeben. Beachten Sie, daß die Polarisation $\mathcal{P}$ in (C m) m^{-3} oder C m^{-2} gemessen wird, da es sich um ein elektrisches Dipolmoment pro Volumeneinheit handelt.

19.9 DIELEKTRISCHE VERSCHIEBUNG

Im vorhergehenden Abschnitt haben wir gesehen, daß ein polarisiertes Dielektrikum bestimmte Ladungen an seiner Oberfläche trägt (und auch in seinem gesamten Volumen, es sei denn die Polarisierung ist gleichförmig). Diese Polarisierungsladungen sind jedoch "eingefroren" in dem Sinn, daß sie an bestimmte Atome oder Moleküle gebunden sind und sich nicht frei durch das Dielektrikum bewegen können. In anderen Materialien, wie z.B. in einem Metall oder einem ionisierten Gas, gibt es elektrische Ladungen, die sich durch das Material bewegen können. Wir wollen sie daher als *freie* Ladungen bezeichnen. In vielen Fällen ist es wünschenswert, eine klare Unterscheidung zwischen freien und Polarisationsladungen zu treffen.

Wir wollen wieder einen Block eines dielektrischen Materials betrachten, der zwischen zwei leitenden parallen Platten angebracht wird (Abb. 19.26) und der gleiche und entgegengesetzte freie Ladungen trägt. Die Oberflachenladungsdichte auf der linken Platte ist $+\sigma_{\text{frei}}$, die auf der rechten Platte $-\sigma_{\text{frei}}$. Diese Ladungen erzeugen ein elektrisches Feld, das den Block so polarisiert, daß auf jeder Oberfläche Polarisationsladungen auftreten. Diese Polarisierungsladungen haben das entgegengesetzte Vorzeichen wie die an den Platten. Deshalb kompensieren die Polarisationsladungen auf den Oberflächen des dielektrischen Blocks die freien Ladungen der leitenden Platten teilweise. Wenn $\mathcal{P}$ der Betrag der Polarisierung im Block ist, ist die Oberflächenladungsdichte auf der linken Oberfläche des Blocks

$$\sigma_{\text{pol}} = -\mathcal{P},$$

während die auf der rechten Oberfläche

$$\sigma_{\text{pol}} = +\mathcal{P}.$$

ist. Die effektive oder gesamte Oberflächenladungsdichte zur Linken ist

$$\sigma = \sigma_{\text{frei}} + \sigma_{\text{pol}} \quad \text{oder} \quad \sigma = \sigma_{\text{frei}} - \mathcal{P};$$

das Ergebnis zur Rechten ist gleich, aber entgegengesetzt. Diese gesamte Oberflächenladung führt zu einem gleichförmigen elektrischen Feld, das nach (19.13) durch $\mathcal{E} = \sigma/\epsilon_0$ gegeben ist. Wenn wir den Wert von σ benutzen, erhalten wir daher

$$\mathcal{E} = \frac{1}{\epsilon_0}(\sigma_{\text{frei}} - \mathcal{P}) \quad \text{oder} \quad \sigma_{\text{frei}} = \epsilon_0 \mathcal{E} + \mathcal{P}.$$

Dieser Ausdruck setzt die freien Ladungen an der Oberfläche eines Leiters, der von einem Dielektrikum umgeben ist, in Beziehung zum elektrischen Feld im Dielektrikum. Im besprochenen Fall sind $\boldsymbol{\mathcal{E}}$ und $\boldsymbol{\mathcal{P}}$ Vektoren in der gleichen Richtung. Das obige Ergebnis legt die Einführung eines neuen Vektorfeldes nahe, welches man als *dielektrische Verschiebung* bezeichnet und das durch

$$\boldsymbol{\mathcal{D}} = \epsilon_0 \boldsymbol{\mathcal{E}} + \boldsymbol{\mathcal{P}}. \tag{19.14}$$

definiert ist. Offensichtlich wird $\boldsymbol{\mathcal{D}}$ in C m^{-2} ausgedrückt, da dies die Einheiten der beiden Glieder sind, die auf der rechten Seite von (19.14) erscheinen. Im speziellen Fall, den wir betrachten, finden wir, daß

$$\sigma_{\text{frei}} = \mathcal{D}.$$

Das heißt, die freien Ladungen pro Flächeneinheit auf der Oberfläche des Leiters sind gleich der elektrischen Verschiebung im Dielektrikum. Dieses Ergebnis hat allgemeine Gültigkeit und kann auf Leiter jeder beliebigen Gestalt ausgedehnt werden. Es gilt daher:

Die Komponente der dielektrischen Verschiebung $\boldsymbol{\mathcal{D}}$ längs der Senkrechten zur Oberfläche eines Leiters, der in ein Dielektrikum eingebettet ist, ist gleich der Oberflächenladungsdichte auf dem Leiter.

Das heißt,

$$\sigma_{\text{frei}} = \boldsymbol{\mathcal{D}} \cdot \boldsymbol{u}_N = \mathcal{D} \cos \theta.$$

Die gesamte freie Ladung auf einem Leiter ist dann

$$q_{\text{frei}} = \oint_S \sigma_{\text{frei}}\, dS = \oint_S \boldsymbol{\mathcal{D}} \cdot \boldsymbol{u}_N\, dS = \Phi_{\mathcal{D}} \tag{19.15}$$

Eine genauere Analyse, welche wir hier weglassen wollen, zeigt, daß (19.15) für jede beliebige geschlossene Oberfläche gilt; wir sagen daher:

Der Fluß von $\mathcal{D}$ über eine geschlossene Oberfläche ist gleich der gesamten «freien» Ladung innerhalb der Oberfläche,

---

wenn man alle Ladungen infolge der Polarisation des Mediums ausschließt. Andererseits erinnern wir uns daran, daß der Fluß von $\boldsymbol{\mathcal{E}}$ proportional zur *Gesamtladung* innerhalb der Oberfläche ist, einschließlich der Polarisationsladungen.

19.10 ELEKTRISCHE SUSZEPTIBILITÄT UND DIELEKTRISCHE KONSTANTE

Im allgemeinen ist der resultierende Polarisationsvektor $\boldsymbol{\mathcal{P}}$ proportional zum angelegten elektrischen Feld $\boldsymbol{\mathcal{E}}$. Es ist daher üblich, zu schreiben

$$\boldsymbol{\mathcal{P}} = \epsilon_0 \chi_e \boldsymbol{\mathcal{E}}. \tag{19.16}$$

Die Größe χ_e nennt man die *elektrische Suszeptibilität* des Materials. Sie ist eine reine Zahl, da sowohl $\boldsymbol{\mathcal{P}}$ als auch $\epsilon_0\boldsymbol{\mathcal{E}}$ in C m^{-2} gemessen werden. Für die meisten Substanzen ist χ_e eine positive Größe. Die elektrische Suszeptibilität für einige Materialien ist in Tab. 19.2. gegeben.

Für Fälle, in denen (19.16) gilt, können wir schreiben

$$\boldsymbol{\mathcal{D}} = \epsilon_0 \boldsymbol{\mathcal{E}} + \epsilon_0 \chi_e \boldsymbol{\mathcal{E}} = (1 + \chi_e)\,\epsilon_0 \boldsymbol{\mathcal{E}} = \epsilon \boldsymbol{\mathcal{E}}, \tag{19.17}$$

wobei der Koeffizient

$$\epsilon = \frac{\mathcal{D}}{\mathcal{E}} = (1 + \chi_e)\,\epsilon_0 \tag{19.18}$$

als *Dielektrizitätskonstante (DK)* des Mediums bezeichnet wird und in den gleichen Einheiten ausgedrückt wird wie ϵ_0; das heißt, in m^{-3} kg^{-1} s^2 C^2. Die *relative*

Tabelle 19.2

ELEKTRISCHE SUSZEPTIBILITÄTEN BEI RAUMTEMPERATUR

Substanz	χ_e	Substanz	χ_e
Feststoffe		*Gase**	
Glimmer	5	Wasserstoff	$5{,}0 \cdot 10^{-4}$
Porzellen	6	Helium	$0{,}6 \cdot 10^{-4}$
Glas	8	Stickstoff	$5{,}5 \cdot 10^{-4}$
Bakelit	4,7	Sauerstoff	$5{,}0 \cdot 10^{-4}$
Flüssigkeiten		Argon	$5{,}2 \cdot 10^{-4}$
Öl	1,1	Kohlendioxyd	$9{,}2 \cdot 10^{-4}$
Terpentin	1,2	Wasserdampf	$7{,}0 \cdot 10^{-3}$
Benzol	1,84	Luft	$5{,}4 \cdot 10^{-4}$
Alkohol (Äthyl-)	24	Luft (100 atm)	$5{,}5 \cdot 10^{-2}$
Wasser	78		

*Bei 1 atm und 20°C.

DK ist als

$$\epsilon_r = \frac{\epsilon}{\epsilon_0} = 1 + \chi_e \tag{19.19}$$

definiert und ist eine reine Zahl, unabhängig von jedem Einheitensystem.

Wenn die Beziehung $\mathcal{D} = \epsilon\mathcal{E}$ für ein Medium gilt, können wir (19.15) als

$$q_{\text{frei}} = \oint_S \epsilon\mathcal{E} \cdot \boldsymbol{u}_N \, dS$$

schreiben, und wenn das Medium homogen ist, so daß ϵ konstant ist,

$$\Phi_{\mathcal{E}} = \oint \mathcal{E} \cdot \boldsymbol{u}_N dS = \frac{q_{\text{frei}}}{\epsilon}. \tag{19.20}$$

Wenn wir (19.20) mit dem Gaußschen Gesetz, (19.8), vergleichen, sehen wir, daß der Effekt des Dielektrikums auf das elektrische Feld $\mathcal{E}$ der ist, ϵ_0 durch ϵ zu ersetzen, wenn nur die freien Ladungen in Betracht gezogen werden. Das elektrische Feld und das Potential, die von einer in einem Dielektrikum eingebetteten Punktladung erzeugt werden, sind daher

$$\mathcal{E} = \frac{q}{4\pi\epsilon r^2}\boldsymbol{u}_r \quad \text{und} \quad V = \frac{q}{4\pi\epsilon r}. \tag{19.21}$$

Die Kraft und die potentielle Energie der Wechselwirkung zwischen Punktladungen, die in einem Dielektrikum eingebettet sind, sind dann

$$F = \frac{q_1 q_2}{4\pi\epsilon r^2}, \qquad E_p = \frac{q_1 q_2}{4\pi\epsilon r}.$$

Da ϵ im allgemeinen größer als ϵ_0 ist, reduziert die Anwesenheit des Dielektrikum wegen der Abschirmung infolge der Polarisierung der Moleküle des Dielektrikums effektiv die Wechselwirkung.

Man muß beachten, daß die elektrische Suszeptibilität χ_e, welche die Reaktion eines Mediums auf die Wirkung eines äußeren elektrischen Feldes beschreibt, mit den Eigenschaften der Atome und Moleküle des Mediums zusammenhängt. Die Berechnung dieser Beziehung geht über den Rahmen dieses Buches hinaus. Wir können jedoch sagen, daß die induzierte elektrische Suszeptibilität infolge der Störung der Elektronenbewegung in Atomen oder Molekülen im wesentlich temperaturunabhängig ist, da der Effekt mit der Elektronenstruktur der Atome oder Moleküle zusammenhängt. Andererseits ändert sich die elektrische Suszeptibilität infolge der Orientierung polarer Moleküle umgekehrt mit der Temperatur, da mit steigender Temperatur die thermische Unordnung dem Ausrichtungseffekt des elektrischen Feldes wirksamer entgegenwirkt, was zu einer geringeren Polarisierung der Substanz führt.

Man kann theoretisch zeigen (und experimentell bestätigen), daß die elektrische Suszeptibilität einer Substanz sich gemäß dem Ausdruck

$$\chi_e = A + \frac{B}{T} \tag{19.23}$$

mit der Temperatur ändert, wobei das erste Glied dem induzierten Effekt und das zweite dem Ausrichtungseffekt entspricht. Ausdruck (19.23) stellt das *Curiesche Gesetz* dar.

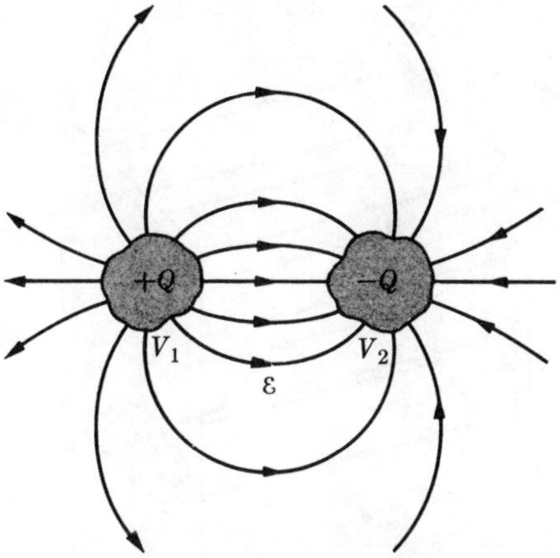

19.27 System zweier Leiter mit gleichen und entgegengesetzten Ladungen.

19.11 ELEKTRISCHE KAPAZITÄT. KONDENSATOREN

Wir haben bewiesen (Beispiel 19.2), daß das elektrische Potential an der Oberfläche einer Kugel vom Radius R, die im Inneren eine Ladung Q trägt,

$$V = Q/4\pi\epsilon_0 R$$

ist. Wenn die Kugel von einem Dielektrikum umgeben ist, haben wir statt dessen, wenn wir ϵ_0 durch ϵ ersetzen

$$V = \frac{Q}{4\pi\epsilon R}. \tag{19.24}$$

Die Beziehung Q/V für die Kugel ist dann $4\pi\epsilon R$, eine konstante Größe, die unabhängig von der Ladung Q ist. Das ist verständlich, da, wenn das Potential proportional zur Ladung ist, durch die es hervorgerufen wird, das Verhältnis zwischen den beiden eine Konstante sein muß. Diese letzte Aussage gilt für alle geladenen Leiter jeder beliebigen geometrischen Gestalt. Entsprechend ist die elektrische *Kapazität* eines isolierten Leiters als das Verhältnis seiner Ladung zu seinem Potential definiert, also

$$C = \frac{Q}{V}. \tag{19.25}$$

Die Kapazität eines sphärischen Leiters ist, wie gerade angedeutet

$$C = \frac{Q}{V} = 4\pi\epsilon R. \tag{19.26}$$

Wenn die Kugel anstatt von einem Dielektrikum von einem Vakuum umgeben ist, erhalten wir für ihre Kapazität

$$C_0 = 4\pi\epsilon_0 R.$$

Wenn man daher eine Kugel, oder ganz allgemein jeden beliebigen Leiter, mit einem Dielektrikum umgibt, erhöht man seine elektrische Kapazität um den Faktor ϵ/ϵ_0. Das ist auf den Abschirmungseffekt der entgegengesetzten Ladungen zurückzuführen, die auf der Oberfläche des dem Leiter benachbarten Dielektrikums induziert wurden. Diese Ladungen reduzieren die effektive Ladung des Leiters und führen zu einer Abnahme des Potentials des Leiters um den gleichen Faktor. Die Kapazität eines Leiters wird in $\mathrm{C\ V^{-1}}$ ausgedrückt, einer Einheit, die zu Ehren von Michael Faraday (1791—1867) als *Farad* (abgekürzt F) bezeichnet wird. Das Farad ist als die Kapazität eines isolierten Leiters definiert, dessen elektrisches Potential ein Volt ist, wenn er eine Ladung von ein Coulomb trägt. Ausgedrückt in fundamentalen Einheiten haben wir

$$\mathrm{F = C\ V^{-1} = m^{-2}\,kg^{-1}\,s^2\,C^2}$$

Weitere nützliche Einheiten sind das Mikrofarad (μF), gleich 10^{-6} F, und das Picofarad (pF), gleich 10^{-12} F.

Der Begriff der Kapazität kann auf ein System von Leitern ausgedehnt werden. Wir wollen den Fall von zwei Leitern betrachten, die die Ladungen Q bzw. $-Q$ tragen (Abb. 19.27). Wenn V_1 und V_2 ihre entsprechenden Potentiale sind, so daß ihr *Potentialunterschied*

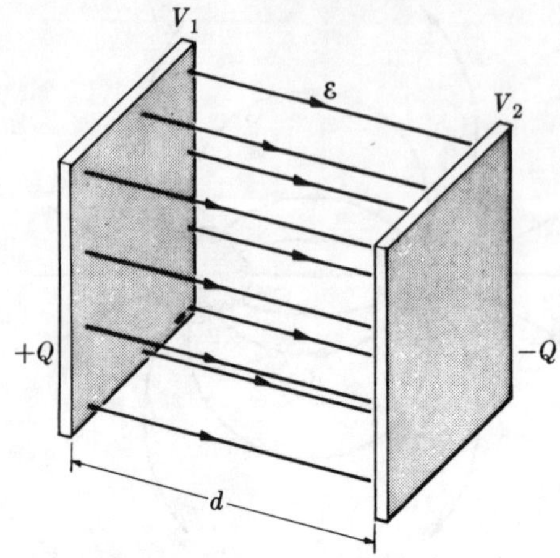

19.28 Kondensator mit parallelen Platten.

ist, ist die Kapazität des System als

$$C = \frac{Q}{V_1 - V_2} = \frac{Q}{V} \tag{19.27}$$

definiert. Diese Anordnung stellt einen sogenannten *Kondensator* dar. Kondensatoren haben eine weite Anwendung in elektrischen Stromkreisen. Ein typischer Kondensator besteht aus zwei parallelen Platten im Abstand d, wobei der Raum zwischen ihnen mit einem Dielektrikum ausgefüllt ist (Abb. 19.28). Das elektrische Feld in Raum zwischen den Leitern ist gleichförmig. Wenn σ die Oberflächenladungsdichte ist, ist der Potentialunterschied zwischen den Platten nach Beispiel 19.1

$$V_1 - V_2 = \frac{\sigma d}{\epsilon},$$

wobei wegen der Anwesenheit des Dielektrikums ϵ_0 durch ϵ ersetzt wurde. Wenn S andererseits die Fläche der Metallplatten ist, muß $Q = \sigma S$ gelten. Wenn wir in (19.27) einsetzen, erhalten wir daher die Kapazität des Systems zu

$$C = \frac{\epsilon S}{d}. \tag{19.28}$$

Das weist auf eine praktische Möglichkeit zur Messung der DK eines Materials hin. Wir messen zuerst die Kapazität eines Kondensators *ohne* Substanz zwischen den Platten, was

$$C_0 = \frac{\epsilon_0 S}{d}$$

liefert. Dann füllen wir den Raum zwischen den Platten mit dem zu untersuchenden Material und messen die neue Kapazität, gegeben durch (19.28). Wir haben dann

$$\frac{C}{C_0} = \frac{\epsilon}{\epsilon_0} = \epsilon_r.$$

Das Verhältnis zwischen den beiden Kapazitäten gibt daher die relative DK des Materials zwischen den Platten.

BEISPIEL 19.7 Kombination von Kondensatoren. Kondensatoren können auf zwei Arten kombiniert werden: *in Serie* und *parallel*. Bei der Serienanordnung (Abb. 19.29a) ist die negative Platte eines Kondensators mit der positiven des nächsten verbunden usw. Als Folge davon tragen alle Kondensatoren die gleiche Ladung, positiv oder negativ, auf ihren Platten. $V_1, V_2, \ldots, V_n$ seien die Potentialunterschiede zwischen jedem Kondensator. Wenn $C_1, C_2, \ldots, C_n$ die entsprechenden Kapazitäten sind, ist

$$V_1 = \frac{Q}{C_1},\ V_2 = \frac{Q}{C_2}, \ldots,\ V_n = \frac{Q}{C_n}.$$

Der gesamte Potentialunterschied ist daher

$$V = V_1 + V_2 + \ldots + V_n = \left(\frac{1}{C_1} + \frac{1}{C_2} + \ldots + \frac{1}{C_n}\right) Q.$$

Das System kann mit einem einzigen Kondensator gleichgesetzt werden, dessen Kapazität C die Beziehung $V = Q/C$ erfüllt. Daher ist

$$\frac{1}{C} = \frac{1}{C_1} + \frac{1}{C_2} + \ldots + \frac{1}{C_n} \quad \text{(Serie)} \tag{19.29}$$

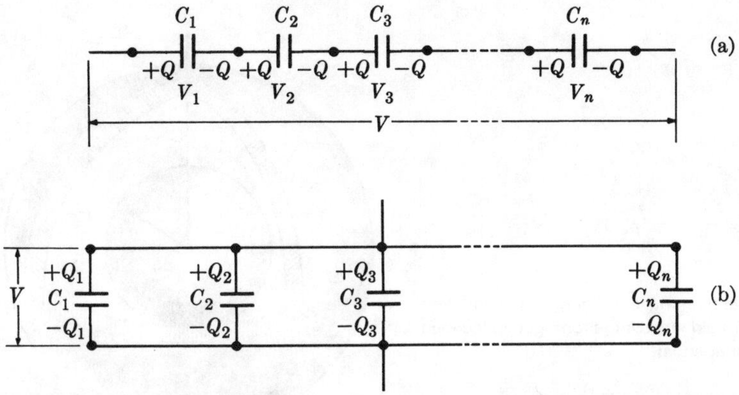

19.29 Anordnung von Kondensatoren in Serie und parallel.

was die resultierende Kapazität für eine Reihe hintereinander geschalteter Kondensatoren liefert.

Bei der parallelen Anordnung (Abb. 19.29b) sind alle positiven Platten mit einem gemeinsamen Punkt verbunden und alle negativen Platten mit einem anderen gemeinsamen Punkt, so daß der Potentialunterschied V für alle Kondensatoren gleich ist. Wenn ihre Ladungen $Q_1, Q_2, \ldots, Q_n$ sind, müssen wir daher

$$Q_1 = C_1 V, \qquad Q_2 = C_2 V, \ldots, Q_n = C_n V$$

haben. Die Gesamtladung auf dem System ist

$$Q = Q_1 + Q_2 + \ldots + Q_n = (C_1 + C_2 + \ldots + C_n)\, V.$$

Das System kann mit einem einzigen Kondensator gleichgesetzt werden, dessen Kapazität C die Beziehung $Q = CV$ erfüllt. Daher gibt

$$C = C_1 + C_2 + \ldots + C_n \qquad \text{(parallel)} \qquad (19.30)$$

die resultierende Kapazität für eine parallele Anordnung von Kondensatoren.

19.12 ENERGIE DES ELEKTRISCHEN FELDES

Beim Aufladen eines Kondensators muß man Energie aufwenden, da Arbeit geleistet werden muß, um mehr Ladung auf einen Leiter zu bringen, weil man die Abstoßung der bereits vorhandenen Ladung überwinden muß. Diese Arbeit führt zu einer Zunahme der Energie des Leiters. Betrachten Sie z.B. einen Leiter der Kapazität C mit der Ladung q. Sein Potential ist

$$V = q/C.$$

Wenn wir dem Leiter eine Ladung dq zuführen, die wir aus dem Unendlichen herbeischaffen, ist die geleistete Arbeit

$$dW = V\, dq.$$

Diese Arbeit ist gleich der Energiezunahme dE des Leiters. Wenn wir den Wert von V verwenden, haben wir also

$$dE = \frac{q\, dq}{C}.$$

Die gesamte Energiezunahme des Leiters, wenn seine Ladung von 0 auf den Wert Q erhöht wird (was gleich der Arbeit ist, die bei dem Vorgang geleistet wird), ist

$$E = \frac{1}{C}\int_0^Q q\, dq = \frac{Q^2}{2C}. \qquad (19.31)$$

Für den Fall eines sphärischen Leiters, der auf seiner Oberfläche geladen ist, gilt

$$C = 4\pi\epsilon R,$$

und die Energie ist

$$E = \frac{1}{2}\left(\frac{Q^2}{4\pi\epsilon R}\right). \qquad (19.32)$$

Wie unten gezeigt, kann diese Energie mit dem elektrischen Feld $\mathcal{E}$ in Beziehung gesetzt werden, das von der Kugel erzeugt wird, und zwar über den Ausdruck

$$E = \tfrac{1}{2}\epsilon \int_R^\infty \mathcal{E}^2 dv, \qquad (19.33)$$

wobei das Integral sich über den gesamten Raum außerhalb der Kugel erstreckt.

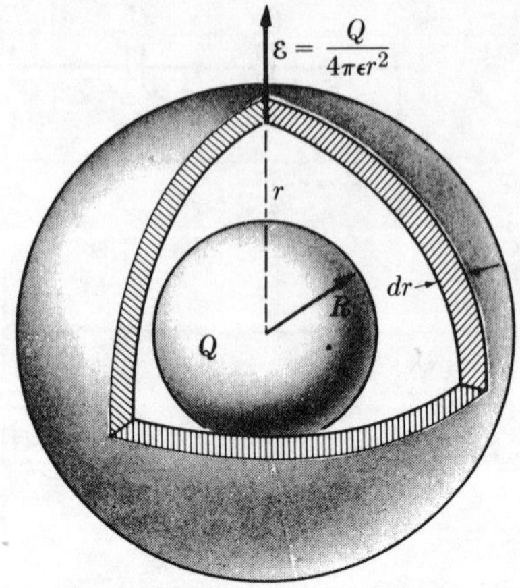

19.30 Berechnung der Energie, die mit dem elektrischen Feld eines kugelförmigen geladenen Leiters verbunden ist.

Eine allgemeine mathematische Berechnung zeigt, daß dieses Ergebnis allgemeine Gültigkeit hat. Die Energie, die zum Aufbau eines Ladungssystems notwendig ist, kann daher durch

$$E = \tfrac{1}{2}\epsilon \int_{\substack{\text{Gesamter}\\ \text{Raum}}} \mathcal{E}^2 \, dv$$

ausgedrückt werden. Man kann diesem Ausdruck eine wichtige physikalische Interpretation geben. Wir können sagen, daß die Energie, die beim Ansammeln der Ladungen aufgewendet wurde, im umgebenden Raum *gespeichert* wurde, so daß dem Volumen dv eine Energie $\frac{1}{2}\,\epsilon\mathcal{E}^2\,dv$ entspricht. Die Energie pro Volumeneinheit, oder die im elektrischen Feld «gespeicherte» Energiedichte ist daher

$$\mathrm{E} = \tfrac{1}{2}\epsilon\mathcal{E}^2 \qquad \text{(Energiedichte eines elektrischen Feldes).} \tag{19.34}$$

Diese Interpretation der Energie eines Systems geladener Teilchen, verteilt über den ganzen Raum, in dem das elektrische Feld vorhanden ist, ist bei der Besprechung vieler Vorgänge sehr nützlich.

Beweis von (19.33) Das elektrische Feld, das von einem sphärischen Leiter in einem Abstand r erzeugt wird, der größer als sein Radius ist, ist

$$\mathcal{E} = \frac{Q}{4\pi\epsilon r^2}.$$

Wir wollen das Integral von $\mathcal{E}^2$ über das gesamte Volumen außerhalb der Kugel berechnen. Um das Volumenelement für die Integration zu erhalten, unterteilen wir den äußeren Raum in schmale Kugelschalen vom Radius r und der Dicke dr (Abb. 19.30). Die Fläche jeder Schale ist $4\pi r^2$, und das Volumen ist daher

$$dv = \text{Fläche} \times \text{Dicke} = 4\pi r^2 \, dr.$$

Wir haben daher

$$\int_R^\infty \mathcal{E}^2 \, dv = \int_R^\infty \left(\frac{Q}{4\pi\epsilon r^2}\right)^2 (4\pi r^2 \, dr) = \frac{Q^2}{4\pi\epsilon^2}\int_R^\infty \frac{dr}{r^2} = \frac{Q^2}{4\pi\epsilon^2 R}$$

Wenn wir dieses Ergebnis mit (19.32) vergleichen, können wir die Energie eines geladenen sphärischen Leiters zu

$$E = \tfrac{1}{2}\epsilon \int_R^\infty \mathcal{E}^2 \, dv \text{ ermitteln.}$$

Beispiel 19.8 *Der «Radius» des Elektrons.* Wir wissen sehr wenig über die geometrische Gestalt eines Elektrons. Alles was wir mit Sicherheit sagen können, ist, daß ein Elektron ein negativ geladenes Teilchen mit der Ladung $-e$ ist. Wir sind daran interessiert, die Größe des Bereichs abzuschätzen, in dem diese Ladung konzentriert ist. Um unsere Berechnung zu vereinfachen, wollen wir annehmen, daß das Elektron eine Kugel mit dem Radius R ist. Wir können seine elektrische Energie berechnen, wenn wir einige Annahmen bezüglich der Ladungsverteilung über das Volumen des Elektrons machen. Wenn wir z.B. annehmen, daß das Elektron einer festen Kugel vom Radius R mit der Ladung $-e$ ähnelt, die nur auf ihrer Oberfläche gela-

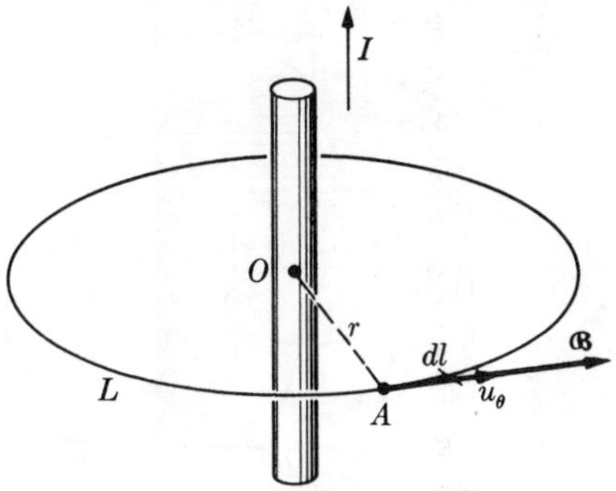

19.31 Magnetfeld eines geradlinigen Stromes.

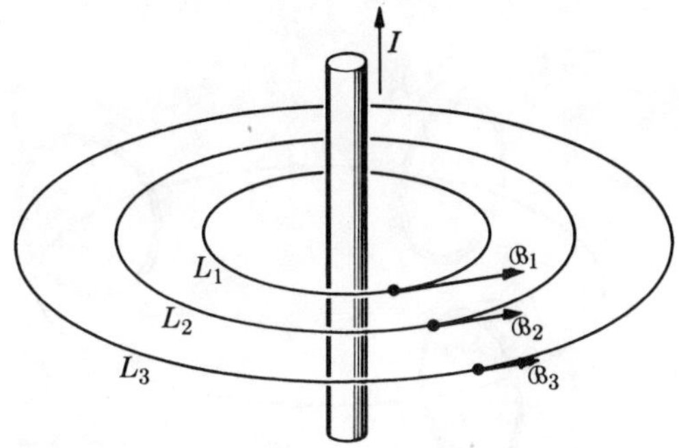

19.32 Die Zirkulation des Magnetfeldes längs aller konzentrischer kreisförmiger Bahnen um einen geradlinigen Strom ist gleich, und zwar μ_0I.

den ist, müssen wir (19.32) zur Berechnung der Energie verwenden. Daher sollte die elektrische Energie des Elektrons

$$E = \frac{1}{2}\left(\frac{e^2}{4\pi\epsilon_0 R}\right)$$

sein.

Wir können diese Energie mit der Ruhemassenenergie $m_e c^2$ des Elektrons gleichsetzen, was zu

$$m_e c^2 = \frac{1}{2}\left(\frac{e^2}{4\pi\epsilon_0 R}\right) \qquad \text{oder} \qquad R = \frac{1}{2}\left(\frac{1}{4\pi\epsilon_0}\right)\frac{e^2}{m_e c^2}$$

führt. Wenn wir jedoch ein anderes Modell für die Ladungsverteilung im Elektron annehmen, erhalten wir anstatt $\frac{1}{2}$ einen anderen numerischen Faktor. Aus diesem Grund ist es üblich, als *Definition* das Radius eines Elektrons die Größe

$$r_e = \frac{1}{4\pi\epsilon_0}\frac{e^2}{m_e c^2} = 2{,}8178 \cdot 10^{-15}\,\text{m} \tag{19.35}$$

zu nehmen. Wir wiederholen, daß dieser Radius nicht in einem strengen geometrischen Sinn genommen werden darf, sondern hauptsächlich als Schätzung der Größe des Bereiches, in dem das Elektron «konzentriert» ist.

II. DAS MAGNETISCHE FELD

19.13 DAS AMPÈRESCHE GESETZ FÜR DAS MAGNETISCHE FELD

Wir werden nun einige Eigenschaften des statischen oder zeitunabhängigen magnetischen Feldes besprechen. Betrachten Sie einen unendlichen geradlinigen Strom I (Abb. 19.31). Das magnetische Feld $\mathcal{B}$ am Punkt A ist senkrecht zu OA und ist durch (17.25) gegeben

$$\mathcal{B} = \frac{\mu_0 I}{2\pi r}\boldsymbol{u}_\theta.$$

Wir wollen die Zirkulation von $\mathcal{B}$ über einen kreisförmigen Weg vom Radius r berechnen. Das Magnetfeld $\mathcal{B}$ ist tangential zum Weg, so daß

$$\mathcal{B}\cdot d\boldsymbol{l} = \mathcal{B}\,dl,$$

und es einen konstanten Betrag hat. Daher ist die Zirkulation des Magnetfeldes (die mit $\Lambda_\mathcal{B}$ bezeichnet wird und bisweilen *magnetomotorische Kraft* genannt wird)

$$\Lambda_\mathcal{B} = \oint_L \mathcal{B}\cdot d\boldsymbol{l} = \oint_L \mathcal{B}\,dl = \mathcal{B}\oint_L dl = \mathcal{B}L$$

$$= \left(\frac{\mu_0 I}{2\pi r}\right)(2\pi r),$$

da $L = 2\pi r$. Dann ist

$$\Lambda_\mathcal{B} = \mu_0 I. \tag{19.36}$$

Die magnetische Zirkulation ist dann proportional zum elektrischen Strom I und unabhängig vom Radius der Bahn. Wenn wir daher um den Strom I mehrere Kreise L_1, L_2, L_3, ... (Abb. 19.32) ziehen, ist die magnetische Zirkulation für alle gleich und nach (19.36) gleich μ_0I.

Eine sorgfältige Analyse, die wir hier weglassen wollen, zeigt, daß (19.36) für *jede* beliebige Gestalt des Stromes gilt und nicht nur für einen geradlinigen, und für jede beliebige Gestalt des geschlossenen Weges, der

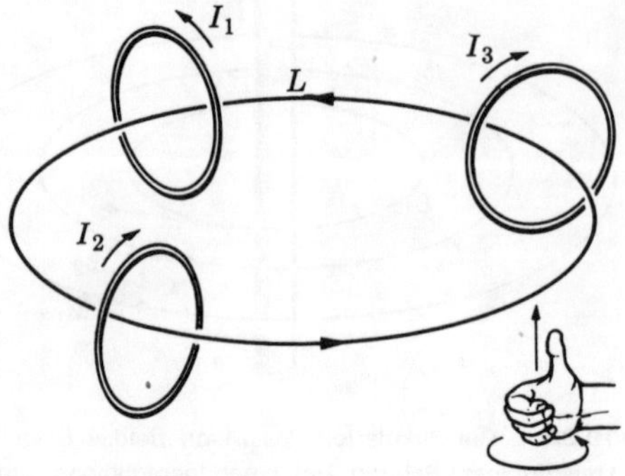

19.33 Die Zirkulation des Magnetfeldes längs jeden beliebigen geschossenen Weges ist proportional dem Gesamtstrom, der vom Weg umschlossen wird.

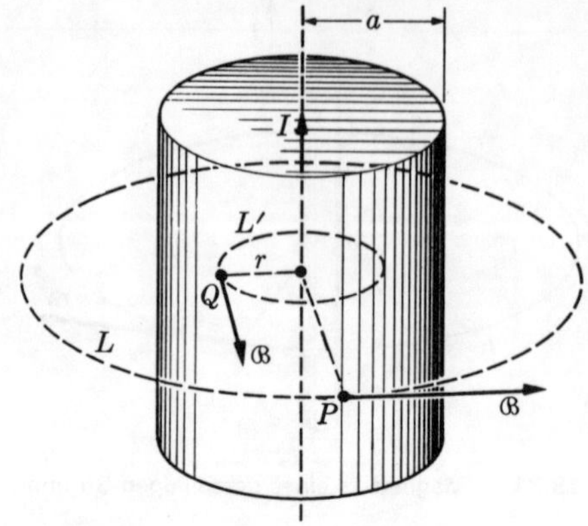

19.34 Magnetfeld eines zylindrischen Leiters.

den Strom umkreist oder mit ihm verbunden ist. Wenn wir mehrere Ströme $I_1, I_2, I_3, \ldots$ haben, die durch eine geschlossene Linie L (Abb. 19.33) verbunden sind, trägt jeder Strom zur Zirkulation des Magnetfeldes längs L bei. Wir können daher das Ampèresche Gesetz wie folgt ausdrücken:

Die Zirkulation des Magnetfeldes längs einer geschlossenen Linie, die die Ströme I_1, I_2, I_3, . . . umschließt, ist

$$\Lambda_{\mathcal{B}} = \oint \boldsymbol{\mathcal{B}} \cdot d\boldsymbol{l} = \mu_0 I, \qquad (19.37)$$

wobei $I = I_1 + I_2 + I_3 + \cdots$ für den gesamten Strom steht, der durch die Linie L umschlossen wird.

Wenn wir (19.37) anwenden, nehmen wir einen Strom als positiv, wenn er durch L in der Richtung durchgeht, die durch den Daumen angezeigt wird, wenn die Rechte-Hand-Regel angewendet wird, und negativ, wenn er die umgekehrte Richtung hat. In Abb. 19.33 werden daher die Ströme I_1 und I_3 als positiv und I_2 als negativ betrachtet. Das Ampèresche Gesetz ist besonders nützlich, wenn wir das Magnetfeld berechnen wollen, das von Stromverteilungen mit bestimmten geometrischen Symmetrien erzeugt wird, wie im folgenden Beispiel gezeigt wird:

Beispiel 19.9 *Magnetfeld, das von einem Strom längs eines kreisförmigen Zylinders unendlicher Länge erzeugt wird.* Wir wollen einen Strom I längs eines Zylinders vom Radius a betrachten (Abb. 19.34). Die Symmetrie der Aufgabe läßt eindeutig vermuten, daß die Kraftlinien des magnetischen Feldes Kreise sind, deren Mittelpunkte auf der Zylinderachse liegen, und daß das Magnetfeld $\mathcal{B}$ an einem Punkt nur vom Abstand dieses Punktes von der Achse abhängt. Wenn wir daher als unsere Bahn L einen Kreis vom Radius r wählen, der konzentrisch mit dem Strom ist, ist die magnetische Zirkulation

$$\Lambda_{\mathcal{B}} = \oint_L \mathcal{B}\, dl = \mathcal{B} \oint_L dl = \mathcal{B}L = 2\pi r\mathcal{B}.$$

Wenn der Radius r größer ist als der Radius des Stromes a, geht der gesamte Strom I durch den Kreis. Wenn wir daher (19.37) anwenden, haben wir

$$2\pi r\mathcal{B} = \mu_0 I \qquad \text{oder} \qquad \mathcal{B} = \frac{\mu_0 I}{2\pi r} \qquad (r > a). \qquad (19.38)$$

Das ist genau das, was wir in Kapitel 17 für einen Strom in einem Draht gefunden haben. Daher *ist das Magnetfeld an Punkten außerhalb eines zylindrischen Stromes das gleiche, als würde der gesamte Strom längs der Achse fließen.*

Wenn r jedoch kleiner als a ist, haben wir zwei Möglichkeiten. Wenn der Strom nur längs der Oberfläche des Zylinders fließt (was eintreten kann, wenn der Leiter ein zylindrisches Metallblech ist), ist der Strom durch L' null, und das Ampèresche Gesetz ergibt

$$2\pi r\mathcal{B} = 0 \qquad \text{oder} \qquad \mathcal{B} = 0 \qquad (r < a).$$

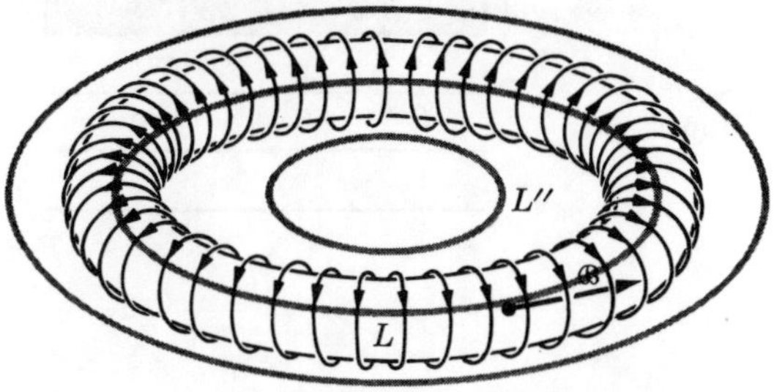

19.35 Eine Toroidspule.

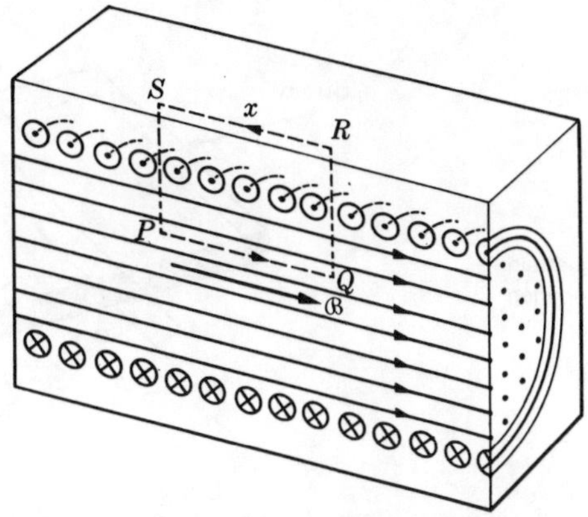

19.36 Magnetfeld eines langen Solenoids.

Daher ist das Magnetfeld an Punkten innerhalb eines Zylinders, der an seiner Oberfläche einen Strom trägt, null. Wenn der Strom jedoch gleichförmig über den ganzen Querschnitt des Leiters verteilt ist, ist der Strom durch L':

$$I' = \frac{I}{\pi a^2}(\pi r^2) = \frac{Ir^2}{a^2}.$$

Unter Anwendung des Ampèreschen Gesetzes erhalten wir daher

$$2\pi r \mathcal{B} = \mu_0 I' = \mu_0 I r^2/a^2, \qquad \text{oder}$$

$$\mathcal{B} = \frac{\mu_0 I r}{2\pi a^2} \qquad (r < a). \tag{19.39}$$

Daher *ist das Magnetfeld an Punkten innerhalb eines Zylinders, der einen über seinen gesamten Querschnitt gleichförmig verteilten Strom trägt, proportional dem Abstand des Punktes von der Zylinderachse.*

Beispiel 19.10 *Magnetfeld, das von einer Toroidspule erzeugt wird.* Eine Toroidspule besteht aus einem Draht, der gleichförmig über einen Torus, oder eine ringförmige Oberfläche, gewunden ist, wie in Abb. 19.35 gezeigt. N sei die Zahl der Windungen, alle im gleichen Abstand, und I der elektrische Strom längs der Windungen. Die Symmetrie der Aufgabe läßt vermuten, daß die Kraftlinien des Magnetfeldes konzentrische Kreise zum Torus sind. Wir wollen ein Kreis L innerhalb des Torus als unseren ersten Integrationsweg nehmen. Die Zirkulation des Magnetfeldes ist dann

$$\Lambda_{\mathcal{B}} = \mathcal{B}L.$$

Die Bahn L ist mit allen Windungen um den Torus verbunden und der gesamte durchfließende Strom ist daher NI. Mit dem Ampèreschen Gesetz erhalten wir daher

$$\mathcal{B}L = \mu_0 NI \qquad \text{oder} \qquad \mathcal{B} = \mu_0 \frac{NI}{L}.$$

Wenn der Radius des Torusquerschnitts klein ist im Vergleich zum Torusradius, können wir annehmen, daß L für alle Bahnen im Innern praktisch gleich ist. Wenn

$$n = N/L$$

die Zahl der Windungen pro Längeneinheit ist, schließen wir, daß das Magnetfeld im Inneren des Torus gleichförmig ist und den konstanten Wert

$$\mathcal{B} = \mu_0 nI \tag{19.40}$$

hat. Für jede beliebige Bahn außerhalb des Torus, wie z.B. L' oder L'', ist der gesamte Strom, der mit der Bahn verbunden ist, gleich null. Wir erhalten daher $\mathcal{B} = 0$. In anderen Worten, das Magnetfeld einer Toroidspule ist zur Gänze auf ihr Inneres beschränkt. Diese Situation gilt nur für Toroidspulen, bei welchen die Windungen des Drahtes sehr nahe benachbart sind.

Beispiel 19.11 *Magnetfeld im Mittelpunkt eines sehr langen Solenoids.* Wir wollen den Solenoid aus Abb. 19.36 betrachten, der n Windungen pro Längeneinheit hat, von denen jede einen Strom I trägt. Wenn die Windungen sehr nahe benachbart sind und der Solenoid sehr lang ist, können wir annehmen, daß das Magnetfeld zur Gänze auf das Innere beschränkt und gleichförmig ist, wie durch die Kraftlinien in

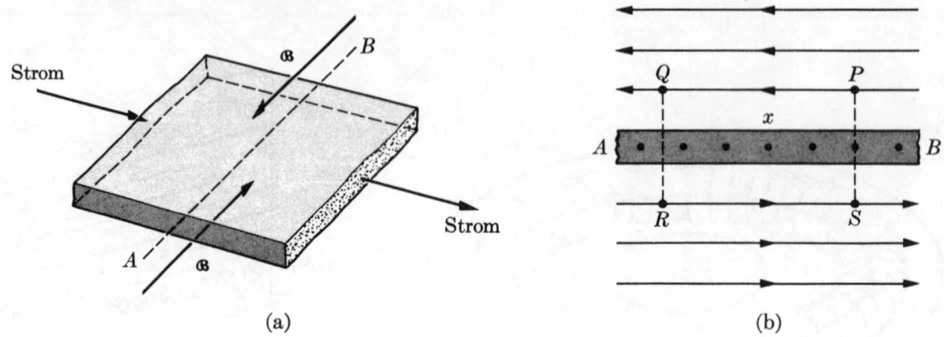

19.37 Magnetfeld einer unendlichen ebenen leitenden Folie.

der Abbildung angezeigt. Als Integrationsweg wählen wir das Rechteck $PQRS$. Die Beiträge der Seiten QR und SP zur magnetischen Zirkulation sind null, da das Feld senkrecht zu ihnen ist; der Beitrag der Seite RS ist ebenfalls null, da hier kein Feld herrscht. Daher trägt nur die Seite PQ einen Betrag $\mathcal{B}x$ zum Kreisintegral bei, so daß

$$\Lambda_{\mathcal{B}} = \mathcal{B}x.$$

Der gesamte Strom, der mit der Integrationsweg verbunden ist, ist nxI, da nx die Zahl der Windungen gibt. Das Ampèresche Gesetz liefert daher

$$\mathcal{B}x = \mu_0 nxI \qquad \text{oder} \qquad \mathcal{B} = \mu_0 nI.$$

Beispiel 19.12 *Magnetfeld, das von einem Strom längs eines unendlich ausgedehnten Leitungsblechs erzeugt wird.* Wir können das Blech als Ansammlung einer sehr großen Zahl von zueinander parallelen Drähten betrachten. Das resultierende Magnetfeld erhielte man dann durch Addition der Magnetfelder, die jeder Draht beiträgt.

Es ist jedoch einfacher, sich der Symmetrie der Aufgabe zu bedienen, die zeigt, daß das Magnetfeld in senkrechter Richtung zum Strom parallel zum Blech sein muß, wie in Abb. 19.37 (a) gezeigt. Abbildung 19.37 (b) zeigt einen Querschnitt längs der Linie AB. Die Punkte zeigen, daß der Strom auf den Leser zu gerichtet ist. Wir betrachten den geschlossenen Weg $PQRS$ und wenden das Ampèresche Gesetz an. Der Beitrag der Seiten QR und PS zur magnetischen Zirkulation ist null, da das Feld senkrecht zu ihnen ist; die Seiten PQ und RS tragen beide den gleichen Betrag $\mathcal{B}x$ bei, wobei $x = PQ = RS$, so daß

$$\Lambda_{\mathcal{B}} = 2\mathcal{B}x.$$

Wenn I der Strom pro Einheitslänge des Blechs ist, ist der gesamte Strom, der mit der Bahn $PQRS$ verbunden ist, Ix. Daher gilt das Ampèresche Gesetz

$$2\mathcal{B}x = \mu_0 Ix \qquad \text{oder} \qquad \mathcal{B} = \tfrac{1}{2}\mu_0 I.$$

Das Magnetfeld ist daher gleichförmig, da es nicht vom Abstand zur Platte abhängt.

19.14 MAGNETISCHER FLUSS

Der magnetische Fluß über jede beliebige Oberfläche, geschlossen oder nicht, die in ein Magnetfeld eingebracht wird, ist

$$\Phi_{\mathcal{B}} = \int_S \boldsymbol{\mathcal{B}} \cdot \boldsymbol{u}_N \, dS. \tag{19.41}$$

Der Begriff des magnetischen Flusses über eine willkürliche Oberfläche ist von großer Bedeutung, besonders wenn die Oberfläche nicht geschlossen ist, wie wir in Kapitel 20 sehen werden. So hat man es nützlich gefunden, eine Einheit des magnetischen Flusses zu definieren. Der magnetische Fluß, der gleich dem Magnetfeld mal der Fläche ist, wird in T m^2 ausgedrückt; diese Einheit wird als ein *Weber* bezeichnet, zu Ehren des deutschen Physikers Wilhelm E. Weber (1804–1891). Es wird mit Wb abgekürzt, so daß

$$\text{Wb} = \text{T m}^2 = \text{m}^2\,\text{kg s}^{-1}\,\text{C}^{-1},$$

da $\text{T} = \text{kg s}^{-1}\,\text{C}^{-1}$.

Da es keine magnetischen Massen oder Einzelpole gibt (zumindest wurden sie noch nicht beobachtet), sind die Kraftlinien des Magnetfeldes $\boldsymbol{\mathcal{B}}$ geschlossen, wie in dem Beispiel gezeigt, das in Kapitel 17 besprochen wurde. Wenn wir daher eine geschlossene Oberfläche in einem Magnetfeld betrachten, ist der magnetische Fluß nach innen gleich dem magnetischen Fluß nach außen. Wir schließen daraus:

Der Fluß des Magnetfeldes durch eine geschlossene Oberfläche ist immer null.

Wir können daher schreiben:

$$\oint_S \mathcal{B} \cdot \boldsymbol{u}_N \, dS = 0. \tag{19.42}$$

Dieses Ergebnis kann auch mathematisch aus dem allgemeinen Ausdruck für $\mathcal{B}$, der in (17.20) gegeben wurde, bewiesen werden. Wir wollen den Beweis hier weglassen. Das Ergebnis stellt das *Gaußsche Gesetz für das Magnetfeld* dar.

19.15 MAGNETISIERUNG DER MATERIE

Atome und Moleküle können ein resultierendes magnetisches Dipolmoment besitzen oder auch nicht, abhängig von ihrer Symmetrie und der Anordnung ihrer Elektronenbahnen. Die makroskopische Materie zeigt, mit Ausnahme *ferromagnetischer* Substanzen, kein resultierendes Dipolmoment, und zwar wegen der statistischen Anordnung der Moleküle. Diese Situation ist ähnlich wie die bei der elektrischen Polarisation der Materie. Die Anwesenheit eines äußeren Magnetfeldes stört jedoch die Elektronenbewegung und führt dadurch zu einer resultierenden magnetischen Polarisierung oder *Magnetisierung* des Materials.

Substanzen können in verschiedene Klassen eingeteilt werden, je nachdem, wie sie von einem äußeren Magnetfeld magnetisiert werden. Wir wollen diese Magnetisierungstypen kurz betrachten.

a) **Diamagnetismus** Wir wissen, daß ein Magnetfeld auf eine bewegliche Ladung eine Kraft ausübt. Wenn daher ein äußeres Magnetfeld an eine Ladung angelegt wird, unterliegen die Elektronen, die sich in den Atomen oder Molekülen bewegen, einer zusätzlichen Kraft, die auf das Magnetfeld zurückzuführen ist. Das führt zu einer Störung in der Elektronenbewegung. Wenn wir diese Störung genau analysieren wollten, müßten wir die Methoden des Quantenmechanik anwenden, die über den Rahmen dieses Buches hinausgehen. Wir werden uns darauf beschränken, die wesentlichen Ergebnisse anzuführen.

Wie unten erklärt, entspricht die Auswirkung eines Magnetfeldes auf die Elektronenbewegung in einem Atom einem zusätzlichen Strom, der in dem Atom induziert wird. Dieser Strom ist so gerichtet, daß das mit ihm assoziierte magnetische Dipolmoment *entgegengesetzt* zum magnetischen Feld gerichtet ist. Da der Effekt unabhängig von der Orientieung des Atoms und für alle Atome gleich ist, schließen wir, daß *die Substanz eine dem Magnetfeld entgegengesetzte Magnetisierung annimmt*. Dieses Ergebnis steht im Gegensatz zu dem, was wir im Fall des elektrischen Feldes erhalten haben. Das Verhalten, das man als *Diamagnetismus* bezeichnet, teilen alle Substanzen. Es wird jedoch in manchen Fällen durch den unten beschriebenen paramagnetischen Effekt überdeckt.

Erklärung des Diamagnetismus Es ist interessant, einen besseren Einblick in den Ursprung des Diamagnetismus zu haben. Wir haben in Kapitel 17 gesehen, daß eine elektrische Ladung, die in ein Magnetfeld eingebracht wird, sich mit einer Winkelgeschwindigkeit von

$$\omega = -\left(\frac{q}{m}\right)\mathcal{B}.$$

um das Feld bewegt. Wenn wir $q = -e$ setzen, sehen wir, daß alle Elektronen in den Atomen einer Substanz, die in ein Magnetfeld eingebracht wird, unabhängig von ihrer Bahnbewegung eine zusätzliche Winkelgeschwindigkeit

$$\omega = +\left(\frac{e}{m_e}\right)\mathcal{B},$$

erhalten, die für alle Elektronen *gleich* ist. Wenn r der Radius der Elektronenbahn ist, ist das mit dieser Bewegung verbundene magnetische Moment

$$M = (-e)\left(\frac{\omega}{2\pi}\right)(\pi r^2) = -\frac{e^2}{2m_e} r^2 \mathcal{B}.$$

Dieses magnetische Moment ist $\mathcal{B}$ entgegengerichtet, und da der Effekt für alle Elektronen der Substanz die gleiche Richtung hat, wird die Substanz in einem dem Magnetfeld entgegengerichteten Sinn magnetisiert. (Eine genaue

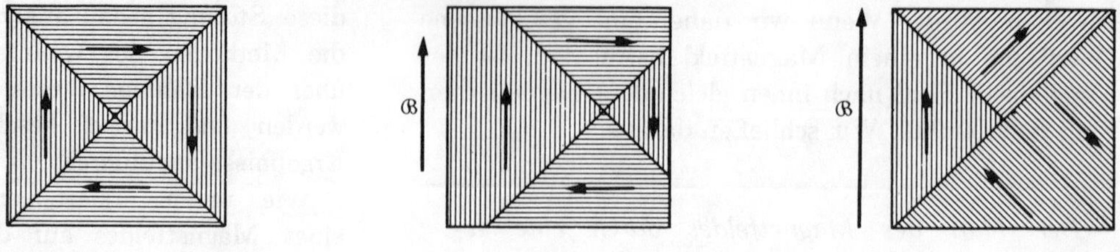

(a) (b) (c)

19.38 Magnetische Domänen. (a) Nichtmagnetisierte Verbindung. (b) Magnetisierung durch Wachsen der Domänen. (c) Magnetisierung durch Orientierung der Domänen.

Berechnung, welche wir hier weglassen wollen, zeigt, daß der im obigen Ausdruck erscheinende Faktor $\frac{1}{6}$ statt $\frac{1}{2}$ sein sollte.)

b) **Paramagnetismus** Wir wollen eine Substanz betrachten, deren Atome oder Moleküle ein permanentes magnetisches Dipolmoment aufweisen, das mit dem Drehimpuls ihrer Elektronen assoziiert ist. In diesem Fall erzeugt die Anwesenheit eines äußeren Magnetfeldes ein Moment, das bestrebt ist, alle magnetischen Dipole längs des Magnetfeldes auszurichten, was zu einer Magnetisierung führt, die als *Paramagnetismus* bekannt ist. Dem Ausrichtungseffekt, den das angelegte Magnetfeld hervorruft, ist der Unordnungeffekt infolge der thermischen Bewegung entgegengerichtet. Die Situation ist völlig identisch mit der, die in Abb. 19.23 im Zusammenhang mit dem Ausrichtungseffekt gezeigt wurde, den ein auf polare Moleküle wirkendes elektrisches Feld hervorruft. Das Gesamtresultat ist auf jeden Fall, daß *paramagnetische Substanzen eine Magnetisierung in Richtung des Magnetfeldes annehmen*. Dieser Effekt ist viel stärker als der Diamagnetismus und im Fall paramagnetischer Substanzen wird der Diamagnetismus im allgemeinen völlig vom Paramagnetismus überdeckt.

c) **Ferromagnetismus** Eine dritte Klasse magnetischer Substanzen bezeichnet man als *ferromagnetisch*. Das hauptsächliche Charakteristikum ferromagnetischer Substanzen ist, daß sie eine permanente Magnetisierung aufweisen. Das läßt auf eine natürliche Neigung der magnetischen Momente ihrer Atome oder Moleküle schließen, sich unter ihren gegenseitigen Wechselwirkungen auszurichten. Ferromagnetische Substanzen sind im allgemeinen Festkörper und gute Leiter (die verschiedenen Alnico-Magnete sind ferromagnetisch.) Der Ferromagnetismus ist daher in seinem Gesamtverhalten ähnlich der Ferroelektrizität, obwohl er einen anderen Ursprung hat. Er ist mit einer Wechselwirkung zwischen den Spins $\boldsymbol{S}_1$ und $\boldsymbol{S}_2$ zweier Elektronen verbunden, was zu einer parallelen Anordnung der Elektronenspins in mikroskopischen Bereichen führt, die man als *Domänen* bezeichnet (Abb. 19.38a und 19.39a). Diese Domänen haben Dimensionen von 10^{-8} bis 10^{-12} m^3 und enthalten 10^{21} bis 10^{17} Atome. Die Magnetisierungsrichtung einer Domäne hängt von der Kristallstruktur der Substanz ab. Für Eisen, das in einer kubischen Struktur kristallisiert, tritt z.B. die Magnetisierung am leichtesten in Richtung längs der drei Achsen des Würfels ein. In einem Stück Materie können die Domänen selbst unterschiedliche Richtungen haben, was zu einem makroskopischen Effekt führt, der null oder vernachlässigbar ist: In Anwesenheit eines äußeren Magnetfeldes unterliegen die Domänen zwei Effekten: die Domänen, die eine günstige Anordnung in Bezug auf das Magnetfeld haben, nehmen auf Kosten der weniger günstig angeordneten zu (Abb. 19.38b); mit zunehmender Stärke des äußeren Magnetfeldes richtet sich die Magnetisierung bevorzugt in Feldrichtung aus (Abb. 19.38c), und das Stück Materie wird zu einem *Magneten*. Der Ferromagnetismus ist eine temperaturabhängige Eigenschaft, und es gibt für jede

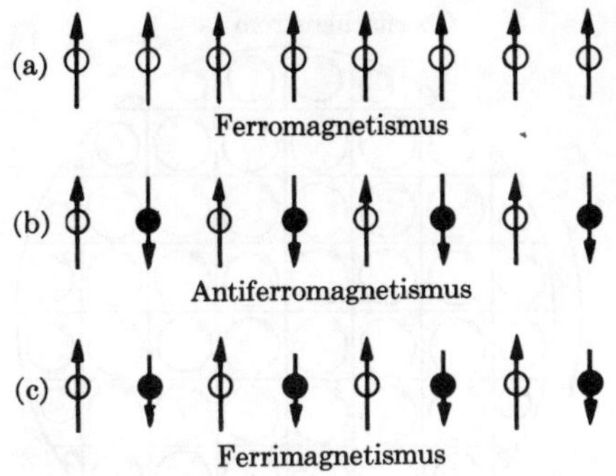

19.39 Orientierung der magnetischen Dipolmomente in verschiedenen Substanzen.

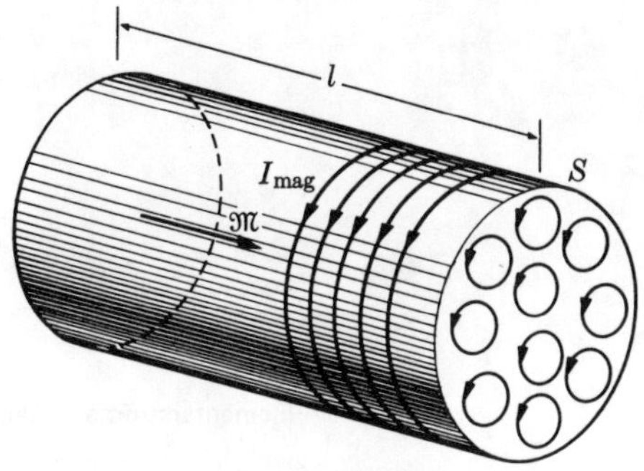

19.40 Magnetisierungsoberflächenstrom in einem magnetisierten Zylinder.

ferromagnetische Substanz eine Temperatur, den sogenannten *Curiepunkt*, oberhalb derer die Substanz paramagnetisch wird. Dieses Phänomen tritt ein, wenn die thermische Bewegung groß genug ist, um die ausrichtenden Kräfte infolge der Spin-Spin-Wechselwirkungen aufzuheben. Folgende Substanzen sind bei Zimmertemperatur ferromagnetisch: Eisen, Nickel, Kobalt und Gadolinium. Ihre Curiepunkte liegen bei 770 °C, 365 °C, 1075 °C und 15 °C.

d) **Antiferromagnetismus** In einigen Substanzen sind die Elektronenspins antiparallel, was zu einer verschwindenden Gesamtmagnetisierung führt (Abb. 19.39b). In diesem Fall bezeichnet man die Substanz als *antiferromagnetisch*. Zu den antiferromagnetischen Verbindungen gehören MnO, FeO, CoO und NiO.

e) **Ferrimagnetismus** Eine andere Art der Magnetisierung wird als *Ferrimagnetismus* bezeichnet. Er ist dem Antiferromagnetismus ähnlich, aber die atomaren oder ionischen magnetischen Momente in einer Richtung sind verschieden von denen in der anderen Richtung, was insgesamt zu einer Magnetisierung führt (Abb. 19.39c). Diese Verbindungen bezeichnet man als Ferrite. Sie können allgemein durch die Formel $MOFe_2O_3$ dargestellt werden, wobei M für Mn, Co, Ni, Cu, Mg, Zn, Cd etc steht. Beachten Sie, daß, wenn M gleich Fe ist, die Verbindung Fe_3O_4 oder Magneteisenstein ist.

19.16 DER MAGNETISIERUNGSVEKTOR

Wir wollen der Einfachheit halber eine Verbindung in Form eines Zylinders betrachten, die längs der Zylinderachse gleichförmig magnetisiert ist (Abb. 19.40). Das bedeutet, daß die molekularen magnetischen Dipole parallel zur Zylinderachse angeordnet sind. Daher sind die molekularen Elektronenströme senkrecht zur Zylinderachse gerichtet. Aus Abb. 19.40 (und genauer aus der Vorderansicht in Abb. 19.41) können wir sehen, daß die inneren Ströme dazu neigen, sich infolge der entgegengesetzten Effekte benachbarter Ströme aufzuheben, so daß man innerhalb der Substanz insgesamt keinen Strom beobachtet. Die Magnetisierung führt jedoch zu einem resultierenden Strom I_{mag} auf der Oberfläche des Material, das sich deshalb wie ein Solenoid verhält.

Der Magnetisierungsvektor $\mathfrak{M}$ eines Materials ist definiert als das magnetische Moment pro Volumeneinheit. Wenn $\boldsymbol{m}$ das magnetische Dipolmoment ist, das jedes Atom oder Molekül beiträgt, und n die Zahl der Atome oder Moleküle pro Volumenelement, ist die Magnetisierung

$$\mathfrak{M} = n\boldsymbol{m}.$$

Das magnetische Moment eines Elementarstroms wird in A m^2 ausgedrückt, daher wird die Magnetisierung $\mathfrak{M}$ durch

$$\mathrm{A\,m^2/m^3 = A\,m^{-1}} \qquad \text{oder} \qquad \mathrm{m^{-1}\,s^{-1}\,C}$$

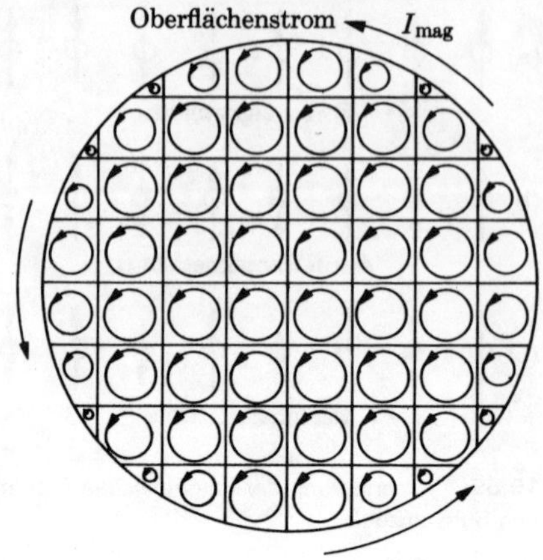

19.41 Elementarströme in einem magnetisierten Zylinder.

ausgedrückt, was äquivalent einem Strom pro Längeneinheit ist.

Zwischen dem Oberflächenstrom auf dem magnetischen Körper und der Magnetisierung $\mathfrak{M}$ besteht eine sehr wichtige Beziehung. Wir entnehmen aus Abb. 19.40 daß I_{mag} in senkrechter Richtung zu $\mathfrak{M}$ fließt. Der Zylinder selbst verhält sich wie ein großer magnetischer Dipol, der durch die Überlagerung aller individueller Dipole zustande kommt. Wenn S die Fläche des Zylinderquerschnitts ist und l seine Länge, ist das Volumen lS und das gesamte magnetische Dipolmoment ist

$$\mathfrak{M}\,(lS) = (\mathfrak{M}l)\,S.$$

S ist jedoch nichts anderes als die Fläche des Querschnitts der Stromkreise, die durch den Oberflächenstrom gebildet werden. Da das magnetische Dipolmoment = Strom · Fläche, können wir schließen, daß es auf der Oberfläche des Zylinders einen effektiven Magnetisierungsstrom $\mathfrak{M}\,l$ gibt. Daher ist der effektive Strom pro Längeneinheit I_{mag} auf der Oberfläche des magnetisierten Zylinders gleich $\mathfrak{M}$, oder

$$I_{mag} = \mathfrak{M}.$$

Obwohl dieses Ergebnis für eine bestimmte geometrische Anordnung abgeleitet wurde, hat es allgemeine Gültigkeit. Wir können daher sagen:

Der effektive Magnetisierungsstrom pro Längeneinheit auf der Oberfläche eines magnetisierten Materiestückes ist gleich der Komponente des Magnetisierungsvektors $\mathfrak{M}$ parallel zu einer Ebene, die tangential zur Oberfläche des Körpers ist, und hat eine zu $\mathfrak{M}$ senkrechte Richtung.

19.17 DAS MAGNETISIERENDE FELD

Im vorhergehenden Abschnitt haben wir gesehen, daß eine magnetisierte Substanz bestimmte effektive Ströme auf ihrer Oberfläche trägt (und über das gesamte Volumen hinweg, wenn die Magnetisierung nicht gleichförmig ist). Diese Magnetisierungsströme sind jedoch «eingefroren», in dem Sinn, daß sie auf Elektronen zurückzuführen sind, die an spezifische Atome oder Moleküle gebunden sind und sich nicht frei durch die Substanz bewegen können. Andererseits liegen in anderen Substanzen, wie z.B. Metallen, elektrische Ladungen vor, die sich frei durch die Substanz bewegen können. Den elektrischen Strom, der auf diese freien Ladungen zurückzuführen ist, wollen wir *freien Strom* nennen.

Wir wollen wieder eine zylindrisches Materiestück betrachten, das innerhalb eines langen Solenoids angebracht ist, der einen Strom I trägt (Abb. 19.42.) Dieser Strom erzeugt ein Magnetfeld, das den Zylinder

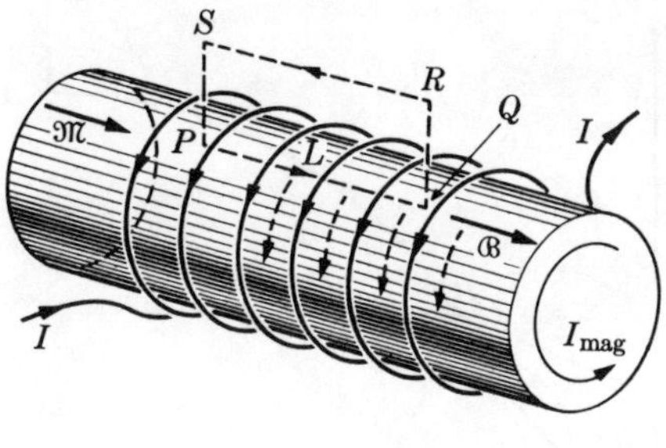

19.42

magnetisiert und zu einem Magnetisierungsstrom auf der Oberfläche des Zylinder in gleicher Richtung wie I führt. Der Magnetisierungsstrom auf der Oberfläche ist pro Längeneinheit

$$I_{mag} = \mathfrak{M}.$$

Wenn der Solenoid pro Längeneinheit n Windungen hat, entspricht das System aus Solenoiden und magnetisiertem Zylinder einem einzigen Solenoid, der pro Längeneinheit einen Strom

$$nI + I_{mag} \quad \text{oder} \quad nI + \mathfrak{M}$$

trägt. Dieser effektive Solenoidstrom gibt Anlaß zu einem resultierenden Magnetfeld $\mathfrak{B}$ parallel zur Zylinderachse. Der Betrag dieses Feldes ist durch (19.40) gegeben, wobei nI duch den gesamten Strom pro Längeneinheit, $nI + \mathfrak{M}$, ersetzt wird. Das heißt

$$\mathfrak{B} = \mu_0(nI + \mathfrak{M}) \quad \text{oder} \quad \frac{1}{\mu_0}\mathfrak{B} - \mathfrak{M} = nI.$$

Dieser Ausdruck gibt die Leitungs- oder freien Ströme pro Längeneinheit, nI, auf der Oberfläche des Zylinders, ausgedrückt durch das Magnetfeld $\boldsymbol{\mathfrak{B}}$ im Medium und die Magnetisierung $\boldsymbol{\mathfrak{M}}$ des Mediums. Wenn $\boldsymbol{\mathfrak{B}}$ und $\boldsymbol{\mathfrak{M}}$ Vektoren in gleicher Richtung sind, legt das obige Ergebnis die Einführung eines neuen Vektorfeldes nahe, des sogenannten *magnetisierenden Feldes*, das durch

$$\boldsymbol{\mathfrak{H}} = \frac{1}{\mu_0}\boldsymbol{\mathfrak{B}} - \boldsymbol{\mathfrak{M}}^* \tag{19.43}$$

definiert ist. Es wird in A m^{-1} oder $m^{-1}\,s^{-1}$ C ausgedrückt, welche die Einheiten der beiden auf der rechten Seite scheinenden Glieder sind.

In unserem speziellen Beispiel ist $\mathfrak{H} = nI$, was $\mathfrak{H}$ mit den Leitungs- oder freien Strömen pro Längeneinheit des Solenoids in Beziehung setzt. Wenn wir eine Länge $PQ = L$ längs der Oberfläche betrachten, haben wir also

$$\mathfrak{H}L = LnI = I_{frei}, \tag{19.44}$$

wobei $I_{frei} = LnI$ der gesamte freie Strom des Solenoids ist, der der Länge L entspricht. Indem wir die Zirkulation von $\boldsymbol{\mathfrak{H}}$ über das Rechteck $PQRS$ berechnen, erhalten wir

$$\Lambda_{\mathfrak{H}} = \oint_{PQRS} \boldsymbol{\mathfrak{H}} \cdot d\boldsymbol{l} = \mathfrak{H}L,$$

da $\mathfrak{H}$ außerhalb des Solenoids null ist (sowohl $\mathfrak{B}$ als auch $\mathfrak{M}$ sind null) und die Seiten QR und SP nichts zur Zirkulation beitragen, weil sie senkrecht zum Magnetfeld sind. (19.44) kann daher in der Form

$$\Lambda_{\mathfrak{H}} = I_{frei}$$

geschrieben werden, wobei I_{frei} der gesamte freie Strom durch das Rechteck $PQRS$ ist. Dieses Ergebnis hat allgemeinere Gültigkeit als unser vereinfachter Beweis vermuten ließe. Man kann sogar beweisen:

Die Zirkulation des magnetisierenden Feldes längs eines geschlossenen Weges ist gleich dem gesamten freien Strom, den der Weg umschließt.

Das heißt

$$\Lambda_{\mathfrak{M}} = \oint_L \boldsymbol{\mathfrak{H}} \cdot d\boldsymbol{l} = I_{frei}, \tag{19.45}$$

wobei I_{frei} der gesamte durch frei fließende Ladungen verursachte Strom ist, der vom Weg L umschlossen

* Anmerkung des Herausgebers: In der deutschen Literatur werden die beiden magnetischen Felder $\mathfrak{B}$ und $\mathfrak{H}$ meistens anders bezeichnet: $\mathfrak{B}$ magnetische Induktion, $\mathfrak{H}$ magnetische Feldstärke.

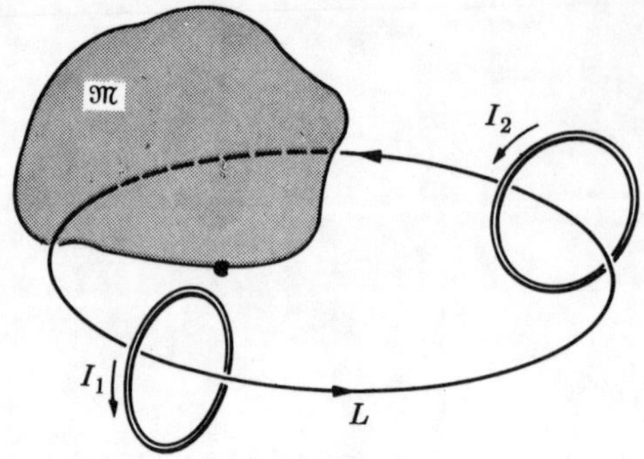

19.43

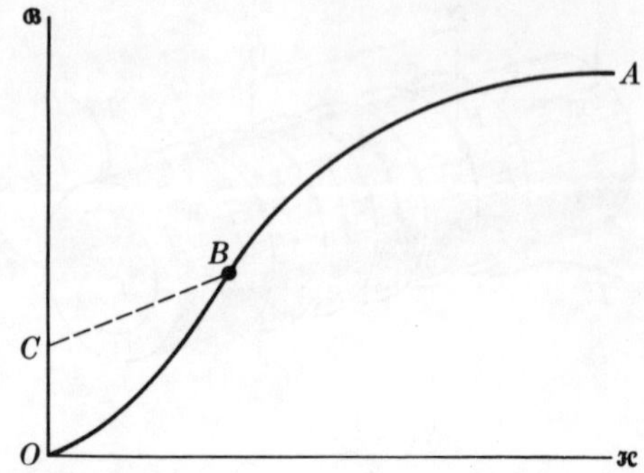

19.44 Magnetisierungskurve einer ferromagnetischen Substanz.

wird; Ströme infolge der Magnetisierung der Materie sind dabei ausgeschlossen. Wenn z.B. der Weg L (Abb. 19.43) die Ströme I_1 und I_2 und einen Körper mit der Magnetisierung $\mathcal{M}$ umschließt, dürfen wir in (19.45) nur die Ströme I_1 und I_2 berücksichtigen, während im Ampèreschen Gesetz (19.37) für das magnetische Feld $\mathcal{B}$ alle Ströme eingeschlossen sind, d.h., sowohl I_1 und I_2 infolge der frei beweglichen Ladungen als auch die, welche auf die Magnetisierung $\mathcal{M}$ infolge gebundener Elektronen zurückzuführen sind.

19.18 MAGNETISCHE SUSZEPTIBILITÄT UND PERMEABILITÄT

Wir wollen (19.43) in der Form

$$\mathcal{B} = \mu_0(\mathcal{H} + \mathcal{M}) \tag{19.46}$$

schreiben. Da die Magnetisierung $\mathcal{M}$ des Körpers physikalisch zum resultierenden Magnetfeld $\mathcal{B}$ in Beziehung steht, könnten wir eine Beziehung zwischen $\mathcal{M}$ und $\mathcal{B}$ einführen, die ähnlich der Beziehung (19.16) zwischen $\mathcal{P}$ und $\mathcal{E}$ im elektrischen Fall ist. Aus historischen Gründen ist es jedoch üblich, anders vorzugehen, und statt dessen eine Beziehung zwischen $\mathcal{M}$ und $\mathcal{H}$ auszudrücken, indem man

$$\mathcal{M} = \chi_m \mathcal{H} \tag{19.47}$$

schreibt. Die Größe χ_m bezeichnet man als *magnetische Suszeptibilität* des Materials. Sie ist eine reine Zahl, unabhängig von den für $\mathcal{M}$ und $\mathcal{H}$ gewählten Einheiten. Die magnetische Suszeptibilität χ_m drückt wie die elektrische Suszeptibilität χ_e die Reaktion eines Mediums auf ein äußeres Magnetfeld aus und steht im Zusammenhang mit den Eigenschaften der Atome und Moleküle des Mediums.

Indem wir (19.47) in (19.46) einsetzen, können wir schreiben

$$\mathcal{B} = \mu_0(\mathcal{H} + \chi_m\mathcal{H}) = \mu_0(1 + \chi_m)\mathcal{H} = \mu\mathcal{H}, \tag{19.48}$$

wobei

$$\mu = \frac{\mathcal{B}}{\mathcal{H}} = \mu_0(1 + \chi_m) \tag{19.49}$$

als *Permeabilität* des Mediums bezeichnet wird. Sie wird in den gleichen Einheiten wie μ_0 ausgedrückt, d.h., in m kg^{-2} C. Die *relative Permeabilität* ist durch

$$\mu_r = \frac{\mu}{\mu_0} = 1 + \chi_m \tag{19.50}$$

definiert. Sie ist eine vom Einheitensystem unabhängige reine Zahl.

In Tab. 19.3 ist die magnetische Suszeptibilität verschiedener paramagnetischer und diamagnetischer Substanzen aufgeführt.

Eine wichtige Tatsache ist, daß χ_m sowohl für paramagnetische als für diamagnetische Substanzen sehr klein ist im Verhältnis zu eins. In vielen Fällen können wir daher $\mu_r = 1 + \chi_m$ durch eins ersetzen.

Die magnetische Suszeptibilität diamagnetischer Substanzen ist praktisch unabhängig von der Temperatur. Die magnetische Suszeptibilität paramagnetischer Substanzen ist hingegen umgekehrt proportional zur absoluten Temperatur der Substanz.

Tabelle 19.3

MAGNETISCHE SUSZEPTIBILITÄTEN BEI RAUMTEMPERATUR

Diamagnetische Substanzen	χ_m	Paramagnetische Substanzen	χ_m
Wasserstoff (1 atm)	$-2{,}1 \cdot 10^{-9}$	Sauerstoff (1 atm)	$2{,}1 \cdot 10^{-6}$
Stickstoff (1 atm)	$-5{,}0 \cdot 10^{-9}$	Magnesium	$1{,}2 \cdot 10^{-5}$
Natrium	$-2{,}4 \cdot 10^{-6}$	Aluminium	$2{,}3 \cdot 10^{-5}$
Kupfer	$-1{,}0 \cdot 10^{-5}$	Wolfram	$6{,}8 \cdot 10^{-5}$
Wismuth	$-1{,}7 \cdot 10^{-5}$	Titan	$7{,}1 \cdot 10^{-5}$
Diamant	$-2{,}2 \cdot 10^{-5}$	Platin	$3{,}0 \cdot 10^{-4}$
Quecksilber	$-3{,}2 \cdot 10^{-5}$	Gadoliniumchlorid ($GdCl_3$)	$2{,}8 \cdot 10^{-3}$

Dies ist die Folge der größeren thermischen Bewegung und Unordnung der Atome der Substanz mit steigender Temperatur, was den ordnenden Effekt des angelegten magnetischen Feldes zunehmend ausgleicht. Wir können daher für paramagnetische Substanzen

$$\chi_m = \frac{C}{T},$$

schreiben; dieses Ergebnis wird als *Curiesches Gesetz* bezeichnet.

Wenn die Substanz ferromagnetisch ist, ist die Beziehung zwischen $\mathcal{B}$ und $\mathcal{H}$ komplizierter. Wir wollen als konkretes Beispiel annehmen, daß wir eine Probe einer ferromagnetischen Substanz in Form eines Torus haben, um den eine Spule gewunden ist. Nehmen Sie an, daß wir von der unmagnetisierten Substanz ausgehen und daß in der Spule kein Strom fließt. In dem Maß, in dem der Strom in der Spule langsam zunimmt, nimmt das magnetisierende Feld $\mathcal{H}$ in der Substanz wie durch (19.45) ausgedrückt zu. Das entsprechende Magnetfeld

$$\mathcal{B} = \mu_0(\mathcal{H} + \mathcal{M})$$

in der Substanz ändert sich gemäß der in Abb. 19.44 dargestellten Kurve *OA*, so daß $\mathcal{B}/\mathcal{H}$ nicht konstant ist. Mann kann dieses Ergebnis wie folgt erklären: Wenn $\mathcal{H}$ klein ist, ist der Orientierungseffekt auf die Domänen sehr klein. Wenn jedoch $\mathcal{H}$ einen bestimmten Wert überschreitet, beginnen die Domänen ihre willkürliche Anordnung zu ändern und sich längs des Feldes $\mathcal{H}$ zu reorientieren. Das führt zu einem raschen Anstieg von $\mathcal{B}$ infolge der Magnetisierung $\mathcal{M}$ der Substanz. Bei einem bestimmten Wert von $\mathcal{H}$ sind praktisch alle Domänen orientiert, und es ist keine weitere Magnetisierung möglich. Man sagt, daß die Substanz gesättigt ist, und daß $\mathcal{M}$ seinen Maximalwert erreicht hat. Jede weitere Zunahme von $\mathcal{B}$ ist einzig und alleine auf eine Zunahme von $\mathcal{H}$ (oder dem Strom in der Spule) zurückzuführen.

Wenn das Feld $\mathcal{H}$ an einem Punkt wie *B* abnimmt (indem der Strom in der Spule abnimmt), kehrt die Substanz nicht über Kurve *OB* in den Ursprungszustand zurück, sondern folgt statt dessen Kurve *BC*. Wenn $\mathcal{H}$ null wird, behält das Feld $\mathcal{B}$ den Wert *OC* bei, was eine *magnetische Remanenz* $\mathcal{M}_{\text{rem}}$ der Substanz anzeigt. Das kann durch die Tatsache erklärt werden, daß die thermische Bewegung bei einem Strom von null nicht stark genug ist, um die regelmäßige Anordnung der Domänen aufzuheben. Wenn die Substanz erwärmt wird, kommt es jedoch zu einem raschen Verschwinden der magnetischen Remanenz.

Wenn die Beziehung $\mathcal{B} = \mu\,\mathcal{H}$ gilt, können wir statt (19.45)

$$\oint_L \frac{1}{\mu}\mathcal{B} \cdot dl = I_{\text{frei}}$$

schreiben. Wenn das Medium homogen ist, so daß μ konstant ist, lautet die Zirkulation des magnetischen Feldes

$$\Lambda_{\mathcal{B}} = \oint_L \mathcal{B} \cdot dl = \mu I_{\text{frei}}. \qquad (19.51)$$

Dieses Ergebnis ähnelt dem Ampèreschen Gesetz, (19.37), außer daß der Gesamtstrom durch den freien Strom und μ_0 durch μ ersetzt ist. Wir können daraus schließen, daß der Effekt der magnetisierten Materie auf das magnetische Feld $\mathcal{B}$ darin besteht, μ_0 durch μ zu ersetzen. Zum Beispiel ist das Magnetfeld eines geradlinigen Stromes *I*, der in einem Medium eingebettet ist,

$$\mathcal{B} = \frac{\mu I}{2\pi r}, \tag{19.52}$$

anstatt des in (17.24) angegebenen Wertes.

19.19 ZUSAMMENFASSUNG DER GESETZE FÜR STATISCHE FELDER

Wir haben in diesem Kapitel statische elektrische und magnetische Felder als zwei getrennte Einheiten ohne irgendwelche Beziehungen zueinander besprochen, abgesehen davon, daß die Quellen des elektrischen Feldes elektrische Ladungen und die Quellen des magnetischen Feldes elektrische Ströme sind. Wir kommen daher zu zwei getrennten Gleichungssystemen, die in Tab. 19.4 zusammengefaßt sind. Diese Gleichungen gestatten uns, das elektrische Feld $\mathcal{E}$ und das magnetische Feld $\mathcal{B}$ zu berechnen, wenn die Ladungen und Ströme bekannt sind und umgekehrt. Man könnte daher den Eindruck haben, daß statische elektrische und magnetische Felder als zwei getrennte Felder betrachtet werden können. Wir wissen jedoch, daß das nicht stimmt, da wir in Kapitel 17 die Regeln abgeleitet haben, mit deren Hilfe man das elektrische und das magnetische Feld, gemessen von zwei Beobachtern in gleichförmiger Bewegung, mit Hilfe der Lorentztransformation ineinander umrechnen kann. Wir haben dort festgestellt, daß $\mathcal{E}$ und $\mathcal{B}$ in enger Beziehung zueinander stehen. Wir können daher erwarten, daß die vorhergehenden Gleichungen in zeitabhängigen Fällen gewisse Modifikationen erfordern. Die Aufgabe des nächsten Kapitels ist es, zu lernen, wie diese Modifikationen vorgenommen werden müssen; wir werden dort einen neues Gleichungssystem erhalten, das auf experimentellen Befunden beruht und das eine Ausweitung der in Tab. 19.4 angeführten Gleichungen bedeutet.

Tabelle 19.4

GLEICHUNGEN FÜR DAS STATISCHE ELEKTROMAGNETISCHE FELD

I. Gaußsches Gesetz für das elektrische Feld, (19.8)	$\oint_S \mathcal{E} \cdot \boldsymbol{u}_N \, dS = \frac{q}{\epsilon_0}$
II. Gaußsches Gesetz für das magnetische Feld, (19.42)	$\oint_S \mathcal{B} \cdot \boldsymbol{u}_N \, dS = 0$
III. Zirkulation des elektrischen Feldes, (19.7)	$\oint_L \mathcal{E} \cdot d\boldsymbol{l} = 0$
IV. Zirkulation des magnetischen Feldes, (Ampèresches Gesetz), (19.37)	$\oint_L \mathcal{B} \cdot d\boldsymbol{l} = \mu_0 I$

FRAGEN

1. Betrachten Sie den Fluß eines Vektorfeldes durch eine kleine ebene Oberfläche. Unter welchen Bedingungen ist der Fluß (a) positiv, (b) negativ, (c) null? Fertigen Sie für jeden Fall eine schematische Darstellung an.
2. Unter welchen Bedingungen ist das Linienintegral eines Vektorfeldes unabhängig vom Weg und nur abhängig von den Endpunkten? Welchen Wert hat die Zirkulation eines solchen Vektorfeldes?
3. Beweisen Sie, daß für ein gleichförmiges Vektorfeld der Fluß durch eine geschlossene Oberfläche und die Zirkulation null sind.
4. Ein geladener Leiter enthält einen leeren Hohlraum. Zeigen Sie, daß das elektrische Feld im Inneren des Hohlraums und die Ladung auf der inneren Oberfläche null sind.
5. Zeigen Sie, daß die Ergebnisse des Beispiels 19.4 denen des Beispiels 16.7 entsprechen, wenn die Ladungsdichte zwischen den Platten null ist.
6. Welcher grundlegende Unterschied besteht zwischen freien Ladungen und Polarisationsladungen?
7. Kann eine Substanz eine negative elektrische Suszeptibilität haben? Erläutern Sie Ihre Antwort.
8. Eine Gruppe von n identischen Kondensatoren ist (a) in Serie, (b) parallel angeordnet. Schreiben Sie die Kapazität für jeden Fall an.
9. Wie sollte ein bestimmter Kondensatorsatz angeordnet sein, um die größtmögliche Kapazität zu erreichen? die kleinstmögliche Kapazität?
10. Warum ist der magnetische Fluß durch eine geschlossenen Oberfläche immer null?
11. Führen Sie die wesentlichen Unterschiede zwischen (a) Diamagnetismus und Paramagnetismus, (b) Ferromagnetismus und Antiferromagnetismus und (c) Ferromagnetismus und Ferrielektrizität auf.
12. Warum ist die magnetische Suszeptibilität einer diamagnetischen Substanz negativ?

AUFGABEN

19.1 Eine Kugel vom Radius R_1 hat in ihrem Inneren einen Hohlraum vom Radius R_2. Eine Ladung q ist gleichförmig über ihr Volumen verteilt. (a) Bestimmen Sie das elektrische Feld und das Potential außerhalb der Kugel, innerhalb der Kugel und im inneren Hohlraum. (b) Tragen Sie das elektrische Feld und das Potential als Funktion des Abstands vom Mittelpunkt auf.

19.2 Eine leitende Kugel vom Radius R_1 hat in ihrem Inneren einen Hohlraum vom Radius R_2. Im Mittelpunkt des Hohlraums befindet sich eine Ladung q. (a) Bestimmen Sie die Ladung an der inneren und äußeren Oberfläche des Leiters. (b) Berechnen Sie das elektrische Feld und das Potential außerhalb der Kugel, innerhalb der Kugel und im Hohlraum. (c) Tragen Sie das elektrische Feld und das Potential als Funktion des Abstands vom Mittelpunkt auf. [*Hinweis*: Erinnern Sie Sich daran, daß das Feld innerhalb eines Leiters null ist.].

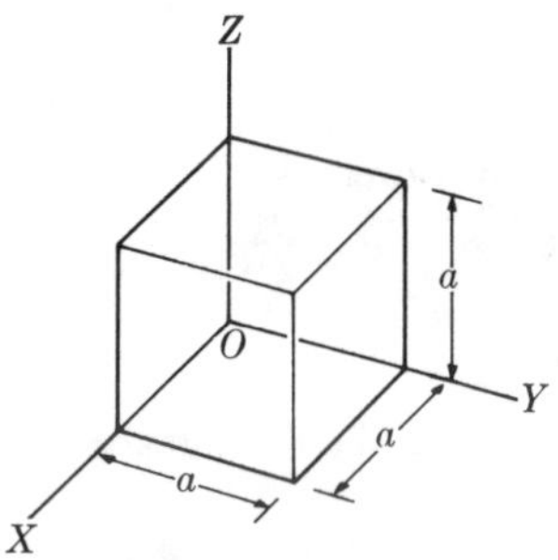

19.45

19.3 Betrachten Sie die in Abb. 19.45 gezeigte kubische geschlossenen Oberfläche der Seite a. Sie wird in einen Bereich eingebracht, in dem ein elektrisches Feld parallel zur X-Achse herrscht. Bestimmen Sie den elektrischen Fluß durch die Oberfläche und die Gesamtladung im Inneren, wenn das elektrische Feld (a) gleichförmig ist, (b) sich mit $\mathcal{E} = Cx$ ändert.

19.4 Zwei leitende Kugeln mit den Radien 0,10 cm und 0,15 cm tragen Ladungen von 10^{-7} C und $2 \cdot 10^{-7}$ C. Sie werden miteinander in Kontakt gebracht und wieder getrennt. Berechnen Sie die Ladung auf jeder Kugel.

19.5 Die Dielektrizitäts-Konstante von Diamant ist $1{,}46 \cdot 10^{-10}\,C^2\,m^{-2}\,N^{-1}$. (a) Wie groß ist die relative DK von Diamant? (b) Wie groß ist seine Suszeptibilität?

19.6 Das *Statfarad* ist die Einheit der Kapazität. Es ist als die Kapazität eines Leiters definiert, der ein Potential von 1 Statvolt hat, wenn er mit einem Statcoulomb geladen ist. Beweisen Sie, daß ein Statfarad gleich $9 \cdot 10^{11}$ F ist.

19.7 Ein Luftkondensator, der aus zwei nahe benachbarten parallelen Platten besteht, hat eine Kapazität von 1000 pF. Die Ladung auf jeder Platte ist 1 C. (a) Wie groß ist der Potentialunterschied zwischen den Platten? (b) Nehmen Sie an, daß die Ladung konstant gehalten wird. Wie groß wird dann der Potentialunterschied zwischen den Platten sein, wenn der Abstand verdoppelt wird? (c) Wie viel Arbeit ist notwendig, um den Abstand zu verdoppeln?

19.8 Indem man ein 0,004 cm dickes Blatt Papier zwischen Zinnfolien einlegt, kann man einen Kondensator herstellen. Das Papier hat eine relative DK von 2,80 und wird Elektrizität leiten, wenn es in ein elektrisches Feld der Stärke von $5{,}00 \cdot 10^7\ V\ m^{-1}$ oder größer eingebracht wird. Das heißt, die *dielektrische Stärke* des Papiers ist 50,0 MV m^{-1} (oder grösser). (a) Bestimmen Sie die Plattenfläche, die für einen 0,30 μF Kondensator aus Papier und Zinnfolie notwendig ist. (b) Welches maximale Potential kann man anlegen, wenn das elektrische Feld im Papier die Hälfte der dielektrischen Stärke nicht überschreiten soll?

19.9 Die Kapazität eines veränderlichen Radiokondensators kann zwischen 50 pF und 950 pF variiert werden, indem man den Senderwahlknopf von 0° bis 180° dreht. Wenn der Wahlknopf auf 180° steht, ist der Kondensator mit einer 400 V Batterie verbunden. Nachdem der Kondensator geladen wurde, wird der Kontakt mit der Batterie unterbrochen, und der Wahlknopf wird auf 0° gestellt. (a) Wie groß ist die Ladung am Kondensator? (b) Wie groß ist der Potentialunterschied zwischen den Kondensatorplatten, wenn der Knopf auf 0° steht? (c) Wie groß ist die Energie des Kondensators in dieser Position? (d) Bestimmen Sie unter Vernachlässigung der Reibung die Menge an Arbeit, die notwendig ist, um den Knopf zu drehen.

19.10 Drei Kondensatoren von 1,5 μF, 2,0 μF und 3,0 μF sind (1) in Serie, (2) parallel geschaltet, und es wird ein Potentialunterschied von 20 V angelegt. Bestimmen Sie für jeden Fall (a) die Kapazität des Systems, (b) die Ladung und den Potentialunterschied auf jedem Kondensator, (c) die Energie des Systems.

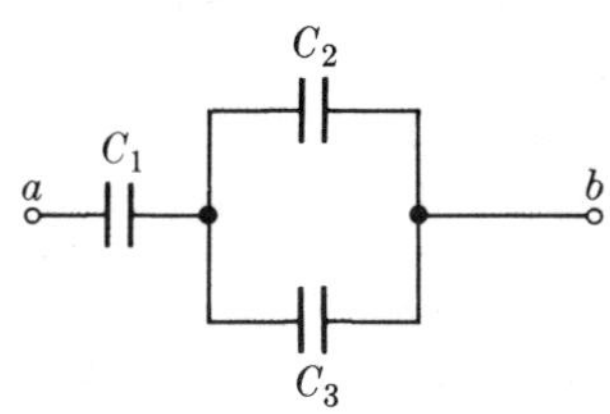

19.46

19.11 In der Kondensatoranordnung aus Abb. 19.46 sind die Kondensatoren $C_1 = 3{,}0\ \mu F$, $C_2 = 2{,}0\ \mu F$, $C_3 = 4{,}0\ \mu F$.

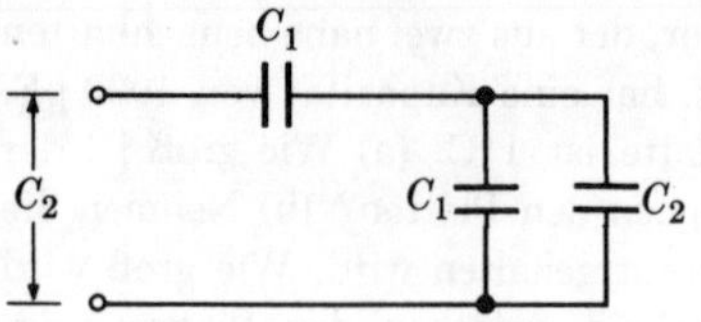

19.47

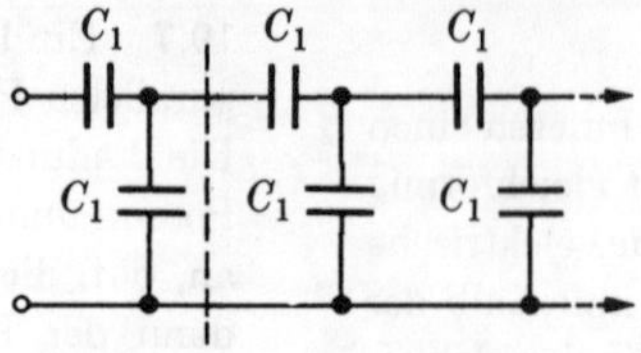

19.48

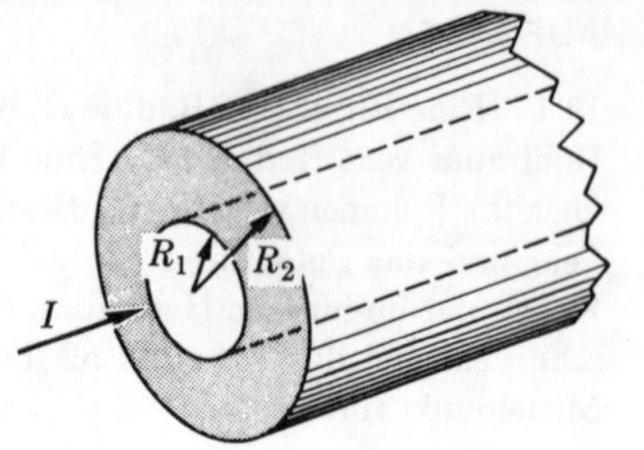

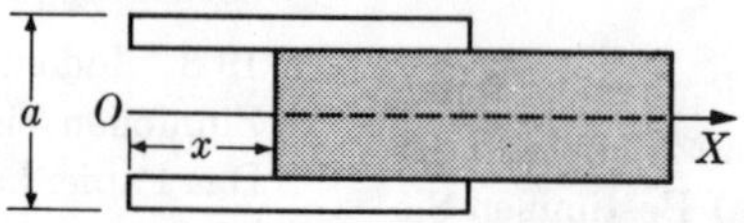

19.49

19.50

Die Spannung zwischen zwei Punkten a und b ist 300 V. Bestimmen Sie, (a) die Ladung und den Potentialunterschied auf jedem Kondensator, (b) die Energie des Systems. Wenden Sie zwei verschiedene Methoden an, um (b) zu berechnen.

19.12 Zeigen Sie für die Kondensatoranordnung in Abb. 19.47, daß die Beziehung zwischen C_1 und C_2 $C_2 = 0{,}618C_1$ sein muß, damit die Kapazität des Systems gleich C_2 ist.

19.13 Zeigen Sie unter Verwendung der vorhergehenden Aufgabe, daß die Kapazität des Systems in Abb. 19.48 $0{,}618C_1$ ist. [*Hinweis:* Wenn das System längs der gestrichelten Linie durchgeschnitten wird, ist der rechte Abschnitt immer noch gleich dem ursprünglichen System, da es aus einer unendlichen Zahl von Kondensatoren besteht.]

19.14 Ein dielektrischer Block wird teilweise zwischen die beiden Platten eines Kondensators mit parallelen Platten eingebracht, wie in Abb. 19.49 gezeigt. Berechnen Sie als Funktion von x: (a) die Kapazität des Systems, (b) die Energie des Systems und (c) die am Block angreifende Kraft. Nehmen Sie an, daß das Potential, das am Kondensator angelegt wird, konstant ist. [*Hinweis:* Beachten Sie, daß die Systeme als parallel geschaltete Kondensatoren betrachtet werden können.]

19.15 Zeigen Sie, daß die elektrische Energie eines isolierten geladenen Leiters $\frac{1}{2}CV^2$ ist. Zeigen Sie außerdem, daß dieses Ergebnis auch für einen Kondensator mit parallelen Platten und ganz allgemein für jeden beliebigen Kondensator gilt.

19.16 Eine Metallkugel vom Radius 1,0 m hat eine elektrische Gesamtladung von 10^{-9} C. Sie ist über einen leitenden Draht mit einer ursprünglich ungeladenen Kugel vom Radius 0,30 m verbunden (weit von der größeren Kugel entfernt), so daß beide das gleiche Potential haben. (a) Wie groß wird die Gleichgewichtsladung auf jeder der Kugeln sein, nachdem die Verbindung hergestellt wurde? (b) Wie groß ist die Energie der geladenen Kugel, bevor der Kontakt hergestellt wurde? (c) Wie groß ist die Energie des Systems, nachdem die Kugeln verbunden wurden? Falls es zu einem Verlust kommt, erklären Sie, wo die Energie geblieben ist. (d) Zeigen Sie, daß die Ladung auf den elektrisch verbundenen Kugeln der Radien R_1 und R_2 so verteilt sind, daß

$$\frac{\sigma_1}{\sigma_2} = \frac{R_2}{R_1},$$

wobei σ die Oberflächendichte der elektrischen Ladung ist. (e) Zeigen Sie, daß der Oberflächenwert des elektrischen Feldes auf jeder Kugel so ist, daß

$$\frac{\mathcal{E}_{1,\text{Oberfläche}}}{\mathcal{E}_{2,\text{Oberfläche}}} = \frac{R_2}{R_1}.$$

Vernachlässigen Sie bei der Lösung dieser Aufgabe den Effekt des Drahtes.

19.17 Die Platten eines Plattenkondensators tragen in einem Vakuum die Ladungen $+Q$ und $-Q$, der Abstand zwischen den Platten ist x. Die Platten werden von der Ladungsspannung getrennt und ihr Abstand wird um dx verändert. (a) Wie groß ist die Änderung dC in der Kapazität des Kondensators? (b) Wie groß ist die Änderung $dE_\mathcal{E}$ in seiner Energie? (c) Setzen Sie die Arbeit $F\,dx$ mit dem Anstieg in der Energie $dE_\mathcal{E}$ gleich und bestimmen Sie die Anziehungskraft F zwischen den Platten. (d) Erklären Sie, warum F nicht gleich $Q\mathcal{E}$ ist, wobei $\mathcal{E}$ die elektrische Feldstärke zwischen den Platten ist. Lösen Sie die Aufgabe auch für einen Fall, in dem V konstant gehalten wird.

19.18 Ein Toroid mit einem Umfang von 0,20 m ist mit 1500 Drahtwindungen umwickelt. Bestimmen Sie das Magnetfeld innerhalb des Toroids, wenn der Strom 1,50 A ist.

19.19 Bestimmen Sie das Magnetfeld innerhalb eines 0,20 m langen Solenoids, der mit 1500 Windungen umwickelt ist, wenn ein Strom von 1,50 A durchgeht. Vergleichen Sie Ihre Antwort mit der der vorhergehenden Aufgabe.

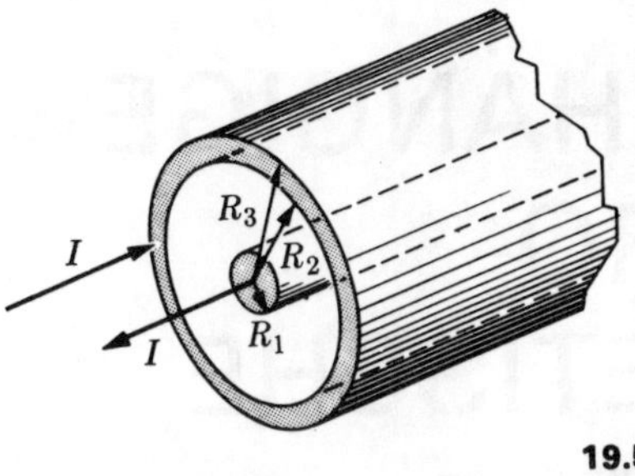

19.51

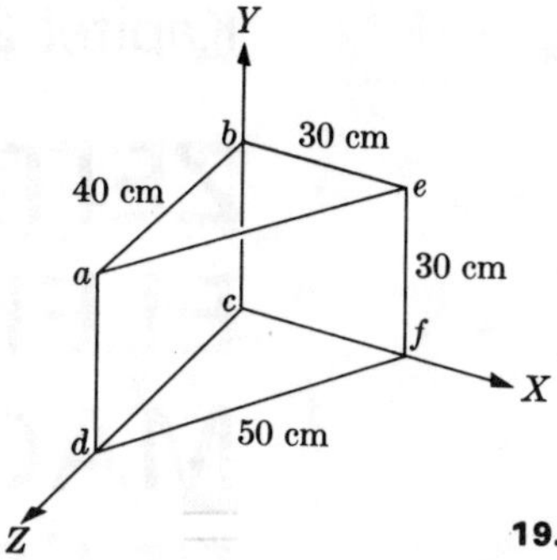

19.52

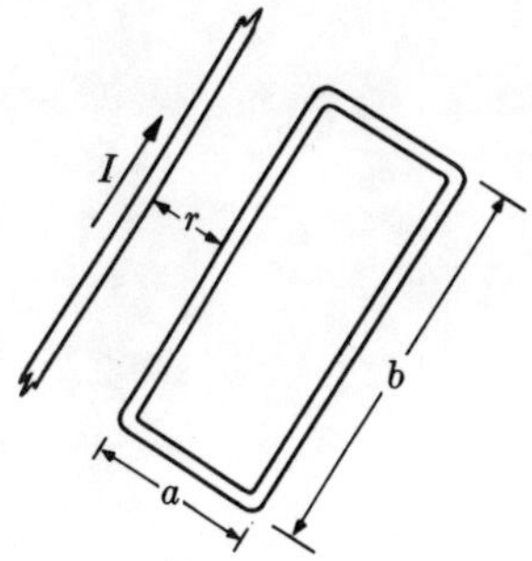

19.53

19.20 Bestimmen Sie die Zirkulation des Magnetfeldes im Bereich eines gleichförmigen Magnetfelds.

19.21 Beweisen Sie, daß der Fluß eines gleichförmigen Magnetfelds durch jede beliebige geschlossenen Oberfläche null ist.

19.22 Das *Statampère* (stA) ist eine Einheit des elektrischen Stromes, die einem stC pro Sekunde entspricht. Zeigen Sie, daß 1 A = $3 \cdot 10^9$ stA ist. Zeigen Sie auch, daß (19.37) zu

$$\oint \mathcal{B} \cdot dl = \tfrac{1}{3} \times 10^{-10}\, I$$

wird, wenn das Magnetfeld in Gauß (siehe Aufgabe 17.5), der Strom in stA, der Abstand in cm und die Stromdichte in stA cm^{-2} ausgedrückt wird.

19.23 Das *Oersted* ist eine Einheit des Magnetfelds. Es ist als das magnetisierende Feld definiert, das von einem geradlinigen Strom von $3 \cdot 10^{10}$ stA an einem Punkt im Abstand von 2 cm vom Strom erzeugt wird. (a) Zeigen Sie, daß 1 A m^{-1} gleich $4\pi \cdot 10^{-3}$ Oersted ist. (b) Zeigen Sie, daß das magnetisierende Feld eines geradlinigen Stromes

$$\mathcal{H} = \frac{2I}{3 \times 10^{10} r},$$

ist, wenn $\mathcal{H}$ in Oersted, I in stA und r in cm gemessen wird. (c) Zeigen Sie, daß (19.45) mit diesen Einheiten zu

$$\oint \mathcal{H} \cdot dl = \frac{4\pi I}{3 \times 10^{10}}$$

wird.

19.24 Der Hohlzylinderleiter in Abb. 19.50, mit den Radien R_1 und R_2 trägt einen Strom I, der gleichförmig über seinen Querschnitt verteilt ist. Zeigen Sie mit Hilfe des Ampèreschen Gesetzes, daß das Magnetfeld an $r > R_2$ gleich

$$\mathcal{B} = \mu_0 I / 2\pi r$$

ist, daß das Feld für $R_1 < r < R_2$

$$\mathcal{B} = \frac{\mu_0 I (r^2 - R_1^2)}{2\pi (R_2^2 - R_1^2) r},$$

ist, und daß es für $r < R_1$ null ist.

19.25 Indem man einen soliden zylindrischen Leiter vom Radius R_1 mit einer konzentrischen leitenden Schale mit einem inneren Radius von R_2 und einem äußeren Radius von R_3 umgibt, stellt man ein koaxiales Kabel her (Abb. 19.51). Üblicherweise wird *ein* Strom I durch den inneren Draht geschickt. Er kehrt über die äußere Schale zurück. Bestimmen Sie mit Hilfe des Ampèreschen Gesetzes das Magnetfeld für alle Punkte um den Leiter und innerhalb des Leiters. Tragen Sie $\mathcal{B}$ als Funktion von r auf. Nehmen Sie eine gleichförmige Stromdichte an.

19.26 Das Magnetfeld $\mathcal{B}$ in einem bestimmten Bereich ist 2,0 T. Es hat die Richtung der positiven X-Achse in Abb. 19.52. (a) Wie groß ist der magnetische Fluß durch die Oberfläche *abcd* in der Abbildung? (b) Wie groß ist der magnetische Fluß durch die Oberfläche *befc*? (c) Wie groß ist der magnetische Fluß durch die Oberfläche *aefd*?

19.27 Bestimmen Sie den Magnetfluß durch den rechteckigen Stromkreis in Abb. 19.53, wenn ein Strom I im geraden Draht fließt.

Tabelle 19.5

t, °C	χ_m
−258	$75{,}4 \cdot 10^{-4}$
−173	$11{,}3 \cdot 10^{-4}$
−73	$5{,}65 \cdot 10^{-4}$
27	$3{,}77 \cdot 10^{-4}$

19.28 Tabelle 19.5 gibt experimentelle Messungen der magnetischen Suszeptibilität von Eisenaluminiumhydroxyd. Tragen Sie $1/\chi_m$ gegen die absolute Temperatur auf und bestimmen Sie, ob das Curiesche Gesetz gilt. Falls ja, wie hoch ist der Curiepunkt?

Kapitel 20

ZEITABHÄNGIGE ELEKTROMAGNETISCHE FELDER

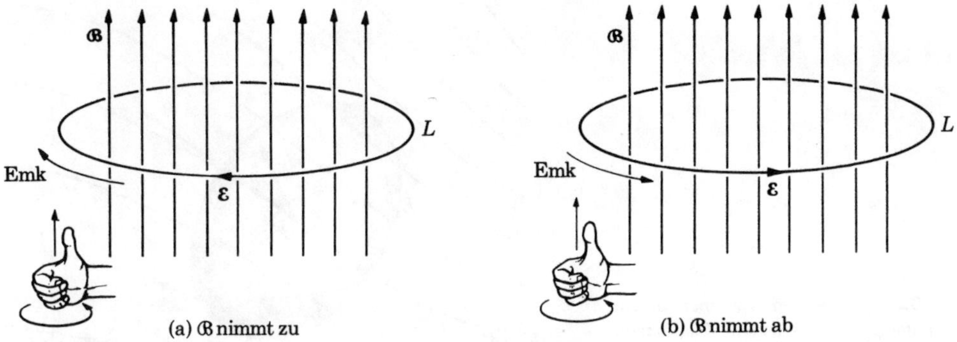

20.1 Elektrisches Feld, das durch ein zeitabhängiges magnetisches Feld erzeugt wird: (a) $d\Phi_{\mathcal{B}}/dt$ positiv, $V_{\mathcal{E}}$ negativ. (b) $d\Phi_{\mathcal{B}}/dt$ negativ, $V_{\mathcal{E}}$ positiv.

20.1 EINLEITUNG

Im letzten Kapitel haben wir zeitunabhängige elektrische und magnetische Felder betrachtet. In diesem Kapitel wollen wir Felder betrachten, die zeitabhängig sind; d.h., die sich mit der Zeit verändern. Wir können erwarten, daß in diesem Fall neue Beziehungen gelten. In Abschnitt 17.13 sahen wir die enge Beziehung zwischen den elektrischen und den magnetischen Anteilen eines elektromagnetischen Feldes; das gilt besonders für die Transformationseigenschaften des elektromagnetischen Feldes, die das Prinzip der Relativität fordert. In diesem Kapitel werden wir sehen, daß ein *veränderliches magnetisches Feld die Anwesenheit eines elektrischen Feldes erfordert* und umgekehrt, daß ein *veränderliches elektrisches Feld ein magnetisches Feld erfordert* und daß dies ebenfalls mit der Relativitätstheorie übereinstimmt. Die Gesetze, welche diese beiden Fälle beschreiben, nennt man das *Faraday–Henrysche* und das *Ampère—Maxwellsche Gesetz.*

20.2 DAS FARADAY–HENRYSCHE GESETZ (INDUKTIONSGESETZ)

Eines der vielen elektromagnetischen Phänomene, die dem Studenten vertraut sind, ist das der *elektromagnetischen Induktion*, das fast gleichzeitig, aber unabhängig um 1830 von Michael Faraday und Joseph Henry entdeckt wurde. Nach dem Prinzip der elektromagnetischen Induktion arbeiten der elektrische Generator, der Transformator und viele andere Geräte des täglichen Gebrauchs. Nehmen Sie an, daß ein elektrischer Leiter, der eine geschlossene Schleife bildet, in einen Bereich eingebracht wird, in dem ein magnetisches Feld herrscht. Wenn der magnetische Fluss $\Phi_{\mathcal{B}}$ sich *zeitlich verändert*, kann man im Stromkreis einen Strom beobachten (während sich der Fluss ändert). Die Anwesenheit eines elektrischen Stroms zeigt das Vorliegen eines elektrischen Feldes an, das auf die freie Ladung im Stromkreis wirkt. Dieses elektrische Feld erzeugt eine Emk von $V_{\mathcal{E}}$ längs des Stromkreises, die man als *induzierte* Emk bezeichnet. Die Messung dieser induzierten Emk zeigt, daß sie von der *zeitlichen Veränderung* des magnetischen Flusses, $d\Phi_{\mathcal{B}}/dt$ abhängt. Wenn z.B. ein Magnet in die Nähe eines geschlossenen Leiters gebracht wird, tritt im Stromkreis dann eine Emk auf, wenn der Magnet (oder der Stromkreis) so bewegt wird, daß sich der magnetische Fluß durch den Stromkreis ändert. Der Betrag der induzierten Emk hängt davon ab, ob der Magnet (oder der Stromkreis) rasch oder langsam bewegt wird. Je größer die zeitliche Veränderung des Flusses, desto größer ist die induzierte Emk. Die Richtung in der die induzierte Emk wirkt, hängt davon ab, ob der magnetische Fluß zu- oder abnimmt. Man kann die Rechte-Hand-Regel anwenden, um die Richtung zu bestimmen, in der die Emk wirkt, wie in Abb. 20.1 gezeigt. Der Daumen wird in Richtung des Magnetfeldes gehalten, wobei die Emk in der den Fingern entgegengesetzten (gleichen) Richtung wirkt, wenn der Fluß zunimmt (abnimmt).

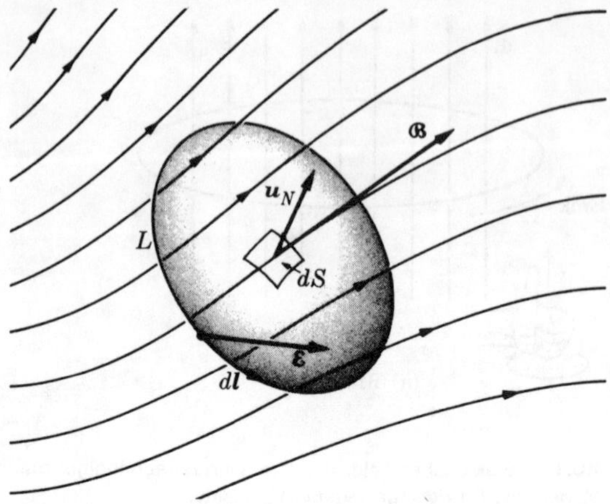

20.2 Beziehung zwischen einem zeitlich veränderlichen Magnetfluß und der elektrischen Zirkulation.

Um genauer zu sein, wollen wir uns auf Abb. 20.1 beziehen, in der die Leiterschleife L entsprechend der Rechten-Hand-Regel nach Abschnit 3.9 orientiert wurde. Wenn der magnetische Fluß zunimmt (das heißt, $d\Phi_{\mathcal{B}}/dt$ ist positiv), wirkt die induzierte Emk $V_{\mathcal{E}}$ in negativer Richtung, während $V_{\mathcal{E}}$ in positiver Richtung wirkt, wenn der magnetische Fluß abnimmt (das heißt, $d\Phi_{\mathcal{B}}/dt$ ist negativ). Das Vorzeichen der induzierten Emk $V_{\mathcal{E}}$ ist daher immer dem von $d\Phi_{\mathcal{B}}/dt$ entgegengesetzt. Genauere Messungen zeigen, daß der Wert der induzierten Emk, in Volt ausgedrückt, gleich der zeitlichen Veränderung des magnetischen Flusses ist, wenn er in Wb s^{-1} ausgedrückt wird. Wir können daher schreiben

$$V_{\mathcal{E}} = -\frac{d\Phi_{\mathcal{B}}}{dt}, \tag{20.1}$$

was das *Faraday–Henrysche Gesetz* der elektromagnetischen Induktion darstellt. In Worten kann man es wie folgt ausdrücken:

In einem veränderlichen Magnetfeld wird in jedem beliebigen Stromkreis eine Emk induziert, die gleich dem negativen Wert der zeitlichen Veränderung des magnetischen Flusses durch den Stromkreis ist.

Es ist wichtig, zu überprüfen, daß (20.1) bezüglich der Einheiten übereinstimmt. Wir wissen, daß $V_{\mathcal{E}}$ in V oder m^2 kg s^{-2} C^{-1} ausgedrückt wird. Wir erinnern uns aus Abschnitt 19.14, daß $\Phi_{\mathcal{B}}$ in Wb oder m^2 kg s^{-1} C^{-1} und $d\Phi_{\mathcal{B}}/dt$ in Wb s^{-1} oder m^2 kg s^{-2} C^{-1} ausgedrückt werden muß. Beide Seiten von (20.1) werden daher in den gleichen Einheiten ausgedrückt.

Nach Abb. 20.2 unterteilen wir die Fläche, die durch L begrenzt wird, in infinitesimale Flächenelemente, die jeweils nach den in Abschnitt 3.9 festgelegten Regeln orientiert sind; der magnetische Fluß durch L ist dann

$$\Phi_{\mathcal{B}} = \int_S \mathcal{B} \cdot u_N dS.$$

Die Emk deutet außerdem auf das Vorhandensein eines elektrischen Feldes $\mathcal{E}$ hin, so daß nach (19.15)

$$V_{\mathcal{E}} = \oint_L \mathcal{E} \cdot dl.$$

Wir können daher (20.1) in der alternativen Form

$$\oint_L \mathcal{E} \cdot dl = -\frac{d}{dt} \int_S \mathcal{B} \cdot u_N \, dS \tag{20.2}$$

schreiben. Wir wollen nun vergessen, daß L mit einem elektrischen Leiter identisch ist, wie z.B. einer Drahtschleife, und statt dessen einen Raumausschnitt betrachten, in dem ein zeitlich veränderliches Magnetfeld vorliegt. Gleichung (20.2) ist dann gleichbedeutend

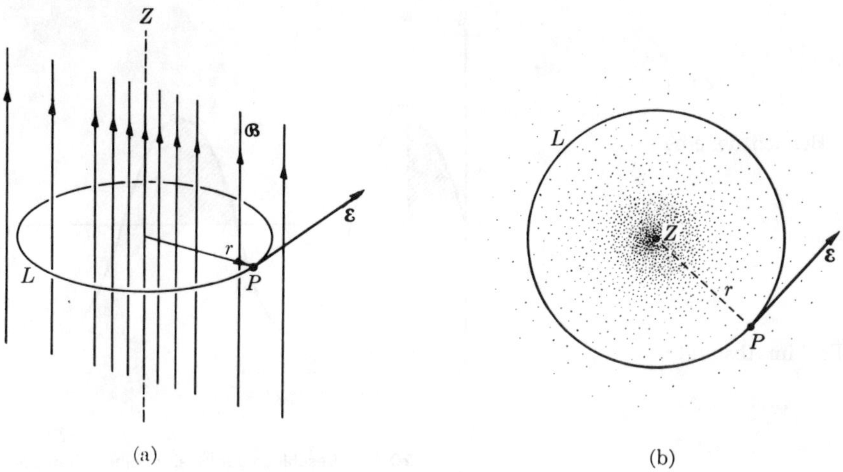

20.3 Elektrisches Feld, das von einem zeitabhängigen magnetischen Feld mit zylindrischer Symmetrie erzeugt wird. (a) Seitenansicht, (b) Aufsicht.

mit der Aussage:

Ein zeitabhängiges magnetisches Feld zeigt das Vorhandensein eines elektrischen Feldes an, so daß die Zirkulation des elektrischen Feldes längs eines willkürlichen geschlossenen Weges gleich dem negativen Wert der zeitlichen Veränderung des magnetischen Flusses durch eine Fläche ist, die von dem Weg umschlossen wird.

Das ist nur eine andere Ausdrucksweise für das Faraday—Henrysche Gesetz der elektromagnetischen Induktion. Sie gibt uns einen tieferen Einblick in den physikalischen Gehalt des Prinzips der elektromagnetischen Induktion; d.h., in die Tatsache, daß ein elektrisches Feld vorliegen muß, wann immer ein magnetisches Feld sich zeitlich verändert, wobei die beiden Felder über (20.2) in Beziehung stehen.

Beispiel 20.1 *Emk, die in einem ebenen Stromkreis, bestehend aus N Windungen von je der Fläche S, induziert wird; der Stromkreis ist senkrecht zu einem gleichförmigen Magnetwechselfeld angeordnet, das sich sinusförmig mit der Zeit ändert.* Das Feld wird durch

$$\mathcal{B} = \mathcal{B}_0 \sin \omega t$$

ausgedrückt. Der Fluß durch eine Windung des Stromkreises beträgt

$$\Phi_{\mathcal{B}} = S\mathcal{B} = S\mathcal{B}_0 \sin \omega t$$

und der Gesamtfluß durch N-Windungen ist

$$\Phi_{\mathcal{B}} = NS\mathcal{B}_0 \sin \omega t.$$

Aus (20.1) erhalten wir für die induzierte Emk

$$V_{\mathcal{E}} = -\frac{d\Phi_{\mathcal{B}}}{dt} = -NS\mathcal{B}_0\,\omega \cos \omega t, \qquad (20.3)$$

was zeigt, daß die induzierte Emk oszilliert oder mit der gleichen Frequenz wechselt wie das Magnetfeld.

Beispiel 20.2 In einem Raumausschnitt liegt ein magnetisches Feld vor, das parallel zur Z-Achse ist und axiale Symmetrie aufweist; d.h., der Betrag an jedem Punkt hängt nur vom Abstand r von der Z-Achse ab. Der Betrag nimmt mit r ab und ist außerdem zeitlich veränderlich. Bestimmen Sie das elektrische Feld $\boldsymbol{\mathcal{E}}$ an jedem Punkt des Raumes.

Lösung: Abbildung 20.3(a) zeigt eine Seitenansicht des Feldes, Abb. 20.3(b) einen Querschnitt. Die Symmetrie der Aufgabe läßt vermuten, daß das elektrische Feld $\boldsymbol{\mathcal{E}}$ nur vom Abstand r abhängt und in jedem Punkt senkrecht zum Magnetfeld $\boldsymbol{\mathcal{B}}$ und zum Radius r sein muß. In anderen Worten, die Kraftlinien des elektrischen Feldes $\boldsymbol{\mathcal{E}}$ stellen konzentrische Kreise um die Z-Achse dar. Wenn wir unseren Weg L in (20.2) längs eines dieser Kreise wählen, erhalten wir

$$V_{\mathcal{E}} = \oint_L \boldsymbol{\mathcal{E}} \cdot d\boldsymbol{l} = \mathcal{E}(2\pi r).$$

Gleichung (20.1) ergibt daher

$$\mathcal{E}(2\pi r) = -\frac{d\Phi_{\mathcal{B}}}{dt}. \tag{20.4}$$

Das *mittlere* magnetische Feld $\mathcal{B}_{\text{mit}}$ in einem Bereich, der eine Fläche S bedeckt, ist definiert als

$$\mathcal{B}_{\text{mit}} = \Phi_{\mathcal{B}}/S \qquad \text{oder} \qquad \Phi_{\mathcal{B}} = \mathcal{B}_{\text{mit}} S.$$

In unserem Fall ist $S = \pi r^2$, so daß

$$\Phi_{\mathcal{B}} = \mathcal{B}_{\text{mit}}(\pi r^2).$$

Gleichung (20.4) gibt dann das elektrische Feld im Abstand r von der Achse als

$$\mathcal{E} = -\tfrac{1}{2} r \left(\frac{d\mathcal{B}_{\text{mit}}}{dt}\right). \tag{20.5}$$

Wenn das Magnetfeld gleichförmig ist, ist $\mathcal{B}_{\text{mit}} = \mathcal{B}$.

Beispiel 20.3 *Das Betatron.* Die Ergebnisse von Aufgabe 20.2 wurden zum Bau eines Elektronenbeschleunigers, des sogenannten *Betatrons* verwendet, das 1941 von dem amerikanischen Physiker D. Kerst erfunden wurde. Die Idee ist im Prinzip sehr einfach. Wenn ein Elektron (oder ein beliebiges geladenes Teilchen) in einen Bereich injiziert wird, in dem ein veränderliches Magnetfeld herrscht, und das Magnetfeld axiale Symmetrie aufweist, wird das Elektron durch das assoziierte elektrische Feld $\boldsymbol{\mathcal{E}}$ (20.2) oder (20.5) beschleunigt. Indem das Elektron an Geschwindigkeit gewinnt, wird seine Bahn durch das Magnetfeld $\boldsymbol{\mathcal{B}}$ gekrümmt. Wenn die elektrischen und magnetischen Felder entsprechend gewählt werden, beschreibt die Elektronenbahn einen Kreis. Bei jeder Umkreisung gewinnt das Elektron Energie und es wird daher, wenn es mehrere Umdrehungen vollendet hat, auf eine bestimmte Energie beschleunigt worden sein; je größer die Zahl der Umdrehungen, desto größer die Energie.

Um das Problem genauer zu untersuchen, wollen wir das Elektron am Punkt P betrachten (Abb. 20.3). Wenn die Anordnung so ist, daß das Elektron einen Kreis vom Radius r beschreibt, wird das elektrische Feld eine Tangentialbewegung hervorrufen, die man unter Verwendung von

$$m\frac{dv}{dt} = F_T$$

mit einer Tangentialkraft von $F_T = -e\mathcal{E}$, berechenen kann; unter Verwendung von (20.5) ist daher

$$m\frac{dv}{dt} = -e\mathcal{E} = \tfrac{1}{2} er \left(\frac{d\mathcal{B}_{\text{mit}}}{dt}\right). \tag{20.6}$$

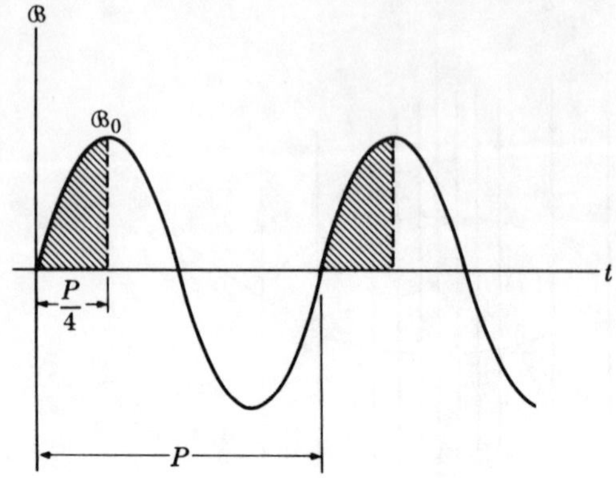

20.4 Beschleunigungszeit in einem Betatron.

Um eine Kreisbewegung hervorzurufen, muß das Magnetfeld die notwendige Zentripetalbeschleunigung erzeugen. Der Betrag der Zentripetalkraft ist nach (17.4) $F_N = ev\mathcal{B}$. Unter Verwendung von $mv^2/r = F_N$ erhalten wir

$$\frac{mv^2}{r} = ev\mathcal{B} \qquad \text{oder} \qquad mv = er\mathcal{B}. \tag{20.7}$$

Indem wir die zeitliche Ableitung nehmen und beachten, daß r konstant ist, da die Bahn einen Kreis darstellt, bekommen wir

$$m\frac{dv}{dt} = er\frac{d\mathcal{B}}{dt}.$$

Aus dem Vergleich dieses Ausdrucks mit (20.6) schließen wir, daß die notwendige Bedingung dafür, daß das Elektron unter der gemeinsamen Wirkung des elektrischen und des magnetischen Feldes eine Kreisbahn beschreibt, darin besteht, daß in jedem Abstand r das Magnetfeld durch

$$\mathcal{B} = \tfrac{1}{2}\mathcal{B}_{\text{mit}} \tag{20.8}$$

gegeben sein muß, wobei $\mathcal{B}_{\text{mit}}$ der mittlere Wert von $\mathcal{B}$ in dem vom Weg L umschriebenen Bereich ist. Diese Bedingung legt der Art, in der sich das Magnetfeld $\mathcal{B}$ als Funktion des radialen Abstands r von der Achse ändern muß, gewisse Beschränkungen auf. Die genaue Änderungen von $\mathcal{B}$ mit r wird durch die Tatsache bestimmt, daß eine gewisse Stabilität der Bahnbewegung erforderlich ist. Das heißt, bei gegebenem Radius der erwünschten Bahn müssen die elektrischen und magnetischen Kräfte auf das Elektron so geartet sein, daß sie es, wenn seine Bewegung geringfügig gestört wird (z.B. wenn es auf eine oder die andere Seite

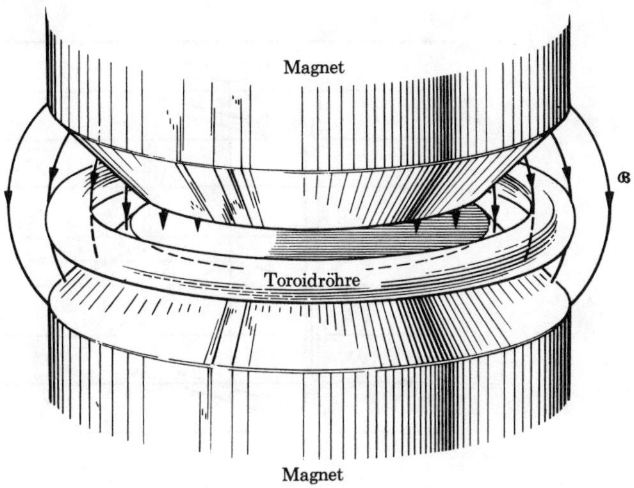

20.5 Ansicht der Beschleunigerröhre und der Polschuhe eines Betatrons.

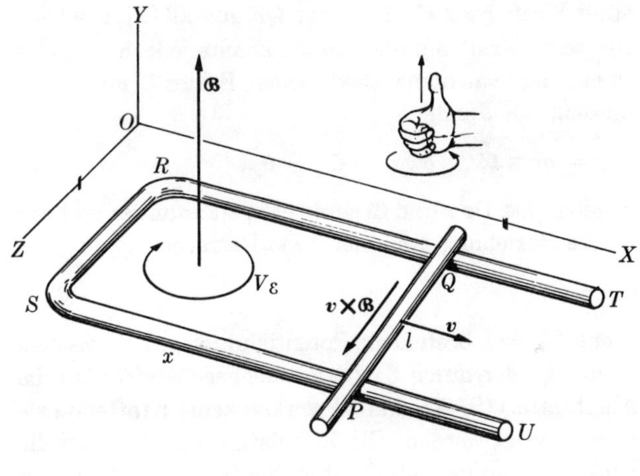

20.6 Emk, die in einem Leiter induziert wird, der sich in einem Magnetfeld bewegt. Die Finger der rechten Hand zeigen den positiven Drehsinn um *PQRS*.

der Bahn gedrängt wird) wieder zurück in seine richtige Bahn versetzen.

Im allgemeinen oszilliert das Magnetfeld 𝔅 mit einer Kreisfrequenz ω. Wegen (20.6) und (20.7) wird das Elektron jedoch nur beschleunigt, wenn das magnetische Feld zunimmt. Andererseits müssen die Elektronen, da sie in der Praxis mit einem sehr kleinen Impuls injiziert werden, dann injiziert werden, wenn das Magnetfeld null ist. Das bedeutet, daß nur ein Viertel der Veränderungsperiode des magnetischen Feldes für die Beschleunigung des Elektrons herangezogen wird. Die Beschleunigungszeiten wurden in Abb. 20.4 durch die schattierten Flächen angedeutet.

Die verwendeten Betatrons bestehen aus einer Toroidröhre (Abb. 20.5) in einem Magnetfeld, das durch einen Magneten erzeugt wird, dessen Polflächen so gestaltet sind, daß die richtige Veränderung des Magnetfeldes 𝔅 mit r gemäß (20.8) erzeugt wird und die Stabilitätsbedingungen erfüllt werden. Die Elektronen werden zu Beginn der Beschleunigungsperiode injiziert und werden an ihrem Ende leicht abgelenkt, so daß sie ein geeignet angeordnetes Ziel treffen können. Die kinetische Energie der Elektronen wird in Form elektromagnetischer Strahlung abgegeben (Kapitel 24) und/oder als innere Energie an das Zielmaterial, das sich erwärmt. Es wurden Betatrons bis zu einer Energie von 350 MeV gebaut. Sie werden für die Untersuchungen bestimmter Kernreaktionen und als Strahlungsquelle für die Krebstherapie verwendet.

20.3 ELEKTROMAGNETISCHE INDUKTION INFOLGE DER RELATIVEN BEWEGUNG VON LEITER UND MAGNETISCHEM FELD

Das Gesetz der elektromagnetischen Induktion, wie es durch (20.2) formuliert ist, bedeutet die Anwesenheit eines lokalen elektrischen Feldes, wann immer sich das magnetische Feld an diesem Punkt zeitlich verändert. Nach dem Ausdruck (20.1) ist eine Emk vorhanden, wenn sich der Magnetfluß durch den Stromkreis mit der Zeit verändert. Man sollte wissen, ob das gleiche Ergebnis eintritt, wenn die Veränderung im Fluß auf eine Bewegung oder Deformation der Schleife L zurückzuführen ist, ohne daß sich 𝔅 notwendigerweise mit der Zeit ändert. Wir wollen zwei einfache Fälle betrachten.

a) **Beweglicher Leiter** Wir wollen die Anordnung von Leitern betrachten, die in Abb. 20.6 dargestellt sind, wobei sich der Leiter *PQ* parallel zu sich selbst mit der Geschwindigkeit v bewegt, während er mit den Leitern *RT* und *SU* Kontakt behält. Das System *PQRS* bildet einen geschlossenen Stromkreis. Nehmen Sie an, daß außerdem senkrecht zur Ebene des Systems ein gleichförmiges Magnetfeld 𝔅 vorliegt.

Jede Ladung in dem beweglichen Leiter *PQ* unterliegt

einer Kraft $q\,\boldsymbol{v} \times \mathcal{B}$, die längs QP gemäß (17.1) wirkt. Die selbe Kraft auf die Ladung könnte jedoch als Folge eines «äquivalenten» elektrischen Feldes $\boldsymbol{\mathcal{E}}$ angesehen werden, das durch

$$q\boldsymbol{\mathcal{E}}_{eq} = q\boldsymbol{v} \times \mathcal{B} \qquad \text{oder} \qquad \boldsymbol{\mathcal{E}}_{eq} = \boldsymbol{v} \times \mathcal{B}$$

gegeben ist. Da $\boldsymbol{v}$ und $\mathcal{B}$ senkrecht zueinander stehen, ist die Beziehung zwischen ihren Beträgen

$$\mathcal{E}_{eq} = v\mathcal{B}. \tag{20.9}$$

Wenn $PQ = l$, besteht ein Potentialunterschied zwischen P und Q, der durch $\mathcal{E}_{eq}\, l$ oder $\mathcal{B}vl$ gegeben ist. Auf die Abschnitte QR, RS und SP wirken keine Kräfte, da sie nicht bewegt werden. Die Zirkulation von $\boldsymbol{\mathcal{E}}_{eq}$ (oder die Emk, $V_\mathcal{E}$) längs $PQRS$ ist daher nichts anderes als $\mathcal{B}vl$; d.h.

$$V_\mathcal{E} = -\mathcal{B}vl.$$

Das negative Vorzeichen erscheint deshalb, weil $V_\mathcal{E}$ im negativen Sinn wirkt, wenn die Senkrechte auf die Ebene, in der die Leiterschleife liegt, in Richtung von $\mathcal{B}$ orientiert ist. Wenn wir andererseits die Länge SP mit x bezeichnen, ist die Fläche von $PQRS$ gleich lx und der magnetische Fluß durch $PQRS$ ist

$$\Phi_\mathcal{B} = \int_{PQRS} \mathcal{B} \cdot \mathbf{u}_N \, dS = \mathcal{B}lx.$$

Die Änderung des Flusses pro Zeiteinheit ist dann

$$\frac{d\Phi_\mathcal{B}}{dt} = \frac{d}{dt}(\mathcal{B}lx) = \mathcal{B}l\frac{dx}{dt} = \mathcal{B}lv,$$

da $dx/dt = v$. Wir erhalten daher, wenn wir uns an den Wert von $V_\mathcal{E}$ erinnern, den wir oben erhielten,

$$V_\mathcal{E} = -\frac{d\Phi_\mathcal{B}}{dt},$$

was (20.1) entspricht.

b) **Rotierende Spule** Als zweites Beispiel wollen wir einen rechtwinkligen Stromkreis betrachten, der in einem gleichförmigen Magnetfeld $\mathcal{B}$ mit der Winkelfrequenz ω rotiert (Abb. 20.7). Wenn die Normale $\boldsymbol{u}_N$ auf den Stromkreis einen Winkel $\theta = \omega t$ mit dem Magnetfeld $\mathcal{B}$ bildet, bewegen sich alle Punkte von PQ mit der Geschwindigkeit $\boldsymbol{v}$ so, daß das «äquivalente» elektrische Feld

$$\boldsymbol{\mathcal{E}}_{eq} = \boldsymbol{v} \times \mathcal{B}$$

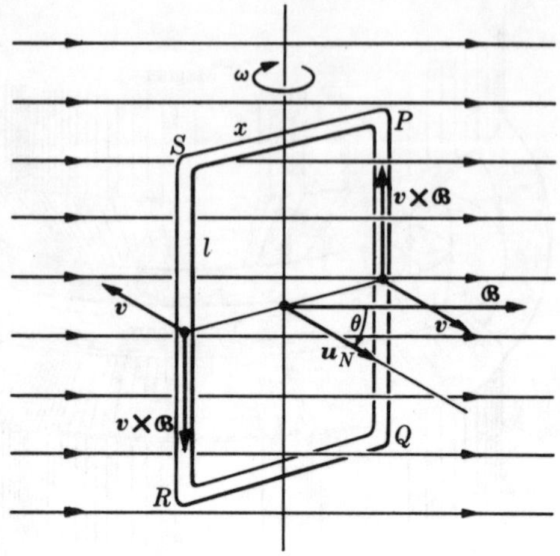

20.7 Emk, die in einer rotierenden Spule induziert wird, welche sich in einem Magnetfeld befindet.

von Q nach P weist und den Betrag

$$\mathcal{E}_{eq} = v\mathcal{B} \sin\theta$$

hat. Entsprechend ist für Punkte auf RS die Richtung von $\boldsymbol{v} \times \mathcal{B}$ von S nach R und hat den gleichen Betrag. An den Seiten RQ und PS sehen wir, daß $\boldsymbol{v} \times \mathcal{B}$ senkrecht zu ihnen ist, und es besteht kein Potentialunterschied zwischen S und P und zwischen R und Q. Daher ist für $PQ = RS = l$ das Kreisintegral des äquivalenten elektrischen Feldes $\boldsymbol{\mathcal{E}}_{eq}$ um $PQRS$, oder die angewandte Emk, gleich

$$V_\mathcal{E} = \oint_L \boldsymbol{\mathcal{E}} \cdot d\boldsymbol{l} = \mathcal{E}_{eq}(PQ + SR) = 2lv\mathcal{B}\sin\theta.$$

Die Seiten PS und RQ tragen nicht zu $V_\mathcal{E}$ bei, da an ihnen $\boldsymbol{\mathcal{E}}_{eq}$ senkrecht zu $d\boldsymbol{l}$ ist, wie schon oben gezeigt. Wenn $x = SP$, ist der Radius des Kreises, den die Ladungen in PQ und SR beschreiben, gleich $\frac{1}{2}x$, und daher $v = \omega(\frac{1}{2}x) = \frac{1}{2}\omega x$. Dann können wir, da $S = lx$ die Fläche des Stromkreises und $\theta = \omega t$ ist,

$$V_\mathcal{E} = 2l(\tfrac{1}{2}\omega x)\mathcal{B}\sin\omega t = \omega\mathcal{B}(lx)\sin\omega t = \omega\mathcal{B}S\sin\omega t$$

für die Emk schreiben, die im Stromkreis als Ergebnis seiner Rotation im magnetischen Feld induziert wird. Andererseits ist der magnetische Fluß durch den Stromkreis

$$\Phi_\mathcal{B} = \mathcal{B} \cdot \boldsymbol{u}_N S = \mathcal{B}S\cos\theta = \mathcal{B}S\cos\omega t.$$

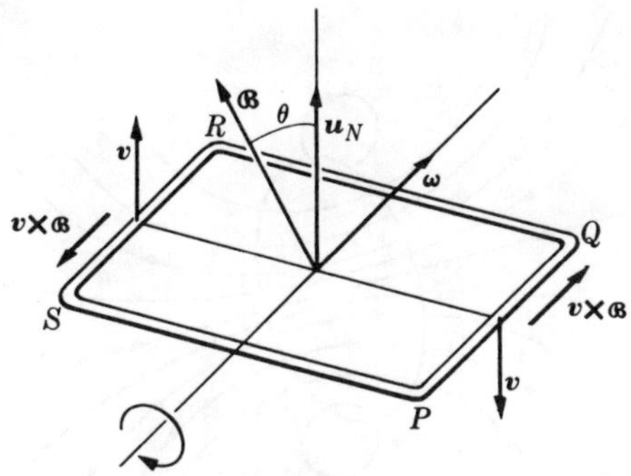

(a) Der Beobachter ruht relativ zum Magnetfeld

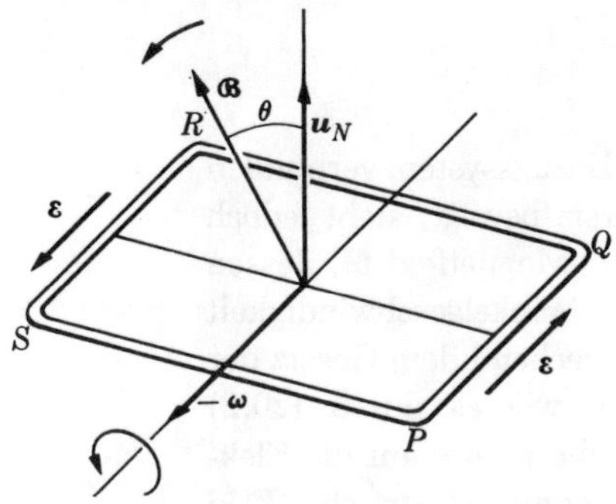

(b) Der Beobachter ruht relativ zum Stromkreis

20.8

Dann ist

$$-\frac{d\Phi_{\mathcal{B}}}{dt} = \omega \mathcal{B} S \sin \omega t = V_{\mathcal{E}}$$

Wir haben daher nochmals bewiesen, daß die induzierte Emk, die durch die Bewegung des Leiters entsteht, auch aus (20.1) oder (20.2) anstelle von (17.1) und (19.5) berechnet werden kann.

Obwohl wir uns nur auf Stromkreise bestimmter Gestalt beschränkt haben, zeigt eine genauere mathematische Analyse, daß für jeden beliebigen Stromkreis gilt:

Das Gesetz der elektromagnetischen Induktion

$V_{\mathcal{E}} = -d\Phi_{\mathcal{B}}/dt.$

gilt, wenn die Änderung des magnetischen Flusses $\Phi_{\mathcal{B}}$ entweder auf eine Änderung des Magnetfeldes $\mathcal{B}$ oder auf eine Änderung der Bewegung oder eine Deformation des Stromkreises, längs dessen die Emk berechnet wird, oder auf beides zurückzuführen ist.

20.4 ELEKTROMAGNETISCHE INDUKTION UND PRINZIP DER RELATIVITÄT

Trotz der Tatsache, daß das Gesetz der elektromagnetischen Induktion gemäß (20.1) und (20.2) gilt, gleichgültig ob die Änderung des Magnetflusses auf eine Änderung des Magnetfeldes oder die Bewegung des Leiters zurückzuführen ist, besteht ein grundlegender Unterschied in der physikalischen Situation zwischen den beiden Möglichkeiten. Wenn der Beobachter erkennt, daß die Änderung des magnetischen Flusses durch einen Stromkreis, der in seinem Bezugssystem ruht, auf eine Änderung des Magnetfeldes $\mathcal{B}$ zurückzuführen ist, mißt er gleichzeitig ein elektrisches Feld $\mathcal{E}$, das mit $\mathcal{B}$ über (20.2) in Beziehung steht; er erkennt die Anwesenheit des elektrischen Feldes, indem er die Kraft auf eine Ladung mißt, die in seinem Bezugssystem *ruht*. Wenn der Beobachter jedoch erkennt, daß die Änderung des Magnetflusses auf eine Bewegung des Leiters relativ zu seinem Bezugssystem zurückzuführen ist, beobachtet er kein elektrisches Feld, sondern schreibt die gemessene Emk der Kraft q $\boldsymbol{v} \times \mathcal{B}$ zu, die durch das magnetische Feld in Übereinstimmung mit (17.1) auf die Ladungen des bewegten Leiters ausgeübt wird.

Wie kommt es, daß zwei verschiedene und offensichtlich unzusammenhängende Situationen die gleiche Beschreibung haben? Das ist kein Zufall, sondern eine strenge Folge des Prinzips der Relativität. Wir können hier keine vollständige mathematische Analyse geben; wir wollen die Situation statt dessen von einem intuitiven Standpunkt aus betrachten. Untersuchen wir zuerst den Fall des rotierenden Stromkreises, der im Zusammenhang mit Abb. 20.7 diskutiert wurde. In einem Bezugssystem, in dem das magnetische Feld $\mathcal{B}$ konstant ist (Abb. 20.8a) und der Stromkreis mit einer Winkelgeschwindigkeit ω rotiert, beobachtet man kein elektrisches Feld, und die Kräfte auf die Elektronen sind gemäß (17.1)

$\boldsymbol{F} = -e\boldsymbol{v} \times \mathfrak{B}$.

Ein Beobachter, der mit einem Bezugssystem verbunden ist, das sich mit dem Stromkreis bewegt, sieht jedoch einen ruhenden Leiter und ein Magnetfeld $\mathfrak{B}$, dessen Richtung sich im Raum mit der Winkelgeschwindigkeit $-\omega$ (Abb. 20.8b) dreht. Entsprechend dem Gesetz der elektromagnetischen Induktion, wie es durch (20.2) ausgedrückt ist, stellt er dann die Kräfte auf die Elektronen im Stromkreis in Beziehung zum elektrischen Feld $\mathfrak{E}$, das mit einem veränderlichen Magnetfeld assoziiert ist.

Wir schließen daraus, daß die experimentelle Bestätigung des Gesetzes der elektromagnetischen Induktion für veränderliche magnetische Felder nur eine Bestätigung der Gültigkeit des Prinzips der Relativität darstellt.

20.5 ELEKTRISCHES POTENTIAL UND ELEKTROMAGNETISCHE INDUKTION

In Abschnitt 19.4 haben wir erwähnt, daß die Zirkulation des statischen elektrischen Feldes auf einem beliebigen geschlossenen Weg null ist; diese Eigenschaft wird mathematisch durch

$$\oint_L \mathfrak{E} \cdot d\boldsymbol{l} = 0$$

ausgedrückt. Wenn das elektromagnetische Feld jedoch zeitabhängig ist, ist die obige Gleichung nicht länger gültig; statt dessen haben wir (20.2)

$$\oint_L \mathfrak{E} \cdot d\boldsymbol{l} = -\frac{d}{dt}\oint_S \mathfrak{B} \cdot \boldsymbol{u}_N \, dS.$$

Wir schließen daher, daß in einem zeitabhängigen elektromagnetischen Feld die Zirkulation des elektrischen Feldes nicht verschwindet; das elektrische Feld kann daher nicht als negativer Wert des Gradienten des elektrischen Potentials ausgedrückt werden. Das bedeutet nicht, daß der Begriff des Potentials in diesem Fall überhaupt nicht anwendbar ist, sondern nur, daß er in anderer Weise angewendet werden muß. Tatsächlich sind *zwei* Potentiale erforderlich. Eines nennt man das *skalare Potential*, das ähnlich dem im statischen Fall angewandten ist, das andere heißt *Vektorpotential*.

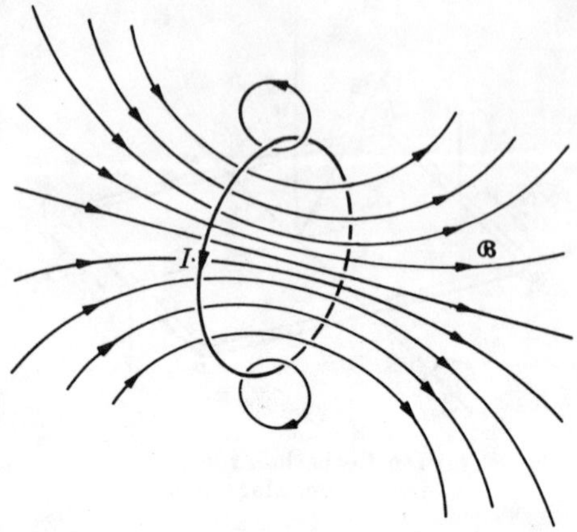

20.9 Magnetischer Fluß in einem Stromkreis.

Wir werden in diesem Buch keine Gelegenheit haben, diese Potentiale zu benutzen; wir erwähnen sie hier nur, um dem Studenten darauf hinzuweisen, daß man beim Übergang von statischen zu zeitabhängigen Feldern große Sorgfalt walten lassen muß, um herauszufinden, welche Begriffe des statischen Feldes weiterverwendet werden können.

20.6 SELBSTINDUKTION

Betrachten Sie einen Stromkreis, der einen Strom I (Abb. 20.9) trägt. Nach dem Ampèreschen Gesetz erzeugt der Strom ein Magnetfeld, welches an jedem Punkt proportional zu I ist. Wir können den magnetischen Fluß durch den Stromkreis infolge seines eigenen Magnetfeldes berechnen und ihn als *Eigenfluß* bezeichnen. Dieser Fluß, mit Φ_I bezeichnet, ist proportional zum Strom I und wir können schreiben

$$\Phi_I = LI. \tag{20.10}$$

Der Koeffizient L hängt von der geometrischen Gestalt des Leiters ab und wird der *Selbstinduktionskoeffizient* des Leiters genannt. Er wird in Wb A^{-1} ausgedrückt, einer Einheit, die man zu Ehren des amerikanischen Ingenieurs Joseph Henry (1797–1878) als *Henry* bezeichnet und mit H abgekürzt. Das heißt

$$\mathrm{H} = \mathrm{Wb\,A^{-1}} = \mathrm{m^2\,kg\,C^{-2}}.$$

Wenn sich der Strom I mit der Zeit ändert, ändert sich auch der magnetische Fluß Φ_I durch den Stromkreis,

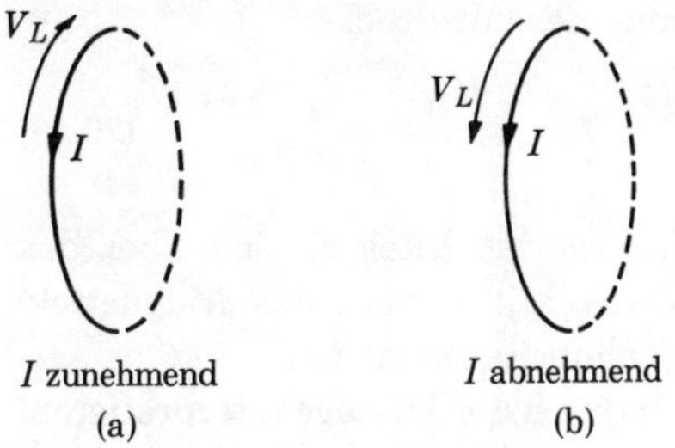

20.10 Richtung der selbstinduzierten Emk in einem Stromkreis.

20.11 Darstellung einer Selbstinduktion.

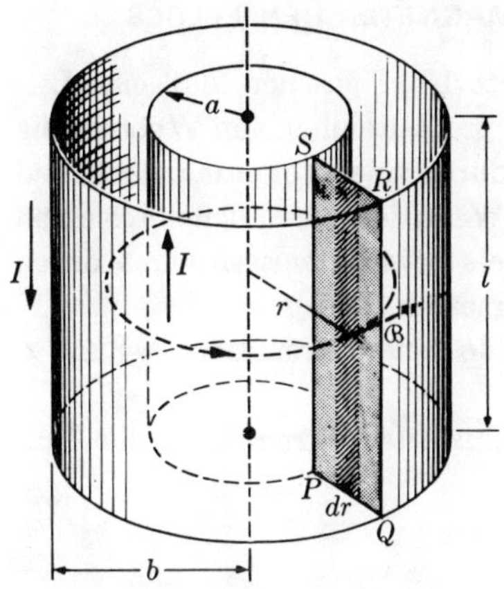

20.12.

und es wird, entsprechend dem Gesetz der elektromagnetischen Induktion eine Emk im Stromkreis erzeugt. Diesen speziellen Fall der elektromagnetischen Induktion nennt man *Selbstinduktion.* Durch Vereinigung von (20.1) und (20.10) erhalten wir für die selbstinduzierte Emk

$$V_L = -\frac{d\Phi_I}{dt} \qquad \text{oder} \qquad V_L = -L\frac{dI}{dt}. \tag{20.11}$$

Das negative Vorzeichen zeigt an, daß V_L der *Stromänderung* entgegengesetzt ist. Wenn der Strom zunimmt, ist dI/dt daher positiv und V_L gegen den Strom gerichtet (Abb. 20.10a). Wenn der Strom abnimmt, ist dI/dt negativ und V_L wirkt in gleicher Richtung wie der Strom (Abb. 20.10b). *Die selbstinduzierte Emk wirkt daher in einer Richtung, die der Stromänderung entgegengesetzt ist.*

In Diagrammen wird für die Induktivität das Symbol der Abb. 20.11 verwendet. Wir müssen jedoch beachten, daß die Selbstinduktivität eines Leiters nicht in einem bestimmten Punkt konzentriert ist, sondern eine Eigenschaft des gesamten Leiters ist.

Beispiel 20.4 *Selbstinduktivität eines Stromkreises, der aus zwei koaxialen zylindrischen Metallflächen vom Radius a und b besteht, die jeweils einen Strom I in entgegengesetzter Richtung tragen* (Abb. 20.12). Der Raum zwischen den Zylindern ist mit einer Substanz der Permeabilität μ gefüllt. In Beispiel 19.9 wurde das Magnetfeld für diese Stromanordnung für den Bereich zwischen den beiden Zylindern mit

$$\mathcal{B} = \frac{\mu I}{2\pi r}$$

berechnet, an anderen Stellen mit null. Wir haben hier μ_0, das im Beispiel 19.9 verwendet wurde, durch μ, die Permeabilität des Mediums, ersetzt, das den Raum zwischen den zwei Zylindern ausfüllt; das ist in Übereinstimmung mit Abschnitt 19.18. Um die Selbstinduktivität zu erhalten, müssen wir den magnetischen Fluß durch jeden beliebigen Leiterquerschnitt berechnen, wie z.B. *PQRS*, der eine Länge l hat. Wenn wir diesen Abschnitt in Streifen der Breite dr unterteilen, ist die Fläche jedes Streifens $l\ dr$. Das Magnetfeld $\mathcal{B}$ ist senkrecht zu *PQRS*. Daher ist

$$\Phi_I = \oint_{PQRS} \mathcal{B}\, dS = \oint_a^b \left(\frac{\mu I}{2\pi r}\right)(l\ dr)$$
$$= \frac{\mu I l}{2\pi}\int_a^b \frac{dr}{r} = \frac{\mu I l}{2\pi} \ln\frac{b}{a}.$$

Die Selbstinduktivität eines Abschnitts der Länge l ist daher

$$L = \frac{\Phi_I}{I} = \frac{\mu l}{2\pi}\ln\frac{b}{a}, \tag{20.12}$$

und die Selbstinduktivität pro Längeneinheit wird

$$\frac{\mu}{2\pi}\ln\frac{b}{a}$$

sein.

Wir haben in Abschnitt 16.11 gesehen, daß eine Leistung oder eine Energie pro Zeiteinheit von VI notwendig ist, um einen Strom I durch einen Potentialunterschied V aufrecht zu erhalten. Wenn der Strom sich durch einen geschlossenen Stromkreis bewegt, müssen wir V durch die angewandte Emk ersetzen. Daher ist

Leistung in einem geschlossenen Stromkreis = Emk × Strom

Im Fall eines selbstinduzierten Stromes ist die Emk gleich

$$V_L = -L\frac{dI}{dt}.$$

Diese Emk wirkt der Änderung des Stromes entgegen. Um daher den Strom aufzubauen, muß von einer externen Quelle Energie zur Verfügung gestellt werden. Daher ist

$$\text{Rate der Energiezufuhr} = -V_L I = \left(L\frac{dI}{dt}\right) I;$$

V_L ist negativ, da wir die Energie berechnen, die dem Stromkreis *zu*geführt wird. Wir können diesen Ausdruck als die Rate interpretieren, mit der Energie zugeführt werden muß, um das Magnetfeld aufzubauen, das mit dem Strom assoziiert ist. Die zeitliche Veränderung der magnetischen Energie eines Stromes ist daher

$$\frac{dE}{dt} = LI\frac{dI}{dt}. \tag{20.13}$$

Die magnetische Energie, die erforderlich ist, um einen Strom von null auf den Wert I zu erhöhen, ist

$$E = \int_0^E dE = \int_0^I LI\,dI \qquad \text{oder} \qquad E = \tfrac{1}{2}LI^2. \tag{20.14}$$

Im Stromkreis des Beispiels 20.4 ist die magnetische Energie eines Abschnitts der Länge l, unter Verwendung von (20.12)

$$E = \frac{1}{2}\left(\frac{\mu l}{2\pi}\ln\frac{b}{a}\right)I^2 = \frac{\mu l I^2}{4\pi}\ln\frac{b}{a}. \tag{20.15}$$

Wie unten gezeigt, kann die magnetische Energie E auch unter Verwendung des Ausdrucks

$$E = \frac{1}{2\mu}\int \mathcal{B}^2\,dv \tag{20.16}$$

berechnet werden, wobei das Integral sich über das gesamte Volumen erstreckt, in dem das Magnetfeld herrscht und dv ein Volumenelement ist.

Wir können (20.16) durch die Aussage interpretieren, daß die Energie, die für den Aufbau des Stroms aufgewendet wurde, im umgebenden Raum *gespeichert* wird, so daß einem Volumen dv eine Energie $(\mathcal{B}^2/2\mu)\,dv$ entspricht; die Energie, die pro Volumeneinheit in dem Magnetfeld gespeichert wird, ist

$$\text{E} = \frac{1}{2\mu}\mathcal{B}^2 \qquad \text{(magnetische Energiedichte).} \tag{20.17}$$

Wenn sowohl ein elektrisches als auch ein magnetisches Feld vorhanden sind, müssen wir auch die elektrische Felddichte betrachten, die durch (19.34) gegeben ist; die Gesamtenergie pro Volumeneinheit im elektromagnetischen Feld ist daher

$$\text{E} = \tfrac{1}{2}\epsilon\mathcal{E}^2 + \frac{1}{2\mu}\mathcal{B}^2 \qquad \text{(elektromagnetische Energiedichte).} \tag{20.18}$$

Beweis von (20.16) Betrachten Sie z.B. den Fall des Stromkreises aus Abb. 20.12, der nochmals in Abb. 20.13 dargestellt ist; das Magnetfeld ist durch

$$\mathcal{B} = \frac{\mu I}{2\pi r}$$

gegeben. Wenn wir eine zylindrische Hülle vom Radius r und Dicke dr als Volumenelement nehmen, finden wir, daß ihr Volumen

$$dv = (2\pi r)l\,dr$$

ist. Indem wir in (20.16) einsetzen und uns daran erinnern, daß sich das elektrische Feld nur von $r = a$ bis $r = b$ erstreckt, finden wir, daß

$$E = \frac{1}{2\mu}\int_a^b \left(\frac{\mu I}{2\pi r}\right)^2 (2\pi l r\,dr) = \frac{\mu l I^2}{4\pi}\int_a^b \frac{dr}{r} = \frac{\mu l I^2}{4\pi}\ln\frac{b}{a}.$$

Wir erhalten daher das gleiche Ergebnis wie in (20.15).

Die Berechtigung von Ausdruck (20.16) wurde soeben für die magnetische Energie unter Verwendung eines Strom-

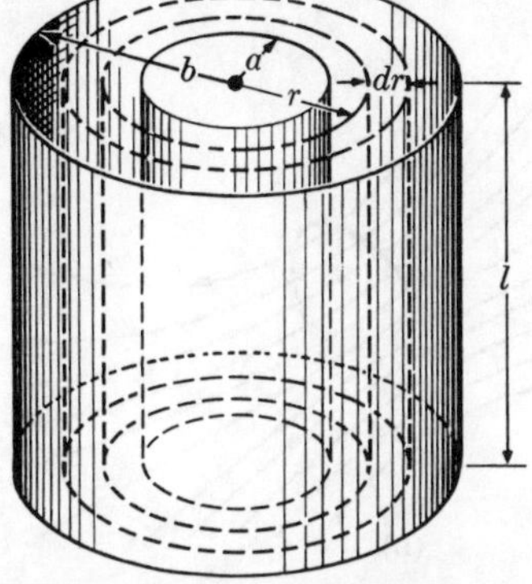

20.13

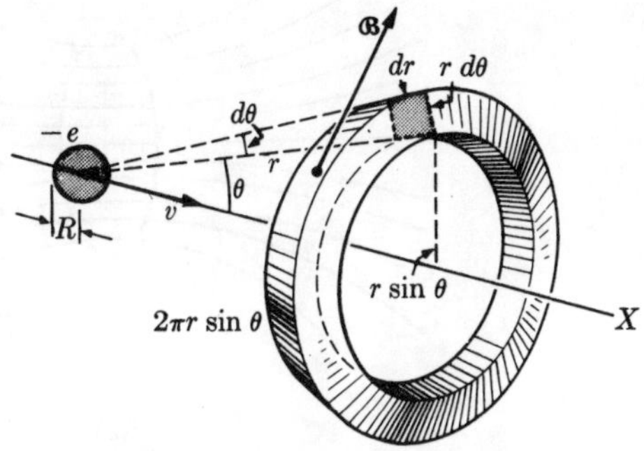

20.14

kreises einer ganz besonderen Symmetrie bewiesen; eine detailliertere Analyse, die wir hier nicht geben, würde jedoch zeigen, daß das Ergebnis allgemein gültig ist.

Beispiel 20.5 *Energie des magnetischen Feldes eines Elektrons in langsamer Bewegung.* Aus Abschnitt 17.11 wissen wir, daß eine Ladung in langsamer Bewegung ein Magnetfeld erzeugt, dessen Kraftlinien Kreise senkrecht zur Bewegungsrichtung sind und dessen Betrag man aus (17.29) zu

$$\mathcal{B} = \frac{\mu_0}{4\pi} q \frac{v \sin\theta}{r^2}$$

erhält, wobei für ein Elektron $q = -e$ ist. Lassen Sie uns nun unser grobes Modell des Elektrons verwenden, das in Beispiel 19.8 eingeführt wurde, wobei R der «Radius» des Elektrons ist. Die Energie des magnetischen Feldes *außerhalb* der Ladung erhält man durch Verwendung von (20.16), indem man das Integral über den gesamten Raum *außerhalb* der Ladung nimmt. Wir wollen den Ring, der in Abb. 20.14 dargestellt ist, als unser Volumenelement nehmen. Er hat einen Umfang von $2\pi r \sin\theta$ und sein Querschnitt hat die Seiten dr und $r\, d\theta$ und daher eine Fläche $r\, dr\, d\theta$. Das Volumen ist

$$dv = \text{Umfang} \times \text{Querschnitt} = 2\pi r^2 \sin\theta\, dr\, d\theta.$$

Gleichung (20.16) ergibt daher

$$E = \frac{1}{2\mu_0} \int_R^\infty \int_0^\pi \left(\frac{\mu_0}{4\pi} \frac{qv \sin\theta}{r^2}\right)^2 2\pi r^2 \sin\theta\, dr\, d\theta$$

$$= \frac{\mu_0}{16\pi} q^2 v^2 \int_R^\infty \frac{dr}{r^2} \int_0^\pi \sin^3\theta\, d\theta$$

$$= \frac{1}{2}\left(\frac{\mu_0}{4\pi}\frac{2q^2}{3R}\right) v^2.$$

Dieses Ergebnis liefert nicht die gesamte magnetische Energie, da wir den Beitrag des magnetischen Feldes *innerhalb* des geladenen Teilchens addieren müssen, was seinerseits erfordert, daß wir die Ladungsverteilung innerhalb des Teilchens kennen. Das obige Ergebnis gibt jedoch auf alle Fälle eine Abschätzung der Größenordnung. Der interessanteste Aspekt ist, daß E von v^2 abhängt und daher der kinetischen Energie eines Teilchens ähnelt, dessen Masse

$$m = \frac{\mu_0}{4\pi}\frac{2q^2}{3R}$$

ist. Im Fall des Elektrons ist $q = -e$ und $m = m_e$, so daß

$$m_e = \frac{\mu_0}{4\pi}\frac{2e^2}{3R} = \frac{1}{4\pi\epsilon_0}\frac{2e^2}{3Rc^2},$$

wobei wir (17.31), $c^2 = 1/\epsilon_0\mu_0$ verwendet haben, um μ_0 zu eliminieren. Wenn wir nach R auflösen, erhalten wir

$$R = \frac{2}{3}\left(\frac{e^2}{4\pi\epsilon_0 m_e c^2}\right) = \tfrac{2}{3} r_e,$$

wobei r_e der Radius des Elektrons ist, wie er in (19.35) definiert worden war. Die Tatsache, daß unsere grobe Berechnung ein Ergebnis der gleichen Größenordnung wie in Beispiel 19.8 liefert, wobei wir für $R = \frac{1}{2} r_e$ erhielten, ist ein Beweis für die Geschlossenheit unserer Theorie.

Wenn wir unser gegenwärtiges Ergebnis mit dem des Beispiels 19.8 vergleichen, scheint die Annahme plausibel, daß die Ruheenergie eines geladenen Teilchens mit der Energie seines elektrischen Feldes assoziiert ist, während die kinetische Energie der Energie des magnetischen Feldes entspricht. Es ist logisch anzunehmen, daß die Felder, die mit den anderen Wechselwirkungen in der Natur assoziiert sind, ebenfalls zur Ruh- und zur kinetischen Energie eines Teilchens beitra-

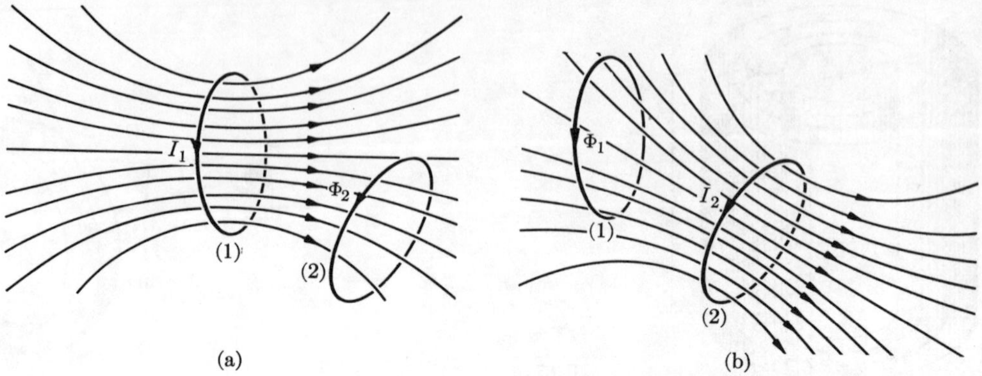

20.15 Gegeninduktion.

gen. Unsere unvollständigen Kenntnisse dieser Wechselwirkungen machen es jedoch unmöglich, im Augenblick eine eindeutige Antwort zu geben. Tatsächlich entspricht die Aufgabe, die wir sowohl in Beispiel 19.8 als auch hier betrachtet haben, der sogenannten Bestimmung der *Eigenenergie* des Elektrons. Der Zweck unser Besprechung dieses Problems war der, den Studenten darauf aufmerksam zu machen. Wenn wir es jedoch korrekt behandeln wollten, müßten wir die Methoden der Quantenmechanik auf einem Niveau anwenden, das über dieses Buch hinausgeht.

20.8 GEKOPPELTE STROMKREISE

Wir wollen zwei Stromkreise betrachten, wie z.B. (1) und (2) in Abb. 20.15. Wenn ein Strom I_1 im Stromkreis (1) fließt, entsteht um ihn herum ein Magnetfeld, proportional zu I_1, und durch den Stromkreis (2) geht ein magnetischer Fluss Φ_2, der ebenfalls proportional zu I_1 ist. Wir können dann schreiben

$$\Phi_2 = MI_1, \tag{20.19}$$

wobei M ein Koeffizient ist, der den magnetischen Fluß durch Stromkreis (2) pro Stromeinheit in Stromkreis (1) darstellt. Ähnlich, wenn ein Strom I_2 durch Stromkreis (2) fließt, wird ein magnetisches Feld erzeugt, das seinerseits einen magnetischen Fluß Φ_1 durch den Stromkreis (1) hervorruft, der proportional zu I_2 ist. Wir können daher schreiben.

$$\Phi_1 = MI_2. \tag{20.20}$$

Beobachten Sie, daß wir in (20.20) den gleichen Koeffizienten M angeschrieben haben wie in (20.19). Das bedeutet, daß der magnetische Fluß durch den Stromkreis (1) infolge des Einheitsstroms in Stromkreis (2) der gleiche ist wie der magnetische Fluß durch den Stromkreis (2) infolge des Einheitsstroms in (1); diese Aussage kann mathematisch belegt werden. Den Koeffizienten M bezeichnet man als die *Gegeninduktivität* der beiden Stromkreise. Die Gegeninduktivität M hängt von der Gestalt der Stromkreise und ihrer relativen Orientierung ab; man mißt auch sie in Henry.

Wenn der Stromkreis I_1 variabel ist, ändert sich der Fluß Φ_2 durch den Stromkreis (2), und eine Emk V_{M2} wird in diesem Stromkreis induziert. Diese Emk ist durch

$$V_{M2} = -M\frac{dI_1}{dt} \tag{20.21}$$

gegeben. Wenn wir diese Gleichung anschreiben, nehmen wir an, daß die Stromkreise starr und im Raum fixiert sind, so daß M konstant ist. Wenn der Strom I_2 variabel ist, wird entsprechend eine Emk V_{M1} in Stromkreis (1) induziert, die durch

$$V_{M1} = -M\frac{dI_2}{dt} \tag{20.22}$$

gegeben ist. Deshalb bezeichnet man M als «Gegeninduktivität», da sie den gegenseitigen Effekt oder Einfluß zwischen den zwei Stromkreisen beschreibt. Zusätzlich werden weitere Spannungen in den Stromkreisen induziert, wenn sie sich relativ zueinander bewegen, was zu einer Änderung in M führt.

Das Phänomen der Gegeninduktion zeigt, daß zwischen zwei Stromkreisen ein Energieaustausch stattfindet, wenn ihre Ströme sich zeitlich verändern. Wir sagen dann, daß die Stromkreise elektromagnetisch gekoppelt sind. Eine bekannte praktische Anwendung der Gegeninduktivität findet man beim *Transformator* (siehe Beispiel 20.7). Eine andere Anwendung der Gegeninduktion im allgemeineren Sinn ist die Übertragung eines Signals von einem Ort an einen anderen durch Erzeugung eines variablen Stroms in einem Stromkreis, den man als Sender bezeichnet. Dieser Stromkreis schaltet seinerseits einen anderen Stromkreis an, mit dem er gekoppelt ist, und den man als Empfänger bezeichnet. Das ist beim Telegraphen, dem Radio, Fernseher, Radar u.s.w. der Fall. Die Diskussion dieser Geräte erfordert jedoch unterschiedliche Methoden, auf die wir in Kapitel 22 näher eingehen wollen.

Der wichtigste und grundlegende Aspekt der Gegeninduktivität ist der, daß *die Energie zwischen zwei Stromkreisen über das elektromagnetische Feld ausgetauscht werden kann.* Wir können sagen, daß das elektromagnetische Feld, das durch die Ströme in den Stromkreisen erzeugt wird, als Energieträger dient, und die Energie durch den Raum von einem Stromkreis zum anderen transportiert.

Die Gegeninduktion zwischen zwei Stromkreisen ist jedoch ein makroskopisches Phänomen, das aus der elementaren Wechselwirkungen zwischen beweglichen Ladungen resultiert, die die entsprechenden Ströme darstellen. Wir können daher aus dem Phänomen der Gegeninduktion schließen, daß die elektromagnetische Wechselwirkung zwischen zwei geladenen Teilchen als Energieaustausch über ihre elektromagnetischen Felder beschrieben werden kann.

Wenn sich zwei geladene Teilchen unter ihrer elektromagnetischen Wechselwirkung bewegen, muß das Prinzip der Energieerhaltung neu formuliert werden, so daß es die Energie der Felder einschließt. Wir müssen daher die Gesamtenergie eines Systems zweier wechselwirkender geladener Teilchen als

$$E = \tfrac{1}{2}m_1v_1^2 + \tfrac{1}{2}m_2v_2^2 + E_{\text{Feld}} \tag{20.23}$$

schreiben, wobei die ersten zwei Glieder die individuellen

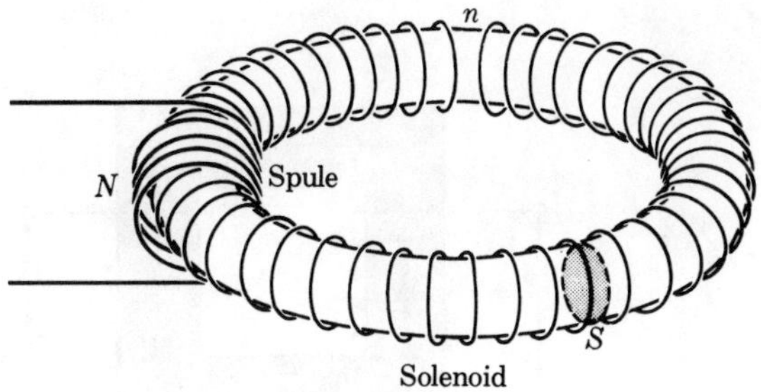

20.16

kinetischen Energien darstellen und E_{Feld} die Energie ist, die mit ihrem elektromagnetischen Feld assoziiert ist. Man kann beweisen, daß unter statischen Bedingungen (oder Bedingungen, die sich zeitlich nur sehr langsam ändern) E_{Feld} genau der potentiellen Energie

$$E_p = \frac{q_1q_2}{4\pi\epsilon_0 r_{12}}$$

infolge der Coulomb Wechselwirkung zwischen den beiden Ladungen entspricht.

Es ist die Summe der drei Glieder in (20.23), die während der Bewegung zweier Teilchen konstant bleibt, wenn sie keinen anderen Kräften unterliegen.

Beispiel 20.6 *Gegeninduktivität eines Systems bestehend aus einer Spule mit N Windungen, die um den Mittelteil eines Toroidsolenoids mit n Windungen pro Längeneinheit und einem Querschnitt der Fläche S gewickelt sind* (Abb. 20.16). Wir können die Aufgabe entweder durch Bestimmung des magnetischen Flusses durch das Solenoid lösen, wenn ein Strom durch die Spule fließt, oder umgekehrt, durch Bestimmung des magnetischen Flusses durch die Spule, wenn ein Strom durch das Solenoid fließt. Wir wollen auf dem zweiten Weg vorgehen, der der leichtere von beiden ist. Wir erinnern uns an Beispiel 19.10, daß im Fall eines Toroidsolenoids das magnetische Feld auf das Innere beschränkt ist und einen Wert hat, der durch (19.40) gegeben ist,

$$\mathcal{B} = \mu_0 nI.$$

Der magnetische Fluß durch jeden beliebigen Querschnitt des Solenoids ist

$$\Phi_{\mathcal{B}} = \mathcal{B}S = \mu_0 nSI,$$

wobei S der Flächenquerschnitt des Solenoids ist. Der Fluß

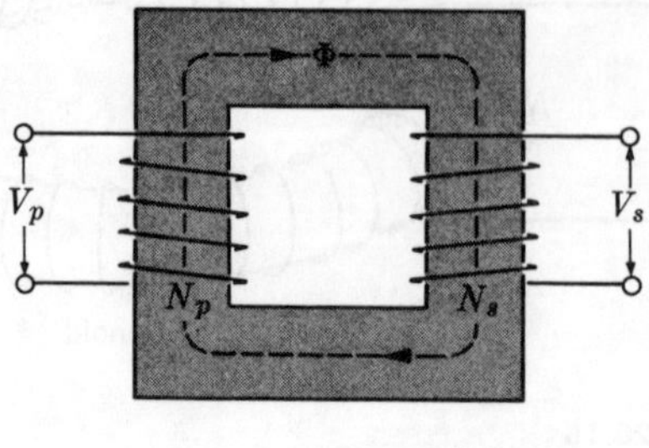

20.17 Transformator

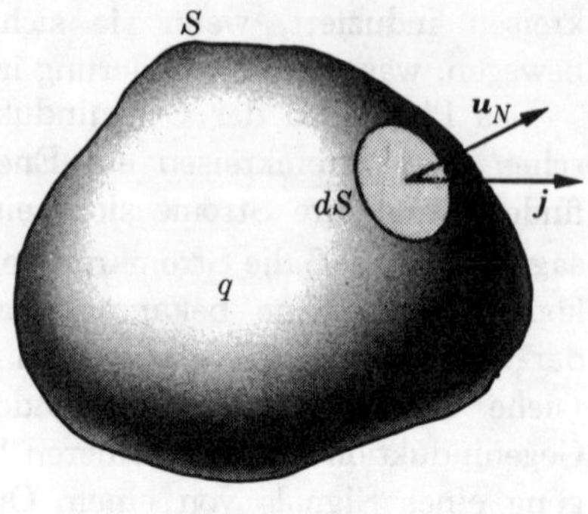

20.18 Strom durch eine geschlossene Oberfläche, die eine Ladung q einschließt.

durch jede beliebige Windung der Spule, auch wenn ihr Querschnitt größer ist, beträgt ebenfalls $\Phi_{\mathcal{B}}$. Der magnetische Fluß durch die Spule ist daher

$$\Phi_{\text{Spule}} = N\Phi_{\mathcal{B}} = \mu_0 nNSI.$$

Ein Vergleich mit (20.19) ergibt für die Gegeninduktivität des Systems

$$M = \mu_0 nNS.$$

Diese Anordnung wird oft im Laboratorium gebraucht, wenn ein Normal der Gegeninduktivität erforderlich ist.

Beispiel 20.7 *Der Transformator.* Ein Transformator besteht aus zwei gekoppelten Stromkreisen, die man als Primär-bzw. Sekundärspule bezeichnet. Wenn eine veränderliche Emk an die Primärspule angelegt wird, wird in der Sekundärspule eine Emk erzeugt. Im allgemeinen sind der primäre und der sekundäre Stromkreis um einen Eisenkern gewickelt (Abb. 20.17), um den Magnetfluß zu konzentrieren. Wenn eine variable Emk V_p an die Primärspule angelegt wird, die aus N_p Drahtwindungen besteht, wird ein Strom im Primärkreis erzeugt, der seinerseits ein Magnetfeld hervorruft, das fast zur Gänze im Eisenkern konzentriert ist. Wenn Φ der Magnetfluß durch eine Windung des Primärkreises ist, ist der Gesamtfluß durch den Primärkreis $N_p\Phi$ und wir können schreiben

$$V_p = -N_p \frac{d\Phi}{dt}.$$

Der gleiche Fluß Φ geht durch die N_s Windungen des Sekundärkreises. Die Emk, die im Sekundärkreis auftritt, ist daher

$$V_s = -N_s \frac{d\Phi}{dt}.$$

Das Verhältnis der beiden Emk ist

$$\frac{V_s}{V_p} = \frac{N_s}{N_p}.$$

Das bedeutet, daß die Emk, die im Sekundärkreis auftritt um das Verhältnis N_s/N_p größer oder kleiner ist als die Emk, die an den Primärkreis angelegt wird. Wenn N_s/N_p größer (kleiner) 1 ist, dann sprechen wir von einem Aufwärts-(Abwärts-) transformator.

Die Theorie, die wir dargestellt haben, ist stark vereinfacht und zieht verschiedene Faktoren nicht in Betracht, wie z.B. Flußverluste, Energieverluste und Phasenunterschiede, sowie den Effekt der Belastung des Sekundärkreises.

20.9 DAS PRINZIP DER ERHALTUNG DER LADUNG

In Abschnitt 16.8 haben wir die Tatsache diskutiert, daß die elektrische Ladung erhalten bleibt. In anderen Worten, bei allen Vorgängen, die im Universum ablaufen, muß die Gesamtmenge an Ladung immer konstant bleiben. Diese Aussage kann auf quantitative Weise ausgedrückt werden, die sehr nützlich ist. Wir wollen eine geschlossene Fläche S betrachten (Abb. 20.18), und die Gesamtladung im Inneren zu jedem Zeitpunkt mit q bezeichnen. Da unser Problem dynamisch und nicht statisch ist, bewegen sich freie Ladungen (wie z.B. Elektronen in einem Metall oder Ionen in einem Plasma) durch das Medium und treten durch die Oberfläche S durch. Zu einem bestimmten Zeitpunkt können mehr Ladungen aus- als eintreten, was zu einer Abnahme der Gesamtladung q innerhalb der Oberfläche S führt. Zu anderen Zeitpunkten mag die Situation umgekehrt sein, und die eintretenden Ladungen mögen die austretenden übersteigen, was zu einer Zunahme der Gesamtladung q führt. Wenn die durch S austretenden und eintretenden Ladungsflüsse gleich sind, bleibt natürlich die Gesamtladung q gleich. Das Prinzip der Erhaltung der Ladung erfordert, daß

$$\begin{aligned}\text{Ladungsverlust} &= \begin{bmatrix}\text{austretender}\\ \text{Ladungsfluß}\end{bmatrix} - \begin{bmatrix}\text{eintretender}\\ \text{Ladungsfluß}\end{bmatrix}\\ &= \text{überschüssiger austretender}\\ &\quad\ \text{Ladungsfluß}\end{aligned} \tag{20.24}$$

Der gesamte Ladungsfluß, der pro Zeiteinheit durch eine geschlossene Oberfläche S austritt, gibt jedoch die Gesamtladung, die pro Zeiteinheit durch die Oberfläche tritt (d.h., den Gesamtstrom durch die Oberfläche). Andererseits ist der Ladungsverlust innerhalb der geschlossenen Oberfläche pro Zeiteinheit $-dq/dt$. Mathematisch ausgedrückt ist daher

$$-\frac{dq}{dt} = I_{go}, \tag{20.25}$$

wobei der Index go betont, daß der Ausdruck für eine *geschlossene Oberfläche* gilt. Die obige Gleichung drückt das Prinzip von der Erhaltung der Ladung aus, das darin besteht, daß Ladungen weder entstehen noch zerstört werden. Entsprechend dem Gaußschen Gesetz für das elektrische Feld, das durch (19.8) gegeben ist, wird jedoch die Gesamtladung innerhalb einer geschlossenen Oberfläche durch das elektrische Feld an der Oberfläche

$$q = \epsilon_0 \oint_S \boldsymbol{\mathcal{E}} \cdot \boldsymbol{u}_N \, dS$$

ausgedrückt, so daß

$$\frac{dq}{dt} = \epsilon_0 \frac{d}{dt} \oint_S \boldsymbol{\mathcal{E}} \cdot \boldsymbol{u}_N \, dS.$$

Wenn wir dieses Ergebnis in (20.25) einsetzen, erhalten wir

$$I_{go} + \epsilon_0 \frac{d}{dt} \oint_S \boldsymbol{\mathcal{E}} \cdot \boldsymbol{u}_N \, dS = 0 \tag{20.26}$$

als Ausdruck des Prinzips von der Erhaltung der Ladung, und zwar unter Berücksichtigung des Gaußschen Gesetzes. Wenn die Felder statisch sind, ist das Integral $\oint_S \boldsymbol{\mathcal{E}} \cdot \boldsymbol{u}_N \, dS$ von der Zeit unabhängig. Seine zeitliche Ableitung ist daher null, was zu

$$I_{go} = 0 \qquad \text{(für statische Felder)} \tag{20.27}$$

führt. Das bedeutet, daß es für statische Felder zu keiner Anhäufung oder keinem Verlust der Ladung an bestimmten Orten in Raum kommt, und daß der Gesamtstrom durch eine geschlossene Oberfläche null ist.

20.10 DAS AMPÈRE–MAXWELLSCHE GESETZ

Das Faraday-Henrysche Gesetz, (20.2), stellt eine Beziehung zwischen dem magnetischen Feld und dem elektrischen Feld im selben Bereich des Raumes her. Die enge Beziehung, die zwischen den elektrischen und magnetischen Feldern herrscht, läßt vermuten, daß ein analoge Beziehung zwischen der zeitlichen Veränderung eines elektrischen und eines magnetischen Feldes am selben Ort bestehen sollte. Gleichung (20.2),

$$\oint_L \boldsymbol{\mathcal{E}} \cdot d\boldsymbol{l} = -\frac{d}{dt} \int_S \boldsymbol{\mathcal{B}} \cdot \boldsymbol{u}_N \, dS$$

(Faraday – Henrysches Gesetz),

stellt einen Zusammenhang zwischen der Zirkulation des elektrischen Feldes und der zeitlichen Veränderung des Magnetflusses her. Wir könnten erwarten, daß ein ähnlicher Ausdruck die Zirkulation des magnetischen Feldes mit der zeitlichen Veränderung des Flusses des elektrischen Feldes verknüpft. Wir haben bis jetzt gefunden, daß die Zirkulation des Magnetfeldes durch das Ampèresche Gesetz, (19.37), zu

$$\oint_L \boldsymbol{\mathcal{B}} \cdot d\boldsymbol{l} = \mu_0 I \tag{20.28}$$

gegeben ist; dieser Ausdruck enthält jedoch keinerlei zeitliche Veränderung des Flusses des elektrischen Feldes. Das ist nicht überraschend, da er für statische Bedingungen abgeleitet wurde. Wir können jedoch vermuten, daß das Ampèresche Gesetz revisionsbedürftig sein könnte, wenn es auf zeitabhängige Felder angewandt wird.

Das Ampèresche Gesetz, (20.28), gilt für eine Oberfläche, die durch eine Linie L begrenzt wird. Dabei ist die Oberfläche S willkürlich, solange sie nur durch L begrenzt wird. Wenn die Linie L schrumpft, nimmt der

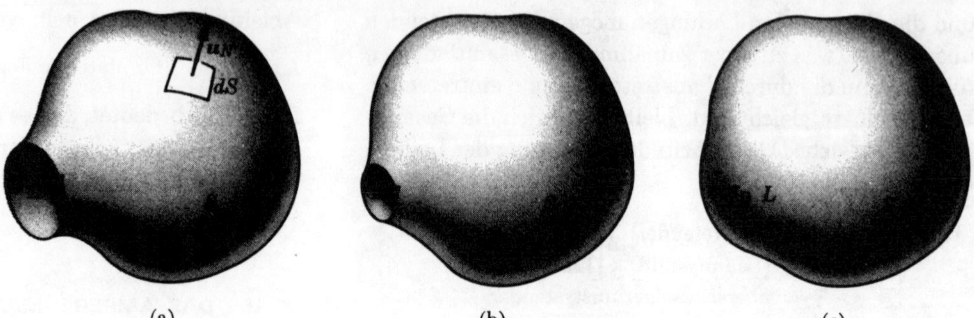

20.19 Oberfläche, die durch die Linie L begrenzt wird. Wenn L auf einen Punkt zusammenschrumpft, wird die Oberfläche zu einer geschlossenen Oberfläche.

Wert von $\oint_L \mathcal{B} \cdot d\boldsymbol{l}$ ab (Abb. 20.19). Wenn L auf einen Punkt reduziert ist, wird der Wert der Zirkulation von $\mathcal{B}$ schließlich null, und die Oberfläche S wird eine geschlossene Oberfläche. Das Amperesche Gesetz, (20.28), erfordert dann, daß $I_{go} = 0$, wobei wir den Index go wieder anwenden, um zu betonen, daß die Beziehung für eine geschlossene Oberfläche gilt. Dieses Ergebnis stimmt mit (20.27) für die Erhaltung der Ladung iiberein, solange das Feld statisch ist. Wir wissenjedoch, daß (20.27) nicht länger gilt, wenn das Feld nicht statisch, sondern zeitabhängig ist. Statt dessen gilt mit dem Gaußschen Gesetz (20.26). Das bestätigt unseren Verdacht, daß das Amperesche Gesetz modifiziert werden muß, wenn wir es mit zeitabhängigen Feldern zu tun haben.

In Übereinstimmung mit (20.26) müssen wir I in (20.28) durch

$$I + \epsilon_0 \frac{d}{dt} \int_S \boldsymbol{\mathcal{E}} \cdot \boldsymbol{u}_N \, dS$$

ersetzen, wobei I der Strom ist, der durch die willkürliche Oberfläche S geht. Das führt zu dem Ausdruck

$$\oint_L \mathcal{B} \cdot d\boldsymbol{l} = \mu_0 \left[I + \epsilon_0 \frac{d}{dt} \int_S \boldsymbol{\mathcal{E}} \cdot \boldsymbol{u}_N \, dS \right] \qquad (20.29)$$

(Ampère — Maxwellsches Gesetz).

Dieser Ausdruck sollte mit (20.28), dem Ampèreschen Gesetz, verglichen werden. Gleichung (20.29) vereinfacht sich für statische Felder auf das Amperesche Gesetz, da dann das letzte Glied null ist; (20.29) wird zu (20.26), wenn der Weg L auf einen Punkt zusammenschrumpft und die Oberfläche S eine geschlossene Oberfläche wird, so daß die linke Seite null wird. Wir sehen daher, daß dieser Ausdruck alle früher gefundenen physikalischen Bedingungen erfüllt.

Wir haben bisher nur mit der Mathematik gespielt, um zu versuchen, das Amperesche Gesetz in Übereinstimmung mit dem Gesetz von der Erhaltung der Ladung zu bringen. Ein weiterer wichtiger Schritt ist der, experimentell zu überprüfen, ob (20.29) stimmt und ob sie die tatsächlich in der Natur gefundene Situation beschreibt. Wir können schon im Voraus sagen, daß das zutrifft. Der beste Beweis ist die Existenz elektromagnetischer Wellen, die in Kapitel 24 diskutiert werden.

Der erste, der die Modifikation des Ampèreschen Gesetzes in der von uns angezeigten Weise vorschlug, war der britische Physiker James Clerk Maxwell (1831—1879) gegen Ende des letzten Jahrhunderts; (20.29) wird daher das *Ampère—Maxwellsche Gesetz* genannt. Die Maxwellschen Modifikationen wurden eher wegen des Bedürfnisses nach mathematischer Geschlossenheit als wegen experimenteller Befunde eingeführt. In der Tat wurden die Versuche, die die Maxwellschen Vorstellungen belegten, erst einige Jahre später durchgeführt.

Wir können aus (20.29) entnehmen, daß der Effekt eines zeitabhängigen elektrischen Feldes der ist, dem Strom I ein Glied $\epsilon_0 \, (d/dt) \int \boldsymbol{\mathcal{E}} \cdot \boldsymbol{u}_N \, dS$ hinzuzufügen. Maxwell interpretierte dieses Glied als zusätzlichen Strom und nannte es den *Verschiebungsstrom*. Der Ausdruck «Verschiebungsstrom» ist jedoch irreführend, da es einen solchen Strom nicht gibt und (20.29) nur die Korrelation zwischen $\boldsymbol{\mathcal{E}}$, $\mathcal{B}$ und I an jedem Punkt des Raumes gibt.

Das Amperesche Gesetz (20.28) setzt einen stetigen Strom in Beziehung zu dem Magnetfeld, das er hervor-

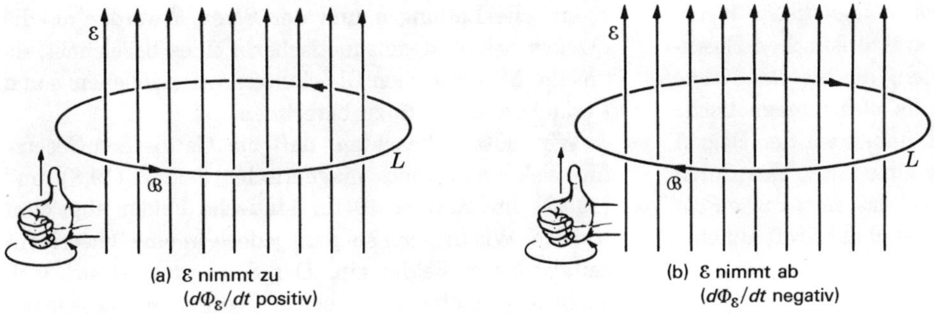

(a) (b)

20.20 Magnetfeld, das von einem zeitabhängigen elektrischen Feld erzeugt wird.

ruft. Das Ampère–Maxwellsche Gesetz (20.29) geht einen Schritt weiter und zeigt an, daß ein zeitabhängiges elektrisches Feld $\mathcal{E}$ ebenfalls zum Magnetfeld beiträgt. In Abwesenheit eines Stromes gilt

$$\oint_L \mathcal{B} \cdot d\boldsymbol{l} = \epsilon_0 \mu_0 \frac{d}{dt} \int_S \mathcal{E} \cdot \boldsymbol{u}_N \, dS \tag{20.30}$$

(Ampère–Maxwellsches Gesetz in Abwesenheit von Strömen),

was die Beziehung zwischen einem zeitabhängigen elektrischen Feld und seinem zugehörigen Magnetfeld deutlicher zeigt. In anderen Worten.

Ein zeitabhängiges elektrisches Feld bewirkt ein magnetisches Feld am selben Ort, so daß die Zirkulation des Magnetfeldes längs eines beliebigen geschlossenen Weges proportional ist zur zeitlichen Veränderung des elektrischen Flusses durch eine Oberfläche, die durch den Weg begrenzt wird.

Erinnern Sie sich daran, daß die Zirkulation des magnetischen Feldes die *magnetomotorische Kraft* Längs des geschlossenen Weges L. darstellt. Sie wird mit $\Lambda_{\mathcal{B}}$ bezeichnet; bezeichnen Sie den elektrischen Fluß durch die Oberfläche S, die von L begrenzt wird, mit $\Phi_{\mathcal{E}}$. Wir können nun (20.30) in der Form

$$\Lambda_{\mathcal{B}} = \epsilon_0 \mu_0 \frac{d\Phi_{\mathcal{E}}}{dt}$$

schreiben, die man mit (20.1), dem Gesetz der elektromagnetischen Kraft, vergleichen sollte.

Abbildung 20.20 zeigt die relative Orientierung eines zeitabhängigen, gleichförmigen elektrischen Feldes zu dem mit ihm verknüpften magnetischen Feld. Wenn das elektrische Feld zunimmt (abnimmt), ist die Orientierung der Magnetlinien in Richtung (entgegengesetzt) der Finger der rechten Hand, wenn der Daumen in Richtung des elektrischen Feldes weist. Der Student sollte dieses Ergebnis mit Abb. 20.1 vergleichen.

Das Ampère–Maxwellsche Gesetz, (20.2), unterscheidet sich vom Faraday–Henryschen Gestz, (20.29), in verschiedenen Punkten. Erstens haben wir in (20.29) ein Glied, das dem *elektrischen* Strom entspricht, während in (20.2) kein Glied erscheint, das einem *magnetischen* Strom entspricht. Das ist einfach auf die Tatsache zurückzuführen, daß es in der Natur anscheinend keine freien magnetischen Pole gibt. Zweitens tritt die zeitliche Veränderung des elektrischen Flusses in (20.29) mit einem positiven Vorzeichen auf, während der magnetische Fluß in (20.2) mit einem negativen Vorzeichen erscheint. Der Student sollte auch überprüfen, daß der Faktor $\epsilon_0 \mu_0$ mit den anderen Einheiten verträglich ist.

20.11 MAXWELLSCHE GLEICHUNGEN

Wir wollen nun unsere Diskussion des elektromagnetischen Feldes rekapitulieren. Wir haben gesehen, daß es eine wichtige Wechselwirkung zwischen den Elementarteilchen gibt, die sogenannte *elektromagnetische Wechselwirkung*. Sie ist mit einer charakteristischen Eigenschaft jedes Teilchens verbunden, die als *elektrische Ladung* bezeichnet wird. Um die elektromagnetische Wechselwirkung zu beschreiben, haben wir den Begriff des *elektromagnetischen Feldes* eingeführt, das durch zwei Vektoren charakterisiert ist, das *elektrische Feld* $\mathcal{E}$ und das *magnetische Feld* $\mathcal{B}$, so daß die Kraft auf eine elektrische Ladung durch

$$\boldsymbol{F} = q(\mathcal{E} + \boldsymbol{v} \times \mathcal{B}) \tag{20.31}$$

gegeben ist. Die elektrischen und magnetischen Felder $\mathcal{E}$ und $\mathcal{B}$ werden ihrerseits durch die Positionen der Ladungen und durch ihre Bewegungen (oder Ströme) bestimmt. Die Trennung des elektromagnetischen Feldes in seine elektrische und magnetische Komponente hängt von der relativen Bewegung des Beobachters und der Ladungen ab, die das Feld erzeugen. Die Felder $\mathcal{E}$ und $\mathcal{B}$ sind miteinander direkt durch das Ampère—Maxwellsche und Faraday—Henrysche Gesetz verbunden. Alle diese Beziehungen werden durch vier Gesetze ausgedrückt, die wir in den vorhergehenden Kapiteln analysiert haben und die in Tab. 20.1 angeschrieben sind.

Die Theorie des elektromagnetischen Feldes ist durch vier Gesetze gegeben. Man nennt sie die *Maxwellschen Gleichungen*, da Maxwell, zusätzlich zur Formulierung des vierten Gesetzes, erkannte, daß sie zusammen mit (20.31) den grundlegenden Rahmen für die Theorie der elektromagnetischen Wechselwirkung darstellen. Die elektrische Ladung q und der Strom I werden als die *Quellen* des elektromagnetischen Feldes bezeichnet, da uns die Maxwellschen Gleichungen bei gegebenem q und I erlauben, $\mathcal{E}$ und $\mathcal{B}$ zu berechnen.

Tabelle 20.1

MAXWELLSCHE GLEICHUNGEN FÜR DAS ELEKTROMAGNETISCHE FELD

I. Gaußsches Gesetz für das elektrische Feld, (19.8)	$\oint_S \mathcal{E} \cdot \boldsymbol{u}_N \, dS = \frac{q}{\epsilon_0}$
II. Gaußsches Gesetz für das magnetische Feld, (19.42)	$\oint_S \mathcal{B} \cdot \boldsymbol{u}_N \, dS = 0$
III. Faraday—Henrysches Gesetz, (20.2)	$\oint_L \mathcal{E} \cdot d\boldsymbol{l} = -\frac{d}{dt}\int_S \mathcal{B} \cdot \boldsymbol{u}_N \, dS$
IV. Ampère—Maxwellsches Gesetz, (20.29).	$\oint_L \mathcal{B} \cdot d\boldsymbol{l} = \mu_0 \left\{ I + \epsilon_0 \frac{d}{dt} \int \mathcal{E} \cdot \boldsymbol{u}_N \, dS \right\}$

Wir müssen beachten, daß die Gaußschen Gesetze für elektrische und magnetische Felder (19.8) und (19.42) im Kapitel 19 für statische Felder abgeleitet wurden. Wir bringen sie jetzt jedoch in eine Theorie für zeitabhängige Felder ein. Der Student wird sich vielleicht fragen, ob wir sie ebenso modifizieren müssen wie wir das Ampèresche Gesetz modifizieren mußten, um es auf die zeitabhängige Situation anzuwenden. Die Antwort ist nein. Es wurde gefunden, daß die obige Gruppe von Gleichungen mit dem Experiment übereinstimmt und die Schlußfolgerungen stimmen mit den experimentellen Ergebnissen überein. Die beiden Gaußschen Gesetze bleiben daher gleich, wenn sie auf zeitabhängige elektrische und magnetische Felder angewendet werden.

Der Student sollte beachten, daß die Faraday—Henryschen und Ampère—Maxwellschen Gesetze die Beziehung zwischen den elektrischen und magnetischen Feldern herstellen, die in den Gleichungen für die statischen Felder fehlte (Tab. 19.4). In Kapitel 24 werden wir zeigen, wie die Maxwellschen Gleichungen bei der Behandlung elektromagnetischer Felder benutzt werden.

Die Maxwellschen Gleichungen stimmen mit der Relativitätstheorie insofern überein als sie gegen Lorentztransformation invariant sind. Das heißt, ihre Form ändert sich nicht, wenn die Koordinaten x, y, z und die Zeit t entsprechend der Lorentztransformation (6.19) und die Felder $\mathcal{E}$ und $\mathcal{B}$ gemäß (17.34) transformiert werden. Der mathematische Beweis dafür gehört in eine fortgeschrittenere Vorlesung, und wir werden ihn daher hier weglassen.

Die Synthese der elektromagnetischen Wechselwirkungen, wie sie durch die Maxwellschen Gleichungen ausgedrückt wird, ist eine der größten Errungenschaften der Physik und versetzt daher diese Wechselwirkungen in eine einmalige Position. Sie sind die bestverstandenen aller Wechselwirkungen und bisher die einzigen, die in einer geschlossenen, folgerichtigen mathematischen Form ausgedrückt werden können. Für die Menschheit war das ein eher glücklicher Umstand, da ein großer Teil unserer modernen Zivilisation auf Grund unseres Verständnisses der elektromagnetischen Wechselwirkungen möglich gemacht wurde, weil sie für die meisten natürlichen und künstlichen Vorgänge des täglichen Lebens verantwortlich sind.

Wir müssen jedoch zur Kenntnis nehmen, daß die Maxwellschen Gleichungen, so wie sie dargeboten wurden, ihre Grenzen haben. Sie lassen sich sehr gut anwenden, wenn man es mit elektromagnetischen Wechselwirkungen zwischen großen Ansammlungen von Ladungen zu tun hat, wie z.B. strahlenden Antennen, elektrischen Strömen und sogar Bündeln ionisierter Atome oder Moleküle. Man hat jedoch gefunden, daß die elektromagnetischen Wechselwirkungen zwischen Elementarteilchen (besonders bei hohen Energien) etwas anders behandelt werden müssen, und zwar nach den Gesetzen der Quantenmechanik mit Hilfe einer Methode, die man als *Quantenelektrodynamik* bezeichnet. Der Gegenstand wird in diesem Buch nicht weiter behandelt werden. Aber trotz dieser Grenzen stellen die Ergebnisse, die man aus den Maxwellschen Gleichungen in der Form, wie sie in diesem Kapitel gegeben wurde, erhalten kann, eine ausgezeichnete Annäherung zur Beschreibung elektromagnetischer Wechselwirkungen zwischen Elementarteilchen dar. Diese Methode nennt man klassische *Elektrodynamik*. Diese Näherungsmethode wollen wir zur Erörterung der elektromagnetischen Wellen und der Struktur der Materie benutzen.

FRAGEN

1. Was passiert mit der induzierten Emk in einem Stromkreis, wenn die zeitliche Veränderung des magnetischen Flusses durch den Stromkreis (a) verdoppelt, (b) auf die Hälfte reduziert wird.
2. Verlangt ein statisches magnetisches Feld die Existenz eines elektrischen Feldes? Welche Situation haben wir, wenn das Magnetfeld zeitabhängig ist?
3. Verlangt ein statisches elektrisches Feld die Existenz eines magnetischen Feldes? Welche Situation haben wir, wenn das elektrische Feld zeitabhängig ist?
4. Erklären Sie, warum das Prinzip der elektromagnetischen Induktion, wie es durch das Faraday—Henrysche Gesetz beschrieben wird, ein Beispiel für das Prinzip der Relativität darstellt.
5. Vergleichen Sie den Beschleunigungsmechanismus in einem Betatron mit dem in einem Zyklotron und führen Sie die hauptsächlichen Unterschiede an.
6. Wenn das elektromagnetische Feld zeitabhängig ist, können wir dann ein elektrisches Feld nur durch ein skalares elektrisches Potential ausdrücken? Erläutern Sie Ihre Antwort.
7. Was sind die «Quellen» eines elektromagnetischen Feldes? Erläutern Sie Ihre Antwort.
8. Diskutieren Sie die physikalische Basis für die Einführung des Begriffs der magnetischen Energie.
9. Gilt das Prinzip der Erhaltung der Ladung ebenso universell wie das Prinzip der Erhaltung des Impulses?
10. Betrachten Sie zwei koaxiale identische Stromkreise 1 und 2 im Abstand d. Im Stromkreis 1 fließt ein Strom I_1. Bestimmen Sie die Richtung des Stromes in Stromkreis 2 wenn (a) der Abstand d abnimmt, (b) der Abstand d zunimmt, (c) der Strom I_1 zunimmt, (d) der Strom I_1 abnimmt.

AUFGABEN

20.1 Eine Spule, die aus 200 Windungen besteht und einen Radius von 0,10 m hat, wird senkrecht zu einem gleichförmigen Magnetfeld von 0,2 T eingebracht. Bestimmen Sie die in der Spule induzierte Emk, wenn in 0,1 s (a) das Feld verdoppelt, (b) das Feld auf null reduziert, (c) die Richtung des Feldes umgekehrt, (d) die Spule um 90° gedreht wird, (e) die Spule um 180° gedreht wird. Fertigen Sie für jeden Fall ein Diagramm an, das die Richtung der Emk zeigt.

20.2 Wenn sich der Strom in Aufgabe 19.27 nach $I = I_0 \sin \omega t$ ändert, bestimmen Sie die Emk, die im Stromkreis induziert wird.

20.3 Wenn das Magnetfeld in Gauß und die Fläche in cm^2 ausgedrückt wird, wird der magnetische Fluß in *Maxwell* gemessen. (a) Definieren Sie das Maxwell. (b) Zeigen Sie, daß ein Weber gleich 10^8 Maxwell ist. (c) Setzen Sie in (20.1) die geeigneten numerischen Faktoren ein, so daß $V_\mathcal{E}$ in Volt und $\Phi_\mathcal{B}$ in Maxwell gemessen wird.

20.4 Das Magnetfeld $\mathcal{B}$ an allen Punkten innerhalb des gestrichelten Kreises in Abb. 20.21 ist gleich 0,5 T. Es ist auf die Papierebene zu gerichtet und nimmt mit 0,1 Ts^{-1} ab. (a) Welche Form haben die Kraftlinien des induzierten Feldes innerhalb des gestrichelten Kreises in Abb. 20.21? (b) Welchen

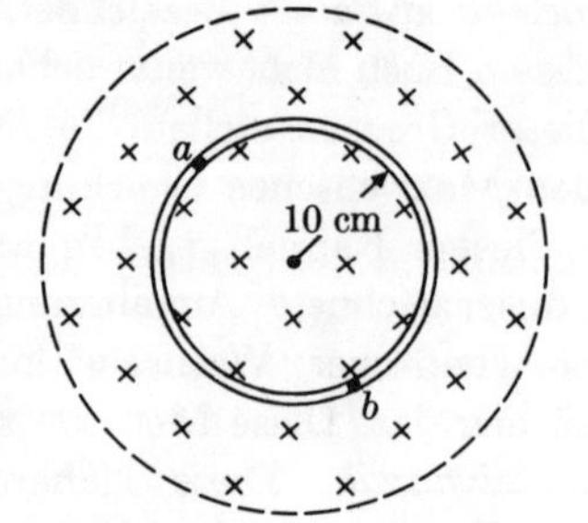

20.21

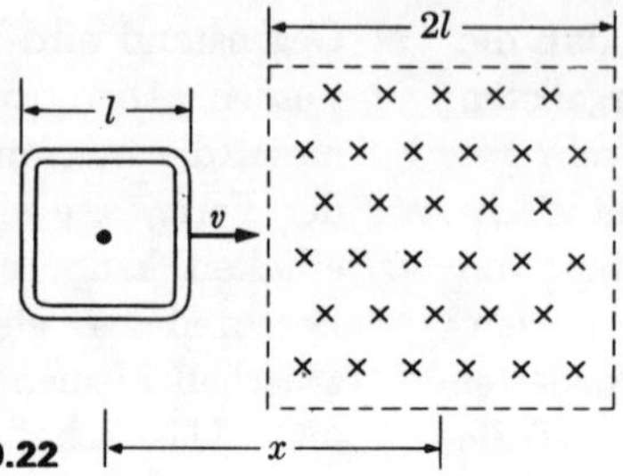

20.22

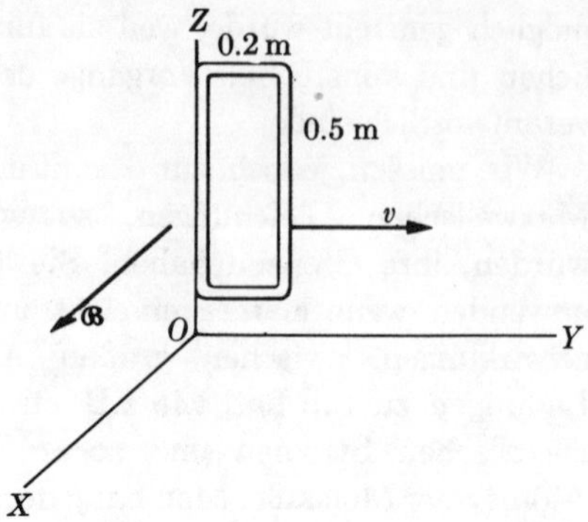

20.23

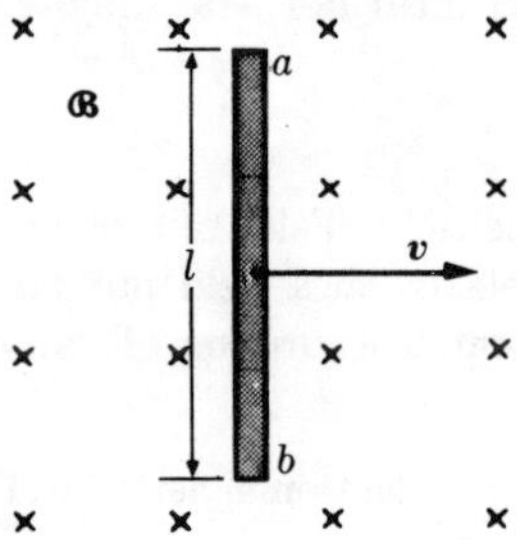

20.24

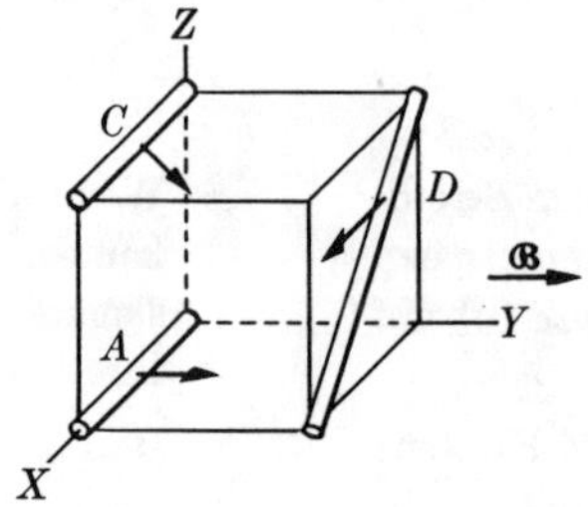

20.25

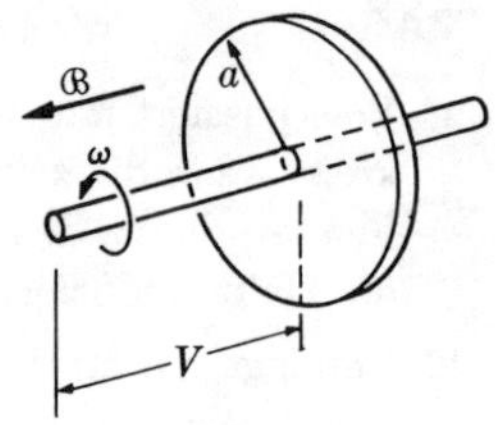

20.26

Betrag und welche Richtung hat das Feld an jedem beliebigen Punkt des leitenden Ringes, und wie groß ist die Emk in dem Ring? (c) Wie groß ist der Potentialunterschied zwischen zwei beliebigen Punkten des Ringes? (d) Wenn der Ring an einem beliebigen Punkt geöffnet wird und die Enden etwas voneinander getrennt werden, wie groß ist dann der Potentialunterschied zwischen den Enden?

20.5 Eine quadratische Drahtschleife wird mit konstanter Geschwindigkeit v über ein gleichförmiges Magnetfeld bewegt; dieses ist auf eine quadratische Fläche beschränkt, deren Seitenlänge das Doppelte der quadratischen Schleife betragen (siehe Abb. 20.22). Stellen Sie die induzierte Emk in der Schleife als Funktion von x graphisch für $x = -2l$ bis $x = +2l$ dar, wobei Sie die aufwärts gerichteten Emk im Uhrzeigersinn und die abwärts gerichteten Emk gegen den Uhrzeigersinn auftragen.

20.6 Eine rechtwinklige Schleife wird durch einen Bereich bewegt, in dem das Magnetfeld durch

$$\mathfrak{B}_x = (6 - y)\,\mathrm{T}, \qquad \mathfrak{B}_y = \mathfrak{B}_z = 0$$

gegeben ist (siehe Abb. 20.23). Bestimmen Sie die Emk in der Schleife als Funktion der Zeit, mit $t = 0$, wenn die Schleife sich in der in der Abbildung gezeigten Lage befindet und (a) wenn $v = 2\ \mathrm{m\ s^{-1}}$, (b) wenn die Schleife aus der Ruhelage kommt und eine Beschleunigung von $2\ \mathrm{m\ s^{-2}}$ hat. (c) Wiederholen Sie die Aufgabe für eine Bewegung parallel zu OZ statt OY.

20.7 Nehmen Sie an, daß die Schleife in Aufgabe 20.6 sich um die OZ-Achse bewegt. (a) Wie groß ist die mittlere Emk während der ersten 90° der Rotation, wenn die Umdrehungsperiode 0,25 beträgt. (b) Berechnen Sie die momentane Emk als Funktion der Zeit.

20.8 In Abb. 20.24 sei $l = 1{,}5$ m, $\mathfrak{B} = 0{,}5$ T und $v = 4\ \mathrm{m\ s^{-1}}$. Wie groß ist der Potentialunterschied zwischen den Enden des Leiters? Welches Ende befindet sich auf einem höherem Potential?

20.9 Der Würfel in Abb. 20.25, mit 1 m Seitenlänge, befindet sich in einem gleichförmigen Magnetfeld von 0,2 T, das entlang der Y-Achse gerichtet ist. Die Drähte A, C und D bewegen sich in der angegebenen Richtung, jeder mit einer Geschwindigkeit von $0{,}5\ \mathrm{m\ s^{-1}}$. Wie groß ist der Potentialunterschied zwischen den Enden jedes Drahtes?

20.10 Eine Metallscheibe mit dem Radius a rotiert mit einer Winkelgeschwindigkeit ω in einer Ebene, in der ein gleichförmiges Magnetfeld parallel zur Scheibenachse herrscht (siehe Abb. 20.26). Zeigen Sie, daß der Potentialunterschied zwischen dem Mittelpunkt und dem Rand $\frac{1}{2}\omega a^2\mathfrak{B}$ beträgt.

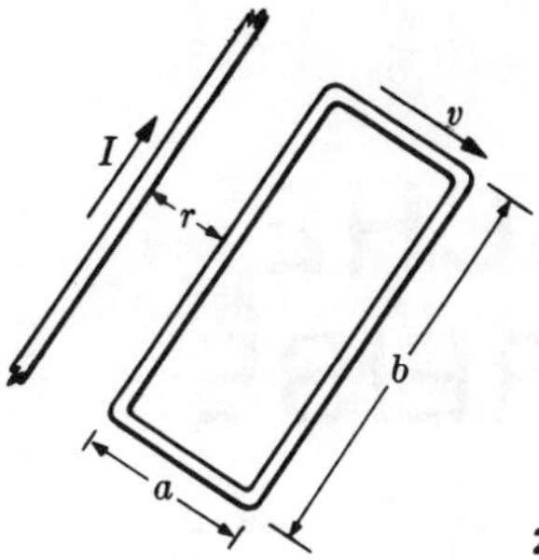

20.27

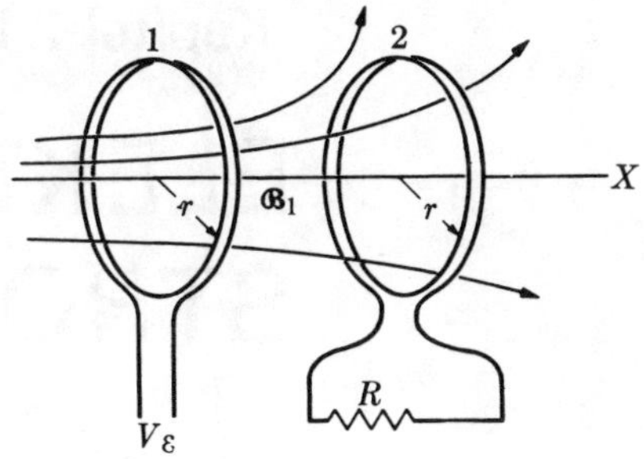

20.28

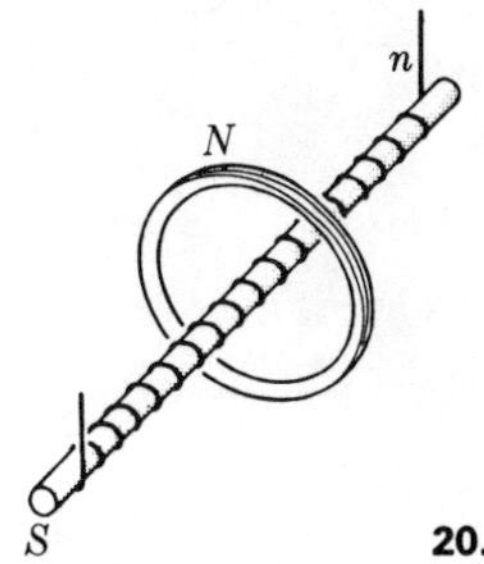

20.29

20.11 Bestimmen Sie die Selbstinduktivität eines Toroidsolenoids mit N Windungen. Nehmen Sie an, daß der Radius der Spule sehr klein ist im Vergleich zum Radius des Torus.

20.12 Der Magnetfluß durch einen Stromkreis, der einen Strom von 2 A trägt, ist 0,8 Wb. Bestimmen Sie seine Selbstinduktivität. Berechnen Sie die Emk, die im Stromkreis induziert wird, wenn in 0,2 s der Strom (a) verdoppelt, (b) auf null reduziert, (c) umgekehrt wird.

20.13 Bestimmen Sie die induzierte Emk, wenn sich der rechtwinkelige Stromkreis in Abb. 20.27 mit der Geschwindigkeit v von einem geradlinigen Strom entfernt. Wenden Sie zwei Methoden an. [*Hinweis*: Erinnern Sie sich an Aufgabe 19.27 and beachten Sie, daß $v = dr/dt$.]

20.14 Berechnen Sie die magnetische Energiedichte (a) in einem Abstand von 1,0 m von einem unendlich langen geradlinigen Draht, der einen Strom von 2,0 A trägt; (b) innerhalb eines Toroids, vom Radius 0,5 m, mit 2000 Windungen und einem Strom von 1 A.

20.15 Ein Solenoid hat eine Länge von 0,30 m und einen Querschnitt von $1{,}2 \cdot 10^{-3}$ m². Um seinen Mittelteil ist eine Spule mit 300 Windungen gewickelt. Bestimmen Sie (a) ihre Gegeninduktivität, (b) die Emk in der Spule, wenn der ursprüngliche Strom von 2 A in dem Solenoid in 0,2 s umgekehrt wird. Das Solenoid hat 2000 Windungen.

20.16 Die Spulen A und B haben 200 bzw. 800 Windungen. Ein Strom von 2 A in A erzeugt einen magnetischen Fluß von $1{,}8 \cdot 10^{-4}$ Wb in jeder Windung von B. Berechnen Sie (a) den Koeffizienten der Gegeninduktivität, (b) den Magnetfluß durch A, wenn ein Strom von 4 A in B fließt, (c) die in B induzierte Emk, wenn der Strom in A sich in 0,3 s von 3 A auf 1 A verändert.

20.17 Zwei Spulen sind koaxial angeordnet, wie in Abb. 20.28 gezeigt. Spule 1 ist mit einer äußeren Quelle einer Emk verbunden, die mit V_ε bezeichnet wird. Nehmen Sie an, daß die Geometrie so geartet ist, daß ein Fünftel des magnetischen Flusses, der von der Spule 1 erzeugt wird, durch Spule 2 tritt, und umgekehrt. Der gesamte Magnetfluß, der von Spule 1 erzeugt wird, ist durch $\Phi_{\mathcal{B}} = L_1 I_1$ gegeben, wobei L_1 die Selbstinduktivität der Spule 1 ist. (a) Bestimmen Sie die Emk, die in Spule 2 induziert wird, wenn I_1 in t s gleichförmig von 0 bis I_0 ansteigt. (b) Bestimmen Sie die induzierte Emk in Spule 2, wenn $I_1 = I_0 \sin \omega t$. (c) Bestimmen Sie den Koeffizienten der Gegeninduktivität, ausgedrückt durch L_1. (d) Bestimmen Sie die Emk, die im Stromkreis 1 induziert wird, wenn der Strom in Stromkreis 2 in t s gleichförmig von 0 bis I_0 ansteigt.

20.18 Eine Spule mit N Windungen wird um einen sehr langen Solenoid vom Querschnitt S geschoben, der pro Längeneinheit n Windungen hat (siehe Abb. 20.29). Zeigen Sie, daß die Gegeninduktivität des Systems $\mu_0 nNS$ ist.

20.19 Eine Spule mit 1000 Windungen ist um einen sehr langen Solenoid mit 10^4 Windungen pro Meter und einem Querschnitt von $2 \cdot 10^{-3}$ m² gewunden. Der Strom im Solenoid beträgt 10 A. In kurzer Zeit wird der Strom im Solenoid (a) verdoppelt, (b) auf null reduziert, (c) umgekehrt. Bestimmen Sie die Emk, die in jedem Fall in der Spule induziert wird.

20.20 Betrachten Sie ein elektrisches Feld, das durch den Ausdruck

$$\mathcal{E} = \boldsymbol{u}_x\, x\,(8 - 6t^2)\,\mathrm{N\,C^{-1}}$$

gegeben ist. Bestimmen Sie den Strom durch einen Würfel der Seitenlänge a, der parallel zur Koordinatenachse orientiert ist. [*Hinweis*: Bestimmen Sie zuerst den Fluß durch den Würfel und nehmen Sie dann seine zeitliche Ableitung.]

20.21 Berechnen Sie unter Verwendung des elektrischen Feldes, das im vorhergehenden Problem gegeben ist, und des Würfels der Seite a die Zirkulation des Magnetfeldes (d.h. die magnetomotorische Kraft) auf jedes der Quadrate der Oberfläche.

Kapitel 21

ELEKTRISCHE STROMKREISE

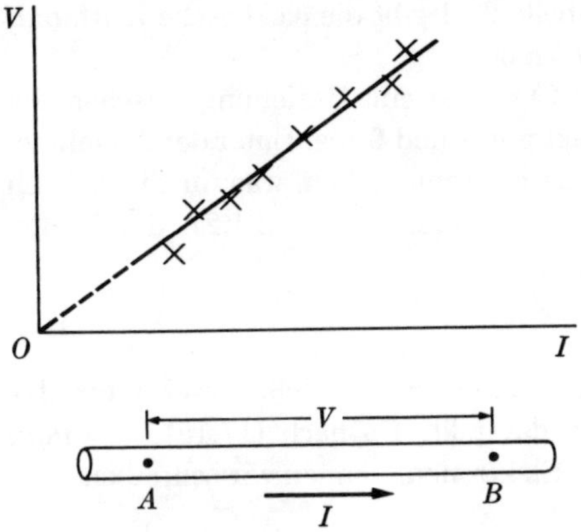

21.1 Beziehung zwischen dem Potentialunterschied und dem Strom in einem Leiter.

21.1 EINLEITUNG

In den vorhergehenden Kapiteln haben wir die Gesetze untersucht, welche die elektromagnetischen Wechselwirkungen zwischen geladenen Teilchen beschreiben; diese Gesetze sind nicht nur grundlegend für das Verständnis der Struktur der Materie, sie stellen auch die Basis für viele praktische Anwendungen dar. Einer dieser praktischen Aspekte ist der des elektrischen Stromkreises. Unter einem elektrischen Stromkreis verstehen wir ein System, das aus verschiedenen Leitern besteht, denen Energie auf solche Weise zugeführt wird, daß im Stromkreis ein elektrischer Strom zustande kommt. Wir müssen zwischen den Fällen unterscheiden, in welchen der Strom konstant ist, und jenen, in welchen er variiert. Die erste Art bezeichnet man als Gleichstromkreise, die zweite als Wechselstromkreise.

21.2 DAS OHMSCHE GESETZ

In Abschnitt 18.11 sprachen wir von metallischen Leitern als Festkörpern, in welchen freie Elektronen vorliegen, die das sogenannte Valenz- oder Leitungsband besetzen. Diese Elektronen werden in eine gemeinsame Bewegung versetzt, wenn ein äußeres elektrisches Feld an den Leiter angelegt wird. Während die natürliche thermische Bewegung der Leitungselektronen statistisch ist und zu keinem elektrischen Strom führt, ist die Bewegung infolge eines äußeren elektrischen Feldes gleichgerichtet und der Richtung des elektrischen Feldes entgegengesetzt. Diese Bewegung führt zu einem elektrischen Strom durch den Leiter. Es ist logisch anzunehmen, daß die Stärke des Stromes zur Stärke des angelegten elektrischen Feldes in Beziehung stehen muß.

Um etwas über diese Beziehung zu erfahren, wollen wir uns zuerst den experimentellen Ergebnissen zuwenden. Das dem Studenten vielleicht vertrauteste aller physikalischen Gesetze ist das *Ohmsche Gesetz*, welches besagt:

Für einen metallischen Leiter bei konstanter Temperatur ist das Verhältnis zwischen dem Potentialunterschied V zwischen zwei Punkten und dem elektrischen Strom I konstant.

Die Konstante bezeichnet man als den *elektrischen Widerstand R* des Leiters zwischen den zwei Punkten. Wir können daher das Ohmsche Gesetz durch

$$\frac{V}{I} = R \qquad \text{oder} \qquad V = RI \quad \text{(Ohmsches Gesetz)} \qquad (21.1)$$

ausdrücken. Diesem Gesetz, das von dem deutschen Physiker Georg Ohm (1787–1854) formuliert wurde, gehorchen viele Leiter mit erstaunlicher Genauigkeit über weite Bereiche von V, I und der Temperatur des Leiters. Wenn wir die Werte von V gegen die von I auftragen, sollten wir eine Gerade erhalten. Der Anstieg der Geraden stellt den Widerstand des Leiters dar (Abb. 21.1).

21.2 Symbolische Darstellung eines Widerstandes.

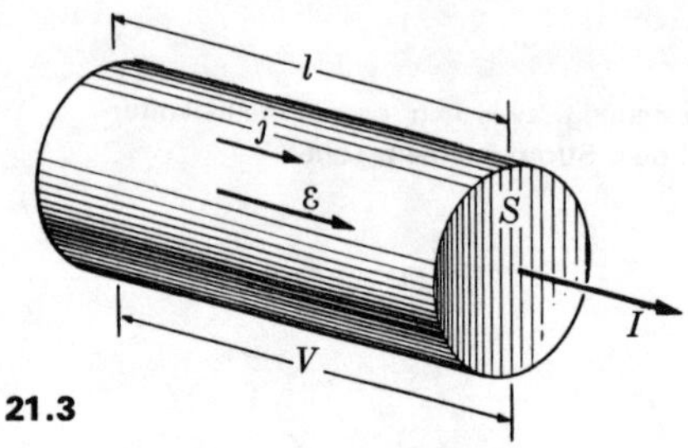

21.3

Aus (21.1) sehen wir, daß R in Volt/Ampère oder $m^2\ kg\ s^{-1}\ C^{-2}$ ausgedrückt wird; diese Einheit wird als *Ohm*, abgekürzt Ω, bezeichnet. Ein Ohm ist daher der Widerstand eines Leiters, durch den ein Strom von ein Ampère fließt und zwischen dessen Enden ein Potentialunterschied von 1 Volt aufrecht erhalten wird. Ein Leiter, der einen Widerstand hat, wird als *Widerstand* bezeichnet und ist schematisch in Abb. 21.2 dargestellt.

Wir wollen nun einen zylindrischen Leiter der Länge l und der Querschnittsfläche S betrachten (Abb. 21.3). Der Strom kann durch

$$I = jS$$

ausgedrückt werden, wobei j die Stromdichte ist. Das elektrische Feld längs des Leiters ist $\mathcal{E} = V/l$ (erinnern Sie sich an (16.18)), so daß

$$V = \mathcal{E}l.$$

Wir können daher das Ohmsche Gesetz $V = RI$ in der Form $\mathcal{E}l = RjS$, oder

$$j = \left(\frac{l}{RS}\right)\mathcal{E}, \qquad \text{oder} \qquad j = \sigma\mathcal{E} \tag{21.2}$$

schreiben, wobei $\sigma = l/RS$ eine neue Konstante ist, die man als *elektrische Leitfähigkeit* des Materials bezeichnet. Sie wird in $\Omega^{-1}\ m^{-1}$ oder $m^{-3}\ kg^{-1}\ s\ C^2$ ausgedrückt.

Die Beziehung zwischen σ und R wird häufig in der Form

$$R = \frac{l}{\sigma S} \tag{21.3}$$

geschrieben. Tabelle 21.1 gibt die elektrische Leitfähigkeit einiger Materialien.

Gleichung (21.2) drückt eine Beziehung zwischen den Beträgen der Vektoren $\boldsymbol{j}$ und $\boldsymbol{\mathcal{E}}$ aus. Unter der Annahme, daß sie die gleiche Richtung haben, was für die meisten Substanzen zutrifft, können wir (21.2) durch die Vektorgleichung

$$\boldsymbol{j} = \sigma\boldsymbol{\mathcal{E}} \tag{21.4}$$

ersetzen, was nur eine andere Schreibweise für das Ohmsche Gesetz darstellt. Da nach (17.15), $\boldsymbol{j} = nq\boldsymbol{v}$, mit $q = -e$ für Elektronen, können wir schreiben

$$\boldsymbol{j} = -en\boldsymbol{v},$$

wobei n die Zahl der Elektronen pro Volumeneinheit und $\boldsymbol{v}$ die Driftgeschwindigkeit der Elektronen infolge des angelegten elektrischen Feldes $\boldsymbol{\mathcal{E}}$ ist. Dann kann (21.4) in der Form

$$\boldsymbol{v} = -\frac{\sigma}{en}\boldsymbol{\mathcal{E}} \tag{21.5}$$

geschrieben werden. Diese Gleichung zeigt, daß die Leitungselektronen im Metall als Folge des äußeren angelegten elektrischen Feldes eine *konstante* Driftgeschwindigkeit erreichen. Wir kommen hier also zu einem ganz anderen Schluß als bei der Besprechung der Bewegung eines Ions längs der evakuierten Röhre eines Beschleunigers (Beispiel 16.2). Dort fanden wir für die Beschleunigung $\boldsymbol{a} = -(e/m)\boldsymbol{\mathcal{E}}$, was zu einer Geschwindigkeit von

$$\boldsymbol{v} = -(e/m)\boldsymbol{\mathcal{E}}t$$

führt, die mit der Zeit ständig zunimmt.

Das ist jedoch nicht das erste Mal, daß wir einer ähnlichen Situation begegnen. Wir wissen, daß ein frei fallender Körper in einem Vakuum eine Geschwindigkeit von

$$\boldsymbol{v} = \boldsymbol{g}t$$

hat, die mit der Zeit ständig zunimmt.

Wenn der Körper jedoch durch eine reibende Flüssigkeit fällt, wird seine Bewegung bei einer bestimmten Grenzgeschwindigkeit gleichförmig, wie wir in Abschnitt 7.10 besprachen. In Analogie dazu können wir sagen, daß der Effekt des Kristallgitters durch eine ähnliche «viskose» Kraft dargestellt werden kann, die auf die

Tabelle 21.1

Elektrische Leitfähigkeit bei Zimmertemperatur

Substanz	σ, $\Omega^{-1}\,\mathrm{m}^{-1}$	Substanz	σ, $\Omega^{-1}\,\mathrm{m}^{-1}$
Metalle		*Halbleiter*	
Kupfer	$5{,}81 \cdot 10^{7}$	Kohlenstoff	$2{,}8 \cdot 10^{4}$
Silber	$6{,}14 \cdot 10^{7}$	Germanium	$2{,}2 \cdot 10^{-2}$
Aluminium	$3{,}54 \cdot 10^{7}$	Silizium	$1{,}6 \cdot 10^{-5}$
Eisen	$1{,}53 \cdot 10^{7}$		
Wolfram	$1{,}82 \cdot 10^{7}$	*Isolatoren*	
		Glas	10^{-10}–10^{-14}
Legierungen		Luzit	$< 10^{-13}$
Manganin	$2{,}27 \cdot 10^{6}$	Glimmer	10^{-11}–10^{-15}
Konstantan	$2{,}04 \cdot 10^{6}$	Quarz	$1{,}33 \cdot 10^{-18}$
Nichrom	$1{,}0 \cdot 10^{6}$	Teflon	$< 10^{-13}$
		Paraffin	$3{,}37$–10^{-17}

Leitungselektronen wirkt, wenn ihre natürliche Bewegung durch das angelegte elektrische Feld gestört wird. Die genaue Natur dieser «viskosen» Kraft hängt von der Dynamik der Elektronenbewegung im Kristallgitter ab. Wir können hier nicht in die Details gehen, wie diese Elektronenbewegung durch das Gitter behindert wird. Es reicht zu sagen, daß die «viskose» Kraft auf die Störstellen des Kristallgitters und auf die thermische Bewegung der Gitterionen zurückzuführen ist, welche die freie Bewegung der Leitungselektronen durch das Gitter behindern.

21.3 ELEKTRISCHE LEISTUNG

Die Aufrechterhaltung eines Stromes in einem Leiter erfordert einen Energieaufwand. Energie muß auch aufgewendet werden, um ein Ion in einem Beschleuniger oder einer Elektronenröhre zu beschleunigen (Abschnitt 16.11), aber hier besteht ein Unterschied. Im Beschleuniger wird die ganze Energie für die Beschleunigung des Ions aufgewendet. In einem Leiter wird wegen der Weschselwirkung der Elektronen mit den positiven Ionen des Kristallgitters die Elektronenenergie auf das Gitter übertragen, wodurch seine Schwingungsenergie erhöht wird. Das führt zu einem Temperaturanstieg des Materials, was den wohlbekannten Erwärmungseffekt des Stroms darstellt, den sogenannten *Joule–Effekt*.

Wir können die Rate, mit der Wärme auf das Kristallgitter übertragen wird, leicht abschätzen. Die Arbeit, die pro Zeiteinheit an einem Elektron geleistet wird, ist

$$\boldsymbol{F} \cdot \boldsymbol{v} = -e\boldsymbol{\mathcal{E}} \cdot \boldsymbol{v}$$

und die Arbeit, die pro Zeiteinheit und Volumeneinheit geleistet wird (oder die *Leistungsdichte*), ist

$$p = n(-e\boldsymbol{\mathcal{E}} \cdot \boldsymbol{v}) = -en\boldsymbol{v} \cdot \boldsymbol{\mathcal{E}},$$

wobei n die Zahl der Elektronen pro Volumeneinheit darstellt. Wenn wir (21.2) und (21.5) benutzen, um $\boldsymbol{v}$ zu eliminieren, erhalten wir

$$p = \sigma\mathcal{E}^2 = j\mathcal{E} \qquad \text{(Leistung pro Volumeneinheit).} \qquad (21.6)$$

Wir wollen wieder den zylindrischen Leiter der Abb. 21.3 betrachten, dessen Volumen Sl ist. Die Leistung, die erforderlich ist, um in ihm den Strom aufrecht zu erhalten, ist

$$P = (Sl)p = (Sl)(j\mathcal{E}) = (jS)(\mathcal{E}l).$$

Es ist jedoch $jS = I$ und $\mathcal{E}l = V$. Die Leistung, die erforderlich ist, um den Strom im Leiter aufrecht zu erhalten, ist daher

$$P = VI \qquad \text{(Leistung in einem Leiter).} \qquad (21.7)$$

Dies ist identisch mit Gleichung (16.31), die auf allgemeinere Weise abgeleitet wurde, und ist unabhängig von der Natur des Leitungsvorganges. Für Leiter, die dem Ohmschen Gesetz gehorchen, ist $V = RI$, und (21.7) kann in der alternativen Form

$$P = RI^2 \qquad \text{(Leistung in einem Ohmschen Widerstand)} \qquad (21.8)$$

geschrieben werden. Viele Materialien gehorchen jedoch nicht dem Ohmschen Gesetz; für sie stimmt (21.8) nicht, obwohl (21.7) gültig bleibt.

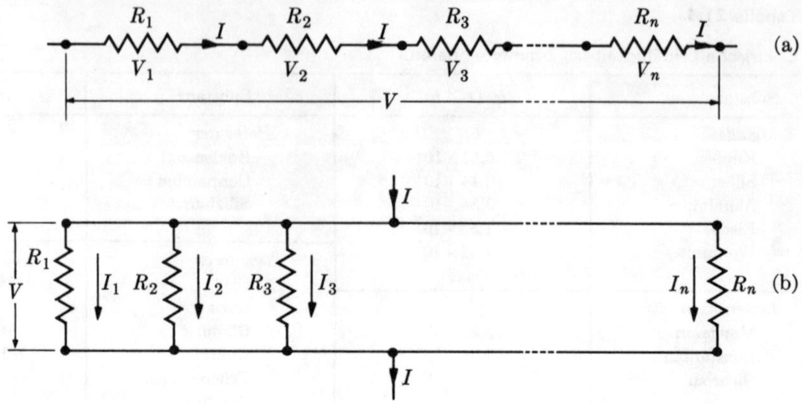

21.4 Serien- und Parallelschaltung von Widerständen

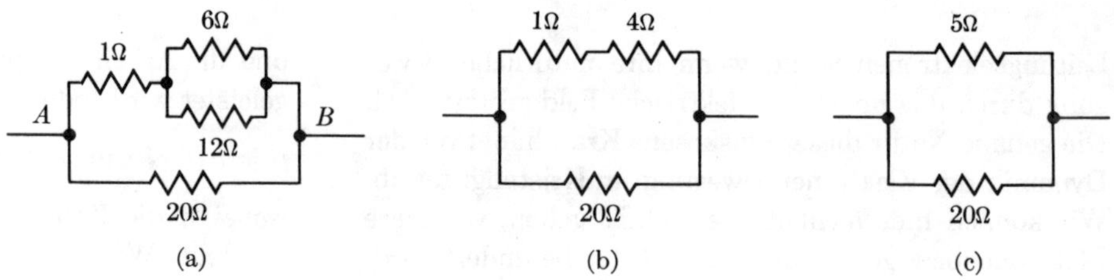

21.5

21.4 KOMBINATION VON WIDERSTÄNDEN

Widerstände können in zwei Arten von Anordnungen kombiniert werden, ähnlich jenen, die in Beispiel 19.7 für Kondensatoren besprochen wurden: *in Serie* (hintereinander) und *parallel*. In der Serienanordnung (Abb. 21.4) sind die Widerstände so verbunden, daß durch alle der gleiche Strom I geht. Der Potentialabfall längs jedes Widerstandes ist nach dem Ohmschen Gesetz

$$V_1 = R_1 I,\ V_2 = R_2 I,\ \ldots,\ V_n = R_n I.$$

Der gesamte Potentialunterschied ist daher

$$V = V_1 + V_2 + \cdots + V_n = (R_1 + R_2 + \cdots + R_n) I.$$

Das System kann daher effektiv auf einen einzigen Widerstand R reduziert werden, der den Ausdruck $V = RI$ erfüllt. Daher gibt

$$R = R_1 + R_2 + \cdots + R_n \qquad \text{(Serie)} \qquad (21.9)$$

den resultierenden Widerstand für hintereinandergeschaltete Widerstände.

In der parallelen Anordnung (Abb. 21.4) sind die Widerstände so verbunden, daß der Potentialunterschied V für alle gleich ist. Der Strom durch jeden Widerstand ist nach dem Ohmschen Gesetz

$$I_1 = \frac{V}{R_1},\ I_2 = \frac{V}{R_2},\ \ldots,\ I_n = \frac{V}{R_n}.$$

Der gesamte Strom, der dem System zugeführt wird, ist

$$I = I_1 + I_2 + \cdots + I_n = \left(\frac{1}{R_1} + \frac{1}{R_2} + \cdots + \frac{1}{R_n}\right) V.$$

Dieses System kann effektiv auf einen einzigen Widerstand R reduziert werden, der $I = V/R$ erfüllt. Daher gibt

$$\frac{1}{R} = \frac{1}{R_1} + \frac{1}{R_2} + \cdots + \frac{1}{R_n} \qquad \text{(parallel)} \qquad (21.10)$$

den resultierenden Widerstand für parallel geschaltete Widerstände.

Beispiel 21.1 Bestimmen Sie den effektiven Widerstand für die in Abb. 21.5 (a) gezeigte Anordnung. Bestimmen Sie außerdem den Strom in jedem Leiter, wenn die Spannung, die zwischen A und B angelegt wird, 30 V beträgt.

Wir müssen zuerst den Widerstand der parallel geschalteten 6 Ω und 12 Ω Widerstände gemäß (21.10) berechnen:

$$\frac{1}{R_1} = \frac{1}{6} + \frac{1}{12} = \frac{1}{4} \qquad \text{oder} \qquad R_1 = 4\Omega.$$

Wir können daher die Anordnung von Abb. 21.5 (a) durch die von Abb. 21.5 (b) ersetzen. Der 1 Ω-und der 4 Ω-Widerstand hintereinander entsprechen einem Widerstand von

$$R_2 = 1\ \Omega + 4\ \Omega = 5\ \Omega.$$

Wir können daher statt dessen die Anordnung der Abb. 21.5 (c) betrachten. Der effektive Widerstand des Systems ist daher schließlich

$$\frac{1}{R} = \frac{1}{5} + \frac{1}{20} = \frac{1}{4} \qquad \text{oder} \qquad R = 4\ \Omega.$$

Wenn die Spannung, die zwischen A und B angelegt wird, 10 V beträgt, ist nach dem Ohmschen Gesetz $I = V/R$, so daß der Strom durch den 20 Ω. Widerstand 30 $V/20\ \Omega =$ 1,5 A, und der Strom durch den 5 Ω Widerstand in Abb. 21.5 (c) 30 $V/5\ \Omega = 6\ A$ beträgt. Das ist auch der Strom durch den 1 Ω Widerstand in Abb. 21.5 (a) und (b). Der Spannungsabfall längs des 4 Ω Widerstands in Abb. 21.5 (b) ist $4\ \Omega \cdot 6\ A = 24\ V$. Die Ströme längs des 6 Ω und des 12 Ω Widerstandes in Abb. 21.5 (a) betragen daher 24 $V/6\Omega =$ 4 A bzw. 24 $V/12\ \Omega = 2\ A$.

21.5 GLEICHSTROMKREISE

Das Ohmsche Gesetz, (21.1), stellt eine Beziehung zwischen dem *Potentialunterschied* zweier Punkte eines Leiters und dem elektrischen Strom im Leiter her. Die Aufrechterhaltung eines Stromes zwischen zwei Punkten in einem Leiter bedeutet, daß dem System von der Quelle des Potentialunterschiedes Energie zugeführt werden muß. Tatsächlich bestimmt der Potentialunterschied V zwischen den zwei Punkten die Arbeit, die von der Spannungsquelle geleistet werden muß, wenn sie eine Ladungseinheit vom ersten an den zweiten Punkt bewegt. Das Produkt RI ist daher nach dem Ohmschen Gesetz auch gleich der Arbeit pro Ladungseinheit.

Nehmen Sie nun an, daß wir einen *geschlossenen Stromkreis* haben; d.h. ein System von Leitern, das einen geschlossenen Weg darstellt. Die gesamte Arbeit, die erforderlich ist, um die Ladungseinheit längs des Weges zu bewegen, ist die Emk V_ε, die an den Stromkreis angelegt wird (Abschnitt 19.4). Wenn daher R

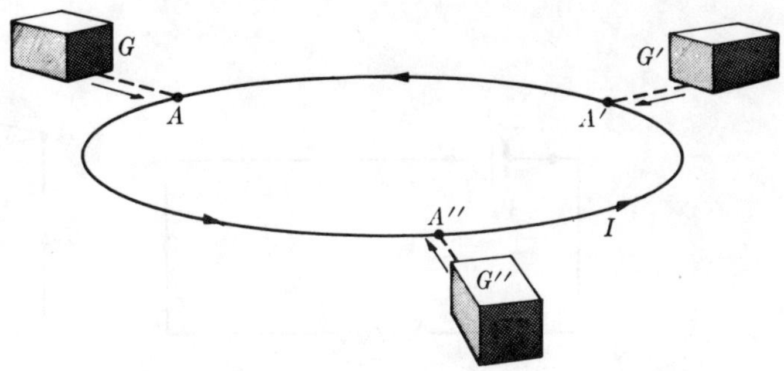

21.6 Ein elektrischer Strom wird in einem geschlossenen Stromkreis durch Generatoren aufrecht erhalten.

der *Gesamtwiderstand* des Stromkreises und I der Gesamtstrom ist, muß

$$V_\varepsilon = RI \qquad \text{(Ohmsches Gesetz für einen geschlossenen Stromkreis)} \qquad (21.11)$$

sein. Der Unterschied zwischen diesem Gesetz und dem Ohmschen Gesetz für einen einfachen Leiter ist der, daß V_ε eine Emk ist, die an einen geschlossenen Stromkreis angelegt wird, während V eine Potentialdifferenz (Spannung) zwischen zwei Punkten eines Leiters darstellt.

Wir erinnern uns vielleicht aus Abschnitt 19.4 daran, daß die Emk null ist ($V_\varepsilon = 0$), wenn ein geschlossener Leiter in ein *statisches* elektrisches Feld eingebracht wird; dann gibt (21.11) $I = 0$. In anderen Worten, *ein statisches Feld ist nicht in der Lage, einen Strom in einem geschlossenen Stromkreis zu halten.* Der Grund dafür liegt darin, daß ein statisches elektrisches Feld konservativ ist; die Gesamtenergie, die einer Ladung zugeführt wird, welche eine geschlossene Bahn beschreibt, ist daher null. Eine Ladung, die sich innerhalb eines Leiters bewegt, überträgt jedoch die Energie, die sie vom elektrischen Feld empfängt, auf das Kristallgitter, und dieser Vorgang ist irreversibel; d.h., das Gitter gibt sie nicht wieder an die Elektronen zurück. Wenn wir daher den Elektronen keine Nettomenge an Energie zuführen, können sie sich nicht stationär im geschlossenen Stromkreis bewegen.

Dementsprechend muß man an bestimmten Punkten $A, A', A'', \ldots$ (Abb. 21.6) Energie in den Stromkreis einspeisen, um einen Strom in einem geschlossenen Stromkreis aufrecht zu erhalten. Wir nennen die Ener-

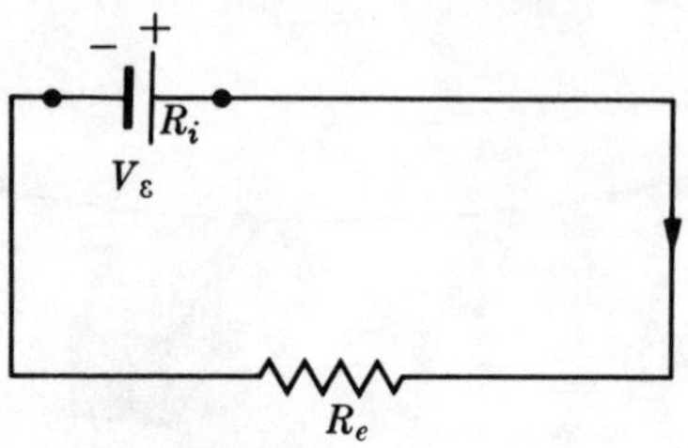

21.7 Symbolische Darstellung eines Stromkreises mit einer elektromotorischen Kraft.

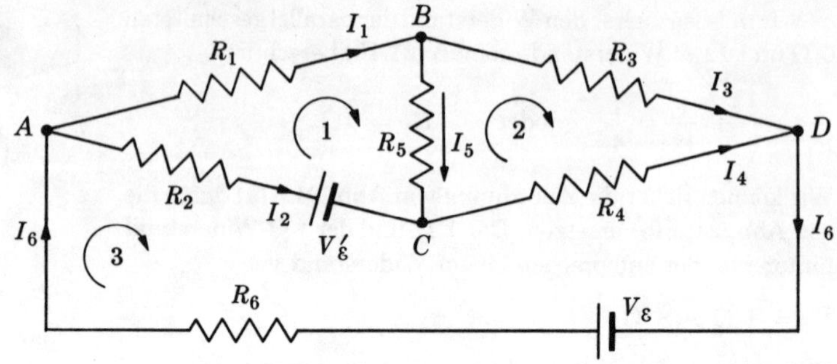

21.8 Ein elektrisches Netz.

gielieferanten die *elektrischen Generatoren G, G′, G″*, ..., und wir können sagen, daß sie die Quellen der Emk sind.

Es gibt viele Wege, eine elektromotorische Kraft zu erzeugen. Eine übliche Methode ist die Erzeugung durch eine chemische Reaktion, wie z.B. eine Trockenzelle oder ein Akku, bei der die innere Energie, welche bei der chemischen Reaktion freigesetzt wird, auf die Elektronen übertragen wird. Eine andere wichtige Methode der Erzeugung ist die durch die elektromagnetische Induktion, die in Kapitel 20 diskutiert wurde.

Eine Quelle der Emk ist in Abb. 21.7 schematisch dargestellt. Die Richtung des Stroms, der im Stromkreis *außerhalb der Quelle der Emk* erzeugt wird, fließt verabredungsgemäß vom langen Strich, dem positiven Pol, zum kurzen Strich, dem negativen Pol.

Wenn wir das Ohmsche Gesetz (21.11) auf einen einfachen Stromkreis, wie z.B. den in Abb. 21.7, anwenden, müssen wir beachten, daß der Gesamtwiderstand R die Summe der inneren Widerstände R_i der Quelle der Emk und des äußeren Widerstandes R_e des Leiters darstellt, der mit dem Generator (oder der Batterie) verbunden ist. Das heißt

$$R = R_i + R_e.$$

Das Ohmsche Gesetz für den Stromkreis kann in der Form

$$V_\varepsilon = (R_e + R_i)I \qquad (21.12)$$

geschrieben werden. Man kann das auch als

$$V_\varepsilon - R_iI = R_eI$$

schreiben.

Jede Seite der Gleichung gibt den Spannungsunterschied zwischen den Polen des Generators (oder der Batterie). Beachten Sie, daß dieser Spannungsunterschied kleiner ist als die Emk. Wenn der Stromkreis jedoch offen ist, so daß $I = 0$, wird der Spannungsunterschied zwischen den Polen des Generators V_ε sein.

21.6 METHODEN ZUR BERECHNUNG DER STRÖME IN EINEM ELEKTRISCHEN NETZ

Ein elektrisches Netz ist eine Kombination von Leitern und Spannungsquellen (Emk), wie z. B. die in Abb. 21.8 dargestellte. Wir wollen hier nur den Fall betrachten, in dem die Emk konstant sind und ein Gleichgewichtszustand im Leiternetz erreicht wurde, so daß auch die Ströme konstant sind. Im allgemeinen besteht das Problem darin, die Ströme an Hand der Emk und der Widerstände zu bestimmen. Die Regeln zur Lösung dieser Art von Problemen, die als *Kirchhoffsche Gesetze* bekannt sind, drücken bloß die Erhaltung der elektrischen Ladung und der Energie aus. Die Kirchhoffschen Gesetze können wie folgt formuliert werden:

---

1. *Die Summe aller Ströme an jedem Knotenpunkt eines Netzes ist null.*
2. *Die Summe aller Potentialabfälle längs eines geschlossenen Weges in einem Netz ist null.*

Das erste Gesetz drückt die Erhaltung der Ladung aus, da die Zahl der Ladungen, die in einer bestimmten Zeit-

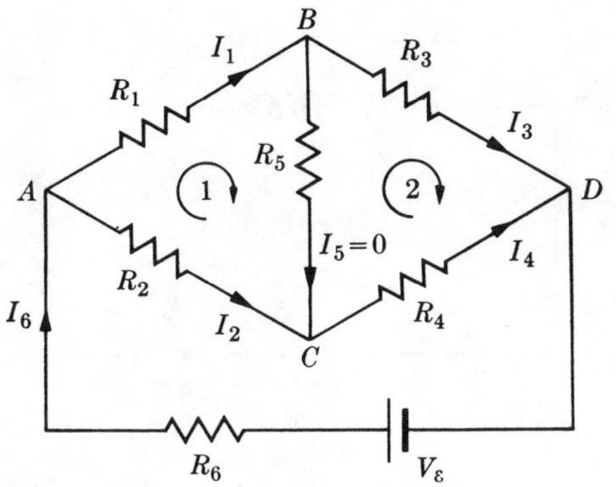

21.9 Wheatstonesche Brücke. Der Strom I_5 ist null, wenn der Potentialunterschied zwischen B und C null ist.

spanne an einem Knotenpunkt ankommen, diesen in der gleichen Zeit verlassen müssen, da sich Ladungen an den Knotenpunkten nicht ansammeln. Das zweite Gesetz drückt die Erhaltung der Energie aus, da die resultierende Änderung in der Energie einer Ladung, nachdem diese einen geschlossenen Weg durchlaufen hat, null sein muß.

Beim Anschreiben des ersten Gesetzes betrachten wir jene Ströme, die vom Knotenpunkt wegführen, als positiv und jene, die zu ihm hinführen, als negativ. Wenn wir den Potential*abfall* betrachten, müssen wir die folgenden Regeln beachten:

a) Ein Potential*abfall* längs eines Widerstandes wird als positiv oder negativ betrachtet, je nachdem ob man sich in gleicher Richtung wie der Strom oder in entgegengesetzter Richtung bewegt.
b) Wenn wir eine Spannungsquelle passieren, nehmen wir den Potential*abfall* als negativ oder positiv an, je nachdem, ob wir in der Richtung passieren, in der die Emk wirkt (Zunahme des Potentials), oder in der entgegengesetzten Richtung (Abnahme des Potentials).

Wir wollen nun die Verwendung der Kirchhoffschen Gesetze illustrieren, indem wir sie auf das Netz aus Abb. 21.8 anwenden. Das erste Gesetz gibt bei Anwendung auf die Verzweigungsstellen A, B und C

Knotenpunkt A: $\quad -I_6 + I_1 + I_2 = 0,$
Knotenpunkt B: $\quad -I_1 + I_3 + I_5 = 0,$
Knotenpunkt C: $\quad -I_2 - I_5 + I_4 = 0.$

Das zweite Gesetz, angewandt auf die geschlossenen Wege (Maschen), die mit 1, 2 und 3 markiert sind, gibt

Weg 1: $\quad -R_2I_2 + R_1I_1 + R_5I_5 - V_{\varepsilon'} = 0,$
Weg 2: $\quad -R_5I_5 + R_3I_3 - R_4I_4 = 0,$
Weg 3: $\quad R_6I_6 + R_2I_2 + R_4I_4 - V_\varepsilon + V_{\varepsilon'} = 0.$

Die sechs Gleichungen, die wir angeschrieben haben, reichen aus, um die sechs Ströme des Netzes zu bestimmen.

Eine praktische Regel, der man folgen sollte, um die Ströme in einem Netz mit n Knotenpunkten zu bestimmen, ist die, das Gesetz zuerst nur auf $(n - 1)$ Knotenpunkte anzuwenden, da das Gesetz, sobald es für $(n - 1)$ Verzweigungsstellen erfüllt ist, automatisch auch für die restlichen gilt (Der Student sollte diese Aussage für das Leiternetz in Abb. 21.8 überprüfen). Das zweite Gesetz muß auf so viele Maschen angewendet werden wie notwendig, damit jeder Leiter mindestens ein Mal Teil einer Masche ist.

Um numerische Werte zu betrachten, wollen wir annehmen, daß

$R_1 = R_5 = R_6 = 3\,\Omega,$

$R_2 = 2\,\Omega, \quad R_3 = 4\,\Omega, \quad R_4 = 1\,\Omega,$

$V_\varepsilon = 10\text{V} \quad \text{und} \quad V'_\varepsilon = 5\text{V}.$

Indem wir in die obigen Gleichungen einsetzen und das System auflösen, finden wir z.B., daß

$I_6 = 1{,}06\,A \quad \text{und} \quad I_4 = -0{,}53A.$

Das negative Vorzeichen von I_4 bedeutet, daß die Rich-

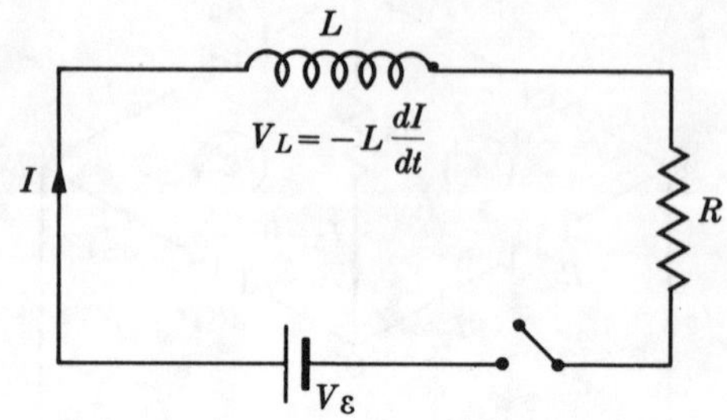

21.10 Elektrischer Stromkreis, der einen Widerstand und eine Selbstinduktivität enthält.

tung von I_4 falsch gewählt wurde. Für diese Aufgabe geht daher der Strom durch R_4 von D nach C.

Beispiel 21.2 Betrachten Sie das Netz aus Abb. 21.9, welches ähnlich dem der Abb. 21.8 ist, außer daß die Emk $V'_\mathcal{E}$ entfernt wurde. Dieses Netz wird als *Wheatstonesche Brücke* bezeichnet. Bestimmen Sie die Bedingungen, unter welchen der Strom durch R_5 null ist.

Lösung: Damit der Strom durch R_5 null sein kann, muß auch der Potentialunterschied zwischen B und C null sein. Die Gleichungen für dieses Netzwerk sind die gleichen, wie die für Abb. 21.8, außer daß wir $V'_\mathcal{E} = 0$ setzen müssen. Indem wir in den obigen Gleichungen für die Stromkreise 1 und 2 $I_5 = 0$ und $V'_\mathcal{E} = 0$ setzen, erhalten wir

$$R_1I_1 - R_2I_2 = 0, \qquad R_3I_3 - R_4I_4 = 0,$$

was wir als

$$R_1I_1 = R_2I_2, \qquad R_3I_3 = R_4I_4$$

schreiben. Diese Gleichungen drücken einfach die Tatsache aus, daß die Potentialabfälle von A nach B und von A nach C gleich sind und daß die Potentialabfälle von B nach D und von C nach D ebenfalls gleich sind, was zu erwarten war, da sich B und C auf dem selben Potential befinden.

Wenn jedoch $I_5 = 0$ ist, geben die Gleichungen für die Knotenpunkte B und C $I_1 = I_3$ und $I_2 = I_4$, was offensichtlich ist, da der gesamte Strom, der durch AB geht entlang BD weiter fließen muß, und Entsprechendes gilt für AC und CD. Wenn wir diese Ergebnisse vereinigen, erhalten wir schließlich

$$\frac{R_1}{R_2} = \frac{R_3}{R_4}.$$

Wenn wir daher R_2 und das Verhältnis von R_3/R_4 kennen, können wir den Widerstand R_1 ermitteln. Deshalb wird diese Anordnung zur Messung von Widerständen verwendet.

21.7 ANWACHSEN UND ABFALL EINES STROMS IN EINEM STROMKREIS MIT SELBSTINDUKTIVITÄT

Wir wollen einen Stromkreis mit einem Widerstand R und einer Selbstinduktivität L betrachten. Wenn durch Schließen eines Schalters eine Emk $V_\mathcal{E}$ an den Stromkreis angelegt wird (Abb. 21.10), erreicht der Strom nicht sofort den Wert $V_\mathcal{E}/R$, entsprechend dem Ohmschen Gesetz, sondern nimmt nach und nach zu, bis er sich schließlich dem Wert nähert, der durch das Ohmsche Gesetz gegeben ist. Dieser Vorgang ist auf die selbstinduzierte Emk

$$V_L = -L\frac{dI}{dt}$$

zurückzuführen, welche der Änderung des Stroms entgegenwirkt, während der Strom von null auf seinen endgültigen konstanten Wert ansteigt. Die gesamte Emk, die am Stromkreis wirkt, ist dann $V_\mathcal{E} + V_L$. Das Ohmsche Gesetz lautet nun

$$RI = V_\mathcal{E} + V_L \quad \text{oder} \quad RI = V_\mathcal{E} - L\frac{dI}{dt}. \tag{21.13}$$

Die Lösung dieser Gleichung ist, wie unten gezeigt wird,

$$I = \frac{V_\mathcal{E}}{R}(1 - e^{-Rt/L}). \tag{21.14}$$

Das zweite Glied in der Klammer nimmt mit der Zeit ab, und der Strom nähert sich asymptotisch dem Wert $V_\mathcal{E}/R$, der durch das Ohmsche Gesetz gegeben ist. Je größer der Widerstand, oder je kleiner die Induktivität, desto rascher stabilisiert sich der Strom bei dem Wert

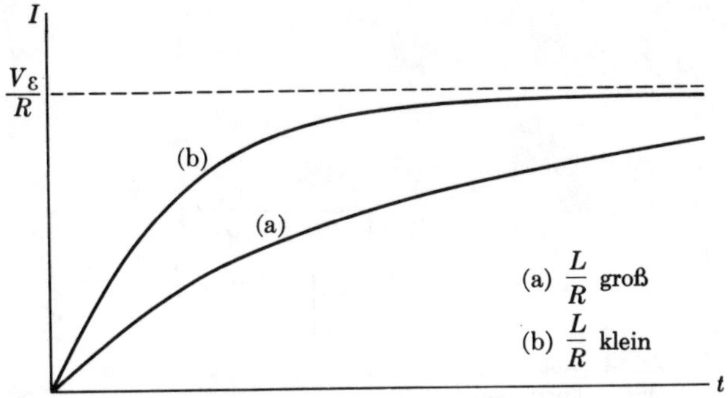

21.11 Anwachsen eines Stroms in einem Stromkreis.

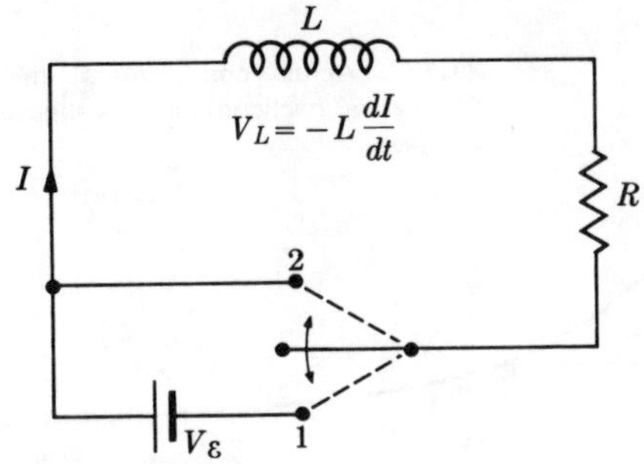

21.12 Methode zur Entfernung der Emk in einem Stromkreis ohne Änderung der Widerstände.

$V_\mathcal{E}/R$. Die Größe

$$\tau = \frac{L}{R}$$

nennt man die *Zeitkonstante* des Stromkreises. Sie gibt die Zeit, die erforderlich ist, damit der Strom 63% seines Maximalwertes erreicht. Je größer (kleiner) τ, desto länger (kürzer) ist die Zeit, die der Strom braucht, um den Grenzwert $V_\mathcal{E}/R$ zu erreichen.

In Abb. 21.11 haben wir die Änderung des Stroms mit der Zeit für zwei Werte der Zeitkonstanten dargestellt.

Lösung für (21.13) Gleichung (21.13) kann als

$$RI - V_\mathcal{E} = -L\frac{dI}{dt}$$

geschrieben werden, oder, wenn man die variablen I und t trennt, als

$$\frac{dI}{I - V_\mathcal{E}/R} = -\frac{R}{L}\,dt.$$

Durch Integration erhalten wir, wenn wir beachten, daß zu $t = 0$ der Strom ebenfalls null ist ($I = 0$),

$$\int_0^I \frac{dI}{I - V_\mathcal{E}/R} = -\frac{R}{L}\int_0^t dt.$$

Die Ausrechnung des Integrals gibt

$$\ln\left(I - \frac{V_\mathcal{E}}{R}\right) - \ln\left(-\frac{V_\mathcal{E}}{R}\right) = -\left(\frac{R}{L}\right)t.$$

Da $\ln e^x = x$ ist, erhalten wir

$$\ln\left(I - \frac{V_\mathcal{E}}{R}\right) = \ln\left(-\frac{V_\mathcal{E}}{R}\right) + \ln e^{-Rt/L},$$

was als

$$I - \frac{V_\mathcal{E}}{R} = -\frac{V_\mathcal{E}}{R}e^{-Rt/L}, \qquad \text{oder} \qquad I = \frac{V_\mathcal{E}}{R}(1 - e^{Rt/L})$$

geschrieben werden kann.

Wir wollen nun den Abfall des Stroms in einem Stromkreis betrachten, wenn die Emk entfernt wird, ohne daß der Widerstand verändert wird. Nach Abb. 21.12 können wir annehmen, daß der Strom im Stromkreis seinen Grenzwert (oder stetigen Wert) $V_\mathcal{E}/R$ erreicht hat, wenn der Schalter sehr lange in Position 1 war. Indem wir den Schalter auf Position 2 umlegen, entfernen wir die Spannungsquelle, ohne den Stromkreis auch tatsächlich zu öffnen. Die einzige verbleibende Emk ist

$$V_L = -L\frac{dI}{dt},$$

und das Ohmsche Gesetz wird zu $V_L = RI$, oder

$$RI = -L\frac{dI}{dt}.$$

Die Lösung dieser Gleichung ist, wie unten gezeigt,

$$I = \frac{V_\mathcal{E}}{R}e^{-Rt/L}. \tag{21.15}$$

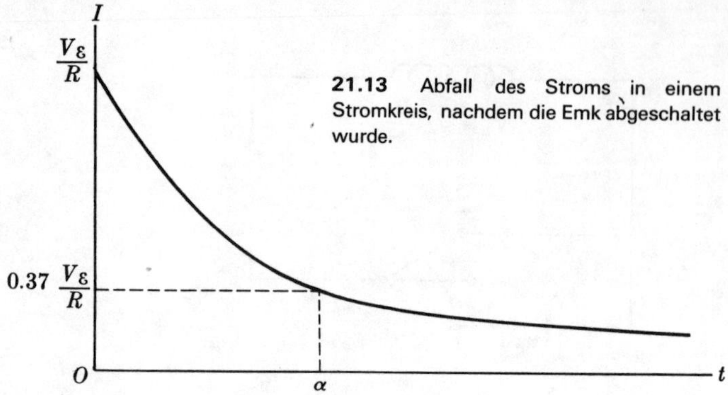

21.13 Abfall des Stroms in einem Stromkreis, nachdem die Emk abgeschaltet wurde.

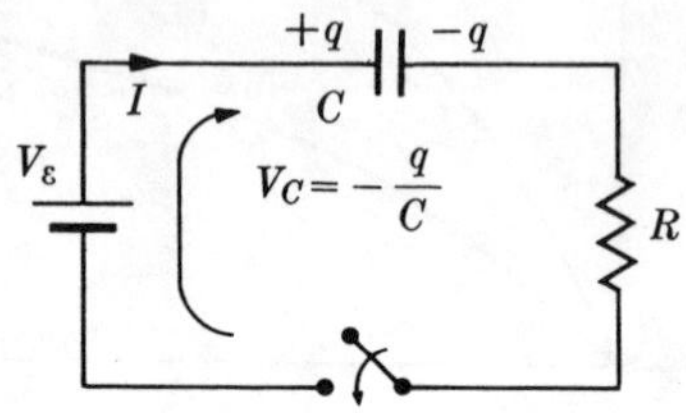

21.14 Aufladung eines Kondensators.

Der Strom fällt nicht plötzlich auf null ab, sondern nimmt exponentiell ab, wie in Abb. 21.13 gezeigt. Das ist deshalb so, weil die Selbstinduktion dem Stromabfall entgegenwirkt. Je größer der Widerstand R, oder je kleiner die Induktivität L, desto schneller ist der Stromabfall. Die Zeitkonstante $\tau = L/R$ gibt die Zeit an, die der Strom braucht, um auf $1/e$, oder auf etwa 37% seines ursprünglichen Wertes abzufallen.

Beweis (21.15) Wir schreiben die Gleichung $RI = -L(dI/dt)$ in der Form

$$\frac{dI}{I} = -\frac{R}{L}dt.$$

Wenn wir die Zeit ($t = 0$) von dem Augenblick an rechnen, zu dem V_ε vom Stromkreis entfernt wird, ist der Anfangsstrom V_ε/R. Durch Integration erhalten wir

$$\int_{V_\varepsilon/R}^{I} \frac{dI}{I} = -\frac{R}{L}\int_0^t dt.$$

Nach Ausrechnung des Integrals ergibt sich

$$\ln I - \ln\left(\frac{V_\varepsilon}{R}\right) = -\left(\frac{R}{L}\right)t,$$

oder, wenn wir wieder $\ln e^x = x$ anwenden,

$$\ln I - \ln\left(\frac{V_\varepsilon}{R}\right) = \ln e^{-Rt/L}.$$

Nach dem Entlogarithmieren bekommen wir

$$I = \frac{V_\varepsilon}{R}e^{-Rt/L}.$$

21.8 LADEN UND ENTLADEN EINES KONDENSATORS

Wir wollen nun einen Stromkreis betrachten, der aus einem hintereinandergeschalteten Kondensator und einem Widerstand mit einer angelegten Emk besteht. Nehmen Sie an, daß wir den in Abb. 21.14 gezeigten Stromkreis durch Bedienen des Schalters schließen. Die Spannungsquelle V_ε erzeugt in der durch den Pfeil angezeigten Richtung einen Strom I im Stromkreis. Als Ergebnis treten die Ladungen q und $-q$ auf den Platten des Kondensators auf, so daß

$$I = \frac{dq}{dt}. \tag{21.16}$$

Diese Ladungen erzeugen einen Potentialunterschied zwischen dem Kondensator, welcher der Emk entgegenwirkt und durch (19.25),

$$V_C = -\frac{q}{C}$$

gegeben ist, wobei das negative Vorzeichen erscheint, weil der Potentialunterschied am Kondensator der angewandten Emk V_ε entgegengesetzt ist.

Die Emk, die an den Stromkreis angelegt wird, ist dahen $V_\varepsilon + V_C$. Bei

$$V_\varepsilon + V_C = 0 \qquad \text{oder} \qquad V_\varepsilon = -V_C,$$

entsteht ein Gleichgewicht und im Stromkreis fließt kein weiterer Strom. Wir sagen, daß der Kondensator aufgeladen ist, wobei die Ladungen auf den Platten

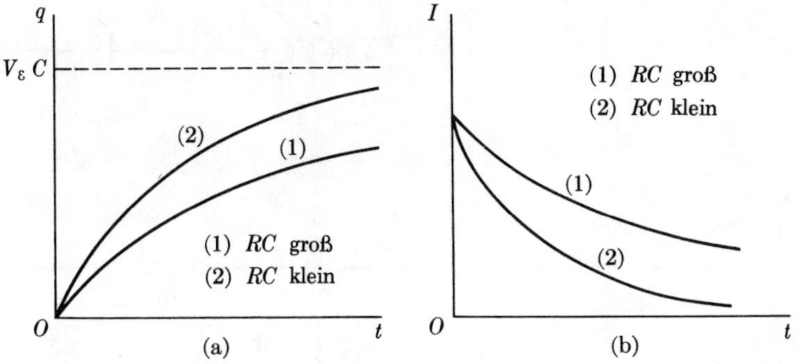

21.15

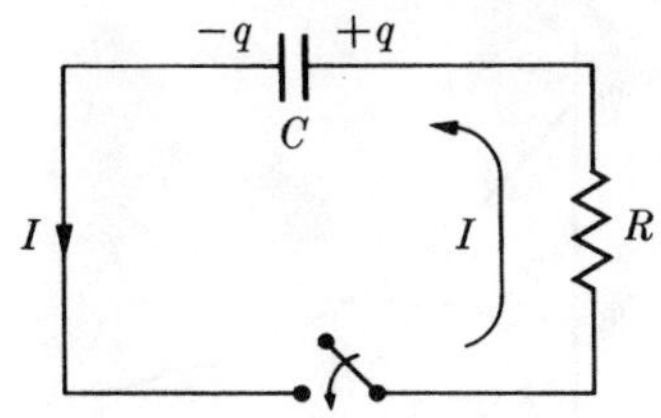

21.16 Entladen eines Kondensators.

gleich $Q = V_{\mathcal{E}}C$ sind. Um zu bestimmen, wie die Ladung auf dem Kondensator und der Strom sich mit der Zeit ändern, wenden wir das Ohmsche Gesetz an, welches nun

$$RI = V_{\mathcal{E}} + V_C \qquad \textit{oder} \qquad RI = V_{\mathcal{E}} - \frac{q}{C} \tag{21.17}$$

lautet. Die Lösung dieser Gleichung ist, wie unten gezeigt wird,

$$q = V_{\mathcal{E}}C(1 - e^{-t/RC}). \tag{21.18}$$

Das zweite Glied in der Klammer nimmt mit der Zeit ab und die Ladung nähert sich asymptotisch dem Wert $V_{\mathcal{E}}C$ (Abb. 21.15). Die Zeitkonstante des Stromkreises ist $\tau = RC$. Wenn τ klein ist, erreicht die Ladung sehr rasch den Wert, wenn jedoch τ groß ist, kann es lange dauern, bis der Kondensator voll aufgeladen ist. Der Strom im Stromkreis ist

$$I = \frac{dq}{dt} = \frac{V_{\mathcal{E}}}{R}\,e^{-t/RC}.$$

Bei $t = 0$ hat der Strom den Wert $V_{\mathcal{E}}/R$, der durch das Ohmsche Gesetz gegeben ist, aber er nimmt exponentiell mit der Zeit ab, bis er schließlich null wird (Abb. 21.15b)

Beweis für (21.18) Unter Verwendung von (21.16) können wir (21.17) als

$$R\frac{dq}{dt} = -\frac{1}{C}(q - V_{\mathcal{E}}C) \qquad \text{oder} \qquad \frac{dq}{q - V_{\mathcal{E}}C} = -\frac{1}{RC}\,dt$$

schreiben. Unter Beachtung, daß bei $t = 0$ die Ladung auf dem Kondensator null ist ($q = 0$), können wir integrieren und erhalten

$$\int_0^q \frac{dq}{q - V_{\mathcal{E}}C} = -\frac{1}{RC}\int_0^t dt.$$

Die Integrale ergeben

$$\ln(q - V_{\mathcal{E}}C) - \ln(-V_{\mathcal{E}}C) = -\frac{t}{RC}.$$

Da $\ln e^x = x$, erhalten wir

$$q - CV_{\mathcal{E}} = -CV_{\mathcal{E}}e^{-t/RC} \qquad \text{oder} \qquad q = CV_{\mathcal{E}}(1 - e^{-t/RC}).$$

Nehmen Sie nun an, daß wir einen Stromkreis haben, der aus einem geladenen Kondensator und einem Widerstand besteht (Abb. 21.16). Wenn der Schalter geschlossen wird, entlädt sich der Kondensator durch den Widerstand. Der tatsächliche Ladungsfluß ist entgegengesetzt der Richtung des Pfeiles in der Abbildung, wir benützen aber die gleiche Konvention wie in Abb. 21.14; d.h., der Strom ist dort positiv, wo er von der negativen zur positiven Platte des Kondensators fließt.

Das Ohmsche Gesetz, auf diesen Stromkreis angewendet, wird nun zu $RI = V_C$, wobei $V_C = -q/C$; d.h.

$$RI = -\frac{q}{C} \qquad \text{oder} \qquad R\frac{dq}{dt} = -\frac{q}{C}.$$

Die Lösung dieser Gleichung ist, wie unten gezeigt wird,

$$q = q_0 e^{-t/RC}.$$

Der Strom ist durch

$$I = \frac{dq}{dt} = -\frac{q_0}{RC}e^{-t/RC} \tag{21.19}$$

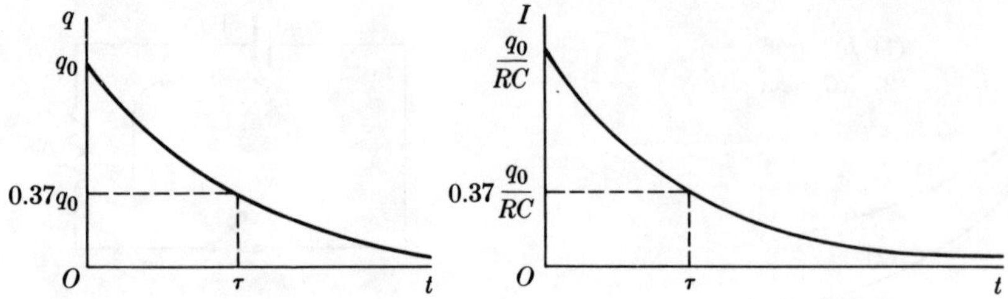

21.17

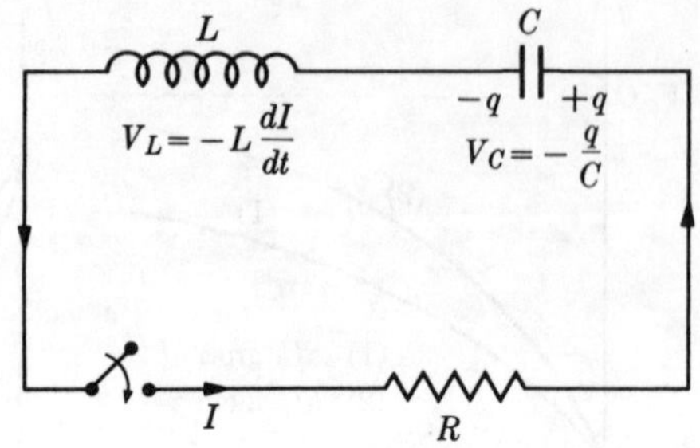

21.18 RCL-Stromkreis

gegeben. Das negative Vorzeichen zeigt, daß der Strom genau die entgegengesetzte Richtung hat wie in Abb. 21.16, wie erwartet. Die Ladung und der Strom nehmen exponentiell ab, wie in Abb. 21.17 gezeigt. Je kleiner die Zeitkonstante $\tau = RC$, desto schneller ist der Abfall von Ladung und Strom. Die Zeit, welche die Ladung und der Strom brauchen, um auf $1/e$ oder etwa 37% ihres Ursprungswertes zu fallen, ist τ.

Beweis von (21.19) Der Ausdruck $R(dq/dt) = -q/C$ kann in der Form

$$\frac{dq}{q} = -\frac{1}{RC}\,dt$$

geschrieben werden. Wir wollen die Anfangsladung ($t = 0$) auf dem Kondensator mit q_0 bezeichnen. Durch Integration erhalten wir

$$\int_{q_0}^{q} \frac{dq}{q} = -\frac{1}{RC}\int_0^t dt \quad \text{oder} \quad \ln q - \ln q_0 = -\frac{t}{RC}.$$

Entlogarithmieren ergibt

$$q = q_0 e^{-t/RC}.$$

21.9 FREIE ELEKTRISCHE SCHWINGUNGEN

Es gibt drei Parameter, welche den Ladungsfluß durch einen Stromkreis charakterisieren; seine Kapazität C, seinen Widerstand R und seine Selbstinduktivität L. Wir wollen nun erörtern, auf welche Weise die drei gemeinsam den Strom bestimmen, der durch eine gegebene Emk erzeugt wird.

Wir wollen den Fall betrachten, in dem keine äußere Emk an den Stromkreis angelegt wird (Abb. 21.18). Der Strom wird in diesem Fall durch Ladung des Kondensators verursacht, oder durch Änderung eines magnetischen Flusses durch die Induktivität, oder durch Einschalten und späteres Abschalten einer äußeren Emk. Wenn man das Ohmsche Gesetz, (21.1), anwendet, kann man schreiben

$$RI = V_L + V_C \quad \text{oder} \quad RI = -L\frac{dI}{dt} - \frac{q}{C}. \qquad (21.20)$$

Wenn wir diese Gleichung nach t ableiten, erhalten wir

$$R\frac{dI}{dt} = -L\frac{d^2I}{dt^2} - \frac{1}{C}\frac{dq}{dt}.$$

Wenn wir uns daran erinnern, daß $I = dq/dt$ ist und wenn wir alle Glieder auf die linke Seite der Gleichung bringen, bekommen wir

$$L\frac{d^2I}{dt^2} + R\frac{dI}{dt} + \frac{1}{C}I = 0. \qquad (21.21)$$

Dies ist eine Differentialgleichung, deren Lösung den Strom I als Funktion der Zeit t und der Parameter L, R und C gibt.

Betrachten Sie zuerst den Fall, in dem der Widerstand vernachlässigbar ist. Indem wir in (21.21) $R = 0$ setzen, erhalten wir

$$L\frac{d^2I}{dt^2} + \frac{1}{C}I = 0 \quad \text{oder} \quad \frac{d^2I}{dt^2} + \frac{1}{LC}I = 0. \qquad (21.22)$$

Diese Gleichung ist formal identisch mit (9.12)

$$\frac{d^2x}{dt^2} + \omega^2 x = 0$$

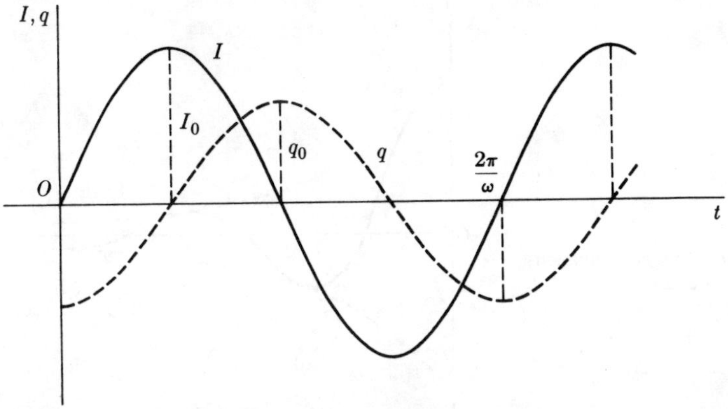

21.19 Strom und Ladung in einem *LC*-Stromkreis.

für die einfache harmonische Bewegung, wenn wir x durch I und ω durch

$$\omega_0 = \frac{1}{\sqrt{LC}} \quad \text{(charakteristische Frequenz eines } LC\text{-Stromkreises)} \qquad (21.23)$$

ersetzen. Wir können daher schließen, daß der Strom in dem Stromkreis mit einer Kreisfrequenz $\omega_0 = 1/\sqrt{LC}$ und mit der konstanten Amplitude I_0 oszilliert (Abb. 21.19). Der Strom kann daher in der Form $I = I_0 \sin \omega_0 t$ ausgedrückt werden. Die Ladung im Kondensator ist

$$q = \int I\,dt = -\frac{I_0}{\omega}\cos \omega_0 t.$$

Sie wurde ebenfalls in Abb. 21.19 dargestellt. Beachten Sie, daß die Ladung in Bezug auf den Strom einen Phasenunterschied von $\pi/2$ aufweist.

Der Grund für die Oszillation ist folgender: Während der Entladung des Kondensators neigt die Emk V_L durch die Selbstinduktivität dazu, den Kondensator in entgegengesetzter Richtung aufzuladen. Sobald das erreicht ist, wiederholt sich der Vorgang in der anderen Richtung, und zwar wiederholt er sich unendlich lange, wenn keine Energie verloren geht. Beachten Sie, daß während der Schwingungen die elektrische Energie

$$E = \frac{Q^2}{2C}$$

in magnetische Energie umgewandelt wird,

$$E = \tfrac{1}{2}LI^2,$$

und umgekehrt, ähnlich wie die Umwandlung der potentiellen Energie in kinetische Energie bei der EHB. Die Gesamtenergie ist

$$E = \frac{1}{2}\frac{Q^2}{C} + \frac{1}{2}LI^2;$$

sie bleibt während der Schwingungen konstant.

Wir wollen nun zu dem allgemeineren Fall (21.21) zurückkehren, in dem der Widerstand nicht vernachlässigbar ist. Beachten Sie, daß (21.21) formal identisch mit (9.28) ist, und den gedämpften Schwingungen eines Teilchens entspricht, wobei die folgenden Ausdrücke korrespondieren:

$$L \leftrightarrow m, \qquad R \leftrightarrow \lambda, \qquad \frac{1}{C} \leftrightarrow k.$$

Alle Ausdrücke, die in (9.28) erscheinen, können daher in diesem Fall angewendet werden. Die Größen γ und ω, die in (9.30) definiert wurden, sind nun

$$\gamma = \frac{R}{2L}, \qquad \omega = \sqrt{\frac{1}{LC} - \frac{R^2}{4L^2}}. \qquad (21.24)$$

Dieser Ausdruck für ω erfordert, daß

$$\frac{R^2}{4L^2} < \frac{1}{\mathrm{LC}} \qquad \text{oder} \qquad R^2 < \frac{4L}{C}.$$

Der Strom wird durch (9.29) als Funktion der Zeit ausgedrückt, die wir nun als

$$I = I_0 e^{-\gamma t} \sin(\omega t + \alpha) \qquad (21.25)$$

schreiben; der Student kann sie durch direktes Einsetzen in (21.21) überprüfen. Die graphische Auftragung

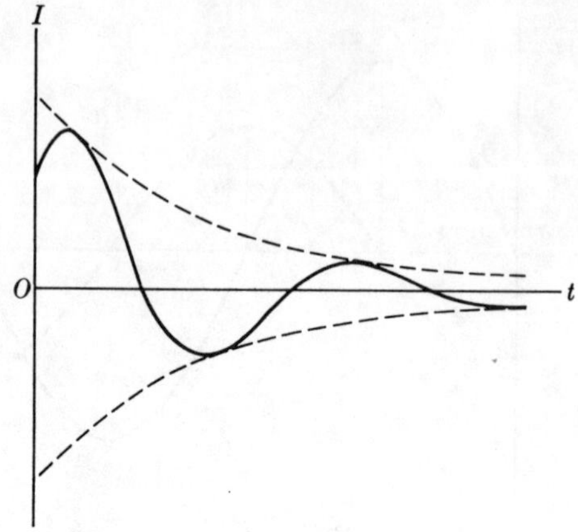

21.20 Änderung des Stroms eines sich entladenden Kondensators als Funktion der Zeit, wenn $R^2 < 4L/C$ ist.

des Stroms über der Zeit wurde in Abb. 21.20 gegeben. Wir sehen, daß ein oszillierender oder Wechselstrom entsteht, dessen Amplitude mit der Zeit abnimmt. Die Dämpfung in einem elektrischen Stromkreis erfolgt aufgrund des Energieverlusts im Widerstand R.

Wenn der Widerstand groß genug ist, so daß

$$\frac{R^2}{4L^2} > \frac{1}{LC},$$

wird die Frequenz eine imaginäre Zahl. In diesem Fall nimmt der Strom ohne Schwingung nach und nach ab (Kriechfall).

21.10 ERZWUNGENE ELEKTRISCHE SCHWINGUNGEN. WECHSELSTROMKREISE

Erzwungene elektrische Schwingungen werden erzeugt, wenn wir in den Stromkreis, der in Abb. 21.17 dargestellt ist, eine wechselnde Emk der Form

$$V_\varepsilon = V_0 \sin \omega t$$

hineinbringen (Abb. 21.21). Diese Anordnung nennt man einen Wechselstromkreis. Gleichung (21.20) hat nun die Form

$$RI = V_L + V_C + V_0 \sin \omega t.$$

Durch Einsetzen der Werte $V_L = -L(dI/dt)$ und $V_C = -q/C$ erhalten wir

$$RI = -L\frac{dI}{dt} - \frac{q}{C} + V_0 \sin \omega t. \qquad (21.26)$$

Wir differenzieren die ganze Gleichung nach der Zeit und ordnen die Glieder um:

$$L\frac{d^2I}{dt^2} + R\frac{dI}{dt} + \frac{I}{C} = \omega V_0 \cos \omega t. \qquad (21.27)$$

Diese Gleichung ist (9.32) für die erzwungene Schwingung eines Teilchens sehr ähnlich, mit einem wichtigen Unterschied: die Frequenz ω tritt auf der rechten Seite von (21.27) als Faktor auf. Der Grund dafür ist der, daß wegen der Beziehung $I = dq/dt$ der Strom in einem elektrischen Stromkreis der Geschwindigkeit $v = dx/dt$ eines Teilchens entspricht. Wir können nun die Formeln des Abschnitts 9.12 anwenden, wobei wir die entsprechenden korrespondierenden Werte der Größen einsetzen, wie sie in Tab. 21.2 angegeben sind. Der Vollständigkeit halber werden wir jedoch in Abschnitt 21.11 zeigen, wie man die Ergebnisse direkt für den Fall elektrischer Stromkreise ableitet, wozu wir rotierende Vektoren verwenden. Wir sehen dann, daß der Strom durch

$$I = I_0 \sin(\omega t - \alpha) \qquad (21.28)$$

gegeben ist, wobei die Stromamplitude

$$I_0 = \frac{V_0}{\sqrt{R^2 + (\omega L - 1/\omega C)^2}} \qquad (21.29)$$

ist und

$$\tan \alpha = \frac{\omega L - 1/\omega C}{R} \qquad (21.30)$$

die Phase α des Stroms relativ zur angewandten Emk gibt.

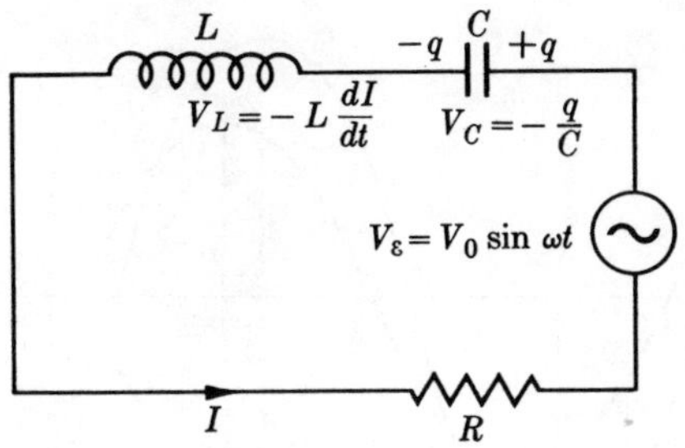

21.21 *RCL*-Stromkreis mit einer angelegten Emk.

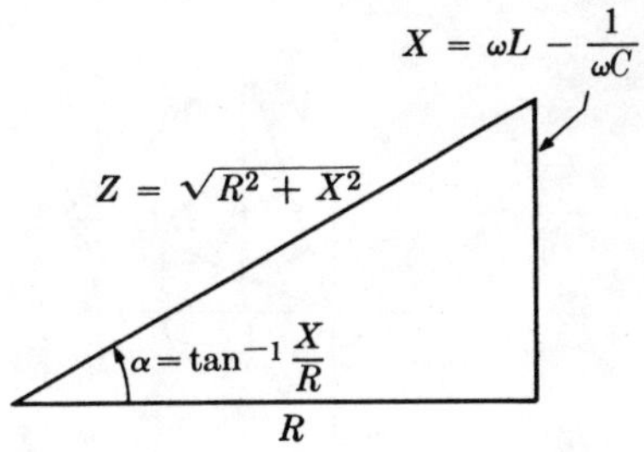

21.22 Beziehung zwischen Widerstand, Blindwiderstand und Scheinwiderstand.

Tabelle 21.2

Korrespondenz zwischen einem gedämpften Oszillator und einem elektrischen Stromkreis

Oszillator	Elektrischer Stromkreis
Masse, m	Induktivität, L
Dämpfung, λ	Widerstand, R
Elastische Konstante, k	Reziproke Kapazität, $1/C$
Verschiebung, x	Ladung, q
Geschwindigkeit, $v = dx/dt$	Strom, $I = dq/dt$
Ausgeübte Kraft, F_0	Angelegte Emk, V_0

Wir können den Scheinwiderstand des elektrischen Stromkreises zu

$$Z = \sqrt{R^2 + (\omega L - 1/\omega C)^2} \tag{21.31}$$

angeben. Der Blindwiderstand des Stromkreises ist

$$X = \omega L - \frac{1}{\omega C}, \tag{21.32}$$

so daß

$$Z = \sqrt{R^2 + X^2}; \tag{21.33}$$

den Phasenunterschied α zwischen dem Strom und der angewandten Emk erhält man aus

$$\tan \alpha = \frac{X}{R}. \tag{21.34}$$

Die Größen Z, R, X und α stehen miteinander in Beziehung, wie es die Abb. 21.22 zeigt; sie ist ein Reproduktion der Abb. 9.32. Beachten Sie, daß sowohl der Blindwiderstand als auch der Scheinwiderstand in Ohm ausgedrückt werden. Der Ausdruck ωL gibt z.B. in fundamentalen Einheiten s^{-1} H $= m^2$ kg s^{-1} C^{-2}, was der gleiche Ausdruck ist, wie der, den wir in Abschnitt 21.2 für das Ohm erhielten. Der Student kann die gleiche Art der Überprüfung für den Ausdruck $1/\omega C$ durchführen. Wenn R und X in Ohm ausgedrückt werden, dann muß Z, gemäß seiner Definition (21.33), ebenfalls in Ohm ausgedrückt werden.

Die Emk V_ε und der Strom I können durch rotierende Vektoren dargestellt werden, wie sie in Abb. 21.23 gezeigt werden. Die Vektorkomponenten längs der X-Achse geben die momentanen Werte von V_ε und I. Der Strom I hinkt hinter der Emk nach oder läuft voraus, je nachdem ob α positiv oder negativ ist, oder ob ωL größer oder kleiner als $1/\omega C$ ist. In Abb. 21.24 sind V_ε und I gegen die Zeit graphisch dargestellt.

Die mittlere Leistung, die erforderlich ist, um den Strom aufrecht zu erhalten, bekommt man aus (9.42), nachdem die geeigneten korrespondierenden Werte eingesetzt werden. Das heißt

$$P_{mit} = \tfrac{1}{2} V_0 I_0 \cos \alpha = \tfrac{1}{2} R I_0^2. \tag{21.35}$$

Resonanz erhält man, wie in Abschnitt 9.13 besprochen, wenn P_{mit} ein Maximum erreicht, was bei $\alpha = 0$ der Fall ist oder wenn

$$\omega L = \frac{1}{\omega C},$$

was einer Frequenz $\omega = \sqrt{1/LC}$ entspricht, die gleich der charakteristischen Frequenz ω_0 des Stromkreises

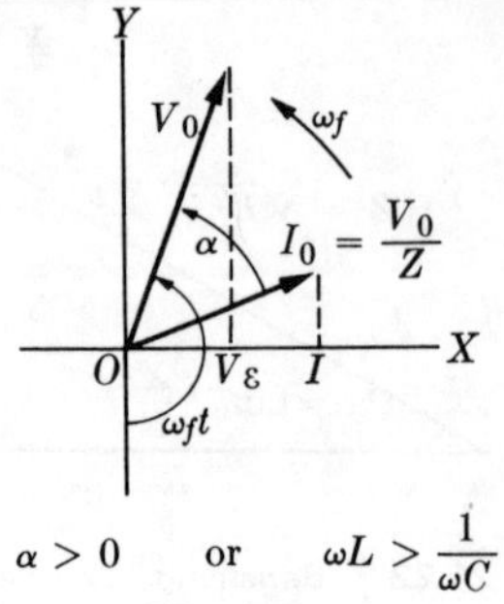

21.23 Rotierende Vektoren des Stroms und der Emk in einem Wechselstromkreis.

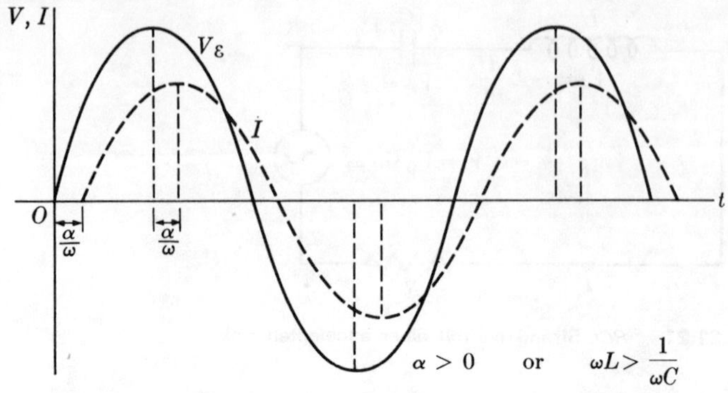

21.24 Änderung des Stroms und der Emk als Funktion der Zeit in einem Wechselstromkreis

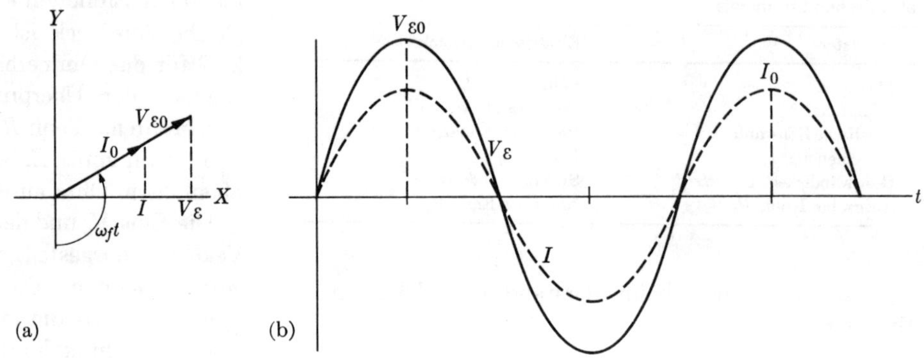

21.25 Beziehung zwischen Emk und Strom, wenn die Phasenverschiebung null ist (Resonanz): $\alpha = 0$ und $\omega = 1/\sqrt{LC}$.

ist. Bei Resonanz hat der Strom seine maximale Amplitude und ist mit der Emk in Phase, was zu einer maximalen mittleren Leistung führt. Die rotierenden Vektoren $V_\mathcal{E}$ und I sind in Phase, und der Strom und die Emk ändern sich, wie in Abb. 21.25 gezeigt.

21.11 ROTIERENDE VEKTOREN ZUR BESCHREIBUNG ELEKTRISCHER WECHSELSTROMKREISE.

Die Ergebnisse des Abschnitts 21.10 können sehr leicht mit Hilfe der Technik rotierender Vektoren abgeleitet werden, die in Abschnitt 9.13 erklärt wurde. Wir wollen zuerst einige einfache Stromkreise betrachten, auf die eine Wechselspannung $V_\mathcal{E} = V_0 \sin \omega t$ einwirkt.

a) R-Stromkreis (Abb. 21.26). Wenn ein Stromkreis nur aus einem Widerstand besteht, wird (21.26) zu

$$RI = V_0 \sin \omega t \qquad \text{oder} \qquad I = \frac{V_0}{R} \sin \omega t. \tag{21.36}$$

Der Strom in dem Stromkreis ist daher in Phase ($\alpha = 0$) mit der Emk, und seine Amplitude I_0 ist so, daß

$$I_0 = \frac{V_0}{R}, \qquad \text{oder} \qquad V_0 = RI_0. \tag{21.37}$$

Das Vektordiagramm ist in Abb. 21.26 unten gezeigt. Beachten Sie, daß

$V_R = RI$

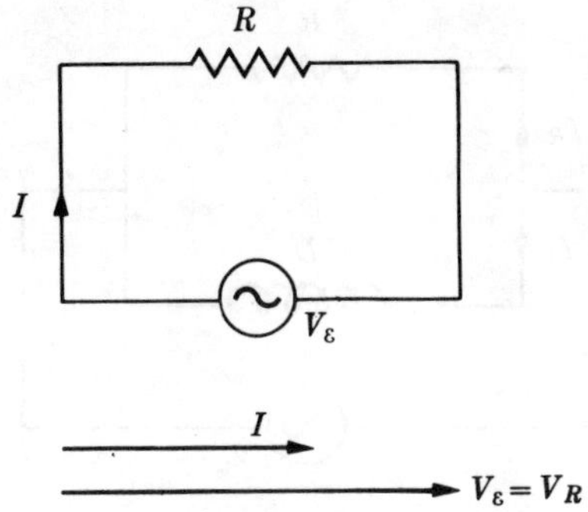

21.26

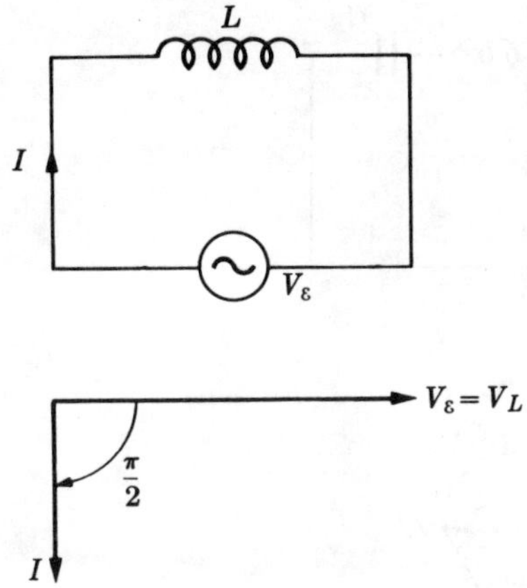

21.27

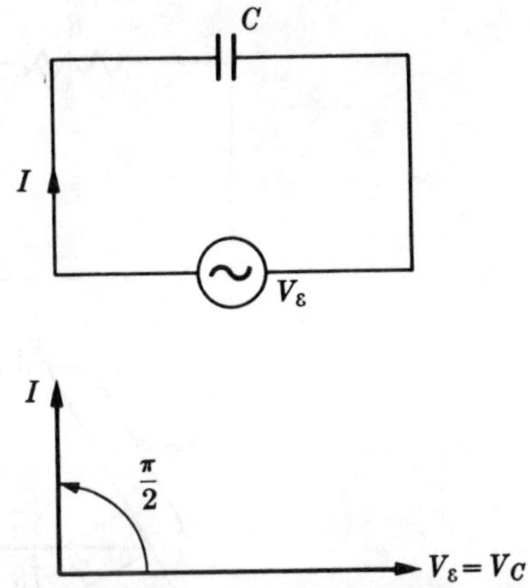

21.28

den Spannungsabfall längs des Widerstandes gibt, welcher in Phase mit dem Strom ist.

b) L-Stromkreis (Abb. 21.27). Wenn der Stromkreis aus einer Induktivität mit vernachlässigbarem Widerstand besteht, reduziert sich (21.26) auf

$$L\frac{dI}{dt} = V_0 \sin \omega t.$$

Nach Integration ergibt sich

$$I = -\frac{V_0}{\omega L} \cos \omega t = \frac{V_0}{\omega L} \sin \left(\omega t - \frac{\pi}{2}\right). \qquad (21.38)$$

Der Strom im Stromkreis *hinkt* daher hinter der Emk um den Winkel $\pi/2$ *nach* und hat eine Amplitude I_0, so daß

$$I_0 = \frac{V_0}{\omega L}, \qquad \text{oder} \qquad V_0 = \omega L I_0. \qquad (21.39)$$

Beachten Sie, daß $V_L = L\,(dI/dt)$ den Spannungsabfall längs der Induktivität gibt und dem Strom um $\pi/2$ *voreilt*. Das Vektordiagramm ist in Abb. 21.27 unten dargestellt.

c) C-Stromkreis (Abb. 21.28). Wenn der Stromkreis nur aus einem Kondensator besteht, wird aus (21.26)

$$\frac{q}{C} = V_0 \sin \omega t.$$

Wenn man diese Gleichung nach der Zeit ableitet (wobei man im Auge behält, daß $I = dq/dt$), erhält man

$$I = \omega C V_0 \cos \omega t = \omega C V_0 \sin \left(\omega t + \frac{\pi}{2}\right). \qquad (21.40)$$

Der Strom im Stromkreis *eilt* daher der Emk um den Winkel $\pi/2$ *voraus* und hat eine Amplitude I_0, so daß

$$I_0 = \omega C V_0, \qquad \text{oder} \qquad V_0 = \frac{1}{\omega C} I_0. \qquad (21.41)$$

Beachten Sie, daß $V_C = q/C$, so daß der Spannungsabfall längs des Kondensators hinter dem Strom um $\pi/2$ *nachhinkt*. Das Vektordiagramm ist in Abb. 21.28 unten dargestellt.

d) RCL-Serienstromkreis (Abb. 21.29) Wir wollen nun einen Stromkreis betrachten, der aus einem Widerstand, einer Induktivität und einem Kondensator besteht, die hintereinander geschaltet sind. Dann kann (21.26) in der Form

$$RI + L\frac{dI}{dt} + \frac{1}{C}q = V_0 \sin \omega t \qquad (21.42)$$

geschrieben werden. In der obigen Gleichung sind

$$V_R = RI, \qquad V_L = L\left(\frac{dI}{dt}\right) \quad \text{und} \quad V_C = \frac{q}{C}$$

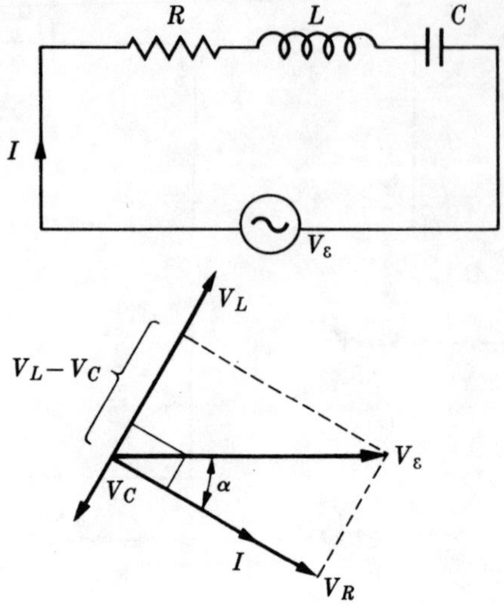

21.29

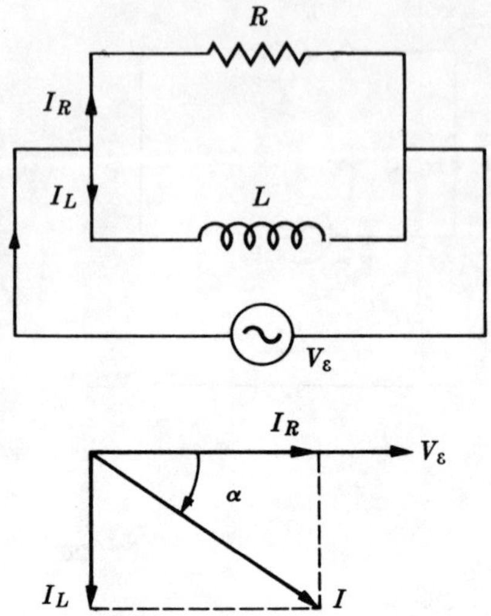

21.30

die entsprechenden Potentialunterschiede (oder Spannungsabfälle) längs des Widerstands, der Induktivität und des Kondensators, so daß gilt

$$V_R + V_L + V_C = V_\varepsilon. \tag{21.43}$$

Wenn wir annehmen, daß

$$I = I_0 \sin(\omega t - \alpha),$$

hinkt der rotierende Vektor des Stromes hinter dem der Emk um den Winkel α (Abb. 21.29) nach. Wir können nun annehmen, daß der rotierende Vektor der Emk die Summe der rotierenden Vektoren darstellt, entsprechend den drei Ausdrücken auf der linken Seite in (21.43). Wir können daher unter Verwendung der Ergebnisse von (a), (b) und (c) schreiben, daß

	Amplitude	*Phase*
Potentialabfall längs des Widerstandes, V_R	RI_0	in Phase mit I
Potentialabfall längs der Induktivität, V_L	$\omega L I_0$,	eilt I um $\pi/2$ voraus
Potentialabfall längs des Kondensators, V_C	$\frac{1}{\omega C} I_0$,	hinkt hinter I um $\pi/2$ nach.

Die drei rotierenden Vektoren sind in Abb. 21.29 dargestellt. Dabei ist die Referenzlinie durch den rotierenden Vektor gegeben, der V_ε entspricht. Da ihre Resultierende gleich V_0 sein muß, gilt

$$V_0 = \sqrt{R^2 I_0^2 + \left(\omega L - \frac{1}{\omega C}\right)^2 I_0^2} \quad \text{oder}$$

$$V_0 = I_0 \sqrt{R^2 + \left(\omega L - \frac{1}{\omega C}\right)^2}.$$

Wenn wir diese Gleichung nach I_0 auflösen, ist das Ergebnis identisch mit (21.29). Aus der Abbildung können wir den Phasenwinkel α berechnen; sein Wert stimmt mit (21.30) überein, d.h.

$$\tan \alpha = \frac{V_L - V_C}{V_R} = \frac{\omega L - 1/\omega C}{R}.$$

e) **RL-paralleler Stromkreis** (Abb. 21.30). Die Emk ist nun für beide Elemente des Stromkreises die gleiche, aber die Ströme sind verschieden. Der Strom I_R längs des Widerstandes ist in Phase mit der Emk und hat eine Amplitude, die durch (21.37),

$$I_{0,R} = \frac{V_0}{R},$$

gegeben ist. Der Strom durch die Induktivität hinkt der

Emk um $\pi/2$ nach und hat eine Amplitude, die durch (21.39),

$$I_{0,L} = \frac{V_0}{\omega L},$$

gegeben ist. Die Vektoren, die I_R und I_L entsprechen, sind in Abb. 21.30 gezeigt. Der Gesamtstrom ist durch

$$I = I_0 \sin(\omega t - \alpha)$$

gegeben, wobei $I_0 = \sqrt{I_{0,R}^2 + I_{0,L}^2}$, oder

$$I_0 = \sqrt{\left(\frac{V_0}{R}\right)^2 + \left(\frac{V_0}{\omega L}\right)^2} = V_0 \sqrt{\frac{1}{R^2} + \frac{1}{\omega^2 L^2}}.$$

Da $I_0 = V_0/Z$, ist der Scheinwiderstand des Stromkreises

$$\frac{1}{Z} = \sqrt{\frac{1}{R^2} + \frac{1}{\omega^2 L^2}}$$

und der Phasenunterschied

$$\tan \alpha = \frac{I_{0,L}}{I_{0,R}} = \frac{R}{\omega L}.$$

Beispiel 21.3 Ein Stromkreis hat einen Widerstand von 40 Ω, eine Selbstinduktivität von 0,1 H und eine Kapazität von 10^{-5} F. Die eingeprägte Emk hat eine Frequenz von 60 Hz. Bestimmen Sie den Blindwiderstand, den Scheinwiderstand, die Phasenverschiebung des Stroms und die Resonanzfrequenz des Stromkreises.

Lösung: Die Kreisfrequenz ist $\omega = 2\pi\nu$ und da $\nu = 60\ \mathrm{s}^{-1}$ ist $\omega = 376{,}8\ \mathrm{s}^{-1}$. Unter Benutzung von (21.32) erhalten wir daher

$$X = \omega L - 1/\omega C = -227{,}57\ \Omega.$$

Der Scheinwiderstand ist dann

$$Z = \sqrt{R^2 + X^2} = 231{,}2\ \Omega.$$

Die Phasenverschiebung ist nach (21.34)

$$\tan \alpha = X/R = -5{,}680 \qquad \text{oder} \qquad \alpha = -80°21'.$$

Der Strom läuft daher *vor* der Emk. Für die Resonanzfrequenz finden wir unter Anwendung von (21.23), daß

$$\omega_0 = \sqrt{\frac{1}{LC}} = 10^3\ \mathrm{s}^{-1} \qquad \text{oder} \qquad \nu = \frac{\omega}{2\pi} = 159\ \mathrm{s}^{-1}.$$

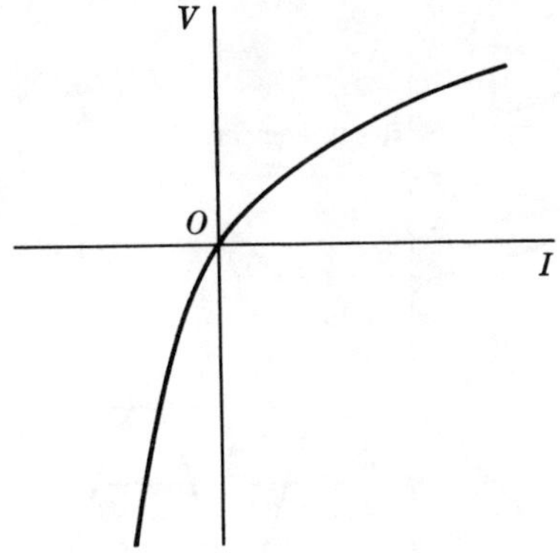

21.31 Beziehung zwischen Potentialunterschied und Strom in einem nichtohmschen Leiter.

21.12 NICHTOHMSCHE LEITER

Metallische Leiter gehorchen mit großer Genauigkeit dem Ohmschen Gesetz. Es gibt jedoch viele Leitersubstanzen, für die das Ohmsche Gesetz nicht gilt. Diese Substanzen nennt man nichtohmsche oder nichtlineare Leiter. Von diesen Substanzen möchten wir ionisierte Gase erwähnen, gekoppelte p- und n-Halbleiter (die man als *Transistoren* bezeichnet) und Elektronenröhren.

Abweichungen vom Ohmschen Gesetz können auf Temperaturänderungen infolge der Jouleschen Wärme, auf Belastungen oder auf den tatsächlichen Mechanismus der Ladungsbewegung im Leiter zurückzuführen sein. Eine typische Strom-Spannungskurve für einen p-n-Übergang ist in Abb. 21.31 gezeigt, die mit Abb. 21.1 für einen Ohmschen oder linearen Leiter verglichen werden sollte.

Ein Charakteristikum, das aus Abb. 21.31 offensichtlich wird, ist die Asymmetrie der Kurve. Umkehrung der Spannung erzeugt daher nicht den gleichen Strom in umgekehrter Richtung. Diese Asymmetrie findet viele interessante Anwendungen. Betrachten Sie z.B. einen Ohmschen Leiter. Wenn eine alternierende harmonische Spannung der Amplitude V_0 an den Leiter angelegt wird, ist der Strom alternierend und harmonisch mit der Amplitude I_0 (Abb. 21.32). Wenn jedoch an einen nichtohmschen Leiter mit einer charakteristischen

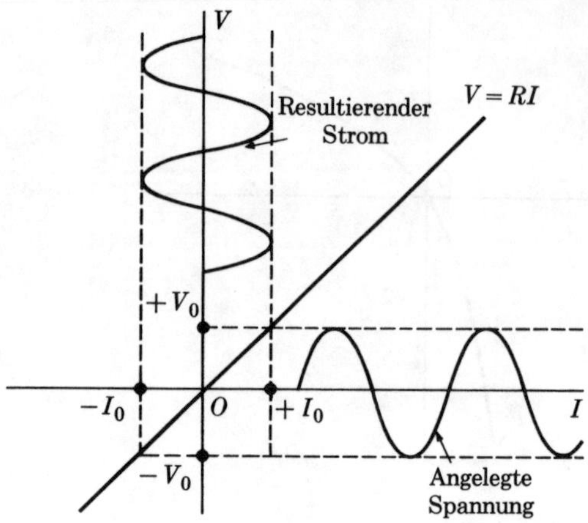

21.32

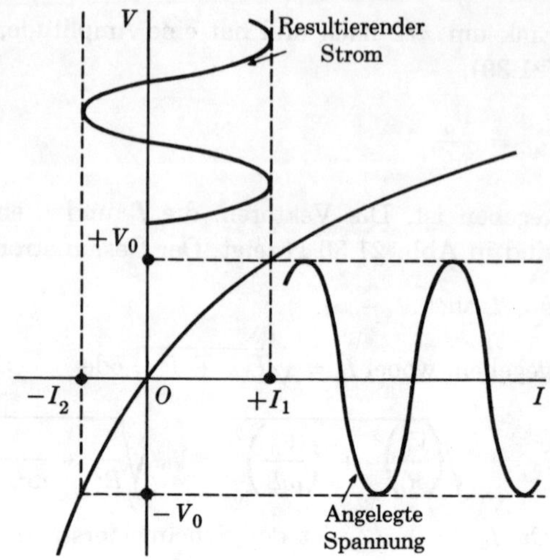

21.33

Kurve, wie der in Abb. 21.31, eine wechselnde harmonische Spannung angelegt wird, ist der Strom zwar alternierend, aber nicht harmonisch; er variiert zwischen den Werten I_1 und $-I_2$. Wenn I_1 viel größer als I_2 ist, wirken die Schaltelemente als *Gleichrichter*, die den Strom nur in einer Richtung passieren lassen, nicht aber in der entgegengesetzten (Abb. 21.33).

FRAGEN

1. Ein gleichförmiges elektrisches Feld wird an einen Bereich angelegt, in dem sich freie Elektronen befinden; beschreiben Sie die Bewegung der Elektronen. Wiederholen Sie die Aufgabe für Elektronen in einem Kristallgitter.
2. Ist das Ohmsche Gesetz allgemein gültig oder hat es eine begrenzte Anwendbarkeit? Diskutieren Sie Ihre Antwort sorgfältig.
3. Beschreiben Sie den Ursprung des Joule-Effekts in einem metallischen Leiter.
4. Wie muß sich der Potentialunterschied in einem Leiter ändern, um den Strom zu verdoppeln? Wie wird die Leistung davon betroffen?
5. Drücken Sie (21.8) durch den Potentialunterschied und den Widerstand aus.
6. Wie sollte eine gegebene Zahl von Widerständen angeordnet werden, um einen maximalen Widerstand zu erhalten? einen minimalen Widerstand?
7. Erklären Sie, warum ein statisches elektrisches Feld einen Strom in einem geschlossenen Stromkreis nicht aufrechterhalten kann.
8. Diskutieren Sie die Aussagen der Kirchhoffschen Gesetze bezüglich der Erhaltungssätze.
9. Geben Sie eine genaue Definition der Zeitkonstanten in einem Stromkreis. Drücken Sie die Zeitkonstante eines *RL*- und eines *RC*-Stromkreises aus. Hat ein *RCL*-Stromkreis eine Zeitkonstante?
10. Erklären Sie, warum die Ladung in der Kapazität und der Strom in der Induktivität in einem *LC*-Stromkreis einen Phasenunterschied von $\pi/2$ aufweisen.
11. Betrachten Sie einen *LC*-Stromkreis. Drücken Sie die elektrische Energie, die magnetische Energie und die Gesamtenergie als Funktion der Zeit aus. Tragen Sie diese Energien als Funktion der Zeit in einer Periode auf. Diskutieren Sie den Energieaustausch, der in dieser Periode stattfindet.
12. Führen Sie die Bedingungen an, unter denen der Strom in einem Stromkreis (a) hinter der Emk nachhinkt, (b) der Emk voreilt, (c) in Phase mit ihr ist. Tragen Sie die rotierenden Vektoren des Stroms und der Emk für jeden Fall auf.

AUFGABEN

21.1 (a) Bestimmen Sie den Widerstand von 1 m Kupferdraht, dessen Querschnitt 8 mm^2 beträgt. (b) Wenn ein Strom von 0,74 A im Draht aufrecht erhalten wird, bestimmen Sie den Potentialabfall zwischen den Enden des Drahtes und den Leistungsverlust.

21.2 Betrachten Sie den Draht der vorhergehenden Aufgabe als so verändert, daß sich der Querschnitt verdoppelt. Bestimmen Sie seinen Widerstand und den Leistungsverlust, wenn ein Strom von 0,74 A durch ihn durchtritt.

21.3 Wie ändert sich der Widerstand eines Drahtes, wenn (a) die Länge verdoppelt, (b) der Flächenquerschnitt verdoppelt, (c) der Radius verdoppelt wird.

21.4 Diskutieren Sie die Fehler, die man bei der Messung eines Widerstandes unter Anwendung eines Voltmeters und eines Ampèremeters (Abb. 21.34) macht, wenn die Widerstände R_V und R_A der Instrumente vernachlässigt werden. Welche Methode hat den kleineren Fehler, wenn R (a) groß, (b) klein ist? Beachten Sie, daß im allgemeinen R_V sehr groß und R_A sehr klein ist.

21.5 Der maximal zulässige Strom in der Spule eines elektrischen Instrumentes ist 2,4 A. Sein Widerstand ist 20 Ω. Was muß getan werden, um es in (a) eine elektrische Leitung einzubringen, die 15 A trägt, (b) zwischen zwei Punkten einzubringen, die einen Potentialunterschied von 110 V aufweisen?

21.6 Die Nadel eines Galvanometers erfährt eine Ablenkung über die gesamte Skala (50 Unterteilungen), wenn der Strom 0,1 mA beträgt. Der Widerstand des Galvanometers ist 5 Ω. Was muß man tun, um es (a) in ein Ampèremeter umzuwandeln, wobei jeder Teilstrich 0,2 A entspricht, (b) in ein Voltmeter umzuwandeln, in dem jeder Teilstrich 0,5 V entspricht.

21.7 Bestimmen Sie den Gesamtwiderstand in jeder der in Abb. 21.35 gezeigten Anordnungen. Bestimmen Sie auch den Strom in jedem Widerstand und den Spannungsabfall.

21.8 (a) Berechnen Sie den äquivalenten Widerstand des Stromkreises in Abb. 21.36. (b) Wie groß ist der Potentialunterschied zwischen x und a, wenn der Strom im 8 Ω Widerstand 0,2 A beträgt?

21.9 Jeder der Widerstände in Abb. 21.37 hat einen Widerstand von 4 Ω und kann maximal 10 W Leistung aufnehmen ohne zerstört zu werden. Wie groß ist die maximale Leistung, die der Stromkreis aufnehmen kann?

21.10 Drei gleiche Widerstände sind parallel miteinander verbunden. Wenn ein gewisser Potentialunterschied an

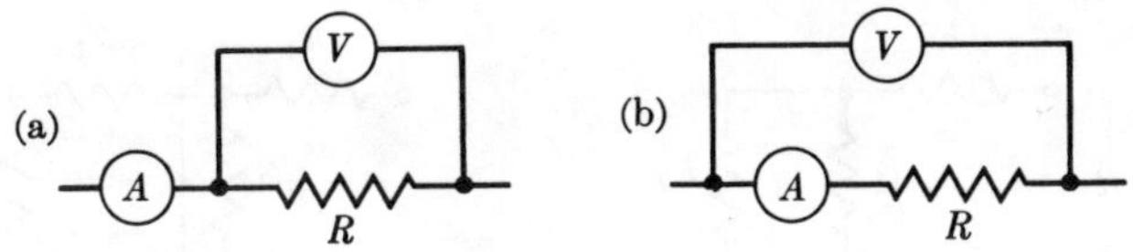

21.34

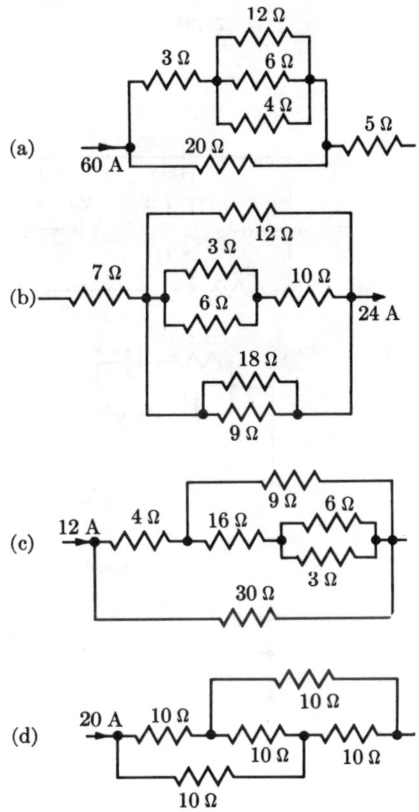

21.35

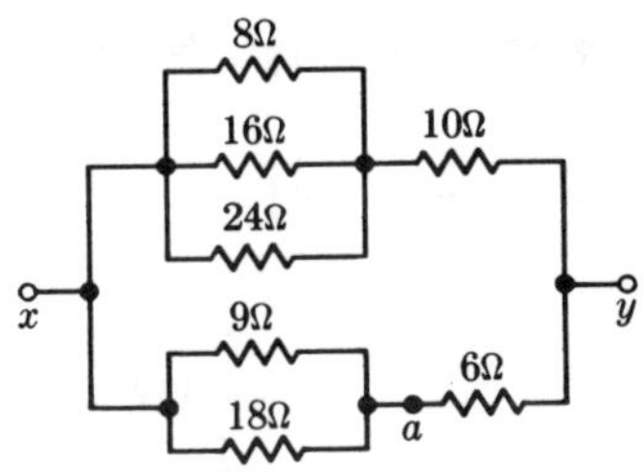

21.36

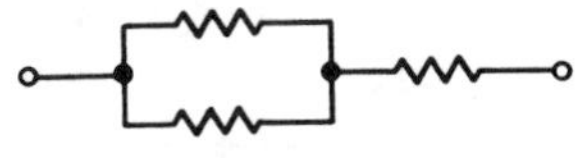

21.37

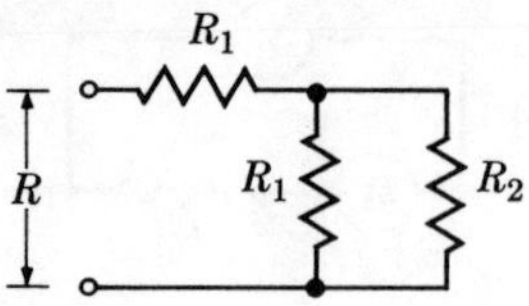

21.38

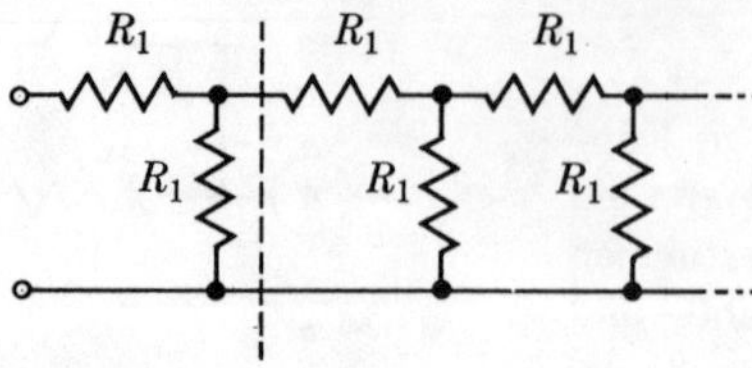

21.39

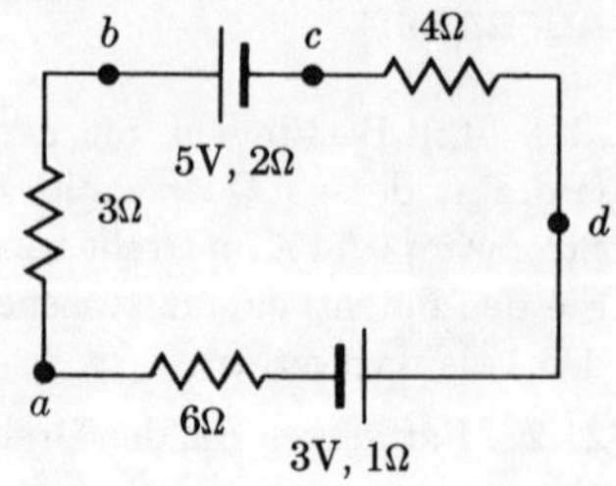

21.40

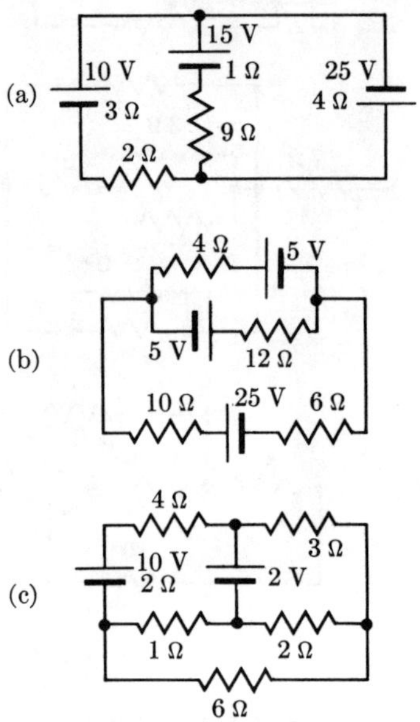

21.41

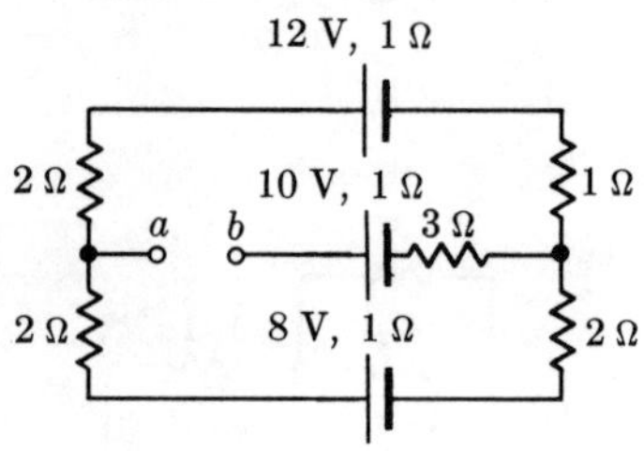

21.42

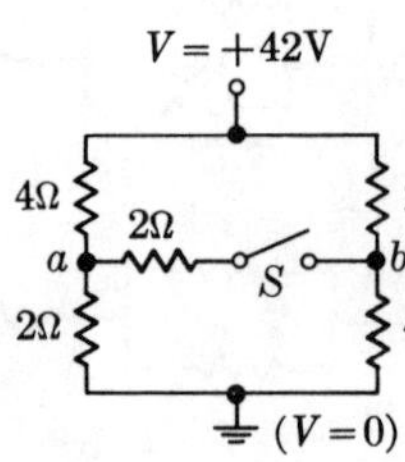

21.43

die Kombination angelegt wird, beträgt die gesamte verbrauchte Leistung 7 W. Welche Leistung würde verbraucht werden, wenn die drei Widerstände mit dem gleichen Potentialunterschied hintereinander geschaltet wären?

21.11 Beweisen Sie für die in Abb. 21.38 gegebene Anordnung von Widerständen, daß die Beziehung zwischen R_1 und R_2 gleich $R_2 = 1{,}618R_1$ sein muß, damit der Widerstand des Systems gleich R_2 ist.

21.12 Zeigen Sie unter Verwendung des Ergebnisses der vorhergehenden Aufgabe, daß der Widerstand des Systems, das in Abb. 21.39 gezeigt ist, $1{,}618R_1$ beträgt. [*Hinweis:* Beachten Sie: Wenn das System an der gestrichelten Linie durchgeschnitten wird, ist der Abschnitt zur Rechten immer noch gleich dem Ursprungssystem, da es aus einer unendlichen Zahl von Widerständen besteht.]

21.13 Eine Zelle befindet sich in Serie mit einem Widerstand von 5 Ω. Wenn der Schalter geöffnet ist, zeigt ein Voltmeter längs der Zelle 2,06 V an. Wenn der Schalter geschlossen ist, zeigt das Voltmeter 1,72 V. Bestimmen Sie die Emk und den inneren Widerstand der Zelle.

21.14 Der Potentialunterschied zwischen den Polen einer Batterie ist 8,5 V, wenn ein Strom von 3 A in der Batterie vom negativen zum positiven Pol fließt. Wenn der Strom 2 A in der umgekehrten Richtung beträgt, wird der Potentialunterschied 11 V. (a) Wie groß ist der innere Widerstand der Batterie? (b) Wie groß ist die Emk?

21.15 Bestimmen Sie für den Stromkreis aus Abb. 21.40 die Potentialunterschiede V_{ab}, V_{ac} und V_{ad}.

21.16 Bestimmen Sie den Strom in jedem Leiter des in Abb. 21.41 gezeigten Leiternetzes.

21.17 (a) Bestimmen Sie den Potentialunterschied zwischen den Punkten a und b in Abb. 21.42. (b) Berechnen Sie den Strom in der 12 V Zelle für den Fall, daß a und b verbunden sind.

21.18 (a) Wie groß ist der Potentialunterschied V_{ab} in Abb. 21.43, wenn der Schalter S geöffnet ist? (b) Wie groß

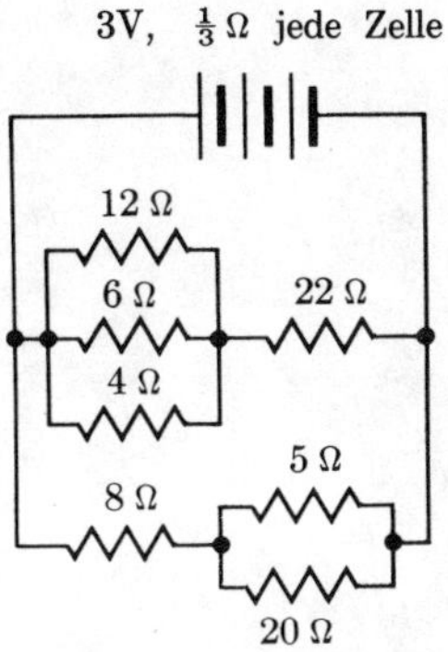

21.44

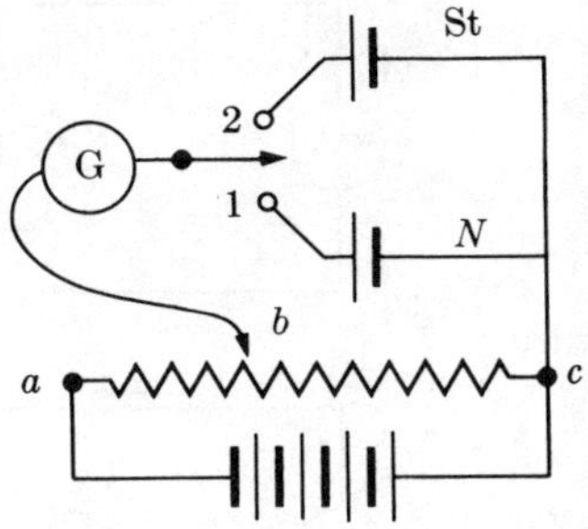

21.45

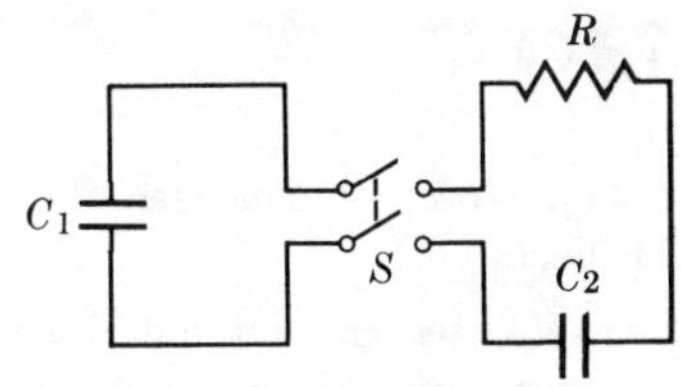

21.46

ist der Strom durch Schalter S, wenn er geschlossen ist? Was ist der äquivalente Widerstand des Stromkreises in der Abbildung (c) wenn der Schalter S offen ist? (d) wenn er geschlossen ist?

21.19 Bestimmen Sie im Stromkreis der Abb. 21.44 (a) den Strom in der Batterie, (b) den Potentialunterschied an ihren Polen, und (c) den Strom in jedem Leiter.

21.20 Abbildung 21.45 zeigt ein *Potentiometer*gerät, das zur Messung der Emk V_x der Zelle x verwendet wird. B ist eine Batterie und St ist eine Standardzelle der Emk V_{St}. Wenn der Schalter auf 1 oder auf 2 steht, wird der Spannungsteiler b bewegt, bis das Galvanometer G null anzeigt. Zeigen Sie, daß $V_s = V_{St}\ (l_1/l_2)$ ist, wenn l_1 und l_2 die entsprechenden Abstände von b nach a sind.

21.21 Im Potentiometer der Abb. 21.45 ist die Emk von B ungefähr 3 V und der ursprüngliche Widerstand ist unbekannt; St ist eine Standardzelle der Emk von 1,0183 V. Der Schalter ist auf Punkt 2 gestellt, wodurch die Standardzelle in den Galvanometerkreis eingebracht wird. Wenn der Spannungsteiler b auf 0,64 der Entfernung von a nach c steht, zeigt das Galvanometer G null. (a) Wie groß ist der Potentialunterschied längs der gesamten Länge des Widerstandes ac? (b) Der Schalter befindet sich auf Punkt 1 und man erhält eine neue Nullablesung des Galvanometers, wenn b 0,53 der Entfernung von a nach c ist. Wie groß ist die Emk der Zelle x?

21.22 Ein Kondensator C_1 hat eine anfängliche Ladung q_0. Wenn der Schalter S geschlossen ist (Abb. 21.46), ist der Kondensator in Serie mit einem Widerstand R und einem ungeladenen Kondensator C_2 geschaltet. (a) Zeigen Sie, daß die Gleichung des Stromkreises

$$\frac{q}{C_1} + \frac{q_0 - q}{C_2} = RI$$

lautet. (b) Bestimmen Sie q und I als Funktionen der Zeit.

21.23 Ein 1-μ F-Kondensator ist an eine Wechselstromquelle angeschlossen, deren Spannungsamplitude konstant bei 50 V gehalten wird, deren Frequenz aber variiert werden kann. Bestimmen Sie die Stromamplitude, wenn die Kreisfrequenz (a) 100 s^{-1}, (b) 1000 s^{-1}, (c) 10.000 s^{-1} beträgt. (d) Fertigen Sie eine log-log Darstellung der Stromamplitude über der Frequenz an.

21.24 Eine Induktivität mit der Selbstinduktivität von 10 H und mit einem vernachlässigbaren Widerstand ist an die Quelle der Aufgabe 21.23 angeschlossen. Bestimmen Sie die Stromamplitude, wenn die Kreisfrequenz (a) 100 s^{-1}, (b) 1000 s^{-1}, (c) 10.000 s^{-1} beträgt. (d) Fertigen Sie eine log-log Darstellung der Stromamplitude über der Frequenz an.

21.25 (a) Ein Stromkreis besteht aus einem Widerstand und einem Kondensator, die hintereinander geschaltet sind und auf die eine alternierende Emk

$$V_{\mathcal{E}} = V_0 \sin \omega_f t$$

wirkt. Zeigen Sie, daß der Scheinwiderstand des Stromkreises

$$\sqrt{R^2 + (1/\omega_f C)^2}$$

beträgt und daß der Strom der Spannung um einen Winkel

$$\tan^{-1}(1/\omega_f CR).$$

voraus eilt.

21.26 Wiederholen Sie die vorhergehende Aufgabe für einen Stromkreis, der aus einer Induktivität und einem Kondensator in Serie besteht.

21.27 In dem Stromkreis der Abb. 21.47 ist $V_{\mathcal{E}} = V_0 \sin \omega t$ eine alternierende Emk. Bestimmen Sie die Amplitude und die Phase relativ zu den Potentialunterschieden V_{ab}, V_{bc},

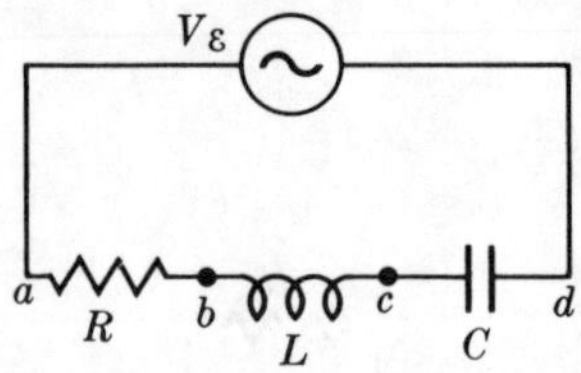

21.47

V_{cd}, V_{ac}, V_{bd}. [*Hinweis*: Zeichnen Sie die entsprechenden rotierenden Vektoren.]

21.28 Eine Wechselspannung mit einem Maximalwert von 100 V und einer Kreisfrequenz von $120\pi\ s^{-1}$ ist in Serie mit einem Widerstand von 1 Ω, einer Selbstinduktivität von $3 \cdot 10^{-3}$ H und einem Kondensator von $2 \cdot 10^{-3}$ F verbunden. Bestimmen Sie (a) die Amplitude und Phase des Stromes, (b) den Potentialunterschied am Widerstand, an der Induktivität und am Kondensator. (c) Stellen Sie ein Diagramm her, das die rotierenden Vektoren zeigt, die die eingeprägte Spannung, den Strom und die drei Potentialunterschiede zeigen. (d) Zeigen Sie, daß die Summe der drei Vektoren der Potentialunterschiede gleich dem Emk-Vektor sind.

21.29 Wenn I_{rms} und E_{rms} in einem Wechselstromkreis die mittleren quadratischen Abweichungen des Stroms und der Emk über einen Zyklus darstellen, zeigen Sie, daß

$$I_{rms} = \frac{I_0}{\sqrt{2}}, \mathcal{E}_{rms} = \frac{\mathcal{E}_0}{\sqrt{2}}, \text{ und}$$

$$P_{mit} = I_{rms}\mathcal{E}_{rms} \cos \alpha$$

gilt, wobei α der Phasenwinkel zwischen dem Strom und der Emk ist.

21.30 (a) Ein Stromkreis besteht aus einem Widerstand und einer parallel dazu geschalteten Kapazität (Abb. 21.48(a)). Bestimmen Sie den Scheinwiderstand des Stromkreises und den Phasenwinkel des Stroms relativ zur Emk. (b) Wiederholen Sie die Aufgabe für den in Abb. 21.48(b) gezeigten Stromkreis. (c) In Abb. 21.48(c) befinden sich ein Widerstand, eine Induktivität und eine Kapazität in paralleler Anordnung. Bestimmen Sie den Scheinwiderstand und den Phasenwinkel dieses Stromkreises.

21.31 Eine Spule mit einem Widerstand von 1 Ω und einer Selbstinduktivität von 10^{-3}. H ist parallel mit einer zweiten Spule verbunden, die einen Widerstand von 1 Ω und eine Selbstinduktivität von $3 \cdot 10^{-3}$ H hat. Eine Wechselspannung mit einer Amplitude von 10 V und einer Kreisfrequenz von $120\pi/s^{-1}$ ist mit dem System verbunden. Berechnen Sie (a) den Strom durch jede Spule, (b) den Gesamtstrom. (c) Stellen Sie die rotierenden Vektoren für die Emk, den

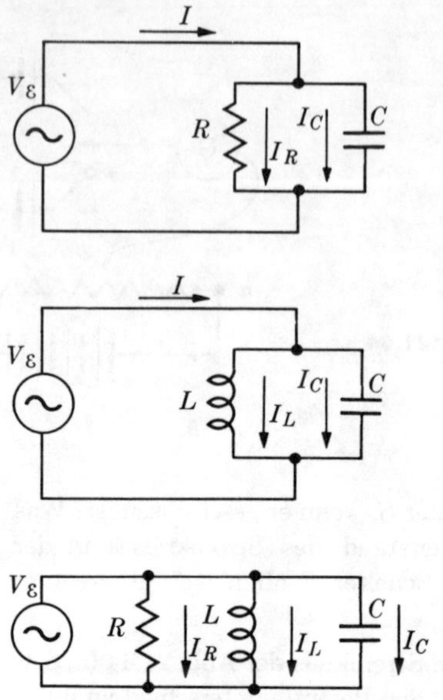

(a)

(b)

(c)

21.48

Strom in jedem Leiter und den Gesamtstrom graphisch dar. (d) Prüfen Sie, ob der Vektor für den Gesamtstrom gleich der Summe der Vektoren für jeden Strom ist.

21.32 Ein Stromkreis besteht aus einer Induktivität und einem Kondensator in paralleler Schaltung, die in Serie mit einem Widerstand R verbunden sind (Abb. 21.49). (a) Zeigen Sie, daß der Scheinwiderstand des Stromkreises

$$\left[R^2 + \frac{\omega^2 L^2}{(1 - \omega^2 LC)^2}\right]^{1/2}$$

ist. (b) Wie groß ist der Wert des Scheinwiderstandes, wenn

$$\omega = \frac{1}{\sqrt{LC}}$$

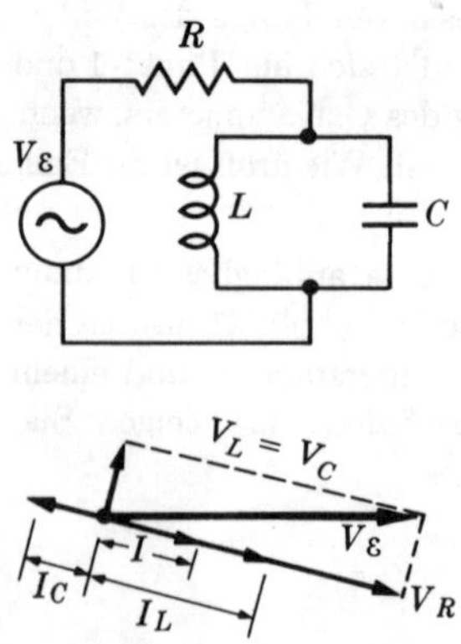

21.49

ist? (In diesem Fall spricht man von einer *Gegenresonanz*.) (c) Machen Sie eine grobe Skizze des Stroms über der Frequenz. [*Hinweis*: Beachten Sie, daß die rotierenden Vektoren der Ströme durch L und C sich zum Strom durch R addieren müssen, während jene, die dem Potentialunterschied entsprechen, identisch sein müssen.]

Tabelle 21.3

I, Ampère	V, Volt	I, Ampère	V, Volt
0,5	4,75	2,0	7,05
1,0	5,81	4,0	8,56

21.33 Die Messungen in Tab. 21.3. gelten für den Strom und den Potentialunterschied zwischen den Enden eines Drahtes von bestimmtem Material. (a) Stellen Sie V über I graphisch dar. Folgt das Material dem Ohmschen Gesetz? (b) Schätzen Sie aus Ihrer Darstellung den Widerstand des Materials ab, wenn der Strom 1,5 A beträgt. Dieser Widerstand ist als das Verhältnis $\triangle V/\triangle I$ definiert, wenn die Änderungen klein sind; man erhält ihn, indem man an dem bestimmten Punkt eine Tangente an die Kurve legt. (c) Vergleichen Sie Ihr Ergebnis mit dem mittleren Widerstand zwischen 1,0 A und 2,0 A.

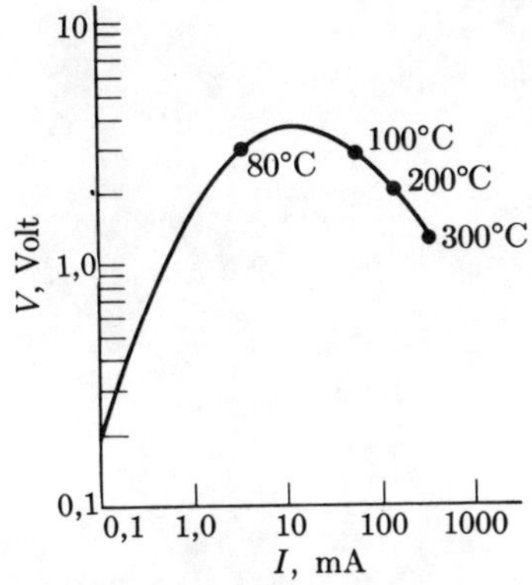

21.50

21.34 Die Kurve in Abb. 21.50 zeigt die Spannung, aufgetragen gegen den Strom (in einer logarithmischen Darstellung), für verschiedene Temperaturen eines Halbleiter. (a) Schätzen Sie den Widerstand des Halbleiters bei den angezeigten Temperaturen ab und tragen Sie ihn auf einer halblogarithmischen Skala gegen die Temperatur auf. (b) Nehmen Sie an, daß die Änderung im Widerstand alleine auf eine Änderung der Zahl der Ladungsträger pro Volumeneinheit zurückzuführen ist und schätzen Sie das Verhältnis ihrer Zahl bei 300° C zu der bei 100° C ab.

Kapitel 22

STARKE UND SCHWACHE WECHSELWIRKUNGEN

22.1 EINLEITUNG

Bisher haben wir zwei Arten der Wechselwirkung besprochen, die Gravitationswechselwirkung und die elektromagnetische Wechselwirkung, die die meisten beobachteten Phänomene erklären. Einerseits scheint die Gravitation solche Phänomene wie die Planetenbewegung und die Bewegung auf der Erdoberfläche befriedigend zu beschreiben, andererseits erklärt der Elektromagnetismus die Struktur von Atomen und Molekülen und damit auch die meisten physikalischen und chemischen Phänomene, die auf Wechselwirkungen zwischen Atomen und Molekülen zurückzuführen sind. Es gibt jedoch verschiedene Vorgänge, die unser tägliches Leben nicht auf offensichtliche Weise beeinflussen, und die nicht alleine durch die Gravitation oder den Elektromagnetismus erklärt werden können. Diese Phänomene weisen auf die Existenz anderer Wechselwirkungen hin, die wir in diesem Kapitel kurz analysieren wollen. Es handel sich dabei um die *starken* oder *Kernwechselwirkung* und um die *schwache* Wechselwirkung.

22.2 DER KERN

Wir erinnern uns, daß der Atomkern aus einer Anhäufung von Protonen und Neutronen besteht, die einen kleinen Raum im Mittelpunkt des Atoms einnimmt, mit einen Durchmesser in der Größenordnung von 10^{-14} m; d.h., etwa einem Zehntausendstel des Atomdurchmessers. Protonen und Neutronen werden gemeinsam mit dem Namen *Nukleonen* bezeichnet. Beide Teilchen haben einen Spin von $\frac{1}{2}$ und gehorchen dem Paulischen Ausschließungsprinzip.

Wenn wir die Struktur des Kerns mit der des Atoms vergleichen, fallen uns einige neue Charakteristika auf. Erstens haben alle Teilchen, aus denen der Kern besteht, praktisch die gleiche Masse, während in Atomen die Elektronen sehr leicht sind im Vergleich zum Kern, der im wesentlichen im Mittelpunkt des Atoms fixiert ist. Wir können daher nicht von einer zentralen dominierenden Kraft sprechen, die auf die Kernbausteinchen wirkt und die von einem Körper im Zentrum des Kerns erzeugt wird; wir müssen uns stattdessen vorstellen, daß sich alle Teilchen unter ihrer gegenseitigen Wechselwirkung bewegen.

Zweitens tragen in einem Atom die Elektronen eine negative Ladung und der Kern eine positive Ladung, und man kann die Elektronenbewegung aufgrund elektromagnetischer Wechselwirkungen zwischen den Elektronen und dem Kern erklären. Ein Kern besteht jedoch aus Protonen mit positiven Ladungen und Neutronen, die überhaupt keine Ladung tragen. Wir können daher die Stabilität des Kerns nicht auf elektrische Anziehung zurückführen. Im Gegenteil, es wäre wahrscheinlicher, daß die elektrische Abstoßung zwischen den Protonen den Kern zum Zerfallen brächte. Die bloße Tatsache, daß Kerne, die aus Protonen und Neutronen bestehen, überhaupt existieren, ist ein klarer Hinweis darauf, daß eine Wechselwirkung vorliegt, die nicht unmittelbar mit den elektrischen Ladungen zu tun hat und die *viel* stärker ist als die elektromagnetische Wechselwirkung. Diese Wechselwirkung nennt man *Kernwechselwirkung* oder *starke Wechselwirkung*. Unsere Kenntnisse der Kernwechselwirkung sind noch unvollständig, aber wir kennen zumindest einige ihrer wichtigen Eigenschaften.

22.3 EIGENSCHAFTEN DES KERNS

Um einen Aufschluß über die Natur der Kräfte zu bekommen, die die Protonen und Neutronen in einem Kern zusammenhalten, haben Wissenschaftler verschiedene physikalische Eigenschaften von Kernen neben Ladung und Masse analysiert. Wir wollen nun drei dieser Eigenschaften anführen.

1) **Größe** Wenn wir annehmen, daß ein Kern sphärische Gestalt hat, können wir seine Größe durch den Radius R ausdrücken. Diesen Begriff des Kernradius müssen wir jedoch mit einiger Sorgfalt anwenden und uns davor hüten, uns den Kern als Billiardkugel mit einer genau definierten Oberfläche vorzustellen. Der Radius R gibt vielmehr nur die Größenordnung des Bereichs, in dem die Nukleonen die meiste Zeit konzentriert sind. Wir können den Radius R durch Messung verschiedener Eigenschaften des Kerns erhalten. Das experimentelle Ergebnis zeigt, daß der Kernradius proportional zu $A^{1/3}$ ist, wobei A die Massenzahl des Kerns darstellt:

$$\mathrm{R} = r_0 A^{1/3}. \tag{22.1}$$

r_0 ist eine Konstante, die für alle Kerne gleich ist. Ihr akzeptierter Wert ist

$$r_0 = 1{,}4 \cdot 10^{-15}\ \mathrm{m}.$$

Einige Kerne weichen wesentlich von der sphärischen Gestalt ab und müssen als ellipsoid oder sogar birnenförmig angenommen werden.

Da das Volumen einer Kugel $4\pi R^3/3$ ist, schließen wir aus (22.1), daß das Kernvolumen

$$V = \frac{4\pi r_0^3 A}{3} = 1{,}12 \cdot 10^{-45} A\ \mathrm{m}^{-3}$$

ist. Das heißt, *das Volumen eines Kerns ist proportional der Zahl von Nukleonen A*.

Das läßt vermuten, daß die Nukleonen in einem bestimmten mittleren Abstand gehalten werden, unabhängig von der Zahl der Teichen, so daß das Volumen pro Nukleon eine konstante Größe ist, die für alle Kerne gleich ist. Eine ähnliche Situation liegt für Moleküle in einer Flüssigkeit oder in einem Festkörper vor.

2) **Drehimpuls** Den resultierenden Drehimpuls eines Kerns nennt man (aus historischen Gründen) den *Kernspin*. Man bezeichnet ihn mit $\boldsymbol{I}$. Sowohl Protonen als auch Neutronen haben wie die Elektronen einen Spin $\frac{1}{2}$. Zusätzlich besitzen Protonen und Neutronen einen Bahndrehimpuls, der mit ihrer Bewegung im Kern zusammenhängt. Den resultierenden Kerndrehimpuls (oder Spin) erhält man, indem man auf geeignete Weise die Bahndrehimpulse und die Spins der Nukleonen kombiniert, aus denen der Kern aufgebaut ist. Der Kernspin wird durch die Quantenzahl I bezeichnet, so daß der Betrag des Kernspins $\hbar\sqrt{I(I+1)}$ ist. Die Komponente des Kernspins in einer bestimmten Richtung ist durch $m_I\hbar$ gegeben, wobei

$$m_I = \pm I, \pm(I-1), \ldots, \pm\tfrac{1}{2} \quad \text{oder} \quad 0$$

ist, je nachdem, ob I eine halbe Zahl oder eine ganze Zahl ist. Es gibt daher $(2I + 1)$ mögliche Orientierungen des Kernspins. Die Werte von I sind ganze Zahlen (wenn A geradzahlig ist) oder halbe Zahlen (wenn A ungeradzahlig ist), die sich von 0, wie in ^{4}He und ^{12}C, zu 7, wie in ^{176}Lu erstrecken. Man hat festgestellt, daß alle geradzahlig—geradzahligen (g—g) Kerne (d.h., Kerne, die eine gerade Zahl von Neutronen und Protonen enthalten) $I = 0$ haben, was darauf hinweist, daß identische Nukleonen dazu neigen, ihre Drehimpulse in entgegengesetzter Richtung zu paaren. Geradzahlig—ungeradzahlige Kerne (d.h., Kerne, die eine ungerade Zahl entweder der Protonen oder der Neutronen enthalten) habe alle halbzahlige Drehimpulse, und es scheint vernünftig anzunehmen, daß der Kernspin mit dem Drehimpuls des letzten oder ungepaarten Nukleons übereinstimmt, ein Ergebnis, das in vielen Fällen zu gelten scheint.

3) **Magnetisches Dipolmoment** Wir erinnern uns vielleicht daran, daß eine bewegliche Ladung ein magnetisches Bahndipolmoment $\boldsymbol{M}_L$ besitzt, das proportional zu ihrem Bahndrehimpuls $\boldsymbol{L}$ ist und welches nach (18.33) durch

$$\boldsymbol{M}_L = \frac{q}{2m}\boldsymbol{L}.$$

gegeben ist. Im Fall des Protons ist die Ladung $q = \pm e$ und $\boldsymbol{M}_L$ hat die gleiche Richtung wie $\boldsymbol{L}$. Da Neutronen keine Ladung haben, haben sie auch kein magnetisches Bahndipolmoment. Die Komponente des magnetischen Bahnmoments eines Protons längs der Z-Achse ist

$$M_{L,z} = \frac{e}{2m_p}L_z = \frac{e\hbar}{2m_p}m_l = \mu_N m_l,$$

wobei die Konstante

$$\mu_N = \frac{e\hbar}{2m_p} = 5{,}0504 \cdot 10^{-27}\ \mathrm{J\,T^{-1}}$$

als *Kernmagneton* bezeichnet wird.

Wenn das Teilchen den Spin S hat, kann es ein zusätzliches magnetisches Spindipolmoment besitzen. Das magnetische Spinmoment des Protons ist parallel zu seinem Spin, wie es einer positiven Ladung entspricht. Es ist interessant festzustellen, daß das Neutron, obwohl es keine elektrische Ladung aufweist, ein magnetisches Spinmoment hat, welches antiparallel zu seinem Spin ist, wie es einer negativen Ladung entspricht. Dieses Ergebnis läßt vermuten, daß das Proton und das Neutron eine komplexe Struktur aufweisen, die wir bis jetzt noch nicht genau bestimmen konnten.

Wir können das resultierende magnetische Dipolmoment eines Kerns erhalten, indem wir auf geeignete Weise die magnetischen Dipolmomente aller Nukleonen kombinieren. Das resultierende magnetische Dipolmoment $\boldsymbol{M}$ ist direkt proportional zum Kernspin $\boldsymbol{I}$; die Beziehung kann als

$$\boldsymbol{M}_{\text{kern}} = \mu_{\text{N}} g \boldsymbol{I}$$

geschrieben werden, wobei g eine Konstante ist, die für jeden Kern charakteristisch ist.

22.4 BINDUNGSENERGIE DES KERNS

Wir können eine Vorstellung von der Stärke der Kernwechselwirkung erhalten, wenn wir die Bindungsenergie von Kernen untersuchen, d.h., die Energie, die erforderlich ist, um die Nukleonen, aus denen ein Kern aufgebaut ist, voneinander zu trennen.

Die Masse eines Kerns ist merklich geringer als die Summe der Massen seiner zugehörigen Nukleonen. Im Fall des Deuterons ist z.B.

$$m_{\text{d}} = 2{,}014102\ \text{m}_{\text{u}}.$$

Die Massen des Protons und des Neutrons sind $m_{\text{p}} = 1{,}0007825\ \text{m}_\mu$ und $m_n = 1{,}008665\ \text{m}_\mu$. Ihre Summe ist

$$m_{\text{p}} + m_{\text{n}} = 2{,}016490\ \text{m}_{\text{u}},$$

was um den Betrag $0{,}002388\ \text{m}_{\text{u}}$ größer ist als m_{d}. Die Erklärung für diesen Massenverlust liegt in der Bindungsenergie des Systems, wie wir in Abschnitt 12.7 erklärt haben. Wie wir uns aus diesem Abschnitt erinnern, ist die Bindungsenergie eines Teilchensystems durch (12.27) gegeben; d.h.

$$E_b = \left(\sum_i m_{0i} - M\right)c^2. \tag{22.2}$$

Das ist die Energie, die bei der Bildung des Systems freigesetzt wird und die Energie, die dem Kern zugeführt werden muß, um alle Teilchen voneinander zu trennen.

Für einen Kern der Masse M, der aus A Nukleonen besteht, von denen Z Protonen und $A - Z$ Neutronen sind, ist die Bindungsenergie

$$E_b = [Zm_{\text{p}} + (A - Z)m_{\text{n}} - M]c^2$$
$$= 931{,}48\,[Zm_{\text{p}} + (A - Z)m_{\text{n}} - M]\ \text{MeV}. \tag{22.3}$$

Im zweiten Ausdruck müssen alle Massen in m_μ ausgedrückt werden.

Ein guter Hinweis auf die Stabilität eines Kerns ist die mittlere Bindungsenergie pro Nukleon, E_b/A. Ihr Wert ist für verschiedene Kerne in Abb. 22.1 dargestellt. Man kann sehen, daß die Bindungsenergie pro Nukleon für Kerne im Bereich der Massenzahl $A = 60$ ein Maximum hat. Wenn daher zwei leichte Kerne zu

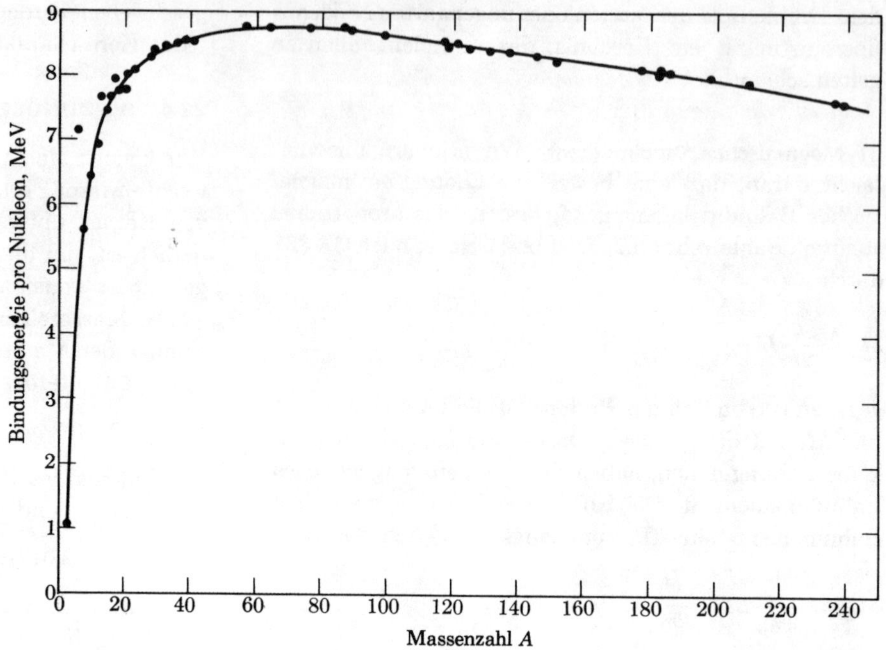

22.1 Bindungsenergie pro Nukleon als Funktion der Massenzahl.

einem Kern mittlerer Masse verbunden werden (einen Vorgang, den man als *Verschmelzung* oder *Fusion* bezeichnet), wird Energie freigesetzt; wenn ein schwerer Kern in zwei Fragmente mittlerer Masse getrennt wird (ein Vorgang, den man als *Spaltung* bezeichnet), wird ebenfalls Energie freigesetzt.

Die Tatsache, daß die Bindungsenergie pro Nukleon praktisch konstant ist (oberhalb $A = 10$ beträgt die Variation nur 10%) läßt vermuten, daß jedes Nukleon im Kern nur mit seinen unmittelbaren Nachbarn in Wechselwirkung tritt, unabhängig von der Gesamtzahl von Nukleonen, die im Kern vorliegen.

22.5 KERNKRÄFTE

Wir wollen nun die hauptsächlichen Eigenschaften der Kernkräfte zusammenfassen.

1) *Die Kernkraft hat nur geringe Reichweite*. Geringe Reichweite bedeutet, daß die Kernkraft nur dann nennenswert ist, wenn die wechselwirkenden Teilchen sehr nahe sind, in einer Entfernung der Größenordnung von 10^{-15} m oder weniger. Bei größeren Entfernungen ist die Kernkraft vernachlässigbar. Wir können schließen, daß die Kernkraft geringe Reichweite hat, da in Entfernungen von mehr als 10^{-14} m, was der Kerndimension entspricht, die Wechselwirkung, die die Streuung von Nukleonen und die Gruppierung von Atomen zu Molekülen kontrolliert, elektromagnetischer Natur ist. Wenn die Kernkraft weitreichend wäre, wäre die nukleare Wechselwirkung zwischen Atomkernen für die Molekülbildung wesentlich, und sie würde die schwächeren elektromagnetischen Wechselwirkungen auf die gleiche Weise überdecken, wie die elektromagnetischen Wechselwirkungen die noch schwächeren Gravitationswechselwirkungen bei der Bildung von Atomen und Molekülen.

Die Reichweite von Kernkräften kann man direkt durch Streuversuche bestimmen. Nehmen Sie z.B. an, daß wir ein Proton gegen einen Kern schicken. Bei der Annäherung an den Kern unterliegt das Proton sowohl der elektrischen Abstoßung als auch der Kernkraft. Wenn die Kernkraft eine vergleichbare Reichweite hat wie die elektrische Kraft, wird die Bewegung des Protons, egal wie weit oder wie nahe es ist, wenn es den Kern passiert, von beiden Kräften beeinflußt; die Winkelverteilung der gestreuten Protonen würde merklich von den Ergebnissen abweichen, die man für eine reine elektrische (oder Coulomb-) Streuung erhält. Andererseits, wenn die Reichweite der Kernkraft klein ist, wirkt auf die Protonen, die in einer Entfernung am Kern vorbeifliegen, die größer ist als die Reichweite der Kernkraft, praktisch eine reine elektrische Kraft. Nur die Protonen, die eine ausreichende kinetische Energie haben, um die Coulombsche Abstoßung zu überwinden und nahe an den Kern herankommen, werden von der Kernkraft betroffen und ihre Streuung ist verschieden von der reinen Coulombstreuung, wie im Abschnitt 18.3 besprochen wurde. Dieser letztere Fall wird experimentell beobachtet, was die geringe Reichweite der Kernkraft bestätigt.

2) *Die Kernkraft scheint unabhängig von der elektrischen Ladung zu sein.* Das bedeutet, daß die Kernwechselwirkung zwischen zwei Protonen, zwei Neutronen oder einem Proton und einem Neutron im Grunde die gleiche ist. Aus der Analyse der Proton—Proton und Neutron—Proton-Streuung haben die Wissenschaftler geschlossen, daß die Kernbeteiligung praktisch in beiden Fällen die gleiche ist. Wegen dieser Eigenschaft werden Protonen und Neutronen bezüglich der Kernkraft als gleichwertig betrachtet. Aus diesem Grund werden sie mit dem gemeinsamen Namen *Nukleonen* bezeichnet.

3) *Die Kernkräfte hängen von der relativen Orientierung des Spins der wechselwirkenden Nukleonen ab.* Diese Tatsache wurde durch Streuversuche und durch die Analyse der Kernenergieniveaus bestätigt. Man hat gefunden, daß die Energie eines Systems aus zwei Nukleonen, in welchen der Spin der beiden Nukleonen parallel ist, verschieden von der Energie eines Systems ist, in dem ein Teilchen einen Spin nach oben und das andere einen nach unten hat. In der Tat hat das Proton—Neutron System einen gebundenen Zustand, das *Deuteron,* in dem die beiden Nukleonen parallelen Spin haben ($S = 1$), aber es gibt keinen gebundenen Zustand, wenn die Spins antiparallel sind ($S = 0$),

4) *Die Kernkraft ist nicht völlig zentral; sie hängt von der Orientierung des Spins relativ zur Verbindungslinie der beiden wechselwirkenden Nukleonen ab.* Die Wissenschaftler haben das aus der Beobachtung geschlossen, daß sogar im einfachsten Kern (dem Deuteron) der Bahndrehimpuls der beiden Nukleonen relativ zu ihrem Schwerpunkt nicht konstant ist, im Gegensatz zu der Situation, in der die Kräfte zentral sind.

5) *Die Kernkraft hat ein Abstoßungszentrum.* Das bedeutet, daß in sehr geringen Entfernungen, viel kleiner als die Reichweite, die Kernkraft abstoßend wird. Diese Annahme wurde eingeführt, um den konstanten mittleren Abstand der Nukleonen zu erklären, der zu einem Kernvolumen führt, das der Gesamtzahl der Nukleonen proportional ist, und um bestimmte Charakteristika der Nukleon-Nukleon-Streuung zu erklären.

Trotz all dieser Information über die Kernkräfte ist der richtige Ausdruck für die potentielle Energie der Kernwechselwirkung zwischen zwei Nukleonen noch nicht genau bekannt. Verschiedene Ausdrucke wurden vorgeschlagen. Einer ist das *Yukawa-Potential*, das um 1935 von dem japanischen Physiker Hideki Yukawa vorgeschlagen wurde; es ist durch

$$E_p(r) = -E_0 r_0 \frac{e^{-r/r_0}}{r}$$

gegeben, wobei E_0 und r_0 zwei empirische Konstanten sind. Die Konstante r_0 ist die Reichweite der Kernkraft und E_0 gibt die Stärke der Wechselwirkung an. Der abnehmende Exponentialfaktor e^{-r/r_0} läßt das Yukawapotential rascher auf null abfallen als die elektrische potentielle Energie, die mit $1/r$ variiert. Es gibt jedoch Zweifel, daß die Kernwechselwirkung überhaupt durch eine potentielle Energie auf die gleiche Weise beschrieben werden kann, wie wir es für die Gravitations- und elektrische Wechselwirkung kennen.

Auf alle Fälle kann für die meisten Probleme die Kernwechselwirkung bei niedrigen Energien schematisch durch eine potentielle Energie dargestellt werden, wie es in Abb. 22.2 (a) gezeigt wird. Jenseits eines bestimmten Abstandes ist die potentielle Energie praktisch konstant, oder (was dem entspricht) die Kraft ist null. Bei sehr geringen Entfernungen könnte noch ein Abstoßungsglied hinzukommen. (Abb. 22.2 (b)). Das ist die Art von Potential, die verwendet werden muß, wenn wir n—n und n—p Wechselwirkungen diskutieren. Für p—p Wechselwirkungen müssen wir jedoch außerdem noch die Coulomb-Abstoßung $e^2/4\pi\epsilon_0 r$ hinzufügen, welche nur außerhalb der Reichweite der Kernkräfte wichtig ist (Abb. 22.2 (c)).

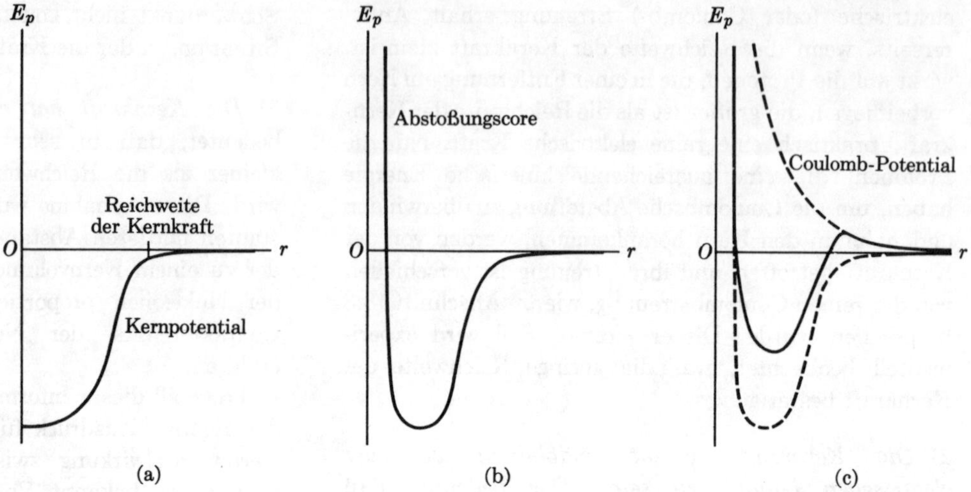

22.2 Empirische Kurven für die potentielle Energie von Kernen.

22.6 DAS SCHALENMODELL

Ein hauptsächliches Ziel der Kernphysik ist es, die Bewegung der Nukleonen in einem Kern zu bestimmen und aus der Bewegung die Eigenschaften des Kerns, sowohl im Grundzustand wie im angeregten Zustand zu bestimmen. Die Aufgabe ist komplexer als im Fall von Atomen, und zwar wegen des Fehlens einer dominierenden zentralen Kraft und dem Vorliegen zweier Arten von Teilchen—Neutronen und Protonen—wobei jede Klasse getrennt dem Ausschließungsprinzip gehorcht. Es gibt jedoch starke Hinweise dafür, daß jedes Nukleon sich in einem durchschnittlichen Kraftfeld bewegt, das von den anderen Nukleonen erzeugt wird und welches in erster Näherung als zentral betrachtet werden kann. Wenn wir daher ein Modell unabhängiger Teilchen verwenden, wie wir das für die Elektronen in einem Atom getan haben, sollten wir die Kernenergiezustände durch Quantenzahlen n and l charakterisieren, welche die Energieniveaus und den Bahndrehimpuls geben. Die Quantenzahl n wird gewählt, um die Reihenfolge zunehmender Energie zu bezeichnen, in der aufeinanderfolgende Niveaus mit dem gleichen l erscheinen. 1s, 2s, 3s, . . . u.s.w. bedeuten daher das erste, zweite, dritte, u.s.w. Niveau, alle mit $l = 0$, in der Reihenfolge zunehmender Energie.

Genauso wie Atome eine Schalenstruktur aufweisen und komplette Schalen haben, wenn alle besetzten Energieniveaus ihre volle Zahl von Elektronen aufweisen, zeigen auch Kernniveaus eine schalenartige Struktur. Da es zwei Klassen von Teilchen in einem Kern gibt, gibt es eine Doppelschalenordnung, eine für Protonen und die andere für Neutronen. Bei bestimmten Werten von Z oder N, die einer kompletten Schale entsprechen, findet man besonders stabile Kerne, genauso wie Edelgase aus Atomen mit bestimmten kompletten Elektronenschalen bestehen. Diese Werte für Z oder N (die man im allgemeinen als die «magischen Zahlen» bezeichnet) sind 2,8, 20, 28, 50, 82 und 126. Kerne der magischen Zahlen zeigen eine anormal hohe erste Anregungsenergie, was vermuten läßt, daß bei den magischen Zahlen große Energiesprünge zwischen dem letzten gefüllten Energieniveau (oder Schale) und dem nächsten leeren Zustand auftreten. Das gilt auch für die Atome der Edelgase.

Um die Werte der magischen Zahlen zu erklären, schlugen M. G. Mayer und I. H. D. Jensen 1949 unabhängig voneinander vor, daß es zusätzlich zur durchschnittlichen zentralen Kraft eine starke *Spin—Bahn-Wechselwirkung* im Kern gibt (die nicht notwendigerweise elektromagnetischen Ursprungs ist wie im Fall der Elektronen eines Atoms); diese würde auf jedes Nukleon wirken und wäre proportional zu $\boldsymbol{L} \cdot \boldsymbol{S}$. Die Existenz einer Spin—Bahn-Wechselwirkung wird durch experimentelle Befunde stark unterstützt. Der gesamte Drehimpuls eines Nukleons ist

$$\boldsymbol{J} = \boldsymbol{L} + \boldsymbol{S}, \qquad \text{mit} \qquad |\boldsymbol{J}| = \sqrt{j(j+1)}\,\hbar.$$

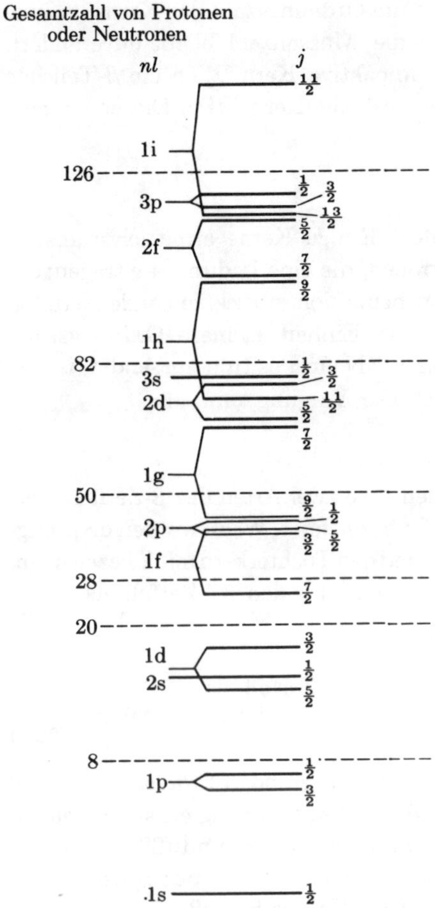

22.3 Einteilchenenergieniveaus im Schalenmodell. [Nach P. F. A. Klingenbergs, *Rev. Mod. Phys.* **24**, 63 (1952).]

Da $\boldsymbol{S}$ entweder parallel oder antiparallel zu $\boldsymbol{L}$ sein kann, ist bei zwei verschiedenen gegebenen Werten des Gesamtdrehimpulses $\boldsymbol{J}$ jedes (n, l)-Niveau durch die Spin–Bahn-Wechselwirkung in zwei Teile aufgespalten, wobei die niedrige Energie parallelem $\boldsymbol{L}$ und $\boldsymbol{S}$ entspricht. Ein Energiezustand eines Nukleons ist daher durch die Quantenzahlen n, l, j charakterisiert, wobei

$j = l \pm \frac{1}{2}$.

Für ein bestimmtes l hat der Zustand mit $j = l + \frac{1}{2}$ eine niedrigere Energie als der Zustand mit $j = l - \frac{1}{2}$. Das steht im Gegensatz zum Fall der Elektronen in einem Atom und zeigt, daß die Spin–Bahn Wechselwirkung im Kern nicht elektromagnetischen Ursprungs ist.

Für jeden (n, l, j)-Zustand gibt es $(2j + 1)$ Werte für m, die den $(2j + 1)$ möglichen Orientierungen von $\boldsymbol{J}$ relativ zu einer bestimmten Achse entsprechen, die durch $\boldsymbol{J}_z = m\hbar$ bestimmt werden. Nach dem Ausschließungsprinzip ist daher die maximale Zahl von Neutronen oder Protonen in einem bestimmten (n, l, j)-Niveau oder Schale gleich $(2j + 1)$; das heißt,

j	$\frac{1}{2}$	$\frac{3}{2}$	$\frac{5}{2}$	$\frac{7}{2}$	$\frac{9}{2}$	$\frac{11}{2}$	$\frac{13}{2}$	...
Max. Zahl von Protonen oder Neutronen	2	4	6	8	10	12	14	...

Wie für die Elektronen eines Atoms wird jeder Zustand des Kerns mit Buchstaben bezeichnet, s, p, d etc., die den Werten von l entsprechen, und einem Index, der den Wert von j gibt. Für $l = 0$ haben wir daher einen $s_{1/2}$ Zustand, für $l = 1$ haben wir $p_{1/2}$ und $p_{3/2}$ Zustäde, für $l = 2$ sind die Zustände $d_{3/2}$ und $d_{5/2}$, u.s.w.

Die Anordnung der Energieniveaus eines einzelnen Teilchens ist schematisch in Abb. 22.3 dargestellt, die zeigt, wie jedes (n, l)-Niveau infolge der mittleren Zentralkraft durch die Spin–Bahn Wechselwirkung aufgespalten wird. Die Reihenfolge ist nach den Erfordernissen der experimentellen Befunde angeordnet. Die Energiesprünge bei den magischen Zahlen sind deutlich zu sehen. Sie treten immer dann auf, wenn ein neuer Wert von l erscheint, was zu einer großen Spin-Bahn-Aufspaltung führt.

Wegen der starken Kopplung zwischen den Nukleonen gibt es in einem Kern verschiedene *kollektive* Effekte. Nukleonen, die den innersten Kern einnehmen, der aus kompletten Schalen besteht, verhalten sich sehr ähnlich wie ein Flüssigkeitstropfen, der Schwingungen in der Gestalt um eine kugelförmige Gleichgewichtsform ausführen kann. Die kollektiven Schwingungen treten bei konstantem Volumen auf, jeder Kern kann verschiedene Schwingungsformen haben. Nukleonen, die die äußersten, ungefüllten Schalen besetzen, üben außerdem eine Art polarisierender Wirkung aus und versuchen, dem Kern eine nichtsphärische Gleichgewichtsform zu verleihen, die einem Ellipsoid sehr ähnlich sieht. Diese Deformation ist besonders groß in den Bereichen

$$90 < N < 114 \qquad \text{und} \qquad Z > 88,$$

in welchen die Zahl von Nukleonen außerhalb geschlossener Schalen relativ hoch ist.

22.7 RADIOAKTIVER ZERFALL

Einige Kerne sind instabil oder radioaktiv. Instabile Kerne nähern sich einer stabilen Konfiguration, indem sie bestimmte Teilchen freisetzen. Diese Teilchen wurden, als sie am Ende des letzten Jhdts. von J. Becquerel, Pierre und Marie Curie und anderen zum ersten Mal beobachtet wurden, α und β-Teilchen genannt, aber es handelt sich einfach um Heliumkerne bzw. um Elektronen.

a) Alpha-Zerfall Alpha-Teilchen sind Heliumkerne ${}^4_2\text{He}$, die aus zwei Protonen und zwei Neutronen bestehen. Wenn daher ein Kern ein alpha-Teilchen aussendet, nimmt seine Ordnungszahl Z um zwei Einheiten und seine Massenzahl A um vier Einheiten ab. Der neue Kern entspricht daher einem anderen chemischen Element. Wenn z.B. der radioaktive Kern ${}^{238}_{92}\text{U}$ ein α-Teilchen aussendet, ist der restliche Kern ${}^{234}_{90}\text{Th}$. Der Vorgang kann als

$${}^{238}_{92}\text{U} \rightarrow {}^{234}_{90}\text{The} + {}^4_2\text{He}$$

geschrieben werden, oder allgemein, wenn X der ursprüngliche Kern und Y der Tochterkern ist,

$${}^A\text{X} \rightarrow {}^{A-4}_{Z-2}\text{Y} + {}^4_2\text{He}. \qquad (22.4)$$

Die Energie, die bei diesem Vorgang freigesetzt wird, ist

$$Q = (m_\text{X} - m_\text{Y} - m_\alpha)c^2$$
$$= 931{,}48\,(m_\text{X} - m_\text{Y} - m_\alpha)\,\text{MeV}, \qquad (22.5)$$

wobei in der letzten Gleichung alle Massen in m_μ ausgedrückt werden müssen. Damit ein alpha-Zerfall stattfindet, muß Q positiv sein. Beachten Sie, daß Vorgang (22.4) ein Zweikörperprozeß ist, der der Explosion einer Granate in zwei Bruchstücke entspricht. Die Erhaltung der Energie und des Impulses erfordern daher, daß die alpha-Teilchen eine genau definierte Energie aufweisen. Diese Tatsache wird durch das Experiment bestätigt.

b) Beta-Zerfall Beta-Teilchen sind Elektronen, die eine Ladung $-e$ tragen. Wenn daher ein Kern ein β-Teilchen aussendet, nimmt die Ordnungszahl des Kerns um eine Einheit zu, aber die Massenzahl bleibt unverändert. Wenn z.B. der radioaktive Kern ${}^{234}_{90}\text{Th}$ ein β-Teilchen aussendet, ist der restliche Kern ${}^{234}_{91}\text{Pa}$. Dieser Vorgang kann als

$${}^{234}_{90}\text{Th} \rightarrow {}^{234}_{91}\text{Pa} + e^-$$

geschrieben werden. Einige Kerne ermittieren anstatt Elektronen Positronen, die eine Ladung $+e$ tragen; der nach der Positronenemission zurückbleibende Kern hat daher eine um eine Einheit kleinere Ordnungszahl. Wenn z.B. der Kern ${}^{13}_7\text{N}$ ein Positron aussendet, ist der restliche Kern ${}^{13}_6\text{C}$. Der Vorgang kann als

$${}^{13}_7\text{N} \rightarrow {}^{13}_6\text{C} + e^+$$

geschrieben werden. Die zwei Arten des β-Zerfalls werden mit β^- bzw. β^+ bezeichnet. Wenn wir den ursprünglichen Kern mit X und den Tochterkern mit Y bezeichnen, können wir die Gleichung für den β^--Zerfall als

$${}^A_Z\text{X} \rightarrow {}_{Z+1}^{\;\;A}\text{Y} + e^- \qquad (22.6)$$

schreiben, und für den β^+-Zerfall als

$${}^A_Z\text{X} \rightarrow {}^{\;\;A}_{Z-1}\text{Y} + e^+. \qquad (22.7)$$

Beachten Sie, daß in den α-und β-Prozessen die Zahl der Nukleonen und die Gesamtladung erhalten bleiben.

Aus der Form, in der wir (22.6) und (22.7) geschrieben haben, könnte es scheinen, daß der β-Zerfall, wie der α-Zerfall, ein Zwei-Körper-Prozeß ist, und daß die Elektronen und Positronen mit einer genau definierten Energie emittiert werden. Man hat jedoch beobachtet, daß Elektronen und Positronen mit einem breiten Spektrum kinetischer Energien (und Impulse) ausgesandt werden, von null bis zu einem Maximum, das mit der verfügbaren Gesamtenergie vereinbar ist. Um diese Tatsache zu erklären, schlug Pauli 1930 vor, daß noch ein anderes Teilchen am β-Zerfall beteiligt sein muß, so daß drei Teilchen entstehen. Das dritte Teilchen muß neutral sein, um dem Gesetz von der Erhaltung der Ladung zu gehorchen, und eine sehr geringe Masse besitzen, da sich praktisch die gesamte Masse aus den anderen beiden Teilchen ergibt. Aus diesen beiden Gründen wurde das Teilchen als *Neutrino* bezeichnet. (Dieser Name wurde von Enrico Fermi vorgeschlagen und bedeutet «das kleine Neutron».) Es wird mit dem Symbol ν bezeichnet. Man hat gefunden, daß zwei fast identische Teilchen mit dem β-Zerfall assoziiert sind. Das eine, das Neutrino, wird beim β^+-Zerfall emittiert, während das andere Teilchen, das beim β^--Zerfall ausgesandt wird, das *Antineutrino* genannt wird und mit $\bar{\nu}$ bezeichnet wird. Wir werden jedoch in den meisten Fällen von beiden Teilchen als «Neutrino» sprechen. Die Vorgänge (22.6) und (22.7) müssen daher in folgender Form neu geschrieben werden:

$$\beta^-\text{-Zerfall:} \quad {}^A_Z X \to {}^{A}_{Z-1} Y + e^- + \bar{\nu}, \tag{22.8}$$

$$\beta^+\text{-Zerfall:} \quad {}^A_Z X \to {}^{A}_{Z-1} Y - e^+ + \nu. \tag{22.9}$$

Man nimmt an, daß das Neutrino die zur Erfüllung der Erhaltungssätze notwendigen Energien und Impulse mitnimmt. Gibt es jedoch noch eine zusätzliche Bestätigung ihrer Existenz? Von theoretischer Seite kann man eine statistische Analyse durchführen, um zu bestimmen, wie die Energie, welche beim Zerfallprozeß freigesetzt wird, auf das Elektron (oder Proton) und das Neutrino verteilt wird. Wenn man diese Analyse mit der experimentell bestimmten Energieverteilung der Elektronen (oder Positronen) und des Neutrinos vergleicht, erhält man eine ausgezeichnete Übereinstimmung. Voraussetzung ist jedoch, daß die Ruhemasse des Neutrinos sehr klein ist (weniger als $10^{-3} m_e$). Man nimmt tatsächlich an, daß die Ruhemasse des Neutrinos null ist ($m_\nu = 0$). Von experimenteller Seite kann man leicht verstehen, daß das Neutrino wegen seiner Eigenschaften sehr schwer zu beobachten ist, da es nicht der Wirkung elektrischer und magnetischer Felder unterliegt; seine kleine oder fehlende Ruhemasse erlauben uns außerdem nicht, Massenbestimmungen anzuwenden, um seine Emission oder seinen Einfang zu bestimmen. Tatsächlich entzog sich das Neutrino bis 1956 einem direkten Nachweis, bis C. Cowan und F. Reines zweifelsfrei bewiesen, daß es in der Tat existiert.

Da im Vorgang (22.8) der Tochterkern ${}_{Z-1}^{A}Y$ ein Neutrino weniger und ein Proton mehr als der ursprüngliche Kern ${}^A_Z X$ hat, und der umgekehrte Fall in (22.9) eintritt, können wir beide Zerfallsprozesse durch die Annahme erklären, daß beim *β^--Zerfall sich ein Neutron in ein Proton umwandelt*; das entspricht dem Schema.

$$n \to p + e^- + \bar{\nu}. \tag{22.10}$$

Andererseits wandelt sich *beim β^+-Zerfall ein Proton in ein Neutron um*, entsprechend dem Schema

$$p \to n + e^+ + \nu. \tag{22.11}$$

Die Annahme, die durch (22.10) und (22.11) ausgedrückt wird, hat weitreichende Folgen. Sie kommt auf die Aussage heraus, daß die Nukleonen, trotz ihrer wohl definierten Eigenschaften, keine permanenten Strukturen sind, sondern sich innerhalb der Grenzen der Erhaltungssätze in andere Teilchen umwandeln können. Wie wir in Abschnitt 22.11 sehen werden, sind die meisten Elementarteilchen instabil und wanden sich in andere Teilchen um.

Aus der experimentellen Analyse vieler β-Zerfallsprozesse schloß man, daß diese Vorgänge auf eine besondere Wechselwirkung zurückzuführen sind, die man als *schwache Wechselwirkung* bezeichnet. Aus der Analyse der Halbwertszeit und der Energieverteilung von β-Strahlern hat man abgeschätzt, daß die Stärke der schwachen Wechselwirkung von der Größenordnung von 10^{-13} ist, wenn man sie mit der der starken oder Kernwechselwirkung vergleicht; verglichen mit der elektromagnetischen Wechselwirkung ist sie von der Stärke 10^{-11}. Sowohl starke wie schwache Wechselwirkungen stellen ein herausforderndes und aufregendes Forschungsgebiet dar und werden das wohl noch für viele Jahre bleiben.

Die meisten Kerne bleiben nach einem α-oder β-Zerfall in einem angeregten Zustand zurück. Sie setzen ihre überschüssige Energie als elektromagnetische Strahlung frei, die auch als *Gammastrahlen* (γ) bezeichnet werden. Die elektromagnetische Strahlung wird in Kapitel 24 diskutiert.

Viele Isotope der Elemente mit $Z > 81$ (oder $A > 206$) weisen eine natürliche Radioaktivität auf. Einige wenige andere natürlich vorkommende leichtere Kerne, wie z.B. ^{14}C und ^{40}K sind ebenfalls radioaktiv. Viele weitere radioaktive Kerne wurden im Labor unter Verwendung von Kernreaktoren und Teilchenbeschleunigern erzeugt. Abbildung 22.4 zeigt eine der drei natürlichen radioaktiven Reihen, die sogenannte *Uranreihe*. Tabelle 22.1 gibt die zugehörige Information über diese Reihe. Die beiden anderen natürlichen radioaktiven Reihen sind die *Actiniumreihe* und die *Thoriumreihe*. Die schwereren Nuklide in diesen beiden Serien sind ${}^{235}_{92}$U bzw. ${}^{232}_{90}$Th.

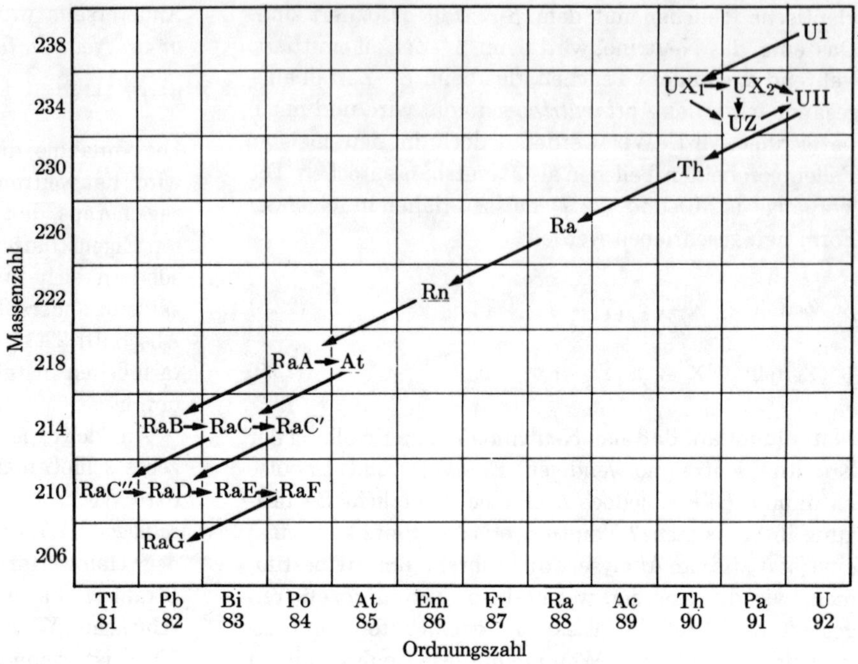

22.4 Die natürliche radioaktive Uran- oder ($4n + 2$)-Reihe.

Tabelle 22.1

DIE URANREIHE

Radioaktiver Stoff	Nuklid	Art des Zerfalls	Halbwertszeit	Zerfallskonstante,	Teilchenenergie, MeV
Uran I (UI)	$^{238}_{92}U$	α	$4{,}51 \cdot 10^9$ y	$4{,}88 \cdot 10^{-18}$	4,19
Uran X_1 (UX_1)	$^{234}_{90}Th$	β	24,1 d	$3{,}33 \cdot 10^{-7}$	0,19
Uran X_2 (UX_2)	$^{234}_{91}Pa$	β	1,18 m	$9{,}77 \cdot 10^{-3}$	2,31
Uran Z (UZ)	$^{234}_{91}Pa$	β	6,66 h	$2{,}88 \cdot 10^{-5}$	0,5
Uran II (UII)	$^{234}_{92}U$	α	$2{,}48 \cdot 10^5$ y	$8{,}80 \cdot 10^{-14}$	4,768
Thorium (Th)	$^{230}_{90}Th$	α	$8{,}0 \cdot 10^4$ y	$2{,}75 \cdot 10^{-13}$	4,68
Radium (Ra)	$^{226}_{88}Ra$	α	1620 y	$1{,}36 \cdot 10^{-11}$	4,777
Radon (Rn)	$^{222}_{86}Rn$	α	3,82 d	$2{,}10 \cdot 10^{-6}$	5,486
Radium A (RaA)	$^{218}_{84}Po$	α, β	3,05 m	$3{,}78 \cdot 10^{-3}$	α: 5,998 β: ?
Radium B (RaB)	$^{214}_{22}Pb$	β	26,8 m	$4{,}31 \cdot 10^{-4}$	0,7
Astatin -218 (^{218}At)	$^{218}_{85}At$	α	1,3 s	0,4	6,70
Radium C (RaC)	$^{214}_{83}Bi$	α, β	19,7 m	$5{,}86 \cdot 10^{-4}$	α: 5,51 β: 3,17
Radium C′ (RaC′)	$^{214}_{84}Po$	α	$1{,}64 \cdot 10^{-4}$ s	$4{,}23 \cdot 10^3$	7,683
Radium C″ (RaC″)	$^{210}_{81}Tl$	β	1,32 m	$8{,}75 \cdot 10^{-4}$	1,96
Radium D (RaD)	$^{210}_{82}Pb$	β	21 y	$1{,}13 \cdot 10^{-9}$	0,0185
Radium E (RaE)	$^{210}_{83}Bi$	β	5,0 d	$1{,}60 \cdot 10^{-6}$	1,155
Radium F (RaF)	$^{210}_{84}Po$	α	138,4 d	$5{,}80 \cdot 10^{-8}$	5,300
Thallium-206 (^{206}Tl)	$^{206}_{81}Tl$	β	4,2 m	$2{,}75 \cdot 10^{-3}$	1,51
Radium G (RaG)	$^{206}_{82}Pb$	Stabil			

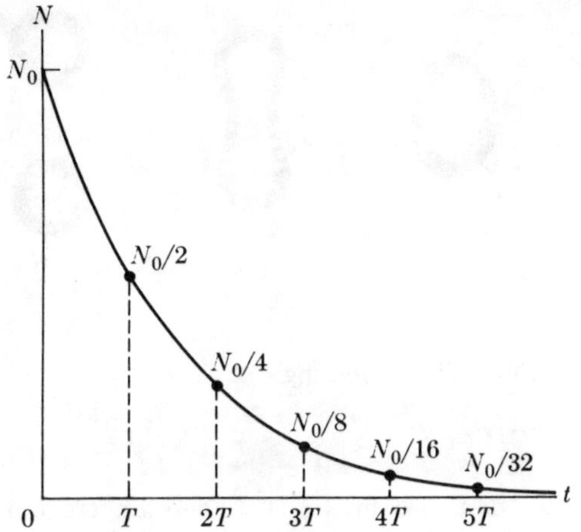

22.5 Radioaktiver Zerfall als Funktion der Zeit.

22.8 DAS GESETZ DES RADIOAKTIVEN ZERFALLS

Man hat beobachtet, daß alle radioaktiven Prozesse einem Exponentialgesetz folgen. Wenn daher N_0 die ursprüngliche Zahl instabiler Kerne ist, ist die Zahl der Kerne, die nach der Zeit t übrig bleibt, durch

$$N = N_0 e^{-\lambda t} \qquad \text{(Gesetz des radioaktiven Zerfalls)} \quad (22.12)$$

gegeben, wobei λ eine Konstante ist, die für jedes Nuklid charakteristisch ist und als *Zerfallskonstante* bezeichnet wird. Sie wird in s^{-1} ausgedrückt (oder als Reziprokes einer Zeiteinheit). Gleichung (22.12) ist in Abb. 22.5 dargestellt. Für jedes radioaktive Nuklid gibt es eine Zeitspanne T, die sogenannte *Halbwertszeit*, während der die ursprüngliche Zahl der Kerne auf die Hälfte reduziert wird. Wenn wir ursprünglich N_0 Kerne (oder Atome haben), sind nach der Zeit T nur $N_0/2$ übrig, nach der Zeit $2T$ nur $N_0/4$ usw. Um diese Zeit T zu bestimmen, setzen wir in (22.12) $N = \frac{1}{2}N_0$ und $t = T$. Dann ist

$$\tfrac{1}{2}N_0 = N_0 e^{-\lambda T} \qquad \text{oder} \qquad e^{\lambda T} = 2.$$

Wenn wir die Logarithmen nehmen, erhalten wir

$$\lambda T = \ln 2 = 0{,}693 \qquad \text{oder} \qquad T = 0{,}693/\lambda, \quad (22.13)$$

was eine Beziehung zwischen T und λ herstellt. Die bekannten Halbwertszeiten erstrecken sich von vielen Jahren (wie z.B. die Halbwertszeit des α-Zerfalls von ^{209}Bi, die etwa $2 \cdot 10^{18}$ Jahre beträgt, und des β-Zerfalls von ^{115}In, die etwa $6 \cdot 10^{14}$ Jahre ist) bis zu Bruchteilen von Sekunden (^{8}Be hat eine Halbwertszeit des α-Zerfalls in der Größenordnung von 10^{-16} s).

Aus (22.12) bestimmen wir die Geschwindigkeit, mit der Kerne zerfallen zu

$$\frac{dN}{dt} = -\lambda N_0 e^{-\lambda t} = -\lambda N. \quad (22.14)$$

Das zeigt, daß die Zerfallsrate dN/dt proportional der Zahl der vorhandenen Kerne ist. Die Zerfallsrate dN/dt nimmt daher im gleichen Verhältnis und mit der gleichen Halbwertszeit ab wie die Zahl der Kerne N. Den Absolutwert der Zerfallsrate $|dN/dt|$ nennt man die *Aktivität* der Substanz.

Zerfallsraten werden in s^{-1} gemessen. Eine veraltete Einheit, das *Curie*, abgekürzt Ci, wurde nach Pierre und Marie Curie, den Entdeckern des Poloniums und des Radiums benannt. Es gilt

$$1\,\text{Ci} = 3{,}7 \cdot 10^{10}\,\text{s}^{-1},$$

was der Aktivität einer Substanz entspricht, in der pro Sekunde $3{,}7 \cdot 10^{10}$ Kerne zerfallen. Diese Rate hat etwa 1 g Ra.

Beispiel 22.1 *Masse von 1,0 Ci ^{14}C.* Die Halbwertszeit von ^{14}C ist 5570 Jahre. Da

$$T = 5570\ \text{y} = (5{,}570 \cdot 10^3\ \text{y}) \times (3{,}156 \cdot 10^7\ \text{s/y}) = 1{,}758 \cdot 10^{11}\ \text{s},$$

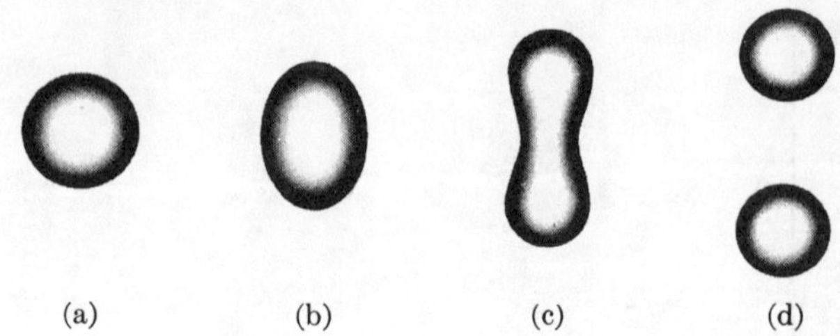

22.6 Deformation eines Kernes in Abhängigkeit von der Anregungsenergie.

ist die Zerfallskonstante

$$\lambda = \frac{0{,}693}{T} = 3{,}94 \cdot 10^{-12}\,\mathrm{s}^{-1}.$$

Außerdem ist

$$\left|\frac{dN}{dt}\right| = 1\ \mathrm{Ci} = 3{,}70 \cdot 10^{7}\,\mathrm{s}^{-1}.$$

Mit (22.14) finden wir daher

$$N = \frac{1}{\lambda}\left|\frac{dN}{dt}\right| = 9{,}38 \cdot 10^{18}\ \text{Kerne}\ {}^{14}\mathrm{C},$$

was die Zahl der vorhandenen Kohlenstoffatome darstellt. Die Masse dieser Zahl von Kohlenstoffatomen ist

$$\begin{aligned} M &= (14{,}0077 \cdot 1{,}6604 \cdot 10^{-27}\ \text{kg Atom}^{-1}) \\ &\quad \times (9{,}38 \cdot 10^{18}\ \text{Atome}) \\ &= 2{,}18 \cdot 10^{-7}\ \text{kg}. \end{aligned}$$

22.9 KERNSPALTUNG

Eine wichtige Kernreaktion ist die *Spaltung*. Sie besteht aus der Teilung eines schweren Kerns, wie z.B. Uran oder Thorium, in zwei Fragmente vergleichbarer Größe. Als natürlicher Prozeß tritt die Spaltung nur sehr selten auf (man nimmt an, daß ^{228}U sich spontan mit einer Halbwertszeit von etwa 10^{16} Jahren spaltet). Um künstlich eine Spaltung hervorzurufen, regt man üblicherweise den Kern an. Der Schwellenwert, oder die Mindestaktivierungsenergie, die zur Spaltung eines schweren Kerns notwendig ist, beträgt 4–6 MeV. Neutroneneinfang ist eine der wirksamsten Methoden zur Spaltung. Die Bindungsenergie des eingefangenen Neutrons reicht in manchen Fällen aus, um den Kern über die Mindestenergie hinaus anzuregen, so daß die Spaltung in zwei Bruchstücke stattfindet. Das ist zum Beispiel beim $^{235}_{92}$U-Kern der Fall, der sich nach Einfang eines *langsamen* oder thermischen Neutrons spaltet. Der Vorgang kann durch die Gleichung

$$^{235}_{92}\mathrm{U} + \mathrm{n} \rightarrow [^{236}_{92}\mathrm{U}]^{*} \rightarrow \mathrm{X} + \mathrm{Y}$$

ausgedrückt werden, wobei $[^{236}_{92}\mathrm{U}]^{*}$ den angeregten Kern darstellt, der sich bildet, wenn $^{235}_{92}$U ein Neutron einfängt.

Damit andere Kerne gespalten werden, müssen die Neutronen zusätzlich zur Bindungsenergie eine gewisse kinetische Energie, von der Größenordnung von 1 MeV, besitzen. Das ist z.B. bei $^{238}_{92}$U der Fall, das sich nach Einfang eines *schnellen* Elektrons spaltet. Der Kern $^{235}_{92}$U ist mit 143 Neutronen geradzahlig–ungeradzahlig. Wenn ein Neutron eingefangen wird, bildet sich ein geradzahlig–geradzahliger Kern, $^{236}_{92}$U. Das eingefangene Neutron paart sich mit dem letzten ungeradzahligen Neutron von $^{235}_{92}$U, wobei es eine zusätzliche Paarungsenergie von etwa 0,57 MeV freisetzt. Andererseits ist $^{298}_{92}$U ein geradzahlig–geradzahliger Kern mit 146 Neutronen, die alle gepaart sind. Wenn ein Neutron eingefangen wird, entsteht ein geradzahlig–ungeradzahliger Kern, $^{239}_{92}$U, der keine zusätzliche Paarungsenergie zur Verfügung hat. Aus dem gleichen Grund spaltet sich $^{239}_{94}$Pu, mit 145 Neutronen, nach Einfang eines langsamen Neutrons.

Abbildung 22.6 zeigt den Mechanismus, nach dem die Kernspaltung möglicherweise abläuft. Betrachten Sie einen Kern, dessen Gleichgewichtsgestalt kugelförmig ist (Abb. 22.6(a)). Wenn er auf geeignete Weise angeregt wird, kann es zu einer kollektiven Schwingung kommen. Wenn die Anregungsenergie gering ist, sind die Schwingungen um die Kugelgestalt klein, so daß der Kern bei maximaler Verformung die ellipsoide Gestalt der Abb. 22.6(b) annimmt. Sobald die Anregungsenergie in Form von Strahlung freigesetzt wurde, kehrt der Kern in die Gleichgewichtsgestalt zurück. Der Prozeß stellt deshalb einen Strahlungseinfang von Neutronen dar. Wenn die

Anregungsenergie größer ist, wird der Kern stärker deformiert (Abb. 22.6c). Sogar in diesem Fall besteht eine gewisse Wahrscheinlichkeit dafür, daß er nach Aussendung der Energie in seine ursprüngliche Gestalt zurückkehrt. Wenn die Anregungsenergie jedoch groß genug ist, kann die Deformation so groß werden, daß die elektrische Abstoßung zwischen den beiden Hälften größer ist als die Kernwechselwirkung über die kurze Reichweite; es besteht daher eine größere Wahrscheinlichkeit dafür, daß der Kern, statt zur Kugelgestalt zurückzukehren, sich immer stärker verformt bis er sich — gemäß Abb. 22.6 (d) — in zwei Bruchstücke auftrennt, und somit eine Kernspaltung durchmacht.

Zwei Eigenschaften der Spaltung verleihen dem Prozeß große Bedeutung für die praktische Anwendung: Eine ist die, daß *Neutronen bei der Spaltung freigesetzt* werden, und die andere, daß *Energie bei der Spaltung freigesetzt* wird.

Auf Grund folgender Überlegungen können wir verstehen, warum Neutronen bei der Spaltung freigesetzt werden. Für die schwersten Kerne, wie z.B. Uran, ist das Verhältnis von Neutronen zur Protonen $N/Z \sim 1{,}55$. Das muß natürlich auch das Verhältnis der entstehenden Bruchstücke sein. Für stabile Kerne mittlerer Masse ist das Verhältnis N/Z jedoch $\sim 1{,}30$. Das heißt, daß entstehende Bruchstücke zu viele Neutronen haben und β^--radioaktiv sind. Tatsächlich ist die Uranspaltung eine der Methoden zur Erzeugung β^--radioaktiver Isotopen. Der Neutronenüberschuß ist jedoch so groß, daß zum Zeitpunkt der Spaltung einige Neutronen freigesetzt werden. Die durchschnittliche Zahl von Neutronen, die pro Spaltung freigesetzt werden, ist etwa 2,5.

Daß bei der Kernspaltung Energie freigesetzt wird, kann man anhand der Bindungsenergie pro Nukleon sehen, die in Abb. 22.1 dargestellt ist. Für einen schweren Kern beträgt die Bindungsenergie etwa 7,5 MeV pro Nukleon, während sie für Kerne mittlerer Masse, die den beiden Bruchstücken entsprechen, etwa 8,4 MeV pro Nukleon ausmacht. Das führt zu einem Anstieg der Bindungsenergie pro Nukleon von etwa 0,9 MeV, oder insgesamt 200 MeV für alle Nukleonen des Urankerns. Dieser Betrag entspricht also größenordnungsmäßig der Energie, die bei der Spaltung von einem Uranatom freigesetzt wird. Die freigesetzte Energie erscheint sowohl als kinetische Energie der Bruchstüche, der freigesetzten Neutronen und der Zerfallsprodukte (d.h., Elektronen und Neutronen), die beim β-Zerfall der radioaktiven Bruchstücke entstehen, als auch als elektromagnetische Strahlung. Da die Neutrinos, die beim β-Zerfall emittiert werden, normalerweise aus dem Material entweichen, in dem die Spaltung abläuft, können nur etwa 185 MeV pro Atom zurückgehalten werden. Das ist aber immer noch eine Energie, die beträchtlich größer ist als die Energie, die bei einer chemischen Reaktion freigesetzt wird (die in der Größenordnung von 3 bis 10 eV pro Atom liegt).

Die Tatsache, daß für jedes Neutron, das zur Erzeugung einer Kernspaltung absorbiert wird, im Durchschnitt mehr als zwei neue Neutronen emittiert werden, läßt die Möglichkeit einer *Kettenreaktion* vermuten. Das heißt, wenn die Bedingungen so sind, daß nach jeder Spaltung mindestens eines der neuen Neutronen eine weitere Spaltung hervorruft, und wieder mindestens eines der Neutronen, die bei dieser Spaltung freigesetzt werden, zu einer Spaltung führt u.s.w., entsteht ein sich selbsterhaltender Prozeß (Abb. 22.7). (Solche *Kettenreaktionen* sind in der Chemie sehr häufig. Die Verbrennung ist eine Kettenreaktion. Verbrennung erfordert, daß ein Molekül eine bestimmte Anregungsenergie hat, damit es sich mit einem Sauerstoffmolekül verbinden kann. Sobald aber die ersten Moleküle angeregt werden und sich mit Sauerstoff verbinden, reicht die freigesetzte Energie aus, um weitere Moleküle des Brennstoffs anzuregen, was zur Verbrennung führt). Wenn in jedem Stadium der Reaktion mehr als ein Neutron pro Spaltung eine neue Spaltung hervorruft, steigt die Zahl der Kernspaltungen exponentiell an und es entsteht eine sich ausbreitende Kettenreaktion. Das passiert z.B. in der *Atombombe*. Wenn jedoch im Durchschnitt nur ein Neutron pro Spaltung eine neue Spaltung erzeugt, wird eine stetige Kettenreaktion unter kontrollierten Bedingungen aufrecht erhalten. Das ist die Reaktion, die in einem *Kernreaktor* abläuft.

In *schnellen* Kernreaktoren werden die Neutronen bei der gleichen Energie (1 bis 2 MeV) verwendet, mit der sie beim Spaltprozeß freigesetzt werden. In *thermischen* Kernreaktoren werden die Neutronen jedoch zuerst abgebremst, indem man sie mit Atomen einer anderen Substanz, dem sogenannten *Moderator*, zusammenstoßen läßt bis sie sich im thermischen Gleichgewicht mit dieser Substanz befinden. Die Neutronen

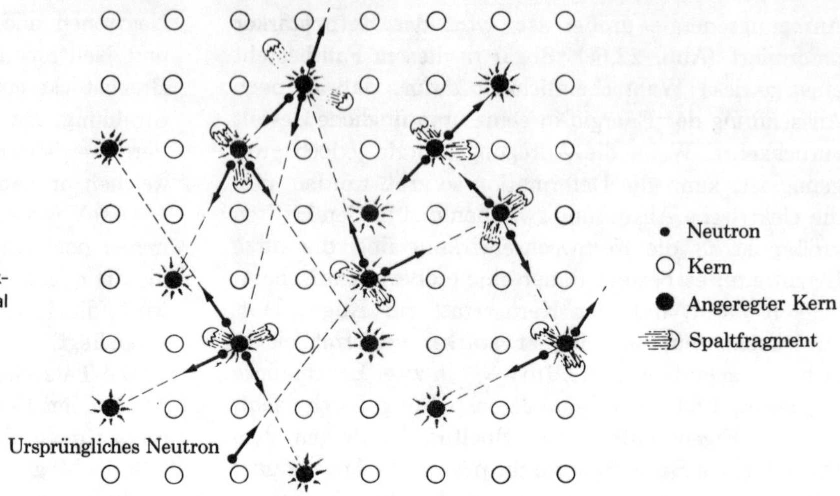

22.7 Vereinfachtes Diagramm, das die Entwicklung einer Kettenreaktion in spaltbarem Material zeigt.

werden dann als *thermische* Neutronen bezeichnet. Der Moderator muß eine Substanz mit einer kleinen Massenzahl sein (erinnern Sie sich an Beispiel 10.8) und muß einen kleinen Neutroneneinfangsquerschnitt aufweisen (erinnern Sie sich an Beispiel 14.2). Wasser, schweres Wasser und Graphit sind die gebräuchlichsten Moderatorsubstanzen.

Die Energie, die in einem Kernreaktor freigesetzt wird, wird mit Hilfe einer zirkulierenden Flüssigkeit, dem *Kühlmittel*, abgeleitet. In Leistungsreaktoren wird diese Energie zum Heizen oder zur Erzeugung elektrischen Stromes verwendet. In Forschungsreaktoren werden die Neutronen für verschiedene Arten von Versuchen oder zur Erzeugung von Isotopen benutzt.

22.10 KERNFUSION (KERNVERSCHMELZUNG)

Ein Vorgang, der die Umkehrung einer Kernspaltung darstellt, ist die *Kernfusion*. Er besteht darin, daß zwei zusammenstoßende Kerne zu einem großen Kern verschmelzen. Wegen der Coulombabstoßung zwischen den beiden Kernen müssen sie eine gewisse kinetische Energie besitzen, um die Abstoßung zu überwinden und sich ausreichend nahe zu kommen, so daß die Kernkräfte die nötige anziehende Wirkung ausüben können. Dieses Problem gibt es bei der Spaltung nicht, da die Neutronen keine elektrische Ladung besitzen und sich daher dem Kern nähern können, selbst wenn ihre kinetische Energie sehr klein oder praktisch null ist. Da die Coulombabstoßung mit der Ordnungszahl zunimmt, tritt die Kernverschmelzung für herstellbare kinetische Energien nur bei sehr leichten Kernen mit niedrigen Ordnungszahlen oder Kernladungen auf.

Wir wollen nun die kinetische Energie abschätzen, die erforderlich ist, um zwei Kerne der Ordnungszahlen Z_1 und Z_2 in Kontakt zu bringen. Im Ausdruck für die elektrische potentielle Energie der beiden Kerne

$$E_p = \frac{Z_1 Z_2 e^2}{4\pi\epsilon_0 r}$$

sei r gleich der Summe der Kernradien, oder $\sim 10^{-14}$ m. Wir erhalten dann

$$E_p \approx 2{,}4 \cdot 10^{-14} Z_1 Z_2 \mathrm{J} = 1{,}5 \cdot 10^5 Z_1 Z_2 \,\mathrm{eV} = 0{,}15 Z_1 Z_2 \,\mathrm{MeV}.$$

Das gibt die minimale anfängliche relative kinetische Energie der beiden Kerne, die notwendig ist, damit es zur Fusion kommt. Die mittlere kinetische Energie eines Teilchensystems mit der Temperatur T ist von der Größenordnung kT, oder etwa $8{,}6 \cdot 10^{-5}$T eV, wobei T in K gemessen wird. Die Energie von 10^5 eV entspricht einer Temperatur von etwa 10^9 K, was viel höher ist als die Temperatur, die man im Zentrum der Sonne annimmt. Trotzdem ist die Kernfusion einer der wichtigsten Vorgänge, die auf der Sonne ablaufen; sie ist ihre hauptsächliche Energiequelle. Die Verschmelzung findet zwischen der relativ kleinen Zahl leichter Kerne statt, deren Energie beträchtlich über der mittleren Energie liegt, die der Sonnentemperatur entspricht.

Wenn eine Kernverschmelzung in einer großen Zahl von Kernen ablaufen soll, müssen die reagierenden Kerne sich also auf Temperaturen befinden, die viel höher sind als jene, die sogar bei stärksten exothermischen Reaktionen erzeugt werden. Die extremen Temperaturen führen zu der Schwierigkeit, die reagierenden Teilchen zusammenzuhalten, da kein bekanntes Material solche Temperaturen aushalten kann. Bei diesen Temperaturen werden die Kerne auch (infolge von Stößen) aller ihrer umgebenden Elektronen entblößt, und die Substanz besteht aus einer neutralen Mischung positiv geladener Kerne und negativ geladener Elektronen, die man als *Plasma* bezeichnet. Man hat versucht, den Zusammenhalt mit Hilfe eines magnetischen Feldes zu bewirken. Wenn die Stärke des magnetischen Feldes rasch erhöht wird, wird das Plasma außerdem adiabatisch komprimiert und seine Temperatur steigt an, bis die Fusion beginnt. Es wurden etliche geniale Geräte gebaut, die die beiden Funktionen des Zusammenhaltens und der Aufheizung ausführen.

Wie wir aus Abb. 22.1 sehen, wird bei der Kernverschmelzung leichter Kerne ($A < 20$) Energie freigesetzt. Wenn zwei leichte Kerne zu einem schwereren verschmelzen, ist die Bindungsenergie des entstehenden Kerns größer als die Summe der Bindungsenergien der zwei leichteren Kerne, was zur Freisetzung von Energie führt. Unter geeigneten Bedingungen reicht die Energie, die bei der Fusion freigesetzt wird aus, um andere Kerne anzuregen, und es entsteht eine Kettenreaktion. Die Kettenreaktion wird aufgrund eines Mechanismus, der der chemischen Explosion ähnlich ist, zu einer Kernexplosion; in diesem Fall ist die Explosion jedoch auf Kernkräfte anstelle von elektrischen Kräften zurückzuführen. Die Kettenreaktion kann auch unter kontrollierten Bedingungen ablaufen, obwohl bis jetzt noch kein befriedigender Fusionsreaktor gebaut wurde.

Die einfachste Fusionsreaktion ist der Einfang eines Neutrons durch ein Proton (oder einen Wasserstoffkern) unter Bildung eines Deutrons:

$$^1_1\text{H} + \text{n} \rightarrow {}^2_1\text{H} + 2{,}224\ \text{MeV}. \qquad (22.15)$$

Der große Vorteil dieser Reaktion ist der, daß keine elektrische Abstoßung zu überwinden ist. Man nimmt an, daß diese Fusionsreaktion in den frühen Entwicklungsstadien des Universums eine wesentliche Rolle spielte. Heute ist diese Fusionsreaktion jedoch relativ unwichtig, da es keine ausreichende Zahl von freien Neutronen gibt. Reaktion (22.15) läuft jedoch ab, wenn Neutronen aus einem Kernreaktor durch eine wasserstoffhaltige Substanz diffundieren, wie z.B. Wasser oder Paraffin.

Eine andere einfache Fusionsreaktion ist die zwischen zwei Protonen. Da es keinen Kern mit nur zwei Protonen gibt, ist der Vorgang von der Umwandlung eines der Protonen in ein Neutron und der Emission eines Positrons und eines Neutrinos begleitet. Daß heißt,

$$^1_1\text{H} + {}^1_1\text{H} \rightarrow {}^2_1\text{H} + e^+ + \nu + 1{,}35\ \text{MeV}. \qquad (22.16)$$

Eine dritte wichtige Fusionsreaktion ist die zwischen Wasserstoff und Deuterium, die zu einem Tritiumkern führt:

$$^1_1\text{H} + {}^2_1\text{H} \rightarrow {}^3_1\text{H} + e^+ + \nu + 4{,}6\ \text{MeV}. \qquad (22.17)$$

Eine Reaktion, die von großer technischer Bedeutung ist, ist die Fusion zweier Deuteriumkerne oder Deuteronen. Dabei könen verschiedene Produkte entstehen; zwei Möglichkeiten treten mit etwa gleicher Wahrscheinlichkeit auf:

$$^2_1\text{H} + {}^2_1\text{H} \begin{cases} \nearrow {}^3_2\text{He} + \text{n} + 3{,}2\ \text{MeV} \\ \searrow {}^3_1\text{H} + {}^1_1\text{H} + 4{,}2\ \text{MeV} \end{cases}$$

Obwohl die Energie, die bei einer einzigen Fusionsreaktion freigesetzt wird, wesentlich geringer ist als die, die in einer einzigen Spaltungsreaktion freigesetzt wird, ist die Energie pro Masse größer (da Deuterium ein sehr leichter Brennstoff ist). Für die Deuterium-Deuterium-Fusionsreaktion ist die Energie etwa $2 \cdot 10^{14}$J pro Kilogramm Brennstoff. Das ist mehr als das Doppelte der Uranspaltung. Wegen der relativen Häufigkeit von Deuterium (ungefähr ein Deuteriumatom auf 7000 Wasserstoffatome) und der relativ geringen Kosten der Herstellung von Deuterium aus Wasser (etwa 75 Pfenning pro Gramm) sagen Wissenschaftler voraus, daß der Fusionsvorgang eine beinahe unbegrenzte Energiequelle darstellen wird, sobald kontrollierte Fusionsreaktoren praktisch ausführbar sind.

22.11 ELEMENTARTEILCHEN

Wir wollen nun die Frage der *Elementarteilchen* neu untersuchen; d.h., der Grundbausteinchen, aus denen die Materie besteht und die wir kurz in Abschnitt 1.2.

Tabelle 22.2

ELEMENTARTEILCHEN

Teilchen	Symbol	Ruhemasse (in Einheiten von m_e)	Ruhenergie MeV	Ladung (in Einheiten von e)	Spin (in Einheiten von $\hbar$)	Antiteilchen
Leptonen						
Neutrino	ν	0	0	0	$\frac{1}{2}$	$\bar{\nu}$
Elektron	e^-	1	0.511	-1	$\frac{1}{2}$	e^+
Myon	μ^-	206.8	105.7	-1	$\frac{1}{2}$	μ^+
Meson						
Pion	π^+	273.9	140	$+1$	0	π^-
	π^0	264.2	135	0	0	π^0
Kaon	K^+	966.7	494	$+1$	0	$\overline{K}^-$
	K^0	974.6	498	0	0	$\overline{K}^0$
η = Meson	η^0	1074	549	0	0	η^0
Baryonen						
Nukleonen						
Proton	p^+	1836.2	938.3	$+1$	$\frac{1}{2}$	$\overline{p}^-$
Neutron	n^0	1838.7	939.6	0	$\frac{1}{2}$	$\overline{n}^0$
Hyperonen						
Lambda	Λ^0	2184	1116	0	$\frac{1}{2}$	$\overline{\Lambda}^0$
Sigma	Σ^+	2327	1189	$+1$	$\frac{1}{2}$	$\overline{\Sigma}^-$
	Σ^0	2333	1192	0	$\frac{1}{2}$	$\overline{\Sigma}^0$
	Σ^-	2342	1197	-1	$\frac{1}{2}$	$\overline{\Sigma}^+$
Xi	Ξ^0	2573	1315	0	$\frac{1}{2}$	$\overline{\Xi}^0$
	Ξ^-	2585	1321	-1	$\frac{1}{2}$	$\overline{\Xi}^+$
Omega	Ω^-	3276	1674	-1	$\frac{3}{2}$	$\overline{\Omega}^+$

betrachtet haben. Tabelle 22.2 stellt eine Liste einiger der bekanntesten Teilchen dar und gibt außerdem einige ihrer Eingenschaften. Abbildung 22.8 zeigt eine zeitliche Aufstellung der Entdeckung dieser Teilchen. Die drei Grundgrößen, die für die Identifizierung dieser Teilchen verwendet werden, sind Masse, Ladung und Spin.

Entsprechend ihren Massen und der dominierenden Wechselwirkung werden die Elementarteilchen in drei Familien unterteilt: (a) *Leptonen*, oder leichte Teilchen, (b) *Mesonen*, oder Teilchen mittlerer Masse, und (c) *Baryonen*, oder schwere Teilchen.

Baryonen und Mesonen unterliegen allen vier Wechselwirkungen, d.h. der starken, der elektromagnetischen, der schwachen und der Gravitationswechselwirkungen, während Leptonen *nicht* empfindlich für starke Wechselwirkungen sind.

Eine der vielen verwirrenden und ungelösten Fragen zu den Elementarteilchen ist die, daß die Masse der Teilchen keinerlei Regelmäßigkeit aufzuweisen scheinen. Andererseits sind die Teilchen entweder ungeladen oder tragen die Ladung $\pm e$; diese Tatsache muß in engem Zusammenhang zum Gesetz der Erhaltung der Ladung stehen. Außerdem haben alle Teilchen Spin null oder $\frac{1}{2}$, mit Ausnahme von Ω^-, das einen Spin von $\frac{3}{2}$ zu haben scheint. Die meisten Teilchen haben auch noch ein magnetisches Dipolmoment.

Zu jedem Teilchen gibt es ein zugeordnetes *Antiteilchen*. Die Antiteilchen sind in der letzten Spalte von Tab. 22.2 aufgeführt. Ein Antiteilchen wird mit dem gleichen Symbol bezeichnet wie das Teilchen und trägt über dem Symbol einen Querstrich. (Manchmal wird der Querstrich der Einfachheit halber weggelassen). Antiteilchen haben die gleiche Masse und den gleichen Spin wie das Teilchen, aber entgegengesetzte elektromagnetische Eigenschaften, wie z.B. Ladung und magnetisches Moment (andere Eigenschaften, die wir hier nicht diskutieren wollen, sind ebenfalls entgegengesetzt.)

Die π^0- und η^0-Mesonen sind ihre eigenen Antiteil-

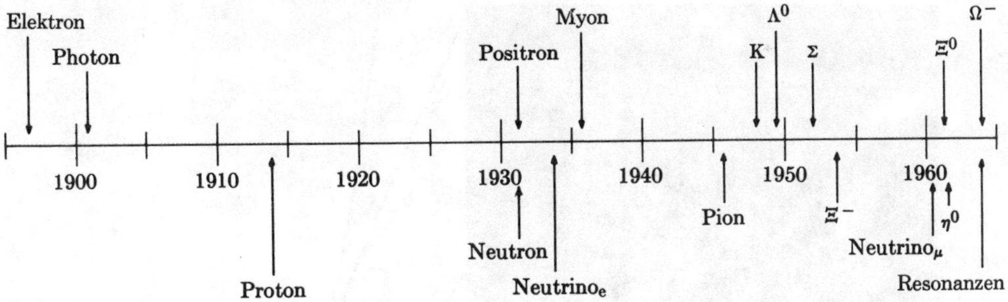

22.8 Zeittafel für die experimentelle Entdeckung der Elementarteilchen. Einige Teilchen wurden vor ihrer experimentellen Beobachtung aus theoretischen Gründen vorausgesagt, andere wurden unerwartet gefunden. [Nach C. Swartz, *The Fundamental Particles.* Reading, Mass., Addison-Wesley, 1965].

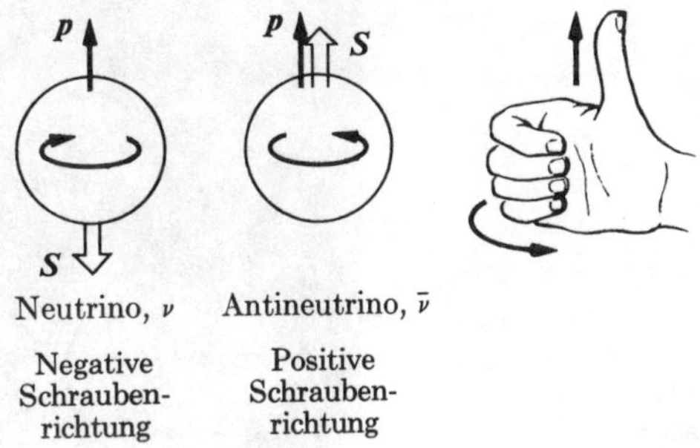

22.10 Neutrino und Antineutrino haben eine entgegengesetzte relative Orientierung von Spin und Impuls.

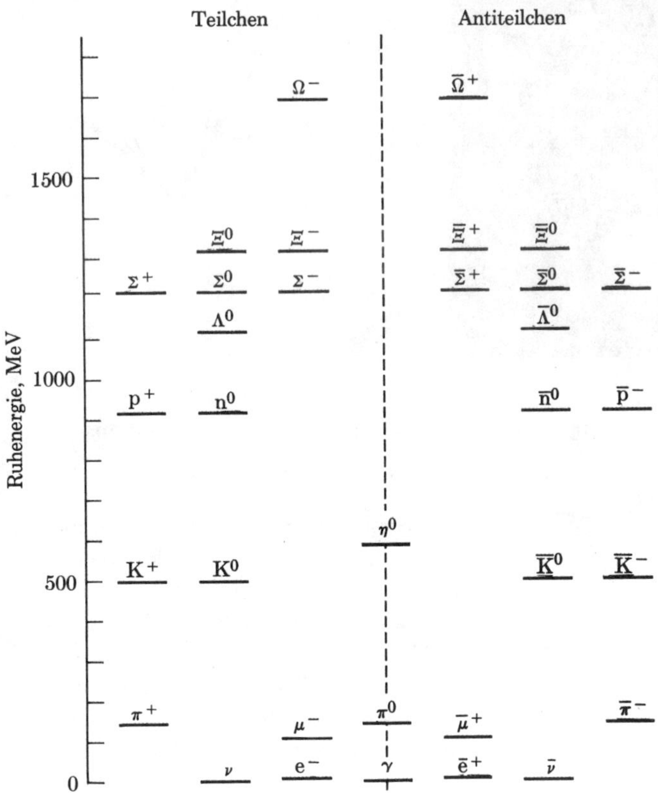

22.9 Teilchen und Antiteilchen, angeordnet nach Ruhenergie und Ladung.

chen. In einigen Fällen wurden die Antiteilchen experimentell noch nicht bestimmt, aber ihre Existenz wird aus theoretischen Gründen postuliert. In Abb. 22.9 sind die Teilchen und Antiteilchen auf eine mehr symmetrische Weise angeordnet.

Das erste Antiteilchen, das beobachtet wurde, war das Positron. Der amerikanische Physiker Carl Anderson beobachtete es 1933, als er kosmische Strahlen in einer Nebelkammer analysierte (erinnern Sie sich an Abb. 17.6), Antiprotonen wurden zuerst 1955 von einer Gruppe von Wissenschaftlern an der Universität von Californien beobachtet; Antineutronen wurden kurz danach entdeckt.

Im Fall des Neutrinos unterscheidet eine wichtige Eigenschaft Teilchen und Antiteilchen; sie ist eine Folge der Tatsache, daß ihre Ruhemasse null ist. Der Spin eines Neutrinos hat immer entgegengesetzte Richtung zum Impuls (dessen Richtung in der Bewegungsrichtung ist), während Impuls und Spin des Antineutrinos die gleiche Richtung haben (Abb. 22.10).

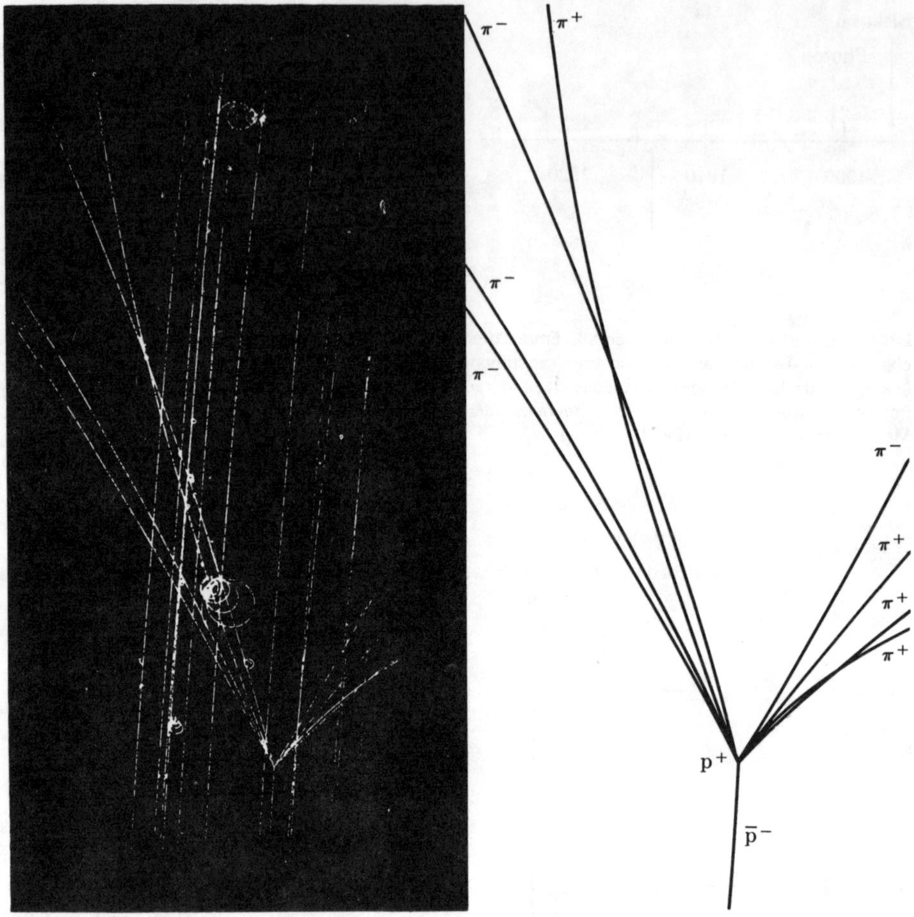

22.11 Proton — Antiproton-Vernichtung (Zerstrahlung) [Photo mit liebenswürdiger Erlaubnis des Brookhaven National Laboratory.]

Ein Teilchen und sein Antiteilchen können sich miteinander verbinden, wobei sie verschwinden oder einander *vernichten*. Ihre Gesamtenergie, einschließlich ihrer Ruhenergie, erscheint in Form anderer Teilchen. Bei diesem Vorgang müssen mehrere Erhaltungssätze erfüllt werden. Zum Beispiel können das Elektron e^- und sein Antiteilchen, das Positron e^+ einander vernichten, wobei sie elektromagnetische Strahlung aussenden. Diesen Vorgang nennt man *Elektronenpaarvernichtung* (Zerstrahlung). Der Vorgang ist

$e^- + e^+ \rightarrow$ elektromagnetische Strahlung.

Die Proton—Antiproton-Vernichtung ist ein komplizierterer Vorgang, der zur Entstehung mehrerer Teilchen, zum Großteil Pionen, führt. Eine solche Vernichtung ist in Abb. 22.11 gezeigt, die dem Vorgang

$$p^+ + \bar{p}^- \rightarrow 4\pi^+ + 4\pi^- + x\pi^0$$

entspricht. Das hereinkommende Antiproton vernichtet sich gemeinsam mit einem der Protonen des Nebelkammergases. Wenn die Ladung erhalten bleiben soll, muß die Zahl der positiven und negativen Pionen gleich sein. Die Zahl der π^0-Mesonen, die erzeugt wird, ist schwer festzustellen, da sie in der Nebelkammer keine Spuren hinterlassen. Die Gesamtzahl der Teilchen, die erzeugt werden, hängt von der zur Verfügung stehenden Energie ab.

Umgekehrt können auch ein Teilchen und sein Antiteilchen gleichzeitig entstehen. Diesen Vorgang nennt man *Paarbildung*. Zum Beispiel kann bei einem Proton—

Ptroton-Stoß hoher Energie nach dem Schema

$$p^+ + p^+ \rightarrow p^+ + p^+ + p^+ + \overline{p}^-.$$

ein Proton—Antiprotonpaar erzeugt werden. (Das ist nicht der einzige Vorgang, der bei einem Proton—Proton-Stoß ablaufen kann.)

Die Bildungs- und Vernichtungsprozesse und der β-Zerfall, der in Abschnitt 22.7 besprochen wurde, sind Manifestationen einer allgemeineren Eigenschaft von Elementarteilchen: ihrer Instabilität. In anderen Worten

---

Die Elementarteilchen können sich als Folge ihrer Wechselwirkungen in andere Teilchen umwandeln.

Wenn z.B. zwei Teilchen zusammenstoßen, können andere Teilchen entstehen, wenn genügend Energie zur Verfügung steht und die Erhaltungssätze erfüllt werden. Ein Beispiel dafür ist folgender Vorgang

$$K^- + p^+ \rightarrow \Xi^- + K^0 + \pi^-.$$

In anderen Fällen kann ein Teilchen instabil sein und in zwei verschiedene Teilchen zerfallen.

Teilchen, die instabil sind, unterliegen einem spontanen Zerfall mit einer wohldefinierten Halbwertszeit. Tabelle 22.3 zeigt die häufigsten Zerfallsvorgänge und Halbwertszeiten instabiler Teilchen. Von allen instabilen Teilchen ist das Neutron das mit der längsten Halbwertszeit. Ein Neutron kann jedoch infolge der Energieerhaltung innerhalb eines Kerns stabil werden. Das erklärt vielleicht, warum die Materie aus Elektronen, Protonen und Neutronen besteht. Beachten Sie, daß Mesonen eine Halbwertszeit in der Größenordnung von 10^{-8} s haben (mit Ausnahme von π^0 und η^0), während die Baryonen Halbwertszeiten in der Größenordnung von 10^{-10} s aufweisen.

Eine notwendige Bedingung für den spontanen Zerfall, die von der Energieerhaltung auferlegt wird, ist die, daß die Ruhmasse des Elternteilchens größer sein muß als die Summe der Ruhmassen der Tochterteilchen. Zusätzlich zur Energie bleiben bei allen Zerfällen wohl auch der Impuls und der Drehimpuls erhalten. Die Dynamik von Stoß- und Zerfallsprozessen, an denen Elementarteilchen beteiligt sind, wurde in Abschnitt 12.8 betrachtet. In diesem Abschnitt zeigt

Tabelle 22.3

EINIGE ZERFALLSARTEN VON TEILCHEN*

Teilchen	Zerfallsart	Halbwertszeit, s
Leptonen		
Neutrino	Stabil	
Elektron	Stabil	
Myon	$\mu^- \rightarrow e^- + \nu + \bar{\nu}$	$1{,}52 \cdot 10^{-6}$
Mesonen		
Pion	$\pi^+ \rightarrow \mu^+ + \nu$	$1{,}80 \cdot 10^{-8}$
	$\pi^0 \rightarrow 2\gamma$	$6 \cdot 10^{-17}$
Kaon	$K^+ \rightarrow \mu^+ + \nu$	$8{,}56 \cdot 10^{-9}$
	$K^0 \rightarrow \pi^+ + \pi^-$	$6{,}0 \cdot 10^{-11}$
Eta	$\eta^0 \rightarrow 2\gamma$	$< 10^{-16}$
Baryonen		
Proton	Stabil	
Neutron	$n^0 \rightarrow p^+ + e^- + \bar{\nu}$	$7{,}0 \cdot 10^2$
Lambda	$\Lambda^0 \rightarrow p^+ + \pi^-$	$1{,}76 \cdot 10^{-10}$
Sigma	$\Sigma^+ \rightarrow p^+ + \pi^0$	$5{,}6 \cdot 10^{-11}$
	$\Sigma^0 \rightarrow \Lambda^0 + \gamma$	$< 7 \cdot 10^{-15}$
	$\Sigma^- \rightarrow n^0 + \pi^-$	$1{,}1 \cdot 10^{-10}$
Xi	$\Xi^0 \rightarrow \Lambda^0 + \pi^0$	$2{,}0 \cdot 10^{-10}$
	$\Xi^- \rightarrow \Lambda^0 + \pi^-$	$1{,}2 \cdot 10^{-10}$
Omega	$\Omega^- \rightarrow \Lambda^0 + K^-$	10^{-10}

* Das Symbol γ bedeutet ein Quantum elektromagnetischer Strahlung, auch Photon genannt, das in Kapitel 24 besprochen wird.

Abb. 12.8 den Zerfall eines π^--Mesons, gefolgt vom Zerfall des Myons in ein Elektron. Die Neutrinos hinterlassen keine Spuren in der Kammer.

Die Elementarteilchen, die in Tab. 22.3 angeführt wurden, können alle entsprechend den Standards von Elementarteilchen als langlebig angesehen werden. Zusätzlich zu diesen langlebigen Teilchen häufen sich in den letzten Jahren experimentelle Hinweise für die Existenz sehr kurzlebiger Teilchen, sogenannter *Resonanzen*. Ihre Lebensspannen sind so kurz (von der Größenordnung von 10^{-20} s oder weniger), daß sie in einer Blasenkammer keine erkennbaren Spuren hinterlassen. Die bisher beobachtete Zahl solcher Resonanzen beträgt etwa 80.

Ein interessantes Problem der Physik ist es zu verstehen, warum die Elementarteilchen sich so verhalten, wie wir es kurz beschrieben haben und welche Gesetze bestimmte Vorgänge erlauben und andere verbieten. In den letzten Jahren wurde ein beachtlicher Fortschritt in dieser Richtung gemacht. Seine Analyse geht jedoch über den Rahmen dieses Buches hinaus.

FRAGEN

1. Wie verändert sich das «Volumen» und die «Oberfläche» eines Kerns mit der Massenzahl A?
2. Was bedeutet die «Paarung von Nukleonen» in einem Kern?
3. Definieren Sie den Begriff der «Reichweite» der Kernkraft.
4. Erklären Sie, warum wir die Existenz von Kernkräften zu Hilfe nehmen müssen, um die Stabilität von Kernen zu beschreiben.
5. Diskutieren Sie den Begriff der «magischen Zahlen» in Kernen.
6. Woher wissen wir, daß der α-Zerfall ein Zwei-Körper-Prozeß ist, während der β-Zerfall ein Drei-Körper-Prozeß sein muß?
7. Ein instabiler Kern ist dadurch charakterisiert, daß er (a) zu viele Neutronen, (b) zu viele Protonen enthält. Welche Art des β-Zerfalls ist in jedem der Fälle zu erwarten?
8. Diskutieren Sie den Begriff der «Halbwertszeit» eines radioaktiven Nuklids.
9. Warum wird bei der Spaltung eines schweren Kerns oder der Fusion von zwei leichten Kernen Energie freigesetzt?
10. Was ist der grundlegende Unterschied zwischen einem «thermischen» und einem «schnellen» Kernreaktor?
11. Was versteht man unter Teilchen–Antiteilchen-Vernichtung?
12. Führen Sie einige der Gesetze an, die bei allen Vorgägen erhalten bleiben, an denen Elementarteilchen beteiligt sind.

AUFGABEN

Die folgenden Atommassen (m_μ) werden zur Anwendung in den folgenden Aufgaben gegeben

^1_0n	1,008665	^4_2He	4,002603	$^{15}_7N$	15,000108	$^{17}_8O$	16,99913	$^{140}_{56}Ba$	139,9106
^1_1H	1,007825	^7_3Li	7,016004	$^{15}_8O$	15,00307	$^{57}_{26}Fe$	56,9354	$^{144}_{60}Nd$	143,9100
^2_1H	2,014102	$^{10}_5B$	10,01294	$^{16}_7N$	16,006103	$^{89}_{36}Kr$	88,9166	$^{176}_{71}Lu$	175,9427
^3_1H	3,016050	$^{11}_5B$	11,00931	$^{16}_8O$	15,99494	$^{140}_{58}Ce$	139,9054	$^{232}_{92}U$	232,0372
^3_2He	3,016030	$^{12}_6C$	12,000000						

22.1 Normales Bor ist ein Gemisch aus ^{10}B und ^{11}B-Isotopen. Die zusammengesetzte (oder chemische) Atommasse ist $10{,}811 m_\mu$. Welcher Prozentanteil jedes Isotops ist (a) der Zahl, (b) der Masse nach in natürlichem Bor vorhanden?

22.2 Berechnen Sie den Kernradius von ^{16}O, ^{120}Sn und ^{208}Pb.

22.3 Welche Kerne haben einen Radius, der gleich der Hälfte des Radius von ^{236}U entspricht.

22.4 Schätzen Sie die Coulombsche Abstoßungsenergie der beiden Protonen in ^3He ab (nehmen Sie an, daß sie einen Abstand von $1{,}7 \cdot 10^{-15}$m haben). Vergleichen Sie diese Energie mit dem Unterschied in den Bindungsenergien zwischen ^3H und ^3He. Steht das Ergebnis im Einklang mit der Annahme, daß Kernkräfte unabhängig von der Ladung sind?

22.5 Wieviel Energie braucht man, um (a) ein Proton, (b) ein Neutron aus ^{16}O und ^{17}O zu entfernen? Zeigt das Ergebnis die Existenz einer Paarungskraft an?

22.6 Berechnen Sie die gesamte Bindungsenergie und die Bindungsenergie pro Nukleon für ^7Li, ^{16}O, ^{57}Fe und ^{176}Lu.

22.7 Die folgenden massenspektroskopischen Unterschiede wurden experimentell gefunden

$$^1H_2 - {}^2H = 1{,}5434 \cdot 10^{-3} m_\mu$$

$$3\ {}^2H - \tfrac{1}{2}\ {}^{12}C = 4{,}2300 \cdot 10^{-2} m_\mu$$

$$^{12}C\ {}^1H_4 - {}^{16}O = 3{,}6364 \cdot 10^{-2} m_\mu.$$

Berechnen Sie die Atommassen von ^1H, ^2H und ^{16}O. Vergleichen Sie mit den experimentellen Daten.

22.8 Eine einfache empirische Annäherung für das Kernpotential ist das Yukawa-Potential

$$E = -E_0 r_0 e^{-r/r_0}/r,$$

wobei $E_0 = 50$ MeV und $r_0 = 1{,}5 \cdot 10^{-15}$m. Tragen Sie das Yukawa-Potential für $r = 0{,}1r_0$, $0{,}5r_0$, r_0, $1{,}5r_0$, $2r_0$, und $3r_0$ auf und vergleichen Sie es mit der elektrischen potentiellen Energie zweier Protonen im gleichen Abstand.

22.9(a) Bestimmen Sie mit Hilfe des Schalenmodellschemas, das in Abb. 22.3 gezeigt ist, die Kernkonfiguration von

^2H, ^3H, ^3He, ^4He, ^7Li, ^{12}C, ^{13}C und ^{35}Cl. (b) Sagen Sie die Kernspins dieser Nuklide voraus. Vergleichen Sie mit den experimentellen Werten 1, $\frac{1}{2}$, $\frac{1}{2}$, 0, $\frac{3}{2}$, 0, $\frac{1}{2}$ und $\frac{3}{2}$.

22.10 Berechnen Sie die Energie des α-Teilchens, das von ^{144}Nd beim Zerfall zu ^{140}Ce freigesetzt wird. Berechnen Sie außerdem die Rückstoßenergie des Tochterkerns.

22.11 Die Reichweite R eines α-Teilchens in Luft und seine Energie E stehen über die empirische Formel

$$R = 0{,}318 E^{3/2} \mathrm{m}$$

in Beziehung, wobei E in Elektronenvolt gegeben ist. Der α-Zerfall von ^{212}Po wird in einer Nebelkammer beobachtet und es werden vier Reichweiten — 11,2, 11,0, 9,57 und 8,5 cm — gemessen. Berechnen Sie die Energien dieser α-Teilchen.

22.12 Berechnen Sie die maximale Energie des Elektrons beim β^--Zerfall von ^3H.

22.13 Die Halbwertszeit von ^{90}Sr beträgt 28 Jahre. Bestimmen Sie (a) die Zerfallskonstante von ^{90}Sr, (b) die Aktivität von 1 mg ^{90}Sr in Ci und in s^{-1}, (c) die Zeit, die 1 mg braucht, um auf 250 μg abzufallen, (d) die Aktivität zu diesem späteren Zeitpunkt.

22.14 Ein Material besteht aus zwei verschiedenen radioaktiven Substanzen, die eine Halbwertszeit von 2 Stunden, bzw. 20 Minuten haben. Ursprünglich liegen 1 mCi der ersten und 9 mCi der zweiten Substanz vor. (a) Tragen Sie auf halblogarithmischen Papier die Aktivität jeder Substanz und des Gesamtmaterials als Funktion der Zeit auf. (b) Zu welchem Zeitpunkt ist die Gesamtaktivität 1 mCi? (c) Zu welchem Zeitpunkt beträgt die Aktivität der kurzlebigen Substanz 1% der langlebigen Substanz?

22.15 Zeigen Sie, daß die *mittlere Lebensdauer* T_{mit} einer radioaktiven Substanz durch

$$T_{\mathrm{mit}} = \frac{1}{N_0} \int_{N_0}^{0} t\, dN = \frac{1}{\lambda}$$

gegben ist [*Hinweis:* Berechnen Sie dN mittels (22.12).]

22.16 Ein stählerner Kolbenring mit einer Masse von 25 g wird in einem Kernreaktor bestrahlt bis seine Aktivität (infolge des Nuklides ^{59}Fe, mit einer Halbwertszeit von $3{,}90 \cdot 10^6$ s) 9,0 mCi beträgt. Zwei Tage später wird der Kolbenring in einen Versuchsmotor eingebaut. Nach einem 10-tägigen Probelauf wird das Getriebeöl abgelassen und auf ^{59}Fe-Aktivität untersucht. Untersuchungen zeigen eine mittlere Aktivität von $9{,}8 \cdot 10^2$ Zerfällen pro Sekunde für eine Ölprobe von 200 cm^3. Berechnen Sie die Masse an Eisen, die vom Kolbenring abgerieben wurde, wenn das Kurbelgehäuse mit 7,6 Litern Öl gefüllt worden war.

22.17 Die Aktivität von Kohlenstoff, den man in lebenden Objekten findet, beträgt 0,007 μCi kg^{-1} und ist auf das vorhandene ^{14}C zurückzuführen. Die Holzkohle aus der Feuerstelle einer Indianer-Lagerstätte hat eine Aktivität von 0,0048 μC kg^{-1}. Die Halbwertszeit von ^{14}C beträgt 5760 Jahre. Berechnen Sie das Jahr, in dem die Lagerstätte zum letzten Mal verwendet wurde.

22.18 Berechnen Sie für die Photospaltung von ^{232}U zu ^{89}Kr, ^{140}Ba und drei Neutronen die gesamte freigesetzte Energie aus der Massendifferenz. Vergleichen Sie diese Energie mit der ursprünglichen Coulomb-Abstoßung der beiden geladenen Bruchstücke, wenn Sie annehmen, daß sie sich gerade berühren, wenn die Spaltung eintritt.

22.19 Berechnen Sie die Energie, die erforderlich ist, um einen ^4He-Kern in (a) ^3H und p; (b) ^3He und n zu spalten. Erklären Sie den Unterschied zwischen diesen Energien anhand der Eigenschaften der Kernkräfte.

22.20 Zeigen Sie, daß die Energie, die bei der Spaltung von Uran freigesetzt wird, (185 MeV pro Atom), äquivalent $8{,}3 \cdot 10^{13}$ J kg^{-1} ist. Mit welcher Geschwindigkeit sollte Uran gespalten werden, um eine Leistung von 1 MW zu geben?

22.21 (a) Wie hoch muß die mittlere Temperatur eines Deuteriumplasmas sein, damit eine Kernverschmelzung abläuft? [*Hinweis:* Wir können diesen Wert abschätzen, indem wir die Coulombsche Abstoßungsenergie zwischen Deuteronen berechnen, wenn sie sich innerhalb der Reichweite von Kernkräften, $\sim 10^{-15}$ m, befinden.] (b) Berechnen Sie die Energie, die bei der Verschmelzung zweier Deuteriumkerne zu einem α-Teilchen freigesetzt wird. Reicht diese Energie aus, um die Fusion anderer Deuteriumkerne zu ermöglichen?

22.22 Wie groß ist die Energie, die beim Fussionsvorgang $3\,^4He \rightarrow {}^{12}C$ freigesetzt wird? Dieser Vorgang läuft im zweiten Stadium der Kernsynthese in Sternen ab. Bestimmen Sie die Leistung, die bei diesem Vorgang in einem Stern hervorgebracht wird, bei dem $5 \cdot 10^9$ kg ^4He pro Sekunde zu ^{12}C verschmolzen werden.

22.23 Zeigen Sie, daß die Sonnemasse um $4{,}6 \cdot 10^9$ kg sec^{-1} abnehmen muß, um die Energie, die von ihr freigesetzt wird, unterzubringen. Wie viel Zeit muß vergehen, bis die Masse der Sonne um 1% abgenommen hat (Masse der Sonne $1{,}98 \cdot 10^{30}$ kg)?

22.24 Berechnen Sie den Radius, die Energie und die Winkelgeschwindigkeit der *Positroniumbahn* im Grundzustand. Das Positronium ist ein Atom, das aus einem

Positron und einem Elektron besteht. Bestimmen Sie auch die erste Anregungsenergie des Positroniums [*Hinweis*: Verwenden Sie die Bohrsche Theorie, die in Abschnitt 18.4 gegeben wurde.]

22.25 Myonium bildet sich, wenn ein geladenes Myon und ein Elektron oder Positron um einander kreisen. Bestimmen Sie (a) die Energie und den Radius des Myoniums im Grundzustand; (b) die Dissoziationsenergie von Myonium. [*Hinweis:* Verwenden Sie die Bohrsche Theorie, die in Abschnitt 18.4. gegeben wurde.]

22.26 Ein negatives Pion kann in eine stabile Bahn um den Kern eingefangen werden, wodurch ein Mesonenatom eststeht. Nehmen Sie an, daß wir die Energie und den Radius der Mesonenbahn mit den gleichen Formeln berechnen können, die wir für die Elektronenbahnen in Wasserstoff verwendet haben. (a) Welche Energie wird freigesetzt, wenn ein freies ruhendes Pion in den Grundzustand eine Protons eingefangen wird? (b) Berechnen Sie den Radius der Bahn eines Pions im Grundzustand, das sich um ein Proton bewegt. (c) Sagen Sie voraus, für welchen Kern der Bahnradius des Grundzustands gleich dem Kernradius ist.

22.27 Ein neutrales Kaon mit einer kinetischen Energie von 100 MeV zerfällt im Flug in zwei entgegengesetzt geladene Pionen. Die kinetische Energie eines der Pionen ist 200 MeV. Berechnen Sie den Impuls jedes Pions und die Winkel, die ihre Bahnen im L-Bezugssystem bilden.

22.28 Man beobachtet, daß ein neutrales K^o-Meson in ein Paar entgegengesetzt geladener Pionen zerfällt. Ursprünglich sind die Pionen-Bahnspuren im L-System senkrecht zueinander; sie werden aber von einem Magnetfeld von $8{,}5 \cdot 10^{-1}$ T so gebogen, daß sie Radien von 0,8 m bzw. 1,6 m haben. Berechnen Sie die Ruhmasse des K^0-Mesons und seine kinetische Energie.

22.29 Ein Strahl negativer Pionen (π^-), der in eine Blasenkammer eintritt, löst die Reaktion

$$\pi^- - p^+ \rightarrow \Lambda^0 + K^0$$

aus. Die anschließenden Zerfallsprozesee von Λ^0 und K^0 laufen auch innerhalb der Kammer ab. Ein Magnetfeld wird am Ort der Kammer angelegt. Fertigen Sie ein Diagramm an, das den ganzen Vorgang zeigt. Neutrale Teilchen sollten durch gestrichelte Linien, geladene Teilchen durch ausgezogene Linien mit der entsprechenden Krümmung dargestellt werden.

22.30 Ein 100 MeV Pion zerfällt, wobei ein Myon entsteht, das in Richtung nach vorne ausgesandt wird. Berechnen Sie die kinetische Energie des Myons im L-System.

Teil 3

WELLEN

Von allen in der Physik verwendeten Begriffen können zwei von jedem Menschen intuitiv verstanden werden, gleichgültig auf welchem kulturellen Niveau er steht. Es handelt sich um die Begriffe von *Teilchen* und *Welle*. Ein Laie versteht unter einem Teilchen einen kleinen Teil der Materie, wobei «klein» relativ zur Umgebung gesehen wird und normalerweise an einer anthropomorphen Skala gemessen wird. Der Laie hat auch ein objektives Bild von Wellen, und zwar aufgrund von Wellen, die er auf der Oberfläche von Wasser beobachtet, der Bewegung einer gespannten Schnur oder den Schwingungen einer Saite.

Der Physiker verwendet jedoch, wie der Student beim Lesen der vorhergehenden Kapitel zweifellos festgestellt hat, den Begriff des Teilchens in einem abstrakteren und fundamentaleren Sinn, was ihm erlaubt, eine Vielzahl physikalischer Situationen angemessen zu behandeln. Der Begriff der Welle erleidet eine ähnliche Transformation: der Physiker hat den Begriff ausgedehnt und ihn auf eine große Zahl von Phänomenen angewendet, die dem objektiven Bild einer Welle auf der Wasseroberfläche nicht entsprechen, die aber die gleiche mathematische Beschreibung haben. Teil 3 dieses Textes ist der allgemeinen Diskussion von Wellenphänomenen in diesem weiteren Sinn gewidmet.

Ein Wort zur Warnung: Der Student muß sich in jedem Fall darauf konzentrieren, die beschriebene physikalische Situation und die mathematische Behandlung zu verstehen und muß sich vor der unvermeidlichen Versuchung hüten, sich alle Wellen so vorzustellen, wie er sie auf der Oberfläche einer Flüssigkeit beobachtet.

In unserer Diskussion werden wir verschiedene Arten von Wellen analysieren, hauptsächlich elastische und elektromagnetische Wellen, mit besonderer Betonung der letzteren. Was an Wellen am meisten interessiert, ist ihre Fortpflanzungsgeschwindigkeit und die Veränderungen, die sie erleiden, wenn sich die physikalischen Eigenschaften des Mediums verändern (Reflexion, Brechung, Polarisation), wenn verschiedene Hindernisse in ihren Weg eingebracht werden (Beugung, Streuung) oder wenn mehrere Wellen am gleichen Ort im Raum zusammentreffen (Interferenz). Diese Aspekte werden daher Gegenstand der folgenden Kapitel sein. Die Hauptaufgabe dieser Kapitel ist jedoch, den Studenten in die Lage zu versetzen, ein grundlegendes Verständnis für Wellenausbreitung physikalischer Phänomene zu erlangen, wie z.B. der Fortpflanzung eines physikalischen Zustandes, die durch ein zeitabhängiges Feld beschrieben wird.

Kapitel 23

WELLEN-AUSBREITUNG

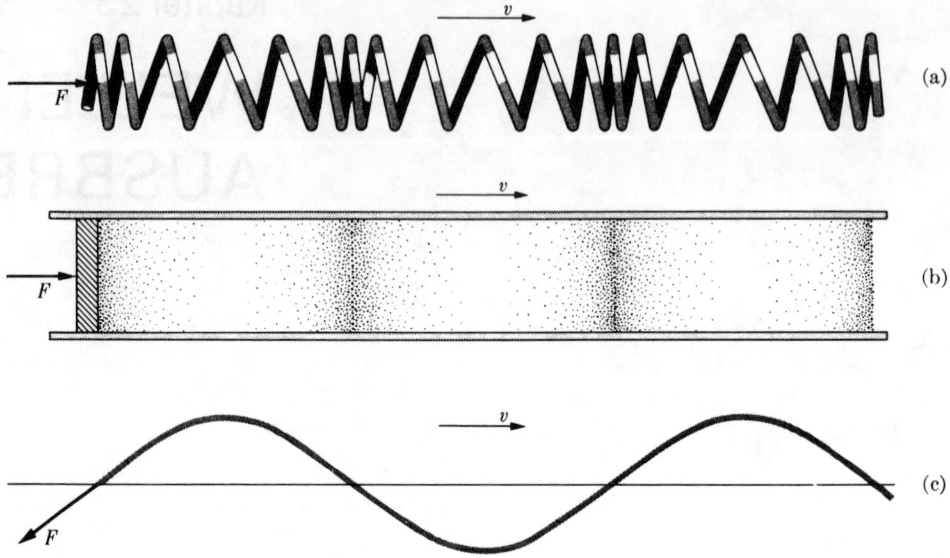

23.1 Elastische Wellen in (a) einer Feder, (b) einem Gas, (c) einem Seil.

23.1 EINLEITUNG

Wenn wir eine Glocke anschlagen oder das Radio andrehen, hört man an entfernten Punkten einen Schall. Der Schall pflanzt sich durch die umgebende Luft fort. Wenn wir an einem Strand sind und ein schnelles Boot in einiger Entfernung vorbeifährt, werden wir schließlich vom Kielwasser getroffen, das es erzeugt. Wenn eine Birne angeschaltet wird, erfüllt sich der Raum mit Licht. In Abschnitt 20.8 haben wir gesehen, daß man als Folge der physikalischen Beziehungen zwischen elektrischen und magnetischen Feldern in der Lage ist, ein elektrisches Signal von einem Ort an einen anderen zu übertragen. Obwohl die physikalischen Mechanismen für jeden der oben erwähnten Vorgänge verschieden sein können, haben sie alle ein gemeinsames Charakteristikum. Es sind Zustände, die an einem Punkt im Raum erzeugt werden, durch den Raum fortgepflanzt und später an einem anderen Punkt auftreten werden. Diese Arten von Vorgängen sind alle Beispiele für eine *Wellenausbreitung*.

Nehmen Sie an, wir hätten eine physikalische Eigenschaft, die sich über einen bestimmten Bereich des Raumes erstreckt. Diese Eigenschaft kann ein elektromagnetisches Feld sein, die Verformung einer Feder, der Druck in einem Gas, die Belastung in einem Festkörper, die transversale Verschiebung einer Schnur, vielleicht sogar das Schwerefeld. Nehmen Sie an, daß die Bedingungen an einem Ort dadurch zeitabhängig werden, daß es zu einer Störung des physikalischen Zustands an diesem Ort kommt. Die physikalischen Eigenschaften des Systems führen zur *Fortpflanzung* dieser Störung durch den Raum. Das führt zu Störungen der statischen Bedingungen an anderen Orten. Wir sprechen daher von einer Welle, die mit der physikalischen Eigenschaft, die wir betrachten, assoziiert ist.

Wir wollen z.B. die freie Oberfläche einer Flüssigkeit betrachten. Die physikalische Eigenschaft ist in diesem Fall die Verschiebung jedes Punktes der Oberfläche relativ zur Gleichgewichtsgestalt. Unter Gleichgewichtsbedingungen ist die freie Oberfläche einer Flüssigkeit eben und horizontal. Wenn jedoch die Bedingungen an einem Punkt der Oberfläche gestört werden, indem man einen Stein in die Flüssigkeit fallen läßt, wissen wir, daß diese Störung sich in allen Richtungen längs der Oberfläche der Flüssigkeit fortpflanzt. Um den Mechanismus der Fortpflanzung und ihre Geschwindigkeit zu bestimmen, müssen wir untersuchen, wie die Verschiebung eines Punktes an der Oberfläche die restliche Oberfläche beeinflußt. Diese Gleichungen erlauben uns dann, quantitative Information über die Veränderung der Störung in Raum und Zeit zu erhalten.

In diesem Kapitel werden wir zuerst die allgemeinen Charakteristika der Wellenausbreitung besprechen und

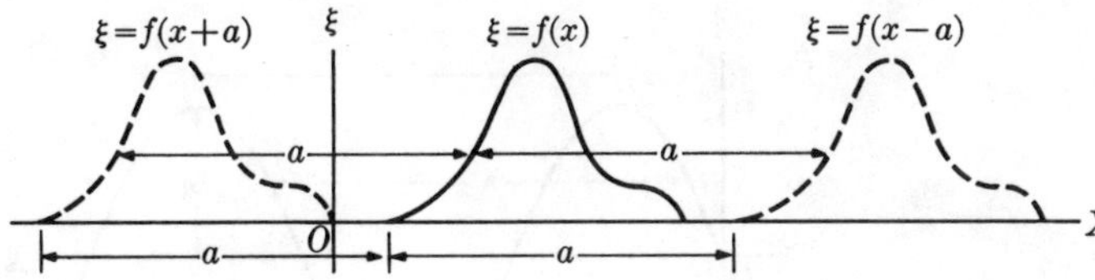

23.2 Translation der Funktion $\xi(x)$ ohne Änderung ihrer Form.

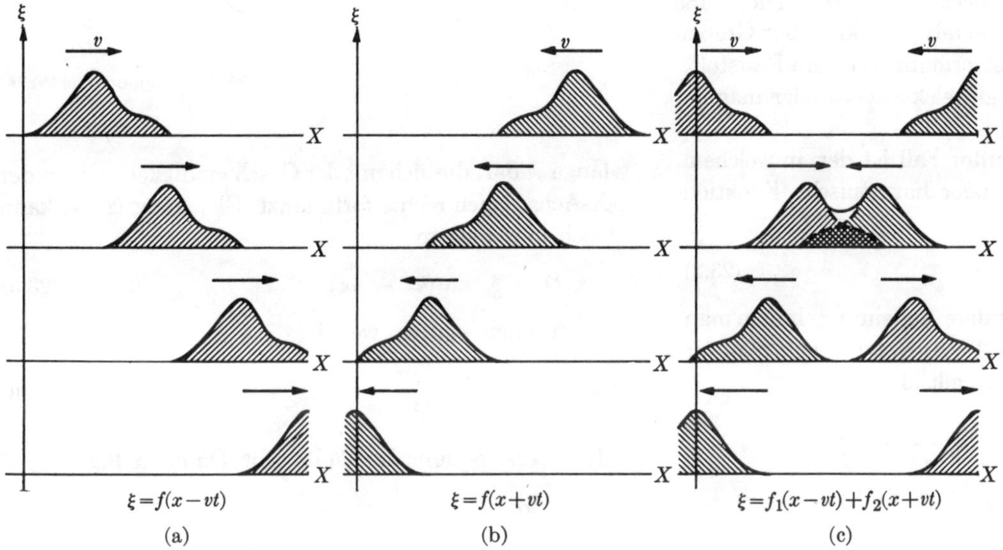

23.3 Ausbreitung einer Welle (a) nach rechts, (b) nach links. (c) Wellen, die sich in entgegengesetzten Richtungen ausbreiten, führen bei Interferenz zu additiven Überlagerungen.

dann einige spezielle Arten von Wellen betrachten. Die meisten Beispiele werden sich auf elastische Wellen in einer Substanz beziehen. Die verschiedenen wohlbekannten Arten von Wellen, die in Abb. 23.1 dargestellt sind, sind im Grunde alle elastische Wellen. In diesen Fällen werden wir die molekulare Struktur der Materie außer Acht lassen und ein kontinuierliches Medium annehmen. Diese Annahme gilt solange als die räumliche Schwankung der Welle, die durch die Wellenlänge bestimmt wird, groß ist im Vergleich zu den zwischenmolekularen Abständen.

23.2 BESCHREIBUNG DER WELLENAUSBREITUNG

Wir wollen eine Funktion $\xi = f(x)$ betrachten, die graphisch durch die ausgezogene Kurve in Abb. 23.2 dargestellt ist. Wenn wir x durch $x - a$ ersetzen, erhalten wir die Funktion

$$\xi = f(x - a).$$

Offensichtlich hat sich die Gestalt der Kurve nicht verändert; wenn wir die Werte von x um den Betrag a erhöhen, erhalten wir die gleichen Werte von ξ. In anderen Worten: wir sehen, daß die Kurve ohne Verformung um den Betrag a nach rechts verschoben ist, wenn wir annehmen, daß a positiv ist. Entsprechend beschreibt

$$\xi = f(x + a)$$

eine starre Verschiebung der Kurve um den Betrag a nach links.

Wenn nun $a = vt$, wobei t die Zeit ist, erhalten wir eine «wandernde» Kurve; d.h.

$$\xi = f(x - vt)$$

stellt eine Kurve dar, die sich mit einer Geschwindigkeit v, der sogenannten *Phasengeschwindigkeit* (Abb. 23.3a) nach rechts bewegt. Entsprechend stellt

$$\xi = f(x + vt)$$

eine Kurve dar, die sich mit der Geschwindigkeit v (Abb. 23.3b) nach links bewegt. Wir schließen daher, daß ein mathematischer Ausdruck der Form

$$\xi(x, t) = f(x \pm vt) \tag{23.1}$$

geeignet ist, eine physikalische Situation zu beschreiben, die ohne Verformung längs der positiven oder negativen X-Achse «wandert» oder «sich fortpflanzt». Die Größe $\xi(x, t)$ kann eine große Vielfalt physikalischer Größen darstellen, wie z.B. die Verformung in einem Feststoff, den Druck in einem Gas, ein elektrisches oder magnetisches Feld etc.

Ein besonders interessanter Fall ist der, in welchem $\xi(x, t)$ eine sinusförmige oder harmonische Funktion ist, wie z.B.

$$\xi(x, t) = \xi_0 \sin k(x - vt). \tag{23.2}$$

Die Größe k hat eine besondere Bedeutung. Indem man den Wert von x durch $x + 2\pi/k$ ersetzt, erhält man für $\xi(x, t)$ den gleichen Wert; es gilt also

$$\xi\left(x + \frac{2\pi}{k}, t\right) = \xi_0 \sin k\left(x + \frac{2\pi}{k} - vt\right)$$
$$= \xi_0 \sin\,[k(x - vt) + 2\pi] = \xi(x, t).$$

Wir definieren dann

$$\lambda = \frac{2\pi}{k} \tag{23.3}$$

als die «Raumperiode» der Kurve in Abb. 23.4; d.h., die Kurve wiederholt sich nach jeder Länge λ: Die Größe λ nennt man die *Wellenlänge*. Die Größe

$$k = \frac{2\pi}{\lambda}$$

stellt dann die Zahl von Wellenlängen pro Entfernung 2π dar und wird als *Wellenzahl* bezeichnet, obwohl dieser Ausdruck manchmal für $1/\lambda$ oder $k/2\pi$ reserviert ist, was der Zahl von Wellenlängen in einer Längeneinheit entspricht. Daher stellt

$$\xi(x, t) = \xi_0 \sin k(x - vt)$$
$$= \xi_0 \sin \frac{2\pi}{\lambda}(x - vt) \tag{23.4}$$

eine sinusförmige oder harmonische Welle der Wellen-

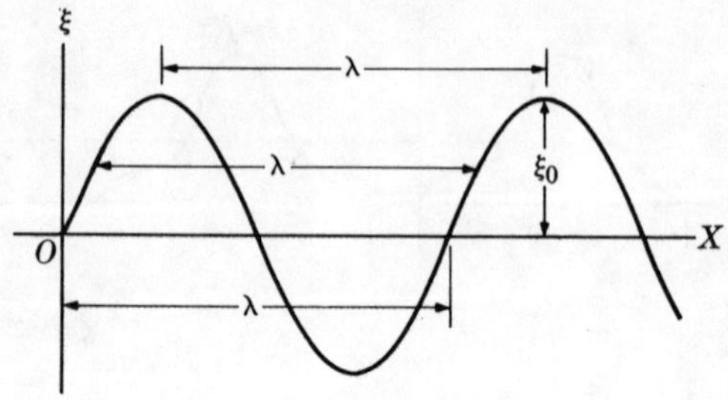

23.4 Harmonische Welle.

länge λ dar, die sich mit der Geschwindigkeit v längs der X-Achse nach rechts fortpflanzt. Gleichung (23.4) kann auch in der Form

$$\xi(x, t) = \xi_0 \sin(kx - \omega t) \tag{23.5}$$

geschrieben werden, wobei

$$\omega = kv = \frac{2\pi v}{\lambda} \tag{23.6}$$

die Kreisfrequenz der Welle gibt. Da nach (9.2)

$$\omega = 2\pi\nu$$

ist, wobei ν die Frequenz darstellt, mit welcher sich die physikalische Situation an jedem Punkt x ändert, erhalten wir die wichtige Beziehung

$$\lambda\nu = v \tag{23.7}$$

für die Wellenlänge, die Frequenz und die Fortpflanzungsgeschwindigkeit. Wenn P die Schwingungsperiode an jedem Punkt ist, die nach (9.2) durch

$$P = \frac{2\pi}{\omega} = \frac{1}{\nu},$$

gegeben ist, können wir (23.4) auch in der Form

$$\xi = \xi_0 \sin 2\pi\left(\frac{x}{\lambda} - \frac{t}{P}\right) \tag{23.8}$$

schreiben. Entsprechend stellt

$$\xi = \xi_0 \sin k(x + vt)$$
$$= \xi_0 \sin(kx + \omega t)$$
$$= \xi_0 \sin 2\pi\left(\frac{x}{\lambda} + \frac{t}{P}\right) \tag{23.9}$$

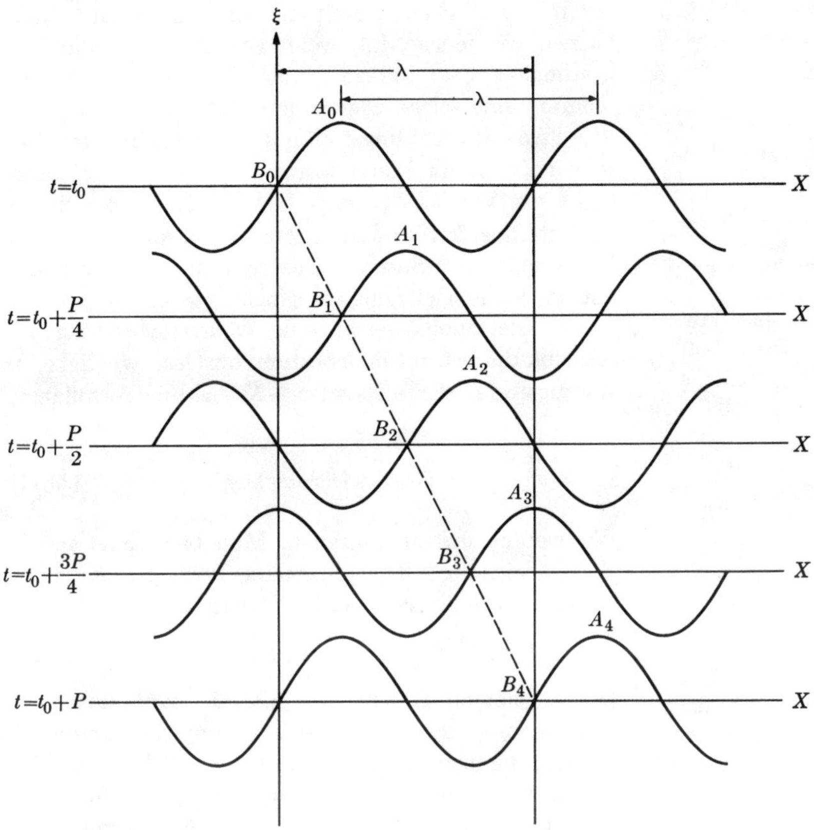

23.5 Harmonische Welle, die sich nach rechts ausbreitet. Sie legt in der Zeit P die Entfernung λ zurück.

eine sinusförmige oder harmonische Wellenbewegung in der $-X$-Richtung dar.

Es ist lehrreich, sich die Raumverteilung von $\xi(x, t)$ in verschiedenen aufeinanderfolgenden Zeitintervallen anzuschauen. Die Funktion $\xi(x, t)$ wurde in Abb. 23.5 zu den Zeiten t_0, $t_0 + \frac{1}{4}P$, $t_0 + \frac{1}{2}P$, $t_0 + \frac{3}{4}P$ und $t_0 + P$ dargestellt. Wir sehen, daß sich die physikalische Situation im *Raum* nach einer Periode wiederholt, während sie sich nach rechts fortpflanzt. Der Grund dafür ist der, daß nach (23.7)

$$\lambda = \frac{v}{\nu} = vP \qquad (23.10)$$

ist, was zeigt, daß wir auch sagen können, daß *die Wellenlänge die Entfernung ist, um die die Wellenausbreitung in einer Periode fortschreitet.* Bei einer sinusförmigen Wellenbewegung haben wir daher zwei Periodizitäten: eine zeitliche, die durch die Periode P gegeben ist, und eine räumliche, die durch die Wellenlänge λ gegeben ist, wobei die beiden über $\lambda = vP$ zusammenhängen.

Der Student kann leicht überprüfen, daß der allgemeine Ausdruck (23.1) für eine wandernde Welle in alternativer Form

$$\xi(x, t) = F\left(t \pm \frac{x}{v}\right)$$

geschrieben werden kann, wobei wie vorhin das positive Vorzeichen der Fortpflanzung in der $-X$-Richtung und das negative Vorzeichen der in der $+X$-Richtung entspricht. Für eine harmonische Welle können wir also jeden der Ausdrücke schreiben, die in Tab. 23.1. gezeigt sind.

Tabelle 23.1

HARMONISCHE WELLEN (GRUNDGLEICHUNGEN)

$\xi = \xi_0 \sin k(x \pm vt)$	$\xi = \xi_0 \sin \omega\left(t \pm \frac{x}{v}\right)$
$\xi = \xi_0 \sin (kx \pm \omega t)$	$\xi = \xi_0 \sin (\omega t \pm kx)$
$\xi = \xi_0 \sin 2\pi\left(\frac{x}{\lambda} \pm \frac{t}{P}\right)$	$\xi = \xi_0 \sin 2\pi\left(\frac{t}{P} \pm \frac{x}{\lambda}\right)$

$P = 2\pi/\omega, \qquad \lambda = 2\pi/k, \qquad k = \omega/v$

Beispiel 23.1 Eine Stimmgabel schwingt mit einer Frequenz von 440 s^{-1}. Wenn die Schallgeschwindigkeit in Luft 340 m s^{-1} beträgt, bestimmen Sie die Wellenlänge und die Wellenzahl des Schalls.

Lösung: Mit (23.7) erhalten wir

$$\lambda = \frac{v}{\nu} = \frac{340 \text{ m s}^{-1}}{440 \text{ s}^{-1}} = 0{,}772 \text{ m};$$

$$k = \frac{2\pi}{\lambda} = \frac{2\pi}{0{,}772} = 8{,}14 \text{ m}^{-1}.$$

Beispiel 23.2 Licht pflanzt sich im Vakuum mit einer Geschwindigkeit von $3 \cdot 10^8$ m s^{-1} fort. Bestimmen Sie die Wellenlänge und die Wellenzahl, die einer Frequenz von $5 \cdot 10^{14}$ s^{-1} entspricht; das ist die Frequenz von Licht im roten Bereich des sichtbaren Spektrums.

Lösung: Wenn wir wieder (23.7) anwenden, erhalten wir

$$\lambda = \frac{v}{\nu} = \frac{3 \times 10^8 \text{ m s}^{-1}}{5 \times 10^{14} \text{ s}^{-1}} = 6 \cdot 10^{-7} \text{ m};$$

$$k = \frac{2\pi}{\lambda} = \frac{2\pi}{6 \times 10^{-7}} = 1{,}05 \cdot 10^7 \text{ m}^{-1}.$$

Ein Vergleich dieser beiden Beispiele wird dem Studenten ein Gefühl für die Unterschiede in den Größenordnungen geben, die für Schall- und Lichtwellen zutreffen.

23.3 WELLENGLEICHUNG

Wir wollen als nächsten Schritt untersuchen, wie man bestimmen kann, wann sich ein gegebenes zeitabhängiges Feld als störungsfreie Welle fortpflanzt. Da die Felder, die mit einem physikalischen Vorgang assoziiert sind, durch für jeden Vorgang charakteristische dynamische Felder gegeben sind, können wir die Möglichkeit untersuchen, eine Gleichung zu finden, die auf *alle* Arten der Wellenausbreitung anwendbar ist. Dann können wir jedes Mal, wenn wir erkennen, daß ein bestimmtes Feld infolge seiner physikalischen Eigenschaften eine solche Gleichung erfüllt, sicher sein, daß das Feld sich störungsfrei mit einer bestimmten Geschwindigkeit im Raum fortpflanzt.* Wenn wir umgekehrt als Versuchsergebnis beobachten, daß sich ein Feld störungsfrei im Raum fortpflanzt, können wir das Feld durch einen Satz von Gleichungen beschreiben, die mit der Wellengleichung im Einklang sind.

Die Gleichung, welche eine Wellenausbreitung beschreibt, die sich mit einer bestimmten Geschwindigkeit v störungsfrei in der $+X$- oder $-X$-Richtung fortpflanzt, lautet

$$\frac{d^2\xi}{dt^2} = v^2 \frac{d^2\xi}{dx^2} \qquad \text{(Wellengleichung)}. \tag{23.11}$$

Wir werden ihr oft begegnen. Man bezeichnet sie als Wellengleichung†. Die allgemeine Lösung dieser Gleichung ist von der Form (23.1), das heißt

$$\xi(x, t) = f_1(x - vt) + f_2(x + vt). \tag{23.12}$$

Die allgemeine Lösung von (23.11) kann daher als Überlagerung zweier Wellenbewegungen ausgedrückt werden, die sich in entgegengesetzten Richtungen fortpflanzen. Für eine Welle, die sich in einer Richtung fortpflanzt, ist natürlich nur eine der beiden Funktionen nötig, die in (23.12) erscheinen. Wenn wir jedoch (z.B.) eine ankommende Welle in der $+X$-Richtung und eine reflektierte Welle in der $-X$-Richtung haben, muß die allgemeine Form von (23.12) benutzt werden.

Um zu beweisen, daß ein Ausdruck der Form (23.12) eine Lösung der Wellengleichung darstellt, müßten wir recht komplizierte mathematische Methoden anwenden. Wir wollen statt dessen als konkretes Beispiel überprüfen, daß die Wellengleichung durch eine sinus-

*Wir haben diese Methode schon früher in Kapitel 9 angewendet, als wir feststellten, daß eine Schwingungsbewegung einer Gleichung des Typs

$$\frac{d^2x}{dt^2} + \omega^2 x = 0$$

gehorcht; wir haben diese Gleichung daher zur Identifizierung verschiedener Typen der einfachen harmonischen Bewegung verwendet, sobald wir die physikalischen Gesetze der Bewegung in jedem Fall verstanden hatten.

†Streng genommen sollten wir beim Anschreiben der Wellengleichung partielle Ableitungen verwenden. Für unsere Zwecke reicht es jedoch aus, (23.11) in der von uns verwendeten Form zu schreiben.

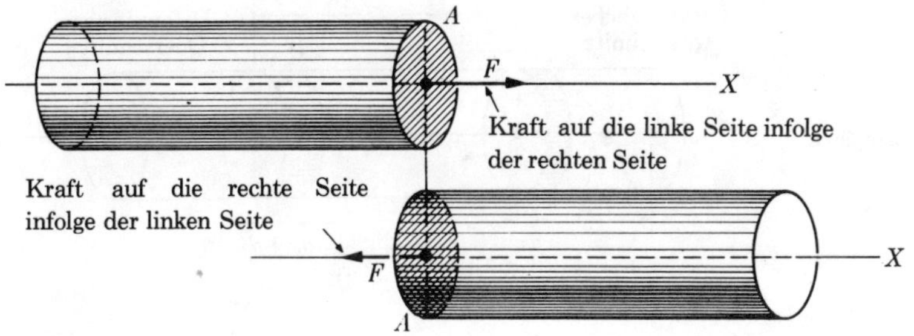

23.6 Die Kräfte auf jeden beliebigen Querschnitt eines belasteten Stabes sind gleich und entgegengesetzt.

förmige Welle

$$\xi = \xi_0 \sin k(x - vt)$$

erfüllt wird.

Die zeitliche und räumliche Ableitung gibt

$$\frac{d\xi}{dx} = k\xi_0 \cos k(x - vt), \qquad \frac{d^2\xi}{dx^2} = -k^2\xi_0 \sin k(x - vt);$$

$$\frac{d\xi}{dt} = -kv\xi_0 \cos k(x - vt), \qquad \frac{d^2\xi}{dt^2} = -k^2v^2\xi_0 \sin k(x - vt).$$

Daher ist $d^2\xi/dt^2 = v^2 d^2\xi/dx^2$, in Übereinstimmung mit (23.11). Das gleiche Ergebnis erhält man mit $\xi = \xi_0 \sin k(x + vt)$.

Um die grundlegenden Vorstellungen der Wellenausbreitung besser zu verstehen, werden wir in diesem Kapitel bestimmte Arten von Wellen besprechen, die dem Studenten mehr oder weniger vertraut sind. Der Student muß beachten, daß bei den Wellen, die wir in den nachfolgenden Abschnitten besprechen werden, die Wellengleichungen aus den dynamischen Gesetzen des Vorgangs folgen, die zusammen mit bestimmten Näherungen, wie kleine Amplitude oder lange Wellenlänge betrachtet werden. Die Theorie, die mit (23.11) zusammenhängt, ist daher nur unter den angegebenen Näherungen anwendbar.

23.4 ELASTISCHE WELLEN IN EINEM FESTEN STAB UND IN EINER FEDER

Wenn wir an einem Ende eines festen Stabes eine Störung hervorrufen, z.B., indem wir ihn mit einem Hammer schlagen, pflanzt sich die Störung längs des Stabes fort und wird schließlich an das andere Ende gelangen. Wir sagen, daß sich eine elastische Welle durch den Stab fortgepflanzt hat. Wir wollen nun sehen, in welcher Beziehung die Fortpflanzungsgeschwindigkeit dieser elastischen Welle zu den physikalischen Eigenschaften des Stabes steht.

Wir wollen einen Stab von gleichförmigen Querschnitt A betrachten, der längs seiner Achse eine Belastung unterliegt, die durch die Kraft F gegeben ist. Die Kraft F ist nicht notwendigerweise in allen Querschnitten gleich und kann längs der Achse des Stabes variieren. An jedem Querschnitt greifen zwei gleiche und entgegengesetzte Kräfte an (Abb. 23.6). Die eine Kraft ist der Zug am linken Teil des Stabes infolge des rechten Teils und die andere Kraft ist der Zug am rechten Teil infolge des linken. Der *Normalspannungszustand* $\mathcal{S}$ an einem beliebigen Querschnitt des Stabes ist definiert als die Kraft pro Flächeneinheit, die in beiden Richtungen senkrecht zum Querschnitt angreift. Dann ist

$$\mathcal{S} = \frac{F}{A}. \qquad (23.13)$$

Die Spannung wird in N m^{-2} ausgedrückt.

Unter der Wirkung solcher Kräfte erleidet jeder Querschnitt des Stabes eine Verschiebung ξ parallel zur Achse. Wenn die Verschiebung an allen Punkten des Stabes gleich ist, kommt es nicht zu Verformung, sondern einfach zu einer starren Verschiebung des Stabes entlang seiner Achse. Wir sind an dem Fall interessiert, in dem es zur Verformung kommt, so daß ξ sich längs des Stabes ändert; d.h. ξ ist eine Funktion von x. Betrachten Sie die beiden Querschnitte A und A' im Abstand dx im ungestörten Zustand (Abb. 23.7). Wenn die Kräfte wirken, wird der Querschnitt A um den Abstand ξ verschoben, und der Querschnitt A' um ξ'. Die Entfernung zwischen A und A' im deformierten Zustand ist dann

$$dx + (\xi' - \xi) = dx + d\xi,$$

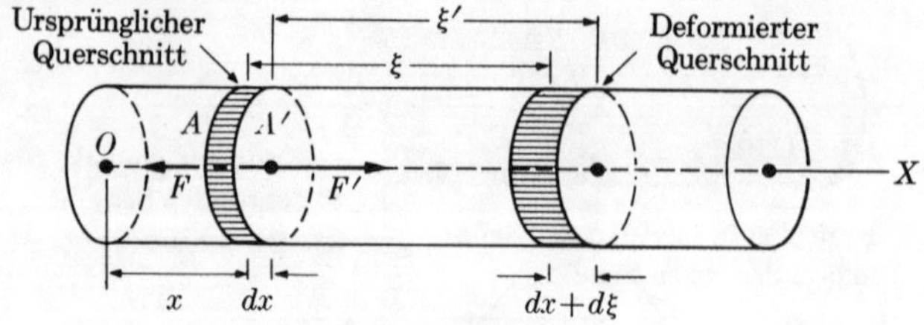

23.7 Longitudinalwelle in einem Stab.

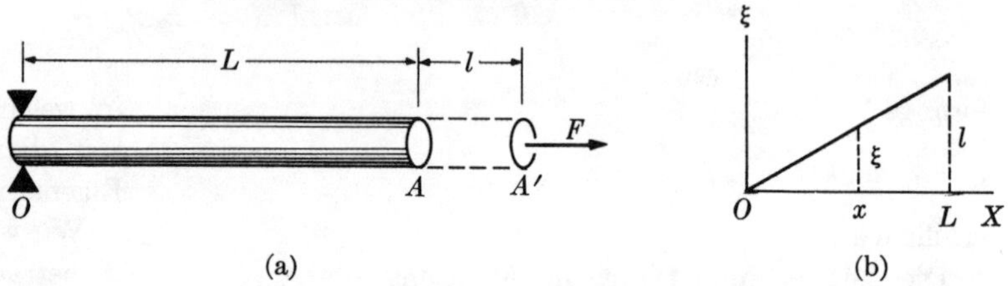

23.8 Lineare Verformung eines Stabes unter Normalbelastung.

wobei $d\xi = \xi' - \xi$ ist. Die Verformung des Stabes in diesem Bereich ist daher $d\xi$. Die *Dehnung* ϵ im Stab ist als die Verformung pro Längeneinheit längs der Achse definiert. Da die Verformung $d\xi$ einer Länge dx entspricht, sehen wir, daß die Deformation im Stab

$$\epsilon = \frac{d\xi}{dx} \tag{23.14}$$

ist. Beachten Sie, daß ξ konstant ist, wenn keine Verformung eintritt, und ϵ ist null. Das heißt, es gibt keine Dehnung. Die Dehnung, die den Quotienten aus zwei Längen darstellt, ist eine reine Zahl oder eine dimensionslose Größe.

Zwischen dem Normalspannungszustand $\mathcal{S}$ und der Dehnung ϵ des Stabes besteht eine Beziehung, die als *Hookesches Gesetz* bezeichnet wird. Es besagt:

Innerhalb der elastischen Grenzen des Materials ist der Normalspannungszustand proportional zur Normaldeformation;

---

das heißt

$$\mathcal{S} = Y\epsilon, \qquad \text{oder} \qquad \mathcal{S} = Y\frac{d\xi}{dx}, \tag{23.15}$$

wobei die Proportionalitätskonstante Y als *Youngscher Elastizitätsmodul* bezeichnet wird. Er wird in N m^{-2} ausgedrückt, da ϵ ein dimensionsloser Faktor ist und $\mathcal{S}$ in N m^{-2} ausgedrückt wird. Das Hookesche Gesetz ist eine gute Näherung für das elastische Verhalten einer Substanz, solange die Deformation klein ist. Für große Spannungen und Verformungen gilt (23.15) nicht mehr, und die Beschreibung der physikalischen Situation wird viel komplizierter. Die Spannung, ab der das Hookesche Gesetz nicht mehr gilt, nennt man die *Elastizitätsgrenze* der Substanz.

Tabelle 23.2 gibt die elastischen Konstanten ausgewählter Materialien. Dazu gehören der Youngsche Elastizitätsmodul Y, der Kompressionsmodul κ, der durch (23.21) definiert ist und der Schub- oder Scherungsmodul G, der durch (23.27) definiert ist.

Indem wir (23.15) in (23.13) einsetzen und nach F auflösen, erhalten wir

$$F = YA\epsilon,$$

oder, mit (23.14),

$$F = YA\frac{d\xi}{dx}. \tag{23.16}$$

Im Fall eines Stabes oder Drahtes im Gleichgewicht, dessen eines Ende am Punkt O fixiert ist (Abb. 23.8a) und dessen anderes Ende A der Kraft F unterliegt, muß die Kraft an jedem Abschnitt gleich und gleich F sein. Wir können dann (23.16) integrieren, wobei F konstant ist, und erhalten dabei die Dehnung an jedem Abschnitt

$$\int_0^\xi d\xi = \frac{F}{YA}\int_0^x dx \qquad \text{oder} \qquad \xi = \frac{F}{YA}x,$$

Tabelle 23.2

ELASTISCHE KONSTANTEN (10^{11} Nm^{-2})

Material	Y	κ	G
Aluminium	0,70	0,61	0,24
Kupfer	1,25	1,31	0,46
Eisen	2,06	1,13	0,82
Blei	0,16	0,33	0,054
Nickel	2,1	1,64	0,72
Stahl	2,0	1,13	0,80

was zeigt, das ξ proportional zu x ist (Abb. 23.8b). Im Speziellen erhält man die Deformation l am freien Ende A, indem man $x = L$ setzt, so daß

$$l = \frac{FL}{YA}.$$

Diese Beziehung stellt die Grundlage für die experimentelle Bestimmung des Youngschen Elastizitätsmoduls dar.

Wenn sich der Stab nicht im Gleichgewicht befindet, ist die Kraft entlang des Stabes nicht die gleiche. Als Folge davon unterliegt ein Abschnitt des Stabes der Dicke dx einer resultierenden Kraft. In Abb. 23.7 unterliegt z.B. die Seite A' des Abschnitts der Dicke dx einer Kraft F' nach rechts, die auf den Zug des rechten Teiles des Stabes zurückzuführen ist; die Seite A unterliegt einer Kraft F nach links, infolge des Zuges des linken Teiles des Stabes. Die Gesamtkraft auf den Abschnitt zur Rechten ist $F' - F$. Das führt zu einer beschleunigten Bewegung des Abschnitts des Stabes. Die Anwendung der Bewegungsgleichungen auf den Abschnitt zeigt (wie unten bewiesen wird), daß die Verschiebung ξ die Wellengleichung

$$\frac{d^2\xi}{dt^2} = \frac{Y}{\rho}\frac{d^2\xi}{dx^2} \qquad (23.17)$$

erfüllt, wobei ρ die Dichte des Materials ist, aus dem der Stab besteht. Wir können daraus den Schluß ziehen, daß das Deformationsfeld ξ sich längs des Stabes mit der Geschwindigkeit

$$v = \sqrt{\frac{Y}{\rho}} \qquad (23.18)$$

fortpflanzt. Dieses Ergebnis kann man experimentell durch unabhängige Messung der drei Größen bestätigen. Wir können sehen, daß (23.18) bezüglich der Dimensionen stimmt, da Y in N m^{-2} und ρ in Kg m^{-3} ausgedrückt wird. Ihr Verhältnis ist daher (N m^{-2}) (kg $m^{-3})^{-1}$ = m^2 s^{-2}, was das Quadrat der Geschwindigkeit darstellt.

Man muß beachten, daß die Welle, die in (23.17) beschrieben wird, einer physikalischen Eigenschaft entspricht, der Deformation ξ, die entlang der Fortpflanzungsrichtung der Welle, der X-Achse, orientiert ist. Man nennt diese Art von Wellen *longitudinal*.

Beweis von 23.17 Wir haben gesagt, daß die Gesamtkraft auf Abschnitt AA' des Stabes (Abb. 23.7)

$$F' - F = dF$$

ist. Wenn ρ die Dichte des Materials des Stabes ist, ist die Masse des Abschnitts

$$dm = \rho\, dV = \rho A\, dx,$$

wobei $A\, dx$ das Volumen des Abschnitts ist. Die Beschleunigung dieser Masse ist $d^2\xi/dt^2$. Gemäß der Bewegungsgleichung

Kraft = Masse × Beschleunigung

gilt für den Abschnitt

$$dF = (\rho A\, dx)\frac{d^2\xi}{dt^2} \quad \text{oder} \quad \frac{dF}{dx} = \rho A \frac{d^2\xi}{dt^2}. \qquad (23.19)$$

In dieser Aufgabe haben wir *zwei* Felder: eines ist die Verschiebung ξ jedes Abschnitts des Stabes, wobei ξ eine Funktion des Ortes und der Zeit ist; das andere Feld ist die Kraft F, die an jedem Abschnitt angreift, wobei F ebenfalls eine Funktion des Ortes und der Zeit darstellt. Diese beiden Felder hängen über (23.19), die Bewegungsgleichung, zusammen. Wir wollen nun (23.16) und (23.19) vereinigen. Indem wir die Ableitung von (23.16) nach x nehmen, erhalten wir

$$\frac{dF}{dx} = YA\frac{d^2\xi}{dx^2}.$$

Durch Einsetzen dieses Ergebnisses in (23.19) und Kürzen des gemeinsamen Faktors A erhalten wir (23.17).

Als zweites Beispiel wollen wir die Wellen betrachten, die sich längs einer Feder fortpflanzen. Nehmen Sie an, daß in einer gestreckten Feder eine Störung hervorgerufen wird (Abb. 23.1a), wobei ξ die Verschiebung ist, die

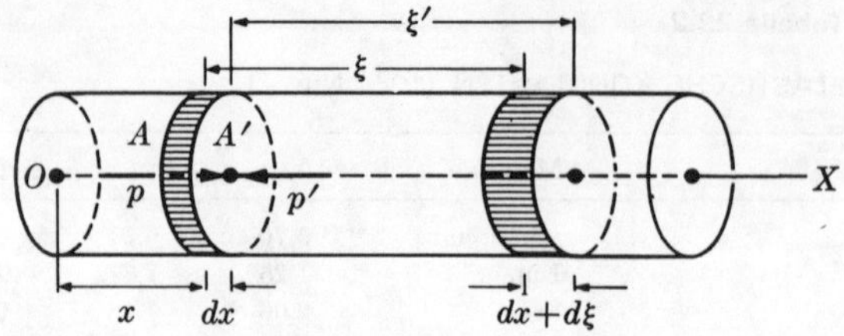

23.9 Kompressionswelle in einer Gassäule.

ein Abschnitt der Feder erleidet. Man kann anhand ähnlicher Überlegungen wie der, die wir für den festen Stab angewendet haben, zeigen, daß ξ die Wellengleichung

$$\frac{d^2\xi}{dt^2} = \frac{kL}{m}\frac{d^2\xi}{dx^2}$$

erfüllt, wobei k die elastische Konstante der Feder ist, die in Beispiel 8.3 eingeführt wurde, L die Länge der ungedehnten Feder und m die Masse pro Längeneinheit. Die Fortpflanzungsgeschwindigkeit der Longitudinalwellen entlang der Feder ist daher

$$v = \sqrt{\frac{kL}{m}}. \tag{23.20}$$

Beispiel 23.3 *Fortpflanzungsgeschwindigkeit einer elastischen Longitudinalwelle in einem Stahlstab.* Unter Verwendung der Werte aus Tab. 23.2 und einem Wert von 7,8 · 10^3 kg m^{-3} für die Dichte von Stahl erhalten wir aus (23.18), daß

$$v = \sqrt{\frac{Y}{\rho}} = \sqrt{\frac{2{,}0 \cdot 10^{11}\,\mathrm{N\,m^{-2}}}{7{,}8 \cdot 10^3\,\mathrm{kg\,m^{-3}}}} = 5{,}06 \cdot 10^3\,\mathrm{m\,s^{-1}}.$$

Der experimentelle Wert ist 5,10 · 10^3 m s^{-1} bei 0° C. Vergleichen Sie diesen Wert mit der Schallgeschwindigkeit in Luft, die etwa 340 m s^{-1} beträgt.

23.5 DRUCKWELLEN IN EINER GASSÄULE

Wir wollen als nächstes elastisches Wellen betrachten, die durch die Druckveränderung in einem Gas entstehen. Der Schall ist das wichtigste Beispiel für diese Art von Wellen.

Es besteht ein wichtiger Unterschied zwischen elastischen Wellen in einem Gas und elastischen Wellen in einem festen Stab. Gase sind sehr leicht komprimierbar und wenn in einem Gas Druckschwankungen erzeugt werden, unterliegt die Dichte des Gases der gleichen Art der Schwankungen wie der Druck.

Wir wollen eine Gassäule innerhalb einer Pfeife oder eines Rohres (Abb. 23.9) betrachten. p_0 und ρ_0 seien der Druck und die Dichte des Gases im Gleichgewicht. Unter Gleichgewichtsbedingungen bleiben p_0 und ρ_0 über das gesamte Gasvolumen gleich; d.h., sie sind unabhängig von x. Wenn der Druck des Gases gestört wird, wird ein Volumenelement wie z.B. $A\,dx$ in Bewegung gesetzt, da die Drucke p und p' an den beiden Seiten verschieden sind, was zu einer resultierenden Kraft führt. Als Folge davon wird der Abschnitt A um ξ und A' um ξ' verschoben, so daß die Dicke des Volumenelements nach der Deformation

$$dx + (\xi' - \xi) = dx + d\xi$$

ist. Bis hierher scheint alles identisch zu sein mit dem Fall des Stabes. Wegen der Veränderung des Volumens tritt jetzt jedoch auch eine Veränderung der Dichte auf, infolge der größeren Kompressibilität des Gases. Um diese Veränderung in der Dichte zu beschreiben, ist es praktisch, die Größe

$$\kappa = \rho_0\left(\frac{dp}{d\rho}\right)_0 \tag{23.21}$$

zu definieren, den sogenannten *Kompressionsmodul.* Er wird in N m^{-2} ausgedrückt, den gleichen Einheiten, die wir für den Druck verwenden, da sich die Einheiten der Dichte herauskürzen.

Das Gas, das sich zur Linken des Volumenelements befindet, das durch die Querschnitte A und A' begrenzt ist, drückt mit einer Kraft pA nach rechts; das Gas zur Rechten drückt mit einer Kraft $p'A$ nach links. Die resultierende Kraft in der $+x$-Richtung ist daher $(p - p')\,A$. Unter dieser Kraft bewegen sich die Volumenelemente, was zu einer Welle führt, die sich im Gas fortpflanzt. Wir wollen hier die Bewegungsgleichung des

Volumenelements nicht diskutieren, da es sich dabei um ein mathematisch kompliziertes Problem handelt; wir wollen nur sagen, daß als Ergebnis die Verschiebung ξ die Wellengleichung

$$\frac{d^2\xi}{dt^2} = \frac{\kappa}{\rho_0}\frac{d^2\xi}{dx^2} \qquad (23.22)$$

erfüllt.

Wir schließen daraus, daß die Verschiebung infolge der Druckveränderung in einem Gas sich mit einer Geschwindigkeit

$$v = \sqrt{\frac{\kappa}{\rho_0}} \qquad (23.23)$$

fortpflanzt. Der Student sollte überprüfen, ob die Einheiten dieser Gleichung übereinstimmen. Der Druck gehorcht ebenfalls einer Gleichung wie (23.22), und wir können schreiben

$$\frac{d^2p}{dt^2} = \frac{\kappa}{\rho_0}\frac{d^2p}{dx^2}.$$

Das ist der Grund, weshalb wir die elastischen Wellen in einem Gas als *Druckwellen* bezeichnen. Der Schall stellt einfach eine Druckwelle in Luft dar. Ganz ähnlich gehorcht auch die Gasdichte einer Gleichung dieser Form; das heißt

$$\frac{d^2\rho}{dt^2} = \frac{\kappa}{\rho_0}\frac{d^2\rho}{dx^2}.$$

Wenn wir uns daher auf Gas beziehen, können wir von einer Verschiebungswelle, einer Druckwelle und einer Dichtewelle sprechen. Dichtewellen ähneln unserem objektiven Bild einer Welle auf einer Flüssigkeitsoberfläche (d.h. der Bewegung der makroskopischen Materie). Druck- und Dichtewellen beschreiben jedoch ebenfalls, obwohl sie keinem physikalischen Bild dieser Art entsprechen, die physikalische Situation, die sich in einem Gas fortpflanzt.

Die Wellenausbreitung in Gasen ist im allgemeinen ein adiabatischer Vorgang, da die Veränderungen so rasch ablaufen, daß keine Zeit für eine Wärmeübertragung bleibt. Wir erinnern uns daran, daß die Zustandsgleichung unter adiabatischen Bedingungen durch (13.31)

$$pV^\gamma = \text{Konst} \qquad \text{oder} \qquad p = \text{Konst}\left(\frac{1}{V}\right)^\gamma$$

gegeben ist. Es gilt jedoch $\rho \sim 1/V$. Wir können daher schreiben

$$p = C\rho^\gamma.$$

Indem wir die Zustandsgleichung differenzieren, erhalten wir

$$\frac{dp}{d\rho} = \gamma C \rho^{\gamma-1},$$

und aus der Definition des Kompressionsmoduls:

$$\kappa = \rho\left(\frac{dp}{d\rho}\right) = \gamma C\rho^\gamma = \gamma p.$$

Durch Einsetzen in (23.23) finden wir, daß die Schallgeschwindigkeit in einem Gas

$$v = \sqrt{\frac{\gamma p}{\rho}} \qquad (23.24)$$

ist, wobei wir den Index 0 weggelassen haben.

Die Welle, die mit dem ξ-Feld assoziiert ist, ist wieder eine Longitudinalwelle, da die Verschiebung in Richtung der Fortpflanzungsrichtung liegt. Der Druck p ist jedoch kein Vektor und ist mit keiner Richtung assoziiert. Die assoziierte Richtung ist die der *Kraft*, die durch den Druckunterschied erzeugt wird; sie ist senkrecht zur Oberfläche. Die Wellenbewegung, die dem Druckfeld entspricht, ist daher eine *skalare* Welle. Die Welle, die der Dichte ρ entspricht, ist ebenfalls skalar.

Beispiel 23.4 *Beziehung zwischen der Geschwindigkeit einer Druckwelle in einem Gas und der Temperatur des Gases.* Wie wir in Abschnitt 13.5 bewiesen haben, ist die Beziehung zwischen Druck und Volumen in einem idealen Gas

$$pV = \mathrm{N}RT.$$

Da jedoch $\rho = m/V$, gilt

$$\frac{p}{\rho} = \frac{\mathrm{N}RT}{m} = \frac{RT}{M},$$

wobei $M = m/\mathrm{N}$ die Masse in kg eines Mols des Gases darstellt. Das Verhältnis p/ρ ist daher proportional der Temperatur, und wir können schreiben

$$v = \sqrt{\gamma p/\rho} = \sqrt{\gamma RT/M} = \alpha\sqrt{T},$$

wobei $\alpha = \sqrt{\gamma R/M}$. Aus experimentellen Messungen wissen wir, daß bei $T = 273{,}15$ K (oder 0°C), die Schallge-

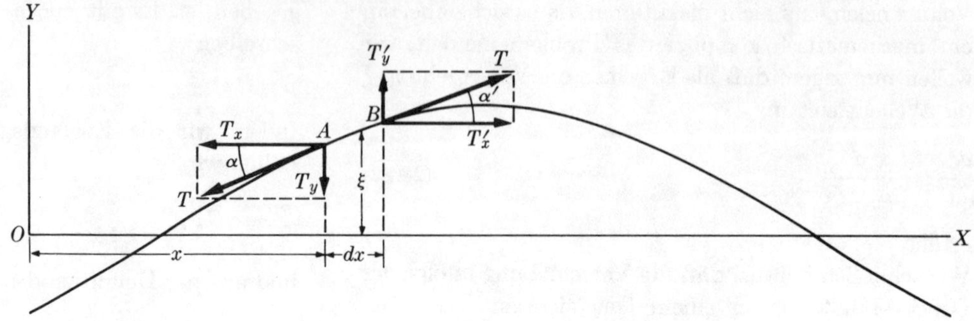

23.10 Kräfte auf einen Abschnitt eines transversal ausgelenkten Seiles.

schwindigkeit in Luft 331,45 m s^{-1} beträgt. Der Koeffizient α hat daher den Wert 20,055 und die Schallgeschwindigkeit in Luft bei jeder beliebigen Temperatur (gemessen in K) ist

$$v = 20{,}055\sqrt{T}\ \mathrm{m\ s^{-1}};$$

dieses Ergebnis stimmt über einen ziemlich weiten Temperaturbereich mit den Versuchen überein.

23.6 TRANSVERSALE SEILWELLEN

Als nächste Aufgabe wollen wir den Fall eines Seils betrachten, das einer Spannung T unterliegt. Unter Gleichgewichtsbedingungen ist das Seil gerade. Nehmen Sie nun an, daß wir es seitlich oder senkrecht zu seiner Länge um ein kleines Stück verschieben (Abb. 23.10). Betrachten Sie einen Abschnitt AB der Schnur, mit der Länge dx, der um die Entfernung ξ aus der Gleichgewichtslage entfernt wurde. Auf jedes Ende wirkt eine tangentiale Kraft T, wobei die an B durch den Zug der Schnur zur Rechten erzeugt wird, und die an A auf den Zug der Schnur zur Linken zurückzuführen ist. Infolge der Krümmung der Schnur sind die beiden Kräfte nicht genau entgegengesetzt, sondern bilden die Winkel α und α' mit der X-Achse. Die vertikale Komponente jeder Kraft ist

$$T_y' = T \sin \alpha', \qquad T_y = T \sin \alpha.$$

Die resultierende, nach oben gerichtete Kraft auf den Abschnitt AB der Schnur ist

$$F_y = T_y' - T_y.$$

Unter der Wirkung dieser Kraft bewegt sich der Abschnitt AB der Schnur auf und ab. Wenn wir die Bewegungsgesetze benutzen (siehe unten), finden wir, daß die Verschiebung ξ die Wellengleichung

$$\frac{d^2\xi}{dt^2} = \frac{T}{m}\frac{d^2\xi}{dx^2} \qquad (23.25)$$

erfüllen muß, wobei m die *lineare Dichte* (oder Masse pro Längeneinheit) des Seils in kg m^{-1} ist. Wenn wir diese Gleichung mit der Wellengleichung (23.11) vergleichen, sehen wir, daß die transversale Störung in einer Schnur sich entlang der Schnur mit einer Geschwindigkeit

$$v = \sqrt{T/m} \qquad (23.26)$$

fortpflanzt, vorausgesetzt, daß die Amplitude klein ist. Der Student sollte die Übereinstimmung der Einheiten in dieser Gleichung überprüfen.

Dieses Beispiel unterscheidet sich von den vorhergehenden in einem wichtigen Punkt: Die Wellenausbreitung ist *transversal*. Das heißt, die physikalische Eigenschaft, die Verschiebung ξ, ist senkrecht zur Fortpflanzungsrichtung der Welle längs der X-Achse. Es gibt jedoch viele Verschiebungsrichtungen senkrecht zur X-Achse. Wenn wir zwei aufeinander senkrechte Richtungen, Y und Z, als Referenz wählen, können wir die transversale Verschiebung ξ, die wir wie in früheren Fällen als Vektor betrachten müssen, durch die Komponenten entlang der Y- und Z-Achse ausdrücken. Während sich die Störung fortpflanzt, kann sich die Richtung von ξ von Punkt zu Punkt ändern, was zu einer Verdrehung des Seils führt (Abb. 23.11). Wenn jedoch alle Verschiebungen in der gleichen Richtung sind, z.B. längs der Y-Achse, befindet sich die Schnur immer in der XY-Ebene; wir sagen, daß die Wellenbewegung linear polarisiert ist (Abb. 23.12). Offensichtlich kann eine transversale Welle immer als Kombination zweier linear polarisierter Wellen in zuein-

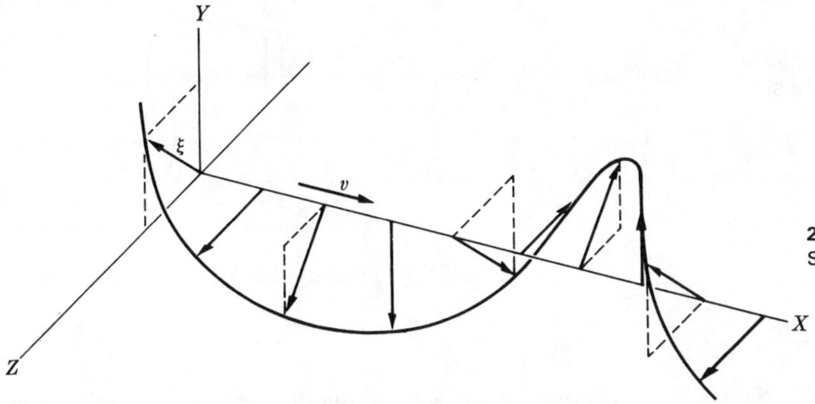

23.11 Nichtpolarisierte transversale Welle in einem Seil.

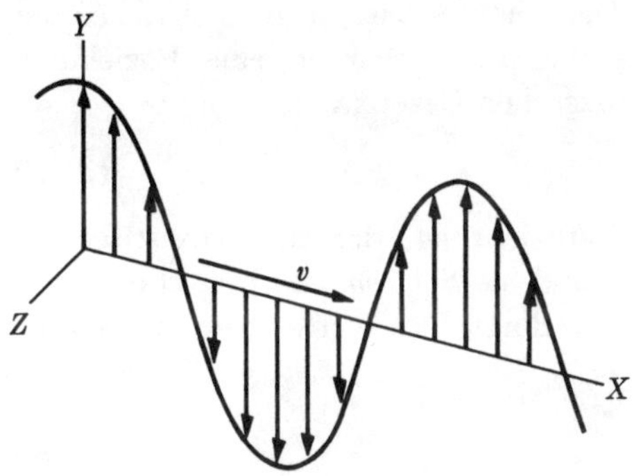

23.12 Linear polarisierte transversale Welle in einem Seil.

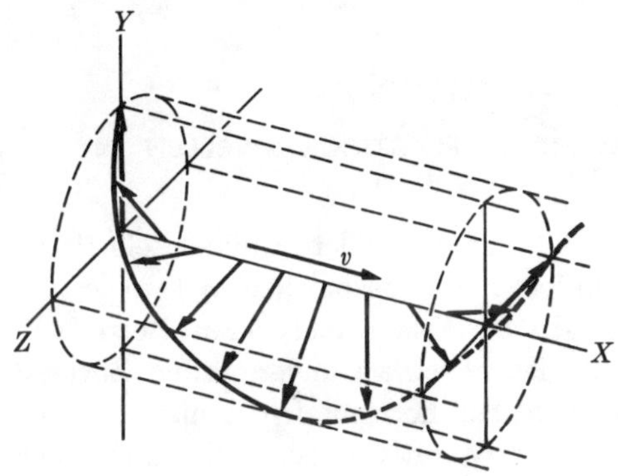

23.13 Zirkular polarisierte transversale Welle in einem Seil.

ander senkrechter Richtungen betrachtet werden. Wenn ξ konstante Länge aufweist, aber seine Richtung ändert, so daß das Seil auf einem Kreiszylinder liegt (Abb. 23.13) ist die Welle *zirkular polarisiert*. In diesem Fall bewegt sich jeder Abschnitt der Schnur auf einem Kreis um die X-Achse. Die Polarisation transversaler Wellen ist ein sehr wichtiger Gegenstand, den wir genauer im Kapitel 26 diskutieren wollen.

Beweis von (23.25) Wir haben angedeutet, daß die insgesamt nach oben gerichtete Kraft auf den Abschnitt AB der Schnur (Abb. 23.10)

$$F_y = T'_y - T_y = dT_y$$

ist. Es ist jedoch $T_y = T \sin \alpha$. Daher gilt

$$F_y = Td(\sin \alpha).$$

Wenn die Krümmung der Schnur nicht sehr stark ist, sind die Winkel α und α' klein, und der Sinus kann durch den Tangens ersetzt werden. Die nach oben gerichtete Kraft ist daher

$$F_y = Td(\tan \alpha) = T \frac{d}{dx}(\tan \alpha)\, dx.$$

Tan α ist jedoch der Anstieg der Kurve, die durch das Seil beschrieben wird, und gleich $d\xi/dx$. Dann ist

$$F_y = T \frac{d}{dx}\left(\frac{d\xi}{dx}\right) dx = T \frac{d^2 \xi}{dx^2} dx.$$

Diese Kraft muß gleich der Masse des Abschnitts AB, multipliziert mit seiner Aufwärtsbeschleunigung $d^2 \xi/dt^2$ sein. Da m die lineare Dichte der Schnur ist, ist die Masse des Abschnitts AB gleich $m\, dx$; wir können daher die Beziehung Kraft = Masse × Beschleunigung verwenden und die Bewe-

23.14 Transversal- oder Scherwelle in einem Stab.

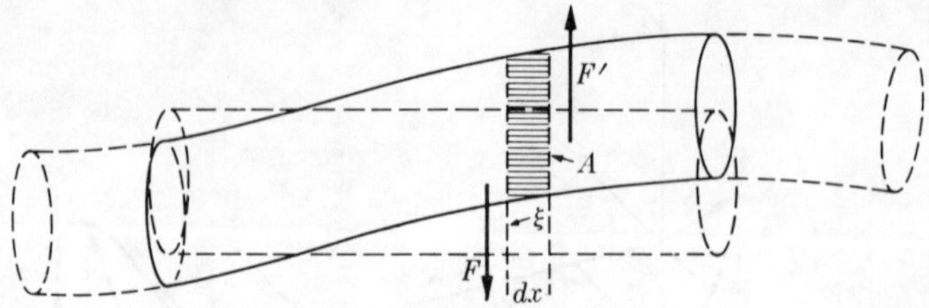

gungsgleichung dieses Abschnitts der Schnur als

$$(m\,dx)\,\frac{d^2\xi}{dt^2} = T\,\frac{d^2\xi}{dx^2}dx$$

schreiben; nach Kürzung des gemeinsamen Faktors dx ergibt sich daraus (23.25).

23.7 TRANSVERSALE ELASTISCHE WELLEN IN EINEM STAB

In Abschnitt 23.4 haben wir longitudinale elastische Wellen in einem festen Stab besprochen. Wir wollen nun transversale elastische Wellen analysieren. Betrachten Sie einen Stab, der in seinem unverformten Zustand durch die gestrichelten horizontalen Linien in Abb. 23.14 dargestellt ist. Wenn wir den Stab durch einen transversalen Schlag zur Schwingung bringen, nimmt er in einem bestimmten Augenblick die Gestalt der gekrümmten Linie an, und wir können annehmen, daß jeder Abschnitt des Stabes sich ohne horizontale Bewegung auf und ab bewegt. ξ sei die transversale Verschiebung eines Abschnitts dx zu einem bestimmten Zeitpunkt. Diese Verschiebung muß auch eine Funktion des Ortes sein, da sie, wenn sie konstant wäre, einer parallelen Verschiebung des Stabes entspräche. Die Größe

$$\gamma = \frac{d\xi}{dx},$$

welche die Änderung der transversalen Verschiebung pro Längeneinheit des Stabes darstellt, nennt man die *Scherung*. Wie die Deformation ist sei eine reine Zahl.

Als Ergebnis der Deformation unterliegt jeder Abschnitt der Dicke dx den entgegengesetzten Kräften F und F', welche tangential zur Oberfläche sind (vergleichen Sie mit der Situation in Abb. 23.7); sie werden durch die Teile des Stabes an den beiden Seiten des Abschnittes hervorgerufen. Die Tangentialkraft pro Flächeneinheit,

$$\mathcal{S} = \frac{F}{A},$$

nennt man die *Schubspannung*.

Wie (23.15) für die Beziehung zwischen Normalspannung und Deformation besteht auch zwischen der Schubspannung und der Scherung eine Beziehung, ähnlich dem Hookeschen Gesetz; das heißt

$$\mathcal{S} = G\gamma, \tag{23.27}$$

wobei G ein Koeffizient ist, der charakteristisch für das Material ist und als *Schubmodul* bezeichnet wird. Wenn wir $\mathcal{S}$ und γ durch ihre Werte ersetzen, erhalten wir daher

$$F = AG\,\frac{d\xi}{dx}. \tag{23.28}$$

Die resultierende Kraft auf den Abschnitt dx ist $F' - F$. Wenn wir wieder die Bewegungsgleichung für den Abschnitt benutzen, finden wir, daß die transversale Verschiebung der Wellengleichung

$$\frac{d^2\xi}{dt^2} = \frac{G}{\rho}\frac{d^2\xi}{dx^2} \tag{23.29}$$

gehorchen muß; das zeigt, daß die transversale Deformation sich längs des Stabes mit einer Geschwindigkeit fortpflanzt, die durch

$$v = \sqrt{\frac{G}{\rho}}. \tag{23.30}$$

gegeben ist. Die Welle sollte richtiger als *Scherwelle* bezeichnet werden.

Ein anderes Beispiel für eine Scherwelle ist eine *Torsionswelle*. Nehmen Sie an, daß auf das freie Ende eines Stabes, der am anderen Ende eingespannt ist, ein Moment wirkt. Das führt zu einer Verdrehung (*Torsion*) des Stabes (Abb. 23.15). Wenn das Moment zeitabhän-

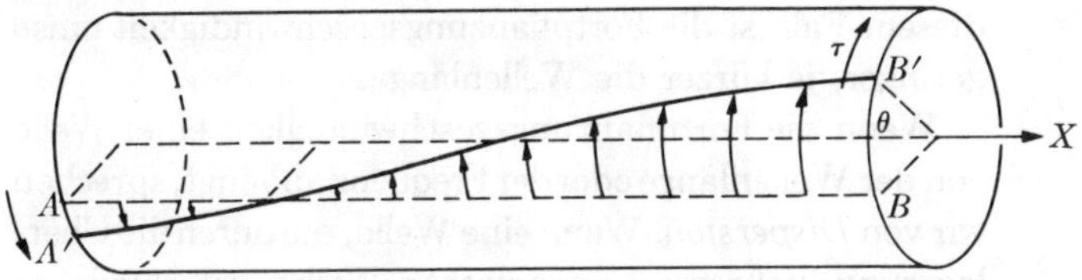

23.15 Torsionswelle in einem Stab.

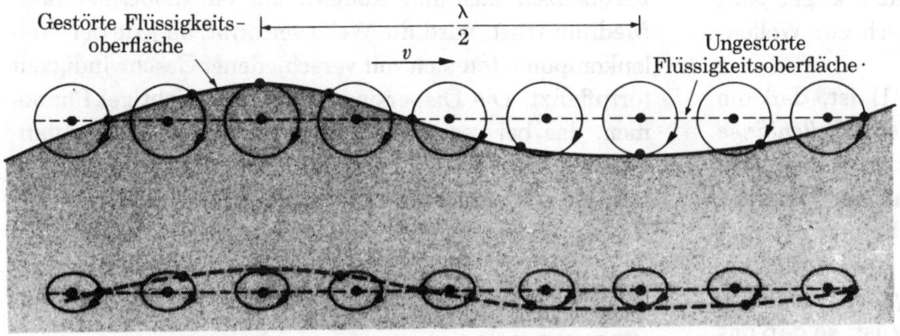

23.16 Verschiebung von Molekülen infolge einer Oberflächenwelle auf einer Flüssigkeit.

gig ist, ändert sich der Verdrehungswinkel mit der Zeit, was zu einer Torsionswelle führt, die sich längs des Stabes fortpflanzt. Eine mathematische Analyse des Problems zeigt, daß die Fortpflanzungsgeschwindigkeit der Torsionswelle durch (23.30) gegeben ist, unabhängig von der Form des Querschnitts des Stabes. Es ist nicht überraschend, daß sich Transversal- und Torsionswellen in einem Stab mit der gleichen Geschwindigkeit fortpflanzen, da beide Vorgänge im wesentlichen auf die gleichen inneren Phänomene im Material des Stabes zurückzuführen sind. Ein interessanter Aspekt der Torsionswellen ist der, daß sie nicht parallelen oder transversalen Verschiebungen zur Achse des Stabes entsprechen, sondern ohne Veränderung ihrer Gestalt um die Achse herum ablaufen.

Diese Diskussion sollte dem Studenten helfen, die große Vielfalt an Phänomenen elastischer Wellen zu verstehen, die alle eine unterschiedliche innere Dynamik aufweisen, die aber mathematisch durch den selben Gleichungstyp beschrieben werden, nämlich die Wellengleichung.

23.8 OBERFLÄCHENWELLEN AUF EINER FLÜSSIGKEIT

Als letztes Beispiel für die Wellenausbreitung in einer Richtung wollen wir nun die Wellen auf der Oberfläche einer Flüssigkeit betrachten. Das ist die vertrauteste Art aller Wellen; man beobachtet sie auf Meeren oder Seen oder einfach, wenn man einen Stein in einen Teich fallen läßt. Die mathematischen Aspekte sind jedoch komplizierter als in den vorhergehenden Beispielen und wir wollen sie deshalb weglassen. Wir werden statt dessen nur eine beschreibende Diskussion bringen.

Die ungestörte Oberfläche einer Flüssigkeit ist eben und horizontal. Eine Störung der Oberfläche ruft eine Verschiebung aller Moleküle unmittelbar unterhalb der Oberfläche hervor (Abb. 23.16). Jedes Volumenelement der Flüssigkeit beschreibt eine geschlossene Bahn. Die Amplitude der horizontalen und vertikalen Verschiebungen eines Volumenelements einer Flüssigkeit ändert sich im allgemeinen mit der Tiefe. Natürlich erleiden die Moleküle am Grund keine vertikale Verschiebung, da sie sich nicht vom Boden trennen können. An der Oberfläche der Flüssigkeit kommen zusätzlich zu den Kräften, die auf den Atmosphärendruck zurückzuführen sind, noch andere ins Spiel. Eine Kraft ist auf die Oberflächenspannung der Flüssigkeit zurückzuführen, die eine aufwärts gerichtete Kraft auf ein Element der Oberfläche ergibt, ähnlich der, die man im Fall eines Seils findet. Eine andere Kraft ist das Gewicht der Flüssigkeit oberhalb des ungestörten Niveaus. Die resultierende Gleichung für die Oberflächenverschiebung entspricht nicht genau (23.11), sondern ist etwas komplizierter. Sie wird jedoch von harmonischen Wellen der Wellenlänge λ erfüllt; die Fortpflanzungsgeschwindigkeit der Oberflächenwelle ist durch

$$v = \sqrt{\frac{g\lambda}{2\pi} + \frac{2\pi\mathcal{T}}{\rho\lambda}}, \tag{23.31}$$

gegeben, wobei ρ die Dichte der Flüssigkeit, $\mathcal{T}$ die Oberflächenspannung (gemessen in N m^{-1}) und g die Gravitationsbeschleunigung ist. Dieser Ausdruck gilt nur, wenn die Tiefe sehr groß ist im Vergleich zur Wellenlänge λ.

Der interessanteste Punkt an (23.31) ist, daß die *Fortpflanzungsgeschwindigkeit von der Wellenlänge abhängt*; wir sind einer solchen Situation früher noch nicht begegnet. Da die Wellenlänge mit der Frequenz und Fortpflanzungsgeschwindigkeit über $\nu = v/\lambda$ zusammenhängt, schließen wir, daß die *Fortpflanzungsgeschwindigkeit von der Frequenz abhängt.*

Wenn die Wellenlänge λ groß genug ist, so daß das zweite Glied in (23.31) vernachlässigt werden kann, gilt.

$$v = \sqrt{\frac{g\lambda}{2\pi}}. \tag{23.32}$$

Man bezeichnet die Wellen in diesem Fall als den *Gravitationsanteil der Wasserwellen*. In dieser Näherung ist die Fortpflanzungsgeschwindigkeit unabhängig von der Natur der Flüssigkeit, da in (23.32) kein Faktor auftaucht, der sich auf die Flüssigkeit bezieht (wie z.B. ihre Dichte oder ihre Oberflächenspannung). Wir sehen, daß in diesem Fall die Fortpflanzungsgeschwindigkeit proportional der Quadratwurzel der Wellenlänge ist und daß sie daher umso größer ist, je größer die Wellenlänge. Aus diesem Grund ruft ein starker, stetiger Wind Wellen größerer Wellenlänge hervor als ein rascher böiger Wind.

Wenn die Wellenlänge λ sehr klein ist, wird das zweite Glied in (23.31) dominierend, was für die Fortpflanzungsgeschwindigkeit

$$v = \sqrt{\frac{2\pi\mathcal{T}}{\rho\lambda}}. \tag{23.33}$$

ergibt. Solche Wellen nennt man *Rippelwellen* oder *Kapillarwellen*. Man beobachtet sie, wenn ein sehr sanfter Wind weht oder wenn ein Behälter Vibrationen hoher Frequenz und kleiner Amplitude unterliegt. In diesem Fall ist die Fortpflanzungsgeschwindigkeit umso geringer, je kürzer die Wellenlänge.

Wenn die Fortpflanzungsgeschwindigkeit einer Welle von der Wellenlänge oder der Frequenz abhängt, sprechen wir von *Dispersion*. Wenn eine Welle, die durch die Überlagerung mehrerer harmonischer Wellen verschiedener Frequenzen zustande kommt, auf ein *dispergierendes* Medium trifft, wird die Welle verformt, da jede der Wellenkomponenten sich mit verschiedener Geschwindigkeit fortpflanzt. Die Dispersion ist ein sehr wichtiges Phänomen, das bei verschiedenen Arten der Wellenfortpflanzung auftritt. Wir wir im nächsten Kapitel sehen werden, tritt sie vor allem bei der Fortpflanzung elektromagnetischer Wellen durch die Materie auf.

23.9 WAS BREITET SICH BEI DER WELLENBEWEGUNG AUS?

Es ist äußerst wichtig zu verstehen, was sich bei der Wellenbewegung als Welle fortpflanzt. Die allgemeine Antwort ist die, daß das, was sich fortpflanzt, ein physikalischer Zustand ist, der an einem Ort erzeugt wird und daß infolge der Natur des Phänomens der Zustand auf andere Bereiche übertragen wird. Da diese Erklärung etwas abstrakt ist, wollen wir versuchen, sie etwas konkreter zu formulieren.

Betrachten Sie die verschiedenen Arten von Wellen, die wir in den vorhergehenden Abschnitten besprochen haben. Alle diese Wellen entsprechen einer bestimmten Bewegungsart von Atomen oder Molekülen des Mediums, durch das sich die Welle fortpflanzt, aber die Atome verweilen im Mittel in ihren Gleichgewichtslagen (Abb. 23.17). Es ist dann also nicht die Materie, die sich fortpflanzt, sondern der *Bewegungszustand* der Materie. Es sind die dynamischen Bedingungen, die von einem Bereich auf den anderen übertragen werden. Wir sind jedoch gewöhnt, solche Bedingungen durch den Impuls und die Energie zu beschreiben. Wir können daher sagen:

Bei der Wellenbewegung werden Energie und Impuls übertragen oder fortgepflanzt.

Die *Intensität* einer Welle ist als die Energie definiert, die pro Zeiteinheit durch eine Flächeneinheit senkrecht

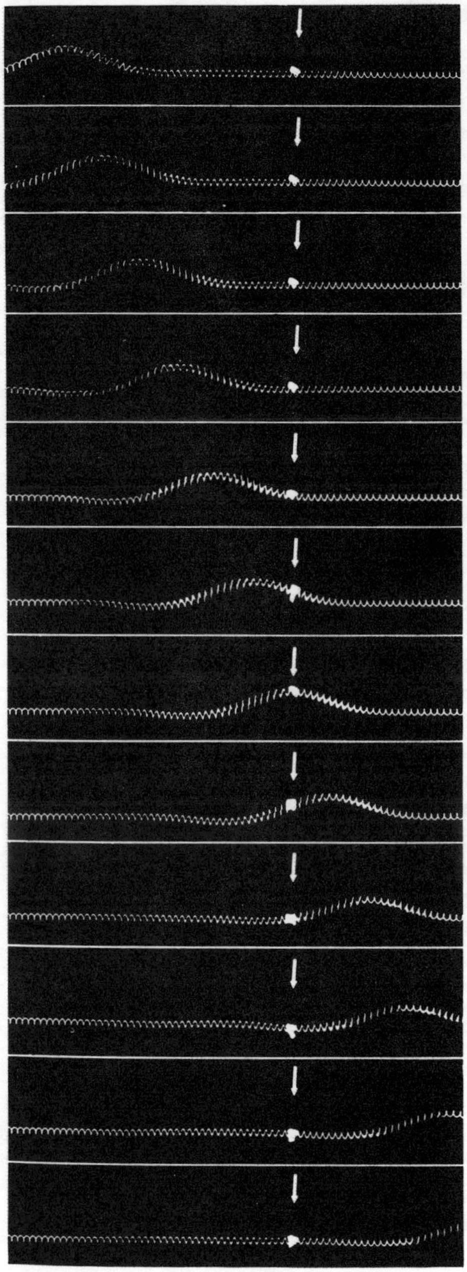

23.17 Ausbreitung eines Wellenpaketes in einer Feder. Wenn sich das Paket von links nach rechts bewegt, bewegen sich die Abschnitte der Feder nach oben und unten. [Mit liebenswürdiger Genehmigung von D. C. Heath, *PSSC Physics.*]

zur Fortpflanzungsrichtung fließt. Wir wollen die mittlere Energiedichte der Welle mit E bezeichnen; d.h., die Energie pro Volumeneinheit des Mediums, durch das sich die Welle fortpflanzt. Offensichtlich wird E in J m^{-3} ausgedrückt. Wenn v die Fortpflanzungsgeschwindigkeit ist, ist die Intensität der Welle

$$I = v\text{E}; \tag{23.34}$$

sie wird in $(\text{m s}^{-1})(\text{J m}^{-3}) = \text{J s}^{-1}\text{m}^{-3} = \text{W m}^{-2}$, oder in Leistung pro Flächeneinheit ausgedrückt.

Wenn die Welle sich durch ein begrenztes Medium wie einen Stab oder ein Rohr von Querschnitt A fortpflanzt, ist die gesamte mittlere Energie, die pro Zeiteinheit einen Querschnitt des Mediums passiert

$$\left(\frac{dE}{dt}\right)_{\text{mit}} = IA = v\text{E}A. \tag{23.35}$$

Dieser Ausdruck gibt auch die Leistung, die zur Aufrechterhaltung der Welle benötigt wird; d.h., die Rate, mit der die Energie kontinuierlich an einem Ende dem Medium zugeführt werden muß, um einen ständigen Wellenzug längs des Mediums aufrecht zu erhalten.

Intensität von Wellen längs eines Stabes Wir wollen als Beispiel den Fall einer longitudinalen elastischen Welle betrachten, die sich längs eines Stabes fortpflanzt. An einem bestimmten Abschnitt, der mit der Geschwindigkeit $d\xi/dt$ (Abb. 23.7) verschoben wird, zieht die rechte Seite des Stabes mit einer Kraft F an der linken und die linke Seite mit einer Kraft $-F$ an der rechten. Dann ist die Leistung (oder Energie pro Zeiteinheit), die die linke Seite auf die rechte überträgt

$$\frac{dE}{dt} = (-F)\,\frac{d\xi}{dt}.$$

Diese Leistung muß also übertragen werden, wenn die Störung von einem Abschnitt auf den anderen übergeht. Wenn sich die Welle von links nach rechts fortpflanzt, muß dem linken Ende des Stabes Energie zugeführt werden. Wenn die Energie während eines kurzen Zeitintervalls zugeführt wird entsteht eine Störung begrenzter Dauer oder ein vorübergehender Puls. Wenn daher ein kontinuierlicher Wellenzug erzeugt werden soll, muß die Energie am linken Ende kontinuierlich zugeführt werden.

Wir wollen den Fall einer sinusförmigen elastischen Welle betrachten:

$$\xi = \xi_0 \sin(kx - \omega t).$$

Dann ist

$$\frac{d\xi}{dt} = -\omega\xi_0 \cos(kx - \omega t)$$

und

$$F = YA\frac{d\xi}{dx} = Y Ak\xi_0 \cos(kx - \omega t).$$

Unter Verwendung der Beziehungen $\omega = kv$ und $v = \sqrt{Y/\rho}$ erhalten wir daher

$$\frac{dE}{dt} = Y A\omega k\xi_0^2 \cos^2(kx - \omega t)$$
$$= (\rho v^2)\, A\, (\omega^2/v)\,\xi_0^2 \cos^2(kx - \omega t)$$
$$= vA\left[\rho\omega^2\xi_0^2 \cos^2(kx - \omega t)\right].$$

Das Vorliegen des Faktors $\cos^2(kx - \omega t)$ sichert, daß dE/dt immer positiv, wenn auch fluktuierend ist. Da dE/dt von $kx - \omega t$ abhängt, erfüllt es ebenfalls die Wellengleichung und entspricht einer *Energiewelle*. Die mittlere Leistung ist

$$\left(\frac{dE}{dt}\right)_{\text{mit}} = v\,A\,\{\rho\omega^2\xi_0^2[\cos^2(kx - \omega t)_{\text{mit}}\}.$$

Mit $[\cos^2(kx - \omega t)]_{\text{mit}} = \frac{1}{2}$,

wird daraus

$$\left(\frac{dE}{dt}\right)_{\text{mit}} = v\,A\,(\tfrac{1}{2}\rho\omega^2\xi_0^2). \qquad (23.36)$$

Da nach (9.11) die Gesamtenergie eines Oszillators $\frac{1}{2}m\omega^2A^2$ ist und da die Amplitude nun mit ξ_0 bezeichnet und die Masse m durch ρ ersetzt wird, sehen wir, daß

$$\text{E} = \tfrac{1}{2}\rho w^2\xi_0^2 \qquad (23.37)$$

die mittlere Energie pro Volumeneinheit oder die Energiedichte im Stab infolge der Schwingungen ist, die durch die Wellenausbreitung entstehen. Indem wir (23.37) in (23.36) einsetzen, können wir schreiben

$$\left(\frac{dE}{dt}\right)_{\text{mit}} = v\text{E}A,$$

was mit dem allgemeinen Ergebnis, (23.35), übereinstimmt. Ähnliche Ergebnisse gelten für Druckwellen in einem Stab und für Transversalwellen in einem Seil.

Beispiel 23.5 *Intensität von Wellen in einer Gassäule, ausgedrückt durch die Amplitude der Druckwelle.* Man kann zeigen, daß Amplituden der Druck- und Verschiebungswellen in einem Gas über

$$p_0 = 2\pi v\rho_0 v\xi_0$$

zusammenhängen. Diese Beziehung ist nützlich für akustische Berechnungen. Bei einer Frequenz von 400 Hz entspricht z.B. der schwächste Ton, den man hören kann, einer Druckamplitude von ca. $8 \cdot 10^{-5}$ N m^{-2}. Die entsprechende Verschiebungsamplitude ist

$$\xi_0 = \frac{p_0}{2\pi v\rho_0 v} = 7{,}15 \cdot 10^{-11}\ \text{m},$$

wenn man für die Dichte von Luft 1,29 kg m^{-3} und eine Schallgeschwindigkeit von 345 m s^{-1} annimmt. Diese Amplitude liegt in der Größenordnung von Moleküldimensionen.

Die Energiedichte der Wellen (siehe (23.37)) ist

$$\text{E} = \tfrac{1}{2}\rho w^2\xi_0^2 = 2\pi^2\rho v^2\xi_0^2 = p_0^2/2v^2\rho,$$

und die Intensität der Welle ist nach (23.34)

$$I = \frac{p_0^2}{2v\rho}.$$

Die Empfindlichkeit des menschlichen Ohres ist so geartet, daß es für jede Frequenz eine Mindestintensität oder eine *Hörschwelle* gibt, unterhalb derer der Ton nicht wahrgenommen werden kann, und eine maximale Intensität oder *Schmerzgrenze*, oberhalb derer der Ton Unbehagen oder Schmerz hervorruft. Das ist in Abb. 23.18 für jede Frequenz durch die beiden Kurven dargestellt, die auch die Intensitäten und Druckamplituden zeigen. Beachten Sie, daß die Intensität auch noch durch eine andere Einheit, das *Dezibel* ausgedrückt werden kann. Die Lautstärke eines Tons (oder das Intensitätsniveau jeder beliebigen Welle) wird mit B bezeichnet und in Dezibel, abgekürzt db, ausgedrückt, und zwar nach der Definition

$$B = 10 \log\frac{I}{I_0},$$

wobei I_0 eine Bezugsintensität ist. Für den Fall des Schalles in Luft wurde der Bezugswert I_0 willkürlich zu 10^{-12} W m^{-2} gewählt. Zum Beispiel entspricht der Druckamplitude, die oben für den schwächsten hörbaren Ton bei 400 s^{-1} gegeben wurde, eine Intensität von $7{,}2 \cdot 10^{-12}$ W m^{-2} und eine Lautstärke von 8,57 db.

23.10 WELLEN IN ZWEI UND DREI DIMENSIONEN

Obwohl $\xi = f(x - vt)$ eine Wellenbewegung darstellt, die sich längs der X-Achse fortpflanzt, müssen wir den Ausdruck nicht notwendigerweise so interpretieren, daß eine Welle *auf* der X-Achse konzentriert ist. Wenn die physikalische Störung, die durch ξ be-

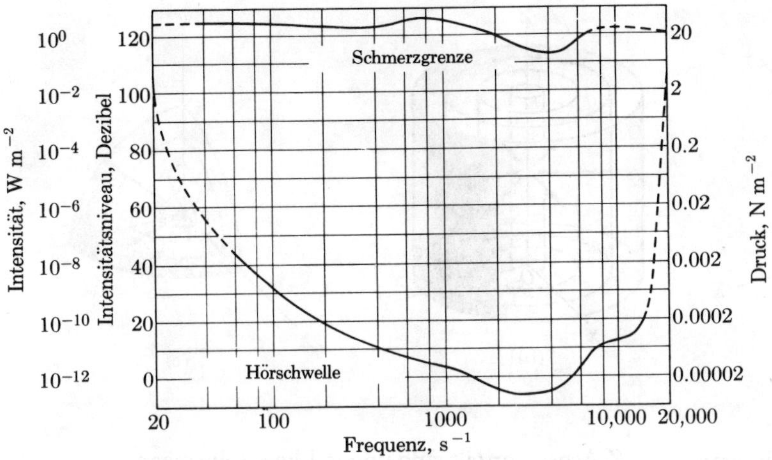

23.18 Mittlerer Hörbereich des menschlichen Ohres. Die untere Kurve ist die Hörschwelle, die obere die Schmerzgrenze für jede Frequenz.

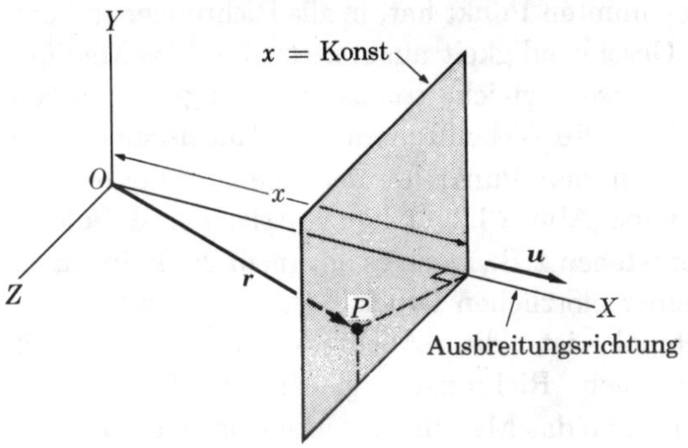

23.19 Ebene Welle, die sich längs der X-Achse ausbreitet.

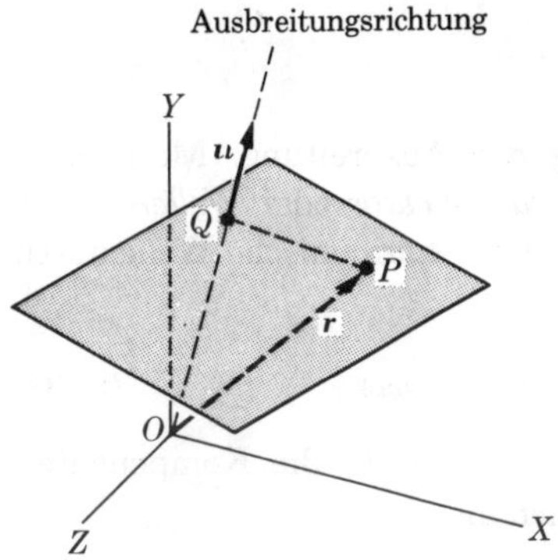

23.20 Ebene Welle, die sich in beliebiger Richtung ausbreitet.

schrieben wird, sich über den ganzen Raum erstreckt, nimmt zu einer bestimmten Zeit t die Funktion $\xi = f(x - vt)$ an allen Punkten mit den gleichen x den selben Wert an. $x =$ Konst entspricht jedoch einer Ebene senkrecht zur X-Achse (Abb. 23.19). In drei Dimensionen beschreibt $\xi = f(x - vt)$ daher eine *ebene Welle*, die sich parallel zur X-Achse fortpflanzt.

Wir müssen beachten, daß die Fortpflanzungsrichtung für eine ebene Welle wichtig ist; sie wird durch einen Einheitsvektor $\boldsymbol{u}$ senkrecht zur Ebene der Welle dargestellt. Die Orientierung der Koordinatenachsen ist dabei mehr oder weniger willkürlich. Es ist daher günstig, die ebene Welle $\xi = f(x - vt)$ in einer Form auszudrücken, welche unabhängig von der Orientierung der Achsen ist. Im Fall der Abb. 23.19 ist der Einheitsvektor $\boldsymbol{u}$ parallel zur X-Achse. Wenn $\boldsymbol{r}$ der Ortsvektor an *jedem beliebigen* Punkt P der Wellenfront ist, gilt

$$x = \boldsymbol{u} \cdot \boldsymbol{r},$$

und wir können daher schreiben

$$\xi = f(\boldsymbol{u} \cdot \boldsymbol{r} - vt). \tag{23.38}$$

Wenn $\boldsymbol{u}$ in eine willkürliche Richtung zeigt (Abb. 23.20), bleibt die Größe $\boldsymbol{u} \cdot \boldsymbol{r}$ immer noch der Abstand der Ebene, der vom Ursprung O längs der Richtung des Einheitsvektors $\boldsymbol{u}$ gemessen wird. Gleichung (23.38) stellt daher eine ebene Welle dar, die sich in der Richtung $\boldsymbol{u}$ fortpflanzt. Im Fall einer harmonischen oder sinusförmigen ebenen Welle, die sich in Richtung $\boldsymbol{u}$ fortpflanzt, schreiben wir

$$\xi = \xi_0 \sin k(\boldsymbol{u} \cdot \boldsymbol{r} - vt).$$

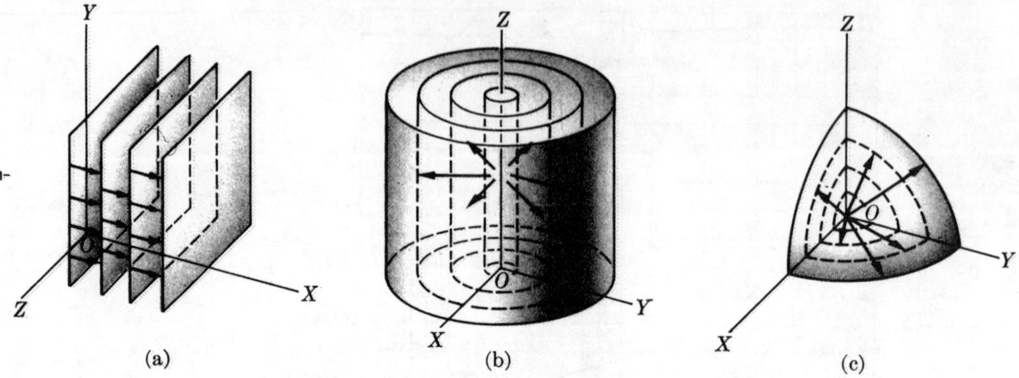

23.21 (a) Ebene, (b) Zylinder und (c) Kugelwellen.

Es ist praktisch, einen Vektor $\boldsymbol{k} = k\boldsymbol{u}$ zu definieren. Dieser Vektor hat eine Länge

$$k = \frac{2\pi}{\lambda} = \frac{\omega}{v}$$

und weist in Richtung der Ausbreitung. Man nennt ihn gewöhnlich *Ausbreitungsvektor* oder *Wellenvektor*. Da $\omega = kv$, wird eine ebene harmonische Welle durch

$$\begin{aligned} \xi &= \xi_0 \sin (\boldsymbol{k} \cdot \boldsymbol{r} - \omega t) \\ &= \xi_0 \sin (k_x x + k_y y + k_z z - \omega t) \end{aligned} \qquad (23.39)$$

ausgedrückt, wobei k_x, k_y und k_z die Komponenten von k sind, die die Beziehung

$$k_x^2 + k_y^2 + k_z^2 = k^2 = \omega^2/v^2 \qquad (23.40)$$

erfüllen.

Die ebenen Wellen (23.38) oder (23.39) sind in Wirklichkeit eindimensionale Probleme, obwohl sie die drei Koordinaten x, y und z enthalten, da die Ausbreitung in einer bestimmten Richtung abläuft und die physikalische Situation in allen Ebenen senkrecht zur Ausbreitungsrichtung (Abb. 23.21a) gleich ist. In der Natur gibt es jedoch noch andere Arten von Wellen, die sich in mehrere Richtungen ausbreiten. Die beiden interessantesten Fälle sind *Zylinder*- und *Kugelwellen*. Für Zylinderwellen sind die Wellenfronten Zylinderoberflächen. Alle Zylinder haben die gleiche Achse gemeinsam (Abb. 23.21b). Die Störung breitet sich in allen Richtungen senkrecht zur Z-Achse aus. Diese Art von Wellen wird z.B. dann erzeugt, wenn wir eine Serie von Quellen haben, die gleichförmig über die Z-Achse verteilt sind und in Phase schwingen.

Wenn sich eine Störung, die ihren Ursprung an einem bestimmten Punkt hat, in alle Richtungen mit der gleichen Geschwindigkeit ausbreitet (d.h., das Medium ist *isotrop; isos*: gleich, *tropos*: Richtung), entstehen Kugelwellen. Die Wellenfronten sind Kugelschalen, die in Bezug auf den Punkt, an dem die Störung hervorgerufen wird (Abb. 23.21c), konzentrisch sind. Solche Wellen entstehen z.B., wenn es an einem Punkt in einem Gas zu einer plötzlichen Druckänderung kommt.

Manchmal ist die Ausbreitungsgeschwindigkeit nicht in allen Richtungen gleich. In diesem Fall bezeichnet man das Medium als *anisotrop*. Zum Beispiel können ein Gas, in dem ein Temperaturgradient vorliegt, ein Festkörper unter bestimmten Belastungen, oder ein großer Kristall in verschiedenen Richtungen verschiedene elastische Eigenschaften aufweisen, was zu einer in jeder Richtung verschiedenen Ausbreitungsgeschwindigkeit führt. In solchen Medien sind Wellen nicht kugelförmig (Abb. 23.22).

23.11 KUGELWELLEN IN EINER FLÜSSIGKEIT

Druckwellen in einer homogenen, isotropen Flüssigkeit sind Beispiele für Kugelwellen. Wenn r der Abstand vom Ursprung und p_0 der Normaldruck ist, könnte man zuerst annehmen, daß die sphärische Druckwelle in der Form $p - p_0 = f(r - vt)$ geschrieben werden kann, da r nun die Rolle von x bei der ebenen Welle spielt. Das stimmt jedoch nicht und wir müssen diese Sache etwas genauer betrachten.

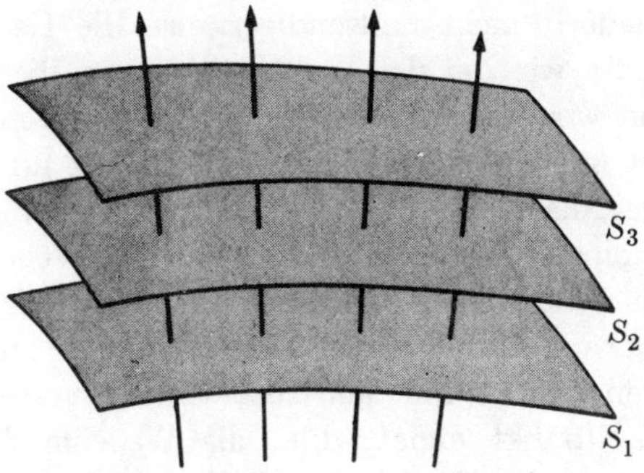

23.22

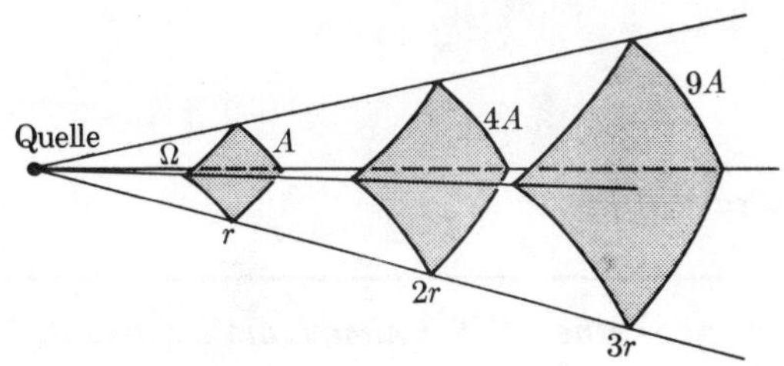

23.23

Wir beobachten, daß bei der Ausbreitung einer Kugelwelle die Wellenoberfläche immer größer wird (sie nimmt mit r^2 zu). Betrachten Sie z.B. eine Welle, die sich innerhalb des Raumwinkels Ω ausbreitet (Abb. 23.23). Im Abstand r von der Quelle hat die Wellenoberfläche eine Fläche A; bei $2r$, $3r$, . . . , nr sind die Wellenoberflächen $4A$, $9A$, . . . , $n^2\ A$. Das erfordert, daß die Amplitude der Druckwelle mit zunehmenden Abstand von der Quelle kleiner wird. Dieses Ergebnis wird sowohl experimentell bestätigt als auch durch eine detailliertere theoretische Analyse vorausgesagt, die wir hier weglassen. Wenn die Flüssigkeit isotrop ist und die Welle in allen Richtungen die gleiche Amplitude hat, ist die Druckwelle z.B. durch den Ausdruck

$$p - p_0 = \frac{1}{r} f(r - vt) \tag{23.41}$$

gegeben, wobei p_0 der Gleichgewichtsdruck ist. Wir haben nun einen geometrischen Faktor $1/r$, der bei der ebenen Welle fehlte und der die Druckabnahme mit dem Abstand von der Quelle berücksichtigt.

Die Ausbreitungsgeschwindigkeit ist durch den gleichen Ausdruck (23.23) gegeben, den wir für ebene Wellen in einer Flüssigkeit erhielten, d.h. es gilt

$$v = \sqrt{\kappa/\rho_0}. \tag{23.42}$$

Ein besonders interessanter Fall ist der einer sphärischen harmonischen Druckwelle, die durch

$$p - p_0 = \mathcal{P}_0/r \sin (kr - \omega t) \tag{23.43}$$

gegeben ist. Die Amplitude der Druckwelle ist $\mathcal{P}_0/r$; sie nimmt umgekehrt proportional zur Entfernung von der Quelle ab. Die Verschiebung, die dieser Druckwelle entspricht, ist durch einen komplizierten Ausdruck gegeben. In einer größeren Entfernung von der Quelle kann die Verschiebung durch

$$\xi = \frac{\xi_0}{r} \cos (kr - \omega t) \tag{23.44}$$

beschrieben werden, wobei $\xi_0 = \mathcal{P}_0/v\rho_0\omega$ eine Beziehung ist, die mit der für ebene Wellen identisch ist (Beispiel 23.5). Beachten Sie, daß die Amplitude ξ_0/r der Verschiebungswelle ebenfalls umgekehrt proportional zur Entfernung von der Quelle abnimmt.

Wir wollen annehmen, daß die Quelle ebener Wellen Energie mit einer konstanten mittleren Rate $(dE/dt)_{\text{mit}}$ abstrahlt. In dem Maß, in dem sich die Welle ausbreitet, breitet sich die abgestrahlte Energie über eine große Oberfläche aus, was zu einer Abnahme in der Intensität der Wellenbewegung mit steigender Entfernung vom Ursprung führt; das ist eine wohlbekannte experimentelle Tatsache. Betrachten Sie eine Kugeloberfläche vom Radius r, konzentrisch zum Ursprung. Wenn im Medium keine Energie absorbiert wird, ist die mittlere Energie, die pro Zeiteinheit durch die Oberfläche tritt, ebenfalls $(dE/dt)_{\text{mit}}$. Entsprechend (23.35) hängt die Intensität der Welle im Abstand r mit der Oberfläche $A = 4\pi r^2$ über den Ausdruck

$$\left(\frac{dE}{dt}\right)_{\text{mit}} = IA = I(4\pi r^2) = \text{Konst.}$$

zusammen. Daher ist $I = \text{Konst}/r^2$. Wenn wir die Konstante mit I_0 bezeichnen, erhalten wir schließlich die Intensität der Kugelwelle im Abstand r von der Quelle zu

$$I = \frac{I_0}{r^2}. \tag{23.45}$$

Wir schließen daraus:

In einer sphärischen Welle nimmt die Intensität umgekehrt mit dem Quadrat des Abstands von der Quelle ab.

Dieses Ergebnis wird in der Akustik und der Optik häufig angewendet. Da die Intensität einer Welle proportional dem Quadrat der Amplitude ist, schließen wir, daß (23.45) fordert, daß die Amplitude einer Kugelwelle umgekehrt proportional zu r ist, was mit (23.44) übereinstimmt.

Bestimmung von I_0 Um den Wert von I_0 für eine Kugelwelle zu bestimmen, wenden wir (23.44) an und beachten, daß die Amplitude nun ξ_0/r anstatt ξ_0 ist. In großen Entfernungen ist die Energie pro Volumeneinheit nach (23.37) mit

$$\mathrm{E} = \frac{1}{2}\frac{\rho_0\omega^2\xi_0^2}{r^2} = \frac{\mathcal{P}_0}{2v^2\rho_0 r^2}$$

gegeben. E nimmt daher mit $1/r^2$ mit dem Abstand von der Quelle ab und ist daher umgekehrt proportional zum Quadrat des Abstandes von der Quelle.

Nach (23.34) und (23.45) ist die Intensität der sphärischen Welle im Abstand r von der Quelle, oder die mittlere Energie, die die Einheitsfläche pro Zeiteinheit passiert,

$$I = v\mathrm{E} = \frac{\mathcal{P}_0}{2v\rho_0 r^2} = \frac{I_0}{r^2},$$

so daß

$$I_0 = \frac{\mathcal{P}_0^2}{2\rho v}. \tag{23.46}$$

23.12 GRUPPENGESCHWINDIGKEIT

Die Geschwindigkeit $v = \omega/k$, gegeben durch (23.6) für eine harmonische Welle der Kreisfrequenz ω und der Wellenlänge $\lambda = 2\pi/k$, nennt man *Phasengeschwindigkeit*. Das ist jedoch nicht notwendigerweise die Geschwindigkeit, die wir bei der Wellenausbreitung beobachten. Wenn wir eine kontinuierliche Welle haben (oder, wie man manchmal sagt, einen Wellenzug unendlicher Länge), kann die Welle eine einzige Wellenlänge und eine einzige Frequenz aufweisen. Eine Welle dieser Natur is jedoch nicht geeignet, ein Signal zu übermitteln, da ein Signal etwas impliziert, das zu einer bestimmten Zeit beginnt und zu einem bestimmten späteren Zeitpunkt endet; d.h., die Welle muß eine Gestalt haben, die ähnlich der in Abb. 23.24 gezeigten ist. Eine Welle dieser Gestalt nennt man ein *Paket*. Wenn wir daher die Geschwindigkeit messen, mit der das Signal übertragen wird, meinen wir im Wesentlichen die Geschwindigkeit, mit der sich das Wellenpaket ausbreitet.

Wir können fürs Erste sagen, daß diese Geschwindigkeit einfach die Phasengeschwindigkeit ist

$$v = \frac{\omega}{k} \qquad \text{(Phasengeschwindigkeit)},$$

da wir in allen vorhergehenden Abschnitten immer wieder gesagt haben, daß dies die Ausbreitungsgeschwindigkeit der Wellen ist. Hier kommt jedoch ein wichtiger Faktor ins Spiel. Das in Abb. 23.24 gezeigte Wellenpaket ist *nicht* harmonisch, da seine Amplitude längs der X-Achse nicht konstant bleibt. Wir müssen daher eine Fourier-Analyse der Welle machen (erinnern Sie sich an Abschnitt 9.14). Wenn wir das tun, stellen wir fest, daß sie mehrere Frequenzen und Wellenlängen enthält. Falls die Ausbreitungsgeschwindigkeit unabhängig von der Frequenz ist (d.h., es gibt keine Dispersion), breiten alle Fourier-Komponenten der Welle sich mit der gleichen Geschwindigkeit aus. Dann dürfen wir sagen, daß die Geschwindigkeit des Paketes die gleiche ist wie die Phasengeschwindigkeit. In einem dispergierenden Medium dagegen hat jede Fourier-Komponente ihre eigene Ausbreitungsgeschwindigkeit und wir müssen daher die Situation sorgfältiger analysieren.

Der Einfachheit halber wollen wir einen Fall betrachten, in welchem die Wellenbewegung in zwei Frequenzen zerlegt werden kann, ω und ω', die beinahe gleich sind, so daß $\omega' - \omega$ sehr klein ist. Wir wollen außerdem annehmen, daß ihre Amplitude gleich ist. Dann gilt

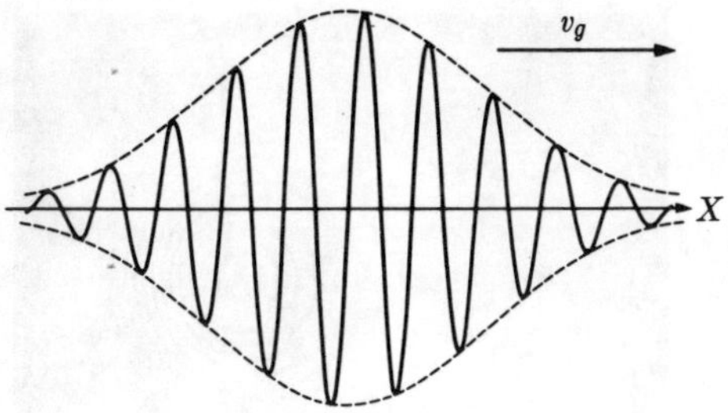

23.24 Wellenpaket.

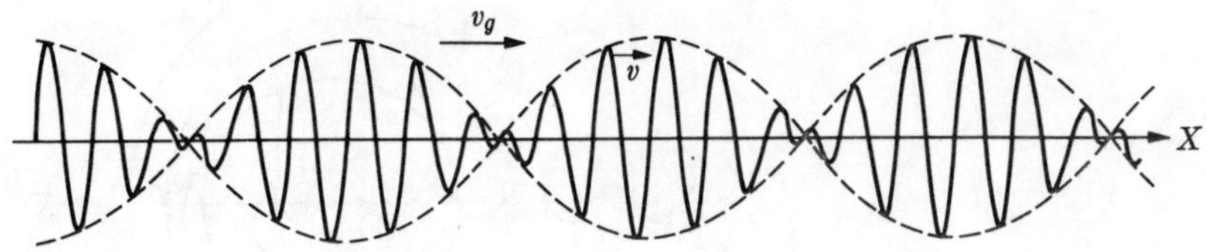

23.25 Phasen- und Gruppengeschwindigkeit.

$$\begin{aligned}\xi &= \xi_0 \sin(kx - \omega t) + \xi_0 \sin(k'x - \omega' t)\\ &= \xi_0[\sin(kx - \omega t) + \sin(k'x - \omega' t)]\\ &= 2\xi_0 \cos \tfrac{1}{2}[(k' - k)x - (\omega' - \omega)t]\\ &\qquad \times \sin \tfrac{1}{2}[(k' + k)x - (\omega' + \omega)t].\end{aligned}$$

Da sowohl ω und ω' als auch k und k' beinahe gleich sind, können wir $\frac{1}{2}(\omega' + \omega)$ durch ω und $\frac{1}{2}(k' + k)$ durch k ersetzen, so daß

$$\xi = 2\xi_0 \cos \tfrac{1}{2}[(k' - k)x - (\omega' - \omega)t] \sin(kx - \omega t). \tag{23.47}$$

Dies stellt eine Welle dar, die durch den Faktor sin $(kx - \omega t)$ bestimmt ist und deren Amplitude nach

$$2\xi_0 \cos \tfrac{1}{2}[(k' - k)x - (\omega' - \omega)t]$$

moduliert ist. Das wurde in Abb. 23.25 angedeutet. Die modulierte Amplitude entspricht selbst einer Wellenbewegung, die sich mit einer Geschwindigkeit

$$v_g = \frac{\omega' - \omega}{k' - k} = \frac{d\omega}{dk} \qquad \text{(Gruppengeschwindigkeit)}, \tag{23.48}$$

der sogenannten *Gruppengeschwindigkeit*, fortpflanzt. Das ist die Geschwindigkeit, mit der sich die Amplitudenwelle, die in Abb. 23.25 durch die gestrichelte Linie dargestellt ist, ausbreitet. Das heißt, das Maximum des Paketes in Abb. 23.25 pflanzt sich mit der Gruppengeschwindigkeit v_g fort. In einem dispergierenden Medium ist die Signalgeschwindigkeit daher gleich der Gruppengeschwindigkeit.

Wenn wir uns daran erinnern, daß $\omega = kv$ gilt, wird (23.48) zu

$$v_g = v + k\frac{dv}{dk}. \tag{23.49}$$

Wenn die Phasengeschwindigkeit unabhängig von der Wellenlänge ist

$$\frac{dv}{dk} = 0,$$

gilt

$$v_g = v \qquad \text{(nicht dispergierendes Medium).}$$

In einem nicht dispergierenden Medium besteht daher kein Unterschied zwischen Phasengeschwindigkeit und Gruppengeschwindigkeit, wie wir schon vorher angedeutet haben. In einem dispergierenden Medium kann die Gruppengeschwindigkeit größer oder kleiner als die Phasengeschwindigkeit sein.

Als Beispiel wollen wir den Fall von Oberflächenwellen in einer Flüssigkeit in der Langwellennäherung betrachten. In diesem Fall ist die Phasengeschwindigkeit durch (23.32) gegeben. Da $k = 2\pi/\lambda$, ist daher

$$v = \sqrt{\frac{g\lambda}{2\pi}} = \sqrt{\frac{g}{k}}.$$

Dann ist

$$\frac{dv}{dk} = -\frac{1}{2k}\sqrt{\frac{g}{k}} = -\frac{v}{2k},$$

und (23.49) gibt $v_g = \frac{1}{2}v$, so daß die Gruppengeschwindigkeit nur die Hälfte der Phasengeschwindigkeit beträgt. Das bedeutet, daß nach Hervorrufen einer Störung in Wasser, die ursprüngliche Störung auf solche Weise verzogen wird, daß die Komponenten längerer Wellenlängen der Störung «entkommen», indem sie

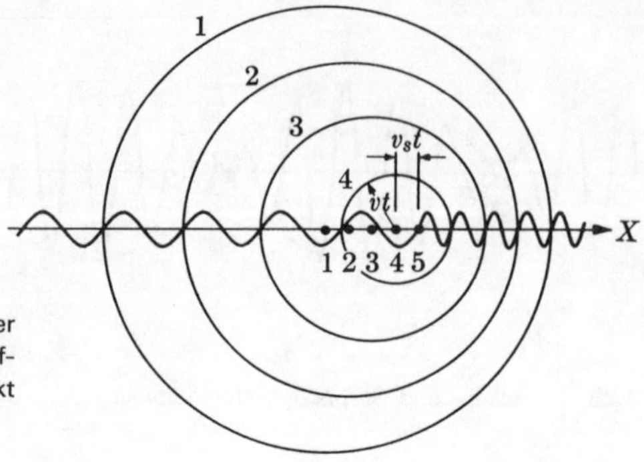

(a)

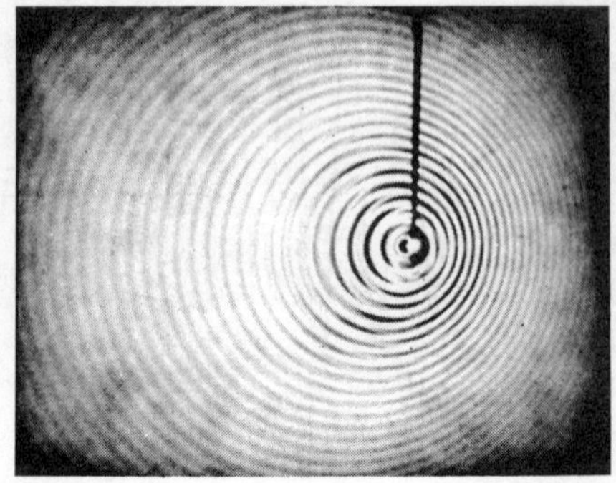
(b)

23.26 Dopplereffekt infolge einer sich bewegenden Quelle. Die Aufnahme illustriert den Dopplereffekt auf einer Flüssigkeitsoberfläche.

sich schneller bewegen als die Gruppengeschwindigkeit, die die Geschwindigkeit des Störungsmaximums darstellt.

23.13 DER DOPPLEREFFEKT

Wenn sich der Wellenursprung und der Beobachter in relativer Bewegung in Bezug auf das Medium befinden, durch das sich die Welle ausbreitet, ist die Frequenz der beobachteten Wellen verschieden von der Frequenz der Quelle. Dieses Phänomen bezeichnet man als *Dopplereffekt*, nach dem in Deutschland geborenen österreichischen Physiker C. J. Doppler (1803–1853), der es zum ersten Mal an Schallwellen beobachtete.

Nehmen Sie an, daß wir eine Quelle von Wellen hätten, wie z.B. einen schwingenden Körper, der sich mit der Geschwindigkeit v_S durch ein ruhendes Medium, wie z.B. Luft oder Wasser, nach rechts bewegt (Abb. 23.26). Wenn wir die Quelle in den verschiedenen Positionen 1, 2, 3, 4, . . . beobachten, sehen wir, daß zum Zeitpunkt t nach dem Zeitpunkt, zu dem die Quelle sich in Position 1 befand, die Wellen, die in den verschiedenen Positionen emittiert werden, die Kugelschalen 1, 2, 3, 4, . . . einnehmen, die nicht konzentrisch sind. Auf der Seite in Bewegungsrichtung des Körpers sind die Wellen dichter beieinander, auf der entgegengesetzten Seite sind sie weiter voneinander entfernt. Für einen ruhenden Beobachter auf einer der beiden Seiten entspricht das jeweils einer kürzeren oder längeren effektiven Wellenlänge oder einer größeren und einer kleineren effektiven Frequenz. Wenn sich der Beobachter jedoch mit der Geschwindigkeit v_0 in Bewegung befindet, werden ihn die Wellen mit einer anderen

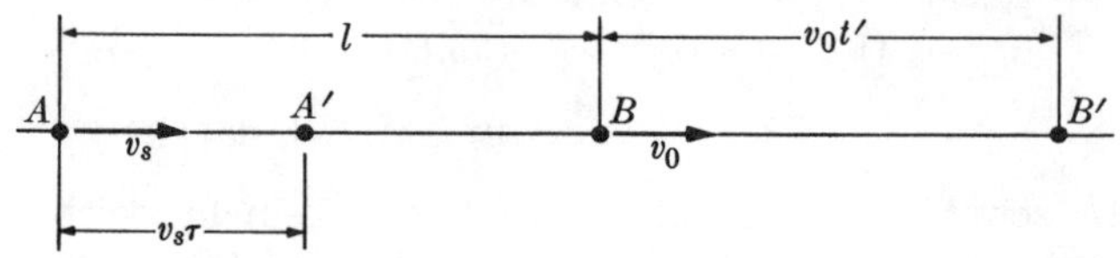

23.27

Frequenz erreichen. Wenn er sich z.B. der Quelle von rechts nähert, wird er eine noch kürzere Wellenlänge oder höhere Frequenz beobachten, da er sich in die Wellen hinein bewegt. Das Gegenteil passiert, wenn er sich von der Quelle entfernt, und sich daher von der Quelle weg bewegt.

Die Beziehung zwischen der Frequenz der Quelle und Frequenz ν', die der Beobachter wahrnimmt, wenn sich beide längs der Ausbreitungsrichtung bewegen, ist durch den Ausdruck

$$\nu' = \frac{v - v_0}{v - v_S}\,\nu \qquad (23.50)$$

gegeben. In diesem Ausdruck werden v_0 und v_S als positiv genommen, wenn sie wie in Abb. 23.27 gezeigt orientiert sind, und als negativ, wenn sie in der entgegengesetzten Richtung orientiert sind.

Wenn sowohl v_O als v_S sehr klein sind im Vergleich zu v, kann der Ausdruck, der ν und ν' verknüpft, in der Form

$$\nu' = \left(1 - \frac{v_{OS}}{v}\right)\nu \qquad (23.51)$$

geschrieben werden, wobei $v_{OS} = v_O - v_S$ die Geschwindigkeit des Beobachters relativ zur Quelle ist. Wenn

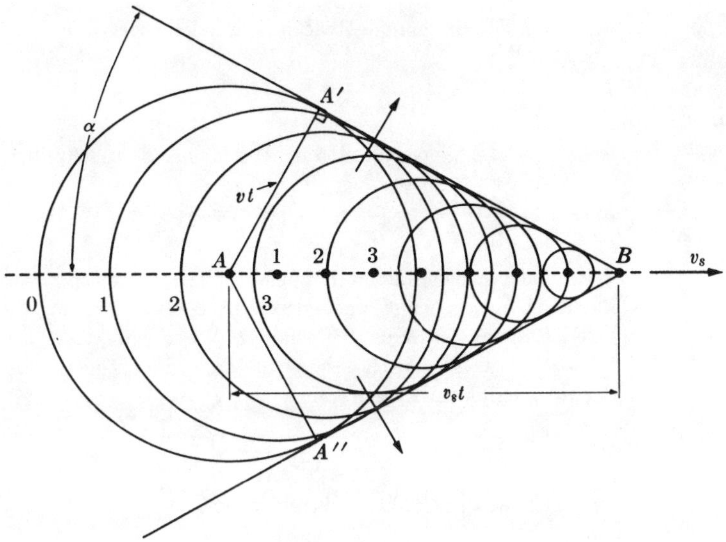

23.28 Mach- oder Schockwelle.

v_{OS} positiv ist, entfernt sich der Beobachter von der Quelle, und die Frequenz, die er wahrnimmt, ist kleiner. Wenn v_{OS} negativ ist, nähern sich Beobachter und Quelle einander, und die wahrgenommene Frequenz ist größer.

Eine spezielle Situation tritt dann ein, wenn der Beobachter ruht, während die Quelle sich mit einer Geschwindigkeit größer als v bewegt. Dann schreitet die Quelle innerhalb einer bestimmten Zeit weiter fort als die Wellenfront; in der Zeit t bewegt sich die Quelle z.B. von A nach B (Abb. 23.28), wogegen die Welle, die bei A emittiert wurde, sich nur von A nach A' bewegt hat. Die Tangente zur Oberfläche aller aufeinanderfolgenden Wellen ist ein Kegel, dessen Achse die Bewegungslinie der Quelle ist und dessen Öffnung α durch

$$\sin \alpha = \frac{v}{v_S} \tag{23.52}$$

gegeben ist. Die Resultierende ist dann eine *konische* Welle, die sich so ausbreitet, wie durch die Pfeile in Abb. 23.28 dargestellt. Man bezeichnet diese Welle manchmal als *Mach-Welle* oder *Schockwelle*; ein Beispiel dafür ist der plötzliche und heftige Schall, den wir hören, wenn ein Flugzeug in der Nähe mit Überschallgeschwindigkeit vorbeifliegt. Man beobachtet diese Wellen auch hinter Booten, die sich rascher bewegen als die Oberflächenwellen auf dem Wasser (Abb. 23.29).

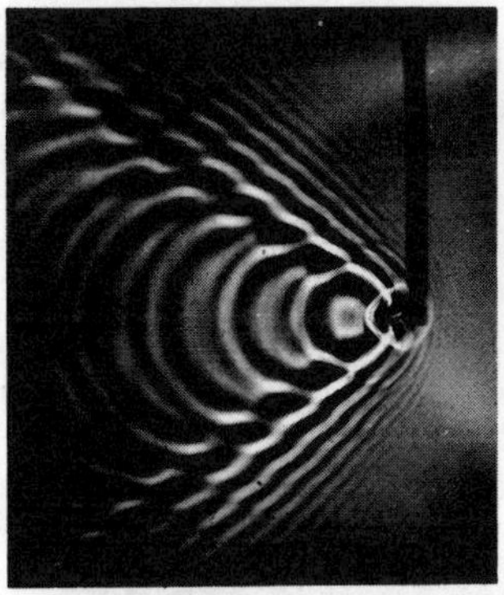

(a)

(b)

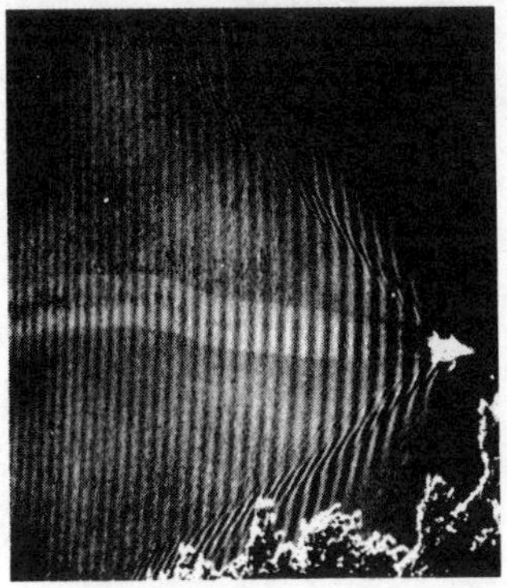

(c)

23.29 Verschiedene Beispiele für Mach(Schock)wellen, die von (a) einem beweglichen, schwingenden Schilfrohr erzeugt werden, das eine Wasseroberfläche berührt, (b) einem Geschoß in Luft, und (c) einem Schnellboot.

Beweis von (23.50) und (23.51) Um die Beziehung zwischen der Frequenz ν der von der Quelle erzeugten Wellen und der Frequenz ν' zu erhalten, die der Beobachter wahrnimmt, machen wir folgende Überlegungen. Der Einfachheit halber wollen wir annehmen, daß die Quelle und der Beobachter sich längs der gleichen Linie bewegen (siehe Abb. 23.27). Nehmen Sie an, daß zur Zeit $t = 0$, wenn sich die Quelle und der Beobachter im Abstand $AB = l$ befinden, die Quelle eine Welle emittiert, die den Beobachter zu einer späteren Zeit t erreicht. In dieser Zeit hat sich der Beobachter über die Strecke $v_0 t$ bewegt; die gesamte Entfernung, die die Welle in der Zeit t zurückgelegt hat, ist $l + v_0 t$. Wenn v die Ausbreitungsgeschwindigkeit der Welle ist, entspricht diese Entfernung vt;

$$vt = l + v_o t \qquad \text{oder} \qquad t = \frac{l}{v - v_o}.$$

Zur Zeit $t = \tau$ befindet sich die Quelle in A'; die Welle, die in diesem Augenblick emittiert wird, erreicht den Beobachter zur Zeit t', gemessen vom gleichen Zeitpunkt an wie vorher. Die gesamte Distanz, die die Welle vom Zeitpunkt ihrer Emission bei A' bis zum Empfang durch den Beobachter zurücklegt, ist

$$(l - v_s \tau) + v_o t'.$$

Die gesamte Ausbreitungszeit der Welle ist $t' - \tau$, die zurückgelegte Entfernung ist $v(t' - \tau)$. Daher ist

$$v(t' - \tau) = l - v_s \tau + v_o t' \quad \text{oder} \quad t' = \frac{l + (v - v_s)\tau}{v - v_o}.$$

Das Zeitintervall, das der Beobachter zwischen den beiden Wellen, die von der Quelle bei A und A' emittiert werden, berechnet, ist

$$\tau' = t' - t = \frac{v - v_s}{v - v_o}\tau.$$

Wenn ν die Frequenz der Quelle ist, ist die Zahl von Wellen, die in der Zeit τ emittiert werden, $\nu\tau$. Da die Wellen vom Beobachter in der Zeit τ' empfangen werden, ist die Frequenz, die er beobachtet

$$\nu' = \frac{\nu\tau}{\tau'} \qquad \text{oder} \qquad \nu' = \frac{v - v_o}{v - v_s}\nu,$$

was mit (23.50) übereinstimmt. Indem wir Zähler und Nenner durch v dividieren, erhalten wir

$$\nu' = \frac{1 - v_O/v}{1 - v_S/v}\nu = \left(1 - \frac{v_O}{v}\right)\left(1 - \frac{v_S}{v}\right)^{-1}\nu.$$

Mit Hilfe der Binominalentwicklung erhalten wir

$$\left(1 - \frac{v_S}{v}\right)^{-1} \approx \left(1 + \frac{v_S}{v}\right)$$

wenn v_S/v viel kleiner als eins ist. Wir können dann schreiben

$$\nu' = \left(1 - \frac{v_O}{v}\right)\left(1 + \frac{v_S}{v}\right)\nu = \left(1 - \frac{v_O}{v} + \frac{v_S}{v} - \frac{v_O v_S}{v^2}\right)\nu.$$

Wenn wir beide Klammern ausmultiplizieren, müssen wir innerhalb unser Näherung konsequent bleiben und nur die Glieder erster Ordnung beibehalten. Wenn wir das Glied $v_O v_S/v^2$ vernachlässigen, sehen wir, daß die Frequenz, die der Beobachter mißt, sich auf

$$\nu' = \left(1 - \frac{v_O - v_S}{v}\right)\nu = \left(1 - \frac{v_{OS}}{v}\right)\nu$$

reduziert, was mit (23.51) übereinstimmt.

23.14 SCHALL. AKUSTIK

Mit Ausnahme der Wellen an der Oberfläche einer Flüssigkeit fallen alle anderen Wellen, die wir in diesem Kapitel besprochen haben, unter die Kategorie der *elastischen Wellen*, bei welchen die Störung — ob es nun eine Belastung, ein Druck, oder eine makroskopische Verschiebung unter Beteiligung vieler Atome ist mit einer Geschwindigkeit ausbreitet, die von den elastischen Eigenschaften des Mediums abhängt.

Diese elastischen Wellen bezeichnet man auch als *Schall*. Im täglichen Sprachgebrauch steht der Begriff des Schalls zur Sinnesempfindung des *Hörens* in Beziehung. Wann immer sich eine elastische Welle, die sich durch ein Gas, eine Flüssigkeit, oder einen Festkörper ausbreitet, unser Ohr erreicht, erzeugt sie in der Membran des Ohres Vibrationen. Diese Schwingungen lösen eine Nervenreaktion aus, die den Prozeß des Hörens darstellt. Unser Nervensystem erzeugt nur für Frequenzen zwischen 16 Hz und etwa 20.000 Hz eine Gehörempfindung. (Für andere Tiere ist der Frequenzbereich anders.) Außerhalb dieser Grenzen sind Geräusche nicht hörbar; die elastischen Wellen werden aber immer noch als Schall bezeichnet. Die Physik elastischer Wellen mit Frequenzen oberhalb 20.000 Hz bezeichnet man als *Ultraschallphysik*.

Die Wissenschaft, die sich mit den Methoden der Erzeugung, des Empfangs und der Ausbreitung des

Tabelle 23.3

SCHALLGESCHWINDIGKEIT, m s^{-1}

Festkörper (20° C)		Flüssigkeiten (25° C)		Gase (0° C, 1 atm)	
Granit	6000	Frischwasser	1493,2	Luft	331,45
Eisen	5130	Seewasser	1532,8	Luft (100 atm)	350,6
Kupfer	3750	(3,6% Salzgehalt)		Wasserstoff	1269,5
Aluminium	5100	Kerosen	1315	Sauerstoff	317,2
Blei	1230	Quecksilber	1450	Stickstoff	339,3
Luzit	1840	Alkohol	1210	Dampf (100° C)	404,8

Schalls beschäftigt, nennt man *Akustik*. Sie umfaßt in Wirklichkeit viele Gebiete und steht in enger Beziehung zu mehreren technischen Disziplinen. Zu den Gebieten der Akustik gehört der Entwurf akustischer Instrumente, was auch die *Elektroakustik* einschließt, die sich mit elektrischer Schallerzeugung und Aufnahmetechnik beschäftigt (Mikrophone, Lautsprecher, Verstärker, u.s.w.). *Architektonische Akustik* beschäftigt sich mit dem Entwurf und Bau von Räumen und Gebäuden und dem Verhalten von Schallwellen in geschlossenen Räumen. Die *musikalische Akustik* beschäftigt sich unmittelbarer mit dem Schall in Beziehung zur Musik.

Wie oben erklärt, schließt «Schall» die Verschiebung von Atomen und Molekülen des Medium ein, durch das er sich ausbreitet. Diese Verschiebung ist jedoch eine geordnete kollektive Bewegung, bei der alle Atome in einem kleinen Volumen im wesentlichen die gleiche Verschiebung erleiden. Diese geordnete Bewegung wird dann einer statistischen oder ungeordneten Molekülbewegung der Flüssigkeit oder Gase überlagert. Das endgültige Ergebnis ist, daß die Schallintensität abnimmt oder *geschwächt* wird, während sich die Schallwellen ausbreiten, da ein Teil der Energie der Welle durch Stöße von den Molekülen des Mediums aufgenommen wird. Das führt zu einer Zunahme der inneren Energie der Moleküle, hauptsächlich molekularer Rotationsbewegung, oder zur Zunahme der kinetischen Energie der Translation. In Flüssigkeiten spielt auch die Viskosität, welche im wesentlichen ein Effekt der Molekülbewegung ist, eine wichtige Rolle bei der Abschwächung des Schalls.

Die Ausbreitungsgeschwindigkeit des Schalls ist über einen weiten Frequenzbereich, der sich bis zu 10^8 Hz erstreckt, unabhängig von der Frequenz. Der Wert dieser Geschwindigkeit ist in Tab. 23.3 für verschiedene Substanzen gegeben. Die Ausbreitungsgeschwindigkeit ist jedoch wegen der Abhängigkeit der Geschwindigkeit von der Dichte relativ empfindlich gegenüber Temperatur- und Druckänderungen.

Viele der Wellenphänomene, die in den nachfolgenden Kapiteln beschrieben werden, gelten insbesondere für Schallwellen. Wir wollen jedoch nicht näher auf eine detaillierte Untersuchung der Akustik eingehen.

FRAGEN

1. Führen Sie die hauptsächlichen Unterschiede zwischen Normalspannung und Scherspannung auf.
2. Unterscheiden Sie die Phasengeschwindigkeit von der Gruppengeschwindigkeit. In welchem Fall sind beide Geschwindigkeiten gleich?
3. Betrachten Sie eine harmonische Welle. Wie weit schreitet sie in einer Periode fort? Wie lange braucht sie, bis sie sich durch den Abstand von einer Wellenlänge bewegt hat?
4. Überprüfen Sie, daß $\xi = \xi_0 \sin k(x + vt)$ die Wellengleichung erfüllt.
5. Warum ist die Dehnung eine dimensionslose Größe?
6. Unterscheiden Sie zwischen (a) Longitudinal- und Transversalwellen, (b) Skalar- und Vektorwellen. Geben Sie für jeden Typ ein Beispiel an.
7. Führen Sie einige Gründe an, warum die Wellenausbreitung in Gasen als adiabatischer Vorgang betrachtet wird.

8. Geben Sie den Unterschied zwischen linearer und zirkularer Polarisation an.
9. Was versteht man unter einem dispergierenden Medium? Wie beeinflußt die Dispersion (a) harmonische Wellen, (b) eine nicht-harmonische Welle?
10. Betrachten Sie verschiedene Kugeloberflächen, die konzentrisch zu einer Punktquelle sind. Wie verändert sich jede der Oberflächen, die Energie, die pro Zeiteinheit durch jede Oberfläche fließt und die Intensität der Welle auf jeder Oberfläche mit dem Abstand von der Quelle?
11. Unter welchen Bedingungen ist der Dopplereffekt gleich; wenn die Quelle relativ zum Medium ruht und der Beobachter sich der Quelle mit einer bestimmten Geschwindigkeit nähert oder wenn der Beobachter ruht und die Quelle sich dem Beobachter mit der gleichen Geschwindigkeit nähert?
12. Wie ändert sich die Ausbreitungsgeschwindigkeit einer transversalen Welle längs eines Seils, wenn die Spannung (a) verdoppelt, (b) halbiert wird? Wie muß die Spannung verändert werden, um die Ausbreitungsgeschwindigkeit (c) zu verdoppeln, (d) zu halbieren?
13. Ein Seil hat einen Querschnitt vom Radius r und eine Dichte ρ. Drücken Sie die Ausbreitungsgeschwindigkeit transversaler Wellen längs des Seiles durch r und ρ aus.

AUFGABEN

23.1 Durch Schaukeln eines Bootes erzeugt ein Mann Oberflächenwellen auf einem ruhigen See. Er beobachtet, daß das Boot in 20 s 12 Schwingungen ausführt, wobei jede Schwingung eine Kammwelle erzeugt. Jeder der Kämme braucht 6 s um das 12 m entfernte Ufer zu erreichen. Berechnen Sie die Wellenlänge der Oberflächenwellen.

23.2 Die Gleichung für eine bestimmte Welle ist

$$\xi = 10 \sin 2\pi(2x - 100t),$$

wobei x in Meter und t in Sekunden gegeben ist. Bestimmen Sie (a) die Amplitude, (b) die Wellenlänge, (c) die Frequenz und (d) die Ausbreitungsgeschwindigkeit der Welle. Fertigen Sie eine Skizze der Welle an, die die Amplitude und die Wellenlänge zeigt.

23.3 Gegeben sei die Welle

$$\xi = 2 \sin 2\pi(0{,}5x - 10t),$$

wobei t in Sekunden und x in Metern angegeben ist. Tragen Sie ξ über mehrere Wellenlängen für $t = 0$ und $t = \frac{1}{40}$ s auf. Wiederholen Sie die Aufgabe für

$$\xi = 2 \sin 2\pi(0{,}5x + 10t).$$

Vergleichen Sie die Ergebnisse.

23.4 Unter der Annahme, daß die Welle der vorhergehenden Aufgabe einer elastischer transversalen Welle entspricht, berechnen Sie die Geschwindigkeit an jedem Punkt. Tragen Sie die Geschwindigkeit $d\xi/dt$ und die Beschleunigung $d^2\xi/dt^2$ bei $t = 0$ auf.

23.5 Beantworten Sie für Seilwellen

$$\xi = 0{,}03 \sin (3x - 2t),$$

wobei ξ und x in Meter und t in Sekunden gegeben sind, die folgenden Fragen: (a) Wie groß ist die Verschiebung bei $x = 0$, 0,1 m, 0,2 m und 0,3 m bei $t = 0$? (b) Wie groß ist die Verschiebung bei $t = 0$, 0,1 s und 0,2 s für $x = 0{,}1$ m. (c) Wie lautet die Gleichung für die Oszillationsgeschwindigkeit der Teilchen des Seiles? Wie groß ist die Maximalgeschwindigkeit der Schwingung? (d) Wie groß ist die Ausbreitungsgeschwindigkeit der Welle?

23.6 Betrachten Sie Longitudinalwellen längs eines Stabes (Abschnitt 23.4) und nehmen Sie an, daß die Deformation an jedem Punkt

$$\xi = \xi_0 \sin 2\pi \left(\frac{x}{\lambda} - \frac{t}{P}\right)$$

ist. (a) Leiten Sie mit (23.16) den Ausdruck für die Kraft auf jeden Abschnitt ab. (b) Zeigen Sie, daß die ξ- und F-Wellen einen Phasenunterschied von einem Viertel einer Wellenlänge haben. (c) Tragen Sie ξ und F über x zu einem bestimmten Zeitpunkt für verschiedene Wellenlänge auf.

23.7 Eine Feder mit einer normalen Länge von 1 m und einer Masse von 0,2 kg wird um 4 cm ausgedehnt, wenn sie einer Kraft von 10 N unterliegt. Bestimmen Sie die Ausbreitungsgeschwindigkeit der Longitudinalwellen längs der Feder.

23.8 Eine Stahlfeder hat eine normale Länge von 4 m und eine Masse von 200 g. Wenn die Feder senkrecht aufgehängt wird und ein 100 g Körper am unteren Ende befestigt wird, dehnt sich die Feder um 5,0 cm. Bestimmen Sie die Geschwindigkeit von Longitudinalwellen in der Feder.

23.9 Berechnen Sie die Ausbreitungsgeschwindigkeit des Schalls in Wasserstoff, Stickstoff und Sauerstoff bei 0 °C.

Vergleichen Sie mit den experimentellen Ergebnissen. Nehmen Sie für die drei Gase $\gamma = 1{,}40$ an.

23.10 Bestimmen Sie die Änderung der Schallgeschwindigkeit in Luft pro Einheitsänderung der Temperatur bei 27 °C.

23.11 Berechnen Sie aus dem Wert, der in Beispiel 23.4 für den Koeffizienten $\alpha = \sqrt{\gamma R/M}$ für Luft gegeben ist, die effektive Masse eines Mols Luft und vergleichen Sie den Wert mit dem Ergebnis, das man mit anderen Methoden erhält. Nehmen Sie an, daß für Luft $\gamma = 1{,}40$ ist.

23.12 Ein Gummischlauch ist an einem Ende befestigt. Das andere Ende läuft über einen Flaschenzug, 5 m vom befestigten Ende entfernt, und trägt eine Last von 2 kg. Die Masse des Schlauches zwischen dem fixierten Ende und dem Flaschenzug ist 0,6 kg. (a) Bestimmen Sie die Ausbreitungsgeschwindigkeit der transversalen Wellen längs des Schlauches. (b) Nehmen Sie an, daß sich eine harmonische Welle mit einer Amplitude von 0,1 cm und einer Wellenlänge von 0,3 m längs des Schlauches fortpflanzt; bestimmen Sie die maximale transversale Geschwindigkeit jedes beliebigen Punktes des Schlauches. (c) Schreiben Sie die Wellengleichung an. (d) Bestimmen Sie die mittlere Rate des Energieflusses durch jeden beliebigen Querschnitt des Schlauches.

23.13 Ein Stahldraht mit einem Durchmesser von 0,2 m unterliegt einer Spannung von 200 N. Bestimmen Sie die Ausbreitungsgeschwindigkeit transversaler Wellen längs des Drahtes.

23.14 Eine Schnur von 2 m Länge und der Masse von 4 g wird horizontal gehalten, wobei ein Ende fixiert ist. Das andere Ende läuft über einen Flaschenzug und trägt eine Masse von 2 kg. Bestimmen Sie die Geschwindigkeit der transversalen Wellen in der Schnur.

23.15 Die Verschiebung einer schwingenden Quelle am Ende einer gespannten Schnur wird durch die Gleichung

$$\xi = 0{,}1 \sin 6t$$

beschrieben, wobei ξ in Metern und t in Sekunden gegeben ist. Die Spannung in der Schnur ist 4 N und die Masse pro Längeneinheit ist 0,010 kg m^{-1}. (a) Wie groß ist die Wellengeschwindigkeit in der Schnur? (b) Wie groß ist die Frequenz der Welle? (c) Wie ist die Wellenlänge? (d) Wie lautet die Gleichung der Verschiebung an einem Punkt in 1 m Entfernung von der Quelle? Bei 3 m?

23.16 Ein Stahldraht mit einer Länge von 2 m und einem Radius von 0,5 mm hängt von der Decke. (a) Bestimmen Sie die Ausdehnung des Drahtes, wenn ein Körper mit einer Masse von 100 kg an das freie Ende gehängt wird? (b) Bestimmen Sie auch die Verschiebung und den abwärts gerichteten Zug an einem Punkt in der Mitte des Drahtes. (c) Bestimmen Sie die Geschwindigkeit der Longitudinal- und Transversalwellen längs des Drahtes, wenn die Masse daran befestigt ist.

23.17 Zeigen Sie, daß eine transversale elastische Welle, die sich längs der X-Achse ausbreitet, einer Verschiebung ξ entspricht, und die Komponenten

$$\xi_y = \xi_0 \sin (kx - \omega t) \qquad \text{und} \qquad \xi_z = \xi_0 \cos (kx - \omega t)$$

hat, zirkular polarisiert ist. Bestimmen Sie die Drehrichtung von ξ, wie sie ein Beobachter sieht, der auf die X-Achse blickt. Schreiben Sie die Ausdrücke für ξ_y und ξ_z für eine Welle, die eine entgegengesetzte Polarisierung aufweist.

23.18 Bestimmen Sie die Geschwindigkeit der Scherwellen in Stahl. Vergleichen Sie mit dem Ergebnis für Longitudinalwellen, das in Beispiel 23.3 gegeben ist.

23.19 Betrachten Sie einen Kanal mit rechteckigen Querschnitt, der 4 m tief ist. Bestimmen Sie die Ausbreitungsgeschwindigkeit von Wellen, die eine Wellenlänge von (a) 1 cm, (b) 1 m, (c) 10 m, (d) 100 m haben. Wenden Sie in jedem Fall die Formeln an, die am besten der Größenordnung der beteiligten Größen entspricht. Das Wasser im Kanal hat eine Oberflächenspannung von $7 \cdot 10^{-2}$ N m^{-1}.

23.20 Vergleichen Sie die relative Bedeutung der beiden Glieder im Ausdruck für die Geschwindigkeit von Oberflächenwellen in großen Wassertiefen, (23.31), für die folgenden Wellenlängen: (a) 1 mm, (b) 1 cm, (c) 1 m. Bei welcher Wellenlänge sind die beiden Glieder gleichwertig? Die Oberflächenspannung von Wasser ist etwa $7 \cdot 10^{-2}$ N m^{-1}.

23.21 Ein Stahlstab wird mittels eines Oszillators, der an ein Ende angekoppelt ist, zur Übertragung von Longitudinalwellen gezwungen. Der Stab hat einen Durchmesser von 4 mm. Die Schwingungsamplitude ist 0,1 mm, die Frequenz 10 Oszillationen pro Sekunde. Bestimmen Sie (a) die Wellengleichung für den Stab, (b) die Energie pro Volumeneinheit des Stabes, (c) den mittleren Energiefluß pro Zeiteinheit durch jeden beliebigen Querschnitt des Stabes und (d) die Leistung, die für den Betrieb des Oszillators notwendig ist.

23.22 Zeigen Sie, daß die Energiewelle, die in Abschnitt 23.9 diskutiert wurde, in der Form

$$dW/dt = vA\{\rho\omega^2\xi_0^2[\tfrac{1}{2} + \tfrac{1}{2}\cos 2(kx - \omega t)]\}$$

geschrieben werden kann. Berechnen Sie damit ihren mittleren Wert. Zeigen Sie, daß die Frequenz der Energiewelle doppelt so groß und die Wellenlänge die Hälfte der der Verschiebungswelle ist. Tragen Sie dW/dt für einem bestimmten Zeitpunkt als Funktion von x auf.

23.23 Der leiseste Ton, den man hören kann, hat eine Druckamplitude von ca. $2 \cdot 10^{-5}$ N m^{-2}, der lauteste, der ohne Schmerz vernommen werden kann, eine von 28 N m^{-2}. Bestimmen Sie in jedem Fall die Schallintensität in W m^{-2} und in db und die Schwingungsamplitude, wenn die Frequenz 500 s^{-1} beträgt. Nehmen Sie eine Luftdichte von 1,29 kg m^{-3} und eine Schallgeschwindigkeit von 345 m s^{-1} an.

23.24 Zwei Schallwellen haben Intensitätsniveaus, die sich um (a) 10 db, (b) 20 db unterscheiden. Bestimmen Sie das Verhältnis zwischen ihren Intensitäten und zwischen ihren Druckamplituden.

23.25 (a) Wie ändert sich die Intensität einer Schallwelle, wenn die Druckamplitude verdoppelt wird? (b) Wie muß sich die Druckamplitude ändern, damit sich die Intensität um einen Faktor 10 erhöht?

23.26 Drücken Sie den Unterschied zwischen den Intensitätsniveaus zweier Schallwellen in db aus, wenn (a) die Intensität einer Welle doppelt so groß ist wie die der anderen, (b) die Druckamplitude doppelt so groß ist wie die der anderen.

23.27 Bestimmen Sie die Gruppengeschwindigkeit von Rippelwellen gemäß (23.33).

23.28 Bei der Besprechung von Longitudinalwellen in einem Stab (Abschnitt 23.41) haben wir die seitliche Verformung vernachlässigt, die die Longitudinalverformung begleitet. Wenn man diesen Effekt einbezieht, kann man zeigen, daß die Phasengeschwindigkeit harmonischer Longitudinalwellen der Wellenlänge λ, die sich längs eines zylindrischen Stabes vom Radius R ausbreiten,

$$v_p = \sqrt{Y/\rho(1 - \pi^2\sigma^2R^2/\lambda^2)}$$

ist, wobei σ ein Koffizient ist, den man als *Querkontraktionskoeffizient* (Poissonsches Verhältnis) bezeichnet. Bestimmen Sie die Gruppengeschwindigkeit von Wellen längs des Stabes und drücken Sie sie durch v_p aus. Bestimmen Sie den Grenzwert der Gruppengeschwindigkeit für den Fall, daß R viel kleiner als λ ist. Diskutieren Sie die Änderung in v_p und v_g als Funktion von R/λ.

23.29 Der Ton einer Lokomotivpfeife hat 500 s^{-1}. Bestimmen Sie die Frequenz des Tons, den eine Person hört, die in der Station steht, wenn sich der Zug mit einer Geschwindigkeit von 72 km h^{-1} (a) auf die Station zu, (b) von ihr weg bewegt. Nehmen Sie die Schallgeschwindigkeit in ruhender Luft mit 340 m s^{-1} an.

23.30 Eine Schallquelle hat eine Frequenz von 10^3 s^{-1} und bewegt sich mit 30 m s^{-1} relativ zur Luft. Nehmen Sie an, daß die Schallgeschwindigkeit relativ zu ruhender Luft 340 m s^{-1} ist und bestimmen Sie die effektive Wellenlänge und die Frequenz, die ein Beobachter feststellt, der relativ zur Luft ruht und der die Quelle (a) sich von ihm weg bewegen, (b) sich auf ihn zu bewegen sieht.

23.31 Wiederholen Sie Aufgabe 23.30 unter der Annahme, daß die Quelle relativ zur Luft ruht, während der Beobachter sich mit 30 m s^{-1} bewegt. Schließen Sie aus Ihrem Ergebnis, daß es gleichgültig ist, ob sich die Quelle oder der Beobachter bewegt?

23.32 Gleichung (23.50) für den Dopplereffekt wurde aus der Annahme abgeleitet, daß das Medium, durch das sich die Wellen ausbreiten, in Ruhe verbleibt. Zeigen Sie, daß die Gleichung zu

$$v' = \frac{v(v - v_O + v_m)}{(v - v_S + v_m)}$$

wird, wenn das Medium eine Geschwindigkeit v_m längs der Verbindungslinie zwischen Quelle und Beobachter hat.

Kapitel 24

ELEKTRO-MAGNETISCHE WELLEN

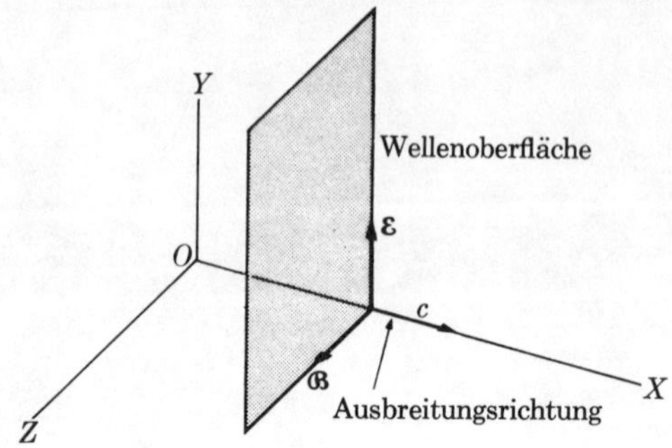

24.1 Orientierung des elektrischen und des magnetischen Feldes relativ zur Ausbreitungsrichtung einer ebenen elektromagnetischen Welle.

24.1 EINLEITUNG

In Abschnitt 17.11 haben wir die Vermutung ausgesprochen, daß sich das elektromagnetische Feld im Vakuum mit einer Geschwindigkeit fortpflanzt, die der Lichtgeschwindigkeit im Vakuum entspricht. Als wir uns in Abschnitt 20.8 mit dem Phänomen der elektromagnetischen Induktion beschäftigten, haben wir die Möglichkeit der Signalübertragung von einem Ort an den anderen unter Verwendung zeitabhängiger elektromagnetischer Felder angedeutet. Gegen Ende des 19. Jahrhunderts bewies der deutsche Physiker Heinrich Hertz (1857–1894) zweifelsfrei, daß sich das elektromagnetische Feld in der Tat im Vakuum mit einer Geschwindigkeit ausbreitet, die gleich c ist. Bevor Hertz seine Versuche durchführte, war die Existenz elektromagnetischer Wellen von Maxwell aufgrund einer sorgfältigen Analyse der Gleichungen des elektromagnetischen Feldes vorausgesagt worden (in Abschnitt 20.11 zusammengefaßt). Die Eigenschaften elektromagnetischer Wellen wurden experimentell mit großer Sorgfalt untersucht. Die Fülle an Information, die wir über elektromagnetische Wellen gesammelt haben, wie z.B. Tatsachen über ihre Herstellung, Ausbreitung und Absorption, hat der großartigen Welt des Kommunikationswesens, die wir heute kennen, das Tor geöffnet.

In diesem Kapitel wollen wir die Maxwellschen Gleichungen untersuchen, welche zeitabhängige elektromagnetische Felder beschreiben, um zu sehen, wie wir die Ausbreitung dieses Feldes in Form von Wellen interpretieren können. Um das zu tun, müssen wir untersuchen, ob elektrische und magnetische Felder eine Wellengleichung der Form (23.11) erfüllen. Wir wollen zuerst ebene elektromagnetische Wellen diskutieren und anschließend einige Mechanismen zur Aussendung elektromagnetischer Strahlung; abschließend wollen wir die verschiedenen Bereiche des elektromagnetischen Spektrums kurz betrachten.

24.2 EBENE ELEKTROMAGNETISCHE WELLEN

Es sei ein elektromagnetisches Feld im Vakuum gegeben, das heißt, in einem Bereich, in dem es keine freien Ladungen oder Ströme gibt. Man kann zeigen, daß in diesem Fall die Maxwellschen Gleichungen für das elektromagnetische Feld als spezielle Lösung ein elektrisches Feld $\mathcal{E}$ und ein magnetisches Feld $\mathcal{B}$ zulassen, die senkrecht zueinander sind und die sich nur in einer Richtung ändern, die senkrecht zu beiden Feldern ist (Abb. 24.1). Wir wählen die Y-Achse parallel zum $\mathcal{E}$-Feld und die Z-Achse parallel zum $\mathcal{B}$-Feld. In diesem speziellen Fall ist

$$\mathcal{E}_x = 0, \qquad \mathcal{E}_y = \mathcal{E}, \qquad \mathcal{E}_z = 0,$$

und

$$\mathcal{B}_x = 0, \qquad \mathcal{B}_y = 0, \qquad \mathcal{B}_z = \mathcal{B}.$$

Unter diesen Bedingungen erfüllen das elektrische und das magnetische Feld die Wellengleichung, wie unten gezeigt wird; es gilt also

$$\frac{d^2\mathcal{E}}{dt^2} = \frac{1}{\epsilon_0\mu_0}\frac{d^2\mathcal{E}}{dx^2} \quad \text{und} \quad \frac{d^2\mathcal{B}}{dt^2} = \frac{1}{\epsilon_0\mu_0}\frac{d^2\mathcal{B}}{dx^2}, \tag{24.1}$$

was zeigt, daß das elektrische Feld $\mathcal{E}$ und das magnet-

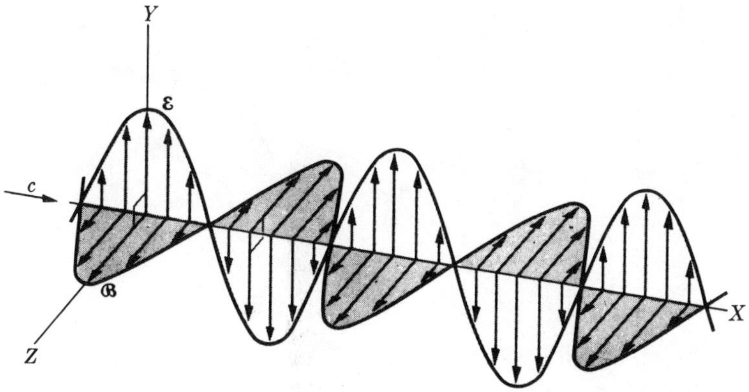

24.2 Elektrisches und magnetisches Feld in einer harmonischen ebenen elektromagnetischen Welle.

ische Feld $\mathcal{B}$ sich längs der X-Achse mit einer Geschwindigkeit

$$c = \frac{1}{\sqrt{\epsilon_0 \mu_0}} = 3 \cdot 10^8 \text{ m s}^{-1} \tag{24.2}$$

fortpflanzen. Elektrisches und magnetisches Feld in einer elektromagnetischen Welle können daher als

$$\mathcal{E} = \mathcal{E}(x - ct), \qquad \mathcal{B} = \mathcal{B}(x - ct) \tag{24.3}$$

geschrieben werden. Wir wollen im besonderen den Fall harmonischer Wellen der Frequenz $\nu = \omega/2\pi$ und der Wellenlänge $\lambda = 2\pi/k$ betrachten. In diesem Fall (erinnern Sie sich an Tab. 23.1) ist

$$\begin{aligned} \mathcal{E} &= \mathcal{E}_0 \sin k(x - ct) = \mathcal{E}_0 \sin (kx - \omega t), \\ \mathcal{B} &= \mathcal{B}_0 \sin k(x - ct) = \mathcal{B}_0 \sin (kx - \omega t). \end{aligned} \tag{24.4}$$

Die Amplituden $\mathcal{E}_0$ und $\mathcal{B}_0$ sind nicht unabhängig, sondern hängen miteinander, wie es die Maxwellschen Gleichungen fordern, über die Beziehung

$$\mathcal{E}_0 = c\mathcal{B}_0 \qquad \text{oder} \qquad \mathcal{B}_0 = \frac{1}{c}\mathcal{E}_0 \tag{24.5}$$

zusammen. Die Beziehung (24.5) zwischen den Amplituden bedeutet, daß wir für die augenblicklichen Werte (24.4) ebenfalls

$$\mathcal{E} = c\mathcal{B} \qquad \text{oder} \qquad \mathcal{B} = \frac{1}{c}\mathcal{E} \tag{24.6}$$

erhalten. Unter Verwendung der Maxwellschen Gleichungen kann man überprüfen, daß die gleiche Beziehung auch gilt, wenn sie auf Felder angewendet wird, die in allgemeinerer Form durch (24.3) definiert sind. Aus (24.6) sehen wir, daß das $\mathcal{E}$- und das $\mathcal{B}$-Feld in Phase sind, d.h. gleichzeitig ihre Nullwerte und Maximalwerte erreichen. Die elektromagnetische Welle, die durch (24.4) beschrieben wird, ist in Abb. 24.2 dargestellt. Das elektrische Feld schwingt in der XY-Ebene und das magnetische Feld in der XZ-Ebene. Eine elektromagnetische Welle besteht daher in Wirklichkeit aus zwei gekoppelten Wellen: der elektrischen und der magnetischen Welle.

Eine andere Lösung ebener Wellen der Maxwellschen Gleichungen ist die, bei der das elektrische und das magnetische Feld konstanten Betrag haben, aber um die Ausbreitungsrichtung rotieren, was zu einer *zirkular polarisierten* Welle führt (Abb. 24.3). Eine Zirkularpolarisation kann man durch Kombination zweier linear polarisierter Lösungen erhalten, die die gleichen Amplituden für jede Komponente und einen Phasenunterschied von $\pm \pi/2$ haben. (Erinnern Sie sich an Abschnitt 9.8.) Die Zirkularpolarisation kann rechts oder linksherum sein, je nach dem Drehsinn des Feldes.

Wenn die Amplituden der beiden rechtwinkligen Komponenten jedes Feldes verschieden sind, ergibt sich eine *elliptische Polarisation*. Zusätzlich sind noch andere Lösungen ebener Wellen der Maxwellschen Gleichungen möglich, die keinem speziellen Polarisierungszustand entsprechen. Wir wollen sie hier jedoch nicht diskutieren, da für die meisten Anwendungen das grundlegende Verständnis ebener und zirkular polarisierter Wellen ausreicht.

Da die Wahl der XYZ-Achse eine Frage der Konven-

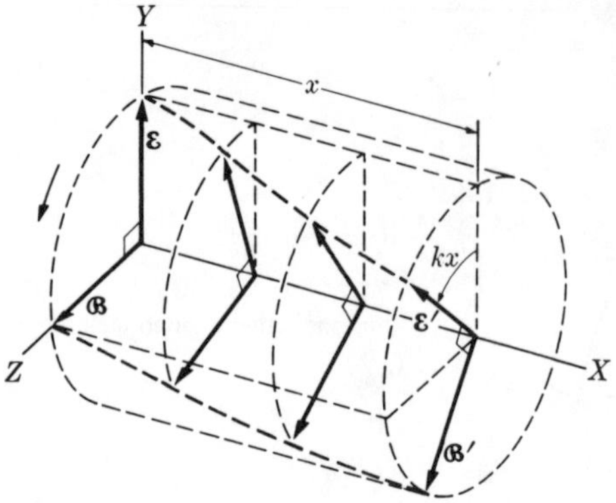

24.3 Zirkular polarisierte elektromagnetische Welle. Das ℰ- und das ℬ-Feld rotieren um die Ausbreitungsrichtung, behalten aber den gleichen Betrag bei.

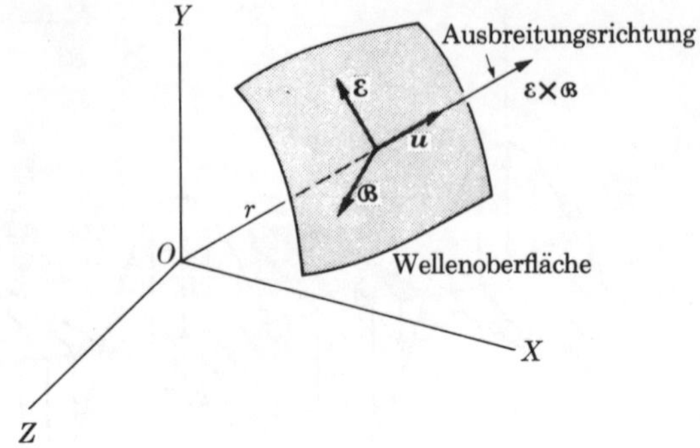

24.4 Sphärische elektromagnetische Welle in großer Entfernung von ihrem Ursprung.

tion ist, können wir schließen, daß die Lösungen der Maxwellschen Gleichungen, die ebene Wellen sind und die wir soeben besprochen haben, allgemein gelten. Das heißt

---

Ebene elektromagnetische Wellen sind transversal, wobei das **ℰ**-*und das* **ℬ**-*Feld senkrecht zueinander und senkrecht zur Ausbreitungsrichtung der Wellen sind.*

Diese theoretische Voraussage der Maxwellschen Gleichungen wurde experimentell voll bestätigt; sie führt zu verschiedenen Phänomenen, die in den nachfolgenden Kapiteln betrachtet werden.

Wir sollten uns daran erinnern, daß es zusätzlich zu den Lösungen ebener Wellen der Maxwellschen Gleichungen auch noch zylindrische und sphärische elektromagnetische Wellen gibt. In großer Entfernung von der Quelle kann ein begrenzter Anteil einer zylindrischen oder einer sphärischen Welle praktisch als eben betrachtet werden; in diesem Fall sind das elektrische und magnetische Feld ebenfalls senkrecht zueinander und zur Ausbreitungsrichtung (d.h. radial), wie in Abb. 24.4 gezeigt. Beachten Sie, daß die Ausbreitungsrichtung mit der Richtung des Vektors $\boldsymbol{\mathcal{E}} \times \boldsymbol{\mathcal{B}}$ zusammenfällt.

Beweis von (24.1) und (24.5) In Abb. 24.5 haben wir die Kraftlinien eines elektrischen Feldes parallel zur Y-Achse und die eines magnetischen Feldes parallel zur Z-Achse dargestellt. Obwohl wir nur die Kraftlinien in der XY- und der XZ-Ebene gezeichnet haben, erstreckt sich das elektrische und magnetische Feld über den gesamten Raum. Wir wollen zuerst das kleine Rechteck $PQRS$ betrachten, das, wie in Abb. 24.5(a) gezeigt, angeordnet ist. Die Seiten des Rechtecks sind

$$QR = PS = dx \qquad \text{oder} \qquad PQ = SR = dy.$$

Wir werden auf dieses Rechteck das Faraday–Henrysche Gesetz anwenden, d.h.

$$\oint \boldsymbol{\mathcal{E}} \cdot d\boldsymbol{l} = -\frac{d}{dt}\int \boldsymbol{\mathcal{B}} \cdot \boldsymbol{u}_N \, dS. \tag{24.7}$$

Bei der Berechnung des Umlaufintegrals um $PQRS$ beachten wir, daß das elektrische Feld senkrecht zu den Seiten QR und SP ist; diese Seiten tragen daher nicht zum Umlaufintegral von **ℰ** bei, das auf der linken Seite von (24.7) erscheint. Wenn wir die Werte des elektrischen Feldes längs der Seiten PQ und RS mit $\mathcal{E}$ und $\mathcal{E}'$ bezeichnen, können wir schreiben

$$\oint_{PQRS} \boldsymbol{\mathcal{E}} \cdot d\boldsymbol{l} = \mathcal{E}'(R) - \mathcal{E}(PQ) = (\mathcal{E}' - \mathcal{E})\, dy.$$

Das negative Vorzeichen im zweiten Glied ist auf die Tatsache zurückzuführen, daß die Richtung des elektrischen Feldes entgegengesetzt zu der ist, in welcher PQ durchlaufen wird. $\mathcal{E}'$ und $\mathcal{E}$ sind die Werte des elektrischen Feldes entlang zweier

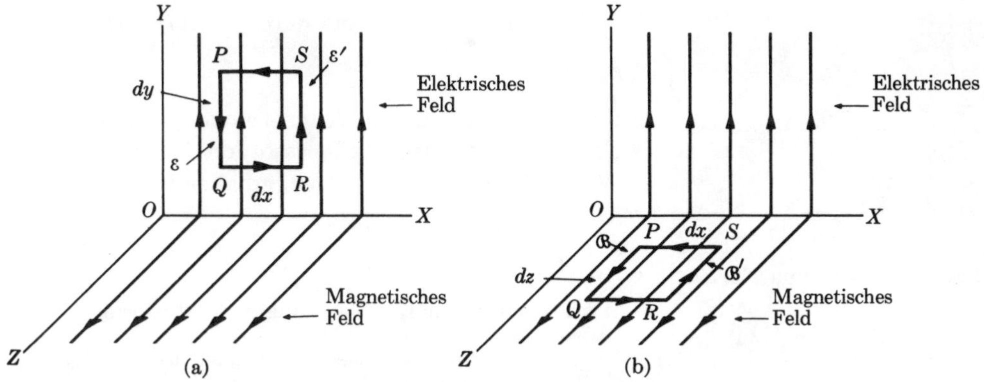

24.5 Anwendung der Maxwellschen Gleichungen auf das Rechteck *PQRS* liefert die Wellengleichung für die elektromagnetischen Felder.

Linien im Abstand dx. Daher ist

$$\mathcal{E}' - \mathcal{E} = d\mathcal{E} = \frac{d\mathcal{E}}{dx} dx.$$

Das Umlaufintegral kann daher zu

$$\oint_{PQRS} \boldsymbol{\mathcal{E}} \cdot d\boldsymbol{l} = \frac{d\mathcal{E}}{dx} dx\, dy$$

geschrieben werden. Da $dx\, dy$ die Fläche des Quadrats *PQRS* und $\boldsymbol{\mathcal{B}}$ parallel zu $\boldsymbol{u}_N$ ist, können wir die rechte Seite von (24.7) zu

$$\int_{PQRS} \boldsymbol{\mathcal{B}} \cdot \boldsymbol{u}_N\, dS = \mathcal{B}\, dx\, dy$$

berechnen. Wenn wir in (24.7) einsetzen, erhalten wir nach Kürzen des gemeinsamen Faktors $dx\, dy$

$$\frac{d\mathcal{E}}{dx} = -\frac{d\mathcal{B}}{dt}. \tag{24.8}$$

Als nächsten Schritt wenden wir das Ampère–Maxwellsche Gesetz, d.h.

$$\oint \boldsymbol{\mathcal{B}} \cdot d\boldsymbol{l} = \epsilon_0 \mu_0 \frac{d}{dt} \int \boldsymbol{\mathcal{E}} \cdot \boldsymbol{u}_N\, dS, \tag{24.9}$$

auf das Reckteck *PQRS* in Abb. 24.5(b) an. Die Seiten des Dreiecks sind dx und dz. Wenn wir die Werte des magnetischen Feldes entlang der Seiten *PQ* und *RS* mit $\mathcal{B}$ und $\mathcal{B}'$ bezeichnen, können wir schreiben:

$$\oint_{PQRS} \boldsymbol{\mathcal{B}} \cdot d\boldsymbol{l} = -\mathcal{B}'(RS) + \mathcal{B}(PQ) = -(\mathcal{B}' - \mathcal{B})\, dz$$

$$= -\frac{d\mathcal{B}}{dx} dx\, dz,$$

wobei $d\mathcal{B} = \mathcal{B}' - \mathcal{B}$. Da $dS = dz\, dx$ und $\boldsymbol{\mathcal{E}}$ parallel zu $\boldsymbol{u}_N$ ist, können wir schreiben

$$\int_{PQRS} \boldsymbol{\mathcal{E}} \cdot \boldsymbol{u}_N\, dS = \mathcal{E}\, dx\, dz.$$

Indem wir dieses Ergebnis in (24.9) einsetzen und den gemeinsamen Faktor $dx\, dz$ kürzen, erhalten wir

$$-\frac{d\mathcal{B}}{dx} = \epsilon_0 \mu_0 \frac{d\mathcal{E}}{dt}. \tag{24.10}$$

Die Gleichungen (24.8) und (24.10) koppeln das elektrische und das magnetische Feld an jedem Punkt im Raum. Um eine Gleichung zu erhalten, in der nur das elektrische Feld erscheint, nehmen wir die Ableitung von (24.8) nach x und die von (24.10) nach t. Die Ergebnisse sind

$$\frac{d^2\mathcal{E}}{dx^2} = -\frac{d^2\mathcal{B}}{dx\, dt}, \qquad -\frac{d^2\mathcal{B}}{dt\, dx} = \epsilon_0 \mu_0 \frac{d^2\mathcal{E}}{dt^2}.$$

Durch Eliminieren von $d^2\mathcal{B}/dx\; dt$ aus diesen beiden Gleichungen erhalten wir

$$\frac{d^2\mathcal{E}}{dx^2} = \epsilon_0 \mu_0 \frac{d^2\mathcal{E}}{dt^2},$$

woraus sich (24.1) ergibt. Mit der gleichen Methode erhalten wir eine ähnliche Gleichung für das Magnetfeld.

Um die Beziehung (24.5) zu erhalten, entnehmen wir

zuerst (24.4), daß

$$\frac{d\mathcal{E}}{dx} = k\mathcal{E}_0 \cos k(x - ct)$$

und

$$\frac{d\mathcal{B}}{dt} = kc\mathcal{B}_0 \cos k(x - ct).$$

Durch Einsetzen dieses Ergebnisses in (24.8) und Kürzen der gemeinsamen Faktoren bekommen wir schließlich $\mathcal{E}_0 = c\mathcal{B}_0$.

24.3 ENERGIE UND IMPULS EINER ELEKTROMAGNETISCHEN WELLE

Mit (19.34) und (20.17) schreiben wir die Energiedichte, die mit dem elektrischen und dem magnetischen Feld einer elektromagnetischen Welle assoziiert ist, als

$$E_{\mathcal{E}} = \tfrac{1}{2}\epsilon_0\mathcal{E}^2 \quad \text{und} \quad E_{\mathcal{B}} = \frac{1}{2\mu_0}\mathcal{B}^2.$$

Unter Verwendung von (24.6), $\mathcal{B} = \mathcal{E}/c$, und (24.2), $c = 1/\sqrt{\epsilon_0\mu_0}$, wird die Energiedichte zu

$$E_{\mathcal{B}} = \frac{1}{2\mu_0}\mathcal{B}^2 = \frac{1}{2\mu_0 c^2}\mathcal{E}^2 = \frac{1}{2}\epsilon_0\mathcal{E}^2,$$

so daß $E_{\mathcal{E}} = E_{\mathcal{B}}$. Das heißt, die elektrische Energiedichte einer elektromagnetischen Welle ist gleich der magnetischen Energiedichte. Die Gesamtenergiedichte ist daher

$$E = E_{\mathcal{E}} + E_{\mathcal{B}} = \epsilon_0\mathcal{E}^2 \qquad \text{(Energie ebener elektromagnetischer Wellen).} \qquad (24.11)$$

Die Intensität der elektromagnetischen Welle (d.h., die Energie, die pro Zeiteinheit durch die Flächeneinheit tritt), ist gemäß (23.34)

$$I = Ec = c\epsilon_0\mathcal{E}^2. \qquad (24.12)$$

In Kapitel 12 haben wir festgestellt, daß Energie und Impuls in enger Beziehung stehen. Wir können daher erwarten, daß eine elektromagnetischen Welle zusätzlich zu ihrer Energie einen gewissen Impuls trägt. Da sich elektromagnetische Wellen mit der Geschwindigkeit c ausbreiten, können wir die Beziehung zwischen Energie und Impuls benutzen, die durch (12.17) gegeben ist,

$$p = vE/c^2,$$

um den Impuls p pro Volumeneinheit, der mit einer elektromagnetischen Welle assoziiert ist, zu erhalten. Wenn wir daher $v = c$ setzen, erhalten wir

$$p = \frac{E}{c}. \qquad (24.13)$$

Wir können die obige Gleichung in Vektorform zu

$$\boldsymbol{p} = \frac{E}{c}\boldsymbol{u} \qquad \text{(Impuls ebener elektromagnetischer Wellen)} \qquad (24.14)$$

schreiben, wobei $\boldsymbol{u}$ der Einheitsvektor in der Ausbreitungsrichtung ist, welche die Richtung des Vektors $\boldsymbol{\mathcal{E}} \times \boldsymbol{\mathcal{B}}$ ist. Obwohl die Beziehung aus (24.13) pro Volumeneinheit abgeleitet wurde, gilt, daß einer beliebigen Energiemenge E in einer ebenen Welle ein Impuls $p = E/c$ in Ausbreitungsrichtung entspricht.

Wenn eine elektromagnetische Welle einen Impuls hat, hat sie auch einen Drehimpuls. Der Drehimpuls pro Volumeneinheit ist $\boldsymbol{L} = \boldsymbol{r} \times \boldsymbol{p}$, wobei $\boldsymbol{p}$ durch (24.14) gegeben ist. Man könnte dies als den «Bahn»-Drehimpuls der Strahlung bezeichnen, in Analogie zum Drehimpuls eines kreisenden Teilchens. Zusätzlich besitzt die elektromagnetische Strahlung einen Eigendrehimpuls oder Spin, ähnlich dem Spin eines Elementarteilchens (erinnern Sie sich an Abschnitt 18.6). Für zirkular polarisierte ebene Wellen kann man zeigen, daß der Spin eine Komponente entlang der Ausbreitungsrichtung hat,

$$S = \pm\frac{E}{\omega} \qquad \text{(Spin ebener elektromagnetischer Wellen),}$$

deren Vorzeichen davon abhängt, ob die Polarisation im Uhrzeigersinn oder entgegengesetzt ist. Für eine linear polarisierte Welle ist der mittlere Wert der Spinkomponente längs der Ausbreitungsrichtung null. Zusammenfassend können wir sagen:

Eine elektromagnetische Welle trägt sowohl Impuls und Drehimpuls als auch Energie.

Wenn ein geladenes Teilchen elektromagnetische

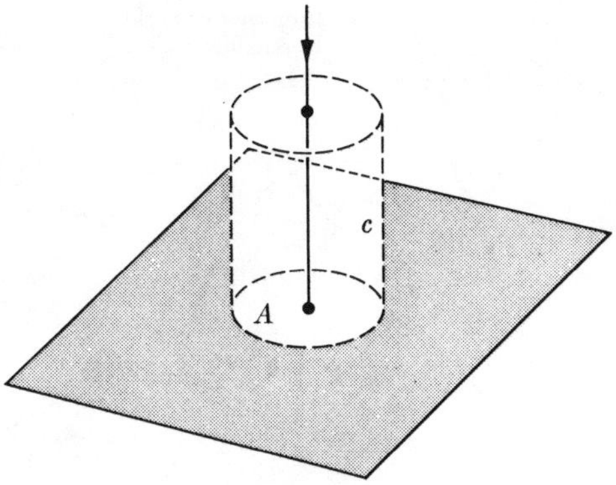

24.6 Strahlungsdruck bei senkrechtem Einfall.

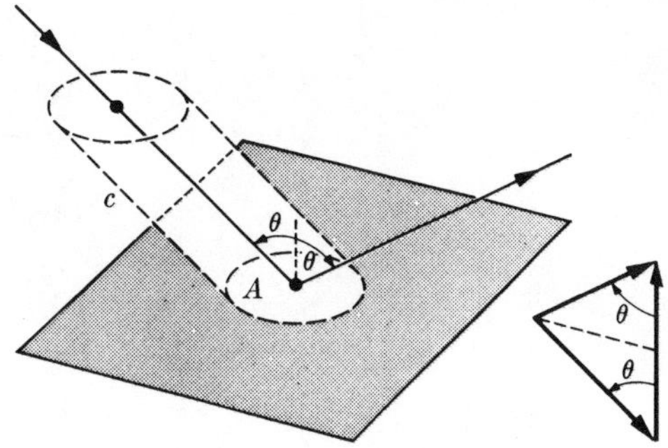

24.7 Strahlungsdruck bei schrägem Einfall. Rechts ist das Impulsdiagramm gezeigt. (Die Diagramme sind perspektivisch gezeichnet.)

Strahlung absorbiert oder emittiert, ändert sich daher nicht nur seine Energie und sein Impuls, sondern entsprechend auch sein Drehimpuls; dieses Ergebnis wurde direkt und indirekt experimentell bestätigt.

Dieser Befund unterstützt die Vorstellung, daß eine elektromagnetische Wechselwirkung zwischen zwei elektrischen Ladungen einen Austausch von Energie, Impuls und Drehimpuls zwischen den Ladungen bedeutet. Das wird mit Hilfe des elektromagnetischen Feldes erreicht, das der Träger der ausgetauschten Energie, des Impulses und Drehimpulses ist.

Beispiel 24.1 *Strahlungsdruck.* Da elektromagnetische Wellen einen Impuls haben, führen sie zu einem gewissen Druck, wenn sie reflektiert oder an der Oberfläche eines Körpers absorbiert werden. Das Grundprinzip ist das gleiche wie im Fall des Druckes, den ein Gas auf die Wand eines Behälters ausübt, wie in Beispiel 10.2 erklärt.

Wir wollen zuerst einige einfache Fälle betrachten. Nehmen Sie an, daß eine elektromagnetische Welle senkrecht auf eine vollständig absorbierende Oberfläche auftrifft (Abb. 24.6). Der einfallende Impuls pro Volumeneinheit ist p; die Menge an Impuls in der Strahlung, die pro Zeiteinheit auf die Oberfläche A trifft, erhält man, indem man p mit dem Volumen cA multipliziert, d.h. pcA. Wenn die Strahlung von der Oberfläche vollständig absorbiert wird, ist dieser Wert identisch mit dem Impuls, der pro Zeiteinheit von der Oberfläche A absorbiert wird, oder der Kraft auf A. Indem wir durch A dividieren, erhalten wir den Druck infolge der Strahlung

$$P_{\text{Strahl}} = cp = \mathrm{E} = \epsilon_0 \mathcal{E}^2.$$

Bei senkrechtem Einfall ist daher der Strahlungsdruck auf eine vollständig absorbierende Oberfläche gleich der Energiedichte in der Welle.

Wenn die Oberfläche andererseits vollständig reflektiert, hat die Strahlung nach der Reflexion einen Impuls, der den gleichen Betrag, aber umgekehrte Richtung wie die einfallende Strahlung hat. Die Impulsänderung pro Volumeneinheit ist daher $2p$ und der Strahlungsdruck ist dementsprechend

$$P_{\text{Strahl}} = 2cp = 2\mathrm{E} = 2\epsilon_0 \mathcal{E}^2.$$

Diese Ergebnisse können für den Fall eines schrägen Einfalls (Abb. 24.7) verallgemeinert werden, wobei die Impulsänderung der Strahlung pro Volumeneinheit an der vollständig reflektierenden Oberfläche $2p\cos\theta$ ist; der entsprechende Strahlungsdruck ist (siehe Beispiel 10.2)

$$P_{\text{Strahl}} = 2cp\cos\theta = 2\mathrm{E}\cos\theta.$$

Der Student kann überprüfen, daß das mit dem Ergebnis (10.13) identisch ist, wenn c durch v, die Molekülgeschwindigkeit, ersetzt wird und p durch nmv. Wenn die Strahlung sich in alle Richtungen ausbreitet, müssen wir über alle Richtungen aufsummieren. Das Ergebnis ist

$$P_{\text{Strahl}} = \tfrac{2}{3}cp = \tfrac{2}{3}\mathrm{E}.$$

Wenn die Oberfläche vollständig absorbiert, wird die Impulsänderung senkrecht zur Oberfläche auf die Hälfte des vorher bestimmten Wertes reduziert (da es keine reflektierte Welle gibt, die Impuls trägt), was zu

$$P_{\text{Strahl}} = \tfrac{1}{3}\mathrm{E}$$

führt. Die Existenz des Strahlungsdrucks, die experimentell

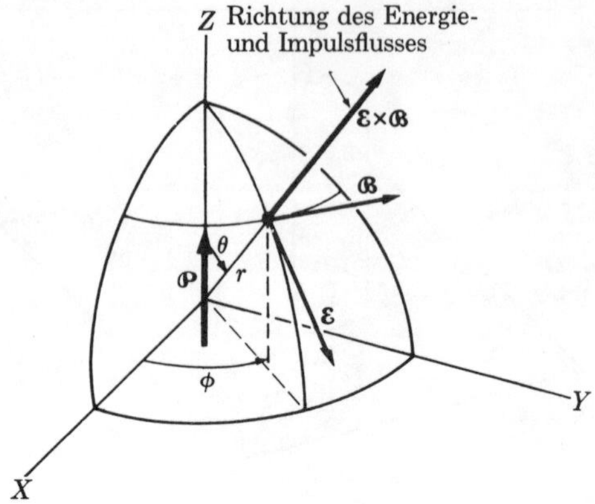

24.8 Elektrisches und magnetisches Feld, das von einem elektrischen Dipol erzeugt wird, der parallel zur *Z*-Achse schwingt.

bestätigt wurde und für verschiedene wichtige Phänomene verantwortlich ist, liefert eine indirekte Bestätigung für (24.13). Zum Beispiel kann die Krümmung eines Kometenschweifs durch den Strahlungsdruck erklärt werden, der durch die elektromagnetische Strahlung von der Sonne zustande kommt. Um den Strahlungsdruck auf der Erdoberfläche abzuschätzen, müssen wir in Betracht ziehen, daß die Einfallsenergie etwa $1{,}4 \cdot 10^3$ W m^{-2} beträgt, was, wenn wir durch c dividieren, einer Energiedichte von $4{,}7 \cdot 10^{-6}$ J m^{-3} entspricht. Wenn wir annehmen, daß die Erde vollständig absorbiert und daß die Strahlung aus allen Richtungen kommt, ist der Strahlungsdruck

$$P_{\text{Strahl}} = \tfrac{1}{3}\mathrm{E} = 1{,}6 \cdot 10^{-6}\ \mathrm{N\ m^{-2}}.$$

Der Student sollte dieses Ergebnis mit dem Atmosphärendruck vergleichen, der etwa 10^5 N m^{-2} beträgt.

24.4 STRAHLUNG SCHWINGENDER DIPOLE

Wir haben bisher elektromagnetische Wellen betrachtet, ohne zu erwähnen, wie sie erzeugt werden; in anderen Worten, ohne zu erklären, was die *Quellen* der elektromagnetischen Wellen sind. Wenn wir es z.B. mit elastischen Wellen zu tun haben (wie z.B. dem Schall), sagen wir, daß die Quelle der Wellen eine schwingende Trommel oder eine Violinsaite sei.

Im Fall elektromagnetischer Wellen sind die Quellen der Wellen die gleichen wie die Quellen des elektromagnetischen Feldes; d.h., bewegliche elektrische Ladungen. Bei einer gegebenen Menge von Ladungen liefern uns die Maxwellschen Gleichungen (im Prinzip) das elektromagnetische Feld, das sie erzeugen, und damit auch die Natur der resultierenden elektromagnetischen Wellen. Anstatt die allgemeine Lösung der Maxwellschen Gleichungen für Ladungen in willkürlicher Bewegung zu betrachten (was ein wichtiges theoretisches Problem, aber für eine Diskussion in diesem Buch zu kompliziert ist) werden wir uns auf zwei wichtige spezielle Fälle konzentrieren. In einem Fall stellen die beweglichen Ladungen einen schwingenden elektrischen Dipol dar, im anderen Fall entsprechen sie einem solchen magnetischen Dipol.

a) **Elektrische Dipolstrahlung** Der Fall eines schwingenden elektrischen Dipols tritt dann auf, wenn die Bewegung der Ladungen gemeinsam durch einen elektrischen Dipol beschrieben werden kann, dessen Moment sich entsprechend dem Gesetz $\mathcal{P} = \mathcal{P}_0 \sin \omega t$ mit der Zeit ändert. Das könnte z.B. für ein Elektron in einem Atom der Fall sein, wenn die normale Bewegung des Elektrons gestört wird, oder für einen oszillierenden Strom in einer geraden Antenne eines Rundfunksenders. Wenn das elektrische Dipolmoment konstant ist, ist das einzige Feld, das erzeugt wird, ein elektrisches. Wenn das elektrische Dipolmoment hingegen oszilliert, schwingt das elektrische Feld ebenfalls und ist damit zeitabhängig. Das bedeutet, daß auch ein Magnetfeld vorliegt, wie das Ampère–Maxwellsche Gesetz besagt. Man kann das auch aus der Tatsache

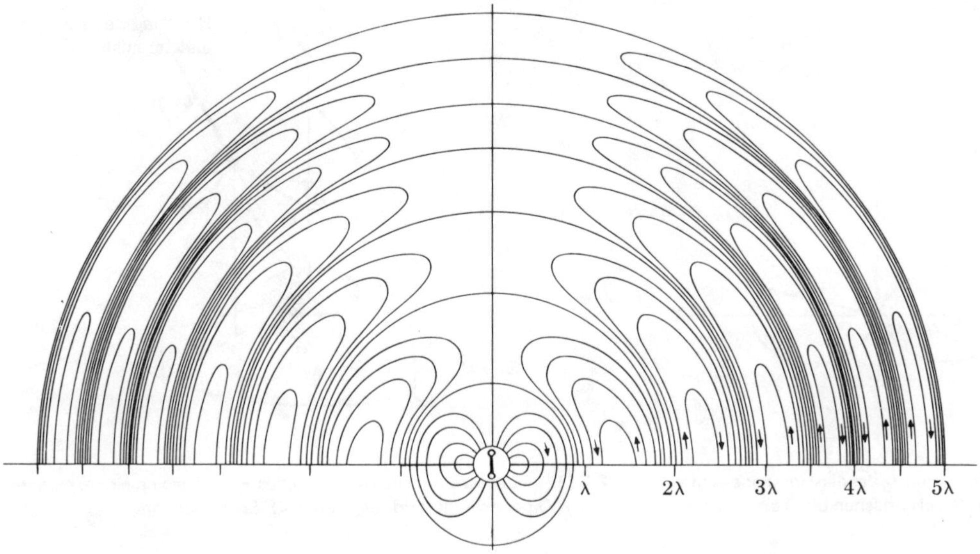

24.9 Elektrische Feldlinien, die von einem schwingenden elektrischen Dipol erzeugt werden.

entnehmen, daß ein oszillierender elektrischer Dipol einem geradlinigen oszillierenden Strom gleichwertig ist, und daß ein elektrischer Strom um sich herum immer ein Magnetfeld erzeugt.

Die Lösung der Maxwellschen Gleichungen für den Fall eines elektrischen Dipols ist ein zu schwieriges mathematisches Problem, als daß wir es hier darlegen könnten; wir können jedoch wieder unsere physikalische Intuition benutzen, um ihre hauptsächlichen Eigenschaften zu bestimmen. An Punkten, die sehr nahe dem elektrischen Dipol sind, kann der Verzögerungseffekt infolge der endlichen Ausbreitungsgeschwindigkeit der elektromagnetischen Wellen vernachlässigt werden, da der Abstand r sehr klein ist. Das elektrische Feld ist dann ähnlich dem Feld, das ein statischer elektrischer Dipol erzeugt und das in Beispiel 16.72 berechnet wurde. Bei großen Entfernungen führt jedoch die endliche Ausbreitungsgeschwindigkeit der Wellen zu einer Modifikation des Feldes. Die Lösung der Wellengleichungen zeigt, daß das elektrische und das magnetische Feld so gerichtet sind, wie in Abb. 24.8 gezeigt, so daß $\mathcal{E}$ und $\mathcal{B}$ senkrecht zueinander sind. Beachten Sie, daß der Vektor $\mathcal{E} \times \mathcal{B}$, der die Richtung des Energie- und Impulsflusses gibt, radial nach außen gerichtet ist.

Die Amplitude der Felder $\mathcal{E}$ und $\mathcal{B}$ hängt vom Winkel θ ab, den $\boldsymbol{r}$ mit der Dipolachse bildet. Für Punkte entlang der Z-Achse sind sowohl $\mathcal{E}$ und $\mathcal{B}$ null. Das bedeutet, daß die Intensität der elektromagnetischen Wellen eines oszillierenden elektrischen Dipols längs der Schwingungsrichtung null ist. Andererseits haben $\mathcal{E}$ und $\mathcal{B}$ für Punkte auf der XY-Ebene maximale Amplitude. Die elektromagnetische Welle eines schwingenden elektrischen Dipols hat daher in der Äquatorialebene ihre maximale Intensität. In jedem Fall sind die Wellen linear polarisiert, wobei das elektrische Feld in einer Meridianebene und das magnetische Feld parallel zur XY-Ebene oszilliert. Abbildung 24.9 zeigt die elektrischen Kraftlinien in einer Meridianebene. Jede Schleife entspricht einer vollstädigen Oszillation. Die magnetischen Kraftlinien sind Kreise, die parallel zur XY-Ebene sind und deren Mittelpunkte auf der Z-Achse liegen.

Energie und Impuls fließen in radialer Richtung vom elektrischen Dipol weg; um den elektrischen Dipol in Schwingung zu erhalten, muß ihm deshalb Energie zugeführt werden. Die Energie, die pro Zeiteinheit abgestrahlt wird, ist in der Äquatorialebene maximal und null längs der Achse des oszillierenden elektrischen Dipols. Die Winkelabhängigkeit der Intensität I der elektromagnetischen Strahlung eines elektrischen Dipols ist in Abb. 24.10 gezeigt.

Die mittlere Energie, die pro Zeiteinheit vom elek-

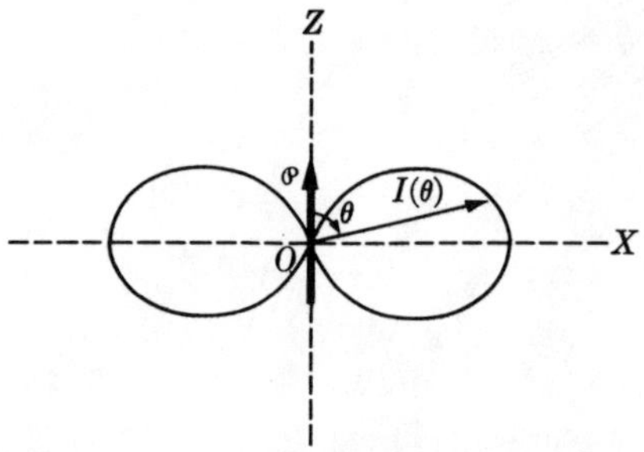

24.10 Winkelabhängigkeit der Intensität I_0 der elektromagnetischen Strahlung, die von einem schwingenden elektrischen Dipol erzeugt wird.

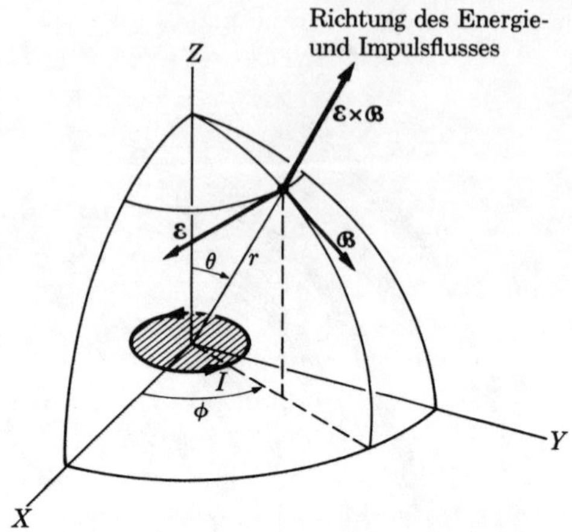

24.11 Elektrisches und magnetisches Feld, das von einem magnetischen Dipol erzeugt wird, der in der *XY*-Ebene schwingt.

trischen Dipol abgestrahlt wird, ist durch

$$\frac{dE}{dt} = \frac{\mathcal{P}_0^2\omega^4}{12\pi\epsilon_0 c^3} \tag{24.15}$$

gegeben. Wenn die Verschiebung der Ladung $z = z_0 \sin \omega t$ und q die elektrische Ladung ist, ist das elektrische Dipolmoment

$$\mathcal{P} = qz = qz_0 \sin \omega t,$$

so daß $\mathcal{P}_0 = qz_0$. In vielen Fällen handelt es sich um ein Proton oder Elektron, welches in einem Kern oder einem Atom schwingt, so daß q gleich der Elementarladung $\pm e$ ist. Gleichung (24.15) wird dann zu

$$\frac{dE}{dt} = \frac{e^2 z_0^2 \omega^4}{12\pi\epsilon_0 c^3}. \tag{24.16}$$

Im Fall eines Elektrons in einem Atom liegt die Größe z_0 in der Größenordnung des Atoms, oder etwa 10^{-10} m. Wenn wir die Werte für die anderen Konstanten einsetzen, sehen wir, daß für die elektrische Dipolstrahlung im Atom

$$\frac{dE}{dt} \sim 10^{-74}\omega^4 \,\mathrm{W}$$

gilt. Im optischen Bereich liegt ω in der Größenordnung von 10^{14} Hz, was bedeutet, daß

$$\frac{dE}{dt} \sim 10^{-18}\mathrm{W} \qquad \text{oder} \qquad 10 \text{ eV s}^{-1};$$

diese Größe ist im Vergleich zu technischen Maßstäben klein, vom atomaren Standpunkt aus jedoch recht beachtlich.

b) **Magnetische Dipolstrahlung** Eine andere wichtige Quelle elektromagnetischer Wellen ist ein oszillierender magnetischer Dipol. In (17.17) haben wir einen magnetischen Dipol als eine kleine Stromschleife definiert, wobei das magnetische Moment

$$\mathrm{M} = IA$$

ist, mit I als Strom und A als Fläche der Schleife. Nehmen Sie an, daß die Schleife in der XY-Ebene liegt, mit dem Mittelpunkt im Ursprung (Abb. 24.11). Wenn der Strom oszilliert, so daß er durch

$$I = I_0 \sin \omega t$$

gegeben ist, ist das magnetische Dipolmoment

$$\mathrm{M} = \mathrm{M}_0 \sin \omega t,$$

wobei $\mathrm{M}_0 = I_0 A$. Ein statischer magnetischer Dipol erzeugt nur ein konstantes magnetisches Feld. Wenn der magnetische Dipol jedoch oszilliert, oszilliert sein

Magnetfeld an jedem Punkt im Raum. Das bedeutet, daß auch ein elektrisches Feld vorliegt, in Übereinstimmung mit dem Faraday—Henryschen Gesetz.

Im Strahlungsfeld eines magnetischen Dipols sind die Rollen des elektrischen und des magnetischen Feldes gegenüber dem elektrischen Dipol vertauscht. Das heißt, in großen Entfernungen vom magnetischen Dipol liegt das Magnetfeld in einer Meridianebene und das elektrische Feld in transversaler Richtung, so daß die elektrischen Kraftlinien konzentrische Kreise um die Z-Achse und parallel zur XY-Ebene sind. Mit anderen Worten, die Polarisationsebene ist gegenüber den elektrischen Dipolwellen um 90° gedreht. Das gibt einem die Möglichkeit, die elektrische Dipolstrahlung von der magnetischen Dipolstrahlung zu unterscheiden.

Die relative Orientierung des $\mathcal{E}$- und des $\mathcal{B}$-Feldes zueinander ist für einen schwingenden magnetischen Dipol in Abb. 24.11 dargestellt. Beachten Sie, daß der Vektor $\mathcal{E} \times \mathcal{B}$, der die Richtung des Energie- und Impulsflusses gibt, auch hier in radialer Richtung liegt. Die mittlere Energie, die pro Zeiteinheit vom magnetischen Dipol abgestrahlt wird, ist

$$\frac{dE}{dt} = \frac{\mathrm{M}_0^2 \omega^4}{12\pi\epsilon_0 c^5}. \qquad (24.17)$$

Im Fall eines Elektrons in einem Atom wissen wir aus (18.24), daß

$$\mathrm{M}_0 = -(e/2m_e)L,$$

wobei L der Bahndrehimpuls des Elektrons ist, so daß

$$\frac{dE}{dt} = \frac{(e/2m_e)^2 L^2 \omega^4}{12\pi\epsilon_0 c^5}. \qquad (24.18)$$

Die Größe $e/2m_e$ ist $1{,}759 \cdot 10^{11}\ \mathrm{C\,kg^{-1}}$, der Drehimpuls L liegt in der Größenordnung von

$$\hbar = 10^{-34}\ \mathrm{J\,s^{-1}}$$

(siehe Beispiel 18.15), so daß

$$\frac{dE}{dt} \approx 10^{-80}\omega^4\ \mathrm{W}.$$

Wenn wir diesen Wert mit dem entsprechenden Ergebnis für einen elektrischen Dipol vergleichen, schließen wir, daß für Atome (und auch Moleküle) das Verhältnis zwischen der magnetischen Dipolstrahlung und der elektrischen Dipolstrahlung in der Größenordnung von 10^{-6} liegt. Das zeigt, daß bei gleicher Frequenz die magnetische Dipolstrahlung von Atomen in Vergleich zur elektrischen Dipolstrahlung vernachlässigt werden kann und nur dann berücksichtigt werden muß, wenn die elektrische Dipolstrahlung aus irgendwelchen Gründen fehlt. In Kernen ist die magnetische Dipolstrahlung jedoch etwas intensiver als in Atomen und Molekülen.

Die elektrische und die magnetische Dipolstrahlung sind zwei der wirksamsten Arten, elektromagnetische Wellen zu erzeugen. Sie stellen den wichtigsten Mechanismus dar, mit Hilfe dessen Atome, Moleküle und Kerne elektromagnetische Strahlen emittieren (und absorbieren). Um jedoch die Strahlung von Atomen, Molekülen und Kernen zu besprechen, müssen wir die Methoden der Quantenmechanik anwenden. Die Ergebnisse, die hier angeführt wurden, können daher nur eine grobe Schätzung der Größenordnung geben. In Kapitel 25 werden wir die Emission und Absorption von Strahlung durch Atome, Moleküle und Kerne genauer erörtern.

Beispiel 24.2 *Elektrische und magnetische Strahlung einer Antenne.* Eine Antenne ist, in vereinfachter Form, nur ein Draht der Länge z_0, in welchem ein oszillierender Strom aufrecht erhalten wird. Der Strom steht zu den Ladungen über $I = dq/dt$ in Beziehung. Die Stromamplitude ist daher $I_0 = q\omega$. Daher gilt

$$\mathcal{P}_0 = qz_0 = \frac{I_0 z_0}{\omega}.$$

Wenn wir diese Beziehung in (24.15) einführen, erhalten wir für die elektrische Dipolstrahlung der Antenne

$$\frac{dE}{dt} = \frac{I_0^2 \omega^2 z_0^2}{12\pi\epsilon_0 c^3}. \qquad (24.19)$$

Dieser Ausdruck gibt die Leistung, die eine Rundfunkstation der Frequenz ω erfordert.

Als nächstes wollen wir die magnetische Dipolstrahlung einer Antennenschleife der Fläche A betrachten. (24.17), auf eine Sendeantenne mit $\mathrm{M}_0 = I_0 A$ angewendet, gibt die mittlere Leistung, die erforderlich ist, um die Antenne zu betreiben, zu

$$\frac{dE}{dt} = \frac{I_0^2 A^2 \omega^4}{12\pi\epsilon_0 c^5}. \qquad (24.20)$$

Ein Vergleich mit (24.19) für die elektrische Dipolstrahlung der Antenne ergibt

$$\frac{(dE/dt)_{\text{Magnetischer Dipol}}}{(dE/dt)_{\text{Elektrischer Dipol}}} = \left(\frac{A\omega}{z_0 c}\right)^2.$$

Für eine lineare Antenne ist A null. Für eine Schleifenantenne liegt A in der Größenordnung von z_0^2. Da $\omega/c = k = 2\pi/\lambda$, ist

$$\frac{(dE/dt)_{\text{Magnetischer Dipol}}}{(dE/dt)_{\text{Elektrischer Dipol}}} \approx \left(\frac{2\pi z_0}{\lambda}\right)^2. \tag{24.21}$$

Da z_0 normalerweise für Radioantennen viel kleiner als λ ist, schließen wir wieder, daß die magnetische Schwingungsform viel schwächer ist als die elektrische Schwingungsform. Es ist lehrreich, (24.21) auf den atomaren Fall anzuwenden. Dann liegt z_0 in der Größenordnung von 10^{-10} m und λ ist für den optischen Bereich ca. 10^{-7} m, was für das Verhältnis in (24.21) einen Wert in der Größenordnung von 10^{-6} gibt, was mit unserer früheren Schätzung übereinstimmt. Andererseits liegt z_0 für Kerne bei 10^{-14} m und λ bei 10^{-12} m, so daß das Verhältnis (24.21) etwa 10^{-4} beträgt; die magnetische Dipolstrahlung hat daher relativ mehr Bedeutung als im atomaren Fall.

Beispiel 24.3 *Strahlungswiderstand einer Antenne.* Aus unserer Besprechung des Ohmschen Gesetzes, angewendet auf Wechselstromkreise (Abschnitt 21.10), wissen wir, daß die mittlere Leistung, die zur Aufrechterhaltung des Stromes notwendig ist, $\frac{1}{2}RI_0^2$ beträgt [Gleichung (21.35)]. Dementsprechend können wir (24.19) in der Form

$$\frac{dE}{dt} = \frac{1}{2}\left(\frac{\omega^2 z_0^2}{6\pi\epsilon_0 c^3}\right) I_0^2 \tag{24.22}$$

schreiben und

$$R = \frac{\omega^2 z_0^2}{6\pi\epsilon_0 c^3} = \frac{2\pi}{3}\sqrt{\frac{\mu_0}{\epsilon_0}}\left(\frac{z_0}{\lambda}\right)^2 = 789\left(\frac{z_0}{\lambda}\right)^2 \text{ Ohm} \tag{24.23}$$

als den *elektrischen Dipol-Strahlungswiderstand* der Antenne bezeichnen. Man kann aus den auftretenden Dimensionen anhand fundamentaler Einheiten überprüfen, daß er in Ohm ausgedrückt wird. Beachten Sie, daß wir sowohl (24.22) als auch (24.23) mit Hilfe der elektrischen-Dipol-Näherung für eine gerade Antenne abgeleitet haben; diese Gleichungen gelten daher nur, wenn die Länge z_0 sehr klein ist im Vergleich zur Wellenlänge der Strahlung.

Entsprechend erhalten wir aus (24.20) für den Fall der magnetischen Dipolstrahlung, daß

$$\frac{dE}{dt} = \frac{1}{2}\left(\frac{A^2\omega^4}{6\pi\epsilon_0 c^5}\right) I_0^2,$$

so daß für den magnetischen Dipol-Strahlungswiderstand der Antenne

$$R = \frac{A^2\omega^4}{6\pi\epsilon_0 c^5} = \frac{8\pi^3}{3}\sqrt{\frac{\mu_0}{\epsilon_0}}\left(\frac{A}{\lambda^2}\right)^2 = 31{,}170\left(\frac{A}{\lambda^2}\right)^2 \text{ Ohm} \tag{24.24}$$

gilt.

24.5 STRAHLUNG EINER BESCHLEUNIGTEN LADUNG

In den vorhergehenden Abschnitten haben wir zwei spezielle Mechanismen elektromagnetischer Strahlung besprochen: elektrische und magnetische Dipolstrahlung. Es ist jedoch sehr wichtig, ein allgemeineres Verständnis des Mechanismus elektromagnetischer Strahlung zu haben. Wir wollen zuerst den Fall einer Ladung in gleichförmiger Bewegung betrachten, d.h. einer Ladung, die sich mit konstanter Geschwindigkeit bewegt. Die elektrischen und magnetischen Felder einer solchen Ladung wurden in Abschnitt 17.11. diskutiert. Das elektrische Feld ist radial und das magnetische Feld transversal, mit kreisförmigen Kraftlinien, die konzentrisch zur Linie der Bewegung sind. Abbildung 24.12 zeigt das elektrische Feld $\mathcal{E}$ und das magnetische Feld $\mathcal{B}$ an vier symmetrischen Punkten P_1, P_2, P_3 und P_4. Das bewegte Teilchen trägt das Feld (und daher auch die Energie und den Impuls des Feldes) mit sich. An Punkten, die im Laborsystem fixiert sind und sich hinter der bewegten Ladung befinden, nimmt das elektromagnetische Feld ab, während es an Punkten vor der Ladung um die gleiche Menge zunimmt. Das erfordert eine Energieübertragung in der Bewegungsrichtung der Ladung, relativ zum L-Bezugssystem. Die Gesamtenergie des Systems, gemessen im L-Bezugssystem, bleibt jedoch konstant. Wir schließen daher

Eine Ladung, die sich in gleichförmiger geradliniger Bewegung befindet, strahlt keine elektromagnetische Energie ab.

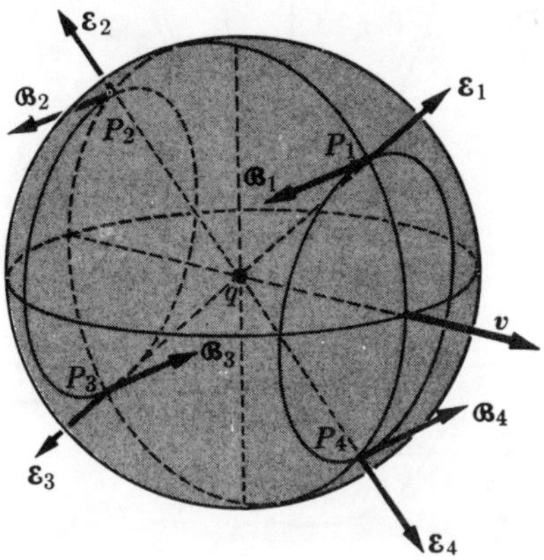

24.12 Elektrisches und magnetisches Feld einer Ladung in gleichförmiger Bewegung.

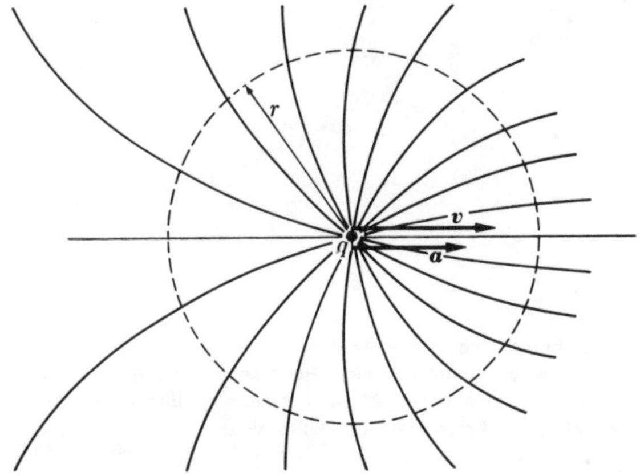

24.13 Elektrische Kraftlinien, die von einer beschleunigten Ladung erzeugt werden.

Eine ganz andere Situation herrscht für eine Ladung in beschleunigter Bewegung. Das elektrische Feld einer beschleunigten Ladung ist nicht mehr radial und hat nicht die vorne-hinten-Symmetrie, die es bei der gleichförmigen Bewegung aufweist. Da der Ausdruck für das Feld sehr kompliziert ist, wollen wir ihn hier nicht angeben; das Muster seiner Kraftlinien ist jedoch dem in Abb. 24.13 gezeigten ähnlich. Wenn sich das Teilchen bewegt, nimmt das Feld hinter der Ladung ab und das Feld vor der Ladung zu. Wegen der Beschleunigung ist jedoch die Zunahme des Feldes (welche der neuen, größeren Geschwindigkeit entspricht) größer als die Abnahme des ursprünglich vorhandenen Feldes (welches einer früheren, kleineren Geschwindigkeit entspricht). Aus diesem Grund muß eine resultierende Gesamtenergie auf den gesamten Raum übertragen werden, um das Feld aufzubauen. Daher gilt:

Eine beschleunigte Ladung strahlt elektromagnetische Energie ab.

Das bedeutet, daß wir die Abstrahlung von Energie in Betracht ziehen müssen, wenn wir die Bewegung eines geladenen Teilchens unter dem Einfluß einer Kraft bestimmen wollen. Das macht die Bewegungsgleichung des Teilchens kompliziert und der Grund, weshalb wir diesen Faktor nicht schon früher in Betracht gezogen haben, liegt darin, daß er in den meisten praktischen Fällen vernachlässigt werden kann (wenn die Beschleunigung klein und die Geschwindigkeit klein im Vergleich zur Lichtgeschwindigkeit ist).

Die Energie wird von der Ladung nicht in alle Richtungen mit der gleichen Intensität abgestrahlt; bei kleinen Geschwindigkeiten ist die Intensität maximal in Richtungen, die senkrecht zur Beschleunigung sind. Die Energie, die pro Zeiteinheit von einer beschleunigten Ladung abgestrahlt wird, die augenblicklich ruht oder sich relativ zum Beobachter sehr langsam bewegt, ist durch

$$\frac{dE}{dt} = \frac{q^2 a^2}{6\pi\epsilon_0 c^3} \tag{24.25}$$

gegeben, wobei a die Beschleunigung der Ladung ist. Dieses Ergebnis, das man als *Larmorsche Formel* bezeichnet, ist im wesentlichen identisch mit (24.15), da für eine längs der Z-Achse oszillierende Ladung $a = -\omega^2 z$. Daher gilt

$$\frac{dE}{dt} = \frac{q^2 z^2 \omega^4}{6\pi\epsilon_0 c^3}.$$

Um die mittlere abgestrahlte Energie zu erhalten, brauchen wir $(z^2)_{\text{mit}}$, was gleich $\frac{1}{2}z_0^2$ ist. Wenn wir einsetzen, erhalten wir (24.15).

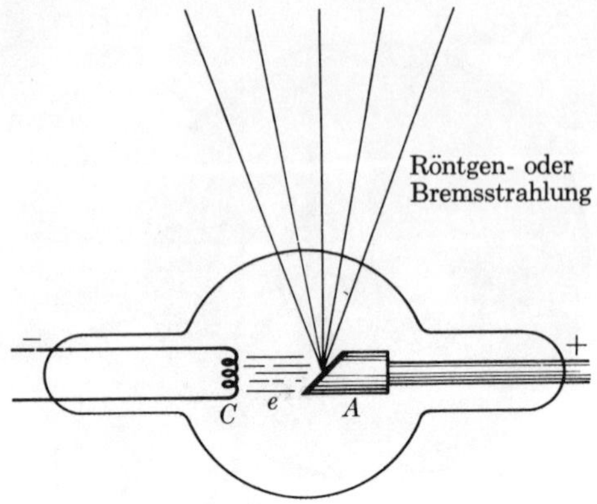

24.14 Strahlung, die von einer Ladung emittiert wird, die beim Auftreffen auf die Endplatte *A* in einer Röntgenröhre abgebremst wird. Die Zielplatte muß aus einem Material bestehen, das einen hohen Schmelzpunkt hat und muß ständig gekühlt werden.

Ein wichtiger Schluß ist der, daß wir, um eine Ladung in beschleunigter Bewegung zu erhalten, Energie zuführen müssen, um den Energieverlust durch Strahlung zu kompensieren. Wenn daher ein Ion in einem Linearbeschleuniger, wie dem Van de Graaff-Apparat, beschleunigt wird, geht ein Bruchteil der Energie, die dem Ion zugeführt wird, als elektromagnetische Strahlung verloren. Dieser Verlust ist jedoch, außer bei relativistischen Energien, vernachlässigbar.

Wenn das Teilchen, statt beschleunigt zu werden, verzögert wird, gilt der Ausdruck (24.25) noch immer. Die abgestrahlte Energie stammt aus den elektromagnetischen Feld als Folge der Geschwindigkeitsabnahme der Ladung. Das tritt z.B. dann ein, wenn eine schnelle Ladung, wie ein Elektron oder ein Proton, auf ein Ziel auftrifft und rasch abgebremst wird. Ein beachtlicher Teil seiner Gesamtenergie wird als Strahlung abgegeben, der sogenannten *Bremsstrahlung* (Abb. 24.14). Das ist der hauptsächliche Mechanismus, mit dem Strahlung in Röntgenröhren erzeugt wird, die für physikalische, medizinische und industrielle Anwendung herangezogen werden; das Beschleunigungspotential beträgt mehrere tausend Volt.

Obwohl Abb. 24.13 den Fall zeigt, bei dem die Beschleunigung die gleiche Richtung wie die Bewegung hat, gilt unsere Diskussion für jede Art beschleunigter Bewegung. Zum Beispiel hat ein geladenes Teilchen, das sich auf einer Kreisbahn bewegt, eine Zentripetalbeschleunigung, und sendet daher Strahlung aus. Wenn ein Ion daher in einem kreisförmigen Beschleuniger wie einem Zyklotron, einem Betatron oder einem Synchrotron beschleunigt wird, geht ein Bruchteil der Beschleunigungsenergie als elektromagnetische Strahlung verloren. Wir haben diese Tatsache in den früheren Beschreibungen des Zyklotrons und des Betatrons nicht in Betracht gezogen. Diese Vernachlässigung ist dann gerechtfertigt, wenn die beteiligte Energie nicht sehr groß und die Beschleunigung klein ist. Wenn die Teilchen jedoch höhere Energien erreichen, wie im Synchrotron, wo die Beschleunigung groß ist, werden die Strahlungsverluste, die sogenannte *Synchrotronstrahlung*, sehr wichtig und legen dem Bau kreisförmiger Beschleuniger sehr hoher Energie eine ernsthafte Beschränkung auf.

Ein Teilchen, das in einem Magnetfeld gefangen ist, bewegt sich, wie in Abschnitt 17.3 besprochen, längs einer Spirale. Es sendet daher Synchrotronstrahlung aus. Die Strahlung geladener Teilchen, die im Magnetfeld der Erde eingefangen sind, und die aus Sonnenflecken oder von entfernteren Körpern (wie bestimmten Nebeln) kommt, ist im wesentlichen dieser Natur. Abbildung 24.15 zeigt vier Aufnahmen des Crab-Nebels. Man nimmt an, daß die empfangene Strahlung, die sich von Radiofrequenzen bis zum fernen Ultraviolett erstreckt, Synchrotronstrahlung von Elektronen mit einer Energie von bis zu 10^{12} eV ist, die sich in kreis- oder spiralförmigen Bahnen in einem Magnetfeld der Stärke 10^{-8} T bewegen. Die Strahlung weist eine starke Polarisation auf, wie man am Unterschied der Photographien sieht, die durch Polarisationsfilter aufgenommen wurden.

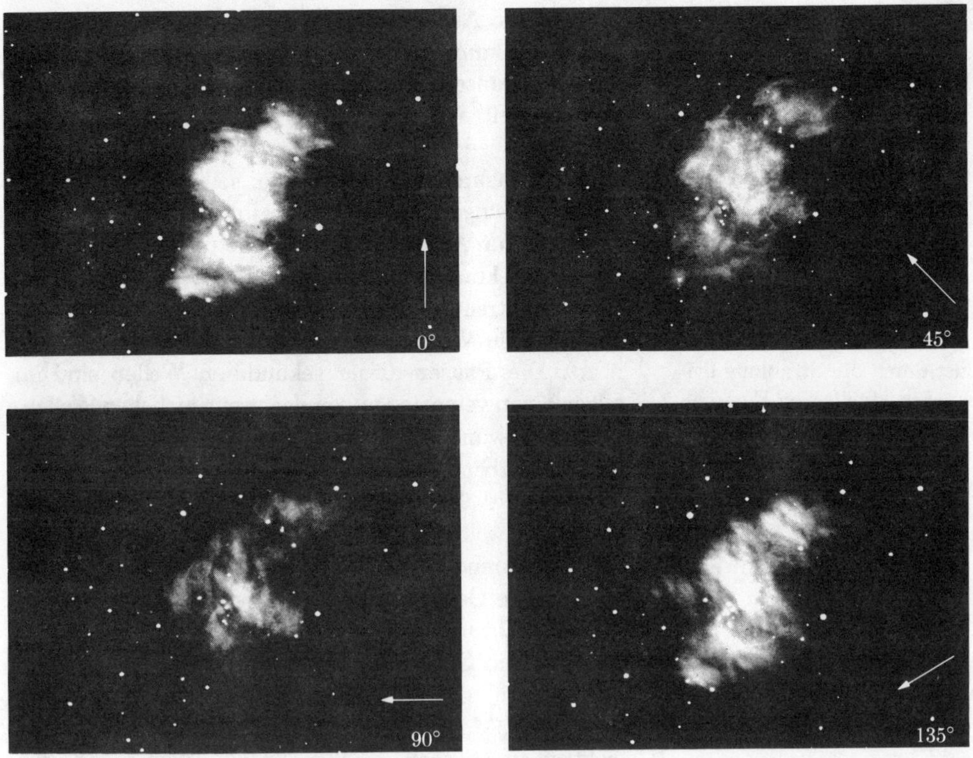

24.15 Synchrotronstrahlung des Nebels Crab. Jede Aufnahme wurde durch eine Gerät gemacht, das nur Strahlung durchläßt, deren elektrischer Vektor die gezeigte Richtung hat. Die Tatsache, daß die Aufnahmen verschieden sind, zeigt, daß die Strahlung polarisiert ist. [Aufnahmen mit liebenswürdiger Genehmigung des Mt. Wilson und des Palomar- Observatoriums.]

Beispiel 24.4 Ein Proton wird in einem Van de Graaff-Beschleuniger durch einen Potentialunterschied von $5 \cdot 10^5$ V beschleunigt. Die Länge der Röhre ist 2 m. Bestimmen Sie die abgestrahlte Energie und vergleichen Sie sie mit der erworbenen Energie.

Lösung: Wenn t die Zeit ist, die das Proton braucht, um die Länge der Beschleunigerröhre zurückzulegen und v seine Endgeschwindigkeit, so gilt $v = at$, wenn wir annehmen, daß die Bewegung nicht-relativistisch ist; diese Annahme ist in diesem Fall berechtigt. Daher gilt (24.25).

Da die Beschleunigung a konstant ist, sehen wir, daß die Gesamtenergie, die das Proton in der Zeit t durch Strahlung verliert,

$$E_{\text{Strahl}} = \frac{dE}{dt}\, t = \frac{e^2 v^2}{6\pi\epsilon_0 c^3 t}$$

(wenn wir $v = at$ und q in (24.25) einsetzen). Wenn s die Länge der Beschleunigerröhre ist, gilt

$$s = \tfrac{1}{2}at^2 = \tfrac{1}{2}(at)t = \tfrac{1}{2}vt.$$

Daher ist $t = 2s/v$ und

$$E_{\text{Strahl}} = \frac{e^2 v^3}{12\pi\epsilon_0 c^3 s}.$$

Andererseits ist die kinetische Energie, die das Elektron beim Durchlauf des Potentialunterschieds V gewinnt,

$$E_k = \tfrac{1}{2}m_e v^2 = eV.$$

Daher ist

$$\frac{E_{\text{Strahl}}}{E_k} = \frac{e^2 v}{6\pi\epsilon_0 c^3 m_e s} = \frac{e^2}{6\pi\epsilon_0 c^3 m_e s}\left(\frac{2eV}{m_e}\right)^{1/2},$$

da $v = (2eV/m_e)^{1/2}$. Durch Einsetzen numerischer Werte erhalten wir

$$\frac{E_{\text{Strahl}}}{E_k} = 8{,}4 \cdot 10^{-20}.$$

Strahlungsverluste können daher in diesem Beschleuniger vernachlässigt werden.

Beispiel 24.5 Ein Proton wird in einem Zyklotron mit einem Radius von 0,92 m beschleunigt. Die Frequenz des an die D's angelegten Potentials ist $1{,}5 \cdot 10^7\ \text{s}^{-1}$, der Spitzenwert des Potentialunterschieds beträgt 20.000 V (siehe Beispiel 17.2). Vergleichen Sie den Energieverlust durch die Strahlung bei einer Umdrehung mit der gewonnenen kinetischen Energie.

Lösung: Die maximale kinetische Energie, die das Proton bei jeder Umdrehung gewinnt, ist

$$E_k = 2eV_{\max},$$

da es zweimal durch die Lücke zwischen den Des tritt. Die Beschleunigung des Protons ist

$$a = \omega^2 r = 4\pi^2 \nu^2 r,$$

und wir können relativistische Effekte vernachlässigen. (24.25) mit $q = e$ ergibt daher

$$\frac{dE}{dt} = \frac{e^2(4\pi^2\nu^2 r)^2}{6\pi\epsilon_0 c^3} = \frac{8\pi^3 e^2 \nu^4 r^2}{3\epsilon_0 c^3},$$

und die Energie, die bei einer Umdrehung abgestrahlt wird (Zeit $= 1/\nu$) ist

$$E_{\text{Strahl}} = \left(\frac{dE}{dt}\right)\frac{1}{\nu} = \frac{8\pi^3 e^2 \nu^3 r^2}{3\epsilon_0 c^3}.$$

Wenn wir numerische Werte einsetzen, erhalten wir

$$\frac{E_{\text{Strahl}}}{E_k} = 4{,}0 \cdot 10^{-15}.$$

E_{Strahl} ist viel kleiner als E_k, hat aber eine relativ größere Bedeutung als in dem vorhergehenden Beispiel des Linearbeschleunigers. Im allgemeinen haben Strahlungsverluste bei Zirkularbeschleunigern eine relativ größere Bedeutung als bei Linearbeschleunigern.

24.6 AUSBREITUNG ELEKTROMAGNETISCHER WELLEN IN MATERIE; DISPERSION

Versuche zeigen, daß die Ausbreitungsgeschwindigkeit elektromagnetischer Wellen in Materie verschieden von der im Vakuum ist. Um den Grund für diese unterschiedlichen Ausbreitungsgeschwindigkeiten in Materie und im Vakuum zu finden, müssen wir uns daran erinnern, daß unsere Diskussion in Abschnitt 24.2 auf der Abwesenheit von Ladungen und Strömen aufbaute. Wenn sich jedoch eine elektromagnetische Welle durch Materie ausbreitet, induziert sie, selbst wenn es keine freien Ladungen und Ströme gibt, in den geladenen Teilchen der Atome und der Moleküle Schwingungen, die dann sekundäre oder «gestreute» Wellen emittieren. Diese gestreuten Wellen überlagern sich den ursprünglichen Wellen, was zu einer resultierenden Welle führt. Die Phasen dieser sekundären Wellen sind im allgemeinen verschieden von den ursprünglichen Wellen, da ein erzwungener Oszillator nicht notwendigerweise mit der treibenden Kraft in Phase ist (erinnern Sie sich an Abschnitt 9.12). Eine genauere Analyse, welche wir weglassen wollen, zeigt, daß diese Phasenunterschiede die resultierende Welle so beeinflussen, daß die Wellen eine andere Geschwindigkeit zu haben scheinen als die Wellengeschwindigkeit im Vakuum.

Wenn die Substanz homogen und isotrop ist, kann man zeigen, daß der endgültige Effekt der Polarisation und Magnetisierung des Mediums durch die elektromagnetischen Wellen darin liegt, daß die Konstanten ϵ_0 und μ_0 in den Maxwellschen Gleichungen durch die dielektrische Konstante ϵ und die magnetische Permeabilität μ zu ersetzen sind, die für das Material charakteristisch sind. Alles andere bleibt wie bei der Besprechung von Abschnitt 24.2., nur daß die Geschwindigkeit der Wellen nun zu

$$v = 1/\sqrt{\epsilon\mu} \tag{24.26}$$

wird. Das Verhältnis zwischen der Geschwindigkeit elektromagnetischer Wellen in Vakuum c und der in einer Substanz v nennt man den *absoluten Brechungsindex* der Substanz. Er wird mit n bezeichnet. Er stellt einen brauchbaren Begriff für die Beschreibung der Eigenschaften eines Materials in Bezug auf elektromagnetische Wellen dar. Es gilt also

$$n = \frac{c}{v} = \frac{1}{\sqrt{\epsilon_0\mu_0}}\sqrt{\epsilon\mu} = \sqrt{\frac{\epsilon\mu}{\epsilon_0\mu_0}}.$$

Es ist aber $\epsilon/\epsilon_0 = \epsilon_r$ und $\mu/\mu_0 = \mu_r$, wobei ϵ_r und μ_r die relative DK und Permeabilität des Mediums sind, die in Abschnitt 19.10 und 19.18 definiert wurden. Dann

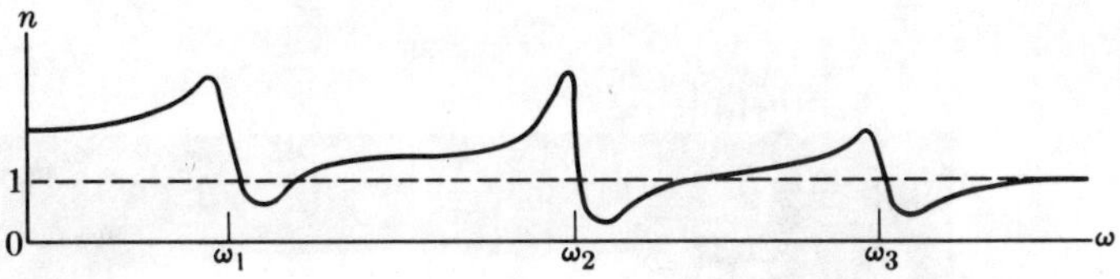

24.16 Änderung des Brechungsindex in Abhängigkeit von der Frequenz und der Wellenlänge.

ist

$$n = \frac{c}{v} = \sqrt{\epsilon_r \mu_r} \qquad \text{(absoluter Berechnungsindex).} \tag{24.27}$$

Im allgemeinen weicht μ_r für den Großteil der Substanzen, die elektromagnetische Wellen durchlassen, nur wenig von eins ab (siehe Tab. 19.3) und wir können daher in ausreichender Näherung

$$n \approx \sqrt{\epsilon_r} \tag{24.28}$$

schreiben. Diese Beziehung liefert eine einfache Methode zur Bestimmung der relativen DK der Substanz, wenn der Brechungsindex unabhängig davon bestimmt wird, was möglich ist. Die Übereinstimmung der Werte von ϵ_r, die man mit Hilfe dieser Methode erhält, mit jenen aus anderen Meßmethoden stellt eine befriedigende Basis für die Theorie dar.

In Abschnitt 19.10 haben wir erklärt, daß ϵ_r eine Größe ist, die von der Frequenz des elektromagnetischen Feldes abhängt. Der Brechungsindex hängt daher von der Frequenz der Wellen und damit auch von der Wellenlänge ab, und zwar auf die in Abb. 24.16 gezeigte Weise, wobei ω_1, ω_2, ... bestimmte charakteristische Frequenzen der Substanz sind. (Die Bedeutung dieser charakteristischen Frequenzen wird in Abschnitt 25.11 erklärt.) Die Phasengeschwindigket

$$v = \frac{c}{n}$$

der elektromagnetischen Wellen in Materie hängt daher ebenfalls von der Frequenz der Strahlung ab. Elektromagnetische Wellen erleiden daher eine Dispersion, wenn sie sich in Materie ausbreiten. Das heißt, daß ein Wellenpaket, das mehrere Frequenzen enthält, verformt wird, da sich jede Komponente mit einer verschiedenen Geschwindigkeit ausbreitet.

Beachten Sie, daß n größer als eins und v daher kleiner als c ist, mit Ausnahme verschiedener Frequenzen; in diesen Fällen ist n etwas kleiner als eins und v ist daher größer als c. Es besteht hier also die Möglichkeit, daß ein elektromagnetisches Signal mit einer größeren Geschwindigkeit als c übertragen werden kann. Das widerspricht offensichtlich den Ergebnissen, die wir mit der Lorentztransformation und dem Prinzip der Relativität erhalten haben. Eine sorgfältige Analyse der Übertragung eines elektromagnetischen Signals, die Brillouin, Sommerfeld und andere durchführten und die mathematisch sehr kompliziert ist, zeigte jedoch, daß es unmöglich ist, ein Signal mit einer Geschwindigkeit größer als c zu übertragen.

Wenn n größer als eins ist, so daß v kleiner als c ist, besteht die Möglichkeit, daß ein geladenes Teilchen q, das elektromagnetische Strahlen emittiert, sich mit einer Geschwindigkeit v_q durch das Medium bewegt, die größer ist als die Phasengeschwindigkeit v der elektromagnetischen Wellen. Das entspricht der Situation, die in Abb. 23.28 für Machsche Wellen in einer Flüssigkeit dargestellt wurde. Die elektromagnetischen Wellen breiten sich dann längs konischer Oberflächen aus, die einen Winkel α mit der Ausbreitungsrichtung bilden, der in Übereinstimmung mit (23.52) zu

$$\sin\alpha = \frac{v}{v_q}$$

gegeben ist. Diese Wellen bezeichnet man als *Cerenkov-Strahlung*. Da die effektive Fortpflanzungsrichtung der Wellenfront zur Geschwindigkeit des geladenen Teilchens in Beziehung steht, kann die Cerenkov-Strahlung zur Messung der Teilchengeschwindigkeit herangezogen werden. Geräte, die als *Cerenkov-Detektoren* bezeichnet werden, werden zu diesem Zweck in Versuchen mit energiereichen Teilchen verwendet.

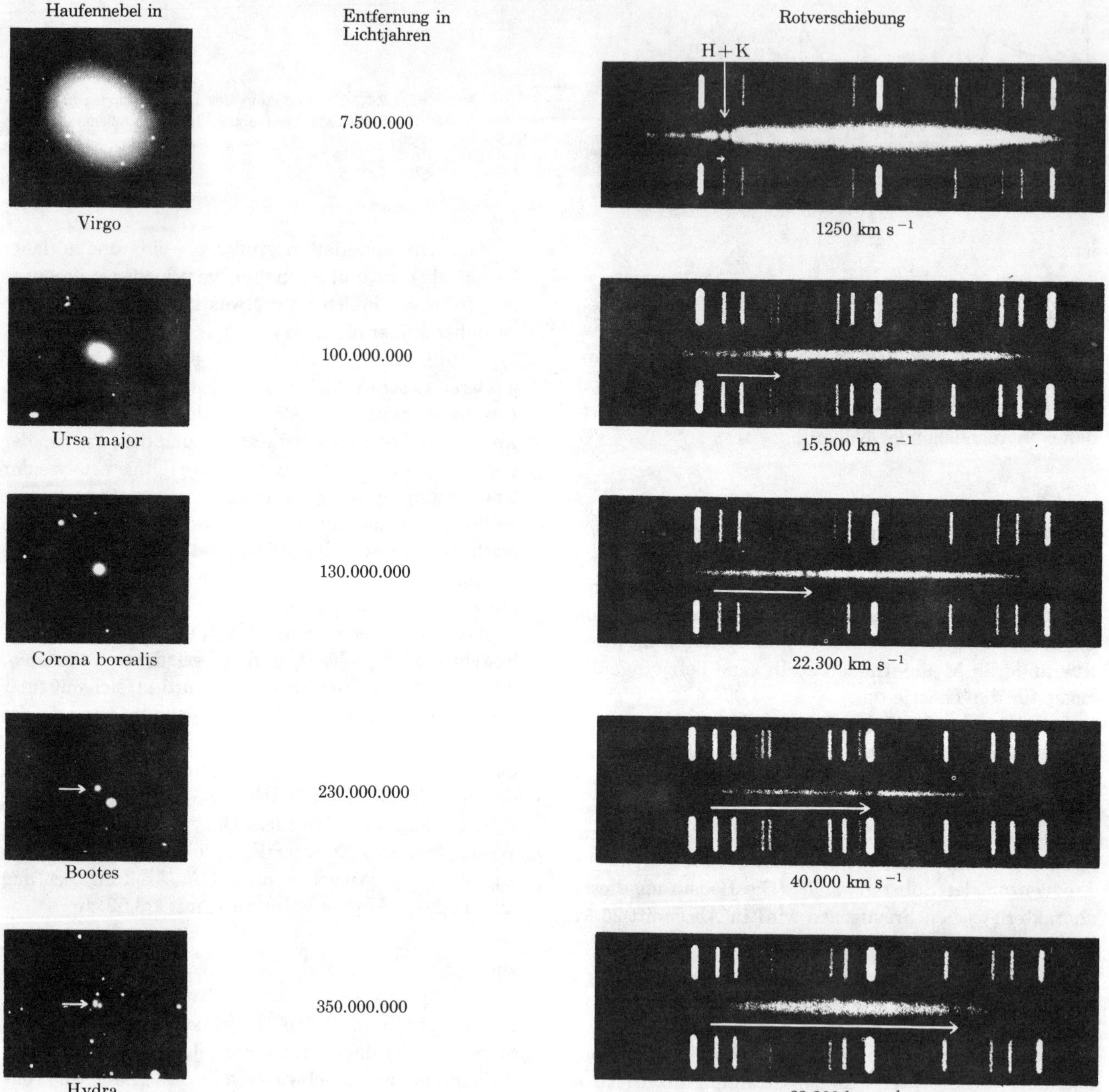

24.17 Dopplereffekt bei extragalaktischen Nebeln. Die Rotverschiebung der H und K Spektrallinien von Kalzium (durch den Pfeil angezeigt) nimmt mit zunehmender Entfernung der Nebel zu, was eine höhere Fluchtgeschwindigkeit vermuten läßt. [Aufnahme mit liebenswürdiger Genehmigung des Mt. Wilson und des Palomar Observatoriums.]

24.7 DOPPLEREFFEKT BEI ELEKTROMAGNETISCHEN WELLEN

In Abschnitt 23.13 haben wir den Dopplereffekt für elastische und andere Wellenarten besprochen, die in bewegter Materie auftreten. Der Dopplereffekt elektromagnetischer Wellen muß getrennt besprochen werden, erstens, weil elektromagnetische Wellen nicht aus bewegter Materie bestehen und weil deshalb die Geschwindigkeit der Quelle relativ zum Medium nicht in die Diskussion eingeht. Zweitens ist ihre Fortpflanzungsgeschwindigkeit c für alle Beobachter gleich, unabhängig von der relativen Bewegung der Beobachter. Der Dopplereffekt für elektromagnetische Wellen muß notwendigerweise mit Hilfe des Relativitätsprinzips berechnet werden.

Wie unten gezeigt ist die Frequenz ν', die ein Beobachter mißt, der sich mit einer Geschwindigkeit v relativ zu einer Quelle der Frequenz ν bewegt

$$\nu' = \nu \frac{1 - v/c}{\sqrt{1 - v^2/c^2}}. \tag{24.29}$$

Dies kann auch in der alternativen Form

$$\nu' = \nu \sqrt{\frac{1 - v/c}{1 + v/c}}$$

geschrieben werden.

Für kleine Geschwindigkeiten, d.h. $v \ll c$, wird (24.29) zu

$$\nu' \approx \nu(1 - v/c), \tag{24.30}$$

was (23.51) für die Bewegung des Beobachters relativ zur Quelle längs der Ausbreitungsrichtung entspricht. Beachten Sie, daß v_{0S} in (23.51) nun mit v und v mit c bezeichnet wird; der Dopplereffekt für elektromagnetische Wellen hängt daher nur von der Geschwindigkeit des Beobachters *relativ* zur Quelle ab.

Wenn wir annehmen, daß sich O relativ zur Quelle der elektromagnetischen Welle in Ruhe befindet, sehen wir, daß der Beobachter O' eine niedrigere Frequenz oder eine entsprechend grössere Wellenlänge wahrnimmt, wenn sich die Quelle O und der Beobachter O' voneinander entfernen (v positiv). Man beobachtet das an den Spektren der Sterne und nennt es *Rotverschiebung* da das sichtbare Spektrum des Lichts von sich entfernenden Sternen gegen den roten (oder längeren) Wellenlängenbereich verschoben ist. Diese Tatsache erlaubt uns, die Geschwindigkeit abzuschätzen, mit der sich diese Sterne entfernen.

Abbildung 24.17 zeigt die Rotverschiebung der H und K Linien von Kalzium, die man im Spektrum einiger Nebel beobachtet. Die Verschiebung ist durch die horizontalen Pfeile gekennzeichnet. Beachten Sie, daß die Entfernung zu den Nebeln umso größer ist, je größer die Verschiebung und damit die relative Geschwindigkeit ist. Dieser Befund unterstützt die Theorie eines expandierenden Universums. Kürzlich wurde beobachtet, daß sich einige Nebel mit Geschwindigkeiten entfernen, die der halben Lichtgeschwindigkeit entsprechen, was zu Vermutungen geführt hat, daß nicht alleine der Dopplereffekt für die Rotverschiebung verantwortlich sein könnte. Es ist bemerkenswert, daß das Licht der Andromeda eine Verschiebung zu kürzeren Wellenlängen, oder eine Blauverschiebung zeigt. Das scheint darauf hinzuweisen, daß die gegenwärtige Bewegung des Sonnensystems innerhalb unserer rotierenden Galaxie auf diesen Nebel zu gerichtet ist.

Abbildung 24.18 zeigt die Verschiebung des Spektrums des Sternes Arcturus, der etwa 36 Lichtjahre von der Sonne entfernt ist. Die beiden Spektren wurden im Abstand von 6 Monaten aufgenommen und wir sehen, daß die Verschiebung des einen Spektrums eine Rotverschiebung ist, während das andere nach blau verschoben ist. Diese Verschiebung ist auf die Umkehr in der Bewegungsrichtung der Erde relativ zu Arcturus in der sechsmonatigen Periode zurückzuführen.

Beweis von (24.29) Wir wollen zwei Beobachter O und O' in relativer Bewegung zueinander betrachten, und die Geschwindigkeit von O' relativ zu O mit v bezeichnen. Dem Beobachter O kann eine ebene harmonische elektromagnetische Welle als Funktion der Form sin $(kx - \omega t)$, multipliziert mit einem geeigneten Amplitudenfaktor, zugeschrieben werden. Für den Beobachter O', der mit einem anderen Inertialsystem verbunden ist, müssen die Koordinaten x und t durch x' und t' ersetzt werden, die durch die Lorentztransformation (6.19) gegeben sind. Er wird daher für seine Funktion sin $(k'x' - \omega' t')$ schreiben, wobei k' und ω' nicht notwendigerweise mit jenen des anderen Beobachters identisch sein müssen. Andererseits fordert das Relativitätsprinzip, daß der Ausdruck $kx - \omega t$ invariant bleiben muß, wenn wir von einem Inertialbeobachter zu einem anderen übergehen. Es muß daher

$$kx - \omega t = k'x' - \omega' t'$$

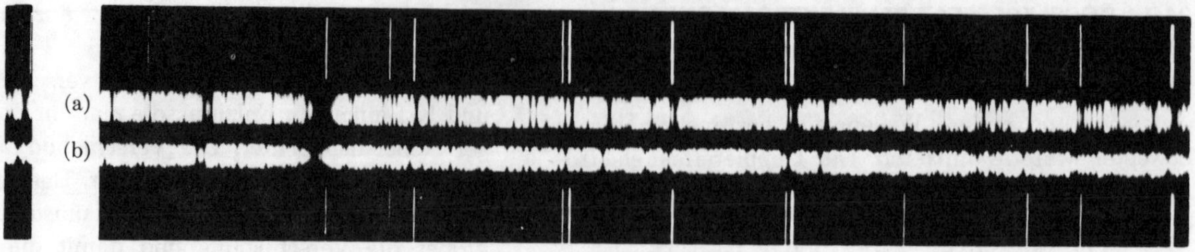

24.18 Spektren ($\lambda 4200$ Å bis $\lambda 4300$ Å) des Sterns Arcturus, die im Abstand von 6 Monaten aufgenommen wurden. (a) 1. Juli 1939, gemessene Geschwindigkeit: $+18$ km s^{-1} relativ zur Erde. (b) 19. Januar 1940, gemessene Geschwindigkeit: -32 km s^{-1}. Der Geschwindigkeitsunterschied von 50 km s^{-1} ist ausschließlich auf die Veränderung der Bahngeschwindigkeit der Erde zurückzuführen. Man kann die Verschiebung der Spektrallinien deutlich sehen, wenn man sie mit den beiden Referenzspektren vergleicht. [Aufnahme mit liebenswürdiger Genehmigung der Mt. Wilson und Palomar Observatorien.]

sein. Mit der ersten und vierten Gleichung der inversen Lorentztransformation, die in Beispiel 6.3 gegeben wurde, haben wir also

$$k\frac{x'+vt'}{\sqrt{1-v^2/c^2}}-\omega\frac{t'+vx'/c^2}{\sqrt{1-v^2/c^2}}=k'x'-\omega't', \quad \text{oder}$$

$$\frac{k-\omega v/c^2}{\sqrt{1-v^2/c^2}}x'-\frac{\omega-kv}{\sqrt{1-v^2/c^2}}t'=k'x'-\omega't'.$$

Daher ist

$$k'=\frac{k-\omega v/c^2}{\sqrt{1-v^2/c^2}}, \qquad \omega'=\frac{\omega-kv}{\sqrt{1-v^2/c^2}}.$$

Da $\omega = ck$, können wir jede dieser beiden Gleichungen in der Form

$$\omega'=\omega\frac{1-v/c}{\sqrt{1-v^2/c^2}}.$$

schreiben, und da $\nu = \omega/2\pi$, können wir leicht (24.29) erhalten.

24.8 DAS SPEKTRUM DER ELEKTROMAGNETISCHEN STRAHLUNG

Elektromagnetische Wellen überstreichen einen weiten Bereich verschiedener Frequenzen oder Wellenlängen und können nach ihren hauptsächlichen Quellen klassifiziert werden. Die Klassifikation hat keine scharfen Grenzen, da verschiedene Quellen Wellen überlappender Frequenzbereiche erzeugen können.

Wir wollen hier die übliche Klassifikation des elektromagnetischen Spektrums zusammenfassen.

1. *Radiowellen.* Sie haben Wellenlängen, die von wenigen Kilometern bis herunter zu 0,3 m reichen. Der Frequenzbereich erstreckt sich von wenigen s^{-1} bis zu 10^9 s^{-1}. Diese Wellen, die im allgemeinen für Fernseh- und Radioübertragungssysteme verwendet werden, werden von elektronischen Geräten erzeugt, und zwar hauptsächlich von Schwingkreisen.

2. *Mikrowellen.* Die Wellenlängen der Mikrowellen reichen von 0,3 m bis hinunter zu 10^{-3} m. Der Frequenzbereich geht von 10^9 s^{-1} bis hinauf zu $3 \cdot 10^{11}$ s^{-1}. Diese Wellen werden sowohl für Radar und andere Kommunikationssysteme verwendet als auch für die Analyse kleinster Details der Atom- und Molekülstruktur; sie werden ebenfalls von elektronischen Geräten erzeugt. Der Mikrowellenbereich wird auch als UHF (Ultrahohe Frequenz relativ zur Radiofrequenz) bezeichnet.

3. *Infrarotspektrum.* Dazu gehören Wellenlängen von 10^{-3} bis hinunter zu $7{,}8 \cdot 10^{-7}$ m (oder 7800 Å). Der Frequenzbereich erstreckt sich von $3 \cdot 10^{11}$ s^{-1} bis hinauf zu $4 \cdot 10^{14}$ s^{-1}. Dieser Bereich wird wieder in drei weitere unterteilt: das *ferne Infrarot*, von 10^{-3} m bis $3 \cdot 10^{-5}$ m; das *mittlere Infrarot*, von $3 \cdot 10^{-5}$ m bis $3 \cdot 10^{-6}$ m; und das *nahe Infrarot*, das sich bis zu $7{,}8 \cdot 10^{-7}$ m erstreckt. Diese Wellen werden von Molekülen und heißen Körpern erzeugt. Sie haben ein weites Anwendungsgebiet in der Industrie, Medizin, Astronomie u.s.w.

4. *Sichtbares Spektrum.* Dieses Spektrum ist ein schmales Band, das von den Wellenlängen gebildet wird, für die unsere Retina empfindlich ist. Es erstreckt sich

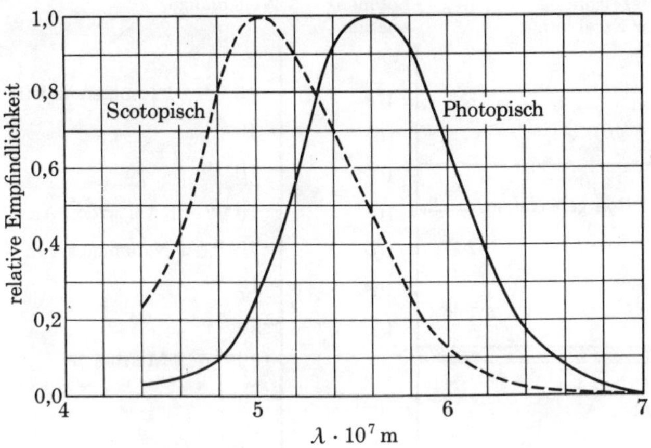

24.19 Empfindlichkeit des Auges für scotopisches und photopisches Sehen.

von Wellenlängen von $7{,}8 \cdot 10^{-7}$ m bis hinunter zu $3{,}8 \cdot 10^{-7}$ m und von Frequenzen von $4 \cdot 10^{14}\,s^{-1}$ bis zu $8 \cdot 10^{14}\,s^{-1}$. Licht wird von Atomen und Molekülen als Folge der inneren Anpassung in der Bewegung ihrer Komponenten, hauptsächlich der Elektronen, erzeugt. Man braucht hier wohl die Bedeutung des Lichts für unsere Welt nicht zu betonen.

Licht ist so wichtig, daß sich ein spezieller Zweig der angewandten Physik entwickelt hat, die sogenannte *Optik*. Die Optik beschäftigt sich mit Lichtphänomen und dem Sehen; sie schließt den Entwurf optischer Instrumente ein. Die verschiedenen Empfindungen, die Licht im Auge auslöst, die sogenannten *Farben*, hängen vor der Frequenz oder der Wellenlänge der elektromagnetischen Welle ab. Für einen Durchschnittsmenschen entsprechen sie den Bereichen, die in Tab. 24.1 ergeben sind.

Tabelle 24.1

Farbe	λ, m	ν, s^{-1}
Violett	3,90–4,55 $\cdot 10^{-7}$	7,69–6,59 $\cdot 10^{14}$
Blau	4,55–4,92	6,59–6,10
Grün	4,92–5,77	6,10–5,20
Gelb	5,77–5,97	5,20–5,03
Orange	5,97–6,22	5,03–4,82
Rot	6,22–7,80	4,82–3,84

Die Empfindlichkeit des Auges hängt auch von der Wellenlänge des Lichts ab; die Empfindlichkeit ist für Wellenlängen von ça $5{,}6 \cdot 10^{-7}$ m maximal. Wegen der Beziehung zwischen Farbe und Wellenlänge oder Frequenz wird eine elektromagnetische Welle einer genau definierten Wellenlänge oder Frequenz auch als *monochromatische Welle* (*monos:* eins, *chromos:* Farbe) bezeichnet.

Das Sehen ist das Ergebnis eines Signals, das von zwei in einer Membran vorhandenen Elementen an das Gehirn weitergegeben wird. Die Membran ist die *Retina*, die im hinteren Auge liegt, die Elemente sind die *Zäpfchen* und *Stäbchen*. Zäpfchen sind jene Elemente, die in Gegenwart eines starken Lichtes aktiv sind, z.B. dem Tageslicht. Zäpfchen sind farbempfindlich. Stäbchen sind andererseits die Elemente, die bei sehr schwacher Beleuchtung agieren, wie z.B. in einem verdunkelten Raum. Sie sind unempfindlich gegenüber Farben. Das Sehen, das auf die Zäpfchen zurückzuführen ist, nennt man *photopisch*, jenes infolge der Stäbchen *scotopisch*. Die Empfindlichkeit des Auges für verschiedene Wellenlänge ist für beide Arten des Sehens in Abb. 24.19 dargestellt.

5. *Ultraviolette Strahlen*. Dieser Bereich erstreckt sich von $3{,}8 \cdot 10^{-7}$ m bis hinunter zu ca $6 \cdot 10^{-10}$ m, mit Frequenzen von $8 \cdot 10^{14}\,s^{-1}$ bis etwa $3 \cdot 10^{17}\,s^{-1}$. Diese Wellen werden von Atomen und Molekülen in elektrischen Entladungen erzeugt. Ihre Energie liegt in der Größenordnung der Energie, die an vielen chemischen Reaktionen beteiligt ist, was daher viele der chemischen Auswirkungen dieser Strahlen erklärt. Eine äußerst

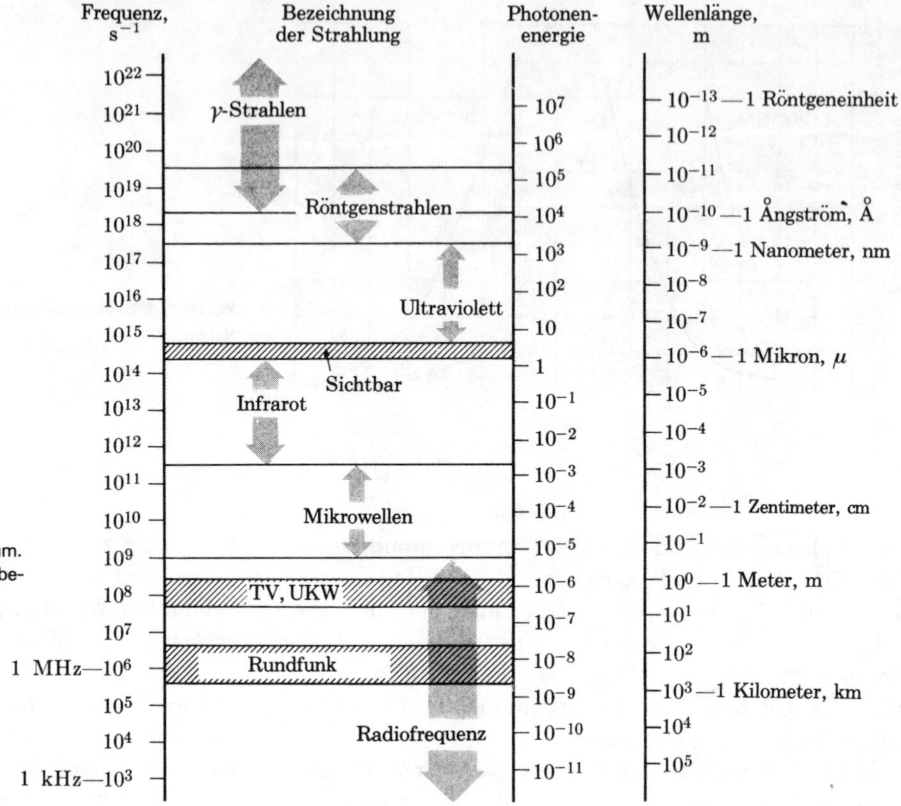

24.20 Das elektromagnetische Spektrum. (Die Skala, die mit «Photonenenergie» bezeichnet ist, wird in Kapitel 25 behandelt.)

leistungsfähige Quelle ultravioletter Strahlen ist die Sonne, und diese Tatsache ist maßgeblich für die Sonnenbräune verantwortlich. Die ultraviolette Strahlung der Sonne tritt auch mit den Atomen der oberen Schicht der Atmosphäre in Wechselwirkung, wodurch eine große Zahl von Ionen erzeugt wird. Das erklärt, warum die obere Schicht der Atmosphäre in einer Höhe von mehr als 90 km hochgradig ionisiert ist. Man bezeichnet sie deshalb als *Ionosphäre.* Wenn verschiedene Mikroorganismen ultraviolette Strahlen absorbieren, können sie infolge der chemischen Reaktionen, die durch die Ionisation und die Dissoziation der Moleküle hervorgerufen werden, zerstört werden. Aus diesem Grund werden ultraviolette Strahlen in der medizinischen Anwendung und auch bei der Sterilisation verwendet.

6. *Röntgenstrahlen.* Dieser Teil des elektromagnetischen Spektrums erstreckt sich von Wellenlängen von etwa 10^{-9} m bis hinunter zu Wellenlängen von etwa $6 \cdot 10^{-12}$ m, oder von Frequenzen zwischen $3 \cdot 10^{17}\,s^{-1}$ bis zu $5 \cdot 11^{19}\,s^{-1}$. Die Röntgenstrahlen wurden 1895 von dem deutschen Physiker W. Röntgen entdeckt, als er Kathodenstrahlen untersuchte. Sie werden von den inneren, oder fester gebundenen Elektronen in Atomen erzeugt. Eine andere Quelle von Röntgenstrahlen ist die Bremsstrahlung, die in Abschnitt 24.5 erwähnt wurde. Sie stellt die üblichste Art zur Erzeugung von Röntgenstrahlen in kommerziell erhältlichen Röntgenröhren dar.

Röntgenstrahlen führen zu tiefgreifenden Auswirkungen auf Atome und Moleküle der Substanzen, durch welche sie sich ausbreiten, wie z.B. zur Dissoziation oder Ionisation. Sie werden in der medizinischen Diagnose verwendet, da die relativ stärkere Absorption von Röntgenstrahlen durch Knochen im Vergleich zum Gewebe einen Schattenwurf auf einem photographischen Film ermöglicht. Als Folge der chemischen Prozesse, die sie verursachen, bewirken sie auch schwere Schäden in lebenden Geweben und Organismen. Aus diesem Grund werden Röntgenstrahlen zur Behandlung von Krebs verwendet, um krankes Gewebe zu zerstören. Man muß betonen, daß sogar kleine Mengen von Röntgenstrahlen auch gesundes Gewebe zerstören; große Dosismengen von Röntgenstrahlen können hinreichen, um Krankheit und Tod hervorzurufen.

7. *Gammastrahlen.* Diese elektromagnetischen Wellen haben ihren Ursprung im Kern. Sie überlappen die obere Grenze des Röntgenspektrums. Ihre Wellenlängen erstrecken sich von etwa 10^{-10} m bis weit unter 10^{-14} m, mit einem entsprechenden Frequenzbereich von $3 \cdot 10^{18}$ s^{-1} bis zu $3 \cdot 10^{22}$ s^{-1}. Die Energien dieser Wellen liegen in der gleichen Größenordnung wie die, welche an Kernprozessen beteiligt sind; die Absorption von γ-Strahlen kann daher zu Kernveränderungen führen. γ-Strahlen werden von vielen radioaktiven Substanzen erzeugt und sind in großen Mengen in Kernreaktoren vorhanden. Sie werden von den meisten Substanzen nicht leicht absorbiert; wenn sie jedoch von lebenden Organismen absorbiert werden, haben sie schwerwiegenden Folgen. Die Handhabung von γ-Strahlen erfordert schwere Schutzschilder und extreme Vorsicht.

In der kosmischen Strahlung gibt es elektromagnetische Wellen noch kürzerer Wellenlängen oder höherer Frequenzen. Sie sind von besonderem Interesse für die astronomische Forschung.

Abbildung 24.20 stellt eine Beziehung zwischen den verschiedenen Bereichen des elektromagnetischen Spektrums bezüglich der Energie, Frequenz und Wellenlänge her.

FRAGEN

1. Sind ebene elektromagnetische Wellen (a) longitudinal oder transversal, (b) skalar oder vektoriell?
2. Betrachten Sie eine ebene linear polarisierte elektromagnetische Welle. Wie groß ist der Winkel zwischen den Richtungen des elektrischen oder des magnetischen Feldes? Wie groß ist der Phasenwinkel zwischen dem elektrischen und dem magnetischen Feld? Wie verändert sich die Richtung des elektrischen und des magnetischen Feldes mit der Zeit? Wie ändern sich ihre Beträge?
3. Wiederholen Sie Frage 2 für den Fall einer ebenen, zirkular polarisierten elektromagnetischen Welle?
4. Erklären Sie, warum der Strahlungsdruck auf einen vollständig reflektierenden Körper doppelt so groß ist wie der auf einen vollständig absorbierenden Körper.
5. Führen Sie die hauptsächlichen Unterschiede zwischen der elektrischen und magnetischen Dipolstrahlung auf.
6. Erklären Sie, warum eine Ladung in gleichförmiger geradliniger Bewegung keine elektromagnetische Energie abstrahlt.
7. Wird eine harmonische elektromagnetische Welle verformt, wenn Sie sich in einem dispersiven Medium ausbreitet? Wie verhält es sich bei einer nichtharmonischen Welle?
8. Diskutieren Sie, in welcher Beziehung der Dopplereffekt zur relativistischen Zeitdilatation steht, die in Abschnitt 6.8 besprochen wurde.
9. Führen Sie die verschiedenen Bereiche des elektromagnetischen Spektrums auf. Welche physikalischen Eigenschaften ändern sich von einem Bereich zum anderen? Geben Sie für jeden Bereich Beispiele spezifischer Quellen.
10. Drücken Sie den Impuls $\boldsymbol{p}$ pro Volumeneinheit einer ebenen elektromagnetischen Welle durch den Vektor $\boldsymbol{\mathcal{E}} \times \boldsymbol{\mathcal{B}}$ aus.

AUFGABEN

24.1 Das elektrische Feld einer ebenen elektromagnetischen Welle im Vakuum wird unter Verwendung der MKSC-Einheiten durch

$$\mathcal{E}_x = 0, \quad \mathcal{E}_y = 0{,}5 \cos\left[2\pi \cdot 10^8(t - x/c)\right], \quad \mathcal{E}_z = 0$$

dargestellt. (a) Bestimmen Sie die Wellenlänge, die Polarisation und die Ausbreitungsrichtung. (b) Berechnen Sie das magnetische Feld der Welle. (c) Berechnen Sie die mittlere Intensität oder den Energiefluß pro Flächeneinheit und pro Zeiteinheit.

24.2 Lösen Sie (a), (b) und (c) von Aufgabe 24.1 für die Welle, die durch

$$\mathcal{E}_x = 0, \quad \mathcal{E}_y = 0{,}5 \cos\left[4\pi \cdot 10^7(t - x/c)\right],$$
$$\mathcal{E}_z = 0{,}5 \sin\left[4\pi \cdot 10^7(t - x/c)\right]$$

dargestellt wird.

24.3 Schreiben Sie die Gleichungen für das $\mathcal{E}$- und das $\mathcal{B}$-Feld an, die die folgenden elektromagnetischen Wellen beschreiben, welche sich längs der X-Achse fortpflanzen: (a) Eine linear polarisierte Welle, deren Schwingungsebene einen Winkel von 45° mit der XY-Ebene, bildet. (b) Eine linear polarisierte Welle, deren Schwingungsebene einen Winkel von 120° mit der XY-Ebene bildet. (c) Eine Welle mit rechter Zirkularpolarisation. (d) Eine Welle mit linker Zirkularpolarisation.

24.4 Eine ebene sinusförmige linear polarisierte Lichtwelle der Wellenlänge $\lambda = 5 \cdot 10^{-7}$ m breitet sich im Vakuum aus. Die mittlere Intensität ist 0,1 W m^{-2}. Die Ausbreitungsrichtung liegt in der XY-Ebene, in einem Winkel von 45° mit der X-Achse. Das elektrische Feld schwingt parallel zur Z-Achse. Schreiben Sie die Gleichungen an, die die elektrischen und magnetischen Felder dieser Welle beschreiben.

24.5 Eine ebene sinusförmige linear polarisierte elektromagnetische Welle der Wellenlänge $\lambda = 5{,}0 \cdot 10^{-7}$ m breitet sich im Vakuum in Richtung der X-Achse aus. Die mittlere Intensität der Welle pro Flächeneinheit ist 0,1 W m^{-2} und die Schwingungseben des elektrischen Feldes ist parallel zur Y-Achse. Schreiben Sie die Gleichungen an, die das elektrische und das magnetische Feld dieser Welle beschreiben.

24.6 Das elektrische Feld einer ebenen elektromagnetischen Welle hat eine Amplitude von 10^{-2} V m^{-1}. Bestimmen Sie (a) den Betrag des magnetischen Feldes, (b) die Energie pro Volumeneinheit der Welle. (c) Bestimmen Sie den Strahlungsdruck, wenn die Welle beim Auftreffen auf einen Körper vollständig absorbiert wird. (d) Wie groß ist der Strahlungsdruck, wenn der Körper vollständig reflektiert wird?

24.7 Elektromagnetische Strahlung von der Sonne fällt mit einer Rate von $1{,}4 \cdot 10^{3}$ W m^{-2} auf die Oberfläche der Erde. Schätzen Sie unter der Annahme, daß diese Strahlung als ebene Wellen angesehen werden kann, den Betrag der elektrischen und magnetischen Feldamplituden in der Welle ab.

24.8 Die mittlere Leistung einer Rundfunkstation ist 10^5 W. Nehmen Sie an, daß die Leistung gleichförmig über eine Hemisphäre abgestrahlt wird, die konzentrisch zur Station ist. Bestimmen Sie die Amplituden des elektrischen und des magnetischen Feldes für einen Punkt in 10 km Entfernung von der Quelle. Nehmen Sie an, daß die Welle ebene ist.

24.9 Ein Radarsender emittiert seine Energie innerhalb eines Kegels, der einen festen Winkel von 10^{-2} Sterad hat. In einer Entfernung von 10^3 m vom Sender hat das elektrische Feld eine Amplitude von 10 V m^{-1}. Bestimmen Sie die Amplitude des magnetischen Feldes und die Leistung des Senders.

24.10 Zwei harmonische elektromagnetische Wellen, die beide die Frequenz ν und die Amplitude $\mathcal{E}_0$ haben, pflanzen sich im Vakuum in den Richtungen der X-Achse bzw. der Y-Achse aus. Die elektrischen Felder beider Wellen sind parallel zur Z-Achse. Berechnen Sie für die Welle, die durch Überlagerung entsteht, (a) die Komponenten des elektrischen Feldes $\mathcal{E}$ und (b) die Komponenten des magnetischen Feldes $\mathcal{B}$. (c) Bestimmen Sie die Ebenen, in welchen der mittlere Wert von $\mathcal{E}^2$ maximal oder minimal ist. (d) Bestimmen Sie die Ebenen, in welchen der Vektor $\mathcal{B}$ zirkulare Schwingungen ausführt.

24.11 Ein System oszillierender Ladungen, das um einen Punkt konzentiert ist, strahlt Energie mit der Rate von 10^4 W aus. Bestimmen Sie unter der Annahme, daß die Energie isotrop abgestrahlt wird, für einen Punkt im Abstand von 1 m, (a) die Amplitude des elektrischen und des magnetischen Feldes, und (b) die Energie- und Impulsdichten. [*Hinweis:* Beachten Sie, daß ein kleiner Teil der Wellenfront in großen Entfernungen von der Quelle als eben angesehen werden kann.]

24.12 Eine gasförmige Quelle sendet Licht der Wellenlänge $5 \cdot 10^{-7}$ m aus. Nehmen Sie an, daß jedes Molekül als elektrischer Dipol der Ladung e und Amplitude 10^{-10} m wirkt. (a) Berechnen Sie die mittlere Rate der Energieabstrahlung pro Molekül. (b) Wie viele Moleküle emittieren gleichzeitig, wenn die Gesamtrate der Energieabstrahlung der Quelle 1 W ist?

24.13 Berechnen Sie die Rate des Energieflusses pro Flächeneinheit durch eine Ebene, durch die eine Ladung geht und die senkrecht zur konstanten Geschwindigkeit der Ladung ist. Nehmen Sie an, daß die Ladung einen Radius R hat und wenden Sie den nichtrelativistischen Ausdruck für das elektrische und das magnetische Feld an. Geben Sie eine kritische Diskussion ihrer Ergebnisse. [*Hinweis:* Verwenden Sie Ringe von Radius r und Breite dr, die konzentrisch zur Ladung sind, als Flächenelemente für den Fluß.]

24.14 Schätzen Sie den Wert (24.18) von $(dE/dt)_{\text{mit}}$, für ein Proton im Kern ab. Nehmen Sie an, daß z_0 für energiearme Gammastrahlen in der Größenordnung von 10^{-15} m und ω bei etwa $5 \cdot 10^{20}$ s^{-1} liegt.

24.15 Zeigen Sie, daß für ein Teilchen, das sich langsam in einem Linearbeschleuniger bewegt, die Rate der Energieabstrahlung

$$\left(\frac{dE}{dt}\right)_{\text{Strahl}} = A\left(\frac{dE_k}{dx}\right)^2$$

ist, wobei E_k die kinetische Energie des Teilchens und

$$A = \frac{q}{6\pi\epsilon_0 m_0^2 c^3}.$$

[*Hinweis:* Erinnern Sie sich daran, daß $a = dv/dt = v\,(dv/dx)$ und daß $E_k = \frac{1}{2}mv^2$.]

24.16 Zeigen Sie, daß die Rate der Energieabstrahlung in einem Zirkularbeschleuniger

$$\left(\frac{dE}{dt}\right)_{\text{Strahl}} = B\left(\frac{v}{c}\right)^4\left(\frac{E}{m_0c^2}\right)^4$$

ist, wobei $B = q^2c/6\pi\epsilon_0 r^2$.

24.17 Das Elektron in einem Wasserstoffatom hat eine kinetische Energie von 13,6 eV und einen Radius von $5{,}3 \cdot 10^{-11}$ m. Berechnen Sie unter der Annahme, daß die Theorie aus Beispiel 24.5 angewendet werden kann, die Energie, die pro Sekunde und pro Umdrehung abgestrahlt wird.

24.18 (a) Berechnen Sie die Leistung, die ein 50 keV Elektron auf einer Kreisbahn von 1 m abstrahlt. (b) Wiederholen Sie die Aufgabe für ein 50 keV Proton auf einer 1 m Kreisbahn.

24.19 Die H und K Linien von Kalzium haben Wellenlängen von $3{,}9885 \cdot 10^{-7}$ m bzw. $3{,}9337 \cdot 10^{-7}$ m. Berechnen Sie die Verschiebung der Wellenlänge für die Nebel Virgo und Hydra (siehe Abb. 24.17).

24.20 Zeigen Sie, daß man die Fluchtgeschwindigkeiten durch Messung der relativen Wellenlängenverschiebung $(\Delta\lambda/\lambda)$ erhalten kann und daß ihr Wert ca.

$$\frac{\Delta\lambda}{\lambda} = \frac{v/c}{\sqrt{(1 - v^2/c^2)}}.$$

beträgt.

24.21 Als man die neuen Himmelskörper, die man als *Quasare* bezeichnet, zum ersten Mal beobachtete, wurde die relative Wellenlängenverschiebung $(\Delta\lambda/\lambda)$ für den Körper 3C273 zu 0,158 gemessen. Berechnen Sie mit Hilfe des Ergebnisses von Aufgabe 24.20 die Fluchtgeschwindigkeit von 3C273.

24.22 Die größte relative Wellenlängenverschiebung, die für einen Quasar gemessen wurde, ist $\Delta\lambda/\lambda = 2{,}223$. (a) Berechnen Sie die Fluchtgeschwindigkeit dieses Körpers. (b) Die H-Linie von Kalzium liegt für eine stationäre Quelle im violetten Bereich des Spektrums. In welchem Bereich liegt die verschobene Linie? Verwenden Sie die Näherung aus Aufgabe 24.20 und berechnen Sie außerdem die Werte ohne Näherung.

24.23 Betrachten Sie eine Substanz, die sich mit der Geschwindigkeit v parallel zur X-Achse bewegt.

$$V' = \frac{c}{n'}$$

sei die Lichtgeschwindigkeit in der Substanz, gemessen von

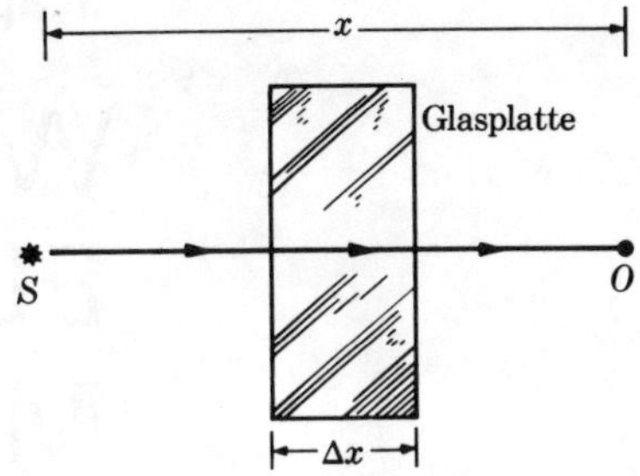

24.21

einem Beobachter O' in relativer Ruhe zur Substanz. Zeigen Sie, daß die Geschwindigkeit V einer Welle, die sich durch die Substanz längs der X-Achse fortpflanzt,

$$V \approx \frac{c}{n'} + v\left(1 - \frac{1}{n'^2}\right)$$

ist, gemessen von einem Beobachter O, relativ zu dem die Substanz sich mit der Geschwindigkeit v bewegt. [*Hinweis:* Wenden Sie die Lorentztransformation für Geschwindigkeiten an.]

24.24 Wenn Licht sich durch ein Medium fortpflanzt, das sich mit der Geschwindigkeit v parallel zur X-Achse bewegt, zeigen Sie, daß der Dopplereffekt

$$v' = v\left(1 - \frac{nv}{c}\right)$$

ist, wenn $v \ll c$.

24.25 Betrachten Sie eine Glasplatte mit dem Brechungsindex n und Dichte Δx, die zwischen eine monochromatische Quelle S und einen Beobachter O eingeschoben wird, wie in Abb. 24.21 gezeigt. (a) Vernachlässigen Sie die Absorption der Glasplatte und zeigen Sie, daß ihr Effekt auf die Welle, die O empfängt, der ist, daß sie einen Phasenunterschied

$$-\frac{\omega(n - 1)\Delta x}{c}$$

zufügt, ohne die Amplitude $\mathcal{E}_0$ der Welle zu ändern. (b) Wenn der Phasenunterschied klein ist, entweder weil Δx sehr klein ist oder weil n sehr nahe eins ist, zeigen Sie, daß die Welle, die O empfängt, als Überlagerung einer Welle der Amplitude

$$\frac{\mathcal{E}_0\,\omega(n - 1)\Delta x}{c},$$

mit einer Phasenverschiebung von $\pi/2$ gegenüber der ursprünglichen Welle der Amplitude $\mathcal{E}_0$ ohne Platte betrachtet werden kann. (Diese Aufgabe zeigt den Einfluß eines materiellen Mediums auf eine elektromagnetische Welle.)

Kapitel 25

WECHSELWIRKUNG ELEKTRO-MAGNETISCHER STRAHLUNG MIT MATERIE

25.1 Gas, das sich unter niedrigem Druck in der Röhre befindet, sendet Licht aus, wenn im Gas durch einen großen Potentialunterschied ein elektrischer Strom aufrecht erhalten wird.

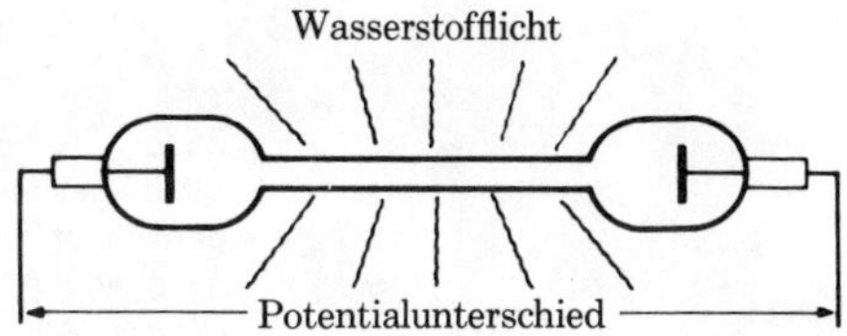

25.1 EINLEITUNG

Im vorhergehenden Kapitel haben wir die wichtigsten Strahlungsmechanismen besprochen, bei welchen elektromagnetische Wellen erzeugt werden. Wir müssen nun analysieren, auf welche Weise Atome, Moleküle und Kerne Strahlung emittieren und auch den umgekehrten Vorgang betrachten, d.h., wie eine elektromagnetische Welle mit einem Atom oder einem System von Ladungen in Wechselwirkung tritt, so daß Energie der Welle vom System absorbiert wird. Die Absorption und Emission elektromagnetischer Wellen ist ein kompliziertes Problem, das ausführlicher mathematischer Berechnungen und der Anwendung der Quantenmechanik bedarf. Ihre grundlegenden Ideen sind jedoch leicht zu verstehen.

25.2 EMISSION VON STRAHLUNG DURCH ATOME, MOLEKÜLE UND KERNE

Ein Atom, Molekül oder Kern kann durch Anregung in einen Zustand gebracht werden, der höhere Energie als der Grundzustand besitzt. Diese Anregung kann auf verschiedenen Wegen erfolgen. Eine Methode ist die des inelastischen Stoßes, bei dem ein schnelles Teilchen (z.B. eine Elektron) mit einem Atom oder Kern zusammenstößt. In jedem Fall überträgt das rasche Teilchen einen Teil seiner kinetischen Energie auf das Zielobjekt (das Atom oder den Kern). (Wenn der Vorgang das Ergebnis der elektrischen Wechselwirkung der beiden Stoßpartner ist, spricht man von *Coulombanregung*.) Indem man die Temperatur eines Festkörpers oder eines Gases erhöht, kann die kinetische Energie der Atome oder Moleküle ausreichend vergrößert werden, was zu inelastischen Stößen zwischen Atomen oder Molekülen führt.

Das wichtigste experimentelle Ergebnis ist, daß die angeregten Atome, Moleküle und Kerne ihre überschüssige Energie in Form elektromagnetischer Strahlung freisetzen. Wenn wir z.B. in einer Röhre, die Wasserstoff bei niedrigem Druck enthält, eine elektrische Entladung erzeugen, indem wir an zwei Elektroden in geeigneter Position (Abb. 25.1) einen großen Potentialunterschied anlegen, beobachten wir, daß die Röhre leuchtet. Wir erklären dieses Ergebnis damit, daß wir sagen, daß die vom elektrischen Feld beschleunigten Elektronen inelastisch mit einigen der Wasserstoffmoleküle (oder Atome) zusammenstoßen, was diese in einem angeregten Zustand zurückläßt. Die beobachtete Strahlung wird von den angeregten Atomen ausgesandt, wenn sie in den Grundzustand zurückkehren.

Eine interessante Eigenschaft ist folgende:

Die Strahlung, die von jeder Substanz emittiert wird, besteht aus genau definierten Frequenzen $\nu_1, \nu_2, \nu_3, \ldots$ *die für die Substanz charakteristisch sind.*

Den Satz aller charakteristischen Frequenzen bezeichnet man als *Emissionsspektrum* der Substanz.

Die Emissionspektren von Atomen, Molekülen und Kernen weisen deutliche Unterschiede auf. Atomspektren liegen hauptsächlich im Sichtbaren und Ultraviolettbereich und bestehen aus Frequenzen, die einen ausreichenden Abstand haben, um in einem Spektroskop als getrennte Linie zu erscheinen (Abschnitt 27.7); aus diesem Grund nennt man ein Atomspektrum auch *Linienspektrum*. Abbildung 25.2 zeigt die Linien im sichtbaren Bereich des Wasserstoffspektrums. Der Grund für ihre Gruppierung in Serien wird im Abschnitt 25.11 angegeben.

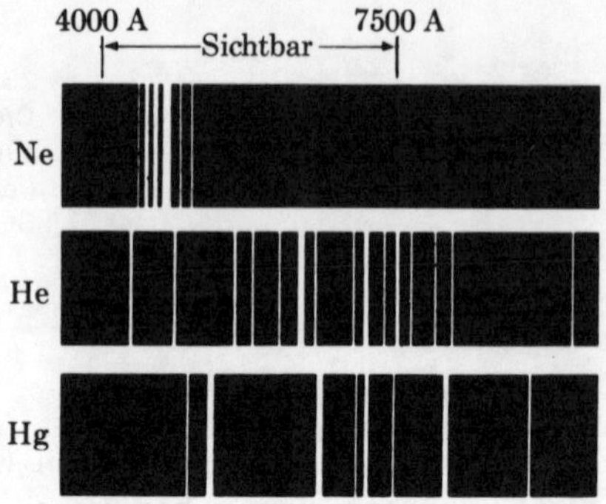

25.2 Teil des Linien-Emissionsspektrum von Quecksilber, Helium und Neon. (Nach photographischen Daten gezeichnet.) [Aufnahme mit liebenswürdiger Genehmigung von A. B. Arons, *Development of Concepts of Physics*, Addison-Wesley, 1965.)

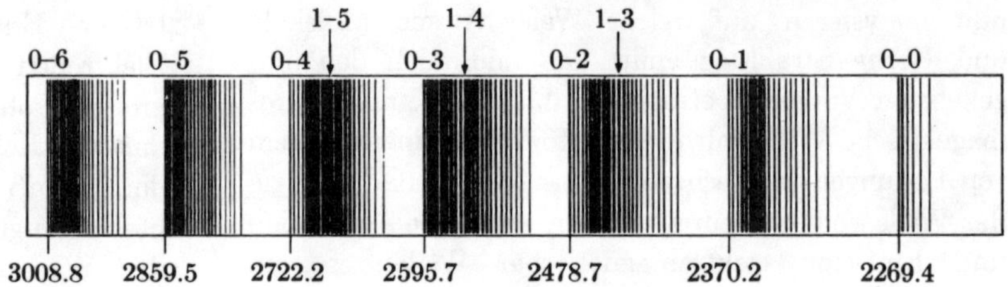

25.3 Vereinfachtes Molekülspektrum von Stickstoffoxyd (NO) zwischen 3100 Å und 2100 Å. Die unteren Zahlen geben die Wellenlängen der ersten Linie jeder Bande, die oberen geben die zugeordneten Werte der Schwingungsniveaus, die für den Übergang verantwortlich sind. [Frei nach einer Aufnahme aus *Spectra of Diatomic Molecules*, G. Herzberg. New York, D. Van Nostrand Co., 1950.]

Molekülspektren erstrecken sich vom fernen Infrarot bis zum Ultraviolett. Sie bestehen aus Gruppen von Frequenzen, die sehr ähnliche Werte haben und daher in einem Spektroskop geringer Auflösung als helle Banden erscheinen. Aus diesem Grund nennt man Molekülspektren auch *Bandenspektren*. Abbildung 25.3 zeigt die Bandengruppierung im NO-Spektrum.

Kernspektren fallen schließlich in die Röntgen- und γ-Bereiche. Die Frequenzen sind auf eine recht komplizierte Weise angeordnet, die wir wieder in Abschnitt 25.13 betrachten werden.

Eine wichtige Aufgabe ist es, diese verschiedenen Spektren zu erklären. Die grundlegenden Ideen, die zu ihrer Erklärung entwickelt wurden, werden in diesem Kapitel betrachtet.

25.3 ABSORPTION ELEKTROMAGNETISCHER STRAHLUNG DURCH ATOME, MOLEKÜLE UND KERNE

Wenn eine elektromagnetische Welle mit einem System von Ladungen, wie z.B. einem Atom, einem Molekül oder einem Kern in Wechselwirkung tritt, stören das elektrische und magnetische Feld der Welle die Bewegung der Ladung. In der Sprache der klassischen Physik könnten wir sagen, daß die Welle der natürlichen Bewegung der Ladungen eine erzwungene Schwingung auferlegt. Das führt zu einer Absorption von Energie durch das System von Ladungen. Ein klassischer Oszillator reagiert am leichtesten, wenn die Frequenz der erzwungenen Schwingungen die gleiche ist wie seine natürliche Frequenz; diese Situation bezeichnet man als *Resonanz*. Wenn Resonanz vorliegt, ist die Rate, mit der der Oszillator Energie absorbiert, maximal (Erinnern Sie sich an Abschnitt 9.12).

Man hat experimentell gefunden, daß Atome, Moleküle, Kerne und ganz allgemein jede Ansammlung geladener Teilchen, eine Reihe von Resonanzfrequenzen aufweisen, bei welchen es zu einer starken Absorption elektromagnetischer Strahlung kommt. Bei allen anderen Frequenzen ist die Absorption vernachlässigbar. Die Resonanzfrequenzen stellen das *Absorptionsspektrum* der Substanz dar. Wenn ein System elektromagnetische Strahlung absorbiert, geht es in einen anderen Zustand höherer Energie, oder in

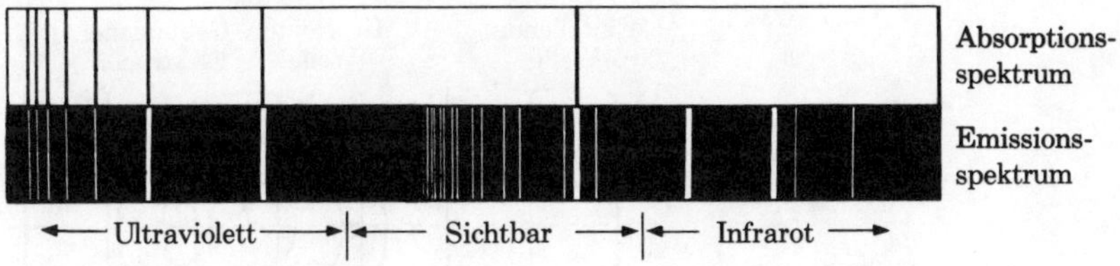

25.4 Vergleich des Linienabsorptions- und des Linienemissionsspektrums von Natriumdampf. [Mit liebenswürdiger Genehmigung von A. B. Arons, *Development of Concepts of Physics*, Addison-Wesley, 1965.]

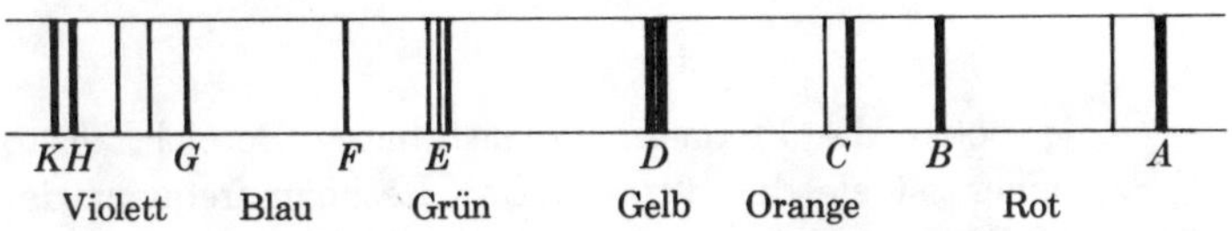

25.5 Die dunklen Fraunhoferschen Linien im sichtbaren Bereich des Sonnenspektrums. Nur wenige der besonders deutlichen Linien sind hier dargestellt.

einen angeregteren Zustand über. Die Erfahrung hat folgendes gezeigt:

Die Frequenzen, die man im Absorptionsspektrum eines Systems von Ladungen beobachtet, werden auch im Emissionsspektrum des Systems beobachtet.

In Abb. 25.4 haben wir z.B. das Absorptions- und das Emissionsspektrum von Natrium verglichen. Man kann sehen, daß alle Linien, die im Absorptionsspektrum erscheinen, auch im Emissionsspektrum vorhanden sind (obwohl das Gegenteil nicht zutrifft, siehe Abschnitt 25.11).

Historisch wurden Absorptionsspektren von dem englischen Wissenschaftler William Wollaston 1802 entdeckt, als er das Licht von den Sonne mit einem Spektroskop analysierte. Wollaston beobachtete sieben dunkle Linien gegen einen durchgehend farbigen Hintergrund. Einige Jahre später identifizierte Fraunhofer mit einem besseren Instrument noch wesentlich mehr dunkle Linien, die er mit *A*, *B*, *C*, ... markierte. Bis heute wurden mehr als 15.000 dunkle Linien, sogenannte *Fraunhofersche Linien*, im Spektrum der Sonnenstrahlung erkannt, die sich vom infraroten zum ultravioletten Bereich erstrecken. Einige Linien des sichtbaren Bereichs sind in Abb. 25.5 gezeigt.

Wie zuerst von Kirchhoff vorgeschlagen, entstehen die Fraunhoferschen Linien durch die Absorption der entsprechenden Frequenzen durch die Atome und Moleküle in der Atmosphäre der Sonne und der Erde, welche die Strahlung passieren muß. Ähnliche Absorptionslinien wurden in der Strahlung von anderen Sternen beobachtet und liefern so einen Schlüssel für die Zusammensetzung ihrer Atmosphären. Es ist bemerkenswert, daß die Existenz von Helium noch bevor es auf der Erde gefunden wurde, aufgrund der entsprechenden Fraunhoferschen Linien vermutet wurde, die man keinem bekannten irdischen Element zuschreiben konnte.

25.4 STREUUNG ELEKTROMAGNETISCHER WELLEN AN GEBUNDENEN ELEKTRONEN

Wenn eine elektromagnetische Welle durch ein Atom (oder Molekül) tritt, stört es die Bewegung der gebundenen Elektronen, wie im vorhergehenden Abschnitt erklärt; das Atom (oder Molekül) kann dann in einem angeregten Zustand zurückbleiben. Über den umgekehrten Vorgang kann das angeregte Atom, da die Elektronen als erzwungen schwingende elektrische Dipole wirken, elektromagnetische Strahlung der gleichen Frequenz wie die einfallenden Wellen emittieren. Die Energie, die das Atom emittiert, wurde von den gebundenen Elektronen des Atoms aus der einfallenden Welle herausabsorbiert. Man nennt diesen

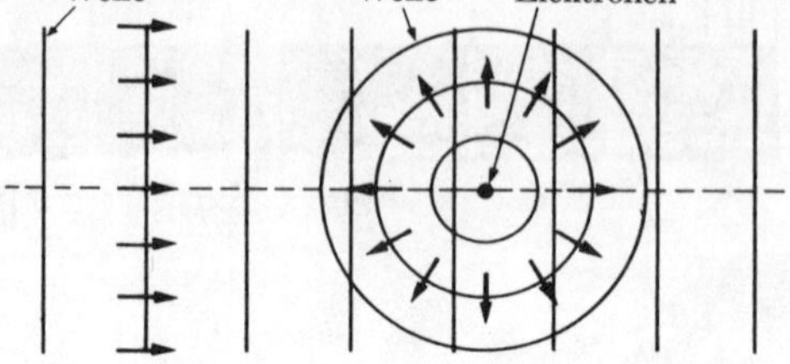

25.6 Streuung der Strahlung an einem gebundenen Elektron.

Vorgang *Streuung*, die emittierte Strahlung ist die *gestreute Welle* (Abb. 25.6).

Die Streuung hilft, die Intensität der primären oder einfallenden Welle zu vermindern, da die Energie, die aus der Welle absorbiert wird, in alle Richtungen emittiert wird, was zu einer effektiven Entfernung der Energie aus der Primärstrahlung führt.

Man hat experimentell beobachtet, daß die Intensität der gestreuten Wellen von der Frequenz der Primärwelle und dem Streuwinkel abhängt. Eine wichtige Eigenschaft ist die, daß *die gestreuten Wellen eine größere Intensität aufweisen, wenn die Frequenz der einfallenden Strahlung gleich einer der Frequenzen des Atom- (oder Molekül-) Spektrums ist.* Dieses Ergebnis bezeichnet man als *Resonanzfluoreszenz.** Mann sollte dieses physikalische Verhalten erwarten, da es offensichtlich scheint, daß die Intensität der gestreuten Strahlung bei jenen Frequenzen größer sein muß, bei welchen die Energieabsorption aus der Welle größer ist; das sind die gleichen Frequenzen wie die des Emissionsspektrums des Atoms. Die Streuung kann jedoch auch bei Frequenzen, die von jenen des Emissionsspektrums verschieden sind, noch beträchtlich sein.

Eine andere interessante Eigenschaft ist die, daß für Gase, deren Moleküle ein Emissionsspektrum im Ultraviolettbereich haben, die Streuung der elektromagnetischen Wellen im sichtbaren Bereich mit der Frequenz zunimmt. Das kann man leicht verstehen: je höher die Frequenz im sichtbaren Bereich, desto näher ist sie der ultravioletten Resonanzfrequenz der Moleküle und desto größer ist auch die Amplitude der erzwungenen Schwingungen. Das führt zu einer stärkeren Streuung. Zum Beispiel wird die Helligkeit und blaue Farbe des Himmels auf die Streuung des Sonnenlichts an den Luftmolekülen zurückgeführt. Insbesondere ist die blaue Farbe das Ergebnis der stärkeren Streuung der höheren Frequenzen (oder kürzeren Wellenlängen). Der gleiche Vorgang liegt auch den hellen roten Farben zugrunde, die man bei Sonnenaufgang und Sonnenuntergang beobachtet, wenn die Sonnenstrahlen eine sehr dicke Luftschicht durchqueren, bevor sie die Erdoberfläche erreichen. Das führt zu einer ausgeprägten Schwächung der hohen Frequenzen (oder kurzen Wellenlängen) aufgrund der Streuung.

Streuung kann auch durch kleine Teilchen (wie Rauch oder Staub) oder Wassertröpfchen (wie Wolken), die in der Luft suspendiert sind, hervorgerufen werden. Flüssigkeiten, die eine Suspension von Teilchen enthalten, wie z.B. ein Kolloid, zeigen eine starke Streuung. Man spricht von einem *Tyndall-Effekt*.

Wenn die Primärstrahlung linear polarisiert ist, sind die elektrischen Dipolschwingungen der Atome, wie z.B. S, (Abb. 25.7a) in der festgelegten Richtung des elektrischen Feldes der Welle und die Streustrahlung, wie SA, SB, SC, u.s.w., hat die Polarisierungseigenschaften der elektrischen Dipolstrahlung (Abb. 25.7a). Aber selbst wenn die einfallende Strahlung nicht polarisiert ist, ist die Streustrahlung immer teilweise polarisiert. Wir wollen als nächstes eine nicht polarisierte einfallende Welle betrachten (Abb. 25.7b). Die elektrischen Dipolschwingungen, die im Atom S induziert werden, sind parallel zum elektrischen Feld

*Im sichtbaren Bereich des elektromagnetischen Spektrums nennt man die Lumineszenz, die in einer Substanz durch Absorption und anschließende Emission von Strahlung induziert wird, *Fluoreszenz*, wenn die Zeitverschiebung zwischen Absorption und Emission weniger als 10^{-8} s beträgt. Wenn die Verzögerung größer ist, bezeichnet man das Phänomen als *Phosphoreszenz*. Fluoreszenz- und Phosphoreszenzstrahlung haben nicht notwendigerweise die gleiche Frequenz.

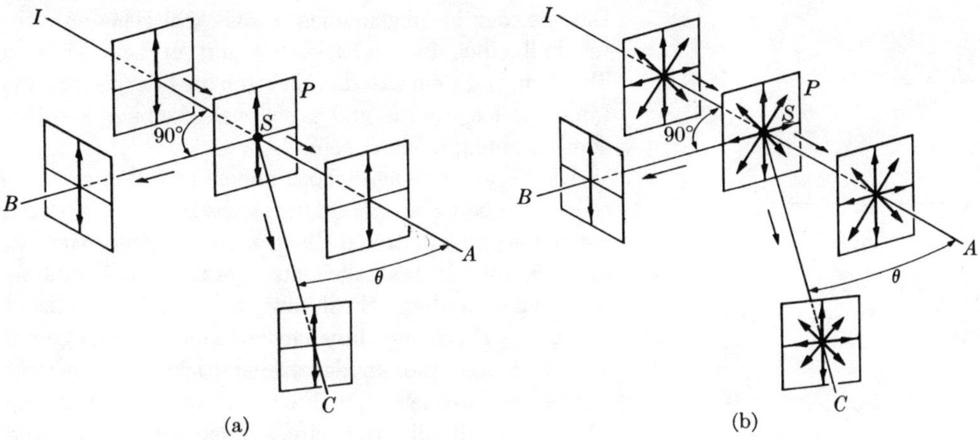

25.7 Polarisation der Streustrahlung. (a) Linear polarisierte und (b) nicht polarisierte einfallende Strahlung.

der Welle und daher alle in einer Ebene P senkrecht zur Ausbreitungsrichtung IA der einfallenden Welle. Die Polarisierung der Streustrahlung in jeder Richtung hängt von der Richtung der Dipolschwingungen ab und ist daher nicht immer fixiert, wenn die einfallende Welle nicht polarisiert ist. Für jede Richtung SB senkrecht zu IS ist jedoch die Streustrahlung parallel zur Ebene P und senkrecht zu IS linear polarisiert, da für diese Richtungen die Dipole immer in einer solchen Ebene oszillieren. Für andere Richtungen hängt der Grad der Polarisierung der Streustrahlung vom Winkel ab, den die Richtung der Streuung mit IA bildet. Wenn die einfallende Strahlung nicht polarisiert ist, ist die Streustrahlung längs IA völlig unpolarisiert.

25.5 STREUUNG ELEKTROMAGNETISCHER STRAHLUNG AN FREIEN ELEKTRONEN. DER COMPTON-EFFEKT

Die Streuung elektromagnetischer Strahlung an freien Elektronen weist gewisse Besonderheiten auf, die es erforderlich machen, sie getrennt von der Streuung an gebundenen Elektronen zu besprechen. Wie wir gesehen haben, ist die Streuung ein zweifacher Vorgang, bei welchem ein Elektron Energie aus einer elektromagnetischen Welle absorbiert und sie als Streustrahlung emittiert. Wir müssen uns vor Augen halten, daß eine elektromagnetische Welle Energie und Impuls trägt; wenn die Energie E aus der Welle entfernt wird, muß auch eine entsprechende Menge an Impuls $p = E/c$ aus der Welle entfernt werden.

Ein freies Elektron kann jedoch nicht eine Menge an Energie E absorbieren und gleichzeitig einen Impuls $p = E/c$ zugewinnen, da die Beziehung zwischen kinetischer Energie und Impuls für ein Elektron

$$E_k = c\sqrt{m_e^2c^2 + p_e^2} - m_ec^2 \approx p_e^2/2m_e$$

lautet. Diese Beziehung ist mit der Beziehung $p = E/c$ unverträglich, wenn $E = E_k$, wie es der Energieerhaltungssatz fordert. Wir müßten dann daraus schließen, daß ein freies Elektron keine elektromagnetische Energie absorbieren kann ohne das Prinzip der Impulserhaltung zu verletzen. Der Student könnte sich dann darüber wundern, warum wir bei der Diskussion der Streuung und Absorption elektromagnetischer Wellen durch gebundene Elektronen im vorhergehenden Abschnitt das Problem des Impulses überhaupt nicht erwähnten. Der Grund ist folgender: Die Erhaltung des Impulses und der Energie gilt in beiden Fällen; im Fall eines gebundenen Elektrons verteilen sich absorbierter Impuls und Energie auf das Elektron und das Ion, das den restlichen Teil des Atoms darstellt; es ist immer möglich, sowohl die Energie als auch den Impuls im richtigen Verhältnis aufzuspalten. Das Ion trägt jedoch, da es eine viel größere Masse hat, (zusammen mit einem Teil des Impulses) nur einen kleinen Bruchteil der verfügbaren

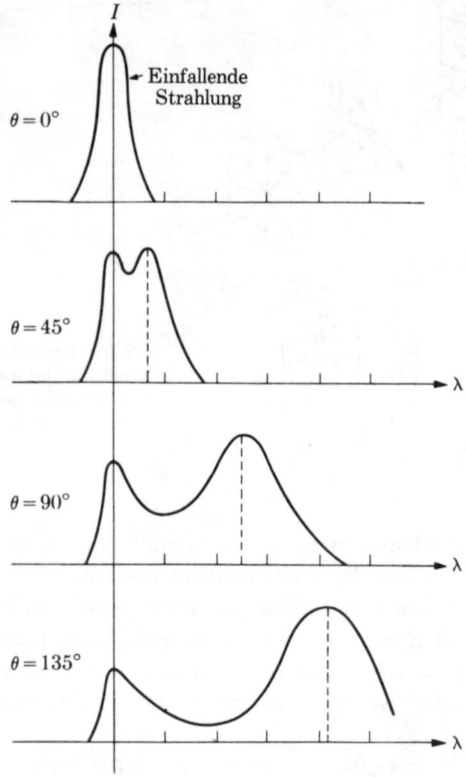

25.8 Intensitätsverteilung der Strahlung, die an einem freien Elektron gestreut wird, bei verschiedenen Streuwinkeln.

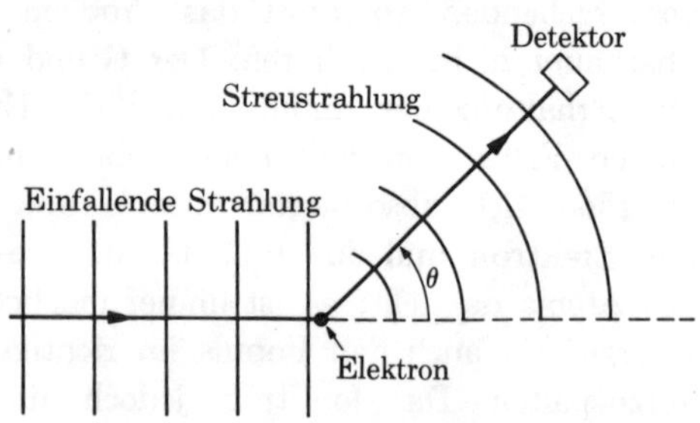

25.9 Geometrie bei der Compton-Streuung.

Energie, der im allgemeinen außer Acht gelassen wird. Im Fall eines freien Elektrons gibt es kein anderes Teilchen, mit dem sich das Elektron die Energie und den Impuls teilen könnte, und es sollte also keine Absorption oder Streuung möglich sein.

Die Versuche sehen jedoch anders aus. Wenn wir die elektromagnetische Strahlung analysieren, die durch einen Bereich mit freien Elektronen durchgegangen ist, beobachten wir zusätzlich zur einfallenden Strahlung noch eine andere Strahlung mit *unterschiedlicher* Frequenz. Diese neu hinzugekommene Strahlung wird als Strahlung, die an den freien Elektronen gestreut wurde, interpretiert. Die Frequenz der Streustrahlung ist *kleiner* als die der einfallenden Strahlung, und die Wellenlänge der Streustrahlung ist dementsprechend *größer* als die einfallende Wellenlänge (Abb. 25.8). Die Wellenlänge der Streustrahlung ist außerdem für jede Streurichtung verschieden. Dieses interessante Phänomen wird als *Comptoneffekt* bezeichnet, nach dem amerikanischen Physiker A. H. Compton (1892–1962), der sie in den 20er Jahren als erster beobachtete und analysierte.

Compton fand, wenn λ die Wellenlänge der einfallenden Strahlung und λ' die der Streustrahlung ist, daß λ' nur von der Richtung der Streuung abhängt. Das heißt, wenn θ der Winkel zwischen den einfallenden Wellen und der Richtung ist, in der die gestreuten Wellen beobachtet werden (Abb. 25.9), wird die Wellenlänge der Streustrahlung λ' nur durch den Winkel θ bestimmt. Die experimentelle Beziehung ist

$$\lambda' - \lambda = \lambda_C(1 - \cos\theta), \tag{25.1}$$

wobei λ_C eine Konstante ist, deren Wert

$$\lambda_C = 2{,}4262 \cdot 10^{-12}\,\mathrm{m}$$

ist, wenn λ und λ' in Metern gemessen werden. Man bezeichnet sie als *Comptonwellenlänge der Elektronen*.

Da $\lambda = c/\nu$, wobei ν die Frequenz der Wellen ist, können wir (25.1) in der Form

$$\frac{1}{\nu'} - \frac{1}{\nu} = \frac{\lambda_C}{c}(1 - \cos\theta) \tag{25.2}$$

schreiben. Die Streuung einer elektromagnetischen Welle an einem Elektron kann als «Stoß» zwischen der Welle und dem Elektron betrachtet werden, da sie einen Austausch von Energie und Impuls bedeutet. Da die Welle sich mit der Geschwindigkeit c ausbreitet und ihre Energie—Impuls-Beziehung $E = cp$ ähnlich der eines Teilchens mit der Ruhemasse null ist, muß die Streuung einem Stoß ähneln, bei welchem eines der Teilchen eine Ruhemasse null hat und sich mit der Geschwindigkeit c bewegt. Diese Art von Stoß wird unten besprochen, wo gezeigt wird, daß, wenn E und E' die Energien des Teilchens der Ruhemasse null vor und nach dem Stoß sind,

$$\frac{1}{E'} - \frac{1}{E} = \frac{1}{m_e c^2}(1 - \cos\theta), \qquad (25.3)$$

gilt, wobei m_e die Ruhemasse des anderen am Stoß beteiligten Teilchens ist, in diesem Fall die des Elektrons. Die Ähnlichkeit zwischen (25.2) und (25.3) ist bemerkenswert und geht über eine einfache algebraische Ähnlichkeit hinaus. Beide Gleichungen gelten für Stoßprozesse im allgemeinen Sinn und die Energie—Impuls-Beziehung $E = cp$ für eine elektromagnetische Welle ist vom gleichen Typ wie die, die einem Teilchen der Ruhemasse null entspricht, für welches (23.3) zutrifft. Der offensichtliche Schluß ist der, die Frequenz ν und die Energie E zueinander in Beziehung zu setzen, indem man schreibt

$$E = h\nu, \qquad (25.4)$$

wobei h eine universelle Konstante ist, die die Proportionalität zwischen der Frequenz einer elektromagnetischen Welle und ihrer Energie herstellt, die am «Stoßvorgang» beteiligt ist. (25.3) wird dann zu

$$\frac{1}{h\nu'} - \frac{1}{h\nu} = \frac{1}{m_e c^2}(1 - \cos\theta),$$

was auch als

$$\frac{1}{\nu'} - \frac{1}{\nu} = \frac{h}{m_e c^2}(1 - \cos\theta) \qquad (25.5)$$

geschrieben werden kann und identisch mit (25.2) ist. Um das Äquivalent von (25.1) zu erhalten, multipliziert man (25.5) mit c und setzt $\lambda = c/\nu$ ein. Das Ergebnis ist

$$\lambda' - \lambda = \frac{h}{m_e c}(1 - \cos\theta). \qquad (25.6)$$

Die Comptonwellenlänge eines Elektrons, λ_c, hängt mit der Masse des streuenden Elektrons über

$$\lambda_C = \frac{h}{m_e c} \qquad (25.7)$$

zusammen. Aus den bekannten Werten λ_C, m_e und c können wir für die neue Konstante h den Wert

$$h = 6{,}6256 \cdot 10^{-34}\ \mathrm{J\,s} \quad \text{oder} \quad \mathrm{m^2\,kg\,s^{-1}}$$

berechnen. Das ist genau der Wert der *Planckschen Konstanten*, die im Abschnitt 18.4 im Zusammenhang mit der Quantelung des Drehimpulses eingeführt wurde.

Ein Proton, das eine andere Masse als ein Elektron hat, hat eine berechnete Comptonwellenlänge (unter Verwendung des obigen Wertes von h) von

$$\lambda_{C,p} = \frac{h}{m_p c} = 1{,}3214 \cdot 10^{-15}\ \mathrm{m}.$$

Dieses Ergebnis wurde experimentell bestätigt, was uns die Richtigkeit unserer Annahme (25.4) bestätigt. Da jedoch die Comptonwellenlänge eines Protons viel kleiner ist als die eines Elektrons, ist der Comptoneffekt viel weniger deutlich.

Wir können daraus schließen, daß wir die *Streuung elektromagnetischer Strahlung an einem freien Elektron dadurch erklären können, daß wir den Prozeß mit dem Stoß eines freien Elektrons und eines Teilchens der Ruhemasse null gleichsetzen.*

Stöße, an welchen Teilchen mit der Ruhemasse null beteiligt sind Wir wollen die Energie eines Teilchens der Ruhemasse null vor und nach dem Stoß mit E und E' bezeichnen; dann sind

$$p = \frac{E}{c} \quad \text{und} \quad p' = \frac{E'}{c}$$

die entsprechenden Werte für den Impuls. Wir nehmen an, daß das andere Teilchen (Elektron) ursprünglich in Ruhe ist. Wenn der Impuls des Teilchens nach dem Stoß mit $\boldsymbol{p}_e$ gegeben ist, ergeben die Prinzipien der Erhaltung der Energie und des Impulses

$$\boldsymbol{p} = \boldsymbol{p}' + \boldsymbol{p}_e, \qquad (25.8)$$

$$E + m_e c^2 = E' + c\sqrt{m_e^2 c^2 + p_e^2}. \qquad (25.9)$$

Aus (25.8) erhalten wir

$$\boldsymbol{p}_e = \boldsymbol{p} - \boldsymbol{p}'.$$

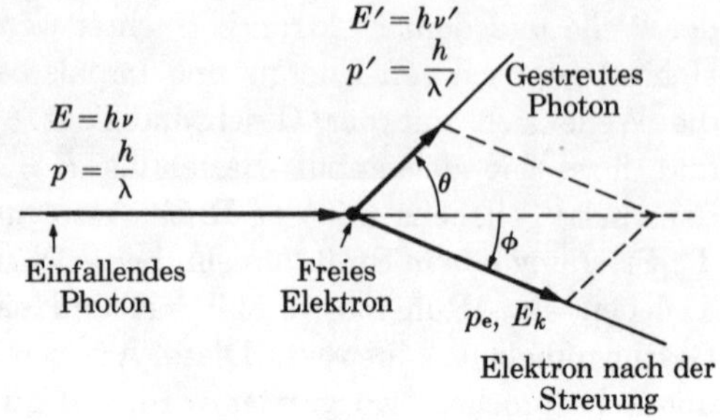

25.10 Impuls- und Energiebeziehungen bei der Compton Streuung.

Durch Quadrieren erhalten wir

$$p_e^2 = p^2 + p'^2 - 2\mathbf{p} \cdot \mathbf{p}'$$
$$= \frac{1}{c^2}(E^2 + E'^2 - 2EE' \cos \theta),$$

wobei θ der Winkel ist, um den das Teilchen der Ruhemasse null abgelenkt oder gestreut wurde. Auflösen von (25.9) nach p_e^2 ergibt

$$p_e^2 = \frac{(E + m_e c^2 - E')^2}{c^2} - m_e^2 c^2$$
$$= \frac{1}{c^2}[E^2 + E'^2 + 2(E - E')m_e c^2 - 2EE'].$$

Wenn wir die beiden Ergebnisse für p_e^2 gleichsetzen und gemeinsame Glieder herauskürzen, erhalten wir

$$E - E' = \frac{EE'}{m_e c^2}(1 - \cos \theta).$$

Division beider Seiten durch EE' ergibt

$$\frac{1}{E'} - \frac{1}{E} = \frac{1}{m_e c^2}(1 - \cos \theta),$$

was mit (25.3) übereinstimmt.

25.6 PHOTONEN

Unsere «Erklärung» des Comptoneffekts erfordert wegen ihrer weitreichenden Konsequenzen eine sorgfältige Analyse. Wir wollen zuerst unsere Annahmen wiederholen:

a) Die Streuung der elektromagnetischen Strahlung an einem freien Elektron kann als Stoß zwischen dem Elektron und einem Teilchen der Ruhemasse null betrachtet werden.

b) Die elektromagnetische Strahlung spielt die Rolle des Teilchens der Ruhemasse null, das wir der Kürze halber von nun an ein *Photon* nennen wollen.

c) Energie und Impuls des Teilchens der Ruhemasse null (oder Photon) stehen mit der Frequenz und Wellenlänge der elektromagnetischen Strahlung über

$$E = h\nu, \quad p = \frac{h}{\lambda} \qquad \text{(Energie und Impuls eines Photons)} \qquad (25.10)$$

in Beziehung. Der zweite Ausdruck ist auf die Tatsache zurückzuführen, daß

$$p = \frac{E}{c} = \frac{h\nu}{c} \qquad \text{und} \qquad \frac{\nu}{c} = \frac{1}{\lambda}.$$

Wir können uns den Comptoneffekt als den Stoß vorstellen, der in Abb. 25.10 dargestellt ist, bei welchem ein Photon der Frequenz ν mit einem ruhenden Elektron zusammenstößt und auf dieses eine gewisse Energie und einen gewissen Impuls überträgt. Als Ergebnis dieser Wechselwirkung ist die Energie des gestreuten Photons kleiner, und es hat eine entsprechend kleinere Frequenz ν'. Als weiteren Test muß man prüfen, ob das Elektron nach der Streuung einen Impuls hat, der gleich dem Unterschied zwischen dem Impuls des einfallenden Photons und dem des gestreuten Photons ist. Der Versuch ist schwierig, wurde jedoch durchgeführt und die Ergebnisse stimmen sehr gut überein.

Was ist die physikalische Bedeutung des Photonenkonzepts und der definierenden Beziehungen (25.10)?

Es besteht zunächst keine Notwendigkeit, sich die elektromagnetische Strahlung als einen Strom von Photonen bildlich vorzustellen.

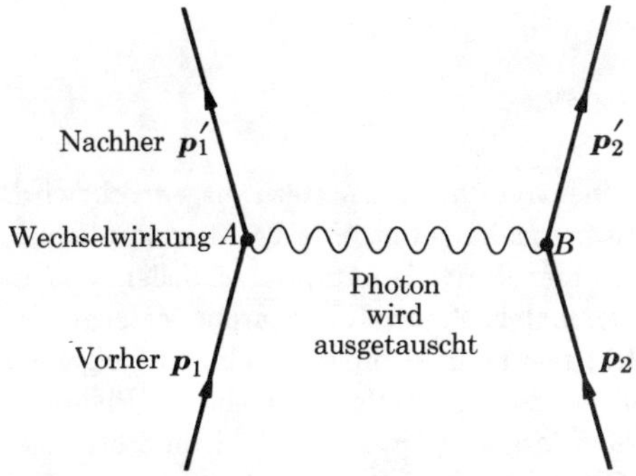

25.11 Elektromagnetische Wechselwirkung, als Photonenaustausch betrachtet. Die Photonen übertragen Energie und Impuls von einer Ladung auf die andere.

Wir können aber die Photonenergie $E = h\nu$ und den Impuls $p = h/\lambda$ als die Energie und den Impuls interpretieren, den das freie Elektron aus der einfallenden elektromagnetischen Welle aufgenommen hat. Die Photonenenergie $E' = h\nu'$ und der Impuls $p' = h/\lambda'$ sind dann die Energie und der Impuls, die vom Elektron in der Streustrahlung reemittiert werden. Das Elektron gewinnt eine kinetische Energie

$$E_k = E - E'$$

und einen Impuls

$$\boldsymbol{p}_e = \boldsymbol{p} - \boldsymbol{p}',$$

wie es die Energie- und Impulserhaltungssätze fordern. Wir können daher schließen, daß das Photon das «Quantum» der elektromagnetischen Energie und des Impulses ist, das in einem einzelnen Vorgang von einem geladenen Teilchen absorbiert oder emittiert wird. Es wird zur Gänze von der Frequenz der Strahlung bestimmt. Der Begriff des Photons ist nur auf Wechselwirkungen zwischen elektromagnetischer Strahlung und geladenen Teilchen anwendbar. Er spielt bei allen Vorgängen eine Rolle, bei welchen elektromagnetische Strahlung mit Materie wechselwirkt, nicht nur mit freien Elektronen. Wir können daher das folgende Prinzip formulieren:

Wenn eine elektromagnetische Welle mit einem Elektron (oder irgendeinem anderen geladenen Teilchen) in Wechselwirkung tritt, entsprechen die Mengen an Energie und Impuls, die bei diesem Vorgang ausgetauscht werden können, denen eines Photons.

Das soeben formulierte Prinzip ist eines der Grundgesetze der Physik. Man kann es auf alle Strahlungsprozesse anwenden, an welchen geladene Teilchen und elektromagnetische Felder beteiligt sind. Es leitet sich von keinem Gesetz ab, das wir schon früher besprochen hätten, sondern stellt ein völlig neues Prinzip dar, das auf der gleichen Ebene betrachtet werden muß wie so universelle Gesetze wie die Erhaltungssätze von Energie und Impuls. Die Entdeckung dieses Gesetzes im ersten Viertel dieses Jahrhunderts war ein Meilenstein in der Entwicklung der Physik.

Der Begriff des Photons legt eine einfache bildhafte Vorstellung der elektromagnetischen Wechselwirkung zwischen zwei geladenen Teilchen nahe, wie in Abb. 25.11 gezeigt. Die Wechselwirkung entspricht einem Austausch von Impuls und Energie. Die ursprünglichen Impulse $\boldsymbol{p}_1$ und $\boldsymbol{p}_2$ der Teilchen werden nach der Wechselwirkung zu $\boldsymbol{p}_1'$ und $\boldsymbol{p}_2'$. Obwohl die Wechselwirkung nicht auf einen bestimmten Augenblick festgelegt werden kann, haben wir sie der Einfachheit halber für einen bestimmten Zeitpunkt und an den Positionen A und B eingezeichnet. Teilchen 1 wechselwirkt mit Teilchen 2 mittels seines elektromagnetischen Feldes, mit dem Ergebnis, daß Teilchen 2 eine bestimmte Menge an Energie und Impuls vom Feld aufnimmt, was zu einer entsprechenden Änderung in seiner Bewegung führt. Die Bewegung des Teilchens 1 muß sich dann so anpassen, daß es dem neuen Feld entspricht, welches das ursprüngliche Feld minus ein Photon ist. Der umgekehrte Vorgang ist natürlich ebenfalls möglich, wobei Teilchen 1 ein Photon aus dem Feld von Teilchen 2 absorbieren kann. Wir können dann sagen, daß zwischen Teilchen 1 und 2 Photonen ausgetauscht wurden. Die vorhergehende

Diskussion läßt folgenden Schluß zu:

Die elektromagnetische Wechselwirkung kann als Ergebnis des Austauches von Photonen zwischen wechselwirkenden geladenen Teilchen betrachtet werden.

In Abb. 24.20 haben wir die Energie des Photons angegeben, wie sie mit den verschiedenen Bereichen des elektromagnetischen Spektrums verknüpft ist. Das Verhalten von Photonen bei ihrer Wechselwirkung mit der Materie steht in engem Zusammenhang zu ihrer Energie. Wenn wir das breite Spektrum der elektromagnetischen Strahlung betrachten, können wir leicht verstehen, warum seine verschiedenen Teile sich bei der Ausbreitung durch die Materie verschieden verhalten. Zum Beispiel werden die Wellen, die Photonen enthalten, deren Energie der Anregungsenergie der Elektronen in Atomen oder der Atome in Molekülen entsprechen, mit Atomen und Molekülen stärker in Wechselwirkung treten. Das ist der Fall bei infraroter, sichtbarer und ultravioletter Strahlung. Strahlung mit längerer Wellenlänge, die Photonen geringerer Energie trägt, zeigt im allgemeinen nur eine schwache Wechselwirkung mit Materie. Das ist der Fall bei Radiowellen. Wellen, die eine hohe Energie oder sehr kurze Wellenlängen haben, wie Röntgen- und γ-Strahlen, werden von der Materie ebenfalls nur schwach absorbiert; ihre Auswirkungen sind jedoch tiefgreifender und sie führen nicht nur zur Ionisation von Atomen und Molekülen, sondern in vielen Fällen auch zum Kernzerfall.

Beispiel 25.1 Energie eines Photons in Elektronenvolt, wenn seine Wellenlänge in Metern gegeben ist. Benutzen Sie das Ergebnis, um die Wellenlänge von Röntgenstrahlen durch die Beschleunigungsspannung auszudrücken, die an eine Röntgenröhre angelegt wird.

Lösung: Aus $E = h\nu$ und $\lambda\nu = c$ folgt, daß $E = hc/\lambda$. Es ist aber

$$hc = (6{,}6256 \cdot 10^{-34}\ \text{J s})(2{,}9979 \cdot 10^{-8}\ \text{m s}^{-1}) = 1{,}9863 \cdot 10^{-25}\ \text{J m}.$$

Da 1 eV $= 1{,}6021 \cdot 10^{-19}$ J, erhalten wir

$$hc = 1{,}2397 \cdot 10^{-6}\ \text{eV m}.$$

Daher ist

$$E = \frac{1{,}2397 \cdot 10^{-6}}{\lambda}\text{eV},$$

wobei E in Elektronenvolt und λ in Metern ausgedrückt wird.

Wie wir im Zusammenhang mit Abb. 24.14 erklärt haben, werden Röntgenstrahlen durch den Aufprall schneller Elektronen auf das Anodenmaterial einer Röntgenröhre erzeugt. Die Energie eines Elektrons kann als Folge aufeinanderfolgender Stöße abgestrahlt werden, die Anlaß zu mehreren Photonen geben, oder sie kann insgesamt in einem einzigen Stoß abgestrahlt werden. Die energiereichsten Photonen, die aus der Röntgenröhre kommen, wären daher diejenigen, die auf dem zuletzt genannten Weg entstehen. Sie entsprechen den kürzesten Wellenlängen. In anderen Worten: wenn V die Beschleunigungsspannung ist, sind die Wellenlängen der erzeugten Röntgenstrahlen gleich oder größer als der Schwellenwert der Wellenlängen, der die Beziehung

$$\lambda = \frac{1{,}2397 \cdot 10^{-6}}{V} = \frac{1{,}24 \cdot 10^{-6}}{V}\text{m}$$

erfüllt, da in diesem Fall die Energie E des Photons gleich der kinetischen Energie des Elektrons ist, welche ihrerseits wieder gleich V, ausgedrückt in Elektronenvolt, ist. Betrachten Sie z.B. eine Fernsehröhre, in der Elektronen durch einen Potentialunterschied von 18000 V beschleunigt werden. Wenn die Elektronen den Schirm der Röhre erreichen, werden sie plötzlich gestoppt, wobei sie aus dem gleichen Grund Röntgenstrahlen emittieren wie in einer Röntgenröhre. Die Intensität ist jedoch relativ gering. Die Mindestwellenlänge der Röntgenstrahlen, die erzeugt werden, wenn die Elektronen am Schirm gestoppt werden, ist

$$\lambda = 6{,}9 \cdot 10^{-11}\ \text{m}.$$

25.7 MEHR ÜBER PHOTONEN: DER PHOTOELEKTRISCHE EFFEKT

Ein anderer Vorgang, der den Photonenbegriff verdeutlicht, ist der *photoelektrische Effekt*. 1887 beobachtete Heinrich Hertz, daß er durch Belichtung der Elektroden, zwischen denen eine elektrische Entladung stattfindet, mit ultraviolettem Licht die Intensität der Entladung steigern konnte. Das ließ vermuten, daß in diesem Fall mehr geladene Teilchen oder Elektronen zur Verfügung standen. Ein Jahr später beobachtete Wilhelm Hallwachs (1859—1922) eine Elektronenemission, wenn die Oberflächen bestimmter Metalle, wie Zn, Rb, K, Na, u.s.w. belichtet wurden. Wegen der Methode zu ihrer

Erzeugung nennt man diese Elektronen *Photoelektronen*. Die Elektronenemission nimmt natürlich mit der Intensität der Strahlung zu, die auf die Metalloberfläche fällt, da dann mehr Energie zur Freisetzung der Elektronen zur Verfügung steht. Man beobachtet jedoch auch eine charakteristische Frequenzabhängigkeit. Das bedeutet, daß es für jede Substanz eine Mindestfrequenz ν_0 der elektromagnetischen Strahlung gibt, so daß bei geringeren Frequenzen als ν_0 keine Photoelektronen erzeugt werden, gleichgültig wie groß die Intensität der Strahlung ist.

Wir haben früher gesehen (Abschnitt 18.9), daß in einem Metall die Elektronen im oberen Band oder im Leitungsband sich mehr oder weniger frei durch das Kristallgitter bewegen können. Bei normalen Temperaturen treten diese Elektronen nicht aus dem Metall aus, da beim Entweichen eines Elektrons das elektrische Gleichgewicht des Metalls zerstört wird, welches dadurch positiv geladen wird und das Elektron wieder anzieht. Wir sagen daher, daß das Elektron durch eine Potentialschwelle an der Oberfläche des Körpers im Metall gehalten wird. Wenn das Elektron nicht genug Energie hat, um diese Schwelle zu überwinden, kann es nicht aus dem Metall entweichen (Abb. 25.12). Eine Möglichkeit, die Energie der Elektronen zu erhöhen, ist das Metall zu erhitzen. Die «verdampfenden» Elektronen werden dann als *thermische Elektronen* bezeichnet. Diese Art der Elektronenemission findet man in Elektronenröhren. Eine andere Möglichkeit, Elektronen aus dem Metall freizusetzen, ist die Absorption von Energie aus elektromagnetischer Strahlung.

Der photoelektrische Effekt ist ein Vorgang, bei welchem Leitungselektronen in Metallen und anderen Substanzen Energie aus dem elektromagnetischen Feld entnehmen und aus der Substanz entweichen. Wir wollen die Energie, die ein Elektron braucht, um aus einem bestimmten Metall zu entweichen, mit ϕ bezeichnen. Wenn das Elektron die Energie E absorbiert, wird der Unterschied $E - \phi$ als kinetische Energie des Elektrons auftauchen, und wir können schreiben

$$E_k = E - \phi. \tag{25.11}$$

Im Fall, daß E kleiner als ϕ ist, kommt es zu keiner Elektronenemission. Wenn E die Energie ist, die das Elektron aus der elektromagnetischen Strahlung absorbiert, und ν die Frequenz der Strahlung, ist nach (25.10)

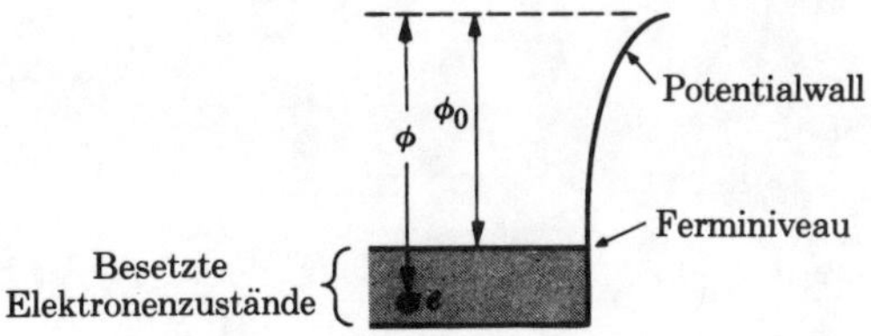

25.12 Austrittsarbeit eines Metalls.

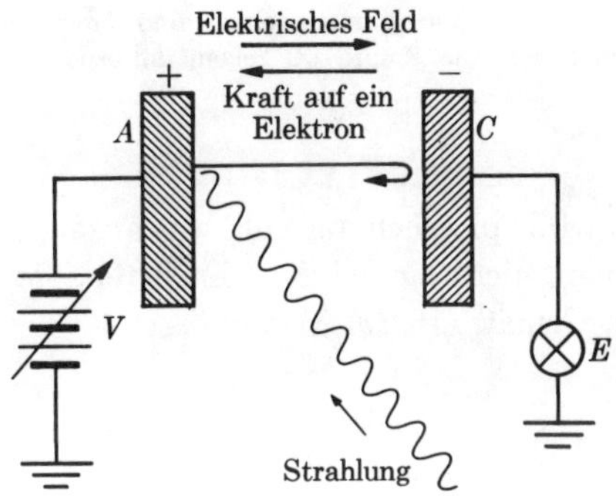

25.13 Experimentelle Anordnung zur Beobachtung des photoelektrischen Effekts.

$E = h\nu$. Wir können dann (25.11) als

$$E_k = h\nu - \phi \tag{25.12}$$

schreiben. Diese Gleichung wurde 1905, vor der Entdeckung des Comptoneffekts, von Albert Einstein vorgeschlagen. Nicht alle Elektronen erfordern die gleiche Energie ϕ, um aus dem Metall zu entweichen. Die Elektronen, die die obersten Zustände im Leitungsband besetzen, erfordern viel weniger Energie. Die Mindestenergie entspricht den Elektronen im obersten besetzten Niveau, dem sogenannten *Fermi-Niveau*. Wir nennen den Mindestwert ϕ_0 die *Austrittsarbeit* des Metalls (Abb. 25.12). Die maximale kinetische Energie der Elektronen ist

$$E_{k,\max} = h\nu - \phi_0. \tag{25.13}$$

Die maximale kinetische Energie $E_{k,\max}$ kann mittels der Methode, die in Abb. 25.13 gezeigt ist, gemessen werden. Indem man zwischen den Platten A und C einen Potentialunterschied V anlegt, kann man die Bewegung der Photoelektronen verzögern. Bei einer bestimmten Spannung V_0 fällt der Strom, der durch das Elektro-

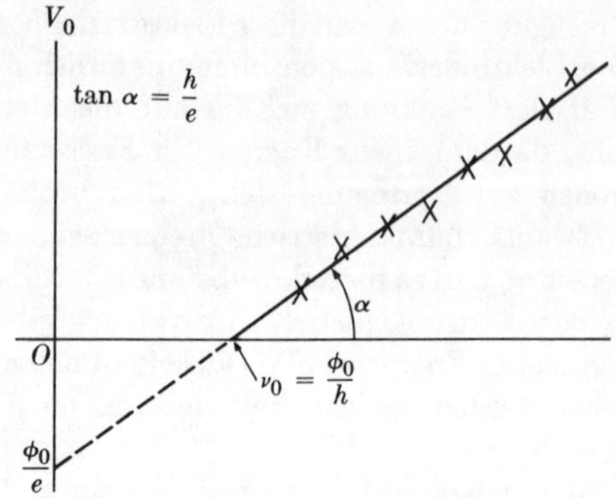

25.14 Beziehung zwischen Bremspotential und Frequenz beim photoelektrischen Effekt. Die Kreuze (X) zeigen die experimentellen Punkte an.

meter E angezeigt wird, plötzlich auf null, was anzeigt, daß keine Elektronen, nicht einmal die schnellsten, die Platte C erreichen. Gemäß (16.27) ist dann

$$E_{k,\max} = eV_0.$$

(25.13) wird zu

$$eV_0 = h\nu - \phi_0. \qquad (25.14)$$

Indem wir die Frequenz ν ändern, können wir eine Reihe von Werten für das Stoppotential V_0 erhalten. Wenn (25.14) richtig ist, sollte das Ergebnis einer Auftragung von V_0 gegen ν, wie in Abb. 25.14 gezeigt, eine Gerade sein. Der Anstieg der Geraden ist

$$\tan\alpha = \frac{h}{e}.$$

Wenn wir α messen, können wir unter Verwendung des bekannten Wertes von e die Plancksche Konstante h neu berechnen. Wir erhalten den gleichen Wert, den wir auch für den Comptoneffekt fanden. Diese Übereinstimmung kann als weitere Rechtfertigung des Photonenbegriffs betrachtet werden.

Aus (25.13) sehen wir, daß für die Frequenz $\nu_0 = \phi_0/h$ die kinetische Energie der Elektronen null ist. Daher ist ν_0 die Mindestfrequenz, bei der es zu einer Emission von Photoelektronen kommt. Man nennt sie die *kritische Frequenz* (Schwellenfrequenz). Bei kleineren Frequenzen als ν_0 gibt es überhaupt keine Emission.

Beachten Sie, daß wir bei unserer Diskussion des photoelektrischen Effekts die Erhaltung des Impulses nicht erwähnt haben. Der Grund ist wieder, daß das Elektron, das die elektromagnetische Strahlung absorbiert, an das Kristallgitter des Festkörpers oder ein Atom oder ein Molekül gebunden ist. Der Impuls des absorbierten Photons verteilt sich auf das Elektron und das Gitter, Atom oder Molekül. Wegen der relativ großen Masse des Gitters, Atoms oder Moleküls kann seine kinetische Energie jedoch vernachlässigt werden und wir können (ohne merklichen Fehler) annehmen, daß die gesamte Energie des Photons auf das Elektron übergeht.

25.8 STATIONÄRE ZUSTÄNDE

Das Vorhandensein von Emissions- und Absorptionsspektren, bestehend aus wohl definierten und charakteristischen Frequenzen, war ein Problem, das die Physiker zu Ende des letzten und zu Beginn dieses Jahrhunderts stark beschäftigte. Um dieses Problem zu lösen, brachte der dänische Physiker Niels Bohr (1885–1962) 1913 eine neue und revolutionierende Idee vor. Bohr wandte den Photonenbegriff an, den wir im vorhergehenden Abschnitt analysierten, und erweiterte die durch (25.10) ausgedrückten Annahmen. Nehmen Sie an, daß ein Atom in einem Energiezustand E Strahlung der Frequenz ν absorbiert und dadurch in einen anderen Zustand höherer Energie E' übergeht. Die Änderung in der Energie des Atoms ist $E' - E$. Andererseits muß die Energie, die in einem einzigen Vorgang aus der Strahlung absorbiert wird, die eines Photons sein, also $h\nu$. Die Erhaltung der Energie erfordert, daß beide Größen gleich sind. Daher ist

$$E' - E = h\nu. \qquad (25.15)$$

Diese Beziehung wird als *Bohrsche Beziehung* bezeich-

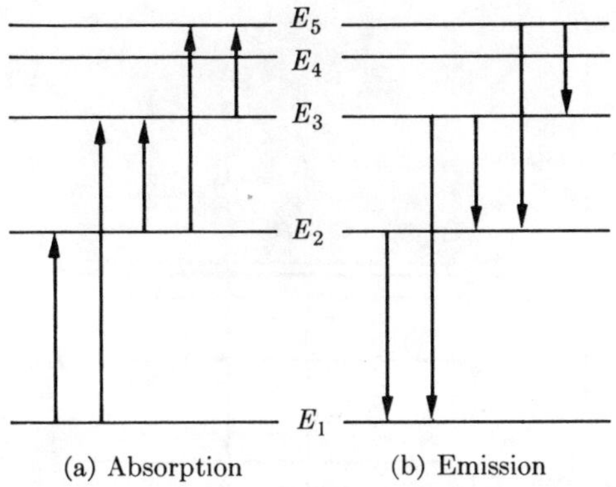

25.15 Übergänge zwischen stationären Zuständen. Die relativen Abstände zwischen den Energieniveaus und die erlaubten Übergänge hängen von der Natur des Systems ab.

net. Entsprechend muß auch, wenn ein Atom von einem Zustand höherer Energie E' in einen anderen Zustand E übergeht, die Frequenz der ausgesandten Strahlung durch (25.15) gegeben sein.

Die Tatsache, daß man nur bestimmte Frequenzen $\nu_1, \nu_2, \nu_3, \ldots$, in der Emission und Absorption beobachtet, kann man dadurch erklären, daß man annimmt, daß die Energie des Atoms nur bestimmte Werte E_1, E_2, E_3, ... annehmen kann. Diese Hypothese wurde bereits im Abschnitt 18.4 eingeführt. Sie werden sich daran erinnern, daß jeder erlaubte Energiewert als *Energieniveau* bezeichnet wird. Dann sind die einzig möglichen Frequenzen, welche zur Emission oder Absorption von Strahlung führen, jene, die einen Übergang zwischen zwei erlaubten Energieniveaus entsprechen, d.h.

$$\nu = \frac{E' - E}{h}.$$

Die Bohrschen Annahmen können daher wie folgt formuliert werden:

Die Energie eines Systems von Ladungen — entweder eines Atoms, eines Moleküls oder eines Kernes — kann nur bestimmte Werte E_1, E_2, E_3, ... annehmen, d.h. die Energie ist gequantelt. Die Zustände, die diesen Energien entsprechen, nennt man stationäre Zustände, die erlaubten Energiewerte werden als Energieniveaus bezeichnet.

Die Absorption elektromagnetischer Strahlung (oder einer anderen Energieform) führt zu einem Übergang des Atoms (oder Moleküls oder Kernes) von einem stationären Zustand in einen anderen höherer Energie. Die Emission elektromagnetischer Strahlung führt zum umgekehrten Prozeß. Die Frequenz der an einem der beiden Prozesse beteiligten Strahlung ist durch (25.15) gegeben. Einige Emissions- und Absorptionsübergänge sind in Abb. 25.15 schematisch dargestellt. Ein Vorgang, bei welchem ein Atom in seinem Grundzustand, mit A bezeichnet, ein Photon absorbiert und in einen angeregten Zustand übergeht, der mit A* bezeichnet wird, wird durch

$$A + h\nu \rightarrow A^*$$

beschrieben. Der umgekehrte Vorgang, die Emission eines Photons, kann durch

$$A^* \rightarrow A + h\nu$$

ausgedrückt werden.

Wenn ein System von Ladungen, entweder ein Atom, ein Molekül oder ein Kern, ein Photon absorbiert oder emittiert, geht es von einem stationären Zustand in einen anderen über.

Die Übernahme der Vorstellung stationärer Zustände führt innerhalb des Rahmens der klassischen Physik zu ernsthaften Schwierigkeiten. Wenn ein Elektron in einem Atom um den Kern kreist, hat seine Bewegung sowohl eine Tangential- wie eine Zentripetalbeschleunigung, d.h. seine Bewegung ist beschleunigt. Man könnte daher annehmen, daß das Elektron kontinuierlich Energie abstrahlt. Als Folge davon würde die Energie

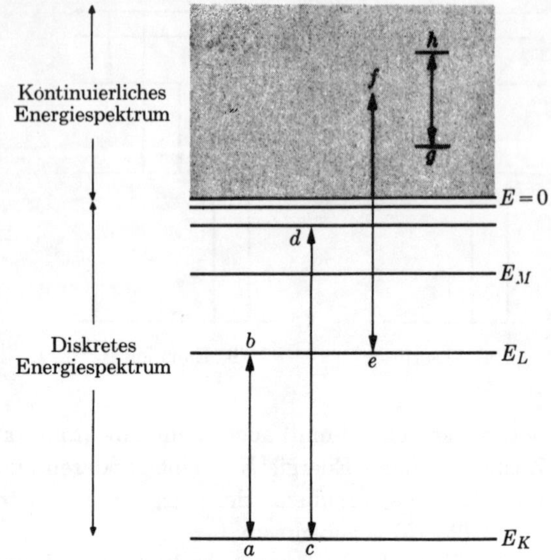

25.16 Diskretes und kontinuierliches Energiespektrum eines Elektron-Proton-Systems. Das diskrete Spektrum entspricht den stationären Zuständen des Wasserstoffatoms.

des Elektrons ständig abnehmen und seine Bahn würde schrumpfen. Das würde das Vorhandensein stationärer Zustände unmöglich machen. Es wurde jedoch weder eine Kontraktion der Materie noch eine mit ihr im Zusammenhang stehende Abstrahlung von Energie beobachtet. Da die Voraussagen der klassischen Elektrodynamik nicht befolgt werden, können wir schließen, daß ein Elektron (oder ein geladenes Teilchen), das sich in einem stationären Zustand bewegt, durch ein zusätzliches Prinzip regiert wird, das wir bis jetzt noch nicht in Betracht gezogen haben. Diese Prinzipien stellen einen Zweig der Physik dar, welcher als *Quantenmechanik* bezeichnet wird und den wir in Kapitel 30 betrachten werden.

Stationäre Zustände bilden nicht notwendigerweise ein diskretes Energiespektrum. In vielen Fällen sind alle Energiewerte in einem bestimmten Energiebereich (oder einer Bande) erlaubt, und es ergibt sich ein kontinuierliches Energiespektrum. Wir wollen als Beispiel den Fall eines Elektrons und eines Protons betrachten und die Energie als null annehmen, wenn sowohl das Elektron als auch das Proton in Ruhe ist und sie durch einen sehr großen Abstand getrennt sind. Dann sind alle stationären Zustände negativer Energie, welche den gebundenen Zuständen entsprechen, in welchen das Elektron sich unter Bildung eines Wasserstoffatoms um das Proton bewegt, gequantelt. Die Energie solcher Zustände kann nur bestimmte Werte E_K, E_L, E_M, ... annehmen (Abb. 15.16). Andererseits sind die Zustände positiver Energie nicht gequantelt und ihre Energie kann jeden beliebigen Wert haben. Diese Zustände sind ungebunden und entsprechen der Situation, in welcher ein Elektron aus sehr großer Entfernung und mit einer bestimmten anfänglichen kinetischen Energie gegen ein Proton geschleudert wird. Das Elektron wird, nachdem es nahe am Proton vorbeigeflogen ist, aus seiner ursprünglichen Bewegungsrichtung abgelenkt und entfernt sich ohne Bildung eines gebundenen Systems bis zu einem unendlichen Abstand. In diesem Fall wird die Energie des Systems durch die anfängliche kinetische Energie des Elektrons bestimmt, die man willkürlich wählen kann.

Übergänge können stattfinden zwischen zwei Zuständen des diskreten Energiespektrums, wie *ab* und *cd* in Abb. 25.16, oder zwischen einem Zustand des diskreten Spektrums und einem Zustand des kontinuierlichen Spektrums, wie *ef*, oder zwischen zwei Zuständen des kontinuierlichen Spektrums, wie *gh*.

Man muß darauf achten, daß die Bohrsche Beziehung (25.15)

$$E' - E = h\nu$$

nicht völlig korrekt ist. Wenn ein Atom, das sich im angeregten Zustand E' (Abb. 25.17a) befindet und im

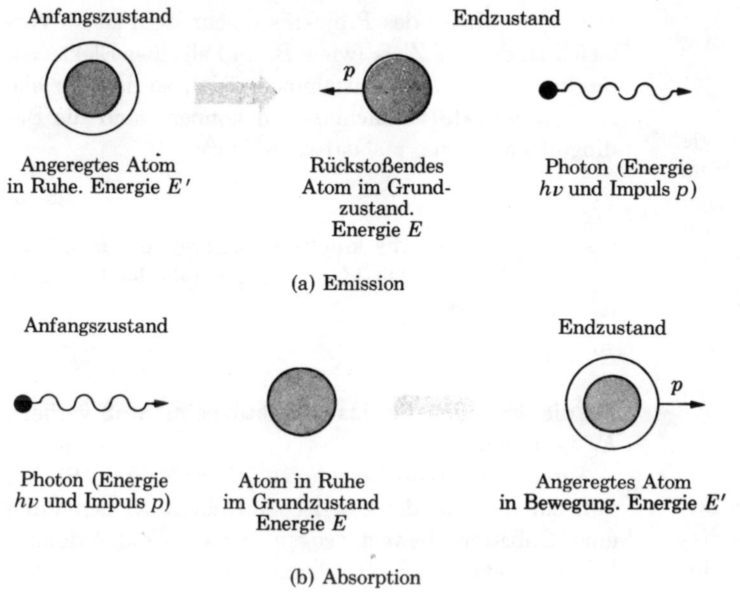

25.17 Rückstoßeffekte bei der Emission und Absorption von Strahlung.

L-Bezugssystem ruht, ein Photon der Energie $h\nu$ emittiert, hat das Photon auch einen Impuls

$$p = \frac{h\nu}{c}.$$

Die Erhaltung des Impulses erfordert, daß das Atom mit einem Impuls, der ebenfalls p ist, und daher mit der kinetischen Energie $p^2/2m_{\text{Atom}}$ zurückstößt. Wir müssen daher seine Emission zu

$$E' - E = h\nu + \text{(kinetische Rückstoßenergie des Atoms)}$$

schreiben. Wenn andererseits ein Atom, das sich in seinem Grundzustand E befindet und in L- System ruht (Abb. 25.17b), eine Photon mit der Energie $h\nu$ und dem Impuls $p = h\nu/c$ absorbiert, wird das Atom nicht nur auf einen Energiezustand E' angeregt, sondern auch mit einem Impuls p in Bewegung versetzt. Bei der Absorption müssen wir daher schreiben

$$h\nu = E' - E + \text{(kinetische Rückstoßenergie des Atoms)}.$$

Wir schließen daher:

Bei der Emission ist die Energie des Photons kleiner (bei der Absorption größer) als der Energieunterschied zwischen den beiden beteiligten Zuständen, und zwar um einen Betrag, der gleich der Rückstoßenergie des Systems ist.

Das gleiche Ergebnis gilt auch für Moleküle und Kerne. Im allgemeinen ist die Rückstoßenergie vernachlässigbar klein und kann in vielen Fällen völlig ignoriert werden, besonders bei Atom- und Molekülübergängen. Bei Kernübergängen sind die Rückstoßeffekte jedoch wegen der größeren Energie der Photonen von relativ größerer Bedeutung. Ein Weg, den Rückstoßeffekt so klein wie möglich zu halten, ist der, das Atom in ein Kristallgitter einzubetten. Die Rückstoßenergie ist dann $p^2/2m_{\text{Kristall}}$ und da m_{Kristall} sehr groß ist, ist die Rückstoßenergie sehr klein.

Beispiel 25.2 Rückstoßenergie eines Quecksilberatoms bei der Emission eines Photons der Energie 4,86 eV (sichtbarer Bereich) und eines ^{60}Ni-Kernes bei der Emission eines γ-Photons von 1,33 MeV.

Lösung: Der Impuls eines Photons von 4,86 eV ist $2{,}59 \cdot 10^{-27}$ m kg s^{-1}. Die Masse des Quecksilberatoms ist $3{,}34 \cdot 10^{-25}$ kg. Die Rückstoßenergie des Quecksilberatoms ist

$$\frac{p^2}{2m_{\text{Hg}}} = 1{,}008 \cdot 10^{-29}\ \text{J} = 6{,}3 \cdot 10^{-11}\ \text{eV},$$

was im Vergleich zur Energie des Protons vernachlässigbar und sehr schwierig nachzuweisen ist. Wir können daher den Rückstoßeffekt ignorieren und (25.15) benutzen.

Der Impuls eines Photons von 1,33 MeV ist $7{,}10 \cdot 10^{-12}$ m kg s^{-1}. Die Masse des Nickelatoms ist $1 \cdot 10^{-25}$ kg. Die

Rückstoßenergie ist daher

$$\frac{p^2}{2m_{\mathrm{Ni}}} = 2{,}52 \cdot 10^{-18}\ \mathrm{J} = 15{,}8\ \mathrm{eV}.$$

Die Größe ist zwar immer noch klein im Vergleich zur Energie des Photons, jedoch relativ von größerer Bedeutung als im Fall des Atoms. Außerdem ist diese Energie groß genug, um entdeckt zu werden. Im übrigen ist die Rückstoßenergie bei der γ-Emission in der Größenordnung der Bindungsenergie eines Atoms in einem Molekül und kann daher dazu führen, daß ein Atom vom Molekül dissoziiert wird. Dieser Vorgang wurde experimentell beobachtet.

25.9 EXPERIMENTELLER BEWEIS FÜR STATIONÄRE ZUSTÄNDE

Bisher haben wir die Vorstellung von stationären Zuständen als praktischen Begriff zu Erklärung des diskreten Spektrums eines atomaren Systems im Zusammenhang mit dem Photonenbegriff eingeführt. Das Vorhandensein von Übergängen zwischen stationären Zuständen wird jedoch durch viele Versuche eindeutig unterstützt. Das typischste Experiment ist das inelastischer Stöße, bei welchen ein Teil der kinetischen Energie des Projektils als innere Energie auf das Zielobjekt übertragen wird. Man bezeichnet solche Vorgänge als inelastische Stöße *erster Ordnung*. Inelastische Stöße *zweiter Ordnung* entsprechen dem umgekehrten Vorgang. (Erinnern Sie sich an Abschnitt 10.12.)

Nehmen Sie an, daß ein rasches Teilchen q mit einem anderen System A zusammenstößt, das ein Atom, Molekül oder Kern sein kann und das sich in seinem Grundzustand der Energie E_1 befindet. Als Ergebnis der Wechselwirkung zwischen Projektil und System (die eine elektromagnetische oder eine Kernwechselwirkung sein kann) findet ein Energieaustausch statt. E_2 sei die Energie des ersten angeregten Zustands des Systems. Der Stoß wird elastisch sein (d.h., die kinetische Energie wird erhalten bleiben), außer wenn das Projektil genügend kinetische Energie hat, um die Anregungsenergie $E_2 - E_1$ auf das Ziel zu übertragen. Wenn dieser Fall eintritt, ist der Stoß inelastisch, und wir können ihn durch

$$A + q_{\mathrm{rasch}} \rightarrow A^* + q_{\mathrm{langsam}}$$

ausdrücken, wobei A^* das angeregte Atom darstellt. Wenn die Masse des Projektils q sehr klein ist im Vergleich zu der des Ziels (wie z.B. im Fall eines Elektrons, das mit einem Atom zusammenstößt), so daß wir alle Rückstoßeffekte vernachlässigen können, sind die Bedingungen für den inelastischen Stoß

$$E_k \geq E_2 - E_1, \tag{25.16}$$

wobei $E_k = \frac{1}{2}mv^2$ die kinetische Energie des Projektils vor dem Stoß ist. Die kinetische Energie des Projektils nach dem Stoß ist

$$E_k' = E_k - (E_2 - E_1),$$

da die Energie, die das Projektil beim Stoß verliert, $E_2 - E_1$ ist.

Um ein konkretes Beispiel zu geben: Nehmen Sie an, daß ein Elektron der kinetischen Energie E_k sich durch eine Substanz bewegt, sagen wir Quecksilberdampf. Vorausgesetzt, daß E_k kleiner ist als die erste Anregungsenergie von Quecksilber, $E_2 - E_1$, sind alle Stöße elastisch und das Elektron bewegt sich unter sehr langsamen Verlust von Energie durch den Dampf. Wenn E_k jedoch größer als $E_2 - E_1$ ist, kann der Stoß inelastisch sein und das Elektron kann bei einem einzigen Zusammentreffen die Energie $E_2 - E_1$ verlieren. Wenn die anfängliche Energie des Elektrons nicht viel größer als $E_2 - E_1$ war, reicht die Energie des Elektrons nach dem inelastischen Stoß nicht aus, um andere Atome anzuregen. Die nachfolgenden Stöße des Elektrons werden elastisch sein. Wenn die kinetische Energie des Elektrons ursprünglich jedoch sehr groß war, kann es noch einige zusätzliche inelastische Stöße erleiden, wobei es bei jedem Stoß die Energie $E_2 - E_1$ verliert und zusätzliche angeregte Atome erzeugt, bevor es bis unter den Schwellenwert für inelastische Stöße verlangsamt wird.

Dieser Vorgang wurde zum ersten Mal 1914 von J. Franck und G. Hertz beobachtet. Ihre Versuchsanordnung ist in Abb. 25.18 schematisch dargestellt. Ein Heizfaden F emittiert Elektronen, die durch ein variables Potential V auf das Gitter G zu beschleunigt werden. Der Raum zwischen F und G ist mit Quecksilberdampf gefüllt. Zwischen dem Gitter G und der Sammelplatte P wird ein kleines Verzögerungspotential V' von ca 0,5 Volt angelegt, so daß die Elektronen, die nach einem oder mehreren inelastischen Stößen nunmehr eine geringe kinetische Energie haben, die Platte

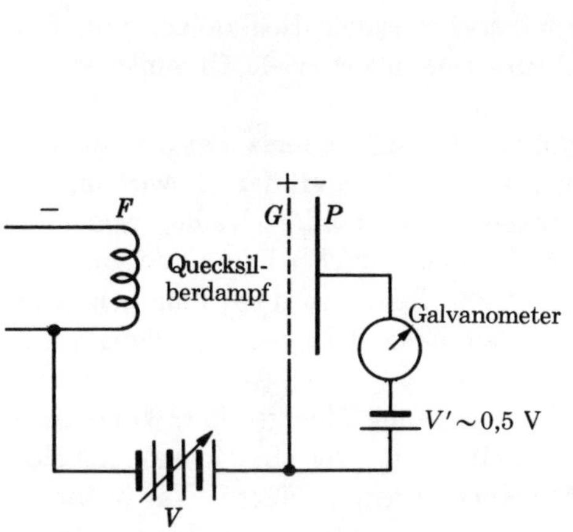

25.18 Versuchsanordnung nach Franck und Hertz zur Analyse inelastischer Stöße zweiter Ordnung.

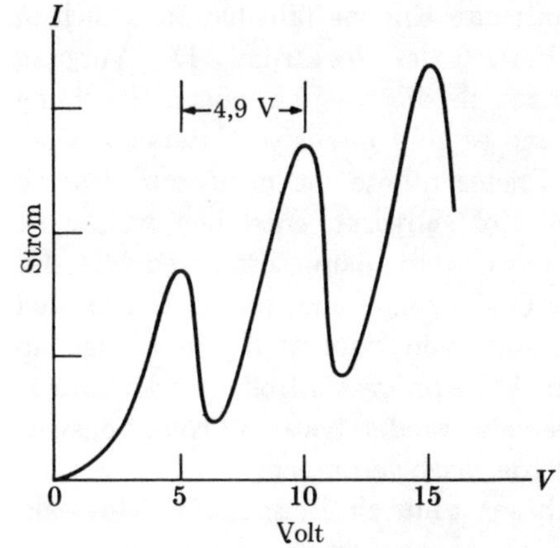

25.19 Elektronenstrom, aufgetragen gegen das Beschleunigungspotential beim Franck–Hertz-Versuch.

nicht erreichen können und durch das Galvonometer nicht mehr registriert werden. Mit zunehmendem V schwankt der Strom I an der Platte, wie in Abb. 25.19 gezeigt, wobei die Spitzenwerte im Abstand von ca 4,9 Volt registriert werden. Das erste Tal entspricht den Elektronen, die nach einem inelastischen Stoß mit einem Quecksilberatom ihre gesamte kinetische Energie verlieren, wobei das Quecksilberatom im angeregten Zustand zurückbleibt. Das zweite Tal entspricht den Elektronen, die inelastische Stöße mit zwei Quecksilberatomen erlitten und dabei ihre gesamte kinetische Energie verloren haben usw. Die angeregten Quecksilberatome kehren entsprechend

$$Hg^* \rightarrow Hg + h\nu$$

durch Emission eines Photons in ihren Grundzustand zurück, wobei $h\nu = E_2 - E_1$. Aus spektroskopischen Daten wissen wir, daß Quecksilberdampf, der angeregt wurde, Strahlung der Wellenlänge, $2{,}536 \cdot 10^{-7}$ m (oder 2536 Å) emittiert, was einem Photon der Energie $h\nu$ gleich 4,86 eV entspricht. Man bobachtet, daß Strahlung dieser Wellenlänge aus dem Quecksilberdampf kommt, wenn der Elektronenstrahl durch den Dampf tritt. Dieser einfache Versuch ist daher einer der eindeutigsten Beweise für die Existenz stationärer Zustände.

Ein ähnlicher Versuch ist die *Coulombanregung* von Kernen. Wenn z.B. ein Proton in die Nähe eines Kerns kommt, kann die elektrische Wechselwirkung zwischen den beiden zu einem inelastischen Stoß führen, der zur Anregung des Kerns auf eines der niedrigsten Energieniveaus führt. Der Kern kehrt durch Emission von Gamma-Photonen, die eine Energie in der Größenordnung von mehreren keV besitzen, in den Grundzustand zurück. Aus diesem Grund ist die Coulombanregung eine der wichtigsten experimentellen Methoden für den Nachweis und die Analyse niedrig angeregter stationärer Zustände von Kernen.

25.10 WECHSELWIRKUNG ZWISCHEN STRAHLUNG UND MATERIE

Die Wechselwirkung zwischen Strahlung und Materie ist einer der grundlegenden Vorgänge, der für viele im Universum vorkommenden Phänomene verantwortlich ist. Zum Beispiel unterliegt die Erde einem kontinuierlichen Fluß elektromagnetischer Strahlung von der Sonne, der durch den Prozeß der *Photosynthese* das Leben auf der Erde ermöglicht. Unter Photosynthese versteht man die Bildung neuer Verbindungen, hauptsächlich Kohlenhydrate, durch Synthese aus Kohlendioxyd und Wasser als Ergebnis der Absorption eines Photons; (eine Verbindung namens Chlorophyll spielt eine wichtige Rolle bei dieser Reaktion). Der Vorgang kann als

$$6CO_2 + 6H_2O + nh\nu \rightarrow C_6H_{12}O_6 + 6O_2$$

geschrieben werden. Die Zahl n der beteiligten Photonen

ist nicht bestimmt; ihre Energie fällt hauptsächlich in den sichtbaren Bereich des Spektrums. Der Vorgang ist viel komplizierter als die angeschriebene Gleichung vermuten ließe, und es sind intensive Untersuchungen im Gange. Die Photosynthese ist nicht nur deshalb wichtig, weil dabei Kohlenhydrate entstehen, welche die endgültige Nahrungs- und damit Energiequelle der meisten lebenden Organismen sind, sondern auch, weil sie durch Freisetzung von Sauerstoff die Menge an Sauerstoff in der Atmosphäre kontrolliert. Der Sauerstoff wird andererseits wieder bei den Oxydationsvorgängen auf der Erde rasch verbraucht.

Die Photosynthese ist nur ein Beispiel für viele Reaktionen, die durch die Absorption von Strahlung ausgelöst werden. Das Studium solcher Reaktionen bezeichnet man als *Photochemie*. Jede photochemische Reaktion erfordert Photonen einer bestimmten Energie. Ein anderes Beispiel für Vorgänge, die auf die Absorption von Strahlung zurückzuführen sind, ist die Dissoziation eines Moleküls durch Absorption eines Photons. Das heißt

$$AB + h\nu \rightarrow A + B.$$

Eine solche Reaktion, die von großer geophysikalischer und biologischer Bedeutung ist, ist die Dissoziation von Sauerstoff in der Atmosphäre durch Absorption ultravioletter Strahlen der Wellenlänge im Bereich von 1600 Å bis 2400 Å (d.h., von Photonen mit einer Energie zwischen 7,8 eV und 5,2 eV). Wir können diesen Vorgang durch die Gleichung

$$O_2 + h\nu \rightarrow O + O$$

ausdrücken. Der atomare Sauerstoff, der dabei produziert wird, verbindet sich mit molekularem Sauerstoff unter Bildung von Ozon, O_3, welches seinerseits eine photochemische Dissoziation erleidet, wenn es ultraviolette Strahlen der Wellenlänge zwischen 2400 Å und 3600 Å (d.h. Photonen der Energie zwischen 5,2 eV und 3,4 eV) absorbiert. Die Reaktion lautet

$$O_3 + h\nu \rightarrow O + O_2.$$

Diese beiden Reaktionen absorbieren ultraviolette Strahlen so stark, daß sie praktisch die gesamte ultraviolette Strahlung von der Sonne absorbieren, bevor sie die Erdoberfläche erreicht. Wenn diese ultraviolette Strahlung die Erdoberfläche erreichen könnte, würde sie aufgrund photochemischer Reaktionen mit Zellkomponenten, Enzymen u.s.w. viele Organismen zerstören.

Die Photographie ist ein weiteres Beispiel für eine photochemische Reaktion. Unter der Einwirkung der Strahlung zerfallen Silberbromidmoleküle, wobei die Silberatome auf einem emfindlichen Film ein sogenanntes latentes Bild erzeugen. Später wird der Film beim Entwicklungsvorgang so behandelt, daß ein dauerhaftes Bild entsteht.

Wenn ein Photon genug Energie hat, kann seine Absorption durch ein Atom oder ein Molekül zur Herausschleuderung eines Elektrons führen. Was bleibt, ist ein ionisiertes Atom oder Molekül. Wir können diesen Vorgang als

$$A + h\nu \rightarrow A^+ + e^-$$

schreiben. Dieser Vorgang, den man als *Photoionisation* bezeichnet, entspricht dem photoelektrischen Effekt bei Metallen, der in Abschnitt 25.7 besprochen wurde. Aus diesem Grund wird er auch *atomarer photoelektrischer Effekt* genannt. Als Folge der Photoionisation ruft ein Bündel ultravioletter, Röntgen- oder γ-Strahlen beim Durchtritt durch die Materie längs seines Weges eine Ionisation hervor. Die Energie, die erforderlich ist, um ein Elektron aus einem Atom oder Molekül zu entfernen, mit I bezeichnet, nennt man das *Ionisationspotential*. Die kinetische Energie des so entfernten Elektrons ist dann durch

$$E_k = h\nu - I$$

gegeben. Dieser Ausdruck ist analog zu (25.12). (Beim Anschreiben dieser Gleichung haben wir die Rückstoßernergie des Ions vernachlässigt.) Um photoionisation hervorzurufen, muß die Energie des Photons gleich oder größer als I sein. Der Wert von I hängt vom stationären Zustand ab, den das entfernte Elektron ursprünglich besetzte. Wenn z.B. ein Elektron aus dem Grundzustand in einem Wasserstoffatom entfernt werden soll, muß die Mindestenergie des Photons 13,6 eV sein. Wenn sich das Elektron jedoch im ersten angeregten Zustand befindet, sind nur 3,4 eV erforderlich.

Im Bereich der oberen Schichten der Atmosphäre, der sogenannten *Ionosphäre*, ist die hohe Konzentration von Ionen und freien Elektronen (etwa 10^{11} pro m^3) hauptsächlich auf den photoelektrischen Effekt in Atomen und Molekülen zurückzuführen, der durch ultraviolette und Röntgenstrahlen von der Sonne erzeugt wird. Einige der häufiger ablaufenden Reaktionen sind

$$NO + h\nu \rightarrow NO^- + e^- \quad (5{,}3\ \text{eV}),$$
$$N_2 + h\nu \rightarrow N_2^+ + e^- \quad (7{,}4\ \text{eV}),$$
$$O_2 + h\nu \rightarrow O_2^+ + e^- \quad (5{,}1\ \text{eV}),$$
$$He + h\nu \rightarrow He^+ + e^- \quad (24{,}6\ \text{eV}).$$

Die Ionisationspotentiale sind in Klammer angegeben. Viele andere sekundäre Reaktionen finden in der Atmosphäre als Folge dieser Ionisationen statt.

Ein Vorgang, der das Gegenteil der Photoionisation darstellt, ist der Strahlungseinfang. Beim Strahlungseinfang wird ein Elektron mit der kinetischen Energie E_k durch ein Ion unter Emission eines Photons in einen gebundenen Zustand eingefangen. Das heißt

$$A^+ + e^- \rightarrow A + h\nu.$$

Die Energie des Photons ist

$$h\nu = E_k + I.$$

Wenn die Energie der Photonen ausreichend hoch ist, kann das Photon mit den Atomkernen in Wechselwirkung treten, was zu *photonuklearen* Reaktionen führt. Zum Beispiel läuft der Photozerfall des Deuterons nach der Gleichung

$$h\nu + d \rightarrow n + p.$$

ab. Damit dieser Prozeß stattfindet, muß das Photon eine Mindestenergie von 2,22 MeV haben, was der Bindungsenergie des Deuterons entspricht.

Andere Vorgänge, die auf der Wechselwirkung elektromagnetischer Strahlung mit Materie beruhen, sind Streuung (wie z.B. die Comptonstreuung, Abschnitt 25.5) und Paarbildung (besprochen in Abschnitt 22.11).

25.11 ATOMSPEKTREN

Bei der Besprechung von Atomsprektren ist es günstig, die Fälle von Atomen mit einem Elektron von denen der Atome mit vielen Elektronen getrennt zu untersuchen.

a) **Einelektronenatome*** In Abschnitt 18.4 haben wir gesehnen, daß die Energie der stationären Zustände wasserstoffähnlicher Atome durch (18.16),

$$E_n = -\frac{m_e e^4 Z^2}{2(4\pi\epsilon_0)^2 \hbar^2 n^2}$$

gegeben ist, die in der Form

$$E_n = -\frac{RhcZ^2}{n^2} = -13{,}6\,\frac{Z^2}{n^2}\,\text{eV} \qquad (25.17)$$

geschrieben werden kann, wobei

$$R = \frac{m_e e^4}{4\pi(4\pi\epsilon_0)^2 \hbar^3 c} = 1{,}0974 \cdot 10^7\ \text{m}^{-1}$$

die sogenannte *Rydbergkonstante* ist. Die Energie der stationären Zustände nimmt mit der Quantenzahl n zu. Der Energieunterschied zwischen den Zuständen, die n_1 und n_2 entsprechen (mit $n_2 > n_1$), ist für ein wasserstoffähnliches Ion

$$E_2 - E_1 = \left(-\frac{RhcZ^2}{n_2^2}\right) - \left(-\frac{RhcZ^2}{n_1^2}\right),$$

was sich zu

$$E_2 - E_1 = RhcZ^2\left(\frac{1}{n_1^2} - \frac{1}{n_2^2}\right) \qquad (25.18)$$

vereinfacht. Wenn wir die Bohrschen Bedingungen

$$\nu = \frac{E_2 - E_1}{h}$$

benutzen und Rückstoßeffekte vernachlässigen, ist die Frequenz der elektromagnetischen Strahlung, die von einem Atom beim Übergang zwischen den stationären Zuständen entsprechend n_1 und n_2 emittiert oder absorbiert wird, gleich

$$\nu = RcZ^2\left(\frac{1}{n_1^2} - \frac{1}{n_2^2}\right). \qquad (25.19)$$

Spektroskopiker ziehen es manchmal vor, die *Wellenzahl*

$$\tilde{\nu} = \frac{\nu}{c} = \frac{1}{\lambda}$$

statt der Frequenz zu verwenden. Die Überlegung dabei ist, daß spektroskopische Messungen im allgemeinen die Wellenlänge und nicht die Frequenz bestimmen. Die Wellenzahl wird im MKSC-System in m^{-1} ausgedrückt, die am häufigsten verwendete Einheit ist jedoch cm^{-1}.

* Anmerkung des Herausgebers: Atome mit einem Valenzelektron.

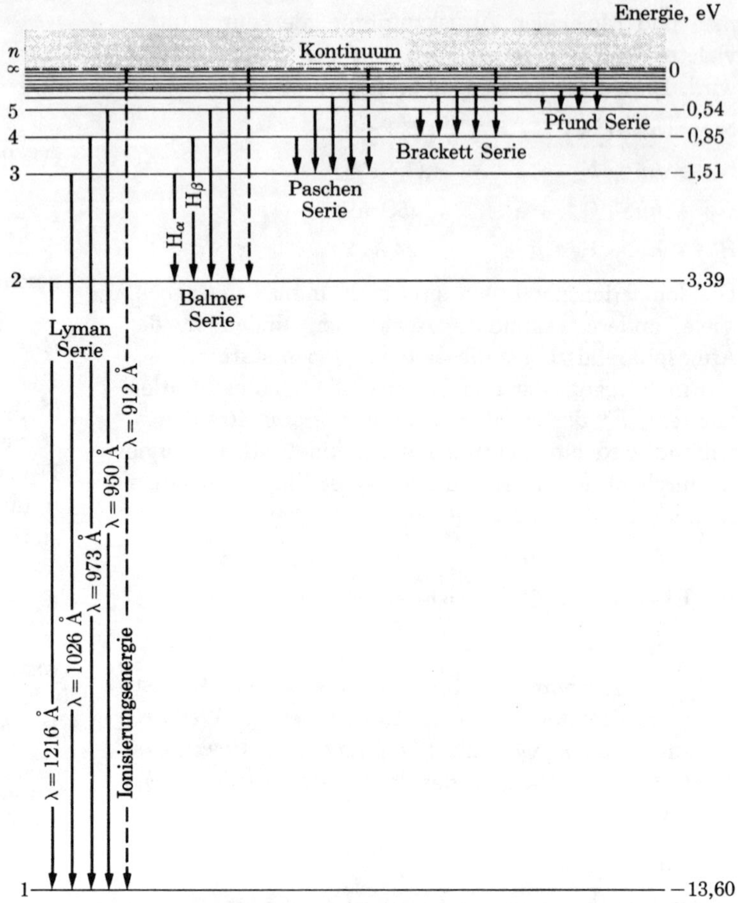

25.20 Strahlungsübergänge im Wasserstoff.

In diesem Fall wird die obige Gleichung zu

$$\tilde{\nu} = RZ^2 \left(\frac{1}{n_1^2} - \frac{1}{n_2^2} \right), \tag{25.20}$$

oder nach Einsetzen des numerischen Wertes von R

$$\tilde{\nu} = 1{,}0974 \cdot 10^5 Z^2 \left(\frac{1}{n_1^2} - \frac{1}{n_2^2} \right) \text{cm}^{-1}.$$

Dieser (oder der vorhergehende) Ausdruck wird als *Balmer-Formel* bezeichnet und ist nur auf wasserstoffähnliche (ein Valenzelektron) Atome anwendbar.

Da in einem Prismen- oder Gitterspektroskop jeder Übergang als Linie erscheint, welches das Bild des Spaltes darstellt, bezeichnet man das Spektrum als *Linienspektrum*; die Worte Linie und Übergang werden häufig als Synonyme verwendet.

Das Wasserstoffspektrum ($Z = 1$), und in ähnlicher Weise auch die Spektren anderer Atome, wird durch Serien klassifiziert, wobei jede Serie aus den Übergängen besteht, die ein gemeinsames niedrigstes Energieniveau haben. Abb. 25.20 stellt die folgenden Wasserstoffserien dar.

1. Lyman-Serie $n_1 = 1, n_2 = 2, 3, 4, \ldots$
2. Balmer-Serie $n_1 = 2, n_2 = 3, 4, \ldots$
3. Paschen-Serie $n_1 = 3, n_2 = 4, 5, \ldots$
4. Brackett-Serie $n_1 = 4, n_2 = 5, 6, \ldots$
5. Pfund-Serie $n_1 = 5, n_2 = 6, 7, \ldots$

Die Balmer-Serie, die zum Großteil im sichtbaren Bereich liegt, kann man mit einem der üblichen Spektroskope leicht beobachten. Die Lyman-Serie fällt in den

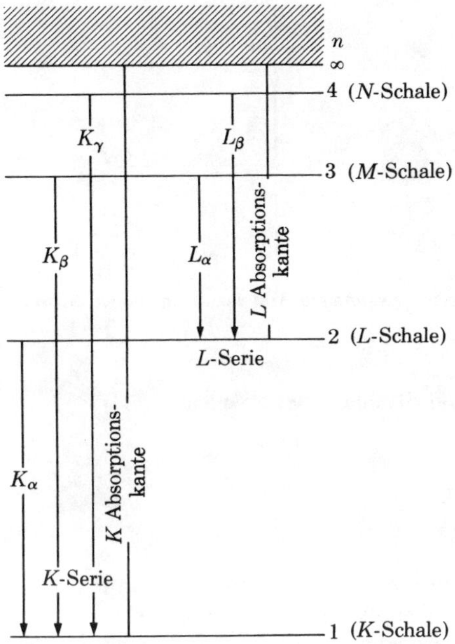

25.21 Röntgenübergänge in einem Atom mit der Ordnungszahl $Z \sim 36$.

ultravioletten Bereich, die anderen Serien liegen im Infrarot. Die Übergänge, die in Abb. 25.20 skizziert sind, entsprechen dem Emissionsspektrum; im Absorptionsspektrum finden die umgekehrten Übergänge statt.

b) **Mehrelektronenatome** Die Energieniveaus eines Atoms mit mehreren Elektronen sind viel komplizierter als die von Atomen mit nur einem Elektron. Die resultierenden Spektren sind daher ziemlich komplex und enthalten viel mehr Linien. Die Analyse der Spektren vielelektroniger Atome geht über den Rahmen dieses Lehrbuchs hinaus, und wir wollen hier nur einige der wichtigsten Charakteristika erwähnen. Vor allem muß man bei vielelektronigen Atomen zwischen Übergängen, an denen äußere Elektronen und solchen, an denen innere oder kernnahe Elektronen beteiligt sind, unterscheiden.

Übergänge, an denen Valenzelektronen beteiligt sind, führen zu den üblicherweise so genannten *optischen Spektren*, da die meisten dieser Linien in den sichtbaren Bereich fallen, obwohl auch viele im Ultraviolett liegen. Die Spektren von Atomen mit nur einem Valenzelektron, wie z.B. Li, Na, K u.s.w., sind dem Wasserstoffatom recht ähnlich; wenn die Zahl der Valenzelektronen jedoch größer als eins ist, ist das Spektrum ziemlich komplex.

c) **Röntgenspektren** Übergänge, an welchen die inneren Elektronen beteiligt sind, geben zu den sogenannten *charakteristischen Röntgenspektren* Anlaß. Nehmen Sie an, daß in einer inneren Schale eines Atoms, z.B. der K-Schale, ein unbesetzter Zustand (oder ein Loch) entsteht. Ein anderes Elektron in einem höheren Zustand der inneren Schalen (oder vielleicht ein Valenz- oder sogar ein freies Elektron) kann auf den unbesetzten Zustand in der K-Schale zurückfallen. Da die beteiligte Energiemenge ziemlich groß ist, liegt die Strahlung, die das auf den unbesetzten Zustand zurückfallende Elektron emittiert, im Röntgenbereich des Spektrums. Das Elektron, das in einen unbesetzten Zustand der K-Schale fällt, kann von den L, M, N u.s.w. Schalen kommen; wir haben daher eine Serie von Röntgenlinien, die als K_α, K_β, K_γ u.s.w. bezeichnet werden. Wenn sich der unbesetzte Zustand in der L-Schale befindet, können die Elektronen von der M, N u.s.w. Schale kommen, was zu den L_α, L_β u.s.w. Röntgenlinien führt u.s.w. Das Röntgenspektrum eines Atoms mit $Z \sim 36$ ist in Abb. 25.21 schematisch dargestellt. Beachten Sie, daß eine Röntgenemission nur dann möglich ist, wenn eine Vakanz in einer inneren Schale entsteht, da das Ausschließungsprinzip einen Übergang von einer höheren auf eine vollbesetzte niedrigere Schale verbietet. Die unbesetzte Stelle in einer inneren Schale kann durch Absorption von Strahlung zustande kommen, die für die Elektronen der K, L, M u.s.w. Schalen zu einem photoelektrischen Effekt führt.

Ein anderer Weg, unbesetzte Zustände in einer inneren Schale zu erzeugen, ist der Aufprall energiereicher Elektronen. Wenn z.B. die Elektronen in einer Röntgenröhre auf die Anode treffen, kann ihre Energie ausreichend hoch sein, eines der Elektronen aus den inneren Schalen des Zielatoms zu entfernen. Man beobachtet dann in der Röntgenröhre zusätzlich zur Röntgenbremsstrahlung (siehe Abschnitt 24.5) das charakteristische Röntgenspektrum des Materials, aus dem die Anode besteht.

Historisch führte das Problem, die Linienspektren des Wasserstoffs und anderer Elemente zu erklären, zur ersten Anwendung der Quantentheorie auf das Atom. Der schweizer Mathematiker J. Balmer (1825–1898) erhielt 1885, lang vor der Formulierung der Quantenmechanik, die empirische Formel (25.19) ohne theoretische Erklärung bezüglich der Atomstruktur. Einige Jahre später, 1913, leitete Bohr, der damals an der Universität von Cambridge arbeitete, (25.19) ab, indem er zum ersten Mal den Begriff stationärer Zustände und die Quantelung der Energie und des Drehimpulses einführte, wie in Abschnitt 18.4. besprochen.

Beispiel 25.3 *Erstes Anregungspotential und Ionisierungsenergie von Wasserstoff.* Das erste Anregungspotential ist die Energie, die erforderlich ist, um ein Atom aus seinem Grundzustand auf den ersten (niedrigst gelegenen) angeregten Zustand anzuheben. Diese Zustände entsprechen in wasserstoffähnlichen Atomen $n_1 = 1$ (Grundzustand) und $n_2 = 2$ (erster angeregter Zustand). Wenn wir $n_1 = 1$ und $n_2 = 2$ in (25.18) mit $Z = 1$ einsetzen, erhalten wir die Energie, die erforderlich ist, um das Atom aus dem Grundzustand anzuheben, zu

$$E_2 - E_1 = 10{,}2 \text{ eV}.$$

Wenn ein Wasserstoffatom durch einen inelastischen Elektronenstoß auf seinen ersten Anregungzustand gebracht wird, wie das in einer Gasentladungsröhre der Fall ist, kehrt es

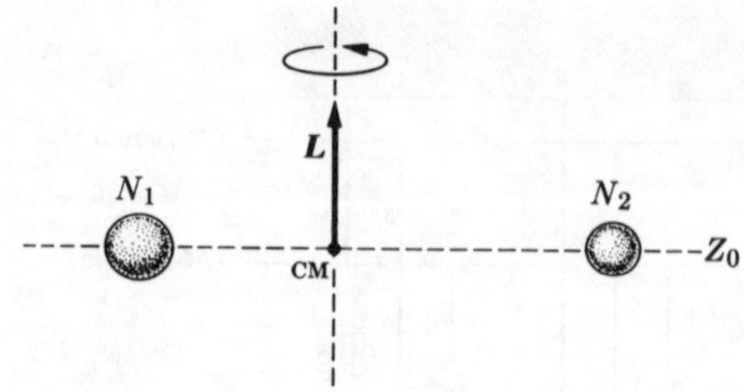

25.22 Rotation eines zweiatomigen Moleküls um seinen Schwerpunkt.

durch Emission von Strahlung der Frequenz

$$\nu = (E_2 - E_1)/h = 2{,}47 \cdot 10^{21} \text{ Hz}$$

und der Wellenlänge

$$\lambda = 1{,}216 \cdot 10^{-13} \text{ m}$$

in seinen Grundzustand zurück, wobei die Strahlung in diesem Fall also in den ultravioletten Bereich fällt.

Die Ionisierungsenergie ist die Energie, die erforderlich ist, um ein Elektron aus dem Grundzustand ($n_1 = 1$) in den Zustand der Energie null ($n_2 = \infty$) zu bringen. Sie ist daher gleich

$$-E_1 = 13{,}6 \text{ eV}.$$

Die Ionisierung kann entweder das Ergebnis eines inelastischen Stoßes des Wasserstoffatoms mit einem Elektron, einem anderen geladenen Teilchen oder einem anderen Atom sein, oder durch Absorption eines Photons mit einer Frequenz entstehen, die gleich oder größer als $3{,}29 \cdot 10^{21}\ \text{s}^{-1}$ ist oder eine Wellenlänge gleich oder kürzer als $9{,}12 \cdot 10^{-14}$ m hat.

25.12 MOLEKÜLSPEKTREN

Bei der Besprechung von Molekülspektren müssen wir drei getrennte Effekte betrachten, die entweder mit der Rotation des Moleküls als Ganzem, oder mit der Schwingung der Kerne um ihre Gleichgewichtslagen oder mit elektronischen Übergängen assoziiert sind.

a) **Rotationsspektren** In erster Näherung kann man ein Molekül als einen starren Körper betrachten, dessen Gestalt durch die Gleichgewichtslage der Kerne bestimmt ist. Die einfachste Kernbewegung ist die Rotation des Moleküls um seinen Schwerpunkt, so als ob das Molekül ein starrer Körper wäre. Wir können die Bewegung eines

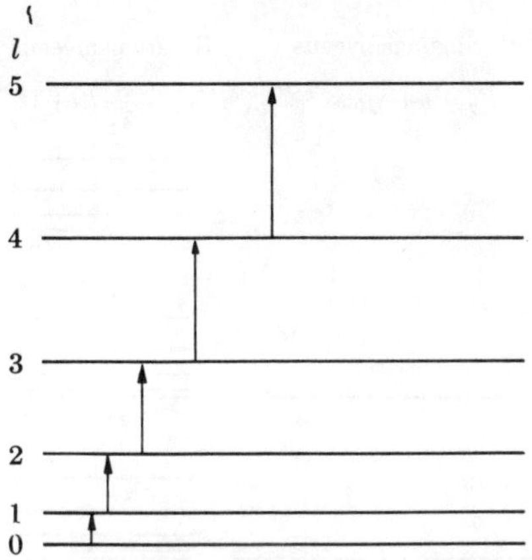

25.23 Rotationsenergieniveaus eines zweiatomigen Moleküls.

Tabelle 25.1

Rotations- und Vibrationskonstanten einiger zweiatomiger Moleküle

Moleküle	$\hbar^2/2I$, eV	$\hbar\omega_0$, eV
H_2	$8{,}0 \cdot 10^{-3}$	0,543
Cl_2	$3{,}1 \cdot 10^{-5}$	0,0698
N_2	$2{,}48 \cdot 10^{-4}$	0,292
Li_2	$8{,}3 \cdot 10^{-4}$	0,0434
O_2	$1{,}78 \cdot 10^{-4}$	0,194
CO	$2{,}38 \cdot 10^{-4}$	0,268
HF	$2{,}48 \cdot 10^{-3}$	0,510
HCl	$1{,}31 \cdot 10^{-3}$	0,369
HBr	$1{,}05 \cdot 10^{-3}$	0,326
BeF	$1{,}84 \cdot 10^{-4}$	0,151

starren Körpers am einfachsten untersuchen, indem wir ein Bezugssystem verwenden, das mit dem Körper verbunden ist und aus den Hauptträgheitsachsen besteht. Im Fall zweiatomiger Moleküle, (Abb. 25.22), sind die Hauptträgheitsachsen die Verbindungslinie zwischen den zwei Kernen N_1 und N_2, oder die Z_0-Achse und jede beliebige Linie, die senkrecht dazu steht und durch den Schwerpunkt geht. Da ihre Massen so gering sind, können wir die Trägheitsmomente, die auf die Elektronen zurückzuführen sind, vernachlässigen; daher ist das Trägheitsmoment des Moleküls relativ zur Z_0-Achse null. Der Drehimpuls des Moleküls für die Rotation um die Z_0-Achse ist daher ebenfalls null, und der Gesamtdrehimpuls $\boldsymbol{L}$ des Moleküls ist senkrecht zur Molekülachse. Wenn r_0 der Gleichgewichtsabstand der Kerne und μ die reduzierte Masse des Moleküls ist, das Trägheitsmoment um eine Achse, die senkrecht zu Z_0 steht und durch den Schwerpunkt des Moleküls geht (siehe Aufgabe 25.21),

$$I = \mu r_0^2.$$

Wir können dann die kinetische Energie der Rotation des Moleküls zu

$$E_r = \frac{L^2}{2I} = \frac{L^2}{2\mu r_0^2}.$$

schreiben. Wegen der Quantelung des Drehimpulses haben wir gemäß (18.28)

$$L^2 = \hbar^2 l(l+1),$$

wobei $l = 0, 1, 2, 3, \ldots$ (d.h., eine positive ganze Zahl). Die kinetische Energie der Rotation des Moleküls wird daher zu

$$E_r = \frac{\hbar^2}{2I} l(l+1). \tag{25.21}$$

Die Größe $\hbar^2/2I$, ausgedrückt in eV, ist für verschiedene Moleküle in Tab. 25.1 gegeben. Indem wir l aufeinanderfolgende Werte zuschreiben, können wir die Rotationsenergieniveaus des Moleküls erhalten (Abb. 25.23). Aufeinanderfolgende Energieniveaus, die l und $l' = l + 1$ entsprechen, sind voneinander durch

$$\Delta E_r = \frac{\hbar^2}{I}(l+1) \tag{25.22}$$

getrennt.

Man kann zeigen, daß die erlaubten Übergänge die sind, für die $\Delta l = \pm 1$. Diese Einschränkung bezeichnet man als *Auswahlregel*. Es sind daher nur Übergänge zwischen benachbarten Niveaus erlaubt. Einige der Übergänge, die der Absorption entsprechen, sind in Abb. 25.23 gezeigt.

Reine Rotationsspektren fallen in die Mikrowellen oder ferne Infrarotbereiche des Spektrums.

b) **Schwingungsspektren** Wir haben bis jetzt die Kerne als relativ zueinander fixiert betrachtet; die Kerne in einem Molekül befinden sich jedoch in Oszillationsbewegung zueinander. Wenn die potentielle Energie die eines einfachen harmonischen Oszillators wäre, wäre die relative Oszillationsbewegung der beiden Kerne einfach harmonisch, mit einer Winkelfrequenz ω_0. Man kann

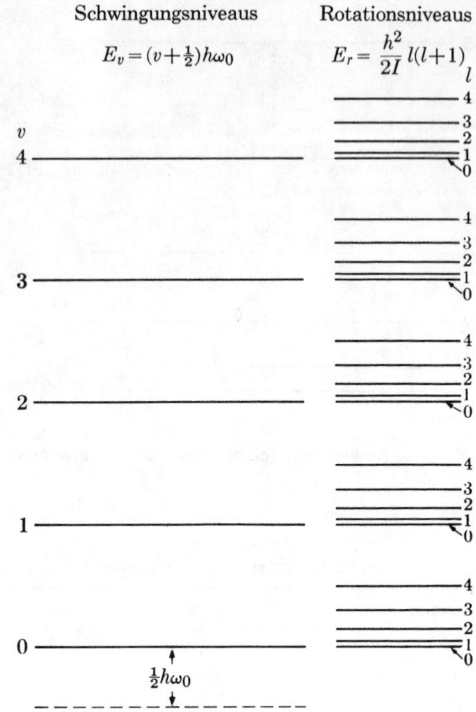

25.24 Schwingungs- und Rotationsenergieniveaus eines zweiatomigen Moleküls.

zeigen, daß Schwingungsenergieniveaus für ein zweiatomiges Molekül durch

$$E_v = (v + \tfrac{1}{2})\hbar\omega_0 \tag{25.23}$$

ausgedrückt werden, wobei $v = 1, 2, 3, \ldots$ (positive ganze Zahlen). Die Vibrationsenergieniveaus des Moleküls haben daher den gleichen Abstand $\hbar\omega_0$ (Abb. 25.24) voneinander und das Molekül hat eine *Nullpunktsvibrationsenergie* von $\frac{1}{2}\hbar\omega_0$. Tabelle 25.1 gibt einige Werte für $\hbar\omega_0$.

Man kann zeigen, daß die Auswahlregel für Übergänge zwischen Schwingungsniveaus $\Delta v = \pm 1$ ist. Da die einzige erlaubte Änderung von v die auf ein benachbartes Energieniveau ist, ist die einzige Frequenz, die bei einem Vibrationsübergang absorbiert oder emittiert wird, gleich der natürlichen klassischen Frequenz

$$\nu_0 = \omega_0/2\pi.$$

Die Vibrationsfrequenzen der meisten zweiatomigen Moleküle fallen in den Infrarotbereich des Spektrums. Damit ein Vibrationsübergang in der Emission oder in der Absorption stattfindet, müssen die zweiatomigen Moleküle ein permanentes elektrisches Dipolmoment haben. Gleichkernige Moleküle wie H_2 oder N_2, die kein permanentes elektrisches Dipolmoment haben, zeigen daher keine reinen Vibrationsübergänge. Andererseits zeigen polare Moleküle, wie HCl, starke Schwingungsübergänge.

Die Molekülenergie infolge der Rotation und der Vibration kann durch Kombination von (25.21) und (25.23) ausgedrückt werden, so daß wir

$$E = E_v + E_r$$

$$= (v + \tfrac{1}{2})\hbar\omega_0 + \frac{\hbar^2}{2I}\,l(l+1) \tag{25.24}$$

erhalten. Im allgemeinen ist die Größe $\hbar^2/2I$ viel kleiner ($\sim 10^{-4}$ eV) als $\hbar\omega_0$ ($\sim 10^{-1}$ eV); wir können also sagen, daß jedem Schwingungsniveau mehrere Rotationsniveaus entsprechen, wie in Abb. 25.25 gezeigt. Wenn die Auswahlregeln

$$\Delta v = \pm 1 \quad \text{und} \quad \Delta l = \pm 1$$

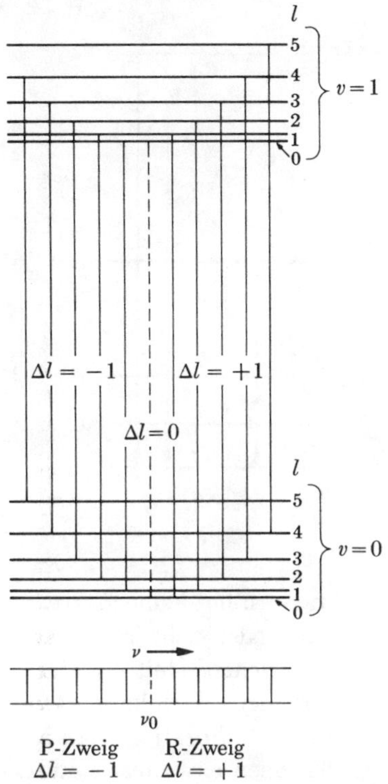

25.25 Vibrations – Rotationsübergänge in einem zweiatomigen Molekül.

für einen Übergang zwischen zwei Rotationsniveaus in Betracht gezogen werden, die zwei benachbarten Vibrationsniveaus angehören, erhält man das Rotations-Vibrationsspektrum. Einige der Übergänge sind in Abb. 25.25 gezeigt.

c) **Elektronenspektren** Wir wollen zuletzt die Elektronenübergänge in Molekülen betrachten. Ein gegebenes Molekül kann mehrere Elektronenkonfigurationen oder stationäre Zustände haben, jeder mit seiner eigenen Energie. Die Energie, die erforderlich ist, um die Elektronenbewegung in Molekülen anzuregen, liegt in der Größenordnung zwischen 1 und 10 eV. Wenn ein Molekül daher einen Elektronenübergang erfährt, wobei es von einer Elektronenkonfiguration zu einer anderen springt, fällt die beteiligte Strahlung in die sichtbaren oder ultravioletten Bereiche des Spektrums.

Jedem gegebenen Elektronenzustand entsprechen viele Schwingungszustände und jedem Vibrationszustand entsprechen mehrere Rotationszustände. Als erste Näherung können wir die Energie des Moleküls in der Form

$$E = E_e + E_v + E_r = E_e + (v + \tfrac{1}{2})\hbar\omega_0 + \frac{\hbar^2}{2I} l(l + 1) \qquad (25.25)$$

schreiben, wobei sich E_e auf die Elektronenenergie bezieht. Bei einem Elektronenübergang können sich alle drei Energien ändern. Wir müssen daher die Energieänderung beim Elektronenübergang zu

$$\Delta E = E'' - E' = \Delta E_e + \Delta E_v + \Delta E_r$$

schreiben, wobei $\Delta E_e = E_e'' - E_e'$ die Änderung in der Elektronenenergie, $\Delta E_v = E_v'' - E_v'$ die Änderung in der Vibrationsenergie und $\Delta E_r = E_r'' - E_r'$ die Änderung in der Rotationsenergie ist. Die Frequenz der Strahlung, die bei einem Elektronenübergang emittiert oder absorbiert wird, ist daher die Summe der drei Glieder

$$\nu = \frac{\Delta E}{h} = \nu_e + \nu_{v+vr},$$

wobei $\nu_e = \Delta E_e / h$ auf die Änderung der Elektronenergie zurückgeht und $\nu_v = \Delta E_v / h$ und $\nu_r = \Delta E_r / h$ den Änderungen in den Vibrations- und Rotationsenergien entsprechen. Die Frequenz ν_e ist die größte. Für einen gegebenen Elektronenübergang besteht das Spektrum aus einer Reihe von *Banden*. Jede Bande entspricht einem gegebenen Wert von ν_v und allen erlaubten Werten von ν_r.

Das Spektrum eines Moleküls ist eine der wichtigsten Informationsquellen für seine Eigenschaften und Struktur.

25.13 KERNSPEKTREN

Wie schon früher erklärt, stellt ein Kern einen Satz eng gepackter Nukleonen (Protonen und Neutronen) dar, die unter der Wirkung der Kernkräfte zusammengehalten werden. Im Grundzustand nehmen die Nukleonen eine bestimmte stabile Konfiguration an. Zusätzlich zur Konfiguration des Grundzustands kann ein Kern mehrere angeregte Zustände haben. Diese können in zwei Gruppen eingeteilt werden: *Teilchenanregungen* und *kollektive Anregungen*. Bei einer Teilchenanregung wird ein Nukleon, oder mehrere Nukleonen, auf ein anderes

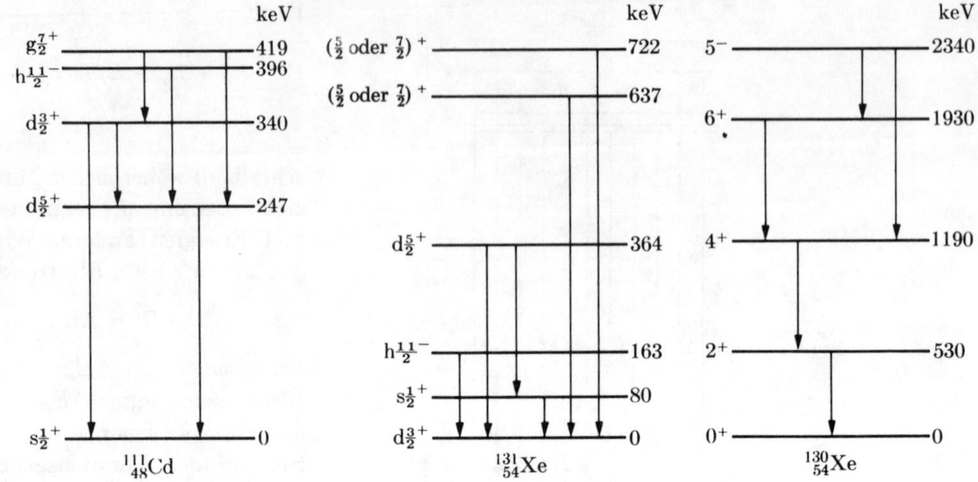

25.26 γ-Strahlungsübergänge von $^{111}_{48}$Cd, $^{131}_{54}$Xe und $^{130}_{54}$Xe.

Niveau höherer Energie verschoben, ohne die Bewegung der anderen Nukleonen wesentlich zu beeinflussen. Abbildung 25.26 zeigt einige Energieniveaus, die durch die Teilchenanregung in $^{111}_{48}$Cd, $^{130}_{54}$Xe und $^{131}_{54}$Xe entstehen.

Wie in Kapitel 22 besprochen, sind Kerne, die in Bereichen, die weit von den magischen Zahlen entfernt sind, liegen und keine vollständig gefüllten Schalen haben, nicht kugelförmig, sondern ähneln Ellipsoiden. In diesen deformierten Kernen rotieren wie bei Molekülen die Hauptachsen im Raum, was zu einer *kollektiven Rotation* führt, an der sich alle Nukleonen beteiligen. Die Rotationsenergie ist gequantelt, und ein deformierter Kern hat daher mehrere Rotationsenergieniveaus. Bei geradzahlig-geradzahligen Kernen sind die Rotationsenergieniveaus durch

$$E_{\text{rot}} = \frac{\hbar^2}{2\mathcal{I}} I(I+1), \tag{25.26}$$

gegeben, wobei I der Rotationsdrehimpuls des gesamten Kernes ist. I kann aus Symmetriegründen nur geradzahlige Werte annehmen; d.h., $I = 0, 2, 4, \ldots$. Das effektive Trägheitsmoment des Kernes ist $\mathcal{I}$. Abbildung 25.26 zeigt die Rotationsenergieniveaus von $^{130}_{54}$Xe. Diese Energieniveaus folgen eindeutig den Mustern, die durch (25.26) gegeben sind. Für andere als geradzahlig–geradzahlige Kerne ist die Anordnung der Rotationsniveaus komplexer.

Ein Kern hat keine starre Struktur und kann Veränderungen oder Schwingungen in der Gestalt relativ zur Gleichgewichtsgestalt erleiden, wie ein Flüssigkeitstropfen. In einem Kern kann es verschiedene angeregte Zustände der Vibration geben, die mit den kollektiven Oszillationen assoziiert sind. Diese angeregten Schwingungszustände sind durch die gleiche Energie $\hbar\omega$ voneinander getrennt, wobei ω die Winkelfrequenz der Vibration ist. Sowohl die kollektiven Rotations- als auch die Vibrationsanregungsenergien sind im allgemeinen viel geringer als die Teilchenanregungsenergien und betragen wenige keV.

Kerne mit aufgefüllten Schalen sind kugelförmig und haben keine tiefliegenden Rotations- oder Vibrationsniveaus. Kerne mit fast aufgefüllten Schalen sind nur geringfügig deformiert und zeigen keine Rotationsanregungsniveaus, sondern nur Vibrationsniveaus. Aus unserer Diskussion sehen wir, daß die Energieniveaus eines Kerns ebenso komplex sind wie die eines Moleküls. Es ist jedoch schwieriger, die Energieniveaus eines Kerns theoretisch vorauszusagen als die eines Moleküls, und zwar wegen unserer unvollständigen Kenntnisse der Kernwechselwirkung.

Ein angeregter Kern kann seine Anregungsenergie abgeben und unter Emission elektromagnetischer Strahlung, die man aus historischen Gründen *γ-Strahlung* nennt, in den Grundzustand übergehen. Das Gammastrahlenspektrum des Kerns hat daher einen

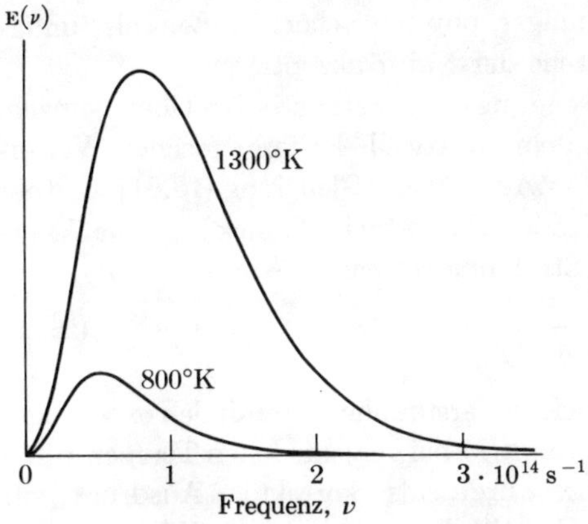

25.27 Monochromatische Energiedichte der Strahlung eines schwarzen Körpers bei verschiedenen Temperaturen als Funktion der Temperatur.

ähnlichen Ursprung wie die Atom- und Molekülspektren. Das γ-Spektrum ist die Folge der Neuanpassung der Bewegung der Nukleonen aufgrund eines Strahlungsüberganges zwischen zwei stationären Zuständen des Kerns. Einige γ-Übergänge von $^{111}_{48}$Cd, $^{111}_{54}$Xe und $^{130}_{54}$Xe werden in Abb. 25.26 gezeigt.

25.14 STRAHLUNG SCHWARZER KÖRPER

Wir werden dieses Kapitel mit einer kurzen Betrachtung des Problems abschließen, das den Anlaß zur Quantenmechanik lieferte. Betrachten Sie einen Hohlraum, dessen Wände sich auf einer bestimmten Temperatur befinden. Die Atome, die die Wand bilden, senden elektromagnetische Strahlen aus; gleichzeitig absorbieren sie Strahlen, die von anderen Atomen der Wand emittiert werden. Das elektromagnetische Wellenfeld nimmt den gesamten Hohlraum ein. Wenn die Strahlung, die innerhalb des Hohlraums gefangen ist, ein Gleichgewicht mit den Atomen der Wand erreicht, ist die Menge an Energie, die von den Atomen pro Zeiteinheit emittiert wird, gleich der Menge, die sie absorbieren. Wenn sich die Strahlung im Hohlraum daher im Gleichgewicht mit der Wand befindet, ist die Energiedichte des elektromagnetischen Feldes zeitlich konstant. Versuche haben gezeigt, daß die im Hohlraum befindliche elektromagnetische Strahlung im Gleichgewicht eine genau definierte Energieverteilung hat; d.h., jeder Frequenz entspricht eine Energiedichte, die nur von der Energie der Wand abhängt und unabhängig von ihrem Material ist. Die Energiedichte, die Strahlung mit einer Frequenz zwischen ν und $\nu + d\nu$ entspricht, wird als $\mathrm{E}(\nu)\, d\nu$ geschrieben, wobei $\mathrm{E}(\nu)$ der Energiedichte pro Einheitsfrequenzbereich entspricht. Sie wird manchmal als *monochromatische Energiedichte* bezeichnet. Die beobachtete Änderung von $\mathrm{E}(\nu)$ mit der Frequenz ν ist in Abb. 25.27 für mehrere Temperaturen dargestellt. Diese Kurven wurden 1899 zum ersten Mal experimentell von Lummer und Pringsheim erhalten. Man kann aus den Kurven entnehmen, daß die Energiedichte für jede Temperatur bei einer bestimmten Frequenz ein deutliches Maximum zeigt. Beachten Sie auch, daß die Frequenz, bei der die Energiedichte ihr Maximum hat, mit steigender Temperatur steigt. Das erklärt die Farbveränderung eines strahlenden Körpers, wenn sich seine Temperatur ändert.

Wenn in einer der Wände des Hohlraums ein kleines Loch geöffnet wird, tritt ein Teil der Strahlung nach außen und kann analysiert werden. Das Loch erscheint sehr hell, wenn der Körper sich auf einer hohen Temperatur befindet und die Intensität der Gleichgewichtsstrahlung innerhalb des Hohlraums hoch ist, es erscheint jedoch völlig schwarz bei niedrigen Temperaturen, wenn die Intensität der Gleichgewichtsstrahlung im sichtbaren Bereich des Spektrums vernachlässigbar klein ist. Aus diesem Grund wurde die Strahlung, die durch das Loch austritt, von den Forschern, die sie im 19. Jahrhundert analysierten, als *Strahlung eines schwarzen Körpers* bezeichnet.

Das Problem herauszufinden, welcher Mechanismus strahlende Atome veranlaßt, die beobachtete Energieverteilung der Strahlung schwarzer Körper zu erzeugen, führte zur Geburt der Quantenmechanik. Zu Ende des letzten Jahrhunderts hatten alle Versuche, diese Energieverteilung mit Hilfe der damals zur Verfügung stehenden Begriffe zu erklären, völlig fehlgeschlagen. Der deutsche Physiker Max Planck (1858–1947) schlug um 1900 vor, daß es im Gleichgewicht eine Korrespondenz zwischen der Energieverteilung in der Strahlung und den Energien der Atome der Hohlraumwand geben sollte. Als Modell für die strahlenden Atome nahm Planck an, daß Atome sich wie harmonische Oszillatoren verhielten, und daß jedes mit einer bestimmten Frequenz ν

schwingt. Als zweite Annahme schlug Planck vor, daß *jeder Oszillator Strahlungsenergie nur in einer Menge emittieren oder absorbieren kann, die seiner Frequenz* ν *proportional ist*. Wenn E die Energie ist, die in einem einzigen Wechselwirkungsvorgang zwischen einem Oszillator und elektromagnetischer Strahlung absorbiert oder emittiert wird, sobesagt die Plancksche Annahme, daß $E = h\nu$, wobei h eine Proportionalitätskonstante ist, die für alle Schwingungen gleich ist. Wenn daher ein Oszillator elektromagnetische Strahlung absorbiert oder emittiert, nimmt seine Energie um die Menge $h\nu$ zu oder ab. Das Plancksche Postulat bedeutet daher, daß die Energie eines *atomaren schwingenden Körpers gequantelt ist*. Das heißt, die Energie eines schwingenden Körpers der Frequenz ν kann nur bestimmte Werte annehmen, und zwar

$$0, h\nu, 2h\nu, 3h\nu, \ldots$$

(wenn man annimmt, daß die Mindestenergie der Schwingung null ist). Die erlaubten Werte für die Energie eines Körpers, der mit der Frequenz ν schwingt, sind daher allgemein

$$E_n = nh\nu, \qquad (25.27)$$

wobei n eine positive ganze Zahl ist. Wie wir wissen, ist die Energie eines Oszillators proportional dem Quadrat seiner Amplitude und wir können *a priori* durch geeignete Anpassung der Amplitude der Schwingungen einen Oszillator einer bestimmten Frequenz jede willkürlich gewählte Energie annehmen lassen. Die Idee Plancks war daher eine *ad hoc* Annahme, die mittels klassischer Begriffe nicht erklärt werden konnte; sie war nur deshalb berechtigt, weil sie «funktionierte» und weil die Physiker zu der Zeit keine bessere Erklärung hatten. Wir haben noch immer keine bessere Erklärung; wir müssen die Quantelung einiger physikalischer Größen als fundamentale Tatsache der Natur akzeptieren.

Durch Anwendung einiger statistischer Überlegungen, wobei nach dem Maxwell–Boltzmannschen Verteilungsgesetz $N = Ae^{-E/\kappa T}$ ist [Gleichung (13.6)], und der Beziehung $E_n = nh\nu$ erhielt Planck für die Energiedichte der Strahlung schwarzer Körper

$$\mathrm{E}(\nu) = \frac{8\pi h\nu^3}{c^3}\,\frac{1}{e^{h\nu/kT} - 1}. \qquad (25.28)$$

Dieser Ausdruck, der erstaunlich gut mit den experimentellen Werten von $\mathrm{E}(\nu)$ bei verschiedenen Temperaturen übereinstimmt, wurde als korrekter Ausdruck zur Beschreibung der Strahlung schwarzer Körper akzeptiert. Man bezeichnet ihn als *Plancksches Strahlungsgesetz*.

Wir haben in (25.27) eine willkürliche Konstante h eingeführt, das sogenannte *Plancksche Wirkungsquantum*. Sein Wert, den man erhält, indem man (25.28) den experimentellen Ergebnissen für $\mathrm{E}(\nu)$ angleicht, ist

$$h = 6{,}6256 \cdot 10^{-34}\ \mathrm{J\,s},$$

was mit den Werten übereinstimmt, die man aus dem photoelektrischen und dem Comptoneffekt erhält und die Geschlossenheit der Quantentheorie beweist.

Wir sollten erwähnen, daß die moderne Quantentheorie die Plancksche Annahme (25.27) $E_n = nh\nu$ durch

$$E_n = (n + \tfrac{1}{2})h\nu$$

ersetzt, was gleichbedeutend mit der Annahme ist, daß die Nullpunktsenergie eines Oszillators $\frac{1}{2}h\nu$ ist. Dieser revidierte Ausdruck wurde in (25.23) verwendet, als wir die Schwingungspektren eines zweiatomigen Moleküls besprachen und $h\nu$ durch den äquivalenten Ausdruck $\hbar\omega$ ersetzten.

FRAGEN

1. Welche Erhaltungssätze müssen bei einem Übergang erfüllt werden, bei welchem ein Atom, Molekül oder Kern elektromagnetische Strahlung absorbiert oder emittiert.
2. Erklären Sie, warum die Energie eines Photons, das von einem System (Atom, Molekül oder Kern) absorbiert oder emittiert wird, nicht genau gleich dem Energieunterschied zwischen den beiden beteiligten stationären Zuständen ist.
3. Diskutieren Sie die hauptsächlichen Unterschiede in der Streuung elektromagnetischer Strahlung an gebundenen und freien Elektronen.
4. Ein Elektronenstrahl tritt durch ein einatomiges Gas

durch. Gibt es eine Schwellenenergie für die inelastischen Stöße zwischen Elektron und Atom? Erläutern Sie Ihre Antwort.

5. Rechtfertigen Sie durch Energiebetrachtungen, wieso die Streustrahlung beim Comptoneffekt eine längere Wellenlänge hat als die einfallende Strahlung.

6. Diskutieren Sie die möglichen Vorgänge, die ablaufen können, wenn (a) ein Atom, (b) ein Molekül, (c) ein Kern mit einem Photon in Wechselwirkung tritt. Diskutieren Sie die möglichen Wechselwirkungen als Funktion der Photonenenergie.

7. Vergleichen Sie die Wellenlänge eines Photons von 2 eV im sichtbaren Bereich des Spektrums mit den Dimensionen eines Atoms. Wiederholen Sie den Vergleich für ein γ-Photon von 1 MeV und den Kerndimensionen.

8. Können wir den Impuls eines Photons ändern ohne seine Energie zu ändern? Können wir die Energie eines Photons ohne Veränderung seines Impulses ändern? Erläutern Sie Ihre Antwort in jedem Fall durch ein Beispiel.

9. Beschreiben Sie die Bedeutung des Wortes "stationär" im Ausdruck "stationäre Zustände".

10. Die Strahlung, die von einem elektrischen Dipol emmitiert wird, ist polarisiert. Nehmen Sie an, Sie hätten ein Gas, in dem viele Atome strahlen. Erwarten Sie dann, daß die Strahlung polarisiert ist?

11. Was versteht man unter "Auswahlregeln" bei elektromagnetischen Übergängen?

12. Erläutern Sie, wie die Farbe eines heißen Körpers sich mit zunehmender Temperatur ändern sollte.

AUFGABEN

25.1 Bestimmen Sie die Frequenz und die Wellenlänge der Photonen, die von den folgenden Systemen absorbiert werden: (a) einem Kern, der eine Energiemenge von 10^3 eV absorbiert, (b) einem Atom, das 1 eV absorbiert, (c) einem Molekül, das 10^{-2} eV absorbiert.

25.2 Natriumatome absorbieren oder emittieren elektromagnetische Strahlung von $5{,}9 \cdot 10^{-7}$ m, was dem gelben Bereich des sichtbaren Spektrums entspricht. Bestimmen Sie die Energie der Photonen, die absorbiert oder emittiert werden.

25.3 Bestimmen Sie die Energie und Wellenlänge eines Photons, das den gleichen Impuls hat vie ein 40 MeV (a) Proton, (b) Elektron. Bezeichnen Sie den Bereich des Spektrums, in den es fällt. [*Hinweis:* Beachten Sie, daß das Proton nicht relativistisch behandelt werden kann, wogegen für das Elektron eine relativistische Beschreibung benutzt werden muß.]

25.4 Um die Kohlenstoff- und Sauerstoffatome, die das Kohlenmonoxydmolekül bilden, zu trennen, ist eine Mindestenergie von 11 eV erforderlich. Besimmen Sie die Mindestfrequenz und die maximale Wellenlänge, die erforderlich ist, um das Molekül zu dissoziieren.

25.5 Ein Photon mit einer Energie von 10^4 eV stößt mit einem ruhenden freien Elektron zusammen und wird um einen Winkel von 60° gestreut. Bestimmen Sie (a) die Änderungen in der Energie, Frequenz und Wellenlänge des Photons, (b) die kinetische Energie, den Impuls und die Richtung des rückstoßenden Elektrons.

25.6 Strahlung der Wellenlänge 10^{-10} m (oder 1 Å) unterliegt einer Comptonstreuung. Die Streustrahlung wird in senkrechter Richtung zur einfallenden Strahlung beobachtet. Bestimmen Sie (a) die Wellenlänge der Streustrahlung, (b) die kinetische Energie und Bewegungsrichtung der rückstoßenden Elektronen.

25.7 Wenn in der vorhergehenden Aufgabe die Elektronen in einem Winkel von 60° relativ zur einfallenden Strahlung zurückstoßen, bestimmen Sie (a) die Wellenlänge und Richtung der Streustrahlung, (b) die kinetische Energie des Elektrons.

25.8 Wenn eine bestimmte Metalloberfläche mit Licht verschiedener Wellenlängen beleuchtet wird, werden die in Tab. 25.2 gezeigten Stoppotentiale der Photoelektronen gemessen:

Tabelle 25.2

$\lambda(\cdot 10^{-7}$ m)	V(V)	$\lambda(\cdot 10^{-7}$ m)	V(V)
3,66	1,48	4,92	0,62
4,05	1,15	5,46	0,36
4,36	0,93	5,79	0,24

Tragen Sie die Stoppotentiale als Ordinate gegen die Frequenz des Lichtes als Abszisse auf. Bestimmen Sie aus der graphischen Darstellung: (a) die kritische Frequenz, (b) die photoelektrische Austrittsarbeit des Metalls, (c) das Verhältnis h/e.

25.9 Die photoelektrische Austrittsarbeit von Kalium ist 2,0 eV. Bestimmen Sie unter der Annahme, daß Licht der Wellenlänge von $3{,}6 \cdot 10^{-7}$ m auf das Kalium fällt, (a) das Stoppotential der Photoelektronen, (4) die kinetische Energie und die Geschwindigkeit der schnellsten herausgeschleuderten Elektronen.

25.10 Elektromagnetische Strahlung der Wellenlänge 10^{-5} m fällt senkrecht auf eine Metallprobe der Masse 10^{-1} kg; dabei wird ein Elektron in entgegengesetzter Richtung zur einfallenden Strahlung herausgeschleudert. Berechnen Sie unter Verwendung der Erhaltungssätze der Energie und des Impulses die Energie des Elektrons und die Rückstoßenergie der Metallprobe. Nehmen Sie an, daß die Austrittsarbeit null ist. Rechtfertigt das Ergebnis die Vernachlässigung der Impulserhaltung bei unserer Berechnung des photoelektrischen Effekts?

25.11 Die minimale Lichtintensität, die das Auge wahrnehmen kann, beträgt etwa 10^{-10} W m^{-2}. Wie viele Photonen fallen bei dieser Intensität pro Sekunde (Wellenlänge $5{,}6 \cdot 10^{-7}$ m) auf die Pupille? Die Pupillenfläche kann als 10^{-4} m^2 angenommen werden.

25.12 Die Natrium D-Linie, 5890 Å, tritt auf, wenn Natrium mit Elektronen beschossen wird, die durch einen Potentialunterschied von 2,11 V beschleunigt werden. Berechnen Sie den Wert von h/e.

25.13 Ein Photon mit einer Energie von 10^4 eV wird von einem ruhenden Wasserstoffatom absorbiert. Als Folge davon wird das Elektron in Richtung der einfallenden Strahlung herausgeschleudert. Vernachlässigen Sie die Energie, die erforderlich ist, um das Elektron zu trennen (ca. 13,6 eV) und bestimmen Sie den Impuls und die Energie des Elektrons und des Protons.

25.14 In den oberen Schichten der Atmosphäre wird molekularer Sauerstoff durch Phtonen von der Sonne in zwei Sauerstoffatome dissoziiert. Die maximale Wellenlänge der Photonen, die diesen Vorgang auslösen, ist $1{,}75 \cdot 10^{-7}$ m. Wie groß ist die Bindungsenergie von 0_2?

25.15 Zeigen Sie, daß der Rekombinationsvorgang $A^+ + e \rightarrow A$ ohne Verletzung der Erhaltung der Energie oder des Impulses unmöglich ist, wenn nicht ein drittes Teilchen beteiligt ist.

25.16 Bestimmen Sie die Rückstoßenergie und die Rückstoßgeschwindigkeit eines Wasserstoffatoms, wenn es einen Übergang vom Zustand $n = 4$ in den Zustand $n = 1$ durchmacht und ein Photon emittiert. Rechtfertigen Sie anhand des Ergebnisses die Gültigkeit der schräg gedruckten Aussage, die gegen Ende von Abschnitt 25.8 gemacht wurde.

25.17 Fünf Linien in der Balmerserie von Wasserstoff haben die Wellenlängen 3669,42 Å, 3770,06 Å, 3835,40 Å, 3970,07 Å und 4340,47 Å. Tragen Sie für die Balmerserie $\bar{\nu}$ gegen n auf. Bestimmen Sie aus der Darstellung den Wert n für das obere Niveau jeder der fünf hier angegebenen Wellenlängen.

25.18 (a) Berechnen Sie unter Verwendung der Methode aus Beispiel 25.1 die Frequenz der Kreisbewegung eines Elektrons in einem Wasserstoffatom in dem Niveau, das der Quantenzahl n entspricht. (b) Berechnen Sie die Frequenz der Strahlung, die beim Übergang vom Zustand n auf den Zustand $n - 1$ emittiert wird. (c) Zeigen Sie, daß die Ergebnisse von (a) und (b) übereinstimmen, wenn n sehr groß ist.

25.19 Die folgenden K_α-Linien wurden gemessen:

Magnesium	9,87 Å;	Schwefel	5,36 Å;
Kalzium	3,35 Å;	Chrom	2,29 Å;
Kobalt	1,79 Å;	Kupfer	1,54 Å;
Rubidium	0,93 Å;	Wofram	0,21 Å.

Tragen Sie die Quadratwurzel der K_α-Frequenz gegen die Atomzahl des Elements auf. Ein Doktorand von Ernest Rutherford namens H. G. Mosley fand 1912 eine empirische Beziehung der Form

$$\sqrt{\nu} = A(Z - c).$$

(Diese Beziehung diente dazu, den Begriff der Ordnungszahl zu klären.) Z ist die Ordnungszahl des Atoms. Überprüfen Sie diese Beziehung anhand Ihrer graphischen Darstellung und schätzen Sie die Werte von A und c ab. Entwickeln Sie eine Begründung für das Mosleysche Gesetz.

25.20 Die K_α-Linie von Kobalt ist 1,785 Å. Wie groß ist der Energieunterschied zwischen dem 1s und dem 2p-Niveau in Kobalt? Vergleichen Sie mit dem Energieunterschied zwischen der 1s- und 2p-Bahn in Wasserstoff (d.h., der ersten Lyman-Linie). Warum ist der Unterschied für Kobalt viel größer als für Wasserstoff?

25.21 Überprüfen Sie, daß das Trägheitsmoment eines zweiatomigen Moleküls um eine Achse senkrecht zur Verbindungslinie der Kerne, die durch den Schwerpunkt geht,

$$I = \mu r_0^2,$$

ist, wobei μ die reduzierte Masse des Moleküls und r_0 der Kernabstand ist.

25.22 Die benachbarten Linien im reinen Rotationsspektrum von $^{35}Cl^{19}F$ sind durch eine Frequenz von $1{,}12 \cdot 10^{10}$ s^{-1} getrennt. Wie groß ist der zwischenatomare Abstand in diesem Molekül?

25.23 (*a*) Berechnen Sie die Energie und die Wellenlänge des Photons, das bei den Rotationsübergängen

$$l = 0 \rightarrow l = 1 \qquad \text{und} \qquad l = 1 \rightarrow l = 2.$$

im $^{200}Hg^{35}Cl$ Molekül ($r_0 = 2{,}23$ Å) absorbiert wird. (b) In welchem Bereich des elektromagnetischen Spektrums findet man diese Linien?

25.24 Berechnen Sie die Energie der drei niedrigsten Schwingungsniveaus in HF, wenn die Kraftkonstante $9{,}5 \cdot 10^2$ N m^{-1} ist. Bestimmen Sie die Wellenzahl der Strahlung, die beim Übergang

$$v = 0 \rightarrow v = 1$$

absorbiert wird.

25.25 Das Infrarotspektrum von CO zeigt bei geringer Auflösung eine Absorptionsbande um 2170 cm^{-1}. Bestimmen Sie die Kraftkonstante in CO. Tragen Sie maßstabgetreu die Kurve für die potentielle Energie auf.

25.26 Das CO-Molekül hat einen Elektronenübergang, der mehrere Banden im sichtbaren Bereich (um 6000 Å) erzeugt. Schätzen Sie den Abstand zwischen benachbarten Linien in jeder Bande ab. Erwarten Sie, daß die Banden in einem Spektroskop geringer Auflösung kontinuierlich erscheinen?

25.27 Das Trägheitsmoment eines Kerns der Masse M und des mittleren Radius R ist, wenn der Kern als Vollkugel betrachtet wird,

$$\mathcal{I} = \tfrac{2}{5} MR^2.$$

Schätzen Sie bei einer Massenzahl A von 50,100 und 150 die Energie (in MeV) eines γ-Strahles ab, der beim Übergang von einem Rotationsenergieniveau mit $l = 2$ auf eines mit $l = 0$ emittiert wird. Vergleichen Sie mit der Energie der γ-Strahlen, die von geradzahlig-geradzahligen Kernen in diesen Bereichen emittiert werden. Was schließen Sie daraus?

25.28 Schreiben Sie die asymptotische Form des Planckschen Strahlungsgesetzes, (25.28), für einen Fall, in dem die Frequenz sehr hoch ist und für einen, in dem sie sehr niedrig ist. Die erste Beziehung bezeichnet man als *Wiensches Strahlungsgesetz*, den zweiten als *Rayleigh-Jeanssches Strahlungsgesetz*.

Kapitel 26

REFLEXION, BRECHUNG UND POLARISATION

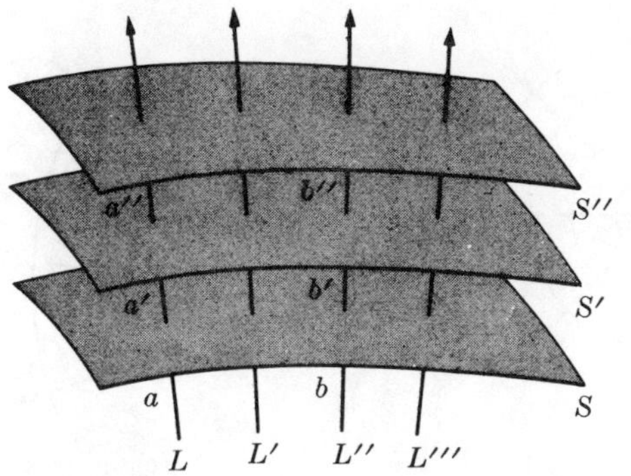

26.1 Strahlen und Wellenoberflächen.

26.1 EINLEITUNG

Bei allen Arten von Wellen, die wir in den vorhergehenden Kapiteln diskutierten, hängt die Fortpflanzungsgeschwindigkeit von irgendeiner physikalischen Eigenschaft des Mediums ab, durch das sich die Wellen ausbreiten. Zum Beispiel hängt die Geschwindigkeit elastischer Wellen vom Elastizitätsmodul und der Dichte des Mediums ab. Die Geschwindigkeit elektromagnetischer Wellen hängt von der DK und Permeabilität der Substanz ab, durch die sie sich ausbreiten.

Diese Abhängigkeit der Ausbreitungsgeschwindigkeit einer Welle von den Eigenschaften des Mediums führt zu den Phänomenen der *Reflexion* und *Brechung*, die auftreten, wenn eine Welle durch eine Oberfläche tritt, die zwei Medien trennt, in welchen die Wellen sich mit verschiedener Geschwindigkeit ausbreiten. Die *reflektierte Welle* ist eine neue Welle, die sich rückwärts durch das Medium ausbreitet, durch welches sich die ursprüngliche Welle fortpflanzte. Die *gebrochene Welle* ist die Welle, die auf das zweite Medium übertragen wurde. Die Energie der einfallenden Welle verteilt sich auf die reflektierte und die gebrochene Welle. In vielen Fällen bekommt die reflektierte Welle mehr Energie mit, wie z.B. bei der Reflexion an Spiegeln. In anderen Fällen nimmt die gebrochene Welle den Großteil der Energie mit.

26.2 DER MALUSSCHE SATZ

Ein wichtiges Hilfsmittel, die Ausbreitung einer Welle durch ein Medium zu verfolgen, ist der *Malussche Satz*. Aus Abb. 26.1 entnehmen wir, daß wir eine Reihe von Linien L, L', L'', ... senkrecht zu den Wellenoberflächen zeichnen können, wobei S, S', S'', ... einige Wellenoberflächen sind. Man nennt diese Linien *Strahlen* und sie entsprechen den Ausbreitungslinien der Energie und des Impulses der Welle. Wir müssen beachten, daß die Beziehung zwischen Strahlen und Wellenoberflächen ähnlich der Beziehung zwischen Kraftlinien und Äquipotentialflächen ist. Punkte an verschiedenen Wellenoberflächen, die durch einen bestimmten Strahl verbunden sind, wie z.B. a, a', a'' oder b, b', b'' nennt man *korrespondierende Punkte*. Die Zeit, die eine Welle braucht, um von der Oberfläche S zur Oberfläche S'' zu gehen, muß gleich sein, gleichgültig längs welcher Welle sie gemessen wird. Wir können daher sagen:

Der zeitliche Abstand zwischen korrespondierenden Punkten zweier Wellenoberflächen ist für alle Paare korrespondierender Punkte gleich.

Wir schließen daraus, daß die Abstände aa'', bb'', cc'' u.s.w. von der Geschwindigkeit der Wellenbewe-

26.2 Ebene Wellen, sphärische Wellen und Wellen beliebiger Gestalt und einige ihrer Strahlen.

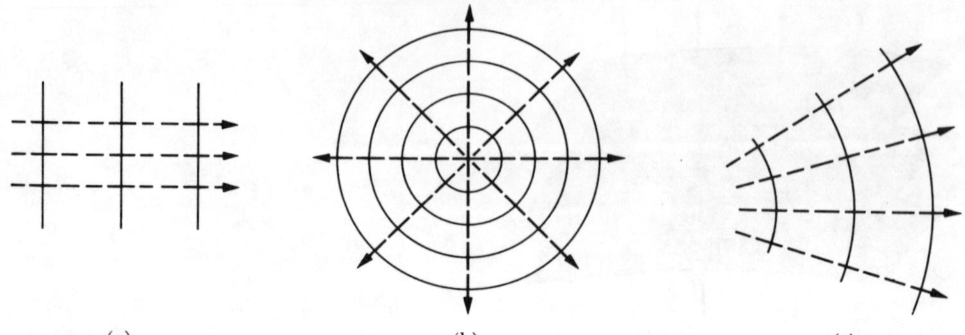

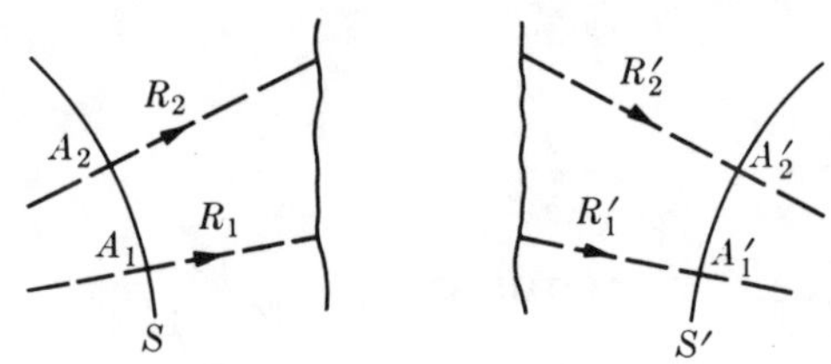

26.3 Korresponierende Strahlen bei einfallenden und austretenden Wellen.

gung an jedem Punkt abhängen müssen. In einem homogenen isotropen Medium, in dem die Geschwindigkeit an allen Punkten und in allen Richtungen gleich ist, muß der Abstand zwischen zwei Wellenoberflächen für alle korrespondierenden Punkte gleich sein. Eine andere wichtige Tatsache, die wir hierbei in Betracht ziehen müssen, ist, daß *die Strahlen in einem homogenen isotropen Medium Gerade sein müssen,* da die Symmetrie vermuten läßt, daß es keinen Grund gibt, daß sie nach der einen oder anderen Seite gebogen wären. Wir haben diese Tatsache für ebene und für sphärische Wellen in Teil (a) und (b) der Abb. 26.2 dargestellt. Im allgemeinen Fall muß daher die Familie von Wellenoberflächen in einem homogenen isotropen Medium einen gemeinsamen Satz von Normalen haben, wie in Abb. 26.2(c) gezeigt und muß längs dieser Normalen im gleichen Abstand angeordnet sein.

Betrachten Sie nun den Fall, in dem sich eine Welle durch eine aufeinanderfolgende Reihe homogener isotroper Medien ausbreitet. Am Schnittpunkt jeder Grenzfläche, die zwei benachbarte Medien trennt, kann sich die Ausbreitungsrichtung infolge der Modifikation der Wellenoberflächen ändern (d.h., die Strahlen können ihre Richtung ändern); während die Wellen jedoch durch ein bestimmtes Medium gehen, werden die Strahlen immer noch Gerade senkrecht zu den Wellenoberflächen sein. S (Abb. 26.3) sei eine Wellenoberfläche im ersten Medium. Wir können dann zwei Strahlen R_1 und R_2 verfolgen, die senkrecht zu S sind. Aufeinanderfolgende Wellenoberflächen in diesem Medium müssen senkrecht zu R_1 und R_2 sein. Wenn wir, nachdem die Wellenbewegung durch alle die verschiedenen Medien abgelaufen ist, eine andere Wellenoberfläche S' beobachten, finden wir, daß die Strahlen R_1 und R_2 in die Strahlen R_1' und R_2' umgewandelt wurden, die ebenfalls senkrecht zu S' sind. In anderen Worten sagt der Malussche Satz:

Die Orthogonalitätsbeziehung zwischen Strahlen und Wellenoberflächen bleibt bei der Wellenausbreitung stets erhalten.

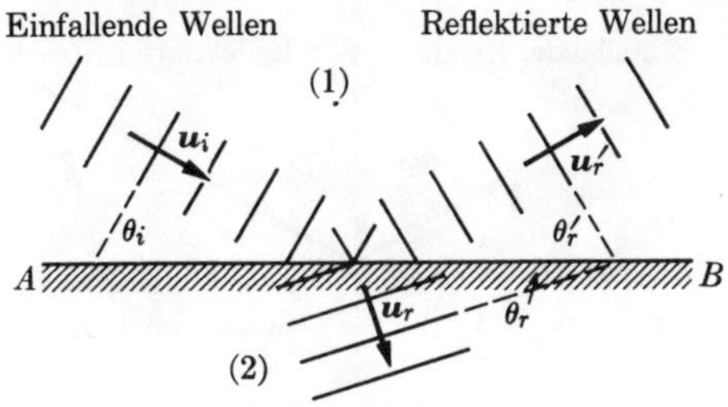

26.4 Einfallende, reflektierte und gebrochene ebene Wellen.

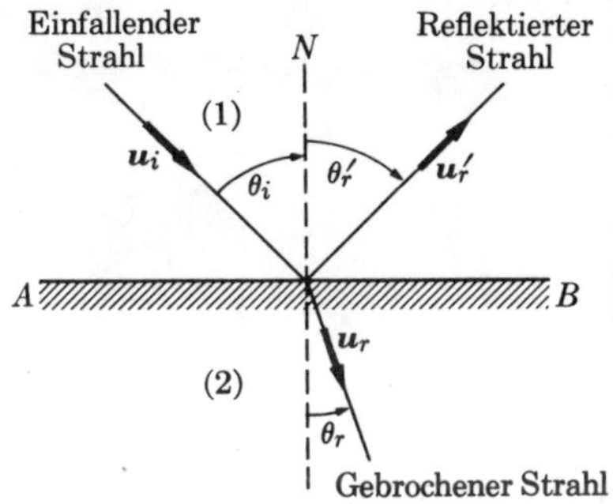

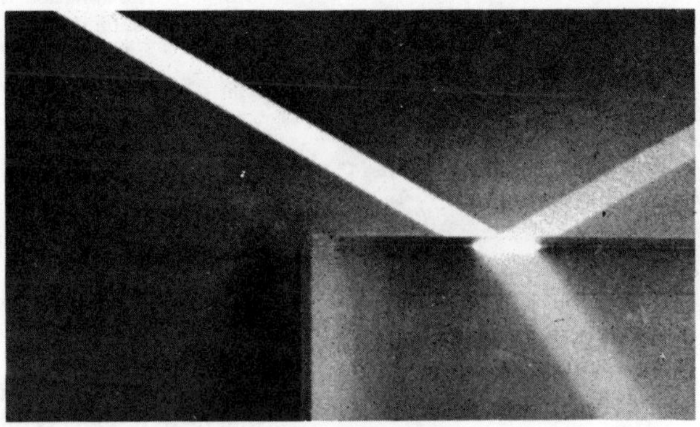

(b)

26.5 Einfallende, reflektierte und gebrochene Strahlen. [Aufnahme aus *Physics*; Boston, D. C. Heath, 1960.]

Dieser Satz impliziert außerdem folgendes:

Die Zeit, die die Welle braucht, um sich von A_1 *nach* A_1' (korrespondierende Punkten) *auszubreiten, muß gleich der Zeit sein, die sie braucht, um sich von* A_2 *nach* A_2' *auszubreiten* (die ebenfalls korrespondierende Punkte sind).

Wir werden diese Aussage anwenden, wenn wir die Gesetze der Reflexion und Brechung von Wellen besprechen.

26.3 REFLEXION UND BRECHUNG EBENER WELLEN

Betrachten Sie eine ebene Welle, die sich im Medium (1) in Richtung des Einheitsvektors $\boldsymbol{u}_i$ (Abb. 26.4) ausbreitet. Die Erfahrung zeigt uns, daß beim Erreichen der ebenen Oberfläche *AB*, die Medium (1) vom Medium (2) trennt, eine Welle in das zweite Medium übertritt und eine andere Welle in das Medium (1) zurückreflektiert wird. Das sind die *gebrochenen* bzw. die *reflektierten* Wellen. Wenn der Einfallswinkel schräg ist, pflanzt sich die gebrochene Welle in einer Richtung fort, die durch den Einheitsvektor $\boldsymbol{u}_r$ angegeben und verschieden von $\boldsymbol{u}_i$ ist; die reflektierten Wellen pflanzen sich in einer Richtung fort, die durch den Einheitsvektor $\boldsymbol{u}_r'$ gegeben ist, der in Bezug auf die Oberfläche symmetrisch zu $\boldsymbol{u}_i$ ist. (Abb. 26.5 zeigt dies für die zugehörigen Strahlen) Die Winkel θ_i, θ_r und θ_r' nennt man *Einfallswinkel*, *Brechungswinkel* und *Reflexionswinkel*. Die Richtungen der drei Vektoren $\boldsymbol{u}_i$, $\boldsymbol{u}_r$ und $\boldsymbol{u}_r'$ hängen über die folgenden, experimentell bestätigten Gesetze zusammen.

---

1. *Die Richtungen des Einfalls, der Brechung und der Reflexion liegen in einer Ebene, die senkrecht zur Grenzfläche ist und daher die Normale* N *zur Oberfläche enthält.*

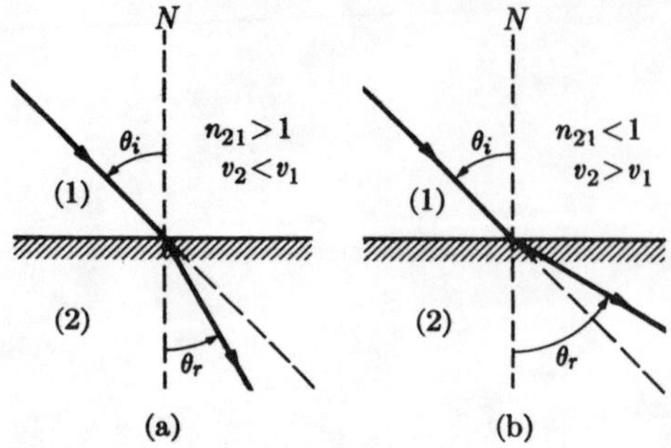

26.6 Gebrochene Strahlen für $n_{21} > 1$ und $n_{21} < 1$.

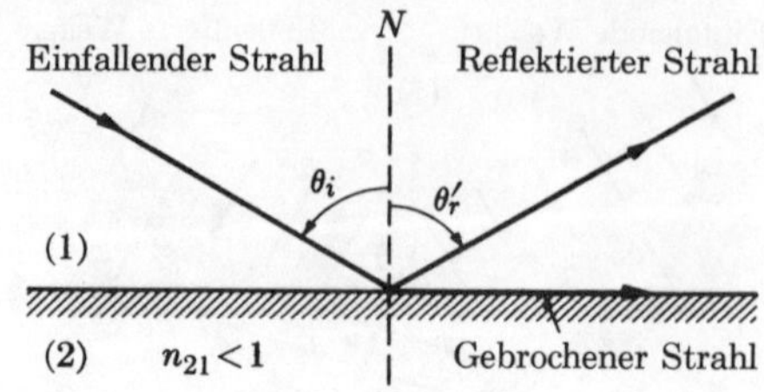

26.7 Totalreflexion tritt ein, wenn $n_{21} < 1$ und wenn θ_i größer ist als der kritische Winkel λ.

2. *Der Einfallswinkel ist gleich dem Reflexionswinkel. Das heißt*

$$\theta_i = \theta_r'. \tag{26.1}$$

3. *Das Verhältnis zwischen dem Sinus des Einfallswinkels und dem Sinus des Brechungswinkels ist konstant. Man bezeichnet das als Snelliussches Gesetz; es wird durch*

$$\frac{\sin\,\theta_i}{\sin\,\theta_r} = n_{21} \tag{26.2}$$

ausgedrückt.

Die Konstante n_{21} bezeichnet man als den *Brechungsindex* des Mediums (2) relativ zum Medium (1). Sein numerischer Wert hängt von der Natur der Welle und den Eigenschaften der beiden Medien ab.

Diese Gesetze gelten auch, wenn weder die Wellenoberfläche noch die Grenzfläche eben sind, da es an jedem Punkt einen begrenzten Bereich jeder Oberfläche gibt, der als eben betrachtet werden kann und die Strahlen an diesem Punkt verhalten sich gemäß (26.1) und (26.2).

Beachten Sie, daß für $n_{21} > 1$, $\sin\,\theta_i > \sin\,\theta_r$; daher ist $\theta_i > \theta_r$, was zeigt, daß der gebrochene Strahl näher zur Normalen ist als der einfallende Strahl (Abb. 26.6a), während für $n_{21} < 1$, $\theta_i < \theta_r$; hier ist der gebrochene Strahl weiter von der Normalen entfernt als der einfallende Strahl (Abb. 26.6b).

Wenn $n_{21} < 1$, kann ein besonderer Fall eintreten, den man als *Totalreflexion* bezeichnet. Nehmen Sie an, daß

$$\sin\,\theta_i = n_{21}.$$

Nach (26.2) ist dann

$$\sin\,\theta_r = 1 \qquad \text{oder} \qquad \theta_r = \frac{\pi}{2},$$

was zeigt, daß der gebrochene Strahl parallel zur Oberfläche ist. Der Winkel θ_i wird dann *kritischer Winkel** genannt und mit λ bezeichnet. Daher ist

$$\sin\,\lambda = n_{21} \qquad \text{(Kritischer Winkel)}. \tag{26.3}$$

Die geometrische Situation ist in Abb. 26.7 illustriert.

Wenn $\theta_i > \lambda$ oder $\sin\,\theta_i > n_{21}$, dann ist $\sin\,\theta_r > 1$, was unmöglich ist. Wenn der Einfallswinkel größer als der kritische Winkel ist, gibt es daher keinen gebrochenen Strahl und wir sagen, daß es zur Totalreflexion kommt. Diese Situation kann z.B. eintreten, wenn Licht von Glas in Luft übertritt. Wie in Abb. 26.7 gezeigt, gibt es, streng gesprochen, im zweiten Medium eine Welle, die sich parallel zur Oberfläche ausbreitet, aber die Amplitude der Welle nimmt sehr rasch mit der Tiefe ab und die Welle bleibt auf eine sehr dünne Schicht längs der Oberfläche beschränkt.

Wenn v_1 und v_2 die Ausbreitungsgeschwindigkeiten der Welle in den Substanzen sind, wird unten gezeigt, daß der relative Brechungsindex durch

$$n_{21} = \frac{v_1}{v_2} \tag{26.4}$$

**Aumerkung des Herausgebers*: Grenzwinkel der Totalreflexion.

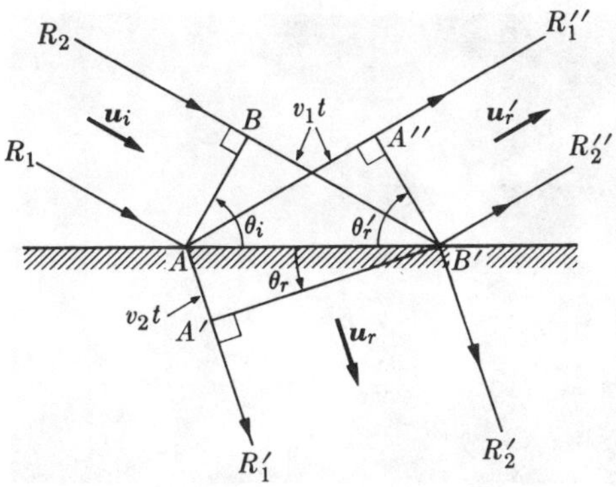

26.8 Beweis für die Gesetze der Reflexion und Brechung.

gegeben ist. Wir wollen ein bestimmtes Medium als Referenz oder Standard nehmen und die Ausbreitungsgeschwindigkeit der Welle in diesem Medium mit c bezeichnen. Der *absolute Brechungsindex* jedes anderen Mediums ist durch

$$n = \frac{c}{v} \tag{26.5}$$

definiert. Das Bezugsmedium für elektromagnetische Wellen* ist das Vakuum und daher ist $c \approx 3 \cdot 10^8$ m s^{-1}.

Wenn wir zwei Substanzen betrachten, haben wir

$$\frac{n_2}{n_1} = \frac{c}{v_2} \cdot \frac{v_1}{c} = \frac{v_1}{v_2} = n_{21}, \tag{26.6}$$

so daß der relative Brechungsindex zweier Substanzen gleich dem Verhältnis ihrer absoluten Brechungsindizes ist.

Wenn wir (26.6) verwenden, können wir das *Snelliussche Gesetz* (26.2) in der symmetrischen Form

$$n_1 \sin \theta_i = n_2 \sin \theta_r \tag{26.7}$$

schreiben.

Beweis für die Gesetze der Reflexion und Brechung Die drei Gesetze der Reflexion und Brechung können experimentell ohne große Schwierigkeit bestätigt werden. Man kann sie auch theoretisch beweisen, wenn man die grundlegenden Begriffe der Wellenausbreitung und im Speziellen den Malusschen Satz anwendet. Zum Beispiel kann das erste Gesetz allein aufgrund von Symmetriebeziehungen gerechtfertigt werden, da der einfallende Strahl und die Normale N eine Ebene festlegen, und es keinen *a priori* Grund gibt, warum die gebrochenen und die reflektierten Strahlen aus dieser Ebene abgelenkt werden sollten. Um das zweite und dritte Gesetz zu beweisen, wollen wir zwei einfallende Strahlen R_1 und R_2 (Abb. 26.8) betrachten, die parallel sind, da die einfallenden Wellen eben sind: Strahl R_1 trifft in A auf die Oberfläche, R_2 trifft an B' auf. Da die geometrische Situation an A und B' gleich ist, schließen wir, daß die gebrochenen Strahlen R_1' und R_2', ebenso wie die reflektierten Strahlen R_1'' und R_2'' parallel sind. Da die Strahlen R_1 und R_2 willkürlich gewählt wurden, sind die gebrochenen und reflektierten Wellen ebenfalls eben, da sie senkrecht zu einem korrespondierenden Satz paralleler Strahlen sein müssen, wie der Malussche Satz es fordert.

Wir wollen die folgenden Wellenoberflächen betrachten: AB bei der einfallenden Welle, $A'B'$ bei der gebrochenen Welle, und $A''B'$ in der reflektierten Welle. Wie der Malussche Satz besagt, müssen die Strahlen zwischen korrespondierenden Punkten an den Wellenoberflächen in gleichen Zeiten zurückgelegt werden. t sei die Zeit, die die einfallende Welle braucht, um längs des Strahls R_2 mit der Geschwindigkeit v_1 von B nach B' zu gelangen. In der gleichen Zeit bewegt sich die gebrochene Welle längs des Strahles R_1' mit der Geschwindigkeit v_2 von A nach A' und die reflektierte Welle hat sich mit der Geschwindigkeit v_1 längs des Strahls R_1'' von A nach A'' bewegt. Dann ist

$$BB' = v_1 t, \quad AA' = v_2 t, \quad AA'' = v_1 t,$$

und, nach der Abbildung

$$\sin \theta_i = \frac{BB'}{AB'} = \frac{v_1 t}{AB'},$$

$$\sin \theta_r = \frac{AA'}{AB'} = \frac{v_2 t}{AB'},$$

* Der Begriff des absoluten Brechungsindex für elektromagnetische Wellen wurde in Abschnitt 24.6 eingeführt.

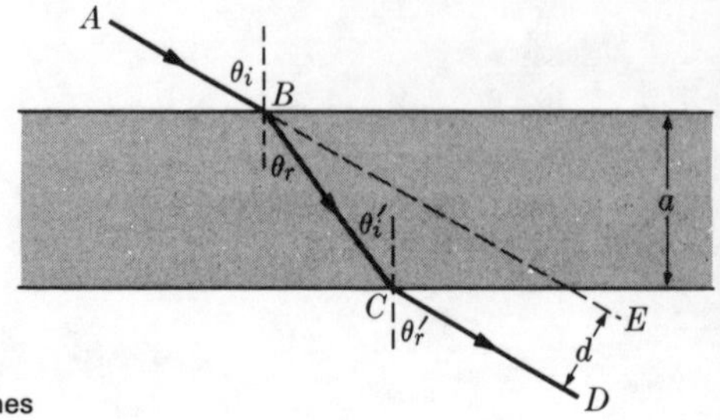

(a)

(b)

26.9 Ausbreitung eines Strahles durch eine parallele Platte. [Aufnahme aus *Physics*; Boston, D. C. Heath, 1960.]

$$\sin \theta_r' = \frac{AA''}{AB'} = \frac{v_1 t}{AB'}.$$

Wenn wir die erste und dritte Beziehung vergleichen, sehen wir, daß

$$\sin \theta_i = \sin \theta_r' \qquad \text{oder} \qquad \theta_i = \theta_r',$$

was das Reflexionsgesetz (26.1) ist. Wenn wir die erste Beziehung durch die zweite dividieren, ergibt sich

$$\frac{\sin \theta_i}{\sin \theta_r} = \frac{v_1}{v_2} = n_{21},$$

was angesichts von (26.4) das Snelliussche Gesetz (26.2) ausdrückt.

Beispiel 26.1 Bestätigen Sie, daß beim Durchtritt einer Welle durch ein Medium, das durch ebene parallele Seiten begrenzt ist, die Richtung des austretenden Strahls parallel zu der des einfallenden Strahls ist, daß der Strahl aber eine seitliche Verschiebung erleidet.

Lösung: Wir wollen eine Platte der Dicke a und einen Strahl AB (Abb. 26.9) betrachten, dessen Einfallswinkel θ_i ist. Wir wollen hier den reflektierten Strahl nicht berücksichtigen. Der Brechungswinkel ist θ_r, entsprechend dem gebrochenen Strahl B_C. Mit (26.7) erhalten wir

$$n_1 \sin \theta_i = n_2 \sin \theta_r.$$

In C ist die Brechung von Medium (2) nach Medium (1), so daß (26.7)

$$n_2 \sin \theta_i' = n_1 \sin \theta_r'$$

ergibt. Aus Abb. 26.9 sehen wir, daß $\theta_i' = \theta_r$ ist. Wenn wir daher beide Gleichungen multiplizieren, erhalten wir

$$\sin \theta_i = \sin \theta_r' \qquad \text{oder} \qquad \theta_i = \theta_r',$$

was beweist, daß der austretende Strahl CD parallel zum einfallenden Strahl AB ist; dieses Ergebnis war von der Geometrie der Aufgabe her zu erwarten. Wir überlassen es dem Studenten zu überprüfen, daß die Verschiebung des Strahles

$$d = a \frac{\sin (\theta_i - \theta_r)}{\cos \theta_r}$$

ist. Man kann auch leicht bestätigen, daß der austretende und der einfallende Strahl immer noch parallel sind, wenn man statt einer mehrere parallele Platten verschiedenen Materials hat.

26.4 REFLEXION UND BRECHUNG SPHÄRISCHER WELLEN

Wir wollen sphärische Wellen betrachten, die von einer Punktquelle O erzeugt werden und auf eine ebene Oberfläche S fallen. Es entstehen dann zwei neue Gruppen von Wellen: die reflektierten und die gebrochenen oder durchgelassenen, wie in Abb. 26.10 gezeigt. Um die Gestalt der reflektierten und gebrochenen Wellenfronten zu verfolgen, müßte man viele reflektierte und gebrochene Wellen zeichnen. Die korrespondierenden reflektierten und gebrochenen Wellenoberflächen sind senkrecht zu den Strahlen. In Abb. 26.10 wurde eine Gruppe dieser Strahlen in B gezeichnet, wobei $n_{21} > 1$ angenommen wurde. Nach den Gesetzen (2) und (3) für die Reflexion und Brechung, haben wir

$$\theta_i = \theta_r', \qquad \frac{\sin \theta_i}{\sin \theta_r} = n_{21}.$$

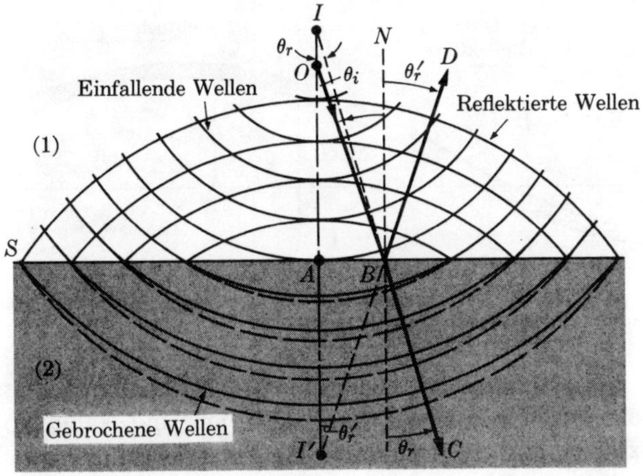

26.10 Einfallende, reflektierte und gebrochene sphärische Wellen.

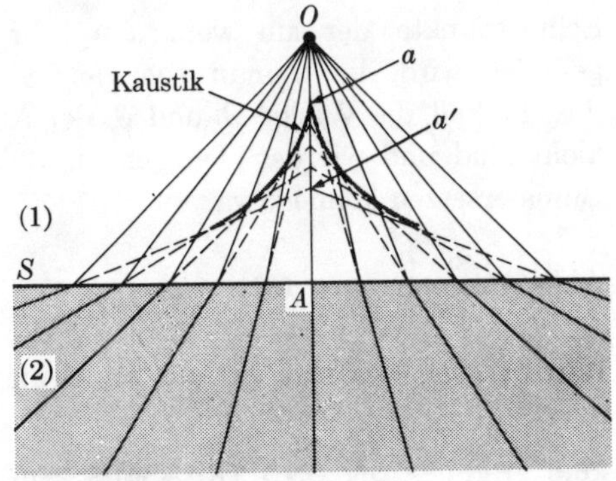

26.11 Brechung von Strahlen, die von einer Punktquelle kommen. Wenn die gebrochenen Strahlen nach rückwärts verlängert werden, schneiden sie sich nicht in einem einzigen Punkt.

Der reflektierte Strahl BD schneidet, wenn er zurück ins Medium (2) verlängert wird, die verlängerte Normale AO am Punkt I'. Da die Dreiecke OAB und $I'AB$ rechtwinklige Dreiecke sind und die Winkel an O und I' gleich sind, ist

$$AO = AI'.$$

Da B ein willkürlicher Punkt ist, schließen wir, daß *alle reflektierten Wellen einen Punkt I' passieren, der relativ zur ebenen Oberfläche symmetrisch zu O ist.* Diesen Punkt nennt man das *Bild* von O infolge der Reflexion. Daher gilt:

Wenn sphärische Wellen auf eine ebene Oberfläche fallen, sind die reflektierten Wellen sphärisch und symmetrisch in Bezug auf die einfallenden Wellen.

Diese Symmetrie war angesichts der Tatsache zu erwarten, daß die reflektierten Wellen sich nach rückwärts mit der gleichen Geschwindigkeit ausbreiten wie die einfallenden Wellen.

Bezüglich des gebrochenen Strahls BC sehen wir, daß er die Normale OA am Punkt I schneidet, wenn wir in das Medium (1) verlängern, so daß

$$\tan \theta_r = \frac{AB}{AI}.$$

Außerdem ist

$$\tan \theta_i = \frac{AB}{AO}.$$

Daher ist

$$\frac{\tan \theta_i}{\tan \theta_r} = \frac{AI}{AO}, \qquad \text{oder}$$

$$AI = AO\frac{\tan \theta_i}{\tan \theta_r}. \tag{26.8}$$

Das Snelliussche Brechungsgesetz erfordert jedoch, daß $\sin \theta_i/\sin \theta_r$ konstant und gleich n_{21} sein muß. Dann kann aber $\tan \theta_i/\tan \theta_r$ nicht konstant sein. Daher gehen die gebrochenen Strahlen nicht alle durch den gleichen Punkt. Wir schließen also

---

Wenn sphärische Wellen auf eine ebene Oberfläche auffallen, sind die gebrochenen Wellen nicht sphärisch.

Die gebrochenen Wellen bilden, da sie nicht durch einen einzigen Punkt gehen, kein punktförmiges Bild von O, wie das die reflektierten Wellen tun. Die gebrochenen Wellen schneiden an verschiedenen Punkten längs der Normalen OA und auch auf einer konischen Oberfläche, der sogenannten *Kaustik*, die in Abb. 26.11 gezeigt ist. Den Punkt a, der durch die

Schnittpunkte der am wenigsten schrägen Strahlen gebildet wird, kann man sehr leicht finden, da in diesem Fall die Winkel θ_i und θ_r der Abb. 26.10 sehr klein sind und wir den Tangens in (26.8) durch den Sinus ersetzen können, was zu

$$AI \approx AO \frac{\sin \theta_i}{\sin \theta_r} = n_{21}(AO) \tag{26.9}$$

führt; dieser Ausdruck gilt nur für kleine Winkel.

26.5 REFLEXION UND TRANSMISSION TRANSVERSALER WELLEN AM PUNKT, AN DEM ZWEI FÄDEN VERSCHIEDENEN MATERIALS VERBUNDEN SIND

Wenn eine Welle die Oberfläche erreicht, die zwei verschiedene Medien trennt, wird die Energie der Welle zwischen der reflektierten und der gebrochenen Welle aufgeteilt. Die Erörterung des allgemeinen Falls ist recht schwierig. Wir wollen daher diese wichtige Sache für den einfachen Fall von Wellen analysieren, die sich längs zweier verschiedener Fäden ausbreiten, die ein gemeinsames Ende haben und einer Spannung T unterliegen.

Wir wollen annehmen, daß wir zwei Schnüre (1) und (2) haben (Abb. 26.12), die an einem Punkt verbunden sind; diesen Punkt wählen wir als unseren Koordinatenursprung. Wir haben eine einfallende Welle, die von links kommt und die Form (erinnern Sie sich an Tab. 23.1)

$$\xi_i = A_i \sin \omega \left(t - \frac{x}{v_1} \right)$$

hat; eine gebrochene oder übertragene Welle, die sich längs des Fadens (2) ausbreitet,

$$\xi_r = A_r \sin \omega \left(t - \frac{x}{v_2} \right),$$

und eine reflektierte Welle, die sich in Faden (1) nach rückwärts ausbreitet,

$$\xi_r' = A_r' \sin \omega \left(t + \frac{x}{v_1} \right).$$

Beachten Sie, daß wir für die reflektierte und die einfallende Welle v_1 verwenden, da sie sich im gleichen Medium, Faden (1), ausbreiten.

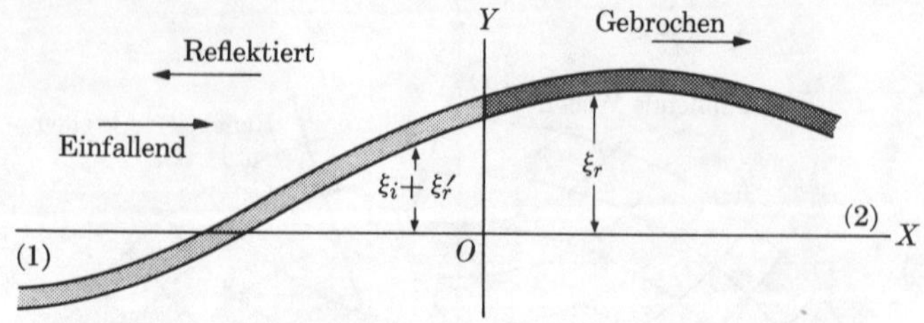

26.12 Transversalwellen in zwei verbundenen Schnüren verschiedener linearer Dichten.

Indem man die Bewegung des Punktes analysiert, an dem die beiden Fäden verbunden sind, kann man zeigen, daß die Amplituden der reflektierten und transmittierten Wellen durch

$$A_r = \frac{2v_2}{v_1 + v_2} A_i, \qquad A_r' = \frac{v_2 - v_1}{v_1 + v_2} A_i \tag{26.10}$$

gegeben sind; da im Fall einer transversalen Welle in einem Faden gemäß (23.26)

$$v = \sqrt{\frac{T}{m}}$$

gilt, wobei m die Masse pro Längeneinheit ist, können wir auch schreiben:

$$A_r = \frac{2\sqrt{m_1}}{\sqrt{m_1} + \sqrt{m_2}} A_i, \qquad A_r' = \frac{\sqrt{m_1} - \sqrt{m_2}}{\sqrt{m_1} + \sqrt{m_2}} A_i. \tag{26.11}$$

Die Verhältnisse A_r/A_i und A_r'/A_i nennt man den *Brechungs-* (oder Transmissions-) *koeffizienten* bzw. den *Reflexionskoeffizienten*; sie werden mit **T** bzw. **R** bezeichnet. Daher ist

$$\mathbf{T} = \frac{2\sqrt{m_1}}{\sqrt{m_1} + \sqrt{m_2}}, \qquad \mathbf{R} = \frac{\sqrt{m_1} - \sqrt{m_2}}{\sqrt{m_1} + \sqrt{m_2}}. \tag{26.12}$$

Wir sehen, daß **T** immer positiv ist, so daß A_r immer dasselbe Vorzeichen wie A_i hat und die transmittierte Welle immer in Phase mit der einfallenden Welle ist. **R** ist jedoch positiv oder negativ, je nachdem ob $m_1 \gtrless m_2$, so daß die reflektierte Welle in Phase oder in Opposition zur einfallenden Welle sein kann. Der letztere Fall ist gleichbedeutend mit der Addition einer Phasenverschiebung von π zur reflektierten Welle. Die zwei Fälle sind in Abb. 26.13 dargestellt.

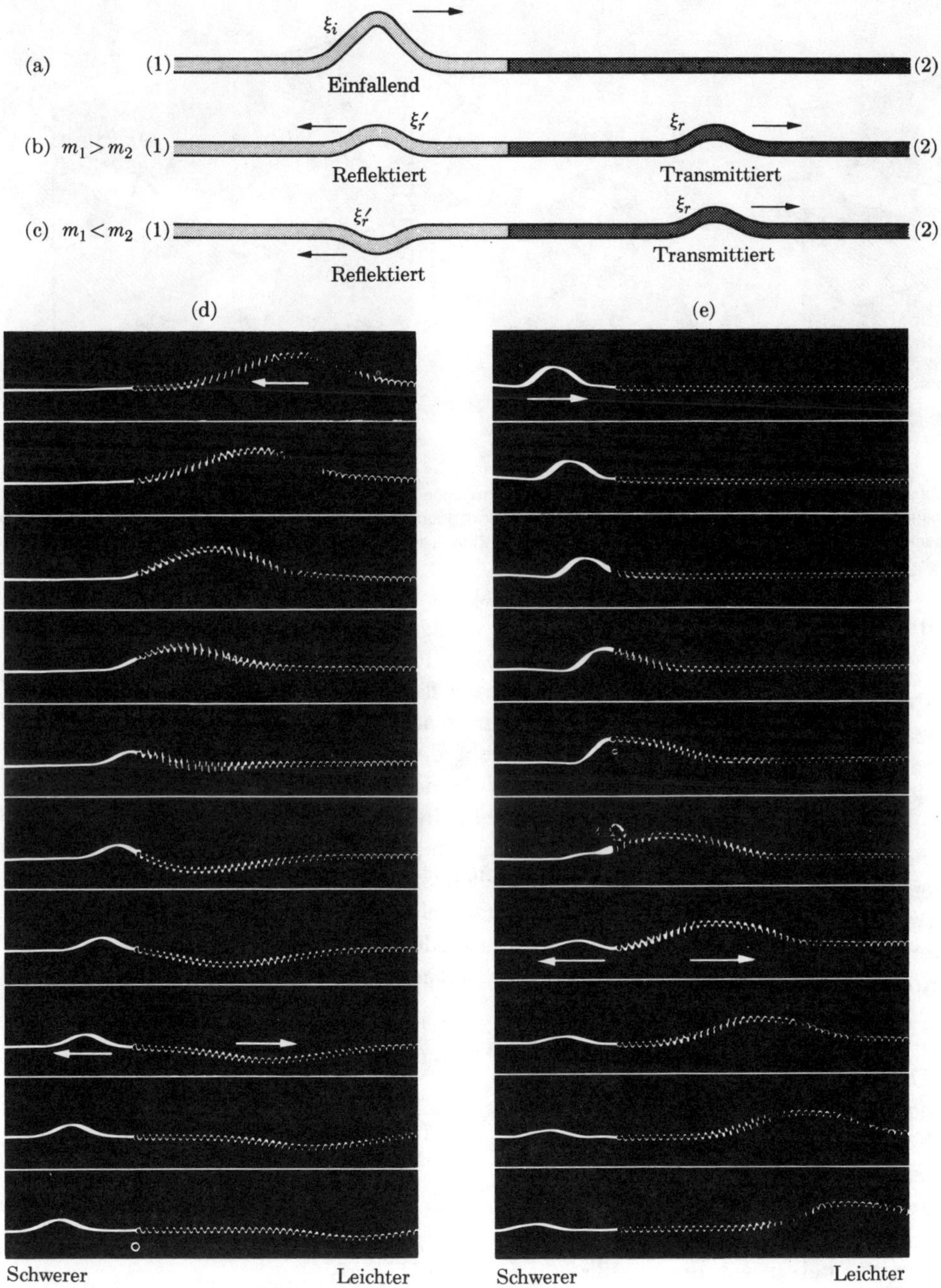

26.13 Einfallende, reflektierte und transmittierte Wellen in zwei verbundenen Schnüren verschiedener linearer Dichten. In b) und e) ist die Schnur, die die einfallende Welle trägt, schwerer. In c) und d) ist die Schnur, die die einfallende Welle trägt, leichter. [Aufnahme aus *Physics*; Boston, D. C. Heath, 1960.]

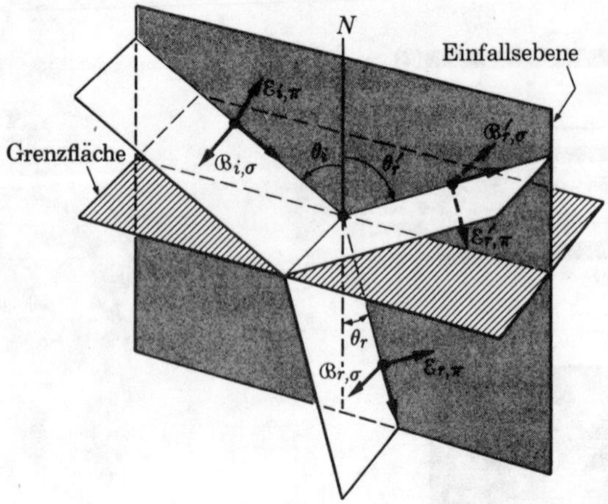

26.14 Elektrisches und magnetisches Feld in der einfallenden, reflektierten und gebrochenen elektromagnetischen Welle für den Fall, daß die Polarisierung parallel zur Einfallsebene ist.

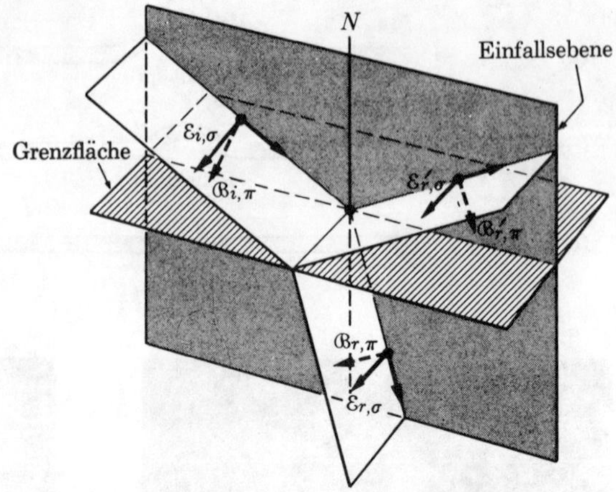

26.15 Elektrisches und magnetisches Feld in der einfallenden, reflektierten und gebrochenen Welle für den Fall, daß die Polarisation senkrecht zur Einfallsebene ist.

26.6 REFLEXION UND BRECHUNG ELEKTROMAGNETISCHER WELLEN

Die Reflexion und Brechung elektromagnetischer Wellen erfordert besondere Beachtung, da sie zwei Felder berührt: die elektrische und die magnetische Komponente der Welle. Sowohl das elektrische als auch das magnetische Feld ist senkrecht zur Ausbreitungsrichtung jeder Welle, sie können aber sonst jede beliebige Orientierung annehmen. Wenn wir daher die Reflexion und Brechung elektromagnetischer Wellen diskutieren, ist es praktischer, jedes Feld so zu betrachten, als hätte es eine Komponente *parallel* zur Einfallsebene, die mit dem Index π versehen wird, und eine Komponente *senkrecht* zur Einfallsebene, die mit dem Index σ versehen wird. Da $\boldsymbol{\mathcal{E}}$ und $\boldsymbol{\mathcal{B}}$ senkrecht zueinander sind, haben wir eine Komponente $\mathcal{E}_\pi$, die mit $\mathcal{B}_\sigma$ assoziiert ist und eine Komponente $\mathcal{E}_\sigma$, die mit $\mathcal{B}_\pi$ assoziiert ist. Da, wie in Kapitel 24 gezeigt, die Polarisation einer elektromagnetischen Welle der Konvention nach durch die Richtung des elektromagnetischen Feldes bestimmt wird, haben wir die $\boldsymbol{\mathcal{E}}$- und $\boldsymbol{\mathcal{B}}$-Komponenten in Abb. 26.14 für die Polarisation in der Einfallsebene angezeigt; in Abb. 26.15 sind sie für die Polarisation senkrecht zur Einfallsebene gezeigt. Die Pfeile zeigen in jedem Fall die Richtungen an, die für die $\boldsymbol{\mathcal{E}}$-Komponenten als positiv betrachtet werden. Der allgemeine Fall ist die Kombination beider Polarisationen.

Die Maxwellschen Gleichungen liefern bestimmte Beziehungen zwischen den parallelen und senkrechten Komponenten des elektrischen und des magnetischen Feldes auf beiden Seiten der Grenzfläche zwischen zwei Medien, die uns erlauben, die Beziehungen zwischen den Komponenten der elektrischen Felder in den einfallenden, gebrochenen und reflektierten Wellen herzustellen. Wenn $\mu_1 = \mu_2 \approx \mu_0$, was in vielen verschiedenen Fällen zutrifft, wogegen aber $\epsilon_1 \neq \epsilon_2$, erhält man die folgenden Ergebnisse:

$$\begin{aligned}
\mathbf{R}_\pi &= \frac{\mathcal{E}_{r,\pi}'}{\mathcal{E}_{i,\pi}} = \frac{\tan(\theta_i - \theta_r)}{\tan(\theta_i + \theta_r)},\\
\mathbf{R}_\sigma &= \frac{\mathcal{E}_{r,\sigma}'}{\mathcal{E}_{i,\sigma}} = \frac{\sin(\theta_r - \theta_i)}{\sin(\theta_i + \theta_r)},\\
\mathbf{T}_\pi &= \frac{\mathcal{E}_{r,\pi}}{\mathcal{E}_{i,\pi}} = \frac{2\sin\theta_r\cos\theta_i}{\sin(\theta_i + \theta_r)\cos(\theta_i - \theta_r)},\\
\mathbf{T}_\sigma &= \frac{\mathcal{E}_{r,\sigma}}{\mathcal{E}_{i,\sigma}} = \frac{2\sin\theta_r\cos\theta_i}{\sin(\theta_i + \theta_r)}.
\end{aligned} \tag{26.13}$$

Es gibt einen sehr wichtigen Fall, der $\mathbf{R}_\pi = 0$ entspricht. Hier hat die reflektierte Welle keine elektrische Komponente vom Typ $\mathcal{E}_{r,\pi}'$, sondern nur $\mathcal{E}_{r,\sigma}'$. Das heißt, wenn $\mathbf{R}_\pi = 0$, ist die reflektierte Welle

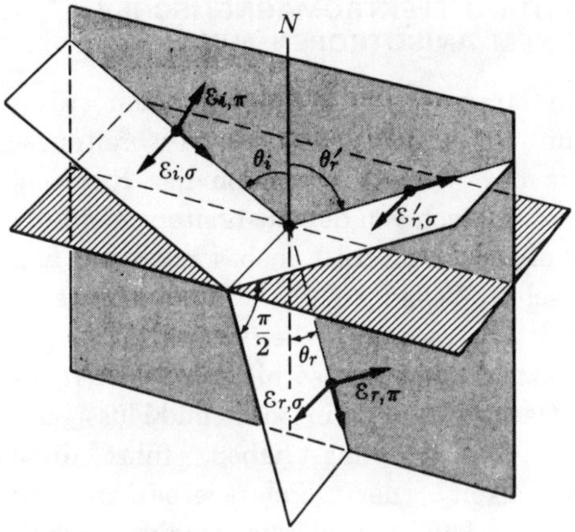

26.16 Polarisation einer elektromagnetischen Welle durch Reflexion: $\mathcal{E}_{r\pi}' = 0$.

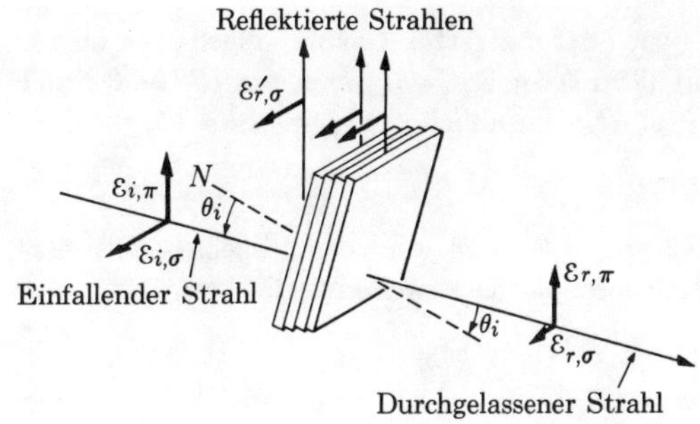

26.17 Polarisation einer elektromagnetischen Welle durch aufeinanderfolgende Brechungen.

in einer Ebene senkrecht zur Einfallsebene vollständig polarisiert; man nennt dieses Phänomen *Reflexionspolarisation.*

Der Fall ist in Abb. 26.16 dargestellt, wo nur die Komponenten des elektrischen Feldes gezeigt sind; der Einfachheit halber haben wir die entsprechenden Komponenten des magnetischen Feldes weggelassen. Wie unten gezeigt, gilt

---

Reflexionspolarisation tritt ein, wenn die reflektierten und gebrochenen Strahlen senkrecht zueinander sind; der reflektierte Strahl ist total polarisiert, wobei das elektrische Feld senkrecht zur Einfallsebene ist.

Der geeignete Einfallswinkel, der als *Polarisationswinkel** bezeichnet wird, ist durch

$$\tan \theta_i = n_{21} \qquad \text{(Polarisationswinkel)} \qquad (26.14)$$

gegeben. Die obige Aussage ist als *Brewstersches Gesetz* bekannt.

Man kann zeigen, daß man nicht gleichzeitig $\mathbf{R}_\sigma = 0$ haben und das Snelliussche Gesetz erfüllen kann. Die senkrechte Komponente des elektrischen Feldes in der reflektierten Welle kann daher nicht gleich null gemacht werden, außer sie ist schon in der einfallenden Welle null.

Wir können aus (26.13) auch entnehmen, daß die Brechungskoeffizienten $\mathbf{T}_\pi$ und $\mathbf{T}_\sigma$ niemals null sind, und daß daher die gebrochene Welle niemals vollständig polarisiert ist. Wenn jedoch eine elektromagnetische Welle durch einen Stapel dünner paralleler Platten geht (Abb. 26.17), wobei der Einfallswinkel gleich dem Polarisationswinkel ist, hat die durchgelassene Welle eine viel kleinere Komponente $\mathcal{E}_{r,\sigma}$, da diese Komponente dazu neigt, jedes Mal, wenn die Welle von einer Platte in die nächste übertritt, mit der reflektierten Welle zu gehen. Die transmittierte Welle ist daher fast vollständig polarisiert und das elektrische Feld schwingt in der Einfallsebene.

Wir sehen zusätzlich, daß die Transmissionskoeffizienten $\mathbf{T}$ positiv sind, so daß die durchgelassene Welle immer in Phase mit der einfallenden Welle ist. Die Reflexionskoeffizienten $\mathbf{R}$ können jedoch positiv oder negativ sein, und die reflektierte Welle kann mit der einfallenden Welle in Phase sein oder eine Phasenverschiebung von π relativ zu ihr haben.

*Anm. d. Hrsg.: Brewsterscher Winkel.

Beweis für das Brewstersche Gesetz Nach der ersten Beziehung in (26.13) ist $\mathbf{R}_\pi = 0$, wenn $\tan(\theta_i - \theta_r)$ null oder $\tan(\theta_i + \theta_r)$ unendlich ist. Die erste Möglichkeit

$$\tan(\theta_i - \theta_r) = 0,$$

erfordert, daß $\theta_i = \theta_r$, was wegen des Snelliusschen Gesetzes ausgeschlossen ist. Die zweite Möglichkeit,

$$\tan(\theta_i + \theta_r) = \infty,$$

tritt ein, wenn $\theta_i + \theta_r = \pi/2$, was bedeutet, daß die reflektierten und die gebrochenen Strahlen senkrecht zueinander sind. Da aber in diesem Fall

$$\sin\theta_r = \cos\theta_i,$$

gibt das Snelliussche Gesetz einen Einfallswinkel, der durch

$$\sin\theta_i/\cos\theta_i = n_{21} \qquad \text{oder} \qquad \tan\theta_i = n_{21}$$

gegeben ist.

Tabelle 26.1

ABSOLUTE BRECHUNGSINDIZES VERSCHIEDENER SUBSTANZEN FÜR ELEKTROMAGNETISCHE WELLEN*

Substanz	n	Substanz	n
Wasser (25° C)	1,33	Kronglas	1,52
Alkohol (20° C)	1,36	Flintglas	1,65
Schwefelkohlenstoff	1,63	Natrium (flüssig)	4,22
Eis	1,31	Diamant	2,417
Quarz	1,51	Luft	1,00029

* Durchschnittliche Werte für den sichtbaren Bereich des Spektrums.

Beispiel 26.2 Reflexions- und Transmissionskoeffizienten von Kronglas für elektromagnetische Wellen im sichtbaren Bereich mit einem Einfallswinkel von 30°.

Lösung: Nach Tab. 26.1 ist $n_{\text{Glas}} = 1{,}52$ und da für Luft $n_{\text{Luft}} \approx 1$, haben wir

$$\sin\theta_i = 1{,}52 \sin\theta_r.$$

Wenn wir $\theta_i = 30°$ setzen, erhalten wir

$$\theta_r = 19°12'.$$

Mit (26.13) erhalten wir

$$\mathbf{R}_\pi = 0{,}165, \qquad \mathbf{R}_\sigma = -0{,}248,$$
$$\mathbf{T}_\pi = 0{,}442, \qquad \mathbf{T}_\sigma = 0{,}752.$$

Beachten Sie, daß die senkrechte Komponente der reflektierten Welle eine Phasenverschiebung von π erlitten hat.

26.7 AUSBREITUNG ELEKTROMAGNETISCHER WELLEN IN EINEM ANISOTROPEN MEDIUM

Wenn sich eine transversale Welle durch ein anisotropes Medium ausbreitet, kann die Ausbreitungsgeschwindigkeit der Welle sowohl von der Richtung der Polarisation als auch von der Ausbreitungsrichtung der Welle abhängen. Das trifft insbesondere im Fall elektromagnetischer Wellen zu (die wir als einzige in diesem Abschnitt betrachten wollen). Die Polarisierbarkeit der meisten Moleküle ist nicht in allen Richtungen gleich. Da die Moleküle in Gasen und Flüssigkeit eine statistische Orientierung haben, führt diese Richtungsabhängigkeit der Polarisierbarkeit zu keinem besonderen Effekt, und das Medium verhält sich makroskopisch wie eine isotrope Substanz. In einem kristallinen Festkörper sind die Moleküle jedoch mehr oder weniger orientiert und diese Orientierung ist «eingefroren», d.h., sie können innerhalb des Kristallgitters nicht frei um die Gleichgewichtslagen rotieren. Die Eigenschaften des Kristalls hängen daher im allgemeinen von der Richtung ab, entlang derer sie gemessen werden. Je nach der Molekülstruktur und der Anordnung können sich kristalline Festkörper optisch wie isotrope oder wie anisotrope Medien verhalten.

Die Tatsache, daß die Polarisierbarkeit des Mediums nicht in allen Richtungen gleich ist, bedeutet, daß im allgemeinen die Polarisation $\mathcal{P}$ nicht die gleiche Richtung hat wie das elektrische Feld $\mathcal{E}$. Es gibt jedoch mindestens einen Satz dreier senkrechter Richtungen, die sogenannten Hauptachsen, längs derer $\mathcal{E}$ und $\mathcal{P}$ parallel sind;*) die Hauptachsen sind für jede Substanz charakteristisch. Wenn wir die Koordinatenachsen XYZ parallel zu diesen Hauptachsen anordnen, ergibt sich, daß jeder der drei Hauptachsen verschiedene DKs und damit verschiedene Brechungsindizes entsprechen, die man Hauptbrechungsindices nennt und mit n_1, n_2 und n_3 bezeichnet.

Sowohl die Versuche als auch die Theorie, die auf den Maxwellschen Gleichungen aufbaut, zeigen folgendes:

* Die Situation ist hier sehr ähnlich zu der, die wir in Kapitel 11 antrafen, als wir die Beziehung zwischen dem Drehimpuls $\boldsymbol{L}$ und der Winkelgeschwindigkeit ω eines rotierenden starren Körpers besprachen. Wir wollen uns daran erinnern, daß $\boldsymbol{L}$ und ω in einem rotierenden Körper nicht parallel sind, außer im Fall der Rotation um eine Hauptachse des Körpers.

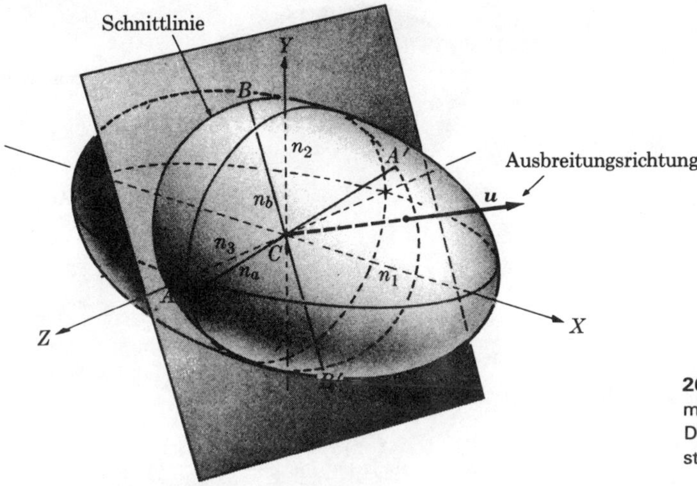

26.18 Fresnelsches Ellipsoid. Die Ellipse *ABA'B'* ist die Schnittlinie mit dem Ellipsoid einer Fläche, die senkrecht zu ***u*** ist und durch *C* geht. Die Achsen des Ellipsoids sind parallel zu den Hauptachsen der Substanz angeordnet.

In einem anisotropen Medium entsprechen jeder Ausbreitungsrichtung einer ebenen elektromagnetischen Welle zwei mögliche Polarisationszustände, die senkrecht zueinander sind und von denen sich jeder mit einer verschiedenen Geschwindigkeit fortpflanzt.

Daher trennt sich eine elektromagnetische Welle, gleichgültig welcher ursprüngliche Polarisationszustand vorliegt, beim Eintreten in eine anisotrope Substanz in zwei Wellen auf, die im rechten Winkel zueinander polarisiert sind und sich mit verschiedenen Phasengeschwindigkeiten ausbreiten. Diese Situation gibt zum Phänomen der Doppelbrechung Anlaß, das in Abschnitt 26.9 besprochen wird.

Wir wollen als nächstes besprechen, wie wir die Phasengeschwindigkeit und den Polarisationszustand einer Welle bestimmen können, vorausgesetzt, daß ihre Ausbreitungsrichtung gegeben ist. Wir können das durch Anwendung einer geometrischen Methode machen, die der französische Physiker Augustin Fresnel (1788–1827) vorschlug, lange bevor die Theorie elektromagnetischer Wellen entstand. Wir konstruieren ein Ellipsoid mit den Achsen n_1, n_2 und n_3, das als *Fresnelsches Ellipsoid* (Abb. 26.18) bezeichnet wird. Wenn die Ausbreitungsrichtung der Welle gegeben ist, die durch den Einheitsvektor $\boldsymbol{u}$ bestimmt wird, ziehen wir dann eine Ebene durch den Mittelpunkt C des Ellipsoids, senkrecht zu $\boldsymbol{u}$. Die Schnittfläche der Ebene mit dem Ellipsoid ist eine Ellipse. Die Richtungen der beiden Achsen AA' und BB' dieser Ellipse bestimmen die Polarisationsebenen der Welle für die Ausbreitungsrichtung. Die Längen CA und CB der beiden Achsen der Ellipse geben die Brechungsindices n_a und n_b für jede Polarisation, und daher die entsprechenden Phasengeschwindigkeiten.

Isotrope Medien sind dadurch charakterisiert, daß alle drei Hauptbrechungsindices gleich sind: $n_1 = n_2 = n_3$. Das Fresnelsche Ellipsoid ist eine Kugel, und der Brechungsindex ist in allen Richtungen gleich. Es gibt daher keine besondere Polarisationsrichtung, da alle Schnittflächen Kreise sind. *Kubische Kristalle* und die meisten nicht kristallinen Medien verhalten sich so.

Ein anderer spezieller Fall ist der, in dem zwei Hauptbrechungsindizes gleich sind, z.B. $n_2 = n_3$. Die Richtung, die dem ungleichen Index n_1 entspricht, nennt man die *optische Achse*. Sie ist eine Symmetrieachse des Kristalls. Deshalb werden diese Stoffe als einachsige Kristalle bezeichnet. In diese Klasse gehören *trigonale*, *hexagonale* und *tetragonale* Kristallsysteme. Wenn $n_2 < n_1$, nennt man den Kristall *positiv einachsig*; wenn $n_2 > n_1$, ist er *negativ einachsig*.

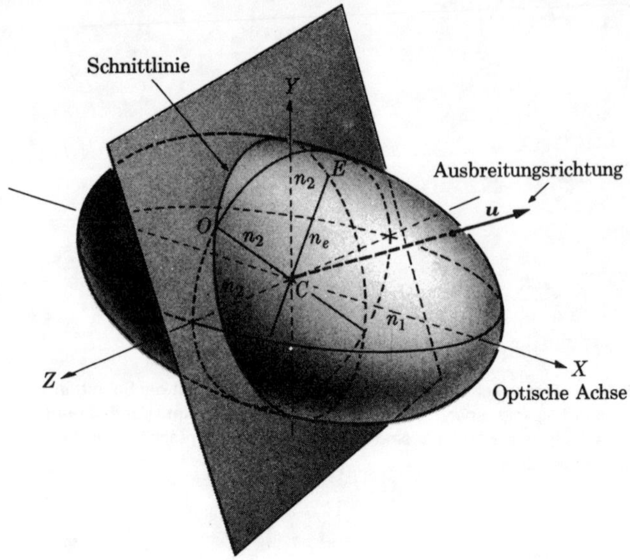

26.19 Polarisierungsrichtungen der ordentlichen und außerordentlichen Strahlen in einem einachsigen Kristall für eine beliebige Ausbreitungsrichtung.

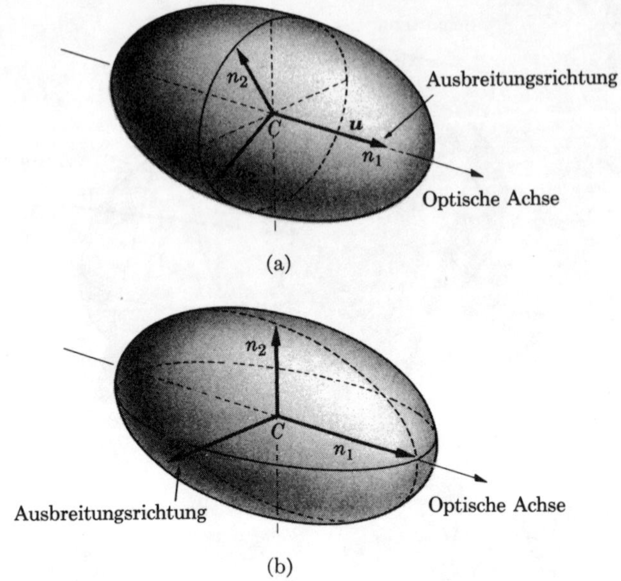

26.20 Polarisierungsrichtung der ordentlichen und außerordentlichen Strahlen in einem einachsigen Kristall für (a) parallele, (b) senkrechte Ausbreitung zur optischen Achse.

Das Fresnelsche Ellipsoid eines einachsigen Kristalls ist ein Rotationsellipsoid um die optische Achse (Abb. 26.19).

Von unseren Kenntnissen der geometrischen Eigenschaften eines Rotationsellipsoids wissen wir, daß seine Schnittfläche mit einer Ebene, die durch den Mittelpunkt C geht und senkrecht zur Ausbreitungsrichtung $\boldsymbol{u}$ ist, eine Ellipse darstellt, deren eine Achse (CO) immer gleich n_2 und senkrecht zu der Ausbreitungsrichtung und der optischen Achse ist, während die andere Achse (CE) der Ellipse eine zwischen n_2 und n_1 veränderliche Länge n_e hat und in der Ebene liegt, die durch die Ausbreitungsrichtung und die optische Achse festgelegt ist. In diesem Fall können wir zwei Wellen definieren: die ordentliche und die außerordentliche.

Die *ordentliche Welle* ist in der Ebene, die durch CO und $\boldsymbol{u}$ festgelegt ist, linear polarisiert, und daher senkrecht zur Ebene, die durch die Ausbreitungsrichtung und die optische Achse bestimmt ist. Die ordentliche Welle breitet sich in allen Richtungen mit der gleichen Geschwindigkeit

$$v_0 = v_2 = \frac{c}{n_2}$$

aus. Sie verhält sich daher wie eine Welle in einem isotropen Medium; deshalb bezeichnet man sie als ordentlich.

Die *außerordentliche Welle* ist in der Ebene, die durch CE und $\boldsymbol{u}$ oder (was das gleiche ist) durch die Ausbreitungsrichtung und die optische Achse festgelegt ist, linear polarisiert; ihre Geschwindigkeit v_e hängt jedoch von der Ausbreitungsrichtung ab und variiert zwischen v_2 und v_1 (was einem Brechungsindex zwischen n_2 und n_1 entspricht).

Wenn sich Wellen längs der optischen Achse ausbreiten, wird die Ellipsenschnittfläche zu einem Kreis vom Radius n_2 (Abb. 26.20a) und die beiden Wellen breiten sich mit der gleichen Geschwindigkeit v_2 aus. Man kann das als eine Definition der optischen Achse betrachten: Die optische Achse ist die Richtung, längs

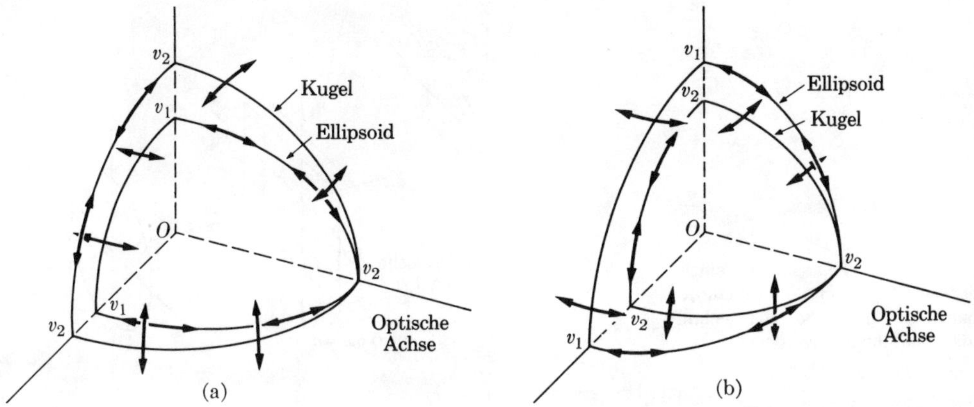

26.21 Fresnelsche Geschwindigkeitsoberflächen für einachsige Kristalle. (a) Ein einachsig positiver Kristall, in dem $n_2 < n_1$ (oder $v_2 > v_1$). (b) Ein einachsig negativer Kristall, in dem $n_2 > n_1$ (oder $v_2 < v_1$).

derer es nur eine Ausbreitungsgeschwindigkeit gibt, unabhängig von der Polarisation der Welle.

Wenn sich Wellen senkrecht zur optischen Achse ausbreiten, hat die Ellipsenschnittfläche die Halbachsen n_1 und n_2; die außerordentlichen Wellen haben die Geschwindigkeit v_1 (Abb. 26.20b).

Eine andere hilfreiche geometrische Konstruktion erhält man, indem man für jede Ausbreitungsrichtung Vektoren aufträgt, die Längen von v_o und v_e haben, der Phasengeschwindigkeiten der ordentlichen und der außerordentlichen Wellen. Das führt zu einer doppelten Oberfläche (Abb. 16.21), der sogenannten *Fresnelschen Geschwindigkeitsoberfläche*. Eine Oberfläche ist eine Kugel vom Radius $v_o = v_2$; sie entspricht der Geschwindigkeit der ordentlichen Welle. Die andere Oberfläche ist ein Rotationsellipsoid mit den Achsen v_1 und v_2; sie entspricht der außerordentlichen Welle. Die beiden Oberflächen sind an ihren Schnittflächen tangential zur optischen Achse. Der Polarisierungszustand für die verschiednenen Ausbreitungsrichtungen ist in Abb. 26.21 gezeigt.

Im allgemeinen Fall dreier verschiedener Brechungsindices kann man beweisen, daß es zwei Richtungen gibt, in welchen die Ausbreitungsgeschwindigkeiten der beiden polarisierten Wellen gleich sind. Diese Richtungen, die man auch optische Achsen nennt, sind senkrecht zu den Ebenen, deren Schnittflächen mit dem Fresnelschen Ellipsoid Kreise sind. Substanzen, in denen sie vorliegen, nennt man *zweiachsig*; sie gehören zu den *orthorhombischen*, *monoklinen* und *triklinen* Kristallsystemen. Die Fresnelsche Geschwindigkeitsoberfläche für zweiachsige Kristalle ist komplizierter und wir wollen hier nicht auf eine Diskussion ihrer geometrischen Details eingehen. Tabelle 26.2 führt die Brechungsindizes für ausgewählte einachsige und zweiachsige Materiale an.

Tabelle 26.2

HAUPTBRECHUNGSINDIZES FÜR VERSCHIEDENE KRISTALLE*

Substanz	n_1	n_2	n_3
Einachsig			
Apatit	1,6417	1,6461	
Kalkspat	1,4864	1,6583	
Quarz	1,5533	1,5422	
Zirkon	1,9682	1,9239	
Zweiachsig			
Aragonit	1,5301	1,6816	1,6859
Gips	1,5206	1,5227	1,5297
Glimmer	1,5692	1,6049	1,6117
Topaz	1,6155	1,6181	1,6250

*Für Natriumlicht, $\lambda = 5{,}893 \cdot 10^{-7}$ m.

Viele Substanzen, die normalerweise isotrop sind, werden anisotrop (doppelbrechend), wenn sie mechanischen Belastungen oder starken statischen elektrischen oder magnetischen Feldern unterworfen werden. In allen Fällen ist die Anisotropie der Substanz die Folge einer teilweisen Orientierung der Moleküle, die durch die Belastungen oder die Felder zustande kommt.

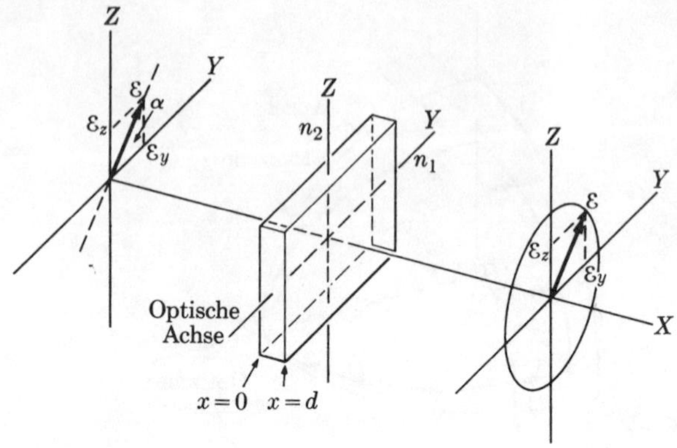

26.22 Änderung der Polarisation einer elektromagnetischen Welle nach dem Durchtritt durch eine parallele Platte, die aus einem einachsigen Kristall geschnitten wurde.

Beispiel 26.3 *Berechnung des Phasenunterschiedes zwischen ordentlichen und außerordentlichen Wellen und dem Polarisationszustand der austretenden Welle, wenn eine linear polarisierte Welle auf eine dünne Platte eines einachsigen Materials (z.B. Quarz) fällt, deren Oberflächen parallel zur optischen Achse geschnitten sind.* Abbildung 26.22 zeigt die Versuchsanordnung. Die Kristallplatte wurde so angeordnet, daß ihre optische Achse (Index n_1) horizontal ist. Die Richtung der optischen Achse wurde mit Y bezeichnet. Die senkrechte Z-Richtung entspricht der Polarisation des ordentlichen Strahls (Index n_2). Nehmen Sie an, daß eine linear polarisierte Welle, die einen Winkel α mit der Y-Achse bildet, auf die Platte fällt. Wir können dann

$$\mathcal{E} = \mathcal{E}_0 \sin(\omega t - kx)$$

für das elektrische Feld der einfallenden Welle schreiben.

Wenn sich die linear polarisierte Welle durch den Kristall ausbreitet, wird sie in zwei Wellen aufgetrennt, deren elektrische Felder längs der Y- bzw. der Z-Achse sind. Diese Wellenanteile entsprechen den außerordentlichen bzw. den ordentlichen Wellen. Da die Ausbreitungsgeschwindigkeit jeder Welle

$$v_1 = \frac{c}{n_1} \qquad \text{und} \qquad v_2 = \frac{c}{n_2}$$

ist, sind die entsprechenden Ausbreitungsvektoren

$$k_1 = \frac{\omega}{v_1} = \frac{\omega n_1}{c} = kn_1, \qquad k_2 = kn_2,$$

wobei $k = \omega/c$. Nachdem die Wellen daher die Dicke d passiert haben, werden die entsprechenden elektrischen Felder durch die Ausdrücke

$$\mathcal{E}_y = \mathcal{E}_{0y} \sin(\omega t - k_1 d), \qquad \mathcal{E}_z = \mathcal{E}_{0z} \sin(\omega t - k_2 d)$$

dargestellt, was einen Phasenunterschied zwischen den beiden Wellen von

$$\delta = (k_1 - k_2)d = k(n_1 - n_2)d = \frac{2\pi(n_1 - n_2)d}{\lambda}$$

ergibt. Nachdem sie durch die anisotrope Platte durchgegangen sind, vereinigen sich die beiden Wellen wieder. Nach unserer Diskussion in Abschnitt 9.8 schließen wir, daß die durchgelassene Welle wegen des Phasenunterschiedes im allgemeinen elliptisch polarisiert sein wird. Die Achsen der Ellipse werden parallel zur Y- und Z-Achse sein, wenn δ ein ungrades Vielfaches von $\pi/2$ ist oder

$$(n_1 - n_2)d = \text{ungerade ganze Zahl} \times \lambda/4 \qquad \text{(elliptische Polarisation).}$$

Die durchgelassene Welle wird linear polarisiert sein, wenn δ ein Vielfaches von π ist, oder

$$(n_1 - n_2)d = \text{ganze Zahl} \times \lambda/2 \qquad \text{(lineare Polarisation).}$$

Wenn die ganze Zahl gerade ist, ist die durchgelassene Welle in der gleichen Ebene linear polarisiert wie die einfallende Welle; wenn die ganze Zahl ungerade ist, ist sie in einer Ebene symmetrisch zur XZ-Ebene polarisiert.

Die Platten, die den beiden oben gegebenen Bedingungen entsprechen, nennt man *Viertelwellenplättchen* und *Halbwellenplättchen*. Diese Arten von Platten haben eine weite Anwendung bei der Analyse polarisierten Lichts.

Die Situation kann auch umgekehrt sein: wenn elliptisch polarisiertes Licht durch eine Viertelwellenplatte tritt, wird es linear polarisiert.

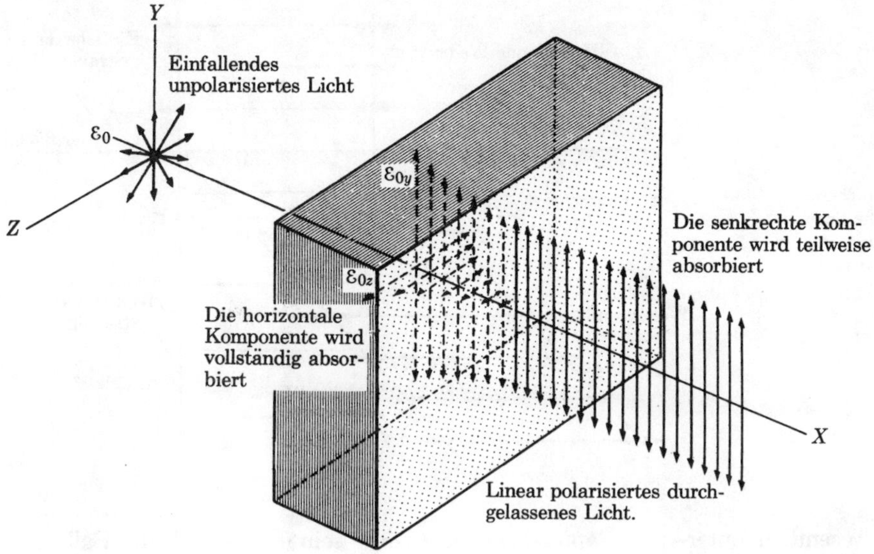

26.23 Dichroismus.

26.8 DICHROISMUS

Einige anisotrope Substanzen absorbieren ordentliche und außerordentliche Wellen in sehr unterschiedlichen Ausmaßen. Unter solchen Bedingungen wird eine elektromagnetische Welle, die sich durch ein ausreichend dickes Stück der Substanz ausbreitet, nach und nach in einer Ebene polarisiert, da entweder die ordentliche oder die außerordentliche Welle fast vollständig absorbiert wird. Man bezeichnet diese Situation als *Dichroismus*, er ist in Abb. 26.23 dargestellt, wobei $\mathcal{E}_0$ die Amplitude des elektrischen Feldes in der einfallenden unpolarisierten Welle ist. Indem sie in die Substanz eindringt, wird die einfallende Welle in ordentliche und außerordentliche Wellen gespalten, die parallel zur Y- und Z-Achse polarisiert sind. Ihre Amplituden sind $\mathcal{E}_{oy}$ und $\mathcal{E}_{oz}$. Wenn $\mathcal{E}_{oz}$ stärker als $\mathcal{E}_{oy}$ absorbiert wird, finden wir, nachdem die Wellen eine bestimmte Länge zurückgelegt hat, nur mehr $\mathcal{E}_{oy}$, was zu linear polarisiertem Licht führt.

Da der Dichroismus die Folge eines Unterschiedes in den Absorptionskoeffizienten ist, hängt er von der Frequenz der elektromagnetischen Welle ab; daher kann eine Substanz das Phänomen bei bestimmten Frequenzen in einem größeren Ausmaß zeigen als bei anderen. Im sichtbaren Bereich gibt es zwei besonders wichtige dichroide Substanzen. Eine davon ist Turmalin (Aluminiumborsilikat), der bevorzugt ordentliche Strahlen absorbiert. Die andere Substanz ist Herapathit (Jodquininsulfat), der den Nachteil hat, daß seine Kristalle sehr spröde und daher schwer in geeigneten Größen zu erhalten sind. Die Polaroid-Corporation erzeugt diese Substanz jedoch in einer Form die als *Polaroid* bezeichnet wird, und aus vielen kleinen Kristallen besteht, die parallel zueinander angeordnet sind und zwischen zwei Glas- oder Zelluloidschichten gepreßt sind. Die gleiche Firma erzeugt noch andere dichroide Materialien, wofür sie Substanzen verwendet, die aus sehr langen parallel angeordneten Molekülen bestehen, wie z.B. Polyvinylalkohol. Diese Anordnung führt zu einem Material, das in der longitudinalen und der transversalen Richtung sehr verschiedene Eigenschaften hat.

26.9 DOPPELBRECHUNG

Wir wollen nun besprechen, wie sich eine elektromagnetische Welle verhält, wenn sie durch ein anisotropes Medium transmittiert oder gebrochen wird, wobei wir uns auf einachsige Materialien beschränken. Wir werden die reflektierte Welle nicht besprechen, da

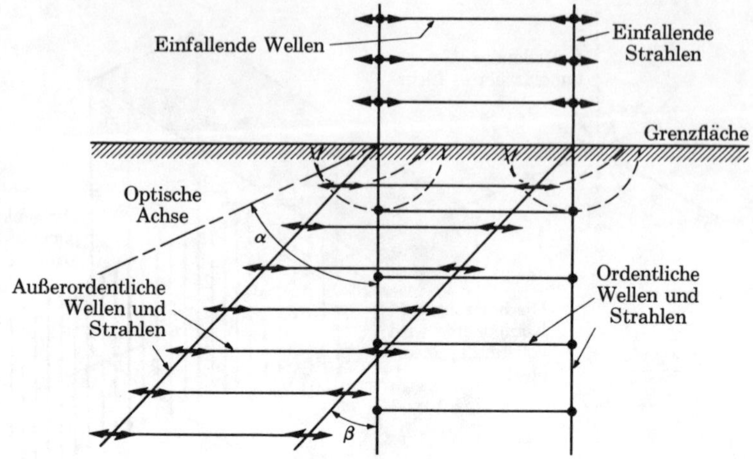

26.24 Ordentliche und außerordentliche gebrochene Strahlen für senkrechten Auffall auf die Oberfläche eines einachsigen Kristalls. Die lineare Polarisierung der ordentlichen und außerordentlichen Strahlen ist senkrecht zueinander.

dabei keine Faktoren auftreten, die wesentlich unterschiedlich von den bisher in diesem Kapitel besprochenen sind. Wir wollen zuerst den einfachen Fall des senkrechten Einfalls einer ebener Welle auf eine ebene Grenzfläche besprechen (Abb. 26.24). In der Abbildung fällt die optische Achse mit der Buchseite zusammen. Symmetrieüberlegungen erfordern, daß beide gebrochene Oberflächen, die ordentliche und die außerordentliche, eben seien und daß sie parallel zur Grenzfläche bleiben, während sie sich in das anisotrope Medium ausbreiten. Um die Richtungen der ordentlichen und außerordentlichen Strahlen an den gezeigten Einfallspunkten zu bestimmen, zeichen wir die Fresnelschen Geschwindigkeitsoberflächen, die vorher in Abb. 26.21 gezeigt wurden.

Nach dem Malusschen Satz geben die gemeinsamen Tangentialebenen der beiden Schichten der Fresnelschen Geschwindigkeitsoberflächen die ordentlichen und außerordentlichen Wellenfronten. Die Tangentialpunkte bestimmen die Richtungen der ordentlichen und außerordentlichen Strahlen. Daher wird sich die ordentliche Welle in der Einfallsrichtung ausbreiten und wird senkrecht zur Ebene des Papiers linear polarisiert sein (wie durch die Punkte in Abb. 26.24 angedeutet). Die außerordentliche Welle wird jedoch, obwohl sie parallel zur Grenzfläche bleibt, eine seitliche Verschiebung erleiden, so daß der Energiefluß längs des außerordentlichen Strahls einen Winkel ß mit der Ausbreitungsrichtung bildet. Die außerordentliche Welle wird in der Papierebene polarisiert sein (wie durch die Balken in Abb. 26.24 angedeutet).

Wenn zwei gebrochene Strahlen einem einzigen einfallenden Strahl entsprechen, spricht man von *Doppelbrechung*; aus diesem Grund werden anisotrope Substanzen *doppelbrechend* genannt. Wenn die Substanz durch zwei parallele Oberflächen begrenzt wird (Abb. 26.25), treten der ordentliche und der außerordentliche Strahl parallel, aber getrennt aus, was zu einem doppelten Bild führt.

Wenn der Einfall schräg ist, ist die Situation geometrisch etwas komplizierter, das Ergebnis ist jedoch grundlegend dasselbe. Für jede einfallende Welle gibt es zwei verschiedene gebrochene Wellen, die sich in verschiedenen Richtungen ausbreiten und rechtwinklig zueinander polarisiert sind.

Die Doppelbrechung ist ein sehr wichtiges Hilfsmittel in der Untersuchung von Kristallstrukturen und hat viele zusätzliche interessante Anwendungen. Eine praktische Anwendung besteht in der Erzeugung eines Strahles von eben polarisiertem Licht mittels eines *Nicolschen Prismas*. Um ein Nicolsches Prisma herzustellen, wird ein Kalkspatkristall, dessen Länge das Vierfache seiner Breite beträgt, an den Enden geschnitten, wie durch die gestrichelten Linien ab' und cd' in Abb. 26.26 (a) gezeigt. Der Kristall wird dann diagonal längs $b'd'$ geschnitten und die beiden Hälften mit Kanadabalsam zusammengeklebt. Der Brechungsindex des Balsams für die ordentlichen und außerordent-

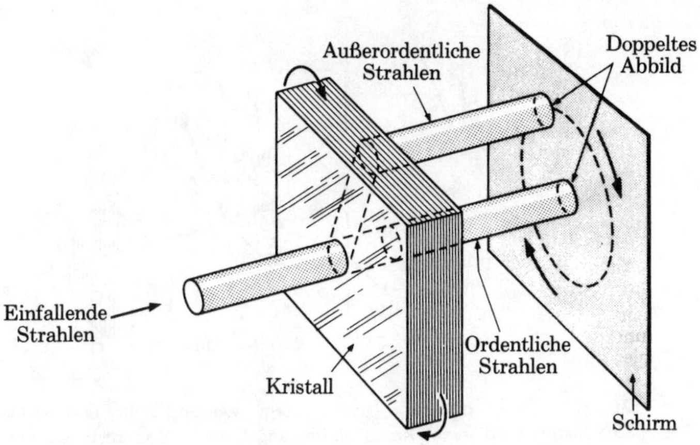

26.25 Ein schmales Bündel unpolarisierten Lichtes kann durch einen doppelbrechenden Kristall in zwei Bündel zerlegt werden. Wenn der Kristall gedreht wird, dreht sich das außerordentliche Bündel um das ordentliche. Die beiden Bündel sind im rechten Winkel zueinander polarisiert.

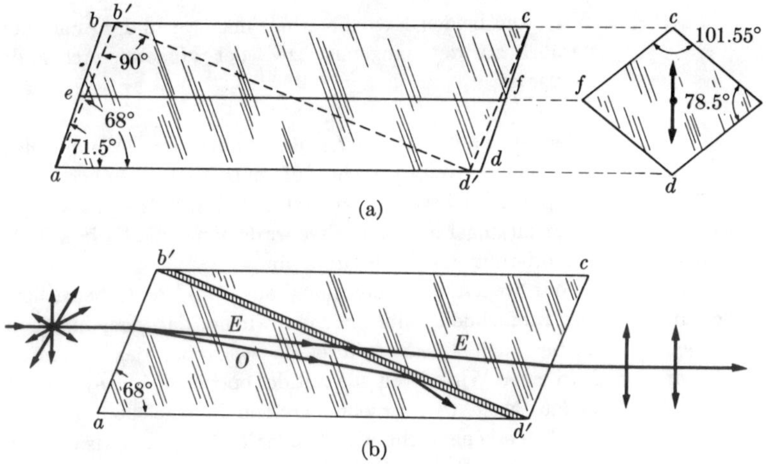

26.26 (a) Natürlicher Kalkspatkristall, der als Islandspat bezeichnet wird. (b) Nicolsches Prisma.

lichen Strahlen ist anders als der des Kalkspatkristalls. Deswegen, und auch wegen der Kristallgeometrie, erleiden die ordentlichen Strahlen an der Grenzfläche eine Totalreflexion und werden aus dem Prisma heraus abgelenkt, während die außerordentlichen Strahlen in die andere Hälfte des Kristalls übertreten und am fernen Ende austreten. Das durchgelassene Licht ist daher linear polarisiert. Nicolsche Prismen sind in vielen optischen Instrumenten, wie z.B. Polarimetern, von großer Bedeutung.

Beispiel 26.4 Ein Lichtstrahl fällt auf einen Kalkspatkristall, der so geschnitten ist, daß seine Oberfläche parallel zur optischen Achse ist. Berechnen Sie den Winkelabstand zwischen den ordentlichen und den außerordentlichen Strahlen, wobei Sie annehmen, daß die Einfallsebene senkrecht zur optischen Achse und der Einfallswinkel 50° ist.

Lösung: Wenn die Ausbreitung der Welle in einer Richtung senkrecht zur optischen Achse ist, breiten sich nach Abb. 26.20 und 26.21 die ordentlichen Strahlen mit der Geschwindigkeit v_2 aus, entsprechend dem Brechungsindex n_2; die außerordentlichen Wellen breiten sich mit der Geschwindigkeit v_1 aus, entsprechend dem Brechungsindex n_1. Mit Hilfe des Snelliusschen Gesetzes und den Hauptbrechungsindizes aus Tab. 26.2 erhalten wir daher

$$\frac{\sin \theta_i}{\sin \theta_o} = n_2 = 1{,}6583 \qquad \text{und} \qquad \frac{\sin \theta_i}{\sin \theta_e} = n_1 = 1{,}4864.$$

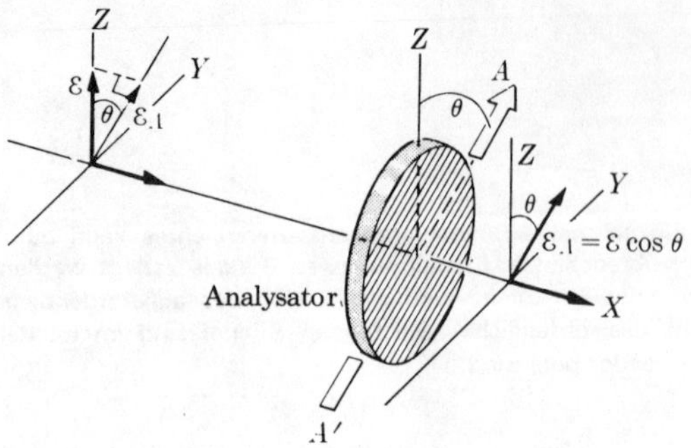

26.27 Änderung in der Intensität von linear polarisiertem Licht mit der Änderung der Orientierung des Analysators.

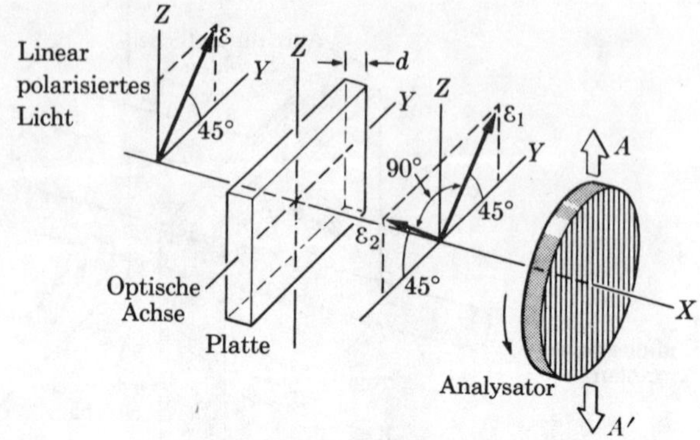

26.28 Zwischen linear polarisiertem weißen Licht und dem Analysator wird eine Kristallplatte angebracht. Das resultierende Phänomen wird als *chromatische Polarisation* bezeichnet.

Da $\theta_i = 50°$, erhalten wir

$$\theta_o = 27°30' \qquad \text{und} \qquad \theta_e = 31°5'.$$

Der Winkelabstand der beiden Strahlen ist daher

$$\theta_e - \theta_o = 3°35'.$$

Beispiel 26.5 *Veränderungen in der Intensität, wenn linear polarisierte elektromagnetische Wellen durch einen sogenannten Polarisationsanalysator beobachtet werden.* Betrachten Sie Abb. 26.27. Der Analysator ist ein Gerät, das Wellen durchläßt, deren elektrisches Feld parallel zur AA'-Achse ist. Wenn die AA'-Achse des Analysators einen Winkel θ mit dem elektrischen Feld der einfallenden, linear polarisierten Welle bildet, läßt er die Komponente

$$\mathcal{E}_A = \mathcal{E} \cos \theta$$

durch. Da die Intensität der Welle proportional zum Quadrat des elektrischen Feldes ist, erhalten wir daher die Beziehung

$$I = I_0 \cos^2 \theta,$$

wobei I_0 die Intensität der einfallenden Welle und I die der durchgelassenen Welle ist. Dieses Gesetz ist als *Malussches Gesetz* bekannt. Wenn $\theta = 0$ oder π ist, ist die Intensität des durchgelassenen Lichts ein Maximum; wenn $\theta = \pi/2$ oder $3\pi/2$ ist, ist sie null. Wenn wir daher den Analysator drehen, verändert sich die Intensität des durchgelassenen Lichts zwischen 0 und I_0. Das erlaubt z.B. festzustellen, ob eine transversale Welle polarisiert ist oder nicht. Bei unpolarisierten oder zirkularpolarisierten Wellen beobachtet man keine Veränderungen der Intensität. Für elliptisch polarisierte Wellen schwankt die durchgelassene Welle zwischen einem maximalen und einem minimalen Wert. Die beiden Extreme erhält man, wenn der Analysator parallel zu der längeren bzw. der kürzeren Achse der Ellipse ist.

Beispiel 26.6 *Chromatische Polarisation.* Wenn linear polarisiertes weißes Licht auf eine Platte, ähnlich der in Beispiel 26.3 betrachteten, fällt, und mittels eines anderen Polarisationgerätes analysiert wird, hängt die Farbe von der Orientierung des Analysators ab.

Wir wollen die Anordnung aus Abb. 26.28 betrachten. Der Einfachheit halber nehmen wir an, daß das einfallende weiße Licht linear polarisiert ist, wobei das elektrische Feld einen Winkel von 45° mit der optischen Achse der Platte bildet. Nach den Ergebnissen von Beispiel 26.3 wird das durchgelassene Licht wie $\mathcal{E}_1$ oder $\mathcal{E}_2$ linear polarisiert sein, abhängig davon, ob die Wellenlänge so ist, daß

$$(n_1 - n_2)d = \begin{cases} \text{gerade ganze Zahl} \cdot \lambda/2 & (\text{Polarisation } \mathcal{E}_1). \\ \text{ungerade ganze Zahl} \cdot \lambda/2 & (\text{Polarisation } \mathcal{E}_2). \end{cases}$$

Für alle anderen Wellenlängen ist die durchgelassene Welle elliptisch polarisiert. Wenn wir nun das durchgelassene Licht durch einen Analysator beobachten, sehen wir, daß das Licht gefärbt ist anstatt weiß, und daß sich die Farbe ändert, wenn die Achse AA' des Analysators gedreht wird. Das ist deshalb so, weil nach Beispiel 26.5 die entsprechenden Wellenlängen mit maximaler Intensität durchgelassen werden, wenn die Achse des Analysators parallel zu $\mathcal{E}_1$ ist, während die, welche $\mathcal{E}_2$ entsprechen, blockiert werden. Bei umgekehrten Bedingungen, wenn also die Achse des Analysators parallel zu $\mathcal{E}_2$ ist, treten die Komplementärfarben auf. Wenn wir daher den Analysator drehen, bekommen wir verschiedene

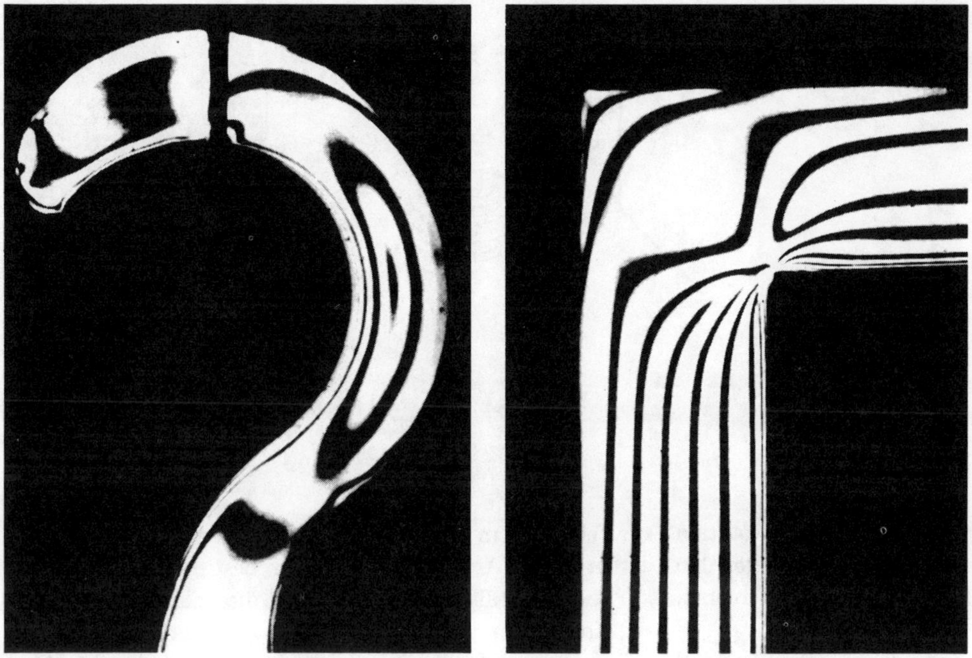

26.29 Doppelbrechung, die in einer Substanz durch Belastung hervorgerufen wird. [Aufnahme mit liebenswürdiger Genehmigung der Klinger Scientific Apparatus Company.]

Schattierungen, wobei die Komplementärfarben durch 90° voneinander getrennt sind.

Dieses Phänomen wird zur Belastungsanalyse von Strukturteilen benutzt, die bei Bauten und Maschinen verwendet werden, was zu einem Zweig der angewandten Physik, der sogenannten *Photoelastizität* führte. Wie wir am Ende von Abschnitt 26.7 erwähnten, wird ein plastisches Material doppelbrechend, wenn es einer Belastung unterworfen wird, weil es infolge der Belastung zu einer Anisotropie kommt (Spannungsdoppelbrechung). Wenn daher ein Plastikmodell den gleichen Belastungen unterworfen wird wie das eigentliche Strukturteil, verhält es sich optisch wie eine inhomogene doppelbrechende Platte. Die Inhomogenität ist auf die ungleichförmige Verteilung der Belastung im Plastikmaterial zurückzuführen. Wenn das belastete Stück an die Stelle der Platte in Abb. 26.28 tritt, kommt es zu einem (farbigen) Muster wie dem in Abb. 26.29 gezeigten, aus dem die Belastungen mit Hilfe spezieller Methoden abgeschätzt werden können.

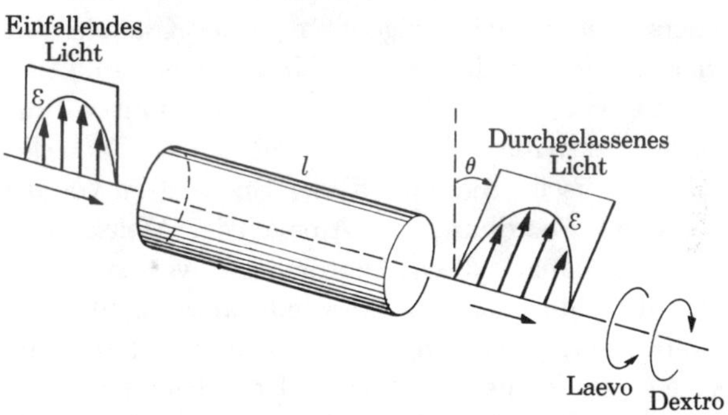

26.30 Rotation der Polarisationsebene durch eine optisch aktive Substanz.

26.10 OPTISCHE AKTIVITÄT

Wenn ein Strahl linear polarisierten Lichtes durch bestimmte Substanzen tritt (Abb. 26.30), ist die durchgelassene Welle ebenfalls linear polarisiert, aber in einer anderen Ebene, die einen Winkel θ mit der Ebene des einfallenden Strahls bildet. Der Wert von θ ist proportional der Länge l, die das Licht durch die Substanz zurücklegt, und hängt außerdem von der Natur der Substanz ab. Dieses Phänomen wird als *optische Aktivität* bezeichnet. Vom Standpunkt eines Beobachters, der das durchgelassene Licht empfängt, nennt man die optisch aktiven Substanzen *rechts-*

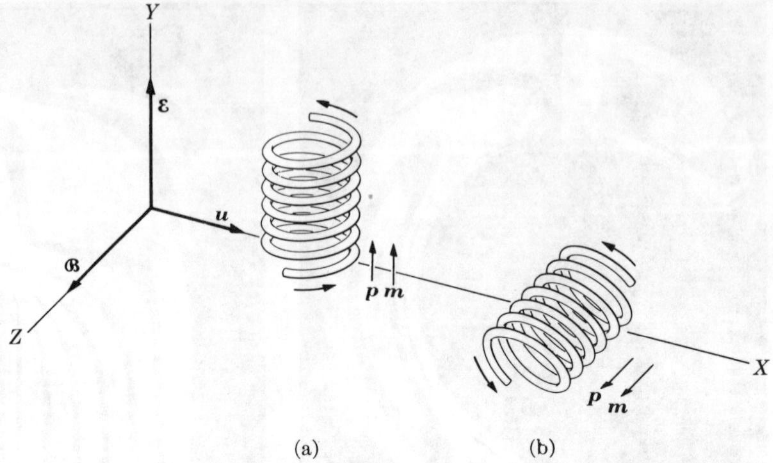

26.31 Elektrische und magnetische Dipolmomente, die durch eine elektromagnetische Welle in einem gewundenen Molekül erzeugt werden.

drehend oder *linksdrehend*, je nachdem ob die Rotation der Polarisationsebene im Uhrzeigersinn oder gegen den Uhrzeigersinn erfolgt (abgekürzt d: *dextro* = rechts, l = *laevo* = links).

Bestimmte Substanzen zeigen nur im festen Zustand optische Aktivität. Viele anorganische Kristalle, besonders Quarz, und einige organische Kristalle, wie Benzil, gehören zu diesem Typ. Nach Schmelzen, Lösen oder Verdampfen verlieren diese Substanzen ihre optische Aktivität. Das unterstreicht die Tatsache, daß die optische Aktivität dieser Substanzen von der besonderen Anordnung der Atome oder Moleküle im Kristall abhängt; diese Anordnungen verschwinden, wenn die Moleküle im flüssigen oder gasförmigen Zustand statistisch angeordnet sind. Andere Substanzen, wie Terpentin, Zucker, Kampher und Weinsäure bleiben in allen physikalischen Zuständen und in Lösung optisch aktiv. Bei dieser letzteren Art von Substanzen ist die optische Aktivität mit den einzelnen Molekülen und nicht mit ihrer relativen Anordnung zueinander verbunden.

Die optische Aktivität ist das Ergebnis einer bestimmten Verwindung der Elektronenbahnen in den Molekülen oder Kristallen unter der Wirkung eines äußeren schwingenden elektromagnetischen Feldes. Als wir die Polarisation der Materie besprachen (Abschnitt 19.7), nahmen wir an, daß die Elektronen in den Atomen auf einer Geraden schwingen, und zwar in isotropen Substanzen parallel zum elektrischen Feld und in anisotropen Substanzen in einem Winkel zu ihm (Abschnitt 26.7). In bestimmten Molekülen und Kristallen bewegen sich die Elektronen jedoch längs einer gewundenen Bahn, von der wir annehmen können, daß sie eine Schraubenlinie beschreibt (Abb. 26.31). Nehmen Sie an, daß das Molekül (oder der Kristall) so angeordnet ist, daß die helikalen Elektronenbahnen die in Abb. 26.31 gezeigten sind, wobei die Schraubenachse senkrecht zur Ausbreitungsrichtung und parallel entweder zum elektrischen oder zum magnetischen Feld der ankommenden Welle ist.

Wir wollen den ersten Fall, oder Anordnung (a) betrachten. Das oszillierende elektrische Feld ruft eine oszillierende Bewegung der Elektronen hervor, die Schraube hinauf und hinunter. Diese führt zu einem effektiven elektrischen Dipolmoment $\boldsymbol{p}$ parallel zur Schraubenachse. Bis hierher ist die Situation ähnlich wie bei der gewöhnlichen Polarisation. Wegen der Verwindung der Elektronenbahn ist der Elektronenstrom aber längs jeder Umdrehung der Helix einem magnetischen Dipol äquivalent, und das Molekül erwirbt ein effektives oszillierendes magnetisches Dipolmoment $\boldsymbol{m}$, das ebenfalls längs der Helixachse gerichtet ist. Bei Anordnung (b) ruft das oszillierende magnetische Feld der Welle einen variablen Fluß durch jede Windung der Helix hervor, welcher nach dem Faraday-Henryschen Gesetz zu einem oszillierenden Elektronenstrom längs der Helix führt. Dieser Strom führt wieder zu einem oszillierenden magnetischen

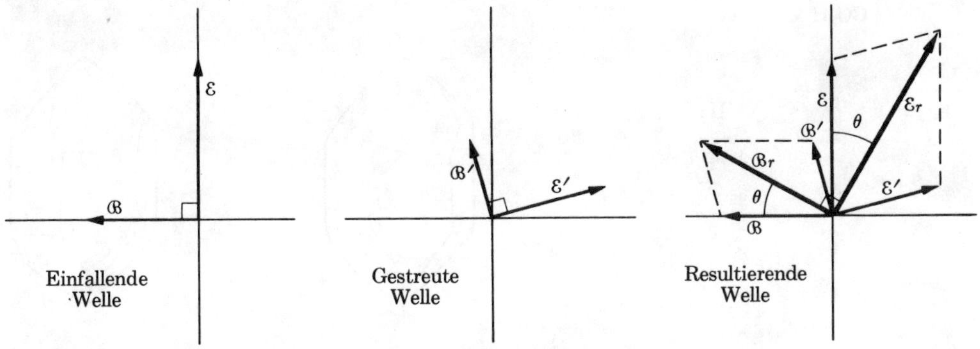

26.32 Resultierendes elektrisches und magnetisches Feld infolge der Überlagerung der einfallenden und der gestreuten Welle.

Moment $\boldsymbol{m}$ längs der Helixachse. Die Hin- und Rückbewegung erzeugt jedoch an den Enden des Moleküls abwechselnd positive und negative Ladungen, die zu einem effektiven oszillierenden elektrischen Dipolmoment $\boldsymbol{p}$ längs der Helixachse führen. Daher werden bei beiden Molekülanordnungen ein oszillierendes elektrisches Dipolmoment $\boldsymbol{p}$ und ein oszillierendes magnetisches Dipolmoment $\boldsymbol{m}$ parallel zur Molekülachse erzeugt. Diese Dipole strahlen gestreute elektromagnetische Wellen ab, auf die gleiche Weise wie in Abschnitt 25.4 besprochen, wo nur die elektrische Dipolstreuung in Betracht gezogen wurde, da angenommen wurde, daß die Elektronenbewegung längs einer Geraden erfolgt.

Eine detaillierte mathematische Analyse der gestreuten Welle, die wir hier weglassen wollen, zeigt, daß die Felder $\mathcal{E}'$ und $\mathcal{B}'$ der gestreuten Welle längs der Ausbreitungsrichtung der einfallenden Welle mit denen der einfallenden Welle in Phase sind. Wegen der verschiedenen relativen Orientierung der $\mathcal{E}$- und $\mathcal{B}$-Felder eines elektrischen und eines magnetischen Dipols (Abb. 24.8 und 24.11) schwingen sie jedoch in einer verschiedenen Richtung. Ein Beobachter längs der Ausbreitungsrichtung empfängt die einfallenden und die gestreuten Wellen, welche interferieren. Das führt zu einer linearen Polarisation, da sie in Phase sind (erinnern Sie sich an Abschnitt 9.8), deren Richtung jedoch einen Winkel θ mit der ursprünglichen Ebene des elektrischen Vektors bildet (Abb. 26.32). Es kommt daher zu einer Rotation der Polarisationsebene der Welle. Für statistisch angeordnete Moleküle kann man beweisen, daß der Effekt immer in der gleichen Richtung erfolgt, obwohl sein Betrag von der Molekülorientierung abhängt. Die optische Aktivität von Molekülen bleibt daher in jedem physikalischen Zustand und in Lösung erhalten. In manchen Kristallen hängt der Effekt von der Molekülanordnung ab, aber die einzelnen Moleküle haben keine helixartige Symmetrie; deshalb verschwindet der Effekt, wenn die Moleküle nicht geordnet sind.

Es mag dem Studenten bekannt sein, daß es zwei Arten von Schrauben gibt, rechtsgängige und linksgängige (Abb. 26.33). Eine ist das Spiegelbild der

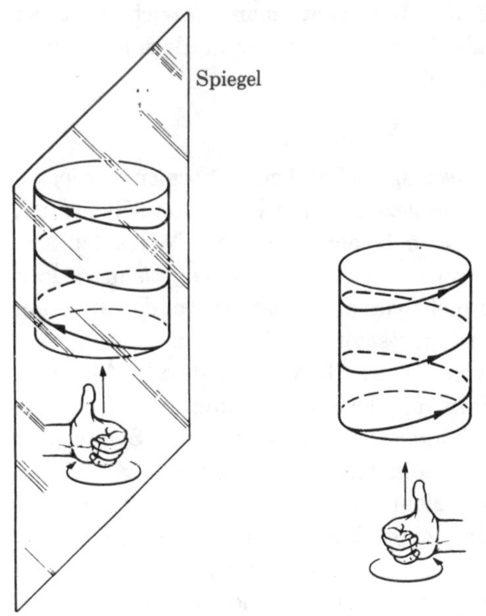

26.33 Rechts–links Symmetrie. Das Spiegelbild einer Rechtsschraube ist eine Linksschraube und umgekehrt.

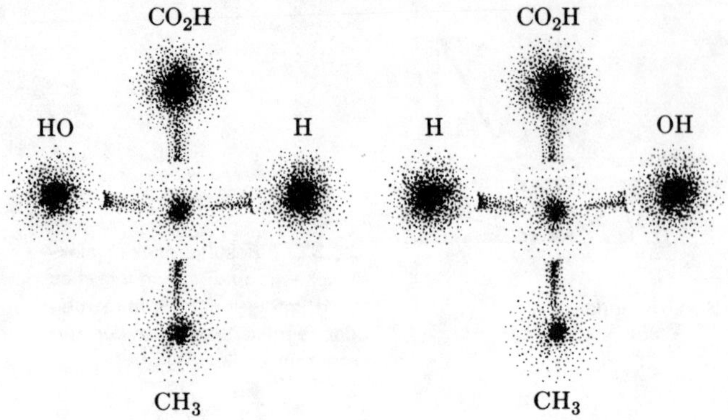

26.34 Spiegelbildliche Formen der Milchsäure.

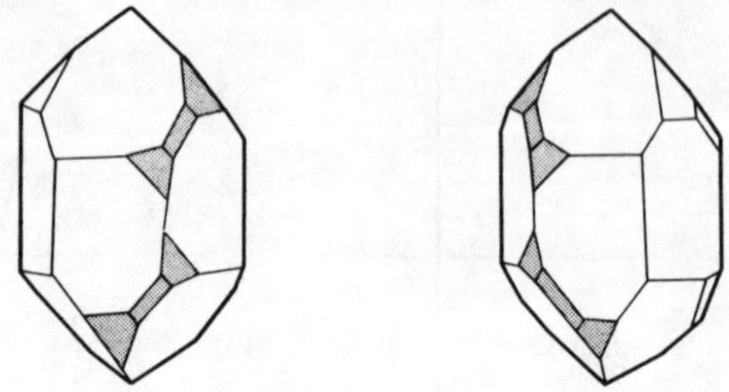

26.35 Spiegelbildliche Formen eines Quarzkristalls.

anderen, so wie die linke Hand das Spiegelbild der rechten Hand ist. Einige Moleküle verhalten sich wie rechtsgängige Schrauben, andere wie linksgängige (Optische Isomerie). In einem Fall ist die Drehung der Polarisationsebene in einer Richtung, im anderen Fall in der umgekehrten Richtung. Das erklärt das Vorhandensein rechts- und linksdrehender Substanzen.

Einige Substanzen enthalten beide Klassen von spiegelbildlichen Molekülen; man bezeichnet diese Eigenschaft als *Stereoisomerie*. Zum Beispiel können Milchsäuremoleküle

$CH_3-CHOH-CO_2H$,

in einer von zwei spiegelbildlichen Formen vorliegen, wie in Abb. 26.34 gezeigt. Eine Probe von Milchsäure, die gleiche Mengen beider Arten von Molekülen enthält, ist optisch inaktiv (Razemat); wenn jedoch von einer Art mehr vorhanden ist als von der anderen, beobachtet man insgesamt eine Rotation.

Im Fall von Quarz (SiO_2) sind alle Moleküle gleich, aber ihre räumliche Anordnung im Kristall hat entweder linkshändige oder rechtshändige Symmetrie, wie man an der äußeren Gestalt der zwei Arten von Quarzkristallen sieht, die in Abb. 26.35 gezeigt ist und von denen einer links- und der andere rechtsdrehend ist. Wenn der Kristall geschmolzen ist, wird die Molekülanordnung zerstört und die optische Aktivität verschwindet.

Wenn eine Substanz, deren Moleküle optisch aktiv sind, wie Milchsäure, Lävulose, Dextrose u.s.w., in Wasser gelöst wird, hängt die Rotation der Polarisationsebene von der Konzentration ab. Dieses Ergebnis findet weite Anwendung bei der quantitativen Bestimmung der Konzentration dieser Substanzen in Lösungen, wie z.B. der Konzentration von Zucker in einem Sirup oder im Urin.

Einige Substanzen werden optisch aktiv, wenn auf irgendeine Weise eine helixähnliche Symmetrie eingeführt wird. Eine Methode das zu tun, ist die Anwendung eines starken statischen magnetischen Feldes längs der Ausbreitungsrichtung. Dieses Phänomen ist als *Faradayeffekt* bekannt.

26.11 REFLEXION UND BRECHUNG AN METALLISCHEN OBERFLÄCHEN

Wenn eine elektromagnetische Welle in einen Leiter eindringt, wie z.B. in ein Metall oder in ein ionisiertes Gas, wird sie rasch abgeschwächt und wird, nachdem sie eine kleine Entfernung zurückgelegt hat, praktisch null. Die Abschwächung entsteht dadurch, daß die Wellenenergie für den Aufbau elektrischer Ströme im Leiter verbraucht wird.

Wir können hier die genauere Theorie der Ausbreitung elektromagnetischer Wellen in einem leitenden Medium nicht untersuchen; wir wollen aber einige spezifische Charakteristika erwähnen. Das elektrische Feld innerhalb des Leiters wird nicht mehr durch (24.4)

$$\mathcal{E} = \mathcal{E}_0 \sin (kx - \omega t) \qquad (26.15)$$

beschrieben. Statt dessen müssen wir eine Welle haben, deren Amplitude mit steigendem x abnimmt. Wir müssen daher einen Dämpfungsfaktor $e^{-\alpha x}$ einführen und schreiben

$$\mathcal{E} = \mathcal{E}_0 e^{-\alpha x} \sin (kx - \omega t), \qquad (26.16)$$

wobei die Ausbreitungsgeschwindigkeit $v = \omega/k$ und der Dämpfungskoeffizient α durch einige komplizierte algebraische Beziehungen zwischen μ, ϵ und das Leitungsvermögen σ des Mediums ausgedrückt werden.

Diese Situation erklärt zwei wichtige Eigenschaften von Leitern. Die eine ist ihre Lichtundurchlässigkeit, die aus der starken Absorption der Wellen folgt, so daß keine Welle durch den Leiter durchgelassen wird, es sei denn, er ist sehr dünn. Leiter sind deshalb ausgezeichnet geeignet, um einen Bereich von elektromagnetischen Wellen abzuschirmen. (Das macht man z.B., indem man den Bereich durch ein Metallgitter umgibt.) Die andere Eigenschaft ist das große Reflexionsvermögen von Leitern, das aus der Tatsache folgt, daß nur ein kleiner Bruchteil der Energie der einfallenden Welle in den Leiter eindringt, während der Großteil der Energie auf die reflektierte Welle entfällt. Dieses hohe Reflexionsvermögen ist typisch für Metalle. Eine ionisierte Gasschicht kann ebenfalls als Leiter wirken und elektromagnetische Wellen reflektieren, die auf sie fallen. Dieses Prinzip wird z.B. bei der Radiokommunikation angewendet, um ein Radiosignal um die Erde zu schicken. Das Signal wird auf die Erde zurückreflektiert, wenn es eine hochgradig ionisierte Schicht in der Atmosphäre erreicht, die sogenannte *Ionosphäre*, die ungefähr 100 km über der Erdoberfläche liegt. Auf diese Weise ist eine Kommunikation zwischen A und B möglich, was man mit einer Welle, die sich zwischen zwei Punkten auf einer Geraden ausbreitet, nicht erreichen kann (Abb. 26.36).

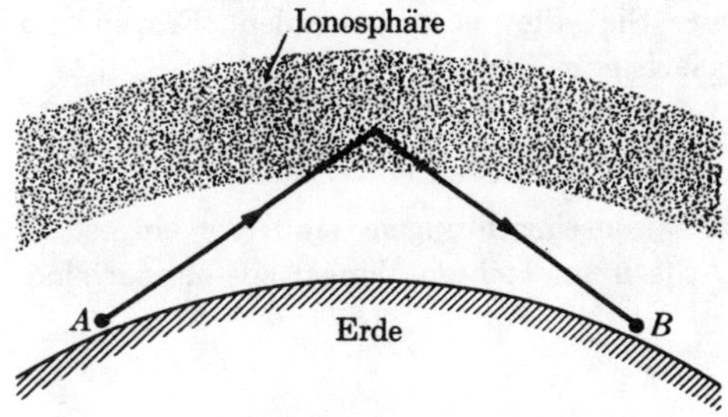

26.36 Reflexion von Radiowellen an der Ionosphäre.

FRAGEN

1. Kann ein Medium (a) homogen und isotrop, (b) homogen und anisotrop, (c) heterogen und isotrop, (d) heterogen und anisotrop sein? Geben Sie Beispiele für Ihre Antworten.
2. Gegeben sei ein anisotropes Medium. Warum muß die Polarisation $\mathcal{P}$ nicht notwendigerweise parallel zum elektrischen Feld $\mathcal{E}$ sein?
3. Geben Sie eine genaue Definition des kritischen Winkels und des Polarisationswinkels.
4. Führen Sie die Bedingungen an, die für (a) Totalreflexion, (b) Reflexionspolarisation notwendig sind.
5. Welche der folgenden Eigenschaften einer Welle ändern sich und welche bleiben bei der Brechung gleich: (a) Frequenz, (b) Wellenlänge, (c) Phasengeschwindigkeit, (d) Polarisationszustand, (e) Ausbreitungsrichtung? Erläutern Sie Ihre Antwort in jedem Fall.
6. Betrachten Sie eine einachsige Substanz. Zeichnen Sie das Fresnelsche Ellipsoid und kennzeichnen Sie die Hauptachsen. Nehmen Sie an, daß sich ein Strahl unter 45° zur optischen Achse bewegt. Zeichnen Sie die beiden Polarisationsrichtungen.
7. Erklären Sie den Ursprung des Dichroismus physikalisch.
8. Tragen Sie die Veränderung der Intensität von linear polarisiertem Licht, das von einem Analysator durchgelassen wird, als Funktion des Rotationswinkels des Analysators auf.
9. Wie kann man unterscheiden, ob ein Lichtstrahl linear polarisiert ist oder nicht?
10. Ein Lichtstrahl ist zirkular polarisiert. Wie ändert sich die Intensität des durchgelassenen Lichts mit dem Rotationswinkel des Analysators, wenn man ihn durch einen Analysator beobachtet? Welche Art der Polarisation hat das durchgelassene Licht?

11. Beantworten Sie die vorhergehenden Fragen für elliptisch polarisiertes Licht.

12. Welche physikalischen Eigenschaften führen zum Phänomen der chromatischen Polarisation?

13. Zwei Polarisationseinrichtungen sind so eingestellt, daß ihre Achsen im rechten Winkel zueinander sind.

AUFGABEN

26.1 Die folgende Regel wurde vorgeschlagen, um den gebrochenen Strahl zu konstruieren (Abb. 26.37): Am Einfallspunkt werden zwei Kreise mit den Radien 1 und n gezeichnet (unter Verwendung willkürlicher Einheiten). Der einfallende Strahl wird verlängert, bis er den Kreis mit Radius 1 schneidet. An diesem Punkt wird die Senkrechte zur Oberfläche gezeichnet und ihr Schnittpunkt mit dem Kreis vom Radius n gesucht. Der gebrochene Strahl geht durch diesen Punkt. (a) Rechtfertigen Sie diese Regel. (b) Wenden Sie sie auf den Fall an, in dem $n = 1{,}5$ und der Einfallswinkel i 60° ist. (c) Wiederholen Sie die Aufgabe für $n = 0{,}80$ und einem Einfallswinkel von 30° und einen von 60°. Überprüfen Sie Ihr Ergebnis mit Hilfe des Snelliusschen Gesetzes.

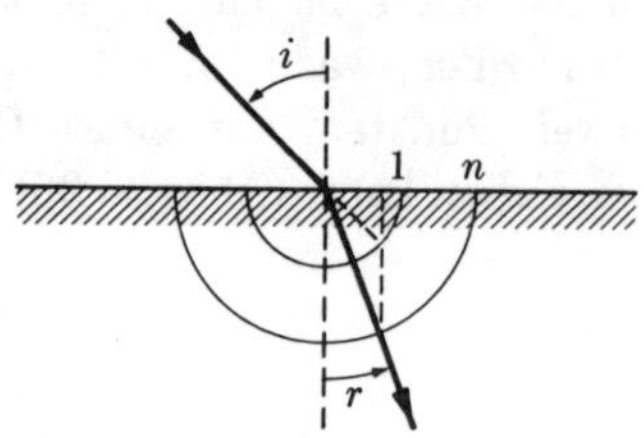

26.37

26.2 Eine Glasplatte ($n = 1{,}6$) mit parallelen Seiten ist 8 cm dick. Berechnen Sie die seitliche Verschiebung des Strahls, dessen Einfallswinkel 45° ist. Tragen Sie die Bahn des Strahls mit Hilfe der Methode aus Aufgabe 26.1 auf.

26.3 Ein Lichtstrahl bildet einen Einfallswinkel von 35° mit einer Glasplatte ($n = 1{,}3$), die 6 cm dick ist. Unmittelbar unterhalb der ersten Platte befindet sich eine andere Platte, deren Brechungsindex 1,5 ist. (a) Wie groß ist der Einfallswinkel und der Brechungswinkel an der Grenzfläche zwischen den beiden Platten. (b) Bestimmen Sie die seitliche Verschiebung des Strahls, wenn die zweite Platte 5 cm dick ist.

26.4 Ein Lichtstrahl fällt auf ein Glasstück ($n = 1{,}6$). Der Einfallswinkel des Strahls ist 37°. Wie groß muß der Mindestwinkel α zwischen der ersten Seite des Glases und seiner zweiten Oberfläche sein, damit es zur Totalreflexion kommt? (Siehe Abb. 26.38.)

Wird Licht durchgelassen? Ein drittes Polarisationsgerät wird zwischen die ersten beiden eingebracht. Beschreiben Sie die Änderung der Intensität im durchgelassenen Licht als Funktion der Winkelorientierung des dritten Geräts, wenn das System mit unpolarisiertem Licht beleuchtet wird.

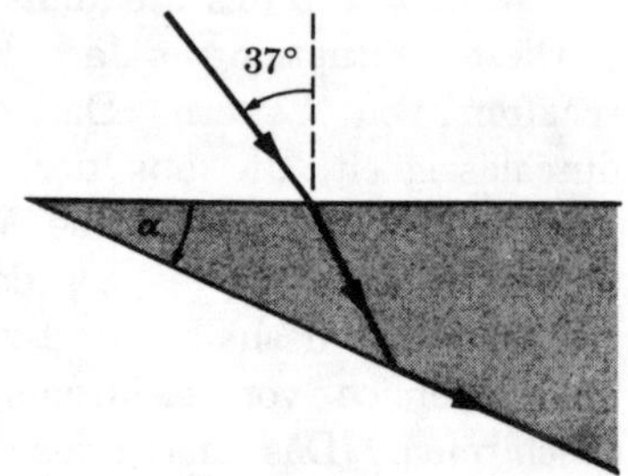

26.38

26.5 Ein Kupferdraht mit einem Radius von 1 mm ist mit einem Kupferdraht mit einem Radius von 0,8 mm verbunden. Bestimmen Sie **T** und **R** am Verbindungspunkt für Wellen, die sich längs des Systems vom ersten in den zweiten Draht ausbreiten.

26.6 Zeigen Sie für den in Abschnitt 26.5 besprochenen Fall, daß die Intensität der durchgelassenen Welle und die Intensität der reflektierten Welle gleich der Intensität der einfallenden Welle sind. Welche physikalische Bedeutung hat dieses Ergebnis?

26.7 Linear polarisiertes Licht fällt mit einem Einfallswinkel von 45° auf eine Glasplatte ($n = 1{,}5$). Bestimmen Sie die Reflexions- und Brechungskoeffizienten, wenn das elektrische Feld der einfallenden Welle (a) in der Einfallsebene, (b) senkrecht zur Einfallsebene ist.

26.8 Eine ebene elektromagnetische Welle fällt senkrecht auf eine ebene Oberfläche, die ein Medium mit dem Brechungsindex n_1 von einem Medium mit dem Index n_2 trennt. Zeigen Sie mit (26.13), daß die Reflexions- und Brechungskoeffizienten in diesem Fall

$$\mathbf{R} = \frac{n_1 - n_2}{n_1 + n_2} \quad \text{und} \quad \mathbf{T} = \frac{2n_1}{n_1 + n_2}$$

sind. Beachten Sie, daß wir in diesem Fall nicht zwischen π- und σ-Komponenten unterscheiden müssen. Zeichnen Sie die elektrischen und magnetischen Felder in den ein-

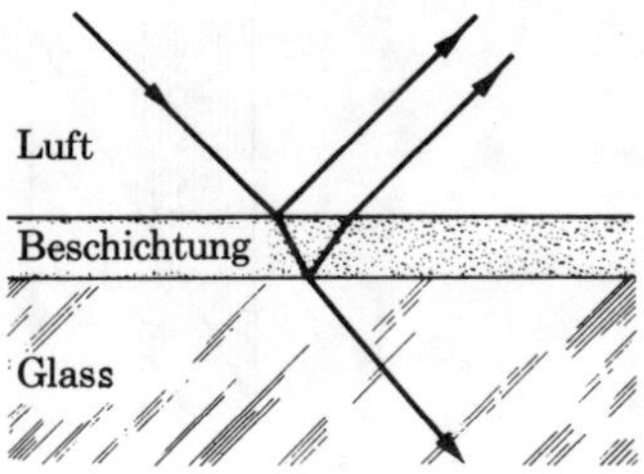

26.39

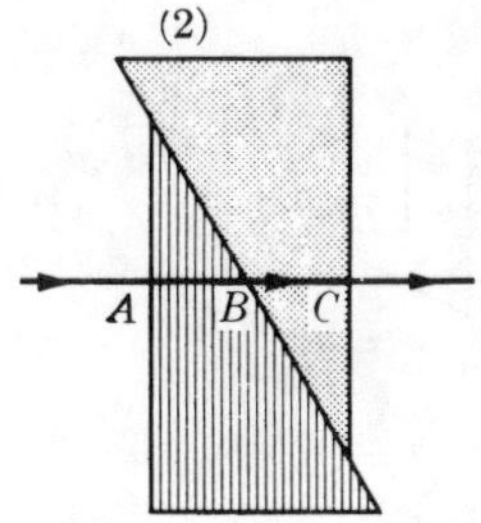

26.40

fallenden, reflektierten und gebrochenen Wellen, wenn $n_1 < n_2$ und wenn $n_1 > n_2$.

26.9 (a) Licht fällt senkrecht auf eine Glasplatte ($n = 1{,}5$). Bestimmen Sie die Reflexions- und Transmissionskoeffizienten. (b) Wiederholen Sie die Berechnung für den Fall, daß das Licht vom Glas in Luft übertritt. (c) Diskutieren Sie die Phasenveränderung für jeden Fall. [*Hinweis:* Verwenden Sie die Ergebnisse von Aufgabe 26.8.]

26.10 Der Brechungsindex von Glas ist 1,50. Berechnen Sie die Einfalls- und Brechungswinkel, wenn das Licht, das von der Glasfläche reflektiert wird, vollständig polarisiert ist.

26.11 Der kritische Winkel von Licht ist in einer bestimmten Substanz 45°. Wie groß ist der Polarisationswinkel?

26.12 (a) In welchem Winkel über der Horizontalen muß die Sonne stehen, damit das Sonnenlicht, das von der Oberfläche eines ruhigen Sees reflektiert wird, vollständig polarisiert ist? (b) Wie liegt die Ebene des $\mathcal{E}$-Vektors im reflektierten Licht?

26.13 Eine ebene linear polarisierte Welle in Luft fällt im Polarisationswinkel auf ein Medium des Index n. Der elektrische Vektor der einfallenden Welle liegt in der Einfallsebene; seine Schwingungsamplitude ist $\mathcal{E}_0$. Berechnen Sie (a) die Intensität der einfallenden Welle, (b) die Amplitude $\mathcal{E}_r$ der gebrochenen Welle, und (c) die Intensität der gebrochenen Welle. Vergleichen Sie (a) mit (c) und erklären Sie Ihr Ergebnis.

26.14 Eine Glasplatte (Index n_g) ist mit einem dünnen Plastikfilm überzogen (Index n_c) (Abb. 26.39). Bezeichnen Sie den Index von Luft mit n_a und zeigen Sie, daß bei senkrechtem Einfall die Reflexionskoeffizienten an der Grenzfläche zwischen Luft und dem Überzug und zwischen dem Überzug und Glas gleich sind, wenn

$$n_c = \sqrt{n_g n_a}.$$

Bestimmen Sie das Verhältnis der Reflexionskoeffizienten, wenn der Einfallswinkel 10° und $n_g = 1{,}52$ ist.

26.15 Ein paralleler Strahl linear polarisierten Lichts der Wellenlänge $5{,}9 \cdot 10^{-7}$ m (im Vakuum) fällt auf einen Kalkspatkristall, wie in Abb. 26.22. Bestimmen Sie die Wellenlängen der ordentlichen und der außerordentlichen Wellen im Kristall. Bestimmen Sie außerdem die Frequenz jedes Strahls.

26.16 Bestimmen Sie die Dicke einer Kalkspatplatte, die notwendig ist, um einen Phasenunterschied von (a) $\lambda/4$, (b) $\lambda/2$, (c) λ zwischen den ordentlichen und außerordentlichen Strahlen zu erzeugen, wenn die Wellenlänge $6 \cdot 10^{-7}$ m ist.

26.17 Wie ist der Polarisierungszustand des Lichtes, das von einer Viertelwellenplatte durchgelassen wird, wenn der elektrische Vektor des einfallenden linear polarisierten Lichtes einen Winkel von 30° mit der optischen Achse bildet?

26.18 Ein *Babinet-Kompensator* (Abb. 26.40) besteht aus zwei Quarzkeilen, die übereinander weggleiten können. Die Keile sind so geschnitten, daß ihre optischen Achsen senkrecht zueinander sind. Daher ist der ordentliche Strahl in einem, der außerordentliche Strahl im anderen Keil. Zeigen Sie, daß für jeden beliebigen Strahl der Phasenunterschied zwischen einem Strahl, der durch die Keile geht und einem, der im Vakuum verweilt

$$\delta = (2\pi/\lambda)(n_1 - n_2)(e - e')$$

ist, wobei $e = AB$ und $e' = BC$. Daher kann man, wenn man die Keile gegeneinander verschiebt, den Phasenunterschied kontinuierlich verändern.

26.19 In einem Babinet-Kompensator ist die Dicke eines Keils 2 mm. Bestimmen Sie die Dicke, die der andere haben muß, um einen Phasenunterschied von $2\pi/3$ in jeder der beiden Richtungen hervorzurufen, wenn man Licht mit einer Wellenlänge von $5{,}7 \cdot 10^{-7}$ m verwendet.

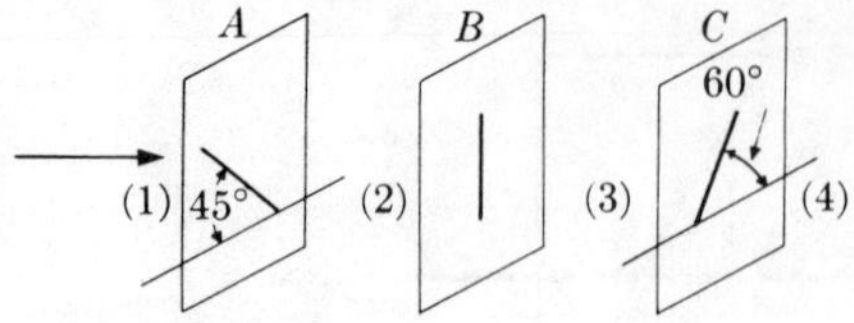

26.41

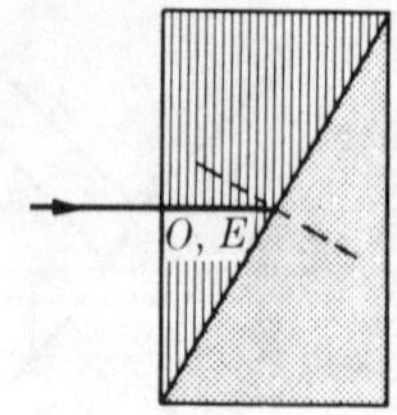

26.42

26.20 Ein Polarisator und ein Analysator sind so angeordnet, daß die maximale Menge an Licht durchgelassen wird. Auf welchen Bruchteil ihres maximalen Wertes wird die Intensität des durchgelassenen Lichts reduziert, wenn der Analysator um (a) 30°, (b) 45°, (c) 60°, (d) 90°, (e) 120°, (f) 135°, (g) 150°, (h) 180° verdreht wird. Tragen Sie I/I_{max} für eine komplette Umdrehung des Analysators auf.

26.21 In Abb. 26.41 sind *A* und *C* Polaroidblättchen, deren Durchlassungsrichtungen angezeigt sind. *B* ist ein Blättchen eines doppelbrechenden Materials, dessen optische Achse senkrecht ist. Alle drei Blätter sind parallel. Von links dringt nichtpolarisiertes Licht ein. Diskutieren Sie den Polarisierungszustand des Lichtes an den Punkten (2), (3) und (4).

26.22 Abbildung 26.42 stellt ein *Wollaston-Prisma* dar, das aus zwei Quarzprismen besteht, die zusammengeklebt sind. Die optische Achse des rechten Prismas ist senkrecht zur Buchseite und führt zu ordentlichen und außerordentlichen Strahlen, die im linken Prisma die selbe Bahn, jedoch mit verschiedenen Geschwindigkeiten durchlaufen. Machen Sie eine Kopie von Abb. 26.42 und zeigen Sie auf Ihrem Diagramm, wie die ordentlichen und die außerordentlichen Strahlen abgelenkt werden, wenn sie in das rechte Prisma und von dort in Luft übertreten.

26.23 Ein Strahl von weißem, linear polarisierten Licht fällt senkrecht auf eine Quarzplatte, die 0,865 mm dick ist und parallel zur optischen Achse geschnitten ist. Die Hauptbrechungsindizes von Quarz für Natriumlicht sind in Tab. 26.2 aufgeführt. Vernachlässigen Sie die Änderung von $n_1 - n_2$ mit der Wellenlänge. (a) Welche Wellenlängen zwischen $6{,}0 \cdot 10^{-7}$ m und $7{,}0 \cdot 10^{-7}$ m sind beim Austreten aus der Platte linear polarisiert? (b) Welche Wellenlängen treten zirkular polarisiert aus? (c) Nehmen Sie an, daß der Strahl, der aus der Platte austritt, durch einen Analysator geht, dessen Transmissionsachse senkrecht zur Schwingungsebene des einfallenden Lichtes ist. Welche Wellenlängen fehlen im durchgelassenen Strahl?

26.24 Ein Lichtstrahl geht nach dem Durchtritt durch ein Nicolsches Prisma N_1 durch eine Zelle, die streuendes Material enthält. Die Zelle wird im rechten Winkel durch ein anderes Nicolsches Prisma N_2 beobachtet. Ursprünglich werden die Nicolschen Prismen so angeordnet, daß die Helligkeit des Feldes, das der Beobachter sieht, ein Maximum ist. (a) Prisma N_2 wird um 90° gedreht. Kommt es zur Auslöschung? (b) Nun wird Prisma N_1 um 90° gedreht. Ist das Feld, das man durch N_2 beobachtet, hell oder dunkel? (c) Prisma N_2 wird sodann in seine Anfangsposition gebracht. Ist das Feld, das man durch N_2 beobachtet, hell oder dunkel?

26.25 Es ist experimentell bekannt, daß die Rotation der Polarisationsebene einer linear polarisierten elektromagnetischen Welle pro Gramm Zucker, das in einem cm^3 Wasser aufgelöst wird, 66,5° pro cm Weglänge ist. Ein 30 cm langes Rohr enthält eine Zuckerlösung mit 15 g Zucker pro 100 cm^3 Lösung. Bestimmen Sie den Rotationswinkel des polarisierten Lichtes.

22.26 Bestimmen Sie die Menge an Zucker in einem zylindrischen Rohr, das 30 cm lang ist und 2 cm^2 Querschnitt hat, wenn die Ebene des polarisierten Lichtes um 39,7° gedreht wird. [*Hinweis:* Siehe vorhergehende Aufgabe.]

26.27 Die optische Aktivität von Zucker kann zur Bestimmung des Zuckergehalts in einer Urinprobe verwendet werden. Wenn eine typische Probe 100 cm^3 hat, wird dann ein Urinanalyserohr, das 30 cm lang ist, empfindlich genug sein, um einen Unterschied in der Zuckerkonzentration von 1 mg pro cm^3 zu entdecken? Sie können annehmen, daß das Instrument auf 0,1° genau abgelesen werden kann.

Kapitel 27

GEOMETRISCHE OPTIK

27.1 EINLEITUNG

In den vorhergehenden Kapiteln haben wir einige Phänomene besprochen, die auftreten, wenn eine Welle von einem Medium in ein anderes übertritt, in dem die Ausbreitungsgeschwindigkeit verschieden ist. Wir haben nicht nur analysiert, was mit der Wellenfront passiert, sondern haben auch den Begriff des Strahles eingeführt, der für geometrische Konstruktionen sehr nützlich ist.

In diesem Kapitel werden wir genauer die Reflexion und Brechung vom geometrischen Standpunkt aus behandeln, wobei wir das Konzept des Strahles als Hilfsmittel zur Beschreibung von Vorgängen verwenden, die an der diskontinuierlichen Grenzfläche auftreten. Wir wollen außerdem annehmen, daß diese Vorgänge nur Reflexion und Brechung einschließen und daß keine anderen Veränderungen an der Wellenoberfläche eintreten. Diese Art der Betrachtung wird als *geometrische Optik* bezeichnet. Sie ist ein sehr wichtiger Zweig der angewandten Physik.

Diese Art der geometrischen Behandlung ist so lange geeignet, wie die Oberflächen und andere Diskontinuitäten, auf die die Welle bei ihrer Ausbreitung trifft, im Vergleich zur Wellenlänge sehr groß sind. Solange diese Bedingung erfüllt ist, gilt unsere Behandlung ebenso gut für Lichtwellen, Schallwellen (besonders Ultraschall), Erdbebenwellen, u.s.w. In den meisten unserer Beispiele werden wir jedoch Lichtwellen betrachten, da sie wohl die vertrautesten und von diesem Standpunkt aus die wichtigsten sind.

Ein typisches Beispiel für die Anwendung von Strahlen ist das Bild, das von einer Lochkamera erzeugt wird (Abb. 27.1). Eine solche Kamera besteht aus einem Kasten mit einem sehr kleinen Loch in einer Seite. Wenn ein Gegenstand AB, der Wellen aussendet, vor die Kamera gebracht wird, werden die Strahlen Bb und Aa auf der gegenüberliegenden Seite ein Bild ab erzeugen. Dieses Bild ist scharf, wenn das Loch sehr klein ist, so daß nur ein kleiner Bruchteil der Wellenfront durchtreten kann und daher jedem Punkt des Gegenstandes ein entsprechender Punkt des Abbildes entspricht. Wenn das Loch zu groß ist, erscheint das Bild verschwommen, da jedem Punkt des Gegenstandes ein Fleck im Abbild entspricht. Außerdem darf das Loch nicht so klein sein, daß sein Radius mit der Wellenlänge vergleichbar ist, da dann Beugungseffekte aufzutreten beginnen und das Abbild ab wieder verschwommen erscheint.

27.2 REFLEXION AN EINER SPHÄRISCHEN OBERFLÄCHE

Betrachten Sie die Reflexion von Wellen an einer sphärischen Oberfläche. Wir wollen zuerst bestimmte Definitionen und Konventionen für die Vorzeichen festlegen. Der Mittelpunkt der Krümmung C ist der Mittelpunkt der sphärischen Oberfläche (Abb. 27.2), der Punkt O ist der Scheitelpunkt der Kalotte. Die Linie, die durch O und C geht, nennt man *Hauptachse*. Wenn wir den Koordinatenursprung durch O legen, sind alle Größen, die rechts von O gemessen werden, positiv und alle links davon negativ. Tabelle 27.1 führt die Konventionen für die Vorzeichen auf, die in diesem Text verwendet werden.

a) **Descartessche Formel** Nehmen Sie an, daß der Punkt P aus Abb. 27.2 die Quelle sphärischer Wellen ist. Der Strahl PA wird als Strahl AQ reflektiert, der in Q die Hauptachse schneidet. Wenn wir $OP = p$ und $OQ = q$ nennen, ist unten gezeigt, daß diese Größen bei kleinen Winkeln α_1 und α_2 über den Ausdruck

$$\frac{1}{p} + \frac{1}{q} = \frac{2}{r} \tag{27.1}$$

zusammenhängen, was als *Descartessche Formel für die Reflexion an einer sphärischen Oberfläche* bezeichnet wird. Da dieser Ausdruck nichts über den Punkt A aussagt, schließen wir, daß bei den genannten Näherungen alle einfallenden Strahlen, die durch P gehen, nach Reflexion an der Oberfläche durch Q gehen werden. Wir sagen, daß Q das *Abbild* des *Gegenstandes* P ist.

Tabelle 27.1

VORZEICHENSETZUNG AN SPÄRISCHEN SPIEGELN

	+	−
Radius r	Konkav	Konvex
Brennpunkt f	Konvergent	Divergent
Objekt p	Reell	Virtuell
Bild q	Reell	Virtuell

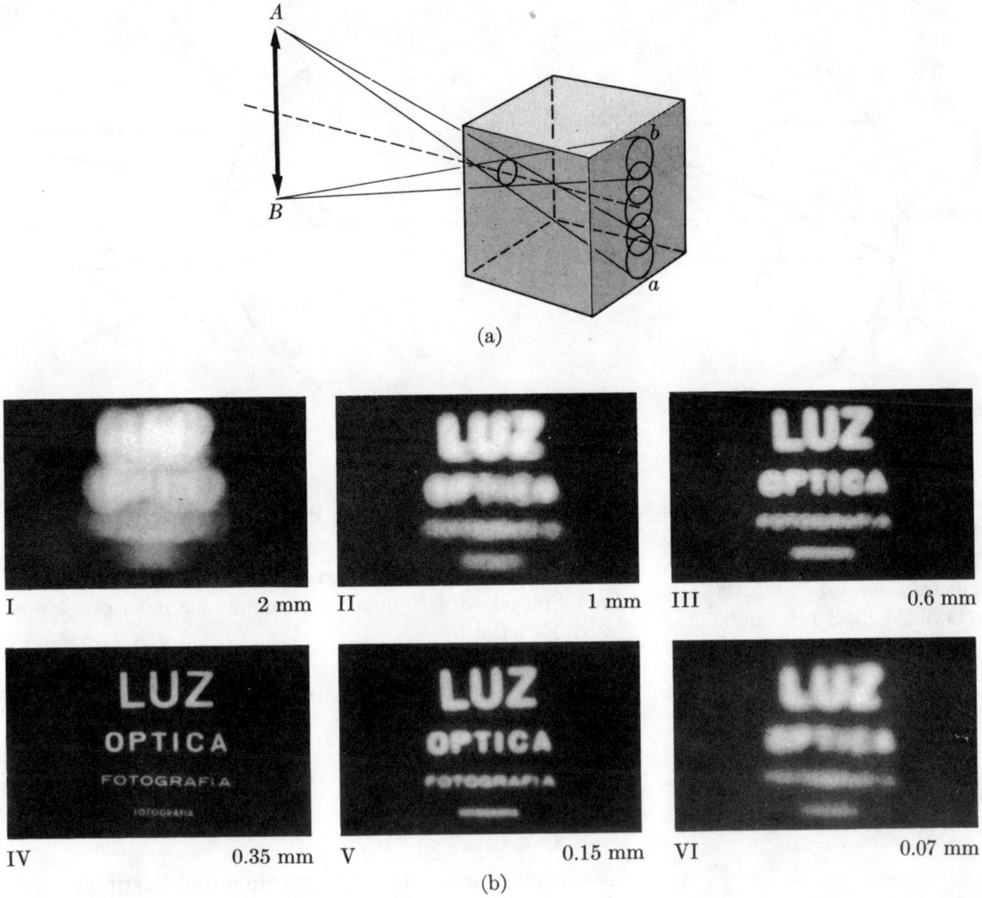

27.1 Bilddarstellung durch eine Lochkamera. Die Zeichnung zeigt den Strahlengang. Die Reihe von Aufnahmen zeigt die Veränderung in der Bildschärfe mit abnehmendem Lochdurchmesser. Beachten Sie, daß es einen für die Bildschärfe optimalen Durchmesser gibt. [Aufnahme mit liebenswürdiger Genehmigung von Dr. N. Joel, UNESCO, Pilot project for the teaching of physics.]

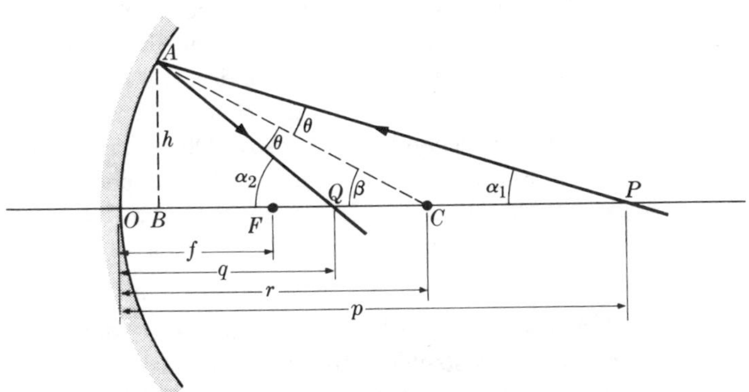

27.2 Gang eines Strahles, der an einer sphärischen Oberfläche reflektiert wird.

27.3 Hauptstrahlen an sphärischen Spiegeln. (a) Konkav und (b) konvex.

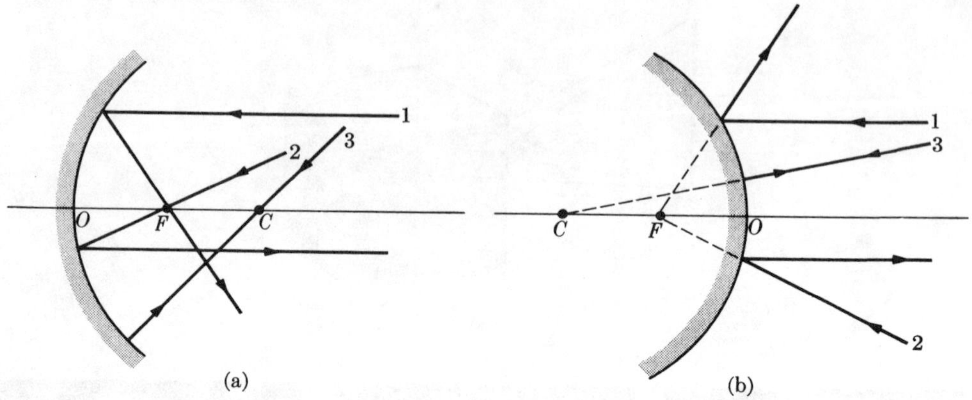

Ableitung der Descartesschen Formel In Abb. 27.2 sei P ein Punktobjekt auf der Hauptachse. Der Strahl PA wird als Strahl AQ reflektiert und wir sehen aus der Abbildung, da der Einfallswinkel und der Reflexionswinkel gleich sind, daß

$$\beta = \theta + \alpha_1 \quad \text{und} \quad \alpha_2 = \beta + \theta$$

ist, was zu

$$\alpha_1 + \alpha_2 = 2\beta \tag{27.2}$$

führt. Wenn man annimmt, daß die Winkel α_1, α_2 und β sehr klein sind (d.h., die Strahlen sind achsnah), kann man in guter Näherung schreiben

$$\alpha_1 \approx \tan \alpha_1 = \frac{AB}{BP} \approx \frac{h}{p},$$

$$\alpha_2 \approx \tan \alpha_2 = \frac{AB}{BQ} \approx \frac{h}{q},$$

$$\beta \approx \tan \beta = \frac{AB}{BC} \approx \frac{h}{r}.$$

Durch Einsetzen in (27.2) und Kürzen des gemeinsamen Faktors h erhält man

$$\frac{1}{p} + \frac{1}{q} = \frac{2}{r}.$$

b) **Brennpunkt** Für den speziellen Fall, in dem der einfallende Strahl parallel zur Hauptachse ist, was gleichwertig mit einer Anordnung des Gegenstandes in sehr großer Entfernung vom Spiegel ist, haben wir $p = \infty$. Dann wird (27.1) zu

$$\frac{1}{q} = \frac{2}{r}$$

und das Bild fällt auf einen Punkt F in einem Abstand vom Spiegel, der durch $q = r/2$ gegeben ist. Punkt F nennt man den *Brennpunkt* des sphärischen Spiegels, sein Abstand vom Spiegel wird *Brennweite* genannt, die mit f bezeichnet wird. Es ist also

$$f = \frac{r}{2}.$$

(27.1) kann dann in der Form

$$\frac{1}{p} + \frac{1}{q} = \frac{1}{f} \tag{27.3}$$

geschrieben werden. Da f experimentell bestimmt werden kann, indem man den Konvergenzpunkt der Strahlen beobachtet, die parallel zur Hauptachse sind, braucht man den Radius r nicht zu kennen, um (27.3) anzuwenden. Beachten Sie, daß $p = f$, wenn $q = \infty$, so daß alle einfallenden Strahlen, die durch den Brennpunkt F gehen, parallel zur Hauptachse reflektiert werden. (27.2) verbindet die Lage des Objektes, die durch p gegeben ist, und die Lage des Bildes, die durch q gegeben ist, mit der Brennweite des Spiegels f. Wegen der Wahl der Vorzeichen haben konkave Oberflächen einen positiven Radius, während konvexe Oberflächen einen negativen Radius haben. Daher sind die entsprechenden Brennweiten positiv bzw. negativ.

c) **Bildkonstruktion** Abbildung 27.3 zeigt die sogenannten *Hauptstrahlen* für eine konkave und eine konvexe Oberfläche. Strahl 1 ist ein paralleler Strahl,

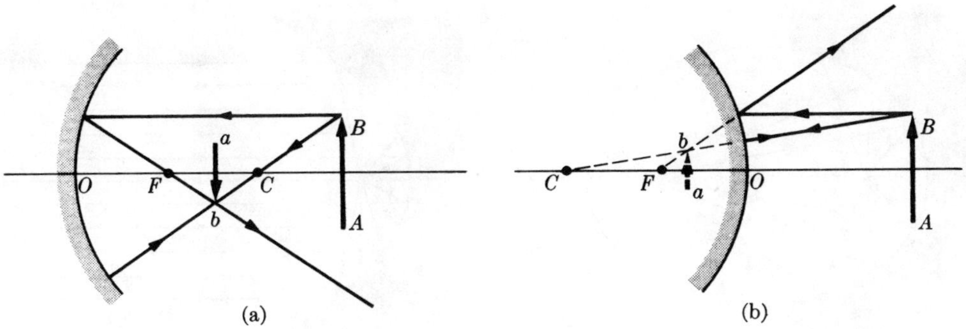

27.4 Bildkonstruktion an sphärischen Spiegeln (a) Konkav und (b) konvex.

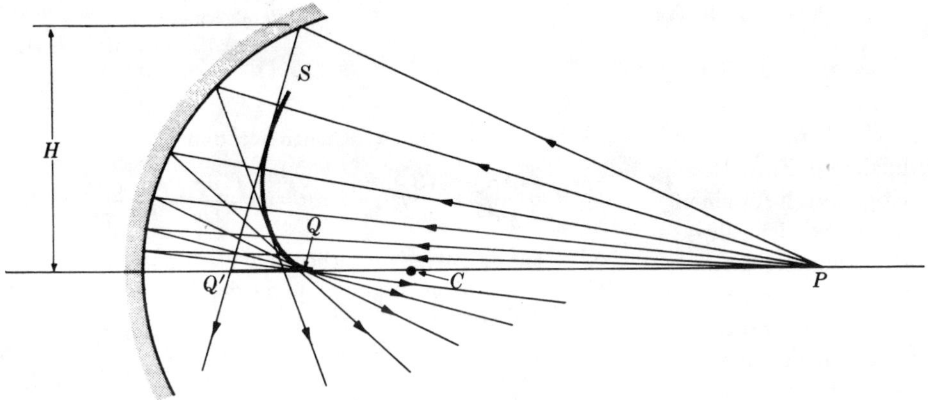

27.5 Sphärische Aberration an einem Konkavspiegel.

2 ein Brennstrahl und 3 ein zentraler Strahl, welcher senkrecht zum Spiegel ist. In Abb. 27.4 werden diese Strahlen dazu verwendet, die Entstehung eines Bildes an einer sphärischen reflektierenden Oberfläche darzustellen. Der Gegenstand ist AB, das Bild ab. In Abb. 27.4(a) ist das Bild *reell* (da sich die reflektierten Strahlen schneiden), in Abb. 27.4(b) ist es *virtuell* (da es nur so scheint, als hätten die Strahlen sich hinter dem Spiegel geschnitten).

d) **Sphärische Aberration** Wenn der Öffnungswinkel eines Spiegels groß ist, so daß er noch Strahlen mit großen Neigungswinkeln aufnehmen kann, ist (27.3) keine gute Näherung mehr. In diesem Fall gibt es kein scharfes Punktabbild mehr, das einem punktförmigen Gegenstand entspricht, sondern eine unendliche Zahl davon; das Bild eines ausgedehnten Gegenstandes erscheint daher verschwommen. Abbildung 27.5 zeigt die Strahlen, die vom Punkt P kommen und am Spiegel reflektiert werden. Wir sehen, daß die Strahlen sich nicht alle im selben Punkt schneiden, sondern auf einem Abschnitt QQ' längs der Achse; dieser Effekt wird als *sphärische Aberration* bezeichnet. Der Punkt Q, der den Strahlen entspricht, die einen sehr kleinen Winkel mit der Achse bilden, ist durch (27.3) bestimmt; Q' entspricht den Strahlen mit maximaler Neigung. Die reflektierten Wellen schneiden sich auch längs einer konischen Oberfläche, die durch die stark ausgezogene Linie QS angedeutet ist und die man als *Katakaustik* bezeichnet.

Man kann die sphärische Aberration nicht völlig vermeiden. Durch geeignete Gestaltung der Oberfläche kann sie jedoch für bestimmte Positionen, sogenannte *anastigmatische* Positionen, unterdrückt werden. Für einen punktförmigen Gegenstand im Mittelpunkt eines sphärischen Spiegels ist das Bild genau ein Punkt (ebenfalls im Mittelpunkt), der keine sphärische Aberration aufweist. Daher ist der Mittelpunkt eines sphärischen Spiegels eine *anastigmatische* Position.

27.6

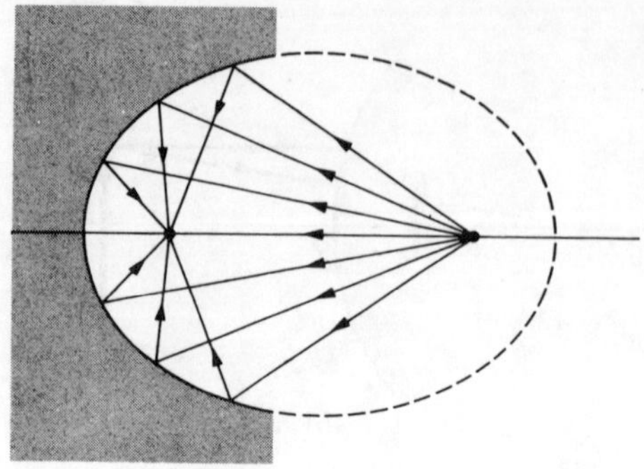

(a) Elliptischer Spiegel

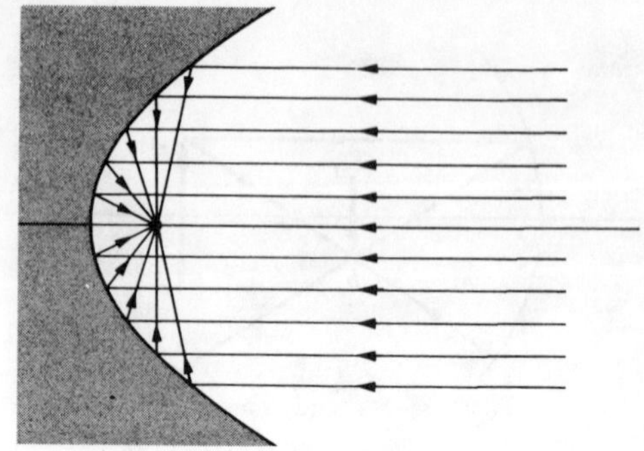

(b) Parabolspiegel

Durch Veränderung der Oberfläche kann man die anastigmatischen Positionen modifizieren. Zum Beispiel ist ein elliptischer Spiegel anastigmatisch für einen Gegenstand, der sich in einem Brennpunkt der Ellipse befindet, und dessen Bild genau auf den anderen Brennpunkt fällt (Abb. 27.6a). Ähnlich erzeugt auch ein Parabolspiegel keine Aberration für Strahlen, die parallel zur Hauptachse sind; sie müssen alle durch den Brennpunkt der Parabel gehen (Abb. 27.6b). Deshalb werden Parabolspiegel in Teleskopen verwendet, und zwar nicht nur, um Strahlen im sichtbaren Bereich des elektromagnetischen Spektrums zu empfangen, sondern auch für Empfang von Strahlen im Radiofrequenzbereich, wie z.B. in Radioteleskopen (siehe Abb. 27.7).

Neben der sphärischen Aberration gibt es noch andere Fehler, die wir an den Bildern feststellen können, die durch Reflexion (oder Brechung) an sphärischen Oberflächen erzeugt werden. Wir wollen sie hier jedoch nicht besprechen, da sie zu einem recht speziellen Zweig der Optik gehören (Technische Optik).

Beispiel 27.1 *Vergrößerung, die durch einen sphärischen Spiegel erzeugt wird.* Die *Vergrößerung* M eines optischen Systems ist als des Verhältnis zwischen der Bildgröße und der Objektgröße definiert. Das heißt

$$M = \frac{\text{ab}}{AB} = \frac{\text{Bild}}{\text{Gegenstand}}.$$

Die Vergrößerung kann positiv oder negativ sein, je nachdem ob das Bild in Bezug auf den Gegenstand aufrecht oder umgekehrt ist. Aus Abb. 27.8 sehen wir, daß

$$\tan\theta = \frac{AB}{OA} = \frac{AB}{p}, \qquad \tan\theta' = -\frac{ab}{Oa} = -\frac{ab}{q},$$

wobei das negative Vorzeichen auf die Tatsache zurückzuführen ist, daß ab negativ ist, da das Bild umgekehrt ist. Da $\theta = \theta'$, erhalten wir

$$M = -\frac{q}{p}. \tag{27.4}$$

Beispiel 27.2 Ein sphärischer Spiegel hat einen Radius von 0,40 m. Im Abstand von 0,30 m wird ein Gegenstand vor dem Spiegel angebracht. Bestimmen Sie die Position des Bildes und die Vergrößerung des Spiegels, wenn der Spiegel (a) konkav, (b) konvex ist.

Lösung: (a) *Hohl- oder Konkavspiegel.* Nach der Konvention der Vorzeichen aus Tab. 27.1 ist der Radius $r = +0{,}40$ m und die Brennweite $f = r/2 = +0{,}20$ m. Außerdem ist $p = +0{,}30$ m. Gleichung (27.3) ergibt

$$\frac{1}{0{,}30} + \frac{1}{q} = \frac{1}{0{,}20} \qquad \text{oder} \qquad q = +0{,}60 \text{ m}$$

Das positive Vorzeichen zeigt ein reelles Bild an. Die Vergrößerung ist

$$M = -\frac{q}{p} = -\frac{0{,}60}{0{,}30} = -2{,}0,$$

was zeigt, daß das Bild zweimal so groß und umgekehrt ist wie der Gegenstand.

27.7 Radiospiegelteleskop in Parkes, New South Wales, Australien. Der Reflektor hat einen Durchmesser von 64 m. Er kann sowohl um die senkrechte Achse rotieren als den Zenitwinkel verändern und kann über einen Großteil des sichtbaren Himmels gesteuert werden. Der optimale Arbeitsbereich des Teleskops liegt im Bereich der 21 cm-Wasserstofflinie, es ist jedoch bis hinunter zu Wellenlängen von wenigen Zentimetern empfindlich. Der Ort, 350 km von Sydney, wurde wegen der minimalen elektrischen Interferenz gewählt. [Aufnahme mit liebenswürdiger Genehmigung des Australian News and Information Bureau.]

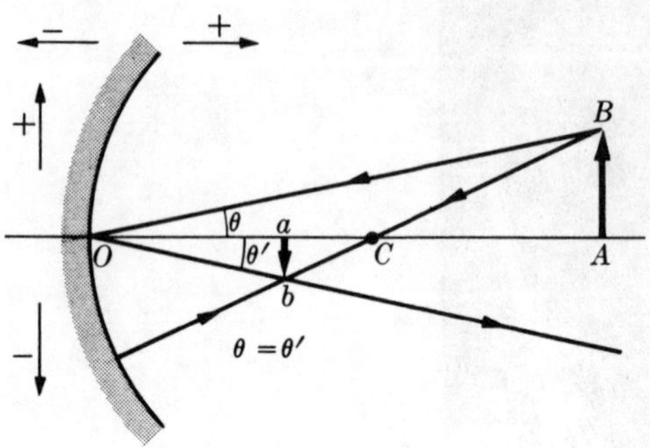

27.8 Berechnung der Vergrößerung durch einen sphärischen Spiegel.

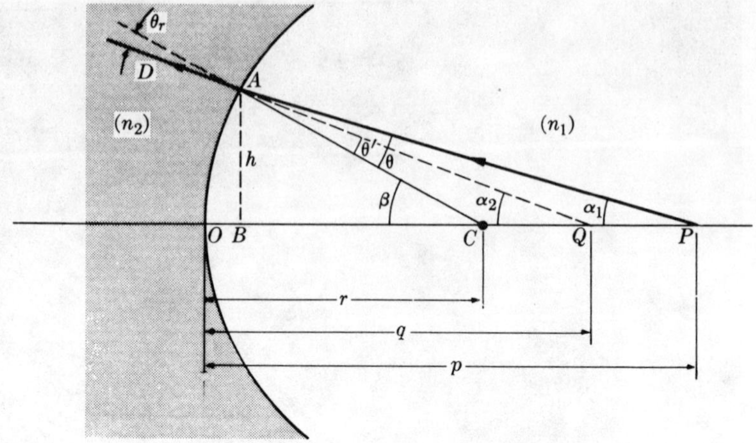

27.9 Gang eines Strahles, der an einer sphärischen Oberfläche gebrochen wird.

b) *Wölb- oder Konvexspiegel.* In diesem Fall ist die Brennweite

$f = -0{,}20$ m,

p ist jedoch immer noch $+0{,}30$ m. Gleichung (27.3) gibt daher

$$\frac{1}{0{,}30} + \frac{1}{q} = \frac{1}{-0{,}20} \qquad \text{oder} \qquad q = -0{,}12 \text{ m}.$$

Das negative Vorzeichen zeigt ein virtuelles Bild an. Die Vergrößerung ist

$$M = -\frac{q}{p} = -\frac{-0{,}12}{0{,}30} = +0{,}40,$$

was zeigt, daß das Bild aufrecht und kleiner ist als der Gegenstand.

27.3 BRECHUNG AN EINER SPHÄRISCHEN OBERFLÄCHE

Wir wollen nun die Brechung an einer sphärischen Oberfläche betrachten, die zwei Medien mit den absoluten Brechungsindizes n_1 und n_2 trennt (Abb. 27.9). Die grundlegenden Geometrieelemente sind die gleichen wie im vorhergehenden Abschnitt. Tabelle 27.2 führt die Konvention der Vorzeichen an, die hier verwendet wird.

Tabelle 27.2

VORZEICHENFESTSETZUNG FÜR EINE SPHÄRISCHE BRECHENDE OBERFLÄCHE

	+	−
Radius r	Konkav	Konvex
Brennpunkt f	Konvergent	Divergent
Objekt p	Reell	Virtuell
Bild q	Virtuell	Reell

a) **Descartessche Formel** Ein einfallender Strahl, z.B. PA, wird längs AD gebrochen; wenn AD in das erste Medium zurückverlängert wird, schneidet es die Hauptachse in Q. Wenn alle gebrochenen Strahlen durch Q gehen, sagen wir, daß Q das *Bild* von P ist. Indem man $OP = p$ und $OQ = q$ setzt, ist unten gezeigt, daß diese beiden Größen über den Ausdruck

$$\frac{n_1}{p} - \frac{n_2}{q} = \frac{n_1 - n_2}{r} \tag{27.5}$$

in Beziehung stehen; man bezeichnet ihn als die *Descartessche Formel für die Brechung an einer sphärischen Oberfläche.*

Ableitung der Descartesschen Formel für die Brechung an einer sphärischen Oberfläche Wir wollen in Abb. 27.9 den Strahl PA betrachten, dessen gebrochener Strahl AD ist. Aus der Abbildung entnehmen wir, daß

$$\beta = \theta + \alpha_1 \qquad \text{und} \qquad \beta = \theta' + \alpha_2.$$

Nach dem Snelliusschen Gesetz ist aber $n_1 \sin\theta = n_2 \sin\theta'$. Wie im vorhergehenden Abschnitt nehmen wir an, daß die Strahlen eine sehr geringe Neigung haben. Daher sind die Winkel θ, θ', α_1, α_2 und β alle sehr klein, und wir können $\sin\theta \approx \theta$ und $\sin\theta' \approx \theta'$ schreiben; so daß das Snelliussche Gesetz zu $n_1\theta = n_2\theta'$ wird, oder

$$n_1(\beta - \alpha_1) = n_2(\beta - \alpha_2). \tag{27.9}$$

Aus Abb. 27.9 sehen wir, daß im Fall eines sphärischen Spiegels

$$\alpha_1 \approx \frac{h}{p}, \qquad \alpha_2 \approx \frac{h}{q}, \qquad \beta \approx \frac{h}{r},$$

so daß wir durch Einsetzen in (27.9), Kürzen des gemeinsamen Faktors und Umordnung der Glieder

$$\frac{n_1}{p} - \frac{n_2}{q} = \frac{n_1 - n_2}{r},$$

die Descartessche Formel (27.5) erhalten.

b) **Brennpunkte** Der *objektseitige Brennpunkt* F, den man auch als den *vorderen Brennpunkt* bezeichnet, ist die Position eines Punktobjekts auf der Hauptachse, so daß die gebrochenen Strahlen parallel zur Hauptachse sind. Das entspricht einer Abbildung des Punktes im Unendlichen, oder $q = \infty$. Die Entfernung des Gegenstandes von der sphärischen Oberfläche nennt man die *objektseitige Brennweite*, die mit f bezeichnet wird. Indem wir in (27.5) $p = f$ und $q = \infty$ setzen, erhalten wir

$$\frac{n_1}{f} = \frac{n_1 - n_2}{r},$$

was

$$f = \frac{n_1}{n_1 - n_2} r \tag{27.6}$$

ergibt. Ähnlich gehen die gebrochenen Strahlen durch einen Punkt F' auf der Hauptachse, den man den *bildseitigen* oder *hinteren Brennpunkt* nennt, wenn die ein-

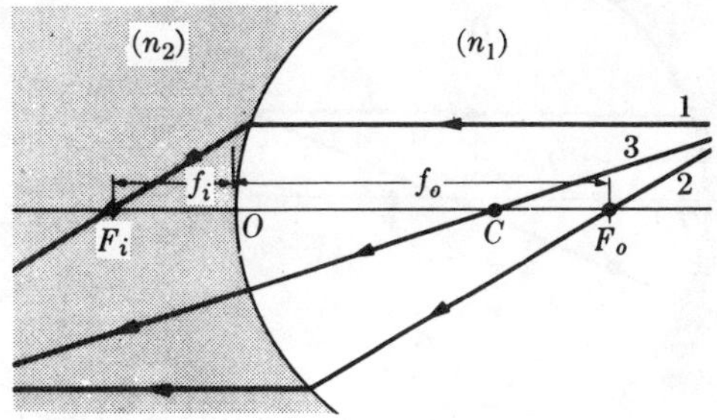

27.10 Hauptstrahlen für eine brechende sphärische Oberfläche. Wir nehmen $r > 0$ und $n_1 > n_2$ an.

fallenden Strahlen parallel zur Hauptachse sind. Das entspricht dem Fall, in dem der Gegenstand in sehr großer Entfernung von der sphärischen Oberfläche ist ($p = \infty$). Man nennt dann die Entfernung des Bildes von der sphärischen Oberfläche die *bildseitige Brennweite*, bezeichnet mit f'. Indem wir in (27.5) $p = \infty$ und $q = f'$ setzen, erhalten wir

$$\frac{-n_2}{f'} = \frac{n_1 - n_2}{r},$$

was

$$f' = -\frac{n_2}{n_1 - n_2} r \tag{27.7}$$

ergibt. Beachten Sie, daß $f + f' = r$. Indem wir (27.5) und (27.6) kombinieren, können wir die Descartessche Formel zu

$$\frac{n_1}{p} - \frac{n_2}{q} = \frac{n_1}{f} \tag{27.8}$$

schreiben. Wenn f positiv ist, nennt man das System *konvergent*, wenn f negativ ist, nennt man es *divergent*.

c) **Bildkonstruktion** Abbildung 27.10 zeigt die Konstruktion der Hauptstrahlen für einen Fall, in dem

$$r > 0 \qquad \text{und} \qquad n_1 > n_2,$$

was gemäß 27.2 einer konkaven, konvergent brechenden Oberfläche entspricht. Die Bildkonstruktion eines Gegenstandes ist für die gleichen Bedingungen in Abb. 27.11 gezeigt. Der Student sollte ähnliche Darstellungen

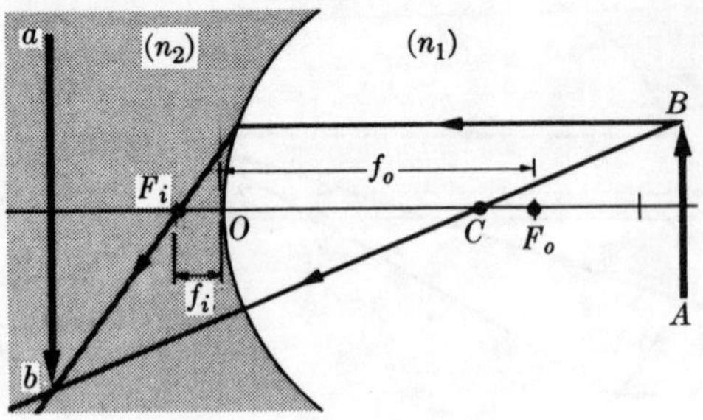

27.11 Bildentstehung durch Brechung an einer konkaven sphärischen Oberfläche. Wir nehmen $r > 0$ und $n_1 > n_2$ an.

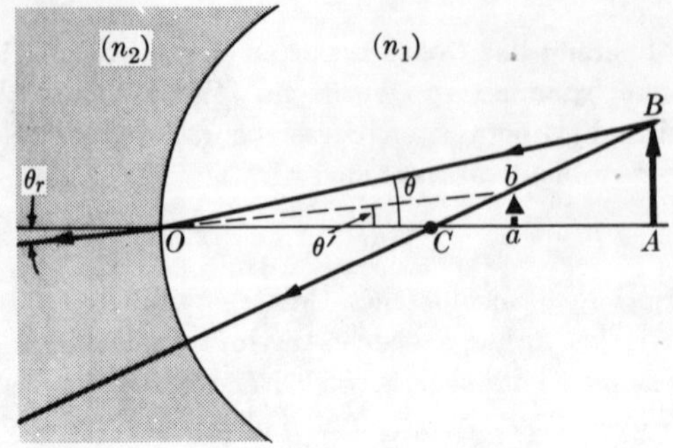

27.12 Vergrößerung durch Brechung an einer sphärischen Oberfläche. Beachten Sie, daß θ' der Brechungswinkel ist.

für die restlichen Fälle zeichnen; d.h., für

$$r > 0 \quad \text{und} \quad n_1 < n_2, \qquad r < 0 \quad \text{und} \quad n_1 \gtrless n_2.$$

Gleichung (27.5) zeigt auch, daß es für jeden Gegenstandpunkt einen einzigen Bildpunkt gibt. Das stimmt so lange, solange die sphärische Oberfläche einen kleinen Öffnungswinkel hat und nur Strahlen sehr geringer Neigung zuläßt, so daß unsere Näherungen gültig sind. Für brechende sphärische Oberflächen großer Öffnungswinkel ist die Situation ähnlich der, die wir in Abb. 27.7 für einen sphärischen Spiegel gehabt haben, und führt zum gleichen Phänomen der sphärischen Aberration, das schon vorher diskutiert wurde.

Beispiel 27.3 *Vergrößerung, die von einer sphärischen brechenden Oberfläche erzeugt wird.* Diese Aufgabe ist ähnlich der in Beispiel 27.1. Aus Abb. 27.12, in der AB das Objekt und ab sein virtuelles Bild ist, erhalten wir

$$M = \frac{ab}{AB}.$$

Wir haben auch

$$\tan\theta = \frac{AB}{OA} = \frac{AB}{p}, \quad \tan\theta' = \frac{ab}{Oa} = \frac{ab}{q},$$

so daß $AB = p \tan\theta$ und $ab = q \tan\theta'$ und damit

$$M = \frac{q \tan\theta'}{p \tan\theta} \approx \frac{q \sin\theta'}{p \sin\theta},$$

wobei die letzte Näherung immer dann gilt, wenn die Winkel klein sind und wir den Tangens durch den Sinus ersetzen können. Unter Verwendung des Snelliusschen Gesetzes, $n_1 \sin\theta = n_2 \sin\theta'$, erhalten wir

$$M = \frac{n_1 q}{n_2 p}. \tag{27.10}$$

Beispiel 27.4 Bestimmung der Brennweiten, der Bildposition und der Vergrößerung für eine konkave Oberfläche, deren Radius 0,50 m ist und die ein Medium mit einem Brechungsindex von 1,20 von einem anderen trennt, dessen Brechungsindex 1,60 ist. Im ersten Medium wird ein Gegenstand 0,80 m von der Oberfläche entfernt angebracht.

Lösung: In diesem Fall ist $r = +0{,}50$ m, $n_1 = 1{,}20$ und $n_2 = 1{,}60$. Mit (27.6) und (27.7) erhalten wir daher

$$f = \frac{n_1 r}{n_1 - n_2} = -1{,}50 \text{ m},$$

$$f' = -\frac{n_2 r}{n_1 - n_2} = +2{,}00 \text{ m}.$$

Das System ist daher divergent. Unter Verwendung von (27.5) finden wir, daß

$$\frac{1{,}20}{0{,}80} - \frac{1{,}60}{q} = \frac{1{,}20 - 1{,}60}{0{,}50} \qquad \text{oder} \qquad q = +0{,}69 \text{ m}.$$

Das positive Vorzeichen zeigt, daß das Bild virtuell ist. Für die Vergrößerung verwenden wir (27.10),

$$M = \frac{1{,}20 \cdot 0{,}69}{1{,}60 \cdot 0{,}80} = 0{,}65.$$

Da M positiv ist, ist das Bild aufrecht; d.h., es hat die gleiche Richtung wie der Gegenstand.

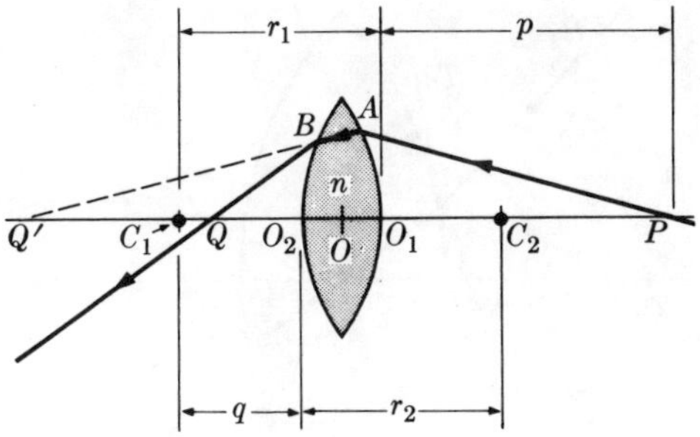

27.13 Strahlengang durch eine Linse.

27.4 LINSEN

Eine Linse ist ein transparentes Medium, das von zwei gekrümmten (üblicherweise sphärischen oder zylindrischen) Oberflächen begrenzt ist; eine der Oberflächen der Linse kann auch eben sein. Eine einfallende Welle erleidet daher beim Durchtritt durch die Linse zwei Brechungen. Der Einfachheit halber wollen wir annehmen, daß das Medium an den beiden Seiten der Linse das gleiche ist und einen Brechungindex von eins hat (z.B. Luft), während der Brechungsindex der Linse n ist. Wir wollen außerdem nur dünne Linsen betrachten, d.h., Linsen, deren Dicke im Vergleich zum Radius sehr klein ist. Die Konvention für die Vorzeichen sind bei Linsen die gleichen wie in Tab. 27.2 für eine sphärische brechende Oberfläche gegeben.

a) **Descartessche Formel** Die Hauptachse einer Linse ist die Gerade, die durch die beiden Mittelpunkte C_1 und C_2 festgelegt wird (Abb. 27.13). Betrachten Sie den einfallenden Strahl PA, der durch P geht. An der ersten Oberfläche wird der einfallende Strahl längs des Strahles AB gebrochen. Der verlängerte Strahl AB würde durch Q' gehen, wo deshalb das Bild von P liegt, das von der ersten brechenden Oberfläche erzeugt wird. Den Abstand q' zwischen Q' und O_1 erhält man gemäß (27.5) zu

$$\frac{1}{p} - \frac{n}{q'} = \frac{1-n}{r_1}. \qquad (27.11)$$

An B erfährt der Strahl eine zweite Brechung und wird zum Strahl BQ. Wir sagen dann, daß Q das endgültige Bild von P ist, das von dem System der beiden brechenden Oberflächen erzeugt wird, aus denen die Linse besteht. Wenn wir die Brechung an B betrachten, ist der (virtuelle) Gegenstand Q' und das Bild ist Q, im Abstand q von der Linse. Gemäß (27.5) erhalten wir daher, wenn wir p durch q' ersetzen,

$$\frac{n}{q'} - \frac{1}{q} = \frac{n-1}{r_2}. \qquad (27.12)$$

Beachten Sie, daß die Reihenfolge der Brechungsindizes umgekehrt wurde, da der Strahl aus der Linse in Luft übertritt. Streng genommen müssen die Entfernungen, die in (27.11) und (27.12) erscheinen, in jedem Fall von O_1 und O_2 gemessen werden, so daß wir in (27.12) $q' - t$ anstelle von q' schreiben sollten, wobei $t = O_2O_1$ die Dicke der Linse ist. Da die Linse aber sehr dünn ist, können wir t vernachlässigen, was gleichbedeutend damit ist, daß wir alle Entfernungen von einem gemeinsamen Ursprung O aus messen. Durch Vereinigung von (27.11) und (27.12), um q' zu eliminieren, finden wir

$$\frac{1}{p} - \frac{1}{q} = (n-1)\left(\frac{1}{r_2} - \frac{1}{r_1}\right), \qquad (27.13)$$

die *Descartessche Formel für eine dünne Linse*.

b) **Brennpunkte** Wie im Fall einer einzigen brechenden Oberfläche ist der *objektseitige Brennpunkt* F_o, oder der vordere Brennpunkt einer Linse die Position des Gegenstandes, für die die Strahlen nach Durchtritt durch die Linse parallel zur Hauptachse ($q = \infty$) austreten. Die Entfernung zwischen F_o und der Linse nennt man die *objektseitige Brennweite*, die mit f bezeichnet wird. Wenn wir in (27.13) $p = f$ und $q = \infty$ setzen, erhalten wir die objekseitige Brennweite zu

$$\frac{1}{f} = (n-1)\left(\frac{1}{r_2} - \frac{1}{r_1}\right). \qquad (27.14)$$

Durch Vereinigung von (27.13) und (27.14) erhalten wir die *Linsengleichung*

$$\frac{1}{p} - \frac{1}{q} = \frac{1}{f}. \qquad (27.15)$$

Wenn wir f experimentell bestimmen, können wir (27.15) verwenden, um die Position des Gegenstandes und seines Bildes in Beziehung zu bringen, ohne notwen-

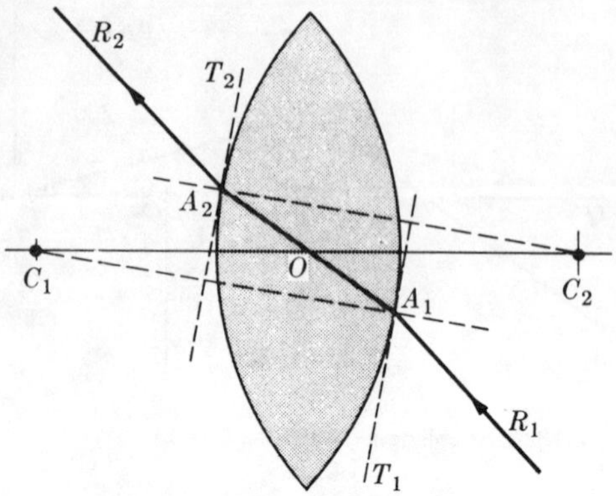

27.14 Optischer Mittelpunkt einer Linse.

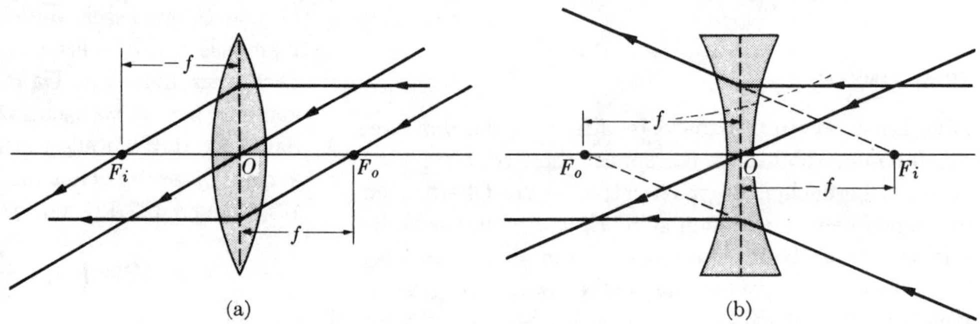

27.15 Hauptstrahlen für (a) konvergente (Sammel-) und (b) divergente (Zerstreuungs-) Linsen.

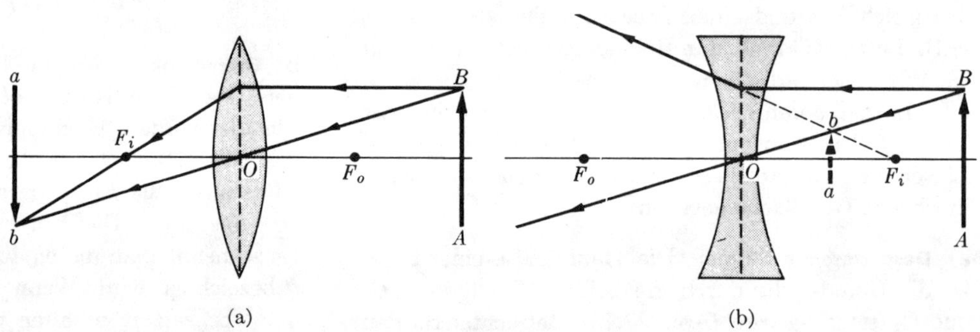

27.16 Bildentstehung in einer Linse. (a) Sammellinse und (b) Zerstreuungslinse.

digerweise den Brechungsindex oder die Radien der Linse zu kennen.

Für einen einfallenden Strahl, der parallel zur Hauptachse ist ($p = \infty$), geht der austretende Strahl durch einen Punkt F_i, für den $q = -f$, und den man als *bildseitigen Brennpunkt* oder hinteren Brennpunkt bezeichnet. Bei einer dünnen Linse liegen daher die beiden Brennpunkte symmetrisch zu beiden Seiten. Wenn f positiv ist, nennt man die Linse *konvergent* (Sammellinse), wenn f negativ ist, nennt man sie *divergent* (Zerstreuungslinse).

c) **Optischer Mittelpunkt** Der Punkt O in Abb. 27.13 ist so gewählt, daß er mit dem *optischen Mittelpunkt* der Linse zusammenfällt. Der optische Mittelpunkt ist ein Punkt, der so definiert ist, daß jeder Strahl, der durch ihn läuft, in paralleler Richtung zum einfallenden Strahl austritt. Um zu sehen, daß es einen solchen Punkt gibt, betrachten Sie in Abb. 27.14 zwei parallele Radien C_1A_1 und C_2A_2. Die entsprechenden Tangentialebenen T_1 und T_2 sind ebenfalls parallel. Für Strahl R_1A_1, dessen Richtung so gewählt wird, daß der gebrochene Strahl A_1A_2 ist, ist der austretende Strahl A_2R_2 parallel

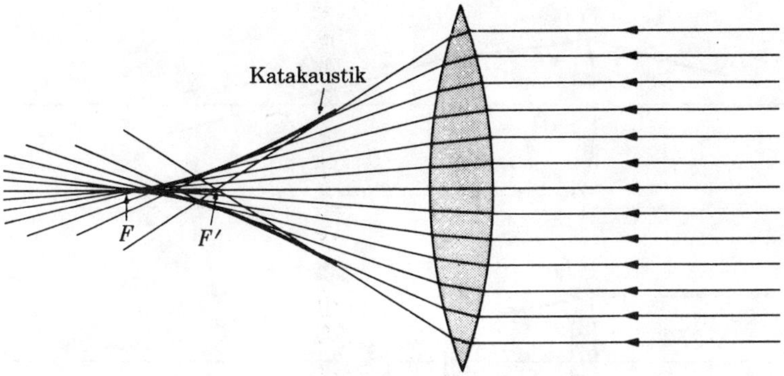

27.17 Sphärische Aberration einer Linse.

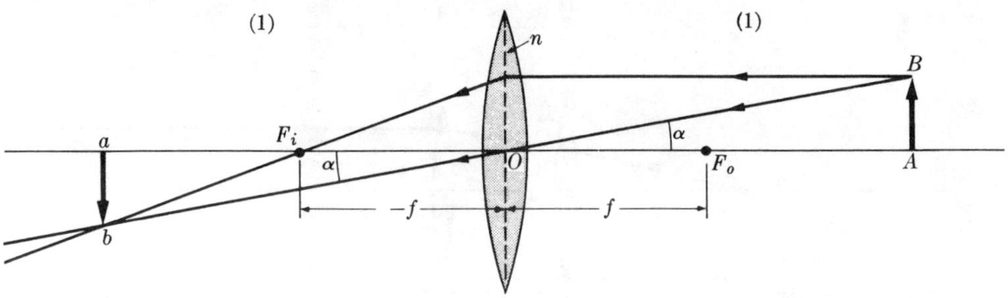

27.18 Vergrößerung durch eine Linse.

zu A_1R_1. Aus der Ähnlichkeit der Dreiecke C_1A_1O und C_2A_2O entnehmen wir, daß

$$\frac{C_1O}{OC_2} = \frac{C_1A_1}{A_2C_2} = -\frac{r_1}{r_2}$$

gilt. Daher ist die Lage von O unabhängig vom gerade gewählten Strahl. Daher treten alle einfallenden Strahlen, deren innere Strahlen durch den Punkt O gehen, ohne Winkelabweichung aus.

d) **Bildkonstruktion** Um die Strahlen zu verfolgen, können wir eine dünne Linse durch eine Ebene darstellen, die senkrecht zur Hauptachse durch O ist. Abbildung 27.15 zeigt die Konstruktion der Hauptstrahlen für eine Sammel- und für eine Zerstreuungslinse, in Abb. 27.16 wurden diese Strahlen dazu verwendet, für die beiden Fälle das Bild eines Gegenstandes zu konstruieren.

e) **Sphärische Aberration** Die Theorie, die wir entwikkelt haben, stimmt so lange, wie die Strahlen eine sehr geringe Neigung haben, und daher die sphärishe Aberration vernachlässigt werden kann. Für Linsen, die sehr große Durchmesser haben, ist das Bild eines Punktes kein Punkt, sondern ein Liniensegment. Im speziellen schneiden sich einfallende Strahlen, die parallel zur Hauptachse sind, an verschiedenen Punkten, und zwar abhängig von ihrem Abstand von dieser Achse. Die sphärische Aberration wird dann durch die Differenz $f' - f$ zwischen der Brennweite für einen Randstrahl und der für einen achsialen Strahl gemessen (Abb. 27.17). Die gebrochenen Strahlen schneiden sich längs einer konischen Oberfläche, der sogenannten *Diakaustik*.

Beispiel 27.5 *Vergrößerung, die durch eine Linse erzeugt wird.* Wie oben wird die Vergrößerung

$$M = \frac{ab}{AB}$$

definiert. Aus Abb. 27.18 erhalten wir, wenn O der optische Mittelpunkt ist,

$$\tan\alpha = \frac{AB}{OA} \qquad \text{und} \qquad \tan\alpha = \frac{ab}{Oa}.$$

Beide Beziehungen sind algebraisch richtig; d.h., sowohl dem

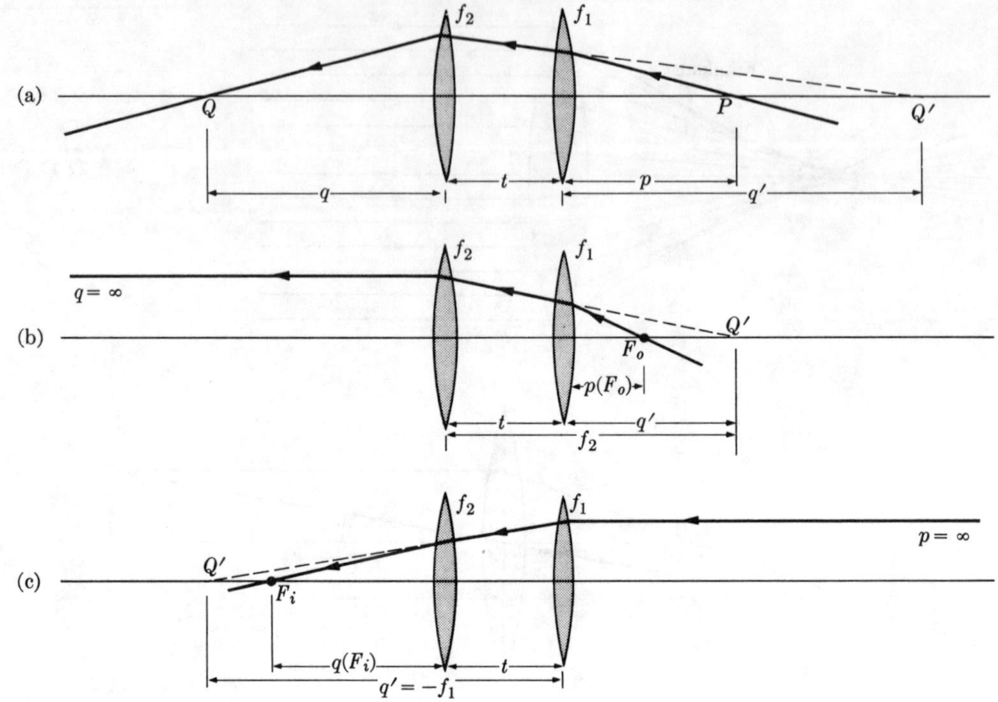

27.19 System zweier dünner Linsen.

Betrag als auch dem Vorzeichen nach. Daher gilt

$$\frac{ab}{AB} = \frac{Oa}{OA}, \qquad \text{oder} \qquad M = \frac{q}{p}. \tag{27.16}$$

Beispiel 27.6 Eine sphärische Linse hat zwei konvexe Oberflächen mit den Radien 0,80 m und 1,20 m. Ihr Brechungsindex ist $n = 1{,}50$. Bestimmen Sie ihre Brennweite und die Position des Abbilds eines Punktes im Abstand von 2,00 m von der Linse.

Lösung: Da die erste Oberfläche auf der Seite des Gegenstandes, der zur Rechten ist (Abb. 27.13), konvex und die zweite konkav ist, müssen wir nach der Konvention der Vorzeichen aus Tab. 27.2

$$r_1 = O_1C_1 = -0{,}80 \text{ m}, \qquad r_2 = O_2C_2 = +1{,}20 \text{ m}$$

schreiben. Daher erhalten wir aus (27.14)

$$\frac{1}{f} = (1{,}50 - 1)\left(\frac{1}{1{,}20} - \frac{1}{-0{,}80}\right),$$

woraus sich

$$f = +0{,}96 \text{ m}$$

ergibt. Die Tatsache, daß f positiv ist, zeigt, daß die Linse konvergent ist. Um die Position des Bildes zu finden, benutzen wir (27.15) mit $p = 2{,}00$ m und dem obigen Wert von f, was

$$\frac{1}{2{,}00} - \frac{1}{q} = \frac{1}{0{,}96} \qquad \text{oder} \qquad q = -1{,}81 \text{ m}$$

ergibt. Das negative Vorzeichen von q zeigt, daß das Bild links von der Linse entsteht und daher reell ist. Die Vergrößerung ist schließlich

$$M = \frac{q}{p} = -0{,}905.$$

In Anbetracht des negativen Vorzeichens muß das Bild umgekehrt sein, und da M kleiner als eins ist, wird es etwas kleiner als der Gegenstand sein.

Beispiel 27.7 *Lage der Brennpunkte eines Systems aus zwei dünnen Linsen im Abstand t.* Das System dünner Linsen ist in Abb. 27.19 dargestellt, die in (a) den Gang eines Strahls, der durch Punkt P geht, zeigt. Das Bild von P, das von der ersten Linse erzeugt wird, ist Q'. Wir wollen den Abstand des Gegenstandes von der ersten Linse p nennen. Dann ist die

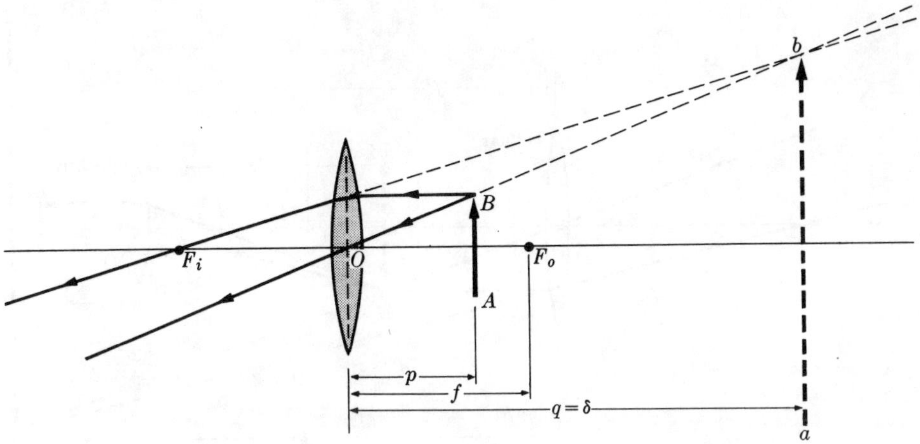

27.20 Strahlengang für ein Vergrößerungsglas.

Position von Q' durch

$$\frac{1}{p} - \frac{1}{q'} = \frac{1}{f_1}$$

gegeben. Punkt Q' verhält sich in Bezug auf die zweite Linse wie ein Gegenstand, der an Q ein endgültiges Bild erzeugt. Da der Abstand zwischen Q' und der zweiten Linse $q' + t$ ist, erhalten wir

$$\frac{1}{q' + t} - \frac{1}{q} = \frac{1}{f_2},$$

wobei q der Abstand des endgültigen Bildes von der zweiten Linse ist. Dies gestattet uns, die Position des Bildes zu jeder beliebigen Lage des Gegenstandes zu berechnen.

Der objektnahe Brennpunkt F_o (Abb. 27.19b) des Linsensystems ist die Position des Gegenstandes, für die sich das Bild Q im Unendlichen befindet. Ähnlich entspricht der bildnahe Brennpunkt F_i dem Punkt auf der Hauptachse, durch welchen der endgültige Strahl geht, wenn der einfallende Strahl parallel zur Achse ist (Abb. 27.19c).

Ein wichtiger Fall tritt ein, wenn die beiden Linsen in Kontakt sind, so daß t vernachlässigt werden kann. Dann wird die Gleichung, die q' und q in Beziehung setzt, zu

$$\frac{1}{q'} - \frac{1}{q} = \frac{1}{f_2},$$

was, mit der ersten Gleichung kombiniert,

$$\frac{1}{p} - \frac{1}{q} = \frac{1}{f_1} + \frac{1}{f_2}$$

ergibt. Das zeigt, daß ein Linsensatz in Kontakt einer einzigen Linse mit der Brennweite F gleichwertig ist, die durch

$$\frac{1}{F} = \frac{1}{f_1} + \frac{1}{f_2} \qquad \text{(Dünne Linsen in Kontakt)}$$

gegeben ist.

27.5 OPTISCHE INSTRUMENTE

Die Verfolgung des Strahlengangs in Linsen- und Spiegelsystemen ist für den Bau optischer Instrumente von großer Bedeutung. Wir wollen zwei der wichtigeren Instrumente hier kurz besprechen: das Mikroskop und das Fernrohr.

a) **Das Mikroskop** Ein Mikroskop ist ein Linsensystem, das ein vergrößertes virtuelles Bild eines kleinen Gegenstandes erzeugt. Das einfachste Mikroskop ist eine konvergente Linse, die man üblicherweise als *Vergrößerungsglas* bezeichnet. Der Gegenstand AB (Abb. 27.20) wird zwischen die Linse und den Brennpunkt F_o gebracht, so daß das Bild virtuell ist und in eine Entfernung q fällt, die gleich der Mindestentfernung des scharfen Sehens, δ, ist, die für eine Normalperson etwa 25 cm beträgt. Da p annähernd gleich f ist, besonders wenn f sehr klein ist, können wir für die Vergrößerung

$$M = \frac{q}{p} \approx \frac{\delta}{f} \qquad (27.17)$$

schreiben.

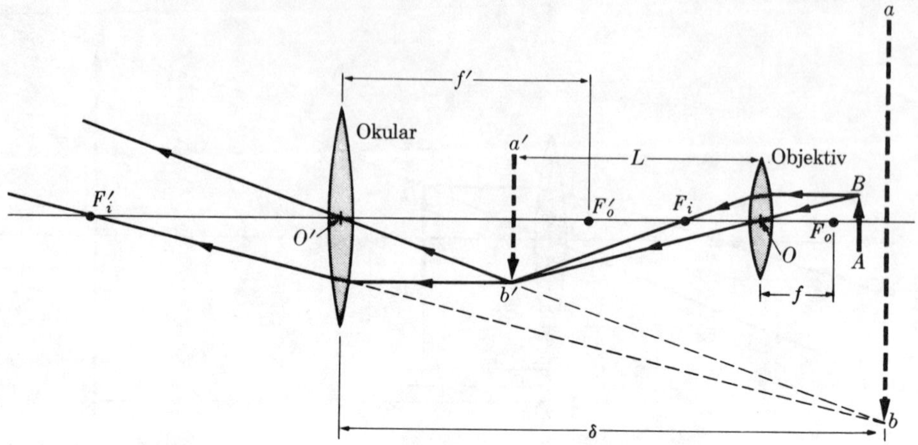

27.21 Strahlengang in einem zusammengesetzten Mikroskop.

Das *zusammengesetzte Mikroskop* (Abb. 27.21) besteht aus zwei Sammellinsen, die beide eine kleine Brennweite haben, und die man als *Objektiv* und *Okular* bezeichnet. Die Brennweite f des Objektivs ist viel kleiner als die Brennweite f' des Okulars. Sowohl f als f' sind viel kleiner als der Abstand zwischen Objektiv und Okular. Der Gegenstand AB wird in einen Abstand vom Objektiv gebracht, der etwas größer als f ist. Das Objektiv bildet ein reelles erstes Bild $a'b'$, das als Gegenstand für das Okular dient. Das Bild $a'b'$ muß sich in einer Entfernung vom Okular befinden, die etwas kleiner als f' ist. Das endgültige Bild ab ist virtuell, umgekehrt und viel größer als der Gegenstand. Der Gegenstand AB ist so angeordnet, daß sich ab in einer Entfernung vom Okular befindet, die gleich der Mindestentfernung des scharfen Sehens δ (ca. 25 cm) ist. Diese Bedingung wird durch den Vorgang des *Fokussierens* erreicht, der darin besteht, daß man das gesamte Mikroskop relativ zum Gegenstand bewegt. Die Vergrößerung infolge des Objektivs ist

$$M_O = \frac{a'b'}{AB} \approx \frac{L}{f},$$

und die des Okulars ist

$$M_E = \frac{ab}{a'b'} \approx \frac{\delta}{f'}.$$

Daher ist die Gesamtvergrößerung

$$M = M_O M_E = \frac{ab}{AB} = \frac{\delta L}{ff'}. \qquad (27.18)$$

In einem wirklichen Mikroskop ist L praktisch gleich dem Abstand zwischen dem Objektiv und dem Okular. Da δ und L fixiert sind, hängt die Vergrößerung nur von der Brennweite des Objektivs und des Okulars ab.

Die brauchbare Vergrößerung in einem Mikroskop ist durch sein *Auflösungsvermögen* begrenzt; darunter versteht man den Mindestabstand zwischen zwei Punkten auf dem Gegenstand, die im Bild als getrennt wahrgenommen werden. Das Auflösungsvermögen wird seinerseits durch die Beugung am Objekt bestimmt. Eine detaillierte Berechnung ergibt für das Auflösungsvermögen

$$R = \frac{\lambda}{2n \sin \theta}, \qquad (27.19)$$

wobei λ die Wellenlänge des verwendeten Lichtes ist, n der Brechungsindex des Mediums, in dem der Gegenstand eingebettet ist und θ *der Winkel, den ein randnaher Strahl mit der Mikroskopachse bildet. Im* allgemeinen ist $2n \sin \theta$ etwa drei, so daß $R \approx \frac{1}{3}\lambda$. Andererseits ist das Auflösungsvermögen des Auges für einen Gegenstand in etwa 25 cm Entfernung 10^{-2} cm (Abb. 27.22). Die maximal brauchbare Vergrößerung ist daher

$$M = \frac{10^{-2}\,\text{cm}}{\frac{1}{3}\lambda} \approx \frac{3 \cdot 10^{-2}\,\text{cm}}{\lambda}.$$

Für Licht der Wellenlänge $\lambda = 5 \cdot 10^{-7}$ cm, was etwa die Mitte des sichtbaren Spektrums ist, ist M ca. 600.

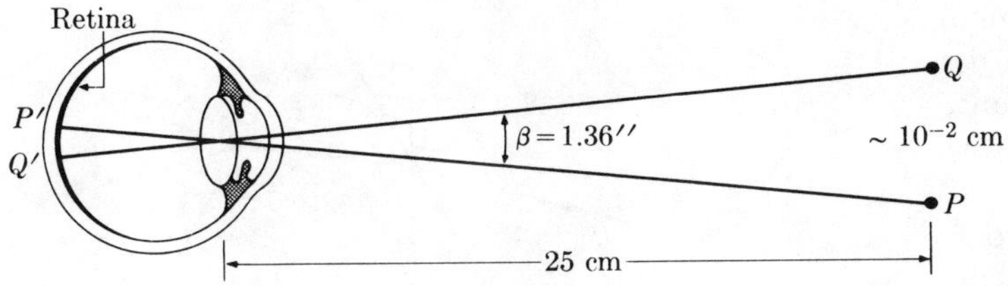

27.22 Auflösungsvermögen des Auges.

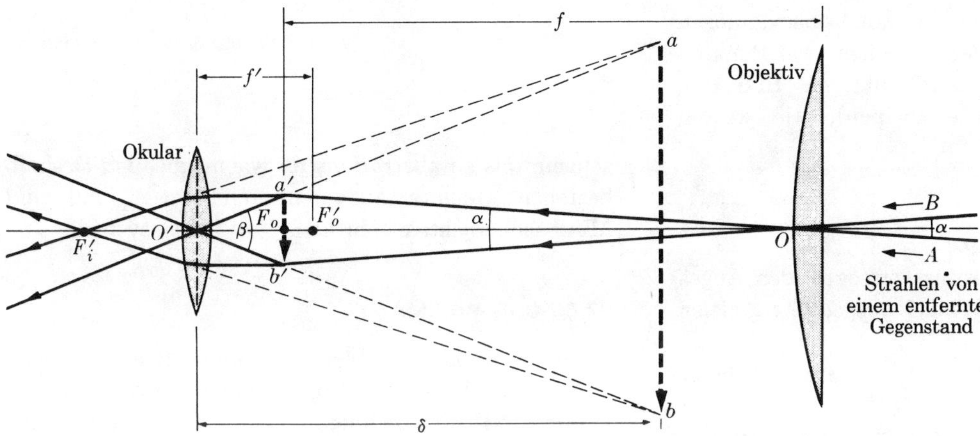

27.23 Strahlengang in einem astronomischen Fernrohr.

b) **Das Fernrohr** Ein Fernrohr ist ein optisches System, das dazu dient, ein nahes Abbild eines fernen Gegenstandes zu erzeugen. Im astronomischen Fernrohr ist das Objektiv (Abb. 27.23) eine Sammellinse mit einer sehr großen Brennweite f, die manchmal mehrere Meter betragen kann. Da der Gegenstand AB sehr weit entfernt ist, fällt sein Bild $a'b'$, das vom Objektiv erzeugt wird, in dessen Brennpunkt F_o. Wir haben nur die zentralen Strahlen Bb' und Aa' angedeutet, weil das alles ist, was wir brauchen, da wir die Position des Bildes kennen. Das Okular ist ebenfalls eine Sammellinse, aber mit einer viel kleineren Brennweite f'. Sie ist so angeordnet, daß das intermediäre Bild $a'b'$ innerhalb O' und F'_o fällt und das endgültige Bild ab in den Bereich der Mindestentfernung für scharfes Sehen fällt. Man fokussiert, indem man nur die Linse des Okulars bewegt, da man in diesem Fall durch Bewegen der Objektivlinse nichts gewinnt.

Die Vergrößerung, die dieses Instrument erzeugt, ist nicht linear, da das Bild immer kleiner als der Gegenstand ist. Statt dessen definiert man eine *Winkelvergrößerung*, d.h., das Verhältnis zwischen dem Winkel β, den das Bild *überstreicht*, und dem Winkel α, den das Objekt überstreicht. Die Winkelvergrößerung wird als

$$M = \frac{\beta}{\alpha} \tag{27.20}$$

geschrieben. Wegen der Nähe des Bildes ist der Winkel β viel größer als α, was das Gefühl der Vergrößerung hervorruft. Wenn wir in Betracht ziehen, daß die Winkel α und β klein sind, können wir nach Abb. 27.23 schreiben

$$\alpha \approx \tan \alpha = \frac{a'b'}{f}, \qquad \beta \approx \tan \beta \approx \frac{a'b'}{f'},$$

da der Abstand zwischen $a'b'$ und O' praktisch gleich f' ist. Durch Einsetzen in (27.20) erhalten wir

$$M = \frac{f}{f'}. \tag{27.21}$$

Um daher eine starke Vergrößerung zu erhalten, muß die Brennweite des Objektivs sehr groß und die des Okulars sehr klein sein. In der Praxis wird die Länge des Instruments durch die Brennweite f des Objektivs bestimmt.

Die Vergrößerung eines astronomischen Fernrohrs ist durch das Auflösungsvermögen des Objektivs und des Auges des Beobachters begrenzt. Für ein Objektiv, dessen Durchmesser D ist, ist das Auflösungsvermögen (d.h., der Mindestwinkel, der von jenen zwei Punkten des Objekts überstrichen wird, die im Bild $a'b'$ getrennt oder verschieden erscheinen), wie wir in Kapitel 28 erklären werden,

$$\alpha \approx 1{,}22 \frac{\lambda}{D}. \tag{27.22}$$

Andererseits ist das Auflösungsvermögen des Auges (Abb. 27.22), durch die Winkel ausgedrückt, gleich

$$\beta = \frac{10^{-2}\ \text{cm}}{25\ \text{cm}} = 4 \cdot 10^{-4}\ \text{rad} = 1{,}36''.$$

Daher ist die brauchbare Vergrößerung eines Fernrohrs

$$M = \frac{4 \times 10^{-4}\, D}{1{,}22\lambda} \approx 3{,}3 \cdot 10^{-4} \frac{D}{\lambda}. \tag{27.23}$$

Eine stärkere Vergrößerung bedeutet entweder einen kleineren Winkel α, was einen Detailverlust im Bild mit sich bringt, oder einen größeren Wert für β, was im wesentlichen keine neuen Details im Bild ab erkennen läßt, da das Detail im Intermediärbild $a'b'$ nicht vorhanden war. Für Licht der Wellenlänge $\lambda = 5 \cdot 10^{-7}$ ist z.B. $M \approx 660D$, wobei D in Metern gegeben ist. Im Fall des Yerkes-Fernrohrs, dem größten astronomischen Fernrohr, ist D etwa 1 m, was zu einer Vergrößerung von etwa 660 Durchmessern und einem Auflösungsvermögen von 10^{-2} Bogensekunden führt.

Im *Spiegelteleskop* ist das Objektiv ein konkaver Parabolspiegel, der in seinem Brennpunkt ein Bild erzeugt, das frei von sphärischer Aberration ist. Das größte Spiegelteleskop befindet sich am Mount Palomar. Es hat einen Durchmesser von ca. 5 m und eine Vergrößerung von etwa 3500.

Optische Instrumente sind viel komplizierter als die vereinfachten Versionen, die wir hier dargestellt haben, hauptsächlich wegen der Notwendigkeit, ein Bild zu erzeugen, das so aberrationsfrei wie möglich ist. Deshalb bestehen Okulare aus mehreren Linsen und sind Mikroskopobjektive sehr komplexe Linsensysteme.

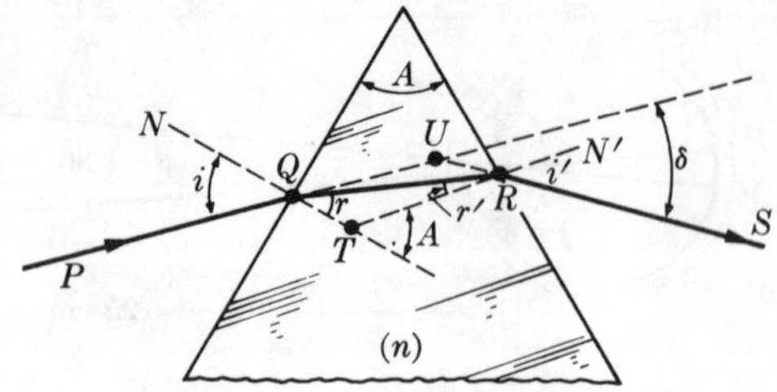

27.24 Strahlengang durch ein Prisma.

27.6 DAS PRISMA

Ein Prisma ist ein Medium, das von zwei ebenen Oberflächen begrenzt wird, die einen Winkel A bilden (Abb. 27.24). Wir nehmen an, daß das Medium einen Brechungsindex n hat und von einem Medium umgeben ist, das einen Brechungsindex von eins hat, wie z.B. Luft. Ein einfallender Strahl, wie z.B. PQ, erfährt zwei Brechungen und tritt mit einer Ablenkung vom Winkel δ relativ zur ursprünglichen Strahlungsrichtung aus. Aus der Abbildung kann man leicht ersehen, daß die folgenden Beziehungen gelten:

$$\sin i = n \sin r, \tag{27.24}$$

$$\sin i' = n \sin r', \tag{27.25}$$

$$r + r' = A, \tag{27.26}$$

$$\delta = i + i' - A. \tag{27.27}$$

Die erste und die zweite Gleichung sind einfach das Snelliussche Gesetz, angewandt auf die Brechungen in Q und R. Die dritte Gleichung erhalten wir, wenn wir das Dreieck QTR verwenden, die vierte, wenn wir das Dreieck QRU verwenden. Die ersten drei Gleichungen geben uns den Strahlengang, die letzte gestattet uns, die Ablenkung zu bestimmen.

Es gibt einen speziellen Weg, für den die Ablenkung einen minimalen Wert erreicht. Wie unten gezeigt, tritt eine minimale Ablenkung, bezeichnet mit $\delta_{\min}$, dann ein, wenn $i = i'$, und damit wenn $r = r'$, was nach (27.26) und (27.27) erfordert, daß

$$i = \tfrac{1}{2}(\delta_{\min} + A), \quad r = \tfrac{1}{2}A \tag{27.28}$$

wobei $\delta_{\min}$ der kleinste Wert der Ablenkung ist. Beachten Sie, daß in diesem Fall der Strahlengang symmetrisch in Bezug auf die beiden Kanten des Prismas ist. Indem wir (27.28) in (27.24) einführen, erhalten wir

$$n = \frac{\sin \tfrac{1}{2}(\delta_{\min} + A)}{\sin \tfrac{1}{2}A}, \tag{27.29}$$

was eine praktische Formel zur Messung von Brechungsindices einer Substanz ist, wobei man in einem Prisma mit bekanntem Winkel A $\delta_{\min}$ experimentell bestimmt.

Bedingung für die kleinste Ablenkung in einem Prisma Die kleinste Ablenkung erhält man, indem man

$$\frac{d\delta}{di} = 0$$

setzt. Aus (27.27) haben wir

$$\frac{d\delta}{di} = 1 + \frac{di'}{di},$$

und für $d\delta/di = 0$ müssen wir

$$\frac{di'}{di} = -1 \tag{27.30}$$

erhalten. Aus (27.25) und (27.26) ergibt sich

$$\cos i \, di = n \cos r \, dr,$$
$$\cos i' \, di' = n \cos r' \, dr',$$
$$dr = -dr'.$$

Daher ist

$$\frac{di'}{di} = -\frac{\cos i \cos r'}{\cos i' \cos r}. \tag{27.31}$$

Da die vier Winkel i, r, i' und r' kleiner als $\tfrac{1}{2}\pi$ sind und die Symmetriebedingungen (27.24) und (27.25) erfüllen, kann man (27.30) und (27.31) nur dann gleichzeitig erfüllen, wenn

$$i = i' \quad \text{und} \quad r = r'.$$

27.7 DISPERSION

Wenn eine Welle in ein dispergierendes Medium hinein gebrochen wird, dessen Brechungsindex von der Frequenz (oder Wellenlänge) abhängt, hängt auch der

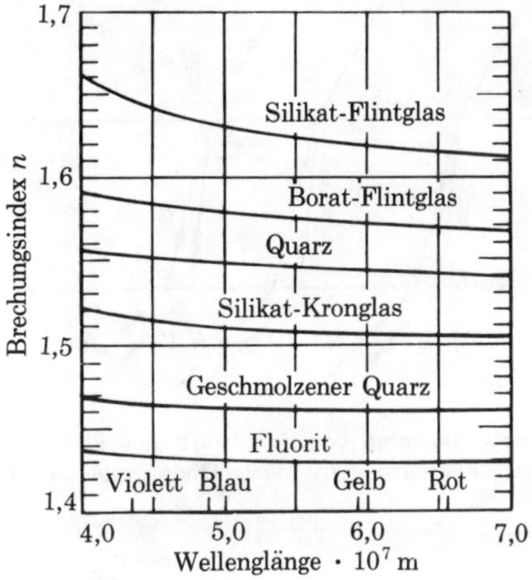

27.25 Änderung des Brechungsindex einiger Materialien mit der Wellenlänge im sichtbaren Bereich.

Brechungswinkel von der Frequenz oder Wellenlänge ab. Wenn die einfallende Welle statt harmonisch (oder monochromatisch) zu sein, aus mehreren überlagerten Frequenzen oder Wellenlängen besteht, wird jede einzelne Wellenlänge in einem verschiedenen Winkel gebrochen. Man bezeichnet dieses Phänomen als *Dispersion.*

Im speziellen Fall elektromagnetischer Wellen variiert der Brechungsindex mit der Wellenlänge im sichtbaren Bereich, wie in Abb. 27.25 gezeigt. Wir erinnern den Studenten daran, daß Farben mit Wellenlängenintervallen zusammenhängen. Weißes Licht wird daher in Farben zerlegt, wenn es aus der Luft in ein anderes Medium, wie z.B. Wasser oder Glas gebrochen wird. Wenn ein Stück Glas in Form einer Platte mit parallelen Seiten vorliegt, sind die austretenden Strahlen parallel, die verschiedenen Farben überlagern sich wieder (Abb. 27.26), und außer an den äußersten Rändern beobachtet man keine Dispersion. Selbst an den Rändern ist dieser Effekt normalerweise kaum merklich.

Wenn das Licht jedoch durch ein Prisma geht (Abb. 27.27), sind die austretenden Strahlen für die verschiedenen Farben nicht parallel und man beobachtet eine Dispersion, besonders an den Bildrändern. Aus diesem Grund werden Prismen häufig zur Analyse des Lichts in sogenannten *Spektroskopen* verwendet. Eine einfachere

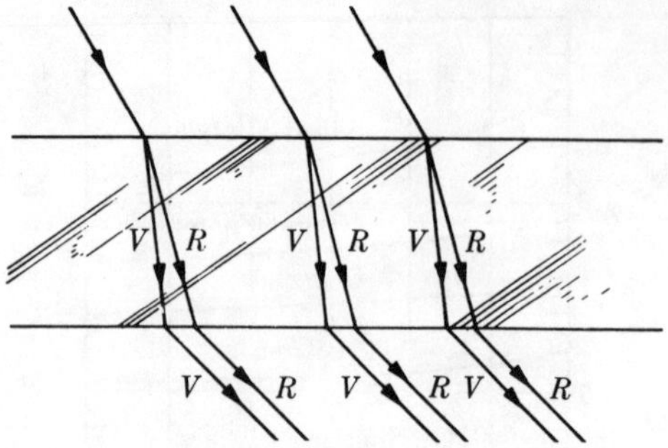

27.26 Dispersion beim Durchtritt von Licht durch eine Platte mit parallelen Seiten. Strahlen verschiedener Wellenlänge treten parallel aus.

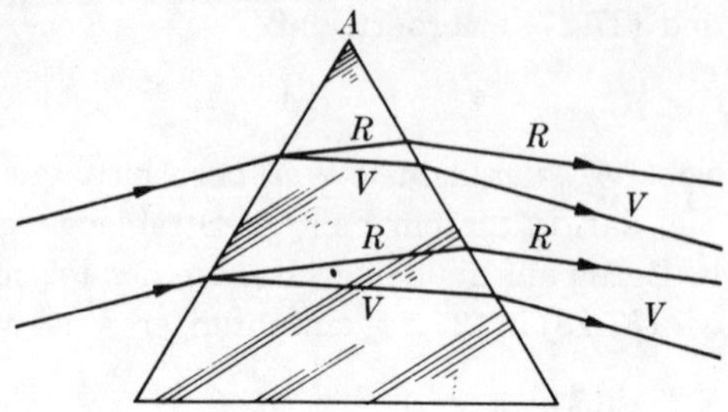

27.27 Dispersion beim Durchtritt von Licht durch ein Prisma. Strahlen verschiedener Wellenlängen treten in verschiedenen Richtungen aus.

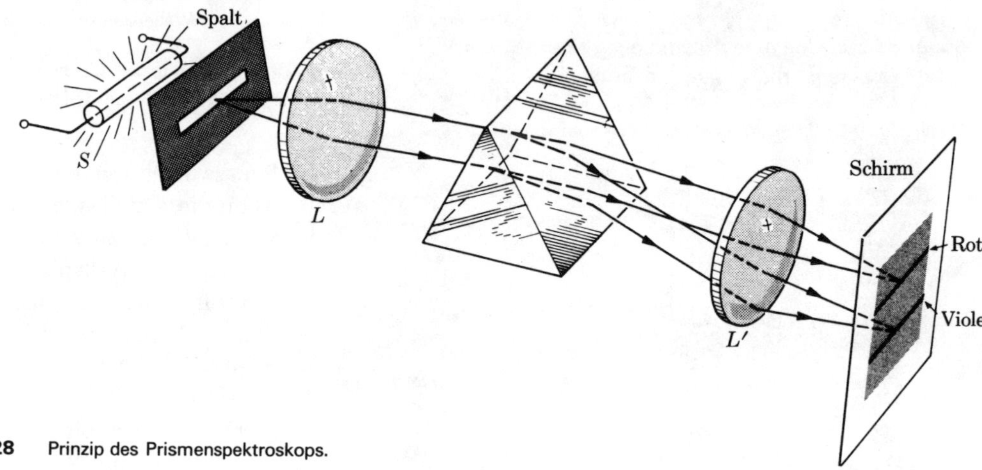

27.28 Prinzip des Prismenspektroskops.

Art eines Spektroskops ist in Abb. 27.28 dargestellt. Licht, das von einer Quelle S ausgesandt wird, und durch einen Spalt begrenzt ist, wird durch die Linse L in parallele Strahlen umgeformt. Nachdem sie durch das Prisma dispergiert werden, gehen die Strahlen verschiedener Farbe durch eine andere Linse L'. Da alle Strahlen der selben Farbe (oder Wellenlänge) parallel sind, werden sie auf dem selben Punkt auf dem Schirm fokussiert. Strahlen, die sich in ihrer Farbe (Wellenlänge) unterscheiden, sind nicht parallel; deshalb werden verschiedene Farben in verschiedenen Punkten auf dem Schirm fokussiert. Die verschiedenen Farben und Wellenlängen, die von der Quelle S emittiert werden, erscheinen auf dem Schirm in Form des sogenannten *Spektrums* des Lichts, das von S kommt. Wenn die Ablenkung δ sich rasch mit der Wellenlänge λ ändert, erscheinen die Farben auf dem Schirm weit voneinander getrennt. Für jede Wellenlänge erscheint auf dem Schirm eine Linie, die ein Abbild des Spaltes ist.

27.8 CHROMATISCHE ABERRATION

Wenn Licht, das aus verschiedenen Wellenlängen besteht (wie z.B. weißes Licht) durch eine Linse geht, erfährt es eine Dispersion und die Ränder des Bildes, das die Linse erzeugt, erscheinen farbig. Diesen Effekt bezeichnet man als *chromatische Aberration*. Man kann den Grund für diesen Effekt leicht verstehen, wenn man sich vor Augen hält, daß eine Linse zwei Prismen entspricht, die an ihren Grundflächen (bei einer Sammellinse) oder ihren Spitzen (bei einer Zerstreuungslinse) verbunden sind.

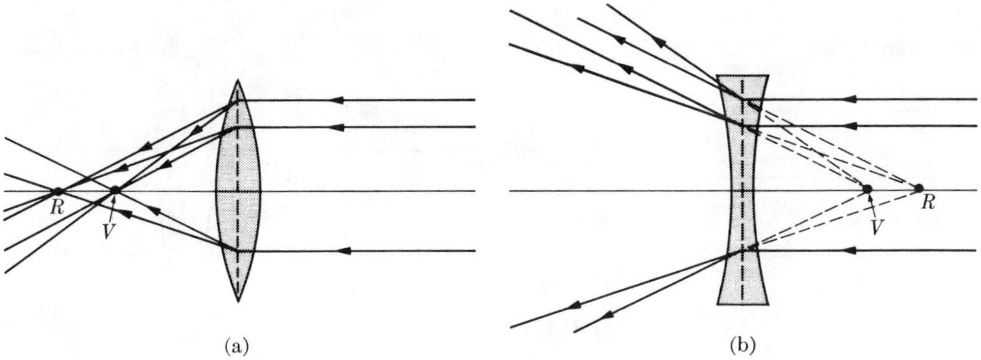

27.29 Chromatische Aberration bei Linsen. (a) Sammel-, (b) Zerstreuungslinse.

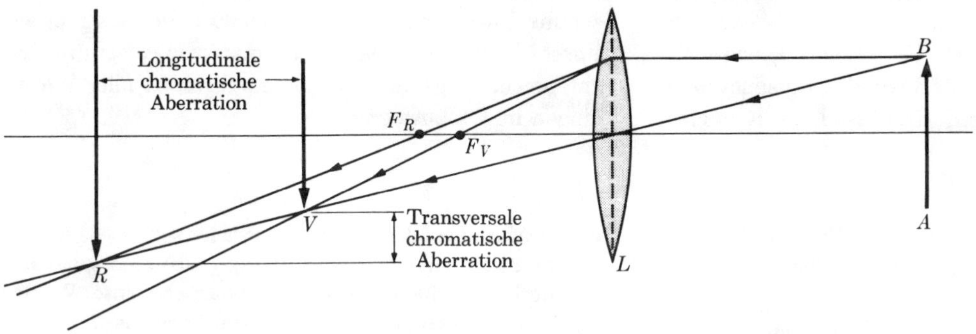

27.30 Longitudinale und transversale chromatische Aberration einer Linse.

Eine Linse hat für jede Farbe oder Wellenlänge einen Brennpunkt. Man sieht das an (27.14), da f durch den Brechungsindex n bestimmt wird, der von der Wellenlänge abhängt. Für transparente Substanzen, deren Brechungsindex im sichtbaren Bereich mit steigender Wellenlänge abnimmt (siehe Abb. 27.25) hat violett eine kleinere Brennweite als rot. In Abb. 27.29 ist die chromatische Aberration einer Sammel-und einer Zerstreuungslinse für ein solches Material gezeigt.

Die chromatische Aberration in einer Linse ist durch die Differenz $f_C - f_F$ zwischen den Brennpunkten definiert, die den Wellenlängen $6{,}563 \cdot 10^{-7}$ m und $4{,}862 \cdot 10^{-7}$ m entsprechen, welche von Wasserstoff emittiert werden und als die C- und F-Fraunhoferschen Linien bezeichnet werden. Man kann zeigen, daß die longitudinale chromatische Aberration der Linse

$$A = f_C - f_F = \frac{n_F - n_C}{n_D - 1} f_D \qquad (27.32)$$

ist, wobei f_D die Brennweite ist, die der Fraunhoferschen D-Linie entspricht. Die Größe

$$\omega = \frac{f_C - f_F}{f_D} = \frac{n_F - n_C}{n_D - 1} \qquad (27.33)$$

bezeichnet man als *Dispersionsvermögen*. Tabelle 27.3 gibt die Brechungsindices einiger transparenter Stoffe für die Fraunhoferschen C-, D- und F-Linien.

Die Art der chromatischen Aberration, die wir bisher für Linsen besprochen haben, nennt man *longitudinal*, da sie längs der Hauptachse gemessen wird. Es gibt auch eine *transversale* chromatische Aberration. Betrachten Sie einen Gegenstand AB vor der Linse L (Abb. 27.30). Wenn das Licht nicht monochromatisch ist, wird es beim Durchgang durch die Linse dispergiert und statt eines Bildes wird eine Reihe von Bildern verschiedener Größe gebildet, eines für jede Wellenlänge oder Farbe. Die Abbildung zeigt nur die extremen Bilder, die rot und violett entsprechen; ihr Abstand wurde stark übertrieben. Wegen der seitlichen Dispersion werden die Ränder des Bildes farbig erscheinen.

Tabelle 27.3

BRECHUNGSINDEX UND DISPERSIONSVERMÖGEN

Fraunhofer Linie	C	D	F	
Wellenlänge · 10^7 m	6,563	5,890	4,862	Dispersions-vermögen, ω
Kronglas	1,514	1,517	1,524	0,0193
Flintglas	1,622	1,627	1,639	0,0271
Alkohol	1,361	1,363	1,367	0,0165
Benzol	1,497	1,503	1,514	0,0338
Wasser	1,332	1,334	1,338	0,0180

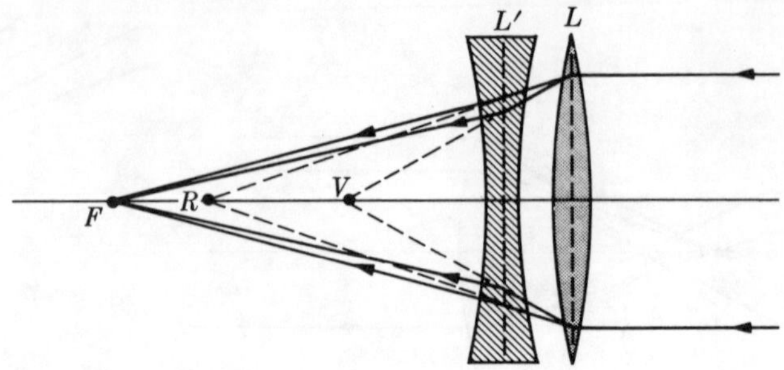

27.31 Achromatisches Linsensystem.

Die chromatische Aberration kann vermindert oder sogar eliminiert werden, wenn man Linsen verschiedenen Materials verbindet, was zu einem sogenannten *achromatischen System* führt. Um zu sehen, wie man das macht, nehmen Sie an, daß wir das Linsensystem aus Abb. 27.31 hätten, wo z.B. die Linse L aus Kronglas und die Linse L' aus Flintglas besteht. Die Linse L hätte die chromatische Aberration, die durch den Abschnitt VR angezeigt ist. Wenn jedoch die Zerstreuungslinse L', die eine negative chromatische Aberration hat, entsprechend gebaut ist, sollten Strahlen aller Wellenlängen in F fokussieren.

FRAGEN

1. Unterscheiden Sie klar zwischen (a) einem reellen und einem virtuellen Bild, (b) einem reellen und einem virtuellen Gegenstand.
2. Zeigen Sie, welche Bilder reell und welche virtuell sind: (a) unser eigenes Bild in einem ebenen Spiegel, (b) das Bild eines Gegenstandes, der durch ein Vergrößerungsglas betrachtet wird, (c) das Bild, das von einem Film- oder Diapositivprojektor auf die Leinwand geworfen wird, (d) das Bild eines Gegenstandes, das die Linse des Auges auf die Retina projiziert, (e) das Bild, das von der Objektlinse einer Kamera auf einen photographischen Film projiziert wird, (f) das Bild eines Gegenstandes, der durch ein Mikroskop oder ein Fernrohr betrachtet wird.
3. Geben Sie die Beziehung zwischen dem Bild und dem Gegenstand, wenn die Vergrößerung (a) größer als eins, (b) eins, (c) kleiner als eins, (d) positiv, (e) negativ ist. Betrachten Sie sowohl den Fall eines Spiegels als auch den einer Linse.
4. Betrachten Sie eine brechende Oberfläche, die zwei Medien mit den Brechungsindices $n_1 > n_2$ trennt. Geben Sie das Vorzeichen des Radius und zeigen Sie an, ob die Oberfläche konkav oder konvex ist, wenn die brechende Oberfläche (a) konvergent, (b) divergent ist. Wiederholen Sie für $n_1 < n_2$.
5. Was versteht man unter (a) sphärischer Abberration, (b) chromatischer Abberration.
6. Welches der folgenden Systeme zeigt sphärische Aberration: (a) ein sphärischer Spiegel, (b) eine sphärische brechende Oberfläche, (c) eine sphärische Linse? Welches dieser Systeme zeigt chromatische Aberration?
7. Diskutieren Sie die Möglichkeiten zur Verminderung oder Elimination (a) der sphärischen Aberration, (b) der chromatischen Aberration.
8. Was versteht man unter dem Ausdruck «Fokussierung» in einem optischen Instrument? Diskutieren Sie, wie man die Fokussierung (a) bei einem Mikroskop, (b) einem Fernrohr, (c) einem Diapositivprojektor, (d) einer photographischen Kamera erreicht.
9. Zeichnen Sie den Strahlengang und die Bildkonstruktion in (a) einer photographischen Kamera, (b) einem Diapositivprojektor.
10. Nach welchem Prinzip arbeitet ein Prismenspektroskop?
11. Betrachtet man beim Durchtritt von monochromatischem Licht durch ein Prisma eine Dispersion? Erläutern Sie Ihre Antwort.
12. Kann eine Substanz, deren Brechungsindex mehr oder weniger unabhängig von der Wellenlänge ist, als Prisma eines Spektrometers verwendet werden? Erläutern Sie Ihre Antwort.

AUFGABEN

27.1 Zeigen Sie, daß bei der Drehung eines ebenen Spiegels um den Winkel α der reflektierte Strahl sich um einen doppelt so großen Winkel dreht; d.h. in Abb. 27.32 ist $\beta = 2\alpha$.

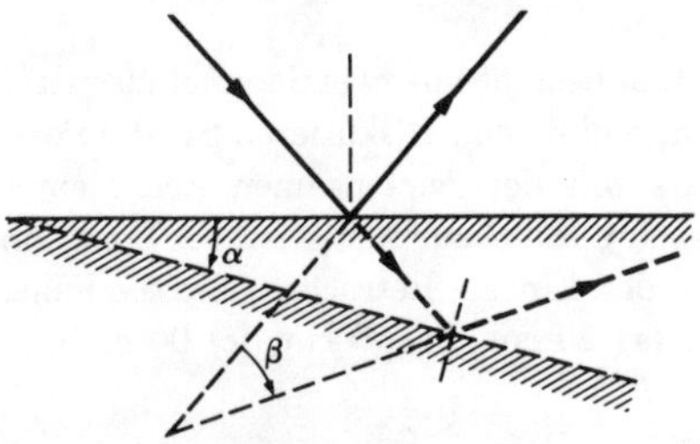

27.32

27.2 Zeigen Sie, daß sich das Bild um eine Entfernung $2x$ verschiebt, wenn ein ebener Spiegel parallel zu sich selbst um x verschoben wird.

27.3 Ein Konkavspiegel hat einen Radius von 1,00 m. Bestimmen Sie die Position des Abbildes eines Gegenstandes und seine Vergrößerung, wenn sich der Gegenstand in einer Entfernung vom Spiegel von (a) 1,40 m, (b) 1,00 m, (c) 0,80 m, (d) 0,50 m und (e) 0,30 m befindet.

27.4 Ein Konvexspiegel hat einen Radius von 1,00 m. Bestimmen Sie die Position des Abbildes eines Gegenstandes und seine Vergrößerung, wenn der Abstand des Gegenstandes vom Spiegel 0,60 m beträgt. Betrachten Sie außerdem einen virtuellen Gegenstand in einer Entfernung von (a) 0,30 m und (b) 0,80 m.

27.5 Ein konkaver Rasierspiegel hat eine Brennweite von 15 cm. Bestimmen Sie die optimale Entfernung einer Person vom Spiegel, wenn der Abstand des scharfen Sehens 25 cm beträgt. Welche Vergrößerung ergibt sich?

27.6 Ein Konkavspiegel erzeugt ein reelles umgekehrtes Bild, das dreimal größer als der Gegenstand ist und sich in einer Entfernung von 28 cm vom Gegenstand befindet Bestimmen Sie die Brennweite des Spiegels.

27.7 Wenn ein Gegenstand, der sich ursprünglich 60 cm von einem Konkavspiegel entfernt befindet, 10 cm näher gebracht wird, wird der Abstand zwischen dem Gegenstand und seinem Bild um fünf Halbe größer. Bestimmen Sie die Brennweite des Spiegels.

27.8 Die *sphärische Aberration* eines (sphärischen) Spiegels ist als die Differenz zwischen der Brennweite f für einen achsennahen Strahl und der Brennweite f' für einen randnahen Strahl bestimmt. Zeigen Sie, daß $f - f' = f$ (sec α -1) ist, wobei α der Einfallswinkel des Strahles ist, der nahe zum Rand und parallel zur Achse ist.

27.9 Ein Konkavspiegel hat einen Radius von 10 cm. Die Grundfläche des Spiegels hat einen Radius von 8 cm. Bestimmen Sie die sphärische Aberration des Spiegels und vergleichen Sie sie mit seiner Brennweite.

27.10 Wenn x_1 und x_2 die Entfernungen des Gegenstandes und seines Bildes vom Brennpunkt eines sphärischen Spiegels sind, zeigen Sie, daß (27.2)

$$x_1x_2 = f^2$$

ergibt. Man bezeichnet diesen Ausdruck als die *Newtonsche Gleichung*. Können Sie daraus schließen, daß der Gegenstand und sein Bild sich immer auf der gleichen Seite des Brennpunktes befinden? [*Hinweis:* Beachten Sie, daß $x_1 = FP = OP - OF$; ähnliches gilt für x_2.]

27.11 Zeigen Sie bei gegebener Brennweite f eines sphärischen Spiegels und der Vergrößerung M, daß die Position des Gegenstandes und des Bildes

$$p = f(M - 1)/M \qquad \text{und} \qquad q = -f(M - 1)$$

ist.

27.12 Eine transparente Substanz ist durch eine konkave sphärische Oberfläche vom Radius 0,60 m begrenzt. Ihr Brechungsindex ist 1,5. Bestimmen Sie die Brennweiten. Bestimmen Sie die Position des Bildes und die Vergrößerung eines Gegenstandes, der sich in einem Abstand von der Oberfläche von (a) 2,40 m, (b) 1,60 m, und (c) 0,60 m befindet. Wiederholen Sie die Aufgabe für eine konvexe Oberfläche.

27.13 Ein transparenter 40 cm langer Stab ist an einem Ende flach abgeschnitten und am anderen Ende zu einer halbkugelförmigen Oberfläche von 12 cm Radius abgerundet. 10 cm vom halbkugelförmigen Ende wird ein Gegenstand auf der Achse des Stabes angebracht. (a) Welche Position hat das endgültige Bild? (b) Welche Vergrößerung hat es? Nehmen Sie an, daß der Brechungsindex 1,50 ist.

27.14 Ein zylindrischer Glasstab mit einem Brechungsindex von 1,5 ist durch zwei konvexe sphärische Oberflächen begrenzt, die Krümmungsradien von 10 bzw 20 cm haben (Abb. 27.33). Die Länge des Stabes zwischen den Spitzen beträgt 50 cm. Ein 1 mm langer Pfeil liegt vor der ersten sphärischen Oberfläche, im rechten Winkel zur Achse des Zylinders und

27.33

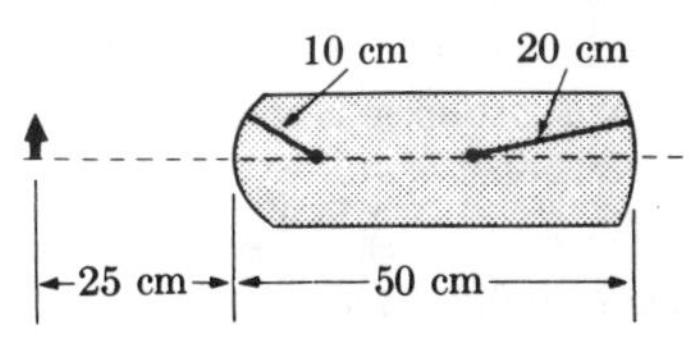

25 cm von der Spitze. Berechnen Sie (a) die Position und Länge des Abbildes des Pfeiles, das von der ersten Oberfläche erzeugt wird und (b) die Position und die Länge des Abbildes des Pfeiles, das durch beide Oberflächen erzeugt wird. Geben Sie an, ob die Bilder reell oder virtuell sind.

27.15 Bestimmen Sie die Brennpunkte des Systems, das in Aufgabe 27.14 beschrieben wurde; lösen Sie die Aufgabe graphisch.

27.16 Ein Glasstab mit dem Brechungsindex 1,50 ist an beiden Enden zu einer halbkugelförmigen Oberfläche mit 5 cm Radius geschliffen und poliert. Wenn ein Gegenstand 20 cm von einem Ende auf der Achse des Stabes angebracht wird, wird das endgültige reelle Bild 40 cm vom entgegengesetzten Ende erzeugt. Wie lang ist der Stab?

27.17 Eine Substanz in Gestalt einer Halbkugel mit dem Radius R und dem Brechungsindex n_2 wird in ein Medium mit dem Brechungsindex n_1 eingetaucht, wie in Abb. 27.34

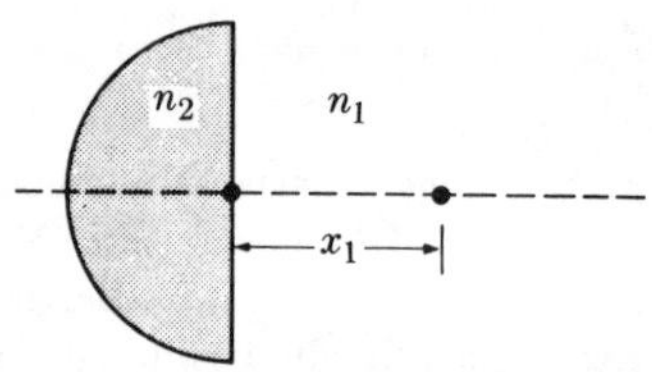

27.34

gezeigt. Im Abstand x_1 vom Mittelpunkt wird ein Gegenstand auf der Achse angebracht. Zeigen Sie daß

$$\frac{n_1^2}{x_1} - \frac{n_2^2}{x_2} = \frac{n_2(n_2 - n_1)}{R},$$

wenn das Bild in einem Abstand x_2 vom Mittelpunkt ist.

27.18 Skizzieren Sie die verschiedenen dünnen Linsen, die man erhalten kann, wenn man zwei Oberflächen kombiniert, deren Krümmungsradien, dem Absolutwert nach, 10 cm und 20 cm sind. Welche sind Sammellinsen, welche Zerstreuungslinsen? Bestimmen Sie den Brennpunkt in jedem Fall. Nehmen Sie $n = 1{,}5$ an.

27.19 Eine bikonkave Linse hat einen Brechungsindex von 1,5, ihre Radien sind 0,20 m und 0,30 m. Bestimmen Sie die Brennweite. Bestimmen Sie die Position des Bildes und die Vergrößerung eines Gegenstandes, der sich in einer Entfernung von der Linse von (a) 0,80 m, (b) 0,48 m, (c) 0,40 m, (d) 0,24 m und (e) 0,20 m befindet. Betrachten Sie auch den Fall eines virtuellen Gegenstandes, der sich 0,20 m hinter der Linse befindet.

27.20 Eine bikonkave Linse hat einen Brechungsindex von 1,5, ihre Radien sind 0,20 m und 0,30 m. (a) Bestimmen Sie die Position des Bildes und die Vergrößerung eines Gegenstandes, der 0,20 m von der Linse entfernt ist. (b) Bestimmen Sie die Lage des Bildes und die Vergrößerung eines Objektes das 0,2 m von der Linse entfernt ist. Betrachten Sie auch einen virtuellen Gegenstand im Abstand von (c) 0,40 m und (d) 0,20 m.

27.21 Ein Linsensystem besteht aus zwei Sammellinsen mit Brennweiten von 30 cm und 60 cm. Diskutieren Sie die Position des Schnittpunkts mit der gemeinsamen Achse eines Strahls, der ursprünglich parallel zur Achse ist, als Funktion des Abstands zwischen den Linsen. Betrachten Sie die Fälle, in denen der Abstand (a) 20 cm, (b) 50 cm, (c) 90 cm und (d) 120 cm ist.

27.22 Eine Linse wirft ein Abbild eines Gegenstandes auf einen Schirm, der 12 cm von der Linse entfernt ist. Wenn die Linse 2 cm vom Gegenstand weg bewegt wird, muß der Schirm 2 cm näher an den Gegenstand herangebracht werden, um ihn in Fokus zu bringen. Wie groß ist die Brennweite der Linse?

27.23 Eine Sammellinse hat eine Brennweite von 0,60 m. Bestimmen Sie die Position, die der Gegenstand einnehmen muß, um ein (a) reelles und dreifach vergrößertes, (b) reelles und ein Drittel so großes, (c) virtuelles und dreifach vergrößertes Bild zu geben.

27.24 Bestimmen Sie die Brennweite und die Art der Linse, die für einen Gegenstand im Abstand von 1,20 m von der Linse ein Bild erzeugt, das (a) reell und 0,80 m von der Linse, (b) virtuell und 3,20 m von der Linse, (c) virtuell und 0,60 m von der Linse, (d) reell und zweimal so groß ist.

27.25 Zeigen Sie, daß für eine sphärische Linse

$$x_1 x_2 = -f^2$$

wobei x_1 der Abstand des Gegenstandes vom ersten Brennpunkt und x_2 der Abstand des Bildes vom zweiten Brennpunkt ist. [*Hinweis:* Benutzen Sie (27.15).]

27.26 Tragen Sie q als Funktion von p für (a) einen sphärischen Spiegel auf, der (27.2) erfüllt; und (b) für eine sphärische Linse, die (27.15) erfüllt. Verifizieren Sie, daß das Ergebnis in jedem Fall eine gleichseitige Hyperbel ist. Tragen Sie außerdem für jeden Fall die Vergrößerung als Funktion von p auf.

27.27 Das Okular eines optischen Instruments besteht aus zwei identischen Sammellinsen von je 5 cm Brennweite, die einen Abstand von 2,5 cm haben. Bestimmen Sie die Lage der Brennpunkte des Systems.

27.28 Das Objektiv eines Mikroskops hat eine Brennweite von 4 mm. Das Bild, das dieses Objektiv erzeugt, ist

180 mm vom zweiten Brennpunkt entfernt. Das Okular hat eine Brennweite von 31,25 mm. (a) Welche Vergrößerung hat das Mikroskop? (b) Das freie Auge kann zwei Punkte als getrennt unterscheiden, wenn sie etwa 0,1 mm voneinander entfernt sind. Welchen Mindestabstand kann man mit Hilfe dieses Mikroskops wahrnehmen?

27.29 Der Durchmesser des Mondes ist $3{,}5 \cdot 10^3$ km, sein Abstand von der Erde $3{,}8 \cdot 10^5$ km. Bestimmen Sie den Winkeldurchmesser des Abbilds des Mondes, das ein Fernrohr erzeugt, wenn die Brennweite des Objektivs 4 m und die des Okulars 10 cm ist.

27.30 Ein Prisma hat einen Brechungsindex von 1,5 und einen Winkel von 60°. (a) Bestimmen Sie die Ablenkung eines Strahls, der im Winkel von 40° einfällt. (b) Bestimmen Sie die Mindestablenkung und den zugehörigen Einfallswinkel.

27.31 Die Mindestablenkung eines Prismas ist 30°. Der Winkel des Prismas ist 50°. Bestimmen Sie seinen Brechungsindex und den Einfallswinkel für die Mindestablenkung.

27.32 Zeigen Sie, daß die Ablenkung $\delta = (n - 1)A$ ist, wenn der Winkel eines Prismas sehr klein ist und der einfallende Strahl fast senkrecht auf die Oberfläche fällt.

27.33 Wenn ein Strahl auf die zweite Fläche eines Prismas in einem Winkel auftrifft, der größer als der kritische Winkel ist, kommt es zur Totalreflexion und der Strahl wird zurückgeworfen statt aus dem Prisma auszutreten. Dieses Prinzip wird in vielen optischen Instrumenten verwendet. (a) Zeigen Sie, daß für $n > 1$ die Bedingung, daß mindestens ein Strahl austritt, $A \leqq 2\lambda$ ist, wobei λ der kritische Winkel ist. (b) Diskutieren Sie die Streuung der Werte des Einfallswinkels i, wenn der Strahl auf der anderen Seite austreten soll. Diese Streuung ist durch den Winkel α in Abb. 27.35 gegeben. Beweisen Sie, daß sie durch $\cos \alpha = n \sin (A - \lambda)$ gegeben ist. (c) Diskutieren Sie die Änderung von α mit A.

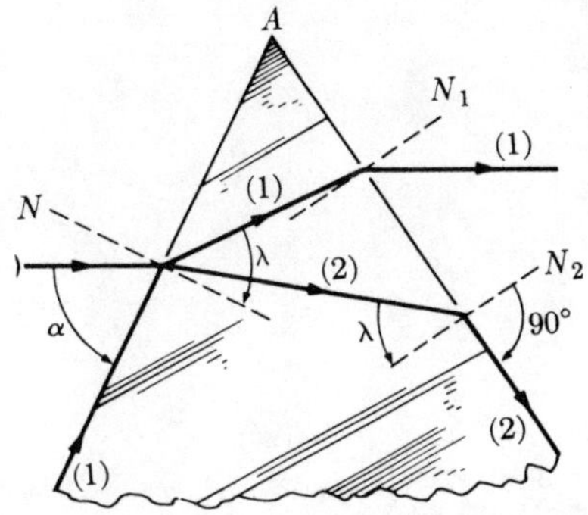

27.35

27.34 Wenden Sie die Erörterung der vorhergehenden Aufgabe auf den Fall eines Prismas mit einem Brechungsindex von 1,5 an. Bestimmen Sie den Wert von α. Diskutieren Sie den Gang eines Strahles, der senkrecht auf eine der Oberflächen fällt. Betrachten Sie außerdem den Fall, in dem das Prisma einen Winkel von 35° hat.

27.35 Ein Linsensystem besteht aus zwei Linsen in Kontakt, von denen eine plankonkav und aus Flintglas und die andere bikonkav und aus Kronglas ist. Der Radius der gemeinsamen Fläche ist 0,20 m, der Radius der anderen Oberfläche der Kronglaslinse ist 0,12 m. Bestimmen Sie die Brennweite des Systems und die chromatische Aberration.

Kapitel 28

INTERFERENZ

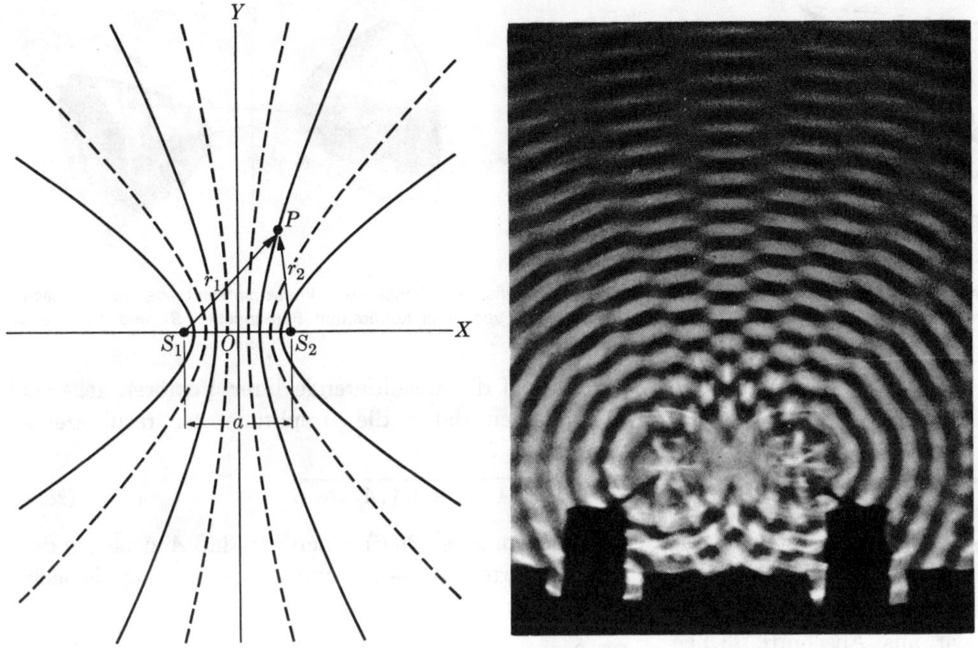

(a) (b)

28.1 (a) Bäuche und Knotenlinien, die durch die Interferenz von Wellen entstehen, die von zwei identischen Quellen erzeugt werden. (b) Tatsächliches Interferenzmuster von Wellen auf der Oberfläche von Wasser. [Aufnahme aus *Physics*, D. C. Heath, Boston, 1960.]

28.1 EINLEITUNG

Ein wichtiges Charakteristikum der Wellenbewegung ist das Phänomen der Interferenz, das auftritt, wenn zwei oder mehr Wellenbewegungen in Raum und Zeit aufeinander treffen. Im Kapitel 9 haben wir die Überlagerung zweier einfacher harmonischer Bewegungen besprochen; die Theorie, die dort entwickelt wurde, kann unmittelbar auf unser vorliegendes Problem für den Fall harmonischer und monochromatischer Wellen übertragen werden. Dabei tritt Interferenz in dem Bereich auf, in dem die reflektierte Welle mit der einfallenden zusammenfällt. Das ist in der Tat eine der üblichen Methoden, Interferenz zu erzeugen. Ein weiteres wichtiges Beispiel für Interferenz findet man bei einer Wellenbewegung, die auf einen begrenzten Bereich des Raumes beschränkt ist, wie z.B. die einer Schnur, deren beide Enden fixiert sind, oder einer Flüssigkeit in einem Kanal oder einer elektromagnetischen Welle in einem metallischen Hohlraum. In diesen Fällen führt die Interferenz zu *stehenden Wellen*.

Um die Formeln benutzen zu können, die wir in Kapitel 9 entwickelt haben, wollen wir für eine harmonische Welle, die sich in der + X-Richtung bewegt

$$\xi = A_0 \sin(\omega t - kx) \tag{28.1}$$

schreiben, und für die in der − X-Richtung nach Tab. 23.1

$$\xi = A_0 \sin(\omega t + kx). \tag{28.2}$$

Die Theorie, die hier entwickelt wird, kann auf jede Art der Wellenbewegung angewendet werden; im allgemeinen werden sich unsere Beispiele und Anwendungen jedoch auf elektromagnetische Wellen beziehen.

28.2 INTERFERENZ VON WELLEN, DIE VON ZWEI SYNCHRON SCHWINGENDEN QUELLEN ERZEUGT WERDEN

Wir wollen zwei Punktquellen S_1 und S_2 (Abb. 28.1) betrachten, die in Phase mit der gleichen Winkelfrequenz ω und den Amplituden A_1 und A_2 schwingen. Die von ihnen erzeugten Kugelwellen sind

$$\xi_1 = A_1 \sin(\omega t - kr_1) \tag{28.3}$$

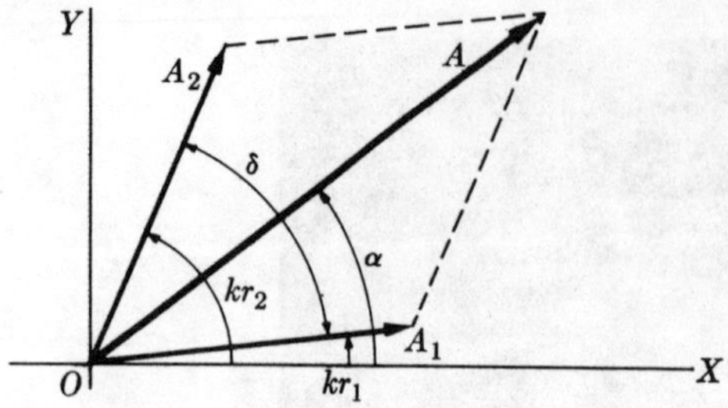

28.2 Resultierende Amplitude zweier interferierender Wellen. Die X-Achse wurde als Referenzlinie gewählt.

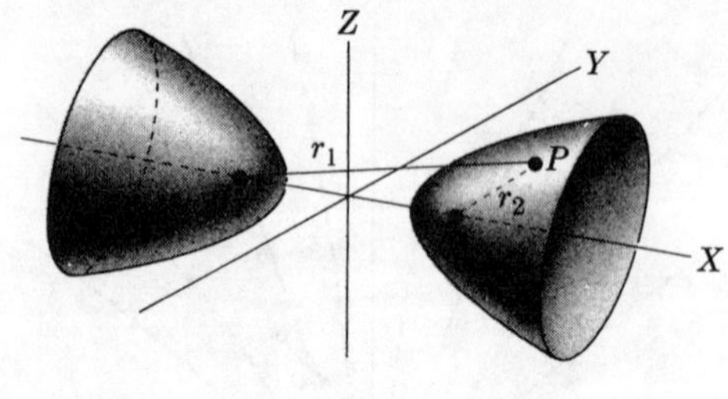

28.3 Oberflächen konstanter Phasenunterschiede für spärische Wellen, die von zwei kohärenten Punktquellen S_1 und S_2 erzeugt werden.

und

$$\xi_2 = A_2 \sin(\omega t - kr_2), \tag{28.4}$$

wobei r_1 und r_2 die Abstände von jedem beliebigen Punkt zu S_1 bzw. S_2 sind. Beachten Sie, daß die beiden Quellen, obwohl sie identisch sein können, nicht die gleiche Amplitude in P erzeugen, wenn r_1 und r_2 verschieden sind, da die Amplitude einer sphärischen Welle unter das $1/r$ Gesetz fällt, wie wir aus Abschnitt 23.11 wissen.

a) **Phasenbedingung** Nehmen Sie an, daß ξ eine skalare Eigenschaft ist, wie z.B. eine Druckstörung. Wenn ξ einer Vektorgröße entspricht, dann nehmen wir ξ_1 und ξ_2 in der gleichen Richtung an, so daß die Kombination der beiden Wellen auf skalare Weise behandelt werden kann. Wenn wir (28.3) und (28.4) mit (9.1) vergleichen [d.h. mit $\xi = A \sin(\omega t + \alpha)$], sind die Größen kr_1 und kr_2 die Anfangsphasen. Dann ist der Phasenunterschied zwischen den beiden Wellenbewegungen an jedem beliebigen Punkt P (wenn wir uns daran erinnern, daß $k = 2\pi/\lambda$)

$$\delta = kr_1 - kr_2 = \frac{2\pi}{\lambda}(r_1 - r_2). \tag{28.5}$$

Wenn wir die Methode der rotierenden Vektoren anwenden, wie sie in Abschnitt 9.2 erklärt wurde, können die beiden interferierenden Wellenbewegungen durch rotierende Vektoren der Länge A_1 bzw. A_2 dargestellt werden, die die Winkel

$$\alpha_1 = kr_1 \qquad \text{und} \qquad \alpha_2 = kr_2$$

mit der $+X$-Achse (Abb. 28.2) bilden. Die Amplitude A und die Phase α der resultierenden Wellenbewegung sind durch die Resultierende ihrer Vektoren gegeben. Wir können daher die Amplitude der resultierende Störung in P durch

$$A = \sqrt{A_1^2 + A_2^2 + 2A_1A_2\cos\delta} \tag{28.6}$$

ausdrücken. Aus (28.6) sehen wir, daß A zwischen den beiden Werten $(A_1 + A_2)$ und $(A_1 - A_2)$ liegt, je nachdem, ob

$$\cos\delta = +1 \text{ oder } -1 \quad \text{oder} \quad \delta = 2n\pi \text{ oder } (2n+1)\pi,$$

wobei n entweder eine positive oder eine negative ganze Zahl ist. Im ersten Falle kommt es zu einer maximalen Verstärkung der beiden Wellenbewegungen, oder zu einer *verstärkenden Interferenz*, im zweiten Fall zu einer maximalen Abschwächung, oder *abschwächenden Interferenz*. Das heißt

$$\delta = \begin{cases} 2n\pi & \text{verstärkende Interferenz,} \\ (2n+1)\pi & \text{abschwächende Interferenz.} \end{cases}$$

Mit (28.5) können wir dann schreiben

$$\frac{2\pi}{\lambda}(r_1 - r_2) = \begin{cases} 2n\pi & \text{verstärkende Interferenz,} \\ (2n+1)\pi & \text{abschwächende Interferenz,} \end{cases} \tag{28.7}$$

was zu

$$r_1 - r_2 = \begin{cases} n\lambda & \text{verstärkende Interferenz,} \\ (2n+1)\dfrac{\lambda}{2} & \text{abschwächende Interferenz,} \end{cases} \tag{28.8}$$

umgeformt werden kann. $r_1 - r_2 =$ Konst definiert jedoch eine Hyperbel, deren Brennpunkte S_1 und S_2 sind, oder, da es sich hier um eine räumliche Aufgabe handelt, hyperbolische Rotationsflächen, wie die in Abb. 28.3 gezeigten. Wir schließen daher aus (28.8), daß sich die beiden Wellenbewegungen an den hyper-

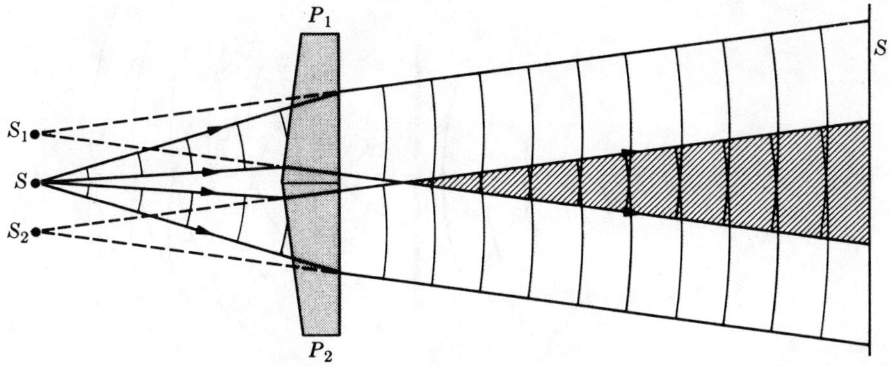

28.4 Fresnelsches Biprisma.

bolischen Oberflächen, deren Gleichungen

$$r_1 - r_2 = 0,\ \pm\lambda,\ \pm 2\lambda,\ \pm 3\lambda,\ \ldots$$

sind, durch Interferenz verstärken. Man nennt diese Oberflächen *Bäuche*. An den Hyperbeloberflächen, deren Gleichungen

$$r_1 - r_2 = \pm\tfrac{1}{2}\lambda,\ \pm\tfrac{3}{2}\lambda,\ \ldots$$

sind, interferieren die beiden Wellenbewegungen abschwächend. Diese Oberflächen bezeichnet man als *Knoten*. Insgesamt ergibt sich das Muster einer abwechselnden Folge von Bäuchen und Knoten. Die Schnittpunkte dieser Oberflächen mit einer Ebene, die durch die X-Achse geht, sind die Hyperbeln, die in Abb. 28.1 dargestellt wurden.

b) **Kohärenz** Die geschilderte Situation ist so geartet, daß an jedem Punkt im Raum die resultierende Wellenbewegung eine charakteristische Amplitude hat, die durch (28.6) gegeben ist, so daß

$$\xi = A \sin(\omega t - \alpha),$$

wobei α so ist, wie in Abb. 28.2 gezeigt. Das Ergebnis der Interferenz erscheint daher nicht als fortlaufende Wellenbewegung, sondern als ein *stationärer* Zustand, für den die Bewegung an jedem Punkt im Raum eine festgelegte Amplitude hat. Der Grund dafür ist, daß die zwei Quellen mit der gleichen Frequenz schwingen und einen konstanten Phasenunterschied beibehalten; sie werden daher als *kohärent* bezeichnet. Wenn die Quellen verschiedene Frequenzen haben oder wenn sie ihre Phasenunterschiede mit der Zeit beliebig ändern, beobachtet man kein stationäres Interferenzmuster und die Quellen werden als *inkohärent* bezeichnet. Das tritt bei Lichtquellen ein, die aus der gleichen Art von Atomen bestehen und Licht der gleichen Frequenz emittieren. Da an jeder Strahlungsquelle viele Atome beteiligt sind, die nicht in Phase schwingen, beobachtet man kein bestimmtes Interferenzmuster. Deshalb beobachtet man zwischen zwei Glühlampen keine Interferenz.

Um diese Schwierigkeit zu umgehen und zwei kohärente Lichtbündel zu erzeugen, wurden verschiedene Geräte entworfen. Eines, das man sehr häufig antrifft, ist das *Fresnelsche Biprisma*, das in Abb. 28.4 dargestellt ist. Es besteht aus zwei Prismen, P_1 und P_2, die an ihrer Basis verbunden sind. Licht von der Quelle S wird in den beiden Prismen gebrochen und in zwei kohärente Strahlenbündel getrennt, die von zwei kohärenten Quellen S_1 und S_2 auszugehen scheinen. Diese Quellen sind die Bilder von S, die durch jedes der Prismen erzeugt werden. Die Kohärenz wird in diesem Fall dadurch gesichert, daß die beiden Strahlenbündel von der selben Quelle ausgehen. Die Strahlenbündel interferieren in der schattierten Zone. Bei großen Phasenunterschieden geht die Kohärenz verloren, da die beiden interferierenden Strahlenbündel von der Quelle zu zwei völlig verschiedenen Zeiten erzeugt werden, so daß, mikroskopisch gesprochen, die Quelle nicht zu beiden Zeiten gleich ist und die Phasen nicht konstant sind.

Eine noch einfachere Vorrichtung ist die, welche Thomas Young (1773–1829) verwendete, der in seinen frühen Versuchen über die Interferenz des Lichtes

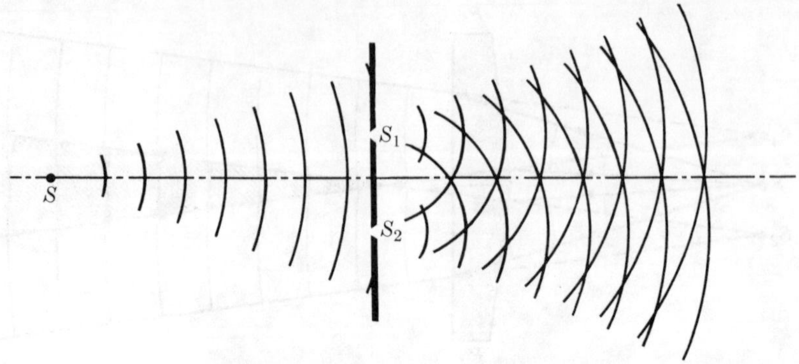

28.5 Interferenz zweier kohärenter Quellen. Youngscher Doppelspaltversuch.

28.6 Aufnahme der Interferenzstreifen, die von einem Paar von Spalten erzeugt werden, welche durch eine monochromatische punktförmige Lichtquelle beleuchtet werden. Beachten Sie, daß es in der Nähe der Kanten infolge des Kohärenzverlusts zu einem Verschwinden der Streifen kommt.

eindeutig bewies, daß Licht eine Wellenerscheinung ist. Seine Anordnung (Abb. 28.5) besteht aus zwei eng benachbarten Öffnungen oder Spalten, S_1 und S_2, in einem Schirm, hinter dem sich eine Lichtquelle S befindet. Die Spalte S_1 und S_2 verhalten sich wie ein Paar kohärenter Quellen, deren Wellen rechts vom Schirm interferieren.

Im Fall von Licht wird das Interferenzmuster auf einem Schirm beobachtet, der parallel zu den beiden Quellen S_1 und S_2 aufgestellt ist. Auf dem Schirm treten infolge der Schnittpunkte mit den hyperbolischen Bäuchen und Knotenflächen eine Reihe abwechselnder heller und dunkler Streifen auf, wie in Abb. 28.6 gezeigt. Für andere Bereiche des elektromagnetischen Spektrums werden andere Nachweissysteme zur Beobachtung der Interferenz verwendet.

c) **Interferenzmuster** Aus der Abb. 28.7 erhalten wir für kleine Winkel θ

$$r_1 - r_2 = S_1B = a \sin \theta.$$

Folglich ist

$$\delta = \frac{2\pi}{\lambda}(r_1 - r_2) = \frac{2\pi}{\lambda} a \sin \theta. \tag{28.9}$$

Die Punkte maximaler Intensität entsprechen daher gemäß (28.7)

$$a \sin \theta = n\lambda, \tag{28.10}$$

wobei n eine positive oder negative ganze Zahl ist. Die Intensitätsverteilung im Interferenzmuster ist in Abb. 28.8 als Funktion des Winkels θ dargestellt. Die Maxima entsprechen $(a \sin \theta)/\lambda = n$ (ganze Zahl). Für kleine θ ist

$$\sin \theta \approx \tan \theta = x/D$$

und (28.10) wird zu

$$x = \frac{nD}{a}\lambda, \tag{28.11}$$

das die Lage der hellen Streifen auf dem Schirm beschreibt. Der Abstand zwischen zwei aufeinanderfolgenden hellen Streifen ist $\Delta x = (D/a)\lambda$. Durch Messung von Δx, D und a können wir daher die Wellenlänge λ erhalten. Dies ist eine der Standardmethoden zur Messung von Wellenlängen.

Beispiel 28.1 In einem Versuch, der dem von Young ähnlich ist, ist der Abstand zwischen den beiden Schlitzen

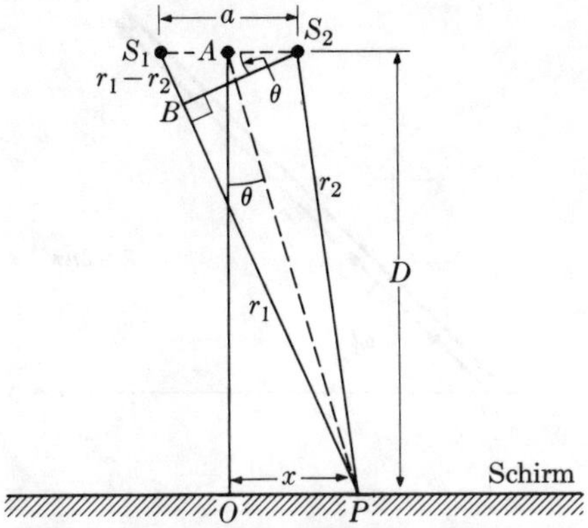

28.7 Schematisches Diagramm zur Bestimmung der Intensität der resultierenden Wellenbewegung auf einem Schirm infolge der Interferenz zweier kohärenter Quellen.

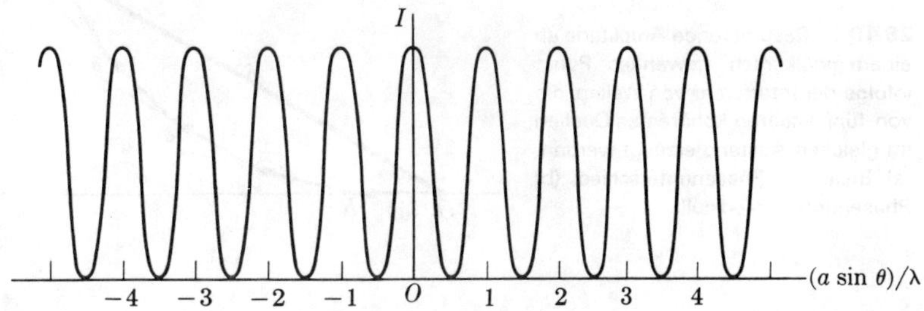

28.8 Intensitätsverteilung im Interferenzmuster, das von zwei kohärenten Quellen hervorgerufen wird.

0,8 mm. Die Spalte werden mit monochromatischem Licht der Wellenlänge $5{,}9 \cdot 10^{-7}$ m beleuchtet und das Interferenzmuster wird auf einem zweiten Schirm beobachtet, der 0,50 m von den Spalten entfernt ist. Bestimmen Sie den Abstand zwischen zwei aufeinanderfolgenden hellen oder dunklen Streifen.

Lösung Die Größen, die in (28.11) auftreten, sind in diesem Fall

$$a = 0{,}8 \text{ mm} = 8 \cdot 10^{-4} \text{ m},$$
$$D = 5 \cdot 10^{-1} \text{ m} \quad \text{und} \quad \lambda = 5{,}9 \cdot 10^{-7} \text{ m}.$$

Daher sind die Positionen der hellen Streifen

$$x = n \left(\frac{D\lambda}{a}\right) = 3{,}7 \cdot 10^{-4} n \text{ m} = 0{,}37 n \text{ mm}.$$

Im allgemeinen müssen die Streifen mit einem Vergrößerungsglas betrachtet werden. Der Abstand zwischen zwei aufeinanderfolgenden hellen Streifen ist 0,37 mm, was auch dem Abstand zwischen zwei dunklen Streifen entspricht.

28.3 INTERFERENZ MEHRERER SYNCHRON SCHWINGENDER QUELLEN

Wir wollen nun den Fall mehrerer synchron schwingender und identischer Quellen betrachten, die linear angeordnet sind, wie in Abb. 28.9 gezeigt. Um unsere Erörterung zu vereinfachen, können wir annehmen, daß wir die resultierende Wellenbewegung in einer Entfernung beobachten, die sehr groß ist im Vergleich zum Abstand zwischen den Quellen, so daß die interferierenden Wellen praktisch parallel sind. Zwischen aufeinanderfolgenden Strahlen besteht ein konstanter Phasenunterschied von

$$\delta = \frac{2\pi}{\lambda} a \sin \theta, \tag{28.12}$$

der durch (28.9) gegeben ist. Um die resultierende Amplitude für die Beobachtungsrichtung, die durch

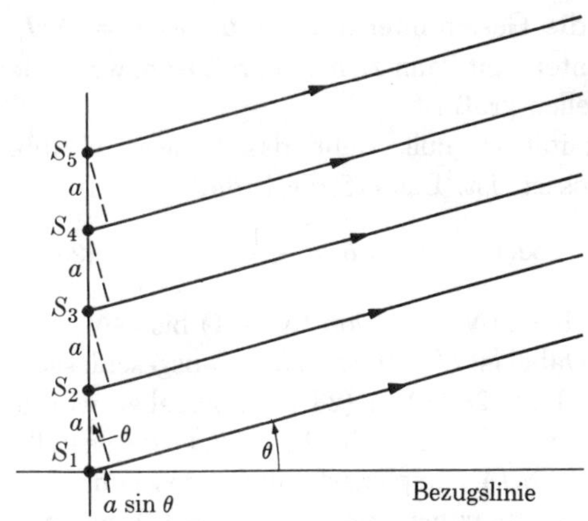

28.9 Lineare Reihe von fünf kohärenten Quellen im gleichen Abstand.

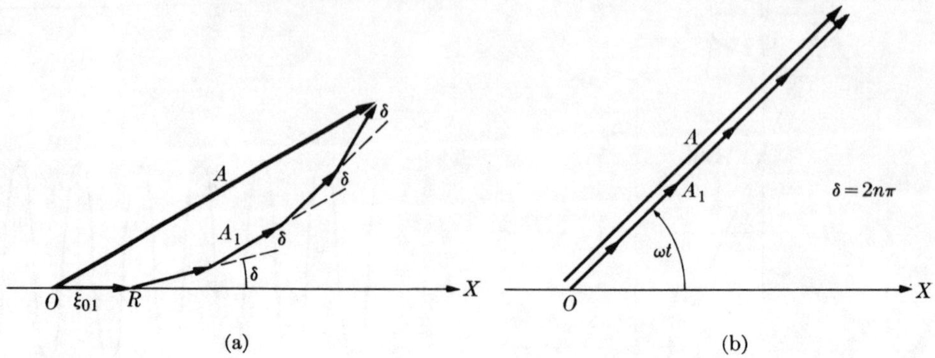

28.10 Resultierende Amplitude an einem willkürlich gewählten Punkt infolge der Interferenz von Wellen, die von fünf linearen kohärenten Quellen im gleichen Abstand erzeugt werden. (a) Beliebiger Phasenunterschied. (b) Phasenunterschied null.

den Winkel θ gegeben ist, zu erhalten, müssen wir die Vektorsumme der entsprechenden rotierenden Vektoren für jede Quelle berechnen. Wenn alle Quellen gleich sind, haben ihre rotierenden Vektoren alle die Länge A_1, und aufeinanderfolgende Vektoren werden um den gleichen Winkel δ abgelenkt, wie in Abb. 28.10(a) gezeigt. Aus der Abbildung wird klar, daß die maximale resultierende Amplitude dann auftritt, wenn alle Vektoren gleich gerichtet sind, wie in Abb. 28.10(b) gezeigt. Das erfordert, daß

$$\delta = 2n\pi \qquad \text{oder} \qquad a \sin\theta = n\lambda, \tag{28.13}$$

wobei n eine positive oder negative ganze Zahl ist. Dieses Ergebnis kann man leicht verstehen, da gemäß (28.13) Strahlen, die von zwei beliebigen benachbarten Quellen kommen, in Phase sind und durch Interferenz verstärkt werden. Die resultierende Amplitude ist in diesem Fall $A = NA_1$, wobei N die Zahl der Strahlungsquellen ist; die Gesamtintensität ist daher $I = N^2 I_1$. Die Gesamtintensität kann ziemlich groß sein, wenn die Zahl der Quellen groß ist.

Die Intensität ist null, wenn das Vieleck in Abb. 28.11 geschlossen ist. Das erfordert, daß

$$N\delta = 2n'\pi \qquad \text{oder} \qquad a \sin\theta = \frac{n'\lambda}{N}, \tag{28.14}$$

wobei n' von 1 bis $(N-1)$, von $(N+1)$ bis $(2N-1)$ u.s.w. geht. Dabei ist $n' = 0, N, 2N, \ldots$ ausgeschlossen, da in diesem Fall (28.14) in (28.13) übergehen würde. Der Fall für $N = 4$ wurde in Abb. 28.11 dargestellt.

Gleichung (28.14) impliziert, daß zwischen zwei beliebigen Hauptmaxima, die durch (28.13) gegeben sind, $(N-1)$ Nullpunkte auftreten. Zwischen zwei Minima muß immer ein Maximum auftreten. Wir schließen daher, daß es immer $(N-2)$ zusätzliche Maxima zwischen den Hauptmaxima geben muß, die durch (28.13) gegeben sind. Ihre Amplituden sind jedoch relativ viel kleiner, besonders wenn N groß ist.

Die Darstellung von I/I_0, gegeben durch $a \sin\theta/\lambda$, ist in Abb. 28.12 für $N = 4{,}8$, und für sehr große Werte von N gegeben. Zum Vergleich wurde der Fall $N = 2$ hinzugefügt. Wir sehen, daß das System mit steigendem N eine sehr starke Ausrichtung bekommt, da die resultierende Wellenbewegung nur für enge Bereiche des Wertes δ oder für enge Bereiche des Wertes des Winkels θ wesentlich von null verschieden ist.

Die Ergebnisse haben ein weites Anwendungsgebiet bei Sendern oder Empfängern, wenn ein Richtungseffekt erwünscht ist. In diesem Fall werden mehrere Antennen so angeordnet, daß die Intensität der emittierten (oder empfangenen) Strahlung nur für bestimmte Richtungen, die durch (28.13) gegeben sind, maximal wird. Zum Beispiel ergibt (28.13) für vier lineare Antennen, die im Abstand $a = \lambda/2$ angeordnet sind, $\sin\alpha = 2n$. Dann ist nur $n = 0$ für das Hauptmaximum möglich, was $\theta = 0$ und π ergibt. Für die Knoten liefert (28.14) $\sin\theta = \frac{1}{2}n'$, was für $n' = \pm 1$ und ± 2 oder $\theta = \pm\pi/6$ und $\pm\pi/2$ erlaubt ist. Der Fall ist im Polardiagramm von Abb. 28.13 dargestellt, in dem die Intensität als Funktion des Winkels aufgetragen ist. Diese Antennenanordnung sendet und empfängt also bevorzugt in einer Richtung, die senkrecht zur Verbindungslinie zwischen den Quellen ist; sie wird daher als *Quergruppe* bezeichnet. Der gleiche Richtungseffekt wird bei Radioteleskopen ausgenutzt. Verschiedene

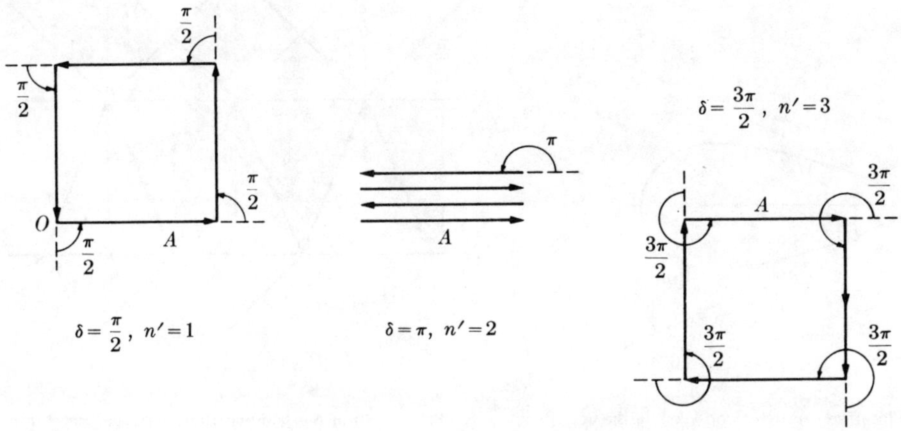

28.11 Nullpunkte der Amplitude für synchron schwingende Quellen.

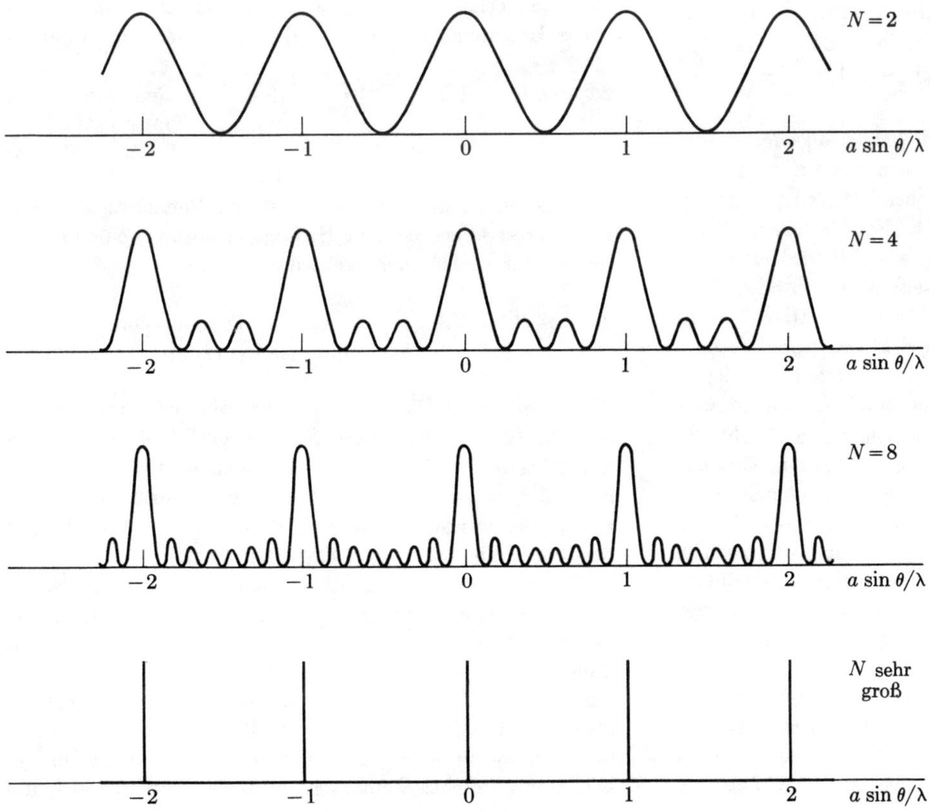

28.12 Intensität des Interferenzmusters für zwei, vier, acht und eine Vielzahl von Quellen. Der Abstand zwischen den Quellen bleibt konstant.

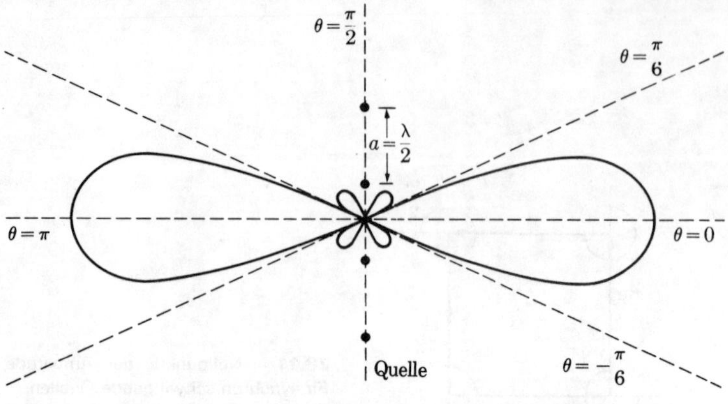

28.13 Winkelverteilung der Intensität im Interferenzmuster von Wellen, die von vier kohärenten linearen Quellen im Abstand von einer halben Wellenlänge erzeugt werden.

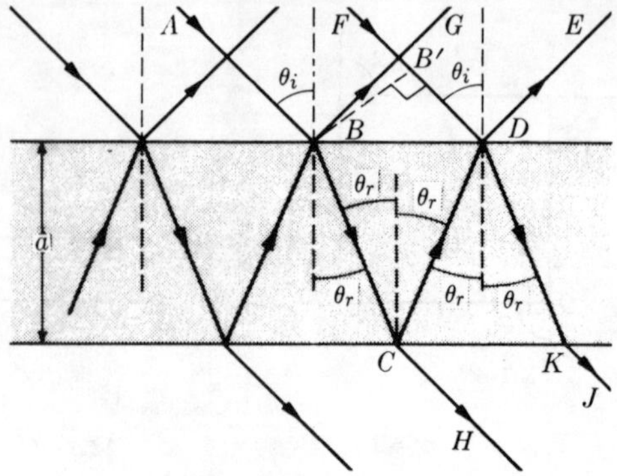

28.14 Interferenz durch Reflexion oder Brechung an einem dünnen Film.

parabolische Antennen werden mit parallelen Achsen längs einer Geraden in gleichmäßigem Abstand aufgestellt. Für einen bestimmten Abstand und eine bestimmte Orientierung der Achsen wird die Wellenlänge der empfangenen Radiowellen durch (28.13) bestimmt. (Siehe Abb. 28.37 und 28.38).

Beispiel 28.2 *Interferenz durch Reflexion an oder Transmission durch dünne Filme.* Wir wollen einen dünnen Film der Dicke a betrachten, auf den ebene Wellen mit einem Einfallswinkel θ_i fallen (Abb. 28.14). Ein Teil einer Welle, z.B. AB, wird längs BG reflektiert, ein Teil wird längs BC gebrochen. Strahl BC wird seinerseits an C teilweise längs CD reflektiert und teilweise längs CH transmittiert. Strahl CD wird wieder an D längs DK reflektiert, wobei er dem gebrochenen Strahl von FD überlagert und teilweise längs DE übertragen wird, in Überlagerung mit dem reflektierten Strahl von FD. Ähnlich enthält der reflektierte Strahl BG auch Beiträge mehrerer Strahlen zu seiner Linken. Deshalb treten längs der reflektierten und der gebrochenen Strahlen Interferenzphänomene auf. Die Situation ist also ähnlich dem Fall, der in Abschnitt 28.3 für sehr große N dargestellt wurde, jedoch mit einem wesentlichen Unterschied: Interferenzstrahlen haben nicht alle die gleiche Intensität, da jede nachfolgende Reflexion oder Brechung die Intensität reduziert.

Wenn wir diese Änderung in der Intensität vernachlässigen, treten die Maxima für Interferenz durch Reflexion oder Brechung dann auf, wenn der Phasenunterschied δ zwischen interferierenden Strahlen, wie z.B. $ABCDE$ und FDE die Bedingung $\delta = 2n\pi$ erfüllt. Für ein gegebenes θ_i ist der Wert von δ verschieden, je nachdem, ob wir den reflektierten oder transmittierten Strahl betrachten. Eine einfache Rechnung, die wir weglassen wollen, zeigt, daß bei einem Brechungsindex n des Films und einer ganzen Zahl N

$$2an \cos \theta_r = \tfrac{1}{2}(2N-1)\lambda \qquad \text{(Maximale Reflexion, minimale Transmission)} \qquad (28.15)$$

die Bedingung für Interferenz durch Verstärkung in der reflektierten Welle ist. Die Bedingung für maximale Intensität der durchgelassenen Welle ist

$$2an \cos \theta_r = N\lambda \qquad \text{(Maximale Transmission, minimale Reflexion).} \qquad (28.16)$$

(28.15) gibt auch die Bedingung für minimale Transmission und (28.16) die Bedingung für minimale Reflexion. Es ist beachtenswert, daß die Farbe, die wir in der Reflexion sehen, nicht die gleiche ist wie die, die wir in der Transmission sehen. Sie werden in jedem Fall durch die Wellenlängen bestimmt, die (28.15) und (28.16) erfüllen.

Wenn der einfallende Strahl nicht monochromatisch ist, geben (28.15) und (28.16) für jeden Wert von λ verschiedene Werte von θ_r und θ_i. Das erklärt die Farben, die wir an dünnen Ölfilmen auf Wasseroberflächen beobachten. Außerdem werden die Bedingungen (28.15) und (28.16) nicht an allen Punkten für eine bestimmte Wellenlänge erfüllt, wenn der Film von unterschiedlicher Stärke ist; das führt im Fall von monochromatischem Licht zu einer Folge dunkler und

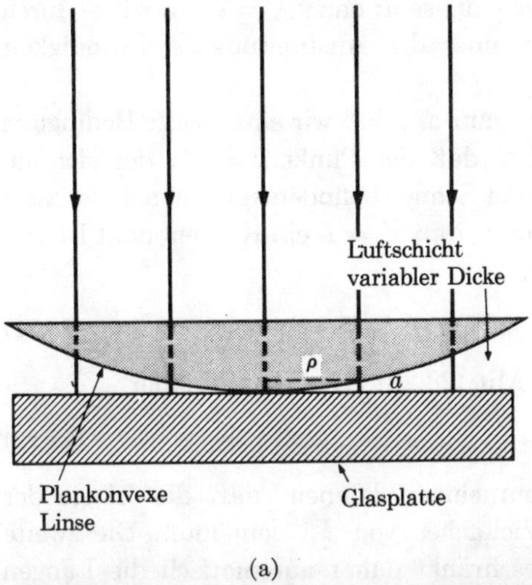

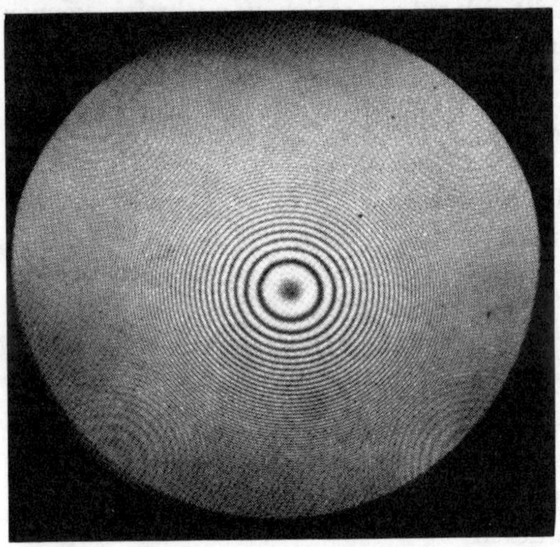
(b)

28.15 Newtonsche Ringe, die durch Interferenz in der Luftschicht zwischen einer plankonvexen und einer ebenen Oberfläche erzeugt werden. (a) Schematische Darstellung. (b) Aufnahme der Ringe. [Mit liebenswürdiger Genehmigung der Bausch & Lomb Optical Co.]

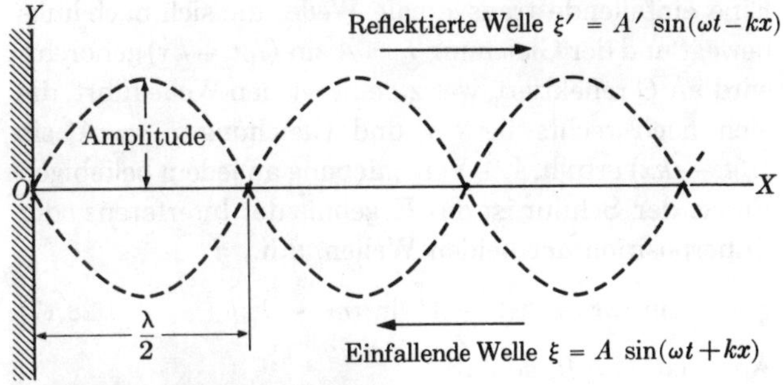

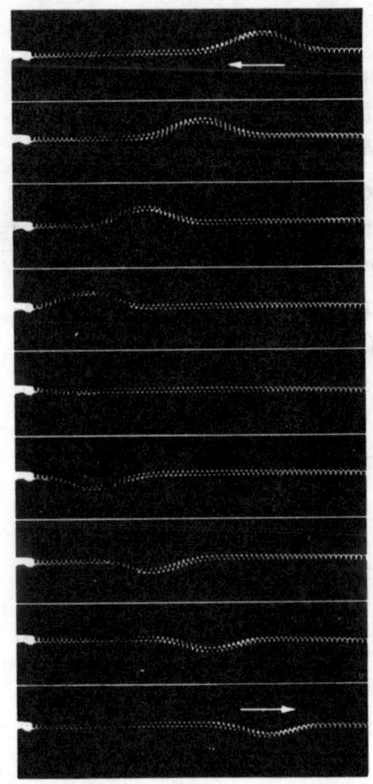

28.16 Phasenveränderung einer reflektierten Welle in einer Schnur, deren eines Ende fixiert ist. [Aufnahme aus *Physics*, Boston, D. C. Heath, 1960.]

breiter Streifen, im Fall von weißem Licht zu einer Folge farbiger Banden. Man kann das leicht sehen, wenn man eine plankonvexe Linse auf eine ebene Glasplatte legt, wie in Abb. 28.15 (a) gezeigt. Der Abstand zwischen der Linse und der Glasplatte ist von einer Luftschicht unterschiedlicher Dicke erfüllt. Das resultierende Interferenzmuster besteht aus einer Reihe konzentrischer gefärbter Ringe, der sogenannten *Newtonschen Ringe*, die in Abb. 28.15 (b) gezeigt sind.

28.4 STEHENDE EINDIMENSIONALE WELLEN

In Abschnitt 26.5 haben wir transmittierte und reflektierte Wellen auf einer Schnur besprochen, die an einem bestimmten Punkt eine Diskontinuität aufwies, wie z.B. eine Änderung im Material oder im Durchmesser. Wir wollen nun den Fall betrachten, in dem ein Ende fixiert ist, wie in Abb. 28.16 gezeigt. Das Ende O ist befestigt.

Eine einfallende transversale Welle, die sich nach links bewegt und der Gleichung $\xi = A \sin(\omega t + kx)$ gehorcht, wird an O reflektiert, was zu einer neuen Welle führt, die sich nach rechts bewegt und Gleichung $\xi = A' \sin(\omega t - kx)$ erfüllt. Die Verschiebung an jedem beliebigen Punkt der Schnur ist das Ergebnis der Interferenz oder Superposition der beiden Wellen, d.h.,

$$\xi = A \sin(\omega t + kx) + A' \sin(\omega t - kx). \tag{28.17}$$

An O ist $x = 0$, so daß

$$\xi_{(x=0)} = (A + A') \sin \omega t.$$

O ist jedoch fixiert, was bedeutet, daß zu jedem Zeitpunkt $\xi_{(x=0)} = 0$. Das setzt voraus, daß $A' = -A$. In anderen Worten, wenn die Welle am fixierten Endpunkt reflektiert wird, erleidet sie einen Phasensprung π, aber keine Änderung der Amplitude. Die Phasenveränderung kann man an der Reihe von Aufnahmen in Abb. 28.16 sehen, die ein einfallendes und ein reflektiertes Wellenpaket zeigt. Gleichung (28.17) wird dann zu

$$\xi = A[\sin(\omega t + kx) - \sin(\omega t - kx)].$$

Mit der trigonometrischen Beziehung

$$\sin\alpha - \sin\beta = 2 \sin \tfrac{1}{2}(\alpha - \beta) \cos \tfrac{1}{2}(\alpha + \beta)$$

erhalten wir

$$\xi = 2A \sin kx \cos \omega t. \tag{28.18}$$

Der Ausdruck $\omega t \pm kx$ tritt nicht mehr auf, und (28.18) stellt keine sich ausbreitende Welle dar. Sie beschreibt vielmehr eine einfache harmonische Bewegung, deren Amplitude sich von Punkt zu Punkt ändert und durch

$$\psi = 2A \sin kx \qquad \text{(Amplitude stehender Wellen)} \tag{28.19}$$

gegeben ist. Diese Amplitude wurde in Abb. 28.16 durch die gestrichelte Linie dargestellt. Für

$$kx = n\pi$$

ist die Amplitude null, wobei n eine ganze Zahl ist. Da $k = 2\pi/\lambda$, kann dieses Ergebnis auch als

$$x = \tfrac{1}{2}n\lambda \qquad \text{(Knoten)} \tag{28.20}$$

geschrieben werden. Man bezeichnet diese Punkte als *Knoten*. Aufeinanderfolgende Knoten sind durch den Abstand $\frac{1}{2}\lambda$ voneinander getrennt. Die Wellenlänge λ kann jedoch beliebig sein; nach $\lambda = v/\nu$ wird sie durch die Frequenz und die Ausbreitungsgeschwindigkeit bestimmt.

Nehmen Sie nun an, daß wir eine *zweite* Bedingung stellen: nämlich, daß der Punkt $x = L$, der sich am anderen Ende der Schnur befinden kann, ebenfalls fixiert ist. Das bedeutet, daß $x = L$ ein Knotenpunkt ist und die Bedingung

$$kL = n\pi \tag{28.21}$$

erfüllen muß. Mit (28.20) erhalten wir daher

$$L = \tfrac{1}{2}n\lambda, \tag{28.22}$$

woraus wir entnehmen können, daß die Länge der Schnur ein Vielfaches von $\frac{1}{2}\lambda$ sein muß. Die zweite Bedingung beschränkt daher automatisch die Längen der Wellen, die sich auf dieser Schnur ausbreiten können auf die Werte, die durch (28.22) gegeben sind; d.h.,

$$\lambda = \frac{2L}{n} = 2L, \frac{2L}{2}, \frac{2L}{3}, \ldots. \tag{28.23}$$

Damit sind ihrerseits auch die Schwingungsfrequenzen auf die Werte

$$\nu = \frac{v}{\lambda} = \frac{nv}{2L}$$

beschränkt. Wenn wir uns an (23.26) $v = \sqrt{T/m}$ für die Ausbreitungsgeschwindigkeiten von Wellen längs eines Seiles erinnern, das eine Spannung T und eine Masse m pro Längeneinheit hat, sind die erlaubten Frequenzen durch

$$\nu_n = \frac{n}{2L}\sqrt{\frac{T}{m}} = \nu_1, 2\nu_1, 3\nu_1, \ldots \tag{28.24}$$

bestimmt, wobei

$$\nu_1 = \frac{1}{2L}\sqrt{\frac{T}{m}} \tag{28.25}$$

als *Grundfrequenz* bezeichnet wird. Die möglichen Schwingungsfrequenzen (die sogenannten *Oberschwingungsfrequenzen*) sind daher alle Vielfache der Grundfrequenz. Wir können daher sagen, daß die Frequenzen und die Wellenlängen *gequantelt* sind und daß diese Quantelung die Folge der Grenzbedingungen sind, die *beiden* Enden der Schnur auferlegt werden. Diese

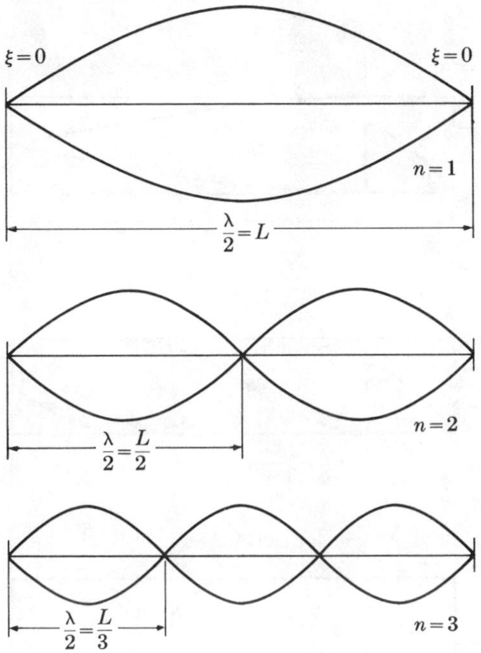

28.17 Stehende transversale Welle auf einer Saite, deren beide Enden fixiert sind.

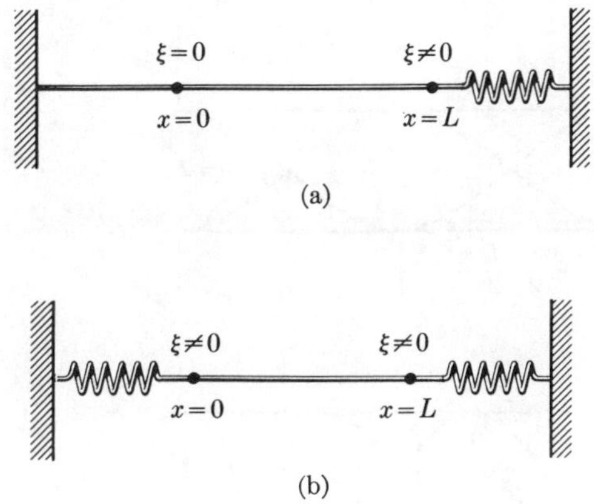

28.18

Situation tritt bei vielen physikalischen Problemen auf (Eigenwertproblem).

Abbildung 28.17 zeigt die Amplitudenverteilung für die ersten drei Schwingungsmoden ($n = 1, 2, 3$). Die Knoten, oder Punkte mit der Amplitude null, werden gemäß (28.20) bestimmt. Die Punkte größter Amplitude sind die Schwingungsbäuche. Der Abstand zwischen aufeinanderfolgenden Bäuchen ist ebenfalls $\lambda/2$. Der Abstand zwischen einem Schwingungsknoten und einem Schwingungsbauch ist offensichtlich $\lambda/4$. Beachten Sie, daß an den Bäuchen $d\xi/dx = 0$ ist, da die Amplitude ein Maximum hat, während an den Knoten $\xi = 0$ ist.

Wenn wir jedoch statt der Bedingung, daß an den Enden der Schnur $\xi = 0$ sein muß, andere physikalische Bedingungen stellen, wie z.B. für das Seil, das in Abb. 28.18 dargestellt ist, kommen wir zu einem Satz erlaubter Wellenlängen und Frequenzen, die von denen durch (28.22) und (28.24) gegebenen verschieden sind.

Es ist lehrreich, zwei andere einfache Beispiele zu betrachten, die sich auf stehende Wellen in der Luft im Innern einer Röhre, wie z.B. einer Orgelpfeife, beziehen (Abb. 28.19). An einem Ende wird durch das Mundstück Luft in die Pfeife geblasen; aufgrund der Reflexion am anderen Ende werden stehende Wellen erzeugt. Der grundlegende Unterschied zwischen diesem Fall und dem eines Seiles mit zwei fixierten Enden, den wir oben betrachtet haben, ist der, daß in der Orgelpfeife beide Enden frei sind und ξ daher an diesen Enden einen maximalen Wert besitzt; in anderen Worten, an jedem Ende liegt ein Schwingungsbauch vor. In einer offenen Röhre sind daher die Lagen der Knoten und Bäuche im Vergleich zu jenen in einem Seil vertauscht. Das wurde in Abb. 28.19 durch die durchbrochene Linie angezeigt. Wir können daher schließen, daß, wie im Fall eines Seiles mit fixierten Enden, die Länge einer Röhre ein Vielfaches von $\frac{1}{2}\lambda$ sein muß; das heißt, $L = \frac{1}{2}n\lambda$ oder

$$\lambda = \frac{2L}{n} = 2L, \frac{2L}{2}, \frac{2L}{3}, \ldots. \tag{28.26}$$

Die erlaubten Frequenzen für die stehenden Wellen sind

$$\nu_n = \frac{v}{\lambda} = n\left(\frac{v}{2L}\right) = \nu_1, 2\nu_1, 3\nu_1, \ldots, \tag{28.27}$$

wobei $n = 1, 2, 3, \ldots$ Die erlaubten Frequenzen schließen daher alle Obertöne ein, die einem Grundton der Frequenz $\nu_1 = v/2L$ entsprechen.

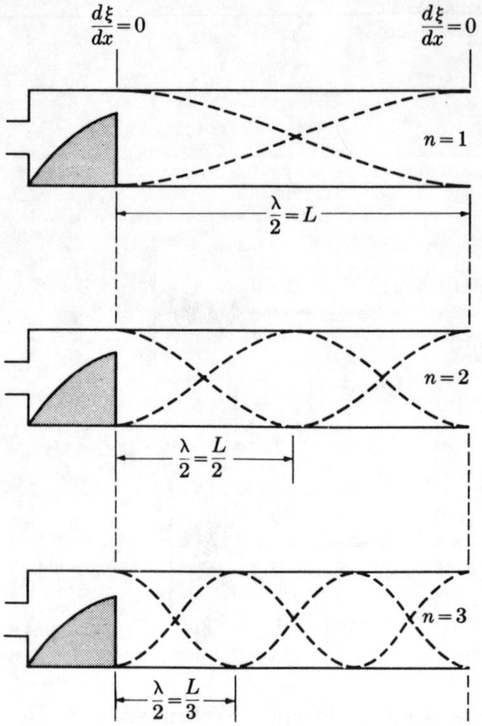

28.19 Stehende Druckwelle in einer Luftsäule, deren beide Enden offen sind.

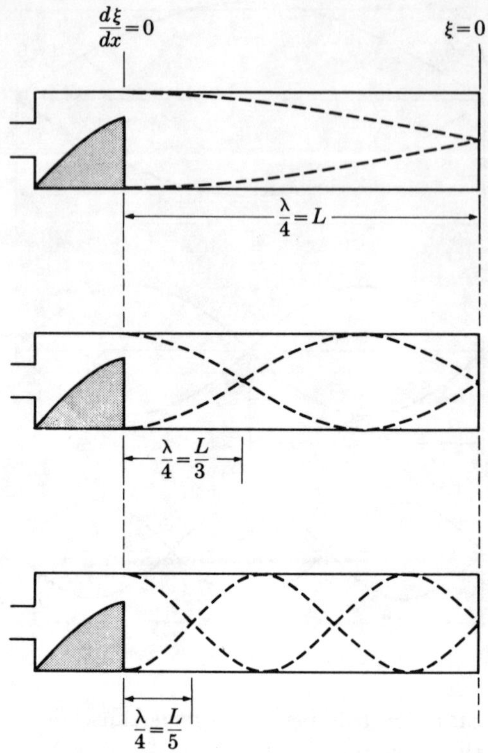

28.20 Stehende Druckwelle in einer Luftsäule, deren eines Ende geschlossen ist.

Wir wollen als nächstes eine Pfeife betrachten, die an dem dem Mundstück entgegengesetzten Ende geschlossen ist (Abb. 28.20). Die physikalischen Bedingungen am geschlossenen Ende haben sich nun geändert, während sie am Mundstück die gleichen bleiben wie im vorhergehenden Beispiel. Wir müssen daher am Mundstück wieder einen Schwingungsbauch haben, wogegen am geschlossenen Ende ($x = L$) ein Knoten sein muß. Die Verteilungen von Knoten und Bäuchen in einer geschlossenen Röhre wurde in Abb. 28.20 durch die durchbrochene Linie angedeutet. Aus der Abbildung wird klar, daß die Länge der Röhre mit der Wellenlänge über den Ausdruck $L = \frac{1}{2}n\lambda + \frac{1}{4}\lambda$ zusammenhängt, oder

$$\lambda = \frac{4L}{2n+1} = 4L, \frac{4L}{3}, \frac{4L}{5}, \ldots. \qquad (28.28)$$

Die erlaubten Frequenzen der stehenden Wellen sind

$$\nu = \frac{v}{\lambda} = (2n+1)\frac{v}{4L} = \nu_1, 3\nu_1, 5\nu_1, \ldots \qquad (28.29)$$

Die Schwingungsarten sind nun von jenen, die einer Röhre mit zwei offenen Enden entsprechen, verschieden. Das wichtigste Charakteristikum ist, daß eine Pfeife, deren eines Ende verschlossen ist, nur mit *ungeraden* Oberschwingungen der Grundschwingung $\nu_1 = v/4L$ schwingen kann. Bei gleicher Länge ist die Grundfrequenz einer geschlossenen Röhre die Hälfte der einer offenen Röhre.

Beispiel 28.3 Eine Stahlsaite hat eine Länge von 40 cm und einen Durchmesser von 1 mm. Bestimmen Sie ihre Spannung, wenn ihre Grundschwingung 440 s^{-1} ist, was dem Musikton A (oder la) in der diatonischen Skala, oder der Note C, entspricht. Nehmen Sie an, daß die Dichte der Saite $\rho = 7{,}86 \cdot 10^3\,\mathrm{kgm}^{-3}$ ist.

Lösung Die Masse pro Längeneinheit ist $m = \pi r^2 \rho$ Mit $r = 5 \cdot 10^{-4}$ m und $\rho = 7{,}86 \cdot 10^3$ kg m^{-3} erhalten wir $m = 6{,}15 \cdot 10^{-3}$ kg m^{-1}. Wenn wir (28.24) nach der Spannung T auflösen, wobei wir $n = 1$ setzen, da wir den Grundton haben wollen, erhalten wir $T = 4L^2 m v_1^2$. Wenn wir $L = 40$ cm $= 0{,}40$ m, $v_1 = 440\,\mathrm{s}^{-1}$ setzen und den berechneten Wert für m einsetzen, erhalten wir schließlich

$$T = 762{,}0\ \mathrm{N}.$$

Der Student wird daraus entnehmen, daß Saiteninstrumente durch entsprechende Wahl der Spannungen (oder Längen) ihrer Saiten gestimmt werden.

28.5 STEHENDE ELEKTROMAGNETISCHE WELLEN

Interferenz- (und Brechungs-)-Phänomene sind so charakteristisch für Wellen, daß die Physiker ihr Auftreten immer als eindeutigen Beweis dafür akzeptiert haben, daß ein Vorgang als Wellenbewegung interpretiert werden kann. Deshalb wurde im 17. Jahrhundert, als Young, Grimaldi und andere bei ihren Untersuchungen über das Licht Interferenz (und Brechung) beobachteten, die Wellentheorie des Lichtes allgemein übernommen. In dieser Zeit waren elektromagnetische Wellen noch unbekannt; Licht wurde für eine elastische Welle in einem subtilen Medium, dem sogenannten Äther, gehalten, der alle Materie durchdringen sollte. Erst Ende des 19. Jahrhunderts sagte Maxwell die Existenz elektromagnetischer Wellen voraus und Hertz bewies anhand von Interferenzversuchen, die zu stehenden elektromagnetischen Wellen führten, das Vorhandensein elektromagnetischer Wellen im Radiofrequenzbereich. Später wurden die Geschwindigkeiten dieser Wellen gemessen und man fand, daß sie gleich der Lichtgeschwindigkeit waren. Es wurde gefunden, daß Reflexion, Brechung und Polarisation elektromagnetischer Wellen ähnlich denen von Lichtwellen waren. Der offensichtliche Schluß war, Licht mit elektromagnetischen Wellen bestimmter Frequenzen gleichzusetzen. Zu diesem Zeitpunkt hörte die Optik praktisch auf, ein unabhängiger Zweig der Physik zu sein und wurde einfach zu einem Kapitel in der Theorie elektromagnetischer Wellen.

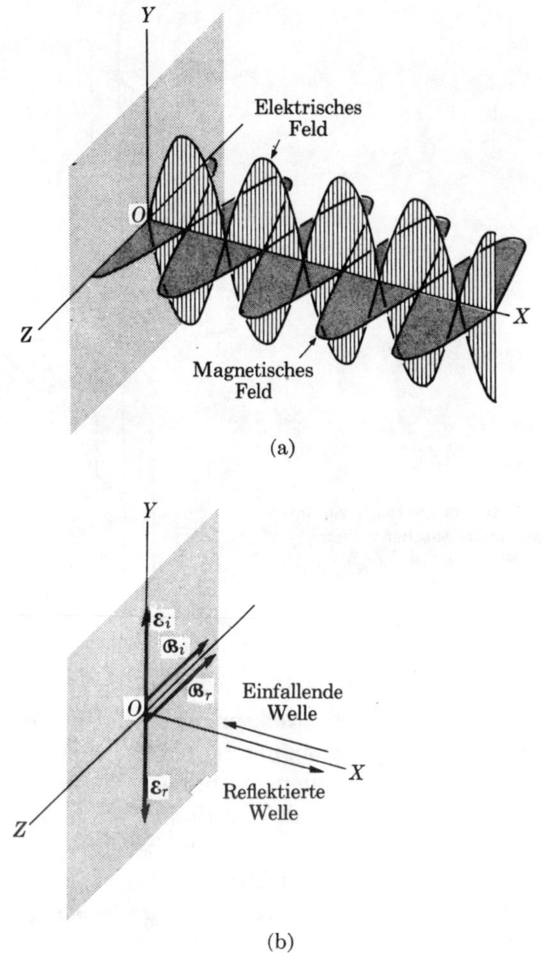

28.21 Stehende elektromagnetische Wellen, die durch Reflexion an einer leitenden Oberfläche erzeugt werden.

Um die Bildung stehender elektromagnetischer Wellen zu verstehen, nehmen Sie an, daß die Wellen, die ein oszillierender elektrischer Dipol erzeugt, senkrecht auf die ebene Oberfläche eines vollkommenen Leiters fallen (Abb. 28.21). Wir nehmen die X-Achse als Ausbreitungsrichtung an und die Y- und Z-Achsen als parallel zum elektrischen bzw. zum magnetischen Feld. Wir haben dann eine Welle, die linear polarisiert ist, wobei das elektrische Feld in der XY-Ebene schwingt und parallel zur Oberfläche des Leiters ist. An der Oberfläche eines vollkommenen Leiters muß jedoch das elektrische

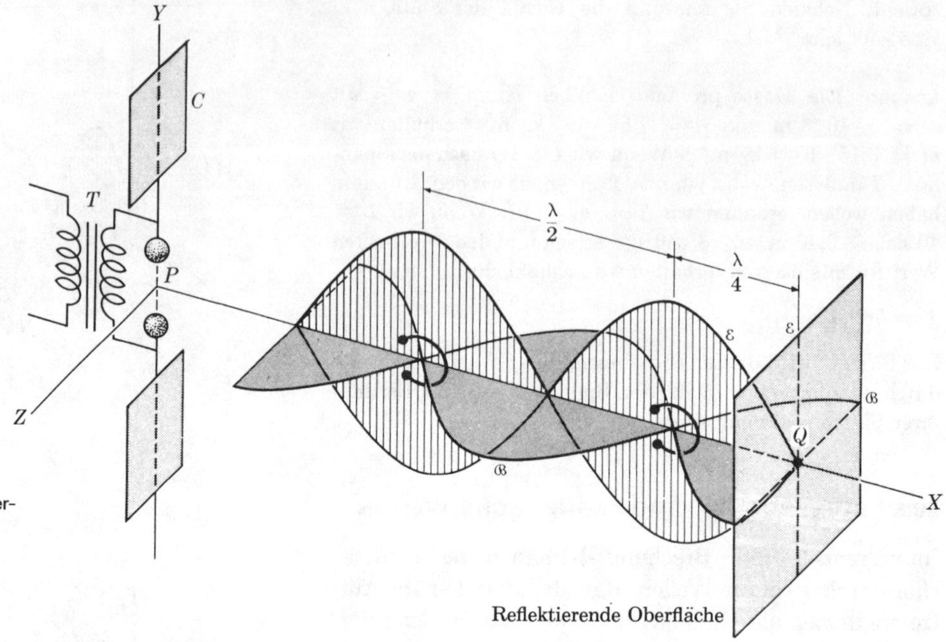

28.22 Hertzscher Versuch zur Interferenz elektromagnetischer Wellen.

Feld senkrecht zum Leiter sein; das heißt, das elektrische Feld kann keine Tangentialkomponente haben. Der einzige Weg, diese Bedingung mit der Orientierung des elektrischen Feldes in Einklang zu bringen, ist der zu fordern, daß das resultierende elektrische Feld an der Oberfläche des Leiters null sein muß. Das bedeutet, daß das elektrische Feld der reflektierten Welle an der Oberfläche gleich und entgegengesetzt dem der einfallenden Welle sein muß, was für $x = 0$

$$\mathcal{E} = \mathcal{E}_i + \mathcal{E}_r = 0 \tag{28.30}$$

ergibt. Diese Bedingung entspricht mathematisch der Bedingung für die Reflexion von Wellen in einer Saite mit einem fixierten Ende, die in Abschnitt 28.4 besprochen wurde. Da die Mathematik die gleiche ist, können wir (28.18) benutzen, um einen Ausdruck für das resultierende elektrische Feld zu schreiben,

$$\mathcal{E} = 2\mathcal{E}_0 \sin kx \sin \omega t.$$

Das magnetische Feld oszilliert in der XZ-Ebene. Mit (24.8) finden wir, daß das Magnetfeld durch

$$\mathcal{B} = 2\mathcal{B}_0 \cos kx \cos \omega t$$

ausgedrückt wird, wobei $\mathcal{B}_0 = \mathcal{E}_0/c$. Es besteht daher ein Phasenunterschied von $\frac{1}{2}\lambda$ in den Raumveränderungen und von $\frac{1}{2}P$ in den Zeitveränderungen der beiden Felder. Aus dem mathematischen Ausdruck für $\mathcal{B}$ können Sie entnehmen, daß das magnetische Feld seine maximale Amplitude an der Oberfläche hat. Man kann das auch an den Grenzbedingungen an der Oberfläche sehen: aus Abb. 28.21 (b) entnehmen wir, daß bei einem elektrischen Feld der einfallenden Welle längs der $+Y$-Achse, das Magnetfeld längs der $-Z$-Achse gerichtet sein muß, entsprechend der relativen Orientierung der beiden Felder in Bezug auf die Ausbreitungsrichtung der einfallenden Wellen, die längs der $-X$-Achse ist. Damit an der Oberfläche ein resultierendes elektromagnetisches Feld von null herrscht, muß das elektrische Feld der reflektierten Welle längs der $-Y$-Achse sein; da sich die reflektierte Welle längs der X-Achse ausbreitet, muß das magnetische Feld längs der $-Z$-Achse sein. Weil also die elektrischen Felder an der Oberfläche auslöschend interferieren, addieren sich die magnetischen Felder.

Die Amplituden der elektrischen und magnetischen Felder der resultierenden Welle im Abstand x von der Oberfläche sind $2\mathcal{E}_0 \sin kx$ und $2\mathcal{B}_0 \cos kx$. Sie sind in Abb. 28.21 (a) durch die schattierten Linien angezeigt. An den Punkten, an welchen

$$kx = n\pi \qquad \text{oder} \qquad x = \tfrac{1}{2}n\lambda$$

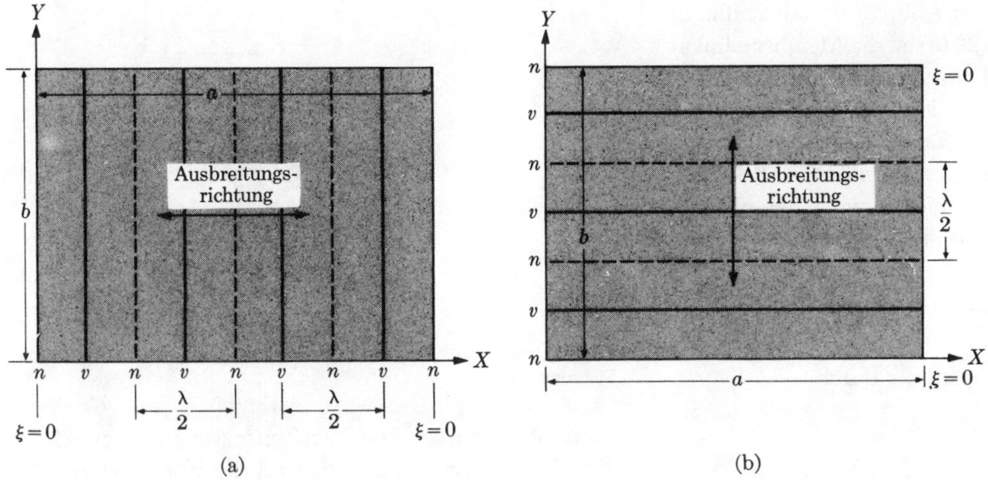

28.23 Stehende Wellen einer rechteckigen Membran.

ist das elektrische Feld null, und das magnetische Feld erreicht ein Maximum. An den Punkten, an denen

$$kx = (n + \tfrac{1}{2})\pi \qquad \text{oder} \qquad x = (2n + 1)\lambda/4,$$

hat das elektrische Feld einen maximalen Wert, wogegen das magnetische Feld null ist.

Der Hertzsche Versuch Es ist lehrreich zu sehen, wie Heinrich Hertz 1888 mit seinen einfachen Geräten die oben angegebenen theoretischen Voraussagen bewies. Der Hertzsche Oszillator ist links in Abb. 28.22 gezeigt. Der Transformator T lädt die Metallplatten C und C' auf. Diese Platten entladen sich über die Lücke P hinweg, die zu einem Dipoloszillator wird. Längs der Linie PX ist die Richtung des elektrischen Feldes parallel zur Y-Achse und die des magnetischen Feldes längs der Z-Achse. Um die Wellen zu beobachten, verwendete Hertz einen kurzen Draht, der zu einer Schlinge mit einer kleinen Öffnung gebogen war. Diese Anordnung bezeichnete er als *Resonator*. Der Durchmesser des Resonators, der bei dieser Art von Versuchen verwendet wird, muß sehr klein sein im Vergleich zur Wellenlänge. Wenn der Resonator so angebracht wird, daß seine Ebene senkrecht zum Magnetfeld der Welle ist, induziert das veränderliche Magnetfeld eine EMK im Resonator, die zu Funken in der Öffnung führt. Wenn die Ebene des Resonators andererseits parallel zum Magnetfeld ist, wird keine EMK induziert und man beobachtet keine Funken.

Um stehende elektromagnetische Wellen zu erzeugen, brachte Hertz an Q eine reflektierende Oberfläche an, die aus einem guten Leiter bestand. In diesem Fall wird der Resonator, wenn er sich an einem Knoten des magnetischen Feldes befindet, keine induzierte Emk (oder Funken) zeigen, gleichgültig welche Richtung er hat. An einem Schwingungsbauch des magnetischen Feldes ist hingegen die Funkenbildung am größten, wenn der Resonator senkrecht zum Magnetfeld angeordnet ist. Indem er den Resonator längs der Linie PQ bewegte, fand Hertz die Lage der Knoten und Bäuche und die Richtung des magnetischen Feldes. Die Ergebnisse, die Hertz erhielt, stimmten mit der theoretischen Vorhersage überein, die wir gegeben haben. Durch Messung des Abstandes zwischen zwei aufeinanderfolgenden Knoten konnte Hertz die Wellenlänge λ berechnen; da er die Frequenz ν des Oszillators kannte, konnte er die Geschwindigkeit c der elektromagnetischen Wellen anhand der Gleichung $c = \lambda\nu$ bestimmen. Mit Hilfe dieser Methode erhielt Hertz die ersten experimentellen Werte für die Ausbreitungsgeschwindigkeit elektromangetischer Wellen.

28.6 STEHENDE ZWEIDIMENSIONALE WELLEN

Wir wollen eine rechteckige Membran betrachten, die so über einen Rahmen gespannt ist, daß ihre Ränder fixiert sind. Wenn die Oberfläche der Membran gestört wird, werden Wellen erzeugt, die sich in allen Richtungen ausbreiten und an den Rändern reflektiert werden, was zur Interferenz führt. Betrachten Sie den speziellen Fall, in dem in der Membran ebene Wellen einer einzigen Frequenz erzeugt werden. Nehmen Sie weiter an, daß sich diese Wellen parallel zu einer der beiden Seiten ausbreiten, wie in Abb. 28.23 angezeigt. Statt Knoten und Bäuchen erhalten wir Knotenlinien und Linien maximaler Auslenkung, die in Abb. 28.23 mit n und v bezeichnet sind. In Abb. 28.23 (a) ist die Membran links ($x = 0$) und rechts ($x = a$) befestigt, die anderen beiden Seiten sind frei. Die Wellen breiten sich nach links und rechts längs der X-Achse aus, was zu einem System aus Linien von Knoten und Bäuchen parallel zur Y-Achse führt. An $x = 0$ und $x = a$ müssen wir Knotenlinien haben. Die Bedingung für stehende Wellen ist daher ähnlich (28.21)

$$ka = n\pi \qquad \text{oder} \qquad k = \frac{n\pi}{a}. \tag{28.31}$$

Die entsprechenden Frequenzen, die durch

$$\nu = \frac{v}{\lambda} = \frac{kv}{2\pi}$$

gegeben sind, wobei v die Ausbreitungsgeschwindigkeit der Wellen längs der Oberfläche der Membran und $k = 2\pi/\lambda$, sind

$$\nu = \frac{v}{\lambda} = n\left(\frac{v}{2a}\right). \tag{28.32}$$

In Abb. 28.23 (b) ist die Membran unten ($y = 0$) und oben ($y = b$) fixiert. Für Wellen, die sich parallel zur Y-Achse ausbreiten, sind die Linien von Knoten und Bäuchen parallel zur X-Achse. Die Bedingung für stehende Wellen ist ähnlich (28.31), wobei a durch b ersetzt wird, was

$$kb = n\pi \qquad \text{oder} \qquad k = \frac{n\pi}{b} \tag{28.33}$$

ergibt, mit den Frequenzen

$$\nu = n\left(\frac{v}{2b}\right), \tag{28.34}$$

die verschieden von denen sind, die durch (28.32) für Wellen parallel zur X-Achse gegeben sind, wenn $a \neq b$.

Wir wollen nun eine Membran betrachten, deren vier Seiten befestigt sind, und ebene Wellen, die sich in willkürlichen Richtungen auf ihrer Oberfläche ausbreiten. Zuerst erinnern wir uns daran, daß eine ebene Welle in zwei Dimensionen, wenn wir in (23.39) $z = 0$ setzen, durch

$$\xi = A \sin\left[\omega t - (k_1 x + k_2 y)\right] \tag{28.35}$$

ausgedrückt wird, wobei wir unserer gegenwärtigen

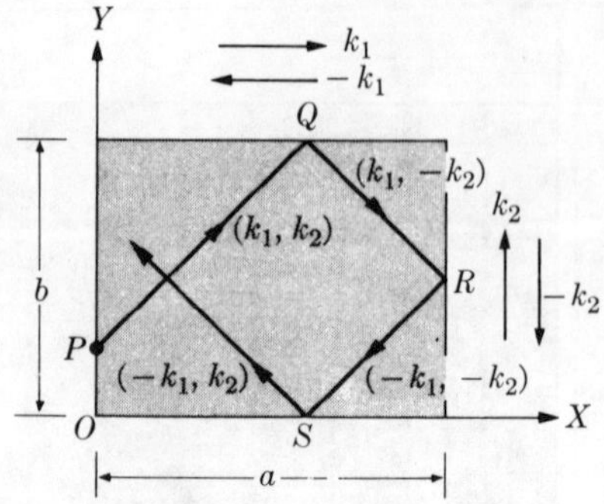

28.24 Aufeinanderfolgende Reflexionen in einer rechteckigen Membran.

Konvention gefolgt sind, den Zeitfaktor zuerst zu schreiben. Die Größen k_1 und k_2 sind die Komponenten des Vektors $\boldsymbol{k}$ parallel zur Ausbreitungsrichtung in der XY-Ebene. Er hat einen Betrag von

$$k = \frac{2\pi}{\lambda} = \frac{\omega}{v}.$$

Dann ist

$$k = \sqrt{k_1^2 + k_2^2}. \tag{28.36}$$

Für einen ursprünglichen Strahl PQ (Abb. 28.24), der durch die Komponenten k_1, k_2 charakterisiert ist, gibt es einen reflektierten Strahl QR, der durch k_1, $-k_2$ charakterisiert ist. Von R nach S gilt $-k_1$, $-k_2$, von S ab besitzt der Strahl die Komponenten $-k_1$, k_2. Bei den nachfolgenden Reflexionen dieses Strahls treten keine neuen Kombinationen von k_1 und k_2 auf. Wir schließen dann, daß längs der Membran infolge der Reflexion an den vier Seiten ein System von vier Wellen vorliegt. (Das ist vom eindimensionalen Problem verschieden, bei dem nur zwei Wellen auftreten.) Diese vier Wellen müssen so interferieren, daß an $x = 0$ und a und an $y = 0$ und b, der resultierende Wert von ξ null ist. Dann müssen an Stelle der Bedingungen (28.30) und (28.32) k_1 und k_2 die Bedingungen

$$k_1 a = n_1 \pi \qquad \text{oder} \qquad k_1 = \frac{n_1 \pi}{a}$$

und

$$k_2 b = n_2 \pi \qquad \text{oder} \qquad k_2 = \frac{n_2 \pi}{b} \tag{28.37}$$

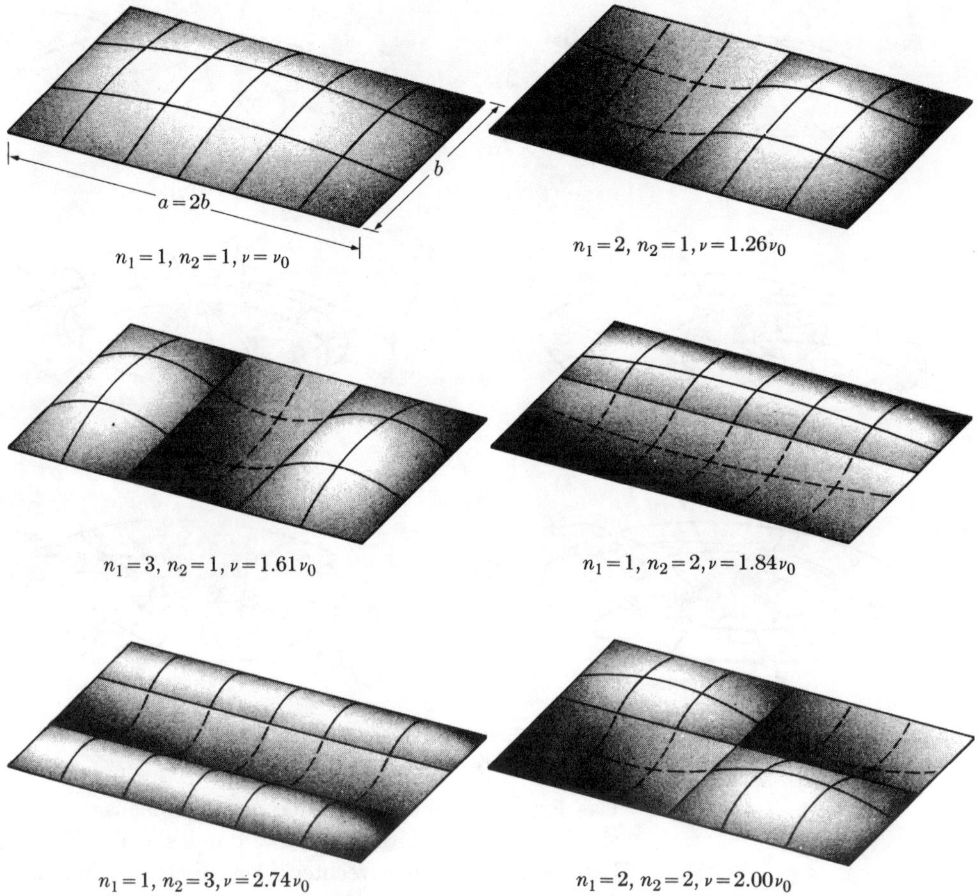

28.25 Knotenlinien der ersten Schwingunsmoden einer rechteckigen Membran. Die Frequenz jeder Schwingungsform ist durch die Grundfrequenz $\nu_0 = \sqrt{5}v/4b$ gegeben.

erfüllt wein, wobei n_1 und n_2 ganze Zahlen sind. Mit (28.36) haben wir dann

$$k = \pi\sqrt{\frac{n_1^2}{a^2} + \frac{n_2^2}{b^2}}. \tag{28.38}$$

Für die erlaubten Frequenzen erhalten wir $\nu = kv/2\pi$, oder

$$\nu = \frac{v}{2}\sqrt{\frac{n_1^2}{a^2} + \frac{n_2^2}{b^2}}. \tag{28.39}$$

Wir können daraus entnehmen, daß die erlaubten Frequenzen nun nicht mehr ganzzahlige Vielfache einer Grundfrequenz sind, sondern einer anderen Sequenz folgen.

Das Muster der Knotenlinien, das man aus (28.38) erhält, ist durch

$$k_1 x = n_1' \pi \qquad \text{und} \qquad k_2 y = n_2' \pi,$$

gegeben, wobei n_1' und n_2' ganze Zahlen sind, die kleiner als n_1 bzw. n_2 sind und die rechteckigen Muster bilden, die in Abb. 28.25 gezeigt sind.

Das Problem einer kreisförmigen Membran ist mathematisch schwieriger; wir finden jedoch wieder, daß nur bestimmte Frequenzen erlaubt sind. Symmetrieüberlegungen lassen vermuten, daß die Knotenlinien nun Kreise und Radien sind, wie in Abb. 28.26 für einige der möglichen Schwingungsarten gezeigt.

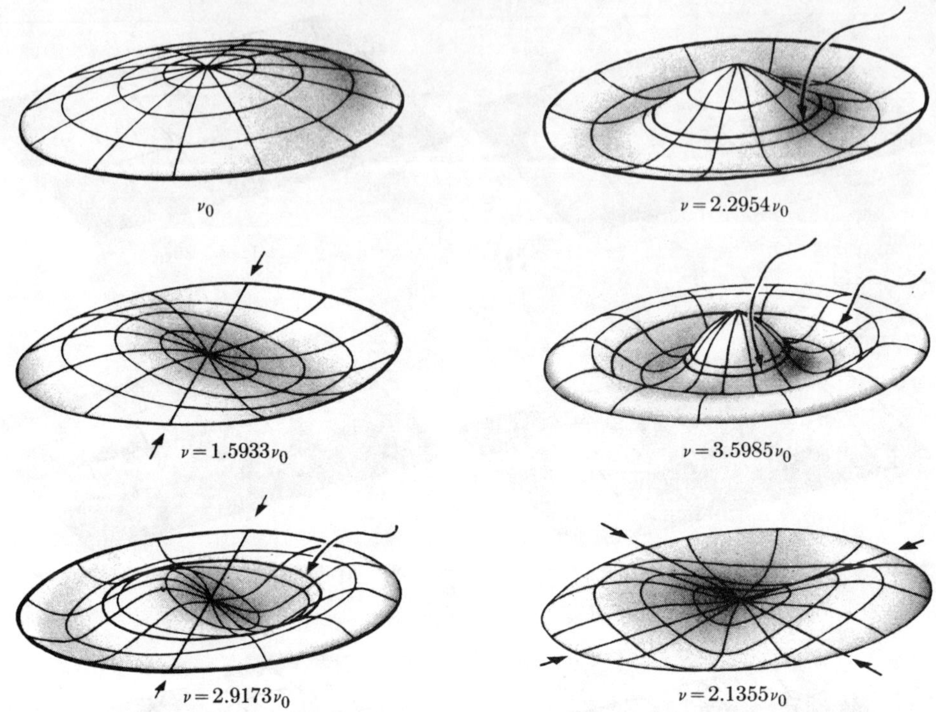

28.26 Einige der erlaubten Schwingungsmoden einer kreisförmigen Membran, Die Frequenz jeder Schwingungsmode ist durch die Grundschwingung gegeben. [Aus *Vibrations and Sound,* Philip M. Morse, McGraw-Hill Book Co., 1948.]

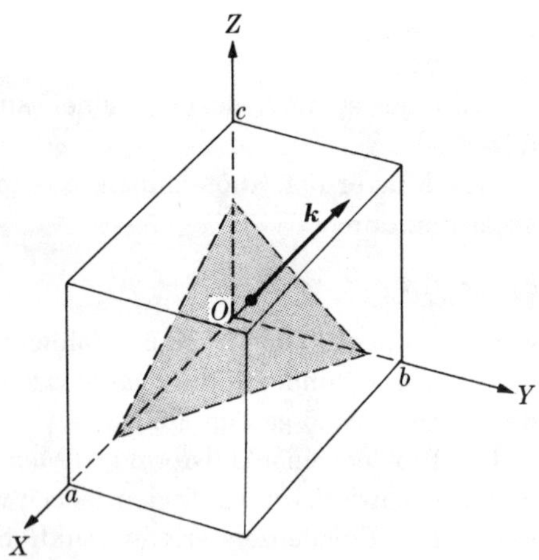

28.27 Rechtwinkliger Hohlraum.

28.7 STEHENDE WELLEN IN DREI DIMENSIONEN; RESONANZKÖRPER

Das Problem stehender Wellen in drei Dimensionen ist einfach eine Ausweitung des zweidimensionalen Falles. Betrachten Sie einen rechteckigen Hohlraum mit den Seiten a, b und c, der vollkommen reflektierende Wände hat (Abb. 28.27), so daß an allen Seiten $\xi = 0$ ist. Eine ebene Welle im Raum ist durch einen Vektor $\boldsymbol{k}$ charakterisiert, der senkrecht zur Ebene der Welle ist und drei Komponenten k_1, k_2 und k_3 längs der drei Achsen hat. Wenn innerhalb des Hohlraums eine Welle erzeugt wird, wird sie nacheinander an allen Flächen reflektiert und es entsteht ein Satz von acht Wellen, der aus allen möglichen Kombinationen zwischen $\pm k_1$, $\pm k_2$ und $\pm k_3$ besteht. Die Interferenz oder Überlagerung dieser acht Wellen führt zu stehenden Wellen, wenn die k_1-, k_2- und k_3-Komponenten von $\boldsymbol{k}$ die entsprechenden Werte haben. In Analogie zu (28.37) sind diese Werte

$$k_1 a = n_1 \pi, \qquad k_2 b = n_2 \pi, \qquad k_3 c = n_3 \pi \qquad \text{oder}$$

$$k_1 = \frac{n_1 \pi}{a}, \qquad k_2 = \frac{n_2 \pi}{b}, \qquad k_3 = \frac{n_3 \pi}{c}, \tag{28.40}$$

wobei n_1, n_2 und n_3 ganze Zahlen sind.

Da $k = \sqrt{k_1^2 + k_2^2 + k_3^2}$, können wir schreiben

$$k = \pi\sqrt{\frac{n_1^2}{a^2} + \frac{n_2^2}{b^2} + \frac{n_3^2}{c^2}}, \qquad (28.41)$$

und die erlaubten Frequenzen der stehenden Wellen im Hohlkörper sind

$$\nu = \frac{v}{2}\sqrt{\frac{n_1^2}{a^2} + \frac{n_2^2}{b^2} + \frac{n_3^2}{c^2}}. \qquad (28.42)$$

Ein Hohlraum wie der in Abb. 28.27 gezeigte wird daher eine Resonanz für die Frequenzen zeigen, die durch (28.42) gegeben sind.

Im Fall eines sphärischen oder zylindrischen Hohlraums ist die mathematische Behandlung schwieriger, aber wir finden wieder, daß nur bestimmte Frequenzen erlaubt sind.

Die Ergebnisse, die wir für stehende Wellen in Hohlräumen erhalten haben, haben eine weite Anwendung. In der Akustik werden Resonanzkörper z.B. zur Klanganalyse verwendet. Resonanzkörper für elektromagnetische Wellen haben Wände, die aus Materialien bestehen, die gute elektrische Leiter sind, so daß die Wände die bestmöglichen Reflektoren sind. Diese Hohlräume können stehende elektromagnetische Wellen definierter Frequenz bei sehr geringer Dämpfung der Wellen durch Energieverluste infolge von Reflexion aufrecht erhalten. Das bedeutet, daß die Hohlräume als Speicherräume für elektromagnetische Energie dienen. Die genaue Theorie elektromagnetischer stehender Wellen in Hohlräumen ist wegen des transversalen Charakters der Wellen etwas komplizierter als es unsere Diskussion hier andeutet. Die Ergebnisse wie (28.42) bleiben jedoch gleich. Solche Hohlräume werden für Frequenzmessungen verwendet (so wie bei akustischen Resonanzkörpern), für die Frequenzkontrolle in Schwingkreisen und zur Messung der Eigenschaften des Materials, das den Hohlraum ausfüllt.

28.8 WELLENLEITER

Die Hohlräume, die oben besprochen wurden, erlauben nur stehende Wellen. Es besteht jedoch die Möglichkeit, in bestimmten geschlossenen Räumen, sogenannten *Wellenleitern*, fortschreitende Wellen zu erzeugen. Diese Wellenleiter sind lange Hohlräume, die an beiden Enden offen sind. An einem Ende werden Wellen eingefüttert, am anderen werden sie empfangen. Wir wollen eine einfache Art von Wellenleiter genauer besprechen, der aus zwei parallelen Ebenen im Abstand a besteht (Abb. 28.28). Wenn im Innern des Hohlraums eine Welle erzeugt wird, die einen Winkel mit den Ebenen bildet, der durch den Vektor $\boldsymbol{k}$ bestimmt ist, dessen Komponenten k_1 und k_2 parallel bzw. senkrecht zu den Ebenen ist, wird die Welle an den beiden begrenzenden Oberflächen aufeinanderfolgende Reflexionen erleiden, wodurch sie zwischen den beiden hin und her geworfen wird. Da der Raum in der zu den Ebenen parallelen Richtung nicht begrenzt ist (wie das beim Hohlraum der Fall war), wird sich die Welle nach rechts fortpflanzen. Wir wollen die X-Achse parallel zu den Ebenen und die Y-Achse senkrecht zu ihnen wählen, so daß der Vektor $\boldsymbol{k}$ in der XY-Ebene liegt. In Abb. 28.28 haben wir den Gang eines ausgewählten Strahls angezeigt. Längs PQ ist der Strahl durch die Komponenten k_1, k_2 charakterisiert, von Q nach R durch die Komponenten k_1, $-k_2$, von R an wieder durch k_1 und k_2 u.s.w. Wir schließen dann, daß wir im Raum zwischen den reflektierenden Ebenen zwei Wellensätze haben, die k_1, k_2 bzw. k_1, $-k_2$ entsprechen. (Erinnern Sie sich daran, daß wir im Fall einer zweidimensionalen stehenden Welle, wie z.B. dem einer Membran, wegen der zusätzlichen Wellen, die durch Reflexion an den rechten und linken Enden entstanden, vier Wellen erhielten). Bei der Fortpflanzung längs des Raumes zwischen den beiden Platten interferieren die beiden Wellen. Um das

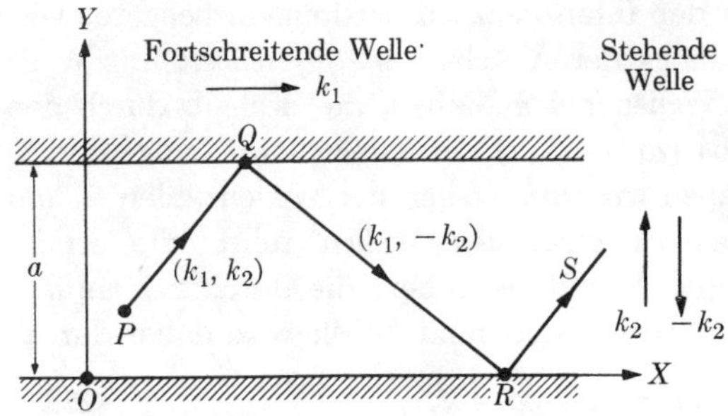

28.28 Strahl, der sich zwischen zwei parallelen reflektierenden Ebenen ausbreitet.

Ergebnis der Interferenz zu bestimmen, beachten wir, daß wir längs der X-Achse *eine fortschreitende* Welle mit der Wellenzahl k_1 haben, die deshalb durch den Faktor $\cos(\omega t - k_1 x)$ dargestellt wird. Längs der Y-Achse haben wir *zwei* Wellen der Wellenzahlen k_1 und $-k_2$, was zu *stehenden* Wellen führt, die gemäß (28.19) eine Amplitude haben, die durch $2A \sin k_2 y$ gegeben ist. Die resultierende Welle wird daher durch

$$\xi = 2A \sin k_2 y \cos(\omega t - k_1 x) \tag{28.43}$$

ausgedrückt, wobei

$$k_2 = \frac{n\pi}{a} \tag{28.44}$$

ist, um die Grenzbedingung $\xi = 0$ bei $y = a$ zu erfüllen. Der Term $\cos(\omega t - k_1 x)$ entspricht einer Welle, die längs der X-Achse mit einer Phasengeschwindigkeit

$$v_p = \frac{\omega}{k_1} = \left(\frac{k}{k_1}\right) v \tag{28.45}$$

fortschreitet, da $k = \omega/v$. Da $k_1 \leqq k$, weil k_1 eine Komponente von $\boldsymbol{k}$ ist, zeigt (28.45), daß die Phasengeschwindigkeit der Welle, die längs des Hohlraums fortschreitet, größer ist als die Phasengeschwindigkeit $v = \omega/k$ der Welle im freien Raum. Aus $k^2 = k_1^2 + k_2^2$ und (28.44) erhalten wir

$$k^2 = k_1^2 + \frac{n^2\pi^2}{a^2}$$

oder, indem wir $k = \omega/v$ setzen,

$$k_1 = \sqrt{\frac{\omega^2}{v^2} - \frac{n^2\pi^2}{a^2}}. \tag{28.46}$$

Die Gruppengeschwindigkeit, die mit der durch (28.45) gegebenen Phasengeschwindigkeit assoziiert ist, ist gemäß (23.49) und (28.46)

$$v_g = \frac{d\omega}{dk_1} = \frac{k_1}{\omega} v^2 = \left(\frac{k_1}{k}\right) v, \tag{28.47}$$

was wegen $k_1 \leq k$ kleiner als v ist. Indem wir (28.45) und (28.47) multiplizieren, erhalten wir $v_p v_g = v^2$. Für elektromagnetische Wellen im Vakuum ($v = c$) ist $v_p v_g = c^2$. Wir sehen also, daß selbst ein leerer elektromagnetischer Wellenleiter als dispergierendes Medium mit

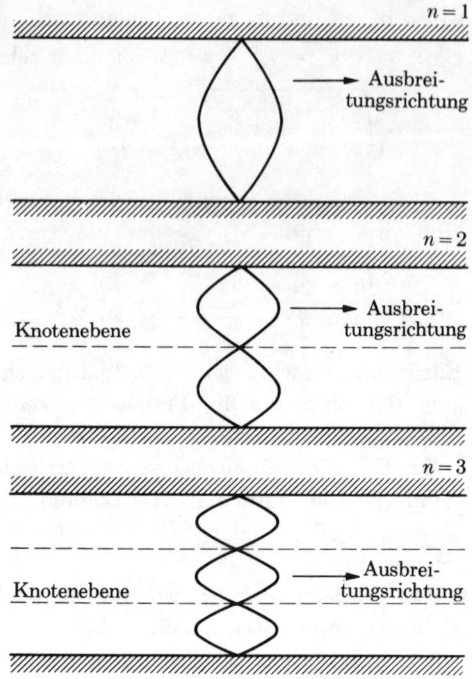

28.29 Die ersten drei Ausbreitungsmoden einer Welle zwischen zwei parallelen reflektierenden Ebenen.

einem Brechungsindex kleiner als eins wirkt. Daher ist die Phasengeschwindigkeit größer als c, aber die Gruppengeschwindigkeit kleiner als c.

Gleichung (28.46) zeigt auch eine andere wichtige Eigenschaft von Wellenleitern. Da k_1 eine reelle Zahl sein muß, damit sich die Wellen längs des Wellenleiters ausbreiten, muß

$$\frac{\omega^2}{v^2} \geqq \frac{n^2\pi^2}{a^2}$$

sein, was

$$\omega \geqq \frac{n\pi v}{a} \qquad \text{oder} \qquad v \geqq \frac{nv}{2a} \tag{28.48}$$

liefert. In anderen Worten, nur Wellen, deren Frequenzen (28.48) erfüllen, pflanzen sich längs des Wellenleiters fort. Jede Schwingungsart wird durch den Wert von n bestimmt; für jede Schwingungsart gibt es eine Ausschlußfrequenz, die gleich $nv/2a$ ist, unterhalb derer eine Ausbreitung unmöglich ist. Wellenleiter wirken daher als Frequenzfilter.

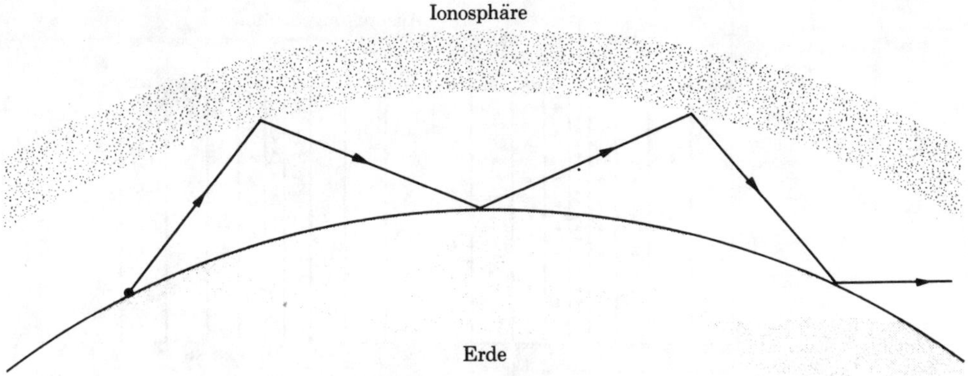

28.30 Die Ionosphäre und die Erde wirken als Wellenleiter für Radiowellen.

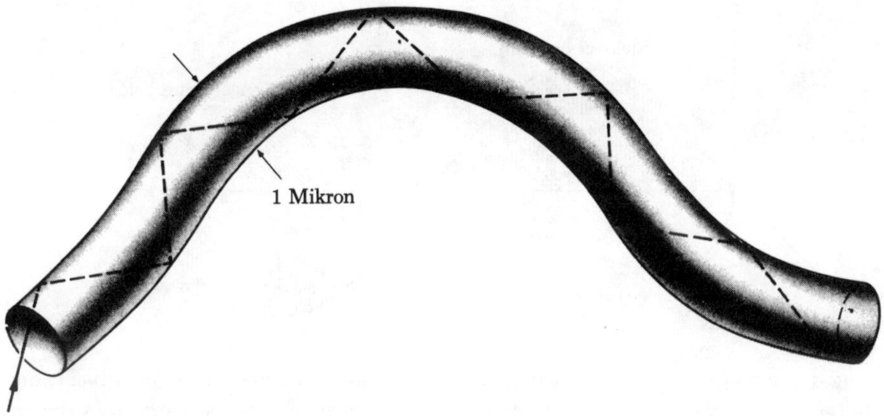

28.31 Optische Fasern wirken als Wellenleiter für Licht.

Obwohl sich die Welle innerhalb des Wellenleiters längs der X-Achse ausbreitet, ist die Amplitude transversal in der Y-Richtung durch den Faktor sin $k_2 y$ in (28.43) moduliert. Die transversale Änderung der Amplitude ist in Abb. 28.29 für $n = 1$, 2 und 3 gezeigt. In der Praxis haben Wellenleiter entweder rechteckige oder kreisförmige Querschnitte.

Obwohl unsere Diskussion für alle Wellenleiter gilt, die für beliebige Arten von Wellen verwendet werden können, weist der Fall bei elektromagnetischen Wellen einige Besonderheiten auf. Wegen des transversalen Charakters elektromagnetischer Wellen gibt es für jedes $\boldsymbol{k}$ zwei mögliche Schwingungsarten, in Abhängigkeit von der relativen Orientierung des elektrischen Feldes $\boldsymbol{\mathcal{E}}$ in Bezug auf die Seiten des Wellenleiters. Elektromagnetische Wellenleiter haben im Mikrowellenbereich zum Zweck der Übertragung von Signalen eine weite Anwendung.

Es ist beachtenswert, daß der Bereich zwischen der Erdoberfläche und der Ionosphäre, ungefähr 80 km oberhalb der Erde, einen Wellenleiter bildet, der die Ausbreitung von Radiowellen um die Erdkrümmung erlaubt, wie in Abb. 28.30 gezeigt.

Ein einfaches Beispiel für Wellenleiter mit parallelen Ebenen im optischen Bereich stellen zwei parallele Spiegel dar, wie man sie z.B. bei einigen Frisören findet. Eine andere Art optischer Wellenleiter besteht aus durchsichtigen Fasern mit wenigen Mikron Durchmesser, die man optische Fasern nennt. Diese Fasern bestehen aus Glas oder Quarz; es werden jedoch auch andere Materialien wie z.B. Nylon, getestet. Ein Strahl, der an einem Ende eintritt, folgt aufgrund mehrerer Reflexionen der Faserachse und tritt am anderen Ende aus (Abb. 28.31). Wenn die Fasern als Bündel angeordnet sind, kann ein Bild von einem Punkt an einen anderen übertragen werden. Akustische Wellenleiter sind ebenfalls sehr ge-

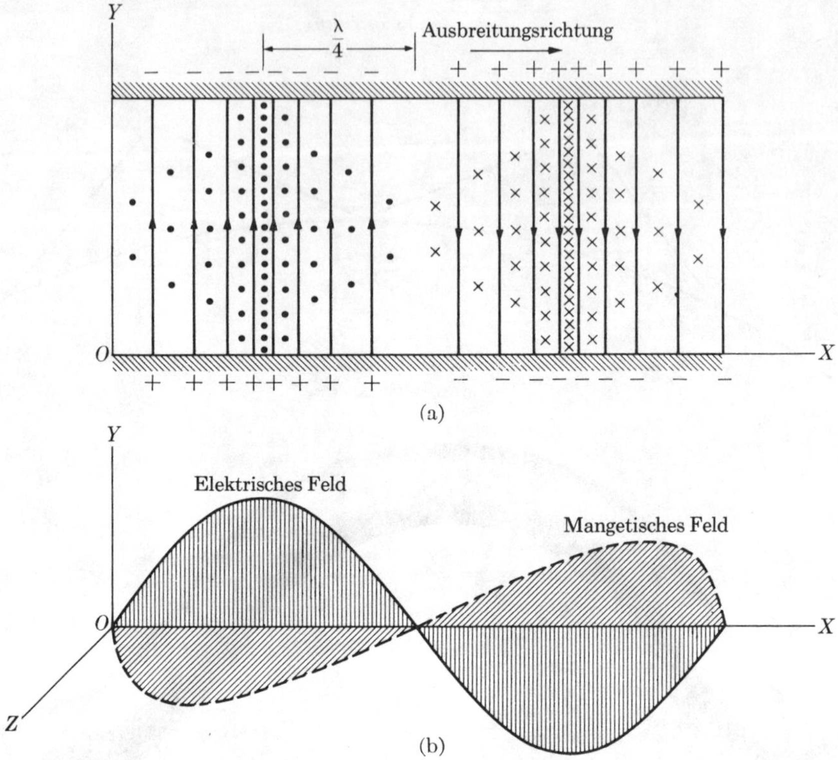

28.32 (a) Elektrische Kraftlinien (senkrechte Linien) und magnetische Kraftlinien (Punkte und Kreuze) in der *XY*-Ebene für eine elektromagnetische Welle, die sich parallel zu zwei reflektierenden Ebenen parallel zur *XZ*-Ebene ausbreitet. (b) Elektrisches und magnetisches Feld in der in Teil (a) dargestellten Welle.

bräuchlich. Die Luftleitungen im Heizungssystem eines Hauses wirken als akustische Wellenleiter, die in der Lage sind, Geräusche aus dem Heizofen oder von einem Raum in den anderen zu übertragen. Das Innenohr stellt im wesentlichen einen akustischen Wellenleiter dar.

Beispiel 28.4 *Elektromagnetische Wellen in einem planparallelen Wellenleiter*. Elektromagnetische Wellen in Leitern weisen bestimmte, ihnen eigene Besonderheiten auf, die auf ihren transversalen Charakter und auf die Bedingungen an der Oberfläche eines Leiters zurückzuführen sind. Diese Bedingungen sind: (1) das elektrische Feld ist senkrecht und (2) das magnetische Feld ist tangential zur Oberfläche des Leiters. Eine mögliche Lösung der Maxwellschen Gleichungen, die diese Bedingungen für einen ebenen Wellenleiter erfüllt, ist die, die durch (24.4) gegeben ist; d.h.

$$\mathcal{E}_y = \mathcal{E}_0 \sin(\omega t - kx), \quad \mathcal{B}_z = \mathcal{B}_0 \sin(\omega t - kx)$$

wobei $\mathcal{B}_0 = \mathcal{E}_0/c$. Die Kraftlinien des elektrischen Feldes sind in Abb. 28.32 durch Linien dargestellt, die des magnetischen Feldes durch Punkte und Kreuze. In diesem Fall ändert der Wellenleiter die Phasengeschwindigkeit der Welle nicht, die sich mit der gleichen Phasengeschwindigkeit $c = \omega/k$ wie im freien Raum ausbreitet; der Wellenleiter begrenzt nur die Wellenfront.

Die Maxwellschen Gleichungen lassen jedoch auch andere Lösungen zu, die die Grenzbedingungen ebenfalls erfüllen. Eine der möglichen Lösungen bezeichnet man als TE (*transversal elektrische*) Lösung, da das elektrische Feld parallel zu den beiden Oberflächen, oder transversal ist, während das magnetische Feld eine Komponente längs der effektiven Ausbreitungsrichtung, oder der *X*-Achse, aufweist. Das elektrische und das magnetische Feld sind jedoch senkrecht zueinander. Abbildung 28.33 (a) zeigt die Kraftlinien für die Grundschwingungsmode, $n = 1$. Die Kraftlinien des elektrischen Feldes sind Gerade, parallel zu den Ebenen (senkrecht zur Buchseite) und sind daher durch Punkte und Kreuze dargestellt, während die Kraftlinien des magnetisches Feldes geschlossene Kurven sind. Jedes Muster nimmt eine Hälfte der effektiven Wellenlänge $2\pi/k_1$ ein, aufeinanderfolgende Muster haben einen Phasenunterschied von π. Die Muster schreiten längs des Wellenleiters mit der Phasengeschwindigkeit $v_p = \omega/k_1$ fort.

Eine andere mögliche Lösung der Maxwellschen Glei-

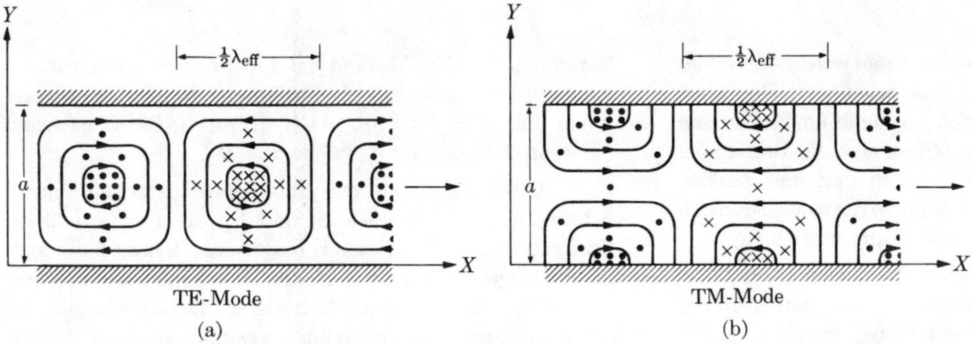

28.33 Wellenleiter für elektromagnetische Wellen. (a) Transversale elektrische Schwingungsmode (b) Transversale magnetische Schwingungsmode.

chungen wird als TM (*transversale magnetische*) Lösung bezeichnet, da das Magnetfeld transversal ist. Das elektrische Feld hat hingegen eine Komponente längs der effektiven Ausbreitungsrichtung. Beide Felder bleiben senkrecht zueinander. Abbildung 28.33(b) zeigt wieder die Kraftlinien für die Grundschwingungsmode, $n = 1$. Die Kraftlinien des magnetischen Feldes sind hier Gerade, parallel zu den Ebenen (senkrecht zur Buchseite), und sind durch Punkte und Kreuze angedeutet, während die Kraftlinien des elektrischen Feldes den gezeigten Mustern entsprechen.

Wie im TE-Fall nimmt jedes Muster die Hälfte der effektiven Wellenlänge $2\pi/k_1$ ein und die Muster schreiten längs des Wellenleiters mit der Phasengeschwindigkeit $v_p = \omega/k_1$ fort.

FRAGEN

1. Warum sagen wir, daß Interferenzphänomene ein Zeichen für die Wellennatur eines Vorgangs sind?
2. Erklären Sie, warum Kohärenz für die Beobachtung von Interferenz wesentlich ist.
3. Kann man ein Interferenzmuster beobachten, wenn die beiden Quellen (a) verschiedene Frequenzen, (b) einen Phasenunterschied, (c) willkürlich veränderliche Phasenunterschiede haben?
4. Die zwei Spalte in einem Youngschen Versuch werden mit Licht der Wellenlängen λ_1 und λ_2 beleuchtet. Tragen Sie im gleichen Diagramm die Intensitätsverteilung für jede der Wellenlängen auf und beschreiben Sie das beobachtete Interferenzmuster. Nehmen Sie an, daß $\lambda_1 > \lambda_2$.
5. In einem Youngschen Versuch wird weißes Licht verwendet. Erwarten Sie ein Interferenzmuster? Wenn man ein Muster erhielte, beschreiben Sie, was man sehen würde.
6. Tritt ein Interferenzmuster auf, wenn polarisiertes Licht auf die beiden Spalte in einem Youngschen Versuch fällt? Was passiert, wenn das Licht nicht polarisiert ist?
7. Ist die Kohärenz eine Eigenschaft, die (a) die Reflexion, (b) die Brechung, (c) die Polarisation betrifft?
8. Warum bezeichnet man die Vorrichtung, die Michelson verwendete (beschrieben in Kapitel 6) als ein Interferometer?
9. In Beispiel 28.2 wurde die Interferenz an dünnen Filmen besprochen. Erklären Sie, warum der Film dünn sein muß.
10. In welcher Beziehung dürfen wir die Interferenzphänomene, die durch Schall- und Lichtwellen hervorgerufen werden, als identisch betrachten? In welcher Beziehung sind sie verschieden?
11. Wie beeinflußt eine Temperaturveränderung die Frequenz stehender Wellen in einer Röhre?
12. Welchen Einfluß hat eine Spannungsänderung auf die Frequenz einer stehenden Welle in einer Saite?
13. Betrachten Sie einen planparallelen Wellenleiter. Ist die Wellenlänge der fortschreitenden Welle größer, kleiner oder gleich der Wellenlänge im freien Raum? Erläutern Sie Ihre Antwort.
14. Erklären Sie, warum es eine Ausschlußfrequenz oder maximale Wellenlänge für Wellen gibt, die in einem Wellenleiter übertragen werden können.
15. Zeigen Sie, daß die Amplitude stehender Wellen in einer Saite, die durch (28.19) gegeben ist, die Gleichung

$$\frac{d^2\psi}{dx^2} + k^2\psi = 0$$

erfüllt.

28.1 Zwei Schlitze im Abstand von 1 mm werden mit rotem Licht der Wellenlänge $6{,}5 \cdot 10^{-7}$ m beleuchtet. Die Interferenzstreifen werden auf einen Schirm, der in 1 m Entfernung von den Spalten angebracht ist, beobachtet. (a) Bestimmen Sie den Abstand zwischen den hellen und den dunklen Streifen. (b) Bestimmen Sie den Abstand des dritten dunklen und des fünften hellen Streifens vom Mittelstreifen.

28.2 Mit Hilfe eines Fresnelschen Biprismas (Abb. 28.4) werden auf einem Schirm in einer Entfernung von 0,80 m vom Biprisma Interferenzstreifen erzeugt, wobei man ein Licht der Wellenlänge von $6{,}0 \cdot 10^{-7}$ m verwendet. Bestimmen Sie den Abstand zwischen den beiden Bildern, die das Birprisma liefert, wenn 21 Streifen auf dem Schirm 2,4 mm einnehmen.

28.3 Eine Quelle wird in einem Abstand d von einem Fresnelschen Biprisma angebracht, das einen Brechungsindex n und einen sehr kleinen Winkel A hat; zeigen Sie, daß der Abstand zwischen den beiden Bildern $a = 2(n-1)Ad$ ist, wobei A in Radiant ausgedrückt wird. Berechnen Sie die Abstände zwischen den Streifen für grünes Licht der Wellenlänge $5 \cdot 10^{-7}$ m, das von einer Quelle erzeugt wird, die 5 cm von einem Biprisma entfernt ist, welches einen Brechungsindex von 1,5 und einen Winkel von 2° hat. Der Schirm ist 1 m vom Prisma entfernt.

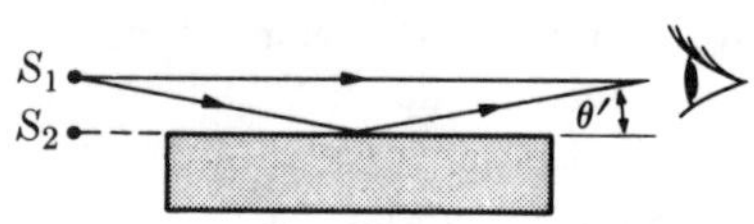

28.34 Glasplatte

28.4 Abbildung 28.34 zeigt eine Anordnung, die als *Lloydscher Spiegel* bezeichnet wird und welche Interferenzmuster hervorruft. Die kohärenten Lichtquellen sind die Quelle S_1 und ihr Bild S_2, welches auf die Reflexion an der oberen Fläche der Glasplatte zurückzuführen ist. Die interferierenden Strahlen sind deshalb die, die direkt von der Quelle kommen und die, welche vom Glas reflektiert werden. Welchen Schluß würden Sie über die Phasenänderung durch Reflexion ziehen, wenn der Streifen, der einem Gangunterschied von null entspricht, (a) hell, (b) dunkel ist? Im Versuch erhält man das Ergebnis (b). Was ist angesichts der Diskussion in Abschnitt 26.6 zu erwarten?

28.5 Beim *Lloydschen Spiegel* liegen der Spalt der Quelle S_1 und sein virtuelles Bild S_2 in einer Ebene, 20 cm hinter der linken Kante des Spiegels (siehe Abb. 28.34). Der Spiegel ist 30 cm lang, an der rechten Kante wird ein Schirm angebracht. Berechnen Sie den Abstand des Lichtmaximums von dieser Kante, wenn die senkrechte Entfernung von S_1 zum Spiegel 2 mm und $\lambda = 7{,}2 \cdot 10^{-7}$ m ist. [*Hinweis:* Die Winkel sind alle sehr klein und $\tan\theta \approx \sin\theta = \theta$.]

28.6 Diskutieren Sie das Interferenzmuster auf einem Schirm, wenn die Quellen S_1 und S_2, die durch die kleine Entfernung a getrennt sind, längs einer Senkrechten zum Schirm angeordnet sind (Abb. 28.35a). Experimentell könnten die beiden Quellen die Bilder einer Lichtquelle sein, die durch Reflexion an den beiden Oberflächen eines dünnen Glimmerplättchens entstehen (Abb. 28.35b). Man bezeichnet diese Anordnung als *Pohlsches Interferometer*.

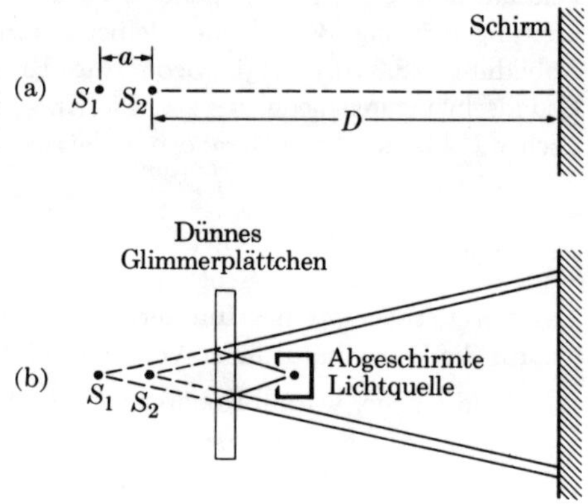

28.35

28.7 Zwei synchronisierte Schallquellen senden Wellen gleicher Intensität und mit einer Frequenz von 680 s^{-1} aus. Die Quellen sind 0,75 m voneinander entfernt. Die Schallgeschwindigkeit ist 340 m s^{-1}. Bestimmen Sie die Position geringster Intensität (a) auf einer Linie, die durch die Quellen geht, (b) auf einer Ebene, die die Verbindungslinie zwischen den beiden Quellen senkrecht schneidet, (c) auf einer Ebene, die die beiden Quellen enthält. (d) Ist die Intensität in einem der Minima null?

28.8 Eine Methode zur Beobachtung von Interferenzmustern, die von zwei Spalten erzeugt werden, ist die, sie mit parallelen Lichtstrahlen zu beleuchten, eine Sammellinse hinter der Ebene der Spalte anzubringen und das Interferenzmuster auf einem Schirm zu beobachten, der sich im Brennpunkt der Linse befindet (Abb. 28.36). Zeigen Sie, daß die Lage der hellen Streifen relativ zum Mittelstreifen durch

$$x = n\left(\frac{f\lambda}{a}\right)$$

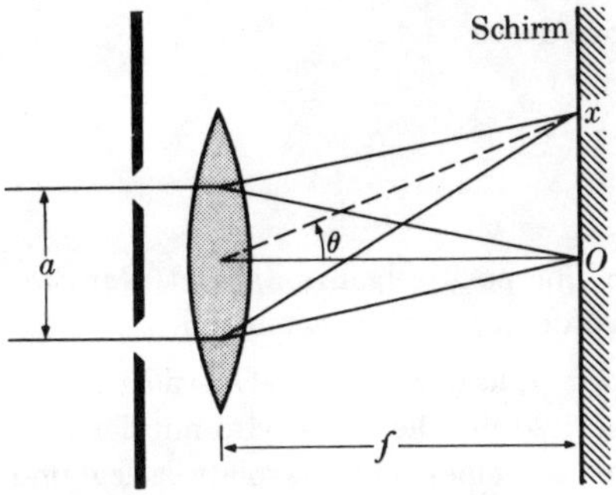

28.36

gegeben ist und daß die dunklen Streifen

$$x = (2n + 1)\left(\frac{f\lambda}{2a}\right)$$

entsprechen, wobei n eine ganze Zahl, f die Brennweite der Linse und a der Abstand zwischen den beiden Spalten ist.

28.9 Eine Interferometeranordnung, die in der Radioastronomie verwendet wird, besteht aus zwei Radioteleskopen in einem bestimmten Abstand. Die Antennen dieser Teleskope können verschiedenen orientiert sein, werden aber immer parallel gehalten. Die Signale, die die Antennen empfangen, werden auf einen Empfänger übertragen, wo sie gemischt werden (Abb. 28.37a). (a) Zeigen Sie, daß die Einfallsrichtung, für die das resultierende Signal ein Maximum ist, durch (28.11)

$$\sin\theta = \frac{n\lambda}{a}$$

gegeben ist. [*Hinweis:* Beachten Sie, daß die Situation genau das Gegenteil der für zwei Quellen ist, die in Abb. 28.3 dargestellt ist.] (b) Fertigen Sie eine Polardarstellung der Intensität des Signals als Funktion des Winkels θ an. (c) Abb. 28.37(b) zeigt das Doppelinterferometer von Green Banks, West Virginia, das bei einer Wellenlänge von 11 cm arbeitet. Der Abstand a zwischen den beiden Radioteleskopen kann bis zu 2700 m reguliert werden. Bestimmen Sie den Winkel, den die beiden zentralen Intensitätsmaxima bei maximalem Abstand zwischen den beiden Teleskopen überstreichen.

28.10 Nehmen Sie an, daß es statt der zwei parallelen Spalte in einem Youngschen Versuch drei parallele Spalte im gleichmäßigen Abstand a gäbe. Diskutieren Sie die Intensitätsverteilung des Interferenzmusters, das man auf einem entfernten Schirm beobachtet.

28.11 Besprechen Sie die Winkelverteilung der Intensität für (a) drei und (b) fünf identische Wellenquellen im gleich-

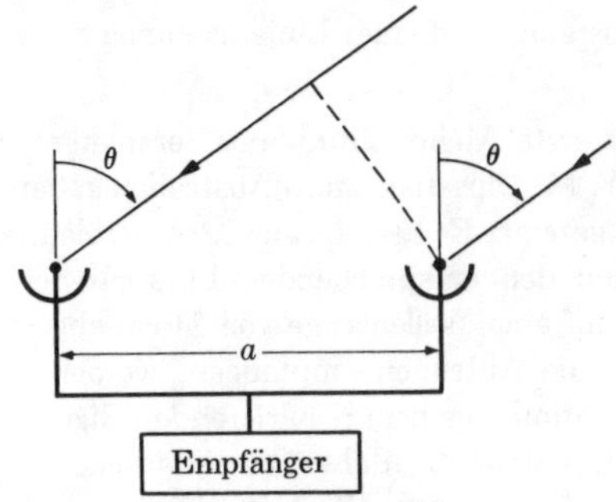

(a)

(b)

28.37 (a) Radiointerferometeranordnung. (b) Zweielementiges Radiointerferometer in Green Bank, West Virginia. [Aufnahme mit liebenswürdiger Genehmigung des National Radio Astronomy Observatory.]

28.38 Gitterradiointerferometer der University of Sydney, Australien. [Aufnahme mit liebenswürdiger Genehmigung von Prof. W. N. Christiansen.]

mäßigen Abstand a auf einer Linie. Nehmen Sie an, daß $a = \lambda/2$ ist.

28.12 Das erste Mehrfachradiointerferometer wurde 1951 von Prof. W. M. Christiansen in Australien gebaut. Es ist in Abb. 28.38 gezeigt. Es besteht aus 32 Antennen im Abstand von 7 m und den entsprechenden Parabolreflektoren. Das System ist auf eine Wellenlänge von 21 cm abgestimmt. Die Signale, die die Antennen empfangen, werden auf der Beobachtungsstation zu einem resultierenden Signal überlagert. Das System entspricht daher 32 äquidistanten Quellen. Bestimmen Sie (a) den Winkelabstand zwischen aufeinanderfolgenden Hauptmaxima und (b) die Winkelbreite des zentralen Maximums.

28.13 Zwei rechteckige eben Glasstücke werden aufeinander gelegt. Ein dünner Papierstreifen wird an einer Kante so zwischen ihnen angebracht, daß ein sehr dünner Luftkeil entsteht. Die Platten werden mit einem Bündel von Natriumlicht der Wellenlänge $\lambda = 5{,}9 \cdot 10^{-7}$ m in senkrechtem Einfall beleuchtet. Pro Zentimeter Länge des Keiles entstehen zehn Interferenzstreifen. Bestimmen Sie den Winkel des Keiles.

28.14 Zwei Glasplatten mit einer Länge von 5 cm werden an einem Ende in Kontakt gebracht und am anderen Ende durch einen dünnen Papierstreifen getrennt, wodurch sie ein Luftprisma bilden. Wenn das Prisma mit Licht der Wellenlänge $5{,}9 \cdot 10^{-7}$ m bei senkrechtem Einfall beleuchtet wird, beobachtet man 42 dunkle Streifen. Bestimmen Sie die Dicke des Papierstreifens.

28.15 Ein dünner Film der Dicke von $2{,}4 \cdot 10^{-6}$ m und mit einem Brechungsindex von 1,4 wird mit monochromatischem Licht der Wellenlänge $6{,}2 \cdot 10^{-7}$ m beleuchtet. Bestimmen Sie den kleinsten Einfallswinkel, bei dem es infolge von Reflexion maximale (a) verstärkende, (b) abschwächende Interferenz gibt. Wiederholen Sie die Aufgabe für durchgelassenes Licht.

28.16 Eine Glasplatte (Index n_g) ist mit einem dünnen Film mit dem Brechungsindex $n_c = \sqrt{n_g}$ bedeckt (siehe Aufgabe 26.14), der eine Dicke hat, die gleich einem Viertel der Wellenlänge im Film entspricht. Zeigen Sie, daß es zu einer vollständig auslöschenden Interferenz zwischen Licht kommt, das senkrecht einfällt und an beiden Oberflächen reflektiert wird. Dies ist eine wirkungsvolle Methode, um die Intensität der Reflexion von Linsen und Platten in optischen Instrumenten zu reduzieren. Man nennt solche Filme *antireflektierende Schutzschichten.*

28.17 R sei der Radius der konvexen Seite einer plankonvexen Linse, die zur Erzeugung Newtonscher Ringe verwendet wird. Beweisen Sie, daß die Radien der dunklen Ringe durch

$$r^2 = N\lambda R$$

und die der hellen Ringe durch

$$r^2 = (2N + 1)\left(\frac{\lambda R}{2}\right)$$

gegeben sind, wobei n eine positive ganze Zahl ist. Der Brechungsindex in Luft wurde mit eins angenommen.

28.18 Der Krümmungsradius der konvexen Oberfläche einer plankonvexen Linse ist 1,20 m: Die Linse wird mit der konvexen Seite nach unten auf eine ebene Glasplatte gelegt und von oben mit rotem Licht der Wellenlänge $6{,}5 \cdot 10^{-7}$ m beleuchtet. Bestimmen Sie den Durchmesser des dritten hellen Ringes des Interferenzmusters.

28.19 Wie ändert sich die Grundfrequenz einer Saite, wenn man (a) ihre Spannung, (b) ihre Masse pro Längeneinheit, (c) ihren Radius, (d) ihre Länge ändert. Wiederholen Sie die Aufgabe für den Fall, daß die obigen Größen halbiert werden.

28.20 Eine 0,60 m lange Pfeife ist (a) an beiden Enden offen, (b) an einem Ende offen und am anderen geschlossen. Bestimmen Sie seine Grundfrequenz und den ersten Oberton, wenn die Temperatur der Luft 27 °C ist. Tragen Sie die Amplitudenverteilung längs der Pfeife auf, die der Grundfrequenz und dem ersten Oberton entspricht.

28.21 Schätzen Sie die prozentuelle Änderung in der Grundfrequenz einer Luftsäule pro Grad Temperaturänderung bei 27° C ab. [Siehe Beispiel 23.4.]

28.22 Eine Stimmgabel mit einer Frequenz von 256 s^{-1} wird vor dem offenen Ende eines Rohres angebracht, wie in Abb. 28.39 gezeigt. Die Länge der Luftsäule kann durch Verschiebung des Niveaus der Wasseroberfläche verändert werden, indem man den Behälter A auf und ab bewegt. Bestimmen Sie die Längen der ersten drei Luftsäulen, die in Resonanz mit der Stimmgabel sind. Machen Sie in jedem Fall eine Skizze, die die Position der Schwingungsknoten und Schwingungsbäuche zeigt. Zeigen Sie die Amplitudenverteilung längs des Rohres an. Nehmen Sie eine Temperatur von 27° C an.

28.23 Zwei Oberflächenwellen,

$$A \sin k(x - vt) \qquad \text{und} \qquad A \sin k(y - vt),$$

breiten sich längs der Membran aus. Diskutieren Sie die resultierende Bewegung und zeigen Sie, daß diese Wellen gleich einer modulierten Welle sind, die sich in einer Richtung im Winkel von 45° mit der X-Achse und einer Phasengeschwindigkeit von $\sqrt{2}v$ ausbreitet. Überprüfen Sie, daß die Wellenlänge um den Faktor $\sqrt{2}$ reduziert wird. Zeigen Sie, daß die

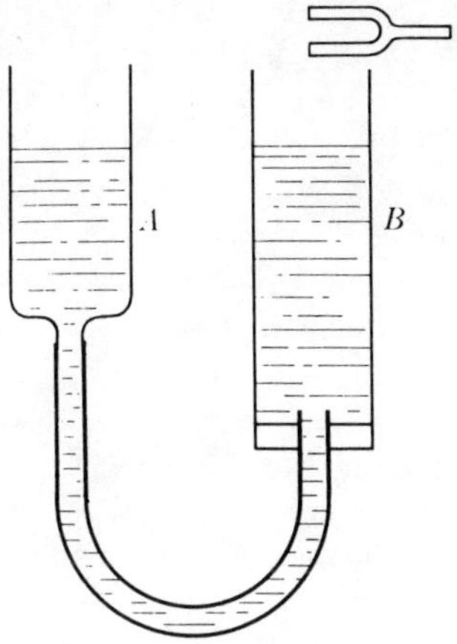

28.39

Amplitude auf den Linien

$$x - y = \frac{(2n + 1)\pi}{k}$$

null ist.

28.24 Zeigen Sie, daß für eine quadratische Membran der Seite a, deren Grundfrequenz $\nu_0 = v/2a$ ist, die nachfolgenden Frequenzen

$$\nu = \sqrt{2}\nu_0,\ 2\nu_0,\ \sqrt{5}\nu_0,\ 2\sqrt{2}\nu_0,\ 3\nu_0,\ \sqrt{10}\nu_0,\ \sqrt{13}\nu_0,\ \ldots$$

sind. Bestimmen Sie die Zahl der verschiedenen Kombinationen von n_1 und n_2, die notwendig sind, um die Grundschwingungsarten und die nachfolgenden Schwingungsarten zu erhalten. Die Anzahl der verschiedenen Kombinationen gibt den Entartungsgrad der Schwingungsmoden.

28.25 Wiederholen Sie die vorhergehende Aufgabe für einen kubischen Hohlraum der Seite a.

28.26 Eine Welle mit einer Wellenlänge von 2,0 m und einer Frequenz von 1000 s^{-1} breitet sich zwischen zwei unendlich ausgedehnten planparallelen vollkommenen Reflektoren im Abstand von 1,2 m aus. (a) Bestimmen Sie die Phasengeschwindigkeit der geleiteten Welle für $n = 1$. (b) Wie groß ist der Einfallswinkel mit den Ebenen?

28.27 (a) Berechnen Sie die Ausschlußfrequenz für den Wellenleiter, der in der vorhergehenden Aufgabe definiert wurde. (b) Betrachten Sie einen Wellenleiter mit zwei Sätzen paralleler Seiten mit einem jeweiligen Abstand von 1,2 m. Wie groß ist die Ausschlußfrequenz einer solchen Anordnung?

Kapitel 29

BEUGUNG

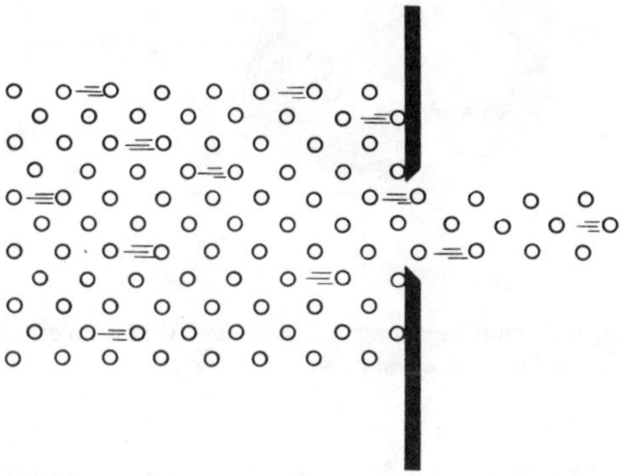

29.1 Verhalten eines Stroms von Teilchen, der auf einen Schirm mit einer kleinen Öffnung auftrifft.

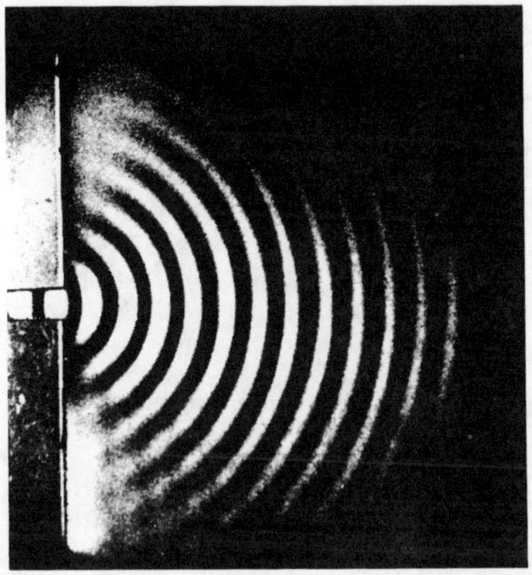

29.2 Verhalten einer Welle, die auf einen Schirm mit einer kleinen Öffnung auftrifft.

29.1 EINLEITUNG

Ein weiteres Phänomen, das für die Wellenbewegung charakteristisch ist, ist unter dem Sammelnamen *Beugung* bekannt. Die Beugung wird dann beobachtet, wenn eine Welle an einem Hindernis verzerrt wird, dessen Dimensionen mit denen der Wellenlänge vergleichbar sind. Das Hindernis kann ein Schirm mit einer kleinen Öffnung oder einem Spalt sein, der nur einem kleinen Anteil der einfallenden Wellenfront den Durchtritt gestattet, oder ein kleiner Gegenstand, wie z.B. ein Draht oder eine Scheibe, der die Passage eines kleinen Anteils der Wellenfront blockiert.

Wenn ein Teilchenstrom auf einen Schirm fällt, der eine kleine Öffnung hat, werden nur die auf die Offnung treffenden Teilchen durchgelassen und nur sie können ihre Bewegung ungestört fortsetzen (Abb. 29.1). Die anderen werden angehalten oder springen zurück. Umgekehrt blockiert ein Gegenstand, der in einen Teilchenstrom eingebracht wird, die Teilchen, die auf ihn treffen, während die anderen Teilchen ihre Bewegung ungehindert fortsetzen. Wir wissen jedoch aus unserer täglichen Erfahrung, besonders für den Fall von Schallwellen und Oberflächenwellen auf Wasser, daß sich Wellen anders als Teilchen verhalten und daß sie sich um das Hindernis ausbreiten, wie in Abb. 29.2 gezeigt. Dieser Effekt wird umso deutlicher, wenn sich die Dimensionen des Spaltes oder die Größe des Hindernisses der Länge der Wellen annähern.

In diesem Kapitel wollen wir die Beugung besprechen, die unter zwei besonderen Umständen durch bestimmte Offnungen und Schirme einfacher Geometrie hervorgerufen werden. Bei der *Fraunhoferschen Beugung* nehmen wir an, daß die einfallenden Strahlen parallel sind und daß wir das Beugungsmuster in einer ausreichend großen Entfernung beobachten, so daß wir praktisch nur gebeugte Strahlen empfangen, die parallel sind. Man kann das auch dadurch erreichen, daß man eine Linse verwendet, die Strahlen, die in der gleichen Richtung gebeugt wurden, in die gleichen Positionen auf einem Schirm fokussiert. Bei der *Fresnelschen Beugung* kommen die einfallenden Strahlen entweder von einer Punktquelle oder die gebeugten Strahlen werden an einem bestimmten Punkt im Raum beobachtet, oder beides.

29.2 DAS HUYGENSSCHE PRINZIP

Wenn wir die Quelle einer Welle kennen, können wir im Prinzip ihre Ausbreitung von einem Bereich in einen anderen verfolgen, vorausgesetzt, daß wir in unseren

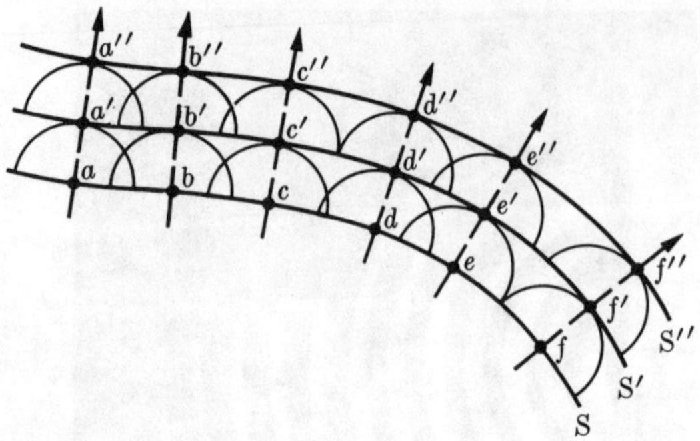

29.3 Huygenssches Modell für eine fortschreitende Welle.

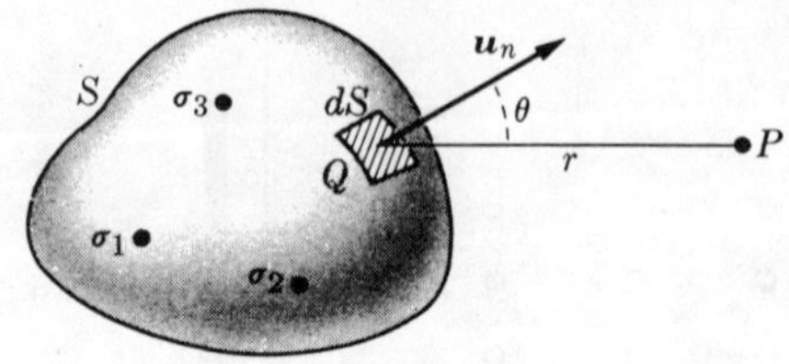

29.4 Die Welle in P kann berechnet werden, wenn die Welle auf der geschlossenen Oberfläche S bekannt ist.

Berechnungen die Änderungen in den Eigenschaften des Mediums in Betracht ziehen. Das wurde in Kapitel 26 getan. Es ist außerdem möglich, die Amplitude einer Welle an einem bestimmten Punkt im Raum zu berechnen, ohne sich auf den Wellenursprung zu beziehen. Um 1680 schlug der holländische Physiker Christian Huygens (1629–1695) einen einfachen Mechanismus vor, um die Ausbreitung von Wellen zu verfolgen. Seine Vorrichtung ist sowohl auf elastische als auf mechanische Wellen in einem materiellen Medium anwendbar.

Wir erinnern uns daran, daß eine *Wellenoberfläche* oder *Wellenfront* eine Oberfläche ist, die durch alle Punkte des Mediums geht, die von der Wellenbewegung im gleichen Zeitpunkt erreicht werden. Daher hat die Störung an allen Punkten einer Wellenoberfläche die gleiche Phase. Zum Beispiel wird die Störung für eine ebene Welle durch $f(\boldsymbol{u} \cdot \boldsymbol{r} - vt)$ ausgedrückt und eine Wellenoberfläche besteht aus allen Punkten, für die die Phase $\boldsymbol{u} \cdot \boldsymbol{r} - vt$ zu einem bestimmten Zeitpunkt den gleichen Wert hat. Die Wellenoberfläche ist daher durch die Gleichung

$$\boldsymbol{u} \cdot \boldsymbol{r} - vt = \text{Konst}$$

gegeben, was für einen bestimmten Zeitpunkt t einer Ebene entspricht, die senkrecht zum Einheitsvektor $\boldsymbol{u}$ ist. Ähnlich sind die Wellenoberflächen für sphärische Wellen durch

$$r - vt = \text{Konst}$$

gegeben, was für ein bestimmtes t Kugeloberflächen entspricht, die konzentrisch zur Quelle sind.

Huygens stellte sich eine Methode vor, um von einer Wellenoberfläche zur anderen überzugehen. Betrachten Sie eine Wellenoberfläche S (Abb. 29.3). Wenn die Wellenbewegung diese Oberfläche erreicht, wird jedes Teilchen a, b, c, ... auf der Oberfläche ein sekundärer Wellenursprung, der *Sekundärwellen* aussendet (durch die kleinen Halbkreise angedeutet), die die nächste Teilchenschicht im Medium erreichen. Diese Teilchen werden dann in Bewegung versetzt und bilden die neue Wellenoberfläche S', die tangential zu allen Sekundärwellen ist. Dieser Vorgang wiederholt sich ständig, was zur Ausbreitung einer Welle durch das Medium führt. Diese bildliche Darstellung der Ausbreitung einer Welle sieht sehr vernünftig aus, wenn die Welle eine elastische Welle ist, die durch Schwingungen von Atomen oder Molekülen in einem Körper zustande kommt.

Diese Darstellung hat jedoch keinen physikalischen Sinn in den Fällen, in denen es keine schwingenden Teilchen gibt, wie z.B. bei einer elektromagnetischen Welle, die sich im Vakuum ausbreitet. Die Huygenssche Konstruktion erforderte daher, obwohl sie für materielle Wellen sehr einleuchtend war, eine Revision, als man erkannte, daß es in der Natur noch Wellen anderer Art gibt. Diese Revision wurde Ende des letzten Jahrhunderts durch Kirchhoff vorgenommen, der die eher intuitive Huygenssche Konstruktion durch eine mehr mathematische Behandlung ersetzte. Die Kirchhoffschen Berechnungen sind zu kompliziert, um sie hier wiederzugeben. Das Endergebnis dieser Berechnungen ist jedoch relativ einfach, wie wir in den folgenden Absätzen sehen werden.

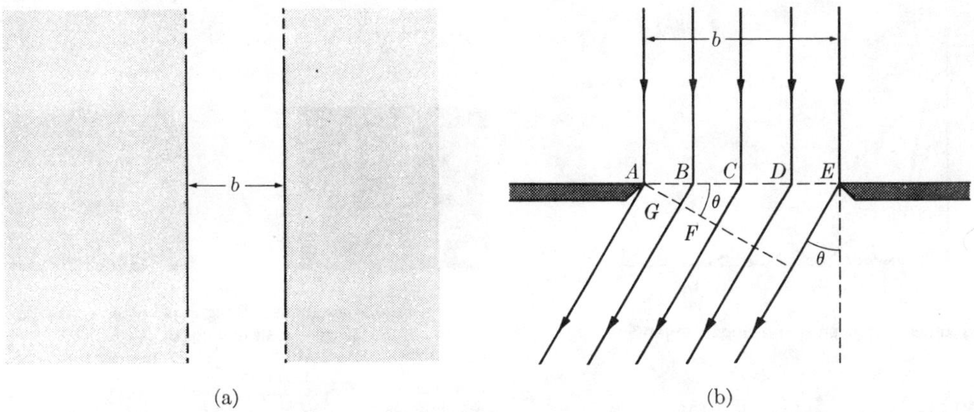

29.5 Beugung an einem langen, engen Spalt.

Die Wellenbewegung genügt der Wellengleichung

$$\frac{d^2\xi}{dt^2} = v^2 \frac{d^2\xi}{dx^2}, \tag{29.1}$$

wobei ξ die Verschiebung der Atome einer Substanz sein kann, wie im Fall elastischer Wellen, oder des elektrischen oder magnetischen Feldes wie im Fall einer elektromagnetischen Welle u.s.w. Das Verständnis der Wellenausbreitung in einem bestimmten Medium besteht im Grunde darin, eine Lösung für die Wellengleichung zu finden. Die Lösung von (29.1) hängt davon ab, daß ξ die physikalischen Nebendingungen des Problems erfüllen muß; d.h., die Lage und Natur des Wellenursprungs, physikalische Oberflächen mit Unstetigkeiten u.s.w. Mathematiker bezeichnen diese Bedingungen als *Randbedingungen*. Die Theorie der Differentialgleichungen besagt, daß wir unter bestimmten Bedingungen die Lösung einer Gleichung wie (29.1) finden können, wenn wir den Wert ξ auf einer geschlossenen Oberfläche S kennen (Abb. 29.4); konkreter, nehmen Sie an, daß wir die Wellenbewegung am Punkt P berechnen wollen. Wenn wir die Quellen $\sigma_1, \sigma_2, \sigma_3, \ldots$ kennen, können wir alle ihre Beiträge in P summieren, um die resultierende Wellenbewegung zu erhalten. Nehmen Sie nun weiter an, daß wir statt dessen den Wert von ξ an allen Punkten der willkürlich gewählten, geschlossenen Oberfläche S kennen. In diesem Fall können wir ebenfalls die Welle an P erhalten, sogar wenn wir die Verteilung der Quellen nicht kennen. Lassen Sie uns die Oberfläche S in Oberflächenelement dS unterteilen. Das Huygenssche Prinzip in der Kirchhoffschen Modifikation bedeutet dann:

Wir können die Störung an einem Punkt P zur Zeit t erhalten, wenn wir die Störung an jedem Punkt einer geschlossen Oberfläche S kennen und annehmen, daß jedes Oberflächenelement dS der geschlossenen Oberfläche als sekundärer Wellenursprung wirkt

Das entspricht im wesentlichen der Huygensschen Aussage, aber von einer anderen Perspektive aus und ohne Bezug auf ein mechanisches Modell. Wir werden Gelegenheit haben, dieses Prinzip in der folgenden Besprechung der Beugung und Streuung anzuwenden.

29.3 FRAUNHOFERSCHE BEUGUNG AN EINEM RECHTECKIGEN SPALT

Als erstes Beispiel für ein Beugungsphänomen wollen wir einen sehr schmalen und sehr langen rechteckigen Spalt betrachten, so daß wir die Effekte an den Enden vernachlässigen können. Wir nehmen außerdem an, daß die einfallenden Wellen senkrecht zur Ebene des Spaltes sind. Das vereinfacht die mathematische Behandlung, ohne die physikalische Situation zu verändern. Wenn die einfallende Welle auf den Spalt trifft, werden nach dem Huygensschen Prinzip alle Punkte auf der Ebene sekundäre Wellenursprünge, die neue Wellen aussenden, die in unserem Fall *gebeugte* Wellen genannt werden. Wenn wir die gebeugten Wellen in verschiedenen Winkeln θ in Bezug auf die Einfallsrichtung beobachten (Abb. 29.5), finden wir, daß ihre Intensität in bestimmten Richtun-

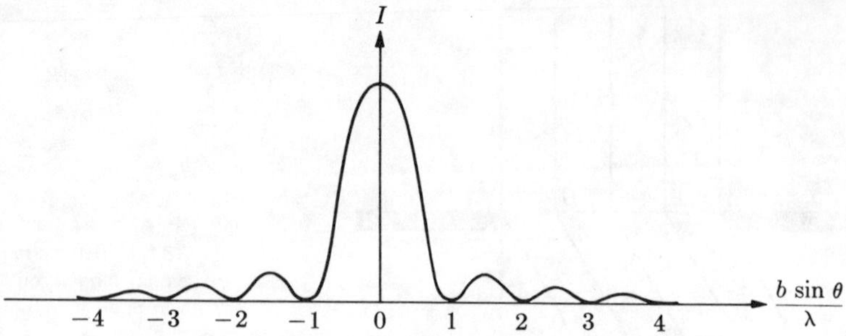

29.6 Intensitätsverteilung des Beugungsmusters an einem langen engen Spalt.

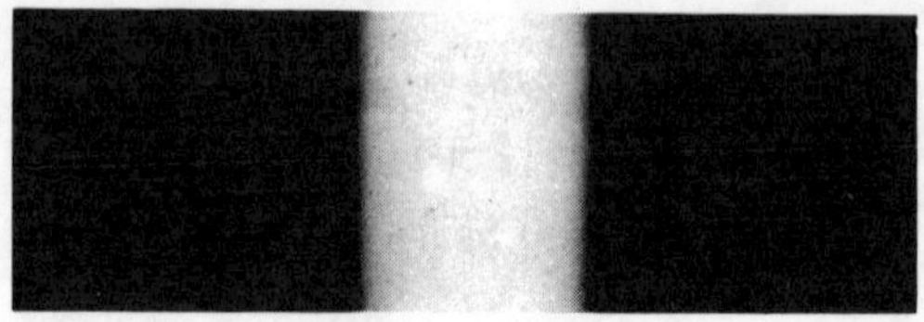

29.7 Fraunhofersches Beugungsmuster, das an einem langen, engen Spalt erzeugt wird.

gen null ist. Diese Richtungen sind durch die Beziehung

$$b \sin\theta = n\lambda, \qquad n \neq 0 \qquad \begin{pmatrix}\text{Bedingungen für}\\ \text{eine Intensität}\\ \text{null}\end{pmatrix} \tag{29.2}$$

gegeben, wobei n eine positive oder negative ganze Zahl ist, b die Spaltbreite und λ die Wellenlänge der einfallenden Welle. Der Wert $n = 0$ wird ausgeschlossen, da er der Beobachtung längs der Einfallsrichtung entspricht, was offensichtlich ein Beleuchtungsmaximum bedeutet.

Beweis für (29.2) Um (29.2) zu rechtfertigen, erinnern wir uns mit (28.8) daran, daß es bei einem Gangunterschied für zwei Strahlen von

$$r_1 - r_2 = \text{ungerade ganze Zahl} \cdot (\lambda/2)$$

zur abschwächenden Interferenz kommt. Aus Abb. 29.5 sehen wir aber, daß für Strahlen, die von A und dem Mittelpunkt C kommen,

$$r_1 - r_2 = CF = \tfrac{1}{2}b \sin\theta = n(\lambda/2)$$

gilt. Daher interferieren für $n = 1, 3, 5, \ldots$ diese beiden Strahlen, ebenso wie alle anderen Paare von Strahlen, die an Punkten im Abstand $\frac{1}{2}b$ entspringen, unter Auslöschung und in der Richtung θ werden keine Wellen beobachtet. Für gerade n wollen wir die Punkte A und B im Abstand $b/4$ betrachten. Dann gilt

$$r_1 - r_2 = BG = \tfrac{1}{4}b \sin\theta = (n/2)(\lambda/2).$$

Daher interferieren für $n/2$ eine ungerade ganze Zahl, oder $n = 2, 6, 10, \ldots$, diese beiden Strahlen, ebenso wie alle anderen Paare von Strahlen, die an Punkten im Abstand $b/4$ entspringen, unter Auslöschung und wir beobachten wieder in der Richtung, die dem Winkel θ entspricht, keine Welle. Der Vorgang kann wiederholt werden bis alle ganzen Zahlen ausgeschlossen sind, so daß die Nullpunkte der Intensität bei $b \sin\theta = n\lambda$ auftreten. Für $\theta = 0$ gibt es jedoch keinen Phasenunterschied für die Strahlen, die an verschiedenen Punkten entspringen und die Interferenz ist verstärkend, was zu einem deutlichen Maximum führt.

Gemäß (29.2) ist

$$\sin\theta = \frac{n\lambda}{b}, \qquad (n \neq 0) \tag{29.3}$$

so daß die Intensität für

$$\sin\theta = \pm\frac{\lambda}{b},\ \pm\frac{2\lambda}{b},\ \pm\frac{3\lambda}{b},\ \ldots\ldots$$

null ist.

Zwischen jedem Nullpunkt der Intensität, der durch (29.3) gegeben ist, liegt ein Maximum; diese Maxima nehmen jedoch nach und nach in ihrer Intensität ab, was sich gegenüber der Interferenz unterscheidet. Die Intensität der gebeugten Wellen ist in Abb. 29.6 als Funktion von θ dargestellt. Beachten Sie, daß das zentrale Maximum die doppelte Breite hat wie die anderen. Abbildung 29.7 zeigt das tatsächliche Beugungsmuster an einem rechteckigen Spalt. Wenn λ sehr klein ist im Vergleich zu b, entsprechen die ersten Nullpunkte der Intensität zu beiden Seiten des zentralen Maximums einem Winkel

$$\theta \approx \sin\theta = \pm\frac{\lambda}{b}, \tag{29.4}$$

den man erhält, wenn man in (29.2) $n = \pm 1$ setzt. Das ist in Abb. 29.8 gezeigt.

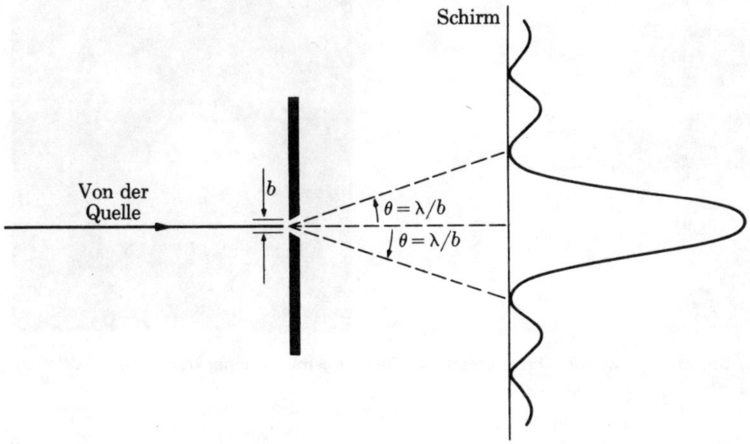

29.8 Öffnungswinkel des zentralen Intensitätsgipfels des Beugungsmusters eines einzelnen Spaltes.

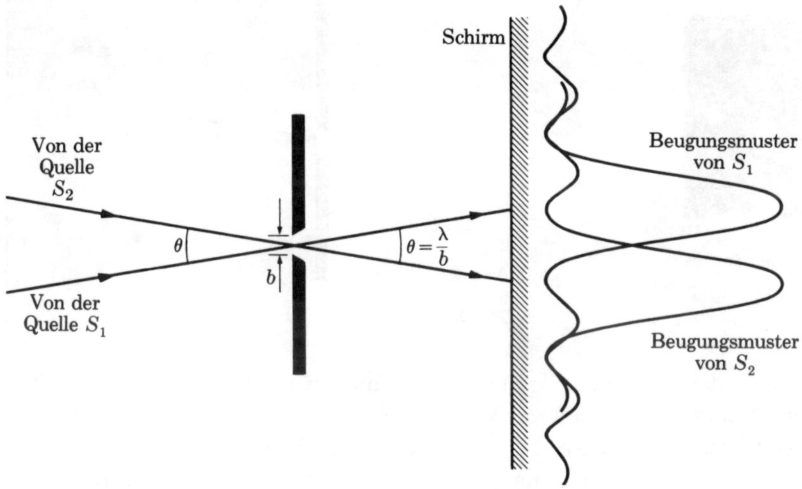

29.9 Rayleighsche Regel für das Auflösungsvermögen an einem Spalt.

Ein nützlicher Begriff ist der des *Auflösungsvermögens* eines Spaltes, das von dem englischen Physiker Lord Rayleigh als der Mindestwinkel definiert wurde, den zwei einfallende Wellen überstreichen, die von zwei entfernten Punktquellen kommen. Dies erlaubt, ihre entsprechenden Beugungsmuster zu unterscheiden. Wenn Wellen, die von den entfernten Quellen S_1 und S_2 kommen, in zwei Richtungen, die den Winkel θ bilden, durch den gleichen Spalt treten (Abb. 29.9), überlagern sich die Beugungsmuster der beiden Wellensätze. Sie werden unterscheidbar, wenn das zentrale Maximum der einen Welle auf den ersten Intensitätsnullpunkt auf einer der beiden Seiten des zentralen Maximums der anderen Welle fällt, wie in Abb. 29.9 rechts dargestellt. Dann muß aber gemäß (29.4) und Abb. 29.8 der Winkel

$$\theta = \frac{\lambda}{b} \tag{29.5}$$

sein, was das Auflösungsvermögen des Spaltes nach der Rayleighschen Definition ergibt.

Wenn man annimmt, daß S_1 und S_2 zwei Punkte auf einem entfernten Gegenstand sind, gibt (29.5) den minimalen Winkelabstand zwischen ihnen, bei dem man die beiden Punkte als getrennt erkennt, wenn der Gegenstand durch den Spalt beobachtet wird. Wenn das Licht, das durch den Spalt geht, ein Bild auf einem Schirm erzeugt und dieses Bild mit einem Mikroskop beobachtet wird, ist es z.B. unmöglich, gleichgültig wie hoch die

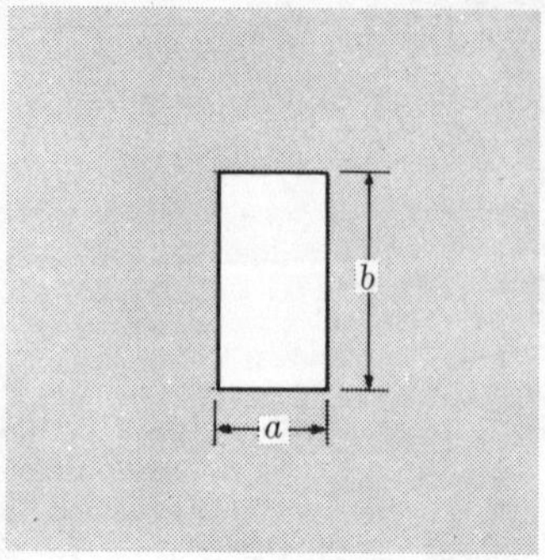

29.10 Rechteckiger Spalt.

29.12 Fraunhofersches Beugungsmuster einer kreisförmigen Öffnung.

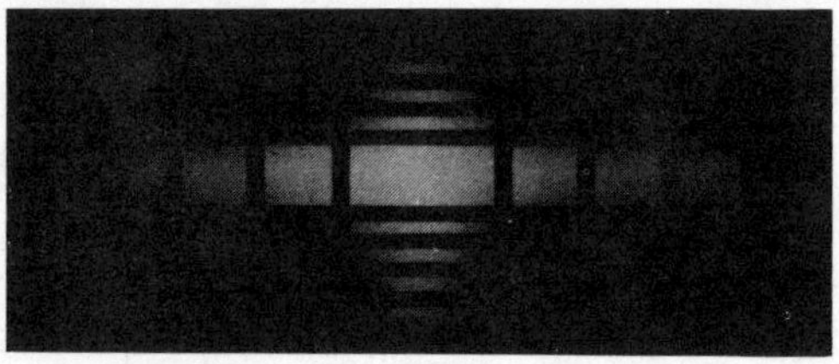

29.11 Fraunhofersches Beugungsmuster eines rechteckigen Spaltes, der doppelt so hoch wie breit ist.

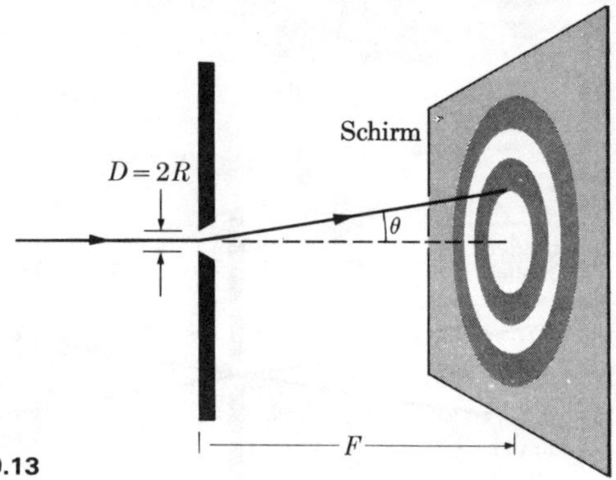

29.13

Vergrößerung des Mikroskops ist, mehr Details in dem Bild zu sehen als es das Auflösungsvermögen des Spaltes zuläßt. Diese Überlegung muß beim Bau eines optischen Instruments in Betracht gezogen werden.

Wenn der Spalt rechtwinklig ist, und die Seiten a und b von vergleichbarer Größe sind (Abb. 29.10), ist das Beugungsmuster die Kombination der beiden Muster, die auf jedes der Seitenpaare zurückzuführen sind. Statt zwei Serien von Banden bekommen wir eine Reihe von Rechtecken, die kreuzweise angeordnet sind, wie in der Photographie Abb. 29.11.

29.4 FRAUNHOFERSCHE BEUGUNG AN EINER KREISFÖRMIGEN ÖFFNUNG

Das Beugungsmuster, das an einer kreisförmigen Öffnung entsteht, besteht aus einer hellen Scheibe, die von abwechselnden hellen und dunklen Ringen umgeben ist, wie in Abb. 29.12 gezeigt. Die Radien der zentralen Scheibe und der folgenden Ringe folgen keiner einfachen Sequenz. Wir wollen die mathematische Behandlung dieses Problems weglassen, die wegen der geometrischen Anordnung komplizierter ist als im Fall eines rechteckigen Spaltes. Wenn wir R als den Radius der Öffnung annehmen (Abb. 29.13), ist der Winkel, der dem ersten dunklen Ring entspricht, durch die Bedingung

$$\frac{2R \sin \theta}{\lambda} = 1{,}22 \qquad \text{oder} \qquad \sin \theta = 1{,}22 \frac{\lambda}{2R} \tag{29.6}$$

gegeben.

Wenn λ viel kleiner als R ist, können wir

$$\theta = 1{,}22 \frac{\lambda}{2R} = 1{,}22 \frac{\lambda}{D} \tag{29.7}$$

schreiben, wobei $D = 2R$ der Durchmesser der Öffnung ist und θ in Radiant ausgedrückt wird. Dieser Ausdruck gibt auch das Auflösungsvermögen für eine kreisförmige

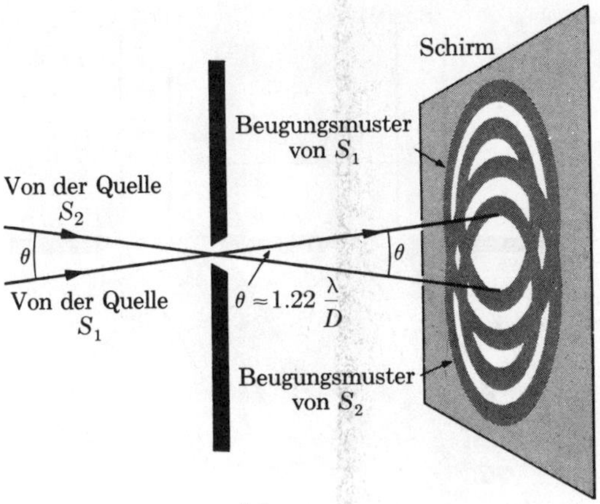

(a)

(b)

29.14 Rayleighsche Regel für das Auflösungsvermögen an einer kreisförmigen Öffnung. Teil (b) zeigt zwei entfernte Punktquellen, die durch eine Linse abgebildet und gerade noch aufgelöst werden.

Öffnung, die wieder nach Rayleigh als der Mindestwinkel zwischen den Einfallsrichtungen zweier ebener Wellen definiert ist, die von zwei entfernten Punktquellen kommen, der es erlaubt, ihre entsprechenden Beugungsmuster zu unterscheiden. Das tritt dann ein, wenn der Mittelpunkt der hellen Scheibe des Beugungsmusters der einen Quelle auf den ersten dunklen Ring des Beugungsmusters der zweiten fällt (Abb. 29.14). Der Winkelabstand ist durch $\theta = 1{,}22\ \lambda/D$ gegeben. Dieser Ausdruck erschien in Abschnitt 27.5, als wir die Vergrößerung eines Fernrohrs besprachen.

Eine Linse ist eigentlich eine kreisförmige Öffnung und deshalb ist das Bild eines Punktes, von dem wir in Kapitel 27 annahmen, daß es punktförmig sei, ein Beugungsmuster. Der Radius einer Linse ist jedoch im allgemeinen so groß im Vergleich zur Wellenlänge des Lichtes, daß die Beugungseffekte für die meisten praktischen Zwecke vernachlässigt werden können.

Beispiel 29.1 Berechnen Sie den Radius der zentralen Scheibe des Beugungsmusters, das man in einer Ebene am Brennpunkt einer Linse mit 2 cm Durchmesser und einer Brennweite von 40 cm beobachtet. Nehmen Sie an, daß die Linse von einem Bündel parallelen monochromatischen Lichtes der Wellenlänge $5{,}9 \cdot 10^{-7}$ m beleuchtet wird.

Lösung: Wenn wir (29.7) anwenden, ist der Winkel, den die zentrale Scheibe im Beugungsmuster überstreicht

$$\theta = 1{,}22 \cdot \frac{5{,}9 \cdot 10^{-7}\ \mathrm{m}}{4 \cdot 10^{-2}\ \mathrm{m}} = 1{,}80 \cdot 10^{-5}\ \mathrm{rad} = 3{,}71''.$$

Das ist auch das Auflösungsvermögen der Linse. Der Radius der zentralen Scheibe ist

$$r = f\,\theta = 40\ \mathrm{cm} \cdot 1{,}80 \cdot 10^{-5}\ \mathrm{rad} = 7{,}2 \cdot 10^{-4}\ \mathrm{cm},$$

und wir können daher für praktische Zwecke sagen, daß das Bild in der Brennebene ein Punkt ist.

29.5 FRAUNHOFERSCHE BEUGUNG AN ZWEI GLEICHEN PARALLELEN SPALTEN

Wir wollen nun zwei Spalte betrachten, jeder von der Weite b, die sich im Abstand a voneinander befinden (Abb. 29.15). Für eine Richtung, die dem Winkel θ entspricht, haben wir nun zwei Sätze gebeugter Wellen, die von jedem Spalt kommen. Was wir wirklich beobachten, ist das Ergebnis der Interferenz dieser Wellen. In anderen Worten, wir haben nun eine Kombination von Beugung und Interferenz.

Wenn die beiden Spalten identisch sind, ist das Interferenzmuster das zweier synchron schwingender Quellen, das in Abb. 28.8 gezeigt ist. Die Richtung der Maxima ist durch

$$a \sin \theta = n\lambda \qquad \text{(Maxima des Interferenzmusters)} \qquad (29.8)$$

gegeben. Die Intensitätsverteilung des Interferenzmusters wird durch die Intensitätsverteilung für das Beugungsmuster an einem einzigen Spalt moduliert.

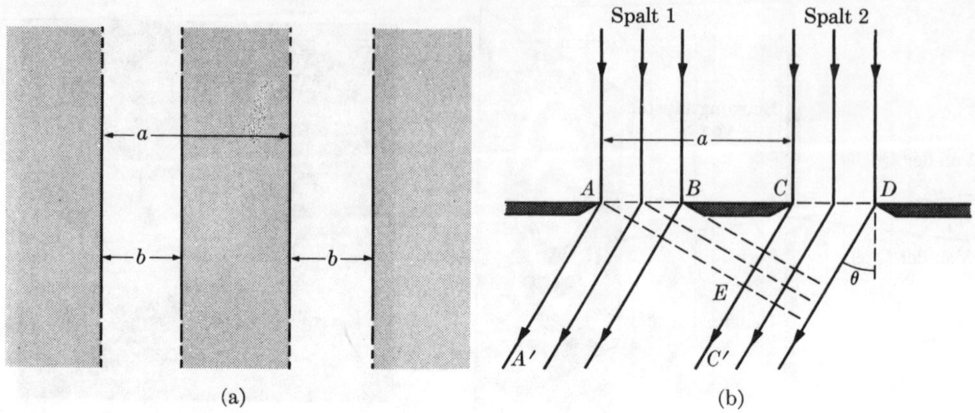

29.15 Vorderansicht und Querschnitt zweier paralleler langer, enger Spalte.

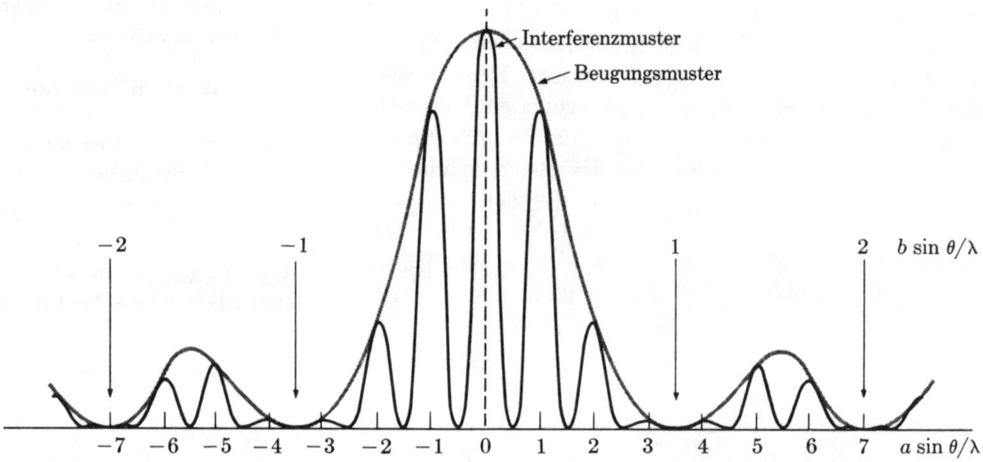

29.16 Intensitätsverteilung (längs einer Ebene senkrecht zum einfallenden Licht), die sich durch zwei parallele lange, enge Spalte ergibt.

29.17 Fraunhofersches Beugungsmuster infolge zweier paralleler langer, enger Spalte.

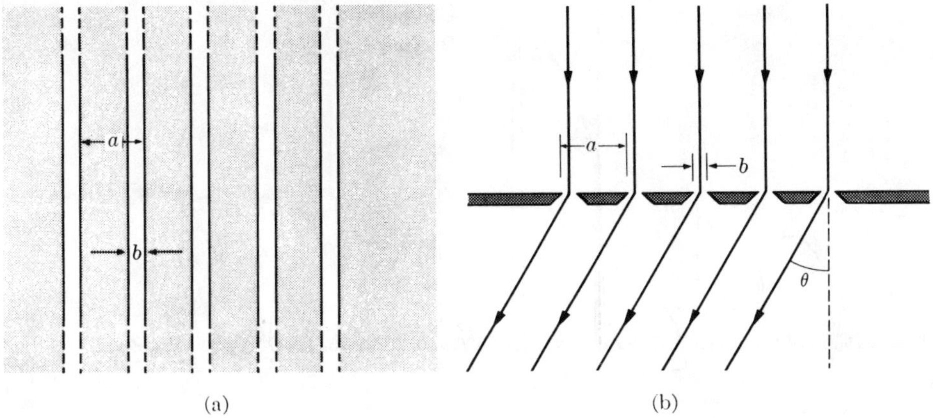

29.18 Vorderansicht und Querschnitt eines Beugungsgitters.

Die Nullpunkte des Beugungsmusters sind durch (29.2)

$b \sin \theta = n'\lambda$ (Nullpunkte des Beugungsmusters)

gegeben, wobei $n' = \pm 1, \pm 2, \ldots$. Da a größer als b ist, haben die Nullpunkte des Beugungsmusters einen größeren Abstand voneinander als die Maxima des Interferenzmusters. Wenn wir zwei Spalte haben, sind daher die hellen Streifen viel schmäler und dichter beieinander als die, die durch einen einzigen Spalt erzeugt werden. Die resultierende Intensitätsverteilung ist in Abb. 29.16 und in der Photographie Abb. 29.17 gezeigt.

29.6 BEUGUNGSGITTER

Der nächste logische Schritt ist der, Beugungsmuster zu betrachten, die von mehreren parallelen Spalten gleicher Breite b im gleichen Abstand a erzeugt werden. N sei die Zahl der Spalte. Aus Abb. 29.18 sehen wir in Analogie zu der Aufgabe mit dem Doppelspalt, daß wir in der Richtung, die dem Winkel θ entspricht, die Interferenz infolge von N synchron schwingenden Quellen (eine pro Spalt) beobachten müssen, die durch das Beugungsmuster eines Spaltes moduliert ist.

Wenn die Zahl N der Spalte sehr groß ist, wird das Muster aus einer Reihe schmaler, heller Streifen bestehen, die den Hauptmaxima des Interferenzmusters entsprechen. Sie sind für senkrechten Einfall gemäß (28.10) durch

$a \sin \theta = n\,\lambda$ (Maxima des Interferenzmusters) (29.9)

gegeben, wobei $n = 0, \pm 1, \pm 2, \ldots$. Ihre Intensitäten sind jedoch durch das Beugungsmuster moduliert, dessen Nullpunkte durch

$b \sin \theta = n'\lambda$ (Nullpunkte des Beugungsmusters)

gegeben sind, wobei $n' = \pm 1, \pm 2, \ldots$. Abbildung 29.19 zeigt den Fall für 8 Spalte ($N = 8$). Je nach dem Wert von n werden die Hauptmaxima als erste, zweite, dritte u.s.w. *Beugungsordnung* bezeichnet.

Ein System wie das soeben besprochene nennt man ein *Transmissionsbeugungsgitter*. Um Licht des nahen Ultrarot, des sichtbaren und ultravioletten Bereichs zu analysieren, verwendet man Transmissionsbeugungsgitter, die aus vielen tausenden Spalten pro Zentimeter bestehen. Man erhält sie, indem man eine Reihe paralleler Linien in einen transparenten Film einritzt. Die Linien wirken dann als lichtundurchlässige Abschnitte zwischen den Spalten. Ein Beugungsgitter kann über die Reflexion wirken: Eine Reihe paralleler Linien wird in eine Metallplatte geätzt. Die schmalen Streifen zwischen den Ätzungen reflektieren Licht, wodurch sie ein Beugungsmuster hervorrufen (siehe Aufgabe 29.18). Manchmal wird die Oberfläche konkav gemacht, um die Fokussierung zu verbessern (siehe Aufgabe 29.19).

Wir wollen nun den Fall betrachten, bei dem der Ein-

29.19 Intensitätsverteilung, die ein Beugungsgitter in einer Ebene senkrecht zum einfallenden Licht und parallel zum Gitter erzeugt.

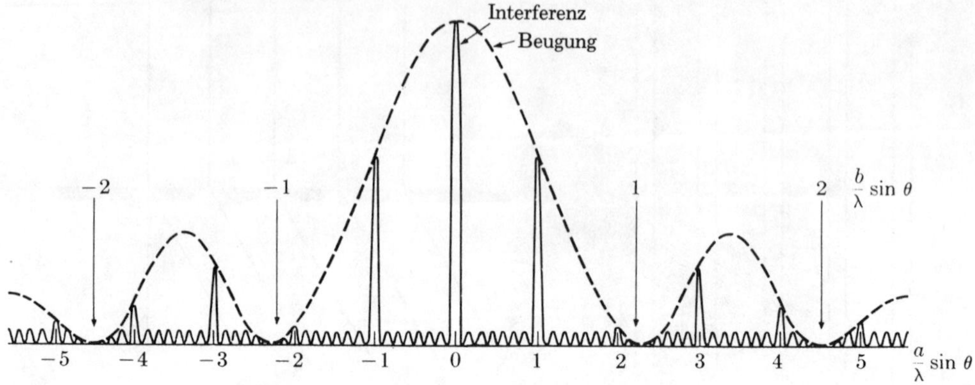

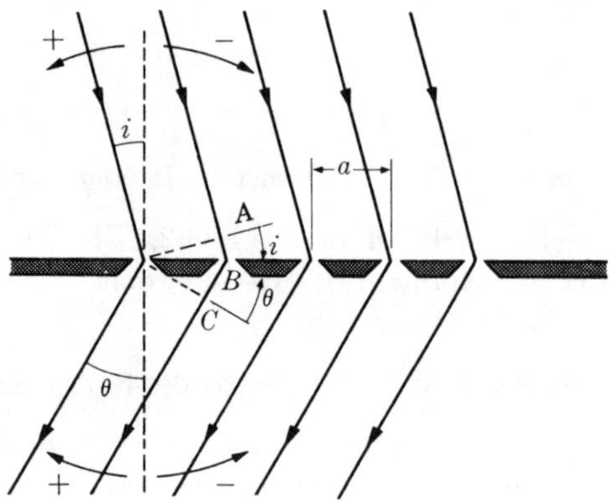

29.20 Beugungsgitter mit schrägem Einfall.

fallswinkel ebener monochromatischer Wellen auf ein Beugungsgitter ungleich null ist. In Abb. 29.20 ist der Einfallswinkel i und der Beugungswinkel θ. Die Hauptmaxima werden auch hier durch das Interferenzmuster festgelegt, welches seinerseits durch den Phasenunterschied zwischen entsprechenden Strahlen an aufeinanderfolgenden Spalten bestimmt ist. Abbildung 29.20 zeigt, daß solch ein Phasenunterschied durch

$$\delta = \frac{2\pi}{\lambda}(AB + BC) = \frac{2\pi a(\sin i + \sin\theta)}{\lambda}$$

gegeben ist. Damit der Ausdruck allgemeine Gültigkeit hat, müssen die Winkel i und θ die in der Abbildung angegebenen Vorzeichen haben. Die Bedingung für ein Maximum, $\delta = 2\pi n$, wird dann zu

$$a(\sin i + \sin\theta) = n\lambda. \qquad (29.10)$$

Für $n = 0$ haben wir $\sin\theta = -\sin i$ oder $\theta = -i$, was der Fortsetzung des einfallenden Strahles entspricht.

Wenn zwei ebene Wellen leicht unterschiedlicher Wellenlänge auf ein Beugungsmuster fallen, können die Hauptmaxima der gleichen Ordnung für jede Wellenlänge so eng zusammenfallen, daß es unmöglich ist festzustellen, ob das ursprüngliche Strahlenbündel monochromatisch war oder nicht. Damit die beiden Wellenlängen unterschieden werden können, muß das Hauptmaximum einer der Wellenlängen auf den ersten Nullpunkt zu einer der beiden Seiten des Hauptmaximums der anderen Wellenlänge fallen. Wenn $\Delta\lambda$ der Mindestunterschied in den Wellenlängen ist, für den die obige Bedingung bei einer Wellenlänge λ gilt, ist das *Auflösungsvermögen* des Gitters $R = \lambda/\Delta\lambda$. Man kann zeigen, daß das Auflösungsvermögen durch

$$R = \frac{\lambda}{\Delta\lambda} = Nn \qquad (29.11)$$

gegeben ist. Je größer daher die Gesamtzahl der Gitterlinien und je höher die Ordnung des Spektrums, desto kleiner ist $\Delta\lambda$ und desto größer ist das Auflösungsvermögen des Gitters. Andererseits ist das Auflösungsvermögen unabhängig von der Größe und dem Linienabstand des Gitters.

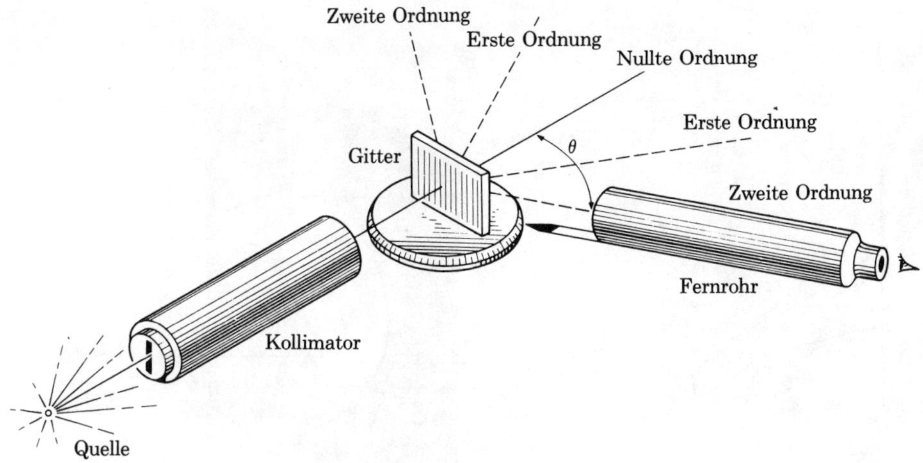

29.21 Gitterspektroskop. Die Quelle ist vor dem Kollimatorspalt angebracht. Das Beugungsgitter ist senkrecht zur Achse des Kollimators angeordnet, und die Spektren verschiedener Ordnung werden durch Bewegen des Fernrohrs beobachtet.

Wenn Licht, das verschiedene Wellenlängen enthält, auf ein Gitter fällt, führen die verschiedenen Wellenlängen zu Beugungsmaxima in verschiedenen Winkeln, mit Ausnahme der nullten Ordnung, die für alle gleich ist. Der Satz von Maxima einer bestimmten Ordnung für alle Wellenlängen stellt ein *Spektrum* dar. Wir haben also Spektren erster, zweiter, dritter Ordnung u.s.w. Beachten Sie, daß die Abweichung für eine bestimmte Ordnung des Spektrums umso größer ist, je größer die Wellenlänge. Daher wird rot stärker abgelenkt als blau; das ist genau entgegengesetzt dem Vorgang, der eintritt, wenn Licht durch ein Prisma gebrochen wird.

Beugungsgitter sind in weiten Spektralbereichen sehr wichtig für die Spektralanalyse; sie haben einige deutliche Vorteile gegenüber Prismen. Ein Vorteil ist der, daß Beugungsgitter nicht von den dispergierenden Eigenschaften des Materials abhängen, sondern nur von der Geometrie des Gitters. Abb. 29.21 zeigt die Grundelemente eines Gitterspektroskops.

Beispiel 29.2 Winkelauftrennung des gesamten sichtbaren Spektrums für die erste und zweite Ordnung durch ein Gitter mit 20.000 Linien, das 4 cm lang ist. Nehmen Sie an, daß sich das sichtbare Spektrum von $3{,}90 \cdot 10^{-7}$ m bis hinauf zu $7{,}70 \cdot 10^{-7}$ m erstreckt, wie in Abschnitt 24.8 erwähnt.

Lösung: $a = 4 \cdot 10^{-2}\,\text{m}/20.000 = 2 \cdot 10^{-6}$ m. Mit (29.9) erhalten wir daher für $n = 1$

$$\sin\theta_{\text{rot}} = \frac{7{,}70 \cdot 10^{-7}}{2 \cdot 10^{-6}} = 0{,}335 \quad \text{oder} \quad \theta_{\text{rot}} = 19°34',$$

$$\sin\theta_{\text{violett}} = \frac{3{,}90 \cdot 10^{-7}}{2 \cdot 10^{-6}} = 0{,}195 \quad \text{oder} \quad \theta_{\text{violett}} = 11°15'.$$

Das Spektrum erster Ordnung bedeckt daher einen Winkel von 8°19′. Entsprechend ist der Winkel für das Spektrum zweiter Ordnung 22°27′, wie der Student sich selbst ausrechnen kann. Ist ein komplettes Spektrum dritter Ordnung möglich?

Beispiel 29.3 Bestimmen Sie, ob das Gitter aus Beispiel 29.2 die beiden gelben Natriumlinien auflösen kann, deren Wellenlängen bei $5{,}890 \cdot 10^{-7}$ m und $5{,}896 \cdot 10^{-7}$ m liegen.

Lösung: Die mittlere Wellenlänge der beiden Linien ist $5{,}893 \cdot 10^{-7}$ m, ihr Abstand beträgt $6 \cdot 10^{-10}$ m. Aus (29.11) sehen wir, daß das Auflösungsvermögen des Gitters $R = Nn = 2 \cdot 10^4 n$ ist.

Bei der gegebenen Wellenlänge ist der Mindestabschnitt im Spektrum erster Ordnung

$$\Delta\lambda = \frac{\lambda}{R} = \frac{5{,}893 \cdot 10^{-7}}{2 \cdot 10^4 \cdot 1} = 2{,}947 \cdot 10^{-11}\,\text{m},$$

was ein Zwanzigstel des Abstands der beiden Natriumlinien ist. Man könnte daher offensichtlich die beiden D-Linien im Spektrum erster Ordnung des Gitters getrennt wahrnehmen.

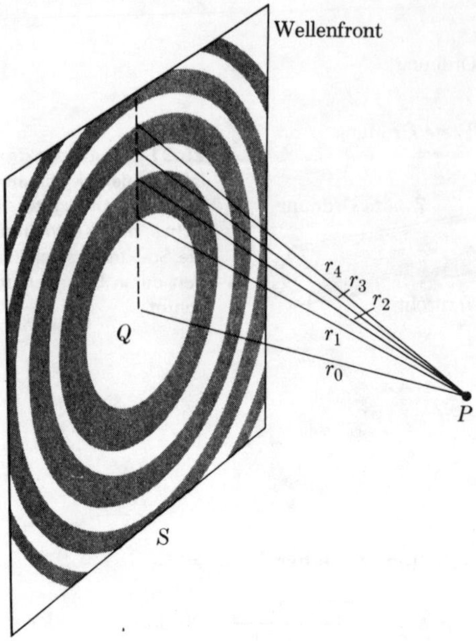

29.22 Aufeinanderfolgende Fresnelsche Zonen.

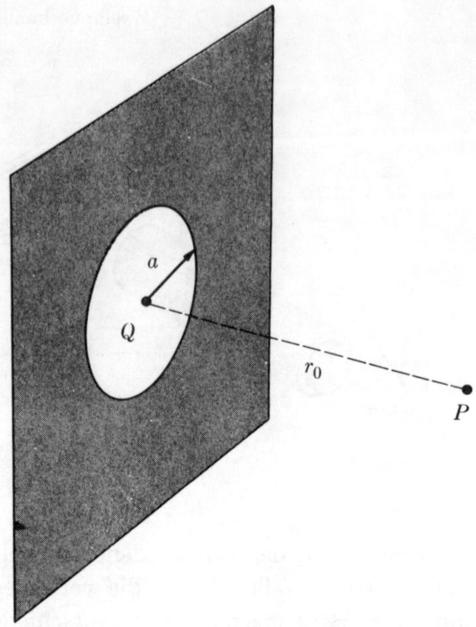

29.23

29.7 FRESNELSCHE BEUGUNG

Wie in Abschnitt 29.1 erwähnt, tritt die Fresnelsche Beugung dann auf, wenn entweder die Punktquelle der einfallenden Strahlen oder der Beobachtungspunkt, von dem aus sie betrachtet werden, oder beide sich in endlicher Entfernung vom Öffnungswinkel oder vom Hindernis befinden. Die mathematischen Berechnungen für die Fresnelsche Beugung sind viel komplizierter als die Berechnungen der Fraunhoferschen Beugung, die physikalischen Vorstellungen bleiben jedoch gleich.

Nehmen Sie an, daß wir die Wellenbewegung berechnen wollen, die wir im Punkt P erwarten, wenn wir die Wellenbewegung an einer bestimmten ebenen Wellenfront S kennen (Abb. 29.22). Nach dem Huygens–Kirchhoffschen Prinzip können wir die Wellenfront in Oberflächenelemente unterteilen. Die Symmetrie läßt vermuten, daß sie als konzentrische Ringe zur Projektion Q von P auf die Ebene S gewählt werden. Dann erhält man die Wellenbewegung an P durch Überlagerung der Wellenbewegungen, die jeder Ring hervorruft.

Nehmen Sie an, daß der Abstand r_0 des Punktes P von der Ebene viel größer als die Wellenlänge λ ist. Wir wollen die Ringe so wählen, daß ihre aufeinanderfolgenden Abstände von P um $\frac{1}{2}\lambda$ differieren. Man bezeichnet diese Ringe als *Fresnelsche Zonen.* Dann ist $r_1 = r_0 + \frac{1}{2}\lambda$, $r_2 = r_1 + \frac{1}{2}\lambda$, $r_3 = r_2 + \frac{1}{2}\lambda$ u.s.w. Diese Anordnung hat die Eigenschaft, daß die Wellen aufeinanderfolgender Zonen, die an P eintreffen, einen Phasenunterschied π haben und unter Auslöschung interferieren, d.h.,

$$\delta_{n+1} - \delta_n = \frac{2\pi}{\lambda}(r_{n+1} - r_n) = \frac{2\pi}{\lambda}\left(\frac{\lambda}{2}\right) = \pi.$$

Wenn A_n die Amplitude ist, die von der n-ten Zone in P erzeugt wird, ist die resultierende Amplitude in P

$$A = A_0 - A_1 + A_2 - A_3 + \cdots. \tag{29.12}$$

Wir können (29.12) auch in der Form

$$A = \tfrac{1}{2}A_0 + (\tfrac{1}{2}A_0 - A_1 + \tfrac{1}{2}A_2) + (\tfrac{1}{2}A_2 - A_3 + \tfrac{1}{2}A_4) + \cdots$$

schreiben. Die Amplituden benachbarter Zonen haben fast den gleichen Betrag, obwohl sie wegen der größeren Entfernung der Zonen von Punkt P abnehmen, wenn n zunimmt; d.h., $A_0 > A_1 > A_2 > \cdots$. Wir können daher

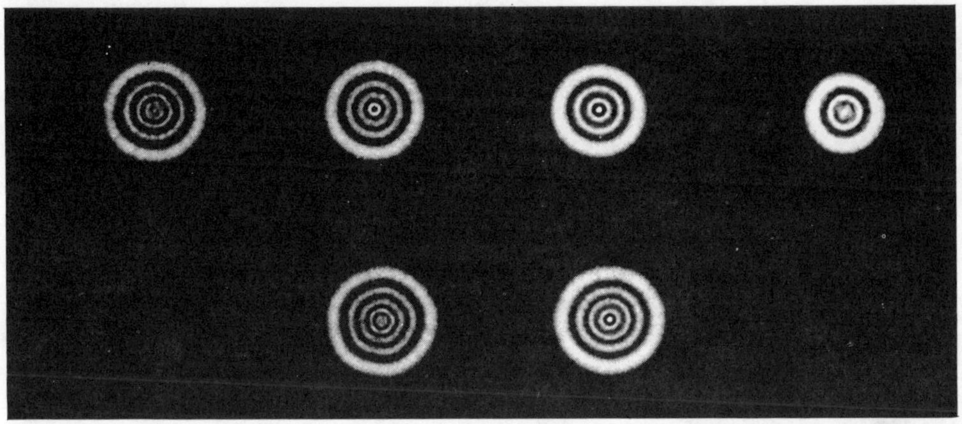

29.24 Fresnelsche Beugungsmuster kreisförmiger Öffnungen mit verschiedenen Radien.

in guter Näherung schreiben

$$A_1 \approx \tfrac{1}{2}(A_0 + A_2) \qquad \text{oder} \qquad \tfrac{1}{2}A_0 - A_1 + \tfrac{1}{2}A_2 \approx 0,$$

und allgemein

$$\tfrac{1}{2}A_{n-1} - A_n + \tfrac{1}{2}A_{n+1} \approx 0.$$

Die Summation in (29.12) für eine unendliche Ebene reduziert sich daher auf

$$A = \tfrac{1}{2}A_0, \qquad (29.13)$$

und die Amplitude der Wellenbewegung in P ist gleich der halben Amplitude der ersten Fresnelschen Zone. Da

$$r_n = r_0 + \tfrac{1}{2}n\lambda$$

der Radius der Zone n ist, folgt aus Abb. 29.22, daß

$$R_n^2 = r_n^2 - r_0^2 = (r_0 + \tfrac{1}{2}n\lambda)^2 - r_0^2 = n\lambda r_0 + \tfrac{1}{4}n^2\lambda^2.$$

Wenn n nicht sehr groß ist, kann das letzte Glied des Ausdrucks vernachlässigt werden (wenn $\lambda \ll r_0$), so daß

$$R_n^2 = n\lambda r_0. \qquad (29.14)$$

Wenn die Wellenfront durch einen Schirm behindert wird, ist die Situation völlig anders, da dann einige Fresnelsche Zonen nur teilweise (oder überhaupt nicht) zur Wellenbewegung in P beitragen. Nehmen Sie z.B. an, daß eine einfallende Welle senkrecht auf einen Schirm mit einer kreisförmigen Öffnung vom Radius a trifft (Abb. 29.23). Der Beobachtungspunkt liegt auf einem Punkt senkrecht zum Schirm durch den Mittelpunkt der Öffnung, so daß die Fresnelschen Zonen konzentrisch zur Öffnung sind. Wenn sich der Punkt in einer Entfernung r_0 befindet, so daß

$$n = a^2/\lambda r_0, \qquad (29.15)$$

gehen n Zonen in die Öffnung. Für $n = 1$ liegt nur eine Zone in der Öffnung. Die Zone erzeugt in P eine Amplitude A_0, die den doppelten Wert der in (29.13) für die gesamte Wellenfront erhaltenen Amplitude hat, was zu einer Beleuchtung in P führt, die vier Mal so groß ist wie in Abwesenheit eines Schirmes, wenn die gesamte Wellenfront auftrifft! Wenn die Apertur größer oder der Punkt näher ist, so daß $n = 2$, gehen die ersten beiden Zonen durch die Öffnung, was zu einer Amplitude $A_0 - A_1$ führt, die praktisch null ist und zur Dunkelheit an P führt! Allgemein beobachtet man in P Helligkeit oder Dunkelheit, je nachdem ob n gerade oder ungerade ist. Das ist deshalb so, weil sich bei geradem n aufeinanderfolgende Zonen aufheben, was zu Dunkelheit führt, während bei ungeradem n eine Zone übrig bleibt. Das Beugungsmuster, das man insgesamt beobachtet, besteht offensichtlich aus einer Reihe heller und dunkler Ringe, wie in Abb. 29.24 für sechs verschiedene Positionen des Punktes P gezeigt.

Wenn eine Wellenfront durch einen kleinen Gegenstand blockiert wird, wie z.B. eine kreisförmige Scheibe, ist das Beugungsmuster ähnlich, außer daß im Mittelpunkt immer Helligkeit herrscht (Abb. 29.25). Der Grund dafür ist der, daß die Wellen, die durch den

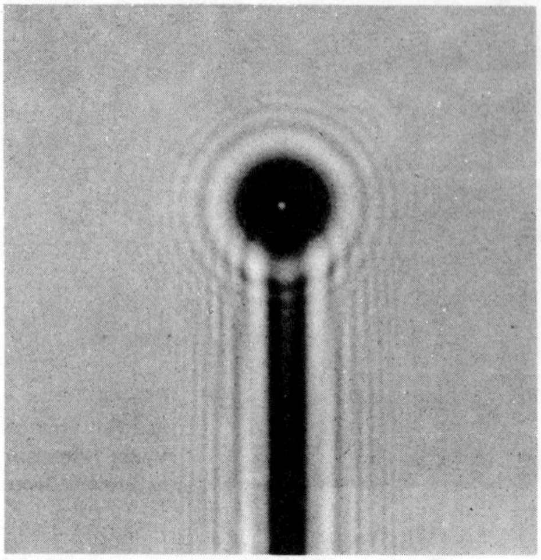

29.25 Fresnelsche Beugung an einer kleinen kreisförmigen Scheibe, die durch einen dünnen Stab unterstützt wird.

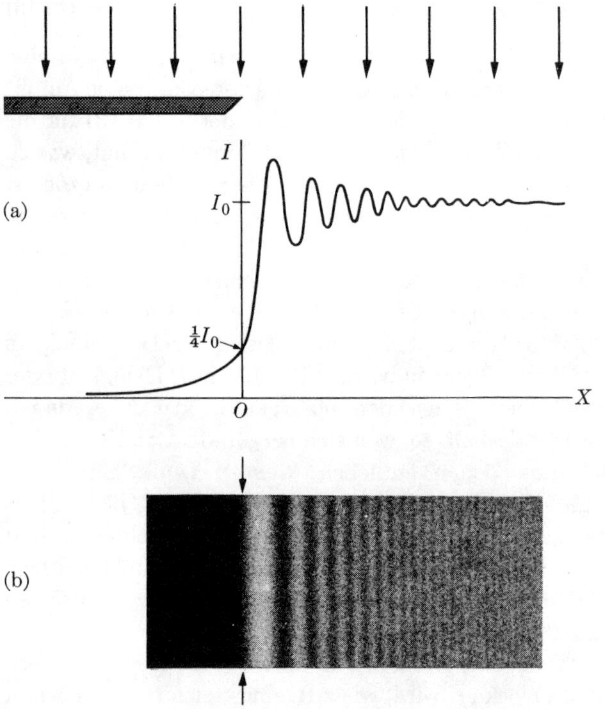

29.26 (a) Intensitätsverteilung der Fresnelschen Beugung an einer geraden Kante. (b) Aufnahme der Fresnelschen Beugung an einer geraden Kante.

Rand der Scheibe gebeugt werden, im Mittelpunkt immer unter Verstärkung interferieren.

An einer Kante hat das Fresnelsche Beugungsmuster die in Abb. 29.26 gezeigte Intensitätsverteilung, wobei die Intensität im geometrischen Schatten schrittweise auf null abfällt; innerhalb der ersten paar Wellenlängen im geometrischen Bereich der Beleuchtung fluktuiert die Intersität. Beachten Sie, daß die Intensität an den Punkten unmittelbar hinter der Kante ein Viertel der Intensität ohne Schirm ist. Das ist deshalb so, weil der Schirm den Durchtritt der Hälfte der Wellenfront blockiert, was zu einer auf die Hälfte reduzierten Amplitude und daher einer auf ein Viertel reduzierten Intensität führt.

Beispiel 29.4 Ein Schirm hat ein Loch mit 1 mm Durchmesser. Er wird mit Licht der Wellenlänge $5{,}9 \cdot 10^{-7}$ m beleuchtet. Bestimmen Sie den Abstand längs der Senkrechten zwischen dem Schirm und dem am weitesten entfernten dunklen Punkt.

Lösung: In diesem Fall ist der Radius des Loches

$$\alpha = 0{,}5 \text{ mm} = 5 \cdot 10^{-4} \text{ m}$$

und die Wellenlänge ist

$$\lambda = 5{,}9 \cdot 10^{-7} \text{ m.}$$

Der am weitesten entfernte dunkle Punkt ist der, an dem sich nur zwei Fresnelsche Zonen innerhalb des Öffnungswinkels befinden. Nach (29.14), mit $n = 2$ und a statt R_n, haben wir also

$$a^2 = 2\lambda r_0 \qquad \text{oder} \qquad r_0 = a^2/2\lambda = 0{,}212 \text{ m}$$

was bedeutet, daß der am weitesten entfernte dunkle Punkt etwa 21,2 cm vom Schirm weg liegt. Allgemein befinden sich aufeinanderfolgende Punkte in einem Abstand von $a^2/2n\,\lambda$ (wobei n eine ganze Zahl ist) vom Schirm.

29.8 STREUUNG

Bis jetzt haben wir bei der Besprechung der Beugung stillschweigend angenommen, daß die Gegenstände, die in den Weg der Welle eingebracht wurden, eine *passive* Rolle spielen. Das heißt, wir haben angenommen, daß ihre Rolle nur darin besteht, einen Teil der Wellenfront zu unterbrechen, ohne selbst durch irgendwelche neue Wellen beizutragen. Unter dieser

Annahme sind die beobachteten Beugungseffekte einzig und alleine auf die veränderte einfallende Wellenbewegung zurückzuführen.

In vielen Fällen ist diese Vorstellung jedoch unrealistisch. Nehmen Sie z.B. an, daß eine Kugel aus elastischem Material in Luft aufgehängt ist und daß in ihrer Nähe eine akustische oder Kompressionswelle erzeugt wird. Wenn die Welle um die Kugel geht, erleidet sie einerseits eine Beugung des Typs, den wir vorher besprochen haben. Zusätzlich erfährt die elastische Kugel jedoch Oszillationsverformungen infolge der Druckveränderungen, die die Welle begleiten. Die Schwingungen der Kugeloberfläche erzeugen ihrerseits Störungen oder Wellen in der umgebenden Luft; diese überlagern sich der ursprünglichen Welle. Die neuen Wellen, die von der schwingenden Kugel erzeugt werden, sind die *gestreuten* Wellen, den Vorgang bezeichnet man als *Streuung*.

Wenn eine leitende Kugel in die Bahn einer elektromagnetischen Welle eingebracht wird, induzieren die elektrischen und magnetischen Felder der Welle entsprechend Schwingungen in den freien Ladungen der Kugel; diese schwingenden Ladungen erzeugen nach der Theorie, die in Kapitel 24 für elektromagnetische Strahlung entwickelt wurde, neue oder gestreute elektromagnetische Wellen.

In Kapitel 24 haben wir die Streuung an einem einzigen Elektron besprochen, was ein rein dynamisches Problem bei atomaren Größenordnungen ist. Die Streuung, die wir hier beschreiben, hat eher makroskopischen Charakter, da sie Körper betrifft, die aus vielen Atomen bestehen oder viele Elektronen enthalten. Wir können den Betrag dieser makroskopischen Streuung berechnen, wenn wir bestimmte Grenzbedingungen an der Oberfläche des Körpers annehmen; diese Bedingungen bestimmen die Natur der gestreuten Welle. Im Fall einer ideal leitenden Kugel müssen wir z.B. fordern, daß an der Oberfläche die Tangentialkomponente des resultierenden elektrischen Feldes (d.h. die Summe der Felder der einfallenden und der gestreuten Welle) null sein muß.

Streuvorgänge sind für alle Wellenphänomene von größter Bedeutung. Eine gründlichere Abhandlung der Streuung erfordert jedoch eine mathematische Behandlung, die über den Rahmen dieses Buches hinausgeht.

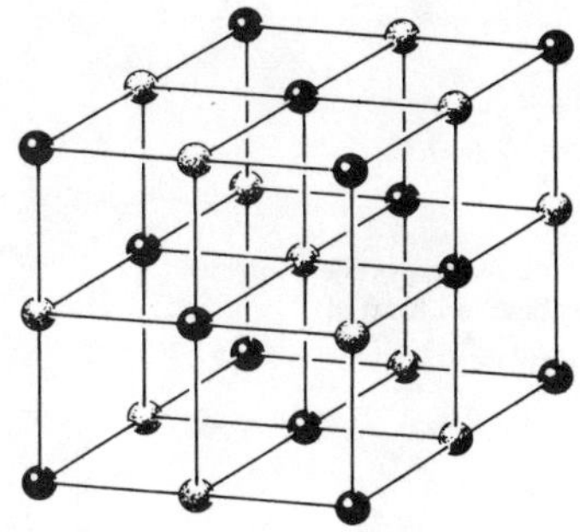

29.27 Vereinfachte Darstellung eines NaCl-Kristalls, die die regelmäßge Anordnung der Atome in einem kubischen Gitter zeigt.

29.9 RÖNTGENSTREUUNG AN KRISTALLEN

Elektromagnetische Wellen mit kürzeren Wellenlängen als Ultraviolett, wie z.B. Röntgen- und γ-Strahlen, werden durch Gegenstände von den Dimensionen des optischen Bereichs nicht merklich beeinflußt. Ein Kristallgitter mit Atomen oder Molekülen in regelmäßigen Abständen der Größenordnung von 10^{-10} m liefert jedoch ein ausgezeichnetes Medium für die Streuung von Röntgenstrahlen. Das Problem ist etwas komplizierter als das, welches wir bisher in diesem Kapitel besprochen haben, da ein Kristall eine dreidimensionale Anordnung ist und die Streuzentren im Raum verteilt sind und nicht nur in einer Richtung; das ist in Abb. 29.27 gezeigt, welche das Schema eines NaCl-Kristalls darstellt. (Die dunklen und hellen Kugeln entsprechen den Na^+ und Cl^- Ionen.)

Wenn Röntgenstrahlen durch den Kristall gehen, ist die Intensität der gestreuten Strahlen das Ergebnis der Interferenz (längs der Beobachtungsrichtung) der Wellen, die von jedem Atom oder Molekül emittiert werden. Wenn der Kristall aus mehr als einer Klasse von Atomen besteht, trägt jede Atomart auf verschiedene Weise zur Streuung der Röntgenstrahlen bei. Um unsere Berechnungen zu vereinfachen, werden wir daher annehmen, daß wir nur eine Art von Atomen haben und nur ein Atom pro Einheitszelle im Kristall.

Um die Röntgenbeugung zu analysieren, stellt man sich am besten eine Reihe paralleler Platten vor, die alle im gleichen Abstand durch die Atome des Kristalls gehen. Abbildung 29.28 zeigt verschiedene mögliche Gruppen paralleler Ebenen in einem kubischen Kristall. Gruppen paralleler Ebenen unterscheiden sich in ihren

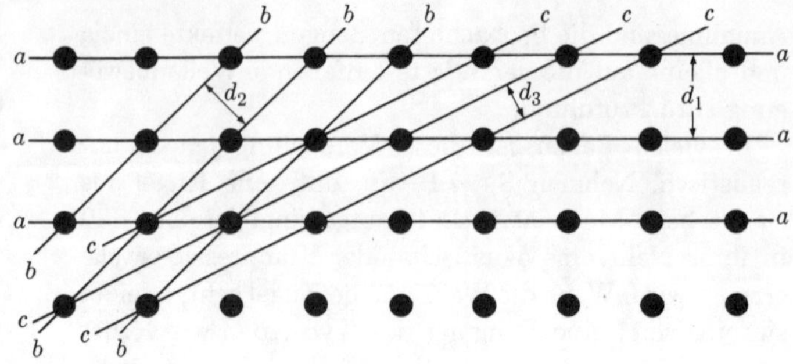

29.28 Mehrere mögliche parallele Streuebenen in einem kubischen Kristall: $d_2 = d_1\sqrt{2}$; $d_3 = d_1/\sqrt{5}$.

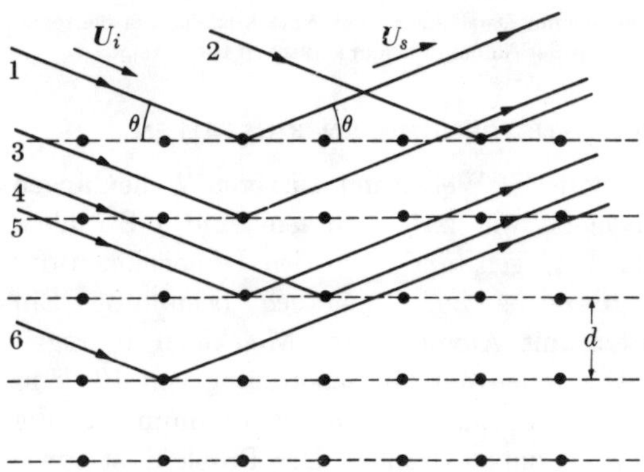

29.29 Parallele Streuebenen in einem Kristall.

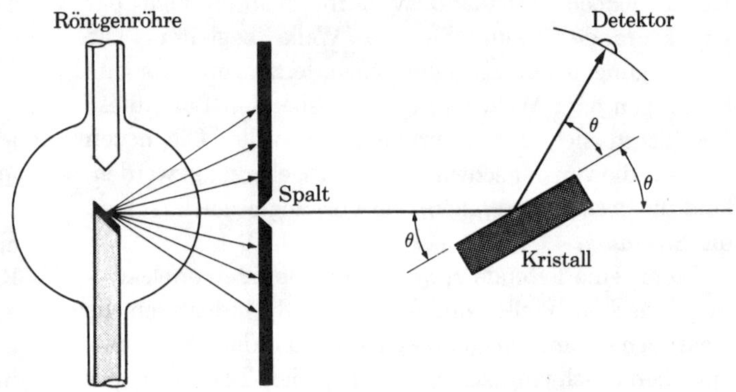

29.30 Kristallspektrometer für die Röntgenbeugung. Röntgenstrahlen, die in der Röhre links erzeugt und durch einen Spalt in einem Bleiblock gebündelt werden, werden am Kristall gebeugt. Die gebeugten Röntgenstrahlen werden mit Hilfe eines beweglichen Detektors, gewöhnlich einer Ionisierungskammer, beobachtet.

Abständen und in der Dichte der Streuzentren. Die Ebenen a haben z.B. eine höhere Dichte und größere Abstände als die Ebenen *c*.

Wir wollen nun Strahlen betrachten, die auf einen Kristall fallen und mit bestimmten parallelen, zueinander gehörigen Ebenen den Winkel θ bilden (Abb. 29.29). Wir untersuchen die Streustrahlen längs einer symmetrischen Richtung, die ebenfalls einen Winkel θ mit der Ebenenschar bildet. Wenn d der Abstand zwischen den aufeinanderfolgenden Ebenen ist, wird unten gezeigt, daß wir eine maximale Intensität der gestreuten Wellen, die aus Interferenz durch Verstärkung resultiert, dann beobachten, wenn

$$2d \sin \theta = n\lambda \quad \text{(Braggsches Gesetz)}, \tag{29.16}$$

wobei n eine ganze Zahl ist. Diesen Ausdruck bezeichnet man als *Braggsches Gesetz*. Die Werte von n sind durch die Bedingung begrenzt, daß $\sin \theta$ kleiner als eins sein muß. Für Strahlen wie 1 und 2 in Abb. 29.29, die an Atomen in der gleichen Ebene gestreut werden, ist der Phasenunterschied null ($n = 0$) und sie interferieren unter Verstärkung. Das trifft jedoch für jeden Einfallswinkel zu. Die Bedeutung der Braggschen Bedingung liegt darin, daß Strahlen wie z.B. 3, 4, 5, . . ., die von verschiedenen Ebenen kommen, ebenfalls unter Verstärkung interferieren, was zu einem sehr intensiven Maximum führt. Die Braggsche Bedingung drückt daher eine Art von kollektivem Effekt aus, bei dem die Strahlen, die von allen Atomen in bestimmten Ebenen gestreut werden, unter Verstärkung interferieren. Für festgesetzte Ebenen (oder festgesetzte d) und eine Wellenlänge λ führt die Änderung des Winkels θ abwechselnd zu Positionen größter und kleinster Intensität, was einer Interferenz unter Verstärkung (gegeben durch 29.16) oder Auslöschung entspricht. Beachten Sie, daß (29.16) zur

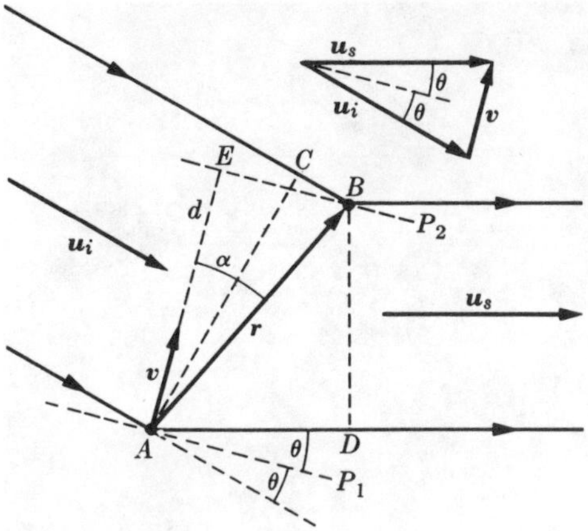

29.31 Röntgenstreuung an den zwei Atomen *A* und *B*.

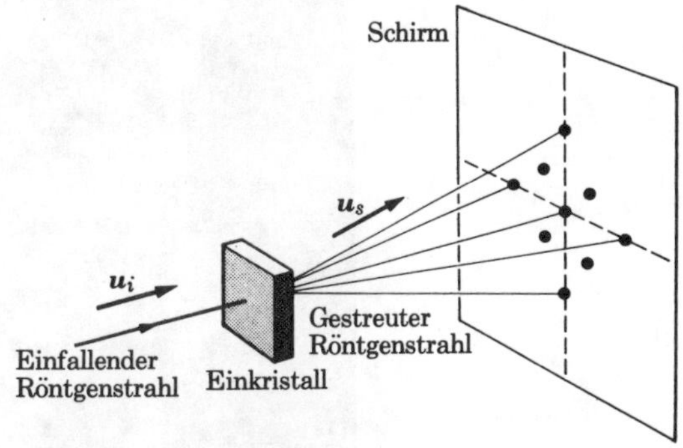

29.32 Röntgenstreuung an einem Einkristall.

Messung des Abstands d zwischen den Ebenen verwendet werden kann, wenn die Wellenlänge λ bekannt ist, und umgekehrt. In Abb. 29.30 ist eine schematische Zeichnung der experimentellen Anordnung für die Beobachtung der Braggschen Beugung von Röntgenstrahlen gezeigt. Diese Vorrichtung wird als *Kristallspektrometer* bezeichnet.

Ableitung des Braggschen Gesetzes Wir wollen zwei Atome A und B im Abstand r betrachten (Abb. 29.31). $\boldsymbol{u}_i$ sei ein Einheitsvektor längs der Ausbreitungsrichtung der einfallenden Wellen und $\boldsymbol{u}_s$ ein entsprechender Einheitsvektor längs der Richtung der gestreuten Wellen. Der Gangunterschied der einfallenden und gestreuten Wellen ist für diese beiden Atome $AD - BC$; die Phasenverschiebung ist durch

$$\delta = \frac{2\pi}{\lambda}(AD - BC)$$

gegeben. Es gilt jedoch $AD = \boldsymbol{u}_s \cdot \boldsymbol{r}$ und $BC = \boldsymbol{u}_r \cdot \boldsymbol{r}$. Daher ist

$$\delta = \frac{2\pi}{\lambda}(\boldsymbol{u}_s - \boldsymbol{u}_i) \cdot \boldsymbol{r} = \frac{2\pi}{\lambda}\boldsymbol{v} \cdot \boldsymbol{r}, \qquad (29.17)$$

wobei $\boldsymbol{v} = \boldsymbol{u}_s - \boldsymbol{u}_i$. Wenn wir den Winkel zwischen $\boldsymbol{u}_s$ und $\boldsymbol{u}_i$ mit 2θ bezeichnen, sehen wir aus Abb. 29.31, daß

$$v = 2 \sin \theta. \qquad (29.18)$$

Die Bedingung für verstärkende Interferenz in der Richtung $\boldsymbol{u}_s$ ist $\delta = 2n\pi$ oder gemäß (29.17)

$$\boldsymbol{v} \cdot \boldsymbol{r} = n\lambda, \qquad (29.19)$$

wobei n wie oben eine positive oder negative ganze Zahl ist. (29.19) stellt eine Ebene senkrecht zum Vektor $\boldsymbol{v}$ dar. Für eine bestimmte Wellenlänge λ und eine bestimmte Einfallsrichtung gibt (29.19) daher eine Reihe paralleler Ebenen, je eine für jeden Wert von n. Abbildung 29.31 zeigt zwei solche Ebenen, P_1 und P_2. Für alle Atome auf diesen Ebenen gilt Bedingung (29.19) und sie alle tragen zum Intensitätsmaximum in Richtung $\boldsymbol{u}_s$ bei. In (29.19) entspricht $n = 0$ der Ebene, die durch A geht, $n = \pm 1$ entspricht der nächstgelegenen Ebene auf einer der beiden Seiten, $n = \pm 2$ dem nächsten Ebenenpaar u.s.w.

Aus Abb. 29.31 und mit (29.18) sehen wir, daß

$$d = AE = r \cos \alpha$$

der Abstand zwischen den Ebenen P_1 und P_2 ist. Dann ist

$$\boldsymbol{v} \cdot \boldsymbol{r} = vr \cos \alpha = vd = 2d \sin \theta$$

und (29.19) wird zu $2d \sin \theta = n\lambda$.

Für eine bestimmte Einfallsrichtung relativ zum Kristall erhalten wir eine Reihe von Maxima, die der Streuung an allen Ebenenscharen entspricht, für die das Braggsche Gesetz gilt. Die Maxima liegen wegen der verschiedenen Orientierungen der Ebenenscharen in verschiedenen Richtungen.

Die Intensität hängt von der Zahl der Atome in jeder Ebenenschar ab. Wenn in den Gang der Streustrahlen von einem Einkristall ein Schirm eingebracht wird

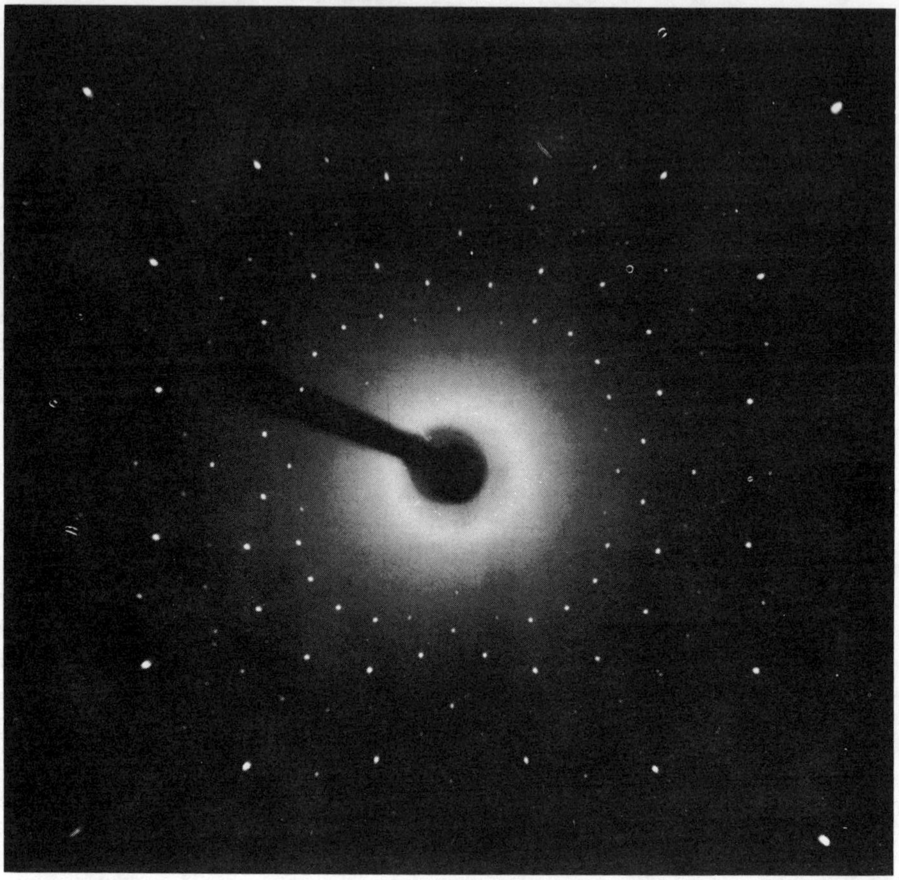

29.33 Laue- Röntgenmuster für einen Quarzkristall.

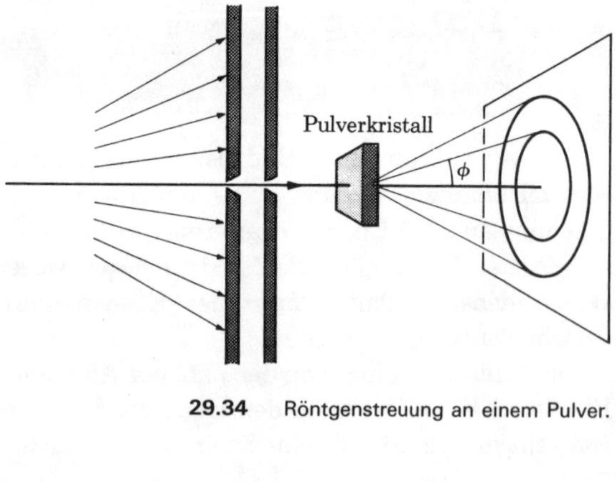

29.34 Röntgenstreuung an einem Pulver.

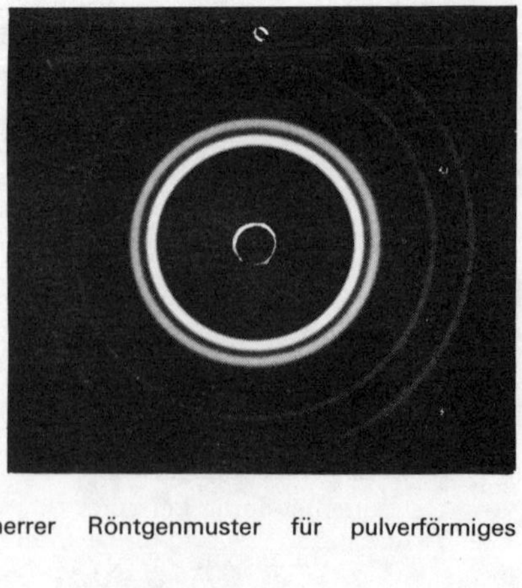

29.35 Debye–Scherrer Röntgenmuster für pulverförmiges Aluminium.

(siehe Abb. 29.32), erscheint ein regelmäßiges Muster, welches charakteristisch für die Kristallstruktur ist. Man bezeichnet es als *Laue-Muster*. Jeder Punkt des Musters entspricht der Richtung der Streuung an einer Ebenenschar. Die Aufnahme der Abb. 29.33 zeigt ein solches *Laue-Muster*.

Wenn das streuende Objekt statt eines Kristalls ein Pulver ist, das eine große Zahl kleiner Kristalle enthält, die alle statistisch angeordnet sind, sind die entsprechenden $\boldsymbol{u}_s$ Vektoren auf konischen Oberflächen um die Einfallsrichtung verteilt, wie in Abb. 29.34 gezeigt. Auf einem photographischen Film erzeugt jede konische Oberfläche einen hellen Ring, wie in Abb. 29.35 gezeigt, was zu einem sogenannten *Debye—Scherrer*-Muster führt. Indem man die Muster wie die in Abb. 29.34 und 29.35 analysiert, kann man die innere Struktur eines Kristalls ableiten oder umgekehrt die Wellenlänge der Röntgenstrahlen bestimmen.

Es ist bemerkenswert, daß ein großer Streit über die Natur der Röntgenstrahlen ausbrach, als Röntgen sie zum ersten Mal Ende des 19. Jahrhunderts beobachtete. Handelte es sich um Wellen oder um Teilchen? Um diese Frage zu beantworten, führten die Physiker Interferenz- und Streuversuche durch, wozu sie ähnliche Geräte verwendeten wie für Lichtversuche. Die Ergebnisse waren jedoch entweder negativ oder nicht überzeugend. Man neigte daher dazu, jede Welleninterpretation zu verwerfen bis Laue, Bragg und andere den Durchgang von Röntgenstrahlen durch Kristalle beobachteten und die eben besprochenen Ergebnisse erhielten, die den Beweis für den Wellencharakter der Röntgenstrahlen erbrachten.

Beispiel 29.5 Das Spektrum erster Ordnung eines Röntgenstrahlenbündels an einem Steinsalzkristall entrspricht einem Winkel von $6°50'$, der Abstand zwischen den Ebenen ist $2{,}81 \cdot 10^{-10}$ m. Bestimmung der Wellenlänge der Röntgenstrahlen und der Position des Spektrums zweiter Ordnung.

Lösung: Unter Verwendung von Gleichung (29.16), mit $d = 2{,}81 \cdot 10^{-10}$ m, $\theta = 6°50'$ und $n = 1$, finden wir, daß

$$\lambda = 2d \sin\theta = 6{,}69 \cdot 10^{-11}\ \text{m}.$$

Um die Position des Spektrums zweiter Ordnung zu finden, setzen wir $n = 2$. Daher ist

$$\sin\theta = \frac{n\lambda}{2d} = 0{,}238 \qquad \text{oder} \qquad \theta = 13°46'.$$

Beachten Sie, daß die höchste Beugungsordnung durch die Bedingung $n\lambda/2d < 1$ begrenzt ist, was in unserem Fall $n < 8{,}4$ oder $n_{\max} = 8$ entspricht.

FRAGEN

1. Erklären Sie, warum die Breite des zentralen Beugungsmaximums doppelt so groß ist wie die der anderen Maxima.
2. Erklären Sie, warum die Intensität eines Beugungsmusters mit steigendem n (oder θ) abnimmt.
3. Bestimmen Sie die Fläche der Rechtecke, die durch die Nullinien der Intensität in Abb. 29.11 begrenzt werden.
4. Geben Sie eine klare Unterscheidung zwischen der Fresnelschen und der Fraunhoferschen Beugung.
5. Führen Sie einige Fälle an, in denen man Beugung von Schallwellen beobachtet.
6. Beschreiben Sie die Beugungsmuster, die man bobachtet, wenn ein Spalt mit weißem Licht beleuchtet wird.
7. Müssen wir Beugungseffekte in Betracht ziehen, wenn wir die Bildentstehung bei einer Linse besprechen?
8. Ist der Youngsche Versuch am Doppelspalt ein reiner Interferenzeffekt oder eine Mischung aus Interferenz und Beugung?
9. Wie sollte das Verhältnis a/b in einem Doppelspaltversuch gewählt werden, damit die Beugungseffekte vernachlässigbar sind?
10. Warum sagen wir, daß wir beim Durchtritt eines Röntgenstrahls durch einen Kristall einen Streu-Interferenzeffekt und nicht einen Beugungseffekt beobachten?
11. Erklären Sie, warum wir regelmäßige (oder Laue-) Muster beobachten, wenn Röntgenstrahlen durch einen Kristall gehen, nicht aber, wenn sie durch ein amorphes Material gehen.
12. Können wir die Röntgenstreuung verwenden, um Verunreinigungen und Unregelmäßigkeiten in Kristallen zu entdecken? Erläutern Sie Ihre Antwort.

AUFGABEN

29.1 Parallele Strahlen grünen Quecksilberlichts der Wellenlänge $5{,}6 \cdot 10^{-7}$ m gehen durch einen 0,4 mm breiten Spalt, der eine Linse mit einer Brennweite von 40 cm bedeckt. Wie groß ist der Abstand zwischen dem zentralen Maximum und dem ersten Minimum auf einem Schirm, der sich in der Brennebene der Linse befindet?

29.2 Das Fraunhofersche Beugungsmuster eines einzelnen Spaltes, das in Abb. 29.7 in doppelter Größe gezeigt ist, wurde auf einem photographischen Film in der Brennebene einer Linse mit einer Brennweite von 0,60 m erzeugt. Die Wellenlänge des verwendeten Lichtes war $5{,}9 \cdot 10^{-7}$ m. Berechnen Sie die Breite des Spaltes [*Hinweis:* Messen Sie auf der Photographie den Abstand zwischen entsprechenden Minima zur rechten und linken Seite des zentralen Maximums.]

29.3 Ein Fernrohr wird verwendet, um zwei entfernte Punktquellen im Abstand von 1 m zu beobachten. Das Objektiv des Fernrohrs ist mit einem Schirm bedeckt, in dem sich ein 1 mm breiter Spalt befindet. Wie groß ist die maximale Entfernung, in Metern, in der die beiden Quellen aufgelöst werden. Nehmen Sie $\lambda = 5{,}0 \cdot 10^{-7}$ m an.

29.4 Das Fraunhofersche Beugungsmuster eines einzelnen Spaltes wird in der Brennebene einer Linse mit 1 m Brennweite beobachtet. Die Spaltbreite ist 0,4 mm. Das einfallende Licht enthält zwei Wellenlängen, λ_1 und λ_2. Das vierte Minimum, das λ_1 entspricht, fällt mit dem fünften Minimum für λ_2 zusammen, und zwar auf einen Punkt im Abstand von 5 mm vom zentralen Maximum. Berechnen Sie λ_1 und λ_2.

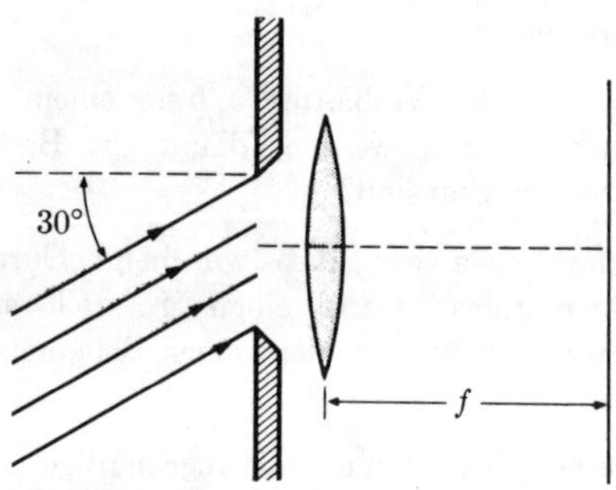

29.36

29.5 Eine ebene monochromatische Welle der Wellenlänge λ fällt in einem Winkel von 30° auf einen ebenen undurchsichtigen Schirm, der einen langen Spalt der Breite a enthält (Abb. 29.36). Hinter dem Schirm befindet sich eine Sammellinse, deren Hauptachse senkrecht zur Ebene des Schirms ist. Beschreiben Sie das Beugungsmuster, das man in der Brennebene der Linse beobachtet.

29.6 Diskutieren Sie die Intensitätsverteilung der Fraunhoferschen Beugung an drei identischen Spalten im gleichen Abstand. Nehmen Sie eine senkrechte Einfallsrichtung auf alle Spalte an.

29.7 Eine ebene monochromatische Welle der Wellenlänge $6{,}0 \cdot 10^{-7}$ m fällt senkrecht auf einen undurchsichtigen Schirm, der eine rechteckige Öffnung von 0,5 mm × 1,0 mm hat. (a) Beschreiben Sie das Beugungsmuster, das man in der Brennebene einer Sammellinse der Brennweite von 2 m beobachtet, die unmittelbar hinter der Öffnung angebracht ist. (b) Berechnen Sie die Seiten des Rechtecks, das von den dunklen Linien gebildet wird, die das zentrale Maximum umgeben.

29.8 In einem Doppelspaltbeugungsmuster fehlt das dritte Hauptmaximum, da das Interferenzmaximum mit dem ersten Nullpunkt der Beugung zusammenfällt. (a) Bestimmen Sie das Verhältnis a/b. (b) Tragen Sie die Intensitätsverteilung über mehrere Maxima zu beiden Seiten des zentralen Maximums auf. (c) Fertigen Sie eine Skizze der Streifen an, die auf einem Schirm erscheinen würden.

29.9 Berechnen Sie den Radius der zentralen Scheibe im Fraunhoferschen Beugungsmuster des Abbilds eines Sternes, das (a) von einer Kameralinse mit einem Durchmesser von 2,5 cm und einer Brennweite von 7,5 cm, (b) dem Objektiv eines Fernrohrs mit einem Durchmesser von 15 cm und 1,5 Brennweite gebildet wird. Nehmen Sie Licht der Wellenlänge von $5{,}6 \cdot 10^{-7}$ m an.

29.10 Zwei kleine Öffnungen im Abstand von 1,5 mm werden vor eine helle Lichtquelle gebracht und durch eine Linse betrachtet, die mit einem Schirm bedeckt ist. Im Schirm befindet sich eine zentrale kreisförmige Öffnung (Apertur) mit einem Durchmesser von 4 mm. Wie groß ist die maximale Entfernung, aus der die beiden kleinen Öffnungen aufgelöst werden können. Nehmen Sie eine Wellenlänge von $5{,}5 \cdot 10^{-7}$ m an.

29.11 Die Scheinwerfer eines herannahenden Autos sind 1,30 m voneinander entfernt. Schätzen Sie die Entfernung ab, aus der die beiden Scheinwerfer vom freien Auge als getrennt wahrgenommen werden können, wenn die Auflösung des Auges nur von der Beugung bestimmt wird. Nehmen Sie eine Wellenlänge von $5{,}5 \cdot 10^{-7}$ m an und einen Pupillendurchmesser von 5 mm. Vergleichen Sie das Ergebnis mit

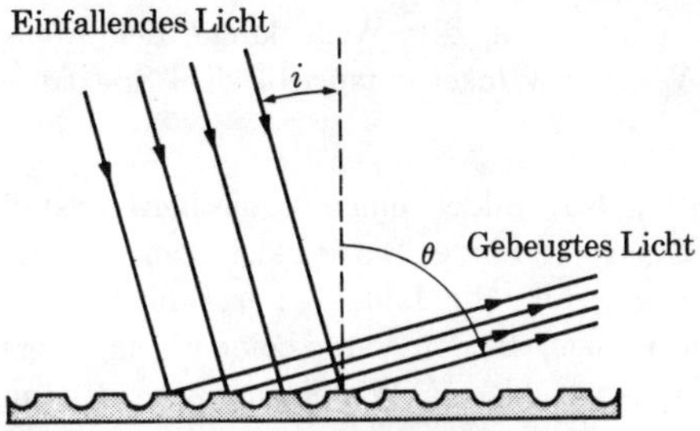

29.37

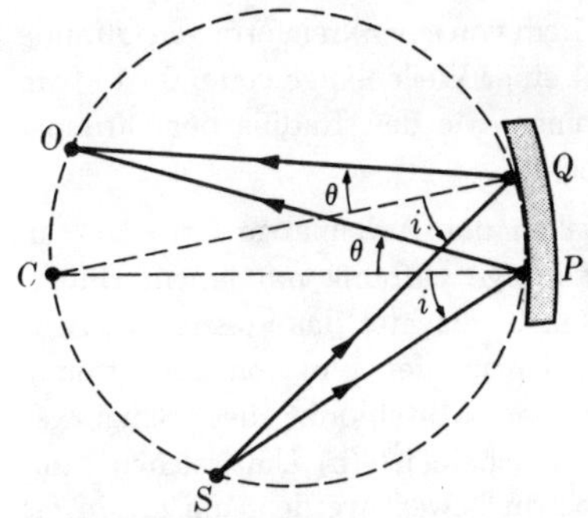

29.38

dem, das für das Auflösungsvermögen des Auges in Abschnitt 27.5 gegeben wurde.

29.12 Zwei gleich helle Sterne erscheinen unter einem Winkel von einer Sekunde. Nehmen Sie eine Wellenlänge von $5{,}5 \cdot 10^{-7}$ m an. (a) Wie lautet der kleinste Durchmesser der Objektivlinse eines Fernrohrs, der es erlaubt, die beiden Sterne aufzulösen? Welche Vergrößerung muß das Teleskop haben? c) Berechnen Sie die Brennweite des Okulars, wenn die Brennweite des Objektivs 1,80 m beträgt?

29.13 Ebene monochromatische Wellen mit einer Wellenlänge von $6{,}0 \cdot 10^{7}$ m fallen senkrecht auf ein ebenes Transmissionsgitter, das 500 Linien pro mm aufweist. Bestimmen Sie den Beugungswinkel für die Spektren erster, zweiter und dritter Ordnung.

29.14 Ein ebenes Transmissionsgitter weist 4000 Linein pro cm auf. Berechnen Sie für ein Spektrum 2.0rdnung die Differenz der Beugungswinkel (in Grad) zwischen der α- und der β-Linie von atomarem Wasserstoff, deren Wellenlängen $6{,}56 \cdot 10^{-7}$ m, bzw. $4{,}10 \cdot 10^{-7}$ m betragen. Nehmen Sie an, daß die Strahlen senkrecht einfallen.

29.15 Bestimmen Sie unter der Annahme, daß die Grenzen des sichtbaren Spektrums bei den Wellenlängen von $4 \cdot 10^{-7}$ m und $7 \cdot 10^{-7}$ m liegen, die Winkel, die die Spektren erster und zweiter Ordnung einschließen, wenn sie an einem ebenen Gitter mit 6000 Linien pro cm erzeugt werden. Nehmen Sie einen senkrechten Einfall an.

29.16 Ein 4 cm langes Transmissionsgitter hat 4000 Linien pro cm. Berechnen Sie das Auflösungsvermögen des Gitters im Spektrum erster Ordnung. Wird das Gitter die beiden Linien der Wellenlänge $5{,}890 \cdot 10^{-7}$ m und $5{,}896 \cdot 10^{-7}$ m auflösen, die das gelbe Dublett von Natrium darstellen?

29.17 Zeigen Sie, daß das Violett des Spektrums dritter Ordnung das Rot des Spektrums zweiter Ordnung überlappt, gleichgültig wie groß der Gitterabstand ist. Nehmen Sie einen senkrechten Einfall an.

29.18 Ein *Reflexionsgitter* wird dadurch hergestellt, daß man mit einer Diamantspitze feine Linien in eine polierte Metalloberfläche eingraviert (Abb. 29.37). Die polierten Zwischenräume zwischen benachbarten Linien entsprechen den Spalten eines Transmissionsgitters. Zeigen Sie, daß man die Hauptmaxima dann erhält, wenn die Bedingung $a(\sin i - \sin \theta) = n\lambda$ erfüllt ist, wobei a der Abstand zwischen aufeinanderfolgenden Linien ist.

29.19 Um bei einem Beugungsgitter eine richtige Fokussierung zu erreichen, konstruierte der amerikanische Physiker H. A. Rowland konkave Gitter mit großen Radien. Nehmen Sie an, daß in Abb. 29.38 C das Krümmungszentrum des Gitters ist, und daß der gestrichelte Kreis einen Durchmesser hat, der gleich dem Radius des Gitters ist. Zeigen Sie, daß für jede beliebige Quelle S auf diesem Kreis (a) alle Strahlen mit dem gleichen Einfallswinkel auf das Gitter fallen, (b) alle Strahlen, die an dem Gitter um den gleichen Winkel gebeugt werden, im gleichen Punkt O auf dem gestrichelten Kreis zusammentreffen. Wenn daher eine photographische Platte tangential zum Kreis an O angebracht wird, kann das Beugungsspektrum, das diesem Beugungswinkel entspricht, aufgenommen werden. Man bezeichnet diese Anordnung als Rowlandsche Gitteraufstellung und verwendet sie in physikalischen Laboratorien häufig zu spektroskopischen Untersuchungen. [*Hinweis:* Beachten Sie, daß die Senkrechte auf das Gitter am Einfallspunkt eines Strahles durch C geht und daß die Gitteroberfläche nur geringfügig von der des gestrichelten Kreises abweicht.]

29.20 Monochromatisches Licht der Wellenlänge $6{,}0 \cdot 10^{-7}$ m, das von einer entfernten Punktquelle kommt, geht durch eine kreisförmige Öffnung. Das Fresnelsche Beugungsmuster wird auf einem Schirm 1 m hinter der Öffnung beobachtet. Bestimmen Sie den Durchmesser der kreisförmigen Öffnung, wenn sie nur (a) die zentrale Fresnelsche Zone zeigt, (b) die ersten vier Fresnelschen Zonen zeigt.

29.21 Ein Punkt wird 1 cm von einer kreisförmigen Öffnung angebracht, die mit Licht einer Wellenlänge von $5{,}0 \cdot 10^{-7}$ m beleuchtet wird. Bestimmen Sie den Radius der Öffnung, wenn sie $n = 10$ entspricht.

29.22 Parallele Lichtwellen der Wellenlänge $5{,}6 \cdot 10^{-7}$ m gehen durch eine kreisförmige Öffnung mit einem Durchmesser von 2,60 mm. Man beobachtet das Fresnelsche Beugungsmuster auf einem Schirm, der 1 m von der Öffnung entfernt ist. (a) Wird der Mittelpunkt des Beugungsmusters hell oder dunkel erscheinen? (b) Um welchen Mindestabstand muß der Schirm bewegt werden, um die in (a) gefundenen Bedingungen umzukehren?

29.23 Eine ebene monochromatische Lichtwelle der Wellenlänge $\lambda = 5{,}0 \cdot 10^{-7}$ m fällt senkrecht auf einen Schirm, der eine kreisförmige Öffnung mit einem Durchmesser von 0,4 cm hat. (a) Bestimmen Sie die Position der Punkte minimaler und maximaler Intensität längs der Achse des Schirms. (b) Wie weit vom Schirm tritt das letzte Minimum auf?

29.24 Ein Schirm mit einer kreisförmigen Öffnung des Radius 0,4 cm wird von ebenen Lichtwellen beleuchtet, die senkrecht einfallen. Nehmen Sie an, daß das einfallende Licht eine Mischung aus zwei monochromatischen Lichtbündeln der Wellenlänge $\lambda_1 = 6{,}0 \cdot 10^{-7}$ m und $\lambda_2 = 4{,}0 \cdot 10^{-7}$ m ist. Bestimmen Sie die Punkte auf der Linie, die senkrecht zur Öffnung und durch ihren Mittelpunkt geht, an denen man nur eine der beiden Wellenlängen beobachtet.

29.25 Der Abstand zwischen den Hauptebenen eines NaCl-Kristalls ist $2{,}82 \cdot 10^{-10}$ m. Man findet, daß die Braggsche Reflexion erster Ordnung eines monochromatischen Röntgenstrahlbündels bei einem Winkel von 10° eintritt. (a) Berechnen Sie die Wellenlänge der Röntgenstrahlen. (b) Welcher Winkel entspricht dem Spektrum zweiter Ordnung?

29.26 Kaliumjodid, KJ, bildet einen kubischen Kristall der Dichte von $3{,}13\ \mathrm{g\,cm^{-3}}$. Finden Sie den kleinsten Abstand zwischen den Ebenen, d.h., die Länge einer Einheitszelle. Bestimmen Sie die Winkel, die den ersten beiden Braggschen Reflexionen für Röntgenstrahlen der Wellenlänge $3{,}0 \cdot 10^{-10}$m entsprechen.

29.27 Eine Röntgenröhre beschleunigt Elektronen durch einen Potentialunterschied von 10^5 V. Die entsprechenden Röntgenstrahlen werden mit Hilfe des in Aufgabe 29.25 beschriebenen Kristalls untersucht. Bestimmen Sie den Winkel, bei dem das Spektrum erster Ordnung der kürzesten Wellenlänge, die von der Röhre erzeugt wird, eintritt.

29.28 Ein Röntgenstrahlbündel der Wellenlänge von $5 \cdot 10^{-11}$ fällt auf ein Pulver, das aus mikroskopischen KCl-Kristallen statistischer Anordnung besteht. Der Gitterabstand im Kristall ist $3{,}14 \cdot 10^{-10}$ m. Ein photographischer Film wird 0,1 m vom zu analysierenden Pulver angebracht. (a) Bestimmen Sie die Radien der Kreise, die den Spektren erster und zweiter Ordnung von solchen Ebenen entsprechen, die die gleichen Abstände wie die Gitterabstände haben. (b) Bestimmen Sie die Radien für die Kreise, die von den Ebenen erzeugt werden, welche einen Winkel von 45° mit jenen in (a) bilden.

Kapitel 30

QUANTEN-MECHANIK

30.1 EINLEITUNG

Eine wichtige Revolution im physikalischen Denken trat zu Ende des ersten Viertels dieses Jahrhunderts ein. Sie führte zu einem radikal neuen Zugang zur Beschreibung der Bewegung atomarer und subatomarer Teilchen.

Die Bewegung der Körper, die wir um uns herum beobachten, kann (unabhängig von der Wechselwirkung zwischen ihnen) durch allgemeine Regeln beschrieben werden, die auf experimentellen Befunden beruhen. Diese Regeln sind

1) die Erhaltung des Impulses,
2) die Erhaltung des Drehimpulses, und
3) die Erhaltung der Energie.

Auf diesen Erhaltungssätzen aufbauend, wurde ein Formalismus, genannt *klassische Mechanik*, entwickelt, um die Bewegung von Teilchen genau zu beschreiben. Die Annahme dabei war, daß die Teilchen im Raum lokalisiert sind und daß wir sie beobachten können, ohne ihre Bewegung wesentlich zu beeinflussen. Dieser Formalismus wurde zur Beschreibung und Analyse der Bewegung verschiedener Körper verwendet, die sich in ihrer Größe von Planeten einerseits bis zu Elektronen auf der anderen Seite erstreckten. Wenn die klassische Mechanik jedoch auf die Bewegung der Grundbausteine der Materie angewendet wird, liefert sie nur Näherungswerte, in einigen Fällen ist sie völlig ungeeignet.

Als Folge experimenteller Befunde waren wir gezwungen, verschiedene neue und revolutionäre Begriffe zur Beschreibung des Verhaltens der Materie einzuführen. Obwohl die Gesetze von der Erhaltung des Impulses, Drehimpulses und der Energie gültig bleiben, müssen wir auf eine genaue Beschreibung der Bewegung atomarer Teilchen im Sinn der klassischen Mechanik verzichten. Die Quantelung der Energie (und anderer physikalischer Größen) ist eine weitere neue Vorstellung, die in der klassischen Mechanik nicht auftaucht. Eine befriedigende Theorie muß Information über die erlaubten Energiewerte enthalten. Die Wechselwirkung zwischen Strahlung und Materie mittels Absorption oder Emission von Photonen (Abschnitt 25.5) ist ein weiteres Konzept, das in die Theorie eingebaut werden muß.

Diese Situation erforderte die Entwicklung eines neuen Formalismus, der sogenannten *Quantenmechanik*. Die Quantenmechanik in ihrer gegenwärtigen Form ist das Ergebnis der Arbeit von Louis de Broglie, Erwin Schrödinger, Werner Heisenberg, Paul Dirac, Max Born und anderer, die sie Ende der zwanziger Jahre entwikkelten. Die Quantenmechanik ist für das Verständnis des Verhaltens fundamentaler Bestandteile der Materie unerläßlich. Die Theorie ist mathematisch kompliziert, ihre Grundvorstellungen sind jedoch relativ einfach.

30.2 TEILCHEN UND FELDER

Unsere Sinneserfahrung sagt uns, daß die Gegenstände, die wir berühren und sehen, genau definierte Gestalt und Größe haben und daher im Raum lokalisiert sind. Wir neigen daher dazu, zu extrapolieren und uns die Elementarteilchen (z.B. Elektronen, Protonen, Neutronen u.s.w.) ebenfalls so vorzustellen, als hätten sie Gestalt und Größe und sie so wie kleine Kugeln zu betrachten, mit charakteristischem Radius, Masse und Ladung. Das ist jedoch eine Extrapolation, die über unsere unmittelbare Sinneserfahrung hinausgeht und wir müssen das Bild daher sorgfältig untersuchen, bevor wir es akzeptieren.

Versuche haben gezeigt, daß dieses extrapolierte Bild von den Grundbausteinen der Materie unrichtig ist. Das dynamische Verhalten der Elementarteilchen erfordert, daß wir jedem Teilchen ein zugehöriges Feld zuschreiben — *ein Materiefeld* — so wie wir umgekehrt einem Photon (das einem Teilchen äquivalent ist) ein elektromagnetisches Feld zuschreiben. Dieses Materiefeld beschreibt den dynamischen Zustand eines Teilchens im gleichen Sinn wie das elektromagnetische Feld Photonen entspricht, die genau bestimmten Impuls and Energie haben. Bei der Besprechung der Zusammenhänge zwischen dem Materiefeld und den dynamischen Eigenschaften des Teilchens (z.B. Impuls und Energie) können wir uns durch die Beziehungen (25.10),

$$E = h\nu, \qquad p = \frac{h}{\lambda},$$

leiten lassen, die früher für das Photon gefunden wurden. Wenn wir diese Beziehungen in umgekehrter Form schreiben, können wir annehmen, daß die Wellenlänge

λ und die Frequenz ν des monochromatischen Feldes, das mit einem Teilchen des Impulses p und der Energie E assoziiert ist, durch

$$\lambda = \frac{h}{p}, \qquad \nu = \frac{E}{h} \tag{30.1}$$

gegeben sind, wobei h wie früher das Plancksche Wirkungsquantum ist. Diese Beziehungen wurden zuerst 1924 von dem französischen Physiker Louis de Broglie (1892-) vorgeschlagen; deshalb bezeichnet man $\lambda = h/p$ manchmal als die *de Broglie-Wellenlänge* eines Teilchens. Wenn wir die Wellenzahl $k = 2\pi/\lambda$ und die Winkelfrequenz $\omega = 2\pi\nu$ einführen, können wir die Beziehungen in mehr symmetrischer Form schreiben:

$$p = \frac{h}{2\pi}k, \qquad E = \frac{h}{2\pi}\omega,$$

oder, da $\hbar = h/2\pi = 1{,}0544 \cdot 10^{-34}$ J s,

$$p = \hbar k, \qquad E = \hbar\omega. \tag{30.2}$$

Wenn unsere Annahmen, ausgedrückt durch (30.1) oder (30.2) stimmen, können wir erwarten, daß wann immer die Bewegung des Teilchens auf solche Art gestört wird, daß das mit dem Teilchen assoziierte Feld sich nicht mehr frei ausbreiten kann, Interferenz, Beugungs- und Streuungsphänomene auftreten werden, ganz wie im Fall elastischer oder elektromagnetischer Wellen. Das ist aber genau das, was passiert.

Bevor wir die Versuche besprechen, die Interferenz und Beugung des Materiefeldes zeigen, wollen wir aus der Energie den Wert der de Broglie-Wellenlänge λ abschätzen, die einem Teilchen zukommt. Elektronen, die durch ein elektrisches Potential V beschleunigt werden, gewinnen eine Energie eV; ihre kinetische Energie ist daher

$$\frac{p^2}{2m_e} = eV, \qquad \text{so daß} \qquad p = \sqrt{2m_e eV}.$$

Wenn wir die Werte für e, m_e und h einführen, erhalten wir daher die de Broglie-Wellenlänge eines so beschleunigten Elektrons zu

$$\lambda = \frac{h}{\sqrt{2m_e eV}} = \frac{1{,}23 \cdot 10^{-9}}{\sqrt{V}}\,\mathrm{m}, \tag{30.3}$$

wobei V in Volt ausgedrückt wird. Diese Formel kann

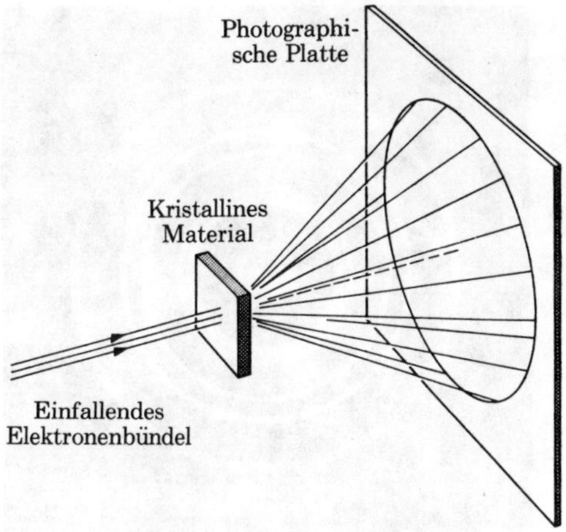

30.1 Experimentelle Anordnung zur Beobachtung der Elektronenstreuung an kristallinem Material.

auch dann angewendet werden, wenn die kinetische Energie des Elektrons in Elektronenvolt ausgedrückt wird.

30.3 STREUUNG VON TEILCHEN AN KRISTALLEN

Wir wollen Elektronen betrachten, deren Energie der entspricht, die sie bei Bewegung durch einen Potentialunterschied der Größenordnung von 10^4 V gewinnen (was dem Spannungsbereich in einer Fernsehröhre entspricht). Gleichung (30.3) zeigt, daß die Wellenlänge der Elektronen etwa 10^{-11} m ist, vergleichbar der Wellenlänge von Röntgenstrahlen. Das bedeutet, daß wir beim Durchschicken eines Bündels schneller Elektronen durch einen Kristall Muster erhalten sollten, die aus der Streuung des Materiefeldes resultieren. Diese Muster, die den ankommenden Elektronen entsprechen, sollten ähnlich jenen sein, die man mit Röntgenstrahlen beobachtet und die in Abschnitt 29.9 besprochen wurden.

1927 begann der britische Wissenschaftler G. P. Thomson (1892-) eine Reihe von Versuchen, deren Zweck es war, den Durchtritt eines Elektronenbündels durch einen dünnen Film kristallinen Materials zu untersuchen. Nachdem die Elektronen durch den Film gegangen waren, trafen sie auf eine Photoplatte, wie in Abb. 30.1 gezeigt. Wenn sich die Elektronen wie Teilchen im makroskopischen Sinn verhielten, hätte man ein verschwommenes Bild beobachtet, da im allgemeinen

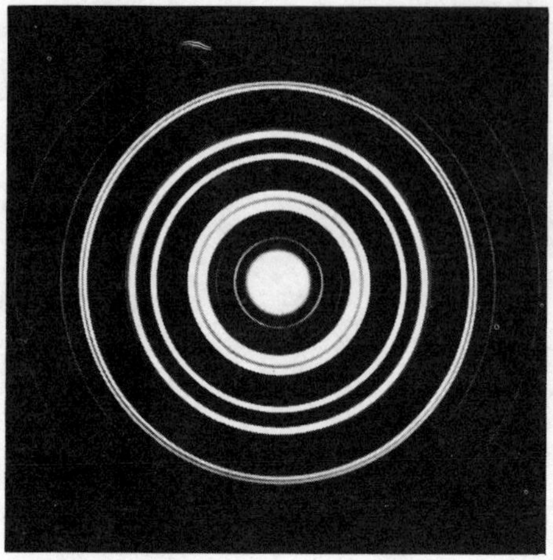

30.2 Elektronenstreuung an Kristallpulver [mit liebenswürdiger Genehmigung von Dr. Lester Germer].

30.3 Elektronenstreuung an einem Kohlenstoff (Graphit)-Einkristall [mit liebenswürdiger Genehmigung von R. Heidenreich, Bell Telephone Laboratories].

jedes Elektron an den Atomen des Kristalls eine andere Streuung erfahren würde. Das Ergebnis war jedoch identisch mit den Debye–Scherrer Mustern für Röntgenstreuung an polykristallinen Substanzen, wie die Aufnahme in Abb. 30.2 zeigt. Ähnlich entstehen Lauesche Punktmuster, wie man sie mit Röntgenstrahlen beobachtet, wenn ein Elektronenbündel durch einen Einkristall geht; man sieht das an der Aufnahme in Abb. 30.3. Aus der Struktur dieser Muster können wir die de Broglie-Wellenlänge λ berechnen, wenn der Abstand zwischen den Kristallebenen bekannt ist und man die Formeln anwendet, die für Röntgenstrahlen abgeleitet wurden. Die resultierenden Werte für λ kann man mit denen, die man mit (30.3) erhält, vergleichen. Das Ergebnis ist eine völlige Übereinstimmung innerhalb der Fehlergrenze des Versuchs.

In den berühmten Versuchen von C. Davisson und L. Germer (die etwa gleichzeitig wie die von Thomson durchgeführt wurden) wurde ein Elektronenbündel in einem Winkel gegen die Fläche eines Kristalls geschickt. Die gestreuten Elektronen wurden mittels eines symmetrisch angeordneten Detektors beobachtet, wie in Abb. 30.4 gezeigt. Das ist ähnlich der Braggschen Anordnung zur Beobachtung der Röntgenstreuung (Abschnitt 29.9). Man fand, daß der Elektronenstrom, den der Detektor registriert, jedesmal dann ein Maximum erreichte, wenn die für Röntgenstrahlen abgeleitete Braggsche Bedingung erfüllt war. Die Braggsche Bedingung wird durch (29.15).

$$2d \sin \theta = n\lambda, \tag{30.4}$$

ausgedrückt, wobei d der Abschnitt zwischen aufeinanderfolgenden Atomschichten im Kristall ist und λ durch (30.3) gegeben ist.

Das gleiche Phänomen der Braggschen Streuung wurde in Versuchen mit Protonen und Neutronen beobachtet. Die Neutronenstreuung ist besonders nützlich, da sie eine der leistungsfähigsten Methoden zur Untersuchung von Kristallstrukturen darstellt. Experimentell verwendet man monoenergetische Neutronenbündel und analysiert ihren Durchgang durch den Kristall. Die Neutronen, die durch eine Austrittsöffnung aus einem Kernreaktor kommen (Abb. 30.5), haben ein weites Energiespektrum (in anderen Worten, ihre Impulse variieren in weiten Grenzen) oder, anders gesagt, das Neutronenbündel ist nicht monochromatisch; statt dessen enthält es ein Spektrum, das aus vielen de Broglie-Wellenlängen besteht. Wenn das Neutronenbündel aus dem Reaktor auf einen Kristall fällt, z.B. LiF, entsprechen die Neutronen, die man in der symmetrischen

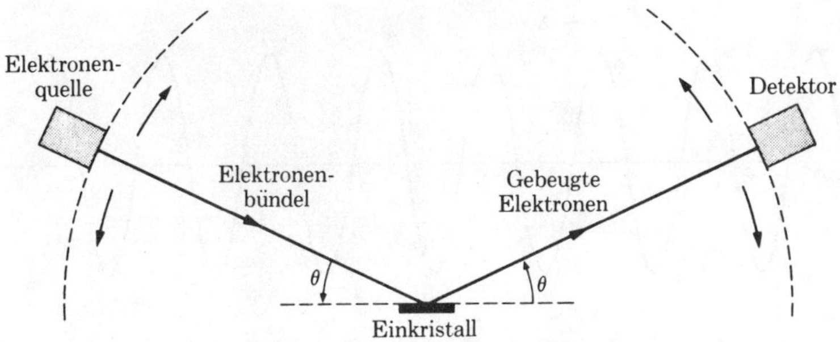

30.4 Davisson- und Germer-Anordnung zur Beobachtung der Braggschen Streuung von Elektronen.

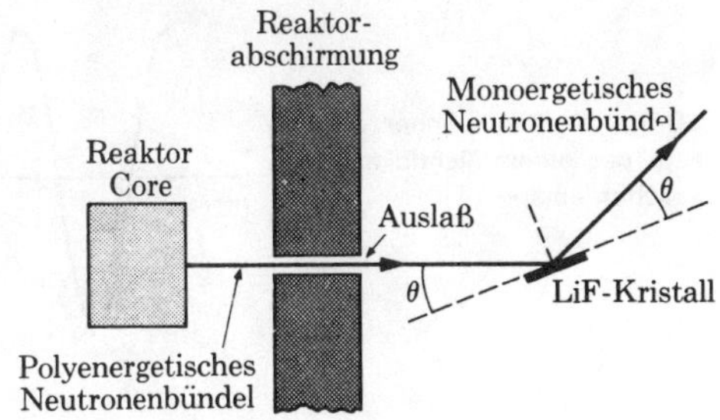

30.5 Neutronenkristallspektrometer.

Richtung beobachtet, nur der Wellenlänge λ, die durch die Braggsche Bedingung (30.4) gegeben ist. Daher haben sie alle genau definierte Energie und Impuls. Der Kristall wirkt daher als *Energiefilter* oder *Monochromator*. Das monoenergetische Neutronenbündel wird seinerseits verwendet, um andere Materialien mittels Beugung zu untersuchen, oder um Kernreaktionen zu analysieren, an denen Neutronen beteiligt sind.

Beispiel 30.1 *De Broglie-Wellenlänge thermischer Neutronen bei einer Temperatur von* 25° C. Unter *thermischen Neutronen* verstehen wir Neutronen, die sich bei einer bestimmten Temperatur mit der Materie im thermischen Gleichgewicht befinden. Die Neutronen haben daher eine mittlere kinetische Energie, die identisch mit der der Moleküle eines idealen Gases bei gleicher Temperatur ist. Die mittlere kinetische Energie der thermischen Neutronen ist daher

$$E_{\text{mit}} = \tfrac{3}{2}kT$$

wobei T die absolute Temperatur und k die Boltzmann-Konstante ist (siehe (13.4)). Bei einer Temperatur von 25° C ist $T = 298°$ K und daher ist

$$E_{\text{mit}} = \tfrac{3}{2}kT = 6{,}17 \cdot 10^{-21}\ \text{J} = 3{,}85 \cdot 10^{-2}\ \text{eV}.$$

Der entsprechende Impuls ist

$$p = \sqrt{2m_{\text{n}}E_{\text{mit}}} = 4{,}55 \cdot 10^{-24}\ \text{m kg s}^{-1}.$$

Mit (30.1) finden wir dann, daß die mittlere de Broglie-Wellenlänge der thermischen Neutronen

$$\lambda = 1{,}85 \cdot 10^{-10}\ \text{m}$$

ist. (Wenn wir übrigens beachten, daß der Abstand zwischen den Ebenen eines NaCl-Kristalls $d = 2{,}82 \cdot 10^{-10}$ m beträgt, sehen wir, daß das erste Braggsche Maximum für Neutronen dieser Wellenlänge bei einem Winkel $\theta = 19°$ auftritt.)

30.4 TEILCHEN UND WELLENPAKETE

Unter Verwendung von (30.1) können wir das Feld, das einem freien Teilchen entspricht, welches sich mit einem genau definierten Impuls p bewegt und die Energie

$$E = \frac{p^2}{2m}$$

hat, durch eine harmonische Welle konstanter Amplitude darstellen, wie in Abb. 30.6 gezeigt. Die Symmetrie erfordert, daß die Amplitude der Welle im ganzen Raum gleich bleibt, da keine Kräfte auf das Teilchen wirken, die das assoziierte Materiefeld in manchen Bereichen des Raumes stärker verzerren könnten als in anderen. Die Phasengeschwindigkeit des Feldes der freien Teilchen ist

$$v_p = \lambda\nu = \frac{h}{p}\frac{E}{h} = \frac{E}{p} = \frac{p}{2m} = \frac{1}{2}v.$$

Das heißt, die Phasengeschwindigkeit des Materiefeldes ist halb so groß wie die Teilchengeschwindigkeit. Das hat jedoch keine experimentellen Folgen, da wir die Phasengeschwindigkeit einer reinen harmonischen Welle nicht unmittelbar messen können. Daß die Amplitude des Materiefeldes im gesamten Raum gleich bleibt, läßt vermuten, daß das Materiefeld eines freien Teilchens keine Information über den Aufenthalt eines freien Teilchens mit genau definiertem Impuls im Raum gibt. In anderen Worten, dieses Materiefeld ist unabhängig von der Position des Teilchens und eine Beobach-

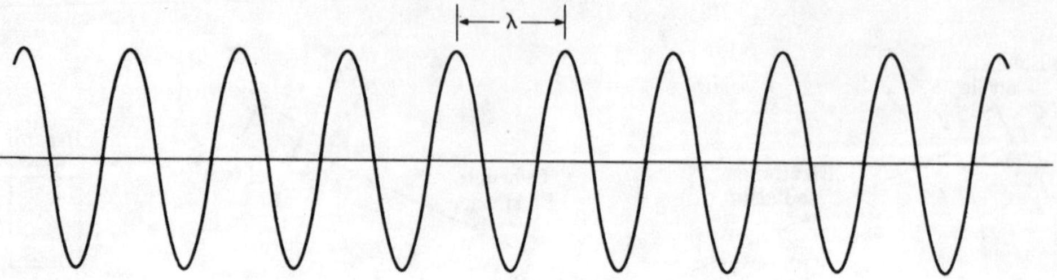

30.6 Kontinuierlicher Wellenzug, der einem nichtlokalisierten Teilchen entspricht.

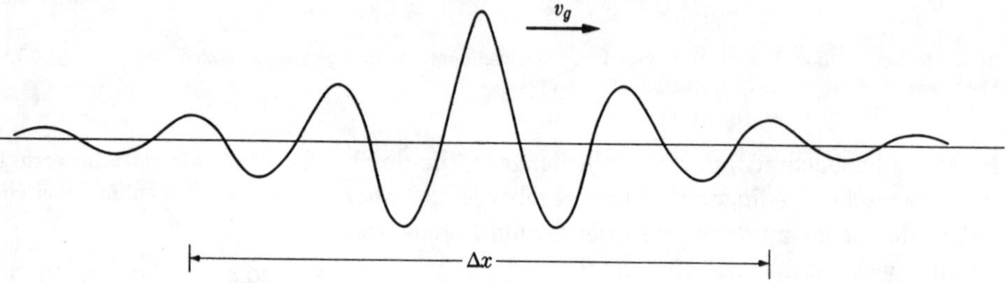

30.7 Wellenpaket, das einem innerhalb der Entfernung Δx lokalisierten Teilchen entspricht.

tung des Feldes mittels irgendeiner Methode würde keinen Aufschluß über die Position des Teilchens geben.

Wir vermuten nach unserem physikalischen Gefühl und unserer Kenntnis der Felder und Wellen, daß ein Teilchen, das sich innerhalb eines bestimmten Bereichs im Raum befindet, einem Materiefeld entsprechen sollte, dessen Amplitude oder Intensität in diesem Bereich groß sind, wogegen sie außerhalb klein sind. Ein Feld kann in einem bestimmten Bereich aufgebaut und außerhalb dieses Bereichs durch Interferenz abgeschwächt werden, indem man Wellen verschiedener Frequenzen und Wellenlängen überlagert. Das Ergebnis ist ein *Wellenpaket*, wie in Abb. 30.7 gezeigt. Die Geschwindigkeit, mit der sich das Wellenpaket ausbreitet, ist die Gruppengeschwindigkeit v_g, die durch (23.48)

$$v_g = \frac{d\omega}{dk}$$

gegeben ist. Mit den Beziehungen (30.2) und $E = p^2/2m$ können wir die Gruppengeschwindigkeit des Materiefelds, das einem freien Teilchen entspricht, zu

$$v_g = \frac{dE}{dp} = \frac{p}{m} = v$$

neu anschreiben. Daher ist die Gruppengeschwindigkeit des Materiefeldes (d.h. die Ausbreitungsgeschwindigkeit des Pakets) gleich der Geschwindigkeit des Teilchens, genau wie unser physikalisches Gefühl uns sagt, daß es sein sollte. Wir schließen daher, daß ein Teilchen, das sich in einem bestimmten Bereich des Raumes aufhält, mit einem Feld oder Wellenpaket assoziiert ist, dessen Amplitude nur in dem Bereich wesentlich ist, in dem sich das Teilchen aufhält. Die Geschwindigkeit des Teilchens ist die Gruppengeschwindigkeit des Feldes oder des Wellenpakets.

30.5 HEISENBERGSCHE UNSCHÄRFERELATION FÜR ORT UND IMPULS

Wir treffen nun auf eine spezielle Situation, die nicht mit Hilfe der klassischen Mechanik erklärt werden kann. Damit ein Wellenpaket im Raum lokalisiert sein kann, muß man mehrere Felder verschiedener Wellenlängen λ (oder mit verschiedenen Werten der Wellenzahl k) überlagern. Wenn sich das Wellenpaket über einen Bereich Δx erstreckt, fallen die Werte für die Wellenzahlen der interferierenden Wellen, aus denen das Wellenpaket besteht und die eine nennenswerte Amplitude haben, innerhalb eines Bereichs Δk, so daß nach einer Analyse, die wir hier weglassen wollen,

$$\Delta x \, \Delta k \sim 1$$

gilt. Nach (30.1) oder (30.2) bedeuten jedoch verschiedene Wellenlängen λ oder Wellenzahlen k, daß verschiedene Werte von p vorliegen, so daß

$$\Delta p = \hbar \, \Delta \, k.$$

Wir sehen daher, daß der obige Ausdruck zu

$$\Delta x \, \Delta p \sim \hbar \tag{30.5}$$

wird. Die physikalische Bedeutung der Beziehung (30.5) ist folgende: Wenn ein Teilchen sich innerhalb des Bereichs $x - \frac{1}{2}\Delta x$ und $x + \frac{1}{2}\Delta x$ befindet (d.h., Δx ist die Unsicherheit, in der man sich bezüglich des Aufenthalts des Teilchens befindet), wird sein assoziiertes Feld durch Überlagerung von Wellen der Impulse zwischen $p - \frac{1}{2}\Delta p$ und $p + \frac{1}{2}\Delta p$ dargestellt, wobei Δp über (30.5) zu Δx in Beziehung steht. Wir sagen, daß Δp die Unschärfe im Impuls des Teilchens ist. Beziehung (30.5) bedeutet, daß Δx umso kleiner ist, je größer Δp und umgekehrt. In anderen Worten, die Information über den Aufenthalt eines Teilchens im Raum geht auf Kosten der Kenntnis über seinen Impuls. Je genauer wir die Position eines Teilchens kennen, desto ungenauer ist unsere Information über seinen Impuls und umgekehrt. Deshalb wird ein Teilchen genau bekannten Impulses ($\Delta p = 0$) durch eine Welle konstanter Amplitude dargestellt, die sich über den gesamten Raum erstreckt ($\Delta x \sim \infty$), so daß unsere Kenntnis seines Aufenthalts null ist. Es ist uns unmöglich, sowohl die Position als auch den Impuls eines Teilchens gleichzeitig so zu bestimmen, daß im gleichen Augenblick $\Delta x = 0$ und $\Delta p = 0$. Diese Kenntnis wäre mit (30.5) unvereinbar.

Das Ergebnis, das durch (30.5) ausgedrückt wird, bezeichnet man als die *Heisenbergsche Unschärferelation*, die in Worten wie folgt ausgedrückt werden kann:

Es ist unmöglich, gleichzeitig und mit Genauigkeit sowohl die Lage als auch den Impuls eines Teilchens zu kennen.

Dieses Prinzip drückt eine der grundlegenden Tatsachen der Natur aus und kann in gewissem Sinn als noch grundlegender als (30.2) angesehen werden, obwohl wir hier umgekehrt vorgegangen sind.

Die Unschärferelation bedeutet, daß wir die Bahn eines Teilchens nie mit der absoluten Genauigkeit definieren können, wie es die klassische Mechanik fordert. Die klassische Mechanik gilt weiterhin für große Körper, wie die, mit denen sich Ingenieure im allgemeinen beschäftigen, da die durch (30.5) gegebene Unschärfe für einen makroskopischen Körper wegen der geringen Größe von h viel kleiner ist als der experimentelle Fehler in den gemessenen Werten von x und p für den Körper. *Für Teilchen atomarer Größenordnungen hat jedoch der Begriff der Bahn keine Bedeutung, da sie nicht genau festgelegt werden kann.* Daher ist ein anderes Bild der Bewegung erforderlich als das der klassischen Mechanik. Aus dem gleichen Grund sind Begriffe wie Geschwindigkeit, Beschleunigung und Kraft in der Quantenmechanik von begrenzter Bedeutung. Andererseits ist der Begriff der Energie von herausragender Bedeutung, da er mehr mit dem "Zustand" des Systems als mit seiner "Bahn" zu tun hat.

30.6 VERANSCHAULICHUNG DER HEISENBERGSCHEN UNSCHÄRFERELATION

Um die Heisenbergsche Unschärferelation zu illustrieren, wollen wir zuerst einige einfache Fälle betrachten. Nehmen Sie z.B. an, daß wir die x-Koordinaten eines Teilchens bestimmen wollen, indem wir beobachten, ob ein Teilchen durch ein Loch (der Breite b) auf einem Schirm trifft (Abb. 30.8). Die Genauigkeit, mit der wir die Position des Teilchens kennen, ist durch die Größe der Öffnung begrenzt; das heißt

$$\Delta x \sim b.$$

Die Öffnung stört jedoch das Feld, das mit dem Teilchen assoziiert ist, was zu einer entsprechenden Änderung der Bewegung des Teilchens führt, wie man am entstehenden Beugungsmuster sieht. Die Unschärfe im Impuls des Teilchens parallel zur X-Achse wird durch den Winkel θ bestimmt, entsprechend dem Hauptmaximum des Beugungsmusters, da sich das Teilchen nach Durchtritt durch den Spalt mit größter Wahrscheinlichkeit innerhalb des Winkels 2θ bewegt. Entsprechend der Theorie der Beugung an einem rechteckigen Spalt (Abschnitt 29.3) ist der Winkel θ durch

$$\sin \theta = \frac{\lambda}{b}$$

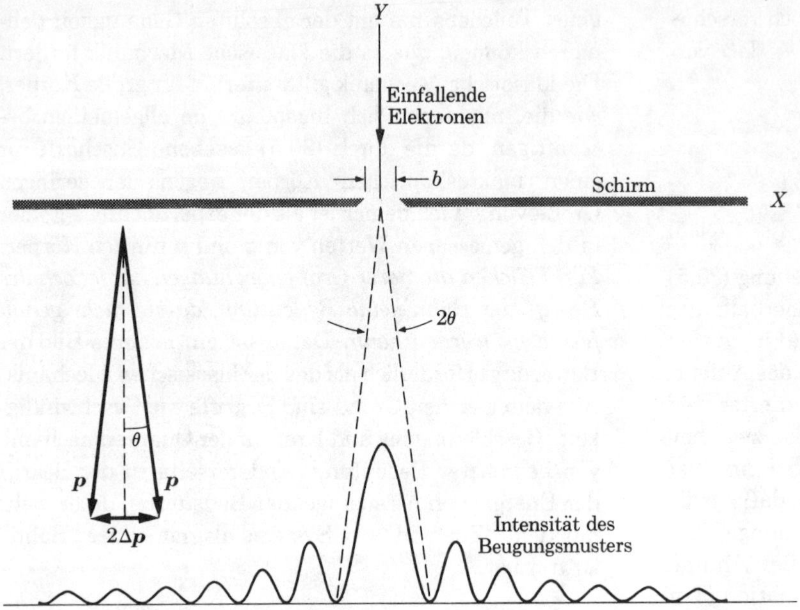

30.8 Messung der Position und des Impulses eines Teilchens, das durch einen Spalt tritt.

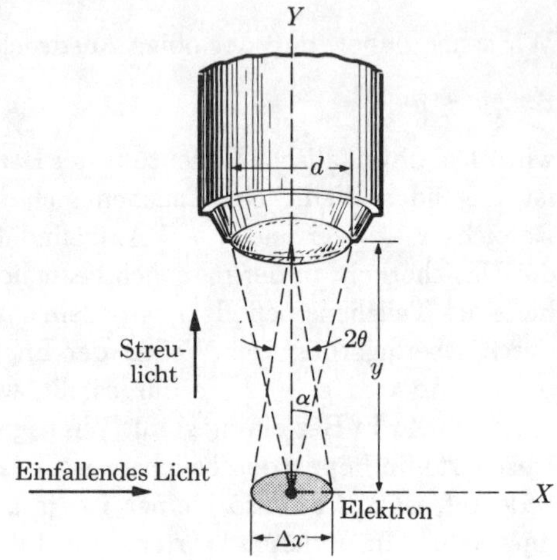

30.9 Messung der Position und des Impulses eines Teilchens mit Hilfe eines Mikroskops.

gegeben. Dann ist

$$\Delta p \sim p \sin\theta = \left(\frac{h}{\lambda}\right)\left(\frac{\lambda}{b}\right) = \frac{h}{b}$$

die Unschärfe des Impulses parallel zur X-Achse, und es gilt $\Delta x\ \Delta p \sim h$, was mit (30.5) übereinstimmt. (Die fehlenden 2π sind unwichtig.) Beachten Sie, daß wir sehr enge Spalte verwenden müssen, um unsere Fähigkeit, die genaue Lage des Teilchens zu bestimmen, zu erhöhen. Ein sehr enger Spalt führt jedoch zu einem breiten Hauptmaximum im Beugungsmuster, was eine große Unsicherheit in der X-Komponente des Impulses des Teilchens bedeutet. Umgekehrt muß das Hauptmaximum im Beugungsmuster sehr schmal sein, um die Unsicherheit in unserer Kenntnis der X-Komponente des Impulses zu vermindern. Das efordert einen sehr breiten Spalt, was seinerseits zu einer großen Unsicherheit in der Kenntnis der x-Koordinate des Teilchens führt.

Eine andere Situation, die die Heisenbergsche Unschärferelation illustriert, tritt ein, wenn wir versuchen, die Position eines Elektrons mittels eines Mikroskops zu bestimmen (Abb. 30.9). Um das Elektron zu beobachten, müssen wir es mit Licht irgendeiner Wellenlänge λ beleuchten. Das Licht, das durch das Mikroskop geht, ist das Licht, das durch das beobachtete Elektron gestreut wurde. Der Impuls des gestreuten Photons ist

$$p_{\text{Photon}} = h/\lambda.$$

Um in das Objektiv einzudringen, müssen sich die Photonen innerhalb des Kegels vom Winkel α bewegen, so daß die x-Komponente ihrer Impulse mit der Unschärfe

$$\Delta p \sim p_{\text{Photon}} \sin\alpha \sim \left(\frac{h}{\lambda}\right)\left(\frac{d}{2y}\right) = \frac{hd}{2\lambda y}$$

belastet ist, da $\sin\alpha \sim d/2y$. Das ist zugleich die Unschärfe in der x-Komponente des Elektronenimpulses nach der Lichtstreuung, da beim Streuvorgang ein Teil des Impulses zwischen dem Elektron und dem Photon ausgetauscht wird. Andererseits ist die genaue Position des Elektrons wegen der Beugung des Lichtes, wenn es durch das Objektiv des Mikroskops tritt, ungewiß. Die Unsicherheit in der Position des Elektrons ist daher gleich dem Durchmesser der zentralen Scheibe im Beugungsmuster. Dieser Durchmesser ist durch $2y \sin \theta$ gegeben, wobei $\sin \theta \sim \lambda/d$. [Wir haben den Faktor 1,22 vernachlässigt, der in der Theorie der Beugung einer ebenen Welle an einer kreisförmigen Öffnung erscheint (Abschnitt 29.4).] Daher ist

$$\Delta x \sim 2y \sin \theta \sim \frac{2y\lambda}{d}.$$

Es gilt also wieder $\Delta x \; \Delta p \sim h$. Beachten Sie, daß wir Strahlung sehr kleiner Wellenlänge verwenden müssen, um die Position des Elektrons mit größerer Genauigkeit bestimmen zu können. Das führt jedoch zu einer großen Störung im Impuls. Umgekehrt müssen wir Strahlung sehr langer Wellenlänge benutzen, um nur eine kleine Störung im Impuls hervorzurufen, was nun zu einer großen Unsicherheit bezüglich der Position führt.

Diese beiden Beispiele zeigen eindeutig, daß die Unschärferelation eine unmittelbare Folge des Meßvorgangs ist. Auf atomarer Ebene führt die Messung unweigerlich zu einer merklichen Störung des Systems, was auf die Wechselwirkung zwischen dem Meßgerät und der zu messenden Größe zurückzuführen ist.

30.7 DIE UNSCHÄRFERELATION FÜR ZEIT UND ENERGIE

Zusätzlich zur Unschärferelation $\Delta x \; \Delta p \sim h$ zwischen einer Koordinate und dem entsprechenden Impuls eines beweglichen Teilchens gibt es auch eine Unschärferelation zwischen Zeit und Energie. Nehmen Sie an, daß wir nicht nur die Energie eines Teilchens messen wollen, sondern auch die Zeit, zu der das Teilchen diese Energie hat. Wenn Δt und ΔE die Unsicherheiten in den Werten für diese Größen sind, gilt folgende Beziehung

$$\Delta t \; \Delta E \sim \hbar. \qquad (30.6)$$

Wir können diese Beziehung auf folgende Weise verstehen. Wenn wir die Zeit definieren wollen, zu der ein Teilchen einen bestimmten Punkt passiert, müssen wir das Teilchen durch ein Wellenpaket mit einer sehr kurzen Verweildauer Δt darstellen. Um ein solches Wellenpaket aufzubauen, muß man Felder verschiedener Frequenzen überlagern, deren Amplitude nur im Frequenzbereich $\Delta \omega$ um die Frequenz ω nennenswert ist. Die Theorie, die wir hier nicht wiedergeben können, fordert, daß

$$\Delta t \;\; \Delta \omega \sim 1.$$

Indem wir mit $\hbar$ multiplizieren und uns gemäß (30.2) daran erinnern, daß $E = \hbar\omega$, erhalten wir Beziehung (30.6).

Die Unschärferelation (30.6) erfordert, daß wir unser Konzept stationärer Zustände revidieren. Wir wollen ein Elektron im angeregten Zustand eines Atoms betrachten. Nach einer bestimmten Zeit wird das Elektron einen Strahlungsübergang in einen anderen Zustand geringerer Energie durchmachen. Wir haben jedoch keine Möglichkeit, mit Sicherheit vorauszusagen, wie lange das Elektron im stationären Zustand verweilen wird, bevor es den Übergang macht. Was wir sagen können, ist, daß es eine bestimmte Wahrscheinlichkeit pro Zeiteinheit gibt, daß das Elektron in einen Zustand niedrigerer Energie übergeht. Die mittlere Zeitspanne, die das Elektron in dem stationären Zustand verweilt, die *Lebensdauer* des Zustands, ist daher mit einer Unsicherheit Δt bekannt. Daher ist die Energie des stationären Zustands des Elektrons nicht genau bekannt, sondern hat eine Unsicherheit ΔE, so daß (30.6) gilt. ΔE wird häufig als die *Energiebreite* des Zustands bezeichnet, dessen Energie mit größter Wahrscheinlichkeit zwischen $E - \frac{1}{2}\Delta E$ und $E + \frac{1}{2}\Delta E$ liegt. Wir können annehmen, daß Δt von der Größenordnung der Lebensdauer des angeregten Zustands ist. Je kürzer daher die Lebensdauer eines angeregten Zustands, desto größer ist die Unsicherheit über die Energie des Zustands. Für den Grundzustand, dessen Lebensdauer unendlich ist, da ein System im Grundzustand keinen Übergang in einen Zustand niedrigerer Energie durchmachen kann, ist $\Delta t \sim \infty$. Das liefert $\Delta E = 0$, was bedeutet, daß die Energie des Grundzustands genau bestimmt werden kann.

30.8 STATIONÄRE ZUSTÄNDE UND MATERIEFELDER

Wir sind nun in der Lage, eine theoretische Rechtfertigung für den Begriff stationärer Zustände zu geben, der in Abschnitt 18.4 eingeführt wurde und aufgrund experimenteller Ergebnisse in den Abschnitten 25.8 und 25.9 weiter ausgearbeitet wurde.

Wenn sich ein Teilchen in einem gebundenen Zustand befindet und darauf beschränkt ist, sich innerhalb eines begrenzten Bereichs im Raum zu bewegen, wie z.B. ein Elektron in einem Atom oder ein Photon in einem Kern, muß das assoziierte Materiefeld ebenfalls auf diesen Bereich beschränkt sein.

Die Situation ist ähnlich wie bei Wellen auf einem Seil, dessen beide Enden fixiert sind, oder innerhalb eines Hohlraums. Wir wissen aber, daß in solchen Fällen nur bestimmte Wellenlängen möglich sind und daß die erlaubten Wellen stehende Wellen genannt werden. Wir können daher erwarten, daß im Fall eines gebundenen Teilchens nur die Zustände möglich sind, die erlaubten Wellenlängen des Materiefeldes entsprechen.

Wir wollen als ganz einfaches Beispiel den Fall eines Teilchens betrachten, das darauf beschränkt ist, sich in einem Bereich zwischen $x = 0$ und $x = a$ zu bewegen, wie z.B. ein Gasmolekül in einem Kasten. Das Molekül bewegt sich frei bis es auf die Wand trifft, welches das Molekül zwingt zurückzuspringen. Eine ähnliche Situation tritt für ein Elektron in einem Metallstück ein, wenn wir die Wechselwirkung des Elektrons mit den positiven Ionen vernachlässigen und wenn die Höhe der Potentialbarriere an der Metalloberfläche viel größer ist als die kinetische Energie des Elektrons. Das Elektron kann sich frei durch das Metall bewegen, aber kann nicht daraus entweichen.

Wir können jede dieser physikalischen Situationen durch das rechteckige Potential in Abb. 30.10 darstellen, welches eine Vereinfachung der potentiellen Energien ist, die in der Natur tatsächlich auftreten. Dieses vereinfachte Potential wird als *Potentialkasten* bezeichnet. Da das Teilchen sich in dem Bereich frei bewegt, ist

$$E_p(x) = 0 \qquad \text{für} \qquad 0 < x < a.$$

An $x = 0$ und $x = a$ steigt jedoch die potentielle Energie schnell bis auf unendlich an. Das bedeutet, daß an diesen beiden Punkten sehr starke Kräfte auf das Teilchen wirken, die es zu einer Bewegungsumkehr zwingen. Gleichgültig welchen Wert E annimmt, kann das Teilchen dann nicht links von $x = 0$ oder rechts von $x = a$ sein. Die Situation ist formal identisch mit der, die einer stehenden Welle in einer Schnur mit fixierten Enden

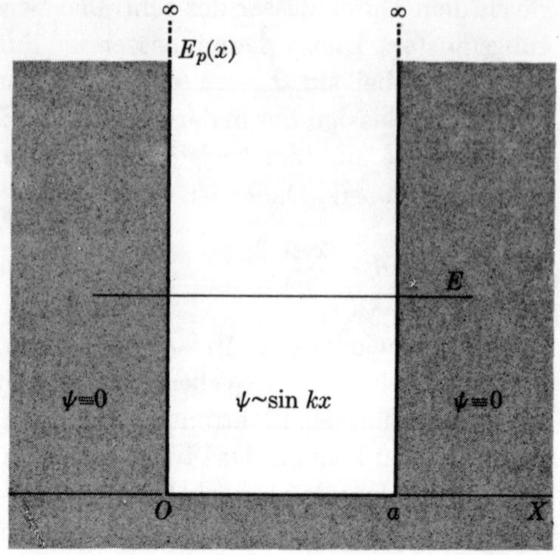

30.10 Eindimensionaler Potentialkasten der Breite *a*.

entspricht. Der Student erinnert sich vielleicht noch daran, daß die Wellenlänge λ die Werte

$$\frac{1}{2}\lambda = a, \frac{1}{2}a, \frac{1}{3}a, \ldots, \frac{1}{n}a \qquad \text{oder}$$

$$\lambda = \frac{2a}{n} \tag{30.8}$$

annehmen muß, damit man stehende Wellen in einer Schnur haben kann, deren Enden im Abstand a fixiert sind. Wir können daher annehmen, daß die gleiche Beziehung auch für die Wellenlänge des Materiefeldes eines Teilchens innerhalb eines Potentialkastens der Länge a gilt. Nach (30.1) sind daher die einzigen möglichen Werte für den Impuls des Teilchens

$$p = \frac{h}{\lambda} = \frac{nh}{2a} = \frac{n\pi\hbar}{a}. \tag{30.9}$$

Die Energie des Teilchens, entsprechend den Werten, die durch (30.9) gegeben sind, ist

$$E = \frac{p^2}{2m} = \frac{n^2\pi^2\hbar^2}{2ma^2}, \tag{30.10}$$

oder, wenn $E_1 = \hbar^2\pi^2/2ma^2$ die Energie für $n = 1$ ist,

$$E = E_1, 4E_1, 9E_1, \ldots.$$

Wir schließen daher, daß das Teilchen nicht eine belie-

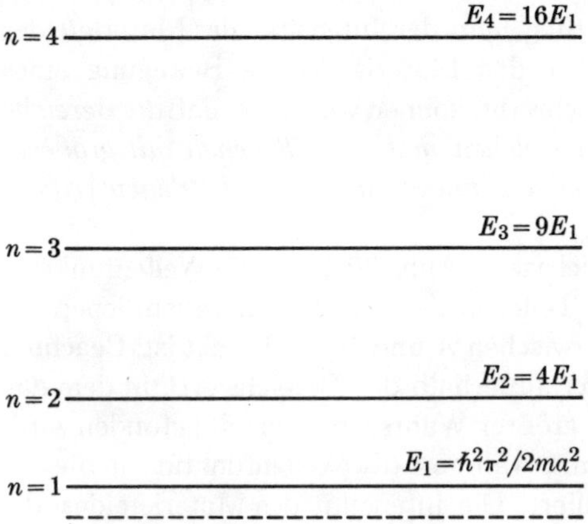

30.11 Energieniveaus für einen eindimensionalen Potentialkasten.

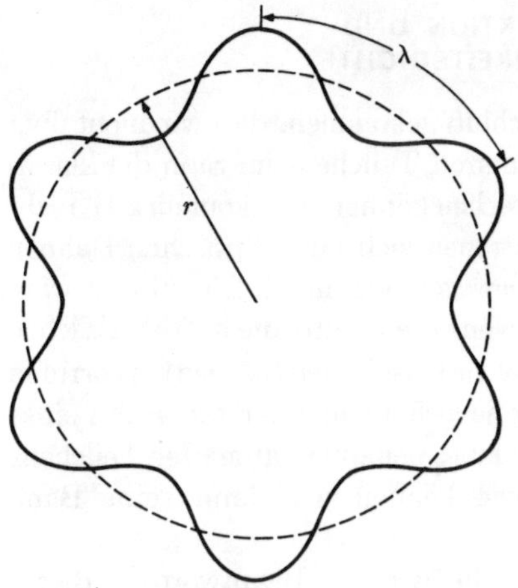

30.12 Stehende Welle auf einem Kreis.

bige Energie haben kann, sondern nur die Werte, die durch (30.10) gegeben und in Abb. 30.11 dargestellt sind. Das heißt, die Energie des Teilchens ist gequantelt.

Es ist bemerkenswert, daß die Mindestenergie eines Teilchens in einem Potentialkasten

$$E_1 = \frac{\hbar^2\pi^2}{2ma^2}$$

ist, und nicht null, wie man vermuten könnte. Diese Mindestenergie steht in Beziehung zur Unschärferelation. Die Unsicherheit bei der Ortsangabe des Teilchens ist offensichtlich $\Delta x \sim a$. Das Teilchen bewegt sich mit einem Impuls p hin und zurück; daher ist die Unsicherheit bei der Impulsangabe $\Delta p \sim 2p$. Die Unschärferelation fordert, daß $\Delta x \Delta p \sim h$. Daher ist

$$a(2p) \sim h \qquad \text{oder} \qquad p \sim \frac{\pi\hbar}{a},$$

was $E \sim E_1$ liefert. Das Vorhandensein einer *Nullpunktsenergie*, wie man E_1 manchmal nennt, ist typisch für alle Probleme, bei welchen ein Teilchen auf einen begrenzten Raum beschränkt ist.

Als zweites Beispiel wollen wir ein Elektron in einem wasserstoffähnlichen Atom betrachten. Wir wollen annehmen, daß das Elektron eine Kreisbahn beschreibt, wie in Abb. 30.12 gezeigt. Sein Moment p ist für eine Kreisbahn konstant. Damit die Bahn einem stationären Zustand entspricht, scheint es logisch anzunehmen, daß sie einer stehenden Wellen der Wellenlänge $\lambda = h/p$ entspricht. Aus Abb. 30.12 können wir entnehmen, daß das erfordert, daß die Länge der Bahn gleich einem ganzzahligen Vielfachen von λ sein muß; das heißt,

$$2\pi r = n\lambda = \frac{nh}{p}, \qquad \text{oder} \qquad rp = \frac{nh}{2\pi}. \tag{30.11}$$

Da rp der Drehimpuls des Elektrons ist, sehen wir, daß die stationären Zustände die sind, für die der Drehimpuls ein gazzahliges Vielfaches von $\hbar = h/2\pi$ ist. Da $p = mv$, können wir (30.11) auch als

$$L = mvr = n\hbar \tag{30.12}$$

schreiben, was die Quantelung des Drehimpulses ausdrückt. Gleichung (30.12) wurde im Abschnitt 18.4 verwendet, um die Energie der stationären Zustände von Wasserstoff zu erhalten. Wie wir jedoch bei der Besprechung der Heisenbergschen Unschärferelation betont haben, ist es unmöglich, die Bahn eines Elektrons in einem Wasserstoffatom genau zu definieren. Wir können statt dessen nur von dem Bereich sprechen, in dem man das Elektron mit größter Wahrscheinlichkeit finden wird. (30.12) kann daher nicht streng gültig sein. Statt dessen zeigt eine genauere Analyse, daß die erlaubten Werte für den Drehimpuls durch

$$L = \sqrt{l(l+1)}\,\hbar \tag{30.13}$$

gegeben sind, wobei $l = 0, 1, 2, \ldots$ Diese Beziehung wurde bereits in Abschnitt 18.5 eingeführt.

30.9 WELLENFUNKTION UND WAHRSCHEINLICHKEITSDICHTE

Wir sind zu dem Schluß gekommen, daß wir nicht über die Bahn eines atomaren Teilchens im Sinn der klassischen Mechanik sprechen können. Wir können z.B. nicht fragen, ob die Elektronen sich auf elliptischen Bahnen um den Atomkern bewegen oder nicht. Diese Frage wäre sogar dann sinnlos, wenn die Kräfte, die auf das Teilchen wirken, in der Tat solche klassischen Bahnen hervorrufen könnten. Wenn wir jedoch nicht über die Bahn eines Elektrons oder sonst eines beliebigen atomaren Teilchens sprechen dürfen, wie können wir dann seine Bahn beschreiben?

Die Information, die wir zur Beantwortung dieser Frage brauchen, liefert uns das Materiefeld. Um diese Information zu erhalten, lassen wir uns von unseren Kenntnissen über Wellen leiten. Wir erinnern uns daran, daß bei stehenden Wellen die Amplitude der Welle an jedem Punkt im Raum fixiert ist. An Punkten, an welchen die Amplitude größer ist, ist die Wellenbewegung intensiver.

Ein ähnlicher Fall tritt bei atomaren Teilchen auf. Betrachten Sie z.B. ein Elektron in einem Atom. Es entfernt sich niemals zu weit vom Kern, sondern ist praktisch auf einen kleinen Bereich des Raumes der Größenordnung von etwa 10^{-9} m beschränkt. Das assoziierte Materiefeld kann daher durch stehende Wellen, die auf diesen Raum beschränkt sind, beschrieben werden, wobei sich die Amplitude innerhalb des Raumes von Punkt zu Punkt ändert, während sie außerhalb praktisch null ist. Wir wollen die Amplitude des Materiefeldes mit $\psi(x)$ bezeichnen. Die Amplitude $\psi(x)$ wird geläufigerweise aus historischen Gründen als *Wellenfunktion* bezeichnet, obwohl dieser Name irreführend ist. Es wäre vielleicht besser, sie einfach als *Amplitude des Materiefeldes* zu bezeichnen.

Wir wissen, daß die Intensität einer Wellenbewegung proportional zum Quadrat der Amplitude ist. Daher ist die *Intensität des Materiefeldes durch* $|\psi(x)|^2$ *gegeben.* Die Wellenfunktion $\psi(x)$ wird machmal als komplexe Funktion ausgedrückt. Das heißt, eine Funktion, die $i = \sqrt{-1}$ enthält. Das konjugiert Komplexe einer komplexen Funktion erhält man, indem man jedes i durch $-i$ ersetzt. Das konjugiert Komplexe einer Funktion wird mit ψ^* bezeichnet. Dann ist $|\psi(x)|^2 \equiv \psi^*(x)\,\psi(x)$. Für eine reelle Funktion ist $\psi = \psi^*$.

Wir wollen als nächstes untersuchen, welche physikalische Bedeutung man der Intensität des Materiefeldes zuschreibt. Da das Materiefeld die Bewegung eines Teilchens beschreibt, können wir sagen, daß *die Bereiche im Raum, in welchen man das Teilchen mit größerer Wahrscheinlichkeit findet, die sind, in denen* $|\psi(x)|^2$ *groß ist.*

Als Beispiel ist in Abb. 30.13(a) die Wellenfunktion $\psi(x)$ für ein Teilchen gezeigt, das im wesentlichen auf den Bereich zwischen A und B beschränkt ist. Beachten Sie, daß $\psi(x)$ außerhalb des Bereichs AB, in dem das Teilchen mit größter Wahrscheinlichkeit gefunden wird, rasch abnimmt, während die Wellenfunktion in diesem Bereich oszilliert. Die Intensität des Materiefeldes, die durch $|\psi(x)|^2$ gegeben ist, ist in Abb. 30.13(b) dargestellt.

Auf eine mehr quantitative Weise sagen wir:

Die Wahrscheinlichkeit, ein Teilchen, das durch die Wellenfunktion $\psi(x)$ *beschrieben wird, im Intervall* dx *um den Punkt* x *zu finden, ist durch* $|\psi(x)|^2$ dx *gegeben.*

In anderen Worten, die Wahrscheinlichkeit pro Längeneinheit, das Teilchen in x zu finden ist

$$P(x) = |\psi(x)|^2. \tag{30.14}$$

Der Einfachheit halber nehmen wir an, daß die Bewegung nur in einer Richtung verläuft. Im allgemeinen Fall der Bewegung im Raum hängt die Wellenfunktion (oder Amplitude der Materiwelle) jedoch von den drei Koordinaten x, y, z ab (d.h., $\psi(x, y, z)$). Dann ist $|\psi(x, y, z)|^2$ $dx\,dy\,dz$ die Wahrscheinlichkeit, das Teilchen in dem Volumen $dx\,dy\,dz$ um den Punkt mit den Koordinaten x, y, z zu finden; d.h.

$$P = |\psi(x, y, z)|^2 \tag{30.15}$$

ist, die Wahrscheinlichkeit pro Volumeneinheit oder die *Wahrscheinlichkeitsdichte*, das Teilchen in x, y, z zu finden. Nehmen Sie z.B. an, daß wir ψ für eine Elektron in einem Atom berechnen und $|\psi|^2$ wie in Abb. 30.14 auftragen, wobei N der Kern ist und die Schwärzungsintensität proportional zum Wert von $|\psi|^2$ ist. Die dunkleren Zonen stellen daher die Bereiche dar, in denen die Wahrscheinlichkeit am größten ist, das Elektron zu finden. Diese Aussage ist alles, was wir über die Lokalisa-

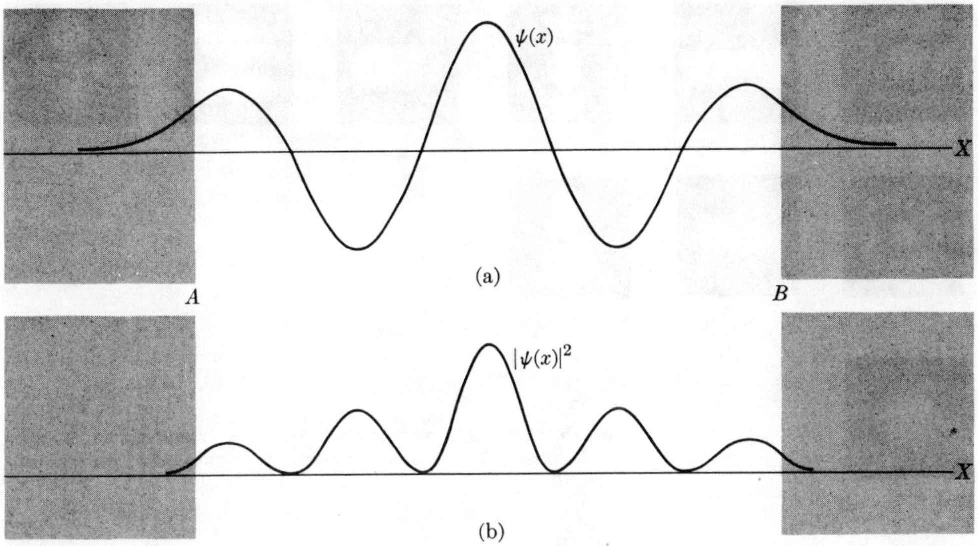

30.13 (a) Wellenfunktion eines Teilchens, das sich zwischen A und B bewegt. (b) Wahrscheinlichkeitsdichteverteilung, die der in (a) gezeigten Wellenfunktion entspricht.

tion des Elektrons im Atom angeben können, und es ist unmöglich, von der genauen Bahn des Elektrons zu sprechen.

Abbildung 30.15 illustriert die Wahrscheinlichkeitsverteilung des Elektrons in einem Wasserstoffatom für bestimmte stationäre Zustände. Die Form der Wahrscheinlichkeitsverteilung hängt von der Energie und dem Drehimpuls des Teilchens ab.

30.10 DIE SCHRÖDINGER-GLEICHUNG

Unser nächster Schritt muß der sein, eine Regel zu finden, nach der man die Feldamplitude oder Wellenfunktion ψ für jedes dynamische Problem erhalten kann. Offensichtlich muß die Wellenfunktion $\psi(x)$ vom dynamischen Zustand des Teilchens abhängen. Dieser dynamische Zustand wird von den auf das Teilchen wirkenden Kräften und der Gesamtenergie des Teilchens bestimmt. Wenn die Kräfte jedoch konservativ sind, wird die Bewegung von der potentiellen Energie $E_p(x)$ des Teilchens bestimmt. Wir können daher erwarten, daß die Wellenfunktion $\psi(x)$ in irgendeiner Weise von der potentiellen Energie und der Gesamtenergie

$$E = \frac{p^2}{2m} + E_p(x) \qquad (30.16)$$

des Teilchens abhängen muß. In der Tat wird die Regel zum Auffinden von $\psi(x)$ in Form einer Differential-

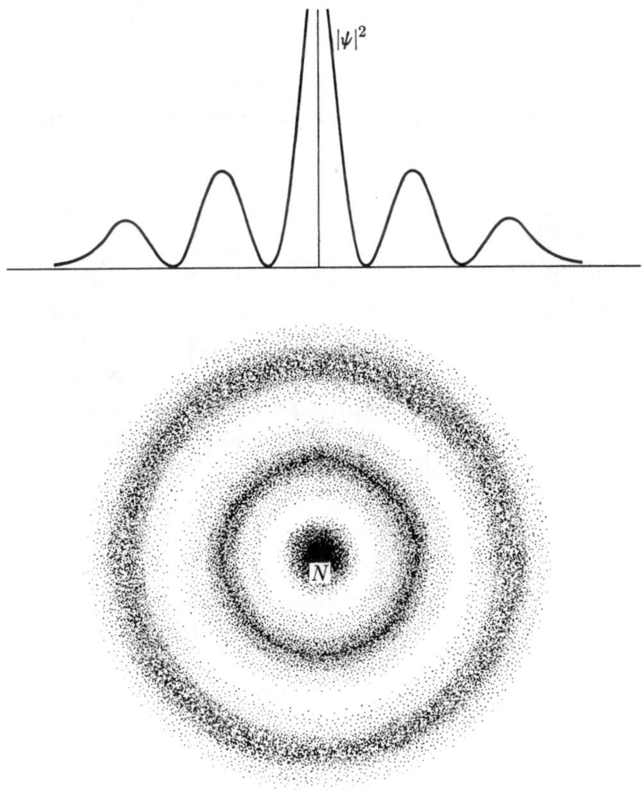

30.14 Wahrscheinlichkeitsverteilung für ein Elektron in einem Atom.

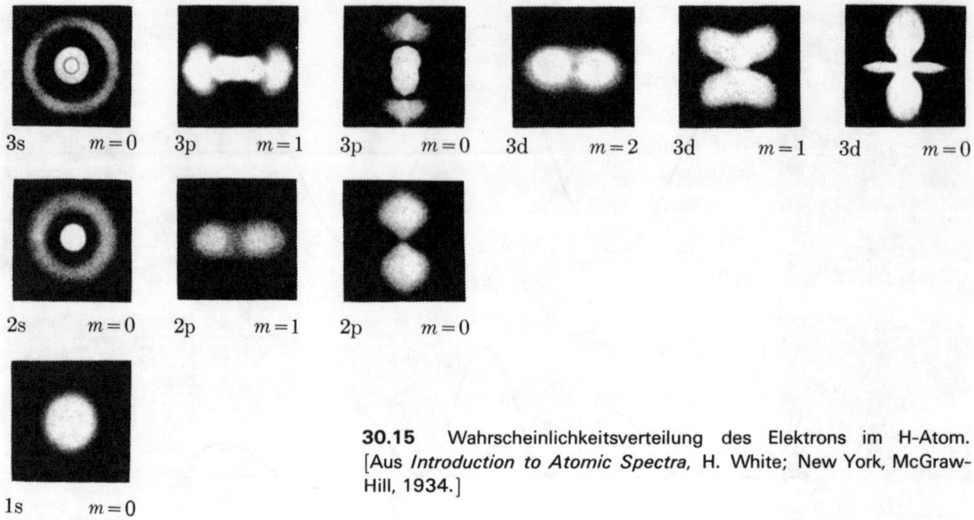

30.15 Wahrscheinlichkeitsverteilung des Elektrons im H-Atom. [Aus *Introduction to Atomic Spectra,* H. White; New York, McGraw-Hill, 1934.]

gleichung ausgedrückt, die als *Schrödinger-Gleichung* bezeichnet wird und 1926 von dem österreichischen Physiker Erwin Schrödinger (1887–1961) formuliert wurde. Diese Gleichung (für eindimensionale Probleme) lautet

$$-\frac{\hbar^2}{2m}\frac{d^2\psi}{dx^2} + E_p(x)\,\psi = E\psi, \tag{30.17}$$

wobei m die Masse des Teilchens ist. Die Schrödinger-Gleichung ist für die Quantenmechanik ebenso fundamental wie die Newtonsche Gleichung $\boldsymbol{F} = d\boldsymbol{p}/dt$ für die klassische Mechanik oder die Maxwellschen Gleichungen für den Elektromagnetismus. Offensichtlich hängt die Lösung ψ von (30.17) von der Form der potentiellen Energie $E_p(x)$ ab.

Wenn wir die Schrödinger-Gleichung lösen, erhalten wir nicht nur die Wellenfunktion $\psi(x)$, sondern auch die Energie der stationären Zustände des Systems. Wir wollen keine detaillierte Ableitung der Schrödinger-Gleichung geben, da das über den Rahmen dieses Buches hinausginge. Wir können jedoch eine praktische Regel geben, wie man (30.16) mit (30.17) in Beziehung setzen kann. Wenn wir in (30.16)

$$E = \frac{p^2}{2m} + E_p(x),$$

den Ausdruck $-i\hbar\, d/dx$ für p setzen, erhalten wir

$$E = \frac{1}{2m}\left(-i\hbar\frac{d}{dx}\right)^2 + E_p(x) = -\frac{\hbar^2}{2m}\frac{d^2}{dx^2} + E_p(x).$$

Wenn wir mit diesem Ausdruck auf $\psi(x)$ «operieren», ist das Ergebnis (30.17).

Im Fall eines freien Teilchens ist die potentielle Energie null (d.h. $E_p(x) \equiv 0$), und die Schrödinger-Gleichung wird zu

$$-\frac{\hbar^2}{2m}\frac{d^2\psi}{dx^2} = E\psi,$$

was in der Form

$$\frac{d^2\psi}{dx^2} + \frac{2mE}{\hbar^2}\psi = 0 \tag{30.18}$$

geschrieben werden kann. Für ein freies Teilchen ist jedoch $E = p^2/2m$. Wenn wir nach (30.2) $p = \hbar k$ setzen, wobei k die Wellenzahl ist, erhalten wir

$$E = \frac{\hbar^2 k^2}{2m}.$$

Dann wird (30.18) zu

$$\frac{d^2\psi}{dx^2} + k^2\psi = 0, \tag{30.19}$$

was identisch ist mit der Gleichung für die Amplitude stehender Wellen mit einer Wellenlänge $\lambda = 2\pi/k = h/p$, wie es (30.1) fordert. (Siehe Frage 15, Kapitel 28). Dieser Gleichung gehorcht z.B. die Amplitude stehender Wellen in einer Schnur oder in einer Gassäule oder die elektromagnetischer Wellen, die in einem Hohlraum gefangen sind.

Da $i = \sqrt{-1}$ und $i^2 = -1$ ist, sehen wir durch unmittelbare Substitution, daß die Differentialgleichung (30.19)

$$\psi(x) = e^{ikx} \qquad \text{und} \qquad \psi(x) = e^{-ikx} \tag{30.20}$$

als Lösungen zuläßt. Die Wellenfunktion $\psi = e^{ikx}$ stellt ein freies Teilchen mit dem Impuls $p = \hbar k$ und der Energie

$$E = \frac{p^2}{2m} = \frac{\hbar^2 k^2}{2m}$$

dar, das sich in der $+$ X-Richtung bewegt; die Wellenfunktion $\psi = e^{-ikx}$ stellt ein freies Teilchen mit dem gleichen Impuls und gleicher Energie dar, das sich in entgegengesetzter oder $-X$-Richtung bewegt.

Beachten Sie, daß jede der Lösungen von (30.20)

$$|\psi(x)|^2 = \psi^*(x)\,\psi(x) = e^{-ikx} \cdot e^{ikx} = 1$$

ergibt. Daß $|\psi(x)|^2 = 1$ oder eine Konstante ist, bedeutet, daß die Wahrscheinlichkeit, das Teilchen zu finden, an allen Punkten gleich ist. In anderen Worten, $\psi = e^{\pm ikx}$ beschreibt einen Fall, in dem völlige Unsicherheit über die Lage des Teilchens herrscht. Das stimmt mit der Unschärferelation überein, da $\psi = e^{\pm ikx}$ ein Teilchen beschreibt, dessen Impuls $p = \hbar k$ wir genau kennen; d.h., $\Delta p = 0$, was erfordert, daß $\Delta x \to \infty$.

Beispiel 30.2 *Wellenfunktion eines Teilchens in einem Potentialkasten.* Da das Teilchen im Bereich $0 < x < a$ frei ist (Abb. 30.10), ist die Schrödinger-Gleichung für ein Teilchen in einem Potentialkasten

$$\frac{d^2\psi}{dx^2} + k^2\psi = 0, \qquad k^2 = 2mE/\hbar^2 \qquad (0 < x < a).$$

Da das Teilchen sich zwischen $x = 0$ und $x = a$ hin und her bewegt, ist die Wellenfunktion

$$\psi(x) = Ae^{ikx} + Be^{-ikx},$$

die die Bewegung in beiden Richtungen enthält. Die Grenzbedingungen erfordern, daß $\psi(x) = 0$ in $x = 0$ und $x = a$, da sich das Teilchen nicht außerhalb der Wände des Kastens bewegen kann. Dann ist $\psi(x = 0) = A + B = 0$ oder $B = -A$. Es gilt also

$$\psi(x) = A(e^{ikx} - e^{-ikx}) = 2iA \sin kx = C \sin kx,$$

wobei $C = 2iA$. Die Randbedingung in $x = a$ gibt

$$\psi(x = a) = C \sin ka = 0$$

Da C nicht null sein kann, da dann $\psi \equiv 0$, schließen wir, daß

$$\sin ka = 0 \qquad \text{oder} \qquad ka = n\pi,$$

wobei n eine ganze Zahl ist. Durch Auflösung nach k bekommen wir

$$k = \frac{n\pi}{a} \qquad \text{oder} \qquad p = \hbar k = \frac{n\pi\hbar}{a}, \tag{30.21}$$

was die möglichen Werte des Impulses $p = \hbar k$ des Teilchens liefert. Das Ergebnis ist identisch mit der Gleichung (30.8), die wir mittels einer mehr intuitiven Methode erhielten.

In Abb. 30.16(a) haben wir die Wellenfunktionen dargestellt, die $n = 1,2$ und 3 entsprechen; in Abb. 30.16(b) sind die entsprechenden Wahrscheinlichkeitsdichten für ein Teilchen in einem Potentialkasten gegeben.

Beispiel 30.3 Harmonischer Oszillator. Ein einfaches und wichtiges physikalisches System ist der lineare harmonische Oszillator, der eine potentielle Energie

$$E_p(x) = \tfrac{1}{2}kx^2$$

besitzt (Abb. 30.17). Die Schrödinger-Gleichung ist

$$-\frac{\hbar^2}{2m}\frac{d^2\psi(x)}{dx^2} + \tfrac{1}{2}kx^2\psi(x) = E\psi(x). \tag{30.22}$$

Die Lösung dieser Differentialgleichung ist ein mathematisch zu schwieriges Problem, daß wir hier nicht besprechen können. Man kann zeigen, daß die erlaubten Energiewerte

$$E = (n + \tfrac{1}{2})\hbar\omega, \tag{30.23}$$

sind, wobei $n = 0, 1, 2, 3, \ldots$, ganze Zahlen und

$$\omega = \sqrt{\frac{k}{m}}$$

die Winkelfrequenz des Oszillators sind. (30.23) wurde bereits in Abschnitt 25.12 im Zusammenhang mit Molekülschwingungen erwähnt.

30.16 (a) Die ersten drei Wellenfunktionen für ein Teilchen in einem Potentialkasten. (b) Entsprechende Wahrscheinlichkeitsdichten.

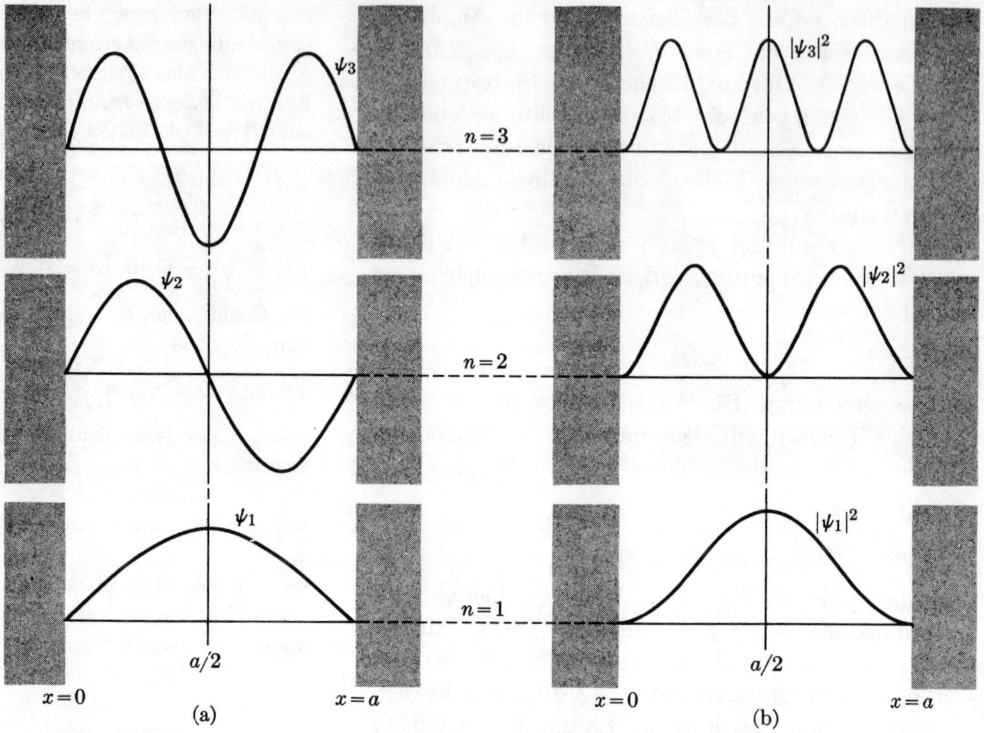

30.17 (a) Potentielle Energie eines linearen harmonischen Oszillators. (b) Energieniveaus.

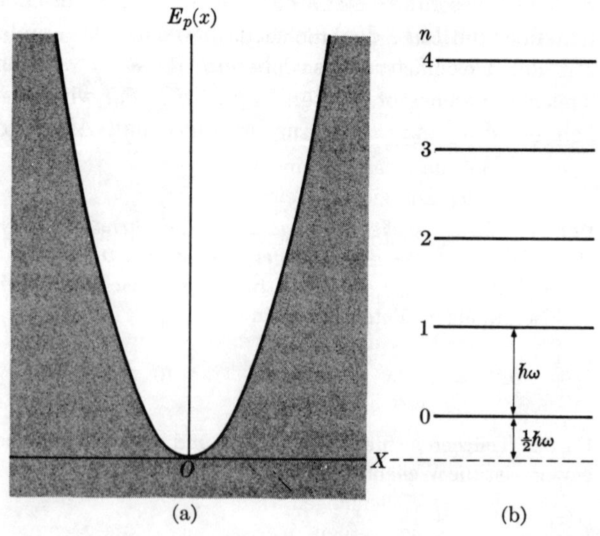

Die Nullpunktenergie des Oszillators ist $\frac{1}{2}\hbar\omega$, was wieder eine Folge der Unschärferelation ist. Die Energieniveaus, die in Abb. 30.17 dargestellt sind, haben den gleichen Abstand $\hbar\omega$.

Wir werden den Ausdruck für die Wellenfunktion nicht geben, aber in Abb. 30.18 wurden die Wellenfunktionen dargestellt, die $n = 0$, 1 und 2 entsprechen. Die zugehörigen Wahrscheinlichkeitsdichten sind in Abb. 30.19 gezeigt.

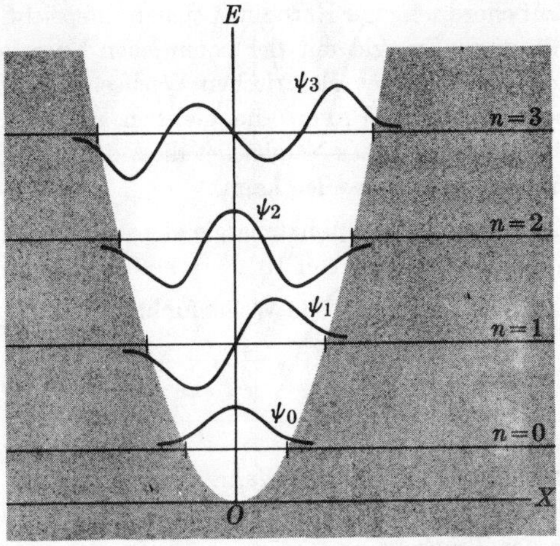

30.18 Wellenfunktionen, die den ersten vier Energieniveaus eines harmonischen Oszillators entsprechen.

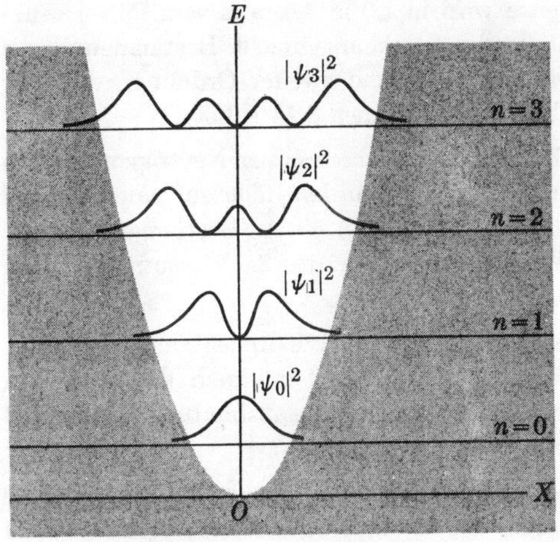

30.19 Wahrscheinlichkeitsdichten, die den ersten vier Energieniveaus eines harmonischen Oszillators entsprechen.

Fragen

1. Erklären Sie, warum ein Materiefeld, das durch eine harmonische Welle konstanter Amplitude ausgedrückt wird, keine Information über den Aufenthalt eines Teilchens liefert. Was für eine Information liefert es?
2. Um die Information über den Ort eines Teilchens zu verbessern, muß das Materiefeld einem Wellenpaket entsprechen. Welche andere physikalische Größe (oder Größen), die mit dem Teilchen assoziiert ist, ist notwendigerweise weniger genau bekannt?
3. Sind die Unschärferelationen das Ergebnis eines mangelhaften Meßinstruments oder eine Folge des Meßvorgangs selbst? Erläutern Sie Ihre Antwort.
4. Wie ändern sich die Wellenlänge und die Frequenz des Materiefeldes, das mit einem Teilchen assoziiert ist, mit steigender Energie des Teilchens?
5. Haben ein Photon und ein Elektron mit dem gleichen Impuls die gleiche Wellenlänge? Vergleichen Sie ihre Wellenlängen, wenn die beiden die gleiche Energie haben.
6. Was versteht man unter «Lebensdauer» eines Zustandes? Erklären Sie, warum der Grundzustand eine unendliche Lebensdauer hat.
7. Welche Art der Information liefert die Wellenfunktion $\psi(x)$?
8. Die Wahrscheinlichkeit, das Elektron in einem Wasserstoffatom im Grundzustand zwischen r und $r + dr$ zu finden, ist durch $P(r) = 2(r/a_0)^2 e^{-2r/a_0}$ gegeben, wobei a_0 der in (18.19) definierte Bohrsche Radius ist. Tragen Sie $P(r)$ in Abhängigkeit von r/a_0 auf und schätzen Sie den Radius der Schale ab, in der sich das Elektron mit der größten Wahrscheinlichkeit befindet. Vergleichen Sie mit dem Radius der ersten Bohrschen Bahn.
9. Die Wellenfunktion des Grundzustands eines harmonischen Oszillators ist $\psi(x) = (a/\sqrt{\pi})^{1/2} e^{-(1/2)a^2x^2}$, wobei $a^2 = m\omega/\hbar$. Stellen Sie die Wahrscheinlichkeitsverteilung des Teilchens dar und diskutieren Sie die Lokalisation des Teilchens.
10. Zeigen Sie, wieso die Korrespondenz $p \to i\hbar(d/dx)$ uns erlaubt, die Schrödinger-Gleichung mit der Gesamtenergie eines Teilchens in Beziehung zu bringen.

AUFGABEN

30.1 Berechnen Sie die de Broglie-Wellenlänge eines Elektrons, wenn seine Energie 1 eV, 100 eV, 1 keV und 1 MeV beträgt. Welche Wellenlängen würden in einem Nickelkristall signifikant gebeugt werden, in dem der Atomabstand etwa 2.15 Å beträgt. Berechnen Sie die Energie der Elektronen, deren Braggsche Beugung zu einem Winkel von 30° führt.

30.2 Monochromatische Röntgenstrahlen ($\lambda = 0{,}5$ Å) fallen auf eine Probe von KCl-Pulver. Eine ebene photographische Platte wird in 1,0 m Abstand vom Pulver senkrecht zum einfallenden Strahl angebracht. Bestimmen Sie die Braggschen Radien erster und zweiter Ordnung, wenn der Abstand der Braggschen Ebenen 3,14 Å beträgt.

30.3 Ein schmales Bündel thermischer Neutronen, die von einem Kernreaktor erzeugt wurden, fällt auf einen Kristall mit dem Gitterabstand von 1,60 Å. Bestimmen Sie die Braggschen Winkel, bei denen die 2 eV-Neutronen stark gebeugt werden.

30.4 Nehmen Sie an, daß ein Elektronenbündel mit einer de Broglie-Wellenlänge von 10^{-5} m durch einen 10^{-4} m breiten Spalt geht. Welche Winkelausbreitung wird durch die Beugung am Spalt hervorgerufen?

30.5 Eine Sonde muß immer (mindestens um einen Faktor 10) kleiner sein als das zu untersuchende Objekt; andernfalls kommt es zu einer deutlichen Störung der Lage und Geschwindigkeit des Objekts. Berechnen Sie die Mindestenergie der Teilchen, wenn (a) Photonen, (b) Elektronen und (c) Neutronen zur Sondierung eines Kernes mit einem Durchmesser von 10^{-14} m verwendet werden.

30.6 Die Geschwindigkeit eines 10^{-3} kg-Teilchens in der X-Richtung wird mit einer Genauigkeit von 10^{-7} m s^{-1} gemessen. Bestimmen Sie die Grenzen der Genauigkeit, mit der das Teilchen gleichzeitig (a) längs der X-Achse, (b) längs der Y-Achse lokalisiert werden kann. Wiederholen Sie die Aufgabe für den Fall, daß das Teilchen ein Elektron ist.

30.7 Die Position eines Elektrons wird mit einer Unsicherheit von 0,1 Å bestimmt. Bestimmen Sie die Unschärfe seines Impulses. Wenn die Energie des Elektrons in der Größenordnung von 1 keV liegt, schätzen Sie die Unsicherheit seiner Energie ab. Wiederholen Sie die Aufgabe für ein Proton, das auf einen Kerndurchmesser ($\approx 10^{-14}$ m) beschränkt ist und eine Energie in der Größenordnung von 2 MeV hat.

30.8 Bestimmen Sie die Linienbreite und Frequenzverteilung für einen Puls eines Rubinlasers ($\lambda = 6{,}3 \cdot 10^{-7}$m), der eine Nanosekunde (10^{-9} s) dauert.

30.9 Welchen Effekt auf die Energieniveaus eines eindimensionalen Potentialkastens hat (a) eine Verkleinerung, (b) eine Vergrößerung des Kastens?

30.10 Betrachten Sie ein Elektron in einem 2,0 Å breiten Potentialkasten. Berechnen Sie die Nullpunktenergie. Diskutieren Sie im Zusammenhang mit der Unschärferelation den Effekt einer einfallenden Strahlung, die das Elektron mit einer Genauigkeit von 1% lokalisieren soll (d.h., $\Delta x = 0{,}02$ Å).

30.11 Schätzen Sie die Nullpunktenergie eines Elektrons ab, das auf einen Bereich der Größe von 10^{-14} m beschränkt ist, was der Größenordnung der Kerndimensionen entspricht. Vergleichen Sie diese Energie mit der potentiellen Energie der Gravitation und der der elektrischen Wechselwirkung eines Elektrons und eines Protons im gleichen Abstand. Diskutieren Sie aufgrund dieses Vergleiches die Möglichkeit, daß ein Elektron im Kern verweilen kann.

30.12 Berechnen Sie die Nullpunktenergie eines Neutrons, das auf einen Kern der Größe von 10^{-15} m beschränkt ist.

30.13 Ein Teilchen wird durch die Wellenfunktion

$$\psi(x) = e^{-(x-x_0)^2/2\alpha}\sin kx$$

dargestellt, wobei α eine Konstante $\gg \lambda^2$ ist. Tragen Sie die Wellenfunktion $\psi(x)$ und die Wahrscheinlichkeitsverteilung $|\psi(x)|^2$ auf. Schätzen Sid die Unschärfe in der Lage und im Impuls des Teilchens ab.

30.14 Zeigen Sie, daß die Energieniveaus und Wellenfunktionen eines Teilchens, das sich innerhalb eines Potentialkastens der Seiten a und b in der XY-Ebene bewegt,

$$E = \left(\frac{\hbar^2\pi^2}{2m}\right)\left(\frac{n_1^2}{a^2} + \frac{n_2^2}{b^2}\right),$$

$$\psi = C \sin\left(\frac{n_1 \pi x}{a}\right) \sin\left(\frac{n_2 \pi y}{b}\right)$$

sind. Diskutieren Sie die Entartung der Energieniveaus, wenn $a = b$. [*Hinweis:* Beziehen Sie sich auf Abschnitt 28.6 und Aufgabe 30.2.]

30.15 Bestimmen Sie die Energieniveaus und Wellenfunktionen für ein Teilchen, das sich innerhalb eines dreidimensionalen Kastens der Seiten a, b und c bewegt. Beachten Sie, daß das eine zusätzliche Erweiterung der vorhergehenden Aufgabe ist.

30.16 Berechnen Sie die Nullpunktenergie und den Abstand zwischen den Energieniveaus (a) bei einem eindimensionalen harmonischen Oszillator mit einer Schwingungsfrequenz von 400 s^{-1}, (b) bei einem dreidimensionalen harmonischen Oszillator mit einer Schwingungsfrequenz von 400 s^{-1}, (c) im CO-Molekül, wenn die beiden Atome mit einer Frequenz von $6{,}43 \cdot 10^{11}$ s^{-1} schwingen.

30.17 Ein Teilchen bewegt sich infolge einer potentiellen Energie

$$E_p(x) = -E_0 e^{-\alpha x^2}.$$

(a) Tragen Sie $E_p(x)$ auf, (b) Fertigen Sie eine Skizze der Wellenfunktionen an, wenn die Gesamtenergie negativ oder positiv ist. (c) Erwarten Sie gequantelte Energieniveaus?

Anhang

MATHEMATISCHE BEZIEHUNGEN

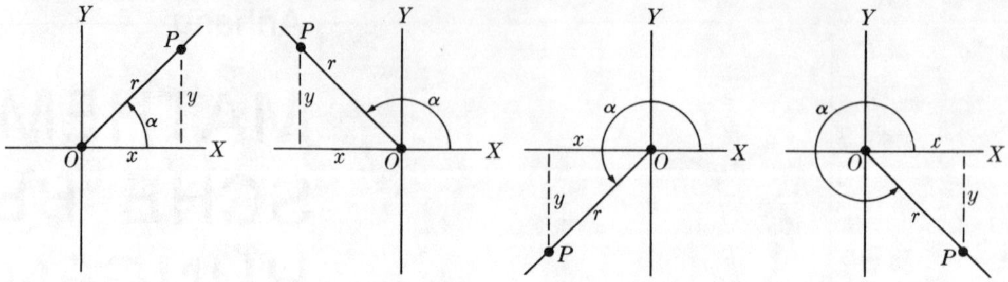

M-1

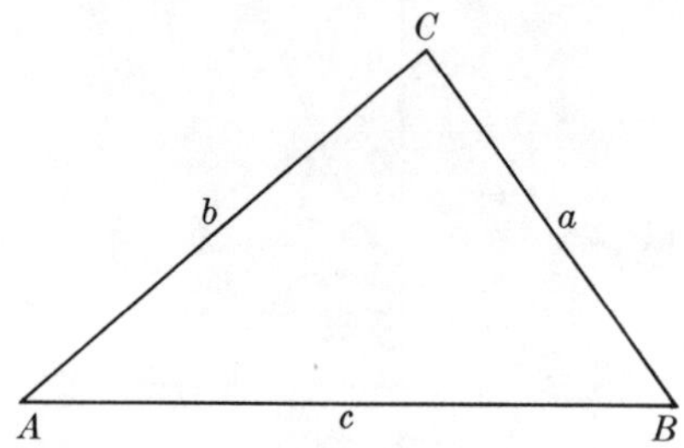

M-2

In diesem Anhang bringen wir mathematische Beziehungen, die im Verlauf des Textes häufig verwendet werden. Er soll dem Studenten als rasche Nachschlagehilfe dienen. Wenn nötig, wird der Student die Beweise für die Formeln und ihre Diskussion in jedem beliebigen Standardwerk über Infinitesimalrechnung finden, z.B. in F. Erwe: *Differential- und Integralrechnung*, 2Bd., BI, Mannheim, 1962. Eine kurze Einführung in die Grundbegriffe der Infinitesimalrechnung in programmierter Form findet sich in *Quick Calculus: A Short Manual of Self-Instruction*, D. Kelpner und N. Ramsey (John Wiley & Sons, New York, 1963).

Der Student sollte auch eine Reihe von Tabellen in Buchform zu Hilfe nehmen. Dazu gehören K. Rottmann, Math. Formelsammlung, BI, Mannheim, 1961, und K. Rottmann, *Math.* Funktionstafeln, BI, Mannheim, 1959. Wir empfehlen, daß den Studenten das *Handbook of Chemistry and Physics* zur Verfügung steht, von dem die Chemical Rubber Company, Cleveland, Ohio, eine alljährliche Auflage herausbringt. Dieses Handbuch enthält auch eine Fülle mathematischer, chemischer und physikalischer Daten.

1 TRIGONOMETRISCHE BEZIEHUNGEN

Mit Hilfe von Abb. M–1 können wir die folgenden Beziehungen definieren:

$$\sin\alpha = y/r, \qquad \cos\alpha = x/r, \qquad \tan\alpha = y/x; \tag{M.1}$$

$$\csc\alpha = r/y, \qquad \sec\alpha = r/x, \qquad \cot\alpha = x/y; \tag{M.2}$$

Nach diesen Definitionen gelten die folgenden Beziehungen:

$$\tan\alpha = \sin\alpha/\cos\alpha; \tag{M.3}$$

$$\sin^2\alpha + \cos^2\alpha = 1, \qquad \sec^2\alpha - 1 = \tan^2\alpha; \tag{M.4}$$

$$\sin(\alpha \pm \beta) = \sin\alpha\cos\beta \pm \cos\alpha\sin\beta; \tag{M.5}$$

$$\cos(\alpha \pm \beta) = \cos\alpha\cos\beta \mp \sin\alpha\sin\beta; \tag{M.6}$$

$$\sin\alpha \pm \sin\beta = 2\sin\tfrac{1}{2}(\alpha \pm \beta)\cos\tfrac{1}{2}(\alpha \pm \beta); \tag{M.7}$$

$$\cos\alpha + \cos\beta = 2\cos\tfrac{1}{2}(\alpha + \beta)\cos\tfrac{1}{2}(\alpha - \beta); \tag{M.8}$$

$$\cos\alpha - \cos\beta = -2\sin\tfrac{1}{2}(\alpha + \beta)\sin\tfrac{1}{2}(\alpha - \beta); \tag{M.9}$$

$$\sin\alpha\sin\beta = \tfrac{1}{2}[\cos(\alpha - \beta) - \cos(\alpha + \beta)]; \tag{M.10}$$

$$\cos\alpha\cos\beta = \tfrac{1}{2}[\cos(\alpha - \beta) + \cos(\alpha + \beta)]; \tag{M.11}$$

$$\sin\alpha\cos\beta = \tfrac{1}{2}[\sin(\alpha - \beta) + \sin(\alpha + \beta)]; \tag{M.12}$$

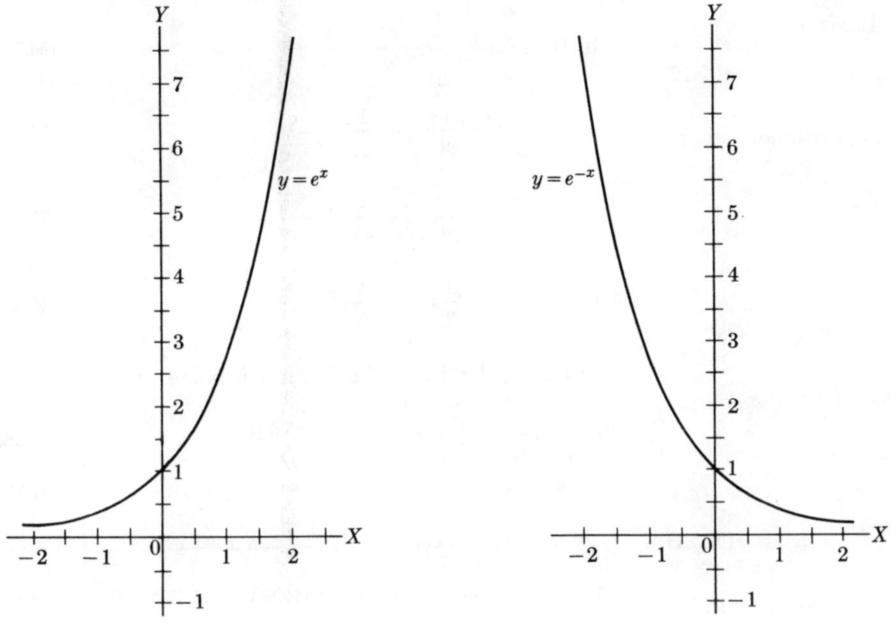

M-3

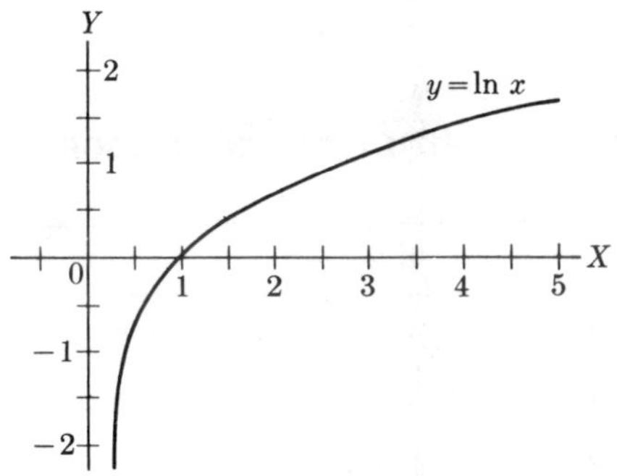

M-4

$$\left.\begin{aligned}\sin 2\alpha &= 2\sin\alpha\cos\alpha,\\ \cos 2\alpha &= \cos^2\alpha - \sin^2\alpha;\end{aligned}\right\} \qquad \text{(M.13)}$$

$$\left.\begin{aligned}\sin^2 \tfrac{1}{2}\alpha &= \tfrac{1}{2}(1-\cos\alpha),\\ \cos^2 \tfrac{1}{2}\alpha &= \tfrac{1}{2}(1+\cos\alpha).\end{aligned}\right\} \qquad \text{(M.14)}$$

Mit Hilfe von Abb. M—2 können wir für jedes beliebige Dreieck sagen:

Sinussatz $\quad \dfrac{a}{\sin A} = \dfrac{b}{\sin B} = \dfrac{c}{\sin C},$ (M.15)

Kosinussatz: $\quad a^2 = b^2 + c^2 - 2bc\cos A.$ (M.16)

2 LOGARITHMEN

i) Definition von e:

$$e = \lim_{n\to\infty}\left(1+\frac{1}{n}\right)^n = 2{,}7182818\ldots \qquad \text{(M.17)}$$

Die Exponentialfunktionen $y = e^x$ und $y = e^{-x}$ sind in Abb. M—3 aufgetragen.

ii) Natürlicher Logarithmus, zur Basis e (siehe Abb. M—4):

$$y = \ln x \quad \text{wenn} \quad x = e^y. \qquad \text{(M.18)}$$

iii) Dekadischer Logarithmus, zur Basis 10:

$$y = \log x \qquad \text{wenn} \qquad x = 10^y. \tag{M.19}$$

Die natürlichen und dekadischen Logarithmen stehen miteinander über

$$\ln x = 2{,}303 \log x, \qquad \log x = 0{,}434 \ln x$$

in Beziehung.

3 REIHENENTWICKLUNGEN

i) Die Binominalentwicklung lautet:

$$(a+b)^n = a^n + na^{n-1}b + \frac{n(n-1)}{2!}a^{n-2}b^2$$

$$+ \frac{n(n-1)(n-2)}{3!}a^{n-3}b^3 + \cdots \tag{M.21}$$

Wenn n eine positive ganze Zahl ist, hat die Reihe $n+1$ Glieder. In allen anderen Fällen hat die Reihe eine unendliche Zahl von Gliedern. Der Fall, in dem a gleich 1 und b eine Größe x ist, wird in diesem Text häufig verwendet. Die Binominalentwicklung von $(1+x)^n$ wird daher zu

$$(1+x)^n = 1 + nx + \frac{n(n-1)}{2!}x^2$$

$$+ \frac{n(n-1)(n-2)}{3!}x^3 + \ldots \tag{M.22}$$

ii) Weitere nützliche Reihenentwicklungen:

$$e^x = 1 + x + \frac{1}{2!}x^2 + \frac{1}{3!}x^3 + \cdots \tag{M.23}$$

$$\ln(1+x) = x - \frac{x^2}{2} + \frac{x^3}{3} - \cdots \tag{M.24}$$

$$\sin x = x - \frac{1}{3!}x^3 + \frac{1}{5!}x^5 - \cdots \tag{M.25}$$

$$\cos x = 1 - \frac{1}{2!}x^2 + \frac{1}{4!}x^4 - \cdots \tag{M.26}$$

$$\tan x = x + \frac{1}{3}x^3 + \frac{2}{15}x^5 + \cdots \tag{M.27}$$

Für $x \ll 1$ reichen die folgenden Näherungen:

$$(1+x)^n \approx 1 + nx, \tag{M.28}$$

$$e^x \approx 1 + x, \qquad \ln(1+x) \approx x, \tag{M.29}$$

$$\sin x \approx x, \qquad \cos x \approx 1, \qquad \tan x \approx x. \tag{M.30}$$

Beachten Sie, daß in (M.25), (M.26), (M.27) und (M.30) x in Radiant ausgedrückt werden muß.

4 GRUNDLEGENDE ABLEITUNGEN UND INTEGRALE

$f(u)$	df/dx	$\int f(u)\,du$
u^n	$nu^{n-1}du/dx$	$u^{n+1}/(n+1) + C\,(n \neq -1)$
u^{-1}	$-(1/u^2)\,du/dx$	$\ln u + C$
$\ln u$	$(1/u)\,du/dx$	$u \ln u - u + C$
e^u	$e^u\,du/dx$	$e^u + C$
$\sin u$	$\cos u\,du/dx$	$-\cos u + C$
$\cos u$	$-\sin u\,du/dx$	$\sin u + C$
$\tan u$	$\sec^2 u\,du/dx$	$-\ln \cos u + C$
$\cot u$	$-\csc^2 u\,du/dx$	$\ln \sin u + C$

TABELLE DER NATÜRLICHEN TRIGONOMETRISCHEN FUNKTIONEN

Winkel					Winkel				
Grad	Radiant	Sinus	Kosinus	Tangens	Grad	Radiant	Sinus	Kosinus	Tangens
0°	0,000	0,000	1,000	0,000					
1°	,017	,017	1,000	,017	46°	0,803	0,719	0,695	1,036
2°	,035	,035	0,999	,035	47°	,820	,731	,682	1,072
3°	,052	,052	,999	,052	48°	,838	,743	,669	1,111
4°	,070	,070	,998	,070	49°	,855	,755	,656	1,150
5°	,087	,087	,996	,087	50°	,873	,766	,643	1,192
6°	,105	,104	,994	,105	51°	,890	,777	,629	1,235
7°	,122	,122	,992	,123	52°	,908	,788	,616	1,280
8°	,140	,139	,990	,140	53°	,925	,799	,602	1,327
9°	,157	,156	,988	,158	54°	,942	,809	,588	1,376
10°	,174	,174	,985	,176	55°	,960	,819	,574	1,428
11°	,192	,191	,982	,194	56°	,977	,829	,559	1,483
12°	,209	,208	,978	,212	57°	,995	,839	,545	1,540
13°	,227	,225	,974	,231	58°	1,012	,848	,530	1,600
14°	,244	,242	,970	,249	59°	1,030	,857	,515	1,664
15°	,262	,259	,966	,268	60°	1,047	,866	,500	1,732
16°	,279	,276	,961	,287	61°	1,065	,875	,485	1,804
17°	,297	,292	,956	,306	62°	1,082	,883	,470	1,881
18°	,314	,309	,951	,325	63°	1,100	,891	,454	1,963
19°	,332	,326	,946	,344	64°	1,117	,899	,438	2,050
20°	,349	,342	,940	,364	65°	1,134	,906	423	2,145
21°	,366	,358	,934	,384	66°	1,152	,914	,407	2,246
22°	,384	,375	,927	,404	67°	1,169	,920	,391	2,356
23°	,401	,391	,920	,424	68°	1,187	,927	,375	2,475
24°	,419	,407	,914	,445	69°	1,204	,934	,358	2,605
25°	,436	,423	,906	,466	70°	1,222	,940	,342	2,747
26°	,454	,438	,899	,488	71°	1,239	,946	,326	2,904
27°	,471	,454	,891	,510	72°	1,257	,951	,309	3,078
28°	,489	,470	,883	,532	73°	1,274	,956	,292	3,271
29°	,506	,485	,875	,554	74°	1,292	,961	,276	3,487
30°	,524	,500	,866	,577	75°	1,309	,966	,259	3,732
31°	,541	,515	,857	,601	76°	1,326	,970	,242	4,011
32°	,558	,530	,848	,625	77°	1,344	,974	,225	4,331
33°	,576	,545	,839	,649	78°	1,361	,978	,208	4,705
34°	,593	,559	,829	,674	79°	1,379	,982	,191	5,145
35°	,611	,574	,819	,700	80°	1,396	,985	,174	5,671
36°	,628	,588	,809	,726	81°	1,414	,988	,156	6,314
37°	,646	,602	,799	,754	82°	1,431	,990	,139	7,115
38°	,663	,616	,788	,781	83°	1,449	,992	,122	8,144
39°	,681	,629	,777	,810	84°	1,466	,994	,104	9,514
40°	,698	,643	,766	,839	85°	1,484	,996	,087	11,43
41°	,716	,656	,755	,869	86°	1,501	,998	,070	14,30
42°	,733	,669	,743	,900	87°	1,518	,999	,052	19,08
43°	,750	,682	,731	,933	88°	1,536	,999	,035	28,64
44°	,768	,695	,719	,966	89°	1,553	1,000	,017	57,29
45°	,785	,707	,707	1,000	90°	1,571	1,000	,000	∞

TABELLE DER DEKADISCHEN LOGARITHMEN

N	0	1	2	3	4	5	6	7	8	9
0	....	0000	3010	4771	6021	6990	7782	8451	9031	9542
1	0000	0414	0792	1139	1461	1761	2041	2304	2553	2788
2	3010	3222	3424	3617	3802	3979	4150	4314	4472	4624
3	4771	4914	5051	5185	5315	5441	5563	5682	5798	5911
4	6021	6128	6232	6335	6435	6532	6628	6721	6812	6902
5	6990	7076	7160	7243	7324	7404	7482	7559	7634	7709
6	7782	7853	7924	7993	8062	8129	8195	8261	8325	8388
7	8451	8513	8573	8633	8692	8751	8808	8865	8921	8976
8	9031	9085	9138	9191	9243	9294	9345	9395	9445	9494
9	9542	9590	9638	9685	9731	9777	9823	9868	9912	9956
10	0000	0043	0086	0128	0170	0212	0253	0294	0334	0374
11	0414	0453	0492	0531	0569	0607	0645	0682	0719	0755
12	0792	0828	0864	0899	0934	0969	1004	1038	1072	1106
13	1139	1173	1206	1239	1271	1303	1335	1367	1399	1430
14	1461	1492	1523	1553	1584	1614	1644	1673	1703	1732
15	1761	1790	1818	1847	1875	1903	1931	1959	1987	2014
16	2041	2068	2095	2122	2148	2175	2201	2227	2253	2279
17	2304	2330	2355	2380	2405	2430	2455	2480	2504	2529
18	2553	2577	2601	2625	2648	2672	2695	2718	2742	2765
19	2788	2810	2833	2856	2878	2900	2923	2945	2967	2989
20	3010	3032	3054	3075	3096	3118	3139	3160	3181	3201
21	3222	3243	3263	3284	3304	3324	3345	3365	3385	3404
22	3424	3444	3464	3483	3502	3522	3541	3560	3579	3598
23	3617	3636	3655	3674	3692	3711	3729	3747	3766	3784
24	3802	3820	3838	3856	3874	3892	3909	3927	3945	3962
25	3979	3997	4014	4031	4048	4065	4082	4099	4116	4133
26	4150	4166	4183	4200	4216	4232	4249	4265	4281	4298
27	4314	4330	4346	4362	4378	4393	4409	4425	4440	4456
28	4472	4487	4502	4518	4533	4548	4564	4579	4594	4609
29	4624	4639	4654	4669	4683	4698	4713	4728	4742	4757
30	4771	4786	4800	4814	4829	4843	4857	4871	4886	4900
31	4914	4928	4942	4955	4969	4983	4997	5011	5024	5038
32	5051	5065	5079	5092	5105	5119	5132	5145	5159	5172
33	5185	5198	5211	5224	5237	5250	5263	5276	5289	5302
34	5315	5328	5340	5353	5366	5378	5391	5403	5416	5428
35	5441	5453	5465	5478	5490	5502	5514	5527	5539	5551
36	5563	5575	5587	5599	5611	5623	5635	5647	5658	5670
37	5682	5694	5705	5717	5729	5740	5752	5763	5775	5786
38	5798	5809	5821	5832	5843	5855	5866	5877	5888	5899
39	5911	5922	5933	5944	5955	5966	5977	5988	5999	6010
40	6021	6031	6042	6053	6064	6075	6085	6096	6107	6117
41	6128	6138	6149	6160	6170	6180	6191	6201	6212	6222
42	6232	6243	6253	6263	6274	6284	6294	6304	6314	6325
43	6335	6345	6355	6365	6375	6385	6395	6405	6415	6425
44	6435	6444	6454	6464	6474	6484	6493	6503	6513	6522
45	6532	6542	6551	6561	6571	6580	6590	6599	6609	6618
46	6628	6637	6646	6656	6665	6675	6684	6693	6702	6712
47	6721	6730	6739	6749	6758	6767	6776	6785	6794	6803
48	6812	6821	6830	6839	6848	6857	6866	6875	6884	6893
49	6902	6911	6920	6928	6937	6946	6955	6964	6972	6981
50	6990	6998	7007	7016	7024	7033	7042	7050	7059	7067
N	0	1	2	3	4	5	6	7	8	9

N	0	1	2	3	4	5	6	7	8	9
50	6990	6998	7007	7016	7024	7033	7042	7050	7059	7067
51	7076	7084	7093	7101	7110	7118	7126	7135	7143	7152
52	7160	7168	7177	7185	7193	7202	7210	7218	7226	7235
53	7243	7251	7259	7267	7275	7284	7292	7300	7308	7316
54	7324	7332	7340	7348	7356	7364	7372	7380	7388	7396
55	7404	7412	7419	7427	7435	7443	7451	7459	7466	7474
56	7482	7490	7497	7505	7513	7520	7528	7536	7543	7551
57	7559	7566	7574	7582	7589	7597	7604	7612	7619	7627
58	7634	7642	7649	7657	7664	7672	7679	7686	7694	7701
59	7709	7716	7723	7731	7738	7745	7752	7760	7767	7774
60	7782	7789	7796	7803	7810	7818	7825	7832	7839	7846
61	7853	7860	7868	7875	7882	7889	7896	7903	7910	7917
62	7924	7931	7938	7945	7952	7959	7966	7973	7980	7987
63	7993	8000	8007	8014	8021	8028	8035	8041	8048	8055
64	8062	8069	8075	8082	8089	8096	8102	8109	8116	8122
65	8129	8136	8142	8149	8156	8162	8169	8176	8182	8189
66	8195	8202	8209	8215	8222	8228	8235	8241	8248	8254
67	8261	8267	8274	8280	8287	8293	8299	8306	8312	8319
68	8325	8331	8338	8344	8351	8357	8363	8370	8376	8382
69	8388	8395	8401	8407	8414	8420	8426	8432	8439	8445
70	8451	8457	8463	8470	8476	8482	8488	8494	8500	8506
71	8513	8519	8525	8531	8537	8543	8549	8555	8561	8567
72	8573	8579	8585	8591	8597	8603	8609	8615	8621	8627
73	8633	8639	8645	8651	8657	8663	8669	8675	8681	8686
74	8692	8698	8704	8710	8716	8722	8727	8733	8739	8745
75	8751	8756	8762	8768	8774	8779	8785	8791	8797	8802
76	8808	8814	8820	8825	8831	8837	8842	8848	8854	8859
77	8865	8871	8876	8882	8887	8893	8899	8904	8910	8915
78	8921	8927	8932	8938	8943	8949	8954	8960	8965	8971
79	8976	8982	8987	8993	8998	9004	9009	9015	9020	9025
80	9031	9036	9042	9047	9053	9058	9063	9069	9074	9079
81	9085	9090	9096	9101	9106	9112	9117	9122	9128	9133
82	9138	9143	9149	9154	9159	9165	9170	9175	9180	9186
83	9191	9196	9201	9206	9212	9217	9222	9227	9232	9238
84	9243	9248	9253	9258	9263	9269	9274	9279	9284	9289
85	9294	9299	9304	9309	9315	9320	9325	9330	9335	9340
86	9345	9350	9355	9360	9365	9370	9375	9380	9385	9390
87	9395	9400	9405	9410	9415	9420	9425	9430	9435	9440
88	9445	9450	9455	9460	9465	9469	9474	9479	9484	9489
89	9494	9499	9504	9509	9513	9518	9523	9528	9533	9538
90	9542	9547	9552	9557	9562	9566	9571	9576	9581	9586
91	9590	9595	9600	9605	9609	9614	9619	9624	9628	9633
92	9638	9643	9647	9652	9657	9661	9666	9671	9675	9680
93	9685	8689	9694	9699	9703	9708	9713	9717	9722	9727
94	9731	9736	9741	9745	9750	9754	9759	9763	9768	9773
95	9777	9782	9786	9791	9795	9800	9805	9809	9814	9818
96	9823	9827	9832	9836	9841	9845	9850	9854	9859	9863
97	9868	9872	9877	9881	9886	9890	9894	9899	9903	9908
98	9912	9917	9921	9926	9930	9934	9939	9943	9948	9952
99	9956	9961	9965	9969	9974	9978	9983	9987	9991	9996
100	0000	0004	0009	0013	0017	0022	0026	0030	0035	0039
N	0	1	2	3	4	5	6	7	8	9

TABELLE DER EXPONENTIALFUNKTIONEN

x	e^x	e^{-x}
0,00	1,0000	1,0000
0,05	1,0513	0,9512
0,10	1,1052	0,9048
0,15	1,1618	0,8607
0,20	1,2214	0,8187
0,25	1,2840	0,7788
0,30	1,3499	0,7408
0,35	1,4191	0,7047
0,40	1,4918	0,6703
0,45	1,5683	0,6376
0,50	1,6487	0,6065
0,55	1,7333	0,5769
0,60	1,8221	0,5488
0,65	1,9155	0,5220
0,70	2,0138	0,4966
0,75	2,1170	0,4724
0,80	2,2255	0,4493
0,85	2,3396	0,4274
0,90	2,4596	0,4066
0,95	2,5857	0,3867
1,0	2,7183	0,3679
1,1	3,0042	0,3329
1,2	3,3201	0,3012
1,3	3,6693	0,2725
1,4	4,0552	0,2466
1,5	4,4817	0,2231
1,6	4,9530	0,2019
1,7	5,4739	0,1827
1,8	6,0496	0,1653
1,9	6,6859	0,1496
2,0	7,3891	0,1353
2,1	8,1662	0,1225
2,2	9,0250	0,1108
2,3	9,9742	0,1003
2,4	11,023	0,0907

x	e^x	e^{-x}
2,5	12,182	0,0821
2,6	13,464	0,0743
2,7	14,880	0,0672
2,8	16,445	0,0608
2,9	18,174	0,0550
3,0	20,086	0,0498
3,1	22,198	0,0450
3,2	24,533	0,0408
3,3	27,113	0,0369
3,4	29,964	0,0334
3,5	33,115	0,0302
3,6	36,598	0,0273
3,7	40,447	0,0247
3,8	44,701	0,0224
3,9	49,402	0,0202
4,0	54,598	0,0183
4,1	60,340	0,0166
4,2	66,686	0,0150
4,3	73,700	0,0136
4,4	81,451	0,0123
4,5	90,017	0,0111
4,6	99,484	0,0101
4,7	109,95	0,0091
4,8	121,51	0,0082
4,9	134,29	0,0074
5	148,41	0,0067
6	403,43	0,0025
7	1096,6	0,0009
8	2981,0	0,0003
9	8103,1	0,0001
10	22026	0,00005

ANTWORTEN AUF UNGERADZAHLIGE AUFGABEN

Kapitel 2

2.1 (a) $1{,}673 \cdot 10^{-27}$ kg; (b) $2{,}656 \cdot 10^{-26}$ kg

2.3 Wasserstoff: $2{,}68 \cdot 10^{25}$ Moleküle m^{-3}; Stickstoff: $2{,}69 \cdot 10^{25}$ Moleküle m^{-3}; Sauerstoff: $2{,}69 \cdot 10^{25}$ Moleküle m^{-3}

2.5 $2{,}99 \cdot 10^{-1}$ Wasserstoffatome cm^{-3} (verglichen mit $2{,}7 \cdot 10^{19}$ Molekülen cm^{-3} für Luft bei SDT)

2.9 $1{,}45 \cdot 10^{17}$ kg m^{-3}; $2{,}8 \cdot 10^{-15}$ m zwischen den Mittelpunkten der Nukleonen; nein!

2.11 7,49 Umläufe s^{-1}; $9{,}443 \times 10^{15}$ m

2.13 $4{,}05 \cdot 10^{16}$ m, 4,28 Lichtjahre, $2{,}72 \cdot 10^{5}$ AE

2.15 37,2°

2.17 34,4°

2.19 $1{,}67 \cdot 10^{6}$ m

Kapitel 3

3.1 (a) 15 Einheiten, 0°; (b) 13,1 Einheiten, 35°49′; (c) 10,8 Einheiten, 56°19′; (d) 4,84 Einheiten, 113°; (e) 3 Einheiten, 180°.

3.3 20 Einheiten; 13,7 Einheiten.

3.5 121°49′; 8,95 Einheiten.

3.7 (a) 9,15 Einheiten, 48°40′; (b) 12,8 Einheiten, 38°41′; (c) 15,6 Einheiten, 26°10′

3.9 9,84 Einheiten, 44°31′

3.13 (a) 5,38 Einheiten, 68°12′; (b) 5 Einheiten, 36°52′; (c) 81°50′

3.15 (a) $\boldsymbol{u}_z(-23)$, $\boldsymbol{u}_z(8)$; (b) 0, 0

3.17 0.728

3.23 (a) 1,732 a, wobei a die Seitenlänge des Würfels ist; 54°44′

Kapitel 4

4.1 285 kp, 405 kp

4.3 (a) 9.16 kp; (b) 4.0 kp

4.5 428 N, 339° (in Bezug auf die X-Achse).

4.7 $\boldsymbol{u}_z$ (1500) Nm; $\boldsymbol{u}_z$ (−800) Nm; $\boldsymbol{u}_z$ (−100) Nm.

4.9 (a) $[\boldsymbol{u}_x(50) + \boldsymbol{u}_y(100) + \boldsymbol{u}_z(80)]$N, 0; (b) gleiche resultierende Kraft wie a), der Betrag des Moments ist 120 N m. Sie hat X- und Z-Komponenten, die vom Angriffspunkt der Kraft abhängen.

4.11 2 m

4.13 1,3 m; 5 N

4.15 6,600 dyn, 77,3 cm

4.17 (a) 26,3 N, 26.3 N; (b) 40 N, 40 N; (c) 20,2 N, 34,7 N; (d) 40 N, 57,1 N; (e) 40 N, 68,8 N

4.19 53°, 491 N

4.21 4,06 kp

4.23 30° Seite; 36,8 kp, 45° Seite; 26,2 kp.

4.25 (a) 50 kp, 10 kp, 70,7 kp, (b) 43,25 kp, 14,9 kp, 86,5 kp; (c) 29,8 kp, 35,1 kp, 38,9 kp

4.27 7010 kp, 6690 kp

4.29 Am Anfangspunkt: $(110 - 12{,}5x)$ kp, am Endpunkt: $(10 + 12{,}5x)$ kp

4.31 58.6 N

4.33 $\tan\phi = \cot 2\alpha$

4.35 (a) Vom Mittelpunkt des Quadrats: $x_c = -1{,}6$ m $y_c = 0$; (b) Vom Mittelpunkt des Quadrats: $x_c = 0{,}646$ m; $y_c = 0{,}356$ m; (c) Längs der Symmetrieachse, 5,89 m von der Basis nach oben

4.37 $x_C = 1{,}77$ cm, $y_C = 4{,}23$ cm

Kapitel 5

5.1 $31\ m\,s^{-1}$, 119 m; $-25\ m\,s^{-1}$, -77 m; $x = (3 \pm 2t)t$ m

5.3 (a) $4.10^3\ m\ min^{-2}$, 125 m; (b) 5 s, 222 m

5.9 (a) 10 m; (b) 0,8/3 s; (c) $4\ m\,s^{-1}$;
(d) $16 - 12t_0 - 6\Delta t$; (e) $16 - 12t$; (f) $16\ m\,s^{-1}$;
(g) 1,33 s, 10.7 m; (h) $-12\ m\,s^{-2}$;
(i) $-12\ m\,s^{-2}$; (j) niemals;
(l) bis t = 1,33 s ist die Bewegung verzögert, von dann an beschleunigt.

5.11. $v = 8 - 4e^{-4t}$; $x = 8t + e^{-4t} + 1$;
$x = 1 - \frac{1}{4}v - 2\ ln\ (2 - \frac{1}{4}v)$

5.13 (a) $-110\ m\,s^{-1}$, -610 m;
(b) $-86\ m\,s^{-1}$, -370 m

5.15 (a) 8,05 m; (b) 39,3 m; (c) $31{,}4\ ms^{-1}$

5.17 18 s

5.19 409 m

5.21 Stundenzeiger: $1{,}46 \cdot 10^{-4}\ rad\ s^{-1}$; Minutenzeiger: $1{,}75 \cdot 10^{-3}\ rad\ s^{-1}$; Sekundenzeiger: $1{,}05 \cdot 10^{-1}\ rad\ s^{-1}$.

5.23 (a) $2{,}95 \cdot 10^4\ m\,s^{-1}$; $5{,}84 \cdot 10^{-3}\ m\,s^{-2}$

5.25 $2{,}09 \cdot 10^5\ m\,s^{-1}$, $8{,}75\ m\,s^{-2}$

5.27 $2\ rad\ s^{-2}$, 125 rad

5.29 $26\ rad\ s^{-1}$, $6\ rad\ s^{-2}$

5.31 $5t\ rad\ s^{-1}$, $5\ rad\ s^{-2}$

5.33 (a) $x = -1$ m, $y = 0$;
(b) $\boldsymbol{v} = [\boldsymbol{u}_x(6t^2 - 6t) + \boldsymbol{u}_y(2t - 2)]\ m\,s^{-1}$;
(c) 0,0; (d) siehe (b); (e) $\boldsymbol{u}_y(-2)\ m\,s^{-1}$; (f) 1 s;
(g) $\boldsymbol{a} = [\boldsymbol{u}_x(12t - 6) + \boldsymbol{u}_y(2)]\ m\,s^{-2}$;
(h) 6, $2\ m\,s^{-2}$; (i) siehe (g)
(j) $[\boldsymbol{u}_x(-6) + \boldsymbol{u}_y(2)]\ m\,s^{-2}$; (k) 0.5 s

5.35 (a) 884 m; (b) 383 m; (c) $51{,}3\ m\,s^{-1}$, 376 m

5.37 (a) $206\ m\,s^{-1}$; (b) 24,0 s; (c) 705 m;
(d) $166{,}8\ m\,s^{-1}$

5.41 $v_x = R(1 - \cos \omega t)\omega$; $v_y = -R\omega \sin \omega t$;
$a_x = R\omega^2 \sin \omega t$; $a_y = -R\omega^2 \cos \omega t$

Kapitel 6

6.1 (a) $20\ km\ h^{-1}$; (b) $160\ km\ h^{-1}$

6.3 (a) 15:11, 318 km; (b) 20:40, 867 km

6.5 (a) $100\ km\ h^{-1}$, N 53°8′ W;
(b) $100\ km\ h^{-1}$, N 53°8′E

6.7 (a) S 41°19′ E; (b) 1,65 h

6.9 Gehender Mann: 1/2 h; rudernder Mann: 2/3 h

6.11 Mann hin und zurück: 0,578 h; Mann hinauf und hinunter: 0,667 h

6.13 (a) Eine parabolische Bahn mit einer ursprünglichen Geschwindigkeit (rückwärts) von $30{,}5\ ms^{-1}$; (b) Eine parabolische Bahn mit einer urprünglichen horizontalen Geschwindigkeit (rückwärts) von $244\ ms^{-1}$; (c) ±29°

6.15 (a) $45\ m\,s^{-1}$; (b) $15\ m\,s^{-1}$; (c) $33{,}57\ m\,s^{-1}$, 26°34′

6.17 $2{,}55 \cdot 10^{-4}\ m\,s^{-2}$

6.19 90°:9,8321 $m\,s^{-2}$; 61°10′:9,8244 $m\,s^{-2}$;
51°29′:9,8193 $m\,s^{-2}$; 48°50′:9,8177 $m\,s^{-2}$;
38°53′:9,98119 $m\,s^{-2}$; 24°34′:9,8046 $m\,s^{-2}$;
8°55′:9,7996 $m\,s^{-2}$; 0°0′:9,7887 $m\,s^{-2}$

6.21 0,866c

6.23 0,483c

6.25 (a) 7,5 Jr; (b) 6,25 Jr; (c) 1,25 Jr

6.27 (a) 0,98c; (b) 5,1 Jr

6.29 $23{,}3\ m\,s^{-1}$

6.33 (b) Nein; nur wenn $u = 0$; (c) $T = uL/c^2$;
(d) nein

Kapitel 7

7.1 (a) $15{,}0\ m\,s^{-1}$, W 48′ N;
(b) $\boldsymbol{u}_x(-19{,}2) + \boldsymbol{u}_y(8{,}0)\ kg\ m\,s^{-1}$;
(c) $\boldsymbol{u}_x(24{,}0) + \boldsymbol{u}_x(8{,}31)\ kg\ m\,s^{-1}$;
$\boldsymbol{u}_x(-24{,}0) + \boldsymbol{u}_y(-8{,}31)\ kg\ m\,s^{-1}$;
(d) $\boldsymbol{u}_x(7{,}5) + \boldsymbol{u}_y(2{,}59)\ m\,s^{-1}$, $7{,}93\ m\,s^{-1}$;
$\boldsymbol{u}_x(-15) + \boldsymbol{u}_y(-5{,}19)\ m\,s^{-1}$, $15{,}9\ m\,s^{-1}$

7.3 $3{,}34 \cdot 10^4\ m\,s^{-1}$, 82°21′

7.5 (a) $0{,}185\ m\,s^{-1}$, $-27°$ unterhalb der X-Achse.
(b) $\boldsymbol{u}_x(-0{,}25) + \boldsymbol{u}_y(0{,}128)\ m\,s^{-1}$,
$\boldsymbol{u}_x(-0{,}05) + \boldsymbol{u}_y(0{,}025)\ kg\ m\,s^{-1}$;
$\boldsymbol{u}_x(0{,}166) + \boldsymbol{u}_y(-0{,}083)\ m\,s^{-1}$,
$\boldsymbol{u}_x(0{,}05) + \boldsymbol{u}_y(-0{,}025)\ kg\ m\,s^{-1}$

7.7 $m_A = 1$ kg; $m_B = 2$ kg

7.9 (a) $p_B = bt$; (b) $p_B = bt - p_0$

7.11 (a) $0{,}166\ m\,s^{-1}$; (b) $0{,}166\ m\,s^{-1}$; (c) $0{,}5\ m\,s^{-1}$

7.13 -347 N

7.15 $-9{,}8$ N

7.17 (a) $10{,}2\ m\,s^{-2}$; (b) 127,5 m

7.19 (a) 90 kp; (b) 90 kp; (c) 1152 N; (d) 612 N

7.21 $a = (F_0 - kt)/m$; $v = (F_0 t - \frac{1}{2}kt^2)/m$;
$x = (\frac{1}{2}F_0 t^2 - kt^3/6)/m$

7.23 (a) $-3{,}1\ m\,s^{-2}$; (b) $-12{,}9\ m\,s^{-2}$

7.25 (a) $a = (F - m_2 g)/(m_1 + m_2) = 1{,}66\ m\,s^{-2}$;
$T = m_2(a + g) = 0{,}836$ N;
(b) $a = (F + m_1 g - m_2 g)/(m_1 + m_2) = 5{,}43\ m\,s^{-2}$; $T = m_2(a + g) = 1{,}22$ N

7.27 $a = [g(m_1 \sin \alpha - m_2 \sin \beta) + f_2 - f_1]/(m_1 + m_2)$; $T = m_2 a - f_2 + m_2 g \sin \beta$:
so lange $|f_2 - f_1| < |g(m_1 \sin \alpha - m_2 \sin \beta)|$, wird eine Bewegung ablaufen.

7.29 15 kg; $g/5$

7.31 11,52 m; $9{,}03\ m\,s^{-1}$

7.33 $v = v_L(1 - e^{-Pt})$

7.35 (a) 13,85 N; (b) 33,45 N;
(c) 23,65 N; (d) $2{,}40\ m\,s^{-1}$

7.37 (a) 8°19′; (b) 8°19′

7.39 (a) 46,5 ms^{-1} ; (b) 37,8 ms^{-1}; (c) 26,9 ms^{-1}
7.43 (a) $\boldsymbol{u}_z(150)$ kg m s^{-1}; (b) $\boldsymbol{u}_z(150)$ kg m s^{-1}
7.45 $4{,}9 \cdot 10^3$ m s^{-1}; 1 m s^{-1}

Kapitel 8

8.1 (a) 250 kg m s^{-1}; (b) 25 N; (c) 250 kg m s^{-1}
8.3 2927 J; 73,1 W
8.5 3304 J, 80 N Kraft: 1504 J; 100 N Kraft: 2000 J, 10 N Kraft: −200 J
8.7 227,3 W 8.9 24 ms^{-1}
8.11 $7{,}2 \cdot 10^3$ J; 19,6 J, 2 rad s^{-1}
8.13 2,84 eV; $5{,}16 \cdot 10^3$ eV
8.15 (a) $\boldsymbol{u}_x(56)$ kg m s^{-1}, $\boldsymbol{u}_x(5{,}6)$ m s^{-1}, $\boldsymbol{u}_x(56)$ kg m s^{-1}; (b) 10 s.
Für ein ursprünglich ruhendes Teilchen: (a) das gleiche wie oben; (b) das gleiche wie oben.
Für ein Teilchen mit einer Anfangsgeschwindigkeit: (a) das gleiche wie oben; (b) das gleiche wie oben.
8.17 (a) −45 J, nein; (b) 75 W, 0,1005 Ps; (c) −45 J
8.21 (a) $2{,}5 \cdot 10^4$ J, 0, $2{,}5 \cdot 10^4$J;
(b) $9{,}97 \cdot 10^3$ J, $20{,}063 \cdot 10^3$ J;
(c) $5{,}4 \cdot 10^3$ J, $19{,}6 \cdot 10^3$ J; (d) 25,5 m
8.23 (a) 7,2 J; (b) 470,4 J; (c) 477,6 J; (d) 48,8 m s^{-1}
8.25 $7{,}2 \cdot 10^{-2}$ m
8.29 1360 J
8.31 $7{,}60 \cdot 10^{-3}$ W, wobei W das Gewicht des Wagens ist.
8.33 (a) 1,73 m s^{-1}; (b) 2,4 m
8.35 (b) Für $0 < x < 2$ ist die Kraft negativ, sonst ist sie überall positiv (es gibt zwei Nullwerte bei $x = 0$ und $x = 2$); (c) nur gebundene Bewegung, wenn e < 4 und $0 < x < 2$; stabiles Gleichgewicht nur bei $x = 0$, instabiles Gleichgewicht bei $x = 2$.
8.37 $F(r) = -V_0(r_0/r^2)$; $5 \cdot 10^6$ N; $10r_0$

Kapitel 9

9.1 (a) 2 s; (b) 0,5 s^{-1};
(c) 0,3 m; (d) $x = 0{,}3 \sin(\pi t)$ m
9.3 (a) 0,4 m, 20π s, $1{,}59 \cdot 10^{-2}$ s^{-1}, 0,5 rad;
(b) $v = 0{,}04 \cos(0{,}1t + 0{,}5)$,
$a = -0{,}004 \sin(0{,}1t + 0{,}5)$
(c) 0,192 m, 0,035 m s^{-1}, −0,002 m s^{-2};
(d) 0,336 m, 0,022 m s^{-1}, −0,003 m s^{-2}
9.5 $2 \cdot 10^3$ rad s^{-1}, 4 m s^{-1}, 3,2 m s^{-1};
$F = -4 \cdot 10^3 x = 8 \sin(2 \cdot 10^3 t)$
9.7 200π rad s^{-1}; (a) $2{,}58\pi \cdot 10^2$ m s^{-1};
(b) $-3\pi^2 \cdot 10^4$ m s^{-2}; (c) 30°
9.9 $-2{,}82\pi \cdot 10^{-2}$ m s^{-1}; $-1{,}4\pi^2 \cdot 10^{-2}$ s^{-2}
9.11 $-20\pi^2$ m s^{-2}; $10\pi^2$ N; $0{,}25\pi^2$ J; $0{,}75\pi^2$ J
9.13 $1{,}96 \cdot 10^5$ N m^{-1}; 57, 1 rad s^{-1}; 18,7 rad s^{-1}
9.15 (c) eine Kraft $F = -m\omega^2 y$;
(d) $v_x = v_0$, $a_x = 0$, $v_y = \omega y_0 \cos \omega t$,
$a_y = -\omega^2 y_0 \sin \omega t$
9.17 (a) 0;
(b) $\frac{1}{2}A^2$, wobei A die Amplitude der Bewegung ist
9.19 0.1%
9.21 $5{,}88y\,(-1 + 2/y)^{1/2}$ N; F_T/m;
$[2g(4 \cdot 10^{-2} - y)]^{1/2}$; $\cos^{-1}(1 - y)$; 1,65 N;
2,74 m s^{-2}; 16° 4′; 0 N; 0 m s^{-2}; 0,885 m s^{-1};
0; 16° 4′
9.23 $14 \sin 2t$; $10 \sin(2t + 53°4')$; $-2 \sin 2t$
9.25 $4y/3$; $x^2/16 + y^2/9 = 1$; $-4y/3$
9.27 $1{,}425 \cdot 10^{-2}$ s^{-1}
9.29 $v = Ae^{-\gamma t}[\gamma \sin(\omega t + \alpha) + \omega \cos(\omega t + \alpha)]$;
$a = -\omega^2 Ae^{-\gamma t} \sin(\omega t + \alpha)$; diese reduzieren sich auf einfach harmonische Werte
9.31 (a) $F_0/m\omega_0^2$, $-\pi/2$; (b) $F_0/m\omega_f^2$, $+\pi/2$
9.33 $m(d^2x/dt^2) + kx = F_0 \cos \omega_f t$; bei Resonanz neigt die Amplitude zu einem unendlichen Wert.
9.35 EHB: $(2k/m)^{1/2}$; $m(d^2x/dt^2) + 2kx = 0$
9.37 (a) Unsymmetrisch. Gegen positive x-Werte. Nein;
(b) $-kx + ax^2$

Kapitel 10

10.1 3,417 m s^{-1}, 215°55′
10.3 (a) $x = 1{,}50 + 0{,}25t^2$ m, $y = 1{,}87 + 0{,}19t^2$ m;
(b) $\boldsymbol{P} = [\boldsymbol{u}_x(8t) + \boldsymbol{u}_y(6t)]$ Ns
10.5 140 m_u-Teilchen: 74,3 MeV, $1{,}01 \cdot 10^7$m s^{-1}.
90 m_u-Teilchen: 115,6 MeV, $1{,}57 \cdot 10^7$ m s^{-1}.
10.7 (a) 150° in Bezug auf die Richtung des Elektrons;
(b) $1{,}06 \cdot 10^{-20}$ kg m s^{-1};
(c) $2{,}73 \cdot 10^4$ m s^{-1}, 907 eV
10.9 (a) 0,54 m s^{-1}, 1,13 m s^{-1};
(b) −2,64 kg m s^{-1}, +2,65 kg m s^{-1}
10.13 (a) 0,46 m s^{-1}, 1,54 m a^{-1};
(b) 1,57 m s^{-1} und 0,979 m s^{-1} an −50°33′
10.15 (a) 0; (b) $-\frac{1}{2}\mu v_{12}$, wobei μ die reduzierte Masse des Systems und v_{12} die relative Geschwindigkeit des Teilchens ist.
10.17 (a) Die Teilchen müssen durcheinander durchtreten und eine Wechselwirkung eingehen; (b) ein Teil der inneren Energie muß auf irgendeine Weise verbraucht werden. Nein
10.21 (a) 48 m^2 kg s^{-1}, 14,4 m^2 kg s^{-1}; (b) 35 J, 15,6 J
10.23 (a) $8{,}01 \cdot 10^{-14}$ J, $5{,}33 \cdot 10^{-14}$ J,
$1{,}15 \cdot 10^{-16}$ J;

(b) $7{,}79 \cdot 10^{-14}$ J, $5{,}13 \cdot 10^{-14}$ J, $2{,}3 \cdot 10^{-15}$ J; (c) $3{,}27 \cdot 10^{6}$ m s^{-1}

10.25 (a) A gleitet über eine Gesamtstrecke von $(\frac{1}{2}v_0^2/m_2F)(m_1m_2 + \mu^2)$, B gleitet $\frac{1}{2}\mu^2v_0^2/m_2F$;
(b) $Q = \Delta E_k = -(F_\mu/m_1)x$, wobei x die Entfernung ist, die A relativ zu B zurücklegt;
(c) Der Impuls bleibt erhalten.

10.27 (a) $2{,}18 \cdot 10^5$ N m^{-2}, 10 m s^{-1};
(b) 0,3 m^3 min^{-1};
(c) 250 J kg^{-1}

Kapitel 11

11.1 (a) 1,874 kg m^2, 0,605 m;
(b) 0,936 kg m^2, 0,433 m;
(c) 0,624 kg m^2, 0,354 m

11.3 (a) 0,04 kg m^2, 0,0815 m;
(b) 0,025 kg m^2, 0,0645 m;
(c) 0,020 kg m^2, 0,0576 m.

11.5 $6{,}77 \cdot 10^{-46}$ kg m^2

11.7 (a) 15 UpM; (b) $2{,}51\pi^2$

11.9 10,5 Minuten, 8750 UpM.

11.11 −33,5 N m; $6{,}3 \cdot 10^4$ J

11.13 63,6 kg m^2 s^{-1}, $5{,}98 \cdot 10^3$ J; 12,71 N m, 1196 W

11.15 $2{,}7R$

11.17 (a) $(3g \sin\theta)/2L$; (b) $[(3g \cos\theta)/L]^{1/2}$;
(c) $(5\,mg \cos\theta)/2$; $(mg \sin\theta)/4$;
(d) $2\pi(L/3g \cos\theta)^{1/2}$

11.19 (a) mva; $I\omega$, wobei $I = ma^2 + ML^2/3$;
(b) mv; $(\frac{1}{2}ML + ma)\,\omega$;
(c) Der *lineare* Impuls bleibt nur erhalten, wenn der Stab sich völlig frei bewegen kann, d.h., der Punkt A muß frei sein, wenn der Impuls erhalten bleiben soll.
(d) $[(\frac{1}{2}ML + \mathrm{ma})^2\omega^2/2(M + m)] - \frac{1}{2}mv^2$, wobei man ω finden kann, indem man den Drehimpuls vor und nach dem Stoß gleichsetzt.

11.21 (a) 8,71 rad s^{-2}; (b) 4,36 m s^{-2}; (c) 54,4 N

11.23 0,98 m s^{-1} ; 17,6 N 11.25 2,007 s, 0,66 m; 2,9 s

11.27 $3{,}56 \cdot 10^4$ dyn cm rad^{-1}

11.31 (a) Keine Kraft; (b) 20 N, auf-und abwärts;
(c) 20 N, vorwärts und rückwärts; (d) 16 rad s^{-1}

Kapitel 12

12.3 Elektron: $8{,}185 \cdot 10^{-14}$ J = 0,511 MeV;
Proton: $1{,}508 \cdot 10^{-10}$ J = 938,26 MeV

12.5 (a) $c/1386$; (b) $c/37{,}2$

12.7 $3{,}63 \cdot 10^{17}$ MeV; $3{,}63 \cdot 10^{19}$ MeV s^{-1} = 5,8 W

12.9 Wenn $E_k \leqq 7m_0c^2$

12.11 (a) 0; (b) $0{,}866c$; $0{,}995c$; (d) $0{,}9999995c$.
Elektron: (a) 0,511 MeV; (b) 1,022 MeV;
(c) 5,11 MeV; (d) 511 MeV.
Proton: (a) 938,26 MeV;
(b) $1{,}876 \cdot 10^3$ MeV = 1,876 GeV;
(c) 9,38 GeV; (d) 938 GeV

12.13 Elektron: (a) 1958; (b) $(1 - 1{,}3 \cdot 10^{-7})$;
(c) 1958; Proton: (a) 2,31; (b) 0,9014; (c) 2,31

12.15 Elektron: 0,788 MeV, $0{,}761c$;
Proton: 938,3 MeV, $1{,}92 \cdot 10^5$ m s^{-1}

12.17 (a) 11,876 GeV, 10,898 GeV/c; (b) 1,31 GeV

12.19 (a) 56 GeV; (b) 1780 GeV

12.21 (a) $E_4' = E' - (m_3c^2)^2/E'$;
$E_4 = -\{E_1m_2c^2 + \frac{1}{2}[(m_1c^2)^2 + (m_2c^2)^2 - (m_3c^2)^2]\}/(E_1 - m_2c^2 + p_1c\cos\theta)$

12.27 (a) +4,82 MeV, keines;
(b) −519,45 MeV, 644,1 MeV

12.29 73,0 MeV; $0{,}886c$

Kapitel 13

13.1 $6{,}19 \cdot 10^{-21}$ J, $3{,}86 \cdot 10^{-2}$ eV;
(a) $1{,}92 \cdot 10^3$ m s^{-1}; (b) $4{,}82 \cdot 10^2$ m s^{-1};
(c) $5{,}14 \cdot 10^2$ m s^{-1} (d) $1{,}36 \cdot 10^3$ m s^{-1};
(e) $4{,}11 \cdot 10^2$ m s^{-1}

13.3 $1{,}295 \cdot 10^3$ J; nein

13.5 (a) $1{,}11 \cdot 10^3$ m s^{-1}; (b) $5{,}16 \cdot 10^3$ m s^{-1};
(c) $2{,}16 \cdot 10^3$ m s^{-1}

13.9 (a) $1{,}013 \cdot 10^7$ J; (b) 1295 J

13.11 (a) 1,94 kcal, $8{,}10 \cdot 10^3$ J;
(b) 3,87 kcal, $1{,}62 \cdot 10^4$ J

13.13 (a) 60 J; (b) 70 J, Wärme freigesetzt
(c) $Q_{ad} = 50$ J, $Q_{ab} = 10$ J

13.17 (a) $Q = a(T_2 - T_1) + b(T_2^2 - T_1^2) + c(T_1 - T_2)/T_1T_2$;
(b) $C_{pmit} = a + b(T_2 + T_1) - c/T_1T_2$

13.21 $p = \mathrm{N}RT/V + \mathrm{N}^2(RTb - a)/V^2 + \mathrm{N}^3\,RTb^2/V^3 + \cdots$

13.23 (a) $p^{(\gamma-1)/\gamma}\,T = C$; (b) $TV^{\gamma-1} = C$

13.27 (b) $T_2 = 212$ K, $T_3 = 88{,}5$ K;
(c) $3{,}25 \cdot 10^4$ J

13.29 (b) $W_{12} = 1{,}69 \cdot 10^6$ J; $W_{23} = 0$;
$W_{31} = -1{,}30 \cdot 10^6$ J; $W_T = 3{,}88 \cdot 10^5$ J;
$\Delta S_{12} = 5{,}39 \cdot 10^3$ J K^{-1};
$\Delta S_{23} = -5{,}39 \cdot 10^3$ J K^{-1}; $\Delta S_{31} = 0$;
$\Delta S_T = 0$

13.31 (b) 224,5 cal K^{-1}

13.33 (a) 312 cal K^{-1}, −268,1 cal K^{-1},
+43,9 cal K^{-1}; (b) 312 cal K^{-1}, +23,2 cal K^{-1}

Kapitel 14

14.1 $2{,}31 \cdot 10^{-5}\,\text{m}^2\,\text{s}^{-1}$; $7{,}65 \cdot 10^{14}$ Teilchen s^{-1}
14.3 (a) 12,5 Kelvin; (b) $9{,}6 \cdot 10^4\,\text{J}\,\text{m}^{-2}\,\text{s}^{-1}$
14.5 (a) 89,3° C; (b) $10{,}7\,\text{K}\,\text{m}^{-1}$, $89{,}3\,\text{K}\,\text{m}^{-1}$; (c) $0{,}411\,\text{J}\,\text{s}^{-1}$
14.7 (a) 42,1 Minuten; (b) 21 Minuten;
14.9 (a) $1{,}124 \cdot 10^7\,\text{N}\,\text{m}^{-3}$; (b) $1{,}573 \cdot 10^{-1}\,\text{N}\,\text{m}^{-3}$
14.13 $a = -8{,}52$, $b = 830$
14.15 (a) $6{,}0 \cdot 10^9$; (b) $4{,}65 \cdot 10^9$; (c) $6{,}0 \cdot 10^5$; (d) $1{,}46 \cdot 10^{29}$, $6{,}80 \cdot 10^{28}$, $1{,}46 \cdot 10^{21}$
14.17 60,6%; 36,8%; 13,5%; $4{,}5 \cdot 10^{-3}$%; $x = 0{,}693l$
14.19 $D \propto T/p$; $K \propto \sqrt{T}$
14.21 $1{,}76 \cdot 10^{-7}$ Pa s
14.23 $K/D = (3/2)p/T = 555$ bei STD; $\eta/D = pm/kT = 4{,}45 \cdot 10^{-2}m$ bei STD; (m in mμ)
14.25 $6{,}25 \cdot 10^{-8}$ m; $9{,}75 \cdot 10^{-9}\,\text{s}^{-1}$; $1{,}83 \cdot 10^{-11}$ m
14.27 0,32 mm

Kapitel 15

15.1 (a) $3{,}557 \cdot 10^{22}$ N; (b) $1{,}985 \cdot 10^{22}$ N; $1{,}79 \cdot 10^2$
15.3 $3{,}62 \cdot 10^{-47}$ N
15.5 (a) $2{,}96 \cdot 10^5{:}1$; (b) $1{,}65 \cdot 10^3{:}1$
15.7 (a) 17,5 kp; (b) 140 kp
15.9 $3{,}06 \cdot 10^4$ N; 18,8 kp; 110 kg
15.11 32,1 km; 64,1 km
15.13 (a) $7.73 \cdot 10^3\,\text{m}\,\text{s}^{-1}$; (b) $3{,}42 \cdot 10^3$ s; (c) $8{,}965\,\text{m}\,\text{s}^{-2}$
15.15 (a) Das Teilchen wird sich in die Erde hinein beschleunigen, am anderen Ende bis zu einer Höhe h austreten und dann in seine Ausgangsposition zurückkehren.
(b) $[2\gamma M/(h + R)]^{1/2}$; (c) nein; (d) ja
15.17 (a) $2{,}65 \cdot 10^{33}$ J; (b) $-5{,}30 \cdot 10^{33}$ J; (c) $-2{,}65 \cdot 10^{33}$ J
15.19 $4{,}2 \cdot 10^3\,\text{m}\,\text{s}^{-1}$; $1{,}01 \cdot 10^4\,\text{m}\,\text{s}^{-1}$; $5{,}05 \cdot 10^3\,\text{m}\,\text{s}^{-1}$; $6{,}0 \cdot 10^4\,\text{m}\,\text{s}^{-1}$
15.21 (b) $-1{,}13 \cdot 10^{41}$ J; $-3{,}75 \cdot 10^{31}$ J
15.23 $1{,}02 \cdot 10^4\,\text{m}\,\text{s}^{-1}$
15.25 $2{,}82 \cdot 10^{14}\,\text{m}^2\,\text{kg}\,\text{s}^{-1}$; $1{,}25 \cdot 10^{11}$ J; $-2{,}50 \cdot 10^{11}$ J; $-1{,}25 \cdot 10^{11}$ J
15.27 (a) $4r^2 + 3a(a + 2x) = 0$, wenn man annimmt, daß die Teilchen sich auf der X-Achse befinden.
(b) $2r^2 + 3a(a + 2x) = 0$;
(c) $8r^2 + 9a(a + 2x) = 0$
15.29 (a) $4{,}9 \cdot 10^{11}(8{,}97 \cdot 10^{16} + 4{,}06 \cdot 10^7)$ N;
(b) $4{,}9 \cdot 10^{11}(8{,}97 \cdot 10^{16} - 4{,}06 \cdot 10^7)$ N.
(c) Die Kraft der Erde ist viel zu klein, um den Mond zu beeinflussen.

Kapitel 16

16.1 $4{,}21 \cdot 10^{-8}$ N; $1{,}16 \cdot 10^{36}{:}1$
16.3 $\sin^3\theta/\cos\theta = K_e q^2/4l^2 mg$
16.5 $2{,}08 \cdot 10^9$
16.7 (a) $4{,}8 \cdot 10^{-15}$ N; (b) $5{,}28 \cdot 10^{15}\,\text{m}\,\text{s}^{-2} = 5{,}38 \cdot 10^{14}g$
16.9 (a) $1{,}01 \cdot 10^3\,\text{N}\,\text{C}^{-1}$; (b) $2{,}67 \cdot 10^5\,\text{m}\,\text{s}^{-1}$
16.11 (a) $1{,}87 \cdot 10^5\,\text{N}\,\text{C}^{-1}$, um einen Winkel von 26°21′ unterhalb der Horizontalen;
(b) Längs der Verbindungslinie der Ladungen und im Abstand von 2,414 m von der positiven Ladung;
(c) 0,414 von der +Ladung
16.13 (a) $\boldsymbol{u}_x(50)\,\text{N}\,\text{C}^{-1}$; (b) $\boldsymbol{u}_x(10{,}8)\,\text{N}\,\text{C}^{-1}$
16.15 2 Überschußelektronen 16.17 3 m; $2 \cdot 10^{-7}$ C
16.19 $2{,}88 \cdot 10^3$ V 16.21 $7{,}7 \cdot 10^{-3}$ J; nein
16.25 $V = K_e q/(a^2 + x^2)^{1/2}$, wobei x der Abstand längs der X-Achse ist. $\mathcal{E} = \boldsymbol{u}_x K_e q x/(a^2 + x^2)^{3/2}$
16.27 $v_e = 5{,}93 \cdot 10^3 (V)^{1/2}\,\text{m}\,\text{s}^{-1}$; $v_p = 1{,}38 \cdot 10^4 (V)^{1/2}\,\text{m}\,\text{s}^{-1}$
16.29 (b) $2{,}52 \cdot 10^6\,\text{m}\,\text{s}^{-1}$; (c) $2{,}29 \cdot 10^6\,\text{m}\,\text{s}^{-1}$;
(d) $6{,}0 \cdot 10^3\,\text{N}\,\text{C}^{-1}$; $1{,}0 \cdot 10^3\,\text{N}\,\text{C}^{-1}$, in beiden Fällen auf das Gitter zu;
(e) $1{,}06 \cdot 10^{18}\,\text{m}\,\text{s}^{-2}$, $1{,}76 \cdot 10^{17}\,\text{m}\,\text{s}^{-2}$ in beiden Fällen auf das Gitter zu
16.31 (b) $(1/v)(2eV_0/m)^{(1/2)}$; (c) neV_0
16.33 (a) $6{,}25 \cdot 10^{15}$ Protonen s^{-1}; (b) 800 W; (c) $1{,}24 \cdot 10^7\,\text{m}\,\text{s}^{-1}$; (d) 153 cal s^{-1}
16.35 (a) $6{,}2 \cdot 10^{-24}$ N m; (b) $1{,}24 \cdot 10^{-23}$ J

Kapitel 17

17.1 $5{,}5 \cdot 10^{-5}$ T; $9{,}6 \cdot 10^6\,\text{rad}\,\text{s}^{-1}$
17.3 (a) 0,138 m; (b) 0,106 m; (c) $7{,}1 \cdot 10^7\,\text{rad}\,\text{s}^{-1}$
17.7 $\frac{1}{2}$ T in der negativen Z-Richtung
17.9 (a) $1{,}02R$; 960 V 17.11 $3{,}83 \cdot 10^{-26}$ kg
17.13 Deuteron: (a) 1,32 T; (b) $4 \cdot 10^6\,\text{m}\,\text{s}^{-1}$; (c) 0,17 MeV; (d) 9.
Alpha-Teilchen: (a) 1,32 T; (b) $4 \cdot 10^6\,\text{m}\,\text{s}^{-1}$; (c) 0,33 MeV; (d) 8
17.15 1: $\boldsymbol{u}_y(0{,}3)$ N; 2: 0; 3: $\boldsymbol{u}_x(-0{,}296)$ N;
4: $\boldsymbol{u}_x(0{,}296) + \boldsymbol{u}_y(-0{,}296)$ N;
5: $\boldsymbol{u}_x(0{,}253) + \boldsymbol{u}_y(0{,}253)$ N
17.17 (a) Auf den beiden vertikalen Seiten: gleiche und entgegengesetzte Kräfte in der Z-Richtung; auf den

beiden horizontalen Seiten: gleiche und entgegengesetzte Kräfte 0,06 N in der Y-Richtung; $9{,}6 \cdot 10^{-3}$ N m.
(b) Gleiche Antwort wie für Teil (a);
(c) $1{,}92 \cdot 10^{-2}$ N m.

17.19 $3{,}6 \cdot 10^{-6}$ N m   17.21 (a) $\boldsymbol{u}_x(0{,}01)$ N; (b) 0
17.23 $I\,l$, wobei l der Abstand von P und Q ist
17.25 $3{,}78 \cdot 10^3$ T; $2 \cdot 10^{-7}$ T; kein elektrisches Feld
17.27 (a) $\mu_0 I/\pi a$; (b) $\mu_0 I/3\pi a$; (c) 0, $2\mu_0 I/3\pi a$
17.29 (b) $\mathcal{B} = \boldsymbol{u}_y \mu_0 Ia/\pi(a^2 + x^2)$; (d) $\pm a/\pi 3$
17.31 $6{,}89 \cdot 10^{-3}$ T
17.33 (a) $2{,}3 \cdot 10^{-20}$ N, Abstoßung, $2{,}56 \cdot 10^{-25}$ N; (b) $2{,}3 \cdot 10^{-23}$ N, nur Abstoßung
17.35 (a) $4{,}8 \cdot 10^{-5}$ N; (b) 0, 0; (c) 0, 1, $2 \cdot 10^{-4}$ N m

Kapitel 18

18.1 2,37 g; $2{,}32 \cdot 10^{22}$ Atome
18.3 (a) $1{,}13 \cdot 10^{-14}$ m, 180°;
(b) 1,0077 R_a, 178°; R_a, 160° (R_a ist der geringste Abstand für einen geraden zentrischen Stoß)
18.5 14
18.7 (a) $8{,}12 \cdot 10^6$ Umkreisungen; (b) $6{,}13 \cdot 10^3$ Umkreisungen;
(c) 250 : 1 und $3{,}2 \cdot 10^5$: 1.
18.9 (a) $2{,}45h$; (b) 54°45′, 24°6′, 0°
18.11 Jede Niveauaufspaltung ist $22{,}6 \cdot 10^{-4}$ eV, verglichen mit einem Unterschied in der Elektronenenergie von 1,9 eV.
18.13 $1{,}58 \cdot 10^{-4}$ m
18.15 nur $j = 7/2$ und $j = 5/2$; für $j = 7/2$, $m_j = \pm 7/2, \pm 5/2, \pm 3/2, \pm\frac{1}{2}$; für $j = 5/2$, $m_j = \pm 5/2, \pm 3/2, \pm\frac{1}{2}$
18.21 $1{,}88 \cdot 10^{-5}$ m s^{-1} 18.23 28 cm

Kapitel 19

19.1 (a) Elektrisches Feld:
A/r^2, $(A/r^2)(r^3 - R_2^3)/(R_3^3 - R_2^3)$, 0;
elektrisches Potential: A/r
$(A/2r)(3R_2^2 r - r^3 - 2R_2^3)/(R_1^3 - R_2^3)$, 0, wobei $A = q/4\pi\epsilon_0$
19.3 (a) 0, 0; (b) Ca^3, $C\epsilon_0 a^3$
19.5 (a) 16,5; (b) 15,5
19.7 (a) 10^9 V; (b) $2 \cdot 10^9$ V; (c) $5 \cdot 10^8$ J
19.9 (a) 380 nC; (b) $7{,}6 \cdot 10^3$ V; (c) $1{,}44 \cdot 10^{-3}$ J;
(d) $1{,}37 \cdot 10^{-3}$ J
19.11 (a) C_1: $6 \cdot 10^{-4}$ C, 200 V; C_2: $2 \cdot 10^{-4}$ C, 100 V; C_3: $4 \cdot 10^{-4}$ C, 100 V; (b) 0,09 J
19.17 (a) $-(\epsilon_0 S/x^2)dx$; (b) $\frac{1}{2}(Q^2/\epsilon_0 S)dx$;
(c) $\frac{1}{2}(Q^2/\epsilon_0 S)$. Wenn das Potential konstant gehalten wird:
(a) wie oben; (b) $\frac{1}{2}(\epsilon_0 SV^2/x)dx$;
(c) $\frac{1}{2}(\epsilon_0 SV^2/x)$
19.19 0,014 T
19.25 Für $r < R_1$: $(\mu_0/2\pi)(Ir/R_1^2)$;
für $R_1 < r < R_2$: $(\mu_0/2\pi)\, I/r$;
für $R_2 < r < R_3$: $(\mu_0 I/2\pi r)(R_3^2 - r^2)/(R_3^2 - R_2^2)$; für $r < R_3$: 0
19.27 $(\mu_0 Ib/2\pi)\ln([r + a]/r)$

Kapitel 20

20.1 (a) -4π V; (b) $+4\pi$ V; (c) $+8\pi$ V; (d) $+4\pi$ V; (e) $+8\pi$ V
20.3 (a) 1 Maxwell = 1Gauss cm^{-2}, (c) 10^{-8}.
20.7 (a) 11,8 V; (b) $V_\mathcal{E} = \mathcal{B}S \sin \omega t$
20.9 A: 0; C: 0,0707; D: 0,1414
20.11 $\mu_0 N^2 a^2/2R$, wobei a und R die Radien der Spulen und des Torus sind
20.13 $\mu_0 Iabv/(2\pi(r + vt)(r + a + vt))$
20.15 (a) $3{,}01 \cdot 10^{-3}$ H; (b) $6{,}03 \cdot 10^{-2}$ V
20.17 (a) $-N_2 L_1 I_0/5t$; (b) $(-N_2 L_1 I_0 \omega/5) \cos \omega t$;
(c) $N_2 L_1/5$; (d) gleich wie (a)
20.19 (a) $-0{,}251$ V; (b) 0,251 V; (c) 0,502 V
20.21 Das Kreisintegral ist nur für die beiden zur X-Achse senkrechten Seiten ungleich null. Wert für Oberfläche an x ist $+12xta^2/c^2$ und an $x = x + a$ ist $-12(x + a)ta^2/c^2$.

Kapitel 21

21.1 (a) $2{,}15 \cdot 10^{-3}\ \Omega$; (b) $1{,}18 \cdot 10^{-3}$ W
21.3 (a) Verdoppelt; (b) Halbiert; (c) $\frac{1}{4}$.
21.5 (a) Verwenden Sie einen parallelgeschalteten Widerstand von 3,8 Ω.
(b) Verwenden Sie einen in Serie geschalteten Widerstand von 21,6 Ω.
21.7 (a) 9 Ω; 3 Ω: 48 A, 144 V; 12 Ω: 8 A, 96 V; 6 Ω: 16 A, 96 V; 4 Ω: 24 A, 96 V; 20 Ω: 12 A, 240 V; 5 Ω: 60 A, 300 V;
(b) 10 Ω; 7 Ω: 24 A, 168 V; 12 Ω: 6 A, 72 V; 3 Ω: 4 A, 12 V; 6 Ω: 2 A, 12 V; 10 Ω: 6 A, 60 V; 18 Ω: 4 A, 72 V; 9 Ω: 8 A, 72 V;
(c) 7,5 Ω; 4 Ω: 9 A, 36 V; 9 Ω: 6 A, 54 V; 16 Ω: 3 A, 48 V; 3 Ω: 2 A, 6 V; 30 Ω: 3 A, 90 V;
(d) Jeder Widerstand hat einen Strom von 10 A, außer dem mittleren Widerstand, zwischen dessen Enden kein Potentialunterschied besteht.
21.9 15 W   21.13 2,06 V; 0,99 Ω

21.15 $-1{,}5$ V; 2,5 V; $-0{,}5$ V

21.17 (a) $\frac{2}{9}$ V; (b) $\frac{1}{28}$ A

21.19 (a) 1 A; (b) 8 V; (c) 12 Ω: $\frac{1}{18}$ A; 6 Ω: $\frac{1}{9}$ A; 4 Ω: $\frac{1}{6}$ A; 22 Ω: $\frac{1}{3}$ A; 8 Ω: $\frac{2}{3}$ A; 5 Ω: $\frac{8}{15}$ A; 20 Ω: $\frac{2}{15}$ A

21.21 (a) 1,591 V; (b) 0,843 V

21.23 (a) 0,0314 A; (b) 0,314 A; (c) 3,14 A

21.27 Die gesamte Information ist in Abb. 21.29 enthalten.

21.31 (a) 10^{-3} H Spule: 9,35 A, 3.10^{-3} H Spule: 6,60 A.
(b) 11,6 A

21.33 (a) Nein; (b) 1,33 Ω; (c) 1,24 Ω

Kapitel 22

22.1 (a) ^{10}B: 19,9%; ^{11}B: 80,1%;

22.3 (b) ^{28}Si, ^{29}Si, ^{30}Si

22.5 (a) ^{16}O: 12,1 MeV; ^{17}O: 13,77 MeV;
(b) ^{16}O: 15,63 MeV; ^{17}O: 4,16 MeV

22.7 ^{1}H: 1,00782 m_u; ^{2}H: 2,01410 m_u;
^{16}O: 15,99492 m_u

22.9 (a) ^{2}H: $(1s_{1/2})_p(1s_{1/2})_n$; ^{3}H: $(1s_{1/2})_p(1s^2)_n$;
^{3}He: $(1s^2_{1/2})_p(1s_{1/2})_n$; ^{4}He: $(1s^2_{1/2})_p(1s^2_{1/2})_n$;
^{7}Li: $(1s^2_{1/2}1p_{3/2})_p(1s^2_{1/2}1p^2_{3/2})_n$;
^{12}C: $(1s^2_{1/2}1p^4_{3/2})_p(1s^2_{1/2}1p^4_{3/2})_n$;
^{13}C: $(1s^2_{1/2}1p^4_{3/2})_p(1s^2_{1/2}1p^4_{3/2}1p_{1/2})_n$;
^{35}Cl: $(1s^2_{1/2}1p^4_{3/2}1p^2_{1/2}1d^6_{5/2}2s^2_{1/2}1d_{3/2})_p$
$(1s^2_{1/2}1p^4_{3/2}1p^2_{1/2}1d^6_{5/2}2s^2_{1/2}1d^2_{3/2})_n$;
(b) 0 oder 1, $\frac{1}{2}$, $\frac{1}{2}$, 0, $\frac{3}{2}$, 0, $\frac{1}{2}$, $\frac{3}{2}$

22.11 0,498 MeV; 0,493 MeV; 0,310 MeV; 0,268 MeV

22.13 (a) $7{,}84 \cdot 10^{-10}$ s^{-1};
(b) 0,145 Ci, $5{,}38 \cdot 10^{9}$ Kerne s^{-1}
(c) 56 Jahre (d) 0,036 Ci

22.17 Vor 3067 Jahren, was 1977 das Jahr 1090 v. Chr. bedeuten würde.

22.19 (a) $-19{,}81$ MeV; (b) $-20{,}58$ MeV

22.21 (a) $1{,}67 \cdot 10^{10}$ K; (b) 23,85 MeV; Ja.

22.23 $1{,}4 \cdot 10^{11}$ Jahre.

22.25 (a) $-13{,}53$ eV, $5{,}27 \cdot 10^{-11}$ m; (b) 13,53 eV

22.27 200 MeV Pion: 306 MeV/c.
anderes Pion: $2{,}06 \cdot 10^{2}$ MeV/c.

Kapitel 23

23.1 3,33 m; $\xi = \xi_0 \sin 2\pi(0{,}3x - 0{,}6t)$

23.5 (a) 0, $8{,}86 \cdot 10^{-3}$ m, $1{,}69 \cdot 10^{-2}$ m, $2{,}35 \cdot 10^{-2}$ m;
(b) $8{,}86 \cdot 10^{-3}$ m, $2{,}99 \cdot 10^{-3}$ m, $-2{,}99 \cdot 10^{-3}$ m;
(c) $-0{,}06 \cos(3x - 2t)$, $6 \cdot 10^{-2}$ m s^{-1};
(d) 0,667 m s^{-1}

23.7 35,1 m s^{-1}

23.9 1255,9 m s^{-1}; 336,9 m s^{-1}; 315,2 m s^{-1}

23.11 28,8 m_u 23.13 9,03 m s^{-1}

23.15 (a) $5 \cdot 10^{-2}$ m s^{-1}; (b) 0,955 Hz;
(c) $5{,}24 \cdot 10^{-2}$ m;
(d) $0{,}1 \sin(6t - 120)$, $0{,}1 \sin(6t - 360)$

23.17 Im Uhrzeigersinn;
$\xi_y = \xi_0 \sin(kx + \omega t)$ und $\xi_z = \xi_0 \cos(kx + \omega t)$

23.19 (a) $1{,}87 \cdot 10^{2}$ m s^{-1}; (b) 18,75 m s^{-1};
(c) 7,34 m s^{-1}; (d) 7,09 m s^{-1}

23.21 (a) $\xi = 10^{-4} \sin 2\pi(1{,}98 \cdot 10^{-3}x - 10t)$;
(b) $1{,}56\pi^2 \cdot 10^{-2}$ J m^{-2}; (c) $1{,}26\pi^3 \cdot 10^{-3}$ W;
(d) gleich wie (c)

23.23 Schwächster Ton: $4{,}49 \cdot 10^{-13}$ W m^{-2}, $-3{,}45$ db; $1{,}43 \cdot 10^{-11}$ m; Lautester Ton: 0,881 W m^{-2}, +119 db; $2{,}01 \cdot 10^{-5}$ m

23.25 (a) 4 fach erhöht; (b) Zunahme um $\sqrt{10}$

23.27 $\frac{3}{2}v$

23.29 (a) 530,2 Hz; (b) 469,8 Hz

23.31 (a) 0,368 m; (b) 0,312 m; kein Unterschied

Kapitel 24

24.1 (a) 3 m, linear polarisiert in der *XY*-Ebene, breitet sich in der $+X$-Richtung aus.
(b) $\mathcal{B}_x = \mathcal{B}_y = 0$,
$\mathcal{B}_z = \frac{1}{6} \cdot 10^{-8} \cos\left[2\pi \cdot 10^{8}(t - x/c)\right]$;
(c) $3{,}32 \cdot 10^{-4}$ W m^{-2}

24.3 (a) $\mathcal{E}_x = 0$, $\mathcal{E}_y = \mathcal{E}_z = \mathcal{E}_0 \sin(kx - \omega t)$;
(b) $\mathcal{E}_x = 0$, $\mathcal{E}_y = -\frac{1}{2}\mathcal{E}_0 \sin(kx - \omega t)$,
$\mathcal{E}_z = \frac{1}{2}\sqrt{3}\mathcal{E}_0 \sin(kx - \omega t)$;
(c) $\mathcal{E}_x = 0$, $\mathcal{E}_y = \mathcal{E}_0 \cos(kx - \omega t)$,
$\mathcal{E}_z = \mathcal{E}_0 \sin(kx - \omega t)$;
(d) $\mathcal{E}_x = 0$, $\mathcal{E}_y = \mathcal{E}_0 \cos(kx - \omega t)$,
$\mathcal{E}_z = \frac{1}{2}\mathcal{E}_0 \sin(kx - \omega t)$;
in allen Fällen $\mathcal{B}_x = 0$, $\mathcal{B}_y = -\mathcal{E}_z/c$, $\mathcal{B}_z = \mathcal{E}_y/c$.

24.5 $\mathcal{E}_y = 8{,}76 \sin\left[4\pi \cdot 10^{7}(x - ct)\right]$;
$\mathcal{B}_z = (8{,}76/c) \sin\left[4\pi \cdot 10^{7}(x - ct)\right]$

24.7 $1{,}06 \cdot 10^{3}$ N C^{-1}; $3{,}84 \cdot 10^{-6}$ T

24.9 $\frac{1}{3} \cdot 10^{-7}$ T; 1327 W

24.11 (a) 775 N C^{-1}, $2{,}58 \cdot 10^{-6}$ T;
(b) $2{,}65 \cdot 10^{-6}$ J m^{-3}, $8{,}84 \cdot 10^{-15}$ m^{-2} kg s^{-1}

24.13 $6{,}52 \cdot 10^{-18}/R^2$ J s^{-1}

24.17 $4{,}01 \cdot 10^{11}$ eV s^{-1}; 0,563 eV pro Umdrehung.

24.19 Virgo: H-Linie um $1{,}61 \cdot 10^{-19}$ m, K-Linie um $1{,}59 \cdot 10^{-9}$ m.
Hydra: H-Linie um $8{,}32 \cdot 10^{-8}$ m, K-Linie um $8{,}21 \cdot 10^{-8}$ m.

24.21 $0{,}156c$

Kapitel 25

25.1 (a) $2{,}41 \cdot 10^{17}$ Hz, $1{,}24 \cdot 10^{-9}$ m;
(b) $2{,}41 \cdot 10^{14}$ Hz, $1{,}24 \cdot 10^{-6}$ m;
(c) $2{,}41 \cdot 10^{12}$ Hz, $1{,}24 \cdot 10^{-4}$ m

25.3 (a) 274 MeV; (b) 40 MeV

25.5 (a) 98,8 eV, $2{,}39 \cdot 10^{16}$ Hz, $1{,}21 \cdot 10^{-12}$ m;
(b) 98,8 eV, $5{,}4 \cdot 10^{-24}$ kg m s^{-1}, 59,5°

25.7 (a) $1{,}01 \cdot 10^{-10}$ m, 59°; (b) 143,2 eV

25.9 (a) 2,13 V; (b) 2,13 eV, $8{,}66 \cdot 10^5$ m s^{-1}

25.11 $1{,}4 \cdot 10^4$ Photonen s^{-1}.

25.13 Elektron: $5{,}40 \cdot 10^{-23}$ kg m s^{-1}, 10^4 eV;
Proton: $4{,}87 \cdot 10^{-23}$ kg m s^{-1}, 2,8 eV

25.23 (a) $2{,}8 \cdot 10^{-4}$ eV, $4{,}44 \cdot 10^{-3}$ m;
$5{,}6 \cdot 10^{-4}$ eV, $2{,}22 \cdot 10^{-3}$ m; (b) Fernes Infrarot

25.25 $1{,}9 \cdot 10^3$ N m^{-1}

25.27 0,184 MeV; 0,074 MeV; 0,038 MeV.

Kapitel 26

26.3 (a) 26°7′, 17°2′; (b) 4,47 cm

26.5 1,11; 0,111

26.7 (a) 0,092, 0,728; (b) −0,302, 0,697

26.9 (a) −0,2, 0,8; (b) 0,8, 1,4;
(c) Die einzige Phasenveränderung tritt bei der Reflexion von Glas in Luft ein.

26.11 35°17′,

26.13 (a) $\frac{1}{2}c\epsilon_0\mathcal{E}_0^2$; (b) $1/n$; (c) $\frac{1}{2}v\epsilon\mathcal{E}_0^2/n^2$;
gleich wie (a), da $v\epsilon/n^2 = c\epsilon_0$.

26.15 $3{,}97 \cdot 10^{-7}$ m, $3{,}55 \cdot 10^{-7}$ m; $5{,}096 \cdot 10^{14}$ Hz

26.17 Elliptische Polaristion, Halbhauptachse längs der Y-Achse

26.19 2,02 mm

26.21 An (2) ist das Licht in Richtung der Transmissionsachse von A linear polarisiert. An (3) ist das Licht im allgemeinen alliptisch polarisiert, wie in Beispiel 26.3 besprochen; an (4) ist das Licht in Richtung der Transmissionsachse von C linear polarisiert.

26.23 (a) $6{,}055 \cdot 10^{-7}$ m, $6{,}297 \cdot 10^{-7}$ m,
$6{,}559 \cdot 10^{-7}$ m, $6{,}844 \cdot 10^{-7}$ m;
(b) $6{,}173 \cdot 10^{-7}$ m, $6{,}425 \cdot 10^{-7}$ m,
$6{,}714 \cdot 10^{-7}$ m, $6{,}996 \cdot 10^{-7}$ m;
(c) $6{,}055 \cdot .10^{-7}$ m, und $6{,}559 \cdot 10^{-7}$ m werden fehlen.

26.25 299,25° 26.27 Ja.

Kapitel 27

27.3 (a) 0,778 m, −0,556; (b) 1 m, −1,0;
(c) 1,33 m, −1,67; (d) ∞, ∞; (e) −0,75 m, 2,5

27.5 7,97 cm; 2,1

27.7 Entweder 40 cm oder 37,5 cm

27.9 3,2 cm (f ist 5 cm).

27.13 (a) 43,8 cm rechts von der flachen Oberfläche.
(b) 1,71

27.15 20 cm innerhalb der Linse, von der 20 cm Seite aus gemessen. 5 cm außerhalb der Linse an der 10 cm Seite.

27.19 0,24 m; (a) −0,343 m, −0,43;
(b) −0,48 m, −1; (c) −0,6 m, −1,5;
(d) ∞, ∞; (e) 1,2 m, 6

27.21 $1/F_i = f_1 + f_2 - t/((f_2)(f_1 - t))$,
wobei F_i der Abstand von der zweiten Linse ist;
(a) 8,57 cm;
(b) −30,0 cm; (c) ∞; (d) 180 cm

27.23 (a) 0,8 m; (b) 2,4 m; (c) 0,4 m

27.27 $F_i = 4{,}17$ cm; $F_0 = -1{,}67$ cm

27.29 21,1′ 27.31 1,521, 40°

27.35 0,266 m; 0,34 cm

Kapitel 28

28.1 (a) 0,65 mm; (b) 1,62 mm, 3,25 mm

28.3 0,29 mm 28.5 0,09 mm

28.7 (a) Ausgehend von Punkten zwischen den beiden Quellen sind die einzigen Minima 0,125 m zu beiden Seiten.
(b) Es treten keine Minima auf.
(c) längs der Hyperbel: $r_1 - r_2 = \pm\frac{1}{4}n$m. (d) Nein

28.9 (c) 4″ des Bogens 28.13 $2{,}95 \cdot 10^{-4}$ rad

28.15 (a) 20,3°; (b) 37,7°;
für transmittiertes Licht: (a) 37,7°; (b) 20,3°.

28.19 (a) Zunahme um $\sqrt{2}$; (b) Abnahme um den Faktor $1/\sqrt{2}$; (c) Halbiert; (d) Halbiert.
Wenn die Größen halbiert werden: (a) Abnahme um den Faktor $1/\sqrt{2}$; (b) Zunahme um $\sqrt{2}$;
(c) Verdoppelt; (d) Verdoppelt.

28.21 2,88%

28.25 Die Grundschwingung $\nu = v/2a$ und die möglichen n Werte $(n_1, n_2, n_3) = (1, 0, 0), (0, 1, 0)\ (0, 0, 1)$;
Erster Oberton: $\sqrt{2}\nu_0$ (1, 1, 0), (1, 0, 1) (0, 1, 1);
Zweiter Oberton: $\sqrt{3}\nu_0$ (1, 1, 1);
Dritter Oberton: $2\nu_0$ (2, 0, 0); (0, 2, 0), (0, 0, 2);
Vierter Oberton: $\sqrt{5}\nu_0$ (2, 1, 0); (2, 0, 1), (1, 2, 0); (1, 0, 2), (0, 1, 2), (0, 2, 1);
Fünfter Oberton: $\sqrt{6}\nu_0$ (2, 1, 1), (1, 2, 1), (1, 1, 2);
Sechster Oberton: $3\nu_0$ (2, 2, 1) (2, 1, 2), (1, 2, 2), (3, 0, 0), (0, 3, 0), (0, 0, 3)

28.27 (a) $1{,}25n \cdot 10^8$ Hz; $1{,}25 \cdot 10^8(n_1^2 + n_2^2)^{1/2}$ Hz

Kapitel 29

29.1	0,56 mm
29.3	2000 m
29.7	(b) 0,48 mm · 0,24 mm
29.9	(a) $2{,}05 \cdot 10^{-6}$ m; (b) $7{,}03 \cdot 10^{-6}$ m
29.11	9,7 km verglichen mit 3 km
29.13	17,5°; 36,9°; 64,2°
29.15	11,0°; 28,5°
29.21	$2{,}24 \cdot 10^{-4}$ m
29.23	(a) $(800/n)$ m; (b) 400 m
29.25	(a) $9{,}79 \cdot 10^{-11}$ m; (b) 20,3°
29.27	1,3°

Kapitel 30

30.1	$1{,}23 \cdot 10^{-9}$ m, $1{,}23 \cdot 10^{-10}$ m, $3{,}88 \cdot 10^{-12}$ m; $8{,}58 \cdot 10^{-13}$ m; die 1- und 100 eV-Elektronen werden am stärksten gebeugt; 32,7 eV
30.3	3°37′
30.5	Für alle Fälle gilt 1,24 GeV, da (b) und (c) relativistisch behandelt werden müssen.
30.7	$6{,}62 \cdot 10^{-23}$ kg m s^{-1}; 15,0 keV; für das Proton: $6{,}62 \cdot 10^{-23}$ kg m s^{-1}; 8,12 eV
30.9	(a) Der Energieunterschied zwischen Niveaus nimmt zu. (b) Ahnahme in ΔE.
30.11	374,5 GeV, verglichen mit $6{,}34 \cdot 10^{-17}$ eV und 14,4 GeV für Gravitations- und Coulombkräfte.
30.15	$E = (\hbar^2/2m)\,(n_1^2/a^2 + n_2^2/b^2 + n_3^2/c^2)$; $\psi = C \sin(n_1 x/a) \sin(n_2 y/b) \sin(n_3 z/c)$
30.17	(c) Ja, wenn $E < 0$.

SACHREGISTER

H

I

Q

R

TABELLEN

Tabelle A-1

Periodisches System der Elemente

Die Atommassen sind die letzten von der International Union of Pure and Applied Chemistry (1961) angenommenen Werte. Dabei wird der Masse des Hauptisotops des Kohlenstoffes ^{12}C die exakte Zahl 12,00000 zugeordnet. Die in dieser Tabelle verwendete Masseneinheit nennt man Atomare Masseneinheit (AME): 1 AME = $1{,}6604 \times 10^{-27}$ kg.

Periode	Serie	Gruppe→ I	II	III	IV
1	1	1 H 1,00797			
2	2	3 Li 6,939	4 B 9,0122	5 B 10,811	6 C 12,01115
3	3	11 Na 22,9898	12 Mg 24,312	13 Al 26,9815	14 Si 28,086
4	4	19 K 39,102	20 Ca 40,08	21 Sc 44,956	22 Ti 47,90
	5	29 Cu 63,54	30 Zn 65,37	31 Ga 69,72	32 Ge 72,59
5	6	37 Rb 85,47	38 Sr 87,62	39 Y 88,905	40 Zr 91,22
	7	47 Ag 107,870	48 Cd 112,40	49 In 114,82	50 Sn 118,69
6	8	55 Cs 132,905	56 Ba 137,34	57-71 * Seltene Erden:	72 Hf 178,49
	9	79 Au 196,967	80 Hg 200,59	81 Tl 204,37	82 Pb 207,19
7	10	87 Fr [223]	88 Ra [226,05]	89- ** Aktiniden:	

* Seltene Erden:	57 La 138,91	58 Ce 140,12	59 Pr 140,907	60 Nd 144,24	61 Pm [147]	62 Sm 150,35
** Aktiniden:	89Ac [227]	90 Th 232,038	91 Pa [231]	92 U 238,03	93 Np [237]	94 Pu [242]

Tabelle A-2 Grundkonstanten

Konstante	Zeichen	Wert
Lichtgeschwindigkeit	c	$2{,}9979 \times 10^{8}$ m s^{-1}
Elementarladung	e	$1{,}6021 \times 10^{-19}$ C
Ruhemasse des Elektrons	m_e	$9{,}1091 \times 10^{-31}$ kg
Ruhemasse des Protons	m_p	$1{,}6725 \times 10^{-27}$ kg
Ruhemasse des Neutrons	m_n	$1{,}6748 \times 10^{-27}$ kg
Plancksches Wirkungsquantum	h	$6{,}6256 \times 10^{-34}$ J s
	$\hbar = h/2\pi$	$1{,}0545 \times 10^{-34}$ J s
spezifische Ladung des Elektrons	e/m_e	$1{,}7588 \times 10^{11}$ kg^{-1} C
Bohrscher Radius	a_0	$5{,}2917 \times 10^{-11}$ m
Comptonwellenlänge:		
des Elektrons	$\lambda_{C,e}$	$2{,}4262 \times 10^{-12}$ m
des Protons	$\lambda_{C,p}$	$1{,}3214 \times 10^{-15}$ m
Rydberg-Konstante	R	$1{,}0974 \times 10^{7}$ m^{-1}
Bohrsches Magneton	μ_B	$9{,}2732 \times 10^{-24}$ J T^{-1}

In diesem Maßsystem ist die Atommasse von Kohlenstoff 12,01115; dies ist der Mittelwert für die natürliche Isotopenverteilung in Kohlenstoff. (Bei künstlich erzeugten Elementen ist die ungefähre Atommasse des stabilsten Isotops in Klammern angegeben.)

V	VI	VII	VIII			0
						2 He 4,0026
7 N 14,0067	8 O 15,9994	9 F 18,9984				10 Ne 20,183
15 P 30,9738	16 S 32,064	17 Cl 35,453				18 Ar 39,948
23 V 50,942	24 Cr 51,996	25 Mn 54,9380	26 Fe 55,847	27 Co 58,9332	28 Ni 58,71	
33 As 74,9216	34 Se 78,96	35 Br 79,909				36 Kr 83,80
41 Nb 92,906	42 Mo 95,94	43 Tc [99]	44 Ru 101,07	45 Rh 102,905	46 Pd 106,4	
51 Sb 121,75	52 Te 127,60	53 J 126,9044				54 Xe 131,30
73 Ta 180,948	74 W 183,85	75 Re 186,2	76 Os 190,2	77 Ir 192,2	78 Pt 195,09	
83 Bi 208,980	84 Po [210]	85 At [210]				86 Rn [222]

63 Eu 151,96	64 Gd 157,25	65 Tb 158,924	66 Dy 162,50	67 Ho 164,930	68 Er 167,26	69 Tm 168,934	70 Yb 173,04	71 Lu 174,97
95 Am [243]	96 Cm [245]	97 Bk [249]	98 Cf [249]	99 Es [253]	100 Fm [255]	101 Md [256]	102 No	103

Konstante	Zeichen	Wert
Loschmidtsche Zahl	N_L	$6{,}0225 \times 10^{23}$ mol^{-1}
Boltzmann-Konstante	k	$1{,}3805 \times 10^{-23}$ J K^{-1}
Gas-Konstante	R	8,3143 J K^{-1} mol^{-1}
Molares Normvolumen idealer Gase	V_0	$2{,}2414 \times 10^{-2}$ m^3 mol^{-1}
Faraday-Konstante	F	$9{,}6487 \times 10^{4}$ C mol^{-1}
Coulomb-Konstante	K_e	$8{,}9874 \times 10^{9}$ N m^2 C^{-2}
Dielektrizitätskonstante des Vakuums	ϵ_0	$8{,}8544 \times 10^{-12}$ N^{-1} m^{-2} C^2
Permeabilität des Vakuums	μ_0	$1{,}2566 \times 10^{-6}$ m kg C^{-2}
Gravitationskonstante	γ	$6{,}670 \times 10^{-11}$ N m^2 kg^{-2}
Schwerebeschleunigung in Meereshöhe am Äquator	g	9,7805 m s^{-2}

Numerische Konstanten: $\pi = 3{,}1416$; $e = 2{,}7183$; $\sqrt{2} = 1{,}4142$; $\sqrt{3} = 1{,}7320$

Tabelle A-3 Einheiten und Zeichen

Größe	Zeichen	Bezeichnung der Einheit	Beziehung zu den Grundeinheiten MKSC	MKSA
Länge	l, s	Meter	m	
Masse	m	Kilogramm	kg	
Zeit	t	Sekunde	s	
Geschwindigkeit	v		m s^{-1}	
Beschleunigung	a		m s^{-2}	
Winkelgeschwindigkeit	ω		s^{-1}	
Kreisfrequenz	ω		s^{-1}	
Frequenz	ν	Hertz (Hz)	s^{-1}	
Impuls	p		m kg s^{-1}	
Kraft	F	Newton (N)	m kg s^{-2}	
Drehimpuls	L		m^2 kg s^{-1}	
Drehmoment	τ		m^2 kg s^{-2}	
Arbeit	W	Joule (J)	m^2 kg s^{-2}	
Leistung	P	Watt (W)	m^2 kg s^{-3}	
Energie	E_k, E_p, U, E	Joule (J)	m^2 kg s^{-2}	
Temperatur	T	K	m^2 kg s^{-2}/Teilchen	
Diffusionskoeffizient	D		m^2 s^{-1}	
Wärmeleitfähigkeit	K		m kg s^{-3} K^{-1}	
Viskosität (dyn.)	η		m^{-1} kg s^{-1}	
Elastizitätsmodul	Y		m^{-1} kg s^{-2}	
Kompressibilität	κ		m^{-1} kg s^{-2}	
Schubmodul	G		m^{-1} kg s^{-2}	
Trägheitsmoment	I		m^2 kg	
Schwerefeld	$\mathcal{G}$		m s^{-2}	
Gravitationspotential	$V_{\mathcal{G}}$		m^2 s^{-2}	
Ladung	q, Q	Coulomb	C	A s
Elektrischer Strom	I	Ampere	s^{-1} C	A
Elektrisches Feld	$\mathcal{E}$		m kg s^{-2} C^{-1}	m kg s^{-3} A^{-1}
Elektrisches Potential	V	Volt (V)	m^2 kg s^{-2} C^{-1}	m^2 kg s^{-3} A^{-1}
Stromdichte	j		m^{-2} s^{-1} C	m^{-2} A
Elektrischer Widerstand	R	Ohm (Ω)	m^2 kg s^{-1} C^{-2}	m^2 kg s^{-3} A^{-2}
Induktivität	L	Henry (H)	m^2 kg C^{-2}	m^2 kg s^{-2} A^{-2}
Dielektrizitätskonstante	ϵ_0		m^{-3} kg^{-1} s^2 C^2	m^{-3} kg^{-1} s A^2
Polarisation	$\mathcal{P}$		m^{-2} C	m^{-2} s A
Dielektrische Verschiebung	$\mathcal{D}$		m^{-2} C	m^{-2} s A
Magnetfeld	$\mathcal{B}$	Tesla (T)	kg s^{-1} C^{-1}	kg s^{-2} A^{-1}
Magnetisierung	$\mathcal{M}$		m kg C^{-2}	m kg s^{-2} A^{-2}
Magnetisierendes Feld	$\mathcal{H}$		m^{-1} s^{-1} C	m^{-1} A
Magnetischer Fluß	$\Phi_{\mathcal{B}}$	Weber (Wb)	m^2 kg s^{-1} C^{-1}	m^2 kg s^{-2} A^{-1}
Elektrisches Dipolmoment	p		m C	m s A
Elektrisches Quadrupolmoment	Q		m^2 C	m^2 s A
Magnetisches Dipolmoment	M		m^2 s^{-1} C	m^2 A
Magnetisches Quadrupolmoment	Q		m^3 s^{-1} C	m^3 A
Kapazität	C	Farad (F)	m^{-2} kg^{-1} s^2 C^2	m^{-2} kg^{-1} s^4 A^2

Tabelle A-4 Umrechnungsfaktoren

Zeit:

1 s $= 1{,}667 \times 10^{-2}$ Min $= 2{,}778 \times 10^{-4}$ h
$= 3{,}169 \times 10^{-8}$ a
1 Min $= 60$ s $= 1{,}667 \times 10^{-2}$ h
$= 1{,}901 \times 10^{-6}$ a
1 h $= 3600$ s $= 60$ Min $= 1{,}141 \times 10^{-4}$ a
1 a $= 3{,}156 \times 10^{7}$ s $= 5{,}259 \times 10^{5}$ Min
$= 8{,}766 \times 10^{3}$ h

Länge:

1 m $= 10^2$ cm
1 mi $= 5280$ ft $= 1{,}609$ km
1 in $= 2{,}540$ cm
1 Å (Angström) $= 10^{-8}$ cm $= 10^{-10}$ m
$= 10^{-4}$ μ (Mikron)
1 μ (Mikron) $= 10^{-6}$ m
1 astronomische Einheit $= 1{,}496 \times 10^{11}$ m
1 Lichtjahr $= 9{,}46 \times 10^{15}$ m
1 parsec $= 3{,}084 \times 10^{16}$ m

Winkel:

1 Radiant $= 57{,}3°$
$1° = 1{,}74 \times 10^{-2}$ Rad
$1' = 2{,}91 \times 10^{-4}$ Rad
$1'' = 4{,}85 \times 10^{-6}$ Rad

Fläche:

1 m^2 $= 10^4$ cm^2
1 in^2 $= 6{,}452$ cm^2
1 ft^2 $= 144$ in^2 $= 9{,}29 \times 10^{-2}$ m^2

Volumen:

1 m^3 $= 10^6$ cm^3 $= 10^3$ Liter
$= 35{,}3$ ft^3 $= 6{,}1 \times 10^4$ in^3
1 ft^3 $= 2{,}83 \times 10^{-2}$ m^3 $= 28{,}32$ Liter
1 in^3 $= 16{,}39$ cm^3

Geschwindigkeit:

1 m s^{-1} $= 10^2$ cm s^{-1} $= 3{,}281$ ft s^{-1}
1 ft s^{-1} $= 30{,}48$ cm s^{-1}
1 mi min^{-1} $= 60$ mi hr^{-1} $= 88$ ft s^{-1}

Beschleunigung:

1 m s^{-2} $= 10^2$ cm s^{-2} $= 3{,}281$ ft s^{-2}
1 ft s^{-2} $= 30{,}48$ cm s^{-2}

Masse:

1 kg $= 10^3$ g $= 2{,}205$ lb
1 lb $= 453{,}6$ g $= 0{,}4536$ kg
1 AME $= 1{,}6604 \times 10^{-27}$ kg

Kraft:

1 N $= 10^5$ dyn
1 dyn $= 10^{-5}$ N
1 lbf $= 4{,}448$ N $= 4{,}448 \times 10^5$ dyn
1 kgf $= 9{,}81$ N

Druck:

1 N m^{-2} $= 9{,}265 = 10^{-6}$ at $= 10$ dyn cm
1 at $= 1{,}013 \times 10^5$ N m^{-2}
1 bar $= 10^6$ dyn cm^{-2}

Energie:

1 J $= 10^7$ erg $= 0{,}239$ cal
$= 6{,}242 \times 10^{18}$ eV
1 eV $= 10^{-6}$ MeV $= 1{,}60 \times 10^{-12}$ erg
$= 1{,}07 \times 10^{-9}$ AME
1 cal $= 4{,}186$ J $= 2{,}631 \times 10^{19}$ eV
$= 2{,}807 \times 10^{-10}$ AME
1 AME $= 1{,}492 \times 10^{-10}$ J
$= 3{,}564 \times 10^{-11}$ cal $= 931{,}0$ MeV

Temperatur:

°K $= 273{,}1 +$ °C
°C $= \frac{5}{9}$ (°F $-$ 32)
°F $= \frac{9}{5}$ °C $+ 32$

Leistung:

1 W $= 1{,}341 \times 10^{-3}$ hp
1 hp $= 745{,}7$ W

Elektrisches Ladung:*

1 C $= 3 \times 10^9$ stC
1 stC $= \frac{1}{3} \times 10^{-9}$ C

Strom:*

1 A $= 3 \times 10^9$ stA
1 stA $= \frac{1}{3} \times 10^{-9}$ A
1 μA $= 10^{-6}$ A, 1 mA $= 10^{-3}$ A

Elektrisches Feld:*

1 N C^{-1} $= 1$ V m^{-1} $= 10^{-2}$ V cm^{-1}
$= \frac{1}{3} \times 10^{-4}$ stV cm^{-1}

Elektrisches Potential:*

1 V $= \frac{1}{3} \times 10^{-2}$ stV
1 stV $= 3 \times 10^2$ V

Elektrischer Widerstand:

1 $\Omega = 10^6 \mu\Omega$
1 M$\Omega = 10^6 \Omega$

Kapazität:*

1 F $= 9 \times 10^{11}$ stF
1 stF $= \frac{1}{9} \times 10^{-11}$ F
1 F $= 10^{-6}$ μF, 1 pF $= 10^{-12}$ F

Magnetfeld:

1 T $= 10^4$ Gauss, 1 Gauss $= 10^{-4}$ T

Magnetischer Fluß:

1 Wb $= 10^8$ Maxwell, 1 Maxwell $= 10^{-8}$ Wb

Magnetisierendes Feld:

1 A m^{-1} $= 4\,\pi \times 10^{-3}$ Oersted
1 Oersted $= 1/4\,\pi \times 10^3$ A m^{-1}

---

*In allen Fällen: 3 bedeutet 2,998 und 9 bedeutet 8,987.